Moritz · Flachdachhandbuch

Karl Moritz †
Beratender Ingenieur für Bauphysik

FLACHDACHHANDBUCH
Flache und flachgeneigte Dächer

4., völlig neubearbeitete Auflage

BAUVERLAG GMBH · WIESBADEN UND BERLIN

Die Normen DIN 1055 Blatt 4 und 5, DIN 4122, DIN 18338 und DIN 18530 wurden wiedergegeben mit freundlicher Genehmigung des Deutschen Normenausschusses.

Maßgebend ist die jeweils neueste Ausgabe der Norm im Normformat A4, die bei der Beuth-Vertrieb GmbH., 1 Berlin 30, Burggrafenstraße 4–7, erhältlich ist.

1. Auflage 1961
2. Auflage 1964
3. Auflage 1969
4. Auflage 1975

© 1975 Bauverlag GmbH · Wiesbaden und Berlin

Gesamtherstellung: Wiesbadener Graphische Betriebe GmbH, Wiesbaden
Verantwortlich für den Anzeigenteil: E. Ehrenreich, Wiesbaden
ISBN 3-7625-0410-5

Vorwort zur 4., völlig neubearbeiteten Auflage

Seit der Bearbeitung der ersten Auflage des Flachdach-Handbuches sind 15 Jahre vergangen. In der zweiten und dritten Auflage dieses Standardbuches (das auch in mehreren Fremdsprachen erschienen ist) wurden jeweils Verbesserungen eingearbeitet.

Zwischenzeitlich wurde das Dach bzw. das Flachdach wissenschaftlich und technisch durchleuchtet. Zahlreiche neue Erkenntnisse physikalischer, statischer und technischer Art und nicht zuletzt die Entwicklung neuer Baustoffe (Kunststoffe, Wärmedämmstoffe usw.) und neuer Dachsysteme, machten es erforderlich, die vierte Auflage völlig neu zu bearbeiten, um dem heutigen Stand der Technik voll zu entsprechen.

Die vielfältigen Erfahrungen des Autors als vereidigter Sachverständiger speziell für Flachdach-Gestaltung konnten in die Neubearbeitung eingebracht werden. Neue Normvorschriften, Richtlinien, gut gestaltete Kataloge und Prospekte der Zulieferer-Industrie und Ausführungsfirmen und nicht zuletzt die zahlreichen Fachaufsätze in Fachzeitschriften und gute vorliegende Fachbücher anderer Autoren, ergaben gutes Grundlagen-Material, insonderheit auch für die Illustration dieses vorliegenden Werkes. In diesem Zusammenhang sei all jenen gedankt, aus deren Leistungen der Autor geschöpft hat.

Durch die wesentliche Erweiterung gegenüber der dritten Auflage wurde es erforderlich, das Buch in einem größeren Format (DIN A4) herauszubringen. Der Charakter des Flachdach-Handbuches als Nachschlagewerk für den Praktiker, Studenten usw. wird durch dieses Großformat nicht eingeschränkt. Vielmehr ergibt sich durch die klare Gliederung und Übersichtlichkeit eine leichtere und schnellere Nachschlagemöglichkeit als bisher. Auch wurde bei der Bearbeitung darauf geachtet, daß jedes Kapitel in sich abgeschlossen und von sich aus verstanden werden kann, ohne das gesamte Werk studieren zu müssen.

Ich hoffe, mit diesem vorliegenden Fachbuch, in dem wohl keine Frage bezüglich des Daches, insonderheit des Flachdaches offengeblieben ist, der Fachwelt eine wesentliche Hilfe bei diesem auch heute noch schwierigen Kapitel Dach gegeben zu haben. Möge es genauso günstig aufgenommen werden wie die bisherigen Auflagen trotz des notwendigen höheren Preises. Bei dieser Gelegenheit darf ich auch dem Bauverlag für die bisherige gute Zusammenarbeit danken, insonderheit auch jenen, die dieses technisch schwierige Werk bearbeitet haben.

Karl Moritz †

Dem Verfasser war es leider nicht mehr vergönnt, das Erscheinen dieser umfassendsten Ausgabe seines Werkes zu erleben. Die Drucklegung mußte nach seinem Tode aufgrund der von ihm noch besorgten Satzkorrekturen erfolgen.

Bauverlag GmbH.

Leider war es meinem Vater nicht mehr vergönnt, die Drucklegung des »Flachdach-Handbuch« zu erleben, das nunmehr in der vierten Auflage der Fachwelt zugänglich gemacht werden soll.

Das »Flachdach-Handbuch« enthält eine Fülle theoretischer Überlegungen und praktischer Erfahrungen auf einem Gebiet, mit dem sich mein Vater viele Jahre ganz besonders intensiv befaßt hat. Sein letztes Werk möge dazu beitragen, einem großen Kreis von Studierenden, Architekten, Ingenieuren und bauausführenden Praktikern ein möglichst umfassendes Wissen auf diesem von Jahr zu Jahr immer größere Bedeutung erlangenden Spezialsektor zu vermitteln und auf diese Weise die in der Vergangenheit häufig infolge unzureichender Kenntnisse begangenen Fehler künftig weitgehend zu verhindern.

Das Lebenswerk meines Vaters soll durch die vor kurzem gegründete KARL MORITZ GMBH, Freies Institut für Forschung, Entwicklung und Bauphysik, Aalen, fortgeführt und den heutigen Gegebenheiten entsprechend ausgebaut werden. Es wird mir ein ganz besonderes Anliegen sein, zu meinem bescheidenen Teil dazu beizutragen, daß erfahrene Wissenschaftler und Ingenieure unter Berücksichtigung der neuesten Erkenntnisse der Technik und Verwendung modernster Hilfsmittel allen interessierten Bauschaffenden mit fachmännischem Rat zur Verfügung stehen und ganz im Sinne meines Vaters vor allem einen engen Kontakt mit der Baupraxis pflegen werden.

Aalen, im Oktober 1974
Karl Moritz jun.
stud. ing.

Inhaltsverzeichnis

I. Teil: Theoretische Grundlagen und physikalische Gestaltungshinweise

1.	**Definition und Klassifizierung des Daches**	3
1.1	Klassifizierung des Flachdaches	4
1.1.1	Gefälleloses Flachdach (0° Neigung)	5
1.1.2	Flachdach mit knappem Gefälle (bis 1° Neigung)	5
1.1.3	Flachdächer mit leichtem Gefälle (1–5° Neigung)	5
1.1.4	Flachgeneigtes Dach (5–25°)	6
1.2	Gefälledächer (25–60°)	6
1.2.1	Mäßiges Steildach (25–40°)	6
1.2.2	Steiles Dach (40–60° Neigung)	7
1.3	Physikalische Definition des Daches (ohne Bewertung)	7
1.3.1	Einschalige Dächer (Warmdächer)	7
1.3.2	Schweres Einschalendach gemäß DIN 4108	7
1.3.3	Leichtes Einschalendach ≤ 100 kg/m²	8
1.4	Zweischalige Dächer (Kaltdächer) (ohne techn. u. physikal. Bewertung)	9
1.4.1	Schweres zweischaliges Dach (über 100 kg/m²)	9
1.4.2	Leichtes Kaltdach (unter 100 kg/m² nach Tafel 4 DIN 4108)	9
1.5	Begeh- und befahrbare Flachdächer	10
1.5.1	Terrassendach	10
1.5.2	Balkone	10
2.	**Bauphysikalische Grundlagen**	11
2.1	Einflüsse auf das Dach (Flachdach)	11
2.1.1	Einflüsse von außen	11
2.1.2	Beanspruchungen von innen	11
2.2	Klimafaktoren beim Dach	12
2.2.1	Klimafaktoren innen	12
2.2.2	Klimaeinflüsse von außen	13
2.3	Allgemeingrundlagen Wärmeverhalten des Menschen	16
2.3.1	Bedingungen für die Behaglichkeit des Menschen	16
3.	**Bauphysikalische Anforderungen an Dächer**	19
3.1	Wärmeschutz und Wärmeberechnung bei Dächern	19
3.1.1	Wärmetechnische Begriffserklärungen, Berechnungen und Tabellen	20
3.1.2	Wärmedämmgebiete	20
3.1.3	Durchführung der Wärmedämmberechnung	20
3.1.4	Wärmebrücken – Mittlere Wärmeleitzahl	23
3.1.5	Wärmeverlustberechnung	24
3.1.6	Wärmeschutz und Heizungsaufwand beim Flachdach	25
3.1.7	Wärmespeicherung	27
3.1.8	Berechnung der Phasenverzögerung	28
3.1.9	Wirtschaftlichster Wärmeschutz (Vollwärmeschutz)	29
3.1.10	Mindestwärmeschutz beim Dach	29
3.2	Tauwasservermeidung (Schwitzwasserberechnung)	30
3.2.1	Ungünstigste Temperaturannahmen	30
3.2.2	Berücksichtigung der Wärmeträgheit	31
3.3	Dampfdiffusion	32
3.3.1	Erklärung der Begriffe zur Berechnung der Dampfdiffusion	32
3.3.2	Diffusionswiderstandsfaktor μ (ohne Dimension)	34
3.3.3	Dampfdiffusionsberechnung (Berechnungsmethode)	35
3.3.4	Dampfdiffusion, Berechnung und Vermeidung von Feuchtigkeitsschäden nach graphischem Verfahren von Glaser	37
3.4	Temperaturspannungen (temperaturbedingte Längenänderungen im Dach)	46

3.4.1	Belastungsannahmen für die Temperaturspannungsberechnungen	47
3.4.2	Berechnung der Temperaturdifferenzen	47
3.4.3	Ausdehnungskoeffizienten von Baustoffen	49
3.4.4	Berechnung der Längenveränderung	49
3.4.5	Temperaturspannungsermittlung	51
3.5	Wärmedämmstärken zur Reduzierung der Temperaturbewegungen	52
3.5.1	Außen ungeschütztes Warmdach (Massivplatte)	52
3.5.2	Außen wärmegeschütztes Betondach	52
3.5.3	Unterseitige Wärmedämmung bei Massivdecken	53
3.5.4	Obere und unterseitige Wärmedämmung bei Massivdecken	54
3.5.5	Dehnfugenstärken	54

4.	**Bauphysikalisch bedingte Schadensursachen**	**57**
4.1	Verformungen, Schwinden – Quellen	57
4.1.1	Unterschiedliche Oberflächentemperaturen bei Massivdecken	57
4.1.2	Durchbiegung von Stahlbetondecken	57
4.1.3	Schwinden und Quellen	58
4.1.4	Kriechbewegungen	60
4.1.5	Quellungen	60
4.2	Volumenveränderungen und Spannungen durch gasförmige Körper	61
4.2.1	Ausdehnungszahl der Luft	61
4.2.2	Absolute Temperatur	61
4.2.3	Berechnung des Gasvolumens bei gleichbleibendem Druck	61
4.3	Ausdehnung von Wasser	61
4.4	Blasenbildung in einer Dachhaut	62
4.4.1	Lufteinschlüsse	62
4.4.2	Wassereinschlüsse	62
4.5	Normvorschriften und Rechengrundlagen	64

II. Teil: Praktische und konstruktive Dachgestaltung

5.	**Funktionsmerkmale beim massiven Warmdach (Einschalendach)**	**67**
5.1	Unterdecken	67
5.2	Massivdecken	68
5.3	Gefälleherstellung – Maßtoleranz	69
5.3.1	Gefälle aus Normalbeton	70
5.3.2	Gefälle mit Leichtbeton	70
5.3.3	Gefälleherstellung mit keilförmigen Dämmplatten	70
5.3.4	Gefälleherstellung mit Bitumen-Perlite oder dgl.	71
5.3.5	Gefälle über der horizontalen Feuchtigkeitsabdichtung	71
5.4	Schleppstreifen über Deckenelementen	72
5.5	Voranstrich	72
5.6	Untere Ausgleichsschicht (Entspannungsschicht)	73
5.6.1	Lochglasvlies-Bitumenbahn	73
5.6.2	Wellpappen	73
5.6.3	Falzbaupappen	73
5.6.4	Noppenförmige Trennbahnen	73
5.6.5	Spezialbahnen	74
5.6.6	Entspannungsschicht in der Wärmedämmung	74
5.6.7	Wirkungen der unterseitigen Entspannungsschicht	74
5.7	Dampfsperre im massiven Flachdach	76
5.7.1	Technische und sonstige Anforderungen an Dampfsperren	77
5.8	Wärmedämmung beim massiven Flachdach	80
5.8.1	Anforderungen an Wärmedämmschichten	80
5.8.2	Beschreibung und Verlegehinweise für Dämmstoffe	82
5.9	Dampfdruckausgleichsschicht	92
5.9.1	Durchfeuchtung und Austrocknung durch Wasserdampfdiffusion	96

6.	**Dachabdichtung beim einschaligen Flachdach**	100
6.1	Stand der Technik hinsichtlich Dachabdichtung	100
6.1.1	DIN 18338 – Dachdeckungsarbeiten	100
6.1.2	DIN 4122 (Abdichtung von Bauwerken gegen nicht drückendes Oberflächenwasser und Sickerwasser)	100
6.1.3	DIN 18337 (Abdichtung gegen nicht drückendes Wasser, VOB Verdingungsordnung für Bauleistung Teil C)	101
6.1.4	DIN-Normen für Dachbahnen	101
6.1.5	Richtlinien für die Ausführung von Flachdächern	101
6.1.6	ABC der Bitumen-Dachbahn	104
6.2	Allgemeine Anmerkungen zu den Dachbahnen	104
6.2.1	Bitumen-Dachpappen	104
6.3	Allgemeine Verarbeitungshinweise für bituminöse Abdichtungen und Deckungen	109
6.3.1	Ausführung und Verarbeitung von Bitumendächern	109
6.3.2	Kunststoff-Dachbeläge	118
6.4	Oberflächenbehandlung bei Dachabdichtungen	137
7.	**Allgemeine Aufbaugesichtspunkte – Warmdach**	143
7.1	Gefälleloses Warmdach (0°)	143
7.1.1	Vorteile bei ebenen Dächern	143
7.1.2	Nachteile	143
7.1.3	Konstruktive Erfordernisse beim gefällelosen Flachdach	144
7.1.4	Abdichtung	146
7.2	Warmdach mit Dachneigung bis 1°	147
7.3	Warmdach 1–3° (1,8–5,2%)	148
7.4	Warmdach 3–8°	150
7.5	Warmdächer über 8° Neigung	150
7.5.1	Aufbauhinweise	151
7.6	Sonder-Dachformen bei schweren Warmdächern	152
7.6.1	Das umgekehrte Warmdach	152
7.6.2	Nachteile und Bedenken bei dieser Dachform	154
7.6.3	Anforderungen an Wärmedämmstoffe	155
7.6.4	Schutz der Wärmedämmung gegen ultraviolette Strahlen	156
7.6.5	Sturmabhebung, Wasserauftrieb, usw.	156
7.7	Sperrbeton-Dächer	157
7.7.1	Vorteile	157
7.7.2	Nachteile	157
7.7.3	Herstellung des Daches	157
7.7.4	Buckel-Schalendächer	159
7.7.5	Shed-Dächer	161
7.7.6	Leichte Warmdächer	166
7.8	Gasbeton-Warmdächer	170
7.8.1	Einige Verlegehinweise	171
7.8.2	Bauphysikalische Gesichtspunkte	172
7.8.3	Praktische Ausführungsvorschläge	179
7.8.4	Zwischenlösung	180
7.8.5	Flachdächer aus Bimsstegdielen	181
7.8.6	Holzspan-Dachplatten (z.B. Durisol)	182
7.8.7	Shedkonstruktionen mit Leichtbauplatten	183
7.8.8	Flachsschäben – Holzspan-Dachplatten	184
7.9	Trapezblech-Dächer	185
7.9.1	Material	185
7.9.2	Statik	186
7.9.3	Verlegung und Befestigung	187
7.9.4	Unterkonstruktion	188
7.9.5	Dampfsperre oder nicht	190
7.9.6	Wärmedämmung	192

7.9.7	Dachhaut	194
7.9.8	Praktische Aufbauvorschläge	195
7.9.9	Allgemeine Verlegegesichtspunkte	196

8. Das zweischalige Dach (Kaltdach) ... 201

8.1	Grundsätzliches zum Zweischalen-Dach	201
8.1.1	Das schwere zweischalige Dach	201
8.1.2	Leichtes zweischaliges Dach	201
8.1.3	Industrie-Leichtdächer mit selbsttragender Wärmedämmung	201
8.1.4	Vorliegende Vorschriften und Richtlinien	202
8.2	Konstruktive Voraussetzungen beim Kaltdach	203
8.2.1	Allgemeine Gesichtspunkte bei der Dachgestaltung	204
8.2.2	Physikalische und technische Funktionsmerkmale beim Zweischalendach	206
8.3	Praktische Vorschläge für Be- und Entlüftungsdimensionierung	209
8.4	Wärmeschutz beim Zweischalendach	209
8.5	Temperaturspannungen, Dehnfugenaufteilung	211
8.6	Konstruktionsbeispiele zweischaliger Flachdächer	212
8.6.1	Physikalischer und technischer Aufbau des massiven gefällelosen zweischaligen Flachdaches	212
8.7	Massives Flachdach mit Gefälle in Oberschale	232
8.8	Das leichte Flachdach	234
8.8.1	Vorgefertigte Kaltdach-Leichtelemente	237
8.9	Leichte Zweischalendächer mit Dachdeckungen	238
8.9.1	Asbestzement-Wellplatten	238
8.9.2	Dachziegel- und Betondachstein-Deckungen	263
8.9.3	Schieferdächer und Schieferdeckungen	284
8.9.4	Bitumen-Dachschindeln	289
8.9.5	Metall-Dachdeckungen	292

9. Detailhinweise bei Ausführung von Flachdächern ... 333

9.1	Gleitlager und Dehnfugen bei Flachdächern	333
9.1.1	Nachweis der konstruktiven Maßnahmen	334
9.1.2	Kräfte aus der Massivplattendecke	338
9.1.3	Anordnung der Gleitlager und Dehnfugen	338
9.2	Parkdecks, Hofkellerdecken, Dachgärten, Terrassen und Balkone	361
9.2.1	Parkdecks und befahrbare Hofkellerdecken	362
9.2.2	Parkdecks und befahrbare Hofkellerdecken ohne Wärmedämmung	372
9.2.3	Erdüberschüttete Dachdecken (Dachgärten)	375
9.2.4	Terrassen – Balkone	380
9.2.5	Balkone	400
9.3	Tagesbeleuchtung in Flachdach- und Hallenbauten	405
9.3.1	Lichttechnische Untersuchungen	406
9.3.2	Wärmedämmung durch Licht-Elemente	417
9.3.3	Schwitzwasserbildung bei Flachdachverglasungen und Oberlichten	418
9.3.4	Schalldämmung von Verglasungen und Oberlichten	420
9.3.5	Konstruktive Möglichkeiten der Oberlichtgestaltung	420
9.4	Be- und Entlüftungen beim Flachdach	443
9.4.1	Die freie Lüftung	443
9.4.2	Zwangs-Ventilatorenlüftung	443
9.4.3	Erforderlicher Luftwechsel	443
9.5	Brandschutz beim Flachdach	452
9.5.1	Bauaufsichtliche Vorschriften	452
9.5.2	Bauliche Maßnahmen zum Brandschutz	458
9.5.3	Oberlichte zur Brandbekämpfung	461
9.6	Die Entwässerung flacher Dächer	466
9.6.1	Bemessung der Querschnitte	467
9.6.2	Einbaubeispiele Rinnen	471
9.6.3	Einbaubeispiele Bodeneinläufe	475

9.7	Blitzschutz bei Dächern	481
9.7.1	Auffang-Einrichtungen	482
9.7.2	Ableitungen	482
9.7.3	Erdungsanlage	482
9.7.4	Bauliche Gesichtspunkte	482
9.7.5	Verlegehinweise bei Blitzschutzanlagen	486
9.8	An- und Abschlüsse und Sondereinrichtungen beim Flachdach	489
9.8.1	Anschlüsse	489
9.8.2	Bewegliche Anschlüsse	496
9.8.3	Dachrand-Abschlüsse	499
9.8.4	Dehnfugen	506
9.8.5	Dachdurchdringungen	508
9.9	Sturmsicherung und Belastungsannahmen bei Dächern	516
9.9.1	Sturmsicherung	516
9.9.2	Lastannahmen für Bauten	521

Literatur- und Bezugsquellenverzeichnis 527

Anhang 1 Tabellen 1–22 529

Anhang 2 DIN-Normen und Richtlinien 559

Stichwortverzeichnis 613

I. TEIL

Theoretische Grundlagen und physikalische Gestaltungshinweise

I. Teil Theoretische Grundlagen und physikalische Gestaltungshinweise

Zeichenerklärungen

Bewehrter Beton

Betonfertigteile

Mörtel-Leichtbeton

Mauerwerk, künstl. Steine

Haftgrund

Untere Ausgleichsschicht

Dampfsperre

Dampfsperre und Ausgleichsschicht

Wärmedämmschicht hart (Kork, Hartschaum oder dgl.)

Wärmedämmung weich (Mineralwolle, Filze usw.)

obere Ausgleichsschicht

Abdichtung

Lose Kiesschüttung

Rieselklebedach oder Abstrahlschicht

Kunststoff-Dichtungsfolie

Holz im Schnitt

Spanplatten – Sperrholz

Deckaufstrich

Kunststoff- oder Spachtelmasse

Metallband mit Deckschicht (Alu-Dichtungsbahn oder dgl.)

Griechisches Alphabet

A	α	(a)	Alpha	N	ν	(n)	Ny
B	β	(b)	Beta	Ξ	ξ	(x)	Xi
Γ	γ	(g)	Gamma	O	ω	(o)	Omikron
Δ	δ	(d)	Delta	Π	π	(p)	Pi
E	ε	(e)	Epsilon	P	ϱ	(rh)	Rho
Z	ζ	(z)	Zeta	Σ	σ	(s)	Sigma
H	η	(e)	Eta	T	τ	(t)	Tau
Θ	ϑ	(th)	Theta	Y	υ	(y)	Ypsilon
I	ι	(i)	Jota	Φ	φ	(ph)	Phi
K	$\varkappa$	(k)	Kappa	X	χ	(ch)	Chi
Λ	λ	(l)	Lambda	Ψ	ψ	(pß)	Psi
M	μ	(m)	My	Ω	ω	(o)	Omega

1. Definition und Klassifizierung des Daches

Das Dach, zur Abdeckung und Abdichtung von Gebäuden, kann je nach Konstruktionsgegebenheiten, Grundriß, architektonischen und statischen Erfordernissen verschiedene Formen haben.

Je nach Dachform, aus der geschichtlichen Entwicklung hergeleitet oder aus neueren Konstruktionen gewachsen, unterscheidet man grob zwischen Steildach, flachgeneigtem Dach oder Flachdach. Die Einteilung erfolgt je nach Neigung in Grad oder Prozent gemäß Bild 1.

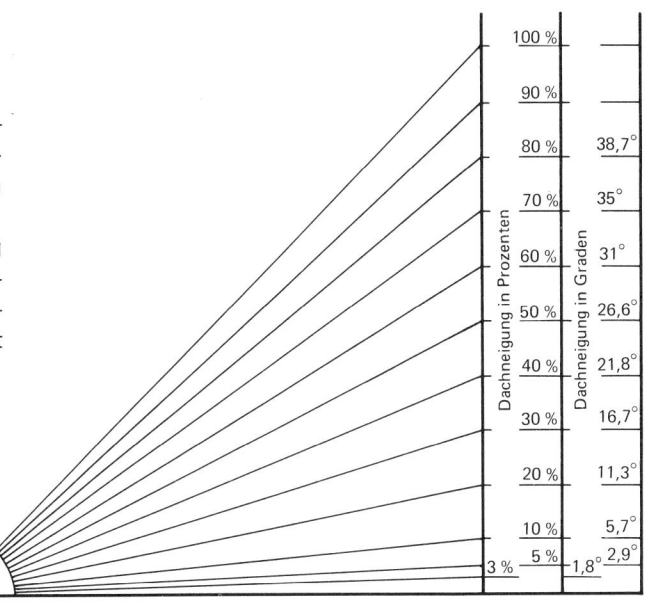

Umrechnung von Prozent in Grad

Prozent %	Grad °	Minuten '	Prozent %	Grad °	Minuten '	Prozent %	Grad °	Minuten '	Prozent %	Grad °	Minuten '	Prozent %	Grad °	Minuten '
0	0		25	14	02	50	26	34	75	36	52	100	45	00
1	0	34	26	14	34	51	27	01	76	37	14	105	46	24
2	1	09	27	15	07	52	27	29	77	37	36	110	47	44
3	1	43	28	15	39	53	27	53	78	37	57	120	50	12
4	2	17	29	16	10	54	28	22	79	38	19	130	52	26
5	2	52	30	16	42	55	28	49	80	38	40	140	54	28
6	3	26	31	17	13	56	29	15	81	39	00	150	56	19
7	4	00	32	17	45	57	29	41	82	39	21	160	58	00
8	4	34	33	18	16	58	30	07	83	39	42	170	59	32
9	5	09	34	18	47	59	30	32	84	40	02	180	60	57
10	5	43	35	19	17	60	30	58	85	40	22	190	62	14
11	6	17	36	19	48	61	31	23	86	40	42	200	63	26
12	6	51	37	20	18	62	31	48	87	41	01	220	65	33
13	7	24	38	20	48	63	32	13	88	41	20	240	67	23
14	7	58	39	21	18	64	32	37	89	41	40	260	68	58
15	8	32	40	21	48	65	33	01	90	41	59	280	70	28
16	9	05	41	22	18	66	33	25	91	42	18	300	71	34
17	9	39	42	22	47	67	33	49	92	42	37	350	74	03
18	10	12	43	23	16	68	34	13	93	42	55	400	75	58
19	10	45	44	23	45	69	34	36	94	43	14	450	77	28
20	11	17	45	24	14	70	35	00	95	43	32	500	78	41
21	11	52	46	24	42	71	35	22	96	43	50	600	80	32
22	12	24	47	25	10	72	35	45	97	44	08	700	81	52
23	12	57	48	25	38	73	36	08	98	44	25	800	82	52
24	13	30	49	26	06	74	36	30	99	44	43	900	83	40
25	14	02	50	26	34	75	36	52	100	45	00	1000	84	17

Bild 1   Dachneigungen

1. Definition und Klassifizierung des Daches

Eine feinere Unterteilung der Dachform kann aus den Skizzen in Bild 2 abgelesen werden, wobei sich diese Formen durch gewisse Variationen ergänzen ließen. Im einzelnen unterscheidet man je nach Gefälle, Formgebung, Entwässerung, Lichtführung usw. folgende Dachformen:

Bild 2

1. Satteldach (auch Giebeldach)
2. Walmdach (rechteckig od. quadratisch) 
3. Mansardendach (auch Kuppelwalmdach) 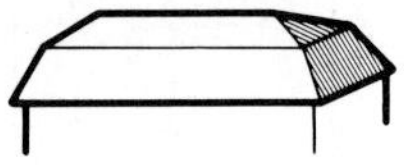
4. Pultdach 
5. Kuppeldach 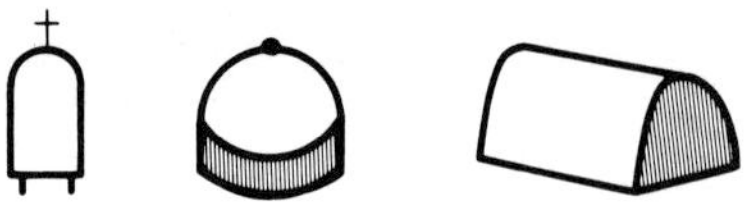
6. Hängedach 
7. Zeltdach  
8. Sheddach — Sägeschnitt, H.P. Schalen, Gewölbt
9. Faltdach (mit Spitz- oder Rundbogendach)
10. Flachdächer, je nach Entwässerung und Dachform

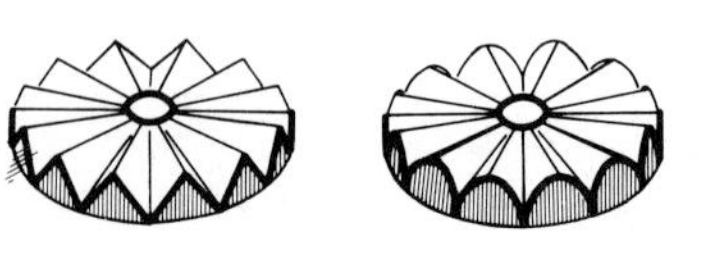

a) Flachdach mit planebener Decke (auch geringes Gefälle), meist mit Innenentwässerung

Ohne Gefälle

b) Schmetterlingsdach (mit Muldenrinne od. Kastenrinne) mit Innenentwässerung

Innengefälle

c) Flachdach mit Außenentwässerung (Satteldach oder Pultdach)

Außengefälle

Bauphysikalisch gesehen unterscheidet man:

1. Einschaliges, nicht durchlüftetes Dach (Warmdach)
2. Zweischaliges, durchlüftetes Dach (Kaltdach).

Dächer dieser Art können Steil- oder Flachdächer sein, wobei jedoch bevorzugt die flachen Dächer als Warmdächer ausgeführt werden und die Steildächer als Kaltdächer. Ganz grob gelten folgende konstruktive und funktionelle Unterscheidungsmerkmale:

1. Warmdach

1. Tragkonstruktion (Betondecke, Ortbeton oder vorgefertigte Platten, Metalldecken, Holzdecken oder dgl.).
2. Ausgleichsschicht (vor allem Temperaturspannungsausgleich)
3. Dampfsperrschicht
4. Wärmedämmschicht
5. Dampfdruckausgleichsschicht
6. Dachhaut (Dachdeckung oder Dachdichtung).

2. Kaltdach

1. Oberste Geschoßdecke (wie bei Warmdach nach statischem Gesichtspunkt)
2. Wärmedämmschicht (mit oder ohne unterseitige Dampfsperre je nach Beanspruchung)
3. Luftraum mit Kaltluft, also Außenluftdurchlüftet
4. Tragkonstruktion für die Dachabdeckung bzw. Dachdichtung
5. Dachhaut je nach Neigung usw.

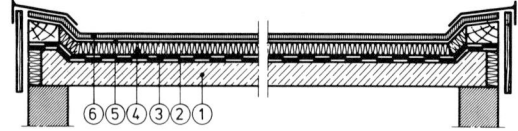

Bild 3a   Warmdachaufbau

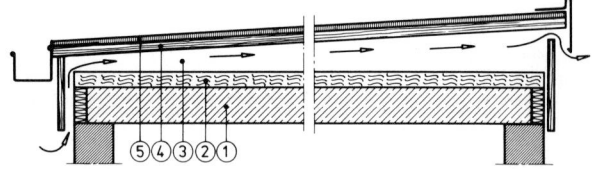

Bild 3b   Kaltdachaufbau

1.1 Klassifizierung des Flachdaches

In diesem Buch sollen in erster Linie die Flachdächer bzw. flachgeneigten Dächer behandelt werden, da diese bauphysikalisch und technisch schwieriger zu gestalten sind als die allgemein bekannten Steildächer. Deshalb ist es notwendig, eine Unterteilung der Flachdachtypen je nach Dachneigung, Nutzungszweck, architektonischen Gesichtspunkten und Art des Deckungsmaterials

vorzunehmen. Nach den Richtlinien für die Ausführung von Flachdächern unterscheidet der Zentralverband des Dachdecker-Handwerkes im Hinblick auf die Dachdeckungsmaterialien wie folgt:
»Unter einem *Flachdach* im Sinne der folgenden Ausführungen wird ein mehrschichtiges Dach mit einer Neigung unter 22° (0–40,4%) verstanden.
Flachdächer von 0–5° (9,1%) sind abzudichten, Flachdächer über 5°–22° (9,1–40,4%) sind zu decken, bei besonderen Beanspruchungen (z. B. Rückstau, Innenentwässerung) sind Dächer bis zu 8° (14,1%) ebenfalls abzudichten.«
Es ist jedoch angezeigt, diese grobere Unterteilung etwas aufzugliedern, um auch andere Belange als die Dachabdichtung bzw. Dachdeckung zu erfassen.

1.1.1 Gefälleloses Flachdach (0° Neigung)

Hierunter versteht man Dächer, die völlig planeben, also ohne jegliches Gefälle ausgeführt werden. Das Niederschlagswasser, das abzuleiten ist, entspannt in die Bodeneinläufe, die hier an jeder beliebigen Stelle angeordnet werden können. Die Vor- und Nachteile werden in späteren Kapiteln behandelt.
Gefällelose Flachdächer müssen als sog. Muldendächer hergestellt werden, d. h. mit Attika-Aufkantungen bzw. Randerhöhungen an allen Begrenzungen und höherführenden Bauteilen, damit eine Wanne bzw. eine große »Rinne« entsteht.
Gefällelose Flachdächer können sowohl als Warmdächer wie auch als Kaltdächer ausgeführt werden, wie dies in Bild 4 und Bild 5 dargestellt ist.
Flachdächer dieser Art bedürfen einer Dachabdichtung gemäß den Richtlinien für die Ausführung von Flachdächern und dem »ABC der Dachpappen«.

Bild 4   Gefälleloses Warmdach 0° Neigung, Bodeneinlauf an beliebiger Stelle

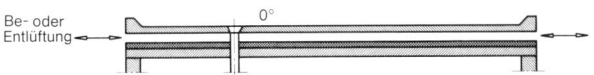

Bild 5   Gefälleloses Kaltdach 0° Neigung, Bodeneinläufe an beliebiger Stelle

1.1.2 Flachdach mit knappem Gefälle (bis 1° Neigung)

Flachdächer dieser Art zählen eigentlich noch zu den gefällelosen Konstruktionen. Sie unterscheiden sich jedoch von diesen dadurch, daß hier kein »Wasserdach« gewünscht wird, sondern daß hier das Niederschlagswasser gezielt in Richtung Bodeneinläufe gelangen soll. Überlegungen über arbeitstechnische Erleichterungen,

Ausgleich der konstruktiven Ungenauigkeiten in der Unterkonstruktion sowie gewisse Abneigungen gegen das »Wasser auf dem Dach« führen zu derartigen Lösungen. Das Gefälle kann entweder mit der Rohdecke mit einem Gefälle-Estrich oder mit gefällebildenden Wärmedämmplatten o. dgl. hergestellt werden. Selbstverständlich ist eine derartige Lösung nur dann sinnvoll, wenn die Bodeneinläufe tatsächlich auch später am tiefsten Punkt vorhanden sind (was leider trotz Gefälle nicht immer der Fall ist).

Bild 6

1.1.3 Flachdächer mit leichtem Gefälle (1–5° Neigung)

Beim Dach mit einem leichten Gefälle bis 5° ist es bereits erforderlich, in der Dachfläche gewisse Mulden auszubilden, um das Niederschlagswasser gezielt abzuführen. Die Bodeneinläufe sind dann in diesen Muldenbereichen anzuordnen. Anstelle von Mulden werden auch derzeit noch vielfach Rinnen entweder als mittig liegende Kastenrinnen oder als Außenrinnen angeordnet. Hier sei jedoch bereits darauf hingewiesen, daß derartige Rinnen bei einem solchen Gefälle unzweckmäßig sind, gleichgültig, ob diese mit der Dachdichtung selber oder mit den artfremden Blechen in die Dachdichtung eingeklebt ausgeführt werden.
Dächer dieser Art können bei gewünschter Planebenheit der Unterseite-Rohdecke noch als Warmdächer ausgeführt werden, wenngleich bei einem Gefälle von 5° sich schon das Zweischalendach wegen des starken Aufbetons anbietet, oder die Rohdecke ist beim Einschalendach insgesamt im Gefälle zu verlegen.

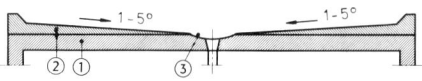

Bild 7   Leichtes Gefälle als Warmdach. 1 Tragkonstruktion, 2 Gefällebeton, 3 Muldenbildung

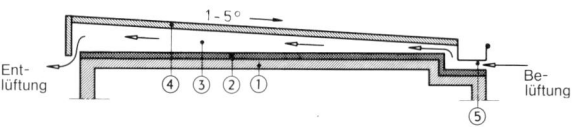

Bild 8   Leichtes Gefälledach als Kaltdach (Gefällegebung in Oberschale, mit Kastenrinne innenliegend oder außenliegend). 1 Rohdecke, 2 Wärmedämmung, 3 Kaltluft, 4 Oberschale, 5 Luftschlitz unter der Rinne

1. Definition und Klassifizierung des Daches

1.1.4 Flachgeneigtes Dach (5–25°)

Hierzu sind Dächer zu zählen, bei denen nach den Richtlinien für die Ausführung von Flachdächern entgegen den vorgenannten Ausführungen bereits Dachdeckungen zulässig sind, wobei diese Dachdeckungen in den unteren Gradbereichen »*fugenlos*« notwendig werden (z. B. Dachpappen), während in den oberen Neigungsbereichen die Dachdeckungsstoffe Fugen aufweisen können (Ziegel, Wellasbestplatten, Metallbedachungen usw.).
Die Wahl der Dachhaut wird hier also weitgehend durch das Gefälle bestimmt.
Auch diese Dächer können als ein- oder zweischalige Dächer ausgeführt werden und bedürfen in jedem Falle einer konzentrierten Wasserführung in Mulden oder Rinnen, wobei es u. U. notwendig wird, daß auch diese Mulden oder Rinnen wiederum ein Gefälle in Richtung Bodeneinläufe erhalten, oder diese Rinnen müssen als gefällelose Konstruktionen ausgebildet werden, also eine Dachabdichtung erhalten, wie bei gefällelosen Dächern. Hier lassen sich etwa folgende Beispiele anführen:

1.2 Gefälledächer (25–60°)

Hierunter sind Dächer einzustufen, die in jedem Falle eine Dachdeckung erlauben. Zweckmäßigerweise sollte man jedoch auch diese Gefälledächer hinsichtlich der Wahl der Dachdeckung und deren Sondermaßnahmen nochmals unterteilen:

1.2.1 Mäßiges Steildach (25–40°)

Diese Dächer werden vorzugsweise als zweischalige Dächer ausgeführt und erhalten meist Ziegeldeckungen, Wellasbestplatten, Metalldeckungen usw. Sie können aber bei bestimmten Konstruktionen auch als Warmdächer ausgeführt werden, besonders dann, wenn verschiedene Neigungen in einer Dachkonstruktion enthalten sind (z. B. Sheddächer, Zeltdächer, Gewölbedächer usw.). Hier können u. U. in einer Dachkonstruktion beide Arten, also Warm- und Kaltdach notwendig werden, wobei jedoch in jedem Falle die Abwasserführung konzentriert in Mulden oder Rinnen erfolgen muß. Bei größerem Gefälle empfiehlt sich im Gegensatz zum Flachdach die Entwässerung nach außen, während bei Sheddächern bei entsprechend großer Mulde auch eine Innenentwässerung noch zweckmäßig sein kann. Bei Dach = Decke ist das Kaltdach die übliche Ausführung.

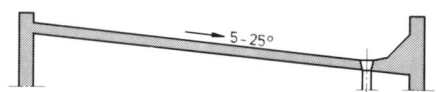

Bild 9   Warmdach mit Innenentwässerung, in Mulde entwässert

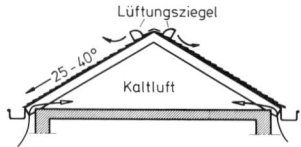

Bild 13   Satteldach oder Pultdach als Kaltdach mit Außenrinnen

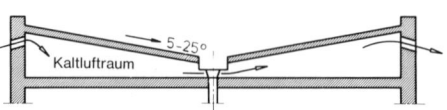

Bild 10   Zweischaliges Dach mit Muldenentwässerung, bei großer Neigung mit Rinne als Kastenrinne

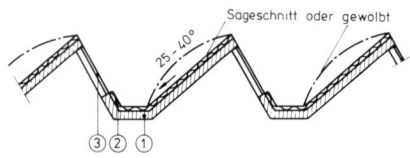

Bild 14   Warmdach (z. B. Sheddach, HP-Schalendach oder dgl.) mit gefälleloser Rinnenausbildung oder Gefälle bereits durch Konstruktion hergestellt. 1 Tragkonstruktion, 2 Dämmung, 3 Fenster

Bild 15a   Dach = Decke als Kaltdach mit Außenentwässerung. 1 Innenverkleidung, 2 Wärmedämmung, 3 Lüftung, 4 Dachhaut

Bild 15b   Kombination Rinne Warmdachausführung, schräge Kaltdachausführung (bei Shed-Konstruktionen oder dgl.) mit Innenentwässerung, Mulde im warmen Bereich. 1 Betonkonstruktion oder dgl., 2 Dampfsperre, 3 Wärmedämmung, 4 Dichtung

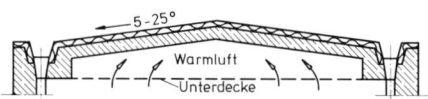

Bild 11   Warmdach mit Außenrinne (nur bei stärkerem Gefälle noch zu empfehlen), evtl. mit lufthinterspülter Unterdecke, möglichst im Warmbereich Abflußrohre

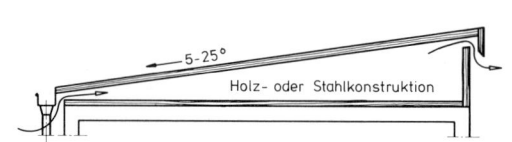

Bild 12   Kaltdach mit Außenrinne (bei Pult- oder Satteldächern)

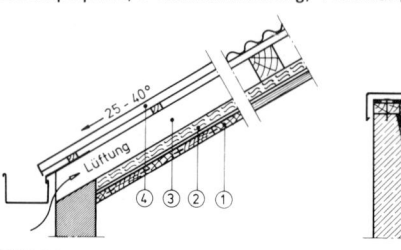

Bild 15a 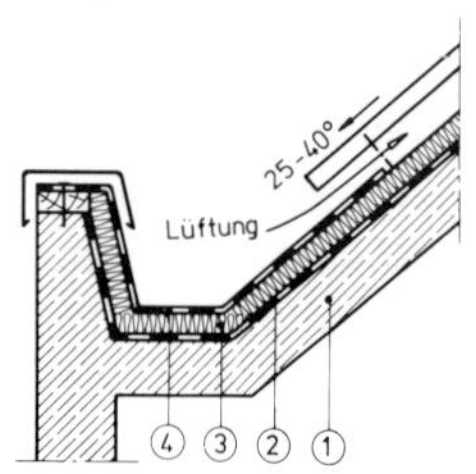   Bild 15b

1.2.2 Steiles Dach (40–60° Neigung)

Dächer dieser Art werden fast immer als Kaltdächer hergestellt und sind allgemein unter den angeführten Dachformen bekannt, so daß weitere Definitionen nicht erforderlich sind. Bei modernen Beton-Konstruktionen können aber auch Dächer dieser Art als Warmdächer mit falschem Schichtaufbau ausgeführt werden (Wärmedämmung innenseitig, Sichtbeton außenseitig). Über Zweckmäßigkeit derartiger Konstruktionen siehe spätere Ausführungen (z. B. Kirchtürme, Kuppeldächer).

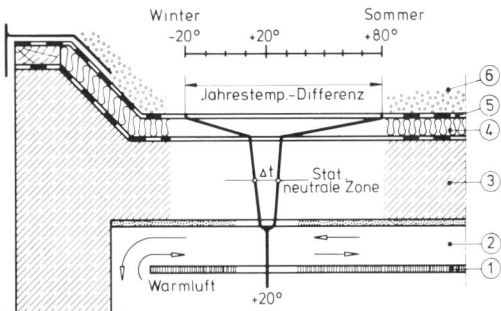

Bild 17 1 Unterschale (z. B. Schallschluckplatten) oder Putz direkt auf Rohdecke, 2 Lufthohlraum im warmen Bereich (in sich nicht abgeschlossen), 3 Tragkonstruktion, z. B. Beton (Δt = Temperaturdifferenz in der statisch neutralen Zone), 4 Wärmedämmung über Dampfsperre, 5 Dachhaut, 6 Kiesschicht

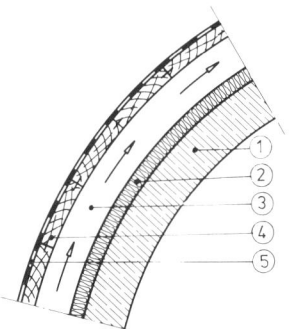 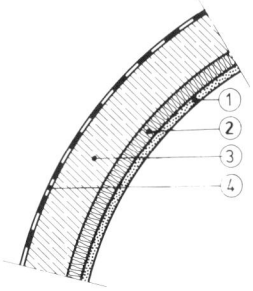

Bild 16a Steiles Dach (Kuppeldach oder dgl.) – Kaltdach. 1 Tragschale, 2 Wärmedämmung, 3 Kaltluftraum, 4 Holzschalung oder dgl., 5 Dachhaut (Schiefer, Kunststoff oder dgl.)

Bild 16b Steildach – Einschalendach mit Innendämmung. 1 Putz (evtl. auch Dampfsperre, 2 Wärmedämmung, 3 Tragschale (z. B. Beton), 4 Dachdeckung (z. B. Kunststoffbeschichtung)

Je nach Flächengewicht des Daches unterscheidet man aus Gründen der Wärmespeicherfähigkeit zwischen schweren und leichten Dachkonstruktionen.

1.3.2 Schweres Einschalendach gemäß DIN 4108 (siehe Anhang Tabelle 12)

Hierunter sind Dächer zu verstehen mit einem Flächengewicht von mehr als 100 kg/m², wenn die Tabelle 1 und die Tabelle 4 der DIN 4108 zugrunde gelegt werden (früher vor Einführen der höheren Wärmedämmwerte 300 kg/m²).
Im allgemeinen sind dies Dächer mit massiven Tragkonstruktionen, z. B. Massivplattendecken aus Ortbeton, Fertigbalkendecken, Rippendecken, Röhrendecken usw. Aber auch leichte Tragschalen sind dann zu diesen schweren Dächern zu zählen, wenn über diesen Tragschalen eine ausreichend starke Kiesschüttung aufgebracht wird, die bei der Ermittlung des Dachgewichtes mit eingerechnet werden darf.

1.3 Physikalische Definition des Daches (ohne Bewertung)

Wie zuvor angeführt, spricht man von sog. einschaligen oder zweischaligen Dachkonstruktionen. Diese Einstufung des Daches ist relativ neu und wurde erst mit der Entstehung moderner Flachdächer eingeführt. Hier sind folgende Klassifizierungen notwendig:

1.3.1 Einschalige Dächer (Warmdächer) (siehe auch DIN-Entwurf 18530 Anhang)

Diese Dachform besagt, daß das Dach im Winter »warm« wird, also daß alle Schichten ohne Unterbrechung durch Kalträume in einer »Schicht« bzw. einer Schale untergebracht sind. Die gesamte Konstruktion beteiligt sich mit all ihren Schichten an der Wärmedämmung im Gegensatz zum Kaltdach und übernimmt demzufolge die Sommer- und Wintertemperaturregulierung.
In Bild 17 ist ein Warmdachaufbau mit dem Temperaturverlauf für Winter- und Sommertemperatur dargestellt.

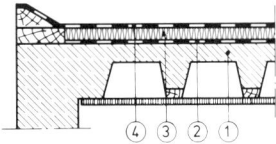

Bild 18a Massives Einschalendach. 1 Massivdecke mit oder ohne Gefällebeton (hier Rippendecke), 2 Dampfsperre, 3 Wärmedämmung, 4 Dachabdichtung

Auch Dächer mit unterseitiger Wärmedämmung (mit oder ohne Dampfsperre je nach Belastung) werden, wenn spannungsfrei durch Gleitlager aufgelagert, zu den schweren Dächern gezählt (Bewertung siehe spätere Kapitel).

1. Definition und Klassifizierung des Daches

Leichte Tragkonstruktion (Stahlbleche Bild 18b) oder sogar Holzschalungen mit mindestens 5 cm Kies gehören zu den schweren Dächern:

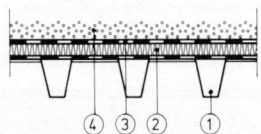

Bild 18b Flachdach. 1 Stahlbleche (evtl. mit Dampfsperre), 2 Wärmedämmung, 3 Dachabdichtung, 4 mindestens 5 cm Kiesschüttung oder Plattendecke

Wie bereits angeführt, können aber auch leichte Schalenkonstruktionen aus Leichtbeton (Gasbeton, Bimsbeton, Holzschalungen, Span- oder Sperrholzplatten) dann als schwere Dächer eingestuft werden, wenn über diesen Schalen eine ausreichende Kiesschicht aufgeschüttet ist.

1.3.3 Leichtes Einschalendach $\leq$ 100 kg/m²

Hierunter werden nach DIN 4108 Konstruktionen gezählt mit einem Flächengewicht von weniger als 100 kg/m². Hier lassen sich folgende Beispiele anführen:

1.3.3.1 Leichtbetonplatten, z. B. Gasbeton, Holzspanbeton oder dergleichen entsprechender Stärke nach Tabelle 4 der DIN 4108

Je nach Stärke erbringen diese statisch tragenden und wärmedämmend stark wirksamen Deckenplatten weniger als 150 kg/m², wenn keine Kiesschüttung aufgebracht werden kann, was aus statischen Gründen oft nicht möglich ist. Anstelle eines Aufbaues wie Bild 19 käme dann je nach erforderlicher Wärmedämmung ein Aufbau nach Bild 20 oder Bild 21 in Frage.

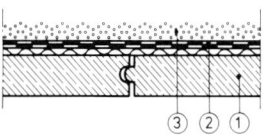

Bild 19 Leichte Tragdecke mit schwerer Kiesschüttung. 1 z.B. Gasbeton, Bimsbeton, 2 Dachhaut über Dampfdruckausgleich (Falzbaupappe), 3 Kiesschüttung $\geq$ 5 cm

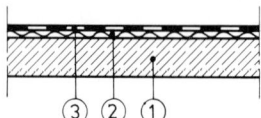

Bild 20 Leichtbetondach. 1 Gasbeton oder dgl., 2 Dampfdruckausgleichsschicht (Falzpappe), 3 Dachhaut (Dachpappen, Kunststoffbelag oder dgl.)

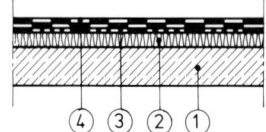

Bild 21 Leichtdach mit Zusatzwärmedämmung. 1 Leichtbeton, z.B. Gas- oder Bimsbeton, 2 evtl. zusätzliche Wärmedämmung, 3 Obere Dampfdruckausgleichsschicht (z.B. Lochglasvliesbahn), 4 Dachhaut wie Bild 20

Eine Bewertung, ob zwischen Wärmedämmung und Tragschale eine Dampfsperre angeordnet werden kann oder darf siehe spätere Ausführungen.

1.3.3.2 Holz-Leichtkonstruktionen $\leq$ 100 kg/m² nach Tabelle 4 DIN 4108

Hier ist über einer wärmedämmend wenig wirksamen Tragkonstruktion (Holzschalung, Holzspan- oder Sperrholzplatten, Asbestfaserplatten usw.) eine je nach Dachgewicht gemäß DIN 4108 ausreichende Wärmedämmung erforderlich. Ohne physikalische Bewertung sollen hier lediglich zwei Beispiele in Bild 22 und Bild 23 angeführt werden.
Über den physikalisch richtigen und sinnvollen Aufbau siehe spätere Kapitel.

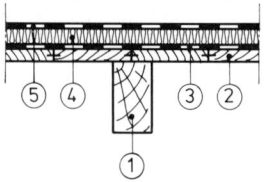

Bild 22 Dach ohne Unterschale. 1 Balken oder Sparren, sichtbar, 2 Tragschale (Holzschalung, Holzspanplatten oder dgl.), 3 Dampfsperre (1 Lage genagelt, 1 Lage geklebt), 4 Wärmedämmung, 5 Dachhaut – je nach Neigung

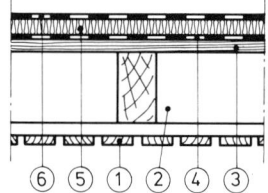

Bild 23 Dach mit Unterschale. 1 Unterschale (dünne Holzschalung, Gipskartonplatten oder dgl.), 2 Luftraum (evtl. mit Warmluft in Verbindung stehend), 3 Tragschale (Holzschalung oder dgl.), 4 Dampfsperre, 5 Wärmedämmung, 6 Dachhaut

1.3.3.3 Stahlblechdächer (Trapezbleche) $\leq$ 100 kg/m² gemäß Tabelle 4 DIN 4108

In neuerer Zeit haben Blechkonstruktionen aus sog. Trapezblechen infolge des geringen Dachgewichtes eine breite Anwendung gefunden. Eine Kiesschüttung zur Aufbesserung des Dachgewichtes ist auch hier aus statischen Gründen oft nur bedingt oder gar nicht möglich, so daß die Wärmedämmung häufig zur Erfüllung der Mindestforderungen relativ stark dimensioniert werden muß, ähnlich wie bei Holzleichtdächern.

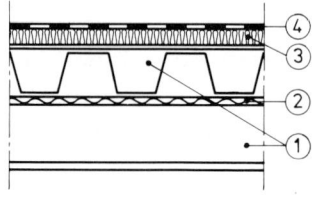

Bild 24 1 Trapezbleche, 2 evtl. zusätzlich erforderliche Dampfsperre, 3 Wärmedämmung mit oben Druckausgleich, 4 Dachhaut (Bitumenpappen oder dgl., evtl. Rieseleinklebung)

1.4 Zweischalige Dächer (Kaltdächer) (ohne technische und physikalische Bewertung)
(siehe DIN-Entwurf 18530 Anhang)

Das Kaltdach hat als Konstruktionsmerkmal eine innere, den Wärmeschutz zu übernehmende Schale und eine äußere, mit der Außenluft unterspülte Schale, die gemäß DIN 4108 bei der Wärmedämmberechnung nicht mit eingerechnet werden kann, jedoch darf das Gewicht nach Tabelle 4 DIN 4108 mitberechnet werden.

Der Hohlraum muß mit der Außenluft in wirkungsvoller Weise in Verbindung stehen und hat die Aufgabe im allgemeinen, die von unten aus der Raumluft in die Konstruktion eindiffundierende Feuchtigkeit (Wasserdampf) nach außen abzuleiten und außerdem temperaturausgleichend zu wirken. Im Sommer soll ein Teil der von oben infolge Erwärmung der Oberschale zugestrahlten Wärme durch den Lufthohlraum abgeführt werden, ohne daß die Unterschale diese Zustrahlung voll mitgeteilt erhält. Im Winter soll eine gewisse Milderung der Außentemperatur durch den Lufthohlraum herbeigeführt werden. Trotzdem darf die Oberschale wärmetechnisch nicht in die Dämmberechnung einkalkuliert werden, wie bereits angeführt. In Bild 25 ist die diffusionstechnische Funktion schematisch dargestellt, in Bild 26 die Temperaturausgleichswirkung (Temperaturverlauf).

Auch eine evtl. untergehängte Decke als Schallschluckdecke (dritte Schale) oder eine Deckenstrahlungsheizung in abgehängter Form wird bei der Gewichtsermittlung mit einberechnet, da diese zur Unterschale zählt. Schwere Zweischalendächer liegen in der Regel dann vor, wenn die statische Unterschale eine Massivdecke ist, oder wenn über einer leichten Unterschale eine entsprechend schwere Oberschale z.B. mit Kiesschüttung gegeben wäre. In Bild 27 und 28 sind Beispiele derartiger Konstruktionen dargestellt.

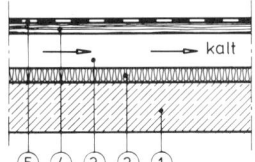

1 Massivdecke,
2 Wärmedämmung,
3 Kaltluftraum,
4 Oberschale (Holzschalung, Leichtbauplatten, Asbestplatten usw.
5 Dachhaut

Bild 27 Schweres Zweischalendach

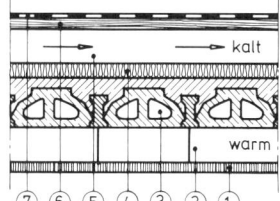

1 Untergehängte Decke mit oder ohne Strahlungsheizung, 2 Lufthohlraum auf der warmen Seite (gegebenenfalls mit Raumluft in Verbindung stehend, 3 Hohlkörperdecke mit Druckbeton, 4 Wärmedämmung, 5 Kaltluftraum, 6 Oberschale (z.B. Holzschalung), 7 Dachhaut

Bild 28 Zweischaliges Dach mit untergehängter Schallschluckdecke oder Deckenstrahlungsheizung

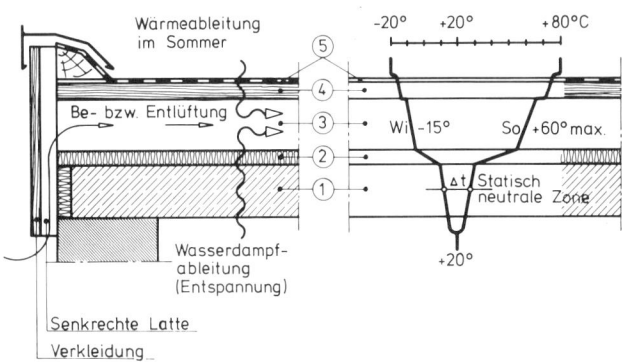

Bild 25 Aufgabe der Feuchtigkeitsregulierung

Bild 26 Temperaturausgleichende Funktion bei richtiger Be- und Entlüftung

1 Massivplatte, 2 Wärmedämmung, 3 Lufthohlraum mit Kaltluft in Verbindung stehend, be- und entlüftet, 4 Oberschale (z.B. Holzschalung), 5 Dachhaut

1.4.2 Leichtes Kaltdach (unter 100 kg/m² nach Tafel 4 DIN 4108)

Auch hier darf gemäß DIN 4108 das Gewicht der Oberschale (Gewichtsermittlung nach DIN 1055) mitgerechnet werden. Ein evtl. unterseitig eingeschlossener Lufthohlraum im warmen Bereich zählt zur Unterschale und kann wärmetechnisch in Anrechnung gebracht werden. In den Bildern 29, 30, 31 und 32 sind einige Beispiele derartiger Leichtdächer angeführt, jedoch ohne physikalische Bewertung. Hier siehe Kapitel »Zweischalendächer«!

1.4.1 Schweres zweischaliges Dach (über 100 kg/m²)

Bei der Gewichtsermittlung gemäß DIN 1055 (siehe Anhang Tabelle 14) darf das Gewicht der Oberschale gemäß DIN 4108 für die Wärmedämmberechnung mitgerechnet werden. Ist das Gewicht nach der derzeit gültigen DIN 4108 über 100 kg/m², kann nach Tafel 1 der DIN 4108 die Wärmedämmung dimensioniert werden.

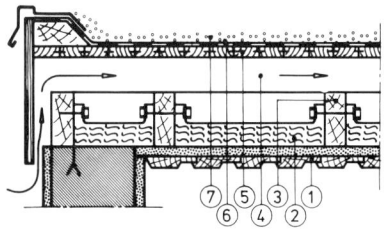

Bild 29 Leichtes Flachdach. 1 Deckenverkleidung (Holz, Putz, Gipskarton oder dgl.) auf Lattung, 2 Wärmedämmung, 3 Tragkonstruktion (Holz, Stahlblech oder dgl.), 4 Kaltluftraum, 5 Oberschale (Holzschalung oder dgl.), 6 Dachhaut, 7 Kiespreßdach

1. Definition und Klassifizierung des Daches

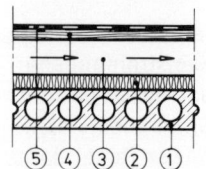

1 z.B. Gasbeton, 2 Wärmedämmung, 3 Kaltluftraum, 4 Oberschale (Holz-, Asbestplatten oder dgl.), 5 Dachhaut (ohne Kiesschüttung)

Bild 30 Leichtbetondach

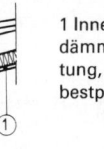

1 Innenverkleidung, 2 Wärmedämmung, 3 Kaltluftraum, 4 Lattung, 5 Dachdeckung (Ziegel, Asbestplatten oder dgl.)

Bild 31 Sparren-Leichtdach

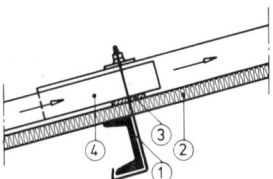

1 Tragkonstruktion (Metall oder Holz), 2 Wärmedämmung, 3 Distanzstreifen, 4 Wellasbestplatten, Metallbedeckungen usw.

Bild 32 Leichtdächer mit selbsttragender Wärmedämmung

Ohne Beurteilung des Aufbaues folgende Beispiele (Bild 34 bis 36):

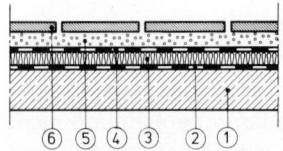

1 Massivdecke (evtl. mit Gefällebeton), 2 Dampfsperre, 3 Wärmedämmung, 4 Dachdichtung, 5 z.B. Kies-Sandbett, 6 lose Plattenverlegung

Bild 34 Terrassendach begehbar

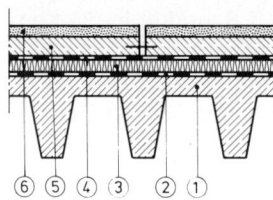

1 Massive Tragkonstruktion (hier Rippendecke), 2 Dampfsperre, 3 Wärmedämmung, 4 Feuchtigkeitsabdichtung, 5 druckverteilender bewehrter Beton (in Dehnfugen aufgeteilt), 6 Verschleißschicht (Estrich, Plattenbelag oder dgl.)

Bild 35 Parkdecks

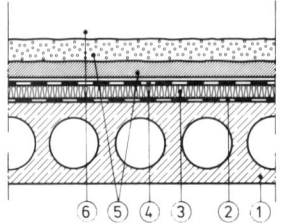

1 Tragkonstruktion (hier Röhbaudecke), 2 Dampfsperre, 3 Wärmedämmung, 4 Feuchtigkeitsabdichtung, 5 Schutzschicht (Magerbeton, Betonplatten, entsprechend starke Kiesschüttung), 6 Erdschüttung, evtl. auf Torfmull

Bild 36 Dachgarten

1.5 Begeh- und befahrbare Flachdächer

In immer größerem Umfange werden Dachflächen zur Begehung als Terrassen, zur Befahrung als Parkdecks und als Gartendach hergestellt. Physikalisch gesehen sind dies meist einschalige Flachdächer (Warmdächer), können aber auch als Kaltdächer ausgeführt werden.

1.5.1 Terrassendach

Von einem Terrassendach spricht man im allgemeinen dann, wenn unter diesem Dach beheizte Räume vorhanden sind im Gegensatz zum Balkon, der außen luftumspült ist. In Bild 33 ist die Definition der Terrasse dargestellt.

Bewertung dieser Konstruktionen (physikalisch und technisch) siehe späteres Kapitel!

1.5.2 Balkone

Balkone sind frei auskragende überdeckte oder nicht überdeckte Flächen, die im Gegensatz zu Terrassen allseitig mit Kaltluft umspült sind. Balkone sind zwar nicht Flachdächer im eigentlichen Sinne, können es aber je nach Überdeckung durch das Dach oder andere Balkone und durch Orientierung, Länge der Konstruktion usw. erforderlich machen, daß Balkone ähnlich konstruiert werden müssen wie Terrassen. Auch hier siehe spätere Bewertungen. In Bild 37 ist lediglich die Definition Balkon dargestellt.

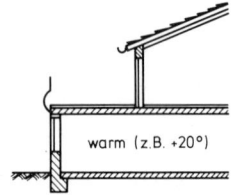

Bild 33 Terrassendach (in der Regel über beheizten Räumen)

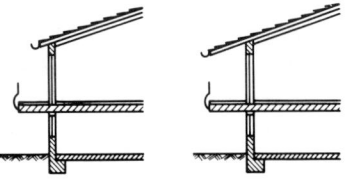

Bild 37 Balkone (mit oder ohne Überdeckung frei auskragend)

2. Bauphysikalische Grundlagen

Um Dächer und hier besonders um Flachdächer physikalisch und technisch in ihrer Wertigkeit und Brauchbarkeit abzuschätzen, muß man wissen, welche Anforderungen an ein Dach gestellt werden. Erst hieraus können dann die Folgerungen für den physikalisch und technisch richtigen Aufbau abgeleitet werden.

Um eindeutige Wertungen vornehmen zu können, ist es erforderlich, einige physikalische Grundgesetze zu beachten und Berechnungen anzustellen. Zahlreiche Schäden bei Flachdächern resultieren aus der Mißachtung dieser einfachen Grundgesetze. Es müssen also nachfolgend einige theoretische Überlegungen und Berechnungen angestellt und Gesetzmäßigkeiten erläutert werden, wenngleich versucht werden soll, sowenig wie möglich Theorie darzustellen.

2.1 Einflüsse auf das Dach (Flachdach)

Die Beanspruchungen auf ein Dach und hier besonders auf Flachdächer sind von zwei Seiten gegeben:

1. Beanspruchungen von außen
2. Beanspruchungen von innen

Diese wechselseitigen Beanspruchungen können anschaulich aus Bild 38 entnommen werden [1].

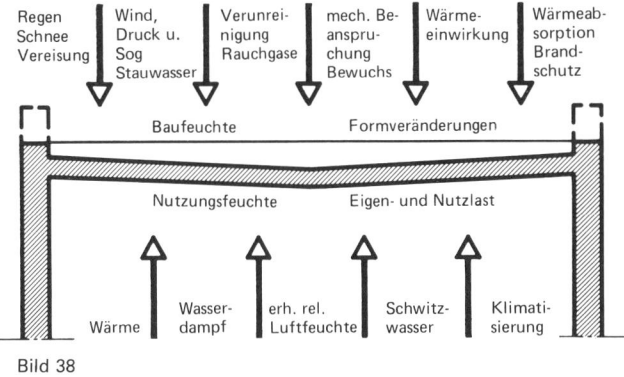

Bild 38

2.1.1 Einflüsse von außen

Die Einflüsse von außen sind je nach Wechsel der Jahreszeiten erheblichen Temperaturschwankungen unterworfen, so z. B. im Winter $-20°$ bis $+80°$, ja sogar $100°$ im Sommer.

Die stärksten Beanspruchungen für eine Dachhaut und die Konstruktion resultieren aus den Tagestemperaturschwankungen. Diese können bei schnellen Wetterumschlägen innerhalb ganz kurzer Zeit $40-80°$ betragen.

Diese Temperaturschwankungen von außen bewirken im »Dach« Zug- und Druckspannungen durch Volumenveränderungen. Es kommt also innerhalb der einzelnen Schichten zu Formveränderungen, die gegebenenfalls zu Entspannungen führen (Rissebildungen).

Neben diesen Temperaturschwankungen hat das Dach die Aufgabe, die Außenfeuchtigkeit mit all ihren Erscheinungsformen abzuleiten. Außerdem müssen noch eine Anzahl weiterer Aufgaben übernommen werden, die aus Bild 38 abgelesen werden können.

2.1.2 Beanspruchungen von innen

Außer der statischen Beanspruchung (Tragfähigkeit) unterliegt das Dach von der Innenseite her der sog. Nutzungsfeuchte. Zum größten Teil des Jahres enthält die Innenluft höhere Feuchtigkeitswerte bzw. eine höhere relative Luftfeuchtigkeit als die Außenluft. Dadurch entsteht ein sog. Dampfdruckgefälle (siehe spätere Ausführungen) von innen nach außen, die sog. Dampfdiffusion.

Bei Unterschreiten der Taupunkttemperatur ergibt sich außerdem eine Belastung durch evtl. Schwitzwasserbildung, die auf der inneren Oberfläche auftreten kann (bei unzureichender Wärmedämmung). Außer diesen feuchtigkeitstechnischen Belastungen von unten kann evtl. von unten zugestrahlte Wärme (durch Deckenstrahlungsheizung oder durch industrielle Nutzung) eine Belastung auf die Dachkonstruktion ausüben, besonders dann, wenn diese Wärmezustrahlung keine kontinuierliche ist. Auch dadurch können Formveränderungen in der Dachdecke hervorgerufen werden.

Auch unzureichende Wärmedämm-Maßnahmen (Wärmebrücken usw.) können von unten die Dachkonstruktion beanspruchen.

Aus all diesen Beanspruchungen, die im Detail noch erweitert werden könnten, lassen sich etwa folgende Forderungen ableiten:

1. Das Dach muß mit einer ausreichenden Wärmedämmung versehen sein, um einerseits den Wärmehaushalt zu gewährleisten, andererseits Schäden durch Temperaturbewegungen bzw. Formveränderungen zu vermeiden. Hierzu ist es notwendig, eine *Wärmeberechnung* anzustellen.

2. Das Dach muß schwitzwasserfrei sein, es dürfen also (von der Raumbenutzung her gesehen) an den innenseitigen Oberflächen keine Schäden entstehen. Es muß demzufolge eine sog. *Taupunktberechnung* durchgeführt werden.

3. Infolge des Temperatur- und Dampfdruckgefälles zwischen warmer Innenluft und kalter Außenluft dürfen keine Diffusionsdurchfeuchtungen der Einzelschichten erfolgen, was durch *Diffusionsberechnungen* nachzuweisen wäre.

4. Durch die Wechselbeanspruchungen zwischen Außen- und Innenklima dürfen keine unzulässigen Verformungen und Dehnungen in der Konstruktion entstehen, um Risse in Wänden, Deckenkonstruktion, Dachhaut usw. zu vermeiden. Um hier Abschätzungen vornehmen zu können, ist es notwendig, sog. *Temperaturspannungsberechnungen* durchzuführen.

2. Bauphysikalische Grundlagen

5. Durch die Eigen- und Nutzlast, Erschütterungen usw. können Formveränderungen in der Tragkonstruktion auftreten. Hier sind abschätzende *Berechnungen* über *Formveränderungen, Durchbiegungen* usw. notwendig.

2.2 Klimafaktoren beim Dach

Zur Beurteilung, Berechnung und Abschätzung von Wirkungen müssen einige naturgesetzliche Fakten berücksichtigt werden, die durch das umgebende Klima des Daches gegeben sind:

2.2.1 Klimafaktoren innen

Die einwirkenden Innenfaktoren sind:

1. Innentemperatur (siehe Tabelle 1 Anhang nach [2])

Diese ist durch die Nutzung der Räume bestimmt. Im Wohnungsbau liegt die Temperatur zwischen 18–25°, im Industriebau können diese durch besondere Gegebenheiten stark von diesen Werten nach unten oder nach oben abweichen:

a) Kühlraumbau – Tiefkühlung

Je nach spezieller Lagerware bzw. Aufgabenstellung müssen hier Temperaturen von +5° bis −30° und noch tiefer gerechnet werden. Hier muß vor einer Beurteilung und Berechnung die genaue Temperatur ermittelt werden. Genauere Werte siehe Tabelle 1 unter Kühlhäuser.

b) Gewerbe- und Industriebetriebe

Hier gelten die Richtwerte der Tabelle 1 nach [2], Spalte 1 siehe Anhang. Aber auch hier können von diesen Richtwerten Abweichungen vorliegen, weshalb es angezeigt ist, vor Ausführungen einer Bauaufgabe sich über die genauen Raumtemperaturen zu vergewissern.

2. Raumluftfeuchte (siehe Tabelle 1 Anhang nach [2])

Zur Beurteilung der Behaglichkeit, zur Berechnung der Tauwasserfreiheit und zur Abschätzung der Gefahr schädlicher Durchfeuchtung durch Dampfdiffusion muß die Raumluftfeuchte und der durch diese Raumluftfeuchte und die Raumtemperatur resultierende Dampfdruck bekannt sein. Hier sind folgende Begriffe zu klären:

a) Wasserdampf

Wasserdampf ist ein unsichtbares Gas, das zusammen mit Luft (im Bauwesen) auftritt. Wasserdampf entsteht durch Verdunstung von Wasser, Atmung und Ausdünstung von Mensch und Tier sowie bei allen Verdampfungsvorgängen (beabsichtigt bei Klimaanlagen, meist unbeabsichtigt bei Naßbetrieben, Bädern usw.).

Hier einige Richtwerte für die Abgabe von Wasserdampf durch den Menschen:

	Wärmeabgabe kcal/h/Person	Wasserdampf g/h/Person
Sitzende Tätigkeit	80– 85	40– 50
Mittlere Arbeit	160–180	70– 80
Schwere Arbeit	320–350	120–150

b) Sättigungsgehalt der Luft = Sättigungsmenge γd g/m³

Warme Luft kann mehr Wasserdampf aufnehmen (speichern) als kalte Luft. Diesen Grundsatz sollte man nie vergessen, da sich mit ihm viele physikalische Vorgänge schon gedanklich ohne Rechenarbeit erklären lassen.
Die Luft kann in Abhängigkeit von der Temperatur nur eine ganz bestimmte Menge an Wasserdampf speichern (100%), bei niedrigen Temperaturen, also wie angeführt weniger, bei hohen Temperaturen mehr. In Tabelle 2 (siehe Anhang) sind in Spalte b) diese möglichen Sättigungsmengen für die Temperaturen von −20° bis +20° angegeben.

c) Sättigungsdampfdruck p_s in mm/hg oder kg/m²

Von 1 m³ gesättigter Luft bei der herrschenden Lufttemperatur wird ein ganz bestimmter Druck, der sog. Dampfsättigungsdruck (p_s) ausgeübt. In Tabelle 2 sind diese Dampfsättigungsdrücke mit Dezimalwerten von c–m in mm/hg angegeben. Als Ergänzung sind in Tabelle 3 die Dampfsättigungsdrücke kg/m² angeführt, die für die später aufgezeigte rechnerische Diffusionsberechnung erforderlich sind (Umrechnungsfaktor 0,0735).

d) Tatsächliche Dampfmenge γd g/m³

In der Außenluft und in der Raumluft ist meist nur ein Prozentsatz der *Sättigungsmenge* vorhanden. Man spricht dann von der *tatsächlichen Dampfmenge.*

e) Tatsächlicher Dampfdruck p

Von der tatsächlichen Dampfmenge wird wiederum nur ein Teildruck, *tatsächlicher Dampfdruck* oder auch *Partialdruck* genannt, wirksam.

f) Relative Luftfeuchtigkeit ψ %

Die *relative Luftfeuchtigkeit* ist das Verhältnis von tatsächlicher Dampfmenge zur Sättigungsmenge oder auch vom tatsächlichen Dampfdruck zum Sättigungsdampfdruck:

$$\psi = \frac{d}{ds} \cdot 100 \text{ oder } \psi = \frac{P}{Ps} \cdot 100.$$

Die relative Luftfeuchtigkeit kann nur mit einem Meßgerät festgestellt werden. In *Tabelle 1* sind für die hauptsächlichsten Raumbeanspruchungen die etwa auftretenden Luftfeuchtigkeiten und die Temperaturen angeführt. Vor Ausführung eines Projektes ist anzuraten, sich über die zu erwartenden Luftfeuchtigkeiten in Abhängigkeit von der Temperatur *genau* zu orientieren, da diese für die Dimensionierung der Wärmedämmung usw. von wesentlicher Bedeutung sind. Hier können Betriebsingenieure oft ausreichende Werte angeben.

g) Tau- bzw. Schwitzwasserausfall (Kondensation)
Wird der Luft mehr Feuchtigkeit (Dampf) zugemutet, als sie bei der herrschenden Temperatur speichern kann, also mehr als 100%, gibt sie Wasser in flüssiger Form als *Schwitz-* oder *Kondenswasser* ab.

Beispiel:
Raumluft +20°C rel. Luftfeuchtigkeit durch Messung festgestellt
$$\psi = 70\%.$$
Tatsächliche Feuchtigkeitsmenge nach *Tabelle 2:*
$$\gamma d = 0,7 \cdot 17,3 = 12,11 \text{ g/m}^3.$$
Durch die Wärmedämmberechnung sei festgestellt, daß die innere Oberfläche des Flachdaches im Winter bei −20° Außentemperatur auf +10° abgekühlt wird. Bei +10°C kann die Luft nach *Tabelle 2* nur 9,4 g/m³ Wasserdampf speichern. Es entsteht also folgende Gleichung:
$$\psi = \frac{12,11}{9,4} \cdot 100 = 129\%$$
12,11 g/m³ = tatsächliche Dampfmenge in der Raumluft bei +20°C.
9,4 g/m³ = mögliche Sättigungsmenge der abgekühlten Luft unmittelbar an der Decke bei +10°C.

Ergebnis:
Es wird der an der inneren Oberfläche zur Abkühlung gebrachten Luft auf 10°C = 29% zuviel Wasserdampf zugemutet. Dieser überschüssige Wasserdampf fällt als Schwitz- bzw. Tauwasser aus.

h) Taupunkttemperatur (Sättigungstemperatur) t_s
Die *Taupunkttemperatur* gibt an, ab welcher Temperatur (bei einer bestimmten Raumlufttemperatur und Raumluftfeuchtigkeit) Schwitzwasser ausfallen würde, wenn eine weitere Abkühlung erfolgte.
In *Tabelle 4* sind für Raumlufttemperaturen von ±0°C bis +30°C und Luftfeuchtigkeiten von 50% bis 100% die Taupunkttemperaturen angegeben. (Zwischenwerte sind geradlinig einzuschalten.) Siehe Anhang Tabelle 4.

i) Dampfdruckdifferenz = pi − pa mm Hg oder kp/m²
Infolge der verschiedenen Temperaturen von erwärmter Innen- und kalter Außenluft enthält die Atmosphäre eine verschieden große Feuchtigkeitsmenge, von der verschieden große Partialdrücke ausgeübt werden. Es entsteht also zwischen Außenluft und Innenluft eine *Dampfdruckdifferenz*.

Beispiel:
Luft außen −20°C, 80% rel. Luftfeuchtigkeit, nach Tabelle 2 =
0,8 · 0,77 = 0,616 mm Hg

Raumluft +20°C, 80% rel. Luftfeuchtigkeit, nach Tabelle 2 =
0,8 · 17,53 = 14,024 mm Hg

Dampfdruckdifferenz zwischen
innen und außen = 13,408 mm Hg
≈ 13,41 mm Hg

[nach Tabelle 3]
(760 mm Hg = 10330 kp/m²)

2.2.2 Klimaeinflüsse von außen

Diese Einflüsse von außen ergeben sich einmal durch die stark wechselnden Temperaturen zwischen Sommer und Winter, Tag und Nacht, Außenluftfeuchtigkeit, Niederschlagswasser (Eis und Schnee), Austrocknung und Abkühlung sowie Windkräfte. Nachfolgend sollen nur einige Begriffe zum weiteren Verständnis angeführt werden:

a) Außentemperatur im Winter

Die maximal zu erwartenden Außentemperaturen im Winter sind gekennzeichnet durch die Klimakarte der DIN 4108 (siehe Bild 5, Anhang). Danach ist Deutschland in drei Klimagebiete eingeteilt, wobei etwa in Klimazone I −10°, in Zone II −15° und in Zone III −20° im Minimum auftreten. In besonders ungünstigen Höhenlagen auch −25° und darüber. In Tabelle 6 Anhang sind Jahrestemperaturen in deutschen und europäischen Städten angeführt.

b) Außentemperaturen im Sommer (siehe Tabelle 6 Anhang)

Die in unseren Klimabreiten zu erwartenden Außenlufttemperaturen liegen im Sommer im Maximum bei +30 bis +35°. Diese Temperaturen sind jedoch für die Beurteilung von Dächern kaum von Bedeutung. Durch Sonnenzustrahlung auf Flächen ergeben sich weit höhere Außenlufttemperaturen in unmittelbarer Nähe dieser Oberflächen. Besonders zu beachten sind jedoch die tatsächlich auf die Flächen auftretenden Oberflächentemperaturen, die für die Beurteilung von Dächern von ganz besonderem Interesse sind. Hier einige Werte:

Poliertes neues Metall	55°C
Weiße Flächen	bis 60°C
Blankes Metall	bis 70°C
Schwarze Flächen	bis 90°C.

Nach Cammerer gelten für Flachdächer folgende Werte für eingestrahlte Wärme in kcal/m²/Tag:

Südseite	6010	= 100%
Südost-Südwestseite	5950	= 98%
Ost-Westseite	5500	= 91%
Nordost-Nordwestseite	4800	= 80%
Nordseite	4520	= 75%.

2. Bauphysikalische Grundlagen

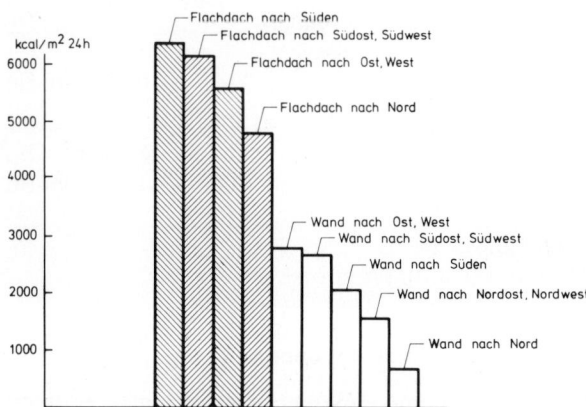

Tägliche Einstrahlungsmenge nach *Cammerer* und *Christian*

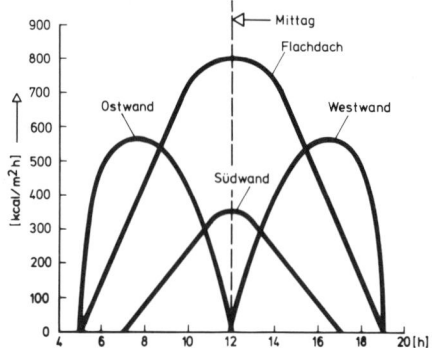

Stündliche Einstrahlung nach *L. Egyedi* und *V. Barcz*, Budapest
Bild 39a Sonneneinstrahlung auf Wände und Dächer

In Bild 39a sind die Werte graphisch samt Wandaufstrahlungen, die für die praktischen Überlegungen der Temperaturspannungen an Attikaflächen wichtig sind, dargestellt.

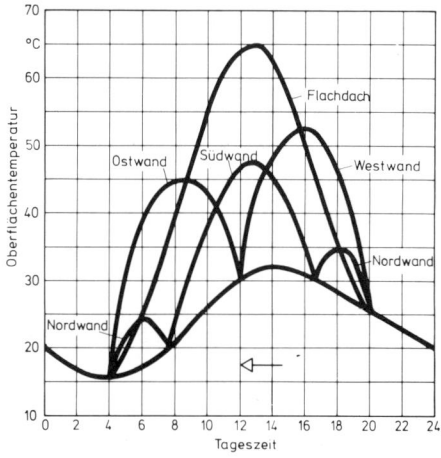

Bild 39b Oberflächentemperaturen von Flachdächern und Außenwänden unter der Einwirkung von Globalstrahlung an einem wolkenlosen Sommertag, gültig für Berlin, in Abhängigkeit von der Tageszeit, nach *Rietschel-Raiß* [3]

Für die direkte Ablesung von maximalen Oberflächentemperaturen ist das Bild 39b von Rietschel-Raiß [3] für Außenwände und Flachdächer besonders anschaulich.

Aus diesem Bild können auch die Oberflächentemperaturen von Wänden abgelesen werden, was besonders für die Beurteilung einer Sichtbeton-Attika für die spätere Behandlung der Temperaturbewegungen und der daraus resultierenden Dehnfugenabstände notwendig ist.

Absorption und Reflektion

Einen wesentlichen Einfluß auf die Aufheizung eines Konstruktionsteiles bzw. einer Dachhaut hat die Oberflächenbehandlung bzw. die Farbgebung (Oberflächenschutz siehe spätere Ausführungen).

Aus Bild 40 [2] kann die Wirkungsweise einer Kiesschüttung eines Warmdaches abgelesen werden, die über der Dachabdichtung aufgebracht wurde. Die Oberflächentemperaturen durch Sonnenaufstrahlung werden bereits durch eine helle eingeklebte Kiesschicht stark reduziert. Besonders wirksam ist jedoch die Temperatureinwirkung auf eine vorher schwarze Dachhaut mittels einer losen 5–6 cm starken Kiesschicht.

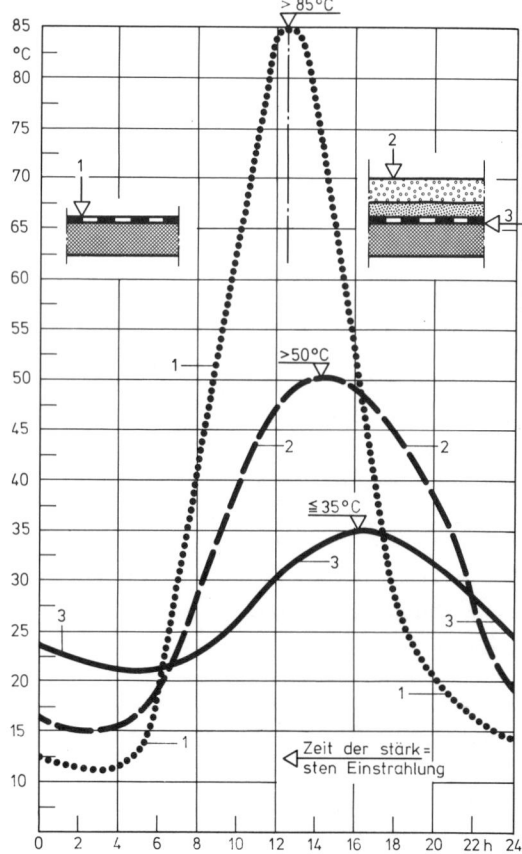

Bild 40 [2] Wirksamkeit einer Kiesschicht im Hinblick auf die Temperatur von Dachpappen. 1 Temperaturgang einer ungeschützten Dachpappe, 2 Temperatur der Oberfläche der Kiesschicht, 3 Temperatur der geschützten Dachpappe, mit Kurve 1 zu vergleichen

2.2 Klimafaktoren beim Dach

Aber auch reflektierende Anstriche oder Metallfolien können einen wesentlichen Einfluß auf die Aufheizung eines Bauteiles und hier besonders einer Dachhaut bewirken. Man sollte jedoch ihren Wert besonders bei Anstrichen nicht zu optimistisch betrachten, da reflektierende Anstriche usw. relativ schnell verschmutzen und so weitgehend wirkungslos werden (siehe spätere Abhandlungen über Oberflächenschutz).

In der nachfolgenden Tabelle sind die wichtigsten Dachdeckungsstoffe mit dem entsprechenden Absorptionsvermögen in % angeführt. Diese Prozentzahlen geben an, wieviele Wärmestrahlen von den Stoffen aufgenommen und in Wärme verwandelt werden. Je größer dieser Absorptionsgrad ist, je ungünstiger der Stoff im Sinne einer unerwünschten Aufheizung.

Absorptionsvermögen verschiedener Stoffe für Wärmestrahlen in %

Alufolie, glänzend	22
Aluminium, roh	ca. 60
Kupfer, poliert	ca. 18
Kupfer, matt	ca. 64
Zinkblech, neu	64
Zinkblech, verschmutzt	92
Gußasphalt, alt	ca. 85
Dachpappe, grün	85
Dachpappe, braun	90
Beton und Mörtel	ca. 70
Farbanstrich, weiß	18
Farbanstrich, aluminiumfarbig	20
Farbanstrich, gelb	33
Farbanstrich, rot	57
Farbanstrich, braun	79
Farbanstrich, hellgrün	79
Farbanstrich, schwarz	94

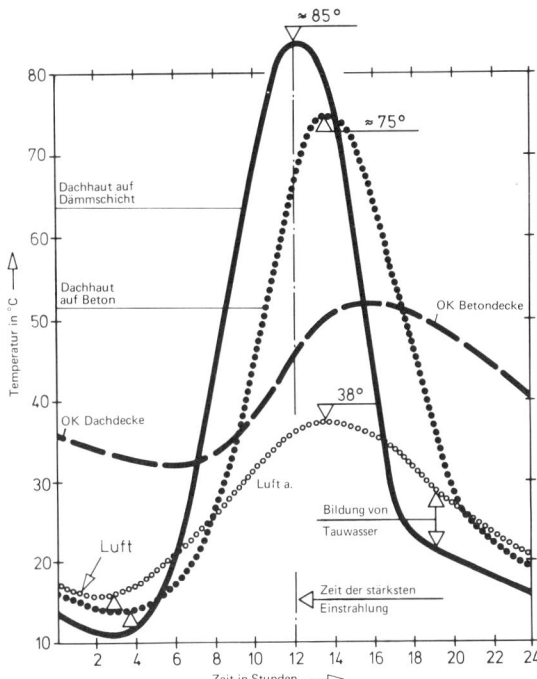

Bild 41 [2] Sommerlicher Temperaturgang einer Pappdeckung in 24 Stunden. Die Dachhaut auf Dämmschicht (schwarze Linie) erreicht 85 °C, die Pappe auf Beton (punktierte Linie) 75 °C als Maximaltemperatur. Die tägliche Temperaturschwankung der Pappe beträgt 75 grd

Für die späteren Überlegungen und Berechnungen der Temperaturspannungen sollte man diese Rückstrahlwerte besonders bei Anstrichen einer Dachhaut nicht in Abzug bringen (ausgenommen Kiesschüttdächer bzw. Kiespreßdächer mit doppelter Kiesbestreuung). Staubablagerungen vermindern die Reflektion teilweise bis zur Unwirksamkeit der Anstriche.

Einen nicht unwesentlichen Einfluß auf die Aufheizung einer Dachhaut ist durch den Untergrund gegeben:
Wird eine bituminöse Dachhaut direkt auf Beton aufgeklebt, also auf einen Stoff mit einer guten Wärmeleitfähigkeit und infolge seiner Masse mit großer Wärmespeicherleitfähigkeit, so unterliegt die Dachhaut geringeren Temperaturschwankungen. Bei Sonneneinstrahlung wird die aufgestrahlte Wärme auf die Dachhaut relativ schnell dem Beton abgegeben und von diesem weitergeleitet.

Wird die gleiche Dachhaut auf eine Wärmedämmschicht aufgebracht, so ergibt sich infolge Wärmestau durch die Wärmedämmplatte eine höhere Oberflächentemperatur in der Dachhaut durch Hitzestau. Diese Oberflächentemperatur muß dann im allgemeinen etwa 10–15 % je nach Wärmedämmplattenstärke höher angenommen werden. Aus Bild 41 [2] kann diese Wirkungsweise in Abhängigkeit von der Tageszeittemperatur für einen Sommertag abgelesen werden.

Von I. S. Cammerer werden folgende Maximalwerte für Übertemperaturen von der Gebäudeoberfläche gegenüber der Lufttemperatur für den höchsten Sonnenstand (bei 50° geographischer Breite) angegeben:

Art der Oberfläche	Höchste Übertemperatur °C am 22.6.	Gemessene Oberflächentemperatur °C bei Lufttemperatur 29,5°
Dachpappe auf Flachdach, direkt auf Betonplatte	46,5	75
mit Carbolineum gestrichene Schindeln auf schrägem Ost- und Westdach	42,8	71,3
Schräges Ziegel-Süddach	36,5	65

2. Bauphysikalische Grundlagen

Ist unter einer bituminösen Dachhaut ein Estrich angebracht (beim Warmdach), dann ergibt sich durch die hohe Wärmespeicherfähigkeit dieses Estriches ebenfalls eine Reduzierung der Aufheizung einer bituminösen Dachhaut, die ebenfalls 5–10° tiefer liegen kann. Oben genannte Werte sowohl nach Bild 40, als auch Bild 41 und nach den Tabellen gelten primär für Warmdächer.

Bei Kaltdächern können diese Temperaturen der Unterschale je nach Wärmespeicherung der Oberschale zwischen diesen Werten liegen. Nach Neufert [4] ergeben sich folgende Werte:

1. *Warmdächer und massive Oberschalen von Kaltdächern bei:*
   a) Außendämmung ohne Abdeckung
      durch Kies   75°C
   b) Außendämmung mit Kies
      oder Wasserschicht   35°C
   c) Innendämmung bzw. ohne Wärme-
      dämmung   65°C.

2. *Unterschale von Kaltdächern*
   a) mit extremer leichter Oberschale
      (kleiner als 50 kg/m²)   65°C
   b) mit leichter Oberschale
      (kleiner als 150 kg/m²)   55°C
   c) mit massiver Oberschale
      (größer als 150 kg/m²)   35°C.

Diese Richtwerte mögen ausreichen, um für alle vorkommenden Bedarfsfälle entsprechende Annahmen treffen zu können. Dies gilt z. B. auch für Kunststoff-Bedachungen. Hier können je nach Farbe entsprechende Reduzierungen im prozentualen Verhältnis gegenüber einer schwarzen bituminösen Dachhaut gemacht werden. Dies gilt auch für Metallbedachungen der verschiedensten Materialien (Kupfer, Zink, Aluminium usw.).

c) Außenluftfeuchtigkeit (tatsächlicher Feuchtigkeitsgehalt)

Im allgemeinen kann für die Außenluft eine relative Luftfeuchte von $\psi = 80\%$ angenommen werden, wenngleich sich je nach Örtlichkeit erhebliche Schwankungen nach oben oder nach unten ergeben können. In nebelreichen Gebieten ist die durchschnittliche relative Luftfeuchte u. U. höher anzunehmen als in nebelarmen Gebieten.

Für die Durchführungen der Diffusionsberechnungen, wie sie nachfolgend dargestellt wird, reicht es jedoch aus, diesen Durchschnittswert von 80% als relative Luftfeuchte anzunehmen. Daraus ergeben sich dann folgende tatsächliche Feuchtigkeitsgehalte γd in g/m³.

$ta =$ °C	20	15	10	5	0	−5	−10	−15
γd g/m³	13,8	10,2	7,5	5,4	3,9	2,6	1,7	1,1

2.3 Allgemeingrundlagen – Wärmeverhalten des Menschen [5]

Der Mensch braucht zur Erhaltung seines Lebens eine mittlere Bluttemperatur von 37°. Unterkühlungen unter 32° und Überhöhungen über 42° führen im allgemeinen zum Tode. Die Hauttemperatur des Menschen liegt etwa bei +33°. Infolge des Temperaturunterschiedes zwischen umgebender Luft und der Haut verliert der Mensch an Körperwärme durch Abstrahlung, direkte Wärmeleitung und durch Verdunstung über Haut und Atem. Bei ruhender Tätigkeit gibt der Mensch etwa 100 kcal/h ab, bei körperlicher Tätigkeit 200–300 kcal/h (eine Glühlampe von 60 Watt erzeugt etwa 50 kcal/h).

Wenn der Mensch bei körperlicher Arbeit zuviel Wärme entwickelt, weiten sich die Blutgefäße und erhöhen durch größere Blutzufuhr die Oberflächen-Hauttemperatur, so daß die Wärmeabgabe der Haut steigt. Gleichzeitig wird Feuchtigkeit ausgeschieden.

Wird im Verhältnis zur Wärmeabgabe zu wenig Wärme erzeugt, so ziehen sich die Blutgefäße und die Haut zusammen, was im allgemeinen als Gänsehaut empfunden wird. Die Hauttemperatur und die Wärmeabgabe fallen ab.

Innerhalb bestimmter Temperaturgrenzen kann der menschliche Körper das Maß seiner Wärmeabgabe regeln. Diese Grenzen können jedoch durch äußere Einwirkungen (Temperatureinflüsse) überschritten werden. Der Mensch ist dann auf künstliche Wärmezufuhr bzw. Temperaturregelung angewiesen.

2.3.1 Bedingungen für die Behaglichkeit des Menschen

Die Behaglichkeit in beheizten Räumen ist individuell verschieden, liegt aber doch in ganz gewissen Grenzen. Wesentlich beeinflußt wird das Gefühl der Behaglichkeit durch folgende Faktoren:

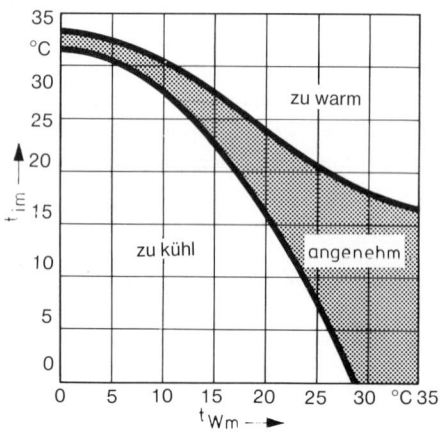

Bild 42 Der Behaglichkeitsbereich erlangt sein Maximum, wenn sich die mittlere Rauminnentemperatur t_{im} und die mittlere Wandoberflächentemperatur t_{Wm} bei +20°C nähern

2.3 Allgemeingrundlagen – Wärmeverhalten des Menschen

a) Mittlere Raumtemperatur

Die mittlere Raumtemperatur wird etwa in 1,5 m Höhe über Fußboden in Zimmermitte gemessen. Im allgemeinen wird angenommen, daß zur Behaglichkeit des Menschen +18 bis 20° ausreichen. Dieser Wert darf jedoch nicht losgelöst von der Oberflächentemperatur der Raumumgrenzungsflächen gesehen werden, zu denen primär auch die Oberflächentemperatur der Dachdecke, also des Flachdaches, gehört.

b) Oberflächentemperatur der raumschließenden Flächen

Diese Oberflächentemperatur ist die mittlere Strahlungstemperatur, die z.B. von der Decke abstrahlt. Hier gilt folgende Regel:
Empfundene Temperatur = Mittelwert aus Lufttemperatur und Oberflächentemperatur der umgebenden Wände und Decke, also

$$\frac{T + To}{2} = TE.$$

Darin bedeutet also T = Raumtemperatur, To = Oberflächentemperatur der umgebenden Bauteile, TE = empfundene Temperatur.
Daraus ist bereits abzulesen, daß die Oberflächentemperatur einen entscheidenden Einfluß auf die empfundene Temperatur hat.
Der größte Teil der menschlichen Wärmeabgabe geht durch Abstrahlung an die kalte Raumbegrenzung verloren (ca. 43%). Ein nicht wärmegedämmtes Flachdach oder zu gering wärmegedämmtes Flachdach hat naturgemäß eine geringere Oberflächentemperatur als ein gut wärmegedämmtes Dach. Je besser also die Wärmedämmung, um so höher die Oberflächentemperatur. Für das menschliche Empfinden bedeutet dies, daß die Lufttemperatur im Raum entsprechend niedriger sein kann als im umgekehrten Falle. Aus Bild 42 kann dieser Zusammenhang abgelesen werden. Die Oberfläche eines Flachdaches z.B. von +11°C, Raumluft +30°C ergibt etwa die gleiche Wirkung wie eine Oberflächentemperatur von +20° bei einer Raumluft von +20°. Ergibt sich ein erhebliches Mißverhältnis zwischen Oberflächentemperatur und Raumluft, stellen sich gesundheitliche Schäden ein (Rheuma, Erkältungen usw.). Sehr häufig ergibt sich durch eine zu niedrige Oberflächentemperatur Zuglufterscheinung.

c) Temperaturverteilung

Die Temperaturverteilung der Raumluft sollte möglichst gleichmäßig im gesamten Raume sein. Temperaturunterschiede zwischen Flachdach-Unterseite und Fußboden von mehr als 3° werden vom Menschen bereits als unangenehm und störend empfunden. Es sollte also versucht werden, alle Oberflächentemperaturen, also Wand, Fußboden und Dach bzw. Decke denen der Raumlufttemperatur anzugleichen, wenngleich dies nur selten ganz erreicht wird. Hier empfiehlt sich zur möglichen Annäherung der *Vollwärmeschutz* (siehe spätere Ausführungen).

d) Luftbewegung

In jedem Raum entsteht durch den Heizungsvorgang und durch die Oberflächentemperaturen der Außenbauteile, zu denen natürlich auch das Dach gehört, eine Luftbewegung. Die kältere, also schwerere Luft fällt von den kalten Flächen herab und steigt nach der Erwärmung über die Heizquelle wieder auf. Durch Undichtigkeiten von Fenstern und Türen und anderen Öffnungen kann eine derartige Luftbewegung verstärkt werden. Luftgeschwindigkeiten von 0,2 bis max. 0,3 m/sec können bei +20° Raumtemperatur noch als annehmbar hingenommen werden. Werte darüber werden als Zugluft empfunden.
Hier ist besonders bei leichten Zweischalendächern Vorsicht geboten. Wird über einer raumseitigen Holzschalung nur eine Wärmedämmung ohne Poren- und Fugenverschluß aufgebracht, können bei starker Durchlüftung durch Fugen und Ritzen starke Kaltlufteinfälle gegeben sein. Bereits Steckdosen, deren Zuleitungen in Rohren über Kaltlufträume geführt werden und dort als Rohre enden, können bereits so starke Zugerscheinungen zur Folge haben, daß sie im Raum weit überhöhte Werte aufweisen. Hier empfiehlt sich das fugenlose Einbringen von Wärmedämm-Materialien bzw. die Anordnung von Poren- und Fugenverschlußpappen (z.B. Perkalor oder dgl.), siehe auch späteres Kapitel »Leichtes Kaltdach«.

e) Relative Raumluftfeuchte

Die relative Luftfeuchte empfindet der Mensch durch die Raumtemperatur. Ist die Luftfeuchte sehr hoch, kann der Mensch kaum noch Wärme durch Verdunstung abgeben (22% der Wärme werden durch Verdunstung abgegeben). Kann also keine Wärme durch Verdunstung infolge zu hoher Raumluftfeuchtigkeit abgegeben werden, entsteht das Gefühl der Überhitzung des Raumes, man schwitzt. Die relative Raumluftfeuchte kann durch

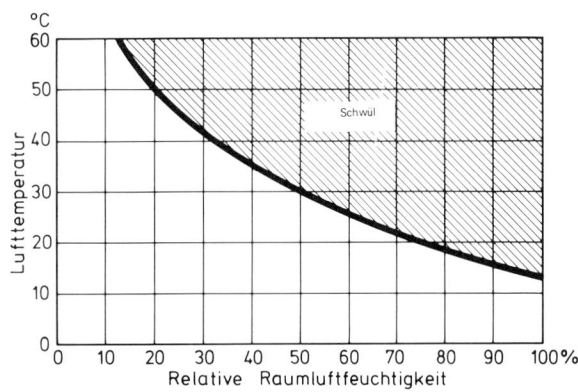

Bild 43 Luftfeuchte-Behaglichkeitskurve

2. Bauphysikalische Grundlagen

Klimatisierung, Belüftung sowie Wahl von atmungsfähigen Oberflächen geregelt werden. Die Behaglichkeitsgrenze der Luftfeuchtigkeit liegt je nach Raumtemperatur zwischen 40 und 70%. Bei zu niederen Werten muß künstlich Feuchtigkeit durch Verdampfung zugeführt werden, bei zu hohen Werten muß diese, wie angeführt, durch Klimatisierung abgeführt werden.

f) Wärmespeicherfähigkeit

Die Gleichmäßigkeit des Raumklimas ist weitgehend von der Wärmespeicherfähigkeit der umgebenden Bauteile abhängig. Dies wird im allgemeinen durch ausreichend wärmespeicherfähige Konstruktionsteile (schwere Teile) herbeigeführt oder bei leichten Teilen durch wesentliche Erhöhung der Wärmedämmung.
Lediglich bei Räumen, die nur zeitweilig benutzt werden (Vortragssäle, Kirchen usw.) ist eine Kontinuität des Raumklimas oft nicht erforderlich. Hier können dann auch u.U. Konstruktionsteile mit geringerer Wärmespeicherfähigkeit zum Einbau kommen, die ein schnelles Aufheizen ermöglichen (siehe Kapitel Berechnung der Wärmespeicherfähigkeit).

g) Feuchtigkeitsschutz

Neben der Notwendigkeit, die Außenbauteile dem Wärmehaushalt des Menschen behaglich anzugleichen, ist es notwendig, dem Gebäude gegen Feuchtigkeit eine Hülle zu geben, also ein Dach und natürlich auch Wände, die in der Lage sind, Feuchtigkeitseinflüsse von außen zu verhindern. Angefangen vom Zelt führte dies über die vorgenannten Formen bis zum heutigen Flachdach. Dieser Feuchtigkeitsschutz hat also einerseits die Aufgabe, den Menschen vor Nässe zu schützen, andererseits den ausreichenden Wärmeschutz zu gewährleisten, da ein Wärmeschutz nur dann vorhanden ist, wenn die Baustoffe nicht durchfeuchtet sind.
Eine derartige Durchfeuchtung ist jedoch nicht nur von außen zu erwarten (Schnee und Regen), sondern kann auch, wie bereits angeführt, durch Schwitzwasserbildung oder Kondensat von innen durch Dampfdiffusion herbeigeführt werden, was dann im weiteren Verlauf zu Schimmel- und Sporenbefall führt, also zu unhygienischen und unbehaglichen Räumen.
Gerade dieser Feuchtigkeitsschutz ist es auch, der ein Großteil der Schäden an Flachdächern ausmacht, weshalb in den nachfolgenden Kapiteln sehr viel über diesen notwendigen Feuchtigkeitsschutz gesprochen werden muß.

3. Bauphysikalische Anforderungen an Dächer

Die Primärursachen für die zahlreichen Schäden an Dächern und hier besonders an Flachdächern in den letzten 20 Jahren resultieren aus der Unkenntnis über die physikalischen Zusammenhänge, die beim Flachdach zu beachten sind. Nicht selten werden konstruktive Details ohne Beachtung der bauphysikalischen Gesetzmäßigkeiten lediglich nach statischen oder arbeitstechnischen Gesichtspunkten erstellt. Dies führt dann sehr häufig zur »Disharmonie«. Sünden gegen die Naturgesetze müssen häufig teuer bezahlt werden.

Um die Abschätzung der Gefahren bei Dächern zu erfassen ist es notwendig, einige Berechnungen und Überlegungen anzustellen, die weitgehend theoretischer Natur sind. Dabei soll versucht werden, Einfachstdarstellungen ohne wesentliche Herleitungen wiederzugeben, so daß auch der Praktiker sie verstehen kann.

Im allgemeinen lassen sich folgende Aufgabenstellungen ableiten:

1. Wärmetechnische Anforderungen nach DIN 4108 (Wärmeschutz im Hochbau) und nach sonstigen wärmetechnischen Gesichtspunkten (Wärmespeicherfähigkeit, wirtschaftlicher Wärmeschutz, Vollwärmeschutz).
2. Tauwasserberechnung bei Schwer- und Leichtdächern.
3. Dampfdiffusion und deren Gesetzmäßigkeiten und Berechnungen.
4. Temperaturspannungen, Temperaturbewegungen.
5. Verformungen und sonstige statische und materialtechnische Anforderungen.

Das Normblatt der DIN 4108 (Wärmeschutz im Hochbau) enthält Mindest-Wärmedämmwerte für den Wärmeschutz von Wänden, Decken und Dächer, jedoch ohne jegliche Berücksichtigung wirtschaftlicher Gesichtspunkte. Die Tendenz geht jedoch dahin, diesen Mindest-Wärmeschutz durch einen erhöhten Wärmeschutz bzw. Vollwärmeschutz zu ersetzen, um dadurch wesentliche technische, hygienische und wirtschaftliche Vorteile durch Einsparung von Heizung einzuhandeln. Die ökonomische Wärmedämmung unter Berücksichtigung der Kosten für Dämmung und Betriebskosten für Heizung läßt sich hinreichend genau vorausbestimmen.

Die Vermeidung von Tau-Schwitzwasser und als Folge dieser Erscheinungen der Schimmelbildung ist erste Voraussetzung für eine gesunde Dachkonstruktion. Diese Forderung ist nicht nur in der Fläche selber zu erfüllen, sondern auch an sog. schwachen Punkten, also im Bereich von Wärmebrücken. Gerade hier wird sehr häufig gesündigt, weshalb es zweckmäßig ist, auch dem kleinsten Detail beim Dach gesonderte Aufmerksamkeit zu schenken.

Um Kondensationsbildung innerhalb der Konstruktionen zu vermeiden, muß man die Diffusionsvorgänge innerhalb der Dachfläche untersuchen. Hier gibt es Gesetzmäßigkeiten im Dachaufbau, in der Wahl der Konstruktionsteile, Dampfsperren, Wärmedämmstoffe, Durchlüftung usw. Gerade auch hier ergaben sich zahlreiche Direktschäden innerhalb der Dachkonstruktion und Schäden in der Dachhaut bei Mißachtung dieser Gesetzmäßigkeiten als Folgeschäden.

Ein nicht unerheblicher Anteil an den entstandenen Schäden der letzten Jahre ergab sich durch Temperaturspannungen aus den Flachdächern. Durch die Wechselwirkung der Klimaeinflüsse werden u.U. erhebliche Kräfte durch Temperaturbewegungen auf tragende Mauerwerkswände usw. übertragen, die dann zu erheblichen Rissebildungen in Wänden, aber auch in der Dachkonstruktion selber führen. Die Sanierung der aus den Temperaturspannungen resultierenden Risseschäden und Feuchtigkeitseinbrüche haben schon Millionen von Mark an Aufwendungen erforderlich gemacht.

Nicht zuletzt müssen aber auch Formveränderungen statischer Natur, Schrumpfungs- und Quellungsvorgänge gebührend bei der Konstruktion von Dächern beachtet werden, da auch hieraus erhebliche Folgeschäden entstehen können.

3.1 Wärmeschutz und Wärmeberechnung bei Dächern

Zur physikalischen Beurteilung eines Daches ist es erforderlich, eine Wärmedämmberechnung anzustellen. Anhand einer solchen Berechnung können dann die richtige Dimensionierung der Wärmedämmstoffe, der Temperaturverlauf, die Temperaturschwankungen innerhalb der Konstruktion, die Tau- und Schwitzwasserbildung usw. ermittelt werden.

Um eine Wärmedämmberechnung durchführen zu können, müssen einige Gesetzmäßigkeiten der Wärmeübertragung und Wärmedämmung aufgezeigt werden. Nachfolgend sollen die wichtigsten Begriffe erklärt und der einfachste Weg zur Wärmedämmberechnung aufgezeigt werden, soweit sie sich auf das Dach beziehen:

Der Wärmestrom innerhalb einer Konstruktion (Dach oder Wand) verläuft ähnlich wie das Wasser, d.h. die Wärme fließt vom höheren (wärmeren) zum niedrigeren (kälteren) Stand.

Im allgemeinen Hochbau ergibt sich also ein Wärmestrom von innen nach außen, während in Kältebauten (Kühlräume) und beim Flachdach im Sommer z.T. ein umgekehrter Wärmestrom vorhanden ist, also von außen nach innen. Die Geschwindigkeit des Wärmeflusses und die Steuerung des Verlaufes innerhalb der Konstruktion sind die Aufgabe der richtigen Wärmedämmung bzw. des Wärmeschutzes.

3. Bauphysikalische Anforderungen an Dächer

3.1.1 Wärmetechnische Begriffserklärungen, Berechnungen und Tabellen

3.1.1.1 α = *Wärmeübergangszahl* kcal/m² h°

Das ist die Wärmemenge, die in 1 Stunde zwischen 1 m² Deckenfläche und Wärmeträger (Luft) bei 1°C Temperaturdifferenz zwischen Deckenfläche und Luft ausgetauscht wird. Für Flachdächer gelten die in Tabelle 8 angeführten Wärmeübergangszahlen (siehe Anhang).

3.1.1.2 $\frac{1}{\alpha}$ = *Wärmeübergangswiderstand* m²h°/kcal

(Kehrwert) (Werte siehe Tabelle 1, rechte Spalte, Tabelle 8).

3.1.1.3 λ = *Wärmeleitzahl* kcal/mh°

Wärmemenge, die durch einen Würfel von 1 m Kantenlänge bei 1° Temperaturdifferenz zwischen den gegenseitigen Begrenzungsflächen in einer Stunde ausgetauscht wird. Diese Zahl ist stark vom Feuchtigkeitsgehalt der Bau- und Dämmstoffe abhängig. In Tabelle 9 (Anhang) sind die im Flachdach hauptsächlich vorkommenden Wärmeleitzahlen (entnommen der DIN 4108 und durch einige Werte ergänzt) in Abhängigkeit von der Festigkeit für »trockene Baustoffe« angegeben.
Für Fenster, Oberlichte usw. wird nicht die Wärmeleitzahl, sondern die *k*-Zahl angegeben, für diese Verglasungen sind Werte zusätzlich zu Tabelle 9 in Tabelle 10 (Anhang) angegeben. *k*-Zahl siehe 3.1.1.8.

3.1.1.4 s = *Stärke* eines Bau- oder Dämmstoffes in m.

3.1.1.5 $\frac{s}{\lambda}$ = *Wärmedurchlaßwiderstand*

einer Schichtstärke (Dicke eines Baustoffes dividiert durch Wärmeleitzahl) m²h°/kcal.

Für Luftschichten verändert sich die Wärmeleitzahl in Abhängigkeit von ihrer Stärke. Der Einfachheit halber sind in Tabelle 11 deshalb gleich die für die Wärmedämmberechnung erforderlichen Wärmedurchlaßwiderstände $\frac{s}{\lambda}$ für die gebräuchlichsten Massivdecken und für die verschiedenen Luftschichtstärken für das Flachdach angegeben.

3.1.1.6 Λ = *Wärmedurchlaßzahl* = $\dfrac{1}{\sum \frac{s}{\lambda}}$ kcal/m²h°

3.1.1.7 $\frac{1}{\Lambda}$ = *Wärmedurchlaßwiderstand* = $\frac{s}{\lambda}$ oder bei Mehrschichten $\sum \frac{s}{\lambda}$ m²h°/kcal

3.1.1.8 k = *Wärmedurchgangszahl*

$$\frac{1}{\frac{1}{\alpha_i} + \sum \frac{s}{\lambda} + \frac{1}{\alpha_a}} \text{ kcal/m}^2\text{h}°$$

Wärmemenge, die in 1 Stunde durch 1 m² Deckenfläche bei 1°C Temperaturdifferenz der (an das Flachdach) angrenzenden Luft (Außenluft und Innenluft) ausgetauscht wird.

3.1.1.9 $\frac{1}{k}$ = *Wärmedurchgangswiderstand* der Gesamtkonstruktion einschließlich der Wärmeübergangswiderstände

$$\frac{1}{k} = \frac{1}{\alpha_i} + \sum \frac{s}{\lambda} + \frac{1}{\alpha_a} \text{ (m}^2\text{h°/kcal)}$$

3.1.2 Wärmedämmgebiete (siehe auch 2.2.2a)

Deutschland ist nach wetterkundlichen Beobachtungen in drei Klimazonen eingeteilt. In diesen Zonen sind folgende Winter-Außentemperaturen im Maximum zu erwarten:

Klimazone I = ca. −10°C
Klimazone II = ca. −15°C
Klimazone III = ca. −20°C

Die Bildkarte (Tabelle 5) (entnommen der DIN 4108) zeigt die einzelnen Klimazonen. Je nach Lage der Gebäude sind obige Werte in die Wärmedämmberechnung einzusetzen. In besonders rauhen Gegenden muß man in strengen Wintern −25°C annehmen (Hochlagen im Schwarzwald, Alpengebiet usw.).
In Tabelle 6 sind die mittleren Monats- und Jahreslufttemperaturen und die max. Temperaturen angeführt. Es empfiehlt sich, letztere Werte zur Dimensionierung der Wärmedämmung zu verwenden.

3.1.3 Durchführung der Wärmedämmberechnung

Anhand dieser Begriffserklärungen und Tabellen ist es nun möglich, eine *Wärmedämmberechnung* zu erstellen.

Beispiel:
Flachdach mit Aufbau von innen nach außen:
20 mm Kalkputz, 160 mm Betonmassivplatte B 200, 40 mm expandierte Korkplatten, drei Lagen Pappe mit Heißbitumen verklebt = 10 mm Dicke ohne Kiesbestreuung.

Berechnung des Wärmedurchlaßwiderstandes:

$$\frac{1}{\Lambda} = \sum \frac{s}{\lambda}$$

$$\frac{1}{\Lambda} = \frac{0{,}02}{0{,}75} + \frac{0{,}16}{1{,}75} + \frac{0{,}04}{0{,}04} + \frac{0{,}01}{0{,}16} = 1{,}18 \text{ m}^2\text{h°/kcal.}$$

Der Gesamtwärmedurchlaßwiderstand beträgt also

$$\frac{1}{\Lambda} = 1{,}18 \text{ m}^2\text{h°/kcal.}$$

Um eine Konstruktion auf ihren Wärmedämmwert hin beurteilen zu können, ist es notwendig, diesen Wärmedurchlaßwiderstand zu kennen.

Berechnung des Wärmedurchgangswiderstandes und daraus die Wärmedurchgangszahl k:

Den Wärmedurchgangswiderstand $\frac{1}{k}$ erhält man durch Hinzuaddieren der Wärmeübergangswider-

3.1 Wärmeschutz und Wärmeberechnung bei Dächern

stände innen und außen zum Wärmedurchlaßwiderstand (Tabelle 8), also in obigem Beispiel

$$\frac{1}{k} = 0{,}14 + 1{,}18 + 0{,}05 = 1{,}375 \text{ m}^2\text{h}°/\text{kcal}$$

$$\text{daraus } k = \frac{1}{1{,}375} = 0{,}730 \text{ kcal/m}^2\text{h}°.$$

3.1.3.1 Der Temperaturverlauf innerhalb des Flachdaches

Wie aus den späteren Ausführungen ersichtlich, ist es unbedingt erforderlich, den genauen Temperaturverlauf innerhalb eines Flachdaches zu kennen, um dann hieraus die erforderlichen praktischen Schlüsse zu ziehen. Dazu müssen die auftretenden Lufttemperaturen außen und innen bzw. die maximale Erwärmung durch Sonnenbestrahlung bekannt sein. Die Außentemperaturen wurden bereits, so weit sie die Wintertemperaturen betreffen, unter dem Begriff *Wärmedämmgebiete* und Tabelle 6 angeführt, die Sommer-Aufheiztemperaturen in Bild 39b und Kapitel 2.2.2.

Dieses Berechnungsbeispiel kann in einem sog. Dämmwert-Dreieck zur genauen Übersicht und zur evtl. Abschätzung von Wirkungen eingetragen werden. Für vorgenanntes Beispiel werden auf der Waagrechten die Temperaturen eingetragen, die der Berechnung zugrunde gelegt wurden, auf der Senkrechten in einem entsprechenden Maßstab die errechneten Wärmedurchlaßwiderstände bzw. Wärmedurchgangswiderstand. Auf der Verbindungslinie können dann die Temperaturen abgelesen werden. Diese Punkte können dann in einem maßstabsgerechten Querschnitt übertragen werden, so daß hier der natürliche Temperaturverlauf abgelesen werden kann.

Genauso wie der Temperaturverlauf im Winter in obigem Beispiel errechnet werden kann, kann auch der Sommertemperaturverlauf errechnet und graphisch dargestellt werden. In vereinfachender Form kann angenommen werden, daß die Raumtemperaturen im Sommer und Winter unterseitig mit +20° angenommen werden können. In Wirklichkeit ergibt sich jedoch zwischen Winter und Sommer in der Raumluft eine Differenz von etwa 5°. Zur Ermittlung des Temperaturverlaufes und der Temperaturdifferenzen in den einzelnen Schichten reicht es jedoch aus, die vereinfachende Form darzustellen. Man trägt also auf der unteren waagrechten Linie die Temperaturdifferenzen ein, während an der senkrechten wiederum die Wärmedurchlaßwiderstände und Wärmeübergangswiderstände eingetreten werden. In derselben Form wie zuvor können dann auf der Verbindungslinie die Temperaturen abgelesen werden und nach unten in ein maßstabsgerechtes Bild übertragen werden. In Bild 45 ist ein einschaliges Flachdach wie Beispiel Bild 44 dargestellt. Die Temperaturdifferenzen zwischen Winter und Sommer können so einfach aus dem Schaubild abgelesen werden (siehe spätere Erläuterungen Temperaturberechnungen).

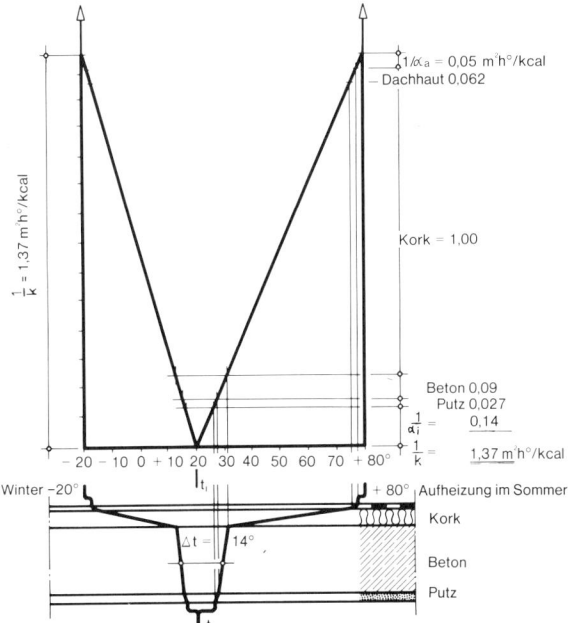

Bild 44 Temperaturverlauf. – Im Beispiel ergibt sich zwischen Beton und Kork eine Temperatur von ca. 12,3° C. Soll hier eine Dampfsperre eingebaut werden, darf die Taupunkt-Temperatur nicht unter der Dampfsperre liegen (s. Kapitel Kondensation und Diffusion)

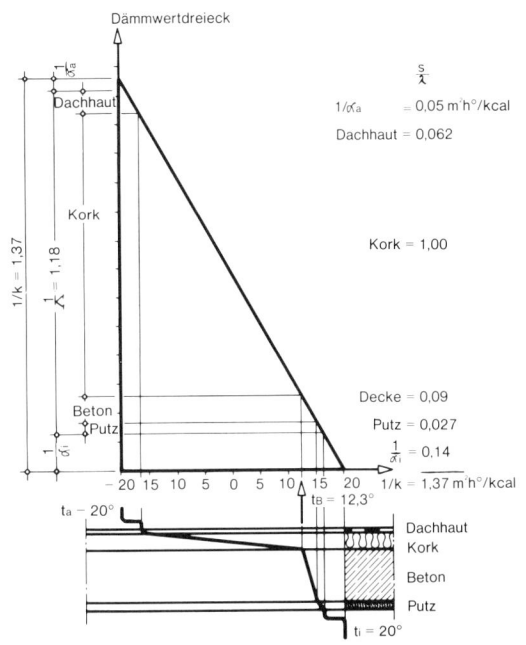

Bild 45 Temperaturverlaufbestimmung graphisch. In der statisch neutralen Zone der Betonplatte treten ca. 14° C Jahrestemperaturdifferenzen auf. Dies zu wissen ist für Berechnung der Temperaturspannungen wichtig (s. Kapitel Temperaturspannungen)

3. Bauphysikalische Anforderungen an Dächer

Anstelle der graphischen Methode kann man auch sehr schnell rechnerisch den Temperaturverlauf ermitteln:

Berechnung der Temperaturdifferenz in einer Schicht in °C

Der Temperaturabfall errechnet sich nach folgender Formel:

$$\Delta \vartheta n = ti - ta \cdot \frac{\frac{sn}{\lambda n}}{\frac{1}{k}} = (ti - ta) \cdot k \cdot \frac{sn}{\lambda n}$$

Darin bedeuten:

$\Delta \vartheta n$ = Temperaturabfall in der $n$ten Schicht °C
ti = Temperatur der Luft innen °C
ta = Temperatur außen °C
λn = Wärmeleitzahl der $n$ten Schicht
sn = Dicke der $n$ten Schicht
$\frac{1}{k}$ = Wärmedurchgangswiderstand der gesamten Flachdachkonstruktion
k = Wärmedurchgangszahl.

Als Beispiel sei angenommen, daß ein Gebäude in Klimazone III liegt, also außen $-20°C$ im Winter gegeben sind. Innen sollen $+20°C$ Raumtemperatur unterhalb der Decke gegeben sein. Aus dem vorhergehenden Berechnungsbeispiel ergeben sich folgende Werte von außen nach innen:

Temperaturabfall in den einzelnen Schichten in °C

$$\Delta \vartheta n = 40 \cdot \frac{sn/\lambda n}{1,37} = 40 \cdot 0,730 \cdot \frac{sn}{\lambda n}$$

$Sn/\lambda n$		
0,050	= Wärmeübergang außen	1,45°C
0,063	= Dachbelag	1,83°C
1,000	= Kork	29,10°C
0,092	= Massivplatte	2,69°C
0,027	= Putz	0,78°C
0,143	= Wärmeübergang innen	4,15°C
$1/\Lambda$ = 1,375	Insgesamt wieder	40,00°C

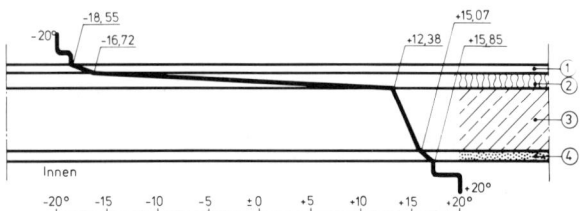

Bild 45a Temperaturverlauf in einer Flachdachkonstruktion. 1 Dachhaut (z.B. Dachpappe, Metall, Kunststoff, Spachtelbeläge usw.), 2 Wärmedämmplatten (z.B. Kork, Hartschaumplatten, Holzfaserplatten usw.), 3 Tragkonstruktion (z.B. Massivplattendecke, Rippendecke oder dgl.), 4 Innenputz, Gipsplatten oder dgl.

Die so errechneten Werte können nun graphisch wieder in eine Querschnitt-Zeichnung eingetragen werden und ergeben so durch Verbindung der einzelnen Punkte eine genaue Kenntnis des Temperaturverlaufes innerhalb der Konstruktion. In Bild 45a wurde dieser Temperaturverlauf eingetragen.

Es ergibt sich also eine Übereinstimmung mit Bild 44 und, wenn in gleicher Weise der Sommer-Temperaturverlauf errechnet wird, ein Bild wie in Bild 45 dargestellt.

3.1.3.2 Mittlerer Wärmedurchlaßwiderstand $\frac{1}{\Lambda m}$

Nach DIN 4108 muß bei der Errechnung des Wärmedurchlaßwiderstandes der mittlere Wärmedämmwert eines Konstruktionsteiles ermittelt werden. Dies gilt besonders eben für Leichtbaukonstruktionen bei Dächern unter 100 kg/m². Hierunter zählen z.B. Holzsparrendächer oder dgl. Der mittlere Wärmedurchlaßwiderstand errechnet sich dann auf dem prozentualen Anteil der Gefachteile und dem Anteil der Sparrenfelder.

Beispiel:

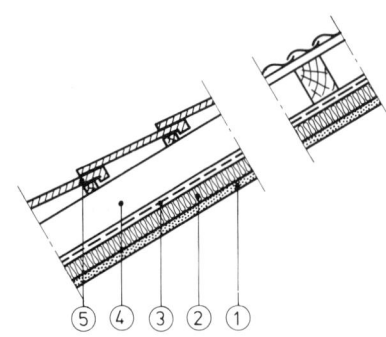

Bild 46 Dachschräge eines ausgebauten Dachgeschosses mit folgendem Aufbau: 1 Innenputz 1,5 cm, 2 Holzwolleleichtbauplatten 5 cm, 3 Poren- und Fugenverschlußkappe (Perkalor), 4 Sparren, dazwischen Kaltluftraum, 5 Lattung mit Ziegeldeckung (je nach Neigung Flachpfannen, Falzziegel oder dgl.)

Anteil der Gefachfelder 90%, Anteil der Sparrenquerschnitte 10% der Fläche.

Wärmedämmberechnung:

Bei der Wärmedämmberechnung darf der Kaltluftraum und die Oberschale, also hier die Ziegel, nicht mitgerechnet werden, dagegen darf die Oberschale, also in vorliegendem Falle die Ziegeldeckung, bei der Gewichtsermittlung gemäß DIN 1055 eingerechnet werden.

1. Gefachfelder: $\frac{1}{\Lambda} = \frac{0,015}{0,6} + \frac{0,05}{0,07} = 0,74 \ m^2h°/kcal$

$\Lambda = 1,35 \ kcal/m^2h°C$

2. Sparren: $\frac{1}{\Lambda} = \frac{0,015}{0,6} + \frac{0,05}{0,07} + \frac{0,14}{0,12}$

$= 1,91 \text{ m}^2\text{h}°/\text{kcal}$

$\Lambda = 0,525 \text{ kcal/m}^2\text{h}°\text{C}$

im Mittel: $\Lambda m = 1,35 \times 0,90 + 0,525 \times 0,10$

$= 1,27 \text{ kcal/m}^2\text{h}°\text{C}$

$\frac{1}{\Lambda} = 0,79 \text{ m}^2\text{h}°\text{C/kcal}$

3.1.3.3 Mittleres Dachgewicht

Nach DIN 4108, Tabelle 1 (im Anhang Tabelle 12, Fußnote 11) muß zur Festlegung des Mindestwärmedämmwertes das mittlere Dachgewicht nach DIN 1055 (Anhang Tabelle 14) berechnet werden, da bei Konstruktionen unter 100 kg/m² gemäß Tabelle 4 der DIN 4108 aus Gründen der Wärmespeicherfähigkeit höhere Mindestwärmedämmwerte als 1,25 m²h°/kcal erforderlich werden. Es gilt dann die Tabelle 13 im Anhang. Wie bereits angeführt, darf jedoch bei der Gewichtsermittlung die Oberschale mitgerechnet werden. In dem Beispiel nach 3.1.3.2 ergibt sich ein mittleres Dachgewicht (Flächenanteil Gefachfelder und Flächenanteil Sparrenfelder prozentual mit den Gewichten multipliziert) von ca. **130 kg/m²**.

Ergebnis:

Gemäß Tabelle 12 müssen in allen drei Klimazonen, also Zone I, II und III mindestens 1,25 m²h°/kcal als Wärmedurchlaßwiderstand nachgewiesen werden. Der errechnete Wärmedurchlaßwiderstand von 0,79 m²h°/kcal reicht demnach nicht aus. Es muß also, trotzdem ein Gewicht von mehr als 100 kg/m² nach Tabelle 13 nachgewiesen wurde, ein Mindestwärmedämmwert von 1,25 m²h°/kcal vorhanden sein. In vorliegendem Falle müßten zwischen die Sparrenfelder noch zusätzliche Wärmedämm-Materialien eingebracht werden (z.B. 3 cm Mineralfaserplatten, Polystyrol-Platten oder dgl.).

3.1.4 Wärmebrücken – Mittlere Wärmeleitzahl

Bei Wärmebrücken (z.B. Betonträgern, Stahlträgern, Holzpfetten usw., die eine geringere Wärmeleitzahl als die Wärmedämmplatten oder -matten haben, ergibt sich z.T. eine beträchtliche Minderung der Wärmeleitzahl der angrenzenden Dämmatten. Dies muß gegebenenfalls bei der Dimensionierung der Wärmedämmung sowohl bezüglich des Wärmeverlustes als auch der Errechnung der Oberflächentemperaturen berücksichtigt werden. Die mittlere Wärmeleitzahl λm kann bis 100% höher liegen als bei nicht unterbrochener Wärmedämmung. Es gilt folgende praxisnahe Annäherungsformel:

$$\lambda m = \frac{\lambda_1 \cdot V_1 + \lambda_2 \cdot V_2 \ldots \lambda_n \cdot V_n}{\Sigma V}.$$

Darin bedeuten:

λ_1 = Wärmeleitzahl der Wärmebrücke
V_1 = Volumen der Wärmebrücke
λ_2 = Wärmeleitzahl des Dämmquerschnittes
V_2 = Volumen des Dämmquerschnittes

Beispiel einer Berechnung: [2]

Ein leichtes Kaltdach mit einer Unterschale aus 50 mm starken Mineralfaserplatten ($\lambda = 0,035$, Wärmedurchlaßwiderstand $\frac{1}{\Lambda} = 1,43$ m²h°/kcal) ist durch eine Metall-Aufhängung ($\lambda = 35$) auf 1 m² durch 4 Flacheisen 5/20 mm 5 cm Dämmschichthöhe unterbrochen. Es ergibt sich dann

V der Dämmschicht $= 100 \cdot 100 \cdot 5 = 50\,000$ cm³
V der Verankerung $= 4 \cdot 1 \cdot 5 = \underline{20}$ cm³
Gesamtvolumen $40\,080$ cm³

Es ergibt sich dann

$$\lambda m = \frac{0,035 \cdot 40\,080 + 35 \cdot 20}{50\,000} = 0,049 \text{ kcal/m}^2\text{h}°\text{C}$$

Der mittlere Wärmedämmwert $\frac{1}{\Lambda}$ der Wärmedämmung ist dann nicht 1,43 m²h°/kcal, sondern

$$\frac{1}{\Lambda} = \frac{0,05}{0,049} = 1,0 \text{ m}^2\text{h}°/\text{kcal}.$$

Es ergibt sich also hier eine wesentliche Reduzierung der Wärmedämmung durch die Wärmebrücken. In ähnlicher Form könnten auch Wärmebrücken, durch Fugen in Wärmedämm-Materialien verschlechternd wirken, wenn der Fugenteil sehr groß ist, was bei verschiedenen Wärmedämm-Materialien der Fall ist, bzw. was bei schlechten Verlegungen zustande kommt.

Auch bei sog. umgekehrten Dächern, bei denen in den Fugen Wasser steht, könnten derartige Abschätzungen zu Annäherungsberechnungen führen. Hier müßte also der *Mindestwert* der Wärmedämmung durch eine entsprechend stärkere Wärmedämmung ausgeglichen werden. Obiges Berechnungsbeispiel ist in Bild 47 dargestellt.

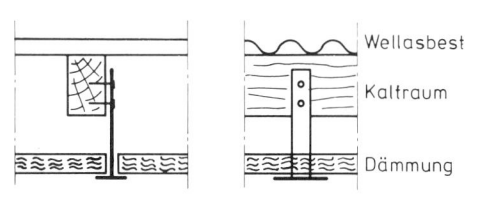

Bild 47 Wärmebrücke durch Flacheisen bei Leicht-Kaltdach

3.1.4.1 Wärmebrücken-Abschätzung

Wärmebrücken, wie sie in Abschnitt 3.1.4 rechnerisch ermittelt wurden, können ungefährlich sein und führen lediglich zu einem erhöhten Wärmeverlust. Sie können aber auch bei großflächigen Wärmebrücken zu so starken Abkühlungen führen, daß direkte Schäden innen-

3. Bauphysikalische Anforderungen an Dächer

seitig entstehen, die meist als Schwitzwasserbildungen zu erkennen sind und im weiteren Verlauf Schimmelbildung zur Folge haben können. Hierzu zählen z.B. bei Dächern schlecht oder nicht gedämmte Attika-Konstruktionen, großflächig auskragende Balkonplatten usw., wie sie später noch angeführt werden.

In den Bildern 48 und 49 sind zwei verschiedene Darstellungen gegeben. In Bild 48 ist eine große außenseitige Abkühlfläche zu einer kleinen raumseitigen Aufheizfläche gegeben, bei der außerdem der innere Wärmeübergangswiderstand in der Ecke noch relativ groß wird. Hier muß u.U. mit Schwitzwasserbildung in der Ecke gerechnet werden. In Bild 49 dagegen ist eine kleine außenseitige Abkühlfläche durch Sichtbeton gegeben, der innenseitig eine große Aufheizfläche gegenübersteht. Hier kann es u.U. ohne sichtbare Schäden abgehen, wenn innenseitig keine zu hohen Luftfeuchtigkeiten vorhanden sind. Selbstverständlich ist mit jeder Wärmebrücke auch ein Wärmeverlust verbunden. Als grobe Regel kann angeführt werden:

Mindestens zwei Drittel Aufwärmfläche zu einem Drittel Abkühlfläche. Aus Bild 50 von Neufert [4] kann diese Grundregel noch verdeutlicht abgelesen werden.

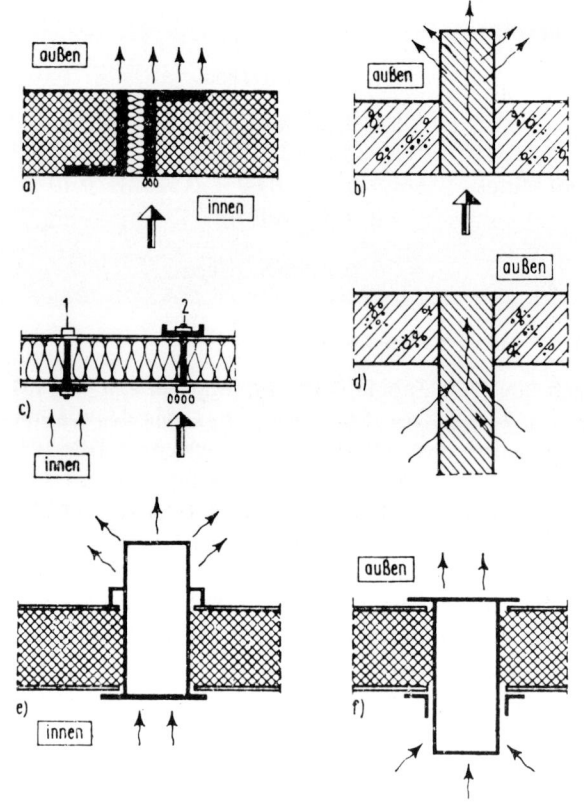

Bild 50 Unterschiedliche Formen von Wärmebrücken [4]. a) Stahlwinkel in einer Leichtwand. Tauwasser wird an dem rechten Winkel (Pfeil) anfallen; b) Betonpfeiler als ungünstige Wärmebrücke; c) der Stahlbolzen 1 ist harmlos, am Bolzen 2 wird sich Wasser bilden, und zwar innen und hinter der Außenplatte; d) ungedämmte Querwand mit Wärmebrücke; e) Al-Sprosse in Wandpaneel mit sehr niedrigen inneren Oberflächentemperaturen; f) günstiger gestaltete Al-Sprosse hat mehr wärmeempfangende als -abstrahlende Flächen

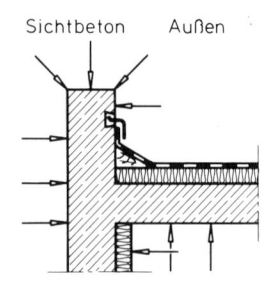

Bild 48 Attika bei Flachdach, große Abkühlfläche, kleine Aufwärmfläche, schadensanfällig

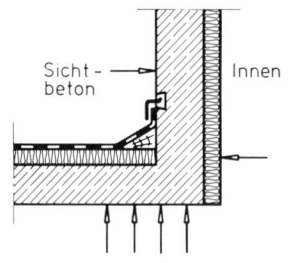

Bild 49 Aufgehende Wand eines Flachdachs, kleine Abkühlfläche, große Aufwärmfläche, kaum schadensanfällig

3.1.5 Wärmeverlustberechnung

Zur Errechnung des notwendigen Wärmebedarfes und zur Abschätzung der Wirtschaftlichkeit der Heizung usw. ist es notwendig, sog. Wärmeverlustberechnungen anzustellen. Diese errechnen sich nach folgender Formel:

$$Q = (ti - ta) \cdot k$$

Darin bedeuten:
Q = durchtretende Wärmemenge in kcal/m²h°
ti = Raumtemperatur in °C z.B. 20°
ta = Außentemperatur in °C
   (je nach Klimazone einzusetzen)
k = Wärmedurchgangszahl (siehe 3.1.1.8).

Beispiel:

Die errechnete k-Zahl gemäß Abschnitt 3.1.1.8 sei mit 0,73 kcal/m²h° für das Dach ermittelt worden. Für +20° Raumtemperatur und −20° Außentemperatur ergibt sich dann folgende Berechnung:

$$Q = (+20 \text{ bis} -20) \cdot 0{,}73 = 29{,}3 \text{ kcal/m}^2\text{h}°.$$

Nach dieser Form wären sämtliche Flächen, also auch Außenwände usw., zu berechnen, um den Gesamtwärmeverlust zu erhalten. Hier kann eine den Rechenvorgang vereinfachende graphische Methode dienlich sein [6]. Bei Flächen mit unterschiedlichen k-Zahlen errechnet man die äquivalente k-Zahl (k_m). Nach dem prozentualen Flächenanteil mit den jeweiligen k-Zahlen errechnet man dann k_m. Die Wärmeverlustberechnung vereinfacht sich dann:

$$Q = (ti - ta) \cdot k_m.$$

In Bild 51 ist ein Beispiel der Ermittlung k_m aufgezeigt. Hiermit können schnell und leicht der anteilige Wärmverlust und die dafür aufzuwendenden Heizkosten für Strom, Gas, Öl, Koks usw. berechnet werden.

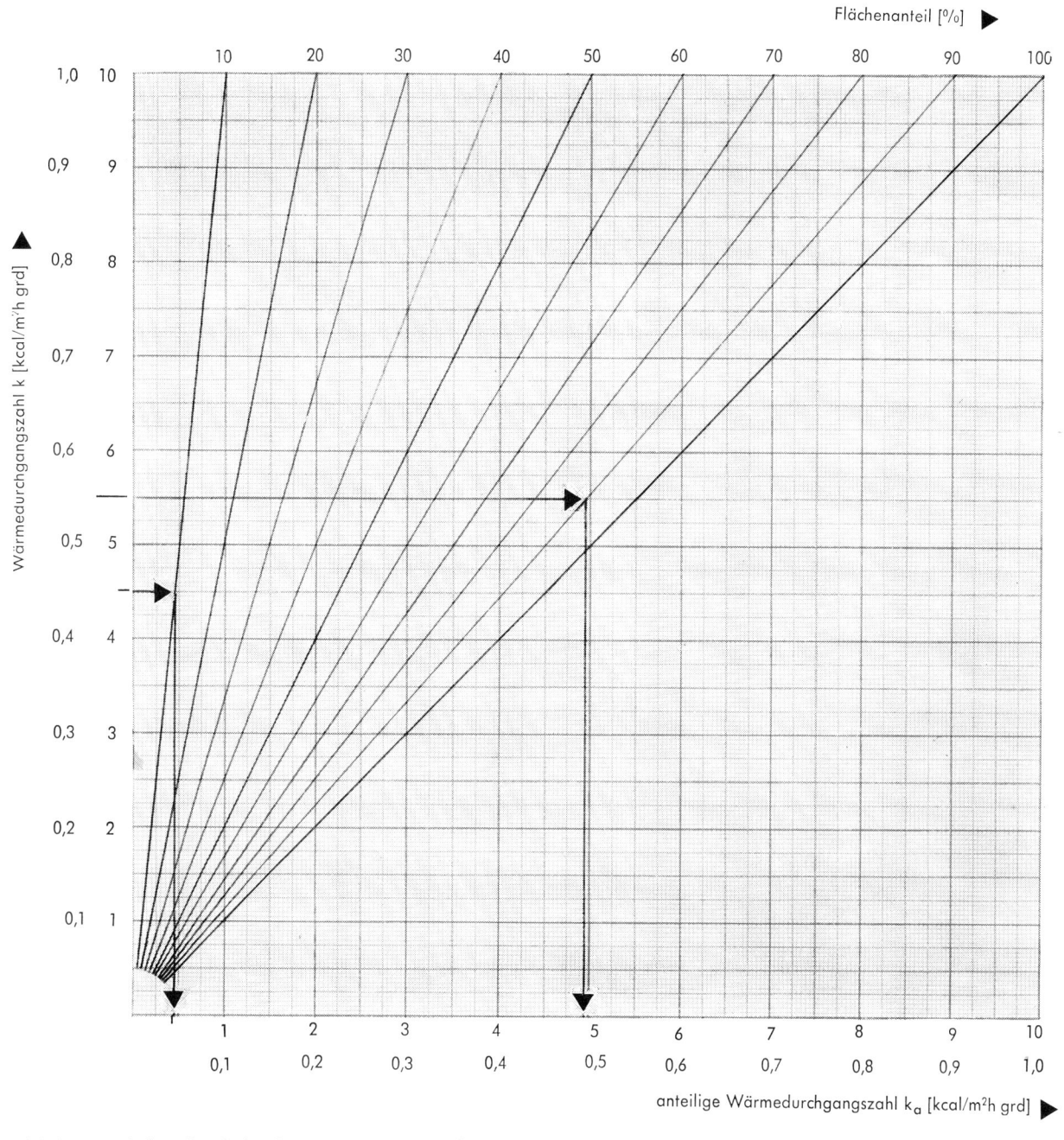

3.1 Wärmeschutz und Wärmeberechnung bei Dächern

Vom k-Wert am linken Rand des Diagrammes aus wird waagerecht bis zum Schnittpunkt mit der Kurve des Flächenanteils gegangen, von dort aus senkrecht nach unten, wo am unteren Rand der anteilige k-Wert (k_a) abgelesen werden kann.

Beispiel:
Fenster k-Wert 4,5 , Flächenanteil 10 %, k_a = 0,45
Wand k-Wert 0,55, Flächenanteil 90 %, k_a = 0,495
k_m = 0,945

Bild 51 Diagramm zum Bestimmen äquivalenter Wärmedurchgangszahlen (k_m) von Bauteilen mit Flächen unterschiedlicher k-Werte

3.1.6 Wärmeschutz und Heizungsaufwand beim Flachdach

Bei kontinuierlicher Heizung errechnet sich der jährliche Heizungsaufwand pro qm Dachfläche mittels der Formel:

$$Q = Hzt \cdot b \cdot k = \ldots \text{kcal/m}^2$$

Darin bedeuten:
Q = Energieverbrauch kcal/m² Dachfläche
Hzt = Heizgradtage für Westdeutschland (ca. 3200) (siehe Tabelle 6, letzte Spalte).
Die Heizgradtage errechnen sich:
200 Heiztage im Jahr mal mittlere Temperaturdifferenz (16°) zwischen Raumluft (+ 20°) und

3. Bauphysikalische Anforderungen an Dächer

mittlerer Außenluft während der Heizperiode (+ 4°)

b = Stunden der Heizung (bei kontinuierlicher Heizung 24 Stunden à 20°)

Bei Fabrikhallen mit nur Tagesbetrieb z.B.

20° − 4° = 16°		= 100%
nachts 12° − 4° = 8°		= 50%
12 Stunden · 1,0 à 20°		= 12 Stunden
12 Stunden · 0,5 à 8°		= 6 Stunden
Energieaufwand pro Tag		= 18 Stunden

$k = k\text{-Zahl} \left(\dfrac{1}{k} = \dfrac{1}{\alpha_i} + \dfrac{1}{\alpha_a} + \sum \dfrac{sn}{\lambda n} \right)$

An einigen Beispielen soll die Wirtschaftlichkeit errechnet werden:

Beispiel 1: Kontinuierlicher Heizbetrieb
(Wohnräume) + 20° Raumtemperatur.

a) Flachdach mit mangelhafter Wärmedämmung

Putz innen 1,5 cm	$1/\Lambda = 0,02$
Massivplatte 12 cm	$1/\Lambda = 0,08$
expandierte Korkplatte 2 cm	$1/\Lambda = 0,50$
Dachhaut (Pappe) 1,0 cm	$1/\Lambda = 0,06$
	$1/\Lambda = 0,66 \; m^2h°/kcal$

$k = 1,18 \; kcal/m^2h°$
$Q = 3200 \cdot 24 \cdot 1,18 = 9,05 \cdot 10^4 \; kcal/m^2$.

b) Konstruktion wie bei a), jedoch mit 4 cm Kork als Wärmedämmung

$\dfrac{1}{k} = 1,35 \; m^2h°/kcal$ (nach DIN 4108 erf. Mindestwert 1,25 $m^2h°/kcal$)

$k = 0,74 \; kcal/m^2h°$
$Q = 3200 \cdot 24 \cdot 0,74 = 5,68 \cdot 10^4 \; kcal/m^2$

Wärmepreis für Ölheizung oder dgl. ca. DM 18,–/10^{-6} kcal

Dach a = 18 · 10^{-6} · 9,05 · 10^4	= 1,63 DM/m²
Dach b = 18 · 10^{-6} · 5,68 · 10^4	= 1,02 DM/m²
Ersparnis bei Decke b	= 0,61 DM/m²

Mehraufwand für Baukosten Dach b gegenüber a (Mehraufwand für Korkstärke).	= DM 4,50/m²

Bei einer Nutzungsdauer von	
20 Jahren Abschreibung	= 9,69%/Jahr
30 Jahren Abschreibung	= 6,14%/Jahr
40 Jahren Abschreibung	= 5,43%/Jahr
Für Beispiel Wohngebäude mit	
40 Jahren Abschreibung	= 5,43%/Jahr
+ Zins für diese Zeit	= 4,50%/Jahr
	= insgesamt ≈ 10,00%/Jahr

Mehraufwand also DM 4,50 (Kork) + 10% (Abschr. u. Zins) = DM 5,–/m². In rund 8 Jahren ist der Mehraufwand durch die Einsparung an Heizung ausgeglichen.

Ab diesem Zeitpunkt tritt dann durch das Flachdach eine Ersparnis des Differenzbetrages ein. Bei einer Fläche von 100 m² also eine Einsparung an Heizung von 65,– DM pro Jahr.

Je höher der Heizpreis liegt, je günstiger die Wirtschaftlichkeit bei guter Wärmedämmung.

Beispiel 2: Unterbrochener Heizbetrieb
(Fabrikhalle) + 18°

a) Flachdach 10 cm Bimsstegdielen	$\dfrac{1}{\Lambda} = 0,33$
Dachpappe 2 Lagen 1 cm	$\dfrac{1}{\Lambda} = 0,06$
	= 0,39 $m^2h°/kcal$

$k = 1,72 \; kcal/m^2h°$

Die Innenraumtemperatur von + 18° am Tage während der Arbeit (10 Stunden Heizzeit) ergibt eine mittlere Temperaturdifferenz von 18° − 4° = 14° = 100%.
Während der übrigen Zeit 12° = 12° − 4° = 8° = 71%.
Durchschnittliche Heizung = 10 · 1,0 + 14 · 0,71
= 20 Stunden
$Q = 3200 \cdot 20 \cdot 1,72 = 11 \cdot 10^4 \; kcal/m^2$.

b) Dieselbe Konstruktion mit 2 cm Styropor-Hartschaumplatten als zusätzliche Wärmedämmschicht über den Stegdielen punktförmig aufgeklebt:

$\dfrac{1}{k} = 1,15 \; m^2h°/kcal$.
$k = 0,87 \; kcal/m^2h°$.
$Q = 3200 \cdot 20 \cdot 0,87 = 5,65 \cdot 10^4 \; kcal/m^2$.

Bei einem Wärmepreis von 18,– DM · 10^{-6} kcal ergibt sich:

Decke a = 18 · 10^{-6} · 11 · 10^4	= 2,00 DM/m²
Decke b = 18 · 10^{-6} · 5,65 · 10^4	= 1,03 DM/m²
Ersparnis	= 0,97 DM/m²

Mehraufwand Decke b gegenüber a	= 4,20 DM/m²
Bei 20 Jahren Abschreibung der Halle	= 9,69%
Verzinsung	= 4,50%
insgesamt Zuschlag	= 14,2 %
Mehraufwand somit	4,80 DM/m².

In ca. 5 Jahren ist der Mehraufwand bezahlt. Bei einer Halle von 1000 m² werden ab diesem Zeitpunkt insgesamt 1000,– DM pro Jahr an Heizung eingespart.
Die Vorteile der geringeren Aufheizung durch die Sonne im Sommer, der Behaglichkeit im Sommer und Winter, der Steigerung der Arbeitsleistung, die geringeren Temperaturspannungen und dadurch längere Lebensdauer der Dachhaut sowie die schnellere Aufheizung des Raumes infolge geringerer Abkühlung und dergleichen, sind oft noch mehr zu werten als die Einsparung an Heizenergie.
Besserer Wärmeschutz ist also nicht nur wirtschaftlicher, sondern auch für Mensch und Arbeit von Vorteil.

3.1.7 Wärmespeicherung

Unter Wärmespeicherung versteht man die Eigenschaft von Baustoffen, Wärme zu speichern bzw. festzuhalten und bei Abkühlung wieder abzugeben.

Die Wärmespeicherfähigkeit ist abhängig von der spezifischen Wärmekapazität c des Stoffes (bei Baustoffen ca. 0,2 kcal/kg°C) und der Rohdichte ϱ des Stoffes.
Die Wärmespeicherzahl S errechnet sich:

$$S = c \cdot \varrho \; (\text{kcal/m}^3°\text{C}).$$

Dieser Wert bezeichnet die Wärmemenge, die erforderlich ist, um 1 m³ eines Stoffes um 1°C zu erwärmen. Hier einige S-Zahlen [4]:

Wasser	1000
Dichte Natursteine	588
Porige Natursteine	546
Kiesbeton, Stahlbeton	462
Zementmörtel	420
Kalkstein-Mauerwerk	399
Kalkmörtel	378
Gasbeton, Schaumbeton	252
Bimsbeton	252
Gipsdielen	168
Vollziegel-Mauerwerk	378
Glas	525
Kupfer	840
Messing	782
Stahl	900
Zink	639
Aluminium	594
Eichenholz	315
Fichtenholz	180
Korkplatten	68
Styropor	6,6
Luft	0,30

Je höher S ist, je größer ist die Wärmespeicherfähigkeit bzw. je größere Wärmemengen sind erforderlich, um die Temperatur eines Stoffes zu ändern (Wärmeträgheit des Baustoffes).

Sollen die außenseitigen Klimaschwankungen innen wenig merkbar werden, müßten die schweren Stoffe innen und die leichteren Stoffe mit geringerem Wärmespeichervermögen außen angeordnet werden. Nur bei zeitweise beheizten Räumen umgekehrt.

Leichtbaukonstruktionen speichern naturgemäß nur wenig an Wärme. Um das Innenklima erträglich zu erhalten, muß deshalb bei Leichtdächern gemäß Tabelle 4 der DIN 4108 (siehe Anhang Tabelle 13) der Wärmedämmwert nach 3.1 wesentlich höher sein als bei schweren Konstruktionen.

In den Bildern 52 und 53 ist die unterschiedliche Verhaltensweise der Wärmespeicherfähigkeit bei Außen- und Innenwärmedämmung dargestellt.

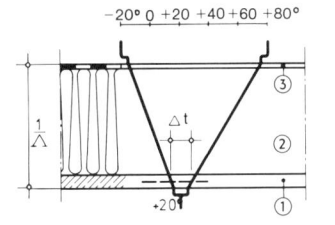

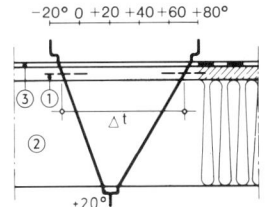

Bild 52 Flachdach mit guter Wärmespeicherung im Innenraum (kleines Δt). 1 16 cm Massivplatte, 2 4 cm Hartschaumplatte, 3 1 cm Bitumenpappen. Richtiger Aufbau

Bild 53 Flachdach mit geringer Wärmespeicherung im Innenraum (großes Δt). 1 16 cm Betonmassivplatte, 2 4 cm Hartschaumplatte, 3 Dachhaut. Falscher Aufbau

Der Wärmespeicher-Kennwert S_{24} ist die Wärmespeicherfähigkeit eines Stoffes je Stunde während einer Erwärmungsperiode von 24 Stunden je Flächenanteil bei 1° Temperaturunterschied. Der Wärmespeicher-Kennwert errechnet sich nach

$$S_{24} = 0{,}51 \; \sqrt{\lambda \cdot \varrho \cdot c} \; (\text{kcal/m}^2\text{h}°).$$

Die Wärmeträgheit soll bei *Dächern 25*, bei *Außenwänden 12–15* betragen (siehe späteres Beispiel). Diese Wärmeträgheit kann dann bei Stoffdicken errechnet werden:

$$D = S_{24} \cdot \frac{s}{\lambda}.$$

Bei einschichtigen Bauteilen (Warmdächern) soll der Wärmeträgheitswert D gleich oder größer wie 1,0 sein.

Beispiel für Wärmespeicherfähigkeit eines Daches:
Dächer sollten, wie bereits angeführt, eine Mindestdämpfungszahl ΣS_{24} (Temperaturamplituden-Dämpfungszahl) von 25 aufweisen, Außenwände 12–15 auf Sonnenseite und 10 auf Nicht-Sonnenseite.
Bei kontinuierlicher Heizung ist ein Nachweis für den Winter nicht erforderlich, jedoch für den Sommer. Es gilt dann z.B. folgende Berechnung:

1. Beispiel Einschalendach schwer

Betondecke 15 cm stark, Korkplatten 4 cm stark, Dachhaut aus Bitumenpappen 1 cm stark.

			S_{24}	$1/\lambda$	D
1. Beton	$S_{24} = 0{,}51 \cdot \sqrt{1{,}75 \cdot 2400 \cdot 0{,}22}$	=	15,70	0,086	1,35
2. Kork	$S_{24} = 0{,}51 \cdot \sqrt{0{,}04 \cdot 200 \cdot 0{,}45}$	=	0,97	1,00	0,97
3. Dachhaut	$S_{24} = 0{,}51 \cdot \sqrt{0{,}16 \cdot 600 \cdot 0{,}40}$	=	3,17	0,062	0,19
	ΣS_{24}	=	19,84	$\Sigma D =$	2,51

3. Bauphysikalische Anforderungen an Dächer

Die Summe aller S_{24} beträgt nicht ganz die gewünschte Zahl von 25. Es wäre zur Verbesserung auf den Wert von 25 noch eine Kiesschüttung auf der Abdichtung erwünscht. Mit einer Kiesschüttung ergibt sich dann ΣS_{24} = ca. 39, würde also gut ausreichen. D würde sich mit Kiesschüttung um 0,95 erhöhen, also:

$$D = 2{,}51 + 0{,}95 = 3{,}46.$$

Der Wert liegt also weit über dem Sollwert 1, wäre also gut ausreichend.

Spezifische Wärme c (kcal/kg°)
(Wärmemenge, um 1 kg um 1° zu erwärmen)
Nachfolgend einige Angaben über die wichtigsten Stoff-Kennwerte c:

Mauerwerk aus schweren Steinen,
Beton usw.	0,22 kcal/kg°C
Mauerwerk aus leichtem Stein	0,25 kcal/kg°C
Porenbeton	0,25 kcal/kg°C
Holzspanbeton	0,40–0,50 kcal/kg°C
Mörtel	0,20–0,25 kcal/kg°C
Holz	0,60 kcal/kg°C
Holzspan oder Sperrholzplatten	0,50 kcal/kg°C
Holzwolleleichtbauplatten	0,50 kcal/kg°C

Wärmedämmstoffe:
Mineralfasermatten oder -platten	0,20 kcal/kg°C
Polystyrol-Platten, PU-Hartschaumplatten oder dgl.	0,33 kcal/kg°C
Korkplatten	0,45 kcal/kg°C

Belagstoffe:
Bitumen-Teer	0,40 kcal/kg°C
Estrich	0,25 kcal/kg°C
Glas oder ähnliche Stoffe	0,20 kcal/kg°C
Kiesschüttung	0,20 kcal/kg°C
Kunststoffbahnen, Gummi usw.	0,35 kcal/kg°C.

2. Beispiel für leichtes Warmdach von unten nach oben:

1. 24 mm Holzschalung auf offene Balkendecke
2. Dampfsperre auf genagelte Holzschalung
3. 6 cm Polyurethan-Hartschaumplatten
4. 2 mm Kunststoffbahn
5. 5 mm Kiesschüttung, für Sommer halbnaß ($\lambda = 1{,}0$).

Die Summe aller S_{24} liegt über 25, wäre also ausreichend. Würde eine Kiesschüttung nicht erbracht werden, wäre nur ein S_{24} von ca. 10 gegeben, was bei Dächern als unzureichend zu bezeichnen wäre. Daraus kann gefolgert werden, daß leichte Warmdächer ohne Kiesschüttung für Wohnzwecke nicht empfohlen werden können.

3.1.8 Berechnung der Phasenverzögerung

Wenn auf das Dach Temperaturwellen einwirken, so bewirkt das Dach nicht nur eine Dämpfung der Temperaturamplituden, sondern auch eine Phasenverzögerung in der einzelnen Schicht. Bei Sonneneinstrahlung auf das Dach mit der Maximaltemperatur etwa um 12 Uhr an einem Sommertag kommt die Temperatureinwirkung in den darunterliegenden Schichten sehr viel später an, also z.B. 4, 5, 6 oder 8 Stunden später. So kann z.B. bei Nacht unterseitig eine viel stärkere Abstrahlung wirksam werden als tagsüber, was bekanntlich bei Leichtbaukonstruktionen in der Nacht zu einem sehr unangenehmen Klima führen kann (besonders in Schlafräumen unter Flachdächern).

Die Errechnung der Phasenverzögerung nach [2] ist einfach. Es werden folgende Mindestwerte nach Stunden vorgeschlagen:

1. Außenwände Ost, Nordost und Nordwest: 6–8 h
2. Außenwände Süd, Südwest: 8 h
3. Flachdächer im Wohnungsbau: 10–12 h
4. Flachdächer im Kühlraumbau: 12–16 h.

Die Berechnungsformel lautet:
1. Für einschichtige Bauteile (z.B. Betondecken) Annäherungsgleichung bei S_{24} 6–10:
$\eta = 2{,}7 \cdot D$
z.B. Betonplatten (siehe 3.1.6 bei Beispiel 1) $D = 1{,}35$
$\eta = 2{,}7 \cdot 1{,}35 =$ ca. 3,6 Stunden.

Ohne Zusatzmaßnahme ist dieser Wert für Flachdächer also nicht ausreichend, da mindestens gemäß o.g. Daten 10–12 Stunden notwendig werden. Im Sinne der Einschichtigkeit ist diese vereinfachte Annäherungsformel auch für Leichtkonstruktionen anwendbar.

		S_{24}	$1/\lambda$	D
1. Holzschalung	$0{,}51 \cdot \sqrt{0{,}12 \cdot 600 \cdot 0{,}60}$ =	3,35	0,200	0,67
2. Dampfsperre	$0{,}51 \cdot \sqrt{0{,}16 \cdot 600 \cdot 0{,}40}$ =	3,17	0,062	0,19
3. Wärmedämmung	$0{,}51 \cdot \sqrt{0{,}035 \cdot 25 \cdot 0{,}33}$ =	0,28	1,720	0,49
4. Kunststoffbahn	$0{,}51 \cdot \sqrt{0{,}18 \cdot 1300 \cdot 0{,}35}$ =	3,50	0,011	0,04
5. 5 cm Kies	$0{,}51 \cdot \sqrt{1{,}00 \cdot 1800 \cdot 0{,}20}$ =	19	0,050	0,95
		$\Sigma S_{24} = 29{,}30$		$\Sigma D = 2{,}34$

3.1 Wärmeschutz und Wärmeberechnung bei Dächern

1. Beispiel Massiv-Flachdach aus 3.1.6:

a) ohne Kiesschüttung   2,7 · 2,51 = 6,7 Stunden
b) mit Kiesschüttung   2,7 · 3,46 = 9,4 Stunden
2. Leichtdach   = 2,7 · 2,34 = 6,3 Stunden.

Hier ist zu entnehmen, daß Flachdach mit einer Massivplatte ohne Kiesschüttung etwa gleich zu bewerten ist wie das Leichtdach mit Kiesschüttung. Die Forderungen werden jedoch nur vom massiven Dach mit Kiesschüttung annähernd erfüllt. Die volle Angleichung würde aber auch hier nur bei einer Kiesschüttung von 6–7 cm gegeben sein.

3.1.9 Wirtschaftlichster Wärmeschutz (Vollwärmeschutz)

Der wirtschaftlichste optimale Wärmeschutz berücksichtigt die Anlagekosten, die darauf basierenden Abschreibungskosten und die jährlich anfallenden Energiekosten der berechneten Konstruktion über einen längeren Zeitraum. Wird ein Flachdach sehr gut wärmegedämmt, so erhöhen sich einmalig die Anlagekosten sofort und die Abschreibungskosten in den folgenden Jahren. Es vermindert sich jedoch jedes Jahr der Kostenanfall für Brennstoffe, bei der Heizungsanlage außerdem die Anlagekosten.

Es ist möglich, den Wärmedurchgangswert (k-Zahl) direkt zu berechnen, der auf die Dauer die geringsten Betriebskosten verursacht und somit die wirtschaftlichste Lösung ergibt. Über einen bestimmten Zeitraum kann man dann die jährlichen Brennstoffkosten und Anlagekosten, bezogen auf 1 m² Dach addieren und erhält auf diese Weise den Gesamtaufwand.

Es soll hier auf die etwas komplizierte Berechnungsweise verzichtet werden. Nachfolgend lediglich ein anschauliches Beispiel über die Zusammenhänge Wärmeschutz und Heizung. In Kapitel 3.1.6 wurde ein Beispiel gerechnet. Nachfolgend kann aus Bild 54 der Heizkostenpreis direkt abgelesen werden [7], um so den wirtschaftlichsten Wärmeschutz zu ermitteln.

Linienzug a zeigt bei einem Wärmedurchlaßwiderstand von 0,40 m²h°/kcal bei 3000 Heizgradtagen bei einem Wärmepreis von DM 25,–/10⁶ einen Heizperiodenaufwand von DM 3,–/m². Bei einem Dämmwert von 1,25 m²h°/kcal dagegen nur noch einen Kostenaufwand von DM 1,30/m².

Der Vollwärmeschutz bei Flachdächern ist bei einem Wärmedurchlaßwiderstand von ca.

$$\frac{1}{\Lambda} = 2{,}00 \text{ m}^2\text{h°/kcal vorhanden.}$$

3.1.10 Mindestwärmeschutz beim Dach – Flachdach

Wie bereits in früheren Kapiteln angeführt, ist für den Mindestwärmeschutz die DIN 4108 gültig. In Tabelle 12 (Anhang) sind in Spalte 6 die geforderten Mindestwärmedämmwerte für alle 3 Klimazonen wie folgt angegeben:

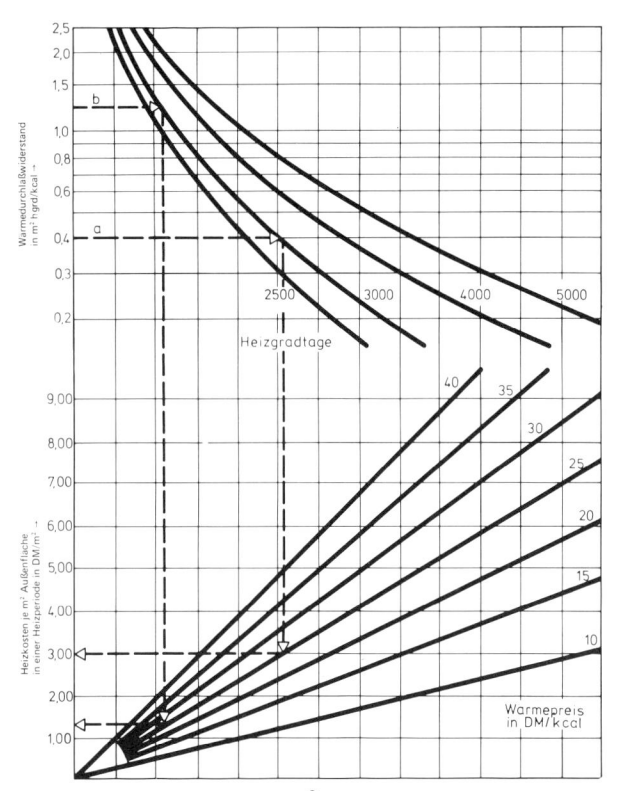

Bild 54   Jährliche Heizkosten je m² Außenfläche in Abhängigkeit vom Wärmedurchlaßwiderstand

»Decken, die Aufenthaltsräume nach oben gegen die Außenluft abschließen, im Mittel

$$\frac{1}{\Lambda} = 1{,}25 \text{ m}^2\text{h°/kcal«.}$$

Als Fußnote 10 ist angeführt:
»bei massiven Dachplatten ist die Wärmedämmschicht auf der Platte anzuordnen (also beim Flachdach oberseitig) und der Wärmedämmwert der Zeile 6 in Abhängigkeit von der Länge der Dachplatte bzw. dem Fugenabstand gegebenenfalls noch zu erhöhen, um die Längenänderung der Platten infolge von Temperaturschwankungen zu vermindern.«

Fußnote 11: »z. B. Flachdächer, Decken unter Terrassen, schräge Dachteile von ausgebauten Dachgeschossen. Für leichte Dächer unter 100 kg/m² siehe DIN 4108, Tafel 4, Zeile 1 und 2« (in diesem Buch Tabelle 13 [Anhang]).

Danach ist also festgestellt, daß hier die DIN 4108 mit dem Mindestwärmedämmwert von 1,25 m²h°/kcal nicht unbeschränkt gültig ist. Es gelten folgende Ausnahmen, bei denen höhere Wärmedämmwerte u. U. erforderlich sind:

1. Temperaturspannungen nach Fußnote 10

Hier ist gemäß Kapitel 3.4, also Errechnungen der Temperaturspannungen, ein Zuschlag zu den Mindestwärmedämmwerten der DIN 4108 erforderlich. Bei späteren Schäden (Risse) könnte man sich also nicht auf die DIN 4108 berufen.

3. Bauphysikalische Anforderungen an Dächer

2. Leichtbaukonstruktionen unter 100 kg/m²

Hier gilt bei leichten Konstruktionen, wie bereits angeführt, die Tabelle 13 im Anhang. Würden hier bei sehr leichten Konstruktionen nur die Mindestwärmedämmwerte gemäß Tabelle 12 (Anhang) zur Anwendung kommen und würden später Klagen wegen mangelnder Wärmespeicherfähigkeit eingehen, könnte sich der Konstrukteur nicht auf die DIN 4108 Tabelle 1 berufen. Für eventuelle Mängel wäre er also haftbar.

3. Höhere Raum-Luftfeuchtigkeiten oder Temperaturen

Die DIN 4108 gilt für den Wärmeschutz im Hochbau für Bauten, die zum dauernden Aufenthalt von Menschen gedacht sind. Dies sind also vorzüglich Wohnbauten und Bauten ähnlicher Nutzung. Sind wesentlich höhere Luftfeuchtigkeiten oder Temperaturen in den Räumen zu erwarten (Feuchtraumbetriebe, klimatisierte Industriebetriebe usw.), muß eventuell der Mindestwärmedämmwert von 1,25 m²h°/kcal erhöht werden. Wird dies nicht gemacht, bzw. würden später Schäden durch Kondensation auftreten, könnte sich auch hier der Konstrukteur nicht auf die DIN 4108 berufen.

In Tabelle 15 (Anhang) sind für Klimazone II und III die mindest erforderlichen Wärmedurchlaßwiderstände in Abhängigkeit vom inneren Wärmeübergangswiderstand angegeben. Im Zweifelsfalle empfiehlt es sich, den inneren Wärmeübergangswiderstand mit 0,20 anzunehmen ($a_i = 5$). Hier kann dann z. B. in Klimazone III Spalte h abgelesen werden, daß bei +20° Raumtemperatur die Luftfeuchtigkeit bei einem DIN-gerechten Flachdach nur bis 70% gehen dürfte. Darüber hinaus wären höhere Wärmedurchlaßwiderstände erforderlich.

Hier siehe auch Kapitel 3.2 und 3.3 Schwitzwasservermeidung und Diffusionsnachweis. Im Zweifelsfalle muß also hier eine gesonderte Berechnung angestellt werden.

Bis zum Jahre 1966 galt für Dächer bzw. Flachdächer noch ein Mindestdämmwert von 0,65 m²h°/kcal im Mittel. Der Mindestwärmedämmwert von 1,25 m²h°/kcal ist also erst seit diesem Zeitraum in den verschiedenen Bundesländern gültig. Dächer früherer Ausführung mit einem geringeren Wärmedämmwert müssen also als normgerecht nach dem damaligen Stand der Technik bezeichnet werden.

Die geforderten Mindestwärmedämmwerte von 1,25 m²h°/kcal für Normalbauten lassen nach unten hin einen Spielraum zu. Hier wird angeführt, daß an der ungünstigsten Stelle (Wärmebrücken) ein Wärmedämmwert von

$$\frac{1}{\Lambda} = 0{,}90 \text{ m}^2\text{h}°/\text{kcal}$$

zugelassen ist. Ein Beispiel soll die Zusammenhänge verdeutlichen:
Flachdach, bestehend aus 16 cm Betonplatte, 3,5 cm Polyurethan-Hartschaumplatten, 1 cm bituminöse Dachhaut (eine evtl. Kiesschüttung sollte bei den Wärmedämmberechnungen außer Anrechnung bleiben).

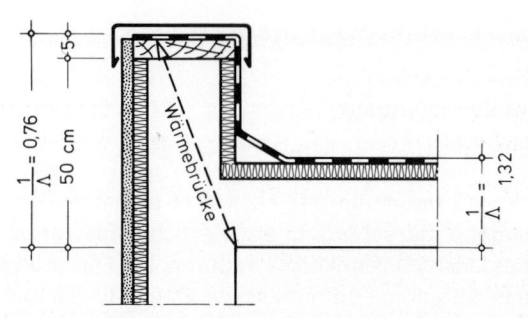

Bild 55 Wärmebrücke nach DIN 4108 $\geqq$ 0,90 m²h°/kcal, nach Beispiel nicht erreicht

1. Wärmedurchlaßwiderstand in der Fläche:

$$\frac{1}{\Lambda} = \frac{0{,}16}{1{,}75} + \frac{0{,}035}{0{,}03} + \frac{0{,}015}{0{,}16} = 1{,}32 \text{ m}^2\text{h}°/\text{kcal}$$

Dieser Wert entspricht also den Mindestwärmedämmwerten der DIN 4108 (1,25 m²h°/kcal).

2. Wärmedämmwert im Bereich der Wärmebrücke:
Über der Attika sei eine 5 cm starke Holzbohle über der Waagrechten aufgebracht, wie in Bild 55 dargestellt: Bei einer zusätzlich verbleibenden 50 cm Normalbetonhöhe bis zur Innendecke ergibt sich also ein Wärmedurchlaßwiderstand:

$$\frac{1}{\Lambda} = \frac{0{,}50}{1{,}75} + \frac{0{,}05}{0{,}12} + \frac{0{,}01}{0{,}16} = 0{,}76 \text{ m}^2\text{h}°/\text{kcal}$$

Hier wäre also festgestellt, daß der Mindestwärmedämmwert von 0,90 m²h°/kcal nicht erreicht ist. Hier müßte entweder eine 7 cm starke Holzbohle aufgebracht werden oder nur eine 3,5 cm Holzbohle über 2 cm starken druckfesten Wärmedämmplatten oder dergleichen. In ähnlicher Weise wären auch z. B. Wärmebrücken im Bereich von Lichtkuppeln-Aufsatzkränzen usw. zu untersuchen. Hier wird auf den praktischen II. Teil dieses Buches verwiesen.

3.2 Tauwasservermeidung (Schwitzwasserberechnung)

Neben einer ausreichenden Wärmedämmung nach 3.1 müssen Dächer auch hinsichtlich einer evtl. Schwitzwasserbildung untersucht werden. Abtropfende Feuchtigkeit von Dächern in die Räume kann schwere Beeinträchtigung der Nutzung und große Schäden zur Folge haben. Der Schadenskatalog reicht hier von Beschädigungen der Lagerwaren, Fabrikationsmaschinen, Schäden an Fußbodenbelägen und Estrichen, Schimmelbildungen an den abtropfenden Flächen selber usw.

3.2.1 Ungünstigste Temperaturannahmen

Für die Berechnung der Schwitzwasserfreiheit müssen die *ungünstigsten Temperaturannahmen innen und*

3.2 Tauwasservermeidung (Schwitzwasserberechnung)

außen gewählt werden. Es sind also zugrundezulegen:

ti_{max} (maximale Innentemperatur)
ta_{max} (maximal zu erwartende Außentemperaturen)

Die Innentemperaturen können, falls sie nicht bekannt sind, aus Tabelle 1 (Anhang) abgelesen werden, die Außentemperaturen ergeben sich aus Tabelle 6 und aus der Bildkarte Tabelle 5. Aus der Tabelle 6 kann abgelesen werden, daß das Jahresminimum in Klimazone I etwa bei 21–22° liegt, in Klimazone II etwa zwischen 23 und 25° und in Klimazone III zwischen 25 und 30°. Hier müssen örtliche Verhältnisse zugrundegelegt werden.

3.2.2 Berücksichtigung der Wärmeträgheit

In Feucht- und Naßräumen muß eine weitere zusätzliche Sicherheit je nach Wärmespeicherfähigkeit des Daches berücksichtigt werden. Bei schweren Dächern mit großer Wärmespeicherfähigkeit können die Klimaschwankungen innerhalb der Konstruktion ausgeglichen werden, bei leichten Dächern jedoch nicht. Es ergeben sich z.B. bei leichten Dächern bei Nachtabkühlungen und unterbrochener Heizung infolge geringer Wärmespeicherfähigkeit Gefahren, daß am Morgen (z.B. bei Betriebsbeginn) Tauwasser auf der unterseitigen Oberfläche auftritt, da über Nacht die ganze Konstruktion abkühlt.

Je nach Wärmespeicherfähigkeit (siehe Kapitel 3.1.7) gelten folgende Beiwerte M:

Wärmespeicher-zahl S	Beiwert M	Beurteilung	ca. kcal/m²
0 –0,5	1,5	sehr leichte Konstruktion	20–100
0,6 –1,2	1,3	leichte Konstruktion	100–200
1,21–2,5	1,1	mittelschwere Konstruktion	200–300
über 2,5	1,0	schwere Konstruktion	über 300

Wenn es sich um die Berechnung des erforderlichen Wärmedurchgangswiderstandes für Bauteile in Feucht- und Naßräumen handelt, so muß dieser Beiwert M zur Berücksichtigung der Wärmeträgheit bei Konstruktionen unter 300 kg/m² gemäß unten stehender Formel berücksichtigt werden.

3.2.2.1 Tauwasserformel bei schweren Konstruktionen (über 300 kg/m²)

Bei Konstruktionen über 300 kg/m² gilt der Beiwert 1,0. Hier braucht also ein Zuschlag nicht gemacht werden.

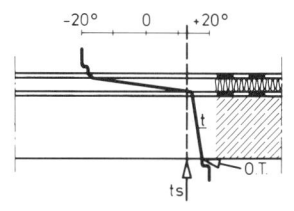

Bild 56 Liegt ts niedriger als Oberflächentemperatur (OT) (bei ausreichender Wärmedämmung) keine Tauwasserbildung

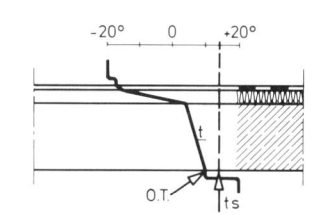

Bild 57 Liegt ts höher als Oberflächentemperatur (OT) fällt unterseitig Tauwasser aus. Wärmedämmung ist dann zu gering

Um Tauwasserbildung auf der inneren Oberfläche, also auf der warmen Seite zu vermeiden, muß in Abhängigkeit von der Raumtemperatur und Raumluftfeuchtigkeit eine Mindestoberflächentemperatur vorhanden sein. Anders ausgedrückt heißt das, daß die Taupunkttemperatur zur Raumluft auf der inneren Oberfläche nicht unterschritten werden darf (siehe richtige Dämmung Bild 56, unzureichende Dämmung Bild 57). Um diese Mindesttemperatur bei Berücksichtigung der Außentemperatur zu erhalten, ist eine entsprechende Wärmedämmung erforderlich. In Abhängigkeit vom inneren Wärmeübergang, der Temperaturdifferenz zwischen innen und außen, der Raumtemperatur und der Taupunkttemperatur ergibt sich folgende Grundgleichung:

$$k\,\text{erf} = \alpha_i \cdot \frac{ti - ts}{ti - ta}$$

darin bedeuten:

$k\,\text{erf}$ = Wärmedurchgangszahl (kcal/m²h°)
α_i = Wärmeübergangszahl innen (siehe Tabelle 8 Anhang)
ti = Lufttemperatur innen
ta = Lufttemperatur außen
ts = Taupunkttemperatur (siehe Tabelle 4 Anhang).

Hieraus errechnet sich nun der für die Tauwasservermeidung notwendige Gesamtwärmedurchlaßwiderstand:

$$\frac{1}{\Lambda} = \frac{1}{k} - \left(\frac{1}{\alpha_i} + \frac{1}{\alpha_a}\right) = \frac{1}{k} - 0{,}14.$$

Anmerkung

α_i ist oben mit 7 angenommen, u.U. empfiehlt es sich jedoch, nach Tabelle 8 (Anhang) aus Sicherheitsgründen einen geringeren Wert anzunehmen, besonders wegen der Raumecken (z.B. $\alpha_i = 5$).

Beispiel:

Ein einschaliges Flachdach in einer Spinnerei, bestehend aus 16 cm Massivplattendecke, soll so wärmegedämmt werden, daß unterseitig keine Schwitzwasserbildung entsteht. Die Raumtemperatur soll mit 20° angenommen werden, die relative Luftfeuchte mit 80%. Die ungünstigste Außentemperatur soll mit –20° vorhanden sein. Hier ergibt sich nun folgende Berechnung:

$$k\,\text{erf} = 7 \cdot \frac{20 - 16{,}5}{20 - -20} = 0{,}61 \text{ kcal/m}^2\text{h}°.$$

Hieraus errechneter Wärmedurchlaßwiderstand:

$$\frac{1}{\Lambda} = \frac{1}{0{,}61} - 0{,}14 = 1{,}50 \text{ m}^2\text{h}°/\text{kcal}.$$

Durch die Betonplatte und einen 1 cm starken Dachbelag wird ein Wärmedurchlaßwiderstand von 0,15 m²h°/kcal erbracht. Durch eine Wärmedämmung muß also noch ein Wärmedämmwert von 1,35 m²h°/kcal nachgewiesen werden ($\frac{1}{\lambda} = 1{,}35 = 4$ cm PU-Hartschaum oder dergleichen).

3. Bauphysikalische Anforderungen an Dächer

3.2.2.2 Tauwasserformel bei leichten Konstruktionen

Hier gilt bei Feuchträumen und bevorzugt bei Metall-Tragdecken (Trapezbleche oder dergleichen), die keinerlei Saugfähigkeit besitzen (auch in trockeneren Räumen), folgende Formel:

$$\frac{1}{k \text{ erf}} = \frac{1}{\alpha_i} \cdot \frac{ti - ta}{ti - ts} \cdot M.$$

Beispiel:
α_i innen 5, Innentemperatur 20°, Außentemperatur −25°, relative Luftfeuchte 70% (Taupunkttemperatur 14,3°), leichte Konstruktion $M = 1,3$.

$$\frac{1}{k \text{ erf}} = \frac{1}{5} \cdot \frac{20 - -25}{20 - 14,3} \cdot 1,3 = 2,06 \text{ m}^2\text{h}°/\text{kcal}.$$

(**Entspricht** 7,5 cm Mineralwolle, Styropor oder 6,5 cm PU-Hartschaumplatten.)

3.2.2.3 Grafische Ermittlung

Anstelle der rechnerischen Ermittlung kann für +20° auf einfachste Weise auch eine grafische Ermittlung die erforderliche k-Zahl nach dem Diagramm-Bild 58 erbringen. Hier können also die erforderlichen k-Zahlen zur Vermeidung von Schwitzwasserbildung in Abhängigkeit von Innentemperatur, relativer Luftfeuchte und Außentemperatur abgelesen werden.

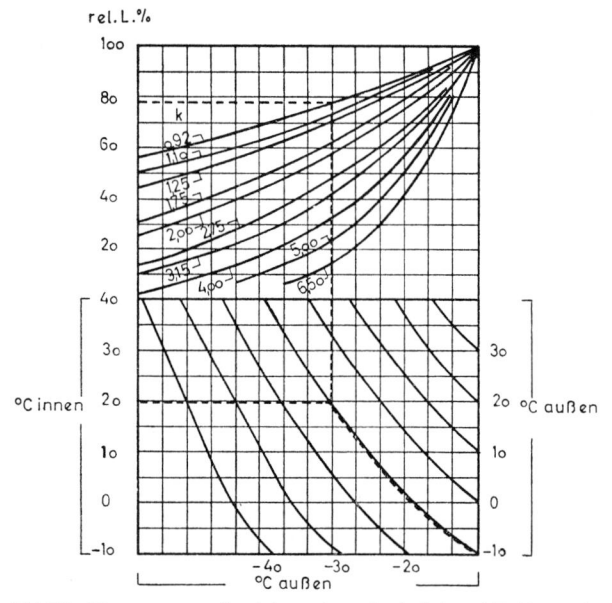

Bild 58 Diagramm zur Ermittlung der erforderlichen k-Zahl zwecks Vermeidung einer Tauwasserbildung

Aber auch hier muß berücksichtigt werden, daß bei leichten Konstruktionen der Beiwert M berücksichtigt wird. Es gilt also hier dann:

$$\frac{1}{k} \text{ erf} = \frac{1}{k} \cdot M.$$

3.2.2.4 Tabelle zur Ermittlung des Mindestwärmeschutzes bei Schwer- und Leichtkonstruktionen

In Tabelle 16 (Anhang) sind für alle drei Klimagebiete in Abhängigkeit vom Gewicht bei Raumluftfeuchtigkeiten 60, 75, 80 und 85% in allen drei Klimagebieten die erforderlichen Wärmedurchlaßwiderstände ausgerechnet und können hier auch direkt abgelesen werden.

Bei 75% in Zone III, 150 kg/m² Dachgewicht $\frac{1}{\Lambda} = 1,50$ m²h°/kcal. Also z.B. 5,5 cm Styroporplatten oder dergleichen. Der Wert M ist hier schon berücksichtigt. In Wohnräumen sind normal nur 60% Luftfeuchte im Maximum zu erwarten.

3.3 Dampfdiffusion

Infolge der Dampfdruckdifferenz zwischen erwärmter Innenluft und kalter Außenluft dringt Raumluftdampf in das Flachdach von der warmen Seite (mit dem höheren Dampfdruck) in Richtung der kalten Seite (mit dem niedrigeren Dampfdruck) ein. Dieser komplizierte Durchdringungsvorgang in die Poren und Kapillaren der Baustoffe wird als *Dampfdiffusion* bezeichnet. Im allgemeinen Hochbau herrscht in unseren Klimazonen über die meiste Zeit des Jahres ein Dampfdruckgefälle *von innen nach außen;* nur im Hochsommer und bei Kühlraumbauten ist ein Dampfdruckgefälle *von außen nach innen* möglich. Es folgt also im allgemeinen Hochbau Dampfdiffusion von innen nach außen, in Kühlraumbauten von außen nach innen.

3.3.1 Erklärung der Begriffe zur Berechnung der Dampfdiffusion

Es bedeuten in nachfolgenden Ausführungen:

δ' = Dampfleitzahl (kg m/kg h) oder (m/h) ($\delta'n$ in $n$ter Schicht)

Sn = Schichtstärke eines Bauteiles (Sn in ter Schicht = $S_1, S_2 \ldots$) (in m)

Λ = Dampfdurchlaßzahl (l/h) der Gesamtkonstruktion

k_D = Dampfdurchgangszahl (l/h)

β = Wasserdampfübergangszahl β_1 auf der warmen, β_2 auf der kalten Seite (l/h)

R_D = Gaskonstante für Wasserdampf ($R_D = 47,1$ m kg/kg °k)

T = Absolute Temperatur in $k°$ (= °C + 273)

δ = Diffusionszahl der Luft m²/h

μ = Diffusionswiderstandsfaktor der Stoffe

g = Dampfmenge in kg/m²h oder p/m²h

P_1 = Dampfdruck der Luft auf der warmen Seite kp/m²h

P_2 = Dampfdruck der Luft auf der kalten Seite kp/m²h

$p'-p''$ = Dampfdruckdifferenz (Druckabfall in einer Schicht)

f = Kenngröße $\mu \cdot s$
ϱ = (Rho) Spezifischer Diffusionswiderstandsfaktor
$(\varrho = \delta' \cdot \mu)$
φ = relative Luftfeuchtigkeit.

Für die Berechnung der Dampfdiffusion benützt man denselben Formelaufbau wie in der Wärmedämmlehre. In übertragenem Sinne gelten also folgende Begriffe für die Diffusionslehre:

3.3.1.1 Dampfleitzahl δ' m/h oder g/m h mm Hg

Die Dampfleitzahl gibt an, wieviel Dampf (Feuchtigkeit) in 1 Stunde durch 1 m² einer 1 m dicken Schicht bei einem Dampfdruckunterschied von 1 kp/m² oder 1 mm Hg hindurchdiffundiert. Die Dampfleitzahl ist ähnlich der Wärmeleitzahl stark vom Feuchtigkeitsgehalt in den Baustoffen abhängig. Es gelten z. B. für einige Stoffe folgende Werte:

Baustoff	Feuchtigkeits-leitzahl* δ' (g/m h mm Hg) für Ψ Luft = 45%	Wärme-leitzahl λ (Mittelwert) (kcal/m h °C)
Weichfaserdämmplatte 6,8 mm	0,011	
9,0 mm	0,012 + 0,035	0,04 + 0,05
13,0 mm	0,015 + 0,035	
20,7 mm	0,037	
Holzwolle-Leichtbauplatte (Heraklith)	0,018	0,075
Iporka	0,08	0,03
Korkplatte up III (Unterlagspreßkorkplatte)	0,008	0,035
Korkplatte ipG (imprägnierte expandierte Korksteinplatten für Kühlräume, grobkörnig)	0,01 + 0,22	0,040
Bitumen-Teerpappen	$0,5 \times 10^{-5} + 1,5 \times 10^{-5}$	0,16
Igelit	$0,65 \times 10^{-5}$	
** Vaporex-Normal	$0,69 \times 10^{-5}$	0,064
Vaporex Super mit Alufolie	$0,34 \times 10^{-6}$	0,16

Feuchtigkeitsleitzahl δ' und Wärmeleitzahl λ für verschiedene Stoffe nach Messungen von *Johansson* und *Edenholm*.

Baustoff	Feuchtigkeits-leitzahl δ' (g/m h mm Hg) für Ψ Luft = 45%	Wärme-leitzahl (kcal/m h °C)
Beton 1:4	0,0015	1,2 + 1,5
Beton 1:9	0,005	1,2 + 1,4
Schaumbeton	0,03	0,25 + 0,4
Ziegel 1200 kg/m³	0,012	0,3 + 0,45
Ziegel 1600 kg/m³	0,011	0,6
Ziegel 1800 kg/m³	0,007	0,75
Zementmörtel I	0,005	0,75
Zementmörtel II	0,0015	1,20
Bestardputz	0,004	0,75
Kalkmörtel	0,006	0,60 + 0,75
Kiefernholz (⊢ Faser)	0,003	0,13
Kiefernholz (⊢ Faser)	0,035	
Masoniteplatten, hart	0,007	0,07
Masoniteplatten, halbhart	0,01	0,05
Treetexplatten, halbhart	0,01	0,035
Kramfortplatten, hochporös	0,04	
Sägespäne	0,05	0,10
Steinwolle	0,075	

* Messung erfolgte bei + 33 °C und einer mittleren relativen Luftfeuchtigkeit von ca. 45%.
** Ergänzung durch Autor.

3. Bauphysikalische Anforderungen an Dächer

Die Dampfleitzahl errechnet sich:

$$\delta' = \frac{\delta}{\mu \cdot R_D \cdot T}.$$

Für eine Schicht gilt die Beziehung

$$\delta' = k_D \cdot s.$$

3.3.1.2 Dampfdurchlaßwiderstand $1/\Delta$

Der Dampfdurchlaßwiderstand einer Einzelschicht errechnet sich, indem die Stärke s durch die Dampfleitzahl dividiert wird, also

$$1/\Delta = s/\delta' \text{ (l/h)}.$$

3.3.1.3 Dampfdurchlaßwiderstand der Gesamtkonstruktion

Dieser errechnet sich

$$\frac{1}{\Delta} = \frac{s_1}{\delta_1'} + \frac{s_2}{\delta_2'} + \frac{s_3}{\delta_3'} \cdots \left(\frac{1}{h}\right).$$

3.3.1.4 Dampfdurchlaßzahl Δ

Stündlicher Dampfdurchgang in kg/m² je kg/m² Dampfdruckunterschied zwischen den beiden Oberflächen.

3.3.1.5 Dampfdurchgangswiderstand $1/k_D \left(\frac{1}{h}\right)$.

Dieser errechnet sich

$$\frac{1}{k_D} = \frac{1}{\beta_1'} + \frac{s_1}{\delta_1'} + \frac{s_2}{\delta_2'} \cdots + \frac{1}{\beta_2'} \left(\frac{1}{h}\right).$$

3.3.1.6 Dampfdurchgangszahl K_D

Dies ist der stündliche Dampfdurchgang in kg/m² je Dampfdruckunterschied der angrenzenden Luft an den Bauteil. Sie schließt also die Wasserdampfübergänge β' von der Luft an den Bauteil mit ein. Es ist also

$$k_D = \frac{1}{\frac{1}{\beta_1'} + \frac{s_1}{\delta_1'} + \frac{s_2}{\delta_2'} + \cdots + \frac{1}{\beta_2'}}.$$

Da diese Dampfübergangswiderstände kaum von Bedeutung sind (da der Dampfdruck in der Luft nahezu derselbe ist wie auf den Bauteilen), können diese für die praktische Berechnung vernachlässigt werden. Es gilt dann für die praktische Anwendung im Hochbau die Beziehung

$$\Delta \approx k_D.$$

3.3.1.7 Dampfdruckabfall

Der Dampfdruckabfall einer Schicht errechnet sich analog dem Temperaturabfall mittels der Formel:

$$\Delta p_n = p_1 - p_2 \cdot \frac{\frac{s_n}{\delta_n}}{\frac{1}{\Delta}}.$$

3.3.1.8 Wasserdampfübergangszahl β' und Dampfleitzahl δ'

Diese sind in der Physik nicht die eigentlichen Größen, sondern sind wie folgt abgeleitet:

$$\beta' = \frac{\beta_L}{R_D \cdot T}$$

$$\delta' = \frac{\delta_L}{\mu \cdot R_D \cdot T}.$$

3.3.1.9 Diffusionszahl von Wasserdampf der Luft δL

Für diese gilt die Beziehung nach Schirmer

$$\delta = 0,083 \cdot \frac{10000}{p} \cdot \left(\frac{T}{273}\right) 1{,}81.$$

In Tabelle 17 (Anhang) sind die Diffusionszahlen δ für 760 mm Dampfdruck neben den Temperaturständen der Luftschichten angeführt. δ Luft kann also direkt dort abgelesen werden, ebenfalls β, deren Werte aber praktisch vernachlässigt werden können.

3.3.2 Diffusionswiderstandsfaktor μ (ohne Dimension)

Dieser Faktor sagt aus, um wieviel größer der Widerstand eines Baustoffes gegen Wasserdampfdurchlaß ist als der einer gleich dicken Luftschicht gleicher Temperatur. Ist z.B. $\mu = 8$ bedeutet das, daß der Stoff einen 8× höheren Dampfdurchlaßwiderstand bietet, also nur $1/8$ der Dampfmenge durchdiffundieren läßt, als eine gleich starke ruhende Luftschicht (bei gleicher Temperatur).

Zwischen der Dampfleitzahl δ' und μ besteht die Beziehung

$$\delta' = \frac{\delta}{\mu \cdot R_D \cdot T}.$$

Je nach Temperatur der Luftschicht gilt für $\mu \cdot \delta'$ bei Barometerdruck 760 mm Hg = 10 332 kp/m²

Temperatur °C	$\mu \cdot \delta'$
−20°	5,87 · 10⁻⁶
−15°	5,96
−10°	6,06
−5°	6,13
± 0°	6,24
+ 5°	6,33
+10°	6,42
+15°	6,52
+20°	6,61

Für eine Temperatur von 0°C und normalem Barometerdruck kann man für die Anwendung in der Praxis setzen:

$$\delta' = \frac{6,24}{\mu} \cdot 10^{-6} \text{ oder } \mu = \frac{6,24}{\delta'} \cdot 10^{-6}.$$

In den Tabellen 18 sind die μ-Werte für eine große Anzahl von Stoffen und Dampfsperren angeführt (von Cammerer, Seiffert [8] und anderen Instituten). Diese Werte und die Stärke s sind für die Diffusionsberechnung erforderlich.

3.3.2.1 Kenngröße $f = s \cdot \mu$ (m)

Die Kenngröße gibt die Möglichkeit an, Stoffe verschiedener Stärke und verschiedener Diffusionswiderstandsfaktoren durch Multiplikation dieser Werte miteinander zu vergleichen. Nur dadurch ist es möglich, 2 Stoffe hinsichtlich ihres Diffusionswiderstandes zu vergleichen. Der μ-Wert alleine sagt ohne die Stärke s also nur wenig aus. Wichtig ist die Kenngröße.

3.3.2.2 Dimensionen

Häufig wird der Dampfdruck neben der nunmehr üblichen Größe in kp/m² (Tabelle 3) in mm Hg (Tabelle 2) angeführt. Für die Umrechnung von kp/m² in mm Hg muß mit dem Faktor 0,0735 multipliziert werden:

mm Hg = kp/m² · 0,0735, z.B. bei 20° 238,5 · 0,0735 = 17,53 mm Hg.

Falls die Dampfleitzahl δ' in mm Hg/g bekannt ist, muß diese für die praktische Berechnung in die andere Dimension überführt werden. Dies erfolgt durch den Faktor $0,735 \cdot 10^{-4}$. Es gilt dann für $+20°$ die Beziehung

$$\mu = \frac{\delta \cdot 10^4}{\delta' \cdot 0,735 \cdot R_D \cdot T} = \frac{0,095 \cdot 10^4}{\delta' \cdot 0,735 \cdot 47,1 \cdot 293} \approx 0,09 \cdot \frac{1}{\delta'}.$$

Falls die Dampfdurchlaßzahl k_D in mm Hg bekannt ist, gilt die Beziehung

$$\delta = k_D \cdot s, \text{ also } (\delta' = \Delta \cdot s)$$

$$\mu = 0,09 \cdot \frac{1}{k_D \cdot s}.$$

3.3.2.3 Dampfmenge g = kg/m²h

Die durch einen Bauteil durchdiffundierende Dampfmenge errechnet sich nach der Grundgleichung:

$$g = \frac{P_1 - P_2}{\frac{1}{\beta_1} + 160\,000 \left(\mu_1 \cdot s_1 + \mu_2 \cdot s_2 \ldots + \frac{1}{\beta_2} \right)}$$

da $1/\beta$ vernachlässigbar ist, ergibt sich

$$g = \frac{P_1 - P_2}{160\,000 \cdot \Sigma \mu_n \cdot s_n}.$$

Für eine schnelle, überschlägige Berechnung für die durchdiffundierende Dampfmenge gilt folgende Annäherungsgleichung, wenn g = mg/m²h ist.

$$g = 6,24 \cdot \frac{P_1 - P_2}{\mu_1 \cdot s_1 + \mu_2 \cdot s_2 + \mu_3 \cdot s_3 \ldots}.$$

Durch Bildung der Differenz zwischen eindiffundierender und ausdiffundierender Menge ($g_i - g_a$), kann die steckenbleibende Feuchtigkeitsmenge einfach errechnet werden. Für genaue Berechnungen empfiehlt sich jedoch die graphische Diffusionsberechnung.

3.3.3 Dampfdiffusionsberechnung (Berechnungsmethode)

Die Frage, ob innerhalb einer Flachdachkonstruktion Kondenswasser ausfällt oder nicht, kann nicht abgeschätzt werden, sondern bedarf einer rechnerischen Untersuchung. Wenn auch Unsicherheitsfaktoren bei der Berechnung durch zu etwas günstige oder ungünstige Annahme der thermischen und feuchtigkeitstechnischen Gegebenheiten und der Wärme- und Feuchtigkeitszahlen möglich sind, so sind trotzdem die Berechnungen die einzig sichere Form, um einwandfreie Konstruktionen herzustellen. Wir unterscheiden zwischen der rechnerischen und graphischen Methode. Die rechnerische Methode ist dann möglich, wenn keine Feuchtigkeit ausfällt.

Die Berechnung der Dampfdiffusion hat zum Ziel, innerhalb der Konstruktion den gesamten Bereich des möglichen Feuchtigkeitsausfalles festzustellen und entsprechende Verhinderungsmaßnahmen einzubauen. Zur Veranschaulichung der Vorgänge ist es deshalb immer zweckmäßig, neben der *Berechnung* auch einen *Querschnitt* des Flachdachaufbaues aufzuzeichnen.

3.3.3.1 Feststellung des Temperaturverlaufes

Wie in 3.1.3.1 mit dem berechneten Beispiel (Bilder 44–45) aufgezeigt wurde, nimmt die Temperatur innerhalb der Konstruktion von innen nach außen ab. Man stellt nun, wie in dem Beispiel angeführt, die Temperaturen an den Übergängen der einzelnen Schichten fest (Trennfugentemperatur) und findet so die Temperatur-Verteilung durch Verbindung dieser Punkte. In Bild 59 ist dieser Temperaturverlauf rechts innerhalb der Flachdachkonstruktion nochmals eingezeichnet (Linie A).

3.3.3.2 Errechnung des Sättigungsdampfdruckes (Dampfsättigkeitslinie)

Wie angeführt, kann die Luft in Abhängigkeit von der Temperatur nur eine ganz bestimmte Menge Wasserdampf speichern (Tabelle 2). Von dieser Sättigungsmenge wird ein bestimmter Druck ausgeübt, deren Werte in Tabelle 2/$c - m$ mit Dezimalen der Temperaturen eingetragen sind (oder bei kp/m² aus Tabelle 3). Man liest nun die in der Temperatur-Verteilungs-Linie eingetragenen Werte (Temperaturen) ab, sucht aus Tabelle 2–3 die zugehörigen Sättigungsdampfdrücke *PS* und trägt diese links gesondert in einem beliebigen Maßstab, den man unten aufzeichnet, in die Zeichnung ein. Durch Verbindung der so gefundenen Werte erhält man die *Dampfsättigungslinie*, die annähernd parallel zur Temperaturlinie verläuft. In Bild 59 ist diese Dampf-

3. Bauphysikalische Anforderungen an Dächer

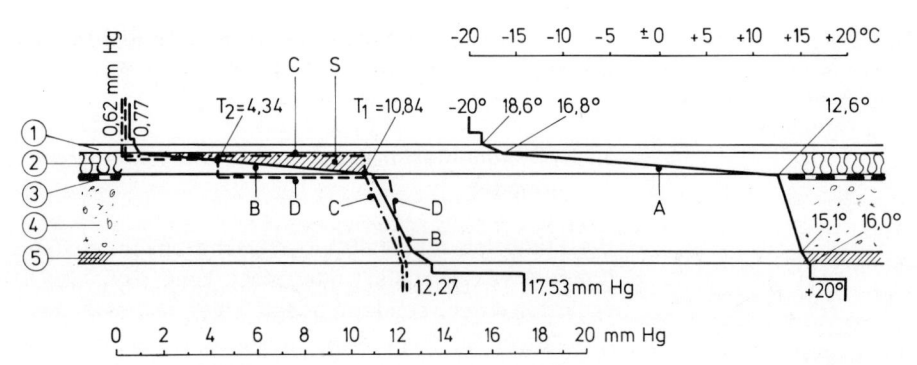

Bild 59 Temperatur- und Dampfdruckverlauf beim nicht dampfgesperrten und dampfgesperrten einschaligen Flachdach

1 Dachhaut dampfdicht (Bitumenpappe), 2 Wärmedämmung (Kork oder dgl.), 3 Dampfsperre bei Fall D, 4 Massivplatte, 5 Putz. A Temperaturverlauf, B Dampfsättigungslinie, C tatsächliche Dampfdrucklinie ohne Dampfsperranordnung, T_1 Kondenspunkt ohne Dampfsperre (siehe Beispiel), T_2 Kondenspunkt mit Dampfsperre (siehe Beispiel), S Kondenswasser im schraffierten Bereich

sättigungslinie als Linie B zugehörend zu den Temperaturen nach Linie A eingetragen.

In neuerer Zeit werden die Dampfdrücke anstelle in mm Hg (mm QS) in mm WS (Millimeter Wassersäule), die gleichbedeutend mit kp/m² sind, angeführt, weshalb in neueren Tabellen oft der Dampfdruck in diesen Dimensionen angegeben wird (760 mm Hg = 10 330 kp/m²). In Tabelle 3 sind die Werte in kp/m² angeführt. Die Wahl der Berechnung (ob mit mm Hg oder kp/m²) ist gleichgültig.

3.3.3.3 Errechnung des tatsächlichen Dampfdruckverlaufes (Dampfdrucklinie)

Es wurde angeführt, daß der Dampfdurchlaßwiderstand einer Baustoffschicht dadurch errechnet wird, daß die Dicke s eines Baustoffes durch die Feuchtigkeitsleitzahl δ (3.3.1.1) dividiert wird. Im Abschnitt Dampfdruckabfall, 3.3.1.7, wurde dann die Formel des Dampfdruckabfalles innerhalb der einzelnen Schichten aufgezeigt.

Berechnungsbeispiel:

Nach Bild 59 soll angenommen werden, daß innenseitig ein 20 mm starker Kalkputz, eine 160 mm dicke Massivplatte Beton 1:4, eine 40 mm dicke Korkplatte und eine dreilagige Dachpappendeckung gegeben ist.

$$\frac{1}{\Delta} = \sum \frac{s_n}{\delta'_n}.$$

Daraus folgt:

(Putz)   (Beton)   (Kork)   (800 für Dachhaut angenommen)

$$\frac{1}{\Delta} = \frac{0,02}{0,006} + \frac{0,16}{0,0015} + \frac{0,04}{0,015} + 800$$

$$= 913 \text{ m}^2\text{h mm Hg}/g.$$

Anhand der Formel 3.3.1.7 errechnet sich nun, nachdem $p1$ = tatsächlicher Dampfdruck innen und $p2$ = tatsächlicher Dampfdruck außen festgestellt wurde, der Dampfdruckabfall in den einzelnen Schichten.

Es sei angenommen, daß das Flachdach über einer Schule erstellt werden soll, die innenseitig +20°C Raumtemperatur und 70% rel. Luftfeuchtigkeit aufweist. Das Gebäude soll in Klimazone III = −20°C Außentemperatur bei 80% rel. Luftfeuchte liegen. Es ist

$p1 = 0,7 \times 17,53$		= 12,27 mm Hg
$p2 = 0,8 \times 0,77$		= 0,62 mm Hg
Dampfdruckdifferenz		= 11,65 mm Hg.

Der Dampfdruckabfall errechnet sich nun

$$\Delta pn = p_1 - p_2 \frac{\frac{s}{\delta'}}{\frac{1}{\Delta}} = \Delta pn = 11,65 \cdot \frac{\frac{s}{\delta'}}{913}.$$

Es ergeben sich folgende Resultate der einzelnen Schichten, von innen nach außen gerechnet:

Tatsächlicher Dampfdruck innen		12,27 mm Hg
Dampfdruckabfall in Putz	− 0,04 mm Hg	= 12,23 mm Hg
Dampfdruckabfall in Beton	− 1,37 mm Hg	= 10,86 mm Hg
Dampfdruckabfall in Kork	− 0,04 mm Hg	= 10,82 mm Hg
Dampfdruckabfall in Dachhaut	−10,20 mm Hg	= 0,62 mm Hg
Tatsächlicher Dampfdruck außen		0,62 mm Hg.

Die so errechneten Werte werden, wie ersichtlich, vom tatsächlichen inneren Dampfdruck nacheinander abgezogen. Die so gefundenen Dampfdrücke werden nun in Bild 59 neben der Dampfsättigungslinie mit dem gleichen Maßstab eingetragen. Durch Verbindung der einzelnen Punkte erhält man den tatsächlichen Dampfdruckverlauf innerhalb der Konstruktion oder die sogenannte Dampfdrucklinie. In der Zeichnung ist diese Linie mit C bezeichnet. Diese *rechnerische Methode* ist nur dann genau, wenn keine Feuchtigkeit ausfällt. Ist dies aber der Fall, sollte die graphische Methode gewählt werden.

3.3.4 Dampfdiffusion, Berechnung und Vermeidung von Feuchtigkeitsschäden nach graphischem Verfahren von Glaser

Berechnung und Ermittlung der Dampfdiffusion

Anstelle des Berechnungsverfahrens für den Dampfdruckverlauf innerhalb von Bauteilen wird ein neues genaueres und einfacheres Verfahren nach *Glaser* verwendet, dessen Rechnungsgang nachfolgend, jedoch ohne wissenschaftliche Herleitung, aufgezeigt werden soll. Anhand dieses neuen Berechnungsverfahrens ist es auch dem nicht geübten Praktiker möglich, eine einfache Überschlagsberechnung anzustellen und entsprechende Schlüsse aus diesen Berechnungen zu ziehen. Die Berechnung wird in der Dimension kp/m² (Dampfdruck) ausgeführt.

3.3.4.1 Graphisches Verfahren zur Untersuchung der Dampfdiffusion

Anhand der Tabelle 9 ist zuerst die Wärmeleitzahl λ der beteiligten Baustoffe und aus Tabelle 18 der Dampfdiffusionswiderstandsfaktor μ festzustellen.
Nach Bekanntsein dieser Werte und der Schichtstärke s, werden diese am zweckmäßigsten in eine vorbereitete Tabelle, siehe Tabelle Seite 39, Spalte 1, 2 und 3, eingetragen. Es ist folgender Rechnungsvorgang erforderlich:

1. Berechnung der Wärmedurchlaßwiderstände s/λ der einzelnen Schichten und Eintragung in Spalte 4.
2. Berechnung des Temperaturabfalles in den einzelnen Schichten nach der Gleichung

$$\Delta t_n = ti - ta \frac{s/\lambda}{1/k}.$$

Darin bedeuten:

$ti - ta$ = Temperaturdifferenz zwischen Innen- und Außenluft
s = Schichtstärke
λ = Wärmeleitzahl
$1/k$ = Wärmedurchgangswiderstand.

Diese so gefundenen Werte für jede einzelne Schicht werden in Spalte 5 eingetragen.

3. Berechnung der Trennfugentemperatur durch Abziehen der Werte aus Spalte 5 der Reihe nach von der Raum-Innentemperatur und Eintragen in Spalte 6

$$tr = ti - \Delta tn_1 - \Delta tn_2 \cdots$$

4. Aus den gefundenen Trennfugentemperaturen sind die Mitteltemperaturen zu ermitteln, die dann in die Spalte 7 eingetragen werden:

$$\frac{tn_1 + tn_2}{2}$$

5. Aus der Tabelle 3.3.2 wird der $\mu\delta'$-Wert zur Mitteltemperatur ermittelt (siehe Spalte 7) und diese Werte in Spalte 8 eingetragen.

$$\mu\delta' \cdot 10^{-6}.$$

6. Aus dem $\mu\delta'$-Wert Spalte 8 ermittelt man die Dampfleitzahl δ' durch Division von $\mu\delta'$ durch μ. Eintragen in Spalte 9.

$$\delta' = \frac{\mu\delta'}{\mu}$$

7. Ermittlung des spezifischen Diffusionswiderstandsfaktors ϱ. Durch Division der Schichtstärke s durch die Dampfleitzahl δ' der Spalte 9 erhält man ϱ.
Dieser Wert wird in Spalte 10 eingetragen.

$$\varrho = s/\delta'.$$

8. Ermittlung der Dampfsattdrücke ps zu den Trennfugentemperaturen aus Spalte 6 mittels Tabelle 3 und Eintrag in Spalte 11.

9. Berechnung der inneren und äußeren Partialdrücke und Eintragen in Spalte 12 (tatsächlicher Dampfdruck)

$$p = \frac{\psi \cdot ps}{100}.$$

10. Auf Grund dieser Berechnung wird nun ein $P\varrho$-Diagramm ermittelt, wobei die ϱ-Werte die Abszissen und die P-Werte die Ordinaten darstellen. Diese Werte werden in einem gewünschten Maßstab nach der Schichtenfolge von innen nach außen aufgezeichnet (siehe späteres Beispiel in Bild 60).

11. Eintragung der Trennfugentemperaturen aus Spalte 6 im oberen Teil dieses Diagrammes und Verbindung der einzelnen gefundenen Temperaturwerte. Man erhält so den Temperaturverlauf innerhalb des Flachdaches.

12. Eintragung der Dampfsattdrücke aus Spalte 11 in dem unteren Teil des Diagrammes. Man erhält so den Dampfsättigungsverlauf (P_{si}–P_{sa}).

13. Eintragung der Partialdrücke pi und pa und Verbindung dieser Punkte mittels einer Geraden oder bei notwendiger Richtungsänderung infolge höherem Dampfsattdruck Anlegen einer Tangente an die Dampfsattdrucklinie.

Wenn keine Feuchtigkeit ausfällt, berührt eine Gerade, zwischen pi und pa gezogen, *nirgends* die ps-Werte. Ist jedoch eine stetige oder unstetige Richtungsänderung (Anlegen einer Tangente) erforderlich, fällt überall dort Feuchtigkeit aus, wo die Tangente die ps-Werte anschneidet bzw. berührt.

14. An den Berührungspunkten der gezogenen Tangenten bei Feuchtigkeitsausfall werden nun Parallelen zu der Ordinate P gezogen. Man erhält so die Werte Px' und Px'' und in der Abszisse die Durchfeuchtungsbreite Δxf, begrenzt durch die Punkte $\varrho x'$ und $\varrho x''$.

15. Berührt eine Gerade (Partialdrücke) die ps-Werte (Sattdrücke) in keinem Punkte, kann die Berechnung als abgeschlossen betrachtet werden. Es fällt keine Feuchtigkeit aus. Kondenswasseranreicherung ist dann nicht gegeben.

16. Ist dagegen eine Berührung gegeben, also Feuchtigkeitsanfall angezeigt, errechnet man die von der Warm-

3. Bauphysikalische Anforderungen an Dächer

seite eindiffundierende Dampfmenge, indem man die Differenz von pi und Px' bildet und durch die Differenz zwischen $\varrho x'$ und ϱo dividiert.

$$gi = \frac{pi - Px'}{\varrho x' - \varrho o}.$$

Die austretende Feuchtigkeitsmenge auf der kalten Seite ermittelt man analog

$$ga = \frac{Px'' - pa}{\varrho a - \varrho x''}.$$

Durch Subtraktion $gi - ga$ kann nun ermittelt werden, welche Feuchtigkeitsmengen in der Wand bzw. Decke verbleiben.

$$g = gi - ga.$$

17. Am Schnittpunkt a der Geraden $Pa - Px'$ mit der Ordinatenachse kann man den Dampfdruckwert p ablesen, mit dem man rückwärts die max. zulässige rel. Luftfeuchtigkeit errechnen kann, die an der warmen Wandseite vorhanden sein dürfte, ohne daß Feuchtigkeit in der Wand und natürlich auch kein Schwitzwasser auf der Wand ausfällt, da der Wert a (Schnittpunkt) ja kleiner ist als Pi.

$$\varphi = \frac{p \cdot 100}{ps}.$$

18. Durch Verlängerung der Tangentenlinie $Pi - Px'$ über Px' hinaus bis zum Schnittpunkt zur Abszissen-Parallelen durch Pi zur Abszissenachse, erhält man mit der Entfernung dieses Schnittpunktes r zur Ordinatenachse (ϱo) die Größe des erforderlichen spez. Diffusionswiderstandsfaktors ϱ einer zusätzlich erforderlichen Dampfsperre, die vor der Wärmedämmung innenseitig anzuordnen wäre. Erforderlicher Diffusionswiderstandsfaktor einer Dampfsperre $1/\mu_s = 160\,000 \cdot s_s \cdot \Delta_s$ (s_s = Stärke, Δ_s Dampfdurchlaßzahl [= auch δ'/s_s]).

19. Je nach Wahl einer Dampfsperre, deren Wertigkeit als Diffusionswiderstandsfaktor bekannt oder gewählt wird (siehe Tabelle 18), erhält man dann die Feuchtigkeitsleitzahl δ' aus der Gleichung

$$\delta' = \frac{s}{\varrho}.$$

Aus der Gleichung $\mu = \frac{\mu \delta'}{\delta'}$ errechnet sich dann der erforderliche Diffusionswiderstand dieser Dampfsperre mit der Stärke s.

Ist anstelle des Diffusionswiderstandsfaktors μ die Dampfdurchlaßzahl k_{Ds} bzw. Δ_s einer Dampfsperre mit der Stärke s_s bekannt, so gilt die Beziehung

$$\delta' = k_D \cdot s.$$

Hieraus dann wieder

$$\mu = \frac{\mu \delta'}{\delta'} \cdot 10^{-6}.$$

Ist k_{Ds} oder δ' statt in kp/m² in mm Hg bekannt, gilt für +20°C die Formel

$$\mu = 0{,}09 \frac{1}{k_{Ds} \cdot s} \text{ oder } 0{,}09 \frac{1}{\delta'}$$

zur Umrechnung in kp/m².

3.3.4.2.1 Beispiel einer graphischen Berechnung

1. Flachdach über Industriehalle mit 65% rel. Luftfeuchte bei +20°C. Jahresdurchschnittstemperatur außenseitig +8,6°C, rel. Luftfeuchte = 70%.

Dachaufbau:
150 mm Gasbetonplatte $\lambda = 0{,}25$, $\mu = 6$
  2 mm Bitumenklebeanstrich $\lambda = 0{,}16$, $\mu = 30\,000$
  4 mm 2 Lagen Dachpappe 500 $\lambda = 0{,}16$, $\mu = 1300$.

In der Tabelle Seite 39 werden diese Werte eingetragen und die Berechnung nach der Anleitung durchgeführt. In dem Bild 60 werden die Ergebnisse aus der Tabelle Seite 39 eingetragen.

Spalte 6 = Temperaturverlauf im oberen Teil mit dem Linienzug t
Spalte 11 = Dampfsättigungsverlauf mit dem Linienzug ps
Spalte 12 = Partialdruckverlauf mit dem Linienzug p.

Ergebnis:
Der Verlauf der Linie p ist nicht geradlinig, sondern es erfolgt am Übergang Gasbeton – Klebeanstrich Richtungsänderung.
Es fällt also in der Gasbetonplatte Kondenswasser aus.

Dieses errechnet sich:

$$gi = \frac{pi - px'}{\varrho_o - \varrho_x'} = gi = \frac{155 - 123{,}4}{0{,}132 \cdot 10^6}$$

$$= 2{,}4 \cdot 10^{-4} = 0{,}24 \text{ g/m}^2\text{h}.$$

Austretende Feuchtigkeitsmenge:

$$ga = \frac{px - pa}{\varrho_{x'} - \varrho_a} = \frac{123{,}4 - 80}{9{,}92 \cdot 10^6 - 0{,}132 \cdot 10^6}$$

$$= 4{,}35 \cdot 10^{-6} = 0{,}00435 \text{ g/m}^2.$$

Es bleiben also stecken:

$$\underline{g = 0{,}4 - 0{,}0045 = 0{,}3955 \text{ g/m}^2\text{h}.}$$

In 20 Jahren ergibt dies theoretisch: $20 \cdot 24 \cdot 365 \cdot 0{,}2356 = 4{,}1$ kg/m² = 2,05 Vol.-% Feuchtigkeitszuwachs.
Mit dieser Menge wäre nach Tabelle Seite 42 (3.3.4.3) eine Erhöhung der Wärmeleitzahl mit ca. 22% pro Vol.-% verbunden, also: $2{,}05 \times 22 = 45\%$.
Veränderte Wärmeleitzahl (ursprünglich 0,25) nunmehr

$$\lambda = 0{,}25 + 0{,}10 = 0{,}35 \text{ kcal/m}^2\text{h}°.$$

Um jeglichen Feuchtigkeitsausfall zu unterbinden (was bei Gasbeton nicht immer erforderlich ist), müßte also

3.3 Dampfdiffusion

nach Bild 60 eine Dampfsperre innenseitig auf die Gasbetonplatte aufgebracht werden. Ihr Wert ergibt sich durch eine Gerade, die $pa - px'$ durch eine Parallele zu pi mit dem Schnittpunkt r ergibt. Es müßte also sein

$$\delta \approx 7{,}0 \cdot 10^6.$$

Aus Tabelle 18 (Anhang) kann z.B. eine Vaporex-Dampfsperre innenseitig aufgeklebt werden. Diese weist einen μ-Wert = 14500 auf.
Es ist dann

$$\varrho = \frac{s}{\delta'}, \; \delta' = \frac{s}{\varrho} = \frac{0{,}0008}{7{,}10^6} = 1{,}14 \cdot 10^{-10},$$

$$\delta' = \frac{\mu \delta'}{\mu} = \mu = \frac{\mu \delta'}{\delta'} = \frac{6{,}61 \cdot 10^{-6}}{1{,}14 \cdot 10^{-10}} = 5{,}8 \cdot 10^4,$$

$$\mu = 58\,000.$$

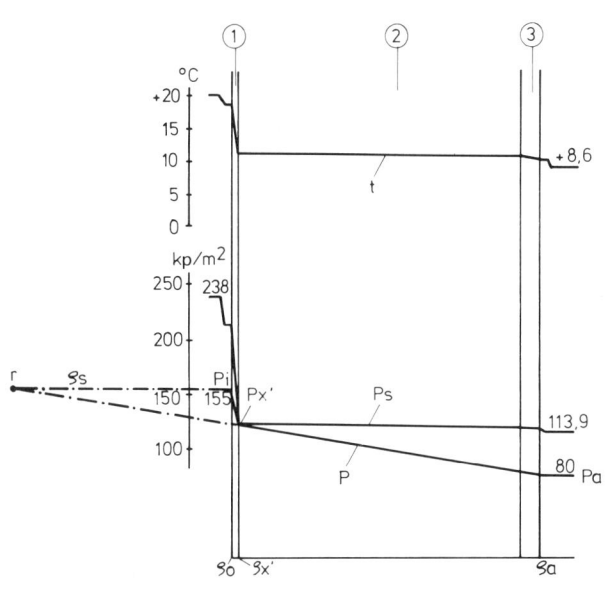

Bild 60 $P\text{-}\varrho$-Diagramm. t = Temperaturverlauf, P_s = Sättigungsdampfdruck, P = tatsächlicher Dampfdruck. 1 Gasbeton, 2 Bitumenanstrich, 3 Dachpappe

Schema für eine graphische Diffusionsberechnung

Bezeichnung	s_n m	λ $\frac{\text{kcal}}{\text{m h °C}}$	μ	s/λ $\frac{\text{m}^2 \text{h °}}{\text{kcal}}$	$\Delta t_n = \frac{s}{\lambda} \cdot \frac{1}{k} \cdot \Delta t$ °C	t_r $(ta-tn)$ °C	t_m $\left(\frac{t_1+t_2}{2}\right)$ °C	$\mu\delta$ $(\mu \cdot \delta \cdot 10^6)$ zu t_m	δ $(\mu\delta/\mu)$ m/h	ϱ (s/δ)	P_s kp/m²	P kp/m²
Aufbau Spalte	1	2	3	4	5	6	7	8	9	10	11	12
Innentemperatur +20° C						20					238,5	
Rel. Feuchtigkeit i 65%												155
W.-Übergangszahl $\alpha_i = 7$				0,143	2,0	18,0					210,5	
1. Gasbeton	0,15	0,25	6	0,600	8,2	9,8	13,9	6,8·10⁻⁶	1,13·10⁻⁶	0,132·10⁶	123,4	
2. Bitumenanstrich	0,002	0,16	30 000	0,012	0,15	9,65	9,72	6,64·10⁻⁶	2,21·10⁻¹⁰	9,00·10⁶	122,2	
3. 2 Lagen Dachpappe	0,004	0,16	1 300	0,025	0,35	9,30	9,47	6,62·10⁻⁶	5,10·10⁻⁹	0,79·10⁶	119,4	
4.												
5.												
6.												
7.												
W.-Übergangszahl α_a 20				0,050	0,70							
Rel. Feuchtigkeit ψ 70%												80
Außentemperatur +8,6° C						8,60					113,9	
Temperatur-Differenz °C				$1/k = 0{,}830$	Δt 11,4					$\Sigma \varrho = 9{,}922 \cdot 10^6$	Dampfdruckdifferenz	75

P_ϱ Diagramm-Maßstab: $P = 1$ cm = 30 kp/m²; $\varrho = 1$ cm = $10 \cdot 10^6 \varrho$ Wert

3. Bauphysikalische Anforderungen an Dächer

Ergebnis:
Um jeglichen Feuchtigkeitsausfall zu unterbinden, müßte also eine Dampfsperre mit dem Diffusionswiderstandsfaktor 58000 gewählt werden. Da vorgenannte Dampfsperre (Vaporex-Normal) als Eigensperre nur 14500 aufweist, würde diese theoretisch nicht ausreichen. Es müßte z.B. Vaporex Super roh verwendet werden ($\mu = 140000$). Neuere Messungen (siehe II.Teil) ergeben neue Überlegungen!

Praktische Abschätzung:
Da obengenannte Dampfsperre mit einem Kunststoffkleber aufgeklebt wird, wird der Eigenwert der Dampfsperre wesentlich erhöht. Außerdem kann ohne weiteres eine bestimmte Dampfmenge ohne Schaden für die Konstruktion eindiffundieren und steckenbleiben, ohne daß es zu Schäden kommt. Im Sommer wird bei Aufheizung die Dampfsperre wieder rückdiffundieren, so daß keinerlei Anreicherung erfolgen könnte (siehe II.Teil bei Gasbeton).
In vorliegendem Falle ist oberseitig *über der Gasbetonplatte*, also unmittelbar unter der Dachhaut, eine sogenannte Dampfdruckausgleichsschicht erforderlich (Glasvlieslochbahn oder dergleichen), um die in den Gasbetonplatten beim Neubau eingebrachte Feuchtigkeit und etwas Diffusionsfeuchtigkeit langsam abtrocknen zu lassen. Es würden sonst Dampfblasen in der Dachhaut entstehen. Die Dampfdruckausgleichsschicht ist an die *Außenluft anzuschließen.* Die Konstruktion in der vorgeschlagenen Art wäre also für alle Belange ausreichend.

3.3.4.2.2 Beispiel einschaliges Flachdach

Zur Aufzeigung der Dampfdiffusionsprobleme im einschaligen Flachdach soll noch ein Beispiel mit hohen Dampfbelastungen berechnet werden.
In einem Industriebetrieb (Färberei) sind raumseitig $+22\,°C$ und 80% relative Luftfeuchte gegeben. Das Flachdach, bestehend aus einer 14cm Massivplatte, einer Dampfsperre, einer 5cm starken expandierten Korkplatte, abgedeckt mit 2 Lagen Pappe, liegt in Klimazone III. Es soll bei einer *Jahresdurchschnittstemperatur von $+8\,°C$* bei 80% Außenfeuchte die Gefahr einer Durchfeuchtung in 15 Jahren festgestellt werden.
In Tabelle Seite 41 sind die Ergebnisse der Berechnungen eingetragen und in dem P_Q-Diagramm Bild 61 aufgezeichnet.

Ergebnis:
Die Pi-Pa-Linie verändert ihre Richtung in Punkt Px'. Es ist also Feuchtigkeitsausfall trotz angeordneter Dampfsperre gegeben. Wenn keinerlei Feuchtigkeit hinter der Dampfsperre (Dampfbremse) ausfallen dürfte, könnte Pi' höchstens 129,5 kp/m² betragen. Die relative Luftfeuchtigkeit im Raum dürfte also höchstens sein:

$$\varphi = \frac{129,5 \cdot 100}{269,6} = 48,5\%, \text{ also ca. } 50\%.$$

Die Dampfsperre müßte bei $+22\,°C$ und 80% Luftfeuchte nach einer Verhältnisgleichung den zusätzlichen ϱ_D-Wert von ca. 100×10^5 auf der Innenseite aufweisen, wenn keinerlei Feuchtigkeit ausfallen dürfte. Nach Abschnitt 3.3.4.2.1 kann der erforderliche Wert dieser Dampfsperre aus Tabelle 18 abgelesen werden. Bei Annahme einer Stärke S von 0,0001 wäre ein μ-Wert von ca. 680000 erforderlich. Es müßte also eine *Metallfolie* oder dergleichen zusätzlich zur Anwendung kommen. Zuerst wird man aber feststellen, wieviel Feuchtigkeit ausfällt bzw. ob andere Maßnahmen wünschenswerter wären, um eine gesunde Konstruktion zu erhalten.

Praktische Abschätzung:

$$gi = \frac{215 - 113}{8 \cdot 10^4} = 0{,}001275 = 1{,}275 \text{ g/m}^2\text{h}$$

$$ga = \frac{113 - 87}{50{,}68 - 19{,}68 \cdot 10^5} = 0{,}0000085$$

$$= 0{,}0085 \text{ g/m}^2\text{h}.$$

Es bleiben stecken

$$gi - ga = 1{,}2750 - 0{,}0085 = 1{,}2665 \text{ g/m}^2\text{h},$$

in 15 Jahren also 163 l/m² Wasser.
Man kann hieraus ablesen, daß mit der in die Berechnung eingesetzten Dampfsperre allein keine ausreichende Sicherheit gegen eine Durchfeuchtung gegeben ist, vielmehr muß entweder eine *hochwertigere Dampfsperre,* besser aber ein zweischaliges Dach (also ohne Dachpappebelag über der Korkplatte) oder neben der vorgesehenen Dampfsperre eine sogenannte Dampfdruckausgleichsschicht (Falzbaupappe, Lochbahn usw.) unter der Dachhaut mit wirksamen Anschluß an die Außenluft eingebaut werden. Ein physikalisch rich-

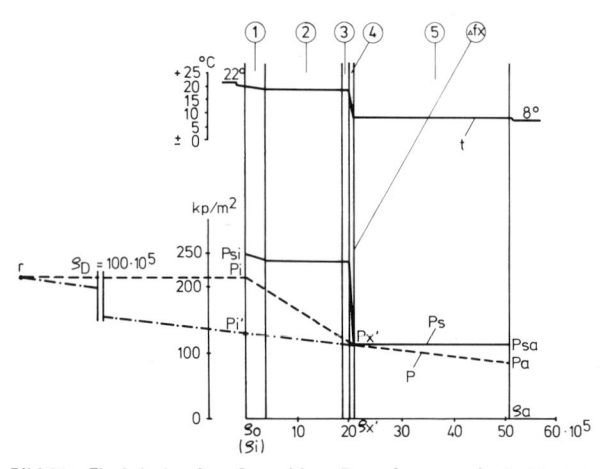

Bild 61 Flachdach mit außenseitiger Dampfsperre erfordert trotz innenseitiger Dampfsperre Druckausgleich durch Zweischalendach oder Dampfdruckausgleichsschichten. 1 Massivplatte, 2 Dampfsperre, 3 Bitumenklebemasse, 4 Korkplatte, 5 Dachhaut (2 × Pappe), $\Delta t \times$ Kondensebene

3.3 Dampfdiffusion

Schema für Diffusionsberechnung

Projekt: Beispiel 3 Flachdach

Bezeichnung	Schichtstärke s	Wärmeleitzahl λ	Diffusionswiderstandsfaktor μ	Wärmedurchlaßwiderstand s/λ	Temperaturabfall Δtn $\left(\frac{s/\lambda}{1/k} \cdot \Delta t\right)$	Trennfugentemperatur tr $(ta-tn)$	Mitteltemperatur tm $\left(\frac{t_1 + t_2}{2}\right)$	$\mu\delta$-Wert aus dem $\mu\delta$-Diagramm $\mu \cdot \delta \cdot 10^6$ zu tm	Dampfleitzahl Spalte 8 dividiert durch Spalte 3 δ $(\mu\delta/\mu)$	Schichtstärke dividiert durch Dampfleitzahl ϱ (s/δ)	Dampfdruck zur Trennfugentemperatur (aus Tabelle entnehmen) P_s	Partialdruck (tats. Dampfdruck) innen/außen P	Bemerkungen
	m	$\frac{kcal}{mh°C}$		$\frac{m^2h°}{kcal}$	°C	°C	°C		m/h		kp/m²	kp/m²	
	1	2	3	4	5	6	7	8	9	10	11	12	13
Aufbau Spalte													
Innentemperatur + 22 °C						22,0					269,6		
Rel. Feuchtigkeit in 80 %													
W.-Übergangszahl $a_i = 7$				0,143	1,31	20,69	20,32				249,0		
1. Massivplatte	0,14	1,75	25	0,080	0,73	19,96	19,96	6,86·10⁻⁶	0,27·10⁻⁶	3,70·10⁵	237,0		
2. Dampfsperre	0,0001		101 000			19,96	19,96	6,85·10⁻⁶	0,679·10⁻¹⁰	14,80·10⁵	237,0		
3. Bitumen-Voranstrich	0,001		800				19,96	6,85·10⁻⁶	0,856·10⁻⁸	1,18·10⁵	237,0		
4. Exp. Korkplatte	0,05	0,04	11	1,250	11,48	8,48	14,22	6,74·10⁻⁶	0,63·10⁻⁶	0,80·10⁵	113,0		Kondensat
5. 2 Lagen Dachpappe	0,002	0,60	10 000			8,48	8,48	6,63·10⁻⁶	0,663·10⁻⁹	30,20·10⁵	113,0		
6.													
7.													
Wärmeübergangszahl α_a 20				0,050	0,48								
Rel. Feuchtigkeit a 80 %						8,00					109,4	87,0	
Außentemperatur + 8 °C													
Temperaturdifferenz 14 °C				$1/k = 1,523$	$\Delta t\ 14,00$					$\Sigma \varrho = 50,68 \cdot 10^5$	Dampfdruckdifferenz 128,0		

$P\varrho$ Diagramm-Maßstab: $P = 1\text{cm} = 40\ \text{kp/m}^2$; $\varrho = 1\text{cm} = 5,0 \cdot 10^5\ \varrho$-Wert

3. Bauphysikalische Anforderungen an Dächer

tiger Aufbau wäre also, wenn kein zweischaliges belüftetes Dach möglich ist, folgender Aufbau:

Massivplatte, Ausgleichsschicht, Dampfsperre, Korkplatte oder dergleichen, Glasvlieslochbahn oder die Falzpappe, Dachhaut.

Eine genaue Berechnungsweise mit den Dampfdruckausgleichsschichten ist kaum möglich, da die Wirkungsweise dieser Entlüftungsbahnen mathematisch kaum erfaßt werden kann. Aus Erfahrung kann jedoch obengenannte Lösung als ausreichend empfohlen werden.

3.3.4.3 Berechnung bzw. Vorausbestimmung des Wärmeverlustes infolge Feuchtigkeitsanreicherung

Daß Feuchtigkeitszufuhr in Bau- und Wärmedämmbaustoffen höhere Wärmeleitzahlen zur Folge hat, ist allgemein bekannt, da das Wasser mit einer schlechten (hohen) Wärmeleitzahl die Luftporen mit einer guten (niedrigen) Wärmeleitzahl ausfüllt (*ca. 25mal schlechter als Luft*).

Anhand untenstehender Tabelle (nach *Cammerer*) kann nun errechnet werden, welchen Einfluß die Feuchtigkeitszufuhr auf die Wärmeleitzahlen hat.

In untenstehender Tabelle ist zwischen anorganischen und organischen Bau- und Dämmstoffen unterschieden. Bei anorganischen Stoffen ist nur die Zunahme der Vol.-%-Feuchte angeführt, während bei den organischen Stoffen in Abhängigkeit vom Raumgewicht auch die Gewichtsfeuchte in % angeführt ist.

Rechenbeispiele:
Für anorganische Stoffe wurde im vorangegangenen Beispiel 3.3.4.2.1 die Zunahme (Verschlechterung) berechnet. Für organische Stoffe gilt folgendes Beispiel:

Eine 40 mm dicke Korkplatte, vollkommen trocken, 200 kg/m³ Raumgewicht, mit einer Wärmeleitzahl von 0,04 kcal/mh°, erfuhr durch Feuchtigkeitszufuhr eine Anreicherung von 2,5 Vol.-%/Monat.

$$(1{,}4 \text{ g/m}^2\text{h}).$$

Nach untenstehender Tabelle ist also eine Erhöhung der Wärmeleitzahl zu erwarten von

$$2{,}5 \times 6{,}3 = 15{,}8\%.$$

Die veränderte Wärmeleitzahl beträgt nun

$$\lambda = 0{,}04 + 0{,}0063 = 0{,}0463 \text{ kcal/mh}°.$$

Ergebnis aus der Berechnung:
Wie dem Beispiel Bild 59 zu entnehmen, überschneidet die Dampfdrucklinie die Sättigungsdampflinie im Punkt T. (Nur theoretisch, da praktisch die Sättigung nicht überschritten werden kann, in Bild 60 und 61 tatsächliche Darstellung.)

Sowohl bei Bild 59–61 findet Wasserdampfkondensation statt, weil sich höherer Dampfdruck einstellen möchte, als den Dampfsättigungswerten auf Grund der Temperaturen im Deckeninnern entspricht. Die ausfallende Feuchtigkeitsmenge hätte nicht nur zur Folge, daß die Wärmedämmung wesentlich reduziert wird und Schäden an der Dachhaut erfolgen, sondern daß auch die Feuchtigkeitsleitzahlen in den Baustoffen verändert werden. Dadurch würde neben der Veränderung der Temperaturlinie auch die tatsächliche Dampfdrucklinie eine Veränderung erfahren und somit der Kondensbereich bzw. die Tauebene nach innen verlagert. Unter Annahme derselben Gegebenheiten würde also noch eine höhere Feuchtigkeitsmenge ausfallen können und dies evtl. in unmittelbarer Nähe der Innenseite, was zu Schwitzwasserabtropfung, Rostgefahr an der Bewehrung usw. führen kann.

Einfluß der Feuchte auf die Wärmeleitzahl von Baustoffen (nach *J. S. Cammerer*)

Anorganische Baustoffe		Organische Baustoffe		
Feuchte in Vol.-%	Erhöhung der Wärmeleitzahl des trockenen Zustandes je Vol. = % Feuchte	Raumgewicht völlig trocken kg/m³	Erhöhung der Wärmeleitzahl des trockenen Zustandes in %	
			% je Vol. = % Feuchte	% je Gew. = % Feuchte
1	32	100	12,5	
2,5	22	150	8,3	1,25
5	15,1	200	6,3	1,25
10	10,8	300	4,2	1,25
15	8,5	400	3,1	1,25
20	7,2	500	2,5	1,25
25	6,2	600	2,1	1,25
–	–	700	1,8	1,25
		800	1,6	1,25
–		1000	1,25	1,25

3.3.4.3.1 Dampfsperren und Dampfsperrenanordnung

Zur Vermeidung von schädlichem Feuchtigkeitsausfall stehen die *Dampfsperren* zur Verfügung, die durch Einschalten an der geeigneten Stelle die tatsächliche Dampfdrucklinie bzw. deren Verlauf wesentlich beeinflussen.

In obigem Beispiel (Bild 59) könnte die Dampfsperre am Übergang zwischen Massivplatte und Korkplatte eingeschaltet werden. Wie hoch der Wirkungsgrad *(Dampfdurchlaßwiderstand)* der Dampfsperre sein muß, hängt von der Klimabeanspruchung des Gebäudes bzw. des Flachdaches und deren Konstruktion ab. Wissenschaftlich muß zwischen Dampfsperren und Dampfbremsen unterschieden werden.

Dampfsperren sind praktisch undurchlässig für Wasserdampf, Dampfbremsen lassen einen geringen Prozentsatz durchdiffundieren. Eine Grenze zwischen Dampfsperre und Dampfbremse anzugeben ist, da eine DIN nicht vorliegt, kaum verbindlich möglich.

Nach Tabelle 18 und 3.3.4.2.1 ist als Richtwert etwa die Grenze bei einer Kenngröße $f \geq 10$ zu ziehen ($f = \mu \cdot s$).

Dabei sind aber »Dampfbremsen« ab einer Kenngröße von 6 oft schon für die Belange der Bautechnik ausreichend. Für Flachdächer müssen die Dampfbremsen rechnerisch nachweisbar ausreichen, wenn sie zum Einsatz kommen.

In den nachfolgenden Ausführungen wird einfachheitshalber nur der Begriff Dampfsperren benützt. Weitere Ausführungen (siehe Dampfsperren) Teil II. Bei einschaligen Flachdächern und besonders bei Feuchträumen ist es zweckmäßig, den Dampfdurchlaßwiderstand der Dampfsperre möglichst *hoch* zu wählen bzw. Sicherheitsmaßnahmen einzubauen, insbesondere dann, wenn außenseitig eine kaum dampfdurchlässige Dachhaut vorliegt.

3.3.4.4 Zulässige Feuchtigkeitsmenge

Bisher hat man den Standpunkt vertreten, daß jegliche Kondensation im Flachdach möglichst vermieden werden sollte, was praktisch vollkommen dampfdichte Sperrschichten zur Voraussetzung hätte (Dampfsperre dichter wie Dachhaut). Diese Forderung war solange berechtigt, solange man die in einem Bauteil steckenbleibende Feuchtigkeit nicht berechnen konnte. Durch die aufgezeigten Berechnungsverfahren, insbesondere durch das graphische Verfahren nach *Glaser*, ist es nunmehr möglich, diese steckenbleibende Feuchtigkeitsmenge ziemlich genau zu berechnen.

Durch Abschätzungen kann aus dieser Feuchtigkeitsmenge nun auch berechnet werden, ob diese für einen Bauteil schädlich oder unschädlich ist. Die Aufgabe lautet nunmehr also nicht mehr Feuchtigkeitskondensation vollkommen zu vermeiden, sondern diese in gewissen Grenzen zu halten. Als Grundsatz gilt: Für die Dampfdiffusion (Kondensation) im Querschnitt von Bauteilen und Dämmstoffen gibt es einen zulässigen Wert!
Diesen zulässigen Wert muß man jedoch durch rechnerische und praktische Überlegung ermitteln.
Grundsätzlich muß beim Flachdach Tauwasserbildung an der Unterseite vermieden werden, da diese Feuchtigkeitsbildung ein mehrfaches der Diffusionsfeuchte ausmacht. Es muß also eine *ausreichende Wärmedämmung zur Vermeidung von Tauwasserbildung auf der Unterseite immer gegeben sein.*
Die reine Diffusionsfeuchte in Tragdecken gibt *J. S. Cammerer* mit *2 g/m²h* als noch zulässig an. *Cammerer* hat mit $-10°C$ maximaler mittlerer Wintertemperatur gerechnet. Diese Werte sind sehr ungünstig angenommen, so daß vorübergehend etwas höhere Werte möglich sind. Der Wert hängt jedoch von der Konstruktion ab.

3.3.4.4.1 Abschätzung der zulässigen Durchfeuchtung

Bei 2 g/m²h tritt innerhalb von 3 Monaten (nur Winterbelastung) eine maximale Feuchtigkeitsanreicherung ein von

$$g = 3 \cdot 30 \cdot 24 \cdot 2 = 4320 \text{ g/m}^2.$$

1. Bei 10 cm Gasbeton bedeutet dies eine Volumen-Durchfeuchtung von 4%. Diese 4 Vol.-% können ohne wesentliche Veränderung der Wärmedämmwerte gespeichert werden und können im Sommer nach innen wieder verdunsten. *Das Flachdach bleibt somit für die Dauer gesund.* Korrosionserscheinungen sind nicht zu erwarten. Voraussetzung ist naturgemäß, daß unter der Dachhaut kein Feuchtigkeitsstau auftritt und somit keine Dampfblasen auftreten, was bei Gasbetonplatten (ohne zusätzliche Wärmedämmung) durch Anordnung einer Dampfdruckausgleichsschicht vermieden werden kann. Bei aufgelegter Wärmedämmplatte und Dampfsperre über der Gasbetonplatte muß jedoch vermieden werden, daß die gesamte Kondensation unterhalb der Dampfsperre stattfindet (siehe 3.3.4.5). Es könnten sonst höhere Werte gegeben sein.

Bei dauernd hohen Raumluftfeuchtigkeiten ist jedoch der Wert von 2 *g/m²h* zu hoch und es muß innenseitig zusätzlich zur äußeren Druckausgleichsschicht eine Dampfsperre angeordnet werden (siehe spätere praktische Beispiele).

2. Bei 2 *g/m²h* Kondensation innerhalb einer 3 cm starken Korkplatte (Verlegung ohne Dampfsperre) auf die Tragkonstruktion (Kies-Bims-Gasbeton usw.) wäre nach Tabelle 21 eine Erhöhung der Wärmeleitzahl gegeben von

14,3 Vol.-% · 8,3 = 118%
Neue Wärmeleitzahl = 0,04 + 0,047 = 0,087.

Es wäre also eine Durchfeuchtung der Korkplatten zu erwarten mit erheblichen Schäden.

Ergebnis:

Man kann also nicht grundsätzlich sagen, daß ein Feuchtigkeitsausfall von *2 g/m²h im Flachdach unbe-*

3. Bauphysikalische Anforderungen an Dächer

denklich ist. Bei Tragdecken aus Bims- und Gasbeton mit einer Mindeststärke von etwa 10 cm und bei Kiesbeton mit einer Mindeststärke von 14–15 cm kann diese 2 g-Grenze als Maximum angenommen werden, nicht aber für dünne Tragdecken und Dämmplattenschichten usw.

3.3.4.5 Tauebene – Lage der Dampfsperre – Wärmedämm-Dimensionierung

Für eine überschlägige Berechnung und für normale Raumklimaverhältnisse läßt sich die doch etwas umständliche Art der rechnerischen oder graphischen Diffusionsberechnung dadurch vereinfachen, daß man die sog. Tauebene zur Raumluft innerhalb einer Dachkonstruktion ermittelt.

Diese Tauebene sagt aus, daß Wasserdampf, der infolge der Dampfdruckdifferenz in ein Warmdach eindiffundiert, ab dieser Tauebene als *Kondensat ausfällt*. Unterhalb, also auf der warmen Seite der Tauebene *fällt keine Feuchtigkeit* aus. Vereinfacht ausgedrückt fordert man demzufolge beim Flachdach, daß diese Tauebene *innerhalb der Wärmedämmung* liegt.

Dringt Wasserdampf also über dieser Tauebene in den kalten Bereich hinaus (falls er nicht vorher gesperrt oder gebremst wird), fällt ab dieser Linie Feuchtigkeit in der Konstruktion bzw. in der Wärmedämmung aus.

Diese ermittelte Tauebene kann nach 3.1.3.1 graphisch nach den dort gezeigten Bildern 44 und 45 ermittelt werden.

Wenn also feststeht, daß *unter der Tauebene* keine Feuchtigkeit ausfallen kann (weil eine Berührung des Sattdampfdruckes mit dem Sättigungsdampfdruck nicht gegeben ist), muß eine Dampfsperre im Warmdach (oder bei höheren Dampfdruckbelastungen auch bei manchen Kaltdächern) vor der Tauebene zum Einbau kommen, also im wärmeren Bereich unterhalb der Tauebene.

In Bild 62 ist ein derartiges Schema mit einem Beispiel dargestellt.

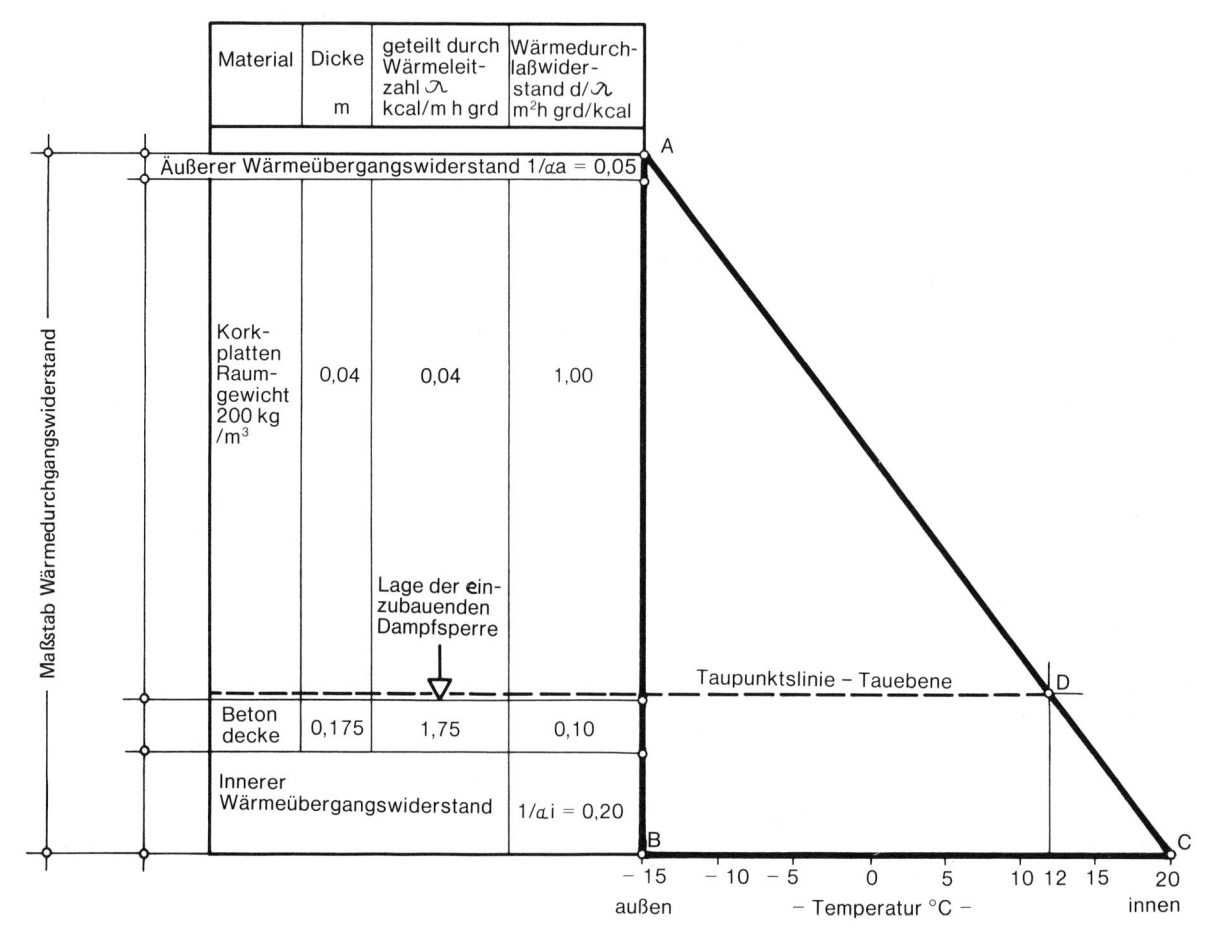

Material	Dicke m	geteilt durch Wärmeleitzahl λ kcal/m h grd	Wärmedurchlaßwiderstand d/λ m²h grd/kcal
Äußerer Wärmeübergangswiderstand 1/αa = 0,05			
Korkplatten Raumgewicht 200 kg/m³	0,04	0,04	1,00
Betondecke	0,175	1,75	0,10
Innerer Wärmeübergangswiderstand			1/αi = 0,20

Auf der senkrechten Linie A–B die Wärmedurchlaßwiderstände der Konstruktionsschichten maßstabgerecht einzeichnen. Der Wert für die Dachhaut wird nicht berücksichtigt.
Die Temperaturdifferenz von, in unserem Beispiel 35° C, in einem solchen Maßstab von B bis C auftragen, daß von Grad zu Grad abgelesen werden kann.
Aus Tabelle 4 (Anhang) Taupunkttemperatur ablesen. In unserem Beispiel Raumtemperatur + 20° C und relative Luftfeuchte 60% ergibt Taupunktstemperatur + 12° C. Diese auf der Linie B–C suchen und die Senkrechte nach oben ziehen. Dort, wo sie die Linie A–C schneidet, verläuft in der Horizontalen die Taupunktslinie. Sie liegt in unserem Beispiel gerade noch richtig, also über der Dampfsperre, welche zwischen Betondecke und Dämmschicht anzuordnen ist.

Bild 62 Prüfung Lage der Tauebene und möglichen Dampfsperre in Abhängigkeit von der Härte der Wärmedämmung

3.3 Dampfdiffusion

Die Lage der Dampfsperre innerhalb einer Flachdach-Konstruktion (Warmdach) ist also an ein Naturgesetz gebunden und kann nicht willkürlich in den einzelnen Dachschichten eingebaut werden, wie dies in den letzten Jahren immer noch fälschlicherweise geschieht.

In den Beispielen Bild 63a–q können diese Zusammenhänge anhand von Skizzen abgelesen werden, die beispielgebend für zahlreiche andere Variationen sein mögen.

Es ist hier jeweils der Temperaturverlauf in einem Dachquerschnitt einskizziert und eine Diffusionslinie zur Raumluft bei ca. 60% relativer Luftfeuchtigkeit bei +20°C (Taupunkttemperatur +12°C) dargestellt. Überschneidet diese Diffusionslinie die Temperaturlinie, dann ergibt sich in etwa an diesem Überschneidungspunkt die Tauebene. Berührt also die Diffusionslinie diese Temperaturlinie, dann fällt außerhalb im kalten Bereich Kondensation aus. Es kommt u. U. dann zu Durchfeuchtungen der Konstruktion, der Wärmedämmung, zu Blasen in der Dachhaut und zu weiteren Folgeschäden, die in späteren Kapiteln behandelt werden.

Aus diesen Darstellungen kann auch abgelesen werden, daß es u. U. bei bestimmten Konstruktionsaufbauten notwendig ist, die Wärmedämmung auf der Oberseite bei Warmdächern wesentlich stärker auszuführen als dies normalerweise notwendig wird. Diese Forderung ergibt sich dann, wenn unter der Dampfsperre wärmedämmende Stoffe oder Schichten angeordnet werden müssen (wärmedämmender Gefällebeton, Schallschluckdecken mit in sich abgeschlossenen Lufthohlräumen, unterseitig teilweise angeordnete Wärmedämmplatten usw.). In all diesen Fällen müßte die Wärmedämmung auf der Oberseite wesentlich überdimensioniert werden, wenn die Dampfsperre zwischen der Tragdecke (Massivdecke) und zwischen der Wärmedämmung angeordnet werden soll (was aus Zweckmäßigkeitsgründen richtig ist).

Bei Leichtkonstruktionen kann es jedoch u. U. notwendig werden (bei Gasbeton), daß hier eine Dampfsperre unmittelbar raumseitig angeordnet werden muß, da bei einer zusätzlichen oberseitigen Wärmedämmung diese bei einer Dampfsperre über dem Gasbeton so stark dimensioniert werden müßte, daß die Wirtschaftlichkeit in Frage stehen würde. Die Verschiebung der Tauebene nach oben durch eine unterseitige Wärmedämmung muß oft sehr teuer erkauft werden.

Als Grundsatz beim klimatisch normal belasteten Warmdach gilt:

$^9/_{10}$ der Wärmedämmung oberhalb der Dampfsperre und nur $^1/_{10}$ der Gesamtwärmedämmung unterhalb der Dampfsperre.

Beim zweischaligen Flachdach ohne Dampfsperre, durch dessen untere Schale der Wasserdampf durchdiffundiert, genügt im allgemeinen die zuvor beschriebene Taupunktuntersuchung bzw. der Nachweis der Lage der Tauebene. Es darf sich also an der unteren

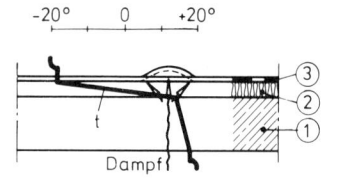

a) Beispiel ohne Dampfsperre: Kondensation in Dämmung
falsch (Blasen in Dachhaut)

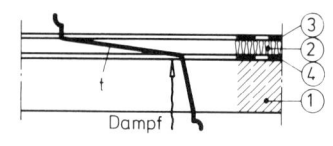

b) mit Dampfsperre unter Wärmedämmung: keine Kondensation
richtig

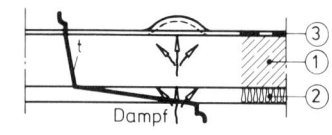

c) ohne Dampfsperre unter Wärmedämmung: Kondensation in Dämmung und Massivdecke (Blasen)
falsch

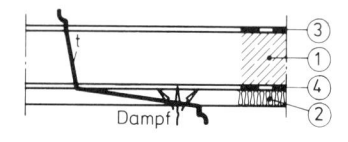

d) mit Dampfsperre über Wärmedämmung: Kondensation in Dämmung
falsch

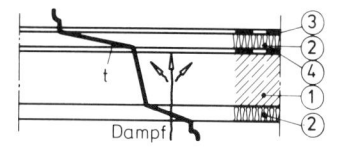

e) mit Dampfsperre unter oberer Dämmung mit zusätzlich unterer Dämmung: Kondensation in unterer Dämmung und Tragdecke
falsch

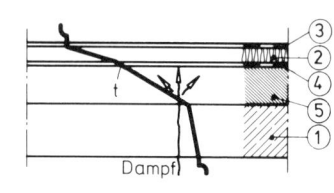

f) mit Dampfsperre über wärmedämmendem Gefällebeton unter Dämmung: Kondensation in Gefällebeton bei zu geringer Wärmedämmung
falsch

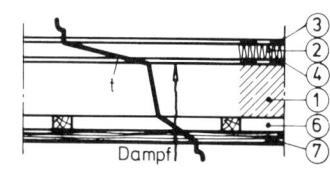

g) mit Dampfsperre bei nicht unterlüfteter Unterdecke (Schallschluckdecke oder dgl.): Kondensation bei zu geringer oberer Dämmung
falsch

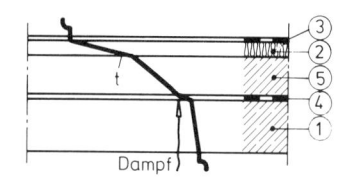

h) Dampfsperre unter dämmendem Gefällebeton: keine Kondensation, Eigenfeuchte durch Oberdruckausgleich abführen
richtig

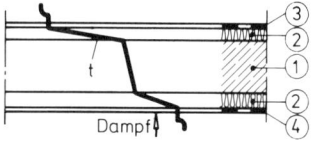

i) Dampfsperre unter innerer Wärmedämmung siehe e: keine Kondensation
richtig (sonst wie h)

Bild 63a–i
1 Beton, 2 Wärmedämmung, 3 Dachhaut, 4 Dampfsperre, 5 Gefällebeton (LB), 6 Luftraum, abgeschlossen, 7 Holzschalung – Akkumirdecke

3. Bauphysikalische Anforderungen an Dächer

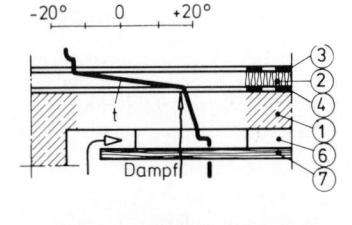

k) Dampfsperre wie g, jedoch Warmlufthinterlüftung: keine Kondensation
richtig

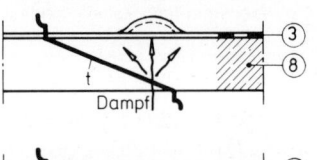

l) ohne Dampfsperre bei Gasbeton oder dgl.: Kondensation nur bei geringen Belastungen möglich (oberer Druckausgleich, sonst Blasen)

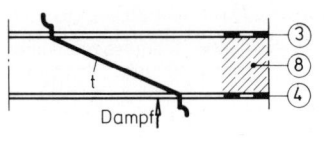

m) mit Dampfsperre bei Gasbeton: keine Kondensation
richtig

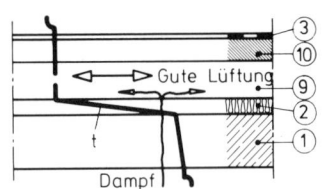

n) ohne Dampfsperre bei Kaltdach – gute Lüftung: keine Kondensation
richtig

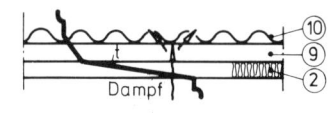

o) ohne Dampfsperre bei Leichtkaltdach mit schlechter Lüftung: Kondensation unter Dachhaut
falsch
evtl. Dampfsperre innenseitig

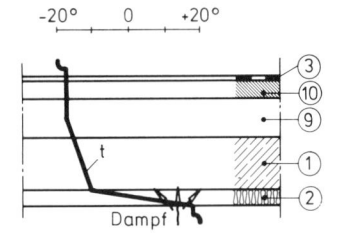

p) ohne Dampfsperre mit Wärmedämmung innen: Kondensation in Dämmung
falsch

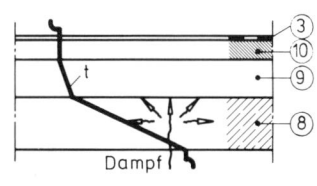

q) ohne Dampfsperre bei stark dampfdurchlässiger Unterschale: bei Fehler in Lüftung Feuchtigkeit unter Oberschale

Bild 63k–q
1 Beton, 2 Wärmedämmung, 3 Dachhaut, 4 Dampfsperre, 5 Gefällebeton (LB), 6 Luftraum, abgeschlossen, 7 Holzschalung-Akkumirdecke, 8 Leichtbeton (Gasbeton oder dgl.), 9 Kaltluftraum, 10 Oberschale (Holzschalung, Wellasbest oder dgl.)

Oberfläche kein Tauwasser bilden (siehe 3.2.2.1 und 3.2.2.2).
Ist dieser Nachweis erbracht, kann im Querschnitt der in die untere Schale eindiffundierende Wasserdampf nicht kondensieren, wenn sich der hohe Diffusionswiderstand, also die Massivplattendecke an der unteren, also an der warmen Seite befindet, wie dies z.B. in Bild 63h dargestellt ist. Der Wasserdampf diffundiert hier durch die Massivdecke hindurch und entspannt sich sofort in den Lufthohlraum, ohne daß eine Berührung der Dampfsättigungslinie mit der tatsächlichen Dampfdrucklinie in der Wärmedämmung erfolgt. In diesem Falle fällt also in der Wärmedämmung keine Feuchtigkeit aus. Ist jedoch der größere Diffusionswiderstand, also die Massivdecke auf der oberen Seite und die Wärmedämmung auf der unteren Seite, wie in Bild 63p angeführt, fällt trotz Kaltdach in der Wärmedämmung Feuchtigkeit aus. Es kommt also zu einer langsamen Durchfeuchtung der inneren Wärmedämmung mit u.U. erheblichen Schäden (zweifellos wird man eine derartige Konstruktion auch aus Gründen der Temperaturspannungen usw. nicht ausführen, siehe Kapitel 3.4).

Bei einer ungenügenden Durchlüftung des Kaltluftraumes (zu klein dimensionierte Be- und Entlüftungsöffnungen, zu geringe Höhe des Durchlüftungsraumes oder durch zu starke Dampfdruckbelastungen) kann es beim Kaltdach unter der Oberschale, wie in Bild 63o dargestellt, zu Feuchtigkeitsausfall kommen (besonders bei Leichtdächern dieser Art sehr häufig). Hier kann und muß man u.U. dann auch bei Kaltdächern eine Dampfsperre im kondensationsfreien Bereich anordnen, also unterhalb der Tauebene. Es muß also auch hier die genaue Tauebene ermittelt werden. Hier wird auf die späteren Ausführungen im praktischen Teil verwiesen. Es möge genügen, aufzuzeigen, daß beim Kaltdach ein Wärm- und Dampfstau im kalten Dachraum auf alle Fälle vermieden werden muß, da sonst u.U. größere Schäden entstehen können als beim Warmdach. Kann dieser Dampfstau nicht mit Sicherheit verhindert werden (wegen konstruktiven oder anderen Gegebenheiten), muß eben u.U. trotz Kaltdach eine Dampfsperre angeordnet werden. (Was in keinem Falle falsch ist, wenngleich dies von verschiedenen Seiten immer wieder behauptet wird.) Der Autor hat in den letzten 15 Jahren bei zweifelhaften Kaltdächern die Dampfsperre eingesetzt und bisher keinen einzigen Schaden erlebt. Vielmehr hat er zahlreiche zweifelhafte Kaltdächer mittels Dampfsperren saniert, die von den Verfechtern ohne Dampfsperre empfohlen wurden.

3.4 Temperaturspannungen (temperaturbedingte Längenänderungen im Dach)

Ein Großteil der in den letzten Jahren aufgetretenen Schäden bei Dächern (Flachdächern und historischen Dachformen) resultierte aus Nichtbeachtung der temperaturbedingten Längenänderungen und Schrumpfungsverhalten von Betondecken, Flachdach-Attika-Ausbildungen, Dehnfugenausbildungen usw. Hier wird auf die späteren Ausführungen im praktischen Teil verwiesen. Der Schadenskatalog beginnt bei Rissen im aufgehenden Außenwand-Mauerwerk bei Mischbauweisen (Mauerwerk und Beton in Abwechslung), gekennzeichnet durch Horizontal- und Diagonalrisse mit Feuchtigkeitseindringungen nach innen, Spannungsbelastungen der Innenwände mit Rissen in Innenwänden, Verzwängungsspannungen in Tür-und Fensterelementen mit Rissen in der Verglasung und endet bei den zahlreichen Schadensmöglichkeiten innerhalb des Flachdaches durch Risse in der Dachhaut selber, im Bereich von Angrenzungen an Verwahrungsblechen, Beton-Attika usw.

3.4.1 Belastungsannahmen für die Temperaturspannungsberechnungen

In Kapitel 2.2.2 und hier in den Bildern 39, 40 und 41 wurden die Außenbelastungen durch Temperatureinflüsse dargestellt.

Ergänzend hierzu ist in Bild 64 [9], die Außentemperaturkurve im Sommer und die Außentemperaturkurve im Winter durch Außenluft und durch Sonneneinstrahlung beim Schwarzdach dargestellt. Anhand dieses Diagrammes können die jahreszeitlich und stündlich bedingten Temperaturdifferenzen zwischen Winter und Sommer einfachst abgelesen werden und in die nachfolgenden Berechnungen eingesetzt werden.

Auch die Annahmen der Raumtemperatur spielen bei der Temperaturspannungsberechnung eine gewisse Rolle. Es ist zweckmäßig, die Raumtemperatur im Winter innenseitig mit $+20\,°C$ in die Berechnung einzusetzen, während die Raumtemperatur im Sommer mit $+25\,°C$ mindestens anzunehmen ist.

3.4.2 Berechnung der Temperaturdifferenzen

Die Berechnung der Temperaturdifferenzen innerhalb der einzelnen Schichten in einem Dach wurde in Kapitel 3.1.3.1 (siehe dort Bild 44 und Bild 45) aufgezeigt. In nachfolgendem Beispiel soll dieses Temperaturschema, also die graphische Bestimmung des Temperaturverlaufes für ein Warm- und ein Kaltdach aufgezeigt werden.

3.4.2.1 Temperaturverlauf beim Warmdach
(siehe Bild 65)

Es sei folgender Terrassenaufbau von unten nach oben gegeben:

1. Schicht 18 cm Massivplatte $\quad \dfrac{1}{\lambda} = 0,10\ m^2 h\,°/kcal$

2. Schicht 4 cm Polystyrol-Hartschaumplatten $\quad \dfrac{1}{\lambda} = 1,14\ m^2 h\,°/kcal$

3. Schicht 1,5 cm bituminöse Dachhaut $\quad \dfrac{1}{\lambda} = 0,09\ m^2 h\,°/kcal$

4. Schicht 7 cm befahrbarer Beton-Estrich bewehrt $\quad \dfrac{1}{\lambda} = 0,04\ m^2 h\,°/kcal$

Gesamtwärmedurchlaßwiderstand $\quad \dfrac{1}{\Lambda} = 1,37\ m^2 h\,°/kcal$

Wärmeübergangswiderstand innen $\quad \dfrac{1}{\alpha_i} = 0,14\ m^2 h\,°/kcal$

Wärmeübergangswiderstand außen $\quad \dfrac{1}{\alpha_a} = 0,05\ m^2 h\,°/kcal$

Wärmedurchgangswiderstand $\quad \dfrac{1}{k} = 1,56\ m^2 h\,°/kcal$.

Es wurde angenommen, daß außen im Sommer durch Sonneneinstrahlung eine Temperaturaufheizung von $80\,°C$ auf der Oberfläche entsteht (was bei einem hellen Beton nicht ganz erreicht werden dürfte, jedoch um des Beispieles willen hier angenommen werden soll). Die Wintertemperatur wird mit $-20\,°C$ angenommen. Innenseitig wird, wie angeführt, $+20\,°C$ im Winter und $+25\,°C$ im Sommer angenommen.

In Bild 65 wurden nun im oberen Schemabereich die Wärmedurchlaßwiderstände maßstäblich eingetragen.

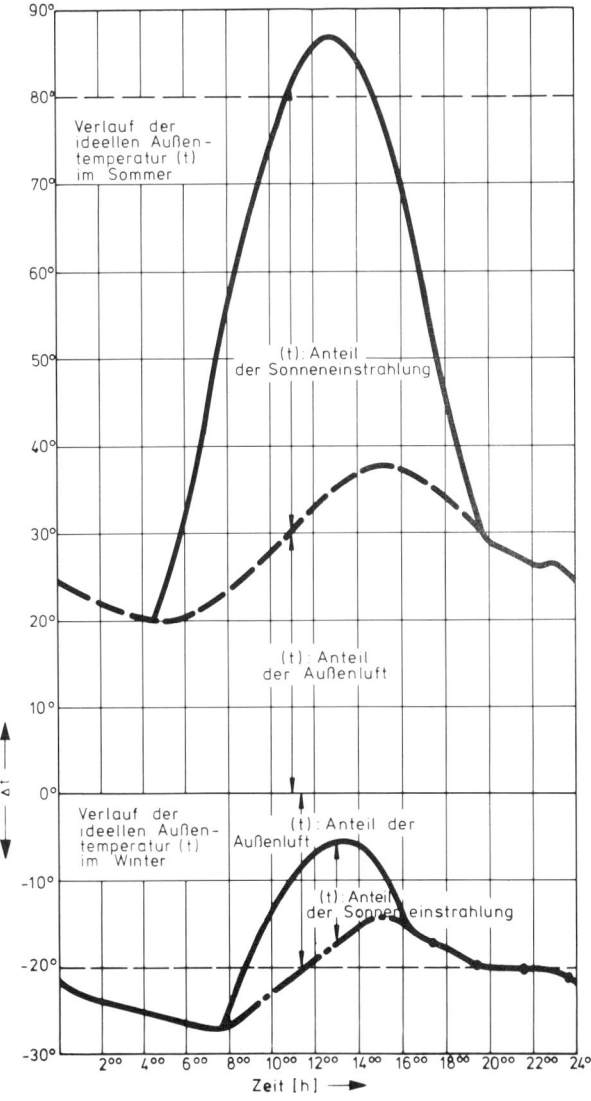

Bild 64 Tagesverläufe der extremsten ideellen Außentemperaturen (t) im Sommer und im Winter (nach *Franke* [9])

3. Bauphysikalische Anforderungen an Dächer

Durch die Verbindung der Temperaturstände kann dann aus den einzelnen Schichten die Temperaturdifferenz abgelesen werden.

Für die nachfolgenden Temperaturspannungsberechnungen wird die mittlere Temperatur, also die Temperatur in der statisch neutralen Zone zugrunde gelegt. Hier interessieren für die Spannungsberechnungen vor allem die Längenänderungen in der Schicht 1, also in der Betondecke und besonders auch in der Schicht 4, also im befahrbaren Estrich.

Hier kann nun abgelesen werden, daß in der Betondecke (Schicht 1) eine Jahrestemperaturdifferenz von 17°C vorhanden ist. In der Schicht 4, also im Estrich, ergibt sich jedoch eine Jahrestemperaturdifferenz von 94°C.

Unter Umständen kann jedoch die Temperaturdifferenz in der Schicht 1, also in der Massivplattendecke noch höher liegen. Dies hängt von der Montage – bzw. Betoniertemperatur ab. Im allgemeinen nimmt man als Betoniertemperatur +10°C an. In Bild 65 ist diese 10°-Linie eingetragen. In Schicht 1 kann also nun abgelesen werden, daß die Temperaturdifferenz zwischen Betoniertemperatur und maximaler Aufwärmung größer sein kann als die zuvor ermittelten 17°C. In unserem Beispiel ergibt sich eine Temperaturdifferenz von 22°C. Diese Differenz muß den Temperaturbewegungen bzw. den Temperaturspannungsberechnungen zugrunde gelegt werden.

Andererseits ergibt sich für Schicht 4, also für den Beton-Estrich, daß durch die Aufheizung gegenüber der Einbautemperatur nur 67°C für die Dehnungen wirksam werden, während die Abkühlungen im Winter nur 27°C ausmachen. Auch diese Temperaturdifferenzen sind für die Spannungsermittlungen, besonders aber auch für die Größe der Dehnfugenherstellung von Bedeutung. Die Aufheizung gegenüber der Betoniertemperatur erwirkt Ausdehnungen (Expansion), die Abkühlung unter die Betoniertemperatur Zusammenziehungen (Kontraktion).

Im unteren Teil von Bild 65 ist in etwa der maßstäbliche Schichtaufbau mit dem Verlauf der Temperaturlinien eingezeichnet.

3.4.2.2 Temperaturdifferenzen in der Oberschale Kaltdach (Beispiel Bild 66)

Die Jahrestemperaturdifferenzen bei Oberschalen, die außenseitig nicht wärmegedämmt wurden, sind größer als die bei Warmdächern. Diese Tatsache ergibt sich daraus, daß bei richtiger Unterlüftung die Unterseite der Oberschale größeren Temperaturdifferenzen ausgesetzt ist als z. B. die Innenseite eines Warmdaches. Die Temperaturlinien verlaufen dadurch steiler.

Je nach Höhe des Lufthohlraumes, Geschwindigkeit der Luftbewegung muß man im Winter unterseitig etwa −10°C annehmen, während im Sommer Aufwärmtemperaturen im Lufthohlraum von 40–50°C die Regel sind (je nach Wärmespeicherfähigkeit, Dicke der Oberschale, Dachhautbildung usw.). Hier folgendes Beispiel:

1. Unterschale Stahlbetonplatte wie zuvor $\frac{1}{\lambda} = 0{,}10 \text{ m}^2\text{h}°/\text{kcal}$

2. 4 cm Wärmedämmplatten wie zuvor $\frac{1}{\lambda} = 1{,}14 \text{ m}^2\text{h}°/\text{kcal}$

3. Lufthohlraum, +40°C im Sommer, −10°C im Winter $\frac{1}{\Lambda} = 1{,}24 \text{ m}^2\text{h}°/\text{kcal}$

4. 8 cm starke Bimsstegdielen oder dergleichen $\frac{1}{\lambda} = 0{,}27 \text{ m}^2\text{h}°/\text{kcal}$

5. 1 cm Dachhaut wie zuvor $\frac{1}{\lambda} = 0{,}04 \text{ m}^2\text{h}°/\text{kcal}$

6. 5 cm Kiesschüttung trocken $\frac{1}{\lambda} = 0{,}16 \text{ m}^2\text{h}°/\text{kcal}$

$\frac{1}{\Lambda} = 0{,}47 \text{ m}^2\text{h}°/\text{kcal}.$

Der Wärmedurchlaßwiderstand der Unterschale (der hier nur anrechenbar ist) ergibt sich mit 1,24 m²h°/kcal. Der Wert entspricht also gerade knapp den Forderungen der DIN 4108 als Mindestforderungen.

Im Zusammenhang der Ermittlungen der Temperaturbewegungen in der Oberschale interessiert jedoch vorzüglich die Oberschale, die insgesamt einen Wärmedurchlaßwiderstand von 0,47 m²h°/kcal erbringt. Der Wärmeübergangswiderstand außen wird mit 0,05, der Wärmeübergangswiderstand im Lufthohlraum mit 0,10 angenommen, also $\frac{1}{k} = 0{,}62 \text{ m}^2\text{h}°/\text{kcal}$. Die maximale Aufheiztemperatur bei Kies wird hier nur mit 70°C eingesetzt.

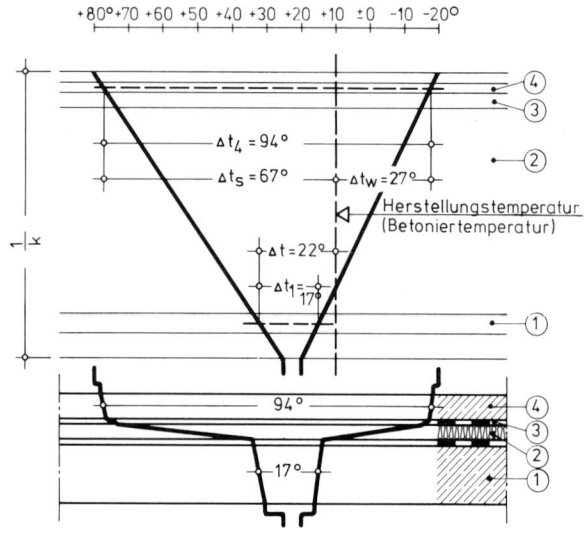

Bild 65 Ermittlung Temperaturdifferenz beim Warmdach

3.4 Temperaturspannungen

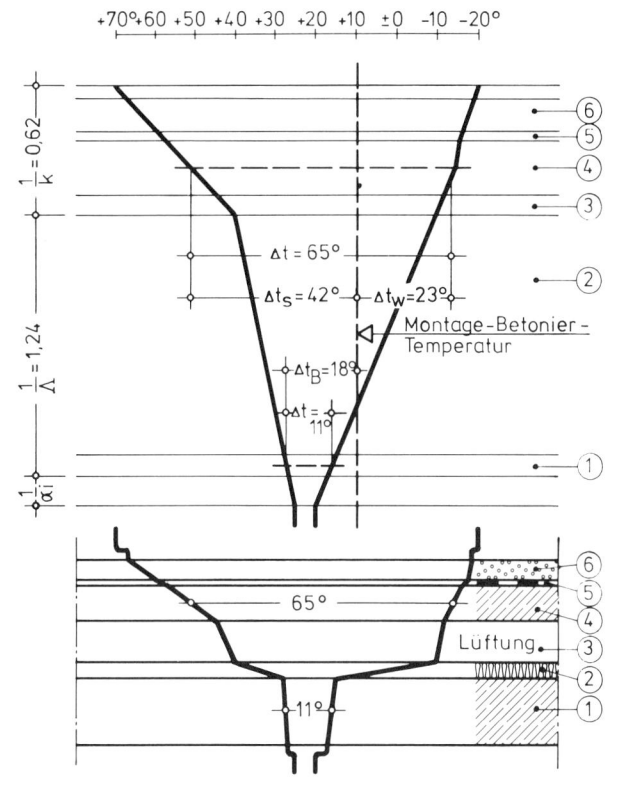

Bild 66 Temperaturdifferenz beim zweischaligen Dach (Kaltdach)

Aus Bild 66 kann das Temperaturschema dieses Kaltdaches abgelesen werden. Im oberen Bildabschnitt ergibt sich für die Oberschale ein geradliniger Temperaturverlauf. In der statisch neutralen Zone der Bimsstegdiele ist eine Gesamtjahrestemperaturdifferenz von 65°C gegeben, die Temperatur für die Expansion mit 42°C und die Temperatur für die Kontraktion mit 23°C. Im unteren Bildabschnitt ist zur Anschaulichkeit der maßstäbliche Aufbau mit den Temperaturlinien dargestellt. In der Betonplatte der Unterschale ergibt sich eine Differenz von 11°C bzw. zur Betoniertemperatur von 18°C.
Mit Hilfe dieses Temperaturschemas können dann alle Vorgänge hinsichtlich der Spannungsberechnungen ausreichend abgelesen werden.

3.4.3 Ausdehnungskoeffizienten von Baustoffen

Es ist allgemein bekannt, daß sich Bauteile unter den Temperatureinflüssen dehnen bzw. verkürzen. Auch ist weithin bekannt, daß sich die verschiedenen Baustoffe bei Wärmeeinwirkungen anders verhalten als andere Baustoffe. So wurde schon sehr frühzeitig erkannt, daß sich im allgemeinen Metalle wesentlich stärker dehnen bzw. verkürzen, und daß dies gewisse Konsequenzen bei der Konstruktion von Metall-Dachdeckungen hat (Anordnung von Dehnfugen, Doppelfälzen, Leisten usw.). Auch bei anderen Bedachungsarten (z.B. Wellasbestplatten) wurde durch Reduzierungen von Plattenlängen auf die lineare Ausdehnung geachtet. So dürfen derzeit z.B. nach der DIN 274 anstelle der früher üblichen 3,10 m langen Platten maximal nur noch 2,5 m lange Platten verwendet werden.

Beim Flachdachbau und hier speziell beim Zusammenbau von bituminösen Dachabdichtungen mit Blechen hat man den Grundgesetzen jedoch weithin keine Beachtung geschenkt. Vielmehr hat man unbekümmert Beton, Dachbahnen aus Teer oder Bitumen und Bleche aller Art in direkten Verbund miteinander gebracht. Auch die Hersteller von Lichtkuppeln oder dergleichen empfehlen nach wie vor den kraftschlüssigen Zusammenbau von Kunststoffen mit Dachdichtungsbahnen, wenngleich längst erkannt ist, daß gerade Kunststoffe gewisser Art sich völlig anders verhalten als die Dachhaut. Daß zahlreiche Schäden aus dieser Mißachtung entstanden sind und täglich noch entstehen, darf also nicht verwundern. Es ist nicht übertrieben, wenn behauptet wird, daß wohl der größte Teil der Bauschäden der letzten Jahre bei Dächern aller Art seine Ursache in der Mißachtung dieses einfachen Grundgesetzes hat.
In Tabelle 19 (siehe Anhang) sind für die hauptsächlichsten Bau- und Kunststoffe die Längenausdehnungskoeffizienten in mm/m°C für einen Temperaturbereich von +30°C bis −20°C angegeben.

3.4.4 Berechnung der Längenveränderung

Nach Errechnung des Temperaturverlaufes innerhalb der Konstruktion kann festgestellt werden, welche maximalen Jahres- oder Tages- oder Stundentemperaturdifferenzen in der statisch neutralen Zone (Null-Linie) gegeben sind. Die lineare Längenveränderung (Ausdehnung oder Zusammenziehung) eines festen Baustoffes, wozu die in der Tabelle 19 angeführten Stoffe gehören, errechnet sich nach der Formel:

$$\Delta l = L \cdot \alpha \cdot \Delta t.$$

Darin bedeuten:

Δl = Längenveränderung in m.
L = Länge des Baugliedes von Dehnfuge zu Dehnfuge.
α = Ausdehnungskoeffizient des zu berechnenden Baustoffes in mm/m bei 1°C Temperaturunterschied (siehe Tabelle 19).
Δt = maximal auftretende Temperaturdifferenz in der statisch neutralen Zone der einzelnen zu berechnenden Schichten.

3.4.4.1 Beispiel Bild 65 (Warmdach)

Es errechnen sich für die einzelnen Schichten:

1. Betondecke

Es wurde festgestellt, daß in der statisch neutralen Zone der Massivplatte 17°C Jahrestemperaturdifferenz auftritt. Wenn 20 m Dehnfugenabstand angenommen wird, ergibt sich folgende lineare Längenveränderung im Jahr:

$$\Delta l = 20 \cdot 0{,}012 \cdot 17 = 4{,}1 \text{ mm}.$$

3. Bauphysikalische Anforderungen an Dächer

Ergebnis:
Die Decke verändert ihre Länge innerhalb eines Jahres um 4,1 mm bei 20 m Dehnfugenabstand bzw. Gebäudelänge. Ob diese Bewegungen zu groß sind, ergibt eine Temperaturspannungsberechnung bzw. die Abschätzung der Konstruktion auf Schadensanfälligkeit (Mischbauweise). Im allgemeinen sollte bei Verbundkonstruktionen (Mauerwerk mit Betondecke) die Temperaturbewegung nicht größer als 2 mm sein. Ist diese größer, sollten gleitende Auflager gemacht (siehe spätere Ausführung) oder die Wärmedämmung bis zum wirtschaftlichen Maß verstärkt werden (siehe 3.1.6).

2. Längenveränderung in befahrbarer Estrich-Konstruktion

Hier wurde in der statisch neutralen Zone eine Jahrestemperaturdifferenz von 94°C in Bild 65 ermittelt. Es gibt folgende maximale Jahrestemperaturbewegung, wenn 5 m Dehnfugenabstand angenommen wird:

$$\Delta l = 5 \cdot 0,012 \cdot 94 = 5,6 \text{ mm}.$$

Ergebnis:
Die befahrbare bewehrte Betonplatte verändert ihre Länge im Jahr um 5,6 mm. Ob diese Bewegungen für eine darunterliegende angeordnete Dachhaut zu groß sind, bedarf ebenfalls einer Abschätzung bzw. Spannungsberechnung. Eine normale Dachhaut wird zweifellos diese Belastungen im Fugenbereich bei einer Verbundkonstruktion nicht aushalten. Es müßten also entweder technische Hilfsmittel angewandt werden (Gleitfuge oder Folie), oder der Plattenfugenabstand müßte geringer gewählt werden (siehe Ausführungen Terrassengestaltung).

3.4.4.2 Beispiel Temperaturbewegungen beim Kaltdach (Bild 66)

Hier ergeben sich, wenn 5 m Länge der Bimsstegdielen von Auflager zu Auflager angenommen wird, folgende Längenveränderungen bei 65°C Jahrestemperaturdifferenz:

$$\Delta l = 5 \cdot 0,008 \cdot 65 = 2,6 \text{ mm}.$$

Ergebnis:
Die Bewegungen am Auflagerstoß von 2,6 mm können von einer direkt aufgeklebten bituminösen Dachhaut beispielsweise nicht ohne Risse-Schaden aufgenommen werden. Auch bereits bei direkt aufgeklebten Kunststoffbahnen wird es zu Rissen kommen. Es bedarf hier also Sondermaßnahmen zur Abwendung von Risseschäden in einer Dachhaut (Schleppstreifen, Entspannungsschichten usw.).

3.4.4.3 Längenänderungen, die Druckspannungen verursachen

Ausdehnungen durch Temperatureinflüsse verursachen durch die Volumenvergrößerung Druckspannungen. Es ist deshalb festzustellen, bei welcher Temperatur betoniert wurde. Wie in den vorgenannten Beispielen angenommen, wurden +10°C als Betonier- bzw. Arbeitstemperatur zugrundegelegt. Daraus ergeben sich für die oben genannten drei Beispiele folgende Ausdehnungen, die Druckspannungen verursachen bzw. in evtl. darunter angeordneten Mauerwerks-Konstruktionen. Zugspannungen:

1. $\Delta l = 20 \cdot 0,012 \cdot 22 = 5,3$ mm (Warmdach-Betondecke).
2. $\Delta l = 5 \cdot 0,012 \cdot 67 = 4$ mm (Warmdach-Fahrdecke).
3. $\Delta l = 5 \cdot 0,008 \cdot 42 = 1,7$ mm (Kaltdach-Oberschale).

Ergebnis:
Aus dieser Berechnung kann abgeleitet werden, daß z.B. die Stahlbetonplatte des Warmdaches größere Werte aufweist als die errechneten Jahrestemperaturdifferenzen, während der Druckbeton beim Warmdach geringere Ausdehnungen erhält, wie auch die Bimsstegdielen beim Kaltdach geringere Werte ergibt, die zu Druckspannungen in der Fuge führen.

3.4.4.4 Längenveränderungen, die Zugspannungen verursachen

Abkühlungen nach dem Betoniervorgang bzw. nach dem Abbinde- oder Montagevorgang bewirken Verkürzungen, also Volumenverkleinerungen. Diese führen dann bei Einspannungen in der Unterkonstruktion zu Zugspannungen in der berechneten Platte oder können naturgemäß in der darunterliegenden Konstruktion zu Druckspannungen im Mauerwerk oder dergleichen führen. In obigem Beispiel ergeben sich für die drei berechneten Fälle folgende Endwerte:

1. Betonplatte, keine Verkürzung
2. Fahrbahnbelag $\quad \Delta l = 5 \cdot 0,012 \cdot 27 = 1,6$ mm
3. Oberschale $\quad \Delta l = 5 \cdot 0,008 \cdot 23 = 0,9$ mm.

Daraus ist ersichtlich, daß im allgemeinen die Längenänderungen, die Zugspannungen in Fugen einwirken, also die Kontraktionen kleiner sind als die Ausdehnung durch Aufheizung. Daraus kann jedoch nicht gefolgert werden, daß diese Schrumpfungen ohne Schadenswirkungen sind. Besonders im Winter, wenn z.B. die bituminöse Dachhaut spröde und unelastisch ist, können bereits geringe Schrumpfungsspannungen Risse in einer darunterliegenden Dachhaut bewirken.
Wenn diese Kontraktionen sich nun noch mit den Schwindmaßen addieren (Verkürzungen durch Austrocknung des Betons), können wesentlich höhere Werte entstehen, die u.U. dann die der Druckspannungskräfte erreichen. Zu der Längenänderung aus der Temperatur ist die Verkürzung aus dem Schwinden der Dachdecke also hinzuzuzählen. Nach der DIN 1045 § 16.3 kann der Einfluß des Schwindens durch einen Temperaturabfall etwa mit $\Delta t = 15°$ berücksichtigt werden. In vorgenannter Berechnung wäre es also notwendig, in

Beispiel 2 und 3 anstelle von 27 °C Abkühltemperatur 42 °C einzusetzen bzw. in Beispiel 3 = 38 °C. Dies ergibt also dann in Beispiel 2 bereits wieder 2,5 mm und in Beispiel 3 = 1,5 mm (siehe Kapitel 3.5).

Aus dieser Berechnung ist also nun bereits abzulesen, daß hier verschiedene Faktoren berücksichtigt werden müssen, um eine Konstruktion hinsichtlich der auftretenden Temperaturbewegungen und der daraus resultierenden Spannungen richtig einzuschätzen. In den weiteren Kapiteln wird immer wieder auf diese Zusammenhänge verwiesen werden.

Ein Alu-Blech, der direkten Temperatur in Beispiel 3 in die Dachhaut eingeklebt, erleidet folgende Gesamtbewegung bei 5 m langen Blechen:

$$\Delta l = 5 \cdot 0{,}024 \cdot 80 = 9{,}6 \text{ mm}.$$

Dieser Wert ist also größer als alle errechneten Werte. Bei Einklebungen in die Dachhaut kommt es mit Sicherheit zu Rissen. Das Einkleben von Blechen muß als *Flachdachsünde Nr. 1* bezeichnet werden.

3.4.5 Temperaturspannungsermittlung

Die eigentlichen Temperaturspannungen als statische Kraft errechnen sich aus folgender Gleichung:

$$\frac{\Delta l}{L} = \frac{\sigma}{E}$$

Darin bedeuten:

Δl = Längenveränderung (siehe vorige Beispiele).
L = Länge in m.
σ = Spannung (Druck- oder Zug-) kp/cm².
E = Elastizitätsmodell (siehe Tabelle 20, Anhang).

Beispiel 1 aus vorgenannter Berechnung (Massivplatte bei Warmdach) für die Druckspannungen:

$$\sigma = \frac{0{,}0053 \cdot 140\,000}{20} = 37{,}1 \text{ kp/cm}^2.$$

Eine 1 m breite Betonplatte von 18 cm Stärke erbringt also eine Fläche F von

$$F = 100 \cdot 18 = 1800 \text{ cm}^2.$$

Hieraus errechnet sich die Druckkraft P:

$P = \sigma \cdot F$
$P = 37{,}1 \cdot 1800 = \text{ca. } 67\,000 \text{ kp} \triangleq 67 \text{ t}.$

Ergebnis:
Aus dieser Berechnung ist abzulesen, daß sich aus den Expansionen bei voller Einspannung in die Unterkonstruktion noch sehr große Kräfte aus der Massivdecke ergeben, denen Rechnung zu tragen ist. Bei einer Mischbauweise könnten aus diesen Bewegungen bereits erhebliche Risse im Mauerwerk entstehen. Spannungsgrößen oben gerechneter Art könnten also zu horizontalen Abscherungen und zu Diagonalrissen an den Gebäudedecken führen. Es ist also angezeigt, hier Gleitlager oder dergleichen anzuordnen. Bei Stahlbeton-Skelettbauten oder dergleichen würden naturgemäß obengenannte Spannungen nicht entstehen, da eine Einspannung nicht zustande kommt. Dagegen könnten an Fixpunkten (Treppenhäusern) bei zu hohen Spannungsbelastungen ebenfalls unzulässige Kräfte ausgelöst werden. Es ist also erforderlich, daß von seiten der Statiker hier die genauen Temperaturspannungsermittlungen festgestellt und Konsequenzen abgeleitet werden.

Charakteristik bei Temperaturspannungsrissen

Risse durch Temperaturbewegungen verursacht, verlaufen in den Außenwänden primär diagonal. Es kommt im Bereich der aussteifenden Ecken zu Zugspannungen im Mauerwerk und bei Überbeanspruchung durch den Versuch des »Hinausschiebens« zu diagonalen Abrissen, wie sie im Bild 67a außen und 67b innen dargestellt sind [13].

Während Risse aus Durchbiegungen der Massivdecken usw. (siehe 4.5) primär waagrecht verlaufen, ergeben sich bei Ursachen aus Temperaturbewegungen aus dem Flachdach (Massivdecke, Attika, Dehnfugenaufkantung usw.) hauptsächlich Diagonalrisse. Dies ergibt bei der Schadensuntersuchung Aufschlüsse.

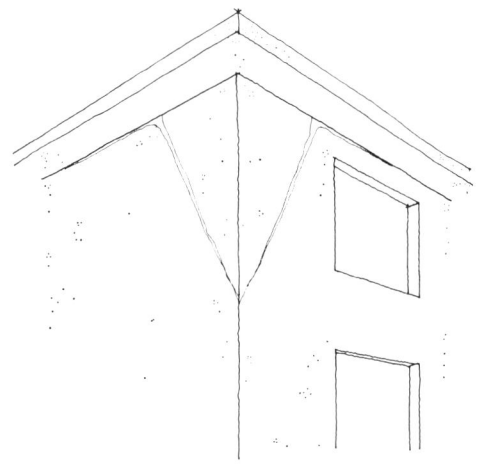

Bild 67a Typischer Schieberiß aus der Wärmedehnung der Decke, von außen gesehen

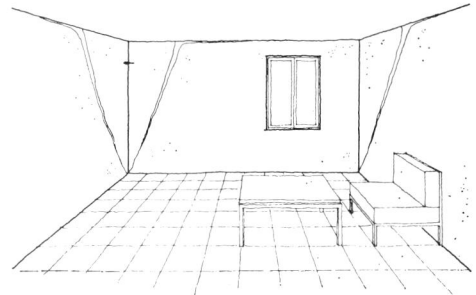

Bild 67b Schieberisse aus der Wärmedehnung der Decke, von innen gesehen, nach *Pieper* [13]

3.5 Wärmedämmstärken zur Reduzierung der Temperaturbewegungen

3.5.1 Außen ungeschütztes Warmdach (Massivplatte)

Die außen ungeschützte Massivplatte unter einer schwarzen Dachhaut (bituminöse Abdichtung oder dergleichen) macht in der statisch neutralen Zone eine Jahrestemperaturdifferenz Δt von ca. 77–80 °C durch, was aus Bild 68a entnommen werden kann.

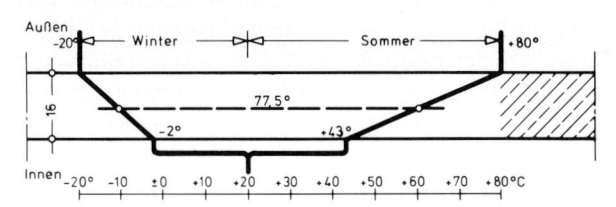

Bild 68a Jahrestemperaturdifferenz in der neutralen Zone bei Massivdach ohne Wärmedämmung 77,5 °C

Massive Dachdecken dieser Art übertragen naturgemäß ihre Bewegungen nach unten, wie aus den vorgenannten Berechnungen zu entnehmen ist. Kommt es zu einer Einspannung (Verbundwirkung), reißen die tragenden Wände und teilweise sogar die Massivdecken. Außen wärmetechnisch ungeschützte Betonplatten können deshalb nur dann zur Anwendung kommen, wenn eine Einspannung nach unten mit absoluter Sicherheit verhindert wird (durch Gleitlager, Pendelstützen usw.). Aber auch hier ist die Länge von Betonbauteilen usw. begrenzt, besonders in Abhängigkeit von der Fugenstärke, der Fugenausbildung bzw. der gestellten Anforderungen an diese Fugen (Wasserdichtigkeit, Dehnfähigkeit der Dichtungsmassen usw.).

In Tabelle 21 (siehe Anhang) sind Richtwerte nach Eichler und Henn angegeben. Es ist hier zu entnehmen, daß bei außenseitig ungeschützten Massivplatten die maximalen Dehnfugenabstände im allgemeinen 10 m nicht überschreiten sollten. Dieses Maß kann jedoch, wie später bewiesen wird, u. U. noch viel zu hoch sein, wenn an die Fuge selber Anforderungen an Wasserdichtigkeit bei elastischen Fugenmassen usw. gestellt werden.

Im Flachdachbau ist eine Konstruktion wie in Bild 68a dargestellt nur dort denkbar, wo wärmetechnische Anforderungen nicht gestellt werden (z. B. außenliegende, also luftumspülte Umgänge in Schulen, Parkdecken oder dergleichen. Über beheizten Räumen oder dergleichen können derartige Konstruktionen schon aus wärmetechnischen Gesichtspunkten nicht ausgeführt werden.

Andere Bewertungen gelten bei Leichtbetondecken (Gasbeton oder dergleichen), da diese etwas geringere Ausdehnungszahlen aufweisen als Massivdecken. Aber auch hier ergeben sich, wie in vorgenannten Kapiteln angeführt, noch hohe Temperaturschwankungen, so daß auch hier u. U. zusätzliche Wärmedämm-Maßnahmen notwendig sind, um die Temperaturbewegungen zu reduzieren.

3.5.2 Außen wärmegeschütztes Betondach

Um die Temperaturbewegungen (Längenänderungen) innerhalb einer Massivplatte zu reduzieren oder sie weitgehend auszuschalten, kann man entweder die Länge L reduzieren, also den Bauteil durch Dehnfugen unterteilen oder, falls dies statisch nicht möglich ist, durch eine außenseitig aufzubringende Wärmedämmung entsprechender Stärke eine Reduzierung der Längenänderungen herbeizuführen.

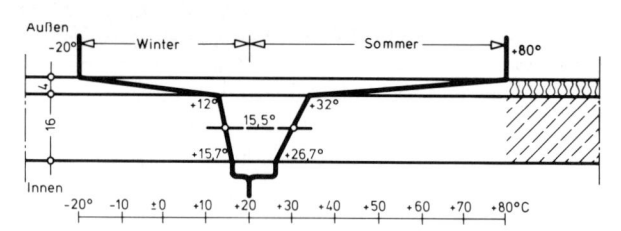

Bild 68b Jahrestemperaturdifferenz in der neutralen Zone bei nur außenseitiger Wärmedämmung ca. 15,5 °C (40 mm Kork)

In Bild 68b ist z. B. dargestellt, daß sich die Temperaturdifferenz in der statisch neutralen Zone durch eine z. B. 4 cm starke Wärmedämmung gegenüber Bild 68a von ca. 77 °C auf 15,5 °C bei einer Schwarzdeckung (ohne Kiesschüttung) reduziert.

Von der Annahme ausgehend, daß eine noch weitere Reduzierung der Temperaturdifferenzen linear mit der Zunahme der Stärke der aufzubringenden Wärmedämmung möglich ist, hat Cammerer [10] ein Diagramm, wie in Bild 69 dargestellt, erarbeitet. Danach wären z. B. bis 10 m Dehnfugenabstand rund 3 cm Wärmedämmplatten ausreichend, während bei 18 m Länge bereits 10 cm Wärmedämmplattenstärke erforderlich würden, also pro lfd. Meter Mehrlänge über 10 m hinaus ca. 1 cm Mehrstärke an Wärmedämmung. Daraus wäre also zu entnehmen, daß sehr unwirtschaftliche Wärmedämmstärken notwendig würden, um die Gesamt-Temperaturbewegungen auf das zulässige Maß abzubauen. Letztere werden im allgemeinen bei Verbundbauweisen (Mauerwerk) mit ca. *2 mm als noch zulässig* angesehen.

Weder die Praktiker noch die Theoretiker konnten diese Forderungen aus wirtschaftlichen Gründen erfüllen. Man reduzierte die Wärmedämmung bis auf ein wirtschaftliches Maß (zuerst aus dem Gefühl heraus) und später dann auch durch wissenschaftliche Forschungen und Messungen [9] und [11].

Unter Annahme von 90 % Absorption einer schwarzen Dachhaut wurden nach der Fourierschen Formel Werte ermittelt, die weit unter den Sollforderungen von Bild 69 liegen. Man stellte fest, daß Wärmedurchlaßwider-

3.5 Wärmedämmstärken zur Reduzierung der Temperaturbewegungen

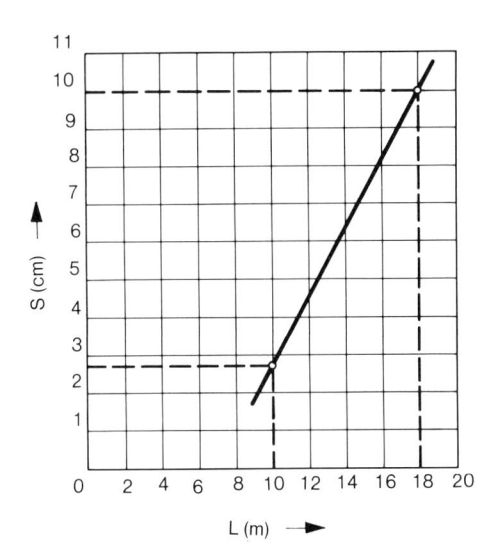

Bild 69 Abhängigkeit der erforderlichen Wärmedämmungsdicke S vom Fugenabstand L im Flachdach bei einer Wärmeleitzahl von λ = 0,04 kcal/m²h°C der Dämmschicht (z. B. Kork)

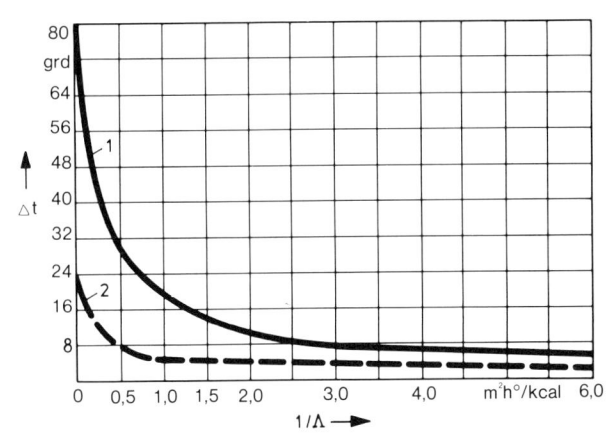

Bild 70 1 = Δt Jahrestemperaturdifferenz in statisch neutraler Zone.
2 = Δti Jahrestemperaturdifferenz an Dachdecke innenseitig

stände von 2,00 m²h°/kcal in etwa das Maximum darstellen, um mit der Wärmedämmung die Temperaturdifferenzen wesentlich zu beeinflussen.

In Wirklichkeit ergeben sich innerhalb der Massivdecken infolge der spezifischen Wärme bei Beton (c = 0,20–0,21) keine geradlinigen Temperaturwerte, sondern es ergeben sich Kurven, da die äußeren und inneren Temperatureinflüsse nicht stationär sind, sondern wechseln.

Die Temperaturdifferenzen in der statisch neutralen Zone sind also in der Regel nicht so groß wie bei stationärer Berechnung angenommen (besonders im Sommer durch die Aufheiztemperatur).

Es ergeben sich also insgesamt gesehen wirtschaftlichere Wärmedämmstärken, um die Sollwerte zu erfüllen. In Bild 70 ist in Kurve 1 die auftretende Jahrestemperaturdifferenz in der statisch neutralen Zone bei den verschiedensten Wärmedurchlaßwiderständen dargestellt, in Kurve 2 ist die Temperaturdifferenz auf der inneren Deckenoberfläche angeführt [11].

Ergebnis:

Aus Bild 70 kann abgelesen werden, daß ein Wärmedurchlaßwiderstand über 2,0 hinaus nur noch wenig wirksam wird, da die Kurve 1 verflacht, und daß auch die innenseitigen Jahrestemperaturdifferenzen bei Wärmedämmwerten über diesen Wert hinaus nur noch wenig beeinflußbar sind. Dies kann durch folgende Werte noch anschaulicher dargestellt werden:

1. $\frac{1}{\lambda} = 1{,}5$ m²h°/kcal = $\Delta t = 14{,}0$°C.

2. $\frac{1}{\lambda} = 2{,}0$ m²h°/kcal = $\Delta t = 11{,}5$°C.

3. $\frac{1}{\lambda} = 2{,}5$ m²h°/kcal = $\Delta t = 10{,}5$°C.

Während zwischen einem Wärmedämmwert von 1,5–2,0 noch ca. 3,5°C Verminderung erzielt werden können, so ergibt sich zwischen dem Wert von 2,0–2,5 nur noch eine Beeinflussung von ca. 1°C.

Bei 30 m Flachdachlänge würden sich in der Massivdecke also folgende Werte für vorgenannte Berechnung ergeben:

1. $\Delta l = 30 \cdot 14{,}0 \cdot 0{,}012 = 5{,}0$ mm Längenveränderungen

2. $\Delta l = 30 \cdot 11{,}5 \cdot 0{,}012 = 4{,}15$ mm Längenveränderungen

3. $\Delta l = 30 \cdot 10{,}5 \cdot 0{,}012 = 3{,}8$ mm Längenveränderungen.

Diesen Wärmedämmwerten würden etwa folgende Wärmedämmplatten entsprechen:

1. $\frac{1}{\lambda} = 1{,}5 =$ ca. 4,5 cm PU-Hartschaumplatten

2. $\frac{1}{\lambda} = 2{,}0 =$ ca. 6 cm PU-Hartschaumplatten

3. $\frac{1}{\lambda} = 2{,}5 =$ ca. 8 cm PU-Hartschaumplatten.

Der wirtschaftliche Aufwand für 2 cm Mehrstärke an PU-Hartschaumplatten von 6 auf 8 cm lohnt also kaum mehr, um eine weitere Temperatur-Längendifferenz von 0,35 mm bei 30 mm Länge einzuhandeln, schon ab 5,4 cm PU-Hartschaum ist der Erfolg nur noch bescheiden.

3.5.3 Unterseitige Wärmedämmung bei Massivdecken

Unterseitige Wärmedämmungen bei Massivplatten (oder Rippendecken usw. erhöhen die Temperaturdifferenzen in der Betondecke. Eine solche unterseitige Wärmedämmung kann eine schallschluckende Verklei-

3. Bauphysikalische Anforderungen an Dächer

dungsdecke sein, die abgehängt ist, ein in sich abgeschlossener Lufthohlraum oder auch direkt unterseitig anbetonierte oder nachträglich angeklebte Wärme- oder Schallschluckplatten usw. Auch Deckenstrahlungsheizungen, die nicht kontinuierlich betrieben werden, können hier hinsichtlich den Temperaturbewegungen negativ wirksam werden.

In Bild 71 ist schematisch der Temperaturverlauf (linear) mit nur innenseitiger Wärmedämmung dargestellt.

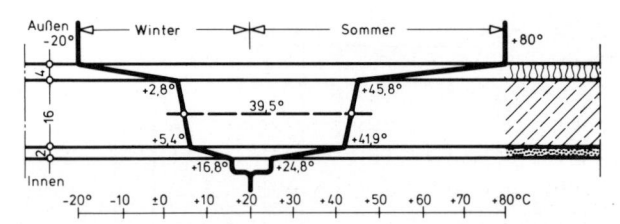

Bild 72 Jahrestemperaturdifferenz in der neutralen Zone bei außenseitiger und zusätzlich innenseitiger Wärmedämmanordnung ca. 39,5°C

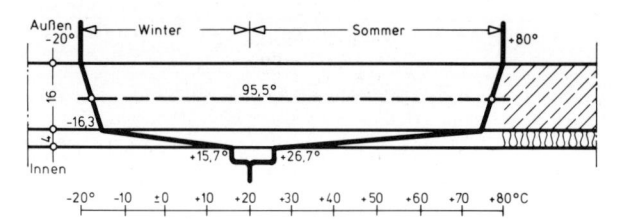

Bild 71 Jahrestemperaturdifferenz in der neutralen Zone bei nur innenseitiger Wärmedämmanordnung ca. 95,5°C

Daraus ist ablesbar, daß bei Bild 71 eine Verschlechterung gegenüber Bild 67 eintritt, also die Temperaturdifferenzen bei unterseitiger Wärmedämmung noch größer werden, als wenn gar keine Wärmedämmung aufgebracht wird. Der Wärmeabfluß wird durch die Dämmplatten vermindert.

Flachdachdecken dieser Art werden auf dem Markt als zweckmäßige Lösungen bei der Gestaltung von Flachdächern angeboten. Es kann aus dieser einfachen Überlegung die Gefahr derartiger Konstruktionen abgelesen werden. Konstruktionen dieser Art bedürfen in jedem Falle bei Mauerwerksbauten einer Ringanker-Konstruktion unter dem Flachdach mit entsprechend ausgebildeten Gleitfolien, die naturgemäß konsequent bei Außen- und Innenwänden anzuordnen sind. Auch dürfen Innenputze oder andere Innenbauteile keine direkte Berührung mit der Betondecke erhalten. Es fragt sich, ob dieser Sicherheitsaufwand nicht zu teuer bezahlt ist, um einige technische Vorzüge einzuhandeln.

3.5.4 Obere und unterseitige Wärmedämmung bei Massivdecken

Eine sehr häufig anzutreffende Konstruktion ist die, daß zwar über der Massivdecke eine z.B. gemäß DIN 4108 ausreichende Wärmedämmung aufgebracht wird (z.B. 5 cm Polystyrol-Hartschaumplatten oder dergleichen), daß aber zusätzlich unterseitig noch eine Wärmedämmung bewußter oder unbewußter Art zum Einbau kommt (durch Schallschluckdecken oder aus Gründen von Verkleidungswünschen, also Holzschalungen mit eingeschlossenen Lufthohlräumen usw.).

In Bild 72 ist eine gleich starke Dämmplattenstärke wie in Bild 68 oberseitig angenommen, jedoch zusätzlich auf der unteren Seite der Massivdecke eine Dämmplatte mit einem Wärmedurchlaßwiderstand von 0,50 m²h°/kcal (z.B. 2 cm Holzfaserplatten oder dergleichen).

Es ist festzustellen, daß sich die Situation gegenüber Bild 68 bei Bild 72 wesentlich verschlechtert. Statt 15,5°C Jahrestemperaturdifferenzen sind nunmehr hier 39,5°C gegeben, also 24°C mehr als bei Bild 68.

Daraus kann gefolgert werden, daß jede innenseitige Wärmedämmung bei Massivplattendecken (dazu zählen natürlich auch Rippendecken, Rohbaudecken oder Fertigplattendecken) abzulehnen ist, falls nicht eine völlige Entspannung durch Gleitlager möglich ist. Bereits in vorgenannten Kapiteln wurde außerdem auf die Verschiebung der Tauebene hingewiesen, also die Gefahr einer evtl. Kondensationsbildung innenseitig.

3.5.5 Dehnfugenstärken

Mit vorgenannten Berechnungen können die erforderlichen Dehnfugenstärken berechnet und Wirkungen in diesen Fugen abgeschätzt werden.

Anhand von Beispiel Bild 65 sollen einige Überlegungen zu diesem Problem dargestellt werden. Unter Annahme von 5 m Dehnfugenabstand der befahrbaren Betonplatten ergeben sich bei 10°C Einbautemperatur folgende Bewegungen:

1. Ausdehnung: $5,0 \cdot 0,012 \cdot 67 = 4$ mm Druckbelastung (Stauchung 40%)
2. Zusammenziehung: $5,0 \cdot 0,012 \cdot 27 = 1,6$ mm Zugbelastungen (Dehnung 16%).

Wird die Fuge mit 10 mm Breite beim Betonierzustand angenommen, würde bei maximaler Ausdehnung die Fuge nach der Pressung nur noch 6 mm betragen (10−4 mm), es würde also eine Stauchung von 4 mm vorhanden sein.

Abschätzung:

Eine Zementfuge nachträglich eingebracht wäre hier also völlig falsch am Platze. Auch Vergußbitumen, wie es sehr häufig auch heute noch verwandt wird, würde aus den Fugen herausquellen, ohne daß es später dann die Kontraktionen wieder mitvollziehen kann. Es würden sich also Risse ergeben und u.U. auch zu starke Kantenpressungen bei schneller Ausdehnung, da das Bitumen zu diesem Zeitpunkt u.U. noch zu hart und unelastisch (nicht plastisch) ist.

3.5 Wärmedämmstärken zur Reduzierung der Temperaturbewegungen

Es verbleibt also nur die Wahl, eine dauerelastische Fugenmasse zur Schließung der Fugen zu verwenden, falls diese überhaupt wie in vorgenanntem Falle geschlossen werden sollen. Bei einer Bodenplatte wird man derartige Fugen u. U. offenlassen, bei anderen Bauteilen, also bei einer Beton-Attika usw. aus vorgefertigten Platten, wird man sie schließen. Hier müßten jedoch dauerelastische Dichtungsmassen verwendet werden. Ob die hier auftretenden 40% Stauchung bzw. 16% Dehnung noch zulässig sind, soll überprüft werden.

Abschätzung:
Wenn angenommen wird, daß die Fugen z. B. mit Dichtungsmasse auf Polymer-Basis (z. B. Thiokol) abgedichtet werden sollen, ergibt sich für diese Fugenmasse eine maximal zulässige Belastung. Diese beträgt sowohl für die Stauchung als auch für die Zugspannungen 25%, also ±25%.

In vorgenanntem Falle wurde festgestellt, daß die Dehnstauchungen 40% betragen und die Zugbelastung 16%. Daraus ist zu entnehmen, daß hier eine Überforderung der Dehnstauchung vorliegt. Die Fugenbreite ist also zu gering gewählt. Hier müßten 20 mm breite Fugen im Einbauzustand angeordnet werden, um eine zulässige prozentuale Stauchung zu erhalten (bei 4 mm 20%).

Die Dehnung von 1,6 mm, also 16%, könnten von 10 mm Fugen aufgenommen werden, wenngleich auch dieser Wert schon relativ groß ist. (Wenn Unsicherheitswerte beim Einbau usw. einkalkuliert werden.) Auch hier empfiehlt sich eine Vergrößerung der Originalfugenbreite. Dies um so mehr, als, wie später nachgewiesen wird, auch die Schwindprozesse u. U. hinzuaddiert werden müssen, so daß u. U. auch die Grenzwerte von 20% bei den Dehnungen der Fugenmasse überschritten würden.

In Bild 73 [12] ist die Wirkungsweise elastischer Dehnfugen dargestellt.

Zur Dehnfugenbreite gehören auch bei elastischen Fugenmassen entsprechende Dehnfugentiefen, um die Materialwerte vollkommen auszunützen. Die Fugentiefe (Fülltiefe der Dichtungsmasse) ist also abhängig von der Fugenbreite. Die hier vorliegenden Erfahrungswerte ergeben sich wie folgt:

Fugenbreite mm	6	10	15	20	30
Fugentiefe mm	6	10	12	15	15

In ähnlicher Form, wie vorgenannte Überlegungen, können natürlich dann auch die Konstruktions-Dehnfugen in Flachdächern abgeschätzt werden, also die Gebäudedehnfugen, deren Ausbildung usw.
In Bild 74 ist eine Überlegung dargestellt.

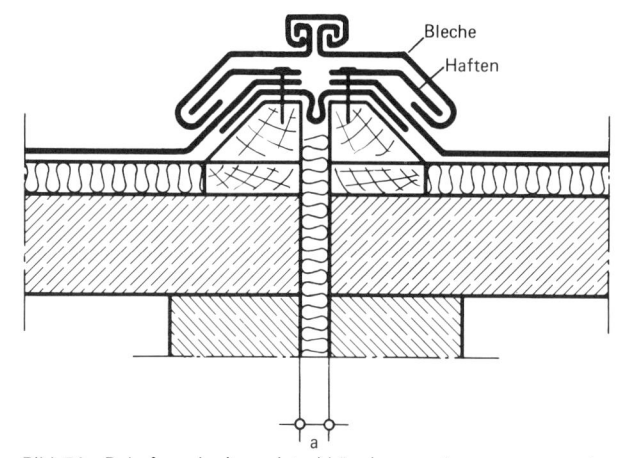

Bild 74 Dehnfugenbreite a ist abhängig von den zu erwartenden Bewegungen

Die Gebäude-Dehnfugenbreite a ist abhängig von den zu erwartenden Temperaturbewegungen und der Elastizität der eingebrachten Dehnfugenmaterialien. Je nach Gebäudelänge, aufgebrachter Wärmedämmung, Oberflächenschutz der Feuchtigkeitsabdichtung ergeben sich nach vorgenannten Berechnungen Stauchungen oder Verkürzungen. Auch hier können durch entsprechende Abschätzungen dann die entsprechenden Fugenbreiten festgelegt werden. Eine Faustregel bei oben wärmegedämmten Konstruktionen besagt, daß bis 10 m die Dehnfugenbreite mindestens 15 mm betragen soll und darüber hinaus pro 10 m 1 cm Dehnfugenzuschlag, also bei 20 m 25 mm, bei 30 m 35 mm.

Das Dehnfugenmaterial selber soll elastisch, also nach-

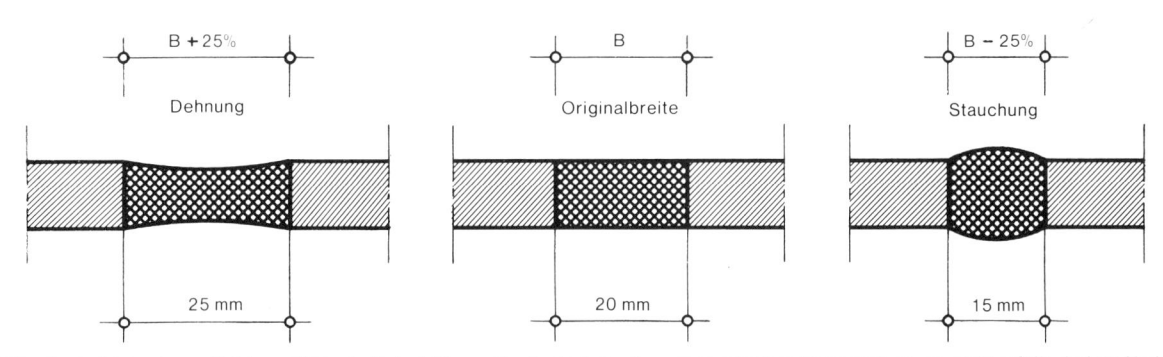

Bild 73 Auch das beste und leistungsfähigste Material kann überfordert werden, wenn wichtige Voraussetzungen nicht erfüllt sind und/oder die Leistungsgrenze eines Materials bzw. Systems nicht beachtet wird. Folgende Faktoren sind zu berücksichtigen: 1. Ausbildung der Fuge, 2. Fugenbreite, 3. Fugentiefe

3. Bauphysikalische Anforderungen an Dächer

giebig sein. Es ist also falsch, statisch stark belastbare Materialien zu verwenden. Massive Holzwolleleichtbauplatten oder dergleichen erweisen sich in den meisten Fällen als zu wenig elastisch. Hier empfehlen sich vielmehr dann Dreischichten-Verbundplatten, Pappen-Wellplatten, Polystyrol-Hartschaumplatten oder Mineralfaserplatten, die jedoch jeweils verhindern müssen, daß Betonbrücken entstehen. Sie müssen also fugendicht eingebracht werden.

Weitere Überlegungen aus den zu erwartenden Temperaturdifferenzen ergeben sich für die abdichtende Konstruktion über dem Dach. Hier kann es u. U. ausreichend sein, in die Dachhaut eine elastische Dehnfugenschlaufe einzubringen (z. B. Polyisobuthylen) oder entsprechende Dehnfugenbänder. Bei größeren Bewegungen empfiehlt es sich jedoch, grundsätzlich die Dachhaut zu unterbrechen und hier eine schützende Blech-Überhangkonstruktion zum Einbau zu bringen. In Blechhaften werden dann je nach Bewegungsmöglichkeit ein- oder auch zweiteilige Bleche eingehängt, die u. U. nochmals mit einem Überdeckblech abgedeckt werden, so daß alle Bewegungen ohne Spannungsübertragungen aufgenommen werden können. Hier wird noch auf spätere Kapitel verwiesen (siehe Dehnfugengestaltung).

Es mag hier ausreichen anzuführen, daß die Fugenbreite, die konstruktive Gestaltung der Fuge usw. in Abstimmung auf die Feuchtigkeitsbelastung überlegt werden muß. Häufig sind die Dehnfugen die größten Sorgenkinder beim Flachdach.

4. Bauphysikalisch bedingte Schadensursachen

4.1 Verformungen, Schwinden – Quellen

4.1.1 Unterschiedliche Oberflächentemperaturen bei Massivdecken

Temperaturdifferenzen zwischen Plattenoberseite und Plattenunterseite bewirken Verbiegungen der Platte. Die wärmere Seite ist also »länger« bzw. versucht länger zu sein als die kalte Seite. In Bild 75 [12] ist diese Verbiegung (aus Aufwölbung) dargestellt.

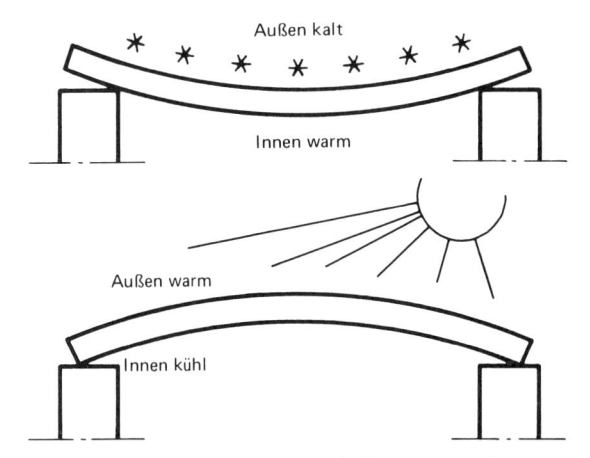

Bild 75 Deckenplatten verbiegen sich bei Temperaturdifferenzen. Sie wölben sich immer der Wärme zu

Die Deckenplatte (z. B. Fertigbetonplatten, Terrassenplatten usw.) wölbt sich immer zur wärmeren Seite, also bei Dächern meist nach oben auf. Auch Bimsstegdielen, dünne Betonplatten usw. bei Kaltdachschalen unterliegen diesem Naturgesetz der Dehnung (Verzwängungs- und Randspannungen). Hier können lediglich die statischen Durchbiegungen die Tendenz ausgleichen oder verwischen.
Bei Flachdächern kann eine Dachhaut, direkt über derartigen Stößen vollsatt ohne Gleitschicht aufgeklebt, reißen, da die zulässigen Spannungen im Auflagerbereich (Mauerwerk oder dergleichen) überschritten werden. Nach Pieper [13] kann das Rissemaß k überschlägig wie folgt berechnet werden:

$$k = \frac{w \cdot \Delta t}{6000}.$$

Bei w (Wandstärke) = 30 cm (300 mm) und Δt (Temperaturdifferenz zwischen oben und unten) = 40 °C ergibt sich folgendes Rissemaß:

$$k = \frac{30 \cdot 40}{6000} = 2 \text{ mm}.$$

4.1.2 Durchbiegung von Stahlbetondecken

Jede Stahlbetondecke biegt sich durch. Aus diesen Durchbiegungen durch Eigen- und Nutzlast entstehen im Bereich der Auflager Randverdrehungen, die wiederum nach Pieper [13] zu Fugen bzw. Rissen auf der Außenseite führen können. Die Öffnungen der evtl. entstehenden Fuge ergeben sich aus der Gleichung:

$$k = \frac{w \cdot L}{100\,000}.$$

Darin bedeuten k = Fugenbreite, w = Wandstärke, L = Länge der Betonplatte (alle Maße in cm).

Bei Deckenschlankheiten $\frac{L}{h}$ (Länge zu Stärke), die den in der DIN 1045 gegebenen Grenzwerten entsprechen, muß mit maximalen Durchbiegungen von ca. $L/200$stel gerechnet werden. Diese Enddurchbiegung stellt sich jedoch erst im Laufe der Zeit ein. Sie resultiert einmal, wie bereits angeführt, aus dem Eigengewicht, der Nutzlast und zu einem beträchtlichen Teil aus dem Schwinden und Kriechen des Betons, ist jedoch erst nach 5–6 Jahren völlig beendet, also nach völliger Austrocknung. In Bild 76 [13] ist die vorgenannte Formel bildlich dargestellt.

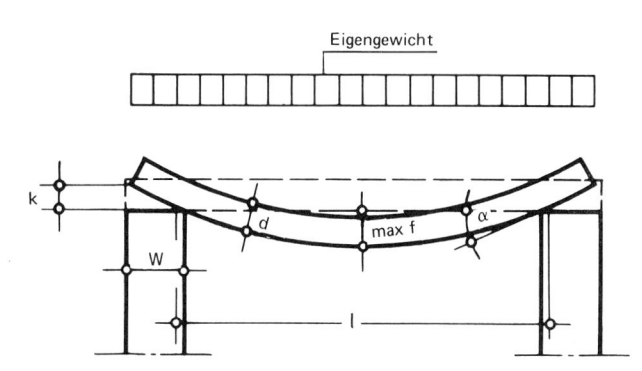

Bild 76 Jede Decke biegt sich unter dem Eigengewicht durch. Aus der Randverdrehung entsteht außen eine klaffende Fuge

Beispiel:
Bei 500 cm Stützweite und 30 cm Wandstärke ergibt sich also eine Fuge oder eine evtl. Rißbreite im Endzustand im Maximum von

$$k = \frac{30 \cdot 500}{100\,000} = 1{,}5 \text{ mm}.$$

Fugen dieses Ausmaßes sind schon als starke Risse im Mauerwerk feststellbar und sind bei Regenbelastung stark wasserdurchlässig, da schon Risse von 0,2 mm sichtbar und wasserdurchlässig sind.

Charakteristik derartiger Risseursachen:
Risse aus diesen Schadensursachen verlaufen fast ausschließlich waagrecht im Gegensatz zu Spannungsrissen aus Temperaturbewegungen nach 3.4. Während Temperaturspannungsrisse primär diagonal in den

4. Bauphysikalisch bedingte Schadensursachen

Wänden verlaufen, verlaufen Risse infolge der Durchbiegungen primär waagrecht, wenn keine ausgesprochenen Einzeleinspannungen der Decke nach unten gegeben sind.

Pieper zeigt drei der üblichen Formen bei Massiv-Flachdächern bei der sog. Mischbauweise, also ohne Attika Bild 77, mit gemauerter Attika Bild 78 und mit betonierter Attika und Fenstersturz mit der Schadensfolge Bild 79. Häufig liegen die Horizontalrisse auch noch mehrere Mauerwerksschichten unterhalb der Massivdecke je nach Mauerwerksart, Güte des Mauerwerks usw. Häufig verlaufen also diese Horizontalrisse auch noch 1 m unterhalb der Flachdachdecke.

4.1.3 Schwinden und Quellen

Austrocknung bewirkt Kontraktion oder Schwinden, Feuchtigkeitszufuhr Quellungen bzw. Dehnungen. Schwinden ist eine Eigenschaft des Zementes. Fetter Zementmörtel oder dichter Beton schwindet mehr als magerer Mörtel oder Magerbeton. Desgleichen spielt die Art und Zusammensetzung der Zuschlagstoffe, besonders des Wasser-Zement-Faktors, die Stärke der Platte usw. eine wichtige Rolle, auf die hier nicht weiter eingegangen werden kann.

Man spricht von irreversiblen Längenänderungen (nicht mehr rückgängig zu machende Längenänderungen), also vom Schwindvorgang während des Trocknungsvorganges (bei Beton, Fertigteile-Gasbeton usw.) sowie von reversiblen Quell- und Trocknungsbewegungen (umkehrbare Längenänderungen), die also auch nach dem Austrocknen immer wieder durch Feuchtigkeitsaufnahme und -abgabe auftreten können (bei Beton besonders aber bei Holzbaustoffen).

In Tabelle 22 (siehe Anhang) sind für einige Stoffe die irreversiblen Trocknungs-Schwindmaße in mm/m als auch die reversiblen Quell- und Schwindmaße angegeben.

Das Gesamtschwindmaß von Ortbeton (Schwerbeton) liegt etwa zwischen 0,2–0,6 mm/m je nach Zuschlagstoffen usw.

Das Schwindmaß von Leichtbeton, bedingt durch Porosität, leichtere Zuschlagstoffe, Art und Höhe der Festigkeit zwischen 0,3–2 mm/m.

Der Schwindvorgang erstreckt sich in der Regel über einen längeren Zeitraum. Wie bereits angeführt, kann dieser bei Schwerbeton bis zu 5 Jahren vorhanden sein, bei Leichtbaustoffen z.B. Bimsbaustoffen auch noch darüber hinaus. Durch eine entsprechende Nachbehandlung, besonders Dampfhärtung usw., kann jedoch der Prozeß gerade bei Leichtbaustoffen wesentlich beschleunigt werden. Die Schwindbewegungen beim Flachdach aus Ortbeton erbringen also bei $\Lambda\,m = 0{,}2\,mm$ und z.B. bei 10 m Länge 2 mm Gesamtbewegungen.

Bei einer Dachplatte sind diese Schwindbewegungen einer gleitend aufliegenden Platte nach innen zur Plattenmitte gerichtet. Ist die Platte mit dem Mauerwerk jedoch fest verbunden, wird dieser Schwindvorgang behindert. Nach Pieper [13] kann durch die Innenwände das Zentrum ebenfalls verschoben werden. Die Bewegungen können also einseitig erfolgen und können zu kräftigen Rissen führen.

Jede flächenhaft tragende Platte biegt sich an den Ecken hoch. Diese Hochbiegung wird durch das Schwinden und Kriechen S_1 Bild 82 bewirkt und nimmt in den ersten Jahren zu. Die Größe dieses Abhebens nach Pieper beträgt:

$$k_e = \frac{L^2}{1\,000\,000}.$$

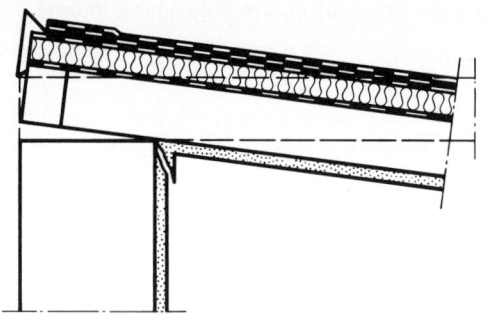

Bild 77 Anbetonierte Gesimssteine werden von der Decke hochgehoben; innen wird der Putz abgedrückt

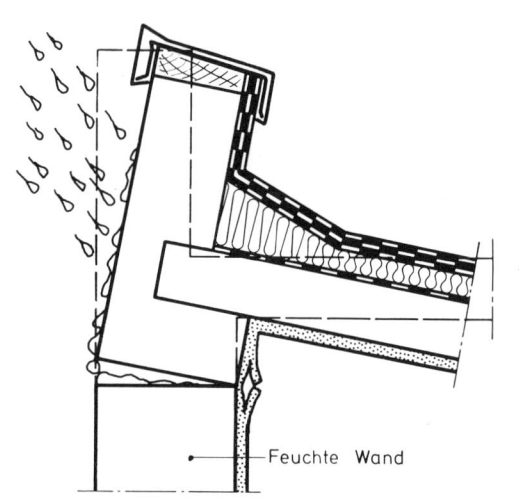

Bild 78 Lochsteine werden mitgekippt. Wasser von der Gesimsfläche durchfeuchtet die Wand

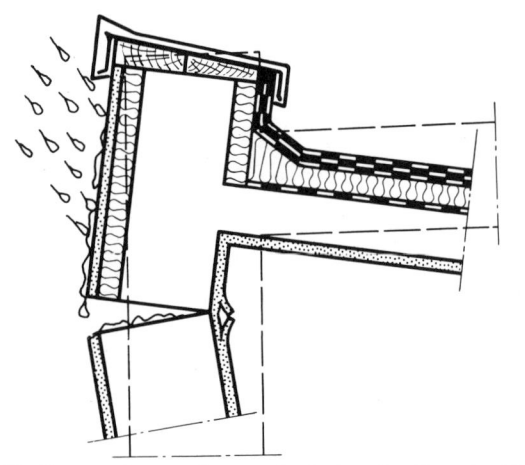

Bild 79 Fensterstürze werden von der Decke mitgekippt, der Pfeiler nach außen gedrückt

4.1 Verformungen, Schwinden – Quellen

der Hebelarm so groß ist, so daß der Drehwinkel klein bleibt.

Die Ecken sind in der freien Bewegung durch den Dreiecksverband aber stark behindert. Wenn sie sich zur Mitte hin bewegen wollen, müssen sie die Außenwände auf Druck beanspruchen. Dadurch entsteht in der Plattenecke ein erheblicher Zug, der u. U. zu Eckrissen in der Platte selber führen kann (an einer Stelle in der Zeichnung Bild 82 angeführt).

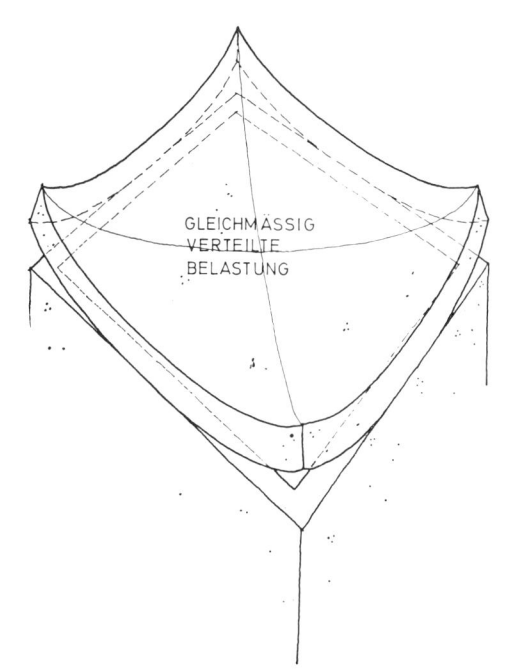

Bild 80 Jede Platte biegt sich an den Ecken hoch. Die entstehenden Risse laufen durch die ganze Wandtiefe

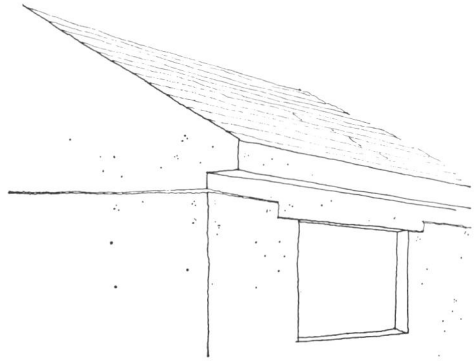

Bild 81 Eckriß aus dem Hochbiegen der Ecke findet seine Fortsetzung in Rissen aus der Verdrehung der Auflager

Bei $L = 5{,}0$ m, also 2,5 mm, demzufolge ist k_e größer als der Wert k aus den Durchbiegungen. Risse aus diesen Ursachen gehen in der Regel dann ganz durch das Mauerwerk hindurch. Man kann also hier nicht selten von innen nach außen durchsehen.
In Bild 80 [13] ist das Schema dargestellt, in Bild 81 der Risseverlauf aus dieser Wirkung des Schwindens.
Nur eine entsprechende Auflast könnte diese Abhebung verhindern. Ihre Größe ist:

$$Pe = \frac{q \cdot \min L^2}{\varepsilon}.$$

Das Schwinden senkrecht zu den Außenwänden s_2 kann durch diese nicht behindert werden, denn eine Mauerwerkswand kann dem Kippen kaum Widerstand entgegensetzen. Daran ändert auch eine Gleitfuge zwischen Dachplatte und Wand nichts, da selbst die geringen Reibungskräfte groß genug sind, um die Wand zu kippen. Dieses Kippen schadet jedoch der Wand meist nicht, da

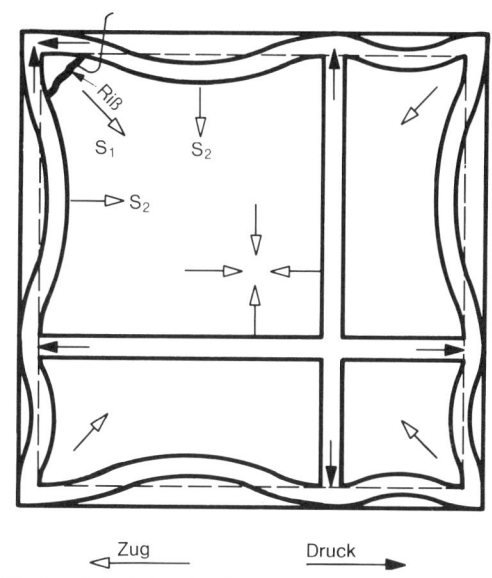

Bild 82 Das Schwinden des Betons erzeugt Zugspannungen in der Deckenplatte, aus denen Eckrisse in der Platte entstehen können

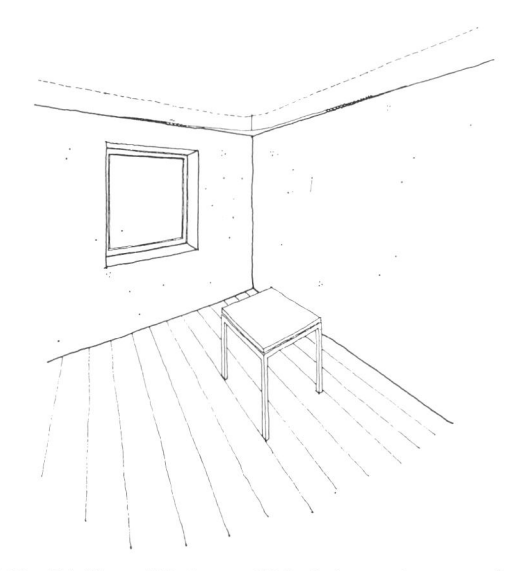

Bild 83 Eckriß aus Abheben und Schwinden von innen gesehen

Liegt aber die Ecke der Platte infolge der Abhebung gar nicht auf dem Mauerwerk auf, so kann sie sich natürlich frei verschieben. Man kann dann, wie in Bild 83 angeführt, Innenrisse feststellen.
Die Platte ist also an der Ecke abgehoben und deutlich z. T. meßbar nach innen verschoben. Nach der Wandmitte zu wird der Riß dann kleiner bzw. verschwindet

4. Bauphysikalisch bedingte Schadensursachen

ganz, nachdem hier evtl. kleine Schrägrisse in Putz oder dergleichen auftreten.

Das Mauerwerk, durch das Schwinden der Decken unter Druck gesetzt, erleidet normal keine Schäden. Dieser Druck wird aber durch Kriechbewegungen des Mauerwerkes weitgehend abgebaut, so daß er gegenüber den Temperaturbewegungen nicht als Vorspannung abgemindert in Erscheinung tritt (nach Pieper).

Das Schwindmaß von Mauerwerken ergibt sich:

Vollziegelmauerwerk	0,0 bis 0,1 mm/m
Hochlochziegelmauerwerk	0,1 bis 0,2 mm/m
Kalksandsteinmauerwerk	0,1 bis 0,3 mm/m
Gasbetonmauerwerk	0,3 bis 0,5 mm/m
Leichtbetonmauerwerk	0,2 bis 0,5 mm/m.

4.1.4 Kriechbewegungen

Neben den Schwindbewegungen unterscheidet man die Kriechbewegungen, die durch Belastungen bzw. durch Eigengewicht zustande kommen.

Kriechen und Schwinden erfolgt also primär in der Vertikalen, während Schwinden in der Horizontalen auftritt.

Das Kriechmaß eines Betons kann man mit hinreichender Genauigkeit voraus bestimmen, wenn die Betongüte mit all ihren Einflußfaktoren bekannt ist. Die Verkürzung des Betons liegt etwa zwischen 0,175–0,25 mm/m. Bei einer Wand von z. B. 10 m Höhe ergibt dies ca. 1,7–2,5 mm.

Bei Mauerwerkswänden kann dieses Kriechmaß je nach Fugenqualität (Mörtelgruppe II oder III usw.), Mauersteinmaterial usw. noch wesentlich größer sein als das Betonkriechmaß. Als Gesamtverkürzung kann man im Mittel 0,65 mm/m unter Belastung (12 kp/cm^2) annehmen. Aus Laboruntersuchungen der TH Braunschweig werden z. B. für Kalksandsteinmauerwerk folgende Kriechverformungen angegeben:

Kalksandlochsteine 150 kp/cm^2	0,3 mm/m
Kalksandvollsteine 150 kp/cm^2 2 NF	0,35 mm/m.

Gesamtverformung unter Last:

Kalksandlochsteine 150 kp/cm^2 2 DF	0,8–0,85 mm/m
Kalksandvollsteine 150 kp/cm^2 NK	0,9–1,04 mm/m.

Das Kriechmaß unter Belastung kann, wenn das Schwindmaß mit ca. 0,3 mm/m angenommen wird, mit

$$0,5–7 \text{ mm/m}$$

bei Mauerwerk angenommen werden, bei 10 m Wandhöhe können also 5–7 mm zustande kommen. Gegenüber der vorgenannten Betonaußenwand (3,1 mm) etwa der doppelte Wert.

Ist die mittlere Tragwand größeren Kriechbewegungen unterworfen als die Beton-Außenwände (was auch zeitlich und durch andere Austrocknungsfaktoren bedingt sein kann), biegt sich eine Decke, die auf den Mittelwänden aufliegt, auch aus den Kriechbewegungen in der Mitte durch, so daß die vorgenannten Drillspannungen im Eckbereich (Hochwölbungen) auch durch das unterschiedliche Kriechen verstärkt werden können.

In der Vertikalen addieren sich die Kriech- und Schwindbewegungen, also z. B. bei Beton 0,25 mm/m Kriechbewegungen und 0,16 mm/m Schwindbewegungen = ca. 0,31 mm/m Gesamtbewegungen, bei 10 m hohen Betonwänden also ca. 3,1 mm, bei Mauerwerk entsprechend 0,65–1,04 mm/m, also bei 10 mm = 6,5–10,4 mm.

In den obersten Stockwerken, also unter dem Dach können infolge der großen Kriechmaße der Wände (Mittelwände) bei mehrgeschossigen Bauten die Betondecken also wesentlich größeren Durchbiegungen unterworfen sein als in den unteren Stockwerken. Hinzu kommt noch die vorgenannt nicht vorhandene Auflast über den Außenwänden und die anderen zusätzlichen Faktoren, so daß daraus erkannt werden kann, daß gerade Flachdächer bei Mischbauweise enorme Gefahren beinhalten.

Es liegt also bei derartigen horizontalen Rissebildern ein Kausalzusammenhang vor. Die Primärursache liegt in den Kriech- und Schwindbewegungen, die die Verbundwirkung mit dem Mauerwerk auflöst. Sodann können die evtl. auftretenden Temperaturbewegungen frei wirksam werden und die Schäden vergrößern.

4.1.5 Quellungen

Im allgemeinen spricht man von Quellungen bei Holz infolge Feuchtigkeitsaufnahme. Holz als Baustoff beim Flachdach hat nach Tabelle 22 (Anhang) Quellmaße von 10–20 radial bzw. 25 mm/m/% (Holzfeuchte) tangential bzw. 0,25 % je Prozent Holzfeuchte.

Ein 15 cm breites Brett mit 12 % Normalfeuchte quillt bei Erhöhung der Gleichgewichtsfeuchte auf 20 % = 15 + (8 · 0,25) = 17 cm. Es versucht also um 2 cm zu »wachsen«. (Parallel zur Faser ergeben sich praktisch keine Quellungen oder Schrumpfungen.)

Dadurch wird eine Auflage aus einer bituminösen Dachhaut oder dergleichen u. U. Faltenbildungen im Fugen-Stoßbereich erhalten (also Wellenberge), und später bei Austrocknung Risse in diesem Bereich erleiden. Auch Kunststoffbahnen, die eine direkte feste Verbundwirkung mit einer Holzschalung erhalten, können Risse bekommen, da die zulässigen Dehnungsspannungen durch derartige Bewegungen weit überschritten werden.

Dampfsperren bei Warmdächern oder die Dachabdichtung bei Kaltdächern würden zerstört. Feuchtigkeitsbildung muß also bei einer Holzschalung als Unterlauf für eine Dampfsperre oder Dachhaut in jedem Falle verhindert werden. Außerdem besteht natürlich für das Holz selber eine Gefahr bei länger anhaltender Feuchtigkeitsbildung (Standfestigkeit, Schwammgefahr).

Auch Holzwerkstoffe (Spanplatten, Mehrschichtplatten usw.) unterliegen diesen Gesetzen. Bei der Verlegung muß diesem Geschehen durch Anordnen von Dehnfugen Rechnung getragen werden. (Siehe II. Teil, Holzwerkstoffe als Dachschale.)

4.2 Volumenveränderungen und Spannungen durch gasförmige Körper

Genauso wie feste Körper bei Erhitzung ihr Volumen vergrößern und bei Abkühlung verkleinern, so vergrößert sich das Volumen von Gasen durch Erhitzen bzw. reduziert sich durch Abkühlung.

Beim Flachdachbau interessiert im allgemeinen nur der gasförmige Körper Luft bzw. auch Wasser (Wasserdampf), der häufig unter der Dachhaut oder in den Wärmedämmstoffen bzw. in deren Fugen eingeschlossen ist. Das Volumen dieser eingeschlossenen Luft kann durch Erwärmen wesentlich vergrößert werden bzw. Wasser kann verdampfen, und es können dadurch Druckbelastungen auf die Dachhaut einwirken (bituminöse Dachabdichtungen, Kunststoffbahnen, Spachtelbeläge usw.). Es können so Blasen und Falten entstehen, die häufig zu einer vorzeitigen Alterung der Dachhaut führen. Zum allgemeinen Verständnis der bauphysikalischen Vorgänge sollen hier die notwendigen Grundgesetze angeführt werden:

4.2.1 Ausdehnungszahl der Luft

Jedes Gas dehnt sich bei 1°C Erwärmung um $1/273$ seines Volumens aus. Das Eispunktvolumen ist das Luftvolumen bei 0°C.

4.2.2 Absolute Temperatur

Die absolute Temperatur ergibt sich, wenn man zur Celsius-Temperatur 273° dazuzählt. hier folgendes Beispiel:

bei +10°C ist die absolute Temperatur 273° + 10° = 283°C.

4.2.3 Berechnung des Gasvolumens bei gleichbleibendem Druck

Es verhält sich:
$$\frac{V_1}{V_2} = \frac{T_1}{T_2}.$$

Darin bedeuten:

V_1 = Volumen der Luft bei ursprünglicher Temperatur
V_2 = Volumen der Luft bei veränderter Temperatur (Erwärmung oder Abkühlung)
T_1 = absolute Temperatur ursprünglich
T_2 = absolute Temperatur nach Veränderung.

Beispiel:
Beim Aufkleben einer Dachhaut auf einer Wärmedämmung (Warmdach) wurden durch Unebenheit der Rohdecke und mangelhafte Verklebung 10 cm³ Luft eingeschlossen. Die bituminöse Dachhaut wurde bei +10°C aufgebracht und hat sich durch Sonneneinwirkung auf +80°C erwärmt. Es ist: $V_1 = 10$ cm³, $T_1 = 283°$, $T_2 = 353°$. Es ergibt sich folgende Gleichung:

$$V_2 = \frac{T_2}{T_1} \cdot V_1 = \frac{353}{283} \cdot 10 = 12{,}4 \text{ cm}^3.$$

Ergebnis:
Es ist also eine Volumenzunahme von 2,4 cm³ oder rd. 25% gegenüber dem ursprünglichen Zustand zu erwarten.

4.2.3.1 Luftdruckerhöhung

Eine Volumenerweiterung wie in vorgenanntem Falle erwirkt eine lokale Erhöhung des Luftdruckes in diesem abgeschlossenen Lufthohlraum. Preßt man die Luft in einem gegebenen Lufthohlraum zusammen, ohne daß eine Erweiterung des Volumens möglich ist, so erhöht sich der Luftdruck um das x-fache des Anfangsdruckes.

Der normale Luftdruck sei außenseitig mit 76 cm Hg (Normaldruck) gegeben. In vorgenanntem Beispiel ist dann

$$x = V \cdot T = 12{,}4 \cdot 76 = 94 \text{ cm Hg}.$$

Ergebnis:
Es ist also in dem Lufthohlraum eine Drucksteigerung von ebenfalls ca. 25% gegenüber dem Anfangsdruck zu erwarten.

Eine derartige Drucksteigerung innerhalb eines Lufthohlraumes kann von einer Dachhaut nicht ohne Schaden aufgenommen werden. Meist gibt die Dachhaut diesem Druck nach, besonders dann, wenn sich gleichzeitig der Kleber der Dachhaut erhitzt und seine Klebekraft somit reduziert wird. Es entstehen also Blasen, Falten und gegebenenfalls so starke Auslängungen, daß Risse oder Nahtaufplatzungen die Folge sind.

4.2.3.2 Luftdruckminderung (Vakuum)

In derselben Form wie die Luftdruckerhöhung wird auch die Luftdruckminderung innerhalb eines gegebenen Lufthohlraumes berechnet. Wenn ein derartiger Unterdruck gegenüber dem normalen Luftdruck in der Außenatmosphäre gegeben ist, spricht man von einem Vakuum.

In obigem Beispiel entsteht in dem gegebenen eingeschlossenen Lufthohlraum unterhalb der Dachhaut im Winter bei Abkühlung der Dachhaut z.B. auf −15°C ein Vakuum gegenüber der Außenluft. Dieses Vakuum bewirkt naturgemäß dann keine Drucksteigerung, sondern einen Sog.

Infolge dieser Sogwirkung kann dann je nach Dampfdurchlaßwiderstand der Dachhaut von außen feuchte Luft bzw. auch Wasser direkt nach innen in den Lufthohlraum eingesogen werden. Dadurch kann, wie nachfolgend detailliert behandelt, eine erhöhte Blasenbildung bei Luftdrucksteigerung entstehen.

4.3 Ausdehnung von Wasser

Dieselben Aussagen bezüglich der Drucksteigerungen bei eingeschlossener Luft gelten auch für den Wasserdampf aus vorhandenem Wasser bei Einschluß in einen Raum.

4. Bauphysikalisch bedingte Schadensursachen

Flüssiges Wasser verdampft mit steigender Temperatur, so daß in einem gegebenen Luftraum bei gänzlicher Verdampfung Dampfsättigung vorhanden ist, solange der Vorrat an Wasser ausreicht.

Die durch die Verdampfung zu erwartende Drucksteigerung in einem bestimmten Raum kann aus jeder Dampfdruck-Tabelle (siehe Anhang, Tabelle 3) abgelesen werden. Hier ein Beispiel nach Rick [14]:
Bei z.B. +20°C Ausgangsdruck beträgt der Dampfdruck 17,5 mm Hg (Torr) oder 238 kp/m² = 0,0238 at. Erwärmt sich die Dachhaut auf z.B. 70°C, steigt der Dampfdruck um 216,3 mm Hg (Torr) bzw. 0,29 at oder um ca. 29% vom Ausgangswert.

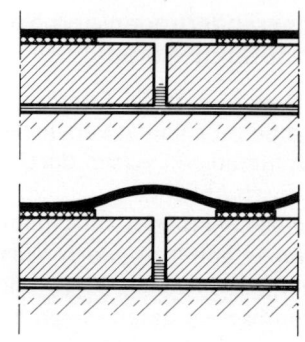

Bild 84   Blase durch Lufteinschlüsse bei diffusionsdichter Wärmedämmung (Schaumglas oder dgl.)

4.4 Blasenbildung in einer Dachhaut

Blasen sind druckhaltende Verformungen von Dachbelägen (Bitumen-, Spachtel- oder Kunststoffbeläge), die gas-(luft-) und dampfgefüllte Lufthohlräume umschließen, die erst nach der Fertigstellung der Dachhaut entstanden sind. Der Druck in diesen Blasen, der die Ursache der Blasenbildung ist, beträgt zu Anfang zwischen 0,5–1 atü [14] und nimmt dann später infolge Entstehung von Undichtigkeiten (Rand- oder Ausdehnungsrisse) wieder ab (der Belag wird hier diffusionsdurchlässiger).

Aus den vorgenannten Beispielen ergibt sich z.B. aus der eingeschlossenen Luft eine Drucksteigerung von 29%, eine Wasserdampfdrucksteigerung von eingeschlossenem Wasser ebenfalls von 29%, also insgesamt von 58% = 0,58 at.

Zur Entstehung von Blasen sind zwei Voraussetzungen erforderlich:

1. Ein Treibmittel, also ein Gas bzw. Luft oder Wasserdampf.
2. Eine allseitig gasdichte Umschließung, also ein in sich geschlossener Raum.

4.4.1 Lufteinschlüsse

Das Treibmittel Luft kann, ja es muß, wenn gasdichte Umschließung vorausgesetzt wird, bereits bei der Herstellung der Dachhaut eingegeben worden sein. Es könnte sonst keine Blase entstehen. Derartige Lufteinschlüsse können bei bituminösen Belägen oder bei Kunststoffbelägen und bei Spachtelbelägen zwischen die Bahnen eingearbeitet werden, wenn nicht vollsatt verklebt wird, oder es können in den Fugen der Wärmedämmplatten (was praktisch gar nicht zu vermeiden ist) Lufteinschlüsse unter der Dachhaut vorhanden sein, wie dies z.B. in Bild 84 dargestellt ist.

Eingeschlossene Luft zwischen den Bahnenbelägen (z.B. zwischen zwei bituminösen Pappen) führt meist zu Blasenbildungen zwischen diesen beiden Bahnen. Die oberste bzw. die oberen Bahnen wölben sich nach oben, während die untere Bahn meist liegen bleibt.

Blasenbildungen durch Lufteinschlüsse in den Fugen der Wärmedämmplatten führen meist zu Aufwölbungen aller bituminösen Lagen über der Wärmedämmung und treten vor allen Dingen dann auf, wenn eine Dampfdruckausgleichsschicht über den Wärmedämmplatten nicht angeordnet wird. Besonders anfällig für derartige Blasen- und Faltenbildungen sind Wärmedämmplatten mit einem geringen Diffusionswiderstandsfaktor, also z.B. Schaumglasplatten oder dgl. Bei derartigen Platten ist die Möglichkeit einer Druckangleichung in den Wärmedämmplatten nicht gegeben, da diese luft- bzw. gasdicht sind. Es bleibt also nur die Entspannungsmöglichkeit nach oben in Richtung des leichteren Widerstandes (Dachhaut). Dies kann aus Bild 84 anschaulich abgelesen werden.

Wenn also Blasen in einer Dachhaut aus Lufteinschlüssen entstanden sind, so sind diese beiden Schadensursachen zu untersuchen. Das Schadensbild ergibt Aufschlüsse, ob mangelhafte Verarbeitung bei der Aufklebung vorliegt, oder ob konstruktive Ursachen vorhanden sind (Weglassen der oberen Dampfdruckausgleichsschicht).

Wie eingearbeitete Luft Ursache von Blasenbildungen sein kann, so ist besonders auch die Einarbeitung von Wasser oder das Zuwandern von Wasser primär die Ursache von Blasenbildungen. Hier können verschiedene Faktoren vorliegen:

4.4.2 Wassereinschlüsse

1. Eingearbeitetes Wasser in den Wärmedämmplatten durch falsche Lagerung der Wärmedämmplatten, durch Zulaufen von Wasser während der Aufbringung der Dachhaut usw. Hier entstehen ähnliche Blasenbildungen bei Verdampfung des Wassers wie in Bild 84 dargestellt, jedoch ohne Systematik. Die Blasen entstehen mitten in den Dämmplatten und in den Fugenbereichen.

2. Eingearbeitete Feuchtigkeit zwischen die Dachbahnen z.B. bei Regenniederschlägen während der Verarbeitung, bei Reif- oder Tauniederschlägen, nicht ausreichender Abtrocknung usw. Blasenbildungen dieser Art sind wiederum dadurch gekennzeichnet, daß meist die Oberlagen abgewölbt sind, also ähnlich wie bei Lufteinschlüssen zwischen den beiden Lagen. Im Gegensatz zu

4.4 Blasenbildung in der Dachhaut

den Lufteinschlüssen können jedoch diese Blasenbildungen auch bei vollsatter Einklebung entstehen, ja sogar beim Gieß- und Einwalzverfahren.

3. Eindiffundierende Feuchtigkeit von unten durch Wasserdampf z.B. bei unzureichend vorhandener Dampfsperre beim Warmdach, bei Kondenswasserniederschlägen unter der Dachhaut beim Kaltdach, bei nicht ausreichender Dampfdruckausgleichsschicht, z.B. bei Gasbetonplatten oder ähnlichen Platten, die auf der Unterseite keine Dampfsperre erhalten haben, sowie bei gerissenen oder korrodierten bzw. gealterten Dampfsperren usw. Hier kann es je nach Art der Dachhaut zu Blasenbildungen aller Lagen in der Dachhaut kommen, aber es kann auch je nach Dampfdichtigkeit der einzelnen Lagen zu Blasenbildungen zwischen den Lagen kommen, besonders dann, wenn die obersten Lagen dampfdichter sind als die darunterliegenden, bzw. wenn die Unterlagen aus Wollfilzpappen hergestellt sind, die ihrerseits die Feuchtigkeit kapillar aufnehmen und nach oben abwandern lassen. Hier sind differenzierte Untersuchungen notwendig, um jeweils die genaue Ursache zu überprüfen.

4. Eindringende Feuchtigkeit von außen durch Anordnung organischer bituminöser Dachbahnen als Oberlagen (Wollfilzpappen, Bahnen mit Jutegewebe-Einlage usw.). Bahnen dieser Art als Oberlage ohne ausreichenden Schutzanstrich nehmen durch Alterung der Bitumen-Deckanstriche usw. Feuchtigkeit von außen auf und transportieren diese nach innen. Es treten hier dann wiederum Blasenbildungen zwischen den Bahnen auf. Besonders gefährdet sind einseitig belastete Dachbeläge, also z.B. Rinnen bei HP-Schalen, Muldenrinnen bei Pult- oder Satteldächern, wenn diese Rinnen mit bituminösen Belägen ausgebildet werden. Auch über die Nahtüberlappungen bei Bahnen mit organischer, aber auch anorganischer Trägereinlage kann Feuchtigkeit nach innen durch Dochtwirkung eintransportiert werden. Dies gilt auch für Kunststoffbeläge kombiniert mit Trägerunterlagen oder -einlagen. Auch hier kann bei einem Kapillarsystem Blasenbildung in den Randzonen immer wieder festgestellt werden. Die Nahtüberdeckung sollte deshalb immer durch Schutzanstrich usw. geschützt werden.

5. Eingesogene Feuchtigkeit durch Unterdruck

Ein Druckanstieg in den Blasen bewirkt einen um den Zähigkeitsgrad des Belages verminderten Volumenanstieg. Die Blasen werden um so größer, je weicher das Bitumen, d.h. die Zähigkeit des Widerstandes ist. Aus diesem Grunde sind weiche Bituminas wesentlich stärker blasengefährdet als harte Klebemassen.
Der Aufheiztemperatur bis auf ca. 70–80°C folgt in der Nacht eine Abkühlungsperiode.
In Bild 85 kann abgelesen werden, daß die Aufheizperiode mit dem Druckanstieg $+P$ wesentlich kleiner ist als die Unterdruckperiode $(-P)$.

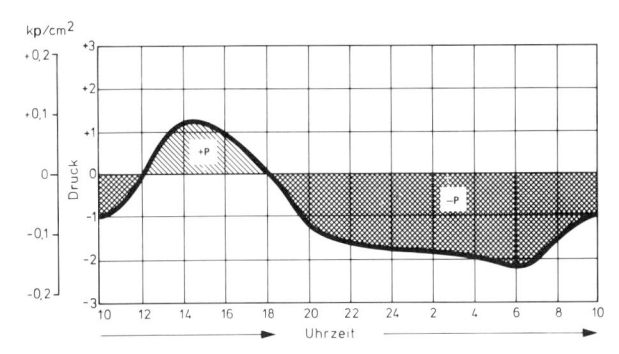

Bild 85 Drücke in einem mehrschichtigen Dach (durchschnittlicher Tag im Oktober)

Eine Untersuchung aus Amerika, im Jahre 1960 veröffentlicht, stellte folgende Theorie auf:

Man ging davon aus, daß eine Dachabdichtung nur einen begrenzten Diffusionswiderstandswert habe. Treten Dampfdruckdifferenzen zwischen Außenluft und zwischen unterhalb der Dachhaut eingeschlossener Luft auf (Bild 84), so vergrößert oder vermindert sich die Menge der eingeschlossenen Luft. Bei Sonneneinstrahlung wird also die Luft, wie angeführt, erwärmt, der Druck im geschlossenen Lufthohlraum steigt, und die Luft diffundiert teilweise durch die Dachhaut hindurch.

Bei der niedrigeren Nachttemperatur gemäß Bild 85 wird die Luft im abgeschlossenen Luftraum abgekühlt, durch den dabei entstandenen Unterdruck wird Luft durch die Dachhaut hindurch von außen angesogen. Aufgrund der klimatischen Gegebenheiten sind die Zeiten des Unterdruckes stets länger als die Zeiten des Überdruckes. Dadurch kann in dem jeweils vorgegebenen Zeitraum eine größere Luftmenge eindiffundieren als wieder aus dem abgeschlossenen Raum entweicht. Der Innendruck steigt also ständig an. Dadurch wird der Bitumenkleber schließlich derart überbeansprucht, daß es zu Ablösungen kommt. In den Zeiträumen, in denen der Innendruck am größten ist (bei Sonneneinstrahlung), ist das als Kleber verwendete Bitumen verhältnismäßig weich. Es setzt also dem Abheben der Dachhaut einen geringen Widerstand entgegen. Die Folgen dieses physikalischen Vorganges sind dann Blasen in der Dachhaut, deren Größe von der Menge der eingeschlossenen Luft, den klimatischen Verhältnissen und der Widerstandsfähigkeit des Klebers abhängig ist.

Es ist sicher richtig, daß ein Teil der Blasenbildung bei Dachdichtungen auf diese möglichen Schadensursachen zurückgeführt werden kann. Diese Theorie darf aber nicht dazu verführen, alle obengenannten Faktoren der Blasenbildung als nicht vorhanden auszuschließen und zu sagen, daß lediglich der Unterdruck für die Blasenbildungen in einer Dachhaut verantwortlich ist.
Die Dampfdiffusion durch Sperrschichten ist entscheidend von der Größe des Druckgefälles abhängig. Wenn bei einem Druckunterschied von z.B. 0,58 at kein wesentlicher Durchgang des Gases erfolgen kann, sondern

4. Bauphysikalisch bedingte Schadensursachen

die Blase aufgetrieben wird, ist kaum anzunehmen, daß die Ausgleichsmöglichkeit in der Periode der geringeren Temperatur und damit bei geringerem Dampfdruckunterschied auf einmal gegeben ist [14].

Es wäre also völlig falsch, nun alle Blasen in der Dachhaut auf diese vorgenannte Theorie zurückführen zu wollen. Zweifellos sind derartige Wirkungen teilweise vorhanden, besonders wiederum bei Lufteinschluß in Fugen von Wärmedämmplatten, die einen hohen Diffusionswiderstandswert aufweisen (Schaumglas usw.). Hier konnten bisher die Größen der Blasen nicht erklärt werden. Aber auch hier wäre es wiederum falsch, zu sagen, daß sämtliche Blasen über Schaumglasfugen nur auf die Sogwirkung zurückzuführen sind, also auf den Lufteinschluß. Sehr viel häufiger wird die Blasenbildung durch Dampfdiffusion von unten her gegeben sein, wenn man z. B. Schaumglasplatten ohne Dampfsperre bei Warmdächern zur Aufklebung bringt. Hier ist also die Wahrscheinlichkeit der Dampfdiffusion von unten nach oben wesentlich größer als z. B. eine Sogwirkung über eine etwa 1,5 cm starke 4lagige Dachhaut, deren Diffusionswiderstandswert wesentlich höher ist als das Klebebitumen, mit dem die Schaumglasplatten (ohne Dampfsperre) auf die Rohdecke aufgeklebt wurden. Hier soll lediglich dargestellt werden, daß primitive Vereinfachungen oft zu Fehlschlüssen und Fehlinterpretationen führen. Vielmehr müssen alle Möglichkeiten der Blasenbildung im einzelnen untersucht werden, um keine Fehldiagnose zu stellen.

4.5 Normvorschriften und Rechengrundlagen
(DIN 18530)

Im Anhang ist der Entwurf DIN 18530, »Dächer mit massiven Deckenkonstruktionen, Richtlinien für Planung und Ausführung«, abgedruckt.

Hier werden zusätzliche Angaben über Verformungen sowie über andere physikalische Grundlagen gemacht. Wenngleich diese Norm (Entwurf April 1971) noch nicht verbindlich ist, gibt sie so doch neben den »Richtlinien des Deutschen Dachdeckerverbandes«, die im Anhang ebenfalls abgedruckt sind, Rechtsgrundlagen für Beurteilungen und Konstruktionshilfe.

In den nachfolgenden Kapiteln werden physikalische und konstruktive Erfordernisse bei den verschiedensten Dach- und Deckensystemen behandelt, wenngleich jedoch auf eine vollständige detaillierte Darstellung aller Möglichkeiten aus Platzgründen verzichtet werden muß.

Fertige Rezepte für alle Möglichkeiten können also nicht aus diesen Darlegungen abgelesen werden. Vielmehr sollen die nachfolgenden Beispiele Anhaltspunkte und Anregungen für eigene Überlegungen geben.

II. TEIL

Praktische und konstruktive Dachgestaltung

II. TEIL

5. Funktionsmerkmale beim massiven Warmdach (Einschalendach)

Wie aus den Definitionen der vorigen Kapitel im Teil I (z. B. 1.3) abgeleitet werden kann, besteht ein massives einschaliges Flachdach, das prozentual den größten Marktanteil hat und demzufolge ausführlicher behandelt wird, aus folgenden Schichten von unten nach oben:
1. Unterdecke (falls erforderlich) mit oder ohne schallschluckender Wirkung, mit Luftraumeinschluß bei Abhängung.
2. Statisch tragende Konstruktion (Massivbetonplatte, Rippendecke oder dergleichen).
3. Gefällebeton bzw. Gefällegebung, falls erforderlich.
4. Schleppstreifen bei Element-Deckenplatten (Betonplatten z.B. Pi-Plattenbalkendecken oder dergleichen).
5. Kaltbitumen-Voranstrich.
6. Ausgleichsschicht unter der Dampfsperre.
7. Dampfsperre.
8. Wärmedämmung.
9. Obere Dampfdruckausgleichsschicht.
10. Dachdeckung oder Dachdichtung je nach Gefällegebung.
11. Oberflächenschutz je nach Neigung und Konstruktion.

In Bild 1 sind diese genannten Schichten im System dargestellt.

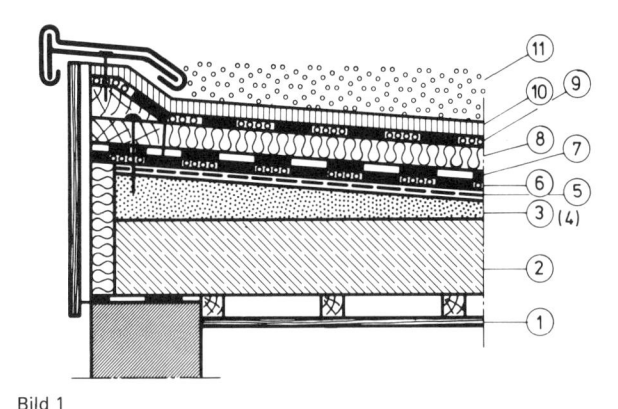

Bild 1

Zu den einzelnen Schichten und ihren Funktionen müssen einige physikalische und technische Ausführungen gemacht werden, die teilweise im theoretischen Teil I schon behandelt wurden, die jedoch in der Zusammenschau für die praktischen Erfordernisse nochmals betrachtet werden müssen:

5.1 Unterdecken

Unterdecken aus schalltechnischen Gründen oder aus Gründen der Raumverkleidung usw. wirken sich, wie in Kapitel 3.3.4.5 behandelt wurde, beim einschaligen Flachdach nachteilig aus, da sie durch eingeschlossene Luftschichten und durch ihre evtl. eigene Wärmedämmwirkung den Temperaturverlauf im einschaligen Flachdach negativ beeinflussen. Durch diese unterseitig wirksame Wärmedämmung werden die Temperaturbewegungen durch höhere Jahrestemperaturdifferenzen in der Massivdecke ungünstiger. Im Winter wird außerdem die Tauebene ungünstig nach unten verlagert, so daß u. U. hier eine erhöhte Wärmedämmung oberseitig zum Ausgleich dieser negativen Wirkung notwendig wird. In Bild 2a ist die negative Wirkung sowohl hinsichtlich der Temperaturdifferenzen als auch der Kondensationsverlagerung schematisch dargestellt. In Bild 2b ist dargestellt, welche konstruktiven Notwendigkeiten erforderlich sind, um diesen Nachteil auszuschalten. Bild 2a ist also als falsch zu bezeichnen, 2b als richtig.

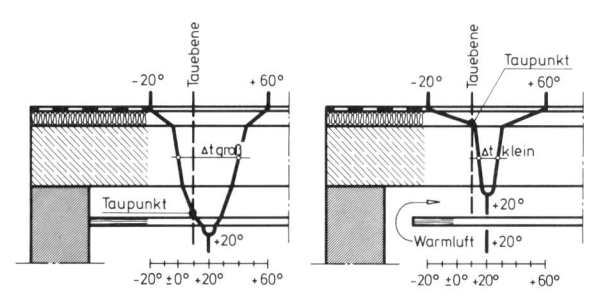

Bild 2a Unterdecke geschlossen, negative Wirkung (falsch)

Bild 2b Unterdecke hinterlüftet, günstige Wirkung (richtig)

Unterdecken für Schallschluckzwecke, zur Raumverkleidung usw. sind also wärmetechnisch durch Hinterlüftung mit Raumluft zu entwerten. Dies ist besonders bei Räumen mit höherer relativer Luftfeuchtigkeit erforderlich, z.B. bei Schwimmhallen, klimatisierten Gebäuden usw.

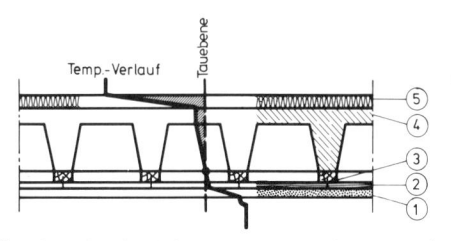

Bild 3 Kondensation im Luftraum, Planlatten faulen, Decke fällt ab.
1 Spritzasbestputz oder dgl., 2 Putzträger, 3 Planlatten, 4 Rippendecke, 5 Wärmedämmung

Es muß als völlig falsch bezeichnet werden, z.B. in Schwimmhallen oder dergleichen, Unterdecken mit Spritzasbestputzen oder dergleichen zu versehen, die auf Rippenstreckmetall oder dergleichen aufgespritzt sind (Bild 3). Dies ist nicht nur bei Flachdächern falsch, sondern bei Schwimmhallen auch bei gewöhnlichen

5. Funktionsmerkmale beim massiven Warmdach

Stockwerksdecken. Die Kondensationsbildung im Lufthohlraum bewirkt eine Abrostung der Befestigungsteile, eine Verrottung von Planlatten usw., so daß derartige Decken nach einiger Zeit nach unten abfallen. Wenn schon derartige absorbierbare wärmedämmende Spritzputze aufgebracht werden, muß eine wirkungsvolle Hinterlüftung vorhanden sein.

5.2 Massivdecken

Die günstigste physikalische Voraussetzung für die Herstellung von Warmdächern ergibt sich durch eine Massivplattendecke monolithisch oder auch als Plattenbalkendecke oder dergleichen ausgebildet. Eine der Grundsatzforderungen bei Warmdächern ergibt sich aus dem DIN-Entwurf Maßtoleranzen im Hochbau der DIN 18202, Blatt 3. Diese zulässigen Maßtoleranzen (Abstand der Meßpunkte) werden leider häufig bei Massivdecken überschritten, so daß spätere Reklamationen sehr häufig sowohl bei gefällelosen Dächern als auch bei Dächern mit Gefälle sind. Nach Fertigstellung der Dachhaut wird dann häufig festgestellt, daß die Massivplattendecke nicht »im Wasser« lag, also zu große Maßtoleranzen aufweist. Die Dachdeckungsfirma tut gut daran, die Rohdecke auf ihre Eignung zu überprüfen.

Im DIN-Entwurf der DIN 18202 werden folgende Toleranzen im Maximum zugelassen:

DIN-Entwurf 18202

	Zeile	Bauteil/Baustoff	Toleranzen in mm bei Abstand der Meßpunkte				
			bis 0,1 m	über 0,1 m bis 1 m	über 1 m bis 4 m	über 4 m bis 10 m	über 10 m
Flachdächer	1	Rohdecken, Unterbeton, Unterböden[1] u. ä. mit normaler Genauigkeitsanforderung	keine Werte festgelegt	15	20	30	40
Flachdächer	2	Rohdecken, Unterbeton, Unterböden u. ä. mit erhöhter Genauigkeitsanforderung[2]	keine Werte festgelegt	10	12	15	25
	3	Estriche[3], Holzriemenböden und Zwischenschichten für Bodenbeläge (Oberbeläge) mit erhöhter Genauigkeitsanforderung nach Zeile 4	4	8	10	12	15
	4	Bodenbeläge (Oberbeläge) mit erhöhter Genauigkeitsanforderung[4]	2	6	8	12	15

[1] Zur Aufnahme von unmittelbar aufliegenden Bodenbelägen (Oberbelägen), z.B. Holzfußböden auf Lagerhölzern, Fliesen im Mörtelbett oder von Ausgleichsestrichen, in die Leitungen unmittelbar verlegt werden.
[2] Zur Aufnahme z.B. von Dämmschichten schwimmender Estriche, von Industrieböden, von Hartbetonbelägen.
[3] Z.B. als Nutzestriche (z.B. Kellerfußböden); als schwimmende Estriche, z.B. zur Aufnahme von Bodenbelägen.
[4] Z.B. gespachtelte, gegossene und geklebte Bodenbeläge (Oberbeläge); Parkett.

Höhenlage und Neigung der Oberflächen
Höhenlage und Neigung der Oberflächen ist in Abhängigkeit von der Geschoßhöhe nach DIN 18202, Blatt 1, zu prüfen und soweit erforderlich, zu berücksichtigen.

Überhöhungen
Werden konstruktiv bedingte Überhöhungen erforderlich, so sind diese zusätzlich zu berücksichtigen.

Prüfung
Die Einhaltung der Toleranzen wird nur nachgeprüft, wenn es technisch erforderlich ist oder falls Unstimmigkeiten auftreten. Die Prüfung hat spätestens bei der Bauabnahme zu erfolgen.

Nach dieser obigen Tabelle sind die Massivplattendecken unter die Zeile 2 einzureihen, also unter Rohdecken mit erhöhter Genauigkeitsanforderung zur Aufbringung von Wärmedämm-Materialien. Es dürfen also dann die in den vier Spalten angeführten Toleranzmaße im Abstand nicht überschritten werden. Auch Zeile 1 kann evtl. noch als Grundlage dienen.

Die zulässige statische Durchbiegung bei Massivplattendecken mit L 200stel bzw. L 300stel können naturgemäß ebenfalls zu Unebenheiten in der Rohdecke führen. Wenn diese Enddurchbiegung späterhin von Belang ist wegen ungleicher einseitiger Wasserlagerung (Pfützenbildungen) bzw. wegen zu hoch liegendem Bodeneinlauf, muß hier in der Rohdecke gegebenenfalls eine Überhöhung vorgesehen werden, um später eine Planebenheit bzw. Gefällelosigkeit oder ein entsprechendes Gefälle zu erhalten. Die normalen Durchbiegungen können also nicht beanstandet werden und sind auch nicht in obiger Tabelle beinhaltet. Dies geht aus 2.3 obiger Tabelle hervor.

Wie in Kapitel 4 angeführt, können Massivplattendecken durch Verformungen infolge Durchbiegung, Schwindprozeß und thermische Bewegungen infolge nicht richtig dimensionierter Wärmedämmung usw. Spannungen in die Mauerwerkswände usw. übertragen. Hier müssen also evtl. Gleitlager oder dergleichen eingebaut bzw. Ringanker-Konstruktionen, um Risse zu vermeiden. In Kapitel 3 und 4 sind diese Wirkungen dargestellt. Weitere Anmerkungen siehe unter Ringanker-Konstruktionen.

Die Dehnfugenabstände sind je nach Unterkonstruktion gemäß der im Anhang dargestellten Tabelle 21 vorzusehen. In Zusammenhang mit dem Flachdach selber müssen jedoch auch die direkt anbetonierten Attika-Ausbildungen in das Geschehen einbezogen werden. Unter Umständen wird es also notwendig, in der Attika zusätzliche Dehnfugen anzuordnen, wenn diese im Sichtbeton ausgeführt werden.

Die Deckenstärke bei Massivdecken oder dergleichen ergibt sich durch die statische Berechnung und durch die neuen Forderungen der DIN 1045 bezüglich des Schlankheitsgrades. Es ist dies also Sache der Statiker. Grundsätzlich sollte man bei Flachdächern den Schlankheitsgrad nicht zu ungünstig wählen, um Spannungsbelastungen in den Auflagern möglichst gering zu halten (möglichst geringe Durchbiegung).

Unter die Rubrik Massivdecken sind auch Rippendecken, Plattenbalkendecken, Röhbaudecken usw. zu zählen, die meist unterseitig eine Deckenverkleidung erhalten. In Bild 4a, 4b und 4c sind Massivdecken ohne Unterdecke, Rippen- bzw. Plattenbalkendecken mit Unterdecke und Röhbaudecken mit den einskizzierten Temperaturverlaufsschemen dargestellt, wobei oberseitig eine in etwa gleiche Wärmedämmung angenommen wurde. Es ist daraus zu entnehmen, daß wegen der Lufteinschlüsse in Rippendecken und in der Röhbaudecke ebenfalls negative Wirkungen gesetzt sind. Hier muß man u. U. durch eine zusätzliche oberseitige Wärmedämmung diese negativen Wirkungen der höheren Temperaturdifferenz und Taupunktverschiebung ausgleichen.

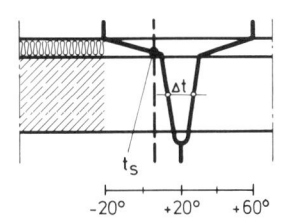

Bild 4a Massivdecke. Tauebene liegt sicher über Dampfsperre, Δt klein, günstige Voraussetzungen

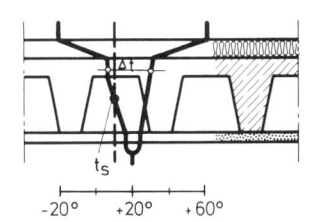

Bild 4b Rippendecke. Tauebene liegt ungünstiger, Wärmedämmung verstärken, Δt größer als bei 4a, also ungünstiger

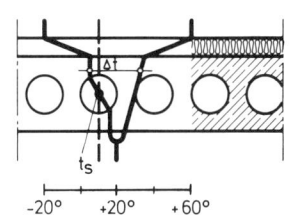

Bild 4c Röhbaudecke, hier gilt das gleiche wie bei Rippendecke 4b

Bei den Röhbaudecken kommt es häufig vor, daß in dem Lufthohlraum infolge völligem Abschluß Schwitzwasserbildung zustande kommt. Häufig ist auch während der Bauzeit Feuchtigkeit von oben eingelaufen, die nicht nach unten entspannen konnte. Hier kann es u. U. später nach Bezug zu unliebsamen Erscheinungen durch Abzeichnung in der Rohdecke kommen. In verschiedenen Fällen ist sogar das angestaute Wasser später ausgelaufen (durch Schwundspannungsrisse, durch Anbohrungen usw.). Evtl. empfiehlt es sich hier, gleich von vornherein kleine Öffnungen von unten einzubringen, so daß Warmluft eindringen kann und somit dieser Lufthohlraum ebenfalls entwertet wird.

Hier muß bei Rippendecken auch die Gefahr der Kondensation im Bereich zu den angrenzenden Außenwänden beachtet werden. In Skizze 5a ist ein Schadensfall dargestellt, wie er sehr häufig vorkommt. Es wurde vergessen, hier eine Wärmedämmung anzuordnen, wenn außenseitig Sichtbeton vorhanden ist. Eine mögliche Abhilfe zeigt Bild 5b. Hier empfiehlt es sich, den Massivplattenstreifen im Randbereich so breit auszuführen, daß Kondenswasserbildung an der inneren Senkrechten der Rippendecke nicht mehr entstehen kann. Bei normal belasteten Räumen sind dies etwa ca. 80 cm, bei Feuchträumen entsprechend mehr (siehe auch unter Kapitel Wärmebrücken). Bei Feuchträumen muß dann auf der warmen Seite dieser unteren Dämmung eine Dampfsperre angeordnet werden.

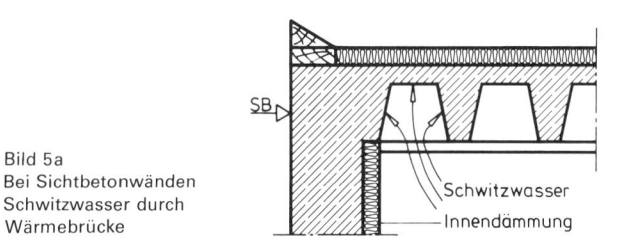

Bild 5a
Bei Sichtbetonwänden Schwitzwasser durch Wärmebrücke

Bild 5b Verbesserung gegenüber 5a durch Innendämmung

5.3 Gefälleherstellung – Maßtoleranz

Zur Dachentwässerung kann es erwünscht sein, ein Gefälle bei Flachdächern herzustellen, wenngleich heute in überwiegender Zahl die sog. »gefällelosen Flachdächer« ausgeführt werden. Über die Vor- und Nachteile derartiger gefälleloser Dächer siehe spätere Ausführungen.

Hier soll lediglich die physikalische und technische Wirkung aus der Gefälleherstellung aufgezeigt werden.

5. Funktionsmerkmale beim massiven Warmdach

Zunächst sei bemerkt, daß sowohl für die gefällelosen Flachdächer als auch für die Gefälledächer die zulässigen Maßtoleranzen nicht überschritten werden dürfen. Für die Rohdecken gilt die zuvor in 5.2 angeführte Zeile 2 der DIN 18202, wobei für den Fertigbelag u. U. schon Zeile 3 in Anwendung gebracht werden könnte, gleichgültig ob das Dach eine Neigung aufweist oder nicht.

5.3.1 Gefälle aus Normalbeton

Bei Decken, bei denen das Gefälle aus einem Normalbeton hergestellt wird, der in etwa die gleiche Wärmeleitzahl wie die Massivdecke aufweist, ergeben sich keine physikalischen Nachteile. Es kommt zu keiner Verlagerung der Tauebene nach unten und zu keinen wesentlichen Erhöhungen der Temperaturdifferenzen in der statisch neutralen Zone.

Der große Nachteil einer derartigen Gefälleherstellung ergibt sich jedoch durch das zusätzliche Gewicht, also die statische Belastung. Man wird also bei Anwendung von Normalbeton als Gefällebeton die Neigung so knapp wie möglich halten. Hier wird man selten mehr als 1 % Gefälle herstellen, da schon bei 10 m Tiefe 10 cm im Maximalbereich notwendig werden.

Eine Zwischenlösung kann dadurch gefunden werden, daß man einen sog. Einkorn-Gefällebeton herstellt, also einen Beton, der schon wesentlich leichter ist, aber wärmetechnisch noch keine wesentliche wärmedämmende Funktion übernehmen kann. Hier kann man u. U. dann auch ein etwas größeres Gefälle herstellen, ohne die Statik zu überfordern.

Ob der Gefällebeton gleich als Verbund-Gefällebeton aufgebracht wird bzw. zusammen mit der Rohdecke verlegt wird, bleibt weitgehend im Ermessen der ausführenden Firma. Zweifellos wird das nachträgliche Aufbringen eines Gefällebetons größere Genauigkeitswerte erbringen als die Gefälleherstellung mit der Betonierung der Rohdecke.

5.3.2 Gefälle mit Leichtbeton

Die Gefälleherstellung mit Leichtbeton (z. B. Bimsbeton-, Schlackenbeton, Perlite-Leichtbeton usw.) hat häufig physikalische Nachteile, besonders dann, wenn die Dampfsperre *über dem Gefällebeton* angeordnet werden soll, was technisch grundsätzlich richtig ist.

Durch die wärmedämmende Mitwirkung an der Gesamtdämmung des Daches durch einen derartigen Leicht-Gefällebeton rutscht die Tauebene (bei gleicher Wärmedämmstärke der Dämmplatten) nach unten ab. Es kann also zu einer evtl. Kondensation unter der Dampfsperre kommen. Falls diese negative Wirkung ausgeschaltet werden soll, müßte die Wärmedämmung oberseitig u. U. wesentlich verstärkt werden (Taupunktberechnung durchführen). Dieser Zusammenhang kann aus Skizze Bild 6 abgelesen werden.

Auch können selbstverständlich wiederum im Gefällebeton selber hohe Temperaturdifferenzen auftreten, die

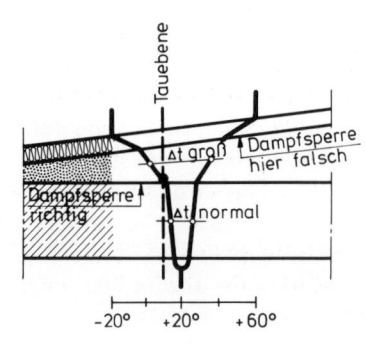

Bild 6 Wärmedämmender Gefällebeton, ungünstige Wirkung auf Tauebene und Temperaturbewegungen (Risse im Gefällebeton)

u. U. zu Rissebildungen im Gefällebeton führen können, der häufig ohnehin noch erhebliche Schwindspannungen abzubauen hat. Es können dadurch Risse entstehen, die auf die darüberliegende Dampfsperre übertragen werden.

Ein Leicht-Gefällebeton unter der Dampfsperre muß also aus diesen negativen Wirkungen heraus abgelehnt werden.

Es wäre zwar denkbar, physikalisch gesehen die Dampfsperre zwischen Massivdecke und Gefällebeton zum Einbau zu bringen. Dadurch würden mindestens die Taupunktverlagerungen revidiert. Der Nachteil einer derartigen Konstruktion liegt jedoch dann darin begründet, daß der Gefällebeton kaum jemals austrocknet. Es ist bekannt, daß gerade Leichtbetone dieser Art große Mengen an Feuchtigkeit speichern, und daß diese Feuchtigkeit relativ schlecht abtrocknet. Da eine Abtrocknung nur nach oben möglich wäre, müßte eine zusätzliche Dampfdruckausgleichsschicht, deren Wirksamkeit hier fraglich ist, zwischen oberseitiger Wärmedämmung und Gefällebeton aufgebracht werden, was wiederum erhebliche Verteuerungen und auch Verkomplizierungen bauphysikalischer Art mit sich bringt. Daß die Dampfsperre rein technisch gesehen über der Massivdecke unter dem Gefällebeton schwierig ist, ist jedem Praktiker bekannt. In erster Linie ist hier an eine mechanische Zerstörung der Dampfsperre bei der Aufbringung des Gefällebetons gedacht, andererseits müssen hier Dachdecker- und Maurerfirma Hand in Hand arbeiten, was bekanntlich manchmal noch schwieriger ist.

5.3.3 Gefälleherstellung mit keilförmigen Dämmplatten

Die Gefälleherstellung mit Spezial-Keilplatten aus Styropor-Hartschaumplatten oder dergleichen ist u. U. sehr vorteilhaft. Hier wird gleichzeitig die notwendige Wärmedämmung mit der Gefälleherstellung erbracht. Grundsätzlich ist es jedoch notwendig, die Mindeststärke gemäß DIN 4108 an der geringsten Dämmplattendicke nachzuweisen, falls keine zusätzliche Dämmung gewünscht bzw. diese geringste Stärke den Temperaturspannungsberechnungen zugrunde zu legen. Ein Nachteil durch die Überdimensionierung im

Bereich der Maximalstärke ist natürlich nicht zu erwarten. Rein wirtschaftlich gesehen ist oft aus statischen Gründen eine derartige Gefälleherstellung mit Dämm-Keilen preiswürdiger als die mit einem Gefällebeton. Zweckmäßigerweise wird man jedoch um dieser Preiswürdigkeit willen ein größeres Gefälle als 0,5–1 % nicht herstellen.

In Bild 7 ist die physikalische Wirkung dargestellt. Der Warmdachaufbau erfolgt wie bei einer gefällelosen Konstruktion.

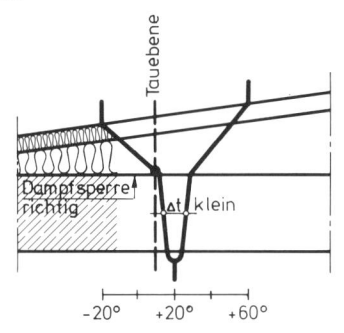

Bild 7 Gefälle durch Styroporkeile oder dgl. mit oder auch ohne Zusatzdämmung je nach Erfordernis, günstige Lösung

5.3.4 Gefälleherstellung mit Bitumen-Perlite oder dgl.

In ähnlicher Weise wie zuvor kann die Gefälleherstellung auch in Trockenbauweise fugenlos mit Bitumen-Perlite usw. hergestellt werden.

Perlite ist ein vulkanisches Gestein, dessen Volumen sich durch einen Expansionsprozeß auf das 15- bis 20fache vergrößert. Durch eine Umhüllung mit Spezial-Bitumen entsteht dann das sog. Perlite-Bitumen (z.B. Thermoperl). Mit diesem Bitumen-Perlite kann also in Trockenbauweise eine fugenlose Dämmschicht und Gefällegebung über der Dampfsperre hergestellt werden.

Mit dieser trockenen Dämmasse, die warm aufgebracht wird, können praktisch alle Gefällegebungen hergestellt werden.

Es ist jedoch zu bemerken, daß die Wärmeleitzahl mit 0,057 kcal/mh° relativ hoch ist (Styropor 0,035). Es muß also eine entsprechende größere Stärke zur Erreichung der notwendigen Wärmedämmung vorgesehen werden, falls darüber keine Zusatzdämmung gemacht werden soll. Trotzdem wird man mit diesem Material häufig günstige Resultate besonders bei Terrassen usw. erzielen können. Schematisch gesehen gilt auch hier der Dachaufbau wie bei Bild 7. Über der Wärmedämmung ist eine Dampfdruckausgleichsschicht und darüber dann die Dachabdichtung in normaler Weise aufzubringen.

Grundsätzlich sei hier jedoch angemerkt, daß eine lose Perliteschüttung nicht bitumengebunden oder ein anderes Schüttmaterial (das z.B. auch für Estriche verwendet wird) beim Flachdach nicht geeignet ist. Leider werden aber auch derartige unsinnige Trockenschüttungen da und dort angetroffen.

5.3.5 Gefälle über der horizontalen Feuchtigkeitsabdichtung

Bei Terrassen wird häufig über einer horizontalen Feuchtigkeitsabdichtung ein gefällegebendes Mörtelbett aufgebracht, in das die Platten (Kunststein- oder Steinzeugplatten) aufgebracht werden.

Hier sei vermerkt, daß eine derartige Gefällegebung konstruktiv und physikalisch als falsch bezeichnet werden muß (siehe auch Kapitel Terrassen).

Ein Steinzeugplatten- oder auch Kunststeinplatten-Belag kann für sich selber gesehen nicht als wasserdicht bezeichnet werden.

Durch die Fugen, die bekanntlich infolge der Temperaturspannungen usw. Rißchen erhalten, dringt das Wasser nach unten ein. Wenn dieses Wasser auf der horizontal aufgebrachten Abdichtung nicht entspannen kann, kommt es zu einer völligen Sättigung des Mörtelbettes und im Winter demzufolge in den Platten zu Auffrierungen, Aufwölbungen, Abschiebungen, Abschieferungen usw.

Aber auch rein physikalisch gesehen ergeben sich infolge der großen Jahrestemperaturdifferenzen in Plattenbelag und Gefälle-Estrich Spannungsübertragungen auf die Dachhaut. Der Gefälle-Estrich müßte in sehr kleine Dehnfugenfelder aufgeteilt werden, was leider nicht gemacht wird (ca. alle 1 × 1 m). Bei größeren zusammenhängenden Flächen ergeben sich dann Spannungsübertragungen auf die Abdichtung, so daß hier dann zusammen mit den Rissen im Estrich auch Risse in der Dachabdichtung entstehen, selbst dann, wenn zwischen diesen beiden Materialien Trennpappen eingelegt werden.

Konstruktion obengenannter Art müssen also als falsch abgelehnt werden, wenngleich sie fast täglich in der Praxis angetroffen werden.

Wenn schon ein Gefälle im Plattenbelag oberseitig erwünscht wird, und wenn aus Höhengründen usw. eine gefällelose Konstruktion, also eine horizontale Feuchtigkeitsabdichtung notwendig wird, empfiehlt es sich, eine lose Rieselschüttung mit einem leichten Gefälle über der horizontalen Feuchtigkeitsabdichtung aufzubringen, so daß hier eindringendes Wasser leicht entspannen kann. Anstelle dessen könnten natürlich auch Stelzbeläge, Beläge auf Gummiringen usw. aufgebracht werden (siehe auch Terrassengestaltung).

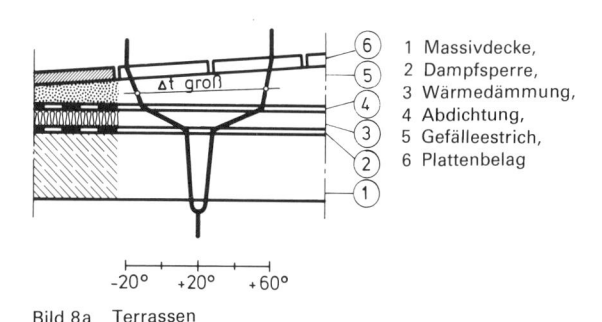

Bild 8a Terrassen

1 Massivdecke,
2 Dampfsperre,
3 Wärmedämmung,
4 Abdichtung,
5 Gefälleestrich,
6 Plattenbelag

5. Funktionsmerkmale beim massiven Warmdach

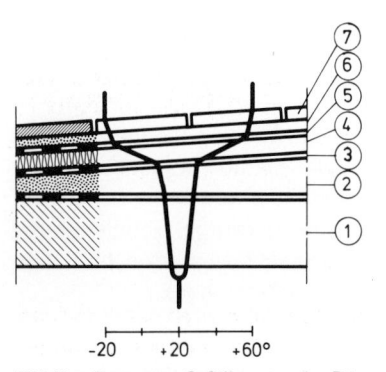

Bild 8b Terrassen-Gefälle unter der Dämmung besser, jedoch Mörtelbett in Fugen aufteilen. 1 Massivdecke, 2 Gefällebeton, 3 Dampfsperre, 4 Wärmedämmung, 5 Abdichtung, 6 Mörtelbett, alle $1/1$ m Dehnfugen, 7 Platten in Dehnfugen aufgeteilt

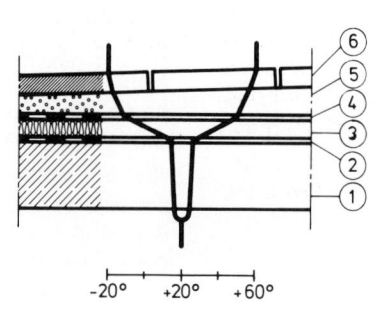

Bild 9a Terrassen-Gefälle durch lose Kies-Einbettung gute Lösung. 1 Massivdecke, 2 Dampfsperre, 3 Wärmedämmung, 4 Abdichtung, 5 Kiesschüttung mit Gefälle, 6 schwere Gehwegplatten, lose mit offenen Fugen (auch gefällelos gute Lösung)

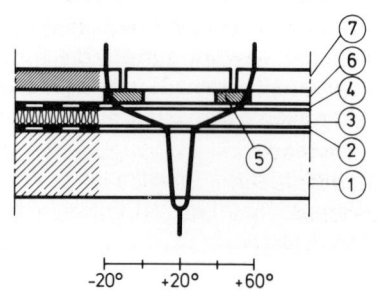

Bild 9b Terrassen-Stelzenbelag – Gute Lösung ohne Gefälle oder mit Gefälle anstelle 8b mit Mörtelbett. 1 Massivdecke, 2 Dampfsperre, 3 Wärmedämmung, 4 Abdichtung, 5 Stelzen, Kunststeinplatten, Gummiringe oder dgl., 6 Luftraum für Wasserführung, 7 Plattenbelag (schwer)

In Bild 8a und b ist die negative Wirkung bei Gefälle-Estrichen dargestellt, in Bild 9a und b Möglichkeiten bei gefälleloser Abdichtung mit Rieselschüttung oder -stellen. Selbstverständlich ist es notwendig, bei letzterer Art größerformatige Platten zu verwenden, die ein gewisses statisches Gewicht erbringen, da sie lose verlegt werden müssen.

5.4 Schleppstreifen über Deckenelementen

Schleppstreifen sind lose aufgelegte Streifen über Fugen oder Stößen von vorgefertigten Betonplatten. Diese Schleppstreifen sollen verhindern, daß Bewegungen aus Durchbiegungen, Temperaturspannungen usw. auf die Dampfsperre bzw. auf die Dachhaut übertragen werden. Schleppstreifen werden meist in 20–25 cm Breite entweder aus unterseitig grob bekiesten Bitumenpappen, Kunststoff-Folien usw. hergestellt. Weniger geeignet sind für diesen Zweck Ölpapier, Bitumenpapiere oder nackte Bitumenpappen oder dergleichen, da sich diese häufig mit dem Untergrund verkleben. Die Bewegungen aus den Fugen der Betonplatten sollen sich also infolge dieses Schleppstreifens auf 20–25 cm Breite übertragen, um dadurch nur noch wenig wirksam zu werden.

Diese lose aufzulegenden bzw. auch punktweise gegen Verrutschung anzuklebenden Schleppstreifen sind natürlich kein Ersatz für ausgesprochene Dehnfugenausbildungen, sondern sind nur zum normalen Fugenausgleich der Stoß- und Längsfugen von Plattendecken gedacht. Bei sehr langen Betonplatten reicht u. U. eine derartige Schleppstreifenausbildung nicht mehr aus. Hier empfiehlt es sich, dann schon eine konstruktive Dehnfuge herzustellen, wie in Kapitel Dehnfugen dargestellt.

5.5 Voranstrich

Der Voranstrich hat bei Massivdächern, die durch Windsog oder dergleichen belastet werden (während und nach der Fertigstellung), die Aufgabe, den Staub zu binden, der eine echte Kontaktwirkung mit dem Klebebitumen verhindern würde. Bei Holzunterkonstruktionen ist ein derartiger Voranstrich natürlich nicht erforderlich.

Für den Voranstrich werden grundsätzlich kaltflüssige Bitumenlösungen (keine Bitumen-Emulsionen) verwendet. Die Verbrauchsmenge beträgt je nach Untergrund, Auftrageverfahren (Spritzen oder Streichen) 0,2–0,3 kg/m². Der Auftrag hat ca. 24 Stunden vor der Verklebung der weiteren Schichten zu erfolgen, damit der Voranstrich völlig durchgetrocknet ist. Selbstverständlich hat der Voranstrich keine abdichtende Funktion. Auch bildet der Kaltbitumen-Voranstrich keine Dampfsperre. Der Dampf kann also hier in die darüberliegende Dampfdruckausgleichsschicht entspannen.

Die Konsistenz des Voranstriches muß so sein, daß dieser auch bei stark durchlässigen Decken (Bims, Gasbeton usw.) sowie an Stößen von Beton oder Leichtbetonplatten nicht nach unten durchläuft und dort Flecken oder Abtropfungen hinterläßt.

Es ist zu bemerken, daß derartige Voranstriche auch an Senkrechten und Schrägflächen anzubringen sind, was leider oft vergessen wird. Gerade aber bei Sturmschäden sind diese Anschlußpunkte an Ortgang, Attika usw. besonders wichtig, da Sturmschäden meist hier den Anfang nehmen.

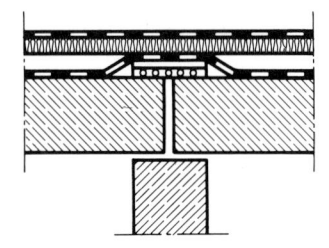

Bild 10 Schleppstreifen (z.B. Fugen und Stöße bei Gasbetonplatten, PI-Decken, Montage-Decken usw.

Voranstriche sind auch bei Dächern mit Kunststoff-Dachabdichtungen notwendig, falls über diesen Abdichtungen keine Kiesschüttung als Beschwerung aufgebracht werden kann. Nicht erforderlich und auch nicht erwünscht sind Kaltbitumen-Voranstriche bei PVC-Belägen mit einer PVC-Dampfbremse, die nicht bitumenbeständig sind. Hier ist jeweils die Verarbeitungsanleitung der jeweiligen Herstellungsfirma zu beachten (nur mit Kiesschüttung).

5.6 Untere Ausgleichsschicht (Entspannungsschicht)

In den »Richtlinien für die Ausführung von Flachdächern« (siehe Anhang) wird die untere Ausgleichsschicht (oder auch Entspannungsschicht genannt) als zwingend bei Flachdächern vorgeschrieben. Derartige unterseitige Ausgleichsschichten können sein:

5.6.1 Lochglasvlies-Bitumenbahn

Es ist dies eine unterseitig grob bekieste Glasvlies-Bitumenbahn mit einem entsprechenden Lochanteil. Durch die Löcher dieser Bahn läuft das über der Bahn aufgebrachte Heißbitumen zur Verklebung der Dampfsperre hindurch und bewirkt somit eine punktweise Verklebung mit der Rohdecke (mit dem Kaltbitumen-Voranstrich). Zwischen Rohdecke und Lochglasvliesbahn entsteht also ein ca. 3 mm Luftzwischenraum durch den Riesel im Bereich der nicht verklebten Stellen. Durch die so zustandekommende nur punktweise Verklebung mit dem Untergrund ergibt sich dadurch die Möglichkeit, im »Luftraum« Spannungen auszutragen, ohne daß diese auf die Dampfsperre übertragen werden (Temperatur-Schrumpfungs- oder Dampfdruckspannungen).
Die Lochglasvliesbahnen werden bei der Verlegung unter der Wärmedämmung an der Naht mit ca. 2–3 cm lose überlappt, um eine Flächenverklebung nach unten auszuschalten. In Bild 11a ist das System skizzenhaft dargestellt. Häufig wird auch stumpf gestoßen.

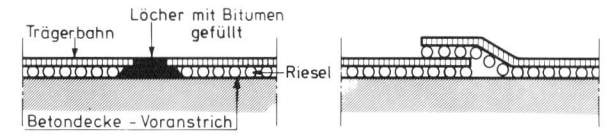

Bild 11a Lochglasvliesbahn, Pumpverklebung durch Löcher, Stöße möglichst lose überlappt

5.6.2 Wellpappen

Es sind dies Teer- oder Bitumenpappen, die durch die Wellenbildung die Trennung einerseits zwischen Rohdecke, andererseits zwischen Dampfsperre bzw. Wärmedämmung herstellen. Bahnen dieser Art werden streifenweise oder punktweise mit Heißbitumen aufge-

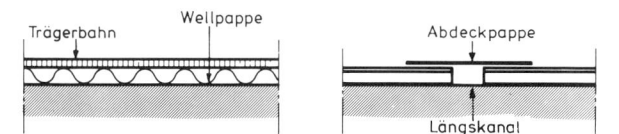

Bild 11b Wellpappen, streifenweise quer zur Kammrichtung geklebt, Stöße mit Längskanal

klebt. Diese Wellpappen sind häufig auch bereits schon an vorgefertigten Wärmedämm-Elementplatten unterseitig ankaschiert. In Bild 11b ist dieses System dargestellt.

5.6.3 Falzbaupappen

Es sind dies mäanderartige Teer-Bitumenpappen, die eine ähnliche Trennung und Wirkung aufweisen wie Wellpappen. Ihr Querschnitt für die Luftführung ist jedoch meist größer, so daß hier, wenn von einer unterseitigen »Dampfentspannung« gesprochen werden kann, ein größerer Wirkungsgrad zu erwarten wäre. Bei über 5 mm Höhe ist ein geringer Wärmeverlust zu erwarten (siehe unter 5.9).
Die Aufklebung derartiger Falzbaupappen erfolgt ebenfalls streifen- oder punktweise. Auch hier können die Falzbaupappen bereits unterseitig an Wärmedämm-Elemente ankaschiert sein. Bei Gefahr mechanischer Belastung (hier jedoch speziell bei Entspannungsschichten über der Wärmedämmung) werden diese Falzbaupappen auch mit Holzstäbchen armiert hergestellt, die in jeder zweiten Rille eingelegt werden. Dadurch kann der Querschnitt bei Begehung und Belastung nicht verengt werden. An den Stoßstellen werden, wenn eine Dampfdruckausgleichswirkung erzielt werden soll, die Falzbaupappen mit 1–1,5 cm Abstand verlegt. Über diesen Querkanälen ist jedoch dann ein Abdeckstreifen aus ca. 8–10 cm Bitumenpappe lose aufzulegen, um das Einlaufen von Bitumen bei der Aufklebung der Dampfsperre bzw. Dachhaut zu vermeiden. In Bild 11c ist ein derartiges System einer Falzbaupappe mit Holzstabarmierung dargestellt.

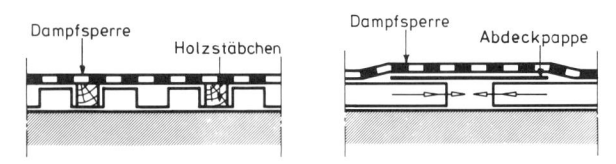

Bild 11c Falzbaupappen (mit oder ohne Holzstäbchen), streifenweise quer zu Kanalrichtung geklebt mit Längskanal

5.6.4 Noppenförmige Trennbahnen

Es sind dies ähnliche Bahnen wie Lochglasvliesbahnen, jedoch dergestalt, daß in die Löcher vorher Betonnoppen eingebracht sind, die die Trennung bei gleichzeiti-

5. Funktionsmerkmale beim massiven Warmdach

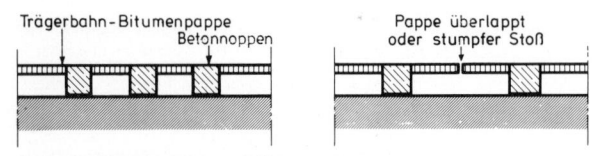

Bild 11d Noppenpappe mit Betonnoppen

ger Trittfestigkeit herstellen. Auch diese Bahnen werden punkt- oder streifenweise mit Heißbitumen aufgeklebt (in Bild 11d dargestellt.)

5.6.5 Spezialbahnen

Bahnen mit unterseitig grober Bekiesung oder Korkbestreuung ohne Lochung werden punktweise aufgeklebt, an den Stößen überlappt und dienen ebenfalls so als Trennung. Bahnen dieser Art können u. U. bei entsprechender Einlage (Alu-Dichtungsbahn) gleichzeitig als Dampfsperre wirksam werden. In diesem Falle muß jedoch dann neben der punktweisen Verklebung im Bereich der Nahtüberdeckung eine vollsatte Einklebung stattfinden. Hier sei jedoch vermerkt, daß infolge der manuell möglichen punktweisen Verklebung oft Mängel festzustellen sind (zu große Verklebepunkte, schlechte Verklebung der Überlappungsstöße usw.). Kombinationsbahnen Dampfdruckausgleichsschicht und Dampfsperre sind problematisch und sollten eigentlich nicht ausgeführt werden.

5.6.6 Entspannungsschicht in der Wärmedämmung

Verschiedentlich wurden und werden auch heute noch Rilleneinfräsungen in Wärmedämmschichten hergestellt, ohne daß hier eine Dampfsperre darüber angeordnet wird.
Grundsätzlich ist zu bemerken, daß keine der Entspannungsschichten 11a–d die Dampfsperre ersetzen kann. Daraus ist bereits abzulesen, daß natürlich auch derartige Wärmedämmplatten mit einer unteren Entspannungsschicht nicht in der Lage sind, die Dampfsperre zu ersetzen, was aus nachfolgenden Ausführungen noch erhärtet wird. Systeme dieser Art müssen also grundsätzlich abgelehnt werden, wenn nicht in die Wärmedämmplatten als Elemente bereits eine Dampfsperre

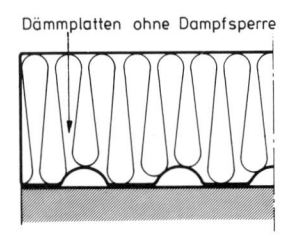

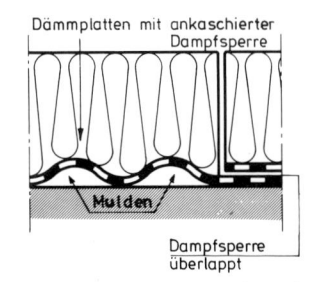

Bild 11e Rille in Dämmplatten ohne Dampfsperre falsch, mit Dampfsperre möglich

unterseitig aufkaschiert ist, also über der Entspannungsschicht. In Bild 11e, Kanäle unter Dämmung ohne Dampfsperre falsch, unter aufkaschierter Dampfsperre richtig.

5.6.7 Wirkungen der unterseitigen Entspannungsschicht

Es ist in den letzten Jahren viel und sehr widersprüchliches über die untere Entspannungsschicht berichtet worden. Es soll hier auf die theoretischen Beweisführungen verzichtet werden, da sich in der Zwischenzeit aus vielerlei Gründen die untere Ausgleichsschicht als zweckmäßig erwiesen hat. Hier lediglich einige Funktionsbeschreibungen:

5.6.7.1 Dampfdruckausgleichsschicht

Oft wird der unteren Entspannungsschicht eine dampfdruckausgleichende Eigenschaft zugeschrieben, die besagt, daß Wasserdampf aus der Innenluft durch die Kanäle der Dampfdruckausgleichsschicht bei Anschluß an die Außenluft nach außen abgeleitet wird. Anders ausgedrückt heißt das, daß sich der Dampfleitdruck unter der Dampfsperre reduziert und somit die Dampfsperre weniger stark durch Dampfdruck belastet wird, also eine Druckreduzierung eintreten würde. Durch Untersuchungen von Dr. Cammerer aus dem Jahre 1958/59 wurde diese Theorie untermauert. Man glaubte, daß derartige Entspannungsschichten als Entlüftungsbahnen für die Austrocknung der Tragkonstruktion wirksam würden. Dr. Cammerer hat nachgewiesen, daß diese Entlüftungskanäle Wasserdampf als Diffusion abführen, ohne daß eine Windbewegung in diesen Kanälen oder Entlüftungsschichten stattfindet. Eine Wärmedämmreduzierung wäre also damit nicht verbunden. Die Austrocknung der Tragdecke aber würde durch Dampfdiffusion stattfinden. Man glaubte also einerseits an eine Dampfdruckreduzierung und andererseits an eine Austrocknung der Rohdecke durch Dampfdiffusion durch Entspannungsschichten. Die Folgerung war, daß man häufig entweder die Dampfsperre über der Entspannungsschicht in einfachster Form ausgeführt hat oder häufig sogar ganz weggelassen hat (Bild 11e links). Die Folge war im weiteren Verlauf, daß man in der Wärmedämmung im Laufe der Zeit Kondensation festgestellt hat. Die praktischen Erfahrungen ließen also erkennen, daß eine derartige Dampfdruckreduzierung, wie sie ursprünglich angenommen wurde, nicht vorhanden ist. Die Dampfsperre wird gleichermaßen belastet (außer evtl. in den äußeren Randzonen an der Attika). Das Weglassen der Dampfsperre führt zu unliebsamen Durchfeuchtungen der Wärmedämmung, zu Blasenbildungen in der Dachhaut usw.
Andererseits stellte man jedoch fest, daß die Rohdecke tatsächlich durch den Einbau derartiger Entspannungsschichten abgetrocknet ist, selbst dort, wo vorher Wasser unter der Druckausgleichsschicht gestanden hat.

Man folgerte also hieraus, daß doch eine derartige Entfeuchtung durch Dampfdiffusion stattfinden müsse, vergaß jedoch, daß die Abtrocknung nach unten über die Rohdecke erfolgt und nicht nach oben über die Entspannungsschicht. Auch konnten durch theoretische Überlegungen und Diffusionsberechnungen nachgewiesen werden, daß diese Diffusionsentfeuchtung so gering ist, daß sie rechnerisch kaum in Ansatz gebracht werden kann.

Auch stellte der Autor in zahlreichen Fällen fest, daß diese untere Dampfdruckausgleichsschicht überhaupt nicht als solche wirksam wurde, da sie häufig gar nicht an die Außenluft angeschlossen war, oder sie hat sich bei nicht formstabilen Bahnen zusammengepreßt, so daß eine Kanalwirkung usw. kaum noch zu erkennen war. Trotzdem konnten erkennbare Nachteile bei einer guten Dampfsperre in keinem Falle festgestellt werden. Voraussetzung war jedoch, daß die Entspannungsschicht als Gleitschicht wirksam blieb.

Nach den heutigen Erkenntnissen muß festgestellt werden, daß die untere Entspannungsschicht *nicht als Dampfdruckausgleichsschicht* anzusprechen ist, es sei denn nur für einen schmalen Bereich des Dachrandes. Für den größten Teil der Deckenflächen kann sie weder für die Dampfdruckentspannung in Anrechnung gebracht werden, noch für die Abführung der Baufeuchtigkeit aus dem Beton.

Trotzdem wäre es falsch, diese untere Entspannungsschicht auszuschalten, da sie ganz andere Funktionen zu erfüllen hat als die Dampfdruckausgleichsschicht über der Wärmedämmung.

In den Richtlinien für die Ausführung von Flachdächern (siehe Anhang) und in dem neuen DIN-Entwurf der DIN 18530 (Dächer mit massiven Deckenkonstruktionen) ist die untere Ausgleichsschicht zwingend vorgeschrieben und als Regel der Technik anzusprechen. Andererseits kann es z. B. bei Terrassen und stark befahrbaren Betonflächen zweckmäßig sein, die untere Entspannungsschicht wegzulassen, wenn monolithische Unterkonstruktionen vorliegen (Ortbetonplatten). Hier wird man also u. U. die Dampfsperre direkt auf die Rohdecke verkleben, ohne einen Fehler zu machen. (Wegen Gefahr mechanischer Beschädigungen der Dampfsperre durch die Druckausgleichsschicht infolge Einpressungen von Riesel in die Wärmedämmung.)

5.6.7.2 Ausgleichsschicht als örtliche Dampfdruckausgleichsschicht

Wenn eine Dampfdiffusion nach außen und eine Entfeuchtung der Rohdecke weder theoretisch noch praktisch nachgewiesen werden kann, so ist es doch Tatsache, daß örtlich auftretende Dampfdrücke sich auf eine breitere Fläche unter der Dampfsperre »verteilen«. Der partielle Dampfdruck wird hier dann gewissermaßen entspannt und teilweise abgebaut. Derartige Belastungen können z. B. bei Dächern in Wohnbauten unter Küchen und Bädern auftreten. Hier dürfte die untere Entspannungsschicht eine gewisse Entlastung der Dampfsperre mit sich bringen und ausgleichend wirken.

5.6.7.3 Entspannungsschicht als Verlegehilfe

Einer der wesentlichsten Vorzüge der unteren Entspannungsschicht ist die Verlegehilfe. Oft kann wegen der Terminverhältnisse die Abtrocknung der Tragkonstruktion (Rohdecke) nicht abgewartet werden. Im Winter muß man mit Reifbildung auf der Rohdecke rechnen, so daß man erst verhältnismäßig spät am Morgen mit der Aufklebung der Dampfsperre beginnen könnte. Wird nun eine derartige Entspannungsschicht aufgelegt, ergibt sich nur eine punkt- oder streifenweise Verklebung der Entspannungsschicht mit der Tragdecke. Evtl. unten eingeschlossene Feuchtigkeit kann entspannen, ohne daß es zu Blasenbildungen in der Dampfsperre kommt. Häufig muß auch die Dampfsperre über längere Zeit als Dachabdichtung liegen bleiben, so daß auch hier eine wirkungsvolle örtliche Entspannung bei eingeschlossener Feuchtigkeit erwünscht ist und Blasenbildung weitgehend in der Dampfsperre vermieden wird. Die Verklebung der Dampfsperre kann also nach dem Aufbringen der Druckausgleichsschicht auf trockenem Untergrund einwandfrei weitergeführt werden. Dies ist mit einer der wesentlichsten Vorteile der Entspannungsschicht. (Obere Dampfdruckausgleichsschicht siehe spätere Ausführungen.)

5.6.7.4 Entspannungsschicht gegen Bauwerksbewegungen

Eine primäre Aufgabe der Entspannungsschicht kommt der Fähigkeit zu, als Ausgleichsschicht zwischen Rohdecke und Dampfsperre zu fungieren und hier besonders bei Fertigbetonplatten, also Platten mit Fugen. Durch die nur punkt- oder streifenweise Aufklebung kommt es zu einer »schwimmenden« Dampfsperre. Risse im Untergrund (Betonplatte) oder in den Fugen von Fertigbetonplatten usw., besonders auch an Stoßstellen der Auflager, können durch eine Ausgleichsschicht weitgehend überbrückt oder ganz ausgeschaltet werden. Entsteht bei vollflächiger Verklebung der Dampfsperre ein Riß, kann er sich unmittelbar auch auf die weiteren Schichten übertragen. Bei einer unterbrochenen Klebung, wie dies besonders bei der punktweisen Verklebung der Fall ist, ist die Größe eines Risses relativ klein zur nicht verklebten Breite der Bahn (Punktabstand oder Streifenabstand). Dementsprechend

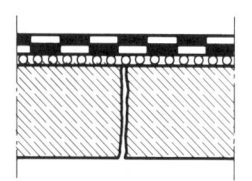

Bild 12 Risse oder kleinere Fugen werden durch Entspannungsschicht ausgeglichen

5. Funktionsmerkmale beim massiven Warmdach

bleiben auch die Dehnungen, die nach oben übertragen werden, relativ gering bzw. werden ganz ausgeschaltet.

Wie zuvor angeführt, sollte jedoch bei Fertigbetonplatten zuerst ein Schleppstreifen über den Auflagerstellen aufgelegt werden (Bild 10), bevor die Entspannungsschicht aufgelegt wird. Es entstehen dann zwei Sicherheitssysteme an derart besonders gefährdeten Stellen. In Bild 12 kann die Wirkungsweise der Entspannungsschicht gegen Rißeübertragung abgelesen werden.

5.7 Dampfsperre im massiven Flachdach

Im DIN-Entwurf DIN 18530 – »Dächer mit massiven Deckenkonstruktionen« – Richtlinien für Planung und Ausführung – steht unter dem Begriff »Dampfsperre«:

»Die Dampfsperre dient zur Verhinderung einer *unzulässigen* Feuchtigkeitskondensation in der Wärmedämmschicht. Sie muß die Dachdecke so lückenlos bedecken, daß ein Eindringen von Wasserdampf aus der Dachdecke in die Wärmedämmschicht begrenzt wird. Sie ist nach Abschnitt 5 zu bemessen.«

Um das Eindringen von Feuchtigkeit in die Wärmedämmschicht und dadurch eine Verringerung der Dämmwirkung soweit als möglich zu verhindern, ist unter der Wärmedämmschicht im kondensationsfreien Bereich eine Dampfsperre anzuordnen, deren gleichwertige Luftschichtdicke $\mu \times s$ mindestens 10 m beträgt (μ = Wasserdampf-Diffusionswiderstandszahl, s = Stoffdicke in m). Bei der Berechnung von $\mu \times s$ bleiben am Ort aufgebrachte Klebeschichten grundsätzlich außer acht. Für Stoffe, die nicht in der Tabelle 6 bzw. Tabelle 7 und 8 der DIN 18530 genannt sind, ist der Meßwert nachzuweisen. Als Dampfsperre verglichen mit gleichwertigen Luftschichten wird nun folgende Tabelle aus dem DIN-Entwurf angeführt:

Gleichwertige Luftschichtdicken $\mu \cdot s$ für Dampfsperren
(aus DIN-Entwurf 18530)

Dampfsperren	Dicke mm	diffusions- gleich- wertige Luftschicht- dicke $\mu \cdot s$ m
Bitumendachpappe 333 DIN 52128 fein besandet oder talkumiert	2,0	7,5
Bitumendachpappe 500 DIN 52128 fein besandet oder talkumiert	2,4	10
Bitumen-Dachdichtungsbahn 500 DIN 52130	3,0	10
Teer-Sonderdachpappe TSO 500 DIN 52140	2,4	10
Glasvlies-Bitumendachbahn, Stärke 5, fein besandet oder talkumiert	2,2	15
Bitumendachbahn mit Metallfolieneinlage, fein besandet oder talkumiert (Flächengewicht der Metallfolie = 125 g/m²)	2,2	praktisch dampfdicht

Weitere zahlreiche μ-Werte siehe Tabelle 18 (Anhang).

Bei Verwendung eines Wärmedämmstoffes mit einer gleichwertigen Luftschichtdicke $\mu \times s$, die an jeder Stelle größer ist als 10 m, kann die Dampfsperre entfallen, sofern etwa vorhandene Fugen zwischen den Dämmstoffplatten oder Risse im Wärmedämmstoff praktisch dampfdicht verschlossen werden, der Wärmedurchlaßwiderstand auch im Fugen- und Rissebereich auf die Dauer erhalten bleibt und der Dämmstoff unter der Einwirkung von Feuchtigkeit oder Frost-Tauwechsel keine nachträgliche Veränderung erfährt (derartige Wärmedämmstoffe sind z.B. Schaumglasplatten oder dergleichen). Soweit die sehr sparsamen Formulierungen des DIN-Entwurfes.

Es ist zweckmäßig, hier noch einige erläuternde Anmerkungen zu machen, um klarere Definitionen zu schaffen, zumal in der Vergangenheit mit dem Begriff »Dampfsperre« oft Verwirrungen bei Praktikern angestellt wurden. Der obengenannte DIN-Entwurf gibt zum ersten Mal an, welchen Dampfsperrwert eine Dampfsperre aufweisen soll. Hier muß jedoch angeführt werden, daß eine Fixierung eines solchen Wertes gefährlich ist, da die genaue Wertigkeit einer Dampfsperre nur aus einer Diffusionsberechnung abgeleitet werden kann. So ergeben sich z.B. bei Feuchträumen wesentlich andere Anforderungen an eine Dampfsperre als bei normalen Wohnräumen. Desgleichen ist der Dampfsperrwert, wie aus den Diffusionsberechnungen abgeleitet werden kann, weitgehend von der Dachdichtung abhängig. Hier ein einfaches Beispiel als Faustregel:

	Dampf- diffusions- widerstands- faktor
Bitumendachbahn mit 500 g Rohfilzpappeneinlage (DIN 52130) einschließlich Heißbitumenklebeschicht	2 000
Bitumenglasvliesbahn Nr. 5 einschließlich Heißbitumenklebeschicht	3 000
Aluminium-Dichtungsbahn mit beiderseitiger Bitumenbeschichtung und 0,1 mm dicker Alu-Einlage	
Alu-Folie	600 000
Bitumen-Deckschicht	1 500

Der Teildiffusionswiderstand ergibt sich dann wie folgt:

Eine zweilagige Dachdeckung aus 500 g Bitumendachbahnen mit Rohfilzpappeneinlage ist einschließlich Klebeschichten 5 mm dick.

$$\mu \cdot s = 2000 \cdot 0,005 = 10 \text{ m}.$$

Eine dreilagige Dachabdichtung aus Glasvliesdachbahnen, im Gieß- und Einrollverfahren hergestellt, ist einschließlich Klebeschichten 9 mm dick.

$$\mu \cdot s = 3000 \cdot 0,009 = 27 \text{ m}.$$

Eine Dampfsperre wird durch eine beiderseitig bitumenbeschichtete Alu-Dichtungsbahn 0,1 mm darge-

5.7 Dampfsperre im massiven Flachdach

stellt. Die Bitumendeckschicht beträgt jeweils 0,5 mm Dicke

$$\mu \cdot s_1 + 2 \cdot (\mu \cdot s_2) = 600\,000 \cdot 0{,}0001 + 2 \cdot (1500 \cdot 0{,}0005) = 61{,}50 \text{ m}.$$

Aus dieser einfachen Gegenüberstellung kann man erkennen, daß eine Dachhaut einen Teildiffusionswiderstand von etwa 10–30 m bringt, den die Dampfsperre wenigstens zu erreichen hat, will man sich den Nachweis des Feuchtigkeitsanfalles und des Abwanderungsvermögens ersparen (Rückdiffusion). Der Vollständigkeit halber und um Verwechslungen auszuschließen, ist zu erwähnen, daß der Teildiffusionswiderstand nur ein für die überschlägige Ermittlung der Dampfdichtigkeit einzelner Schichten brauchbarer Wert ist. Für exakte Berechnungen hat Glaser den spezifischen Diffusionswiderstand eingeführt, der neben dem Teildiffusionswiderstand noch die Gaskonstante für Wasserdampf, die Mitteltemperatur der zu untersuchenden Schicht, von der absoluten Temperatur ausgehend, und den Diffusionswert des in der Luft befindlichen Wasserdampfes berücksichtigt. (Siehe Kapitel 3 Teil I Dampfdiffusion.)

Von einer Dampfsperre nach dem DIN-Entwurf könnte also erst dann gesprochen werden, wenn der Wert mindestens 10,0 m beträgt.

Wie aus den Tabellen DIN-Entwurf und Tabelle 18 (Anhang) abgelesen werden kann, ergeben sich hier zwischen den einzelnen Dachpappen usw. Sperr-Unterschiede. Sie resultieren z. T. aus den Meßmethoden, viel mehr aber aus dem unterschiedlichen Dampfdurchgang bei normalen Dachbahnen.

Hinsichtlich des Einsatzes bzw. des Einbaues der Dampfsperren sind in Kapitel 3 und in den erläuternden Bildern Hinweise gegeben worden. In den Bildern 13 bis 19 sollen hier zum zusammenhängenden Verständnis richtige und falsche Plazierungen der Dampfsperre bei Massivdecken angegeben werden, wobei die temperaturabhängigen Dampfsättigungslinien p_s und die von dem Teildiffusionswiderständen abhängigen tatsächlichen Dampfdrucklinien P_i–P_a eingezeichnet sind. In den schraffierten Flächen fällt Kondensat aus. Wenn dies verhindert werden soll, muß entweder die Dampfsperre verklebt werden (unter die Kondensatebene) oder die obere Dämmung muß erhöht werden.

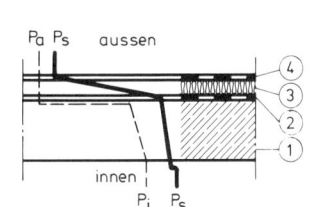

Bild 13 Dampfsperre im kondensatfreien Raum – richtig

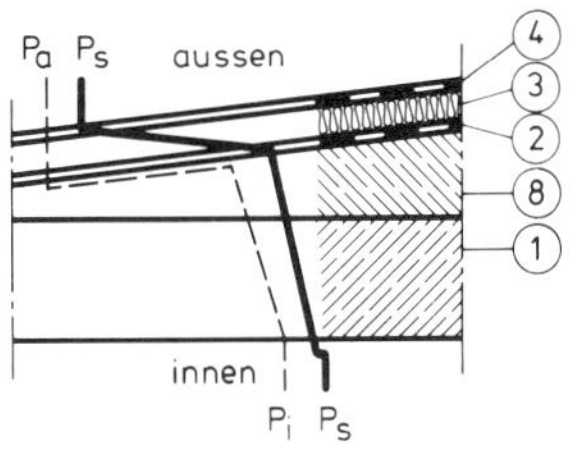

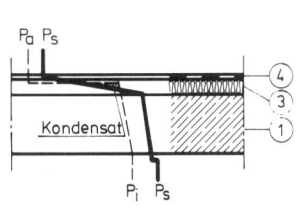

Bild 14 Ohne Dampfsperre. Kondensat in Wärmedämmung – falsch

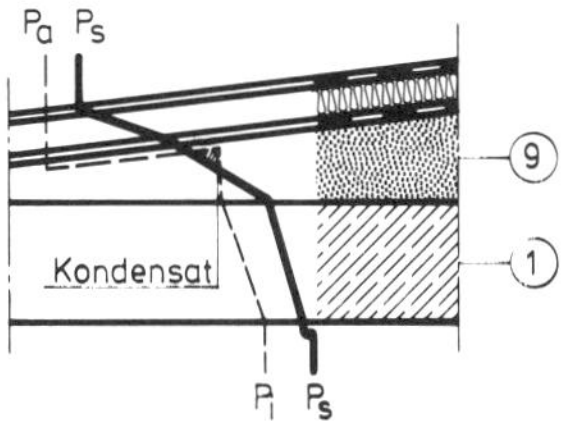

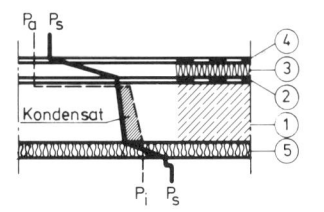

Bild 15a Dämmung unter Kondensat – falsch

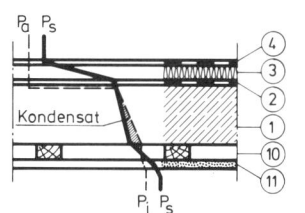

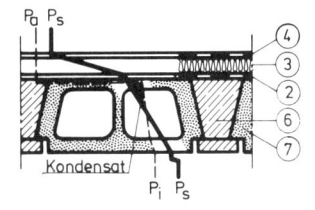

Bild 15b Leichtbeton-Fertigbalken, Kondensat – falsch

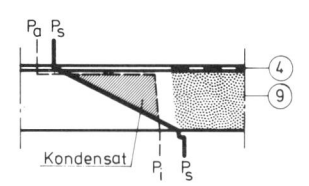

Bild 16 Gefällebeton normal, Dampfsperre liegt richtig

Bild 17 Gefälle-Leichtbeton, Dampfsperre liegt falsch

Bild 18 Unterdecke mit Luftraum, Dampfsperre liegt falsch

Bild 19 Leichtbeton- (Bims-, Gas-, Holzbeton oder dgl.) Kondensat, für hohe Belastung, falsch

Bilder 13–19 Lage der Dampfsperre richtig und falsch. Beispiele bei Massivdecken

5.7.1 Technische und sonstige Anforderungen an Dampfsperren

Neben den physikalischen Erfordernissen müssen noch einige weitere Anforderungen an Dampfsperren gestellt werden:

5.7.1.1 Wasserdampfdichtigkeit

Die Dampfsperre hat, wie bereits angeführt, die Aufgabe, den infolge des Druckunterschiedes zwischen warmer Raumluft und kalter Außenluft ständig oder zeitweise von innen nach außen durchdiffundierenden Wasserdampf zu bremsen bzw. dessen Durchgang in die Wärmedämmung zu verhindern. Es wird also ein gasförmiger Körper (Luft), in dem der Wasserdampf enthalten ist, unter einem bestimmten Druck an den Sperrstoff herangebracht. Ist diese Sperrschicht völlig dicht, hat sie also keinerlei Poren, Lufteinschlüsse, Faseranteile oder dergleichen, so setzt diese dem gasförmigen, also wasserdampfhaltigen Luftgemisch einen absoluten Widerstand entgegen, läßt also den Wasserdampf nicht nach oben (oder auch nach unten) durchdiffundieren. Man spricht dann von einem wasserdampfdichten Material. Im Hochbau sind derartige wasserdampfdichte Materialien Stahl, Glas bestimmter

5. Funktionsmerkmale beim massiven Warmdach

Zusammensetzung und bedingt Schaumglas. Alle anderen gängigen Baustoffe weisen mehr oder weniger große Poren, Öffnungen, Fasern, winzige Rißchen oder dergleichen auf und lassen den Dampf dadurch mehr oder weniger durchdiffundieren.

Die im Hochbau verwendeten, meist nur sehr dünnen Pappen, Kunststoff-Folien, Anstriche aus Bitumen oder Kunststoffen und auch dünne Metallfolien stellen keine absoluten Dampfsperren dar, zumal diese bekannten Bahnen mit Überlappungsstoß verklebt werden müssen und hier immer irgendwelche Fehlstellen enthalten sein können, abgesehen von Beschädigungen usw. Von einer absoluten Dampfsperre kann man im Hochbau also kaum sprechen, dagegen kann man ohne weiteres den Begriff Dampfsperre bei $\mu \cdot s \geqq 10$ gelten lassen.

5.7.1.2 Wasserdichtigkeit

Ob ein Stoff wasserdicht bzw. wasserabstoßend ist, hängt weniger von seiner Dichtigkeit als solcher ab als von seiner wasserabstoßenden Wirkung (Kohäsion) bzw. von seiner Anziehungskraft für Wasser (Adhäsion). An unbehandeltem Vliespapier bleibt beispielsweise Wasser haften, während es an mit Wachs, Teer, Bitumen bestrichenem Vliespapier nicht haften bleibt. Es wird also abgestoßen. Die wasserabstoßende Wirkung erklärt sich dadurch, daß die Kraft des Zusammenhaltens des Wassers (Kohäsion) größer ist als die Saugwirkung des Körpers (Adhäsion). Es gelingt relativ leicht, einen Sperrstoff oder Anstrich zu schaffen, der das Wasser abstößt, d. h. kein Wasser aufnimmt (z. B. Paraffin-Anstriche auf Ölpapier, Bitumen- oder Teerbeschichtungen, Silikonbehandlungen usw.). Dabei ist es nicht erforderlich, daß der Film vollkommen dicht ist. Er soll lediglich so dicht sein, daß eine Wassereinheit nicht hindurchtreten kann (z. B. Silikon-Anstriche an Außenputz usw.). Es können Stoffe also durchaus völlig wassersperrend sein, aber den Dampf (Gas) nahezu ungehindert durchdiffundieren lassen. Eine Wassersperre, Bremse bzw. Wasserabdichtung, ist also noch nicht immer gleichzeitig eine Dampfsperre. Hartschaumplatten aus Polystyrol oder dergleichen stoßen beispielsweise Wasser als Körper ab, lassen aber Wasserdampf ähnlich wie Beton durchdiffundieren. Die Verkennung bzw. Verwechslung der Eigenschaften »dampfdicht« und »wasserdicht« oder »wasserabweisend« hat schon oft zu Schäden geführt. Hier ist also sehr wohl zu unterscheiden.

5.7.1.3 Dampfsperren oder Dampfbremsen

Zur Beeinflussung des Wasserdampfdurchganges verwendet man je nach Beanspruchung Dampfsperren oder auch nur Dampfbremsen. So werden beim Warmdach, wie obengenannt, vorzüglich Dampfsperren zur Anwendung kommen müssen, also Materialien mit einem relativ hohen Dampfsperrwert (gleich oder größer wie 10 m). Dagegen können bei Kaltdächern u. U. Dampfbremsen völlig ausreichen, um spätere Schäden zu vermeiden ($\mu \cdot s \geqq 2$ m für Unterschale nach DIN 18530).

Bei Warmdächern, um die es hier geht, wird man jedoch den alten Grundsatz möglichst beibehalten, daß der Dampfsperrwert in etwa die Wertigkeit der Dachabdichtung aufweist. Eine dreilagige Abdichtung mit 500er Bitumenpappen ergibt in etwa einen Diffusionswiderstand von 50. Wenn also weniger Wasserdampf eindiffundieren soll als oben u. U. abdiffundiert (obere Druckausgleichsschicht unberücksichtigt lassend), müßte ebenfalls eine Dampfsperre mit einem Wert von 50 m zum Einsatz kommen. Aus den vorgenannten Tabellen wären hier also nur die Dampfsperren auszuwählen, die diesen Wert erbringen, z. B. ebenfalls mehrlagige Glasvlies-Bitumenbahnen, Alu-Dichtungsbahnen, Kunststoff-Bahnen mit Bitumenpappen-Beschichtungen oder entsprechend starke Kunststoffbahnen als nackte Bahnen jeweils mit den entsprechenden Diffusionswerten.

Hier sind jedoch noch einige einschränkende Anmerkungen zu machen.

Die Prüfzeugnisse, die sehr häufig vorgewiesen werden, entsprechen sehr selten den praktischen Erfahrungswerten:

1. Anstriche können zwar völlig fugenlos aufgebracht werden, haben aber den Nachteil, daß durch die manuelle Auftragung wesentlich Differenzen in der Anstrichdicke möglich sind. Diese sind einmal durch die Technik des Anstriches selber bedingt (Aufspritz- oder Streichverfahren, Temperatur beim Aufbringen des Anstrichs usw.). Außerdem sind Anstriche (die z. B. unterseitig auf Gasbetonplatten oder dergleichen aufgebracht werden können), anfällig gegen Rissebildungen (besonders in Fugenbereichen). Es können also auch dadurch erhebliche Abweichungen von den Labor-Meßwerten in der Praxis auftreten.

2. Dampfdichte Wärmedämmplatten (z. B. Schaumglas) bringen z. T. sehr hohe Dampfdiffusionswiderstandswerte, die praktisch als dampfdicht angesprochen werden könnten. Hier muß jedoch bemerkt werden, daß jeder stumpfe Plattenstoß ebenso dampfdicht ausgeführt werden muß (durch Verklebung mit Bitumen usw.). Da Dachdecker bekanntlich zum Rohbaugewerbe gezählt werden müssen und nicht zu den Feinmechanikern, können hier je nach Ausführungsfirma und Arbeiter enorme Dampfdurchgänge im Fugenbereich vorhanden sein. Auch sind derartige Wärmedämmplatten spröde und erhalten durch spätere Belastungen und Begehungen bei mangelhafter Einklebung Risse, die dann auch im Klebeanstrich auftreten, so daß auch hier Gefahren vorhanden sind. Nicht selten entstanden deshalb in der Vergangenheit auch bei absolut dampfdichten Schaumglas-Platten Schäden durch Dampfdiffusion. Man sollte deshalb auch derartige Platten, mindestens bei höheren Diffusionsbelastungen, nicht ohne gesonderte Dampfsperre verlegen (Glasvliesbahn V 11).

5.7 Dampfsperre im massiven Flachdach

3. Von allen angebotenen Dampfsperren bei Warmdächern eignen sich nach den bisherigen Erfahrungen nur Folien und Bahnen. Hier können die Praxiswerte weitgehend den theoretischen Meßwerten entsprechen (Tabelle 18, Anhang), wobei jedoch auch hier ein gewisser Sicherheitswert einkalkuliert werden soll, der durch die Überlappungsverklebung der meist 1 m breiten Bahnen entsteht. Auch muß leider sehr häufig beobachtet werden, daß die Dampfsperre als provisorische Dachabdichtung oft monatelang liegen bleibt und durch die nachfolgenden Arbeiten häufig beschädigt, ja sogar zerstört wird. Selbstverständlich gelten dann auch hier nicht die theoretischen Meßwerte.

Andererseits kann bestätigt werden, daß eine absolute Dampfsperre auch nicht in jedem Falle notwendig ist. Wenn durch die Diffusionsberechnung nachgewiesen werden kann, daß eine weniger hochwertige Dampfsperre im Sommer die Rückatmung (Rückdiffusion) ausreichend besorgt, ist ohne Schaden das Gleichgewicht wieder hergestellt. Auch die obere Dampfdruckausgleichsschicht (siehe spätere Ausführungen) kann hier als Entlastungsschicht nach den Erfahrungen eingesetzt werden, so daß man hinsichtlich der Unsicherheitswerte in der Dampfsperre bei Aufbringung und Beschädigung auch nicht allzu ängstlich zu sein braucht, andererseits sollte man jedoch darauf achten, daß die Dampfsperre möglichst unbeschadet zum Einbau kommt. Bei der Auswahl der Dampfsperren wären noch folgende Anmerkungen zu machen:

a) Alterungsbeständigkeit

Die Dampfsperre darf nicht verrotten oder verfaulen. Dachpappen mit Wollfilzeinlagen sind deshalb als Dampfsperren nur mit Vorbehalt zu empfehlen. Die Klebemasse als solche sollte nicht beim Dampfsperrwert berücksichtigt werden.

Wesentlich geeigneter sind Glasvlies-Bitumendachbahnen für geringere Beanspruchungen, die u. U., falls sie einlagig nicht ausreichen, auch zweifach zur Aufklebung kommen können.

Handelsübliche PVC-Folien oder dergleichen sind als Dampfsperren ungeeignet, soweit bituminöse Dachabdichtungen zur Anwendung kommen. Dagegen sind Spezial-Kunststoff-Folien durchaus geeignete Dampfsperren bei entsprechender Stärke. Sehr gut haben sich bestimmte Kunststoff-Folien (Polyisobutylen), und hier besonders beidseitig mit Bitumenpappen kaschiert, als alterungsbeständige elastische Dampfsperren bewährt, ebenso wie kunststoffbeschichtete Metall-Folien, beidseitig mit Pappen kaschiert und ähnliche Dichtungsbahnen (auch Schweißbahnen).

b) Korrosionsbeständigkeit

Nackte Aluminium-Folien, in Stärken 0,1–0,2 mm dick, wurden häufig ohne besondere Schutzbehandlung direkt auf Betonplatten aufgeklebt. Infolge der im Beton vorhandenen Alkalien, Säuren aus dem Beton durch chemische Frostschutzmittel usw. kam es zu Korrosion, so daß nur noch Reste der Folien festgestellt werden konnten. Nackte Alu-Folien oder dergleichen sind also abzulehnen. Es dürfen im Warmdach nur mit Pappen bzw. mit Glasvliesbahnen kaschierte Alu-Dichtungsbahnen verwendet werden. Sehr gut eignen sich Kupfer-Folien, die jedoch ebenfalls gegen Kontaktkorrosion geschützt werden müssen. Sie sind jedoch im normalen Flachdachbau aus Kostengründen nur selten möglich.

c) Elastizität

Eine Dampfsperre muß besonders bei Fertigbetonplatten usw. so elastisch sein, daß die aus der Unterkonstruktion kommenden Spannungsbelastungen aufgenommen werden können, ohne daß die Dampfsperre reißt. Glatte Metall-Folien sind hier meist zu steif, selbst dann, wenn sie über Lochglasvliesbahnen aufgeklebt werden. Hier sollten die Folien Riffelungen haben. Zweckmäßig sind hier wiederum Kunststoff-Alu-Folien, in Bitumenpappen einkaschiert. Diese können noch Spannungen aus dem Beton bzw. aus den Fugen aufnehmen, ohne insgesamt zu reißen. Wie bereits angeführt, sollte jedoch in jedem Falle unter der Spannungsausgleichsschicht bei Plattendecken noch ein sog. Schleppstreifen untergelegt werden, um die Dampfsperre nicht direkt zu belasten.

d) Beständigkeit der Dampfsperre gegen Chemikalien

Abgesehen von den Forderungen der Korrosionsfestigkeit und Beständigkeit gegen Alkalien und Säuren aus den Baustoffen muß die Dampfsperre bei bestimmten Industriebetrieben auch gegen solche Säuren und Basen beständig sein, die aus der Raumluft an die Dampfsperre durch Dampfdiffusion herangeführt werden, beispielsweise Dampf aus Gerbereien, Färbereien, Veredelungsbetrieben usw. Es ist also bei solchen Betrieben darauf zu achten, daß nur solche Dampfsperren zur Anwendung kommen, die gegen derartige Angriffe beständig sind (Klebeanstrich unbeachtet). Auch ist gegebenenfalls darauf zu achten, daß kein elektrisches Spannungsfeld (z. B. zwischen Kupferbedachung und Aluminium-Dampfsperre) entsteht, da bei Kontakt das Aluminium zerstört würde (Ablaufrohre als Verbindungsglieder usw.). Auch hier eignen sich Kunststoff-Folien, in Bitumenpappen einkaschiert, gut.

e) Dampfsperre als Pufferschicht

Manchmal ist es erforderlich, eine Dampfsperre ganz innenseitig wie eine Tapete auf der Raumseite anzubringen (bei nachträglichen Sanierungen von Warmdächern, zusätzliche unterseitige Anbringung einer Wärmedämmung usw.). Dies ist auch bei wärmetechnisch mitwirkenden Tragkonstruktionen der Fall (siehe Gasbeton-, Holz- oder Bimsbeton usw.) oder bei Neubau-Massivplattendecken mit innenseitiger Wärmedämmung, wie diese auch heute teilweise auf dem Dachsektor angeboten werden (ab gewissen Feuchtigkeitsbelastungen). Diese innenseitige Dampfsperre

5. Funktionsmerkmale beim massiven Warmdach

soll nun in der Lage sein, ähnlich wie Putz oder wie eine Betonplatte, vorübergehend anfallendes Schwitzwasser zu absorbieren (besonders in Industriebetrieben), ohne daß es zu Abtropfungen kommt. Nach Aufhören dieser Feuchtigkeitsbildung sollte diese gespeicherte Schwitzwassermenge (bei Nacht) wieder an die Raumluft abgegeben werden können. Die Dampfsperre sollte also oberflächig »atmungsfähig« sein. Diese Forderung ist besonders wichtig bei Betrieben, die über das Wochenende ruhen und am Beginn der Woche wieder mit voller Belastung arbeiten. Öl- und Chlorkautschuk-Anstriche sowie andere dampfdichte, nicht atmungsfähige Beschichtungen, die als Dampfsperren wirksam werden können, besitzen diese Eigenschaft nicht. Schwitzwasser tropft dann häufig sofort von derartigen Sperrschichten ab (natürlich auch von Blech, nackte Alu- oder Kunststoff-Folien).

Sinnvoll sind also Dampfsperren, die eine derartige Pufferschicht aufweisen, z. B. mehrfache bituminöse Anstriche oder Schweißbahnen mit darüber aufgebrachten Zementschlemmen als Putzträger mit nachfolgendem Kalkputz (bei Decken jedoch kaum anwendbar).

Eine zweckmäßige Dampfsperre, die ähnlich einer Tapete mit überlappten Nähten mit Spezialklebern auf den Untergrund aufgeklebt werden kann, ist Vaporex. Es ist dies eine elastische Kunststoff-Folie, die raumseitig mit einem Spezial-Saugpapier beschichtet ist, das in der Lage ist, vorübergehend bis 200 g/m² Kondensat aufzunehmen und später wieder abzugeben. Dieselbe Folie wird auch mit einer Aluminium- und Kunststoff-Folieneinlage in derselben Form angeboten und eignet sich besonders für stark feuchtigkeitsbelastete Räume. Durch besondere Anstriche auf dieser Dampfsperre können zusätzlich schimmelhemmende Wirkungen herbeigeführt werden, was z. B. bei Nährmittelbetrieben, Bäckereien, Käsereien usw. notwendig wird. Wärme, Feuchtigkeit und organische Substanzen als Voraussetzungen der Schimmelbildung sind in derartigen Betrieben dauernd vorhanden. Um das Wachstum derartiger Pilze zu vermeiden, empfehlen sich also schimmelwidrige bzw. schimmelhemmende Anstriche, die naturgemäß möglichst die oberflächige Atmungsfähigkeit der Dampfsperre nicht unterbinden sollten.

Leimfarb-Anstriche oder dergleichen sind in Feuchträumen auf Dampfsperren nicht zu verwenden, da sie die Schimmelbildung beschleunigen. In Räumen mit höheren Luftfeuchtigkeiten sind also nur Mineralfarb-Anstriche zweckmäßig. Dies gilt auch allgemein.

5.8 Wärmedämmung beim massiven Flachdach

Wie in den vorhergehenden Kapiteln beschrieben und dargestellt, ist eine Wärmedämmung bei massiven Dächern aus folgenden Gründen erforderlich:
1. Schaffung eines behaglichen Raumklimas gegen die außenseitigen Witterungseinflüsse.
2. Vermeidung von Schwitzwasserbildung auf den unteren Oberflächen und Kondensationsbildung innerhalb der Dachkonstruktion.
3. Vermeidung von Bauschäden durch Temperaturspannungsrisse in den statisch tragenden und nicht tragenden Wänden usw.
4. Wirtschaftlichster Energieaufwand für Heizung und Lüftung usw.

In Kapitel 3–4 wurden die theoretischen Zusammenhänge und die Berechnungsmethoden zur Dimensionierung der Wärmedämmung zur optimalen Erreichung der oben angegebenen Forderungen dargestellt.

Es sollen hier nun die Kriterien aufgezeigt werden, die an Wärmedämm-Materialien für massive Dächer gestellt werden.

5.8.1 Anforderungen an Wärmedämmschichten

Die Anforderungen an Wärmedämmschichten beim massiven einschaligen Flachdach sind sehr vielfältig und können je nach physikalischer oder mechanischer Belastung sehr differenziert sein. So ist z. B. ein Wärmedämmstoff für ein normales, begehbares Flachdach aus Kunststoff-Hartschäumen bei gewissen Einbauvorschriften ideal, während er u. U. bei Parkdecks nicht zu empfehlen ist. Andererseits können aber auch organische Stoffe durchaus für den einen oder anderen Fall sinnvoll und preisgünstig zum Einbau kommen, wo in anderen Fällen z. B. bei Flächdächern über Kühlräumen Schaumglas als anorganisches Material der Vorzug zu geben ist. Auch die Frage der Preiswürdigkeit ist relativ, wenn man die entsprechenden Eigenschaften und die evtl. vorhandenen Verlegevorteile berücksichtigt. Es wird also auch in Nachfolgendem kaum möglich sein, den idealen Wärmedämmstoff zu empfehlen. Die allgemeinen Kriterien zur Beurteilung sind:

1. Materialstruktur (geschlossen, offen oder gemischtzellig).
2. Mechanische Eigenschaften (sprödhart, zähhart, bis elastisch).
3. Rohwichte.
4. Festigkeitswerte (Druckfestigkeit, Zug-, Biege- und Scherfestigkeit).
5. Wärmeleitzahl und hier evtl. Preisvergleich.
6. Wärmedehnung und hier z. B. Abschätzung auf Spannungsübertragung auf die Dachhaut.
7. Wärmeformbeständigkeit (z. B. Einwirkung des Heißbitumens bei der Verklebung und Langzeitbelastung durch Sonnenaufstrahlung) sowie Kältebeständigkeit, Aufwölbungen usw.
8. Feuchtigkeitsbeständigkeit, so Diffusionsverhalten gegen Dampfdiffusion, Wasseraufnahmevermögen und Kapillarität.
9. Brandverhalten gemäß DIN 4102.

Von Hebgen und Heck [17] sind in übersichtlicher Form für die gebräuchlichsten anorganischen und organischen und Kunststoff-Hartschäume die Daten in Bild 20a zusammengestellt; wenngleich diese Tabelle kei-

5.8 Wärmedämmung beim massiven Flachdach

DÄMMSTOFFE FÜR EINSCHALIGE FLACHDÄCHER

GRUPPE	DÄMMSTOFF	SINNBILD	MATERIAL-ZELL-STRUKTUR	MECHANISCHE FESTIGKEIT (HARTEGRAD)	ROHWICHTE kg/m³	FESTIGKEITEN kp/cm²				WÄRME				FEUCHTIGKEIT			BRAND-VER-HALTEN
						DRUCK-FESTIG-KEIT	ZUG-FESTIG-KEIT	BIEGE-FESTIG-KEIT	SCHER-FESTIG-KEIT	WÄRME-LEITZAHL λ	WÄRME-DEHNUNG BEI 100°C mm/m	FORMBESTÄNDIGKEIT KURZ-FRISTIG °C	FORMBESTÄNDIGKEIT LANG-FRISTIG °C	KÄLTE-BESTÄN-DIGKEIT °C	DIFFUSIONS-WIDER-STANDS-FAKTOR μ	WASSERAUFNAHME NACH 7 TAGEN VOL.%	WASSERAUFNAHME NACH 1 JAHR VOL.%	KAPILLA-RITÄT ?
ANORGANISCHE	SCHAUMGLASPLATTEN AUS BLÖCKEN GESCHNITTEN		GESCHLOSSEN-ZELLIG	SPRÖD-HART	~145	~7	4.6	5.3	2.8	0.048	~0.8	+430	+400	-240	~10 000	0.2	1.9	KEINE	NICHT BRENNBAR
ANORGANISCHE	DÄMMPLATTEN AUS EXPANDIERTEM STEIN		OFFEN-ZELLIG	ZÄH-HART	~170	3.6	0.4	3.0		0.045	~1.0	+250	+200	-100	~5	~2	~10	KEINE	SCHWER ENTFLAMMBAR
ANORGANISCHE	DÄMMSCHÜTTUNG AUS EXPANDIERTEM STEIN, BITUMENGEBUNDEN		GEMISCHT-ZELLIG		~280	1.5-2.0				0.057	~0.1	+200		-200	~5	2-4	10-20	KEINE	BRENNBAR
ORGANISCHE	KORKPLATTEN EXPANDIERT + IMPRÄGNIERT		GEMISCHT-ZELLIG	ZÄH-HART	~180	1.5-2.5				0.040	~10	+200	+90	-200	~2	8-10	>20	JA	BRENNBAR
ORGANISCHE	KORKPLATTEN EXPANDIERT (BACKKORK)		GEMISCHT-ZELLIG	ZÄH-HART	~160	1.5-2.5				0.038	~10	+200	+120	-200	~2	8-10	>20	JA	BRENNBAR
ORGANISCHE	HOLZFASERPLATTEN BITUMINIERT		OFFEN-ZELLIG	ZÄH-HART	~200	~3.5		~1.5		0.040	~5	+200	+90	-200	~3	>20	>50	JA	BRENNBAR
	DÄMMPLATTEN AUS KOHLENWASSERSTOFF-HARTSCHAUM		GEMISCHT-ZELLIG	SPRÖD-HART	~180	~20		~6		0.048	~1.0	+300	+200	-200	~10	>15	>40	JA	SCHWER ENTFLAMMBAR
KUNSTSTOFF HARTSCHÄUME	POLYSTYROL-SCHAUMPLATTEN AUS BLÖCKEN GESCHNITTEN		GESCHLOSSEN-ZELLIG	ZÄH-HART BIS WEICH	≤20 / ≤25 / ≤30	1.0-1.5 / 1.5-2.0 / 2.0-2.5	2.5-3.0 / 3.0-4.0 / 4.0-5.0	2.5-3.2 / 3.0-4.0 / 4.0-5.0	6-8 / 7-10 / 9-12	0.035	~6	+100 / +110 / +120	+85	-200	~35 / ~40 / ~45	0.5-1	~5	KEINE	BRENNBAR ODER SCHWER ENTFLAMMBAR
KUNSTSTOFF HARTSCHÄUME	POLYSTYROL-SCHAUMPLATTEN IN EINZELFORMEN HERGESTELLT		GESCHLOSSEN-ZELLIG	ZÄH-HART	≤22 / ≤25 / ≤30 / ≤35	1.7 / 2.0 / 2.5 / 3.0	3.4 / 4.0 / 4.5 / 5.5	3.4 / 4.0 / 5.0 / 6.0	8.5 / 10 / 11.5 / 13	0.035	~6	+130 / +135 / +140 / +145	+85	-200	~45 / ~50 / ~60 / ~70	0.2-0.5	1-3.0 / 1-2.5 / 1-2.0 / 1-2.0	KEINE	BRENNBAR ODER SCHWER ENTFLAMMBAR
KUNSTSTOFF HARTSCHÄUME	POLYSTYROL-SCHAUMPLATTEN EXTRUDIERT GRÜN / BLAU		GESCHLOSSEN-ZELLIG	ZÄH-HART	~35 / ~40	2.5 / 2.5	4.2	9.8	2.5	0.035	~7	+120	+75	-200	~125 / ~250	0.2-0.5	1-2	KEINE	SCHWER ENTFLAMMBAR
KUNSTSTOFF HARTSCHÄUME	POLYURETHAN-SCHAUMPLATTEN BAND-GESCHÄUMT / AUS BLÖCKEN GESCHNITTEN		GESCHLOSSEN-ZELLIG	ZÄH-HART	~30 / ~35 / ~30	2.0 / 2.2 / 1.8	2.0-3.0 / 2.5-3.5 / 2.0-3.0	2.5-3.5 / 2.5-3.5 / 2.0-3.0	~3.0 / ~3.5 / ~3.0	0.030	10-15 / 8-12 / ~25	+250 / +250 / +200	+100 / +100 / +90	-50	~45 / ~50 / ~40	~1	~8 / ~8 / ~10	KEINE	BRENNBAR ODER SCHWER ENTFLAMMBAR
KUNSTSTOFF HARTSCHÄUME	PHENOLHARZ-SCHAUMPLATTEN AUS BLÖCKEN GESCHNITTEN		GEMISCHT-ZELLIG	SPRÖD-HART	~40 / ~60	~2.0 / ~3.0	~2.0 / ~2.5	~2.0 / ~2.5	~1.0 / ~1.5	0.035	~3	+180 / +200	+120 / +130	-200	~35 / ~40	~7	~20	JA	BRENNBAR ODER SCHWER ENTFLAMMBAR

Bild 20a

5. Funktionsmerkmale beim massiven Warmdach

nen Anspruch auf Vollständigkeit erhebt, ergibt sie doch einen guten Überblick und eine schnelle Vergleichsmöglichkeit.

5.8.2 Beschreibung und Verlegehinweise für Dämmstoffe

Nach vorgenannter Tabelle sollen in derselben Reihenfolge die wichtigsten Dämmstoffe beschrieben werden.

1. Schaumglasplatten

Schaumglas ist ein geschäumtes Glas in sich erstarrt. Es enthält zahlreiche kleinste, in sich geschlossene Zellen. Schaumglas ist unbrennbar und gemäß vorgenannter Tabelle besonders gut wärmeformbeständig und ist praktisch dampfdicht. Die Druckfestigkeiten werden derzeit bei zwei verschiedenen Materialien mit 5 kp/cm^2 und 6,5 kp/cm^2 angegeben. Es empfiehlt sich jedoch, diese Druckfestigkeit nicht voll auszunützen, was auch verschiedentlich von den Herstellerfirmen empfohlen wird. Schaumglasplatten sind verrottungsfest und alterungsbeständig. Dies besagt jedoch nicht, daß Schaumglasplatten im eingebauten Zustand naß werden dürften. Durch Frost können bei Wasserzutritt die Kapillarwände zerstört und so die Platten völlig mit Wasser durchfeuchtet werden. Die Platten sind also bei Wasserzutritt nicht frostbeständig. Wegen des hohen Wasserdampf-Diffusionswiderstandsfaktors für geschäumtes Glas verzichtet man meist auf eine Dampfsperre samt Ausgleichsschicht unter- und oberhalb der Dämmstofflage. Eine derartige Verlegung setzt jedoch voraus, daß die Wärmedämmplatten völlig planeben in reichlich Bitumenmasse eingeschwemmt sind, und daß die Fugen völlig ausgegossen sind. Ist Letzteres nicht einwandfrei nachzuweisen, empfiehlt es sich, in Anlehnung an die Richtlinien für die Ausführung von Flachdächern auch bei Schaumglas eine Dampfsperre (z.B. Glasvlies-Bitumenbahn V 11) mit Heißbitumen unter die Schaumglasplatten auf die Massivdecke usw. aufzukleben.

Das lose Auflegen einer oberen Dampfdruckausgleichsschicht ist wegen Strukturzerstörung der Schaumglasplatten nicht zu empfehlen. Letzteres wäre nur dann möglich, wenn ein genügend starker Heißbitumen-Deckaufstrich vorher aufgebracht wird, der gleichzeitig die relativ zahlreichen Fugen der kleinformatigen Platten einwandfrei schließt. Letzteres ist aber auch dann notwendig, wenn auf die obere Dampfdruckausgleichsschicht verzichtet wird, was meist der Fall ist. Es ist jedoch darauf zu achten, daß die Platten mit engen Fugen verlegt werden, da bei einlagiger Verlegung der kleinformatigen Platten sonst zahlreiche Wärmebrücken entstehen. Vollsatte Verlegung ist angezeigt, da sonst bei Begehung und Belastung Brüche auftreten können. Das Material ist besonders dort geeignet, wo wechselseitige Dampfdruckbelastungen vorliegen, also z.B. bei Flachdächern über Kühlräumen und dort, wo

hohe Druckfestigkeiten erforderlich werden, also bei Parkdecks usw. Es ist ratsam, nur erfahrene Fachfirmen mit der Ausführung zu betreuen und den Überwachungsdienst der Herstellerfirmen in Anspruch zu nehmen.

1a. Spezialschaumstoff mit hoher Druckfestigkeit

Seit einiger Zeit wird ein dem Schaumglas ähnlicher, jedoch aus organischem Hartschaum hergestellter Schaumstoff angeboten, dessen Druckfestigkeit 20 kp/cm^2 aufweist, Biegezugfestigkeit 6 kp/cm^2, Wärmeleitzahl 0,048 kcal/mh° bei Raumgewicht 180 kg/m^3. Das Material besteht aus hochpolymeren Aromaten. Es ist unschmelzbar, geruchlos und gemischtzellig, läßt sich trotz hoher Druckfestigkeit leicht sägen und schneiden. Das Material ist heißbitumenverträglich und ist formstabil und gegen Mikroben, Fäulnisbakterien usw. immun. Es ist nicht brennend, muß jedoch gemäß DIN 4102 als schwer entflammbar eingestuft werden. Preislich läßt sich das Material mit Schaumglas vergleichen. Das Plattenformat wird mit 50 × 50 cm bei Stärken von 4–6 cm angegeben. Ein Material dieser hohen Druckfestigkeit ist besonders bei stark befahrenen und belasteten Flachdächern angezeigt, also Hofkellerdecken, Vorfahrtsrampen bei Flughäfen, Parkdecks usw. Hinsichtlich der Verlegung gelten dieselben Gesichtspunkte wie bei den Hartschaumplatten. Ein Material mit dieser hohen Druckfestigkeit kann sehr häufig über Probleme hinweghelfen.

2. Schaumkiesschüttung

Schaumkies besteht aus granuliertem, geschäumten Glas mit einer Korngröße 2–22 mm. Für die reinen Körner wird eine Temperaturbeständigkeit von 600°C angegeben.

Das Schüttmaterial, vorzüglich bisher als lose Schüttung im Hochbau verwendet, soll nunmehr auch bitumengebunden als Wärmedämmung bei Flachdächern zum Einsatz kommen. Da die Wärmeleitzahl jedoch relativ gering ist, dürfte das Material nur dort sinnvoll sein, wo durch die Wärmedämmung gleich das Dachgefälle in fugenloser Art erwünscht ist. Der Diffusionswiderstandsfaktor des verlegten Materiales ist gering und erfordert demzufolge unter dem Material eine Dampfsperre. Weitere Daten sind nicht bekannt.

3. Platten aus expandiertem Stein

Das Grundmaterial ist Perlite, ein vulkanisches Gestein, das bei etwa 1200°C expandiert wird. Dabei entstehen glasartige, aus zahlreichen kleinsten Lufträumen aufgebaute Kügelchen. Aus diesen werden durch Mischung mit Fasern und Bindemitteln Platten gepreßt, die derzeit mit 62,5/80 cm angeboten werden. Plattenstärke ist 20–65 mm bei einem Raumgewicht von 170 kg/m^3. Der Wasserdampf-Diffusionswiderstandsfaktor wird mit 4,6 angegeben, Druckfestigkeit 3 kp/cm^2, Wärmeleitzahl 0,045 kcal/mh°C und der Temperaturbereich von

5.8 Wärmedämmung beim massiven Flachdach

−100°C bis +200°C. Die Verlegung erfolgt wie z.B. bei Korkplatten. Die Platten sind sehr maßhaltig, alterungs- und formbeständig. Die früher gemachten Feststellungen der Fäulnisbildung bei Wasserzutritt konnten in den letzten Jahren nicht mehr festgestellt werden.

4. Geschüttete Dämmschicht aus expandiertem Perlite

Perlite, mit Bitumen umhüllt, läßt sich ähnlich wie Schaumkiesschüttung als fugenlose und verrottungsbeständige Dämmschicht verlegen, mit der gleichzeitig ein evtl. erwünschtes Dachgefälle erarbeitet wird. Das über Lehren abgezogene Material wird kalt mit einer Hand- oder Motorwalze nach einer Wartezeit von ca. 30–90 min verdichtet. Das Raumgewicht beträgt ca. 250–300 kg/m³, die Wärmeleitzahl (Rechenwert) 0,057 kcal/mh°C. Der Diffusionswiderstandsfaktor wird mit ca. 3–5 angegeben. Es muß also hier auf alle Fälle eine gute Dampfsperre unter dem Material eingebracht werden und eine obere Dampfdruckausgleichsschicht mit sonst üblichem Dachaufbau.

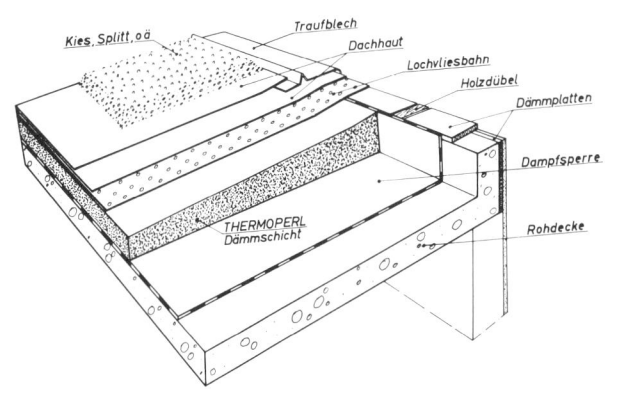

Bild 20b Thermoperl-Warmdachisolierung

Anstelle der Kaltverarbeitung kann auch bei Spezialkenntnissen mit Spezialgeräten Heißverarbeitung auf dem Dach vorgenommen werden. Das Material ist häufig dort angezeigt, wo auch ein Gefälle nachträglich bei Flachdächern erwünscht ist, also bei durchgebogenen Konstruktionen usw.

5. Mineralfaserplatten

Die auf dem allgemeinen Bausektor sich bewährten Glas- oder Mineralfaserplatten, die vorzüglich beim zweischaligen Dach verwendet werden, konnten auf dem einschaligen Dach bisher nur eine geringe Anwendung finden. Seit einiger Zeit werden jedoch auch hier kunstharzgebundene, oberseitig mit Glasvlies-Bitumenbahnen abkaschierte und mit Kraftpapier zusätzlich verstärkte Platten angeboten. Die von Natur aus gegebene geringe Druckfestigkeit wird so verbessert, daß die Platten im Flachdachsektor für begehbare Dächer verwendet werden können. Mineralfaserplatten sind alterungsbeständig, verrottungsbeständig und wären an sich unbrennbar, wenn sie nicht mit Pappen abkaschiert werden müßten. Die Verarbeitung erfolgt wie bei anderen Wärmedämmplatten mit Dampfsperre, oberer Druckausgleichsschicht usw., die jedoch durch die aufkaschierte Pappe falsch plaziert ist. Der Diffusionswiderstandsfaktor der Platten ist gering (zwischen 2 und 5) und erfordert demzufolge eine gute Dampfsperre. Die Wärmeleitzahl liegt bei 0,035. Es ergeben sich wirtschaftliche Konstruktionen.

6. Expandierte und imprägnierte Korkplatten

Expandierter Kork besteht aus aufgeblähten Naturkorkteilchen, die mit einem Bindemittel gebunden sind. Bis vor wenigen Jahren hat man hierfür Teerpech als Bindemittel verwendet, das beim Erhitzen Gas entwickelt hat, welches bei der Verarbeitung die Schleimhäute angegriffen und sich sogar entzündet hat. Seit neuerer Zeit werden jedoch Korkplatten nur noch mit Bitumen gebunden geliefert, so daß diese Nachteile nicht mehr auftreten.

Expandierte und imprägnierte Korkplatten mit einem Rohgewicht von ca. 180 kg/m³ bei einer Wärmeleitzahl zwischen 0,038 und 0,04 bei einem Diffusionswiderstandsfaktor zwischen 2 und 4 gehören zu den Standard-Wärmedämmplatten auf dem Flachdach. Sie haben sich 1000fach bewährt und sind auch heute noch ein durchaus gebräuchlicher Wärmedämmstoff bei der Flachdachgestaltung. Es ist zwar zutreffend, daß Kork als Naturprodukt zur Verrottung neigt. Der Autor hat jedoch in seiner langen Schadenspraxis zahlreiche Flachdächer mit Korkplatten durch Sanierung ausgetrocknet, ohne daß Nachteile geblieben sind. Die vielbeschriene Verrottung ist nur in seltenen Fällen festgestellt worden. Durch eine wirksame Dampfdruckausgleichsschicht über den Korkplatten kann auch Einbaufeuchtigkeit schnell und ohne Nachteil abgeführt werden, wenn Sonnenaufstrahlung auf der Dachfläche möglich ist. Sicher ist es notwendig, Korkplatten während der Verlegung vor Durchfeuchtung zu schützen, um möglichst wenig Feuchtigkeit mit einzubauen, die u.U. später zu Blasenbildungen in der Dachhaut führt. Korkplatten werden ohne Stufenfalz geliefert. Es ist deshalb gemäß den Richtlinien für die Ausführung von Flachdächern notwendig, die Korkplatten zweilagig fugenversetzt zu verlegen. Im übrigen gelten die normalen Aufbaugesichtspunkte, die bekannt sind.

7. Back-Korkplatten

Back-Korkplatten erhalten keine Bitumen- oder Steinkohlen-Teerpechbindung. Das Eigengewicht beträgt demzufolge nur ca. 120 kg/m³, die Wärmeleitzahl wird günstiger und liegt bei 0,035 kcal/mh°C. Die Bindung der einzelnen Korkteilchen wird durch die im Kork enthaltenen Harze nach einem besonderen Preßverfahren bewirkt. Die Verarbeitung der Back-Korkplatten ist angenehmer und findet zu Lasten der expandierten und imprägnierten Korkplatten einen größeren Abnehmerkreis.

5. Funktionsmerkmale beim massiven Warmdach

8. Bituminierte Holzfaserplatten

Bituminierte Holzfaserplatten werden aus Holzschliff und Bitumen hergestellt. Dämmplatten dieser Art weisen eine gute Druckfestigkeit und Maßhaltigkeit auf. Bei größeren Dämmdicken müssen die Platten zweilagig fugenversetzt wie bei Korkplatten verlegt werden. Durch den Bitumenzusatz ist die sonst bei Holzschliff zu erwartende Verrottungsgefahr herabgesetzt. Es empfiehlt sich jedoch, die obere Dampfdruckausgleichsschicht sehr wirkungsvoll auszubilden und die Dampfsperre sorgfältig zum Einbau zu bringen. Neuerdings werden bituminierte Holzfaserplatten in Foliensäcken verpackt angeliefert, damit Feuchtigkeit auf der Baustelle usw. ferngehalten wird. Dies muß als Vorteil angesehen werden. Die völlig offenzelligen Platten bei einer Wärmeleitzahl von 0,04 können sonst wie Korkplatten verarbeitet werden.

9. Polystyrol-Schaumplatten-Blockware

Blähfähige Polystyrol-Partikel werden vorgeschäumt, zwischengelagert, in große Blockformen gefüllt und unter Einwirkung von Dampf nochmals aufgeschäumt, wobei sie untereinander verschweißen. Die aufgeformten und abgelagerten Blöcke kann man dann in Platten von beliebiger Dicke auftrennen. Platten aus Schaumstoff Polystyrol sind weitgehend alterungsbeständig, verrottungsfest, nehmen jedoch entgegen den allgemeinen Angaben Wasser bis zur völligen Sättigung bei Undichtwerden einer Dachhaut auf.
Mit Polystyrol-Hartschaumplatten hat es in den ersten Jahren nach der Herstellung dieses Materiales zahlreiche Rückschläge gegeben. Es wurden häufig Wärmedämmplatten mit einem Raumgewicht von weniger als 15 kg/m³ und frische, nicht abgelagerte Plattenware auf dem Flachdach zum Einsatz gebracht. Erhebliche Schrumpfungen in Länge, Breite und Dicke waren die Folgen, die z. T. bis zu Rissen in der Dachhaut im Bereich der Stöße geführt haben.
Seit 1. Juni 1971 gilt folgende gütegeschützte Klassifizierung:
Typ PS 15 (zwei blaue Streifen): Rohdichte 15 kg/m³ und mehr.
Typ PS 20 (schwarze Streifen): Rohdichte 20 kg/m³ und mehr.
Typ PS 25 (zwei schwarze Streifen): Rohdichte 25 kg/m³ und mehr.
Typ T (grüner Streifen) zur Trittschalldämmung gemäß DIN 18164.
Für den Flachdachsektor ist nach der Güteschutzgemeinschaft Hartschaum nur Typ PS 20 und PS 25 zulässig. Die anderen Typen dürfen bei einschaligen Flachdächern nicht eingesetzt werden.
Schwer entflammbare Platten (SE) im Sinne der DIN 4102 weisen zusätzlich rote Streifen auf:
Grundsätzlich ist zu empfehlen, daß Polystyrol-Hartschaumplatten nur von solchen Firmen bezogen werden sollen, die sich der Güteschutzgemeinschaft angeschlossen haben, da sonst die Gefahr besteht, daß man zu wenig abgelagerte Platten und Platten mit einer nicht ausreichenden Festigkeit erhält.
Polystyrol zählt zu den thermoplastischen Kunststoffen. Die Wärmeformbeständigkeit liegt im allgemeinen bei 70–85°C. Bei der Verlegung ist also darauf zu achten, daß das Material nicht mit Heißbitumen in Berührung kommt, dessen Temperatur bekanntlich zwischen 140°C und 180°C liegt. Bei der Verklebung der Platten auf der Dampfsperre ist so zu verfahren, daß das Heißbitumen auf die Dampfsperre aufgestrichen wird. Nach einer gewissen Ablüftungszeit können dann die Polystyrol-Hartschaumplatten in das bereits abgekühlte Bitumen eingelegt werden. Es empfiehlt sich also, einige Meter mit dem Heißbitumen vorauszuarbeiten. Leider muß immer wieder festgestellt werden, daß starke Ausschmelzungen infolge unsachgemäßer Verarbeitung von unten her entstehen. Eine bituminöse Dachhaut kann ebenfalls nicht direkt auf unkaschierte Polystyrol-Hartschaumplatten aufgeklebt werden. Auch eine Lochglasvliesbahn als obere Druckausgleichsschicht ist nicht möglich, da sonst das durchlaufende Heißbitumen Löcher aus den Polystyrol-Hartschaumplatten ausbrennt. Hier haben sich die in den späteren Ausführungen angeführten Selbstklebebahnen als gute Möglichkeit erwiesen, die Plattenware zu schützen. Selbstklebebahnen werden lose, also im kalten Zustand ohne Verklebung aufgelegt und verkleben sich erst später bei der Aufbringung des Heißbitumens mit den Polystyrol-Platten, ohne daß Ausbrennungsgefahren bestehen. Selbstverständlich müssen diese Bahnen mit Überlappung aufgebracht werden.
Polystyrol-Hartschaumplatten oben genannter Qualitäten von mindestens 20 bzw. 25 kg/m³ haben sich nach den bisherigen Erfahrungen gut bewährt. Die befürchteten Alterungserscheinungen, das Nachschwinden, Verspröden oder Abbröseln konnten bei Platten dieser Festigkeitsqualität nicht festgestellt werden. Schäden durch Nachschwindung vermeidet man bei dicken Wärmedämmplatten jedoch nur durch eine ausreichende Ablagerung der Platten, was wiederum nur von solchen Firmen zu erwarten ist, die der Güteschutzgemeinschaft angeschlossen sind.
Die thermischen Bewegungen in der Platte müssen bei 100°C Temperaturdifferenz (−15°C und +85°C) mit ca. 6 mm/m angenommen werden. Dieser Wert wird jedoch nach den bisherigen Erfahrungen nicht ausgetragen, wenn die Wärmedämmplatten gut eingeklebt werden. Die Bewegungen werden elastisch in den Wärmedämmplatten aufgenommen. Nur bei loser Verlegung bzw. mangelhafter Verklebung können derartige Wirkungen gegebenenfalls zusammen mit anderen Spannungsbelastungen Fugenöffnungen erbringen und gegebenenfalls Spannungsübertragungen auf die Dachhaut im Fugenbereich bewirken. Meist liegen aber auch hier schon bereits Verlegemängel durch zu große Fugen von Anfang an vor. Man sollte schlechterdings eingelagerte Polystyrol-Hartschaumplatten (was im

5.8 Wärmedämmung beim massiven Flachdach

übrigen auch gemäß den Richtlinien für alle anderen Wärmedämmplatten gilt) nur zweilagig verlegen, oder man sollte Polystyrol-Hartschaumplatten mit Stufenfalz verlegen. Dieser Stufenfalz muß ringsumlaufend vorhanden sein. Er verteuert zwar die Plattenware, verhindert aber Wärmebrücken.

10. Kaschierte Polystyrol-Hartschaumplatten (siehe Bild 21b)

Für die Verarbeitung auf dem flachen Dach haben sich oberseitig mit Bitumenpappen kaschierte Platten günstiger bewährt als unkaschierte. Die eigentliche Verklebung auf der Dampfsperre erfolgt wie vorgenannt. Wenn oberseitig die Bitumenpappe nicht übersteht, ist auch hier zuerst eine Ausgleichsschicht erforderlich, oder es kann eine Schweißbahn aufgebracht werden, die jedoch nur im Schweißbahnbereich erhitzt wird. Im allgemeinen empfiehlt es sich, wenn schon kaschierte Platten verwendet werden, solche mit Überlappung zu verwenden, die dann verklebt werden. Dabei ist jedoch ebenfalls darauf zu achten, daß kein Heißbitumen in die Fugen eindringt und so seitlich die Styropor-Platten ausgebrannt werden, was leider immer wieder festzustellen ist. Solang man also noch mit Heißbitumen Platten verklebt, solang bleibt dieses Problem bestehen. Es sind nur Platten sinnvoll, bei denen die aufkaschierte Pappe obere Druckausgleichsschicht ist oder eine solche abdeckt.

11. Dachelementplatten aus Polystyrol-Hartschaum (oder auch PU-Platten)

Im Handel befinden sich eine ganze Anzahl Dachelementplatten aus geschnittenen Polystyrol-Hartschaumplatten, beidseitig kaschiert. Zum Teil werden diese Platten bereits mit unterseitig ankaschierter Dampfsperre und Dampfdruckausgleichsschicht angeboten und mit erster oberseitig abkaschierter Dachpappe jeweils mit überstehenden Rändern, wie in Bild 21a dargestellt (Diffutherm).

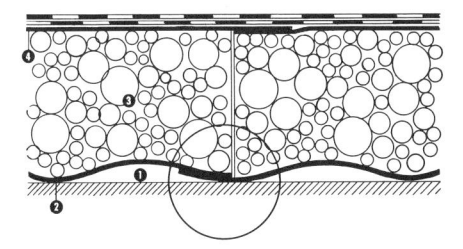

Bild 21a Diffutherm-Dachelement (Hützen). 1 Diffusionsmulde, 2 Dampfsperre mit Überlappung, 3 Thermorpordämmschicht nach DIN 18164, 4 Oberwasserabdichtung aufkaschiert

Die unterseitige Dampfsperre wird teilweise als eingeformte Aluminium-Folie angeboten. Die Spannungsausgleichsschicht soll durch die Mulden erwirkt werden, die Dampfsperrschicht durch die Alu-Folie. Andere Elementplatten haben unterseitig eine Well- oder Falzbaupappe als Druckausgleichsschicht mit einer ankaschierten höherwertigen Bitumenpappe und jeweils ebenfalls oberseitig aufkaschierter überstehender erster Lage Dachbahn.

Mit Plattenelementen dieser Art kann man relativ wirtschaftliche Konstruktionen erstellen. Die Verklebeschwierigkeiten (Ausbrennungen) werden hier weitgehend aufgehoben mit Ausnahme, daß auch hier bei einwandfreier Verklebung der unteren Dampfsperre und des oberen Pappe-Überstandes ebenfalls seitlich Ausbrennungen entstehen können. Durch die zahlreichen Fugen in der Dampfsperre wird man hier naturgemäß nur von einer Dampfbremse sprechen können. Es hat sich gezeigt, daß es sinnvoll ist, oberseitig noch eine wirkungsvolle Dampfdruckausgleichsschicht zum Einbau zu bringen, um die evtl. vorhandenen Dampfbrücken auszugleichen. Diese oberseitige und nach den Richtlinien geforderte Dampfdruckausgleichsschicht ist jedoch bei glatten Platten mit aufkaschierter Oberlage nicht sinnvoll möglich. Hier wären also nur solche Platten geeignet, die oberseitig eingefräste Kanäle als Druckausgleich aufweisen. Trotzdem wird man im einen oder anderen Falle mit diesen Platten wirtschaftliche und zufriedenstellende Konstruktionen erstellen können, insonderheit bei weniger stark beanspruchten Flachdächern.

In Bild 21b sind einige Typen dieser Elementplatten im Querschnitt dargestellt.

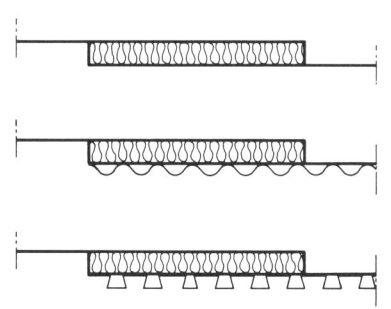

Bild 21b Kaschierte Elementplatten (System Awatekt)

In Bild 22 sind Platten mit Hartschaum und Kork dargestellt, wobei die Falzbaupappe unten teilweise stabilisiert oder nicht stabilisiert ist, wobei Polystyrol oder Kork als Wärmedämmung zur Anwendung kommen kann.

In Bild 23a und b ist eine Verlegeart dargestellt mit Metallfolie unterseitig, wobei diese nicht überlappt, sondern stirnseitig bis oben geführt ist. Dafür soll oben ein Metallband aufgebracht werden, um diesen Mangel der Dampfbrücke zu beseitigen. Hier bleibt die Frage offen, wieviel Wasserdampf durch die nicht vollsatt verklebten Fugen nach oben eindiffundieren kann und dort gegebenenfalls zu Blasenbildung an der oben falsch plazierten Dampfsperre führt, zumal eine obere Druckausgleichsschicht hier nicht vorgesehen ist. Im übrigen bestehen die Wärmedämmplatten hier aus Backkork

5. Funktionsmerkmale beim massiven Warmdach

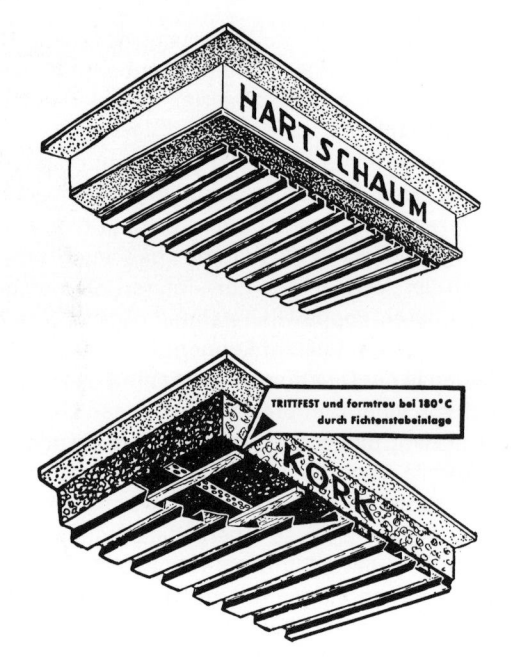

Bild 22 Elementplatten (System Westermann)

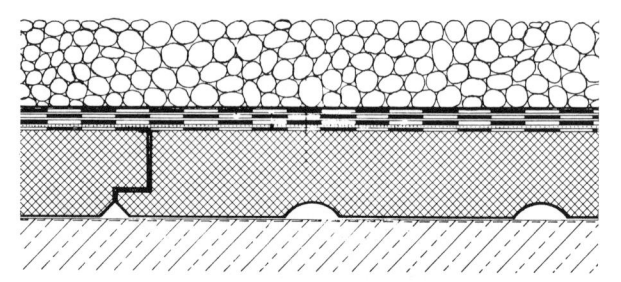

Bild 23a Dachelement-Hartschaum *tri KUBIT-PUR-Falz-Dämmelement*, das Dampfsperre, Ausgleichs- und Wärmedämmschicht in sich vereinigt. Die 50 × 100 cm großen Platten mit dem Stufenfalz bestehen aus Polyurethan mit eingeschäumtem Kanalsystem als Dampfausgleich und einer angeschäumten korrosionsgeschützten Metallfolie als Dampfsperre. Die Oberseite besteht aus Glasvliesbitumenbahnen

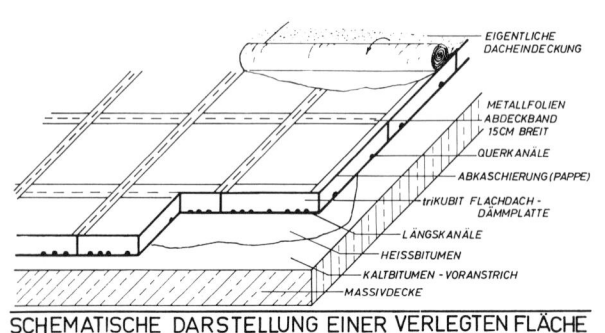

Bild 23b Metallfolie unterseitig (System tri-KUBIT)

oder PU-Hartschaum, die oberseitig mit einer 333er Bitumenpappe oder Glasvliesbahn abkaschiert sind.
Diese wenigen Beispiele aus einer großen Anzahl angebotener Elemente mag ausreichen. Wie aus den Beschreibungen entnommen werden kann, muß, wenn hier eine gute, ausreichende Dampfsperre vorhanden sein soll, sehr sorgfältig gearbeitet werden. Der Mangel der oberen Dampfdruckausgleichsschicht haftet den meisten dieser Elemente an, was als wesentlicher Nachteil zu bezeichnen ist. Gewisse Schwierigkeiten bereitet naturgemäß auch der Anschluß der unteren Druckausgleichsschicht an die Außenluft, die ja an sich

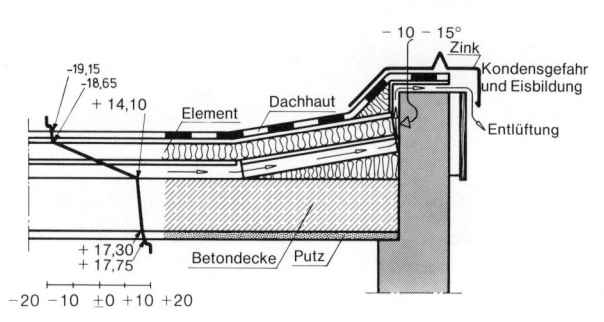

Bild 24 Entlüftung – Untere Entspannungsschicht (überdimensional dargestellt) funktioniert meist nicht oder es gibt Eisbildung bei hoher Feuchte

nur eine sehr beschränkte Wirkung aufweist (siehe Bild 24). Es wäre sinnvoller für die Zukunft, umgekehrt zu verfahren, also unten ohne Dampfdruckausgleichsschicht zu arbeiten, dagegen oben eine wirkungsvolle Dampfdruckausgleichsschicht zu schaffen. Es muß also sehr sorgfältig geprüft werden, welche Elementplatten erstens den bauphysikalischen Erfordernissen entsprechen und zweitens annähernd die Richtlinien für die Ausführung von Flachdächern erfüllen.

12. Rollbare Wärmedämmplatten

Rollbare Wärmedämmplatten werden aus Streifen aus Polystyrol oder Polyurethan-Hartschaum hergestellt. Es werden Streifen aus Hartschaum auf eine Bitumenpappe aufgeklebt. Die Bahn wird als Rolle auf das Dach gebracht und in einen Heißbitumen-Anstrich eingebettet (maximal 90 °C). Die ca. 5 m langen Rollen können also relativ schnell über der Dampfsperre verlegt werden und bringen, da die obere aufkaschierte Pappe mit überstehendem Rand ausgebildet ist, nach der Aufklebung sofort eine weitgehende dichte Notdeckung. Platten dieser Art haben sich vor allen Dingen für gekrümmte Schalen (HP-Schalen, Kuppelschalen usw.) gut bewährt. Ein Nachteil liegt zweifellos in den zahlreichen Fugen, die mehr oder weniger Wärmebrücken aufweisen. Außerdem besteht, wenn nicht fachgerecht nach den Anweisungen der Hersteller verlegt wird, die Gefahr, daß die 5 m langen Rollbahnen auseinanderlaufen, was leider bei Verlegung von Einzelbahnen immer wieder festzustellen ist. Hier muß auf die Verlegerichtlinien der Lieferwerke hingewiesen werden. Es sind 5 Bahnen nebeneinander trocken zu verlegen, Einzelbahnen dann zurückzurollen und erst dann zu verkleben. Nur so ist ein Auseinanderlaufen unmöglich. In Bild 25 ist die Reihenfolge dargestellt, also zuerst auslegen, zurückrollen und dann auf Decke aufstreichen und nach Abkühlen Rollbahn einrollen.

5.8 Wärmedämmung beim massiven Flachdach

Bild 25 Bahnen auslegen, zurückrollen und Damm verkleben! (System Vedapor oder dgl.)

Diese rollbaren Wärmedämmbahnen haben unter der abkaschierten Pappe in jeder zweiten Lamelle eine Dampfdruckausgleichsrille, also auf der Oberseite. Inwieweit diese Dampfdruckausgleichsrille bei einwandfreier Stoßüberlappungsverklebung noch wirksam wird, ist fraglich. Zweifellos wird jedoch ein örtlicher Dampfdruckausgleich möglich sein. Die aufkaschierte Pappe darf nach den Richtlinien für die Ausführung von Flachdächern als erste Lage gezählt werden, sofern es sich um eine DIN-gerechte Pappe handelt. Auf eine gesonderte Dampfdruckausgleichsschicht kann nach den Richtlinien dann verzichtet werden, wenn die Oberseite dieser Schaumstoffplatten Diffusionsrillen aufweisen.

Wie zuvor angeführt, werden diese Platten auch aus Polyurethan-Hartschaumplatten hergestellt. Es gilt hier sinngemäß dasselbe hinsichtlich der Verlegung, lediglich mit dem Unterschied, daß PU-Hartschaumplatten kurzfristig mit Heißbitumen ohne Schaden in Berührung kommen können (bis 180–200 °C).

13. Polystyrol-Automatenplatten

Die Herstellung geformter Polystyrol-Schaumstoffplatten, auch Automatenplatten genannt, erfolgt so, daß vorgeschäumtes Polystyrolgranulat in einzelne Formen gefüllt und hierin eingeschäumt wird. Es entstehen hierbei fertige Dämmplatten, die nicht mehr nachgearbeitet werden brauchen. Beim Verschäumen von Polystyrol ergibt sich zwangsläufig eine Verdichtung von innen nach außen, d. h. die geformten Platten haben im Kern ein geringeres Raumgewicht als in den Außenzonen. Im Gegensatz zu den aus Blöcken geschnittenen Polystyrol-Schaumstoffplatten besitzen Automatenplatten daher eine vollkommen geschlossene und verdichtete Oberfläche. Durch die Herstellung der Platten in Formen besteht die Möglichkeit, durch Formgebungen der Werkzeuge, daß diese Platten eingelassene Rillen, abgeformte Fälze usw. erhalten können. Diese Möglichkeiten machen die Wärmedämmplatte relativ wirtschaftlich und infolge der Entspannungs- und Dampfdruckausgleichsschichten physikalisch sehr wirkungsvoll. Zweifellos sind Polystyrol-Hartschaumplatten in dieser Art hergestellt sehr günstig zu bewerten, zumal Stufenfälze und Hakenfälze einlagige Verlegungen ohne weiteres möglich machen und Wärmebrücken an den Stößen verhindern.

Die Automatenplatten sind, wie bereits angeführt, geschlossenzellig. Daraus darf jedoch nicht gefolgert werden, daß diese Platten, wie auch Polystyrol-Hartschaumplatten aus Blöcken geschnitten, kein Wasser aufnehmen. Sie stoßen zwar Wasser ab und sind auch während der Verlegung nicht gefährdet, da sie kapillar kein Wasser aufsaugen. Wenn aber die Dachhaut undicht wird und es kommt zu Wassereinbrüchen, können sowohl Polystyrol-Hartschaumplatten aus Blöcken als auch Polystyrol-Schaumplatten als Automatenplatten hergestellt durchfeuchten und sich weitgehend mit Wasser sättigen. Leider wird immer wieder die Meinung vertreten, daß eine derartige Durchfeuchtung bei Polystyrol nicht möglich wäre. Der Nachteil bei Polystyrol-Hartschaumplatten im durchfeuchteten Zustand gegenüber z. B. Kork ist, wie bereits angeführt, daß diese nur sehr schwer wieder auszutrocknen sind. Durchfeuchtete Dächer aus Polystyrol-Hartschaumplatten müssen also meist abgebaut werden, da eine Austrocknung durch ein Diffusionssystem ohne Blasenbildung kaum möglich ist. Es muß also die Forderung gestellt werden, daß bei der Dachabdichtung genauso sorgfältig zu verfahren ist wie bei gemischt- oder offenzelligen Wärmedämmplatten.

Bei Automatenplatten ist hinsichtlich der Verklebung über der Dampfsperre genauso zu verfahren wie bei den Platten aus Blöcken hergestellt. Auch hier muß das Heißbitumen bereits bis unter 90 °C abgekühlt sein, bevor die Platten aufgelegt werden dürfen. Über den Automatenplatten wird zweckmäßigerweise eine Selbstklebebahn aufgelegt, die unterseitig streifenweise besandet ist und somit zusätzlich als Dampfdruckausgleichsschicht wirksam wird. Automatenplatten mit Dampfdruckausgleichsrillen unten und oben sind physikalisch gesehen wenig sinnvoll. Vielmehr besteht bei

5. Funktionsmerkmale beim massiven Warmdach

unteren Dampfdruckausgleichsrillen über der Dampfsperre die Gefahr, daß sich dort bei Durchfeuchtung das Wasser konzentriert ansammelt, was nicht immer ein Vorteil ist. Die Austrocknung evtl. durchfeuchteter Platten kann jedoch leichter ermöglicht werden (durch Anschluß an Bodeneinlauf).

14. Polystyrol-Schaumstoffplatten extrudiert

Extrudierte Polystyrol-Schaumstoffplatten werden im Strang-Preßverfahren aus normalem Polystyrolgranulat mit Treibmittel und Hilfsmittel hergestellt. Als Hilfsmittel dienen Gleitmittel, welche gleichzeitig die Wärmeformbeständigkeit etwas herabsetzen.
Aus herstellungstechnischen Gründen ist es nicht möglich, extrudierte Polystyrol-Schaumplatten mit einem Raumgewicht von weniger als 30 kg/m³ herzustellen. Es werden z.B. aus Polystyrol der Dow-Chemical GmbH. folgende Handelsmarken hergestellt:

Styrofoam FR 30 kg/m³
Styrofoam HD-300 53 kg/m³
Roofmate FR 40 kg/m³.

Die Druckfestigkeit wird wie in Tabelle Bild 20a angeführt mit ca. 2,5 kp/cm² bei 30 und 40 kg/m³, bei Styrofoam HD-300 mit 8,5 kp/cm². Letzterer Wert ist besonders interessant bei Verlegung unter Parkdecks usw.
Hinsichtlich der chemischen Eigenschaften unterscheiden sich diese angeführten Handelsmarken nicht von denen von Styropor mit Ausnahme dessen, daß Styrofoam und Roofmate keine Kapillarität besitzen und auch bei längerer Wasserlagerung keine Feuchtigkeit aufnehmen. Der Diffusionswiderstandsfaktor z.B. bei Roofmate ist etwa 5mal größer wie der bei Polystyrol-Platten. Infolge der Tatsache, daß z.B. Roofmate kein Wasser aufnimmt, hat man in den letzten Jahren Versuche mit dem sog. umgekehrten Flachdach gemacht, d.h. man verzichtet auf jegliche Feuchtigkeitsabdichtung über der Wärmedämmung. Die Wärmedämmplatten werden entweder direkt auf Sperrbetondächer aufgelegt oder auf eine Feuchtigkeitsabdichtung, die über der Massivdecke aufgebracht wird. Über den Wärmedämmplatten wird lediglich dann eine Kiesschüttung zur Sturmsicherung, gegen hohe Temperatureinstrahlung usw. aufgebracht. Über diese Dachform soll später in einem weiteren Kapitel berichtet werden (siehe Sonderdachformen). Es muß hier jedoch angeführt werden, daß Wassereinbrüche durch Dachdichtungen ebenfalls zu Wassersättigungen führen, besonders dann, wenn das Wasser Sonnenerwärmung erfährt.
Verschiedentlich stellte der Autor fest, daß extrudierte Polystyrol-Hartschaumplatten bestimmter Fabrikate zu Aufschüsselungen neigen, die z.T. so stark waren, daß die Dachhaut, wenn sie nicht mit Kies beschwert war, in Mitleidenschaft gezogen wurde, insonderheit bei Verlegungen auf Trapezblechen. Es mag sein, daß es sich hier um Plattenware geringerer Festigkeit gehandelt hat.

15. Polyurethan-Hartschaumplatten – abgekürzt PU-Hartschaumplatten

PU-Hartschaum wird aus einer größeren Anzahl von zusammengemischten Komponenten hergestellt, wobei jeder Hersteller seine eigene Rezeptur benützt. Füllt man die Komponentenmischung in eine Form, dann ergibt sich ein entsprechender Formling, meist ein Schaumstoffblock, der anschließend geschnitten werden muß (ähnlich wie bei geschnittenen Polystyrol-Hartschaumplatten). Wird die Komponentenmischung zwischen zwei kontinuierlich sich fortbewegende Tragbahnen eingebracht, dann entsteht die beidseitig mit Pappen beschichtete Polyurethan-Hartschaumplatte.
Der Vorteil von PU-Hartschaumplatten liegt in der günstigen Wärmeleitzahl, die gemäß DIN 4108 mit 0,030 kcal/mh° zugelassen ist. Für allseitig gasdicht eingeschlossene Polyurethan-Hartschaumplatten ist sogar ein Rechenwert für die Wärmeleitzahl von 0,025 kcal/mh° anzunehmen. Diese günstigen Wärmeleitzahlen resultieren aus dem Treibmittel (Gas), das eine geringere Wärmeleitzahl als Luft aufweist. Diffundiert jedoch das Gas aus den PU-Hartschaumplatten aus, nimmt die Wärmeleitzahl ab. Die Laborwerte frisch geschäumter Ware liegen zwischen 0,015 und 0,018. Nach einigen Tagen gelagerter Ware liegt dann die Wärmeleitzahl etwa bei 0,022. Diesen Zustand behält das Material dann weitgehend bei. Wenn also eine Wärmeleitzahl von 0,03 gemäß DIN 4108 für normale im Flachdach verarbeitete Platten angenommen wird, dann enthält dieser Wert mit Sicherheit noch einige Reserven. Der Anteil der geschlossenen Zellen wird durch die Wahl des Treibmittels beeinflußt. Maximal beträgt dieser Anteil der geschlossenen Zellen ca. 90–95%. Die mechanischen Eigenschaften werden mit zunehmender Rohdichte günstiger. Die Wasseraufnahme beträgt nach 24 Stunden 1–2 Vol.-%. Hier muß jedoch gleichfalls angeführt werden, daß auch PU-Hartschaumplatten bei ständigem Feuchtigkeitsanfall etwa durch eine beschädigte Dachhaut im Laufe der Zeit völlig durchfeuchten können, was der Autor bei verschiedenen Schadensfällen festgestellt hat. Davon sind sowohl Block- als auch Bandwaren betroffen. Es ist dies ein Tatbestand, der von den Herstellern der Polyurethan-Hartschaumplatten als unmöglich bezeichnet wurde. Daraus ist zu folgern, daß auch PU-Hartschaumplatten vor dauerndem Feuchtigkeitseinfluß zu schützen sind. Selbst langlagernde ungeschützte Platten auf einem Dach nehmen in den Randzonen teilweise mehr als 2% an Feuchtigkeit auf. Es empfiehlt sich also, auch diese Platten mit einer DIN-gerechten Feuchtigkeitsabdichtung abzudichten. Einmal durchfeuchtete PU-Hartschaumplatten können ebenso schwer ausgetrocknet werden wie Polystyrol- oder extrudierte Hartschaumplatten.
Plattenware unter 30 kg/m³ hat sich als unzweckmäßig erwiesen. Je geringer die Festigkeit, je stärker die Gefahr der Aufschüsselung. Aber auch bei Platten mit ausreichender Festigkeit müssen diese einwandfrei auf die

5.8 Wärmedämmung beim massiven Flachdach

Dachfläche aufgeklebt werden, da sich sonst die relativ hohe Ausdehnungszahl dieses Materiales negativ bemerkbar macht, also Hochwölbungen bewirkt und die Dachhaut im Fugenbereich belastet. Besonders bei Dächern, bei denen keine Kiesschüttung aus statischen Gründen aufgebracht werden kann, sind derartige Aufschüsselungen und Fugenabzeichnungen zu befürchten. Es gibt Blockware, die wenig oder gar nicht aufschüsselt, und es gibt Blockware, die genauso stark aufschüsselt wie normale Blockware. Im allgemeinen hat sich jedoch die Bandware durch die Abkaschierung mit den Pappen günstiger verhalten.

Hinsichtlich der Verklebung mit Heißbitumen haben sich PU-Hartschaumplatten als vorteilhafter erwiesen als Polystyrol-Hartschaumplatten. Das Material kann kurzfristig mit Heißbitumen ohne Gefahr in Berührung kommen, da Ausbrennungen nicht zu befürchten sind. Dies ist ein wesentlicher Vorteil bei der Verarbeitung und ist mit ein Grund, warum sich PU-Hartschaumplatten trotz des relativ hohen Preises einen guten Namen gemacht haben. Selbstverständlich muß auch der Preis in Relation zur Wärmeleitzahl gesetzt werden. PU-Hartschaumplatten müssen ebenfalls durch eine Dampfsperre geschützt werden. Es gibt Wärmedämmplatten, die bereits ebenfalls Rilleneinfräsungen als Dampfdruckausgleichsschichten haben. Wo derartige Druckausgleichsschichten nicht vorhanden sind, ist es notwendig, über den PU-Hartschaumplatten auf alle Fälle eine Druckausgleichsschicht aufzubringen, auch dann, wenn bereits eine dünne aufkaschierte Pappe vorhanden ist.

Wie zuvor angeführt, werden auch rollbare Dachbahnen mit PU-Hartschaumplattenstreifen hergestellt, ähnlich wie sie bei Polystyrol-Hartschaumplatten beschrieben wurden. Die Verlegung ist dieselbe.

16. Phenolharz-Schaumplatten

Der Phenolharz-Schaumstoff ist ein duroplastischer Schaumkunststoff. Er ist gemischtzellig und hat je nach Anteil an offenen Zellen eine höhere Wasseraufnahmefähigkeit als die geschlossenzelligen Dämmstoffe.

Schaumstoffe aus Phenolharz können im Chargen-Verfahren oder kontinuierlich hergestellt werden. Beim Chargen-Verfahren werden Phenolharz, Treibmittel und Härter miteinander vermischt. Das Aufschäumen findet bei Temperaturerhöhung parallel zur Aushärtung statt. Es kann in offenen Formen gearbeitet werden.

Hartschaumplatten aus Phenolharz werden aus dem Spezialharz Troporit hergestellt und werden unter verschiedenen Markennamen vertrieben. Phenolharz-Schaumstoff hat eine gelblichbraune Farbe. Die Festigkeitswerte sind für Hartschaum sehr günstig. Phenolharzschaum zeigt eine gute Beständigkeit gegen chemische Angriffe und ist auch weitgehend beständig gegen organische Lösungsmittel. Die Wärmeleitzahl ist dieselbe wie bei Polystyrol-Hartschaumplatten, desgleichen der Diffusionswiderstandsfaktor. Ein Nachteil bei Phenolharzschäumen ist bei unbehandelten Platten die starke Absandung an den Oberflächen. Aus diesem Grunde haben die Lieferanten entweder einen Anstrich oder eine Beschichtung aufgebracht, die einerseits einen Porenverschluß herstellen, andererseits die Wasseraufnahme reduzieren. Phenolharz-Platten können ohne weiteres mit Heißbitumen kurzfristig ohne Schaden in Berührung kommen, was für die Verarbeitung ein wesentlicher Vorteil ist. Die geringe Wärmedehnung muß ebenfalls hervorgehoben werden, im Gegensatz zum Beispiel zu den PU-Hartschaumplatten, die wesentlich höhere Ausdehnungswerte aufweisen, wie dies aus Tabelle 20a entnommen werden kann.

Phenolharz-Schaumplatten müssen ebenfalls unten eine Dampfsperre und über den Platten eine Dampfdruckausgleichsschicht nach den Richtlinien für die Ausführung von Flachdächern erhalten. Auch bei kaschierten Dachelementen, die bereits mit aufkaschierter Pappe geliefert werden, ist eine derartige obere Druckausgleichsschicht unerläßlich, wenn keine Kanäle unter der oberen abkaschierten Pappe eingebracht sind. Einige Elementplatten weisen diese Merkmale auf und sind demzufolge ebenso günstig zu beurteilen wie die vorgenannten Automatenplatten aus Polystyrol. Auf nackte Phenolharz-Platten können Dampfdruckausgleichsschichten (Lochbahnen) ohne Gefahr der Ausbrennung aufgelegt werden.

Aus diesen vorgenannten Aufzählungen, die keineswegs vollständig sind, kann abgelesen werden, daß es die ganz ideale Dachdämmplatte nicht gibt. Jede der vorgenannten Dämmplatten hat für irgendeinen Sonderzweck Berechtigung und Einsatzmöglichkeit. Für einen Wirtschaftlichkeitsvergleich ist es jedoch nicht möglich, gleiche Plattenstärke und Preise in Relation zu setzen, sondern die Plattenstärke richtet sich nach der Wärmedämmplatte zugeordneten Wärmeleitzahl. Hebgen und Heck [17] haben in Ergänzung zur tabellarischen Zusammenstellung nach Bild 20a zwölf Dachaufbau-Variationen mit verschiedenen Dämmplatten dargestellt (für Massivplattendächer). Dabei wurde die Aufgabe gestellt, bei allen zwölf Dächern gleiche Wärmedämmwerte (k-Wert zwischen 0,45 und 0,47 kcal/m²h°) bei gleicher Dachdecken-Unterkonstruktion nachzuweisen. Außerdem wurde der Dachaufbau im Sinne der Richtlinien für die Ausführung von Flachdächern dargestellt, also die notwendigen Druckausgleichsschichten, Dachdichtungsbahnen usw.

In Bild 26 und in Bild 27 sind diese Aufbauten dargestellt, jedoch unter Weglassung der Richtpreise, die im Original beinhaltet sind. Es kann daraus gefolgert werden, daß unter Berücksichtigung gleichwertiger Wärmedämmwerte erhebliche Kostenunterschiede bei den einzelnen Dachaufbauten zur Erreichung des gleichen Wärmeschutzes bei richtigem Dachaufbau gegeben sein können. Andererseits können aber auch bestimmte mechanische oder physikalische Verhältnisse es erfordern, daß teurere Wärmedämmplatten oder Wärmedämmplatten mit niedrigerer Wärmeleitzahl aber sonst

5. Funktionsmerkmale beim massiven Warmdach

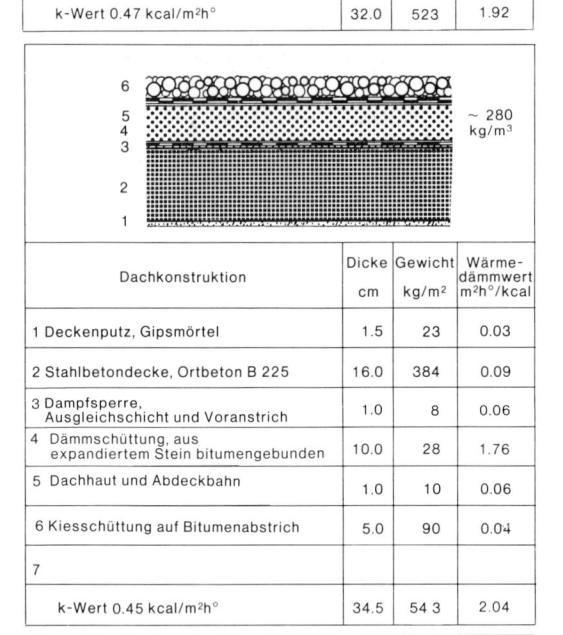

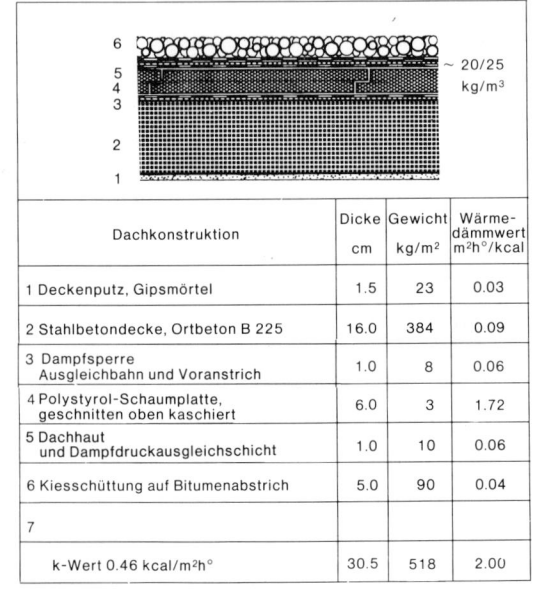

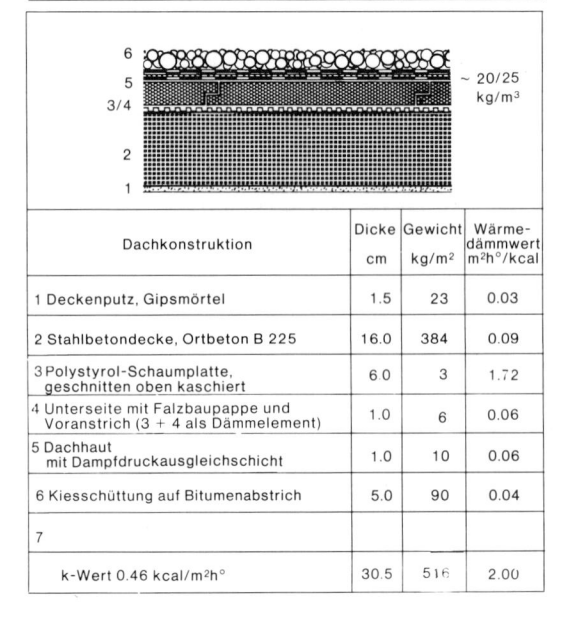

Bild 26 Stahlbeton-Flachdächer

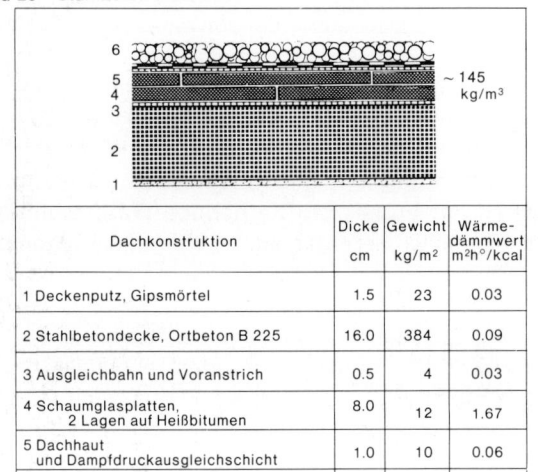

Dachkonstruktion	Dicke cm	Gewicht kg/m²	Wärmedämmwert m²h°/kcal
1 Deckenputz, Gipsmörtel	1.5	23	0.03
2 Stahlbetondecke, Ortbeton B 225	16.0	384	0.09
3 Ausgleichbahn und Voranstrich	0.5	4	0.03
4 Schaumglasplatten, 2 Lagen auf Heißbitumen	8.0	12	1.67
5 Dachhaut und Dampfdruckausgleichschicht	1.0	10	0.06
6 Kiesschüttung auf Bitumenabstrich	5.0	90	0.04
7			
k-Wert 0.47 kcal/m²h°	32.0	523	1.92

~145 kg/m³

Dachkonstruktion	Dicke cm	Gewicht kg/m²	Wärmedämmwert m²h°/kcal
1 Deckenputz, Gipsmörtel	1.5	23	0.03
2 Stahlbetondecke, Ortbeton B 225	16.0	384	0.09
3 Dampfsperre Ausgleichbahn und Voranstrich	1.0	8	0.06
4 Dämmplatten aus expandiertem Stein, 2 Lagen auf Heißbitumen	8.0	14	1.78
5 Dachhaut und Dampfdruckausgleichschicht	1.0	10	0.06
6 Kiesschüttung, auf Bitumenabstrich	5.0	90	0.04
7			
k-Wert 0.45 kcal/m²h°	32.5	529	2.06

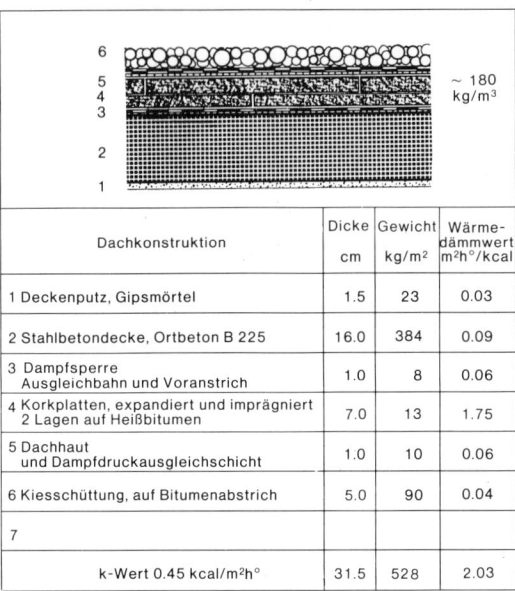

~170 kg/m³

Dachkonstruktion	Dicke cm	Gewicht kg/m²	Wärmedämmwert m²h°/kcal
1 Deckenputz, Gipsmörtel	1.5	23	0.03
2 Stahlbetondecke, Ortbeton B 225	16.0	384	0.09
3 Dampfsperre, Ausgleichschicht und Voranstrich	1.0	8	0.06
4 Dämmschüttung, aus expandiertem Stein bitumengebunden	10.0	28	1.76
5 Dachhaut und Abdeckbahn	1.0	10	0.06
6 Kiesschüttung auf Bitumenabstrich	5.0	90	0.04
7			
k-Wert 0.45 kcal/m²h°	34.5	543	2.04

~280 kg/m³

Dachkonstruktion	Dicke cm	Gewicht kg/m²	Wärmedämmwert m²h°/kcal
1 Deckenputz, Gipsmörtel	1.5	23	0.03
2 Stahlbetondecke, Ortbeton B 225	16.0	384	0.09
3 Dampfsperre Ausgleichbahn und Voranstrich	1.0	8	0.06
4 Korkplatten, expandiert und imprägniert 2 Lagen auf Heißbitumen	7.0	13	1.75
5 Dachhaut und Dampfdruckausgleichschicht	1.0	10	0.06
6 Kiesschüttung, auf Bitumenabstrich	5.0	90	0.04
7			
k-Wert 0.45 kcal/m²h°	31.5	528	2.03

~180 kg/m³

Dachkonstruktion	Dicke cm	Gewicht kg/m²	Wärmedämmwert m²h°/kcal
1 Deckenputz, Gipsmörtel	1.5	23	0.03
2 Stahlbetondecke, Ortbeton B 225	16.0	384	0.09
3 Dampfsperre Ausgleichbahn und Voranstrich	1.0	8	0.06
4 Polystyrol-Schaumplatte, geschnitten oben kaschiert	6.0	3	1.72
5 Dachhaut und Dampfdruckausgleichschicht	1.0	10	0.06
6 Kiesschüttung auf Bitumenabstrich	5.0	90	0.04
7			
k-Wert 0.46 kcal/m²h°	30.5	518	2.00

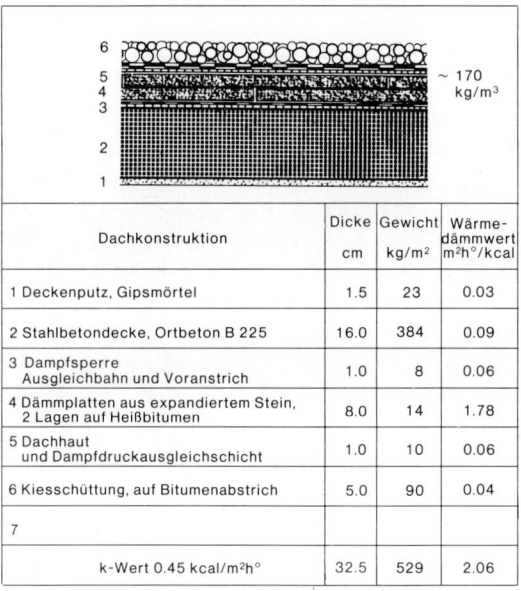

~20/25 kg/m³

Dachkonstruktion	Dicke cm	Gewicht kg/m²	Wärmedämmwert m²h°/kcal
1 Deckenputz, Gipsmörtel	1.5	23	0.03
2 Stahlbetondecke, Ortbeton B 225	16.0	384	0.09
3 Polystyrol-Schaumplatte, geschnitten oben kaschiert	6.0	3	1.72
4 Unterseite mit Falzbaupappe und Voranstrich (3 + 4 als Dämmelement)	1.0	6	0.06
5 Dachhaut mit Dampfdruckausgleichschicht	1.0	10	0.06
6 Kiesschüttung auf Bitumenabstrich	5.0	90	0.04
7			
k-Wert 0.46 kcal/m²h°	30.5	516	2.00

~20/25 kg/m³

5.8 Wärmedämmung beim massiven Flachdach

Bild 27 Stahlbeton-Flachdächer

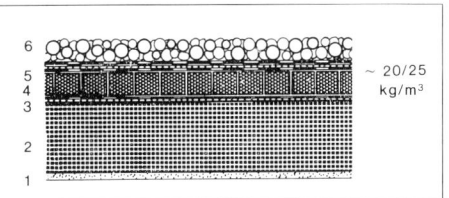

~20/25 kg/m³

Dachkonstruktion	Dicke cm	Gewicht kg/m²	Wärmedämmwert m²h°/kcal
1 Deckenputz, Gipsmörtel	1.5	23	0.03
2 Stahlbetondecke, Ortbeton B 225	16.0	384	0.09
3 Dampfsperre Ausgleichbahn und Voranstrich	1.0	8	0.06
4 Polystyrol-Schaumstreifen geschnitten auf Bitumenpappe	6,0	3	1.72
5 Dachhaut und Dampfdruckausgleichschicht	1.0	10	0.06
6 Kiesschüttung, auf Bitumenabstrich	5.0	90	0.04
7			
k-Wert 0.46 kcal/m²h°	30.5	518	2.00

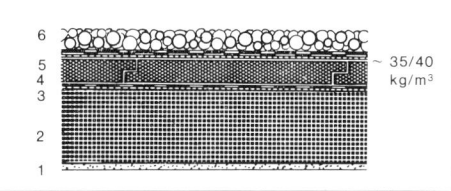

~20/25 kg/m³

Dachkonstruktion	Dicke cm	Gewicht kg/m²	Wärmedämmwert m²h°/kcal
1 Deckenputz, Gipsmörtel	1.5	23	0.03
2 Stahlbetondecke, Ortbeton B 225	16.0	384	0.09
3 Dampfsperre Ausgleichsbahn und Voranstrich	1.0	8	0.06
4 Hakenfalz-Dämmplatte, Polystyrolschaum einzel geformt	6.0	1	1.70
5 Dachhaut (Dampfdruckausgleichschicht) in 4 enthalten	1.0	10	0.06
6 Kiesschüttung, auf Bitumenabstrich	5.0	90	0.04
7			
k-Wert 0.46 kcal/m²h°	30.5	516	1.98

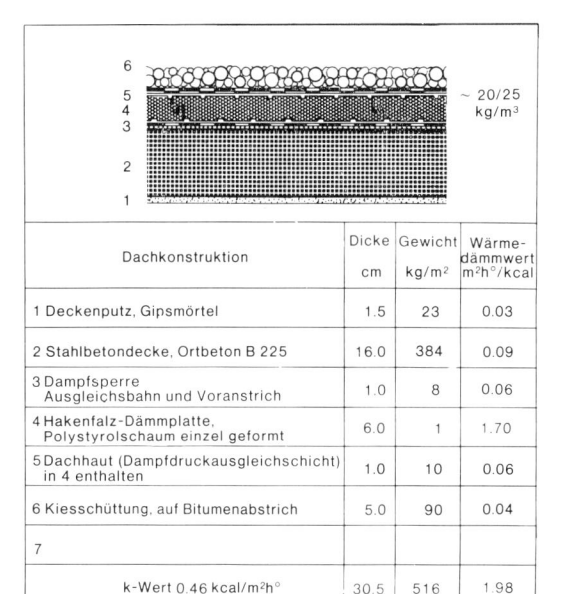

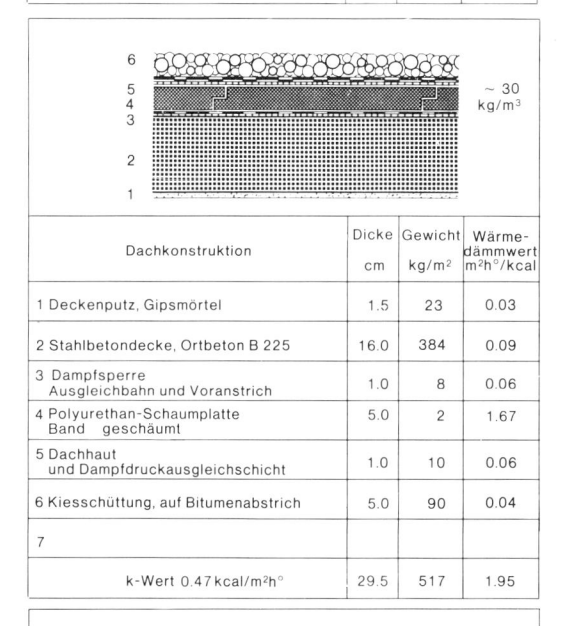

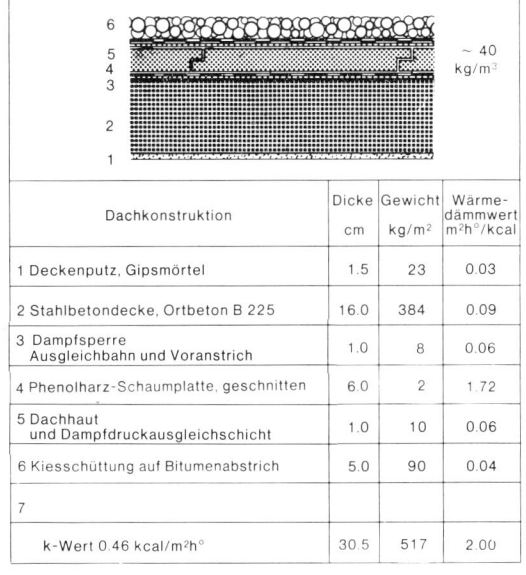

~35/40 kg/m³

Dachkonstruktion	Dicke cm	Gewicht kg/m²	Wärmedämmwert m²h°/kcal
1 Deckenputz, Gipsmörtel	1.5	23	0.03
2 Stahlbetondecke, Ortbeton B 225	16.0	384	0.09
3 Dampfsperre Ausgleichsbahn und Voranstrich	1.0	8	0.06
4 Polystyrol-Schaumplatte, extrudiert	6.0	2	1.72
5 Dachhaut und Dampfdruckausgleichschicht	1.0	10	0.06
6 Kiesschüttung auf Bitumenabstrich	5.0	90	0.04
7			
k-Wert 0.46 kcal/m²h°	30.5	517	2.00

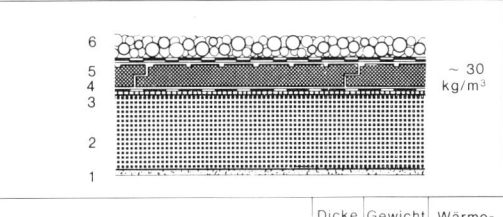

~30 kg/m³

Dachkonstruktion	Dicke cm	Gewicht kg/m²	Wärmedämmwert m²h°/kcal
1 Deckenputz, Gipsmörtel	1.5	23	0.03
2 Stahlbetondecke, Ortbeton B 225	16.0	384	0.09
3 Dampfsperre Ausgleichsbahn und Voranstrich	1.0	8	0.06
4 Polyurethan-Schaumplatte Band geschäumt	5.0	2	1.67
5 Dachhaut und Dampfdruckausgleichschicht	1.0	10	0.06
6 Kiesschüttung, auf Bitumenabstrich	5.0	90	0.04
7			
k-Wert 0.47 kcal/m²h°	29.5	517	1.95

~30 kg/m³

Dachkonstruktion	Dicke cm	Gewicht kg/m²	Wärmedämmwert m²h°/kcal
1 Deckenputz, Gipsmörtel	1.5	23	0.03
2 Stahlbetondecke, Ortbeton B 225	16.0	384	0.09
3 Ausgleichsbahn und Voranstrich	0.5	4	0.03
4 Polyurethan-Schaumplatte Oberrillen und Dampfsperre	5.5	6	1.70
5 Dachhaut (Dampfdruckausgleichschicht) in 4 enthalten	1.0	10	0.06
6 Kiesschüttung, auf Bitumenabstrich	5.0	90	0.04
7			
k-Wert 0.47 kcal/m²h°	29.5	517	1.95

~40 kg/m³

Dachkonstruktion	Dicke cm	Gewicht kg/m²	Wärmedämmwert m²h°/kcal
1 Deckenputz, Gipsmörtel	1.5	23	0.03
2 Stahlbetondecke, Ortbeton B 225	16.0	384	0.09
3 Dampfsperre Ausgleichbahn und Voranstrich	1.0	8	0.06
4 Phenolharz-Schaumplatte, geschnitten	6.0	2	1.72
5 Dachhaut und Dampfdruckausgleichschicht	1.0	10	0.06
6 Kiesschüttung auf Bitumenabstrich	5.0	90	0.04
7			
k-Wert 0.46 kcal/m²h°	30.5	517	2.00

günstigeren Eigenschaften zum Einsatz kommen müssen. Dies abzuwägen bleibt Vergleichsangeboten unter Abschätzung aller vorgenannter Daten vorbehalten. Leider wird der vergebende Architekt sehr häufig durch irreführende Variationsangebote ins falsche Licht gesetzt. Weglassungen von physikalisch notwendigen Schichten, Verschweigen der schlechteren Wärmeleitzahl usw. führen oft zu zwielichtigen Konstruktionen, die dann später häufig Schadensursachen oder geringere Lebensdauer zur Folge haben können.

5.9 Dampfdruckausgleichsschicht

Wie bei der Beschreibung der Wärmedämmstoffe angeführt, haben diese die Eigenschaft, Feuchtigkeit in sich aufzunehmen und zu speichern. Je nach ihrem hygroskopischen Verhalten nehmen die Wärmedämmplatten bereits bei der Lagerung und beim Transport mehr oder weniger Feuchtigkeit auf. Bei unsachgemäßer Einbringung können weitere Feuchtigkeitsmengen dem Wärmedämmstoff zugeführt werden.

Andererseits besteht aber auch, wie vorgenannt, die Möglichkeit, daß bei unzureichender Dampfsperre, beschädigter Dampfsperre oder bei Wärmedämmplatten-Elementen unsachgemäß verklebter Überlappungen der Dampfsperre, Wasserdampf infolge Dampfdruckdifferenz von innen nach außen in die Wärmedämmplatten eindiffundiert und dort kondensiert bzw. zusätzlich gespeichert wird. Nicht zuletzt besteht aber auch die Möglichkeit, daß durch Beschädigung der Dachhaut oder durch eine entsprechende Alterung der Dachhaut Feuchtigkeit von außen in die Wärmedämmplatten eindringt. Es muß also immer damit gerechnet werden, daß mehr oder weniger Feuchtigkeit entweder innerhalb der Wärmedämmplatten oder auf deren Oberfläche in den offenen Kapillaren gespeichert wird, oder daß durch irgendwelche Schwierigkeiten beim Einbau oder nachher Feuchtigkeit eindringt. Nicht zuletzt kann auch Feuchtigkeit über die Dachhaut bei umgekehrtem Dampfdruckverlauf besonders bei einer gealterten, also wenig dampfsperrenden Dachhaut nach innen gelangen, also der Wärmedämmung mitgeteilt werden.

Die Tatsache der Feuchtigkeitsspeicherung in der Wärmedämmung muß also vorausgesetzt werden.

Es ist in den letzten Jahren sehr viel und sicher auch manches Richtige über die Fragwürdigkeit der Dampfdruckausgleichsschichten geschrieben worden. Sicher ist zutreffend, daß die Dampfdruckausgleichsschicht unter der Dampfsperre, die nunmehr als Spannungsausgleichsschicht zu bezeichnen ist, überbewertet wurde, und physikalisch kaum oder gar nicht wirksam wurde.

Anders dagegen ist die obere Dampfdruckausgleichsschicht nach den Erfahrungen des Autors zu werten. Die primäre Aufgabe liegt (wenn keine völlige Durchfeuchtung vorliegt) darin, Blasenbildungen und dadurch vorzeitige Alterung in einer Dachhaut zu vermeiden. Sicher

spielt 1 oder 2% Feuchtigkeitsspeicherung in der Wärmedämmung von der wärmetechnischen Seite aus gesehen keine große Rolle. 1 oder 2% Feuchtigkeit innerhalb der Wärmedämmplatten gespeichert und eingeschlossen können aber schon erhebliche Blasenbildungen in der Dachhaut hervorrufen, da bekanntlich ein Tropfen Wasser, lokal verdunstet, eine große Blase in der Dachhaut hervorrufen kann.

Andererseits darf natürlich auch eine derartige obere Dampfdruckausgleichsschicht nicht überbewertet werden. Die in Prospekten angeführten Entfeuchtungsquoten sind ebenfalls sehr häufig übertrieben und lassen oft die wirtschaftliche Bestrebung erkennen, sog. Flachdachentlüfter in großer Anzahl zu verkaufen.

Seiffert [18] stellt die Wirkungsweise, also die Entfeuchtung der Dampfdruckausgleichsschichten erheblich in Frage. Seiffert weist nach, wie auch bereits bei unterer Entspannungsschicht hier beschrieben, daß diese wenig Wirksamkeit aufweist. Die obere Dampfdruckausgleichsschicht kann ein Mehrfaches der unteren Entspannungsschicht erbringen. Durch evtl. Aufheizung der Dachhaut von 20°C auf 80°C entsteht ein Luftüberdruck von ca. 0,2 atü = 2000 kp/cm². Dieser jedoch nur vorübergehende Überdruck könnte zu einer Entfeuchtung führen. Rechnerisch ist der Entfeuchtungswert jedoch ebenfalls sehr minimal.

Andererseits kann der Autor aus einer großen Anzahl von Schadensfällen bestätigen, daß es möglich war, mit oberen Dampfdruckausgleichsschichten relativ stark durchfeuchtete Dächer wieder zu sanieren. Besonders bei Dächern aus Kork war der Effekt oft frappierend. Weitgehend durchfeuchtete Korkplatten konnten innerhalb von 1–2 Jahren (evtl. Kies wurde während dieser Zeit abgenommen) bis auf die Gleichgewichtsfeuchtigkeit abgetrocknet werden. Es sei nun dahingestellt, wieviel von dieser Feuchtigkeit jeweils über die Korkplatten selber abdiffundiert (bei Öffnung an den Stirnseiten), oder wieviel über die Dampfdruckausgleichsschicht und wieviel über die Dachhaut oder Dampfsperre selber bei dem Überdruck abdiffundiert. Auch bei Schaumstoffplatten, die relativ schwer zu entfeuchten sind, konnten mit oberen Dampfdruckausgleichsschichten gute Werte erzielt werden. Ohne derartige obere Druckausgleichsschichten hätte der Autor schon sehr häufig Dächer völlig abreißen lassen müssen. Es mag also ein theoretischer Streit bleiben, wieviel an Wasserdampf über die Druckausgleichsschicht abdiffundiert. Wichtig ist vor allen Dingen die Vermeidung von Blasenbildungen. In diesem Sinne können Dampfdruckausgleichsschichten als örtliche Entspannungsschichten wirksam werden und können so evtl. konzentriert angeführte Feuchtigkeitsmengen auf größere Flächen verteilen und hier dann eine langsame Diffusion bei richtigem Anschluß an die Außenluft ermöglichen. Selbstverständlich ist es unzulässig, mit der Wirksamkeit der oberen Dampfdruckausgleichsschicht zu rechnen und dann die Dampfsperre unzureichend zu wählen oder schlecht zu verarbeiten oder sogar Wasser in die Wär-

5.9 Dampfdruckausgleichsschicht

medämmung unbekümmert einlaufen zu lassen mit der Annahme, daß diese Feuchtigkeit schon wieder abtrocknen wird. Selbstverständlich kann auch eine obere Druckausgleichsschicht evtl. Feuchtigkeit, die zwischen die bituminösen Dachbahnen eingeklebt wird, nicht abtransportieren. Vielmehr müßte erwartet werden, daß hier örtliche Blasenbildungen auftreten. Andererseits ist aber eine derartige Druckausgleichsschicht immer noch ein gewisses Sicherheitsventil, und sie sollte unangefochten bleiben und als eines der wichtigsten Funktionselemente im einschaligen Flachdach zum Einbau kommen. Die in den »Richtlinien« geforderte obere Dampfdruckausgleichsschicht besteht also zu Recht. Wird sie weggelassen, muß nach dem heutigen Stand der Technik eine derartige Konstruktion als mangelhaft bezeichnet werden. Als Dampfdruckausgleichsschichten nach den Richtlinien sind anzusprechen:

1. Lochglasvlies-Bitumenbahnen

Bahnen dieser Art sind besonders bei nicht wärmeempfindlichen Wärmedämmplatten geeignet, also z.B. bei Korkplatten, PU-Hartschaumplatten usw., also bei allen Platten, bei denen durch das einlaufende Heißbitumen die Wärmedämmschicht nicht ausgebrannt wird. Diese Lochglasvliesbahnen sind wirkungsvoll an der Traufe und durch Einzelentlüfter bei großen Dachflächen an die Außenluft anzuschließen. In Bild 28 ist ein Anschluß am Ortgang dargestellt, in Bild 29 an einem Wandanschluß an höhergehende Gebäudeteile und in Bild 30 Flachdachentlüfter entweder ein- oder doppelschalig wärmegedämmt, die an die Dampfdruckausgleichsschicht angeschlossen werden. Bei Gebäudetiefen bis zu 12 m empfiehlt der Autor, wenn beidseitig Anschluß an der Traufe an die Außenluft möglich ist, keine Entlüfter zum Einbau zu bringen. Darüber hinaus empfiehlt es sich dann, in der Mitte oder bei sehr tiefen Grundrissen

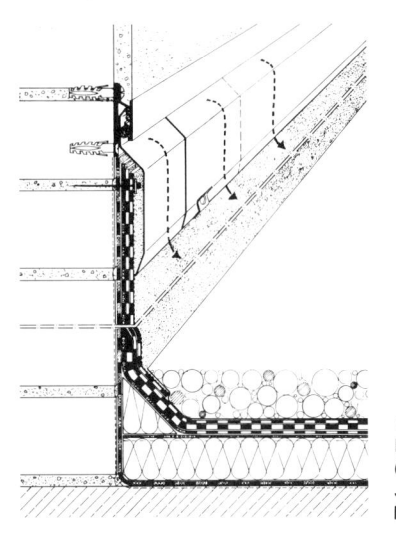

Bild 29
Entlüfteter Wandanschluß (JOBARID)
JOBAPROFIL WA 30 auf Mauerwerk

gegebenenfalls in der Dachfläche versetzt, also auf Versatz Entlüfter anzubringen, wobei etwa auf 60–80 m² ein Lüfter zum Einbau kommen kann. Selbstverständlich ist jeder Lüfter nach der Erfahrung des Autors eine Gefahrenquelle im Flachdach. Die zahlreichen Durchbrechungen der Dachhaut beinhalten auch wieder zahlreiche Schadensmöglichkeiten. Wenn also die Möglichkeit besteht, die Dampfdruckausgleichsschicht an die Außenluft über die Attika oder über Mauerwerksanschlüsse anzuschließen, sollte man mit der Anordnung von Dachentlüftern sparsam sein, gleichgültig welches System nun von den nahezu 30 angebotenen Systemen zur Anwendung kommt. Es würde zu weit führen, hier die einzelnen Entlüftersysteme auf ihre Brauchbarkeit hin zu beurteilen. Zweckmäßig ist es auf alle Fälle, nur doppelwandige, wärmegedämmte Entlüfter zum Einbau zu bringen, da sonst häufig Kondenswasser-Rücktropfung entsteht, wie dies z.B. auch bei den Rundschnorcheln oft festzustellen ist.

Lochglasvliesbahnen werden, wie angeführt, lose auf die Wärmedämmplatten aufgelegt und verkleben sich dann durch die Verklebung der Dachhaut selbsttätig durch die Löcher punktförmig mit den Wärmedämmplatten. Durch die Distanz der groben Kieskörner entsteht dann eine Luftschicht, die besonders bei glatten Dämmplatten eine dauernde bleibt, falls nicht stärkere Belastungen durch Begehen oder Befahren auftreten. Die Lochglasvliesbahnen werden im allgemeinen stumpf gestoßen, können aber auch ca. 2 cm an den Rändern überlappt werden, wenngleich sich der Überlappungsstoß dann meist unschön in der Dachhaut abzeichnet. Für die Dampfdruckausgleichswirkung ist es ausreichend, wenn die Bahnen mit Preßstoß verlegt werden, wobei jedoch vermieden werden sollte, daß größere Fugen entstehen und sich die Fugen mit Bitumen füllen, dadurch würde die Querlüftung unterbunden.

Beim Anschluß an der Attika ist darauf zu achten, daß die Lochglasvliesbahn weit genug nach außen übersteht, da sonst die Gefahr besteht, daß sie an der Stirnseite bei der Aufklebung der Dachhaut zugeklebt wird.

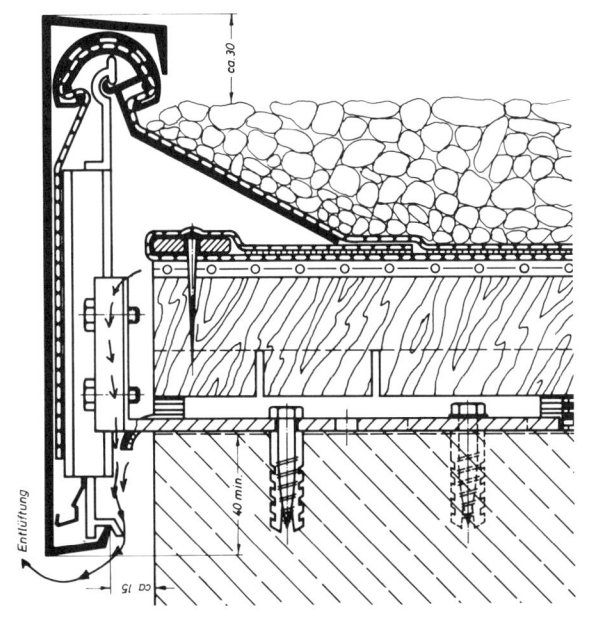

Bild 28   Anschluß Ortgang (System Bug-Profil)

5. Funktionsmerkmale beim massiven Warmdach

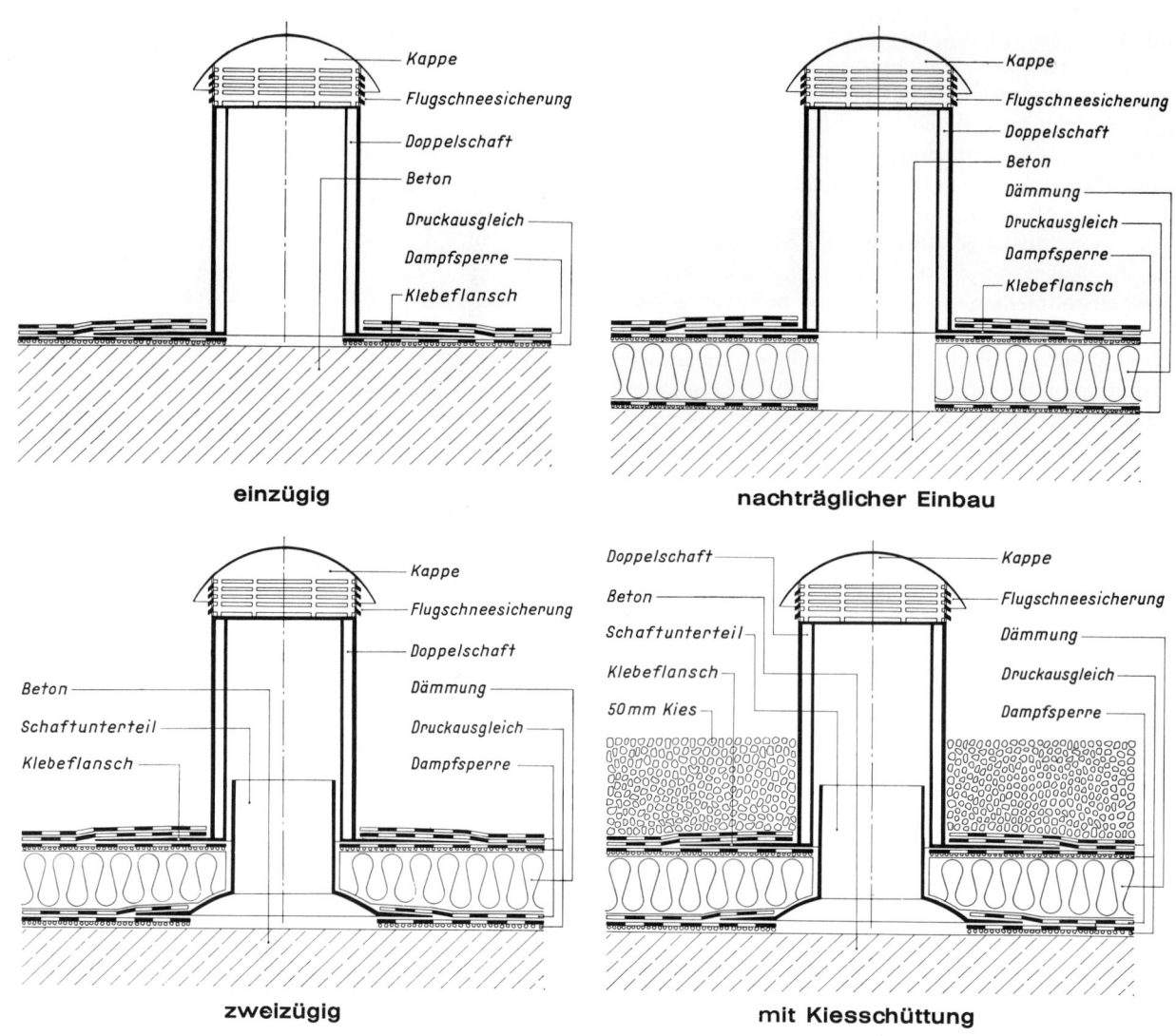

Bild 30 Dachentlüfter ein- oder zweiteilig für verschiedene Einsatzfälle, Schierling Waromat

Diesen Mangel muß man leider sehr häufig bei Schäden beanstanden. Im Bereich an höhergehenden Bauteilen ist es unbedingt notwendig, die Gesamtbahnen, die über der Druckausgleichsschicht etwa nach Bild 29 aufgebracht werden, nach hinten mittels eines Flacheisens gegen Abrutschen zu befestigen, da die Lochglasvliesbahn nur eine Punkthaftung an der Rückseite erfährt.

2. Wellentlüftungspappen

Wellentlüftungspappen werden als obere Druckausgleichsschicht relativ selten verwendet. Sie werden meist unterseitig unter der Dampfsperre als Spannungsausgleichsschicht angeboten. Trotzdem wäre es auch möglich, stabilisierte Wellpappen streifenweise auf die Wärmedämmplatten aufzukleben, wobei die Klebestreifen quer zur Wellrichtung verlaufen sollen, um eine möglichst flächige Unterlüftung zu erhalten. Im übrigen gelten sonst dieselben Einbaugesichtspunkte wie bei den Lochglasvliesbahnen.

3. Falzbaupappen

Falzbaupappen sind Bitumen- bzw. Teerpappen, die so geformt sind, daß sie eine mäanderartige Form ergeben mit den entsprechenden Lüftungskanälen. Falzbaupappen sind sehr wirksame Dampfdruckausgleichsschichten, da ihre Kanalhöhe und -breite auch im Bereich des Ortganganschlusses einen relativ großen Querschnitt erbringen und somit tatsächlich in der Lage sind, größere Feuchtigkeitsmengen abtrocknen zu lassen. Diese Falzbaupappen werden zur Stabilisierung teilweise mit bituminierten Holzstäbchen-Einlagen geliefert und sind somit trittfest. Die Kanalhöhe bleibt also für die Dauer erhalten, was besonders dann notwendig ist, wenn keine Kiesschüttung aufgebracht wird, d.h. wenn die Dachhaut sehr stark erhitzt wird und gegebenenfalls zeitweilig begangen wird. Da derartige Falzbaupappen sich im Bereich der Ortgänge und Attika schlecht anschließen lassen, empfiehlt es sich, hier zwei Lochglasvliesbahnen lagenversetzt aufzulegen, die dann

5.9 Dampfdruckausgleichsschicht

etwa den gleichen Querschnitt erbringen, wie die Falzbaupappe und die sich den Knicken leichter angleichen lassen als Falzbaupappen. Die Falzbaupappen sind innerhalb der Fläche so zu verlegen, daß sie mit etwa 1–1,5 cm Abstand voneinander verlegt werden. Über diesem entstehenden Längskanal ist dann ein ca. 10 cm breiter Abdeckstreifen aus einer Bitumenpappe lose aufzulegen bzw. punktweise gegen Verrutschen zu verkleben. Erst dann soll hierauf die Dachhaut aufgeklebt werden. Dadurch entsteht ein Längs- und Querkanalsystem mit sehr wirkungsvoller Entlüftung.

Bei Sanierung alter bzw. durchfeuchteter Dächer kann die alte Dachhaut perforiert werden. Darüber wird dann ebenfalls punkt- oder streifenweise ohne Verklebung der Perforierlöcher eine derartige Falzbaupappe aufgebracht mit wirkungsvollem Anschluß an die Außenluft, wobei auch in diesem Falle auf alle Fälle zusätzliche Entlüfter in die Dachfläche einzubauen sind. Über dieser Falzbaupappe kann dann eine neue Dachabdichtung aufgebracht werden. Mittels eines derartigen Sanierungssystemes lassen sich also oft durchfeuchtete Wärmedämmplatten wieder austrocknen, insonderheit dann, wenn die Wärmedämmplatten ein Kapillarsystem aufweisen (z. B. Kork, Holzfaserplatten usw.). Wesentlich schwieriger wird es bei Hartschaumplatten und hier besonders dann, wenn keine wirkungsvolle Druckausgleichsschicht unter der Dachhaut zum Einbau kam. Es ist dann fast unmöglich, völlig durchfeuchtete Hartschaumplatten wieder austrocknen zu können, es sei denn, daß durch starke Sonnenaufstrahlung ein Großteil der Feuchtigkeit über die Dachhaut abdiffundiert (als Wasserdampf).

Auch die Falzbaupappen werden wie die Wellpappen quer zur Kanalrichtung streifenweise aufgeklebt.

4. Noppenförmige Bauelemente

Noppenförmige Bauelemente sind solche, die anstelle von Löchern Betonklötzchen oder dergleichen enthalten, die als Distanzhalter wirksam werden. Auch dadurch entsteht ein wirkungsvolles Diffusionssystem anorganischer Art, das ähnliche Wirkungen aufweist wie Falzbaupappen. Die Verklebung ist punktweise vorzunehmen, die Bahnen stumpf zu stoßen und gegebenenfalls die Stöße mit einer Pappe abzudecken, damit kein Bitumen zwischen die Bahnenstöße einläuft.

5. Spezial-Dachbahnen unterseitig mit grober Bestreuung

Spezial-Dachbahnen mit unterseitig grober Bestreuung können z. B. bestehen aus einer Glasvlies-Bitumenbahn V11, unterseitig mit grober Kiesbestreuung. Bahnen dieser Art werden punktweise auf die Wärmedämmplatten aufgeklebt und wirken dann ähnlich wie Lochglasvlies-Bitumenbahnen, wenngleich hier anzumerken ist, daß zumeist zu großflächige Bitumen-Klebepunkte geschaffen werden, die dazu führen, daß die Dachhaut wesentlich unelastischer aufliegt und die Unterlüftung nicht so günstig zu bewerten ist wie bei Lochglasvliesbahnen. Trotzdem wird man derartige Bahnen sehr häufig verwenden, da sie bei 10 cm Überlappung an den Nähten gleich eine provisorische Dachhaut bilden. Die Bahn darf nach den Richtlinien für die Ausführung von Flachdächern neuerdings mitgezählt werden. Dies gilt für alle Dampfdruckausgleichsschichten mit Überlappungsverklebung, die gesondert über den Wärmedämmplatten aufgebracht werden oder als ganze Bahnen aufkaschiert sind, wenngleich diese Änderung in den Richtlinien nicht eindeutig und veränderlich ist.

Außer unterseitig grob bekiesten Glasvliesbahnen werden auch unterseitig mit Korkteilchen, also Korkkörnchen versehene Dampfdruckausgleichsschichten empfohlen und zum Einbau gebracht mit etwa gleicher Wirksamkeit wie die Spezial-Glasvliesbahnen. Hier ist jedoch anzumerken, daß organische Dampfdruckausgleichsschichten weniger zum Feuchtigkeitstransport geeignet sind als anorganische. Als obere Druckausgleichsschicht sollte man möglichst formstabile und anorganische Druckausgleichsschichten verwenden, die auch bei Begehung wenig nachgeben und somit Spannungsbelastungen in der Dachhaut vermeiden helfen.

6. Neben Spannungsausgleichsschichten aus Pappen werden, wie in dem vorgenannten Kapitel angeführt, Wärmedämmplatten mit oberen Dampfdruckausgleichskanälen angeboten. Es sind dies also Automatenplatten, Polyurethan-Hartschaumplatten mit Kaneleinfräsungen usw. Diese oberen Kanäle in den Wärmedämmplatten wirken dann ähnlich wie Falzbaupappen und sind sehr wirkungsvoll, wenn sie einwandfrei an die Außenluft angeschlossen werden. In Bild 31a ist im System eine Automatenplatte dargestellt, deren Kanalsystem hinter dem Ortgang-Profil an die Außenluft abatmen kann. Leider wird diesen Anschlußproblemen von den Herstellern derartiger Platten viel zu wenig Beachtung geschenkt. Wird z. B. im Außenbereich eine Holzbohle notwendig (für die Befestigung der Profilhalter oder dergleichen), dann muß diese Holzbohle ober-

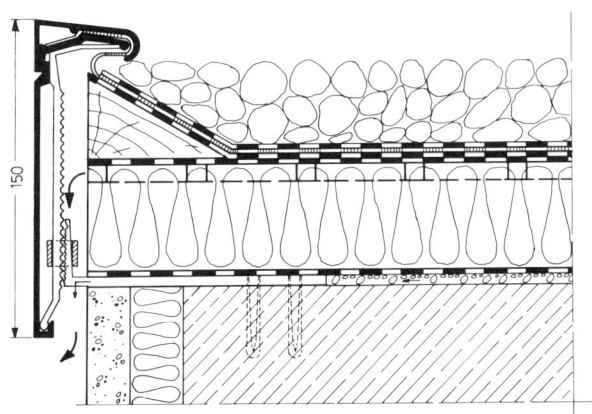

Bild 31a   Automatenplatten mit Dampfentspannung

5. Funktionsmerkmale beim massiven Warmdach

seitig ebenfalls Einfräsungen erhalten, oder es muß hier zum Übergang wiederum eine Lochglasvliesbahn oder dergleichen aufgelegt werden. Allzu häufig trifft man Konstruktionen an, bei denen zwar in der gesamten Dachfläche diese Dampfdruckausgleichsschicht vorhanden, jedoch an der Attika nicht an die Außenluft angeschlossen ist.

In Bild 31b und c ist unter b eine normale Styroporplatte mit aufgelegter SR-Druckausgleichsschicht im Dachaufbau dargestellt, und unter c, wie über Automatenplatten mit Dampfdruckausgleichsrillen (Isopor) eine Selbstklebebahn lose mit Überlappung aufgelegt wird. Diese Selbstklebebahn verklebt sich dann mit der Dachhaut bei Aufbringen des Heißbitumen-Klebeaufstriches für die nächsten Bahnen. Diese Selbstklebebahn kann dann gemäß den Richtlinien als erste Lage Dachhaut bei derartigen Automatenplatten mitgezählt werden (bei Dächer unter 3° mindestens 3lagige Dachabdichtung).

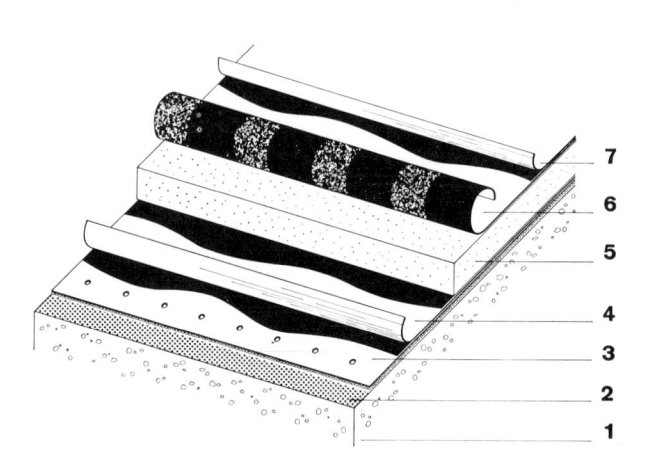

Bild 31c Dampfdruckausgleich mit Automatenplatten (System Isopor)

1 Massivdecke, 2 Voranstrich, 3 Draindur gelocht, 4 Dampfsperre, vollgeklebt, 5 Styroporplatte, vollgeklebt, 6 SK-Jabratekt gestreift, 7 Bahnenlage (Dachhaut), vollgeklebt

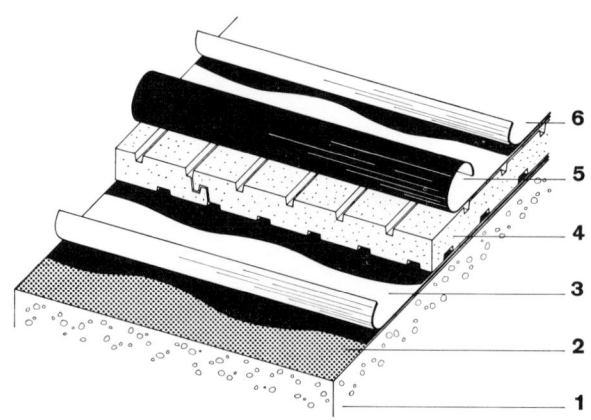

1 Massivdecke, 2 Voranstrich, 3 Dampfsperre, vollgeklebt, 4 Styroporplatte profiliert, vollgeklebt, 5 SK-Jabratekt glatt, 6 Bahnenlage (Dachhaut), vollgeklebt

Bild 31b Aufbauten mit Dampfdruckausgleich (Fa. Braun, Stuttgart)

Abschließend soll noch bemerkt werden, daß derartige obere Dampfdruckausgleichsschichten dann nicht zum Einbau kommen sollen, wenn die Wärmedämmung bei Flachdächer über Kühlräumen aufgebracht wird. Bei Kühlräumen entsteht über große Teile des Jahres Dampfdiffusion von außen nach innen. Der Autor stellte schon mehrfach bei Schäden fest, daß durch derartige obere Druckausgleichsschichten (auch untere Druckausgleichsschichten) Feuchtigkeit in großem Umfange nach innen eindringen kann und so statt zu einer Entfeuchtung der Wärmedämmung zu einer Durchfeuchtung der Wärmedämmung führen. Vielmehr muß also bei Kühlhausdächern dafür gesorgt werden, daß die Dachhaut möglichst dampfdicht ist (gegebenenfalls durch zusätzliches Einkleben einer geeigneten Alu-Dichtungsbahn in die Dachhaut), und daß diese Dachhaut auch stirnseitig um die Wärmedämmung herumgeführt wird, so daß im Bereich der Anschlüsse an Attika, höhergehende Bauteile usw. ein möglichst dampfdichter Abschluß geschaffen wird. Es wird sonst mehr Wasserdampf von außen nach innen eindiffundieren als gegebenenfalls in kurzen Zeiten bei umgekehrtem Dampfdruckverlauf nach außen abtrocknen könnte. Hier sind also die Dampfdruckausgleichsschichten oberseitig falsch am Platz. In diesen Fällen eignen sich besonders Schaumglasplatten, die dann beidseitig eine Dampfsperre beinhalten, also gegebenenfalls auf der Massivdecke einen ausreichenden Heißbitumen-Klebeaufstrich, während über der Wärmedämmung dann die Dachhaut vollsatt ohne Hohlräume aufgeklebt wird. Diese Maßnahme ist nicht nur bei Tiefkühlräumen erforderlich, sondern auch bei Obst-Lagerhäusern oder dergleichen, also überall dort, wo über die größte Zeit des Jahres Diffusionsrichtung von außen nach innen gegeben ist.

5.9.1 Durchfeuchtung und Austrocknung durch Wasserdampfdiffusion

Mit in die Betrachtung der Dampfdruckausgleichswirkung gehören auch die neueren Erkenntnisse und Mes-

5.9 Dampfdruckausgleichsschicht

sungen über die mögliche Durchfeuchtung und Austrocknung einer Baukonstruktion durch Wasserdampfdiffusion.
Bis etwa 1968/69 galt folgender Satz:

»Die Dampfsperre soll dampfdichter als die Dachhaut sein.«

Durch das graphische Berechnungsverfahren von Glaser war es möglich, nicht nur evtl. Diffusionsdurchfeuchtungen, die von innen kommen, zu berechnen, sondern auch evtl. Diffusionsdurchfeuchtungen von außen oder auch Austrocknungsmöglichkeiten durch Dampfdiffusion.
Die Forderung, daß die Dampfsperre dichter als die Dachhaut sein müsse, resultierte aus einseitig ausgelegten Berechnungsmethoden, indem nur die Winterverhältnisse zugrunde gelegt wurden. Anders ausgedrückt heißt es, daß man nur vorzüglich die Diffusionsrichtung von innen nach außen in Betracht gezogen hat. Hier ergibt sich nun tatsächlich in der Wärmedämmung ein Feuchtigkeitszuwachs, der gegebenenfalls, wenn keine Rücktrocknung mehr stattfinden würde, Anlaß zu Beanstandungen sein könnte, insonderheit eben gegebenenfalls zu Blasenbildungen in der Dachhaut führen könnte, falls keine Dampfdruckausgleichsschicht aufgebracht würde. Die Schwierigkeit lag also darin, Anhaltspunkte zu finden, für welche Zeiträume Diffusionsrichtung von innen nach außen angenommen wird und für welche Zeiträume andere Luftstände zugrunde gelegt werden. Selbstverständlich ist hier dann auch noch zu unterscheiden zwischen Normalbelastungen, also zwischen normalen Wohnhausbelastungen und gegebenenfalls Feuchträumen usw. Bei Feuchträumen wird man zweifellos andere Maßstäbe anlegen müssen als bei Wohnräumen mit geringeren Diffusionsbelastungen von innen her.
W.F.Cammerer stellt etwa folgende Betrachtung an:
Nach dem heutigen Forschungsstand berechnet man die Kondensatmenge, die in zwei Wintermonaten bei einer Außentemperatur von $-10°C$ ausfällt und schätzt ab, welche Wassermenge in drei Sommermonaten bei einer Temperatur von Innen- und Außenluft von $+12°C$ und einer relativen Luftfeuchtigkeit von 70% nach innen und außen ausdiffundieren kann. Evtl. kapillare Feuchtigkeitsbewegungen (durch kapillar leitfähige Wärmedämmstoffe wie Kork, durch Dampfdruckausgleichsschicht unter der Dachhaut usw.) werden mangels genauerer Berechnungsmöglichkeiten nicht berücksichtigt. Ist die sich so ergebende Feuchtigkeitsmenge gleich oder größer als die im Winter kondensierte Menge, so ist anzunehmen, daß die Baukonstruktion nicht gefährdet ist.
Im allgemeinen spricht man heute, wenn weniger Feuchtigkeit stecken bleibt als rücktrocknet, von einer positiven Feuchtigkeitsbilanz, während man von einer negativen Feuchtigkeitsbilanz dann spricht, wenn mehr Feuchtigkeit stecken bleibt als rücktrocknen kann.
Bei 20°C Raumtemperatur und 50% relativer Luftfeuchtigkeit (119,3 kp/m² Dampfdruck) und bei $-10°C$ und 80% relativer Luftfeuchtigkeit (21,2 kp/m² Dampfdruck) hat Cammerer zwei nicht belüftete Flachdächer untersucht, bestehend aus 1,5 cm Innenputz, 15 cm Stahlbetonplatte, 4 cm Kork und 1 cm bituminöse Dachhaut. Während in einem Falle ohne Dampfsperre gerechnet wurde, wurde im anderen Falle eine Dampfsperre jeweils unter der Wärmedämmung angeordnet.
Beim Flachdach ohne Dampfsperre werden 0,07 g/m²h Kondensat in der Wärmedämmung unter der Dachhaut ausgeschieden (ca. 1,7 g/Tag bzw. 100 g in 2 Monaten), während beim Flachdach mit einer Dampfsperre aus einer 3 mm dicken Bitumen-Ansatzschicht (Glasvlies-Bitumenbahn V 11 gemäß DIN-Entwurf 18530) nur 0,02 g/m²h in der Wärmedämmung kondensieren (0,48 g/Tag bzw. 28 g in 2 Monaten).
Wendet man nun die Diffusionsberechnung für die drei Sommermonate wie vorgenannt an, so ergibt es sich, daß in beiden Fällen die im Winter kondensierte Feuchtigkeitsmenge im Sommer wieder austrocknen kann. Man hat nämlich beim Flachdach im Sommer nicht eine Außentemperatur von 12°C, sondern eine Dachhauttemperatur von 20°C (Sonnen-Lufttemperatur) anzunehmen, um die Sonnenzustrahlung zu berücksichtigen. Die mittlere Temperatur in der Dachhaut liegt also über diese drei Monate etwa bei $+20°C$.
Aus dieser theoretischen Untersuchung könnte also abgeleitet werden, daß die im Winter kondensierende Wassermenge im Sommer auch bei dem Dach wieder austrocknen kann, das überhaupt keine Dampfsperre erhalten hat. Dieses theoretische Ergebnis steht offensichtlich jedoch im Widerspruch zu der heute geübten Praxis, daß beim Warmdach eine Dampfsperre zwischen Tragdecke und Dämmschicht unbedingt erforderlich ist. Untersucht man diese Frage genauer, so ergibt sich bei Anwendung der erwähnten Berechnungsmethode, daß stets mehr austrocknen kann als kondensiert (bei normalen Raumklimaverhältnissen).
Nimmt man jedoch eine baufeste Betondecke an, so zeigt sich, daß eine Austrocknung des Kondensats im Sommer nur gewährleistet ist, wenn die gleichwertige Luftschichtdicke ($\mu \cdot s$) der Dämmschicht mit einer evtl. Dampfbremse mindestens 15 m beträgt (siehe Tabelle 6, Anhang, DIN 18530).
Eine Schicht mit diesem $\mu \cdot s$-Wert aus einer Glasvlies-Bitumenbahn V 11 ist aber nach den theoretischen Begriffen noch nicht als gute Dampfsperre zu bezeichnen. Eine Dampfsperre ist eine praktisch dampfdichte Schicht. Da die Messung von Diffusionswiderstandszahlen aufgrund der Meßunsicherheit der verwendeten Waage stets eine bestimmte Ungenauigkeit aufweist, bezeichnet man als praktisch dampfdicht eine Probe, bei der sich eine gleichwertige Luftschichtdicke von $\mu \cdot s$ mindestens 1500 m ergibt. Nimmt man eine Dicke einer Sperrschicht mit 3 mm an, so müßte die Diffusionswiderstandszahl zur Erreichung dieses Wertes 500 000 be-

5. Funktionsmerkmale beim massiven Warmdach

tragen. Einen solchen Wert kann man also nur mit einer Metallfolie erzielen. Schichten mit einer niedrigeren gleichwertigen Luftschichtdicke sind also praktisch als Dampfbremsen zu bezeichnen (nach Cammerer).

Als Grund für die Forderung einer Dampfsperre wird, wie auch in vorgenannten Ausführungen mehrfach angeführt wird, das Auftreten von Dampfblasen unter der Dachhaut beim Fehlen einer solchen Schicht angegeben. Cammerer stellt die Frage, ob bei einer Schicht mit $\mu \cdot s = 15\,m$ nun Dampfblasen in der Dachhaut entstehen oder nicht. Cammerer glaubt, daß diese Frage niemand beantworten kann.

Der Autor, der sich seit nahezu 20 Jahren täglich mit Flachdächern beschäftigt, kann mit Sicherheit bestätigen, daß es ohne Dampfsperre bzw. ohne Dampfbremse überall dort zu Blasenbildungen kommt, wo keine Dampfdruckausgleichsschicht über der Wärmedämmung angeordnet ist (auch unter Berücksichtigung, daß die Blasenbildungen sehr häufig ihre Eigenursache in der Dachhaut haben). So gab es z.B. mehrfach Firmen, die Wärmedämmplatten-Elemente verkauften, bei denen unterseitig keine Dampfbremse oder Dampfsperre zum Einbau kam. Es wurde lediglich mit einer unteren muldenförmig eingeprägten Druckausgleichsschicht argumentiert. Zahlreiche untersuchte Dächer dieser Art haben Falten- und Blasenbildungen vorzüglich im Stoßbereich dieser Platten aufgewiesen. Bei Öffnung von Dachdichtungen, bestehend aus 3 oder 4 Lagen anorganischer Dichtungsträgerbahnen ergab es sich, daß unter dieser Dachhaut, insonderheit natürlich im Bereich der Plattenstöße, tropfenweise das Kondensat sich einstellte, das dann sogar z. T. zu einer Randdurchfeuchtung der Wärmedämmplatten geführt hat. Unmittelbar unter der Dachhaut, also außerhalb des Stoßbereiches, ergab sich mehrfach im oberen Drittel der Wärmedämmplatte Durchfeuchtung.

Auch bei Wärmedämmplatten-Elementen, die seitlich an der Stirnseite mit einer absoluten Dampfsperre versehen wurden und bei denen über den Fugen ein Metallstreifen aufgeklebt wurde (siehe vorgenannte Ausführungen über Wärmedämmplatten-Elemente, Bild 23), wurden derartige Kondensatmengen festgestellt, die dann wiederum primär im Bereich der Fugen zu Falten- und Blasenbildungen auch Anlaß gaben.

Andererseits kann bestätigt werden, daß aber auch bei einer nicht ausreichenden oder beschädigten Dampfsperre keine oder selten Schäden aufgetreten sind, wenn über der Wärmedämmung eine *wirkungsvolle Dampfdruckausgleichsschicht* zum Einbau kam. Die untere Dampfdruckausgleichsschicht, also zwischen Massivdecke und Wärmedämmung durch Muldenbildungen z. B., hat sich als zwecklos erwiesen. Sie konnte zu keiner Entfeuchtung beitragen. Die obere Dampfdruckausgleichsschicht dagegen konnte eine Entfeuchtung herbeiführen. Ob dies nun rechnerisch nachzuweisen ist oder nicht, bleibt dahingestellt. Praktisch hat sich die obere Druckausgleichsschicht als sehr sinnvoll, aber auch als die letzte Sicherheit im Flachdach erwiesen, und sie wird zu Recht in den Richtlinien für die Ausführung von Flachdächern als unbedingt notwendiges Konstruktionselement empfohlen.

Die Richtlinien für die Ausführungen von Flachdächern fordern eine Dampfsperre. Über die Dimensionierung der Dampfsperre ($\mu \cdot s$-Wert) wird dort nichts ausgesagt. Es wird lediglich verlangt, daß keine unzulässige Feuchtigkeit durch Kondensat im Flachdach gebildet werden soll. Sicher ist es nicht erforderlich, in jedem Falle eine ausgesprochene Dampfsperre nach vorgenannter Definition aus einer Alu-Dichtungsbahn oder dergleichen herzustellen. Andererseits ist die Preisdifferenz zwischen einer Alu-Dichtungsbahn und einer Glasvlies-Bitumenbahn V 11 nicht so groß, daß man gerade an der Dampfsperre sparen müßte. Die Dampfsperre soll nicht überbewertet, aber noch weniger unterbewertet werden. Eine Unterbewertung wird leider von Lieferindustrien usw. ausgenützt und führt zu Experimenten, die man geglaubt hat längst hinter sich zu haben. Lediglich bei Wärmedämmstoffen, die in sich selber ausreichend dampfdicht sind (Schaumglas), kann man unter bestimmten Voraussetzungen auf eine derartige zusätzliche Dampfsperre verzichten. Hier bleibt lediglich das Problem der Fugen, falls keine vollsatte Einschwemmung (Einklebung) des Dämmstoffes auf der Betonplatte erfolgt. Wenn die Fugen nicht voll ausgegossen werden, entstehen auch hier unter der Dachhaut Blasen, wenn keine Dampfdruckausgleichsschicht zum Einbau kommt, was bei Schaumglas aus bereits geschilderten Gründen meist nicht empfohlen wird. Wäre eine Dampfdruckausgleichsschicht über Schaumglas möglich, könnte man hier unbesehen auf jede zusätzliche Dampfbremse unter dem Schaumglas verzichten.

Zusammenfassend wäre also zu sagen, daß die Dampfsperre aus Sicherheitsgründen in jedem Falle zum Einbau kommen sollte, und daß diese auch nicht zu knapp zu bemessen ist. Andererseits soll aber der oberen Dampfdruckausgleichsschicht, wie sie in diesem Kapitel behandelt wurde, eine noch größere Bedeutung beigemessen werden. Befindet sich unter einer nicht vollflächig verklebten Dachhaut Feuchtigkeit, also z.B. durch die vorgenannte Kondensation im Winter aufgrund des Diffusionsgeschehens, so entsteht durch Sonnenbestrahlung und entsprechende Erwärmung der Dachhaut ein Überdruck gegenüber der Atmosphäre. Durch die Temperaturerhöhung steigt sowohl der Druck der eingeschlossenen Luft als auch der Sättigungsdruck des Wasserdampfes, wenn genügend Wasser in einer sich so bildenden Dampfblase ist. Bei Erwärmung von beispielsweise 20°C auf 70°C steigt der Druck des Wasserdampf-Luftgemisches auf etwa 1,5 atü, der selbstverständlich (im Gegensatz zum Dampfteildruck) einen Überdruck von 0,5 atü gegenüber der Außenluft erzeugt. Infolge dieses Überdruckes wandert Feuchtigkeit zweifellos ab und führt, wie angeführt, auch zu einer Entfeuchtung durchfeuchteter Wär-

5.9 Dampfdruckausgleichsschicht

medämmplatten. Ob diese Durchfeuchtung nun auf eine mangelhafte Dampfsperre, auf Eigenfeuchtigkeit, eingeschlossene oder zugelaufene Feuchtigkeit zurückzuführen ist, ist zweitrangig.

Selbstverständlich können auch Blasen in einer Dachhaut entstehen, bei der unter der Dachhaut eine Dampfdruckausgleichsschicht angeordnet ist. In solchen Fällen ist es dann sinnvoll, zuerst die Dachhaut zu untersuchen. Werden z.B. Lufthohlräume ohne Feuchtigkeit in die Dachhaut eingearbeitet (mangelhafte Verklebung), entsteht bereits dadurch ein Überdruck von 0,2 atü. Derartige Überdrücke führen dann, wie unter »Blasenbildung« bereits angeführt, zu Aufwölbungen und Blasenbildungen, die nichts mit der Dampfdruckausgleichsschicht zu tun haben. Die Blasen treten zwischen den Bahnen auf. Es ist dann unmöglich, daß die Dampfdruckausgleichsschicht die über ihr entstehenden Drücke nach unten ausgleicht. Andererseits kann jedoch die Dampfdruckausgleichsschicht die zwischen den Wärmedämmplatten vorhandenen Lufträume (Fugen) so entspannen lassen, daß örtlich über diesen Fugen keine Blasen- oder Faltenbildungen auftreten. Für eine Entfeuchtung von Wärmedämmplatten ist es zweifellos sinnvoll und notwendig, daß die Dampfdruckausgleichsschicht an die Außenluft angeschlossen ist. Für örtliche Blasenbildungen dagegen spielt dieser Anschluß an die Außenluft eine weniger große Rolle. Wenn also die vorgenannte Rückdiffusion mit einkalkuliert wird, dann ist die Frage des Anschlusses der Dampfdruckausgleichsschicht an die Außenluft nicht so vordergründig, wie sie von Verkäufern von Entlüftern vielfach dargestellt wird. Die Dampfdruckausgleichsschicht hat, wenn keine Durchfeuchtung vorliegt, primär die Aufgabe, örtliche Blasenbildungen in der Dachhaut zu verhindern. Liegt jedoch die Aufgabe zur Entfeuchtung vor, dann muß der Anschluß an die Außenluft über die vorgenannten Möglichkeiten gewährleistet sein.

6. Dachabdichtung beim einschaligen Flachdach

Die Dachabdichtung ist zweifellos beim Flachdach mit oder ohne Gefälle, begeh- oder nicht begehbar, für Parkdecks oder bei Überschüttung mit Erde eines der wichtigsten Konstruktionsdetails. Ist die Dachhaut mangelhaft, so sind alle anderen Schichten in Mitleidenschaft gezogen. Ein bauphysikalisch richtiger Dachaufbau ohne eine ebenso sinnvolle und zweckmäßige Dachabdichtung bleibt eine Utopie. So ist in der Praxis häufig festzustellen, daß man zwar den physikalischen Aufbau richtig gelöst und vollzogen hat, daß man aber bei der Dachhaut anfängt zu sparen etwa dadurch, daß man eine Lage Bitumen-Dachbahn bei Flachdächern wegläßt. Hier mußten schon häufig sowohl Ausschreiber als auch Ausführende teuer bezahlen. Meist will der Bauherr später bei Streitigkeiten von Sparmaßnahmen, die von ihm gewünscht wurden, nichts mehr wissen. Es bleibt dann meist Sache von Ausschreiber und Dachdecker, den Schaden unter sich zu teilen. Dazu kommt, daß für die Dachabdichtung in den letzten 20 Jahren zahlreiche Methoden und Materialien empfohlen wurden, die sich z. T. nicht bewährt haben. Architekt und Ausführungsfirmen, ja selbst die Sachverständigen auf diesem Gebiet waren und sind häufig überfordert, insonderheit bei Kunststoff-Dachbahnen und Beschichtungen sowie Spachtelbelägen aus bituminösen Stoffen usw., bei denen keine Langzeitversuche vorlagen.

Als größter Mangel, für den primär die Behörden, Forschungsstätten, Hochschulen usw. verantwortlich zeichnen, ist die Tatsache, daß bisher keine eindeutigen Normvorschriften und Richtlinien herausgegeben wurden, nach denen sich Architekt und Ausschreiber sowie Ausführungsfirma hätten richten können. Tausende von Schäden sind auf diese mangelhafte Unterrichtung zurückzuführen. Scharlatane auf dem Flachdachsektor konnten sich tummeln und haben ohne Langzeitversuche Materialien angeboten, die bereits nach 2 oder 3 Jahren abgerissen werden mußten. Die »GmbH.« hatte sich, wenn Ansprüche geltend gemacht wurden, aufgelöst. Den Schaden haben Bauherren, Architekten und Dachdecker zu tragen gehabt.

Leider hat sich bis zum heutigen Zeitpunkt an dieser Situation nur wenig geändert. Ausgesprochene und ausreichende Normvorschriften, nach denen sich Ausschreiber und Ausführende richten können und die die gesamte Situation »Dachabdichtung« erfassen, liegen bis heute noch nicht vor. Trotz der fließenden und laufenden Entwicklung auf diesem Sektor wäre es längst möglich gewesen, Grundnormen zu schaffen und die bestehenden Normen zu erweitern. Hier mußten private Vereinigungen (Zentralverband des Deutschen Dachdecker-Handwerkes, Verband der Dach- und Dichtungsbahnen-Industrie usw.) zur Selbsthilfe greifen, um die bestehenden Lücken auszufüllen. Der Sachverständige von heute ist gehalten, diese Richtlinien und Anleitungen als Stand der Technik zu betrachten, da Besseres nicht vorliegt. Nachfolgend sollen aus diesem Grunde einige Anmerkungen zum derzeitigen Stand der Technik gemacht werden:

6.1 Stand der Technik hinsichtlich Dachabdichtung

6.1.1 DIN 18338 – Dachdeckungsarbeiten (VOB Verdingungsordnung für Bauleistung, Teil C: Allgemeine technische Vorschriften).

In dieser DIN-Norm (siehe Abdruck in diesem Buch-Anhang) wird unter 3.7 die Dachabdichtung so dürftig behandelt, daß kein Fachmann aus diesen Anleitungen etwas für die Dachabdichtung von Flachdächern entnehmen könnte. Es ist also unmöglich, diese Norm als Grundlage für Dachabdichtungen zu wählen, wenn von den allgemeinen VOB-Richtlinien abgesehen wird.

6.1.2 DIN 4122 (Abdichtung von Bauwerken gegen nicht drückendes Oberflächenwasser und Sickerwasser)

Diese DIN-Norm (ebenfalls im Anhang dieses Buches in Auszügen abgedruckt) behandelt also die Abdichtung gegen nicht drückendes Wasser, d.h. also gegen Wasser tropfbar-flüssiger Form, z.B. Niederschlagswasser, Sickerwasser, Brauchwasser, das im allgemeinen auf die Abdichtung keinen oder nur vorübergehend einen geringfügigen hydrostatischen Druck ausübt. Insofern würde also diese DIN-Norm geeignet sein, den Flachdachsektor zu erfassen, d.h., es müßten verbindliche Richtlinien angegeben sein. In den Tabellen 1–9 werden Voranstrichmittel, Klebemasse und Deckaufstriche, Spachtelmassen, Pappen, Dichtungsbahnen, Metallbänder und thermoplastische Kunststoff-Folien sowie Stoffe für Trennschichten und Stoffe für Fugenfüllungen angegeben. In den weiteren Ausführungen werden zwar löblicherweise eine Anzahl Beispiele detailliert mit den notwendigen Dichtungsbahnen dargestellt, die aber nur teilweise mit den praktischen Erfahrungen und mit den Richtlinien für die Ausführung von Flachdächern übereinstimmen. Über die Ausführung selber, also über die Verklebung und Verarbeitung von Dachdichtungsbahnen, thermoplastischen Kunststoff-Folien usw. wird Einiges ausgesagt. Aber auch hier sind erhebliche Lücken insofern vorhanden, als z.B. für Kunststoff-Folien nur die thermoplastischen Folien behandelt werden, also Folien, die mittels Heißbitumen verklebt werden können (Polyisobutylen-Folien). Die weiteren, seit längerer Zeit auf dem Markt befindlichen Folien wurden nicht behandelt, bzw. es wurde bis heute noch keine Ergänzung zu dieser DIN-Norm herausgegeben, wenngleich auch längst bekannt ist, daß außer den thermoplastischen Folien auch elastomere und Flüssigkunststoff-Dachbeläge auf dem Markt angeboten und

6.1 Stand der Technik hinsichtlich Dachabdichtung

verarbeitet werden. Die DIN 4122 scheint also vorzüglich bei den Hofkellerdecken, Parkdecks usw. aufzuhören und ist für das Flachdach im eigentlichen Sinne nur sekundär zu gebrauchen.

6.1.3 DIN 18337 (Abdichtung gegen nicht drückendes Wasser, VOB Verdingungsordnung für Bauleistung, Teil C: Allgemeine technische Vorschriften, im Anhang teilweise abgedruckt)

In dieser DIN-Norm sind für die gebräuchlichsten Stoffe die DIN-Normen angeführt und die Stoffbezeichnungen genannt, so Voranstrichmittel, Deckaufstrichmittel kalt oder heiß, Spachtelmassen und Pappen und Dichtungsbahnen sowie Metallbänder ohne Deckschichten. Unter Kunststoff-Folien werden ebenfalls nur wieder thermoplastische Kunststoff-Folien genannt (Polyisobutylen). Bezüglich der Verarbeitung für Flachdächer ist jedoch nichts ausgesagt, mindestens nicht so, daß man sich danach halten kann. Die Anleitungen betreffen primär seitliche Abdichtungen und Abdichtungen von Fußböden usw. und sind dort sicher sehr zu empfehlen, im Flachdachsektor jedoch weniger zu gebrauchen.

6.1.4 DIN-Normen für Dachbahnen

Für Dachbahnen liegen folgende DIN-Normen vor:

1. Dachbahnen

DIN 52123/1960 Dachpappen und nackte Pappen, Prüfung
DIN 52121/1959 Teerdachpappen, Begriff
DIN 52126/1959 Nackte Teerpappen, Begriff
DIN 52128/1957 Bitumen-Dachpappen, Begriff
DIN 52129/1959 Nackte Bitumen-Dachpappen, Begriff
DIN 52130E/1963 Bitumen-Dachabdichtungsbahnen
DIN 52140/1960 Vornorm Teer-Sonderdachpappen, Begriff

2. Dichtungsbahnen

DIN 18190/1E/1967 mit Rohfilzpappe
DIN 18190/2E/1967 mit Jutegewebe
DIN 18190/3E/1967 mit Glasgewebe
DIN 18190/4E/1967 mit Metallband

3. Glasvlies-Bitumendachbahnen
(Grundstoffe siehe Bild 32)

DIN-Normen für Glasvlies-Bitumendachbahnen gibt es derzeit seit 1.1.1972:
DIN 52141 Glasvlies – Begriff, Bezeichnung, Anforderung
DIN 52142 Glasvlies – Prüfung
DIN 52143 Glasvlies-Bitumendachbahnen

Es ist also auch hieraus zu sehen, daß aus den bituminösen Dachdichtungsbahnen nur ein Teil genormt ist. So sind zwar eindeutige Begriffe über Schweißbahnen und Aufflämmbahnen heute bekannt, sind aber noch nicht genormt. (DIN-Entwurf 18190 liegt für Dichtungsbahnen für Bauwerksabdichtungen vor.)

6.1.5 Richtlinien für die Ausführung von Flachdächern

Die Richtlinien für die Ausführung von Flachdächern, aufgestellt vom Zentralverband des Dachdecker-Handwerks, erstmals im Jahre 1962 formuliert und in mehreren Verbesserungsausgaben erschienen, wurden nun-

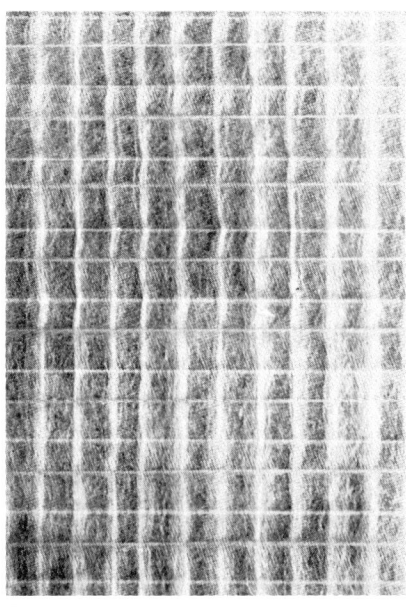

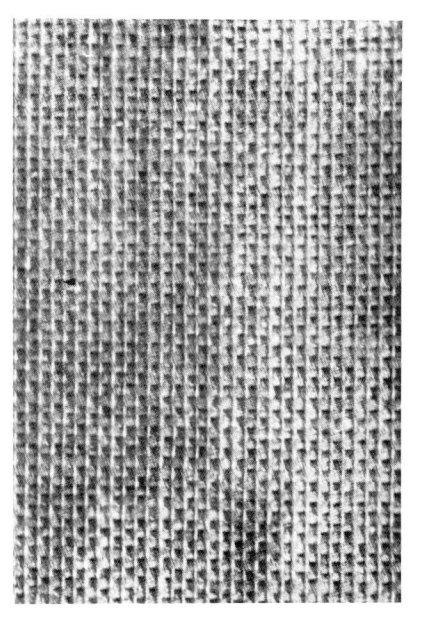

Glasvlies   verstärktes Glasvlies (Gittervlies)   Glas-Stapelfaser-Gewebe

Bild 32 Die verschiedenen Glasfaser-Trägerstoffe

6. Dachabdichtung beim einschaligen Flachdach

mehr nach dem neuesten Stand der Technik (während der Bearbeitung dieses Buches) herausgebracht. Diese Richtlinien haben inzwischen den Charakter »anerkannter Regeln der Technik« erlangt (bei Rechtsprechungen). In der Praxis bedeutet dies, daß für Leistungsbeschriebe, für die praktische Ausführung, Materialwahl usw. diese Richtlinien verbindlich sind mindestens solange, bis der neue Entwurf der DIN 18338 verabschiedet ist. Regelverstöße gegen diese Richtlinien haben also Folgen.

In diesen Richtlinien (siehe Abdruck Anhang) wird hinsichtlich der Dachabdichtung zusammengefaßt folgendes ausgeführt:

Die Dachhaut kann bestehen aus:

Glasvlies-Bitumen-Dachbahnen nach DIN 52143, Bitumen-Glasgewebe- oder Jutegewebe-Dachdichtungsbahnen, Bitumen-Schweißbahnen (siehe Merkblatt Anhang), Bitumen-Dachdichtungsbahnen nach DIN 52130, Bitumen-Dachbahnen aus Bitumen oder Teer, Metallfolien oder aufzuklebende Metalldeckungen, bitumen- oder nicht bitumenbeständige Kunststoff-Folien und Flüssig-Kunststoffe. Hinsichtlich der Dachabdichtung bzw. Deckung wird unterschieden:

a) Dachabdichtungen bis 5 Grad (9,1%)

Dächer mit einer Neigung bis 5 Grad (9,1%) oder bei besonderen Beanspruchungen bis 8 Grad (14,1%) müssen mindestens dreilagig ausgeführt werden. Dachbahnen mit Rohfilzeinlage sind als oberste Lage für Dachabdichtungen ungeeignet. Bei dreilagiger Dachabdichtung müssen mindestens zwei Lagen der Abdichtung aus Glasvlies-Bitumen-Dachbahnen V 13 bestehen. Die erste Lage ist vollflächig auf eine Dampfdruckausgleichsschicht oder streifenweise auf eine Wärmedämmung aufzukleben, bei Holzschalung zu nageln, Nähte und Stöße zu verkleben. Weitere Lagen sind im Gieß- und Einrollverfahren zu verkleben. Bei gefüllter Klebemasse sind 50 cm breite Bahnen zu verwenden. Die oberste Lage muß eine Schutzschicht erhalten.

Bei zweilagiger Dachabdichtung ist eine Schweißbahn 5 bzw. 4 mm stark mit Gewebe-Einlage (siehe Merkblatt Anhang) zu verwenden, die lose oder punktweise verklebt werden kann, Nähte und Stöße verschweißt. Als zweite Lage ist eine Glasgewebe-Dachdichtungsbahn (G 200 DD) im Gießverfahren zu verkleben (siehe nachfolgend). Anstelle dessen kann auch eine weitere Schweißbahn verwendet werden.

b) Dachabdichtungen (Deckungen) über 5 Grad (9,1%)

Dächer mit einer Neigung über 5 Grad (9,1%) müssen mindestens zweilagig ausgeführt werden mit den einzelnen Lagen vorgenannter Werkstoffe. Die erste Lage ist vollflächig auf eine Lochglasvlies-Bitumenbahn oder auch punkt- bzw. streifenweise auf die Deckunterlage aufzukleben, bei Schalung zu nageln. Die zweite und evtl. weitere Lagen sind vollflächig mit für die Neigung geeigneten Klebemassen aufzukleben. Bei Glasvlies-Bitumen-Dachbahnen ist mindestens eine Lage V 13 zu verwenden. Die oberste Lage muß eine Schutzschicht erhalten.

Bei geneigten Dachflächen über 8 Grad sind die Bahnen senkrecht zur Traufe zu verlegen. Die Dachbahnen sind am oberen Rande durch versetzte Nagelung mit 5 cm Nagelabstand zu nageln bzw. zu befestigen.

Als erste Lage der Dachabdichtung dürfen gezählt werden:

1. Obere ungelochte Dampfdruckausgleichsschicht über der Wärmedämmung, punkt- oder streifenweise aufgeklebt, an den Nähten überlappt voll verklebt.
2. Auf Holzschalung aufgenagelte Dachbahn, an Nähten und Stößen überlappte Verklebung.
3. Aufrollbaren Wärmedämmbahnen (5 m lang) aufkaschierte, feuchtigkeitsunempfindliche Dampfdruckausgleichs-Bahnen mit 8 cm Nahtüberdeckung.

Nicht anrechenbar sind auf kleinflächigen Wärmedämmplatten aufkaschierte Bahnen (Verbundplatten oder dgl.).

Anmerkung des Autors:

Die Erfahrung hat gezeigt, daß es nicht sinnvoll ist, die o. a. ersten Lagen zu werten. Bei grob bekiesten Dampfdruckausgleichsschichten ist eine einwandfreie Überklebung der Nahtüberlappung schwierig. Dies gilt besonders auch für aufgenagelte Dachbahnen, wenn keine bitumenbeständige Trennschicht als Unterlage vorhanden ist. Auch bei rollbaren Bahnen verlaufen diese bei Nichtbeachtung der Verlegerichtlinien häufig so, daß die 8 cm Nahtüberdeckung auch hier nicht immer gewährleistet ist.

1. Abdichtung mit Schweißbahnen
Merkblatt zu Richtlinien, Fassung Juli 1969

Die Weiterentwicklung der genormten Bitumen-Dachbahnen hat dazu geführt, daß es heute möglich ist, hochwertige bituminöse Dachdichtungsbahnen herzustellen. Die Anwendung dieser hochwertigen Bahnen hat in der Praxis erwiesen, daß Flachdach-Abdichtungen, bei denen nach den Richtlinien für die Ausführung von Flachdächern drei Lagen normaler Bitumen-Dachbahnen gefordert werden, auch zweilagig ausgeführt werden können, wenn folgende Bahnen verwendet werden:

als 1. Lage: 1 Schweißbahn 5 mm oder 4 mm dick, lose verlegt oder punktweise geklebt und an den Nähten und Stößen verschweißt,

als 2. Lage: 1 Lage Glasgewebe-Dachdichtungsbahn (Glasgewebe-Einlage ca. 200 g/m² einschließlich 15% Gewichts-Appretur, Gehalt an löslichem Bitumen im Mittel mindestens 1600 g/m²) im Gießverfahren aufgeklebt oder

1 Lage Schweißbahn, im Gießverfahren oder im Gießverfahren mit Naht- und Stoßverschweißungen oder in ganzer Rollenbreite im Flämmschmelz-Verfahren aufgeklebt.

6.1 Stand der Technik hinsichtlich Dachabdichtung

Als Schweißbahnen gelten nur Bitumen-Dachabdichtungsbahnen im Sinne des Merkblattes für bituminöse Schweißbahnen zur Verwendung bei Dachabdichtungen, herausgegeben vom Zentralverband des Dachdecker-Handwerkes e.V., Verband der Dach- und Dichtungsbahnen-Industrie und Bundes-Fachabteilung Bauwerksabdichtung im Hauptverband der Bau-Industrie e.V.

Dachbahnen (Aufflämmbahnen), bei denen das zum Kleben erforderliche Bitumen *unterseitig* fabrikmäßig aufgebracht ist, werden im Flammschmelz-Verfahren aufgeklebt. Diese Bahnen sind *keine Schweißbahnen* im Sinne des obengenannten Merkblattes, sondern stellen normale Dachbahnen dar, die anstelle geklebter Bahnen verwendet werden können.

Anmerkung zum Begriff Schweißbahnen

Bituminöse Schweißbahnen im Sinne obengenannten Merkblattes sind 5 und 4 mm dicke Dach- und Dichtungsbahnen mit mittig angeordneten Trägereinlagen aus imprägnierten, hochreißfesten Geweben. Nicht zu den bituminösen Schweißbahnen gehören Dachbahnen, bei denen auf der Unterseite das zum Verkleben erforderliche Bitumen zusätzlich fabrikmäßig aufgebracht ist (Bitumen-Dachpappen nach DIN 52128, Bitumen-Dachdichtungsbahnen nach DIN 52130 und Glasvlies-Bitumen-Dachbahnen). Diese Dachbahnen werden im allgemeinen als Aufschmelzbahnen bezeichnet (oder auch als Flämmbahnen).

Neben den Vorschriften über die Tränk- und Deckmasse wird angeführt, daß die Trägereinlage aus Glasgewebe mit 200 g/m² oder aus Jutegewebe mit 300 g/m² bestehen kann. Es können auch Kombinationen aus Glasgewebe und Jutegewebe bzw. mit 0,08 mm dicken Aluminium-Folien oder mit Glasvlies mit Flächengewicht 50 g/m² kombiniert werden. Voraussetzung ist bei zwei Lagen, daß sich die Trägereinlagen nicht unmittelbar berühren, sondern daß sie durch das eingeschlossene Bitumen voneinander getrennt sind. Hinsichtlich der Eigenschaften bituminöser Schweißbahnen wird auf den DIN-Entwurf 18190 (Dichtungsbahnen für Bauwerksabdichtungen) verwiesen.

Über die Anwendung und Verarbeitung wird angeführt, daß eine Lage bituminöse Schweißbahn nur einen Teil der Dachabdichtung darstellt, und daß hierüber mindestens eine Glasgewebe-Gitterbahn aufzukleben ist oder weitere zwei Lagen Bitumen-Dachbahnen im Gießverfahren. Es wird empfohlen, daß als Oberlage Dachbahnen verwendet werden sollen, deren Einlagen keine Feuchtigkeit aufnehmen können (also Glasvlies-Bitumenbahnen).

Weitere Anmerkungen siehe Abdruck Anhang.

2. Kunststoff-Dachbeläge (siehe Anhang – Richtlinien)

Die zunehmende Bedeutung von Kunststoff-Belägen auf dem Sektor des Flachdaches und die sich hieraus ergebende Häufung von Anfragen besonders aus Kreisen des Dachdecker-Handwerkes hat den Zentralverband des Dachdecker-Handwerkes e.V. – Fachverband Dach-, Wand- und Abdichtungstechnik – veranlaßt, zunächst ein Merkblatt als Orientierungshilfe und allgemeine Richtlinien für die Anwendung und Verarbeitung von Kunststoff-Dachbelägen zu veröffentlichen. Außer diesen Richtlinien, die naturgemäß sehr spärlich und wenig aussagend sind, gibt es wenig, worauf man sich stützen könnte. Lediglich Polyisobutylen-Bahnen sind gemäß DIN 16935 genormt. Alle anderen Kunststofferzeugnisse laufen unter Firmennamen. Es gibt also keine verbindliche Norm außer den Hinweisen, wie sie in der DIN 18337 und DIN 4122 bereits genannt sind und hier nun in den Richtlinien angeführt wurden. Von seiten des Fachverbandes wird gefordert, daß Kunststoff-Beläge (Bahnen, Folien, Planen, flüssige oder spritzbare Kunststoffe) wasserundurchlässig und feuchtigkeitsbeständig sein müssen. Werkstoffbedingte Wasserquellen sowie normale atmosphärische Einwirkungen dürfen die Substanz nicht verändern. Dies gilt ebenfalls für kombinierte Einwirkungen von Wärme, Feuchtigkeit, UV-Licht, Ozon. Die Kunststoff-Dachbeläge müssen diese Bedingungen erfüllen und funktionsbeständig bleiben. Sie dürfen sich bei Temperaturen im Bereich von $-20°C$ bis zu kurzfristigen Temperaturen von $+100°C$ in ihren wesentlichen Eigenschaften nicht ändern und müssen dabei ihre homogene Beschaffenheit behalten. Auch dürfen bei Temperaturen bis 100°C in den zum Aufkleben der Bahnen verwendeten Stoffen keine schädigenden Reaktionen chemischer oder physikalischer Art auftreten (z.B. Weichmacherwanderung, Ölabscheidung usw.). Die Kunststoff-Dachbeläge müssen widerstandsfähig gegen Perforierung (z.B. durch lose Sandkörner, Hagelschlag, bauübliche Rauigkeiten des Untergrundes) oder aufgrund von Verarbeitungsanweisungen der Hersteller durch besondere Maßnahmen davor geschützt werden. Sie dürfen keine Blasen bilden und sich chemisch nicht so verändern, daß ihre Funktionstüchtigkeit verloren geht, sie müssen maßhaltig bleiben (gegebenenfalls unter Verwendung geeigneter anwendungstechnischer Maßnahmen), auch wenn bei bitumenverträglichen Stoffen heißes Bitumen als Klebe- oder Deckschicht aufgebracht wird. Die Bahnen-Folien und Planen müssen sich auf ebener Unterlage kantengerade und gleichmäßig breit ausrollen lassen und darauf plan liegen bleiben. Die Nenndicke darf an keiner Stelle mehr als um 10% unterschritten werden. Die Bahnen, Folien und Planen müssen sich in Stoß und Naht entsprechend den Verarbeitungsanweisungen der Herstellerwerke so verbinden lassen, daß auch die Verbindung unter sich lückenlos und ebenso widerstandsfähig ist wie die Dachbeläge selbst. Die Kunststoff-Dachbeläge müssen diese allgemeinen Anforderungen in deren Gesamtheit erfüllen, wobei die Garantie der Werkstoffqualität und Eignung in der *Zuständigkeit der Hersteller* und nicht des bauausführenden Unternehmers liegt.

Bezüglich dieser Anmerkung »Zuständigkeit der Her-

steller« ergeben sich leider keine eindeutigen Vertragsverhältnisse. Rein juristisch wird der Hersteller bereits nach 6 Monaten aus der Gewährleistung entlassen sein, während die bauausführende Unternehmung u.U. 5 oder 10 Jahre haftet. Hier bedarf es eindeutiger vertraglicher Abmachungen besonders bei Kunststoff-Belägen, die noch keine Langzeiterfahrung haben.
Bezüglich Hinweise für die Anwendung schreibt der Fachverband vor, daß hier die Flachdachrichtlinien als Grundsätze gelten. Im übrigen wird auf die jeweiligen Verarbeitungsvorschriften hingewiesen und empfohlen, daß bei nicht genügender Erfahrung Lehrverleger herangezogen werden sollen. Eine Abnahme durch den Werkstoffhersteller wird empfohlen.
Aus diesen Formulierungen geht die ganze Unsicherheit bezüglich Kunststoffen hervor, die jeder, der mit dem Flachdach zu tun hat, bis heute noch nicht losgeworden ist. Es gibt keine verbindlichen Normen und Richtlinien, so daß derzeit lediglich die Erfahrungswerte die Kriterien ergeben.

6.1.6 ABC der Bitumen-Dachbahn (Leitfaden für moderne Dachdeckungen und Abdichtungen, herausgegeben vom Verband der Dach- und Dichtungsbahnen-Industrie e.V., Ausgabe Frühjahr 1974)

Neben den genannten Richtlinien besteht das »ABC der Dachbahn«, herausgegeben von obigem Verband. In diesem, wie auch in den genannten Richtlinien für die Ausführung von Flachdächern wird der bauphysikalisch richtige Aufbau von Flachdächern jeder Art detailliert beschrieben. Das »ABC der Dachbahn« in der vorliegenden Ausgabe ist eine Ergänzung zu den Richtlinien für die Ausführung von Flachdächern, und zwar dadurch, daß hier die Aufbauten und auch die Details zeichnerisch dargestellt sind. Es werden auch detaillierte Angaben über den Schichtaufbau der Dachabdichtung gegeben. Im übrigen werden hier bei den Stoffen für die Dachabdichtung die zwischenzeitlich genormten Glasvliesbahnen angegeben:

DIN 52143 – Glasvlies-Bitumen-Dachbahnen
DIN 52141 – Glasvlies 60

Im übrigen decken sich sonst die Angaben für die Dachdichtungen mit denen aus den Richtlinien für die Ausführung von Flachdächern und aus vorgenannten Normangaben.
Die beiden obengenannten Veröffentlichungen, Richtlinien für die Ausführung von Flachdächern und »ABC der Dachbahn« müssen derzeit für Ausschreiber, Dachdecker und für Sachverständige usw. als Stand der Technik betrachtet werden. Sie geben, mindestens soweit es normale Ausführungen betrifft, ausreichende Angaben. Es wäre jedoch zu wünschen, daß baldmöglichst eine umfassende DIN-Norm in Bearbeitung kommt, die *alle Kriterien* des Daches- und Flachdaches, also nicht nur der Dachdichtung erfaßt.

6.2 Allgemeine Anmerkungen zu den Dachbahnen

Nach Haushofer [20] werden für das Wirtschaftsjahr 1967 folgende Umsatzanteile angegeben:
Teerdachpappen 0,6%
Bitumen-Dachpappen 90,6%
Teer-Sonderdachpappen 8,8%.
Daraus ist also abzulesen, daß die reinen Teerdachpappen keine Rolle mehr spielen. Dagegen haben Teer-Sonderdachpappen neben den Bitumen-Dachpappen immer noch einen erheblichen Marktanteil.

6.2.1 Bitumen-Dachpappen

Die bituminösen Dachbahnen bestehen heute im wesentlichen aus folgenden drei Hauptbestandteilen:
1. Einlagen (Rohfilzpappen, Glasvlies, Glasgittervlies, Glasgewebe, Kunststoffvlies, Jutegewebe, Kunststoffgewebe, Metallfolien wie Alu oder Kupfer).
2. Lösliche Bestandteile (Bitumen, Teer, Füllstoffe wie Gesteinsmehl).
3. Bestreuungen (Quarzsand, Talkum, gebrochener Schiefer usw.).
4. Klebebitumen.

1. Einlagen

Die Einlagen in den Dachbahnen haben eine primäre Bedeutung bezüglich der Belastbarkeit. Es sind hier vor allen Dingen interessant die Bruchlast bzw. die maximale Dehnung. Daneben interessieren vor allen Dingen den Praktiker die Saugfähigkeit und die Verlegekriterien.
Nachfolgend sollen einige kurze Angaben hierzu gemacht werden. Die Bruchlasten bzw. Bruchdehnungen beziehen sich auf die Fertig-Dachbahnen:

a) Rohfilzpappen

Rohfilzpappen weisen im ungetränkten Zustand ein Gewicht/m^2 von 250g (nicht genormt), 333g oder 500g auf. Bitumenpappen mit Rohfilz-Einlagen sind nach wie vor die preisgünstigsten Dachbahnen. Leider schwankt jedoch die Rohfilzpappe hinsichtlich der Zusammensetzung sehr stark. Während früher vorzüglich Wollfilz in die Pappe eingearbeitet wurde und dadurch die Saugfähigkeit für die Imprägnierung sehr gut war, werden heute andere, meist Zellulosefasern in großem Umfange beigegeben. Die Wasseraufnahme bzw. Saugfähigkeit schwankt demzufolge sehr stark.
Wollfilzpappen sollten im allgemeinen erst ab einer Dachneigung von 3° eingesetzt werden, wenn sie als Oberlagen verwendet werden (mit entsprechender Quarz- oder Schieferbestreuung). Als Zwischenlage für Dachabdichtungen haben sie sich wegen der guten Reißfestigkeit gut bewährt. Voraussetzung ist jedoch eine einwandfreie Einklebung im Gieß- und Einrollverfahren (siehe spätere Erläuterung). Es gelten folgende DIN-Werte:

6.2 Allgemeine Anmerkungen zu den Dachbahnen

Bitumen-Dachpappen

a) 333 – Bruchlast = 20 kp/50 mm, Bruchdehnung 2%,
b) 500 – Bruchlast = 25 kp/50 mm, Bruchdehnung 2%.

Nackte Bitumen-Dachpappen

a) 333 – Bruchlast = 15 kp/50 mm, Bruchdehnung 2%,
b) 500 – Bruchlast = 20 kp/50 mm, Bruchdehnung 2%.

b) Glasvlies-Bitumen-Dachbahnen

Glasvlies-Bitumen-Dachbahnen beinhalten Glasvlies-Einlagen, die mit Tränk- oder Deckmasse durchdrungen sind und auf beiden Seiten mit Deckschichten aus Deckmasse versehen und mit mineralischen Stoffen bestreut sind. Es handelt sich also bei Glasvlies um ein anorganisches Trägermaterial, was den Vorteil einer geringen Feuchtigkeitsaufnahme hat. Glasvlies-Bitumenbahnen werden demzufolge bevorzugt für Dachabdichtungen eingesetzt, also bei Neigungen unter 5° und hier anstelle der Bitumenpappen bevorzugt als Oberlagen. Der Nachteil normaler Bitumen-Dachbahnen mit Glasvlies-Einlage ist die geringe Zugfestigkeit quer zur Bahnenrichtung. Da im allgemeinen nur Parallelverlegung bei Dachabdichtungen erlaubt ist, kann gegebenenfalls bei Zugbeanspruchungen quer zur Bahnenrichtung Rissegefahr bestehen (über Stoßstellen von Gasbetonplatten, Bimsbetonplatten, Stahlzellendächer usw.), also dort, wo zufällig Parallelverlegung auch über diesen Auflagerstößen vorhanden ist. Es ist demzufolge anzuraten, in jedem Falle entweder verstärkte Glasvliesbahnen zu verwenden oder als Mittellage eine hochzugfeste Bahn einzubringen. In zunehmendem Maße werden Glasvliese mit Fäden entweder über die gesamte Bahn hinweg oder im Randbereich verstärkt. Es ergeben sich dadurch wesentlich günstigere Werte. Im allgemeinen werden die Glasvliesbahnen nach dem Gewicht der Einlage (Glasvlies) bezeichnet. Gemäß DIN 52143 müßte jedoch die Bezeichnung nach dem Gehalt an löslichem Bitumen angegeben werden. Hier einige Daten:

a) Glasvlies-Bitumenbahn, bisher V 3 genannt (nicht genormt) – Gehalt an löslichem Bitumen 900 g/m², Glasvlies-Einlage 50 g/m², Festigkeitsangaben liegen nur von Firmen vor.

b) Glasvlies-Bitumenbahn V 11 (bisher V 5) genormt – mindestens 1100 g/m² lösliches Bitumen, 50 g/m² Einlage,
Bruchlast längs mindestens 25 kp; quer mindestens 20 kp/50 mm.

c) Glasvlies-Bitumenbahn V 13, bisher V 60 (mit verbesserter Reißfestigkeit) – Gehalt an löslichem Bitumen mindestens 1300 g/m², Glasvlies-Einlage 60 g/m², Bruchlast längs mindestens 40 kp/50 mm, Bruchlast quer mindestens 30 kp/50 mm.
Die Bruchdehnung ist ebenfalls mit 2% erforderlich.

c) Glasgittervliese (bisher ohne DIN)

Dies sind Glasvliese mit einem Verstärkungsgelege, damit die Reißfestigkeit von Glasvliesen deutlich erhöht wird. Hier gelten z. B. folgende Firmendaten:

Glasgittervliesbahn – Gehalt an löslichem Bitumen 1400 g/m², Glasgittervlies-Einlage 75 g/m², Bruchlast längs zur Bahn 60 kp/50 mm, quer zur Bahn 43 kp/50 mm.

d) Glasgittergewebebahn – Jutegewebebahn

Bei Glasgittergewebebahnen handelt es sich um ein Glasmischgewebe mit einer Glasgittergewebe-Einlage von ca. 200 g/m², mit Appretur jeweils 10% höher. Glasgewebegitterbahnen sind ebenfalls anorganischen Ursprunges und weisen eine sehr hohe Reißfestigkeit auf. Der Vorteil liegt also darin, gegebenenfalls Dachabdichtungen mit normalen Glasvlies-Bitumenbahnen durch eine Glasgittergewebebahn zu verstärken. Eine gewisse Gefahr ergibt sich bei Verlegungen im Gefälle, da sich durch Kontraktion und Expansion Spannungsübertragungen auf andere Bahnen ergeben und dadurch Faltenbildung möglich sind. Sie sind auch relativ schwer, was gegebenenfalls bei Verlegung im Gefälle (bei nicht ausreichend standfester Klebemasse) leicht zu Abrutschungen führt.
Wie aus vorgenannten Ausführungen (Richtlinien) zu entnehmen, ist bei Schweißbahnen z. B. über diesen eine Glasgewebegitterbahn im Gieß- und Einrollverfahren zusätzlich aufzukleben, wenn unter 3° eine ausreichende Dachabdichtung vorhanden sein soll. Es werden nach DIN folgende Mindestwerte gefordert:
Bruchlast längs zur Bahn 60 kp/50 mm, quer 50 kp/50 mm, Dehnung bei Bruch 5%.
Die tatsächlich gemessenen Werte liegen wesentlich höher. Sie werden von Firmen mit 80 kp längs und 71 kp quer angegeben.
Bei Jutegewebe wird nach DIN 18190 das Flächengewicht mit mindestens 300 g/m² der Jutegewebe-Einlage verlangt. Jute selbst ist bekanntlich organischen Ursprunges und muß, wenn sie verrottungsfest und möglichst wenig wasseraufnehmend sein soll, durch ein spezielles Verfahren mit Tränkungsmittel imprägniert werden. Zweifellos bleibt natürlich die Jutegewebe-Armierung immer noch ein organisches Material. Die Bitumen-Deckschichten müssen also die Jute weitgehend schützen. Auch im Bereich der Stirnseiten dürfen keine Jutefäden im Laufe der Zeit sichtbar werden, da diese sonst kapillar leitfähig werden können und Feuchtigkeit nach innen transportieren. Jutegewebe-Dichtungsbahnen haben sich sehr gut bei Dachabdichtungen als Mittellagen bewährt oder auch als Oberlagen, wenn ein ausreichender Deckaufstrich aufgebracht wird.
Die geforderten Bruchlastwerte von 60 kp längs bzw. 50 kp/50 mm quer und 5% Bruchdehnung werden in der Praxis gut erreicht. Die praktischen Werte liegen

6. Dachabdichtung beim einschaligen Flachdach

etwa gleich wie die vorgenannten mit Glasgewebegitterbahnen.

e) Bitumen-Kunststoffvliese (nicht genormt)

Bei Bitumen-Kunststoffvliesen handelt es sich um ein neues Trägermaterial, das einerseits die Vorzüge der Glasvlies-Dachbahnen beinhaltet (Unverrottbarkeit) und gleichzeitig die günstigen Vorteile der Rohfilzpappen aufweist (hohe Zugfestigkeit in jeder Richtung). Das qm-Gewicht liegt bei 170 g/m². Die Feuchtigkeitsaufnahme ist ähnlich wie bei Glasvliesbahnen, die Reißfestigkeit und Elastizität liegt im Bereich von Pappen mit Rohfilzpappen-Einlagen (Meßwerte ca. 70–80 kp/50 mm).

f) Kunststoffgewebe, z. B. Trevira

Das Flächengewicht der Gewebe-Einlage aus Trevira reißfest liegt etwa zwischen 120 und 150 g/m². Diese Einlage verleiht einer derartigen Bahn eine hohe Elastizität und eine ungewöhnliche Reißfestigkeit sowie dann auch ein anorganisches Verhalten hinsichtlich Wasseraufnahme. Andererseits ist naturgemäß dann auch hier der sog. Textil-Effekt zu berücksichtigen, d. h. je höher die Zugfestigkeit einer Bahn, je größer auch die thermischen Bewegungen und Eigenbewegungen bei Temperaturunterschieden. Bei Bahnen mit 3,5 mm Stärke werden Bruchlasten mit 150 kp/cm² längs und quer zur Bahn bei 16% Dehnung angegeben.

g) Bitumenbahnen mit Metallfolien-Einlagen

Metallfolien-Einlagen oder -Auflagen werden in Stärken von 0,08, bei Dachdichtungsbahnen mit 0,1 oder 0,2 mm Stärke glatt oder geriffelt eingebracht. Nach AIB-Abdichtungen muß eine 0,2 mm starke geprägte Folie eingesetzt werden. Bevorzugt werden hier Alu-Folien verwendet, aber auch Kupfer-Folien für bestimmte Zwecke. Häufig werden diese Metall-Folien in einer Bahn kombiniert mit anderen Trägerbahnen, meist Glasvliesbahnen, Glasgittergewebebahnen, Jutegewebebahnen usw. Wie angeführt, müssen dann zwischen diesen beiden Lagen eindeutige Trennungen durch Bitumen vorhanden sein.

Normalerweise sollten Abdichtungsbahnen mit Metallfolien-Einlagen usw. nicht als Oberlage verwendet werden, da sich die Metall-Folien hinsichtlich der Temperaturbewegungen, der zeitlichen Aufheizung usw. völlig anders verhalten als das Bitumen. Es kam hier schon zu sehr schwerwiegenden Schäden. Es gibt andererseits Kombinationsbahnen, die durch Auswahl eines bestimmten Bitumens oder durch Zwischenschaltung von gleitfähigen Bituminas und durch Einprägung der Folien die negativen Momente weitgehend ausschalten oder reduzieren.

Bitumenbahnen mit glatten Folien sollten jedoch bei Dachabdichtungen nur dort verwendet werden, wo möglichst bald nach der Aufbringung ein ausreichender mechanischer Schutz und Schutz gegen Temperatureinflüsse vorhanden ist (Dampfsperren).

h) Aufflämmbahnen

Aufflämmbahnen können verschiedenste Einlagen erhalten, also Rohfilzpappen, Glasvlies, Glasgittervliese usw. Sie unterscheiden sich von normalen bituminösen Dachbahnen nur dadurch, daß das Klebebitumen (mit dem normale Bahnen auf die Unterlage aufgeklebt werden), gleich fabrikmäßig unterseitig aufgebracht ist, so daß die Bahnen dann aufgeschweißt werden können. Bei Dachabdichtungen werden diese Bahnen weniger verwendet, dagegen bei größerem Gefälle, wo eine Aufflämmung günstiger ist als das Klebeverfahren (z. B. bei HP-Schalen oder dergleichen). Die Bruchlasten usw. entsprechen den vorgenannten Daten je nach Einlage. Es können hier auch Bahnen mit standfesten Bitumen geliefert werden, was als günstig zu bezeichnen ist.

i) Schweißbahnen

Schweißbahnen nach den Richtlinien für die Ausführung von Flachdächern sind bituminöse Abdichtungsbahnen, die mindestens 4–5 mm stark sein müssen, und bei denen sowohl das Deckbitumen als auch das Klebebitumen fabrikfertig bereits so aufgebracht werden, daß die Bahnen nicht unbedingt einen Deckaufstrich erhalten müssen. Schweißbahnen werden also nach ihrer Stärke benannt. Das Gewicht an löslichem Bitumen beträgt zwischen 400 und 500 g/m² je nach Stärke und Einlage. Die Einlage kann aus den verschiedensten der vorgenannten Materialien bestehen, meist Glasgittergewebe, Jutegewebe und gegebenenfalls zusätzlich Glasvlies-Einlagen, Metall-Folien usw., Schweißbahnen haben sich besonders in den letzten Jahren für schnelle Verlegungen für Dachabdichtungen bewährt, da sie weitgehend wetterunabhängig durch Verschweißen verarbeitet werden können. Sie können punktweise oder auch vollflächig verschweißt werden.

k) Teer-Dachpappen

Teer-Dachpappen gemäß DIN 52121 haben als Einlage ebenfalls 333er oder 500er Rohfilzpappen. Infolge der relativ schwierigen Verarbeitung der Teer-Dachpappen werden Abdichtungen dieser Art nur noch von wenigen Spezialfirmen hergestellt. Es ist bekannt, daß Teer-Klebedächer, die meist aus 4 Lagen Teer-Sonderdachpappen hergestellt werden, nur bei völlig gefälleloser Konstruktion hergestellt werden können. Im Bereich einer schrägen Attika usw. müssen hier Sondermaßnahmen getroffen werden, damit keine Abrutschungen entstehen. Der Vorteil von Abdichtungen mit Teer-Sonderdachpappen liegt in der Wurzelfestigkeit und Selbstdichtung begründet. (Bituminöse Abdichtungen sind leider nicht wurzelfest und müssen durch besondere Maßnahmen verbessert werden.) Teermasse dagegen ist von sich aus wurzelfest und verhindert, wie zahlreiche Beispiele erwiesen haben, Wurzeldurchdringungen. Dachabdichtungen mit Teer-Sonderpappen sind also besonders für gefällelose Dachabdichtungen geeignet. Sie erfordern in jedem Falle eine Kiesschüttung als Schutz.

6.2 Allgemeine Anmerkungen zu den Dachbahnen

Daten:
a) 333 – Bruchlast = 15 kp/50 mm, Bruchdehnung 2%.
b) 500 – Bruchlast = 20 kp/50 mm, Bruchdehnung 2%.

Gemäß DIN 52140/E werden für Teer-Sonderdachpappen und Teer-Bitumendachpappen, beide mit beidseitiger Sonderdeckschicht, alte Begriffe neu gefaßt. Teer-Bitumendachpappen wurden jahrelang nicht mehr hergestellt wegen der sog. Fluxgefahr. Teer-Sonderdachpappen bzw. Teer-Bitumendachpappen erhalten eine Teer-Pech-Imprägnierung und eine Deckschicht mit Bitumen und können so auch mit Bitumen verklebt werden. Der Vorteil dieser Bahnen liegt darin, daß die Rohfilz-Einlage durch die Teer-Imprägnierung voll durchdrungen werden kann und somit eine hoch-fäulnisfeste Bahn zustande kommt. Bei Bitumen-Deckschicht kann dann später ohne weiteres eine Verarbeitung mit normalem Bitumen vorgenommen werden.

In vorgenannten Angaben sind die technischen Daten meist Mindestforderungen nach den DIN-Normen. In Wirklichkeit werden die Bruchlasten in der Praxis meist wesentlich höher angegeben, da z. T. auch laufend Fabrikationsverbesserungen, insonderheit bei Glasvliesen usw. durchgeführt werden. Vorgenannte Angaben sollen also lediglich Richtwerte sein.

2. Lösliche Bestandteile und Zusätze

a) für Dachbahnen-Fabrikation

Für die Vorimprägnierung wird Normenbitumen gemäß DIN 1995 verwendet. Es handelt sich hier um Bitumen B 200, B 80, B 65 usw., wie sie in Tabelle 33 angegeben sind. Derartige Vorimprägnierungen haben einen relativ niederen Erweichungspunkt, jedoch hohen Penetrationswert. Dieses Vorimprägnier-Material muß also das Träger-Material weitgehend durchdringen, wobei davon auszugehen ist, daß mindestens 100–150% des Gewichtes der Rohfilzpappen-Einlage aufgenommen werden (Bitumen- und Asphalt-Taschenbuch).

b) Deckmassen-Bitumen

Hierfür kommen je nach Fabrikationsart praktisch alle geblasenen Bitumensorten in Frage, wie sie in der Tabelle 33 mit den Analysedaten angeführt sind. Diese Deckschicht-Bituminas weisen gegenüber den Tränkbitumen eine relativ geringe Penetration auf, jedoch einen hohen Erweichungspunkt. Unter Penetration versteht man das Eindringen einer belasteten Nadel bei 25°C in einer gegebenen Zeiteinheit mit $1/10$ mm. Eine Penetration von 40 bedeutet daher, daß die Nadel tiefer eindringt in das Bitumen als bei 25. Das Bitumen 40 ist also elastischer. Ein Bitumen 85/40 ist daher elastischer als ein Bitumen 85/25, obwohl beide den gleichen Erweichungspunkt aufweisen (85°C). Die meisten Bitumenpappen bzw. Bitumenbahnen werden mit diesen beiden Bitumenqualitäten 85/40 oder 85/25 hergestellt.

Bild-Tabelle 33   Kenndaten für Bituminas nach Shell

	Normenbitumen gemäß DIN 1995							Hochvakuumbitumen					Geblasene Bitumen					
	Spramex		Mexphalt					HVB		Hochvakuum HVBD			Mexphalt R					
	300	200	80	65	45	25	15	85/95	95/105	85/95	95/105	130/140	75/30	85/25	85/40	105/15	115/15	135/10
Penetration (Eindringungstiefe) bei 25°C in $1/10$ mm	250–320	160–210	70–100	50–70	35–50	20–30	10–20	5–11	4–7	3–9	2–6	1–3	25–35	20–30	35–45	10–20	10–20	3–10
Erweichungspunkt: a) Ring und Kugel (entsprechend b) Krämer-Sarnow) °C	27–37 (16–24)	37–44 (24–30)	44–49 (30–35)	49–54 (35–40)	54–59 (40–45)	59–67 (45–53)	67–72 (53–58)	85–95 (70–80)	95–105 (80–90)	85–95 (70–80)	95–105 (80–90)	130–140 (110–120)	70–80 (55–65)	80–90 (65–75)	80–90 (62–72)	100–110 (80–90)	110–120 (90–100)	130–140 (110–120)
Brechpunkt nach Fraass, höchstens °C	–20	–15	–10	–8	–6	–2	+3	–	–	–	–	–	–12	–10	–20	–8	–10	–
Asche, höchstens Gew. %	0,5	0,5	0,5	0,5	0,5	0,5	0,5	0,5	0,5	0,5	0,5	0,5	0,5	0,5	0,5	0,5	0,5	0,5
Duktilität (Streckbarkeit) bei 25°C mind. cm	–	100	100	100	40	15	5	–	–	–	–	–	4	3	3	2	2	1
Duktilität (Streckbarkeit) bei 15°C mind. cm	100	–	–	–	–	–	–	–	–	–	–	–	–	–	–	–	–	–
Unlösliches, abzüglich Asche, höchstens Gew. %	0,5	0,5	0,5	0,5	0,5	0,5	0,5	0,5	0,5	0,5	0,5	0,5	0,5	0,5	0,5	0,5	0,5	0,5
Paraffin, höchstens %	2,0	2,0	2,0	2,0	2,0	2,0	2,0	2,0	2,0	2,0	2,0	2,0	2,0	2,0	2,0	2,0	2,0	2,0
Flammpunkt o. T. °C	210	220	240	250	260	280	290	330	330	300	300	330	230	240	230	250	250	280
Dichteverhältnis 25°/25°	1,00–1,01	1,01–1,04	1,01–1,04	1,02–1,05	1,02–1,05	1,03–1,06	1,03–1,06	1,04–1,07	1,05–1,07	1,06	1,04–1,07	1,06–1,1	1,02–1,05	1,02–1,05	1,02–1,05	1,02–1,05	1,02–1,05	1,03–1,05
Gewichtsverlust bei 163° in 5 Stunden höchstens Gew. %	2,5	2,0	1,5	1,0	1,0	1,0	1,0	0,05	0,05	0,05	0,05	0,05	0,5	0,5	0,5	0,3	0,3	0,1
Anstieg des Erweichungspunktes Ring und Kugel nach dem Erhitzen, höchstens °C	10	10	10	10	10	8	6	5	5	4	4	4						
Brechpunkt nach Fraass nach dem Erhitzen, höchstens °C	–15	–10	–8	–6	–5	±0	+5											
Verminderung der Penetration nach dem Erhitzen, höchstens %	60	60	60	60	60	50	40											
Duktilität nach dem Erhitzen bei 25°C mind. cm	–	50	50	50	15	5	2											
Duktilität nach dem Erhitzen bei 15°C mind. cm	50	–	–	–	–	–	–											

Für besondere Zwecke verwendet man jedoch auch geblasenes Bitumen 105/15, also mit geringerer Penetration (15) und hohem Erweichungspunkt (105°C). Man spricht dann von sog. Steildach- oder standfesten Bitumen, mit dem die Bahnen hergestellt sind. Hier ist anzumerken, daß es sinnwidrig ist, für das Verkleben (besonders bei stärkeren Bahnen) Bitumen 105/15 zu verwenden, wenn die Bahn selber aus Bitumen 85/25 hergestellt ist. Die Abrutschungen erfolgen dann meist innerhalb des Bahnenbitumens. Das standfestere Verklebebitumen kann dann oft die Bahn nicht halten. Es kommt dann zu Verwerfungen oder Wellen.

c) Füller

Die Bitumen-Deckschichten von Klebedachbahnen erhalten neben dem Reinbitumen entsprechende Füller. Es sind dies mineralische, feinmehlige Stoffe, die in Wasser nicht quellbar und nichtlöslich sind. Der gebräuchlichste Füller für Bitumen-Deckmasse ist Schiefermehl.

3. Bestreuung

Wie zuvor angeführt, werden die fertigen Bahnen bestreut:

a) Schiefersplitt

Es ist dies ein blaues oder graugrünes Naturstein-Material deutschen oder ausländischen Ursprunges. Normalerweise verwendet man die Körner 0,6–1,2 mm. Wegen der plättchenförmigen Struktur des Schiefersplittes, die die Bildung einer lückenlosen Mineral-Deckschicht begünstigt, wird diese Art der Bestreuung für die Oberseite der Bitumen-Dachpappen am häufigsten verwendet. Sie bildet gleichzeitig einen gewissen Schutz gegen vorzeitige Alterung der Bitumen-Deckschicht.

b) Talkum

Talkum ist österreichischer oder norwegischer Herkunft, silbergrau bis grün, grau schuppig, aber weicher als Schiefersplitt und daher nicht so wetterbeständig. Talkumierung wird meist unter Metall-Bedachungen vorgeschrieben, da hier Beschieferung oder Besandung störend wirkt. Die Talkumierung verhindert auch weitgehend eine Verklebung der Bahnen untereinander und später mit den weiteren Stoffen.

c) Grünstein

Grünstein ist ein hartes Naturstein-Material von kubischem Bruch, das meist in einer Körnung ebenfalls 0,6–1,2 mm verwendet wird.

d) Quarzsand

Die gebräuchlichste Bestreuung ist die mit Quarzsand 0–0,6 mm für die Bestreuung für die Unterseiten aller Bitumen-Dachbahnen. Alle als untere Lagen auf dem Dach verlegte Bitumen-Dachpappen und Glasvlies-Bitumen-Dachbahnen werden aber auch auf den Oberseiten mit diesem Sand abgestreut. Das gleiche gilt auch für die oberste Lage auf Flachdächern verlegter Bitumen-Dachpappen oder Glasvlies-Bitumen-Dachbahnen, wenn zwecks Einbettung von Kies oder loser Kiesschüttung ein besonderer Deckaufstrich (Heiß- oder Kaltbitumen) aufgebracht wird.

Gröbere Körnungen von 0,8–1,5 mm werden auf sog. Isolierpappen aufgebracht. Man spricht dann von grob besandeten Pappen.

e) Rieselbeschichtung

Für Dampfdruckausgleichsschichten (Lochglasvlies-Bitumenbahnen) oder unterseitig grob bekieste, ungelochte Glasvlies-Bitumenbahnen oder sog. selbstklebende Druckausgleichsbahnen (SK-Bahnen) verwendet man unterseitig fest haftende Kiespreßschichten (ca. 3 mm), die nach der Verlegung eine Stärke von ca. 3 mm freien Durchlüftungsquerschnitt freilassen.

4. Klebebitumen

Der Verband der Dach- und Dichtungsbahnen-Industrie e.V., Frankfurt/Main, in welchem der überwiegende Teil der Hersteller bituminöser Dachwerkstoffe zusammengeschlossen ist, hat die Gütesicherung bei Dachbahnen, das Güteschutzzeichen VDD geschaffen. Bei Bitumen-Dachbahnen, die mit diesem Zeichen versehen sind, ist gewährleistet, daß sie mindestens den vorgeschriebenen Normen, wie sie zuvor aufgeführt wurden, entsprechen.

Für die Flachdachausführung selber werden jedoch weiter Klebemittel benötigt und Dachanstrichstoffe. Für diese Klebemittel und Dachanstrichstoffe gibt es jedoch keine Norm. Es wird deshalb auf die DIN 1995 (bituminöse Bindemittel für den Straßenbau) hingewiesen. Für Dachdecken werden die mittelharten Sorten gemäß Tabelle 33 verwendet, z. B. hauptsächlich Bitumen B 85/25, B 85/40, B 105/15, B 100/25 und B 25. In der Tabelle 33 sind die wichtigsten Werte für derartige Bituminas angegeben. Im allgemeinen kann man etwa folgende Grundsätze aufstellen:

a) Bitumen 85/25 oder 85/40

Diese Bituminas können nur für Verklebungen bis etwa 3° verwendet werden. Bei hoher oder steiler Attika im Anschluß an diese flachgeneigten Dächer muß gegebenenfalls schon standfesteres Heißbitumen verwendet werden (siehe 2.).

b) Bitumen B 105/15 und B 100/25

Diese Bitumensorten sind dann einzusetzen, wenn größere Neigungen als 3° vorhanden sind, wobei jedoch auch dann zusätzlich zur Verklebung noch evtl. eine mechanische Befestigung entweder im Firstbereich oder an anderen Punkten notwendig wird (siehe spätere praktische Hinweise). Derartige standfestere Bitumensorten können aber auch schon bei Dachneigungen unter 3° notwendig werden, wenn sehr lange Dächer und südorientierte Dächer vorliegen, die keinen ausreichenden Oberflächenschutz erhalten können und dort, wo gegebenenfalls schwere Abdichtungsbahnen verwendet werden. Je schwerer die Abdichtungsbahn, je größer die Gefahr einer Abrutschung. Gefüllte Heißklebemassen führen bei Dachabdichtungen zwangsläufig zu einem Bitumen mit dickeren Schichten und sind naturgemäß bei Gefälledächern rutschbeständiger, haben also eine größere Wärmestandfestigkeit als ungefüllte Heißbitumen-Klebemassen. Neben Gesteinsmehl gemäß vorgenannter Ausführung können auch feinst verteilte hochwirksame Asbestfasern beigemengt werden, die wesentlich zur Standfestigkeit beitragen. Hier sollte sich der Ausschreiber und der Praktiker bei Gefälledächern sehr sorgfältig mit diesen Problemen beschäftigen, da abgerutschte Dachbahnen sehr häufig zum heutigen Schadensbild bei Flachdächern gehören.

Kaltbitumen-Klebemassen eignen sich nur zum Einbetten von Geweben und Kies bei Flächendichtungen und werden sonst im allgemeinen nicht verwendet.

c) Deckaufstrich-Bitumen (Bitumensorten wie a und b)

Für Heißbitumen-Deckaufstriche wird im allgemeinen gefülltes Heißbitumen verwendet (Faseranteile und Gesteinsmehl). Zur Erhöhung der Wurzelfestigkeit wird diesem Heißbitumen-Deckaufstrich ein Gift gegen Pflanzenbewuchs beigegeben. Neben gefüllten Heißbitumen-Deckaufstrichen werden auch aus vorgenannten Bituminas ungefüllte Deckaufstriche verwendet. Im allgemeinen wird ein Deckaufstrich mit 2,5 kg/m² aufgebracht. Sinnvoller sind jedoch zwei Deckaufstriche à 1,5 kg/m². Zu starke Deckaufstriche haben sich nicht bewährt, insonderheit nicht bei gefüllten Deckaufstrichen, da sie zu Rissebildungen neigen (Estrichwirkung). Wenn Riesel aufgeklebt wird, empfiehlt es sich, über einem Heißbitumen-Deckaufstrich einen Kaltbitumen-Klebeeinstrich aufzubringen, in den dann der Riesel eingeklebt wird.

6.3 Allgemeine Verarbeitungshinweise für bituminöse Abdichtungen und Deckungen

Zusammenfassend sollen nochmals allgemeine Verarbeitungshinweise bzw. Einsatzmöglichkeiten gegeben werden:

1. Dachpappen mit organischer Trägereinlage dürfen, wenn sie bei Dachabdichtungen also unter 5° zum Einsatz kommen sollen, nur als Zwischenlage zwischen organischen Trägereinlagen eingebracht werden und müssen hier im Gieß- und Einwalzverfahren einwandfrei zwischen das Bitumen eingebettet sein.

2. Glasvlies-Bitumen-Dachbahnen, Glasgittergewebe-Dachbahnen, Jutegewebe-Dachbahnen, Glasgewebe- und Kunststoffgewebe-Dachbahnen, Kunststoffvlies-Dachbahnen, Teer-Bitumen-Dachpappen können sowohl als Ober- als auch als Unterlagen bei Gefälle unter 3° zur Anwendung kommen.

3. Für Dacheindeckungen ab 5° eignen sich bituminöse Dachabdichtungen mit organischer Trägereinlage, Bitumen-Glasvliesbahnen, Kunststoffvlies-Dachbahnen, Glasgittergewebe-Dachbahnen. Gegebenenfalls empfiehlt sich ab 3° bereits die Verwendung von Steildachklebe-Bitumen, falls starke Sonneneinstrahlung erwartet werden muß und evtl. Rieseleinklebung notwendig wird.

4. Bei Gefälle über 5° empfiehlt es sich bei bestimmten Fällen (lange Flächen Südwest-Orientierung), vorgenannte Bahnen zu verwenden, jedoch bereits mit steildachgeeignetem Bitumen hergestellt und außerdem mit Steildach-Bitumen verklebt bzw. Bahnen aufgeflämmt.

6.3.1 Ausführung und Verarbeitung von Bitumendächern

Alle bituminösen Materialien sind innerhalb der Baustelle sorgfältig und trocken zu lagern. Bei Witterungsverhältnissen unter 5°C (z. B. Frost, Schnee, Eis, Feuchtigkeit und Nässe) sind Verklebearbeiten nicht mehr durchzuführen. Hier kann man gegebenenfalls auf bituminöse Schweißbahnen ausweichen. Voranstriche sind nur auf staubfreiem Untergrund aufzubringen und müssen völlig durchgetrocknet sein (ca. 24 Stunden), bevor die Klebearbeiten ausgeführt werden. Beim Kleben mit Heißbitumen-Klebemasse muß jede Lage mit ihrem Untergrund vollflächig verklebt sein (siehe nachfolgende Verklebeanleitungen). Metallbänder als Dampfsperrschichten sind nur in Form von fabrikfertigen Bahnen zu verwenden. Bei Dachdeckungen als obere Lage sind keine Bahnen über 5 m Länge zu verarbeiten. Nackte Pappen sind für Dachdeckungen und Dachabdichtungen nicht geeignet. Einlagige Dachabdichtungen und Dachdeckungen aus bituminösen Bahnen sind nur vorübergehender Notbehelf, also z. B. Winterdeckung. Soll die Dampfsperre als Winterdeckung wirksam werden, empfiehlt es sich, z. B. eine Glasvlies-Bitumenbahn Nr. 3 als Notdeckung aufzukleben und im Frühjahr eine weitere Bahn als Dampfsperre, etwa eine Glasvlies-Bitumenbahn V 11 oder V 13 im Gieß- und Einwalzverfahren aufzubringen. Die Winterdeckung sollte jedoch mit Heißbitumen-Deckaufstrich abgestrichen sein. Die Kesseltemperatur bzw. das Heißbitumen, das für die Verklebung verwendet wird, muß laufend durch Thermometer überwacht werden. Bei geneigten Flächen muß, wie vorgenannt, neben standfester Bitumen-Klebemasse ein nagelbarer Untergrund an geeigneter Stelle angeordnet werden, also Nagelbohlen, Latten, Firstbohlen usw. Wo Dachdeckungen (über 5°) in Dachdichtungen (unter 5°) überge-

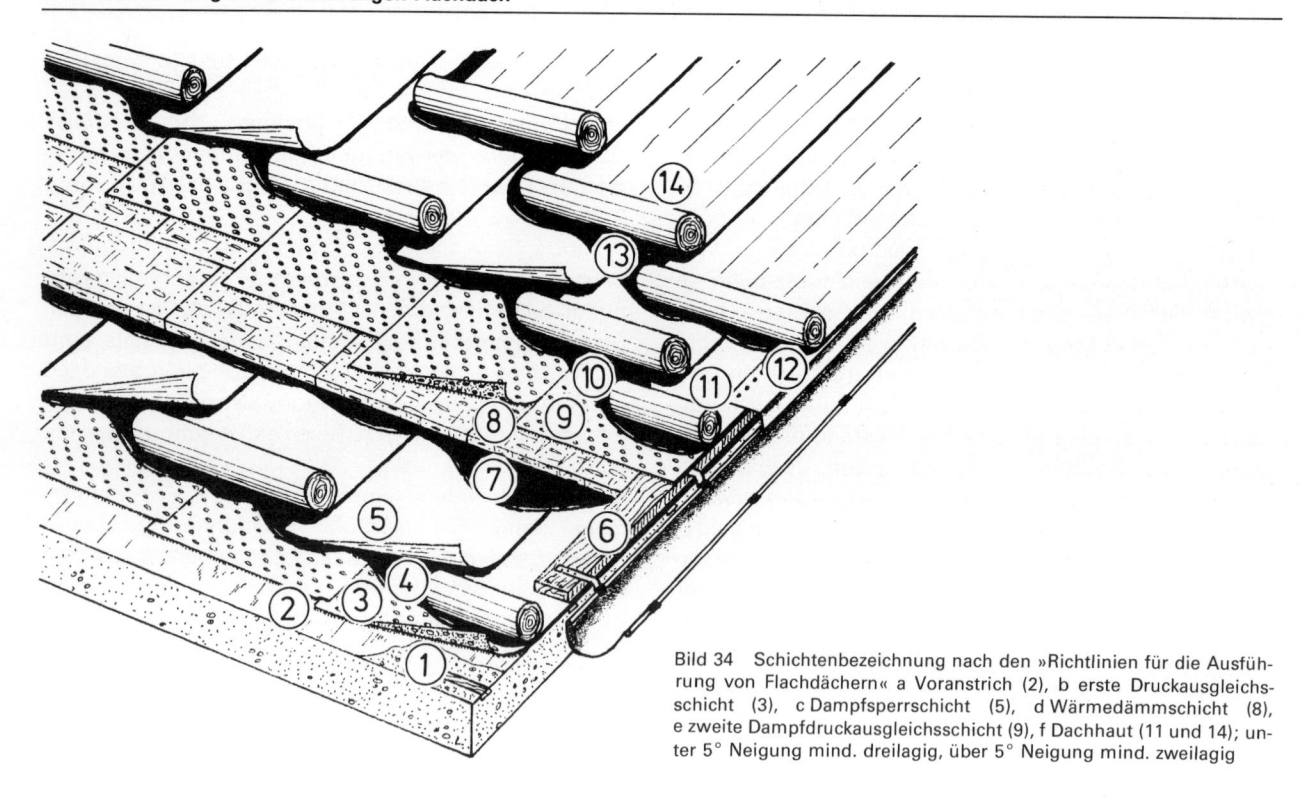

6. Dachabdichtung beim einschaligen Flachdach

Bild 34 Schichtenbezeichnung nach den »Richtlinien für die Ausführung von Flachdächern« a Voranstrich (2), b erste Druckausgleichsschicht (3), c Dampfsperrschicht (5), d Wärmedämmschicht (8), e zweite Dampfdruckausgleichsschicht (9), f Dachhaut (11 und 14); unter 5° Neigung mind. dreilagig, über 5° Neigung mind. zweilagig

hen (z.B. Bei Shed-Konstruktionen), muß dort eine Dachdichtung angebracht werden, d.h. zusätzliche Abdichtungslagen.

6.3.1.1 Anordnung der Bahnen bei Dachdichtungen

Die Bahnen können sowohl parallel als auch senkrecht zur Traufe verlegt werden. Grundsätzlich müssen aber die untere und alle folgenden Lagen in *gleicher Richtung* angeordnet sein. Es ist also nicht zulässig, kreuzweise zu verlegen. In Bild 34 ist das System einer richtigen Bahnenverlegung dargestellt. Bei kreuzweiser Verlegung besteht die Gefahr, daß die obere, zugkräftigere Lage gegebenenfalls ihre Spannungen auf die geringfügigeren Querkräfte der Unterlagsbahn überträgt und Risse bewirkt bzw. Fugen aufgerissen werden. Bei über 8 Grad Bahnen nur senkrecht zur Traufe.

6.3.1.2 Verlegehinweise

Es werden folgende Verarbeitungsmethoden angewandt:

1. Streichverfahren

Beim Streichverfahren wird so geklebt, daß unmittelbar vor der Rolle auf Bürstenstrichbreite die heiße Klebemasse in so reichlicher Menge ausgestrichen und die Dachbahn zügig so eingerollt und angedrückt wird, daß vor der Rolle ein Klebemassewulst entsteht. Auf diese Art wird die Unterseite vollflächig mit der Klebemasse benetzt und so eine homogene Verklebung erzielt. Auch ist die Einhaltung der richtigen Klebemassetemperatur hier besonders wichtig. Es gelten folgende Temperaturhinweise:

Klebemasse auf Grundlage von	Kesseltemperatur	Temperaturen an der Arbeitsstelle (Verklebetemperatur)
Bitumen	200–220°C	180–200°C
Teer-Sonderpech	160–180°C	150–160°C
Steinkohlen-Teerpech	140–150°C	110–130°C

Bild 35 Geschickte Verarbeiter sind in der Lage, im Bürstenverfahren ebenfalls soviel Masse aufzubringen, daß ein Klebemassewulst vor der Rolle entsteht

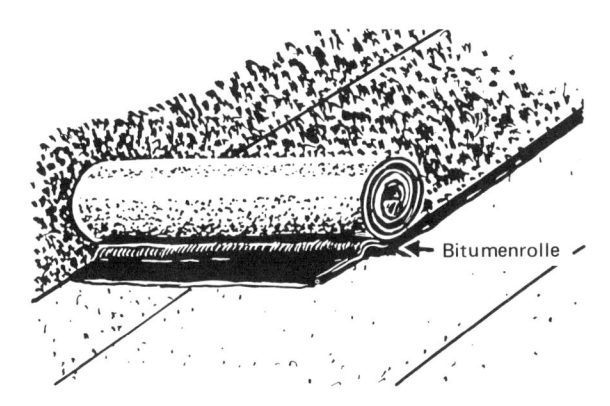

6.3 Allgemeine Verarbeitungshinweise für bituminöse Abdichtungen und Deckungen

Bild 36 Klebevorgang

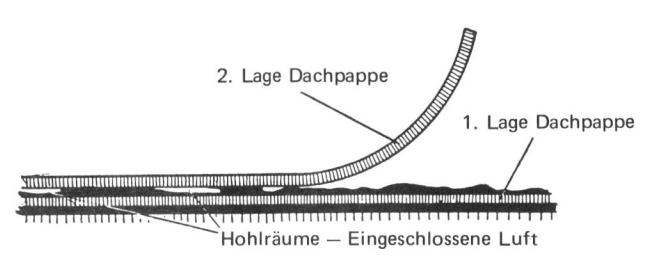

Bild 37a Klebevorgang – falsch

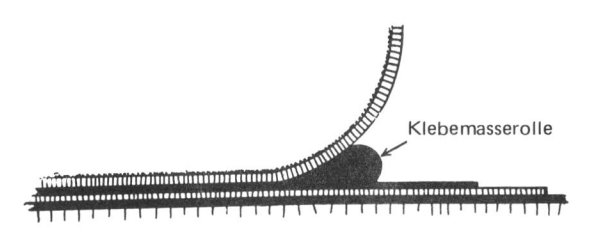

Bild 37b Klebevorgang – richtig

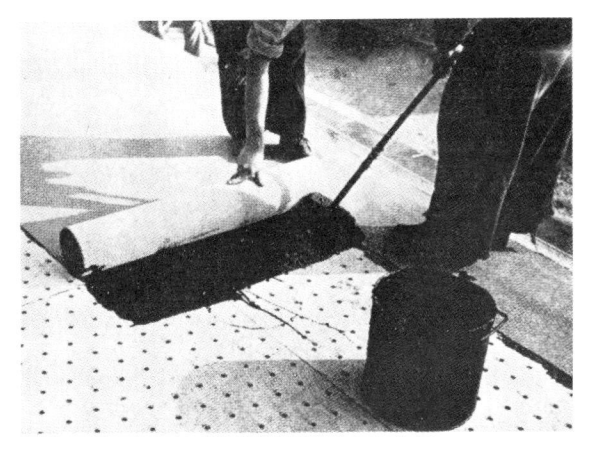

Bild 38 Beim Kleben der ersten Lage wird die Lochglasvliesdachbahn automatisch punktweise mit dem Untergrund verbunden

Leider werden die an der Arbeitsstelle geforderten Verklebetemperaturen sehr häufig beim manuellen Streichverfahren nicht erreicht. Zu häufig werden mehrere Meter vorgestrichen, so daß nicht der in Bild 35 und Bild 36 gewünschte Effekt zustande kommt, sondern ein Effekt nach Bild 37a. In Bild 37a ist dargestellt, daß bei ungleichmäßigem Bürstenaufstrich und bei erkaltetem Bitumen Lufthohlräume eingeschlossen werden. Es entsteht also keine satte Verklebung wie Bild 37b, trotz evtl. reichhaltig eingebrachtem Bitumen. Lufthohlräume sind aber dann die Ursache späterer Blasenbildung, wie schon mehrfach ausgeführt und bewiesen.

Hier muß auch auf eine weitere Gefahr beim Streichverfahren bei Aufklebung auf Lochglasvliesbahnen hingewiesen werden:

a) Bei Aufkleben der Dampfsperre auf eine Lochglasvliesbahn muß das Heißbitumen die Löcher der Lochglasvliesbahn gut durchdringen, damit eine Haftung zustande kommt. Wird zu wenig Bitumen aufgebracht oder bereits zu kaltes Bitumen, das, wie aus Bild 38 zu entnehmen ist, aus einem vielleicht schon lange stehenden Kübel entnommen wird, wird das Bitumen nicht durch die Lochglasvliesbahn hindurchlaufen und so keine oder eine nur sehr mangelhafte Haftung zustande kommen. Bei Sturmbelastung kann also das gesamte Paket vom Dach abgetragen werden, wie dies schon sehr häufig geschehen ist.

b) Ähnlich wie in Bild 38 ergibt sich die gleiche Situation, wenn die Lochglasvliesbahn als Dampfdruckausgleichsschicht über die Wärmedämmung verwendet wird. Auch hier muß das Heißbitumen wirklich heiß sein, um durch die Löcher der Lochglasvliesbahn durchzudringen, um eine Haftung in der Wärmedämmung zu bewirken (bei Kork, PU-Hartschaum oder anderen, nicht hitzeempfindlichen Wärmedämmplatten bzw. bereits beschichteten Hartschaumplatten). Kommt auch hier keine Haftung zustande, kann es zum Abreißen der Dachhaut kommen.

c) Besonders gefährlich ist jedoch die Verklebung, wie in Bild 37a dargestellt, also zwischen zwei Bahnen. Wenn hier Lufteinschlüsse vorhanden sind, wird es mit Sicherheit an solchen Stellen zu späteren Blasenbildungen kommen, deren Ursache man dann meist in einer mangelhaften Dampfsperre sucht oder in sonstigen irgendwelchen Ursachen, nur nicht in der Verklebung.

Grundsatz

Das Streichverfahren »kann gut« ausgeführt werden, ist aber nach den bisherigen Erfahrungen meist nicht geeignet, bei Dachabdichtungen eine zufriedenstellende Lösung zu erbringen. Das Streichverfahren kann allenfalls bei Dachdeckungen noch angewandt werden und bedarf auch dort einer sehr sorgfältigen Ausführung (über 3°).

2. Gieß- und Einrollverfahren

Bei Dachabdichtungen oder überall dort, wo die Dachneigung es erlaubt, ist grundsätzlich im Gieß- und Einrollverfahren zu verkleben. Dies ist heute Regel der Technik. In jedem Falle ist dafür zu sorgen, daß die Bahnen untereinander in der ganzen Fläche satt verklebt werden. Dies wird am zweckmäßigsten dadurch erreicht, daß soviel Klebemasse in flüssiger Form vor der

111

6. Dachabdichtung beim einschaligen Flachdach

Bild 39 Das Gießverfahren

Bild 40 Pumpenkocher

Rolle aufgegossen wird (siehe Bild 39), daß sich beim Einrollen vor der Rolle in ganzer Breite ein Klebewulst bildet (siehe Bild 37b). Die Klebemasse muß beim Ausgießen an der Verarbeitungsstelle eine Temperatur von 200°C haben. Zu diesem Zwecke empfehlen sich mindestens bei Großbaustellen Bitumen-Pumpenkocher (Bild 40) (hier Firma AWA), die das heiße Bitumen bereits bis unmittelbar an Ort und Stelle bringen, so daß die richtige Temperatur gegeben ist. Es empfiehlt sich dann, dieses Bitumen in eine Gießkanne einlaufen zu lassen. Für den Arbeitsvorgang sind zwei Mann erforderlich. Während ein Mann das Bitumen gießt, rollt der zweite Mann die Rolle aus und hat dabei durch gutes Andrücken der Rolle an den Untergrund dafür zu sorgen, daß an den Bahnenrändern noch etwas Klebemasse austritt.

Achtung Bauleiter:
Nur wenn an den Bahnenrändern sichtbar das Bitumen 1–2 cm ausdringt, ist im Gieß- und Einrollverfahren gearbeitet worden!

Um ein gutes Andrücken zu ermöglichen, muß die Bahn vor dem Aufrollen straff auf der Pappe- oder Metallhülse aufgewickelt sein. Es gibt auch Spezialgeräte, die so schwer sind, daß die Bahnen angedrückt werden.

Für das Gieß- und Einwalzverfahren werden normalerweise 1 m breite Bahnen und ungefüllte Heißbitumen-Klebemasse verwendet.

Eine besondere Art dieses Verfahrens ist das Gieß- und Einwalzverfahren gemäß Din 4122 und DIN 18 337. Bei diesem Verfahren wird ausschließlich mit gefüllter Heißbitumen-Klebemasse mit 50–60 cm breiten Bahnen gearbeitet. Im allgemeinen hat es sich jedoch bei Dachdichtungen beim Flachdach eingebürgert, daß hier 1 m breite Bahnen mit ungefüllter Heißbitumen-Klebemasse verarbeitet werden. Der Bitumen-Klebemasseverbrauch beträgt pro m² ca. 2–2,5 kg!

3. Streich-, Flämm- oder Schweißverfahren

Die erste Schweißbahnlage (sei es als Dampfsperrbahn oder als erste Lage Dachhaut mit dampfdruckausgleichender Wirkung) wird mit 4–5 tellergroßen Klebepunkten je m² punktweise mit offener Flamme (Schweißbrenngeräte) auf den Untergrund aufgeschweißt. Alle Bahnenüberdeckungen sind 10 cm breit vollflächig zu verschweißen. An den Rändern muß auch hier eine ununterbrochene Bitumenschweißraupe austreten (ca. 1–1,5 cm breit).

Beim vollflächigen Aufschweißen mit Schweißbrenner Bild 41a wird wie in Bild 41b verfahren. Mit der Flamme ist die Bitumen-Deckmasse der Schweißbahn ganzflächig so zu erhitzen, daß die Bahn beim Aufbringen einen Klebewulst vor sich herschiebt, welcher die Gewähr für vollflächiges Aufkleben bildet.

Anstelle von Einzelflammen sind auch mehrflammige in ganzer Bahnenbreite ausstrahlende Schweißbrenner auf dem Markt, die eine noch bessere Gewähr für eine gleichmäßige Erhitzung der Schweißbahn ergeben (Bild 42a und b). Es muß darauf geachtet werden, daß die Flamme nicht zu lange auf einer Fläche verharrt und daß bei evtl. empfindlichen Wärmedämmplatten dabei nicht die Wärmedämmplatte angestrahlt wird, sondern die Schweißbahn. Bei empfindlichen Wärmedämmplatten (z. B. Polystyrol oder dergleichen) ist es ohnehin notwendig, hierauf zuerst eine Selbstklebebahn oder eine Dampfdruckausgleichsschicht bzw. eine aufkaschierte Bahn aufzubringen, um das Polystyrol vor dem Heißbitumen zu schützen.

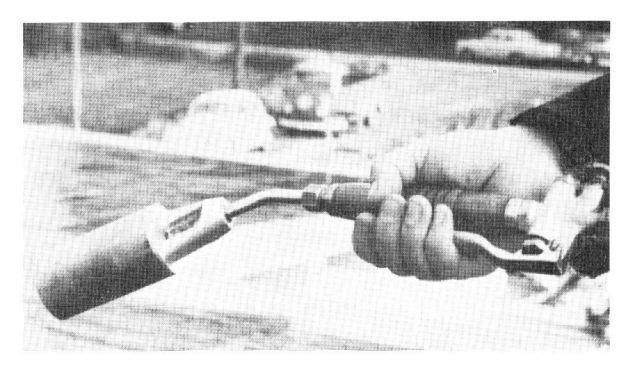

6.3 Allgemeine Verarbeitungshinweise für bituminöse Abdichtungen und Deckungen

Bild 41a Schweißbrenner

Bild 42a Schweißbrenner

Bild 41b Vollverschweißung

Bild 42b Schweißmaschine

Mit diesem Aufflämm- bzw. Schweißverfahren können sämtliche Dachlagen verklebt werden, falls dies aus Witterungsgründen erforderlich ist. Wenn zwei Schweißbahnen übereinander angeordnet werden, muß auf alle Fälle *hohlraumfrei verschweißt werden,* da sonst dasselbe gilt wie vorgenannt bei dem Streichverfahren. Lufteinschlüsse dürfen nicht entstehen (Blasenbildung).

Hersteller von Schweißbahnen empfehlen teilweise diese ohne zusätzliche Deckaufstriche über der letzten Lage. Dieser Empfehlung kann nicht zugestimmt werden. Auch die Schweißbahn bedarf eines zusätzlichen Oberflächenschutzes. Dieser Deckaufstrich bringt eine weitere Sicherheit insonderheit im Bereich der Überlappungsnähte. Es könnte dort gegebenenfalls über die notwendige Bekiesung oder Talkumierung des Materiales Feuchtigkeit über die Stirnseiten eindringen, auch dann, wenn ein Bitumenwulst ausgetreten ist. Bei bestimmten Bahnen besteht auch die Gefahr einer kapillaren Leitfähigkeit von Feuchtigkeit über die Trägereinlagen (Jute), weshalb hier auf alle Fälle ein Heißbitumen-Deckaufstrich über der obersten Lage zu empfehlen ist.

4. Spachtelverfahren

Neben der Verklebung bzw. Verschweißung von Bitumen-Dachbahnen usw. werden auch noch sog. Spachtel-Beläge ausgeführt. Hier werden mehrere Arten angeboten, wobei eine Bewertung unterbleiben soll:

a) Fugenlose Dachhaut (z.B. Flintkote Monoform)

Es ist dies eine fugenlose homogene Dachabdichtung. Eine stabile Bitumen-Emulsion wird mit einem Hochdruck-Pumpenaggregat über Schlauchleitungen auf das Dach gepumpt und dort mit einer speziell für diesen Zweck entwickelten dreiläufigen Spritzpistole aufgespritzt. Während aus den beiden äußeren Läufen Bitumen-Emulsion gespritzt wird, kommt aus dem mittleren Lauf gehäckselte Glasfaser heraus, die sich mit hohem Druck in einer gewissen Schichtstärke und in sich verzahnt in die Bitumen-Emulsion einlegt und hier die Armierung der Dachhaut bildet. Es werden also keine gesonderten Trägerbahnen eingelegt, sondern die Verfilzung der Glasfaser soll die Bewehrung übernehmen. Die Dachhaut soll bis zu einer Temperatur von +200°C

6. Dachabdichtung beim einschaligen Flachdach

keine Fließerscheinungen haben und bis −30°C noch elastisch sein. Lediglich über der Wärmedämmung wird eine Lage Dachbahn empfohlen. Die fugenlose Dachhaut soll unempfindlich gegen UV-Strahlen sein.

b) Heißspachtelmasse (Organaplast oder dergleichen)

Über eine Dampfdruckausgleichsschicht, bestehend aus einer punktweise aufgeklebten Glasvlies-Bitumenbahn, in normaler Klebetechnik aufgebracht, wird seit einiger Zeit noch eine zweite Lage Glasvlies-Bitumenbahn als Unterlage in normaler Klebetechnik empfohlen. Darüber kommt dann eine Organaplast-Heißpaste, die in mehreren Arbeitsgängen aufgebracht wird, so daß eine gleichmäßige porenfreie Schutzschicht über den zwei Lagen vorhanden ist.

c) Kaltspachtel- oder Heißspachteldichtungen

»Nafu-Plast« wird besonders gegen aggressive Rauch- und Industriegase als Abdichtung empfohlen. Die Kaltspachtelmasse wird in mehreren Schichten unter Einziehen von Spezial-Trägergewebeeinlagen aufgebracht, ohne zusätzliche bituminöse Trägerbahn. Aus Bild 43 kann dies schematisch entnommen werden.
»Organaplast« wird heiß aufgetragen und hat folgende technische Daten:

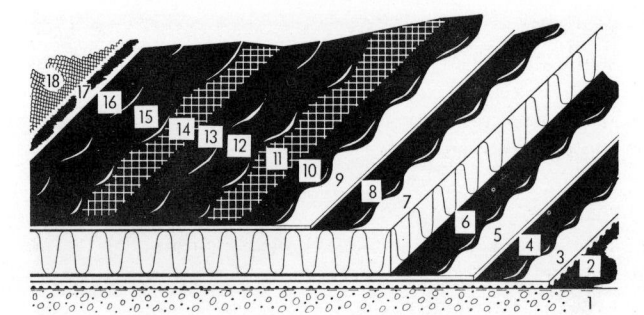

1 Tragekonstruktion, 2+3 Sicherheitsgleitschicht (Dichtungsbahn), punktweise aufgeklebt mit NAFUPLAST-Isoliermasse T36 auf Voranstrich mit NAFUPLAST-Grund L, 4+5 Dampfsperre (Metallfolie), aufgeklebt mit NAFUPLAST-Isoliermasse T36, 6–9 Wärmedämmschicht, 10–16 NAFU-Dachisolierung, bestehend aus mehreren Schichten NAFUPLAST K unter Einziehen von Spezial-Trägergewebeeinlagen, aufgebracht in drei Arbeitsgängen, 17+18 Schiefersplitt-Einstreuung in NAFUPLAST-Kleber S (Aktivierungsblock)

Bild 43   Schemaskizze einer NAFU-Dacheindeckung, System K-2

Lage ist, seine Eigenspannungen ohne Rissebildung durchzustehen und evtl. Spannungen aus tieferen Schichten in sich aufzunehmen. Kranz [22] kommt zu folgenden Schlüssen:
»Begonnen hat hier die Problematik bei Spachtelmassen bei Dachabdichtungen mit einer großen Reihe von Dachschäden durch Risse, die in dickeren Bitumen-

	Organaplast		Organaplast SP bes. standfester Typ
	Normaltyp	Typ BOS	
Erweichungspunkt nach Ring und Kugel	+80–90°C	Die technischen Daten liegen in der Mitte zwischen Normaltyp und SP.	+85–95°C
Brechpunkt nach Fraass	ca. −35°C		ca. −30°C
Spezifisches Gewicht	1,12		1,25
Dehnung beim Bruch des 3 mm starken Organaplast-Films ohne Einlage nach DIN 52123	150%		160%
Wasserundurchlässigkeit nach DIN 52123	bestanden		bestanden
Wärmebeständigkeit bei 70°C	erfüllt		erfüllt
Säure- und Alkalibeständigkeit	beständig gegen: nichtoxydierende Säuren, 2%ige oxydierende Säuren, 50%ige Kali- und Natronlauge bis 40°C. Nicht beständig gegen Lösungsmittel und Öle.		

Es gibt noch weitere ähnliche Verfahren, auf die jedoch nicht näher eingegangen werden kann. Es müssen jedoch aus den Erfahrungen grundsätzliche Anmerkungen gemacht werden:
Das Abdichten mit Spachtelmassen auf Flachdächern bleibt zweifellos ein Problem, denn hier ist eine gewisse Auftragsdicke notwendig, die häufig nicht nachgewiesen wird. Das Fehlen einer ungenügenden oder zu wenig stabilisierenden Einlage vergrößert die Gefahr späterer Verformungen. Es ist darum entscheidend, nur solche Spachtelmassen zu verwenden, die geeignete Füller-Faserstoffe enthalten, die die Standfestigkeit der Masse zu beeinflussen in der Lage sind. Hier ist vor allen Dingen die Forderung zu stellen, daß der Belag in der

schichten ohne mineralische Füller (teilweise angeblich sogar mit Kunststoffzusatz) auftraten. Die Rissebildung war nach den gemachten Feststellungen um so stärker, je dicker diese Schichten waren. Die Schadenspalette erstreckte sich von Spachtelmassen mit einem relativ hohen Gehalt an faserigen Füllstoffen bis zu Spachtelmassen mit Glas- oder Kunststoffgewebe-Einlagen.
Neben diesen Schadensbildern waren aber auch bewährte Spachtelmassen auf dem Markt, die offensichtlich mit sorgfältig ausgesuchtem Fülleraufbau hergestellt wurden. Es zeigte sich aber auch hier bei extremen Belastungsarten, daß die ungefüllten Bitumenschichten (wahrscheinlich mitbedingt durch Zusammensetzungsbesonderheiten) durch die Ausmagerung der

6.3 Allgemeine Verarbeitungshinweise für bituminöse Abdichtungen und Deckungen

obersten dünnen Schicht einrissen und diese Risse dann nach unten durchgingen. Es waren dies meist Risse mit einer leicht schwingenden Verbiegung der Rißkanten, die aber weit steiler waren als die deutlich schwingförmigen Einrisse dünner Schichten, die nur krokodilshautähnliche Borkenbildungen, d. h. Rißchenbildungen erbrachten.

Hier war wahrscheinlich der zweite Einfluß wirksam geworden, die Tatsache, daß Bitumen sich linear gesehen unter Wärmeeinfluß ungefähr 20mal so stark verformt wie die tragende Unterlage, also z.B. Beton oder auch eine stabile Wärmedämmplatte, daß also diese starke Verformung die Kerben der feinen Deckhaut als Anrißstellen für das Durchreißen der Schicht wirksam werden ließen. Da es sich hierbei um geblasene Bituminas handelt, war die bei Primärbitumen zu erwartende Selbstheilung durch Zufließen, wie dies z.B. bei Teer beobachtet werden kann, nicht möglich. Vielmehr wird von Jahr zu Jahr das Rissebild extremer und größer. Auch die Tatsache, daß Risse im unteren Bitumenbelag bei einer Neubeschichtung sich auch nach oben auf den neuen Überzug auswirken, und daß hier sog. Y-förmige Risse entstehen, ist typisch für die Eigenrisse im Spachtelbelag.«

Diese Risse kommen also nicht aus dem Untergrund, sondern haben ihre Ursache im Spachtelbelag selber. Dieser kann zwar im Sommer die Expansionen bei Aufheizung mitmachen, kann aber im Winter bei schneller Abkühlung die Zugspannungen nicht aufnehmen, d. h. das Bitumen ist dann zu unelastisch und auch die Trägereinlagen können u. U. diese Zugbelastungen nicht aufnehmen. Es kommt dann zu den festgestellten Rissebildungen. Bei Extremfällen wurde schon beobachtet, daß derartige Risse auch Spannungen nach unten in die Unterlagspappe übertragen, und daß diese Unterlagspappe völlig aufgerissen ist. Unglücklicherweise hat man früher sogar eine Alu-Folie als Unterlage unter derartige Spachtelbeläge bei bestimmten Systemen eingelegt, die das Schadensbild naturgemäß noch begünstigen. Hier sind dann extreme Temperaturbewegungen in einer Schicht aufgetreten, die weder von einem Armierungsgewebe noch von einer geprägten Alu-Folie hätten ausgetragen werden können.

Grundsätzlich kann man sagen, daß Spachtelbeläge heute bei sinnvollem Bitumen-Fasergemisch oder Bitumen-Armierungsgemisch und entsprechendem Fülleraufbau bei mäßiger Stärke möglich sind. Es bleibt aber immer ein manuelles Problem hinsichtlich der Auftragsstärke und der gleichmäßigen Mischung und letzten Endes auch die Frage eines ausreichenden Oberflächenschutzes, um die Eigenspannungen in der Spachtelmasse zu reduzieren. Die durch mehrere Lagen ausgesprochenen Trägerbahnen erreichte Elastizität, wie sie bei normalen Dachabdichtungen erreicht wird, wird man mit Spachtelmassen nur dann erreichen, wenn man diese mit entsprechenden Kunststoffen

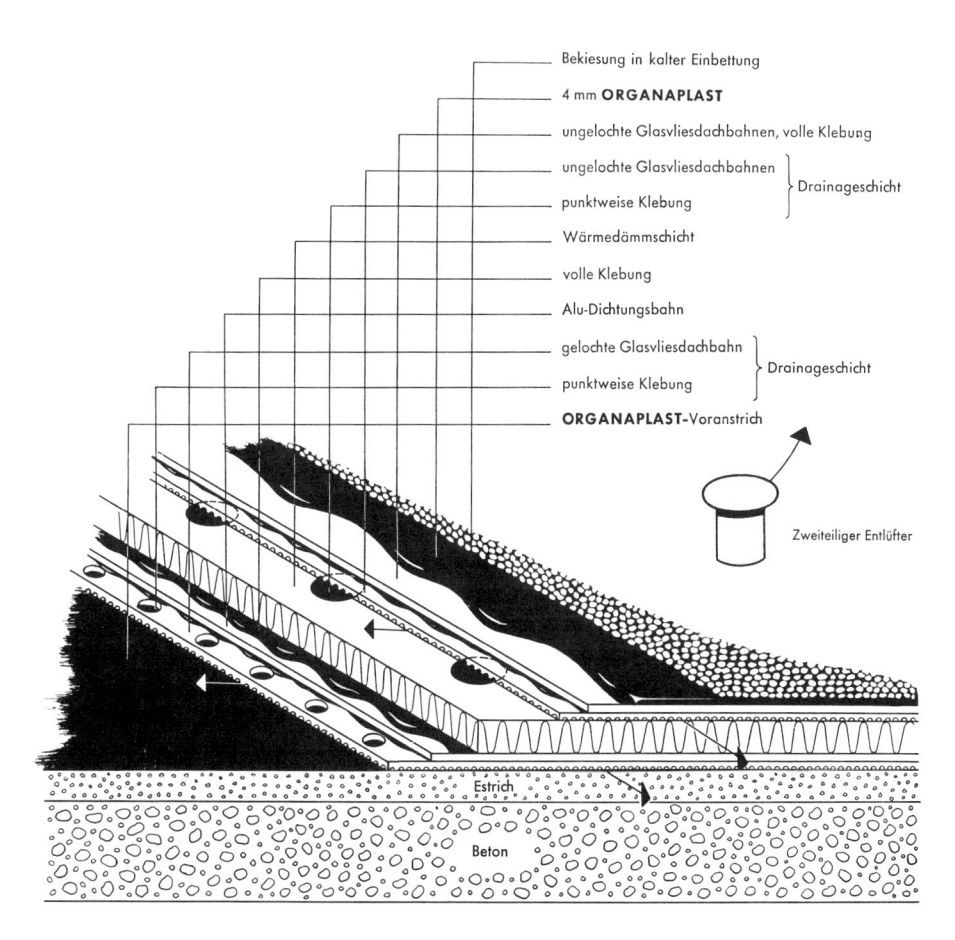

Bild 44 Aufbau eines Warmdaches mit Organaplast

- Bekiesung in kalter Einbettung
- 4 mm **ORGANAPLAST**
- ungelochte Glasvliesdachbahnen, volle Klebung
- ungelochte Glasvliesdachbahnen } Drainageschicht
- punktweise Klebung
- Wärmedämmschicht
- volle Klebung
- Alu-Dichtungsbahn
- gelochte Glasvliesdachbahn } Drainageschicht
- punktweise Klebung
- **ORGANAPLAST**-Voranstrich
- Zweiteiliger Entlüfter
- Estrich
- Beton

durchsetzt. Es entstehen dann völlig neue Dachabdichtungen, wie sie später bei den Kunststoffen kurz beschrieben werden. Wenn jedoch zwei Lagen Dachdichtungsbahnen unter dem Spachtelbelag aufgebracht werden, ähnlich wie in Bild 44 dargestellt, ist gegen derartige Spachtelbeläge nichts einzuwenden.

6.3.1.3 Verbund-Materialien

Zum Abschluß der bituminösen Dachabdichtungen sollen zur Ergänzung noch die bereits angeführten Verbund-Materialien kurz gestreift werden. Es sind dies Bitumenbahnen mit Metall-Folien, die als Oberlage in der Dachhaut benützt werden. Sie haben sich z.T. gut, z.T. weniger gut bewährt.

a) Alu-Villadrit

Es handelt sich hier um eine Schweißbahn von 5–5,5 mm Stärke mit folgendem Aufbau:

1. Unter- und oberseitige gleichmäßige Beschichtung mit ungefülltem Bitumen mit niederem Erweichungspunkt mit je ca. 2,5 mm Stärke.
2. Träger- bzw. Verstärkungseinlage, bestehend aus
   a) ein mittig in das Bitumen eingebettetes geprägtes Aluminiumband 0,08 mm stark,
   b) Bitumen,
   c) DIN-gerechtes Jutegewebe.

Die Bahnen werden speziell für Flachdächer, Terrassen usw. als Abdichtungsbahnen verwendet, also unter 3°, also nur im gefällelosen und wenig geneigten Bereich, da bei höheren Neigungen wegen des geringeren Erweichungspunktes Abrutschgefahr besteht.

Die Verlegung erfolgt wie vorgenannt bei den Schweißbahnen beschrieben, wobei hier jedoch ein eingebautes Trennpapier zwischen den Lagen zu entfernen ist, das anstelle einer Besandung hier eingelegt ist. Es ist also wie folgt zu verfahren:

1. Die erste Dichtungsträgerbahn in Verlegerichtung von der Rolle auf vorbereitete Dachfläche ausrollen und etwas liegen lassen (bei tiefen Außentemperaturen können oberflächig Spannungsrißchen in der Bitumen-Deckschicht entstehen, die sich jedoch bei Anwärmen wieder schließen).
2. Das Trennpapier entfernen, die Bahn ausrichten und auf die Papphülse zurückrollen.
3. Die Bahn im Nahtbereich verschweißen und gegebenenfalls, falls erforderlich, ganzflächig aufschweißen.
4. Evtl. weitere nachfolgende Bahnen mit jeweils 10 cm Überdeckung in gleicher Lagenrichtung aufbringen, Stoß 15 cm Überlappung.
5. Mit Propanbrenner die Bitumenschicht sowohl der auszurollenden als auch der liegenden Bahn mit offener Flamme erhitzen, bis das Bitumen sirupartig an der auszurollenden Bahn herausfließt, und Bahn während des Ausrollens mit dem Fuß gut anpressen.

Von der Herstellerfirma wird angeführt, daß auch Alu-Villadrit keine abschließende Dachhaut ist, sondern daß sie mit einer zusätzlichen Schutzschicht abzudecken ist. Diese Forderung wurde leider früher nicht beachtet. Häufig wurde Alu-Villadrit nur einlagig für die Dachabdichtung empfohlen. Diese Empfehlungen und Ausführungen entsprachen weder den Richtlinien für die Ausführung von Flachdächern, noch haben sie sich bewährt. Nahtaufplatzungen, offensichtlich aufgrund der Temperatur-Spannungen aus der Alu-Einlage waren die Regel. Nachdem über dieser Schweißbahn noch eine Glasgewebegitterbahn oder eine andere entsprechende Abstrahlschicht aufgebracht wurde, sind Schäden nicht mehr bekannt geworden.

Da die meisten Hersteller von Schweißbahnen diese mit Alu-Einlage nicht als Oberlage empfehlen, ergibt sich durch vorgenannte Alu-Villadrit-Bahn die Möglichkeit, in Kühlhaus-Flachdächer (bei Dampfdiffusion von außen nach innen) diese Bahn als Dampfsperre in die Dachhaut einzubauen, um dadurch eine absolute Sperre gegen Diffusion von außen nach innen zu haben.

b) Veral-Dachbelag oder dergleichen

Veral-Bahnen haben folgenden Aufbau:

1. Spezial-Bitumen mit einem Erweichungspunkt von 100°C.
2. Glasgewebe-Armierung als Mittellage.
3. Bitumen-Beschichtung.
4. 0,1 mm Kupfer- oder Alu-Folie (in sich geprägt, also waffelförmige Einprägungen).

Die als oberste Schicht aufkaschierte Metall-Folie verhindert naturgemäß das Entweichen der im Bitumen enthaltenen Leichtöle bzw. Weichmacher und verhindert somit sicher eine vorzeitige Versprödung und Alterung der bituminösen Abdichtung. Andererseits kann eine Metall-Folie, soweit sie einigermaßen glänzend bleibt, die Sonneneinstrahlung vermindern und die Aufheizung der Dachhaut reduzieren. Daß derartige Schutzschichten auch gegen chemische und andere Einflüsse einen gewissen Schutz ergeben (Oberflächenschutz), ist ebenfalls einleuchtend.

Andererseits ist bekannt, daß Metall-Folien als Oberflächenschutz sich bei Dachabdichtungen nicht bewährt haben. Auch bei Veral mit Alu-Auflage kam es vor 1964 zu zahlreichen Schadensfällen bei gefällelosen und bei leichten Gefälledächern, und zwar dadurch, daß die Metall-Folie trotz der damals auch schon vorhandenen Einprägungen so starke Temperaturspannungen auf die Dachhaut übertragen hat, daß es zu Loslösungen des Überlappungsstoßes, zu Auffaltungen ähnlich wie eine Raupe und zu Rissen in der Dachhaut kam. Die Schäden haben den Autor bei zahlreichen Schadensfällen über Gebühr beschäftigt.

Seit 1964 erfolgt die Herstellung von Veral nach einem verbesserten Verfahren. Zum Ausgleich der verschiedenen Ausdehnungskoeffizienten zwischen Metall-Folie und Bitumenschicht sind die bereits angeführten

6.3 Allgemeine Verarbeitungshinweise für bituminöse Abdichtungen und Deckungen

Einprägungen von ca. 12 mm Breite und 2 mm Tiefe in eine breite Weichbitumenschicht eingelagert. Beide Maßnahmen, also die Weichbitumenschicht einerseits und die waffelförmig eingeprägten Folien andererseits sollen die Temperaturbewegungen ausgleichen. Bei weiteren Beobachtungen konnte festgestellt werden, daß zwar dadurch eine Verbesserung eingetreten ist, daß aber die physikalischen Gesetze nicht umzustoßen sind. Das gleitfähige Weichbitumen bleibt bei tiefen Temperaturen steif und unelastisch, so daß bei schnellem Temperaturwechsel nach wie vor Spannungsübertragungen auf die Bitumenschicht übertragen werden und die waffelförmigen Einprägungen sich auslängen bzw. wieder Auffaltungen zu erwarten sind, die jedoch wesentlich geringer sind als in früheren Zeiten. Besser bewährt hat sich das Material bei kurzen Bahnen an Anschlußpunkten zur Verstärkung im Bereich der Attika.

Eine Verbesserung wird zweifellos mit Supra-Veral mit zusätzlicher Splittbestreuung erzielt. Hier ist auf der Aluminium-Folie eine zusätzliche Schiefersplittbestreuung aufgebracht, die einen gewissen Anteil der Sonnenaufstrahlung abhält und somit die schockartigen Wirkungen, die für die Spannungseffekte verantwortlich sind, geringer werden.

In Bild 45 ist der Aufbau der Veral-Bahn in den Variationen dargestellt.

Die Bahnen werden als sog. Aufflämmbahnen wie eine Schweißbahn verschweißt. Sie sind jedoch nur dann als Schweißbahn zugelassen, wenn sie mindestens 4 bzw. 5 mm stark sind, unterhalb dieser Stärke müssen die Bahnen als Aufflämmbahnen bezeichnet werden.

c) Bitumen-Kunststoffbahnen

In den letzten Jahren sind zahlreiche Bahnen aus Bitumen-Kunststoffmischungen auf den Markt gekommen, die weder in den Bereich Kunststoffe zählen, noch in den Bereich Bitumen. Mischungen von Bitumen und Polymeren sind im strengen Sinne nicht homogen, sondern es sind z. B. bei mikroskopischer Betrachtung in der Regel zwei Fasen sichtbar. Man bezeichnet diese Art der Verteilung am besten als Suspension. Von einer Verträglichkeit zwischen Bitumen und Kunststoffen kann man also im eigentlichen nicht sprechen, wenn es zu keiner scharfen Trennung der Fasen, also zu keiner Entmischung kommt. Je nach dem Mischungsverhältnis kann entweder das Bitumen oder der Kunststoff äußere, umhüllende Fase sein. Der im Überschuß vorhandene Partner schließt im allgemeinen den anderen ein und bestimmt auch im wesentlichen die Eigenschaften der Mischung. Bei einem Mischungsverhältnis von etwa 1:1 beobachtet man gelegentlich beginnende oder völlige Entmischung. Sehr wichtig ist für die Stabilität einer Bitumen-Kunststoff-Kombination die feine und gleichmäßige Dispergierung der Komponenten.

Es würde zu weit führen, an dieser Stelle alle bisher bekannten Bitumen-Kunststoff-Kombinationen aufzuzählen. Die wichtigsten sind Mischungen von Bitumen mit Polyäthylen bzw. Mischpolymerisate aus Äthylen und Vinylacetat, sie können in Form von Folien bzw. Bahnen mit Trägereinlagen für Abdichtungen verwendet werden und erbringen völlig neue Eigenschaften. Durch das Polyäthylen erhalten die Mischungen sehr gute Festigkeitseigenschaften. Die Fließneigung des Bitumens wird stark abgeschwächt und die Witterungsbeständigkeit erhöht. Dies kann z. B. bei Viapol-Dachbahnen beobachtet werden (Firma Hützen, Viersen). In Tabelle 46 sind Kenndaten für normales geblasenes Bitumen neben Viapol bei gleichen Belastungen dargestellt. Der Erweichungspunkt nach Ring-Kugel ist also um ca. 50° C höher. Die Penetration ist bei niedrigen Temperaturen höher, also die Bahn elastischer und bei höheren Temperaturen niedriger, also die Bahn weniger eindrucksfähig. Das Material (Viapol) wird wie eine Schweißbahn angeflämmt und haftet zähelastisch auf völlig horizontalen Flächen oder auch an vertikalen Flächen ohne Gefahr des Abrutschens oder der Einschrumpfung, da die Standfestigkeit sehr hoch ist. Die zähdichte Struktur des Materials ohne Füllstoffe verleiht dem Material verläßliche wasserabweisende Merkmale. Das Material hat sich seit vielen Jahren bewährt. Der Diffusionswiderstandsfaktor des Materiales ist sehr hoch. Die Bahn kann also auch als Dampfsperre gegen eindiffundierende Außenfeuchtigkeit bei bestimmten Belastungsgegebenheiten aufgebracht werden (über Kühlhausdächern usw.). Viapol mag als Beispiel ausreichen, um die Möglichkeit aufzuzeigen, mit

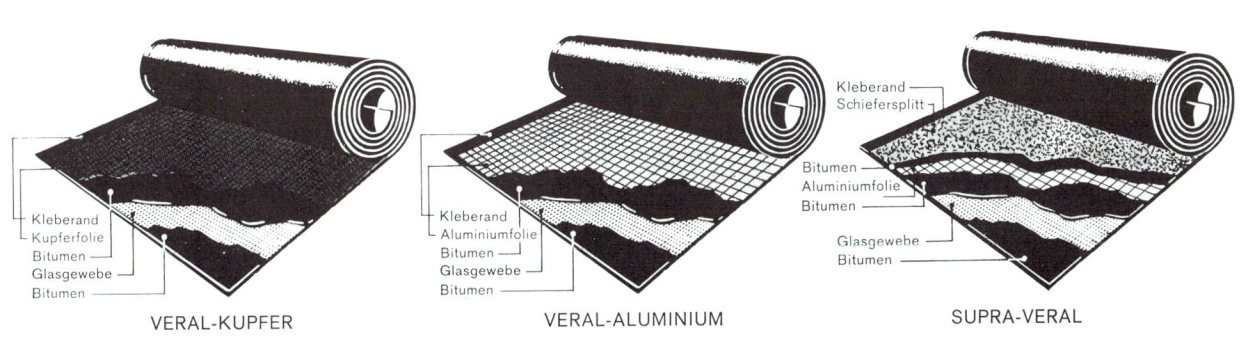

VERAL-KUPFER — Kleberand, Kupferfolie, Bitumen, Glasgewebe, Bitumen

VERAL-ALUMINIUM — Kleberand, Aluminiumfolie, Bitumen, Glasgewebe, Bitumen

SUPRA-VERAL — Kleberand, Schiefersplitt, Bitumen, Aluminiumfolie, Bitumen, Glasgewebe, Bitumen

Bild 45

6. Dachabdichtung beim einschaligen Flachdach

Bild-Tabelle 46   Bitumen-Kunststoff-Bahnen (VIAPOL)

Material	Penetration bei einer Temp. von			Erweichungspunkt R. u. K.	Brechpunkt nach Fraß
	0° C	25° C	50° C		
Oxydiertes (geblasenes) Bitumen	0,2 mm	2,0 mm	8,2 mm	90° C	— 7° C
VIAPOL	0,78 mm	1,98 mm	3,3 mm	140° C	—17° C

Die Penetrationsproben wurden alle bei gleicher Belastung (100g) und in der gleichen Zeit (5 sec) ausgeführt. Es erscheint bemerkenswert, daß die Penetration des VIAPOL bei 0°C größer ist als die des Bitumen, bei 50°C ist sie dagegen wesentlich niedriger. Dies weist auf die höhere Temperaturbeständigkeit des VIAPOL hin, welche übrigens auch von der großen Spanne zwischen Erweichungspunkt und Brechpunkt (140°C, —17°C) bestätigt wird.
Weitere Versuchsergebnisse sind: Wärmefestigkeit bis 140°C, Biegung über den Dorn bei 0°C, — 0 mm ⌀, Bruchlast 40 kg.

völlig neuartigen Mischungen gute Dachabdichtungen zu erhalten. Möglicherweise wird gerade bei bituminösen Dachabdichtungen der Trend in Richtung Kunststoffgemische weitergehen, um so auch die Bahnen wirtschaftlich interessant zu machen.
Hier sei auch noch eine selbstklebende, ähnlich wirksame Bahn Bituthene (Teroson-Werke) erwähnt. Diese Bahn ist eine Selbstklebebahn mit ähnlichen Dichtungseigenschaften, wird jedoch bei Flachdach-Abdichtungen weniger eingesetzt als bei sonstigen Abdichtungen und hat sich hier wegen der leichten Verarbeitbarkeit und einwandfreien Haftung auf nahezu allen Untergründen gut bewährt.

6.3.2 Kunststoff-Dachbeläge

An Kunststoff-Dachbeläge für Dachabdichtungen müssen, wie die Erfahrung gelehrt hat, besondere Anforderungen gestellt werden. Die Dachhaut, insonderheit bei Flachdächern oder flachgeneigten Dächern, muß den extremsten Beanspruchungen, die an einen Außenbauteil gestellt werden, entsprechen. Neben starken Abkühlungen auf Temperaturen bis − 30°C sind Aufheiztemperaturen bis + 100°C zu überbrücken. Hier treten Fragen der Eigenstandfestigkeit, Frostbeständigkeit, physikalische und chemische Veränderungen des Dachbelages durch Außenklima, Verschmutzung und durch eigene Klebemasse (Verschweißmaterial), sowie Ausdehnung und Abfließgefahr, Versprödung und vorzeitige Alterung, Weichmacherwanderung usw. auf. Außerdem muß natürlich die absolute Wasserdichtigkeit, möglichst leichte Verlegbarkeit und Verträglichkeit mit anderen Baustoffen nachgewiesen werden.
Bituminöse Dachabdichtungen, wie sie zuvor angeführt wurden, haben sich bei richtiger und sorgfältiger Ausführung und Wahl der Dichtungsmaterialien als einwandfreie, wasserundurchlässige Dachabdichtungen erwiesen, haben also jahrzehntelange praktische Erfahrungen hinter sich. Alterungsbeständigkeit, Resistenz gegenüber Witterungseinflüssen, Flexibilitätsbeanspruchung durch Temperaturschwankungen usw. sind also bei bituminösen Abdichtungen als weitgehend gelöst anzusehen. Trotz dieser guten Erfahrung mit bituminösen Dachabdichtungen haben sich in den letzten Jahren die Kunststoffe im Bauwesen Eingang verschafft und hier insonderheit auch bei der Flachdach-Abdichtung. Die Kunststoff-Industrie hat Materialien für diesen Zweck auf den Markt gebracht und es sollen heute bereits etwa 10–12 % der Dachabdichtungen mit Kunststoff-Folien und Kunststoff-Beschichtungen ausgeführt werden. Diese Tendenz mag in Zukunft noch anhalten, ja sogar wesentlich verstärkt in den Vordergrund treten. Dies ist nicht nur auf eine immer größere Kapazität der Kunststoff-Industrie zurückzuführen, sondern auch zweifellos auf eine Weiterentwicklung in der Rohstoffbasis und in der Verarbeitung der chemischen, petrochemischen und verwandten Industrie.
Zweifellos haben aber auch Kunststoff-Bedachungen gegenüber bituminösen Dacheindeckungen zum Teil gewisse Vorteile. Sie können in Industriegebieten in der Atmosphäre zu suchen sein, der größte Vorteil liegt aber wohl darin, bei bestimmten Rationalisierungs- und Verlegemethoden witterungsunabhängig zu bleiben, was besonders bei Flachdach-Abdichtungen von Vorteil sein kann. Die witterungsabhängige Ausführungsmethode der traditionellen bituminösen Dachabdichtung ist sehr häufig ein Hindernis, wenngleich auch heute mit den sog. »schnellen Bahnen« (Schweißbahnen) auch bei bituminösen Dachabdichtungen der Witterung häufig ein Schnippchen geschlagen werden kann.
Der größte Nachteil der Kunststoff-Bedachungen liegt zweifellos darin, daß die Produzenten und Vertriebsgesellschaften der Kunststoff-Folien und Kunststoff-Dächer ihre Erfahrungen nicht im Labor und in Langzeitversuchen gesammelt, sondern diese Erfahrungen auf Kosten des Bauherrn gesammelt haben und auch heute leider noch sammeln. Es sei hier daran erinnert, daß Hunderttausende von Quadratmetern verlegter Kunststoff-Folien bereits nach kurzer Zeit abgenommen werden mußten, und daß der Geschädigte meist der Bauherr oder der Architekt und die Ausführungsfirma war. Die »GmbH« hat sich häufig bei zunehmenden Schadenfällen aufgelöst oder hat sich vorher durch zweifelhafte Garantiezusagen aus der Verantwortung gezogen. Gottseidank gab es aber auch andere Firmen, die ihre schlechten Erfahrungen nicht durch den Bauherrn bezahlen ließen, sondern teilweise anstandslos Dächer saniert haben. Dadurch wurde ein Teil des Mißtrauens abgebaut. Es sei aber hier ganz deutlich gesagt, daß dieses Mißtrauen nach wie vor noch gegen eine ganze Reihe von Kunststoffen vorliegt. Auch in den nachfolgenden Ausführungen können nicht für alle angeführten Produkte Empfehlungen gemacht werden. Folgende Kriterien sollen Ausschlag für die Bewertung sein:

1. Alterungsbeständigkeit und Versprödungssicherheit der Kunststoffe im vorkommenden Klimabereich.
2. Wasserfestigkeit, Frostbeständigkeit und absolute Wasserdichtigkeit der Kunststoffe und der evtl. verwendeten Klebemittel bzw. Verschweißmittel.
3. Elastizität der Dachhaut und der Klebemittel bei allen einwirkenden Temperaturbelastungen im Winter und Sommer für einen Temperaturbereich von $-30°C$ bis $+100°C$.
4. Wärmestandfestigkeit bei den vorkommenden Temperaturen ohne zu große lineare Ausdehnung oder Kontraktionen.
5. Schrumpfungsfestigkeit bei allen normalen bauphysikalischen und chemischen Einflüssen aus Untergrund und aus UV-Bestrahlung.
6. Chemische Verträglichkeit mit angrenzenden Stoffen wie Wärmedämmplatten, Klebemassen sowie leichte Verarbeitungsmöglichkeiten, Wirtschaftlichkeit.

6.3.2.1 Arten der Kunststoff-Dachbeläge

Im wesentlichen unterscheidet man folgende Dachdichtungsarten:
1. Kunststoff-Dachbeläge aus vorgefertigten Bahnen aus verschiedenen Grundstoffen, die nach dem Vorbild der Bitumenbahnen entweder mit Bitumen oder mit Spezialkleber aufgeklebt werden oder als lose Planenverlegung verlegt werden.
2. Flüssig-Kunststoffe, streich- oder spritzfähig bzw. spachtelfähig aus reinen Kunststoffen oder auch mit anderen Stoffen gemischt, z. B. bituminösen Stoffen für nahtlose Dachabdichtungen.

6.3.2.2 Kunststoffgruppen

Von den drei verschiedenen Kunststoffgruppen, Thermoplaste, Duroplaste und Elastomere, kommen für Dacheindeckungen nur Erzeugnisse aus Thermoplasten und Elastomeren in Betracht. Duroplastische Kunststoffe müssen wegen ihrer geringen Plastizität, Elastizität und Flexibilität für solche Anwendungsgebiete grundsätzlich ausscheiden.

Nun werden auf dem Markt ca. 40 verschiedene Kunststoff-Folien usw. angeboten (und es werden täglich mehr), wie soll sich hier der Architekt, die Dachdeckungsfirma, ja sogar der Fachmann noch zurechtfinden?

Im »Kunststoff-Merkblatt« Januar 1971 (s. Anhang, Richtlinien für Ausführungen von Flachdächern) sind unter den einzelnen Gruppen die Firmen und die Markennamen angeführt. Bei den mit einem und zwei Kreuzen bezeichneten Produkten liegen Zusagen von den Firmen vor, daß die allgemeinen Anforderungen an den Werkstoff nachgewiesen werden. Es ist jedoch zweckmäßig, wenn sich jede Verarbeitungsfirma gesondert eine Materialgarantie geben läßt, die sich mindestens auf den gleichen Zeitraum erstreckt, wie die dem Bauherrn gegenüber gegebene Garantie.

Wenn nun aus dem großen Angebot der auf dem Markt empfohlenen Kunststoff-Folien gewählt werden soll, ist es notwendig, diese Folien in ihre Gruppe einzustufen. Der Kunststoff-Folienwald wird dann wesentlich einfacher und übersichtlicher. Zweifellos gibt es auch innerhalb der Gruppen noch Materialunterschiede (gefüllt oder ungefüllt), zumal hier leider immer neue Hersteller hinzukommen und sie die notwendigen Erfahrungen meist erst beim Bauherrn machen wollen.

A. Thermoplaste

1. Basis Polyisobutylen (PIB) nach DIN 16935 (z. B. Rhepanol f, Rhepanol fk).
2. Basis Polyvinylchlorid – weich nach DIN 16730 (z. B. Trocal, Delifol, Koit-PC, Benefol, Alkorfol, Leschuplast, Rhenofol, Wilkoplast und wahrscheinlich noch mehr).
3. Basis Polyäthylen-Bitumen-Kombination ECB-Bahnen (Lucobit) (z. B. Lucobit, Delta-Dach O, Leschus-Lucobit, Carbofol, OC-Plan 2000, Organat, Witec), z. T. mit, z. T. ohne Füller.
4. Basis PVF-Polyvinylfluorid (z. B. Tedlar, Delta-Dach T, TNA-Ruberoid).

B. Kautschuk-Elastomere

1. Butyl-Kautschuk IRR (z. B. Esso-Butyl, RMB, SG-tyl, Butylite).
2. Basis Polychloropren-CR (z. B. Neoprene, Baypren, Resistit, Contitec, Nafutect, Aspren, Wityl).
3. Basis chlorsulfoniertes Polyäthylen-CSM (z. B. Hypalon, Asbylon, Binda-Hypalon, Isolastic).
4. Basis Äthylen-Propylen-Kautschuk-EPDM (z. B. Keltan, VP-Dichtungsbahn, SG-tan).

C. Flüssigkunststoff-Dachbeläge

1. Basis Hypalon und Polychloropren (z. B. Isolastic).
2. Basis Bitumen-Latex-Gemisch (z. B. Meycopren, Prenotekt).

6.3.2.3 Beschreibung und Beurteilung der einzelnen Kunststoff-Dachbeläge

In Tabelle 47 (Nr. 1–33) [23] sind in übersichtlicher Form alphabetisch geordnet Lieferfirmen und z. T. die vorgenannten Markennamen eingetragen. Neben der Rohstoffbasis kann die Lieferform, die Dicke der Dichtungsbahnen und die Verlegetechnik auf Untergrund und die Nahtverbindung abgelesen werden. Die eigentlichen Detailausführungen werden später unter dem Begriff »Detailgestaltungen beim Flachdach« wiedergegeben. Es soll also nachfolgend lediglich jeweils kurz auf die Verarbeitung und, soweit vorhanden, auf die Erfahrung mit den einzelnen Folien eingegangen werden:

6. Dachabdichtung beim einschaligen Flachdach

Bild-Tabelle 47 Dachdichtungsbahnen aus Kunststoffen (KIB Heft 27) Kunststoffe im Bau

Nr.	Anschrift der Lieferfirma	Markenname	PIB-Polyisobutylen	PVC-weich, Polyvinylchlorid-w.	Polyäthylen-Bitumen-Komb.	IIR-Butylkautschuk	CR-Polychloropren	CSM-Chlorsulf. Polyäthylen	EPDM-Äthylen-Propylen-Kautschuk	Sonstige	Dicke der Dichtungsbahn bzw. Plane	Heißbitumen	modifiziertes Bitumen	Spezialkleber	lose verlegt, bekiest	Sonstiges	Quellschweißen	Heißschweißen	Dichtungsband	Schmelzklebeband	Spezialkleber
1	Alkor GmbH 8 München 71 Postfach 710109	Alkorplan-Dachbahn Alkorplan-Anschluß-bahn		○ ○							0,8; 1,2 und 1,5 mm 1,2 mm				○		○ ○	○ ○			
2	Alwitra KG Klaus Göbel 55 Trier-Irsch Postfach 3950	Alwitra								○[1]	1,2 mm			○	○	○	○	○			
3	A. W Andernach KG 53 Bonn-Beuel 1 Maarstraße 48	Awaplan			○						ca. 6,0 mm incl. Bitumen-Deckschichten	○				○[2]		○			
4	I. H. Benecke GmbH 3001 Vinnhorst/Hannover Beneckeallee 40	Benefol		○							ca. 0,85 mm				○		○	○			
5	Braas & Co. GmbH Schildkröt Kunststoffwerke 68 Mannheim 24 Eisenbahnstraße 8	Rhepanol f und fk Rhenofol C und D Rhenofol-Folienblech Rhenofol-Abdichtbahnen	○	○							1,5 mm (3,0 mm mit Vlies bei fk) 0,45; 0,85; 1,0; 1,5 mm	○		○	○	○					
6	Continental Gummiwerke AG 3 Hannover Postfach 169	Contitec (aus Baypren)					○				1,2 mm						○			○	
7	Dätwyler AG CH-6460 Altdorf-Uri Schweiz	Dao-tan Hypalon-Dätwyler Neoprene-Dätwyler					○	○	○		1,0; 1,2; 1,5 u. 2,0 mm 1,0 u. 1,2 mm 1,0; 1,2; 1,5 u. 2,0 mm	○ ○	○ ○	○ ○ ○			○ ○	○	○		○
8	Deitermann Chemiewerk 4354 Datteln Postfach 147	Adex Adex G		○ ○							2,0 mm 2,0 mm	○ ○					○ ○				
9	DLW Aktiengesellschaft 712 Bietigheim/Württ. Postfach 140	Delifol-Dachhaut Typ F Typ FB Typ FG Typ FBG	○[3] ○[3]	○ ○ ○ ○							0,8 mm 0,8 mm 1,0 mm 1,0 mm	○ ○		○ ○ ○ ○	○ ○ ○ ○		○ ○ ○ ○	○ ○ ○ ○			
10	Ewald Dörken AG Chemiewerk 5804 Herdecke/Ruhr Wetterstraße 58	Delta-Dach, Typ O			○						2,0 mm	○						○			
11	Dynamit Nobel AG 521 Troisdorf Postfach 1209	Trocal-Dachbahn Typ S Trocal-Folienblech		○ ○							0,8 mm 1,2 mm				○	○[4]	○				
12	Josef Gartner & Co. 8383 Gundelfingen/Donau Postfach 40	Eutyl				○					1,5 u. 2,0 mm	○		○ ○					○		○
13	Göppinger Kaliko- und Kunstlederwerke GmbH 732 Göppingen Postfach 469	Dachbelagsfolie		○							0,8 u. 1,5 mm			○ ○			○ ○		○		
14	Th. Goldschmidt AG 68 Mannheim 81 Postfach 106	Goldag-fol 2002 G Goldag-combi			○ ○						2,0 mm 2,0 mm	○ ○		○ ○			○ ○				○ ○
15	Kalle AG 6202 Wiesbaden-Biebrich Postfach 9165	Guttagena NE 3		○							0,8 u. 1,0 mm				○		○	○			
16	Keller GmbH 8 München 80 Postfach 801 080	Afraphan-Dichtungsbahn								○[5]	2,5 mm	○									○
17	Koitwerk Herbert Koch KG 8211 Rimsting/Obb.	Koit-PC-Dachbelag Schutz- und Gleitfolie		○ ○							0,8 mm 1,0 mm				○ ○		○ ○				
18	Gerd Leschus Kunststoff-Fabrik 56 Wuppertal-Barmen Erichstraße 26	Leschuplast-DAF-Dachfolie Leschuplast-ECB-Lucobit-Folie Leschuplast-PVC-Folie Leschus-Lucobit		○ ○	○ ○						0,8; 1,5 und 2,0 mm 1,5 und 2,0 mm 1,0 und 1,5 mm 1,5 bis 3,0 mm	○ ○		○	○ ○ ○		○ ○ ○ ○				

6.3 Allgemeine Verarbeitungshinweise für bituminöse Abdichtungen und Deckungen

Nr.	Anschrift der Lieferfirma	Markenname	Rohstoffbasis Thermoplaste PIB-Polyisobutylen	PVC-weich, Polyvinylchlorid-w.	Polyäthylen-Bitumen-Komb.	Elastomere IIR-Butylkautschuk	CR-Polychloropren	CSM-Chlorsulf. Polyäthylen	EPDM-Äthylen-Propylen-Kautschuk	Sonstige	Dicke der Dichtungsbahn bzw. Plane	Verlegetechnik Befestigung am Untergrund Heißbitumen	modifiziertes Bitumen	Spezialkleber	lose verlegt, bekiest	Sonstiges	Nahtverbindung Quellschweißen	Heißschweißen	Dichtungsband	Schmelzklebeband	Spezialkleber
19	MC-Bauchemie Müller + Co. 43 Essen 1 Postfach 230248	Nafutekt Nafufol 66			○		○				1,0 mm 1,5 und 2,0 mm	○ ○						○			○
20	Dr. K. P. Müllensiefen GmbH 464 Wattenscheid-Höntrop Auf dem Rücken 63–65	VP-Dichtungsbahn (Apetect/Keltan)			○				○		1,0 bis 2,0 mm	○	○	○				○			
21	Neuzeitbau GmbH 652 Worms Am Rhein 21	Sarnafil	○								1,2 und 3,0 mm			○	○			○			
22	Niederberg-Chemie GmbH 4133 Neukirchen-Vluyn Postfach 176	Carbofol		○							1,5 und 2,0 mm	○		○				○			
23	Odenwald-Chemie GmbH 6901 Schönau b. Heidelberg Postfach 140	OC-Plan 2000		○							1,5 und 2,0 mm	○		○				○			
24	Pegulan-Werke AG 671 Frankenthal/Pfalz Postfach 407	Pegulan dbf Dachhaut	○								0,8 mm				○			○			
25	Phoenix Gummiwerke AG 21 Hamburg 90 Postfach 53	Resistit G Resistit R					○⁶⁾ ○				1,1 mm 1,0 mm	○ ○		○ ○							○ ○
26	Plastiment GmbH 7502 Malsch, Krs. Karlsruhe Postfach 10	Binda-Hypalon Typ HYP 12 A Typ HYP 10						○ ○			1,2 mm 1,0 mm	○ ○		○ ○	○ ○			○ ○			
27	Rheinhold & Mahla GmbH 68 Mannheim Augusta-Anlage, VKI-Haus	RMB-Bahnen RMB-Planen					○ ○				1,0 bis 1,5 mm 1,0 bis 1,5 mm	○			○			○ ○⁷⁾			
28	Rubberfabriek Vredestein Loosduinen N.V. Den Haag, Postbus 7006	Esso-Butylfolie Fortilan				○			○		1,0 mm 1,5 und 2,0 mm				○ ○					○ ○	
29	Saar-Gummiwerk GmbH 6619 Büschfeld	SG tyl-Folie SG tan-Folie SG laminat-Folie				○ ○			○ ○		1,5 mm 1,0 mm				○ ○			○ ○		○ ○	
30	Unitecta Oberflächenschutz GmbH 463 Bochum-Gerthe Postfach 40028/29	Organat-Dachfolie			○						1,5 und 2,0 mm	○			○			○			
31	Vedag AG Vereinigte Bauchem. Werke 6 Frankfurt Mainzer Landstraße 195–217	Vedafol D			○						1,5 und 2,0 mm	○						○			
32	vtw verfahrenstechnik 8711 Marktsteft Postfach	Asbylon (aus Hypalon) Aspren					○	○			0,8 und 1,2 mm 1,5 mm	○ ○		○ ○	○			○ ○		○	
33	Wilkoplast-Kunststoffe 3 Hannover Postfach 6520	Wilkoplast-Dachfolie Witec-Dachbahnen	○		○						0,8 bis 1,0 und 1,5 mm 1,5 bis 4,0 mm	○		○ ○	○			○			

¹) EVA = Äthylen-Vinylacetat-Copolymer. — ²) Schweißverfahren. — ³) Gewebeverstärkt (Trevira hochfest). — ⁴) Folienblech genagelt, mit Haftern. — ⁵) Polyäthylenterephthalat, beidseitig mit Bitumen-Deckschichten. — ⁶) Glasvlieskaschiert. — ⁷) Heißvulkanisation.

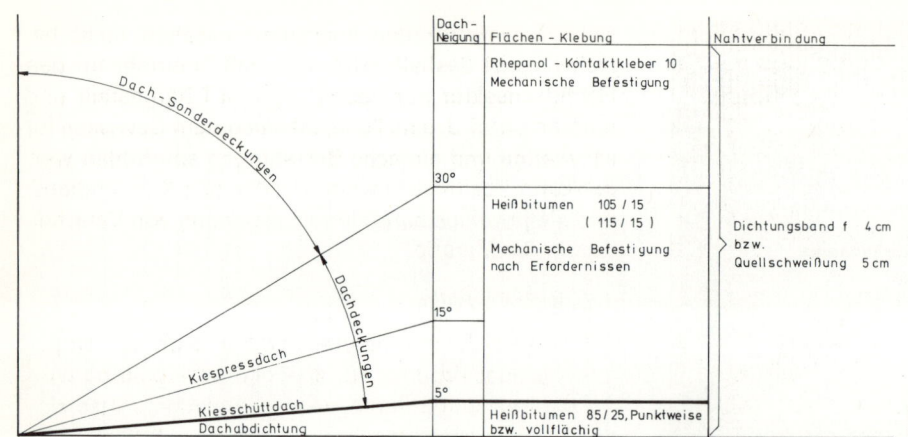

6. Dachabdichtung beim einschaligen Flachdach

Bild 47a Anwendung Rhepanol f (Braas)

1. Polyisobutylen (Rhepanol f)

Rhepanol f-Dachbahn ist eine Weiterentwicklung der früher angewandten Rhepanol BA-Folie. Prewanol, eine 1 mm dicke schwarze Kunststoff-Folie mit unterseitig aufkaschiertem Glasgewebe wird heute nicht mehr hergestellt.

Rhepanol f gemäß DIN 16935 hat eine Reißdehnung von über 400% und eine Flächendruckfestigkeit von 100 kp/cm². Der lineare Wärmedehnungskoeffizient beträgt 0,08 mm/m°, Wasserdampfdiffusionswiderstandszahl 260000. Rhepanol wird ohne Weichmacher hergestellt und widersteht Flugfeuer und strahlender Wärme gemäß DIN 4102 und gilt als UV- und lichtbeständig. Das Material widersteht Abgasen aus Kohle- und Ölheizungen sowie den normalen auftretenden Industrieabgasen. Rhepanol ist nicht beständig gegen Benzin, Benzol, Petroleum und organische Lösungsmittel, also Fette, Öle, Schalungsöle, Dieselöle usw., und wird auch durch teerhaltige Stoffe (Teerpappen) angegriffen. Rhepanol darf also nicht mit derartigen lösungsmittelhaltigen Stoffen in Verbindung kommen.

Für Dachabdichtungen werden 1,5 und 2 mm dicke Rhepanol f-Bahnen, mit dünner Seidenpapiertrennung aufgerollt, geliefert.

Rhepanol fk

Als Ergänzung zum Rhepanol f ist Rhepanol fk entwickworden. Hier handelt es sich um die gleiche Kunststoff-Dachbahn, die zusätzlich werksseitig mit einem 5 cm breiten vorkonfektionierten Dichtrand und einem 1,5 mm dicken Kunststoffvlies als Trennlage versehen ist. Diese Dachbahn wird bei der losen Verlegung unter Kiesschüttungen oder Plattenbelägen angewendet. Dachbahn, Trennlage und Dichtrand in einer Bahn vereinfachen so die Flächenverlegung.

Verlegung

Rhepanol f kann mit Heißbitumen verlegt werden, gemäß Bild 47a ist für Dachabdichtungen Quellverschweißung an den Nähten vorgeschrieben. Bis 5° kann normales Heißbitumen 85/25 verwendet werden, ab 5° ist Steildach-Bitumen zu verwenden. Aus Bild 47a können alle weiteren Hinweise für die Verlegung entnommen werden.

Die Flächenverklebung erfolgt also mit geblasenem Heißbitumen 85/25 bzw. bei größeren Dachneigungen mit standfester Heißbitumen-Klebemasse 105/15, 115/15 oder bei noch steilerer Dachneigung mit Rhepanol-Kontaktkleber 10. Außerdem ist bei starken Neigungen eine zusätzliche mechanische Befestigung erforderlich (z.B. bei senkrechten Abschottungen von Shed-Flächen usw.).

Die Nähte werden gemäß Abbildung 48 und 49 mit Dichtungsband oder durch Quellschweißung abgedichtet. Im übrigen sind nur eingeschulte und erfahrene Fachfirmen mit der Ausführung dieser Arbeiten zu betrauen. Unter der Rhepanol-Bahn ist in jedem Falle eine Dampfdruckausgleichsschicht erforderlich, die wirkungsvoll an die Außenluft anzuschließen ist. Rhepanol ist, wie angeführt, sehr dampfdicht.

Die Detailanschlüsse an Ortgänge, Lichtkuppeln, Einklebungen von Bodeneinläufen usw. s. Detailausführungen.

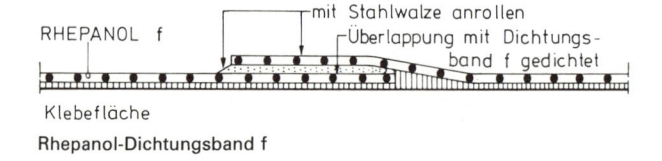

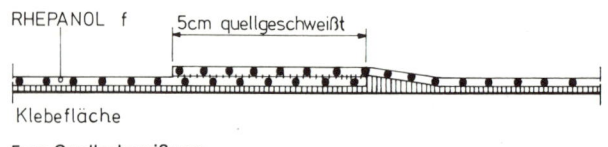

Rhepanol-Dichtungsband f

5 cm Quellschweißung
Bild 48 Schema der Überlappungen

Erfahrungen mit Polyisobutylen

Die wohl längsten Erfahrungen auf dem Flachdachsektor sind mit Polyisobutylen gesammelt worden. Die anfänglich auf dem Flachdach eingesetzten Folien haben sich z.T. nicht bewährt. Es kam zu vorzeitigen Alterungen durch UV-Einstrahlungen, zu Rissebildungen durch

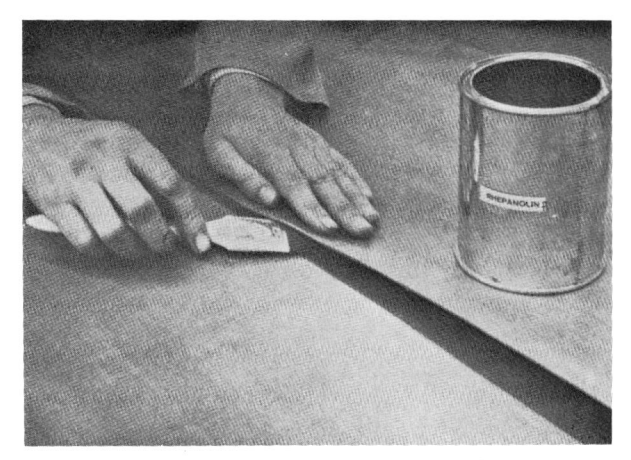

6.3 Allgemeine Verarbeitungshinweise für bituminöse Abdichtungen und Deckungen

Führung des Pinsels beim Einstreichen der Schweißflächen mit Rhepanolin f

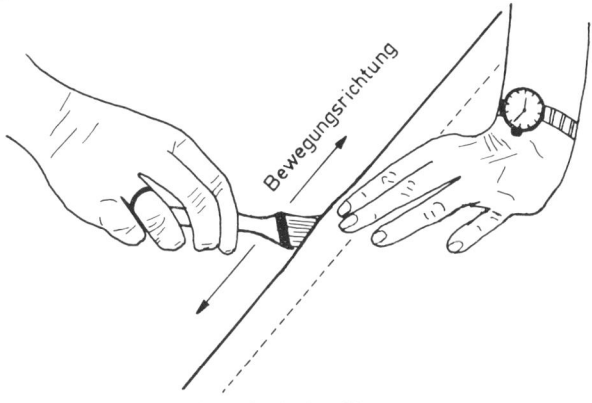

Führung des Pinsels bei der Quellschweißung
Bild 49

Bild 49a Eine vorzeitig gealterte Polyisobutylen-Folie Prewanol mit aufgelösten Stößen (Nähten)

Nachschwindungen usw. Mit Prewanol liegen unterschiedliche Erfahrungen vor (siehe Bild 49a). Es liegen hier Dächer (auch von dem Autor empfohlen), die seit 12–15 Jahren ohne jede Beanstandung unter extremsten Belastungen ausgehalten haben. Andererseits liegen aber Schadensdächer vor, die bereits ab 4–5 Jahren zu Bruch gingen. Teilweise sind zweifellos auch bauphysikalische Funktionsmängel mit Ursache gewesen. Prewanol hat sich wegen verschiedener verlegetechnischer Schwierigkeiten insgesamt gesehen nicht bewährt. Es ist deshalb erfreulich, daß nunmehr für den Flachdachsektor nur noch Rhepanol f hergestellt und empfohlen wird, eine Folie, die mit gutem Gewissen für schwierige und einfache Belastungen empfohlen werden kann. Positiv zu bewerten ist der gute Kundendienst und die jeweilige sorgfältige Einweisung von Verarbeitern in die Materie.

2. Basis PVC-Folien

PVC ist an sich ein zähhartes und bei niedriger Temperatur sprödes Produkt. Für die Folienverarbeitung wird das Material daher durch weichmachende Zusätze elastifiziert. Als Weichmacher werden dem PVC organische Verbindungen, z.B. hochsiedende Ester, beigemischt. Für Dachfolien beträgt der Weichmacheranteil ca. 30–40%. Weitere Zusätze sind für den Alterungsschutz Stabilisatoren sowie Farbpigmente und evtl. Füllstoffe.

Die Vorteile der Weichmachung (hohe Dehnfähigkeit, Flexibilität, Fortfall der Sprödigkeit auch bei tiefen Temperaturen) müssen meist mit einigen Nachteilen erkauft werden. So ist z.B. die chemische Beständigkeit weichgemachter Produkte geringer. Außerdem gibt es erhebliche Unterschiede zwischen den einzelnen Weichmachertypen. Einige dieser Weichmachertypen sind wärmebeständiger, andere besser kältebeständig. Einige sind relativ wenig flüchtig, andere wandern verhältnismäßig schnell aus.

Als Faustregel gilt (nach [24]), je kleiner das Weichmacher-Molekül, desto stärker ist seine weichmachende Wirkung, je größer das Molekül, desto geringer sind Weichmacherflüchtigkeit und Weichmacherwanderung und desto besser ist die Witterungsbeständigkeit. Stabilisierung und Weichmachertypen müssen für den Außeneinsatz sorgfältig ausgewählt sein. Das haben viele PVC-Dachbahnenhersteller nicht gemacht und wahrscheinlich auch nicht gewußt. Dies war der Grund für die enormen Schäden bei PVC-Folien.

Man kann zwar durch geschickt zusammengestellte Weichmacherkombination das PVC weitgehend in seinen Eigenschaften so modifizieren, daß es den gewünschten Anforderungen nahekommt, es ist jedoch bis heute noch nicht möglich, ein PVC-Material herzustellen, daß bei einem Temperaturbereich von $-30°C$ bis $+100°C$ gute mechanische Festigkeiten aufweist und zugleich bei Außenwitterungsbeanspruchung keiner Alterung unterworfen ist. Die Schadensursachen der bisherigen Schäden waren:

a) Weichmacherwanderung in berührende Feststoffe hinein z.B. in Bitumen-Anstriche, Bitumenpappen, andere Kunststoffe, Anstrich- und Klebestoffschichten usw. Durch die Weichmacherwanderung wurden die Bahnen hart und spröde.

b) Weichmacherwanderung durch chemische Reaktion bei Berührung mit Stoffen aus Säuren oder Laugen, z.B. Direktberührung auch mit imprägniertem Holz, also ohne Zwischenlage.

6. Dachabdichtung beim einschaligen Flachdach

c) Verflüchtigung in der Luft, also Abgabe von Weichmacher durch direkte Sonneneinstrahlung oder auch durch andere atmosphärische Einflüsse.

d) Auslaugung durch Flüssigkeit, also bestimmte Wasserzusammensetzung oder anderes flüssiges Medium.

Besonders stark sind die Schäden dort aufgetreten, wo ein direkter Kontakt zwischen PVC-weich mit Bitumen zustande kam, d.h. wo die Bahnen noch mit Bitumen aufgeklebt wurden oder auf Bitumenpappen aufgelegt wurden. Es kam zu Schrumpfungen, die bis zu 20–30 % ausgemacht haben (s. Bild 50, 51 und 52).

Neben diesen von außen kommenden Schäden wurden aber auch schon Folien angeliefert, die unter erheblicher Vorspannung gestanden haben, also eine bei der Herstellung eingebrachte Reckung. Bei nachträglicher Erwärmung der Folie nach der Verlegung taut diese eingefrorene Spannung auf, d.h. die Folie verkürzt sich. Diese Rückstellwerte, also Schrumpfungen, betragen z.T. 1–5 %. Wird die Folie mit eingefrorener Spannung

Bild 52 Von Auslässen abgezogene PVC-Folie führte zu Rissen und Undichtigkeiten

Bild 50 Folie bewirkte Abziehen der Korkschicht in 20–30 cm Breite entlang des Firstes (Nachdichtung durch eine Lage Bitumenpappe half nur kurzfristig)

Bild 51 PVC-Folie hat Kork vom Untergrund abgezogen

straff auf dem Dach verlegt oder bei starker Erwärmung sogar noch zusätzlich gespannt und überdehnt, so löst die Erwärmung durch Sonneneinstrahlung dann erhebliche Kontraktionen, also Schrumpfungen, aus. Die Folie wird also kleiner und löst sich vom Dachrand, wie dies z.B. aus Bild 50 und Bild 52 deutlich zu entnehmen ist. Der jeweils weiße Streifen ist bereits eine zusätzlich aufgeklebte Bitumenpappe, lediglich zur Dichtmachung der Abziehung vom Verwahrungsblech.

Zwischenzeitlich wurden nun von den meisten der vorgenannten Verleger neue Erkenntnisse gewonnen, nachdem viel Lehrgeld bezahlt wurde. Es wurden Rezepturänderungen vorgenommen und außerdem die Verlegemethoden geändert. Die Rezepturänderungen alleine würden zweifellos wenig nützen, da die Stabilisierung der Weichmacherwanderung irgendwann ihr Ende hat. Auch sog. bitumenfeste PVC-Folien sind mit Vorsicht zu genießen. Der Autor empfiehlt sie jedenfalls solange nicht, solange auch die Produzenten sich scheuen, langjährige Gewährleistung zu geben. Andererseits haben die Hersteller von PVC-Bahnen aus der Not eine Tugend gemacht, die sich jetzt schon großer Beliebtheit erfreut und die zweifellos weiter zunehmen wird. Es ist dies die Planeneindeckung.

PVC-Folien aus Weich-PVC werden in verschiedenen Stärken hergestellt. Für Dachabdichtungen beträgt die Stärke meist 0,8 oder auch 1,5 mm, für Dampfbremsen 0,4 mm. Die Folien können schwer entflammbar geliefert werden. Bei Flachdächern empfiehlt sich die lose Verlegung mit vorkonvektionierter Folie mit einer Rollkiesschüttung (5 cm hoch Rundkorn 15/30 mm, also mindestens 80 kg/m²). Für Verklebung an steilen Flächen stehen entsprechende Spezialkleber zur Verfügung. PVC-Folien sind stark dampfdurchlässig. Dies kann im wesentlichen als großer Vorteil gewertet werden, da sogar Feuchtigkeit aus Beton und Wärmedämmung durch die Dachhaut hindurchdiffundieren kann. Durch die lose Auflegung wird gleichzeitig eine Dampf-

6.3 Allgemeine Verarbeitungshinweise für bituminöse Abdichtungen und Deckungen

druckausgleichsschicht geschaffen. Voraussetzung bei der Verlegung ist, daß keine teer- oder bitumenhaltigen Stoffe unter den Bahnen liegen. Im Vorgriff auf die Kaltdächer ist darauf hinzuweisen, daß eine Trennpappe zwischen Holz mit Imprägnierungsmittel und zwischen PVC-Haut eingebracht werden muß (Rohfilzpappe, Glasvlies-Glasgewebematten oder dgl.). Außerdem sind derartige Trennpappen bei Bitumenuntergrund, bei Polystyrol-Dämmplatten, bei Schaumglas und bei rauhen Betonflächen usw. erforderlich. Die Trennlagen werden ebenfalls lose aufgelegt. Bei PU-Hartschaumplatten, Phenolharz-Schaumplatten, Backkorkplatten (ohne Bitumenanteil) und Mineralfaserplatten braucht keine Trennlage aufgelegt zu werden, dagegen ist sie bei teerpechgebundenen Korkplatten notwendig. Bei Unebenheit empfiehlt es sich in jedem Falle, eine Trennlage aufzulegen. Sollte für die Montage eine Punktklebung notwendig werden, ist dies mit Spezialklebern durchzuführen. Eine gesonderte Dampfdruckausgleichsschicht über Wärmedämmplatten braucht bei loser Verlegung nicht aufgebracht werden.

Die Verlegung von PVC-Dichtungsbahnen erfolgt durch Verschweißung mittels Hochfrequenzverschweißung, Heißluftverschweißung, Heizkeilverschweißung oder Quellverschweißung. Auf der Baustelle hat sich die Quellverschweißung als die günstigste Art erwiesen, da hier kein Stromanschluß vorhanden ist. Bei der Verschweißung ist Vorsicht geboten.

Bei Planenverlegung wird bereits die fix und fertige Plane also verschweißt auf das Dach aufgebracht (bei kleinen Dächern). Die Plane wird dann lediglich im Bereich der Ortgänge eingespannt. Im übrigen ist die Reißdehnung bei PVC nur 250%, ist also nicht so elastisch wie z. B. Polyisobutylen. Aus Bild 53 können z.B. von Trocal einige technische Daten abgelesen werden. Trocal-Dachbahnen Typ S werden als Dachdichtungsbahn verwendet, Typ DS als Dampfsperren unter der Wärmedämmung. Keine der beiden Bahnen darf mit Bitumen verarbeitet oder in Verbindung gebracht werden. Teer darf im gesamten Schichtaufbau nicht enthalten sein. In Bild 54 ist der Aufbau eines derartigen Daches schematisch dargestellt, in Bild 55 ein Ausschreibungstext mit genauen Detailhinweisen und in Bild 56 ein Verlegevorgang mit Dampfsperre, Polystyrol-Automatenplatten, Abdeckschicht mit Glasgewebematten und lose Verlegung der PVC-Dachdichtungsbahn. Aus Bild 57 ist der Verschweißvorgang ersichtlich.

Erfahrungen mit PVC-Dachdichtungsbahn oder mit PVC-beschichteten Trägerelementen

Ohne Witterungsschutz, also ohne ausreichende Kiesschüttung, ist diese Art der Flachdach-Abdichtung nicht zu empfehlen, bis evtl. Nachweise erbracht werden können, daß trotz UV-Einwirkung keine vorzeitige Alte-

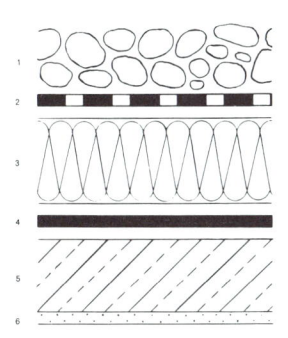

Bild-Tabelle 53 Technische Eigenschaften z. B. der TROCAL-Dachdichtungsbahnen

	Typ S 0,85 mm	Typ S 1,5 mm	Typ DS 0,45 mm	Typ DS 0,8 mm
Reißfestigkeit nach DIN 53455	200 kg je qcm	200 kg je qcm	200 kg je qcm	200 kg je qcm
Reißdehnung nach DIN 53455	250%	250%	200%	200%
Kälteschlagwert nach DIN 53372	—35°C	—35°C	—15°C	—15°C
Wasserdampf-diffusionswiderstandsfaktor μ (nach Prüfung des Frauenhofer-Instituts, Stuttgart)	19 300	19 300	49 500	49 500

1 ca. 5 cm gewaschener Rollkies 16/32 mm lose (in Sonderfällen verklebt), 2 Trocal Dachdichtungsbahn Typ S (vorkonfektionierte Plane) ohne Verklebung verlegt, 3 Wärmedämmung (trocken, unverklebt verlegt), 4 Trocal Dampfsperrbahn Typ DS, Plane unverklebt verlegt, 5 Tragende Deckenkonstruktion (z.B. Stahlbeton), 6 Putz

Bild 54 Planeneindeckung, Warmdachaufbau mit Dachdichtungsbahn und Dampfsperrbahn aus PVC-weich

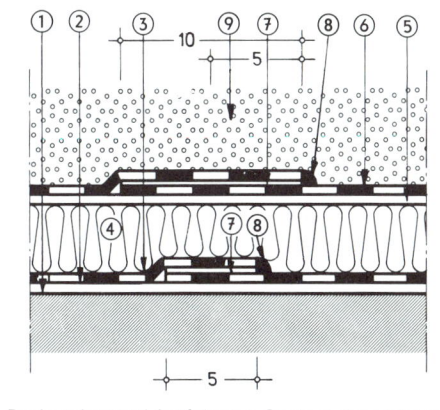

Bild 55 Dachausbau und Ausführung. Säubern des Untergrundes (1), besenrein/Schutzschicht aus einer Lage Rohfilzpappe 500, DIN 52117 (2), lose verlegt, Nähte und Stöße 10 cm überdeckt. Dampfsperrbahn Typ DS (3), Dicke 0,45 mm/0,8 mm, lose verlegt, die 1,50 m breiten und 20 m langen Bahnen/zu Planen bis ca. 100 m² vorgefertigt und die Planen untereinander an der Baustelle mit 5 cm Naht- und Stoßüberdeckung quellverschweißt (7), Kreuzstöße und sämtl. Bahnenränder mit PVC-Lösung Typ S (8) abgesichert. Wärmedämmung (4), aus Polystyrol-Hartschaumplatten, Trennschicht (5) aus einer Lage Rohfilzpappe/Glasgewebe/Glasfaservlies, lose verlegt, Nähte und Stöße 10 cm überdeckt. Dachdichtungsbahn Typ S (6), Dicke 0,8 mm, lose verlegt, die 1,50 m breiten und 20 m langen Bahnen/zu Planen bis ca. 100 m² vorgefertigt und die Planen untereinander an der Baustelle bei 10 cm Naht- und Stoßüberdeckung quellverschweißt (7), Kreuzstöße und sämtl. Bahnenränder mit PVC-Lösung Typ S (8) abgesichert. 5 cm Kiesschüttung aus gewaschenem Rundkies (9), Körnung 16/32 mm ∅, lose/mit Kieskleber gebunden ohne Zwischenlagerung verteilen.

125

6. Dachabdichtung beim einschaligen Flachdach

Bild 56   Verlegung eines Planendaches mit PVC-Dachbahn

Lose Verlegung der TROCAL-Sperrbahn DS auf der besenreinen Betonfläche

Abdecken der Wärmedämmschicht mit Glasgewebematten

Lose Verlegung der TROCAL-Dachdichtungsbahn S als Abdichtung

Quellverschweißen der überdeckten Bahnenstöße

Bild 57   Verschweißung einer Naht mit Quellschweißmittel

Zusätzliches Dichten der quellverschweißten Bahnenstöße mit PVC-Lösung

rung eintritt. Bei loser Verlegung mit ausreichender Kiesschüttung hat sich die PVC-Folie in den letzten Jahren bewährt. Es ist darauf zu achten, daß diese Kiesschüttung auch die Attikabereiche voll erfaßt, da sonst dort vorzeitige Alterung gegenüber der ebenen Fläche eintritt. Über die eigentliche Alterungsbeständigkeit kann bis heute wenig ausgesagt werden. Es werden Angaben zwischen 15 und 20 Jahren gemacht. Es empfiehlt sich, sich von den Lieferfirmen entsprechende Garantien geben zu lassen und nur bereits bewährte Hersteller zu berücksichtigen.

3. Basis Polyäthylen-Bitumen-Kombination

Dachbahnen dieser Art werden aus Lucobit, einem Kunststoff der BASF, einer Mischung als Äthylen-Copolymerisat und einem Spezial-Bitumen hergestellt. Füllstoffe sind hier also normalerweise nicht enthalten. Die Dachfolie wird mit 1,5 mm oder auch für besondere Belastungen mit 2 mm Stärke von den angeführten Firmen hergestellt. Aus Tabelle 58 können die z.B. für Organat angegebenen technischen und physikalischen Werte entnommen werden.

Bild-Tabelle 58   Technische Daten z. B. ORGANAT (LUCOBIT)

Reißdehnung in einer Ebene	800%	DIN 53455
Reißfestigkeit	40 kp/cm²	DIN 53455
Weiter-Reiß-widerstand	20 kp/cm²	DIN 53515
Bereich der Temperaturbeständigkeit	Kaltbiegeversuch (r = 2 mm) −40°C	DIN 16935/7
	Erweichungspunkt R u K +110°C	DIN 1995
Elastizitätsmodul	100 kp/cm²	n. Young
Shore-Härte A	67—70	DIN 53505
Wasserdampf-diffusions-widerstands-faktor	≈ 50000	—
Wärmeleitzahl	0,14 kcal/m²h°C	DIN 52612

Folien dieser Art sind sehr stark elastisch (800%), flexibel und der Sprödebereich liegt unter −30°C. Diese Dachbahnen enthalten keine Weichmacher, sind beständig gegen aggressive Medien aus der Atmosphäre und besitzen auch eine hohe chemische Beständigkeit und sind weitgehend unempfindlich gegen Spannungsrißbildung. Dies geht aus der hohen Reißdehnung als solcher und der Reißfestigkeit hervor. Die Dehnung wird allerdings dadurch gemindert, daß unterseitig entweder eine Asbestvlies- oder eine Glasvliesschicht unterkaschiert ist, um die Haftfestigkeit auf der Unterseite zu verbessern.

Folien dieser Art können universal eingesetzt werden, also für Flachdächer und für Neigungen bis 45°.
Die Verlegung der Bahnen erfolgt wie bei Bitumenpappen. Es ist also keine neuartige Verlegetechnik erforderlich. Die Dachbahnen können entweder im Streichverfahren oder besser auch im Gieß- und Einrollverfahren mit Heißbitumen 85/25 oder bei steileren Flächen mit Steildach-Bitumen verklebt werden. Der Erweichungspunkt des Materiales selber liegt bei +110°C, ist also zusammen mit Steildach-Bitumen nicht abrutschgefährdet (mit Tedlar-Deckfolie kann sie auch hell geliefert werden). Die Überlappung-Verbindung erfolgt mit Heißluft-Handschweißgeräten oder bei großen waagrechten Flächen mit Schweißautomaten. Zu diesem Zwecke ist die unterseitig aufkaschierte Vliesbahn zurückgesetzt, damit eine einwandfreie Verbindung Folie unter Folie zustande kommt. Im allgemeinen gilt für Dachabdichtungen etwa folgender Hinweis:
Auf die fachgerecht dicken Wärmedämmplatten ist zuerst eine unterseitig grob bekieste Glasvlies-Dachbahn V11 aufzubringen und punktweise zu verkleben, die Stöße mit ca. 10cm Überdeckung vollflächig mit Heißbitumen verkleben. Darüber wird dann im Lagenversatz die Kunststoffbahn mit 1,5 mm (oder bei bestimmten Fällen auch 2 mm) im Bürstenstrich- oder im Gieß- und Einwalzverfahren mit normalen Heißbitumen 85/25 aufgeklebt. Die Nähte und Stöße werden mit Selbstklebebändern verbunden oder mit Heißluft verschweißt. Aus Bild 59 kann der glasvliesfreie Rand von 4cm erkannt werden. Bei allen Querstößen ist der Glasvlies

Bild 59   Delta-Dach Lucobit-Verlegung

6. Dachabdichtung beim einschaligen Flachdach

unterseitig auf 5 cm mittels Drahtbürste zu entfernen, damit eine homogene Schweißnaht entsteht. Durchbrüche durch die Dachhaut können mit Kaltbitumen oder mit Manschetten aus der gleichen Folie abgedichtet werden.

Erfahrungen

Die seit einigen Jahren vorliegenden Erfahrungen sind im allgemeinen positiv. Die thermische Längenausdehnung ist relativ gering, so daß Eigenspannungen nicht übernormal groß sind. Das Material selber ist alterungsbeständig und bedarf keiner zusätzlichen Kiesschüttung. Nach DIN 4102 ist das Material widerstandsfähig gegen Flugfeuer und strahlende Wärme und kann als harte Bedachung bezeichnet werden. Mindestens liegen derzeit keine negativen Erfahrungen vor. Auf eine einwandfreie Stoßverschweißung ist Wert zu legen.

4. Basis PVF-Polyvinylfluorid

Kunststoff-Folien obengenannter Zusammensetzung haben eine Tedlar-Deckfolie (Firma Dupont). Die Oberfläche ist ein Film, der nach Witterungsversuchen unter extremen Klimabedingungen bereits langjährig erprobt sein soll. Es werden Farben in grau-weiß angeboten, was oft sehr sinnvoll ist. Die Dachbahnen sind schwer entflammbar, also flugfeuerbeständig gemäß DIN 4102. Die Temperaturbeständigkeit wird mit $-45°C$ und $+120°C$ angegeben. Weitere technische Daten z. B. von der Delta-Dachfolie Typ T siehe Bild 60. Die Dehnfähigkeit wird von Ruberoid mit 12,45 % im Mittel angegeben und die Reißfestigkeit oder Bruchlast im Mittel mit 46,18 kp. Die Reißfestigkeit je cm^2 im Mittel mit 243,03 kp. Tedlar hat ebenfalls keinen Weichmacher, was als positiv zu werten ist. Das Material ist gegen eine ganze Reihe Chemikalien widerstandsfähig. Durch die helle Farbgebung wird eine Reflektion von ca. 88 % bewirkt. Der Verschmutzungsgrad soll sehr gering sein. Die Einstrahltemperaturen werden demzufolge mit $6-10°C$ heruntergesetzt. Das Gewicht der Dachfolie beträgt nur 650 g/m². Eine Kiesschüttung oder dgl. ist naturgemäß nicht erforderlich.

Die Verlegung dieser Bahn erfolgt wie bei Dachpappe, also wie vorgenannt mit Heißbitumen. Zu diesem Zwecke ist der Asbestfilz zurückgesetzt. Da die Kunststoff-Folie sehr dünn ist, empfiehlt es sich, gegebenenfalls zwei Glasvliesbahnen bei Abdichtungen anzuordnen, also über der Dampfdruckausgleichsschicht noch eine weitere Lage Glasvlies-Bitumenbahn V 11 oder dgl., bevor die Tedlar-Bahn aufgeklebt wird. Die Ränder sind wieder zu verschweißen.

Erfahrungen

Die derzeit vorliegenden Erfahrungen sind nicht negativ. Das Material ist jedoch noch relativ neu, so daß in Deutschland Langzeiterfahrungen noch nicht vorliegen. Das Material ist wegen seiner weißen oder hellen Farbe insonderheit für geneigte Dächer, Kuppeldächer usw. besonders prädestiniert. Aus Bild 61 kann ein Verlegeschema in zwei- oder dreilagiger Deckung mit TNA-Ruberoid abgelesen werden.

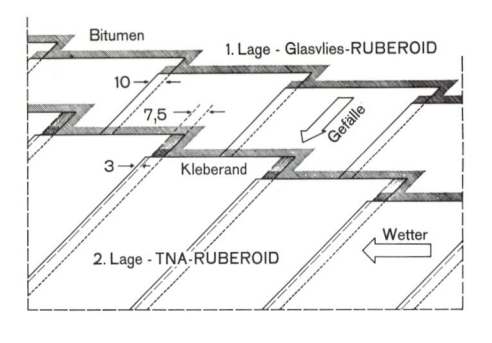

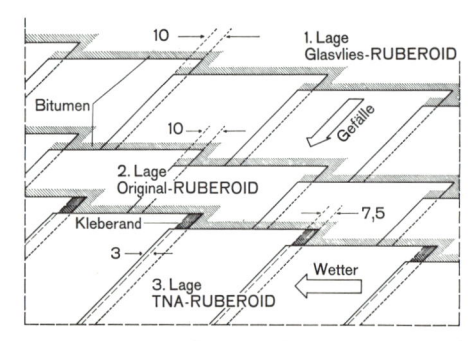

Bild 61 Verlegung von TNA-Ruberoid. Oben zweilagige Deckung, unten dreilagige Deckung

B. Kautschuk-Elastomere

1. Butyl-Folien der angeführten Firmen bestehen aus Butyl-Kautschuk, also einem Synthese-Kautschuk aus dem Mischpolymerisat Isobutylen und Isopren, der mit weiteren geeigneten Füllstoffen durch Vernetzung bei der Vulkanisierung gummiartigen Charakter erhält. Unter Vernetzung versteht man die Verbindung von Moleküleketten mit reaktionsfähigen Gruppen miteinander. Das Mischpolymerisat wird in einem Kneter auf 100°C erhitzt, dem dann die Füllstoffe wie Ruß, Alterungsschutzmittel für Wärmebeständigkeit und Ozon-Schutzmittel beigegeben werden. Danach wird die Vulkanisation der Mischung durch Beigabe von Schwefel

Bild-Tabelle 60 Technische Daten delta-Dach Type T

Gewicht	1,5 kg/m²
Reißfestigkeit nach DIN 53455	längs und quer ca. 8 kp/cm
Reißdehnung nach DIN 53455	längs und quer ca. 110 %
Wasserdampfdiffusionswiderstandsfaktor μ	ca. 50000
Bahnenbreite	1,00 m
Rollenlänge	20 lfm
Dicke der Folie	1,5 mm

Bild-Tabelle 62 Physikalische Werte der Butyl-Folie (SGtyl)

Spezifisches Gewicht	1,12 g/cm³
Härte Shore A DIN 53505	60
Zugfestigkeit DIN 53504	100 kp/cm²
Bruchdehnung DIN 53504	650%
Einreißfestigkeit DIN 53515	20–30 kp/cm²
linearer Ausdehnungskoeffizient DIN 53379	$1,2 \cdot 10^{-4}$ mm/°C
Temperaturbeständigkeit	—40°C — +120°C
Wärmeleitzahl	0,26 kcal/m · h · °C
Wasseraufnahme	72 St. bei 100°C max. 3%
Wasserdampfdurchlässigkeit	E 96—63 T 0,2 perm mils
Ozonfestigkeit	500 St. — 1 ppm bei 20% Dehnung keine Risse

und Beschleunigern möglich gemacht. Anschließend wird dann die Folie auf einen Kalander gezogen und mit einem Mitläufergewebe kantenrecht aufgewickelt und in einem Kessel vulkanisiert. Die physikalischen Daten von Butyl-Folien, z. B. SG-tyl, sind in Tabelle 62 dargestellt. Auffallend ist ebenfalls die hohe Bruchdehnung von 650%, die jedoch z. B. von Esso-Butyl nur mit 300% angegeben wird. Hier dürften also Meßunterschiede im Material vorhanden sein. Die hohe Flexibilität, Wasser- und Dampfdichtigkeit und die absolute Beständigkeit gegen Witterungseinflüsse und die gute chemische Beständigkeit mit der Perforationsbeständigkeit sprechen für Butyl-Bahnen. Ein wesentlicher Nachteil ist jedoch der relativ hohe Ausdehnungskoeffizient, der in vorgenannter Tabelle 62 mit $1,2 \times 10^{-4}$ mm/°C angegeben wird, in anderen Angaben mit $1,4 \times 10^{-4}$. Dieser hohe Ausdehnungskoeffizient war die Ursache für die anfänglichen und auch heute noch vorhandenen Schwierigkeiten, die bei der Verlegung auftreten.

Verarbeitung

Butyl-Folien können wie folgt verlegt werden:

1. Lose Verlegung.
2. Punkt- oder kanalförmige Verklebung.
3. Vollflächige Verklebung.

1. Lose Verlegung

Als materialgerechteste Verlegung ist die lose Verlegung anzusehen, falls eine Kiesschüttung oder Terrassen-Belag bzw. Humusbeschichtung aus statischen Gründen möglich ist. Dehnfugen im Untergrund, Schleppstreifen usw. können hier dann unterbleiben.
Die Nahtstellen dieser Planen können im herkömmlichen Verfahren mittels Klebeband und einem Lösungsmittelkleber kalt vulkanisierend oder aber im Heißluft-Vulkanisationsverfahren geschlossen werden. Während heiß zusammenvulkanisierte Planen sofort beanspruchbar sind, müssen die kalt vulkanisierten Nähte mindestens 24 Stunden aushärten.

Eine lose Kiesschüttung sollte mindestens 3 cm stark sein, besser jedoch 5 cm stark aus hellem gewaschenem Flußkies. Gegebenenfalls ist im Randbereich wegen Sturmabhebung ein Kiesverfestiger aufzubringen (dies gilt für alle losen Planenverlegungen).
Eine Kieseinpressung in bituminöse Einbettmasse ist nur dann möglich, wenn die Butyl-Bahnen zum Untergrund vollflächig verklebt sind, wie nachfolgend angeführt wird. Sogenannte Kiespreßdächer sind also hier nicht angezeigt.

2. Punkt- oder streifenweise Verklebung

Eine punkt- oder streifenweise Verklebung kann in Frage kommen, wenn auf die fertiggestellte Feuchtigkeitsabdichtung keine Bekiesung aus statischen Gründen aufgebracht werden kann. Bei der punktförmigen Verklebung reichen 5 tellergroße Klebepunkte/m² als Haftfläche aus, um ein Abheben der Butyl-Folie auch bei großen Windsogkräften wirksam zu verhindern. Die streifenweise Verlegung ist ebenfalls entsprechend wie bei bituminösen Dachbahnen durchzuführen. Über evtl. Fugen kann zur Vermeidung von Spannungsübertragungen ein Silikon-Papier zuerst aufgelegt werden.

3. Vollflächige Verklebung

Für die vollflächige Verklebung der Butyl-Folie kann nur ein modifiziertes Spezial-Bitumen (Bitumen, dem Butyl und weitere Zusätze beigemischt wurden) verwendet werden.
Zweifellos ist ein derartiges Spezial-Bitumen relativ teuer. Noch teurer ist es aber, Normal-Bitumen zur Verklebung von Butyl-Bahnen zu verwenden, wie dies leider in den letzten Jahren sehr häufig gemacht wurde. Die Hauptursache des Versagens von Butyl-Bahnen liegt neben der mangelnden Haftung an der Stoßüberlappung in der Verwendung von Normal-Bitumen. Eine solche Abdichtung mit Normal-Bitumen ausgeführt, würde, abgesehen von der schlechten Haftung des Normal-Bitumens auf der Butyl-Folie, in kürzester Zeit zu Wellenbildungen und damit zu optischen und funktionellen Schäden an der Abdichtung führen. Dies kann z. B. an zahlreichen Dachanschlüssen festgestellt werden, wo Butyl-Bahnen als Übergang in die Ortgangverblendung eingeklebt wurden. Hier ergaben sich z. T. so starke Wellenbildungen, daß die Bitumen-Dachhaut mit abgerissen ist. Die Butyl-Bahn als solche wurde in diesem Bereich zwar nie zerstört, aber die Dachabdichtung hat Schaden erlitten. Die Gründe für diese thermischen Bewegungen und Schäden liegen in dem stark unterschiedlichen Verhalten des Normal-Bitumens zur Butyl-Folie unter den gegebenen Temperaturschwankungen. Bei vollflächiger Verklebung der Butyl-Folie mit Normal-Bitumen bilden sich unter Wärmeeinwirkung durch Sonneneinstrahlung, bedingt durch den relativ hohen Ausdehnungskoeffizienten der Folie, Wellen. Besonders stark tritt die Wellenbildung bei Spitzentemperaturen, denen eine plötzliche Abkühlung z. B. durch

6. Dachabdichtung beim einschaligen Flachdach

Gewitterregen folgt, auf, weil der Flächenkleber (Normal-Bitumen) schneller erstarrt, als die Folie in ihre Ursprungsform zurückkehren kann.

Butyl-Bahnen können mit dem Spezial-Bitumen in normaler Verklebetechnik durchgeführt werden; also im Bürstenstreichverfahren, Aufschmelz- oder Gieß- und Einwalzverfahren. Es bleibt dies also im einzelnen der Verarbeitungsfirma überlassen. Wichtig ist aber auch hier das unbedingte vollflächige Verkleben der Butyl-Folie ohne Lufteinschlüsse. Eingeschlossene Luftlinsen vergrößern sich wieder unter Sonneneinstrahlung und führen dann wiederum zu Blasen- oder Faltenbildungen.

In Bild 63 ist die lose Verlegung, die streifenweise Verlegung und die vollflächig verklebte Verlegung dargestellt, jedoch jeweils mit Kiesschüttung.

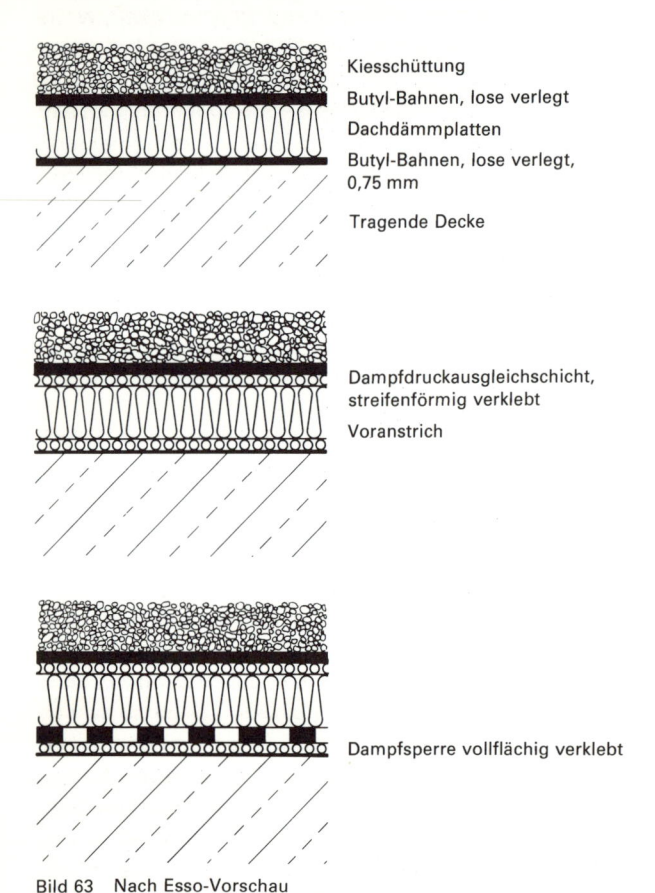

Überlappte Verbindung

Stumpfe Stoßverbindung

Überlappte Verbindung. Variante bei vollflächiger Verklebung

BUTYL FOLIE   SG KLEBEBAND

SG KLEBER X   BUTYLBITUMEN

Bild 64   Nahtverbindung bei Butyl

Kiesschüttung
Butyl-Bahnen, lose verlegt
Dachdämmplatten
Butyl-Bahnen, lose verlegt, 0,75 mm
Tragende Decke

Dampfdruckausgleichschicht, streifenförmig verklebt
Voranstrich

Dampfsperre vollflächig verklebt

Bild 63   Nach Esso-Vorschau

Die Nahtverbindung kann aus Bild 64 abgelesen werden. Dabei ist zu bemerken, daß man bei Überlappungsstoßverbindungen bei Butyl nicht unter 10 cm bleiben sollte.

Erfahrungen

Butyl-Folien mit 1 mm, bei Flachdächern primär mit 1,5 mm Stärke, ergeben robuste und sehr witterungsbeständige Dachabdichtungen. Von der Materialseite her wären also keinerlei Einwendungen zu machen. Die Schwierigkeiten wurden bereits zuvor angedeutet. Sie lagen zu Anfang in der Unterschätzung der thermischen Bewegungen dieser Butyl-Folie, in der nicht ausgegorenen Überlappungsverklebung und in der Wahl falscher Klebemassen (Normal-Bitumen). Aber auch trotz vollflächiger Verklebung mit Spezial-Bitumen muß bei Butyl mit leichten Wellenbildungen infolge Ausdehnung der Butyl-Folie gerechnet werden, wenn keine Kiesschüttung aufgebracht wird. Eine optimale Lösung wird nur dann erreicht, wenn eine Kiesschüttung aufgebracht wird, was in Verbindung mit Butyl in jedem Falle zu empfehlen ist. Beim konventionellen Dachaufbau wie Bild 63 bestehen keinerlei Bedenken, desgleichen nicht beim sog. umgekehrten Flachdach.

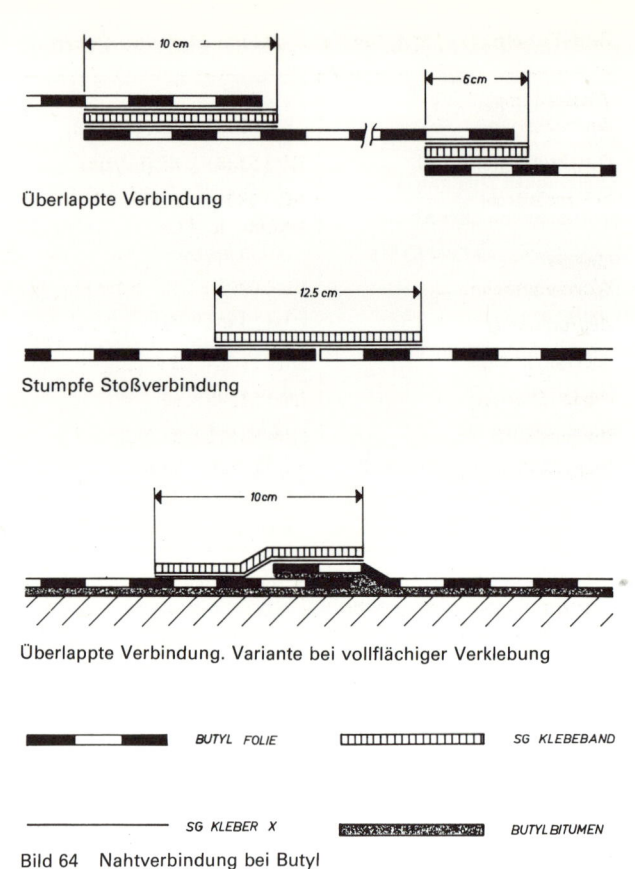

2. CR-Polychloropren

Dachfolien dieser Art sind ebenfalls aus Synthese-Kautschuk auf Basis Polychloropren aufgebaut, bekannt unter der Handelsbezeichnung Neopren bzw. Perbunan C (Farbenfabrik Bayer). Die Bahnen aus diesem Kunststoff werden von den verschiedensten Herstellerfirmen in 1 mm, 1,5 mm oder auch 2 mm Dicke hergestellt. Bei Resistit wird diese Bahn ohne Glasvlies-Kaschierung und mit Glasvlies-Kaschierung geliefert. Der Einsatzbereich dieser Folien wird mit −30°C bis über 100°C angegeben. Die Dehnbarkeit liegt im allgemeinen zwi-

6.3 Allgemeine Verarbeitungshinweise für bituminöse Abdichtungen und Deckungen

Bild-Tabelle 65 Wityl-Folie. Eigenschaften und Daten

Wasserdampf-durchlässigkeit	DIN 53122	22 (g/m² · d)
Durchschlagfestigkeit	DIN 53481	45 (kV/cm)
Wärmeleitzahl	VDE 0304/1	0,345 kcal/m · h · °C
Lineare Wärmeausdehnung	VDE 0304/1	101 (10⁻⁶ m/m°C)
Zugfestigkeit	DIN 53504	60 (kg/cm²)
Bruchdehnung	DIN 53504	350 (%)
Härte (Shore A)	DIN 53505	60
Stoßelastizität	DIN 53512	21 (%)
Weiterreißfestigkeit	DIN 53515	13 (kg/cm³)

schen 350–400%. Aus Tabelle 65 können von Wityl-Folien die Daten entnommen werden, die in etwa für alle ähnlichen Produkte gleich sind. Hervorzuheben ist die Widerstandsfähigkeit gegen Feuer und die Weichmacherfreiheit. Dächer dieser Art können unbeschadet dort zum Einsatz kommen, wo keine Kiesschüttung oder dgl. möglich ist.

Die Verklebung erfolgt üblicherweise mit Heißbitumen 85/25. Bei größeren Neigungen Bitumen 105/15 oder 115/15. Für diese Dachneigung wird von Resistit die glasvlieskaschierte Dichtungsbahn empfohlen.

Für die Verklebung der Längs- und Stoßüberdeckungen ist nur Spezialkleber zu verwenden, also ein Kleber auf Einkomponentenbasis Polychloropren G 200 von Resistit oder dgl. Das Bitumen darf also nicht bis an den Rand heraus gestrichen werden.

Erfahrungen

Die Erfahrungen mit diesem Material sind gut. Verschiedentlich kam es im Bereich der Nahtüberlappungen zu Auflösungen, was wahrscheinlich auf nicht ausreichend erprobte Spezialkleber oder auf Verarbeitungsmängel zurückgeführt werden mag. Selbstverständlich muß auch der physikalische Aufbau richtig sein, so daß nicht Dampfdiffusion von unten in die Fugen eindiffundiert. Bei Resistit muß der Glasvliesrand entsprechend den Empfehlungen zurückgesetzt einwandfrei verlegt sein, am besten durch genaue Abzeichnung, wie dies aus Bild 66 abgelesen werden kann.

3. CSM-Chlorsulfoniertes Polyäthylen

Hypalon ist ein du Pont-chlorsulfoniertes Polyäthylen, ein Synthese-Kautschuk, der durch die Reaktion von Polyäthylen mit Chlor und Schwefel gewonnen wird. Diese Kombination ergibt ein vulkanisierbares Elastomer mit einem breiten Bereich sehr nützlicher Eigenschaften. Es bildet beste Beständigkeit gegen Chemikalien und Witterungseinflüsse und Hitzefestigkeit, wobei jedoch die Wärmebeständigkeit für Dauerbeanspruchung nur mit −30°C bis +80°C angegeben wird. Die Elastizität und Reißfestigkeit ist ebenfalls hervorzuheben. Die Verlegung des Materials ist einfach. Die Folien sind schwer entflammbar, also sind selbstverlöschend und können gemäß DIN 4102 als harte Bedachung eingestuft werden. Das Dach eignet sich wegen der Widerstandsfähigkeit gegen oxydierende Chemikalien besonders auch in Industriegebieten. Die Abriebfestigkeit ist ausreichend.

Verlegung

Auf nicht saugfähigen Untergründen wie z. B. Bitumenpappen, Glasvliesbahnen usw. wird eine Hypalon-Folie verlegt wie eine Dachpappe. Zur vollflächigen Verklebung wird Heißbitumen 85/25 verwendet (bei steileren Dächern entsprechendes Steildach-Bitumen). Auf saugfähige Untergründe wie Bimsbeton, Stegzementdielen, Holzspanplatten usw. empfiehlt Asbylon einen Neoprene-Latexkleber.

Die einzelnen Bahnen können in ihrer gesamten Lieferlänge aufgeklebt werden. Sie sollen jedoch so verlegt werden, daß das Gefälle parallel zu der 4 cm breiten, asbestpapierfreien Überlappung verläuft. Dieses Asbestpapier ist bei vorgenanntem Produkt unterkaschiert. Hypalon-Folien brauchen nicht mit einer Kiesschüttung belegt zu werden. Sie eignen sich für gefällelose Flachdächer oder Flachdächer mit leichtem Gefälle, also dort, wo die Statik keine Kiesschüttung ermöglicht.

Typ 12 A nach Bild 67 besteht aus einer 0,7 mm Hypalon-Folie und einem 0,5 mm starken Asbestpapier, während Typ C unkaschiert geliefert wird. Die Nahtüberlappung mit 4 cm ist in jedem Falle, wie bei den anderen Folien beschrieben, mit Quellverschweißung vorzunehmen, also übliche Verarbeitungstechnik. Es liegen seit mehreren Jahren größere Flächen. Schäden sind in größerem Umfange nicht bekannt geworden. In Bild 68 sind vier Aufbauvorschläge von Asbylon dargestellt, die die verschiedensten Verlegetechniken darstellen.

Bild 66 Resistit. Überlappung sichtbar vorgezeichnet

6. Dachabdichtung beim einschaligen Flachdach

Bild-Tabelle 67 Hypalon-Daten

Physikalische und chemische Eigenschaften	HYP 12 A	HYP 10
Spez. Gewicht g/cm³	1,4	1,8
Gewicht kg/m²	1,7	1,8
Shore-Härte A (DIN 53505)	ca. 75	ca. 75
Bruchdehnung in % (DIN 53504)		
— vor Vulkanisation	600—700	600—700
— nach Vulkanisation	400—500	400—500
Reißfestigkeit kg/cm² (DIN 53504)		
— vor Vulkanisation	80— 90	80— 90
— nach Vulkanisation	100—110	100—110
Wasserdampfdiffusions- widerstandsfaktor (ASTME 96–66)	25000	55000
Versprödungstemperatur	—49°C	—49°C
Wärmebeständigkeit bei Dauerbeanspruchung	—30°C bis +80°C	—30°C bis +80°C
Wasserdichtigkeit (DIN 16935)	Schlitzdruckprüfung erfüllt	
Brandverhalten	selbstlöschend	selbstlöschend

4. EPDM-Äthylen-Propylen-Kautschuk

Dieser Synthese-Kautschuk unter den angeführten Markenbegriffen hergestellt, ergibt ebenfalls eine gute Folie gegen Ozon-UV-Einstrahlung und atmosphärische Einwirkungen. Die Folie ist nicht beständig gegen Mineralöle und aromatische Lösungen usw.

Aus Tabelle 69 können einige Daten der Folie von Keltan abgelesen werden. Produkte anderer Firmen mögen geringfügig abweichen.

Bild-Tabelle 69 (Keutam) Technische Daten

Modul 300%	min 30–50 kg/cm²	DIN 53504
Zerreißfestigkeit	min 60 kg/cm²	DIN 53504
Bruchdehnung	min 500%	DIN 53504
Einreißfestigkeit	min 20 kg/cm	DIN 53515
Härte Shore A	60 ± 5	DIN 53505
Ozonbeständigkeit	keine Rißbildung (40°C, 168 h, 300 pphm)	
Wasserdampf- durchlässigkeit	0,01 g/24 h/m²/mm/cm Hg (23°C)	
Wasserabsorption	+0,3 Gew.-% (20 Wochen, 20°C)	
Wärmeleitzahl	0,26 kcal/m/°C/h	
Spez. Gewicht	1,18 ± 0,05 g/cm³	

Warmdachaufbau Vorschlag 1 für monolithischen Stahlbetondecken und Stahlbetonplatten

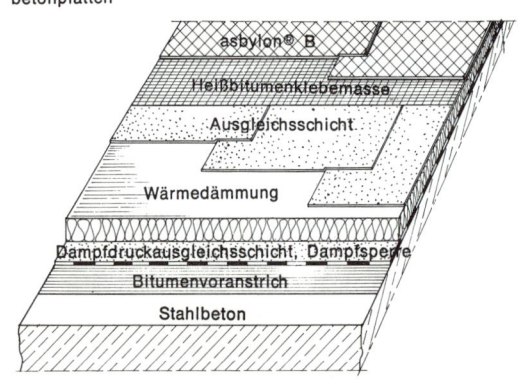

Trapezdachaufbau Vorschlag 2 für Trapezbleche als Untergrund

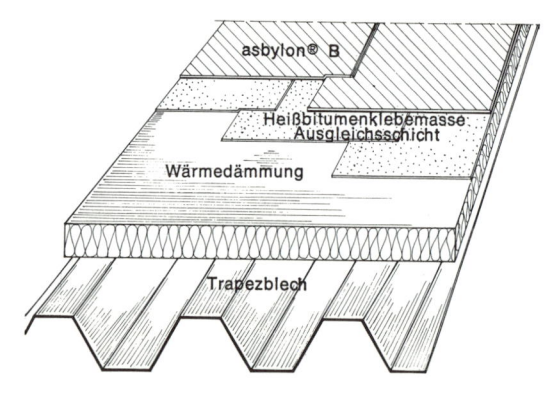

Kaltdachaufbau Vorschlag 3 für Holzschalung als Untergrund

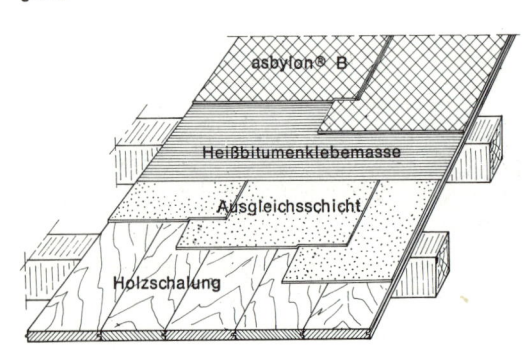

Kaltdachaufbau Vorschlag 4 für Bimsbetondielen, Preßspanplatten etc.

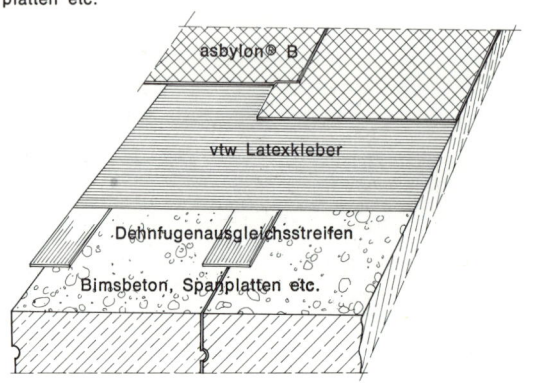

Bild 68 Verlegeart Hypalon (Asbylon)

6.3 Allgemeine Verarbeitungshinweise für bituminöse Abdichtungen und Deckungen

Die Bahnen werden in Stärken von 1,0, 1,5 oder 2 mm geliefert. Für Flachdächer werden allgemein 1,5 mm als ausreichend angesehen.
Die Folien können auf jeden glatten und gesäuberten Untergrund verlegt werden. Sie können, wie bereits zuvor bei anderen Folien angeführt, lose aufgelegt, punktgeheftet oder vollflächig verklebt werden. Keltan empfiehlt einen dauerelastischen Kleber für Kaltverklebung in wäßriger Lösung. VP-Dichtungsbahnen empfehlen einen speziellen von ihnen herzustellenden BB-Kleber.
Die Stoß- oder Nahtüberlappung wird mit 10 cm empfohlen, wobei ein Nahtband homogen geschlossen einzubringen ist nach gesonderter Verarbeitungsanleitung.

Erfahrungen

Das Material ist verhältnismäßig neu auf dem Markt. Die Alterungsbeständigkeit kann aber auch hier als gut vorausgesagt werden. Die Anwendung ist wegen der notwendigen Spezialverklebung jedoch auch bei diesem Dach vorzüglich dort geeignet, wo lose Planenverlegung gewünscht ist, also dort, wo eine Kiesschüttung aufgebracht werden kann. Die vollflächige Verklebung mit dem Spezialkleber dürfte wahrscheinlich relativ teuer sein.

C. Flüssige Kunststoff-Dachbeläge (nahtlose Beschichtungen)

Die Anforderungen an fugenlose Kunststoff-Dachbeläge sind in etwa dieselben wie an die Folien-Bedachungsstoffe, also Schutz des Bauwerkes gegen Feuchtigkeit, Verschmutzung, Windsog und Flugfeuer. Die Anforderungen an die Dachhaut selber lassen sich zusammenfassen in den Forderungen nach Lichtbeständigkeit, Wärmebeständigkeit, Kältebruchfestigkeit, Temperaturwechselfestigkeit (Rissefreiheit), Diffusionsverhalten, Alterungsbeständigkeit, Abriebfestigkeit, Schwindfreiheit und Stoßfestigkeit.
Nach Häufglöckner [25] kommen folgende Werkstoffgruppen aus Flüssigkunststoff in Frage:

1. Chlorsulfoniertes Polyäthylen (Synthese-Kautschuk)
2. Synthese-Kautschuk, z. B. Chloroprene
3. Ungesättigte Polyesterharze
4. Epoxydharze
5. Polyurethane
6. Polysulfide.

Hinsichtlich der mechanischen und der chemischen Beständigkeit gelten nach [25] Beurteilungen, wie sie in Tabelle Bild 70 zusammengestellt sind.

Bild-Tabelle 70 Eigenschaften fertiger Schichten und chemische Beständigkeit

Werkstoff	Abriebverhalten	Zugfestigkeit σ_B (kp/cm²)	Dehnung %	Temperaturbeständigkeit Kälte	Temperaturbeständigkeit Wärme	Lichtbeständigkeit	Oxydationsbeständigkeit	Schwindung + Nachschwindung	Verhalten gegen Flammeneinwirkung
1	gut	40—150	200—1000	unter —40°C	+140°C	sehr gut	sehr gut	*)	0
2	gut	100—300	200—400	—20°C	+120°C	gut	gut	*)	0—II++)
3	mäßig-gut	60—120	20—80	nicht bek.	+100°C	mäßig	mäßig-gut	groß	II+)
4	gut	400—600	5—20	—40°C	+100°C	spez. Typen gut	gut	klein	II+)
5	gut	150—300	20—400	nicht bek.	+ 80°C	mäßig-gut	gut	**)	II+)
6	schlecht	50—80	100—400	—40°C	+120°C	gut	gut	*)	II

*) ohne besondere Bedeutung, da günstige Dehnungswerte
**) nur bei sehr dehnfähigen Typen ohne Bedeutung

0 = kaum entzündbar
I = erlischt außerhalb der Flamme
II = brennt weiter
+) = Einstellung zu 0 möglich
++) = abhängig vom Typ

Werkstoff	Wasser	schw. Säuren	schw. Laugen	Schwefelkohlenstoff	Benzin	Benzol — Toluol	Trichloräthylen	Mineralöl	Wasser pH = 3 (H₂SO₄)	Wasser pH = 10 (NaOH)
1	+	+	+	nicht bek.	+	+ bis —	nicht bek.	+	+	+
2	+	+	+	nicht bek.	+	— bis $\frac{-}{-}$	— bis $\frac{-}{-}$	+	+	+
3	+	+ bis — — *)	— bis — — *)	—	+	—	—	+	—	— —
4	+	+	+ bis —	+	+	+	— bis $\frac{-}{-}$	+	+	+
5	+	+	+ bis — *)	+	+	+	—	+	—	+
6	+	+ bis —	—	nicht bek.	+	+ bis —	+	+	+	—

+ = beständig
— = bedingt beständig (z. B. bei höherer Temperatur oder Quellung ohne Dauerschädigung)
— — = unbeständig
*) = abhängig von der Art der angreifenden Chemikalien

6. Dachabdichtung beim einschaligen Flachdach

Selbstverständlich können hier je nach Firma Unterschiede gegeben sein. Diese Tabelle soll lediglich Hinweise geben.

Das Abriebverhalten wird bei Nr. 1.–5. als gut bezeichnet, die Zugfestigkeit bei allen 6 Gruppen als ausreichend, die Dehnung ist bei 3. und 4. sehr mäßig, bedingt auch bei 5. Hier müssen in die Dachhaut besondere Fugen eingebracht werden (Dehnfugen). Die Temperaturbeständigkeit ist teilweise nicht ausreichend ($-20\,°C$ ist zu wenig und $+80\,°C$ liegt gerade noch an der unteren Grenze). Die chemische Beständigkeit ist leicht aus der Tabelle ablesbar. Ohne Anspruch auf Vollständigkeit ist das Material Nr. 1 (chlorsulfoniertes Polyäthylen, Hypalon) als gut zu bezeichnen. Daneben erscheint das Material Nr. 4 (Epoxydharz) recht günstig, wenn hier Bedingungen eingehalten werden, die das Dehnungsverhalten zulassen (Dehnfugen usw.). Für Nr. 2 (Synthese-Kautschuk) ist das Verhalten bei tiefen Temperaturen kritisch ($-20\,°C$). Ob hier zwischenzeitlich Verbesserungen im Material vorliegen, ist nicht bekannt.

Nachfolgend Kurzbeschreibung einiger Möglichkeiten:

1. Isoplastic-Elastomer-Synthese-Kautschuk (Hypalon)

Diese unter die Gruppe 1 fallende Dachbeschichtung hat sich seit vielen Jahren bewährt. Der Vorteil der nahtlosen Auftragung in Einzelschichten mit einfachen Lösungen von Übergängen, Ecken, Anschlüssen usw. und vor allen Dingen die Anpassung an polygonale Dachformen, Rundungen usw. lassen sich leicht aus Bild 71 ablesen. Der Schwierigkeitsgrad mit bituminösen Dachabdichtungen, Folien-Abdichtung usw. kann aus diesen Dachformen leicht abgelesen werden.

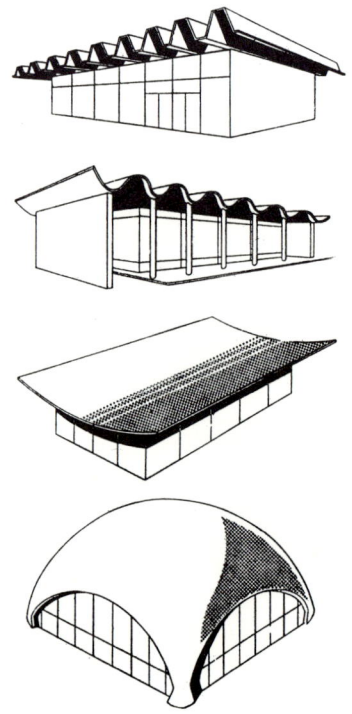

Bild 71 Isoplastic auf gefalteten, gewellten, geschwungenen und gewölbten Dachflächen

Die Verarbeitung dieses Materials erfolgt durch mehrmaliges Auftragen mit entsprechenden Arbeitsgeräten (Lammfellrollen oder dgl.). Es bildet sich nach dem Austrocknen, also nach der Vulkanisation, ein zähelastischer Belag. Isoplastic kann von weiß bis schwarz in allen Farben geliefert werden. Besonders ansprechend ist naturgemäß die stark reflektierende weiße oder helle Beschichtung. Die hohe Elastizität und Reißfestigkeit des Materials ohne zusätzliche Gewebearmierungen innerhalb der Beschichtungen ist groß und kann auch kleinere Rissebildungen aus dem Untergrund ausgleichen.

Die Beschichtungen können auf alle Untergründe wie Beton, Sperrholz, Holzspanplatten, Hartfaserplatten und auch Dachpappen aufgebracht werden. An Übergängen, Bodeneinläufen usw. wird eine Spezialarmierung unter Zuhilfenahme eines Spezialgerätes eingebaut. Bei Beschichtung von bituminösen Unterlagen muß der Untergrund (die Bitumenpappe) zur Unterbindung des Lösungseffektes vorbehandelt werden. Es ist hier dann eine sog. Grundschicht als erster Anstrich aufzutragen. Darüber sind dann eine zweite Grundschicht und letzten Endes zwei Deckschichten aufzubringen. Durch die farbliche Abstimmung (jeder Anstrich mit einer anderen Farbe) kann gewährleistet werden, daß tatsächlich auch 4 Anstriche über dem Grundieranstrich aufgebracht werden (s. Bild 72).

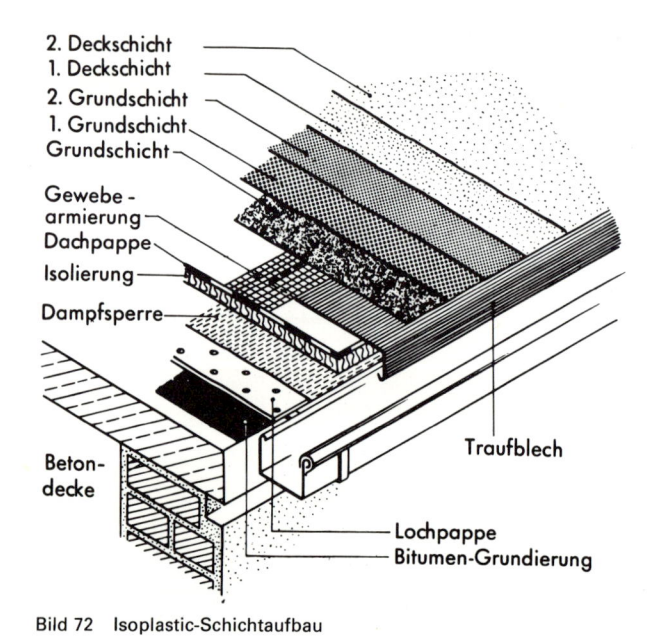

Bild 72 Isoplastic-Schichtaufbau

Erfahrungen mit diesem Material

Die praktischen Erfahrungen mit diesem Material sind bei physikalisch einwandfreier Konstruktion gut. Es erfordert jedoch verantwortungsbewußte Verarbeiter. Bei Weglassen der Grundieranstriche über Dachpappen kommt es zu Auflösungserscheinungen und zu Versei-

6.3 Allgemeine Verarbeitungshinweise für bituminöse Abdichtungen und Deckungen

fungen, bei Einsparen von Deckanstrichen zu einer ungenügenden Abdichtung. Da insgesamt nur eine Filmschichtstärke von ca. 0,6–0,7 mm zustande kommt, darf also kein Deckanstrich weggelassen werden. Werden die Verarbeitungsrichtlinien der Hersteller eingehalten, entstehen insonderheit bei ungewöhnlichen Dachformen sehr brauchbare Lösungen. Eine Kiesbeschichtung oder dgl. ist nicht notwendig. Evtl. entstehende Schäden können leicht durch weitere Anstriche ausgebessert werden.

2. Glasfaserverstärkte Polyesterharze

Reine Polyesterharze haben neben vielen Vorteilen den Nachteil, verhältnismäßig geringer Eigenfestigkeit (s. Punkt 3 – Zugfestigkeit nur 60–120, Dehnung 20–80 %, Nachschwinden groß). Die Zugabe einer geeigneten Verstärkungsfaser in ausreichender Menge, die sich mit dem Gießharz leicht durchtränken läßt, ergibt so jedoch einen Verbundstoff, der durch die dem Harz zugegebenen Härter in ein festes, starres und endgültig geformtes Gebilde übergeht. Zur Verstärkung hat sich Glasseide als das Material mit dem höchsten Wirkungsgrad herausgestellt. Es werden etwa 35 % Glasfaseranteil dem Laminat zugegeben. Das Laminat wird sehr fest, wie aus Tabelle 73 abgelesen werden kann. Es sind hier einige Vergleichswerte zu anderen Werkstoffen angeführt. So ist ein 2 mm starkes Laminat aus Polyesterglas mit Glasfaser bewehrt etwa einem Stahlblech von 1 mm Stärke gleichzusetzen. Aus dieser Tabelle kann jedoch auch das Kriterium abgelesen werden, und zwar die hohe Wärmedehnzahl. Sie ist also mehr als doppelt so hoch wie bei Stahl und noch höher wie bei Aluminium.

Die Vorzüge einer Polyesterharz-beschichteten Flachdacheindeckung sind naturgemäß die absolute Wetterbeständigkeit, die Wasserdichtigkeit, wenn keine Risse oder Fugenaufplatzungen entstehen, die Anformbarkeit von komplizierten Verschneidungen, wie Dachrinnen, Wasserabläufe usw. Die Nachteile des Materiales liegen jedoch zweifellos in der Schwierigkeit der Beherrschung der Temperaturbewegungen.

Bei der Verlegung direkt auf Beton ist so vorzugehen, daß zum Schutze gegen Bildung von alkalischen Kristallen der Betonboden oder der Estrich mit Spezial-Polyesterharzen zu versiegeln ist. Nach Aushärtung der Versiegelungsschicht im Polyspray-Einkomponentenverfahren wird ein etwa 2 mm starkes Glasfaser-Polyester-Laminat aufgespritzt. Dies geschieht in einem Arbeitsgang. Mit geeigneten Walzen wird das faserige Spritzgut niedergewalzt und homogenisiert, und zwar solange, bis es keine Luftblaseneinschlüsse im Laminat mehr gibt. Nach Aushärtung der etwa 2 mm starken aufgespritzten Polyester-Glasfaser-Laminatschicht muß eine geeignete Deckschicht zur Abdeckung aller freiliegenden Glasfasern aufgebracht werden. Die Deckschicht wird ohne Glasfaserverstärkung in einer Stärke von 0,2 mm mit Hilfe von Lammfellwalzen aufgerollt und mit der neuen Deckschichtanlage aufgespritzt. Jede beliebige Färbung kann beigemischt werden. Bei begehbaren Flachdächern oder Terrassen wird vorzugshalber die Deckschicht mit abriebfesten Füllstoffen gemischt. Die Beimischung solcher Füllstoffe kann bis zu 60 % erfolgen. Besonders eignen sich hierzu Quarzmehl, Porzellanmehl usw.

Zur Verminderung der Temperaturbewegungen empfiehlt sich die Beimengung von Aluminiumpulver, falls

Bild-Tabelle 73 Eigenschaften einiger im Bauwesen angewandter Werkstoffe (Richtwerte)

	Polyesterharz mit Glasseidenmatten (Glasgehalt etwa 35 %)	Polyvinylchlorid (PVC) Hart	Holz (Kiefer) Parallel zur Faser	Holz (Kiefer) Senkrecht zur Faser	Aluminiumlegierung Al Cu Mg F 44 (Profil)	Baustahl ST 37
Zugfestigkeit kp/cm²	1 400	550	1 000		4 400	3 700
Biegefestigkeit kp/cm²	2 000	1 100	850		(3 200)*	(2 300)*
Kugeldruckhärte kp/cm²	2 000	1 200	590		11 000	14 000
E-Modul kp/cm²	100 000	25 000	120 000		700 000	1 900 000
Kerbschlagzähigkeit cmkp/cm²	65	2		30	150	500
Spez. Gewicht g/cm³	1,45	1,38	0,5		2,8	7,8
Reißlänge (Gewichtsbezogene Zugfestigkeit σ_B/γ)	970	400	2 000		1 600 (1 140)*	480 (300)*
Spez. Steifigkeit (Gewichtbezogener E-Modul E/γ)	70 000	18 000	240 000		250 000	240 000
Formbeständigkeit in der Wärme bis °C (nach Martens)	120**	70	150***		530***	1 350***
Wärmedehnzahl m/m °C · 10⁻⁶	27	70	5	54	23	12
Wärmeleitzahl kcal/m h °C	0,2	0,14	0,26	0,14	145	37

* Streckgrenze;
** Abhängig von Harzart und Glasgehalt;
*** Beginnende Zersetzung bzw. Schmelzbeginn

6. Dachabdichtung beim einschaligen Flachdach

direkte Sonneneinstrahlung zustande kommt. In Wien und bei verschiedenen Projekten in den Niederlanden wurden Dachflächen aus GFK von 800 m² ohne Dehnfugen ausgeführt, die seit mehr als 3 Jahren liegen. Zweifellos ist die sicherere Ausführung wegen der evtl. Überlastung der Zugspannungen, Hochhebung der Wärmedämmung usw. die, die GFK-Dachhaut in Dehnfugenfelder aufzuteilen. Bei 3 m langen Platten können bereits Temperaturbewegungen bis zu etwa 6 mm entstehen. Hier gibt es nun zwei Möglichkeiten; die manuell aufgetragene Dachhaut wird in Dehnfugenfelder von etwa 3 × 3 m eingeschnitten. Nach Aushärtung der GFK-Schicht werden dann die mittels Trennscheibe aufgeschnittenen Dehnfugen mit dauerelastischen Kitten ausgekittet. Die Abwasserführung könnte dann über diese Fugen hinweglaufen und zentral entwässern. Hier müssen jedoch Bedenken angemeldet werden. Eine nicht haftende Fuge wäre z. B. bei einem gefällelosen Dach bereits eine Katastrophe.

Eine bessere Möglichkeit ist die, entweder eine Feder nach unten in die Wärmedämmung einzubauen oder eine Feder nach oben, ähnlich, wie dies in Bild 74 dargestellt ist. Hier wird eine Papprolle oder ein anderes elastisches Element (2 mm Breite würde ausreichen) aufgelegt und die Beschichtung dann darüber hinweg durchgeführt. Infolge der Elastizität könnten die Bewegungen ausgetragen werden. Das Problem bei derartigen hochgewölbten Fugenabdichtungen liegt jedoch in der Problematik der Wasserabführung.

Auskitten der eingeschnittenen Dehnfugen

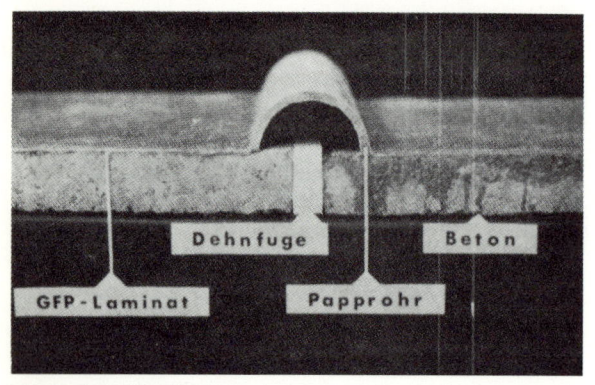

Modell einer Dehnfugenabdeckung mit einem Halbpapprohr (Glasfaser-Polyester)
Bild 74 GFK-Fugendichtung

Erfahrungen

Die kontinuierliche Aufbringung von GFK-Bedachungen ohne Dehnfugenaufteilung scheint bei dem hohen Ausdehnungskoeffizienten zu gewagt. Dies kann gegebenenfalls nur dort gemacht werden, wo die Temperaturdifferenzen zwischen Tag und Nacht usw. sehr gering sind. Im allgemeinen empfiehlt sich die Einbringung von Dehnfugen. Dieses Problem ist jedoch offensichtlich noch nicht so gelöst, daß eine umfassende Anwendung möglich ist, trotz der sonst sehr guten harten Bedachung.

3. Basis Bitumen-Latex-Gemisch (Meycopren), Iba-Abdichtung oder (Prenotekt), Isococ

In der CSSR wurde vor nahezu 15 Jahren ein Verfahren entwickelt, mit dem sich eine Bitumen-Kautschuk-Emulsion einfach und sicher kalt verarbeiten läßt. Bei dem Verfahren wird die Bitumen-Kautschuk-Emulsion gleichzeitig mit einer weiteren Komponente, einem wäßrigen Fällmittel, versprizt. Emulsion und Fällmittel vermischen sich erst beim Auftreffen auf dem Untergrund, dabei bricht die Emulsion. Das Emulsionswasser trennt sich schlagartig von der festen Substanz, die Masse koaguliert. Unmittelbar nach der Koagulation hat das aufgespritzte Gel noch einen verhältnismäßig hohen Wassergehalt. Er verringert sich jedoch nach ca. 24 Stunden auf rd. 14 Gew.-%. Die weitere Austrocknung erfolgt abhängig u.a. von der Schichtdicke und der Außentemperatur meist innerhalb von ca. 3–10 Tagen. Eine gewisse in der Schicht verbleibende Restfeuchtigkeit (ca. 5–12 Gew.-%) hat sich als unbedenklich erwiesen. Vorübergehende Frosteinwirkung oder sehr tiefe Temperaturen können die Austrocknung des Materials zwar zum Stillstand bringen oder vermindern, bei steigender Temperatur nimmt sie aber wieder zu, ohne Schaden zu hinterlassen.

Die Verarbeitung dieses Materials erfolgt, wie bereits angeführt, als Emulsion auf kaltem Wege mittels besonderer Spritzanlagen. Für Dachabdichtungen wird meist zweimal gespritzt, so daß eine endgültige Stärke von 4 mm zustande kommt. Die Auftragung der Beschichtung kann im allgemeinen auf jedem Untergrund erfolgen, also z. B. auf Wärmedämmplatten direkt, Dachpappen, Beton usw. Auch bestehen keine Bedenken, das Material auf feuchten Untergrund aufzutragen, da eine Austrocknung nach oben zustande kommt. Das Material haftet ähnlich wie ein Kleber. Eine Zusatzbewehrung durch Einlegen bestimmter Armierungen wäre möglich, ist aber im allgemeinen nicht erforderlich. Die Oberfläche ist in der ersten Zeit klebrig und eindrückungsfähig. Im Laufe der Zeit wird sie aber fest und bleibt bedingt begehbar. Je nach Mischungsverhältnis kann das Material abrutschfest eingestellt werden. Es kann also sowohl für völlig flache Bedachungen als auch für steilere Flächen zur Anwendung kommen. Das Material ist absolut wasserdicht (bei 20 kp/cm²). Die Schlitzdruckprüfung mit 4 kp/cm² mit Einlage einer Gewebearmierung ist ausreichend. Es muß jedoch gefordert werden, daß keine größeren Fugen vorhanden sind, da sonst das Material einsinkt und dabei die Elastizitätsgrenze überschritten wird. Der Erweichungspunkt nach Ring-Kugel liegt bei 20% Kautschuk (Latex) bei 130°C und der Brechpunkt bei −27°C. Es hat also ausreichende Standfestigkeit und Kältebeständigkeit. Wird jedoch weniger Latex beigemischt, sinkt der Erweichungspunkt ab. Bei Attikas usw. besteht also die Gefahr der Abrutschung, falls hier nicht mit höherem Latexanteil gearbeitet wird. Die Beschichtung ist bei 10°C noch bis 100 cm dehnbar (nach AIB). Es ist also ein ungewöhnlich elastisches Material und evtl. Beschädigungen fließen wieder meist zusammen.

Eine neuartige Verlegung mit diesem Material kann aus Bild 75 und 76 abgelesen werden. Ein Sickenblech wird mit Meycopren grundiert, das gleichzeitig die Klebeschicht für die Verlegung der Polystyrol-Hartschaumplatten darstellt. Über dieser folgt eine streifenweise Klebeschicht aus Meycopren. Darüber wird eine Glasvlies-Bitumenbahn oder eine Kunstgewebebahn als Dampfdruckausgleichsschicht aufgelegt, die gleichzeitig mit derselben Meycoprenschicht mit der Nebenbahn verklebt wird (Bild 76). In Bild 77 ist dann der Spritzvorgang mit Meycopren dargestellt. Dieser Spritzvorgang wird zweimal wiederholt, so daß eine ca. 4 mm starke Schicht entsteht. Gegebenenfalls kann auf die fertige Dachhaut noch eine Besandung aufgebracht werden (Bilder 75–77 IBA-Bau, München).

Bild 75 Verlegung der Dämmplatten und Klebeschicht für Dampfdruckausgleich

Bild 76 Auslegen der Dampfdruckausgleichsschicht

Bild 77 Aufspritzen der Kunststoff-Dachhaut Meycopren

Erfahrungen

Die Erfahrungen mit diesen Materialien sind positiv. Voraussetzung ist jedoch Zuverlässigkeit der Ausführungsfirma und verantwortliche Arbeitskräfte. Da die Filmschichtstärke durch den Spritzvorgang bestimmt ist, bedarf es einer sorgfältigen Überprüfung. Es liegen ausreichende Langzeitversuche und zahlreiche Großprojekte vor, bei denen sich das Material bereits seit mehreren Jahren bewährt hat. Planebenheit bzw. Fugenlosigkeit des Untergrundes müssen vorliegen.

6.4 Oberflächenbehandlung bei Dachabdichtungen

Die Oberflächenbehandlung bei Dachabdichtungen hat einmal eine bauphysikalische Funktion und zum zweiten eine Schutzfunktion für die Dachabdichtung selber, also zur Erhöhung der Alterungsbeständigkeit. In den Bildern 39, 39b, 40 und 41 (Teil I dieses Buches) sind

6. Dachabdichtung beim einschaligen Flachdach

Temperaturkurven über die sommerliche Aufheizung der Dachhaut dargestellt (nach Eichler). Aus Bild 40 (2) kann entnommen werden, daß eine ungeschützte schwarze Dachhaut (Bitumen-Dachhaut oder auch Kunststoff-Dachhaut) in der Spitze zwischen 12 und 13 Uhr an Sommernachmittagen bis auf 85°C aufgeheizt werden kann. Durch eine Beschichtung, etwa durch eine Kiesbeschichtung, ist die Oberflächentemperatur bei hellem Kies nur noch etwa mit 50°C gegeben, und die Dachhaut selber liegt nur etwa im Maximum bei +35°C. Dieses Beispiel mag genügen, um zu beweisen, daß ein Oberflächenschutz nicht nur einen Alterungsschutz darstellt, sondern eine wesentliche bauphysikalische Funktion zu erfüllen hat. Wo ein Oberflächenschutz gemacht werden kann, sollte er also durchgeführt werden. Im einzelnen lassen sich hier nun folgende Möglichkeiten anführen:

1. Beschichtung mit reflektierenden Anstrichen

Reflektierende Anstriche sind z.B. Silber-Dachbeschichtungen für bituminöse Dacheindichtungen. Anstriche dieser erwirken etwa eine Temperaturminderung um 8–10°C. Hier muß jedoch angeführt werden, daß derartige reflektierende Aluminium- oder Silber-Dachbeschichtungen schon nach kurzer Zeit verschmutzen können und demzufolge die zugesagte Reflexion nicht mehr gegeben ist. So hat man aus theoretischen Werten schließend, häufig Attika oder Dehnfugenaufkantungen mit Silberanstrichen behandelt, während die planebene Dachfläche mit Kies beschichtet wurde. Der Erfolg war, daß die Temperaturbewegung in den Aufkantungen viel zu groß war. Die Beschichtung war nach kurzer Zeit verrußt und nahezu genauso wenig reflektierend wie eine schwarze Dachhaut. Eine Nebenwirkung bei Spachteldächern war die, daß durch diese Beschichtung metallartige Wirkungen der Expansion und Kontraktion gegeben waren. Dies führte zu erhöhten Rißbildungen. Beschichtungen dieser Art sollten also nur aus architektonischen Gründen gewählt werden.

2. Bekiesung (alter Ausdruck: Kiespreßdach)

Diese Oberflächenbehandlung wird mit einer heiß oder kalt zu verarbeitenden Kieseinbettmasse, in die etwa 12–15 kg/m² Kies, Körnung 3/7 mm dicht schließend einzubetten sind, hergestellt. Je m² sind mindestens 2–2,5 kg/m² Kieseinbettmasse aufzubringen, bei stark gefüllten Massen ist entsprechend mehr aufzutragen.
Eine besondere Ausführung dieser Oberflächenbehandlung besteht darin, zunächst eine Schicht heiß zu verarbeitender Kieseinbettmasse aufzutragen, erkalten zu lassen und danach mit einer kalt zu verarbeitenden Kieseinbettmasse zu überstreichen. Dadurch wird ein zusätzlicher Oberflächenschutz der Dachhaut erwirkt. Nach Aufbringen des Kaltanstriches muß der Kies dicht schließend eingebettet werden. Verbrauch an heiß zu verarbeitender Kieseinbettmasse mindestens 2 kg/m², an kalt zu verarbeitender Kieseinbettmasse mindestens 1 kg/m².
Die Wirkungsweise einer derartigen Rieseleinklebung ist unterschiedlich. Zweifellos wird bei hellem Kies eine gewisse Reflexion erwirkt, die nach Messungen jedoch 15–20°C nicht überschreitet. Auch hier können im Laufe der Zeit Verschmutzungen auftreten, so daß Aufheiztemperaturen bis zu 80°C von dem Autor gemessen wurden (über Wärmedämmplatten). Bei gefällelosen Dächern ist normalerweise eine derartige Rieseleinklebung nicht als ausreichend anzusehen, muß jedoch oft aus statischen Gründen gemacht werden. Für spätere Sanierungen ist eine derartige Rieseleinklebung meist ein großes Hindernis.

3. Doppelte Bekiesung

Bei dieser doppelten Oberflächenbehandlung mit Rieseleinbettungsmasse spricht man vom sog. Panzerdach. Als erste Schicht werden ca. 4 kg/m² Kieseinbettmasse aufgebracht, in die etwa 12–15 kg/m² Kies 3/7 mm dicht schließend eingebettet werden. Auf diese erste Schicht wird eine erneute gefüllte Einbettmasse von ca. 4–5 kg/m² aufgebracht und darin ebenfalls 12–15 kg/m² Kies 3/7 mm dicht schließend eingebettet.
Eine derartige Doppelbeschichtung ist nach Erfahrung des Autors nicht sehr sinnvoll. Sie erbringt eine estrichähnliche Konstruktion mit Temperaturspannungsbelastungen auf die Dachhaut, die bei einer zugschwachen Dachhaut zu Rissen führen kann. Die gefüllte Kieseinbettmasse zusammen mit dem Riesel ist so unelastisch und dabei statisch so stark (bis zu 1,5 cm), daß die ausgelösten Kräfte erheblich sind. Die unelastische Wirkung und der hohe Ausdehnungskoeffizient des Bitumens wirken sich besonders im Winter bei unelastischem Bitumen negativ aus. Risse in der Panzerschicht sind rein äußerlich sehr häufig festzustellen. Eine derartige doppelte Bekiesung muß also mindestens bei direkten Klimaeinflüssen als fragwürdig bezeichnet werden. Wenn schon eine derartige starke Beschichtung aufgebracht wird (Flächengewicht 35–40 kg/m²), kann man sich u.U. schon eine leichte Kiesschüttung vorstellen, die dann gegebenenfalls oberflächig, wie nachfolgend angeführt, besprüht wird (Kiesverfestiger). Die eigentliche Dachhaut erhält dann keine estrichähnliche Verbundwirkung mit der Beschichtung.

4. Kiesschüttung

Die einfachste, zuverlässigste und auch wirkungsvollste Oberflächenbehandlung ist die mit einer losen Kiesschüttung.
Eine lose Kiesschüttung auf der Dachhaut, die keine der vorbeschriebenen Oberflächenbehandlungen erfahren hat, darf nur dann ausgeführt werden, wenn die Oberfläche der Dachhaut zusätzlich durch einen oder zwei Heißbitumen-Deckaufstriche von insgesamt minde-

6.4 Oberflächenbehandlung bei Dachabdichtungen

stens 2,5 kg/m² gegen Feuchtigkeitseinwirkungen geschützt ist. Die Heißbitumen-Aufstriche müssen vor Aufbringen der Schüttung erkaltet sein. Wie bereits angeführt, sind zwei Heißbitumen-Deckaufstriche à 1,5 kg/m² besser als ein Heißbitumen-Deckaufstrich. Aus der Erfahrung kann jedoch bestätigt werden, daß auch ein Heißbitumen-Deckaufstrich ausreicht. Diesem Deckaufstrich müssen bei bituminösen Abdichtungen in jedem Falle wurzelhemmende Beimengungen zugemischt werden (z.B. Usil oder dgl.).

Die Kiesschüttung soll je nach statischen Möglichkeiten mindestens 5 cm stark ausgeführt werden und aus hellem, gewaschenem Flußkies, Körnung 15/30 mm ausgeführt sein. Bruchsplitt, also scharfkörniger Kies bzw. Splitt ist für die Oberflächenbehandlung nicht geeignet, da die Gefahr besteht, daß bei Einzeldrücken usw. Durchbohrungen der Dachhaut auftreten.

Sehr häufig kann eine Kiesschüttung von 5 cm Stärke aus statischen Gründen nicht aufgebracht werden (wiegt etwa 100 kg/m²). In derartigen Fällen können auch noch Kiesschüttungen mit geringerer Stärke aufgebracht werden, wobei jedoch dann u.U. nur die Körnung 7/15 mm zu wählen ist, also so, daß mindestens zwei Großkörner noch einander überdecken. Es ist dann möglich, bis auf 30 mm Kiesschüttung herunterzugehen. Bei Körnung 15/30 mm ist im allgemeinen eine Sturmabhebung nicht zu erwarten. Bei Körnung 7/15 mm kann bereits bei starkem Sturm das Kleinkorn abgewehrt werden, oder es können Kieswanderungen auftreten, insonderheit dann, wenn ein Gefälle vorliegt. In solchen Fällen empfiehlt es sich dann, eine Oberflächenverfestigung mit Kieskleber durchzuführen. Eine derartige Oberflächenverfestigung ist auch bei Satteldächern, Pultdächern oder geneigten Dächern möglich, insonderheit auch bei einer stark ansteigenden Attika (Schrägattika oder dgl.).

Aus Bild 78a ist zu erkennen, daß eine derartige Kiesverfestigung nicht bis zur Dachhaut durchgeht, sondern daß diese nur oberflächig erforderlich ist. Das Niederschlagswasser kann also die Oberlage passieren und kann sich unten frei entspannen. Der Kies liegt also unten ohne Verklebung. Eine estrichähnliche Konstruktion tritt dadurch nicht auf. Kiesverfestiger dieser Art können mit Gießkannen, wie in Bild 78a dargestellt, aufgesprüht werden oder auch mit Spritzgerät. Dabei ist darauf zu achten, daß nur Kieskleber zu verwenden sind, die sich bewährt haben. Der Kieskleber ist farblos und hat meist Zusätze gegen Pflanzenwuchs. Oft reicht es auch aus, derartige Kiesverfestigungen nur im Attika-Randbereich durchzuführen, da dort die größte Angriffsfläche für Windabhebung gegeben ist.

Eine Kiesschüttung von 5 cm Stärke erbringt, wie angeführt, etwa eine Reduzierung der Temperatur in der Spitze bis zu 50°C auch dann, wenn kein Wasser mehr auf der Dachfläche steht. Meist verhindert jedoch eine 5 cm starke Kiesschüttung, daß das Dach völlig austrocknet. Die Dachhaut bleibt unten meist im feuchten Milieu, d.h. sie unterliegt keinen großen Temperatur-

Bild 78a Begießen der Kiesschüttung. Die Kiesschüttung wird nachträglich verfestigt. Das Auftragen des Kiesbettverfestigers kann mittels Gießkanne oder Spritzgerät (Baumspritze mit aufsprühender Düse) vorgenommen werden (Werkfoto Polychemie, Augsburg)

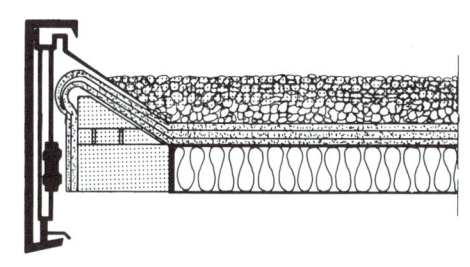

Bild 78b Mit STABIFLEX verfestigte Kiesschüttung. STABIFLEX fließt nicht auf die Dachhaut ab, sondern verfestigt die obere Schicht. Regenwasser kann ungehindert in das Kiesbett eindringen

schwankungen. Dadurch bleibt sie weitgehend alterungsbeständig. Dies gilt für bituminöse Dachabdichtungen, aber auch für Kunststoff-Bedachungen, insonderheit für solche, bei denen Weichmacherwanderung zu erwarten ist (PVC).

Eine 5 cm Kiesbeschüttung oder noch stärker hat den Vorteil, pfützenfreie Oberflächen herzustellen. Dies besagt natürlich nicht, daß bei Unebenheiten in Teilbereichen Wasser auf der Dachabdichtung steht, während in anderen Teilen das Wasser abgelaufen ist. Die Pfützen sind aber nicht sichtbar, falls die Durchbiegungen nicht mehr als 5 oder 6 cm ausmachen (was leider auch bei großen Stützweiten der Fall ist). Im allgemeinen spielt sich aber die Pfützenbildung inner- bzw. unterhalb der Kiesschüttung ab. Die Temperaturdifferenzen zwischen wasserbeschichteter Dachhaut und nicht wasserbeschichteter Dachhaut sind bei einer Kiesschüttung wesentlich geringer als bei Pfützenbildung in sichtbarer Form, wie sie z.B. bei Kiesklebedächern einfach oder mit doppelter Bekiesung bei planebenen Dächern zu erwarten ist.

5. Das sog. Schweizer-Sand-Kiesschüttdach

Das sog. Schweizer-Dach besteht aus einer losen Sandschüttung etwa Körnung 1–3 mm Flußsand ca. 3–4 cm

6. Dachabdichtung beim einschaligen Flachdach

stark. Darüber folgt dann eine lose Kiesschüttung etwa mit 5 cm Stärke, Körnung 15/30 mm.
Die Absicht mit einer ca. 8–10 cm starken Sand-Kiesschüttung ist die, möglichst viel Feuchtigkeit über der bituminösen Dachhaut zu erhalten, um dort die Temperaturschwankungen möglichst gering werden zu lassen und auch die sonstigen atmosphärischen Einwirkungen zu reduzieren. Außerdem sollen die mechanischen Belastungen durch den Kies auf die Dachhaut Schäden in der Dachhaut vermeiden. Alle diese Überlegungen sind richtig. Vielfach scheitert jedoch dieses sog. Schweizer-Dach an der statischen Überbelastung. Es müssen hier mindestens 160–180 kg/m² Auflast eingerechnet werden. Ein Nachteil, der sich in den letzten Jahren mehrfach herauskristallisiert hat, ist der, daß es innerhalb der Dachfläche bei planebenen Dächern, die derzeit in der Überzahl hergestellt werden, zu Sandwanderungen kommt. Der Sand vermischt sich nicht nur mit dem Kies, sondern er wandert auch vorzüglich in Richtung Bodeneinlauf ab. Hier kam es verschiedentlich zu völligen Verstopfungen im Bereich der Bodeneinläufe, ja z. T. sogar zu starken Sandabschwemmungen in die Ablaufrohre mit Verstopfungen. Teilweise kam es zu Wasseranstiegen auf dem Dach von 20–25 cm. Dadurch kam es über die Abdichtungsanschlüsse zu Feuchtigkeitseindringungen erheblichen Ausmaßes. Aufgrund dieser Beobachtungen empfiehlt der Autor diese Sand-Kiesschüttungen nicht mehr, wenngleich sie rein bauphysikalisch gesehen ein Vorteil wären. Die reine Kiesschüttung, bei nicht zu heißer Witterung aufgebracht, hat sich am besten bewährt.

6. Terrassen-Belag oder Bepflanzungen von Dachgärten

Terrassen-Beläge und Bepflanzungen von Dachgärten bringen naturgemäß einen Oberflächenschutz, der der einer Kiesschüttung mindestens gleichkommt. Messungen bei verlegten Terrassenplatten, in Kiesbettmasse lose eingelegt, zeigten Temperaturreduzierungen in der Spitze von 50°C und mehr. Bepflanzte Dachgärten können infolge der hohen Wärmedämmwirkung der Humusaufbringung und der großen wärmespeichernden Masse noch höhere Werte erbringen. Die Dachhaut unterliegt dann bei solchen Dachgärten kaum noch Temperaturschwankungen. Andererseits können hier jedoch, wie bei Kapitel Terrassengestaltung nachgewiesen, Schäden durch Pflanzendurchwuchs usw. entstehen. Hier sei bereits darauf hingewiesen, daß z. B. Bitumen-Kautschuk-Beschichtungen hier bei bituminösen Abdichtungen erhöhte Sicherheitswerte erbringen (Wurzelbeständigkeit und chemische Beständigkeit). Häufig wird es aber auch notwendig werden, bei Tiefwurzeln einen ausgesprochenen Estrich über die Abdichtung aufzubringen oder Plattenbeläge auf Kies-Sandschüttung zu verlegen und erst hierauf dann die Humusschüttung usw. aufzubringen.

Bild 78c   Schematische Darstellung für die Abdichtung von Terrassen, Balkonen, Loggien, befahrbaren Parkdecken (Hofkellerdecken), bepflanzbaren Dachgärten mit Wärmedämmung. Dachneigung unter 3° (Skizze: Goldschmidt, Mannheim)

In Bild 78c ist rechts ein Terrassenbelag angedeutet, der jedoch meist in Kies oder auf Stelzenplatten verlegt wird, im linken Bereich ist der schematische Aufbau eines Dachgartens dargestellt. Bei Terrassen ist darauf zu achten, daß bei Verlegung von Waschbetonplatten oder dgl. das Wasser unter dem Kies oder im Lufthohlraum gut entspannen kann. Beim Dachgarten ist ohnehin über der Kiesschüttung eine Glasvliesbahn aufzubringen, damit kein Humus in den Kies einläuft, damit auch dort im Kies, der über der Dachabdichtung aufzubringen ist, die Wasserentspannung stattfinden kann (s. weitere Anmerkungen »Terrassengestaltung«).

7. Das bewässerte Flachdach

Eine Oberflächenbehandlung ist naturgemäß auch das bewässerte Flachdach. Die Wasserbeschichtung bringt eine wesentliche Reduzierung der Dachtemperatur, die nach vorliegenden Meßergebnissen ebenfalls zwischen 40°C und 50°C bei einem Wasserstand von 6–8 cm liegt. Von dieser Seite aus gesehen wäre also eine Wasserbeschichtung eine gute Oberflächenbehandlung. Dabei wäre es gleichgültig, ob eine Dachabdichtung aus Bitumen oder aus Kunststoff verwendet wird. Die Frage ist also nicht die nach der Dachdichtung als solche, sondern es ist eine grundsätzliche Frage, ob eine Wasserbeschichtung sinnvoll ist.
Hier ist zuerst die Frage der Winterbelastung anzusprechen. Eine Eisschicht von z. B. 5 cm Stärke erwirkt statisch erhebliche Spannungsbelastungen auf die Dachhaut. Es muß also schon eine gut elastische Dachhaut vorhanden sein, um diesen Spannungen Rechnung zu tragen. Außerdem muß dann im Bereich der Attika und an allen höhergehenden Bauteilen eine Entspannungsmöglichkeit an einer Schräge gegeben sein, wie dies in Bild 79 dargestellt ist (mit Rhepanol abgedichtet). In Bild 80 ist die Ausbildung der Dehnfuge dargestellt, also ebenfalls eine Schräge zur Entspannung (gleichzeitig Wellenbrecher).
Die Sommerbelastung fordert zuerst Wellenbrecher. Diese sind ebenfalls wie in Bild 80 dargestellt herzustellen. Würden keine Wellenbrecher aufgebracht, kämen

6.4 Oberflächenbehandlung bei Dachabdichtungen

Bild 79 Schräge zur Entspannung bei Wasserbeschichtung (BRAAS). 1 Stahlbeton, 2 Kaltbitumen-Voranstrich, 3 Ausgleichsschicht, 4 Dampfsperrschicht, 5 Wärmedämmschicht, 6 Imprägnierte Holzbohlen (Salzbasis), 7 Überhangblech, 8 Dampfdruckausgleichsschicht, 9 Rhepanol f, 10 Rhepanol f-Streifen, 11 Bitumen-Dachbahn, 12 Wasserbeschichtung

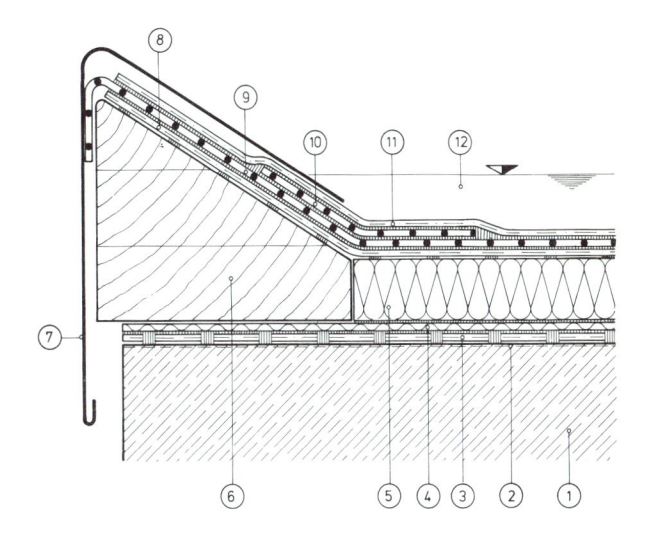

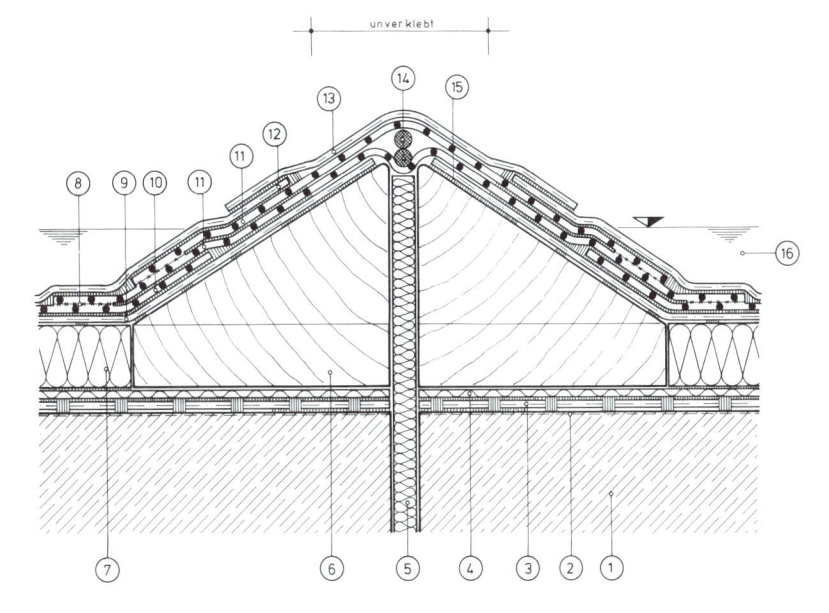

Bild 80 Dehnungsfuge zwischen zwei Deckenteilen, gleichzeitig Wellenbrecher. Bewegungen werden durch die Dehnungsschlaufe in der Rhepanol-Folie aufgenommen (BRAAS). 1 Stahlbeton, 2 Kaltbitumen-Voranstrich, 3 Ausgleichsschicht, 4 Dampfsperrschicht, 5 Elastische Fugenfüllung (nicht brennbar), 6 Imprägnierte Holzbohlen (Salzbasis), 7 Wärmedämmschicht, 8 5 cm quellverschweißt, 9 Dampfdruckausgleichsschicht, 10 Rhepanol f, 11 Rhepanol f-Anschlußstreifen, 12 Bitumen-Dachbahn, 13 Bitumen-Dachbahn-Anschlußstreifen, 14 Elastischer PE-Rundschnur, 15 Sperren mit Bitumen, 16 Wasserbeschichtung

starke Überschwappungen über den Randbereich zustande. Die Bodeneinläufe im Winter müssen geheizt sein, damit die Umgebung des Bodeneinlaufes frei bleibt und keine Eisdrücke auf die Bodeneinläufe stattfinden. Der Bodeneinlauf ist normalerweise überhöht darzustellen, wie dies aus Bild 81 abgelesen werden kann.

Gewisse Bedenken bestehen bei Wasserbeschichtungen durch Schmutzablagerung, durch Algenbildungen usw. Wenn eine echte Wasserbeschichtung vorhanden sein sollte, müßte diese laufend erneuert werden, d. h., es müßte immer neu Wasser zugeführt werden. Stehendes Wasser stinkt und führt zu Belästigungen durch Insekten usw. In unseren Klimazonen scheinen also Wasserdächer nicht die Idealform zu sein. Die vielgepriesene leichte Reinigung bedürfte einer laufenden Wartung, was jedoch häufig nicht durchgeführt wird. Auch entsteht im Bereich Übergang Wasserdach zu Attika immer ein angrenzender trockener Bereich, der wesentlich stärkeren Alterungen unterworfen ist als das beschichtete Wasserdach. Gegenüber den vorgenannten Kiesschüttdächern ist also kein echter Vorteil festzustellen, sondern meist nur Nachteile. Das statische Gewicht ist nahezu dasselbe, wenn genügend Wasserbeschichtung aufgebracht wird, wie bei einer Kiesschüttung.

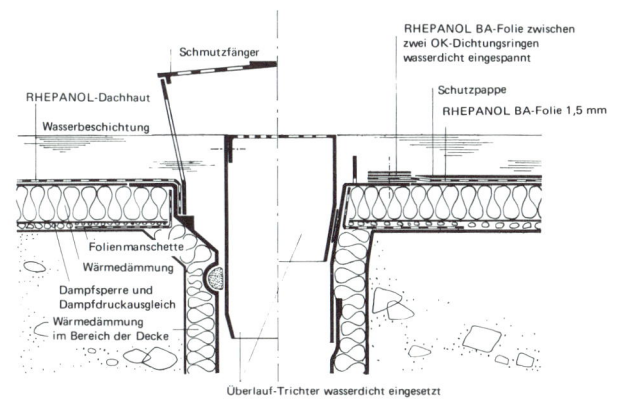

Bild 81 Ablauf bei Wasserdampf (Überlaufsystem)

6. Dachabdichtung beim einschaligen Flachdach

8. Umgekehrtes Flachdach

Beim umgekehrten Flachdach ist, wie bereits früher angeführt und später in einer gesonderten Abhandlung dargestellt, über der Massivdecke die Feuchtigkeitsabdichtung angeordnet (eine eigentliche Dampfsperre braucht es hier nicht). Darüber wird dann die Wärmedämmung aufgelegt, über der dann entweder eine Kiesschüttung oder direkt ein Terrassen-Belag aufgebracht wird. Die Wasserabführung erfolgt hier naturgemäß in Höhe der Feuchtigkeitsabdichtung, so daß also normalerweise das Wasser entspannt (s. umgekehrtes Flachdach). Ohne auf die Wertigkeit dieser neuartigen Konstruktion einzugehen, soll hier festgestellt werden, daß naturgemäß eine derartige Oberflächenbehandlung für die Dachabdichtung mit Sicherheit nur Vorteile hat. Die Dachabdichtung, gleichgültig, ob auf bituminöser Basis oder auf Kunststoffbasis aufgebaut, wird hier ausreichend geschützt, zumal die Wärmedämmplatte mit der weichen Unterlage auch einen mechanischen Schutz abgibt. Die Dachhaut liegt hier höchstens noch in einem Differenzbereich von ca. 17–20°C, erfährt also die geringsten Temperaturwechselwirkungen von allen angeführten Konstruktionen und dürfte sicher auch eine relativ lange Lebensdauer aufweisen. Voraussetzung ist hier natürlich, daß die Wärmedämmung diesen Belastungen der Feuchtigkeitseinwirkung standhält und daß durch die Wärmebrücken über die Fugen und die Feuchtigkeitsunterwanderung keine negativen Erscheinungen in der Massivdecke auftreten. Es ist derzeit zu früh, ein Gesamturteil über diese neuartige Dachform abzugeben. Hinsichtlich der Oberflächenbehandlung für die Dachabdichtung ergeben sich jedoch günstige Aspekte, wobei jedoch auch hier anzuführen ist, daß die Frage nach der vorzeitigen Alterung der Dachhaut im freien Attikabereich anzusprechen ist. Aus Bild 82 kann ein derartiger Anschlußpunkt abgelesen werden, wobei es nun gleichgültig ist, ob Kies oder Betonplatten auf der Wärmedämmung aufgelegt werden.

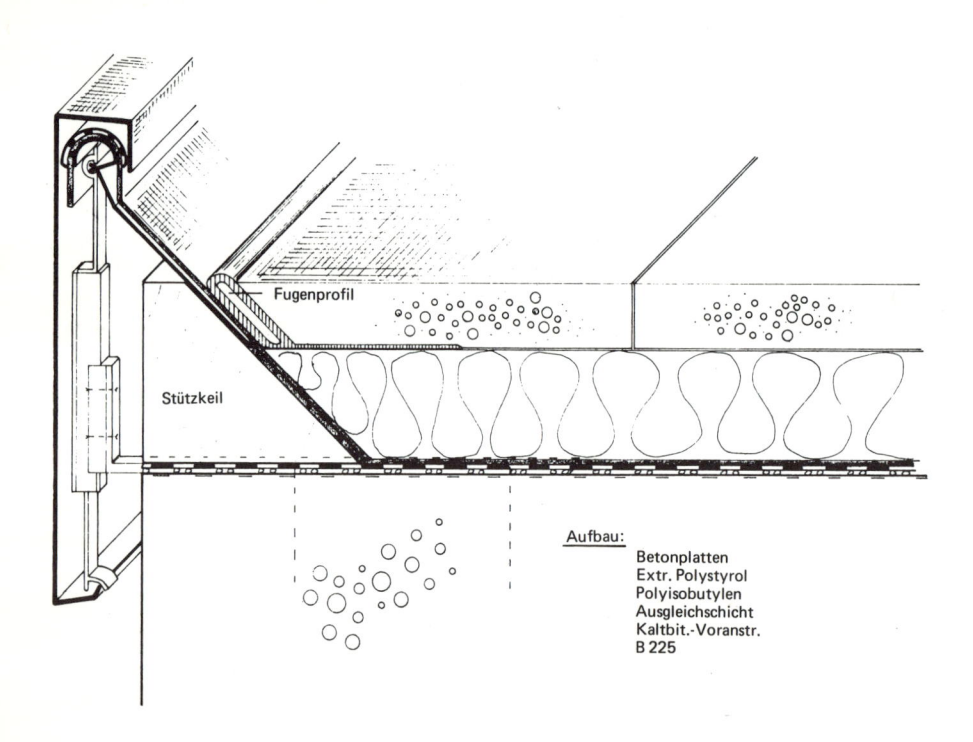

Bild 82 Umgekehrtes Flachdach – Oberflächenschutz (BRAAS)

Aufbau:
Betonplatten
Extr. Polystyrol
Polyisobutylen
Ausgleichschicht
Kaltbit.-Voranstr.
B 225

7. Allgemeine Aufbaugesichtspunkte – Warmdach

7.1 Gefälleloses Warmdach (0°)

In den letzten Jahren wird zunehmend und insonderheit bei Großbauvorhaben das gefällelose Warmdach ausgeführt. Wenngleich auch das sog. Wasserdach (s. vorhergehendes Kapitel) zum gefällelosen Flachdach zählt, so ist jedoch hier nicht das Wasserdach gemeint, sondern ein gefälleloses Flachdach, bei dem die Bodeneinläufe in Höhe des Niveaus der Feuchtigkeitsabdichtung ohne Überstand, also ohne Überlauf zur Einklebung kommen. In Bild 80 und 81 ist das wasserbeschichtete Dach dargestellt, wobei bei Bild 81 der überhöhte Bodeneinlauf erkenntlich ist.

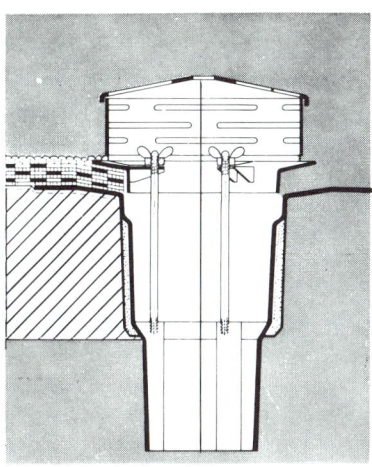

a) z.B. bei Gasbeton

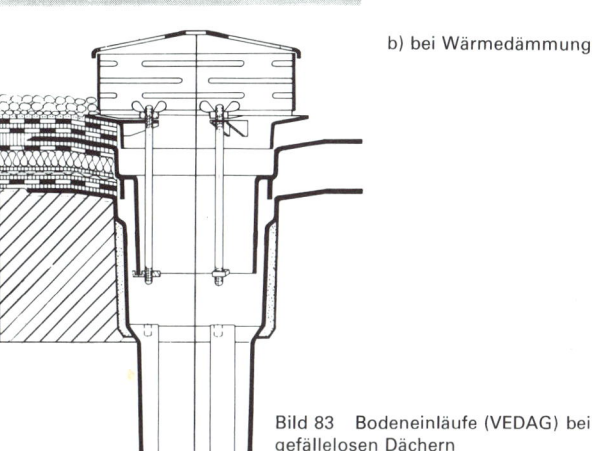

b) bei Wärmedämmung

Bild 83 Bodeneinläufe (VEDAG) bei gefällelosen Dächern

In Bild 83 sind die normalen Bodeneinläufe dargestellt, bei denen also das Wasser in Höhe der Feuchtigkeitsabdichtung durch einen Kiesfang oder dgl. entspannen kann. Es bleibt also normalerweise kein Wasser auf dem Flachdach stehen, falls nicht der Bodeneinlauf gewollt oder ungewollt höher liegt als die Dachabdichtung.

Es ist in den letzten Jahren sehr viel über die Vor- und Nachteile derartiger ebener, gefälleloser Flachdächer geschrieben worden. Nachdem etwa 15jährige Erfahrungen hinter uns liegen, können aus physikalischen und praktischen Erfahrungen gültige Schlüsse für eine einwandfreie gefällelose Dachkonstruktion gezogen werden.

7.1.1 Vorteile bei ebenen Dächern

a) Bei Planebenheit wird, falls diese Planebenheit auch tatsächlich vorhanden ist, gewährleistet, daß die Dachhaut in weitesten Bereichen gleichmäßigen Feuchtigkeits- und Temperatureinflüssen unterworfen ist. Voraussetzung hierfür ist jedoch das Kiesschüttdach.

b) Bei Planebenheit Unabhängigkeit in der Abwasserabführung. Die Bodeneinläufe können ohne Rücksicht auf das Dachgefälle usw. an beliebigen oder gegebenen Punkten im Grundriß angeordnet werden.

c) Einsparung an Gefällebeton und dadurch an Dachgewicht und somit wirtschaftlichere Ausführung bei schnellerem Baufortschritt.

d) Gleichmäßige und gleichartige Anschlüsse an Detailpunkten wie Attika, aufgehenden Wänden usw., also ohne Schräganschnitte von Blechverwahrungen usw.

7.1.2 Nachteile

a) Falls Planebenheit nicht eindeutig zustande kommt (Durchbiegung der statisch tragenden Unterkonstruktion, Unebenheit bei der Einbringung der Decke, Höherliegen der Bodeneinläufe gegenüber den tiefsten Punkten usw.), muß mit Pfützenbildungen bzw. mit Wasserständen in Mulden in Teilbereichen des Daches gerechnet werden, während andere Flächenbereiche trocken sind. Sicherlich wird die Dachhaut eines teilweise wasserbeschichteten und teilweise trockenen Daches sehr unterschiedlichen Belastungen ausgesetzt. Während sich eine trockene Stelle des Daches bei entsprechender Sonneneinwirkung in ca. 3 Minuten um über 20°C erwärmen kann, wird die danebenliegende nasse und wasserbeschichtete Stelle in der fraglichen Zeit kaum um 1°C erwärmt. Die wasserbeschichtete Dachdichtung bleibt also ohne Verformung, während die erwärmte Dachdichtung Temperaturspannungen und plastischen Verformungen unterworfen wird, die naturgemäß dann in den Angrenzungspunkten auch zu Spannungen und gegebenenfalls zu Rissen führen können. Daß die Dachhaut im nicht wasserbeschichteten Teil auch viel schneller auslaugt, daß also Öle aus den Bituminas verdampfen und die Versprödung viel früher eintritt, ist eine bekannte Tatsache.

Wenn keine Kiesschüttdächer ausgeführt werden, also nur Kiespreßdächer oder sogar nur besandete Bitumenbahnen als Oberlagen verwendet werden, ist das Bitumendach bei nicht eindeutiger Gefällelosigkeit fragwürdig und dies besonders bei großen Spannweiten der statisch tragenden Unterkonstruktion, also bei größeren Hallendächern usw.

b) Bei normalen planebenen Dächern und natürlich auch bei Dächern mit größerer Durchbiegung schwierige Dachabdichtungsarbeiten, da bei Schlechtwetter stehendes Wasser kaum oder nicht abfließt. Hier sind also u.U. Trocknungsarbeiten vor Weiterarbeit erforderlich, bzw. es müssen Arbeitsunterbrechungen in Kauf genommen werden.

c) Wasseranstauungen bei starken Niederschlägen und dies besonders dann, wenn die Bodeneinläufe etwas zu hoch liegen, oder wenn sie durch Sand, Schlamm, Schmutz usw. im Umkreis verstopft sind. Es besteht dann die Gefahr, daß Wasser in großer Menge angestaut wird und gegebenenfalls Rückstau über Anschlüsse an höherführenden Gebäuden zu erwarten ist (Türschwellen, Aufzugsaufbauten, Fensterwände usw.). Dies ist besonders bei dem sog. Schweizer-Dach zu erwarten, bei dem Sand unter der Kiesschüttung aufgebracht wird.

7.1.3 Konstruktive Erfordernisse beim gefällelosen Flachdach

Wie aus diesen kurzen Aufzählungen abgelesen werden kann, müssen, wenn die großen Vorteile ausgenützt werden sollen, gewisse Anforderungen an das gefällelose Dach gestellt werden. Es ist also durchaus nicht so, daß die gefällelosen Dächer problemlos sind. Falls jedoch einige wichtige Konstruktionshinweise eingehalten werden, bleibt lediglich die schwierige Ausführung für die Dachabdichtung als einziger Nachteil bestehen. Nach 15jährigen Erfahrungen des Autors mit planebenen Flachdächern kann bestätigt werden, daß bei Dächern, die vor 15 Jahren ausgeführt sind, bisher in der bituminösen Dachabdichtung bei einwandfreiem Aufbau noch keinerlei Alterungserscheinungen erkennbar sind. Es kann also ohne weiteres angenommen werden, daß derartige Dächer, als Kiesschüttdächer ausgeführt, mindestens eine Lebensdauer von 50 Jahren erreichen können. Hier müssen jedoch einige grundsätzliche Forderungen gestellt werden:

1. Gefällelose Dächer sollten nur dann in bituminöser Abdichtung ausgeführt werden, wenn sie als Kiesschüttdächer ausgeführt werden. Bei Kiesschüttdächern wirken sich die bei jedem Dach einstellenden Unebenheiten und dadurch die Pfützenbildungen nur sehr wenig aus, d.h. sie beeinträchtigen die Alterungsbeständigkeit der Dachhaut nicht in dem Umfange wie bei nackten bzw. bei Dächern mit Kiespreßdach usw. Wenn keine Kiesschüttung möglich ist, dann sollte der Oberflächenschutz besser aus einer Kunststoff-Beschichtung oder einer geeigneten Kunststoff-Folie bestehen. Man darf aber hier keine überhöhten Anforderungen an das Lebensalter einer derartigen ungeschützten Dachhaut stellen.

2. Gefällelose Kiesschüttdächer dürfen nur nach innen entwässert werden. Eine Außenentwässerung etwa über Rinnen oder dgl. würde zu Einfrierungen führen. Die Entwässerung muß also im warmen Bereich vorgenommen werden.

3. Bei gefällelosen Dächern muß im Ortgangbereich eine Schrägattika ausgeführt werden, an der sich gegebenenfalls Eisschichten entspannen können, ohne einen direkten Druck auf die Dachabdichtung auszuüben. Eine derartige Attika kann zweckmäßigerweise gleich anbetoniert werden, wie dies in Bild 84 zu erkennen ist. Die Wärmedämmung wird dann an dieser Schräge hochgeführt. Zum Schutze der Schräge kann auch hier der Kies bis zum Dachrandanschluß schräg angeschüttet werden.

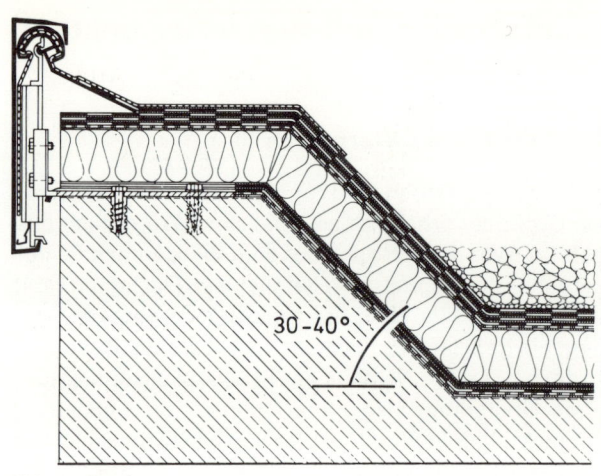

Bild 84 (Bug)

Die Höhe dieser Attika muß so gewählt werden, daß bei starken Niederschlägen keine Gefahr des Überlaufens vorhanden ist. Zu diesem Zwecke ist ein optisches Gefälle zwischen Oberkante Attika und Bodeneinlauf anzunehmen. Je nach Anzahl der Bodeneinläufe, Größe des Daches bzw. Tiefe des Daches ist ein optisches Gefälle von 2–3% anzunehmen (siehe Bild 85). Das bedeutet z.B., bei 10 m Abstand bis zum nächsten Bodeneinlauf in Richtung Dachtiefe müssen mindestens 20 cm Überhöhung an der Attika vorhanden sein.

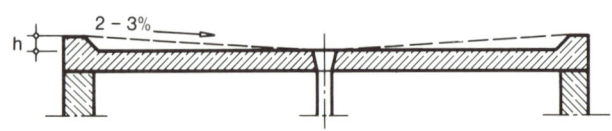

Bild 85 Optische Höhenbestimmung Attika

4. Werden innerhalb der Dachflächen Dachaufbauten angeordnet (z.B. Aufzugstürme, höher gehende Bauten oder dgl.), so soll hier die Oberkante Dachabdichtung mindestens ebenso hoch, besser jedoch 6 cm höher als die Oberkante Attika-Dachabdichtung selber ausgeführt sein. Dies kann andeutungsweise aus Bild 86 entnommen werden. Dadurch soll verhindert werden, daß gegebenenfalls bei Verstopfung von Bodeneinläufen usw. Rückstaudurchfeuchtung über die Abdichtung nach innen entsteht. Werden Dehnfugen nach Bild 87 erforderlich, so sollten diese ebenfalls so hoch wie die Attika ausgeführt werden. Ist dies nicht möglich, so müssen aus Sicherheitsgründen in die Dehnfugen Kunststoff-Folien mit Schlaufen eingeklebt werden, wie dies aus Bild 87 zu entnehmen ist.

7.1 Gefälleloses Warmdach (0°)

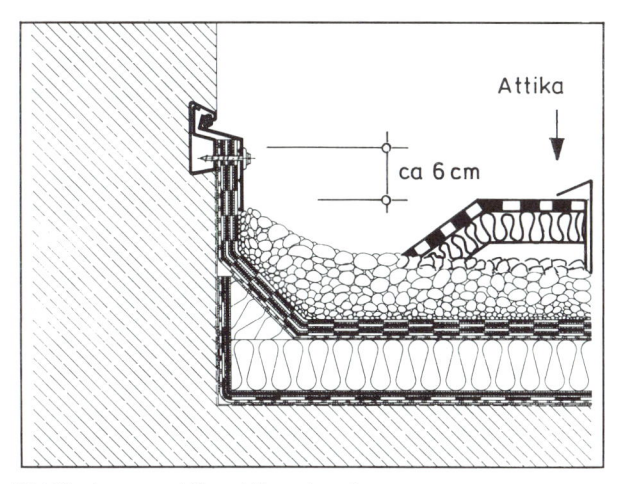

Bild 86 Innenanschlüsse höher als außen

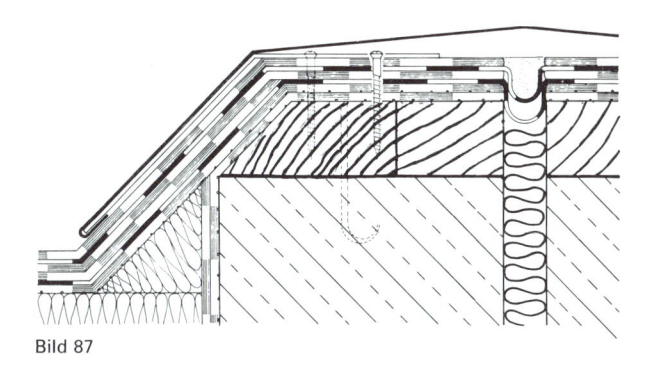

Bild 87

5. Bei großen gefällelosen Dächern bzw. auch bei kleinen Dächern, bei denen nur ein Bodeneinlauf angeordnet werden kann (was normalerweise nicht ausgeführt werden soll), ist es zweckmäßig, einige Notüberläufe über die Attika auszuführen, wie dies aus Skizze 88 abgelesen werden kann. Diese Notüberläufe sollten jedoch erst dann in Tätigkeit treten, wenn Rückstaugefahr besteht, also etwa in einer Höhe 6–8 cm über der Feuchtigkeitsabdichtung angeordnet werden (normalerweise oberhalb der Kiesschüttung). Ein derartiger Bodeneinlauf kann entweder als Formteil bereits ausbetoniert werden, oder es können Blechrohre oder dgl. hier in die Dachhaut eingeklebt werden. Dies sind weitgehend architektonische Entscheidungen.

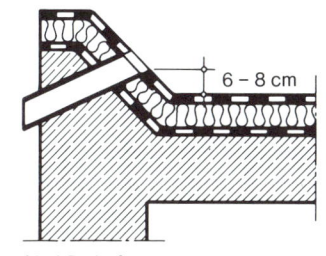

Bild 88 Überlauf bei Bedarf

6. Die Bodeneinläufe sollen so angeordnet werden, daß diese am tiefsten Punkt im Flachdach liegen. Gerade diese Forderung wird aber sehr häufig bei großen Spannweiten nicht erfüllt.

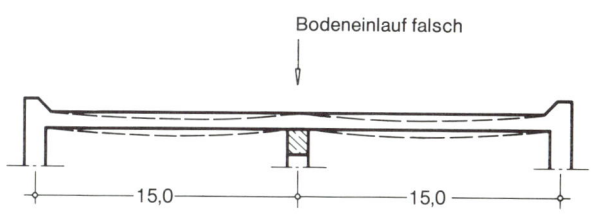

Bild 89 Durchbiegung bei Bodeneinlauf berücksichtigen

In Bild 89 ist z. B. ein Flachdach über zwei Felder dargestellt, Abstände je 15 m. Die zulässige Durchbiegung bei Beton (auch bei Stahlkonstruktionen usw.) ist im allgemeinen mit einem $L/200$ zugelassen. Diese Durchbiegung wird sich innerhalb von 4–5 Jahren meistens einstellen. Dies bedeutet also bei 15 m Spannweite eine maximale Durchbiegung bis 7,5 cm. Diese ist übertrieben einskizziert. Wenn der Bodeneinlauf nun im Bereich der Mittelstütze angeordnet wird (was wegen der Wasserabführung natürlich ideal ist), dann steht das Wasser in den Mulden der Felder bis zu 7,5 cm, bevor der Bodeneinlauf bedient wird. Der Bodeneinlauf liegt also hier falsch. Hier ergeben sich zwei Forderungen:

a) Entweder es muß wie in Bild 90 dargestellt verfahren werden, d.h. die Betonkonstruktion (oder auch Stahl oder dgl.) muß mit Überhöhung hergestellt werden. Bei Betonkonstruktionen ergibt sich dies durch eine Vorspannung statt schlaffer Bewehrung. Der Bodeneinlauf könnte dann an der Stütze angeordnet werden, da er dann, wenn später die endgültige Durchbiegung (gestrichelte Linie) vollzogen ist, immer noch richtig liegt.

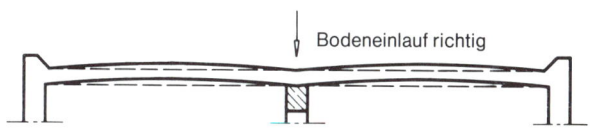

Bild 90 Überhöhung durch Vorspannung

b) Kann eine derartige Überhöhung nicht hergestellt werden, müßten die Bodeneinläufe mittig in den Feldern angeordnet werden. Sie könnten dann zur Mitte in den Stützenbereich geführt werden und dort gemeinsam abgeleitet werden, da sie bekanntlich innerhalb einer Halle mit senkrechtem Abgang nicht ideal wären. Möglicherweise können diese innerhalb einer untergehängten Decke verschwinden, wo dies aus ästhetischen Gründen erforderlich ist. Selbstverständlich ist dies bei kleinen Stützweiten nicht erforderlich. Bei Beton-Massivplatten mit 4–5 m Spannweite ergeben sich maxi-

Bild 91 Bodeneinläufe mittig bei großen Spannweiten und schlaffer Bewehrung

7. Allgemeine Aufbaugesichtspunkte – Warmdach

male Durchbiegungen von 2,5 cm, die sich meist bei derart geringen Spannweiten gar nicht auswirken. Es kommt hier dann nur zu geringen einseitigen Feuchtigkeitsbelastungen, die sich bei einer Kiesschüttung, wie bereits mehrfach angeführt, nicht negativ auswirken. Hier braucht also auf die Anordnung der Bodeneinläufe keine Rücksicht genommen werden.

7. Die Bodeneinläufe sollen im allgemeinen so angeordnet werden, daß etwa gleich lange Wege L entstehen, gleichgültig ob die Bodeneinläufe mittig oder an den Außenrändern zum Einbau kommen. Es muß auf alle Fälle eine gleichmäßige Entwässerung gewährleistet werden. Selbstverständlich können gerade beim gefällelosen Dach auch je nach Schwierigkeitsgrad Abweichungen von der Regel in Kauf genommen werden. Aus Bild 92 kann im System die Verteilung der Bodeneinläufe abgelesen werden.

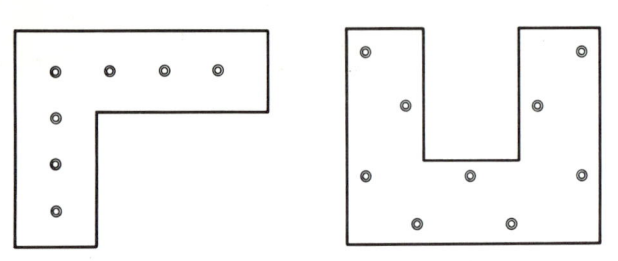

Bild 92 Gleichmäßige Verteilung der Bodeneinläufe

Die Abfallrohr-Dimensionierung wird, wie später angeführt, etwa so bemessen, daß auf 1 m² Dachfläche ca. 1–1,5 cm² Ablaufrohre zur Verfügung stehen müssen, und daß für ca. 150–200 m² Dachfläche je ein Ablaufrohr angeordnet wird. Für 200 m² Dachfläche wäre also z. B. ein Abfallrohr mit 15 cm ⌀ vorzusehen. Bei gefällelosen Dächern kann man gegebenenfalls diese Allgemeinforderung bis zu 50 % überschreiten, wenn die Wanne, also die Attika-Aufbörtelung usw. groß genug hergestellt ist, und wenn die Statik die evtl. starke Belastung bei Regenniederschlägen aufnehmen kann. Es können dann Dachflächen bis zu 300–400 m² bei entsprechend dimensionierten Bodeneinläufen zusammengefaßt werden.

7.1.4 Abdichtung

Die Abdichtung bei gefällelosen Flachdächern muß mindestens dreilagig ausgeführt werden, während bei Kunststoff-Bedachungen die Einlagigkeit ausreicht. Bei Kunststoff-Bedachungen ist z. B. die einlagige Folien-Abdichtung bei bewährten Kunststoff-Folien oder ein entsprechend aufgespritztes Kunststoff-Gemisch einer dreilagigen bituminösen Dachabdichtung gleichzusetzen. Hier gilt also bei bestimmten bewährten Folien der Satz nicht: Eine Lage ist keine Lage. Vielmehr müssen hier die Richtlinien dahingehend ausgeweitet werden, daß bewährte Kunststoff-Folien in einlagiger Ausführung oder Kunststoff-Dachbeschichtungen bestimmter Stärke bei ausreichender Kerbfestigkeit, Rissefestigkeit und Perforationsbeständigkeit und natürlich auch Alterungsbeständigkeit mit einer dreilagigen bituminösen Dachbahnen-Abdichtung gleichzusetzen ist. Es fehlen hierzu derzeit noch die Auslegungen in den Richtlinien. Die Erfahrungen haben jedoch gezeigt, daß bestimmte Folien durchaus so einzugruppieren sind. Eine schwache Stelle bleibt naturgemäß nach wie vor bei Kunststoff-Folien die Nahtverbindung. Wenn hier also eine Naht aufplatzt oder nicht sorgfältig geschlossen ist, ist die einfache Sicherheit durchbrochen. Bei bituminösen Dachabdichtungen mit Bitumenbahnen ist bei einer Nahtaufplatzung z. B. in der Oberlage noch eine zwei- oder dreifache Sicherheit vorhanden. In den nachfolgend angeführten Beispielen sollen lediglich die bituminösen Dachabdichtungen angeführt werden. Es bleibt dann selbstverständlich überlassen, anstelle dieser bituminösen Dachabdichtungen gemäß den vorgezeigten Richtlinien auch Kunststoff-Bedachungen zu wählen.

7.1.4.1 Vorschlag für Dachaufbau bei gefällelosen Abdichtungen (Bild 92 b)

1. Massivplattendecke, oberseitig gefällelos, Maßtoleranz gemäß DIN 18202 gegebenenfalls mit seitlichen, schrägen Attika-Anbetonierungen, oberseitig vor Aufbringen des Kaltbitumen-Deckaufstriches gereinigt.
2. Kaltbitumen-Voranstrich ca. 0,3 kg/m².
3. Ausgleichsschicht, bestehend aus einer Lochglasvlies-Bitumendachbahn, entweder dicht gestoßen oder mit ca. 2 cm Überdeckung lose aufgelegt.
4. Dampfsperrschicht, z. B. bestehend aus einer Alu-Dichtungsbahn 0,1 mm (je nach physikalischen Anforderungen und Belastungen), 10 cm breite Überdeckung an Nähten und Stößen mit Heißbitumen-Klebemasse 85/25 vollflächig auf die Ausgleichsschicht aufgeklebt.
5. Wärmedämmschicht, z. B. bestehend aus Polyurethan-Hartschaumplatten (Stärke gemäß Forderungen der DIN 4108) mit Stufenfalz, mit Heißbitumen vollsatt auf die Dampfsperre aufgeklebt.

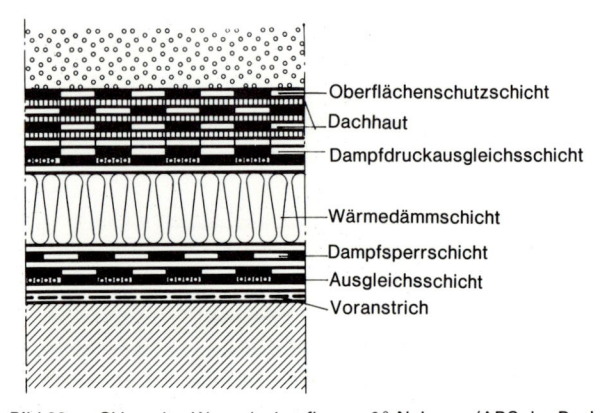

Bild 92 a Skizze des Warmdachaufbaues 0° Neigung (ABC der Dachpappen)

— Oberflächenschutzschicht
— Dachhaut
— Dampfdruckausgleichsschicht
— Wärmedämmschicht
— Dampfsperrschicht
— Ausgleichsschicht
— Voranstrich

6. Dampfdruckausgleichsschicht, bestehend aus einer unterseitig grob bekiesten Glasvlies-Bitumenbahn Nr. 5, punktweise aufgeklebt, an Nähten und Stößen 10 cm überlappt voll verklebt und diese Bahn im Bereich an Attika und, falls sonst erforderlich, über Dachentlüfter an Außenluft angeschlossen.
7. Dachabdichtung, bestehend aus mindestens 3 Lagen Bitumen-Dachbahnen, beiderseits fein besandet, mit Heißbitumen-85/25 im Gieß- und Einwalzverfahren vollflächig unter Vermeidung jeglicher Lufteinschlüsse aufgeklebt z. B.
a) Glasvlies-Bitumenbahn V 11 besandet,
b) Glasgewebe-Dachbahn G 200 besandet,
c) Glasvlies-Bitumenbahn V 11 besandet.

Variation:
a) Glasvlies-Bitumenbahn V 11 besandet,
b) Glasvlies-Bitumenbahn hochreißfest (V 13) nach DIN 52141 besandet,
c) Glasvlies-Bitumenbahn V 11 besandet.

Variation: mit Schweißbahnen
a) 1 Schweißbahn G5 (5 mm stark), im Schweißverfahren aufgebracht oder ebenfalls im Gieß- und Einwalzverfahren verklebt, Nähte 10 cm überlappt verschweißt.
b) 1 Glasgewebe-Dachbahn G 200 im Gieß- und Einwalzverfahren aufgeklebt.

Variation:
a) Glasvlies-Bitumenbahn V 11 besandet,
b) Teer-Bitumen-Dachpappe nach DIN 52117 (hochfäulnisfest) besandet (oder Glasvliesbahn V 13),
c) 1 Glasvlies-Bitumenbahn V 11 besandet,
ebenfalls alle drei Lagen im Gieß- und Einwalzverfahren aufgeklebt.
8. Wurzelfester Heißbitumen-Deckaufstrich entweder $2 \times 1,5$ kg/m^2 oder $1 \times 2,5$ kg/m^2.
9. Lose Kiesschüttung 5 cm stark, Körnung 15/30 mm aus hellem, gewaschenem Flußkies.
Ein derartiger Aufbau kann z. B. auch mit expandierten Korkplatten, Perlite-Platten (z. B. Fesco), Phenolharz-Schaumplatten usw. ausgeführt werden.
Bei hitzeempfindlichen Wärmedämmplatten (Polystyrol-Hartschaumplatten z. B. Automaten-Platten, extrudierte Platten usw.) ist über der Wärmedämmung dann wie folgt zu verfahren:

1. Dampfdruckausgleichsschicht, bestehend aus einer Selbstklebebahn, unterseitig teils sandbestreut, lose auf die Platten mit 10 cm Überdeckung an den Bahnenrändern aufgelegt (nach Bild 92b).
2. Heißbitumen-Klebeschicht im Gießverfahren für die nächste Bahn aufgebracht. Dadurch wird die Selbstklebebahn zugleich mit der Wärmedämmung verklebt.
3. Schweißbahn z. B. 5 mm VR 60 (hochreißfeste Glasvlies-Bitumen-Bahn – V 13-Einlage).
4. Glasgewebe-Dichtungsbahn G 200, im Gieß- und Einwalzverfahren aufgeklebt.
5. Oberflächenschutz wie zuvor.

Bild 92b SK-Bahn über Automatenplatten

In diesen Fällen, wo unter der Selbstklebebahn eine selbsttätige Dampfdruckausgleichsschicht entsteht, kann diese Selbstklebebahn zur Dachdichtung mitgezählt werden. Sie gilt also als erste Lage. Man sollte jedoch hier nicht zu sparsam sein und lieber eine Zusatzlage aufbringen.

7.2 Warmdach mit Dachneigung bis 1°

Gemäß der Definition nach Kapitel 1 Teil I des Buches empfiehlt es sich, auch noch zwischen Dachneigung 0°, also gefälleloses Dach und 1° geneigtes zu unterscheiden. Dachneigungen mit 1° = 1,8 % haben eine Eigenstellung dadurch, daß ein derartiges Gefälle bei unterseitig planebener Decke gleich mit der Decke hergestellt werden kann, also gegebenenfalls kein gesonderter Gefällebeton oder dgl. aufzubringen wäre. Anders ausgedrückt heißt das, daß das Gefälle u. U. bei geeignetem Beton gleich mit der Decke hergestellt werden kann, ohne einen gesonderten Arbeitsaufwand.
Die Vorteile eines derart leichten Gefälles sieht man darin, daß hier das Wasser zwingend in Richtung Bodeneinlauf oder in eine leichte Muldenrinne infolge des Naturgesetzes abfließt. Pfützenbildungen einseitiger Art sollen dadurch vermieden werden. Ein besonderer Vorteil liegt darin, daß für die Ausführung der Dachdeckungsarbeiten günstigere Voraussetzungen dadurch gegeben sind, daß die Rohdecke und gegebenenfalls bei Unterbrechungen der Dachdichtungsarbeiten auch die Dachdichtung schneller trocken werden.
Bei genauerem Hinsehen wird man jedoch feststellen, daß die Pfützenbildung und die gezielte Wasserabführung bei 1° Dachneigung kaum wirkungsvoll gefördert werden. Die Unebenheiten bei 1° in der Dachabdichtung können erheblich sein. Selbst die zulässigen Maßtoleranzen reichen aus, um hier auch bei 1° Pfützenbildungen zu erhalten. Bei völliger Gefällelosigkeit berühren sich die Pfützen meistens miteinander, oder es kommt bei Kiesschüttung zu kapillaren Feuchtigkeitswanderungen in der Kiesschicht. Sind jedoch nur

einzelne Pfützen vorhanden, ist dies zweifellos weniger förderlich als sehr viele Pfützen. Die Lebensdauer der Dachhaut wird durch Einzelpfützen sicher nicht erhöht.

Die Nachteile sind zweifellos einmal darin gegeben, daß eine genaue Gefällegebung bei 1° Neigung gleichzeitig mit der Dachdeckenherstellung nicht möglich ist. Eine gesonderte Estrichherstellung ist aber aufwendig und kann bei dieser geringen Neigung kaum die Unebenheit, die bei der Verklebung von Wärmedämmung und Dachdichtungsbahnen aufgebracht wird, in allen Teilen ausgleichen. Es wird also trotzdem alleine aus dem Aufbau zu Pfützenbildungen kommen. Der weitere Nachteil ist der, daß man das Wasser auch bei einer geringen Neigung, in jedem Falle auf die Bodeneinläufe bzw. in eine mittlere Muldenrinne gezielt einleiten muß, was u.U. bei sehr großen Abständen der Bodeneinläufe usw. hinderlich, teuer und beschwerlich ist. Es bleibt also rein physikalisch gesehen nur der Vorteil der leichteren Aufführung der Dachdeckungsarbeiten.

Andererseits kann ein derartig leichtes Gefälle aus konstruktiven Gründen notwendig werden, z.B. bei befahrbaren oder begehbaren Terrassen, wie dies später angeführt wird. Hier ist es u.U. notwendig, besonders bei großen Terrassen, dafür zu sorgen, daß das Wasser nicht auf dem Dach stehenbleibt, sondern daß es möglichst gleich abläuft (wegen Auffrostung). Eine Neigung von 3° ist u.U. aus verschiedenen Gründen schon wieder zuviel, so daß man sich hier häufig mit 1° Neigung begnügt. Insofern ist also diese Konstruktion bei verschiedenen Sonderanwendungen zweckmäßig, jedoch beim gewöhnlichen, also beim normalen Kiesschüttdach keine zwingende Notwendigkeit.

In Bild 93 ist dargestellt, daß ein leichtes Gefälledach bereits eine zwingende Anordnung der Entwässerung notwendig macht. Kastenrinnen oder dgl. sind unzweckmäßig und bei derartigen Konstruktionen auf keinen Fall erforderlich. Der Dachaufbau wird also ohne Unterbrechung durchgeführt.

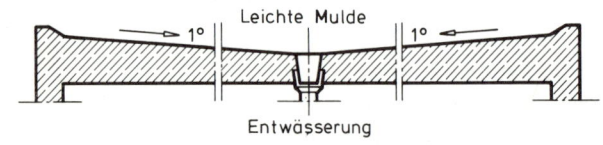

Bild 93 Leichtes Gefälle

In Bild 94 ist skizzenhaft dargestellt, daß eine derartige Gefällegebung bei langen Terrassen sinnvoll ist, damit hier das Wasser abläuft. Die Betonplatten beispielsweise können dann planeben auf den Kies aufgelegt werden.

Bezüglich der Dachabdichtung gilt dasselbe, wie unter 7.1 beschrieben. Es ist also auch hier eine dreilagige Dachabdichtung mit demselben Aufbau erforderlich wie zuvor genannt. Auch der Oberflächenschutz sollte

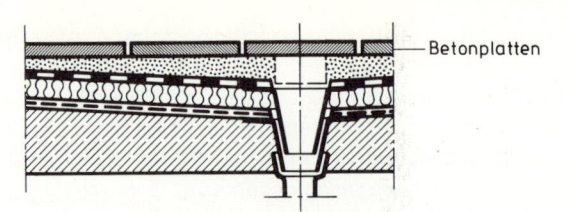

Bild 94 Gefälle bei langen Terrassen – sinnvoll

bei einem Dach mit 1° Neigung noch mit einer Kiesschüttung durchgeführt werden. Rieseleinklebungen reichen im allgemeinen nicht aus, da hier, wie zuvor beschrieben, ebenfalls Pfützenbildungen erwartet werden müssen. Im Falle leichter Muldenbildungen ist sogar auch hier in der Mulde eine erhöhte Gefahr für einseitige Belastung bzw. vorzeitige Alterung gegeben, falls nicht gleichzeitig in der Mulde ein Gegengefälle jeweils in Richtung Bodeneinlauf geschaffen wird, was dann schon Gratbildungen erforderlich machen würde.

7.3 Warmdach 1–3° (1,8–5,2%)

Einschalige Flachdächer dieser Art müssen gemäß den Richtlinien für die Ausführung von Flachdächern ebenfalls noch mit einer Dachabdichtung versehen werden, also mindestens dreilagig abgedichtet werden. Oberflächlich gesehen würde sich also gegenüber 7.1 bzw. 7.2 nichts ändern. Trotzdem ergeben sich hier, besonders bei 3° Neigung, schon ein erheblicher Unterschied:

Eine Neigung von 3° erfordert konstruktiv gesehen einen gesonderten Gefällebeton oder eine Wärmedämmung mit Gefällegebung, falls die Massivdecke planeben ausgeführt werden soll (s. Kapitel 5). Bei 3° Neigung und längstem Abstand bis Bodeneinlauf von z.B. 10 m müßte ein derartiger Gefällebeton an der höchsten Stelle bereits 50 cm stark ausgeführt werden. Dies wäre naturgemäß statisch und wirtschaftlich sehr aufwendig. Man wird also ohne Not bei planebenen Massivdecken eine derartige Gefällegebung nicht ausführen (wenngleich sie leider in der Praxis häufig vorkommt). Die Vorteile sind lange nicht so groß, wie sie im allgemeinen erwartet werden. Anders dagegen ist es, wenn die statisch tragende Decke gleich im Gefälle verlegt werden kann, wie dies in Bild 95 dargestellt ist. Durch eine untergehängte, planebene Decke läßt sich vom Raum aus gesehen die evtl. unerwünschte Neigung verdecken. Selbstverständlich können hier Stahlbeton-Unterzüge oder dgl. gegeben sein, auf die dann Betonplatten als Fertigbetonplatten aufgelegt werden.

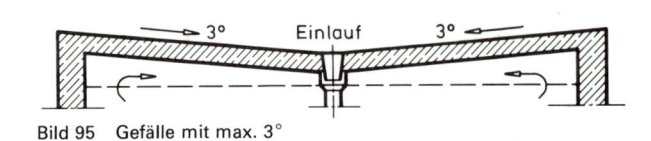

Bild 95 Gefälle mit max. 3°

7.3 Warmdach 1–3° (1,8–5,2%)

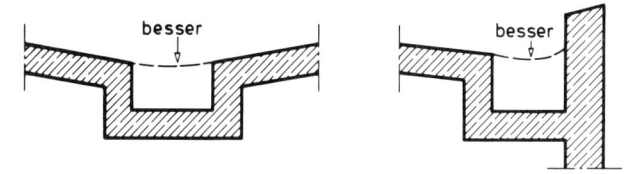

Bild 96 Kastenrinnen bei Bit.-Abdichtungen nicht zu empfehlen!

Der Vorteil einer derartigen starken Neigung liegt primär darin, daß das Wasser tatsächlich bei 3° relativ schnell in Richtung Bodeneinläufe entwässern kann. Zwar muß hier immer noch mit gewissen Pfützenbildungen gerechnet werden, die jedoch nur noch sehr geringfügig auftreten. Dadurch ist auch die Möglichkeit gegeben, derartige Dächer von 1–3° (besser erst von 2–3°) statt mit Kiesschüttung mit einem Kiespreßdach zu versehen, also dadurch statisch eine Gewichtseinsparung zu machen. Bei schneller Wasserabführung hat sich das Kiespreßdach bewährt. Wie aus Skizze 95 zu entnehmen, ist auch hier eine Muldenentwässerung vorgesehen. Die Dachabdichtung wird hier also flächig durchgezogen. In Skizze Bild 96 sind Kastenrinnen entweder mittig oder an der Attika dargestellt. Derartige Kastenrinnen haben sich bei bituminösen Dachabdichtungen nicht bewährt. Das Einkleben von Blechen in die Dachhaut an derartigen Rinnen ist, wie später beschrieben wird, Ursache für die meisten Schadensfälle in diesen Bereichen. Wird das Blech weggelassen, besteht an derartigen senkrechten Flächen die Gefahr der Abrutschungen bzw. Auslängungen und Ausbeulungen der bituminösen Dachabdichtungen, mit schnellen Alterungen selbst dann, wenn die Rinne mit Kies angefüllt wird, was bei Sanierungen häufig gemacht werden muß. In diesen Skizzen ist gestrichelt dargestellt, daß es sinnvoller ist, hier in der Mitte eine Mulde herzustellen bzw. an der Attika eine Anschrägung vorzunehmen, so daß die Dachhaut und natürlich auch Dampfsperre und Wärmedämmung ohne Knicke und Anarbeitungen eingeklebt werden können. Bis 3° Gefälle sind also keinerlei Rinnen oder dgl. anzuordnen. Außerdem sollte die Außenentwässerung auch bei 3° auf keinen Fall durchgeführt werden, wenn eine Innenentwässerung möglich ist. In Bild 97 ist skizzenhaft dargestellt, daß bei Außenentwässerungen in jedem Fall eine Blecheinklebung in die Dachhaut erforderlich ist. Blecheinklebungen sind jedoch der Feind jeder Dachhaut und sind nur in Notfällen anzuordnen. Schon aus diesem Grunde sollte man die Außenentwässerung grundsätzlich vermeiden. Es kommt aber im Winter mit Sicherheit zu Eisbildungen mit Rückstaugefahr und vorzeitiger Alterung der Dachhaut im Rinnenbereich mit sogar teilweiser echter mechanischer Zerstörung. Bei 3° ist das Gefälle noch viel zu gering, als daß das Wasser so schnell ablaufen kann, ohne auf dem Dach im Überstandsbereich anzufrieren. Durch die Eisbildung werden dann mechanische Bewegungen auf die Dachhaut übertragen. Zusammen mit den thermischen Bewegungen aus dem Blech und aus der Eisbildung wird das Zerstörungswerk relativ schnell vollendet.

Dachaufbau und Dachabdichtung sind nach Bild 98 vorzunehmen. Hier kann also die Oberflächenbehandlung aus einem Kiespreßdach hergestellt werden. Selbstverständlich ist aber auch hier bis 3° Neigung die Kiesschüttung der beste Oberflächenschutz. Falls statisch aber nicht möglich, ist hier das Kiespreßdach schon empfehlenswert. Bei südorientierten Flächen und bei Windstille kann es bereits bei Dachneigungen von 3° zu Abrutschungen in der Dachhaut kommen. Hier ist es also u. U. schon zu empfehlen, wenn die obere Grenze der angegebenen Neigung gewählt werden muß, mit standfesten Heißbitumen-Klebemassen zu arbeiten, falls keine Kiesschüttung aufgebracht werden kann. Die Oberflächentemperaturen müssen bei Rieseleinklebung im Sommer immer noch mit 70–80° erwartet werden, so daß es tatsächlich bei ungünstigen Lagen bei dieser Neigung schon zu Abrutschungen kommen kann. Dies führt meist zu Faltenbildungen und Verwerfungen in Einzelbereichen. Sie werden relativ häufig mit Recht beanstandet. Im allgemeinen kann bzgl. Dachaufbau genauso wie unter 7.1.4.1 beschrieben verfahren werden. Bei Dächern mit geringer Tragfähigkeit, bei denen also keine Kiesschüttung zu machen ist, wäre als Oberflächenschutz folgende Ausführung anstelle der Kiesschüttung zu wählen:

1. Heißbitumen-Deckaufstrich ca. 2,5 kg/m².
2. Hierauf Kaltanstrich mit Kaltrieselmasse und darin Einstreuen von Riesel 3/7 mm, ca. 12 kg/m² schultertief eingebettet. Im Prinzip kann also dieser Dachaufbau aus Bild 98 abgelesen werden.

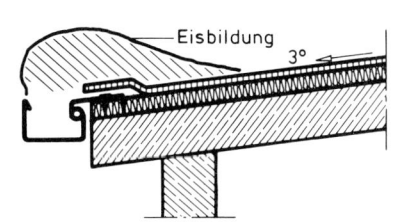

Bild 97 Außenentwässerung nicht zweckmäßig

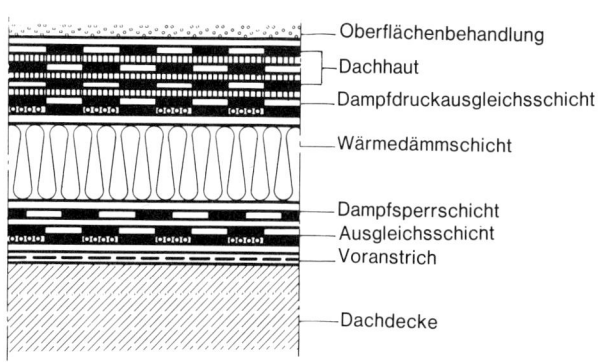

Bild 98 Dachdichtung mit Rieseleinklebung (ABC der Dachpappen)

7. Allgemeine Aufbaugesichtspunkte – Warmdach

7.4 Warmdach 3–8°

Schwere einschalige Flachdächer mit 3–8° Neigung sind zwar relativ selten, treten aber doch da und dort auf.

Hier muß grundsätzlich angeführt werden, daß erst ab 5° nach den Richtlinien eine zweilagige Bahnenabdichtung über der Dampfdruckausgleichsschicht ausreicht, daß aber gegebenenfalls in Muldenbereichen oder dort, wo Wasserstau entsteht, wiederum die Dreilagigkeit gefordert wird. In Bild Skizze 99 kann also abgelesen werden, daß im Bereich der Neigung die zweilagige Bahnenabdeckung ausreicht, während in der Mulde eine dreilagige Abdichtung erforderlich ist. Dies ist auch dann notwendig, wenn in der Mulde selber in Richtung Bodeneinläufe noch ein Gefälle geschaffen wird. Es kommt hier sehr häufig zu starken Wasserbelastungen. Im allgemeinen kann man hier bezüglich des Oberflächenschutzes folgendes anführen:

a) Dort, wo Muldenbildungen zustande kommen, würde es sich empfehlen, falls statisch möglich, eine Kiesschüttung vorzunehmen, also etwa bis zum gestrichelten Bereich in Bild 99.

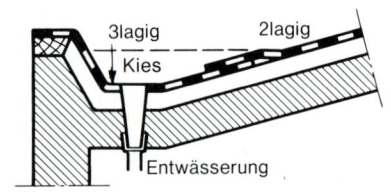

Bild 99 Dachneigung 3–8°, in Mulde Abdichtung

b) Eine Rieseleinklebung als Oberflächenschutz kann maximal nur noch bis 5° empfohlen werden, da sonst der Riesel zu schwer wird und die Abrutschgefahr zu groß. Hier empfiehlt sich sonst Ausführung nach Bild 99a.

c) Anstelle einer Rieseleinklebung ab 5° empfiehlt es sich, Dachdichtungsbahnen zu wählen mit fabrikfertig aufgebrachter Schieferbestreuung oder dgl.

Die Dachhaut kann bei derartigen Neigungen bis maximal 8° noch aus normalen Bitumenbahnen gewählt werden. Es muß aber in jedem Falle standfeste Heißbitumen-Klebemasse verwendet werden. Auch sollte mindestens bei Neigungen über 5° eine zusätzliche Sicherung mit mechanischen Befestigungen gewählt werden.

Bezüglich der Entwässerung gilt dasselbe wie bei 7.3. Es sind also auch hier keine Kastenrinnen oder dgl. zu empfehlen, sondern Muldenrinnen, wie sie in Bild 99 dargestellt sind. Außenentwässerungen sind bei Neigungen über 5° schon möglich, wenngleich im allgemeinen nicht zu empfehlen. Die Innenentwässerung ist der Außenentwässerung in jedem Falle vorzuziehen. bezüglich des Dachaufbaues kann etwa folgende Empfehlung nach Bild 99a gegeben werden:

1. Massivdecke.
2. Kaltbitumen-Voranstrich 0,3 kg/m².
3. Lochglasvlies-Bitumenbahn lose aufgelegt oder streifenweise unterseitig grob bekieste Glasvlies-Bitumenbahn mit ca. 50% Klebefläche (Klebestreifen parallel zur Neigung) mit Heißbitumen 85/25 aufgeklebt.
4. Dampfsperre je nach Erfordernissen, sonst wie 7.1.4.1 verklebt.
5. Wärmedämmung, z.B. Korkplatten, Polyurethan-Hartschaumplatten, Fesco-Platten oder dgl., womöglich mit Stufenfalz, Stärke wiederum gemäß DIN 4108 oder nach den physikalischen Erfordernissen, mit Heißbitumen 85/25 vollsatt auf die Dampfsperre aufgeklebt.
6. Dampfdruckausgleichsschicht und hier gleichzeitig erste Lage Dachhaut, z.B. bestehend aus einer hochreißfesten Glasvlies-Bitumenbahn V13, unterseitig grob bestreut, ebenfalls streifenweise jedoch mit 50–60% Klebefläche mit standfester Heißbitumen-Klebemasse 105/15 aufgeklebt und an die Außenluft angeschlossen (Streifenverklebung parallel zum Gefälle).
7. Darüber eine weitere Lage Bitumendachbahn, bestehend z.B. aus Glasvlies-Bitumendachbahn G 200, oberseitig mit Natursteinbestreuung nach Bild 99 A, ebenfalls mit standfester Heißbitumen-Klebemasse 105/15 vollsatt im Bürstenstreichverfahren lufthohlraumfrei aufgeklebt, evtl. schon zusätzlich geheftet, wenn Neigung 6–8° beträgt.
(Die Bahnen sind also parallel zum Gefälle aufzukleben).
8. Im Muldenbereich ist eine dreilagige Dachabdichtung z.B. gemäß 7.1 anzuordnen. Hier ist dann über einem Heißbitumen-Deckaufstrich am zweckmäßigsten eine Kiesschüttung, wie zuvor angeführt, aufzubringen.

Bei Dachneigungen unter 8° kann, wie in 7.3 beschrieben, eine Rieseleinklebung noch aufgebracht werden, wenngleich auch dort bereits standfeste Heißbitumen-Klebemassen erforderlich werden, wie angeführt. In Bild 99A ist dieser Aufbau schematisch dargestellt.

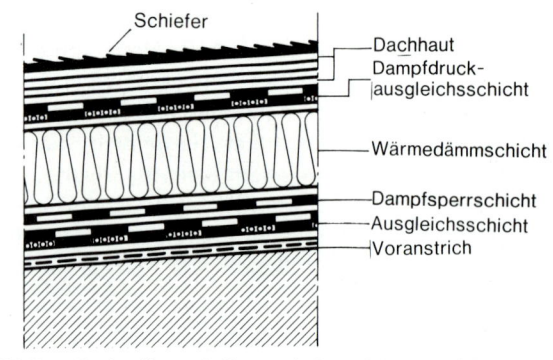

Bild 99a Dachaufbau mit Naturstein-Beschichtung auf Dachdeckung (ABC der Dachpappen)

7.5 Warmdächer über 8° Neigung

Bei stärker geneigten Dachflächen als 8° müssen die Dachbahnen grundsätzlich zusätzlich zur Klebung mit

7.5 Warmdächer über 8° Neigung

standfester Heißbitumen-Klebemasse gegen Abrutschen durch Heftung gesichert werden. Die Dachbahnen sind senkrecht zur Traufe zu verlegen und am oberen Rande der Schmalseite mit 5 cm Nagelabstand auf einer Dübelleiste zu nageln. Dabei empfiehlt es sich besonders bei Glasvliesbahnen, die leicht aus den Nägeln herausgezogen werden, diese an der Stirnseite umzulegen und gegebenenfalls dort ein Metallband anzubringen, um eine flächige Anpressung zu erwirken. Längere Dachbahnen wie 5 m sind bei derartigen Neigungen nicht mehr zu verwenden. Sind die Dachflächen länger als 5 m, so ist es notwendig, ca. alle 3–4 lfm in der Wärmedämmung eine imprägnierte Holzleiste einzubringen, die am zweckmäßigsten in der Dicke der Dämmschicht eingebracht wird. Bei druckfesten Wärmedämmplatten ist eine Befestigung durch die Dampfsperre hindurch im Untergrund nicht in jedem Falle erforderlich, wenn die Leiste mit standfester Heißbitumen-Klebemasse auf die Dampfsperre aufgeklebt wird, also dort eine einigermaßen abrutschfeste Verbindung erhält. Wo noch größere Neigungen erforderlich werden, ist es jedoch u. U. nicht zu umgehen, eine sorgfältige Befestigung durch die Dampfsperre hindurch vorzunehmen, da ein Herausreißen der Latte u. U. möglich ist. Zur Vermeidung von Wärmebrücken wird es da und dort auch notwendig werden, besonders bei starken Wärmedämmplatten, eine derartige Latte nur in den oberen zwei Dritteln einzubringen und diese dann hier entweder mit standfester Heißbitumen-Klebemasse in strukturstarke Wärmedämmplatten – (z.B. Polyurethan-Hartschaumplatten oder dgl.) einzukleben oder auch diese nach unten durch die Dampfsperre hindurch zu befestigen, trotz der hier zu erwartenden Nachteile. Eine abrutschende Dachhaut ist schlechter als gegebenenfalls der Nachteil einer kleinen Dampfbrücke, die bei einwandfreier oberer Druckausgleichsschicht u. U. ohne Nebenwirkung bleibt.

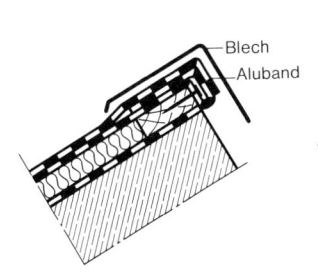

Bild 100 Bahnen über Stirnseite genagelt, oder mit Alu-Band befestigt (umgeschlagen)

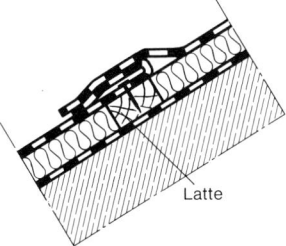

Bild 101 Latte auf Dampfsperre mit Heißbitumen aufgeklebt oder durch Dampfsperre nach unten befestigt

In Bild 100 ist z.B. ein Firstabschluß dargestellt mit stirnseitiger Nagelung der Dachhaut, gegebenenfalls mit umgelegter zurückgeklappter Dachbahn mit Alu-Band und darüber hinweglaufender zweiter Dachbahn mit Blechabdeckung, wobei die Firstbohlen hier im Beton befestigt sind. In Bild 101 ist eine imprägnierte Zwischenlatte dargestellt (Latte ca. 6 cm breit), wo ebenfalls die Lagen umgelegt genagelt werden können. Die Latte ist auf die Dampfsperre aufgeklebt, gegebenenfalls auch nach unten befestigt, in Bild 102 ist eine Zwischenlatte in die Wärmedämmung eingepaßt und in strukturfeste Wärmedämmplatten eingeklebt dargestellt.

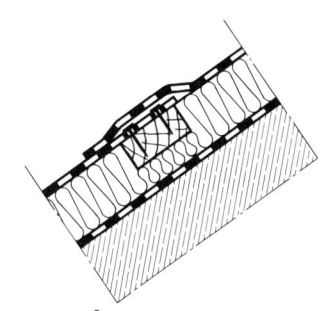

Bild 102 Zwischenlatte $^2/_3$ der Dämmplattenstärke

Die Entwässerung derartiger steiler Dachflächen erfolgt am zweckmäßigsten wiederum in Muldenrinnen. In Bild 103 ist eine derartige Shedrinne dargestellt, bei der die Dachbahnen jeweils im oberen Randbereich zusätzlich zur Klebung genagelt sind. Hier ist es jedoch u. U. erforderlich, die Shedrinnen völlig für sich herzustellen, also die dreilagige Dachabdichtung und die Schrägfläche auf diese auflaufen zu lassen und im Bereich Übergang dann eine Latte, wie vorgenannt, einzubringen. Dies muß von Fall zu Fall entschieden werden. Es können hier also nur Anhaltspunkte gegeben werden.

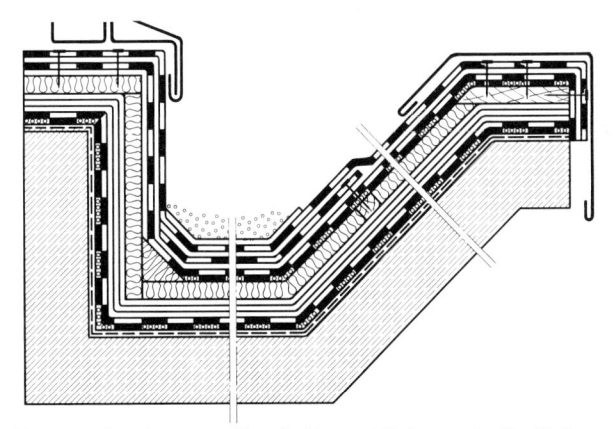

Bild 103 Anordnung von Nagelbohlen und Sicherung der Dachbahnen gegen Abrutschen durch Nagelung bei einem Sheddach

7.51 Aufbauhinweise

Zur Abrundung sollen auch hier noch einige Aufbauhinweise z. B. nach [26] gegeben werden:

1. Massivdecke.
2. Kaltbitumen-Voranstrich.

7. Allgemeine Aufbaugesichtspunkte – Warmdach

3. Spannungsausgleichsschicht streifenweise mit mindestens 50 % Klebefläche, wobei hier bei ausreichender Wärmedämmstärke Heißbitumen 85/25 verwendet werden kann.

4. Dampfsperre je nach Erfordernissen wieder vollflächig mit Heißbitumen aufgeklebt. (85/25 oder bei schwachen Dämmplatten 105/15.)

5. Struktur-feste Wärmedämmplatten, z. B. Kork, Polyurethan-Hartschaum oder dgl., bei ausreichend starken Wärmedämmplatten mit Heißbitumen 85/25 aufgeklebt, bei evtl. weniger starken Wärmedämmplatten mit standfester Heißbitumen-Klebemasse und hier nun zwischen die Wärmedämmplatten je nach Dachneigung im Abstand zwischen 3 und 5 m ca. 60 mm breite, imprägnierte Holz-Nagelleisten gemäß Skizzen 101 oder 102 eingebracht.

6. Klebeschicht aus Steildach-Bitumen und diese als Dampfdruckausgleich wirksam werden lassend, also punkt- oder streifenweise aufgebracht mit mindestens 50–60 % Klebefläche.

7. 1 Glasvlies-Dachbahn V 13, also hochreißfest, fein besandet, am oberen Rande jede Bahn dicht mit 5 cm Nagelabstand genagelt oder oben, wie in Skizze Bild 100, umgelegt und stirnseitig befestigt.

8. Klebeschicht, wiederum aus Steildach-Bitumen.

9. Glasgewebe-Dachbahn G 200, oberseitig grün beschiefert und ebenfalls zusätzlich im Bereich der Leisten genagelt, wobei hier u. U. gemäß Bild 104 alternativ die Mittelleiste überklebt werden kann.

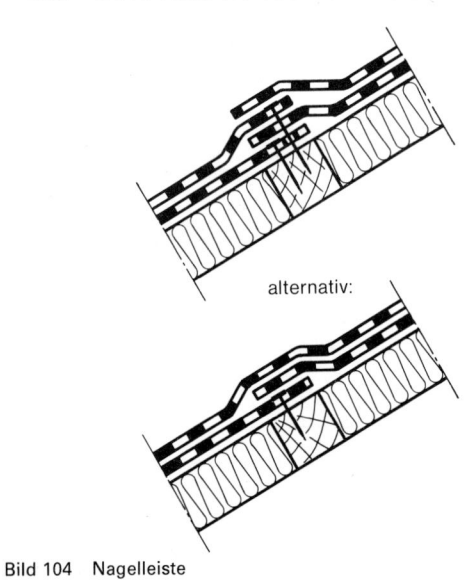

Bild 104 Nagelleiste

Eine zweifellos noch sicherere Lösung erhält man mit Steildach-Bahnen, die, wie unter Dachpappen beschrieben, mit Steildach-Bitumen hergestellt wurden. Diese Bahnen sind dann wie zuvor ebenfalls mit standfester Heißbitumen-Klebemasse aufzukleben. Steildach-Dachbahnen werden entweder mit Rohfilzpappe 625 g/m² oder mit anderen Trägerschichten von nahezu allen namhaften Dachpappenfabriken hergestellt. Wie nachfolgend bei den Sonder-Dachformen beschrieben, können derartige Bahnen auch im Aufschmelz- bzw. Schweißverfahren aufgeklebt werden.

Neben den plastischen Wärmedämmplatten eignen sich für stark geneigte Flächen auch rollbare Wärmedämmplatten oder Wärmedämm-Dachelemente aus Polystyrol. Vorgenannte Ausführungen sollen lediglich als Beispiel dienen und erheben keinen Anspruch auf Vollständigkeit. Dachabdichtungen bei geneigten Flächen sind schwierig und müssen sorgfältig vorgeplant und ausgeführt werden.

Bei Dachneigungen über 22° sind bituminöse Dachabdichtungen nur dort zu empfehlen, wo relativ kurze Dachflächen vorhanden sind, wie sie bei nachfolgenden Sonder-Dachformen noch beschrieben werden. Hier eignen sich die leichten Kunststoff-Dachbahnen häufig besser und geben weniger Anlaß zu Schwierigkeiten. Je schwerer die Dachdeckung bei Gefälledächern ausgeführt wird, je größer naturgemäß die Scherkraft, die das Gleiten des Dachbelages verursacht. Die Scherkräfte ergeben sich also aus dem Gewicht des Dachaufbaues oberhalb der Gleitschicht, also des Klebebitumens multipliziert mit der Dachneigung in Grad mit der Dimension Kraft pro Flächeneinheit. Danach steigt also die Fließneigung mit dem Gewicht des Dachaufbaues, wachsender Dachneigung und Dicke der Gleitschicht bei noch weiteren Faktoren, die hier zu beschreiben jedoch zu weit führen würden.

7.6 Sonder-Dachformen bei schweren Warmdächern

7.6.1 Das umgekehrte Warmdach

Das umgekehrte Flachdach, das in Amerika aus einer Satzzusammenstellung auch Irma-Dach genannt wird, unterscheidet sich gegenüber den bisherigen herkömmlichen Flachdächern dadurch, daß die Wärmedämmung nicht unterhalb der Dachdichtung verlegt wird, sondern oberseitig der Dachdichtung und daß

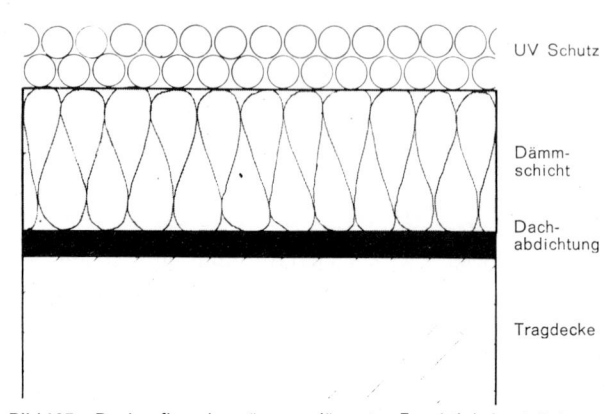

Bild 105 Dachaufbau der wärmegedämmten Feuchtigkeitsabdichtung

7.6 Sonderdachformen bei schweren Warmdächern

diese Wärmedämmung selber keinen Feuchtigkeitsschutz erhält, also demzufolge der Feuchtigkeitseinwirkung direkt ausgesetzt ist.

In Bild 105 ist der bisher bei uns ungewohnte Dachaufbau dargestellt. Er besteht aus:

1. Tragdecke (Massivplatte oder dgl.).
2. Dachabdichtung, aus einer bituminösen Dachabdichtung oder Kunststoff-Folien oder dgl.
3. Wärmedämmschicht mit geschlossenzelliger Zellstruktur.
4. Oberflächenschutz, z.B. Kiesschüttung oder nach Bild 106 auf Abstandhalter gelegte Gehwegplatten oder dgl.

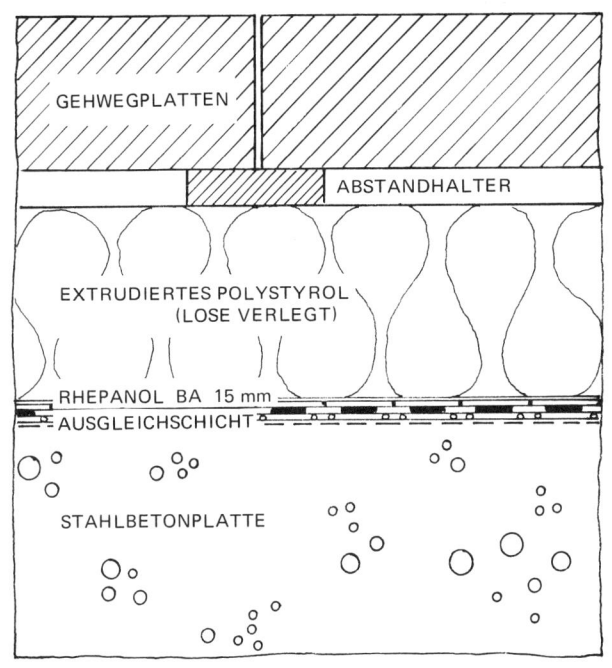

Bild 106 Dachaufbau umgekehrtes Flachdach

Flachdächer dieser Art werden in Amerika unter dem Namen Irma-Dächer (wärmegedämmte Feuchtigkeitsabdichtung) schon seit längerer Zeit eingebaut und haben auch in Deutschland Nachahmer gefunden.

7.6.1.1 Vorteile

Es lassen sich einige gute Gründe für einen derart umgekehrten Flachdachaufbau anführen:

1. Schutz der Feuchtigkeitsabdichtung gegen Außentemperatureinflüsse

Es ist bekannt, daß der Temperaturwechsel, die UV-Einstrahlungen usw. bevorzugt für die Alterung der Dachhaut verantwortlich zeichnen. Wenn diese Dachhaut durch eine aufgelegte Wärmedämmung vor diesen alterungsverursachenden Einwirkungen geschützt wird, ist dies zweifellos ein großer Vorteil. In Bild 107 [27] ist der Jahrestemperaturzyklus bei einem üblichen Dachaufbau (ohne Kiesschüttung) und bei einem umgekehrten Dachaufbau dargestellt. Daraus kann abgelesen werden, daß die normale Dachabdichtung über der Wärmedämmung etwa 85°C Temperaturdifferenzen unterworfen ist, während beim Umkehrdach diese Temperaturdifferenzen nur etwa mit 13°C gegeben sind. Selbstverständlich ändert sich das Bild auch beim normalen Flachdach sofort dadurch, wenn über der Feuchtigkeitsabdichtung beim normalen Aufbau eine Kiesschüttung aufgebracht wird, wie dies aus Bild 108 (ein heißer Junitag) zu entnehmen ist. Eine helle Kiesschüttung (Kurve 3) vermindert die Oberflächentemperatur um ca. 30°C. Auch im Winter dürften durch eine Kiesschüttung ca. 5–8°C Temperaturdifferenzen aufgenommen werden, so daß nicht mehr 85°C bei einer normalen Dachhaut wirksam werden, sondern nur noch ca. 40°C. Trotzdem bleibt ein erheblicher Vorteil beim Umkehrdach-Aufbau hinsichtlich der Temperaturzyklen. Durch diese Verminderung der Temperatureinwirkungen wird naturgemäß die Dachabdichtung weit weniger der Temperaturspannungen unterworfen, die Auslaugung z.B. bei Bitumendächern wird wesentlich geringer, so daß mit Sicherheit vorausgesagt werden kann, daß eine Dachabdichtung beim Umkehrdach eine längere Lebensdauer aufweist.

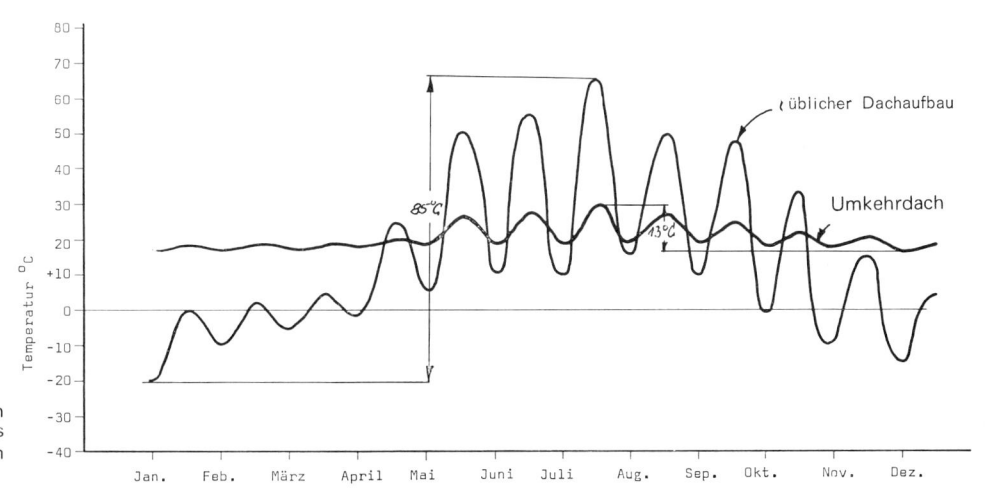

Bild 107 Temperaturänderungen der Dachhaut innerhalb eines Jahres beim üblichen Dachaufbau und beim Umkehrdach

7. Allgemeine Aufbaugesichtspunkte – Warmdach

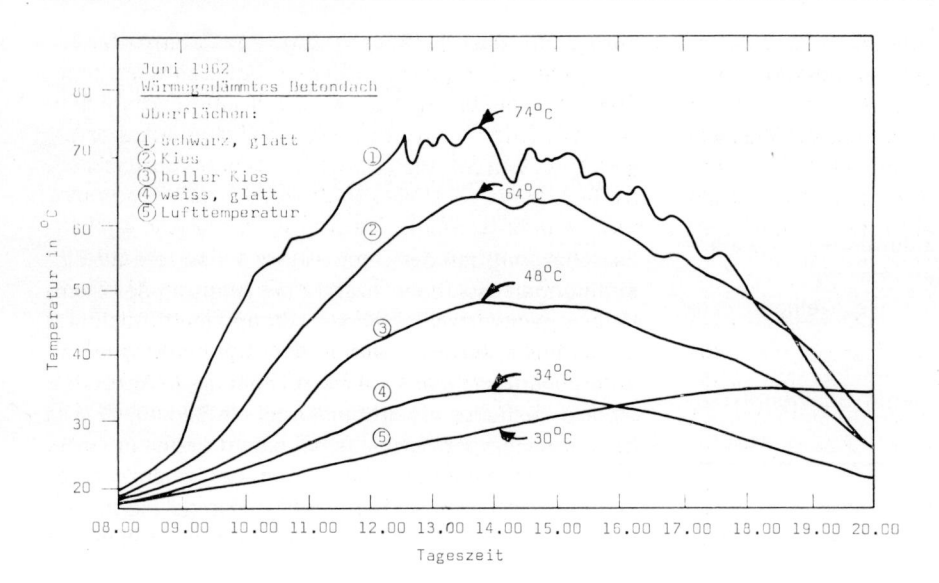

Bild 108 Einfluß der Oberflächenbeschaffenheit und der Farbgebung auf die Dachhaut-Temperatur

2. Mechanische Beschädigungen der Dachhaut

Durch das Auflegen der Wärmedämmplatten unmittelbar nach der Verlegung der Dachabdichtung ergibt sich ein natürlicher mechanischer Schutz für die Dachabdichtung. Dies gilt insonderheit auch für solche Dächer, die später begangen werden sollen (Terrassen oder dgl.) wie in Bild 106 dargestellt. Die Betonplatten oder dgl. können entweder auf – auf Abstandhalter gelegte Platten – oder auf eine entsprechende zuerst aufgebrachte Kiesschüttung aufgelegt werden. Mit Sicherheit wird aber dabei die eigentliche Dachabdichtung bei der Belegung der Platten geschützt, so daß Beschädigungen in der Dachhaut weit weniger auftreten als beim normalen Aufbau.

7.6.2 Nachteile und Bedenken bei dieser Dachform

In Bild 109 ist der Temperaturverlauf für Winter- und Sommertemperatur bei einem umgekehrten Flachdach eingezeichnet. Bei diesem Temperaturschema ist davon ausgegangen worden, daß im Bereich der Feuchtigkeitsabdichtung unter der Wärmedämmung (eine Dampfsperre gibt es bei diesem Dach nicht, da sie sinnlos wäre) die Temperatur etwa bei $+15°C$ liegt. Diese Voraussetzung trifft zweifellos dann zu, wenn nicht etwa z. B. Wasser mit $+3°C$ die Wärmedämmung unterspült. Die Wasserführung beim umgekehrten Dach erfolgt aber zu einem großen Teil zwischen Wärmedämmung und Feuchtigkeitsabdichtung (infolge der Unebenheiten der Dachabdichtung). Der Bodeneinlauf wird gemäß Bild 110 in Höhe der Feuchtigkeitsabdichtung angeordnet. Das durchfließende Wasser, z.B. im ungünstigsten Falle mit $+3°C$, bringt also gegenüber Bild 109 mit Sicherheit eine Abkühlung, die je nach Intensität des fließenden Wassers u. U. unter die Taupunkttemperatur zur Raumluft absinkt. Es besteht also in Winterzeiten u. U. einerseits die Gefahr, daß die Taupunkttemperatur kurzfristig unterhalb der Feuchtigkeitsabdichtung liegt und andererseits ist zweifellos mit einem etwas erhöh-

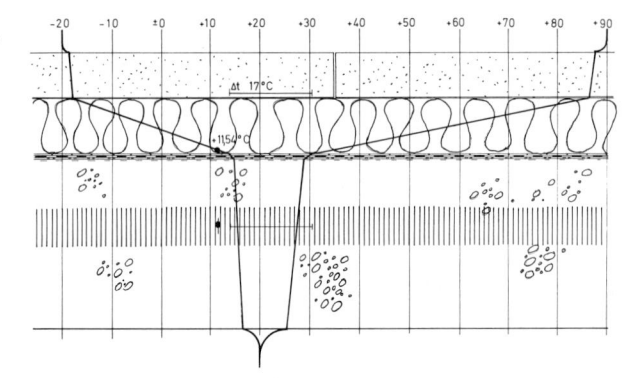

Bild 109 Temperaturverlauf beim Umkehrdach

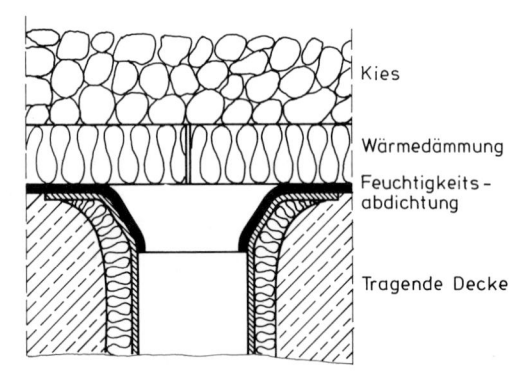

Bild 110 Beispiel eines Wasserabflusses beim Umkehrdach

ten Wärmeverlust zu rechnen. Dieser erhöhte Wärmeverlust müßte gegebenenfalls durch eine Mehrstärke (20%) der Wärmedämmplatten ausgeglichen werden.
Im allgemeinen werden nur einlagige Wärmedämmplatten mit versetzten Fugen (Stufenfalz ist möglich) verlegt. Diese Fugen können zwar weitgehend preßgestoßen ausgeführt werden. Trotzdem werden zweifellos mehr oder weniger große Fugen schon während der Verlegung oder auch zu späteren Zeitpunkten durch irgendwelche Belastungen auftreten. Wenn Luft in den

Fugen entsteht, steht diese weitgehend mit der Außenluft in Verbindung, d.h., es ist hier keine eingeschlossene Luftschicht vorhanden. Wenn Wasser in diesen Fugen steht, ergibt sich zweifellos durch diese Wasserfugen eine Wärmebrücke, da bekanntlich Wasser ein schlechter Wärmedämmstoff ist (25mal schlechter als Luft). Es ergibt sich also eine Kältebrücke über die Fuge, gleichgültig ob diese mit Luft oder mit Wasser gefüllt ist. Diese Kältebrücke wird sich zweifellos hinsichtlich des Gesamtwärmeverlustes wenig auswirken, kann sich aber bei Massivplatten mit *dünner Ausführung* unterseitig u. U. so abzeichnen, daß Streifenbildungen sichtbar werden. Voraussetzung für das Umkehrdach ist nach Ansicht des Autors eine Mindeststärke der tragenden Betonplatte von 5 cm.

Nach den bisherigen Empfehlungen wird empfohlen, daß beim Umkehrdach ein Gefälle zwischen 0–3% vorhanden sein soll. Der Autor hält diese Empfehlung für nicht sinnvoll. Je schneller das Wasser fließt, je größer ist der Wärmeverlust und je größer sind die Wärmebrücken. Stehendes Wasser wird im Laufe der Zeit aufgewärmt, während aber laufendes Wasser zu einer Unterkühlung führt. (Neueste Wärmeflußmessungen haben jedoch gezeigt, daß sich Dächer mit und ohne Gefälle ungefähr gleich verhalten.)

Alle diese Fragen hinsichtlich des erhöhten Wärmeverlustes, der Unterkühlung der Massivdecke im Fugenbereich und damit der Kondensatabzeichnung bedürften noch weiterer wissenschaftlicher Klärung. Die bisherigen, etwa 5jährigen Erfahrungen in Deutschland reichen noch nicht aus, um hier endgültige Werturteile abzugeben.

7.6.3 Anforderungen an Wärmedämmstoff

Grundsätzlich könnte jede Wärmedämmung verwendet werden, die entweder geschlossenzellig ist, oder die durch eine Oberflächenbeschichtung geschlossenzellig ausgeführt wird (zusätzlich hoher Wasserdampfdiffusions-Widerstandsfaktor). Die wichtigste Voraussetzung für die Verlegung eines Wärmedämm-Materiales oberhalb der Feuchtigkeitsabdichtung ist also, daß der Dämmstoff praktisch keine Feuchtigkeit aufnimmt. Hierfür ist besonders wichtig, daß das Material nicht nur im untergetauchten Zustand feuchtigkeitsunempfindlich ist, sondern daß es auch unter extremen Bedingungen, wie Tau- und Gefrierzyklen, in Gegenwart von Wasser einen ausreichenden Widerstand gegen Wasseraufnahme und Verrottung besitzt. Die Gefahr der Wasseraufnahme durch Wasserdampfdiffusion von innen nach außen ist sehr groß, da auf der Dachhaut fast immer ein Wasserfilm vorhanden ist. Daher ist das Dampfdruckgefälle nach außen sehr groß, da die Dachhauttemperatur konstant bei ungefähr 20°C liegt.

Hier ist eine vielfach irrige Meinung klarzustellen:
Es wurde vielfach sowohl von Herstellern von Wärmedämmstoffe als auch von Praktikern fälschlicherweise angenommen, daß Wasser und Wasserdampf sich in bezug auf die Durchfeuchtung von Wärmedämmschichten immer gleich verhalten. Gewisse Werbungsmethoden zeigten, daß ein Körper (Dämmplatten) kein Wasser aufnehme, wenn er nach beliebig langerer Lagerung in Wasser noch schwimmen ohne abzusacken. Es ist tatsächlich eindeutig erwiesen, daß bestimmte Wärmedämmstoffe bei Lagerung in Wasser auch in Jahren nur wenige Volumenprozent an Wasser aufnehmen, daß sie sich aber, wenn sie einem Dampfdruckgefälle ausgesetzt sind und Kondensation stattfindet, völlig sättigen können, wobei der Sättigungsgrad in Volumenprozent zwischen 50 und 96% liegt. So können z. B. PU-Hartschaumplatten, die als solche nur ca. 2% Feuchtigkeit aufnehmen, durch Dampfdiffusion oder aber auch durch hydrostatischen Wasserdruck mit steigender Temperatur völlig gesättigt werden, was der Autor aus zahlreichen untersuchten Schadensfällen bestätigen kann.

Die Anforderungen an einen Wärmedämmstoff für das umgekehrte Dach können wie folgt zusammengefaßt werden:

1. Völlig feuchtigkeitsunempfindlich auch bei Temperaturwechsel.
2. 100%ig geschlossene Zellstruktur.
3. Beständig gegen Tau- und Gefrierzyklen.
4. Mechanische Festigkeit.
5. Verrottungs- und Alterungsbeständigkeit (mindestens 20 Jahre).
6. Dimensionsstabilität (keine Aufschüsselungen usw.).
7. Hoher Dampfdiffusionswiderstand.

Die Versuche der letzten Jahre zeigten, daß sich hier extrudierte Polystyrol-Hartschaumplatten mit einem Raumgewicht von ca. 40 kg/m³ am besten bewährt haben.

Die Feuchtigkeitsaufnahme bei belasteten Platten beim umgekehrten Dach betrug bei Messungen an mehreren Projekten zwischen 0,13 und 1,7 Vol.-%. Diese Werte verändern die Wärmeleitzahl so minimal, daß sie vernachlässigt werden können.

Ein weiteres Fragezeichen beim umgekehrten Dach ist die Randausbildung. In Bild 82 ist eine derartige Randausbildung im vorgenannten Kapitel dargestellt. Sie ist aber in dieser Form nicht befriedigend. Dies ist besonders dann nicht der Fall, wenn eine Beton-Schrägattika notwendig wird. Die Wärmedämmung kann dann nicht bis Außenkante geführt werden (wegen Sturmabhebung, nicht ausreichender Kiesbeschichtung usw.). Die Feuchtigkeitsabdichtung, gleichgültig welcher Art, müßte aber dann in den temperaturwechselbeanspruchten Randbereich überwechseln und würde dort vorzeitig altern. Die ganzen Vorteile in der ebenen Fläche würden also an der Attika aufgehoben. Hier kann man sich nur eine konservative Anschlußkonstruktion vorstellen, wie sie in Bild 111 dargestellt ist. Die Attika müßte zusätzlich mit einer Wärmedämmung und mit einer oberen Abdichtung ausgeführt werden, wie sie normalerweise ausgeführt wird. Die zusätzliche Feuchtigkeitsabdichtung im Attikabereich würde dann auf die Feuchtigkeitsabdichtung beim umgekehrten Dach aufgeklebt. So wäre eine Lösung denkbar, die sowohl die Temperaturspannungen aus der Attika reduziert als auch die feuchtigkeitstechnischen Belange weitgehend berücksichtigt. Hier müssen also noch Detailüberlegungen angestellt werden, um das umgekehrte Dach kompromißlos empfehlen zu können.

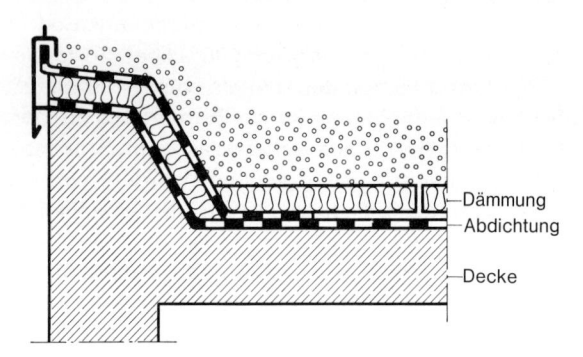

Bild 111 Attika Umkehrdach, konservativ gestaltet

7.6.4 Schutz der Wärmedämmung gegen ultraviolette Strahlen

Wie bei praktisch allen Kunststoff-Produkten sinkt auch bei extrudierten Polystyrol-Hartschaumplatten der Widerstand gegen UV-Strahlen, wenn er Zusätze enthält, die den Schaum schwer entflammbar machen. Bei längerer UV-Einstrahlung (ab ca. 2 Wochen) beginnt die Oberfläche zu vergilben und zu verspröden. Hierbei handelt es sich zwar primär nur um Oberflächeneinwirkungen, die sich jedoch letzten Endes auch im Material negativ auswirken könnten. Ausreichende Erfahrungen liegen mit Sicherheit bisher noch nicht vor. Aus diesem Grunde ist es einfach auch notwendig, im Bereich der Attika etwa wie in Bild 111 zu verfahren, also dort die Wärmedämmung vor direkter UV-Einstrahlung zu schützen. Derartige Schutzschichten können Kies, Beton, Gehsteigplatten, Estriche, Zementschlemmen, gewisse Dispersionsputze, Bitumenpappen, Bitumenemulsionen oder Farbanstriche sein.

7.6.5 Sturmabhebung, Wasserauftrieb usw.

Da die Wärmedämmplatten lose verlegt werden (meist auch die Dachabdichtung), muß verhindert werden, daß dieser Aufbau durch Wind abgehoben wird. Zur Vermeidung von UV-Einstrahlungen und zur Beschwerung gegen Windabhebung sollte die Kiesschichtstärke mindestens 5 cm betragen. Das Gewicht gegen Wasserauftrieb entspricht dem 10fachen Wert der Dicke in kg/m², also z. B. bei 3 cm starken Wärmedämmplatten = 30 kg/m², bei 4 cm starken Wärmedämmplatten = 40 kg/m² usw.

Es muß also, wenn das umgekehrte Dach zur Anwendung kommen soll, ein Aufgewicht von ca. 80–100 kg/m² vorausgesetzt werden. Dies ist statisch natürlich nicht immer möglich. Die Anwendung ist also auf Dächer begrenzt, die statisch mit diesem Gewicht belastet werden können.

Neben den vorgenannten Anforderungen muß auch die Beständigkeit der extrudierten Polystyrol-Hartschaumplatten gegen Säuren usw. überprüft werden. Hier geben die Herstellerfirmen entsprechende Auskünfte.

Zusammenfassend wäre also festzustellen, daß das umgekehrte Dach einige wesentliche Vorteile beinhaltet, daß aber noch nicht alle Nachteile ausgeschaltet werden konnten bzw. daß noch zu wenig Erfahrungen vorliegen. Die Feuchtigkeitsabdichtung unter der Wärmedämmung kann aus bituminösen Dachabdichtungen bestehen oder in diesem Falle auch sehr zweckmäßigerweise aus Kunststoff-Bahnen. Bei bituminösen Dachabdichtungen empfiehlt es sich, über einem Kaltbitumen-Voranstrich eine Spannungsausgleichsschicht aufzubringen (Lochglasvliesbahn) und hierauf dann die dreilagige Dachabdichtung, soweit das Gefälle unter 3° gegeben ist, was bei dieser Dachform praktisch Voraussetzung ist (wegen der notwendigen Kiesschüttung usw.).

Bei Kunststoffbahnen können diese gemäß den aufgezeigten Verlege-Richtlinien lose auf den Beton bzw. auf Trennbahn (Rohfilz) aufgelegt werden. Es ergeben sich dadurch naturgemäß mit Kunststoff-Bahnen sehr schnelle und wirtschaftliche Verlegungen. Im Bereich der Attika entstehen, wenn kein Kies-Schrägkeil erforderlich ist, einfache Anschlußdetails nach Bild 82. Bei massiven Attiken müssen jedoch hier noch weitere Überlegungen angestellt werden, etwa nach Bild 111. Da die Wärmedämmplatten lose verlegt werden, ergeben sich hier keine Probleme. Derartige Wärmedämmplatten könnten z. B. auch nach Jahren ohne weiteres wieder ausgewechselt werden. Die Dächer können also leicht repariert werden.

Extrudierte Polystyrol-Hartschaumplatten oder dgl. können nun mit diesem System auch nachträglich dort aufgebracht werden, wo die Wärmedämmung bei Warmdächern nicht ausreicht. Voraussetzung ist allerdings, daß dann über diesen Wärmedämmplatten, die auf die alte Feuchtigkeitsabdichtung einfach aufgelegt werden können, noch eine Kiesschüttung möglich ist, also die Statik dafür ausreicht.

Es liegen mit diesem umgekehrten Dach, wie bereits angeführt, einige grundsätzliche Erfahrungen vor, so daß man bei bestimmten Fällen dieses Dach schon heute empfehlen kann. Es sollten jedoch noch weitere wissenschaftliche und praktische Erfahrungen gesammelt und Detaillösungen für die verschiedensten Variationen ausgearbeitet werden, bevor dieses Dach auf breiter Basis als Alternative zum konventionellen Dach empfohlen werden kann. Mit dem konventionellen Dach mit einer Feuchtigkeitsabdichtung über der Wärmedämmung liegen langjährige und gute Erfahrungen vor. Man sollte sie also nicht ohne weiteres aufgeben, bevor nicht alle Fragen ausreichend geklärt sind. Die wirtschaftlichen Vorteile sind bei dieser Methode zwar interessant, der praktische Nachweis der Gleichwertigkeit zum konventionellen Dach ist jedoch noch nicht endgültig erbracht.

7.7 Sperrbeton-Dächer

Sperrbeton-Flachdächer stellen ebenfalls eine unkonventionelle Dachform dar. Diese sind z. B. bekannt unter dem Namen »Woermann-Dach« oder »Tillmann-Dach«. Der Dachaufbau derartiger Sperrbeton-Dächer von unten nach oben ergibt sich wie folgt:
1. Wärmedämmschicht unterseitig der Betonplatte, meist als verlorene Schalung in die Betonplatte unten eingelegt.
2. Statisch tragende Dachdecke, gleichzeitig als Sperrbeton-Dach ausgebildet.
3. Oberflächenschutz.
In Bild 112 ist oben das konventionelle Flachdach dargestellt, unten das Sperrbeton-Dach.

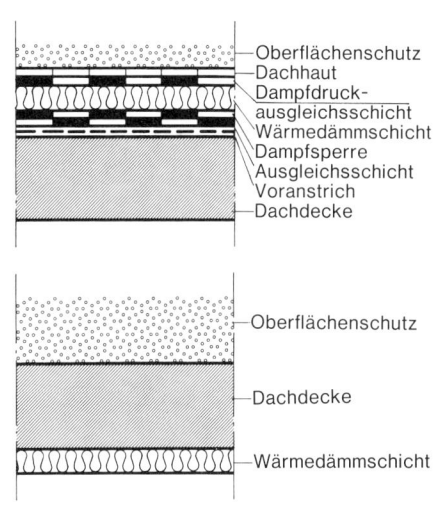

Bild 112 Oben konventioneller Flachdachaufbau nach DIN 18530 E »Dächer mit massiven Deckenkonstruktionen«, unten Aufbau des Sperrbetondaches

Diese Sperrbeton-Dächer sind derzeit noch sehr umstritten. Es wird nachfolgend auch nicht möglich sein, ein abschließendes Urteil über diese Dächer abzugeben. Hier werden von den Herstellern und Kritikern folgende Argumente angeführt:

7.7.1 Vorteile

Sperrbeton-Dächer sollen folgende Vorteile erbringen:
1. Unbegrenzte Haltbarkeit des Daches durch die witterungsbeständige und wasserundurchlässige Dachdecke aus Sperrbeton.
2. Einfache Herstellung aller Dachanschlüsse (Kaminanschlüsse, Attika-Ausbildung, Wasserläufe usw.) durch Einbau von Fertigteilen aus wasserundurchlässigem Beton.
3. Sicherer Schutz der auf der Raumseite angeordneten Wärmedämmschicht.
4. Senkung der Baukosten durch Vereinfachung des Flachdachaufbaues.

7.7.2 Nachteile

Als Nachteile werden im wesentlichen genannt:
1. Flachdächer mit massiven Dachdecken verursachen immer durch Temperaturbewegungen Risse in den statisch tragenden Wänden, wenn sie auf diesen fest aufliegen.
2. Risse in den Wänden unterhalb der Flachdächer können nur dann vermieden werden, wenn wirksame Gleitlager zwischen Dachdecke und tragenden Wänden vorhanden sind. Es wird bezweifelt, ob dies in der allgemeinen handwerklichen Ausführung immer gegeben ist.
3. Verformungen der Dachdecke in der Horizontalen sind für die darunterliegenden Wände nur dann ohne Bedeutung, wenn die Dachdecke auf wirksamen Gleitlagern ruht. Nur dann kann auf einen Wärmeschutz oberseitig auf der Dachdecke verzichtet werden.
4. Der Beton kann durch Dichtungszusätze mit geringem Aufwand wasserundurchlässig hergestellt werden. Ist die völlige Gleitwirkung jedoch nicht gegeben, besteht die Gefahr von Rissebildungen und dadurch von Wasserdurchlässigkeit.
5. Die Wärmedämmung, die nach der DIN 4108 ebenfalls in vollem Umfange gefordert wird, wird unterseitig angebracht, also nach den bisherigen Begriffen auf der falschen Seite des Raumes. Die Wärmespeicherfähigkeit des Betons wird nicht ausgenützt, evtl. Wärmebrücken in der Wärmedämmung zeichnen sich unterseitig ab, Kondensatstreifen in den Fugen müßten bei nicht überlappten Fugen erwartet werden.
6. Die Dampfdiffusion wäre dann behindert, wenn die Sperrbetondecke einen höheren Diffusionswiderstandswert aufweist als die innenseitige Wärmedämmung. Es würde dann vorübergehend zur Kondenswasseranreicherung kommen.

Diese vorgenannten Nachteile versuchten die Hersteller derartiger Dächer weitgehend dadurch zu entkräften, daß Konstruktionen gewählt wurden, die die Anwendung dieser Dächer möglich machen.

7.7.3 Herstellung des Daches

Nach der Herstellung der Deckenschalung werden die Wärmedämmplatten auf die Schalung und die Gleitlager auf die tragenden Wände aufgelegt. Die Bewehrung für die Massivdecke wird dann in der üblichen Form angebracht, wobei eine obere Betonüberdeckung von mindestens 3 cm zu berücksichtigen ist. Im gleichen Zu-

7. Allgemeine Aufbaugesichtspunkte – Warmdach

sammenhang werden dann die Leerrohre für die elektrische Installation usw. an der unteren Armierung befestigt. Bei einer Außentemperatur zwischen 10 und 20 °C wird dann der Transport-Beton eingebracht, wobei der Zementgehalt nach DIN 4117 mit mindestens 300 kg/m³ gegeben ist. Auf der Baustelle wird das Zusatzmittel (Sperrmittel für Betonverflüssigung) in die Trommel des Fahrmischers gegeben, und zwar in zwei bis drei Minuten vermischt (Ceresit, Tricosal usw.).

Die Betondecke wird im allgemeinen mit einer Stärke von 18 cm oder je nach den statischen Erfordernissen auch stärker ausgeführt. Die Wärmedämmung unterseitig wird für Normalfälle mit 5 cm empfohlen und besteht im allgemeinen aus Automaten-Platten mit Stufenfalz oder Hakenfalz (Styropor), die oberen Dampfdruckausgleichskanäle bilden hier eine zusätzliche Verankerung mit dem Beton. Nach dem Betoniervorgang ist einen Tag nach der Betonierung die Oberfläche der Dachplatte mit einem Brett abzureiben und anschließend ein Schutzfilm gegen zu schnelles Austrocknen aufzusprühen. Nach dem Ausschalen und nach der Probebelastung (Wasserbelastung) ist der Kiesbelag aufzubringen.

Die Querschnitte der Betonplatte, ihre Aufkantungen im Bereich der Attika und sonstige Teile sind so zu formen, daß sie kontinuierlich ineinander übergehen. Da unterschiedliche Aufheizungen zu Spannungen führen, sind starke Schwankungen in den Massenverhältnissen unzulässig. Unterzüge dürfen *nicht* mit der Decke verbunden sein.

Es dürfen keine Stahlträger oder sonstige Profile in die Decke eingegossen werden, wenn der Querschnitt der Dachplatte dadurch um mehr als ein Viertel geschwächt ist.

Weit ausragende Teile über die Außenwände hinaus sind besonderen Temperaturschwankungen unterworfen und sollten durch Fugen in Felder von 5–7 m unterteilt sein.

Die horizontalen Gleitfugen an den Außenseiten des Deckenauflagers sollten durch Schutzblenden oder gleichwertige Maßnahmen vor dem Eindringen von Außen-Regenwasser geschützt werden. Dehnfugen oder sonstige Plattenunterteilungen sind durch Fugenbänder wasserdicht zu schließen und 10–15 cm über die wasserführende Ebene aufzukanten. Für Regenabläufe und Kanalentlüftungen wurden spezielle Gullys entwickelt, die gleichfalls sofort in die Betonschicht mit einzugießen sind. Der Beton oberseitig soll mit einer Kiesschicht von mindestens 3 cm, besser 5 cm vor zu starker Sonneneinstrahlung geschützt werden. Werden Terrassenplatten aufgelegt, müssen diese auf elastische Gummilager aufgelegt werden, um die Trittschallübertragung in darunterliegende Räume oder in Nebenräume zu vermeiden.

Die thermischen Längenänderungen der Massivdecke gegenüber dem Unterbau müssen durch eine Trennung von diesem möglich werden. Es muß jedoch im zentralen Bereich jeder Dachplatte ein *Festpunkt* vorhanden sein, der so auszubilden ist, daß der Reibungswiderstand der Gleitlager sicher aufgenommen wird. Nach Angaben soll eine Gleitung bei Dachflächen bis 35 m Länge ohne Fugenteilung dann möglich sein. Nicht tragende Wände müßten gleichfalls von der Decke glatt getrennt erstellt werden, was durch Ausschlitzen der Wärmedämmschicht usw. gemacht wird. Bei notwendigen statischen Verankerungen mit Alu-Winkeln muß eine zusätzliche Stabilisierung herbeigeführt werden.

Wenn Folien als Gleitlager Verwendung finden, ist dafür Sorge zu tragen, daß unter den Lagern eine Wärmedämmung (Styropor Qualität IV, Preßkork mit hoher Druckfestigkeit oder dgl.) Kältebrücken vermieden oder anderweitig der Wärmeschutz sichergestellt wird.

Die Gleitlager sind grundsätzlich unterhalb der Wärmedämmung zu verlegen. Die Wärmedämmung sollte 3–5 cm über das Gleitlager geführt sein, um somit das Unterlaufen der Gleitlager mit Zementschlemme zu verhindern.

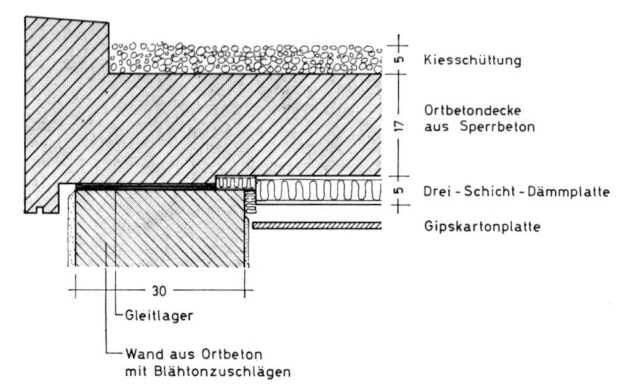

Bild 113 Auflagerausbildung

In Bild 113 ist ein Randanschluß eines derartigen Daches dargestellt. Es ist zu entnehmen, daß die innenseitige Eckfuge sorgfältig ausgebildet werden muß, wenn unschöne Risse innenseitig verhindert werden sollen. In jedem Falle ist der Putz innen zu unterbrechen, wie dies auch aus Bild 115 abgelesen werden kann.

In Bild 114 und 115 sind mögliche Attika-Ausbildungen dargestellt, wobei jedoch diese Ausbildungen mit Rinnenanformung problematisch erscheinen, da hier die Rinne völlig anderen Temperatureinwirkungen unterworfen ist als das kiesbeschüttete Flachdach und alle 5–6 m eine Fuge erhalten müßte. Aus Bild 114 kann abgelesen werden, daß eine Wärmebrücke nach unten in die Wand nur durch eine entsprechend starke und druckfeste Wärmedämmplatte verhindert werden kann. Dies gilt sowohl für die Randauflager als auch für die Mittelwand. In Bild 116 sind Anschlußdetails an Schornsteine, höhergehende Bauteile und an Türelementen usw. dargestellt und der Einbau eines speziellen Bodeneinlaufes, der jedoch anstelle dieser Ausführung in wärmegedämmter Ausführung notwendig

7.7 Sperrbeton-Dächer

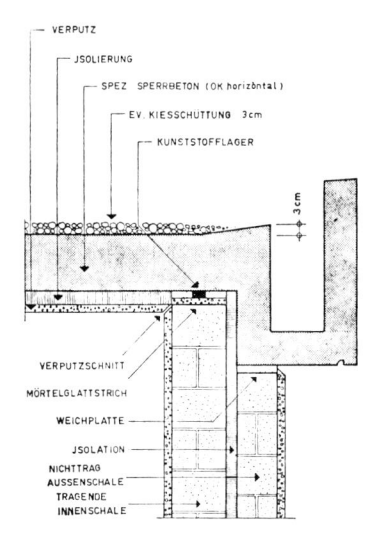

Bild 114 Fassadenauflager mit angefügter Dachwasserrinne (Zwischenschalenmauerwerk)

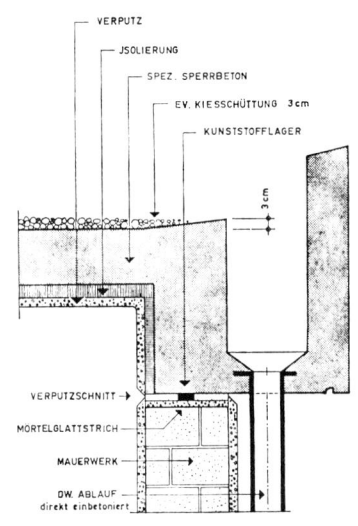

Bild 115 Fassadenauflager mit Dachwasserrinne und Dachwasserablauf (Vollmauerwerk)

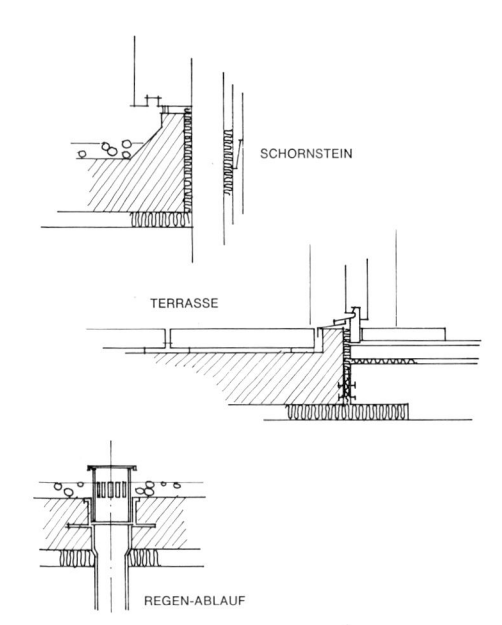

Bild 116 Detailausbildungen Sperrbetondach

würde, wenn innenseitig Schwitzwasserbildung vermieden werden sollte.

Zusammenfassend wäre zu sagen, daß Sperrbeton-Dächer an sich nichts Neues sind, und daß sie, falls keine unzulässige Einspannung nach unten erfolgt, auch wasserdicht hergestellt werden können. Die jedoch hervorgehobenen Vorteile lassen sich in der Praxis nur schwer realisieren. Sie müssen relativ teuer mit allen möglichen Sondermaßnahmen erkauft werden, die nach Ansicht des Autors in keinem Verhältnis zu den Vorteilen stehen. Denkbar ist der Einsatz derartiger Konstruktionen für stark befahrene, also schwer belastete Hofkellerdecken, erdüberschüttete Konstruktionen usw., wo eine relativ geringe Außentemperatureinwirkung bzw. Sonneneinstrahlung vorhanden ist. Man wird aber auch bei derartigen Konstruktionen lieber zu einer zusätzlichen Feuchtigkeitsdichtung greifen, falls irgendwelche Unsicherheitsfaktoren bezüglich der Gleitwirkung der Massivdecke vorliegen. Es ist zu bezweifeln, ob mit all den notwendigen Zusatzmaßnahmen bei sorgfältigster Ausführung ein wirtschaftlicher Vorteil gegeben ist. Bauphysikalisch ist ein Vorteil nicht zu erkennen.

7.7.4 Buckel-Schalendächer

Dächer dieser Art bestehen ähnlich wie die Sperrbeton-Dächer aus einem statisch tragenden Beton, der jedoch als Buckelschale ausgeführt ist. Die Industrie-Buckelschalen [28] sind quadratische oder rechteckige Schalelemente aus vorgespanntem Beton, welche ringsum gerade Ränder besitzen. Die Schale braucht nur an den jeweiligen Eckpunkten abgestützt zu werden. Eine Halle mit Buckelschalen hat keine bevorzugte Richtung. Sie ist also völlig äquivalent in der Längs- und in der Querrichtung. Derartige Buckelschalen können beliebig aneinandergereiht werden.

Wie bereits angeführt, wird die Wärmedämmung auf der Unterseite des Schalendaches angebracht. Die Isolierplatten können vor dem Betoniervorgang verlegt werden, also ebenfalls als verlorene Schalung eingelegt werden. Die Wärmedämmung ist entsprechend den Erfordernissen zu dimensionieren. Da Buckelschalen dieser Art meist nur für Hallen einfacher Art zum Einbau kommen, ist eine Dampfsperre unterseitig nicht erforderlich, lediglich dann, wenn außenseitig, wie nachfolgend beschrieben, evtl. eine dampfbremsende Beschichtung oberseitig aufgebracht wird.

Die Wasserdichtigkeit wird durch die Oberschale erbracht. Durch die Formgebung, kombiniert mit der Vorspannung, ergeben sich bei diesem Tragwerk nur

7. Allgemeine Aufbaugesichtspunkte – Warmdach

Druckspannungen und keine Zugspannungen. Bekanntlich sind aber die Zugspannungen Ursache für Rissebildungen und Undichtigkeiten. Im allgemeinen sind also derartige selbst dünne Betonschalen wasserdicht. Unter Umständen können aber auch diese Oberschalen noch mit einer Hypalon-Beschichtung (siehe Kunststoffe) gestrichen werden. Werden innenseitig jedoch höhere Dampfdruckbelastungen erwartet, muß, wenn Kondensation in den Wärmedämmplatten und u. U. eine zu große Anreicherung verhindert werden soll, auf der Innenseite eine Dampfsperre z. B. aus »Vaporex normal« auf die Wärmedämmplatten aufgeklebt werden.

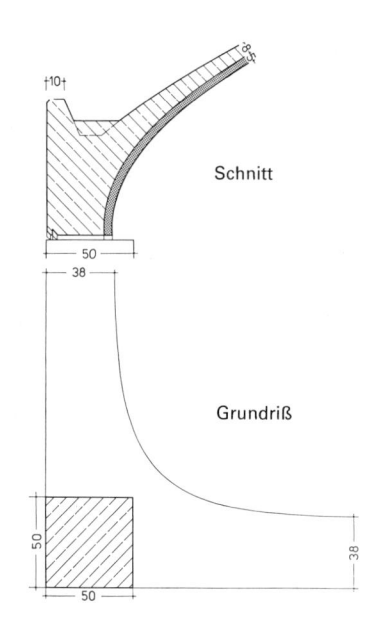

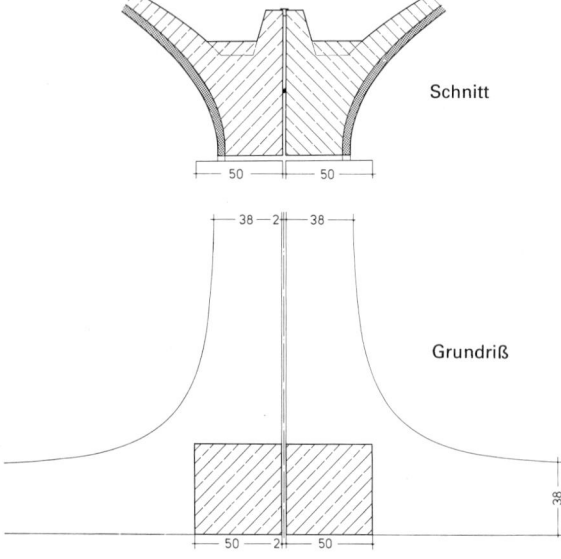

Es soll hier auf weitere Detailausführungen verzichtet werden. In Bild 117 ist ein System dieser Buckelschalen dargestellt [28] und in Bild 118 ist die Aneinanderreihung derartiger Buckelschalen erkennbar, die jeweils im obersten Bereich eine Lichtkuppel erhalten haben.

Im Gegensatz zu den weitgehend planebenen Sperrbeton-Dächern ergeben sich hier völlig andere statische Verhaltensweisen und Voraussetzungen, die durchaus nach den bisherigen Erfahrungen eine derartig umgekehrte Konstruktion erlauben. Aber auch hier ist bezüglich der Dampfdiffusion jeweils eine Abschätzung bzw. Berechnung durchzuführen, da die innenseitige Wärmedämmung auch in diesem Falle natürlich grundsätzlich falsch ist, jedoch bei Industriebetrieben, Lagerhäusern usw. noch hingenommen werden kann.

In derselben Ausführung können natürlich auch Ortbetonschalenausführungen mit derselben Technik durchgeführt werden. So sind nach Bild 119 Kuppelschalen für eine überdeckte Fläche von 1400 m² schon ausgeführt worden. Die thermischen Bewegungen durch die Außentemperatureinflüsse werden hier durch Heben und Senken der Kuppeln elastisch ausgetragen.

Bild 117 Buckelschalen-Systemskizze

Bild 118 oben Halle in Regensdorf bei Zürich (7000 m²), unten Versand- und Bürobau in Böblingen (4477 m²)

7.7 Sperrbeton-Dächer

Bild 119   1400 m² Deckfläche

7.7.5 Shed-Dächer

Shed-Dächer werden zwar heute sehr häufig mit Leichtbauplatten, Trapezblechen und dgl. hergestellt, aber auch noch in großem Umfange aus Ortbetonplatten und vorgefertigten Betonplatten. Dabei können die Betonplatten gerade oder leicht gewölbt sein je nach Konstruktion. In Bild 119a und 119b sind beide Dachformen als Beispiel dargestellt.

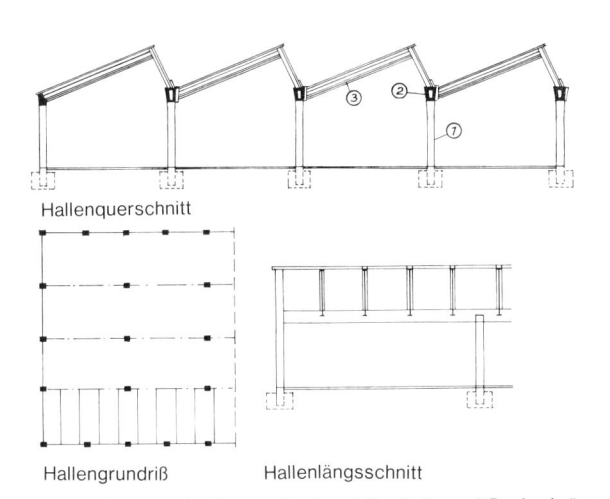

Hallenquerschnitt

Hallengrundriß   Hallenlängsschnitt

Bild 119a   Sägeschnitt-Shed. 1 Pfeiler, 2 Shedträger, 3 Dachschräge (Querbinder)

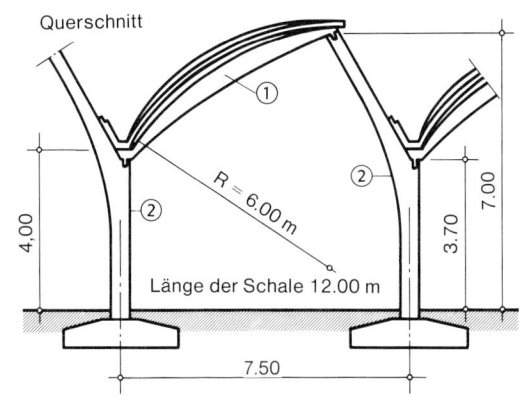

Querschnitt

R = 6.00 m
Länge der Schale 12.00 m

Bild 119b   Rundshed. 1 Stützen, 2 Querträger für Schalen

Der Aufbau eines normalen Shed-Daches als Warmdach mit Massivplatte ist ähnlich auszuführen wie Ebene-Warmdächer:

1. Massivplatte.
2. Kaltbitumen-Voranstrich.
3. Ausgleichsschicht, z.B. Lochglasvliesbahn oder streifenweise aufgeklebt, unten grob besandete Glasvliesbahn.
4. Dampfsperre.
5. Wärmedämmung und hier gegebenenfalls bei gewölbten Sheds Rollbahnen.
6. Dampfdruckausgleichsschicht, Dachhaut und hier bei Gefälle Dachdeckung und im Mulden-Shedrinnen-Bereich Dachdichtung.

Der Voranstrich hat die gleiche Funktion wie beim normalen Warmdach. Die untere Ausgleichsschicht als Trennlage braucht bei den Sheds nicht an die Außenluft angeschlossen werden. Bei sehr kurzen Sheds und geringfügig zu erwartenden Temperaturbewegungen bzw. Spannungen kann u.U. sogar auf diese untere Ausgleichsschicht verzichtet werden, wenngleich sie in keinem Falle ein Nachteil ist. Besser als Lochbahnen haben sich bei Sheds grob besandete Glasvliesbahnen bewährt, die dann streifenweise parallel zum Gefälle aufgeklebt werden, wie bereits früher angeführt.

Die Dampfsperre ist in jedem Falle vollsatt mit Heißbitumen aufzukleben, im unteren Shedrinnen-Bereich im Gieß- und Einwalzverfahren, während sie im Schrägbereich im Bürsten-Streichverfahren eingeklebt wird. Bei ausreichend nachgewiesener Wärmedämmung kann die Dampfsperre noch mit Heißbitumen 85/25 aufgeklebt werden. Bei gering dimensionierter Wärmedämmung empfiehlt es sich jedoch aus Sicherheitsgründen, Steildach-Bitumen 105/15 oder 105/25 zu verwenden. Bei starkem Hitzestau kam es besonders auch bei sehr steilen Shed-Dächern schon zu Abrutschungen oder Aufbeulungen der Wärmedämmung, resultierend aus Bewegungen aus der Dachhaut, wenngleich diese Fälle relativ selten sind. Über die Dampfsperre wird dann die Wärmedämmung aufgeklebt, wobei, wie in den Bildern 101–103, u.U. Latten in die Wärmedämmung eingelegt werden, an denen dann die Dachhaut später zusätzlich befestigt werden kann. Als Wärmedämmplatten eignen sich alle formstabilen, zuvor beschriebenen Wärmedämmplatten. Bei gekrümmten Sheds eignen sich auch vorzüglich, wie nachfolgend bei HP-Schalen beschrieben, die rollbaren Wärmedämmatten. Es wird auf die früheren Ausführungen und die nachfolgenden verwiesen.

Bei Shedlängen über 5 m sollte, wie angeführt, eine zusätzliche Latte in der Shedmitte angeordnet werden, auf der dann die Dachbahnen nochmals dicht abgenagelt werden können. Im Firstbereich ist ebenfalls eine derartige Holzbohle anzuordnen, desgleichen gegebenenfalls am Shedfuß. Eine schwere Wärmedämmung erfordert mehr Stützlatten als eine leichte Wärmedämmung. Polystyrol-Hartschaumplatten haben sich demzufolge bei Sheddächern sehr gut bewährt, während schwere Wärmedämmplatten ein gewisses statisches Gewicht auf die Latten ausüben. Auch muß aus jeder Dachhaut eine gewisse Zugwirkung erwartet werden, so daß die Latten, wie bereits früher beschrieben, u.U. auch durch die Dampfsperre in der Decke befestigt werden müssen. In diesen Fällen empfiehlt es sich dann, die Latten unterseitig mit Bitumenmasse so einzustreichen, daß die Durchbohrungsstelle mit Bitumen bei der Aufschraubung angedichtet wird, so daß nur wenig Dampfdurchgang durch diese Verschraubungen zu erwarten ist. Der Nachteil eines geringen Dampfdurchganges ist nicht so groß wie der Nachteil einer abgerutschten Dachhaut.

Die obere Dampfdruckausgleichsschicht ist bei Shed-Dächern in jedem Falle anzuordnen. Sie ist, wie mehrfach angeführt, punktweise, besser jedoch in diesem Falle streifenweise mit ca. 50–60 % Klebefläche parallel zum Gefälle aufzubringen. Es ist standfeste Heißbitumen-Klebemasse zu verwenden. Bei sehr steilen Dächern empfiehlt es sich sogar, diese Dampfdruckausgleichsschicht mit einer Steildach-Aufflämmbahn oder Schweißbahn anzuordnen, über der dann eine fabrikfertig besandete evtl. hochreißfeste Glasvlies-Bitumenbahn mit standfester Heißbitumen-Klebemasse vollsatt aufgeklebt wird. Die zusätzliche Nagelung wurde bereits in früheren Kapiteln ausreichend beschrieben.

Bei rollbaren Wärmedämmplatten, bei denen unter der Abdeckpappe bereits eine Dampfdruckausgleichsschicht vorhanden ist, zählt die obere Abdeckbahn bereits als erste Lage. Es reicht dann also aus, darüber noch eine Steildach-Schweißbahn oder dgl. mit standfester Heißbitumen-Klebemasse aufzukleben. Bei Shed-Konstruktionen ist also im Gefällebereich eine zweilagige Bahnenabdeckung ausreichend.

In der Shedrinne dagegen ist eine dreilagige Abdichtung notwendig, falls hier nicht eine Kunststoffbahn oder eine Blechrinne eingelegt wird, wie dies noch häufig gemacht wird.

Als Grundregel bei Steilsheds muß angeführt werden, daß nur Dachbahnen mit hochreißfesten Einlagen zur Anwendung kommen sollen. Hier können auch noch entsprechend fäulnisfeste Bitumenpappen als Oberlage dienlich sein. Sie haben sich teilweise besser bewährt als solche mit anorganischen Trägereinlagen mit geringer Zugfestigkeit. Im Shedmuldenbereich dagegen können Bitumenpappen als Oberlagen nicht mehr empfohlen werden. Wie bereits angeführt, ist jede einzelne Lage für sich im Firstbereich bzw. an den Stützlatten verdeckt engreihig abzunageln, besser noch, wie in früheren Ausführungen angeführt, zu klemmen. Ab der Dampfsperre sind für alle weiteren Verklebearbeiten standfeste Heißbitumen-Klebemassen zu verwenden, z. B. 105/15. Im Shedbereich ist die oberste Lage immer mineralisiert auszuführen mit möglichst heller Besandung, um die Dachaufheizung zu vermindern. Die Verstärkung der Shedrinne durch eine dritte Lage wurde bereits mehrfach gefordert.

Zuweilen werden Shed-Dächer auch bei Warmdächern mit Blechabdeckung ausgeführt, wobei diese im Schrägbereich als auch in der Shedrinne eingebracht wird. Im Shed-Schrägbereich werden diese Abdeckungen meist als Bahnen in Falztechnik ausgeführt. In der Shedrinne müssen diese Bleche von Zeit zu Zeit Dilatationsmöglichkeiten erhalten, da sonst Aufbeulungen, Risse an den Lötfugen usw. entstehen.

7.7.5.1 HP-Schalendächer

HP-Schalen stellen lediglich eine Variation des normalen Shed-Daches dar. Es sind dies gewölbte Schalen als Fertig-Montageteile. Sie werden aus Spannbeton der Betongüte B 450 bis B 600 bis zu Spannweiten bis zu 30 m hergestellt und haben meist sehr dünne, nur ca. 6 cm starke Betonplatten. Die Abwicklung der HP-Schalen beträgt ca. 2,70 m. In Bild 120 ist das Schema eines HP-Schalendaches im Querschnitt dargestellt.

Der Aufbau des normalen, oberseitig wärmegedämmten HP-Schalendaches ist also von unten nach oben:

1. HP-Schale aus vorgespanntem Schwerbeton.
2. Kaltbitumen-Voranstrich.
3. Ausgleichsschicht.
4. Dampfsperre.
5. Wärmedämmung, und hier meist eine gewölbte Wärmedämmung, z. B. rollbare Wärmedämmbahn oder gewölbte Wärmedämmbahn.
6. Dampfdruckausgleichsschicht.
7. Im Bereich der Schräge Flachdachdeckung bzw. im Muldenbereich Dachabdichtung.

Hinsichtlich des Aufbaues und der Abdichtungstechnik ergeben sich also dieselben Probleme wie bei den Shed-Konstruktionen. Meist werden jedoch die HP-Schalendächer hinsichtlich der Abrutschgefahr der Feuchtigkeitsabdichtung unterschätzt. Sie haben zwar nur eine sehr geringe Abwicklung. Die Dachneigung wechselt aber von 60° bis 0° und unterliegt u. U. auch völlig extremen Temperatureinflüssen. Während die Schrägfläche u. U. stark sonnenbestrahlt wird, ist die Mulde im Schattenbereich. Dadurch werden besondere Anforderungen an die Dachhaut gestellt.

Die Anbringung einer Firstbohle ist bei diesen HP-Schalendächern unerläßlich. Es muß gefordert werden, daß

7.7 Sperrbeton-Dächer

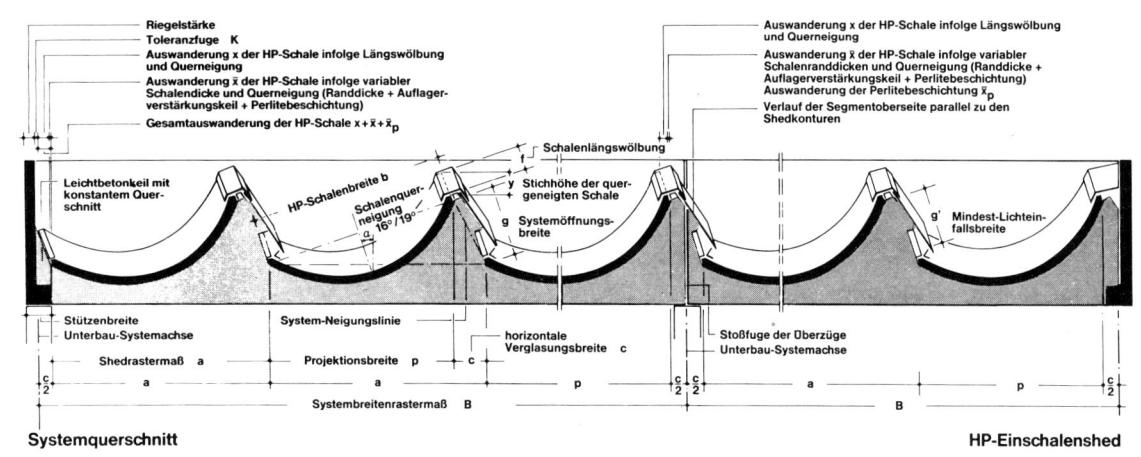

Bild 120 HP-Schalendach

sämtliche Dachbahnen auch hier genagelt werden. Als Wärmedämmstoffe sollen hier nur solche verwendet werden, die biegsam sind, also sich den Krümmungen gut anpassen. Sogenannte vorgefertigte gewölbte Wärmedämmungen sind insofern problematisch, als die Krümmung an jeder Stelle der HP-Schalen verschieden ist und die Platten sich somit nicht ausreichend anpassen. In der Praxis haben sich die rollbaren Wärmedämmbahnen mit aufkaschierter erster Lage Dachbahn und eingebauter Dampfdruckausgleichsschicht unter dieser Dachbahn sehr gut bewährt, da sie sich allen Krümmungen leicht anpassen.

Bezüglich der Dachbahn gilt dasselbe wie bei den Normalsheds beschrieben. Starke Heißbitumen-Klebeaufstriche sollen auch bei standfesten Bitumen-Klebemassen nicht verwendet werden. Es ist hier nur im Klebeverfahren zu arbeiten, wobei jedoch in jedem Falle standfeste Heißbitumen-Klebemasse verwendet werden soll. Verschiedentlich werden von Firmen auch sehr zweckmäßige standfeste Schweißbahnen oder Aufflämmbahnen empfohlen, die aufgeklebten Bahnen noch vorzuziehen sind.

Besonderes Augenmerk ist der Abdichtung bei HP-Schalen im Auflagerbereich an den senkrechten Attikariegeln zuzuwenden. Es muß erwartet werden, daß 24 m lange HP-Schalen beispielsweise noch Längenbewegungen nach aufgebrachter Wärmedämmung von über 6 mm erbringen. Anders ausgedrückt heißt das, daß im Bereich der Attikariegel Dehnfugen entstehen. Die Dachhaut muß diesen Bewegungen Rechnung tragen. Es ist demzufolge erforderlich, an diesen Riegeln keine bituminösen Abdichtungsbahnen einzukleben, sondern elastische Kunststoffbahnen möglichst lose in dieser Richtung einzuhängen, damit die Längenbewegungen aufgenommen werden können. Hier haben sich in der Praxis Rhepanol-f-Bahnen oder dgl. gut bewährt.

Sehr häufig findet man auch, daß in diesem aufgelegten Riegelbereich zwei HP-Schalen in einem Ablauf entwässert werden, d. h., daß das Wasser durch den Attikariegel hindurchgeführt wird, um in der Nachbarschale

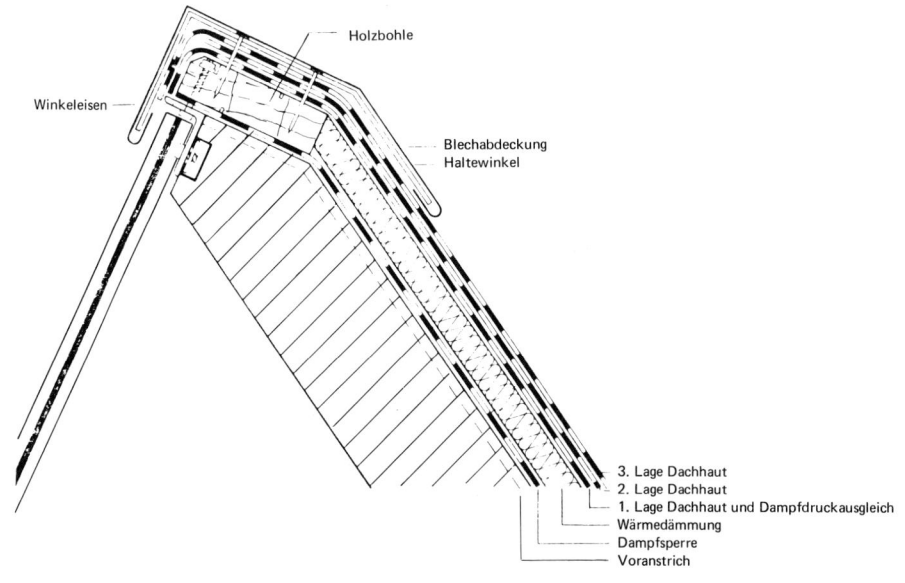

Bild 121 Shedfirst-Anschluß

7. Allgemeine Aufbaugesichtspunkte – Warmdach

Bild 122   Shed-Fußanschluß

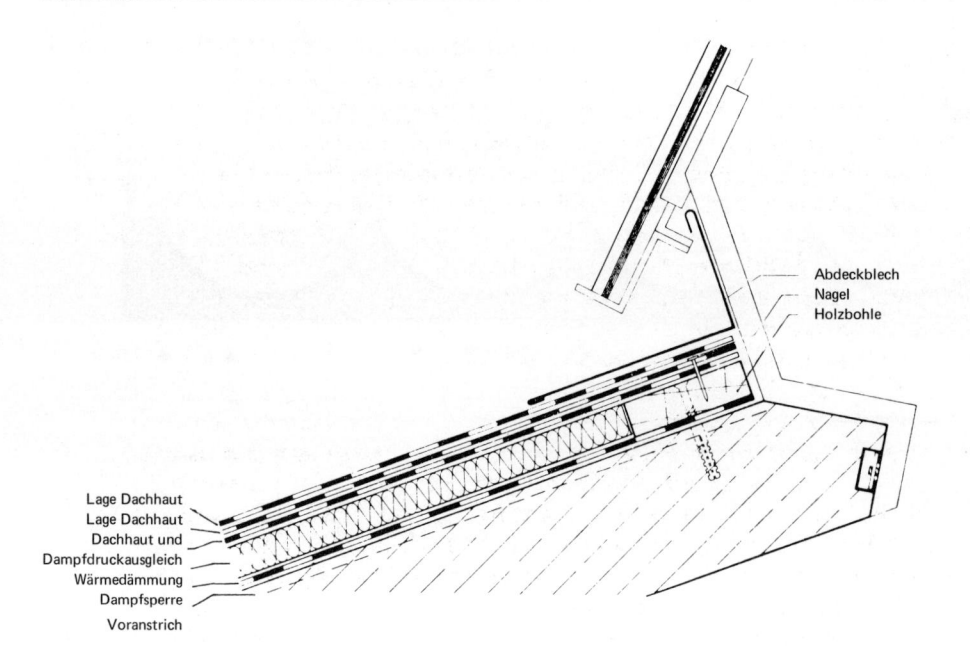

Abdeckblech
Nagel
Holzbohle

Lage Dachhaut
Lage Dachhaut
Dachhaut und
Dampfdruckausgleich
Wärmedämmung
Dampfsperre
Voranstrich

zu entwässern. Derartige Durchführungen sind kompliziert und führen sehr häufig zu Mängeln. Abgesehen von Verstopfungen und Vereisungen auf der einen Schalenseite können auch hier gerade die vorgenannten Temperaturbewegungen Schadensursachen für Undichtigkeiten sein, auch dann, wenn die Abläufe mit elastischen Kunststoff-Folien in die Dachabdichtung eingeflanscht werden.

In Bild 121 ist eine Shedfirst-Skizze dargestellt, die gleichermaßen für normale Sheds als auch für HP-Schalen gültig ist. Anstelle der dreilagigen Dachabdichtung kann bei richtiger Aufklebung der Druckausgleichsschicht auch eine zweilagige Dachabdeckung zur Ausführung kommen.

In Bild 122 ist ein Shed-Fußanschluß dargestellt, der primär für die HP-Schalen gültig ist. Die Dachhaut ist hier dreilagig auszuführen, da sie in den Muldenbereich übergeht. Sie ist im oberen Bereich ebenfalls mit einer Holzbohle zu nageln und mit einem Überhangblech abzudecken.

In Bild 123 ist eine Shedrinne dargestellt, bei der dieselbe mit einer Kunststoffbahn (Rhepanol f) ausgebildet wird, was durchaus zweckmäßig und zu empfehlen

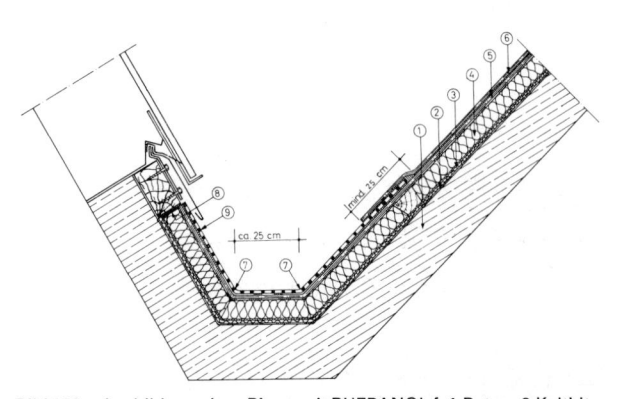

Bild 123   Ausbildung einer Rinne mit RHEPANOL f. 1 Beton, 2 Kaltbitumenvoranstrich, 3 Ausgleichs- und Dampfsperrschicht, 4 Wärmedämmschicht, 5 Dampfdruckausgleichsschicht, 6 Bitumendachbahn, 7 in den Ecken ca. 10 cm unverklebt, 8 sperren mit Heißbitumen 85/25, 9 RHEPANOL f, Verklebung: Kleber 10 bzw. standfestes Heißbitumen 105/15

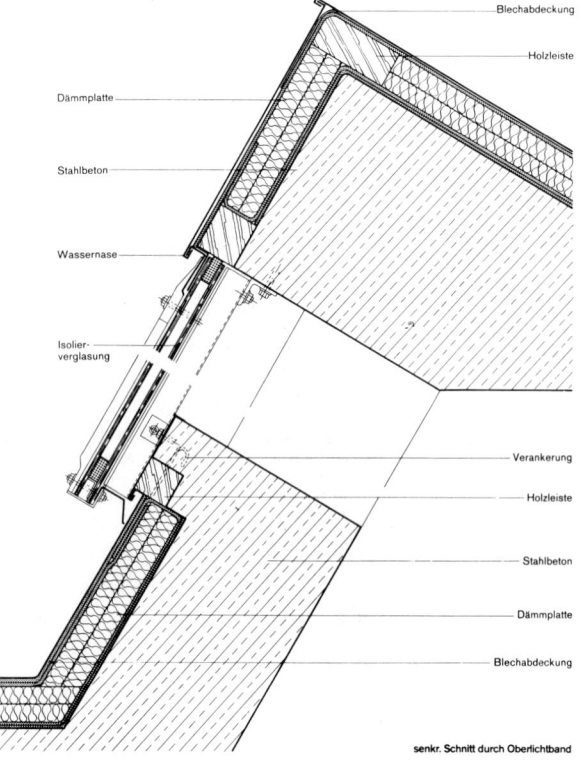

Bild 124   Shed mit Metalldeckung

Blechabdeckung
Holzleiste
Dämmplatte
Stahlbeton
Wassernase
Isolierverglasung
Verankerung
Holzleiste
Stahlbeton
Dämmplatte
Blechabdeckung

senkr. Schnitt durch Oberlichtband

7.7 Sperrbetondächer

Bild 125 HP-Shedanschlüsse, Dachanschluß an Waagerechte, Lichtkuppel, Giebel-Attika

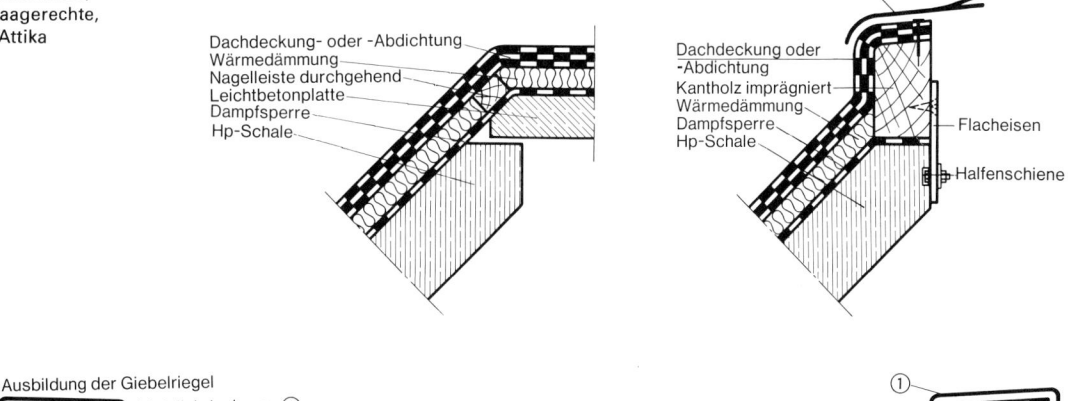

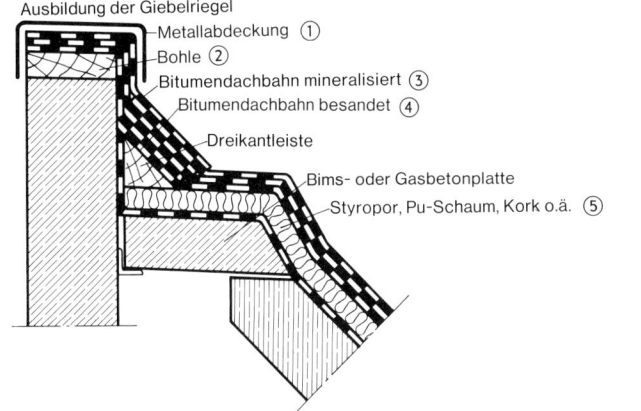

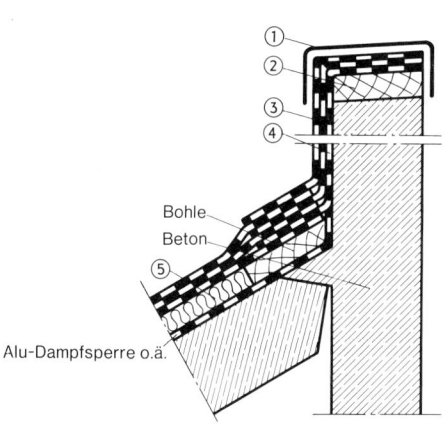

ist. Die bituminöse Dachabdichtung endet also in einem höheren Bereich und wird hier mit noch 25 cm Überlappung auf die Kunststoffbahn aufgeklebt. Die Kunststoffbahn ist aber auch hier in diesem Randbereich zusätzlich mit der Unterlagspappe zu nageln. In Bild 124 ist ein Shedfirst und ein Fußanschluß mit Blechabdeckung dargestellt, wobei die Blechabdeckung über einer bituminösen Unterlagsbahn mit Haften befestigt ist (s. spätere Kapitel Metallbedachungen).
In den Bildern 125 sind Anschlußdetails von Sheds bzw. HP-Schalen an waagrechte Dachflächen, an Lichtkuppeln, an Attika-Aufkantungen usw. nach Kakrow [29] dargestellt, die durchaus sämtlich empfohlen werden können. Gegebenenfalls empfiehlt es sich, an höheren Attikas anstelle von bituminösen ungeschützten Abdichtungen Kunststoffbahnen zu verwenden oder die Blechabdeckung an der Senkrechten zum Schutze der Dachabdichtung herunterzuführen, um eine Abrutschung und vorzeitige Alterung an diesen senkrechten Flächen zu vermeiden.
Grundsätzlich sollte das Einkleben von Winkelblechen, etwa wie in Bild 126 dargestellt, vermieden werden. Hier ist also entsprechend Bild 122 zu verfahren. Blecheinklebungen nach Bild 126 führen bei Sonneneinstrahlung sehr häufig zu Abrissen der bituminösen obersten Lage Dachbahn. Außerdem führt ein derartiges Blech zu Aufwölbungen und zu Spannungen mit glatten Abris-

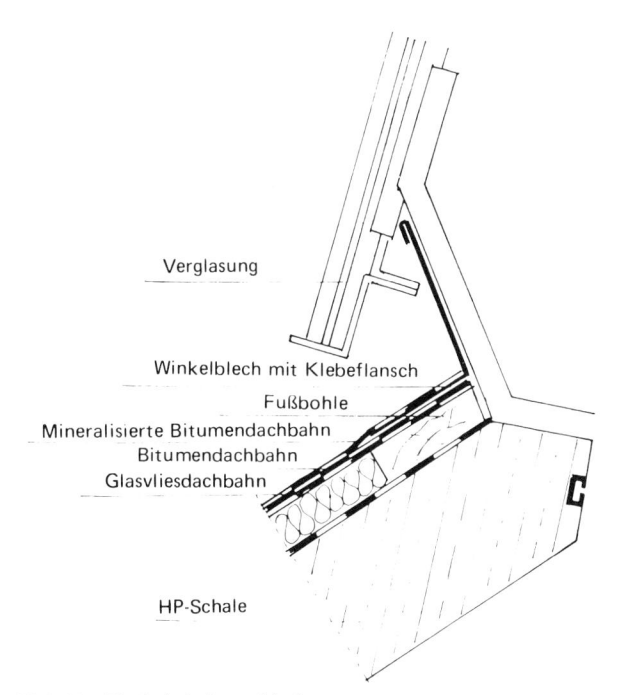

Bild 126 Blecheindeckung *falsch*

ren. Dagegen kann Bild 127 bei Firstzusammenstößen von Shed-Dächern bzw. HP-Schalen wieder empfohlen werden. Unter Umständen empfiehlt es sich hier, als oberste »Haube« eine Kunststoffbahn aufzubringen,

7. Allgemeine Aufbaugesichtspunkte – Warmdach

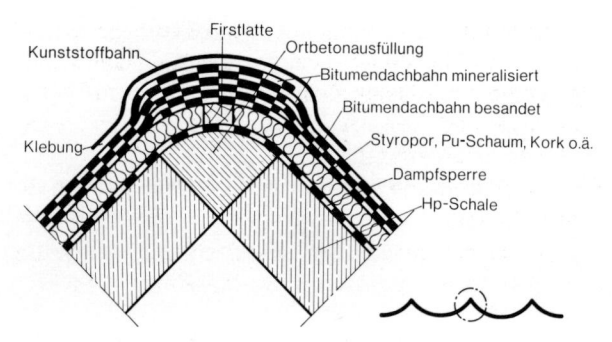

Bild 127 First bei zwei HP-Schalen ohne Licht

wie dies einskizziert ist, die jedoch nur an den seitlichen Klebeflächen geklebt wird, um allen Temperaturspannungen und sonstigen Spannungen Raum zu geben.
Abschließend sei zu den HP-Schalen noch bemerkt, daß diese bzw. ähnliche Schalen wie die Buckelschalen auch heute bereits mit unterseitiger Wärmedämmung geliefert werden, so daß von der oberseitig ungeschützten Betonschale die Feuchtigkeitsabdichtung zu übernehmen ist, bzw. daß diese gegebenenfalls mit PU-Beschichtungen oder mit anderen Kunststoff-Beschichtungen wasserdicht hergestellt wird. Die Wärmedämmung ist dann wieder unterseitig angeordnet. In jedem Falle muß hier die Dampfdiffusion untersucht werden, um gegebenenfalls Kondensationsanreicherung zu vermeiden. Auch spielt hier die thermische Bewegung in den Tragwerken eine gewisse Rolle hinsichtlich der Einspannung der Verglasungsflächen. In verschiedenen Fällen kam es bei sehr langen Fertigteil-Elementen in den Verglasungen zu unzulässigen Spannungen (Rissen). Hier bedarf es einer sehr sorgfältigen elastischen Einspannung der Verglasung. Sicher haben derartige unterseitig gedämmte Ausführungen weit weniger Probleme hinsichtlich der Abdichtung (Abrutschungen). Andererseits müssen jedoch physikalische Nachteile in Kauf genommen werden. Auch sind derartige, unterseitig wärmegedämmte Elemente nur für bestimmte Raumtemperaturen und Luftfeuchtigkeiten einsetzbar. Andererseits ergeben sich z. B. bei HP-Schalen mit unterseitiger Perlite-Betonbeschichtung günstige Voraussetzungen für den baulichten Brandschutz gemäß DIN 4102. Die HP-Schale ist mit einer durchschnittlichen unterseitigen Beschichtungsdicke

von 2,5 cm in Gruppe F 60 = feuerhemmend,
von 4,5 cm in Gruppe F 120 = feuerbeständig

einzureihen. Versuche haben gezeigt, daß eine Verwendung dieser Schalen-Tragwerke mit unterer Perlite-Beschichtung auch bei sehr hoher Brandbelastung entsprechend DIN 4102 möglich ist. Bei bestimmten Industriebetrieben ist also eine derartige Maßnahme sinnvoll.

Die Perlite-Beschichtung hat zugleich schallabsorbierende Wirkung, was u. U. in gewissen Betrieben ebenfalls von wesentlichem Vorteil ist.
Da die Perlite-Beschichtung im Werk aufgebracht wird, stellt die HP-Schale mit unterer Wärmedämmung und oberseitiger Imprägnierung (Anstrich auf Beton) ein werksmäßig vorgefertigtes, komplettes, isoliertes, großformatiges und wasserführendes Dachelement dar, welches ein unabhängig von der Witterung herstellbares, wartungsfreies Hartdach ergibt. Es hat also den Vorteil gleichzeitigen Schutzes des Tragwerkes gegen Feuer und der zusätzlichen Schallabsorption ohne Mehrkosten. Andererseits muß jedoch geschätzt werden, unter welchen physikalischen Belastungen eine derartige Dachkonstruktion noch eingesetzt werden kann. Es würde zu weit führen, hier die Abgrenzungen vorzunehmen. Es empfiehlt sich, sich jeweils bei den Liefer- und Herstellerwerken die notwendigen Auskünfte geben zu lassen (Wärmedämmwerte, Tauwasservermeidung, Wärmeverlust, Schimmel-Sporenbafall usw.).

7.7.6 Leichte Warmdächer

Wie nach der Klassifizierung Kapitel 1 (I. Teil) dargestellt, muß zwischen schweren Warmdächern und leichten Warmdächern unterschieden werden. Die notwendige Aufteilung zwischen schweren und leichten Warmdächern erfolgt, wie in Teil I dieses Buches dargestellt, aus dem Kriterium der Wärmespeicherung. Hier soll auf die Tabelle 4 der DIN 4108 hingewiesen werden (s. Tabelle 13 Anhang). Danach ist z. B. für Zone II, 20 kg/m² Dachgewicht ein Wärmedurchlaßwiderstand von 1,85 erforderlich, für 50 kg/m² Dachgewicht 1,40 und für 100 kg/m² Dachgewicht 0,95 m²h°/kcal. Der Mindestwärmedämmwert muß jedoch mit mindestens 1,25 m²h°/kcal nachgewiesen werden, also auch bei einem Dachgewicht von 100 kg/m². Die Gewichtsermittlung muß jeweils gesondert für jedes Dach durchgeführt werden, gemäß DIN 1055, Tabelle 14 im Anhang.
Im allgemeinen fallen unter den Begriff »leichte Warmdächer« Warmdächer aus Holzkonstruktionen, Leichtbeton und Trapezblechen oder dgl. Dabei können jedoch nach der Tabelle 4 DIN 4108 alle drei Dachformen schwerer sein als die Grenzwerte, so daß hinsichtlich der Dimensionierung der Wärmedämmstärken die gleichen Voraussetzungen gegeben sind wie bei schweren Warmdächern. Dies ist besonders dann gegeben, wenn die Schutzschicht eine Kiesschüttung oder dgl. darstellt. Trotzdem ergeben sich mit diesen sog. leichten Warmdächern oder Warmdächern mit wärmedämmend wirkender Tragkonstruktion andere physikalische und abdichtungstechnische Gesichtspunkte, so daß eine gesonderte Behandlung notwendig wird.
Allgemein sei noch angemerkt, daß bei Leichtdächern unter 100 bzw. 150 kg/m² die Mindestwärmedämmwerte der DIN 4108 mit einem Wärmedurchlaßwider-

stand von 1,25 m²h°/kcal wirklich nur Mindestwerte sind. Bei Leichtkonstruktionen sollte aus Gründen der Wärmespeicherung angestrebt werden, diesen Wert zu erhöhen, auch wenn er letzten Endes nicht unbedingt gefordert wird.

7.7.6.1 Warmdach mit Holzkonstruktion

Bis vor einigen Jahren hat man in Zusammenhang mit Holzkonstruktionen nur vom sog. zweischaligen Flachdach gesprochen. In den letzten Jahren hat es sich jedoch erwiesen, daß man mit Holzkonstruktionen sehr preiswerte und physikalisch einwandfreie Dachkonstruktionen als Warmdächer erhält. Neben der Preiswürdigkeit, der geringen statischen Belastung sind besonders die Vorteile erkannt worden, daß Holz-Warmdächer physikalisch einwandfrei gestaltet werden können. Die Wärmedämmung kann so dimensioniert werden, daß die Tauebene mit Sicherheit außerhalb der Dampfsperre liegt, so daß die Unsicherheitswerte, die beim Kaltdach gegeben sind (s. spätere Behandlung), in Wegfall kommen. Außerdem stellte man fest, daß die bei Massivdächern auftretenden Temperaturspannungsrisse im Bereich von Mauerwerksbauten bei Holzkonstruktionen nicht auftreten. Die Wärmeschub- bzw. -zugspannungen, wie sie bei Massivdecken mehr oder weniger stark auftreten, sind bei Holzkonstruktionen nicht vorhanden. Rissebildungen in Mauerwerk und Putzen usw. sind demzufolge ausgeblieben. Es kann also eine Holzkonstruktion ungehindert auf 24 bzw. 30 cm starkes Mauerwerk ohne zusätzliche Maßnahmen (außer sturmsichere Verankerung) aufgebracht werden, was bei Massivplattendecken nicht der Fall ist, wie später nachgewiesen wird. Auch hat sich Holz physiologisch als ein angenehmer und warmer Baustoff seit langem die Herzen der Bewohner erobert. In zunehmendem Maße werden Holzschalungen an den Decken wegen des gesunden Wohnens gewünscht. Es ergeben sich bei Holzkonstruktionen einfache und wirtschaftliche Dekorationsmöglichkeiten mit derartigen Verschalungen.

7.7.6.2 Aufbaugesichtspunkte

In Bild 128 ist der physikalisch richtige Aufbau einer derartigen Holz-Warmdachkonstruktion dargestellt. Der Aufbau von unten nach oben ist wie folgt gegeben:

1. Holztragkonstruktion (Holzbalken, Leimbinder, Stegträger usw.).
2. Holzschalung, in diesem Falle raumseitig gehobelt, Nut und Feder selbstverständlich quer zur Tragkonstruktion oder kochfest verleimte Holzspanplatten.
3. Trennschicht, bestehend aus Rohfilzpappe, Ölpapier, geeigneter Kunststoff-Folie oder Rohglasvliesbahn zur Vermeidung der Zusammenklebung (je nach Dachhautwahl).
4. Dampfsperre, bestehend aus einer Glasvliesbahn V 11, normal besandet, an den Bahnenrändern und in Bahnenmitte dicht genagelt (gegen Sturmabhebung) und hierauf Aufkleben einer Alu-Dichtungsbahn oder einer hochreißfesten Glasvlies-Bitumenbahn (V 13) im Gieß- und Einwalzverfahren je nach den physikalischen Erfordernissen.
5. Wärmedämmung und hier je nach Dachgewicht dimensioniert.
6. Obere Dampfdruckausgleichsschicht aus unterseitig grob bekiester punktweise aufgeklebter Glasvliesbahn V 11.
7. Dachabdichtung aus dreilagiger Dachabdichtung wie bei Massivdach beschrieben mit Deckaufstrich (oder Aufbau mit Kunststoffen).
8. Schutzschicht, am besten wiederum Kiesschüttung 5–6 cm stark, Körnung 15/30 mm.

In diesem Falle ist unterseitig der Tragkonstruktion keine raumabschließende Holzschalung oder Unterschale vorgesehen. Dies ist bauphysikalisch gesehen zweifellos die günstigste Voraussetzung für den Einsatz eines Holz-Warmdaches. Die Tragkonstruktion kann selbstverständlich bis zu 2,5 m Abstand gewählt werden, wenn die darüber angeordnete Holzschalung entsprechend stark gewählt wird (Holzbohlen). Es ist jedoch dann eine Temperaturverlaufsberechnung (s. Schema Teil I) anzustellen, um festzustellen, daß die Tauebene normalerweise über der Holzbohle, also in der Wärmedämmung liegt. Holz ist bekanntlich ein guter Wärmedämmstoff. Je stärker also die untere Holzschalung wird, je stärker müßte die obere Wärmedämmung dimensioniert werden, um die Tauebene über die Dampfsperre in die Wärmedämmung zu erhalten.

Häufig ist jedoch eine derartige Konstruktion mit innen sichtbaren Balken nicht erwünscht. Es ergibt sich dann die Möglichkeit, wie in Bild 129 dargestellt. Eine untere Holzschalung oder auch eine andere Unterdecke wird mit Fugenabstand verlegt, so daß die warme Raumluft ungehindert bis in den Lufthohlraum eindringen kann. Die physikalischen Verhältnisse ändern sich dann gegenüber Bild 128, also gegenüber der vorgenannten Beschreibung nur wenig. Die geringen Nachteile können außer acht gelassen werden (sogar bei höheren Raumluftfeuchtigkeiten). Gegen Eindringen von Staub kann ein luft- und wasserdampfdurchlässiger Vlies hinter der Holzschalung aufgelegt werden (schwarze Kunststoffvliese oder dgl.). Anstelle von Holzschalungen können aber auch Gipskartonplatten verwendet werden, wenn diese im Randbereich einen Schlitz freilassen, so daß eine Konvektion im Lufthohlraum möglich ist (siehe Teil I).

Häufig ist aber auch eine derartige Konstruktion nicht erwünscht, so daß dann nach Bild Skizze 130 verfahren wird, d. h., eine raum-abschließende untere Holzschalung zum Einbau kommt. Der Lufthohlraum wird durch diese Maßnahme weitgehend eingeschlossen. Die physikalischen Verhältnisse werden also insofern ungünstig beeinflußt, als sich die untere Holzschalung und der Lufthohlraum samt der oberen Holzschalung am Temperaturverlauf beteiligen und dadurch bei zu gering dimensionierter Wärmedämmschicht die Tauebene u. U. bei bestimmten Außentemperaturen unter die Dampfsperre absinkt, d.h., Kondensation etwa im Lufthohlraum oder unter der oberen Holzschalung möglich wird. In den letzten Jahren hat der Autor jedoch die Feststellung gemacht, daß derartige Konstruktionen bei normalen Wohnbelastungen, also im Wohnungsbau durchaus noch möglich sind. Die Ursache liegt zweifellos darin, daß auch bei Nut- und Federausführung die Unterschale keineswegs luftdicht ist, sondern daß hier doch noch erhebliche Warmlufteinströmung gegeben ist und Konvektion im Lufthohlraum stattfindet. Der Lufthohlraum wird also wärmetechnisch samt der Unterschale zum Teil ausgeschaltet, so daß bei normalen Raumbelastungen bisher Schäden nirgends aufgetreten sind (zahlreiche Kontrollmessungen wurden durchgeführt). Es mag durchaus sein, daß bei sehr ungünstigen Winter-Außentemperaturen die Tauebene kurzfristig nach unten absinkt. Das Holz ist aber ohne weiteres in der Lage, ähnlich wie später bei Gasbeton beschrieben, Feuchtigkeit vorübergehend aufzunehmen, ohne daß dadurch gleich eine Holzkrankheit erwartet werden muß. Holz ist sehr regenerationsfähig und gibt evtl. aufgenommene Feuchtigkeit schnell wieder ab, wenn die Tauebene wieder nach oben rutscht. Man braucht also auch hier nicht zu ängstlich zu sein. Es empfiehlt sich jedoch andererseits besonders bei Einsatz über Küchen und Bädern oder über gleichartigen Räumen, die Wärmedämmung in diesen Fällen 2–3 cm stärker zu dimensionieren. Dadurch werden weitgehend die negativen Einflüsse der Unterschale ausgeglichen. Auch eine Gipskartonplatten-Verkleidung anstelle der Holzschalung ist durchaus noch möglich, wenn die Raum-Luftfeuchtigkeiten im Normalbereich bei +20°C 50% nicht überschreiten. In Küchen und Bädern sollte man jedoch auf eine geschlossene Gipskartonplatten-Verkleidung verzichten. In derartigen Räumen sollte man auf alle Fälle eine Hinterlüftung anstreben, wie in Bild 129 schematisch dargestellt. Die Lüftung kann über Randschlitze erfolgen, die praktisch kaum sichtbar sind (Skizze zu 129).

Der Einsatzbereich derartiger Konstruktionen ist nicht auf eine bestimmte Raumluftfeuchtigkeit beschränkt. Es ist durchaus möglich, etwa Holzkonstruktionen nach Bild 128 oder 129 auch in Schwimmbädern zum Einbau zu bringen bei Lufttemperaturen von 30°C bis Luftfeuchtigkeiten von 70%. Der Autor hat bisher keinerlei Nachteile bei derartigen Warmdach-Konstruktionen festgestellt. Ausführungen nach Bild 130 sollten jedoch in diesen Fällen nicht mehr gewählt werden.

7.7.6.3 Detailgesichtspunkte

Es müssen jedoch einige Detailpunkte beachtet werden, wenn man schadensfrei bleiben möchte. In Skizze 131 ist ein Wandanschluß dargestellt. Die einskizzierten Pfeile zeigen an, daß hier erhebliche Undichtigkeiten dadurch entstehen können, daß die Holzschalung stirnseitig keinen Poren- und Fugenabschluß erhält und daß gegebenenfalls die Mauerwerksschwelle uneben auf dem Mauerwerk aufsitzt. Die Pfeilrichtung zeigt aber auch an, daß hier erhebliche Wärmeverluste auftreten, die sich im Raum als Zugluft bemerkbar machen. Bei starker Windbelastung von außen können hier innenseitig die Vorhänge in Bewegung geraten. Dies ist besonders dann zu erwarten, wenn die Unterschale, wie erwünscht, nicht luftdicht hergestellt ist. Die obere Rauhspundschalung erhält bei völliger Austrocknung Fugen, so daß ein direkter Kontakt mit der Außenluft in diesem Falle hergestellt würde. Es muß also gefordert werden, daß hier die Holzschalung vor Außenkante endet, also eine Querlatte oder dgl. davorgesetzt wird, so daß die Holzschalung stumpf dagegen stößt, oder daß außen eine Sperrholzplatte vollsatt alle Fugen überdeckt, was jedoch nur bei Trockenräumen zulässig ist. Außerdem ist es notwendig, innen zusätzlich eine Mineralwollematte an den Holzbalken (Bild 131a) anzunageln, um einerseits eine Wärmebrücke zu vermeiden, andererseits Zugluftbildungen zu verhindern. Bei Feuchträumen (Schwimmbäder) darf allerdings nicht wie in Bild 131a verfahren werden. Hier muß dann innenseitig der z.B. 5 cm starken Mineralwollematte eine

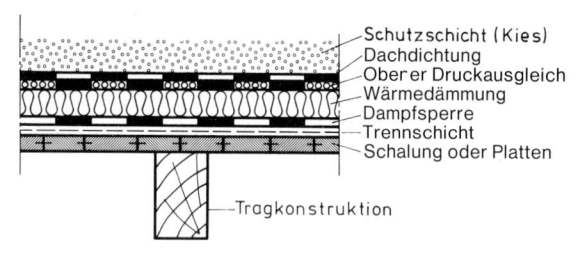

Bild 128 Ohne Unterschale

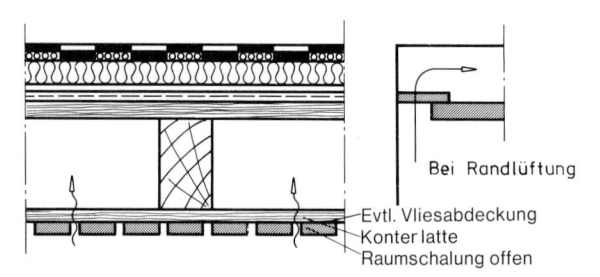

Bild 129 Mit luftdurchlässiger Unterschale

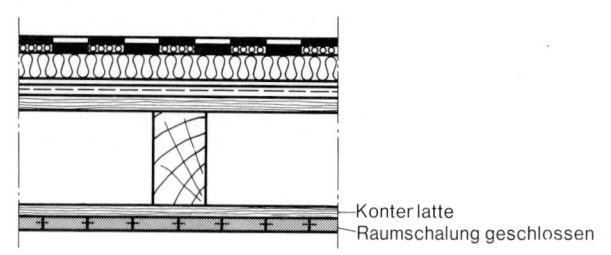

Bild 130 Mit undurchlässiger geschlossener Unterschale

7.7 Sperrbeton-Dächer

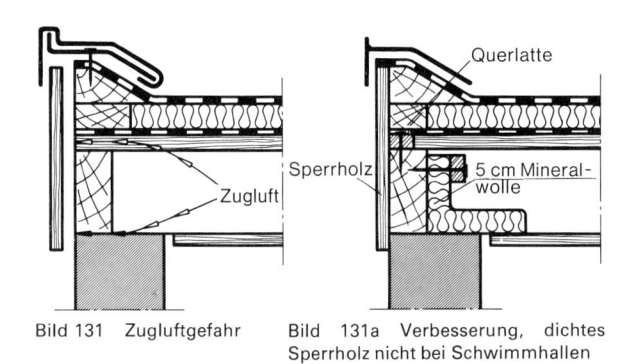

Bild 131 Zugluftgefahr   Bild 131a Verbesserung, dichtes Sperrholz nicht bei Schwimmhallen

Dampfsperre angeordnet werden. Außenseitig darf dann keine Sperrholzplatte aufgebracht werden, sondern es muß wie in Bild 131 eine Hinterlüftung angeordnet werden. Bei Schwimmbädern oder dgl. muß also an der senkrechten Wand eine Kaltwand hergestellt werden, um Schwitzwasserbildung auf der Außenseite hinter der Sperrholzplatte zu vermeiden. Aus Bild 132 kann ein Putzschaden abgelesen werden, weil diese Hinterlüftung an der Stirnseite nicht beachtet wurde.

Bild 132 Putzschaden im Schwimmbad nach Bild 131a entstanden

Ein sehr häufiger Fehler, der leider immer wieder angetroffen wird, ist die Tatsache, daß die Konstrukteure vergessen, daß bei Auskragungen (Gesimse oder Balkone) das Warmdach über dem Mauerwerk bzw. über den Fenstern endet. Es wird häufig vergessen, über diesen Mauerwerksteilen bzw. Fenstern ringsum einwandfrei abzuschotten. In Skizze 133 ist dargestellt, daß die Warmluft mit +20°C über dem erwärmten Lufthohlraum nach außen wandert und dort im kalten Bereich an den kalten Holzteilen kondensiert und nach unten abtropft und im Winter u.U. erhebliche Eiszapfenbildungen zu erwarten sind. Andererseits kommt es bei Windbelastung von außen zu Zugluftscheinung nach innen. Dies führt zu einem erheblichen Wärmeverlust neben den unangenehmen Zugerscheinungen. Hier muß also die Forderung aufgestellt werden, wie einpunktiert, über dem Mauerwerk bzw. über den Fenstern (oder auch Rolladen) luftdicht und ausreichend wärmetechnisch abzudämmen. Über einem Holzrahmen empfiehlt sich das Auflegen eines Filzes und gegebenenfalls bei Holzschalungsrichtung nach außen ebenfalls wieder eine Unterbrechungslatte, wie in Skizze 131a dargestellt. Unter Umständen darf also die obere Holzschalung nicht durchlaufen, um über die Fugen keine Zuglufterscheinungen nach innen zu erhalten oder Kondensat außen (bes. bei Schwimmbädern).

Neben den bituminösen Abdichtungen haben sich bei Holz-Warmdächern auch Kunststoff-Abdichtungen gut bewährt. Über einer Holzschalung oder kochfest verleimten Holzspanplatten ist dann folgender Aufbau möglich:

1. Filzpappe oder Rohglasvlies als Trennbahn lose aufgelegt.

2. Kunststoff-Folie, z.B. 0,4 mm PVC oder dgl., als Dampfbremse wirksam werdend oder Kunststoff anderer Basis.

3. Wärmedämmung nach DIN 4108 Tabelle 4, dimensioniert bei Polystyrol, mit Filzpappe abgedeckt.

4. Kunststoff-Folie als Dachdichtung in vorgefertigten Bahnen lose aufgelegt.

5. Lose Kiesschüttung als Beschwerung der Kunststoff-Folie gemäß den früheren Ausführungen unter Kunststoff-Bedachung.

Hier muß noch angeführt werden, daß das Holz imprägniert ist und daß bei der Verwendung von Kunststoff-Folien darauf geachtet werden muß, daß keine direkte Berührung bei bestimmten Kunststoff-Folien entsteht. Die normale Trennpappe ist also notwendig.

Die Entwässerung von gefällelosen Warmdächern oder Warmdächern unter 3° erfolgt wie bei Massivdächern mit doppelschaligen, wärmegedämmten Bodeneinläufen, wie sie bei den Detailangaben noch dargestellt werden.

Es soll hier auch grundsätzlich darauf hingewiesen werden, daß bereits bei der Konstruktion die spätere Durchbiegung der Holzbalken bzw. der Unterkonstruk-

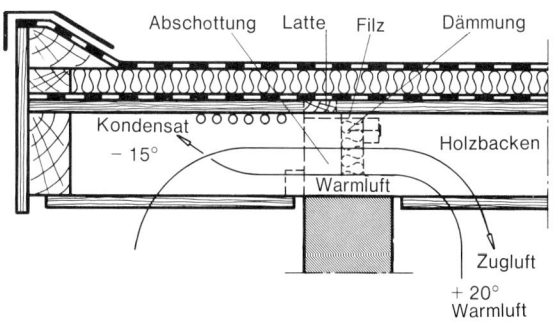

Bild 133

tion in Rechnung gestellt wird. Wenn eine spätere gefällelose Flachdachkonstruktion erwünscht ist, muß gegebenenfalls eine Überhöhung in der Dachfläche in der Konstruktion hergestellt werden, um spätere Pfützenbildungen infolge der Durchbiegung der Holzkonstruktion zu vermeiden. Es ergeben sich sonst bei großen Spannweiten unzulässige Wassermulden, die u. U. auch statisch eine Überforderung darstellen und zu einer vorzeitigen Alterung der Dachhaut führen. Derartige Überhöhungen können bei Holzkonstruktionen in Verbindung mit der beabsichtigten Wasserabführung verhältnismäßig leicht durch entsprechende Unterfütterungen hergestellt werden.

Auch soll darauf hingewiesen werden, daß die Holzkonstruktion so schnell wie möglich mit der Feuchtigkeitsabdichtung oder mindestens mit der Dampfsperre abzudecken ist, um unnötige Feuchtigkeitsaufnahmen und dadurch spätere Schwundspannungen zu vermeiden. So wurde z. B. schon festgestellt, daß eine Holzschalung (besonders bei Kaltdächern) in der Lage war, infolge der aufgetretenen Schwundmaße erhebliche Risse in der Dachhaut zu bewirken, die beim Warmdach auch in der Dampfsperre zu befürchten sind.

Bei einigermaßen sorgfältiger Planung und Ausführung können Holz-Warmdächer als sehr zweckmäßige, preisgünstige Warmdächer ohne Vorbehalt empfohlen werden. Sie müssen jedoch für Wohnzwecke eine Kiesschüttung erhalten, um im Sommer kein Barackenklima zu erhalten.

7.8 Gasbeton-Warmdächer

Gasbeton-Platten sind relativ leichte, statisch tragende und zugleich wärmedämmende Platten, die unter dem Namen Hebel, Siporex und Ytong bekannt sind.
Die im Werk gefertigten Platten gehören in die Gruppe Leichtbeton und werden nach DIN 4164 hergestellt. Die Rohstoffe sind gemahlener Quarzsand, Zement, Kalk oder Sand, Schlacke, Flugasche und Kalk, die automatisch über Silobatterien abgezogen, dosiert und mit Wasser gemischt werden. Diese Mischung erhält ein Treibmittel (z. B. Aluminiumpulver). Nach dem Einfüllen in Gießformen treibt das entstehende Wasserstoffgas die sämig-flüssige Rohmischung in ähnlicher Weise wie die Kohlensäure den Sauerteig. Bei diesem Vorgang bilden sich gleichmäßig verteilte kugelige Poren, die dem Baustoff die guten wärmetechnischen Eigenschaften verleihen.

Gasbeton-Dachplatten sind bewehrte Platten und haben im allgemeinen eine Betongüte von GSB 35 oder GSB 50. In Tabelle 134 sind die üblichen Längen, Breiten, Dicken sowie die Berechnungsgewichte und die Wärmedurchlaßwiderstände sowie die k-Zahlen und die zulässigen Durchbiegungen, z. B. bei Hebel-Gasbetonplatten, angegeben. Im wesentlichen gelten diese Werte auch für die anderen Firmenerzeugnisse.

Hinsichtlich der Wärmeleitfähigkeit müssen hier jedoch Anmerkungen gemacht werden. Derzeit gilt für Gasbeton GSB 35 gemäß DIN 4108 noch eine Wärmeleitzahl von 0,20 kcal/mh°.

Nach Messungen von Cammerer werden für eine Neuausgabe der DIN 4108 günstigere Wärmeleitzahlen von 0,16 kcal/mh° vorgeschlagen. Die günstigeren Werte dürfen wahrscheinlich künftighin zur Anrechnung kommen. In der Tabelle Bild 134 ist unter I. jedoch eine Wärmeleitzahl von 0,15 zugrunde gelegt. Diese müßte also gegebenenfalls auf 0,16 erhöht werden, wenn die neuen DIN-Werte wirksam werden.

Feuchtigkeit erhöht bekanntlich die Wärmeleitfähigkeit und setzt demzufolge die Wärmedämmung herab, und zwar bei allen Baustoffen. Diese physikalische Tatsache ist auch bei Gasbeton-Platten hinsichtlich der Wärmeleitzahl zu berücksichtigen. Die vergünstigte Wärmeleitzahl von 0,16 ist nur dann zu empfehlen, wenn 3–4 Vol.-% an Feuchtigkeitsgehalt nicht überschritten werden. Bei Eindeckungen über Räumen mit höheren relativen Luftfeuchtigkeiten als 65–70% sind also nach wie

Bild-Tabelle 134 (I = λ = 0,15, II nach DIN 4108 = 0,20 bei BSG 35)

A* Max. Länge cm	B Platten-breite cm	C Platten-dicke cm	D Berechnungs-gewicht kp/m²		E Wärmedurchlaßwiderstand 1/Λ (m² h°/kcal)				F Wärmedurchgangszahl k kcal/m² h°				G Durch-biegung	Allgemein
			GSB 35	GSB 50	GSB 35		GSB 50		GSB 35		GSB 50			
					I	II	I	II	I	II	I	II		
250	Normalbreite = 50 (62,5) cm Mindestbreite = 25 cm Sondergrößen auf Anfrage	7,5	54	63	0,50	**0,375**	0,375	**0,33**	1,45	**1,77**	1,77	**1,92**	normal $f_{zul.} = \frac{1}{300}$	Siehe Zulassung und DIN 4223
335		10	72	84	0,67	**0,50**	0,50	**0,44**	1,16	**1,45**	1,45	**1,57**		
415		12,5	90	105	0,83	**0,625**	0,625	**0,56**	0,98	**1,23**	1,23	**1,33**		
500		15	108	126	1,00	**0,75**	0,75	**0,67**	0,84	**1,06**	1,06	**1,16**		
550		17,5	126	147	1,17	**0,875**	0,875	**0,78**	0,73	**0,94**	0,94	**1,03**		
600		20	144	168	1,33	**1,00**	1,00	**0,89**	0,66	**0,84**	0,84	**0,93**		

* Max. Länge GSB 35 bei 80 kg/m² Schnee + 15 kg/m² Dachhaut.

7.8 Gasbeton-Warmdächer

Bild-Tabelle 135 Maximale Stützweiten bewehrter Hebel-Dachplatten GSB 35 und GSB 50

In der ständigen Last sind enthalten: Eigengewicht + Belag (15 kp/m²) + Wind (5 kp/m²)

Schneelast s (kp/m²)	Plattendicke											
	7,5 cm		10 cm		12,5 cm		15 cm		17,5 cm		20 cm	
	GSB 35	GSB 50	GSB 35	GSB 50	GSB 35	GSB 50	GSB 35	GSB 50	GSB 35	GSB 50	GSB 35	GSB 50
75	245	245	330	344	410	425	495	525	545	575	595	600
100	235	245	308	344	385	425	466	515	516	565	588	600
125	219	245	290	326	364	412	444	490	492	555	561	600
150	207	241	275	310	346	393	422	469	471	538	539	594
175	196	230	261	296	331	376	405	450	452	518	519	573
200	187	219	250	283	317	362	389	433	435	500	499	554
225	179	210	240	272	305	348	374	419	421	484	484	537
250	172	202	231	263	294	337	362	405	407	470	470	521
M_{max} in mkp	120	170	228	305	390	531	620	815	820	1150	1140	1490

vor die derzeitig gültigen DIN-Werte 0,20 zu verwenden, bei klimatisch günstigeren Verhältnissen können die tatsächlich vorhandenen Werte 0,16 aufgrund dieser Praxismessungen eingesetzt werden.

7.8.1 Einige Verlegehinweise

Im allgemeinen empfiehlt es sich, aus Wirtschaftlichkeitsgründen die normalen Plattenformate zu wählen. Bei Sonderlängen bzw. Sonderbreiten muß mit Mehrpreisen gerechnet werden.
Unter dem Berechnungsgewicht versteht man das fertig verlegte und vergossene Dach, also mit Fugenbewehrung und Abhubsicherung (Verankerung).
Die Belastung ergibt sich aus dem Eigengewicht, dem Vergußmörtel und den Verankerungsstählen. Für Dachdeckung sind 15 kg/m², für Schnee und Wind 80 kg/m² eingerechnet. Bei höheren Belastungen reduziert sich die Stützweite gemäß Tabelle 135 bei Hebel-Dachplatten.
Gasbeton-Platten sind nach DIN 4102 feuerhemmend. Feuerbeständige Ausführung ist bei Sonderangebot möglich.
Die Dachflächen-Entwässerung erfolgt wie beim normalen Flachdach durch Bodeneinläufe. Aussparungen können an Ort und Stelle bis zu 15 cm ⌀ hergestellt werden, wobei darauf zu achten ist, daß die Bewehrung in diesem Bereich nicht erreicht wird (von Fugenachse aus 2 × 15 cm = max. 30 cm).
Für die Befestigung von Rinnenhaken und dgl. sind mindestens 5,5 cm lange Holzschrauben in Verbindung mit Fischer-Dübeln zu verwenden.

7.8.1.1 Dehnfugen

Die Anordnung von Dehnfugen bleibt in allen Fällen der Verantwortung des planenden Konstrukteurs überlassen. Die zusammenhängende Länge von Dachfeldern sollte bei bewehrten Gasbeton-Platten nicht größer als 25 m sein (s. auch nachfolgende Anmerkungen), da die Flächen nach dem Verguß als starke Scheiben wirken.

7.8.1.2 Verlegung

Die Verlegung der Gasbeton-Platten ist relativ einfach. Sie werden gemäß Bild 136 auf Mauerwerk, auf Stahlbeton oder auf Stahlunterzüge oder dgl. mit Veranke-

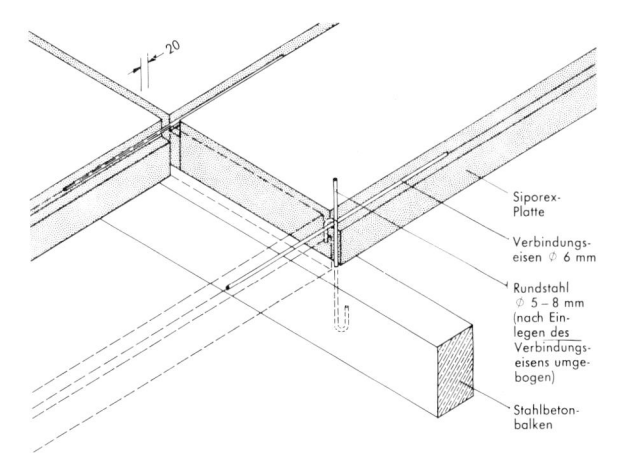

Verankerung am Stahlbetonbalken mit Rundstahl

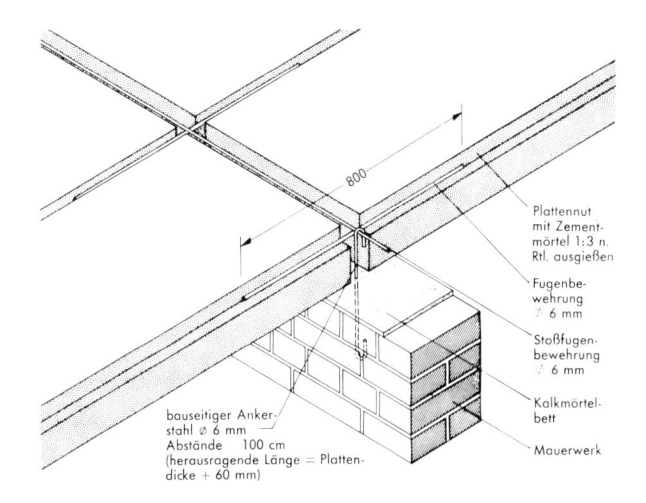

Verankerung auf Mauerwerk mit Rundstahl und Fugenbewehrung

Bild 136 Verlegung Siporex Gasbeton-Dachplatten

7. Allgemeine Aufbaugesichtspunkte – Warmdach

rung nach unten aufgelegt. In die ausgesparten Fugen werden Bewehrungseisen eingelegt und die Fugen nachfolgend mit Zementmörtel 1:3 ausgegossen. Bei der Verlegung der Gasbeton-Platten dürfen diese nicht verkürzt werden, da hierbei die Bewehrungsstäbe, die in die Gasbeton-Platten aus Baustahl 1 eingebracht sind, ihre Verankerung verlieren würden.

Gasbeton-Dachplatten können als aussteifende Scheiben und als Ersatz für Knick- und Windverbände in Rechnung gestellt werden, wenn sie auf Unterkonstruktion aus Stahl oder Stahlbeton verlegt werden und die Forderungen der Zulassung eingehalten werden. Die Dachscheiben dürfen nicht zur Übertragung von Kran-Seitenkräften oder dgl. herangezogen werden. In jedem Einzelfall sind die Dachscheiben statisch nachzuweisen. Die Stützweite L der Dachscheibe darf höchstens 30 m betragen. Im übrigen sind die Sonderzulassungen und Verlegehinweise vorgenannter Hersteller zu beachten.

7.8.2 Bauphysikalische Gesichtspunkte
7.8.2.1 Kondensation – Austrocknung

Gasbeton-Platten, ohne zusätzliche Wärmedämmung verlegt, zeigen einen linearen Temperaturverlauf gemäß Bild 137. Sie werden im allgemeinen bei normalen Innenklima-Belastungen ohne Dampfsperre verlegt. Aus Bild 137 kann abgelesen werden, daß die Sättigungsdampfkurve (P_s) in etwa parallel zur Temperaturkurve verläuft, während die tatsächliche Dampfdrucklinie (P) bei 50% relativer Raumluftfeuchte die Dampfsättigungslinie im unteren Drittel der Gasbeton-Platten bei den hier gegebenen Temperaturannahmen von $-10\,°C$ bis $+20\,°C$ überschneidet. Im schraffierten Bereich ist also Kondensation zu erwarten.

Bis vor einiger Zeit stand man allgemein auf dem Standpunkt, daß man eine derartige Kondensation nicht zulassen könne, da es innerhalb der Gasbeton-Platten zu überhöhten Feuchtigkeitsverhältnissen käme und dadurch der Wärmedämmwert herabsinke bzw. Schäden im Gasbeton erwartet werden müssen. Man hat demzufolge wie in Bild 138 sehr häufig auch bei normalen relativen Raumluftfeuchtigkeiten unterseitig eine Dampfsperre aufgebracht (in Form von Anstrichen oder einer Vaporex-Dampfsperre oder dgl.). Aus Bild 138 kann entnommen werden, daß durch eine derartige Dampfsperre unterseitig jegliche Kondensation in den Gasbeton-Platten verhindert werden kann, bzw. daß dadurch die befürchteten Schäden vermieden werden könnten.

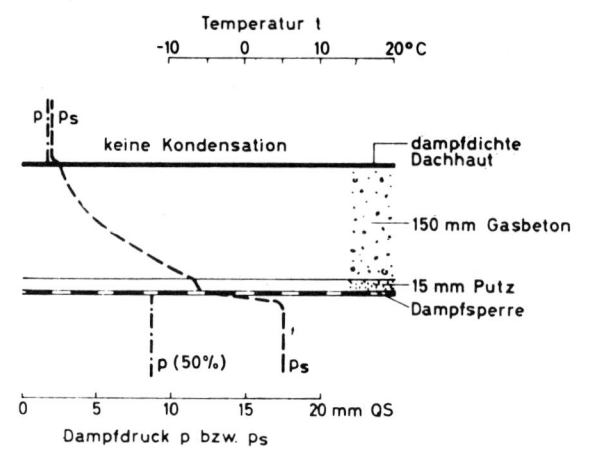

Bild 138 150 mm Gasbeton, unterseitig verputzt. Dampfdichte Dachhaut. Dampfsperre auf Dachunterseite. Keine Kondensation. Verlauf der Temperatur (t), des Sättigungsdampfdruckes (p_s) und des Teildampfdruckes (p) in Flachdächern verschiedenen Aufbaues, errechnet für den stationären Zustand der Temperatur- und Dampfdruckverteilung. Außenverhältnisse: Lufttemperatur $-10\,°C$, rel. Luftfeuchtigkeit 80%. Raumluft: Temperatur $20\,°C$, rel. Feuchtigkeit 50%

Diese Ansicht, daß zur Vermeidung schädlicher Kondensation bei Gasbeton-Platten eine Dampfsperre unterseitig notwendig wird, ergab sich aus den Kondensationsberechnungen, bei denen jedoch die Feuchtigkeitsabgabe nach innen unberücksichtigt blieb. Vielmehr wurde angenommen, daß die Kondensation, die in den Wintermonaten anfällt, sich von Jahr zu Jahr addiert und so eine Durchfeuchtung von Gasbeton-Platten unvermeidlich wäre. Im übrigen gelten diese Überlegungen auch für Dachplatten aus Holzspanbeton, Bimsbeton oder dgl.

Unterstützt wurde diese Theorie auch durch praktische Erfahrungen bei Einsatz von Gasbeton-Platten über Räumen mit hohen Raumluftfeuchtigkeiten bzw. dauerklimatisierten Räumen. So hat der Autor im Jahre 1962 und 1963 mehrere Schadensfälle erlebt, bei denen in Gasbeton-Platten Korrosionserscheinungen, also Abplatzungen innenseitig aufgetreten sind, und bei denen

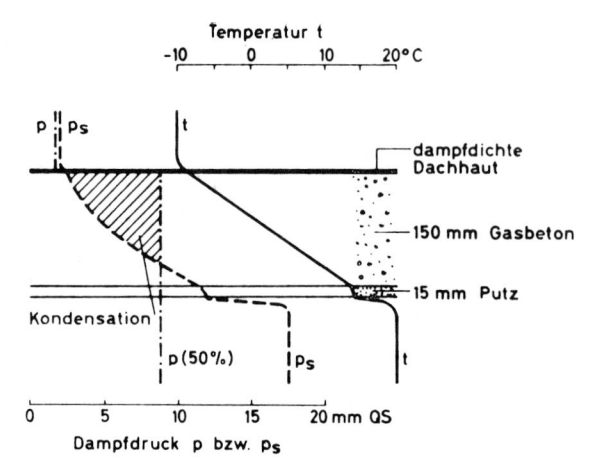

Bild 137 150 mm Gasbeton, unterseitig verputzt. Dampfdichte Dachhaut. Kondensation im Gasbeton

7.8 Gasbeton-Warmdächer

außenseitig unter der Dachhaut Ausfrierungen durch Frost entstanden sind. Es war also durchaus berechtigt, hier gewisse Vorsichtsmaßnahmen einzubauen, und es muß auch künftighin davor gewarnt werden, die nachfolgend angeführten Berichte so auszulegen, als ob Gasbeton-Platten in jedem Falle für alle möglichen Klimabelastungen ohne Dampfsperre zum Einbau kommen können. Trotzdem soll erkannt werden, daß es nicht in jedem Falle erforderlich ist, gemäß Bild 138 zu verfahren.

Im Auftrag des Fachverbandes Gasbeton-Industrie (Essen) sind vom Institut für Technische Physik Stuttgart, Außenstelle Holzkirchen, die Feuchtigkeitsverhältnisse in Gasbeton-Dächern untersucht worden. Über die Ergebnisse dieser Untersuchung berichtet Dr. Künzel vom Institut für Technische Physik Stuttgart [30]. Die nachfolgend angeführten Überlegungen von nicht belüfteten, also einschaligen Gasbeton-Flachdächern gelten, wie bereits angeführt, auch vergleichbar für andere Bauteile aus homogenem Material mit außenseitig dichtem Abschluß.

Gasbeton kommt aus der Produktion mit einem Feuchtigkeitsgehalt zwischen 15 und 20 Vol.-%. Bei einem solchen Feuchtigkeitsgehalt, der im Einzelfall infolge Regeneinwirkung während der Bauzeit noch erhöht sein kann, herrscht im Bauteil ein der jeweiligen Temperatur entsprechender Wasserdampf-Sättigungsdruck. Welche Konsequenz sich hieraus ergibt, wird in Bild 139 dargestellt. Betrachtet wird ein 15 cm dickes baufeuchtes Gasbeton-Flachdach, dessen Feuchtigkeitsgehalt in dem obengenannten Bereich liegt, so daß an jeder Stelle Sättigungsdampfdruck herrscht. Im angrenzenden Raum wird die Raumluft mit + 20°C angenommen. Für eine gegebene Außenlufttemperatur kann der Temperaturverlauf im stationären Fall errechnet werden. Hieraus läßt sich dann der Verlauf des Sättigungsdruckes über den Dachquerschnitt ermitteln. Dies wurde für drei Fälle durchgeführt:

1. Für die mittlere Außenlufttemperatur im wärmsten Sommermonat (Juli) mit einer Mitteltemperatur von 18°C (Bild 139 oben).
2. Für die mittlere Außenlufttemperatur im kältesten Wintermonat (Januar) mit einem Mittelwert von 0°C (Bild 139 Mitte).
3. Für das Jahresmittel der Außenlufttemperatur von + 7°C (Bild 139 unten).

Die zugrundegelegten Mittelwerte können näherungsweise als zutreffend für das Gebiet der Bundesrepublik angesehen werden (z. B. Hamburg, Berlin, Essen, Frankfurt, Stuttgart, München). Bei einer Raumlufttemperatur von + 20°C ergeben sich für die Werte der relativen Luftfeuchte von 40%, 50% und 60% in Bild 139 die durch gestrichelte Linien angegebenen Werte des Wasserdampf-Partialdruckes der Raumluft. Folgendes ist aus Bild 139 nun zu erkennen:

Unter Sommerverhältnissen (oben) ist der Sättigungsdampfdruck in einem baufeuchten Gasbeton-Dach im gesamten Querschnitt höher als der Dampfdruck der Raumluft. Unter durchschnittlichen Verhältnissen (bis zu einer Luftfeuchte von max. 85%). Der Gasbeton kann somit, dem Dampfdruckgefälle entsprechend, zum Raum hin durch Diffusion austrocknen.

Unter mittleren Winterverhältnissen (mittleres Bild) ist der Dampfdruck im Gasbeton in einer gewissen, unmittelbar an den Raum angrenzenden Schicht, deren Dicke von der relativen Raumluftfeuchte abhängt, höher als der Dampfdruck der Raumluft. Deshalb kann keine Feuchtigkeit aus der Raumluft in die Decke eindiffundieren und dort kondensieren, sondern, im Gegenteil, die Feuchtigkeit wird auch im Winter aus einer gewissen unteren Zone der Gasbeton-Decke an die Raumluft abgegeben. Im oberen Bereich, in dem der Sättigungsdampfdruck niedriger ist als der Dampfdruck der Raumluft, findet eine Verlagerung der Feuchtigkeit im Gasbeton nach außen, also zur kalten Seite hin statt. Insgesamt wird somit ein Gasbeton-Flachdach, dessen Feuchtigkeitsgehalt im überhygroskopischen Bereich liegt (baufeucht), auch im Winter trocknen, wenn auch nicht in dem Maße wie unter sommerlichen Bedingungen bei größeren Dampfdruckdifferenzen zwischen Gasbeton und Raumluft.

Die im Jahresdurchschnitt in einem feuchten Gasbeton-Flachdach auftretenden Verhältnisse sind aus dem

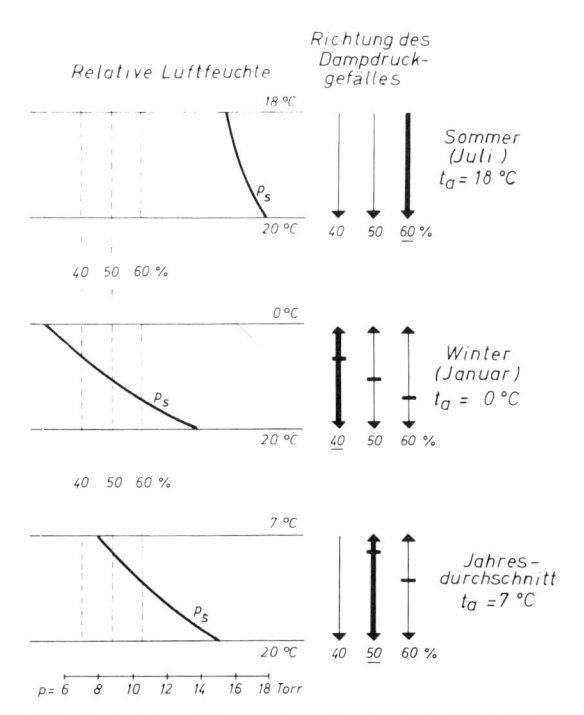

Bild 139 Verlauf des Sättigungsdampfdruckes p_s in einem 15 cm dicken, feuchten Gasbetondach (20 Vol.-%, $\Lambda = 0{,}27$ kcal/m h °) bei verschiedenen mittleren Außenlufttemperaturen, sowie Angabe des Dampfdruckes der Raumluft (20°C) für verschiedene Werte der rel. Luftfeuchte (gestrichelte Linie)

7. Allgemeine Aufbaugesichtspunkte – Warmdach

unteren Bild zu entnehmen. Bei einer mittleren Raumluftfeuchtigkeit von 40% kann das Dach über den gesamten Querschnitt zum Raum hin trocknen. Das gleiche gilt auch noch für eine Raumluftfeuchtigkeit von 45%. Erst bei höheren Werten der relativen Luftfeuchte verbleibt im Jahresdurchschnitt in der äußeren Dachzone ein nach oben zur Dachhaut hin gerichtetes Dampfdruckgefälle.

Auf der rechten Seite von Bild 139 ist die Richtung des Dampfdruckgefälles innerhalb der Gasbeton-Decke für Mittelwerte der Raumluftfeuchtigkeit 40%, 50% und 60% veranschaulicht, wobei die unter durchschnittlichen Gegebenheiten wahrscheinlichsten Verhältnisse durch dickere Pfeile gekennzeichnet sind (Sommer: 60%, Winter: 40%, Jahresdurchschnitt: 50% relative Feuchte der Raumluft). Zusammenfassend ist festzustellen, daß bei einem Gasbeton-Flachdach, dessen Feuchtigkeitsgehalt über dem hygroskopischen Feuchtigkeitsgehalt liegt (dies trifft für neu errichtete Dächer zu), bei durchschnittlichen Raumluftzuständen (bis max. 60%) und allen während eines Jahres möglichen Außenluftzuständen im Mittel eine Feuchtigkeitsabgabe zum Raum hin erfolgt, und daß während der Trocknungsphase keine Feuchtigkeitszunahme infolge innerer Kondensation eindiffundierender Raumluftfeuchtigkeit zu erwarten ist. Das in der oberen Dachzone z.T. auftretende Dampfdruckgefälle nach außen hat eine Feuchtigkeitsverlagerung wechselnder Richtung und Stärke innerhalb des Gasbetons zur Folge.

Die Richtigkeit dieser Überlegungen von Dr. Künzel wird durch Meßergebnisse bestätigt.

In Bild 140 ist die Feuchtigkeitsverteilung in einem Flachdach dargestellt. Aus der Art der Feuchtigkeitsverteilung zu verschiedenen Zeitpunkten ist die beschriebene, jahreszeitlich gegebene abhängige Feuchtigkeitsverlagerung innerhalb des Gasbetons zu erkennen (im Winter zur Außenseite, im Sommer zur Raumseite hin). Es ist also abzulesen, daß ein dichter Anstrich oder eine Dampfsperre innenseitig bei neuen Gasbetonplatten den Austrocknungsprozeß nach innen verzögert.

Nicht beantwortet ist allerdings in diesem Bild die Wirkungsweise einer oberen Dampfdruckausgleichsschicht, die bei Gasbetonplatten unbedingt notwendig wird. So hat der Autor schon sehr häufig, besonders bei Räumen mit hoher Luftfeuchtigkeit, innenseitig eine Dampfsperre anordnen lassen, wobei jedoch gleichzeitig auf der Außenseite eine wirkungsvolle Dampfdruckausgleichsschicht empfohlen wurde. Es mag zwar zeitlich zwischen dem Einbau der Gasbeton-Platten und deren Abdichtung und dem Einbau der Dampfsperre eine Zeitspanne von 4–5 Monaten verstrichen sein. Der Autor stellte jedoch bei mehreren Nachmessungen in späteren Zeiten fest, daß die Gasbeton-Platten ebenfalls auf die normale Gleichgewichtsfeuchte abgetrocknet sind, d.h., daß keine Neubaufeuchtigkeit eingeschlossen wurde. Ob diese Feuchtigkeit nur über die obere Druckausgleichsschicht oder auch über die Dampfsperre nach unten noch abdiffundiert ist, soll hier

Gasbeton-Flachdach

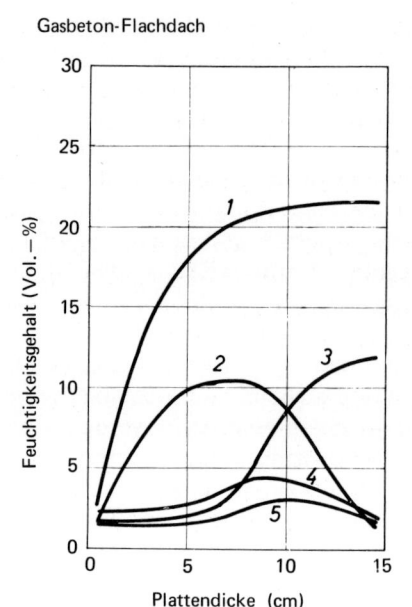

Bild 140 Verteilung der Feuchtigkeit im Flachdach zu verschiedenen Zeitpunkten: 1 am Ende des 1. Winters (März 1962), 2 am Ende des 1. Sommers (Sept. 1962), 3 am Ende des 2. Winters (März 1963), 4 am Ende des 2. Sommers (Okt. 1963), 5 am Ende des 3. Winters (Mai 1964)

außer Beantwortung bleiben, da in keinem Falle eine absolute Dampfsperre unterseitig zum Einbau kam. *Sicher ist jedoch, daß auch bei völlig durchfeuchteten Gasbeton-Platten bei hohen Kondensationsquoten eine unterseitige Dampfsperre Abhilfe gebracht hat und im Laufe der Zeit die ursprüngliche Wärmedämmfähigkeit der Gasbeton-Platten wieder herbeigeführt hat.*

Ebenfalls unbeantwortet ist in den Ausführungen von Dr. Künzel die Frage der Außenbeschädigung der Gasbeton-Platten durch Frostzerstörung. So kann aus Bild 140 abgelesen werden, daß am Ende des zweiten Winters immerhin noch im äußeren Bereich ca. 12 Vol.-% an Feuchtigkeitsgehalt vorhanden sind. Der Autor stellte z.B. bei Blasenbildungen in der Dachhaut schon mehrfach fest, daß hier die Struktur der Gasbeton-Platten außenseitig z.T. durch Frost zerstört war. Es handelte sich hier sehr häufig nur um Ausbrechungen von 3–5 mm, teilweise aber auch um größere Abschürfungen. Diese Feststellungen beziehen sich zwar primär auf höhere Raumluftfeuchtigkeiten (z.B. Spinnereibetrieb, Schlachthof, Flaschenabfüll-Anlage, Papierfabrik).

Es soll hier lediglich dargestellt werden, daß die vorgenannten und nachfolgenden Ausführungen sich nur auf *bestimmte raumklimatische Verhältnisse* beziehen können und nicht etwa auf hohe Luftfeuchtigkeiten. *Auch kann nicht generell gesagt werden, daß eine Dampfsperre oder ein Anstrich unterseitig falsch sind.* Sie verhindern zwar den Anfangs-Austrocknungspro-

7.8 Gasbeton-Warmdächer

zeß nach dem Einbauzustand, verhindern aber im weiteren Verlauf bei höheren Raumluftfeuchtigkeiten evtl. Folgeschäden, wie etwa Blasenbildungen in der Dachhaut, Frostschäden in den Gasbetonplatten, Wärmeverlust usw.

Über die Feuchtigkeitsverhältnisse, die sich in einem Gasbeton-Flachdach, ausgehend von trockenem Material, einstellen, wird in Bild 141 ausgesagt. In a) ist der im Jahresmittel anzunehmende Sättigungsdampfdruck-Verlauf dargestellt sowie der tatsächliche Dampfdruckverlauf bei 40–70% relativer Luftfeuchte (gestrichelte Linie). Daraus ist zu erkennen, daß bei einem Jahresmittel der Raumluftfeuchtigkeit von 40% der Dampfdruck unterhalb des Sättigungsdampfdruckes liegt. Erst bei 45% Raumluftfeuchtigkeit entsteht unter der Dachhaut Kondensation. Künzel hat nun für +20°C Raumtemperatur und eine mittlere Raumluftfeuchtigkeit von 50% folgende Schlußfolgerung gezogen:

Feuchtigkeit aus der Raumluft, diffundiert unter dem Einfluß des Dampfdruckgefälles zwischen der Raumluft ($p = 8{,}8$ mm Hg) und dem niedrigsten Sättigungsdampfdruck im Gasbeton ($p_s = 7{,}8$ mm Hg) in das Gasbeton-Dach ein und kondensiert unmittelbar unter der Dachhaut, wodurch sich der Feuchtigkeitsgehalt der äußeren Gasbetonschicht erhöht. Die Feuchtigkeitserhöhung erfolgt jedoch nicht bis zur Sättigung des Materiales, sondern nur bis zu einem Wert, bei dem im Gasbeton ein kapillarer Feuchtigkeitstransport einsetzt. Dies ist bei etwa 18 Vol.-% der Fall. Nach Erreichung dieses Wertes wird Feuchtigkeit aus der Kondensationszone kapillar in die angrenzende trockene Schicht geleitet. Es entsteht so eine feuchte Zone von wachsender Dicke unterhalb der Dachhaut, in der Sättigungsdampfdruck herrscht. Dieser Vorgang setzt sich so lange fort, bis die Feuchtigkeitsfront die Stelle im Dach erreicht, an der der Sättigungsdampfdruck im Gasbeton gleich groß ist wie der Dampfdruck der Raumluft. Von dem Moment an ist kein in das Dach gerichtetes Dampfdruckgefälle mehr gegeben, und es kann daher keine weitere Feuchtigkeit vom Raum her in das Dach eindiffundieren.

Bei einer Raumluftfeuchtigkeit von 50% sind in einem Abstand von 2,5 cm unterhalb der Dachhaut der Sättigungsdampfdruck im Gasbeton und der Dampfdruck der Raumluft gleich groß (Bild 141a). Daher wird unter den angenommenen Bedingungen nur die oberste Gasbetonschicht von 2,5 cm Dicke einen erhöhten Feuchtigkeitsgehalt von etwa 18 Vol.-% annehmen, während sich in der überwiegenden Gasbetonschicht die der relativen Luftfeuchtigkeit von 50% entsprechende Gleichgewichtsfeuchte von 1,6 Vol.-% nach Bild 141b einstellt. Die theoretisch zu erwartende Feuchtigkeitsverteilung im Gasbeton ist in Bild 141b angeführt. Sie entspricht einem mittleren Feuchtigkeitsgehalt von insgesamt 4,3% (auf die gesamte Dicke bezogen). Diese Verteilung der Feuchtigkeit gilt für den Jahresdurchschnitt, wobei durch den jahreszeitlichen Gang von

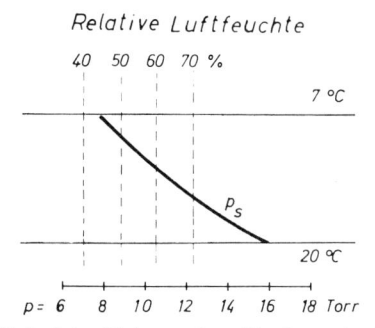

Bild 141 a) Verlauf des Sättigungsdampfdruckes p_s im Jahresdurchschnitt in einem 15 cm dicken, trockenen Gasbetondach ($\Lambda = 0{,}14$ kcal/m h°) sowie Angabe des Dampfdruckes der Raumluft (20°C) bei verschiedenen Werten der rel. Luftfeuchte (gestrichelte Linie)

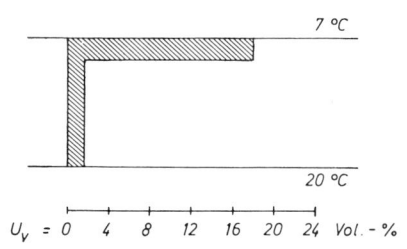

b) Theoretische Verteilung der Feuchtigkeit im Gasbetondach bei einer mittleren Raumluftfeuchte mit 50%, bei der keine weitere Feuchtigkeitszunahme mehr möglich ist

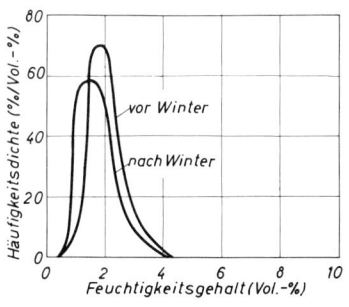

c) Verläufe der Häufigkeitsdichten des mittleren Feuchtigkeitsgehaltes der Gasbetondächer vor und nach der winterlichen Heizperiode

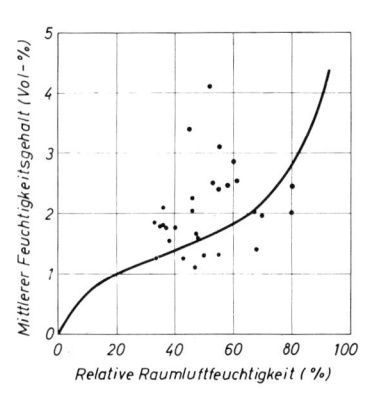

d) Sorptionsisotherme für Gasbeton bei Umgebungstemperaturen zwischen 5°C und 50°C, ermittelt aus verschiedenen Angaben in der Fachliteratur. Die eingetragenen Punkte stammen aus Messungen in der Praxis. Der an Gasbetonflachdächern gewonnene mittlere Feuchtigkeitsgehalt wurde der im angrenzenden Raum in der Winterperiode gegebenen mittleren Raumluftfeuchte zugeordnet

Lufttemperatur und Luftfeuchte Änderungen in der Feuchtigkeitsverteilung zu erwarten sind. Anstelle der scharfen Abgrenzung wird sich zweifellos eine Kurve ergeben, da sich eine so unstete Feuchtigkeitsverteilung wie in Bild 141b nicht einstellt. Immerhin muß festgehalten werden, daß sich unter der Dachhaut auch bei 50% relativer Luftfeuchte größere Feuchtigkeitsmengen ansammeln. Durch einen sinnvollen Aufbau mit wirkungsvollen Dampfdruckausgleichsschichten kann hier manches, aber bei hohen Luftfeuchtigkeiten nicht alles erreicht werden.

Messungen im gesamten Bundesgebiet an 35 Objekten bei bewehrten Gasbeton-Platten in Stärken von 7,5–17,5 cm über Wohnräumen, Werkstätten und Fabrikationshallen haben ergeben, daß die vorgenannten theoretischen Überlegungen auch in der Praxis gegeben sind. Die Dächer waren 3–11 Jahre alt, so daß angenommen werden kann, daß die ursprünglich erhöhten Anfangsfeuchtigkeiten in allen Fällen abgetrocknet war. Eine statistische Auswertung, gewonnen am Anfang und am Ende einer Winterperiode, ist in Bild 141c wiedergegeben. Danach ergibt sich, daß der praktische Feuchtigkeitsgehalt in 90% aller gemessenen Werte 3 Vol.-% nicht überschritten hat. Der häufigste Feuchtigkeitsgehalt lag bei 1,9 Vol.-%. Aus diesem Bild kann auch der Vergleich der Feuchtigkeitswerte, die am Anfang und am Ende der Winterperiode an jeweils den gleichen Dächern ermittelt wurden, abgelesen werden. Überraschenderweise ist festzustellen, daß im Laufe des Winters die Gasbetondächer im Mittel trockener wurden. Dieses unerwartete Ergebnis wird so gedeutet, daß der Feuchtigkeitsgehalt von Außenbauteilen Gleichgewichtsfeuchtigkeiten unterliegt, die also von der relativen Luftfeuchte der angrenzenden Luft abhängen. Bei nicht belüfteten Gasbeton-Flachdächern scheidet eine Feuchtigkeitsbeeinflussung unmittelbar durch die Außenluft und durch Regeneinwirkung aus, jedoch vorausgesetzt, daß die Dachhaut dicht ist. Ferner scheidet wegen der Wärmedämmfähigkeit des Materials in den meisten vorkommenden Fällen eine Oberflächenkondensation aus. Somit bleibt alleine eine Beeinflussung durch die relative Raumluftfeuchtigkeit, die im Sommer im Mittel höher ist als im Winter. Im gleichen Sinne wird daher auch der Feuchtigkeitsgehalt von Gasbeton-Flachdächern jahreszeitlichen Schwankungen unterliegen. Wie die Ergebnisse zeigen, ist bei Flachdächern die Feuchtigkeitsbeeinflussung des Gasbetons durch die Raumluftfeuchtigkeit infolge Absorption größer als die Auswirkung einer möglichen inneren Kondensation.

Das Gutachten des Institutes für Technische Physik kommt zu folgender abschließender Beurteilung:
In Gasbetondächern mit außenseitig feuchtigkeitsdichtem Abschluß (bituminöser Dachabdichtung, Kunststoff-Bahnen oder dgl.) ohne dampfsperrende Schichten an der Dachunterseite ist unter den in Aufenthalts-, Lager- und Industrieräumen gegebenen raumklimatischen Verhältnissen und den in Deutschland durchschnittlich herrschenden Klimabedingungen auf die Dauer keine Feuchtigkeitsanreicherung zu erwarten. Die in neu gebauten Dächern in der Regel gegebene erhöhte Anfangsfeuchtigkeit (Herstellungs- und Baufeuchtigkeit) kann zum Raum hin abgegeben werden.

Ein Grenzwert, bis zu welcher Feuchtigkeitsbeanspruchung im Raum eine Dachkonstruktion der genannten Art ohne nachteilige Feuchtigkeitserhöhung noch als vertretbar anzusehen ist, kann aufgrund der vorliegenden Meßergebnisse *nicht* angegeben werden. Es scheint jedoch ratsam, über Räumen, in denen bei 20°C Lufttemperatur ständige Werte der relativen Luftfeuchte von über 65–70% herrschen, die Dachkonstruktion auf diese extremen Beanspruchungen speziell abzustimmen (z.B. belüftetes Gasbeton-Flachdach, gegebenenfalls mit Dampfsperre an der Unterseite).

7.8.2.2 Verformungen und Wölbungen bei Gasbeton-Flachdächern

Die Verformungen bzw. Aufwölbungen von Gasbeton-Platten haben ihre Ursache primär in den außenseitigen Temperaturverhältnissen.

Die an einem Sommer- bzw./und Wintertag sowie das ganze Jahr über innerhalb des Dachquerschnittes auftretenden Temperaturschwankungen werden in Bild 142 dargestellt, und zwar bei 15 cm starken Gasbeton-Platten. Hiernach unterliegt das Dach auf der Außenseite jährlichen Temperaturschwankungen von ca. 80°C und auf der Innenseite solchen von ca. 10°C.

In Bild 143 ist die Wirkungsweise einer Schutzschicht dargestellt. Daraus kann entnommen werden, daß eine besandete Pappe und eine Pappe mit Kiespreßschicht sich nur wenig unterscheiden, daß aber eine 3 cm Kiesschüttung schon erhebliche Veränderungen sowohl hinsichtlich der Oberflächentemperatur als auch der Temperatur auf der Unterseite erbringen kann. Aus diesen physikalischen Gegebenheiten lassen sich folgende statische Verformungen ableiten:

a) Aufwölbungen – Verformungen

Wie alle Baustoffe, so ändert auch Gasbeton unter dem Einfluß von Temperaturschwankungen seine Form. Würden diese Schwankungen so ablaufen, daß zu jedem Zeitpunkt an allen Dachschichten gleiche Temperaturen herrschen, so ergeben sich, falls gewisse Randeinflüsse nicht hindernd wirken, nur Verformungen in Plattenebene, also Längenänderungen in Länge und Breite. Wie anhand der durchgeführten Temperaturmessungen [31] erläutert wurde, treten im Wechsel der Tages- und Jahreszeit jedoch in der Regel ungleiche Temperaturverteilungen in den Gasbeton-Platten auf, wobei je nach Jahreszeit die oberen Gasbetonzonen wärmer oder kälter sind als die unteren. Hierdurch werden in den einzelnen Querschnittsebenen verschieden große Längenänderungen hervorgerufen, was vorwiegend zur Verformung in der Dachebene führt, also zu Aufwölbungen.

7.8 Gasbeton-Warmdächer

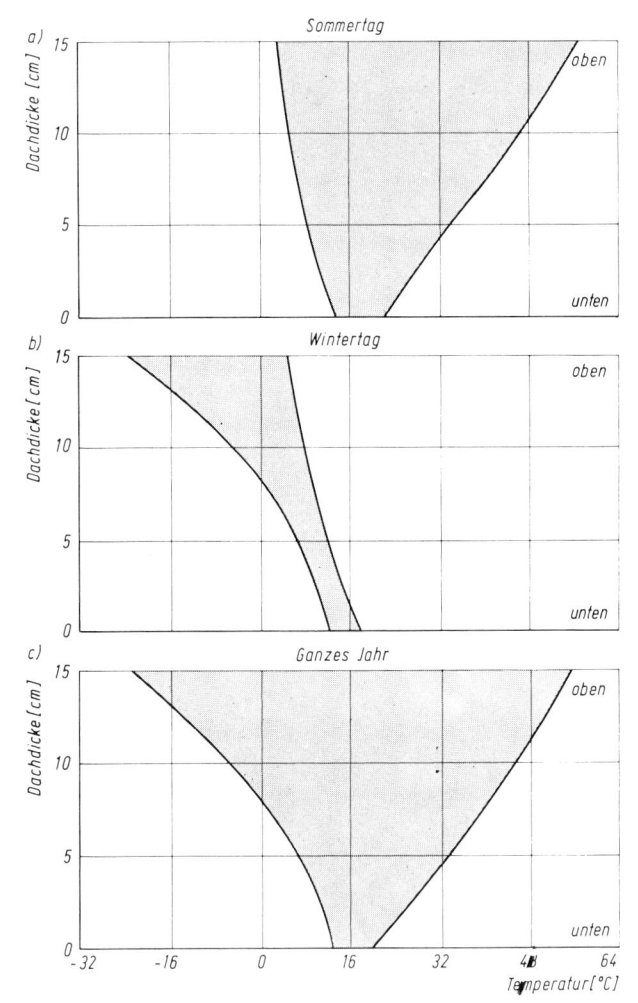

Bild 142 a bis c Temperaturschwankungen des 15 cm dicken Gasbetonflachdaches mit Pappeindeckung während eines strahlungsreichen Sommer- (a) bzw. Wintertages (b) und während des ganzen Jahres (c)

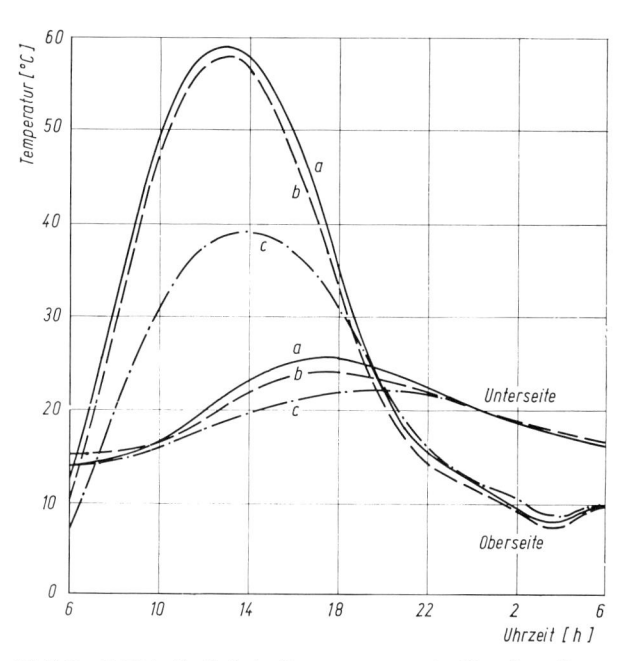

Bild 143 Zeitliche Verläufe der Temperaturen an der Ober- bzw. Unterseite des 15 cm dicken Gasbetonflachdaches mit unterschiedlicher Dacheindeckung während eines strahlungsreichen Sommertages. Dacheindeckung (oberste Schicht): a) besandete Pappe, b) Pappe mit Kiespreßschicht, c) 3 cm Kiesschüttung

Bei den Messungen wurden die kurzfristigen Verformungen gegenüber dem jeweiligen Ausgangszustand erfaßt, die sich der Verformung unter der Eigenlast des Daches überlagern.

Der an einem strahlungsreichen Sommertag in Plattenmitte gemessene Zeitverlauf der Wölbung ist mit der Angabe des Tagesganges der Dachoberfläche-Temperatur in Bild 144 wiedergegeben. Man ersieht hieraus, daß sich das Dach entsprechend der oberseitigen Erwärmung bis max. 3 mm noch nach oben wölbt. Mit dem Rückgang der Temperatur an der Dachoberseite und der zunehmenden Erwärmung der raumseitigen Oberfläche wird die Wölbung kleiner und nimmt während der Nachtstunden, wenn auch geringfügige, negative Werte an (also Wölbung nach unten). Die Wölbung ist, wie in Bild 145 dargestellt, zu jedem Zeitpunkt in der Mitte zwischen den beiden Auflagerstellen am größten und nimmt zum Auflager hin ab. Auch über die Plattenbreite ist ein Wölbungsverlauf mit einem Maximum in der Mitte zwischen zwei Vergußfugen festzustellen, wie

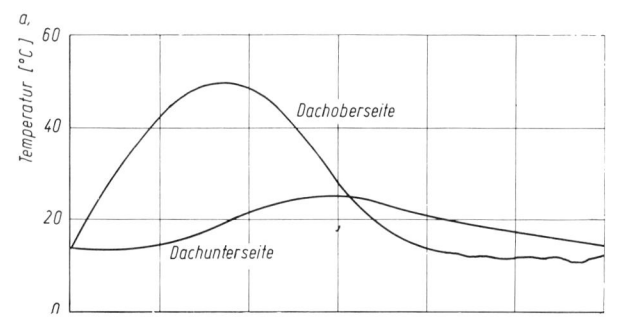

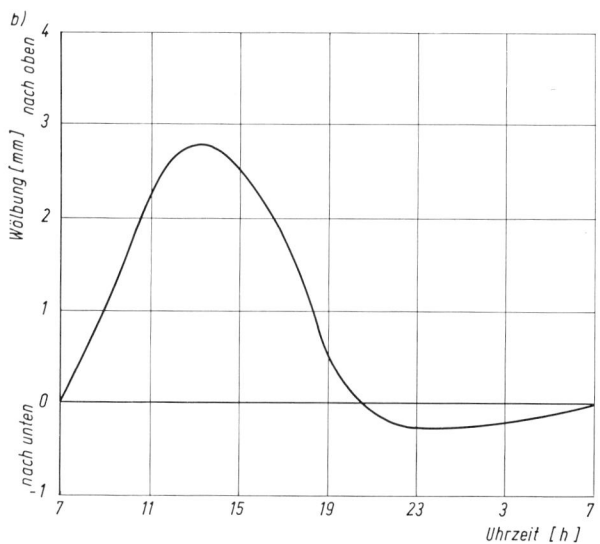

Bild 144 Zeitlicher Verlauf der Wölbung in Plattenmitte (b) während eines strahlungsreichen Sommertages mit Angabe des Tagesganges der Dachoberflächentemperaturen (a)

7. Allgemeine Aufbaugesichtspunkte – Warmdach

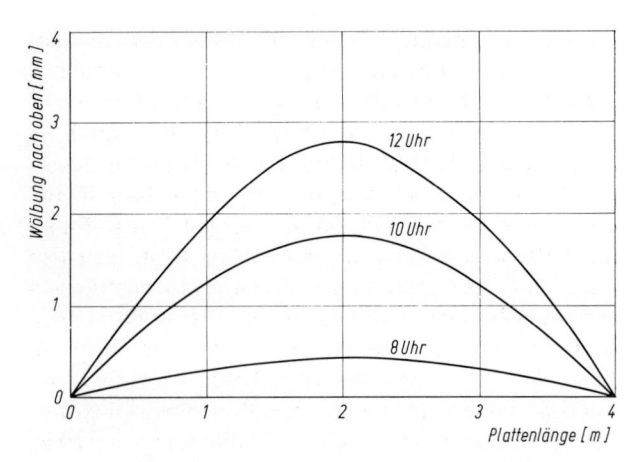

Bild 145 Wölbungsverläufe über die Plattenlänge zu verschiedenen Zeitpunkten während eines strahlungsreichen Sommertages

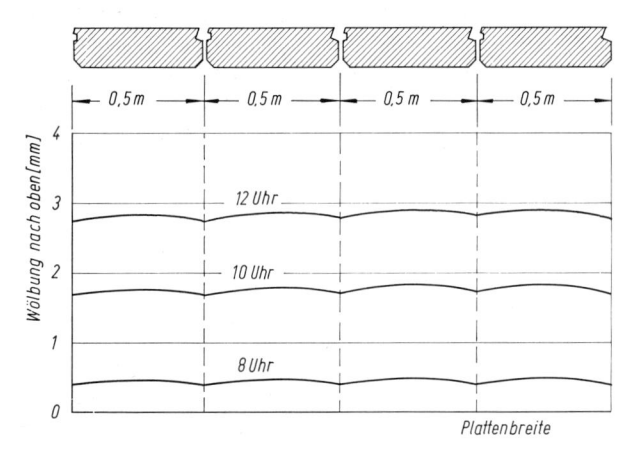

Bild 146 Verläufe der Plattenwölbung über die Plattenbreite zu verschiedenen Zeitpunkten während eines strahlungsreichen Sommertages (gemessen in der Mitte zwischen zwei Auflagern)

dies aus Bild 146 abgelesen werden kann, wenngleich diese Wölbungen nur sehr gering und praktisch vernachlässigbar sind.

Dies ist besonders für den Dachaufbau, also für die Dachhautgestaltung wichtig. Die innerhalb jeder Platte über die Breite sich einstellenden Wölbungen haben zur Folge, daß sich die Breite der Längsfugen an der Unterseite der Platten ändert. Dies ist wiederum z. B. für Anstrich oder dgl. wichtig (Dampfsperren).

Direkt aufgebrachte Putze ohne Zusatzbewehrung im Fugenbereich erhalten durch diese Aufwölbungen und die nachfolgend beschriebenen Längenänderungen mindestens Haarrisse, meist aber sogar stärkere Risse.

b) Längenänderungen

Der an der Dachunterseite gemessene Zeitverlauf der Längenänderung während eines strahlungsreichen Sommertages ist mit Angabe des Tagesganges der Dachoberflächen-Temperatur in Bild 147 dargestellt, wobei jedoch die Längenänderungen oberseitig wegen der vorhandenen Dachhaut nicht gemessen werden

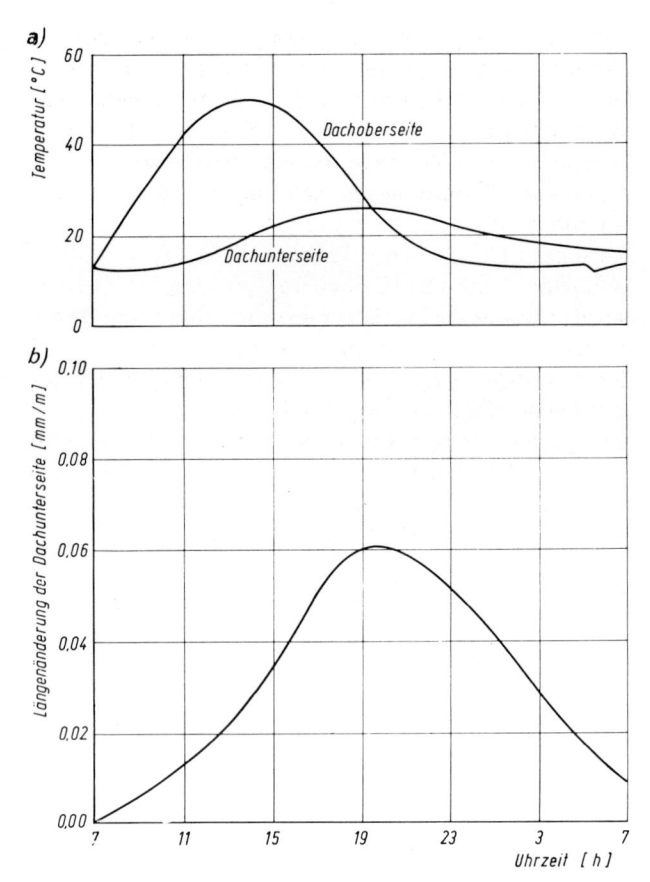

Bild 147 Zeitlicher Verlauf der Längenänderung an der Dachunterseite während eines strahlungsreichen Sommertages mit Angabe des Tagesganges der Dachoberflächentemperaturen

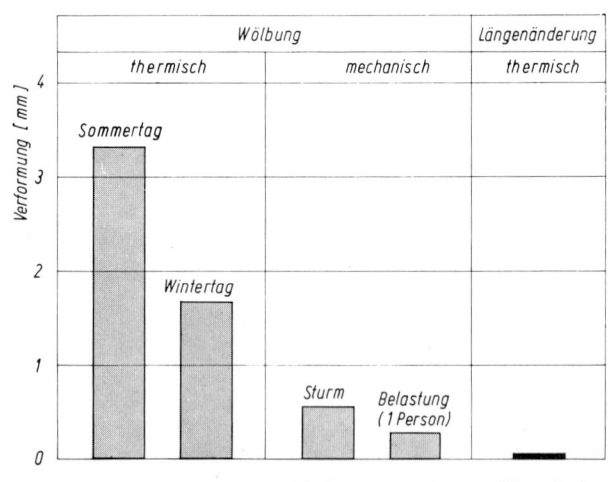

Bild 148 Größenordnungen der Verformungen des geprüften Gasbetondaches

konnten. Man erkennt aber, daß die Länge der raumseitigen Gasbeton-Flächen sich gleichsinnig mit der dortigen Temperatur ändert. Die maximale Längenänderung beträgt 0,06 mm/m. Bei 6 m langen Platten also z. B. im ungünstigsten Falle 0,36 mm.

Zur Ergänzung ist in Bild 148 die Verformung des Gasbeton-Daches (Wölbung und Längenänderung) einander gegenübergestellt. Man ersieht hieraus, daß die Längenänderung in Vergleich zu den Wölbungen relativ klein ist. Ferner übertreffen die thermisch bedingten Wölbungen die durch die äußere Krafteinwirkung hervorgerufenen Wölbungen um ein Mehrfaches.

Aus diesen Bildern lassen sich folgende Schlußfolgerungen ziehen:

An einem einschaligen Flachdach aus 15 cm starken Gasbeton-Platten bei Längen von 4 m und Breite 0,5 m wurden während einer Sommer- und Winterperiode die Temperatur- und Verformungsverhältnisse ermittelt. Die unter den gegebenen Versuchsbedingungen gewonnenen Untersuchungsergebnisse ergeben:

Infolge der wärmedämmenden Wirkung des Gasbeton tritt in Gasbeton-Oberflächen im Sommer bei Sonnenzustrahlung und im Winter bei tiefen Außentemperaturen eine über dem Dachquerschnitt stark ungleichmäßige Temperaturverteilung auf. Diese verursacht in erster Linie Verformungen senkrecht zur Dachebene (Wölbungen). Die Größe der thermisch bedingten Wölbung der Dachplatten verläuft proportional der Stützweite. Bei der derzeitigen Maximallänge für bewehrte Gasbeton-Platten von 6 m ist mit einer Wölbung während eines Sommertages von *4–5 mm* zu rechnen. Die durch die Wölbung bedingte mechanische Beanspruchung (Längenänderung) des oberseitigen Dachbelages ist vernachlässigbar klein. Schäden wären also aus dieser Längenänderung nicht zu erwarten. Die Längenänderung, die sich im Wechsel der Tages- und Jahreszeit in Dachebene abspielen, treten gegenüber den Wölbungen in den Hintergrund. Thermisch bedingte Schubauswirkungen an den Auflagerstellen, die bei massiven Betondächern auftreten können, sind deshalb bei Gasbeton-Dachplatten der üblichen Länge praktisch nicht zu befürchten. Soweit die Ausführungen aus dem Gutachten des Institutes für technische Physik.

7.8.3 Praktische Ausführungsvorschläge

In den vorgenannten Gutachten wurde viel Richtiges ausgeführt, jedoch wurden praktische Erfahrungen nicht erfaßt. So wurden z. B. die Fragen der Durchbiegung, die bei Gasbetonplatten mit L/300 zugelassen sind, und deren Auswirkungen im Stoßbereich (Auflager), nicht berücksichtigt. Auch wurden die Schwundspannungen, die mit der Austrocknung der Gasbetonplatten ebenfalls wirksam werden, nicht in die Frage der Dachhautausbildung mit einbezogen. Auch kann es nicht bei der Behauptung bleiben, daß über den Gasbeton-Platten bei fehlendem Wärmedämmwert keine zusätzlichen Wärmedämmplatten aufgebracht werden können oder dürfen, da diese den Austrocknungseffekt vermindern oder ausschalten. Dies würde bedeuten, daß bei den derzeit noch gültigen Wärmeleitzahlen von 0,20 nicht einmal die 20 cm starken Wärmedämmplatten gemäß DIN 4108 ausreichen würden. Nur wenn die Wärmeleitzahl von 0,16 kcal/mh° gültig

wird, würden gerade 20 cm starke Platten den Mindesterfordernissen entsprechen, um einen Wärmedurchlaßwiderstand von 1,25 m²h°/kcal zu erreichen. Es ist jedoch bekannt, daß es wirtschaftlich untragbar ist, etwa bei einer Stützweite von 3 m 20 cm starke Gasbeton-Platten zu verwenden, nur um den Wärmedämmwert nachzuweisen. Es hat sich längst in der Praxis erwiesen, daß es ohne weiteres möglich ist, über den Gasbeton-Platten durch zusätzliche wirtschaftlichere Wärmedämmplatten den fehlenden Wärmedämmwert aufzubringen. Dabei wird das Dachgewicht kaum erhöht, der Wärmedämmwert verbessert und, wie die Praxis erwiesen hat, werden keine Nachteile eingehandelt. Dabei ist es jedoch, wie der Autor festgestellt hat, notwendig, darauf hinzuweisen, daß zwischen Gasbeton und Wärmedämmung keine Dampfsperre zum Einbau kommt, sondern daß über der Wärmedämmung eine wirkungsvolle Dampfdruckausgleichsschicht aufgebracht wird, und daß die Wärmedämmung sinnvoll diffusionstechnisch auf die Gasbeton-Platten abgestimmt sein sollte, also etwa gleiches Verhalten hinsichtlich der Rücktrocknung und der Dampfdiffusion gegeben sein soll.

Aus diesen theoretischen Erkenntnissen und aus den praktischen Erfahrungen lassen sich folgende praktische Aufbauvorschläge für bituminöse Dachabdichtungen ableiten:

1. Ohne Zusatzdämmung

Bei Gasbeton-Platten, die ohne zusätzliche oberseitige Wärmedämmung ausgeführt werden sollen, also wo die Stärke der Gasbeton-Platten ausreichend ist, ist folgender Aufbau von unten nach oben erforderlich:

1. Gasbeton-Platten, wie zuvor angeführt verlegt, nach ca. 25 m konstruktive Dehnfuge.
2. Über den Stoßstellen (Fugen über den Auflagern) Auflegen eines Schleppstreifens ca. 25 cm breit aus Roh-Glasvlies 50 g/m² Ölpapier oder unbituminierter Pappe, im Notfall auch unterseitig grob bekieste Glasvlies-Bitumenbahn zur Vermeidung von Rissebildung aus Aufwölbungen, Schrumpfungs- und Temperaturspannungen.
3. Kaltbitumen-Voranstrich 0,3 kg/m².
4. Obere Dampfdruckausgleichsschicht und diese bei geringen Luftfeuchtigkeiten bestehend aus einer Lochglasvliesbahn, lose mit 2 cm Überlappung aufgelegt oder bei höheren Raumluftfeuchtigkeiten wirksamer eine Falzbaupappe, streifenweise oder punktweise aufgeklebt, mit 1,5 cm Abstand zur Längs- und Querbelüftung (Fuge abgedeckt) und Anschluß dieser Dampfdruckausgleichsschicht an die Außenluft.
5. Dachhaut, bei gefällelosen Dächern bzw. Dächern unter 5° z. B.
   a) 1 Glasvlies-Bitumenbahn V 11
   b) 1 Glasgittergewebebahn G 200
   c) 1 Glasvliesbahn V 11

7. Allgemeine Aufbaugesichtspunkte – Warmdach

oder
a) 1 Schweißbahn G5 5mm stark
b) 1 Glasgittergewebebahn G200
alle Lagen im Gieß- und Einwalzverfahren aufgeklebt.
6. Wurzelfester Heißbitumen-Deckaufstrich.
7. Wenn aus statischen Gründen keine Kiesschüttung möglich ist, Rieseleinklebung in Kaltbitumen-Klebemasse oder, falls statisch möglich, besser 3–5 cm Kiesschüttung.

2. Mit Zusatzdämmung

Reicht die Stärke der Gasbeton-Platten für die Forderungen der Wärmedämmung nicht aus, muß und kann nach den bisherigen Erfahrungen eine wirtschaftliche Wärmedämmung oberseitig aufgebracht werden. Der Verfasser hat in diesen Fällen bisher imprägnierte und expandierte Korkplatten empfohlen, da diese annähernd gleiche Diffusionswiderstandsfaktoren aufweisen (Gasbeton ca. 5–7, Kork 2,5–14). Der Vorteil von Korkplatten liegt insonderheit jedoch darin, daß kondensierte Feuchtigkeit sich leicht verteilt und ebenso leicht an die Gasbetonplatten wieder abgegeben wird, so daß der in dem vorgenannten Bericht angeführte Effekt der Rücktrocknung auch bei Korkplatten zu erwarten ist.

Diese Erfahrungen konnten in 15jähriger Sachverständigen-Tätigkeit erworben werden und haben sich auch bei zahlreichen Sanierungen bewährt. Da eine Dampfsperre eine mögliche Gasbeton-Diffusionsabtrocknung nach außen über die Druckausgleichsschicht verhindern würde und auch die Austrocknung nach innen durch eine nicht mehr so wirksame Sonneneinstrahlung von außen reduzieren würde, schlägt der Verfasser die Aufbringung der Wärmedämmung *ohne Dampfsperre* vor. Eine Dampfsperre wäre nur dann möglich, wenn relativ dünne Gasbeton-Stärken vorhanden wären und wenn die zusätzliche Wärmedämmung außenseitig relativ stark dimensioniert wird, so daß nur noch geringe Kondensationsfeuchtigkeit in den Gasbeton-Platten zu erwarten wäre. Hier müßte jeweils eine rechnerische Nachprüfung vorgenommen werden. Im allgemeinen empfiehlt sich jedoch folgende Lösung:

1. Gasbeton-Platten nach statischen Erfordernissen.
2. Bei Platten von über 4 m Länge auch hier evtl. Schleppstreifen, wenngleich bei punktweiser Aufklebung nachfolgender Wärmedämmung diese u.U. auch bei längeren Plattenelementen weggelassen werden können.
3. Kaltbitumen-Voranstrich 0,3 kg/m² als Haftbrücke.
4. Wärmedämmung, Stärke je nach fehlender Wärmedämmung (bei z.B. 12,5 cm starken Gasbeton-Platten GSB 35 gemäß Tabelle 134 zusätzlich 2,5 cm imprägnierte und expandierte Korkplatten zur Erreichung des Mindestwärmedämmwertes von 1,25 m²h°/kcal), punktweise mit Heißbitumen 85/25 fugenversetzt aufgeklebt, wobei zu beachten ist, daß über den Stoßfugen, falls kein Schleppstreifen aufgebracht wird, die Plattenfugen nicht mit den Stoßfugen zusammenfallen.
5. Obere Dampfdruckausgleichsschicht und diese bei etwas höheren Raumluftfeuchtigkeiten bestehend aus einer Falzbaupappe, streifenweise, wie vorgenannt, aufgeklebt und wirkungsvoll an die Außenluft angeschlossen oder bei normalen Raumtemperaturen und Luftfeuchtigkeiten Lochglasvliesbahn, wie beschrieben, ebenfalls an die Außenluft angeschlossen.
6. Dachabdichtung und Schutzschicht je nach statischen Möglichkeiten wie zuvor.

3. Mit Dampfsperre

Bei höheren Raumluftfeuchtigkeiten und bei Gefahr einer unzulässigen Kondensationsdurchfeuchtung bzw. Gefahr von Frostschäden an den Oberflächen der Gasbeton-Platten oder bei chemischen Einflüssen von unten empfiehlt sich auf der Innenseite die Aufbringung einer Dampfsperre. Hierfür hat sich z.B. Vaporex normal [32] gut bewährt. Anstelle dessen können auch bei Fugenabklebungen mit Kunststoffvliesen oder dgl. Anstriche aufgebracht werden, wenngleich die vorgenannten thermischen Bewegungen (Aufwölbungen usw.) immer die Gefahr der Rissebildung ermöglichen, was bei der elastischen Vaporex-Dampfsperre nicht der Fall ist. Bei Warmdächern, bei denen also eine bituminöse Dachabdichtung zur Anwendung kommen muß (unter einer bestimmten Neigung) empfiehlt sich deshalb folgender Aufbau:

1. Vaporex-Dampfsperre normal, mit Spezialkleber auf die Gasbeton-Platten-Unterseite aufgeklebt.
2. Gasbeton-Platten nach statischen Erfordernissen.
3. Kaltbitumen-Voranstrich wie vorgenannt.
4. Zusätzliche Wärmedämmung wie vorgenannt.
5. Oberseitige Dampfdruckausgleichsschicht und hier bei höheren Raumluftfeuchtigkeiten und zur relativ schnellen Abtrocknung der eingeschlossenen Eigenfeuchtigkeit Falzbaupappe, gegebenenfalls mit Holzstabarmierung (z.B. Kregitta [33]), ebenfalls wieder mit Abständen aufgebracht, mit zusätzlichen Dachentlüftern usw.
6. Dachabdichtung gemäß den Richtlinien bzw. nach vorgenannten Beispielen.

7.8.4 Zwischenlösung

Bei geneigten Flachdächern, bei denen anstelle einer bituminösen Dachabdichtung z.B. Wellasbestplatten oder dgl. aufgebracht werden können, ist ein ausgesprochenes Kaltdach zu empfehlen (s. spätere Empfehlungen). Hier kann dann auf eine Dampfsperre unterseitig auch noch bei höheren Raumluft-Feuchtigkeiten verzichtet werden. (Siehe unter Kaltdächer.)

7.8.5 Flachdächer aus Bimsstegdielen

Die vorgenannten bauphysikalischen und abdichtungstechnischen Überlegungen gelten im wesentlichen auch für Flachdächer aus Bimsbeton-Stegdielen. Bimsbeton-Stegdielen nach DIN 4028 werden aus reinem vulkanischem Bimskies unter Zusatz von ca. 20 % oder weniger Reinsand und Verwendung von Normalzementen hergestellt. Sie erhalten eine Stahlbewehrung, die als Korrosionsschutz mit Zement eingeschlemmt wird. Die maximale Stützweite ist derzeit mit 3,8 m angegeben. Hier gilt folgende Tabelle:

Spannweite bis	130	165	200	240	270	300	330	380 cm
	5	6	7	8	9	10	11	12 cm
	50	50	50	50	50	50	33	33 cm
	55	60	65	72	80	88	84	100 kg/m²

Die Längskanten der Platten sind meist mit Nut und Feder versehen. Die Unterseite der Platte wird auf Wunsch auch mit einer Feinschicht versehen, so daß eine saubere unterseitige Fläche entsteht.

Die Verlegung der Bimsbeton-Platten wird, wie bei Gasbeton beschrieben, vorgenommen und gegen Abheben und Abrutschen durch Halteeisen gesichert. Die Fugen werden eingenäßt und mit Zement und Kalkzement-Mörtel vergossen. Die rauhe Oberseite der Platte wird teilweise mit einer Zementschlemme 1:3 überzogen, falls die Platten nicht schon werkseitig mit geglätteter Oberfläche versehen sind.

Die Bimsbeton-Platten vereinigen ebenfalls Tragkonstruktion und Wärmedämmung in einem Bauelement und erlauben durch ihr geringes Eigengewicht ebenfalls leichte Dachkonstruktionen. Sie sind nach DIN 4102 feuerhemmend und nicht brennbar. Wärmeleitzahl 0,25 kcal/mh°.

Da Bimsstegdielen nur bis Stärken von 13 cm geliefert werden (soweit erfahrbar), ist der Wärmedurchlaßwiderstand der Platten noch relativ bescheiden. Bei einer Spannweite bis z. B. 3 m sind 10 cm Bimsstegdielen notwendig. Der Wärmedurchlaßwiderstand ergibt sich dann mit 0,40 m²h°/kcal. Ohne Zusatz-Wärmedämmung ist also ein Bimsstegdielen-Dach nur für untergeordnete Dächer zu verwenden, da der Wärmedämmwert allein auch bei z. B. 12 cm starken Platten lange nicht ausreicht, um die Mindestwärmedämmwerte der DIN 4108 zu erfüllen (für bewohnte Räume usw.).

Es ergeben sich deshalb etwas andere Überlegungen hinsichtlich der Dachgestaltung als bei Gasbeton, die mindestens nach den neu zu erwartenden Wärmeleitzahlen doch relativ bessere Wärmedämmwerte erbringen.

Andererseits wirken sich aber bei Bimsstegdielen die etwas geringeren Wärmedämmwerte wieder günstig auf eine zusätzliche Wärmedämmung aus. Es kann z. B. in diesen Fällen ohne weiteres auch noch eine Dampfsperre über dem Gasbeton, also unter einer zusätzlichen Wärmedämmung aufgebracht werden, ohne daß bei noch wirtschaftlicher Dämmung über große Zeiträume die Taupunkttemperatur unter die Dampfsperre absinkt. Aber auch dann, wenn kurzfristig im Winter die Tauebene unter die Dampfsperre in die Bimsbeton-Platten gelangt, ist dies noch kein Kriterium. Auch Bimsbeton-Platten können sehr viel Feuchtigkeit aufnehmen und geben diese dann später an die Raumluft wieder ab. Es gelten also in dieser Hinsicht dieselben Voraussetzungen wie bei Gasbeton. Es sollte jedoch folgende Faustregel beachtet werden:

Der Wärmedurchlaßwiderstand unter der Dampfsperre sollte bei normaler Raumnutzung bei Bimsstegdielen nur etwa 1/4 des Gesamt-Wärmedurchlaßwiderstandes betragen. Dies würde also bedeuten, bei 10 cm starken Bimsstegdielen wäre durch eine außenseitige Wärmedämmung ein Mindestwärmedämmwert von 1,20 m²h°/kcal nachzuweisen. Dies wären z. B. 4,5 cm starke Polystyrol-Hartschaumplatten. Bei höheren Raumluftfeuchtigkeiten empfiehlt es sich allerdings, eine genauere Temperaturverlaufsberechnung durchzuführen bzw. sogar eine Diffusionsberechnung, um zu erreichen, daß die Tauebene nur in sehr kurzen Zeitabständen unter die Dampfsperre abrutscht. Hier kann es dann u. U. notwendig werden, die Wärmedämmung oberseitig noch wesentlich zu erhöhen.

Im einzelnen können nach Bild 149a hier folgende Aufbauvorschläge gemacht werden, wobei jedoch die Blecheinklebung nicht wie im Bild gemacht werden sollte (wenn konstruktiv möglich).

1. Bei untergeordneten Räumen, wo keine großen Anforderungen an Wärmedämmung gestellt werden:

1. Bimsstegdielen
2. Kaltbitumen-Voranstrich
3. Schleppstreifen über den Auflagerstößen zur Vermeidung von Risseübertragungen auf die Dachhaut, lose aufgelegt, 25 cm breit.
4. Obere Dampfdruckausgleichsschicht, die gleichzeitig auch Spannungsausgleichsschicht ist, bestehend aus einer Lochglasvliesbahn, an den Stößen 2 cm überlappt lose aufgelegt.
5. Dachabdichtung, bei Dächern unter 5° dreilagig, bei Dächern über 5° zweilagig, wobei auch hier zugfeste Bahnen, mindestens in der Mitte empfohlen werden.
6. Oberflächenschutz und dieser wegen der geringen Wärmedämmung am zweckmäßigsten aus Kiesschüttung.

2. Bei zusätzlicher Wärmedämmung:

1. Bimsstegdielen, Stärke nach statischen Erfordernissen, also auf keinen Fall stärker (je dünner, je günstiger).
2. Kaltbitumen-Voranstrich.
3. Schleppstreifen über Stoßstellen.

7. Allgemeine Aufbaugesichtspunkte – Warmdach

4. Lochglasvliesbahn als Spannungsausgleichsschicht lose aufgelegt.
5. Dampfsperre je nach Erfordernissen aus hochreißfester Glasvlies-Bitumenbahn, Alu-Dichtungsbahn, Vaporex besandet, oder dgl.
6. Wärmedämmung, und hier nach den physikalischen Erfordernissen, bei Normalbeanspruchung mindestens 4,5 cm stark, bei höheren Beanspruchungen je nach Raumluftfeuchtigkeit bemessen, mit Heißbitumen aufgeklebt (z. B. PU-Hartschaumplatten oder dgl.).
7. Obere Dampfdruckausgleichsschicht aus unterseitig grob bekiester Glasvlies-Bitumenbahn, punktweise aufgeklebt und an Außenluft angeschlossen.
8. Dachabdichtung wie beschrieben, unter 5° dreilagig, über 5° zweilagig, mit zugfesten Dachdichtungsbahnen und Oberflächenschutz je nach statischen Möglichkeiten.

Bei Bimsstegdielen sollte, genauso wie bei Gasbeton-Platten, in der Unterkonstruktion eine Überhöhung so hergestellt werden, daß nach der Durchbiegung der Bimsstegdielen bzw. Gasbeton-Platten usw. keine Mulden in der Dachfläche entstehen. Es empfiehlt sich also, hier u. U. die Dachneigung so anzuheben, daß der Wasserablauf in den Mulden parallel zu diesen in Richtung Einläufe abgeführt wird. Bimsstegdielen haben sich bei geneigten Dächern aus diesem Grunde besser bewährt als bei gefällelosen Dächern, bei denen sonst Pfützenbildung zu erwarten ist. Dies gilt naturgemäß auch für Gasbeton-Platten und für die nachfolgend beschriebenen Holzspanplatten, wie überhaupt für alle vorfabrizierten Dachelemente.

7.8.6 Holzspan-Dachplatten (z. B. Durisol)

Durisol ist ein zementgebundener Holzspanbeton. Sortierte Hobelspäne werden mit Chemikalien getränkt, mit Zement gebunden und werksmäßig zu Baustoffen und Bauelementen geformt. Holzspanbeton-Dachplatten werden mit Armierung geliefert und werden ebenfalls wie Gasbeton-Platten oder dgl. auf Unterlagspfetten aufgelegt und mit diesen verankert. Die Verankerung bei Stahlbetonauflagern wird durch einbetonierte Rundstahlbügel hergestellt, bei Stahlauflagern durch aufgeschweißte Bügel. In die Längsfugen werden 60 cm lange Rundstähle eingelegt und durch die Bügel gesteckt. Die Fugen werden dann anschließend mit Ze-

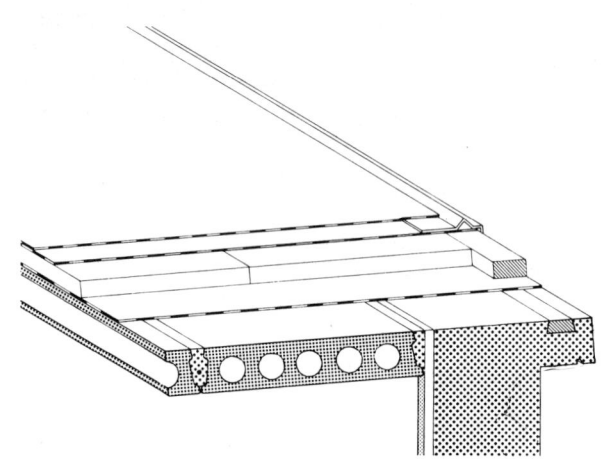

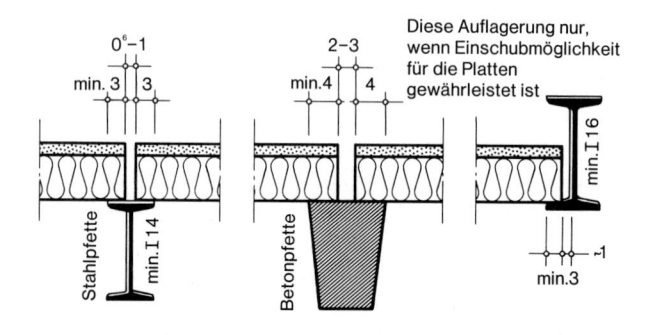

Bild 149a Bimsstegdielen-Flachdachaufbau

Bild 149b Holzzement-Dachplatten (Durisol)

	Abmessungen der Normalplatten				
Dicke d in cm	8	9	10	12	14
Breite b in cm			50		
max. Stützweite in cm	230	250	280	325	350
Vorrätige Lagerplatten, 50 cm breit, für ein Achsmaß in cm	225	250	275	325	–
Gewicht in kg/m²	85	95	105	125	140
Wärmedurchlaßwiderstand $1/\Lambda$ der Platte in m²h°/kcal	0,65	0,75	0,85	1,00	1,20
Wärmedurchlaßwiderstand $1/\Lambda$ einschl. Doppelpappdach in m²h°/kcal	0,71	0,81	0,91	1,06	1,26
Wärmedurchgangszahl k der Platte in kcal/cm²h°	1,19	1,07	0,96	0,84	0,72
Wärmedurchgangszahl k einschl. Doppelpappdach in kcal/m²h°	1,12	1,01	0,91	0,80	0,69

7.8 Gasbeton-Warmdächer

mentmörtel 1:4 vergossen, wie bei Gasbeton. Für den Fall, daß eine Scheibenwirkung aus statischen Gründen erforderlich ist, können die Dachplatten mit Ausklinkungen geliefert werden. Nach dem Vergießen der Fugen entsteht dadurch eine Verdübelung der Platten untereinander wie bei Gasbeton, so daß das Dach als Scheibe wirkt und bei entsprechenden Verankerungen mit der Unterkonstruktion als horizontaler Verband fungieren kann. Hervorzuheben ist bei Holzzement-Platten, daß sie einen relativ hohen Schallschluckgrad aufweisen.

In Bild Tabelle 149b sind die technischen Daten und die Verlegemöglichkeiten angegeben. Es ist zu entnehmen, daß die Platten einen relativ hohen Wärmedurchlaßwiderstand aufweisen. 14 cm starke Platten erbringen z. B. bei normalen Gleichgewichtsfeuchtigkeiten bereits einen Wärmedurchlaßwiderstand von 1,26 m²h°/kcal samt Dachhaut und würden also demzufolge gerade die Mindestwerte der DIN 4108 erfüllen, da das Dachgewicht mit 140 kg/m² gegeben ist, wäre auch die Tabelle 4 der DIN 4108 berücksichtigt.

Bezüglich der physikalischen und technischen Anmerkungen gelten genau dieselben Hinweise wie beim Gasbeton-Dach, so daß hier keine gesonderten Vorschläge gemacht werden. Es wird also auf Kapitel »Gasbeton-Dach« verwiesen.

7.8.7 Shedkonstruktion mit Leichtbauplatten

Gasbeton-Platten, Bimsbeton und Holzspanplatten eignen sich naturgemäß auch vorzüglich für Gefälledächer, insonderheit auch Shedkonstruktionen. Es ergeben sich hier relativ leichte und gleichzeitig wärmedämmende Konstruktionen. Da Shedkonstruktionen vorzüglich nur in Fabrikhallen verwendet werden, reicht die Wärmedämmung auch meist ohne zusätzliche Wärmedämmplatten oberhalb dieser Konstruktionsplatten aus.

Die Dachabdichtung entspricht den beschriebenen Dachabdichtungen bei bituminösen Bahnen. Bei Neigungen über 5° ist also auch hier standfeste Heißbitumen-Klebemasse zu verwenden. Im einzelnen gilt für alle Fertigteil-Platten etwa folgender Aufbau:

1. Gasbeton-, Bims- oder Holzspanplatten je nach statischen und wärmetechnischen Erfordernissen dimensioniert, auf Betonrahmen- oder Stahlrahmenbinder wie bei Flachdächern nach unten verankert.
2. Oberseitig Schleppstreifen über Auflagerstellen, also über Stoßstellen, diese jedoch gegen Abrutschen punktweise angeheftet.
3. Kaltbitumen-Voranstrich 0,3 kg/m².
4. Dampfdruckausgleichsschicht und diese am zweckmäßigsten aus einer unterseitig grob bekiesten Glasvliesbahn Nr. 5, streifen- oder punktweise mit standfester Heißbitumen-Klebemasse aufgeklebt.
5. Dachabdichtung im Schrägbereich aus zwei Lagen hochreißfesten Glasvlies-Bitumenbahnen, gegebe-

nenfalls in standfester Ausführung im Klebeverfahren aufgeklebt, oberste Lage fabrikfertig besandet und sämtliche Bahnen einzeln im Firstbereich eng genagelt an einer dort angebrachten Holzbohle, im Shedrinnenbereich durch eine weitere Lage Dachdichtungsbahn auf drei Lagen verstärkt und in der Mulde mit Heißbitumen-Deckaufstrich und am zweckmäßigsten, wenn statisch möglich, eine Kiesschüttung. Im System ist eine derartige Sheddachlösung im Bild 150 und 151 dargestellt.

Bild 150 Sheddach mit Fertigbeton – Leichtbeton

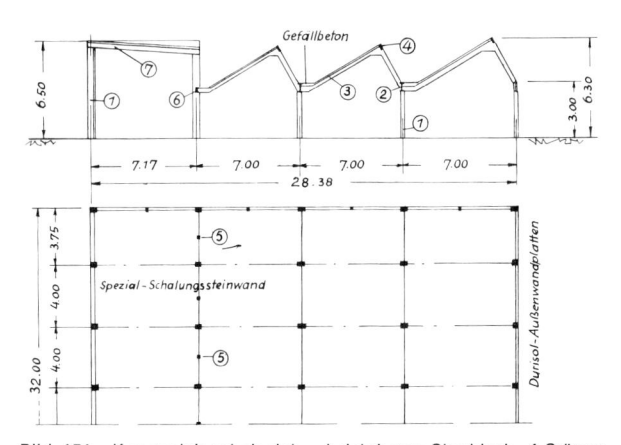

Bild 151 Konstruktionsbeispiel – Leichtbeton-Sheddach. 1 Stützen, 2 Shedrinnenträger, 3 Shedträger und Durisolplatten, 4 Firstbohlen, 5 Mittelstützen, 6 Randträger, 7 Flachdachanbau

Im Shedrinnenbereich wird meist über den horizontalen verlegten Platten ein Gefälle aufgebracht. Dieses kann zweckmäßigerweise aus Perlite-Bitumen oder Styroporkeilen bestehen. Gefällebeton aus Bims hat sich weniger bewährt, da sich hier häufig Feuchtigkeitsstau am Übergang einstellt bzw. Bimsbeton nur sehr schlecht austrocknet.

Anstelle der bituminösen Dachabdichtungen können aber auch hier zweckmäßigerweise Kunststoff-Bahnen

7. Allgemeine Aufbaugesichtspunkte – Warmdach

verwendet werden und hier wiederum insonderheit auch in den Shedrinnen. Es können aber auch, wie später bei Kaltdächern angeführt, im Muldenbereich bituminöse Abdichtungen oder Kunststoff-Abdichtungen zum Einbau kommen, während im Schrägbereich Wellasbestplatten, Metallbedachungen oder dgl. als Kaltdächer aufgebracht werden.

7.8.8 Flachsschäben – Holzspan-Dachplatten

Sogenannte Fibrophenol-Dachplatten oder ähnliche Fabrikate sind 36 oder 45 mm Flachpreßplatten, hergestellt aus Flachsschäben als Deckschicht und Holzspänen als Mittellage, phenolharzverleimt (V100) nach DIN 68761, Blatt 3.

Es handelt sich hier also um sehr dünne, wärmetechnisch mitwirkende und gleichzeitig für bestimmte Pfettenabstände (1,25 m) statisch tragfähige Dachplatten (früher unter dem Namen Fibrolit bekannt).

In Tabelle 152 sind die technischen Daten angeführt.

Bild-Tabelle 152 Technische Daten von Flachspreßplatten (Fibrophenol)

Plattentype gleich Plattenstärke		mm	36	45
Rohgewicht (Spez.)	γ	kp/m³	480—500	
Gewicht	G	kp/m²	18	22
Abmessungen (Rastermaß)		mm	1250×2500	
Pfettenabstand	l	cm	125	
Biegefestigkeit	σ_{br}	kp/cm²	100	80
Biegefestigkeit laut Sicherheitsfaktor 5	σ_{zul}	kp/cm²	20	16
Gleichverteilte Lastannahme unter Berücksichtigung der Durchbiegung	l/200	1 Feldpl.	148	215
		2 Feldpl.	260	330
Elastizitätsmodul	E	kp/cm²	16000	12000
Dickenquellung	q_{24}	%	12	
Querzugfestigkeit	V-100	kp/cm²	1,0	0,7
Wärmeleitzahl	λ	kcal/m h°	0,095	
Wärmedurchgangszahl	k	kcal/m² h°	1,75	1,50
Diffusionswiderstandsfaktor μ			60	

Die relativ günstige Wärmeleitzahl von 0,095 erbringt Wärmedurchlaßwiderstände bei 36 mm von 0,37 bzw. bei 45 mm von 0,47 m²h°/kcal. Die Wärmedämmwerte sind also relativ bescheiden und reichen naturgemäß in keinem Falle bei einem Gewicht von 18–22 kg/m² aus, um der Tabelle 4 der DIN 4108 zu entsprechen.

Trotzdem werden diese Platten für untergeordnete Lagerhallen usw. sehr häufig verwendet und zwar als einschalige Flachdach-Konstruktionen gemäß Bild 153. In a) ist die Verlegung auf Stahlbeton-Pfetten dargestellt mit gleich einbetonierten oder nachträglich aufgebrachten Holzleisten, in Bild 217 ist die Verlegung dar-

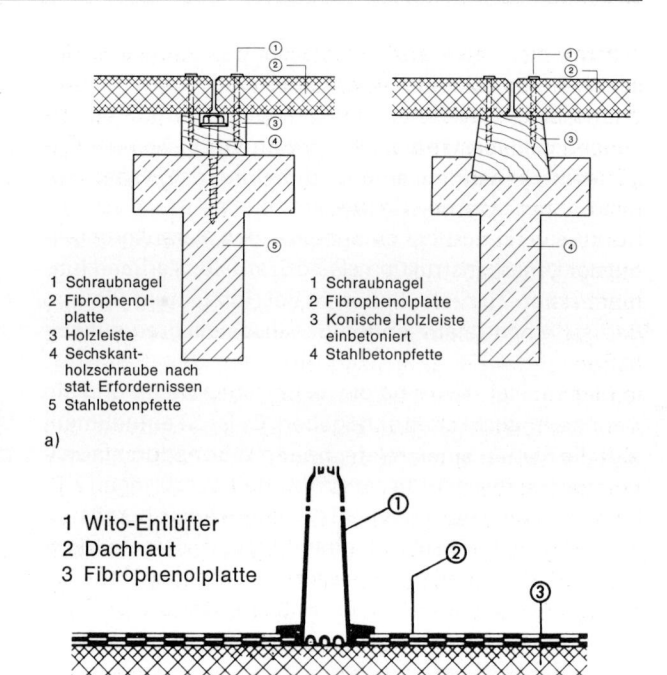

1 Schraubnagel
2 Fibrophenolplatte
3 Holzleiste
4 Sechskantholzschraube nach stat. Erfordernissen
5 Stahlbetonpfette

1 Schraubnagel
2 Fibrophenolplatte
3 Konische Holzleiste einbetoniert
4 Stahlbetonpfette

a)

1 Wito-Entlüfter
2 Dachhaut
3 Fibrophenolplatte

b) Wito-Entlüfter

Bild 153 a und b Leichtdach

gestellt. In die Nute werden zuerst Schaumstoff-Selbstklebestreifen gegen Wärmebrücken und Durchlaufen von Bitumen eingelegt und zur Aufnahme der Quell-, Schwind- und Temperaturbewegungen durch Längenänderungen. Sodann wird ohne Kaltbitumen-Voranstrich eine Dampfdruckausgleichsschicht (unterseitig grob bekieste Glasvlies-Bitumenbahn) punktweise aufgeklebt, wobei jedoch darauf zu achten ist, daß im Bereich über der Nute keine Punktverklebung zustande kommt. Anstelle dessen kann auch eine Lochglasvliesbahn aufgebracht werden. Darüber wird dann die Dachhaut in der üblichen Art aufgebracht, entweder eine bitumenverträgliche Kunststoff-Bahn oder je nach Neigung zwei- oder dreilagige bituminöse Abdichtungen.

In jedem Falle ist es notwendig, nach Bild 153b die Dampfdruckausgleichsschicht durch Entlüfter (hier Wito-Entlüfter) an die Außenluft wirkungsvoll anzuschließen.

Im Prinzip gelten hier dieselben Grundüberlegungen wie bei Gasbeton-Platten beschrieben. Es muß hier jedoch angeführt werden, daß das Volumen bei nur 36 bzw. 45 mm Stärke gegenüber 15 cm Gasbeton oder dgl. beschränkt ist. Wenn also z. B. 100 g/m² Monat an Feuchtigkeit im Winter ausfällt, dann kann dies bei derartigen Platten zu einer erheblichen Reduzierung der Wärmedämmung führen bzw. bei Dauerbelastung auch zur Strukturzerstörung mindestens der Oberlage. Bei den früher hergestellten Fibrolit-Platten sind derartige Schäden sehr häufig aufgetreten. Bei Abnehmen der Dachhaut lösten sich große Teile der Flachsschäben aus der obersten Schicht ab. Trotz Dampfdruckausgleichsschicht sind hier also Frostschäden, Auflösungserscheinungen usw. aufgetreten. Durch die neuen Fibrophenol-Dachplatten, phenolharzverleimt V 100, ist die Feuchtigkeitsbeständigkeit naturgemäß wesentlich günstiger geworden, so daß bisher derartige Schäden nicht mehr bekannt wurden.

Hervorzuheben ist, daß selbstverständlich die Montagekosten relativ gering sind, wobei jedoch der Pfettenabstand durch die Spannweite von nur 1,25 cm relativ gering ist. Die Platten können feuerhemmend behandelt werden (F 30 nach DIN 4102). Die Dachschalen-Untersicht ist sauber und ansprechend.

Die Anwendung ist jedoch, wie bereits angeführt, bei einschaliger Ausführung beschränkt.

Von der Herstellerfirma werden nach wie vor auch noch Fibrolit-Bauplatten geliefert. Die Wärmeleitzahl dieser Bauplatten liegt nur bei 0,055 z. B. bei 36-mm-Platten. Trotz dieser günstigeren Wärmeleitzahl gegenüber phenolharzverleimten Platten können diese aufgrund der Erfahrungen für einschalige Flachdächer nicht empfohlen werden. Auch dürfen diese ausnahmslos nur dann für Dacheindeckungen verwendet werden, wenn sie die örtliche Bauaufsichtsbehörde für geeignet erachtet und genehmigt. Es sind also auch hier erhebliche Einschränkungen gegeben, so daß diese hier nicht weiter beschrieben werden sollen. Mit den Fibrophenol-Platten lassen sich jedoch da und dort recht günstige leichte Dachkonstruktionen herstellen, die nicht allzu hohen Ansprüchen an die Wärmedämmung entsprechen können.

7.9 Trapezblech-Dächer

Trapezblech-Dächer bzw. besser Stahlprofilblech-Dächer werden primär als Warmdächer ausgeführt.

7.9.1 Material

Stahlprofilblech-Dächer bestehen aus profiliertem, beiderseits nach dem Sendzimir-Verfahren verzinktem Stahlblech mit einer Zinkschichtdicke von ca. 25 μ. Die Güte des Stahlbleches besteht aus St 37.

Der Vorteil der Sendzimir-Verzinkung gegenüber den früheren verwendeten, nach dem Tauchverfahren verzinkten Flachblechen besteht hauptsächlich darin, daß die beim Verzinkungsprozeß zwischen Stahlkern und Zinkauflage sich bildende Eisen-Zink-Legierung (Hartzinkschicht) gar nicht oder nur in sehr geringer Dicke auftritt. Dieser Effekt erbringt die leichte Verformbarkeit von sendzimir-verzinkten Bändern, bei denen keine Gefahr des Aufplatzens der Zinkschicht an den Verformungsstellen mehr besteht. Beim Sendzimir-Verfahren wird der Stahl nach vorherigem Durchlaufen trockener Reinigungsstufen mit einer Temperatur von 50–75°C über der des flüssigen Zinks, die etwa 440–450°C beträgt, kurzfristig durch ein in einem Spezialkessel befindliches Zinkbad besonderer Zusammensetzung geführt. Beim herkömmlichen Feuerverzinkungs-Verfahren mußte der Stahl erst auf 300°C erwärmt werden, damit die Verzinkung nicht abplatzt.

Sendzimir-verzinkte, bandbeschichtete Bleche können also im Nachhinein ohne Bruch-Rißerscheinungen gezogen oder gestaucht werden. In Bild 154a ist die Verformung von sendzimir-verzinktem Blech dargestellt.

Bild 154a Verformung von bandbeschichtetem Blech in einer Längsprofilier-Straße zu Trapezblechen

Die Zinkschichten überziehen sich an der Luft sehr bald mit einer dichten und wasserunlöslichen Schicht von kohlensaurem Zink, wodurch sie selbst vor Zerstörung geschützt werden und auch den unter ihnen liegenden Stahl weitgehend zu schützen vermögen. Dies gilt natürlich nur für solche Fälle, bei denen keine mechanischen Zerstörungen vorliegen bzw. nachträgliche Verschraubungen eingebracht werden oder aggressive Dämpfe oder dgl. vorhanden sind. Sind derart aggressive Atmosphärilien vorhanden, kann man derartige großformatige Stahl-Fertigteile mit Kunststoff-Beschichtungen zusätzlich zur Verzinkung schützen. Solche Beschichtungen werden maschinell und kontinuierlich auf durchlaufenden Stahlbändern aufgebracht. Zur Verwendung kommen als Beschichtungsmaterial: PVC-Organosole oder PVC-Plastisole, außerdem Acrylharze in verschiedener Ausführung und Dicke. Derartige Kunststoff-Beschichtungen werden zwar vorzüglich für sendzimir-verzinkte Wandprofile verwendet, können aber auch bei Flachdach-Profilen zur Anwendung kommen.

7. Allgemeine Aufbaugesichtspunkte – Warmdach

Bild 154b Beispiele gängiger Profile (Robertson)

Dachprofil	Materialdicke mm	Eigengewicht kp/m²
Profil QF 3	0.75	10.4
	0.88	12.2
	1.00	13.9
	1.25	17.3
	1.50	20.8
Profil QDFS	0.88	13.55
	1.00	15.40
	1.50	23.10
Profil K 2	0.75	9.21
	0.88	10.90
	1.00	12.40
	1.25	15.50

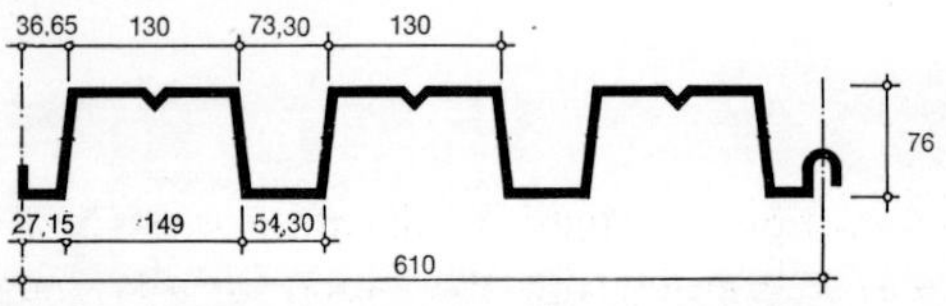

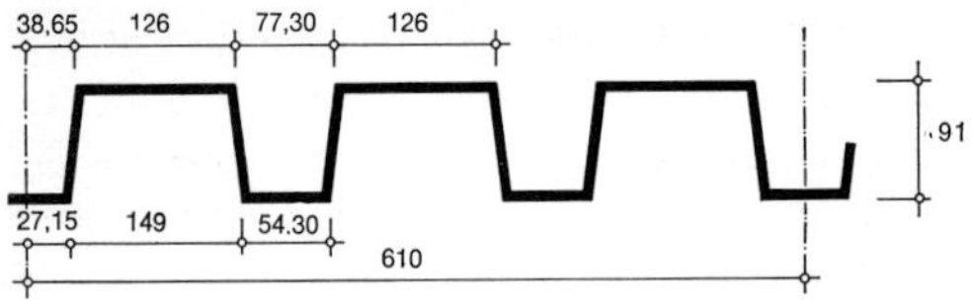

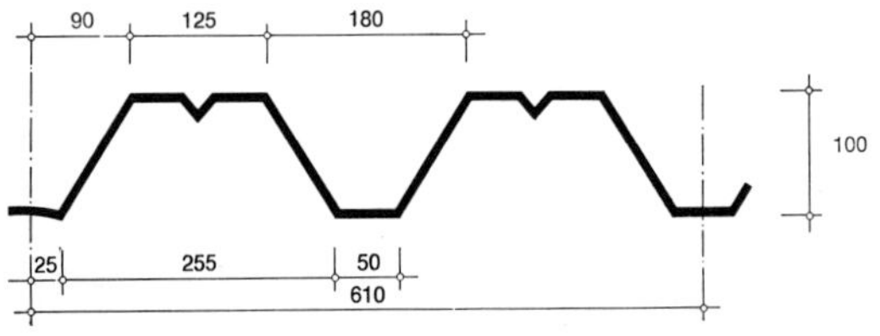

Stahlblechprofil-Dachelemente werden in Tafeln von 62,5–90 cm Breite bis zu Spannweiten von 15 m geliefert. Je nach statischen Erfordernissen, zulässiger Durchbiegung usw. erhalten die trapezförmigen Sicken verschiedene Breiten und Höhen bzw. unterschiedliche Abstände. Die Blechstärke schwankt im allgemeinen zwischen 0,75 mm und 1,50 mm. In Bild 154b sind einige gängige Profile mit Materialdicken und mit dem Eigengewicht angeführt. Es soll hier jedoch gleich bemerkt werden, daß sich Materialdicken mit 0,75 mm auch bei ausreichendem statischen Nachweis nicht besonders bewährt haben, da sie bei Begehungen zu labil sind und bei bestimmten Höhen, insonderheit bei Shed-Konstruktionen leicht ausknicken. Man sollte also, auch wenn die zulässige statische Durchbiegung nachgewiesen wird, nicht unter 0,88 mm Blechstärke gehen.

7.9.2 Statik

Wie zuvor angeführt, können Trapezbleche bis zu Längen von 15 m geliefert werden. Dadurch ist es möglich, eine Mehrfeld-Plattenverlegung durchzuführen, die naturgemäß statisch günstiger ist als eine Einfeld-Plattenverlegung. Bei der Einfeld-Plattenverlegung wird bekanntlich für die Momentenermittlung mit $\frac{ql^2}{8}$ gerechnet, während bei Mehrfeld-Plattenverlegung mit $\frac{ql^2}{11}$ gerechnet werden kann.

Letzten Endes erfolgt die Wahl der Stahlprofilbleche unter Berücksichtigung des vorhandenen Pfetten- bzw. Binderabstandes und unter Zugrundelegung des Eigengewichtes des gesamten Stahldaches sowie der nach DIN 1055 anzusetzenden Wind- und Schneelast bzw. einer Einzellast von 100 kg in der Mitte und einer Durchbiegungsbegrenzung von

$$L = \frac{1}{300} \text{ der Stützweite.}$$

Aus Belastungstabellen der verschiedensten Lieferfirmen werden dann die einzelnen Profile ausgewählt. Leider muß in der Praxis immer wieder festgestellt werden, daß für die Lastannahme zu geringe Werte angenommen werden, so daß schon von Haus aus die zuläs-

7.9 Trapezblech-Dächer

sige Durchbiegung überschritten wird. So wird z.B. häufig für den Dachaufbau ein Berechnungsgewicht von 15 kg/m² angenommen. Wenn eine Rieseleinklebung und eine dreilagige Dachabdichtung aufgebracht werden, muß mindestens mit einem Gewicht von 32 kg/m² gerechnet werden. Es werden also bereits 17 kg/m² mehr Dachgewicht alleine durch die Dachhaut erbracht. Auch ist im vorhinein selten die Frage der Wärmedämmung angesprochen. Eine Polystyrol-Hartschaumplatte kann mit 8 kg/m² angenommen werden. Wird jedoch anstelle dessen expandierter Kork verwendet, so muß etwa der dreifache Wert angenommen werden. Es können sich also hier bereits »Unterschlagungen« von 30 kg/m² alleine von Wärmedämmung und Dachhaut aus gesehen einstellen, die dann zu unliebsamen Erscheinungen führen, wie sie später dargestellt werden.

Es ist also angezeigt, daß sich Architekt und Statiker genau aufeinander abstimmen und die Profilwahl und Profildicke selbst bestimmen und sie nicht durch die anbietenden Lieferfirmen bestimmen lassen, da diese meist aus Preisgründen auf die dünnste Blechstärke ausweichen unter Zugrundelegung meist nicht realer, also vorhandener Dachgewichte. Es kann sonst vorkommen, daß die Schneelast von 75 kg/m², die in den meisten Gebieten zugelassen ist, allein durch den Wasserstand in der Mulde überschritten wird. Im Winter kommt zu der hieraus resultierenden Eisschicht dann noch zusätzlich das Schneegewicht dazu, so daß hier dann u.U. doppelte Belastungswerte vorliegen. Es empfiehlt sich also grundsätzlich, nicht die statischen letzten Möglichkeiten auszuschöpfen, sondern hier eher auf Sicherheit zu gehen. Im allgemeinen dürfte, wenn keine Kiesschüttung in Frage kommt, die Lastannahme von 130 kg/m² nicht unterschritten werden. Als Mindestannahmen würden also gelten:

1. Rieseleinklebung	12 kg/m²
2. dreilagige Dachabdichtung	20 kg/m²
3. Wärmedämmung-Kunststoff-Platten	10 kg/m²
4. Blechprofil	12 kg/m²
5. Schneelast	75 kg/m²
Gesamtbelastung:	ca. 129 kg/m²

Wird anstelle einer bituminösen Dachabdichtung mit Rieseleinklebung eine Kunststoffhaut ohne Kiesschüttung verwendet, kann man etwa von einer Lastannahme von 110 kg/m² ausgehen. Voraussetzung hierfür bleibt aber, daß das Wasser flüssig abgeleitet wird, wie dies nachfolgend empfohlen wird.

7.9.3 Verlegung und Befestigung

Die Dachelemente werden an den Seitenstößen entweder durch Spezialnieten vernietet oder durch Verschränkung mittels Einspannung befestigt. Aus Bild 155

Bild 155 Seitenstöße. Dachelemente werden an den Seitenstößen durch Spezialniete, Schrauben oder Verschränkungen verbunden (Robertson)

können derartige Seitenstöße z.B. mit Robertson-Profilen abgelesen werden, die aber auch für alle anderen Profile in ähnlicher Form gültig sind.

Die Befestigung im Bereich des Auflagerstoßes kann je nach Untergrund aus Bild 156 abgelesen werden. Die Dachelemente werden in den Profiltälern nach unten auf der Unterlage sturmsicher befestigt, werden also hier überlappt aufgebracht. Gegebenenfalls kann zur Erhöhung der Dampfbremswirkung zwischen die Trapezblech-Überlappungen, wie nachfolgend angeführt, ein dampfbremsender Schaumstoffstreifen, eine Abkittung oder dgl. eingebracht werden.

Stahl-Konstruktion
Die Dachelemente werden in den Profiltälern nach Vorbohrung mit verzinkten Hammerschlag- oder Gewindeschneidschrauben befestigt

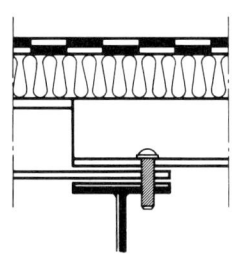

Stahlbeton-Unterkonstruktion
Die Dachelemente werden im Profiltal mit verzinkten Hammerschlag- oder Gewindeschneidschrauben in einem im Obergurt des Betonträgers verankerten Flacheisen befestigt. Dieses Flacheisen sollte mindestens 10 mm dick und etwa 30 mm breit sein

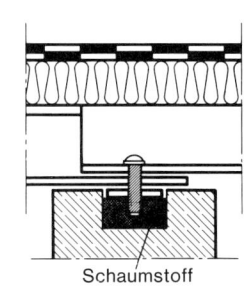

Schaumstoff

Holz-Unterkonstruktion
Verzinkte Holzschrauben halten im Profiltal die Dachelemente

Bild 156 Auflagerstoß (Robertson)

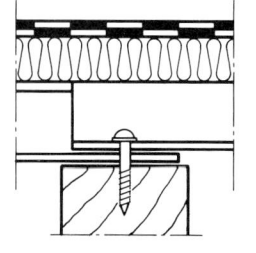

Die Befestigungen werden mit unterschiedlichsten Befestigungsmitteln durchgeführt. So werden die Stahldachplatten auf Stahlpfetten oft mittels verkadmierter Gewindeschrauben befestigt.

Die Befestigung erfolgt in den allermeisten Fällen in jeder zweiten Tiefsicke. Bei größeren Pfetten- bzw. Binderabständen empfiehlt sich jedoch eine Befestigung in jeder Tiefsicke, um ein seitliches Auskicken zu verhindern. Hierbei sind für die Befestigung nach unten die Kräfte aus Windsog gemäß DIN 1055 auch während des Bauzustandes zu berücksichtigen.

Neben der Befestigung mit Gewindeschneideschrauben können auch Befestigungen mittels Einsatz von Bolzensetzgeräten durchgeführt werden, wie sie oft auf Stahlbeton-Pfetten verwendet werden. Dabei wird der Bolzen natürlich nicht direkt in den Stahlbeton gesetzt. Auf Stahlbeton-Pfetten müssen oberseitig Flacheisen, etwa 10/60 mm messend, durchlaufend vorhanden sein und zwar entsprechend gegen Windsog im Beton verankert, in denen dann die Befestigung vorgenommen wird. Die Durchführung einer Befestigung mittels Gewindeschneideschrauben scheitert bei Stahlbeton-Pfetten mit darauf befindlichem Flacheisen meist daran, daß der Bohrer, wenn er das Metall durchdrungen hat, auf den Beton auftrifft und dort sofort ausbricht, was natürlich unwirtschaftlich ist, weil der Bohrer dann unbrauchbar wird. Es empfiehlt sich in solchen Fällen, unter dem Flacheisen einen Hartschaumstreifen oder ein anderes durchlässiges Material anzuordnen, wie dies in Bild 156 in der Mitte dargestellt ist. Der Bohrer trifft dann nicht auf den Beton.

Auf Holzpfetten bzw. -bindern ist die Befestigung natürlich sehr einfach. Die Profilplatten werden mit einem Loch von 5 mm durchbohrt und eine entsprechend bemessene Schraube eingesetzt, die ebenfalls mit einem Elektroschrauber angezogen wird. Auch hier ist darauf zu achten, daß verzinkte Schrauben verwendet werden.

Die Längsüberdeckung mittels Blindnietverfahren wird so durchgeführt, daß in Abständen von ca. 30–35 cm die Nieten angeordnet werden und so beide Blechplatten miteinander befestigt werden. Bei Schrägverlegungen, z.B. bei Sheddächern oder dgl., kann auch eine engere Nietung erforderlich werden, um ein Auskicken zu verhindern bzw. eine größere Steifigkeit herbeizuführen. Hier ist es sogar angezeigt, über den eigentlichen Trapezblechen ein gesondertes glattes Blech zur Versteifung aufzubringen, wie dies später angeführt wird.

7.9.4 Unterkonstruktion

Wie zuvor angeführt, kann die Unterkonstruktion aus Stahlträgern, Stahlbetonträgern, Mauerwerkswänden oder Holzpfetten usw. bestehen. Diese Unterkonstruktion kann also je nach konstruktiven und statischen Gegebenheiten planeben, kann aber auch im Gefälle ausgeführt werden.

7.9.4.1 Planebene Ausführung

Bei der planebenen Ausführung sind bei Trapezblech-Dächern besondere Vorkehrungen für eine sinnvolle Entwässerung zu schaffen, wenn ein Kiesschüttdach nicht zur Anwendung kommen wird. Wird z.B. ein Kiespreßdach ausgeführt oder, wie es sehr häufig auch heute noch anzutreffen ist, eine bituminöse Dachhaut, oberste Lage fabrikfertig besandet, muß, wenn Pfützenbildung entsteht, mit einer vorzeitigen Alterung der Dachhaut gerechnet werden (s. Ausführungen bei Flachdächern aus Gasbeton oder dgl.). Es kommen also die gleichen Alterungserscheinungen zustande, wenn das Wasser nicht abgeführt wird.

Aus Bild 157 kann die Problematik bei Trapezblech-Dächern abgelesen werden, wenn diese planeben, also ohne Gefälle verlegt werden. In der Grundrißskizze ist dargestellt, daß eine Halle mit zwei mittleren Längsbindern (2) versehen ist, die auf den Mittelstützen (4) auflagern. Auf diese Binder werden z.B. Stahlpfetten (3) aufgelegt, die dann für die Aufnahme der Trapezbleche (1) gedacht sind.

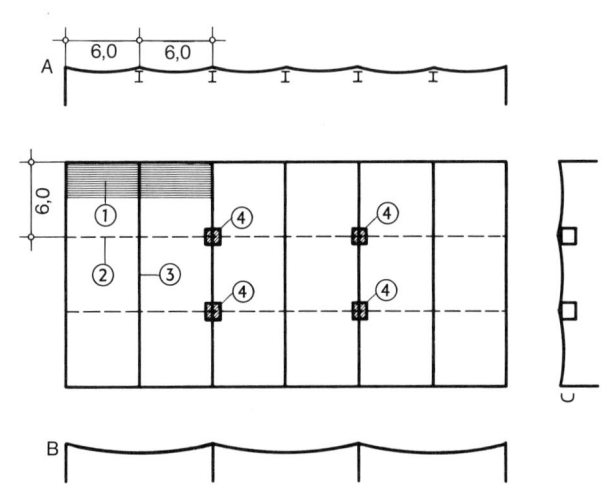

Bild 157 Durchbiegungen in drei Dimensionen

In Schnitt A ist die Durchbiegung aus den Trapezblechen dargestellt, in Schnitt B die Durchbiegung aus den Unterzügen und in Schnitt C die Durchbiegung aus den Pfetten. Es ist also erkenntlich, daß hier Durchbiegungen aus drei Bauteilen auftreten, also einmal die Durchbiegungen aus den Sickenblechen mit eigenen Muldenbildungen, in denen dann das Wasser steht, sodann Durchbiegungen z.B. aus den Stahlbeton-Bindern parallel zu den Sickenblechen, jedoch über zwei Felder der Sickenbleche und letzten Endes Eigendurchbiegungen der Pfetten, auf denen die Sickenbleche auflagern. Feststehende Punkte in diesem System sind also nur die Stützen bzw. die Außenwände. Alles übrige ist beweglich bzw. unterliegt den statischen Durchbiegungen.

Es kann sich hier also einerseits Wasser in den Mulden aus der Durchbiegung der Trapezbleche ansammeln.

Wenn angenommen wird, daß diese z. B. zwei Felder à 6 m überspannen und die maximale Durchbiegung bei der statischen Bemessung ausgenutzt wird, kann sich eine 3 cm Durchbiegung in jedem Feld ergeben. Würde der Bodeneinlauf jeweils im Bereich einer Pfette angeordnet und hier z. B. im Bereich einer Stütze (4), würde naturgemäß das Wasser nicht ablaufen, sondern es würden etwa 3 cm Wasser maximal durch die Durchbiegung stehen bleiben. Dieses Maß kann sich jedoch dadurch noch vergrößern, als sich nun aus dem Binder (2) ebenfalls Durchbiegungen bis zu einem $\frac{L}{200}$ einstellen, was also insgesamt 6 cm ausmachen dürfte. Es könnte also auf diese 12 m Breite eine Unebenheit von 6 cm eintreten. Bodeneinläufe etwa an der Giebelwand oder im Bereich Stütze (4) angeordnet, würden weitgehend wirkungslos sein. 6 cm Wasserstand wären also im Maximum möglich. In der Querrichtung, also Schnitt C, würden sich die Pfetten durchbiegen, und zwar gegebenenfalls ebenfalls wieder bis auf das zulässige Maß. Wenn im Bereich der Außenwände (Längswände) die Bodeneinläufe angeordnet würden, würden diese ebenfalls nicht bedient, weil die mögliche Mulde von 3 cm dies verhindert. Die höchsten Punkte sind also einerseits die Außenwände, andererseits die Stützen in der Halle. Die tiefsten Punkte stellen sich durch die relativ langen Binderkonstruktionen im Laufe der Jahre ein und würden im Bereich der Mittelpfetten (3) liegen. Da jedoch die Bleche selber sich nochmals durchbiegen, sind auch die Pfetten (3) nicht der tiefste Punkt, sondern die Mulden aus den Trapezblech-Durchbiegungen.

Aus dieser skizzenhaften Darstellung kann abgelesen werden, daß es praktisch nur dann möglich wäre, ein derartiges Dach einwandfrei gleichmäßig zu entwässern, ohne daß Pfützenbildungen auftreten, wenn jedes Feld für sich in den Mittelpunkten entwässert würde, was aber praktisch unmöglich ist. Wenn die Entwässerung im Bereich der Außenwände angeordnet wird, bleibt sicher Wasser in Teilbereichen auf dem Dach stehen. Dies gilt mehr noch für die Entwässerungsanordnung im Bereich der Stützen. Dies sind höchste Punkte und werden von dem Wasser selten erreicht. Bei maximaler Durchbiegung könnte also auf der Dachfläche Wasser bis zu 6 cm in vorgenanntem Beispiel stehen bleiben. Dadurch würde bereits die zulässige Belastung überschritten werden, die Durchbiegungen werden größer und die Verhältnisse immer ungünstiger.

Aus diesen Überlegungen kann abgeleitet werden, daß es praktisch unmöglich ist, ein gefälleloses Trapezblech-Dach herzustellen. Es gelten hier ähnliche Überlegungen wie bei den Elementarplatten-Dächern. Da jedoch bei den Trapezblech-Dächern die Statik meist völlig ausgenutzt ist und derartige Zusatzlasten nicht denkbar sind, müßten Trapezblech-Dächer grundsätzlich mit Überhöhung hergestellt werden, und zwar so, daß z. B. die Binder (2) gegenüber den Außenwänden überhöht hergestellt werden und gegebenenfalls in sich selber unter Vorspannung, so daß sie keine Durch-

biegung unterhalb der Planebene erreichen, also gegebenenfalls nach der Durchbiegung planeben liegen. Desgleichen wären die Pfetten (3) nur mit geringster Durchbiegung (s. Schnitt B) zu dimensionieren, so daß die Trapezbleche (1) eine sichere Entwässerung in Richtung Außenwände erhalten. Dort können dann entweder Einzelentwässerungen E, wie in Bild 158 dargestellt, angeordnet werden, oder es können Rinnenentwässerungen zusammengefaßt angeordnet werden mit von Zeit zu Zeit angeordneten Abflußleitungen. Hier sollen lediglich die Probleme angedeutet werden, um zu erreichen, daß eine gleichmäßige Dachentwässerung stattfindet. Es wäre also die Forderung aufzustellen, daß nach der Durchbiegung aller Unterkonstruktionsteile immer noch ein Gefälle von ca. 1,5–2 % vorhanden ist, um eine sichere Entwässerung des gesamten Daches sicherzustellen. Dies ist ein Erfahrungswert aus einer langen Sachverständigen-Tätigkeit des Autors.

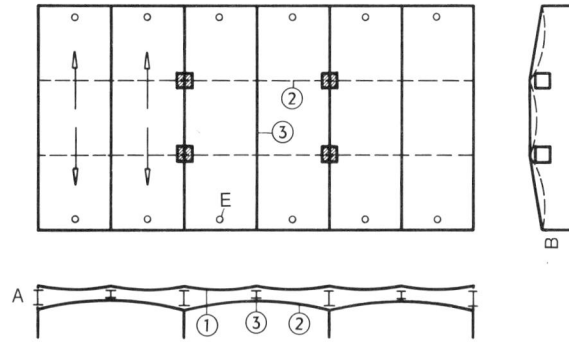

Bild 158   Überhöhung Binder ermöglicht Entwässerung

7.9.4.2 Rissegefahr im Dachraum am Sickerstoß

Eine zweite Überlegung läßt sich aus Bild 157 und 158 ableiten: Infolge der Durchbiegungen, besonders aus den Unterzügen (2), aber auch aus den Pfetten (3), treten im Bereich über den Stützen Überhöhungen auf, die sich als Zugspannungen direkt dem weiteren Dachaufbau mitteilen. Dampfsperre, Wärmedämmplatten und Dachhaut werden durch derartige Aufwölbungen z. T. so stark beansprucht, daß Rissebildungen erwartet werden müssen. Besonders häufig sind Rissebildungen in der Dachhaut, wenn die Dachbahnen aus relativ zugschwachen Glasvliesbahnen V 11 hergestellt werden und insonderheit, wenn diese parallel zu den Pfetten aufgeklebt werden, also quer zu den Sickenblechen. Im Bereich des Stoßes der Sickenbleche über Unterlagspfetten kommt es dann zu so starken Zugspannungen, daß die Dachhaut durchreißt, besonders eben zugschwache Glasvliesbahnen, die quer zur Bahnenrichtung nur mäßige Zugspannungskräfte aufnehmen können. Es gehen dann meist von den Stützen aus Risse parallel zu den Auflagerpfetten, die aber auch links und rechts 1 m parallel von den Auflagerpfetten auftreten können, und zwar bedingt durch die Wärmedämmplatten. Bei durchlaufenden Sickenblechen sind die Rissebildungen nur im Bereich des Stoßes zu erwarten, wie in Bild 156 dargestellt. Sehr selten treten Spannungsrisse über den Pfetten auf, über denen die Trapezbleche durchlaufen. Im Bereich des Auflagerstoßes entsteht jedoch ein ungewolltes Gelenk. Hier werden nicht nur die Durchbiegungen ausgetragen, sondern gegenenfalls auch Temperaturbewegungen, die sich jedoch nicht als Längenänderungen dokumentieren, sondern wiederum als Durchbiegungen.

Wenn die Wärmedämmplatten, wie in Bild 156 dargestellt, vollsatt mit Heißbitumen an diesen Überlappungsstellen aufgeklebt werden, und wenn diese Dämmplatten relativ steif sind, wird ein Riß in einer zugschwachen Dachhaut leicht auftreten können. Auch hochelastische Kunststoffbahnen werden glatt an diesen Stellen abgerissen, da auch sie nicht in der Lage sind, die Zugspannungskräfte aufzunehmen.

Der Autor empfiehlt deshalb, ähnlich wie bei Gasbeton-Platten, Bimsbeton usw., über derartigen Auflagerstößen einen Schleppstreifen aufzubringen, so daß die Wärmedämmplatten nicht direkt auf die Sickenbleche in diesen Bereichen aufgeklebt sind, sondern ein unverklebter Streifen von ca. 25–30 cm vorhanden ist.

7.9.4.3 Gefälledächer aus Trapezblechen

Wesentlich günstiger als gefällelose Dächer sind also Gefälledächer zu bewerten, bei denen eine einwandfreie Entwässerung der Dachhaut bei Warmdächern möglich ist. In Bild 159 ist eine derartige ideale Konstruktion dargestellt. Hier ist die Entwässerung durch die Überhöhung der Binder auch dann noch einwandfrei gegeben, wenn sich auch die Sickenbleche durchbiegen. Die Mulden der Sickenbleche führen das Wasser sicher in Muldenrinnen ab, ohne daß Wasserpfützen auf dem Dach stehen bleiben. Wasserpfützen sind weder für das bituminöse Dach zuträglich noch für eine Kunststoff-Dachhaut.

7.9.5 Dampfsperre oder nicht

Trapezblech-Dächer sind in Stärken von 0,88 mm bzw. bis 1,5 mm praktisch absolut dampfsperrend. Theoretisch bräuchte also keine Dampfsperre aufgebracht werden. Es ist jedoch hinlänglich bekannt, daß der Wasserdampf im Bereich der Trapezbleche sowohl über die Längsüberdeckung als auch über die Querüberdeckung eindiffundiert. Besondere Brücken für Dampfdiffusion bilden die Anschlüsse an aufgehenden Wänden, an Attika, im Bereich von Lichtkuppeln und andere Dachdurchbrechungen. Es kann also unter normalen Voraussetzungen gesagt werden, daß tatsächlich Feuchtigkeit (Wasserdampf) durch die Bleche in die Wärmedämmung eindiffundiert. Häufig ist es nicht nur Diffusionsfeuchtigkeit, sondern direkte warme Raumluft, die in das Sickental eindringt und dort etwa gleiche Klimafaktoren herbeiführt wie in der Raumluft. Dies ist besonders z. B. bei unten angeschraubten Lichtkuppeln usw. der Fall, wenn diese stirnseitig nicht einwandfrei geschlossen werden.

Aus früheren Ausführungen ist bekannt, daß es andererseits zulässig ist, eine gewisse Menge an Wasserdampf durch die Unterschale eindiffundieren zu lassen (auch bei Massivplattendecken), wenn es möglich ist, daß diese Feuchtigkeit wieder zurückdiffundiert. Es bleibt also die Schlußfolgerung, einen Vergleich mit einer Massivdecke anzustellen, bei der keine absolute Dampfsperre aufgebracht ist. Wenn dort keine Durchfeuchtungsschäden durch Dampfdiffusion auftraten, dürfte dies bei Trapezblech-Dächern auch nicht der Fall sein.

Ein Diffusionsberechnung für Trapezblech-Dächer anzustellen, ist jedoch unmöglich. Die Unsicherheitsfaktoren sind hier so groß, daß es unmöglich ist, etwa einen Dampfsperrwert für die Trapezblechschale anzunehmen. Es können Überschlagsberechnungen angestellt werden, bei denen eine vergleichende Luftschicht von $\mu \cdot s = 10\,m$ eingesetzt wird. Dabei wäre jedoch

Bild 159 Trapezblechdächer – Beispiele [34] mit Gefälle

7.9 Trapezblech-Dächer

Voraussetzung, daß die Nähte mit Selbstklebestreifen oder dgl. überklebt werden, und daß über die Stirnseiten an Anschlüssen keine direkte Warmluft eindringt. Aber auch solche Berechnungen bleiben in der Theorie stecken. Hier lassen sich folgende praktische Erfahrungen ableiten:

Bei einem Großteil verlegter Trapezblech-Dächer, bei denen keine gesonderte Dampfsperre zur Anwendung kam, und bei denen normale Klimabelastungen vorlagen (normale Raumtemperatur und normale relative Luftfeuchtigkeit), sind bisher Schäden nicht bekannt geworden. Voraussetzung hierfür ist ein einwandfreier Flachdachaufbau nach den Richtlinien mit oberer Dampfdruckausgleichsschicht.

Es ist bekannt, daß die größte Feuchtigkeitseinwanderung durch Dampfdiffusion über die Längsüberdeckung kommt (wenn von Anschlüssen an Wänden, Lichtkuppeln usw. abgesehen werden soll). Hier könnten also ohne Dampfsperre örtliche Dampfdruckbelastungen auf die Dachhaut wirksam werden. Ist eine wirkungsvolle obere Dampfdruckausgleichsschicht vorhanden, verteilt sich dieser Überdruck, ohne daß Blasenbildungen in der Dachhaut erwartet werden müssen. Durch Sonnenaufstrahlung kommt es dann in gewissen Zeiten wieder zur Austrocknung evtl. kondensierter Feuchtigkeit in den Wärmedämmplatten, so daß das Gleichgewicht im Jahresdurchschnitt bei normalen Klimabelastungen vorhanden ist.

Bei etwas höheren Belastungen empfiehlt es sich, wie bereits angeführt, im Bereich der Überlappungsstöße (Längs- und Querstoß) alterungsbeständige Dichtungsschnüre einzulegen, die eine ausreichende Klebehaftung am verzinkten Blech haben. Derartige Schnüre sind z. B. bei Wellasbestplatten bekannt. Mindestens erbringen sie eine Teilwirkung. Zweifellos ist das Einlegen derartiger Dichtungsschnüre auch mit Problemen verbunden. Da die Bleche bei der Verlegung hin- und hergeschoben werden, können auch in den Dichtungsschnüren Verschiebungen auftreten, so daß naturgemäß eine exakte diffusionsdichte Schließung nicht möglich ist. Auch ergeben sich arbeitstechnische Erschwernisse.

Aus diesem Grunde werden mehr und mehr nachträglich sog. Selbstklebestreifen aus Kunststoff oder Bitumen-Kunststoff-Gemischen usw. aufgeklebt, die relativ schnell zu verlegen sind und naturgemäß wesentlich preisgünstiger sind als die gesonderte Verlegung einer Dampfsperre. Es bleibt aber immer die Frage der Absperrung im Bereich an Dachrändern, Lichtkuppelanschlüssen usw. Hier haben die Hersteller sog. Profilfüller-Bänder für die einzelnen Profilabmessungen anzubieten, die gegebenenfalls stirnseitig noch mit einer Dampfsperre abgeklebt werden können. Derartige Profilfüller sind aus Polystyrol hergestellt und bringen bei einer entsprechenden Tiefe meist eine ausreichende Dampfbremse. Eine gänzliche Schließung ist naturgemäß auch hier nicht möglich. Mindestens wird aber dadurch die direkte Warmlufteindringung verhindert.

Bei höheren Lufttemperaturen als +20°C und höheren Feuchtigkeitsverhältnissen wie 55% kann jedoch nach Erfahrung des Autors ohne Dampfbremse bzw. Dampfsperre nicht mehr gearbeitet werden. Es sind dies also bereits Räume mit höheren Luftfeuchtigkeitsverhältnissen. Hier eignen sich beispielsweise 4 oder 5 mm starke Schweißbahnen, die parallel zu den Trapezblech-Sicken aufgebracht werden und die ihren seitlichen Überlappungsstoß über einem oberen Auflager der Trapezbleche erhalten müssen. Dadurch kann eine völlig geschlossene Dampfsperre ohne zusätzliche Unterlage geschaffen werden. Es können aber auch Alu-Dichtungsbahnen, Glasgittergewebebahnen oder dgl. aufgebracht werden, also Bahnen mit einer relativ hohen Zugfestigkeit, bei denen verhindert wird, daß während der Begehung Schäden in der Dampfsperre auftreten.

Bei sehr hohen Feuchtigkeitsbelastungen wurden verschiedentlich auch schon dünne verzinkte Bleche oben auf die Trapezbleche aufgelegt und mit den Trapezblechen vernietet. Auf diesen Blechen konnte dann einwandfrei eine Dampfsperre aufgeklebt werden. Anstelle von Blechen hat der Autor auch schon mehrfach Holzspanplatten gemäß Bild 160, ca. 12 mm stark, aufschrauben lassen und darüber dann die Dampfsperre aufgebracht bzw. auch 4 mm Hartfaserplatten direkt mit Heißbitumen aufkleben lassen, um dann darüber den normalen Dachaufbau aufzubringen.

Bild 160 Holzspanplatten oder Hartfaserplatten als Unterlage

Es hat sich jedoch herausgestellt, daß man im allgemeinen mit einer direkt aufgeklebten Schweißbahn wirtschaftlicher und günstiger arbeitet als mit derart aufgenagelten oder aufgeklebten Unterlagen. Die Schweißbahnen überbrücken die Sickentäler einigermaßen zuverlässig. Es ist jedoch angezeigt, Bitumenkocher und dgl. auf Holzbohlen zu stellen, damit nicht Löcher in die Dampfsperre eingedrückt werden. Im allgemeinen empfiehlt es sich also, bei ständigen Feuchtigkeitsverhältnissen von über 55% eine Dampfsperre aufzubringen.

Hier können auch zweckmäßigerweise Wärmedämmplatten mit unterkaschierten Dampfsperren (Dampfbremsen) verwendet werden, wenngleich hier das Fragezeichen gesetzt werden muß, wie es im Bereich der Sickentäler zu einer Verklebung der Überlappung der Dampfsperren kommt. Dieser Überlappungsrand liegt sowohl an den Längs- als auch an den Querstößen häufig im Lufthohlraum, so daß also eine sinnvolle Verklebung nicht zustande kommt.

Auch Schaumglas-Platten können hier nicht überzeugen. Sie sind zwar in sich selber ausreichend dampfsperrend, lassen aber, da hier eine Stoßfugenverklebung wegen des Durchlaufens des Bitumens nicht gegeben ist, Wasserdampf im Bereich der Fugen nach oben durchdiffundieren. Da bei Schaumglas-Platten eine obere Dampfdruckausgleichsschicht nicht aufgebracht wird, müßten hier also am ehesten Schäden (Blasen) in den Fugen erkennbar werden.

Die sicherste Lösung ist und bleibt also die gesonderte Aufbringung einer Dampfsperre, die mittels Schweißbahnen in verhältnismäßig einfachster Form schnell aufgebracht werden kann, die dann außerdem noch eine ausreichende wasserdichte Dachhaut erbringen, die u. U. auch überwintern kann.

7.9.6 Wärmedämmung

a) Schwitzwasserbildung auf der Unterseite

Beim Trapezblech-Dach muß die Wärmedämmung in jedem Falle so stark dimensioniert werden, daß in keinem Falle auch bei ungünstigsten Verhältnissen die Taupunkttemperatur unterseitig der Bleche unterschritten wird. Trapezbleche können nicht etwa wie Putze, Gipskartonplatten oder dgl. Feuchtigkeit aufnehmen. Wird die Taupunkttemperatur unterseitig unterschritten, kommt es unmittelbar und sofort zu Abtropfungen. Es müssen also sowohl die ungünstigsten Außentemperaturverhältnisse zugrunde gelegt werden als auch die ungünstigsten innenseitigen Feuchtigkeitsverhältnisse und Temperaturstände. Es empfiehlt sich, zu den errechneten Werten außerdem noch einen Sicherheitswert von ca. 10–15% zuzuschlagen, um alle Unsicherheitsfaktoren auszuschalten. Diese Unsicherheitsfaktoren sind auch Dämmplattenstöße usw. Es sollten nur Dämmplatten mit Stufenfälzen verwendet werden oder besser zweilagige Wärmedämmplatten. Besonders bei höheren Raumluftfeuchtigkeiten (Schwimmbäder usw.) kann durch Ausfall der Klimaanlage usw. die Luftfeuchtigkeit kurzfristig höher ansteigen, so daß Feuchtigkeitsabtropfungen entstehen könnten. Es muß also immer mit den ungünstigsten Voraussetzungen gerechnet werden, zumal, wie nachfolgend angeführt, Dächer dieser Art eine sehr geringe Wärmespeicherfähigkeit aufweisen. Für die Berechnung der Kondensatfreiheit s. Teil I dieses Buches.

b) Wärmespeicherfähigkeit

Wie bei den Belastungsannahmen angeführt, liegt das Eigengewicht von Trapezblech-Dächern ohne Kies-schüttung je nach Dachhautwahl usw. bei 25–35 kg/m². Die DIN 4108 legt für Wohnungsbau nach Dachgewichten gestaffelte Mindestwärmedämmwerte gemäß Tabelle 4 (s. Anhang) fest, die sich auf maximale Winteraußentemperaturen der drei Klimazonen beziehen. Diese Tabelle 4 gilt auch für Trapezblech-Flachdächer. Das bedeutet, daß z.B. bei einem Dachgewicht von 30 kg/m² in Wärmedämmgebiet II ein Mindestwärmedurchlaßwiderstand von 1,70 m²h°/kcal, also eine ca. 6 cm Polystyrol-Wärmedämmplatte erforderlich ist. In Klimazone III müßte nahezu eine 8 cm starke Wärmedämmplatte nachgewiesen werden.

Im Industriebau (für den die DIN 4108 nicht ausgesprochen gültig ist) weicht man sehr häufig von diesen Werten ab. Man muß jedoch dann infolge der geringen Wärmespeicherfähigkeit u.U. erhebliche Nachteile einhandeln. Es kann hier das befürchtete Barackenklima entstehen, d.h., daß es im Sommer unerträglich heiß wird. Andererseits kann es z.B. bei Betriebsunterbrechungen sehr schnell zur Auskühlung kommen, so daß es bei Betriebsbeginn unterseitig eine Zeitlang zu Tropfwasserbildung unter den Blechen kommt (sehr häufig am Montagmorgen der Fall) und dies besonders bei Betrieben mit höheren Feuchtigkeitsverhältnissen. Hier macht sich also eine zu dünne Wärmedämmung mit Sicherheit nicht bezahlt.

Osterritter [35] hat eine Tabelle zusammengestellt, die in Bild 161 wiedergegeben wird. Bei gleichen Temperaturständen innen und außen werden hier die Speicherungswerte und die Aufheizzeit für verschiedene Dächer zusammengestellt. In der Zeichnung Bild 161a ist ein einschaliges Massivdach dargestellt und in b ein einschaliges Stahlprofil-Leichtdach. Beim Massivdach sind nur 4 cm Wärmedämmstärke vorhanden, beim Trapezblech-Dach mit Kunstschaumstoff 9 cm Stärke. Die Aufheizzeit der Massivkonstruktion beträgt 99,2 Stunden, die Aufheizzeit des Trapezblech-Daches nur 0,9 Stunden. Hier lassen sich also bereits die ungünstigen Wirkungen ablesen.

Im übrigen kann aus derselben Tabelle abgelesen werden, daß sich z.B. schwerere Wärmedämmplatten (expandierte Korkplatten), wie in Zeile 3 dargestellt, günstiger verhalten, also infolge ihres höheren Gewichtes auch eine höhere Wärmespeicherfähigkeit und dadurch eine längere Aufheizzeit aufweisen.

Aus dieser Tabelle kann also abgelesen werden, daß es sinnvoll ist, mit der Wärmedämmung nicht die unterste Grenze anzustreben, sondern daß hier aus Gründen der Wärmespeicherung hier die Wärmedämmung überdimensioniert werden sollte anstatt unterdimensioniert. Da bei Industriebetrieben mit den Sickenblechen auch häufig nicht nur die Industriehallen überdeckt werden, sondern auch die daran anschließenden Büroräume, muß darauf hingewiesen werden, daß Büroräume für Daueraufenthalt für Menschen gewertet werden, also daß hier die DIN 4108 voll gültig ist. Hier ist es also auf jeden Fall angezeigt, entsprechend dem vorhandenen Dachgewicht die Wärmedämmung zu dimensionieren.

7.9 Trapezblech-Dächer

Tabelle und Bild 161 Wärmespeicherung [35]. Wärmespeicherverhalten verschiedener Dachkonstruktionen

Dachkonstruktion	Dämmschicht	Dämmschichtdicke cm	Wärmedurchgang kcal/m²h	Speicherung in der Gesamtkonstruktion kcal/m²	Aufheizzeit der Konstruktion ca. h
einschaliges Stahlbetondach	Kunstharzschaum	4	31,92	3 166,00	99,2
einschaliges Leichtdach	Kunstharzschaum	9	16,42	14,96	0,9
einschaliges Leichtdach	Mineralfaserplatten	9	16,42	35,64	2,2
einschaliges Leichtdach	Kork	9	18,70	197,10	10,5
zweischaliges Leichtdach	Kunstharzschaum + Gipskartonplatte	7	19,61	26,20	1,3
zweischaliges Leichtdach	Mineralfaserplatte + Gipskartonplatte	7	19,61	42,00	3,5

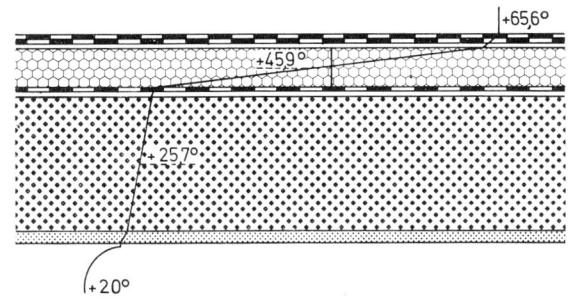

Einschaliges Stahlbetondach mit außenliegender Dämmschicht aus Kunstharzschaum

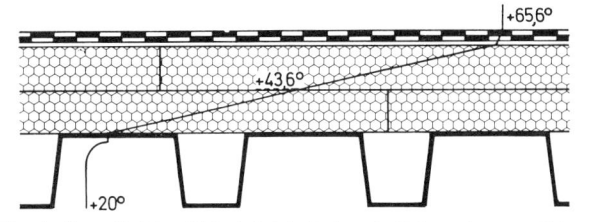

Einschaliges Stahlprofilblech-Leichtdach mit Schaumkunststoffdämmung

Selbstverständlich kommt dem Oberflächenschutz eine erhöhte Bedeutung zu. Eine Kiesschüttung mit hellem Flußkies erhöht nicht nur das Dachgewicht, sondern verhindert auch eine starke Einstrahlung. Es empfiehlt sich also, wenn statisch irgendwie möglich, eine Kiesschüttung aufzubringen. Dadurch können die negativen Auswirkungen, wie sie in Tabelle Bild 161 dargestellt sind, wesentlich vermindert werden. Es ist dann ohne weiteres möglich, auch Trapezblech-Dächer in Wohn- oder Bürobereichen zum Einbau zu bringen, ohne daß das Barackenklima erwartet werden muß.

Die Dimensionierung der Wärmedämmung ist neben der Bemessungsgrundlage nach DIN 4108 auch noch nach der Trittfestigkeit der Wärmedämmplatten zu bestimmen. Hier ist die Breite des Sickentales bei den Profilen ausschlaggebend. Als Beispiel sollen Dämmplattenstärken angeführt werden, wie sie die Firma Siegener für drei ihrer Profile empfiehlt. In Tabelle 162 sind die entsprechenden Wärmedämmplattenstärken für diese einzelnen Profile dargestellt. Dies mag sich von Fall zu Fall bei anderen Profilen geringfügig ändern. Im Prinzip gilt jedoch die Tatsache, daß spröde Wärmedämmplatten für Trapezblech-Dächer hinsichtlich der Trittsicherheit und der Durchbruchgefahr ungünstiger sind als elastische Wärmedämmplatten.

Bild-Tabelle 162 Mindestdicken von Dämmschichten im Hinblick auf ihre Trittfestigkeit über Trapezblechen

Material	SAG-Profil Nr. 401			SAG-Profil Nr. 601 und 821		
	d mm	$1/\Lambda$ m² h grd/ kcal	k kcal/ m² h grd	d mm	$1/\Lambda$ m² h grd/ kcal	k kcal/ m² h grd
Holzfaserdämmplatten	15	0,38	1,77	20	0,50	1,44
Schaumkunststoff (Hartschaum Rgw. 30 kg/m³)	20	0,57	1,32	30	0,86	0,95
Kork	35	0,88	0,94	50	1,25	0,70
Foamglas	67	1,49	0,60	67	1,41	0,60

Die Auswahl der zu verwendenden Wärmedämmstoffe bedarf jedoch mehrerer Überlegungen. Eine Durchbiegung bis zu einem $L/200$ erbringt, wie zuvor angeführt, bei z.B. 6m Spannweite bis zu 3cm. Spröde und harte Wärmedämmstoffe nehmen diese Spannungen nicht auf und können gegebenenfalls im Bereich der Sickentäler bei Begehung durchbrechen. Andererseits werden Spannungen aus der Durchbiegung, wie bereits zuvor angeführt, von unelastischen Wärmedämmplatten auf die Dachhaut übertragen und erwirken dort in zugschwachen Dachbahnen Rissebildungen. Das heißt, die Spannungen aus den Durchbiegungen bzw. Aufwölbungen über den Stützenbereichen werden an die Dachhaut von der Wärmedämmung bei sprödharten Wärmedämmstoffen direkt weitergegeben, ohne daß diese in sich selber abgebaut werden.

Großformatige Wärmedämmplatten federn infolge der vorgenannten Durchbiegung auch häufig zurück und versuchen, sich von der Trapezblechfläche zu lösen. Dabei wird im Bereich der Fuge die Dachhaut auf Spannung beansprucht, was gegebenenfalls zu Rissen führen kann. Auch neigen bestimmte Wärmedämmstoffe und hierzu zählen z.B. auch PU-Hartschaumplatten, bestimmte extrudierte Polystyrol-Hartschaumplatten usw. zu Aufschlüsselungen, wenn keine Kiesschüttung als Oberflächenschutz aufgebracht wird. Auch hier kann die Dachhaut im Bereich des Stoßes belastet werden. Wirken Durchbiegungen, großformatige Platten und Aufschlüsselungen zusammen, können hier Schäden in der Dachhaut auftreten. Rollbare Wärmedämmbahnen würden sich als solche zwar von der Anschmiegsamkeit her gesehen empfehlen, wenn die Überlappungsstöße nicht unglücklicherweise sehr häufig über einem Sickental liegen. Auch hier hat der Autor schon Durchbrechungen in diesen Sickentälern erlebt. Günstig bewährt haben sich Polystyrol-Hartschaumplatten mit Stufenfalz, expandierte Korkplatten, Perlite-Platten usw. Bei Kiesschüttung können auch PU-Hartschaumplatten oder extrudierte Polystyrol-Hartschaumplatten zur Anwendung kommen. Je höher der Ausdehnungskoeffizient der Wärmedämmplatten, je ungünstiger der Einsatzbereich bei Trapez-Flachdächern (s. unter Kapitel Wärmedämmstoffe).

Grundsätzlich sollte man die Dämmplattenstärke nicht unter 4 cm wählen, auch dort, wo auf Wärmedämmwerte kein großer Wert gelegt wird.

Die Verlegung der Wärmedämmplatten soll quer zu den Sicken vorgenommen werden, und zwar jeweils in sich selber fugenversetzt und, wie bereits mehrfach angeführt, mit Stufenfalz, falls einlagige Verlegung vorgesehen ist. Es ist dann wie folgt vorzugehen:

Bei Wärmedämmplatten, die heißbitumenverträglich sind, können diese gegebenenfalls unterseitig als Dampfbremse bereits einen heißflüssigen Bitumen-Deckaufstrich erhalten oder, falls die dampfbremsende Wirkung nicht erwünscht ist, können die Oberflächen der Rippen der Stahldachplatten satt mit Heißbitumen eingestrichen werden. Die Wärmedämmplatten werden dann auf diese aufgelegt und angedrückt.

Problematisch ist die Verklebung bei hitzeempfindlichen Wärmedämmplatten, also bei Polystyrol-Hartschaumplatten. Entweder sind hier unterseitig bitumenpappenkaschierte Wärmedämmplatten zu verwenden. Es kann dann wie zuvor angeführt verklebt werden. Ist dies nicht der Fall, ist es notwendig, auf den Sickenbergen etwa 2–3 lfd. Meter Heißbitumen vorzustreichen und dann anschließend die Wärmedämmplatten aufzubringen, also wenn das Heißbitumen auf etwa 80–90 °C abgekühlt ist, so daß Ausbrennungen in den Polystyrol-Hartschaumplatten oder dgl. vermieden werden.

Sind Dampfsperren auf Stahlzellendächern vorhanden, kann man nur bedingt davon ausgehen, daß eine ebene Dachfläche vorhanden ist, falls nicht, wie zuvor angeführt, Holzspanplatten oder dgl. als Unterlage aufgebracht wurden. Es ist bei derartigen durchhängenden Dampfsperren kaum möglich, daß der Lufthohlraum im Bereich der Durchbiegung mit Bitumen ausgefüllt wird. Man wird also auch hier primär nur eine echte Verklebung im Bereich der oberen Trapezblechebene erhalten. Hier ist darauf zu achten, daß keine Feuchtigkeit auf der Dampfsperre im Bereich der Durchbiegungen vorhanden ist. Diese Feuchtigkeit würde sonst eingeschlossen und führt u. U. zu Blasenbildungen in der Dachhaut. Bei Aufklebung ohne Dampfsperre besteht u. U. auch die Gefahr, daß Heißbitumen in die Sickentäler einläuft und hier über die Überlappung nach unten abtropft. Im übrigen gilt dies auch bereits für den Kaltbitumen-Voranstrich. Hier ist es also sinnvoll, den Überlappungsstoß abzukleben, falls keine Dampfsperre zur Anwendung kommt.

7.9.7 Dachhaut

Wie bereits mehrfach angeführt, muß die Dachhaut bei Trapezblech-Dächern relativ zugfest sein. Es empfiehlt sich, die Bahnenrichtung nicht parallel zu den Pfetten zu verlegen, sondern quer zu den Auflagerpfetten. Dadurch werden z. B. bei Glasvlies-Bitumenbahnen bereits die ungünstigen Zugbelastungen quer zur Bahn weitgehend ausgeglichen. Andererseits sollte man jedoch gerade bei Trapezblech-Dächern hochzugfeste Dachdichtungsbahnen verwenden. Mindestens muß eine der Lagen eine hochreißfeste Glasvliesbahn oder besser eine Glasgewebe-Dachbahn sein. Um Spannungsübertragungen nach oben im Bereich der Auflager der Trapezbleche in die Dachhaut zu verhindern, wird empfohlen, eine ca. 25–33 cm breite Rohfilz-Bahn oder eine sonstige einwandfreie Trennschicht aus einer Kunststoff-Folie oder dgl. aufzulegen, um zu vermeiden, daß die Dampfsperre oder die Wärmedämmplatten in diesem Bereich eine vollsatte Einklebung erhalten (parallel zum Auflager). Teilweise wird auch über den Wärmedämmplatten nochmals ein derartiger Schleppstreifen, also unmittelbar über der unteren Fuge aufgebracht, um auch die Dachhaut von den Wärmedämmplatten zu trennen. Dies ist besonders bei Kunststoff-Folien angezeigt. Wenn Kunststoff-Folien direkt auf die Wärmedämmplatten aufgeklebt sind, können diese trotz hoher Elastizität im Bereich der Fugen reißen. Bleiben sie jedoch über eine gewisse Breite unverklebt, können die Spannungen ohne weiteres aufgenommen werden.

Im übrigen finden gerade bei Trapezblech-Dächern Kunststoff-Folien sehr häufig eine günstige Anwendungsmöglichkeit. Wenn eine Kiesschüttung möglich ist, können PVC-Bahnen lose aufgelegt und die Kiesschüttung aufgeschüttet werden. Schäden durch Spannungsübertragungen sind hier dann mit Sicherheit nicht zu erwarten.

Aber auch mit Heißbitumen aufgeklebte Kunststoff-Folien sind besonders dann zu empfehlen, wenn die vorgenannten Forderungen der Muldenbeseitigung bzw. der Abwasserführung nicht in jedem Falle gewährleistet werden können. Hier sind dann Kunststoff-Beläge bituminösen Belägen vorzuziehen. Sowohl Kunststoff-Bahnen als auch -Beschichtungen mit Kunststoff-Bitumengemischen haben sich bewährt. Es sind jedoch nur erfahrene Fachfirmen mit derartigen Aufgaben zu betrauen.

7.9 Trapezblech-Dächer

Die Dampfdruckausgleichsschicht ist beim Trapezblech-Dach ohne Dampfsperre von großer Wichtigkeit. Aber auch dann, wenn eine Dampfsperre zum Einbau kommt, ist die obere Dampfdruckausgleichsschicht Voraussetzung für ein blasenfreies Dach, gleichgültig, ob aus bituminösen Abdichtungen oder aus Kunststoff-Bahnen.

7.9.8 Praktische Aufbauvorschläge

1. Bituminöse Abdichtung

1. Kaltbitumen-Voranstrich als Haftbrücke. Falls kein Korrosionsschutz vom Kaltbitumen-Voranstrich gefordert wird, empfiehlt es sich, ca. 0,2 kg/m² Kaltbitumenmasse aufzusprühen. Das Aufstreichen soll wegen Durchlaufen durch die Überlappungsstöße nicht gemacht werden. Ist Korrosionsschutz zusätzlich zur Verzinkung des Stahlbleches (Korrosionsschutz Gruppe 1) ein Korrosionsschutz Gruppe 2 vorgeschrieben, so muß auf den Kaltbitumen-Voranstrich noch ein Heißbitumen-Deckaufstrich von mindestens 1 kg/m² aufgebracht werden. Hier empfiehlt es sich aber dann, die Fugen in jedem Falle abzukleben, damit kein Bitumen nach unten durchläuft und Verschmutzungen erwirkt.

2. Im Bereich über den Auflagerstellen Schleppstreifen aus Rohfilz-Bahn, PVC-Folie oder dgl., 25–30 cm breit.

3. Im Falle Dampfsperre, z. B. Schweißbahn 4 mm stark (G 4), parallel zu den Sicken mit Heißbitumen auf den Sickenebenen aufgeklebt, Überlappungsstoß der Schweißbahn über einer Sickenebene 10 cm breit und Naht verschweißt, aber sonst vollflächig auf die Bleche aufgeklebt.

4. Wärmedämmung, z. B. Polystyrol-Hartschaumplatten (Automaten-Platten), 25 kg/m³, bei einlagiger Verlegung mit Stufenfalz, Stärke gemäß DIN 4108 oder nach den tatsächlichen Erfordernissen, mit Warmbitumen (nicht über 90°C) auf die Sickenbleche aufgeklebt, Wärmedämmplatten mit oberen Dampfdruckausgleichsrillen, Verlegung quer zur Sickenrichtung.

5. Obere Dampfdruckausgleichsschicht, bestehend aus einer Selbstklebebahn, unterseitig streifenweise besandet, lose aufgelegt und an die Außenluft angeschlossen.

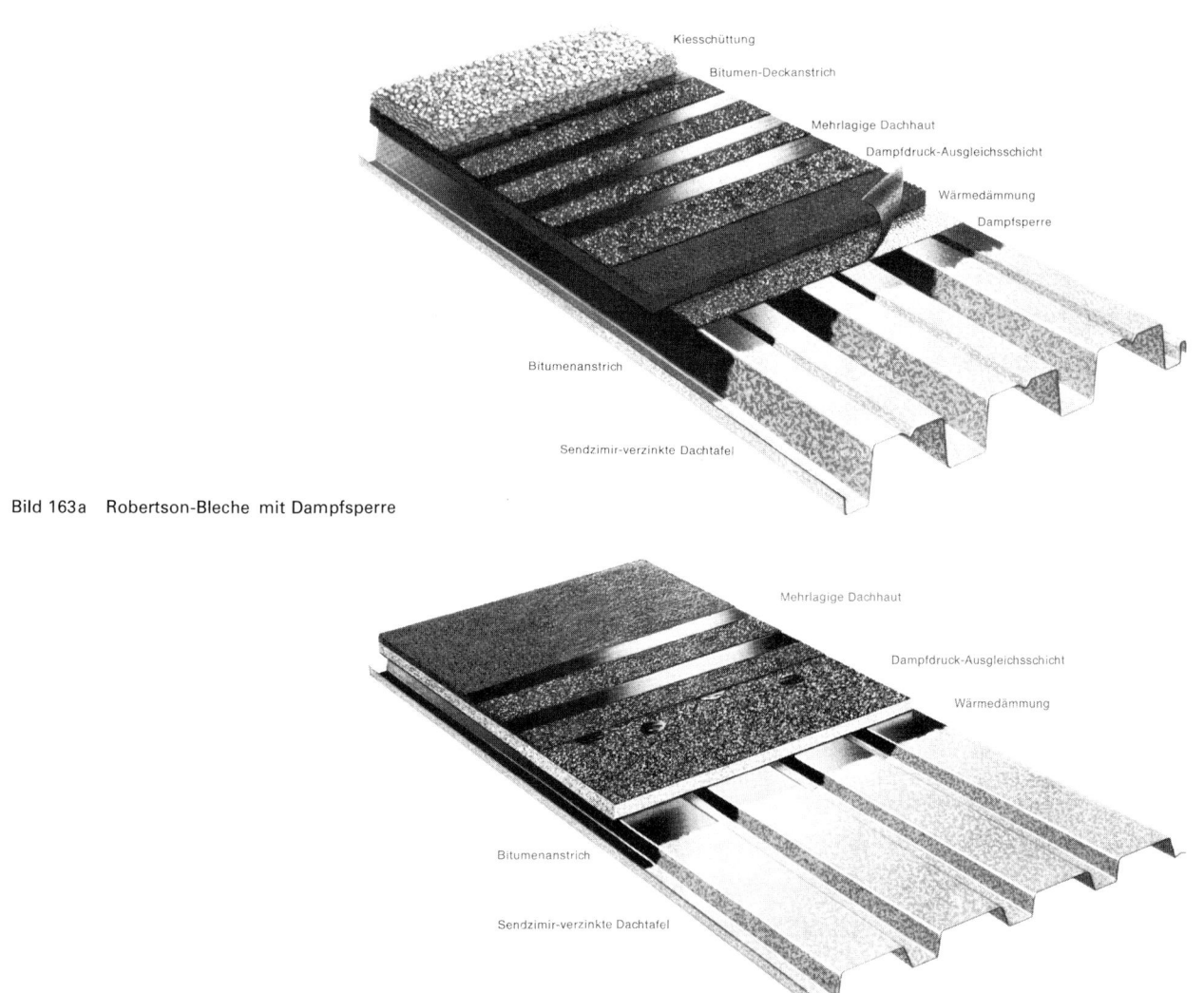

Bild 163a   Robertson-Bleche mit Dampfsperre

Bild 163b   Ohne Dampfsperre

7. Allgemeine Aufbaugesichtspunkte – Warmdach

6. Dachabdichtung, bestehend aus einer Glasgewebegitterbahn G 200 und einer weiteren Lage Glasvliesbahn V 11, beide Bahnen im Gieß- und Einwalzverfahren mit Heißbitumen aufgeklebt.
7. Heißbitumen-Deckaufstrich mindestens 2,5 kg/m², oder besser 2 × 1,5 kg/m².
8. Oberflächenschutz, am besten ca. 5 cm lose Kiesschüttung, Körnung 15/30 mm oder, falls Tragfähigkeit nicht ausreicht, über dem Heißbitumen-Deckaufstrich Kaltbitumen-Anstrich mit Kalt-Rieselklebemasse und hier Einstreuen von Riesel 3/7 mm, ca. 12 kg/m² schultertief eingebettet.

Vorgenannte Ausführung gilt für Dächer unter 5° Neigung. Bei über 5° kann eine zweilagige Dachhaut zugelassen werden.

Aus Bild 163a kann ein derartiger Dachaufbau mit Dampfsperre, Wärmedämmung, Druckausgleichsschicht und Dachdichtungsbahn abgelesen werden. Aus Bild 163b ist derselbe Aufbau, jedoch ohne Dampfsperre und hier nur mit Kiespreßschicht ersichtlich.

2. Beispiel mit Kunststoff-Dachbahn
(z. B. Resistit oder dgl.)

1. Kaltbitumen-Voranstrich wie zuvor.
2. Dampfsperre, z. B. 0,1 mm Alu-Dichtungsbahn, ebenfalls wieder parallel zu den Sickenblechen aufgeklebt, Stoßüberlappung über der Waagrechten der Sickenbleche.
3. Wärmedämmung, z. B. 2 × 3 cm expandierte Korkplatten, fugenversetzt ebenfalls quer zur Sickenrichtung mit Heißbitumen vollsatt aufgeklebt.
4. Obere Dampfdruckausgleichsschicht, bestehend aus einer unterseitig grob bekiesten Glasvliesbahn V 11, Nähte überlappt, Bahn punktweise aufgeklebt, Nähte vollsatt verklebt oder besser eine Lochglasvliesbahn lose aufgelegt und darüber eine Glasvliesbahn V 11 vollsatt mit Heißbitumen verklebt.
5. Z. B. Resistit G-Dichtungsbahn ca. 1 mm stark, vollflächig mit Heißbitumen 85/25 im Gieß- und Einwalzverfahren aufgeklebt und an den Längs- und Stoßüberdeckungen 5 cm freilassenden Kleberand mit Spezialkleber verklebt, sonst nach den Verarbeitungsanleitungen der Hersteller.

Dieses Beispiel kann natürlich auch mit anderen Kunststoff-Dachbahnen gemäß den Ausführungen (s. Kunststoffe) durchgeführt werden. Es soll also hier lediglich ein Beispiel angeführt werden. In diesem Falle ist also eine Kiesschüttung nicht erforderlich. Es ergeben sich also mit Kunststoff-Dachbahnen sehr leichte Konstruktionen. Ein weiteres Beispiel mit Maycopren ist unter Kunststoffen angeführt.

7.9.9 Allgemeine Verlegegesichtspunkte

In Bild 164 ist dargestellt, wie sich Gedankenlosigkeit bei Trapezblech-Warmdächern auswirkt. Im Bereich von Lichtkuppelanschlüssen oder anderen Dachdurchbrechungen werden die Sicken an der Stirnseite häufig nicht luftdicht verschlossen. Es kann also Warmluft über die Stirnseite mehr oder weniger in das Sickental eindringen. Ist ein Dachvorsprung angeordnet, gelangt diese warme Raumluft in die Außenatmosphäre, es gibt dort Kondensation. Das kondensierte Wasser läuft dann gegebenenfalls bei entsprechendem Gefälle wieder zurück und tropft an der Eindringungsstelle der Warmluft nach unten ab. Häufig sucht man in solchen Fällen dann den Fehler in der Dachhaut bzw. im Anschlußbereich der Lichtkuppel usw. Hier muß man fordern, daß die Sickentäler mit Polystyrol im Bereich des Warmlufteintrittes gefüllt werden, damit dieser Warmluftstrom verhindert wird. Andererseits muß aber auch im Bereich über der Wand vor der Verlegung der Wärmedämmung von oben auf eine gewisse Breite ein Styroporfüller eingebracht werden, wie dies aus Skizze Bild 165 abzulesen ist. Es ergibt sich sonst eine eindeutige Wärmebrücke über die Hohlräume der Sicken. Diese Wärmebrücke kann gemäß Bild 165 trotz Füllung mit Wärmedämmstoffen nicht ganz ausgeschaltet werden. Die Bleche werden immer als gute Wärmeleiter eine Wärmebrücke erbringen. Wenn nicht gerade Feuchträume vorliegen, kann jedoch bei derartigen Füllstoffen eine gewisse Temperaturverteilung erwirkt werden, so daß Schwitzwasserbildung ausbleibt. *Grundsätzlich sollte man bei Trapezblech-Flachdächern keinen Dachvorsprung ausführen.* Sie bilden immer Wärmebrücken und können zu Beanstandungen führen.

In Bild 166 (eine ausgeführte Konstruktion) würde es ohne Fugenfüller unter der Wärmedämmung ebenfalls zu Wärmebrücken kommen, wie dies durch den Pfeil angezeigt ist. Über dem Schaumstoffband muß also sowohl von unten ein Füllstoff eingebracht werden als auch von oben, bevor die Wärmedämmplatten verlegt werden. Leider wird entweder das eine oder das andere nicht einwandfrei ausgeführt. Zuglufterscheinung, Schwitzwasserbildung, Wärmeverlust usw. sind die Folgen.

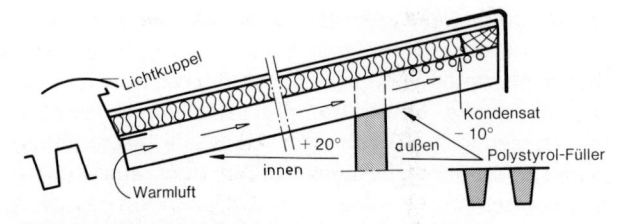

Bild 164 Schwitzwasser

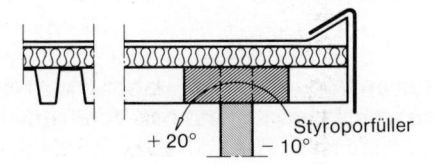

Bild 165 Wärmedämmung Dachvorsprung bis Dachdämmung

7.9 Trapezblech-Dächer

Detailschnitt M 1:5
A–E Vertikalschnitt Außenwandkonstruktion der Gebäudelängsseite
F + G Stirnseite
(s. Gesamtschnitte)

1 Alu-Abdeckprofil
2 Bandstahlprofil
3 Schaumstoffband
4 Isolierplatte
5 IPBl 120
6 Plattenverkleidung auf Holzunterkonstruktion

Bild 166

Füllstoff in Sickentäler

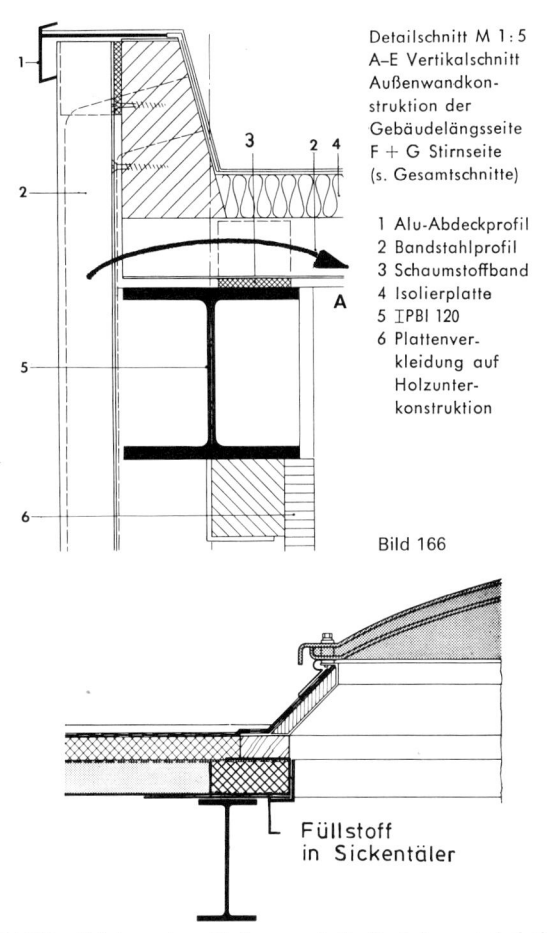

Bild 167 Lichtkuppelanschluß an verzinkte Dachelemente bei einem Flachdach

In Bild 167 ist die Stirnseite mit einem Winkelblech abgedeckt. Dies reicht meist nicht aus, um Warmlufteindringungen zu verhindern. Hier bleibt die Dampfsperre über den Sickenblechen weitgehend wirkungslos. Hier empfiehlt es sich, zusätzlich ebenfalls Füllstoffe im Bereich der Sickentäler von oben einzubringen, und zwar aus Polystyrol-Hartschaumplatten, die gegebenenfalls eingeklebt werden, um so einen relativ hohen Diffusionswiderstand zu erhalten und direkte Warmlufteindringung zu verhindern. Es können dann Wirkungen wie zuvor beschrieben ausgeschlossen werden. Im übrigen gilt dies naturgemäß auch für Anschlüsse an Attika usw.

Trapezblech-Dächer werden häufig auch bei Shed-Konstruktionen verwendet. In Bild 168 ist eine derartige Ausführung dargestellt. Osterritter [35] hat hier sinnvollerweise Befestigungspunkte durch Holzdübel eingebracht, über denen dann u.U. bei sehr steilen Dachflächen Zwischenlatten, wie früher beschrieben, eingebracht werden können, so daß die Dachhaut zusätzlich genagelt werden kann. Dies ist eine sehr sinnvolle Lösung. Im Firstbereich ist hier ein richtiger Anschluß dargestellt. Es ergibt sich keine Wärmebrücke nach außen. Lediglich das stirnseitige Blech darf nicht in die bituminöse Dachhaut eingeklebt werden (s. spätere Detailerläuterungen).

In der Shedrinne ist über den Sickenblechen keine gesonderte Blechaussteifung aufgebracht. Dies muß nach den bisherigen Erfahrungen besonders bei Blechen unter 1 mm als nicht zweckmäßig angesehen werden. Die waagrechten Trapezbleche erbringen hier zwar eine

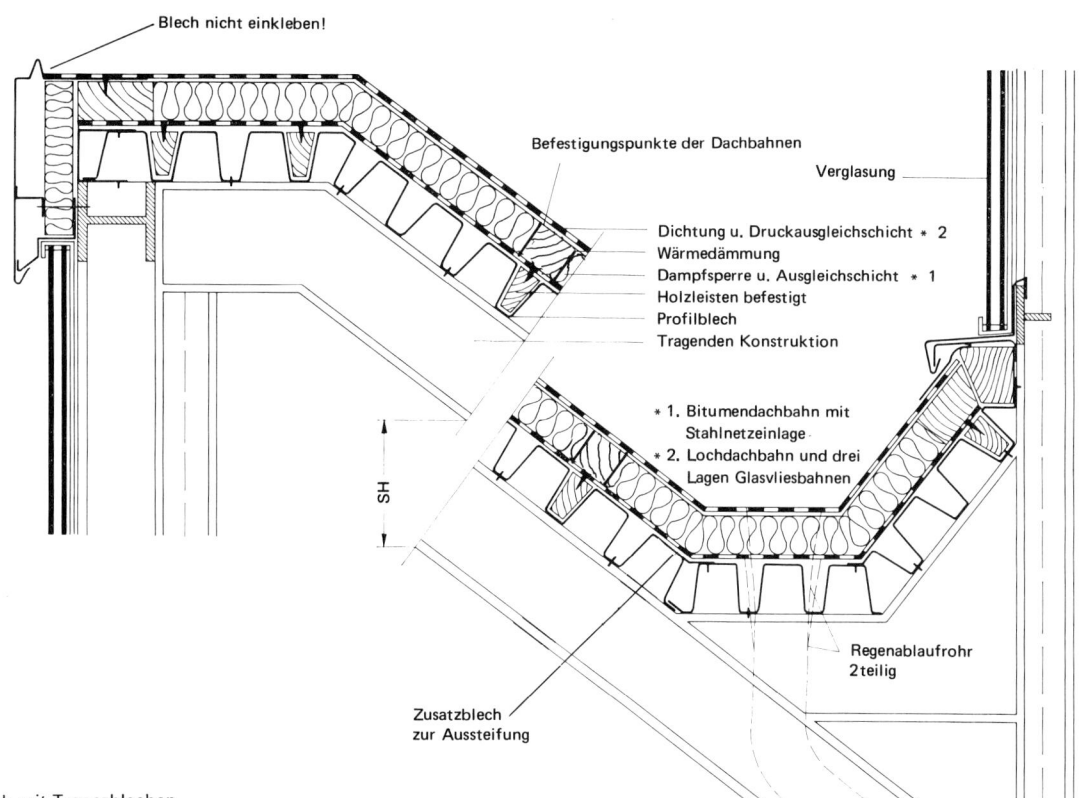

Blech nicht einkleben!

Befestigungspunkte der Dachbahnen
Verglasung
Dichtung u. Druckausgleichschicht * 2
Wärmedämmung
Dampfsperre u. Ausgleichschicht * 1
Holzleisten befestigt
Profilblech
Tragenden Konstruktion

* 1. Bitumendachbahn mit Stahlnetzeinlage
* 2. Lochdachbahn und drei Lagen Glasvliesbahnen

Regenablaufrohr 2teilig

Zusatzblech zur Aussteifung

Bild 168 Sheddach mit Trapezblechen

7. Allgemeine Aufbaugesichtspunkte – Warmdach

ausreichende Aussteifung, dagegen kippen die schrägverlegten Trapezbleche im Bereich der unteren Knicke um. Die Nietverbindung alleine bringt keine ausreichende Aussteifung. Hier muß also nach den bisherigen Erfahrungen gefordert werden, daß über den Sickenblechen zusätzlich ein ebenes Rinnenblech als aussteifende Maßnahme aufgebracht wird. Es besteht sonst die Gefahr der Rissebildung in der Dachhaut, ungewöhnlich starke Durchbiegungen in den Angrenzpunkten (Knickpunkten). Dieses Blech muß an der Shedschräge noch ca. 50–60 cm hochgeführt werden, sollte also zwei Sickenebenen erreichen.

Bezüglich der Dehnfugenausbildung bei Sickenblechen ist zu sagen, daß wegen der thermischen Bewegungen der Sickenbleche keine Dehnfugen erforderlich würden. Die Ausdehnung in den Sickenblechen dokumentiert sich, wie bereits ausgeführt, lediglich in einer zusätzlichen Durchbiegung bzw. in einer etwas stärkeren Aufwölbung am Auflagerbereich. Die thermischen Bewegungen durch Außen- und Innenklima tragen sich also in jedem Feld für sich aus, in dem die Durchbiegung mehr oder weniger stark beansprucht wird. Eine lineare Ausdehnung etwa wie bei Betonplatten ist also nicht zu erwarten. Anders dagegen stellt sich die Frage nach den Fugenaufteilungen in der Unterkonstruktion. Hier kann es bei Stahlbeton-Fertigteilen usw. naturgemäß erforderlich werden, daß nach bestimmten Abständen Dehnfugen ausgebildet werden, die dann auch in den Trapezblechen evtl. durchzuführen sind. Dies ist besonders dann der Fall, wenn parallele Richtung mit den Trapezblech-Verlegungen aus der Unterkonstruktion gegeben ist. Im allgemeinen kann jedoch sonst bei Trapezblechen wegen ihrer Elastizität, ihrer Federwirkung und der Durchbiegung auf konstruktive Dehnfugen verzichtet werden.

7.9.9.9.1 Tektal-Dach

Ergänzend zu den Trapezblechen soll hier noch eine Sickenblech-Konstruktion genannt werden, bei der Sickenbleche in einem Rippenträger befestigt werden. Die Sickenbleche erhalten nach der Vernietung eine Abdichtung mit einer selbstklebenden Aluminium-Folie. Dadurch ergibt sich eine relativ gute Dampfbremse. Es handelt sich auch hier um ein beidseitig bandverzinktes Systemdach. Die Befestigung der Sickenbleche erfolgt durch Seitenwinkel, die mit den Rippen verschraubt werden. Der Aufbau des Daches ist in Bild 169 im System dargestellt. In Bild 170 ist die Rippenbefestigung und die Sickenblechbefestigung erkenntlich samt Attika-Anschluß mit Entwässerung und ein Lichtkuppelanschluß.

7.9.9.9.2 DLW-Dachelement

Ein weiteres interessantes Trapezblech-Dachelement ist das DLW-Dachelement. Dieses Dachelement, bestehend aus einem verzinkten Stahlprofil, wird mit Polystryrol-Hartschaum gefüllt, so daß etwa 45 mm Polystyrol über den Sickenebenen als Mindest-Wärmedämmplattenstärke verbleiben. In Bild 171 ist ein Querschnitt eines derartigen Plattenelementes dargestellt. Das Polystyrol hat oben Dampfdruckausgleichskanäle und ist gleich mit einer einlagigen Bitumenpappe abgedeckt.

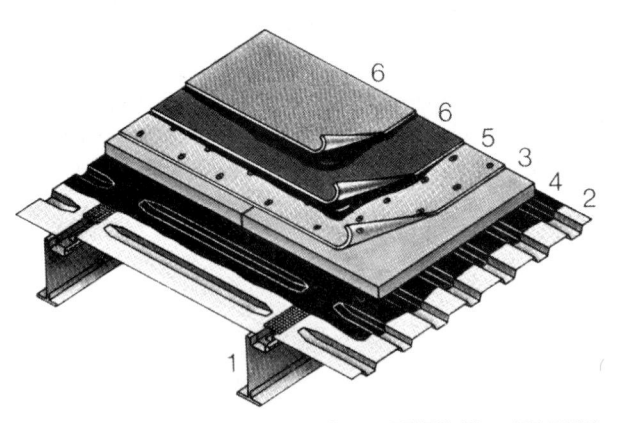

Bild 169 Tektal-Dach, Warmdach-Aufbau. 1 TEKTAL-Rippe RT, 2 TEKTAL-Sickenblech STW, 3 Dämmung, 4 Bitumenanstrich, 5 Lochvliesbahn, 6 Dachpappe

ATTIKA MIT ENTWÄSSERUNG
1 Rippe RT
2 Sickenblech STW
3 Warmdach-Aufbau
4 Dachgully
5 Attika
6 Unterkonstruktion

LICHTKUPPELEINBAU MIT AUFSATZKRANZ
1 Rippe RT
2 Sickenblech STW
3 Warmdach-Aufbau
4 Abschlußwinkel
5 Aufsatzkranz mit Einklebeflansch
6 Lichtkuppel

RIPPENBEFESTIGUNG
1 Tektal-Rippe RT
2 Seitenwinkel
3 Unterkonstruktion

SICKENBLECHBEFESTIGUNG
1 Rippe RT
2 Sickenblech STW
3 Verbindung durch Blindniete

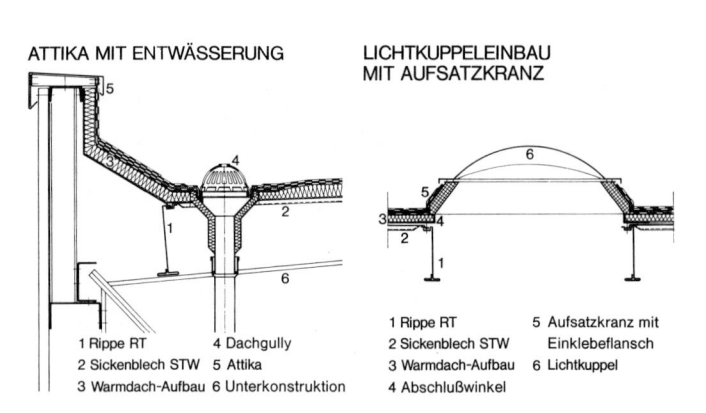

Bild 170 Tektal-Verlegung

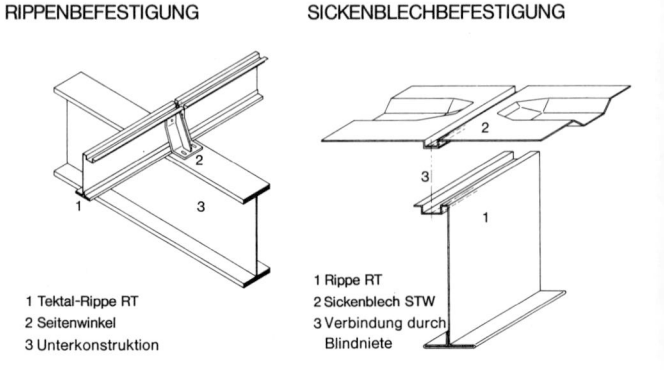

7.9 Trapezblechdächer

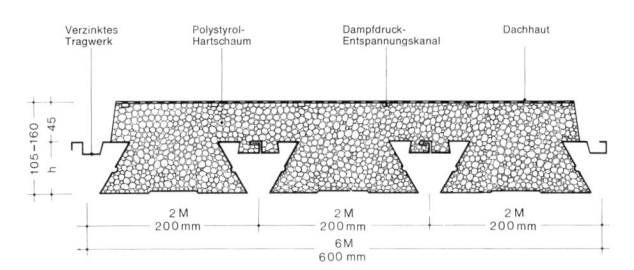

Bild 171 DLW-Dachelement

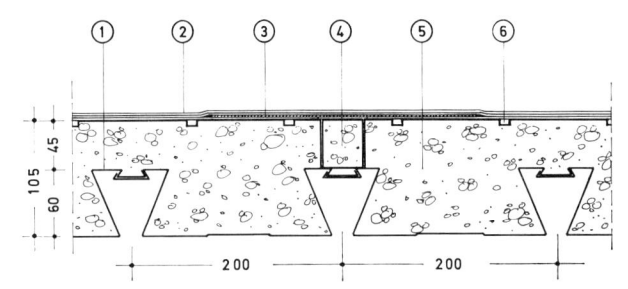

Bild 172 DLW-Tafelelement T 60/75. 1 verzinktes Stahlprofil (nach einer Lizenz der Holorib S.A., Genf), 2 3 Lagen 500er Pappe, davon 1 Lage werkseitig, 3 Fugendeckstreifen 20 cm breit, 4 Füllstreifen (Hartschaum), 5 Polystyrol-Hartschaum, 6 Entspannungsrillen.

Gesamtdicke einschließlich Pappe	110 mm
Wärmedurchlaßwiderstand	2,25 m²h°C/kcal
Gewicht der Elemente	20,5 kg/m²
Lieferbreite einheitlich	60 cm

Daten:

Zulässige Stützweite m (Einfeldsystem)					
q [kp/m²]	100	125	150	175	200
zul. M max.	5,75	5,15	4,70	4,35	4,05
zul. $f = l/200$	3,65	3,40	3,20	3,05	2,90
zul. $f = l/150$	4,00	3,75	3,50	3,35	3,20

$q = g_0$ Eigengewicht der Elemente
$\quad + g_1$ ständige zusätzliche Last
$\quad + s$ Schneelast.

Eine Einzellast von $P = 100$ kp ist entsprechend DIN 1055 Blatt 3,6.21 zulässig für alle in vorstehendem Diagramm berücksichtigten Möglichkeiten.
Das Tragwerk wird nach einem Spezialverfahren der DLW mit Polystyrol-Hartschaum (Pype F111 der BASF) zu einem Körper verschäumt.
Das Raumgewicht des Hartschaumes beträgt 20 bis 25 kg/m³

Aus Bild 172 kann ein Überlappungsstoß abgelesen werden, desgleichen die zulässigen Stützweiten bei den angenommenen Belastungen, sowie die technischen Daten. Der Wärmedurchlaßwiderstand mit 2,25 m²h°/kcal ist als Mittelwert anzusehen. Durch die 45 mm Stärke ergibt sich naturgemäß im ungünstigsten Falle nur ein Wärmedurchlaßwiderstand von *1,28 m²h°/kcal*. Wenngleich sich diese sogenannte Wärmebrücke nicht voll auswirken wird, so muß doch beachtet werden, daß in der Sicke die Luftumwälzung relativ gering ist und der Einsatz nur bis zu einer bestimmten Raum-Luftfeuchte möglich ist.

Die Bewertung der Dampfsperre ist sicher etwas günstiger als bei den normalen Trapezblech-Konstruktionen. Es bleibt aber auch hier die seitliche Überlappung und der Stoß als Dampfbrücke bestehen.

Die Blechtafeln sind auf der mit Polystyrol beschäumten Seite zusätzlich mit Bitumen gegen Korrosion geschützt (Korrosionsschutz 1 nach DIN 4115).

Die Elemente werden, wie bei den Trapezblechen angeführt, je nach Tragkonstruktion mit Holzschrauben, selbstschneidenden Stahlschrauben oder mit Hammerschrauben nach unten befestigt. Nach dem Verlegen der Dachelemente mit der aufkaschierten Pappe werden über den Fugen Streifen mit Bitumenpappen aufgebracht, so daß sofort nach der Verlegung eine geschlossene regendichte Dachfläche vorhanden ist. Die weiteren Decklagen werden dann gemäß den Richtlinien für die Ausführung von Flachdächern aufgebracht. Die aufkaschierte Bahn darf als erste Lage gezählt werden. Es müssen also noch mindestens zwei weitere Lagen im Gieß- und Einrollverfahren aufgebracht werden oder bei Kunststoff-Bedachungen eine entsprechende Kunststoff-Dachhaut bzw. eine Beschichtung mit Maycopren (IBA-München).

Die Dachelemente dieser Art können relativ leicht gemäß Bild 173 verlegt werden und erlauben ebenfalls einfache Detailanschlüsse, wie sie in Bild 174 dargestellt sind, wenngleich hier anzumerken ist, daß das Zusammenkleben von PVC-Folien mit Bitumenpappen nicht zu empfehlen ist.

Die Erfahrungen mit diesen Elementen in der letzten Zeit haben jedoch gezeigt, daß auch hier besondere *Vorsichtsmaßnahmen im Bereich der Auflagerstöße*

Bild 173

7. Allgemeine Aufbaugesichtspunkte – Warmdach

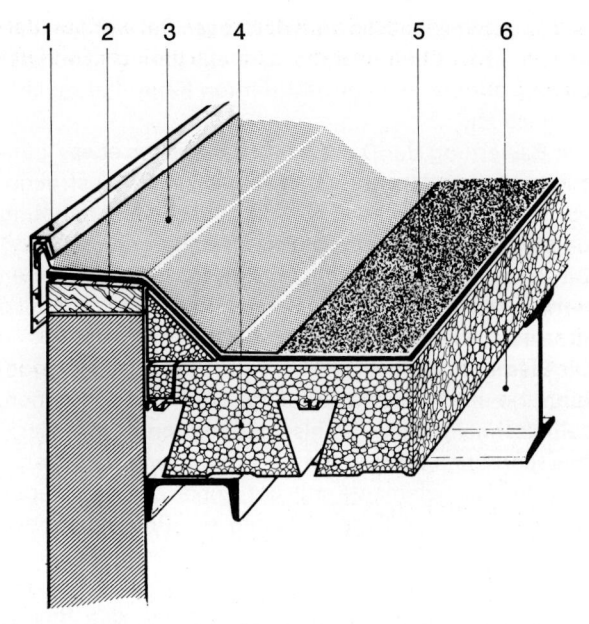

Bild 174 Ortgang mit Blende bei Binderkonstruktion. 1 Blenden-Kombination, 2 imprägnierte Holzbohle, 3 Folienanschluß, z. B. DLW-delifol, 4 DLW-Dachelement Typ T, 5 Dachhaut, 6 Stahlbinder oder Stahlpfette

erforderlich werden. Die Durchbiegung der Bleche erfolgt hier, wie bei den Trapezblechen beschrieben, meist unter Ausnutzung der vollen Durchbiegung, also L/200. Da die Polystyrol-Masse hier eingeschäumt ist, ergibt sich eine völlige Verbundwirkung, also ein steifes Element. Wenn sich also die Sickenbleche durchbiegen, dann kommt es auch im Bereich der Polystyrol-Platten an den Auflagerstößen zu Klaffugen (Rißwinkel) im oberen Bereich, also zu Spannungsbelastungen in der Dachhaut. Es wurde bisher von seiten der Hersteller versäumt, über diesen Fugen einen losen Schleppstreifen bzw. eine elastische *Fugenausbildung* zu empfehlen. Dadurch kam es bereits mehrfach zu Schäden durch Risse. Das Aufschweißen einer Schweißbahn bringt keine Abhilfe, da auch diese sich voll verschweißt und bei Zugspannungsbelastungen reißt. Hier ist es also notwendig, auf eine gewisse Breite einen Schleppstreifen (ca. 30 cm) aufzubringen, also eine unverklebte Zwischenschicht oder eine ausreichend elastische nicht verklebte Kunststoff-Folie, um hier die kompakt auftretenden Bewegungen in diesen Auflagerfugen auszugleichen.

8. Das zweischalige Dach (Kaltdach)

In Teil I dieses Buches wurden die zweischaligen Flachdächer, auch Kaltdächer genannt, definiert. In dem nachfolgenden Kapitel sollen die physikalischen und technischen Gesetzmäßigkeiten aufgezeigt und praktische Erfahrungen daraus abgeleitet werden.

8.1 Grundsätzliches zum Zweischalen-Dach

Es gibt zahlreiche Variationen des zweischaligen Daches. Grundsätzlich ist hier zu unterscheiden:

8.1.1 Das schwere zweischalige Dach

mit folgendem Aufbau:

1. Statisch tragende Unterkonstruktion, z.B. Massivplattendecke, Rippendecke oder dgl.
2. Wärmedämmung nach den physikalischen Erfordernissen nach Wärmeschutz und Temperaturspannungsbelastungen.
3. Kaltluftraum mit wirkungsvoller Be- und Entlüftung nach den physikalischen Erfordernissen.
4. Oberschale (zweite Schale), bestehend aus Holz, Beton, Leichtbeton, Asbestplatten oder dgl.
5. Dachabdichtung bzw. bei Gefälledach Deckung.
6. Oberflächenschutz.

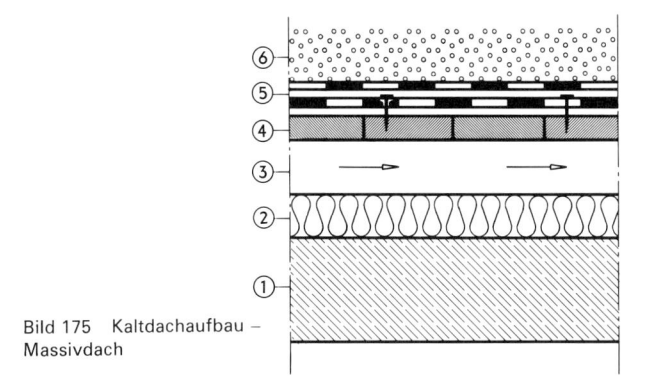

Bild 175 Kaltdachaufbau – Massivdach

In Bild 175 ist im System ein derartiger Dachaufbau dargestellt (z.B. mit Kunststoff-Folie Delifol als Dachabdichtung).

8.1.2 Leichtes zweischaliges Dach

Beim leichten zweischaligen Dach besteht die statisch tragende Unterkonstruktion entweder aus Holzbalken, leichten Stahlträgern mit Decken-Verkleidungsplatten der verschiedensten Materialien aus Holzschalung Metallverkleidungen, Spanplatten usw. Der Aufbau im einzelnen ist also etwa wie folgt gegeben:

1. Statisch tragende Holzkonstruktion mit unterseitigen Verkleidungsplatten, Holzschalung oder Putz auf Holzbalkendecke oder dgl.
2. Dampfsperre oder Dampfbremse, falls Unterschale stark dampfdurchlässig ist.
3. Wärmedämmung ausreichend dimensioniert, abgestimmt auf DIN 4108, Tabelle 4 und auf die evtl. unter der Dampfsperre angeordneten Verkleidungsplatten mit Lufteinschluß usw., falls Dampfsperre zur Anwendung kommt.
4. Lufthohlraum, also Kaltluftraum be- und entlüftet.
5. Oberschale, wiederum bestehend aus Holzschalung oder anderen tragenden Plattenelementen für bituminöse Dachhaut, Kunststoff-Dachhaut oder auch gleich Dachdeckung, falls Gefälle ausreichend vorhanden. (Ziegel, Wellplatten, Metall usw.)

In Bild 175a kann ein typischer Aufbau einer Leicht-Kaltdach-Konstruktion abgelesen werden.

8.1.3 Industrie-Leichtdächer mit selbsttragender Wärmedämmung

Industrie-Leichtdächer erhalten keine statisch tragende Unterkonstruktion für die Wärmedämmung. Vielmehr werden Wärmedämmplatten in selbsttragender Form

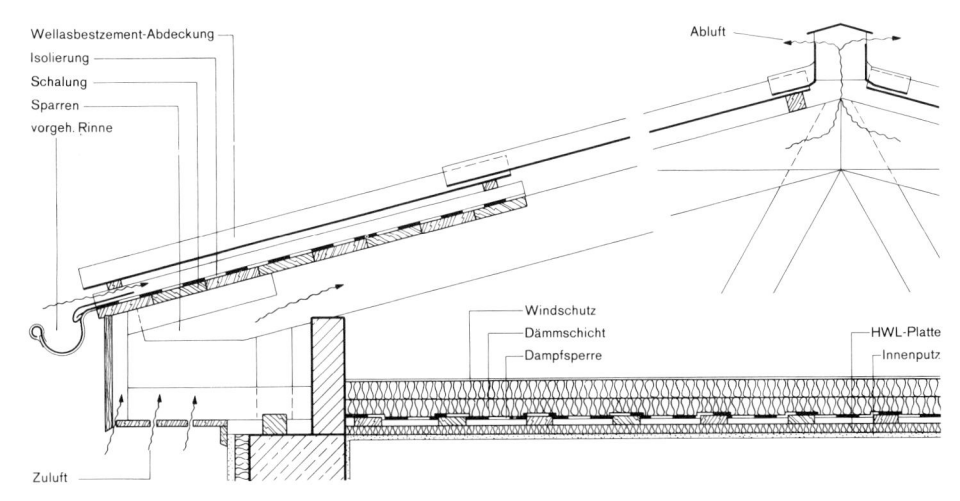

Bild 175a Kaltdach – Leichtdach

8. Das zweischalige Dach (Kaltdach)

auf Unterkonstruktion aufgelegt. Der Aufbau ist hier wie folgt:

1. Statisch tragende Unterkonstruktion (Stahlträger, Betonträger, Holzträger usw.).
2. Freitragende Wärmedämmplatten z.B. Mineralfaserplatten, Polystyrol-Hartschaumplatten usw. oder auch Gasbeton-Platten als statisch tragende Wärmedämmplatten, diese gegebenenfalls waagrecht abgehängt oder gleich in der Dachschräge verlegt.
3. Be- und Entlüfung.
4. Dachdeckung, z.B. Wellasbestplatten, Metallbedachung usw.

In Bild 176 ist ein derartiges System dargestellt, zunächst ohne Bewertung).

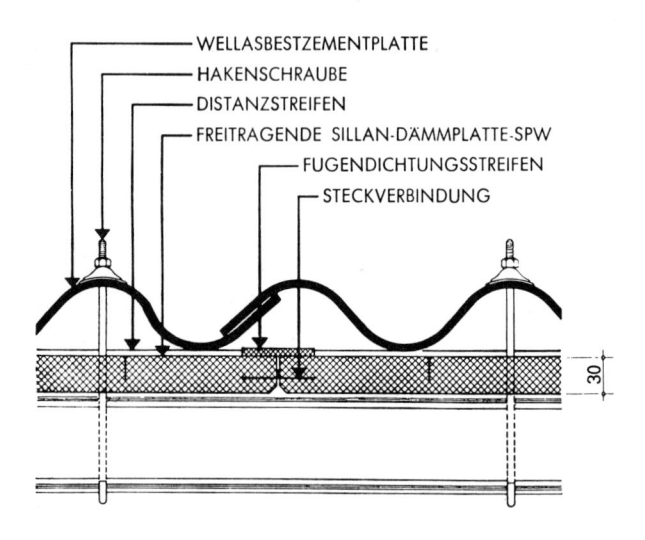

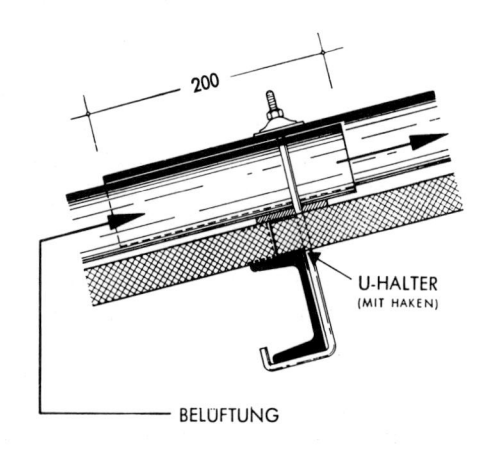

Bild 176 Industrie-Leichtdach

8.1.4 Vorliegende Vorschriften und Richtlinien

a) Richtlinien für Dachdecker-Handwerk

Verbindliche Richtlinien für die Ausführung von durchlüfteten zweischaligen Flachdächern sind in den »Richtlinien« des Dachdecker-Handwerkes aufgestellt (s. Anhang). Zunächst wird in diesen Richtlinien gefordert, daß der Aufbau des Kalt-Flachdaches vom Nutzungszweck des Gebäudes abhängig ist. Der Nutzungszweck ist von der Bauplanung anzugeben. Hierunter ist gemeint, daß es wesentlich ist, welche Raumlufttemperaturen und Raumluftfeuchtigkeiten zu erwarten sind. Jenachdem ist dann der Lüftungsraum, Dampfbremse und die Wärmedämmung zu gestalten.

Diese Angaben über die physikalische Funktion des Kaltdaches sind sehr mäßig und reichen naturgemäß nicht aus, um Anhaltspunkte für die Gestaltung eines zweischaligen Kaltdaches zu geben. Die Richtlinien wollen aber primär darauf abheben, daß die Gestaltung des Flachdaches nicht Sache der Dachdeckungsfirma ist, sondern des Architekten bzw. Bauplaners. Dieser hat sich mit den physikalischen Gesetzen auseinanderzusetzen. Wenn also Mängel bei einem Zweischalendach durch mangelhafte Durchlüftung, durch nicht eingebaute Dampfbremse usw. bei bestimmten Belastungen auftreten, ist dies nicht Sache der Dachdeckungsfirma, sondern Sache des planenden Architekten bzw. des Konstrukteurs.

Hinsichtlich der Beschaffenheit der Deckenunterlage für die Dachabdichtung wird verlangt, daß z.B. eine Holzschalung gesund und trocken sein muß, daß sie keine schädlichen Schutzmittel beinhalten darf und daß wurmstichige Bretter, vorhandene Baumkanten usw. zu entfernen sind. Die Holzschalung soll nicht federn.

Leider fehlt hier in diesen Richtlinien die Angabe, daß sich bei Holzschalungen nur sogenannte Nut- und Federschalungen (Rauhspundschalungen) bewährt haben. Außerdem wäre hier anzuführen, daß es außer Holzschalungen noch andere Deckenunterlagen gibt, für die ebenfalls entsprechende Richtlinien vorhanden sein sollten, so z.B. Bimsstegdielen, Asbest-Zementplatten, dünne Betonplatten usw.

Bezüglich des Aufbaues des Kaltdaches wird das massive Flachdach angenommen. Dabei wird folgender Aufbau zitiert:

Voranstrich, Ausgleichsschicht und Dampfsperre können bei Massivkonstruktionen entfallen. Der Einbau einer Dampfsperre mit geringer Sperrwirkung kann erforderlich werden

a) wenn mit einer besonders hohen relativen Luftfeuchtigkeit in den darunterliegenden Räumen zu rechnen ist (Spinnereien, Wäschereien usw.)
b) wenn die untere Schale stark dampfdurchlässig ist (Leichtkonstruktion).

»Zweischalige Dächer müssen einen sich über die gesamte Fläche erstreckenden, überall durchströmbaren Luftraum mit Be- und Entlüftungsöffnungen haben, durch den die Bau- und Nutzungsfeuchte entweichen kann. Die Lüftungsöffnungen und deren Anordnung müßten unter Berücksichtigung der baulichen Verhältnisse und des vorhandenen Luftraumes so bemessen und gestaltet sein, daß eine Abführung der anfallenden Bau- und Nutzungsfeuchte bei Vermeidung jeglicher Stauluft (z. B. Sparrenwechsel u. ä.) in allen Bereichen gewährleistet ist.

Bei Dächern mit einer Neigung über 5 Grad (9,1 %) sollen die Zuluftöffnungen an der Traufe $1/600$ und die Abluftöffnungen am First $1/500$ der zu belüftenden Dachgrundfläche betragen.

Bei Dächern unter 5 Grad Neigung soll der Be- und Entlüftungsquerschnitt insgesamt $1/150$ der Dachgrundfläche betragen.

Durchgehenden Lüftungsschlitzen ist der Vorzug zu geben. Eine Schlitzbreite von 2 cm darf jedoch nicht unterschritten werden. Die Mindestquerschnitte dürfen durch Anbringen von Schutzgittern, Blenden u. ä. nicht verringert werden. Eine ungehinderte Durchlüftung muß gewährleistet sein.

In der Regel sollte die geringste Höhe des zu belüftenden Dachzwischenraumes oberhalb der Wärmedämmung mindestens 20 cm betragen.

Bei Vorliegen besonderer Bedingungen (z. B. Lage des Bauwerkes im Windschatten oder ähnliches mehr) sollen die Belüftungsquerschnitte entsprechend erhöht werden.« Soweit die Anmerkungen aus den Richtlinien. In den früheren Ausgaben wurde empfohlen, die Wärmedämmung über der Unterschale 20–25 % höher zu dimensionieren als beim einschaligen Dach. Dieser Passus ist in der neuen Ausgabe 1973 der Richtlinien nicht mehr enthalten. Trotzdem sollte an dieser alten Regel festgehalten werden.

b) DIN 18530 E

Der DIN-Entwurf 18530, Dächer mit massiven Decken-Konstruktionen (s. Anhang), sagt über belüftete Dächer folgendes:

Bei belüfteten Dächern sind im belüfteten Dachraum mindestens an zwei gegenüberliegenden Dachseiten Öffnungen von je mindestens $1/2000$ der zu belüftenden Deckenflächen anzuordnen, damit die Feuchtigkeit abgeführt werden kann (ist nach Erfahrung des Autors viel zu gering). Der unter dem belüfteten Dachraum liegende Dachteil (Dachdecke mit Wärmedämmschicht) muß eine Dampfbremswirkung mit einer gleichwertigen Luftschichtdicke $\mu \times s =$ oder größer als *2 m* aufweisen. Bei geringerem Wert von $\mu \times s = 2 m$ muß die Dampfdichte des Dachteiles auf diesen Wert erhöht werden (durch Dampfsperrschichten). Bezüglich der Wärmedämmschicht wird angeführt, daß diese den wesentlichen Teil des erforderlichen Wärmeschutzes erbringen soll und durch ihre Anordnung zu große Wärmedehnungen der Dachdecke vermeiden muß.

Anmerkung:

Weitergehende Hinweise und Richtlinien sind also weder in den Richtlinien für die Ausführung von Flachdächern enthalten noch im neuen DIN-Entwurf. All die vorgenannten Ausführungen sind sehr spärlich und würden es kaum ermöglichen lassen, daß nach diesen Gesichtspunkten physikalisch einwandfreie zweischalige Dächer hergestellt werden können. Es muß also nach wie vor auf die Privatinitiative einzelner Autoren und Wissenschaftler vertraut werden, da es bis heute von amtlicher Seite nicht möglich war, gültige DIN-Normen herauszubringen. Leider ist es eine altbekannte Tatsache, daß DIN-Normen erst dann herauskommen, wenn sie nicht mehr notwendig sind, da die Praxis sich durch Eigeninitiative längst selber geholfen hat. Offensichtlich wird von amtlicher Seite die Verantwortung gescheut. Sie wird aber selbstredend bei evtl. Prozessen vom planenden Architekten verlangt. Sogenannte marktschreierische Sachverständige hätten hier ein weites Feld, sich an die richtige Adresse zu wenden und nicht den falschen zu prügeln.

Nachfolgend ist es also erforderlich, detailliertere Hinweise und Erfahrungen für die Gestaltung von zweischaligen Dächern aufzuzeigen.

8.2 Konstruktive Voraussetzungen beim Kaltdach

Durch gewisse Autoren im Jahre 1958–1960 wurde allenthalben die Behauptung aufgestellt, daß zweischalige Dächer unproblematisch sind und die ideale Dachform darstellen würden. Es wurde die Behauptung aufgestellt, daß beim Zweischalendach Kondensationsdurchfeuchtungen in der Unterschale unmöglich wären, da nach oben Dampfdiffusion ungehindert möglich wäre. Eine Überschneidung zwischen Dampfsättigungslinien und tatsächlicher Dampfdrucklinie würde nicht auftreten.

Weithin wurde jedoch völlig vergessen, daß es sich weniger um die Frage der Kondensation beim Zweischalendach handelt als um die Frage der Schwitzwasserbildung unter der oberen Schale, also unter der kalten Schale.

Diese Behauptung der Unproblematik beim Zweischalendach führte sogar dahin, daß gewisse Länder-Ministerien das Kaltdach allgemein empfohlen haben, ja sogar vorgeschrieben haben. Erst die Praxis hat erwiesen, daß die Verallgemeinerung der Kaltdach-Beurteilung problematisch war. Es wurde seinerzeit von den Autoren kaum unterschieden zwischen schweren und leichten Kaltdächern, zwischen Kaltdächern mit Gefälle im Lufthohlraum usw. Die Enttäuschung ist nicht ausgeblieben. *Der Autor kann aufgrund langjähriger Sachverständigen-Tätigkeit die Behauptung aufstellen, daß der prozentuale Anteil an Schadensdächern bei Kaltdächern größer ist als bei Warmdächern.* Dies mag bereits aus den nachfolgend angeführten Beispielen hervorgehen. Die Unsicherheitsfaktoren sind beim Kaltdach größer, d. h. die Frage der Be- und Entlüftung, die beim

8. Das zweischalige Dach (Kaltdach)

Kaltdach eine Primärfrage ist, kann nicht mathematisch so genau vorausbestimmt werden wie die physikalischen Gesetzmäßigkeiten beim Warmdach. Unzulänglichkeiten in der Ausführung führten besonders bei leichten Dachkonstruktionen mit stark dampfdurchlässigen Innenschalen und hier insonderheit bei Feuchträumen (Schwimmbäder) zu enormen Schäden.

8.2.1 Allgemeine Gesichtspunkte bei der Dachgestaltung

Die Vorstellung und Wirkungsweise beim belüfteten Dach gehen dahin, daß der Wasserdampf aus der Raumluft, der in Form der Dampfdiffusion in den Dachraum einströmt, von der kalten, durchströmenden Luft aufgenommen und nach außen abgeführt wird, ohne daß in der Unterschale Kondensation auftritt und ohne daß unter der Oberschale Schwitzwasserbildung entsteht. Grundsätzlich gelten folgende Regeln:

1. Bei einer Massivdecke oder gleichwertigen Decke gelangt weniger Wasserdampf in den Dachraum. Dadurch wird der Dachraum entlastet und die Frage der Be- und Entlüftung meist etwas einfacher. In Bild 177 ist dies schematisch dargestellt. Von z.B. 5 Teilen Wasserdampf gelangen nur 2 Teile in den Dachraum. Es braucht also weniger Feuchtigkeit abgeführt zu werden.

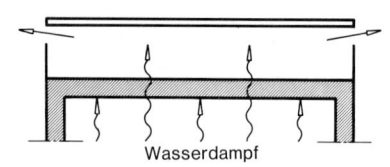

Bild 177 Massivdecke

2. *Leichte Unterdecke ohne Dampfsperre*

Eine leichte, dampfdurchlässige Unterdecke läßt den Wasserdampf nahezu voll je nach Konstruktion durchdiffundieren. Der Dachraum wird stark belastet. Der Frage der Be- und Entlüftung kommt größte Aufmerksamkeit zu. Dies kann aus Bild 178 schematisch abgelesen werden.

Der Vorteil der Massivdecke hinsichtlich der Be- und Entlüftung stellt sich aber u.U. wieder als Nachteil hinsichtlich der Temperaturbewegungen ein. Der Dachraum heizt sich im Sommer relativ stark auf, wenn die Be- und Entlüftung nur mangelhaft funktioniert. Die Massivdecke unterliegt dann wieder Temperaturbewegungen bzw. es ist mit Rissegefahr im Bereich des aufliegenden Mauerwerkes zu rechnen, oder es muß eine überdimensional starke Wärmedämmung bei großen Längen aufgebracht oder entsprechend viele Dehnfugen gemacht werden. Es empfiehlt sich also, grundsätzlich der Be- und Entlüftung in jedem Falle größte Aufmerksamkeit zu schenken, wie dies auch nachfolgend angeführt wird.

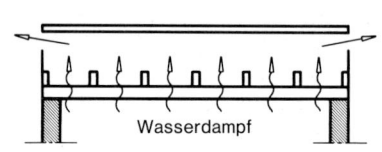

Bild 178 Leichtdecke

In Bild 179 sind einige grundsätzliche Merkmale bei der Gestaltung von Kaltdächern angeführt:

1 Gefällelose Oberschale   1a Verbesserung

2 Gefälle im Luftraum   2a Verschlechterung

3 Gefälle nach innen   3a Verschlechterung

4 Pultdach   4a Verschlechterung

5 Ziegeldach ohne Unterdachschutz   5a Verschlechterung bei dampfdichtem Unterdachschutz

6 Lange Dächer   6a Verbesserung – Zwischenlüfter

7 Hohe Dachräume   7a Verbesserung mit Fragezeichen

Bild 179 Funktion der Lüftung

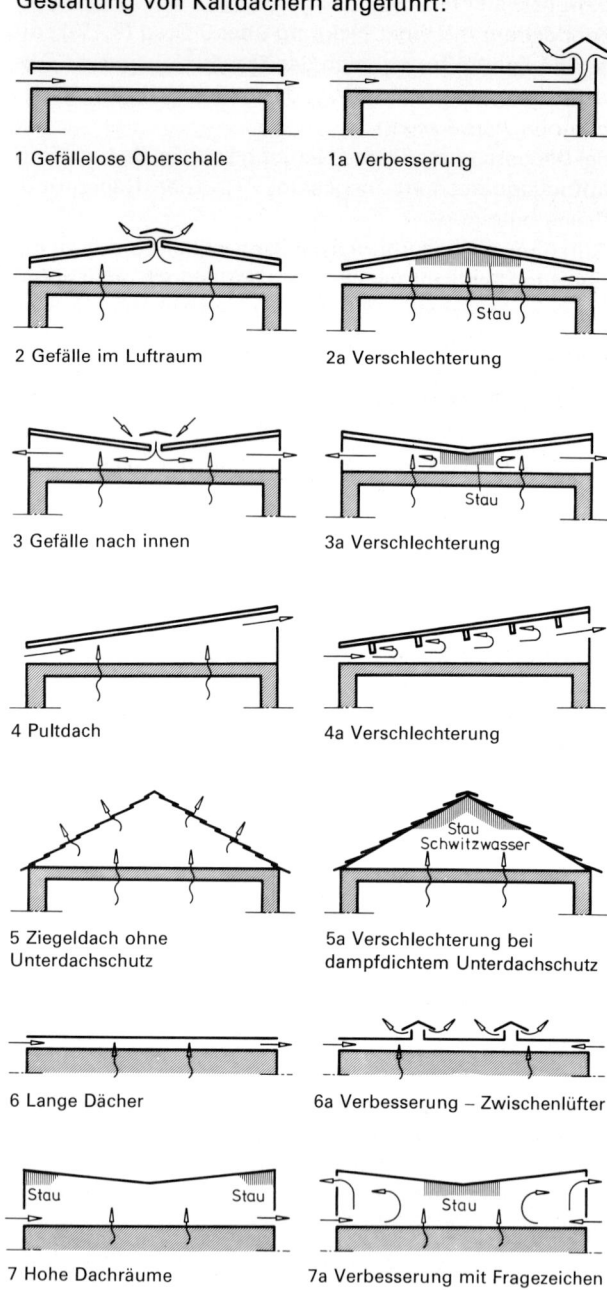

Bild 1 – Gefällelose Oberschale (gefälleloser Lufthohlraum)
Wie nachfolgend angeführt wird, ist bei niederen Lufthohlräumen und bei gefälleloser Oberschale mit einer wirksamen Durchlüftung nicht zu rechnen. Man ist hier

8.2 Konstruktive Voraussetzungen beim Kaltdach

mehr oder weniger auf Winddruckbelastung angewiesen. Sind in dieser Oberschale quer zur Windrichtung verlaufende Aufständerungen vorhanden (Pfetten oder dgl.) (s. Bild 4a), ist mit noch einer wesentlichen Verschlechterung der Durchlüftung zu rechnen.

In Bild 1a ist eine Verbesserungsmöglichkeit dadurch angezeigt, daß zwischen Lufteintritt und Luftaustritt eine Höhendifferenz entsteht, so daß sich der natürliche Druckluftunterschied auswirken kann und dadurch eine natürliche Lüftung möglich ist. Meist ist jedoch eine derartige Lösung architektonisch nicht möglich, es sei denn, daß ein Flachdach an ein höherliegendes Bauteil anstößt.

Bild 2 – Leichtes Gefälle als Satteldach – (Gefälle im Lufthohlraum)
Hier ergeben sich günstigere Lösungen, wenn am höchsten Punkt eine Entlüftung angeordnet wird, die in einem richtigen Verhältnis zur Belüftung steht. Eine Verschlechterung ist zu erwarten, wenn diese Entlüftung fehlt, wie sie in Bild 2a dargestellt ist. Hier muß mit einem Luft- und dadurch auch Dampfstau gerechnet werden und gegebenenfalls bei Windstille mit Kondensat bzw. Schwitzwasserbildung unter der Oberschale (schraffierter Teil).

Bild 3 – Schmetterlingsdach (mit Innenneigung)
In Bild 3 ist das sogenannte Schmetterlingsdach mit Innenneigung dargestellt. Hier müßte die Belüftung am tiefsten Punkt angeordnet werden und die Entlüftung am höchsten Punkt, also im Bereich der Außenwände. Die Belüftung am tiefsten Punkt bringt naturgemäß, da hier gleichzeitig die Entwässerung stattfinden soll, häufig Schwierigkeiten, weshalb meist nach Bild 3a verfahren wird, was jedoch eine Verschlechterung erbringt, da hier eine Verengung in der Luftströmung zu erwarten ist, also mit einem erhöhten Reibungswiderstand gerechnet werden muß. Häufig ist hier nur noch ein Schlitz von 5–6 cm vorhanden. Es muß hier mit Stau und Schwitzwasserbildung besonders bei leichten Unterdecken gerechnet werden und insbesondere dann, wenn unterhalb dieser Belastungszone noch Küchen oder Bäder bzw. Feuchträume angeordnet sind.

Bild 4 – Pultfirstdach (mit Neigung)
In Bild 4 ist ein Pultfirstdach dargestellt, das die günstigsten Voraussetzungen für eine wirkungsvolle Belüftung erbringt, wenn ein genügendes Gefälle vorhanden ist. Luft am tiefsten Punkt eingeführt und am höchsten Punkt abgeführt erbringt eine Zugluftwirkung. Eine Verschlechterung ergibt sich nach Bild 4a bei Sparren oder Pfetten quer zur Lüftungsströmung. Hier ergeben sich Wirbelbildungen und bei geringer Dachneigung u.U. Stauwirkungen, da der Reibungswiderstand größer ist als die Durchlüftungsströmung.

Bild 5 – Satteldach-Ziegeldeckung (geneigt)
Günstigste Voraussetzungen ergeben sich zweifellos beim Ziegeldach alter Bauart, bei dem der eindiffundierende Wasserdampf über die Fugen der Ziegel nach Bild 5 ohne Schwierigkeit abdiffundieren konnte. Bei sehr dichten Ziegeln ist jedoch auch hier eine gezielte Be- und Entlüftung durch Lüftungsziegel usw. erforderlich. Ansonsten ergeben sich aber bei Ziegeldächern immer noch sehr günstige Entlüftungen. Eine Verschlechterung ist dann zu erwarten, wenn sogenannte dampfbremsende Unterdachschutzbahnen unter den Ziegeln nach Bild 5a gegen Schnee-Einwehungen zur Anwendung kommen, wie dies später im Detail noch behandelt wird. Wenn hier unterhalb dieser Unterdachschutzbahn keine gezielte Be- und Entlüftung angeordnet wird, dann muß mit Stau- bzw. Schwitzwasserbildung gerechnet werden. Hier ergaben sich schon sehr unliebsame Überraschungen.

Bild 6 – Tiefe bzw. breite gefällelose Dächer
Bei langen Flachdächern, also über große Tiefen, ist bei geringen Lufthohlräumen *keine Durchlüftung* mehr zu erwarten, auch dann nicht, wenn Winddruck auf den Flächen steht. Der Reibungskoeffizient ist meist viel größer als die Durchlüftungsströmung infolge Winddruck. Hier kann man gewisse Verbesserungen nach Bild 6a durch Zwischenlüftungen anordnen, die in einem bestimmten Verhältnis angeordnet sein müßten, wenngleich auch hier keine Wunder erwartet werden dürfen.

Bild 7 – Hohe Lufträume (mit oder ohne Gefälle)
In Bild 7 ist ein hohes Dach als Schmetterlingsdach dargestellt. Hier ergeben sich bei Belüftungsanordnung unten an den Außenwänden Staumöglichkeiten im oberen höchsten Bereich. Eine Verbesserung ergibt sich nach Bild 7a, die aber ebenfalls nicht eindeutig ist. Hier strömt von unten Kaltluft ein, die gegebenenfalls aber oben wieder durch Kaminwirkung abströmt, ohne daß der eigentliche Dachraum dann entlüftet wird. Es besteht also hier gegebenenfalls die Gefahr, daß mittig im Dachraum Stauwirkung vorhanden ist. Auch hier würde es sich wieder empfehlen, zusätzlich wie bei Bild 3 eine Mittelentlüftung anzuordnen, um den ganzen Dachraum sicher zu be- und entlüften. Sicher ist es relativ schwierig, sogenannte Schmetterlingsdächer einwandfrei zu durchlüften, wenn die Belüftung nicht am tiefsten Punkt der Dachfläche erfolgt.

Diese Beispiele mögen aufzeigen, welche Gefahr gegeben ist, wenn zuviel Wasserdampf in den Lufthohlraum eindiffundiert. Die immer wieder auch von Sachverständigen angeführten Wünsche, den Dampf durch die Unterschale hindurchdiffundieren zu lassen, ist gefährlich. Es kann bei einer wirkungsvollen Dachlüftung, insonderheit bei hohen Dachräumen mit guter Durchlüftung, ohne Schäden ausgehen. Ist jedoch die Durchlüftung infolge eines zu niedrigen Zwischenraumes, einer zu langen, also zu tiefen Dachfläche oder durch vorgestellte andere Gebäudegruppen gefährdet oder teilweise nicht vorhanden (wenn keine Winddruckbelastung vorliegt), muß mit Schwitzwasserbildung unter der oberen Schale gerechnet werden. Bei einer saugfähigen oberen Schale mag eine vorübergehende

8. Das zweischalige Dach (Kaltdach)

Schwitzwasserbildung ohne wesentliche Wirkung sein. Ist jedoch eine Metall-Dachhaut oder eine andere, weniger saugfähige Dachhaut (Wellasbestplatten usw.) vorhanden, kann es zu sehr schwerwiegenden Durchfeuchtungen aus der Oberschale kommen. Neben Blasenbildungen in bituminösen Dachbahnen, Korrosion bei Metallbedachungen, Fäulnis bei Holzschalungen kommt es bei nicht saugfähigen Oberschalen zu Abtropfungen nach unten, die im Winter z.T. enorme Ausmaße annehmen können. Gefriert das gebildete Schwitzwasser unter der Oberschale, können sich zentimeterhohe Reifbildungen ansammeln, die dann bei Abtauvorgängen konzentriert nach unten abtropfen.

Aus diesem Grunde benötigen Unterschalen leichter Bauart eine Dampfbremse. Sie ist nun auch in dem neuen DIN-Entwurf 18530 enthalten. Die früher immer wieder aufgestellte und auch heute noch zeitweilig propagierte Behauptung, die Dampfsperre in der Unterschale sei schädlich, muß endgültig aus der Debatte ausgeschaltet werden. Wäre sie schädlich, dürfte kein Warmdach mit einer Dampfsperre gemacht werden. Wenn die Dampfsperre im kondensationsfreien Bereich, also unter einer ausreichenden Wärmedämmung angeordnet wird, kann sie auch beim Zweischalendach in keinem Falle schädlich sein. Das Weglassen einer derartigen Dampfsperre kann aber enorme Schäden verursachen. Man sollte also immer auf der sicheren Seite bleiben, insonderheit bei solchen Konstruktionen, wie sie zuvor skizzenhaft dargestellt wurden und wie sie nachfolgend bei der Diskussion der Intensität der Durchlüftung noch behandelt werden.

8.2.2 Physikalische und technische Funktionsmerkmale beim Zweischalendach

Be- und Entlüftung

Der Luftaustausch im Zwischenraum, also im Lufthohlraum eines Daches, wird einmal durch Temperatur- und durch Windlüftung verursacht.

8.2.2.1 Temperaturlüftung und seine Berechnung

Temperaturlüftung entsteht durch Dichteunterschiede zwischen der Hohlraumluft und der Außenluft. Dieser Dichteunterschied ergibt sich einmal aus den Temperaturunterschieden zwischen der Luftschicht und der Außenluft und ist außerdem abhängig von der Höhendifferenz zwischen Luftein- und Luftaustritt.

Seiffert [36] hat den Versuch gemacht, die Probleme der Durchlüftung rechnerisch zu ermitteln.

In Anlehnung an die praktisch bekannten Erscheinungen des sog. Schornsteinzuges ist von vornherein anzunehmen, daß bei hohen Dächern die Durchlüftung besser ist als bei niedrigen Dächern. Die absolute Dachhöhe nützt aber andererseits nichts, wenn das Dach gleichzeitig eine große Länge von Traufe zu First aufweist. Es ist bekannt, daß in einem durchströmten Querschnitt durch Reibung ein Druckabfall eintritt, der durch den Schornsteinzug überwunden werden muß. Die mathematisch-physikalische Untersuchung führte zu folgender Gleichung für die auf natürlichem Wege erreichbare Luftgeschwindigkeit:

Bild-Gleichung 180

$$W = \sqrt{\frac{2g(\gamma_1 - \gamma_2) \cdot d}{\zeta \cdot \gamma_m}} \cdot \sin \alpha$$

Hierin ist

W = die Geschwindigkeit in m/sec

g = die Erdbeschleunigung = 9,81 m/sec²

γ_1 und γ_2 = die unterschiedlichen spezifischen Gewichte der Luft in kg/m³, die durch die Temperaturunterschiede hervorgerufen werden

$\gamma_m = \dfrac{\gamma_1 + \gamma_2}{2}$ das mittlere spezifische Gewicht in kg/m³

d = die Spaltweite des Querschnittes in m

ζ = der Reibungsbeiwert (unbenannte Zahl)

$\sin \alpha$ = das Verhältnis von Dachhöhe h zur Dachlänge L.

Anhand dieser Gleichung ist abzulesen, daß der bessere Zug bei größerer Dachhöhe durch die erhöhte Reibung bei großer Dachlänge wieder aufgehoben, also kompensiert wird. Abgesehen von der Weite d des durchströmenden Querschnittes für die Luft spielt also nur die Dachneigung die entscheidende Rolle. Aus Bild 181 kann z.B. abgelesen werden, daß bei einem Dach von 20 m Länge und 3,5 m Höhe die Luftgeschwindigkeit genau so groß ist wie bei einem Dach von 10 m Länge und 1,75 m Höhe. Je höher die Dachneigung der Oberschale ist, je größer demzufolge die Geschwindigkeit, und je

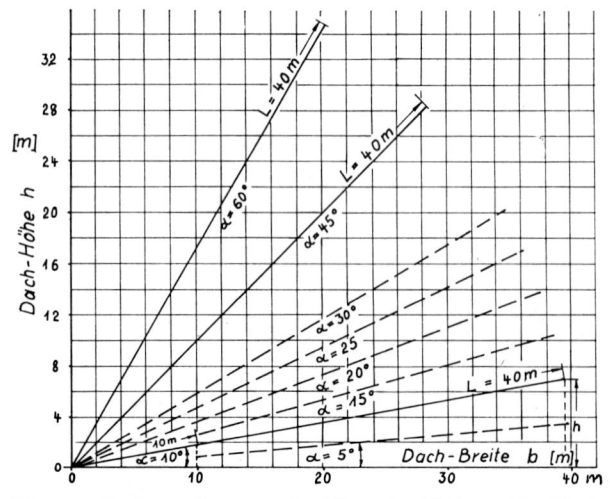

Bild 181 Die Proportionen von Dachlänge, Dachhöhe und Dachbreite bei verschiedenen Dachneigungen

8.2 Konstruktive Voraussetzungen beim Kaltdach

geringer die Dachneigung ist, je geringer die Luftgeschwindigkeit. Dies bedeutet also bei 0° Neigung, also bei völlig gefällelosen Flachdächern (gemäß Bild 179–1), daß die Luftgeschwindigkeit bei derartigen Flachdächern theoretisch = 0 ist. Wenn hier also keine Winddruckbelastungen zustande kommen, wird eine wirksame Lüftung nicht stattfinden.

Aber auch bei leicht geneigten Dächern, wie etwa in Bild 179–2, 3 und 4 dargestellt, kann die Luftgeschwindigkeit infolge des Reibungsbeiwertes vorgenannter Gleichung so groß sein, daß auch hier keine Durchlüftung zustande kommt. Dieser Reibungsbeiwert ist einmal abhängig von der Querschnittsbemessung des Lufteinund -austrittes, von den in der Dachkonstruktion angeordneten Sparren bzw. querliegenden Holzpfetten und natürlich auch von der Höhe des Zwischenraumes. Je stärker die Luft bei der Durchströmung abgebremst wird und Wirbel bildet, je weniger wirkungsvoll ist die Durchlüftung.

Durch Windanfall auf einer Seite und hier in unseren Breitengraden meist auf der Westseite im tiefen Bereich, kann andererseits der Reibungsbeiwert unwichtig werden, da der Winddruck diesen kompensiert. Es muß jedoch darauf hingewiesen werden, daß diese Windbelastung nicht immer und meist nicht bei sehr tiefen Außentemperaturen vorhanden ist, wo gerade die Dachdurchlüftung wirksam werden sollte.

Die für den thermischen Auftrieb maßgebende Temperaturdifferenz zwischen Dachraumluft und Außenluft muß durch Aufstellung einer Wärmebilanz ermittelt werden. Im allgemeinen ergibt sich die Temperaturdifferenz bei Winter-Außentemperaturen zwischen 4 und 7°C. Dies kann aus Bild 182 [37] abgelesen werden.

Seiffert hat in den Diagrammen Bild 183 die erreichbaren Luftgeschwindigkeiten in rechteckigen und in wellenförmigen Zwischenräumen in Abhängigkeit von der Temperaturdifferenz dargestellt. Daraus kann beispielsweise entnommen werden, daß bei einer Dachneigung der Oberschale von ca. 5° nur noch eine natürliche Luftgeschwindigkeit in der Größenordnung von 0,05 m/sec zu erwarten ist, wenn Windstille außenseitig vorherrscht.

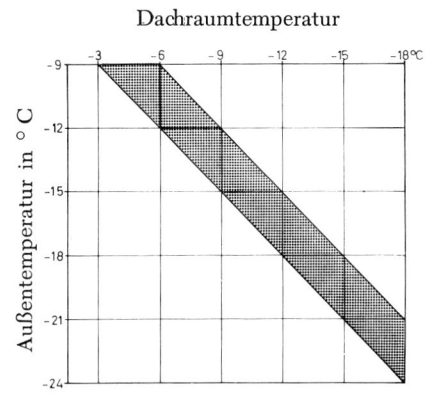

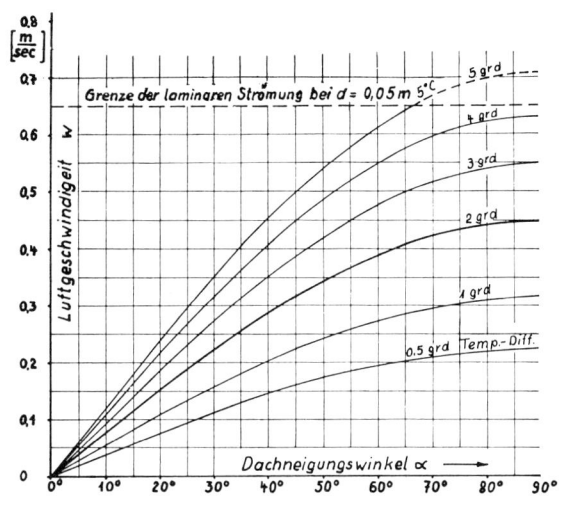

a) Erreichbare Luftgeschwindigkeiten in *rechteckigen* Dachzwischenräumen von 0,05 m Weite und bei verschiedenen Temperaturdifferenzen in Abhängigkeit von der Dachneigung (Grenze der laminaren Strömung bei $d = 0,05$ m)

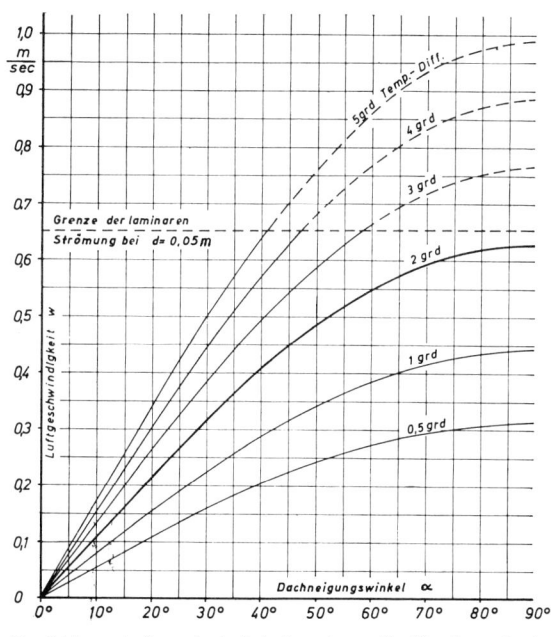

b) Erreichbare Luftgeschwindigkeiten in *wellenförmigen* Dachzwischenräumen bei verschiedenen Temperaturdifferenzen in Abhängigkeit von der Dachneigung

Bild 183

Bild 182 Kaltdach-Temperaturen

Berechnungsbeispiel [37]

Massivdach (11 m breit, 60 m lang = 660 m²) mit folgendem Aufbau:

1. Betondecke.
2. 5 cm Mineralwollematten oder -platten oder dgl. oberseitig aufgelegt.
3. Lufthohlraum, an Traufe 14 cm hoch, an First 50 cm hoch, also ca. 2° Dachneigung der Oberschale.

8. Das zweischalige Dach (Kaltdach)

4. 24 mm Holzschalung und 3 lagige bituminöse Dachhaut.

Nach Bild 183a ist bei einer Lufthöhe von 0,05 m mit einer Luftgeschwindigkeit von 0,02 m/sec zu rechnen. Bei 32 cm mittlerer Lufthöhe ergibt sich aus der Wurzel von 0,32 zu 0,05 = 2,53 m/sec, falls innerhalb der Konstruktion keine Dezimierungen, also Balkenquerschnitte den Luftraum verengen.

$$\sqrt{\frac{0,32}{0,05}} = 2,53 \text{ m/sec}.$$

Bei $-10\,°C$ Außentemperatur, wie sie in einem kalten Wintermonat über längere Zeit anhalten kann und bei $+22\,°C$ Raumtemperatur in einer beheizten Wohnung stellt sich im Dachraum bei ruhender Luft eine Temperatur von $-5\,°C$ ein. Bei Verwendung dampfdurchlässiger Wärmedämmplatten stellt sich innerhalb der Unterschale keine Überschneidung zwischen Wasserdampf-Teildruckkurve und Sättigungskurve ein, so daß keine Feuchtigkeitsausscheidung in der Unterschale erfolgt. Eine besondere Sperrschicht zwischen Betondecke und Wärmeschutzschicht ist also hier nicht erforderlich (entgegen der Konstruktion bei Leichtdecken). Bei 50% relativer Raumluftfeuchte (Wasserdampfteildruck 134,8 mm WS und einem Dachraumklima von $-5\,°C$ bei 80% relativer Luftfeuchte (Wasserdampfteildruck 32,7 mm WS) diffundieren in den Dachraum 0,20 g/m²h an Wasserdampf ein.

Wenn ein Dach von 660 m² Fläche zugrunde gelegt wird, ergibt dies insgesamt eine Zuwanderung an Wasserdampf von 132 g/h. Kalte Außenluft von $-10\,°C$ und 80% relativer Luftfeuchte kann noch 0,4 g/m³ an Wasserdampf aufnehmen, bevor diese Luft gesättigt ist. Es ist also ein Luftwechsel von 330 m³/h erforderlich. Bei einer mittleren Dachraumhöhe von 32 cm sind dies 230 m³ Volumen. Es wäre also ein 1,6facher Luftwechsel pro Stunde erforderlich, um insgesamt 330 m³ Außenluft in den Dachzwischenraum hineingelangen zu lassen und wieder abzuführen, um keine Sättigung im Zwischenraum aufkommen zu lassen. Eine derartige Durchlüftung kann nur durch entsprechende Zu- und Abluftöffnungen erreicht werden.

Wenn nun die mittlere Lufthöhe von 32 cm ohne Einengung für die Durchlüftung vorhanden ist, ergibt sich bei $2\,°$ Neigung nach Bild 183a multipliziert mit dem vorgenannt errechneten Geschwindigkeitsverhältnis von 2,53 m/sec folgende Luftgeschwindigkeit:

$$W = 2,53 \cdot 0,027 = \text{ca. } 0,07 \text{ m/sec}.$$

Wenn man noch einen Unsicherheitsabzug macht, kann man mit einem Wert von 0,05 m/sec rechnen. Um die Durchlüftung von 330 m³/h sicherzustellen, was 0,0915 m³/h entspricht, müßten dann je 1,8 m² Zuluft- und Abluftöffnungen bei 0,05 m/sec Eintrittsgeschwindigkeit vorhanden sein.

$$X = \frac{0,0915\ m^3/s}{0,05\ m/s} \approx 1,8\ m^2.$$

1,8 m² ergeben bei 660 m² Grundfläche $1/_{370}$ der Grundfläche.

Bei 60 m Trauflänge ergibt dies ca. 50 Löcher à 10/40 cm Querschnitt im Belüftungsbereich. Im Bereich des höchsten Punktes empfiehlt sich eine Querschnittsvergrößerung um etwa 1,3mal der Belüftung = ca. 2,4 m².

Berechnungsergebnis bei Planebenheit

Bei völlig planebenen Dächern bzw. bei völliger Windstille ergäbe sich bei 0,01 m/sec ein Sollquerschnitt von ca. 9 m² auf 660 m², was einer Querschnittsöffnung von $1/_{73}$ entsprechen würde, also ganz erhebliche Dimensionen, die praktisch nicht mehr realisierbar sind. Hier ist man also auf Winddurchlüftung angewiesen mit all den Unsicherheitswerten.

Diese vorgenannten Ausführungen sollen lediglich die Überlegung wiedergeben, die zu Faustformeln für die Be- und Entlüftungsdimensionierungen geführt haben. Daß die Ablüftungen etwas größer sein sollen als die Zuluftöffnungen, ergibt sich aus folgenden Überlegungen:

a) Wegen Ausdehnung der Luft bei Erwärmung.
b) Wegen der evtl. von unten durchkommenden zusätzlichen Luftmenge.
c) Um auf alle Fälle einen geringen Strömungswiderstand beim Austritt der Luft zu berücksichtigen, also Wirbelbildungen usw. weitgehend zu verhindern.

8.2.2.2 Winddurchlüftung

Die Winddurchlüftung resultiert aus dem Staudruck, den der Wind auf der angeblasenen Gebäudeseite erzeugt und dem Sog, der sich auf der windabgewandten Seite bildet. Auf Gebäudeseiten mit vorbeistreichendem Wind, also hier vorzüglich beim Flachdach, herrscht Soglüftung. Schon bei Flachdächern gemäß Bild 179/2 mit Lufteintritt an den Traufen unter der Rinne und Luftaustritt am First sind die Höhendifferenzen relativ klein. Da auch die Temperaturunterschiede, wie zuvor angeführt, nicht groß sind, ist die Temperaturlüftung notwendigerweise schwach, aber entgegen der Windlüftung zuverlässig.

Windlüftung ist meist um ein Vielfaches stärker als die Temperaturlüftung infolge Dichteunterschied, setzt jedoch zu Zeiten völlig aus und kann auch durch die Stellung des Gebäudes behindert sein. In Bild 184a und b

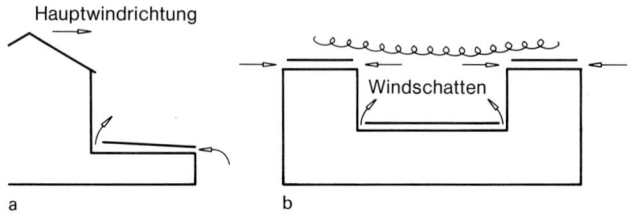

Bild 184 Behinderung der Windlüftung

ist eine derartige Behinderung bei einem eingeschossigen Flachdach durch einen vorgestellten Baukörper dargestellt, der den Wind aus der Hauptwindrichtung (meist West) abhält. Hier wird eine Windlüftung nur sehr selten stattfinden, weshalb die vorgenannten Maßnahmen berücksichtigt werden müssen. In Bild 184b ist eine häufige Konstruktion dargestellt mit einem tieferliegenden Flachdach zwischen zwei höherliegenden Bauteilen. Hier wird praktisch kaum mit einer wirksamen Windlüftung zu rechnen sein, da das untere Flachdach weitgehend im Windschatten liegt.

Daraus ist bereits ablesbar, daß es in jedem Falle notwendig wird, die Temperaturlüftung als sichere Lüftung zu berücksichtigen, falls die Windlüftung in Frage gestellt ist. Auch hohe Bäume können derartige Hemmnisse bei der Windlüftung sein.

8.3 Praktische Vorschläge für Be- und Entlüftungsdimensionierung

Es ist in der Praxis nicht möglich, in jedem Falle eine Diffusionsberechnung durchzuführen. Aus den theoretischen Berechnungen und aus den praktischen Erfahrungen der letzten 15 Jahre haben sich Faustformeln entwickelt, die als Anhaltspunkte für die Zuluftöffnungen gelten können. Sie können jedoch immer nur Anhaltspunkte sein und sind jeweils auf die örtlichen Gegebenheiten abzustimmen. So können die Be- und Entlüftungsöffnungen nicht etwa die notwendige Dampfsperre in einer dampfdurchlässigen Unterschale ersetzen und dies besonders dann nicht, wenn beispielsweise Feuchträume vorhanden sind, oder wenn erkannt wird, daß praktisch keine Schwerkraftlüftung (Temperaturlüftung) zustande kommt. Außerdem gelten diese Werte auch nur für Gebäudetiefen von *10 bis max. 12 m*. Sind größere Gebäudetiefen vorhanden, sind wesentlich größere Dimensionierungen vorzusehen oder Doppellüftungen, wie z. B. in Skizze Bild 179/6a dargestellt. Es gelten folgende Faustformeln:

1. Flachdächer mit massiver Unterschale

a) Trockenräume,
   mäßig beheizt ca. $1/1000$ d. Grundfl.
b) normal feuchte
   und normal beheizte Räume
   (z. B. Wohnräume, Büros usw.) $1/800$ d. Grundfl.
c) Feuchträume,
   normal beheizt ca. $1/500$ d. Grundfl.
d) Naßräume und Räume
   mit höherer Temperatur
   (Schwimmhallen usw.) ca. $1/300$ d. Grundfl.

2. Flachdächer mit leicht dampfdurchlässiger Unterschale

a) Trockenräume,
   mäßig beheizt $1/800$ d. Grundfl.
b) normal feuchte
   und temperierte Räume $1/600$ d. Grundfl.
c) feuchte, normal
   temperierte Räume $1/400$ d. Grundfl.
d) Naßräume und Räume
   mit erhöhter Temperatur
   (Schwimmbäder oder dgl.) $1/200$–$1/300$ d. Grundfl.
e) nach Richtlinien bis 5° $1/150$ d. Grundfl.

Je flacher das Dach und je kleiner der Luftraum, je größer die Belüftungsquerschnitte. Hier können also noch Variationen abgeleitet werden.

Diese vorgenannten Belüftungsöffnungen sind Maße für die freie Durchlüftung. Werden Fliegengitter, Beton-Lüftungssteine oder dgl. angeordnet, so muß der entsprechende Zuschlag gemacht werden, um die *freie Durchlüftung* zu erhalten.

Zur möglichst gleichmäßigen Belüftung empfiehlt es sich, nicht einzelne große Durchlüftungsöffnungen anzuordnen, sondern eine möglichst durchgehende Schlitzführung vorzusehen. Sind letztere nicht möglich, sollen die Einzelbelüfter ebenfalls möglichst klein dimensioniert werden. Wird es z. B. notwendig, bei einem Flachdach von 8 m Breite als Belüftungsöffnungen $1/500$ anzuordnen, ergibt dies pro lfd. Meter 160 cm² Belüftungsöffnungen. Dies würde also einem freien, 1,6 cm breiten Schlitz entsprechen. Ist ein solcher Schlitz nicht möglich, können z. B. zur Erreichung zwei Einzelschlitzöffnungen 4 × 20 cm zum Einbau kommen. Bei einem evtl. Fliegengitterzuschlag von 30 % wären 2 Schlitze von 4 × 25 cm erforderlich.

Die Abluftöffnungen sollen, wie bereits mehrfach angeführt, auf keinen Fall kleiner dimensioniert werden, eher größer, also etwa 1,3mal dem Belüftungsquerschnitt. Dies ist besonders auch bei gefällelosen Flachdächern anzustreben, bei denen Windentlüftung vorrangig wirksam werden muß (auf der windabgekehrten Seite). Bei steilen Dächern kann diese Forderung meist nicht eingehalten werden, da zu große Entlüftungsöffnungen im Firstbereich erforderlich werden. Auch kommt es hier infolge der Schwerkraftlüftung zu einer stetigen, also wirksameren Abfuhr des Wasserdampfes, so daß man hier auf den Zuschlag verzichten kann.

Bei sehr hohen Lufthohlräumen kann die Faustformel angewandt werden, daß auf je 20 m³ Lufthohlraum 100 cm² Öffnungen am tiefsten Punkt für die Belüftung anzuordnen sind (bei normalen Temperaturen und Luftfeuchtigkeiten). Dieser Wert muß u. U. verdoppelt werden, wenn hohe Luftfeuchtigkeiten anfallen.

8.4 Wärmeschutz beim Zweischalendach

Infolge der Durchlüftung beim Zweischalendach entsteht im Winter durch die Luftströmung ein Wärmeverlust, der die Wärmeschutzwirkung der Konstruktion vermindert. Im Sommer dagegen wird ein Teil der von oben zugestrahlten Wärme durch die Durchlüftung ab-

8. Das zweischalige Dach (Kaltdach)

gezogen, bevor die konstruktive Decke, also die Unterschale und der Innenraum erreicht werden. Der Wärmeschutz wird also im Sommer verbessert.

Nach Buch [38] läßt sich der Wärmeschutz in seiner Abhängigkeit von der Belüftung zum Zweck vergleichender Untersuchungen berechnen und durch den wirksamen Wärmedurchgangswiderstand $\frac{1}{k}$ beschreiben.

Dieser Wärmedurchgangswiderstand läßt erkennen, wie die Wärme bei gegebenen Temperaturen der Dachoberfläche und des Innenraumes und bei einer bestimmten Belüftungsstärke durch das Dach eindringt oder verloren geht, wenn Beharrungszustände vorausgesetzt werden. Die konvektive Wärmeabfuhr entspricht der Differenz zwischen den Wärmemengen, die durch die innere und durch die äußere Schale des Daches fließen.

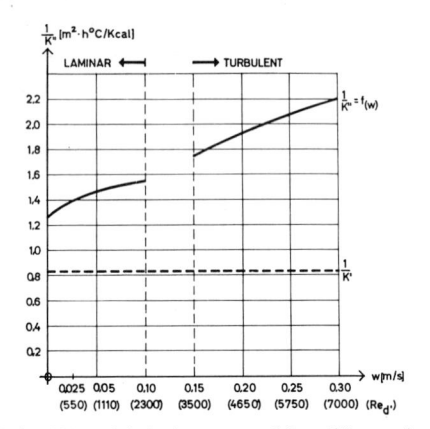

Bild 185 [38] Abhängigkeit der sommerlichen Wärmeschutzwirkung eines zweischaligen Flachdachs von der Belüftung

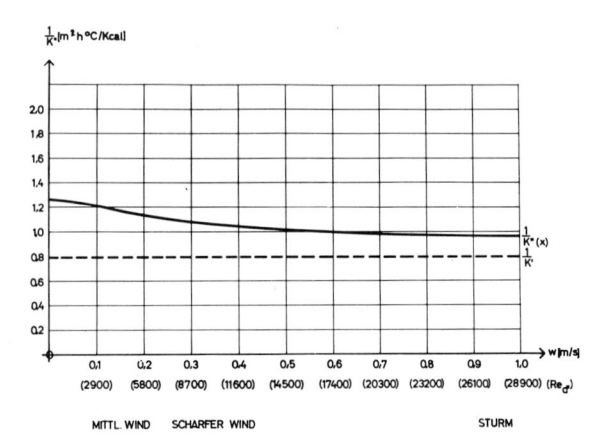

Bild 186 [38] Abhängigkeit der winterlichen Wärmeschutzwirkung eines zweischaligen Flachdaches von der Belüftung

In Bild 185 und 186 wird der wirksame Wärmedurchgangswiderstand $\frac{1}{k}$ in seiner Abhängigkeit von der Luftgeschwindigkeit W im Hohlraum des Daches dargestellt. Die Veränderung der Luftgeschwindigkeit W kann sich entweder aus veränderten Windgeschwindigkeiten oder aus veränderten Querschnitten der Lüftungsöffnungen ergeben. Die gestrichelte Linie bedeutet den Wärmedurchgangswiderstand zwischen Innenluft und Oberkante Innenschale. Der vorgenannten Berechnung liegt ein zweischaliges Flachdach mit Stahlbetonplatten-Decke zugrunde, die eine nach DIN 4108 bemessene Wärmedämmauflage erhalten hat (Wärmedurchlaßwiderstand der Unterschale 1,25 m²h°/kcal). Die äußere Schale über dem Lufthohlraum ist mit einer Rauhspundschalung und bituminöser Dachabdichtung angenommen.

Der Wärmeschutz erreicht im Sommer sein Maximum, im Winter sein Minimum. Er muß bei Erwärmung besser, bei Abkühlung schlechter als im unbelüfteten Zustand sein. Während im Sommer schon mit relativ schwacher Belüftung nach Bild 185 eine beträchtliche Erhöhung der Wärmeschutzwirkung erreicht wird, sind im Winter die zusätzlichen Wärmeverluste, aus denen die Verminderung des Wärmeschutzes resultiert, selbst bei starker Belüftung relativ gering und können durch eine mäßige zusätzliche Dämmstoffauflage wieder rückgängig gemacht werden. Eine Konvektion im Dämmstoff selber, die aus der Bewegung der angrenzenden Luft resultiert und die Dämmwirkung beeinträchtigen könnte, ist durch geeignete Porenverschlußauflagen zu vermeiden. Es sind dies *dampfdurchlässige Pappen*, z. B. Perkalor Diplex [32]. Es werden aber auch bereits Mineralwollematten mit aufkaschierten dampfdurchlässigen Pappen geliefert, die einen Poren- und bei Überlappung einen Fugenverschluß ergeben. Nach Buch [38] scheint es gerechtfertigt zu sein, weniger die lüftungsbedingten Wärmeverluste zu betrachten als den Wärmeschutz durch Lüftung hervorzuheben, der im Sommer gegeben ist. Das wird durch die hohen Temperaturen der Flachdach-Oberflächen unterstrichen, die durch Sonnenzustrahlung entstehen und die stärkste Belastung der Konstruktion darstellen können, wie sie besonders durch Temperaturspannungen in Massivplatten entstehen. Aber auch hier muß angeführt werden, daß beide Funktionen gleichermaßen wirksam werden müssen:

Die Wärmedämmung muß beim Zweischalendach genauso auf die Temperaturspannungsbelastungen abgestimmt sein wie beim Einschalendach. Es wäre also falsch, beim massiven Kaltdach blindlings lediglich die Mindestforderungen der DIN 4108 einzuhalten, wonach der Wärmedurchlaßwiderstand für die Unterschale mit 1,25 m²h°/kcal eingehalten wird. Bei sehr langen Flachdächern ohne Dehnfugenabstand kann es auch bei Kaltdächern erforderlich werden, die Wärmedämmplattenstärke wesentlich heraufzusetzen, dies insonderheit dann, wenn gefällelose Flachdächer vorliegen, bei denen die Be- und Entlüftung im Sommer bei Sonnenzustrahlung nur sehr mäßig ist. In Bild 187 ist von Künzel [39] eine Vergleichsmessung veröffentlicht. Die Decke A ist ein normales Warmdach mit Wärmedämmung und Dachhaut, Decke B ein mäßig belüftetes Kalt-

dach und Decke C ein ausgesprochenes Zweischalendach mit wirksamer Unterlüftung.
In den Kurven ist unter a) die Außenluft angeführt, unter c) die Oberflächentemperatur der Dachdecke. In Bild b) ist die Zusammenschau angeführt. Die Wärmedämmung erwärmt sich beim Warmdach auf etwa 57°C, beim mäßig belüfteten Kaltdach auf 34°C und beim gut durchlüfteten Kaltdach auf 30°C. Die Dachdecke bei A = 32°C, B und C = 25°C.
Der Autor hat verschiedentlich Temperaturmessungen bei gefällelosen Kaltdächern bei maximaler Sonnenaufstrahlung durchgeführt und im Lufthohlraum schon Temperaturen bis annähernd 50°C gemessen. Die in Bild 187 angeführten Wirkungen B und C sind also nur dann gegeben, wenn tatsächlich eine Schwerkraftlüftung noch wirksam wird. Wenn sie nicht wirksam wird, wie beim gefällelosen Dach, kann eine wesentlich höhere Temperaturaufheizung im Lufthohlraum zustande kommen. Es ist also angezeigt, bei der Temperaturspannungsberechnung von den ungünstigsten Werten auszugehen, die mit mindestens 50°C in die Berechnung einzusetzen wären.

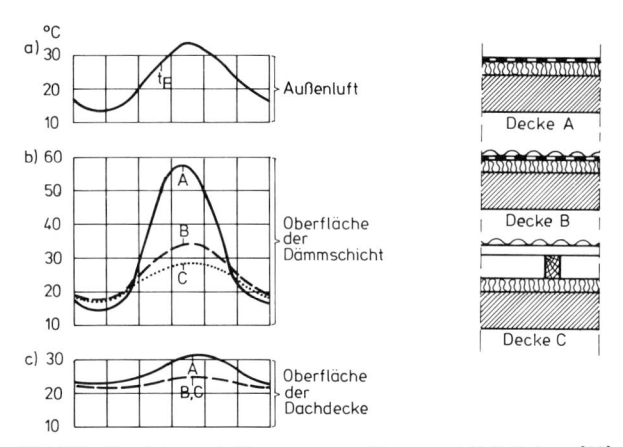

Bild 187 Vergleichende Messungen an Warm- und Kaltdächern [39]. a) Außenluft an einem Sommertag, b) Temperatur der Oberfläche der Dämmschicht, c) Temperatur der Oberfläche der Dachdecke selbst

Bezüglich der Dimensionierung der Wärmedämmung wurde also bereits angeführt, daß auch bei Zweischalendächern die DIN 4108 gültig ist und Kaltdächer in jedem Falle unter den Begriff Flachdächer zu zählen sind. Wie schon hinlänglich bekannt, darf bei der Wärmedämmberechnung der Durchlüftungsraum und die Oberschale nicht mitgerechnet werden.
Sofern also die Konstruktion nach Tabelle 4, DIN 4108 (s. Anhang), als schwere Konstruktion anzusprechen ist, muß ein Mindestwärmedurchlaßwiderstand von 1,25 m²h°/kcal für die Unterschale mindestens nachgewiesen werden, wenn nicht, wie angeführt, aus Gründen der Temperaturspannungen höhere Wärmedämmwerte erforderlich werden.
Bei leichten Deckenunterschalen gilt in vollem Umfange die Tabelle 4 der DIN 4108, falls nicht Industrieräume mit anderen Belastungen vorliegen.
Bei Industrieräumen muß aber in jedem Falle die Unterschale durch Wärmedämmplatten so stark abgedämmt werden, daß keine Schwitzwasserbildungen auf der Unterseite zustande kommen. Aus Tabelle 188 können bei leichten Unterschalen die erforderlichen Dämmplattenstärken für +20°C Innenraumtemperatur und −20°C Außentemperatur bei den verschiedensten Luftfeuchtigkeiten direkt abgelesen werden. Genauere Berechnungen s. Teil I des Buches.

8.5 Temperaturspannungen, Dehnfugenaufteilung

Wenngleich beim Kaltdach, wie aus vorgenannten Temperaturmessungen zu entnehmen ist, im Sommer die Dachaufheizung nicht so groß ist und im Winter ca. 5°C abgezogen werden dürfen, empfiehlt es sich, die Dehnfugenabstände genau in derselben Form durchzuführen wie beim Warmdach (siehe Tabelle 21 Anhang). Bei der praktischen Durchführung beim Kaltdach muß man insonderheit bei wasseraufnahmefähigen Wär-

Bild 188 Erforderliche Isolierdicken zur Schwitzwasserverhütung im Normalfall +20°C Innentemperatur und −20°C Außentemperatur, also 40°C Temperaturdifferenz, bei Verwendung von Korkstein, Schaumstoff und Glaswollebahnen

Relative Feuchte der Luft in %	Impr. Exp. Korkstein 150 kg/m³ $\lambda = 0{,}032 + 10\%$ (= 0,035 kcal/ m h grd)	Impr. Exp. Korkstein 250 kg/m³ $\lambda = 0{,}039 + 10\%$ (= 0,043 kcal/ m h grd)	Polystyrol-Schaumstoff 18 kg/m³ $\lambda = 0{,}030 + 10\%$ (= 0,033 kcal/ m h grd)	Steinwolle- oder Glaswollebahnen 60 kg/m³ $\lambda = 0{,}031 + 20\%$ (= 0,037 kcal/ m h grd)
60	1,71 ≈ 2 cm	2,1 ≈ 2 cm	1,6 ≈ 2 cm	1,8 ≈ 2 cm
65	2,2 ≈ 2,5 cm	2,7 ≈ 3 cm	2,06 ≈ 2 cm	2,3 ≈ 2,5 cm
70	2,7 ≈ 3 cm	3,3 ≈ 3,5 cm	2,53 ≈ 2,5 cm	2,84 ≈ 3 cm
75	3,45 ≈ 3,5 cm	4,23 ≈ 4,5 cm	3,25 ≈ 3,5 cm	3,64 ≈ 4 cm
80	4,6 ≈ 5 cm	5,65 ≈ 6 cm	4,35 ≈ 5 cm	4,9 ≈ 5 cm
85	6,5 ≈ 7 cm	7,95 ≈ 8 cm	6,1 ≈ 6 cm	6,85 ≈ 7 cm
90	10,3 ≈ 11 cm	12,65 ≈ 13 cm	9,7 ≈ 10 cm	10,9 ≈ 11 cm
95	21,7 ≈ 22 cm	26,7 ≈ 27 cm	20,5 ≈ 21 cm	23,0 ≈ 23 cm

Nach DIN 4108 beträgt der Rechenwert auch für Kunstharzschaumstoff-Platten und Mineralfaser-Platten $\lambda = 0{,}035$ kcal/m h grd. Hierfür ist dann ganz allgemein auch die erste Spalte der Tabelle gültig. Für Dachkorkplatten (250 kg/m³) gilt der Rechenwert $\lambda = 0{,}040$ kcal/m h grd, der auch meistens ausreicht; die Werte der Spalte 2 sind tatsächlich etwas überhöht.

8. Das zweischalige Dach (Kaltdach)

medämmstoffen damit rechnen, daß diese Stoffe noch für längere Zeit feucht sind und nicht den Wärmedämmwert erbringen wie trockene Stoffe. Andererseits kann, wie bereits angeführt, durch eine mangelhafte Durchlüftung gerade bei sehr heißen Sommertagen ein sehr hoher Wärmestau entstehen, der sich auf die Massivdecken fast genauso auswirken kann wie beim Warmdach mit Kiesschüttung. Das Kaltdach hat besonders bei gefälleloser Ausführung dem Warmdach mit Kiesschüttung wenig voraus, weshalb also bezüglich der thermischen Belastungen keine Unterschiede gemacht werden sollten. Auch die sonstigen Formänderungen des Stahlbetons beim Kaltdach, also die elastischen Verformungen aus Durchbiegungen, Schwindprozessen und Kriechvorgängen sind in derselben Weise zu behandeln und zu beachten. Hier wird auf Teil I – Temperaturschwankungen – verwiesen. Schwindprozesse und Durchbiegungen können also beim Zweischalendach ganz genauso auftreten wie beim Einschalendach. Rissebildungen an den Dachecken treten bei Kaltdächern nahezu ebenso häufig auf wie bei Warmdächern. Sehr häufig muß diese Erkenntnis jedoch damit in Zusammenhang gebracht werden, daß die Be- und Entlüftungsverhältnisse nicht stimmen, d.h., daß meist gar kein physikalisch einwandfreies Zweischalendach vorliegt. Bei Mischbauweise, also Mauerwerkskonstruktionen, sind bei Zweischalendächern in Massivbauweise ebenfalls Ringanker-Konstruktionen erforderlich, wenn 10–15 cm Länge überschritten wird und wenn die Formänderungen dies erforderlich machen. Hier gilt also in vollem Umfange Tabelle 21, Anhang, Zeile 15.

8.6 Konstruktionsbeispiele zweischaliger Flachdächer

8.6.1 Physikalischer und technischer Aufbau des massiven gefällelosen zweischaligen Flachdaches

Wie beim einschaligen Flachdach gibt es auch beim zweischaligen Flachdach zahlreiche Variationsmöglichkeiten je nach den statischen Gegebenheiten durch die Tragkonstruktion (Außenwände, Mittelwände oder Stützen usw.), Temperaturspannungen und Dehnfugengestaltung, Wirkungen evtl. untergehängter Decken, Ausbildungen der statisch tragenden Unterschale, Wahl und Zweckmäßigkeit der aufzubringenden Wärmedämmung bzw. auch Dampfsperre unter dieser Wärmedämmung, Gestaltung des Be- und Entlüftungsraumes und letzten Endes Wahl und Ausbildung der Oberschale mit Abdichtung und Oberflächenschutz.

In nachfolgenden Beispielen sollen Möglichkeiten und Wirkungen des Schichtaufbaus von unten nach oben beschrieben und aufgezeigt werden, ohne daß Anspruch auf Vollständigkeit erhoben wird. Es lassen sich noch zahlreiche Variationsmöglichkeiten je nach Baustoffwahl usw. ableiten. Diese Beispiele mögen also ebenfalls wie beim Warmdach nur Anhaltspunkte für Möglichkeiten darstellen und auf die besonderen Merkmale hinweisen. Gemäß Bild 189, in dem ein Dachaufbau mit allen möglichen Schichten nochmals dargestellt ist, sollen die Funktionen der einzelnen Schalen von unten nach oben mit den unterschiedlichsten Materialien beschrieben werden, ohne Anspruch auf Vollständigkeit zu erheben.

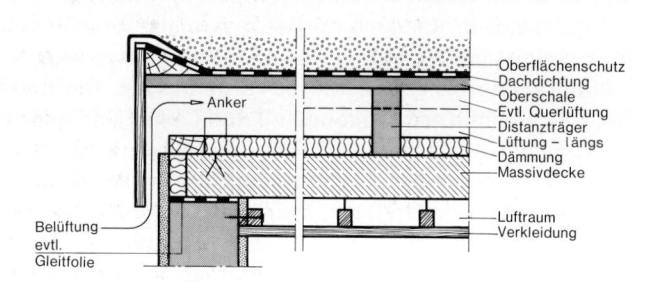

Bild 189 Funktions- und Schichtenfolge beim massiven normalen Zweischalen-Flachdach

8.6.1.1 Unterseitige Verkleidung

Die unterseitige Deckenverkleidung, die, insonderheit z.B. bei Rippendecken, aber auch aus architektonischen und Schallschluckgründen, bei Massivdecken hergestellt und erwünscht ist, kann aus den verschiedensten Materialien hergestellt werden, wie sie schon bei den einschaligen Dächern beschrieben wurden. Es sind dies z.B. Holzschalungen auf Lattenrost oder Metallabhängungen als Sichtschalung in Nut und Feder ausgeführt, Sperrholzplatten furniert oder Tischlerplatten bzw. Spezial-Sperrholzplatten, Holzfaserplatten, Hart- oder Weichfaserplatten, kunststoffbeschichtet bzw. als poröse Schallschluckplatten hergestellt, Holzspanplatten gemäß DIN 68761 als Flachpreßplatten V20, V70 oder V100 je nach Erfordernissen bzw. leichte Holzspanplatten als Akustikplatten, Strangpreßplatten, kunststoffbeschichtete Holzspanplatten oder furnierte Holzspanplatten. Desgleichen können Holzwolleleichtbauplatten gemäß DIN 1101, 1102 und 1104 als Akustikplatten, Putzträgerplatten oder dgl. notwendig werden.

Häufig werden Gipskartonplatten in den verschiedensten Variationen als Bauplatten, Schallschluckplatten, Dekorplatten oder Putzträgerplatten verwendet, desgleichen Gips-Zelluloseplatten, Asbest-Zementplatten verschiedenster Art für bestimmte Funktionen, insonderheit Feuerschutz usw. Es sollen hier also nur einige Möglichkeiten angedeutet werden.

Alle diese unterseitigen Verkleidungen bewirken auch beim zweischaligen belüfteten Dach Veränderungen, die je nach Art der Verkleidung größer oder kleiner sind. Derartige Veränderungen sind z.B. die Beeinflussung des stationären Temperaturverlaufes für Sommer- und Wintertemperatur, ähnlich wie beim Einschalendach. Das heißt, durch einen eingeschlossenen Lufthohlraum

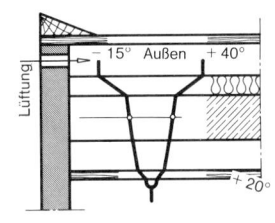

8.6 Konstruktionsbeispiele zweischaliger Flachdächer

Bild 190a Ungünstige Wirkung

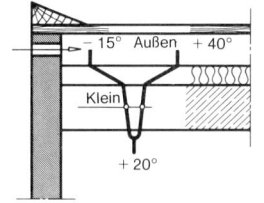

Bild 190b Idealfall

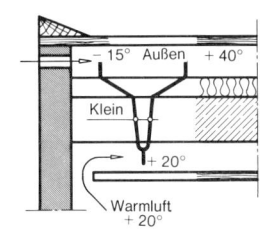

Bild 190c Günstige Wirkung

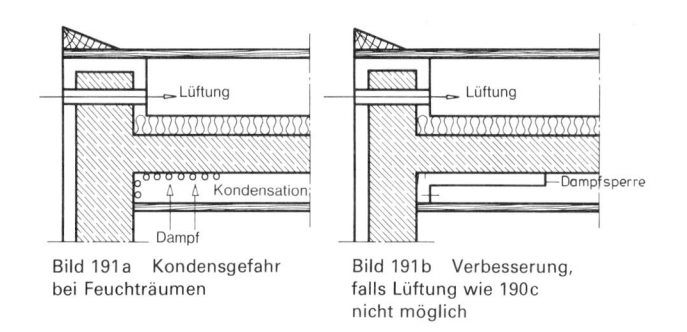

Bild 191a Kondensgefahr bei Feuchträumen

Bild 191b Verbesserung, falls Lüftung wie 190c nicht möglich

schätzung der vorgenannten Faktoren geschlossen aufgebracht werden können, jedoch ohne zusätzliche rückseitige Wärmedämmung.
Eine ebenso meist unerfreuliche Nebenwirkung derartiger wärmedämmender oder luftabschließender Verkleidungen ergibt sich hinsichtlich der Feuchtigkeitsbildung innerhalb des Lufthohlraumes.

hinter der Verschalung wird durch diesen Lufthohlraum und gegebenenfalls durch die Verkleidungsplatte selber ein Wärmedämmwert erbracht, der sich auf die statisch tragende Massivdecke auswirkt. Durch die Mitwirkung dieser Unterschichten können also die Jahrestemperaturdifferenzen in der statisch neutralen Zone der Massivdecke höher und dadurch ungünstiger werden. Anders ausgedrückt heißt das, daß unter eine derartige Unterschale auch beim Kaltdach physikalische Nachteile eingehandelt werden müssen.
In Bild 190a ist skizzenhaft eine derartige Wirkung dargestellt. Das Bild zeigt, daß durch die Unterdecke und durch den abgeschlossenen Lufthohlraum die Temperaturdifferenzen in der Massivdecke groß werden. Dies müßte entweder durch eine stärkere Wärmedämmung oberseitig kompensiert werden, oder es müssen in der Dachdecke, wie beim Warmdach beschrieben, zusätzliche Dehnfugen zum Einbau kommen, entsprechende Gleitlager mit Ringanker-Konstruktionen (s. spätere Beschreibungen) oder dgl. In Bild 190b ist die Wirkung ohne Unterdecke dargestellt. Hier ist also ersichtlich, daß die Temperaturdifferenzen in der statisch neutralen Zone wesentlich kleiner werden, also demzufolge günstige ideale Voraussetzungen gegeben sind.
Aus Bild 190c kann dann die Konsequenz abgelesen werden. Wenn eine Unterdecke notwendig ist, ist es auch beim Kaltdach sinnvoll (besonders bei Massivdächer über 12 m Länge), diese gegebenenfalls zu hinterlüften (mit warmer Raumluft). Dies kann wiederum durch Schlitze in der Unterschale selber oder mindestens über die Randbereiche erwirkt werden (s. hierzu Ausführungen wie beim Warmdach). Diese Forderung ist besonders dann angezeigt, wenn die Verkleidungsschale wärmedämmenden Charakter hat, was die meisten Schallschluckplatten als Eigenschaft ungewollt mitbringen. Bei Holzschalungen ergeben sich durch die späteren Schwindvorgänge meist keine so ungünstigen Wirkungen, so daß diese gegebenenfalls auch bei Ab-

In Bild 191a ist skizzenhaft dargestellt, daß sich durch den Luftabschluß der Unterschale an den Außenecken Schwitzwasser bilden kann. Bei evtl. sonst gut ausreichender Wärmedämmung im übrigen Außenwandbereich kann die Wärmedämmung oberhalb der Unterschale zu gering sein, da sich im Lufthohlraum erhöhte Dampfkonzentrationen einstellen. Die Unterschale läßt den Wasserdampf meist ungehindert durchdiffundieren. Dieser Wasserdampf wird dann zuerst einmal im Lufthohlraum unter der Massivdecke gestaut. Da, wie aus Bild 190a abgelesen werden kann, sich die Oberflächentemperatur unterseitig der Massivdecke wesentlich ungünstiger einstellt als etwa bei Bild 190b oder 190c, besteht demzufolge bei erhöhter Dampfkonzentration und wesentlich geringerer Oberflächentemperatur die Gefahr der Schwitzwasserbildung. Diese Gefahr ist besonders bei Räumen mit höherer Raumluftfeuchtigkeit zu erwarten, also bei Schwimmbädern usw. auch dann, wenn die Wärmedämmung, wie in Bild 191a dargestellt, an der Attika einwandfrei angeordnet wurde. Alleine durch die erhöhte Dampfkonzentration im Lufthohlraum können sich derartige Wirkungen in unliebsamer Form einstellen. Bei Räumen mit normaler Luftfeuchtigkeit und ausreichender Wärmedämmung der Außenwände, Attika usw. kann man derartige nicht zu Schwitzwasser führende Nachteile gegebenenfalls noch hinnehmen, nicht mehr jedoch bei erhöhten Raumluftfeuchtigkeiten und höheren Raumtemperaturen. Hier empfiehlt sich also dann eine Ausführung nach Bild 190c, oder es muß gegebenenfalls auch hier unterseitig eine zusätzliche Wärmedämmung nach Bild 191b angeordnet werden, die gegebenenfalls bei Feuchträumen (Schwimmbäder usw.) innenseitig noch mit einer Dampfsperre (z.B. Vaporex) abgeklebt werden muß.
Unter Umständen empfiehlt es sich, bei Feuchträumen beide Maßnahmen zu treffen, also gemäß Bild 190c und Bild 191b. Dies muß jeweils je nach örtlichen Gegebenheiten abgeschätzt werden.

8. Das zweischalige Dach (Kaltdach)

8.6.1.2 Statisch tragende Unterschale

Die statisch tragende Unterschale kann wiederum, wie bei den Warmdächern beschrieben, aus Massivplattendecken (Ortbetondecken), Rippendecken, Rohbaudecken oder dgl. bestehen. Es können aber auch als statisch tragende Unterkonstruktion Fertigbetonplatten verwendet werden.

Bezüglich der negativen Wirkungen evtl. unterseitig eingelegter Wärmedämmplatten in die statisch tragende Massivkonstruktion wird auf das Kapital »Warmdach« mit dem dortigen Schichtaufbau verwiesen bzw. auch auf Teil I dieses Buches.

Es ist dort angeführt, daß die unterseitige Wärmedämmung negative Wirkungen besonders hinsichtlich der Temperaturspannungen erbringt. Aber auch die Feuchtigkeitsbildung (Kondensation) wird ungünstig beeinflußt.

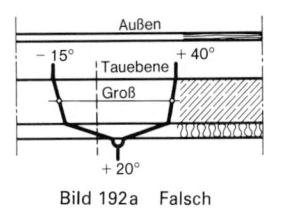

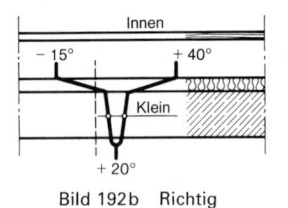

Bild 192a Falsch   Bild 192b Richtig

In Bild 192a ist aus Gründen der Übersichtlichkeit nochmals die negative Wirkung der innenseitigen Wärmedämmung dargestellt. Es werden einerseits die Temperaturdifferenzen in der statisch neutralen Zone durch die unterseitige Wärmedämmung sehr groß. Dies bedingt sehr enge Dehnfugenaufteilungen, wenn Rissebildungen in Massivdecke und besonders in Außenwänden verhindert werden sollen. Außerdem müssen hier in jedem Falle bei Mauerwerk Ringanker-Konstruktionen mit Gleitfolien zum Einbau kommen. Andererseits verlagert sich die Tauebene nach unten. Bei entsprechenden Raumtemperaturen oder Raumluftfeuchtigkeiten kann es insonderheit, wenn die Wärmedämmplatten unterseitig einen geringen Dampfdiffusionswiderstandsfaktor aufweisen, sogar zur Kondenswasserbildung in der Wärmedämmung bzw. unter der Massivdecke kommen. Mit Sicherheit gibt es aber z. B. bei Putzdecken im Bereich der Plattenstöße Kondensatabzeichnungen, wenn hier keine einwandfreie Fugenabklebung der Wärmedämmung vor dem Betoniervorgang vorgenommen wurde. Daraus ist abzulesen, daß auch bei Kaltdächern die unterseitige Wärmedämmung falsch ist.

In Bild 192b kann die richtige Funktion skizzenhaft abgelesen werden. Durch die oberseitige Wärmedämmung werden die Temperaturdifferenzen in der Massivdecke klein, demzufolge bleiben auch die Temperaturbewegungen aus der Massivdecke klein.

Die Tauebene liegt über der Massivdecke in der oberen Wärmedämmung. Eine Kondensation ist nicht möglich, da hier die Dampfsättigungslinie und die tatsächliche Dampfdrucklinie sich bei richtiger Be- und Entlüftung nicht überschneiden. Unterseitig gibt es natürlich keine ungleichen Deckenverfärbungen.

Diese Hinweise mögen genügen, um aufzuzeigen, daß bezüglich der Wahl der statisch tragenden Decke etwa die gleichen Voraussetzungen gültig sind wie beim einschaligen Flachdach.

8.6.1.3 Dampfsperre

Eine Dampfsperre ist bei Massivplatten-Konstruktionen und bei ausreichender Be- und Entlüftung des Kaltluftraumes nicht erforderlich. Durch eine z. B. 15 cm starke Massivplattendecke (ohne Berücksichtigung der Wärmedämmung) wird eine vergleichbare Luftschichtstärke von $\mu \times s = 30 \times 0{,}15 = 4{,}5$ m erbracht.

Nach DIN-Entwurf 18530 (s. Anhang) wird bei Kaltdächern eine gleichwertige Luftschichtdicke von $\mu \times s$ gleich oder größer als 2 m gefordert. Diese Forderung wird also hier bereits durch die Massivplattendecke erfüllt. Andererseits kann jedoch bei bestimmten Konstruktionen bzw. bei sehr hohen Raumluftfeuchtigkeiten und bei gleichzeitigen Schwierigkeiten der Dachdurchlüftung (insonderheit bei gefällelosen Dächern) eine Dampfsperre oder Dampfbremse erforderlich werden. Sie kann dann ohne Nachteil über der Massivdecke angeordnet werden, wenn z. B. gemäß Bild 192b der Dachaufbau vorgenommen wird. Es muß lediglich nachgewiesen werden, daß die Wärmedämmung so stark dimensioniert ist, daß die Tauebene zu den raumseitigen Temperaturen und Feuchtigkeitsverhältnissen außerhalb der Dampfsperre liegt (s. Teil I dieses Buches).

Es kann aber auch aus arbeitstechnischen Gründen erforderlich werden, daß als provisorische Winterdeckung eine Lage Dachbahn über der Massivdecke aufgebracht wird. Eine derartige Dachbahn braucht, wenn die Wärmedämmung nachfolgend ausreichend dimensioniert wird, nicht mehr abgenommen werden. Es kann also auf diese Dachhaut, die dann als Dampfbremse wirksam wird, eine ausreichende Wärmedämmung aufgebracht werden, ohne Nachteile einzuhandeln. Die früher immer wieder von Autoren angeführte negative Wirkung derartiger Dampfsperren beim Kaltdach ist unbegründet. Sie kann zwar unnötig sein, bringt aber keine negativen Wirkungen, wenn die Wärmedämmung ausreichend dimensioniert ist. Sie kann aber u. U. eine große Hilfe dann sein, wenn die Be- und Entlüftungsverhältnisse unzureichend sind. Es wird dann u. U. schädliche Kondensation unter der Oberschale bei mangelhafter Belüftung verhindert. Die Temperaturlüftung, die ohnehin, wie in diesem Kapitel bewiesen, nur mäßig ist, wird durch eine Dampfsperre nicht merklich beeinflußt.

8.6.1.4 Wärmedämmung

Die Wärmedämmung beim zweischaligen Flachdach muß, wie beim einschaligen Flachdach, gemäß DIN 4108 dimensioniert werden und hier gegebenenfalls bei starker Durchlüftung mit einem entsprechenden Zuschlag, wie im vorgenannten Kapitel angeführt. Evtl. weitere Zuschläge sind dann zu machen, wenn die Dehnfugenabstände ein entsprechendes Maß überschreiten. Hier wird auf Teil I und Tabellen 21 im Anhang verwiesen.

Als Wärmedämm-Materialien für Kaltdächer kommen im wesentlichen dieselben Materialien in Frage, wie sie auch beim Warmdach (s. Schichtaufbau Warmdach) ausreichend beschrieben wurden.

Es wären also folgende Stoffe einsetzbar:

1. Anorganische Wärmedämmplatten

Dies wären z. B. Schaumglas-Platten, Schaumkies bitumengebunden geschüttet, gepreße Platten aus expandiertem Stein oder mit Bitumen gebundene expandierte Steinplatten geschüttet, gepreßte, kunststoffgebundene Mineralfaserplatten.

2. Organische Stoffe

Hierunter wären zu zählen expandierte und imprägnierte Korkplatten, bituminierte Holzfaserplatten, Torfplatten, Holzwolleleichtbauplatten usw.

3. Kunststoff-Hartschäume

Hier wären wiederum bevorzugt zu nennen Polystyrol-Hartschaumplatten, Polyurethan-Hartschaumplatten und Phenolharz-Platten.

Während von Wärmedämmplatten für Warmdächer nicht nur die Funktion der Wärmedämmung verlangt wird, sondern insonderheit auch statische Eigenschaften wie Druck-, Zug- und Biegefestigkeit, Wasseraufnahme, Kapillarität usw., werden bei Wärmedämmstoffen bei Kaltdächern diese Forderungen zu einem großen Teil nicht verlangt.

Die Wärmedämmung bei Kaltdächern wird, da sie höchstens während der Montage begangen wird, im weiteren Verlauf statisch nicht belastet. Es können also Wärmedämm-Materialien zur Anwendung kommen, die primär nur die wärmetechnischen Gesichtspunkte erfüllen und Gesichtspunkte der Alterungsbeständigkeit, also Verrottungsbeständigkeit und gegebenenfalls bei bestimmten Belastungen Schwerentflammbarkeit usw. Da die statische Belastbarkeit der Wärmedämmplatten bekanntlich teuer bezahlt werden muß, wird man also nicht ohne Not Wärmedämmplatten mit hoher Druckfestigkeit für die Wärmedämmung bei Zweischaligkeit verwenden, sondern man wird Wärmedämm-Materialien wählen, die einen hohen Wärmedämmwert und vorgenannte Eigenschaften aufweisen. Bevorzugt werden deshalb folgende Materialien angewandt:

8.6.1.4.1 Mineralische Faserdämmstoffe nach DIN 18165

Mineralfaserdämmstoffe werden meist im Düsenblas- oder Schleuderverfahren aus Gesteins- bzw. Glasschmelze gewonnen. Im einzelnen unterscheidet man:

a) Basaltwolle
Sie entsteht durch Schmelzen von Basaltschotter. Das Erzeugnis ist schwefel- und alkalifrei (keine Korrosionsgefahr für Metalle).

b) Quarzsand-Glaswolle
Alkalien und strukturverfestigende Zusätze werden zusammengeschmolzen. Gegenüber Feuchtigkeit verhält sich die Glasfaser relativ günstig, da die Faser möglichst alkaliarm hergestellt wird. Es besteht keine Korrosionsgefahr für Metalle.

c) Schlackenwolle
Zur Herstellung benutzt man kieselsäurereiche und schwefelarme Rohstoffe. Beträgt der Schwefelanteil nicht mehr als 0,2%, so besteht keine Korrosionsgefahr für Metalle.

d) Steinwolle
Sie besteht u. a. aus Silizium- und Kalziumoxyd. Die Steinwolle ist schwefelfrei (keine Korrosionsgefahr für Metalle).

Je dünner die Faser ist, je größer die Elastizität und je günstiger die Bruch- und Zugfestigkeit und je besser die Wärmedämmung durch den Luftporenanteil. Die Faserdicken liegen im allgemeinen zwischen 0,01–0,003 mm, wodurch sich ein Luftporenanteil bis zu 97% ergibt.

Gemäß DIN 4108 ist die Wärmeleitzahl mit 0,035 kcal/mh° für alle Faserdämmstoffe anzunehmen.

Nicht alle mineralischen Faserdämmstoffe verhalten sich gegenüber Feuchtigkeitseinwirkungen gleich. Ein Teil der oben genannten Wärmedämmstoffe ballt sich bei Feuchtigkeitseinwirkung zusammen, d. h. es werden Klumpen gebildet. Die Stärke bei Matten kann sich bei Durchfeuchtung u. U. so reduzieren, daß nur noch ein Teil der ursprünglichen Stärke vorhanden ist. Dies muß u. U. bei der Wahl der Wärmedämmatten berücksichtigt werden.

Mineralfaserfilze und -platten sind im allgemeinen kunstharzgebunden. Einzelne Fabrikate werden durch stärkere Pressung oder durch einen höheren Bindemittelanteil mit größerer Rohdichte hergestellt. Teilweise werden die Bahnen und Matten mit abgestepptem Papier, aufgeklebtem Papier bzw. mit Mitlaufpapier hergestellt. Spezialdämmstoffe werden auch mit dampfbremsenden Folien kaschiert geliefert, die gegebenenfalls bei besonderen Einsatzfällen zweckmäßig sind, wenngleich keinesfalls eine Dampfsperre im eigentlichen Sinne erwirkt wird, da der Fugenanteil häufig viel zu groß ist und Beschädigungen bei der Aufbringung der Matten entstehen.

Mineralfaser-Dämmstoffe werden geliefert:

1. lose in Säcken

Mineralwolle lose in Säcken eignet sich nicht für die Wärmedämmung bei Kaltdächern. Dieses Material wird nur dann im Flachdach verwendet, wenn Stopfdämmung erforderlich wird (z. B. zwischen Nagelbinderlufträumen, an Anschlüssen usw.).

8. Das zweischalige Dach (Kaltdach)

2. Bahnenmaterial

Dieses wird geliefert:
a) mit Zwischenlaufpapier
b) mit ein- oder beidseitigem Bitumenpapier, geklebt.
Längen von 3 und 5 m, Breiten 80 und 100 cm (Sonderbreiten 60–125 cm), Dicken 30–60 mm. Diese Bahnen sind kunstharzgebunden und eignen sich zur Auflage auf Massivplattendecken und besonders auch Holzdecken bei Zweischalendächern. Sie sollten jedoch möglichst zweilagig fugenversetzt verlegt werden. Die oberste Bahn sollte das dampfdurchlässige Mitlaufpapier oberseitig erhalten, falls nur einseitig in Bitumenpapier geklebte Bahnen verwendet werden (Porenverschluß). Bei Holzkonstruktionen empfiehlt es sich, die Bahnen an den Holzbalken hochzuführen und dort mittels Latten seitlich zu nageln, um Sturmabhebungen bei starker Durchlüftung zu verhindern, da die Bahnen sehr leicht sind. Dies ist besonders im Bereich der Ortgänge erwünscht.

3. Matten

Es sind dies allseitig mit Bitumenpapier versteppte Matten, also sowohl an den Stirnseiten als auch im Bereich der Deckenflächen. Der Vorteil ist der, daß das Bitumenpapier die Matten während der Lagerung und des Transportes vor Feuchtigkeit etwas schützt und daß ein allseitiger Poren- und Fugenverschluß vorhanden ist. Auch diese Matten eignen sich für Kaltdächer, werden jedoch mehr bei den Leichtbau-Konstruktionen wegen der günstigen statischen Stabilität verarbeitet als auf ebenen Flachdächern.

4. Mineralfaserfilze

Filze werden weich, halbsteif oder versteift geliefert, mit Papierzwischenlage einseitig auf Bitumenpapier geklebt oder ohne Kaschierung. Man unterscheidet:
a) Rollfilze, Normalformate 100 cm breit, Dicken 30–60 mm,
b) geschnittene Ware, Normalformate 100/62,5 cm mit gleichen Stärken.
Diese Filze eignen sich sehr gut für Wärmedämmung bei Kaltdächern. Man sollte jedoch mindestens die halbsteife oder versteifte Ware verwenden, da diese auch während der Montage noch einigermaßen begangen werden kann. Die Stöße verfilzen sich bei diesen Platten, so daß bei gut gepreßter Verlegung auch einlagig verlegt werden kann, wenngleich die Zweilagigkeit vorzuziehen ist. Die Platten sollten jedoch punktweise nach unten angeklebt werden, damit sie sich nicht aus ihrer Lage abheben, oder es müssen oberseitig Beschwerungen aufgebracht werden.

5. Dämmplatten (Raumgew. 100 kg/m³)

Es sind dies besonders steife Dämmplatten und können auch während der Montage gut begangen werden, ohne daß mechanische Beschädigungen auftreten. Das Normalformat ist ebenfalls 62,5/100 cm, die Dicke zwischen 30 und 60 mm. Die Platten werden ohne Kaschierung geliefert, sind also voll dampfdurchlässig. Durch die starke Verfilzung auf der Oberseite ist ein gesonderter Porenverschluß in diesem Falle nicht erforderlich. Es empfiehlt sich jedoch auch hier unter Umständen die zweilagige Verlegung und die Punktverklebung nach unten, um Windabhebungen zu vermeiden. Einzelne Firmen liefern auch 20 mm starke Platten.

Diese Platten werden bevorzugt auch als selbsttragende Dämmplatten für Leichtdächer verwendet, wie später in Beispielen aufgezeigt wird.

Anmerkung:
Die Formate sind je nach Hersteller (Lieferfirma) verschieden, so sind auch Formate 60/125 cm usw. als Normalformate zu bezeichnen.

6. Begehbare Mineralfaser-Dachplatten

Diese werden bevorzugt bei Warmdächern verwendet und wurden bereits bei Warmdächern behandelt.

8.6.1.4.2 Pflanzliche Faserdämmstoffe

Die Werkstoffe bei pflanzlichen Faserdämmstoffen sind durch Vorbehandlungen weitgehend verrottungsfest gemacht. Zweifellos bleiben jedoch pflanzliche Faserdämmstoffe nach wie vor organisch. Durch Schutzmaßnahmen (Fliegengitter usw.) im Bereich der Be- und Entlüftungsöffnungen können jedoch auch diese Materialien eingesetzt werden. Die Wärmeleitzahl liegt ebenfalls bei 0,035 kcal/mh°. Es wird unterschieden:

1. Kokosfaser

Es sind dies aus der äußeren Schale der Kokosnuß gewonnene Fasern, die in Form von Matten hergestellt werden. Sie werden meist auf Papier oder Pappe geklebt bzw. gesteppt geliefert. Das Hauptanwendungsgebiet liegt jedoch im Trittschallschutz und weniger bei der Wärmedämmung für Flachdächer, da die Dicken meist nur bis zu 25 mm Stärke geliefert werden und demzufolge mindestens 2, u. U. auch 3 Bahnen notwendig würden.

2. Torffasern

Dieser an sich früher weit verbreitete Wärmedämmstoff hat ebenfalls nur noch wenig Anwendung beim Kaltdach. Bei Zutritt von Feuchtigkeit sind Torffasern anfällig.

3. Seegras

Auch dieses an sich wärmetechnisch günstige Material ist ohne Bedeutung und wird kaum für die genannten Zwecke verwendet.

4. Poröse Holzfaserplatten (DIN 18750)

Für den Einbau in Kaltdächer empfehlen sich nur Bitumen-Holzfaserplatten. Es sind dies Holzfaserplatten mit einem Zusatz von Bitumen (Bitumen-Emulsion). Die

8.6 Konstruktionsbeispiele zweischaliger Flachdächer

Platten müssen durchgehend bituminiert sein. Während bei nicht bituminierten Holzfaserplatten das in Poren eingedrungene Wasser bei Daueinwirkung die Platten aufweicht, steht es bei Bitumenplatten in den Poren, ohne daß die Faser bei nicht zu starker Belastung angegriffen wird. Auch eine vorübergehende Durchfeuchtung bei Verlegung bei Kaltdächern bedingt also keine Zerstörung der Platten. Sie sind mechanisch gut belastbar.

Die Platten werden in relativ großen Formaten geliefert. Die Dicken werden mit 25–40 mm angegeben, die Wärmeleitzahl mit 0,047 kcal/mh°. Durch die relativ hohe Wärmeleitzahl werden naturgemäß zur Erreichung des Mindestwärmedämmwertes größere Stärken erforderlich. Im Vergleich hierzu haben Mineralfaserplatten oder -matten eine Wärmeleitzahl von 0,035. Meist wird also aus Wirtschaftlichkeitsgründen die Mineralfasermatte bei massiven Zweischalendächern den Vorzug erhalten, während bei Holz-Dächern bit. Holzfaserplatten häufig evtl. zusätzlich zu Mineralfasermatten zum Einsatz kommen.

5. Holzwolleleichtbauplatten (DIN 1101, 1102 und 1104)

Holzwolleleichtbauplatten bestehen aus langfaserigen Holzfasern (Fichtenholz) mit mineralischen Bindemitteln wie Magnesit, Zement und Gips gebunden. Je nach Bindemittel ist die Elastizität und Widerstandsfähigkeit gegen Feuchtigkeit verschieden.

Die Wärmeleitzahl beträgt nach DIN 4108 je nach Stärke 0,07, 0,08 bzw. 0,12 kcal/mh°. Diese relativ hohe Wärmeleitzahl würde sehr hohe Plattenstärken erforderlich machen, um den Mindestwärmedämmwert bei Kaltdächern dieser Art nachzuweisen. Die Dicken der Holzwolleleichtbauplatten werden zwischen 15 und 100 cm geliefert. Um den Mindestwärmedämmwert von 1,25 $m^2 h°/kcal$ zu erreichen, müßten also theoretisch etwa 85 mm starke Holzwolleleichtbauplatten aufgelegt werden. Diese Platten werden bevorzugt bei leichten Kaltdächern meist in Kombination mit Mineralfaserplatten eingesetzt (günstig ist hier wegen der Wärmespeicherfähigkeit das hohe Gewicht). Wo offene Plattenflächen mit bewegter Luft, also im belüfteten Hohlraum in Berührung kommen, ist eine porige Oberfläche zwecks voller Ausnützung der Wärmedämmwirkung durch geeignete Maßnahmen zu schließen (Abdeckpapier, Platten mit Verstrich oder dgl.). Eine derartige Abdeckpappe müßte also obenseitig aufgelegt werden. Es ist notwendig, daß diese bei Kaltdächern dampfdurchlässig hergestellt wird, also z.B. Perkalor Diplex oder dgl. [32].

Da die Platten eine hohe Druckfestigkeit aufweisen (3 kp/cm²) kann es trotz ungünstiger Wärmeleitzahl da oder dort sinnvoll sein, diese Platten einzusetzen. Es besteht z.B. die Möglichkeit, Holzpfetten oder dgl. unbedenklich auf derartigen Platten aufzulegen, was bei Mineralfasermatten oder dgl. nicht oder nur bedingt möglich wäre. So ist also auch der Einsatz beim massiven Kaltdach berechtigt.

6. Schilfrohr-Leichtbauplatten, Strohplatten usw.

In verschiedenen Gegenden werden auch derartige Platten für Wärmedämmzwecke für Kaltdächer zum Einbau gebracht. Im allgemeinen haben sie jedoch den weit wirtschaftlicheren und auch zweckmäßigeren Wärmedämmplatten den Platz räumen müssen. Die Wärmeleitzahl liegt nur etwa bei 0,09. Die Stärken werden mit 50 mm angeboten. Die Platten können feuerhemmend F 30 geliefert werden. Wegen der ungünstigen Wärmeleitzahl bleiben derartige Platten meist uninteressant.

8.6.1.4.3 Verlegetechnische Hinweise

Es ist erforderlich, einige verlegetechnische Hinweise für die Wärmedämmung anzugeben.

Bei Wärmedämmatten ist es zweckmäßig, wie bereits angeführt, diese z.B. an Holzsparren oder dgl. 10 cm hochzuführen und dort mittels Latten seitlich zu nageln. Dies ist in Bild 193a dargestellt. Bei der Verlegung ist darauf zu achten, daß die Wärmedämmatten auf dem Massivboden gut aufliegen, also nicht hoch liegen und demzufolge u.U. den Kalt-Luftraum einschnüren, d.h. dezimieren. Bei geringer Sparrenhöhe ist in jedem Falle über diesen Sparren eine Konterlattung oder ein Rahmschenkel aufzubringen, um die Durchlüftung zu gewährleisten.

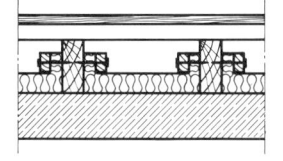

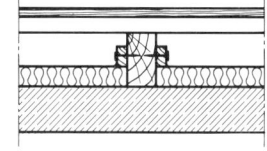

Bild 193a Mattenverlegung   Bild 193b Plattenverklebung

Bei Verlegung von Platten ergeben sich meist zwangsweise Fugen im Bereich zu den angrenzenden Holzbalken usw. Hier empfiehlt es sich, ebenfalls eine Abdecklatte gemäß Bild 193b aufzubringen, die gleichzeitig die Platten nach unten in ihrer Lage hält und mindestens den Wärmedurchgang in diesem Bereich mindert. Bei Mineralfaserplatten sollte Wert darauf gelegt werden, daß die Platten etwa 1 cm breiter gewählt werden als der lichte Balkenabstand, damit die Matten sich einpressen lassen, jedoch ohne daß sie sich in der Mitte hochbeulen. Hier ist gegebenenfalls eine zusätzliche punktweise Verklebung nach unten sinnvoll.

Häufig ist festzustellen, daß durch die Verlegung von Wärmedämmmatten der Belüftungsquerschnitt beim Luftein- oder -austritt vermindert oder dezimiert wird. Hier ist es sinnvoll, die Wärmedämmatten nach unten mittels einer Latte auf der Rohdecke oder auf einer vorher aufgebrachten Unterlatte zu befestigen, damit der Luftquerschnitt der gleiche bleibt wie in Bild 193c dargestellt. Bei starken Windbelastungen könnte sich sonst die Wärmedämmatte hochklappen und die Belüftung verhindern. Bei Betonaufkantungen, die über Dach auskragen (Überzüge, höhergehende Bauteile usw.), muß die Wärmedämmung auch seitlich im Kaltluftraum

8. Das zweischalige Dach (Kaltdach)

hochgeführt werden. Ist der Lufthohlraum sehr niedrig, würde aber trotzdem über den über das Dach auskragenden Betonteil eine Wärmebrücke nach innen entstehen und unterseitig Kondensatbildung ermöglichen. Auch bringen derartige, außen nicht wärmegedämmte Überzüge erhöhte Temperaturspannungen in die Dachkonstruktion, weshalb hier eine gänzliche Ummantelung mit der Wärmedämmung angezeigt ist. Sie kann, wie in Bild 193d dargestellt, ausgeführt werden.

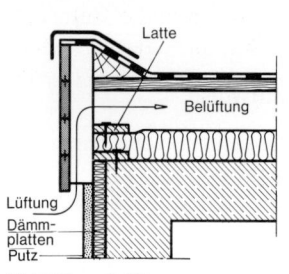

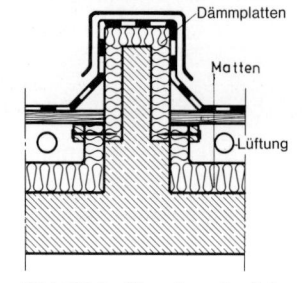

Bild 193c Belüftung gewährleisten

Bild 193d Überzüge gänzlich mit Wärmedämmung ummanteln

In Bild 194 und 194a ist die ungünstige Wirkung bei sogen. Sichtbeton-Außenwänden und Attika dargestellt, die bei Kaltdachanschluß eines niedrigeren Bauteiles keine Wärmedämmung auf der Außenseite erhalten haben. Die Pfeile zeigen die Wärmebrücken an, die innenseitig dann zu Schwitzwasserbildung in den Ecken führen. Hier muß mindestens auf 50–60 cm Höhe in die Betonwand auf der Außenseite eine Wärmedämmung eingelegt werden, um derartige Wärmebrücken nach innen zu verhindern.

Bei Gefahr einer Wärmebrücke über Holzbalken (z. B. bei Naßräumen, Schwimmhallen usw.) muß die Wärmedämmung der Holzbalken durch Unterlegen einer Dämmplatte gemäß Bild 194b verbessert werden. Die Wärmedämmung muß in jedem Falle bis Oberkante Holzbalken hochgeführt werden, um die ganze Holzstärke als Wärmedämmung auszunutzen (λ Holz 0,12, λ Mineralwolle 0,035). Weitere Beispiele über Wärmebrücken s. späteres Kapitel.

8.6.1.5 Lufthohlraum

Der Lufthohlraum, der für die Funktion des Kaltdaches von primärer Bedeutung ist, kann durch die verschiedensten Distanzmaterialien hergestellt werden. Diese Distanzmaterialien haben also einmal die Aufgabe, einen ausreichenden Lufthohlraum zu bilden, und andererseits haben sie die Aufgabe, die Oberschale statisch zu tragen. Die Auswahl dieser Distanzmaterialien hängt also weitgehend mit der Oberschale zusammen. So wird beispielsweise bei einer Oberschale aus Holz bzw. Holzwerkstoffen auch die Distanz aus Holzstoffen bestehen, also aus Holzbalken oder dgl.

Bei Betonoberschalen oder ähnlichen Stoffen wird man dagegen Untermauerungen herstellen bzw. Distanzhalter, wie sie in den nachfolgenden Beispielen angeführt werden.

Immer aber ist es wichtig, daß der Lufthohlraum im gesamten Dachquerschnitt der gleiche bleibt, und daß dieser Lufthohlraum in keinem Bereich der Dachfläche unterbrochen oder gehemmt ist, etwa durch *Auswechslungen, Durchbrüche* durch das Dach usw. Das A und O des Kaltdaches ist und bleibt die wirkungsvolle Durchlüftung. Beim gefällelosen Flachdach ist der Lufthohlraum infolge der geringen Luftraumhöhe unkontrollierbar. Schäden werden also erst dann bemerkt, wenn es zu spät ist.

Im einzelnen lassen sich etwa folgende Belüftungsmaßnahmen beschreiben:

1. Distanz durch Holzbalken

Die häufigste Lösung zur Herstellung eines Kaltdaches ist die mit einer Oberschale aus Holz oder Holzwerkstoffen.

Über der Massivplatte wird meist ein Holzbalken aufgelegt, über dem dann die Oberschale aufgenagelt werden kann.

In Bild 195 ist die einfachste Lösung mit einem sogen. Belüftungsraum durch Holzbalken hergestellt dargestellt. Diese Form der Be- und Entlüftung ist jedoch an

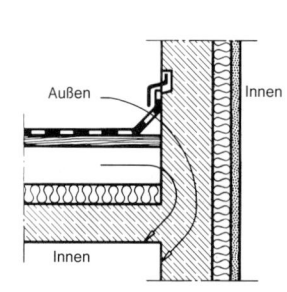

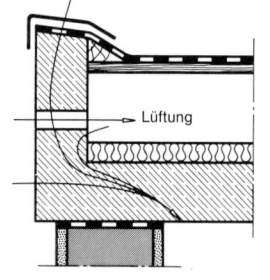

Bild 194 Falsch, Wärmebrücken

Bild 194a Falsch, drei Wärmebrücken

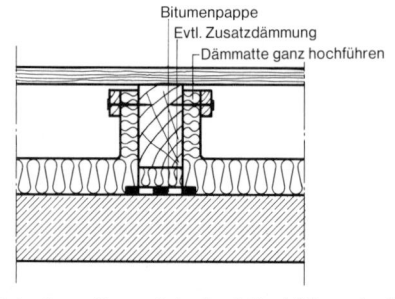

Bild 194b Holzwärmedämmstärke durch Hochführen der Dämmatten bis oben ausnutzen (20 cm Holzbalken, $\frac{1}{\lambda} = 1{,}66$ m^{2}h°/kcal). Bei sehr hohen Anforderungen unter Holz druckfeste Dämmplatte (Bit. Holzfaser, Korn oder dgl. auf Bitumenpappe)

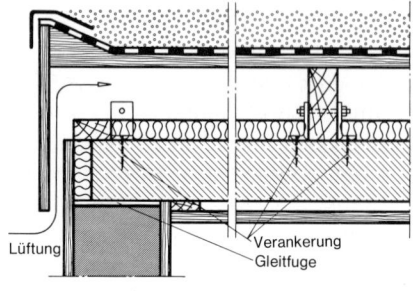

Bild 195 Belüftung durch Holzbalken

8.6 Konstruktionsbeispiele zweischaliger Flachdächer

einen Grundriß gebunden, wie er in Bild 196a und 196b dargestellt ist ohne jede Auswechslung innerhalb der Holzbalkenfelder. Ist eine Auswechslung etwa durch einen Kamin oder dgl. erforderlich, ist dies hinderlich. In diesem Balkenfeld wird keine Belüftung stattfinden. Auch bei einer Richtungsänderung der Balken gemäß Bild 196b findet in einem Teil des Dachbereiches keine Be- und Entlüftung statt. Hier wird es also im schraffierten Bereich zu Kondensatbildung kommen können.

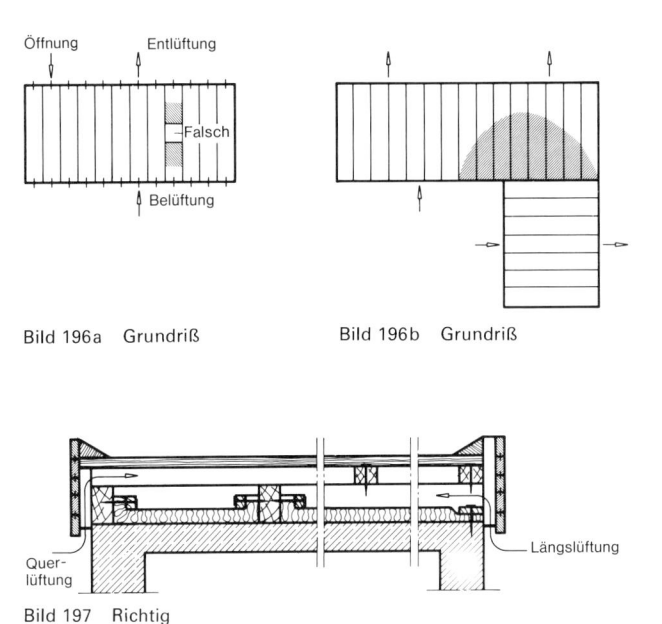

Bild 196a Grundriß

Bild 196b Grundriß

Bild 197 Richtig

In all diesen Fällen ist es erforderlich, nach Bild 197 zu verfahren, d. h. es muß nicht nur eine Belüftung über die Längsseiten erfolgen, sondern auch eine Belüftung über die Querseiten, also über die Giebelseiten. Skizzenhaft ist dies in Bild 197 dargestellt. Im Bereich der Giebel wird über eine zusätzlich über den Holzbalken aufgebrachte Konterleiste z. B. 5×5cm oder dgl. belüftet, im Bereich der Längsseite werden die Holzbalken benützt. Es erfolgt also eine gänzliche Unterlüftung. Auch Kaminaussparungen oder Dachausstiege bleiben dann ohne Nebenwirkung, da in jedem Falle eine Unterlüftung der gesamten Dachfläche zustande kommt. Es sollte also grundsätzlich nach Bild 197 bei gefällelosen Flachdächern gearbeitet werden. Dies ist besonders auch dann erforderlich, wenn die Wärmedämmung unten durchlaufen soll, wie dies in Bild 198 dargestellt ist. Bekanntlich hat Holz nur eine Wärmeleitzahl von 0,12 kcal/mh°. Anders ausgedrückt heißt das, daß Holz gleicher Stärke wie die Wärmedämmplatten nur etwa 30% des Wärmedämmwertes erbringt wie die Wärmedämmplatten. Es entsteht also über den Holzbalken, wenn dieser direkt aufgelegt wird, eine Wärmebrücke nach unten (siehe auch Bild 194b). Bei Massivplattendecken mit relativ großer Stärke spielt dies eine untergeordnete Rolle. wenn außerdem die Wärmedämmmatten, wie zuvor mehrfach dargestellt, an den Holzbalken noch 10–15cm hochgeführt und dort mittels Latten angenagelt werden, dann wirkt nicht nur eine Stärke von 6cm (über die Ecke), sondern u. U. die ganze Höhe des Holzbalkens. Dadurch kann der Minderwärmedämmwert ausgeglichen werden. Dies ist auch mit ein Grund, warum die Wärmedämmatten hochgeführt werden sollen wie Bild 194b und nicht, wie in Bild 193b oder Bild 195, nur an die Holzbalken anstoßen. Bei dünnen Massivplattendecken könnte sich die Wärmebrücke durch das Holz unterseitig auswirken, wenn keine Unterverkleidung angeordnet wird. Es könnten unten Streifenabzeichnungen entstehen durch Staubablagerung infolge zeitweiliger Kondensation.

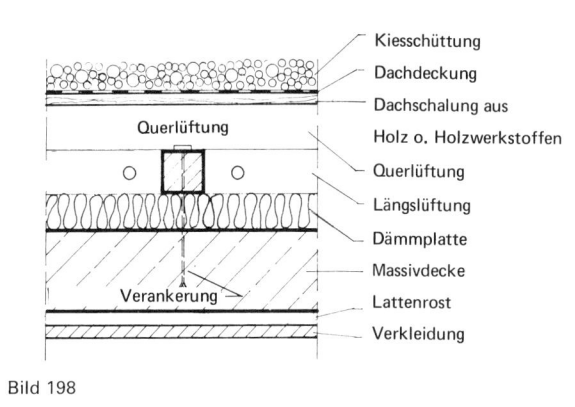

Bild 198

Deshalb können Wärmedämmplatten stabiler Art, wie sie beim Warmdach beschrieben wurden, direkt auf die Massivdecke aufgeklebt werden und hierauf dann Querhölzer aufgebracht werden. Diese Querhölzer dürften jedoch im allgemeinen eine geringe Höhe haben, weshalb es hier unbedingt notwendig ist, allein aus Gründen der Höhe des Lufthohlraumes und wegen Auswechslungen nochmals eine Querlüftung durch ein weiteres Quer-Rahmenholz zu schaffen.
Selbstverständlich müssen in jedem Falle die Holzauflagen nach unten in der Massivdecke einwandfrei gegen Sturmabhebung verankert werden. Es sind Fälle bekannt geworden, bei denen Flachdächer durch Windbelastung infolge mangelhafter Verankerung völlig abgerissen wurden. Diese Verankerungen bringen im allgemeinen keine Nebenwirkungen (Wärmebrücken), da es nur Punktbrücken sind. Selbstverständlich dürfen sie nicht bis zur Innenseite der Massivdecke reichen.

Die Belüftung selber kann im Bereich der Attika durch eine Konterlatte (Bild 193c) oder dgl. hergestellt werden (senkrechte Latte vor der stirnseitigen Außenverschalung), oder es kann bei Massiv-Beton-Fertigteilen gemäß Skizze Bild 199 die Belüftung hergestellt werden. Für diesen Zweck werden auch fertige Belüftungsgitter auf dem Markt zum Einbau angeboten (bei Ortbeton). Es muß jedoch darauf geachtet werden, daß der Schlagregen nicht nach innen eindringt, weshalb eine Neigung

219

8. Das zweischalige Dach (Kaltdach)

nach außen mit Abdeckung erforderlich ist. Hier sind Detailüberlegungen anzustellen. Zweifellos ist die Belüftung über die Attika-Unterseite weniger gefährlich, wenngleich sie natürlich auch nicht so wirksam ist, da sie bei Winddruck durch die Attika-Verblendung behindert wird und dadurch die Durchlüftung weniger gut funktioniert.

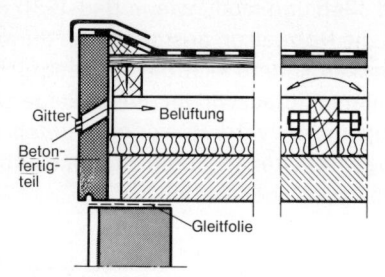

Bild 199 Belüftung bei Fertigteil

Weitere Möglichkeiten der Belüftung s. spätere Details mit Ortgangverkleidungen usw.
Wenn Zwischenlüftungen notwendig werden (wegen zu großer Dachtiefe), können entweder Einzelentlüfter gemäß Bild 200 oder durchgehende Entlüftungen zum Einbau kommen. Zweckmäßiger sind zweifellos durchgehende Lüftungen, da diese den ausreichenden Querschnitt sicher erbringen. Sie können selbstverständlich in den verschiedensten Formen ausgeführt werden und sich auch den architektonischen Wünschen angleichen. Es würde zu weit führen, hier weitere Details darzustellen.

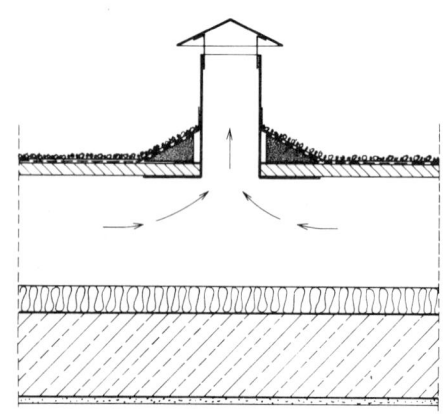

Bild 200 Entlüftungshaube für zweischaliges Dach

2. Distanz-Abmauerung

Wenn die Oberschale z. B. aus Bimsstegdielen, Gasbeton oder dgl. hergestellt werden soll, wird meist eine Abmauerung vorgenommen. In Bild 201 ist eine derartige Konstruktion skizzenhaft dargestellt. Da die Abmauerung eine Wärmebrücke darstellen würde (in die Massivdecke), muß entweder unter dieser Abmauerung eine druckfeste Wärmedämmplatte untergelegt werden (z. B. extrudierte Polystyrol-Hartschaumplatten, Schaumglas-Platten, hochdruckfeste Korkplatten oder

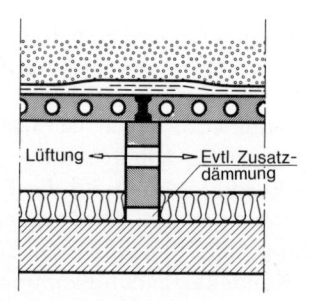

Bild 201 Konstruktion mit Aufmauerung

dgl.). Es kann dann mit normalen Mauersteinen gearbeitet werden. Häufig verwendet man für die Aufmauerung aber auch leichte und gleichzeitig wärmedämmende Stoffe, z. B. Gasbeton- oder Bimsbetonsteine. Da aber auch Gasbeton nur etwa $1/4$ des Wärmedämmwertes gleichstarker Wärmedämmplatten erbringt, ergibt sich immer noch eine Wärmebrücke nach unten. Entweder müßte auch hier die Wärmedämmung seitlich hochgeführt werden (ca. 20 cm) (wie bei Holzbalken Bild 194b), oder es ist auch hier notwendig, unter diesen Platten eine hochwertigere Wärmedämmung unterzulegen.
Um eine Querlüftung nach allen Seiten zu erhalten, sind hier innerhalb der Aufmauerung Luftöffnungen zu lassen, so daß die Durchlüftung im ganzen Bereich funktioniert. Die Be- und Entlüftung ist im allgemeinen parallel zu den Aufmauerungen vorzunehmen, so daß diese Querlüftungen Zusatzmaßnahmen darstellen, die auch u. U. Dachausstiege, Auswechslungen usw. ohne weiteres ausgleichen. Konstruktionen dieser Art haben sich meist gut bewährt. Es muß jedoch bei der Oberschale darauf geachtet werden, daß die Spannweite z. B. bei Bimsstegdielen, Gasbeton-Platten usw. bei gefälleloser Ausführung nicht zu groß sind, da sonst Durchbiegungen vorhanden sind und einzelne Wasserpfützen stehen bleiben, wie dies bereits bei den Einschalendächern beschrieben wurde. Über den Stößen der Bimsstegdielen sind Schleppstreifen aufzulegen, bevor eine Lochglasvliesbahn oder dgl. aufgebracht wird. Es gelten also dieselben Gesichtspunkte wie beim Warmdach.

3. Konstruktion mit Distanzsteinen oder dgl. (System Ertex oder Jobarid)

Dieses sog. fabrikfertige Zweischalendach arbeitet mit sog. Distanzsteinen. Auf den in Mörtel angesetzten Korkplatten unter den Distanzsteinen (20 × 20 cm) werden vorgefertigte Stützen erstellt (die höhenverschieden zur Gefällegebung hergestellt werden können). Zwischen die Distanzsteine werden dann die kunstharzgebundenen Mineralwollematten ausgelegt und hierauf dann die Dachplatten aufgelegt, die zusammen mit den Stützen vergossen werden. Gleichzeitig werden die Fugen dieser Platten geschlossen. Darüber folgt dann die Dachabdichtung in der üblichen Art.

8.6 Konstruktionsbeispiele zweischaliger Flachdächer

1 Leichtbetonplatte
  oberseitig bituminiert

2 Vorgefertigter
  Leichtbetongefällestein

3 Kork auf
  Zementmörtel

4 Durchgehende
  Vergußöffnung

5 Wärmedämmung:
  kunstharzgetränkte
  Mineralwolle

6 Rinnenplatte

7 Sturmanker auf die
  Betondecke angeschossen
  (als Sonderausführung)

8 Anfangsgefällestein
  bei vorgehängter Rinne

9 Aussparung
  für Rinneneisen

10 Durchlüftungsrandstein

11 Durchlüftungsöffnung

12 Flachdachabschlußblende

13 Dachhaut

14 Stahlbetonplatte

15 Putz auf Dämmung

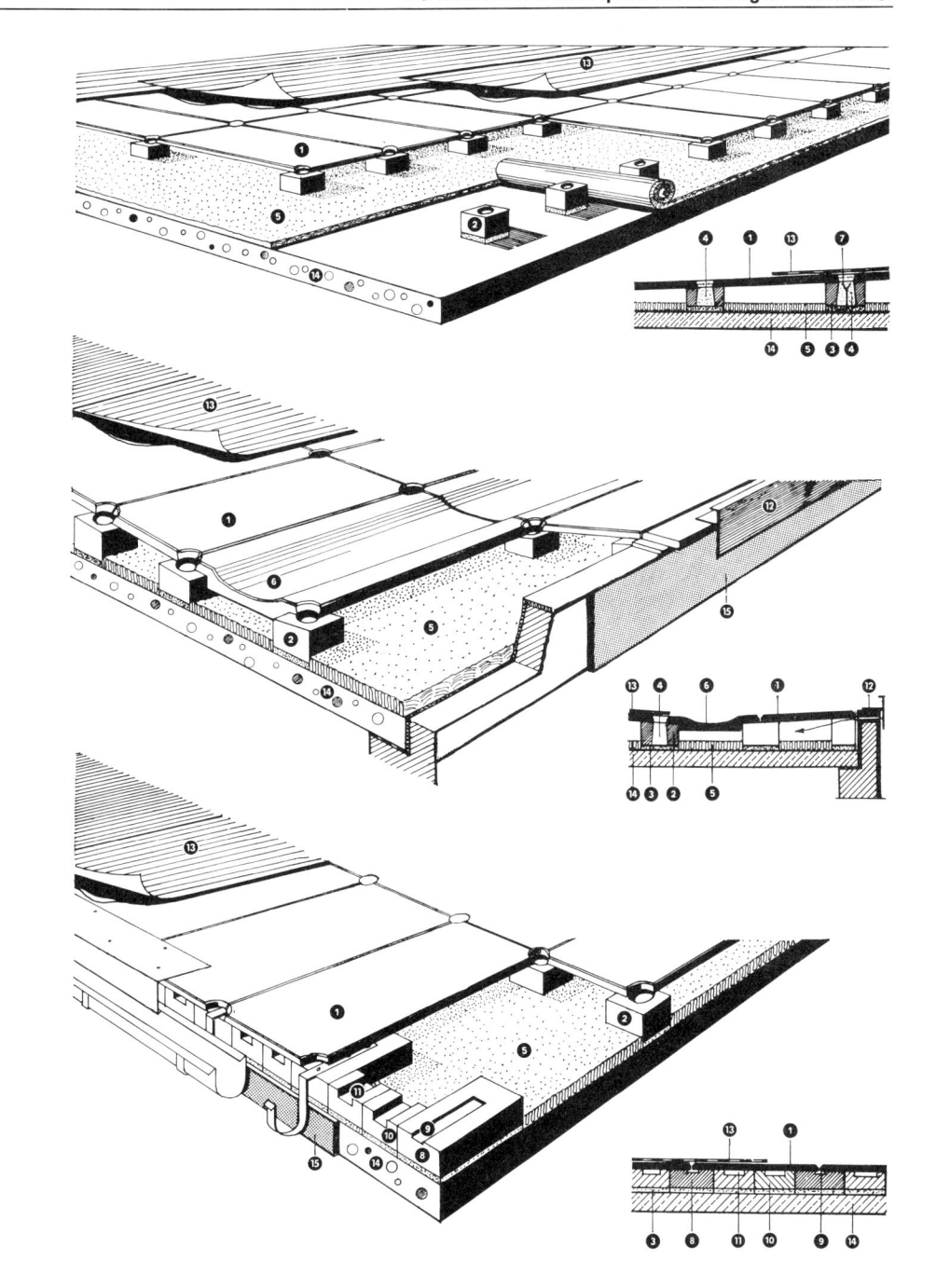

Bild 202
(Ertex-)Kaltdach-System

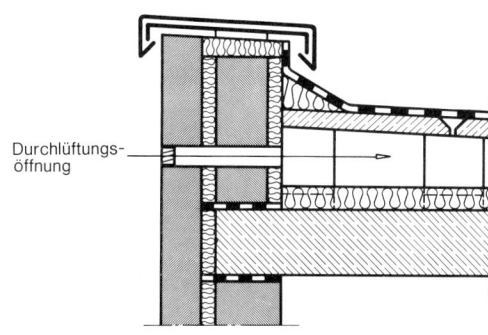

Bild 203 Belüftung bei Ertex

Infolge der Schwere dieser Oberschale wurden normalerweise Verankerungen in der Massivdecke nach unten nicht vorgenommen. Neuerdings werden jedoch Sturmanker auf die Betondecke angeschossen (gemäß Forderung DIN 1055).

In Bild 202 sind die Funktionen dieses Systemes abzulesen mit der Möglichkeit Anschluß an Außenentwässerung (was nur bei Gefälledächern zu empfehlen ist). In Bild 203 ist die Belüftung an der Attika dargestellt und in Bild 204 die Entwässerung bei diesem System. Daraus ist ersichtlich, daß mittels der Distanzsteine auch ein Gefälle hergestellt werden kann.

Ein ähnliches System wird unter dem Namen Jobarid-Zweischalendach-System angeboten.

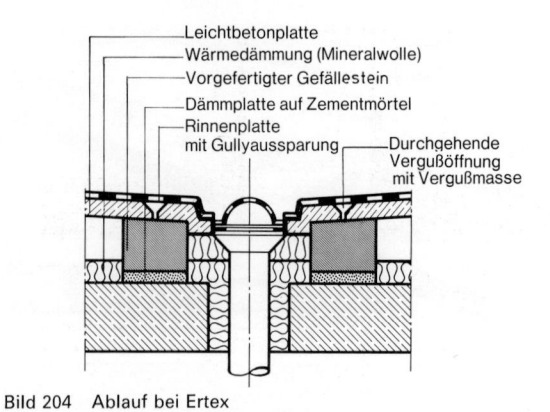

8. Das zweischalige Dach (Kaltdach)

Bild 204 Ablauf bei Ertex

Zunächst wird auf der Massivdecke die notwendige Wärmedämmung verlegt. Darüber werden dann Profilträger im Abstand von 1 m aufgebracht, auf denen im Maximalabstand von 2 m wärmegedämmte Trägerstützen aufgesetzt werden, in die dann obere Profilträger einrastern. Darüber werden dann die Dachplatten mit Kreuzschlitzschrauben mit Dreifeldklammern nach unten befestigt.

In Bild 205a kann das Verlegesystem entnommen werden und in Bild 205b ist ein Randanschluß mit der Belüftungsmöglichkeit dargestellt.

Auch dieses System gewährleistet wie das System Ertex eine freie Durchlüftung, da keine Abschottungen innerhalb der Konstruktion entstehen. Dächer dieser Art haben sich im allgemeinen gut bewährt.

4. Abstandskonstruktion Metallstützen mit Asbestplatten (System Fuchs)

Anstelle von Holz, Formsteinen, Abmauerungen usw. wird hier eine Stahlstütze verwendet, die höherverstellbar ist und demzufolge auch Unebenheiten ausgleichen und ein entsprechendes Gefälle herstellen kann.

In Bild 206 ist dieses System mit den entsprechenden Erläuterungen dargestellt, in Bild 207 und 208 sind Ortgangbelüftungen dargestellt.

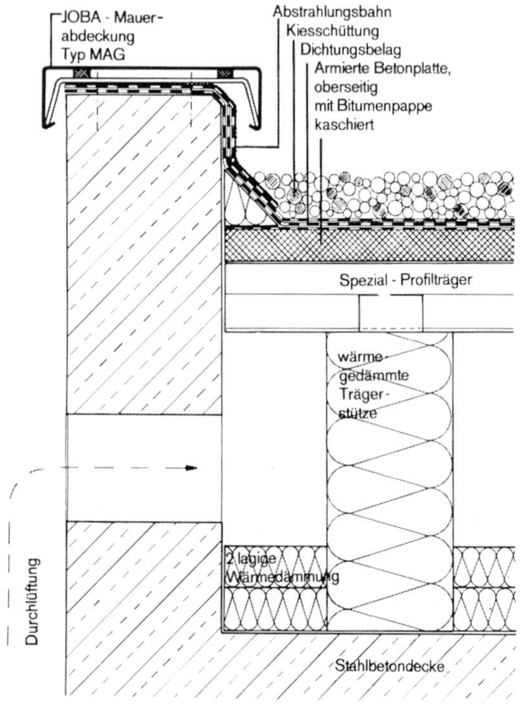

Bild 205a Dachplatten im Verband auf die Träger auflegen, die selbstschneidenden Kreuzschlitzschrauben mit Dreifeldklammern in die Kreuzfugen stecken und mittels Bohrmaschine mit Spezialkopf in die Profilträger eindrehen

Bild 205b Detailanschluß Jobarid

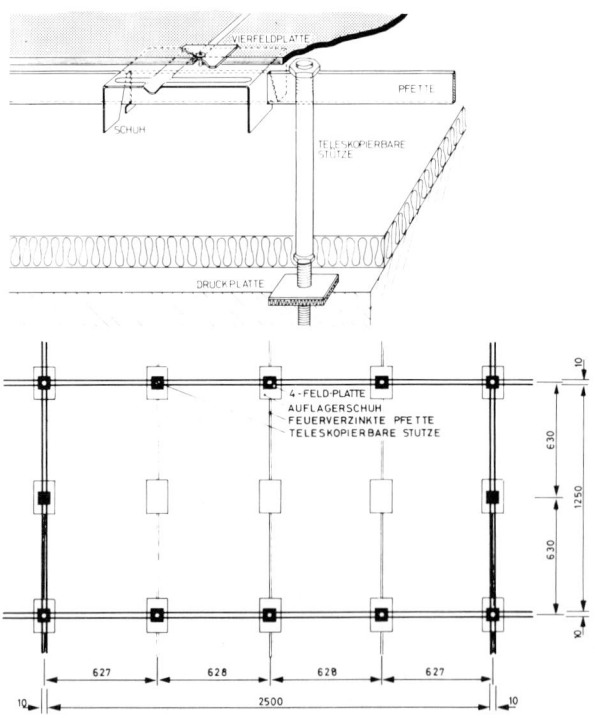

Bild 206 [40] Abstandskonstruktion (System Fuchs). Ebene Eternit-Tafeln, 2500 × 1250 × 12 mm, hochgepreßt. In die ebene Betonplatte sind Löcher zu bohren, Nylondübel einzusetzen und die Stützen mit den Druckplatten zu befestigen und auszurichten. Anschließend wird die Wärmedämmung verlegt, die Pfetten mit den Stützen verschraubt und die Schuhe unter leichtem Druck aufgebracht und eingemessen. Die ebenen Tafeln sind aufzubringen, auszurichten und mit Vierfeldplatten und Pop-Nieten mit den Schuhen zu verbinden

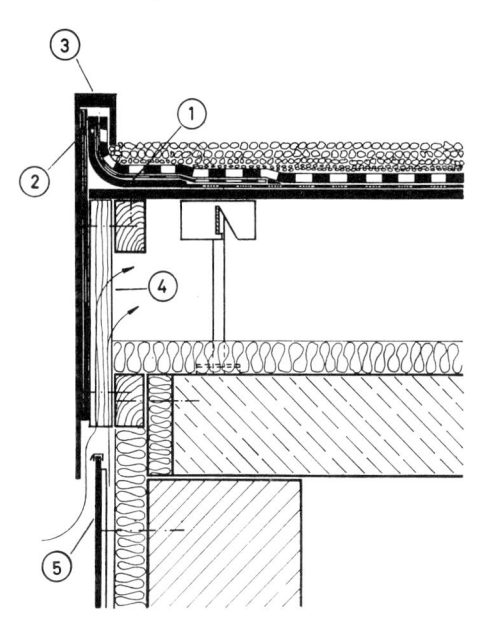

8.6 Konstruktionsbeispiele zweischaliger Flachdächer

Bild 207 [41] Dachrandabschluß, Eternit Flachdachgesims. 1 Gesimsformstück, 2 Eternit-Tafelstreifen 100/10 mm, 3 Überhangteil mit Gesimsblende aus Eternit-Glasal oder Weiß-Eternit, 4 Gesimsunterkonstruktion, 5 Belüftete Fassaden mit Eternit-Fassadenplatten und aufgesetztem Wasserabweisprofil

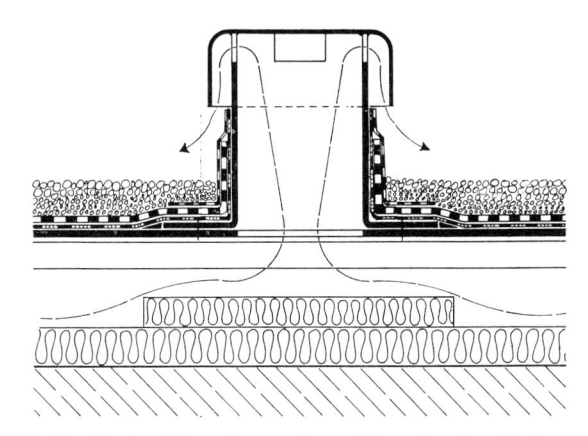

Bild 209 Dachentlüfter als Dachflächenlüfter: Quadratrohr-Stutzen, auf Asbestzement-Ebenen

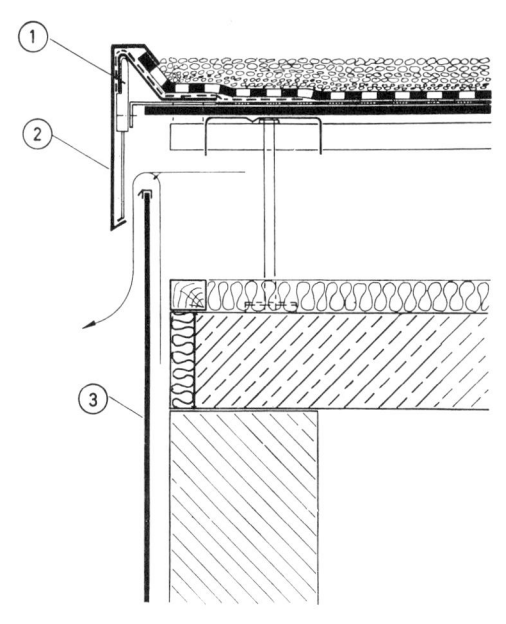

Bild 208 1 Metallprofil, 2 Blende, 3 Verblendteil

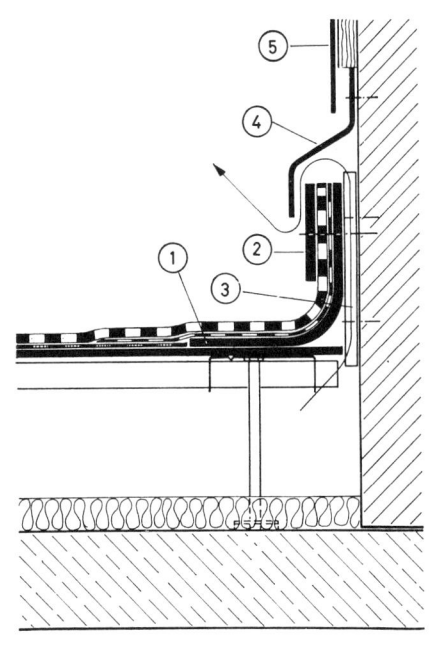

Bild 210 Entlüftung an Hausanschluß

In Bild 209 ist ein Dachentlüfter aus Asbestplatten dargestellt. Die Wärmedämmung wurde unter diesem Zwischenlüfter verstärkt, was grundsätzlich sinnvoll ist, da hier u. U. zu starke Auskühlungen stattfinden.
In Bild 210 ist eine mögliche Dachentlüftung bei diesem System dargestellt, bei dem alle Teile außer der Dachhaut aus Asbestplatten-Formteilen bestehen.
Dieses System hat sich im allgemeinen bewährt. Wegen der Temperaturbewegungen der Asbestplatten eignen sich für die Dachabdichtung jedoch, wie später beschrieben, am zweckmäßigsten lose aufgelegte Kunststoff-Folien.

5. Distanz-Konstruktion mittels Leichtmetallwinkel

Ein weiteres System durch Herstellung des Lufthohlraumes ist in Bild 211 [40] dargestellt. Auch hierzu sind die Erläuterungen aus dem Bildtext zu entnehmen.
Diese Leicht-Konstruktion ist nur auf Querlüftung abgestellt, was zweifellos ein gewisser Nachteil ist. Auch müssen Bedenken angemeldet werden, inwieweit die Wärmebrücke über die Leichtkonstruktion durch den untergelegten Wärmedämmstreifen beseitigt werden kann. Dieser Streifen kann nur relativ dünn sein, wenn eine ausreichende Versteifung gewährleistet sein soll. Gewisse Wärmebrücken können hier also nicht ausgeschlossen bleiben.

8. Das zweischalige Dach (Kaltdach)

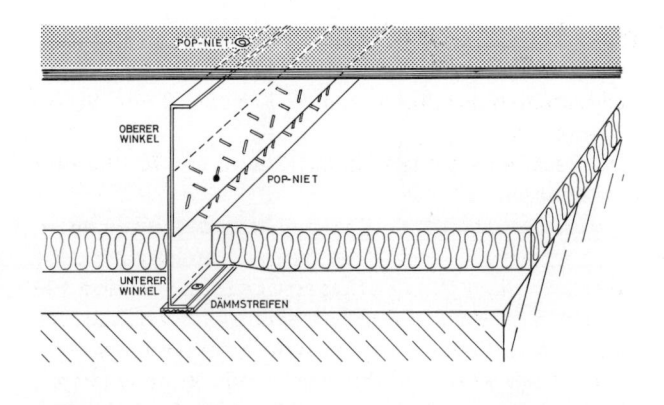

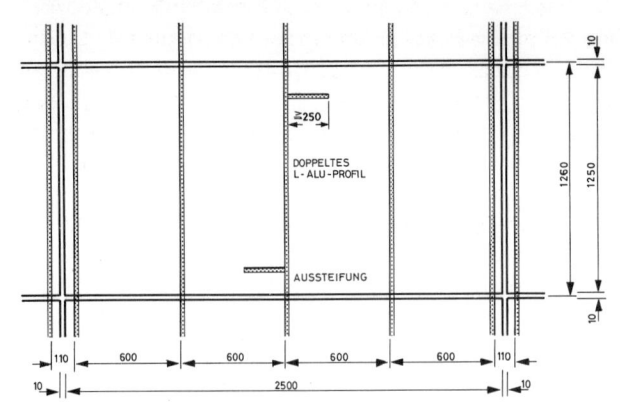

Bild 211 [40] Abstandskonstruktion System Hoffknecht, Ebene Eternit-Tafeln, 2500 × 1250 × 12 mm, hochgepreßt. Untere Leichtmetallwinkel sind mit Holzschrauben in Nylondübeln auf der ebenen Betonplatte zu befestigen. Obere und untere Winkel werden durch Pop-Nieten verbunden. Nach dem Einbringen der Wärmedämmung die ebenen Tafeln, ausrichten und durch Pop-Nieten mit dem waagrechten Schenkel verbinden. Als Queraussteifung unter jeder zweiten Platte 2 Querprofile, 250 mm lang, anordnen.

In diesem Zusammenhang scheint es sinnvoll zu sein, vorab die Ausbildung der Dehnfuge (Plattenstoßfuge) und Dachhaut zu beachten.
Aus den vorgenannten Detailzeichnungen (Bild 206 und 211) mit Asbestplatten ist zu entnehmen, daß zwischen den einzelnen Platten ein 10 mm Abstand gelassen werden soll. Dieser ist erforderlich zur Aufnahme der temperaturbedingten Längenänderungen. Diese 10 mm sind also als Dehnfuge anzusprechen. Gemäß Vorschlag der Eternit-Werke ist diese Fuge mit PVC-Profilen abzudecken. Darüber wird dann ein Schleppstreifen empfohlen, der nur einseitig gegen Verrutschen angeklebt wird. Im übrigen ist dann ein Kaltbitumen-Voranstrich auf den ebenen Asbesttafeln aufzubringen, wenn eine bituminöse Abdichtung erwünscht ist. Hier sind dann drei Lagen Bitumen-Dachbahnen aufzubringen. Um die Bewegungen in der Fuge (zusätzlich zu dem Schleppstreifen) ausgleichen zu können, empfiehlt es sich, zuerst eine Lochglasvliesbahn aufzulegen, bevor die dreilagige Bitumen-Dachbahn aufgebracht wird. Eine Kiesschüttung kann die Temperaturbewegungen wesentlich reduzieren. Sympathischer wegen der bestehenden Fuge scheint jedoch eine lose Kunststoff-Verlegung zu sein. Es muß u. U. im Laufe der Zeit damit gerechnet werden, daß die Bitumenpappen-Schleppstreifen mit der Asbestplatte sich voll verkleben, und daß dann Spannungsübertragungen auf die Dachhaut wirksam werden können. Sonst müßte anstelle eines Bitumenpappestreifens eine Rohfilzpappe, bitumenverträgliche Kunststoff-Folie oder dgl. verwendet werden.

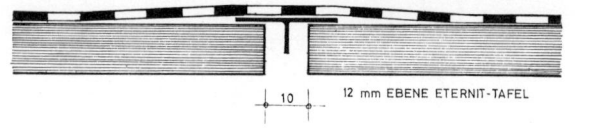

Bild 212 [40] Dehnfuge und Dachhaut

Aus Bild 212 kann der Vorschlag der Fugenausbildung der Eternit-Werke entnommen werden. Hier sollte jedoch gegebenenfalls ergänzt werden, daß anstelle von Bitumenpappestreifen Rohfilzpappen zweckmäßiger wären, da sich diese dann später nicht mit den Asbestplatten verkleben. Gespritzte Kunststoffe könnten bei diesen Systemen nicht empfohlen werden (Einsackungsgefahr).

8.6.1.6 Oberschale

Die Oberschale, die für die Dachhaut bzw. für den Oberflächenschutz statisch tragend sein muß, kann, wie aus den vorgenannten Ausführungen schon entnommen werden kann, verschiedenartig ausgeführt werden. Im einzelnen lassen sich folgende Möglichkeiten darstellen:

1. Holz-Rauhspundschalung (Nut- und Federschalung)

Als Oberschale werden bevorzugt Holz-Werkstoffe verwendet und hier an erster Stelle auch heute noch sog. Rauhspundschalungen, gemäß DIN 4072, die auszugsweise wie folgt lautet:

Bild-Text 213 (DIN 4072/1)

1. Geltungsbereich
Diese Norm gilt für gespundete, gehobelte Bretter aus Nadel- oder Laubschnittholz, das in metrischen Maßen erzeugt wird.

2. Meßbezugsfeuchte
Die Maße gelten bei 14 bis 20% (vorzugsweise 16 bis 18%) Feuchtigkeitsgehalt des Holzes, bezogen auf das Darrgewicht.

8.6 Konstruktionsbeispiele zweischaliger Flachdächer

Anmerkung: *Die Meßbezugsfeuchte ist die Feuchtigkeit des Holzes, bei der die genormten Maße vorhanden sein müssen. Sie braucht also nicht dem Feuchtigkeitsgehalt des Holzes bei Lieferung oder Einbau zu entsprechen.*

3. Maße

Bezeichnung eines gehobelten Brettes mit Nut und Feder von Dicke $s_1 = 21$ mm, Deckbreite $b = 110$ mm und 3000 mm Länge[1]) aus Fichte (Fi)[2])

Brett $21 \times 110 \times 3000$ DIN 4072-Fi

Gespundete Bretter aus nordischen und überseeischen Hölzern siehe DIN 4072 Blatt 2 (z. Z. noch Entwurf).
Gehobelte Bretter siehe DIN 4073

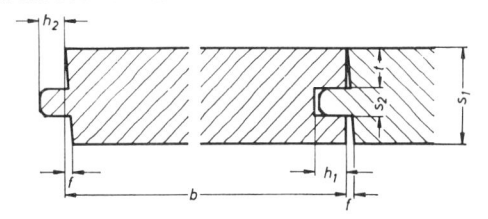

Tabelle 1 Dicken und Profilmaße (Maße in mm)

Dicke gehobelt						
s_1	zul. ± Abw.[3])	f[4])	h_1	h_2	s_2	t
10					3	4
13		0,3				5,5
15	0,5				4	7
17						7
19,5			7	6		8
21		0,5				9
25					6	10
27	1					11
32			8	7	8	13

Nut und Feder sind so auszuführen, daß die Bretter mit geringem Kraftaufwand zusammengetrieben werden können. Nut- und Federkanten dürfen leicht gerundet sein.

Tabelle 2 Deckbreiten

Deckbreiten b	zul. ± Abw.[3])
70	1
90	1,5
110	1,5
130	2
150	2

[1]) Länge bei Bestellung angeben.
[2]) Holzart bei Bestellung angeben. Kurzzeichen nach DIN 4076.
[3]) Die zulässigen Abweichungen umfassen ausschließlich die unvermeidbaren Bearbeitungsungenauigkeiten und die durch Feuchtigkeitsschwankungen innerhalb des Meßbezugsfeuchtebereichs bedingten Maßunterschiede.
[4]) Die Unterführung f kann schräg über die ganze Brettdicke s_1 oder senkrecht zur Unterseite des Brettes verlaufen.

Aus Tabelle 1 sind die verschiedenen Dicken ablesbar. Für Rauhspundschalungen bei Kaltdächern werden im allgemeinen nur Bretter von 25, 27 oder 32 mm Stärke ausgeführt.

Die Deckbreite gemäß Tabelle 2 wird mit 70–150 mm angegeben.

Die Dicke s_1 ist nach der Spannweite zu dimensionieren. Hier ergeben sich mit Holzschalungen relativ günstige Werte, da die zulässigen Biegespannungen bei Holz 100 kp/cm² betragen. Im Gegensatz hierzu betragen die zulässigen Biegespannungen bei Holzspanplatten im Maximum nur 40 kp/cm² (bei bestimmter Ware weniger). Man kann also nicht etwa eine 25-mm-Holzschalung einer 25-mm-Holzspanplatte gleichsetzen. Eine Holzschalung ist statisch also weit günstiger zu bewerten als eine Holzspanplatte (hinsichtlich Durchbiegung usw.). Dies ist auch der Grund, warum Holzschalungen besonders bei Kiesschüttdächern heute noch bevorzugt Anwendung finden.

Besonders hinzuweisen ist auf die Deckbreite 70 bis max. 150 mm. Bei Flachdächern hat es sich bewährt, diese Deckbreite möglichst nicht über 130 mm zu wählen. Der Grund für die beschränkte Holzbreite ist in dem Schwindvorgang gegeben. Die Quellung pro 1% Feuchtigkeitsänderung liegt bei Fichte bei 0,17, bei Tanne bei 0,19 und bei Kiefer bei 0,20. Wenn z. B. angenommen wird, daß eine Holzschalung mit 20% Feuchtigkeit zum Einbau kam und auf 12% Feuchtigkeit nach Aufbringung der Feuchtigkeitsabdichtung abtrocknet, ergibt sich also eine Feuchtigkeitsänderuung von 8%. Dies entspricht dann z. B. bei Tanne einem Schwindvorgang von $8 \times 0,19 = 1,52\%$. Bei einem Brett von 150 mm Breite ergibt dies also bereits ca. 2,3 mm Schwindung in der Fuge. Hier wird bereits eine fest aufgeklebte Dachhaut erheblich auf Zugspannung belastet.

Wenn nun Bretter von 25 cm verwendet werden und wenn die Holzfeuchte 30% beträgt, was durch Feuchtigkeitsniederschläge nicht selten ist, so ergäbe sich bei Abtrocknung auf 12% eine Schwindung von 3,4% oder bei 25 cm Brettbreite 8,5 mm. Eine Fuge von 8,5 mm kann naturgemäß von keiner Dachhaut mehr aufgenommen werden, wenn diese mit der Holzschalung durch irgendeinen Vorgang in feste Verbindung kommt. Es muß dann Risse in der besten Dachhaut geben. Auch aufgeklebte Kunststoff-Folien, die hoch elastisch sind, können diese Spannungen nicht mehr austragen.

In der Praxis werden häufig anstelle von Nut- und Federschalungen lediglich Bretter mit stumpfen Kanten aufgenagelt und diese in unterschiedlichsten Breiten und u. U. mit noch sehr sparsamer Nagelung. Es kommt dann nicht nur zu den Schwindvorgängen in den Fugen, sondern meist auch noch zu Hochwölbungen der Bretter, da sie nicht durch Nut und Federn aneinander gehalten werden. In der Dachhaut kommt es dann zu erheblichen Zugspannungen im Bereich der Fugen. Hier können bereits Bretter von 15 cm Breite viel zu breit sein und zu Rissen in einer zugschwachen Dachhaut führen.

8. Das zweischalige Dach (Kaltdach)

Grundsätzlich muß man also fordern, daß nur Nut- und Federschalungen gemäß DIN 4072 verwendet werden und daß außerdem möglichst umgehend nach dem Aufbringen der Holzschalung diese durch feuchtigkeitstechnische Maßnahmen abgedeckt wird, um eine maximale Quellung zu verhindern. Bezüglich der Dachhautgestaltung s. spätere Ausführungen.

Sollten für den einen oder anderen Fall Holzbohlen gemäß DIN 4071 und DIN 68365 notwendig werden (große Stützweiten), muß auch hier Nut und Feder gefordert werden. Außerdem sollten die Bohlen auch in diesem Falle auf keinen Fall 15 cm Breite überschreiten.

2. Holz-Werkstoffe als Dachschalung

Unter Holz-Werkstoffen als Dachschalung werden verstanden Holzspanplatten nach DIN 68761 und Bau-Furnierplatten nach DIN 68705.

Als Dachschalung (tragende Dachplatten) dürfen, nachdem früher mit minderer Qualität erhebliche Schäden entstanden sind, nur noch folgende Qualitäten verwendet werden:
1. Holzspanplatten nach DIN 68761, Blatt 3, Verleimung V 100.
2. Bau-Furnierplatten nach DIN 68705, Blatt 3, Verleimung AW 100.

Die Platten sind unter Zugabe geeigneter, dem Leim oder der Mischung beigegebener Holzschutzmittel herzustellen, die die Platten nachhaltig gegen Angriffe holzzerstörender Pilze schützen. Die Wirksamkeit des Holzschutzmittels und seine Verträglichkeit mit dem Bindemittel müssen von der Bundesanstalt für Materialprüfung, Berlin, durch Gutachten belegt werden. Ferner ist die Herstellung derartiger Spezial-Holzspanplatten bauaufsichtlich überwachen zu lassen. Erst dann entsprechen die Platten den vorläufigen Richtlinien und dürfen dementsprechend mit dem Buchstaben G gekennzeichnet werden.

Diese verschärften Ausführungsbestimmungen resultieren aus den sehr schlechten Erfahrungen, die mit normal verleimten Holzspan- und Flachsschäbenplatten und teilweise auch Furnierplatten gemacht wurden.

Für die Grundlagen der statischen Berechnung und die bauliche Durchführung gelten die vorläufigen Richtlinien ETB-Ausschuß Mai 1967. Neben den Nachweisen für die statische Berechnung und Standsicherheit wird gefordert, daß die Platten mindestens mit 6 Drahtnägeln, Schraubnägeln oder Schrauben pro qm Dachfläche nach unten befestigt werden (gegen Windabhebung). Für Dachüberstände von mehr als 50 cm ist ein statischer Nachweis gegen Abheben erforderlich.

Die auftretenden Biegespannungen sind gemäß DIN 1055, Blatt 3 zu ermitteln und zwar für gleichmäßig verteilte Belastung (Eigengewicht, Wind und Schnee) bzw. Eigengewicht und Einzellast von 100 kp in Feldmitte unter Außerachtlassung der Wind- und Schneelast. In Tab. 214 sind nähere Details ersichtlich.

Die Durchbiegung ist rechnerisch aus den Lastfällen nach DIN 1055 zu ermitteln und darf bei Lastfall gleichmäßiger Verteilung höchstens $1/200$, bei Lastfall mit Einzellast höchstens $1/100$ der Stützweite betragen. Die Durchbiegung aus der Schubverformung darf vernachlässigt werden.

Bild-Tabelle 214a und b

Bei Anwendung der Tabellen 214a und b erübrigt sich ein rechnerischer Nachweis der Plattendicke, wenn die für die Tabellen angegebenen Voraussetzungen erfüllt sind.

Tabelle 214 – Statisch erforderliche Mindestdicken in mm – als Einfeldplatte berechnet – in Abhängigkeit von der Stützweite 1 und der Plattenbreite b. Zwischenwerte dürfen geradlinig eingeschaltet werden.

Lastannahmen: Eigengewicht der Platten $g = 10$ kp/m² je cm Dicke; Eigengewicht der Dachhaut einschl. etwaiger Dämmschicht $g = 25$ kp/m²; Schnee $s = 75$ kp/m²; Einzellast 100 kp (in Klammern die erforderlichen Dicken für $s = 150$ kp/m²). Windlasten wurden nicht berücksichtigt.

Bild-Tabelle 214a Mindestdicken für Holzspanplatten (mm)

Plattenbreite b in m	Stützweite 1 in m		
	1,0	1,25	1,50
1,0	36 (36)	47 (47)	58 (63)
1,25	36 (36)	43 (44)	49 (63)
1,50	36 (36)	43 (44)	46 (63)

Bild-Tabelle 214b Mindestdicken für Bau-Furnierplatten (mm)

Faserrichtung der Deckenfurniere	Plattenbreite b in m	Stützweite 1 in m			
		1,0	1,25	1,50	1,75
zur Auflagerrichtung rechtwinklig	1,0 bis 1,75	19 (21)	22 (26)	27 (32)	32 (37) mm
zur Auflagerrichtung parallel	1,0 bis 1,75	25 (28)	30 (35)	36 (43)	43 (50) mm

Die *Neigung der Dächer mit Schalung aus Holz-Werkstoffen muß mindestens 3°* betragen. Die Stützweite von Spanplatten darf höchstens 1,5 m, die von Bau-Furnierplatten höchstens 1,75 m sein. Für tragende Dachplatten, deren Festigkeitswerte um mehr als 20% über den Kennwerten dieser Leichtdach-Richtlinien liegen, ist die maximale Stützweite von 2 m erlaubt.

Die vorgenannte Forderung, daß Holz-Werkstoffe nur dann einzusetzen sind, wenn 3° Dachneigung vorhanden sind, stößt immer wieder auf erhebliche Schwierigkeiten. Seit Jahren werden auch Holz-Werkstoffe (zu denen auch Holzschalungen zählen) für gefällelose Flachdächer eingesetzt. Wenn eine gute Unterlüftung

8.6 Konstruktionsbeispiele zweischaliger Flachdächer

bei Kaltdächern vorhanden ist, und wenn in der Statik einige Reserven enthalten sind, ist von der Praxis aus gesehen diese Forderung nicht aufrecht zu erhalten. Zweifellos ist ein Dach mit Gefälle hinsichtlich der Be- und Entlüftung weit günstiger zu beurteilen, doch hat die Praxis erwiesen, daß auch bei gefällelosen Dächern bei bestimmten Sicherheitsmaßnahmen Holz-Werkstoffe ohne weiteres zum Einsatz kommen können.

Die Kennwerte und Mindestdicken für Holzspanplatten und Bau-Furnierplatten bei den gegebenen Lastannahmen können aus Tabelle 214 errechnet und abgelesen werden.

Bauliche Durchführung

Die Platten sollen im Verband rechtwinkelig zu den Sparren bzw. Holzbalken verlegt werden. Sie müssen an den freien Rändern durch Nut und Feder oder ähnlich wirksame Querverbindungen miteinander verbunden werden.

In Bild 215 ist die Anordnung und Verlegung auf Holzbalken und auf Stahlträgern dargestellt.

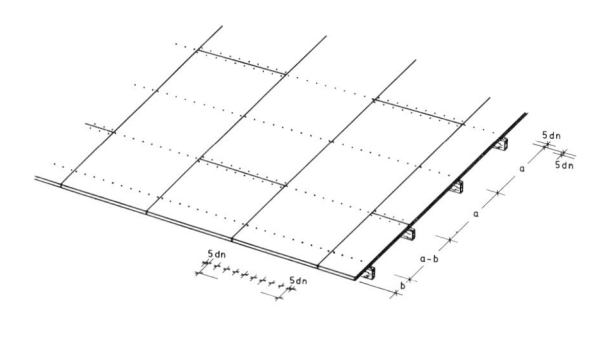

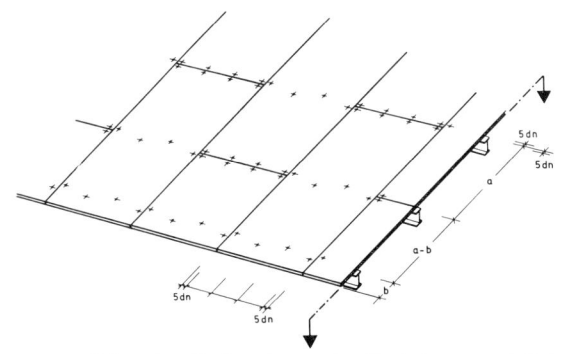

Bild 215 Holzwerkstoff. Anordnung der Dachplatten und Befestigungsmittel auf Stahlpfetten (d_n = Durchmesser der Nägel bzw. Schrauben)

Die Mindestauflage für Dachplatten soll 2 cm betragen, der Randabstand für Nägel oder Schrauben 5 × d_n (d_n = ⌀ des Befestigungsmittels). Sofern sich dieser Randbereich nicht einhalten läßt, empfiehlt sich anstelle von Bohrung oder Nagelung die Verwendung von Haltebügeln.

Die Längs- und Breitenänderung durch Feuchtigkeitsschwankungen usw. (etwa 3 mm/lfd. Meter) ist bei der Verlegung durch Fugenausbildungen zu berücksichtigen. Die Platten verlassen das Werk mit einer Ausgleichsfeuchte von ca. 10 %. Größere Luftfeuchtigkeiten oder direkte Beregnung führen zu einer höheren Ausgleichsfeuchte, die wiederum eine Quellung der Spanplatten oder dgl. bewirkt. Diese Quellung liegt pro lfd. Meter etwa bei 3 mm. Es müssen also Dehnfugen einkalkuliert werden. Bei einem Plattenformat von 3,43 m × 1,25 m ergeben sich folgende Längs- bzw. Querfugen:

Längsfuge: 1,25 m × 2,5 mm/m = 3,1 mm Fuge
Querfuge: 3,43 m × 2,5 mm/m = 8,5 mm Fuge.

Es empfiehlt sich also, eine Längsfuge von ca. 3 mm und eine Querfuge von 8–9 mm herzustellen. Dies kann aus Bild 216 als Beispiel entnommen werden.

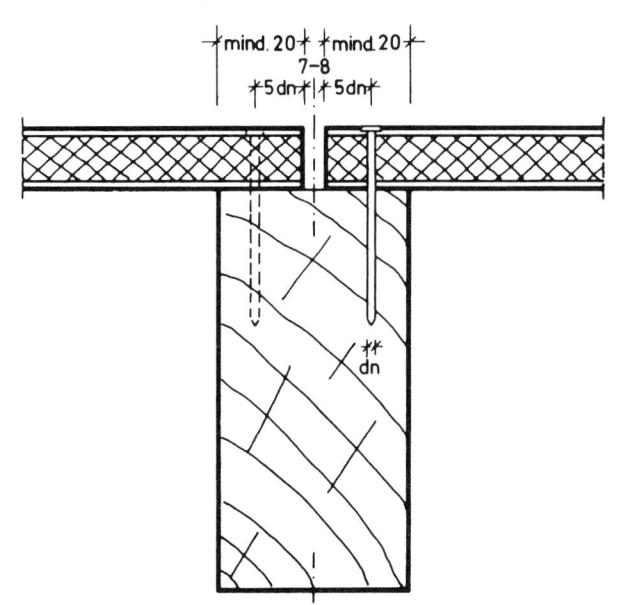

Bild 216 Ausbildung der Plattenstoßes auf einer Holzpfette

In den ETB-Richtlinien wird für zweischalige belüftete Kaltdächer angeführt, daß ein besonderer Nachweis wegen Feuchtigkeitsschutz nicht erforderlich ist, wenn der Lufthohlraum des Zweischalendaches ausreichend be- und entlüftet ist.

Die Platten sind während des Transportes und bei Lagerung auf der Baustelle gegen Nässe und Erdberührung zu schützen. Zum Schutze gegen Niederschläge nach der Verlegung soll unmittelbar die Dachhaut aufgebracht werden. Die Dachhaut ist so auszubilden, daß schädliche Dehnungen und Blasenbildungen vermieden werden, z.B. durch Anordnung einer Entspannungsschicht unter der Dachhaut (s. spätere Anmerkungen).

Bezüglich Brandschutz wird angeführt, daß eine Dachhaut aus mehrlagigen genormten Dachbahnen auf Holzspan- oder Bau-Furnierplatten aufgebracht gemäß

8. Das zweischalige Dach (Kaltdach)

DIN 4102, Blatt 4 als harte Bedachung gilt. Soweit jedoch nach bauaufsichtlichen Vorschriften im Einzelfall eine feuerhemmende Dachkonstruktion (F30 bzw. F60) oder schwer entflammbare Baustoffe gefordert werden, sind diese Eigenschaften durch das Prüfzeugnis einer anerkannten Prüfstelle oder durch Prüfbescheid nachzuweisen.

Die Wärmeleitzahl von Holzspanplatten liegt etwa bei 0,10 kcal/mh°, der Diffusionswiderstandsfaktor je nach Feuchtigkeitsgehalt zwischen 25 und 50. Die Wärmeleitzahl bei Bau-Furnierplatten liegt bei 0,12 kcal/mh°, der Diffusionswiderstandsfaktor ebenfalls zwischen 25 und 50. In Einzelfällen kann der Diffusionswiderstandsfaktor bei einer Rohdichte von 600 kg/m^3 auch bei 80 liegen. Bei 36-mm-Platten $\mu \times s \approx 2,8$. Die Platten sind also relativ dampfbremsend.

Bezüglich der Dachhautaufbringung ist das Kriterium die Fuge bei diesen Platten. Je länger die Platten sind, je größer gemäß vorgenannter Berechnung die Fugenausbildung, um so gefährlicher die Entstehung einer Rissebildung in der Dachhaut bei kompakter Verbindung. Zu *großformatige Platten* sind also bei Flachdächern keineswegs anzustreben. Auch sollte die Dachhaut wie nachfolgend angeführt, bei harten Bedachungen keine feste Verbindung zu den Platten erhalten.

3. Flachsspanplatten

Wie bereits zuvor und bei den Warmdächern beschrieben, können auch sog. Flachsspanplatten als Oberschale für Dachplatten verwendet werden. Es sind dies mehrfach geschüttete Flachpreßplatten, hergestellt aus Flachsschäben als Deckschicht und Holzspänen als Mittellage, phenolharzverleimt (V100) entsprechend DIN 68761, Blatt 3. Sie haben einen eingearbeiteten chemischen Holzschutz G nach den vorgenannten Richtlinien für leichte Dächer. Die Fertigung der Dachplatten unterliegt ebenfalls der Güteüberwachung. Plattenformat 125/340 cm, Plattendicke 36 mm.

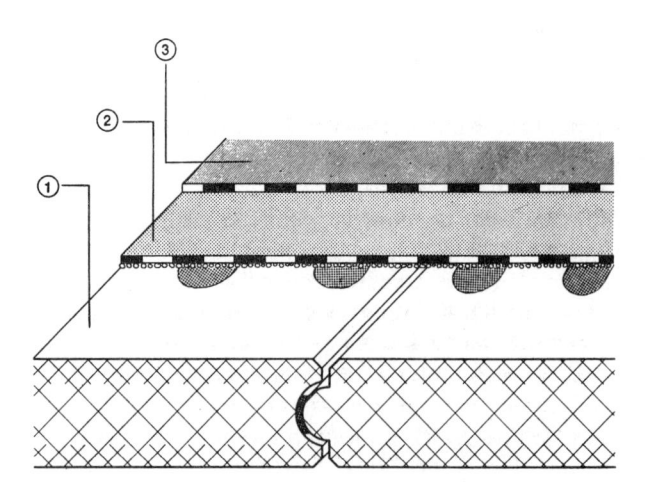

Bild 217 Aufbau eines Flachdaches mit Essmann-Triaphenol-Dachplatten. 1 Dachplatten, 2 Dampfdruckausgleichsschicht, unterseitig grob bekieste Glasvlies-Bitumendachbahn, punktweise aufgeklebt, 3 obere Lage der Dachhaut

Diese Platten sind ebenfalls selbsttragend, begehbar und können bei den üblichen Lasten als Zweifeldplatten bis zu einer Spannweite von 170 cm, als Einfeldplatten bis zu einer Spannweite von 145 cm verlegt werden. Durch die Rundfederverbindung mit Schaumstoffeinlagen (z. B. Essmann) ergibt sich ein fester Verbund der Platten untereinander und eine glatte homogene Dachfläche. Bezüglich Verlegung und Fugenausbildung gilt dasselbe wie bei Holzspanplatten usw. angeführte. In Bild 217 ist eine Stoßausbildung einer derartigen Platte dargestellt, wie sie schon beim Warmdach gezeigt wurde, also hier wiederholt wird, da diese Elementplatten häufiger als Oberschale verwendet werden.

4. Oberschale aus Leichtbetonplatten

Gas- oder Bimsbeton-Platten werden ebenfalls häufig als Oberschale verwendet. Es werden dann, wie in dem vorgenannten Kapitel angeführt, Untermauerungen vorgenommen. Die Verlegung erfolgt wie beim Warmdach beschrieben. Bimsstegdielen oder Gasbeton-Platten werden besonders dann angewandt, wenn evtl. größere Spannweiten durch die Oberschale überbrückt werden sollen, oder wenn eine recht robuste Oberschale erwünscht ist, also z. B. auch dann, wenn auf der Oberschale noch Terrassen aufgebracht werden sollen.

Grundsätzlich sind auch hier die Anmerkungen zu beachten bezüglich der Entwässerung. Wenn größere Spannweiten vorliegen, kann die Durchbiegung wiederum so groß sein, daß Pfützenbildungen in den Mulden vorhanden sind. Hier ist also dann ein Gefälle u. U. zweckmäßiger als eine Planebenheit (s. nachfolgendes Kapitel).

5. Glatte Asbestplatten

Wie bei den Abstands-Konstruktionen zuvor beschrieben, werden auch glatte Asbestplatten verwendet. Diese werden meist in 12 mm Stärke vorgeschlagen. Die Verlegung mit der Dehnfuge muß gemäß Bild 212 angeordnet werden. Hier wurde bereits schon auf die Problematik dieser Dehnfuge hingewiesen, wie sie zweifellos auch bei Holzspanplatten usw. wirksam wird. Da in den Bildern 206–212 diese Art der Oberschale ausreichend behandelt wurde, brauchen weitere Hinweise hier nicht mehr gegeben zu werden.

8.6.1.7 Dachhautgestaltung beim gefällelosen Kaltdach

Je nach Wahl und Konstruktion der Oberschale kann wiederum entweder eine bituminöse Dachabdichtung gewählt werden oder eine Kunststoff-Folienabdichtung oder eine nahtlose Kunststoff-Beschichtung. Hier ergeben sich keine Unterschiede gegenüber der Beschreibung beim Warmdach. Es wird also grundsätzlich auf die Beschreibungen und Verlegehinweise beim Warmdach verwiesen.

8.6 Konstruktionsbeispiele zweischaliger Flachdächer

Da der Untergrund beim Warmdach jedoch immer eine Wärmedämmplatte oder Gasbeton oder dgl. ist, ergibt sich beim Kaltdach ein Unterschied dadurch, daß der Untergrund z.B. aus nagelbaren Materialien bestehen kann.

Derartige nagelbare Materialien sind nach vorgenannter Aufzählung z.B. Holzschalungen, Holzspanplatten, Bau-Furnierplatten, bedingt auch Gasbeton-Platten, Bimsstegdielen bzw. Leichtbauplatten.

Bei bituminösen Dachabdichtungen ist es erforderlich, daß zwischen der eigentlichen Dachabdichtung und zwischen den schwind- und quellfähigen Holz-Werkstoffen eine Trennschicht vorhanden ist, die in der Lage ist, die unterschiedlichen Bewegungen in sich aufzunehmen, ohne daß die statischen Kräfte von der Unterschale in die Dachhaut übertragen werden und dort Risse bewirken.

Nagelung der Bahnen

Bei der Deckung auf nagelbarem Untergrund sind die Bahnen der ersten Lage (wenn nicht anders vorgeschrieben) wie folgt durch Nagelung gemäß Bild 218 (»ABC der Dachbahnen«) zu befestigen:

a) Am zu überdeckenden Rand sind die Bahnen im Abstand von etwa 25 cm zu heften.
b) Am überdeckten Rand sind die Bahnen im Abstand von max. 10 cm dicht abzunageln.

Die Bahnen der nächstfolgenden Lage sind am zu überdeckenden Rande ebenfalls im Abstand von etwa 25 cm zu heften.

Soll die erste Lage mit verdeckter Nagelung aufgebracht werden (meist mit zusätzlicher Verklebung des Überlappungsstoßes), sind die Bahnen am zu überdeckenden Rand im Abstand von *max. 10 cm* dicht abzunageln.

Bei der Deckung senkrecht zur Traufe sind die Bahnen jeder Lage am oberen Rand versetzt mit Nagelabständen von *5 cm* zu nageln.

Auf Nagelbohlen, mindestens 12 cm breit, ist in der Weise zu nageln, daß zweireihig versetzt mit etwa 5–10 cm Nagelabstand genagelt wird. Die obere Nagelreihe soll etwa 4 cm vom oberen Bohlenrand, die untere etwa 9 cm vom oberen Bohlenrand entfernt sein. Die einzelnen Anordnungen können aus den drei Bildern aus Bild 218 abgelesen werden.

Über dieser genagelten Bahn ist dann bei gefällelosen Dächern die weitere Abdichtung aufzubringen. Gemäß den Richtlinien für die Ausführung von Flachdächern dürfte die erste genagelte Bahn als Dachhaut gezählt werden (Zusatz zu den Richtlinien). Es hat sich jedoch herausgestellt, daß diese erste Bahn in genagelter Form keineswegs als erste Lage gezählt werden kann, wenn nicht unter dieser Lage zuerst eine ausgesprochene Trennschicht vorhanden ist, die in der Lage ist, die Spannungen weitgehend in sich aufnehmen zu können. Wenn im Bereich der Überlappung keine einwandfreie

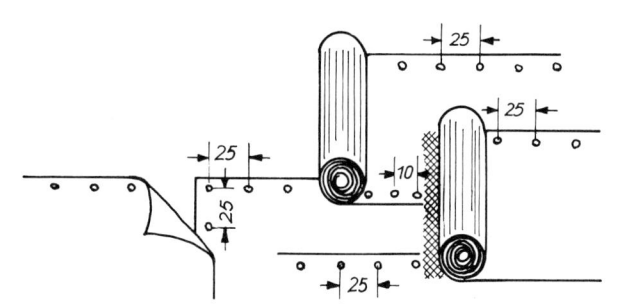

1. Deckung parallel zur Traufe

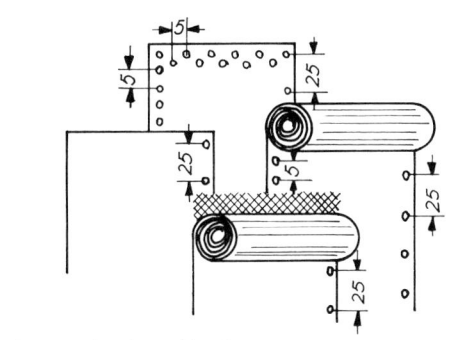

2. Deckung senkrecht zur Traufe

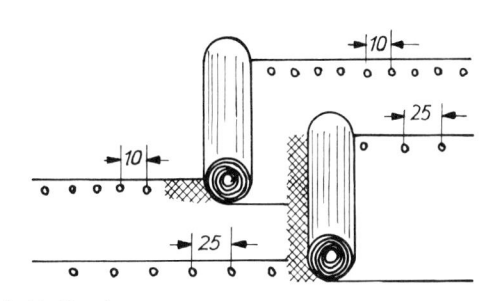

3. Verdeckte Nagelung
Bild 218 Nagelung der Dachbahnen

Verklebung zustande kommt, dann kann die erste genagelte Lage auch praktisch nicht gezählt werden. Wird jedoch die Überlappung verklebt, kommt es unwillkürlich auch zu einer *festen Verklebung mit der Holzschalung* oder mit der Unterkonstruktion. Wenn diese, wie aus den vorgenannten Kapiteln ablesbar, Spannungen nach oben überträgt, kommt es bei Direktberührung zu Rissebildungen.

Für sturmsichere Deckung gilt Bild 218a. Über der Trennpappe ist das verzinkte Drahtgewebe aufzunageln, bevor verklebt wird.

Sowohl die »Richtlinien« als auch »ABC der Dachbahnen« müßten hinsichtlich der Lagenzahl berichtigt werden. Es empfiehlt sich, wenn schon die erste genagelte Lage gezählt werden soll, folgender praktischer Aufbau:

1. Trennschicht, bestehend aus einer Polyäthylen-Folie 0,05–0,1 mm oder zwei Lagen kreuzweise verlegte Ölpapiere oder eine Roh-Glasvlies 50 g/m² oder eine Wollfilzbahn jeweils lose aufgelegt, an den Stößen überlappt. (Nicht als Lage zählend. Auch bei sturmsi-

8. Das zweischalige Dach (Kaltdach)

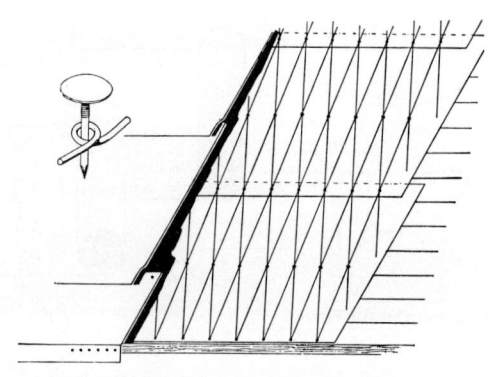

Bild 218a Arbeitsschema für eine sturmsichere Deckung

cherer Deckung kann die Unterlage unter dem Drahtgewebe nicht gezählt werden.)
2. 1 Glasvliesbahn V11 oder besser V13, unterseitig besandet, an den Bahnenrändern und in der Mitte der Bahn dicht, gemäß vorgenannten Empfehlungen genagelt, Überdeckung geklebt, als 1. Lage zählend.
3. 1 Glasgewebegitterbahn G 200 (als 2. Lage).
4. 1 Glasvliesbahn V11 als 3. Lage. Diese beiden Lagen im Gieß- und Einwalzverfahren aufgeklbt, oberseitig mit Heißbitumen-Deckaufstrich und Kiesschüttung (s. weitere Variationen unter »Warmdach«).

Es ist hier also vorgesehen, zwischen der genagelten ersten Lage und zwischen Unterschalung eine völlige Trennschicht (evtl. mit Drahtgewebe) herzustellen, die in der Lage ist, die Schwindprozesse aus der Holzschalung aufzunehmen. Nur dann kann gegebenenfalls die erste genagelte Lage Dachbahn auch als erste Lage bezeichnet werden.
Nach den Richtlinien müssen also dann noch weitere zwei Lagen Dachbahnen zur Aufklebung kommen.
Kunststoff-Dachbahnen müssen, wie unter »Bedachungsstoffe Warmdach« beschrieben, wegen der Aggressivität der Holzschutzmittel ebenfalls durch eine Trennschicht von diesen getrennt werden. Dies ist insonderheit eben bei PVC-Folien der Fall, deren Weichmacher sonst abwandert. In diesen Fällen wird bevorzugt eine nackte Wollfilzbahn verwendet. Aber auch bei beständigen Kunststoff-Folien empfiehlt es sich, bei Planenverlegung wegen der Ebenheit, scharfer Kanten, Nägel, Äste usw. eine Trennpappe. Bei Kunststoff-Folien, die geklebt werden, ist eine Glasvliesbahn V11 zu nageln wie Bild 218 und hierauf dann die Folie zu kleben (z. B. Lucobit, Rhepanol usw.).
Daß eine Holzschalung keine Holzschädlinge beinhalten darf, ist bekannt. Trotzdem ist besondere Vorsicht vor der Aufbringung der Dachhaut am Platze. Es ist durchaus möglich, daß in der Holzschalung kaum sichtbar Holzwespen oder dgl. enthalten sind, die dann später in der Flugzeit die Dachhaut durchfressen und so Löcher in die Dachhaut bringen. Derartige Fälle sind dem Autor schon begegnet. Je dünner die Dachhaut ist, je größer natürlich die Gefahr einer derartigen Zerstörung durch Insekten.

Andererseits ist es aber auch notwendig, bei Kaltdächern die Be- und Entlüftungsöffnungen durch ein Drahtgeflecht oder dgl. so abzudecken, daß Insekteneinflug nicht möglich ist. Ein Maschendraht mit einer Drahtweite zwischen 3 und 5 mm ist hierfür geeignet.
Die Dachhautgestaltung bei Holzspanplatten usw. entspricht der wie bei Holzschalung. Evtl. sollte bei großen Platten, wie bei Eternit beschrieben, zuerst ein Schleppstreifen über den Fugen aufgelegt werden.

8.6.1.8 Oberflächenschutz

Dem Oberflächenschutz kommt auch beim Kaltdach eine erhebliche Bedeutung zu. Besonders bei gefällelosen Kaltdächern, bei denen bekanntlich eine Schwerkraftlüftung kaum gegeben ist, muß verhindert werden, daß der Luftraum durch Sonnenzustrahlung zu stark aufgewärmt wird. Hier kann wiederum wie beim Warmdach ein entsprechender Oberflächenschutz sehr wirksam sein. Es wird also auf alle dort angeführten Möglichkeiten verwiesen. Die zweifellos beste Möglichkeit ist auch beim Kaltdach (beim schweren Kaltdach ist dies meist statisch ohne weiteres möglich) eine Kiesschüttung von ca. 5 cm Stärke aufzubringen. Dadurch können die Einstrahltemperaturen wesentlich reduziert werden. Gleichzeitig wird die Dachhaut auch hier vor vorzeitiger Alterung geschützt.
Eine wesentliche Aufgabe hat der Oberflächenschutz auch bezüglich der Vermeidung eigener Temperaturspannungen aus der Oberschale. Dies ist besonders bei großformatigen Platten notwendig, also bei Holzspanplatten, Asbestplatten, Bims- oder Gasbeton-Platten. Je geringer diese Eigenbewegungen durch Temperatureinflüsse sind, je geringer die Zugspannungsbelastungen im Bereich der Fugen auf die Dachhaut. (Schleppstreifen sind auch kein Allheilmittel.)
Bei einem Teil der vorgenannt gezeigten Dachaufbauten (z. B. Ertex) wurde bei Normalfällen auf eine Verankerung in der Rohdecke verzichtet. Hier war dann die Kiesschüttung unbedingte Voraussetzung für die Sturmsicherheit der Oberschale. Nach DIN 1055 sollte jede Oberschale mit der Unterkonstruktion verankert sein. Bei einer Kiesschüttung von 100 kg/m^2 ist jedoch das Dachgewicht so groß, daß diese Zusatzbefestigung ein weiterer Sicherheitsfaktor ist.
Ist eine derartige Kiesschüttung nicht möglich, dann muß bei einwandfreier Verankerung der Konstruktion nach unten (Holzkonstruktion oder dgl.) auch die eigentliche Dachhaut sturmsicher ausgeführt werden.
Die Sturmdeckung ist eine mehrlagige Normaldeckung aus Bitumen-Dachbahnen, bei der über der ersten Lage eine diagonal kreuzweise Drahtverspannung aufgebracht ist, die überall gleichmäßig mit Nägeln befestigt wird. Vor Aufkleben der ersten und weiteren Lagen muß die Drahtverspannung völlig in Klebemasse eingebettet sein. Dies ist in Bild 218a dargestellt. (Siehe vorgenannte Ausführung.)

8.6 Konstruktionsbeispiele zweischaliger Flachdächer

Auf einer derart drahtbewehrten Dachhaut, die in der Holzschalung einwandfrei genagelt ist, kann dann jeder Oberflächenschutz aufgebracht werden, also auch eine Rieseleinklebung mit ca. 12 kg/m² Riesel, wie beim Warmdach beschrieben, oder es kann auch die Oberlage als fabrikfertig bekieste Dachbahn verwendet werden. (Bei entsprechender Neigung.)

Bei einer Kunststoff-Folie, die bekanntlich, wie vorgenannt, von der Unterkonstruktion zu trennen ist, muß in jedem Falle gegen Sturmabhebung eine entsprechend starke Kiesschüttung aufgebracht werden. Ist dies nicht möglich, muß eine andere Kunststoff-Folie verwendet werden, die bitumenverträglich ist und die ebenfalls nach unten mittels Sturmbewehrung mit der Rohkonstruktion verankert ist. In diesen Fällen empfiehlt es sich also ebenfalls, über der ersten Lage genagelten Dachbahn eine Sturmbewehrung aufzubringen, diese mit Heißbitumen vollkommen einzukleben und erst hierauf dann die Kunststoffbahn mit Heißbitumen aufzukleben. Hier lassen sich noch zahlreiche Variationen ableiten.

8.6.1.9 Entwässerung

Die Entwässerung kann beim gefällelosen Zweischalendach ebenfalls an jeder beliebigen Stelle vorgenommen werden. Sie sollte jedoch ganz genauso wie beim Warmdach nur im warmen Bereich angeordnet werden. Voraussetzung für die frostfreie Ableitung des Wassers ist die, daß der Bodeneinlauf auch im durchlüfteten Kaltluftraum *einwandfrei mit Wärmedämmung* umwickelt ist, wie dies aus Bild 219 zu entnehmen ist. Beim Kaltdach können einetagige Bodeneinläufe fabrikfertig oder manuell gefertigt verwendet werden (mit ausreichend großem Aufklebeflansch).

Anstelle einer manuellen Umwicklung mit Wärmedämmung können auch verlängerte, bereits wärmegedämmte Rohre verwendet werden, sog. Zobelrohre gemäß Einbaubeispiel Bild 220 (Esser). Ein derartiges, wärmegedämmtes verlängertes Rohr kann dann notwendig werden, wenn eine nachträgliche Umwicklung der Abflußrohre im Dachraum aus verschiedenen Gründen nicht mehr möglich ist.

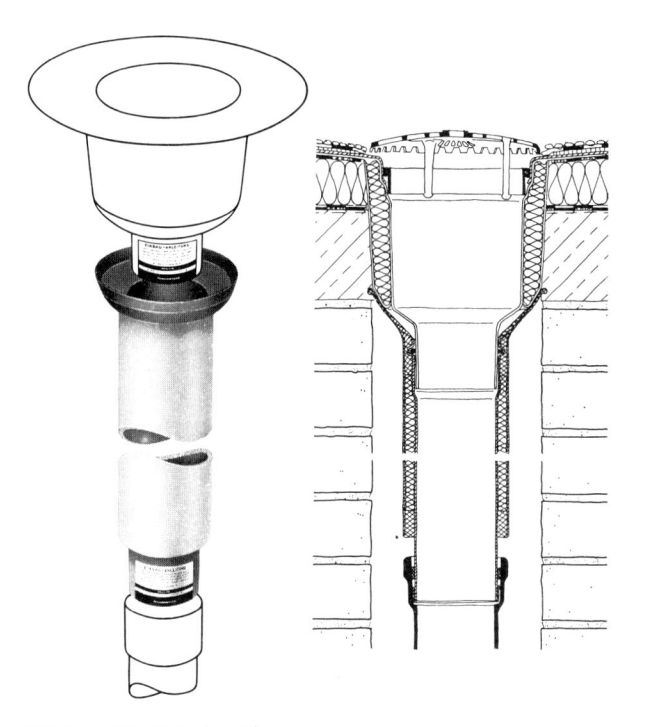

Bild 220 Zobelrohr (Esser)

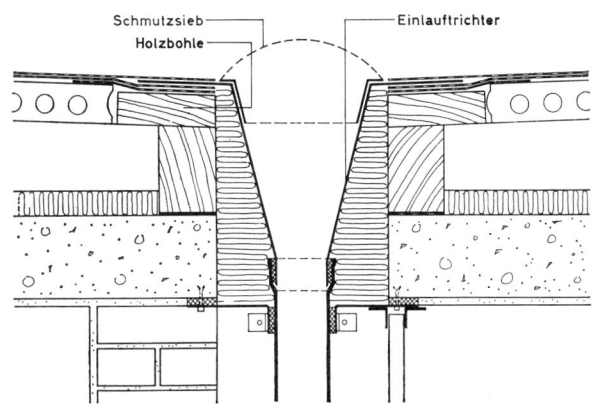

Bild 219 Entwässerung Kaltdach mit seitlicher Dämmung

Unter bestimmten Voraussetzungen kann es auch erforderlich werden, die Entwässerung über eine Außenrinne vorzunehmen. Dies fordert jedoch in allen Fällen ein entsprechendes Gefälle. In Bild 221 ist eine derartige Außenentwässerung bei einem Kaltdach dargestellt, das hier mit Metallblech abgedeckt ist.

Die Gefahr bei derartigen Dachvorsprüngen liegt bei jeder Dachhaut darin, daß im auskragenden Bereich auf der Dachhaut Eisbildung entsteht. Ein derartiger Eisberg im auskragenden Bereich ist ganz natürlich. Es wird immer eine gewisse Wärmeabstrahlung aus dem warmen Innenraum nach oben stattfinden. Über diesen Räumen wird also Schnee und Eis vorzeitig abtauen, während im auskragenden Dachgesimsbereich immer, auch bei guter Durchlüftung, noch andere Temperaturverhältnisse gegeben sind. Hier bilden sich also Eisbarrieren. Das evtl. später nachfließende Wasser kommt nicht in die Rinne, die im Winter meist ohnehin zugefroren ist. Es kommt dann zu Rückstaubelastungen. Bei Dachdichtungen (bituminösen Bahnen) mag dies noch ohne merkbare Schäden abgehen, bei Dachdeckungen (Doppelstehfalz-Dach) kann dies jedoch zu Wassereindringungen führen. Die Außenentwässerung ist also beim Flachdach grundsätzlich in Frage zu stellen. Anstelle von Bild 221 sollte eine Attikaaufkantung hergestellt werden (Bild 222 und 223), gegebenenfalls mit einer kleinen Muldenrinne vor dieser Attika. Die Entwässerungsrohre sollten aber dann immer im war-

8. Das zweischalige Dach (Kaltdach)

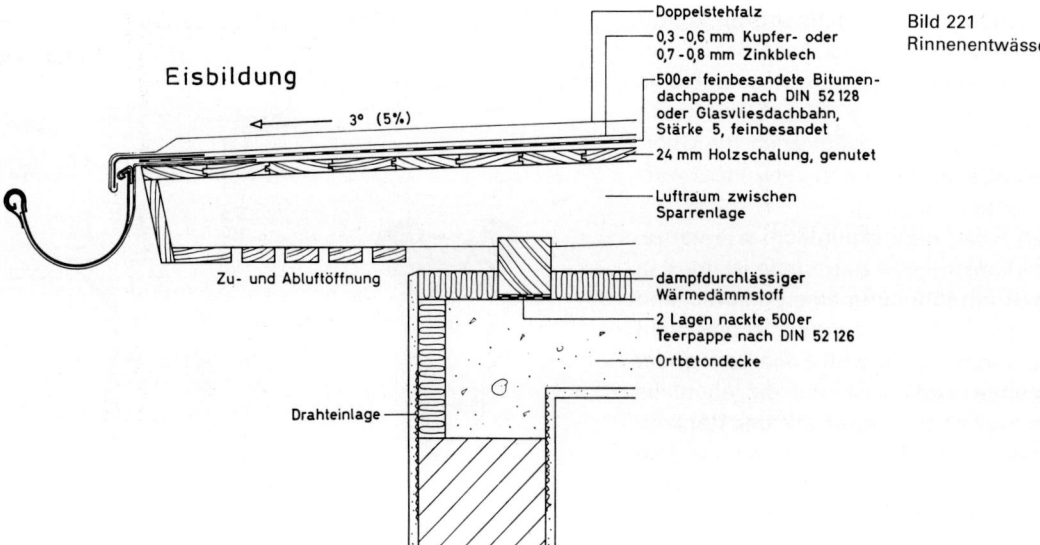

Bild 221 Rinnenentwässerung

Beschriftungen:
- Doppelstehfalz
- 0,3 - 0,6 mm Kupfer- oder 0,7 - 0,8 mm Zinkblech
- 500er feinbesandete Bitumendachpappe nach DIN 52128 oder Glasvliesdachbahn, Stärke 5, feinbesandet
- 24 mm Holzschalung, genutet
- Luftraum zwischen Sparrenlage
- dampfdurchlässiger Wärmedämmstoff
- 2 Lagen nackte 500er Teerpappe nach DIN 52126
- Ortbetondecke
- Eisbildung, 3° (5%)
- Zu- und Abluftöffnung
- Drahteinlage

men Bereich, also innenseitig der Außenwand abgeleitet werden, da sie mit Sicherheit bei Außenentwässerung im Winter einfrieren. (Siehe spätere Details.)

8.7 Massives Flachdach mit Gefälle in Oberschale

Bei einem Gefälle in der Oberschale kann dieses Gefälle entweder nach außen oder nach innen hergestellt werden. Bei einem Außengefälle kann die Belüftung gemäß Bild 222 und Detail Bild 233 vorgenommen werden. Die Luft tritt also am tiefsten Punkt ein und kann am höchsten Punkt im Bereich des Firstes durch Einzelentlüftungen oder mittels durchgehenden Entlüftungen abge-

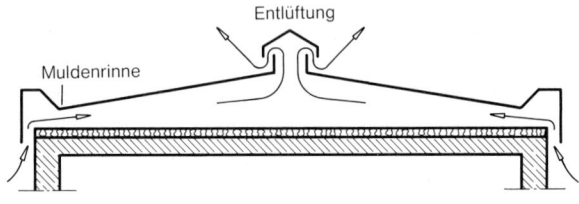

Bild 222 Außengefälle

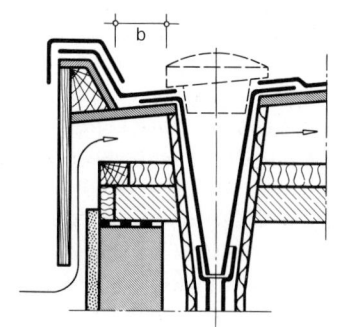

Bild 223 Muldenentwässerung an Attika

führt werden. Es kommt also eine echte Schwerkraftlüftung zustande. Dächer dieser Art sind also von der bauphysikalischen Sicht aus gesehen zweifellos idealer als gefällelose Dächer. Die Entwässerung sollte auch hier, wie zuvor angeführt, innerhalb des Daches, also im warmen Bereich vorgenommen werden, was aus Detail-Skizze Bild 223 zu entnehmen ist. Durch eine schräg ausgeführte Attika kann eine leichte Muldenrinne geschaffen werden. Hier ist lediglich darauf zu achten, daß der Aufklebeflansch für den Bodeneinlauf noch breit genug ist, um eine einwandfreie Dachhauteinklebung zu erhalten. Das Maß b soll ca. 15 cm betragen. Selbstverständlich können auch Bodeneinläufe mit schrägem Abgang gewählt werden, so daß diese gegebenenfalls auch im Außenmauerwerk innenseitig (wärmegedämmt) abgeleitet werden können.

Anders dagegen ist es bei einer sog. Innenentwässerung, also beim Schmetterlingsdach, wie dies schon mehrfach angeführt. In Bild 224 ist das System eines derartigen Schmetterlingsdaches dargestellt. Beachtenswert bei diesem Bild ist, daß die Belüftung auf der einen Seite am tiefsten Punkt des Kaltdaches vorgenommen wird und die Entlüftung am höchsten Punkt. Trotz der Einschnürung im Bereich der Muldenrinnen (Kastenrinnen sind aus den Erfahrungen wegen der Einklebung der notwendigen Bleche abzulehnen) kommt es hier zu einer Durchlüftung. Eine Verstärkung dieser Durchlüftung kann dadurch erzielt werden, wenn die Belüftungsöffnungen im Bereich der Hauptwindrichtung angeordnet werden, also hier meist auf der Westseite und die Entlüftungsöffnungen auf der gegenüberliegenden Seite.

Derartige Lösungen sind zweifellos nicht immer durchführbar, sollten aber angestrebt werden. Bei sehr tiefen Dächern sollte gemäß Skizze 225 verfahren werden. Hier müßte also im Bereich der Muldenrinne eine Belüf-

8.7 Massives Flachdach mit Gefälle in Oberschale

Bild 224
Schmetterlingsdach [38]

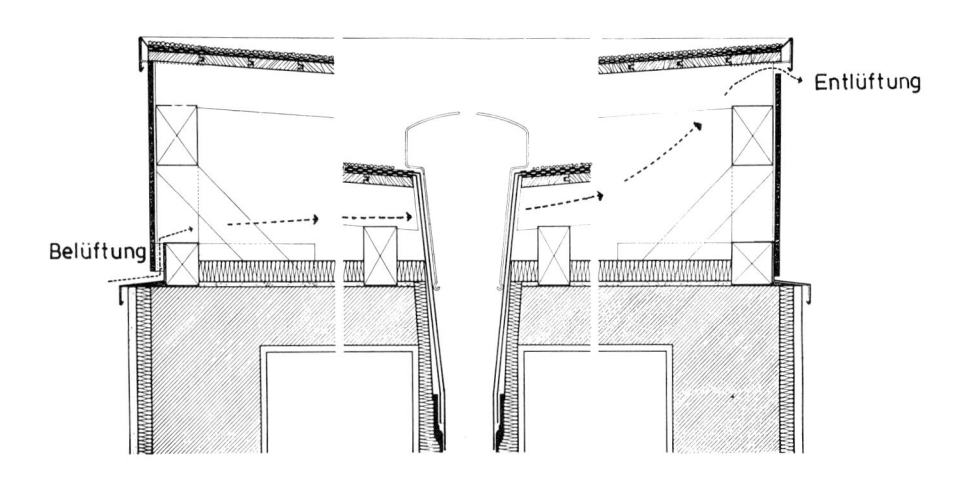

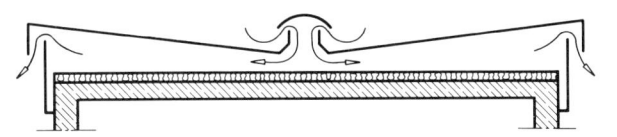

Bild 225 Bei langen Dächern Zwischenlüftung

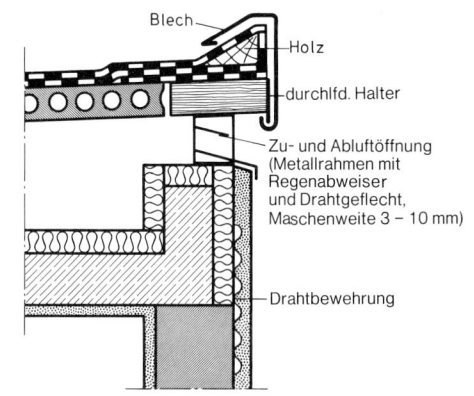

Bild 227 Be- und Entlüftung bei geringer Tiefe und möglicher Windbelastung

tung geschaffen werden, die dann im Bereich der Ortgänge als Entlüftung angeordnet ist.
Als Muldenrinne ist z. B. Bild 226 anzusprechen. Hier ist u. U. nur die Dachhaut zusätzlich zu verstärken, da hier in jedem Falle eine Dachabdichtung erforderlich ist. Dies kann skizzenhaft aus diesem Bild entnommen werden.

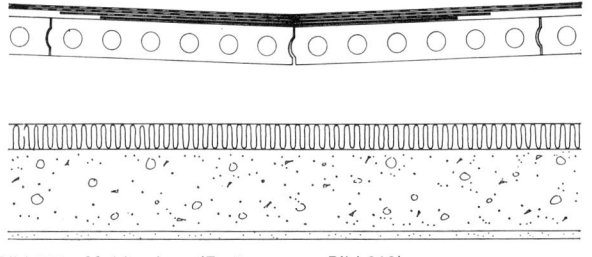

Bild 226 Muldenrinne (Ergänzung zu Bild 219)

Die Zu- und Ablüftung ist bei solchen Dächern, bei denen weder eine Belüftung nach Bild 225 möglich ist noch nach Bild 224, dadurch herzustellen, daß auf beiden Seiten in derselben Höhe Zu- und Abluftöffnungen gemäß den bekannten Forderungen angeordnet werden. Falls eine Attika-Aufbetonierung wie in Bild 227 durchgeführt wird, ist diese allseitig mit einer Wärmedämmung zu versehen, um Temperaturspannungen aus dieser Attika nach unten auszuschalten. Unter Umständen muß aber auch bei derartigen Auflasten eine Gleitfolie, wie später dargestellt, oder sogar ein Ringanker zwischen Betondecke und Mauerwerk zum Einbau kommen.

Bezüglich der Dachabdichtung bzw. Dachdeckung gelten die bei Gefälle beim Warmdach angeführten Hinweise, soweit es sich um bituminöse Dachdichtungen usw. handelt. Bei Gefälle über 5° würden also zwei Lagen Dachdichtungsbahnen ausreichen, im Bereich der Mulden natürlich dann mindestens wieder drei Lagen. Desgl. ist besonders bei bituminösen Dachbahnen darauf zu achten, daß bei Gefälle über 3° schon standfeste Heißbitumen-Klebemassen notwendig werden, wenn keine Kiesschüttung die Aufheizung der Dachhaut verhindert. Auch Kaltriesel-Klebemassen schützen nicht vor Abrutschgefahr. So stellte der Autor in zahlreichen Fällen fest, daß auch bei Kaltdächern mindestens die oberen beiden Lagen bei 3° Neigung und langen Dächern unter Verwendung von Heißbitumen 85/25 abgerutscht sind. Bei nagelbarem Untergrund müssen außerdem die Bahnen zusätzlich mindestens am oberen Rand und am Bahnenstoß verdeckt genagelt werden. Die Bahnenlänge ist auf 5 m zu beschränken.

8.8 Das leichte Flachdach

Das leichte Flachdach, gefällelos oder nur mit leichtem Gefälle, kann im Prinzip wiederum die verschiedensten Dachformen haben, wie sie hier für Leichtdächer in Bild 228 zusammengestellt sind. In Bild 1 ist das völlig gefällelose Leichtdach dargestellt, das bei mäßiger Tiefe ohne Zwischenlüftung gemacht wird. Bei größerer Tiefe wäre gemäß Bild 2 eine Zwischenentlüftung notwendig. Durch den Höhenunterschied ergibt sich hier bereits auch, wie bereits vorgenannt, eine Temperaturlüftung. In Bild 3 ergibt sich ein natürlicher Luftzug, da ein Höhenunterschied zwischen Be- und Entlüftung vorhanden ist. In Bild 4 ist wiederum ein Schmetterlingsdach dargestellt, das bei größerer Tiefe ebenfalls eine Belüftung am tiefsten Punkt erfahren muß und in Bild 5 das Satteldach, bei dem ebenfalls bei Entlüftung am höchsten Punkt eine Zugwirkung zustande kommt. Die schwierigste Art ist zweifellos das gefällelose Leicht-Flachdach nach Bild 1 und 2 und hier besonders nach Bild 1.

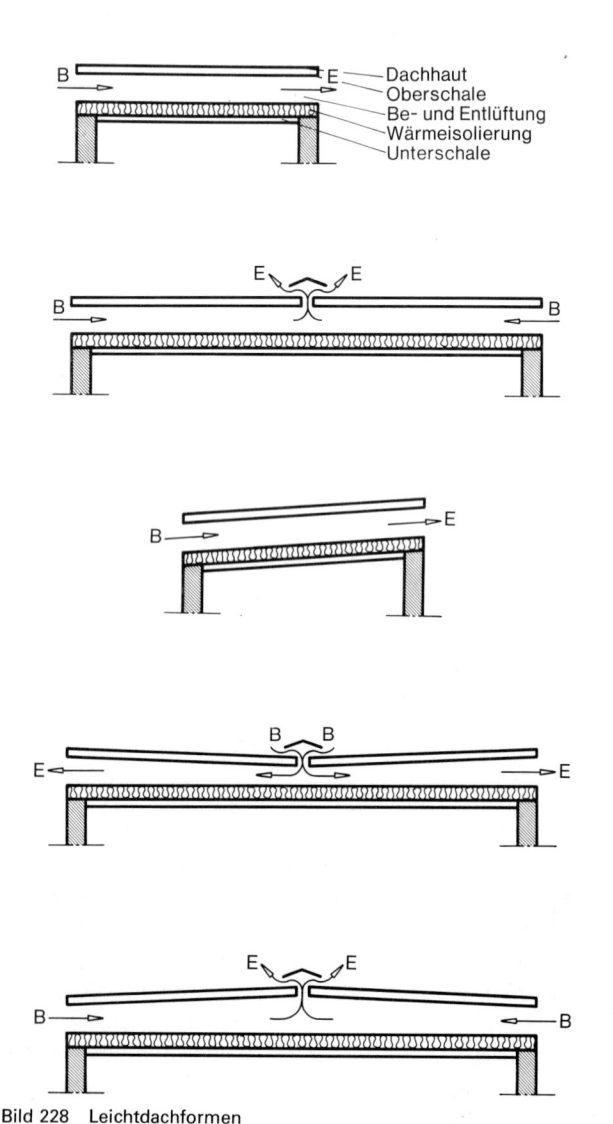

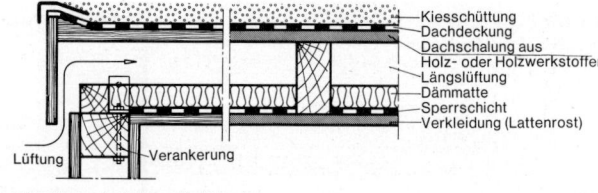

Bild 228   Leichtdachformen

Bild 229   Leichtes Kaltdach

1. Konstruktionsaufbau

Der Konstruktionsaufbau ist in einfachster Form aus Bild 229 zu entnehmen. Er ergibt sich von unten nach oben also wie folgt:

1. Verkleidung

Diese kann aus einer Nut- und Federschalung bestehen, Holzspanplatten, Gipskarton-Platten oder dgl., also eine geschlossene Raumverkleidung. Falls Schallschluckung erwünscht ist, können auch Schallschluckplatten verwendet werden, wobei jedoch darauf zu achten ist, daß auch hier die Unterdecke keine zu große Wärmedämmung aufweist, wenn eine Dampfsperre zwischen Unterdecke und Wärmedämmung notwendig wird. Es muß sonst auch hier die Wärmedämmung über der Dampfsperre überdimensioniert werden, um auf keinen Fall die Tauebene unter die Dampfsperre absinken zu lassen (Dampfbremse). Dies ist bei Leichtdächern noch problematischer als bei schweren Dächern, da die Unterschale nur eine sehr geringe Wärmespeicherfähigkeit aufweist. Bei Heizungsunterbrechung kühlt u. U. die gesamte Unterschale stark aus, so daß bei neuer Aufheizung die Tauebene leicht unter der Dampfbremse liegen kann. Eine normale Holzschalung, Sperrholz- oder Holzspanplatten oder gleichwertige Platten sind wärmetechnisch völlig unbedeutend und können also ohne weiteres in geschlossener Form aufgebracht werden. Es ist aber auch möglich, eine Holzschalung mit Abstand zu verlegen und so gleichzeitig eine Schallschluckwirkung zu ermöglichen. In diesem Falle sollte unter der Dampfsperrschicht gegebenenfalls noch ein Kunststoffvlies, Asbestvlies oder dgl. angebracht werden, oder es ist eine Dampfsperre zu verwenden, die gleichzeitig noch schallschluckende Wirkung hat (z. B. Vaporex-Normal [32]). Die Verkleidungsplatten auf Lattenrost aufgebracht bilden also hier gleichzeitig die raumabschließende Haut.

2. Dampf-Sperrschicht

Gemäß DIN-Entwurf 18530 müssen Kaltdächer im Bereich der Unterschale eine gleichwertige Luftschichtdicke von $\mu \times s = 2$ m oder mehr aufweisen. Eine Holzschalung und eine dampfdurchlässige Wärmedämmung können kaum als Dampfbremse angesprochen werden, da diese in den Fugen weitgehend dampfdurchlässig sind. Eine Holzspanplatte von 15 mm Stärke

8.8 Das leichte Flachdach

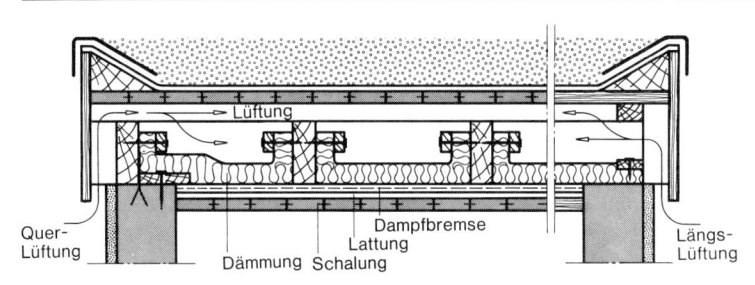

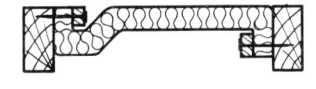

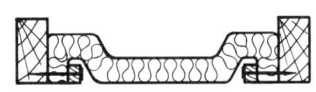

Bild 230 Bessere Lösung, links Querlüftung, rechts Längslüftung

Bild 231 Dämmung nachträglich von unten S- oder U-förmig

erbringt nur einen Vergleichswert von ca. 0,5, eine Gipskarton-Platte von 12 mm Stärke weniger als 0,1. Daraus ist also zu entnehmen, daß die meisten Verkleidungen keinen ausreichenden Dampfbremswert erbringen. Es ist also eine gesonderte Dampfbremse zum Einbau zu bringen, deren $\mu \times s = 2\,m$ nachweist. Das mindeste wäre also eine 333er Bitumenpappe ($\mu \times s = 7,5$). Derartigen bituminösen Bahnen haftet jedoch der Mangel an, daß sie im warmen Bereich angeordnet riechen. Zweckmäßig sind kunststoffbeschichtete Pappen (z.B. Nepa-Dampfbremse oder Vaporex-Dampfsperre [42]).

Für höher belastete Räume (Schwimmbäder oder dgl.) empfiehlt es sich, sogar noch hochwertigere Dampfsperren zu verwenden, etwa Alu-Dichtungsbahnen, jedoch auch ohne Bituminierung, sondern ebenfalls in Rohpappe einkaschiert, um keine Geruchsbelästigungen zu erhalten bei Aufheizung. Hier eignen sich z.B. Vaporex Super roh oder ähnliche Produkte [42].

Auf alle Fälle müssen die Dampfsperren je nach Belastung des Raumes sorgfältig hinter der Verkleidung aufgebracht werden. Sie sind an den Stößen überlappt aufzubringen und können im allgemeinen genagelt werden, ohne daß eine Verklebung erfolgt, wenn die überlappte Nagelung unter einem Holzbalken oder unter der Konterlatte erfolgt. Nur bei stark belasteten Räumen soll die Nahtüberdeckung mit Kunststoff-Kleber oder dgl. verklebt werden, um eine möglichst dampfdichte Unterschale zu erreichen.

3. Wärmedämmung

Die Dimensionierung der Wärmedämmung erfolgt nach DIN 4108, Tafel 4 (s. Anhang), bzw. bei Feuchträumen je nach der Taupunktberechnung (s. Teil I). In jedem Falle muß bei höheren Raumluftfeuchtigkeiten dafür gesorgt werden, daß die Tauebene über der Dampfbremse liegt. Es empfiehlt sich, auch bei Wohnhäusern den Mindestwärmedämmwert zu überschreiten. Dies ist besonders dann angezeigt, wenn keine Kiesschüttung als wärmespeichernder Faktor möglich ist.

Als Wärmedämm-Materialien kommen dieselben Materialien in Frage, wie zuvor beim Massivdach angeführt. Meist werden hier Mineralwollematten zum Einbau gebracht. Diese Mineralwollematten sind jedoch seitlich an den Balken hochzuführen, wie dies in Bild 230 dargestellt ist. Häufig müssen diese Mineralwollematten erst nach der Aufbringung der Oberschale aufgebracht werden, d.h. sie müssen nachträglich von unten zum Einbau kommen. Hier ist dann nach Skizze Bild 231 zu verfahren. Sie sind also S-förmig einzubringen. Die Bahn wird zuerst herunterhängend seitlich an den Balken mittels Latte genagelt. Sodann wird sie S-förmig aufgeschlagen und auf dem gegenüberliegenden Balken mit Latte befestigt. Dadurch ergibt sich ebenfalls eine fugendichte Einbringung. Selbstverständlich müssen die Matten für diesen Zweck breit genug gewählt werden, also etwa 20 cm breiter als der lichte Abstand der Holzbalken. Anstelle der S-förmigen Einbringung kann auch U-förmige Einbringung hergestellt werden. Hier müssen jedoch bereits mehrere Arbeiter gleichzeitig tätig werden.

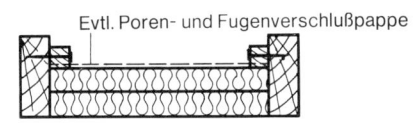

Bild 232 Platten nachträglich gegen Latten, zweilagig

Gemäß Bild 232 können auch Platten verwendet werden, die jedoch dann mindestens 2lagig zu verwenden sind, wenngleich auch dadurch kein eindeutiger Fugenverschluß gegeben ist. Das vorherige Aufbringen einer dampfdurchlässigen Abdeckbahn (Perkalor Diplex [38]) wäre hier von Vorteil. Hier können Mineralfaserplatten oder Polystyrol-Platten verwendet werden.

4. Lüftung

Die Lüftung gemäß Bild 229 ist eine reine Längslüftung, die also nur dann funktioniert, wenn keine Auswechslung in der Konstruktion vorhanden ist (wie beim schweren Kaltdach beschrieben). Beim Leichtdach ist jedoch die Funktion der Be- und Entlüftung noch *viel wichtiger* als beim schweren Dach. Durch die geringe Wärmespeicherung der Unterschale und die nicht immer fugendichte Abdeckung mit der Wärmedämmung gelangt immer Warmluft und u.U. auch direkt Wasser-

8. Das zweischalige Dach (Kaltdach)

dampf nach oben in den Kaltluftraum. Wird dieser Wasserdampf bzw. die gestaute Warmluft nicht zügig abgeführt, kommt es zur Kondensation unter der Oberschale. Man sollte deshalb gleich von vornherein darauf bedacht sein, eine Konstruktion gemäß Bild 230 herzustellen. Über den Holzbalken sind also Konterrahmen aufzubringen. Es kann dann z.B. gemäß Bild 230 von der linken Seite (Stirnseite) die Querlüftung betrieben werden und von der Längsseite die Längslüftung. Es erfolgt also eine allseitige Durchlüftung. Dies gibt die beste Voraussetzung für ein gesundes leichtes Dach. Die Rahmenhölzer können 5 × 5 oder je nach Sparrenabstand 6 × 6 cm erforderlich werden.

Bei bestimmten Konstruktionen kann es auch notwendig werden, daß die Unterschale von der statischen Konstruktion abgehängt werden muß bzw. daß ein Lufthohlraum unter den Holzpfetten notwendig ist. Dies ist skizzenhaft in Bild 233 dargestellt. Hier kann also eine Belüftung unmittelbar über der Wärmedämmung notwendig werden. Zweifellos ist eine derartige Durchlüftung nicht so günstig einzuschätzen wie eine Lüftung gemäß Bild 230. Hier wird zwischen Oberschale und Rahmenholz ein Wirbel entstehen. Die Durchlüftung wird abgeschwächt und u.U. für bestimmte Zwecke nicht ausreichend sein.

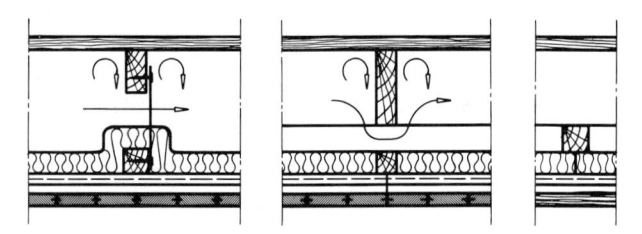

Bild 233 Belüftungsmöglichkeiten

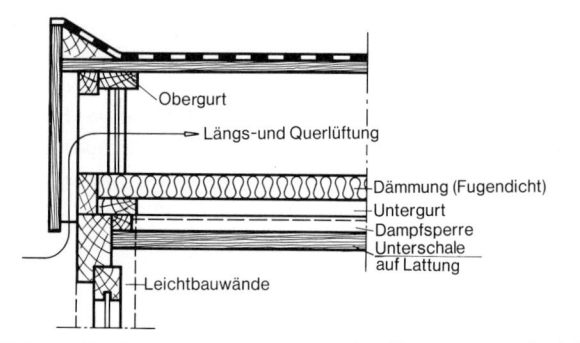

Bild 234 Kaltdach mit Nagelbinder oder dgl. (Vorsicht gegen Zugluft an Anschlüssen)

binder verwendet, müßten in die Wellstege Löcher eingebracht werden, damit eine Längs- und Querlüftung zustande kommt oder es müßten wieder Querhölzer aufgebracht werden. Hier ist besonders darauf zu achten, daß Zugluftdichtigkeit im Bereich der Anschlüsse und der Überlappung an den unteren Trägern usw. zustande kommt. Hier können sonst unliebsame Überraschungen auftreten. Bei Nagelbindern ist der Zwischenraum mit Mineralwolle auszustopfen.

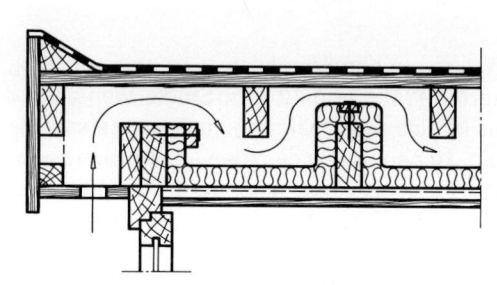

Bild 235 Lüftungsanordnung ungünstig, zusätzlich Längslüftung erforderlich

In Bild 235 ist eine weitere Konstruktion dargestellt, wie sie ab und zu ausgeführt wird. Aus den Belüftungswegen kann abgeleitet werden, daß hier eine zügige Durchlüftung in der Querrichtung nicht gegeben ist. Hier muß also noch zusätzlich die Längslüftung hinzukommen, dann kann eine derartige Konstruktion zur Ausführung kommen. Mit der Querlüftung alleine wird man hier eine Durchlüftung nicht zustande bringen. Bereits nach 2 oder 3 Sparrenfeldern wird auch bei Winddruck kaum noch eine Bewegung gegeben sein. Die Querlüftung kann hier also nur zusätzlich zur Längslüftung angeordent werden.

Abschließend sei noch auf die große Gefahr von Zuglufterscheinungen hingewiesen. Diese Zugluft kann einmal dadurch zustande kommen, daß Konstruktionsfehler gemacht werden, indem z.B. die Konterlatte der Unterschale aus dem *Innenraum auch nach außen* geführt wird in einen Dachvorsprung, Balkonüberdeckung usw. Hier kann also direkt u.U. Kaltluft über die Konterlatte nach innen eindringen. Wenn die Dampfsperre oberhalb angeordnet wird, wird auch diese es nicht verhindern können, daß hier im Zimmer bei Windbelastung die Vorhänge in Bewegung geraten. Hier ist größte Vorsicht am Platze, da Korrekturen meist sehr aufwendig sind.

In Bild 234 ist skizzenhaft eine Konstruktion mit Holznagel- oder Leimbinder dargestellt. Hier reicht naturgemäß eine Durchlüftung von einer Seite aus, wenn *keine Wellstegbinder* verwendet werden. Würden Wellsteg-

In Bild Skizze 236 kann eine derartige Wirkungsweise abgelesen werden. In Bild 237 ist eine Verbesserungsskizze für den Anschlußpunkt dargestellt. Hier wird Zugluftfreiheit garantiert. Unter Umständen empfiehlt es sich, auch die Wärmedämmung oberseitig mit Perkalor oder dgl. (dampfdurchlässige Pappe) abzudecken, um so einen durchgehenden Poren- und Fugenverschluß zu erhalten.

8.8 Das leichte Flachdach

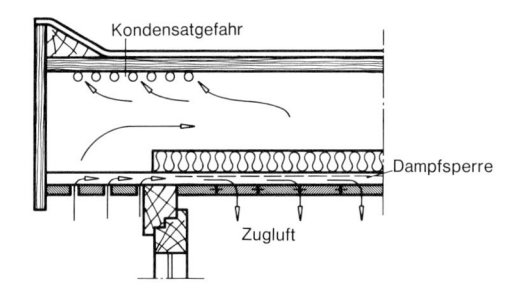

Bild 236 Zugluft durch falschen Anschluß

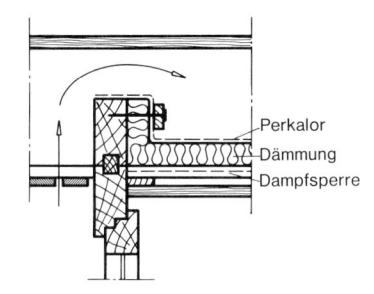

Bild 237 Verbesserung Anschlußpunkt von Bild 236

Bei hohen Raumluftfeuchtigkeiten, also Schwimmbädern usw. ist es bei aller Sorgfalt der Aufbringung der Dampfsperre usw. kaum möglich, jegliche Wärme- und Dampfstauung im Lufthohlraum zu vermeiden. Hier muß auf eine besonders gute Durchlüftung geachtet werden. Neben einer sehr sorgfältig eingebrachten Dampfsperre und einer ausreichend dimensionierten Wärmedämmung sollte der Lufthohlraum nicht unter 25 cm Höhe gewählt werden. Grundsätzlich sind nur Konstruktionen etwa gemäß Bild 230 bei höheren Anforderungen auszuführen.

Als besonders nachteilig können sich bei Schwimmbädern Dachvorsprünge auswirken. In Bild 236 ist skizzenhaft dargestellt, daß beim Übertritt der warmen, angestauten und noch evtl. feuchtigkeitsgeschwängerten Luft in den Kaltraum (Dachvorsprung) Schwitzwasserbildung unter der Oberschale entsteht. Dieses Wasser tropft dann nach unten ab und kann zu enormen Beanstandungen führen. Die Feuchtigkeit zieht sich dann meist noch etwa 50–60 cm in den Innenraum hinein und führt also nicht nur außen zu Abtropfungen und Eiszapfenbildungen, sondern es entstehen auch innenseitig Schäden. Am zweckmäßigsten ist es, bei Schwimmbädern usw. *keine Dachvorsprünge* anzuordnen, da diese zu stark auskühlen. Vielmehr empfiehlt es sich, etwa gemäß Bild 234 unmittelbar nach der Wärmedämmung auch gleich die Hinterlüftung zu erhalten. Hier kann dann höchstens auf der Innenseite der Außenverblendung kurzfristig Kondensat entstehen, das aber dann nach unten abtropft, ohne daß wesentliche Schäden auftreten können. Ein großer Dachvorsprung kühlt sich insgesamt sehr stark ab, so daß Kondensatgefahr selbst bei sorgfältiger Ausführung nicht immer ausgeschlossen werden kann.

5. Oberschale

Die Oberschale wird je nach Unterkonstruktion wiederum aus Holz-Werkstoffen oder dgl. ausgeführt, wie dies zuvor beschrieben wurde. Auch die Dachabdichtung entspricht den vorgenannten Ausführungen, so daß weitere Anmerkungen zum Schichtaufbau nicht zu machen sind.

Grundsätzlich sei angeführt, daß eine Dachabdichtung, wie bereits mehrfach angeführt, nicht auf Blechverwahrungen oder dgl. aufzukleben ist. Das Blech hat beim Flachdach keine Abdichtungsfunktion, wie auch später bewiesen wird. Vielmehr werden die Bleche, wie aus den Detailskizzen zu entnehmen ist, jeweils nur als Abdeckung über der fertigen Abdichtung verwendet und hier in Blechhaften oder dgl. eingehängt.

8.8.1 Vorgefertigte Kaltdach-Leichtelemente

Von verschiedenen Firmen werden auch sog. vorgefertigte Flachdach-Elemente hergestellt, die also industriell fix und fertig als Elemente angeliefert werden. In Bild 238 sind zwei Anschluß-Details dieser Elemente mit den technischen Daten der Wideflex-Flachdach-Elemente dargestellt. Die Unterschale entspricht hier jedoch zweifellos noch nicht dem neuen DIN-Entwurf. Es fehlt die vorgeschriebene Dampfbremse. Außerdem muß bei gefällelosen Dächern eine dreilagige Dachhaut aufgebracht werden.

Bild-Tabelle 238 Techn. Daten der WI DE FLEX Flachdach-Elementen DBP

Standard-Elemente		Typ:	A	B	C	D
Spannweite zul.	(m)		7,50	8,50	10,00	12,00
Bauhöhe	(m)		0,25	0,28	0,32	0,36
Eigengewicht	(kg/m²)		34,00	36,00	45,00	55,00
Groß-Elemente		Typ:	E	F	G	
Spannweite zul.	(m)		15,00	17,50	20,00	
Bauhöhe	(m)		0,60	0,65	0,65	
Eigengewicht	(kg/m²)		70,00	80,00	100,00	

Gemeinsame techn. Daten:

Elementbreite: Type A, B, C, D, G = 1,25 m, Typ E, F = 2,50 m. Zu jedem Bauobjekt werden die entsprechenden Paßelemente zugeliefert.

Elementlänge: Die Elemente Typ A, B, C, D werden bis zu einer Stücklänge von 13,00 m, die Typen E, F, G bis zu 20,00 m geliefert.

Belastbarkeit: Elementgewicht + Dachhaut 15 kg/m² + Bekiesung 54 kg/m² + Schneelast 75 kg/m² + Feuerschutzverkleidung 12 kg/m². Einzellast $P = 100$ kg.

8. Das zweischalige Dach (Kaltdach)

Fortsetzung Bild-Tabelle 238

zul. Durchbiegung:	$f = L/300$ unter Vollast. Alle Elementtypen werden mit Überhöhung geliefert.
Wärmedämmung:	Wärmedurchlaß-Widerstand $1/\Lambda = 1{,}81$ m²h grd/kcal. Mittlere Wärmedurchgangszahl $k = 0{,}58$ kcal/m²h grd. Auf Wunsch werden die Elemente mit 120 mm dicker Wärmedämmschicht geliefert: Wärmedurchlaß-Widerstand $1/\Lambda = 3{,}25$ m²h grd./kcal mittlere Wärmedurchgangszahl $k = 0{,}29$ kcal/m²h grd.
Luftkühlung:	Die Lüftungsquerschnitte zur Ableitung der Wärme durch Sonneneinstrahlung sind größer als 1/800 der Dachfläche.
Feuerwiderstand:	F 30 mit unterseitiger Feuerschutzverkleidung, F 60 mit verstärkter Feuerschutzverkleidung.
Dachdichtung:	Drei Lagen Bitumen-Glasvliesbahnen G 5 heiß geklebt mit zusätzl. Heißbitumen-Deckanstrich.
Schallschutz:	Bekiesung 30 mm = 54 kg/m², Körnung 7–15 mm.
Lichtkuppelmaß:	Max. 1200 × 900 mm.

WI DE FLEX-Flachdach-Element mit Standardblende.

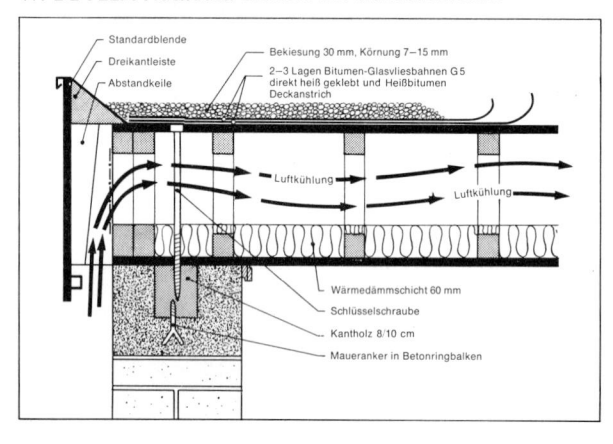

WI DE FLEX-Flachdach-Elemente mit Attika aus Beton-Fertigteilen.

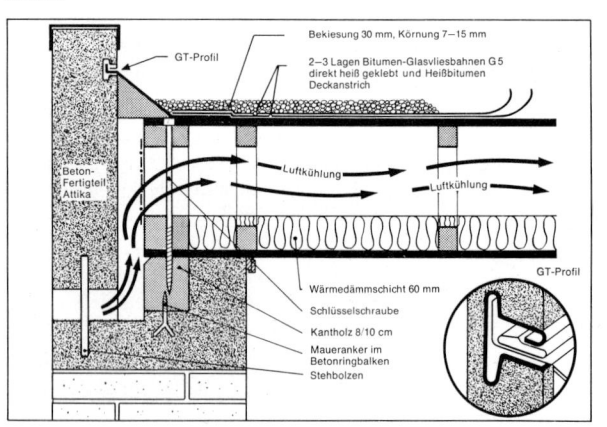

Innerhalb der Elemente ist eine Längs- und Querlüftung gegeben, so daß also eine gänzliche Unterlüftung vorhanden ist, auch wenn Auswechslungen oder Lichtkuppeln oder dgl. zum Einbau kommen.

Ein ähnliches Element wird unter dem Namen Okal-Dachelement hergestellt. In Bild 239 können hier Detail-Anschlüsse dieser vorgefertigten Kasten-Elemente abgelesen werden. Die Frage der Be- und Entlüftung wird jedoch in diesen Detail-Anschlüssen nicht ausreichend dargestellt. Hier müßte z. B. an Trauf- und Firstpunkt eine Be- und Entlüftung *sichtbar* werden. Hier wären also Ergänzungen erforderlich. Ohne derartige Be- und Entlüftungen müßten Schäden erwartet werden.

8.9 Leichte Zweischalendächer mit Dachdeckungen

In den bisherigen Konstruktionsbeschreibungen wurden jeweils Konstruktionen behandelt, bei denen vorzüglich Dachdichtungen angewandt werden. Mit zunehmendem Gefälle der Oberschale bei Zweischalendächern kommen jedoch anstelle von Dachdichtungen Dachdeckungen in Frage mit den verschiedensten Dachdeckungs-Materialien. Viele dieser leichten Zweischalendächer haben manches gemeinsam, aber auch manches ist verschieden hinsichtlich der physikalischen Bewertung und technischen Beurteilung. Es werden demzufolge nachfolgend nach dem jeweiligen Bedachungsstoff die einzelnen Systeme sowohl physikalisch als auch technisch, soweit wie notwendig behandelt, also jeweils für sich beurteilt und Konstruktionshinweise gegeben.

8.9.1 Asbestzement-Wellplatten

Asbeste sind faserig kristallisierte Mineralien (Magnesium-Silikat-Hydrate).
Asbestzement, ein Gemisch aus diesen Asbestfasern mit Normzement und Wasser, wurde vor ca. 70 Jahren von einem Österreicher namens Ludwig Hatscheck erfunden. Der Asbestfaseranteil des getrockneten Materiales beträgt etwa 20 %, der des Zementes ca. 80 %. Die relativ große Menge an Wasser wird schnell durch spezielle Filzbänder und durch eine nachfolgende Pressung des Materiales abgegeben.

Die Materialstärken der Roh-Asbestzement-Platten schwanken zwischen 4 und 20 mm. Durch einen Schnitt werden die bandlosen Materialien in verschiedene fertige Asbestzement-Platten abgelängt. Bei der Herstellung können Zuschläge und Farbzusätze verwendet werden, wenn die in DIN 274 festgelegten Eigenschaften gewährleistet sind.

1. Normgerechte Asbestzement-Wellplatten

Für die Bewertung von Asbestzement-Wellplatten gilt die DIN 274, Blatt 1 und 2, neue Fassung, die die alte Fassung Oktober 1936 ablöst. In dieser Norm werden

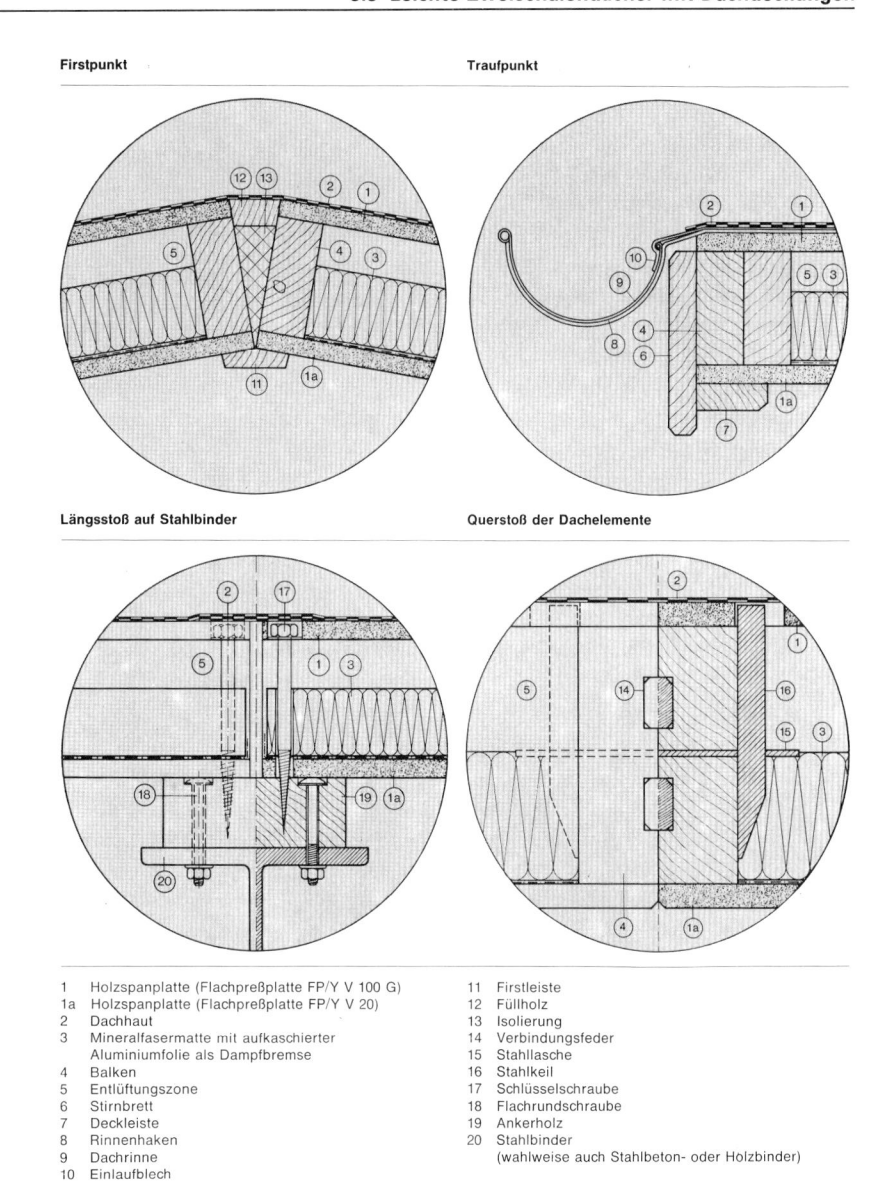

8.9 Leichte Zweischalendächer mit Dachdeckungen

Bild 239
Okal-Dachelement

Firstpunkt **Traufpunkt**

Längsstoß auf Stahlbinder **Querstoß der Dachelemente**

1 Holzspanplatte (Flachpreßplatte FP/Y V 100 G)
1a Holzspanplatte (Flachpreßplatte FP/Y V 20)
2 Dachhaut
3 Mineralfasermatte mit aufkaschierter Aluminiumfolie als Dampfbremse
4 Balken
5 Entlüftungszone
6 Stirnbrett
7 Deckleiste
8 Rinnenhaken
9 Dachrinne
10 Einlaufblech
11 Firstleiste
12 Füllholz
13 Isolierung
14 Verbindungsfeder
15 Stahllasche
16 Stahlkeil
17 Schlüsselschraube
18 Flachrundschraube
19 Ankerholz
20 Stahlbinder
(wahlweise auch Stahlbeton- oder Holzbinder)

die bisherigen Profilbezeichnungen (Nr. 5, Nr. 6, Nr. 8, Nr. 14), die die Anzahl der Wellen pro Plattenbreite angegeben haben, durch nur noch zwei Profile gekennzeichnet:

1. Profil 177/51
2. Profil 130/30

In Bild 240 sind die Maße nach der neuen DIN 274 mit den entsprechenden Vorzugslängen und Vorzugsbreiten und den zulässigen Maßtoleranzen dargestellt.

2. Anforderungen

Wellasbestplatten müssen rechtwinkelig und kantig sein gemäß den Prüfvorschriften der DIN 274.

Die Wärmeleitzahl muß mindestens mit 0,30 kcal/mh° gemäß DIN 4108 gegeben sein.

Wellasbestplatten müssen ausreichend frostbeständig sein und dürfen weder abschiefern noch Risse erhalten, was jedoch leider immer wieder auftritt. In der DIN-Norm wird auch nicht unterschieden zwischen evtl. Belastung von unten (zeitweiligem Kondensat) oder Feuchtigkeitseinwirkung von oben.

Wellasbestplatten müssen bei der Prüfung, wie sie in DIN 274 vorgeschrieben ist, wasserundurchlässig sein. Hierbei dürfen auf der unteren Fläche der Wellplatten Feuchtigkeitsspuren auftreten, jedoch dürfen sich keine Wassertropfen bilden.

8. Das zweischalige Dach (Kaltdach)

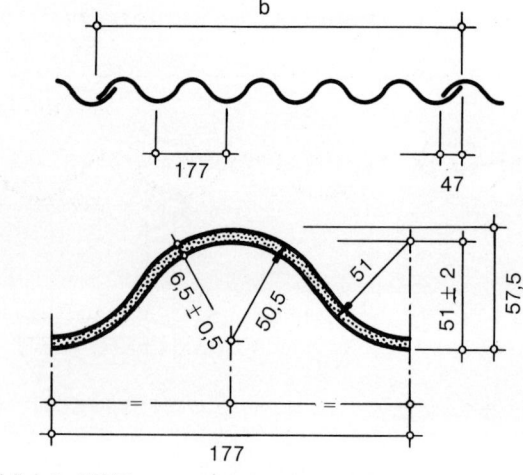

Wellplatte 177/51

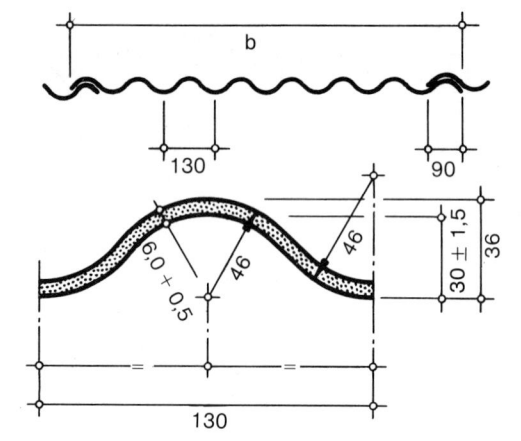

Wellplatte 130/30

Vorzugslängen	Vorzugsbreiten bei				
	Profil 177/51		Profil 130/30		
	zul. Abw.		zul. Abw.		zul. Abw.
1250	± 10				
1600	± 10	920	± 5		
2000	± 10	1097	± 5	1000	± 5
2500	+ 10				

Bild 240 Maße Wellplatten nach DIN 274 (Entwurf)

Die Biegezugfestigkeit der Wellplatten muß nach DIN 274 einen Wert von mindestens

$bz = 200$ kp/cm^2

oder eine Bruchkraft von mindestens

$P_{Br} = 200$ kp bei Profil 177/51 bzw.
$P_{Br} = 110$ kp bei Profil 130/30

aufweisen. Die Wellasbestplatten sind je nach Profil und Länge zu bezeichnen z.B. bei Profil 177/51 und 1600 mm Länge:

Wellplatte 177/51 − 1600 DIN 274

Außerdem muß nach dem Begriff DIN 274 der Name oder das Zeichen des Herstellers mit Datum deutlich lesbar, wischfest gekennzeichnet sein.

In den weiteren Ausführungen DIN 274, Blatt 1 werden die Prüfungsanordnungen und Prüfungsdurchführungen beschrieben, die für die hier vorliegenden Interessen nicht von Bedeutung sind.

3. Anwendungen bei Dachdeckungen (Blatt 2, DIN 274)

1. Verwendung

Wellplatten der Profile 177/51 und 130/30 dürfen für alle Dachneigungsbereiche gemäß nachfolgender Tabelle 241 eingesetzt werden. Hier sind jedoch Einschränkungen bei den unteren Neigungsgraden angegeben, so daß der Normvorschlag keine Verbindlichkeit ableiten läßt.

Wellplatten dürfen nicht mehr in größeren Längen als 2500 mm für Dacheindeckungen verwendet werden. Die bis vor einiger Zeit noch verwendeten 3100 mm langen Platten haben sich nicht bewährt, da die thermischen Bewegungen zu groß waren und Rissebildungen im Verschraubungsbereich auftraten.

2. Dachneigungen und Höhenüberdeckungen

In Tabelle 241 werden in Abhängigkeit von der Dachtiefe (Traufe/First, in der Dachfläche gemessen) die erforderlichen Dachneigungen und Höhenüberdeckungen als Richtwerte angegeben.

Bild-Tabelle 241 Dachneigungen und Höhenüberdeckungen

Dachtiefe	Dachneigung		Höhen- überdeckung
	Grad	%	
—	< 7[1]	< 12	200
bis 6	7[1]	12	200
über 6 bis 10	8[1]	14	200
über 10 bis 15	9[1]	16	200
über 15 bis 20	10	18	200
über 20 bis 30	12	22	200
über 30 bis 40	14	25	200
über 40 bis 50	16	29	200
über 50	≥ 17	≥ 31	150

[1]) Bei Deckungen mit Neigungen von weniger als 10° sind die Höhenüberdeckungen mit dauerplastischem Kitt zu dichten. Bei Neigungen unter 7° sind die besonderen Vorschriften der Hersteller für Maßnahmen zur Dachdichtung zu beachten.

3. Seitenüberdeckungen

Die Seitenüberdeckung muß bei den einzelnen Profilen wie folgt vorhanden sein:

1. Profil 177/51 mindestens 47 mm (mindestens $1/4$ Welle)
2. Profil 130/30 mindestens 90 mm ($2/3$ Welle).

8.9 Leichte Zweischalendächer mit Dachdeckungen

Bild 242/1
Profil 177/51

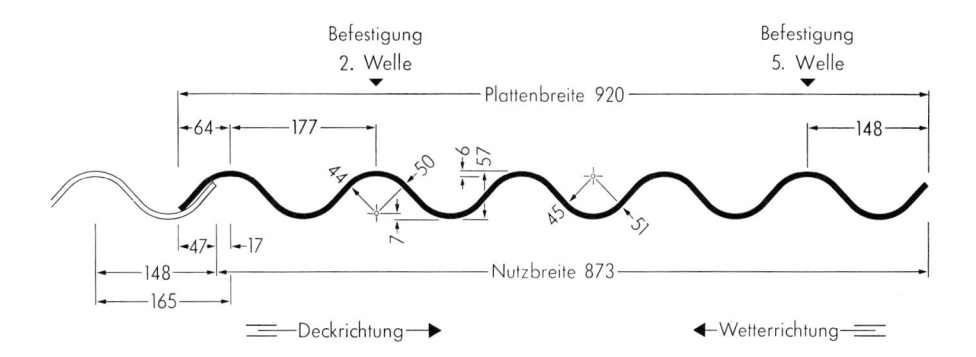

Bild 242/2
Profil 130/30

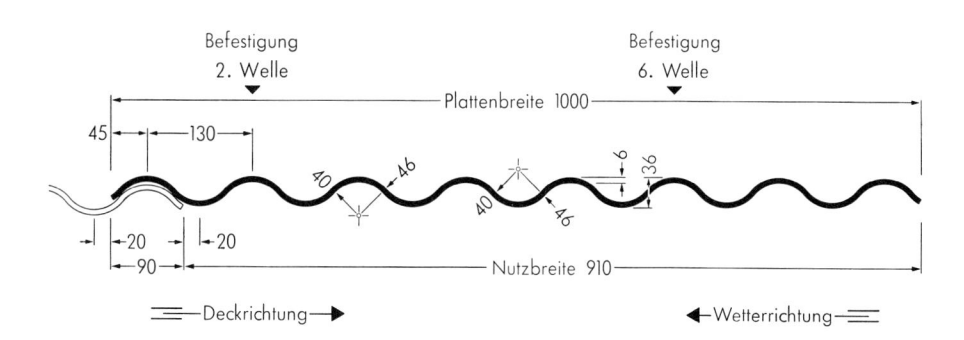

In Bild 242/1 und 2 sind die Überdeckungsbreiten angegeben, dgl. die Deckrichtung, abhängig von der Wetterrichtung (Windrichtung).

Am Kreuzungspunkt von 4 Wellplatten ist ein Eckschnitt, an den sich diagonal gegenüberliegenden Wellenbergen gemäß Bild 243/1 und 243/2 bei den einzelnen Profilen erforderlich. Der Abstand zwischen den Eckschnitten soll 5–10 mm betragen, wie dies aus den Punktierungen der Zeichnung abgelesen werden kann.

4. Pfetten- und Unterstützungsabstände

Die höchst zulässigen Pfetten- und Unterstützungsabstände in mm für Wellplatten für selbsttragende Dachkonstruktionen sind in DIN 274 für die einzelnen Profile wie folgt angegeben:

Dachneigung	Profil 177/51	Profil 130/30
kleiner als 20°	1175	1175
größer als 20°	1450	1175

5. Befestigung

a) Wellplatten Profil 177/51 stets auf dem 2. und 5. Wellenberg gemäß Bild 244/1
b) Wellplatten Profil 130/30 stets auf dem 2. und 6. Wellenberg gemäß Bild 244/2

Der Abstand der Befestigung vom unteren bzw. oberen Plattenrand muß mindestens 50 mm betragen gemäß Bild 244/3. Abweichend hiervon kann die Wellplatte bei

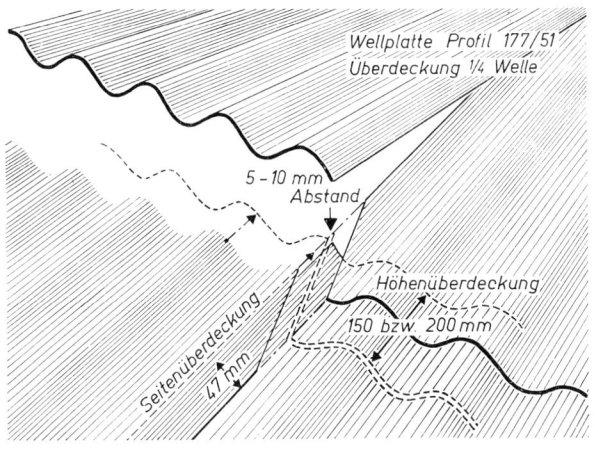

Bild 243/1 Eckschnitt Profil 177/51

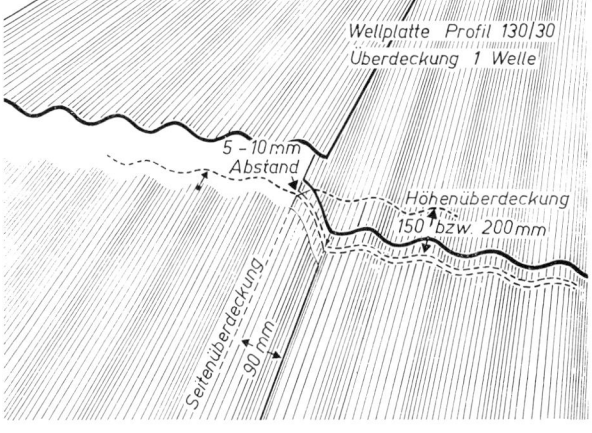

Bild 243/2 Profil 130/30

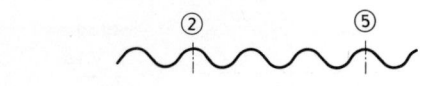

8. Das zweischalige Dach (Kaltdach)

1. Anordnung der Befestigung bei Profil 177/51

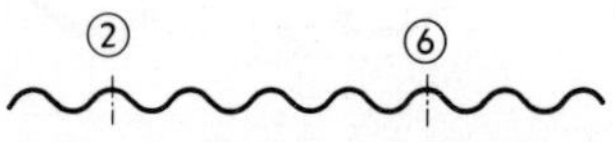

2. Anordnung der Befestigung bei Profil 130/30

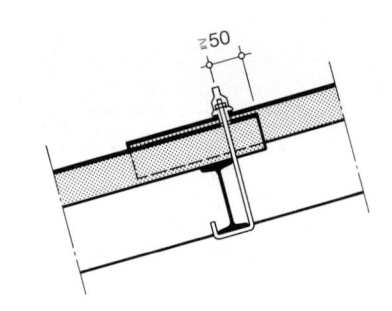

3. Plattenrand

Bild 244/1-3 Befestigung von Wellplatten

Deckungen auf Holzpfetten mit Oberkante Pfette abschließen, wenn die Breite der Holzpfette 90 mm oder mehr beträgt.

Jede Wellplatte ist in 4 Verankerungspunkten zu befestigen. Diese Befestigungsanzahl entspricht der DIN 1055, Blatt 4 (Lastannahmen im Hochbau). Werden abweichend davon höhere Windbeanspruchungen vorgeschrieben, ist die Anzahl der Befestigungen zu überprüfen und gegebenenfalls neu festzulegen. In ergänzenden Bestimmungen zur DIN 1055, Blatt 4, Fassung März 1969, werden für Dachneigungen von weniger als 35° für Traufe und Ortgang zusätzliche Windsoglasten vorgeschrieben. Unter Berücksichtigung dieses Erlasses sind Wellplatten der Profile 177/51 und 130/30, die auf drei Pfetten aufliegen, an den Dachrändern im Bereich von 2 m auf der Mittelpfette zusätzlich mit zwei Befestigungen zu versehen.

Als Befestigungsmittel sind Stahlhaken zu verwenden gemäß Bild 244/3 aus ST 34–2 oder ST 37–1 nach DIN 17100, $\varnothing$ gleich oder größer 6,25 mm oder Holzschrauben nach DIN 571, $\varnothing$ gleich oder größer 7 mm, Eindringtiefe gleich oder größer 30 mm. Der rechnerisch zulässige Abbiege- und Auszugswert beträgt 150 kp.

Andere Befestigungsmittel sind zulässig, wenn der nachgewiesene Auszugswert größer als 225 kp ist und die Befestigungsmittel mit 1,5facher Sicherheit gegenüber den rechnerischen Belastungen eingesetzt werden. Stählerne Befestigungsmittel müssen mit einem Korrosionsschutz aus mindestens 12 μ Zinkauflage versehen sein. Andere Befestigungsmittel müssen hinsichtlich ihres Korrosionsschutzes der Zinkauflage gleichwertig sein.

Zur Ausbildung der Dichtung von Befestigungsmitteln schreibt die DIN 274:
Zur Befestigung werden die Wellplatten durchbohrt, $\varnothing$ 11 mm. Zur Dichtung der Befestigungsmittel werden Pilzdichtungen aus geeignetem Kunststoff verwendet. Diese sollen stets einen Schaft besitzen, der mindestens 15 mm lang ist und 100 mm $\varnothing$ hat. Andere Dichtungsmittel dürfen nach Angabe der Hersteller verwendet werden.

6. Begehbarkeit

Wellplatten-Dächer sind nicht begehbar. Sie dürfen nur auf Laufbrettern, die mindestens aus Holz der Güteklasse II nach DIN 68365 und mindestens 3 m lang, 250 mm breit und 24 mm dick sein müssen oder auf anderen entsprechend tragfähigen Vorrichtungen betreten werden. Von allen Dachaustritten und Aufgängen sind zu Anlagen und Einrichtungen, die einer laufenden Wartung bedürfen, z. B. Schornsteine, Lüftungsventilatoren, Antennen oder dgl. fest eingebaute Laufbohlen gemäß DIN 18160 anzuordnen.

Dächer, die Anlagen und Einrichtungen entsprechend vorgenannten Aufbauten aufweisen, müssen mindestens an einer Stelle einen Zugang über eine fest installierte Leiter besitzen, sofern nicht ein anderer fester Aufgang zur Dachfläche vorhanden ist. Die unterste Sprosse der Steigleiter muß mindestens 2,5 m über Gelände liegen (damit Unbefugte und Kinder nicht aufsteigen können).

An allen Dachaustritten und -ausstiegen muß ein deutlich sichtbares blaues Gebotsschild mit der Beschriftung »Dach nur auf Laufbohle betreten!« angebracht sein. Das Gebotsschild soll 150 mm hoch und 386 mm breit sein.

Mit diesen vorgenannten Angaben sollen die Interpretierungen der DIN 274 abgeschlossen werden. In den nachfolgenden Ausführungen werden nun praktische Erfahrungswerte und Aufbaugesichtspunkte für die Verlegung angegeben:

7. Verarbeitung und Eindeckung von Wellplatten

a) Unterkonstruktion

In Tabelle Bild 245 sind die verschiedensten Befestigungsmöglichkeiten für vorliegende Unterkonstruktion dargestellt, so die Befestigungen auf Holzpfetten, Stahlpfetten, Stahlrohrpfetten, Stahlbetonpfetten und Befestigungen direkt auf Massivdächer mit und ohne Unterlage. Bei letzterem sei jedoch angemerkt, daß hier bei evtl. zu starrer Befestigung in der Massivdecke ohne das sonst übliche Zwischengelenk aus einer Latte oder dgl. die Temperaturbewegungen der Wellasbestplatten in dem zu starren Verschraubungsbereich nicht mehr ausgeglichen werden können und diese parallel auf dem Wellenberg nach unten und gegebenenfalls auch nach oben reißt. Derartige Risse sind auch schon mehrfach bei Festverschraubung in Metallpfetten be-

8.9 Leichte Zweischalendächer mit Dachdeckungen

Bild 245 Befestigungsarten von Asbestzement-Wellplatten [43]

Unterkonstruktion	Befestigungsmittel	Abbildung
Holzunterkonstruktion Latten $\geq$ 4/6 cm auf Holzsparren, Betondächern, Leichtbetonplatten etc.	**starre Befestigung** Holzschrauben 7/90 bzw. 7/110 mm, kompl. mit Pilzdichtung und kleinem Korrosionsschutzhut	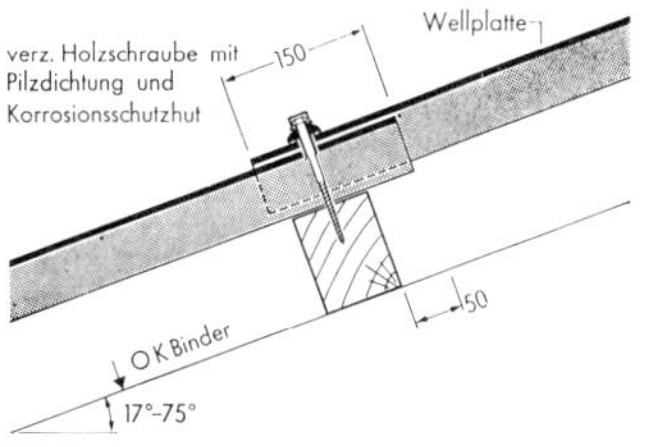
	bewegliche Befestigung Gelenkarmatur (System Wagner), kompl. mit Pilzdichtung und großem Korrosionsschutzhut	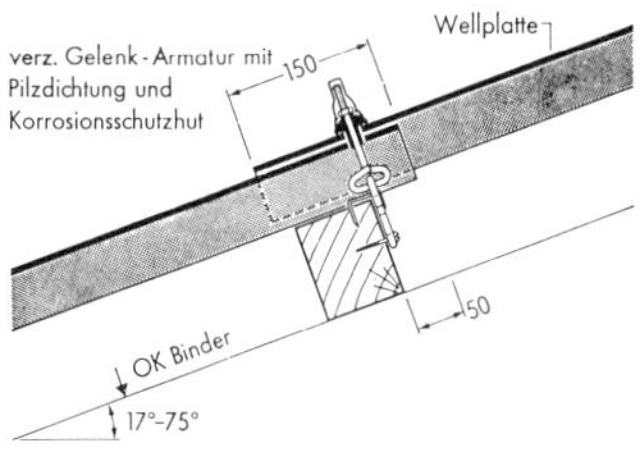
Stahlunterkonstruktion a) Stahlpfetten in Form von U-, Winkel- und T-Profilen	**starre Befestigung** Verzinkte L-Haken, kompl. mit Pilzdichtung, verzinkter Sechskantmutter, großem Korrosionsschutzhut;	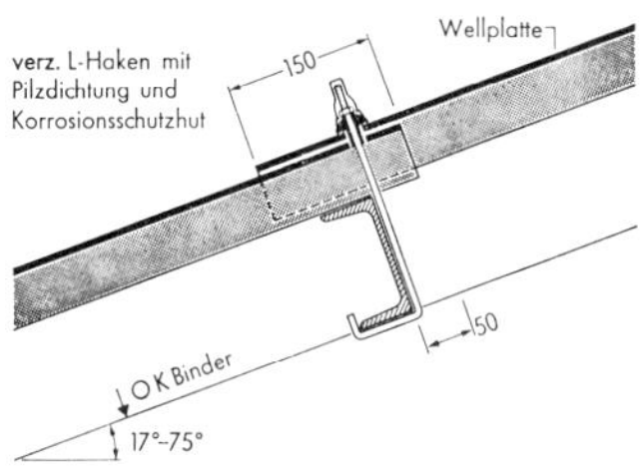
	Flanschbefestigung zur Montage am Ober- oder Unterflansch, kompl. mit Pilzdichtung, großem Korrosionsschutzhut, zwei verzinkten Sechskantmuttern, Flanschklammer;	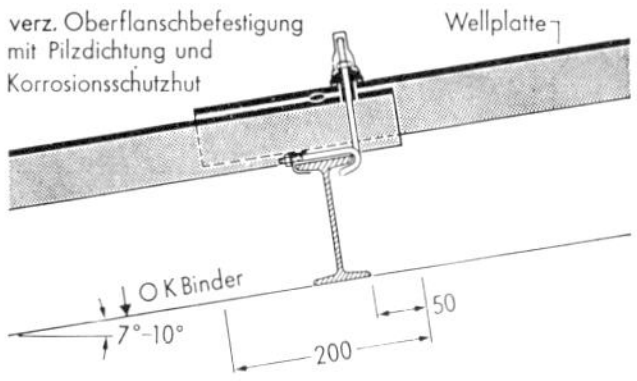
	bewegliche Befestigung Gelenkarmatur (System Wagner) zur Befestigung an T- oder U-Profilen, komplett mit Pilzdichtung, verzinkter Sechskantmutter, großem Korrosionsschutzhut, Flanschklemme	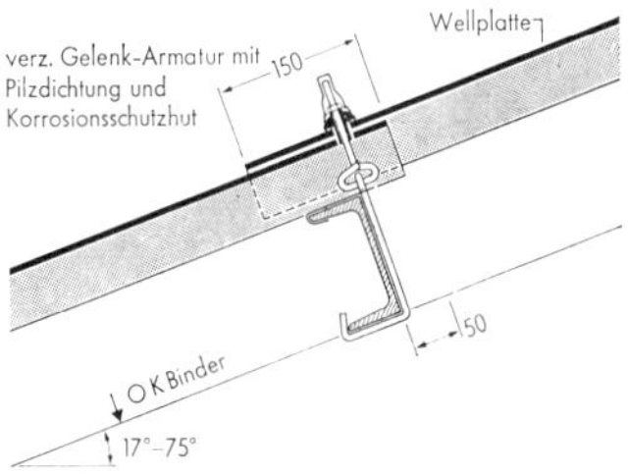
	Gelenkarmatur (System Wagner) als Flanschbefestigung zur Befestigung am Ober- oder Unterflansch, komplett mit Pilzdichtung, zwei verzinkten Sechskantmuttern, großem Korrosionsschutzhut, Flanschklammer	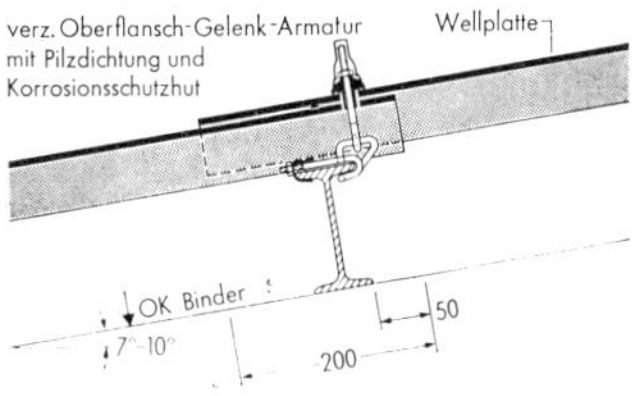

8. Das zweischalige Dach (Kaltdach)

Fortsetzung Bild 245

Unterkonstruktion	Befestigungsmittel	Abbildung
b) Stahlrohrpfetten	L-Haken mit Pilzdichtung und großem Korrosionsschutzhut	
Stahlbetonpfetten und Direktbefestigungen auf Massivdächern a) Stahlbetonpfetten; Direktbefestigung auf Holzlatten oder Dübelleisten, welche auf oder in den Stahlbetonpfetten vorab vorzusehen sind	Holzschrauben 7/90 bzw. 7/110 mm mit Pilzdichtung und kleinem Korrosionsschutzhut	
b) Stahlbetonpfetten	L-Haken mit Pilzdichtung und großem Korrosionsschutzhut, wobei der L-Haken mit einem Auflageplättchen versehen ist	
c) Direktbefestigung auf Massivdächern	a) Holzschrauben 7/90 bzw. 7/110 mm, komplett mit kleinem Korrosionsschutzhut, in flachliegende Latten 4/6 cm; Lattung durch Senkholzschrauben in Nylondübel befestigt	
	b) Holzschrauben 7/90 bzw. 7/110 mm in Nylondübel komplett mit kleinem Korrosionsschutzhut oder Stiftschrauben ⌀ 7 mm, komplett mit großem Korrosionsschutzhut, bei ebenen Dachflächen **ohne** untergelegten Tafelstreifen; zum Ausgleich **mit** untergelegten Tafelstreifen	
	c) Stiftschrauben ⌀ 7 mm, komplett mit großem Korrosionsschutzhut, in Nylondübel mit zwischengelegten Dämmstoffstreifen	

8.9 Leichte Zweischalendächer mit Dachdeckungen

obachtet worden, besonders bei langen Asbestzement-Wellplatten. Bei diesen Verschraubungen mit fester Verbindung an Stahlprofilflansche oder dgl. werden die Wellasbestplatten im Bereich der Wellenberge mit 8,0 mm Hartmetallbohrer durchbohrt. Die Spezialschrauben haben 6,2 mm ⌀. Es verbleibt also ein Bewegungsraum von nur wenig mehr als 1,5 mm. Wird das eigentliche Bohrloch geringfügig außermittig in der Stahlpfette eingebracht, entsteht bereits schon beim Schraubanziehen ein Preßdruck auf die Wellplatten im Stirnlochbereich.

Wellasbestplatten haben einen Ausdehnungskoeffizienten von 0,012 mm/m°C. Im Jahresdurchschnitt müssen etwa 70–80° Temperaturdifferenz in der Wellplatte je nach Farbgebung angenommen werden. Bei 2,5 m langen Wellplatten ergibt dies folgende Bewegungen:

$$\Delta l = 2,5 \times 0,012 \times 80 = 2,4 \text{ mm}$$

Dieses vorgenannte Dehnungsmaß (Kontraktion und Expansion) kann bei unelastischer Verschraubung und gegebenenfalls noch gleichzeitig unglücklich zu stark angezogener Verschraubung vorgenannt beschriebene Rissebildungen bewirken. Bei Verwendung selbstschneidender Schrauben, wie in Bild 246 dargestellt, muß also darauf geachtet werden, daß die Wellplattenlänge möglichst kurz gewählt und daß die Verschraubung sehr sorgfältig eingebracht und nicht zu hart angezogen wird, damit auch die Schraube selber gegebenenfalls noch etwas Bewegung in sich aufnehmen kann, wenngleich dies nur in sehr bedingtem Umfange der Fall ist.

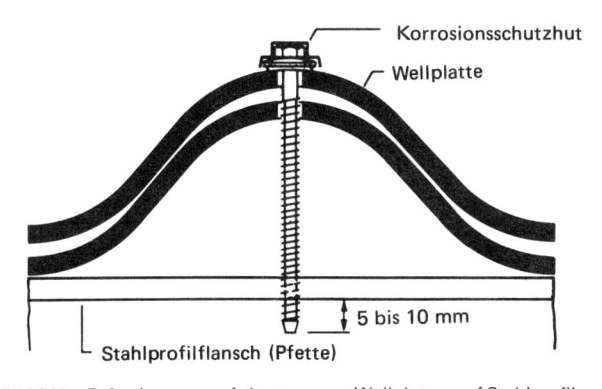

Bild 246 Befestigung von Asbestzement-Wellplatten auf Stahlprofilen mit selbst-schneidenden Schrauben (FABCO-TOPSEAL-Schrauben), V2A-Metallscheibe mit Neopren-Dichtungsscheibe und Korrosionsschutzhut

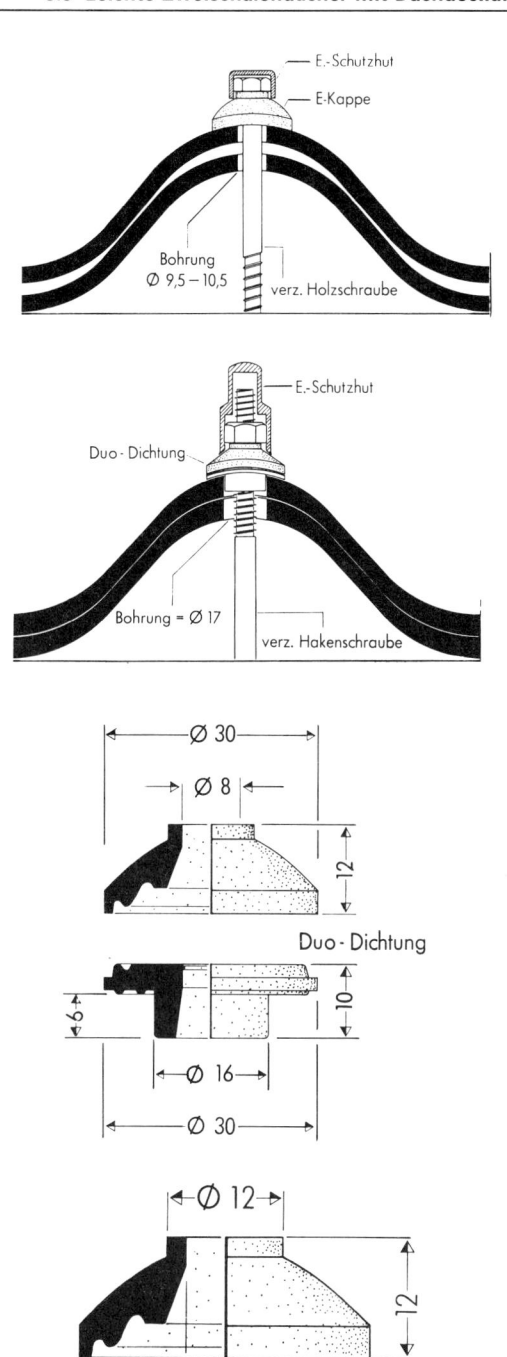

Bild 247 [44]

Bei Normalverschraubung (direkte Verschraubung in Holzpfetten oder Befestigung an Stahlpfetten mit Gelenkhaken oder dgl.) werden die Wellasbestplatten je nach System und Lieferwerk zwischen 10 und 17 mm ⌀ gebohrt. Die Holzschrauben haben einen ⌀ von 7 mm, die L-Haken im allgemeinen von 6,5 mm. Es entsteht also hier eine größere Differenz zum Ausgleich von Temperaturschwankungen, statischen Belastungen durch Schnee, Winddruck und Windsog und zum Ausgleich der evtl. erheblichen Spannungsunterschiede zwischen Wellplatten und Unterkonstruktion.

Diese größeren Differenzen zwischen Verschraubung und Bohrloch müssen dann jedoch wirkungsvoll mit elastischen und korrosionsbeständigen Kunststoff-Dichtungselementen abgedeckt werden, wie diese in

8. Das zweischalige Dach (Kaltdach)

Bild 247 als Beispiel dargestellt sind [44]. Es sind jedoch auch bei diesen elastischeren Abdeckungen mit Pilzdichtungen oder dgl. einige Vorsichtsmaßnahmen zu beachten:

1. Der Bohrlochstaub muß fein säuberlich vor Aufbringen der Abdeckkappe, die der Rundung angepaßt ist, beseitigt werden.
2. Die Bohrlochkappe muß parallel entsprechend der Formgebung aufgelegt sein und darf sich bei der Verschraubung nicht verdrehen, wie dies leider sehr häufig festgestellt werden muß.
3. Die Verschraubung muß einwandfrei senkrecht zur Dachneigung aufgebracht werden, da sonst u. U. die Pilzdichtung ebenfalls verkantet sitzt und Wasser durch den Zwischenraum einlaufen kann.
4. Die Schrauben müssen nach 3–4 Monaten nach der Verlegung grundsätzlich nachgezogen werden. Zu lockere Schrauben sind also anzuziehen, zu feste Schrauben gegebenenfalls zu lockern.

b) Dichtungsschnur

Wird in die Höhenüberdeckung bei Dachneigungen von 7 bis ca. 10° oder bei besonderen Belastungen eine Dichtungsschnur eingelegt, so ist diese etwa 30 mm traufseits vom Bohrloch anzuordnen und soll gleichmäßig dick aufgetragen werden. Sie muß der Wellung entsprechend eingelegt sein. Die gestutzten Ecken der Wellplatten sind von der Dichtungsschnur freizuhalten, um den Wasserablauf nicht zu behindern. Dies kann aus Bild 248 abgelesen werden. Das Material kann als vorgefertigte Dichtungsschnur oder auch als spritzbares Material mit einer Spezial-Spritzdose verarbeitet werden.

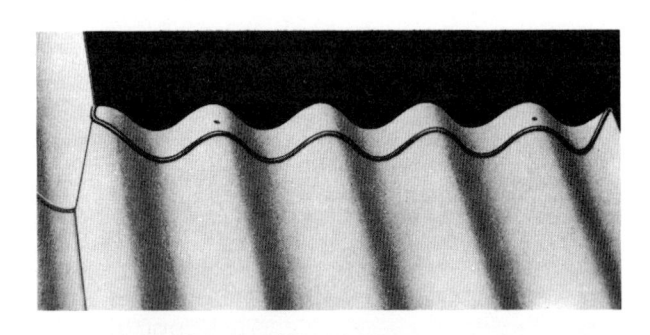

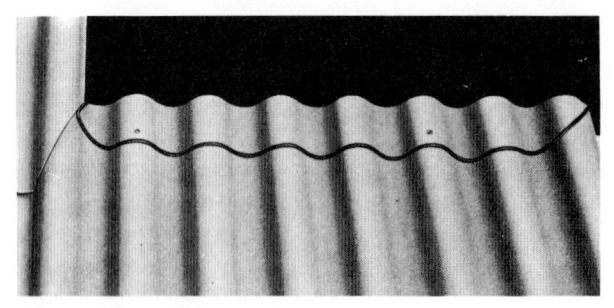

Bild 248 Dichtungsschnur [45]

Die früher häufig empfohlenen Dichtungsschnüre im Bereich der Seitenüberdeckung haben sich als wenig wirkungsvoll erwiesen. Die Dichtungsschnüre sind an den Schrägen abgerutscht und wurden in der Mulde sichtbar. Wesentlich zweckmäßiger als eine seitliche Abdichtung ist, das Gefälle so herzustellen, daß mit Sicherheit (auch bei stärkster Wasserbelastung unmittelbar vor der Einmündung in die Rinne) der Muldenquerschnitt noch ausreicht, ohne daß Wasserrückstau über die Seitenüberdeckung nach oben erfolgt. Auf die seitlichen Dichtungsschnüre sollte man sich also auf keinen Fall verlassen, wie dies im übrigen auch für die Dichtungsschnüre im Bereich der Höhenüberdeckung gilt. Diese sind nur sinnvoll, um durch Wind aufgetriebenes Wasser von den Schraublöchern fernzuhalten. Stauwasserbelastungen etwa aus Eisbildung in der Rinne usw. können sie genausowenig abdichten wie seitliche Dichtungsschnüre.

Diese rein material- und verlegetechnischen Gesichtspunkte mögen ausreichen. Es wird auf die einschlägigen Prospekte und Verlegehinweise sowie Fachbücher der einzelnen Lieferfirmen verwiesen.

8.9.1.1 Das einschalige, nicht wärmegedämmte Wellplatten-Dach

Mit dem Begriff einschaliges Dach wird hier das einfache Wellplatten-Dach ohne Wärmedämmung bezeichnet. Es sind dies z. B. Lagerhallen, Werkhallen einfachster Art, Sporthallen ohne wärmetechnische Anforderungen z. B. Reithallen usw. sowie Verladerampen oder dgl.

In Bild 249 ist eine Reithalle dargestellt, die lediglich mit Wellplatten abgedeckt wurde.

Die Grundsatzforderung an derart einschalige Dächer ist die, daß keinerlei Kondensatabtropfung von der Halle nach unten auftreten darf.

Der Wärmedurchlaßwiderstand durch die Wellasbestplatten ist naturgemäß sehr bescheiden. Er beträgt bei 6 mm Plattenstärke:

$$\frac{1}{\Lambda} = \frac{0,006}{0,3} = 0,02 \text{ m}^2\text{h}°/\text{kcal}.$$

Wellasbestplatten können nur bedingt und nur sehr kurzfristig Kondensat aufnehmen, ohne daß es zur Abtropfung kommt. Wird die Taupunkttemperatur zur Raumluft über längere Zeit unterschritten, dann kommt es zur Durchfeuchtung der Asbestzement-Platten mit Abtropfungen nach unten.

Aus Bild 250 kann nun anschaulich abgelesen werden, welche Kondensatmengen bei einem einschaligen Wellplatten-Dach bei den gegebenen Temperaturannahmen zu erwarten sind. Bei z. B. −15° Außentemperatur und 90% Luftfeuchte darf die Innentemperatur −10° bei einer relativen Luftfeuchte von 80% nicht wesentlich unterschreiten, wenn keinerlei Kondensat ausfallen darf (Dauerbelastung).

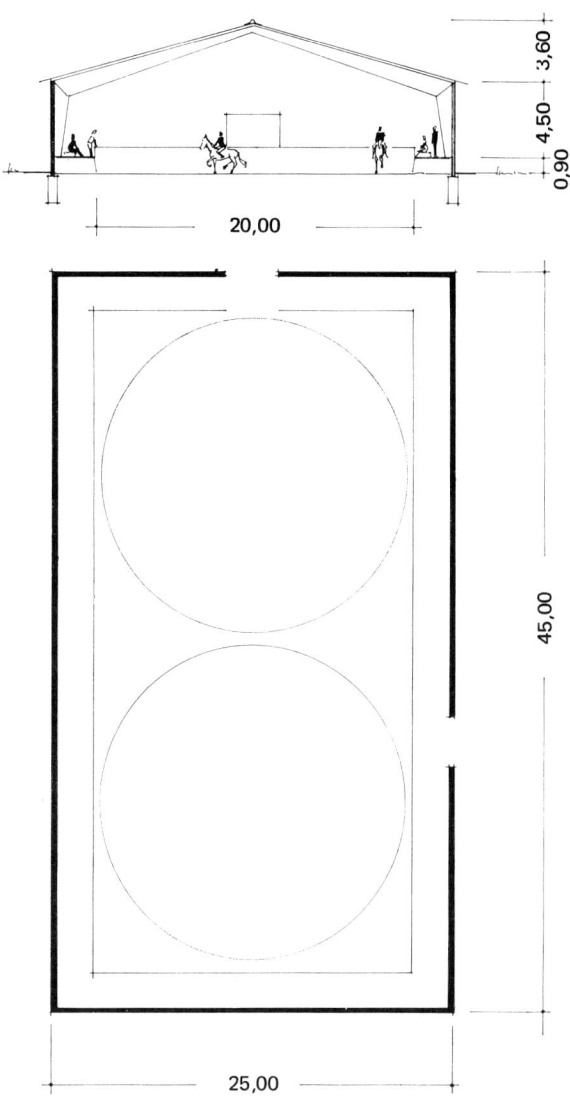

8.9 Leichte Zweischalendächer mit Dachdeckungen

Bild 249 Reithalle nur mit Wellplatten abgedeckt [46]

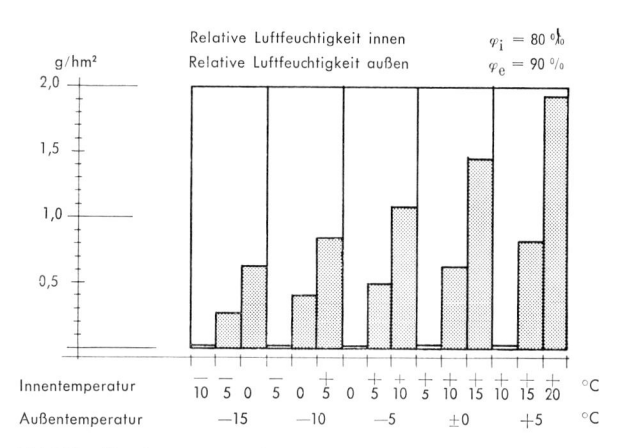

Bild 250 Kondenswasseranfall bei einschaligem Dach

Für kurzfristige Belastungen kann den Wellasbestplatten jedoch eine gewisse Feuchtigkeitsmenge zugemutet werden, da die Wasseraufnahmefähigkeit bei gepreßtem Material zwischen 18 und 20% liegt. Es wäre also ohne weiteres möglich, die Innentemperatur bis auf $-5°$ oder bei sehr kurzfristigen Veranstaltungen auch noch bis auf $0°$ ansteigen zu lassen, wenn die vorgenannten Luftfeuchtigkeitsverhältnisse nicht überschritten werden.

Hier lassen sich also im einzelnen gemäß Bild 250 folgende Grenzfälle ablesen:

1. Einschalige Asbestzement-Wellplattendächer, bei denen der Temperaturunterschied zwischen innen und außen unter $10°$ liegt, benötigen keine besondere Belüftungsmaßnahmen, es sei denn, daß hier kurzfristige Überschreitungen auftreten.
2. Einschalige Asbestzement-Wellplattendächer, bei denen der Temperaturunterschied zwischen innen und außen bis zu $15°$ betragen kann, müssen ausreichend unterlüftet werden.
3. Sind unterseitig höhere Feuchtigkeitsgehalte als 80% zu erwarten, muß auch schon bei $10°$ Differenz eine Unterlüftung herbeigeführt werden.

Dies gilt gleichermaßen z. B. für auskragende Vordächer über Fabrikhallen, bei denen z. B. aus den Öffnungen der Fabrikhallen warme und gegebenenfalles sogar dampfgeschwängerte Luft aufsteigt. Hier muß eine Unterlüftung in jedem Falle stattfinden, d. h. der aufsteigende Wasserdampf und die Warmluft müssen schnell abgeführt werden. Es kommt sonst auch bei Vordächern, die völlig im kalten Bereich liegen, zur Kondensatabtropfung.

Bei Hallen mit zeitweiliger Benutzung, wie z. B. vorgenannte Reithallen gemäß Bild 249, muß die erforderliche Be- und Entlüftung abgeschätzt werden. In diesem Falle ergibt sich z. B. bei einem Hallenvolumen von 7700 m³ und 400 Zuschauern und 16 Pferden folgende Berechnung:

Luftrate: 400 Zuschauer à 20 m³/h = 8000 m³/h

16 Pferde à 120 m³/h = ca. 2000 m³/h

Erforderlicher Luftwechsel ca. 10000 m³/h

1. Freier Zuluftquerschnitt für Frischluft:

Querschnitt in cm² = $\frac{\text{Luftfördermenge in m}^3/\text{h}}{\text{Luftgeschwindigkeit in m/sec}}$

Querschnitt in cm² = $\frac{10000}{0,36}$ = 28000 cm²

30% Abzug für unkontrollierbare Zuluftöffnungen
= 19600 cm² freier Zuluftquerschnitt

2. Freier Abluftquerschnitt für verbrauchte Hallenluft:

25% Zuschlag auf den freien Zuluftquerschnitt
= ca. 24500 cm² freier Abluftquerschnitt

Der Zuluftquerschnitt im Bereich der Traufseite ergäbe sich durch offene Wellenberge (250 cm²/lfm) = 2 × 40

8. Das zweischalige Dach (Kaltdach)

= 80 lfm × 250 cm² = 20 000 cm². Hier wäre also festgestellt, daß die Zuluftöffnungen über offene Wellenberge ausreichen würden, um den Luftwechsel zu bewirken. Die Entlüftung im Firstbereich kann durch eine zweiteilige Wellfirstkappe erwirkt werden (600 cm²/lfm First). Bei 41 m Firstlänge ergibt dies also 24 600 cm², einen Wert, der also ausreichen würde. Falls ein gewisser Sicherheitszuschlag im Firstbereich noch erwünscht wäre, könnten hier auch noch zusätzliche Dachraumentlüfter unmittelbar im Firstbereich zum Einbau kommen, ähnlich wie sie in den Bildern 251 und 252 dargestellt sind.

In der vorgenannten Form können also derartige einschalige Dächer berechnet werden und zum Einsatz kommen.

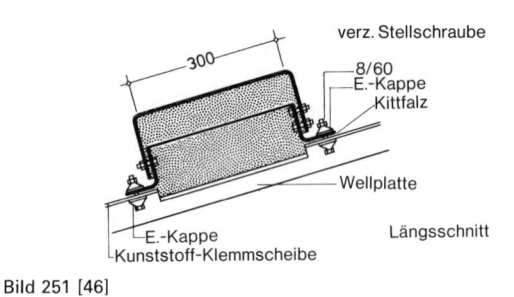

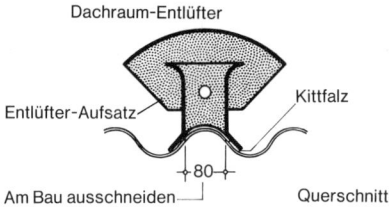

Bild 251 [46]

Bild 252 [46] Dachraumentlüfter Prof. A, 1. W. 80/300 m/m (freier Luftquerschnitt 240 cm²)

8.9.1.2 Das zweischalige, wärmegedämmte Dach

Der weitaus größere Einsatzbereich für Wellplatten liegt beim zweischaligen wärmegedämmten Dach. Je nach Anordnung der Wärmedämmung wird hier unterschieden:

1. Wellasbestplatten-Dach über waagrechten Massivplattendecken

Die Wellplatten sind im Gegensatz z.B. zu bestimmten Ziegeln nahezu als luftdicht zu bezeichnen. Eventuell über die Massivdecke von unten nach oben durchdiffundierender Wasserdampf bzw. abstrahlende Wärme muß abgeführt werden, um Kondensation unter den Wellasbestplatten zu vermeiden. Im allgemeinen ist jedoch weniger die Kondensatgefahr bei derartigen Massivkonstruktionen vorrangig, als vielmehr die Frage nach den Temperaturbewegungen in der Massivdecke zu klären. Im Sommer kommt es im Dachraum zu sehr starken Aufheizungen, die sich bei länger anhaltender Einwirkung auch der Wärmedämmung im vollen Querschnitt mitteilen (infolge geringer Wärmespeicherung). Es treten dann in der Massivdecke große Temperaturdifferenzen auf, die zu thermischen Bewegungen führen, die im Bereich der Mauerwerkswände zu Abrissen führen können. Hier muß also der Dachraum wirkungsvoll be- und entlüftet werden, um diese Aufheizung im Sommer zu vermeiden und dadurch Schäden zu verhindern.

Die Wärmedämmung über der Massivdecke muß, wie bereits früher schon beschrieben, gemäß DIN 4108 dimensioniert werden, bzw. es müssen hier bei sehr langen Massivkonstruktionen ohne Dehnfugen erhöhte Wärmedämmwerte zur Vermeidung von Temperaturspannungsrissen gefordert werden, wie sie in Teil 1 genannt wurden. Die Be- und Entlüftungsquerschnitte müssen hier den Erfordernissen entsprechen, wie sie in diesem Kapitel 9 angeführt wurden.

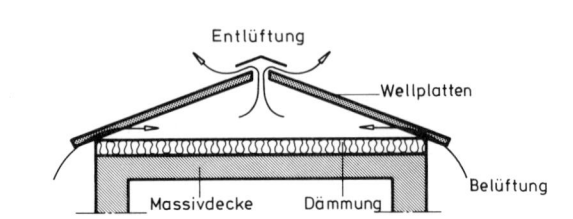

Bild 253 Zweischaliges Massivdach

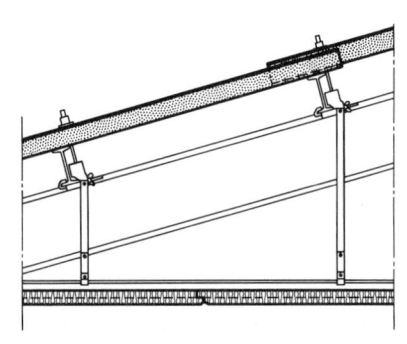

Bild 254 Abgehängte Montage, waagerecht

2. Abgehängte Montage der Wärmedämmung (Leichtdach)

In Bild 254 ist eine Leichtkonstruktion mit Wellplatten dargestellt, bei der die Wärmedämmung waagrecht abgehängt ist. Hier ergeben sich ebenfalls relativ große Lufträume über der Wärmedämmung (Dimensionierung der Wärmedämmung gemäß früher beschriebenen Erfordernissen nach DIN 4108 oder nach den tatsächlichen Erfordernissen gemäß Tauwasserformel).

Je nach den Klimadaten kann nun auch hier berechnet werden, welche Wasserdampfmenge durch die Wär-

8.9 Leichte Zweischalendächer mit Dachdeckungen

medämmung durchdiffundiert und wie groß dann die Be- und Entlüftung dimensioniert werden muß, um Kondensatbildung unter den Wellasbestplatten zu vermeiden.

Wird z. B. durch eine Diffusionsberechnung (gemäß Teil I dieses Buches) bei einer Innenraumtemperatur von +20° und einer relativen Luftfeuchte von 50% bei einer Wärmedämmung von 40 mm starken Mineralwolleplatten festgestellt, daß ca. 14 g/m²h an Wasserdampf in den Dachraum eindiffundieren, so muß diese Feuchtigkeit vom Dach-Luftraum aufgenommen werden, ohne daß diese Luft gesättigt werden kann. Dies erfordert auf 1 m² bezogen eine Luftmenge von 60 m³/h.

Es ist müßig, für jede Konstruktion, wie bereits angeführt, diese Berechnungen durchzuführen. Es wird auf die frühere Faustformel verwiesen. Für Wellasbestplatten-Dächer hat Neufert [47] eine weitere Annäherungsformel aufgestellt, die in Tabelle 255 als Ergebnis dargestellt ist.

Bild-Tabelle 255 Lüftungsquerschnitte – Mittelwerte – Raumformel

Erforderliche Belüftungsquerschnitte für Pultdächer; bei Satteldächern mit gleicher Gebäudetiefe muß der in der Tabelle angegebene Wert auf beide Traufen verteilt werden.

Gebäudetiefe m	Zuluft an den Traufen $F_{Traufe} \sim \frac{1}{800} \cdot F_d$ cm²/m	Abluft am First $F_{First} \sim 1,2 \cdot F_{Traufe}$ cm²/m
8,0	100	120
10,0	125	150
12,5	157	188
15,0	188	226
17,5	219	263
20,0	250	300

Nach Erfahrungen des Autors können Dächer dieser Art gemäß Bild 254 bei einer Raumtemperatur von +20° maximal bis etwa 60% ohne Zusatzmaßnahmen zum Einbau kommen, wenn die Be- und Entlüftung gut funktioniert. Darüber hinaus empfiehlt es sich, unter den Wärmedämmplatten die Aufbringung einer Dampfsperre zusätzlich zu der erforderlichen Be- und Entlüftung. Bei zweifelhafter Be- und Entlüftung ist die Dampfsperre auch schon ab 50% Luftfeuchte angezeigt.

3. Abgehängte Montage der Wärmedämmung in Dachneigung gemäß Bild 256

Die Anordnung der Wärmedämmung unter der Pfetten- oder Sparren-Konstruktion ergibt immer noch einen gewissen Lufthohlraum, der jedoch gegenüber Bild 254 erheblich reduziert ist. Die Dachdurchlüftung kann in diesen Fällen primär nur über die Wellenberge der Wellasbestplatten erfolgen, da in der Regel unter den Pfetten kein oder nur noch sehr wenig Luftraum vorhanden ist. Eine Ausnahme bilden Holzkonstruktionen mit Sparren gleichlaufend der Neigung. Wenn die Wärmedämmplatten unter den Sparren aufgebracht werden, ergibt sich noch ein relativ großer Lüftungsraum, gebildet durch die Sparren und durch die Wellenberge der Wellasbestplatten. Konstruktionen letzterer Art können ebenfalls unbedenklich bis zu Raumluftfeuchtigkeiten von 55% eingesetzt werden. Liegen die Sparren jedoch quer, wie in Bild 256 dargestellt, ergeben sich hier Einschränkungen. Für Dauerbelastung muß je nach Diffusionswiderstandswert der Wärmedämmung bereits ab 50% Raumluftfeuchtigkeit eine Dampfbremse empfohlen werden, da sich Wirbelbildungen an den Pfetten ergeben und so die Durchlüftung nicht voll funktioniert. In den oberen First-Feldern kann es bei höheren Raumluftfeuchtigkeiten Kondensatbildung geben.

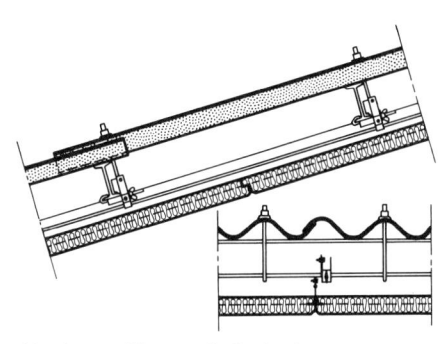

Bild 256 Abgehängte Montage in Dachneigung

Dächer gemäß Bild 256 sind also primär für Industriehallen geeignet, bei denen die Feuchtigkeitswerte vorgenannte Grenzen nicht wesentlich überschreiten.

4. Wärmedämmung über Pfetten

Gemäß Bild 257 wird besonders für Industriehallen die Wärmedämmung über den Pfetten aufgelegt. Dies ist zweifellos die wirtschaftlichste Art, wärmegedämmte Kaltdächer in Leichtkonstruktion herzustellen. Über den

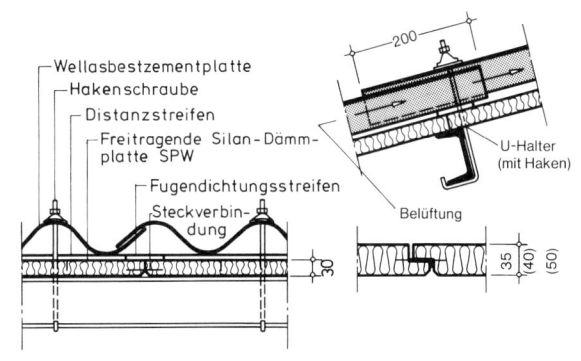

Bild 257 Leichtdach-Dämmung über Pfetten

8. Das zweischalige Dach (Kaltdach)

Wärmedämmplatten werden Distanzstreifen jeweils über der Pfette aufgelegt, auf denen dann die Wellasbestplatten aufgebracht werden. Die freitragenden Wärmedämmplatten werden aus kunstharzgebundenen Mineralfaser-Platten, Polystyrol-Platten, Holzfaser-Platten oder dgl. hergestellt und werden, wie in Zeichnung, überfälzt oder mit Federn ausgeführt.

Wie aus dieser Zeichnung zu entnehmen ist, erfolgt hier die Be- und Entlüftung nur über die Wellenberge der Wellplatten. Die Distanzstreifen, die meist nur wenige mm stark sind, drücken sich im Laufe der Zeit etwas in die Wärmedämmung ein, so daß der freie Querschnitt z.B. bei Profil 177/51 mit 250 cm²/lfm (0,025 m³/m²) auch innerhalb der Dachfläche vorhanden ist. Gemäß den früheren Angaben ist bei derart kleinen Lufträumen naturgemäß nur eine bedingte Wirkungsweise gegeben. Der Luftraum von 0,025 m³/m² kann nur wenig durchdiffundierende Feuchtigkeit aufnehmen. Die Gefahr zur Kondensation unter den Wellasbestplatten ist groß. Außerdem ist der Reibungskoeffizient innerhalb des Lufthohlraumes ungünstig. Besonders bei langen, tiefen Dächern ist hier eine gewisse Einsatz-Einschränkung zu machen.

Dächer dieser Art haben sich besonders bei Hallendächern bewährt, bei denen die klimatischen Verhältnisse nicht ungünstig sind. Im allgemeinen sind dies trockene Fabrikationsräume, bei denen die Raumtemperatur 20° und die Luftfeuchtigkeit 50% nicht überschreiten. Unter Umständen empfiehlt es sich, die Wärmedämmung gleich mit einer aufkaschierten Dampfbremse oder aufgestrichener Dampfbremse zu verlegen. Nachträgliche Aufklebungen von Dampfbremsen haben sich bei diesen Arten als sehr schwierig erwiesen (wegen Nachgiebigkeit der Dämmplatten).

Die Dimensionierung der Wärmedämmung sollte auch bei Industriebetrieben nicht zu schwach gewählt werden, am besten ebenfalls nach DIN 4108, Tab. 4.

Gegebenenfalls empfiehlt es sich, bei derartigen Dächern über der Wärmedämmung eine dampfdurchlässige Unterdachschutzbahn aufzulegen (z.B. Perkalor Diplex). Hier kann dann gegebenenfalls geringfügig unter den Wellasbestplatten kondensierte Feuchtigkeit nach unten abtropfen und in Richtung Gefälle auf der Bahn abgeführt werden. Dies ist besonders dort angezeigt, wo gegebenenfalls durch Klima-Stoßbelastung aus dem Raum kurzfristig Kondensat zu erwarten ist, also die Be- und Entlüftung nicht ausreicht, um die durchtretende Wärme- und Dampfmenge abzuführen.

Es muß auch immer in Rechnung gestellt werden, daß nicht nur Wasserdampf, sondern auch Wärme durch die Fugen der Wärmedämmplatten nach oben abströmt und daß dadurch der Lufthohlraum sich relativ stark aufwärmt und demzufolge größere Mengen an Feuchtigkeit speichern kann, die dann bei Nachtabkühlung unter den Wellplatten kondensiert. Bei länger andauernder Frostperiode kann dies zu mehreren Millimeter Eisbildung unter den Wellplatten führen. Bei Sonnenaufstrahlung tropft dann die gesamte Bescherung nach unten ab. Häufig sind gerade bei Leicht-Kaltdächern Fehleinschätzungen in physikalischer Hinsicht vorgenommen worden. Sie mußten z.T. sehr teuer durch Abbruch der gesamten Aufbau-Konstruktion bezahlt werden. Man kann bei derartigen Dächern mit einem derart kleinen Luftraum nur von bedingten zweischaligen Kaltdächern sprechen, deren physikalische Funktion begrenzt ist.

8.9.1.3 Be- und Entlüftungsanordnung bei Wellplatten

Beim Wellplatten-Dach ergibt sich durch das notwendige Gefälle in jedem Falle eine Schwerkraftlüftung. Diese ist jedoch, wie zuvor angeführt, abhängig von dem Neigungswinkel einerseits, dem zur Verfügung stehenden Luftraum zwischen Wärmedämmung und Dachhaut und der Dimensionierung der Be- und Entlüftungsöffnungen andererseits.

Nun können bei Wellasbestplatten-Dächern die Dimensionierungen der Be- und Entlüftungsöffnungen nicht wahllos getroffen werden. Vielmehr ergeben sich durch die Materialgegebenheiten Gesetzlichkeiten. Es kann also z.B. bei Bild 257 nur der Lüftungsquerschnitt verwendet werden, der durch die Wellenberge der Wellasbestplatten zur Verfügung steht. Die Be- und Entlüftung an Traufe und First muß sich diesen Gegebenheiten in etwa angleichen.

In Tabelle 258 sind für die genormten Wellplatten die Belüftungsquerschnitte, die sich durch die Wellenberge ergeben, angeführt.

Bei Decken mit waagrechter Abhängung kann gemäß Bild 259a die Belüftung unabhängig von den Wellplatten etwa durch Öffnung im Bereich der unterseitigen Holzschalung nach den erforderlichen Belüftungsquer-

Bild-Tabelle 258   Vorhandene Lüftungsquerschnitte in cm²

	177/51		130/30	
	je Stck.	je m	je Stck.	je m
Wellplatte	220	250	136	150
Traufenfußstück mit abgefl. Wellenberg	73	83	—	—
Lüftungsfirst	—	700	—	700
Wellfirsthaube-Lüftung mit Sieb	325	—	325	—
Wellfirsthaube-Lüftung ohne Sieb	620	—	620	—
Zahnleiste mit abgefl. Wellenberg	—	—	—	—
Zahnleiste, von Wellplatte abgesetzt um 1,5 cm	85	100	85	95
um 2,5 cm	130	150	120	135
3teil. Firstabschluß	—	—	—	—
Dachraum-Entlüfter	240	—	165	—

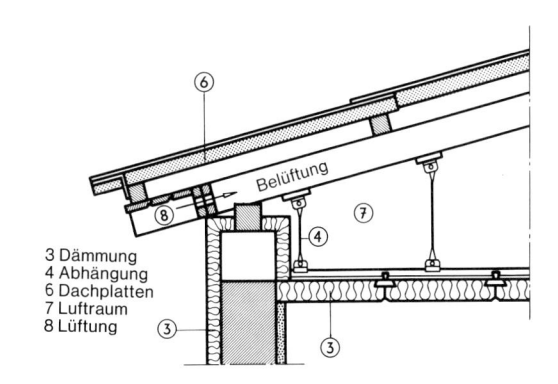

8.9 Leichte Zweischalendächer mit Dachdeckungen

Bild 259a Kaltdach mit abgehängter Styropor-Decke
3 Dämmung
4 Abhängung
6 Dachplatten
7 Luftraum
8 Lüftung

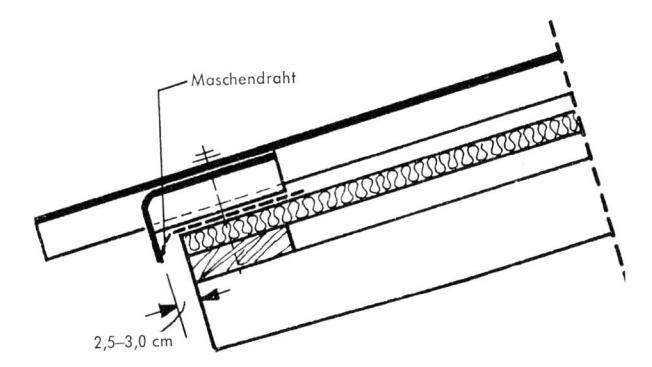

Bild 259b Traufendetail mit Fußstück

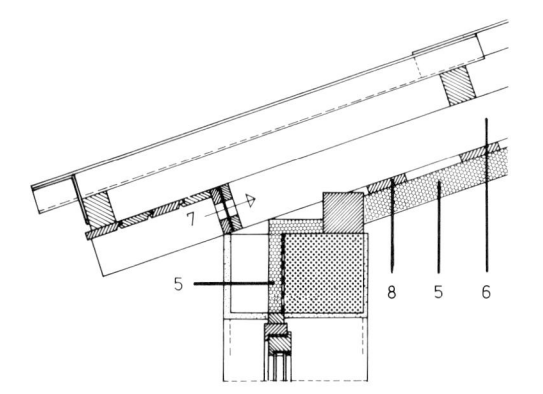

Bild 260 Wärmedämmung in Neigung. 5 Dämmung, 6 Sparren, 7 Lüftung, 8 Latten

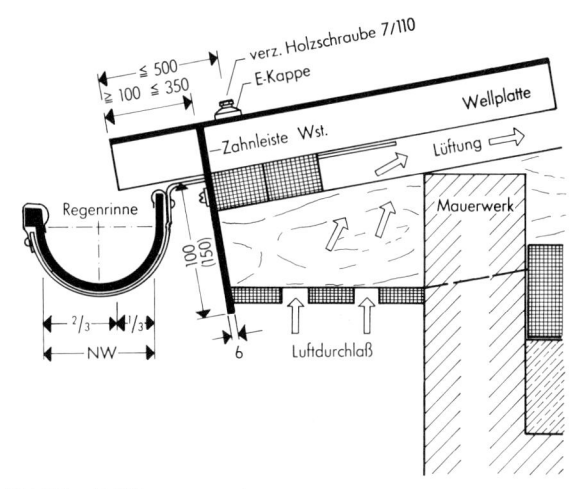

Bild 261 Belüftung von unten

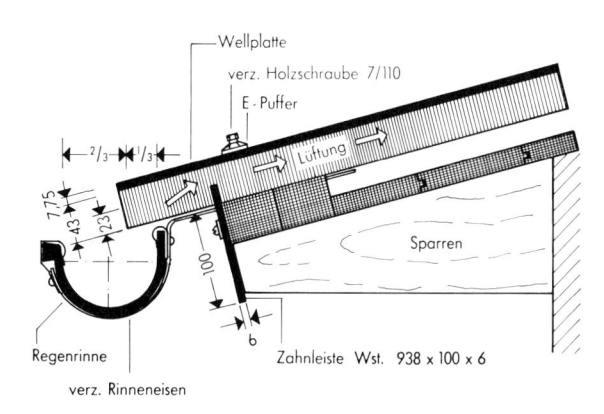

Bild 262 Abgesetzte Zahnleiste

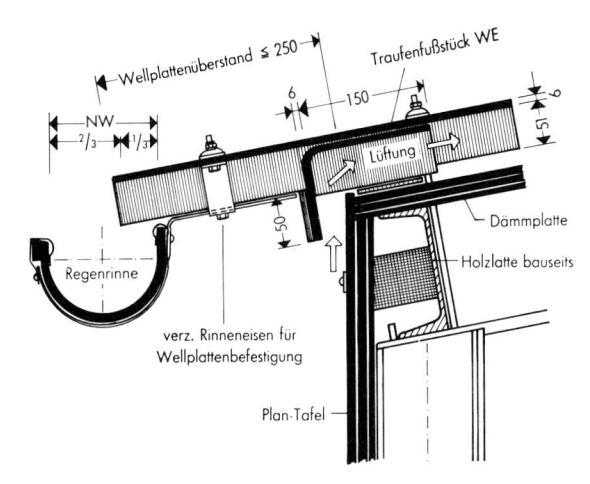

Bild 263 Belüftung von unten bietet Dauerlüftung auch im Winter

schnitten durchgeführt werden. In diesem Falle kann ein geschlossenes Traufenstück oder eine Zahnleiste usw. den Wellenberg von unten schließen. Anders ist dies bei Bild 259b. Hier muß durch Abstand des Traufen-Fußstückes die Belüftung erwirkt werden.
Die gleiche Anordnung wie im Bild 259a läßt sich auch gemäß Bild 260 darstellen, wenn die Wärmedämmung parallel zur Wellplatte unter den Sparren aufgebracht wird.
In Bild 261 ist eine weitere Variation bei Rinnenvorhängung dargestellt. Wie nachfolgend angeführt, ist eine Belüftung über der Rinne wenig sinnvoll, da hier im Winter Vereisungsgefahr vorliegt. Die Belüftung sollte also immer unterhalb der Rinne erfolgen, etwa wie in Bild 261 dargestellt.

In Bild 262 ist die Belüftung durch eine abgesetzte Zahnleiste dargestellt. Wenn kein Rinneneinlaufblech angeordnet wird (in Bild 262 nicht eingezeichnet), dann kann die Belüftung unter der Rinne und über der Rinne über die Wellenberge stattfinden, eine Funktion, wie sie zweckmäßig ist. Hier kann auch ein ausreichender Belüftungsquerschnitt erreicht werden. Gemäß Tabelle 258 ist mit einem abgeflachten Wellenberg des Traufenfußstückes nur ein sehr geringer Belüftungsquerschnitt zu erreichen. Es ist also sinnvoller, eine normale Zahnleiste zu verwenden, und diese soweit herunterzuziehen, bis der erforderliche Belüftungsquerschnitt erreicht ist.

In Bild 263 ist neben der Belüftung noch die mögliche Montage einer Rinne dargestellt. Hier ist also erkenntlich, daß die Belüftung nicht über der Rinne durch die Wellenberge erwartet wird, sondern von unten in einem Bereich, wo sie nicht durch Schnee und Frost außer Wirkung gesetzt werden kann.

8.9.1.4 Gefahren bei Wellasbestzement-Dächern durch Rückstau

Bei Warm-Dächern, die unmittelbar über beheizten Räumen liegen, schmilzt naturgemäß der Schnee über diesen Räumen durch aufsteigende Innenwärme relativ schnell ab. Diese Erfahrung muß aber auch bei Kaltdächern gemacht werden, bei denen die Wärmedämmung unterseitig gemäß den vorgenannten Bildern entweder waagrecht oder in Neigung aufgebracht ist. In jedem Falle wird die Temperatur unmittelbar über der Wärmedämmung über den beheizten Räumen höher liegen als etwa im Bereich am Traufüberstand. Am Traufüberstand, der allseits von kalter Außenluft umspült wird, schmilzt der Schnee nicht oder nur langsam. Es bilden sich Eisbarrieren, hinter denen sich dann bei ablaufendem Wasser Schmelzwasser auf der Dachfläche staut. Dieses Wasser dringt bei flachgeneigten Dächern durch die Fugen der Höhen- und Seitenüberdeckung relativ schnell und in großen Breitenbereichen ein, wie dies aus Bild 264 abgelesen werden kann. Aber auch bei steileren Dächern, wie Bild 265, besteht die Gefahr einer Schnee- und Eisberganstauung, so daß auch hier Wasser in die Innenräume eindringen kann.

Ebenso anfällig wie Traufen sind innenliegende Kehl- und Kastenrinnen gemäß Skizze 266. Gerade hier können sich bei Schneestürmen sehr große Mengen an Schnee anstauen. Jegliche Belüftung über die Wellenberge wird hier dann unterbunden. Feuchtigkeitseinbrüche durch Rückstau sind deshalb auch hier sehr häufig. Durch den Wegfall der Belüftung kann aber auch der gesamte Feuchtigkeitshaushalt in Frage gestellt werden. Sehr häufig kommt es zur Kondensation unter den Wellplatten, weil der Abtransport der Aufwärme und durchdiffundierten Luft nicht mehr möglich ist.

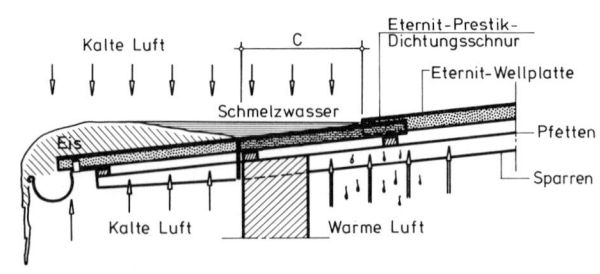

Bild 264 Rückstau, bei flacher Neigung größere Gefahr

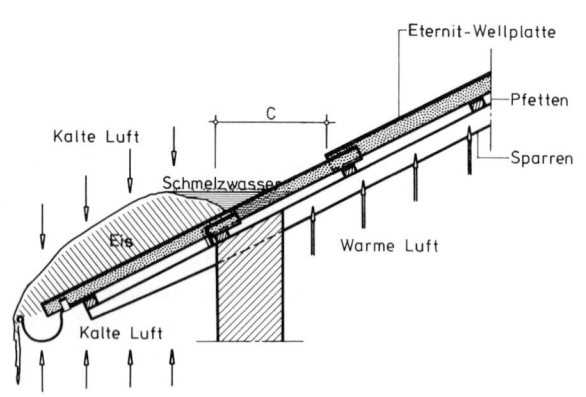

Bild 265 Rückstaugefahr bei steileren Dächern geringer

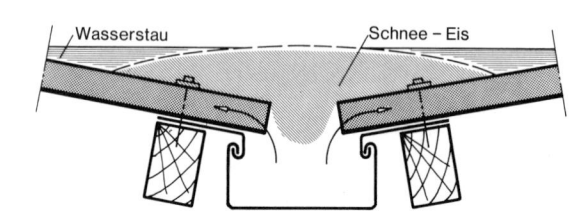

Bild 266 Rückstaugefahr bei Kehl- und Kastenrinnen

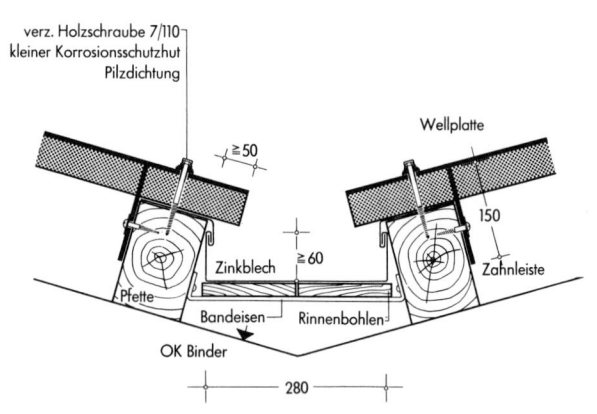

Bild 267 Falsch – Belüftung fehlt (Zahnleiste absenken)

Wenn dann noch Konstruktionszeichnungen wie in Bild 267 und Bild 268 zur Ausführung empfohlen werden, braucht man sich nicht zu wundern, wenn derartige Dächer nicht als Kaltdächer funktionieren. Bild 267 zeigt, daß die Zahnleiste ohne Abstand angeschoben wurde, offensichtlich um Feuchtigkeitseindringungen über die Rinne nach innen zu verhindern. Daß hier keinerlei Belüftung entsteht, ist leicht ersichtlich. Ebenso zweifel-

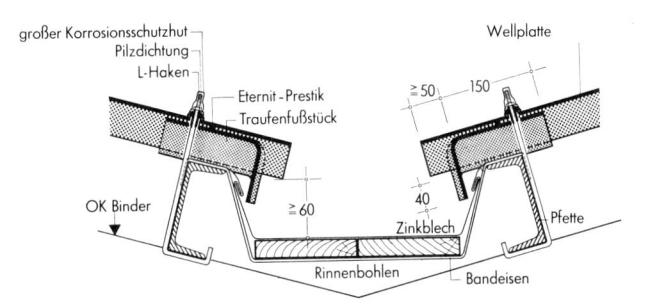

8.9 Leichte Zweischalendächer mit Dachdeckungen

Bild 268 Falsch – Belüftung fehlt (Traufenfußstück vorschieben)

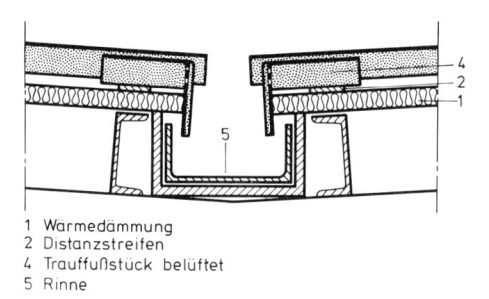

1 Wärmedämmung
2 Distanzstreifen
4 Trauffußstück belüftet
5 Rinne

Bild 268/1 Verbesserung

haft ist eine Belüftung bei Bild 268. Hier kann kaum von einem gewollten Belüftungsschlitz zwischen Rinnenblech und Traufenfußstück gesprochen werden. Dieses müßte mit einem Abstand von mindestens 2–3 cm vom Rinnenblech entfernt angeordnet werden oder nach Bild 268/1. Außerdem empfiehlt sich bei derartigen Innenrinnen, eine Rinnenheizung einzulegen, damit wenigstens die Kastenrinne freibleibt.

Abhilfemaßnahmen gegen derartige Eisbarrieren sind:

1. Die unterste Wellplatte soll so lang wie möglich gewählt werden, damit wenigstens die Höhenüberdeckung weit in den Dachraum hineinragt. Außerdem empfiehlt es sich, bei geringem Gefälle sowohl die Höhenüberdeckung als auch die Seitenüberdeckungen in diesem Falle mit Prestik-Spritzkitt abzudichten, um bei zeitweiliger Belastung Feuchtigkeitseintritte zu verhindern. Gegen Druckwasserbelastung ist jedoch diese Sicherheitsmaßnahme nach Erfahrung nicht ausreichend.

2. Richtige und ausreichende Bemessung der Wärmedämmung. Wird letztere nicht ausreichend bemessen, kommt es immer über dem beheizten Raum zu ungleichmäßigen Abtauungen zwischen Vorsprung und übriger Dachfläche.

3. Be- und Entlüftung.
Bei ausreichender Unterlüftung der Gesamtdachfläche müßte die Oberflächentemperatur der Wellplatten sowohl im Bereich des Dachvorsprunges dieselbe sein wie im überbauten Bereich. In Bild 296a ist diese gewünschte Wirkung dargestellt. Im Bild 269b ist die Be-

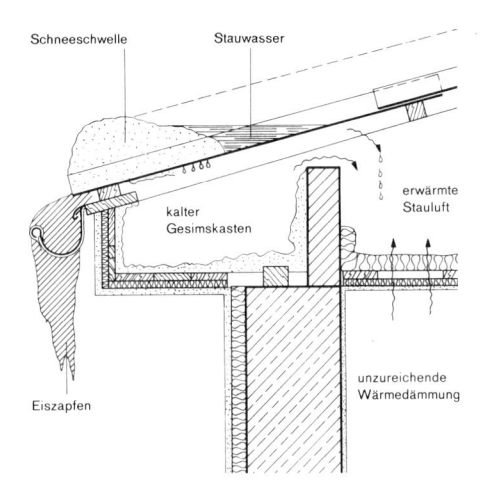

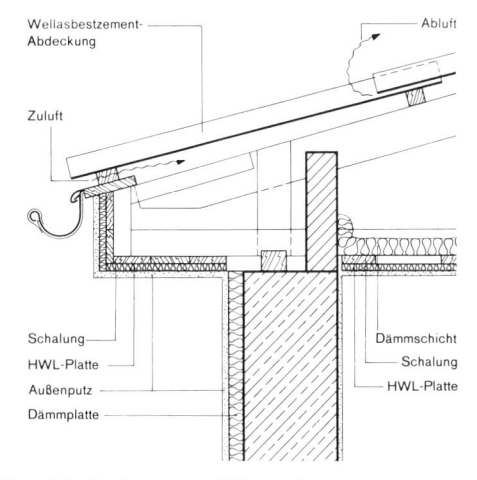

Bild 269a Falsche Ortgangausbildung eines mit Asbestzementtafeln gedeckten Kaltdaches kann zu Eisbildung führen (oben falsche, unten richtige Ausführung)

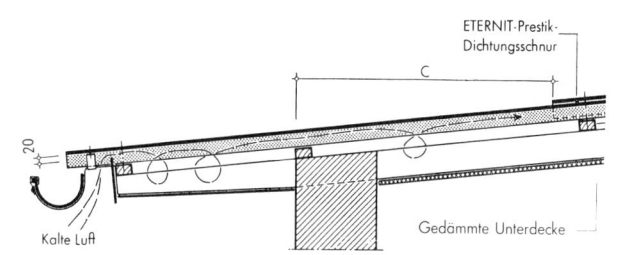

Bild 269b Unterlüftung der Dachhaut durch tiefergesetzte Traufenzahnleiste

lüftung von unten als noch bessere Lösung als bei 269a dargestellt. Nach Erfahrung des Autors läßt sich jedoch auch bei einwandfreiester Unterlüftung diese Forderung nicht erfüllen. Es wird bei Dachvorsprüngen immer zu anderen Temperaturverhältnissen kommen als über dem beheizten Bereich, alleine schon wegen der Unterkühlung von unten. Trotzdem bleibt die Forderung einer wirkungsvollen ganzflächigen Unterlüftung die wichtigste, um Eisbarrieren zu vermeiden.

253

8. Das zweischalige Dach (Kaltdach)

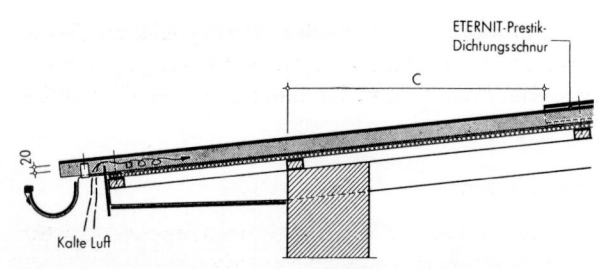

Bild 270 Unterlüftung wie 269b, jedoch mit Unterdach

4. In Klimagebiet III, also in schneereichen Gegenden bzw. überall dort, wo ungleiche Abtauvorgänge erwartet werden müssen und wo die Dachneigung relativ gering ist, empfiehlt sich gemäß Bild 270 ein ganzflächiger Unterdachschutz. Dieser kann über den Auflagerpfetten aufgebracht werden. Bezüglich der physikalischen Wirkung von Unterdachschutzbahnen oder dgl. wird auf Kapitel Ziegeldeckungen verwiesen. In einfachen Fällen ist eine dampfdurchlässige Unterdachschutzbahn ausreichend (Perkalor Diplex), bei stärkeren Belastungen muß eine ausgesprochene Dichtungsbahn aufgebracht werden, die an den Überlappungsstößen verklebt wird (eine Glasgittergewebebahn oder dgl.). Als Unterlage kann u. U. eine Holzschalung erforderlich werden oder dgl.

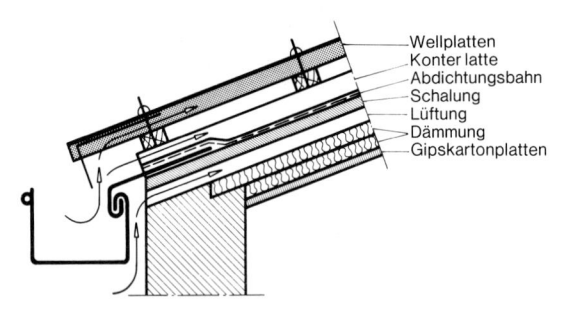

Bild 271 Richtiger Unterbau für Unterdachschutz

In Bild 271 ist ein Sanierungsvorschlag dargestellt, wie er von dem Autor schon mehrfach ausgeführt wurde. Bei einer relativ dampfdichten Abdichtungsbahn über einer Holzschalung muß dafür gesorgt werden, daß unterhalb dieser Holzschalung die eigentliche Dachraumbelüftung erfolgt. Trotzdem muß aber auch über der Holzschalung noch eine wirkungsvolle Belüftung stattfinden, um gleichmäßige Temperaturverhältnisse im Bereich der Wellplatten herzustellen. Hier reicht dann eine Belüftung durch die erforderliche Konterlatte (die für die Wasserabführung erforderlich ist) und über die Wellenberge der Wellplatten. Die Abdichtung kann auf das Rinneneinlaufblech aufgeklebt werden, so daß selbst bei extremsten Belastungen und Feuchtigkeitseinbrüchen das Wasser parallel zu den Konterlatten nach unten entspannt. Eine derartige Konstruktion ist rückstausicher und kann in den härtesten Klimazonen empfohlen werden.

Manchmal reicht es auch aus, wenn diese Maßnahmen gemäß Bild 270 und 271 nur im untersten Trauf- oder Kastenrinnenbereich ausgeführt wird (2–3 cm breit). Dies muß jeweils nach den gegebenen Verhältnissen gesondert bestimmt werden.

8.9.1.5 Entlüftung

1. Firstentlüftungen

Die Entlüftung im Bereich des Firstes bzw. im Pultfirstbereich ist wesentlich einfacher und problemloser. Hier haben die verschiedensten Lieferwerke Formstücke entwickelt, die mehr oder weniger den Erfordernissen entsprechen. Die Probleme bei den Entlüftungen im Firstbereich liegen weniger in der Ausführungstechnik als in der Gefahr, daß bei starkem Sturm Regen, besonders aber Schnee eingetrieben wird.

Nachfolgend sollen einige Entlüftungsmöglichkeiten aufgezeigt werden:

Für die Entlüftung am wirkungsvollsten sind die durchgehenden Firstschalen. In Bild 272 und 273 sind Firstschalen mit unterschiedlicher Ausbildung dargestellt. Der Lüftungsquerschnitt ist bei diesen beiden Firstschalen verschieden (400 und 700 cm^2/m). In beiden Fällen sind Abweiser gegen Schnee-Einwehungen angebracht. Sie haben sich bewährt.

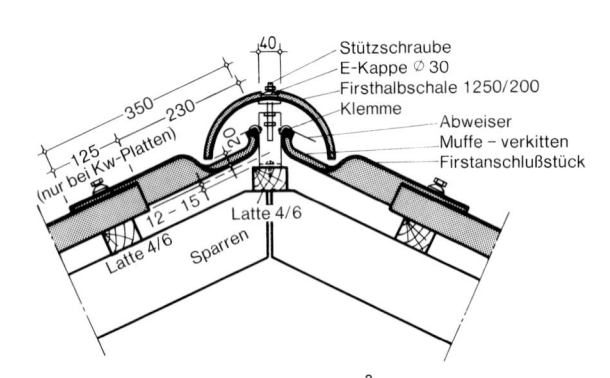

Bild 272 Lüftungsquerschnitt ca. 400 cm^2/m First

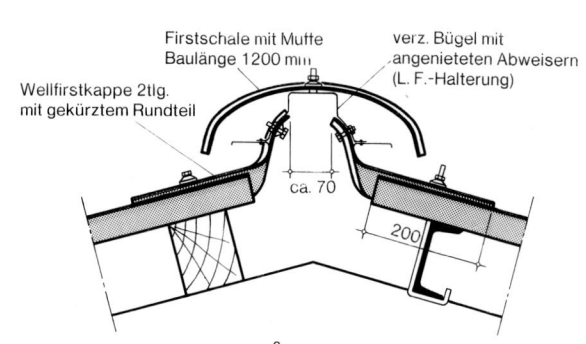

Bild 273 Lüftungsfirst 700 cm^2/m

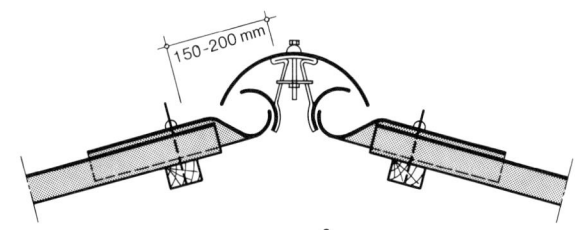

8.9 Leichte Zweischalendächer mit Dachdeckungen

Bild 274 Lüftungsquerschnitt 550 cm²/m

In Bild 274 ist ein Kaltdachfirst dargestellt, der von sich aus eine gute Schneesicherheit bietet. Der Belüftungsquerschnitt ist mit 550 cm²/lfm gegeben und reicht ohne Zusatzmaßnahmen für sehr viele Belastungsfälle aus.

In Bild 275 und 276 sind durchgehende Wellfirstlüftungen mit Wellfirsthauben auf Distanzstücken dargestellt, wobei besondere Schneesicherheit durch die Konstruktion Bild 276 gegeben ist.

In Bild 277 ist ein weiterer durchgehender Kaltdachfirst dargestellt mit Lüftungsquerschnitt 500 cm² bei Profil 177/51 und 300 cm² bei Profil 130/30 jeweils pro Seite. (Besonders für landwirtschaftliche Bauten geeignet.) Diese Beispiele mögen für durchgehende Firstentlüftungen genügen.

2. Einzelentlüfter

Einzelentlüfter können für Belüftungszwecke oder für Entlüftungszwecke notwendig werden.

Für Belüftungszwecke z. B. im Bereich von Mittelrinnen, bei denen der Belüftungsquerschnitt über die Wellenberge zur ausreichenden Belüftung nicht ausreicht, können Einzelentlüfter gemäß Bild 278 eingesetzt werden. Diese werden bauseits montiert, d.h. der Belüftungsquerschnitt wird aus den Wellenbergen ausgeschnitten und der Dachentlüfter eingeklebt. Der Belüftungsquerschnitt von 180 cm/Stück ist zwar nicht sehr groß, kann aber zusätzlich zu anderen Be- und Entlüftungsquellen dienlich sein. Selbstverständlich können diese Entlüfter auch im Firstbereich zusätzlich zum Einbau kommen.

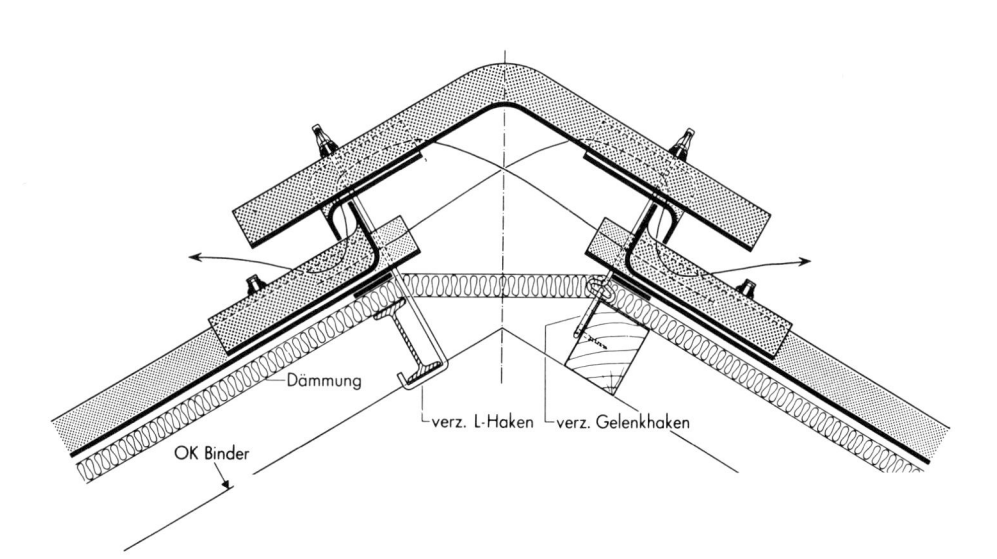

Bild 275 Wellfirsthauben als durchgehende Firstentlüftung

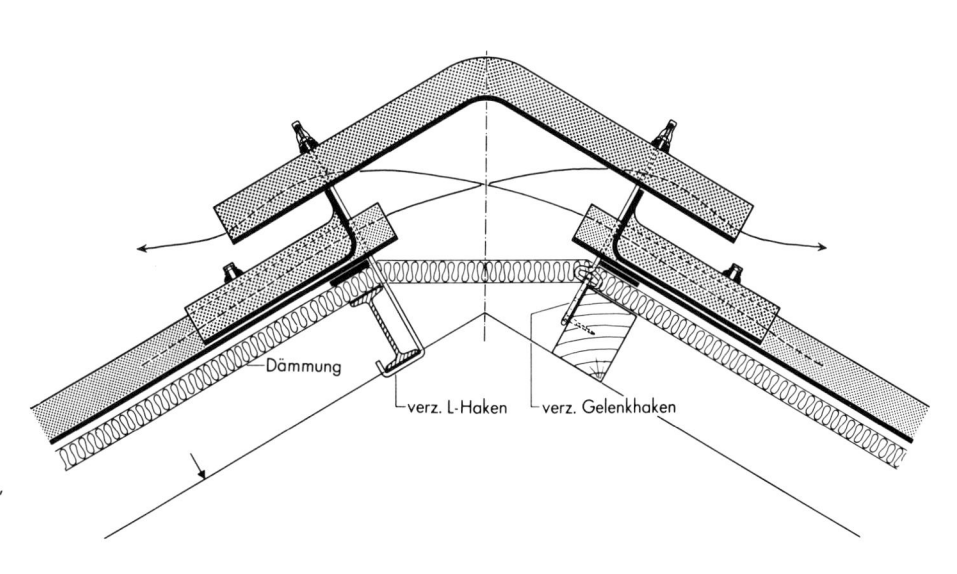

Bild 276 Durchgehende Firstentlüftung mit Wellfirsthauben, Distanzstücken und Traufenfußstücken

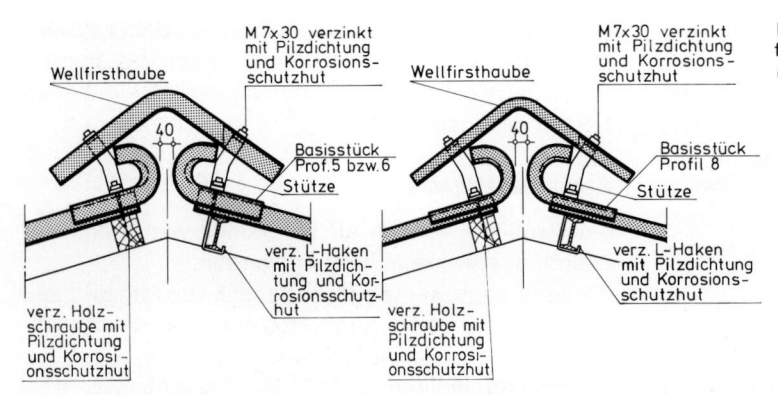

8. Das zweischalige Dach (Kaltdach)

Bild 277 Kaltdachfirst – Entlüftungsquerschnitt für Profil 177/51 = 500 cm², 130/30 = 300 cm² (pro Seite)

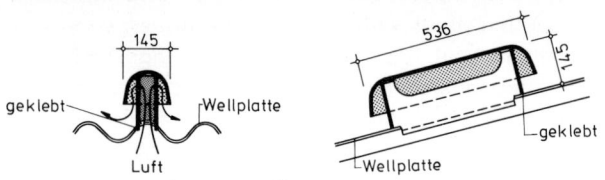

Bild 278 Dachentlüfter 180 cm²/Stück

In Bild 279 sind Einzelentlüfter-Wellfirsthauben dargestellt. Diese sind, wenn keine Siebe hinter den Belüftungsquerschnitten eingestellt werden, wenig schneesicher. Pulverschnee wird also eingetrieben. Durch das Einbringen der erforderlichen Siebe wird der Lüftungsquerschnitt jedoch sehr verengt. Er ergibt sich bei Profil 177/51 nur noch mit 120 cm²/Stück und bei Profil 130/30 nur noch mit 80 cm²/Stück. Aus Tabelle 258 ist zu entnehmen, daß die Wellplatte pro lfm bereits 250 bzw. 150 cm² an Querschnitt erbringt. So ergibt es sich, daß durch diese Entlüfter-Wellfirsthauben, die sehr häufig zum Einbau kommen, nicht einmal der Wellenquerschnitt pro Meter Platte aufgenommen würde, wenn pro lfm ein Stück zum Einbau käme. Gerade mit diesen Wellfirsthauben entstehen nach Erfahrung die meisten Mängel, da sie falsch eingeschätzt werden. Häufig werden diese in 3–4 m Abstand aufgesetzt in dem Glauben, den Erfordernissen Genüge getan zu haben. Leider wird nur sehr selten bemerkt, daß der Entlüftungsquerschnitt völlig unzureichend ist.

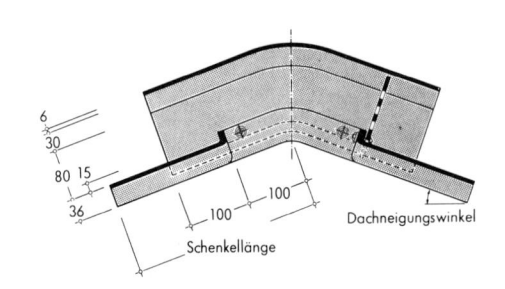

Entlüfter-Wellfirsthaube, Längsschnitt

Entlüfter-Wellfirsthaube, Querschnitt

Bild 279 Lüftungsquerschnitt:
Profil 177/51
   mit Sieb 120 cm²/Stück
   ohne Sieb 400 cm²/Stück
Profil 130/30
   mit Sieb 80 cm²/Stück
   ohne Sieb 350 cm²/Stück

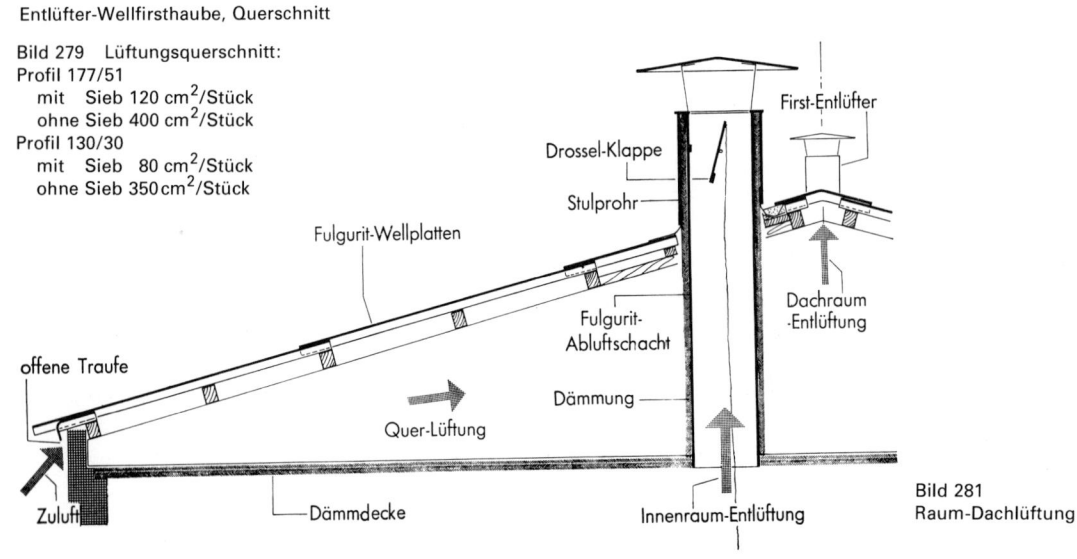

Bild 280 Well-Entlüftergaupen für Profil 177/51 und 130/30 55 cm²/Stück

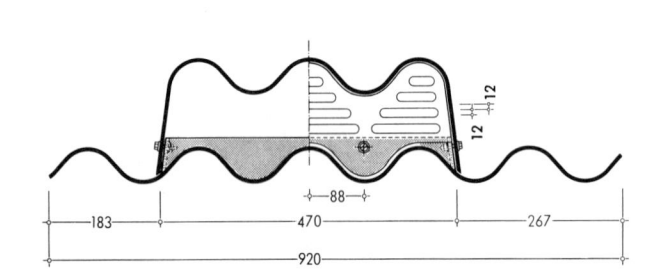

Bild 281 Raum-Dachlüftung

8.9 Leichte Zweischalendächer mit Dachdeckungen

In Bild 280 ist der Querschnitt einer Well-Entlüftergaupe dargestellt, die in die Dachplatte eingeformt ist. Auch hier ist der Entlüftungsquerschnitt mit 55 cm²/Stück sehr bescheiden. Man wird also solche relativ teure Formstücke nur dann zum Einbau bringen, wenn keine andere Möglichkeit besteht. Durch diese Well-Entlüftungsgaupen wird nur etwa $1/5$ des Lüftungsquerschnittes erbracht, wie er durch die Wellenberge bei 1 m Breite gegeben ist. Sie sind allenfalls geeignet bei Bühnenentlüftungen bei Wohnhäusern, sind jedoch kaum geeignet zur Herstellung wirkungsvoller Kaltdächer.
Diese Beispiele für Einzelentlüfter mögen ausreichen. Sie könnten noch durch weitere ergänzt werden.
Hier sei lediglich noch darauf hingewiesen, daß es auf keinen Fall erlaubt ist, Luftfeuchtigkeiten in einen Kaltdachraum bewußt einzubringen und dann diese durch die Dachraumlüftung zu entlüften. Dies führt in den meisten Fällen zur Kondensation unter den Wellplatten. Hier ist es dann erforderlich, gemäß Bild 281 die Innenraumentlüftung durch gesonderte Entlüftungsrohre herzustellen, die dann seitlich wärmegedämmt werden. Die Dachraumentlüftung muß für sich hergestellt werden, wie dies aus diesem Bild 281 entnommen werden kann.

3. Entlüftung an Pultfirsten oder Hausanschlüssen

Die einfachsten Entlüftungen ergeben sich im Bereich von Pultfirstanschlüssen oder dgl. Die einfachste Form ist die mit Wellpulthauben mit einem so langen Schenkel, daß Schnee-Einwehungen verhindert werden. Anstelle dessen kann wie in Bild 282 ein schützender Winkel mit Distanz angeschraubt werden, der Schnee-Einwehungen verhindert. Hier ist auch dargestellt, daß über der Wärmedämmplatte eine Perkalor-Diplex-Bahn aufgelegt ist, die gegebenenfalls Schnee-Einwehungen oder Kondensat-Rücktropfungen nach unten ableitet. Perkalor-Diplex ist wasserabweisend, aber voll dampfdurchlässig.
In Bild 283 ist eine Entlüftungsmöglichkeit im Bereich einer Hausanschlußwand dargestellt. Gerade hier ergeben sich bei Windbelastung sehr häufig Anstauungen.

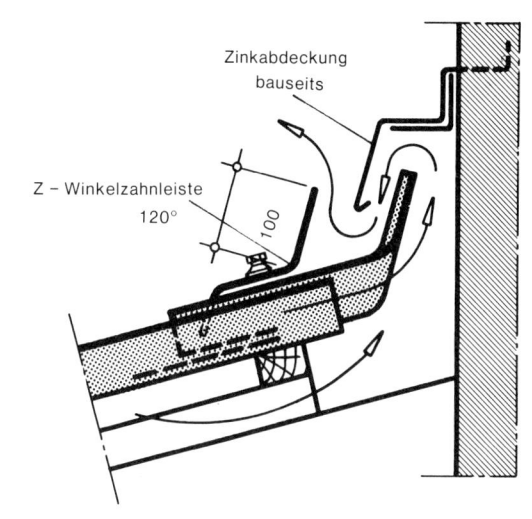

Bild 283 Hausanschluß

Es ist deshalb gerade hier ein Zusatz-Profil (Winkel-Zahnleiste) zusätzlich anzumontieren, um so die Schnee-Einwehungen weitgehend auszuschalten.
Bei kleineren Wohnhäusern (Bühnenräume) kann u.U. auf eine Firstentlüftung gänzlich verzichtet werden, wenn es möglich ist, im Giebel (Wand) Lüftungsöffnungen einzubringen. Außerdem kann hier dann im Bereich des Ortgang-Anschlusses, wie in Bild 284 dargestellt, noch eine Zusatzentlüftung über den Asbestzementplatten-Anschluß erwirkt werden. Eine derartige Entlüftung über den Ortgang ist in jedem Falle angezeigt und erbringt so weitere Entlüftungsquerschnitte auch bei anderen Konstruktionen.

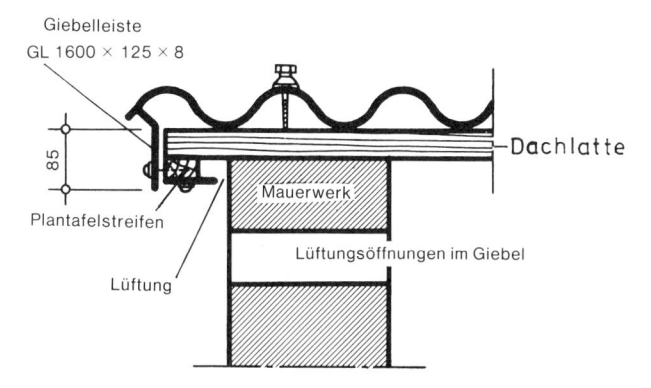

Bild 284 Ortgang und Giebelentlüftung

In Bild 285/1 sind noch weitere zwei Möglichkeiten der Entlüftung im Firstbereich dargestellt. Durch eine Wellpulthaube, stirnseitig perforiert, unter der Wellplatte eingelegt [6], kann auch hier eine Entlüftung hergestellt werden. Auch im unteren Bild ergeben sich derartige Entlüftungsmöglichkeiten mit einer perforierten Zahnleiste [7]. In beiden Fällen kann das Wasser an der schrägen Wellplatte zurücklaufen und kann hier gegebenenfalls nach innen über die Zahnleiste oder dgl. eindringen. Diese Konstruktionen sind also im allge-

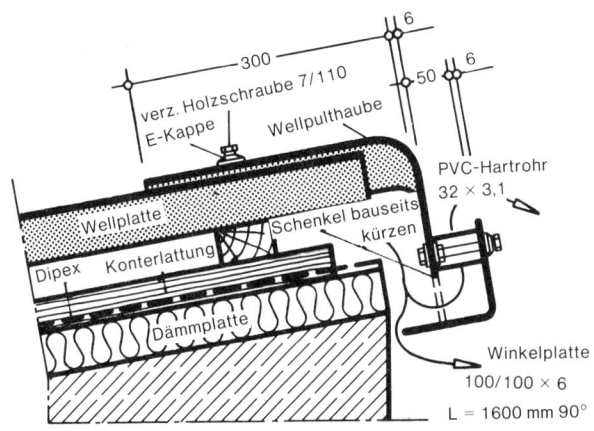

Bild 282 Entlüftung mit Schutzwinkel

8. Das zweischalige Dach (Kaltdach)

meinen nicht unbedingt zu empfehlen, wenngleich sie im Industriebau sehr häufig anzutreffen sind. Besser und sicherer, und physikalisch richtiger sind Lösungen gemäß Bild 281 und 282.

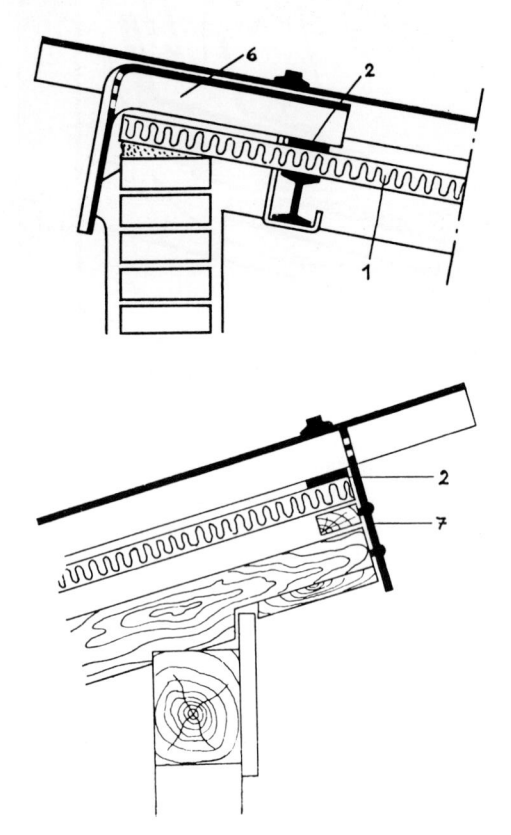

Bild 285/1   1 Dämmung, 2 Distanzleiste, 6 Wellpulthaube, 7 Zahnleiste

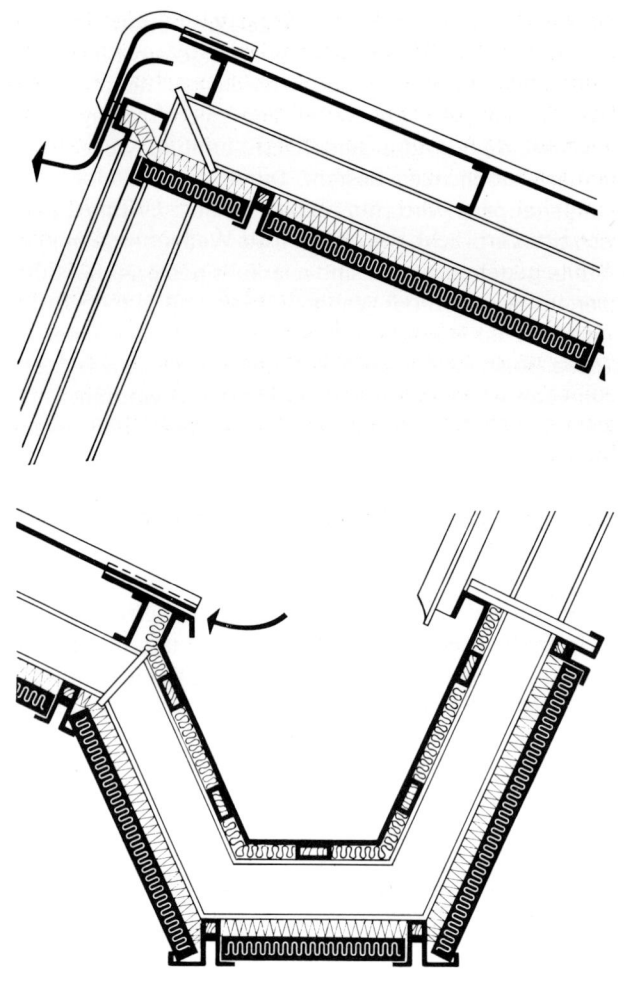

Bild 285/2   Shed mit Wellplatten

4. Sheddächer

Abschließend sei noch in Bild 285/2 die Zweckmäßigkeit des Einsatzes von Wellplatten bei Shed-Konstruktionen dargestellt. Hier ergeben sich nicht nur sehr wirtschaftliche, sondern auch physikalisch einwandfreie Lösungen. In diesem Falle ist die raumabschließende Verkleidungsplatte gleichzeitig als Schallschluckplatte ausgebildet (Herakustik), über der dann die Wärmedämmung aufgebracht ist. Die Kaltdach-Be- und -Entlüftung kann einwandfrei über die Wellplatten vorgenommen werden. Hier können gegebenenfalls gegen Windeinwehung ebenfalls im Traufbereich Lösungen gewählt werden, wie sie zuvor bei den Traufbelüftungen angezeigt wurden, um keinerlei Schnee-Einwehungen zu erhalten. Die Entlüftung im Firstbereich ist meist eindeutig durch die Wellpulthauben gegeben.

5. Wärmebrücken

Um auch im Winter keine ungleichmäßigen Abtauungen auf der Oberfläche der Wellplatten zu erhalten, sollte man die Wärmedämmung grundsätzlich über den Stahlkonstruktionsteilen ganzflächig durchführen, nicht

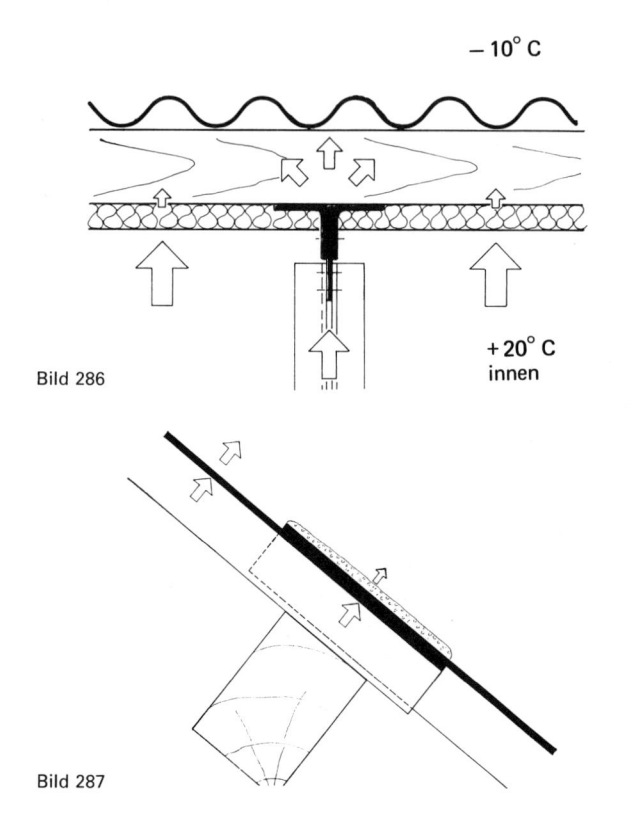

Bild 286 $-10°\,C$ / $+20°\,C$ innen

Bild 287

8.9 Leichte Zweischalendächer mit Dachdeckungen

so, wie dies z. B. in Bild 286 dargestellt ist. Hier kommt es auf der Dachfläche durch Wärmeabstrahlungen zu einseitigen Abtauungen, was sehr unschön auf den Dachflächen abzulesen ist und gegebenenfalls natürlich auch auf die Alterungsbeständigkeit der Wellplatten einen gewissen Einfluß hat.

Umgekehrte Wirkungen ergeben sich gemäß Bild 287, wo der Holzbalken eine wesentlich höhere Wärmedämmung aufweist und demzufolge der Schnee darüber liegen bleibt. Hier sollte eine flächige Unterlüftung der Wellplatten vorliegen, d. h. das Holz sollte als Wärmedämmfaktor hier ausscheiden. Durch das Aufbringen einer Konterlatte und einer weiteren darüber aufgelegten Normallatte werden derartige Erscheinungen verhindert.

8.9.1.6 Sonderausführungen und Sonderformen von Wellplatten

1. Licht-Wellplatten

Licht-Wellplatten werden zu den Profilen 177/51 und 130/30 passend hergestellt und können mit diesen also kombiniert werden. Die Maße sind also dieselben wie bei den normalen Wellplatten.

Die Befestigungsmittel sind im allgemeinen ebenfalls die gleichen wie bei den Wellplatten. Licht-Wellplatten müssen jedoch auf jeder Pfette befestigt werden. Für die Befestigung bei einer Überdeckung Licht-Wellplatte auf Licht-Wellplatte und bei Verschraubungen auf der Mittelpfette müssen zusätzliche Abstandshalter eingebaut werden.

Die Verlegung von Licht-Wellplatten ist sinngemäß wie bei den normalen Wellplatten auszuführen bis auf folgende Ausnahmen:

a) Licht-Wellplatten dürfen nicht betreten werden. Sie sind im allgemeinen sehr dünn (ca. 1 mm stark).
b) Der Eckschnitt fällt wegen der geringen Dicke weg. Bei Verlegung als Traufplatte darf keine Rinne an den Licht-Wellplatten befestigt werden, da sonst Risse entstehen würden.
c) Die Überdeckung von normaler Wellplatte zu Licht-Wellplatten bzw. Licht-Wellplatten zu normaler Wellplatte oder Licht-Wellplatte zu Licht-Wellplatte ist in Bild 288/1–3 dargestellt.

Physikalisch ergeben sich bei Licht-Wellplatten gewisse Probleme. Häufig wird die Wärmedämmung im Bereich derartiger Licht-Wellplatten unterbrochen. Es entsteht dann eine Unterbrechung der Kaltdach-Durchlüftung, also eine Funktionsstörung des normalen Kaltdaches. Im Bereich der Licht-Wellplatten selber ergibt sich ein Warmdach mit der Möglichkeit der laufenden Kondensatbildung unter diesen nur 1 mm starken Einschalenplatten.

Hier muß bei höheren klimatischen Belastungen von der Raumseite aus gesehen in Verlängerung der Wärmedämmung entweder eine mindestens zweite lichtdurchlässige Wellplatte untergehängt werden, so daß

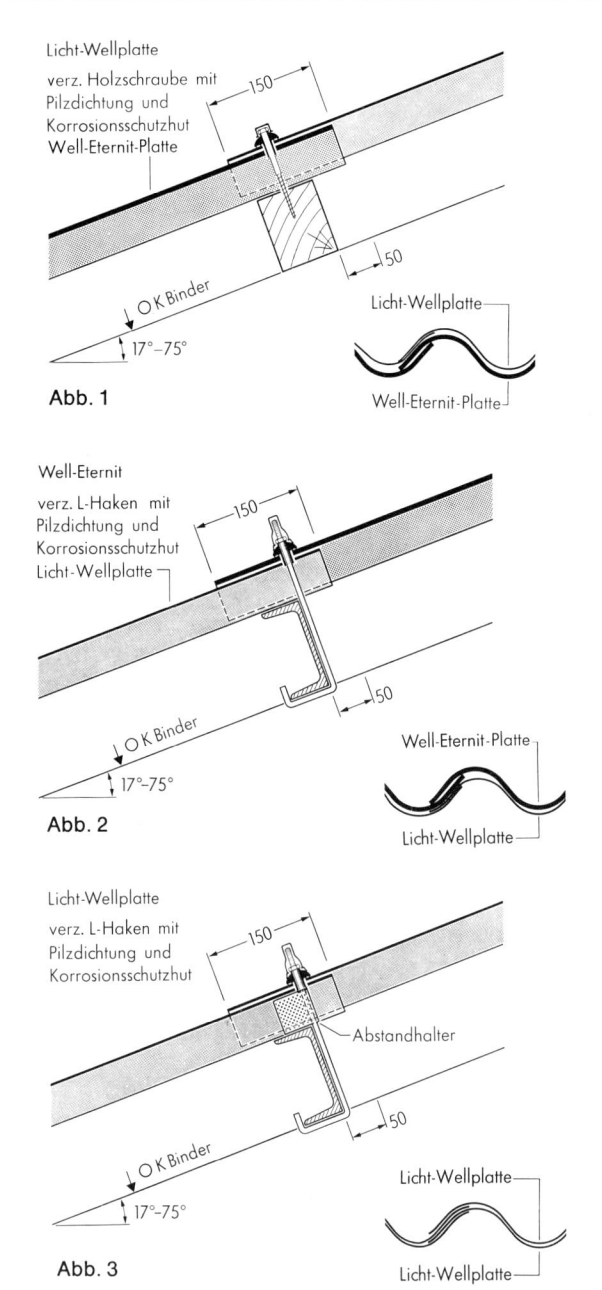

Abb. 1
Abb. 2
Abb. 3

Bild 288 Verlegung von Licht-Wellplatten

die Durchlüftung darüber ungehindert stattfinden kann, oder bei noch höheren Belastungen ist hier eine lichtdurchlässige Wärmedämmplatte anzuordnen, wie sie unter Kapitel »Belichtungen beim Flachdach« nachgewiesen werden. In jedem Falle müssen die physikalischen Wirkungen untersucht werden, um nicht unliebsame Überraschungen zu erleiden.

2. Wellasbestplatten für flache Dächer

Von den Eternit-Werken werden Spezial-Wellplatten empfohlen, die für Dachneigungen bereits ab 3° angeboten werden. In Bild 289 ist ein Querschnitt dieser Spezialplatten dargestellt. Die vierwelligen Platten, beidseitig symmetrisch mit aufsteigenden Wellenbergen,

8. Das zweischalige Dach (Kaltdach)

Bild 289 Wellplatten für flache Dächer

Mindestdachneigungen

Dachtiefe Traufe-First m	Mindestdachneigung in Grad	in Prozent
bis 10	3	5
bis 12	4	7
bis 15	5	9
bis 20	6	11

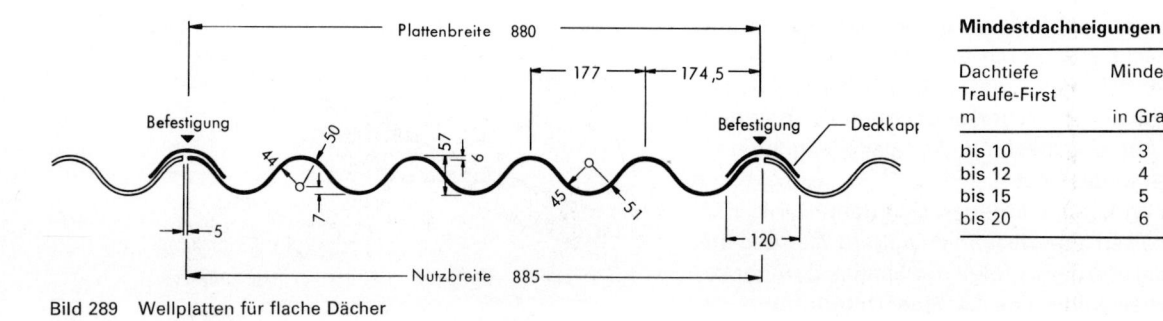

ergeben eine Fertigplatte von 880 mm. Gegenüber der üblichen Wellplattendeckung überdecken sich die Platten seitlich nicht, sondern werden mit 5 mm breiten Fugen verlegt, die durch Deckkappen geschlossen werden. Die sonst so wichtigen Eckschnitte sind hier dann nicht mehr erforderlich. Die besondere Dichtung in allen Höhen- und Seitenüberdeckungen der Wellplatten und Deckpappen wird durch eine Eternit-Prestik-Dichtungsschnur mit 10 mm ⌀ bewirkt. Der Untergrund muß in diesem Bereich mit Fixativ vorbehandelt werden.
Die Deckkappen der unteren Plattenreihe werden durch die Deckkappen der oberen Plattenreihe um 200 mm überdeckt, die also über den normalen Plattenrand hinausstehen. Dies kann aus Bild 290 über die Befestigung dieser Platten entnommen werden.
Die physikalische Funktion der Be- und Entlüftung ist wie bei den anderen Platten vorzunehmen.
Zweifellos ergeben sich unter normalen Belastungen regensichere Dachdeckungen. Es darf hier aber zu keinerlei übernormaler Beanspruchung kommen, etwa durch gewisse Rückstaubelastungen, extreme Beanspruchungen in schneereichen Gegenden oder dgl. Das Sicherheitsgefühl ist hier nicht im gleichen Umfange gegeben wie bei Wellplatten mit größerer Neigung. Meist ist nicht die Dachfläche als solche maßgebend für deren Dichtigkeit, sondern die Anschluß-Details und hier insonderheit die Rinnen. Hier kann man durch Unterdachschutzmaßnahmen zusätzlich noch wirtschaftliche Lösungen mit größerer Sicherheit erzielen.

3. Kurze Asbestzement-Wellplatten

Als Alternative zu Ziegeldeckungen bietet die Industrie Kurz-Asbestzement-Wellplatten an.
Bei der Verlegung der kurzen Asbestzement-Wellplatten kann die Befestigung der einzelnen Bedachungselemente durch nicht rostende Nagelklammern oder durch das Einschlagen von farbigen Glockennägeln erfolgen.
Die Wellplatten haben ein Standard-Format von 625/1097 mm. Durch die konstante Höhenüberdeckung von 125 mm beträgt die optische Länge der Wellplatten in der Richtung von Traufe zu First 500 mm.
Die Mindest-Dachneigung ist mit 10° nach unten begrenzt. Evtl. Sicherheitszuschläge sind angezeigt.

Auf Stahlpfetten: Verzinkte L-Haken,
Länge = Trägerhöhe + 110 mm,
bzw. Fabco-Befestigungssystem.

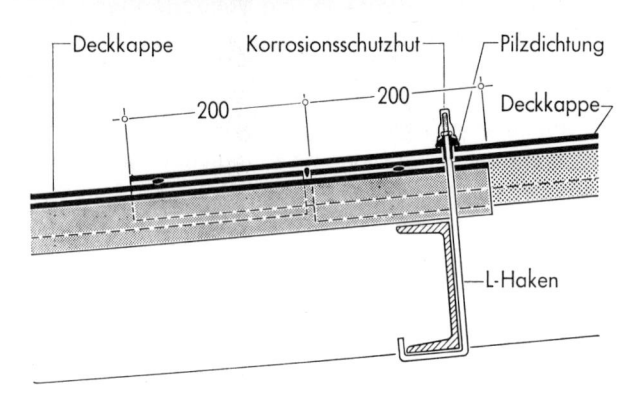

Auf Holzpfetten:
Verzinkte Sechskantholzschrauben 7/130 mm.

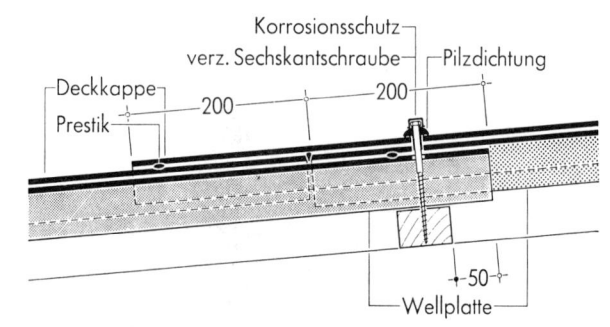

Bild 290 Befestigung flacher Wellplatten

Die Verlegung der kurzen Asbestzement-Wellplatten erfolgt normalerweise auf Holzlatten 4×6 cm, die im Abstand von 500 mm auf die Sparren aufzubringen sind.
In Bild 291 ist die Befestigung mit nicht rostenden Nagelklammern dargestellt. Hier sind 4 Stück dieser Befestigungsmittel pro m² gedeckter Fläche erforderlich. Jede einzelne Wellplatte wird mit 2 Nagelklammern auf dem 2. und 5. Wellenberg in Deckrichtung befestigt. Die dauerplastische Schnur wird in ca. 1,3 m langen Ab-

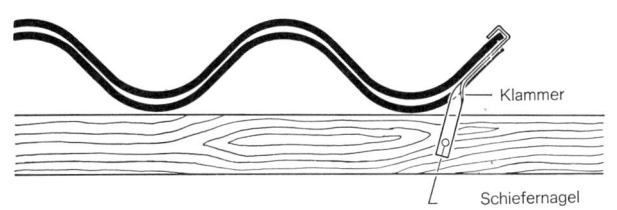

8.9 Leichte Zweischalendächer mit Dachdeckungen

Bild 291 Nagelklammern-Befestigung von Kurz-Wellplatten

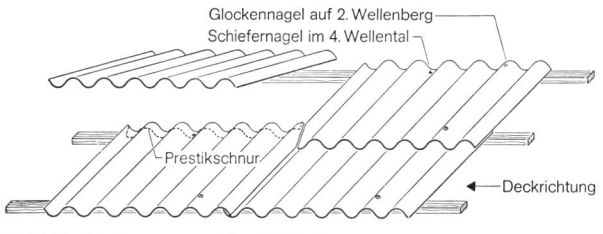

Bild 292 Verlegung von Kurz-Wellplatten

schnitten zur Abdichtung der Höhenüberdeckung, wie in Bild 292 dargestellt, eingelegt und an den Ecken hochgezogen.

Bei der Befestigung mit Glockennägeln gemäß Bild 293 werden ebenfalls pro m² 4 Befestigungen erforderlich. Die Nägel werden mit Neoprene-Dichtungsscheiben versehen. Die Befestigung erfolgt auf dem 2. und 5. Wellenberg. Auch hier ist die Dichtungsschnur gemäß Bild 292 und Bild 293 ca. 30 mm unterhalb des Glockennagels wie zuvor angeführt eingelegt.

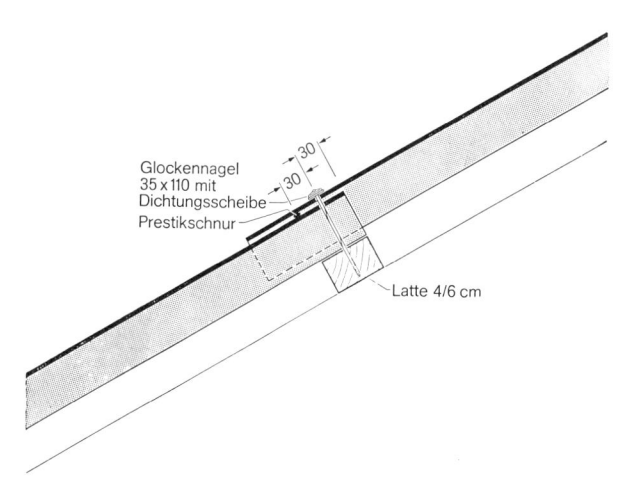

Bild 293 Glockennagelbefestigung

Bauphysikalisch ist auch wie bei den übrigen Wellplatten eine einwandfreie Unterlüftung erforderlich, da Dächer dieser Art nicht etwa wie Ziegeldächer bedingt atmungsfähig sind. Es fehlen die dampfdurchlässigen Fugen. Der Diffusionswiderstandsfaktor ungepreßter Wellplatten wird mit 37 angegeben. Dieser Wert läßt also eine ausreichende Atmungsaktivität nach außen hin ebenfalls nicht zu. Es gelten dieselben Gesichtspunkte wie bei den normalen Wellplattenarten angeführt.

4. Wellasbest-Styroporverbundplatten

Unter dem Namen Well-Algostat wird ein Dachelement angeboten, bei dem Wellplatten Profil 177/51 mit Styropor-Automatenplatten in einem Element zusammenkaschiert sind. Durch eine besondere Formgebung der Polystyrol-Platten gemäß Bild 294 ergibt sich im Bereich des Wellentales eine Dampfentspannung in Richtung Wellenberg. Der Wellenberg ist ausgeprägt als Entlüftungsraum ausgebildet, so daß hier die Funktionen eines Kaltdaches erfüllt werden. Die Wärmedämmplatten bilden gleichzeitig eine raumabschließende Unterseite, wie bei den vorgenannt aufgezeigten Leicht-Dächern, bei denen jedoch die Wärmedämmplatten gesondert zu verlegen sind. Im übrigen gelten sonst dieselben Verlegerichtlinien und physikalischen Anschluß-Details.

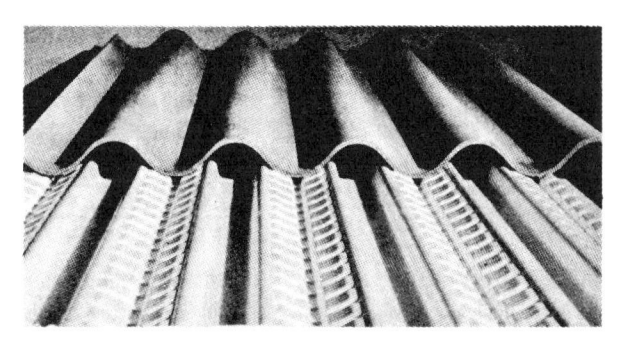

Bild 294 Well-Algostat

5. Großprofil-Eternitplatten

Unter dem Namen Eternit-Canaleta wird ein großformatiges Dachelement angeboten, bei dem ein Mindestgefälle von 1° vorgeschrieben ist, also unter der Voraussetzung, daß nur ein Längenelement verwendet wird.

Für die statischen Lastannahmen müssen für die verlegten Dachflächen einschließlich Befestigungsmaterial 25 kp/m² eingesetzt werden. Die maximale Stützweite beträgt bei normaler Schneebeanspruchung von 25 kp/m²:

Einfeldträger (2 Auflager)	4000 mm
Zweifeldträger (3 Auflager)	3600 mm
Kragarme max.	1750 mm

jedoch max. nur $1/2$ der Feldweite.

Die seitliche Flügelüberdeckung von 100 mm ergibt dann eine Nutzbreite von 900 mm. Aus Bild 295 können die Profilmaße und die statischen vorgenannten Stützweiten abgelesen werden.

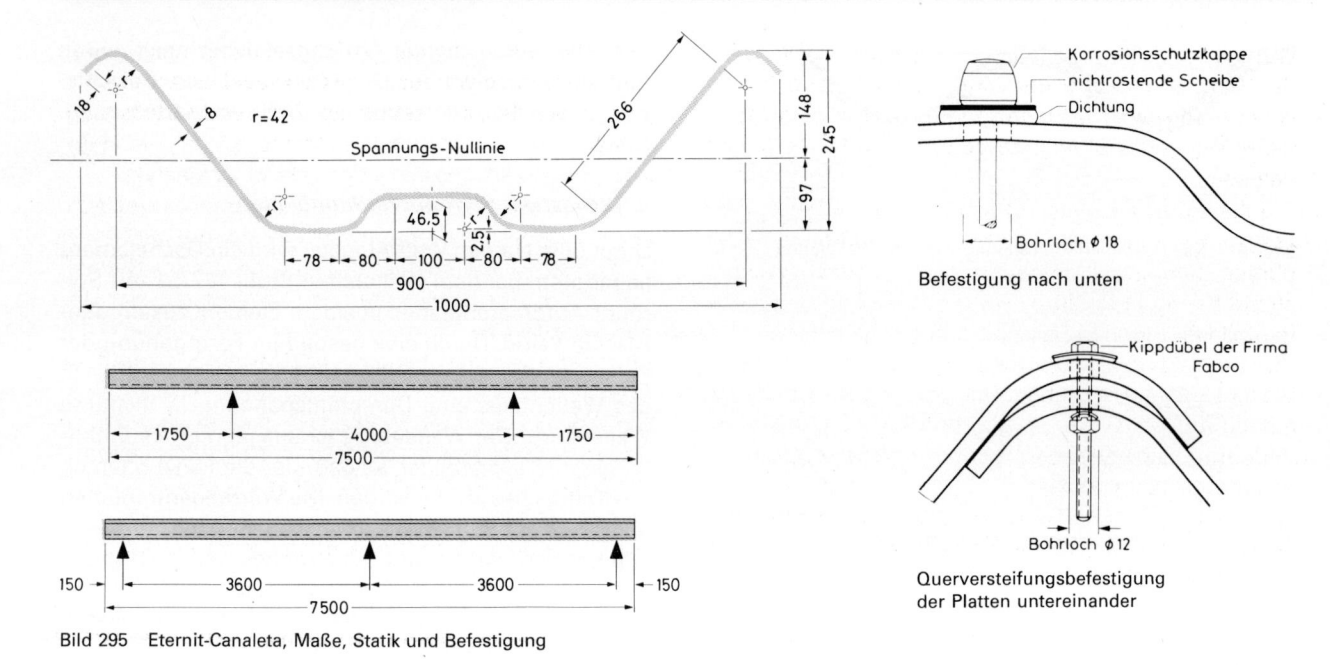

8. Das zweischalige Dach (Kaltdach)

Bild 295 Eternit-Canaleta, Maße, Statik und Befestigung

Befestigung nach unten

Querversteifungsbefestigung der Platten untereinander

Die Verlegung dieser Platten erfolgt entgegengesetzt der Wetterrichtung, um das Eintreten von Wasser zu verhindern. Die bereits relativ schweren Elemente mit 8 mm Wandstärke können zwar noch von 4 Mann transportiert werden, es werden jedoch mechanische Hebemittel empfohlen.

Die Befestigung der Platten auf die Unterkonstruktion kann auf Stahlpfetten, Holzpfetten und auf Beton, wie bei normalen Wellplatten vorgenommen werden. Die Befestigung erfolgt im überhöhten Mittelbereich bei Stahl nach dem Fabco-System, bei Holz mit Holzschrauben und bei Beton mit Holzschrauben und Nylon-Dübeln. In Bild 295 kann dies abgelesen werden.

Zur Querversteifung werden die Flügel der Platten im Abstand von 1500 mm miteinander verbunden. Dafür eignen sich z. B. Kippdübel der Firma Fabco, wie in Zeichnung angeführt, mit 12 mm Bohrloch.

In Bild 296 ist ein Traufanschluß mit einem Spezial-Traufenfußstück dargestellt mit einer gleichzeitigen Darstellung einer Außenwand-Verkleidung mit demselben Profil, was eine sehr dekorative Wirkung erbringt.

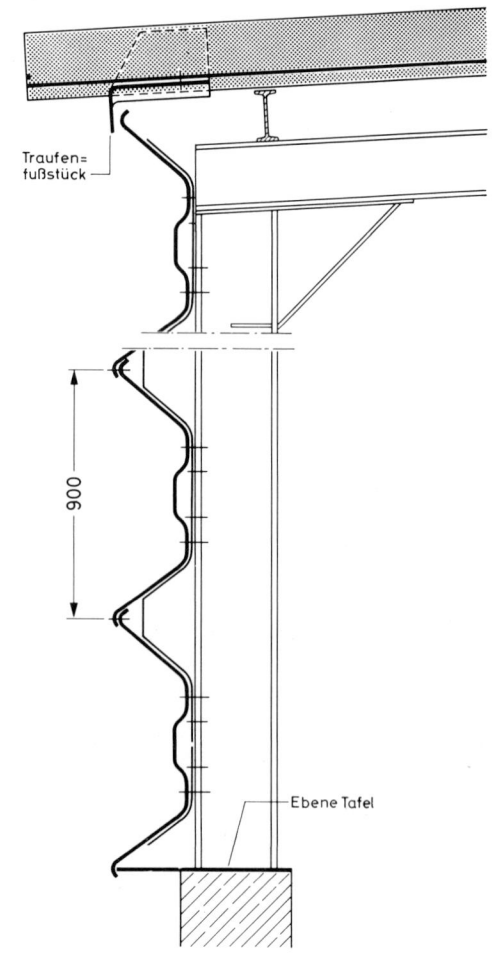

6. Bitumen-Wellplatten

Bitumen-Wellplatten werden z. B. unter dem Namen Onduline angeboten. Es sind dies Platten aus organischen und anorganischen Faserstoffen, die durch bindefähige Materialien zusammengefügt umd mit durch Destillation gewonnenem Bitumen bei hoher Temperatur imprägniert sind.

Das Plattenformat beträgt 200/89 cm, die Wellenabmessungen 88/29 mm und die Stärke 3 mm. Die Wärmeleitzahl dieses Materials wird mit 0,08 bei +18° angegeben. Diese Wärmeleitzahl ist im Vergleich zu

Bild 296 Traufanschluß mit Wand

Wellasbest (0,30) sehr günstig. Bei 3 mm Stärke bleibt der Wärmedurchlaßwiderstand mit 0,037 jedoch noch sehr bescheiden. Die Platten sind innenseitig normalerweise schwarz und können außenseitig farbig behandelt sein.

Die Verlegung weicht erheblich von der Verlegetechnik von Asbestzement-Wellplatten ab. Die Bitumen-Wellplatten sind geschmeidig, d.h. sie müssen entsprechend häufig unterstützt werden. Sie können gegebenenfalls Rundungen und dgl. angeglichen werden. Der Pfettenabstand wird bei Neigungen über 15° mit mindestens 62 cm angegeben, bei Neigungen von 10–15° mit mindestens 46 cm. Bei geringerer Neigung wird die Verlegung auf Holz-Sparschalung empfohlen. Die Höhenüberdeckung wird je nach oben genannter Neigung zwischen 14, 16 und 20 cm empfohlen, die Seitenüberdeckung mit einer Wellenüberdeckung und in ungünstigen Lagen mit zwei Wellenüberdeckungen.

Die Befestigung der Bitumen-Wellplatten wird mit Nagelung vorgenommen. Eckschnitte brauchen nicht angeordnet zu werden. Eine vorherige Anbohrung ist ebenfalls nicht erforderlich. Die Verarbeitung ist also relativ einfach. In Bild 297 ist je nach Neigung die Höhenüberdeckung und je nach Verlegerichtung die seitliche Überdeckung dargestellt.

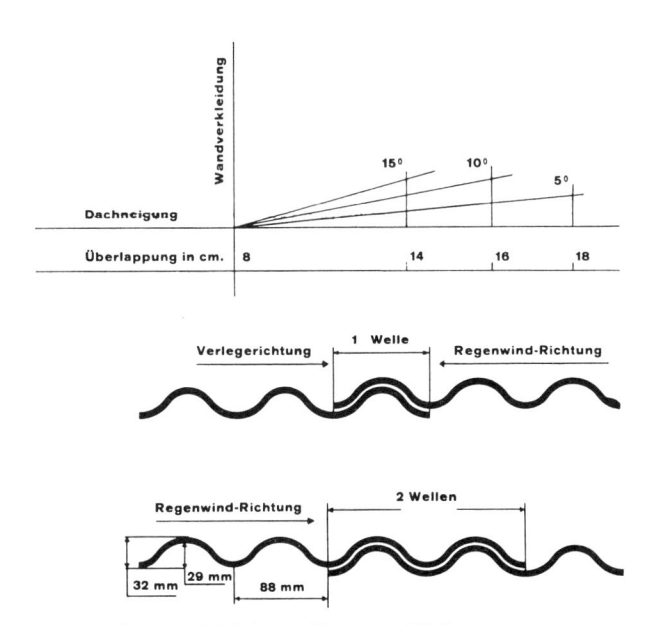

Bild 297 Onduline-Wellplatten. Einsatz und Verlegung

8.9.2 Dachziegel- und Betondachstein-Deckungen

Grundsätzlich unterscheidet man heute zwischen Dachziegeln aus Ton und Betondachsteinen.

8.9.2.1 Dachziegel nach DIN 456

Dachziegel sind flächige Bauelemente, die aus Lehm, Ton oder tonigen Massen geformt und gebrannt werden. Die Rohstoffe können mit anderen geeigneten Stoffen versetzt werden. Die Dachziegel unterscheiden sich je nach Art und Herstellung, Form und Abmessung. Sie werden in natürlicher Brennfarbe, durchgehend gefärbt, engobiert, glasiert oder gefärbt hergestellt. Grundsätzlich dürfen nur solche Bauelemente als Dachziegel nach DIN 456 bezeichnet werden, die nach ihrer stofflichen Zusammensetzung und nach ihrer Herstellung den Güteeigenschaften und Forderungen der DIN 456 entsprechen.

Dachziegel werden handelsüblich nach I., II. und III. Wahl unterschieden. Dachziegel I. Wahl müssen die in der DIN 456 geforderten Eigenschaften in allen Teilen erfüllen. Dachziegel II. und III. Wahl sind nicht genormt und brauchen demzufolge die Forderungen der DIN 456 nicht zu erfüllen.

Hier muß davor gewarnt werden, Dachziegel II. oder III. Wahl abzunehmen, da hierfür keine rechtlich verbindlichen Richtlinien vorliegen und demzufolge der Käufer kaum Aussicht auf Regreßansprüche bei Schadensfällen hat.

8.9.2.1.1 Dachziegelarten

Dachziegel werden ja nach Art der Herstellung in Preß-Dachziegel und Strang-Dachziegel unterteilt.

Preß-Dachziegel werden auf Stempelpressen, Strang-Dachziegel auf Strangpressen hergestellt.

1. Preß-Dachziegel

Bei Preß-Dachziegeln unterscheidet man je nach Form, Verfalzung usw. zwischen Falzziegeln, Falzpfannen, Flachdachpfannen und Krempziegeln, ferner sogenannte First-, Grat- und Lüftungsziegel und Zubehör aus Sonderziegeln.

In Bild 298 sind diese Dachziegel in Ansicht und Querschnitt dargestellt. Dgl. sind die einzelnen Sonderformen, die am Dach vorkommen können, bezeichnet, also z.B. Traufziegel, Gratziegel, Ortgangziegel usw.

Je nach Falzgebung an Kopf- und Seitenfalzung sind diese Preß-Dachziegel mehr oder weniger dicht und können demzufolge gemäß nachfolgend angeführten Mindest-Dachneigungen entsprechend eingesetzt werden. Die geringsten Dachneigungen können mit Flachdachpfannen erreicht werden.

2. Strang-Dachziegel

Bei Strang-Dachziegel unterscheidet man je nach Form und Verfalzung zwischen Hohlpfannen, Biberschwanz- und Strangfalzziegel, ferner Sonderziegel wie First- und Gratziegel und dgl.

In Bild 299 sind diese Ziegelarten mit den Deckarten dargestellt, so z.B. Doppel- oder Kronendach aus Biberschwanz und die Einsatzbreiten bei diesen Deckarten bezüglich der Dachneigung. Die angeführten Dachneigungen sind hier nur Richtwerte und sind nicht verbindlich.

8. Das zweischalige Dach (Kaltdach)

Falzziegel einfalzig — *Reformpfanne doppelfalzig* — *Falzpfanne* — *Flachdachpfanne*

Flachkremper — *Flachdachpfanne großformatig 1 qm = 10 Stck.* — *Flachdachpfanne doppelformatig 1 qm = 7,5 Stck.*

1 Traufziegel
2 Gratziegel
3 Firstziegel
4 Ortgangziegel
5 Firstanschlußziegel
6 Wandanschlußziegel, seitl.
7 Wandanschlußziegel
8 Kehlziegel
9 Walmkappe

Lage und Bezeichnung der Zubehörziegel

Bestimmen der mittleren Deckhöhe und Deckbreite
10 Ziegel (z. B. Falzziegel) in ihre Kopfanschlüsse (z. B. Kopffalze) legen und dabei auf die weitestmögliche Lage auseinanderziehen $= l_1$. Desgleichen in die engstmögliche Lage zusammenschieben $= l_2$.

Mittlere Deckhöhe $= \dfrac{l_1 + l_2}{20}$ Auf die gleiche Weise wird die mittlere Deckbreite an 2 Ziegelreihen zu je 10 bestimmt.

Bild 298   Preßdachziegel und Bestimmung der Maßhaltigkeit

Biberschwanz-Doppeldach — *Biberschwanz-Kronendach*

Dachneigung	30°	35°	40°	45°	50°	55°	60°	
Überdeckung x	9	8	7	6	6	6	5	cm
Lattenweite l_1 bei Format 18/38	für Doppeldach							
	14,5	15	15,5	16	16	16	16,5	cm
Lattenweite l_1 bei Format 18/38	für Kronendach							
	29	30	31	32	32	32	33	cm

Hohlpfannen-Aufschnittdeckung, Vierziegelecke — *Hohlpfannen-Aufschnittdeckung, Schnitt $l_2 = 33$ cm* — *Hohlpfannen-Vorschnittdeckung, Vierziegelecke*

Dachneigung	35°	40°	45°	50°	
Überdeckung x, Aufschnittdeckung	11	10	8	8	cm
Lattenweite l_2, Aufschnittdeckung	29	30	32	32	cm

Bild 299   Strangdachziegel

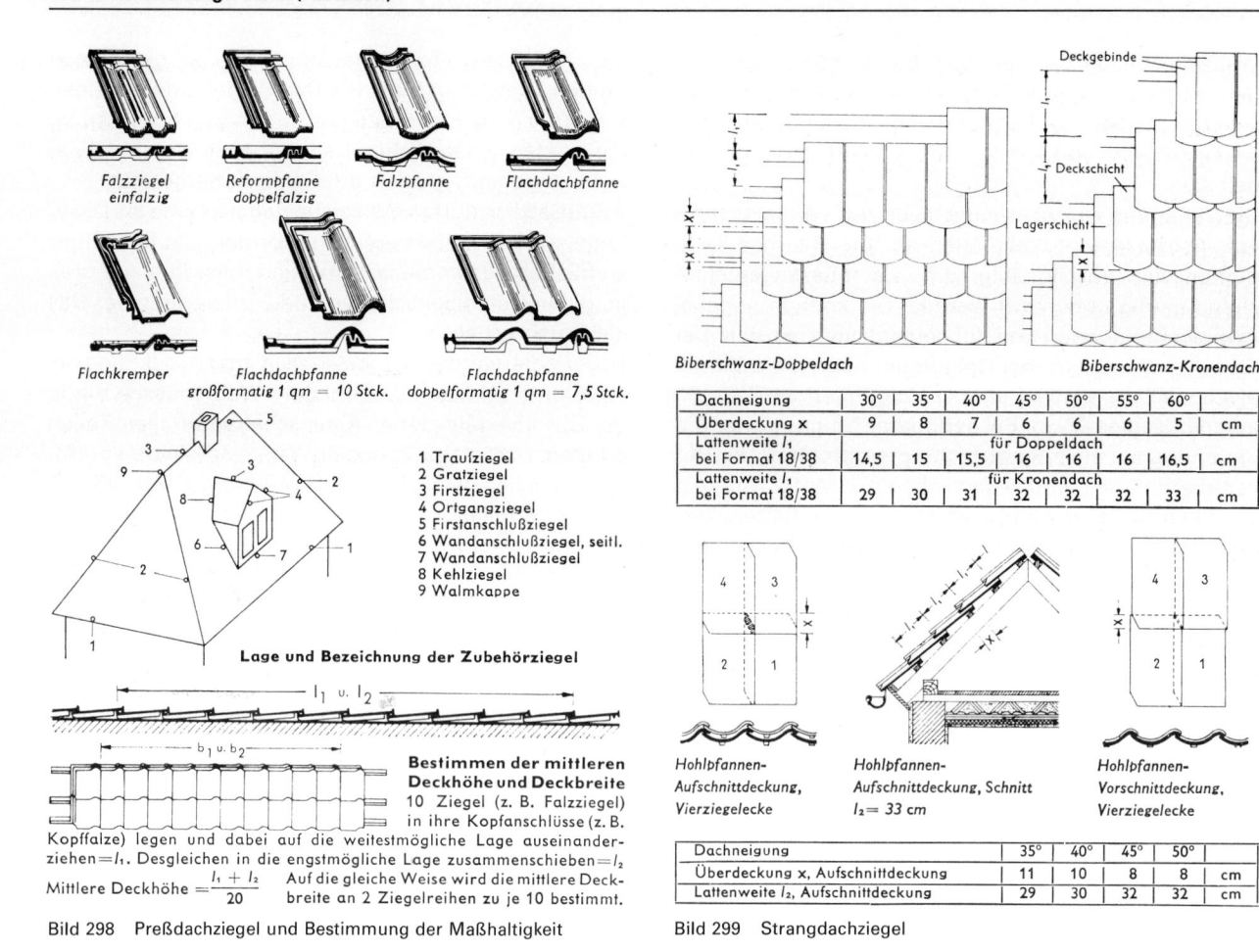

8.9.2.1.2 Anforderungen an Dachziegel

Die nach DIN 456 zu beurteilenden Dachziegel dürfen keine die Verwendbarkeit einschränkenden Risse aufweisen. Geringe Farbunterschiede sind gestattet. Die Engobe muß haftfest sein. Preß-Dachziegel müssen form- und maßhaltig sein. Die Formhaltigkeit ist so festgelegt, daß die Abweichung (Flügeligkeit) einer oder mehreren Ecken gegenüber den anderen höchstens 8 mm betragen darf, bei Hohlpfannen höchstens 12 mm. Bei Strangfalzziegeln darf diese Abweichung je nach Größe nur 4–6 mm betragen. Die Proben müssen an 10 Ziegeln vorgenommen werden.

Die Maßhaltigkeit wird gemäß Bild 298 durch Bestimmen der mittleren Deckhöhe und Deckbreite vorgenommen. 12 Ziegel werden verfalzt aneinandergereiht und die sich über 10 Ziegel ergebenden Längen je im gezogenen und gestoßenen Zustand gemessen. Die durch 20 dividierte Summe der Längen ergibt die mittlere Decklänge bzw. bei Prüfung der Deckbreite die Deckbreite. Die mittlere Decklänge darf bei Preß-Dachziegeln im Mittel 333 mm, die mittlere Deckbreite 200 mm betragen. Innerhalb der Lieferung für ein Bauwerk darf das Toleranzmaß bei Preß-Dachziegeln zwischen kleinsten und größten Ziegeln 2 % nicht überschreiten. Bei Strang-Dachziegeln darf dieses Toleranzmaß nur 1,5 % betragen.

Ein wesentlicher Faktor ist die Wasserundurchlässigkeit. Dachziegel müssen ausreichend wasserundurchlässig sein. Sie sind es, wenn nach einem Prüfverfahren von 10 Ziegeln 8 Stück nicht vor $2^{1}/_{2}$ Stunden und die übrigen 2 Stück nicht vor 2 Stunden Tropfenabfall von der Unterseite aufweisen. Daraus ist also zu entnehmen, daß bei diesen Belastungsproben der Ziegel als solcher Wasser durchlassen darf. Das Prüfverfahren ist aber so hart angesetzt, daß für normale Belastungen keine Wasseraustritte unten bei normgerechten Ziegeln festgestellt werden dürfen.

Eine wesentliche Forderung an normgerechte Dachziegel ist die an die Frostbeständigkeit. Dachziegel müssen frostbeständig sein, d. h. sie dürfen durch Frosteinwirkung (weder von außen noch von innen) keine Schäden erleiden, die ihre Beschaffenheit wesentlich verändern oder sie für die Bildung einer regensicheren Dachhaut unbrauchbar machen.

In der Praxis wird diese mangelhafte Frostbeständigkeit immer wieder festgestellt. Abschieferungen auf der Ober- oder Unterseite, meist einhergehend mit ungenügender Wasserdichtigkeit oder Gehalt an schädlichen Stoffen sind die häufigsten Erscheinungsformen. Sehr häufig brechen aber auch Ziegel in größerer Anzahl durch. Es handelt sich dann hier eindeutig nicht um Ziegel I. Wahl.

Eine ebenso häufige Feststellung ist die des Gehaltes an

schädlichen Stoffen. Ausblühfähige Salze, Kalkeinschlüsse sowie andere schädliche Stoffe dürfen nicht in solchen Mengen vorhanden sein, daß hierdurch Beschädigungen hervorgerufen werden, welche die Dachziegel für die Bildung einer regensicheren Dachhaut unbrauchbar machen. Wenn innerhalb der Dachziegel linsenförmige oder auch großflächige Abschieferungen entstehen, die ihren Ausgangspunkt an weißlichen oder gelblichen Einzelpunktverfärbungen haben, kann man bereits hieraus auf ungelöschte Kalkeinschlüsse schließen, die dann später bei Aufnahme durch Feuchtigkeit unter Volumenerweiterung Absprengungen im Ziegel bewirken. Bei einer Überprüfung gemäß DIN 51100 wird dieses Bild meist bestätigt.

Sehr häufig entstehen auch auf der Unterseite weißliche Salzausblühungen, die dann im weiteren Verlauf zu Abmehlungen führen. Diese Erscheinung ist besonders dort festzustellen, wo eine ungenügende Dachunterlüftung vorhanden ist, also zeitweilig Kondensat unter den Ziegeln stattfindet und wo gleichzeitig eine unzulässige Salzkonzentration in den Ziegeln beinhaltet ist. Auch kann bei Salzimprägnierungen der Dachlatten und Sparren bei Kondensation unterseitig und Wasserdurchlässigkeit von oben von den Dachlatten Salz den Ziegeln und hier besonders der Aufhängenase mitgeteilt werden, weshalb diese besonders in Mitleidenschaft gezogen werden. Hier muß also sehr wohl unterschieden werden zwischen Schadensursache aus den Ziegeln oder Folgeschaden durch mangelnde Unterlüftung bzw. Drittursachen. Hier wird auf die späteren Ausführungen der Dachunterlüftung verwiesen.

8.9.2.2 Betondachsteine nach DIN 1115–1117A–108C

Betondachsteine werden aus hochwertigem Portland-Zement und Sand, der nach einer festgelegten Sieblinie gemischt ist, hergestellt.

Betondachsteine werden in verschiedenen Größen, Formen, Oberflächen und Farben hergestellt.

Durch ihre variable Längenüberdeckung lassen sich Betondachsteine für alle üblichen Sparrenlängen verwenden.

Bei Verwendung von halben Dachsteinen kann annähernd jede gewünschte Deckbreite (Trauf- oder Firstlänge) erzielt werden.

Betondachsteine werden in folgenden Formen hergestellt:

a) Betondachsteine mit Mittelwulst (Doppelrömer): Pfanne mit ebenem Wasserlauf, halbkreisförmigem Mittelwulst und entsprechendem Deckfalz (Krempe). Der Wasserfalz ist in seiner Kontur dem Deckfalz angepaßt.
b) Betondachsteine mit symmetrischer oder asymmetrischer Welle: Pfanne mit gerundetem Wasserlauf, S-förmigem Mittelwulst und entsprechendem Falz. Der Wasserfalz ist in seiner Kontur dem Deckfalz angepaßt. – Pfanne mit muldenförmigem Wasserlauf, ohne Mittelwulst, mit rundem oder kantigem Deck- und entsprechendem Längsfalz.
c) Betondachsteine plattenförmig: Pfanne mit ebenem Wasserlauf, rundem oder ebenem Deck- und entsprechendem Wasserfalz.

Betondachsteine werden in vielerlei Farben und in verschiedener Oberflächenbeschaffenheit hergestellt.
a) Betondachsteine mit granulierter Oberfläche: Die Oberfläche dieser Betondachsteine besteht aus in Farb-Zementschlämme eingebettetem Farbgranulat.
b) Betondachsteine mit glatter Oberfläche: Die Oberfläche dieser Betondachsteine, deren Körper Farbe zugesetzt wird, ist im allgemeinen mit einem Spezial-Kunststoff oder einem ähnlichen Material behandelt.

Formate

a) Standardformat. Betondachsteine gehören zu den kleinformatigen Bedachungsstoffen. Sie werden im allgemeinen im Format 330 × 420 mm hergestellt. Der Bedarf beträgt ca. 10 St./m².
b) Andere Formate. Betondachsteine werden auch in den Abmessungen 240 × 400 mm, Bedarf ca. 15 St./m² und 380 × 430 mm, Bedarf ca. 8,5 St./m² hergestellt.

Konstruktive Merkmale

a) Längsfalzausbildung.
1. Betondachsteine mit einfachem Längsfalz. Der tiefste Punkt des Falzes liegt etwa in der Ebene der wasserführenden Fläche des Betondachsteines.
2. Betondachsteine mit hochliegendem Längsfalz. Der Längsfalz ist aus dem Wasserlauf in der Weise herausgehoben, daß seine tiefsten Wasserfalzausbildungen höher liegen als die wasserführende Fläche des Betondachsteines.
3. Betondachsteine mit tiefliegendem Längsfalz. Ein vertiefter Längsfalz liegt vor, wenn dessen tiefster Punkt unter der wasserführenden Fläche des Betondachsteines liegt.

b) Ausbildung der Unterseite.
1. Betondachsteine ohne Fußverrippung.
2. Betondachsteine mit mehrfacher Fußverrippung. Eine mehrfache Fußverrippung liegt dann vor, wenn im Überdeckungsbereich außer der Auflagenase Querrippen angeordnet sind, so daß Wirbelkammern entstehen.

8.9.2.2.1 Anforderungen an Betondachsteine

Betondachsteine müssen ein sauberes Aussehen haben, haarrißfrei und ohne äußere Beschädigungen sein. Sie dürfen keine Grate an den Rändern aufweisen, die das Verlegen und Schließen der Fälze und Nasen behindern. Betondachsteine müssen maßhaltig und ebenflächig sein.

Das natürliche Zementgrau kann durch getönte Zuschlagstoffe wie Ziegelsand oder gebrannten Sand, durch Zusatz von Zementfarbe (durchgehende Fär-

8. Das zweischalige Dach (Kaltdach)

Schnitt A-A

Betondachstein mit Mittelwulst

Schnitt A-A

Betondachstein mit asymmetrischer Welle

Schnitt A-A

Betondachstein, plattenförmig

Bild 300 Betondachsteine

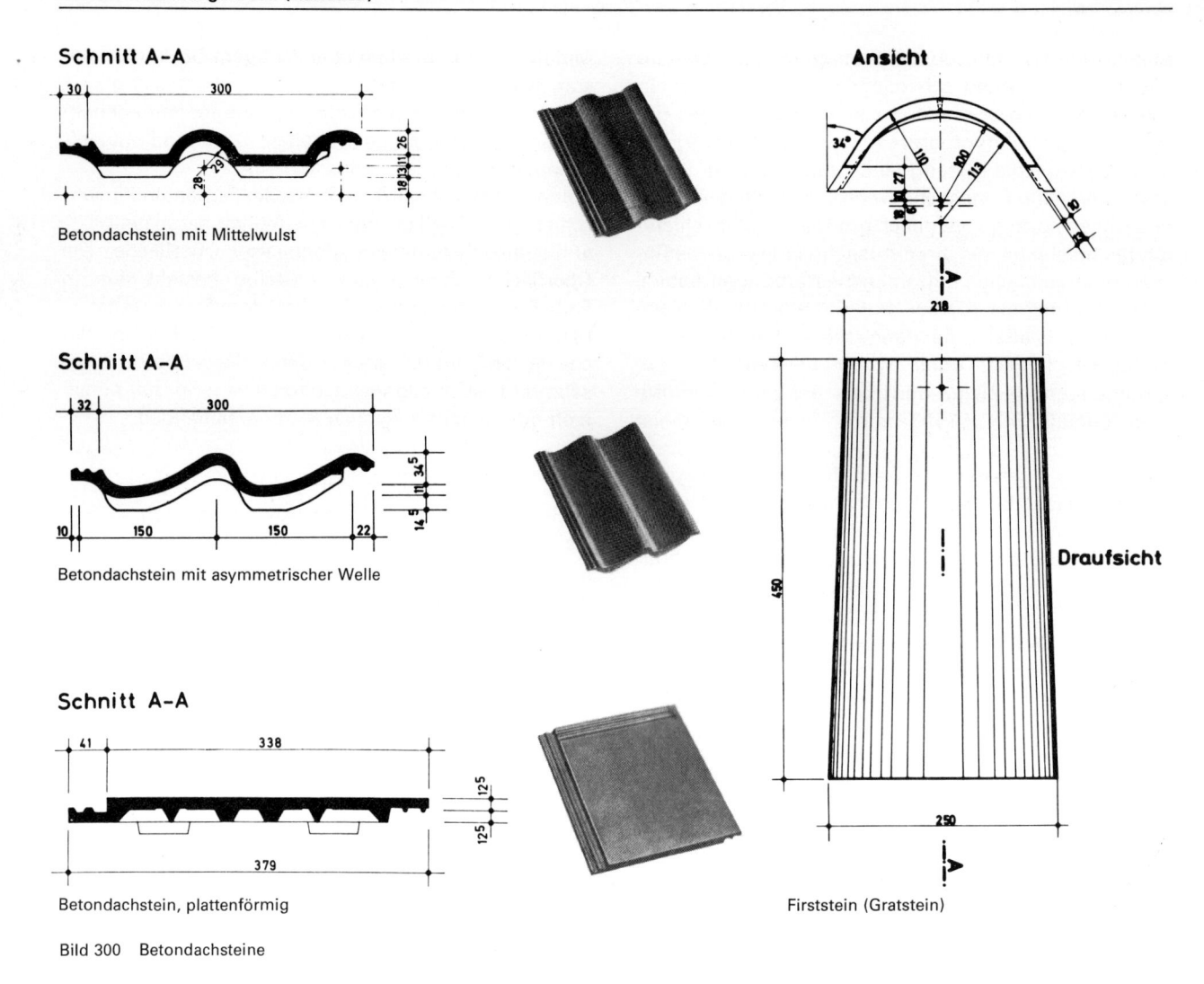

Ansicht

Draufsicht

Firststein (Gratstein)

bung) oder durch gefärbte Überzüge möglichst schieferfarbig, braun oder dunkelrot abgewandelt werden. Der Farbton der Betondachsteine darf sich im Laufe der Jahre nicht wesentlich verändern.

Die allgemeinen Güteanforderungen erstrecken sich wiederum wie bei den Tonziegeln auf Wasserundurchlässigkeit, Biegefestigkeit und Frostbeständigkeit. Die Wasserdurchlässigkeitsprüfung erfolgt dadurch, daß auf den Dachsteinen 1 cm Wasser über 24 Stunden an 5 Betondachsteinen aufgebracht werden muß. Es dürfen dann an der Unterseite keine Tropfen abfallen. Durchfeuchtung ohne Tropfenabfall ist zulässig. Die Frost- bzw. Wetterbeständigkeit ist ebenfalls nach den Gütebestimmungen nachzuweisen.

Der Hersteller von Betondachsteinen ist verpflichtet, neben eigenen Werksprüfungen sich einer Gütesicherung zu unterziehen, um hier die Forderung nach Wasserundurchlässigkeit, Biegefestigkeit und Frostbeständigkeit nachzuweisen.

Im allgemeinen haben sich Betondachsteine für Dachdeckungen ausgezeichnet bewährt. Es werden von den Lieferfirmen langjährige Gewährleistungen abgegeben, die bis heute noch kaum jeweils in Anspruch genommen werden mußten.

8.9.2.3 Verarbeitungstechnische Gesichtspunkte bei Dachziegel und Betondachsteinen (DIN 18338)

8.9.2.3.1 Mindest-Dachneigung

Im Zusammenhang dieser Abhandlung interessiert besonders die Mindest-Dachneigung für die einzelnen Dachziegel- und Betondachsteinarten und -formen. In der DIN 18338 sind nur die notwendigen Höhenüberdeckungen bei einer bestimmten Neigung angegeben. Ausgehend von der Tatsache, daß die Verschiedenartigkeit der Landschaft, also der Einfluß des Klimas, die örtliche Lage des Bauwerkes (Windanfälligkeit usw.), die Dachgestaltung und Dachform sowie die Dachraumnutzung und nicht zuletzt die Ziegelart eine starre Festlegung von Mindest-Dachneigungen nicht ermöglichen, sind Ziegelindustrie und Dachdecker-Handwerk übereingekommen, auf die Festlegung von Mindest-Dachneigungen in diesen Normen zu verzichten.

8.9 Leichte Zweischalendächer mit Dachdeckungen

Bild-Tabelle 301 Mindestdachneigung und Lattenweite usw.

Ziegeldeckung (Tonziegel)

Ziegelart	Mindestdachneigungen		
	Dächer üblicher Konstruktion	Kaltdächer	Dächer mit Unter-Konstruktion *)
Falzziegel	30°–35°	25°–30°	20°–25°
Reformpfanne	30°–35°	25°–30°	20°–25°
Falzpfanne	30°–35°	25°–30°	20°–25°
Flachdachpfanne	18°–25°	11°–18°	10°–15°
Hohlpfanne	35°–45°	30°–40°	25°–35°
Biberschwanzziegel			
Doppeldeckung	30°–35°	30°–35°	25°–30°
Kronendeckung	35°–40°	30°–35°	30°–35°

*) Dächer mit Unterkonstruktion sind Ziegeldeckungen mit untergelegter Dichtungsbahn (Dachpappe, Folie o. ä.)

Dächer, Baustoffbedarf

Einheit	Bauleistung	Länge u. Breite der Ziegel cm	Deckbreite cm	Lattweite cm	Ziegel Stück	Dachlatten m	Gewicht kg/m²
1 m²	*Biberschwanzziegeldach*						
	Doppeldeckung	38/18	18	15	37	6,7	80
	Doppeldeckung	38/18	18	16	34,7	6,3	
	Kronendeckung	38/18	18	28	39,7	3,6	80
	Kronendeckung	38/18	18	30	37	3,3	
	Spließdeckung	38/18	18	23	24	4,3	60
1 m²	*Hohlpfannendach*						
	Aufschnittdeckung	40/23,5	20	31	16,2	3,2	50
	Vorschnittdeckung	40/23,5	20	33	15,2	3	
1 m²	Krempziegeldach	34/26	23	26	17	4	50
1 m²	Strangfalzziegeldach	40/20,5	18	30	18,7	3,3	60
1 m²	Falzziegeldach	40/22,5	20	33,7	15	3	55
1 m²	Falzpfannendach	40/25	20	33,7	15	3	55
1 m²	Flachdachpfannendach	40/25	20	33,7	15	3	55
1 m²	*Mönch- und Nonnendach*						
	Mönch ⎱ vermörtelt	40/11	11	35	13 ⎱	3	90
	Nonne ⎰	40/21	11	35	13 ⎰		
		Decklänge cm	Deckseite cm				
1 m	First- oder Gratdeckung	40	16		2,5		
		33,3	12		3,0		
		25	8,5		4,0		

Andererseits muß jedoch der Architekt in seinen planerischen Überlegungen als auch die ausführende Dachdeckungsfirma von gewissen Richtwerten ausgehen, für die die einzelnen Ziegelsorten und Betondachsteine noch eingesetzt werden können. Es kann sich aber hier nur um Richtlinien handeln, die nicht verbindlich sind. Hier muß jeweils Architekt und Dachdeckungsfirma je nach Örtlichkeit abschätzen, inwieweit diese Richtlinien für diesen speziellen Fall Gültigkeit haben. In Grenzfällen ist es angezeigt, sich entweder eines anderen Dachdeckungsmaterials zu bedienen oder Zusatzmaßnahmen bei Ziegeldeckungen zum Einbau zu bringen (Unterdachschutzbahnen), falls dies noch verantwortet werden kann.

In Tabelle 301 sind für Ziegeldeckungen (Tonziegel) die Mindest-Dachneigungen sowohl für übliche Konstruktionen als auch für ausgesprochene Kaltdächer und Dächer mit Unterdachschutz-Konstruktion angegeben. Desgleichen können aus dieser Tabelle die Abmessungen der einzelnen Ziegelarten, die Lattenweite und der

8. Das zweischalige Dach (Kaltdach)

Bild-Tabelle 302 Betondachsteine mit mehrfacher Fußverrippung
Mindestdachneigungen und Lattenweiten für die verschiedenen Dachsteinformen
Abmessungen 42/33

1. Betondachsteine mit hochliegendem Längsfalz		Frankfurter Pfanne			Doppel S		
bei einer Dachneigung von ... und mehr	Mindestüberdeckung cm	Lattenabstand cm	Gewicht ca. kg/m²	Stück/m²	Lattenabstand cm	Gewicht ca. kg/m²	Stück/m²
22°	10,5 cm	31,5	48,5	10,58	31,5	49,5	10,58
25°	9,0 cm	33,0	46,5	10,10	33,0	47,5	10,10
30°	8,0 cm	34,0	45,0	9,80	34,0	46,0	9,80

2. Betondachsteine mit tiefliegendem Längsfalz		tegalit					
bei einer Dachneigung von ... und mehr	Mindestüberdeckung cm	Lattenabstand cm	Gewicht ca. kg/m²	Stück/m²			
25°	10,5 cm	31,5	59,0	10,58			
30°	9,5 cm	32,5	57,5	10,25			
35°	8,0 cm	34,0	55,0	9,80			

Baustoffbedarf samt Gewicht abgelesen werden. Dabei ist anzumerken, daß in den Gewichten gemäß DIN 1055 die Latten mit eingerechnet sind.

Die angegebenen Berechnungsgewichte sind Regelgewichte. Im Einzelfalle schwanken diese erheblich. So ist z. B. bei Flachdachpfannen das tatsächliche Gewicht nur 48 kg/m² anstelle von 55 kg/m². Wenn derartige Einzelfälle verbindlich nachgewiesen werden können, dann kann gegebenenfalls durch Einschaltung der Baubehörden ein günstigeres Berechnungsgewicht für die statische Berechnung zugrunde gelegt werden.

Für Betondachsteine sind in Tabelle 302 sowohl die Dachneigungen in Spalte 1 angegeben als auch die hierzu gehörenden Mindestüberdeckungen, die Lattenweite, die Stückzahl und das Gewicht/m² Dachfläche. Bezüglich dieses Gewichtes ist jedoch anzuführen, daß hier die Latten nicht mit eingerechnet wurden, sondern daß hier nur das Gewicht der Ziegel angegeben ist. Es müßte also hierzu jeweils das Lattengewicht hinzugerechnet werden, bzw. es müßten die Belastungsannahmen nach DIN 1055 zugrunde gelegt werden. Bezüglich der Mindest-Dachneigung ist für Betondachsteine der Einsatzbereich mit einer evtl. Unterdachschutzbahn nicht angegeben. Hier können jedoch ebenfalls wie bei Ziegeldächern bei Anwendung einer Unterdachschutz-Konstruktion ca. 10° Minderneigung eingerechnet, also abgezogen, werden.

Wichtige Anmerkung

Die Ziegelneigung ist je nach Ziegelart 3–5° geringer als die Dachneigung (Sparrenneigung). Dieser Umstand muß bei der Wahl der Ziegel unbedingt berücksichtigt werden, was besonders bei sehr flachgeneigten Dächern für die Dichtigkeit der Dachdeckung ausschlaggebend sein kann.

8.9.2.4 Bauphysikalische Gesichtspunkte

Bezüglich der nachfolgenden Ausführungen werden keine Unterschiede mehr zwischen Ziegeldeckungen aus Ton und Betondachsteinen gemacht. Es wird allgemein nur von Ziegeldeckungen gesprochen.

8.9.2.4.1 Dacharten und Belastungsfälle

Ähnlich wie bei den Wellasbestplatten beschrieben unterscheidet man auch hier je nach Konstruktionsgegebenheiten und bauphysikalischer Belastung folgende Konstruktionen:

1. Ziegeldeckung als Warmdach

Unter derartigen Dächern versteht man nach Bild 303 Dachkonstruktionen, bei denen der Dachraum bewußt weder durch Be- und Entlüftungen im Trauf- und Firstbereich noch im Giebelbereich einen Luft- oder Feuchtigkeitsaustausch erhält, also der Luftraum in sich abgeschlossen ist.

Ein derart in sich abgeschlossener Luftraum ermöglicht auch beim Ziegeldach nur einen bedingten Luft- und Feuchtigkeitsaustausch zwischen innen und außen und dies primär nur im Sommer. Bei bestimmten Ziegelarten (Biberschwänzen oder dgl.) ist überhaupt kaum mit einem Austausch zu rechnen.

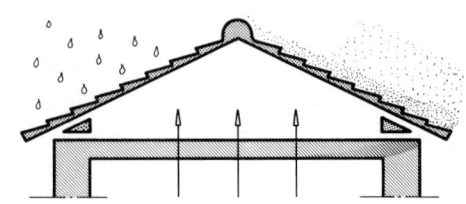

Bild 303 Beim Warmdach ist der Dachraum nicht belüftet

8.9 Leichte Zweischalendächer mit Dachdeckungen

Im Winter staut sich die von unten nach oben abwandernde Wärme im Luftraum. Daraus resultiert eine erhöhte Dampfkonzentration im Dachraum mit der Gefahr der laufenden oder zeitweiligen Kondensation unter den Ziegeldeckungen bei bestimmten Außentemperaturen. Diese Kondensation bewirkt dann u. U. die bereits zuvor beschriebenen unterseitigen Ausblühungen mit den gefürchteten Abmehlungen und Abschieferungen an den Ziegeln.

Ein weiterer Nachteil ist der, daß infolge der Wärmeanstauung im Firstbereich der Schnee dort vorzeitig abtaut, während er in den unteren und tieferen Trauf-Bereichen länger liegen bleibt. Es kommt dann zu Rückstaubelastungen durch Eisbarrieren, wie sie nachfolgend detailliert noch beschrieben werden.

Im Sommer ergeben sich noch weit ungünstigere Auswirkungen. Durch die Sonneneinstrahlung kommt es zu einem erheblichen Wärmestau im Dachraum. Nicht selten werden Temperaturen bis zu 60° innerhalb eines derartigen Dachraumes gemessen. Diese Stauwärme wirkt sich nun weniger auf die Ziegeldeckung selber aus, dagegen auf eine evtl. Massivplattendecke. Ist über der Massivplattendecke keine ausreichende Wärmedämmung aufgebracht und sind im Bereich der Außenwände keine Zusatzmaßnahmen (Ringanker-Konstruktionen) vorgesehen, dann entstehen durch unzulässige Temperaturbewegungen aus der Massivdecke Risse im Mauerwerk, die sich naturgemäß dann auch auf Außenputze oder dgl. übertragen. Schadensfälle dieser Art sind in den letzten Jahren zu Tausenden aufgetreten. Sie erfordern dann später meist die sehr unschönen Giebelverkleidungen mit Asbestplatten oder dgl., da das Rissemaß durch diese Temperaturbewegungen so groß geworden ist, daß eine Putzsanierung nicht mehr ausreicht.

Nach den heutigen Erfahrungen muß man also sagen, daß Ziegeldeckungen ohne wirkungsvolle Unterlüftung bauphysikalisch falsch sind und daß hier die Regeln der Technik nicht erfüllt sind.

2. Kaltdach mit planebener Massivdecke

Beim Kaltdach mit planebener Unterdecke, wie dies im System in Bild 304 dargestellt ist, wird sowohl die von unten nach oben abwandernde Wärme als auch der Wasserdampf durch eine gezielte Be- und Entlüftung unter dem Ziegeldachbereich schnell nach außen abgeführt.

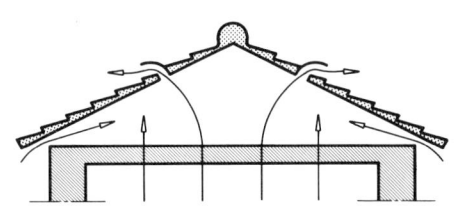

Bild 304 Beim Kaltdach sind an Traufe und First Zu- bzw. Abluftöffnungen vorhanden

Die Vorteile sind leicht ablesbar. Die Ziegelunterseite ist im Winter nahezu gleichmäßig temperiert, so daß der Schnee im Gesamt-Dachflächenbereich etwa gleichmäßig abtaut und demzufolge die vorgenannten Eisbarrieren, wie sie nachfolgend beschrieben werden, bei richtiger Unterlüftung nahezu unterbleiben. Gleichzeitig wird naturgemäß auch der Wasserdampf, der von unten nach oben durchdiffundiert, abgeleitet, so daß Kondensationsgefahr und demzufolge Ausblühungen und Frostschäden an den Ziegeln vermieden werden. Nicht zuletzt bleibt auch die Holzkonstruktion durch eine derartige wirkungsvolle Unterlüftung gesund, was beim Warmdach sehr zweifelhaft ist.

Infolge des großen Luftraumes zwischen planebener Unterdecke und Ziegeldeckung können derartige Dächer für sehr hohe Raum-Luft-Feuchtigkeitsbelastungen eingesetzt werden. Durch eine entsprechend dimensionierte Wärmedämmung über der Massivdecke kann Kondensationsgefahr unter der Massivdecke in jedem Falle verhindert werden. Bei sehr hohen Diffusionsbelastungen kann sogar eine Dampfsperre zwischen Wärmedämmung und Massivdecke zum Einbau kommen, wenngleich dies bei einer wirkungsvollen Unterlüftung selbst bei hohen Luftfeuchtigkeiten nur sehr selten erforderlich wird. Dächer dieser Art können also für Feuchträume jeder Art eingesetzt werden.

Bezüglich der Wärmedämm-Maßnahmen über der Massivdecke gilt hier dasselbe wie bei den Wellasbest-Platten beschrieben. Hier muß die Wärmedämmung nicht nur nach DIN 4108 dimensioniert werden, sondern nach den tatsächlichen Anforderungen aus den Temperaturbewegungen. Es reicht also hier häufig nicht aus, nur einen Wärmedurchlaßwiderstand von 1,25 $m^2 h°$/kcal nachzuweisen. Bei sehr langen Massivplattendecken ohne Dehnfugen ist es u. U. erforderlich, 6–7 cm starke Wärmedämmplatten unter einem Bühnen-Estrich aufzubringen. Auch bei guter Unterlüftung muß man im Sommer damit rechnen, daß Aufheiztemperaturen von 40° im Dachraum auftreten. Im Winter können −15° bei guter Unterlüftung vorhanden sein. Es muß also eine Jahrestemperaturdifferenz im Luftraum von ca. 55–60° den Temperaturspannungsberechnungen zugrunde gelegt werden.

Die Dimensionierung der Be- und Entlüftungsquerschnitte erfolgt nach den allgemeinen Angaben, wie sie in diesem Kapitel angegeben wurde. Bei Satteldächern mit 15° Neigung werden je nach Dachtiefe und Belastung 1/300 bis 1/600 der Grundfläche zugrunde gelegt.

In Bild 305 ist im System die Belüftung und die richtige Wärmedämmung über der Massivdecke dargestellt. (Völlig eingepackte Massivdecke.)

Ein sehr häufiger Fehler bei Giebeldächern (Satteldächern) wird gemacht, wenn ein Teil des Dachgeschosses für Wohnzwecke ausgebaut wird. Es entsteht so vor den Trempelwänden ein Luftraum, der zwar u. U. noch belüftet ist, aber keine Entlüftung erfährt gemäß Bild 306. Durch die Trempelwände wird eine derartige

8. Das zweischalige Dach (Kaltdach)

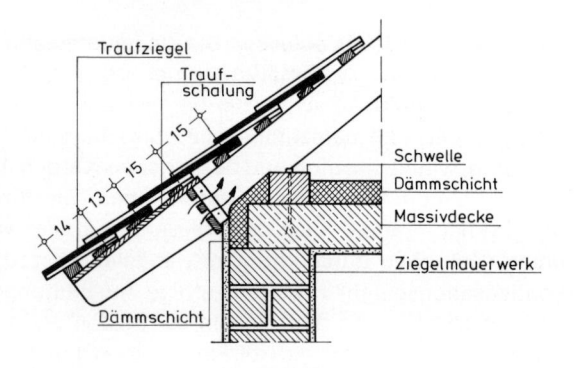

Bild 305 Zuluft zwischen Stellbrett-Leisten

Durchlüftung evtl. unterbunden, wenn nicht konstruktive Maßnahmen durch Entlüftungsziegel oder dgl. in diesem Dreiecksraum angeordnet werden. Die Folge sind ähnliche Erscheinungen, wie sie zuvor bei mangelhafter Unterlüftung angeführt wurden (Warmdach). Hier muß also dafür gesorgt werden, daß der Luftraum durchgehend entlüftet wird.

Noch katastrophaler sind Mängel, wie sie in Bild 307 trotz der richtigen Be- und Entlüftung dargestellt sind. Es ist hier erkennbar, daß über der Massivplattendecke keine Wärmedämmung außerhalb des ausgebauten Raumes vorhanden ist. Hier treten nicht nur unterseitig

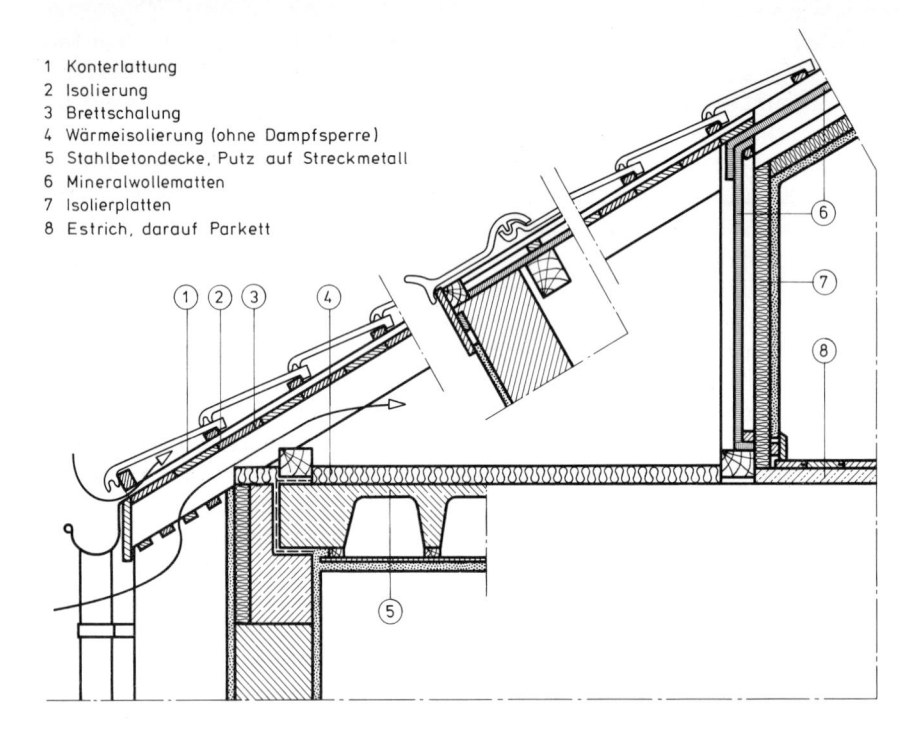

1 Konterlattung
2 Isolierung
3 Brettschalung
4 Wärmeisolierung (ohne Dampfsperre)
5 Stahlbetondecke, Putz auf Streckmetall
6 Mineralwollematten
7 Isolierplatten
8 Estrich, darauf Parkett

Bild 306 Traufgesimsschnitt eines Dachvorsprungs, gutes Detail, jedoch fehlt Entlüftung gemäß Bild 307

im Raum Schwitzwasserbildungen mit Sporenbildungen auf, sondern es kommt hier zu den gefürchteten Temperaturbewegungen, wie sie zuvor beschrieben wurden. Dies ist auch dann zu erwarten, wenn der Dachraum, wie hier angeführt, richtig durchlüftet wird. Im Bereich der Massivdecke-Oberseite muß mit Jahrestemperaturdifferenzen von 50–60° gerechnet werden. Bereits bei 10 m Länge der Massivdecke sind hier 6–7 mm an Temperaturbewegungen zu erwarten, die sich naturgemäß auf das Mauerwerk übertragen und hier mit absoluter Sicherheit Risse innen und außen bewirken.

Eine richtige Lösung ist in Bild 308 dargestellt. Hier ist außerhalb des Dachraumes eine ausreichende Wärmedämmung [2] aufgebracht worden, die auf die Länge des Daches abgestimmt und bis Außenkante Dachziegel geführt wird. Anders ausgedrückt heißt das, daß der Beton allseits hier durch eine Wärmedämmung außenseitig zu schützen ist (auch auf der Decken-Stirnseite) um keinerlei Temperaturbewegungen nach unten

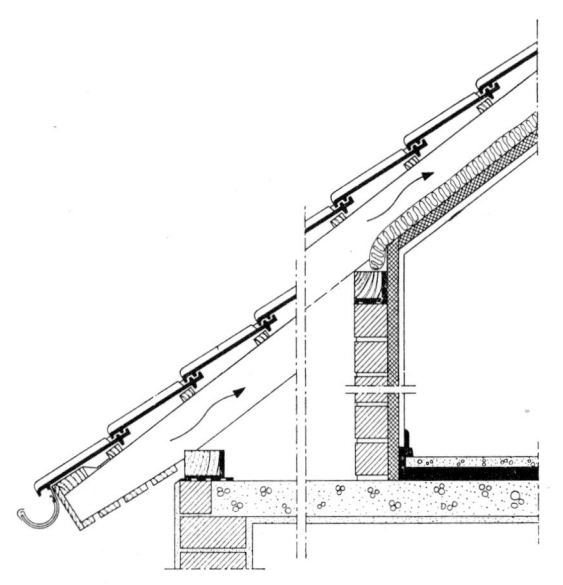

Bild 307 Falsche Ausführung der Massivdecke im Trempelbereich (Dämmung über der Massivdecke fehlt)

8.9 Leichte Zweischalendächer mit Dachdeckungen

1 Putz (an den Dachschrägen mit Putzträger)
2 Dämmschicht
3 Estrich
4 Stahlbetondecke (Lüftung wie Bild 307)

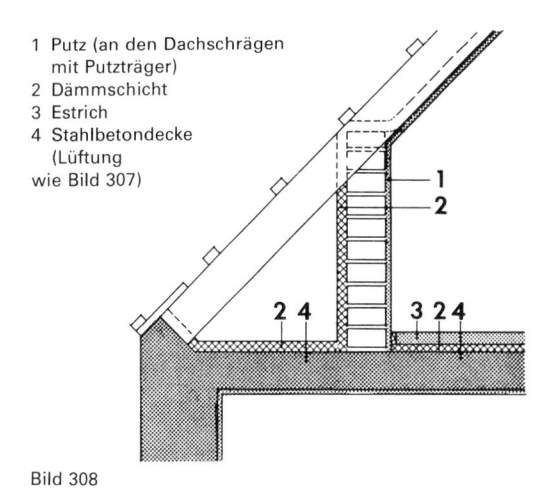

Bild 308

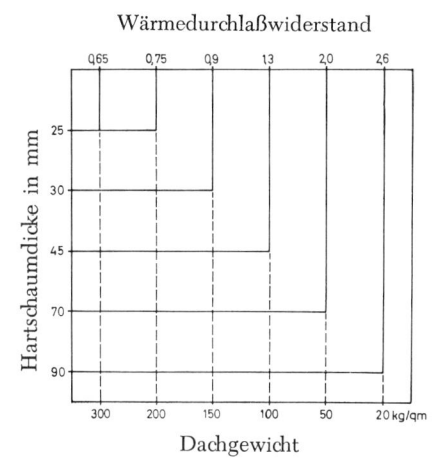

Bild 310 Diagramm erforderliche Dämmschichtdicke in Abhängigkeit vom Dachgewicht nach DIN 4108

übertragen zu lassen, wenn keine Ringanker-Konstruktion mit Gleitlagern angeordnet wird. Die Durchlüftung ist wie in Bild 307 anzuordnen.

3. Satteldach mit leichter Unterschale

Eine sehr häufige Konstruktion des Kaltdaches (Satteldaches) mit einer planebenen leichten Unterkonstruktion ist die mit einer Holzbalkendecke oder dgl.
In Bild 309 ist im System eine Dachbinder-Konstruktion dargestellt mit Wärmedämmplatten unterseitig der planebenen Bindergurte auf Lattenkonstruktion aufgebracht, die natürlich gegebenenfalls hier noch mit einer Holzschalung oder dgl. abgedeckt sein kann. Der Dachraum wird hier wieder systematisch wie genannt be- und entlüftet.

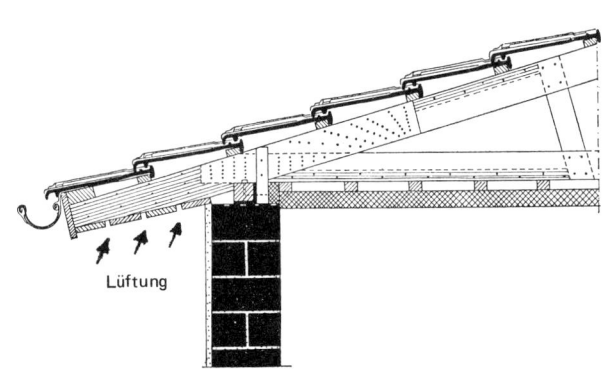

Bild 309 Flachdachpfannen, Lattung, Holzbinder, Lehrgerüst, Dämmplatten

Die Dimensionierung der Wärmedämmung muß hier gemäß Tabelle 4 der DIN 4108 vorgenommen werden. Zur Vereinfachung ist in Bild-Diagramm 310 abhängig vom Dachgewicht der notwendige Wärmedurchlaßwiderstand und z.B. die notwendige Stärke von Hartschaumplatten in mm dargestellt. Anstelle von Hartschaumplatten können auch Mineralfaser-Platten oder -matten oder dgl. in gleicher Stärke verwendet werden. Hier ist anzuführen, daß bei der Ermittlung des Dachgewichtes sowohl die Unterschale als auch die Dachziegel mitgerechnet werden dürfen. Es muß jedoch darauf hingewiesen werden, daß die DIN-Werte Mindestwerte sind, so daß die Wärmedämmung nicht zu knapp dimensioniert werden soll, da sonst im Sommer besonders in Wohnungen infolge der geringen Wärmespeicherfähigkeit der Unterschale Wärmeabstrahlungen nach unten entstehen und so eine unangenehme Atmosphäre erwirken.

Wenn die Belüftung nicht einwandfrei funktioniert und diese nicht konsequent unter der gesamten Dachdeckung angeordnet ist, entstehen Schadensbilder, wie sie in Bild 311 und früher schon bei den Wellasbest-Platten dargestellt wurden. Trotz ausreichender Wärmedämmung im Bereich der Unterschale kommt es hier zu ungleichmäßigen Abtauungen auf der Ziegeldeckung. Rückstaudurchfeuchtung besonders bei Dachvorsprüngen ist dann die Regel.

Ähnliche negative Wirkungen ergeben sich auch gemäß Bild 312. Hier verbleibt der gesamte Bereich unterhalb des Lüftungsziegels im kalten Bereich, d.h. es erfolgt hier überhaupt keine Unterlüftung. Dazu kommt noch der unglückliche Leistenbruch, der bei Ziegeldeckungen nicht mehr gemacht werden sollte. Hier bleibt ohnehin der Schnee alleine durch die Änderung der Gefällerichtung wesentlich länger liegen. Es kommt dann zu den gefürchteten Rückstaudurchfeuchtungen. Auch hier müßte die Unterlüftung bereits über das Stirnbrett unter der Rinne angeordnet werden, abgesehen davon, daß in derartigen Fällen in jedem Falle eine Unterdachschutz-Konstruktion anzuraten ist, wie sie nachfolgend beschrieben wird.

Gemäß Bild 313 ist also eine gänzliche Unterlüftung samt Dachvorsprung herbeizuführen, um diese Schneeablagerung im Dachgesimsbereich zu verhindern. Nur dadurch kann in etwa eine gleichmäßige Abtauung herbeigeführt werden.

8. Das zweischalige Dach (Kaltdach)

Verbessert

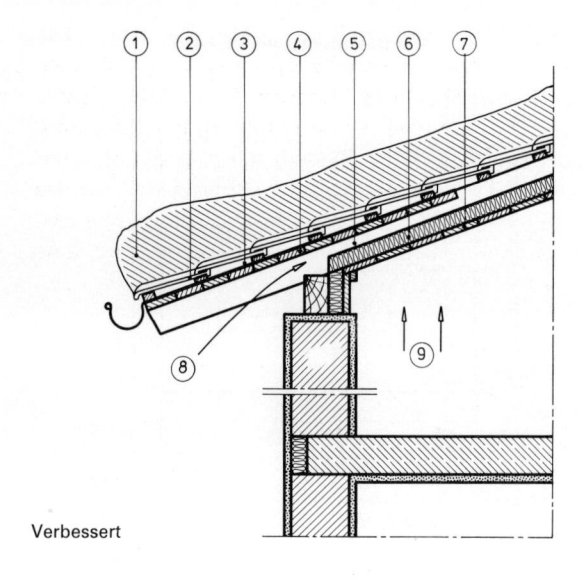

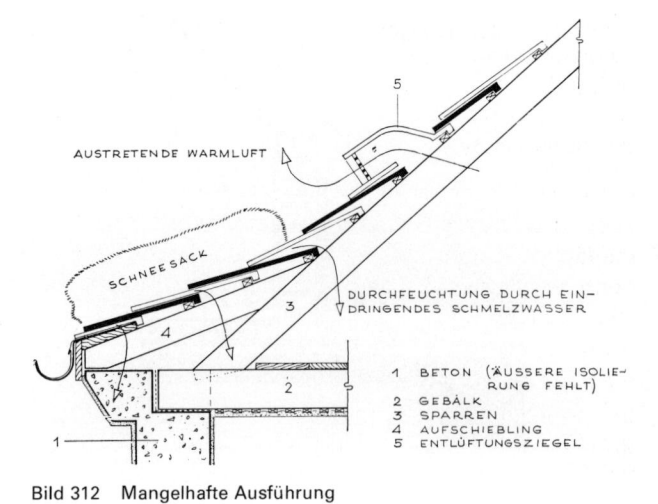

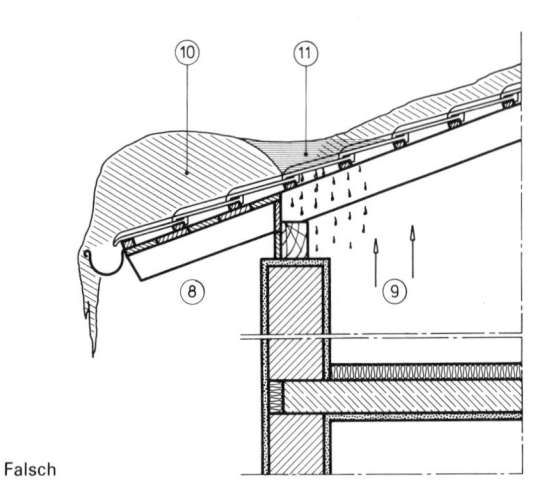

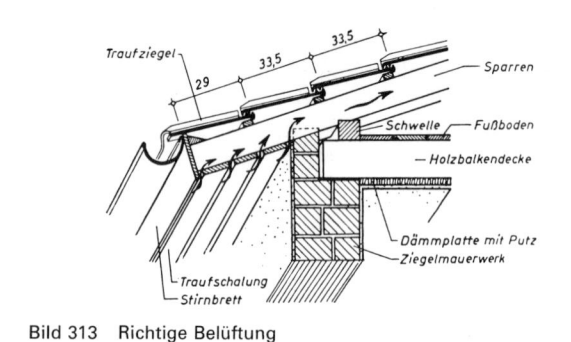

Falsch

Bild 311 Prinzip des einfachsten Kaltdaches in verbesserter und konventioneller Form mit einer der häufigsten Fehlerquellen. 1 Schnee bei Frost- oder Tauwetter, 2 übliche Dachpfannen, 3 eine verdeckt genagelte Lage Bitumendachpappe als Sickerwasserschutz, 4 übliche stumpf gestoßene Schalung, 5 belüfteter Hohlraum, 6 Wärmedämmschicht aus Mineralwolle (Bitumenpapierseite nach unten), 7 möglichst dichte Holzschalung mit Nut und Feder, 8 kalte Luft, die am First wieder austreten kann, 9 Warmluft, 10 Eis- und Schneebarriere bei nicht isoliertem Dach, 11 Stauwasser, das zwischen den Dachplatten durchläuft und wegen der nicht weit genug hochreichenden Holzschalung sowie infolge fehlender Papplage nicht unterhalb der Dachplatten ablaufen kann

Bild 312 Mangelhafte Ausführung

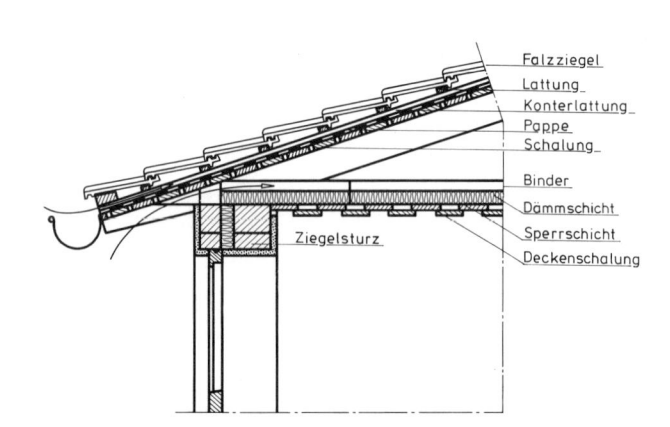

1 BETON (ÄUSSERE ISOLIERUNG FEHLT)
2 GEBÄLK
3 SPARREN
4 AUFSCHIEBLING
5 ENTLÜFTUNGSZIEGEL

Bild 313 Richtige Belüftung

Bild 314 Gute Dachgestaltung

Derart leichte Unterdecken ohne Dampfsperre können nach den heutigen Erfahrungen nicht mehr empfohlen werden. Es empfiehlt sich also in jedem Falle, zwischen Deckenverkleidung und Wärmedämmung eine Dampfsperre zum Einbau zu bringen, die mindestens als Dampfbremse ausgebildet wird. Dies ist besonders dann erforderlich, wenn eine Unterdachschutz-Konstruktion zur Ausführung kommt.
In Bild 314 ist der richtige Aufbau einer derartigen Konstruktion dargestellt. Dächer dieser Art können ohne weiteres auch für hohe Luftfeuchtigkeiten eingesetzt werden, z. B. über Schwimmhallen, landwirtschaftlichen Gebäuden oder dgl. Je nach Dampfdruckbelastung ist die Dampfsperre auszusuchen und entsprechend dicht aufzubringen. Die noch durchdiffundierende Restfeuchtigkeit muß dann gezielt durch die Be- und Entlüftung abgeführt werden. Die in Bild 314 dargestellte Unterdachschutz-Konstruktion hat primär die Funktion der zusätzlichen Abdichtung von außen als die einer Schutzwirkung von unten, wenngleich auch eine unterseitige Holzschalung bei Feuchträumen durchaus in der Lage sein kann, vorübergehend Kondensat auf-

8.9 Leichte Zweischalendächer mit Dachdeckungen

zunehmen und wieder abzugeben, ohne daß Schäden zu erwarten sind, falls dieser Vorgang nur sehr selten auftritt.

4. Dach = Decke

Bei einer Dachkonstruktion, die als Dach = Decke bezeichnet wird, ist an der Unterseite der Sparren die Wärmedämmung und eine entsprechende Deckenverkleidung angebracht. Hier ergeben sich die verschiedensten Ausführungsmöglichkeiten. Neben innenseitigen Holzverschalungen, Gipskarton-Platten, Holzspanplatten oder dgl. können auch Putze auf Dämmplatten aufgebracht werden, oder es können, wie in Bild 315 dargestellt, auch Ziegel-Hohlplatten oder dgl. eingelegt werden.

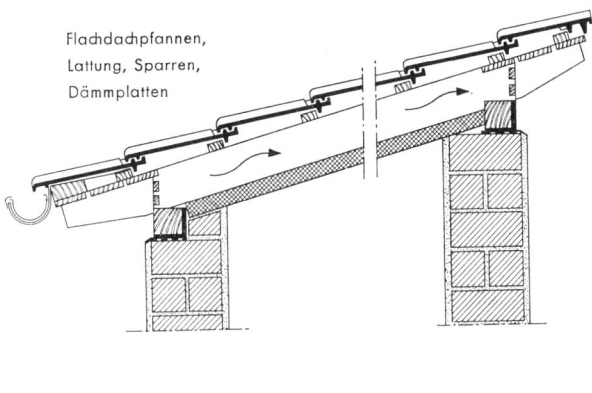

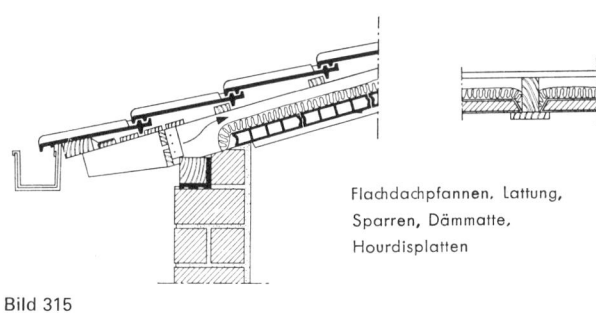

Bild 315

Wichtig für die Funktion des Kaltdaches ist die wirkungsvolle Unterlüftung der gesamten Oberschale, also der Ziegeldeckung. Ebenso wichtig ist es aber auch, daß Zugluftdichtigkeit vorhanden ist. Dies kann einerseits durch eine ausreichende Dampfbremse zwischen Innenverschalung und Wärmedämmung bewerkstelligt werden, andererseits aber auch durch eine ausgewählte Wärmedämmung mit Porenverschlußpappen oder durch eine gesonderte *dampfdurchlässige* Porenverschlußpappe (Perkalor oder dgl.). In jedem Falle ist auch hier darauf zu achten, daß auch Staubeindringungen nach innen besonders bei innenseitigen Holzschalungen durch derartige Porenverschlußpappen verhindert werden. Gerade in der heutigen Zeit der Umweltverschmutzung kommt einer derartigen Poren- und Fugenverschlußpappe erhöhte Bedeutung zu. Wie bei Unterdachschutzbahnen beschrieben, muß jedoch diese Poren- und Fugenverschlußpappe, wenn sie außenseitig der Wärmedämmung angeordnet ist, dampfdurchlässig sein, damit die Dachdurchlüftung funktionsfähig bleibt. In Bild 316 ist im System die Anordnung einer derartigen Porenverschlußpappe dargestellt. Diese kann gegebenenfalls auch nachträglich von unten zwischen die Holzsparren eingebracht und seitlich mittels Latten befestigt werden.

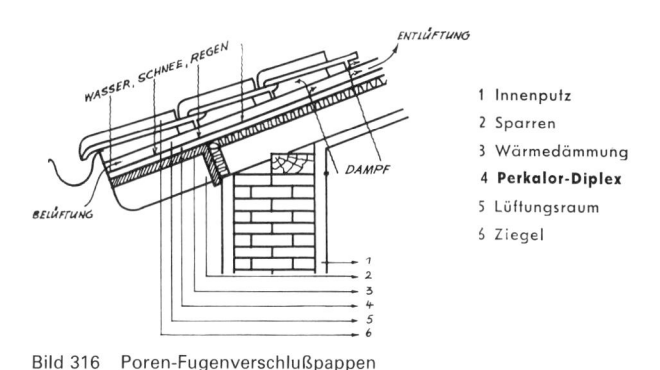

1 Innenputz
2 Sparren
3 Wärmedämmung
4 **Perkalor-Diplex**
5 Lüftungsraum
6 Ziegel

Bild 316 Poren-Fugenverschlußpappen

Neben einer ausreichenden Belüftung bei Dach = Decke ist der Dampfbremse oder Dampfsperre erhöhte Bedeutung beizumessen, da der Luftraum hier nur eine bedingte Höhe hat. Auch muß gewährleistet sein, daß der Luftraum zwischen den Sparren durchgehend vorhanden ist und nicht etwa durch Auswechslungen oder Dachaufbauten oder dgl. unterbrochen wird. Besonders gefährlich sind derartige Unterbrechungen bei Unterdachschutzbahnen die nicht dampfdurchlässig sind, also bei Kunststoff-Folien, bituminösen Abdichtungsbahnen oder dgl.

In jedem Falle empfiehlt es sich, bei Dächern dieser Art eine ausreichend dimensionierte Dampfbremse zwischen Verkleidungsplatten (Holzschalung, Gipskarton-Platten oder dgl.) und zwischen Wärmedämmung einzubringen. Bei Feuchträumen wie Schwimmhallen oder dgl. muß eine sehr gute Dampfsperre zum Einbau kommen, die dann auch mit entsprechender Überlappung versehen gegebenenfalls noch verklebt werden muß. Die Wärmedämmung muß bei Feuchträumen besonders ausreichend dimensioniert werden, wenn derart kleine Lufträume zur Verfügung stehen. Auch muß sie einwandfrei fugendicht an die Sparren angebracht werden, wie dies bereits schon bei den Wellasbest-Dächern beschrieben wurde. Mineralwollematten oder dgl. müssen seitlich an den Sparren bis Oberkante hochgezogen werden und dort mittels Latten an diesen Sparren befestigt werden, um so auch den gesamten Querschnitt der Sparren wärmetechnisch auszunützen. Dies ist besonders dann erforderlich, wenn die Wärmedämmung nicht unter den Sparren konsequent durchläuft, sondern zwischen diesen eingebracht wird. Es entsteht sonst infolge des geringeren Wärme-

273

8. Das zweischalige Dach (Kaltdach)

dämmwertes des Holzes eine Wärmebrücke nach innen, die sich dann raumseitig abzeichnet (besonders bei Gipskarton-Platten oder dgl.).

Hier kommt naturgemäß nicht nur einer ausreichenden Belüftung im Traufbereich eine wichtige Funktion zu, sondern auch einer ausreichenden Entlüftung im Firstbereich. Im Prinzip kann dies aus Bild 317 abgelesen werden. Bei sogen. Pultdach-Konstruktionen an höhergehendem Mauerwerk kann eine Entlüftung durch Überhangbleche und durch bestimmte Formziegel hergestellt werden. Selbstverständlich ist aber auch hier die Frage der Schneedichtigkeit von ausschlaggebender Bedeutung.

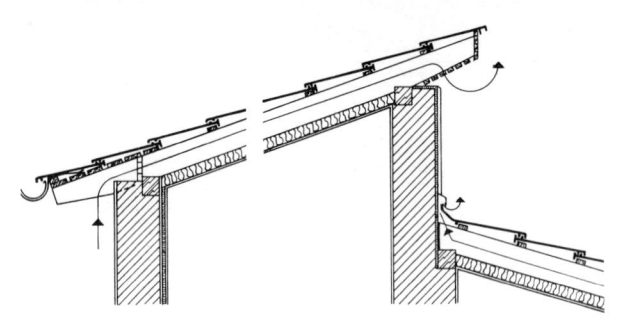

Bild 317 Zweischaliges Dach mit Flachdachpfannendeckung

41,0 kg/m² Flachdachpfannen
2,9 kg/m² Lattung (Lattweite 33,7 cm)
12,6 kg/m² Sparren, 14/10 cm
1,0 kg/m² Hartschaumplatten
18,0 kg/m² Kalkgipsputz, 15 mm
75,5 kg/m² Dachgewicht

8.9.2.4.2 Unterdachschutzbahnen und ihre Probleme

In den Grundregeln des Dachdecker-Handwerkes wird folgende Begründung für eine Unterdachschutzbahn angegeben:

»Das Eindringen von Ruß, Staub und Schnee läßt sich (bei Ziegeldeckungen) nicht vermeiden, kann jedoch durch zusätzliche, in der Leistungsbeschreibung besonders anzuordnende Maßnahmen wie z.B. Dachpappen-Unterlagen, Spannbahnen, Verstrich usw. vermindert werden.«

Dieser Wortlaut sagt aus über Sinn und Zweck einer Unterdachschutzbahn, d.h. Belästigungen durch Ruß, Staub und Schnee im Bereich der Dachböden und ausgebauten Dachgeschoßdecken zu vermindern. Diese Forderung gilt selbstverständlich für alle Dachneigungen, besonders im Bereich der Mindest-Neigungsgrenzen, wie sie in den vorgenannten Tabellen angeführt wurden.

Besondere Beachtung ist einer derartigen Unterdachschutzbahn dann zuzuwenden, wenn die Mindest-Dachneigungen unterschritten werden. In diesem Falle muß ausdrücklich erwähnt werden, daß die Ziegeldeckung bei Unterschreitung der Mindest-Dachneigung meist nur noch eine Attrappe ist und daß die Unterdachschutzbahn bzw. Unterdachschutz-Konstruktion dann hier ganz andere Aufgaben hat als ihr ursprünglich zugedacht waren. Sie soll normalerweise nur kurzfristig dann in Tätigkeit treten, wenn außergewöhnliche Belastungen auftreten. Diese geringen Belastungen können dann auch von der Holz-Unterkonstruktion, also von den Latten oder Konterlatten ohne Schwierigkeiten aufgenommen werden. Treten jedoch sehr häufige Durchfeuchtungen nicht nur durch Schnee, sondern auch durch Schlagregen usw. auf, so muß um die Holzteile (Latten usw.) über der Unterdachschutzbahn gefürchtet werden, auch dann, wenn diese Unterdachschutzbahn nicht in einfacher Form eingehängt, sondern über einer Unterschale aufgelegt wird.

In Bild 318 ist die einfachste Form einer Unterdachschutzbahn dargestellt und zwar durch nachträglichen Einbau von innen. Eine Kunststoff-Folie oder dgl. kann hier zwischen die Sparren mittels Latten eingehängt werden und muß selbstverständlich im Bereich der Traufe an die Außenluft geführt werden. Eine derartige Unterdachschutzbahn hat naturgemäß nur eine bedingte Wirkung und kann in keinem Falle gegen starke Rückstaudurchfeuchtung im Traufbereich eingesetzt werden, da die Seitenüberlappung fehlt und die Höhenüberdeckung nicht verklebt ist und demzufolge wasserdurchlässig wäre.

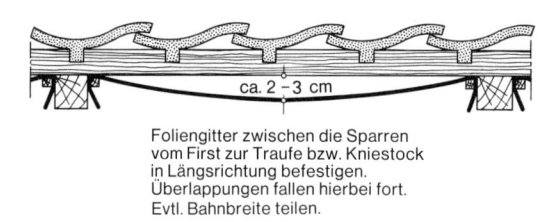

Foliengitter zwischen die Sparren vom First zur Traufe bzw. Kniestock in Längsrichtung befestigen. Überlappungen fallen hierbei fort. Evtl. Bahnbreite teilen.

Bild 318 Nachträglicher Einbau, innen

In Bild 319 ist das System des üblichen Einbaues einer wasserdichten Unterdachschutzbahn über dem Sparren dargestellt. Diese Bahn hängt sich zwischen den Sparren etwas durch (2–3 cm), so daß das ablaufende Wasser in diesen Mulden abläuft. Bei starken Belastungen durch zu geringe Dachneigung oder dgl. staut sich jedoch ein Teil des Wassers zweifellos hinter den Dachlatten auf den Sparren, so daß diese bei längeren und dauernden Belastungen im Laufe der Zeit zerstört werden und so erhebliche Mängel entstehen können.

Eine zweckmäßigere Lösung ist die, parallel über den Sparren auf den Unterdachschutzbahnen zusätzlich eine Konterlatte aufzubringen und erst hierauf die Dachlattung, so daß das Wasser ohne Bremsweg nach unten abgeleitet werden kann. In diesem Falle werden dann nur die Konterlatten u.U. feuchtigkeitsbelastet. Bestimmte Probleme entstehen naturgemäß im Bereich der Einleitung auf das Rinneneinlaufblech bzw. in die Rinne. Bei sehr starken Belastungen kann es hier besonders bei »kalten« Dachvorsprüngen zu Eisbarrieren

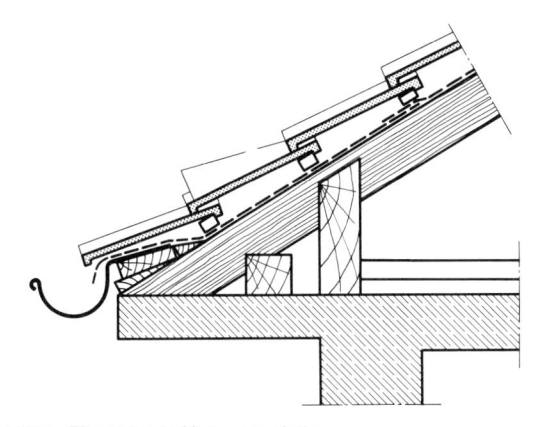

8.9 Leichte Zweischalendächer mit Dachdeckungen

zenhaft in die Querschnittszeichnung einskizziert, abgeschrägt werden, so daß das Wasser links und rechts sehr schnell abläuft und so keine Angriffsfläche im Bereich zur eigentlichen Dachlatte entsteht. Evtl. kann auch die Abdichtung darüber hinweggezogen werden.

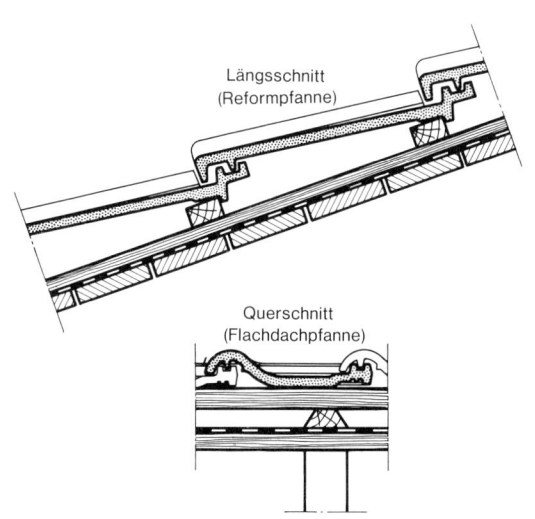

Darüber wird dann in der normalen Art die Lattung und die Ziegeldeckung aufgebracht. Derartigen Unterdachschutz-Konstruktionen kann man dann größere Belastungen zumuten. Selbstverständlich muß die Konterlatte und die Dachlatte gut imprägniert werden, um sie so weitgehend vor Fäulnis zu schützen.

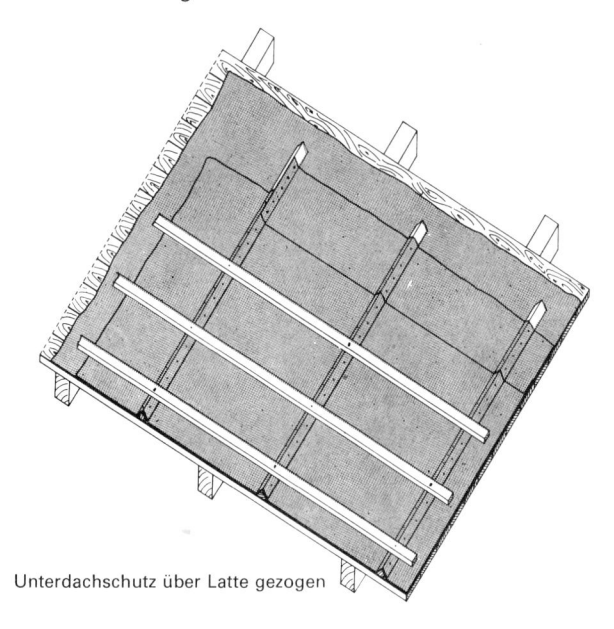

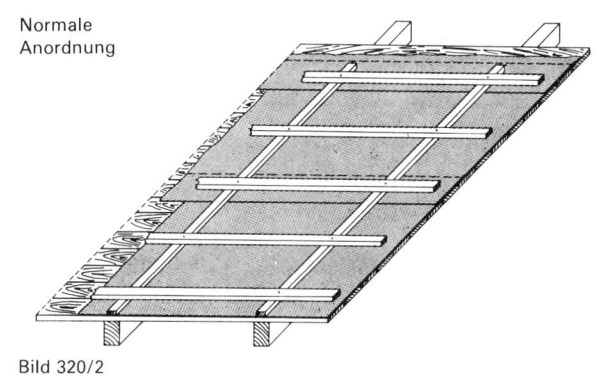

Bild 319 Eingehängte Unterspannbahn

unter der Unterdachschutzbahn kommen, was gegebenenfalls auch zu Ziegelzerstörungen führen kann. Wesentlich wirkungsvoller und sicherer ist naturgemäß bei geringen Neigungen eine ausgeprochene Unterdachschutz-Konstruktion, wie sie in Bild 320/1 und 320/2 dargestellt ist. Über einer Holzschalung, Holzspanplatten oder dgl. wird eine bahnenartige wasserdichte Deckung aufgebracht. Diese kann aus bituminösen Abdichtungsbahnen bestehen oder aus Kunststoffbahnen. Bei bituminösen Abdichtungsbahnen empfiehlt es sich, die erste Lage parallel zur Traufe mit Überlappung aufzunageln und eine zweite, möglichst zugkräftige Dachbahn (Glasvliesbahn V13 oder sogar eine Glasgittergewebebahn) mit standfestem Heißbitumen aufzukleben. Darüber kommt dann, wie im Querschnitt dargestellt, eine Konterlatte. Bei sehr häufig zu erwartendem Feuchtigkeitsanfall empfiehlt es sich, diese Konterlatte auf der unterseitigen Lagerfläche mit Kaltbitumen einzustreichen und sie erst so aufzunageln, damit über diese Fuge Wasserdichtigkeit entsteht und gleichzeitig die Latte von unten gegen Durchfeuchtung etwas geschützt ist. Außerdem kann die Latte, wie skiz-

Unterdachschutz über Latte gezogen

Normale Anordnung

Bild 320/2

Längsschnitt (Reformpfanne)

Querschnitt (Flachdachpfanne)

Bild 320/1 Unterdachschutzkonstruktionen mit Konterlatte

Bauphysikalisch gesehen ergeben sich zwei Grundforderungen:

1. Belüftung über der wasserdichten Unterdachschutzbahn

Da, wie vorgenannt, sowohl bei den einfacheren Ausführungen als auch bei der Unterdachschutz-Konstruktion Feuchtigkeitsanfall von oben zu erwarten ist, muß diese Feuchtigkeit auch wieder relativ schnell abtrocknen, um die Holzkonstruktion nicht zu gefährden. Hier muß also *über der Unterdachschutzbahn bzw. zwischen*

8. Das zweischalige Dach (Kaltdach)

der Konterlatte eine wirkungsvolle Belüftung hergestellt werden, die im Bereich der Traufe belüftet und im Firstbereich entlüftet wird.

2. Belüftung unter der Unterdachschutz-Konstruktion

Die Unterdachschutz-Konstruktion, gleichgültig, ob nur mit Unterdachschutzbahn oder mit Holzschalung und zusätzlichen Dichtungsbahnen stellt in jedem Falle eine Dampfsperre auf der falschen Seite dar. Kunststoff-Folien, Metall-Folien, Bitumenpappen oder dgl. sind mehr oder weniger dampfdicht.

Auch die sogen. »atmungsfähigen« Foliengitterbahnen sind nicht in der Lage, den Dampfdruckausgleich zwischen innen und außen zu gewährleisten. Der Wasserdampfdurchgang, der mit 10 g/m²/Tag angegeben wird, entspricht nicht einmal 10 % des Sollwertes für Normalbelastungen. Es handelt sich bei diesen Werten mehr um eine werbliche als um eine praktische Wirkung. Der Autor hat bei derartigen perforierten Kunststoff-Folien schon häufig Schwitzwasserbildung auch bei normalbelasteten Räumen erlebt, die nicht ausreichend unterlüftet waren.

Es muß also auch unter der Unterdachschutzbahn bzw. unter der Unterdachschutz-Konstruktion eine einwandfreie Unterlüftung stattfinden, unabhängig von der Belüftung oberhalb der Unterdachschutzbahn. Nur dann kann Feuchtigkeitsbildung unter diesen Unterdachschutzbahnen bzw. unter der Holzschalung vermieden werden. In Bild 321 ist im Prinzip eine derartige richtige Konstruktion dargestellt, die natürlich auch bei Satteldächern funktionsgerecht hergestellt werden muß. Es muß also auch im Bereich des Firstes eine wirkungsvolle Unterlüftung beider Lufthohlräume geschaffen werden.

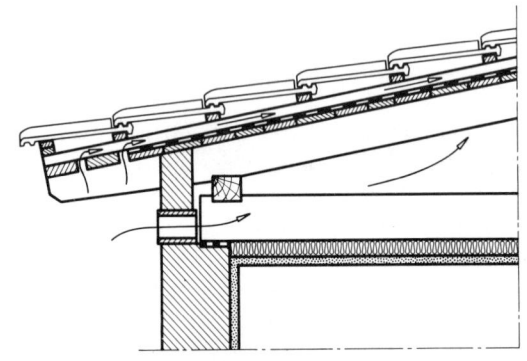

Bild 321 Belüftung über und unter Unterdachschutz

Neben den mehr oder weniger dampfdichten Unterdachschutzbahnen ist die in Bild 316 genannte Perkalor-Diplex-Bahn völlig dampfdurchlässig, jedoch wasserabweisend. Diese Bahn ist also einerseits in der Lage, den Wasserdampf von innen nach außen durchdiffundieren zu lassen und kann andererseits Flugschnee, Kondensatrücktropfung oder Sprühregen durch eine oberflächige, wasserabweisende Imprägnierung (Bild 321/1) abführen. Diese Poren- und Fugenverschlußpappe empfiehlt sich besonders dann, wenn, wie in Bild 318 dargestellt, ein nachträglicher Einbau von unten möglich ist, oder wenn gewährleistet ist, daß die Dachdeckung sofort nach Verlegen der dampfdurchlässigen Unterdachschutzbahn aufgebracht wird. Eine stärkere Schlagregenbelastung vor Aufbringen der Dachdeckung ist nicht möglich. Mit dieser Unterdachschutzbahn können jedoch kostspielige Unterlüftungen u. U. vermieden werden. Der über der Bahn angeordnete Be- und Entlüftungsraum ist also ausreichend, um unterseitig mit Sicherheit Tauwasserbildung zu vermeiden.

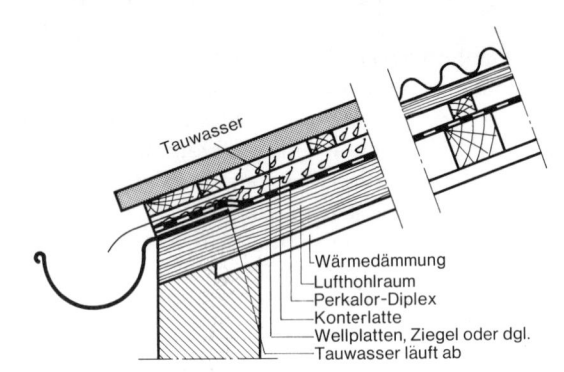

Bild 321/1 Dampfdurchlässige Unterdachschutzbahn

Als Materialien für Unterdachschutzbahnen ohne Unterkonstruktion werden Kunststoff-Folien aus Lupolen mit gitterartigen Verstärkungen empfohlen, die auch schwer entflammbar angeboten werden. In den Kunststoffen sind Fadengitter eingelegt, die die Reißfestigkeit erhöhen. Die Bahnen können so über Sparrenfelder frei durchhängend gespannt werden. Bei perforierten Bahnen wird die Wasserdampfdurchlässigkeit mit 10 g/m²/24 h angegeben.

Neben diesen Bahnen werden Dach-Unterspannbahnen in Vliesform auf der Basis Polypropylen angeboten. Die Dampfdurchlässigkeit wird hier gegenüber herkömmlichen Folien wesentlich höher beziffert. Sie wird mit 160 g/m²/Tag angegeben (Domutekt).

Weitere Unterdachschutzbahnen werden aus Kombinationen Asbest-Aluminium angeboten sowie Bahnen mit Verstärkung aus Glasgittergewebe, die als schwer entflammbar angeboten werden. Die Wasserdampfdurchlässigkeit wird mit nur 1,34 g/m²/Tag angegeben, also ein sehr dampfdichtes Material (STR–1).

Bituminöse Abdichtungsbahnen sind gleichermaßen geeignet, wenn sie eine zugfeste Trägereinlage aus Wollfilz/Glasgittervlies, Glasgittergewebe oder Jutegewebe beinhalten. Voraussetzung ist jedoch, daß ein wärmebeständiges Bitumen verwendet wird, so daß keine Abfließungen nach unten entstehen und keine unschönen Verfärbungen. Diese Bahnen sind naturge-

8.9 Leichte Zweischalendächer mit Dachdeckungen

mäß ebenfalls weitgehend dampfdicht (s. Diffusions-Tabellen Anhang). Sie bedürfen also ebenfalls einer guten Unterlüftung. Diese Unterspannbahnen werden hauptsächlich dann verwendet, wenn sie auf eine harte Unterlage, also Holzschalung oder dgl. aufgebracht werden können. Sie können aber auch in Einzelfällen, wie vorgenannte Bahn, infolge der hohen Reißfestigkeit zwischen die Sparren eingehängt werden.

Die zuvor erwähnte dampfdurchlässige, jedoch wasserabweisende Unterspannbahn (Perkalor-Diplex) hat zur freien Einhängung zwischen den Sparren auf der Rückseite eine zugfeste Gewebearmierung und kann so ebenfalls größere Spannweiten überbrücken. Dies ist die einzige bekannte Unterspannbahn, bei der eine Unterlüftung nicht erforderlich ist, da der Dampfdurchgang von über 1000 g/m²/Tag nahezu sämtlichen Erfordernissen entspricht, die in der Bauphysik zu erwarten sind. Neben bahnen- und folienartigen Unterspannbahnen können auch plattenförmige Unterkonstruktionen verwendet werden. Diese bestehen aus dünnen Asbest-Zement-Zelluloseplatten von 2 mm Stärke (Internit). Die Verlegung kann aus Bild 321/2 abgelesen werden. Die Tafeln sind 125/250 cm lang. Die 2 mm Stärke tragen nur wenig auf. Der Diffusionswiderstandsfaktor mit 73 ist jedoch relativ hoch, so daß auch hier eine gute Unterlüftung erforderlich ist, wie sie bei den vorgenannten dampfdichten Unterspannbahnen verlangt wurde.

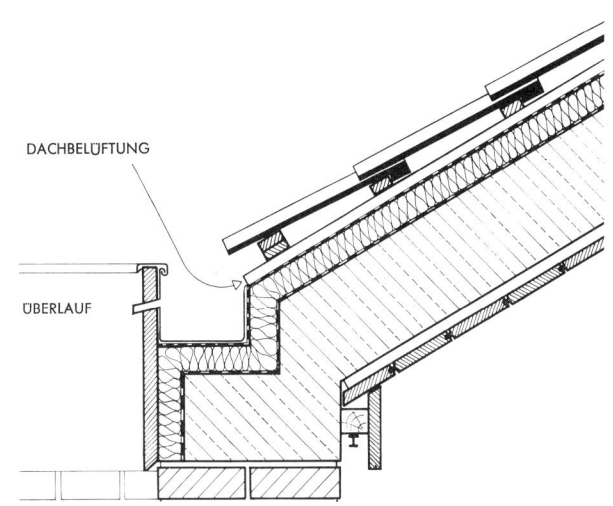

Bild 322 Massivdach mit Ziegeldeckung. Dachaufbau: Hohlpfannen, Lattung, Konterlattung, Dichtungsbahn, Dämmung, Dampfsperre, Betondecke, Lattung, Sichtschalung

In Bild 322 ist ein Massivdach dargestellt mit richtigem physikalischem Aufbau. Die Unterlüftung der Ziegeldeckung erfolgt durch eine Konterlatte über dem Unterdachschutz bzw. über der Feuchtigkeitsabdichtung. In diesen Fällen ist zwischen Massivdecke und Wärmedämmung eine ausgesprochene Dampfsperre aufzukleben. Zwischen den Dämmplatten sind Rahmhölzer angedübelt.

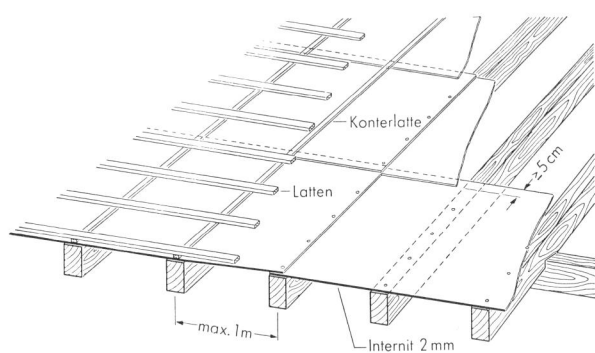

Bild 321/2 Internit-Unterdachschutz

8.9.2.4.3 Detailausführungen bei Ziegeldeckungen

Es soll hier vermieden werden, genauere Detailausführungen über Dachdeckungen und dgl. anzuführen. Soweit es die physikalische Funktion erforderlich macht, sollen einige wenige Erläuterungen gemacht werden:

1. Belüftung

Die Belüftung im Bereich der Traufe soll, wie bei den Wellasbest-Platten beschrieben, über die Stirnseite bzw. über die unterseitige Verkleidung erfolgen. Lüftungsziegel sind möglichst zu vermeiden, da sonst Nachteile, wie sie in Bild 312 dargestellt sind, entstehen.

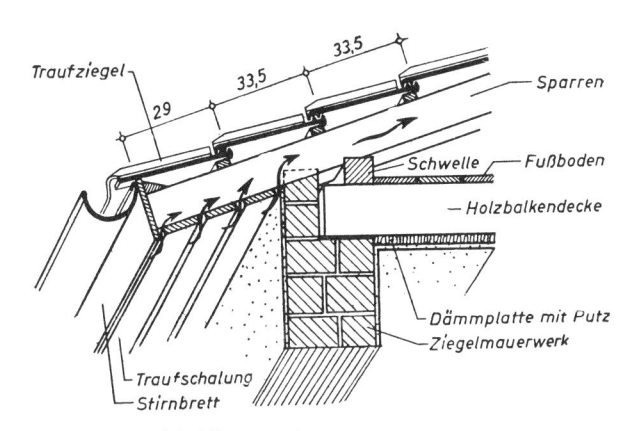

Bild 323 Zuluft bei Kastengesimsen

In Bild 323 ist eine normale Traufbelüftung dargestellt, die durch die unterseitige Traufschalung mit Luftschlitzen erfolgt.

In Bild 324 ist die Möglichkeit der Belüftung über eingesteckte Rohre bei Abmauerung dargestellt. Hier ist jedoch anzumerken, daß der Dachvorsprung keine wirkungsvolle Unterlüftung erhält, und daß hier die Gefahr der Eisbarrieren entsteht wie zuvor beschrieben.

In Bild 325 ist die Durchlüftung bei unterbrochenen Sparren dargestellt etwa durch Dachaufbauten. Hier

8. Das zweischalige Dach (Kaltdach)

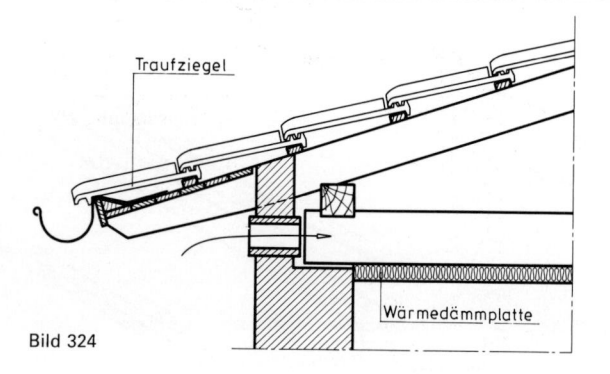

Bild 324

Bild 325 Bei Dachaufbauten ist Sorge zu tragen, daß für die Luftführung keine toten Räume entstehen. Jeder Teilraum muß für sich belüftet sein ▶

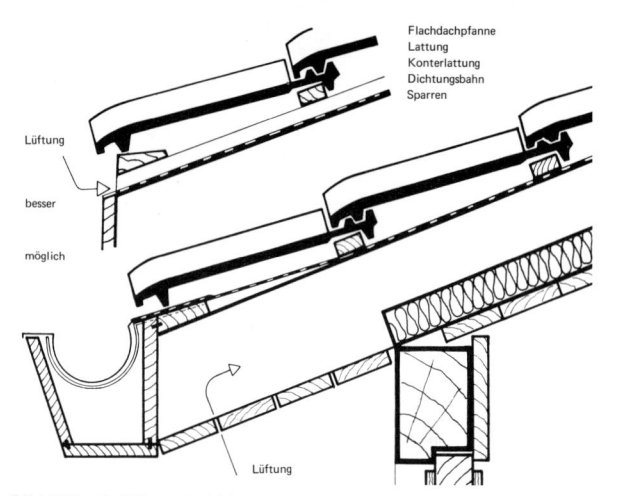

Bild 326 Belüftung bei Unterdachschutz, bei Verwendung von Dichtungsbahnen ist eine Belüftung auch direkt unter den Dachpfannen notwendig

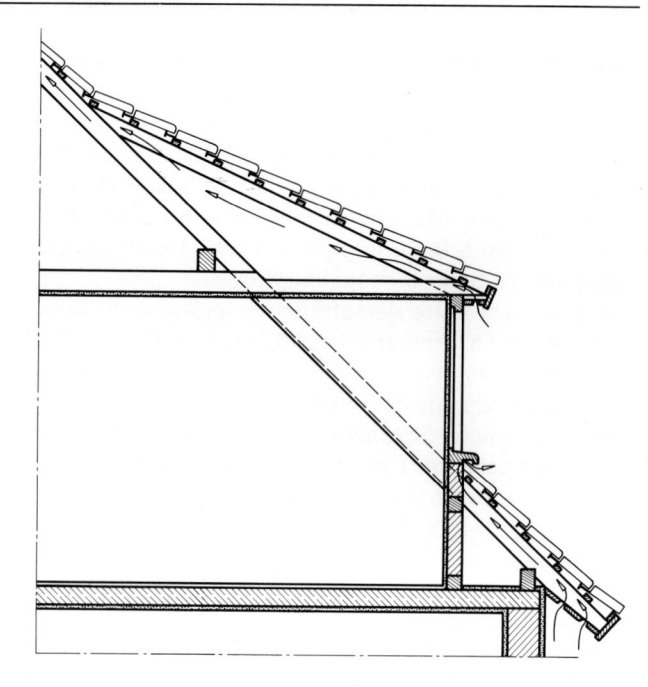

muß also jeder Dachteil belüftet werden, wie aus dieser Skizze abzulesen ist, so daß in sich abgeschlossene Lufträume vermieden werden.

Die Belüftung für Unterdachschutzbahnen ist in Bild 326 nochmals dargestellt. Hier ist jedoch nicht nur die richtige Unterlüftung unter der Unterdachschutzbahn von Wichtigkeit, sondern auch die Belüftung über der Unterdachschutzbahn, die am zweckmäßigsten nur mit Unterlagshölzern oder Konterlatten herbeigeführt werden kann. Die untere Darstellung ist also möglichst zu verbessern durch die obere Version.

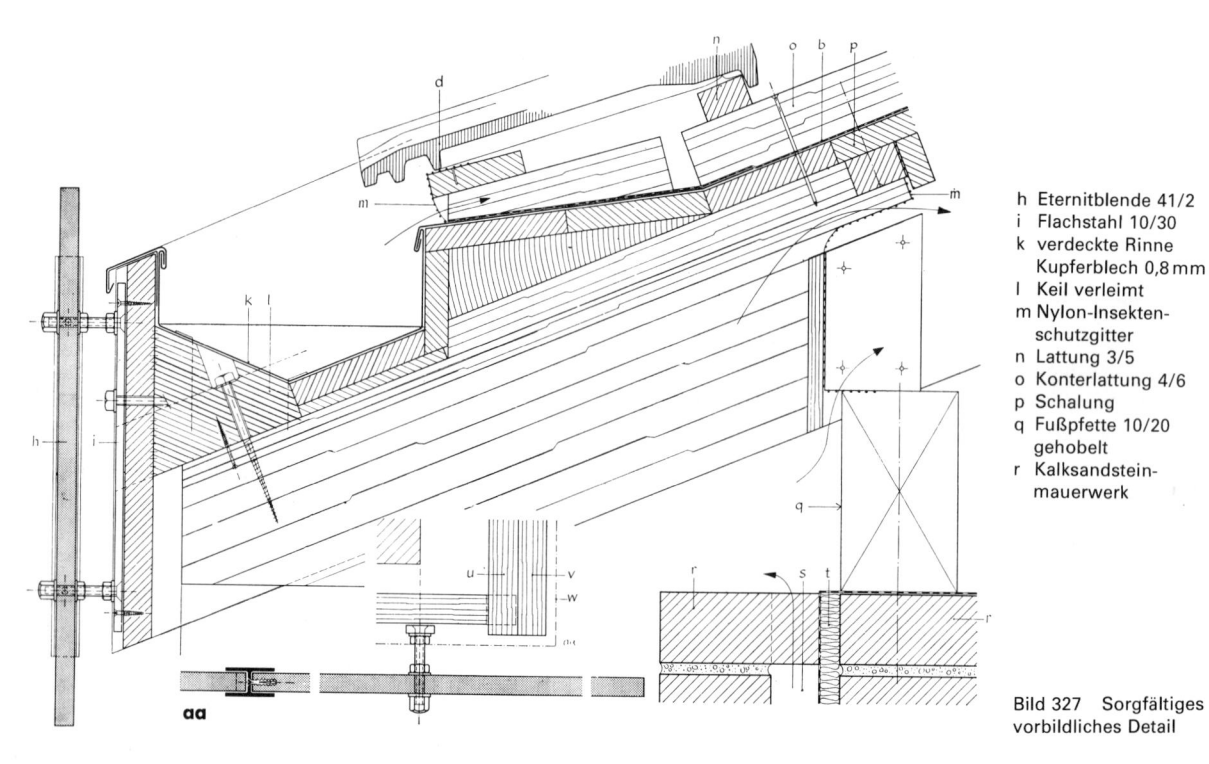

h Eternitblende 41/2
i Flachstahl 10/30
k verdeckte Rinne Kupferblech 0,8 mm
l Keil verleimt
m Nylon-Insektenschutzgitter
n Lattung 3/5
o Konterlattung 4/6
p Schalung
q Fußpfette 10/20 gehobelt
r Kalksandsteinmauerwerk

Bild 327 Sorgfältiges vorbildliches Detail

8.9 Leichte Zweischalendächer mit Dachdeckungen

Bild 328 Entlüftung First

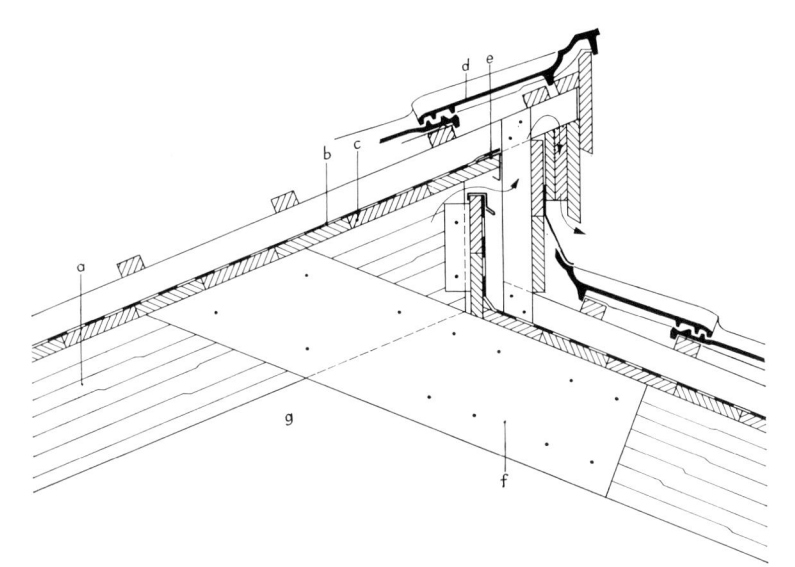

a Sparren 6/24
b 500er Pappe
c Schalung
d Ziegeldeckung (K 21)
e Alublech
f 2 Laschen 6/24
g Kaltdachraum

Bei durchgehenden Unterdachschutz-Konstruktionen (Holzschalung) kann die Belüftung wie in Bild 321 angeordnet werden. Die Unterdachschutzbahn endet hier außerhalb des Hausgrundes. Bei Anordnung einer Rinne kann ein Keil aufgesetzt werden, wie dies in Bild 327 dargestellt ist. Gleichzeitig kann hier bei diesem vorbildlichen Detail auch die Entlüftung nach Bild 328 im Firstbereich abgelesen werden.

Schnitt A-A

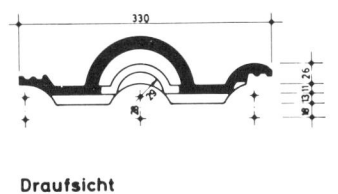

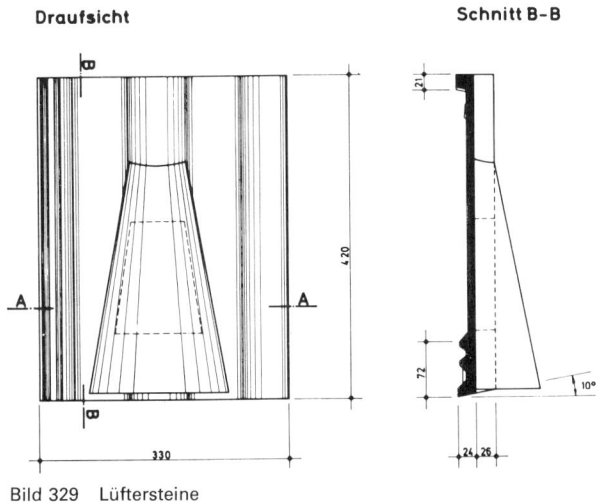

Draufsicht   **Schnitt B-B**

Bild 329 Lüftersteine

2. Entlüftung

Die Entlüftung im Firstbereich kann durch verschiedene Maßnahmen herbeigeführt werden. Bei Satteldächern, mit Ausnahme Bild 328, ist es meist erforderlich, auf Lüftungsgaupen zurückzugreifen. In Bild 329 sind einige Lüftungsziegel dargestellt. Derartige Lüftungsgaupen erbringen etwa einen Lüftungsquerschnitt von 15 cm^2. Hier muß also gemäß den Forderungen evtl. eine große Anzahl von Lüftungsziegeln angeordnet werden, um den ausreichenden Querschnitt zu erhalten. Die Lüftungsziegel werden mit und ohne Tongitter geliefert. In jedem Falle muß jedoch ein entsprechendes Fliegengitter angebracht werden, um Schnee-Einwehungen zu verhindern. Aufgesetzte Entlüftungsrohre sind wesentlich wirkungsvoller, sind aber naturgemäß architektonisch weniger ansprechend.

Eine sehr sinnvolle Lösung ist bei versetzten Dächern in Bild 328 dargestellt. Hier kann man ohne Entlüftungsziegel ausreichen.

In Bild 330 ist der Einbau derartiger Entlüftungsziegel dargestellt, die möglichst in Firstnähe anzuordnen sind, also möglichst schon in der zweiten oder höchstens in der dritten Reihe nach dem First. Die Anzahl der Belüftungsziegel hängt von den Erfordernissen ab. Oft wird es notwendig, jeden zweiten Ziegel als Entlüftungsziegel einzubauen, um den erforderlichen Entlüftungsquerschnitt zu erreichen. Hier ist meist eine wesentliche Unterdimensionierung festzustellen, da die Lüftungs-

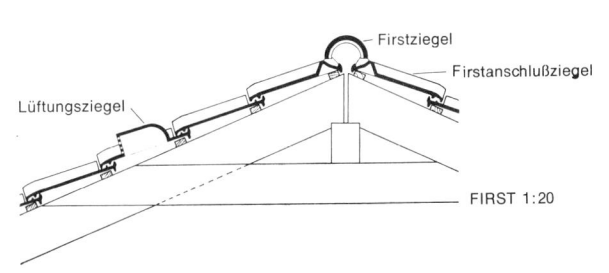

Bild 320 Lüftungsziegel möglichst in Firstnähe

8. Das zweischalige Dach (Kaltdach)

querschnitte der Lüftungsgaupen überschätzt werden.

In Bild 331 ist die Entlüftung bei einer Unterdachschutzbahn dargestellt. Hier muß die Unterdachschutzbahn oder auch eine Holzschalung unter der Unterdachschutzbahn unterbrochen werden, so daß in den Entlüftungsziegeln sowohl die Konterlatte als auch der Dachraum entlüften kann. Eine andere Version mit versetzter Entlüftung kann aus Bild 332 entnommen werden. Diese verhindert direkte Schnee-Einwehungen nach innen und ist besonders bei flachen Dächern vorzuziehen.

Die einfachste Dachentlüftung, die gleichzeitig schneedicht und schneesicher hergestellt werden kann, ist bei Pultfirstdächern möglich. Hier sind in Bild 333 zwei Beispiele angeführt.

Für Betondachsteine werden zusätzlich First- und Traufbelüftungen angeboten, die in Bild 334 im Detail und im Einbau z.B. im Firstbereich dargestellt sind.

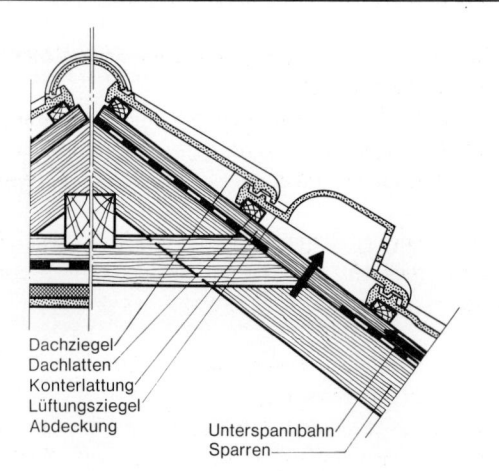

Bild 331 Unterdachschutz muß unterbrochen werden

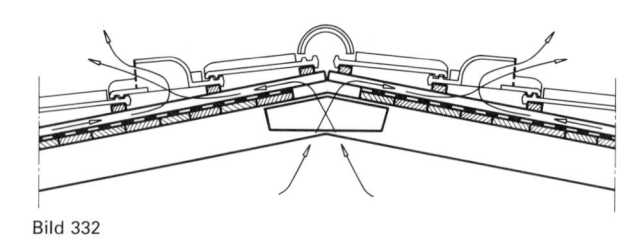

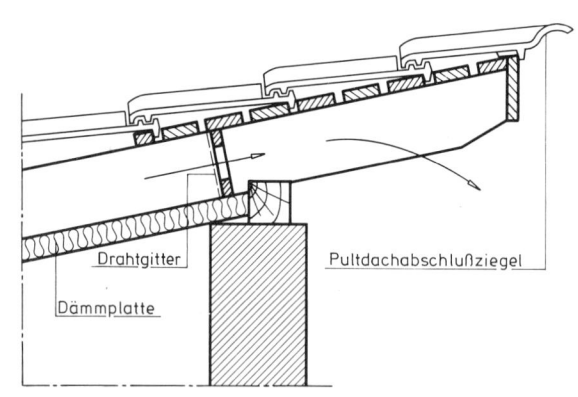

Bild 332

Abschluß der Sparrenfelder durch Drahtgitter

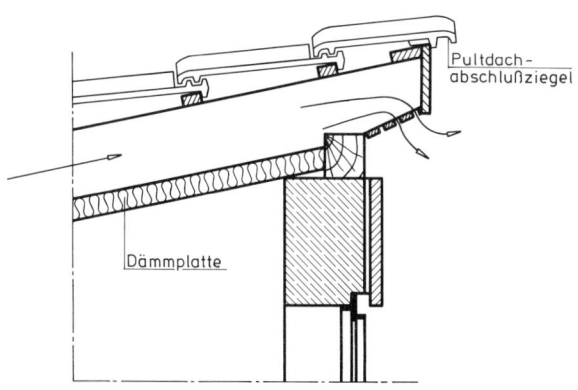

Leistenschalung mit Luftschlitzen
Bild 333

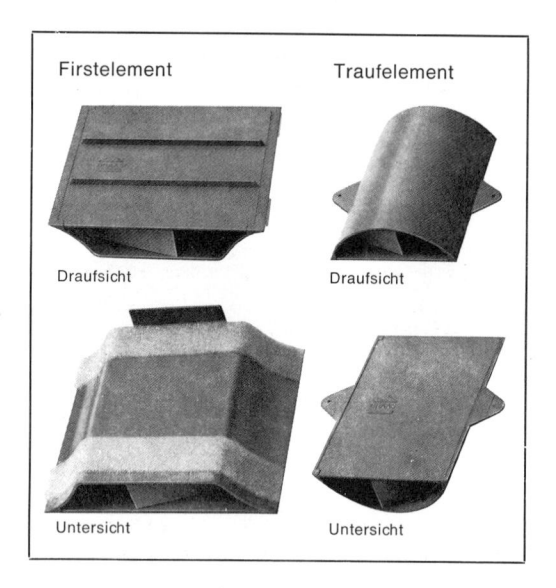

Bild 334 Braas Lüfterelemente gibt es in Ausführungen für den Einbau am First und an der Traufe

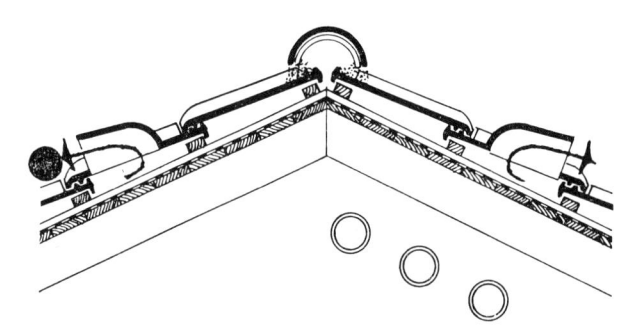

8.9 Leichte Zweischalendächer mit Dachdeckungen

Bild 335 Lüftungsziegel als Abluftöffnungen am First. Dachraumlüftung mit Hilfe von Dränröhren

Häufig reichen Entlüftungen über Entlüftungsziegel usw. nicht aus. Hier ist dann besonders bei großen Dachräumen über die Giebel eine Zusatzentlüftung möglichst im obersten Giebelbereich vorzunehmen. Dies können Jalousie-Fenster sein, Ton- oder Betonrohre oder dgl., wie in Bild 335 dargestellt. Hier werden die Lüftungsziegel lediglich für die Entlüftung des Luftraumes über der Unterdachschutzkonstruktion verwendet, während die Dachraumentlüftung durch Giebelentlüfter vorgesehen ist. Diese Giebelentlüfter sind jedoch oft nicht ausreichend, um alleine einen großen Dachraum zu entlüften. Hier sollte man eine Kombination wie in Bild 332 angeführt vorziehen, also Entlüftung sowohl über die Entlüftungsziegel als auch Unterstützung über die Giebel. Eine mangelhafte Unterlüftung des Dachraumes ist u.U. schwerwiegender als eine mangelhafte Unterlüftung des Luftraumes über der Unterdachschutzkonstruktion. Die Kondensatbildung unter der dampfbremsenden Abdichtungsbahn kann so groß werden, daß die Holzschalung oder dgl. vorzeitig verrottet.

Neben den Fragen der Be- und Entlüftung interessieren noch die Fragen des Ortgangabschlusses. Beispielhaft sind hier in Bild 336 drei Möglichkeiten angeführt:

1. Möglichkeit – Ortgangausbildung bei Dachüberstand mit Zahnleiste.
2. Möglichkeit – Ortganggesims mit Blech, besonders bei sehr langen Dächern und gegebenenfalls schrägverlaufenden Dächern eine konstruktive Notwendigkeit.
3. Möglichkeit – Ortgangausbildung mit Spezial-Ortgangziegeln mit angeformtem Wulst, eine sehr sichere regendichte Ausführung.

In allen diesen Beispielen ist eine Unterdachschutz-Konstruktion vorgesehen.
Eine Verbesserung des Beispieles 2 ergibt sich durch Bild 337, bei dem ein Ortgangziegel auch die Blechrinne noch überdeckt, so daß hier weitgehende Rückstausicherheit gegeben ist.

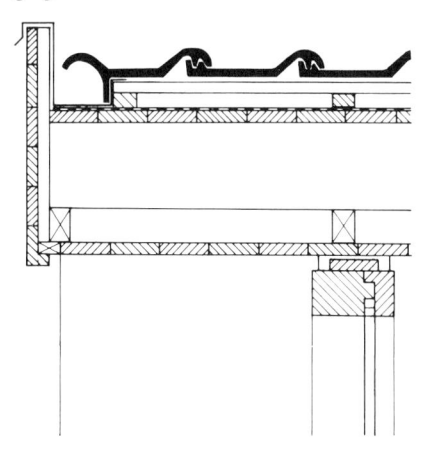

Bild 337 Gute Ortganggestaltung. Flachdachpfanne, Lattung, Konterlattung, Papplage, Schalung, Sparren

In Kehlen werden vorzüglich Blechkehlen ausgeführt, insonderheit dann, wenn größere Wassermengen in diesen Kehlen zusammenlaufen, die dann nach unten in die Regenrinne abgeleitet werden müssen.

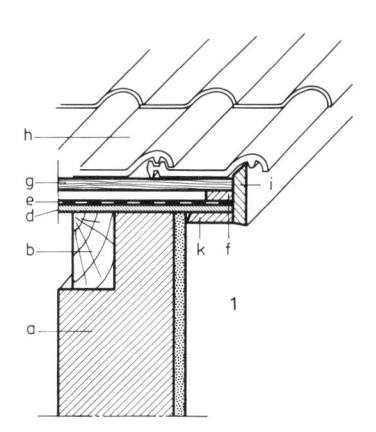

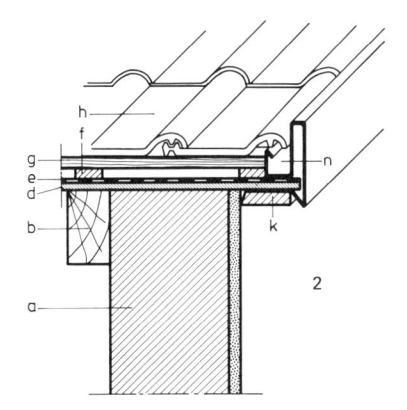

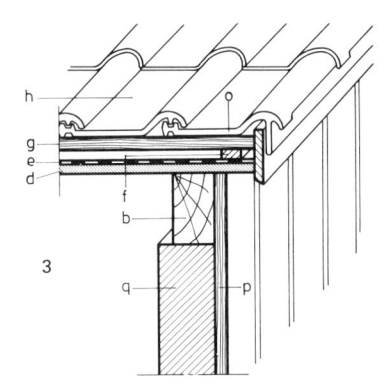

Bild 336 Ortgangausbildungen. 1 Ortgangausbildung bei einem Pfannendach. Sparren unsichtbar, Dachüberstand ca. 15–20 cm. Die Zahnleiste greift unter die Randpfannen. Der Schalungsraum ist mit einem Längsbrett aufgedoppelt und versteift. – 2 Ortganggesims aus Blech. Der Dachüberstand ist wie beim vorhergehenden Beispiel gehalten. Der gestufte Pfannensaum verbirgt sich hinter dem überstehenden Ortgangblech, das gleichzeitig mit seiner angeformten Rinne als Wasserablauf dient. – 3 Ortgangausbildung eines Pfannendaches unter Verwendung von Spezial-Ortgangpfannen. Der angeformte Wulst greift über ein Ortgangbrett. Legende: a Mauerwerk, b Sparren, d Dachschalung, e Dachpappe, f Luftlattung, g Dachlattung, h Dachpfannen, i Zahnleiste oder Ortgangbrett, k Aufdoppelungsbrett, o Ortgangpfanne

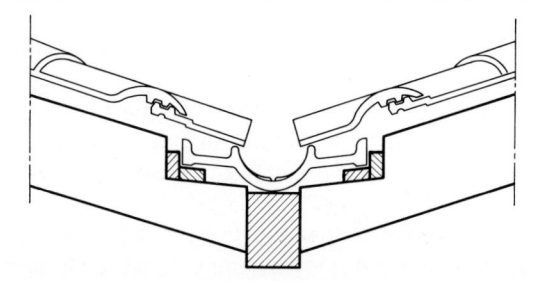

8. Das zweischalige Dach (Kaltdach)

Deckung: Flachdachpfanne, Kehlziegel ohne Steg. Der Kehlsparren liegt vertieft, die Dachsparren sind entsprechend ausgeklinkt. Die Dachziegel, die auf dem Kehlziegel liegen, werden mit einer Trennschleifscheibe in Kehlrichtung geschnitten. (Nur für kleine Flächen geeignet.)

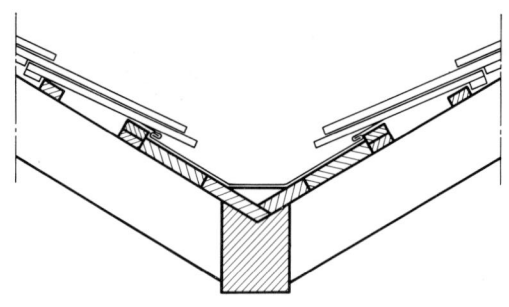

Deckung: Biberschwanz-Kronendeckung. Blechkehle auf Schalbrettern. Um Verstopfungen in der Kehle zu vermeiden, sollen die beiden unteren Ziegelreihen im Kehllauf einen Abstand von ca. 10 cm aufweisen (Zweckmäßigste Lösung auch bei großer Dachfläche)

Bild 338 [48]   Kehlen

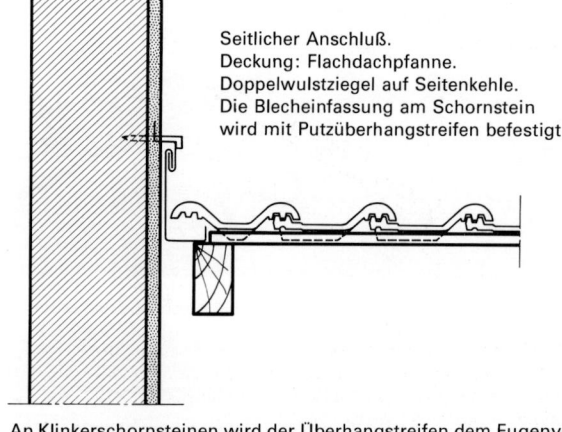

Seitlicher Anschluß.
Deckung: Flachdachpfanne.
Doppelwulstziegel auf Seitenkehle.
Die Blecheinfassung am Schornstein wird mit Putzüberhangstreifen befestigt

An Klinkerschornsteinen wird der Überhangstreifen dem Fugenverlauf entsprechend abgetreppt und in der eingeschnittenen Fuge befestigt. Um zu verhindern, daß Fugen durch Haarrisse undicht werden, sollten sie mit einem dünnflüssigen Voranstrich behandelt und mit Spezialmörtel auf Bitumenbasis verstrichen werden

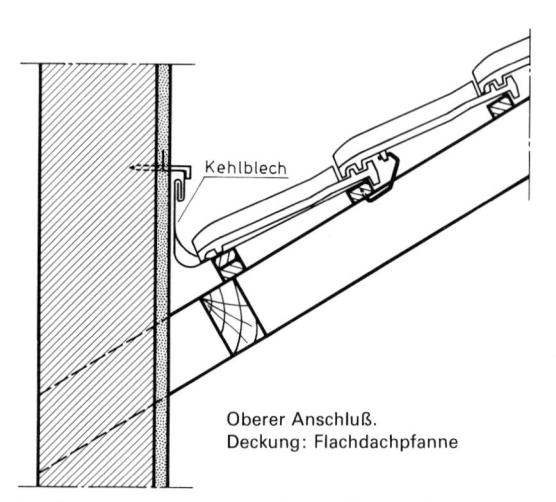

Oberer Anschluß.
Deckung: Flachdachpfanne

Bei Schornsteineinfassungen für Preßfalzziegeldeckung ist darauf zu achten, daß die Ausläufe der Kehlen und der seitlichen Anschlüsse über die Ziegel geführt und der Ziegelform angepaßt werden

Bild 338/1 [48]   Kaminverwahrungen

Bei relativ kleinen Dächern können auch sogenannte Kehlziegel verwendet werden. In Bild 338 ist beispielhaft eine Kehle mit Kehlziegel und mit Blech dargestellt.
In den Bildern 338/1 sind Kaminanschluß seitlich und oben im Detail dargestellt.
Bei Außendachrinnen ergeben sich im allgemeinen keine Probleme. Überfließendes Wasser tritt über den äußeren Rand der Rinne hinweg, wenn dieser etwa 1,5 cm tiefer liegt als der innere Falz zum Rinneneinlaufblech (Bild 339/1).
Bei innenliegenden Rinnen wie in Bild 339/2 können Gefahren der Rückstaufeuchtigkeit trotz eines Falzes und einer Unterdachschutzbahn auftreten. Hier empfiehlt es sich u. U. besonders in schneereichen Gegenden eine Rinnenheizung in die Blechrinne einzulegen, um mit Sicherheit Rückstaugefahr durch Vereisung zu verhindern. Außerdem empfiehlt es sich, gegebenenfalls neben den Ablaufrohren nach unten über die Stirnseite noch Notentwässerungen anzuordnen.
Ein oberer Wandanschluß mit Lüftungsmöglichkeit ist im Bild 339/3 dargestellt.
Eine Sturmsicherung der Dachziegel in der Dachfläche ist normalerweise nicht erforderlich. Dachflächen, die jedoch durch Unterwind oder Sog belastet werden, sollten durch Klammern oder Haken zuverlässig nach unten abgesichert werden. Diese Absicherung geschieht dadurch, daß an jedem vierten Ziegel reihenweise versetzt ein Sturmhaken oder dgl. angebracht ist. In Bild 340 ist eine derartige Befestigung dargestellt.
In Sonderfällen müssen auch Laufbohlen ähnlich wie bei Wellasbestplatten-Dächern angeordnet werden. (Zur Erreichung von Schornsteinen oder Reklametafeln oder dgl.) Hierfür stehen spezielle Laufbohlenstützen zur Verfügung, wie dies in Bild 341/1 dargestellt ist. Eine Direktbegehung von Ziegeln ist nicht nur gefährlich, sondern kann auch zu Brüchen von Ziegeln führen. In Bild 341/2 ist eine Befestigung eines Blitzschutzes an der Rinne dargestellt.

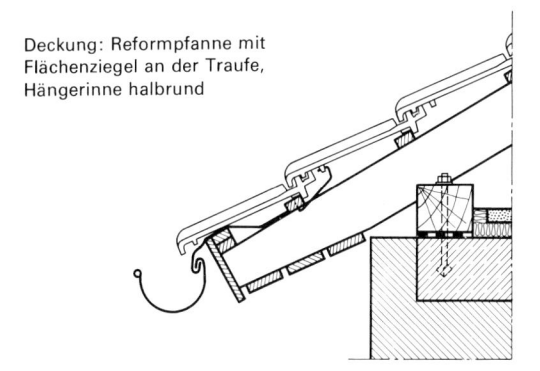

8.9 Leichte Zweischalendächer mit Dachdeckungen

Deckung: Reformpfanne mit Flächenziegel an der Traufe, Hängerinne halbrund

Bild 339/1 [48]   Außenrinnen-Traufe (äußerer Rinnenrand muß 1,5 cm tiefer liegen als Innenfalz. Die Summe der Schlitze zwischen den Schalbrettern soll so groß sein, daß eine ausreichende Belüftung des Dachraumes gewährleistet ist. Die Ziegel sind im Bereich des Dachüberstandes mit Sturmhaken zu sichern

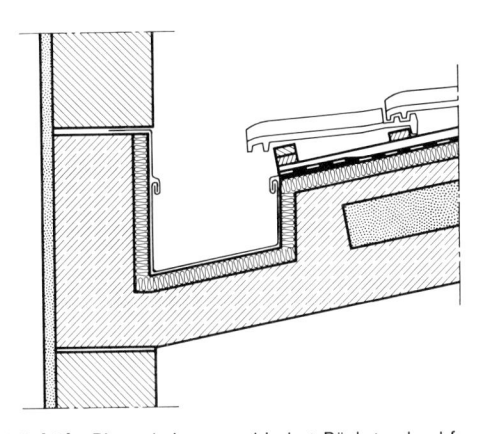

Bild 339/2 [48]   Rinnenheizung verhindert Rückstaudurchfeuchtung. Deckung: Flachdachpfanne, Dachwasserrinne eines zu einer Gebäudewand geneigten Massivdaches. Dachaufbau: Flachdachpfannen, Dachlatten, Konterlatten, 2 Lagen Bitumenpappen, 5 cm Korkschrotplatten expand., Dampfsperre, Massivdecke oder dgl.

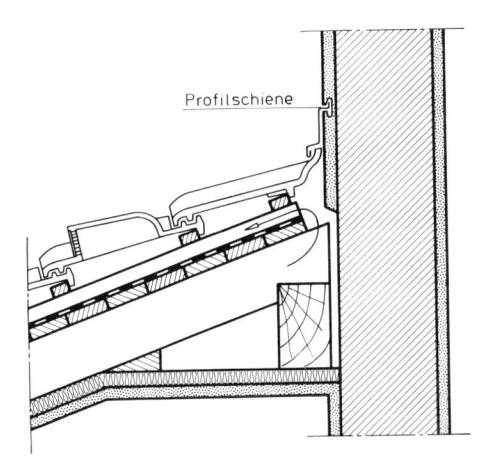

Bild 339/3 [48]   Wandanschluß mit Lüftungsmöglichkeit. Deckung: Flachdachpfanne mit Wandanschlußziegel auf Konterlatten, Papplage und Schalung. Anschluß der Blechverwahrung an das Mauerwerk durch eingeputztes Spezialprofil. Diese Konstruktion über einem ausgebauten Dachraum ermöglicht eine Belüftung auf beiden Seiten der Unterkonstruktion. Zu beachten ist, daß zwischen Bretterschalung und Wand ein ca. 5 cm breiter Zwischenraum frei bleibt

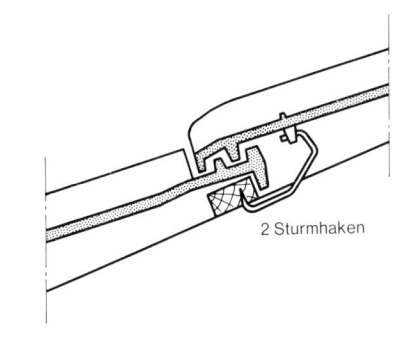

Bild 340   Sturmbefestigung

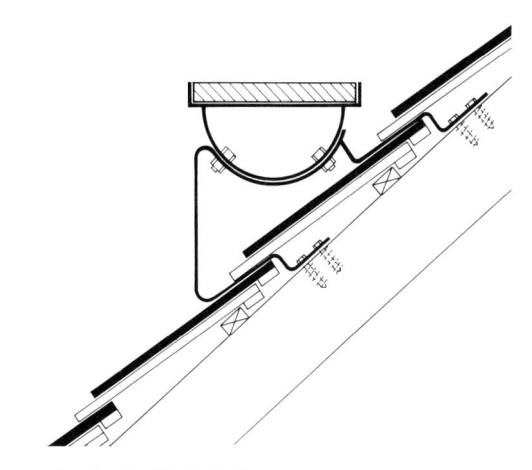

Bild 341/1   Laufbohlenbefestigung

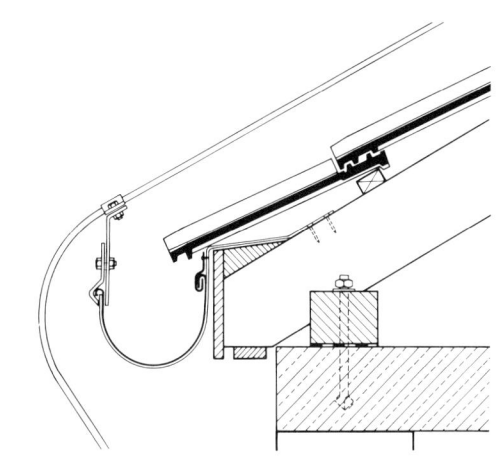

Bild 341/2   Blitzschutzbefestigung

Ein notwendiges Übel bei Ziegeldeckungen sind Schneefanggitter, die z.T. baupolizeilich an bestimmten Straßen oder über Hauseingängen gefordert werden. In Bild 342/1 ist eine derartige Konstruktion dargestellt. Der Nachteil dieser Schneefanggitter kann aus Bild 342/2 entnommen werden. Im Bereich dieser Schneefanggitter entstehen Rückstaubelastungen. Wenn Schneefanggitter eingebaut werden müssen, sollte zwingend auch eine Unterdachschutz-Konstruktion ausgeführt werden, da sonst u.U. erhebliche Feuchtigkeitseinbrüche in das Innere zu erwarten sind.

8. Das zweischalige Dach (Kaltdach)

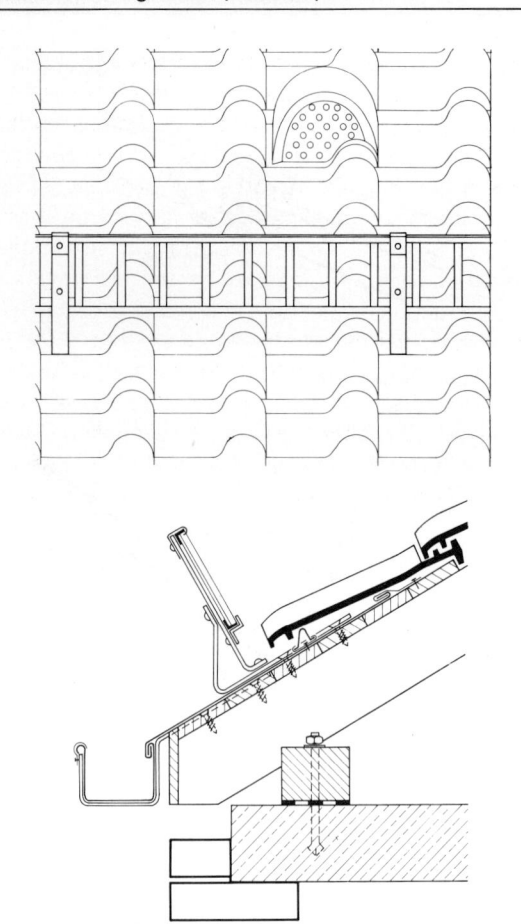

Bild 342/1 Schneefanggitter und deren Einbau in Fläche und Rinne

Bild 342/2 Nachteile bei Schneefanggittern

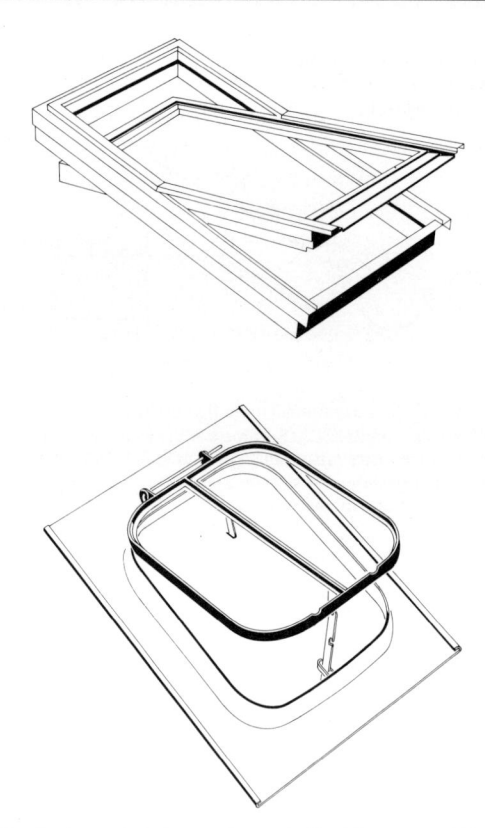

Bild 343 Dachraumbelichtung, liegende Dachfenster und Dachausstiege verschiedenster Konstruktionen stehen zur Verfügung

Für die Belichtung und zum Ausstieg stehen zahlreiche Fabrikate zur Verfügung, wobei zu beachten ist, daß nur doppelt verglaste Konstruktionen weitgehend Schwitzwasser verhindern können. (Siehe auch Kapitel Belichtungen.) Diese vorgenannten Details sind naturgemäß nicht vollständig. Hierfür steht die spezielle Fachliteratur zur Verfügung,. Vorgenannte Bilder entstammen teilweise dieser speziellen Fachliteratur des Bundesverbandes der Deutschen Ziegel-Industrie.

8.9.3 Schieferdächer und Schieferdeckungen

Bei den Schieferdächern sind die bauphysikalischen Voraussetzungen ähnlich wie bei Ziegeldeckungen. Gewisse Deckungsarten (Doppeldeckung) sind ähnlich wie z. B. bei Biberschwanzziegeln.

Unter Schieferdächern soll hier sowohl eine Dachdeckung aus Naturschiefer als auch aus Kunstschiefer (Asbest-Zement-Platten z. B. Eternit oder Fulgurit oder dgl.) verstanden werden.

1. Naturschiefer wird in der Bundesrepublik in ausgezeichneter Qualität an der Mosel gewonnen. Der Dachschiefer entstand aus den Tonschlammablagerungen des Devon-Meeres. Dabei bildeten die feinsten Tonschlemmen ohne gröbere Gemengeeinschlüsse die Grundlage für die späteren Schieferlager. Naturschiefer hat eine ausgezeichnete Wetterfestigkeit, Frostbeständigkeit und eine hohe Druckfestigkeit. Das dichte Gefüge vermittelt die wasserabweisende Wirkung. Die Stoßfestigkeit ist relativ gut.

8.9 Leichte Zweischalendächer mit Dachdeckungen

Das Raumgewicht liegt zwischen 2,7 und 2,8, die Biegefestigkeit zwischen 500 und 800 kp/cm² (lufttrocken und nach dem Frostversuch). Die Wasseraufnahme bei normalem Luftdruck 0,5–0,6 Gew.-% bzw. 1,4–1,8 Raumvol.-%. Naturschiefer ist außerdem gegen Industriegase usw. unempfindlich.

Der Dachschiefer mit seiner wirkungsvollen Farbtönung von grauschwarz bis blauschwarz erlaubt dem Architekten einen individuellen Einsatz. Nicht nur in Gebieten, wo Naturschiefer gewonnen wird, sondern auch weit ab von den Gewinnungsstätten hat dieser Naturschiefer besonders auch bei Dächern wieder neue Liebhaber gefunden.

2. Kunstschiefer sind hochgepreßte Asbest-Zementtafeln mit hervorragender Biegesteifigkeit. Das geringe Berechnungsgewicht von 25 kp/m² verlegte Dachfläche (nach DIN 1055) und die gute Witterungsbeständigkeit haben dem Kunstschiefer ein weites Feld in der Dachabdeckung eingeräumt.

8.9.3.1 Dachneigungen

Ähnlich wie bei Ziegeldeckungen können auch bei Schieferdeckungen keine verbindlichen Grenzwerte angegeben werden, da auch hier die örtlichen Verhältnisse eine wesentliche Rolle spielen. In windgeschützten Gegenden und bei entsprechendem Unterdachschutz werden schon Verlegungen bis 15° Dachneigung ausgeführt. Hier ist jedoch eine größere Schutzfläche (Überdeckung) erforderlich, da die Kapillarität zwischen den Platten erheblich groß sein kann (Netzfläche). Im allgemeinen ergibt die Tabelle 344 einen ausreichenden Wert für die Grenzwerte der Dachneigung.

Bild-Tabelle 344 Dachneigungsrichtlinien Schieferdeckung

Art der Deckung	Grenzwerte Grad	üblich Grad
Altdeutsches Schieferdach, altdeutsches Doppeldach, einfaches u. doppeltes Schuppenschablonendach	25–90	30–50
Fischschuppen- u. Achteckschablonendach	30–90	35–50
Normalschablonen- u. Spitzwinkelschablonendach	35–90	45
Asbestzement-Plattendeckung wie Schieferdeckung		
Stroh- und Rohrdeckung	45–80	60–70
Schindeldeckung	35–90	35–90
Bitumen-Dachschindeln	18–90	25–90
(mit verklebter Unterbahn B 115)	10	—

8.9.3.2 Verlegung von Schieferplatten

Die Verlegung von Schieferplatten kann sowohl auf Lattung als auch auf einer Holzschalung erfolgen. Um die Schieferplatten gegen starke Sogkräfte des Windes ausreichend zu sichern, ist es besonders in windreichen Gegenden ratsam, bei allen Deckungsarten auf Holzschalung bzw. auf Holzschalung mit darüber angeordneten Dachlatten zu verlegen. Für eine einwandfreie und gleichmäßige Deckung sind je nach Deckungsart Schnürungen unerläßlich. Bei Deckungen auf Lattung ist die Lattenoberkante als Schnürlinie zu betrachten. Unterlagsplatten am Ortgang und an der Traufe sollen Kantenbeschädigungen und das Abkippen der relativ dünnen Dachplatten verhindern. Jede Dachplatte wird mit zwei verzinkten Schieferstiften genagelt. Dazu kommen je nach Deckungsart entweder eine Sturmklammer aus Aluminium oder verzinkte Sturmhaken. Maßgebend für die Dachdeckungsarbeiten sind die DIN 18338 und die Verarbeitungshinweise der Lieferfirmen.

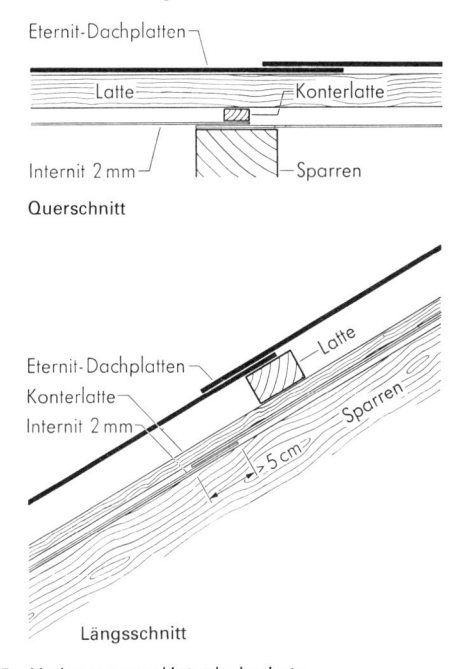

Bild 345 Verlegung von Unterdachschutz

Ähnliche wie bei Ziegeldeckungen können auch bei Schieferdeckungen Unterdachschutz-Konstruktionen angewandt werden. Bei direkter Nagelung auf Holzschalung kann unter den Schieferdeckungen eine Abdichtungsbahn aufgebracht werden, die bei der sogenannten deutschen Deckung normalerweise immer erforderlich ist. Es kann aber auch gemäß Bild 345 eine Konterlattung über einer Unterdachschutz-Konstruktion angeordnet werden, die wiederum entweder aus einer Holzschalung mit Pappdeckung oder aus Internit oder aus anderen Unterdachschutzbahnen hergestellt werden kann wie bei den Ziegeldeckungen beschrieben. Die Unterlüftung erfolgt dann auch hier wieder über die Konterlatten und unter dem Unterdachschutz wie bei den Ziegeldeckungen.

In Bild 346 sind einige Verlegungsgesichtspunkte für richtige und falsche Befestigungen durch Nagelungen und Sturmhaken dargestellt.

8. Das zweischalige Dach (Kaltdach)

Bild 346 Befestigung von Schieferplatten

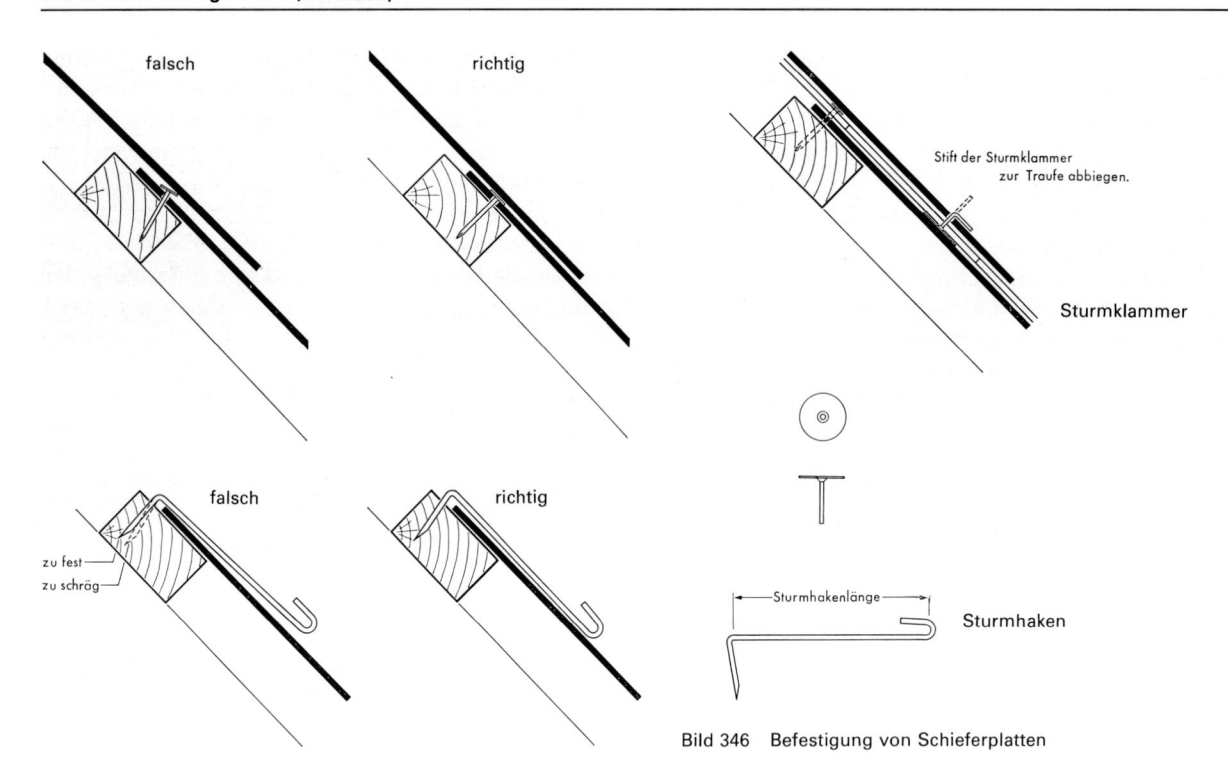

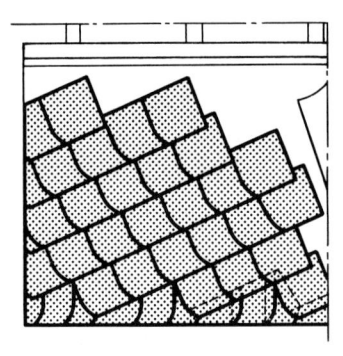

Die Mindestdachneigung bei der Deutschen Deckung soll 25° betragen. Die Verlegung erfolgt in Quadraten 40 × 40 cm, 30 × 30 cm und 20 × 20 cm mit Bogenschnitt und teilt das Dach in sich kreuzende diagonale Linien. Dabei folgen die Quadrate mit ihrem Fuß der Gebindesteigung, während die Rückenlinien die Form einer geschwungenen Kette haben. Verlegt wird normalerweise auf Vollschalung mit Dachpappenvordeckung und Gebindesteigung. Alle Platten in den Plattengrößen 40 × 40 und 30 × 30 cm werden mit zwei Schiefernägeln und einer Sturmklammer befestigt.

Bild 347 Arten der Schieferdeckung

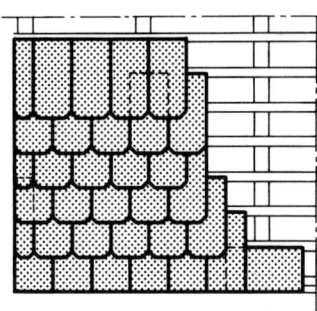

Bei der Doppeldeckung muß die Mindestdachneigung 25° betragen. Folgende Plattenformate können verlegt werden: Rechtecke 60 × 30 cm bzw. 40 × 20 cm, Quadrate 40 × 40 cm bzw. 30 × 30 cm oder Biberschwänze 30 × 15 cm. Die Verlegung erfolgt im Verband in Höhenüberdeckung und gilt als äußerst sichere Eindeckung, die auch von der Wetterrichtung unabhängig ist. Am Ortgang laufen die Gebinde aus. Traufen werden durch Unterlagsplatten verstärkt. Dank der verschiedenen Plattenformate können wandlungsfähige Muster verlegt werden.

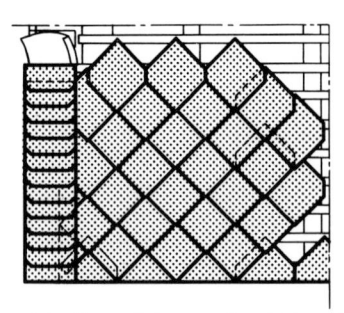

Die sich diagonal kreuzenden Linien der Dachplatten kennzeichnen die Schablonendeckung. Ihre Eindeckung erfolgt vorwiegend auf Lattung, unabhängig von der Wetterrichtung. Die Dachplatten werden in den Formaten 40 × 40 cm, 30 × 30 cm und 20 × 20 cm geliefert. Ebenso häufig wie der auslaufende Ort ist der Strackort mit aufgedeckten Randplatten. Damit das Niederschlagswasser in die Dachfläche zurückfließt, muß am Ausläuferort die Spitze der Schablonen gestutzt werden. Die Mindestdachneigung beträgt 30°.

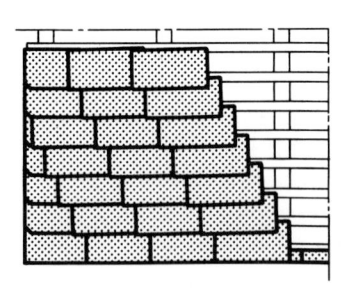

Die Dachplatten bei der Waagerechten Deckung haben die Formate 60 × 30 cm, 40 × 20 cm und 30 × 20 cm. Sie überdecken sich seitlich sowie in der Höhe und gliedern die Dachfläche in horizontale und vertikale Linien. Ihre Verlegung erfolgt auf Lattung oder Schalung gegen die Wetterrichtung. Traufen und Ortgänge sind stets auf Unterlagsplatten anzubringen. Die Mindestdachneigung muß 30° betragen.

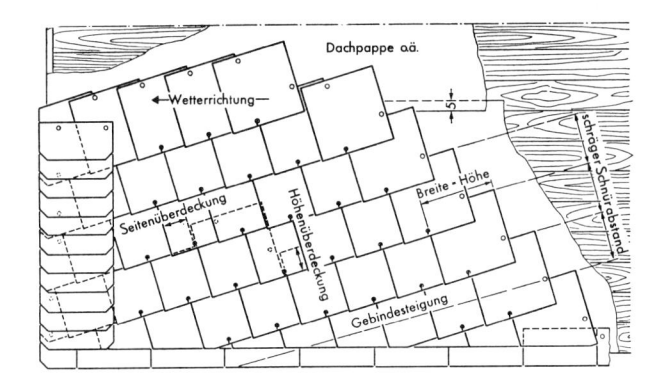

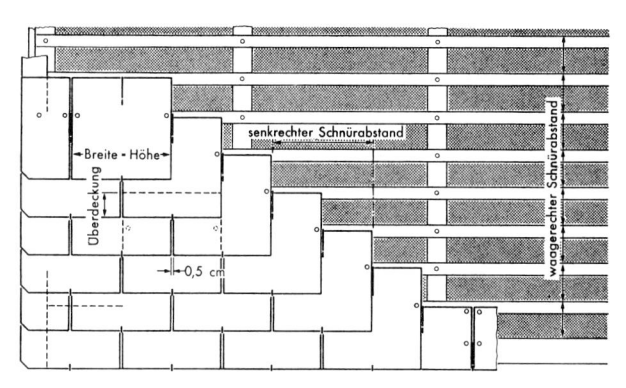

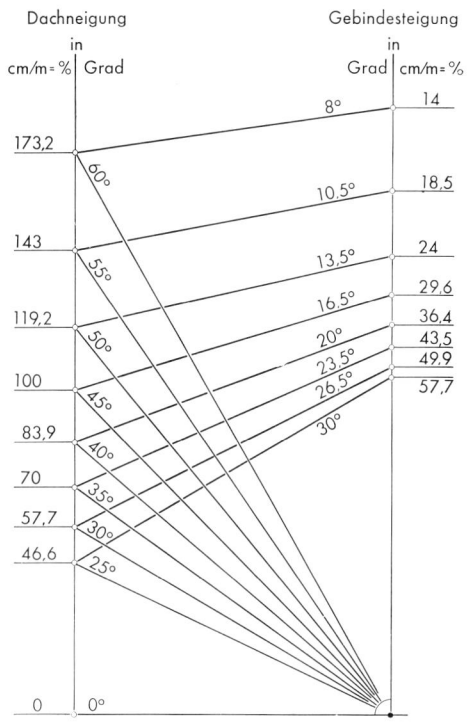

8.9 Leichte Zweischalendächer mit Dachdeckungen

Bild 348 Deutsche Deckung [49] Zusammenstellung von Dachneigungen und zugehörigen Gebindesteigungen

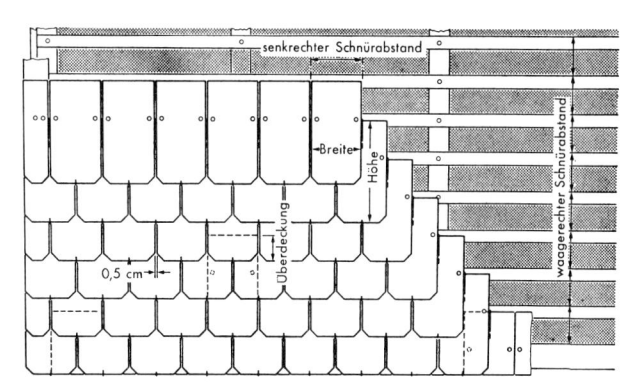

Bild 349 Doppeldeckung [49]. Der Schnürabstand errechnet sich wie folgt:

Schnürabstand waagerecht in cm = $\dfrac{\text{Plattenhöhe} - \text{Überdeckung}}{2}$

Schnürung senkrecht in cm = Plattenbreite + 0,5.

Hinsichtlich der Formgebung der Schieferplatten und deren Verlegung unterscheidet man zwischen Deutscher Deckung, Doppeldeckung, Schablonendeckung und waagrechter Deckung.
In Bild 347 sind die einzelnen Deckungsarten schematisch mit den erläuternden Texten dargestellt [50].

1. Die Deutsche Deckung wird, wie vorgenannt, nur auf Schalung mit einer Dachpappen-Unterlage verlegt (Glasvlies-Bitumenbahn oder dgl.) und mit Gebindesteigung ausgeführt. Unter Gebindesteigung versteht man den Grad der Abweichung von der Waagrechten. Aus Bild 348 ist die erforderliche Gebindesteigung in Abhängigkeit von der Dachneigung abzulesen.
Es empfiehlt sich aber trotz Gebindesteigung, die Wetterrichtung zu berücksichtigen und mit abgehängter Ferse zu decken.

Als Rechtsdeckung bezeichnet man die Eindeckung von links nach rechts (Sturmklammer, Loch und Bogenschnitt links), als Linksdeckung die Eindeckung von rechts nach links (Sturmklammer, Loch und Bogenschnitt rechts).

2. Bei der Doppeldeckung kann die Wetterrichtung unberücksichtigt bleiben. Die Doppeldeckung wird vollkantig mit gestutzten Ecken oder mit Segmentbogen als Biberschwanz gedeckt. In Bild 349 kann diese Deckungsart mit verschiedenen Formaten abgelesen werden samt dem erforderlichen Schnürabstand.

3. Bei der Schablonendeckung kann die Wetterrichtung ebenfalls unberücksichtigt bleiben. Die Dachdeckung ist wegen der erhöhten Sicherheit immer mit 2 cm Hängespitze durchzuführen. Bei senkrechter Verschalung kann diese Hängespitze in Wegfall kommen. Der Schnürabstand verringert sich durch die Hängespitze nach der Formel in Bild 350.

4. Bei der waagrechten Deckung ist zu beachten, daß diese in der Höhe und seitlich überdeckt ist und zwar entgegengesetzt zur Wetterrichtung. Der Schnürungswinkel ist festzulegen. Er ergibt sich aus der seitlichen Überdeckung +0,5 cm für die Sturmhaken und dem er-

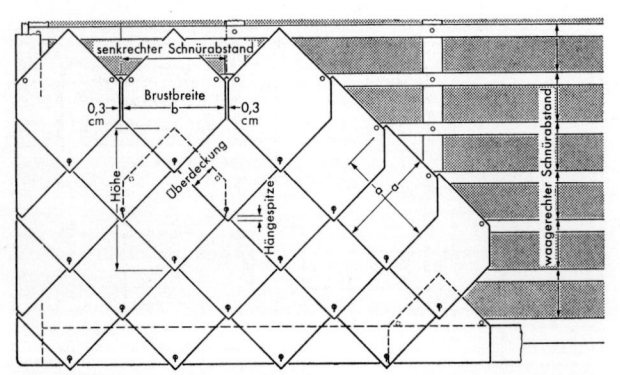

8. Das zweischalige Dach (Kaltdach)

Bild 350   Schablonendeckung [49], 2 cm Hängespitze. Bei 2 cm Hängespitze verringert sich der waagerechte Schnürabstand und errechnet sich wie folgt:

$$\text{Schnürabstand in cm} = \frac{\text{Brustbreite } b + 0{,}3}{2} - 2{,}0$$

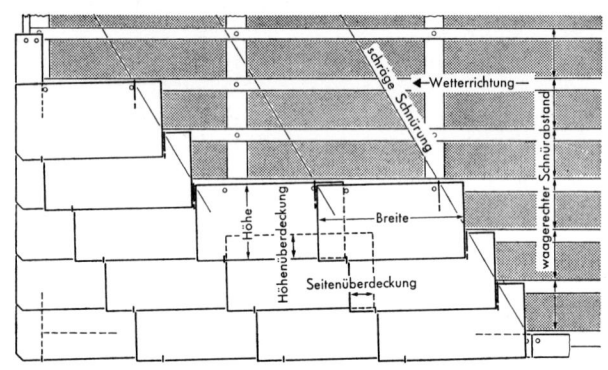

Bild 351   Waagerechte Deckung [49]

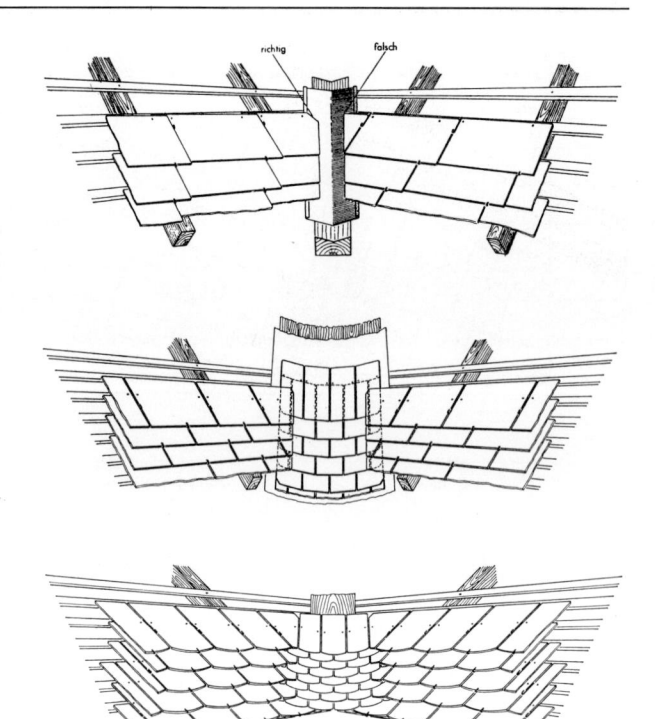

Bild 352/1   Kehlausbildungen [49]

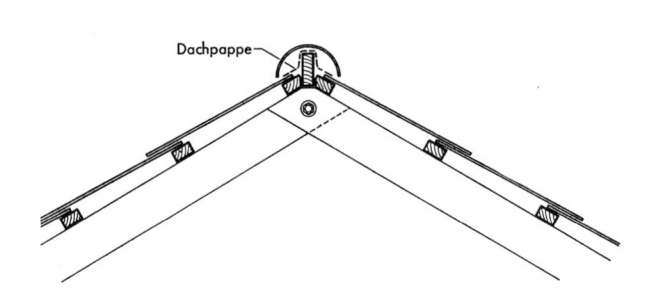

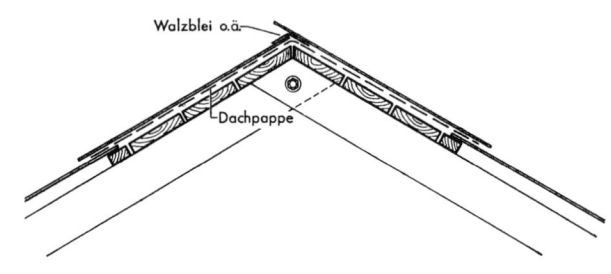

Bild 352/2   Firstausbildungen [49]

forderlichen Lattenabstand. Der Lattenabstand errechnet sich aus der Plattenhöhe abzüglich der Höhenüberdeckung. In Bild 351 ist dies abzulesen.

Die Kehlausbildung kann zweckmäßigerweise wieder aus Blech hergestellt werden. Die Mindestkehlneigung wird mit 30° angegeben. Anstelle dessen können auch unterlegte Kehlen hergestellt werden. Diese bestehen aus mindestens 4 Kehlplatten, unter denen eine zusätzliche Feuchtigkeitsabdichtung über einer Holzschalung angeordnet ist. Daneben werden außerdem noch sogenannte eingebundene Kehlen durchgeführt, bei denen mindestens 3 Kehlplatten anzuordnen sind mit einer Mindestkehlneigung von 30°. In Bild 352/1 sind diese einzelnen Kehlausbildungen dargestellt.

Im Firstbereich können Ausführungen mit Firstkappen oder übergehende Firste mit Firstplatten ausgeführt werden, unter denen Dachpappestreifen mit 10 cm breiten Bleistreifen angeordnet sind, wie in Bild 352/2 dargestellt.

Die Be- und Entlüftung muß jedoch, da zweckmäßige Formteile bisher nicht mitgeliefert werden, durch Sondermaßnahmen hergestellt werden. Hier können aus Bild 352/3 einige Details abgelesen werden. Die Belüftung im Bereich der Traufe entspricht der Belüftung bei Ziegeldächern. Die Entlüftung jedoch im Firstbereich kann durch ein Blech hergestellt werden, wie dies in Bild 352/3 in vorbildlicher Weise Detail A dargestellt ist. Es ist angezeigt, diesen Überstand entgegen der Wetterrichtung herzustellen, um keine Schnee-Einwehungen im First zu erwirken.

Bei einer Mittelrinne Detail B kann die Belüftung des Dachraumes über eine Konterlatte erfolgen, also über dem Rinneneinlaufblech. Eine Belüftung unter die Schieferplatten wäre nur dann möglich, wenn zusätzlich

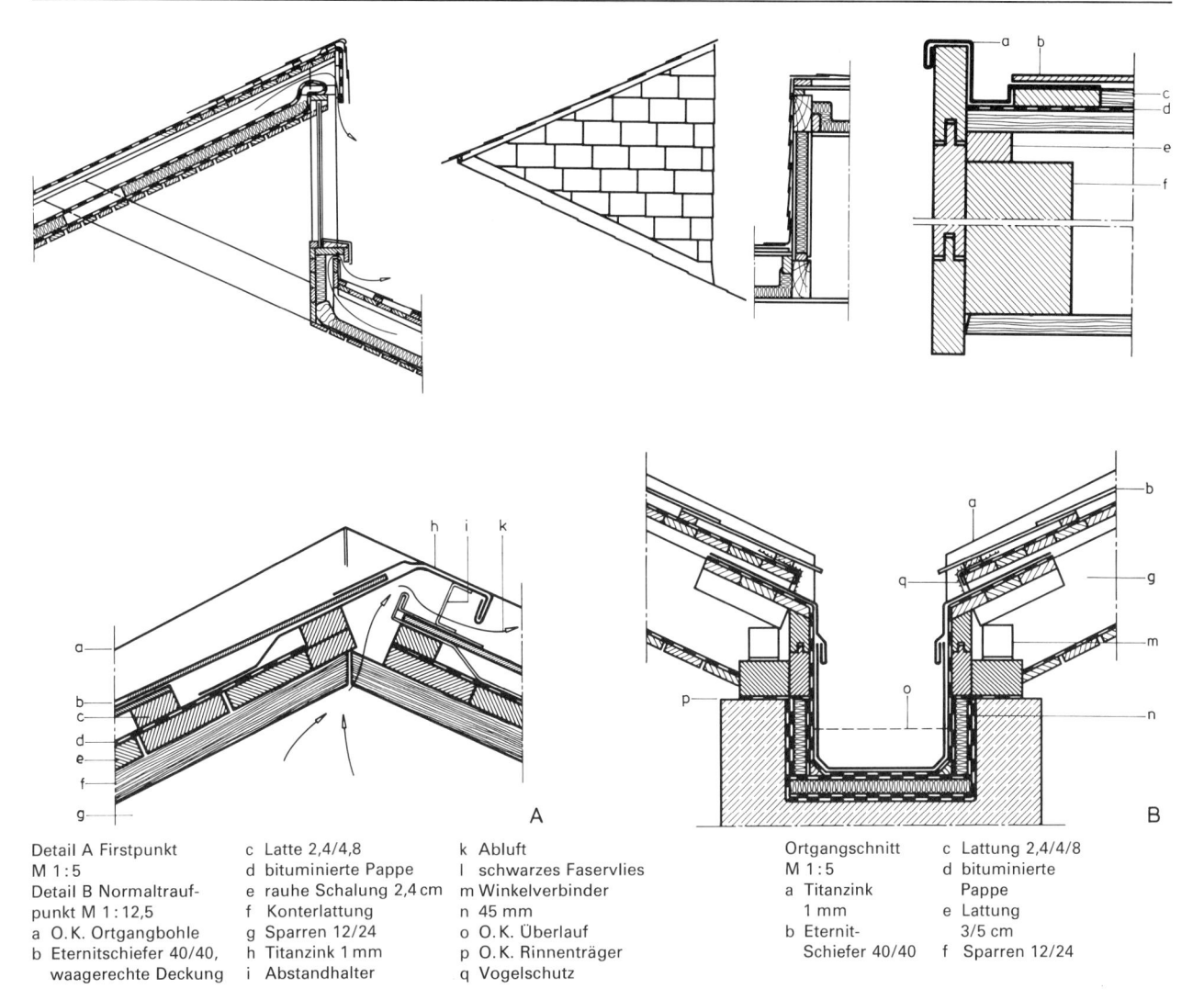

8.9 Leichte Zweischalendächer mit Dachdeckungen

Detail A Firstpunkt M 1:5
Detail B Normaltraufpunkt M 1:12,5
a O.K. Ortgangbohle
b Eternitschiefer 40/40, waagerechte Deckung
c Latte 2,4/4,8
d bituminierte Pappe
e rauhe Schalung 2,4 cm
f Konterlattung
g Sparren 12/24
h Titanzink 1 mm
i Abstandhalter
k Abluft
l schwarzes Faservlies
m Winkelverbinder
n 45 mm
o O.K. Überlauf
p O.K. Rinnenträger
q Vogelschutz

Ortgangschnitt M 1:5
a Titanzink 1 mm
b Eternit-Schiefer 40/40
c Lattung 2,4/4/8
d bituminierte Pappe
e Lattung 3/5 cm
f Sparren 12/24

Bild 352/3 Detailausbildungen

eine Konterlatte angeordnet würde, was in jedem Falle anzuraten ist. Hier wäre also (in Bild 352/3A) eine zusätzliche Maßnahme erforderlich. Bei derartigen Mittelrinnen empfiehlt es sich dann außerdem, eine Rinnenheizung zum Einbau zu bringen, um Rückstaudurchfeuchtungen zu vermeiden.

Im gleichen (Bild 352/3) Detail ist eine Ortgangausbildung dargestellt und eine Entlüftungsmöglichkeit über einen Dachanschluß an einem Pultfirstdach und unter einer Fenstersimsabdeckung. Hier müssen mit zusätzlichen Blechen entsprechende Maßnahmen getroffen werden. Im übrigen wird sonst auf die physikalische Funktion wie beim Wellasbestdach und beim Ziegeldach verwiesen.

8.9.4. Bitumen-Dachschindeln

Neben Schieferplatten werden in den letzten Jahren mehr und mehr auch Bitumen-Dachschindeln in Deutschland zum Einsatz gebracht, die in Amerika ein breites Anwendungsgebiet haben.

Bitumen-Dachschindeln bestehen aus Bitumen-Dachbahnen mit einer Wollfilzpappen-Einlage, einer Imprägnierung und Deckbelegung aus Spezial-Hartbitumen (standfestem Bitumen) und einer Kunststein-Beschichtung aus schuppenförmigen gefärbten und gebrannten Granulaten. Die Stärken werden je nach Lieferwerk zwischen 3,5 und 4,5 mm angegeben.

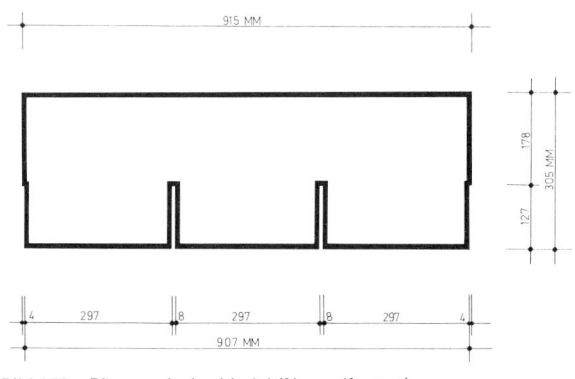

Bild 353 Bitumendachschindel (Normalformat)

8. Das zweischalige Dach (Kaltdach)

Neben Bitumen-Dachschindeln mit organischen Wollfilz-Einlagen werden neuerdings auch die gleichen Bitumen-Dachschindeln angeboten mit anorganischer Glasvlies-Einlage mit standfestem, gefülltem Heißbitumen hergestellt und oberseitiger Mineralsplitt-Bestreuung.

Die Abmessungen der Platten werden nach Bild 353 allgemein etwa mit 915 mm Länge und 315 mm Breite angegeben. In der Länge sind zwei Schlitze angeordnet, so daß ca. 30 cm lange Schindelformate entstehen. Die Schlitzhöhe beträgt 127 mm, die Schlitzbreite ca. 8–9,5 mm je nach Lieferfirma. Pro m^2 werden ca. 8,6 Stück Platten benötigt.

8.9.4.1 Mindest-Dachneigungen

In Tabelle 345 (siehe unter Schieferdeckungen) sind Dachneigungen angeführt. Hier ist es jedoch sinnvoll, einige Differenzierungen hierzu zu machen:

1. Für Dachneigungen unter 10° sind Bitumen-Dachschindeln grundsätzlich nicht geeignet.
2. Dächer von 10–18° Neigung müssen eine zusätzliche Unterlagsbahn erhalten z. B. aus einer 500er Bitumenpappe und diese am zweckmäßigsten in englischer Deckung gemäß Bild 354 genagelt und zusätzlich geklebt oder bei sehr knapper Neigung eine leichte Lage Bitumenpappe genagelt und hierauf eine standfeste Bitumen-Dachbahn mit standfestem Heißbitumen vollsatt aufgeklebt.

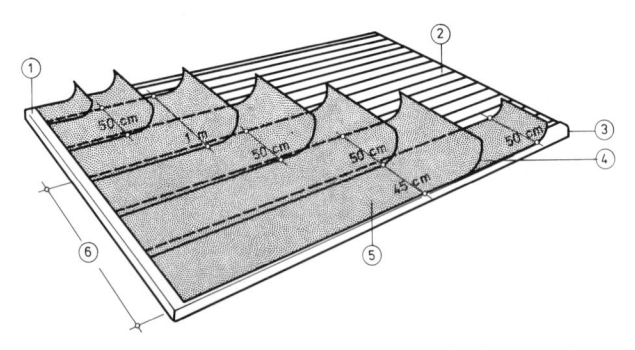

Bild 354 Unterlagspappe in englischer Deckung für Dachneigungen von 10° bis unter 18°. 1 Blechtropfkante wird am Ort über der Unterlagspappe befestigt, 2 Vollschalung, 3 Traufblech unmittelbar auf Schalung, 4 Ansetzerbahn mit Heiß- oder Kaltkleber verstreichen, 5 erste und folgende Unterlagsbahnen 1 m breit und 50 cm überdeckt, 6 die Unterlagsbahnen sind bis zu einer Höhe zu verkleben, die 60 cm von der Innenkante des Mauerwerks entfernt ist

3. Für Dächer über 30° ist eine Vordeckung mit nackten Bitumenpappen oder dgl. nicht erforderlich, wenngleich sie auch hier noch anzuraten ist. Hier reicht jedoch in jedem Falle eine einlagige Unterlagspappe aus mit Überdeckung genagelt und verklebt. Eine englische Deckung ist hier also nicht erforderlich. Die Überdeckung der einzelnen Bahnen soll mindestens 8 cm in der Höhe und 12 cm in der Breite betragen.

8.9.4.2 Verlegung

Die Unterlage für die Aufbringung der Unterdachbahnen und der Bitumen-Dachschindeln kann aus einer Holzschalung ohne durchfallende Äste oder aus kochfest verleimten Holzspanplatten bestehen.

Die Schindelverlegung erfolgt als doppelte Deckung im Verband. Je nach Wunsch können die Fugen um die Hälfte oder um ein Drittel eines Schindelteiles versetzt aufgebracht werden. Es ist in jedem Falle darauf zu achten, daß die Fugen von zwei aufeinanderfolgenden Schindelreihen nicht übereinander zu liegen kommen.

In Bild 355 ist die Verlegung direkt auf Holzschalung ohne Unterlagspappe zu erkennen. Die Holzschalung muß parallel zu den Schindeln liegen und nicht senkrecht, wie dies aus diesem Bild entnommen werden kann (richtige und falsche Verlegung).

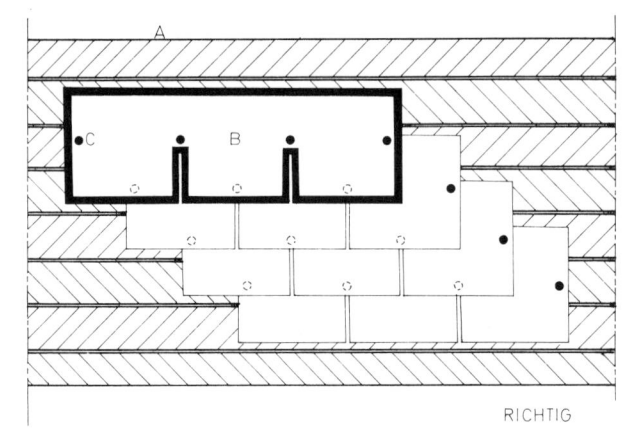

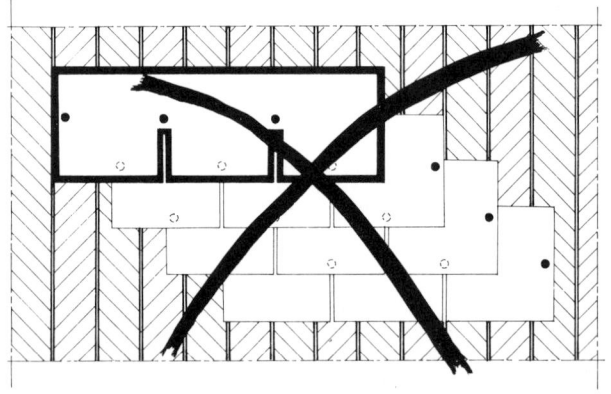

Bild 355 Schindelverlegung richtig und falsch. A Schalung, B Schindeln, C Nagelung

Zur Befestigung jeder Schindelplatte sind 4–6 verzinkte Dachpappenstifte mit breitem, flachem Kopf, mindestens 25-mm lang zu verwenden. Bei Verlegung auf alten Schindel- oder Dachpappen-Lagen sollen die Stifte gegebenenfalls länger sein. Sie müssen mindestens ca. 19 mm in die Dachschalung senkrecht eingeschlagen werden. Schräge Nagelung beschädigt die nächste

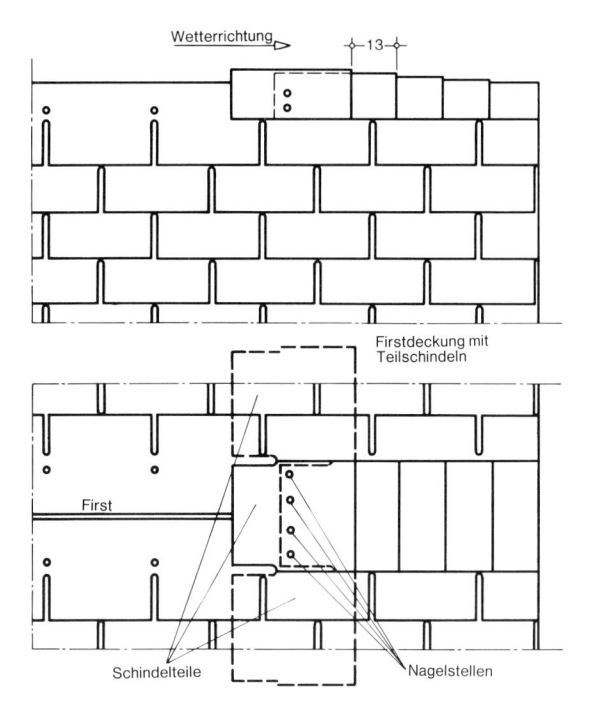

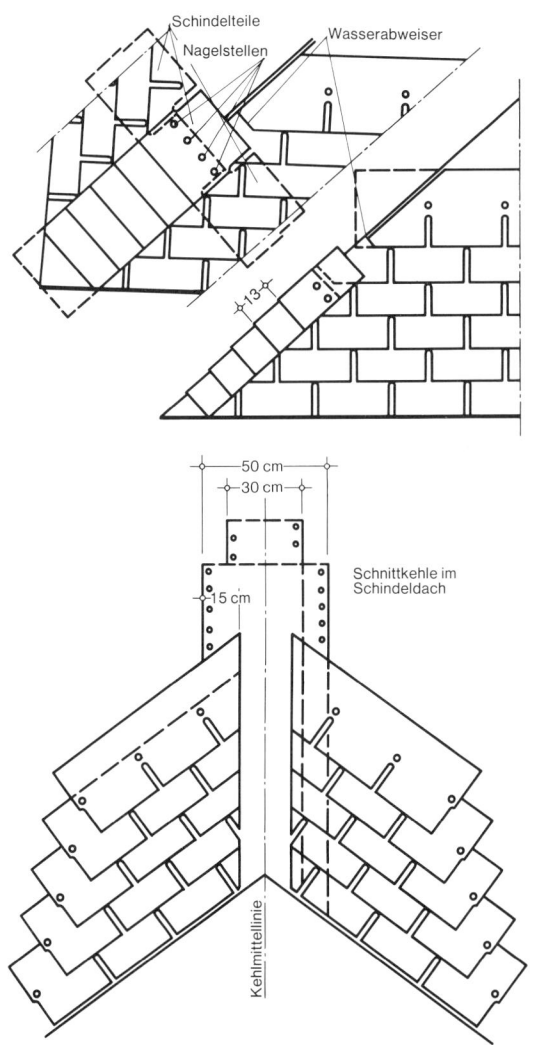

8.9 Leichte Zweischalendächer mit Dachdeckungen

überdeckte Platte. Die Nägel werden etwa 15 mm oberhalb jedes Schlitzes und in gleicher Höhe 25 mm von jedem Plattenende eingeschlagen, wie dies aus Bild 355 entnommen werden kann. Die Nägel werden durch die nächsthöhere Schindelplatte überdeckt. In sturmreichen Gegenden empfiehlt es sich, statt 4 Nägeln 6 Nägel zu verwenden. Hier wird jeweils auf die Empfehlung der Lieferfirma verwiesen.

Die Verlegung des Firstes nach Bild 356 erfolgt hier entgegen der Wetterrichtung. Es werden Teilschindeln verwendet, die nach beiden Seiten gleichmäßig abgebogen und mit 4 Dachpappstiften genagelt werden. Die nächste Teilschindel überdeckt die erste dann um ca. 17,5 cm, damit auch die Nagelstellen wieder überdeckt werden.

Die Deckung des Grates wird in ähnlicher Weise durchgeführt, wobei hier dann die Gratecken parallel zur Gratlinie abgeschnitten werden.

Kehlen können entweder als Schnittkehlen mit Unterbahnen hergestellt werden oder als eingebundene Kehlen, wobei jedoch hier bei den eingebundenen Kehlen in jedem Falle auch eine Unterdachschutzbahn erforderlich ist, bestehend aus einer Glasvliesbahn Nr. 5 oder einer standfesten Bitumen-Dachbahn.

In Bild 356 ist die Firsteindeckung in Grundriß und Ansicht dargestellt, desgleichen eine Gratabdeckung und eine Kehldeckung [51]. In Bild 357 kann die gute Wirkung eines derartigen Bitumen-Dachschindeldaches abgelesen werden [52].

Bild 356 Detailausbildungen

Bild 357 Gratausbildung Bitumenschindeldach

Bezüglich der bauphysikalischen Erfordernisse ergeben sich hier die gleichen Voraussetzungen wie bei wasser- und dampfdichten Abdeckungen beim Kaltdach. Es muß also in jedem Falle eine wirkungsvolle Unterlüftung hergestellt werden mit Belüftung im Traufbereich und Entlüftung im Firstbereich. Die Belüftung im Traufbereich ist bei Ziegeldächern und Schieferdächern usw. ausreichend beschrieben.

Im Firstbereich empfehlen sich durchgehende Firstentlüftungen wie in Bild 358 dargestellt oder gegebenen-

8. Das zweischalige Dach (Kaltdach)

Bild 358   Schlitz- oder Einzellüfter [52]

8.9.5. Metall-Dachdeckungen

Innerhalb der Bedachungsstoffe nehmen Metall-Bedachungen einen großen Marktanteil ein, der von Jahr zu Jahr steigt. Es ist im Rahmen dieses Buches unmöglich, alle material- und arbeitstechnischen Gesichtspunkte abzuhandeln. Hier wird auf das vorliegende Schrifttum verwiesen, das in ausreichender Zahl und in sehr guter Aufmachung und Qualität vorliegt.

8.9.5.0 Stoffe für Metall-Bedachungen

Grundsätzlich ist zu unterscheiden zwischen Stahl- und Nichteisen-Metallen:

a) Stahl muß gegen Korrosion geschützt werden.
b) Nichteisen-Metalle benötigen nur dort einen Korrosionsschutz, wo starke chemische Einwirkungen auftreten.

8.9.5.1 Zinkbleche und Zinkbänder

Für Dacheindeckungen wird normalerweise Bandmaterial aus legiertem Zink nach DIN 17770, z. B. Zink-Titan, in der Breite von 60 cm verwendet. Zink-Titan hat gegenüber Normalzink eine wesentlich höhere Dauerstandfestigkeit, Formbeständigkeit und geringere Wärmeausdehnung. Außerdem ist das legierte Zink temperaturunempfindlich und kennt daher keine Kaltsprödigkeit, wie dies bei Normalzink der Fall ist. Zink-Titan ist also stets gut falzbar. Beim Löten rekristallisiert

falls auch Einzelentlüfter oder bei Giebeldächern Zusatzentlüftungen über die Giebelseiten.
Diese Hinweise mögen ausreichen, um diese architektonisch ansprechende und sehr leichte Bedachungsmöglichkeit (10 kg/m² ohne Schalung) für verschiedene Einsatzbereiche in Empfehlung zu bringen.

Zinkblech-Nummer	früher mm	zu wählende Blechdicke (nach DIN 9721) mm
10	0,50	0,50
11	0,58	0,60
12	0,66	0,65
13	0,74	0,75
14	0,82	0,80

Bild-Tabelle 359   Legiertes Zink und Walzzink – Eigenschaften

Bezeichnung	Zustand	0,2-Grenze kp/mm² mind.		Zugfestigkeit kp/mm² mind.		Bruchdehnung % mind.		Zeitdehnung 1%/Jahr mind.		Brinell-Härte kp/mm² mind.	Biegeradius Faltprobe mm		Wärmedehnung mm/m°C	
		$\parallel$	$\perp$	$\parallel$	$\perp$	$\parallel$	$\perp$	$\parallel$	$\perp$		$\parallel$	$\perp$	$\parallel$	$\perp$
Legiertes Zink	bandgewalzt	8	10	16	22	35	20	4	6	40	0	0	0,023	0,019
	paketgewalzt	10	12	18	22	25	16	3	4	40	0	0		
Walzzink	bandgewalzt			16	22	30	20			40	1,5	l	0,033	0,023
	paketgewalzt			15	22	25	15			40	1,5	l		

$\parallel$ längs zur Walzrichtung; $\perp$ quer zur Walzrichtung.

es noch nicht zu Grobkorn und behält sein feinkörniges Gefüge.
Aus Tabelle 359 können die wesentlichsten Daten von legiertem Zink (Titan-Zink) und Walzzink abgelesen werden.
Tafelzink darf quer zur Walzrichtung ohne Bedenken abgekantet werden, beim Abkanten parallel zur Walzrichtung ist besonders Sorgfalt geboten. Tafelzink ist liegend zu lagern.
Zinkband kann infolge seines Gefüges parallel zur Walzrichtung und quer zur Walzrichtung abgekantet werden und ist gut falzbar.
Die mittlere Wärmedehnzahl bei Normalzink liegt bei 0,029 mm und die von Titan-Zink bei 0,021. Dies kann zusammenschauend aus Tabelle 360 abgelesen werden. Danach ergibt sich bei 100° Temperaturdifferenz (was bei Dächern durchaus möglich ist), daß auf 10 m Länge Normalzink 29 mm Längenänderungen durchgemacht werden, während Titan-Zink 21 mm Längenänderungen erleidet. Diesem hohen Ausdehnungskoeffizienten muß bei der Konstruktion Rechnung getragen werden.
Lötnähte von Zinkteilen müssen 20–25 mm übereinandergreifen und wasserdicht verlötet werden. Es empfiehlt sich jedoch, möglichst keine Lötnähte zu verwenden, sondern grundsätzlich das Doppelfalzsystem anzuwenden, um den thermischen Bewegungen Raum zu geben.

8.9.5.1.1 Trennschichten zwischen Zink und anderen Stoffen

1. Zink – Holz

Hier empfehlen sich Bitumen-Dachpappen, Teer-Sonderdachpappen, Glasvlies-Bitumenbahnen, alterungsbeständige Kunststoffbahnen.

2. Zink – Beton

Hier empfehlen sich Bitumen-Dachpappen, Glasvlies-Bitumenbahnen Teer-Sonderdachpappen, mechanische und alterungsbeständige Kunststoffbahnen.

3. Zink – Stahl

Hier eignen sich als Trennschichten Stahl verzinkt oder mit Kunststoff beschichtet, Bitumen-Anstriche oder dgl.

4. Zink – Aluminium

Zwischen diesen beiden Baustoffen ist keine Trennschicht erforderlich (s. nachfolgende Erläuterungen Kontaktkorrosion, Tabelle 361).

5. Zink – Kupfer

Zwischen Zink und Kupfer ist ein besonders gut deckender Bitumen-Deckanstrich erforderlich, Niete und Schrauben mit Lack (Bitumen, DD-Lack) oder mit Gummi- oder Kunststoffhülsen mit isolierenden Unterlagsscheiben schützen, Kupfer verzinnen. Auch bei allen anderen Metallen, deren Spannungsreihe von der des Zinns weit abweicht, sind Bitumenmassen einzubringen.

6. Zink – Asbestzement

Hier sind keine Trennschichten erforderlich.
Wasser, das mit Kupferteilen in Berührung gekommen ist, darf keinesfalls in oder über ungeschützte Zinkteile geleitet werden.

Bild-Tabelle 360 Linearer thermischer Ausdehnungskoeffizient α_t zwischen 20 und 100 °C für verschiedene Materialien

Material	Ausdehnungs-koeffizient grd^{-1}	Material	Ausdehnungs-koeffizient grd^{-1}
Aluminium	0,000024	Edelstahl	0,000016
Baustahl	0,000012	Quarzglas	0,0000005
Blei	0,000029	Silber	0,000020
Bronze	0,000018	Titanzink	0,000021
Gußeisen	0,0000104	Zink	0,000029
Kupfer	0,000017	Zementbeton	0,000012
Messing	0,000019	Zinn	0,000023
Nickel	0,000013	Ziegelmauerwerk	0,000005

Bild-Tabelle 361 Elektrochemische Spannungsreihe von Metallen. Potentiale gegen die Wasserstoffelektrode in einmolarer Konzentration

Metall	Ion	Potential V	Metall	Ion	Potential V
Lithium	Li$^+$	−3,02	Nickel	Ni^{2+}	−0,25
Kalium	K$^+$	−2,92	Zinn	Sn^{2+}	−0,136
Natrium	Na$^+$	−2,71	Blei	Pb^{2+}	−0,126
Magnesium	Mg^{2+}	−2,34	Wasserstoff	H$^+$	0
Aluminium	Al^{3+}	−1,69	Kupfer	Cu$^+$	+0,345
Zink	Zn^{2+}	−0,76	Quecksilber	(Hg$_2$)$^{2+}$	+0,80
Chrom	Cr^{2+}	−0,71	Silber	Ag$^+$	+0,80
Eisen	Fe^{2+}	−0,45	Platin	Pt^{2+}	+1,20
Kadmium	Cd^{2+}	−0,40	Gold	Au^{3+}	+1,42
			Sauerstoff	OH$^−$	+0,41

8.9.5.2 Kupfer

Kupfer wird gewonnen aus Stein mit eingewachsenen Kupfermineralien. Der Kupfergehalt ist unterschiedlich und liegt zwischen 2 und 8%. Am Ende der Kupfergewinnung aus Erz steht die Herstellung von Kupferanoden, die elektrolytisch zu Kathoden-Kupfer raffiniert werden. Das Endprodukt ist ein hochgradig reines und entsprechend der Weiterverarbeitung sauerstofffreies Kupfer. Das zu Formaten wie Barren und Blöcken gegossene raffinierte Kupfer ist das Ausgangsmaterial für die Weiterverarbeitung in den Halbzeugwerken und hier auch für Kupferbleche.

Im wesentlichen erfolgt die Deckung mit Kupfer bei uns als Tafeldach oder Banddach, seltener als Leistendach oder als kostensparendes Klebedach (Spardach).

Das Tafeldach besteht aus Tafeln, die mit Längs- und Querfälzen verbunden und mit Haften befestigt sind. Die handelsüblichen Kupferbleche von 100/200 cm lassen sich verlustlos in Decktafeln von 100/50 cm oder 66,6/100 cm aufteilen.

Bei den Banddächern werden Kupferbahnen von Traufe zu First verlegt. Im allgemeinen werden Bahnenbreiten von 50, 66 oder 80 cm bevorzugt. Je schmaler die Bänder, je geringer die Temperaturbewegung des Bleches und je größer die Sturmfestigkeit.

Die mechanischen Eigenschaften des Kupfers können aus Tafel 362 im Vergleich zu den anderen Metallarten abgelesen werden. Die Wärmedehnzahl bei Kupfer beträgt gemäß Tabelle 360 0,017 mm/m°C, also ein relativ niedriger Wert für eine Metall-Bedachung. Bei 100° Temperaturdifferenz ergibt dies also Längenänderungen auf 10 m Länge von 17 mm. Selbstverständlich muß auch dieser Wert bei der Konstruktion berücksichtigt werden, wenn Schäden durch Temperaturspannungen vermieden werden sollen.

Die Kupferstärke wird normalerweise mit 0,6 oder 0,7 mm gewählt. Teilweise werden heute auch Dünnblech-Kupfer-Bedachungen empfohlen mit 0,3 mm, die als sogenannte Klebedächer verwendet werden. Hier ist es jedoch angezeigt, nur Fachfirmen mit größerer Erfahrung zu betreuen, da sonst unliebsame Erfahrungen wegen der thermischen Bewegungen entstehen können (Aufwölbungen). Auch müssen hier die Bahnen relativ kurz gehalten werden, um die Längenänderungen klein zu halten.

Nähte von Kupferteilen werden 25–30 mm überlappt und genietet (Kupferniete) oder auch hier besser gefalzt. Weichlöten ist im allgemeinen nicht erforderlich.

8.9.5.2.1 Trennschichten zwischen Kupfer und anderen Stoffen

1. Kupfer – Holz

Bitumen-Dachpappen, Teer-Sonderdachpappen, Glasvlies-Bitumenbahnen, alterungsbeständige Kunststoffbahnen.

2. Kupfer – Beton

Bitumen-Dachpappen, Glasvlies-Bitumenbahnen, Teer-Sonderdachpappen, zweifacher Bitumenanstrich, alterungsbeständige Kunststoffbahnen.

3. Kupfer – Stahl

Bleimennige-Kitt mit Bleimennige-Voranstrich, Bitumenanstrich, Stahl mit Kunststoff-Beschichtung.

4. Kupfer – Aluminium

Dicker Bitumenanstrich, Niete und Schrauben mit Lack (Bitumen-DD-Lack) oder mit Gummi- oder Kunststoffhülsen mit isolierenden Unterlagsscheiben schützen.

5. Kupfer – Zink

Dicker Bitumenanstrich, Niete und Schrauben mit Lack (Bitumen-DD-Lack) oder mit Gummi- oder Kunststoffhülsen mit isolierenden Unterlagsscheiben schützen, Kupfer verzinnen.

6. Kupfer – weitere Metalle

Volldeckende Bitumenmassen-Anstriche.

Die alten, für Kupfer noch immer gebräuchlichen Bezeichnungen weich, halbhart usw. wurden in den Deutschen Normen inzwischen durch die Kurzzeichen F20, F25 usw. ersetzt. Dies kann aus Tabelle 363 entnommen

Bild-Tabelle 362 Eigenschaften von Kupfer, Zink, Aluminium, Blei und Stahl

Werkstoff	Festigkeits-Kurzbezeichnung	Zugfestigkeit σ_B kp/mm²	Bruchdehnung δ_5 (Zink δ_{10}) %	Spez. Gewicht g/cm³	Schmelzpunkt °C	Längenänderung bei Erwärmung um 100°C mm/m
Kupfer	F 20 (weich)	20 bis 25	mind. 42	8,93	1 083	1,7
	F 25 (halbhart)	25 bis 30	mind. 15			
Zink, paketgewalzt		mind. 10 bis 20	14 bis 28	7,2	419	2,0
Aluminium 99,5	F 7 (weich)	7 bis 9	mind. 35	2,7	658	2,4
	F 10 (halbhart)	10 bis 12	mind. 6			
Blei		1,35	31	11,3	327	2,9
Stahl (St 37)		37 bis 45	25	7,5	1 500	1,2

8.9 Leichte Zweischalendächer mit Dachdeckungen

Bild-Tabelle 363 Festigkeitszustand

alte Bezeichnung	Bezeichnung nach DIN 17670 Bl. 1	Zugfestigkeit σ_B kp/mm²
weich	F 20	20 bis 25
¼ hart	F 22	22 bis 26
½ hart	F 25	25 bis 31
hart	F 30	30 bis 37
federhart	F 37	≥ 37

Bild-Tabelle 365 Bestellbeispiele

Bestellbeispiel Blech nach DIN 1751
 1 000 kg Blech (oder Bl) 0,7 > 1 000 > 2000
 DIN 1 751-SF-Cu F 25

Bestellbeispiel Band nach DIN 1791
 1 000 kg Band (oder Bd) 0,6 > 600
 DIN 1791-SF-Cu F 20

Bild-Tabelle 364 Richtwerte für die Wahl von Kupferhalbzeug

Konstruktionsteil Bezeichnung	Ausführung bzw. Einzelteil	Lieferform	Kurzzeichen für Festigkeitszustand	Lieferbare Abmessungen in mm
Dachhaut	Stehfalz- und Leistendeckung	Kupferblech	F 20 bis F 25	0,5 bis 1,0 × 1 000 × 2 000 Vorzugsdicken 0,6 und 0,7
		Kupferband	F 20 bis F 25	0,1 bis 1,0; bis 1 000 breit Vorzugsdicken 0,6 und 0,7
	Klebestehfalzdeckung	Kupferband	F 20	0,3 und 0,4; 600 breit

werden. Diese Kurzzeichen geben den Mindestwert der Zugfestigkeit des Werkstoffes an. Beispielsweise hat Kupfer im Festigkeitszustand F22 (viertelhart) eine Zugfestigkeit von mindestens 22 kp/mm². In der Spalte 3, Tabelle 363, sind die Zugfestigkeiten für Bleche und Bänder nach DIN 17670, Blatt 1, angegeben.

Aufgrund von Erfahrungen lassen sich für bestimmte Konstruktionsteile Richtwerte für die Wahl von Kupferhalbzeug aufstellen. Diese sind in Tabelle 364 angeführt. Die Tabelle enthält auch Angaben für die Klebe-Stehfalzdeckung. Bänder in Dicken von 0,3 oder 0,4 mm werden bei diesem Verfahren wie vorgenannt nach den Regeln der Falztechnik verlegt, erhalten jedoch eine zusätzliche Klebung. Hierdurch liegen die Bänder schwingungsfrei auf und sind gegen Windsog zusätzlich geschützt. Der Hersteller (Tecuta) liefert eine spezielle Klebemasse hierzu und gibt, wie angeführt, eigene Verlegeanweisungen.

In Tabelle 365 sind Bestellbeispiele für Kupferblech und Kupferband angeführt, wie sie den DIN-Forderungen entsprechen.

8.9.5.3 Aluminium

Der wegen seines hohen Aluminiumgehaltes als Rohstoff (Erz) allgemein bevorzugte Bauxit wird aus dem Ausland bezogen und nach einem chemischen Verfahren zu Aluminiumoxyd aufgearbeitet. Daraus wird in den Aluminiumhütten metallisches Aluminium erschmolzen. Das diesen Öfen entnommene Metall, Reinaluminium von in Deutschland meist 99,5 % Reinheitsgrad und darüber, wird z. T. zunächst in Rohmasseln gegossen, die später in die zur jeweiligen Weiterverarbeitung zweckmäßigsten Formate umgegossen werden. Nach Bedarf werden dem Reinaluminium Legierungsmetalle wie Silizium, Magnesium, Kupfer, Mangan, Zink usw. häufig mit Hilfe sogenannter Vorlegierungen, zur Herstellung von Aluminium-Legierungen zugesetzt.

Aluminium nach DIN 1712 und 1725 hat in Deutschland nach dem zweiten Weltkrieg eine unerhört breite Anwendung im Flachdachbau gefunden. Es besitzt große Beständigkeit gegen Einflüsse aus der Atmosphäre und kann deshalb auch in bestimmten Industriezentren mit Vorteil zur Anwendung kommen, wo mit Rauchgas-Bestandteilen aus Ammoniak, Kohlen-Schwefeldioxyd gerechnet werden muß. Es bildet sich oberflächig eine Oxydhaut, die das Aluminium vor Korrosion schützt.

Überall dort, wo eine Einfärbung oder künstliche Oxydation herbeigeführt werden muß, ist eine Oberflächenbehandlung nach dem Bonder-Alodine- oder MBV-Verfahren möglich. In den ersten beiden Fällen zeigt das Aluminium-Dach meist grünlich-graue Tönungen, bei der MBV-Behandlung dagegen ergibt sich eine hell- bis dunkelgraue Farbe. In jedem Falle ist jedoch durch eine derartige Oberflächenbehandlung eine zusätzliche Schutzschicht gegeben.

Aluminium kann dort nicht zur Anwendung kommen, wo Säuren und Basen auftreten, so nicht in der Nähe von Kalk- und Zementfabriken, Industriebetrieben mit aggressiven Abgasen mit höherer Konzentration.

Bestechend bei Aluminium ist das leichte Gewicht des Aluminium-Daches neben dem starken Wärmerückstrahlvermögen (blank 80 %, matt ca. 60 %). Ausschlaggebend für dieses Material ist sehr häufig der wirtschaftliche Vorteil.

Für Dachdeckungen dürfen nur kupferfreie Aluminium-Werkstoffe verwendet werden, d. h. solche, deren Kupfergehalt höchstens 0,05 % beträgt. In der Regel kommen in Frage:

AlMn = Aluminium-Mangan, halbhart bis weich, »Falzqualität«, in Form von Blechen 100/200 cm und in Form von Bändern 0,6 m breit auf Rollen ca. 30 m lang nach DIN 1725, Blatt 1. Die Dicke beträgt 0,6–0,8 mm.

Al 99,5 = Reinaluminium, halbhart, »Falzqualität«, in Form von Blechen und Bändern nach DIN 1712, Blatt 3.

AlMgSi 1 = Aluminium-Magnesium-Silizium nur für größere, freitragende Platten, Rohrschellen, Nägel usw. nach DIN 1725 mit ebenfalls höchstens 0,05% Kupfergehalt.

Für Regenrinnen und Fallrohre wird meist AlMn verwendet.

Für das Aluminium-Klebedach wird AlMn oder Al 99,5 verwendet in einer Dicke von 0,1–0,5 mm je nach Aufgabenstellung, die mit einer teerfreien Bitumen-Klebemasse auf die Betondecke bzw. Holzschalung nach vorheriger Aufklebung einer talkumierten 500er Bitumenpappe aufgeklebt wird.

Das Alcuta-Doppelfalzdach hat mindestens 0,5 mm Stärke. Die Bänder haben einen vorgefertigten Falz, die mittels Spezial-Klebemasse neben der üblichen Haftbefestigung zusätzlich verklebt werden.

Das Alcufol-Klebedach wird aus geriffelten Aluminiumbändern von 0,2 mm Dicke hergestellt, ein- oder zweiseitig bituminiert und wie eine Dachbahn verlegt.

Die Wärmedehnzahl von Aluminium beträgt gemäß Tabelle 360 0,024 mm/m°C, d. h. bei 10 m langen Aluminiumstücken 24 mm. Es ist also ein sehr hoher Ausdehnungskoeffizient gegeben, der bei der Dachgestaltung berücksichtigt werden muß.

Verbindungen von Nähten sind am zweckmäßigsten durch Falz herzustellen oder bei kleinen Dachflächen versetzte Nietreihen aus kupferfreiem Aluminium mit einer Zwischenlage aus Ölpapier, Zinkweiß oder Dichtungspasten, desgl. durch autogenes Schweißen oder Schweißen nach Wig-Verfahren oder durch Löten mit Aluminium-Hartlot.

8.9.5.3.1 Trennschichten zwischen Aluminium und anderen Stoffen

1. Aluminium – Holz

Bitumen-Dachpappen, Glasvlies-Bitumenbahnen, alterungsbeständige Kunststoffbahnen.

2. Aluminium – Beton

Bitumen-Dachpappen, Glasvlies-Bitumenbahnen, alterungsbeständige Kunststoffbahnen.

3. Aluminium – Zink

Keine Trennschicht erforderlich.

4. Aluminium – Kupfer

Dicker, absolut deckender Bitumenanstrich, Niete und Schrauben mit Lack (Bitumen-DD-Lack) oder mit Gummi- oder Kunststoffhülsen mit isolierenden Unterlagsscheiben schützen, Kupfer verzinnen. Am besten ist jedoch, Aluminium und Kupfer überhaupt nicht in Zusammenhang zu bringen. Wasser darf nicht von Kupfer auf Aluminium ablaufen! S.o.

5. Aluminium – andere Metalle, Stahl

Ausreichend Bitumenmassen, verzinken, Schutzanstrich, Kunststoffbeilage.

6. Aluminium – Asbestzement

Keine Trennschicht erforderlich.

Wasser, das mit Kupferteilen in Berührung gekommen ist, darf keinesfalls in oder über ungeschützte Aluminiumteile geleitet werden. Kupferblech-Verwahrungen bei Flachdächern dürfen nicht auf Aluminium-Fenstersimsen abtropfen, da sonst Schäden zu erwarten sind.

8.9.5.4 Bleibleche

Bleche aus Blei, früher Walzblei, sind seit Januar 1970 genormt. Es gilt die DIN 59610. Bei der Bestellung kann man zwei Werkstoffarten angeben:

Kb-Pb (Kupferblei nach DIN 17640)
Pb 99,9 (Hüttenblei) nach DIN 1719

Aufgrund von Erfahrungen empfiehlt es sich, im Bauwesen die Bleilegierung Kb-Pb einzusetzen. Dieses Material hat einen Kupfergehalt von 0,03–0,05%.

Das Bleiblech auf Basis Blei-Kupferlegierung erhält durch den Kupferzusatz eine erhebliche Kornverfeinerung und Gefügebeständigkeit. Hierdurch werden die mechanischen Eigenschaften der Bleche wesentlich verbessert, ebenso der Korrosionswiderstand. Die Dauerschwingfestigkeit und Biegefestigkeit werden durch die Kornverfeinerung erhöht, aber auch die Zugfestigkeit und Zeit-Standfestigkeit werden günstig beeinflußt. Die Gefahr der bisher immer wieder festgestellten interkristallinen Brüche wird wesentlich vermindert. Die geringe Zugfestigkeit und der hohe Ausdehnungskoeffizient (0,029) erfordern bestimmte Verhaltensweisen beim Einsatz von Bleiblech. Man muß als Grundprinzip beachten, daß die Größe der einzelnen Stücke sich in bestimmten Grenzen hält und daß die Verbindungen und Befestigungen so ausgedacht sein müssen, daß an den Kanten genügend Spielraum für die Wärmebewegung vorhanden ist. Es besteht dann keine Gefahr von Zerrungen, Knickungen oder Rissen, wie sie sonst bei Blei, das dauernd auf Ermüdung beansprucht wird, auftreten können.

Wenn Blei frisch zugeschnitten ist und der Luft ausgesetzt wird, bildet sich zunächst ein Oberflächenfilm aus Oxyd, und dann durch Reaktion mit atmosphärischem Kohlendioxyd eine Patina aus Blei-Carbonat. Dieser Edelrost ist stark haftend und in normaler Luftfeuchtigkeit unlöslich. Der Edelrost auf Blei, das Industrieatmosphären ausgesetzt ist, kann sowohl Sulfat als auch Carbonat enthalten. Seine Schutzeigenschaften werden dadurch jedoch nicht beeinträchtigt. Im Gegensatz zu Kupfer schadet das über Blei ablaufende Regenwasser anderen Metallen nicht, da der Edelrost sehr schwer löslich ist. Die technischen Daten sind in Tab. 366 angegeben (Vergleich mit anderen Metallen).

Es ist oft erforderlich, Bleibleche in Berührung mit anderen Metallen zu verwenden. Nach den allgemein ge-

8.9 Leichte Zweischalendächer mit Dachdeckungen

Bild-Tabelle 366 Bleiblockdaten (Bleiberatung Düsseldorf)
Ausgabe Juni 1968

	Bleiblech Legierungsbestandteil Sb %							Aluminiumblech			Kupferblech			Zinkblech
								Al 99,5 weich	Al 99,5 hart	AlMg Si 1 weich	weich CuF 20	halb-hart CuF25	hart CuF 30	Zn 99,5 Zn 99,0
	0	1	2	4	6	8	10							
Zugfestigkeit σ_b kp/mm²	1,22	2,04	2,24	2,17	2,31	2,33	2,60	7	10	15	20–25	25–30	30–37	18–22
Dehnung δ %	110	58	56	58	65	75	64	30	5	15	35	8	5	>14
Härte HB kp/mm²	4	5,1	6,5	8,9	10,7	12,4	13,7	20	30	35	40–65	65–90	85–105	30–50
Wichte γ kp/dm³	11,34	11,26	11,18	11,03	10,88	10,74	10,59		2,7			8,94		7,18
Schmelzpunkt °C				327,4					658			1,083		419,5
Thermische Ausdehnung (20–100 °C) mm/m · grad				0,029					0,024			0,017		0,029
Elastizitätsmodul E pk/mm²				1600					7000			12500		10000
Gleitmodul G kp/mm²				590					2700			4500		3200

machten Erfahrungen kann Blei normalerweise in engem Kontakt mit einem anderen Material z. B. Kupfer, Zink, Eisen und Aluminium benutzt werden, ohne daß dadurch eine elektrolytische Zersetzung angeregt wird, wie nachfolgend dargestellt. In der Seeluft und in einigen Industrieatmosphären sind Vorsichtsmaßnahmen an Anschlußstellen von Blei und Aluminium erforderlich, um einer Beschleunigung des Angriffes auf das Aluminium vorzubeugen.

Blei hat eine hohe Wärmeleitzahl. Bei 10 m Länge wären bei 100° Temperatureinfluß 29 mm zu erwarten.

8.9.5.4.1 Trennschichten zwischen Blei und anderen Stoffen

1. Blei – Holz

Keine Trennschicht erforderlich.

2. Blei – Beton

Bitumen-Dachpappen, Glasvlies-Bitumenbahnen, Kunststoffbahnen, zweifacher Bitumenanstrich.

3. Blei – Stahl

Keine Trennschicht erforderlich.

4. Blei – Aluminium

Bitumen-Dachpappen, Glasvlies-Bitumenbahnen, Kunststoffbahnen.

5. Blei – Zink

Keine Trennschicht erforderlich.

6. Blei – andere Metalle

Bitumenmassen.

7. Blei – Asbestzement

Keine Trennschicht erforderlich.

Walzblei muß weich, leicht hämmerbar und von gleichmäßiger Dicke sein. Walzblei von 1 mm Dicke muß die handelsübliche Masse (früher Gewicht) von 11,34 kg/m² mit fabrikationsüblichen Toleranzen haben. Walzblei anderer Dicke muß verhältnisgleiche Massen haben. Üblicherweise werden 1–2 mm für Dachdeckungen benutzt.

8.9.5.5 Beschichtete Stahlbleche

Unter beschichteten Stahlblechen versteht man vor allen Dingen feuerverzinkte Stahlbleche und in neuerer Zeit verzinkte Stahlbleche mit Kunststoff-Beschichtungen oder dgl.

Die Verzinkung schützt infolge ihrer Stellung innerhalb der Spannungsreihe Tabelle 316 den Stahl ausgezeichnet gegen Korrosion und ist so als ideales Rostschutzmittel zu betrachten. In gewissen Grenzgebieten (z. B. bei der Drahtverzinkung) läßt sich sowohl das feuerflüssige als auch das elektrolytische Verzinkungsverfahren anwenden.

Das elektrolytische Verzinkungsverfahren (nur ca. 40 g/m² beidseitig Zinkauflage) bietet infolge der Duktilität, Dichte, Haftfestigkeit und Gleichmäßigkeit des Auftrages einen ausgezeichneten Korrosionsschutz. Bei Blechen, wie sie für das Dach verwendet werden, ist jedoch das elektrolytische Verfahren nicht anwendbar. Für derartige starke Bleche wird das Feuerverzinkungsverfahren angewandt.

Im Gegensatz zu der herkömmlichen Feuerverzinkung nach dem Tauchverfahren wird primär und in zunehmendem Maße die kontinuierliche Bandverzinkung angewandt, das sogen. Sendzimir-Verfahren (s. auch unter Trapezblechen). Das Sendzimir-Verfahren ist gekennzeichnet durch die thermische Vorbereitung des kaltgewalzten Bandmateriales und das nachfolgende Durchziehen durch ein Zinkbad.

Das im Sendzimir-Verfahren feuerverzinkte Breitband ist ein Erzeugnis, das sich nicht nur in seiner Herstellung, sondern auch in seinen Eigenschaften wesentlich von dem im Tauchverfahren verzinkten Tafelblech un-

8. Das zweischalige Dach (Kaltdach)

Bild-Tabelle 367 Stahlblech unter 3 mm (Feinblech) Schwarzblech, Emaillier- und Verzinkungsblech, Ziehblech, Bleche mit vorgeschriebener Festigkeit (nach DIN 1541). Dicken, Größen, Maß- und Gewichtsabweichungen

Maße in mm
Bezeichnung eines Schwarzbleches II von 2,25 mm Dicke, 1000 mm Breite und 2000 mm Länge aus St II 23 nach DIN 1623:
Schwarzblech II 2,25 × 1000 × 2000 DIN 1541 St II 23

Dicken, Größen, zulässige Dicken- und Gewichtsabweichungen

Blechdicke (Nennmaß)	Blechlehre Nr.	Lagergrößen Breite × Länge	Lagergrößen Zulässige Dickenabweichungen [2]	Lagergrößen Zulässige Gewichtsabweichungen %	Feste Maße – Alle sonstigen Größen bis Übermaßgrößen [1] Zulässige Dickenabweichungen [2]	Feste Maße – Alle sonstigen Größen bis Übermaßgrößen [1] Zulässige Gewichtsabweichungen %	Übermaßgrößen Entweder Breite über	Übermaßgrößen oder Länge über	Übermaßgrößen Zulässige Dickenabweichungen [2]	Übermaßgrößen Zulässige Gewichtsabweichungen
0,18	32		±0,02		±0,03					
0,2	31	530× 760	±0,02		±0,03		530	1000		
0,22	30	500×1000	±0,02		±0,03					
0,24	29		±0,02	±10	±0,04	±10				
0,28	28	530× 760 / 500×1000 / 600×1200	±0,03		±0,04		750	1500		Nach besonderer Vereinbarung
0,32	27	530× 760 / 600×1200	±0,03		±0,05					
0,38	26	700×1400	±0,04	± 8	±0,06		800	2000		
0,44	25	530× 760 / 800×1600	±0,04		±0,06					
0,5	24		±0,05		±0,07					
0,56	23		±0,05		±0,08	± 9	1000	2250		
0,63	22	530× 760• / 800×1600 / 1000×2000	±0,06	± 7	±0,09					
0,75	21		±0,07		±0,10		1100	2500		
0,88	20		±0,08		±0,11					
1	19		±0,09		±0,12					
1,13	18	800×1600 / 1000×2000	±0,10	± 6	±0,13	± 8				Nach besonderer Vereinbarung
1,25	17		±0,11		±0,14		1250	3000		
1,38	16		±0,12		±0,15					
1,5	15		±0,13		±0,16					
1,75	14		±0,14		±0,17					
2	13	800×1600 / 1000×2000 / 1250×2500••	±0,15*	± 5	±0,18	± 7				
2,25	12		±0,15*		±0,19		1400	3500		
2,5	11		±0,16*		±0,20					
2,75	10		±0,16*		±0,21					

*) Nur für Qualitätsbleche
**) Bei 2,75 mm Dicke nur für Handelsbleche

Zulässige Breiten- und Längenabweichungen

Bei Bestellung von Lagergrößen		Bei Bestellung nach festen Maßen			
Breite	Länge	Breite		Länge	
+1,5 % / −1		bis 1200 / über 1200	+6 mm / +0,5 %	bis 2000 / über 2000	+10 mm / +0,5 %

terscheidet. Die Zinkschicht des Breitbandes ist höchst gleichmäßig, weil die Verzinkung vollautomatisch mit maschineller Präzision erfolgt. Die thermische Vorbehandlung des kaltgewalzten Bandes, die äußerst kurze Durchlaufzeit durch das Zinkbad und verschiedene Legierungszusätze im Zinkbad verhindern die Bildung einer spröden Eisen-Zinkschicht. Da Flußmittel vermieden werden, kann beim Sendzimir-Verfahren die Analyse der Zinkschicht auf $1/100$ Prozent genau eingehalten werden. Das sind die Gründe für die Haftfestigkeit des Zinküberzuges. Deshalb ist sendzimirverzinktes Breitband besonders geeignet für jede Art der Kaltverformung wie Biegen, Falzen, Börteln, Drücken, Ziehen, Tiefziehen usw.

Die normale Zinkauflage des Breitbandes beträgt ca. 380 g/m² (Schichtdicke ca. 25 µ einseitig). Für Schweißzwecke aller Art wird Breitband auch mit unterschiedlich starker Zinkauflage (Differential Coated) geliefert. Die normale Zinkauflage auf der Vorderseite des Bleches bietet einen sicheren Schutz gegen Korrosion. Die verminderte Zinkauflage von nur 4–5 µ auf der Rückseite erleichtert das Schweißen.

Für Verarbeiter, die hohe Ansprüche an die Oberflächenbeschaffenheit stellen, wird das verzinkte Breitband auch in dressierter Ausführung geliefert. Die Oberfläche ist zinkblumenfrei, völlig glatt und gut haftfähig für eine nachfolgende Lackierung.

In diesem Zusammenhang sind nun auch die kunststoffbeschichteten Stahlbleche zu nennen. Es sind dies also primär sendzimirverzinkte Bleche, die zusätzlich als Oberflächenschutz noch eine Kunststoffbeschichtung erhalten. Diese Kunststoffschicht überzieht also das sendzimirverzinkte Stahlblech entweder oberseitig oder beidseitig. Diese Kunststoffkaschierung schützt das Zink nicht nur gegen Witterungseinflüsse, sondern auch gegen andere Faktoren, die auf einen Metallwerkstoff zerstörend wirken können. Ferner verleiht der Kunststoffbelag dem Blech ein gewünschtes farbiges Aussehen. Die Kombination von Stahl, Zink und Kunststoff hat sich hinreichend bewährt. Die Farbbeschichtung darf 40–50 µ nicht unterschreiten und darf natürlich nicht rissig werden. Im allgemeinen kann eine derartige Kunststoffbeschichtung nur im industriellen Verfahren hergestellt werden. Kunststoffanstriche nachträglich oder dgl. erbringen nicht die gewünschten Wirkungen.

Stahlblech hat gemäß Tabelle 360 einen Ausdehnungskoeffizienten von 0,012 mm/m°C. Von allen Metallen hat also Stahlblech die niedrigste Ausdehnungszahl, was naturgemäß ein großer Vorteil ist. Bei 100° Temperaturdifferenz ergeben sich bei 10 m Länge nur 12 mm an Temperaturbewegungen. Dies erlaubt also längere Bänder als bei anderen Metallen.

Die Verbindungen von Nähten erfolgen mit 30 mm Überlappung, versetzt zweireihig genietet, mit Ölpapier-Zwischenlage, Niete aus dem Stoff der Beschichtung oder bei Kunststoffbeschichtungen geklebt.

Die Trennschichten zwischen beschichtetem Stahlblech und anderen Stoffen ist je nach Beschichtung zu treffen, also bei verzinktem Blech wie bei Zink angeführt.

In Tabelle 367 sind die Blechdicken, Nagelgrößen und sonstige Daten angegeben.

8.9.5.6 Edelstahl-Bedachungen

Die hohe Festigkeit von Edelstahl-rostfrei und die gute Verarbeitbarkeit machen diesen Werkstoff auch für Metall-Bedachungen interessant. Edelstahl-rostfrei läßt sich bei Berücksichtigung seiner günstigen Materialeigenschaften in gleicher Weise verarbeiten wie die vorgenannten Metalle. Neben dem häufig verlegten Doppelstehfalz-Dach kann Edelstahl-rostfrei auch für Leisten-, Klebe-, Platten- und Klemmdächer verwandt werden. Neben der architektonisch interessanten Gestaltung bieten diese Dächer u.a. Vorteile bei der Verlegung, weil eine durchgehend flächige Unterkonstruktion nicht benötigt wird. Die sehr hohen Festigkeitswerte können aus Tabelle 368 im Vergleich zu den anderen Materialien abgelesen werden. Der relativ hohe Preis kann dadurch etwas reduziert werden, daß infolge dieser hohen Festigkeitswerte dünnere Bleche verwendet werden können. Im allgemeinen werden Bleche mit 0,3–0,4 mm verwendet.

Die Wärmeausdehnungszahl mit 0,016 ist ähnlich wie bei Kupfer, so daß hier die gleichen Anmerkungen gelten.

Trennschichten sind bei Edelstahl-rostfrei in ähnlicher Weise zu empfehlen wie bei Kupfer angeführt.

Bild-Tabelle 368 Physikalische und mechanische Eigenschaften gebräuchlicher Werkstoffe für Dacheindeckungen

Werkstoff	Dichte g/cm³	Streckgrenze (0,2 Dehngrenze) kp/cm²	Festigkeit kp/cm²	Elastizitätsmodul bis 20°C kp/cm²	Wärmeausdehnung mm/m bei 100°C
1.4301-Edelstahl	7,9	1900	5000–7000	2,03 · 10⁶	1,60
1.4401-Edelstahl	7,9	2100	5000–7000	2,03 · 10⁶	1,65
St 37	7,8	2400	4000	2,10 · 10⁶	1,23
Kupfer	8,9	2100	2300	1,20 · 10⁶	1,65
Zink	7,1	900	1900	0,90 · 10⁶	2,93
Aluminium	2,7	1500	1700	0,68 · 10⁶	2,39

8.9.5.7 Allgemeine Verlegegesichtspunkte bei Metall-Dächern

1. Kontaktkorrosion

Beim Zusammenbau verschiedener Metalle entstehen, wie bereits vorgenannt schon erwähnt, elektro-chemische Elementbildungen, die zur völligen Zerstörung der elektrochemisch schwächeren Metalle durch erhöhte Korrosion führen können. Die elektrochemische Spannungsreihe, d. h. das Normalpotential V der Gebrauchselemente gegen die Normal-Wasserstoff-Elektrode in Volt ist in Tabelle 361 angegeben.

Der Grad der Kontaktkorrosion ist neben den wesentlichen atmosphärischen Gegebenheiten (Großstadtluft, Meeresluft, feuchte Tropenluft) abhängig von dieser elektrochemischen Spannungsreihe. Diese elektrochemische Spannungsreihe zeigt, daß beim Zusammenbau von z. B. Zink mit Aluminium und Eisen keine wesentliche Gefahr einer Kontaktkorrosion besteht, da die Potentialdifferenz zwischen diesen Metallen sehr gering ist. Dagegen ist bei Konstruktionen aus Zink oder Aluminium mit Kupfer durch die große Potentialdifferenz elektrische Korrosion zu erwarten. Beim Zusammenbau von Zink mit Kupfer oder Aluminium mit Kupfer muß also eine Isolationsschicht eingebaut werden, die den Kontakt der beiden Materialien unter dem Zutritt wäßriger Lösungen verhindert. (Siehe vorgenannte Trennstoffe.)

Beim Zusammenbau mit elektropositiven Metallen (z. B. Kupfer) wird bei Anwesenheit eines Elektrolyten Zink oder Aluminium dies zur Opferanode, d. h. es wird anodisch aufgelöst, wie dies aus Bild 369 abgelesen werden kann.

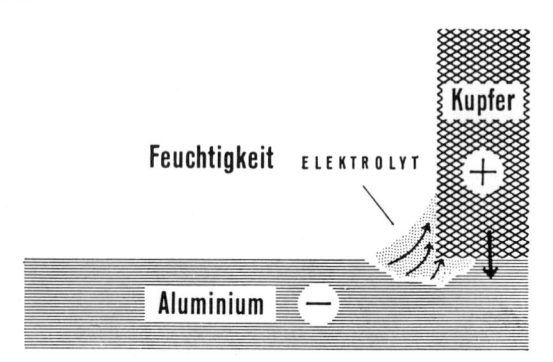

Bild 369 So entsteht Kontaktkorrosion

Es sei hier auch nochmals darauf hingewiesen, daß Wasser von elektrochemisch höherwertigen Metallen nicht auf wenigerwertiges Metall ablaufen darf, da dieses Wasser Ionen mitführt und so zur Zerstörung des unteren unedleren Metalles führt. Kupfer darf also nicht oberhalb von Zink und Aluminium zur Anwendung kommen (umgekehrt wäre es möglich). So ist es auch gefährlich, Kupferdächer oberhalb von Aluminiumfassaden oder Aluminium-Fenstern anzuordnen. Entsprechend der Spannungsreihe darf man beim Zusammenbau von Metallen das elektrochemisch geringwertigere Metall nur oberseitig ohne direkte Verbindung oder Spritzwasserberührung anordnen. Es käme also in Frage, oben Aluminium, dann Zink, dann verzinktes Blech, dann Blei und ganz unten Kupfer.

Dachbelag und Rinnen, Blitzableiter und Ablaufrohre und dgl. müssen unbedingt aus dem gleichen Metall hergestellt werden. Sogar das Werkzeug ist mit den verschiedenen Materialien zu wechseln. Vorsicht ist auch besonders bei der Wahl der Nägel geboten (auch Nägel auf dem Untergrund der Holzschalung). Blanke Eisennägel dürfen mit Kupfer, Aluminium oder Zink nicht in Verbindung kommen. Sie sind also mittels Bitumenpappen oder sonstigen zuverlässigen Isolierungen abzudecken.

2. Physikalische Zerstörungsursachen

Physikalische Ursachen sind vor allem solche durch Risse und Brüche. Sie haben in der Regel ihren Grund in den großen Temperaturunterschieden, die auf die Metalle einwirken. In der Wärme dehnen sich, wie allgemein bekannt, alle Metalle aus, während sie sich in der Kälte zusammenziehen. Der Temperaturwechsel bei einer Metall-Bedachung kann sehr schnell und sehr groß sein. Eine Sonnenaufstrahlung kann Temperaturaufheizungen bis zu 80° bewirken. Eine Gewitterabkühlung kann innerhalb weniger Minuten eine Abkühlung bis auf +10° erwirken. Innerhalb weniger Minuten muß also das Blech 70° an Temperaturdifferenzen austragen. Tritt nun ein derartiger schneller und starker Wechsel ein, so wird die Spannung im Metall eine sehr große. Die einzelnen Metallteilchen können sich voneinander lösen und dadurch Risse und Sprünge auftreten, wie sie z. B. bei Walzzink sehr häufig auftreten.

Es ist daher bei Metall-Bedachungen zu beachten, daß sich die einzelnen Teile möglichst untereinander frei ausdehnen können, was durch Fälze, Schiebehaften usw. möglich ist. Lötnähte sollten eigentlich bei Bedachungen nicht mehr zur Anwendung kommen, da sie in der Regel bei zu starren Verbindungen abgerissen werden. Noch verhängnisvoller wirken sich Durchnagelungen aus. Die Nägel werden aus ihren Halterungen herausgerissen und Randbeschädigungen in den Blechen hervorgerufen. Bei Kupfer- und Eisenblechen ist diese Gefahr zwar etwas geringer als bei Aluminium und Zinkblech, doch sind auch bei diesen Metallen schon häufig Schäden vorgekommen.

3. Zerstörung durch chemische Einflüsse

Weit häufiger als die physikalischen Zerstörungen der Metalle ist die chemische Zerstörung, wo es sich um ein Zerfressen oder um eine Umbildung in einen neuen Stoff handelt. Nicht alleine die direkte Berührung mit Säuren wie Salzsäure, Schwefelsäure, Salpetersäure, Flußsäure usw. führt unter gegebenen Umständen zu einer Zerstörung der Metalle, sondern auch die Verbindungen des Sauerstoffes der Luft. Hier ist also z. B. die Rostbildung auf Eisen, Grünspanbildung auf Kupfer,

Oxydbildung auf Zink usw. zu nennen. Säuredämpfe, Verbrennungs- und andere Abgase (besonders bei Verbrennung von Schwerölen) führen zu Zerstörungen, insonderheit unmittelbar neben den Schornsteinen. Hier ist auch Kupfer nicht ausgenommen.

Gegen Alkalien sind vor allen Dingen Aluminium und Zink empfindlich. Abbindeprodukte aus Beton und Mörtel (Holzwolleleichtbauplatten, Kalk, Zement, Magnesit und dgl.) greifen daher diese Metalle an. Besonders Feuchtigkeit aus dem Untergrund ist für Metalle gefährlich, da sie aggressive Bestandteile mitführen (Humussäure, Harnsäure usw.). Bedachungen dürfen also nie ganz bis in die Erde hineingeführt werden, wie dies häufig z. B. bei Kirchendächern gemacht wird.

In unmittelbarer Nähe von Abgasanlagen oder dgl. sollten Metalle einen zusätzlichen Oberflächenschutz erhalten (Bitumenanstrich oder dgl.).

4. Zerstörung durch Krankheiten

Auch Krankheiten können zur Zerstörung von Metallen führen. Hier ist vor allen Dingen die Zinnkrankheit, die sogen. Zinnpest anzuführen, die jedoch für Bedachungszwecke weniger interessant ist. Aber auch bei Blei können derartige Krankheiten auftreten, besonders wenn sie mit Schwefelverbindungen in Berührung kommen.

5. Wellenbildungen bei flachen Metall-Bedachungen

Immer wieder festgestellte Wellenbildungen bei bestimmten Metall-Bedachungen sind nicht nur äußerlich unschön, sondern sie führen dazu, daß in den Wellentälern Regenwasser stehenbleibt und diese Stellen bei Einwirkungen von Stadt- und Industrieatmosphäre bevorzugt korrodieren. Versuche ergaben, daß die Wellenbildungen in engem Zusammenhang mit der Kriechfestigkeit des Werkstoffes steht. Durch bleibende Dehnungen werden unterschiedliche Verformungen hervorgerufen. Diese bleibenden Dehnungen nehmen bei Werkstoffen mit einer sehr niedrigen Kriechgrenze mit der Zahl des Temperaturwechsels zu. Die Reibung auf dem Untergrund infolge der Wärmeausdehnung ist nach den Feststellungen nur von geringem Einfluß.

Hier hat sich normales Zink weniger gut bewährt als Zink-Titan. Letzteres ergibt etwa gleiche Widerstände gegen Wellenbildungen wie Aluminium (Zink-Titan 3,7, Aluminium-Mangan 3,1, Kupfer 10).

8.9.5.7.1 Gewichte bei Metall-Bedachungen

Metall-Bedachungen bestechen sehr häufig durch das niedrige Gewicht. In Tabelle 370 sind Gewichte für verschiedene Dachdeckungen angeführt. Aus dieser Tabelle ist leicht ablesbar, daß naturgemäß durch derartig geringe Gewichte bei Metall-Bedachungen auch die statische Unterkonstruktion entsprechend bemessen werden kann. Häufig ist gerade dieser Vorteil von Entscheidung.

Bild-Tabelle 370   Gewichte verschiedener Dachdeckungen

Biberschwanzdoppeldach	ca. 63 kg/m²
Biberschwanzeinfachdach	ca. 49 kg/m²
Pfannenziegeldach	ca. 43 kg/m²
Falzziegeldach	ca. 42 kg/m²
Englisches Schieferdach	ca. 38 kg/m²
Eisenwellblechdach	ca. 16 kg/m²
Holzschindeldach	ca. 16 kg/m²
Zinkblechdach 0,6 mm	ca. 7 kg/m²
Kupferdach 0,6 mm	ca. 7 kg/m²
Nichtrostender Stahl 0,4 mm	ca. 5 kg/m²
Aluminiumdach	ca. 3 kg/m²

8.9.5.7.2 Gefälle bei Metall-Bedachungen

Die Angaben von Mindest-Dachneigungen bei Einsatz von Metall-Bedachungen sind ebenso problematisch wie bei den anderen Bedachungsstoffen. Neben den örtlichen Verhältnissen, den zu erwartenden maximalen Niederschlagsmengen, der Länge des Daches und nicht zuletzt der Detailanschlüsse im Traufbereich und des Dachvorsprunges spielen eine wesentliche Rolle. Im allgemeinen können folgende Grenzwerte angegeben werden:

Der wirtschaftlich günstigste Anwendungsbereich für Metall-Bedachungen liegt:

a) infolge der flächenhaften Dichtigkeit und der relativ gleichmäßigen Abflußgeschwindigkeit (geringer Rauhigkeitswert) zwischen 3 und 30°,

b) Infolge guter Verformbarkeit, statischer Stabilität und mechanischer Befestigungsmöglichkeit der Metalle sind Anwendungen von 30–90° ohne Schwierigkeiten möglich.

In Bild 371 [53] sind die zulässigen Dachneigungen bei verschiedenen Deckungsarten mit RZ-Titanzink nach DIN 17770 D-Zn bd angeführt. Diese Darstellung kann ohne Vorbehalt auch für andere Metall-Bedachungen übernommen werden, also für Normalzink, Kupfer, Aluminium, Blei usw..

Im allgemeinen sollte man jedoch auch bei Metall-Bedachungen die 3°-Grenze nicht unterschreiten, auch dann, wenn diese mit zusätzlichen Dichtungseinlagen, wie nachfolgend beschrieben, versehen werden. Bei Neigung unter 3° kann es bereits schon bei den normalen Durchbiegungen der Unterkonstruktion zu stehendem Wasser kommen. Eine Metall-Bedachung auch bei Doppel-Stehfalz-Eindeckung ist nur solange dicht, solange der Doppel-Stehfalz nicht im Wasser steht, d.h. solange keine Rückstaudurchfeuchtung über diesen Falz zu befürchten ist. Auch muß bei Dachvorsprüngen damit gerechnet werden, daß dort infolge mangelhafter Unterlüftung oder zu großen Dachvorsprüngen usw. Eisbarrieren entstehen und auch hier, wie bei Wellas-

8. Das zweischalige Dach (Kaltdach)

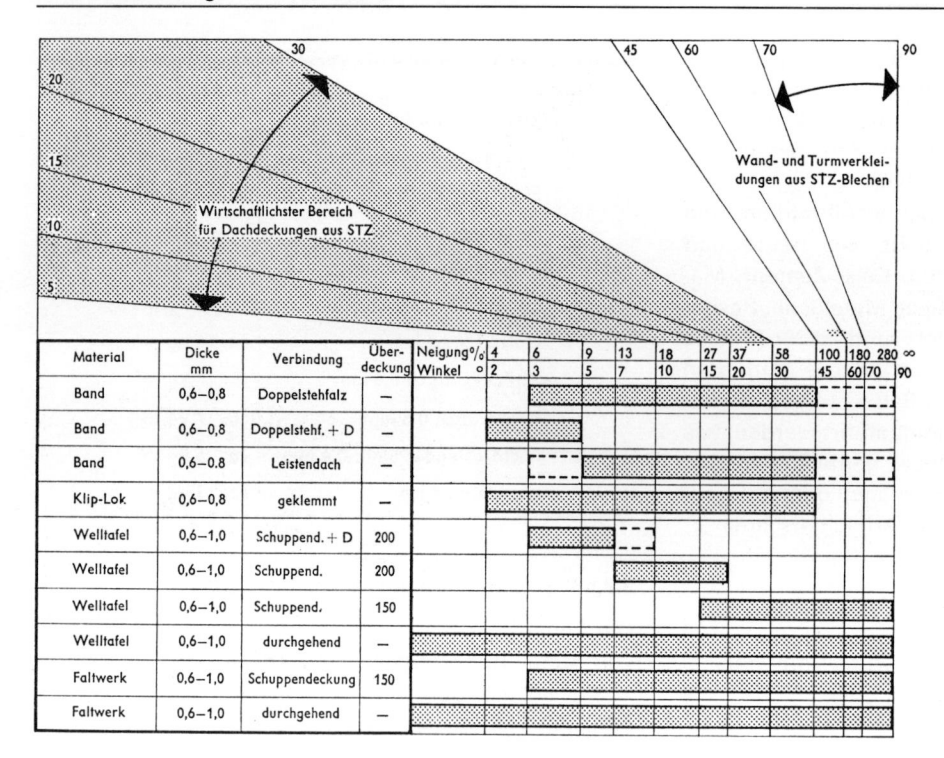

Bild 371 Zulässige Dachneigung bei verschiedenen Deckungsarten aus RZ-Titanzink. Bei hohen Profilen (Faltwerk) und besonderer Traufausbildung ist nahezu 0° Dachneigung möglich

Material	Dicke mm	Verbindung	Überdeckung
Band	0,6–0,8	Doppelstehfalz	—
Band	0,6–0,8	Doppelstehf. + D	—
Band	0,6–0,8	Leistendach	—
Klip-Lok	0,6–0,8	geklemmt	—
Welltafel	0,6–1,0	Schuppend. + D	200
Welltafel	0,6–1,0	Schuppend.	200
Welltafel	0,6–1,0	Schuppend.	150
Welltafel	0,6–1,0	durchgehend	—
Faltwerk	0,6–1,0	Schuppendeckung	150
Faltwerk	0,6–1,0	durchgehend	—

bestplatten und bei Dachziegeln beschrieben, Rückstaubelastungen entstehen, die bewirken, daß die Verbindungsnähte bzw. die Falzung unter Druckwasser stehen. Es kann hier zu sehr unliebsamen Wassereindringungen kommen. Nicht selten sind derartige Wassereindringungen an den Höhenüberdeckungen zu befürchten und hier vorzüglich bei vorfabrizierten Metall-Bedachungen. Bei zu knapper Dachneigung kann hier sogar gegenläufiges Wasser nach innen eindringen. Durch die thermischen Bewegungen der Metalle können derartige Überlappungsstöße auch mit Dichtungseinlage nicht vollkommen dicht gemacht werden.

8.9.5.8 Verlegesysteme

Im allgemeinen unterscheidet man bei Metall-Dachdeckungen:

1. Metall-Falzdächer (Doppel-Stehfalz- oder Leistendächer)

2. Vorgefertigte Systeme (Tafeln, Bänder oder dgl.)

8.9.5.8.1 Doppel-Falzdächer

Metall-Falzdächer erhalten senkrecht von Traufe bis zum First einen Doppelstehfalz von mindestens 25 mm Höhe. Die Seitenausdehnung der einzelnen Schalen (Blechbreiten) muß mit 2–4 mm vorhanden sein. In Bild 372 ist ein fertiger doppelter Stehfalz dargestellt, wie er richtigerweise aussehen muß.
In Bild 373 ist der Arbeitsgang von 1.–4. dargestellt. Die 35–45 mm hohen Ränder der Bahnen werden nach 1 bis auf 3–4 mm (Distanzlatte) aneinandergeschoben.

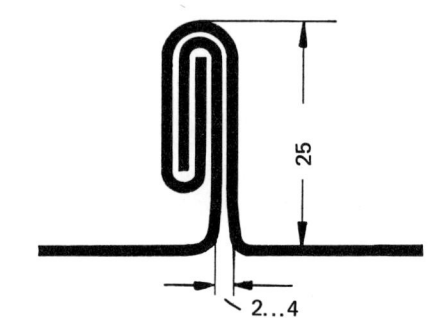

Bild 372 Doppelter Stehfalz

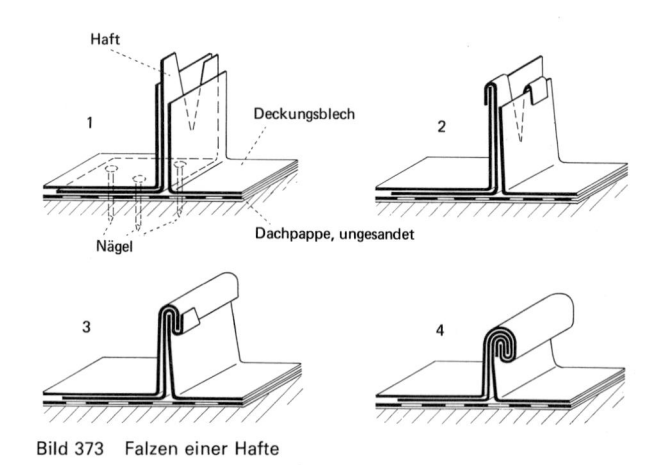

Bild 373 Falzen einer Hafte

Dann werden die Zipfel der Haften nach 2. jeweils über die Kanten gebogen. In 3. ist die höhere Aufkantung nunmehr über die niedrige einmal gefalzt dargestellt und schließlich wird, wie in 4. angeführt, doppelt gefalzt.

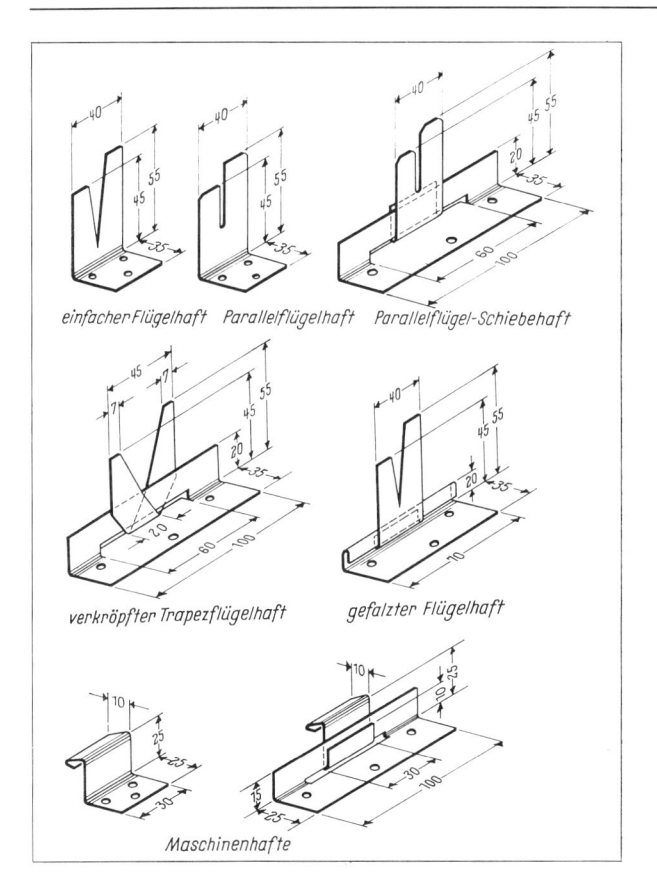

8.9 Leichte Zweischalendächer mit Dachdeckungen

Bild 374 Hafte für die Stehfalzdeckung

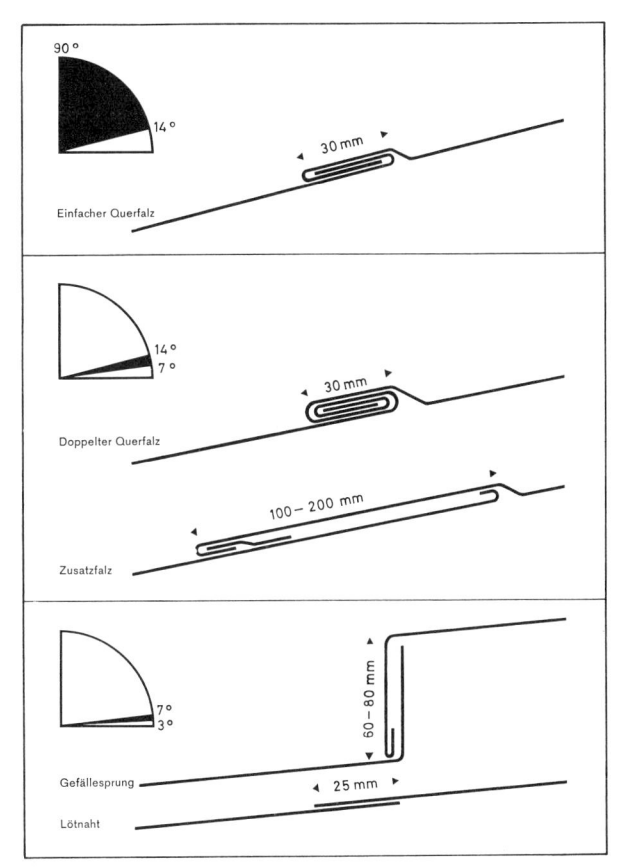

Bild 375 Ausbildung von Querstößen

Die Längenänderungen in Richtung Bahnen (First – Traufe) lassen sich nur durch die Verwendung sogenannter Schiebehaften sicherstellen. In Bild 374 sind Arten von Schiebehaften dargestellt. Dadurch kann ein Gleiten der Dachhaut über die Unterlage ermöglicht werden.

Die Bahnenlängen müssen entsprechend dem Ausdehnungskoeffizienten des Materiales beschränkt werden. Wie zuvor angeführt, müssen bei 10 m Länge und 100° Jahrestemperaturdifferenz bei Kupfer 17 mm, bei Aluminium 24 mm, bei Zink 29 mm, bei Zink-Titan 21 mm, bei Blei 29 mm und bei Edelstahl 16 mm an Längenänderungen erwartet werden. Wenn man etwa 15 mm als noch zulässige Längenänderung für alle Metalle zugrunde legt, ergeben sich etwa folgende maximale zulässige Bahnenlängen:

1. Kupfer   ca. 9–10 m
2. Aluminium   ca. 6– 7 m
3. Walzzink   ca.   5 m
4. Titan-Zink ca.   7 m
5. Blei   ca.   5 m
6. Edelstahl   ca. 9–10 m

Sind größere Dachlängen vorhanden als o. a. Bahnenlängen ergeben, so sind die Bänder entweder durch einen Querfalz (einfacher oder doppelter Querfalz) oder aber durch einen Gefällesprung zu unterbrechen, so daß genügend Ausdehnungen vorhanden sind. In Bild 375 können diese Möglichkeiten des Querstoßes abgelesen werden. Der einfache Falz kann nur ab 14° Dachneigung zur Anwendung kommen, der liegende Doppelfalz von 7–14°, desgl. der Zusatzfalz, während der Gefällesprung und die Lötnaht von 3–7° eingesetzt werden können.

Der Gefällesprung kann gemäß Bild 376a oder b ausgeführt werden. Die Ausführung a kommt dann in Frage, wenn innerhalb des Daches keine Abtreppung möglich ist. Hier muß dann ein Holzkeil aufgesetzt werden. Die Ausführung b wird dann gemacht, wenn Abtreppungen innerhalb des Daches möglich werden. In

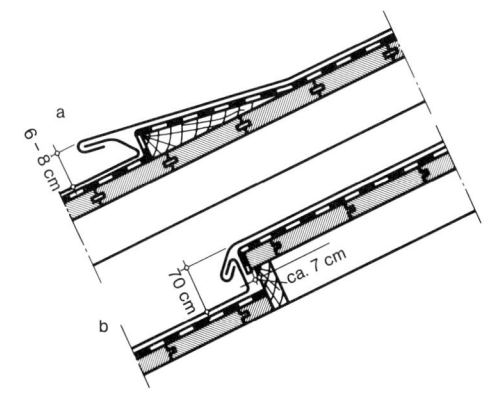

Bild 376 Gefällesprung quer zur Fallrichtung. a) mit Aufschiftung, b) mit Stufe

8. Das zweischalige Dach (Kaltdach)

Bild 377 Dehnungsleiste senkrecht zur Traufe

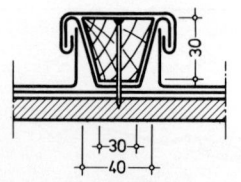

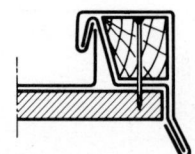

Bild 378 Ortgang-Anschluß

jedem Falle muß eine ausreichende Dehnung in diesem Bereich vorhanden sein, die je nach Länge der Blechbahnen gemäß den vorgenannten Angaben vorhanden sein soll.

In Querrichtung (senkrecht zur Traufe) empfiehlt es sich, je nach Materialverwendung nach 5–10 m (je nach Ausdehnungsfaktor der Bleche) die Einschaltung einer sogenannten Dehnungsleiste vorzunehmen, die die Dehnung von diesen Bahnen aufnehmen kann, da nicht die gesamten Dehnungen innerhalb der vorgenannten 2–4 mm ausgetragen werden können (besonders nicht im Bereich der Festhaften). Sie fällt in Abwechslung mit den Querfälzen architektonisch kaum ins Auge, erhöht aber bei sehr langen Dachflächen die Sicherheit erheblich (Dilatation, Aufwölbung, Sturmabhebung usw.). In Bild 377 ist die Dehnleiste in der Mitte des Daches angegeben, in Bild 378 im Bereich des Ortganges.

Selbstverständlich müssen z.B. auch im Firstbereich und im Bereich der Traufe mehrere Millimeter Luft belassen werden, um auch hier Dehnbewegungen zuzulassen. Ganz besonders gilt dies an der Traufe. Der Überstand des Stehfalz-Bleches über den Vorstoß bzw. das Traufblech muß so groß sein, daß es sich bis zur tiefstmöglichen Wintertemperatur zusammenziehen kann, ohne wiederum bei den höchsten Wärmegraden im Sommer auszuhaken. In Bild 379 ist ein richtiger Rinnenanschluß mit ausreichendem Dehnvermögen (12 mm) dargestellt.

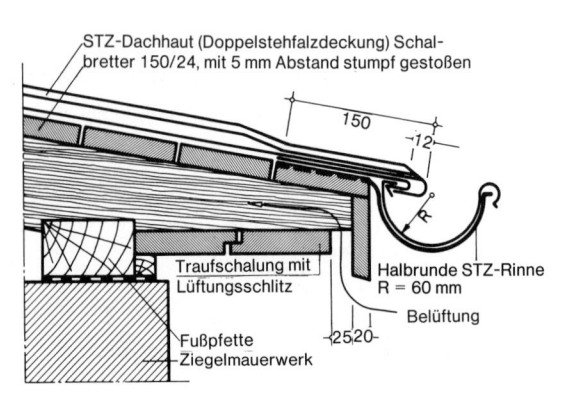

Bild 379 Ausreichende Dehnung an der Traufe (12 mm)

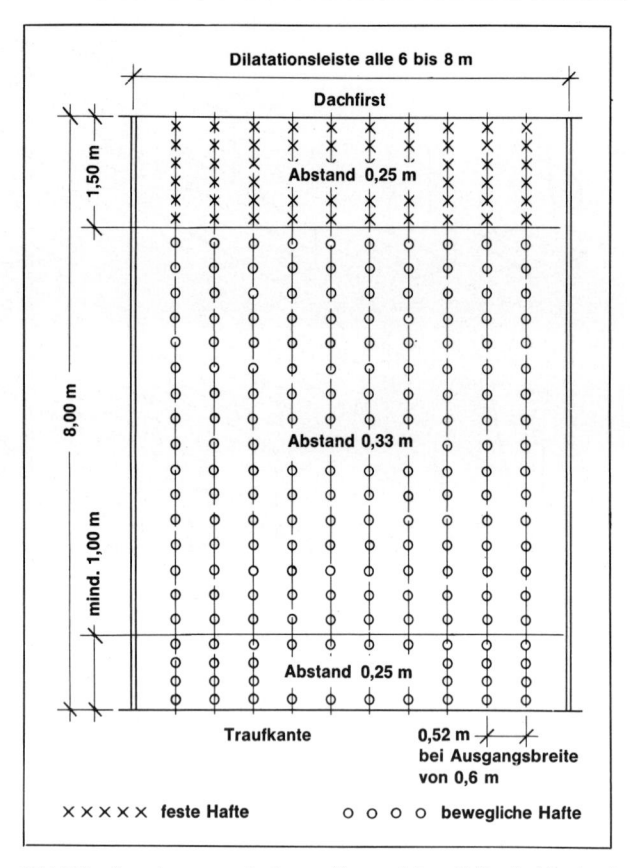

Bild 380 Anordnung von festen und beweglichen Haften bei Dachneigungen über 30° (Aufsicht auf Fläche)

Bei Verlegen der Bänder ist es, wie bereits angeführt, notwendig, die zweiteiligen Schiebe- oder Gleithaften anzuordnen. Bei steilen Dächern wird am First ein Festpunktbereich von 1,5–3 m je nach Länge des Daches mit

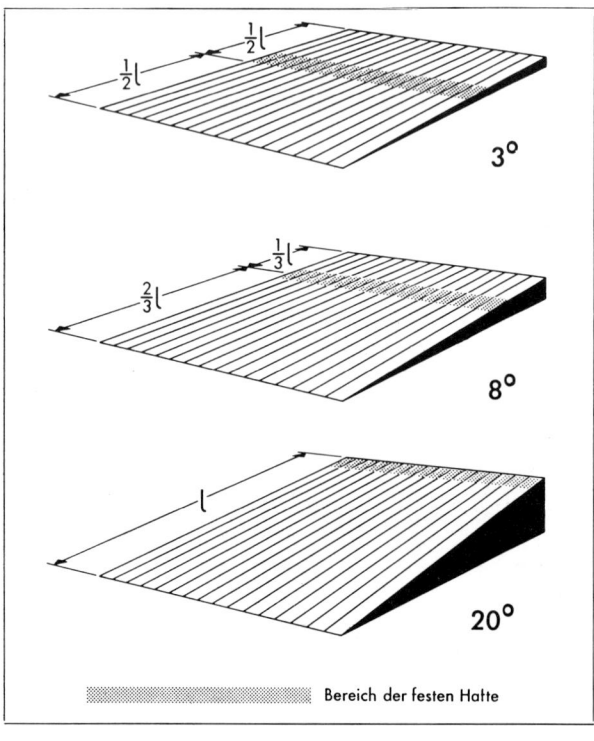

Bild 381 Festhafte im Stehfalzdach

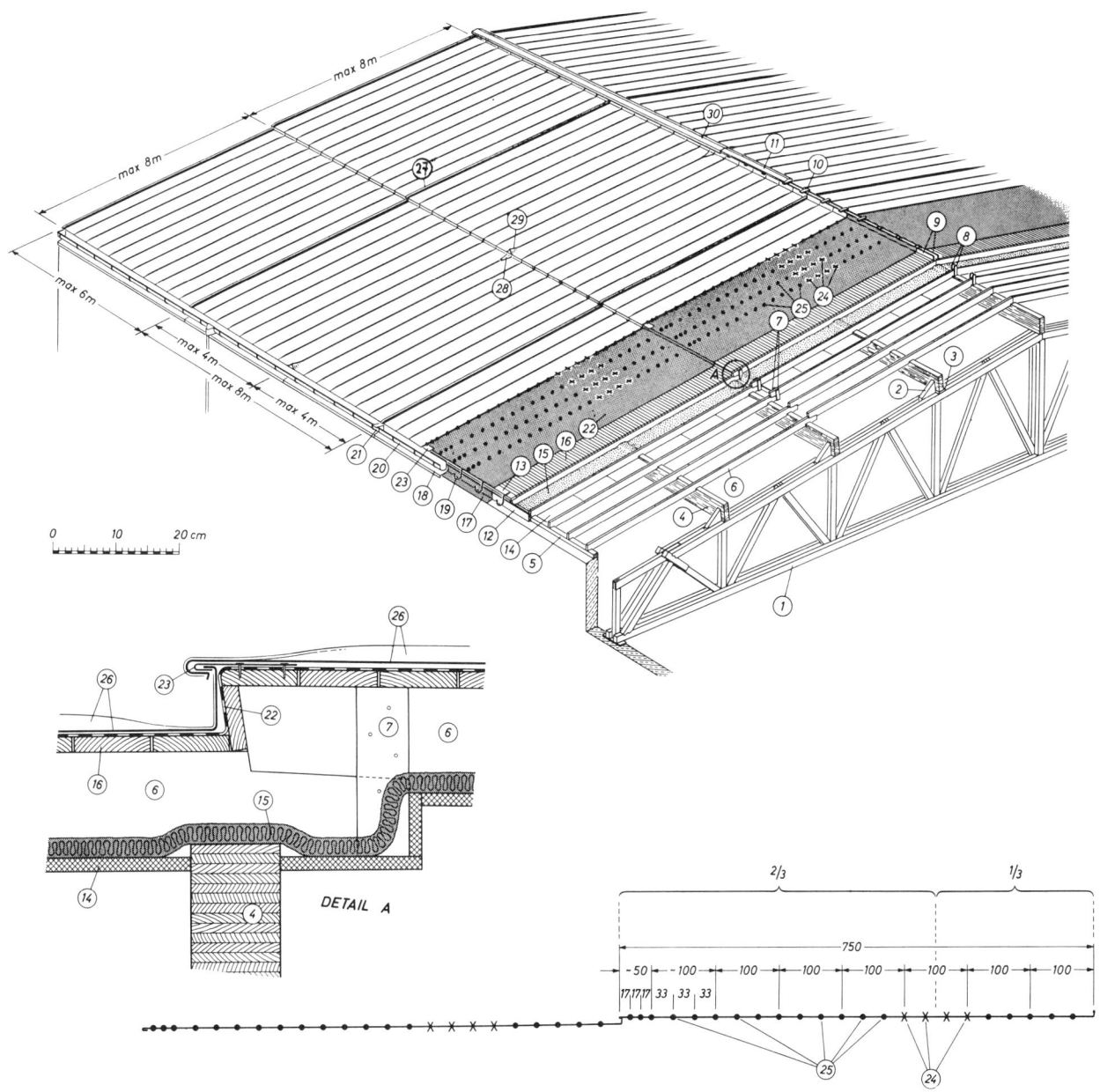

8.9 Leichte Zweischalendächer mit Dachdeckungen

Bild 382 Grundlagen der Doppelstehfalzdeckung. 1 Holzbinder, 2 Knagge, 3 Unterlagsplatte, 4 sichtverleimte Pfette, 5 Fußpfette, 6 Sparren, 7 Knaggen, 8 Knaggen, 9 Wangenbretter, 10 Klotz, 11 Firstbohle, 12 Schalbrett, 13 Traufbohle, 14 Deckenverkleidung, 15 Wärmedämmung, 16 Schalung, 17 500er Bitumendachpappe, 18 Gesimsabdeckung, 19 Rinnenhalter, 20 vorgehängte, halbrunde Rinne, 21 Rinnenschiebenaht, 22 500er Bitumendachpappe, 23 Vorstoß, 24 feste Halter, 25 Schiebehafter, 26 Dachhaut, 27 Ausdehnungsleiste, 28 Ausdehnungszwickel, 29 Ausdehnungszwickel, 30 Firstkappe

festen Haften ausgebildet, wie dies in Bild 380 dargestellt ist. Bei flachgeneigten Dächern (Mindestneigung 3°) ordnet man diese Festpunktbereiche in der Dachmitte an. Die übrigen Haften sind dann beweglich, um auftretende Wärmedehnung in Richtung First und Traufe aufzunehmen. Bei einer Mittelneigung von ca. 8° werden die Haften etwa in Drittelshöhe angeordnet. Dies kann aus Bild 381 abgelesen werden.
Eine Zusammenschau der konstruktiven Erfordernisse beim Doppel-Stehfalzdach kann aus Bild 382 entnommen werden, in dem sämtliche Begriffe übersichtlich dargestellt sind. Hieraus ist auch zu entnehmen, daß die Festhaften im Traufbereich wegen Sturmgefahr sehr eng angeordnet werden müssen (17 cm), während sie sonst alle 33 cm anzuordnen sind.
Die Verlegung bzw. die Verfalzung von Metallbändern kann entweder manuell, halbmechanisch oder vollmechanisch ausgeführt werden, wie dies aus Bild 383 entnommen werden kann.
Wie in der Gefälle-Tabelle angeführt, kann in besonders gelagerten Fällen beim Doppel-Stehfalzdach mit zusätzlicher Dichtung auch noch bis 2° heruntergegangen werden, wobei jedoch auch hier die örtlichen Verhältnisse zu berücksichtigen sind. In Bild 384 sind die Maßnahmen dargestellt, wie sie mit Dichtstreifen im Bereich der Verfalzung vorzusehen sind.

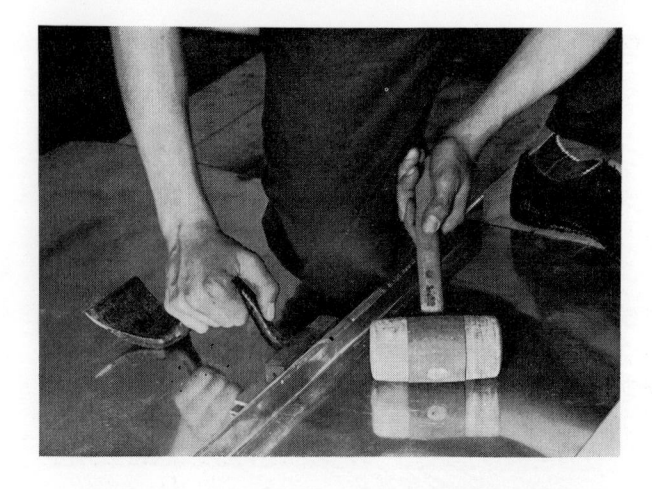

8. Das zweischalige Dach (Kaltdach)

8.9.5.8.2 Leistendach

Verwendet man anstelle der Doppel-Stehfälze Leisten, so erhält man das sogenannte Leistendach, das architektonisch eine starke Gliederung und damit eine entsprechende Belebung der Dachfläche ermöglicht. Ein solches Leistendach kann aus Blechen oder aus Bändern hergestellt werden. Die Falzung eines solchen Leistendaches ist in Bild 385 nach dem Arbeitsablauf dargestellt. Unter der Leiste wird zuerst eine Blechhafte im Abstand zwischen 35 und 50 cm angeordnet (im Bereich der Traufe enger). An diese Blechhafte wird dann das Metallband herangeschoben und eingefalzt. Darüber wird dann eine Leistenkappe aufgeschoben und letzten Endes wird der Falz nach unten abgebogen.

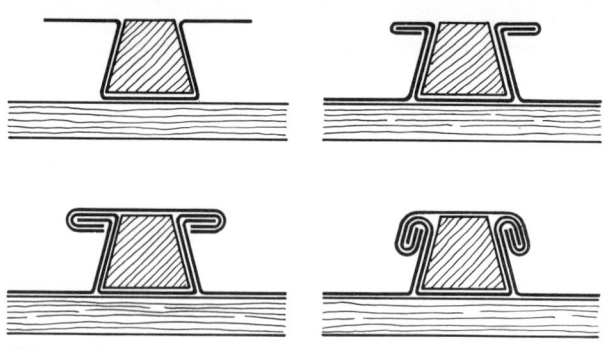

Bild 385 Falzen eines Leistendaches

Im allgemeinen unterscheidet man je nach Leistenanordnung und Leistenform zwischen belgischer Deckart, französischer Deckart und deutscher Deckart, wie dies in Bild 386 dargestellt ist.

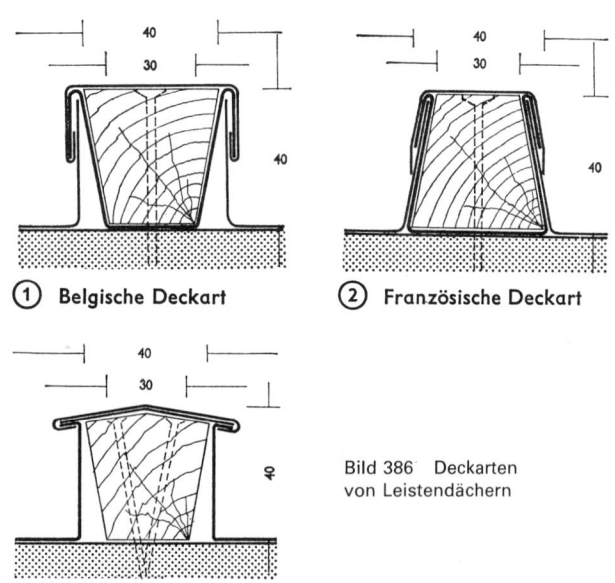

① Belgische Deckart ② Französische Deckart

③ Deutsche Deckart

Bild 386 Deckarten von Leistendächern

Bild 383 Verfalzung manuell oder mechanisch

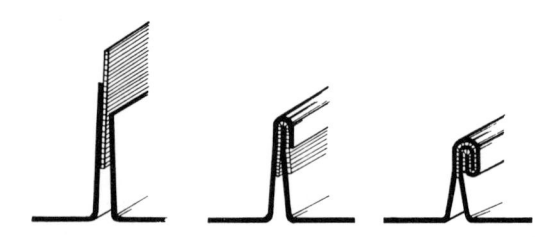

Bild 384 Beispiel für die Falzung mit Dichtstreifen (imprägniertes Leinen, Kunst- oder Schaumstoffe)

Die belgische Deckart erlaubt ungehinderte Wärmeausdehnungen der Scharenbleche und ist besonders bei Metallen mit hohem Ausdehnungskoeffizienten und bei breiten Blechbändern erwünscht. Diese Art wird in Deutschland häufig angewandt.

8.9 Leichte Zweischalendächer mit Dachdeckungen

Bild-Tabelle 387 Abmessungen, Gewichte und Nutzflächen der Leistendeckung (belgisches System)

		500		(560)		625		(710)		750	
Fertigachsmaß mm		500		(560)		625		(710)		750	
Bandbreite mm		540		600		665		750		790	
Abdeckkappe mm		120		120		120		120		120	
Holzleiste lfdm/m² 30×40×40 mm		1,68		1,50		1,34		1,18		1,12	
	Band-dicke mm	I kg/m²	II kg/m²	I kg/m²	II kg/m²	I kg/m²	II kg/m²	I kg/m²	II kg/m²	I kg/m²	II kg/m²
Gewicht der Dachhaut	0,6	5,66	7,34	5,51	7,01	5,39	6,73	5,26	6,44	5,21	6,33
	0,65	6,14	7,82	5,98	7,48	5,84	7,18	5,70	6,88	5,64	6,76
	0,7	6,61	8,29	6,44	7,94	6,30	7,64	6,14	7,32	6,08	7,20
	0,8	7,56	9,24	7,36	8,86	7,20	8,54	7,02	8,20	6,95	8,07
Nutzfläche %		76		78		80		82		83	

I Metallgewicht, II Gesamtgewicht (Metall und Leiste).

Die französische Deckart hat die konische Leiste nach oben, ähnlich wie in Bild 385 angeführt und wird häufig bei Kupferdächern zur Anwendung gebracht, da hier geringe Bewegungen aus der Breite zu erwarten sind.
Die deutsche Deckart wird lediglich durch Falze mit der Abdeckleiste verbunden. Es können aber auch Streifenhaften wie bei der belgischen Deckart verwendet werden.
Aus Tabelle 387 kann als Beispiel für ein Leistendach Abmessung, Gewichte und Nutzfläche eines Leistendaches mit STZ-Metall [53] abgelesen werden.
Auch beim Leistendach müssen bei Scharenblechen entsprechend vorgenannten Angaben wie beim Doppel-Stehfalzdach ein Gefällesprung bzw. Schiebenähte angeordnet werden, falls die Dachtiefen zu groß sind.
Auch das Leistendach kann wie das Doppel-Stehfalzdach manuell oder maschinell verlegt werden, wobei heute die maschinelle Verlegung bevorzugt wird.

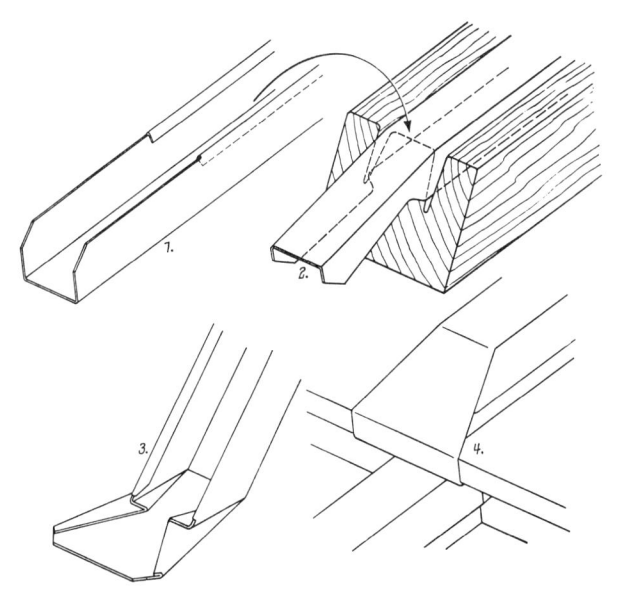

Bild 388 Details bei der Ausarbeitung der Leistenkappe am Scharenfuß

In Bild 388 ist ein Detail bei der Ausarbeitung der Leistenkappen am Scharenfuß dargestellt und in Bild 389 der Anschluß am Firstbereich.

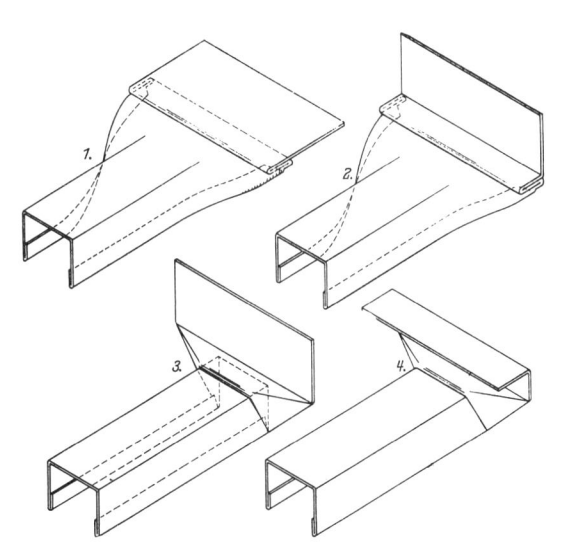

Bild 389 Details bei der Ausarbeitung eines oberen Anschlußstückes der Leistenkappe

Ausschreibungstexte

Als Beispiel für den Ausschreibungstext für die Ausschreibung eines Stehfalzdaches oder eines Leistendaches soll nachfolgendes Beispiel dienen, das für Basis Zink-Titan [54] ausgearbeitet ist. Für andere Materialien (Kupfer, Aluminium, Edelmetall oder dgl.) sind jeweils nur Änderungen in den Materialdicken usw. vorzunehmen. Es soll auf Seite 308 lediglich ein Beispiel für eine sinnvolle Ausschreibung wiedergegeben werden.

8.9.5.8.3 Metall-Klebedach

Neben dem Doppel-Stehfalzdach- und dem Leistendach-System unterscheidet man bei Metalldächern noch das sogenannte Klebedach. Hier handelt es sich im

8. Das zweischalige Dach (Kaltdach)

1.) AUSSCHREIBUNG · STEHFALZDACH

Vorbemerkung

Zinkverlegung

Bevorzugt Bänder aus Zink-Titan, Bandbreite 600—800 mm (Breiten für Maschinenfalzung 600 oder 750 mm). Gesamte Dachfläche in gleiche Scharenbreiten aufteilen. Dachdurchbrüche $\leq$ 500 mm rechtwinklig zum Gefälle, möglichst zwischen zwei Falze legen.

Anschluß parallel zum Gefälle

Der Abstand zwischen den Falzaufkantungen beträgt 3—5 mm (Dehnung in Scharenbreite). Wird der Doppelstehfalz an der Traufe niedergelegt, sind zusätzlich Ausdehnungsleisten vorzusehen. Normale Fertigfalzhöhe 25 mm, in schneereichen Gegenden $\geq$ 35 mm ausführen.

Anschluß rechtwinklig zum Gefälle

Verbindung der Scharen rechtwinklig zum Gefälle

Dachneigung	Entfernung Traufe—First	Verbindung
Bänder aus Zink-Titan		
$\geq$ 3°	$\leq$ 8000 mm	ein Stück
$\geq$ 3°	$\geq$ 8000 mm	Gefällestufe
$\geq$ 12°	8000—12 000 mm	Zusatzfalz
$\geq$ 18°	8000—12 000 mm	einfacher Falz
Zinkband und Zinktafeln		
$\geq$ 3°	$\leq$ 4000 mm	ein Stück, bei Tafeln gelötet
$\geq$ 3°	$\geq$ 4000 mm	Gefällestufe
$\geq$ 7°	jede Länge	doppelter, liegender Falz
$\geq$ 12°	jede Länge	einfacher Falz

Abdeckkappen der Ausdehnungsleisten in 2—3-m-Stücken miteinander verbinden. Die Überdeckung der Dachneigung entsprechend wählen. Keinesfalls durchgehend löten.
First- und Traufanschlüsse mit Ausdehnungsmöglichkeit ausbilden. Keinesfalls löten.
First- und Gratleisten möglichst 20 mm höher als Ausdehnungsleisten ausführen.

Befestigung

Scharen (max. Länge 12 m) im oberen Drittelspunkt mit 4 festen Haften im Bereich eines Meters, sonst mit Schiebehaften befestigen.

Leistungsverzeichnis

m²-Angaben

Als Unterlage talkumierte Bitumenpappe oder gleichwertiges Material, Zinkdachhaut in m² ausschreiben mit den Angaben:
1. Zinkband, bevorzugte Dicke 0,7—0,8 mm
2. Bandbreite 500—800 mm
3. Stehfalzhöhe $\geq$ 25 mm
4. Angabe von Scharenlänge, Gefällestufe oder Zusatzfalz
5. Befestigung
6. Unterkonstruktion

lfd.-m-Angaben

Gefällestufe bzw. Zusatzfalz, Ausdehnungs- und Gratleisten als Zulage in lfd. m, Schneefanggitter in lfd. m ausschreiben mit den Angaben:
1. Material und Dicke in mm
2. Abmessungen in mm
3. Befestigung
4. Unterkonstruktion
5. Abstand Traufe—Schneefanggitter
6. evtl. „lt. Zeichnung"

Stück-Angaben

Entlüftungshauben und Leiterhaken in Stück ausschreiben mit den Angaben:
1. Material und Dicke in mm
2. Abmessungen in mm
3. Befestigung
4. Unterkonstruktion
5. Anzahl
6. evtl. „lt. Zeichnung"

2.) AUSSCHREIBUNG · LEISTENDACH

Vorbemerkung

Zinkverlegung

Band- oder Tafelbreiten werden, wenn nicht vorgeschrieben, bei Bändern zwischen 500 und 800 mm, bei Tafeln 1000 mm gewählt. Gesamte Dachfläche in gleiche Scharenbreiten aufteilen. Dachdurchbrüche $\leq$ 500 mm rechtwinklig zum Gefälle möglichst zwischen 2 Leisten legen.

Anschluß parallel zum Gefälle

Aufkantung der Scharen parallel zum Gefälle entsprechend der Leistenausbildung.
Mit einzurechnen sind die imprägnierten Holzleisten.

Anschluß rechtwinklig zum Gefälle

Verbindung der Scharen rechtwinklig zum Gefälle

Dachneigung	Entfernung Traufe—First	Verbindung
Bänder Zink-Titan		
$\geq$ 3°	$\leq$ 8000 mm	ein Stück
$\geq$ 3°	$\geq$ 8000 mm	Gefällestufe
$\geq$ 12°	8000—12 000 mm	Zusatzfalz
$\geq$ 18°	8000—12 000 mm	einfacher Falz
Zinkband und Zinktafel		
$\geq$ 3°	$\leq$ 4000 mm	ein Stück, bei Tafeln gelötet
$\geq$ 3°	$\geq$ 4000 mm	Gefällestufe
$\geq$ 7°	jede Länge	doppelter, liegender Falz
$\geq$ 12°	jede Länge	einfacher Falz

Abdeckkappen der Leisten in 2—3-m-Stücken mit einfacher Überdeckung $\geq$ 100 mm anbringen. Keinesfalls durchgehend löten.
First- und Traufanschlüsse mit Ausdehnungsmöglichkeit ausbilden. Keinesfalls löten.
First- und Gratleisten 20 mm höher als Scharenleisten.

Befestigung

Mit einzurechnen sind die Abdeckkappen und Holzleisten. Haftstreifen aus Zink, Dicke 0,8 mm, oder feuerverzinktem Stahlblech, Dicke $\geq$ 0,65 mm, Breite $\geq$ 40 mm, zusammen mit den Leisten aufnageln oder aufschrauben. Befestigung pro lfd. m 4 Nägel. Nägel versetzen und schräg anordnen.

Leistungsverzeichnis

m²-Angaben

Als Unterlage talkumierte Bitumenpappe oder gleichwertiges Material, Zinkdachhaut in m² ausschreiben mit den Angaben:
1. Zink-/Zink-Titan-Band, Dicke, Breite und Länge in mm, bevorzugte Dicke 0,7—0,8 mm
2. Zinktafel, Dicke, Breite und Länge in mm, bevorzugte Dicke 0,65—0,80 mm
3. Leistenausbildung
4. Angabe von Scharenlänge, Gefällesprung, Zusatzfalz oder Lötnaht
5. Befestigung
6. Unterkonstruktion

lfd.-m-Angaben

Gefällesprung bzw. Zusatzfalz, Gratleisten, Lötnähte als Zulage in lfd. m, Schneefanggitter ausschreiben in lfd. m mit den Angaben:
1. Material und Dicke in mm
2. Abmessungen in mm
3. Befestigung
4. Unterkonstruktion
5. Abstand Traufe—Schneefanggitter
6. evtl. „lt. Zeichnung"

Stück-Angaben

Entlüftungshauben und Leiterhaken ausschreiben in Stück mit den Angaben:
1. Material und Dicke in mm
2. Abmessungen in mm
3. Befestigung
4. Unterkonstruktion
5. Anzahl
6. evtl. „lt. Zeichnung"

8.9 Leichte Zweischalendächer mit Dachdeckungen

wesentlichen um das im vorigen bereits beschriebene Doppelfalzdach mit dem Unterschied, daß dünnere Bänder als Bedachungsmaterial verwendet werden. Als Eindeckungs-Werkstoff werden z.B. Tecuta-Kupferbronzebänder verwendet. Diese Bedachungsbänder besitzen eine Bandstärke von 0,3–0,7 mm, sind 600 mm breit, weich und gereckt, d. h. sie haben parallel verlaufende Walzkanten.

Das Mindest-Dachgefälle beträgt auch hier mindestens 3°. Die Tecuta-Bedachung muß genauso wie die übrige Dachhaut in sich arbeiten können. Im wesentlichen ist also das gleiche Falzsystem mit Fest- und Schiebehaften anzuordnen. Die Bahnenlängen sollen 7 m nicht überschreiten. Beträgt der Abstand von First zu Traufe mehr als 7 m, so ist auch hier eine Quer-Dilatationsfuge anzuordnen. Bei der Flachdachausführung bis 15° Neigung ist diese Querfuge in der Dachschalung durch Ausbildung einer Abtreppung von 3–4 cm anzuordnen, während bei Dachneigungen über 15° die Querdilatation durch einen einfachen Einhängefalz ausgebildet werden kann. Dieser einfache Einhängefalz ist schematisch in Bild 390 dargestellt in Anlehnung an das Bild 375. Auch in der Breite sind ja nach Metall ca. alle 5–10 m Dilatationsleisten anzuordnen wie beim normalen Doppel-Stehfalzdach.

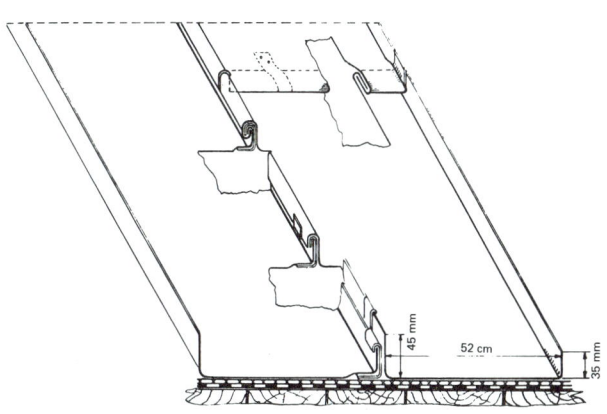

Bild 390 Stehfalz und Querfalzausbildung

Im Bereich des Firstes muß entweder eine Dilatationsleiste oder es müssen Blechschieber hergestellt werden. In Bild 391 ist eine derartige Anschluß-Konstruktion dargestellt. Die eigentliche Verklebung wird also hier im Firstbereich unterbrochen, damit die Dilatation möglich ist. Es ist sonst zu befürchten, daß Abrisse in diesem Bereich auftreten.

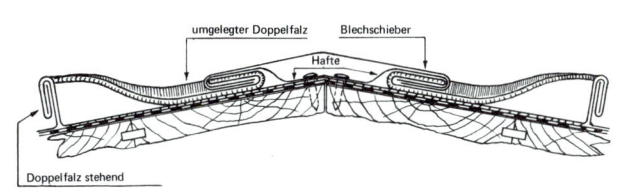

Bild 391 First- und Gratausbildung mit Blechschieber, Abw. Breite 200 mm

Das Aufkleben der Bahnen erfolgt in der Weise, daß jeweils für eine aufzuklebende Bahn die Lage angezeichnet wird. Auf die angezeichnete Stelle wird die heißflüssige Klebemasse ausgegossen und sorgfältig mit einer Spachtel verteilt. Das Auflegen der Metallbahnen erfolgt unmittelbar danach. Um ein sattes Aufkleben zu erreichen, wird die aufgeklebte Bahn mit einem schweren Bohnerbesen aufgebügelt. Dies hat zur Folge, daß die Bahnen schwingungsfrei aufliegen und somit gegen Windsog ausgezeichnet geschützt sind. Es wird empfohlen, die Spezial-Klebemasse von der Lieferfirma zu beziehen (für Flachdächer Alcutex-normal, für Steildächer -extra), damit die Haftung der Metallbänder auf ihrer Unterlage nicht durch Klebemassen unbekannter Zusammensetzung gefährdet ist. Der Klebemasse-Verbrauch liegt bei ca. 2,7–3 kg/m².

Als Unterlage ist eine Bitumenpappe genagelt zu verwenden. Hierauf wird dann der Klebemasseauftrag aufgebracht. In Bild 392 ist das System dargestellt.

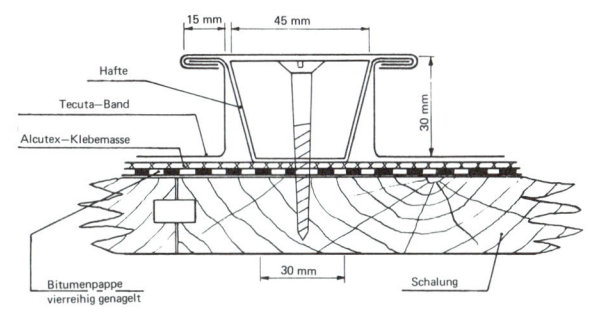

Bild 392 Tecuta-Klebedach

Wie bereits angeführt, sollte sich diese Technik Doppelfalz-Klebedach nur auf dünnere Bänder beziehen (ca. 0,4 mm). Bei dicken Bändern, die naturgemäß statisch wesentlich größere Kräfte bewirken, ist die Klebetechnik nicht mehr zu empfehlen. Grundsätzlich widerspricht die Klebetechnik den Forderungen nach ungehinderter Bewegungsmöglichkeit. Je stärker die Bleche sind, je größer aber die statischen Kräfte, je größer die Gefahr von Aufbeulungen in gewissen Bereichen.

An dieser Stelle muß auch davor gewarnt werden, Bänder aus Metall lediglich in Klebetechnik auszuführen, ohne die Doppelfalz-Konstruktion mit Fest- und Schiebehaften. Dies hat vor Jahren bei verschiedenen Systemen zu schweren Schäden infolge Hochwölbungen besonders bei Warmdächer geführt. Wärmedämmung und Dampfsperre wurden aus ihrer Lage herausgerissen und hochgewölbt (bis 30, 40 cm Hochwölbungen).

Die Klebetechnik nach vorgenannter Art mit Haften und dünnen Metallbändern (besonders aus Kupfer) hat sich jedoch bewährt und kann bei bestimmten Voraussetzungen als Sparbauweise empfohlen werden.

309

Es muß hier jedoch darauf hingewiesen werden, daß Kupferbänder mit 0,3 mm Stärke gegen Korrosion von unten aus dem Untergrund besonders geschützt werden müssen. Verschiedentlich mußte festgestellt werden, daß bei falschem Schichtaufbau bzw. bei Kondensationsbildung unter den Bändern bereits nach 5–6 Jahren Lochkorrosion aufgetreten ist, d.h. die Bänder zerstört wurden. Selbstverständlich muß aber eine derartige Korrosion von unten auch bei stärkeren Metallbändern verhindert werden, wenngleich dort der Schaden erst später auftritt. Es ist aber nur eine Frage der Zeit, bis auch dort derartige Erscheinungen bei falschem Aufbau zutage treten. Weitere Hinweise über die Verklebung von Metall-Belägen können durch die Lieferfirma [55] erfragt werden.

8.9.5.8.3 Metall-Klebedach ohne Verfalzung

Eine andere Klebedachart, die bereits gestreift wurde, besteht aus Metallbändern, die ein- oder zweiseitig bituminiert, geriffelt, pyramiden- oder kalottenartig geprägt sind. Es sind dünne Bänder 0,1–0,3 mm stark, 0,6 m breit, z.B. Alcufol, also Aluminium- oder Kupfer-Folien. Eine derartige Prägung bewirkt hohe Festigkeit trotz geringer Materialstärke. Die dünnen Bänder sind sehr schmiegsam und passen sich unebenen Flächen gut an. Die Dehnungen und Schrumpfungen des Metalles durch Wärmeeinflüsse werden in den Riffelungen jedoch nur zum Teil ausgeglichen. Eine gute Haftung auf dem Untergrund durch Klebung mit Bitumen vermag evtl. den Untergrund (Dämmplatten) hochzuziehen, wie vorgenannt bereits erwähnt wurde. Bei einschaligen Flachdächern hat der Autor mit derartigen reinen Klebedächern keine guten Erfahrungen gemacht, wenngleich hier durch gewisse Bitumeneinstellungen des Klebebitumens Änderungen und Verbesserungen erzielt wurden.

Bei den reinen Klebedächern ist wiederum zu unterscheiden zwischen Verlegung nach dem Doppelfalz-Prinzip (in gleicher Weise wie beschrieben), jedoch ohne zusätzliche Haften und Verlegung ähnlich wie bei einer Dachpappe durch Überkleben der Stöße mit mindestens 8 cm.

Bis 12° Dachneigung können die Bahnen parallel zur Traufe, bei stärkerem Gefälle senkrecht zur Traufe auf die entsprechenden Bitumen-Dachpappen-Isolierungen aufgeklebt werden. Die Bahnenlängen, die über das vorgenannte Längenmaß hinausgehen, müssen wiederum Dilatations-Dehnfugen erhalten.

8.9.5.8.3.1 Kombination Dichtungsbahn mit Metall

Diese bestehen, wie bereits bei Dachdeckungen Warmdach beschrieben, aus einem Spezial-Bitumen, angereichert mit einer gewissen Menge Isobutylen-Kautschuk, einem unverrottbaren Silicon-Fasergewebe, das in die Bitumenmasse eingelagert ist und mit einer aufkaschierten Aluminium-Folie 0,08 mm oder Kupfer-Folie 0,1 mm. Dieser anorganische Aufbau garantiert, daß die Bahnen weder verrotten noch faulen können. Andererseits ist aber auch das Bitumen gegen Versprödung infolge atmosphärischer Einflüsse, besonders der ultravioletten Strahlen im Sonnenlicht, durch die aufkaschierte Metall-Folie geschützt. Aus diesem Grunde unterliegt das Material kaum einer Alterung und bedarf keiner Pflege.

Der Dachbelag wird in drei verschiedenen Stärken hergestellt, die sich allerdings nur in der vorhandenen Bitumenmenge unterscheiden. Das Glasfasergewebe und die Metall-Folie sind in jedem Falle gleich. Die Lieferung des Materiales erfolgt in Rollen von 10 m Länge und 1 m Breite mit Aluminium-Folie, in Rollen von 10 m Länge und 72 cm Breite mit Kupfer-Folie. Mit Alu-Folie kann außerdem in den Farben rostbraun, grün und elfenbein geliefert werden. In diesen Fällen ist die Aluminium-Folie mit einer Chlor-Kautschukfarbe fabrikationsmäßig beschichtet. Der Erweichungspunkt nach Ring-Kugel beträgt bei diesem Material zwischen 97 und 105°C, also es ist standfestes Bitumen verwendet.

Das Material kann sowohl auf Holzschalung aufgenagelt (wobei als Unterlage eine Glasvlies-Bitumenbahn oder Bitumenpappe dient) als auch auf Beton oder auf jede Art von Wärmedämmung aufgeklebt oder aufgeschweißt werden. Das Kleben erfolgt nach den Regeln der Dachpappen-Verklebung wie bei den Warmdächern bereits beschrieben. Besonders empfohlen wird jedoch die Aufbringung durch das sog. Aufschweißen (als Schweißbahn). Dies geschieht durch Erwärmen der bituminösen Unterseite der Bahn mittels Propangasbrennern unter gleichzeitigem Weiterrollen und Andrücken der Dachhaut an die Unterlage.

Die Bahnenlänge ist infolge der thermischen Bewegungen beschränkt. Es wird hier auf die Beschreibung der Dachdeckungsstoffe verwiesen. Bei sehr flachen Dächern wird empfohlen, die Unterlage vorher zusätzlich mit einem Bitumen-Deckanstrich zu versehen. Dadurch erzielt man eine Verschmelzung der bituminösen Unterseite mit dem vorher aufgestrichenen Bitumen und damit eine homogene Verbindung ohne Luft- oder Feuchtigkeitseinschluß. Bei geringem Gefälle kann der Heißbitumen-Klebeanstrich aus Heißbitumen 85/25 bestehen, bei Steildächern aus Bitumen B 105 oder dgl. Auch sämtliche Anschlüsse an Kaminen, Dunstrohren sowie die Ausbildung von Betonrinnen sind mit diesem Material möglich.

Trotz vieler Vorteile haben diese Kombinationen mit Metall auch erhebliche Nachteile. So sind die unterschiedlichen Temperaturbewegungen von Bitumen und Metall trotz Verwendung von Spezial-Bituminas und trotz kalottenförmiger Einprägungen der Folie immer wieder Ursache von Faltenbildungen, Randspannungen, Abhebungen, ja sogar Rissen in der Dachhaut. Die Anwendung kann nach Ansicht des Autors nur dort empfohlen werden, wo relativ kurze Bahnen verwendet werden und eine einwandfreie Verschweißung der

Nähte vorgenommen wird, ohne daß hier die Alu-Folie überlagert wird, da sonst mit Sicherheit über die Ränder Feuchtigkeit eindringt und so Schäden bewirkt werden. Die beste Eignung findet das Material für Anschlüsse an Attikas usw., wo relativ kurze Stücke zur Anwendung kommen können.

8.9.5.9 Dach-Unterkonstruktion bei Metall-Bedachungen

Bei allen Metall-Bedachungen, gleichgültig, ob diese bei Flach- oder bei Steildächern aufgebracht werden, werden die Unterlagen aus Beton, Holz oder dgl. ausgeführt. Mit Rücksicht auf das Arbeiten des Metalldaches infolge der ständigen Temperaturschwankungen wird auf alle Fälle eine absolut glatte, weitgehend reibungslose, von Vorsprüngen und scharfen Kanten befreite Dachunterlage verlangt. Bei Betonunterlagen wird dies durch sorgfältiges Glätten (Glattstrich), bei Holz am sichersten durch Verbund der Bretter in Nut und Feder erreicht oder durch Holzspanplatten oder dgl.

Die Dicke der Schalbretter soll mindestens 25 mm betragen, die maximale Breite 120 mm nicht überschreiten. Die Verwendung stumpf gestoßener Bretter, also ohne Nut- und Federschalung ist bei Metall-Bedachungen genauso wenig erwünscht wie bei anderen Bedachungen, da hier durch Schwindvorgänge sonst u. U. Hochbörtelungen und Spannungsbelastungen auf die Dachhaut übertragen werden.

Die Betonunterlage erhält am zweckmäßigsten einen Kaltbitumen-Voranstrich, der gut abgetrocknet sein muß. Hierauf ist eine talkumierte Bitumen-Dachbahn, am besten eine nicht verrottbare Glasvlies-Bitumenbahn vollflächig mit Heißbitumen aufzukleben. Es wird dadurch vermieden, daß Feuchtigkeit aus der Betondecke hochwandert, die evtl. saure Zersetzungsprodukte enthält (Alkalien, Salze, Frostschutzmittel usw.), die die Metall-Beläge erreichen und zu Zerstörungen führen. Dies gilt übrigens für sämtliche korrosionsfähigen Metall-Beläge. Hier hat der Autor sowohl schon bei Kupferdächern als auch bei anderen Bedachungsarten Schäden in größerem Umfange erlebt.

Auf Holzschalung wird ebenfalls eine Lage 500er Bitumen-Dachbahn oder verstärkte Glasvliesbahn talkumiert (ohne Besandung) verlegt. Die Dachbahnen werden mit Nägeln, die für das jeweils zu verwendende Material chemisch unschädlich sind, aufgenagelt (s. Gefahren bei verschiedenen Metallarten). Es sind nur glatte Nägel mit flachen Köpfen zu verwenden. Die Nägel dürfen sich später nicht aus der Unterlage herausschaffen und so Kontaktkorrosion oder mechanische Schäden in der Metall-Bedachung erwirken.

Die so aufgebrachte Bitumen-Dachbahn erfüllt den Zweck der Feuchtigkeitsisolierung gegen die Unterkonstruktion, verhindert weitgehend die Kondenswasserbildung zwischen Dachhaut und Metallhaut, isoliert gegen Wärmeeinstrahlung und reduziert Geräusche des Regens, Windes usw. (Klopfgeräusche).

Bei sehr geringen Dachneigungen (unter 3°) und bei Dachlängen von kleiner als 8 m oder bei 5° bei Dachlängen von mehr als 8 m empfiehlt sich eine zusätzliche Dichtung der Fälle, wie dies bereits in Bild 384 angeführt wurde.

Hier muß jedoch angeführt werden, daß eine Bitumen-Dachbahn, gleichgültig welcher Art, nicht in der Lage ist, evtl. Kondensatbildung, die unter der Dachhaut entsteht, von der Metall-Bedachung völlig fernzuhalten. Da Metall, wie nachfolgend beschrieben, einen weit höheren Diffusionswiderstandswert als bituminöse Abdichtungsbahnen hat, kann der Wasserdampf auch durch die Bitumenbahn hindurchdiffundieren und so direkt unter dem Metall kondensieren. Es ist also nur ein bedingter Schutz der Metalldachbahn durch eine Unterlagsbahn gegeben. In jedem Falle ist es, wie nachfolgend angeführt, erforderlich, einen sinnvollen Dachaufbau herzustellen, um diese Kondensation zu verhindern.

8.9.5.9.1 Vorgefertigte Metall-Dachsysteme

Vorgefertigte, also nicht manuell in Bändern verlegte Metalldächer werden besonders aus den Materialien Stahlblech, bedingt auch Zinkblech, vor allen Dingen jedoch aus Aluminium hergestellt. Diese vorgefertigten Systeme haben in den letzten Jahren eine unerhört breite Anwendung gefunden. Als Wellbleche, Trapezbleche und Bleche in zahlreichen Sonderformen stehen sie für vorgefertigte Dachdeckungselemente in großen Längen zur Verfügung, die in einfacher Verlegetechnik mit Nägeln oder Schrauben, mit Spezialbefestigungsmitteln oder durch Klemmung freitragend auf der Unterkonstruktion befestigt werden. In Spezialausführungen werden schwalbenschwanzförmig querprofilierte Bänder in Rollen bis zu 35 m Länge in Klemmbefestigung parallel zur Traufe verlegt bzw. schindel- oder dachpfannenähnlich geformte Metall-Bedachungen verwendet.

Die Vielzahl der Querschnittsformen in unterschiedlichen Blechdicken, die verschiedenen in Frage kommenden Legierungen und damit verbundenen zulässigen Spannungen und die denkbaren Verfahren mit einer evtl. zusätzlichen Oberflächenbehandlung erschweren das Bemühen, in einem kurzen Abriß, wie er hier gegeben werden soll, alle Möglichkeiten anzudeuten.

Im Gegensatz zu den Metalldächern, die auf der Baustelle handwerklich verarbeitet werden müssen, bedürfen diese sog. Patentdeckungen oder Elementdeckungen keiner durchgehenden flächigen Unterkonstruktion. Sie sind gegenüber den handwerklich auszuführenden Metalldeckungen demzufolge häufig sehr viel wirtschaftlicher. Es genügt eine Unterkonstruktion aus Holz- oder Stahlpfetten, auf die die Platten in entsprechendem Abstand je nach statischen Möglichkeiten verlegt werden. Im wesentlichen werden folgende Systeme aus den Grundmetallen unterschieden:

8. Das zweischalige Dach (Kaltdach)

Bild-Tabelle 393 Technische Daten der Wellbleche

Die Bleche sind nach den Gütebestimmungen des Deutschen Verzinkerei-Verbandes beiderseitig feuerverzinkt.
Lieferung des Grundstoffes erfolgt nach DIN 1623 und 1541/1.
Wellbleche werden normalerweise in folgenden Längen geliefert:
2000, 2500, 3000, 3500 mm. Zwischen- und Überlängen nach Vereinbarung.
Toleranzen nach DIN 59231
Wellbleche werden auch kombiniert geliefert. Sonderanfertigungen nach Vereinbarung.

1	2	3	4	5	6	7	8	9					
Profil Höhe Breite mm	Baubreite	Blechdicke Deutsche Lehre		Für 1 m Baubreite		Tafel- gewicht bei 2000 mm Länge u. Bau- breite kg	Flächen- inhalt (m²) je Tafel bezogen auf Baubreite 2000 mm Länge	Zulässige gleichmäßige Belastung für gerades Wellblech in kg/m² bei einer Beanspruchung von 1200 kg/m² und einer Freilänge von m					
	Wellen	mm	Nr.	mm	Quer- schnitt cm²	Wider- stands- moment W × cm⁻¹			1	1,5	2	2,5	3	3,5
15/30	21	630	25	0,44	6,95	2,05	7,0	1,26	197	87	49	31	22	16
			24	0,50	7,94	2,32	8,0		223	99	56	36	25	18
			23	0,56	8,75	2,59	9,0		249	111	62	40	28	20
			22	0,63	9,92	2,90	10,0		278	124	70	45	31	23
			21	0,75	11,80	3,43	12,0		329	146	82	53	37	27
			20	0,88	13,90	4,00	14,0		384	171	96	61	43	31
20/40	16	640	24	0,50	7,80	3,29	8,0	1,28	316	140	79	51	35	26
			23	0,56	8,78	3,67	9,0		352	157	88	56	39	29
			22	0,63	9,76	4,12	10,0		396	176	99	63	44	32
			21	0,75	11,70	4,88	12,0		468	208	117	75	52	38
			20	0,88	13,70	5,69	14,0		546	243	137	87	61	45
18/76	11	836	23	0,56	6,70	2,68	9,0	1,67	257	114	64	41	29	21
			22	0,63	7,54	2,99	10,0		287	128	72	46	32	23
			21	0,75	8,98	3,57	12,0		343	152	86	55	38	28
			20	0,88	10,50	4,14	14,0		397	177	99	64	44	32
			19	1,00	11,90	4,71	16,0		452	201	113	72	50	37
			18	1,13	13,50	5,25	18,0		504	224	126	81	56	41
			17	1,25	15,00	5,80	20,0		557	247	139	89	62	45
			15	1,50	18,00	6,93	24,0		665	296	166	106	74	54
27/100	8	800	23	0,56	7,00	4,18	9,0	1,60	401	178	100	64	45	33
			22	0,63	7,80	4,65	10,0		446	198	112	71	50	36
			21	0,75	9,37	5,53	12,0		531	236	133	85	59	43
			20	0,88	10,80	6,46	14,0		620	276	155	99	69	51
			19	1,00	12,50	7,35	16,0		706	314	176	113	78	58
			18	1,13	14,10	8,23	18,0		790	351	198	126	88	64
			17	1,25	15,60	9,07	20,0		871	387	218	139	97	71
			15	1,50	18,70	10,80	24,0		1040	461	259	166	115	85
			13	2,00	25,00	14,30	32,0		1370	610	343	220	153	112
30/135	6	810	22	0,63	7,72	4,97	10,0	1,62	477	212	119	76	53	39
			21	0,75	9,25	5,99	12,0		575	256	144	92	64	47
			20	0,88	10,90	7,00	14,0		672	299	168	108	75	55
			19	1,00	12,30	7,92	16,0		760	338	190	122	84	62
			18	1,13	13,90	8,86	18,0		851	378	213	136	95	69
			17	1,25	15,40	9,83	20,0		944	419	236	151	105	77
			15	1,50	18,50	11,70	24,0		1120	499	281	180	125	92
			13	2,00	24,60	15,50	32,0		1490	661	372	238	165	121
45/150	5	750	21	0,75	10,00	9,42	12,0	1,50	904	402	226	145	100	74
			20	0,88	11,70	11,10	14,0		1070	474	266	170	118	87
			19	1,00	13,30	12,70	16,0		1220	542	305	195	135	100
			18	1,13	15,00	14,20	18,0		1360	606	341	218	151	111
			17	1,25	16,70	15,60	20,0		1500	666	374	240	166	122
			15	1,50	20,00	18,60	24,0		1790	794	446	286	198	146
			13	2,00	26,60	25,00	32,0		2400	1070	600	384	267	196
48/100	6	600	22	0,63	9,55	11,80	10,0	1,20	1130	503	283	181	126	92
			21	0,75	11,50	14,10	12,0		1350	602	338	217	150	110
			20	0,88	13,40	16,40	14,0		1570	700	394	252	175	129
			19	1,00	15,30	18,60	16,0		1790	794	446	286	198	146
			18	1,13	17,20	20,90	18,0		2010	892	502	321	223	164
			17	1,25	19,10	23,20	20,0		2230	990	557	356	247	182
			15	1,50	23,00	27,70	24,0		2660	1180	665	425	295	217
67/90	5	450	19	1,00	30,60	36,50	32,0	0,90	3500	1560	876	561	389	286
			18	1,13	20,60	31,20	16,0		3000	1330	749	479	333	245
			13	2,00	23,20	34,90	18,0		3350	1490	838	536	372	274
			17	1,25	25,70	38,70	20,0		3720	1650	929	594	413	303
			15	1,50	30,90	46,20	24,0		4440	1970	1110	710	493	362
88/100	4	400	19	1,00	23,30	47,20	16,0	0,80	4530	2010	1130	725	503	370
			18	1,13	26,20	52,80	18,0		5070	2250	1270	811	563	414
			17	1,25	29,10	58,90	20,0		5650	2510	1410	905	628	462
			15	1,50	34,90	70,50	24,0		6770	3010	1690	1080	752	552
			13	2,00	46,60	93,20	32,0		8950	3980	2240	1430	994	730

* Besonders für Dachdeckungen geeignet.

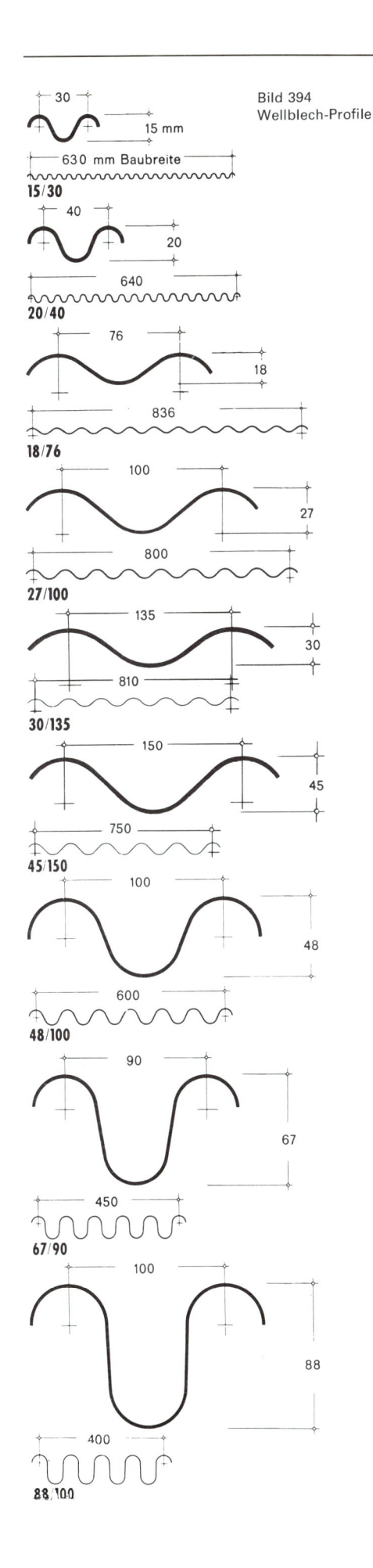

8.9 Leichte Zweischalendächer mit Dachdeckungen

Bild 394
Wellblech-Profile

15/30
20/40
18/76
27/100
30/135
45/150
48/100
67/90
88/100

1. Verzinkte oder Zink-Wellblechplatten oder andere entsprechend geformte Plattenelemente mit zusätzlicher Kunststoff-Beschichtung.
2. Aluminium-Patentdeckungen bzw. -Plattendeckungen.

8.9.5.9.1.1 Verzinkte Wellbleche

In der DIN 59 231 sind die Standard-Profile mit genormter Wellung, Baubreite, Blechdicke, Tragfähigkeit usw. in einer übersichtlichen Tabelle (s. Tabelle 393) dargestellt. In Bild 394 sind die zugehörigen Wellbleche nach dieser DIN-Norm skizzenhaft dargestellt. Tabelle und Bilder erleichtern die Wahl des Profiles. Bei einem Blick auf die Tabelle wird man feststellen, daß bei einem Blech mit ausgeprägter Wellung, also mit höherem Wellenberg das Widerstandsmoment und die Belastungsaufnahmefähigkeit steigen, wobei die Blechdicke eine untergeordnete Rolle spielt. Zweifelsohne wirkt sich auch die Blechdicke in Verbindung mit dem Profil auf die Tragfähigkeit aus. Dies bedeutet aber einen höheren Materialverbrauch und höhere Kosten.

Die große Tragfähigkeit des Wellbleches, bei dem jede Welle sozusagen einen Träger für sich darstellt, läßt einen weiten Spielraum bei der Bestimmung des Pfettenabstandes zu. Durch diese Eigenschaft können Pfettenentfernungen bis zu 4 m überbrückt werden.

Für Dacheindeckungen haben sich besonders die Profile 18/76, 45/150, 30/135 und 27/100 mm bewährt. Hohe Wellen ermöglichen ein gutes Ablaufen des Wassers auch bei stärkerem Regen, ohne daß Wasser und Schlagregen in die seitliche Überdeckung eindringen kann. Im allgemeinen gelten die im Nachfolgenden bei Zinkblechen angeführten Neigungen und Höhenüberdeckungen.

Das verzinkte Wellblech kann auf Holz- oder Stahlpfetten verlegt und bei Wandverkleidungen an Pfosten und Riegeln aus Stahl oder Holz befestigt werden. Zur Befestigung der Bleche kann man Hakenschrauben, Bügelschrauben, Spezialnägel mit aufgerauhtem Schaft und angepreßter Bleischeibe, Schlüsselschrauben, Haftnägel mit Flachrundkopf und schließlich Linsensenkschrauben oder dgl. verwenden. Es ist aber darauf zu achten, daß nur verzinktes Befestigungsmaterial verwendet wird.

Bei Verlegung der Wellbleche, die nach einem Plan erfolgt, muß besonderes Augenmerk auf die Höhenüberdeckung gelegt werden. Die Länge der Überdeckung ist abhängig von der Dachneigung. Sie schwankt, wie nachfolgend angeführt, zwischen 10 und 20 cm. Allgemein sollte die Dachneigung 8° nicht unterschreiten. Ist eine Unterschreitung erforderlich, empfiehlt sich auch hier der Einbau von Dichtungsbändern wie nachfolgend beschrieben.

Feuerverzinkte Wellbleche sind noch relativ leicht (s. Gewichtstabelle 370, 16 kg/m²). Dadurch kann die Unterkonstruktion wie Pfetten, Riegel usw. noch in mäßiger Stärke ausgeführt werden. Durch die Art der Befe-

8. Das zweischalige Dach (Kaltdach)

stigung ist eine einfache Demontage jederzeit möglich.

8.9.5.9.2 Zink-Wellbleche

Zink-Wellbleche werden ebenfalls in Anlehnung an die DIN 274 (Asbestzement-Wellplatten) nach DIN 59231 hergestellt und verlegt. Es wird also genauso wie bei den verzinkten Wellplatten auf die Ausführung bei den Wellasbestplatten hingewiesen.

Über die Vorzüge von Zink als Material wurde bereits ausreichend bei der Materialbeschreibung berichtet. Die hohe Materialfestigkeit und das relativ große Widerstandsmoment bei geringer Blechdicke (0,65–1,0 mm) ermöglichen Spannweiten bis max. 3,5 m. Die Zink-Wellprofile z. B. STZ-Titanzink werden auf Rollformmaschinen kontinuierlich unabhängig von der Länge hergestellt und auf der Wellenmaschine bis zu der geforderten Länge abgeschnitten. Es können also sehr große Längen hergestellt werden.

Dachneigung und Seitenüberdeckung

Aus Tabelle 395 kann die empfohlene Dachneigung mit Höhenüberdeckung und die erforderliche Seitenüberdeckung abgelesen werden. Die Seitenüberdeckung kann mit einer halben Welle im Bedarfsfalle, aber auch bei geringer Dachneigung mit 1$^{1}/_{2}$ Wellen hergestellt werden [53].

Höhenüberdeckung

Dachneigung	≥ 15	~ 10	7 bis 10
Überdeckung in cm	10	15	20

Höhenüberdeckung für Wellprofile (Schuppendeckung)

Dächer bis 5° Neigung können bei Verwendung von Dichtungsstreifen bei 200 mm Überdeckung völlig dicht eingedeckt werden. Dächer mit Dachneigung 3 bis 5° nur mit durchgehenden Wellprofilen eindecken.

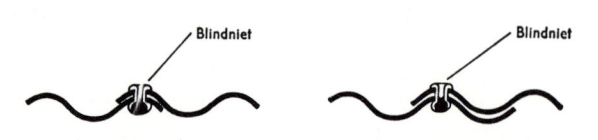

① Seitenüberdeckung ½ Welle mit Blindnietverbindung

② Seitenüberdeckung mit $^{1}/_{1}$ Welle, Blindnietverbindung auf dem Wellenberg

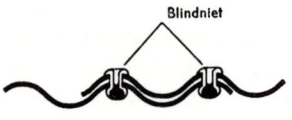

③ Seitenüberdeckung 1½ Welle mit zweifacher Blindnietung

Bild 395 Dachneigung je nach Bedarf und Konstruktion von 0 bis 90° möglich

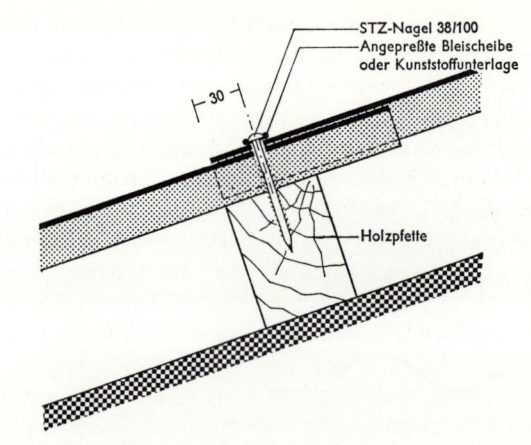

Längenstoß mit Höhenüberdeckung. Befestigung durch STZ-Nagel mit angerauhtem Schaft und angepreßter Bleischeibe oder Kunststoffunterlage auf dem Wellenberg

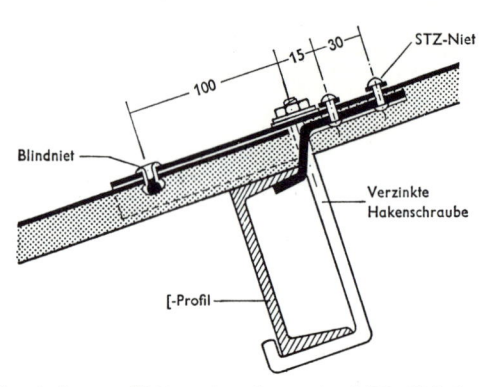

Höhenüberdeckung an Pfettenunterstützung durch [-Profil. Befestigung mit verzinkter Hakenschraube und STZ-Metall-Agraffe

Bild 396

In Bild 396 sind Befestigungsmöglichkeiten von Zink-Wellprofilen auf Holz oder auf Stahlprofilen dargestellt, die im wesentlichen genauso ausgeführt werden wie bei Wellasbestplatten.

Sowohl die verzinkten Wellbleche als auch die Zinkwellbleche können mit lichtdurchlässigen Wellplatten kombiniert werden.

Bezüglich der Alterungsbeständigkeit der Zinkauflage bei verzinkten Blechen oder des Zinkbleches selber können folgende Angaben Aufschlüsse geben:

Der jährliche Verlust an Zink beträgt je Quadratmeter Oberfläche:

1. Landluft   7–15 g
2. Stadtluft   20–43 g
3. Seeluft   17–50 g
4. Industrieluft 40–80 g

Bei verzinkten Blechen bis zu etwa 1 mm Dicke beträgt die Zinkauflage 175–200 g/m² Oberfläche. Es kann also etwa errechnet werden, wie lange es je nach Einsatzort möglich ist, das eigentliche Blech vor Korrosion zu schützen.

8.9 Leichte Zweischalendächer mit Dachdeckungen

Bei reinem Zink mit Blechstärken von ca. 0,8 mm ist naturgemäß die Alterungsbeständigkeit weit höher.
Die Lebensdauer von verzinkten Blechen kann man, wie bereits angeführt, mit zusätzlichen Deckaufstrichen wesentlich heraufsetzen. Besonders bei aggressiver Luft empfehlen sich derartige Zusatzanstriche auf die Feuerverzinkung. Bei der heutigen Anstrichtechnik kann man hier nahezu unbegrenzte Haltbarkeit auch bei verzinkten Blechen voraussagen. In Bild 397 ist ein derartiges System mit verzinkten Blechen, zusätzlich gestrichen, dargestellt (Gavle). Neben einer tragenden Unterschale ist hier auch die Dachhaut aus einem Profilblech hergestellt, die neben der Verzinkung einen Kunststoff-Anstrich erhalten hat, wie dies bereits bei der Stoffbeschreibung beschrieben wurde.

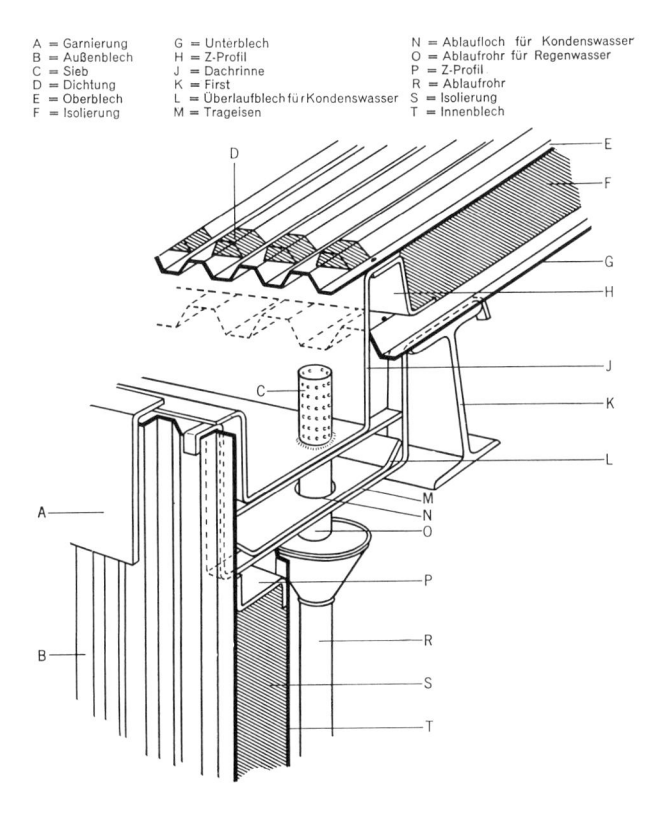

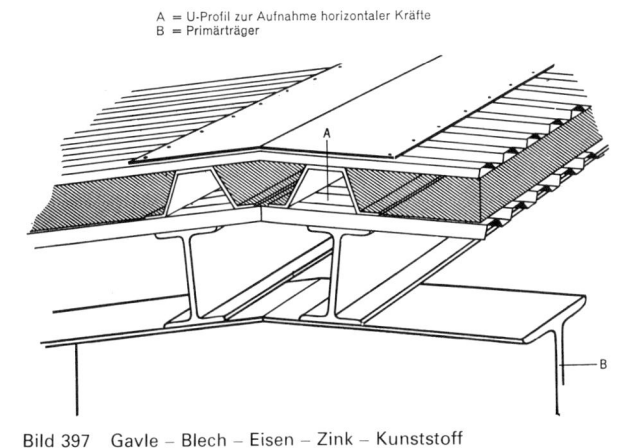

A = Garnierung
B = Außenblech
C = Sieb
D = Dichtung
E = Oberblech
F = Isolierung
G = Unterblech
H = Z-Profil
J = Dachrinne
K = First
L = Überlaufblech für Kondenswasser
M = Trageisen
N = Ablaufloch für Kondenswasser
O = Ablaufrohr für Regenwasser
P = Z-Profil
R = Ablaufrohr
S = Isolierung
T = Innenblech

A = U-Profil zur Aufnahme horizontaler Kräfte
B = Primärträger

Bild 397 Gavle – Blech – Eisen – Zink – Kunststoff

8.9.5.9.3 Feuerverzinkte Stahl-Dachpfannen

Eine wirtschaftliche Bauweise ergibt sich auch mit feuerverzinkten Stahl-Dachpfannen, deren Maße und Güteeigenschaften ebenfalls in DIN 59231 festgelegt sind. Im Gegensatz zum Wellprofil befinden sich hier alle 283 mm/29 mm hohe Längswülste mit jeweils zwei kleinen Rippungen in der ebenen Fläche. Zwischen den Längswülsten hat die Stahl-Dachpfanne am Ende der Tafel Querwülste, die das Hochsaugen des Niederschlagswassers an den Überdeckungen verhindern.
Stahl-Dachpfannen werden in Längen von 500 mm – 2000 mm jeweils um 250 mm steigend und in 850 mm Breite = 3 × 283 mm hergestellt. Die Normaltafel hat eine Fläche von 2000 mm/850 mm = 1,7 m² und wiegt 5,9 kg/m². Zu den Normaltafeln gibt es noch Ergänzungstafeln, die eine Breite von 567 und 283 mm haben, also $1/3$ und $2/3$ der Normalpfannenbreite.
Beim Verlegen ist darauf zu achten, daß die Pfannenreihen, um die Dichtigkeit der Dachhaut zu erhöhen, von Reihe zu Reihe mit den Überdeckungswülsten um $1/3$ Pfannenbreite, also 283 mm versetzt sind. Die verzinkten Pfannenbleche haben im allgemeinen eine Dicke von 0,63 und 0,75 mm.

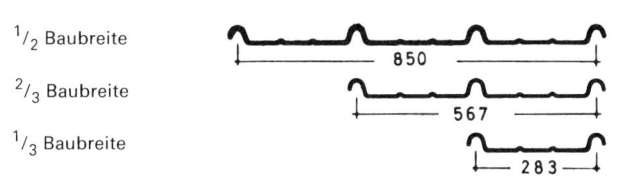

$1/2$ Baubreite 850
$2/3$ Baubreite 567
$1/3$ Baubreite 283

Bild 398 Feuerverzinkte Stahldachpfanne (DIN 59231)

Das Pfannendach wird zum größten Teil auf Holzlatten ähnlich wie bei Ziegeln in einem Abstand von 60–90 cm verlegt. Die Befestigung erfolgt durch Nagelung auf den Längswülsten mit verzinkten Spezialnägeln und angepreßten Bleischeiben. Auch auf Stahl-Unterkonstruktionen können Stahl-Dachpfannen verlegt werden. Als Befestigungsmaterialien dienen dann die Hakenschrauben.
Wie beim Wellblech muß auch für eine ausreichende Höhenüberdeckung an den Stoßstellen gesorgt werden. Diese hängt wiederum mit der Überdeckungslänge von der Dachneigung ab. Bei 18° Neigung und steiler genügt eine Überdeckung von 100 mm, bis 15° Neigung sind schon 150 mm erforderlich und bis 10° Neigung darf die Überdeckung 200 mm nicht mehr unterschreiten. Dächer mit einer Neigung unter 6° wird man zweckmäßigerweise nicht mehr mit verzinkten Stahlpfannen ausführen. Es empfiehlt sich dann eine Ausführung in Doppel-Stehfalz-Bauweise oder dgl.
Bei Stahl-Dachpfannen verlaufen die Wülste von Traufe zu First und ergeben so eine gestalterisch ansprechende Dachfläche. Großhallen oder dgl. werden sehr häufig mit derartigen, relativ leichten und wirtschaftlichen Platten versehen.

8. Das zweischalige Dach (Kaltdach)

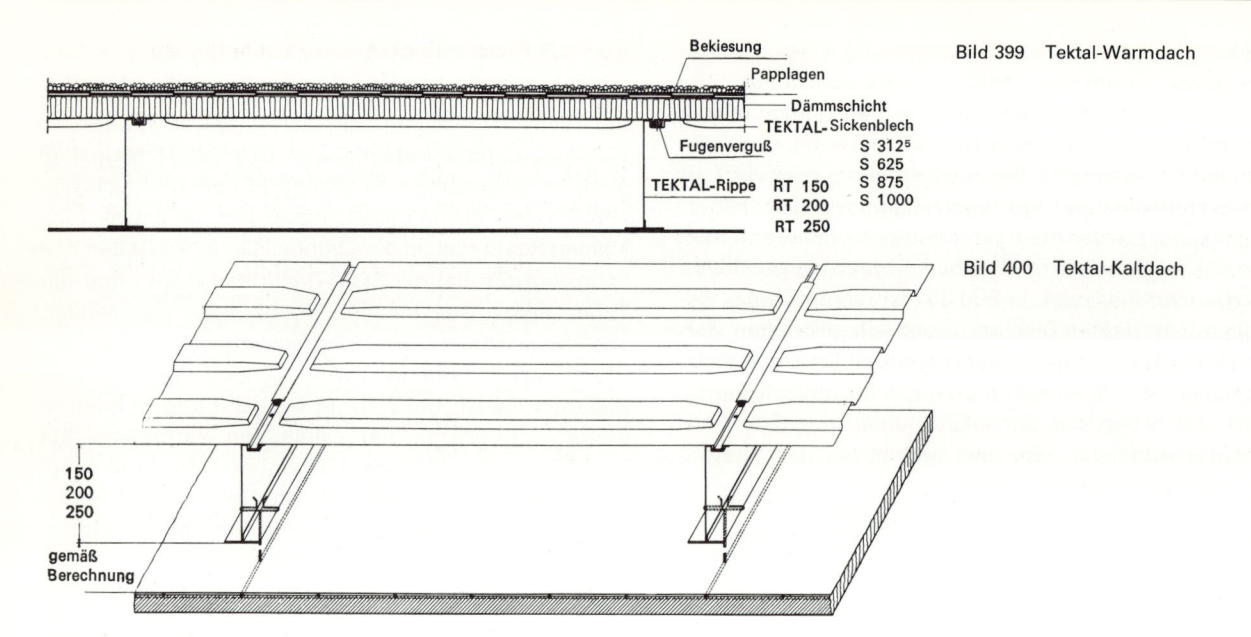

Bild 399 Tektal-Warmdach

Bekiesung
Papplagen
Dämmschicht
TEKTAL-Sickenblech
Fugenverguß
S 312⁵
S 625
S 875
S 1000
TEKTAL-Rippe RT 150
RT 200
RT 250

Bild 400 Tektal-Kaltdach

150
200
250
gemäß Berechnung

8.9.5.9.4 Dachelement Tektal

Es handelt sich hier um ein Dachelement, das gleichzeitig statisch tragend und dachhautbildend ist. Die Sikkenbleche Tektal sind sendzimirverzinkte Stahlbleche, die wahlweise entweder nur mit Sendzimirverzinkung oder mit einseitiger Kunststoff-Beschichtung oder auch mit zweiseitiger Kunststoff-Beschichtung geliefert werden können. Bei Warmdächern, bei denen also die Wärmedämmung ähnlich wie bei Sickenblechen über den Tragelementen aufgebracht wird, wird normalerweise nur Sendzimirverzinkung gewählt, bei Verwendung als Dachhaut (Deckung) wird zusätzlich die Kunststoff-Beschichtung bzw. Kunststoff-Lackierung aufgebracht.

Beim Warmdachaufbau (bereits unter Warmdächer behandelt) werden die oberen Sickenbleche als Tragbleche benutzt. Die Wärmedämmung wird dann nach den Gesetzen des Warmdachaufbaues aufgebracht. In Bild 399 ist ein derartiger Aufbau nochmals dargestellt.

Bild 401 Tektal-Elemente und Dachansicht

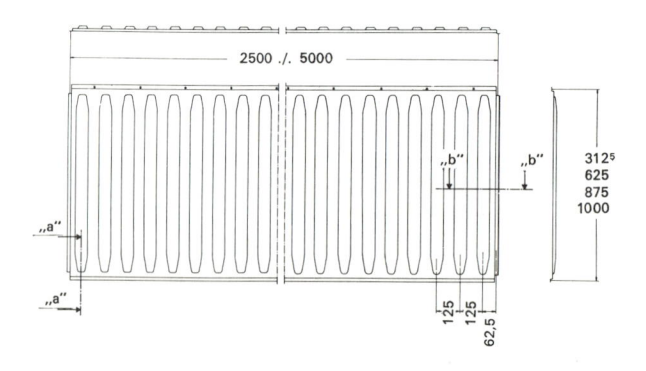

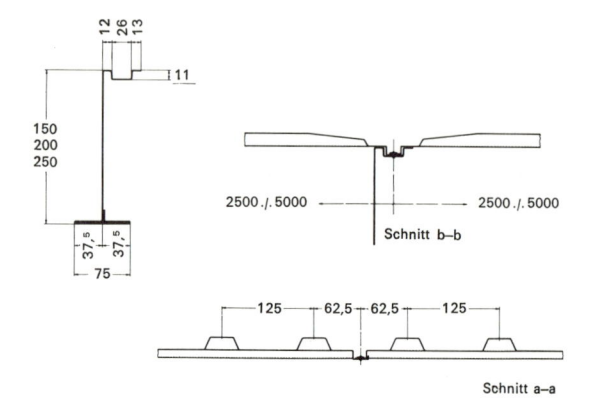

8.9 Leichte Zweischalendächer mit Dachdeckungen

Bei Kaltdächern wird das Sickenblech gemäß Bild 400 zum Einbau gebracht. Voraussetzung für diese Kaltdach-Konstruktion ist jedoch eine ganz einwandfreie Unterlüftung zur Vermeidung von Kondensation, wie dies auch später noch beschrieben wird.

Die Einzelelemente für die Herstellung dieses Tektal-Daches samt einer Ansicht können aus Bild 401 entnommen werden. Weitere Details s. Lieferfirma [56].

Vorgenannte Abhandlungen erheben naturgemäß keinerlei Anspruch auf Vollständigkeit. Hier sollen lediglich Möglichkeiten aus der Vielzahl der angebotenen Systeme angeführt werden.

8.9.5.9.5 Aluminium-Elementplatten

Unter der Vielzahl der vorgefertigten Aluminium-Bedachungen unterscheidet man im wesentlichen:

8.9.5.9.5.1 Aluminium-Wellblech-Bedachungen

1. Wellblechtafeln

Auf Holz- oder Stahlunterkonstruktionen können Alu-Wellplatten wegen ihres leichten Gewichtes, der einfachen und schnellen Verlegung und der Möglichkeit der Verbindung mit entsprechend dicken Wärmedämmplatten (ähnlich wie bei Zement-Wellasbestplatten) mit Vorteil angewandt werden. Je nach Profilwahl können sie bis zu einem Pfettenabstand von 2,50 m freitragend zur Anwendung kommen.

In Tabelle 402 sind die für Wellblech-Bedachungen aus Aluminium in Frage kommenden Abmessungen mit der Wellenhöhe, Breite bei verschiedenen Stärken und Flächengewichten bis zur maximalen Belastbarkeit (Stützweite) angeführt.

Die Angaben für die Belastbarkeit gelten für Wellbleche aus AlMn, für höhere Beanspruchungen wird AlMgSiF 28 verwendet. Anstelle von Wellenformen werden auch Spundwand-Profile verwendet. Für die gängigen Profile der bekannten Hersteller liegen amtliche Zulassungen vor!

2. Wellblechbänder aus Aluminium

Neben den Wellblechtafeln mit beschränkter Länge werden auch Wellblechbänder, also Bänder aus Wellblech oder auch Spundwand-Profile für die gleichen Zwecke angeboten. Gerade diese Profilbleche als Außenhaut für Bedachungen bilden einen Schwerpunkt in der Verwendung von Metall-Bedachungen, insonderheit beim Industriebau, im landwirtschaftlichen Bauwesen usw. In den verschiedensten Querschnittsformen, gewellt, trapezartig verformt oder in Sickenform, mit oder ohne Hinterschneidungen, können diese Bahnen als Wetterschutz an die Unterkonstruktion genagelt, mit ihr verschraubt oder auf sie aufgeklemmt werden.

Insbesondere die Klemmverbindungen gestatten eine einfache und zeitsparende Montage und sind in verschiedenen Variationen auf dem Markt. Diese Klemmverbindungen sind unsichtbar und vermeiden eine Perforierung der Außenhaut, was naturgemäß immer ein Vorteil ist. Die Hinterschneidungen in der Profilform wirken sich auch auf die Dichtigkeiten der Längsstöße zwischen den Bahnen günstig aus. Bei verschiedenen, nachfolgend aufgezeigten Klemm-Profilen ist die Aufbörtelung so hoch, daß derartige Dachbahnen für nahezu gefällelose Dächer verwendet werden können. Verlegungen bis unter 2° sind u. U. hier noch zulässig.

Die Vielzahl der Querschnittsformen in unterschiedlichen Blechdicken, die verschiedenen in Frage kommenden Legierungen und damit verbundenen zulässigen Spannungen und die denkbaren Verfahren einer evtl. zusätzlichen Oberflächenbehandlung erschweren auch hier das Bemühen, zu einer vollständigen Übersicht über die gegebenen Möglichkeiten zu gelangen. Zusammenfassend läßt sich jedoch feststellen, daß die Baubreiten der Profilbahnen von 300 mm–800 mm reichen, wobei vorzüglich 600 mm–800 mm verwendet werden. Die Blechdicken schwanken zwischen 0,5 und 1,5 mm, die Profilbleche werden bis zu 27 m Länge und bis zu 7,5 m frei gespannt, geliefert. Diese großen Herstellungslängen machen es möglich, Dachbahnen ungestoßen von Traufe bis zum First oder mit leichter Überhöhung in der Mitte von Traufe zu Traufe verlegen zu können. Bei einem Gewicht von 2–3 kg/m² einschließlich Überlappung und Befestigungsteilen für eine solche Bedachung sind selbst Bauteile von großer Länge ohne Schwierigkeiten zu transportieren und zu montieren. Für die Bahnenlänge ist zu unterscheiden

Bild-Tabelle 402   ALU-Wellbleche – Techn. Daten

h	b	bb	L	d	g	Q in kg/m²				
mm	mm	mm	mm	mm	kg/m²	$l = 0{,}75$	$l = 1{,}00$	$l = 1{,}50$	$l = 2{,}00$	$l = 2{,}50$
60	150	900	6000	1	3,77			398	224	143
				0,8	3,02			323	182	116
40	100	800	6000	1	2,78		560	248	140	89
				0,8	3,05		448	200	112	72
				0,7	2,66		392	174	98	63
				0,6	2,77	597	336	149	84	54

h = Wellenhöhe; b = Wellenbreite; bb = Baubreite; L = Länge; d = Dicke; g = Gewicht; Q = zulässige Belastung; l = Stützweite.

8. Das zweischalige Dach (Kaltdach)

zwischen LKW-Transport und Bahntransport. Bei LKW-Transport ist die Länge meist auf 16 m beschränkt, bei Bahntransport auf 22–27 m.

8.9.5.9.6 Verlegehinweise

Das Verlegen der einzelnen Tafeln bzw. Bahnen erfolgt immer von der der Wetterrichtung entgegengesetzten Seite her, d.h. bei einer Dacheindeckung wird von dem Giebel der Wind-Lee-Seite angefangen. Vor Beginn der Arbeiten sind die Dachflächen auszuschnüren, da sich Maßabweichungen innerhalb des Baukörpers durch Drücken auf die Wellen bzw. Sickenberge noch ausgleichen lassen. Mit der Verlegung ist außerdem immer am tiefsten Punkt (Traufe des Daches) zu beginnen, so daß die tiefliegende Tafelreihe immer von der nächsthöheren überdeckt wird.

8.9.5.9.6.1 Dachneigungen

Die Dachneigungen bei *Alu-Wellblechen* sind wie bei Wellasbestplatten bzw. wie zuvorgenannt bei den verzinkten Wellblechen erforderlich. In Tabelle 402/2 sind einige zusätzliche Angaben angeführt. Die Neigung von 3–6° ist nur bedingt zu empfehlen, auch trotz Dichtungsbändern im Bereich der Höhenüberdeckung (mit Ausnahme bei Blechlängen ohne Stoß). Zweifellos kann man bei den gut passenden Blechen eine bessere Höhenüberdeckung mit Abdichtung erzielen als bei Wellasbest-Zementdächern. Trotzdem sind auch hier Grenzen gesetzt.

Bei Profilbändern sind auch hier bei erforderlichen Querstößen die normalen Dachneigungen bei den entsprechenden Höhenüberdeckungen auf ca. 6° begrenzt. Hier können jedoch bei Fehlen der Querstöße Neigungen von 2–3° erreicht werden, ja, wie nachfolgend angeführt, sogar bei bestimmten Blechformen (Klemmblech-Profile) auch noch Neigungen bis 2%. Im allgemeinen sollte man sich jedoch an die vorgenannte Tabelle 402/2 halten.

Die Längsstöße, also Stöße rechtwinklig zur First- und Trauflinie, sind immer im Bereich der Wellen- bzw. Sickenberge vorzunehmen, wobei die Profilhöhe bis 20 mm Höhe zwei Berge überdecken soll. Bei Dachneigungen zwischen 10 und 15 % (6–8°) ist eine zusätzliche Dichtung zweckmäßig und bei Neigungen unter 10 % (6°) ist sie auf jeden Fall erforderlich, es sei denn, daß Profilhöhen von über 25 mm verlegt werden, wie sie in den nachfolgenden praktischen Beispielen auch angezeigt sind. Hierbei ist allerdings zu untersuchen, ob eine Dichtung nicht zumindest im Bereich der Dachrinne wegen einer *Rückstaugefahr* doch erforderlich wird. Hier wird auf die gleiche Situation verwiesen wie bei den Wellasbestplatten-Dächern oder Ziegeldächern. Wenn im Traufbereich wegen Einfrieren der Rinne ein Rückstau entsteht und dadurch Eisbarrieren, dann ist auch das Metalldach mit Fugen (Längs- bzw. Querstößen) nicht ausreichend wasserdicht. Es kommt dann ebenfalls zu Feuchtigkeitseinbrüchen. Außerdem ist bei Dachneigungen unter 15 % (8°) eine Verbindung benachbarter Tafeln im Bereich der Längsstöße notwendig (siehe Bild 395). Eine solche Verbindung kann durch Verschraubung, Vernietung oder Klemmung erfolgen. Diese Verbindung benachbarter Tafeln gilt auch für die Längsstöße von Wandverkleidungen, wobei die Niete oder Schrauben möglichst unsichtbar, d.h. nicht auf dem Wellen- oder Sickenkamm angeordnet sein sollten [57].

8.9.5.9.6.2 Befestigung von Profilblechen und -bändern

In Bild 403 ist die Befestigung mit Befestigungsankern gezeigt, die für alle Wellblech-Bedachungen gültig sind. Hier sind dann jeweils von den einzelnen Lieferfirmen die detaillierten Vorschläge einzuholen.

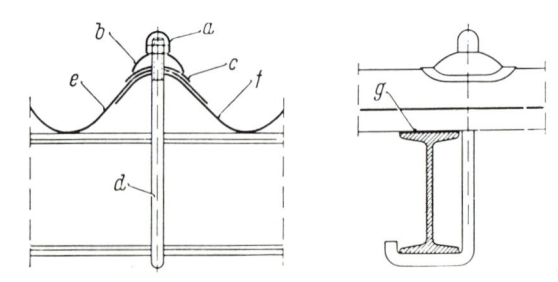

Bild 403 a Mutterhütchen (Al), b Befestigungskappen (Al), c Zink-Gleitplättchen, d Befestigungsanker (kadmiert), e Oberes Wellblech, f Unteres Wellblech, g Bitumenanstrich oder Dachpappe

Bild-Tabelle 402 Dachneigungen und Überlappungen bei ALU-Wellblechtafeln

1. Bei Neigungen über 20° = 15 cm Überlappung.
2. Bei Neigungen von 6 bis 20° = 20 cm Überlappung.
3. Bei Neigungen von 3 bis 6° = 20 cm Überlappung mit zusätzlicher Kittausdichtung (z. B. *Prestik* mit 1 cm ⌀ Thiokol usw.) (siehe auch Well-Asbestdächer!).

Dachneigung bei Profilrändern

Bei *Querstößen*, d.h. Stößen parallel zur First- und Trauflinie, sind je nach Dachneigung folgende Überdeckungen einzuhalten:

Dachneigung in %	10–15	15–30	über 30
Dachneigung in Grad	6–8	8–17	17
Überdeckung in mm	200	150	100

(Bei Bedachungen ohne jegliche Querstöße beträgt die Mindest-Dachneigung 3% oder 2°.)
Eine Überdeckung von 100 mm ist auch für Wandverkleidungen vorzusehen.

Die Befestigung von profilierten Blechen und Bändern aus Aluminium auf der Unterkonstruktion kann u.a. aber auch durch Schlagschrauben, Schraubnägel, normale und selbstschneidende Schrauben sowie Hakenschrauben erfolgen. Diese Befestigungsmittel sind für Befestigungen auf dem Wellen- und Sickenberg entwickelt und werden bevorzugt für Bedachungen verwendet. Es werden aber auch von einer großen Anzahl Firmen Befestigungen im Wellen- bzw. Sickental verwendet.

8.9 Leichte Zweischalendächer mit Dachdeckungen

In Bild 404 [57] sind in 1–5 Befestigungsmittel für Verlegungen auf dem Wellen- bzw. Sickenberg dargestellt, in 6–7 Befestigungsmittel für das Wellen- bzw. Sickental.

Hier sei kritisch angemerkt, daß sowohl die Befestigung auf dem Wellenberg als auch die Befestigung im Wellental Probleme enthalten und sehr sorgfältig vorgenommen werden muß:

Bei Befestigungen auf dem Wellenberg muß die verschraubung sehr sorgfältig und mit Gefühl vorgenommen werden. Eine zu starke Verschraubung erbringt Einbeulungen, so daß hier dann gewisse Mulden entstehen, in denen das Wasser stehen bleibt. Undichtigkeiten in der Kunststoff-Abdeckhaube usw. lassen Feuchtigkeit nach innen eindringen. Nicht selten mußten hier schon ganze Dächer wieder abgedeckt werden.

Bei Befestigungen im Wellental sind nur solche zu empfehlen, bei denen eine gesonderte Kunststoff-Abdichtung unter der Schraube vorhanden ist. Sind bereits angeformte und zu schmale Dichtungsringe vorhanden, kann hier keine ausreichende Abdichtung erwartet werden. Bei geringer Schrägstellung der Schrauben läuft dann u.U. an diesen Stellen Wasser ein, besonders dann, wenn der angeformte Dichtungsrand im Laufe der Zeit versprödet.

Für die Direktmontage mit Schießbolzen werden die in Bild 405 empfohlene Lösungen gezeigt, die sich z. T. in dieser Form bewährt haben. Grundsätzlich sollten nur solche Firmen zur Verlegung gewählt werden, die schon mehrmals Aluminiumbleche in dieser Form verlegt haben, da sonst häufig Lehrgeld bezahlt werden muß.

1: Befestigung durch Schlagschraube (Schraubnagel), 1 = Kunststoffdichtung.

2: Befestigung durch Holzschraube, 1 = Kunststoff-Abdeckhaube, 2 = Aluminium-Unterlegscheibe, bzw. Kalotte, 3 = Aluminium-Abdeckkappe darunter Bitumendichtung.

3: Befestigung durch selbstschneidende Schraube, 1 = Kunststoff-Abdeckhaube, 2 = Aluminium-Unterlegscheibe bzw. Kalotte, 3 = Aluminium-Abdeckkappe, darunter Bitumendichtung.

4: Befestigung durch Hakenschraube, 1 = Kunststoff-Abdeckhaube, 2 = Aluminium-Unterlegscheibe bzw. Kalotte, 3 = Aluminium-Abdeckkappe, darunter Bitumendichtung.

5: Befestigung durch selbstschneidende Schraube mit Spreizhülse, 1 = Kunststoffkappe, 2 = Kunststoffdichtung, 3 = Spreizhülse.

6: Befestigung durch selbstschneidende Schraube, 1 = Unterlegscheibe, 2 = Kunststoffdichtung.

7: Befestigung durch selbstschneidende Schraube mit angeformtem Dichtungsrand, 1 = Kunststoffdichtung.

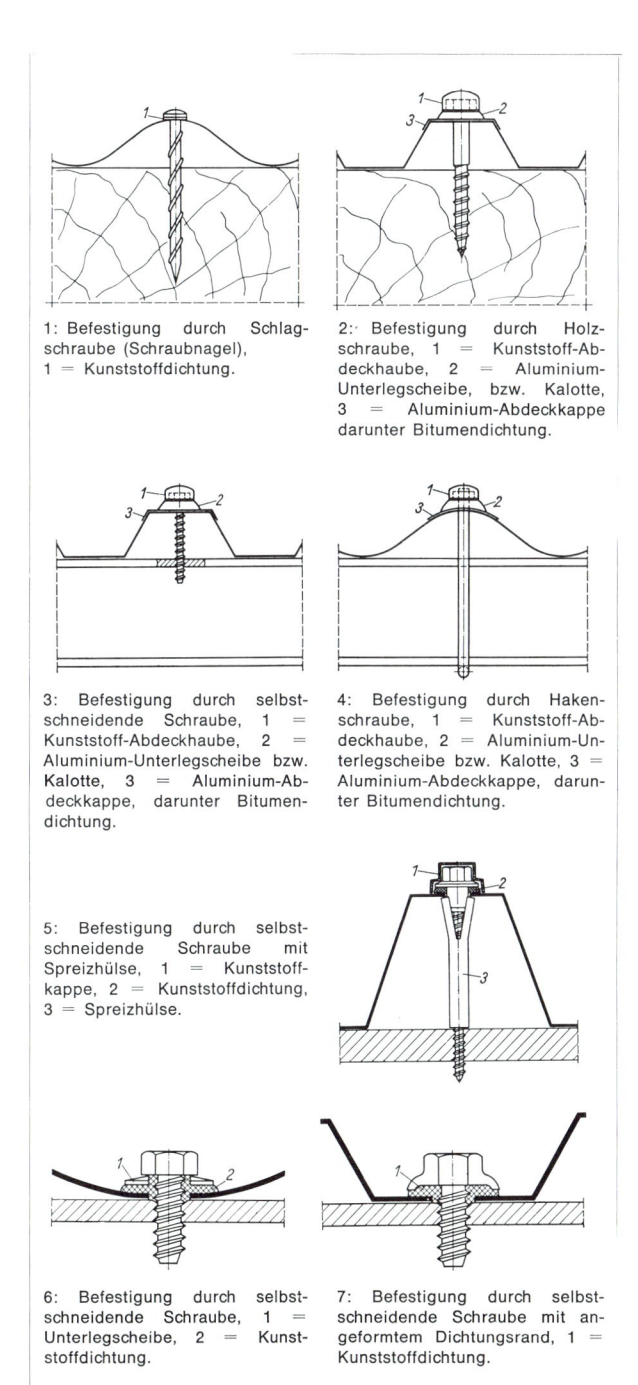

Bild 404 Befestigung von Alu-Bändern (nach Merkblatt der Aluminium-Zentrale e.V., Düsseldorf)

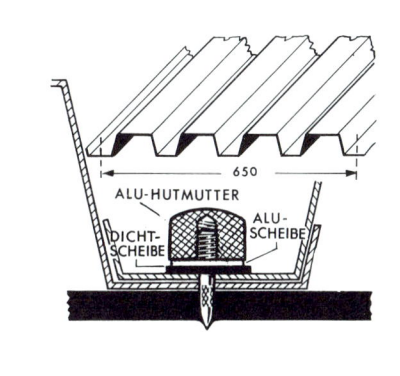

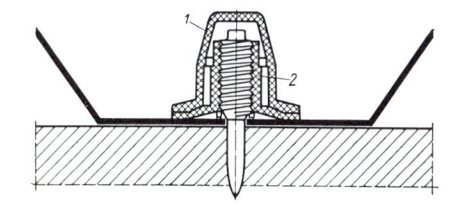

Bild 405 Befestigung mit Schießbolzen. 1 Kunststoffkappe, 2 Kunststoffmutter (nach Merkblatt der Aluminiumzentrale e.V., Düsseldorf)

8.9.5.9.6.3 Berücksichtigung der Wärmedehnung

Wie bereits zuvor ausgeführt, ist der Ausdehnungskoeffizient bei Aluminium mit 0,024 doppelt so hoch wie bei Stahl oder Beton, an denen die Materialien auf der Unterkonstruktion befestigt sind. Deshalb ist bei Untersuchungen über die Wärmeausdehnung einer Aluminium-Außenhaut und die daraus resultierende Spannung von der Differenz dieser Koeffizienten auszugehen, wobei allerdings noch eine Temperaturdifferenz zwischen Außenhaut und Unterkonstruktion beachtet werden muß.

8. Das zweischalige Dach (Kaltdach)

Man kann unterstellen, daß die Aluminium-Außenhaut im Winter eine Temperatur von −20° in Klimazone III annimmt und im Sommer auf über 80–90° aufgeheizt wird, so daß eine Jahrestemperaturdifferenz von 100° anzunehmen ist (2,4 mm/m). Wenn angenommen wird, daß die Montage etwa bei einer Temperatur in der Mitte dieses Differenzbereiches vorgenommen wurde (mit ca. 20–25°), ergibt sich also eine Längenänderung, die Zug oder Druck für die Aluminium-Außenhaut bewirkt von über 1,2 mm/lfm. Bei Blechlängen von z. B. 10 m sind dies bereits 12 mm. Daraus können erhebliche Spannungsbelastungen auf die Schrauben und Befestigungsteile erfolgen. Selbstschneidende Schrauben, Schießbolzen, Schweißbolzen oder dgl. werden u. U. aufgeschlitzt bzw. es treten an den Randzonen der Bleche Deformierungen auf, da das Blech diesen Belastungen nachgibt. Bei längeren Blechen und Bändern müssen demzufolge diese Längenänderungen in den Befestigungsgarnituren ausgeglichen werden. Dies wird üblicherweise durch Längslöcher hergestellt. In diesem Falle kann man jedoch auf keinen Fall im Wellental bzw. Sickental befestigen. Die günstigsten Voraussetzungen werden bei Klemmverbindungen erreicht, da hier der Längenausgleich durch Gleiten in den Halte-Elementen erfolgen kann.

8.9.5.9.7 Physikalische Aufbaugesichtspunkte bei Metall-Bedachungen

Wie schon mehrfach beschrieben, sind Metall-Bedachungen nahezu als absolut dampfdicht anzusehen. Hier ist im wesentlichen kein Unterschied zu machen zwischen den einzelnen Dachsystemen, also Doppel-Stehfalzdach, Leisten- oder vorgefertigten Profildächern oder dgl. Die Atmungsfähigkeit über die Nahtverbindung nach außen ist so unbedeutend, daß sie nicht in Anrechnung gebracht werden kann.

Ein weiteres Kriterium bei Metall-Bedachungen ist die Tatsache, daß diese nicht in der Lage sind, auch nur vorübergehend geringfügig Feuchtigkeit aufzunehmen und diese bei Ruhezeiten wieder abzugeben. Wenn auf der Unterseite der Metall-Bedachung Kondensat auftritt, dann führt dies entweder sofort zur Abtropfung oder zu Reifbildung, die dann später beim Auftauvorgang konzentriert nach unten abtropft.

Im Prinzip gelten für die Aufbaugesichtspunkte genau dieselben Kriterien wie bei den Wellasbestzement-Dächern beschrieben oder bei den Ziegeldeckungen. Es müssen hier jedoch die vorgenannten Gesichtspunkte zusätzlich noch in Erwägung gezogen werden. Im einzelnen sind folgende Unterscheidungen zu machen:

8.9.5.9.7.1 Das einschalige ungedämmte Metalldach

1. Doppel-Stehfalzdach

Das einschalige Doppel-Stehfalzdach, wie in Bild 406 dargestellt, wird über einer Vollholzschalung aufgebracht. Diese Vollholzschalung erbringt je nach Stärke noch einen gewissen Wärmedämmwert (Wärmedurchlaßwiderstand zwischen 0,16 und 0,20). Es wird hier mindestens erreicht, daß die Unterseite der Vollholzschalung nicht sofort die Außentemperatur registriert, sondern daß hier eine gewisse Verzögerung vorhanden ist. Auch kann die Vollholzschalung durchaus vorübergehend Kondensat aufnehmen, ohne daß dies zur Abtropfung kommt, falls die Taupunkttemperatur unterseitig der Holzschalung kurzfristig unterschritten wird.

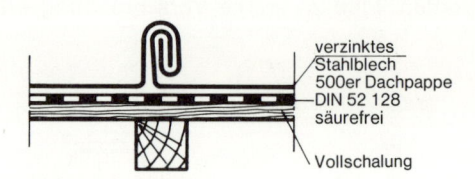

Bild 406 Einschaliges Doppelstehfalzdach

Über längere Zeit kann man jedoch auch einer derartigen Holzschalung Kondensation nicht zumuten. Es würde zu Fäulnisbildung kommen. Voraussetzung für den Einsatz als einschaliges, nicht wärmegedämmtes Flachdach ist deshalb eine wirkungsvolle Unterlüftung, wie diese in Bild 407 dargestellt ist. Nur wenn diese Lüftung gut funktioniert, dann kann man derartige Konstruktionen auch bei baulichen Anlagen mit geringer physikalischer Belastung zum Einsatz bringen, so z. B. im landwirtschaftlichen Bauwesen, soweit es sich nicht um Ställe oder dgl. handelt, bei industriellen Lager- und Ausstellungshallen ohne Anforderungen an die Wärmedämmung usw. Voraussetzung ist aber immer, wie angeführt, eine wirkungsvolle Unterlüftung. Selbst bei auskragenden Vorfahrtsrampen oder dgl. muß eine wirkungsvolle Unterlüftung vorhanden sein, da sonst auch hier besonders bei Öffnen der Türen zum eigentlichen Warmraum unzulässige Kondensation unter den Auskragplatten auftritt. Es gilt hier Ähnliches, wie bereits bei den Wellzement-Platten beschrieben.

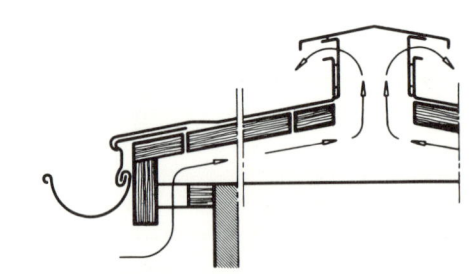

Bild 407 Lüftung beim Einschalendach

2. Einschalige Eindeckung bei Profilblechen

Bei einschaligen Eindeckungen ohne Wärmedämmung, wie in Bild 408 dargestellt, ist der Einsatzbereich bei Metall-Bedachungen sehr beschränkt. Bereits bei geringsten Temperaturunterschieden zwischen innen und

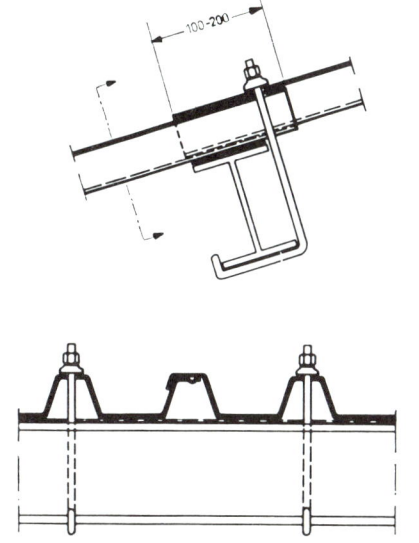

8.9 Leichte Zweischalendächer mit Dachdeckungen

Bild 408 Einschalige Eindeckung ohne Wärmedämmung

außen kann es nicht ausbleiben, daß auf der Unterseite der Metall-Bedachung Kondensat auftritt. Wie zuvor angeführt, ist eine derartige Außenhaut absolut dampfdicht und ist nicht in der Lage, auch nur geringfügig Kondensat unterseitig vorübergehend zu speichern. Wenn ein gewisser Wärmestau unter dem Dach zustande kommt und es kommt dann zu einer Abkühlung von außen her (es reichen oft schon Gewitterabkühlungen), dann fällt unterseitig Feuchtigkeit aus und es kommt sehr häufig zu Abtropfungen. Im Winter reichen oft schon 3–4° Temperaturunterschied zwischen innen und außen, um diese Erscheinungen zu bewirken. Da keinerlei Absorptionsmöglichkeit wie bei einer Holzschalung vorhanden ist, muß also hier die Dachunterlüftung so kräftig ausgeführt werden, daß mit Sicherheit kein Wärmestau unter der Metall-Bedachung auftreten kann, da sonst die Kondensationsgefahr nicht gebannt werden kann. Hier können auch schon in Lagerhäusern ohne besondere Wärme-Belastungen Feuchtigkeitserscheinungen auftreten.

Die Dimensionierung der Be- und Entlüftung ist bereits unter dem Begriff »Kaltdächer« angeführt. Es ist jedoch angezeigt, bei derartigen einschaligen Dächern diese dort geforderten Sollwerte noch um etwa 30–40% zu erhöhen. Es empfiehlt sich also bei derartigen einschaligen, nicht wärmegedämmten nackten Dachbahnen, den Belüftungsquerschnitt noch um ca. 30% gegenüber den dort geforderten Werten zu erhöhen. Da die Metall-Dachhaut wärmetechnisch ja ohnehin ohne jede Bedeutung ist (lediglich Zugluftdichtigkeit), ist die Frage des Wärmeverlustes uninteressant. Es kann also hier die Be- und Entlüftung so groß wie möglich gewählt werden und sollte nicht unter $1/300$ bis $1/400$ der Grundfläche gewählt werden! Auch die Zu- und Abluftöffnungen müssen je nach Konstruktionsgegebenheiten aufeinander abgestimmt sein. So empfiehlt es sich, im Bereich der Entlüftung diesen Querschnitt gegenüber der Belüftung um ca. 30% zu erhöhen, falls innerhalb der Dachfläche größere Bewegungsbehinderungen durch Pfetten oder dgl. vorhanden sind.

8.9.5.9.7.2 Das einschalige wärmegedämmte Flachdach mit Metall-Bedachungen

Grundsätzlich sollte man, wenn irgendwie möglich Metall-Bedachungen nicht als Warmdächer ausführen. Trotzdem wird es manchmal nicht zu umgehen sein, derartige Warmdächer herzustellen, insonderheit dann, wenn z.B. von einem Flachdach übergehend ein kleines Stück als Schrägdach auszuführen ist, also z.B. bei Oberlichtschrägen für Schulen oder dgl.
In Bild 409 ist ein Beispiel eines derartigen Aufbaues dargestellt.

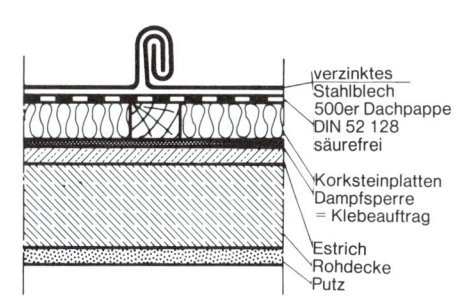

Bild 409 Warmdachaufbau mit Metallhaut

Da die Dachabdichtung hier eine nahezu absolute Dampfsperre darstellt, muß gefordert werden, daß auch die Dampfsperre unter der Wärmedämmung eine sehr gute Dampfsperre ist. Desgleichen sollte über der Wärmedämmung eine ausreichende Dampfdruckausgleichsschicht vorhanden sein, um gegebenenfalls doch noch durchdiffundierende Feuchtigkeit, die etwa über die durchgenagelten Latten nach oben möglich wird, abdiffundieren zu lassen. Es empfiehlt sich etwa folgender Aufbau von unten nach oben:

1. Massivplattendecke oberseitig absolut planeben abgeglichen oder mit einem Estrich versehen, wie in Bild 409 dargestellt.
2. Kaltbitumen-Voranstrich.
3. Dampfsperre, bestehend aus einer 0,2 mm Alu-Dichtungsbahn, und diese im Gieß- und Einwalzverfahren mit 10 cm Überlappung aufgeklebt.
4. Wärmedämmung nach den bauphysikalischen Erfordernissen, bestehend aus Korkstein-Platten, PU-Hartschaumplatten oder dgl., vollsatt nach unten aufgeklebt.
5. Imprägnierte Holzleisten und diese entweder mit Heißbitumen-Klebemasse zwischen die Wärmedämmung eingeklebt oder für sturmfeste Verankerung besser nach unten durchgeschraubt und dann die Leisten rückseitig mit Kaltbitumen eingestrichen zur Vermeidung von Dampfdurchgängen über die Verschraubung.

8. Das zweischalige Dach (Kaltdach)

6. Obere Dampfdruckausgleichsschicht, bestehend aus einer unterseitig besandeten Glasvlies-Bitumen-Bahn, streifenweise aufgeklebt oder auch nur mit Überlappung genagelt und diese an die Außenluft angeschlossen, oberseitig nur talkumiert, also nicht besandet.
7. Metall-Bedachung, je nach Materialwahl als Doppel-Stehfalzdach oder Profilbänder ausgeführt, wie in Bild 409 dargestellt.

Eine derartige Konstruktion verspricht Kondensationsfreiheit. Es ist zu beachten, daß für die evtl. Aufnagelung der Dachpappe bzw. auch schon der Latten das gleiche Befestigungsmaterial gewählt wird wie für die Dachhaut, also z.B. bei verzinktem Stahl verzinkte Schrauben oder dgl.

Konstruktionen dieser Art können auch noch für höhere Dampfdruckbelastungen eingesetzt werden (ausreichende Wärmedämmung naturgemäß vorausgesetzt). Im allgemeinen ist bei Aufbringung als Doppel-Stehfalzdach auch noch eine gewisse Entlüftung (Dampfdruckausgleich) zwischen Blech und Pappe zu erwarten, so daß Dächer dieser Art relativ gesund bleiben. Eine gewisse Erschwernis ist dadurch gegeben, daß in diesem Falle die Holzleisten, an denen die Blechhaften befestigt werden müssen, bereits von der Dachdeckungsfirma eingebaut werden müssen und leider häufig bei mangelnder Koordination in ihren Abständen nicht stimmen. Reklamationen sind also nicht selten.

Eine weiter, bereits bei den Warmdächern ausreichend behandelte und beschriebene Konstruktion mit Stahlblech ist zur Ergänzung in Bild 410 nochmals angeführt. Es sind dies die sog. Trapezblech-Dächer, über denen eine Wärmedämmung aufgebracht wird. Je nach Belastung kann hier dann eine Dampfsperre über den Sickenblechen aufgebracht werden, bevor die Wärmedämmung und Dachhaut aufgebracht werden.

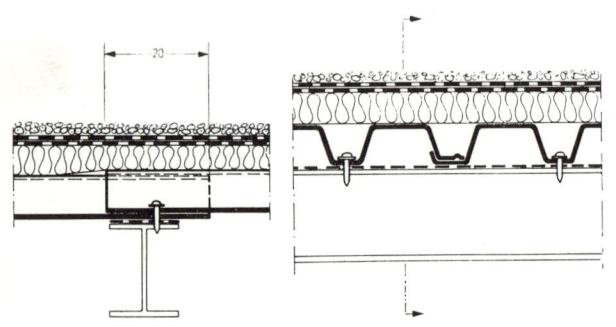

Bild 410 Pappdach mit Bekiesung und tragenden Profilblechen

In diesem Zusammenhang sei auf eine sehr häufige Erscheinung der letzten Zeit hingewiesen. Über den Stoßstellen, die hier mit 20 cm Überlappung angegeben wurden, treten sehr häufig Spannungsbelastungen in der Dachhaut auf, die bei zugschwachen Dachbahnen zu glatten Abrissen führen. Diese Spannungsbelastung resultiert primär aus der Durchbiegung der Bleche. Im Bereich der höchsten Stelle (Auflager) kommt es zur Aufwölbung mit Zugspannungsübertragungen auf Wärmedämmung und Dachhaut. Dazu kommt eine völlig neue und bis heute noch nicht gültig formulierte physikalische Eigenschaft aus bestimmten Wärmedämmplatten. Sämtliche Kunststoff-Hartschaumplatten haben einen sehr hohen Ausdehnungskoeffizienten. (Siehe Warmdach-Wärmedämmplatten.) Er ist z.B. bei Styropor doppelt so hoch wie der von Aluminiumblech oder 5mal so hoch wie der von Beton (bei Pu-Hart-Schaumplatten noch höher). Diese Wärmedämmplatten können z.T. (Polystyrol) nur mit Warmbitumen max. 120° auf die Bleche bzw. Dampfsperre aufgeklebt werden (es besteht sonst die Gefahr der Ausbrennung). Bei dieser Temperatur entstehen aber sehr häufig zu geringe Haftungsmöglichkeiten. Die Wärmedämmplatten liegen dann mehr oder weniger lose auf den Sickenblechen auf. Zum Teil werden diese Wärmedämmplatten bis 2m Länge angeboten und zum Einbau gebracht. Es können bei 100° Temperaturdifferenz auf diese 2m Länge 12mm an Temperaturbewegungen entstehen, von denen mit Sicherheit je nach Einbautemperatur 6–7mm wirksam werden. Die vorgenannten Durchbiegungen aus den Sickenblechen und die thermischen Bewegungen aus den Wärmedämmplatten bewirken dann so starke Spannungsübertragungen auf die Dachhaut, daß selbst zugkräftigere Dachbahnen durchgerissen werden können. Ob nun als Feuchtigkeitsabdichtung eine betuminöse Abdichtung aufgebracht wird oder eine Kunststoff-Abdichtung, ist letzten Endes gleichgültig. Die Problemstellung bleibt dieselbe. Diese Erfahrungen des Autors erstrecken sich, was die thermischen Bewegungen der Dämmplatten betrifft, auch auf Verlegungen auf Massivplattendecken. Bei den Sikkenblechen kommen jedoch noch Spannungen aus den Durchbiegungen hinzu, so daß die Schäden hier verstärkt auftreten.

8.9.5.9.7.3 Kaltdächer

Die zweifellos einwandfreieste und physikalisch zweckmäßigste Lösung ist die Herstellung einwandfreier Kaltdächer.

In Bild 411 ist ein Dachaufbau mit einer Kaltdachlösung über einer Massivkonstruktion dargestellt. Wenn der

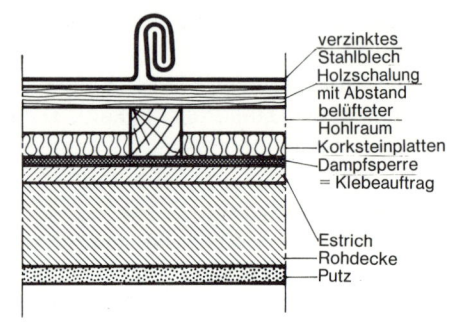

Bild 411 Kaltdach

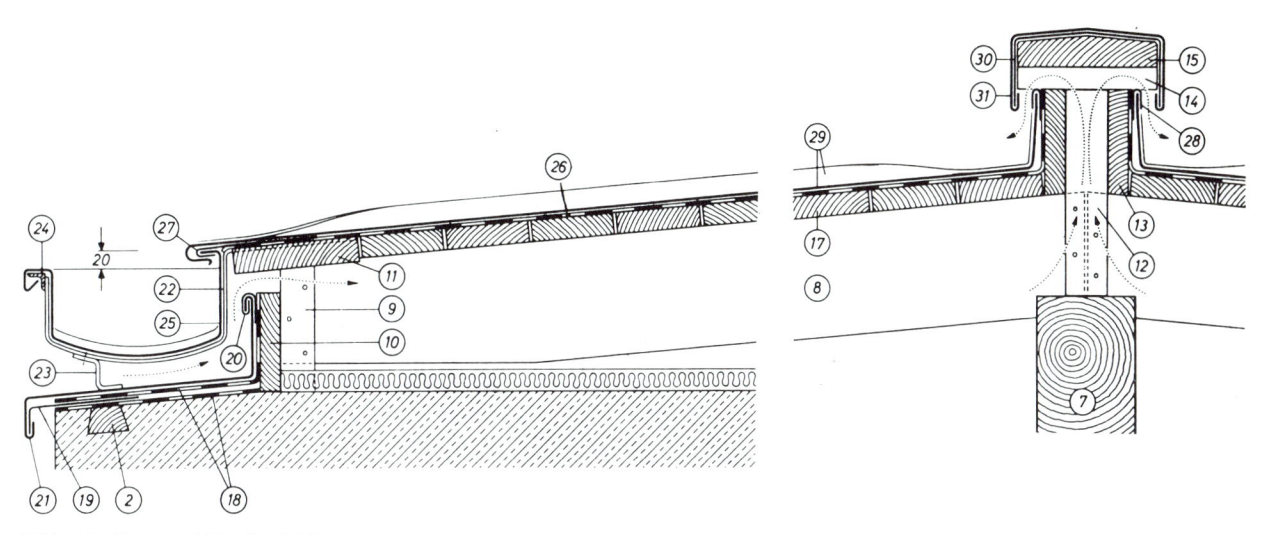

8.9 Leichte Zweischalendächer mit Dachdeckungen

Bild 412 First- und Traufausbildung bei zweischaligem Doppelstehfalzdach. 2 Dübelleiste, 7 Firstpfette, 8 Sparren, 9 Knaggen, 10 Stirnbrett, 11 Traufbohle, 12 Knaggen, 13 Wangenbrett, 14 Klotz, 15 Firstbohle, 17 Schalung, 18, 26 Bitumendachbahn, 19 Vorstoß, 20 Hafte, 21 Gesimsabdeckung, 22 Rinnenhalter, 23 Stütze, 24 Winkelprofil, 25 Kastenrinne, 27 Vorstoß, 28 Hafter, 29 Zinkdachhaut, 30 Streifenhafter, 31 Firstkappe

Luftraum relativ klein bemessen ist, wie in vorgenanntem Beispiel, dann empfiehlt es sich, zwischen Massivdecke und Wärmedämmung eine Dampfsperre bzw. Dampfbremse zum Einbau zu bringen. Ist eine ausreichende Be- und Entlüftung und ein ausreichend hoher Luftraum vorhanden, dann kann auf eine derartige Dampfsperre verzichtet werden, wenn eine Massivplattendecke von mindestens 12 cm Stärke vorhanden ist. Die Wärmedämmung kann selbstverständlich anstelle von expandierten Korksteinplatten auch aus Mineralfaser-Platten oder dgl. hergestellt werden.

Zwischen Holzschalung und Bedachung empfiehlt es sich, bei bestimmten Konstruktionen, wie bei den Metallen beschrieben, eine trennende bituminöse Dachdichtungsbahn einzulegen.

Die Be- und Entlüftung in der Dimension muß wie bei den anderen Kaltdächern beschrieben angeordnet werden. In Bild 412 ist ein vorschriftsmäßiges Detail über ein Doppel-Stehfalzdach als Kaltdach dargestellt. Die Belüftung erfolgt versteckt unter der Rinne und garantiert hier Schneedichtigkeit. Die Entlüftung im Firstbereich kann ungehindert erfolgen, so daß hier eine einwandfreie Funktion bei ausreichender Dimensionierung der Be- und Entlüftungsöffnungen gewährleistet ist.

Die Belüftung kann aber auch über die Fassaden erfolgen, was häufig erwünscht ist. Die Zugwirkung (Schwerkraftlüftung) wird durch eine derartige Ausnützung verstärkt. In Bild 413 ist eine Möglichkeit der Belüftung im Traufbereich angezeigt.

Die Dimensionierung der Wärmedämmung wird bei Massivkonstruktionen gemäß DIN 4108 vorgenommen, so daß hier weitere Anmerkungen nicht zu machen sind. Es wird auf die früheren Darstellungen verwiesen.

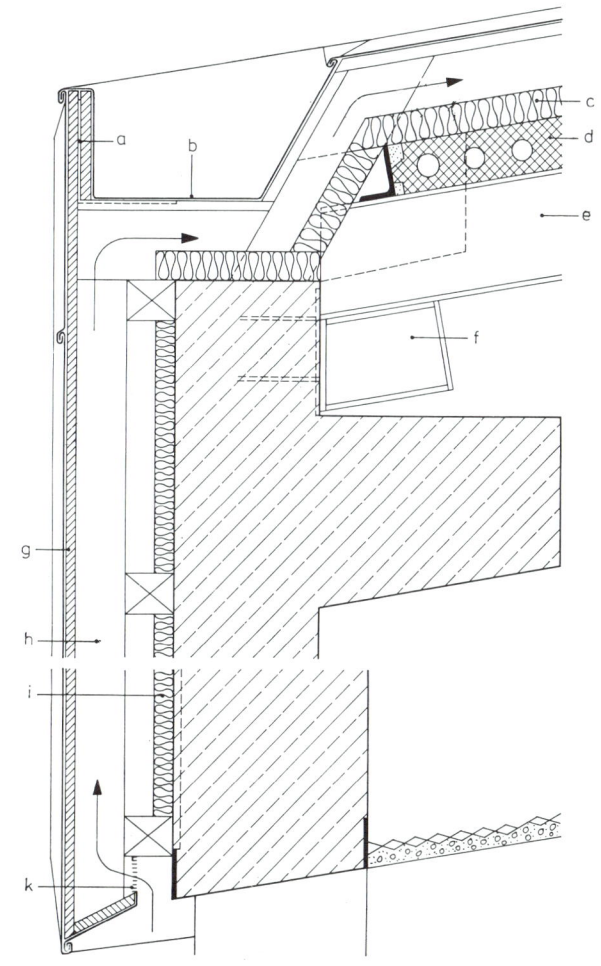

Bild 413 Details zur Außenwand- und Dachkonstruktion M 1:15. a Stahlwinkel 200 × 200, b Kupferinnenauskleidung, c 60-mm-Dämmplatte, d Stahlbetondielen, e $\mathbf{I}$ PE 220, f $\mathbf{I}$ PE 180 als Auflager

8. Das zweischalige Dach (Kaltdach)

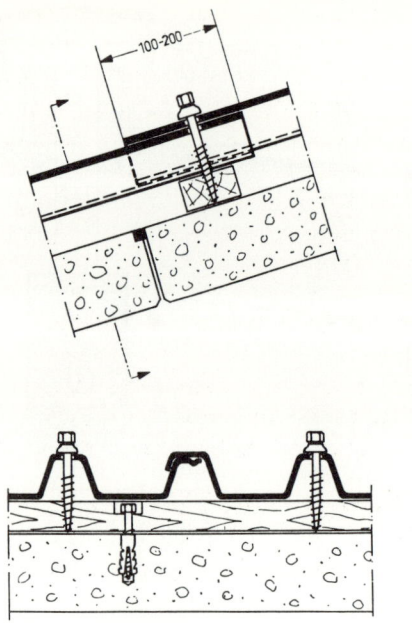

Bild 414 Gasbeton und hinterlüftete Außenhaut aus Profilblechbahnen

Eine häufige und auch wirtschaftliche Konstruktion ergibt sich bei Verwendung von Gasbeton-Dachplatten und Metall-Dachhaut. In Bild 414 ist eine derartige Möglichkeit angezeigt. Bei richtiger Be- und Entlüftung kann eine derartige Konstruktion auch für höhere Luftfeuchtigkeiten eingesetzt werden. Unter Umständen ist es jedoch erforderlich, über den Gasbetonplatten dann noch eine zusätzliche Wärmedämmung anzuordnen, die dampfdurchlässig bleibt. Für den Belüftungsquerschnitt sind hier lediglich die Sickenberge wirksam. Hier ist jeweils zu untersuchen, ob diese Sickenberge auch ausreichend sind. Ist dies nicht der Fall, ist es notwendig, zuerst eine Konterlatte aufzubringen, bevor die eigentlichen Rahmenschenkel aufgebracht werden, um den Belüftungsquerschnitt ausreichend zu erhalten. Wichtig ist naturgemäß auch, daß nicht nur eine ausreichende Belüftung innerhalb der Fläche vorhanden ist, sondern daß auch im Bereich der Traufe und im First die Dimensionierungen richtig gewählt werden. Besonders bei innenliegenden Kastenrinnen muß zwischen Rinne und Dachhaut ein ausreichender Schlitz vorhanden sein. In Bild 415 ist eine derartig innenliegende Kastenrinne dargestellt. Durch Distanzhölzer bzw. Konterlatten kann hier eine indirekte Belüftung stattfinden, die dann im Firstbereich, wie in Bild 412 dargestellt, eine Entlüftung findet. Ist ein Schmetterlingsdach vorhanden (mit Innenrinne), dann muß die Rinne so tief abgesetzt werden, daß zwischen Rinneneinlaufblech und der eigentlichen Dachhaut ein ausreichender Belüftungsschlitz nach beiden Seiten entsteht, so daß hier eine Durchlüftung möglich ist. Leider sind gerade hier die meisten Mängel festzustellen.

8.9.5.9.7.4 Leichtbau-Konstruktionen

Besonders beliebt bei Metall-Bedachungen sind Leichtbau-Konstruktionen, da hier die Statik vorteilhaft beeinflußt werden kann.

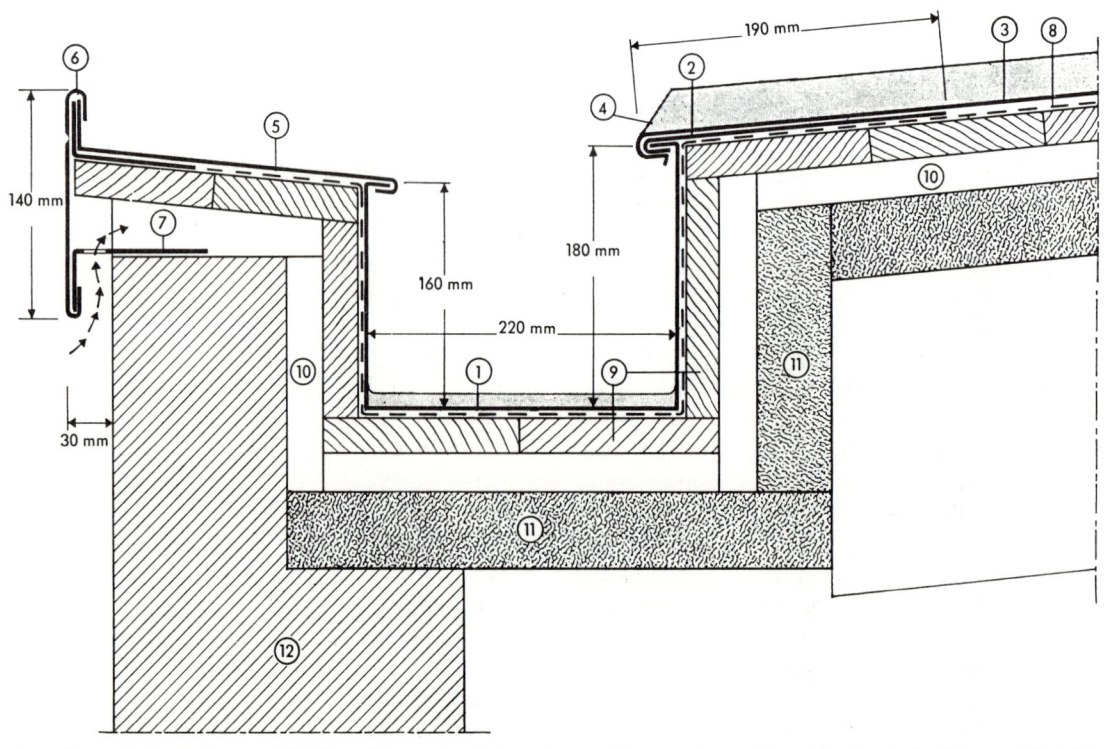

Bild 415 Innenliegende Kastenrinne. 1 Zinkrinne 0,7 mm, Zuschnitt 666 mm, Rinneneinhang, firstseitig, Zuschnitt 250 mm, 3 Zink-Titan-Band 0,7 mm, 4 Stehfalz abgeschnitten, schwäbische Traufe, 5 Rinneneinhang, traufseitig, 0,8 mm, Zuschnitt 250 mm, 6 Stirnstreifen 0,7 mm, Zuschnitt 165 mm, 7 Lochstreifen 0,7 mm, 8 talkumierte Bitumendachbahn, 9 Holzschalung 25 mm, 10 Luftraum 25 mm, Abstandsleiste, 11 Wärmedämmung 50 mm, 12 Mauerwerk

8.9 Leichte Zweischalendächer mit Dachdeckungen

Eine sehr beliebte und physikalisch sehr wirkungsvolle Konstruktion ergibt sich wie in Bild 416 dargestellt. Hier kann auf der Innenschale eine raumverkleidende Bandkonstruktion aufgebracht werden, gegebenenfalls bei höheren Feuchtigkeitsbelastungen mit einer zusätzlichen Dampfbremse unter einer ausreichenden Wärmedämmung. Die Dimensionierung der Wärmedämmung sollte hier nicht zu knapp gewählt werden, um den Forderungen der DIN 4108, Tafel 4 zu entsprechen (Wärmespeicherfähigkeit).

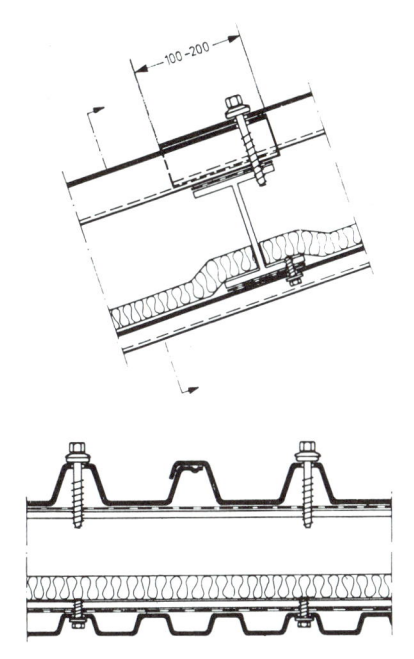

Bild 416 Zweischalige Dacheindeckung aus Profilblechbahnen

Die Be- und Entlüftung ist auch bei derartigen Konstruktionen durch die Wellenberge der Sicken gegeben. Hier ist zu untersuchen, ob diese ausreichen, um das Dach ausreichend zu be- und entlüften. Reichen die Querschnitte nicht aus, ist es u.U. erforderlich, hier eine gewisse Auffütterung vorzunehmen.

Hier muß immer wieder das besondere Problem der Metall-Bedachung angesprochen werden. Wie zuvor angeführt, kann eine Metall-Bedachung keine Feuchtigkeit (Kondensat) vorübergehend speichern. Wenn also die Be- und Entlüftung nicht ganz einwandfrei funktioniert, kommt es zu Schäden. Diese mußten bereits zahlreiche Lieferanten und Hersteller derartiger Metall-Bedachungen mit teurem Geld bezahlen.

Wenn Zweifel an der Be- und Entlüftung vorhanden sind, dann empfiehlt es sich, unter der Blech-Bedachung eine durchgehende Holzschalung aufzubringen, die in der Lage ist, vorübergehend Kondensation aufzunehmen, ähnlich wie dies bei den Doppel-Stehfalzdächern ohnehin erforderlich wird. Bei Massivkonstruktionen, wie sie in Bild 411–415 dargestellt sind, müssen bei Profilbändern keine Holzschalungen aufgebracht werden. Bei Leichtbau-Konstruktionen hat es sich jedoch nach und nach herauskristallisiert, daß die sicherste Lösung die ist, wenn unter der Blechabdeckung noch eine absorbierende Holzschalung angeordnet wird, die in der Lage ist, kurzfristig vorübergehend Feuchtigkeit aufzunehmen und wieder abzugeben. In vorgenanntem Falle (Bild 416) ergibt sich jedoch durch die unterseitige Profilblech-Dachbahn und gegebenenfalls eine zusätzliche weitere Dampfbremse die Möglichkeit, die Dampfdiffusion von innen nach außen weitgehend zu behindern. Dadurch kann auch noch bei einer mäßig funktionierenden Hinterlüftung Schadensfreiheit erwirkt werden.

In Bild 417 ist eine Variation zu Bild 416 dargestellt mit statisch anderem Konstruktionsaufbau. Auch hier handelt es sich um ein Kaltdach, bei dem die Be- und Entlüftung nur über die oberen Sickenbleche erfolgt. Die unteren Sickenbleche müssen einwandfrei gegen Kaltlufteinströmung abgesichert sein, da sie zur statisch tragenden Konstruktion gehören, die warm bleiben muß. Es muß also dafür gesorgt werden, daß nur Kaltluft über die oberen Sickenbleche ein- und abgeführt wird. Auch eine derartige Konstruktion kann für höhere Belastungen eingesetzt werden. Auch besteht hier immer noch die Möglichkeit, daß evtl. von oben in ganz extremen Fällen abtropfende Feuchtigkeit über das untere Abdeckblech abläuft. Wenn dies nach außen sinnvoll angeschlossen ist, können Schäden innenseitig nicht festgestellt werden. Es ist also eine gewisse Notbrücke vorhanden, die auch ausgenutzt werden soll.

Anders sind Konstruktionen zu beurteilen, wie sie in Bild 418 dargestellt sind. Hier steht bei Profil- oder Wellbändern lediglich der Profilberg oder der Wellenberg, ähnlich wie bei Wellasbestplatten für die Be- und Entlüftung zur Verfügung. Wenn die Wärmedämmung stark dampfdurchlässig ist, muß also dieser Lufthohlraum den gesamten Feuchtigkeitsaustausch bewirken. Dabei

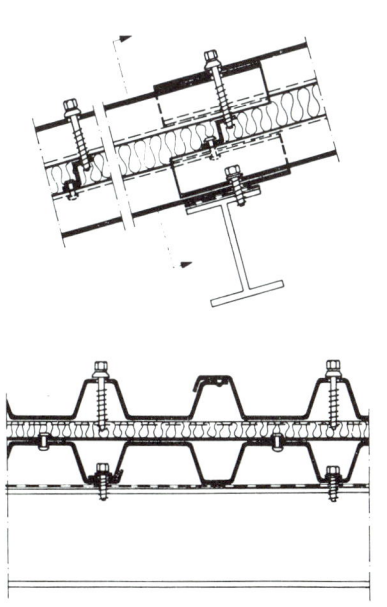

Bild 417 Mehrschichtiges Kaltdach aus Profilblechbändern

8. Das zweischalige Dach (Kaltdach)

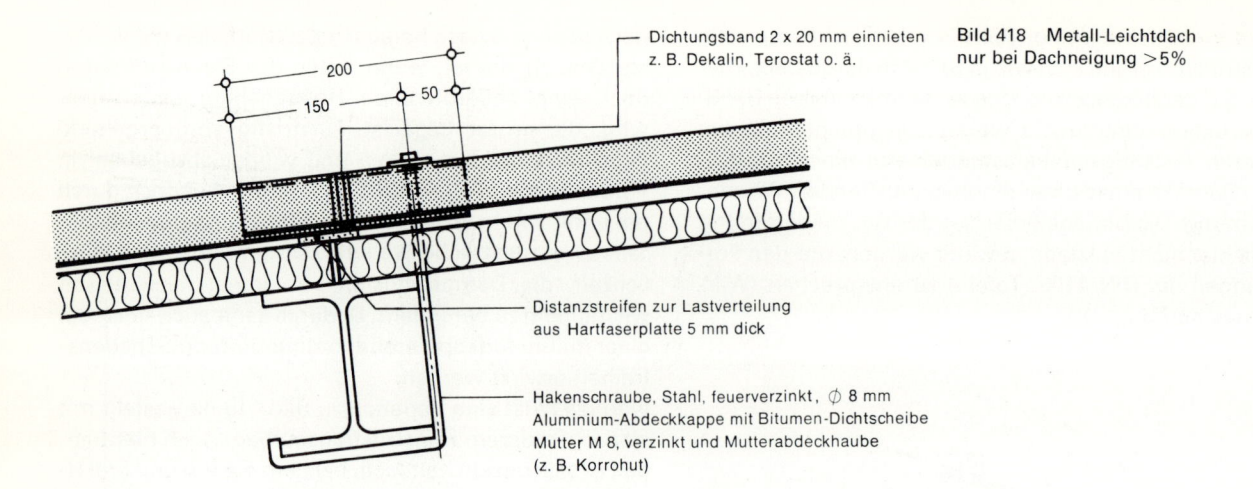

Bild 418 Metall-Leichtdach nur bei Dachneigung >5%

Dichtungsband 2 x 20 mm einnieten z. B. Dekalin, Terostat o. ä.

Distanzstreifen zur Lastverteilung aus Hartfaserplatte 5 mm dick

Hakenschraube, Stahl, feuerverzinkt, ⌀ 8 mm
Aluminium-Abdeckkappe mit Bitumen-Dichtscheibe
Mutter M 8, verzinkt und Mutterabdeckhaube
(z. B. Korrohut)

kommt es schon bei mäßigen Belastungen sehr häufig zur Kondensatbildung unter dem Blech mit Rücktropfung nach unten.

In einfachen Fällen sollte man hier wenigstens über der Wärmedämmplatte eine Lage wasserabweisende, jedoch dampfdurchlässige Unterlagsbahn auflegen (Perkalor Diplex), parallel zur Traufe mit Überlappung verlegt. Bei höheren Anforderungen aus dem Raum heraus ist u. U. aber auch hier innenseitig eine Dampfsperre erforderlich.

Trotzdem muß die Be- und Entlüftung ausreichend bemessen werden. Wenn z. B. festgestellt wird, daß die Lufträume durch die Wellenberge bzw. Profilberge den Erfordernissen nicht entsprechen, muß eine Auffütterung erfolgen, so daß genügend Luftvolumen vorhanden ist. Dächer dieser Art können nur für geringere Belastungen im Industriebau usw. empfohlen werden. Bei höheren Belastungen sind in jedem Falle Zusatzmaßnahmen erforderlich. Bei Blechen, deren Sickenberge nur sehr niedrig oder im Verhältnis zur Breite unbedeutend sind, muß ohnehin die gesamte Blechtafel auf Distanz gesetzt werden, da hier die erforderlichen Lufträume meist nicht erreicht werden.

Sehr häufig werden zur Vermeidung von innenseitigen Zuglufterscheinungen sog. Füllstücke aus Polystyrol oder dgl. in die Sickenberge eingebracht. Hier wird leider sehr viel Unfug durch derartige Fugenfüller bei Metalldächern erwirkt. In Bild 419 ist z. B. im Firstbereich dargestellt, daß im Bereich der Sickentäler, die für die Entlüftung wirksam werden sollten, solche Fugenfüller eingebracht werden. Diese verhindern jegliche Entlüftung über den First, wenn sie keine wesentliche Distanz schaffen und sind dann in jedem Falle bei allen Metall-Bedachungen falsch. Es gibt keine Metall-Bedachung,

bei der im Rinnenbereich keine Belüftung und im Firstbereich keine Entlüftung vorhanden sein kann. (Es sei denn künstliche Be- und Entlüftung.) Diese Be- und Entlüftung ist Voraussetzung für Kondensatfreiheit und dadurch für Korrosionsfreiheit und Gebrauchsfähigkeit.

8.9.5.9.8 Details der Be- und Entlüftung

Nachfolgend sollen einige Beispiele an Details für die Be- und Entlüftung für Profilblechbänder angeführt werden:

1. Belüftung

Die einfachste Art der Belüftung erfolgt über halbrunde oder Kasten-Rinnen, wie in Bild 420 dargestellt. Die Anschlußstücke werden für diesen Zweck mit Distanz von der Rinne angeordnet, so daß dazwischen eine Belüftung möglich ist. Unter Umständen ist aber diese Rinne zugefroren. Die Belüftung fällt dann hier aus. Es empfiehlt sich also, wie in den Skizzen dargestellt, zwischen Rinne und Haus-Wand einen entsprechenden Belüftungsschlitz vorzusehen, so daß hier die Belüftung in jedem Falle, auch bei Frost erfolgen kann.

Wie bereits zuvor angeführt, ergeben sich besondere Schwierigkeiten bei sog. Schmetterlingsdächern, also bei innenliegenden Kastenrinnen. In Bild 421 ist eine derartige Möglichkeit dargestellt. Hier ist es jedoch in jedem Falle erforderlich, die Rinne eisfrei zu halten, also hier eine Rinnenheizung einzulegen, um die Belüftung in jedem Falle auch im Winter wirksam werden zu lassen. Sollten die Wellenberge bzw. die Sickenberge nach den bekannten Faustformeln der Belüftung nicht ausreichen, dann muß hier eine zusätzliche Höhe geschaffen werden, also eine Distanz zwischen Rinne und Formblechen durch Einlegen von zusätzlichen Konterlattungen. Auch muß hier die Gefahr der Rückstaudurchfeuchtung bei Schnee und Eis berücksichtigt werden. Unter Umständen ist es erforderlich, hier auf eine gewisse Breite eine zusätzliche Holzschalung unterzubringen mit Abdichtungsbahnen (Unterdachschutz). Hier wird auf die Ausbildung bei Wellasbestplatten verwiesen (s. Skizze Bild 421/1 – Traufausbildung).

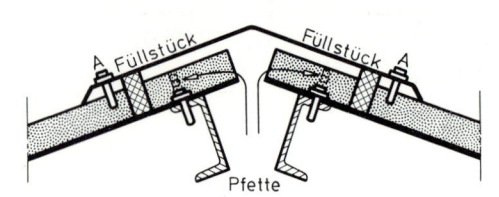

Bild 419 Falsch – Füllstück behindert Lüftung

8.9 Leichte Zweischalendächer mit Dachdeckungen

Bild 420 Belüftung Traufe

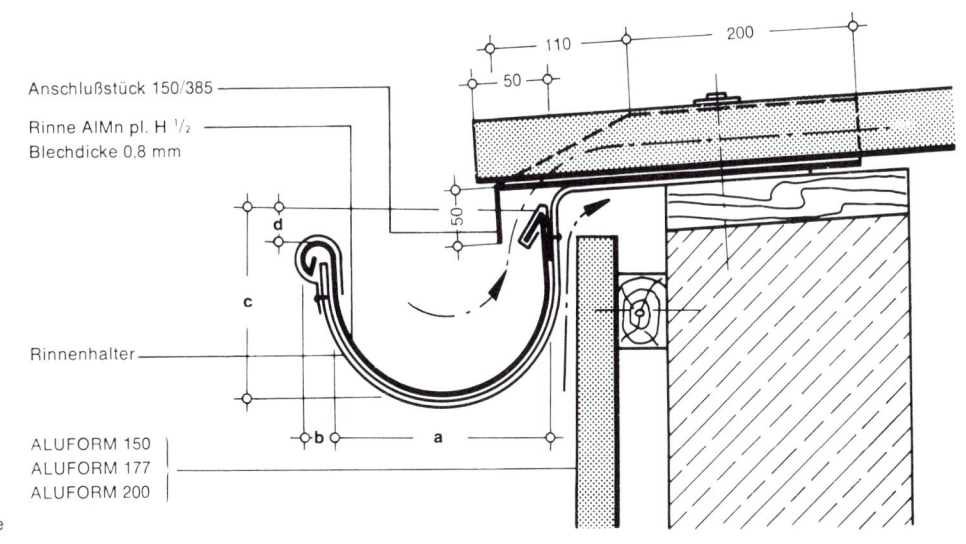

Anschlußstück 150/385
Rinne AlMn pl. H ½
Blechdicke 0,8 mm

Rinnenhalter

ALUFORM 150
ALUFORM 177
ALUFORM 200

Halbrundrinne

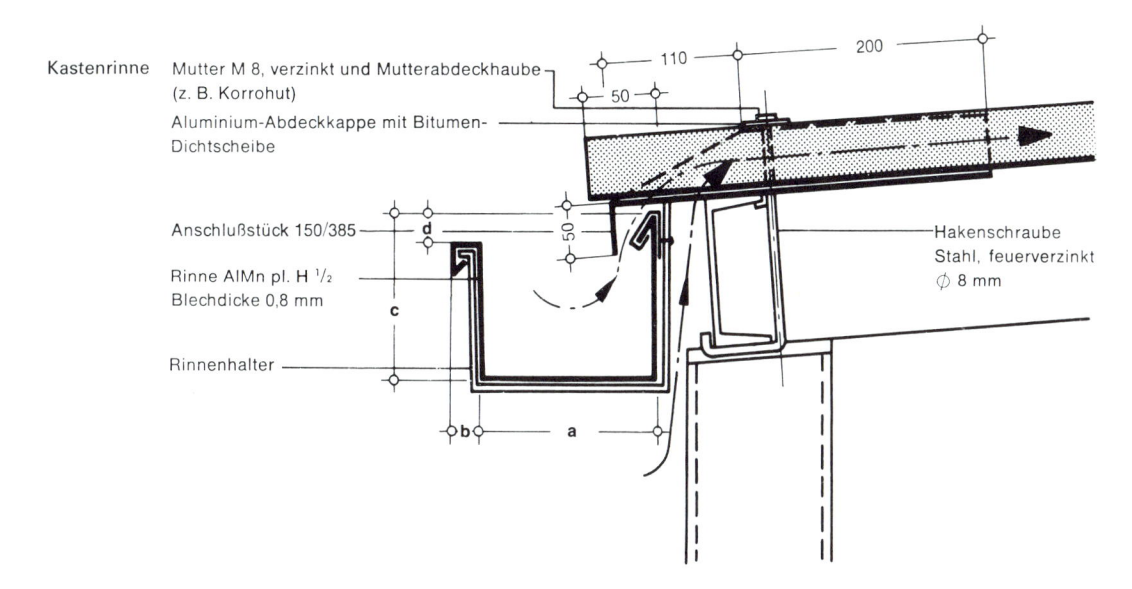

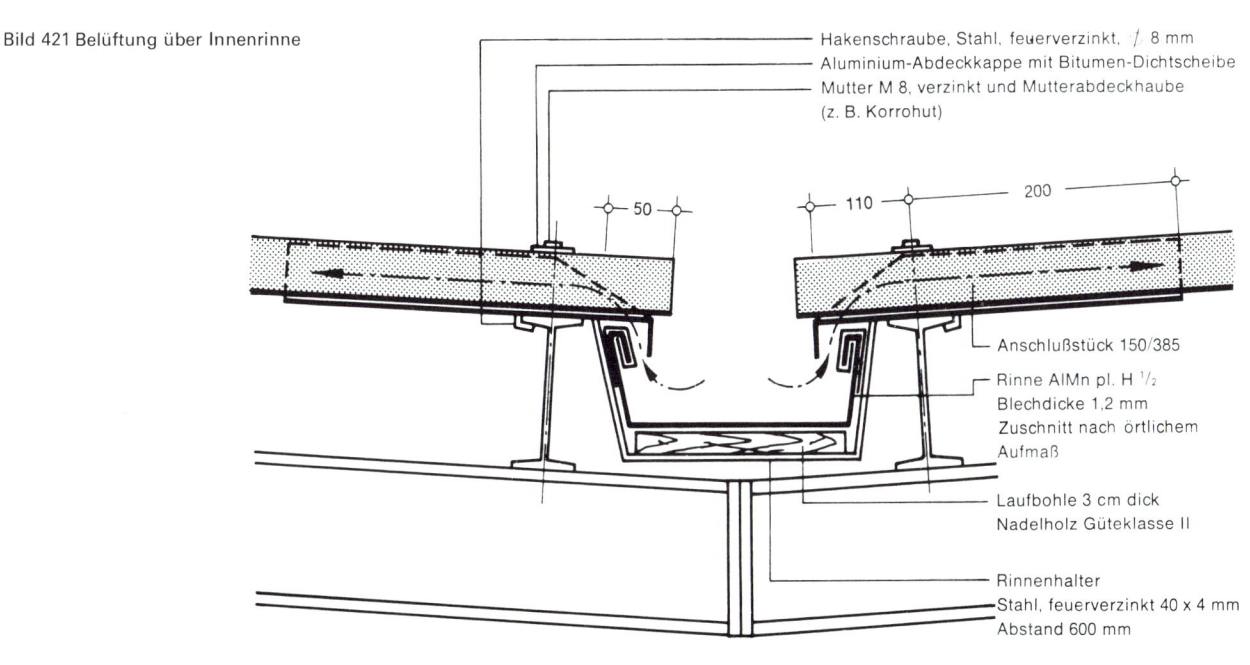

Kastenrinne
Mutter M 8, verzinkt und Mutterabdeckhaube
(z. B. Korrohut)
Aluminium-Abdeckkappe mit Bitumen-Dichtscheibe

Anschlußstück 150/385
Rinne AlMn pl. H ½
Blechdicke 0,8 mm

Rinnenhalter

Hakenschraube
Stahl, feuerverzinkt
$\varnothing$ 8 mm

Bild 421 Belüftung über Innenrinne

Hakenschraube, Stahl, feuerverzinkt, $\varnothing$ 8 mm
Aluminium-Abdeckkappe mit Bitumen-Dichtscheibe
Mutter M 8, verzinkt und Mutterabdeckhaube
(z. B. Korrohut)

Anschlußstück 150/385
Rinne AlMn pl. H ½
Blechdicke 1,2 mm
Zuschnitt nach örtlichem
Aufmaß

Laufbohle 3 cm dick
Nadelholz Güteklasse II

Rinnenhalter
Stahl, feuerverzinkt 40 x 4 mm
Abstand 600 mm

8. Das zweischalige Dach (Kaltdach)

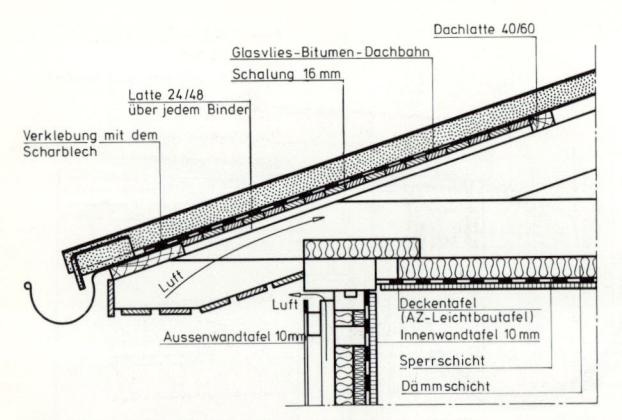

Bild 421/1 Teilweiser Unterdachschutz an Traufe (auch bei Schmetterlingskonstruktionen wie Bild 421)

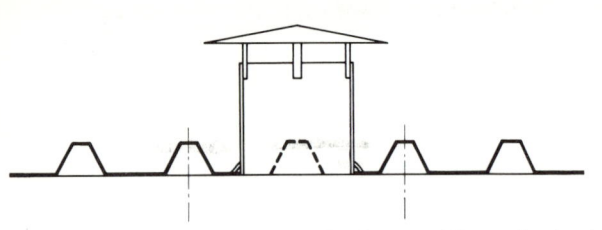

Bild 422 Be- oder Entlüfter bis max. Durchmesser 140 mm einschweißen; bis Durchmesser 100 mm ist Aufbördeln und Einnieten mit Dichtungszwischenlage möglich

Es sei hier jedoch nochmals ganz dringend empfohlen, gerade diesen innenliegenden Kastenrinnen besonderes Augenmerk hinsichtlich der Be- und Entlüftung zuzuwenden, da Mängel in diesem Bereich später kaum reparabel sind. Es verbleiben dann nur Zusatzbelüftungen, die aus der Dachfläche herausgeschnitten werden müssen und etwa gemäß Bild 422 in die Dachfläche eingesetzt werden können. Es können hier runde oder rechteckige Be- und Entlüfter hergestellt werden. Sie können sowohl für die zusätzliche Belüftung als auch für die zusätzliche Entlüftung zum Einbau kommen. Die Form kann selbstverständlich nach den architektonischen Wünschen individuell gewählt werden.

2. Entlüftung

Die Entlüftung beim Satteldach erfolgt, wie bereits angeführt, über durchgehende Firstentlüftungen. Für das wärmegedämmte, massive Warmdach ist in Bild 423 eine Möglichkeit dargestellt.

Für das wärmegedämmte Leichtdach ist in Bild 424 die Entlüftung dargestellt. Hier sei angemerkt, daß unter der Entlüftung eine zusätzliche Wärmedämmung angeordnet ist, die einerseits die direkte Schwitzwasserbildung unten verhindert, andererseits auch gegebenenfalls geringfügig Schnee-Einwehungen fernhält.

Die einfachsten Entlüftungsmöglichkeiten ergeben sich bei Pultdachausführungen. In Bild 425 ist ein Beispiel dargestellt. Auch hier muß natürlich darauf geachtet werden, daß der erforderliche Querschnitt ausreicht, gleichgültig ob ein Leichtdach oder eine andere Dachkonstruktion vorliegt.

Im Bereich Pultdach-Anschluß an höhergehende Bauteile ergeben sich zahlreiche Variationsmöglichkeiten. In Bild 426 ist ein Pultdach-Anschluß dargestellt, bei dem die Entlüftung schneesicher über Wandverkleidungs-Elemente herbeigeführt wird. Gegebenenfalls kann hier auch die Wandverkleidung bis an den oberen Dachrandanschluß mitverwendet werden, da dadurch die Zugwirkung um so größer wird. Hier sei angemerkt, daß die Kantholzabschnitte gemäß Bild 426 natürlich nicht durchlaufend hergestellt werden dürfen, sondern daß diese ausreichende Belüftungsschlitze gemäß den Erfordernissen aufweisen müssen. Hier ergeben sich dann ausgesprochen narrensichere Anschlüsse.

Eine weitere Pultdach-Anschlußkonstruktion ist in Bild 427 bei Massivwandkonstruktionen dargestellt. Hier erfolgt die Entlüftung über die Profilhöhe der Profilbänder. Die Entlüftungsquerschnitte sind hier jedoch meist

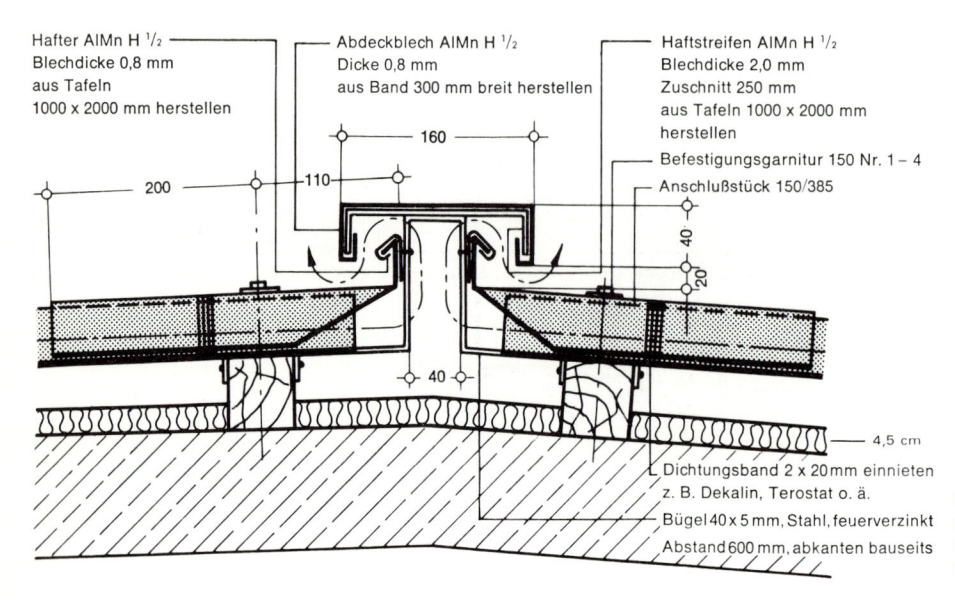

Bild 423 Firstausbildung (entlüftet) auf Stahlbeton-Konstruktion für Dachneigung >3%

8.9 Leichte Zweischalendächer mit Dachdeckungen

Bild 424 Firstausbildung (entlüftet) bei wärmegedämmtem Dach für Dachneigung >3%

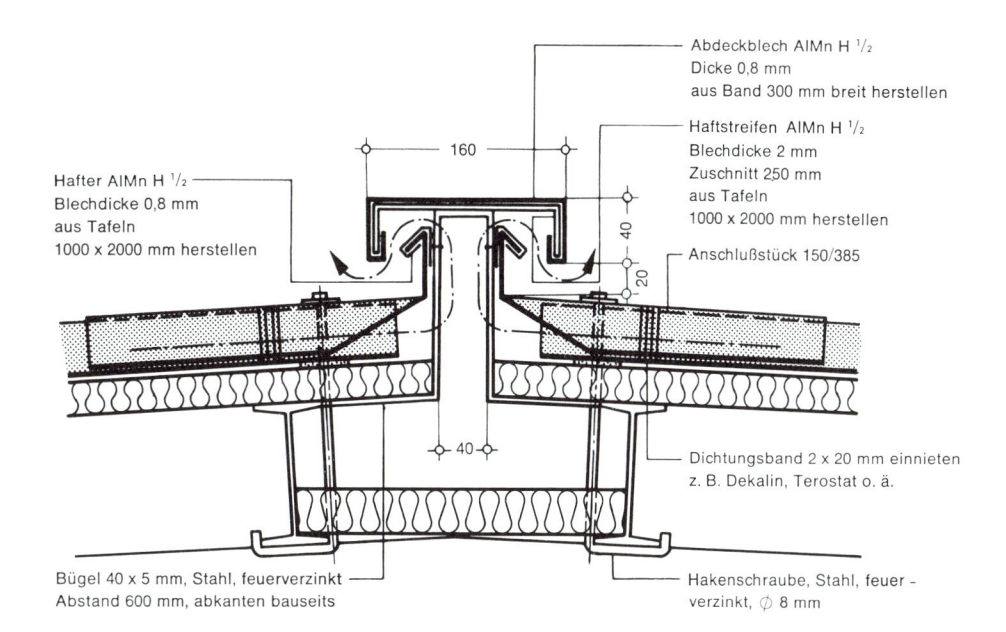

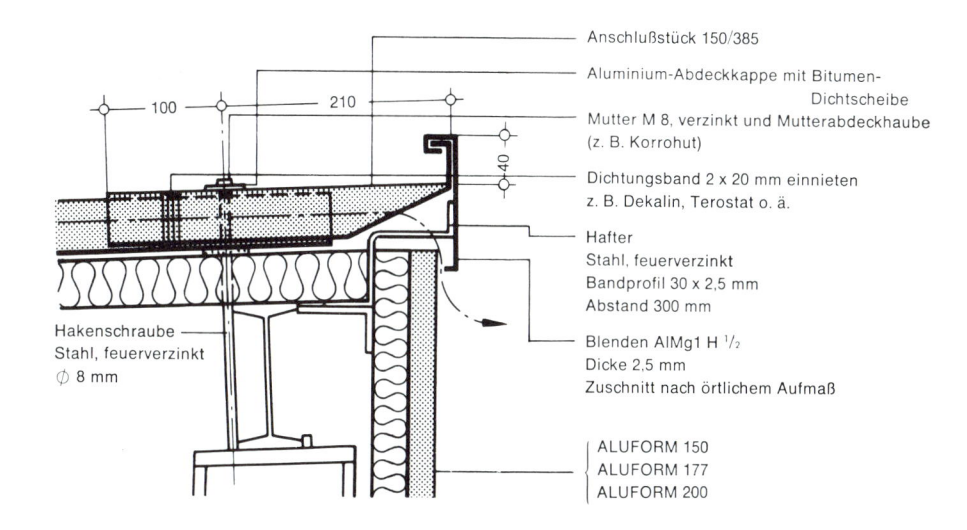

- Abdeckblech AlMn H ½ Dicke 0,8 mm aus Band 300 mm breit herstellen
- Haftstreifen AlMn H ½ Blechdicke 2 mm Zuschnitt 250 mm aus Tafeln 1000 x 2000 mm herstellen
- Hafter AlMn H ½ Blechdicke 0,8 mm aus Tafeln 1000 x 2000 mm herstellen
- Anschlußstück 150/385
- Dichtungsband 2 x 20 mm einnieten z. B. Dekalin, Terostat o. ä.
- Bügel 40 x 5 mm, Stahl, feuerverzinkt Abstand 600 mm, abkanten bauseits
- Hakenschraube, Stahl, feuerverzinkt, ⌀ 8 mm

Bild 425 Pultdachabschluß (entlüftet) bei wärmegedämmtem Dach für Dachneigung >3%

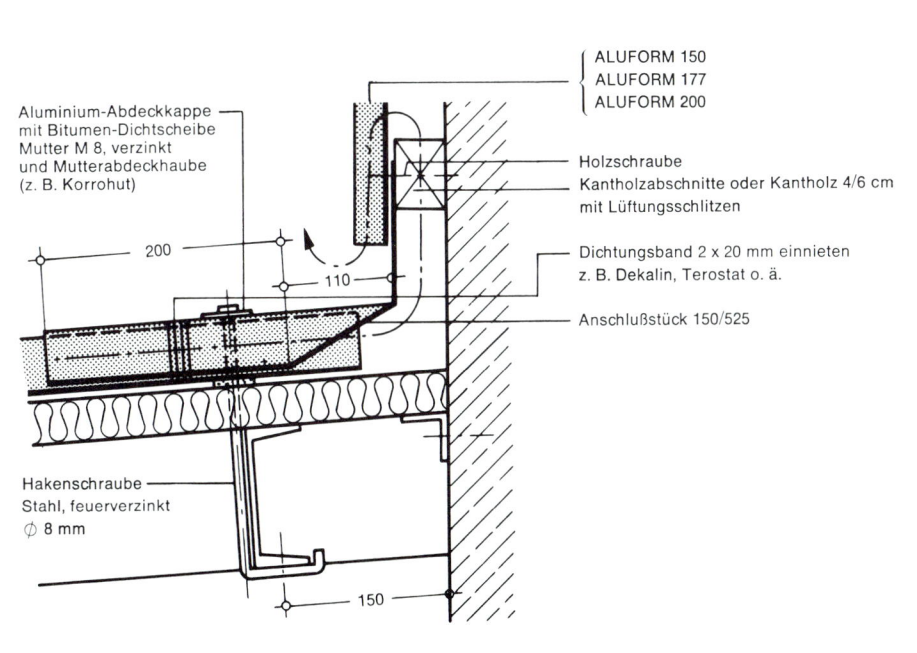

- Anschlußstück 150/385
- Aluminium-Abdeckkappe mit Bitumen-Dichtscheibe
- Mutter M 8, verzinkt und Mutterabdeckhaube (z. B. Korrohut)
- Dichtungsband 2 x 20 mm einnieten z. B. Dekalin, Terostat o. ä.
- Hafter Stahl, feuerverzinkt Bandprofil 30 x 2,5 mm Abstand 300 mm
- Blenden AlMg1 H ½ Dicke 2,5 mm Zuschnitt nach örtlichem Aufmaß
- ALUFORM 150 / ALUFORM 177 / ALUFORM 200
- Hakenschraube Stahl, feuerverzinkt ⌀ 8 mm

Bild 426 Pultdachanschluß an Wand bei wärmegedämmtem Dach für Dachneigung >3%

- Aluminium-Abdeckkappe mit Bitumen-Dichtscheibe Mutter M 8, verzinkt und Mutterabdeckhaube (z. B. Korrohut)
- ALUFORM 150 / ALUFORM 177 / ALUFORM 200
- Holzschraube
- Kantholzabschnitte oder Kantholz 4/6 cm mit Lüftungsschlitzen
- Dichtungsband 2 x 20 mm einnieten z. B. Dekalin, Terostat o. ä.
- Anschlußstück 150/525
- Hakenschraube Stahl, feuerverzinkt ⌀ 8 mm

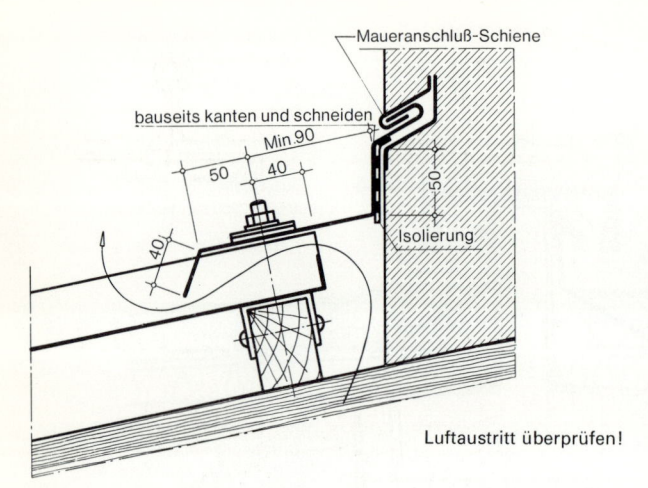

8. Das zweischalige Dach (Kaltdach)

Bild 427 Pultdachanschluß, Querschnitt

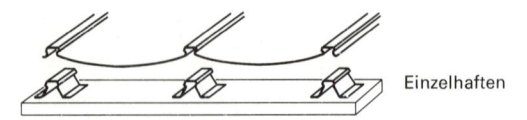

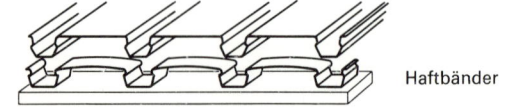

Zur Befestigung der Bahnen dienen Profilhalter, die mit Hilfe einer Schablone auf die Pfetten genau senkrecht übereinander anzubringen sind. Beim Verlegen werden die Bahnen einfach in die Halter eingedrückt und gewährleisten so eine sturmsichere Verankerung der Dachhaut. Die seitliche Verbindung der Profilbänder erfolgt durch Übereinandergreifen des Randprofiles. Um ein einwandfreies Einklemmen sicherzustellen, hat das entsprechende Gegenprofil etwas kleinere Abmessungen. Der Vorteil derartiger Profilbahnen, die nur eingerastet befestigt sind, ist der der ungehinderten Dilatation, also ungehinderten Ausdehnung. Dadurch können im allgemeinen Bahnen von First bis Traufe durchlaufend verlegt werden, also z.B. 27 m, wie dies aus Bild 428 entnommen werden kann.

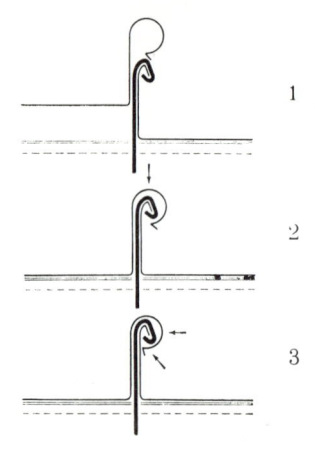

sehr bescheiden. Hier muß also geprüft werden, inwieweit eine derartige Querschnittsöffnung ausreicht. Reicht diese nicht aus, empfiehlt es sich, eine Konterlatte an der Wand hochzuführen und eine Entlüftung, wie bei den Wellasbestplatten dargestellt, herzustellen.

Die Hersteller und Lieferfirmen von Profilbändern haben ausreichende Detail-Kataloge, so daß hier weitere Anmerkungen nicht mehr erforderlich sind. Die Bilder 420–427 stammen aus [58].

8.9.5.9.9 Profilbänder mit Spezialbefestigungen

Anstelle von Profilbanddächern mit sichtbar geschraubter Befestigung werden auch sog. unsichtbar geschraubte Profilbänder verwendet. Die Bahnen können, bedingt durch die Fixierung, mit einem Gefälle bis zu 2% verlegt werden.

Bild 429 Der Verlegungsvorgang beim »Medava«-Klemmverschluß

Eine andere Befestigungsart ergibt sich durch das sog. Medava-Klemmverschlußverfahren. Es handelt sich hier bei diesem Plattendach um Wellplatten oder dgl., deren Längskanten aus Befestigungsgründen senkrecht ausgebildet sind. Dadurch kann ein Flachhaken zwischen beiden Profilen angeordnet werden, der die Dachhaut ohne Bohrdurchbrechungen (die immer gegen Feuchtigkeitseinbrüche anfällig sind) mit dem Untergrund verbindet. In Bild 429 ist dargestellt, wie das obere Blech in den Flachhaken eingeklemmt wird. Die

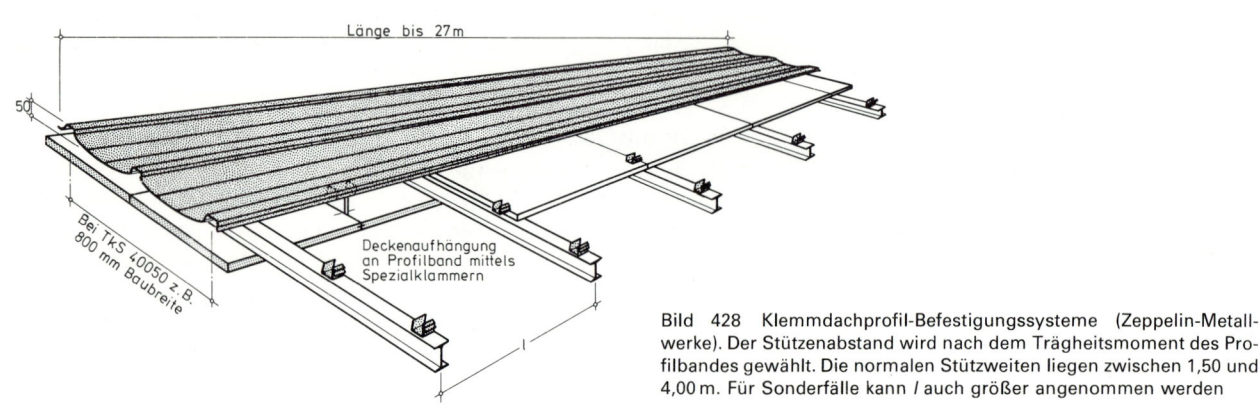

Bild 428 Klemmdachprofil-Befestigungssysteme (Zeppelin-Metallwerke). Der Stützenabstand wird nach dem Trägheitsmoment des Profilbandes gewählt. Die normalen Stützweiten liegen zwischen 1,50 und 4,00 m. Für Sonderfälle kann *l* auch größer angenommen werden

8.9 Leichte Zweischalendächer mit Dachdeckungen

senkrechte Stoßausbildung erhöht nicht nur die Wasserdichtigkeit gegenüber dem Normal-Profildach, sondern auch die Tragfähigkeit. Sie stellt also im wesentlichen eine willkommene Verbesserung gegenüber Wellblechplatten dar, abgesehen von der verdeckten Befestigungsmöglichkeit.

Ein weiteres verdecktes Befestigungssystem ergibt sich mit Profilblechen gemäß Bild 430. Auch hier kann eine Bewegung in jeder Richtung stattfinden. Die Bahnenlängen sind im allgemeinen 8 m, können aber auch länger bezogen werden. Die Dachneigung wird hier mit 4% angegeben. Bei Verkitten gemäß Bild 430 können noch in Sonderfällen geringere Neigungen akzeptiert werden.

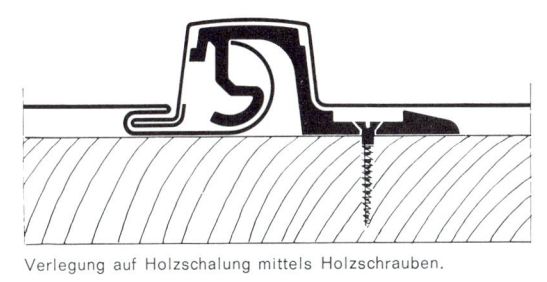

Bild 430

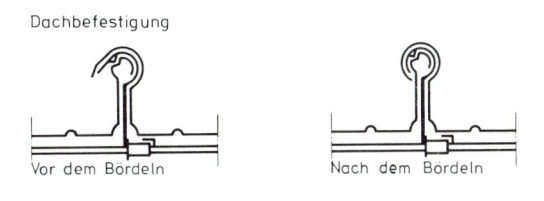

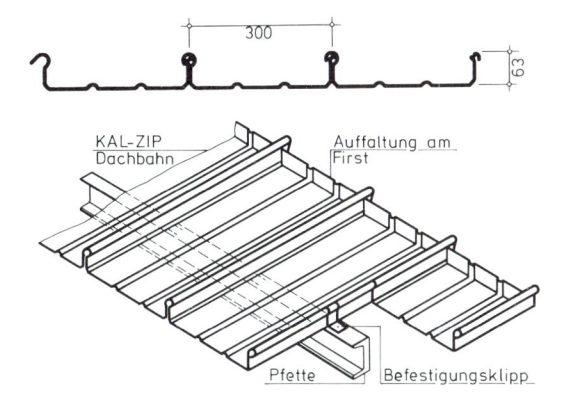

Bild 431 KAL-ZIP. Die Dachbahnen werden mit verdeckten Ankerklipps an den Pfetten befestigt

Bild 432 Aluminium-Dachplatten werden im Verband auf Dachlattung verlegt und mit untergeschobenen Haftern befestigt

Ein weiteres interessantes Profil wird unter dem Namen Kal-Zip hergestellt. Es sind dies 30 cm breite Bänder mit einem 63 mm vertikal aufgebörtelten Rand. Die 0,7–1,2 mm starken Bleche werden bis 34 m Länge geliefert und werden entsprechend Bild 431 montiert.

Die Dachbahnen werden mit verdeckten Halteblechen (Klipps) auf dem Untergrund (Holzschalung, Stahlpfetten oder dgl.) befestigt. Die nächste Bahn, deren Einhängeradius im Bereich des Steges größer ist als der der Vorbahn, hängt sich reißverschlußartig ein. Durch eine elektrische Bördelmaschine wird der Steg zusammengepreßt, wie dies aus Bild 431 entnommen werden kann. Die Dachneigung wird mit 2,6% = 1,5°, bei Anordnung von Querstößen und Durchbrüchen mit 5,2%

= 3° angegeben, die größte Spannweite mit ca. 4 m. Infolge der hohen Stege kann dieses System für diese Dachneigung ohne weiteres empfohlen werden.

Voraussetzung ist aber auch für diese Blechform, daß eine wirkungsvolle Unterlüftung vorhanden ist, da hier keine Wellen- oder Sickenberge zur Belüftung zur Verfügung stehen. Die kleinen, nach 10 cm wiederkehrenden Einkerbungen sind belüftungsmäßig völlig unzureichend. Es muß also hier in jedem Falle eine wirkungsvolle Unterlüftung durch gesonderte Maßnahmen herbeigeführt werden! Die thermische Bewegung durch Längenänderung kann ungehindert durch dieses System erfolgen.

Abschließend soll noch das kleinformatige Profilplattendach (Prefa) angeführt werden. Das Prefa-Platten-

8. Das zweischalige Dach (Kaltdach)

dach besteht aus kleinformatigen, vorgefertigten Rein-Aluminiumplatten. Diese weisen an den Breitseiten Fälze auf, die in die entsprechenden Fälze der nächsthöheren bzw. tieferliegenden Platte greifen, ähnlich einer Falzziegeldeckung s. Bild 432.

Die Abmessungen der Platten betragen 60/42 cm bei 0,6 mm Blechdicke. Die Mindest-Dachneigung ist mit 6° angegeben. Die Prefa-Deckungsart ist auch für gewölbte Flächen möglich, deren Radius allerdings 4 m sein muß. Das Verlegen auf der Lattenkonstruktion kann auch von ungelernten Arbeitskräften nach kurzer Anleitung ausgeführt werden. Die Befestigung der Platten erfolgt durch je zwei Hafter, die in den oberen Falz fassen und auf der Dachlatte befestigt werden.

Die Konstruktion ist ähnlich wie Ziegel etwas atmungsfähig, d. h. Wasserdampf kann geringfügig durchdiffundieren. Zu hohe Anforderungen an die Abatmung sollte man jedoch auch hier nicht stellen. Eine Unterlüftung ist in jedem Falle erforderlich.

Mit diesen skizzenartigen Angaben soll das Kapitel Metall-Deckungen beendet und gleichzeitig der Gesamtabschnitt Kaltdächer abgeschlossen werden. Es sei hier nochmals vermerkt, daß die jeweiligen physikalischen Grundsatzerfordernisse für alle Kaltdach-Dachdeckungen gleichermaßen gültig sind.

9. Detailhinweise bei Ausführung von Flachdächern

Sowohl im theoretischen Teil I als auch im bisherigen praktischen Teil II dieses Buches wurden theoretische und praktische Hinweise für die Gestaltung von Dächern gegeben. In den nachfolgenden Kapiteln sollen primär rein praktische Flachdach-Details sowie Entwurfgrundlagen und Erfahrungswerte bei diesen Detailgestaltungen wiedergegeben werden.

Aus den Erfahrungen der letzten Jahre kann gefolgert werden, daß die überaus meisten Schäden nicht mehr durch Diffusionsbelastungen und dgl. auftreten, sondern daß primär mangelnde Detailkenntnisse Schadensursachen sind. Durch diese folgenden Kapitel sollen Ansatzpunkte zur Vermeidung derartiger Schäden aufgezeigt und beispielhaft Details in richtiger und falscher Form zur Erläuterung wiedergegeben werden.

9.1 Gleitlager und Dehnfugen bei Flachdächern

In Kapitel 3.4 – 4.5 Teil I dieses Buches wurden Berechnungsmethoden zur Berechnung der Formänderungen in massiven Dachdecken und dgl. aufgezeigt, die als Grundlage für die nachfolgenden Überlegungen gültig sind.

Bewegungsfugen im Hochbau können aus den unterschiedlichsten Belastungen heraus erforderlich werden. In Bild 433 [59] sind in einfachster Form die Belastungsprinzipien dargestellt, die bei einem Bauwerk auftreten können. Es sind dies:

1. Längenänderungen infolge Temperatur- und Feuchtigkeitsänderungen innerhalb der Baustoffe während der Bauausführung, aber auch nach der Nutzung, also nach der Fertigstellung. Zu diesem Betrachtungsbild gehören insonderheit auch die massiven Flachdächer.
2. Höhenänderungen infolge unterschiedlicher statischer Belastungen durch die einzelnen Gebäudekörper. Es ist dies primär eine statische Aufgabe, die aber in die Gestaltung des Flachdaches hineinspielt.
3. Baugrundänderung durch wechselhafte Tragfähigkeit des Baugrundes bereits von Anfang an oder durch spätere Einflüsse (Grundwassersenkung oder dgl.).

Sofern die Bewegungen aus diesen Belastungsfällen behindert werden, entstehen Spannungen und dadurch störende Formveränderungen oder Risse im Gebäude, wie sie in Kapitel 3.4 usw. aufgezeigt wurden.

Um solche Rissebildungen im Innen- und Außenmauerwerk, im Bereich der Dachabdichtungen bei Flachdächern usw. zu vermeiden, sind sog. Dehnungs- oder Bewegungsfugen erforderlich. Im einzelnen unterscheidet man folgende Fugenarten:

1. Gleitfugen

Gleitfugen oder Gleitlager sind Bewegungsfugen, bei denen die Bauteile, die durch Pressung aufeinanderstoßen oder aufeinanderliegen, durch eine Gleitschicht getrennt sind. Man spricht in diesem Zusammenhang auch von Preßfugen. Bei Flachdächern ergeben sich derartige Preßfugen im Bereich der Auflager zwischen Wänden und Flachdach. Es sind dies also Horizontalschichten, die zwischen Innen- und Außenmauerwerk und zwischen Flachdach-Massivplatte zum Einbau kommen sollen. In Bild 434 ist eine derartige Gleitlageranordnung bei einem Kaltdach zwischen Mauerwerk und Massivdecke dargestellt.

2. Dehnfugen

Zur Aufnahme von Dehnungen und Verkürzungen in horizontaler Richtung müssen vertikale Dehnfugen im

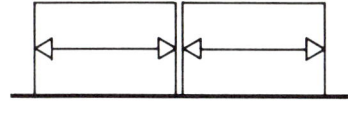

Längenänderungen infolge Temperatur- und Feuchtigkeitsänderungen oder durch Spannungen, Höhenänderungen infolge unterschiedlicher Zusammendrückung einzelner Gebäudeteile oder Baugrundänderung infolge wechselnder Tragfähigkeit des Baugrunds

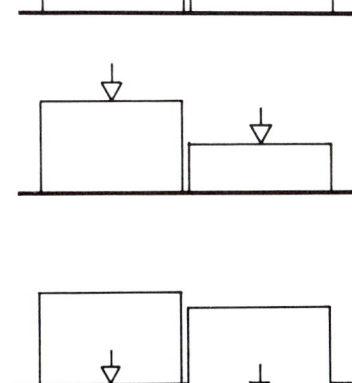

Bild 433 Belastungsfälle

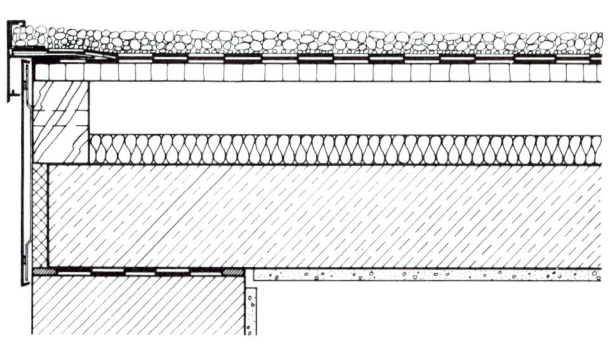

Bild 434 Kaltdach, Stahlbeton-Massivplatte auf hochwertigem Mauerwerk mit Gleitlageranordnung, z.B. aus unbesandeter Pappe oder Kunststoff-Folie zweilagig in Bitumenmasse und elastischer Ablaufdichtung

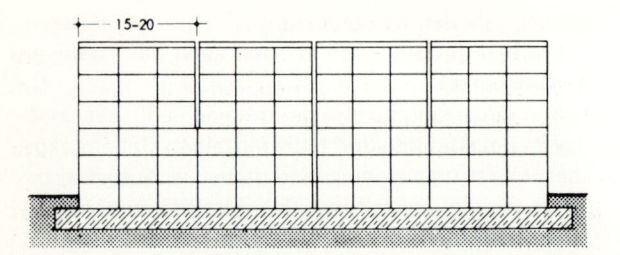

9. Detailhinweise bei Ausführung von Flachdächern

1 Zusätzliche Dehnungsfuge in den oberen Geschossen zum Ausgleich der Temperaturschwankungen

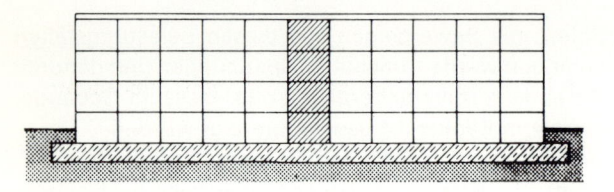

2 Bei Stahlbetonskelettbauten ein Mittelfeld aussparen und nachträglich betonieren. Dadurch Ausgleich des Schwindvorganges

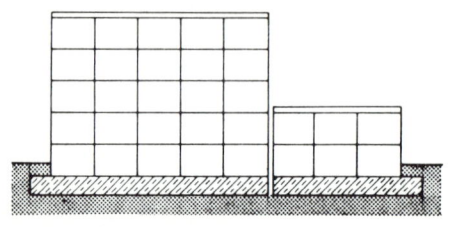

3 Bei wechselnder Geschoßzahl Trennung der verschieden hohen Baukörper durch Setzungsfugen, die durch die Fundamente gehen

Bild 435 Dehn- und Arbeitsfugen

3. Setzfugen

Zur Aufnahme von vertikalen Setzungen spricht man von sog. Setzfugen, wie sie in Bild 435/3 dargestellt sind.

4. Raumfugen

Raumfugen sind Bewegungsfugen, bei denen die Bauteile oder Baukörper durch einen Spielraum voneinander getrennt sind. Es sind dies im wesentlichen ebenfalls Dehnfugen, wie zuvor in Bildern 435 dargestellt.

5. Scheinfugen

Scheinfugen sind Bewegungsfugen, die nur in einem Teilquerschnitt entweder der Betondecke, der Attika oder auskragenden Balkonplatten usw. eingearbeitet sind, die bei einer evtl. Höchstbelastung sich jedoch voll durchbilden können bzw. an dieser Stelle reißen. Scheinfugen sind jedoch keine konstruktiven Maßnahmen, da sehr häufig die gewünschten Risse nicht im Bereich der Scheinfuge auftreten, sondern neben diesen, es sei denn, daß sie gleichzeitig als sog. Arbeitsfugen ausgebildet wurden.

9.1.1 Nachweis der konstruktiven Maßnahmen

In den nachfolgenden Ausführungen sollen primär die sog. Gleitlager bzw. die Gleitfugen und die Dehnfugen behandelt werden. In diesem Zusammenhang interessiert, was nach dem derzeitigen Stand der Technik verlangt wird:

9.1.1.1 DIN 1045 neu

In der DIN ist eine neue Vorschrift aufgenommen worden, die den Nachweis einer beschränkten Rissebreite bei Betonbauteilen fordert, die hoher Feuchtigkeit oder anderen korrosionsfördernden Einflüssen ausgesetzt sind. Dieser Nachweis erfolgt mit einer sog. Rißformel für den höchstzulässigen Durchmesser der Längsbewehrung, der vom Bewehrungsgehalt, von der Stahlspannung und von den Verbundeigenschaften des Stahles abhängt. In der Neufassung der DIN 4224 sind für biegebeanspruchte Bauteile die Grenzdurchmesser angegeben, welche die Gleichung der DIN 1045 erfüllen.

Die Einhaltung der neuen Vorschrift führt in manchen Fällen (z. B. bei geringen Bewehrungsgehalten) zu so dünnen Durchmessern der Bewehrung, daß die Stahlspannungen verringert werden müssen, um konstruktiv mögliche Bewehrungen zu erhalten. Soweit die DIN 1045.

Über die Begrenzung der Rissebreiten sagt Leonhard [62] in seinem Aufsatz »Die Kunst des Bewehrens von Stahlbeton-Tragwerken«:

»Die Stahleinlagen sollen bewirken, daß die Risse des Betons unter den Gebrauchslasten haarfein bleiben,

Baukörper und hier insonderheit auch in den Flachdächern angeordnet werden. Diese Dehnfugen können je nach Belastung durch das gesamte Gebäude hindurchgehen, können aber auch nur Teile des Gebäudes erfassen mit zusätzlichen Unterteilungen des Flachdaches. In Bild 435 ist die Anordnung von Dehnfugen in der Gebäudeansicht dargestellt. In Bild 1 ist abzulesen, daß im Fundamentbereich die Dehnfugen nicht in jedem Falle durchgehen müssen, falls die Standsicherheit usw. nachgewiesen werden. Unter Umständen ist es aber erforderlich, zusätzliche Dehnfugen in den oberen Stockwerksbereichen und hier insonderheit im Flachdach anzuordnen.

In Bild 2 ist angeführt, daß u. U. sowohl das Fundament als auch das Flachdach bei ausreichendem Nachweis ohne Dehnfugen verbleiben können, wenn die Schwindvorgänge durch sog. Arbeitsfugen im Mittelfeld abgetragen werden. Zweifellos wird man aber in diesen Fällen im Flachdach bei zu großer Länge eine Dehnfuge einbauen.

In Bild 3 ist dargestellt, daß bei unterschiedlichen Setzungen oder unterschiedlichen Lastabtragungen Dehnfugen auch in den Fundamenten anzuordnen sind.

also nicht gleich mit bloßem Auge zu sehen sind. Man hat dazu vereinbart, daß die größte Rissebreite in trockener Umgebung 0,3 mm, in feuchter Umgebung 0,2 mm nicht überschreiten soll, so daß gleichzeitig der Korrosionsschutz nicht beeinträchtigt wird. Bei Spannbeton oder bei anspruchsvollem Sichtbeton ist die zulässige Rissebreite noch kleiner anzusetzen, z. B. 0,1 mm bei beschränkter Vorspannung oder 0 bei Vorspannung.«

Über die Abhängigkeit der Korrosion von den Rißbreiten sind umfangreiche Untersuchungen durchgeführt worden, so daß die vorliegende zulässige Rissebreite, die nunmehr in der DIN 1045 verankert wurde, einen künftigen Bewertungsmaßstab bei Schäden abgibt.

Architekt und Statiker wissen, daß im Stahlbeton-Tragwerk immer Risse auftreten werden, falls diese nicht infolge äußerer Einwirkungen durch Druckkräfte oder durch Vorspannung ständig Druckspannungen erhalten. Die Risse aus der statischen Belastung können primär durch innere oder äußere Einflüsse noch vergrößert werden, z. B. durch das Schwinden des Betons, durch Temperaturunterschiede, durch unterschiedliche Setzungen usw.

Bei einem Bauteil, der sich frei bewegen kann, kommen diese inneren Einflüsse jedoch nicht zur Wirkung. Es ist also eine Frage der Beweglichkeit der einzelnen Bauglieder (Flachdachdecke).

Wenn von seiten des Statikers nachgewiesen ist, daß die vorgenannten Rissebreiten gemäß DIN 1045 überschritten werden oder daß mit einer vernünftigen Bewehrung diese Rissebreite nicht herbeigeführt werden kann, so müssen von Statiker und Architekt entsprechende konstruktive oder bauphysikalische Maßnahmen gefordert werden.

Eine der wichtigsten Maßnahmen ist die Schaffung von Bewegungsmöglichkeiten für die Stahlbetonteile und Stahlbeton-Tragwerke. Lange Bauteile müssen also durch Fugen unterteilt werden. In Tabelle 21 und 21a (Anhang) sind die Fugenabstände von Bau- und Betonteilen angeführt. Im allgemeinen kann die Forderung der DIN 1045 bei Einhalten dieser Fugenabstände erfüllt werden. In der Praxis läßt sich etwa folgende Fugenteilung im Bereich der Flachdachdecke angeben:

1. Ortbeton-Massivplattendecke auf Mauerwerk ca. 10 m
2. Massivplattendecke auf Stahlbeton-Konstruktion ca. 18 m
3. Fertigteil-Massivplattendecke auf Mauerwerk aufliegend ca. 18 m
4. Fertigteildecke auf Stahlbeton-Konstruktion aufliegend ca. 25 m
5. Terrassendächer mit Wärmedämmung aus Ortbeton auf Mauerwerk aufliegend ca. 10 m
6. Terrassendächer aus Ortbeton-Konstruktion auf Beton aufliegend ca. 18 m
7. Beton-Estrich unbewehrt auf Wärmedämmung aufliegend ca. 1 m
8. Beton-Estrich bewehrt auf Wärmedämmung ca. 3 m
9. Gefällebeton unter Wärmedämmung ca. 5 m
10. Terrassendach-Beläge aus Fliesen, Klinkersteinen usw. 1–2 m

je nach Mörtelbett und gegebenenfalls Bewehrung des Mörtelbettes.

Werden oben genannte Dehnfugen eingehalten, so wird im allgemeinen im Beton keine unzulässige Rissebreite auftreten. Bezüglich Rissegefahr im Mauerwerk siehe nachfolgende Anmerkungen.

9.1.1.2 Bauwerke mit großen Längenänderungen

In der DIN 1045 wird unter 4.31 neue Fassung folgendes angeführt:
Längere Bauwerke sind durch Bewegungsfugen, deren Zwischenraum offenbleiben muß, zu unterteilen und gegen Zwängskräfte zu bewehren oder zwängungsfrei zu lagern, damit die Rißbreite beschränkt wird. Hier wird angeführt

a) Hohe Wärmedämmung auf der Oberseite
b) Kleiner Abstand der Bewegungsfugen (s. vorgenannte Angaben)
c) Auflagerung auf Gleitlagern oder Pendelstützen
d) Bei Auflagerung auf Mauerwerk Anordnung von Stahlbeton-Ringankern unter den Gleitlagern

Bezüglich der Längenänderung infolge Brandeinwirkung gilt die DIN 1045 Blatt 4. Bei Bauwerken mit erhöhter Brandgefahr gelten die bisherigen Bestimmungen über Dehnfugenabstände (30 m), Fugenweiten ($^a/_{1200}$ und mehr) und Ausbildung der Dehnungsfugen (es gilt also hier der bisherige Wortlaut DIN 1045, § 14, Ziff. 6.

Damit wären die Aussagen der DIN 1045 bezüglich der Rissebreiten, Dehnfugenabstände usw. erschöpft. In dieser DIN 1045 wird jedoch, wie vorgenannt, auf den neuen DIN-Entwurf 18530 (Dächer mit massiven Decken-Konstruktionen, Richtlinien für Planung und Ausführung) hingewiesen.

9.1.1.3 DIN 18530 (Entwurf)

In dieser DIN 18530 (s. Abdruck Anhang) werden nun wesentliche Gesichtspunkte für die schadensfreie Gestaltung von massiven Deckenkonstruktionen für Warm- und Kaltdächer über Aufenthaltsräumen gemacht. Es wird dabei auf die DIN 4108 (Wärmeschutz im Hochbau) als ergänzende DIN-Norm verwiesen. In diesem Zusammenhang interessiert besonders das Kapitel über Verformungen, über Längsverformungen und Biegeverformungen.

Dachdecken und die unter ihnen liegenden Wände sind aufgrund der äußeren Einflüsse (klimatische Einflüsse) und ihrer Stoffeigenschaften (Schwinden und Kriechen)

9. Detailhinweise bei Ausführung von Flachdächern

unterschiedlichen Längenänderungen unterworfen. Kann sich die Massivplattendecke nicht frei auf den Wänden bewegen (was normalerweise bei direkter Auflage ohne Gleitlager nicht möglich ist), so zwingt sie diese zur Verformung wie in Bild 1 der DIN 18530 (s. Anhang) dargestellt.

Die geringe Behinderung der Längenänderung der Dachdecke durch die Wände kann statisch außer Betracht bleiben.

Von Bedeutung für die Wände sind vor allem die Bewegungen der Dachdecke in Richtung Wandebene, also die sog. Horizontalbewegungen. Vertikalbewegungen zur Wand sind wegen der geringen Steifigkeit der Wände belanglos. Es wird gefordert, daß die Verformungen der Wände in Grenzen gehalten werden müssen, damit Schäden vermieden werden.

Neben den Längsverformungen wird besonderes Augenmerk den Biegeverformungen gegeben. Durch Biegeverformungen der massiven Dachdecke entstehen an den Auflagern Drehwinkel (s. Kapitel 3.4). Dabei erhalten die darunterliegenden Wände ebenfalls Biegeverformungen, sofern die Dachdecke nicht zentrisch und frei drehbar gelagert ist. Ist der Drehwinkel der Wand am Deckenauflager kleiner als derjenige der Dachdecke, so hebt sich die Dachdecke außen von der Wand ab. Es entstehen dann die in Bild 2 DIN 18530 (Anhang) und in den früheren Ausführungen Kapitel 3.4 angeführten Horizontalrisse unter der Dachdecke.

Bezüglich der Berechnungen der Verformung wird folgendes angeführt:

1. Dehnfugenabstände

Überschreiten die Dehnfugenabstände in Dachdecken *10m*, so soll eine rechnerische Untersuchung durchgeführt werden. Bei nicht zentralbeheizten Gebäuden gilt dies für Dehnfugenabstände über *8m*.

Für eingeschossige, nicht unterkellerte Gebäude empfiehlt sich in jedem Falle eine rechnerische Untersuchung.

2. Längsverformung

Die Unterschiede in der Verformung der Dachdecke gegenüber den unter ihnen liegenden Wänden bei einer für die Berechnung angenommenen Trennung beider Bauteile (Gleitlager), sind maßgebend für die Beanspruchung der Wand.

Für die Berechnung der unterschiedlichen Verformungen zwischen Dachdecke und Wand sind in der DIN 18530 drei Gleichungen angeführt, die eine leichte Abschätzung zulassen. Entsprechende Berechnungsbeispiele erleichtern den Gebrauch dieser Gleichungen.

In Tabelle 4 und Tabelle 5 sind die zulässigen Höchstwerte angeführt, die zur Vermeidung von Schäden eingehalten werden müssen. Es ist dies einmal die Dehnungsdifferenz zwischen Decke und Wand und andererseits der zulässige Verschiebungswinkel. Werden die Werte überschritten, so wird gefordert:

1. andere Baustoffe zu wählen,
2. die obere Wärmedämmung zu erhöhen,
3. eine bewegliche Lagerung der Decke vorzusehen (Gleitlager).

Daraus kann also abgeleitet werden, daß an sich Gleitlager noch nicht erforderlich wären, wenn die zulässigen Werte nach Tabelle 4 und 5 nicht überschritten werden.

3. Biegeverformungen

Die Berechnung der Biegeverformung wird hier als wenig sinnvoll angeführt, da die Steifigkeit der Dachdecke nicht ausreicht, um waagerechte Risse im Auflagerbereich im Mauerwerk zu vermeiden. Hier wird auf Kapitel 7.3 verwiesen.

Die Beispiele für die Berechnung der Verformung beinhalten jeweils Ringanker-Konstruktionen, die auch in den Einzelheiten zur Ausführung Kapitel 7 grundsätzlich empfohlen werden. Zu diesen Einzelheiten der Ausführung folgende Anmerkungen:

An den Stirnseiten der Massivplatten reichen die wärmetechnischen Anforderungen an Außenwände gemäß DIN 4108. Nach Ansicht des Autors sollten jedoch bei langen Flachdächern, die direkter Sonneneinstrahlung ausgesetzt sind, auch die Stirnseiten der Wände eine höhere Wärmedämmung erhalten als bei Außenwänden, um von hier Längenänderungen oder Verzwängungsspannungen auszuschalten. Es empfiehlt sich eine Angleichung an DIN 4108 für Flachdächer. Bei der Auflagerung der Dachdecke auf unbewehrten oder nur horizontal bewehrten Wänden (hier handelt es sich um Betonwände) ist eine obere Plattenbewehrung über den Endauflagern nicht erforderlich. Die Dachdecken sind ohne Berücksichtigung der Torsion zu bemessen.

In den Dachdeckenrändern sind Ringanker gemäß DIN 1053 (Ausgabe November 1962, Abschnitt 2.4) einzulegen.

Danach ist also grundsätzlich bei längeren Mauerwerksbauten eine Ringanker-Konstruktion erforderlich. Dehnungsfugen sind bei Flachdachdecken 2cm breit auszubilden. Sie müssen die Längenänderung der Dachdecke und der darunter befindlichen Wände aufnehmen. Alle Schichten des Dachaufbaues müssen so ausgebildet werden, daß sie ihre Funktion auch bei den Bewegungen der Dachdecke behalten, d.h. die Abdichtung über den Dehnfugen muß die Längenänderungen dauerhaft aufnehmen.

Bei Auskragungen über die Außenwände hinaus ist die obere Wärmedämmung bis an den Rand der Dachdecke zu führen (s. als richtiges Beispiel Bild 436 [60] und als falsches Beispiel Bild 437 [2]).

Der evtl. auskragende Betonplattenteil mit unterseitig Sichtbeton (z.B. nach Bild 437) muß im auskragenden Teil im Abstand von 5m durch Fugen bis zur Auflagerung auf den Außenwänden aufgeteilt werden, wenn

9.1 Gleitlager und Dehnfugen bei Flachdächern

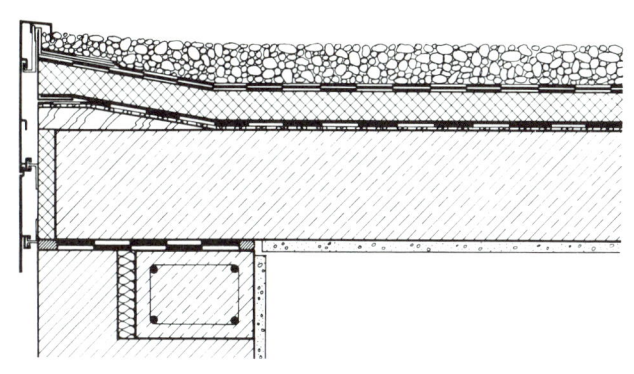

Bild 436 Gute Detailgestaltung. Warmdach, Stahlbeton-Massivplatte auf Ringanker mit Gleitlager, z. B. Pappe (unbesandet) oder Kunststoff-Folie, zweilagig, in Bitumenmasse. Wärmedämmende Dehnungsfugenfüllung und Ablaufdichtungen am Gleitlager. Dachhaut: mehrlagige Dachpappen in Heißbitumen, Bekiesung. Dachabschlußprofile dienen als Feuchte- und Sichtschutz der Gleitlagerfugen

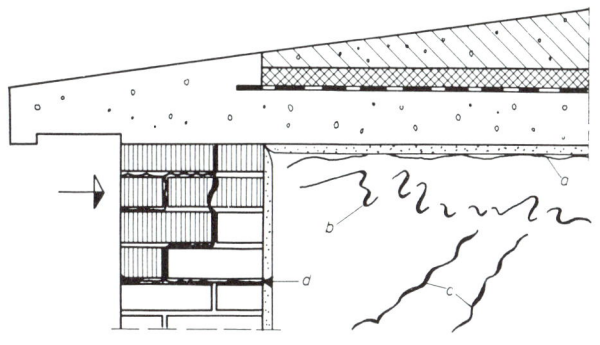

Bild 437 Gesimslockerungen und typische Rißbildungen in den Querwänden. a Waagerechte Risse im Eck, b sägeartige Risse, c treppenförmige Schubrisse, d Risse in den Lagerfugen

nicht ein größerer Fugenabstand rechnerisch nachgewiesen und die Dachdecke entsprechend bewehrt wird.

Werden bei den unter den Dachdecken befindlichen Wänden die zulässigen Verformungen gemäß vorgenannten Berechnungen nicht überschritten, so reichen die Grundsätze von DIN 1053 zur Ausbildung der Wände aus. Zweckmäßig ist es dann, die Auflager der Dachdecke auf den Wänden so schubfest zu gestalten, daß die auftretenden Schubkräfte zwischen Wand und Dachdecke stetig übertragen werden. Wird dagegen die Dachdecke auf den Wänden beweglich gelagert (was auch bei kleineren Bauten empfohlen wird), so muß das obere Wandende einen Ringanker erhalten, da die in der Dachdecke befindliche Bewehrung für die Wände nicht wirksam werden kann. Der Ringanker ist entsprechend DIN 4108 nach außen durch eine Wärmedämmschicht zu schützen (s. Bild 436).

Diese oben genannten Formulierungen lassen also den Schluß zu, daß ein Gleitlager und eine Ringanker-Konstruktion unter bestimmten Nachweisen nach Tabelle 4 und 5 der DIN 18530 und nach DIN 1053 (Mauerwerk-Berechnung und Ausführung) weggelassen werden könnten. In Zweifelsfällen sollte man jedoch den sicheren Weg mit Ringanker wählen.

9.1.1.4 DIN 1053 fordert:

In den Außenwänden und durchgehenden Querwänden sind durchlaufende Ringanker anzubringen:

1. Bei Bauten, bei denen mehr als zwei Vollgeschosse mit Außenwanddicken von 24 cm ausgeführt werden.
2. Bei Bauten aus Leichtbetonsteinen, die insgesamt mehr als zwei Vollgeschosse haben oder länger als 18 m sind.
3. Bei Wänden mit vielen oder besonders großen Öffnungen, besonders dann, wenn die Summe der Öffnungsbreiten 60% der Wandlängen oder bei Fensterbreiten von mehr als zwei Drittel der Geschoßhöhe 40% der Wandlänge übersteigt.
4. Wenn die Baugrundverhältnisse dies erfordern.

Aus diesem gesamten Für und Wider der DIN-Vorschriften ist abzulesen, daß es praktisch kaum eine Ausnahme gibt, ohne Ringanker-Konstruktion eine Massivplattendecke direkt auf Mauerwerk aufzulegen, es sei denn bei eingeschossigen Wohnbauten und auch hier nur bei sehr beschränkter Länge und unter Berücksichtigung der Durchbiegungen, die bei einer bestimmten Größe eine Ringanker-Konstruktion für erforderlich erscheinen lassen.

Zur Vermeidung von exzentrischen Übertragungen der Dachdeckenlast auf die Außenwände und der damit verbundenen hohen Kantenpressung infolge Biegeverformung der Dachdecke sollen bei schubfester Verbindung zwischen Dachdecke und Wand (ohne Ringanker-Konstruktion) die Wandränder von der Dachdecke getrennt werden, etwa je ein Drittel der Wanddicke. Durch diese Maßnahmen soll erreicht werden, daß die Lastübertragung in der Kernzone der Wände stattfindet. Der Wand- und Deckenputz muß hier durch einen Schlitz voneinander getrennt werden (s. Bild 436).

Die Trennfugen an der Außenseite des Dachdeckenauflagers sollen durch eine Schutzblende (z. B. durch Herunterziehen der Gesimsabdeckung) überdeckt werden. Diese Blende darf nicht mit der Wand verbunden werden (s. ebenfalls Bild 436). Sind Gleitlager zwischen Dachdecke und Wänden erforderlich (gemäß vorgenannten Berechnungen), so sollen die Auflagerlasten ebenfalls nur im Kernbereich der Wände übertragen werden. Die Gleitschichten müssen eben und ihr Reibungswiderstand soll so klein sein, daß die stets langsamen Verschiebungen zwischen Wand und Decke einwandfrei in der Gleitschicht stattfinden. Nicht belastete Innenwände sind von der Unterseite der Dachdecke so weit abzusetzen, daß sie bei der Durchbiegung der Dachdecke keine Zwängungsspannungen erleiden (Einlegen von elastischen Filzen oder dgl.).

Diese Ausführungen mögen ausreichen, um die derzeitigen Forderungen nach den DIN-Normen zu erläutern und den Stand der Technik darzustellen.

Zusammenfassend kann etwa aus der vorgenannten Formulierung gefolgert werden, daß eine Gleitlager-

9. Detailhinweise bei Ausführung von Flachdächern

ausbildung bei nahezu sämtlichen Flachdachdecken erwünscht ist und sie mindestens dort erforderlich ist, wo die Flachdach-Dehnfuge bzw. Flachdachlängen 10–12 m bei Mauerwerksauflage überschreiten unter Zugrundelegung einer noch wirtschaftlichen Wärmedämmung gemäß DIN 4108. Aber auch hier muß gegebenenfalls unter Berücksichtigung der Durchbiegung bereits wieder eine Einschränkung gemacht werden. Auch bei eingeschossigen Gebäuden ist gemäß Berechnungsbeispiel und Beurteilung nach 8.34 der DIN 18530 eine Ringanker-Konstruktion mit Gleitlager zweckmäßig, da gerade bei diesen eingeschossigen Gebäuden zwischen Fußbodenplatte und Dachplatte ein erheblicher Unterschied in der thermischen Bewegung und in den Schwindmaßen vorliegt. Hier können Belastungen auftreten, wie sie bei hohen Gebäuden u. U. nicht auftreten.

9.1.2 Kräfte aus der Massivplattendecke

Wie in Kapitel 3.4 angeführt errechnen sich die Spannungen in der Betondecke in Abhängigkeit von der Längenänderung Δl, der Plattenlänge L und dem Elastizitätsmodul des Betons $E = 140\,000$ kp/cm².
Es ist dann die Spannung:

$$\sigma = \frac{\Delta l \cdot E}{L}.$$

Die Druck- oder Zugspannungskraft ist also, abhängig von der vorhandenen Spannung σ und der Querschnittsfläche F, demzufolge:

$$P = \sigma \times F.$$

Bei der Überlegung, wie die Spannungskräfte aus einer Massivplattendecke mit ihren Gesamtlängenänderungen durch Gleitlager oder durch vertikale Dehnfugen verkleinert werden, müssen einige statische Prinzipien untersucht werden.

Die Spannungen durch Temperatureinflüsse beim massiven Flachdach sind theoretisch im Mittelpunkt eines Flachdaches = 0. Man spricht in diesem Zusammenhang auch vom sog. Schwerpunkt oder auch Ruhepunkt. Anders ausgedrückt heißt das, daß also hier über diesem Ruhepunkt keine Bewegungen stattfinden. Beim Mauerwerksbau kann man im allgemeinen diesen Ruhepunkt oder Schwerpunkt genau in der Dachplattenmitte annehmen, wenn nicht durch über das Dach hinausführende außermittige Aufbauten, etwa durch Treppenhäuser oder dgl., eine Verschiebung eintritt. Wenn die Dachdecke also in der Gebäudemitte ihren Ruhepunkt hat, so wachsen die Längskräfte aus den thermischen Bewegungen mit der Entfernung von diesem Punkt an. Am Gebäudeende sind sie am größten. In Bild 438 [63] ist im Schema der Kräfteverlauf dieser thermischen Bewegungen bei einer Dachdecke dargestellt. In Bild 1 sind die Kräfte in der Querrichtung aus

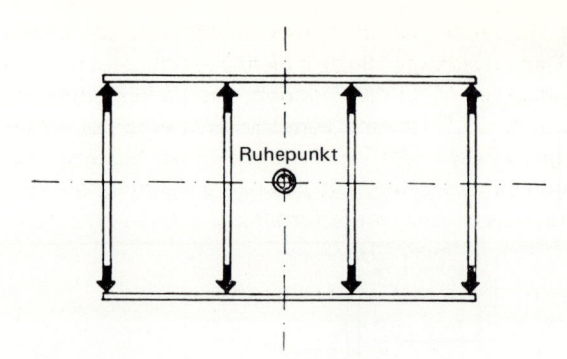

1 Kräfte in Querrichtung bei Dehnung. Die Kräfte sind am Rand bei gleichbleibender Gebäudebreite unabhängig vom statischen System überall gleich groß

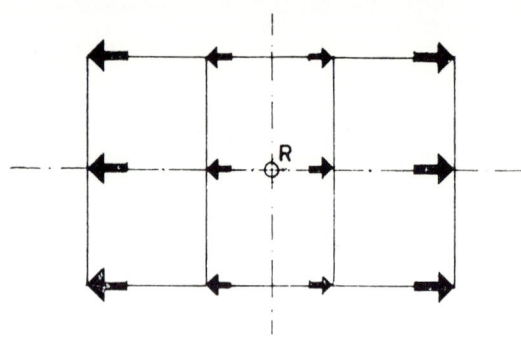

2 Kräfte in Längsrichtung bei Dehnung. Die Kräfte wachsen vom Ruhepunkt zu der Endwand hin entsprechend der größer werdenden Entfernung an

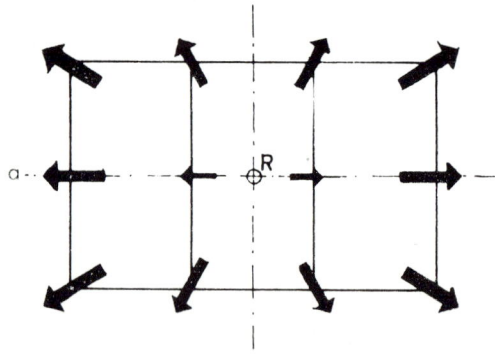

3 Resultierende Kräfte aus Längs- und Querdehnung. Diese resultierenden Kräfte sind an den Gebäudeecken am größten. Zu beachten ist die im Grundriß eingetragene Bewegungsrichtung

Bild 438   Kräfteverlauf bei einer Dachdecke

der Dehnung resultierend dargestellt, in Bild 2 die Kräfte aus der Längsrichtung und in Bild 3 die tatsächlich auftretenden resultierenden Kräfte aus Längs- und Querdehnung.

9.1.3 Anordnung der Gleitlager und Dehnfugen

Aus diesen vorgenannten Grundkenntnissen ergeben sich nun einige grundsätzliche Verhaltensweisen hinsichtlich der Anordnung von Gleitlagern und Dehnfu-

9.1 Gleitlager und Dehnfugen bei Flachdächern

gen. Bei relativ kleinflächigen Baukörpern, bei denen die Flachdachlänge 18–20 m nicht überschreitet und bei denen in der Mitte das Treppenhaus als Festpunkt angeordnet wird, ist eine vertikale Dehnfuge bei dieser Länge nicht erforderlich. Dagegen ist bei Mauerwerksbauten ein Gleitlager, wie aus den vorgenannten Ausführungen hervorgeht, erforderlich.

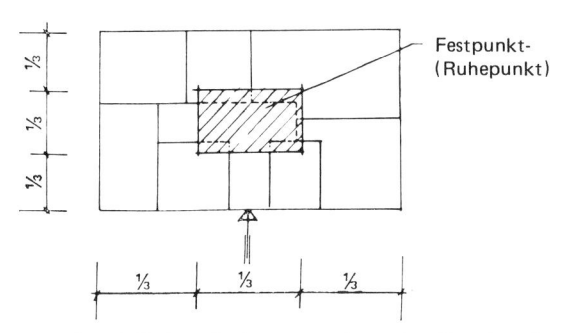

Bild 439 Grundriß eines Baukörpers und zweckmäßige Anordnung eines Gleitlagers bei Plattenauflagerung

In Bild 439 ist ein derartiger Idealfall dargestellt. Das Treppenhaus in der Mitte kann als Ruhepunkt bzw. als Festpunkt angesehen werden. In diesem Bereich kann also die Massivplattendecke mit den aufgehenden Wänden eine feste Verbindung eingehen (was wegen der Ableitung von Windkräften, wie nachfolgend angeführt, erforderlich ist). Nach allen Seiten hin ergeben sich etwa gleiche Bewegungen in Quer- und Längsrichtung. Die Gleitlager können über sämtlichen Außen- und Innenwänden außerhalb der Festpunkte angeordnet werden, ohne daß hier ein ungleiches Kräftespiel auftritt.

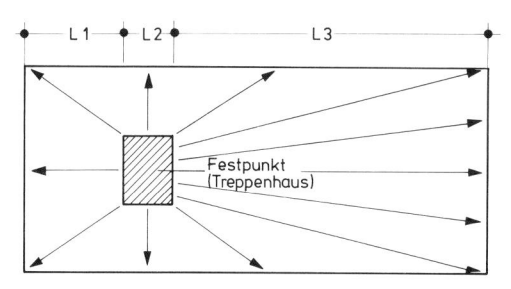

Bild 440 Ungleicher Kräfteverlauf bei außermittigem Festpunkt

In Bild 440 ist ein Beispiel dargestellt, bei dem der Festpunkt außerhalb der Mitte angeordnet ist. Hier ist erkennbar, daß der Kräfteverlauf ungleich gegeben ist, d. h. daß evtl. Gleitlager unterschiedlich belastet werden. Im linken Teil würden praktisch kaum Gleitlager notwendig sein, während im rechten Teil u. U. die Gleitmaßnahmen nicht genügend sind und evtl. trotzdem noch durch Überbeanspruchung Schäden auftreten können.
Auch hinsichtlich der Überlegung der Anordnung von Dehnfugen ergeben sich durch derartig außenmittige Treppenaufbauten, Fahrstuhlschächte, fest fixierte Schornsteine oder dgl. ungleiche Kräftebewegungen. Wenn sich nun gemäß Bild 440 die Massivplattendecke bewegen will, dann wird die Längenzunahme im Bereich der rechten Giebelseite wesentlich größer sein als die auf der linken. Bei der Berechung der Längenänderung wäre es also falsch, für die Länge L etwa die halbe Gebäudelänge einzusetzen, wie dies bei Bild 439 möglich wäre. Vielmehr muß hier die Länge $L/3$ als Maximallänge zugrunde gelegt werden. Es ist erkennbar, daß z. B. die Länge $L/1$ kleinere Längenänderungen erbringt als die Länge $L/3$.

Bezüglich der Anordnung von vertikalen Dach-Dehnfugen ist es u. U. aufgrund dieser Verhältnisse notwendig, die Länge $L/3$ durch eine vertikale Dehnfuge zu unterteilen, um hier unzulässige Längenänderungen zu vermeiden.

Deutlicher wird diese Überlegung aus Bild 441. In Bild 441 ist ein längeres Gebäude dargestellt, bei dem drei Treppenhäuser mit Aufzügen oder dgl. aus der Dachfläche auskragen und jeweils Festpunkte darstellen. Bei Ausdehnung der Massivdecke ergeben sich Verzwängungsspannungen, bei Abkühlung Zugspannungen. Gerade letztere bewirken dann etwa in der Mitte der Dachfelder Risse.

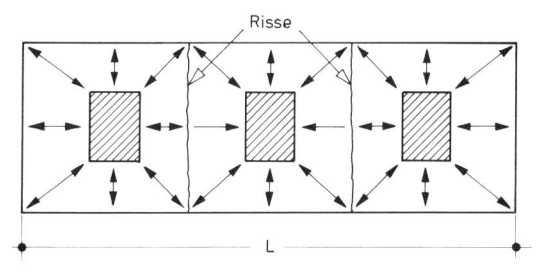

1 Rissebildung durch Festpunkte

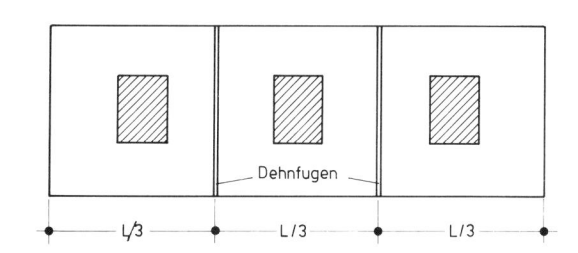

2 Dehnfugenteilung zur Rissevermeidung
Bild 441 Grundprinzip für Dehnfugenanordnung

Zur Vermeidung derartiger Einspannungen zwischen Fixpunkten ist es notwendig, die Flachdachfläche durch Dehnfugen aufzuteilen, wie dies in Bild 441/2 dargestellt ist. Durch die Dehnfugen jeweils zwischen den Treppenhäusern oder dgl. ergeben sich wieder in etwa Verhältnisse wie in Bild 439 dargestellt. Die Länge L wird also gedrittelt ($L/3$). Die Schwind- und Temperaturspannungen werden dadurch gemäß DIN 18530 bei entsprechenden Längen so reduziert, daß weder Risse in den Massivplatten selber noch in den darunterlie-

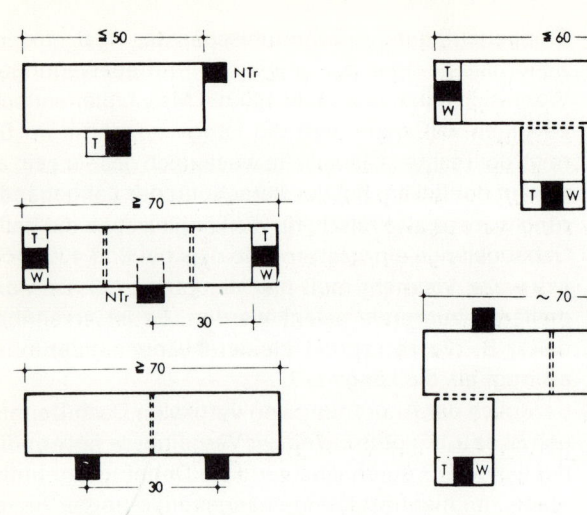

9. Detailhinweise bei Ausführung von Flachdächern

Bild 442　Gebäudedehnfugen bis ca. 30 m Länge mit Dachdehnung Übereinstimmung

① Geschoßbauten über rund 50 m Länge müssen Dehnungsfugen erhalten. Anordnung je nach Lage der Treppenhäuser oder Festpunkte.

② Anbauten müssen durch Setzungsfugen vom Hauptbau getrennt werden. Diese Fugen müssen auch durch die Fundamente gehen.

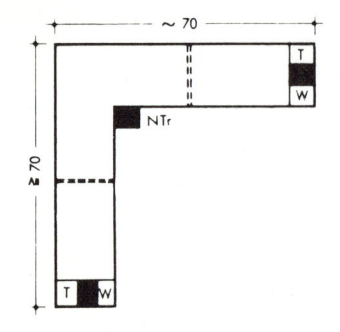

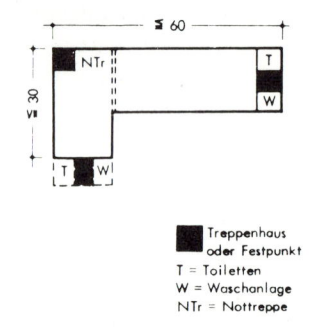

■ Treppenhaus oder Festpunkt
T = Toiletten
W = Waschanlage
NTr = Nottreppe

③ Bei Flügel- oder Eckbauten sind Fugen in den einspringenden Ecken nur sinnvoll, wenn die Geschoßzahl wechselt. Sonst Fugen besser in die Flügel legen.

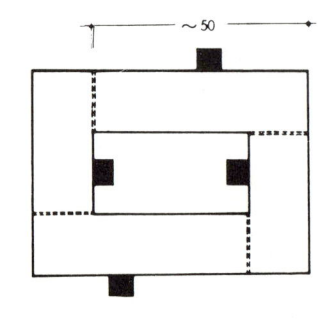

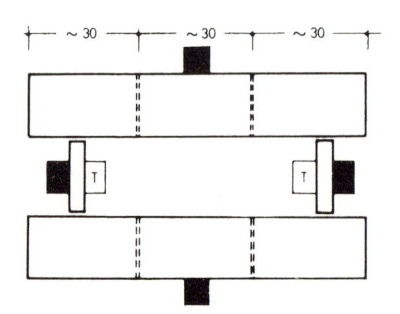

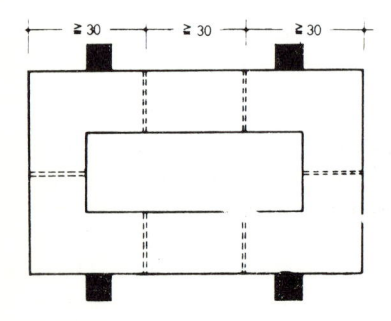

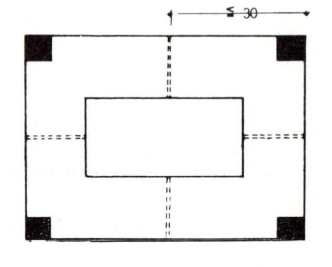

④ Bei Geschoßbauten, die Höfe umschließen, müssen die Fugen je nach der Größe der Baukörper in Abhängigkeit von der Lage der Treppenhäuser angeordnet werden.

9.1 Gleitlager und Dehnfugen bei Flachdächern

genden Wänden auftreten. Auch ergeben sich bei Einbau von Gleitlagern zwischen Mauerwerk und Massivplatte etwa gleiche Längenausdehnungen, so daß auch hier für den Einbau von Gleitfolien oder dgl. Idealverhältnisse entstehen.

Es können naturgemäß auch völlig andere Grundrisse vorliegen. Hier empfiehlt es sich dann, zuerst die Bewegungsfugen in den Gebäuden festzulegen, die wiederum auf die Festpunkte der Treppenhäuser abzustimmen sind, wie dies aus Bild 452 [61] abgelesen werden kann.

Für normale Fälle soll der Gebäude-Dehnfugenabstand von ca. 30 m nicht überschritten werden. Dies gilt insonderheit für Bauwerke mit relativ geringer Steifigkeit und guter Wärmedämmung auf der Außenseite. Ungünstige Verhältnisse sind z. B. dann gegeben, wenn steife Bauglieder, z. B. Mauerwerksscheiben an den Bauwerksenden angeordnet sind oder große Temperaturdifferenzen infolge geringer Wärmedämmung, insbesondere bei außenliegendem Sichtbeton, auftreten können. In diesen Fällen kann eine Verringerung des Dehnfugenabstandes (Gebäudedehnfugen) bis auf 10 m notwendig werden.

Liegen besonders günstige Verhältnisse vor, also etwa mit sehr guten außenseitiger Wärmedämmung, sehr leicht verformbarem Skelettbau, kann der Fugenabstand, wie aus Bild 452 abzulesen ist, auf 40–45 m und u. U. noch mehr vergrößert werden.

Baukörper mit Festpunkten am Gebäudeende (schwarz eingezeichnete Treppenhäuser in Bild 442) sind in dieser Hinsicht ungünstiger als Körper mit einem mittleren Festpunkt, da ihr Verformungsverhalten dem eines etwa doppelt so langen, mittig gehaltenen Körpers entspricht gemäß Bild 440.

Grundsätzlich sollte man aber keinesfalls in eine Dehnfugenhysterie verfallen. Es sollen nur soviel als unbedingt notwendig gemacht werden, da Dehnfugen als Gebäudedehnfugen erstens relativ teuer sind und auch die Dehnfugengestaltung im Bereich der Außenwände, an Anschlüssen, Randstützen usw. immer schwierig auszuführen ist.

Wenn aus den Längenveränderungen der Dachdecke aus gesehen eine engere Dehnfugenteilung als die Gebäudedehnfugen erforderlich erscheint, dann sollte man in der Dachdecke zusätzliche Dehnfugen zum Einbau bringen, die unabhängig von den Gebäudedehnfugen angeordnet werden. Dies wäre also z. B. gemäß Bild 442 dort erforderlich, wo die einzelnen Gebäudeteile 30 m Länge wesentlich überschreiten und wo die Wärmedämmung über der Massivplattendecke (bei Warm- oder Kaltdächern) nicht gewährleistet, daß die Temperatur- und Schwindbewegungen unter dem erforderlichen Maß bleiben. Selbstverständlich können diese zusätzlichen Dehnfugen in der Dachdecke nicht willkürlich angeordnet werden.

9.1.3.1 Horizontale Windaussteifung

Von seiten der Statik ist vorgeschrieben, daß jeder Baukörper für sich, also auch jeder durch Dehnfugen begrenzte Bauteil standsicher ausgesteift sein muß. Bei niedrigen Bauteilen (eingeschossige Hallen oder dgl.) können nach Prof. Mann [64] die Stützen in die Fundamente eingespannt werden, so daß diese als Kragarme die Windableitung in den Baugrund unmittelbar übernehmen. Bei höheren Baukörpern würden jedoch die Stützenabmessungen zu groß werden, so daß hier Windscheiben erforderlich werden.

Das Einplanen dieser Windscheiben ist nun wiederum für die Anordnung von Gleitlagern und von evtl. Dehnfugen in der Flachdachdecke eine der wichtigsten konstruktiven Aufgaben des Statikers, da die Dehnfugen die Standsicherheit nicht gefährden dürfen, d. h. die Windabtragung muß in jedem Falle gewährleistet sein. Eine freischwimmende Massivplattendecke muß also irgendwo an einem sinnvollen Punkt angebunden werden, um diese Windableitung zu gewährleisten.

Sind die Geschoßdecken und hier natürlich auch die Flachdachdecken als starre Scheiben ausgebildet, so tragen sie gemäß Bild 443 [64] die Windlast als horizontal liegende Balken auf die vertikalen Windscheiben ab, die diese Last wiederum an den Baugrund weitergeben. Die Windscheiben sind somit die horizontalen Lager für die Geschoß- bzw. Flachdachdecken. Für ihre Anordnung gelten die Regeln der statisch bestimmten bzw. unbestimmten Lagerung von Balken. Im Grundriß sind daher

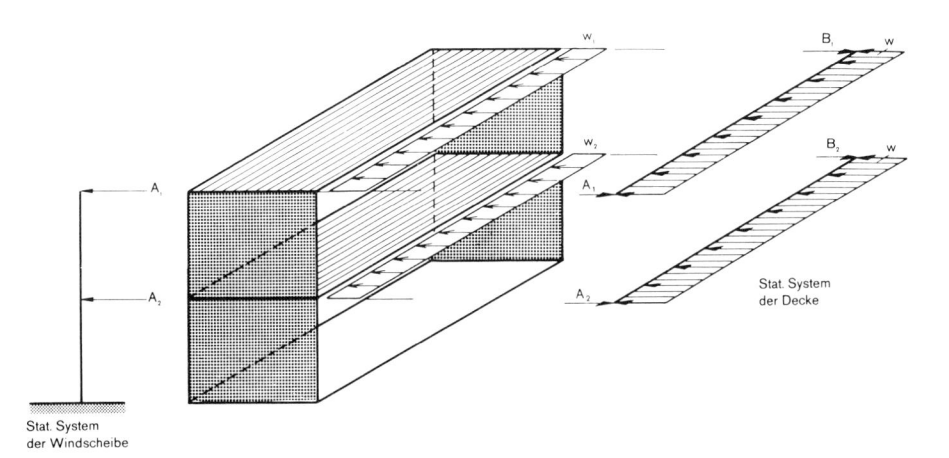

Bild 443 Windabtragung

9. Detailhinweise bei Ausführung von Flachdächern

Bild 444 Nach Mann [64] Windaussteifung

Ideal

Stat. System

Variante

Statisch ausreichend
Verformung gut

Stat. System

Scheibenkräfte für den Windangriff von rechts

Möglich, aber schlecht, wenn
Scheiben zu geringen Abstand

Möglich, aber sehr schlecht,
da große Exzentrität, jedoch
kleiner Scheibenabstand

Möglich, aber schlecht, da
große Exzentrität und
kleiner Scheibenabstand

Nicht möglich, da keine
Aussteifung gegen Verdrehung

Nicht möglich, da nur eine
Richtung ausgesteift

Nicht möglich. Wirkungslinien
der Scheiben gehen durch einen
Punkt. Keine Aussteifung
gegen Verdrehung.

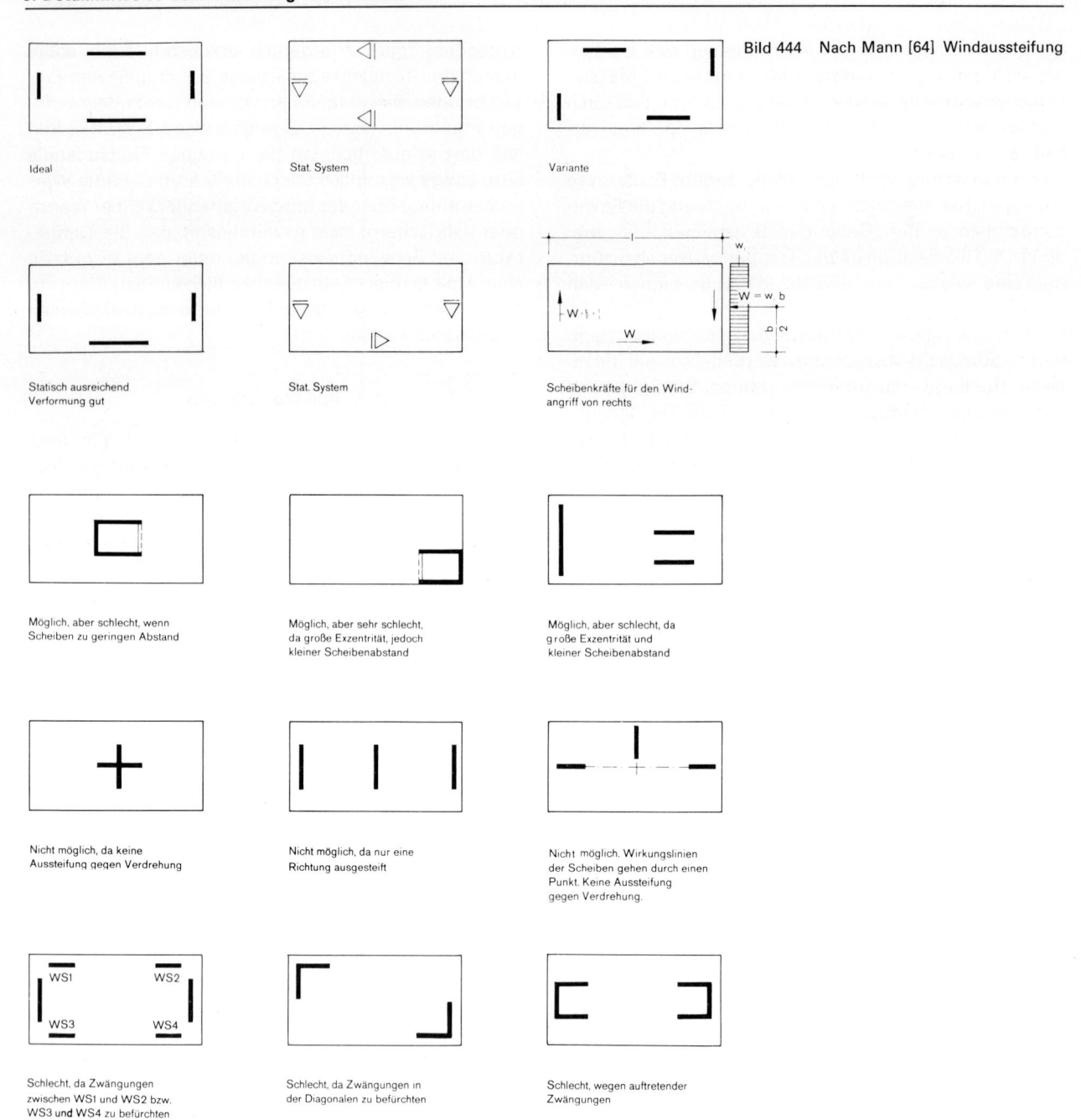

Schlecht, da Zwängungen
zwischen WS1 und WS2 bzw.
WS3 und WS4 zu befürchten

Schlecht, da Zwängungen in
der Diagonalen zu befürchten

Schlecht, wegen auftretender
Zwängungen

mindestens 3 Scheiben erforderlich, deren Wirkungslinien nicht durch einen Punkt gehen dürfen und in wenigstens zwei Richtungen angeordnet sein müssen.
In Bild 444 [64] sind die sinnvollen oder nicht sinnvollen Anordnungen nach Prof. Mann dargestellt. Es wäre nun nicht möglich, innerhalb dieser Grundrißdarstellungen in den Flachdächern willkürlich Dehnfugen anzuordnen, da dann der Windverband auseinandergerissen würde, also das statische System in Frage gestellt wäre. Ist die Anordnung von zusätzlichen Dehnfugen in der Massivplattendecke des Flachdaches erforderlich, so muß jeweils für sich die Windabtragung nach unten beachtet werden, d.h. es muß die Dreischeibenwirkung wie zuvor angeführt nachgewiesen werden.

Die Ausbildung der Windscheiben kann vielfältig sein. In jedem Falle sollten sie über die gesamte Gebäudehöhe bis zum Fundament ununterbrochen durchgehen. Statisch am günstigsten sind nach Prof. Mann Stahlbetonwände ohne oder mit unbedeutenden Öffnungen. Sind Öffnungen nicht zu vermeiden, so sollten sie regelmäßig oder so angeordnet werden, daß der statische Kraftschluß in den Scheiben möglichst wenig gestört wird. In Bild 445 ist ein Beispiel [64] dargestellt, das im Grundriß die Windscheibenanordnung bzw. die Rahmeneinspannung beim niederen Bauteil erkennen läßt. Im Schnitt sind die Höhenverhältnisse der Baukörper dargestellt. Hieraus kann ausreichend entnommen werden, daß Flachdachdecke und Gebäudedehnfuge möglichst aufeinander abgestimmt sein sollten, um

9.1 Gleitlager und Dehnfugen bei Flachdächern

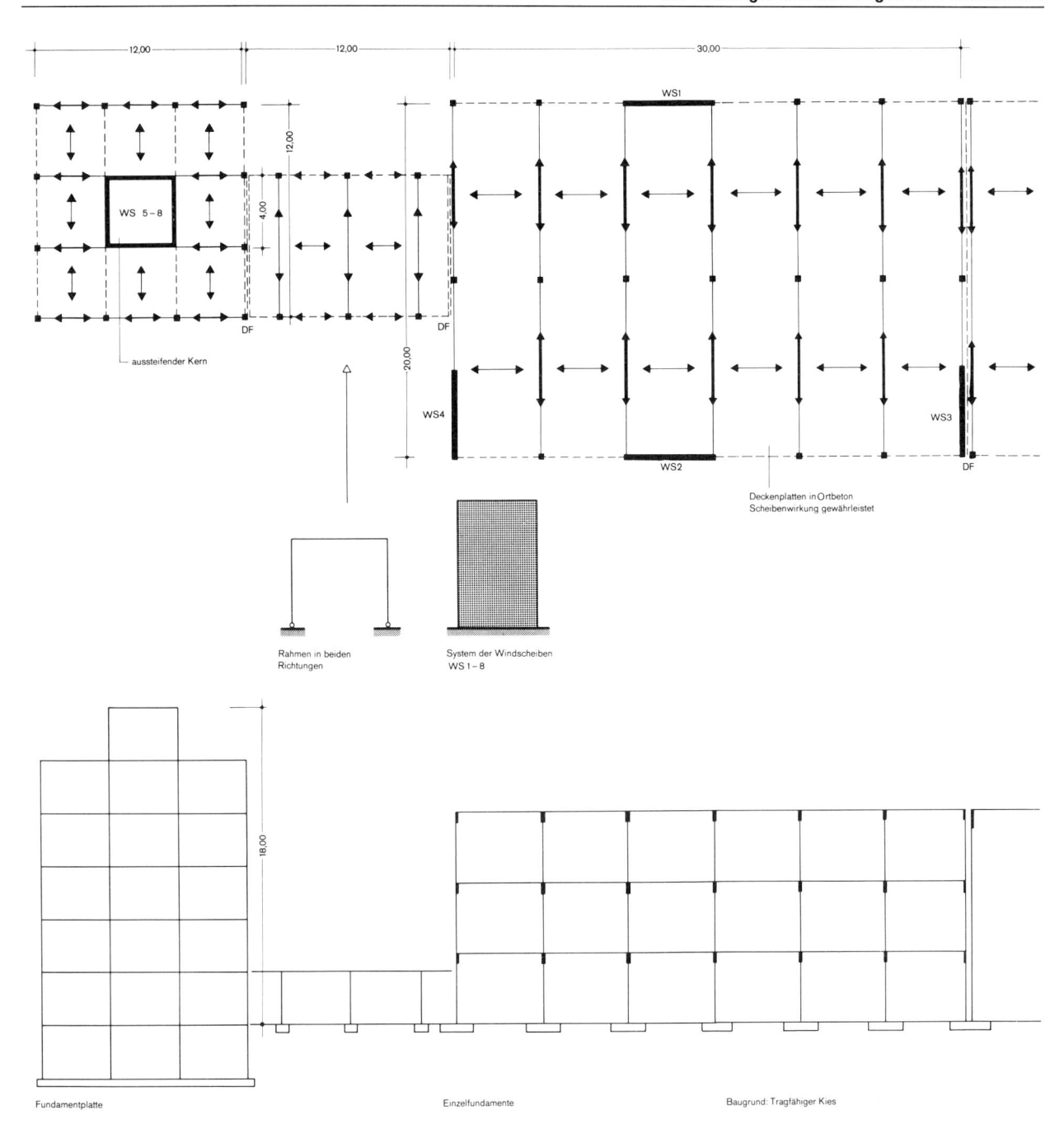

Bild 445   Beispiel einer konstruktiven Systemskizze

keine Disharmonie in den statischen Verhältnissen herbeizuführen.

Diese vorgenannte Überlegungen mögen ausreichen, um darzustellen, daß es sinnvoll ist, wenn Architekt, Statiker und Bauphysiker sich rechtzeitig über die Anordnung von Gebäudedehnfugen und gegebenenfalls über zusätzlich notwendige Dehnfugen im Flachdach unterhalten, da später oft kaum noch sinnvolle wirtschaftliche Lösungen gefunden werden können.

9.1.3.2 Praktische Beispiele für Gleitlager- und Dehnfugenausbildung

Nachfolgend sollen einige wenige Beispiele über die praktische Ausbildung von Gleitlager und Dehnfugen wiedergegeben werden, die ebenfalls keinen Anspruch auf Vollständigkeit erheben. Es gibt zahlreiche Variationen für diese praktischen Ausführungen. Im Prinzip gibt es jedoch nur wenig richtige Lösungen, auf die man sich beschränken sollte.

9. Detailhinweise bei Ausführung von Flachdächern

9.1.3.2.1 Gleitlagerausbildungen

Wie zuvor angeführt, entstehen infolge starrer Verbindungen zwischen massiver Flachdachdecke und Wänden u. U. Verzwängungsspannungen, die zu Rissen führen könnten. Die Ursachen sind, wie angeführt, die unterschiedlichen Schwind- und Kriechmaße zwischen Wänden und Decken, das unterschiedliche Verhalten durch thermische Bewegungen, Feuchtigkeitsbelastung aus dem Rauminnern, Auflagerdrehwinkel an freien Deckenrändern, abhebende Kräfte an den Plattenecken durch Drillmomente in der Massivplatte usw. An den Ecken der Massivdeckenplatten summieren sich dann jeweils die verschiedensten oben angegebenen Ursachen, so daß hier größere Risse entstehen, wie dies in Kapitel 3.4 in Teil I dieses Buches ausreichend dargelegt ist. Spätere Rissebildungen in den Außenwänden im Bereich des Putzes können zwar mit dauerelastischem Kitt einigermaßen sicher ausgekittet werden, doch ergeben sich sehr unschöne Lösungen, da der Risseverlauf nie exakt ist. Mindestens zeichnen sich derartige Ausflickungen, die naturgemäß mit Ärger verbunden sind, auch in Anstrichen, die über die sanierten Fugen aufgebracht werden, ab. Eine genaue Angleichung an die frühere Putzstruktur wird selten erreicht.

Bild 446 Risse in Außenputz

Es empfiehlt sich also, bereits von vornherein derartige Schäden, wie sie in Bild 446 durch Formveränderungen aus der Massivdecke auf der Außenseite und in Bild 447 auf der Innenseite dargestellt sind, zu vermeiden.

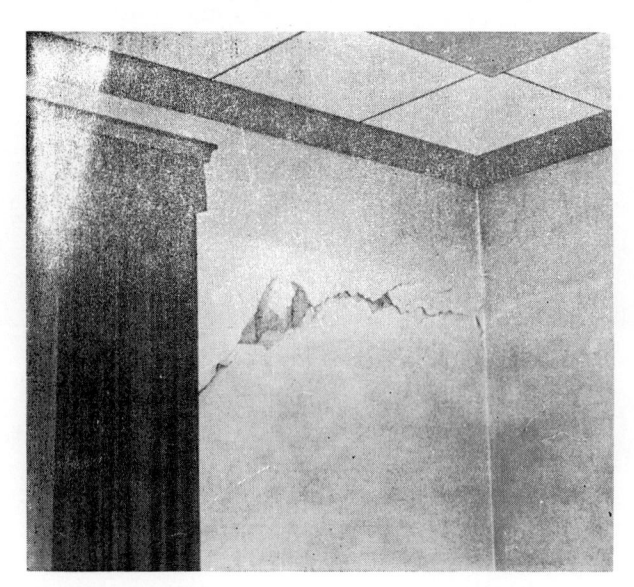

Bild 447 Starke Mauerrisse als Folge ungenügender Dehnfugenanordnung eines Flachdaches. (In diesem Beispiel 42 m lange Betonplatte mit nur 2,5 m Kork und 2 Lagen Dachpappe geschützt.)

Im allgemeinen unterscheidet man:

1. Gleitlager für geringe Anforderungen

Für kleine Belastungen (Formveränderungen) und untergeordnete Bauwerke kann das Gleitlager (Trennung zwischen Wand und Massivplatte) durch 2 Lagen 333er Bitumenpappen hergestellt werden, wobei die Gleitfähigkeit dadurch erhöht würde, daß zwischen den Bitumenpappen ein gleitfähiges Bitumen eingebracht wird.

Wenn eine Ringanker-Konstruktion bei Mauerwerkswänden angeordnet ist, dann kann diese Einfachst-Konstruktion durchaus bei begrenzten Längen und Deckenspannweiten angewandt werden.

Liegt keine Ringanker-Konstruktion vor, muß gemäß Bild 448 [65] durch exzentrische Belastung ein Druck auf die Innenkante erwartet werden, der gegebenenfalls trotz Trennung Risse im Mauerwerk bewirkt. Auf alle Fälle ist es erforderlich, falls eine derartige Einfachstlösung zur Anwendung kommen soll, das Mauerwerk oben glatt abzustreichen, um eine möglichst ebene Fläche zu erhalten.

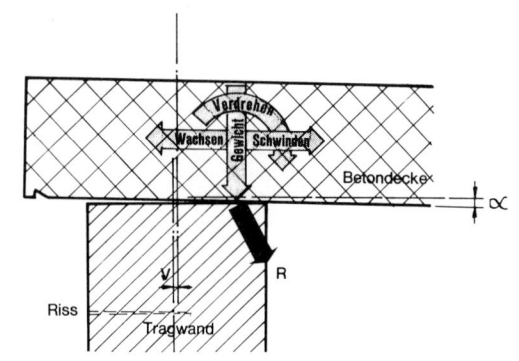

Bild 448 Pappen als Auflager

9.1 Gleitlager und Dehnfugen bei Flachdächern

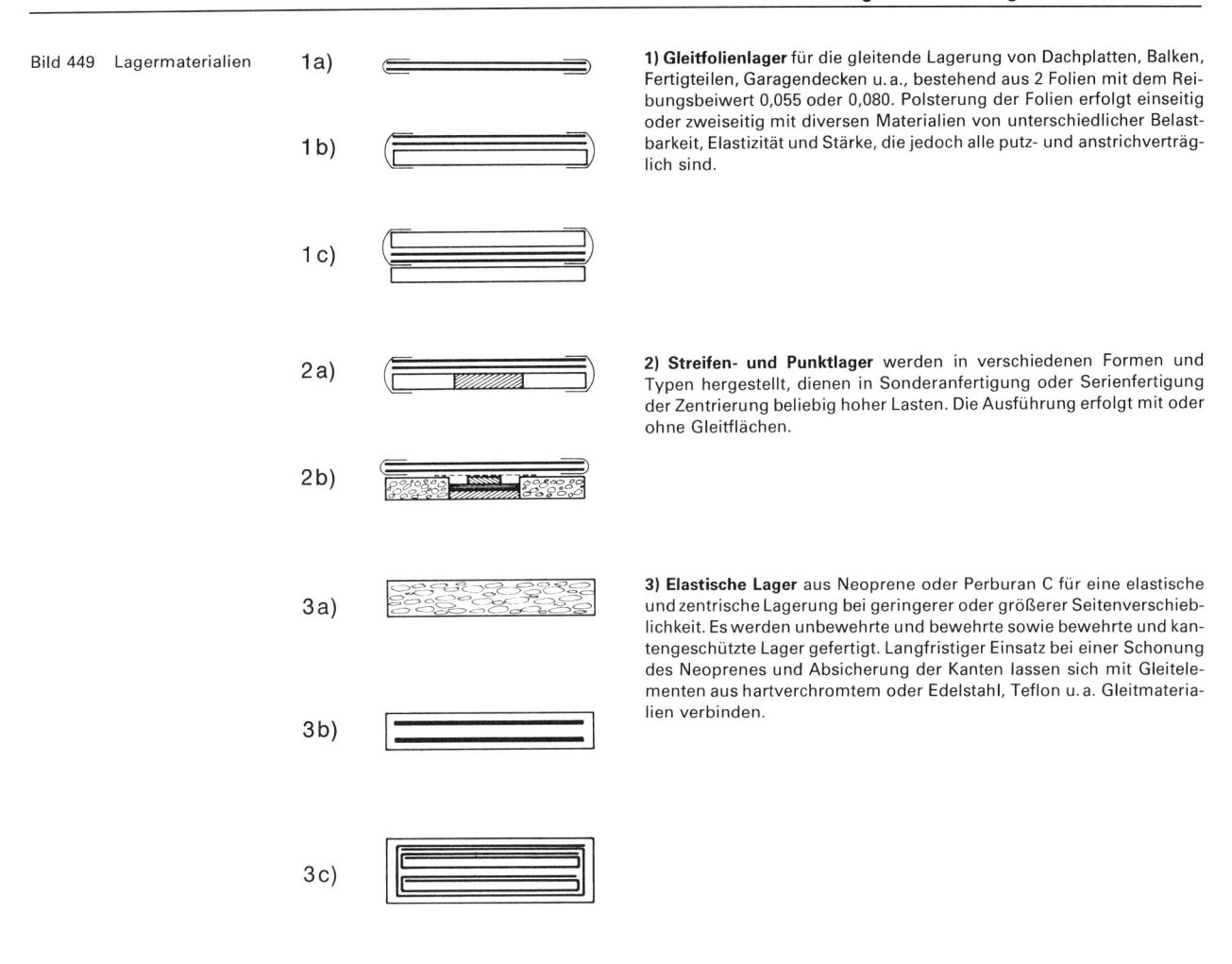

Bild 449 Lagermaterialien

1) Gleitfolienlager für die gleitende Lagerung von Dachplatten, Balken, Fertigteilen, Garagendecken u. a., bestehend aus 2 Folien mit dem Reibungsbeiwert 0,055 oder 0,080. Polsterung der Folien erfolgt einseitig oder zweiseitig mit diversen Materialien von unterschiedlicher Belastbarkeit, Elastizität und Stärke, die jedoch alle putz- und anstrichverträglich sind.

2) Streifen- und Punktlager werden in verschiedenen Formen und Typen hergestellt, dienen in Sonderanfertigung oder Serienfertigung der Zentrierung beliebig hoher Lasten. Die Ausführung erfolgt mit oder ohne Gleitflächen.

3) Elastische Lager aus Neoprene oder Perburan C für eine elastische und zentrische Lagerung bei geringerer oder größerer Seitenverschieblichkeit. Es werden unbewehrte und bewehrte sowie bewehrte und kantengeschützte Lager gefertigt. Langfristiger Einsatz bei einer Schonung des Neoprenes und Absicherung der Kanten lassen sich mit Gleitelementen aus hartverchromtem oder Edelstahl, Teflon u. a. Gleitmaterialien verbinden.

Eine ähnliche Wirkung wird durch Trennung mittels Bleifolien oder nicht rostenden Blechen erzielt. Aber auch hier bleibt der exzentrische Druck besonders bei größeren Spannweiten, d.h. bei größeren Durchbiegungen aus der Massivdecke auf die Wand bestehen.
Günstigere Werte werden durch den Einbau einfacher Kunststoff-Gleitfolien erreicht (Polyäthylen oder dgl.). Diese Folien haben einen relativ geringen Reibungswert, der im belasteten Zustand etwa mit 0,04–0,08 angegeben wird. In einfachster Form werden zwei Gleitfolien ohne weitere Maßnahmen mit ihren glatten Flächen übereinander gelegt, wie dies in Bild 449/1a dargestellt ist [66].
Der Einbau einfacher Gleitfolien ist jedoch ebenfalls trotz besserer Gleitfähigkeit in vielen Fällen unbefriedigend, da wegen der geringen Foliendicken Unebenheiten nur schlecht überbrückt werden können, und weil außerdem der Auflager-Drehwinkel, wie in Bild 448 dargestellt, zu unzulässigen Kantenpressungen führen kann. Auflager-Drehwinkel und Unebenheiten sind jedoch meist immer vorhanden. Es ergeben sich also hier nur unwesentlich bessere Voraussetzungen als bei Pappen- oder Metallfolientrennung, auch wenn dies in der Werbung immer wieder anders dargestellt wird. Der geringere Reibungsbeiwert wirkt sich nur dann günstiger aus, wenn, wie in Bild 450 dargestellt, eine Ringanker-Konstruktion zum Einbau kommt, also ein Ringbalken, der oben einwandfrei glatt abgezogen ist. Zu bemerken ist, daß die Vormauerung vor der Ringanker-Konstruktion und vor der Wärmedämmung nicht durch die Massivplatte belastet werden und hier keine Verbindung zustande kommen darf. Die Gleitfolie ist also bis Außenkante zu führen und hier bei Außenputz

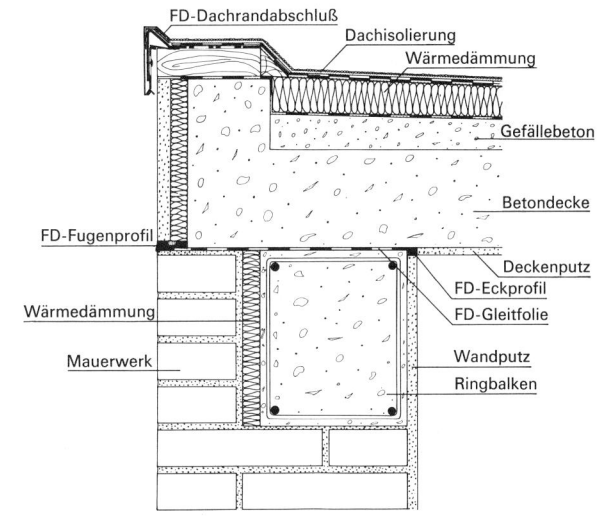

Bild 450 Gleitfuge mit FD-Gleitfolie (Beispiel)

9. Detailhinweise bei Ausführung von Flachdächern

mit einem Fugenprofil abzudecken. Wesentlich günstiger als derartige Fugenprofile ist die Anordnung einer vorgehängten Sichtblende, die diese Fuge mit Sicherheit überdeckt.

Bei Sichtbeton oder Sichtmauerwerk kann eine Lösung wie in 450/1 gewählt werden, bei außenseitigen Verkleidungsplatten empfiehlt sich eine durchgehende Wärmedämmung auch über der Ringanker-Konstruktion gemäß 450/2 oder bei Außenputz, Putz auf Wärmedämmung oder dgl. eine Lösung gemäß Bild 451 als

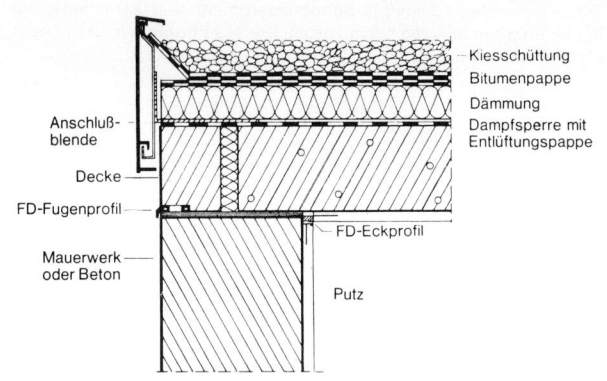

Bild 450/1 Gleitfugen ohne Fugenblende

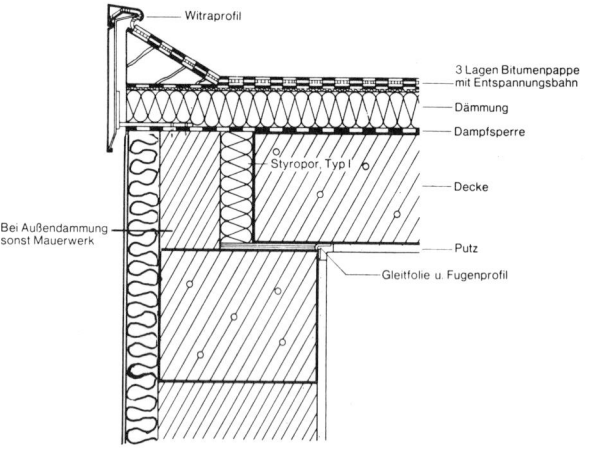

Bild 450/2 Gleitfugen ohne Fugenblende

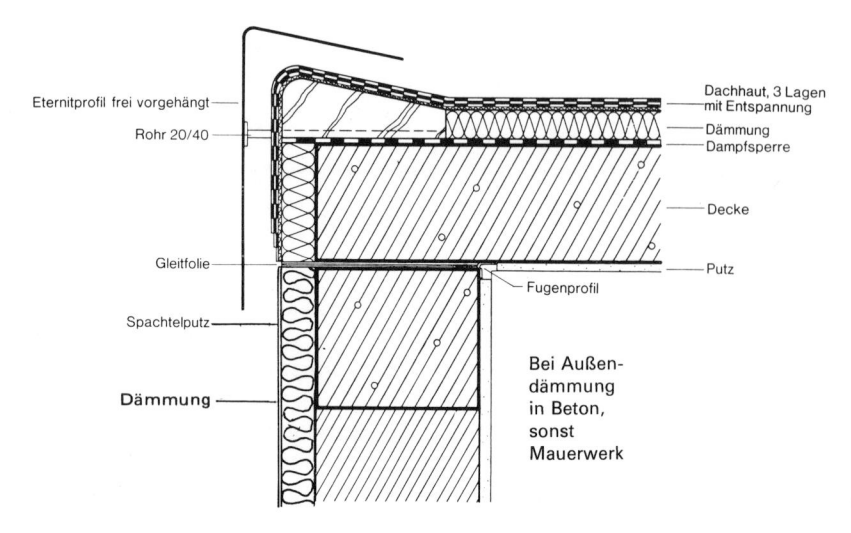

Bild 451 Gleitfuge mit Blende vor Fuge

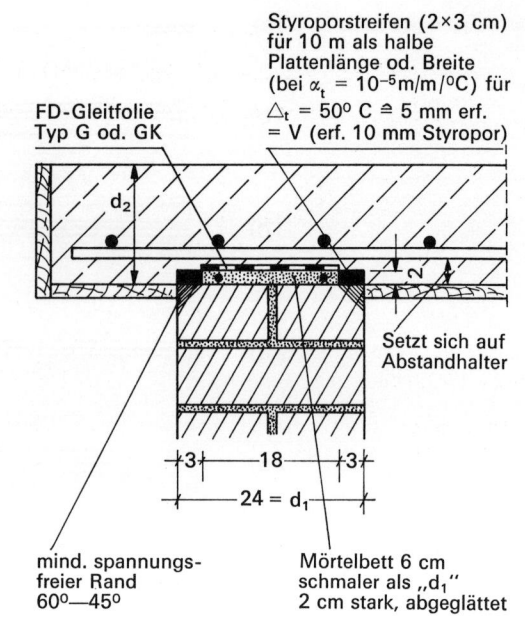

Bild 452 Windlastabtragung [67] bei Gleitfuge

sicherste Lösung mit außenseitiger Fugenüberdeckung.

In Bild 452 [67] ist eine Lösung dargestellt, wie die Windlasten aus den Horizontalkräften in die Vertikale hineingenommen werden können. Über einen ca. 2 cm starken Estrich (gegebenenfalls mit Bewehrungseinlage) und mit Haftmörtel wird eine starke Gleitfolie aufgelegt, die jedoch schmaler ist als die Mauerwerksstärke. Hierdurch wird eine größere Druckspannung auf die Gleitfolie erreicht und der Druck mittig in die Wand eingeleitet, so daß Kantenpressungen durch Durchbiegungen ausgeschlossen werden. Dabei sichert diese Nutkonstruktion die Wand gegen Ausweichen vor den Windkräften und vor den Horizontalkräften von innen. Links und rechts des Estriches wird seitlich ein Styroporstreifen eingelegt. Weitere Details können durch die Herstellerwerke der Folien erfragt werden. In den Bildern 452/1 und 452/2 sind für ein Warm- und Kaltdach praktische und gute Lösungen dargestellt.

9.1 Gleitlager und Dehnfugen bei Flachdächern

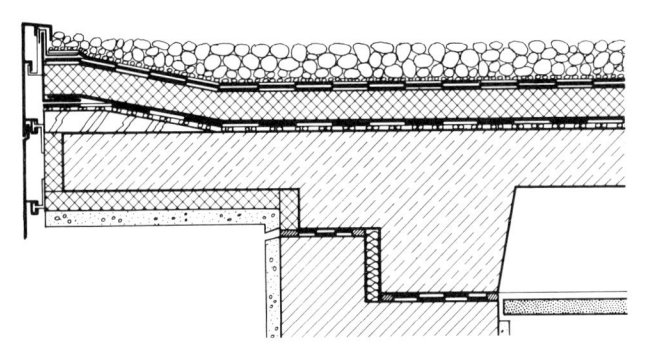

Bild 452/1 Warmdach, Stahlbeton-Rippendecke auf hochwertigem Mauerwerk mit Gleitlager, z.B. unbesandete Pappe oder Kunststoff-Folie zweilagig in Bitumenmasse, elastische Dehnungsfugenfüllung und Ablaufdichtung am Gleitlager. Dachhaut: mehrlagige Dachpappendichtung in Heißbitumen, Bekiesung

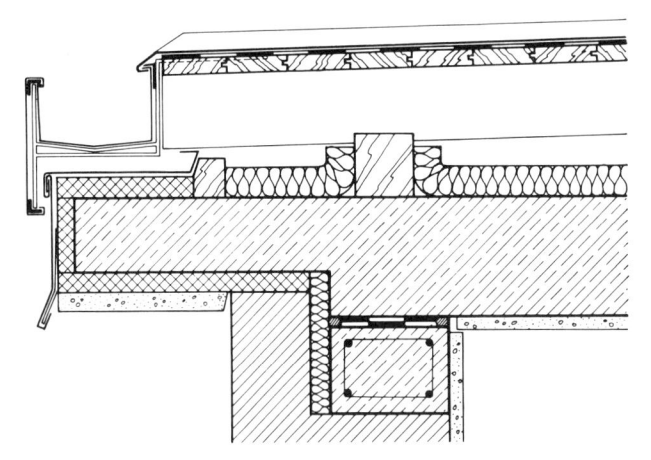

Bild 452/2 Kaltdach, Stahlbeton-Massivplatte auf Ringanker mit Gleitlageranordnung, z.B. aus unbesandeter Pappe oder Kunststoff-Folie zweilagig in Bitumenmasse. Wärmedämmende Dehnungsfugenfüllung und Ablaufdichtung am Gleitlager. Metallblech-Steh-Doppelfalz-Deckung auf Schalung

2. Gleitlager für etwas höhere Beanspruchungen

Gleitlager für etwas höhere Beanspruchungen ergeben sich in einfachster Form durch zwei Lagen Bitumenfilzmatten ca. 4 mm stark, übereinandergelegt oder Bitumenkorkfilzmatten oder expandierte Korkplatten oder dgl. Es sind dies also jeweils Materialien, die in sich selber eine gewisse Elastizität aufweisen und demzufolge die im Auflagerbereich auftretenden Formveränderungen z.T. abbauen können. Diese oben genannten Materialien können naturgemäß auch mit zusätzlichen nackten Bitumenpappen oder dgl. gegen einlaufende Betonmilch abgedeckt werden. Außerdem ist es natürlich erforderlich, daß auch hier Planebenheit über den Wänden zustande kommt. Die Reibung ist auch hier nicht eindeutig kontrollierbar. Die exzentrische Belastung und Kantenpressung wird zwar reduziert, es bleibt jedoch gemäß Bild 453 trotzdem noch die Möglichkeit eines Kantendruckes bei Komprimierung bestehen, da eben keine mittige Kraftableitung gewährleistet ist.

Eine wesentliche Verbesserung dieser Einfachstlösung ergibt sich dadurch, daß man gemäß Bild 449/1b oder 1c verfährt. Hier kann unter den Kunststoff-Gleitfolien ein Bitumenfilz oder eine Korkplatte unter- und gegebenenfalls noch darübergelegt werden. Von diesen Konstruktionen kann man hinsichtlich der Horizontalkräfteaufnahme schon einiges erwarten. Die Kantenpressung bleibt jedoch auch hier, wie in Bild 453 skizzenhaft dargestellt, bestehen.

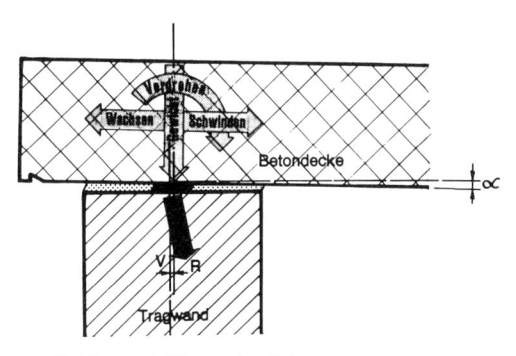

Bild 453 Gleitfuge mit Filzen oder dgl.

Bei diesen weichen Ausführungen kann man u.U. auch in Grenzfällen ohne eine Ringanker-Konstruktion auskommen, da sie in jedem Falle günstiger einzustufen sind als die in 1a angeführten, relativ harten Gleitlager.

3. Streifen- oder Punktlager für mittlere und hohe Belastungen

Deformationslager als sog. Streifenlager werden dann zweckmäßig, wenn Horizontalbewegungen bis max. 3 mm im Auflagerbereich zu erwarten sind bzw. größere Durchbiegungen vorhanden sind. Die Lager werden in Rollen mit Füllstoff und Schutzdeckblatt entsprechend der gewünschten Mauerwerksbreite geliefert, und werden wie in Bild 454 zum Einbau gebracht. Für diese Zwecke bleiben die Neoprene-Streifen unbewehrt.

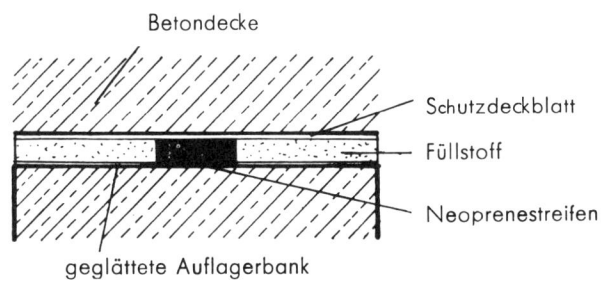

Bild 454 Die Lager werden in Rollen mit Füllstoff und Schutzdeckblatt entsprechend der gewünschten Breite verlegefertig geliefert

In Bild 455 ist ein Diagramm zur Ermittlung der erforderlichen Neoprenebreite und -stärke bei vorliegender Belastung angeführt.

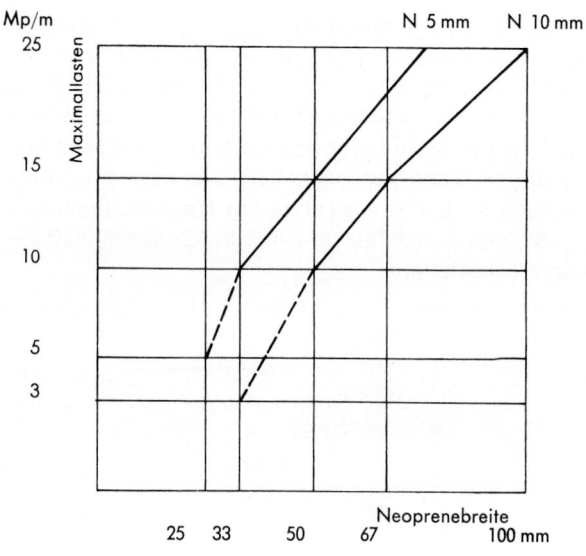

9. Detailhinweise bei Ausführung von Flachdächern

Bild 455 Streifengleitlager-Dimensionierung

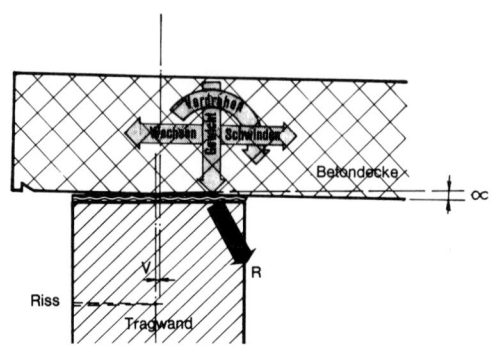

Bild 456 Günstige Wandbelastung

Aus Bild 456 kann abgelesen werden, daß durch diese Gleitlageranordnung eine zentrische Wandbelastung erfolgt und daß keine Kantenpressungen auftreten.
Mit unbewehrten Elastomere-Lagern können Auflagerverschiebungen von 70% der Lagerdicke aufgenommen werden unter Berücksichtigung der Genauigkeit (Planebenheit) bei der Bauausführung. Ohne gefährliche hohe lokale Pressung ist es nach Grote [68] nicht möglich, mit einem nur 5 mm starken Elastomere-Lager Unebenheiten von 2 oder 3 mm auszugleichen. Eine Einbauhöhe von 10 mm scheint zumindest bei Ortbeton oder Mauerwerksbauwerken die untere Grenze zu sein. In jedem Falle sollte man die Lagerdicke nicht kleiner als $1/15$ der kleineren Lagerbreite wählen. Es gelten etwa folgende Gesichtspunkte:

Zulässige horizontale Verschiebung	Minimale Breite für
± 1,5 mm für N = 5 mm dick	N 5 mm = 25 mm
± 3 mm für N = 10 mm dick	N 10 mm = 34 mm

Als Beispiel [60] soll folgende Berechnung dienen:
Belastung des Auflagers durch eine weit gespannte Massivplattendecke m Q = 10 Mp/m.

Maximale horizontale Verschiebung (nach Berechnung) ± 3 mm.
Gewählt: Neoprene-Streifen 10 mm dick, 50 mm breit.
Den Unterbau beanspruchende Kraft nach der Formel:

$$H = G \times F \times \tan,$$

darin bedeuten:

G = Gleitmodul des Neoprenes = 13 kp/cm^2
F = Grundrißfläche des Gummilagers
$\tan = \dfrac{\text{Verschiebung}}{\text{Streifendicke}}$
H = 13 × 5 × 100 × 0,3/1,0 = 195 kp/m = 0,2 Mp/m.

Gemäß Diagramm Bild 455 liegt also eine nur mäßige Belastung vor.
Der besondere Vorteil der Neoprene-Lager als Streifenlager liegt in der allseitigen Verschieblichkeit und Verdrehbarkeit, verbunden mit einer Schonung des Unterbaues, da die Lager infolge ihrer geringen horizontalen Steifigkeit nur sehr geringe horizontale Kräfte auf Temperaturbewegungen und Schwindspannungen übertragen. Rissebildungen sind im allgemeinen bei diesen Auflagerungen nicht mehr zu erwarten.

Randauflager

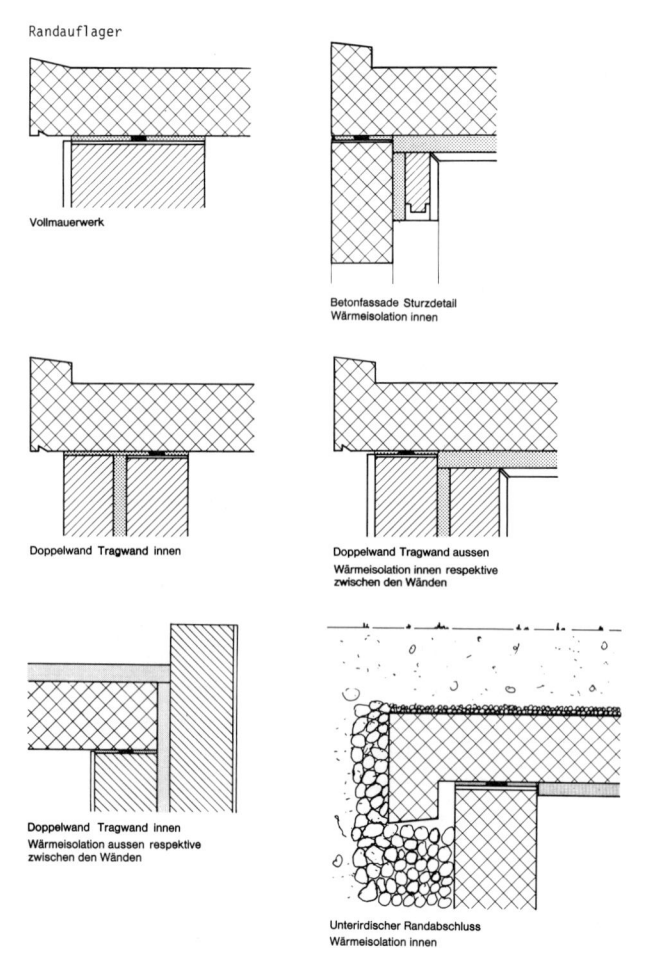

Vollmauerwerk

Betonfassade Sturzdetail
Wärmeisolation innen

Doppelwand Tragwand innen

Doppelwand Tragwand aussen
Wärmeisolation innen respektive zwischen den Wänden

Doppelwand Tragwand innen
Wärmeisolation aussen respektive zwischen den Wänden

Unterirdischer Randabschluss
Wärmeisolation innen

Bild 457 Gleitlagermöglichkeiten über Außenwänden [65]

9.1 Gleitlager und Dehnfugen bei Flachdächern

Zwischenwände

Tragende Zwischenwand

Nichttragende Zwischenwand

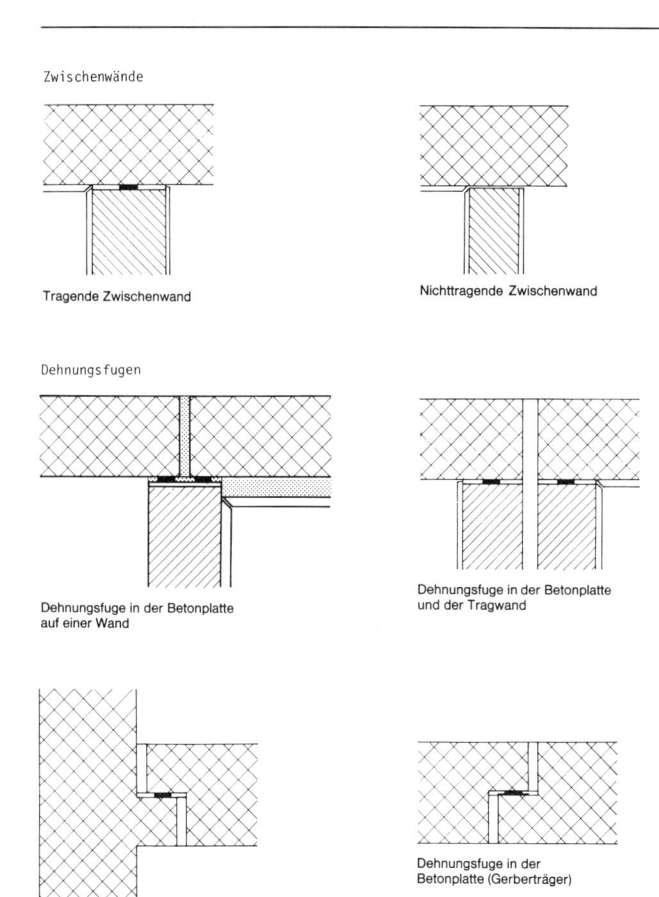

Dehnungsfugen

Dehnungsfuge in der Betonplatte auf einer Wand

Dehnungsfuge in der Betonplatte und der Tragwand

Dehnungsfuge in der Betonplatte (Gerberträger)

Zwischengeschoss zwischen zwei Hallen

Bild 458   Gleitlager über Innenwänden und bei Dehnfugen [65]

Gemäß Bild 449/2a und 2b können diese Streifen- oder bei bestimmten Fällen auch Punktlager mit Gleitfolien kombiniert werden, die dann über den Streifenlagern zum Einbau kommen können.

Mit diesen Streifenlagern ergeben sich bereits optimale Möglichkeiten mit sicherer Rissevermeidung auch dann, wenn eine Ringanker-Konstruktion u.U. nicht mehr ausgeführt werden kann. Selbstverständlich muß dann aber das Mauerwerk auf die streifenweise Belastung statisch untersucht werden.

In den Konstruktionshinweisen Bild 457 nach Kilcher [65] können Randauflager von Massivdecken im Bereich über den Außenwänden abgelesen werden und in Bild 458 Gleitfugenanordnungen über Innenwänden, tragend oder nicht tragend, mit oder ohne Dehnfuge. Diese Art Gleitlager sind besonders auch bei Sperrbetondächern, also mit unterseitiger Wärmedämmung (s. unter Warmdächer) geeignet, die hier auftretenden Temperaturbewegungen aufzunehmen. Aus diesem Grunde ist auch in den vorgenannten Konstruktionsbeispielen teilweise die Wärmedämmung unterseitig der Massivplattendecke angeordnet.

4. Bewehrte Elastomere-Lager für hohe Belastung

Für größere Punktlasten (über 10 Mp) werden Elastomere-Lager verwendet, die äußerlich wie normale Gummiblöcke aussehen, die aber durch innenliegende Bewehrungsbleche hoch belastbar sind. In Bild 494/3 ist in 3a ein unbewehrtes Elastomere-Lager dargestellt, während in 3b und 3c bewehrte Elastomere-Lager dargestellt sind (im Querschnitt). Die Metall-Einlagen sind Edelstahlbleche. Die zulässigen Lasten dieser Lager liegen zwischen 100 kp/cm^2 und 150 kp/cm^2, die Bruchlasten um 2000 kp/cm^2. Die Produkte müssen baupolizeilich zugelassen sein. Verschiebungen und Verkippungen durch horizontale Kräfte und Durchbiegungen gelagerter Bauteile werden durch Deformation des Elastomere-Lagers aufgenommen. Es sind auch hier Verschiebungen bis zu 70% der reinen Elastomeredicke (Einbauhöhe abzüglich der Bleche) möglich. Die durch die Deformation der Lager entstehenden Kräfte sind klein. Aus Bild 459 kann schematisch die Auflagerverschiebung abgelesen werden.

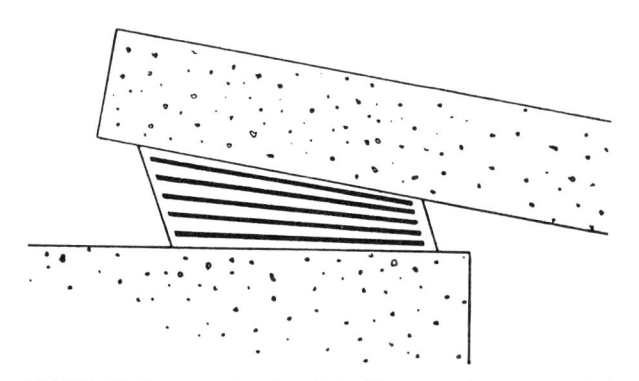

Bild 459   Verformung eines bewehrten Elastomere-Lagers unter Auflagerverschiebung und Drehwinkel. Das Lager muß vollkommen frei zwischen den Bauteilen liegen, um sich verformen zu können

Da die Wirksamkeit von Elastomere-Lagern nur auf Deformation und nicht auf Volumenveränderung beruht, müssen diese unbedingt vollkommen frei zwischen den Bauteilen liegen. Bei Ortbeton-Bauwerken muß deshalb in den Auflagerzonen, ringsum die Lager eine sehr weiche oder mindestens eine entfernbare Schalung verwendet werden. Polystyrol-Hartschaumplatten haben sich hierfür bestens bewährt. Es ist darauf zu achten, daß diese Umschalung möglichst dicht an die Elastomere-Lager anschließt, damit keine Betonbrücken zwischen den Bauteilen entstehen. Die Auflagerflecken sollen im Bereich der Elastomere-Lager sauber, glatt, eben, trocken und horizontal sein.

Die Grundrißflächen der Lager sind auf Standardgrößen abgestimmt. Sie betragen:

150/200 mm^2 für eine Auflagerkraft max = 30 Mp
200/300 mm^2 für eine Auflagerkraft max = 60 Mp
300/400 mm^2 für eine Auflagerkraft max = 120 Mp.

Ihre Höhe richtet sich nach den statischen Erfordernissen, darf aber $1/5$ der Breite nicht überschreiten.
Prinzipiell brauchen Elastomere-Lager nicht am Bauwerk befestigt zu werden, da sie eine genügend große Reibung gegenüber Beton, Mauerwerk und Stahl aus-

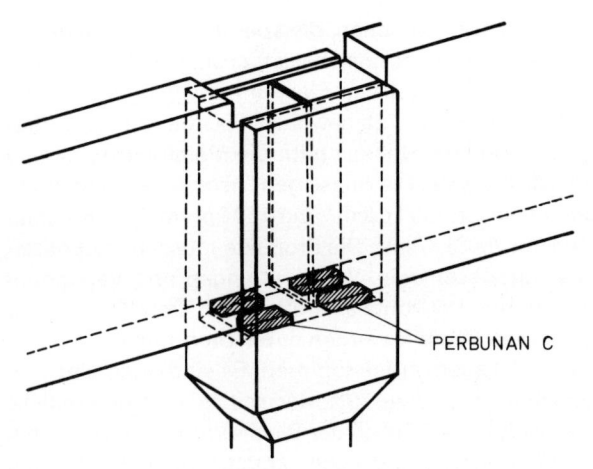

9. Detailhinweise bei Ausführung von Flachdächern

Bild 460 Stahlbetonträger auf bewehrten Perbunan-C-Lagern nehmen eine senkrechte Last von 45–60 t und eine waagerechte Bewegung in beiden Richtungen von ±2 cm auf (Fa. Bayer AG, Leverkusen)

weisen. Nur aus Montagegründen ist es zweckmäßig, die Lager mindestens punktweise anzukleben, damit sie beim Verlegen der Bewehrung oder beim Versetzen von Fertigteilen nicht verschoben werden. In Bild 460 ist ein Beispiel mit diesen Lagern dargestellt.

Bewehrte Elastomere-Lager kommen besonders dort in Frage, wo große Spannweiten und ein großer Auflager-Drehwinkel zu erwarten ist mit entsprechend großen Auflasten oder insonderheit auch unter weitgespannten Unterzügen, HP-Schalen oder dgl. Weitere Details können von den Herstellerfirmen erfragt werden.

9.1.3.2.2 Dehnfugengestaltung

Bezüglich der praktischen Ausführung der Dehnfugen sei auch an dieser Stelle nochmals darauf hingewiesen, daß vertikale Dehnfugen so wenig wie möglich, aber auch so viel als notwendig angeordnet werden sollen. Vertikale Dach-Dehnfugen sind nicht nur relativ teuer, sondern sie sind auch bei nicht richtiger Ausführung schadensanfällig. Gemäß der zuvor zitierten DIN 18530 sind die Dehnfugenbreiten mindestens mit 2 cm auszubilden. Bei sehr großen Gebäudelängen muß die Dehnfugenbreite berechnet werden (s. Kapitel 3.4).

Die Ausführung der Dehnfugen selber hängt weitgehend von den zu erwartenden Temperaturbewegungen. Sind diese groß, so muß eine aufwendigere Ausführung gewählt werden, sind diese klein, so können gegebenenfalls einfachere Lösungen zur Anwendung kommen. Man sollte jedoch gerade bei Dehnfugen auf der sicheren Seite bleiben und keine Experimente wagen. Nachfolgend sollen einige Beispiele aufgezeigt werden mit richtigen und falschen oder bedenklichen Lösungen:

1. Dehnfugen bei nicht wärmegedämmten Flachdächern (Hofkellerdecken, erdüberschüttete Dächer oder dgl.)

Bei stark befahrenen bzw. stark belasteten Betonschutzschichten kann die Dehnfuge gemäß Bild 461 mit sog. Dachfugen-Profilen ausgeführt werden. Es sind dies elastische und plastische Kunststoff-Profile aus Chloroprene oder dgl. Diese Profile werden zwischen die Dachabdichtung mit Heißbitumen vollsatt eingeklebt, die nach oben oder nach unten ausgebildete Schlaufe ist je nach Dehnfugenbreite in der Lage, 20–50% der Dehnfugenbreite als Dehnung aufzunehmen, also z. B. bei 30 mm Dehnfuge wie in Bild 461 bis zu 15 mm an Dehnbewegungen. Der Zwischenraum über der Dehnfuge kann mit einer Spezial-Bitumenvergußmasse ausgefüllt werden. Je nach Belastung kann

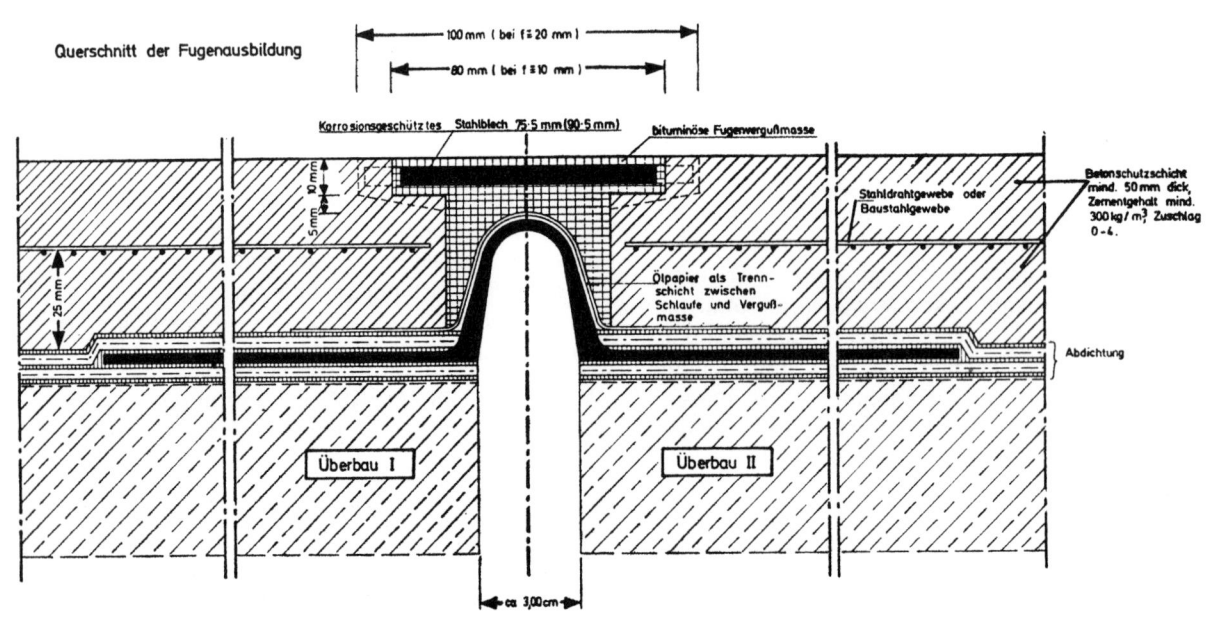

Bild 461 Dehnfugenausbildung bei starker Beanspruchung (GUMBA)

9.1 Gleitlager und Dehnfugen bei Flachdächern

zur Überdachung noch ein Stahlblech, wie in der Zeichnung angeführt, zum Einbau kommen, das die Bewegungen aus dem Fahrbelag zuläßt.
In Bild 462 ist eine Lösung mit manuellen Kunststoff-Folien dargestellt (z. B. Rhepanol). Diese elastischen Kunststoff-Folien (über der Dehnfuge zweilagig) werden jedoch über der Dehnfuge *nicht mit Heißbitumen* nach unten verklebt, sondern liegen hier über der Dehnfuge lose auf. Dadurch können die Dehnbewegungen auf eine größere Breite übertragen werden. Würden die Kunststoffbahnen vollsatt aufgeklebt, würde ihre Elastizität (s. Beschreibung Kunststoff-Folie bei Dachabdichtung) aufgehoben. Es würden Risse entstehen.

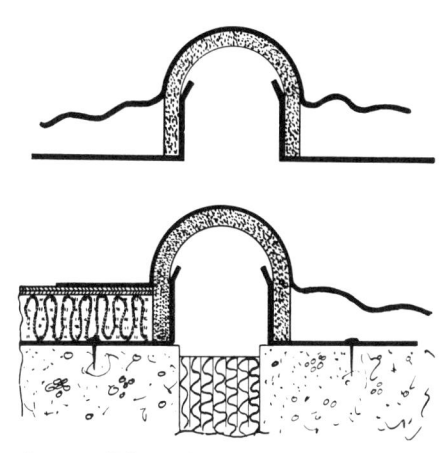

Bild 463 Fugenprofil für große Bewegungen

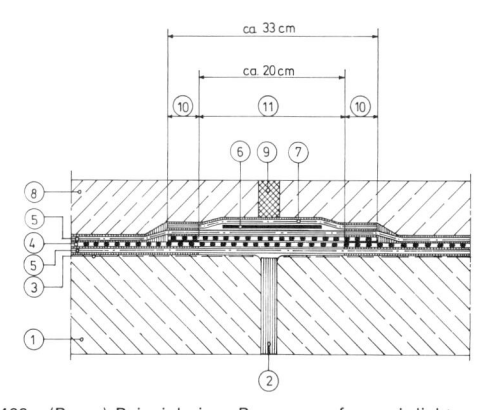

Bild 462 (Braas) Beispiel einer Bewegungsfugenabdichtung mit geringen (schnellen) Bewegungen (schematisch) bei nichtdrückendem Wasser. 1 Beton, 2 wasserabweisende Trennplatte, 3 Voranstrich und Heißbitumen, 4 RHEPANOL (einschl. Verstärkungsstreifen), 5 Trennlage bzw. Schutzbahn (Bitumenpappe oder Glasvlies-Bitumenbahn), 6 Kupferblech 0,4 mm dick mit entgrateten Kanten oder 0,2 mm Kupferriffelband, 7 wie 5, 8 Schutzbeton, 9 Fugenmasse (lösungsmittelfrei) auf Voranstrich, 10 5 cm breite Quellverschweißung, 11 lose verlegt

stoff-Auflage gemäß Bild 463. Die Metallschenkel des Profiles werden in Heißbitumenmasse eingelegt und nach unten mit Stahlbolzen befestigt. Darüber wird dann bei aufzubringender Wärmedämmung die Dampfsperre aufgeklebt bzw. die Dachabdichtung, falls eine derartige Dampfsperre nicht erforderlich ist. Die Dichtung wird jeweils bis an das Profil herangeklebt. Über der Dachabdichtung und über das Profil hinweg wird dann eine elastische Kunststoff-Folie, z. B. aus Lucobit ungefüllt oder Rhepanol oder dgl., einwandfrei aufgeklebt.

Ein weiteres Beispiel in manueller Ausführung ist in Bild 464 dargestellt, und zwar ebenfalls für größere Dehnbewegungen und für schnelle Bewegungen. Auch hier werden wieder Kunststoff-Folien verwendet, die auf ca. 20 cm Breite unverklebt bleiben und die in eine Aussparungsnute schlaufenförmig unter Einbringung eines Schaumgummi-Profiles eingeführt sind. Konstruktionen dieser Art sind sehr zuverlässig und können auch für stärker befahrbare Konstruktionen empfohlen werden.

Diese manuelle Art der Ausführung hat sich gut bewährt und kann selbstverständlich auch mit anderen alterungsbeständigen Kunststoff-Folien als in Bild 462 angeführt, ausgeführt werden. Es dürfen jedoch nur bitumenverträgliche Kunststoff-Folien für diesen Zweck verwendet werden, da im seitlichen Bereich Schutzschichten mit Bitumen erforderlich werden, um die Kunststoff-Folie vor mechanischen Beschädigungen zu schützen. Ausführungen dieser Art empfehlen sich jedoch nur dort, wo keine allzu großen Dehnungen zu erwarten sind, also z. B. bei erdüberschütteten Garagendächern bzw. geringen Dehnfugenabständen der tragenden Konstruktionsplatte. Bei größeren Bewegungen sind Ausführungen gemäß Bild 461 vorzuziehen.

Bei sehr großen Bewegungen ist eine Kombination von Spezial-Dachfugenprofilen gemäß Bild 463 möglich. Diese Ausführung besteht aus verzinkten Stahlträgern und Chloroprene-Kautschuk mit einer äußeren Kunst-

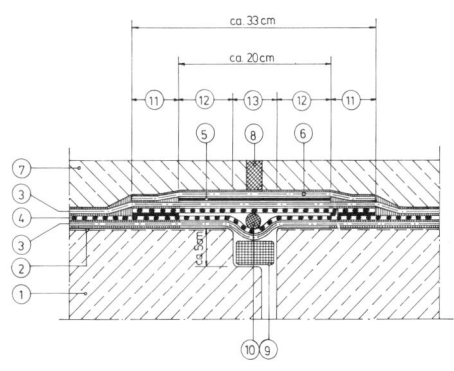

Bild 464 Beispiel einer Bewegungsfuge mit größeren (schnellen) Bewegungen. 1 Beton, 2 Voranstrich und Heißbitumen, 3 Trennlage bzw. Schutzbahn (Bitumenpappe oder Glasvlies-Bitumenbahn), 4 RHEPANOL (einschl. Verstärkungsstreifen), 5 Kupferblech 0,4 mm dick mit entgrateten Kanten, 6 wie 3, 7 Schutzbeton, 8 Fugenvergußmasse (lösungsmittelfrei) auf Voranstrich, 9 Streifen aus Leichtbauplatten zur Schlaufenunterstützung, 10 Schaumgummiprofil, 11 5 cm breite Quellverschweißung, 12 lose verlegt, 13 ca. 5 cm breit

351

9. Detailhinweise bei Ausführung von Flachdächern

Profil FFD 40/260 für Fugenspiel von
20 bis 45 mm. Material: Synca hochwetterfest
und bitumenbeständig
Fabrikationslänge: 20 m. Farbe: Nur schwarz

Profil FFD 40/260

Einbauanleitung:
Der Profilkörper wird in die Fuge eingesetzt. Die Seitenflansche des
Profils werden zwischen den Dachbelagsbahnen satt in Bitumen
verlegt.
**Profilverbindungen erfolgen gemäß Verlegeanweisung oder
werden nach Angaben gegen Berechnung im Werk ausgeführt.**

Bild 465   Fugenprofil (DEFUFIX)

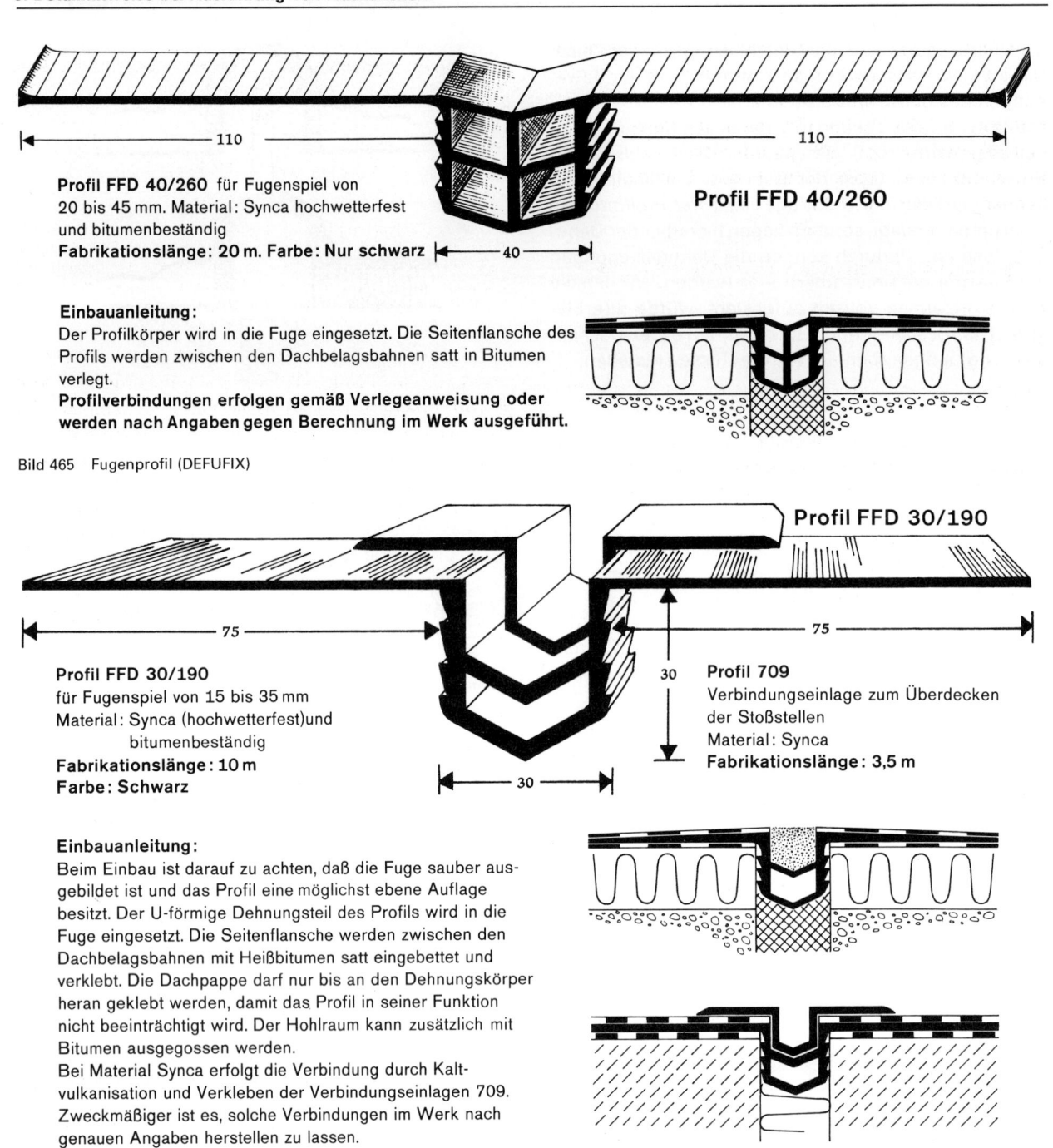

Profil FFD 30/190

Profil FFD 30/190
für Fugenspiel von 15 bis 35 mm
Material: Synca (hochwetterfest) und
bitumenbeständig
Fabrikationslänge: 10 m
Farbe: Schwarz

Profil 709
Verbindungseinlage zum Überdecken
der Stoßstellen
Material: Synca
Fabrikationslänge: 3,5 m

Einbauanleitung:
Beim Einbau ist darauf zu achten, daß die Fuge sauber ausgebildet ist und das Profil eine möglichst ebene Auflage
besitzt. Der U-förmige Dehnungsteil des Profils wird in die
Fuge eingesetzt. Die Seitenflansche werden zwischen den
Dachbelagsbahnen mit Heißbitumen satt eingebettet und
verklebt. Die Dachpappe darf nur bis an den Dehnungskörper
heran geklebt werden, damit das Profil in seiner Funktion
nicht beeinträchtigt wird. Der Hohlraum kann zusätzlich mit
Bitumen ausgegossen werden.
Bei Material Synca erfolgt die Verbindung durch Kaltvulkanisation und Verkleben der Verbindungseinlagen 709.
Zweckmäßiger ist es, solche Verbindungen im Werk nach
genauen Angaben herstellen zu lassen.

Bild 466   Fugenprofil (DEFUFIX)

Ergänzend zu den vorgenannten Profilen ist in Bild 465 ein Fugenprofil für Flachdächer dargestellt, bei dem keine Fugenvergußmasse in das Profil eingegossen zu werden braucht. Dieses Profil ist besonders dort geeignet, wo das Wasser von einem Feld in das nächstliegende in den Bodeneinlauf gelangen soll. Die Dachdichtung muß über dem Flansch sehr zugkräftig sein.
In Bild 466 ist im Gegensatz zu Bild 461 ein Fugenprofil dargestellt mit nach unten angeformtem Dehnungsteil. Hier kann entweder die Fuge mit Bitumenvergußmasse oder mit Kaltbitumen-Spachtelmasse ausgefüllt werden. Da die Dachabdichtung in jedem Falle im Bereich dieses Dehnungsteiles enden muß, besteht immer eine gewisse Gefahr, daß hier bei Wasserstau u. U. Feuchtigkeit zwischen Profil und Dachabdichtung eindringt. Aus diesem Grunde ist hier ein Zusatzprofil als Abdeckprofil vorgesehen, das über der Dachabdichtung dann eingeklebt werden kann und so diese über die seitlichen Anschlußstöße absichert (auch mechanisch).
Ein gewisses Problem bei derartigen Fugenprofilen ist die erforderliche Kaltvulkanisation. Es empfiehlt sich, diese Profile bereits werkseits mit genauer Länge zu bestellen, damit diese schwierige Prozedur auf der Baustelle nicht erforderlich wird.

9.1 Gleitlager und Dehnfugen bei Flacherdächern

Grundsätzlich sind nur solche Profile zu verwenden, die heißbitumenverträglich sind. Teilweise wird vorgeschrieben, daß nur Bitumen mit 120° verwendet werden darf. Solche Profile sind nicht geeignet, da das Heißbitumen mit ca. 180° erforderlich wird, um eine einwandfreie Klebeabdichtung der Dachdichtungsbahnen zu erreichen.

2. Dehnfugenausbildung mit Wärmedämmplatten

Bei der Dehnfugenausbildung mit Wärmedämmplatten ergeben sich zahlreiche Variationsmöglichkeiten, teilweise mit den vorgenannt angeführten Fugenprofilen, teilweise mit manuell eingearbeiteten Verbindungsteilen.

Grundsätzlich soll hier angeführt werden, daß *Dehnfugenausbildungen* mit in die *Dachhaut eingeklebten Blechen nicht mehr ausgeführt werden sollten*. Allenfalls können noch Kupferriffelbänder als Verstärkung in die Dachhaut eingeklebt werden. Glatte Bleche sind in jedem Falle bei gefällelosen Flachdächern auszuschalten. In diesem Sinne sollen nachfolgend einige Beispiele richtiger und falscher Ausführungen dargestellt werden:

1. Bei Flachdächern ohne Gehbelag

Bei Bild 467 ist eine Konstruktion dargestellt, wie sie *nicht* empfohlen werden kann. Die Dampfsperre erhielt zwar hier eine Schlaufenausbildung, während die Dachabdichtung über der Wärmedämmung durchgeklebt wurde (punktweise Verklebung ist wirkungslos) und hier lediglich über der Fuge eine zusätzliche Verstärkung erhalten hat (Kunststoff-Folie oder Kupferriffelband). Die Bewegungen von unten werden auch auf die Wärmedämmung übertragen. Ist die Dachabdichtung durchgeklebt, also ohne Unterbrechung und Schlaufe vorhanden und ist die Verstärkung oben nicht kräftig genug, um die Spannungen in sich selber aufzunehmen oder diese auf eine große Breite zu übertragen, kommt es zu glatten Abrissen in der Dachabdichtung. Konstruktionen dieser Art sind also zweifelhaft und müssen aufgrund der Erfahrungen abgelehnt werden. Die Fugenvergußmasse in der Wärmedämmung bleibt ohne Wirkung. Sie ist meist starrer als die Wärmedämmung selbst.

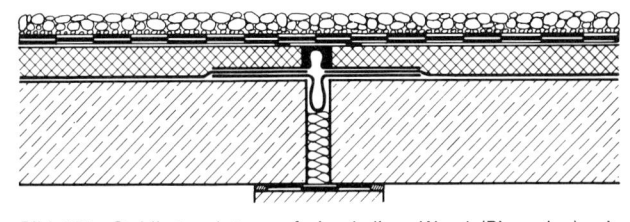

Bild 467 Stahlbetonplatten auf einschaliger Wand (Ringanker) mit Gleitlager, z.B. unbesandete Pappe oder Kunststoff-Folie in Bitumen. Dachhaut durchlaufend, erste Lage auf der Wärmedämmschicht punktweise verklebt. Dampfsperre mit Schlaufenausbildung und elastischer Vergußmasse

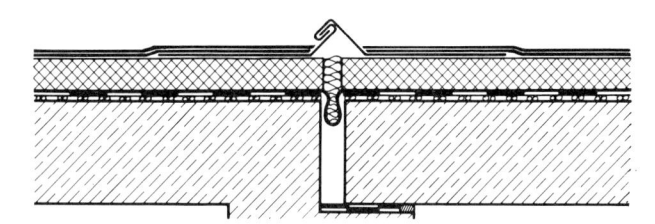

Bild 468 Stahlbetonplatte mit einseitig angeordnetem Unterzug als Auflager mit Gleitlager für das anschließende Plattenfeld. Dachhaut durch verschiebliche Metallverbindung unterbrochen, Dampfsperre mit Schlaufenausbildung durchlaufend. Elastischer Wärmedämmstoff in der Dehnungsfuge (Blecheinklebung falsch)

In Bild 468 ist eine Dehnfugenausbildung über der Wärmedämmung mit eingeklebten Blechen dargestellt. Wie zuvor angeführt, können derartige eingeklebte Bleche mindestens bei Dächern unter 5° nicht mehr empfohlen werden. Aber auch bei Dächern über 5° ist die Blecheinklebung nach den heutigen Erkenntnissen falsch.

Bleche, insonderheit Zinkbleche, Alu-Bleche, aber auch Kupferbleche und verzinkte Bleche entwickeln große Temperaturbewegungen. Daraus entstehen bei Ausführungen nach Bild 468 Längenbewegungen, die von einer aufgeklebten bituminösen Dachabdichtung nicht ausgeglichen werden können. Auch das Einbringen von Dilatationsfugen nach 6, 8 oder 10 m Länge bringt nach den Erfahrungen des Autors kaum eine Abhilfe, da die Spannungen je nach Verklebung nach unten sich außerhalb der Dilatationsfuge bewegen. Es kommt häufig zu glatten Abrissen an den Stoßstellen (Lötnähten) der Bleche, aber auch im Bereich, wo die Dachabdichtung die Bleche berührt. Häufig lösen sich auch die Bitumenbahnen an den Stoßstellen an den Blechen, so daß eine Wasserunterwanderung zustande kommt. Bei gefällelosen Dächern sind derartige Konstruktionen also in keinem Falle auszuführen. Die übrige Ausführung in diesem Bild ist in Ordnung und entspricht den Erfordernissen.

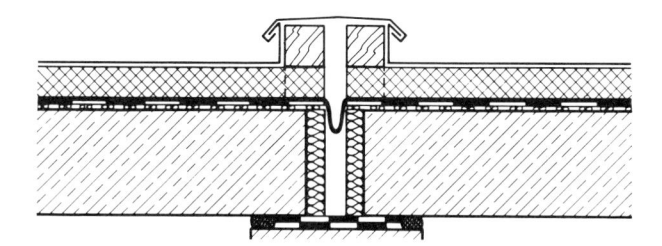

Bild 469 Stahlbetonplatten auf einschaliger Wand mit Gleitlager. Dachhaut (Metall) durch verschiebliche Verbindung unterbrochen. Dampfsperre mit Schlaufenausbildung durchlaufend. Wärmedämmschichten in der Dehnungsfuge

In Bild 469 ist eine Dehnfugenausbildung dargestellt, die bei einer Dachdeckung mit Blechen in Ordnung wäre. Sie würde sich jedoch nicht eignen, wenn Blechwinkel angeordnet würden, wie dies in Bild 470 dargestellt ist. Auch diese Ausführung gemäß Bild 470, bei der die Dachabdichtung auf Blechwinkel aufgeklebt wird, ist bei gefällelosen oder wenig geneigten Flachdächern abzulehnen, da durch die thermischen Bewe-

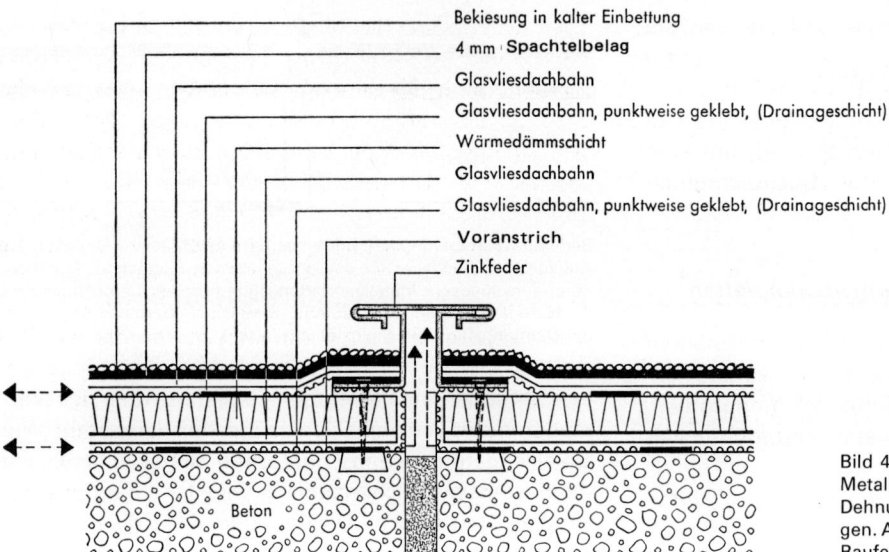

9. Detailhinweise bei Ausführung von Flachdächern

- Bekiesung in kalter Einbettung
- 4 mm Spachtelbelag
- Glasvliesdachbahn
- Glasvliesdachbahn, punktweise geklebt, (Drainageschicht)
- Wärmedämmschicht
- Glasvliesdachbahn
- Glasvliesdachbahn, punktweise geklebt, (Drainageschicht)
- Voranstrich
- Zinkfeder

Beton

Bild 470 Dehnungsfugenabdichtung aus NE-Metall. Die Glasvliesdachbahnen sind an der Dehnungsfuge um die Dämmplatten zu schlagen. Auf diese Weise wird die Dämmung gegen Baufeuchtigkeit geschützt

gungen des Bleches, das den vollen Temperaturbelastungen ausgesetzt ist, Spannungen auf die Dachabdichtung übertragen werden, wie in Bild 468 dargestellt. Im übrigen besteht auch hier die Gefahr, daß bei Wasseranstauung dieses Wasser über den Rand eintritt und Durchfeuchtung in der Unterkonstruktion bewirkt, was leider nicht selten vorkommt. Hier ist dann eine Ausführung gemäß Bild 471, wie sie auch bereits bei anderen Beispielen genannt wurde, vorzuziehen. Bei einer Ausführung gemäß Bild 471 ist jedoch zu beachten, daß die nach oben aufstehende Schlaufe beschädigt werden kann und gegebenenfalls bei bestimmten Kunststoffen früher als die Dachhaut altert.

Grundsätzlich sollte man versuchen, die Dehnfuge beim Flachdach, insonderheit beim gefällelosen Flachdach, aus dem wasserführenden Niveau herauszuheben, um so die Dehnfugen vor direkter Druckwasserbelastung zu schützen. Die Konstruktion, wie sie in Bild 472 dargestellt ist, erfüllt diesen Wunsch. Trotzdem müssen derartige Konstruktionen, bei denen Bleche in die Dachhaut als Verwahrungsbleche eingeklebt sind, aus den vorgenannten Gründen als überholt angesehen werden. Auch hier kann es bei gefällelosen Flachdächern zu Abrissen der Dachabdichtung kommen und schwere Feuchtigkeitseinbrüche können die Folge sein. Nicht zuletzt ist dies auch auf die senkrechten Wände zurück-

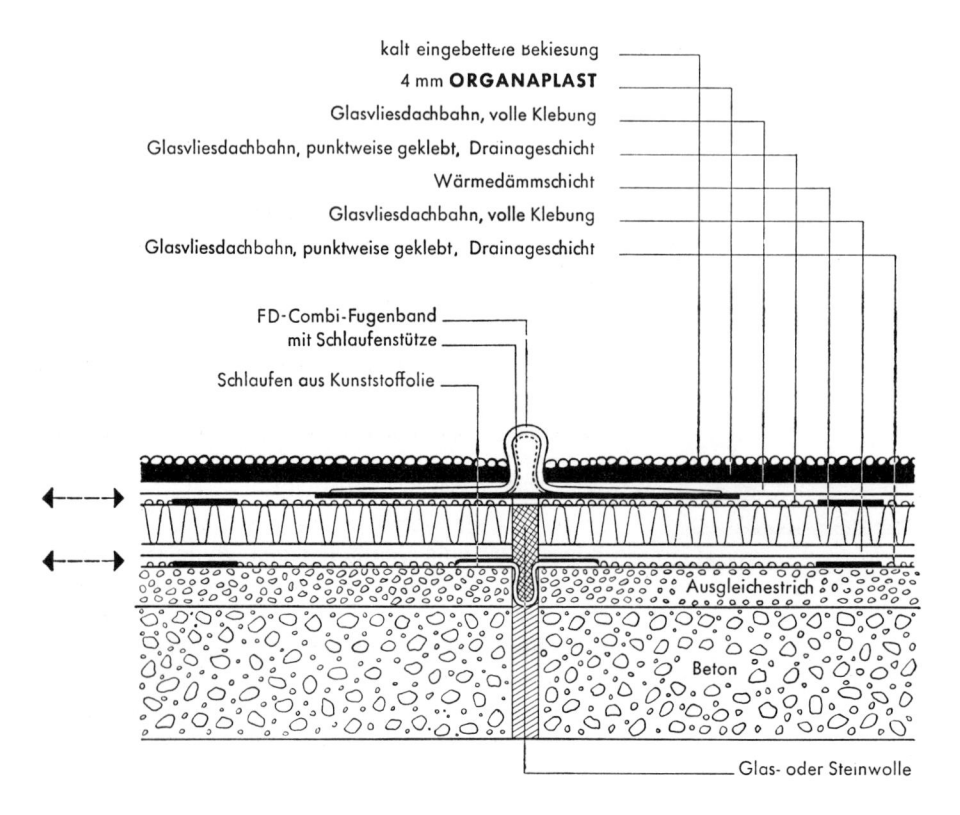

- kalt eingebettete Bekiesung
- 4 mm **ORGANAPLAST**
- Glasvliesdachbahn, volle Klebung
- Glasvliesdachbahn, punktweise geklebt, Drainageschicht
- Wärmedämmschicht
- Glasvliesdachbahn, volle Klebung
- Glasvliesdachbahn, punktweise geklebt, Drainageschicht
- FD-Combi-Fugenband mit Schlaufenstütze
- Schlaufen aus Kunststoffolie
- Ausgleichestrich
- Beton
- Glas- oder Steinwolle

Bild 471 Elastische Dehnungsfugenabdichtung mit dem FD-Combi-Fugenband, Profil B, mit Schlaufenstütze. Die Schlaufe kann verschieden hoch eingestellt werden. Die Seitenflansche werden normalerweise auf die Korkplatten geklebt

9.1 Gleitlager und Dehnfugen bei Flachdächern

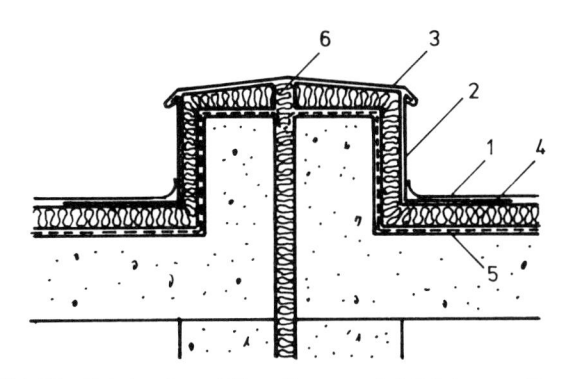

Bild 472 Unterbrochene Wärmedämmung bei Brüstungen, Überzügen (gefälleloses Flachdach) oder dgl. 1 Feuchtigkeitsisolierung, 2 Anschlußblech, 3 Abdeckblech, 4 Wärmedämmisolierung umlaufend, 5 Dampfsperre umlaufend mit Schlaufe in Dehnungsfuge, 6 Korkschrot- oder Mineralwolleausführung (Blecheinklebung falsch)

zuführen. Hier fehlen die für die Eisentspannung notwendigen Schrägkeile in den Ecken.
Häufig werden dann Konstruktionen wie in Bild 473 angeführt hergestellt. Soweit es die Schrägaufkantung, die obere Anordnung einer Holzbohle und die Schlaufenbildung der Dampfsperre betrifft, könnte diese Konstruktion samt der Gleitfolienauflagerung als einwandfrei bezeichnet werden. Falsch ist aber wieder die Einklebung eines schrägen Verwahrungsbleches in die Dachabdichtung, die auch hier mit Sicherheit zu vorzeitigen Alterungen der Dachhaut führt, abgesehen von der Tatsache, daß eine bituminöse Dachabdichtung nicht an der Schräge enden darf. Diese Konstruktion ist also zu verbessern.

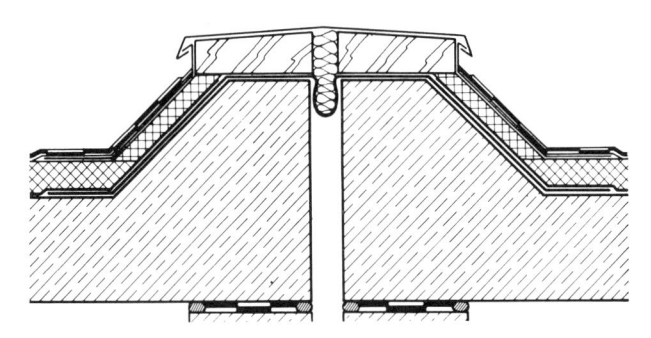

Bild 473 Aufgekantete Stahlbetonplatten auf zweischaliger Wand mit Gleitlager (unbesandete Pappe oder Kunststoff-Folie in Bitumen, Ablaufdichtung) Dachhaut unterbrochen mit verschieblicher Metallverbindung. Dampfsperre mit Schlaufenausbildung und elastischer Wärmedämmung (Blecheinklebung falsch)

In Bild 474 ist eine technisch und physikalisch einwandfreie Konstruktion dargestellt. Die Wärmedämmung stößt an schräg nach außen geneigte Holzbohlen an, die nach unten mit Dübel in der Betondecke befestigt sind. Die Dachabdichtung wird bis zur Dehnfuge geführt. Gegebenenfalls kann, falls diese Aufkantung zu niedrig ausgeführt wird, in die Dachabdichtung noch eine Kunststoff-Folie mit Schlaufe eingeklebt werden (aus Sicherheitsgründen). Auch könnte ohne weiteres eine

Lage der Dachabdichtung durchgeklebt werden, da diese später reißt. Über der fertigen Dachabdichtung werden dann Blechhaften aufgebracht, die an der Schräge heruntergeführt sind. In diese Blechhaften werden dann ein- oder zweiteilige Bleche eingehängt, die gleitend über der Dachabdichtung aufliegen und keinerlei Befestigung mit der bituminösen Dachdichtung erhalten. Im Bereich der Längsstöße können die Bleche ebenfalls gefalzt werden, so daß freie Dilatation möglich ist. Konstruktionen dieser Art haben sich tausendfach nach den Empfehlungen des Autors bewährt und stellen heute noch das Optimum der Dehnfugengestaltung dar. Beschädigungen mechanischer Art oder dgl. sind hier nicht möglich. Durch die Anschüttung des Kieses an die Schrägen der Bleche oder auch über das Blech hinweg kann auch ein architektonisch gutes Bild erreicht werden.

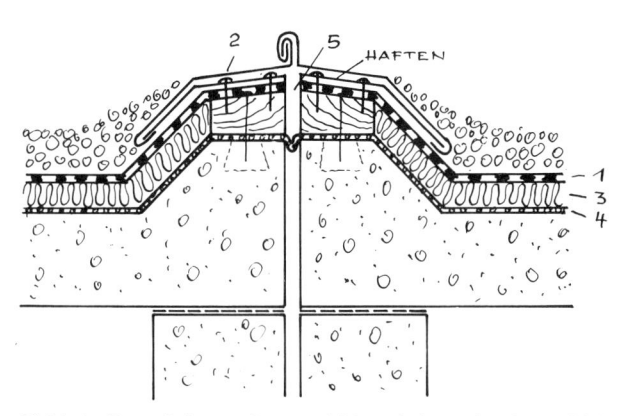

Bild 474 Beste Dehnungsfugenausbildung bei unterbrochener Dichtung, mit Blechabdeckung, besonders bei gefällelosem Dach zu empfehlen. 1 Dachhaut, 2 Abdeckblech, 3 Wärmedämmung, 4 Dampfsperre, 5 Fuge in Wärmedämmung mit Korkschrot, Mineralwolle oder dgl. ausgestopft

In Anlehnung an Bild 474 kann auch eine Lösung gemäß Bild 475 ohne Blech empfohlen werden (auch für ein normales Flachdach, also ohne Wasserbeschichtung). Anstelle des Holz-Schrägkeiles können in diesen Fällen auch Kunststoff-Hartschäume verwendet werden, etwa aus Polyurethan-Hartschaum oder Polystyrol. Gleichermaßen können natürlich auch hier wieder die Kunststoff-Profile (gemäß Bild 466 oder dgl.) im erhabenen Bereich in die Dachhaut eingeklebt werden, so daß auch hier keine Bleche erforderlich würden, wenngleich die Bleche immer als mechanische Schutzschicht günstige Voraussetzungen bei erhabenen Dehnfugenausbildungen erbringen (gleichermaßen wie bei erhabenen Gesimsausbildungen). In Bild 476 ist eine derartige Lösung mit Dehnfugen-Profilen auf der Waagrechten einer derartigen Schrägaufkantung dargestellt. Es empfiehlt sich, in jedem Falle bei erhabenen Dehnfugen ein geringes Gefälle in Richtung Dach herzustellen, damit die Dehnfugen nicht am tiefsten, sondern am höchsten Punkt sitzen.

9. Detailhinweise bei Ausführung von Flachdächern

Bild 475 Dehnfugenausbildung (BRAAS). 1 Stahlbeton, 2 Kaltbitumen-Voranstrich, 3 Ausgleichsschicht, 4 Dampfsperrschicht, 5 elastische Fugenfüllung (nicht brennbar), 6 imprägnierte Holzbohlen (Salzbasis), 7 Wärmedämmschicht, 8 5 cm quellverschweißt, 9 Dampfdruckausgleichsschicht, 10 Rhepanol f, 11 Rhepanol f-Anschlußstreifen, 12 Bitumen-Dachbahn, 13 Bitumen-Dachbahn-Anschlußstreifen, 14 elastische PE-Rundschnur, 15 Sperren mit Bitumen, 16 Wasserbeschichtung

Bild 476 Dehnfugenprofil bei Aufkantung

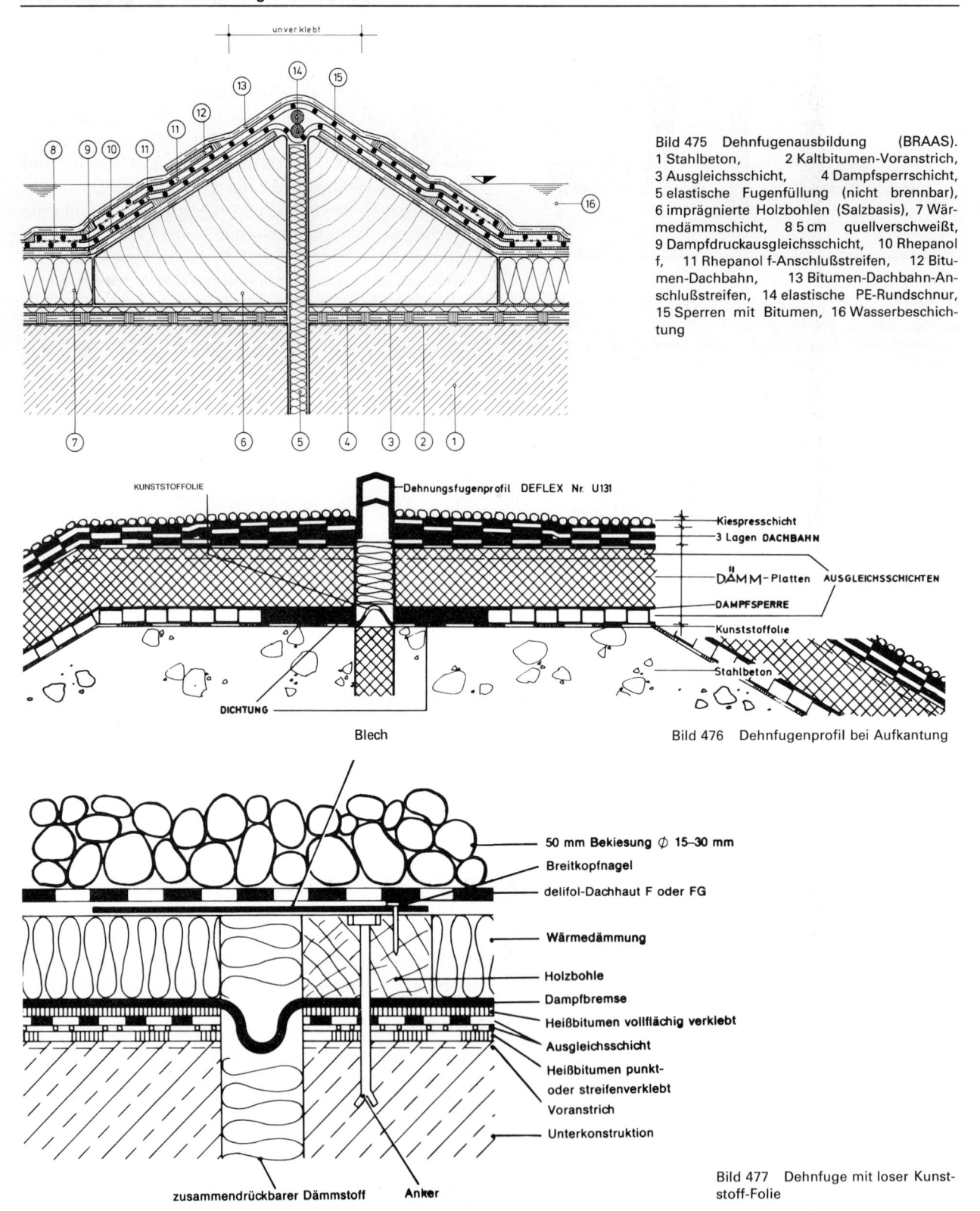

Bild 477 Dehnfuge mit loser Kunststoff-Folie

Bei Kunststoff-Foliendächern, die lose, also ohne jegliche Verklebung über der Wärmedämmung aufgelegt werden (vorgefertigte Planen oder dgl.) kann man gegebenenfalls ohne besondere Beachtung der Dehnfugen die Planen lose über die Dehnfugen hinweglegen. Es muß jedoch zur Vermeidung von Einpressungen eine Überbrückung der Dehnfuge geschaffen werden. In Bild 477 ist eine derartige Möglichkeit dargestellt. Es empfiehlt sich jedoch, das Blech mit Langloch zu versehen und dies nur mäßig nach unten zu heften. Über dem Blech ist jedoch dann eine zusätzliche Trennfolie über diesem Bereich aufzulegen, um mechanische Beschädigungen der eigentlichen Dachabdichtung zu vermeiden. Eine Verbesserung würde sich noch dadurch erzie-

9.1 Gleitlager und Dehnfugen bei Flachdächern

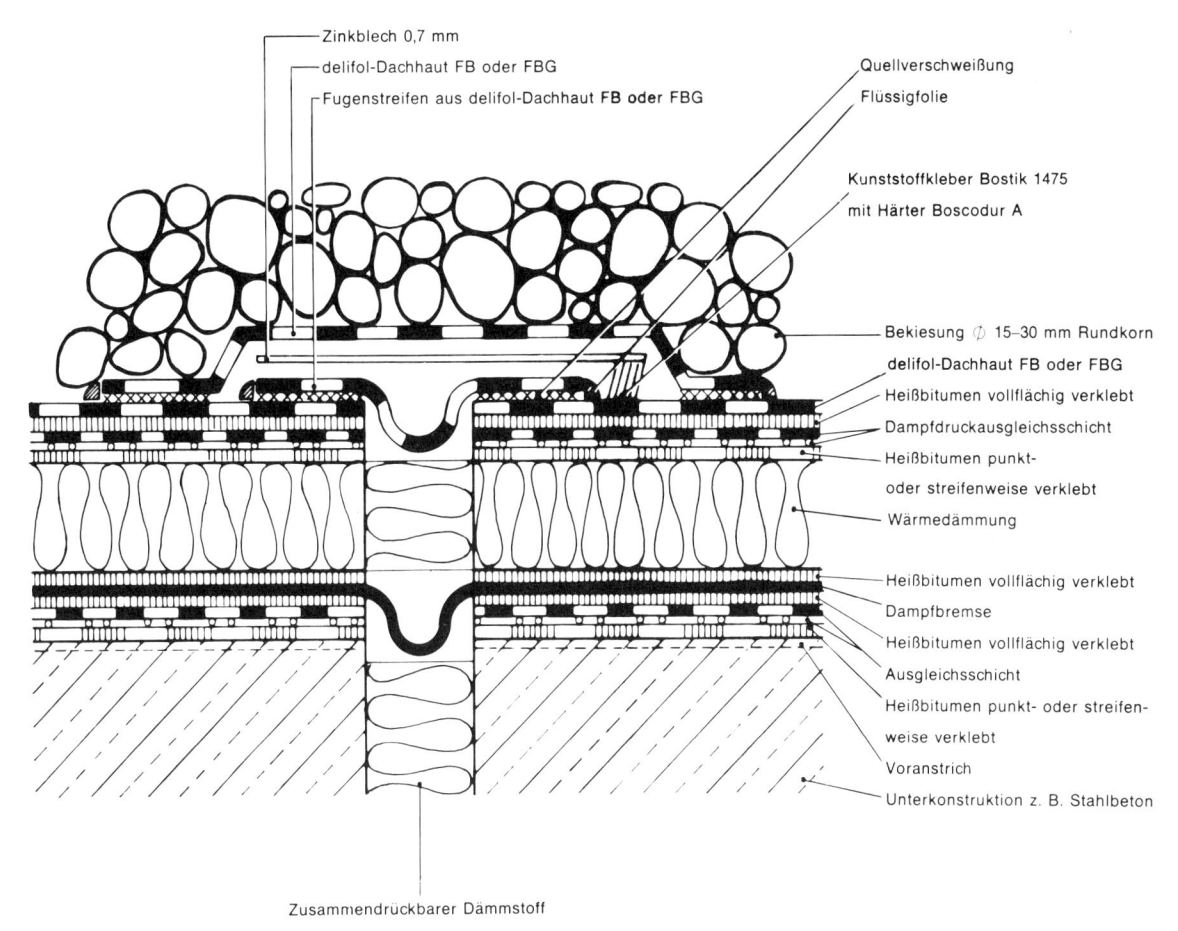

Bild 478 Dehnfugen mit geklebter Folien-Dachhaut

Labels (Bild 478):
- Zinkblech 0,7 mm
- delifol-Dachhaut FB oder FBG
- Fugenstreifen aus delifol-Dachhaut FB oder FBG
- Quellverschweißung
- Flüssigfolie
- Kunststoffkleber Bostik 1475 mit Härter Boscodur A
- Bekiesung ⌀ 15–30 mm Rundkorn
- delifol-Dachhaut FB oder FBG
- Heißbitumen vollflächig verklebt
- Dampfdruckausgleichsschicht
- Heißbitumen punkt- oder streifenweise verklebt
- Wärmedämmung
- Heißbitumen vollflächig verklebt
- Dampfbremse
- Heißbitumen vollflächig verklebt
- Ausgleichsschicht
- Heißbitumen punkt- oder streifenweise verklebt
- Voranstrich
- Unterkonstruktion z. B. Stahlbeton
- Zusammendrückbarer Dämmstoff

len lassen, daß man auf dem Blech über der Fuge eine Schaumstoffschnur auflegt, so daß die Dachhaut in diesem Bereich eine Verlängerung erfährt.

Bei aufgeklebten Kunststoff-Folien ist wie in Bild 478 zu verfahren. Hier wird also die Dachabdichtung im Bereich der Dehnfugen unterbrochen. Es wird dann eine Kunststoff-Folie schlaufenförmig eingeklebt. Zur Vermeidung von mechanischen Beschädigungen, Frostbelastung und vorzeitiger Alterung wird dann hierauf ein Blechstreifen aufgelegt und dieser lediglich gegen Verrutschen punktweise verklebt. Darüber wird dann nochmals eine schützende Kunststoff-Folie aufgebracht, bevor die Kiesschüttung aufgeschüttet wird. Eine derartige Konstruktion ist durchaus in der Lage, größere Dehnbewegungen aufzunehmen.

In Bild 479 ist eine Lösung mit aufgeklebten Kunststoff-Folien dargestellt, bei der die Kunststoff-Folien durchgeführt wurden, lediglich im Bereich von 8 cm Breite unverklebt geblieben sind. Auch dadurch können mäßige Temperaturbewegungen aufgenommen werden. Zu gering ist jedoch in dieser Darstellung der Dehnfugenabstand der Wärmedämmplatten. Hier kann es gegebenenfalls bei Kontraktionen zu Anpressungen und Hochwölbungen kommen. Man sollte also den Dehnfugenabstand in den Wärmedämmplatten annähernd gleich groß gestalten wie die eigentliche Dehnfuge. (In Bild 478 richtig dargestellt.)

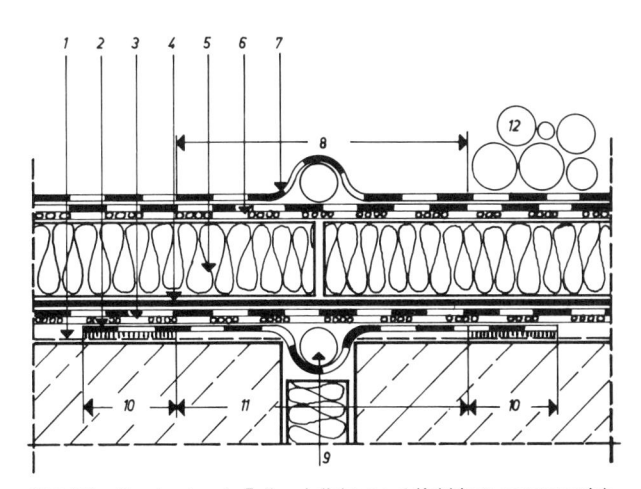

Bild 479 Durchgehende Folienabdichtung. 1 Kaltbitumenvoranstrich, 2 SGtyl/SGtan Folienstreifen, 3 Dampfdruckausgleichsschicht, 4 Dampfsperre, 5 Wärmedämmung, 6 Dampfdruckausgleichsschicht, 7 SGtyl/SGtan-Folie, 8 klebefreie Zone, 9 Rundprofil, 10 Klebebereich, 12 Rundkies

2. Dehnfugen bei Terrassen

Bei Terrassen bzw. begeh- oder befahrbaren Flachdächern gelten im Prinzip dieselben Grundsätze wie zuvor angeführt. In Bild 480 ist im Schema eine derartige Dehnfugenausbildung dargestellt. Bei unelastischen

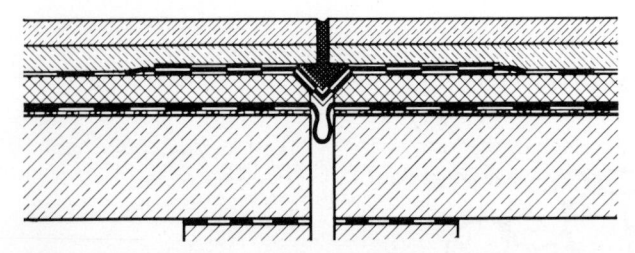

9. Detailhinweise bei Ausführung von Flachdächern

Bild 480 Stahlbetonplatten auf zweischaliger Wand mit Gleitlager. Dachbelag Beton-Estrich begehbar, Dehnungsfugen im Dachbelag übernommen. Feuchtigkeitsisolierung und Dampfbremse durchlaufend mit Schlaufenausbildung und elastischer Vergußmasse

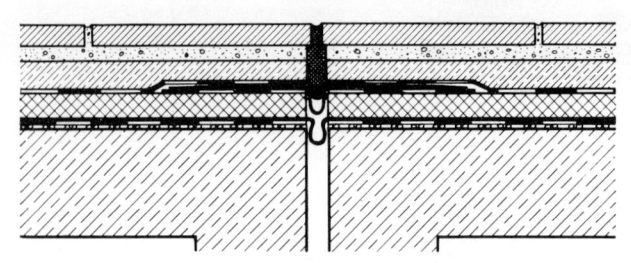

Bild 481 Stahlbetonplatten in Doppelwand übergehend. Begehbarer Plattenbelag, Dehnungsfugen im Dachbelag übernommen, Fugenband in Feuchtigkeitsisolierung eingebunden, elastische Vergußmasse. Dampfsperre durchlaufend mit Schlaufenbildung

Vergußmassen wird eine unelastische Dachhaut u. U. stark belastet. Hier empfiehlt sich dann eine Ausbildung gemäß Bild 481, bei der auch in die Dachhaut eine elastische Kunststoff-Folie oder dgl. eingeklebt wird bzw. mindestens ein Kupferriffelband oder dgl. mit Schlaufe nach unten. Die Waagrechte sollte hier mit einem Blech abgedeckt werden, damit die Vergußmasse die Schlaufe nicht ausfüllt, da sie sonst wieder unelastisch wird.

In Bild 482 ist eine Dehnfugenausbildung mit einem Kupferblech dargestellt. In diesem Falle könnte eine derartige Blecheinklebung in die Dachhaut noch empfohlen werden, da das Blech nicht den maximalen Temperaturbewegungen ausgesetzt ist und auch die Dachhaut weitgehend vor den Temperatureinwirkungen geschützt ist. Wenn über dem Blech noch ein Kupferriffelband zusätzlich in die Dachhaut eingeklebt wird, könnte eine derartige Lösung ausgeführt werden.

Auch eine Lösung gemäß Bild 483 mit einem Kupferriffelband als Schlaufe unter die Dachabdichtung eingeklebt, mit Schaumstoff oder Mineralwolleschnur (zugleich als Wärmedämmung wirksam werdend), kann ausgeführt werden.

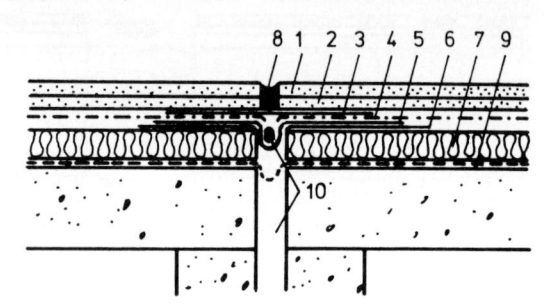

Bild 483 Begehbare Flachdächer: Dehnungsfugen-Ausbildung bei starken Belastungen mit unterbrochener Feuchtigkeitsisolierung. 1 Gehbelag, 2 Estrich, 3 Dachpappstreifen, 4 Feuchtigkeitsisolierung, 5 Kupferriffelband oder dgl., 6 Schutzdachpappe, 7 Wärmedämmung, 8 Bitumenverguß, 9 Dampfsperre, durchlaufend, 10 Wärmeschutz (Glaswolle o. ä.), 10 Dehnungsfuge, mit Glaswolle ausgestopft

Eine zweckmäßige Lösung, bei der die Dehnfuge aus dem wasserführenden Bereich herausgehoben ist, ergibt sich nach Bild 484. Bei aufgestelzten Plattenbelägen kann über den Wärmedämmplatten ein Hartschaumkeil aufgeklebt werden. Die Dachabdichtung wird unterbrochen. Elastische Kunststoff-Folien werden jeweils schlaufenförmig eingeklebt, so daß genügend

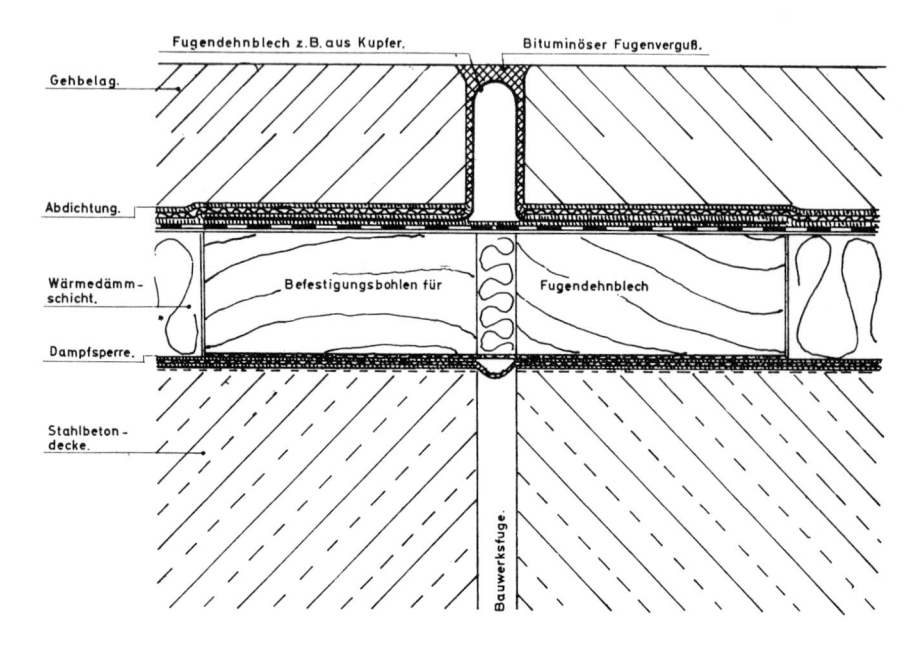

Bild 482 Schemaskizze. Beispiel: Terrassendach. Abdichtung der Fuge mit Federblechen, die zwischen die Trägerlagen der Abdichtungshaut eingeklebt und durch Nagelung oder mit Schrauben befestigt sind

9.1 Gleitlager und Dehnfugen bei Flachdächern

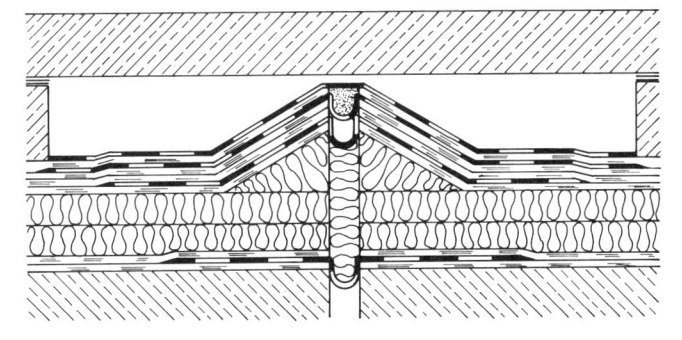

Bild 484 Gute Dehnfugenausbildung

der Massivdecke Spannungen auf die Dachhaut übertragen. Außerdem ist die Einklebung eines Bleches auch in diesem Randbereich wiederum falsch, da, wie mehrfach angeführt, keinerlei Verwahrungsbleche in die Dachabdichtung beim gefällelosen Dach bzw. beim flachen Dach eingeklebt werden sollen.

Eine weitere Lösung eines elastischen Wandanschlusses ist in Bild 487 dargestellt. Über der Dehnfuge wird ein elastischer Kunststoff-Keil aufgelegt, der keinerlei Verklebung nach unten erhält. Darüber wird im Bereich des Wandanschlusses etwa bis 10 cm in die Dachfläche hinein eine Trennfolie aufgelegt, die an der Wand her-

Bewegungsmöglichkeiten zustande kommen. Die eigentliche Dehnfuge kann mit elastischen Wärmedämm-Materialien ausgestopft werden. Hier besteht also kaum Gefahr, daß die Dehnfuge wasserbelastet wird. Selbstverständlich sind derartige erhabene Dehnfugen bei Terrassen oder befahrbaren Belägen nur dann möglich, wenn ein gestelzter Belag aufgebracht wird (s. Kapitel Terrassengestaltung).

3. Dehnfugen im Wandbereich

Häufig liegen die Dehnfugen zwischen aufgehenden Wänden und Flachdach. Hier kann man mit Wand-Anschlußprofilen nach Bild 485 mit überhängenden Blechen und eingehefteten losen Kunststoff-Folien, die in die Dachhaut eingeklebt sind, gute Lösungen erhalten. Das Blech ist hier als Überhangblech vorhanden und belastet so die Dachhaut nicht. Falsch dagegen ist eine Lösung, wie sie in Bild 486 dargestellt ist. Der Holzkeil müßte ebenfalls mit in die Dehnfuge einbezogen werden. Er wird also bei Einklebung oder bei Anheftung auf

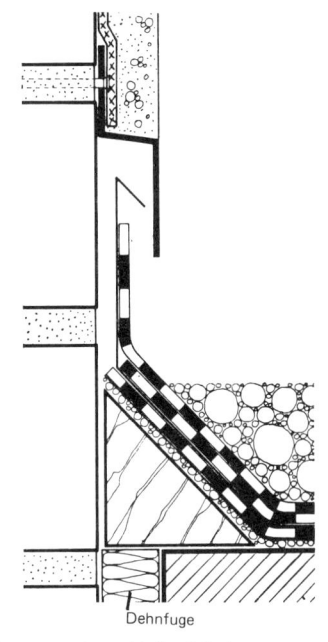

Bild 486 Dehnfugenwandanschluß – falsch

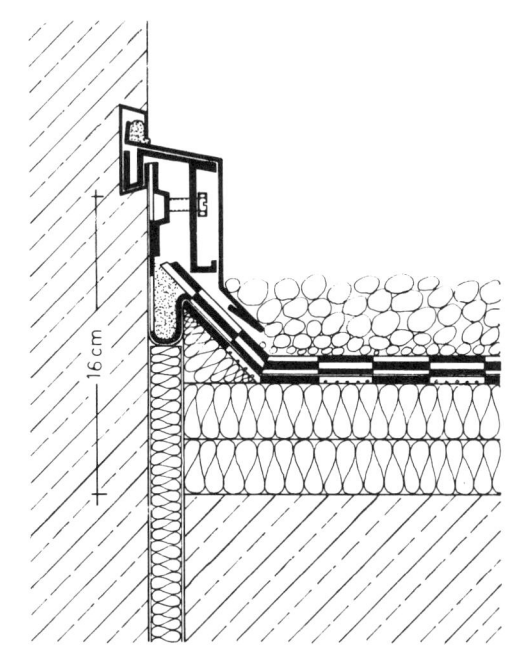

Bild 485 Wandanschluß-Dehnfuge (BSV-Profil)

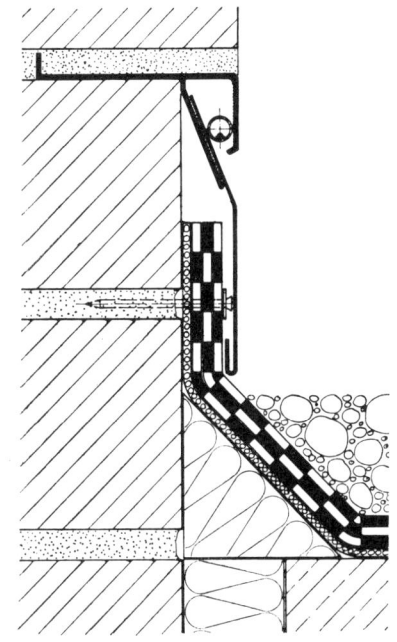

Bild 487 Dehnfuge (Dachhaut nur geheftet)

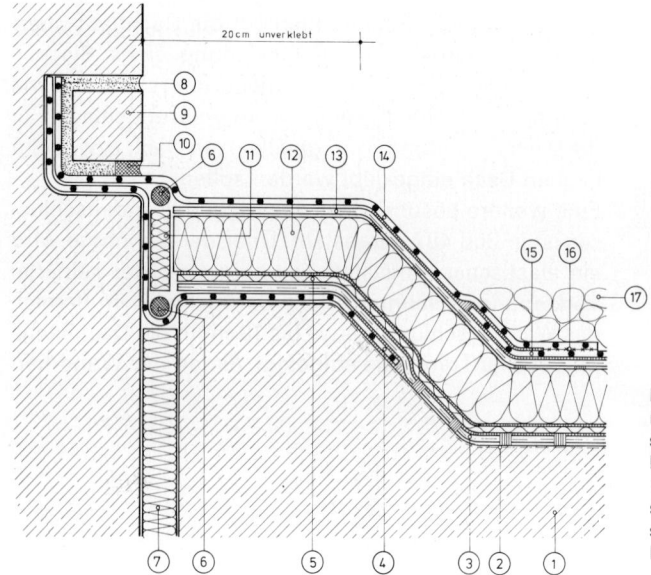

9. Detailhinweise bei Ausführung von Flachdächern

Bild 488 Dehnfuge-Wandanschluß (Braas). 1 Stahlbeton, 2 Kaltbitumen-Voranstrich, 3 Ausgleichsschicht, 4 Rhepanol f, 5 Dampfsperrschicht, 6 elastische PE-Rundschnur, 7 elastische Fugenfüllung (nicht brennbar), 8 Deckabstrich, 9 Betonstein verfugt in Zementmörtel, 10 Dichtungsmasse, 11 elastische Fugenfüllung, 12 Wärmedämmschicht, 13 Dampfdruckausgleichsschicht, 14 Rhepanol f-Anschlußstreifen, 15 Rhepanol f, 16 5 cm quellverschweißt, 17 mind. 5 cm Kiesschüttung, Rundkorn 16/32

aufgeführt wird (Rohglasvliesbahn oder dgl.), die gleichzeitig als Dampfdruckausgleichsschicht wirksam werden kann. Die Dachabdichtung wird dann an dieser Schräge und an der Senkrechten ein Stück heraufgeführt, ohne daß die erste Lage eine Verklebung mit dem Untergrund infolge Trennschicht erhält. Die weiteren Lagen werden normal aufgeklebt. Diese nun lose über Schräge und Senkrechte herabgeführte Dachabdichtung wird im oberen Rande mit einem Metallband oder dgl. nach hinten mechanisch befestigt, so daß sie nicht abrutscht. Bei mäßigen Bewegungen der Dachdecke kann nun die nicht verklebte Dachhaut die Bewegungen ohne Schaden zu nehmen aufnehmen, da über die Ecke eine ausreichende Längenausgleichung stattfinden kann. Zur Sicherheit kann man aber auch hier noch eine zusätzliche elastische Kunststoff-Folie unter die Trennung lose einlegen, die dann im Bereich der Waagrechten mit der Dachhaut zusammengeklebt wird.

In Bild 488 ist eine weitere Möglichkeit einer Dehnfugengestaltung mit Kunststoff-Folien dargestellt, bei der die Kunststoff-Folien im Bereich vor und nach der Dehnfuge nicht auf den Untergrund aufgeklebt werden.

Sie können dann entweder wie in vorgenanntem Falle in die Wand hineingeführt werden, können aber auch wiederum mittels eines Profiles gemäß Bild 485 beispielsweise nach hinten befestigt werden (s. weitere Profile, Details, Wandanschlüsse).

Diese Beispiele können variiert werden. In jedem Falle empfiehlt es sich, auch im Bereich des Wandanschlusses die Dehnfugen aus dem Wasser herauszuheben, also sie in keinem Falle in der Ebene der Dachhaut anzuordnen. Wird dies gemacht, so ist bereits die Dehnfuge entschärft. Es verbleibt dann lediglich die Aufgabe, die Dachabdichtung ohne feste Verbindung an der Wand anzubringen und auch diese Dachabdichtung weitgehend elastisch auszuführen.

3. Dehnfugen bei Kaltdächern

Im Prinzip sind auch bei Kaltdächern die in der Unterkonstruktion vorhandenen Dehnfugen anzuordnen. Bezüglich der Ausführung der Dehnfugen gilt dasselbe wie zuvor angeführt. In Bild 489 ist wiederum eine Blecheinklebung in die Dachhaut dargestellt. Die hier einge-

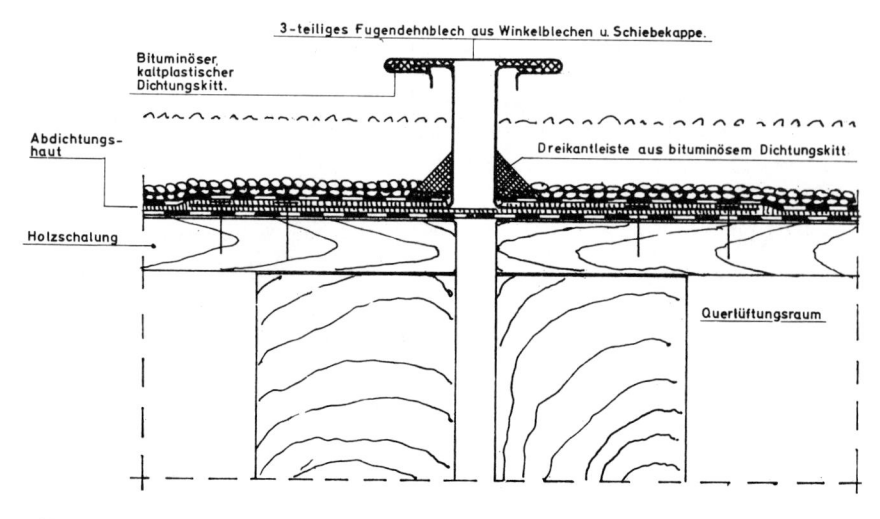

Bild 489 Schemaskizze. Beispiel: Überbrücken der Fuge mit Schiebekappen aus Blech in Verbindung mit Winkelblechen, die zwischen die Trägerlagen der Abdichtung eingeklebt und durch Nagelung oder mit Schrauben befestigt sind

zeichnete Dreikantleiste aus bituminösem Dichtungskitt altert relativ schnell. Stehendes Wasser dringt hinter diese Fuge ein. Die Bewegungen des Bleches übertragen sich auf die Dachabdichtung auch dann, wenn eine Kiesschüttung, wie hier dargestellt, aufgebracht wird. Die Dehnfugenausbildung mit dem hier dargestellten Winkelblech muß also ebenfalls nach den Erfahrungen abgelehnt werden.

Hier empfiehlt es sich, wie bei den vorgenannten Bildern bei den Warmdächern dargestellt, schräge Holzkeile über der Holzschalung aufzubringen (beidseitig). Die Dachhaut ist dann hier hochzuführen und im Bereich der Dehnfuge zu unterbrechen. Es kann dann auch hier, wie bei den Warmdächern angeführt, eine elastische Kunststoff-Folie zur Sicherheit mit Schlaufe zum Einbau kommen. In Bild 490 ist eine richtige Lösung mit Überhangblechen dargestellt, bei der, wie angeführt, auch zwischen die Dachabdichtung noch eine Kunststoff-Folie mit Schlaufe eingeklebt werden kann.

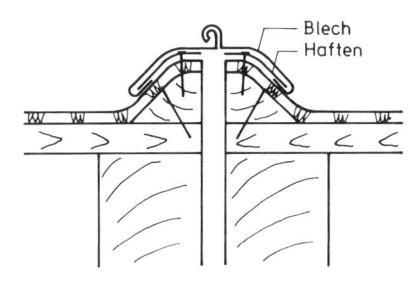

Bild 490 Richtige Kaltdach-Dehnfuge

Bei lose aufgelegter Kunststoff-Folie bei Kaltdächern kann man im allgemeinen immer auf eine Dehnfuge verzichten. Ein Teil der Bewegungen aus der Unterkonstruktion wird durch die Aufständerung übernommen, so daß in der oberen Schale im allgemeinen geringere Bewegungen zustande kommen. Trotzdem empfiehlt es sich auch hier, die Fuge in der Oberschale exakt auszubilden, also in derselben Breite gemäß Bild 491. Auch hier ist wiederum zur Vermeidung des Absackens der Kunststoff-Folie ein Blech als Überbrückung zu unterlegen, das einseitig geheftet wird. Über dem Blech ist dann nochmals eine Schutzfolie aufzulegen, um Beschädigungen in der Dachhaut durch das Blech zu vermeiden. Im Prinzip ist also eine derartige Ausführung wie beim Warmdach herzustellen.

Diese vorgenannten Beispiele der Dehnfugengestaltung sind keineswegs vollständig. Sie können noch durch zahlreiche Variationen ergänzt werden, wobei jedoch empfohlen wird, die vorgenannten Anmerkungen über richtige und falsche Lösungen beachten zu wollen.

9.2 Parkdecks, Hofkellerdecken, Dachgärten, Terrassen und Balkone

Zu den Flachdächern im engeren Sinne zählen die immer mehr verbreiteten befahrbaren Flachdächer, also Parkdecks, Hofkellerdecken über beheizten oder nicht beheizten Räumen und in zunehmendem Maße Dachgärten über unbeheizten und beheizten Räumen sowie begehbare Flachdächer und die frei auskragenden Balkone. Flachdächer dieser Art mit oder ohne Gefälle werden primär nur als Warmdächer ausgebildet, weshalb in den nachfolgenden Überlegungen nur diese Warmdach-Konstruktionen behandelt werden.

Gerade bei dieser Sonderart Flachdächer treten neben den bauphysikalischen Problemen, die in früheren Kapiteln abgehandelt wurden, auch statische Probleme auf, insonderheit die der Belastbarkeit der Wärmedämmung und Dachabdichtung usw. In den nachfolgenden Ausführungen sollen die kritischen Probleme aufgezeigt und zweckmäßige Lösungen dargestellt werden, ohne sämtliche Außenseiterausführungen zu behandeln. Vielmehr sollen nur solche Konstruktionen dargestellt werden, die sich aus der Sicht des Autors bewährt haben. Kritische Anmerkungen zu falschen Ausführungen und Firmenempfehlungen werden jeweils angeführt.

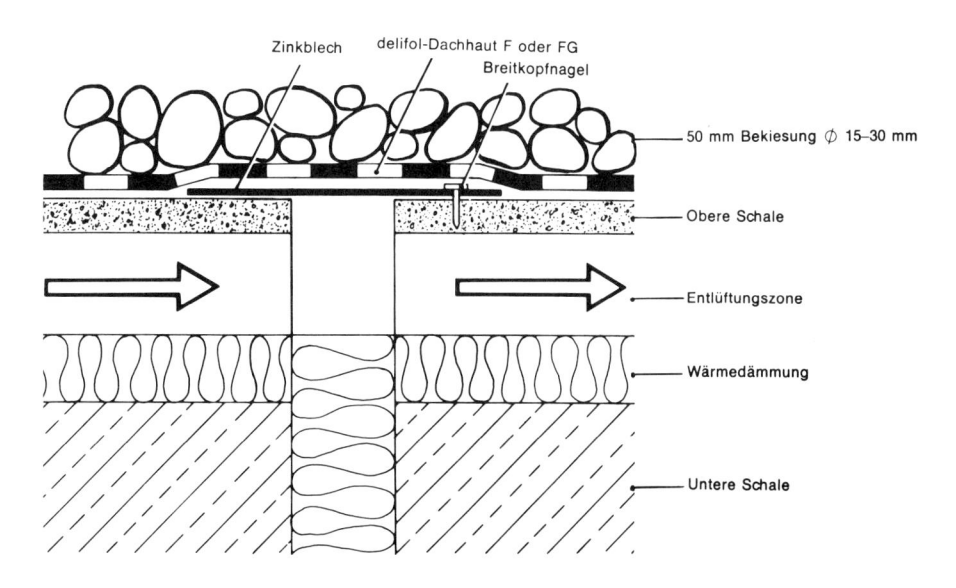

Bild 491 Dehnfugen-Kaltdach mit lose aufgelegter Kunststoff-Folie

9. Detailhinweise bei Ausführung von Flachdächern

9.2.1 Parkdecks und befahrbare Hofkellerdecken

In zunehmendem Maße werden infolge der Parkplatznot Flachdächer und Hofkellerdecken als Parkplätze genutzt.

Parkdecks werden meist über beheizten und bewohnten Kaufhäusern, Wohngebäuden, Büro- und Verwaltungshäusern erstellt und werden hier bevorzugt nur von PKWs befahren bzw. genutzt. Bei ausgesprochenen Parkhäusern ist die oberste Decke meist unterlüftet, d. h. es ist keine Heizung unter dem Flachdach vorhanden. Hofkellerdecken werden ebenfalls primär über Kellerräumen, Ladenstraßen, Lager- oder Heizungsräumen angeordnet und dienen nicht selten neben der Parkmöglichkeit als Durchfahrtstraße oder müssen als sog. Feuergasse ausgebildet werden für das Befahren mit PKWs bzw. Feuerwehrfahrzeugen, Ölwagen und dgl. Es können hier also enorm große Belastungen vorhanden sein. Wenn gleichzeitig unter diesen Hofkellerdecken Nutzräume (z. B. Verkaufsräume) vorhanden sind, also beheizte Räume, dann treten hier besondere Beanspruchungen auf, die beim Aufbau berücksichtigt werden müssen.

9.2.1.1 Richtiger Konstruktionsaufbau wärmegedämmter Parkdecks und Hofkellerdecken

Sowohl für die Parkdecks als auch für die Hofkellerdecken über beheizten Räumen gelten etwa die gleichen Aufbaugesichtspunkte wie sie bei den Warmdächern in den vorgenannten Kapiteln dargestellt wurden. Von unten nach oben ist folgender Aufbau im Prinzip richtig:

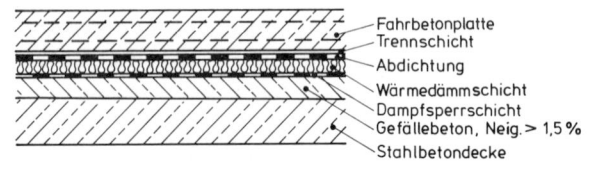

Bild 492 Aufbau eines Parkdecks oder einer Hofkellerdecke [69]

1. Statisch tragende Decke.
2. Gefällebeton, Mindestneigung ca. 1,5%.
3. Spannungsausgleichsschicht, falls erforderlich, jedoch in jedem Falle Dampfsperrschicht.
4. Wärmedämmung nach besonderen Gesichtspunkten zu wählen.
5. Feuchtigkeitsabdichtung hochwertig.
6. Trennschicht – Ausgleichsschicht.
7. Evtl. Schutzestrich – Schutzschicht.
8. Fahrbelag (Ortbeton-Estrich, Betonplatten, bituminöse Beläge, Pflastersteine auf Schutzbeton usw.).

In Bild 492 ist im Schema ein derartiger Aufbau dargestellt.

9.2.1.2 DIN-Normen und Arbeitsblätter

Die DIN 4122, Juli 1968, ist die umfassendste DIN-Norm bezüglich Parkdecks und Hofkellerdecken. Sie umfaßt Abdichtung von Bauwerken gegen nicht drückendes Oberflächenwasser und Sickerwasser mit bituminösen Stoffen, Metallbändern und Kunststoff-Folien. Innerhalb dieser DIN-Norm werden also bevorzugt auch Parkdecks, Hofkellerdecken, bepflanzte Flachdächer und Terrassen behandelt.

Es muß hier jedoch angeführt werden, daß nach den praktischen Erfahrungen diese DIN 4122 gerade bezüglich der hier anstehenden Probleme z. T. schon wieder überholt ist bzw. wesentlich verbessert werden muß. Hier fehlen z. B. Angaben über die Belastbarkeit von Wärmedämmplatten, die Angaben notwendiger Dehnfugen in Schutzschichten bzw. Fahrbetonplatten oder dgl. und nicht zuletzt müssen die Abdichtungen auf den neuesten Stand der Technik gebracht werden, d. h. Dichtungsbahnen mit organischer Trägereinlage dürften nach den heutigen Erfahrungen bei derart belasteten Konstruktionen wie Parkdecks und Hofkellerdecken nicht mehr verwendet werden, da sie sich eindeutig nicht bewährt haben. Dies gilt nicht nur für Dachpappen mit Rohfilz-Einlagen, sondern auch für Jutegewebedichtungsbahnen oder dgl.

Neben der DIN 4122 als umfassendste DIN-Norm für diese Anwendungsgebiete gelten die in den allgemeinen Normen und Arbeitsblättern eingestreuten Vorschriften für die Herstellung und Beurteilung von Estrichen auf Dächern.

Für stark beanspruchte Dächer, also für Parkdecks oder dgl. gilt die DIN 1100 (Hartbeton-Beläge, Hartbetonstoffe) und das Arbeitsblatt A 10 (Industrieböden, Hartbeton-Beläge) der Arbeitsgemeinschaft Industriebau e.V. Außerdem gilt das Arbeitsblatt A 11 (Industrieböden, Zementestriche als Nutzböden) und die VOB Teil C DIN 18353 (Estricharbeiten).

In DIN 1100 werden unter Ziffer II die gleichen Forderungen an Estriche für Außenflächen gestellt wie an Estriche für Innenflächen. Estriche auf Flachdächer gehören also in diese Norm.

Neben der Vorschrift, daß der Mörtel für die Ausgleichsschicht (Estrich) mindestens 400 kg Zement/m^3 enthalten muß, ist besonders folgende Formulierungen interessant:

»Dehnfugen sind mit Rücksicht auf die durch Temperaturschwankungen und sonstige Kräfte hervorgerufenen Ausdehnungen grundsätzlich in Abständen von nicht mehr als 5–6 m nach jeder Richtung hin, und zwar durchgehend durch Ausgleichsschicht und Hartbeton-Belag, anzuordnen.«

Hier muß jedoch sofort angemerkt werden, daß diese Angaben der Dehnfugenabstände nach den heutigen Erfahrungen etwa um das Doppelte zu groß sind, wie in den nachfolgenden Ausführungen dargelegt. Auch hier müßte eine Verbesserung der DIN 1100 angestrebt werden.

9.2 Parkdecks, Hofkellerdecken, Dachgärten, Terrassen und Balkone

In dem Arbeitsblatt A 10 wird bereits zwischen Innen- und Außenflächen unterschieden. Dies gilt besonders auch für die Qualität des Estriches. Bezüglich der Dehnfugenabstände des Fahrbelages bzw. Estriches ist folgender Passus angeführt:

»Aufteilung großer Flächen in annähernd quadratische Felder von 20–30 m².«

Auch hier müssen aufgrund praktischer Erfahrungen Reduzierungen verlangt werden.

Der Praxis am nächsten kommt das Arbeitsblatt A11 (Industrieböden, Zementestrich als Nutzboden) vom März 1964. Dieses Arbeitsblatt befaßt sich mit Estrichen im Freien. Hier wird zuerst verlangt, daß Estriche für Dächer und Terrassen im Freien ein ausreichendes Gefälle und eine Ablaufmöglichkeit aufweisen müssen und zwar bei schwimmender Verlegung (über Wärmedämmung und Dachdichtung) muß das *Gefälle auch auf der Unterlage* vorhanden sein.

Ferner wird besonders auf eine ausreichende Fugenteilung wegen der auftretenden Bewegungen aus dem Temperaturwechsel verwiesen. Hier gelten besonders:

1. Verbund-Estriche (gilt besonders für Balkone und dgl.) sollen durch Dehnungsfugen in möglichst quadratische Felder von max. 10 m² aufgeteilt werden, (entspricht einer Kantenlänge von ca. 3 m).
2. Bei vom Untergrund getrennten Estrichen im Freien sollen die Felder keine größeren Seitenlängen als 2 m haben. Gegebenenfalls ist eine weitere gleichmäßige Unterteilung durch Scheinfugen vorzunehmen.

Dies ist bereits eine klare Aussage bezüglich der Dehnfugenaufteilung des Fahr- bzw. Gehbelages.

Bezüglich der Beimengung von Zusatzmitteln in Estrichen oder dgl. wird folgendes angeführt:

»Sie verleihen dem Estrich bei ausreichend großem Luftporengehalt eine merklich gesteigerte Wetter- und Frostbeständigkeit und erhöhen seine Widerstandsfähigkeit gegen Tausalze. Zur Frostbeständigkeit ist für Estrichmörtel mit Zuschlägen 0/7 mm ein Gesamtluftporengehalt von 6–8 %, für Estriche mit Zuschlägen 0/15 mm von 5–7 % erforderlich, von denen etwa 2,5–3 % durch das luftporenbildende Zusatzmittel entstanden sein müssen. Dieser hohe Luftporengehalt hat im allgemeinen Festigkeitsabfälle und größeres Schwinden des Estriches zur Folge. Deshalb sind luftporenbildende Zusatzmittel nur dort zu empfehlen, wo auf die Frostbeständigkeit des Estriches großer Wert gelegt wird.«

Aus der DIN 18353 (VOB) interessiert hier Ziffer 0.109 über »Besondere Anforderungen an Estriche« (z. B. besonders hohe mechanische Beanspruchungen, ungewöhnliche Temperaturen und chemische Einwirkungen). Im Kommentar wird dazu angeführt, daß ungewöhnliche Temperaturen (Hitze und Kälte) größere Spannungen im Estrich ergeben und daher Anzahl und Anordnung der Fugen den zu erwartenden Spannungen angepaßt sein müssen, um Risse zu vermeiden.

Hier werden also nur sehr pauschale Werte angegeben.

Zusammenfassend wäre also festzustellen, daß die DIN 4122 die umfassendsten Aussagen über den Konstruktionsaufbau macht und das Arbeitsblatt A11 die umfassendsten Angaben über die Estriche bzw. den Fahrbelag auf Parkdecks und Terrassen.

9.2.1.3 Technische und physikalische Aufbaugesichtspunkte

1. Statisch tragende Decke

Die statisch tragende Decke wird von seiten des Statikers berechnet. Sie muß, wie in Kapitel 9 und in früheren Kapiteln verlangt, bei größeren Längen in Dehnfugen aufgeteilt werden. Auch müssen alle anderen Gesichtspunkte bezüglich Ringanker-Konstruktionen und dgl. berücksichtigt werden. Es wird hier also auf die früheren Kapitel verwiesen.

2. Gefälle-Estrich bzw. Gefällegebung

Bei Parkdecks und Hofkellerdecken oder dgl. soll, wie angeführt, in jedem Falle ein ausreichendes Gefälle vorhanden sein, das etwa mit 1,5 % als Mindestgefälle erforderlich wird. Dieses Gefälle kann entweder in Form eines gesonderten Estriches aufgebracht werden, oder es kann, falls betontechnologisch möglich, gleich mit der statisch tragenden Decke hergestellt werden. In jedem Falle ist aber darauf zu achten, daß hier das Toleranzmaß gemäß DIN 1802, Blatt 3 mit erhöhter Genauigkeitsanforderung gestellt werden muß, also gemäß Zeile 2, mit 10 mm von 0–1 m, mit 12 mm von 1–4 m und mit 15 mm von 4–10 m. Dieser erhöhte Genauigkeitswert ist erforderlich, um eine möglichst flächige Auflage der Wärmedämmung zu erhalten.

Das für die Entwässerung von Parkdecks und Hofkellerdecken erforderliche Gefälle muß also immer unterhalb der Feuchtigkeitsabdichtung vorhanden sein, damit auch das Wasser, das über die Fugen des Beton-Fahrbelages oder dgl. eindringt, auf der Feuchtigkeitsabdichtung möglichst schnell und einwandfrei abgeleitet wird. Der Gefälle-Estrich muß, falls er gesondert aufgebracht wird, einen Verbund mit der Unterdecke erhalten. Auch muß die Qualität entsprechend der Rohdecke eine gute sein. Leichtbeton ist aus physikalischen Gründen meist nicht geeignet.

3. Ausgleichsschicht und Dampfsperre

Über der Rohbetondecke empfiehlt sich in jedem Falle ein Kaltbitumen-Voranstrich zur Staubbindung.

Auch empfiehlt es sich, gegebenenfalls eine kombinierte Ausgleichsschicht und Dampfsperre punktweise aufzukleben, um gegebenenfalls bei Bremswirkung eine Verschiebung der Gesamtkonstruktion zu vermeiden. Eine weitgehende Verbundwirkung ist also angezeigt.

9. Detailhinweise bei Ausführung von Flachdächern

Gemäß den Richtlinien für die Ausführung von Flachdächern müßte auch über Parkdecks und Hofkellerdecken eine sog. Spannungsausgleichsschicht angeordnet werden. Lochglasvliesbahnen oder Glasvliesbahnen mit unterseitig grober Bekiesung sind jedoch bei höherer Belastung nicht zu empfehlen. Es besteht die Gefahr, daß sich die Steinchen bei stärkerer Belastung durch die darüber aufzuklebende Dampfsperre durchdrücken und so die Dampfsperre zerstören.

Bei monolithischen, statisch tragenden Decken (Betonplatten, Rippendecken oder dgl.) empfiehlt es sich, gegebenenfalls auf derartige gesonderte Dampfdruckausgleichsschichten zu verzichten. Wenn die Dehnfugenaufteilung der Betondecken in ausreichender Form vorgenommen wurde, kann die Dampfsperre vollsatt mit Heißbitumen aufgeklebt werden. Die Wertigkeit der Dampfsperre richtet sich wiederum nach der Raumbelastung. Für normale Belastung reicht schon eine Glasvliesbahn V 13 oder eine Aufschmelzbahn gleicher Qualität, jeweils mit Heißbitumen-Deckaufstrich abgestrichen, bei höheren Wärme- bzw. Dampfdruckbelastungen aus dem Unterraum empfiehlt sich eine Alu-Dichtungsbahn, vollsatt mit Heißbitumen aufgeklebt und oberseitig wiederum mit Heißbitumen-Deckaufstrich abgestrichen.

Eine sehr günstige Kombination Ausgleichsschicht und Dampfsperrschicht kann durch eine Schweißbahn G 4 oder G 5 hergestellt werden, also mit einer Glasgittergewebe-Einlage. Diese Schweißbahnen können punktweise auf dem Untergrund aufgepunktet, an den Nähten 10 cm überlappt und dort vollsatt verschweißt werden. Es ergibt sich dann ein weitgehender Spannungsausgleich und trotzdem eine ausreichende Klebehaftung am Untergrund und eine für die meisten Fälle ausreichende Dampfsperre. Für besonders hohe Beanspruchungen kann auch eine Kombination Schweißbahn GA 4 mit Alu-Folien-Einlage zur Anwendung kommen. Im allgemeinen reicht jedoch eine Schweißbahn G 4 4 mm aus, um hier als Ausgleichsschicht und Dampfsperre wirksam zu werden. Diese kann gegebenenfalls auch bei vorgefertigten Betonplatten zur Anwendung kommen, wenn über den Stoßstellen der Betonplatten zuvor ein 25 cm breiter Schleppstreifen lose aufgelegt wird.

4. Wärmedämmschicht

Bei Parkdecks und befahrbaren Hofkellerdecken kommt der Wärmedämmung eine besonders hohe Bedeutung zu.

Selbstverständlich muß die Stärke der Wärmedämmung ebenfalls den Mindestanforderungen der DIN 4108 entsprechen (Wärmedurchlaßwiderstand 1,25 $m^2 h°/kcal$), bzw. die Wärmedämmung muß nach den vorliegenden Dehnfugenabständen noch höher dimensioniert werden, falls dies erforderlich ist.

Andererseits ergeben sich aber durch die statischen Belastungen besondere Anforderungen. Die Wärmedämmung soll neben einer relativ hohen Druckfestigkeit eine geringstmögliche Stauchung aufweisen. Als unterste Grenze bei befahrbaren Parkdecks und Hofkellerdecken ist eine Druckfestigkeit von mindestens 2 kp/cm^2 bei 5% Stauchung erforderlich. Üblicherweise solle man jedoch 2,5 kp/cm^2 nicht unterschreiten. Letzten Endes läßt sich jedoch die erforderliche Druckfestigkeit aus den nachfolgenden Anleitungen berechnen.

In der DIN 53421 werden Druckfestigkeitswerte für eine Anzahl Wärmedämmstoffe angegeben. Weitere Ergänzungen wurden durch den Autor angefügt. Im einzelnen können angenommen werden:

Styropor Typ III (PS 20)	20–25 kg/m³	1,8 kp/cm²
Styropor Typ IV (PS 25)	25–30 kg/m³	2,2 kp/cm²
Bitumen-Korkstein	180 kg/m³	2,5 kp/cm²
Backkorkplatten	100 kg/m³	1,5 kp/cm²
Polyurethan-Hartschaumplatten	30–35 kg/m³	2,4 kp/cm²
Polyurethan-Hartschaumplatten	45 kg/m³	4,0 kp/cm²
extrudierte Polystryrol-Hartschaumplatten	30 kg/m³	3,5 kp/cm²
extrudierte Polystyrol-Hartschaumplatten	40 kg/m³	4,0 kp/cm²
Phenolharzschaumplatten	50 kg/m³	2,5 kp/cm²
expandierte Steinplatten (Fesco)	176 kg/m³	3,6 kp/cm²
bituminierte Holzfaserplatten	200 kg/m³	3,5 kp/cm²
Schaumglasplatten	130–135 kg/m³	7 kp/cm²
Eurapon-Hartschaum	275–300 kg/m³	10–18 kp/cm²

Gemäß DIN 53421 gelten die Druckfestigkeitswerte bei 10% Stauchung. Bei Wärmedämmplatten, die sich unter der Druckbelastung komprimieren lassen, muß dieser Wert bereits bei der Wahl der Dachabdichtung berücksichtigt werden, da z.B. bei 5 cm starken Wärmedämmplatten bei voller Ausnützung der Druckfestigkeit 5 mm als Stauchung zugelassen sind. Dies bringt u.U. bei punktweiser Belastung der Dachhaut Spannungsbelastungen in diese Dachdichtung, die u.U. zu Brüchen führen kann (Stelzplatten-Belag oder dgl.). Aus vorgenannter Tabelle ist auch abzulesen, daß z.B. bei Schaumglas nicht die maximale Druckbelastung von seiten der Hersteller empfohlen wird, sondern ein Sicherheitswert, der mit 3 angegeben wird. Durch Vibrationen wurden bei voller Ausnützung Strukturzerstörungen beobachtet, weshalb hier dieser Sicherheitswert empfohlen wird.

Erfreulicherweise wurden in den letzten Jahren hochbelastbare Wärmedämmplatten entwickelt. Zweifellos wird man jedoch diese Wärmedämmplatten mit hoher Druckfestigkeit nur dann einsetzen, wenn dies erforderlich wird. Bei geringeren Belastungen wird man die wirtschaftlicheren Dämmstoffe wählen. (Weitere Hinweise s. unter Wärmedämmstoffe, Kapitel Warmdach.) In nachfolgender Berechnung ist ein leichter Weg aufgezeigt, um die notwendige Wärmedämmung zu wählen.

5. Feuchtigkeitsabdichtung

Wie zuvor angeführt, sind bezüglich der Feuchtigkeitsabdichtung in der DIN 4122 entsprechende Angaben gemacht, die jedoch nach den heutigen Erfahrungen nicht mehr allen Anforderungen entsprechen. Wie bereits angeführt, ist es nach den derzeitig vorliegenden Erfahrungen grundsätzlich abzulehnen, Dachdichtungsbahnen mit organischen Trägereinlagen zu verwenden. Außerdem muß berücksichtigt werden, daß gerade die Dachabdichtung bei Parkdecks bei Verwendung von weichen Dämmstoffunterlagen hohen Belastungen unterworfen wird. Bei Stauchung der Wärmedämmung besteht die Gefahr, daß die Abdichtung beschädigt wird, bzw. daß sie in Fugenbereichen der Fahrbeton-Beläge abgeschert wird. Auch muß berücksichtigt werden, daß aus den thermischen Bewegungen des Schutzbelages Zug- oder Druckspannungen auf die Abdichtung übertragen werden können.

Grundsätzlich ist anzumerken, daß für die Lagenzahl der Abdichtung die Richtlinien für die Ausführung von Flachdächern und das »ABC der Dachbahnen« gültig sind (s. Abdruck Richtlinien Anhang und Kapitel Abdichtungen einschaliges Flachdach). Danach muß bei Parkdecks und Hofkellerdecken, die im allgemeinen eine Neigung unter 3° haben, immer eine dreilagige Dachabdichtung oder gleichwertig vorhanden sein. Es ist völlig falsch, im Bereich der Dachabdichtung einige DM/m² einzusparen, wenn man bedenkt, daß gegebenenfalls bei einem notwendigen Abbruch des Fahrbelages ein Mehrfaches dessen aufgewandt werden muß, als der gesamte Dachaufbau kostet. Hier mußte schon sehr viel Lehrgeld bezahlt werden. In diesem Zusammenhang sei auch davor gewarnt, mit einlagigen 0,8 mm starken Kunststoff-Folien befahrbare Parkdecks abzudichten. Besonders bei komprimierbaren Wärmedämmstoffen muß eine robuste lastverteilende und ausgleichende Abdichtung aufgebracht werden, die in der Regel nur mit bituminösen Abdichtungsstoffen derzeit hergestellt werden kann. Einlagige Kunststoff-Folien müssen hier ausgeschaltet werden.

Bitumenverträgliche Kunststoff-Folien können jedoch zweckmäßigerweise zusätzlich zu den bituminösen Abdichtungsbahnen in diese eingeklebt werden und bringen hier u.U. infolge der Elastizität eine Verbesserung. Hier wird auf die DIN 4122 und auf die dortigen Beispiele verwiesen.

Bezüglich der oberen Druckausgleichsschicht ist zu sagen, daß hier die Forderungen der Richtlinien nicht gültig sind. Erstens könnte diese obere Dampfdruckausgleichsschicht nur in den seltensten Fällen an die Außenluft angeschlossen werden, und zweitens würde sich diese Dampfdruckausgleichsschicht z.B. aus grobbekiesten Glasvliesbahnen bei Belastung in die Wärmedämmung eindrücken und würde diese zusätzlich verletzen bzw. komprimieren. Auch müßte u.U. damit gerechnet werden, daß die Dachabdichtung in umgekehrter Richtung beschädigt wird. Es empfiehlt sich also, den Heißbitumen-Klebeaufstrich direkt auf die Wärmedämmplatten aufzubringen, sofern diese heißbitumenverträglich sind. Sind sie nicht heißbitumenverträglich (z.B. Styropor-Platten oder extrudierte Polystyrol-Hartschaumplatten), müssen diese entweder oben fabrikmäßig mit einer Pappe abkaschiert zum Einbau kommen, oder es muß eine Selbstklebebahn zum Schutze dieser Wärmedämmplatten aufgebracht werden. Im einzelnen empfehlen sich dann etwa folgende Ausführungsbeispiele über Wärmedämmplatten:

1. Sehr gute Ausführung im Klebeverfahren

1. Heißbitumen-Klebeschicht über Wärmedämmplatten,
2. Glasvliesbahn V 13 als erste Lage, fein besandet,
3. Heißbitumen-Klebeschicht,
4. Glasgewebegitterbahn G 200, fein besandet,
5. Heißbitumen-Klebeschicht,
6. Glasvliesbahn V 13, fein besandet,
7. Heißbitumen-Klebeschicht,
8. Glasgewebegitterbahn G 200, fein besandet,
9. Heißbitumen-Deckaufstrich 2,5–3 kg/m².

2. Gute Ausführung im Klebeverfahren

1. Heißbitumen-Klebeschicht über Wärmedämmplatten,
2. Glasgewebegitterbahn G 200, fein besandet,
3. Heißbitumen-Klebeschicht,
4. Glasvliesbahn V 13, fein besandet,

9. Detailhinweise bei Ausführung von Flachdächern

5. Klebeschicht,
6. Glasgewebegitterbahn G 200, fein besandet,
7. Heißbitumen-Deckaufstrich 2,5–3 kg/m²

3. Sehr gute Ausführung im Schweißverfahren über Wärmedämmung

1. Selbstklebebahn lose aufgelegt (bei extrud. Styropor oder dgl.),
2. Bitumen-Schweißbahn G 5 (5 mm stark) mit Glasgittergewebe-Einlage, vollflächig aufgeschweißt, Nähte 10 cm überlappt, voll verschweißt,
3. Bitumen-Schweißbahn G 4 oder G 5, wiederum vollflächig aufgeschweißt, Nähte 10 cm überlappt, wie zuvor,
4. Bei sehr guter Ausführung Heißbitumen-Deckaufstrich 2,5–3 kg/m² als zusätzliche Schutzschicht zu empfehlen.

4. Gute Ausführung im Schweiß- und Klebeverfahren

1. Selbstklebebahn bzw. bei unempfindlichen Wärmedämmplatten Heißbitumen-Klebeanstrich,
2. Bitumen-Schweißbahn G 5, vollflächig aufgeschweißt, Nähte 10 cm überlappt,
3. Heißbitumen-Klebeschicht,
4. 1 Glasgittergewebebahn G 200,
5. Heißbitumen-Deckaufstrich.

Vorgenannte Beispiele mögen ausreichen, um Anhaltspunkte für zweckmäßige Dachdichtungen zu geben. Grundsätzlich ist anzumerken, daß sämtliche Lagen beim Klebeverfahren im Gieß- und Einrollverfahren aufzubringen sind. Beim Heißbitumen-Deckaufstrich ist darauf zu achten, daß dieser wurzelfest hergestellt wird. Aus diesem Grunde empfiehlt sich auch über den Schweißbahnen ein wurzelfester Heißbitumen-Deckaufstrich.

6. Trennschicht

Um statische Bewegungen und Wärmebewegungen aus dem Fahrbelag auf die Abdichtung und damit Rissegefahr usw. zu verhindern, müssen Feuchtigkeitsabdichtung und Fahrbelag durch geeignete Schichten voneinander getrennt werden.

Eine derartige Trennschicht muß die Möglichkeit erlauben, daß der Fahrbelag bei Temperaturänderungen einwandfrei gleiten kann, ohne daß Spannungen auf die Dachabdichtung übertragen werden. Andererseits soll die Möglichkeit bestehen, daß das Wasser, das über die Fugen des Fahrbelages nach unten abläuft, über die Trennschicht in die Entwässerung gelangen kann und so Auffrostungen oder dgl. verhindert werden. Bezüglich dieser Trennschicht gibt es in der Praxis unterschiedlichste Auffassungen. Sicher sind solche Trennschichten abzulehnen, die sich gegebenenfalls im Laufe der Zeit wieder miteinander verkleben und so die Gleitwirkung aufheben.

Im einzelnen folgende Anmerkungen zu den bisher gebräuchlichsten Trennschichten:

1. 2 Lagen Ölpapier lose verlegt

Hier ist anzumerken, daß sich diese Ölpapiere im Laufe der Zeit wieder miteinander verbinden können und daß sie gegebenenfalls auch verrotten und demzufolge ein Großteil der Wirkung aufgehoben wird.

2. 2 Lagen PE-Folien (Polyäthylen)

Folien dieser Art mit ca. 0,1–0,2 mm Stärke haben den Vorteil, daß sie nicht verrotten und daß die Gleitwirkung großteils erhalten bleibt. Der Nachteil ist bei direkter Aufbringung, daß die Wasserführung auch hier nur sehr mäßig ist, und daß bei Fertigbeton-Platten kein Druckausgleich vorhanden ist und demzufolge einzelne Druckstellen auf die unebene Feuchtigkeitsabdichtung zustande kommen. Demzufolge müssen einseitige Einpressungen in der Wärmedämmung erwartet werden. Es ist dies also eine Einfachstlösung, die bei Ortbeton-Estrichen noch denkbar ist, wenn auch nicht ideal.

3. Kies-Sandbett

Ein Kies-Sandbett von mindestens 2 cm Stärke, Körnung 1–3 mm, ist bei mäßiger Höhe eine bereits brauchbare Lösung. Hier empfiehlt sich folgender Aufbau:

1. PE-Folie lose auf Abdichtung aufgelegt zur Vermeidung von Sandeindrückungen in Heißbitumen.
2. Mindestens 2 cm Kies-Sandbett, 1–3 mm.
3. 1 Lage Ölpapier oder Autobahn-Unterlagspapier bei örtlich eingebrachten Beton-Fahrbelägen, wobei diese Pappe nach Einbringen des Betons wieder verrotten könnte, bei Fertigbetonplatten kann obere Schutzpappe weggelassen werden.

Bei einer möglichen Kiesstärke bis 3 cm empfiehlt sich als Kies-Sandbett Körnung 3/7 mm als bessere Lösung, da hier die Wasserableitung schneller und reibungsloser vollzogen werden kann.

4. Verlegung auf Kies-Filterschicht

In den letzten Jahren hat sich die Verlegung von Fertigbetonplatten auf Kies-Filterschichten gut bewährt. Dabei wurde die Kies-Filterschicht mindestens 3–5 cm stark hergestellt, wobei die Kieskörnung zwischen 3 und 15 mm hergestellt wurde. Im einzelnen ist dann folgender Aufbau von unten nach oben zu empfehlen:

1. PE-Folie wie vorgenannt.
2. Kies-Filterschicht. Körnung 3/15 mm, leicht verdichtet.
3. Fertigbetonplatten lose aufgelegt, auch Ortbeton-Estrich wiederum auf Autobahn-Unterlagspapier aufgebracht bzw. über Estrich Plattenbelag, Mastix-Belag, Pflasterungen usw.

9.2 Parkdecks, Hofkellerdecken, Dachgärten, Terrassen und Balkone

Befürchtungen, daß sich infolge des Kieses einseitige Eindrückungen des Beton-Plattenbelages ergeben, sind nicht eingetreten. Bei leichter Vorverdichtung des Kieses bleiben die schweren Betonplatten einwandfrei liegen, so daß mindestens für Parkdecks eine derartige Lösung empfohlen werden kann.

Bei Hofkellerdecken mit schwerer Belastung ist jedoch eine derartige Kiesschüttung als Trennschicht nicht möglich. Hier verbleibt höchstens die Möglichkeit nach 3., also eine ausgleichende Sandschüttung und diese gegebenenfalls leicht mit Zementmilch gebunden oder in den meisten Fällen eine Direktverlegung lediglich durch eine Trennschicht mit zwei PE-Folien wie vorgenannt.

7. Fahrbeton-Belag

Der Fahrbeton-Belag wird üblicherweise aus Fahrbeton-Platten vorgefertigt oder manuell eingebracht hergestellt. Häufig wird aber auch über einem Schutzestrich ein Mastix- bzw. Gußasphalt-Belag aufgebracht bzw. es werden Pflastersteine, Plattenbeläge oder dgl. über Estrichen aufgebracht.

In jedem Falle muß jedoch die Fahrbeton-Platte bzw. der Schutzestrich für die weiteren Beläge in der Stärke so dimensioniert werden, daß die zu erwartenden Belastungen aus Eigengewicht und Verkehrslast ohne Bruch aufgenommen werden können und daß außerdem Schäden in den zur Anwendung kommenden Wärmedämmstoffen und in der Abdichtung vermieden werden.

Für die Bemessung der Dicke der Fahrbeton-Platte gilt die DIN 1055, Blatt 3 – Verkehrslasten. In Tabelle Bild 493 sind diese Lastannahmen angegeben.

Bild 493   DIN 1055, Blatt 3 – Verkehrslasten –

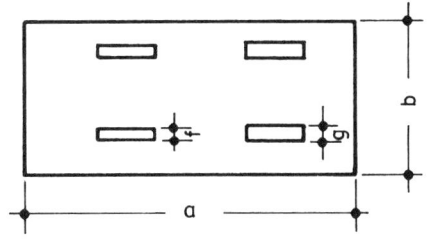

Gesamt-gewicht des Wagens	Raddruck (t)		Maße (m)			
	Vorderrad	Hinterrad	a	b	f	g
1,5	0,3	0,45	4,0	1,5	0,08	0,14
2,5	0,5	0,75	5,0	2,0	0,08	0,18
6,0	0,75	2,25	6,0	2,5	0,08	0,18
9,0	1,5	3,0	6,0	2,5	0,12	0,24
12,0	2,0	4,0	6,0	2,5	0,12	0,24

Für Durchfahrten und befahrbare Hofkellerdecken sind diese Lasten mit einer Stoßzahl $\varphi = 1,4$ zu vervielfältigen

Parkdecks werden in der Regel, wie angeführt, meist nur von Pkws genutzt. Das Gesamtgewicht beträgt hier max. 1,5 Mp. Hofkellerdecken dagegen werden auch von Lkw befahren, die eine Gesamtlast von 12 Mp haben können.

Müssen Feuerwehr-Fahrzeuge auf Parkdecks bzw. auf Hofkellerdecken auffahren, muß eine Gesamtbelastung von 9 Mp zugrundegelegt werden. Bei Ölfahrzeugen gilt ebenfalls die Maximalbelastung. Hier muß jeweils der Statiker befragt werden.

Wie in der Tabelle Bild 493 angeführt, müssen für Durchfahrten und befahrbare Hofkellerdecken die Lasten mit der Stoßzahl 1,4 vervielfältigt werden.

Zur Vermeidung von Abscherungen in der Feuchtigkeitsabdichtung und unzulässiger Komprimierung der Wärmedämmung muß die Dicke der Beton-Fahrplatte so bemessen werden, daß der Druck auf die Wärmedämmschicht höchstens den zulässigen Druckfestigkeiten entspricht, wie sie zuvor angeführt wurden.

Krakow [69] hat eine Anzahl Beispiele durchgerechnet, die nachfolgend wiedergegeben werden sollen:

Unter der Voraussetzung, daß die Fahrbeton-Platten biegesteif bewehrt werden, kann der Winkel, unter dem die Druckverteilung erfolgt, mit 45° angenommen werden. Es ergibt sich also eine Druckverteilung gemäß Bild 494 mit Quer- und Längsschnitt.

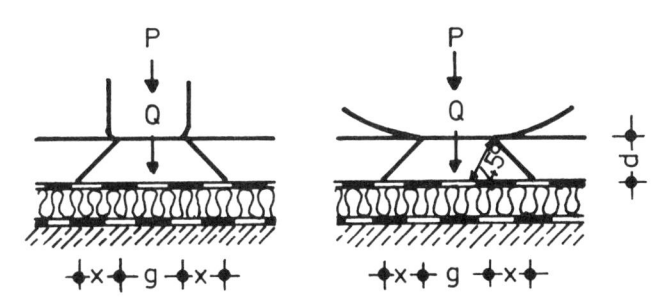

Bild 494   Druckverteilung unter der Radaufstandsfläche. P = Raddruck, Q = Gewicht der Fahrbetonplatte, g = Aufstandsbreite, Aufstandslänge, x = d = Dicke der Fahrbetonplatte

Die Radaufstandsfläche vergrößert sich danach von

$$F_1 = g^2 \text{ auf}$$
$$F_2 = (g + 2 \times d)^2.$$

Setzt man in diese Formel die Spannungsgrundgleichung

$$F = \frac{P}{\sigma},$$

ergibt sich, wenn man z.B. eine Druckfestigkeit von mindestens 2 kp/cm² für die Wärmedämmplatten zugrundelegt

$$F = \frac{P}{2}.$$

Man erhält so für diese 2 kp/cm² Druckbelastung die quadratische Gleichung:

$$d = \pm \sqrt{\frac{P}{4} - \frac{g}{2}},$$

mit deren Hilfe man die erforderliche Dicke der Fahrbeton-Platte errechnen kann.

9. Detailhinweise bei Ausführung von Flachdächern

Beispiel 1:

Radlast	$P = 0{,}45$ Mp $= 450$ kp
Eigengewicht der Fahrbeton-Platte	$G = 0{,}24$ Mp $= 240$ kp
Stoßzahl	$\varphi = 1{,}4$
Aufstandsbreite	$g = 14$ cm
Druckfestigkeit der Dämmung	$\sigma_D = 2$ kp/cm²

Diese Werte in die obengenannte Formel eingesetzt ergeben

$$d = \pm \sqrt{\frac{1{,}4 \cdot 450 + 240 \cdot 0{,}14 \cdot 0{,}14}{4 \cdot 2}} - \frac{14}{2}$$
$$= 1{,}9 \text{ cm}.$$

Da die Fahrbeton-Platte biegesteif bewehrt sein muß, wird die zu wählende Dicke kaum geringer als $d = 8$ cm sein dürfen.

Daraus ergibt sich

$$\sigma_{vorh} = \frac{1{,}4 \cdot 450 + 240 \cdot 0{,}14 \cdot 0{,}14}{(8 + 14 + 8)^2}$$
$$= 0{,}71 \text{ kp/cm}^2.$$

Beispiel 2:

Radlast	$P = 4{,}0$ Mp $= 4000$ kp
Eigengewicht der Fahrbeton-Platte	$G = 0{,}36$ Mp $= 360$ kp
Stoßzahl	$\varphi = 1{,}4$
Radaufstandsbreite	$g = 24$ cm
Druckfestigkeit der Dämmung	$\sigma_D = 2{,}5$ kp/cm²

Mit diesen Werten ergibt sich

$$d = \pm \sqrt{\frac{1{,}4 \cdot 4000 + 360 \cdot 0{,}24 \cdot 0{,}24}{4 \cdot 2{,}5}} - \frac{24}{2}$$
$$= 11{,}7 \text{ cm}.$$

Wird hier die Fahrbeton-Plattendicke $d = 15$ cm gewählt, erhalten wir

$$\sigma_{vorh} = \frac{1{,}4 \cdot 4000 + 360 \cdot 0{,}24 \cdot 0{,}24}{(15 + 24 + 15)^2}$$
$$= 1{,}93 \text{ kp/cm}^2.$$

Wie diese Rechenbeispiele zeigen, kommt man bei Pkw-Parkdecks rechnerisch bereits mit sehr geringen Dicken aus, aus konstruktiven Gründen sollte jedoch die Mindestdicke $d \geqq 8$ cm betragen. Um eine richtige Druckverteilung zu erhalten und Kantenpressungen, Risse usw. zu vermeiden, sollte die Fahrbetonplatte doppelt, nämlich unten und oben, mindestens mit einer Baustahlgewebematte O 92 bewehrt werden.

Aus diesen vorgenannten Rechenbeispielen nach Krakow läßt sich für jeden Belastungsfall die notwendige Dicke des Betonbelages und erforderliche Druckfestigkeit der Wärmedämmung errechnen.

Grundsätzlich sollte man, wie in dem vorgenannten Beispiel 1 bereits angeführt, 8 cm Fahrbeton-Platte nicht unterschreiten. Andererseits ist es aber auch nicht erforderlich, unnötigerweise 12 cm Betonplatten aufzubringen, wie dies häufig bei Parkdecks gemacht wird.

Soll anstelle des Beton-Fahrbelages ein Asphalt-Mastix-Belag bzw. Gußasphalt-Belag aufgebracht werden, so muß nach den Erfahrungen des Autors in jedem Falle ein ausreichender druckverteilender Estrich aufgebracht werden, dessen Stärke ebenfalls je nach Belastung zwischen 7 und 10 cm aufweisen sollte. Erst darauf ist dann ein Gußasphalt-Belag bzw. ein Mastix-Belag mit Gußasphalt-Deckschicht aufzubringen. Auch Deckschichten aus Kunstharzmörtel oder dgl. können hier sinnvollerweise angewandt werden.

Verschiedentlich werden auch Mastix-Beläge direkt auf die Feuchtigkeitsabdichtung über den Wärmedämmstoffen aufgebracht. Vor dieser Anwendung muß gewarnt werden, wenngleich dies in einzelnen Teilen des Bundesgebietes gemacht wird. Die Einbautemperatur des bituminösen Mischgutes beträgt bei Heißeinbau etwas über 130°C, bei Warmeinbau etwas über 40°C. Zur Verdichtung des Mischgutes benötigt man mechanische Verdichtungsgeräte, also Vibratoren oder Walzen. Bei der Verdichtung der normalen Deckschichten werden meist gebrochene scharfkantige Zuschlagstoffe unter Druck und Vibration umgelagert. Diese können, ja müssen u. U. die Dachabdichtung durchbohren. Das heiße Mischgut löst die bituminöse Dachabdichtung an, so daß bei der Vibration die Körner bequem durch die Dachabdichtung hindurchgedrückt werden können. Hier empfiehlt sich also in jedem Falle ein ausreichender bewehrter Schutzestrich, der in Dehnfugenfelder, wie nachfolgend angeführt, aufgeteilt werden muß, um die Wärmedämmung und Feuchtigkeitsabdichtung vor mechanischen Zerstörungen zu bewahren.

Häufig werden auch bei Hofkellerdecken usw. Heizungssysteme eingebaut in Form von elektrischen Heizungen, Warmwasser- bzw. Warmluft-Dampfheizungen. Auch hier empfiehlt es sich, diese zuerst in Beton-Estriche einzubauen und erst hierauf dann Mastix- bzw. Gußasphalt-Beläge, falls letztere erwünscht wären. Bei Direkteinbettung in die Mastix-Beläge besteht z. B. bei Kunststoff-Heizsystemen die Gefahr der Verbrennung oder mechanischer Beschädigungen infolge der Verdichtung.

Bei erwünschten kleinformatigen Plattenbelägen oder Pflastersteinen über befahrbaren Decken muß ebenfalls in jedem Falle ein ausreichender druckverteilender Estrich oder müssen großformatige Beton-Platten aufgebracht werden. Erst hierauf können dann die nicht statisch biegesteifen Platten oder Pflasterbeläge in Mörtelbett oder gegebenenfalls auch in Sandbett aufgebracht werden.

9.2.1.4 Dehnfugen in Fahrbeton-Platten

Der Fahrbelag, gleichgültig ob dieser aus Fahrbeton-Platten in Estrichform (Ortbeton) oder in Fertigplatten aufgebracht wird, unterliegt thermischen Bewegungen.

In Bild 495 ist der Temperaturverlauf für Winter- und Sommerbelastung dargestellt. Es ist zu entnehmen, daß im Winter auf der Oberseite $-15°C$ und im Sommer durch Sonnenaufheizung $+60°C$ bei Beton wirksam werden. Wird ein Gußasphalt-Belag (Schwarzdecke) aufgebracht, kann diese Aufheizung noch größer werden.

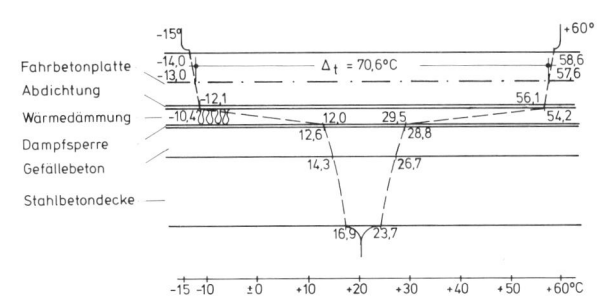

Bild 495 Temperaturverlauf im Winter und im Sommer

In dem Fahrbelag treten in der statisch neutralen Zone Jahrestemperaturdifferenzen von ca. $70°C$ auf. Daraus resultieren je nach Dehnfugenabständen Längenbewegungen, die in Dehnfugen ausgetragen werden müssen. Bei Annahme von 5 m langen Betonplatten B 225–B 300 entstehen folgende Längenbewegungen:

$$\Delta l = 5{,}0 \times 0{,}012 \times 70 = 4{,}2 \text{ mm}.$$

Diese Bewegungen von über 4 mm müssen in sog. Dehnfugen der Platten ausgetragen werden. Bei Direktauflage auf die Feuchtigkeitsabdichtung können diese Bewegungen bereits schon zu groß sein. Sie können z. B. unmittelbar im Fugenbereich die Feuchtigkeitsabdichtung auffalten, also unter Druck setzen. Da diese Falten bei Abkühlung der bituminösen Abdichtung nicht zurückgehen, kann es hier bei Kontraktionen der Betonplatte zu Zugspannungsbelastungen kommen und hier u. U. zu glatten Abrissen. Dies ist besonders dann zu erwarten, wenn die Gleitschicht nicht voll wirksam wird, bzw. wenn eine Selbstverklebung zustande kommt.

Gemäß dem vorgenannten Merkblatt A 11 sollten die Dehnfugenabstände 2 m nicht überschreiten, d. h. es sollten 4 m² Plattenfelder hergestellt werden.

Bei einer ausreichend starken Betondicke mit unterer und oberer Bewehrung und bei einer absolut wirkungsvollen Gleitschicht (Kies) kann man eine ganze Lagermattengröße als äußerste Grenze noch akzeptieren. Es wäre dies also ein Plattenmaß von 5,0/2,30 m.

Wesentlich sicherer gegen Rissebildung und gegen thermische Spannungsübertragungen auf die Dachhaut ergibt sich durch die halbe Lagermattengröße, also 2,5/2,15 m. Dadurch wird den Forderungen weitgehend Rechnung getragen. Auch bei Fertigbeton-Platten sollte man dieses Maß schon aus Gewichtsgründen nicht überschreiten. Bei Fertigbeton-Platten muß ohnehin, falls kein Schutzanstrich über der Feuchtigkeitsabdichtung aufgebracht wurde, sehr sorgfältig aufgesetzt werden, damit die Feuchtigkeitsabdichtung nicht beschädigt wird (auf Kies, Sand oder dgl.).

Die Dehnfugenbreite richtet sich nach der Größe der Betonplatten. Falsch ist es auf jeden Fall, wenn auf der Baustelle die gesamte Betondecke (Estrich) betoniert wird und dann Scheinfugen in den noch weichen Beton eingekratzt werden. Den thermischen Bewegungen muß Raum gegeben werden. Als Faustformel empfiehlt sich folgende Dehnfugenstärke in mm:

$$FB = 4 \times {}^1/_{1000},$$

z. B. bei 5 m Plattenlänge $4 \times 5 = 20$ mm, bei 2,5 m Plattenlänge $4 \times 2{,}5 = 10$ mm.

In Bild 496 und 497 ist die Ausbildung einer Dehnfuge und deren Aufteilung dargestellt [69].

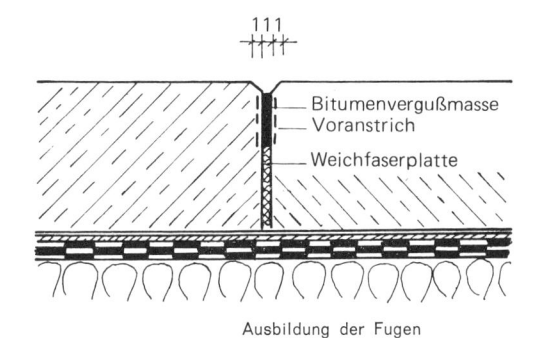

Bild 496 Ausbildung der Fugen

Bild 497 Fahrbahnbetonfeldaufteilung 215 cm × 250 cm – in den hinteren Feldern wurde schon die untere Betonschicht eingefüllt und verteilt (Werkfoto RUBEROID)

Wird ein Schutzestrich erforderlich (vor Aufbringen der Fahrbeton-Platte), dann muß selbstverständlich der Schutzestrich dieselbe Dehnfugenaufteilung erhalten wie der Fahrbelag. Fuge muß also über Fuge liegen.

9. Detailhinweise bei Ausführung von Flachdächern

Der unbewehrte Schutzestrich hat also nur die Aufgabe, die Feuchtigkeitsabdichtung vor mechanischen Schäden beim Betoniervorgang des Fahrbelages zu schützen.

9.2.1.5 Detailausbildungen

Krakow [69] hat sehr zweckmäßige Detailausbildungen vorgeschlagen, die im nachfolgenden wiedergegeben werden sollen, da sie das Optimale bei der Herstellung von Parkdecks darstellen:

a) Aufgehende Bauteile – Wand-Attikaanschluß

Die Abdichtung muß im Bereich der Senkrechten mindestens 15 cm über Oberkante Fertig-Fahrbeton-Belag hochgeführt werden, um Rückstaufeuchtigkeit nach unten zu verhindern. Gegen Abrutschen der Feuchtigkeitsabdichtung ist dann eine Klemmkonstruktion anzuordnen, die oberseitig mit dauerelastischem Kitt abzudichten ist. Zweckmäßigerweise empfiehlt es sich jedoch, bereits beim Wandanschluß eine Betonnase auszuführen, um die Abdichtung unter die Betonnase anstoßen zu können, um eine Kittfuge zu vermeiden.

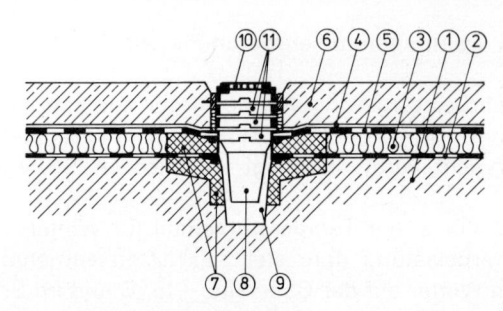

Bild 499 Parkdeckablauf. 1 Stahlbetondecke, 2 Dampfsperrschicht, 3 Wärmedämmschicht, 4 Abdichtung, 5 Trennschicht, 6 Fahrbetonplatte, 7 Schaumglaskörper, 8 Oberer Ablaufkörper, 9 Unterer Ablaufkörper, 10 Flachrost, 11 Höheneinstellringe

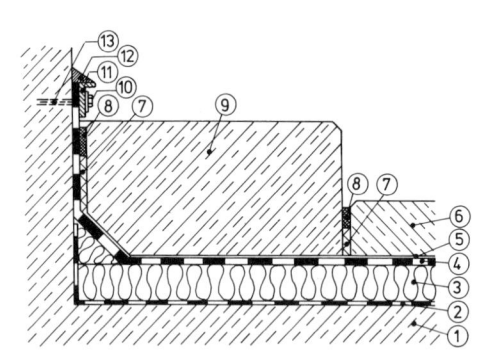

Bild 498 Wandanschluß. 1 Stahlbetondecke, Neigung >1,5%, 2 Dampfsperrschicht, 3 Wärmedämmschicht, 4 Abdichtung, 5 Trennschicht, 6 Fahrbetonplatte, 7 Weichfaserplatte, 8 Bitumenfugenverguß, 9 Schrammbord, 10 Sechskantholzschraube, 11 Winkelschiene, 12 Kittfuge, 13 Spreizdübel

In Bild 498 ist ein Anschluß mit Schrammbord dargestellt. Gegebenenfalls empfiehlt es sich, im Bereich der Aufbörtelung der Feuchtigkeitsabdichtung diese mit einem Kupferriffelband 0,2 mm zusätzlich gegen mechanische Beschädigungen zu verstärken. Auch ist wichtig, darauf hinzuweisen, daß zwischen Feuchtigkeitsabdichtung und Schrammbord genauso eine Dehnfuge vorhanden sein muß wie zwischen Schrammbord und Fahrbelag. Der Schrammbord soll außerdem ein Gefälle nach innen haben, damit die Feuchtigkeit nicht im Bereich der Abdichtung zu stehen kommt.

Die Entwässerung bei Parkdecks kann entweder mit durchlaufenden Gitterrosten hergestellt werden, an die dann normale Bodeneinläufe anschließen oder mit Einzel-Bodenentwässerungen etwa gemäß Bild 499. Dabei muß jedoch darauf geachtet werden, daß sich die Last bei Befahren dieser Gitterroste nicht auf die Wärmedämmung überträgt und diese zusammendrückt. Hier muß nach Bild 499/1 der Gitterrost seinen statischen Halt im Fahrbeton-Belag finden.

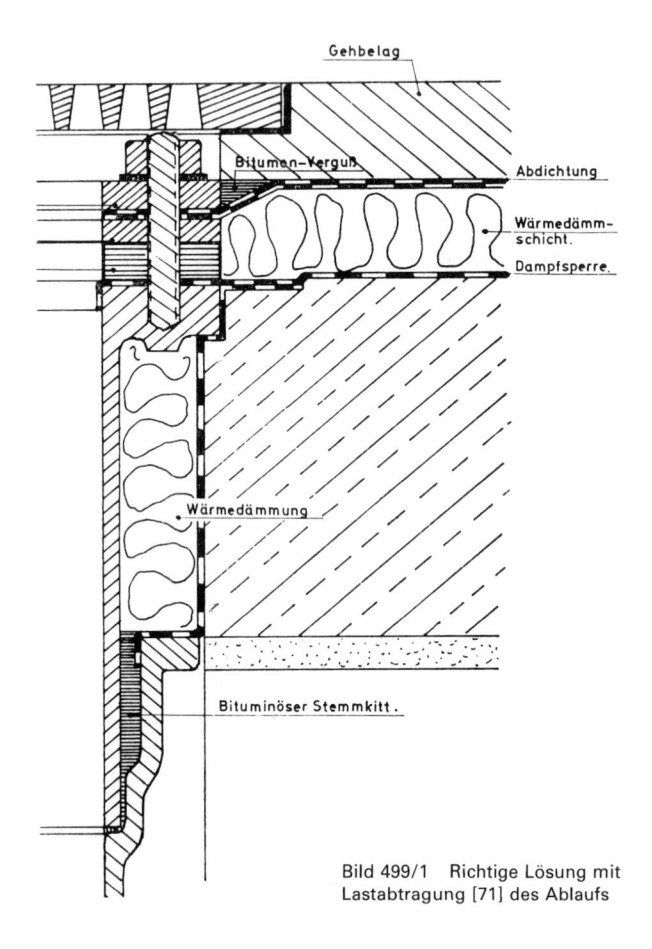

Bild 499/1 Richtige Lösung mit Lastabtragung [71] des Ablaufs

In Bild 500 ist der Einbau einer Geländerstütze dargestellt. Eine derartige Möglichkeit wäre auch dann gegeben, wenn die Wärmedämmung bis Außenkante Bauwerk geführt würde, um Wärmebrücken nach innen und Temperaturspannungen zu vermeiden.

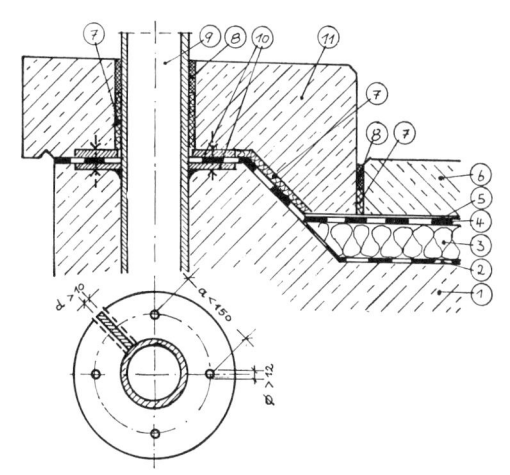

9.2 Parkdecks, Hofkellerdecken, Dachgärten, Terrassen und Balkone

Bild 500 Einbau einer Geländerstütze im Schrammbord. 1 Stahlbetondecke, 2 Dampfsperrschicht, 3 Wärmedämmschicht, 4 Abdichtung, 5 Trennschicht, 6 Fahrbetonplatte, 7 Weichfaserplatte, 8 Bitumenfugenverguß, 9 Geländerstütze, 10 Flanschenkonstruktion, 11 Schrammbord

In den Bildern 501 und 502 ist eben in Anlehnung zur allgemeinen Abdichtungstechnik für Wannenabdichtungen die Konstruktion mit Rampenschrägen angeführt.

Bituminöse Abdichtungen dürfen bei Rampenschrägen nur senkrecht zur Abdichtungsebene belastet werden, d. h. es darf keine Diagonalkomponente durch die Fahrbahnplatte auf die Abdichtung wirksam werden, da diese sonst abrutschen würde. Es müssen also Maßnahmen getroffen werden, diese Fahrbahnplatte statisch in der Konstruktionsplatte zu fixieren. In Bild 501 ist eine übliche Telleranker-Konstruktion dargestellt, wie

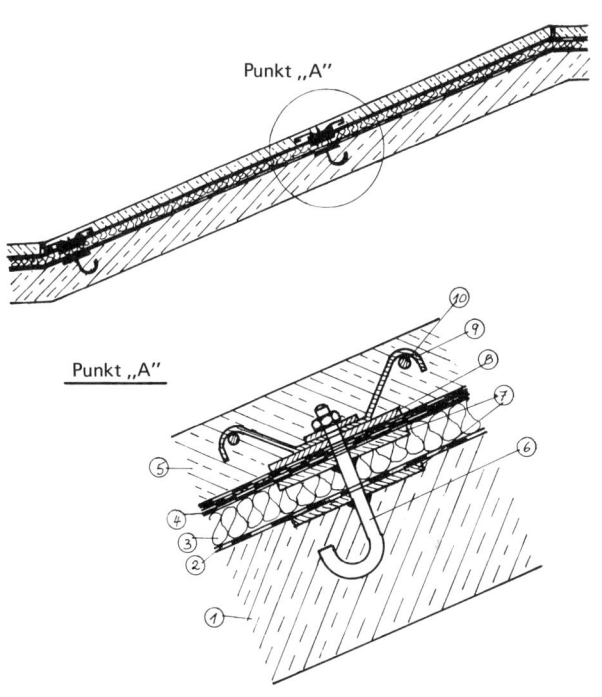

Bild 501 Auffahrtsrampe mit Telleranker. 1 Stahlbetondecke, 2 Dampfsperrschicht, 3 Wärmedämmschicht, 4 Abdichtung mit Metallriffelbandverstärkung, 5 Fahrbetonbelag, 6 unterer Haken, 7 Festflansch – wasserdicht angeschweißt, 8 Losflansch, 9 oberer Haken, 10 Baustahlgewebematte

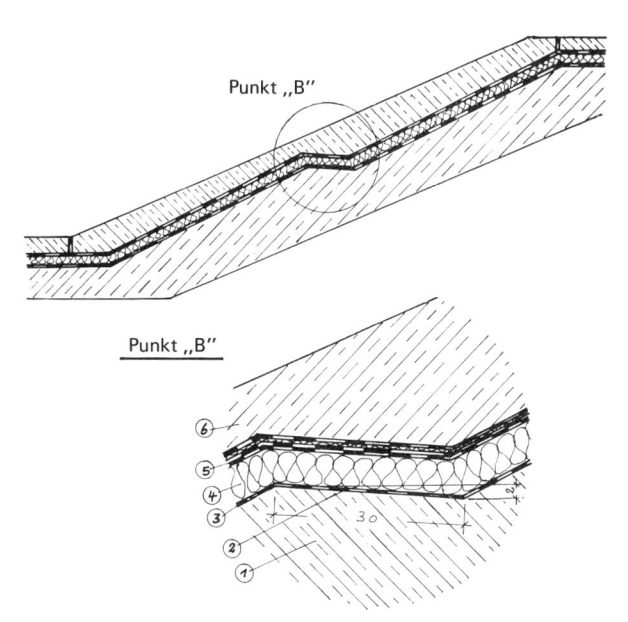

Bild 502 Auffahrtsrampe mit Gegengefälle. 1 Stahlbetondecke, 2 Gegengefälle, 3 Dampfsperrschicht, 4 Wärmedämmschicht, 5 Abdichtung mit Metallriffelbandverstärkung, 6 Fahrbetonplatte

sie auch im Tiefbau ausgeführt wird. In Bild 502 wird die Abrutschgefahr durch ein Gegengefälle bewirkt. Die einfachere Lösung ist zweifellos die mit Tellerankern, da bei einem Gegengefälle ein relativ starker Fahrbeton erforderlich ist und außerdem trotzdem die Gefahr besteht, daß im Bereich des schwächsten Punktes der Fahrbahnbelag abreißt, da hier zweifellos Zugspannungen entstehen, die nur von einer starken Bewehrung aufgenommen werden können.

In den Knickbereichen des unteren und oberen Knickes empfiehlt Krakow eine zusätzliche Verstärkung der Dachhaut durch Kupferriffelbänder oder dgl., da hier zweifellos erhöhte Zugspannungen auftreten, zumal in diesen Bereichen auch die Dehnfugen der waagrechten und schrägen Rampenplatten liegen.

Selbstverständlich ist es bei langen Rampen genauso wie bei ebenen Platten erforderlich, diese wie vorgenannt in Dehnfugenfelder aufzuteilen. Die Telleranker müssen dann jeweils auch die einzelnen Platten erfassen (Zeichnungen 498–502 aus [69]).

Lufsky [70] empfiehlt für Dachterrassen bzw. befahrbare Beläge einen Aufbau gemäß Bild 503. Über der Wärmedämmung ist hier zuerst ein Gefällebeton angeordnet, auf dem dann die eigentliche Feuchtigkeitsabdichtung aufgebracht wird und hierauf dann der Geh- oder Beton-Fahrbelag.

Dieser Aufbau muß als nicht fachgerecht für Terrassen bezeichnet werden. Er mag im Tiefbau durchaus seine Berechtigung haben, also dort, wo keine großen Temperaturdifferenzen über der Wärmedämmung zu erwarten sind. Wie aber aus der Temperaturverteilung desselben Bildes zu entnehmen ist, unterliegt der Gehbelag sehr hohen Jahrestemperaturdifferenzen. Aber

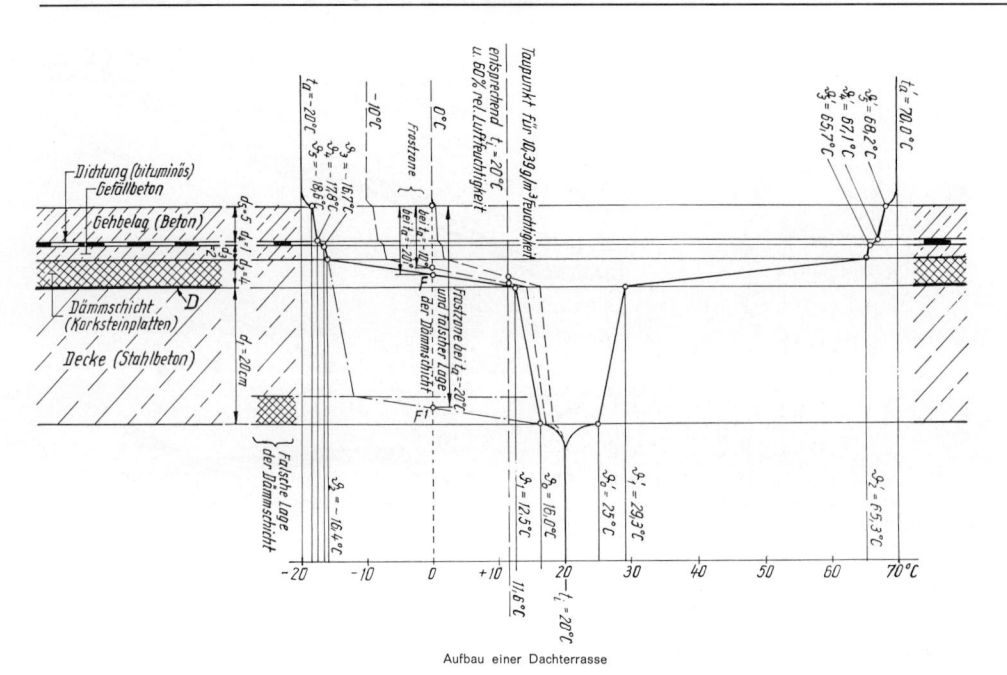

9. Detailhinweise bei Ausführung von Flachdächern

Bild 503 Aufbau einer Dachterrasse (nicht zu empfehlen)

Aufbau einer Dachterrasse

auch der Gefälle-Estrich über der Wärmedämmung unterliegt hohen Temperaturdifferenzen, die jedoch zeitlich in anderen Intervallen auftreten können wie im Oberbelag. Es wird also zweifellos zwischen Gefälle-Estrich und Fahrbelag ein unterschiedliches thermisches Verhalten auftreten, das sich gegebenenfalls auf die Feuchtigkeitsabdichtung ungünstig auswirkt (Risse). Da der Gefällebeton genauso wie der Gehbelag in Dehnfugen aufgeteilt werden müßte, und diese Dehnfugen tunlichst übereinanderliegen sollten (was wegen der dazwischen eingebrachten bituminösen Abdichtung allein arbeitstechnisch schwierig ist), käme es aber mit Sicherheit im Bereich dieser eingepreßten Abdichtung im Fugenbereich zu enormen Zugspannungen mit Abschergefahr der Dachhaut. Von einer derartigen Konstruktion muß abgeraten werden.

In Bild 504 ist eine Darstellung von Schaupp wiedergegeben. Hier ist die Gefahr zu dünner Fahrbahn-Platten und zu stark komprimierbarer Wärmedämmstoffe dargestellt. Gerade im Fugenbereich besteht die Gefahr der Abscherung der Dachabdichtung und der Komprimierung der Wärmedämmung. Hier ist es u. U. erforderlich, sog. verdübelte Beton-Fahrbeläge aufzubringen, d. h. die einzelnen Betonplatten miteinander horizontal beweglich zu verdübeln. Die einfachste Lösung ist jedoch, die Betonplatten genügend stark mit ausreichender Bewehrung herzustellen und eine ausreichende Gleitschicht herzustellen, die außerdem noch in der Lage ist, Einzelbelastungen auf eine breitere Fläche der Wärmedämmung zu übertragen (Kies-Sandschicht).

9.2.2 Parkdecks und befahrbare Hofkellerdecken ohne Wärmedämmung

Anstelle Parkdecks mit Wärmedämmung können unter bestimmten Umständen auch Parkdecks ohne Wärmedämmung hergestellt werden und dies primär dort, wo unterseitig eine Unterlüftung mit Kaltluft zustande kommt, also wo eine Wärmedämmung wegen Wärmeverlust und Kondensatbildung im allgemeinen nicht erforderlich wird.

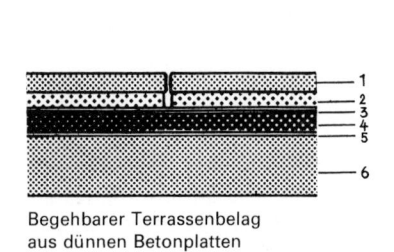

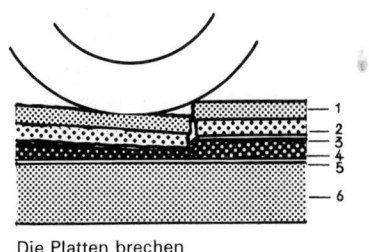

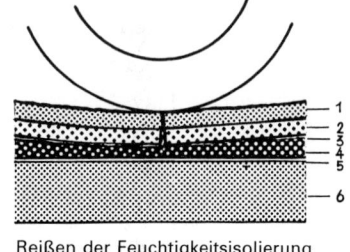

Begehbarer Terrassenbelag aus dünnen Betonplatten

Die Platten brechen unter hohem Raddruck

Reißen der Feuchtigkeitsisolierung unter wippenden Fugen

Bild 504 1 Terrassenbelag Oberschicht, 2 Unterbeton, 3 Feuchtigkeitsisolierung, 4 Wärmedämmung, 5 Dampfsperre, 6 Massivdecke

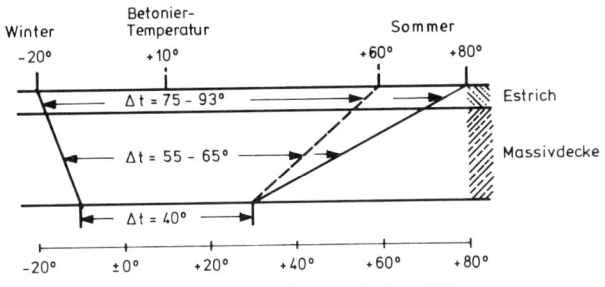

9.2 Parkdecks, Hofkellerdecken, Dachgärten, Terrassen und Balkone

Bild 505 Temperaturverlauf Parkdeck mit Unterlüftung

Das bauphysikalische Problem bei derartigen nicht wärmegedämmten Konstruktionen kann aus Bild 505 abgelesen werden.
Im Winter muß man je nach Klimagebiet eine Außentemperatur von -20 bis $-25°$ annehmen. In vorgenanntem Falle wurden $-20°$ angenommen.
Im Sommer kommt es durch Sonneneinstrahlung auf den Belag zu Aufheizungen des Fahrbelages. Die Aufheiztemperatur hängt wesentlich von der Farbgebung und der Struktur des Fahrbelages ab. Hier einige Daten des Absorptionsgrades:

Asphalt	88 %
Beton-grau	60 %
Ziegelstein-rot	56 %
Fliesen-schwarz	94 %
Fliesen-hellgrau	46 %
Dachpappe-schwarz	94 %
Fliesen-weiß	18 %
Marmor-weiß	44 %

Diese Zahlen besagen, daß von der zugestrahlten Sonnenenergie z.B. bei Beton-grau 60 % an Energie aufgenommen werden, während 40 % durch Reflektion abstrahlen, also nicht in Wärme umgewandelt werden. Je dunkler also ein Fahrbelag, je ungünstiger wird die Aufheizung der Konstruktion.
In Bild 505 sind nun die Jahrestemperaturdifferenzen zwischen Winter und Sommer je nach Farbe des Fahrbelages dargestellt. Im Estrich treten demzufolge noch 75–93° an Jahrestemperaturdifferenz auf, in der Massivdecke noch 55–65° und auf der unteren Seite im günstigsten Falle 40°.
Aus dieser skizzenhaften Darstellung ergeben sich bereits die Konsequenzen für die konstruktive Gestaltung. Im Estrich treten wesentlich höhere Temperaturdifferenzen auf als in der Massivdecke. In der Massivdecke selber treten aber ebenfalls enorme Jahrestemperaturdifferenzen auf, die bei der konstruktiven Gestaltung berücksichtigt werden müssen. Bei Annahme von einer Betoniertemperatur von $+10°$ ergeben sich sowohl in Estrich als auch in Massivdecke erhebliche Schwankungen nach unten und nach oben, die also Druck- oder Zugspannungen bewirken, wenn Estrich bzw. Massivdecke eingespannt werden. Rissebildungen müssen erwartet werden.

Aus diesen Grundlagen lassen sich nun einige grundsätzliche Gestaltungsmerkmale ablesen:

9.2.2.1 Parkdecks aus Sperrbeton-Massivplatten

Die idealste Form ist zweifellos die, die statisch tragende Decke gleichzeitige als Fahrdecke zu benutzen. Im allgemeinen erbringt ein Sperrbeton ausreichender Güte eine gute Oberflächenbeschaffenheit, so daß, falls Planebenheit bei der Herstellung garantiert werden kann, eine Zusatzmaßnahme theoretisch nicht notwendig würde. Meist wird man jedoch auch auf derartige Sperrbetondächer einen Schutzbelag aufbringen, also einen verschleißfesten, frostbeständigen Belag.
Voraussetzung für die Anwendung einer Sperrbeton-Decke ist die Aufteilung bei großen Längen in ausreichende Dehnfugen, die sich gemäß Bild 505 errechnen lassen. Bei z.B. 10 m Dehnfugenabstand ergeben sich bereits in der Massivdecke Längenänderungen von 5,5–6,5 mm, ein Maß, das bei Sperrbetondächern nicht wesentlich überschritten werden sollte. Die Dehnfugen selber müßten in diesen Fällen als Fugenbänder einbetoniert sein, die im oberen Drittel einzubringen sind. Um diese Fugen im oberen Bereich zu schließen, empfiehlt es sich, einen elastischen Füllstoff in die Dehnfuge über den Fugenbändern einzubringen und die Oberseite dann mit einem elastischen Kitt zu schließen, wenngleich von diesen aus Erfahrung keine abdichtende Wirkung bei großen Längen erwartet werden kann. Aus Bild 506 b kann eine derartige Dehnfugengestaltung abgelesen werden.
Eine weitere Forderung besteht darin, die Decke durch Gleitlager von der tragenden Wand zu trennen, etwa bei geringen Dehnfugenabständen durch 2 Lagen Dachpappe, bei größeren Abständen durch Gleitbleche oder durch Kunststoff-Gleitlager (s. auch unter Kapitel 9.1). Aus Bild 506 a kann diese Forderung skizzenhaft abgelesen werden. Wenn keine Einspannung in die statischen Wände entsteht, besteht auch keine Rissegefahr, weder in der Massivdecke selber noch in der statisch tragenden Betondecke.

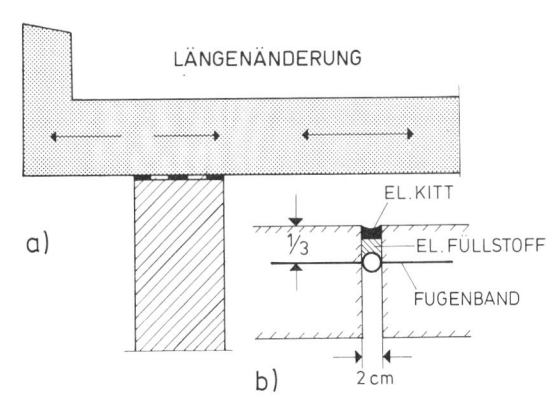

Bild 506 Sperrbeton-Parkdeck. a) Gleitlager, b) Dehnfugen

9. Detailhinweise bei Ausführung von Flachdächern

LÄNGENÄNDERUNG

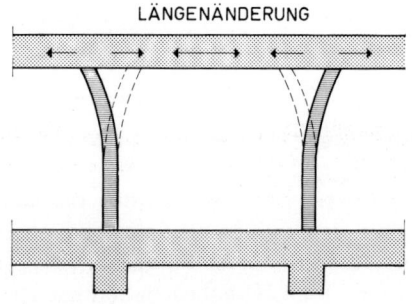

507 Geringe Spannungen bei Pendelstützen

Selbstverständlich müssen diese Längenänderungen auch durch die Stützen aufgenommen werden. Im System kann dies aus Skizze Bild 507 entnommen werden. Sind starre Unterzüge vorhanden, und kräftige relativ breite Stützen, so sind diese oft nicht in der Lage, den Spannungsausgleich zu garantieren. Hier können dann schädliche Spannungsübertragungen in die Massivdecke selber oder nach unten wirksam werden. Es sind also statische Untersuchungen in jedem Falle anzustreben.

9.2.2.2 Gußasphalt- bzw. Mastix-Belag über Betondecke

Eine sehr beliebte und häufig ausgeführte Konstruktion ist die, über der Massivdecke einen Gußasphalt aufzubringen.

Im Falle, daß die Unterdecke aus Sperrbeton ausgeführt wird, bräuchte an den Gußasphalt selber keine Abdichtungsfunktion, sondern lediglich die Funktion als Fahrbelag gestellt werden. Die konstruktiven Gestaltungen im Bereich der Dehnfugen, Dehnfugenabstände in der Sperrbetondecke wären dieselben wie zuvor angeführt.

Hier ergeben sich aber bereits gemäß Bild 505 unterschiedliche Verhaltensweisen zwischen Gußasphalt-Belag und Betondecke.

Der Ausdehnungskoeffizient von Gußasphalt ist mit 0,03 mm/m bei 1° Temperaturdifferenz anzunehmen (reines Bitumen zwischen 15–200° = 0,06 mm/m). Bei z.B. 5 m Dehnfugenabstand bei 93° ergäbe sich eine lineare Bewegung von 14 mm im Gußasphalt. Die Betondecke erbringt im Mittel bei 5 m nur eine lineare Bewegung von 3,5 mm. Es entsteht also zwischen Betondecke und Gußasphalt eine unterschiedliche Längenänderung, die entweder dann zu Abscherungen führt, (falls eine Verbundwirkung zustande kommt) oder zu Rissebildungen im schwächeren Glied, also in dem Gußasphalt. Der Vorteil des Gußasphaltes im Sommer ist der, daß er bei Erwärmung sich den Bewegungen angleichen kann, d.h. der lineare Ausdehnungskoeffizient wird nicht voll wirksam. Im Winter besteht jedoch die Gefahr bei Kontraktion, daß es zu Zugspannungsrissen kommt. Bei Sperrbeton-Dächern wäre dies nicht weiter tragisch, da die abdichtende Funktion von der Betondecke übernommen würde. Die Risse wären Schönheitsmängel bzw. es könnten Ausbrechungen entstehen.

Bei Konstruktionen, die nicht als Sperrbeton-Dächer ausgeführt werden können, wird auf die DIN 4122 verwiesen. Hier wird jeweils eine gesonderte Abdichtung über der Massivdecke gefordert, die unabhängig vom Gußasphalt in der Lage ist, die Feuchtigkeitsabdichtung zu übernehmen. Hier wird z.B. folgender Aufbau empfohlen:

1. Massivdecke
2. Kaltbitumen-Voranstrich 0,3 kg/m²
3. Heißbitumen-Klebemasse gefüllt
4. Metallband, vorzüglich Kupferriffelband 0,1–0,2 mm
5. 5 cm Gußasphalt direkt aufgebracht

Die Erfahrung hat gezeigt, daß dieser empfohlene Aufbau den physikalischen Erfordernissen nicht ganz gerecht wird. Da der Gußasphalt stärkere Temperaturbewegungen erwirkt, empfiehlt es sich in jedem Falle, zwischen Gußasphalt und Abdichtung eine Gleitschicht einzubringen, so daß hier ein unabhängiges Arbeiten möglich ist. Außerdem sollte dann der Gußasphalt keine größeren Dehnfugenabstände wie 3 × 3 m haben. Zweckmäßigerweise sollte dann unter diesen Dehnfugen ein zusätzliches Kupferriffelband oder dgl. als Verstärkung eingebaut werden.

In der DIN 4122 wird auch z.B. eine Spannungsausgleichsschicht aus Sand über der Massivdecke empfohlen, bevor das Metallband aufgeklebt wird. Bei grober Besandung besteht hier u.U. bei stärkerer Belastung die Gefahr, daß sich die Besandung durch die Abdichtung hindurchbohrt. Es empfiehlt sich also, diese Spannungsausgleichsschicht wegzulassen und eine gute Gleitschicht etwa durch zwei Lagen Rohglasvlies oder PE-Folien über der Abdichtung aufzubringen.

Weitere Empfehlungen für befahrbare Hofkellerdecken gemäß DIN 4122 sind folgende

1. Massivplattendecke.
2. Trennschicht etwa durch 2 PE-Folien, Rohglasvlies oder zwei Ölpapiere lose aufgelegt.
3. 1–2 cm Asphalt-Mastix 16 Gew.-%.
4. Gußasphalt-Belag mindestens 3 cm stark.

Diese Ausführung wird als Einfachstlösung angeführt. Da hier keine gesonderte Feuchtigkeitsabdichtung vorhanden ist, muß also durch den Asphalt-Mastix und den Gußasphalt-Belag Feuchtigkeitsabdichtung erbracht werden. Bei Dehnfugenaufteilungen bis *max. 3m* müßte hier dann jeweils zwischen die Dehnfugen in den Asphalt-Mastix-Belag ein 300 mm breites Kupferriffelband 2lagig (oder Alu-Riffelband) eingeklebt werden. Hier wird auf die DIN 4123 Anhang mit den dortigen Abbildungen verwiesen.

Eine bessere Ausführung mit zwei Lagen Asphalt-Mastix wäre folgende:

1. Massivdecke.
2. Trennschicht wie zuvor.

9.2 Parkdecks, Hofkellerdecken, Dachgärten, Terrassen und Balkone

3. 1. Lage Asphalt-Mastix 16 Gew.-%, ca. 8 mm stark.
4. 2. Lage Asphalt-Mastix, ebenfalls 8 mm stark.
5. Ca. 3–4 cm Gußasphalt-Estrich.

In diesem Falle wäre in den Fugenbereichen zwischen die beiden Asphalt-Mastix-Beläge eine zweilagige Fugenabdichtung mit Riffelbändern einzubringen. Zweifellos ist eine derartige Lösung besser und zuverlässiger als die o. g. einfachere Lösung.

Grundsätzlich empfiehlt es sich jedoch, bei Gußasphalt insgesamt eine Feuchtigkeitsabdichtung einzubringen, wobei Kupferriffelbänder Alu-Riffelbändern vorzuziehen sind. Auch empfiehlt es sich, diese nicht nackt auf den Beton zu legen und auch nicht direkt dem Gußasphalt-Belag auszusetzen, um mechanische Beschädigungen zu vermeiden. Hier empfiehlt sich dann folgender Aufbau:

1. Massivdecke.
2. Kaltbitumen-Voranstrich.
3. Punktweise aufgeklebte Glasvlies-Bitumenbahn V 11 oder gegebenenfalls auch vollsatt aufgeklebt, falls Schubwirkungen erwartet werden müssen.
4. Kupferriffelband 0,1 oder 0,2 mm, je nach Beanspruchung mit Heißbitumen vollsatt eingeklebt.
5. 1 Glasvliesbahn V13, ebenfalls mit Heißbitumen vollsatt eingeklebt.
6. Trennschicht, entweder aus PE-Folie oder dgl.
7. Gußasphalt ca. 4–5 cm stark in Dehnfugen-Felder von weniger als 9 m² eingeteilt, Fugen entweder mit Verguß-Bitumen ausgegossen oder am besten mit Sand oder evtl. Bitumenkitt.

Die kalottenförmig ausgeprägten Kupferriffelbänder oder dgl. sind in der Lage, einen Teil der Spannungsbelastungen aus dem Oberbelag aufzunehmen, wenngleich natürlich auch diese Bewegungen beschränkt sind. Man sollte also keine Wunder von derartigen Riffelbändern erwarten. Grundsätzlich bleibt die Forderung bestehen, die Temperaturbewegungen jeweils gemäß Bild 505 abzuschätzen.

9.2.2.3 Ausführung mit Beton-Fahrbelag

Anstelle von Gußasphalt als Fahrbelag kann naturgemäß über einer Massivdecke auch ein Normal-Beton bzw. Estrich aufgebracht werden. Es gelten hier im wesentlichen dieselben Gesichtspunkte wie bei den Estrichen über Wärmedämmung. Die Dehnfugenaufteilung der Estriche sollte auch hier 3 m Kantenlänge bzw. $^1/_2$ Baustahlmattenmaß nicht überschreiten. Die Stärke dieser Beton-Estriche kann naturgemäß etwas geringer sein, da hier keine eindrückungsfähige Wärmedämmung vorhanden ist. Der praktische Aufbau mit bituminösen Abdichtungsbahnen kann aus Bild 508 und 509 abgelesen werden.

In Bild 508 ist ein Dachaufbau mit bituminösen Dachdichtungsbahnen dargestellt, die im Gieß- und Einrollverfahren, also im Klebeverfahren aufgebracht werden,

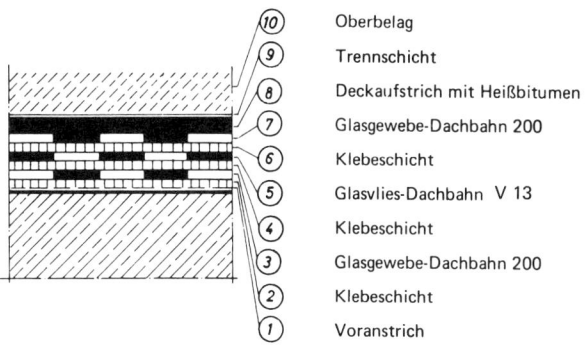

Bild 508 Ausführung im Klebeverfahren
(10) Oberbelag
(9) Trennschicht
(8) Deckaufstrich mit Heißbitumen
(7) Glasgewebe-Dachbahn 200
(6) Klebeschicht
(5) Glasvlies-Dachbahn V 13
(4) Klebeschicht
(3) Glasgewebe-Dachbahn 200
(2) Klebeschicht
(1) Voranstrich

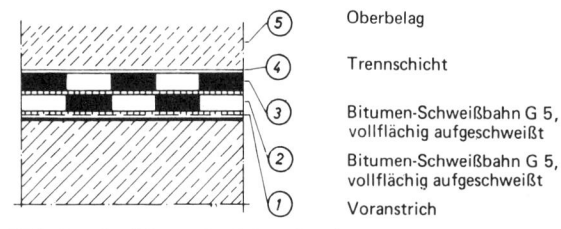

Bild 509 Ausführung im Schweißverfahren
(5) Oberbelag
(4) Trennschicht
(3) Bitumen-Schweißbahn G 5, vollflächig aufgeschweißt
(2) Bitumen-Schweißbahn G 5, vollflächig aufgeschweißt
(1) Voranstrich

in Bild 509 ist ein Dachaufbau dargestellt mit je zwei 5 mm starken Schweißbahnen.

Die Trennschicht empfiehlt sich jeweils mit PE-Folien oder anderen gleitenden Trennpappen, wie bereits angeführt.

Selbstverständlich können auch bei diesen Konstruktionen in den Beton Heizkabel eingelegt werden, falls dies aus irgendwelchen Gründen erforderlich wird. Eine Estrichbewehrung ist immer erforderlich.

9.2.3 Erdüberschüttete Dachdecken (Dachgärten)

Bei den Dachgärten, die in immer größerem Umfange zur Anwendung kommen, hat man wiederum zu unterscheiden zwischen Dachgärten über bewohnten Räumen und Dachgärten über Kellerdecken oder Hofkellerdecken bzw. unterlüfteten Konstruktionen.

9.2.3.1 Dachgärten über bewohnten Räumen

Hier ergeben sich dieselben Aufgabenstellungen wie beim normalen Flachdach, d. h. über der Massivdecke muß zuerst eine ausreichende Wärmedämmung aufgebracht werden, die im allgemeinen durch die Humusaufschüttung oder dgl. nicht erbracht werden kann, insonderheit dann, wenn diese Humusaufschüttung eine relativ dünne Schicht ergibt. Gemäß Bild 510 ist im Prinzip folgender Aufbau von unten nach oben erforderlich:

1. Unterseitiger Deckenputz, falls erforderlich.
2. Konstruktionsbeton (Massivplattendecke, Rippendecke oder dgl.).
3. Kaltbitumen-Voranstrich, Spannungsausgleichsschicht und Dampfsperre, wie bei Warmdächern beschrieben.

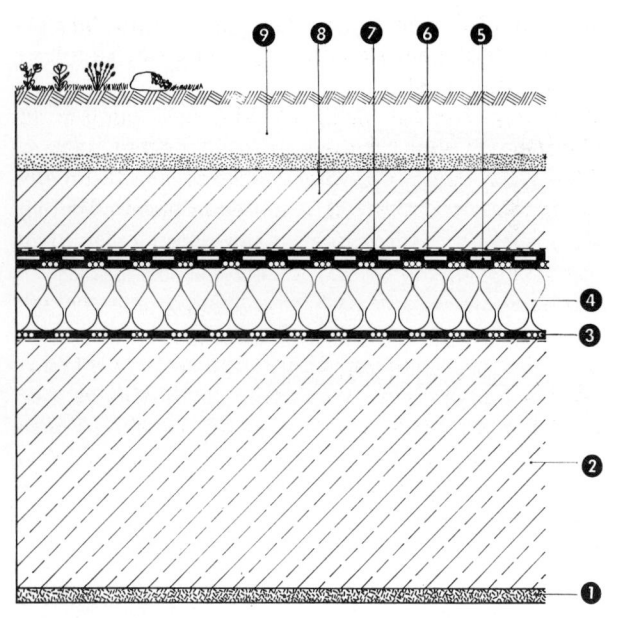

9. Detailhinweise bei Ausführung von Flachdächern

Bild 510 Aufbau als Dachgartenanlage. 1 Putz, 2 Decke, 3 Dampfsperre, 4 Dämmung, 5 Druckausgleich, 6 Abdichtung, 7 Trennschicht, 8 Schutzbeton, 9 Kies, Humus usw.

4. Wärmedämmung gemäß DIN 4108 aus druckfesten Wärmedämmplatten, wie bei befahrbaren Hofkellerdecken beschrieben, da u. U. bei entsprechender Auflast ein erhebliches Gewicht zustande kommt.
5. Dachabdichtung, bestehend aus 3 Lagen bituminösen Abdichtungsbahnen (anorganisch) oder gleichwertig.
6. Heißbitumen-Deckaufstrich wurzelfest aus gefülltem Heißbitumen 85/25.
7. Trennschicht, bestehend aus 1 cm Sand + PE-Folie oder dgl. oder auch direkt 2 Lagen PE-Folie.
8. Schutzestrich in Dehnfugen aufgeteilt, bei stärkerer Belastung bewehrt.
9. Pflanzbodenaufbau wie nachfolgend angeführt, z. B. aus Kies-Filterschicht oder Dränplatten, Filterschicht aus Stroh oder verrottungsfesten Glasvliesmatten, Torfschicht und Humus nach gärtnerischen Gesichtspunkten.

Durch die aufgebrachte Wärmedämmung werden die Temperaturdifferenzen in der statisch tragenden Decke nahezu ausgeschaltet. Die Temperaturdifferenzen im Estrich werden durch die Humusaufschüttung relativ gering. Trotzdem empfiehlt es sich, diesen in Dehnfugen aufzuteilen, um wilde Risse zu vermeiden. Ob dieser Schutzestrich in jedem Falle erforderlich wird, hängt weitgehend von der Benutzungsart des Dachgartens ab. Sicher wäre es in jedem Falle von Vorteil, einen derartigen Estrich aufzubringen, um die Feuchtigkeitsabdichtung vor Wurzeldurchdringungen oder mechanischen Beschädigungen bei Grabarbeiten zu schützen. Prof. Schild [72] berichtet gleichermaßen von Durchwachsungen wie Osterritter [72], in den Bildern 511 und 512 sind Schadensbilder dargestellt, die auf Wurzeldurch-

Bild 511 [72] Beim Abräumen der Kies- und Sandschichten war bereits zu sehen, daß der Bewuchs mit feinsten Wurzeln in die bituminöse Spachtelmasse vorgedrungen war. Einzelne herausgeschnittene Teile der Eindeckung oberhalb der Wärmedämmung ließen schließlich ein Durchdringen der Wurzeln bis in die Wärmedämmung aus Kork erkennen

Bild 512 Schadensfall im Raume Norddeutschland. Durchwachsung von Gräsern durch ein mit Schaumstoffen aus Styropor gedämmtes einschaliges Dach. Es ist deutlich zu erkennen, daß die Feinwurzeln das gesamte Dachpaket durchwandert haben (Foto: Günter Decker, Hannover)

wachsungen zurückzuführen sind. Grundsätzlich ist anzumerken, daß auch durch einen wurzelfesten Heißbitumen-Deckaufstrich nach den Erfahrungen des Autors die Wurzelfestigkeit nicht gegeben ist. Teerklebedächer sind hier günstiger. Eine echte Wurzelfestigkeit ergibt sich also nur durch einen ausreichenden Schutzestrich.

Auch aufgelegte Betonplatten mit Preßfugen oder großformatige Asbest-Zement-Platten können hier in Trockenbauweise eine Verbesserung gegen Durchwachsungen bringen. In jedem Falle empfiehlt es sich aber, eine ausreichend kräftige bituminöse Abdichtung zu verwenden, die nach den Erfahrungen des Autors weit weniger befallen wird als eine relativ dünne Abdichtung, wenn nicht Teerklebedächer möglich sind.

9.2.3.2 Nicht wärmegedämmte, erdüberschüttete Kellerdecken

In Bild 513 [71] ist der Temperaturverlauf durch eine erdüberschüttete Kellerdecke dargestellt. Der Aufbau von unten nach oben besteht aus einer 25 cm starken Massivplattendecke, einer 1 cm starken Feuchtigkeitsabdichtung, einem 5 cm starken Schutzestrich und einer 50 cm starken Humusüberschüttung.

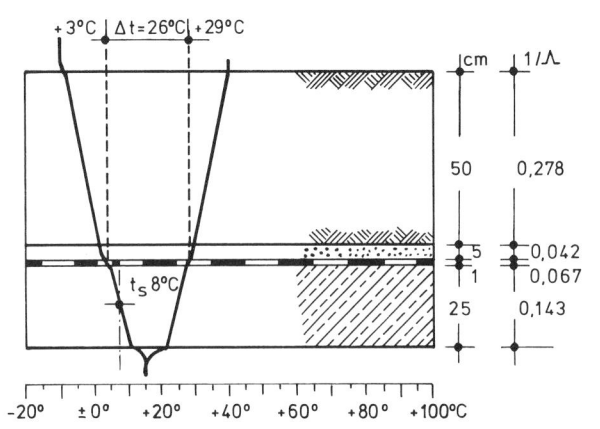

Bild 513 Schnitt durch eine erdüberschüttete Kellerdecke mit eingetragenem Temperaturdiagramm

Der Wärmedurchlaßwiderstand einer derartigen Konstruktion ergibt sich mit 0,53 m²h°/kcal.
Für bewohnte Räume muß bekanntlich gemäß DIN 4108 ein Mindestwärmedämmwert von 1,25 m²h°/kcal nachgewiesen werden. Bei Kellern ist ein derartiger Nachweis jedoch nicht erforderlich. Hier muß lediglich garantiert werden, daß auf der Unterseite keine Schwitzwasserbildung entsteht. Dies wird im allgemeinen durch den vorgenannten Wärmedämmwert erreicht, falls nicht etwa im Keller Feuchträume oder andere Räume mit höheren Luftfeuchtigkeiten untergebracht sind. Bei einer Raumtemperatur von 15° und einer relativen Luftfeuchte von 65% liegt die Taupunkttemperatur zur Raumluft bei +8°. Aus Bild 513 kann abgelesen werden, daß diese 8° innerhalb der Decke liegen, d.h. daß unterseitig keine Feuchtigkeitsbildung stattfinden kann. Demzufolge ist es also möglich, bei derartigen Konstruktionen mit ausreichender Erdüberschüttung auf eine Wärmedämmung zu verzichten.
Bezüglich der auftretenden Temperaturdifferenzen betragen diese im Bereich der Feuchtigkeitsabdichtung im Maximum 26°, während die Jahrestemperaturdifferenz in der statisch neutralen Zone der Massivdecke mit ca. 12° vorhanden ist.
Wenn man 2 mm als noch zulässige Bewegung in der Massivdecke ohne Gleitfuge zulassen möchte, dann ergibt es sich, daß in der Massivdecke ca. alle 16 lfm eine Dehnfuge anzuordnen ist, wenn etwa gleiche Verhältnisse auch im Estrich zugelassen werden sollen, dann ergibt es sich, daß der Estrich etwa in Dehnfugen von 5 m Kantenlänge aufzuteilen ist. Um die unterschiedlichen Bewegungen von Estrich und Massivdecke auszugleichen bzw. Spannungsübertragungen auf die Feuchtigkeitsabdichtung zu verhindern, empfiehlt es sich, auch hier eine Gleitschicht über der Feuchtigkeitsabdichtung aufzubringen wie bei den vorgenannten Konstruktionen beschrieben.
Bei unterlüfteten Dachgärten ergeben sich ähnliche Überlegungen bezüglich des bauphysikalischen Verhaltens wie bei den Parkdecks beschrieben. Hier muß jedoch zusätzlich beachtet werden, daß es bei einer Unterlüftung innerhalb des gesamten Dachgartenaufbaues im Winter zu starken Frostbildungen kommt, d. h. daß hier bei der Bepflanzung beachtet werden muß, daß nur winterharte Pflanzen zur Anwendung kommen. Wenn unten- und oberseitig −10° bzw. −15 bis −20° wirksam werden, kommt es zu einer völligen Durchfrierung der Gesamtkonstruktion mit u. U. stärkerer Eisbildung. Die Feuchtigkeitsabdichtung darf in den Ecken aus diesem Grunde in keinem Falle scharf eingeklebt werden, sondern es muß hier ein Eiskeil (Schrägkeil) unter der Abdichtung eingearbeitet werden, damit eine Entspannung möglich ist. Unter Umständen empfiehlt es sich, auch die Attika mit einer innenseitigen Schräge aus Beton herzustellen, um hier eine Gesamtentspannung möglich zu machen. (Zusätzlich zu dem vorgenannten Eiskeil im Eckbereich.)

9.2.3.3 Allgemeine Aufbaugesichtspunkte von Dachgärten

Der funktionsgerechte Aufbau von Dachgärten oder von Pflanzbeeten auf Dächern und anderen tragenden Bauteilen setzt sich, gleichgültig ob Konstruktionen mit oder ohne Wärmedämmung hergestellt werden, über der Feuchtigkeitsabdichtung bzw. Estrich aus folgenden Schichten zusammen:

1. Dränschicht zum schnellen Ableiten von Überschußwasser in die Bodeneinläufe.
2. Filterschicht zum Zurückhalten der Bodenfeinteile.
3. Vegetationstragende Bodenschicht.

Zu 1. Dränung

Für die Dränung verwendet man meist ca. 5–10 cm Rollkies, der bei sehr sparsamer Bauweise und geringer Höhe gegebenenfalls direkt über der Feuchtigkeitsabdichtung aufgebracht werden kann, besser aber über

9. Detailhinweise bei Ausführung von Flachdächern

Bild 514 Verlegen von FF-Dränplatten und FF-Drän-Rohren über einer Tiefgarage

einem druckverteilenden schützenden Estrich. Es ist Kies 15/30 mm oder auch 15/45 mm zu verwenden. Bei direkter Aufbringung auf die Dachhaut ist nur Rundkies zu verwenden. In jedem Falle empfiehlt es sich, auch dann, wenn kein Estrich aufgebracht wird, über der Dachhaut dann eine PE-Folie oder dgl. als zusätzliche Trennschicht aufzulegen.

Da Kies mit 10 cm Stärke ein Gewicht zwischen 180–200 kg/m^2 erbringt, also eine erhebliche statische Belastung, verwendet man anstelle dessen in den letzten Jahren Styropor-Dränplatten in Stärken von 5,0 und 6,5 cm (Flächenmaß 75 × 100 cm). Gegebenenfalls können in diese Dränplatten noch Dränrohre verlegt werden. In Bild 514 ist die Verlegung derartiger Spezial-Styroporplatten mit aufgeschäumten Styroporperlen abzulesen.

6,5 cm starke Platten dieser Art erbringen nur ein Flächengewicht von 2 kg/m^2. Die Wasserdurchlässigkeit entspricht etwa dem von Kies bei gleich großen Körnern. Bei Belastung von 1000 kg/m^2 wird die Dränplattenschicht um etwa 5% ihrer Höhe zusammengedrückt. Die Dränwirkung soll dadurch nicht verändert werden.

Bei Verwendung derartiger paßgenauer Platten kann auf eine mechanische Schutzschicht (Estrich) verzichtet werden, wenn die Frage der Wurzelfestigkeit nicht von Bedeutung ist. Die Platten verhindern, daß die Dachhaut durch scharfe Kanten oder dgl. belastet wird. Die Hersteller empfehlen bei Dachflächen mit größerer Breite als 10 m ca. alle 8 m in die Fuge zwischen zwei Dränplatten ein flexibles Dränrohr NW 50 nach DIN 1187 zu legen, um ein schnelles Abfließen von Überschußwasser auch bei starkem Regen sicherzustellen. Es ist also wichtig, daß das überschüssige Wasser schnell wegläuft, damit eine Versauerung des Bodens und damit ein Absterben der Pflanzen verhindert wird.

Zu 2. Filterschicht

Die Filterschicht wird bei Kies als Dränschicht am zweckmäßigsten aus Mineralwollematten hergestellt, also aus Steinwolle oder Glasfaserfilzen mit 20 mm Stärke. Diese anorganischen Stoffe verrotten nicht und können flächig über die gesamte Kies-Filterschicht aufgelegt werden. Unter dem Druck der darüberliegenden Erdschicht werden diese Matten auf wenige Millimeter zusammengepreßt und wirken durch die feinen Fasern als Mikrofilter. Die feinen, abschwemmbaren Bodenteilchen werden völlig zurückgehalten, so daß z. B. die Kies-Filterschicht auf eine Dicke von 5–10 cm im allgemeinen reduziert werden kann.

Bei Verwendung vorgenannter Styropor-Dränplatten können ebenfalls Mineralfaserfilze aufgelegt werden. Es kann aber auch hier ein leichter anorganischer Harzschaum-Hygromull aufgebracht werden. Eine ca. 10 cm starke Schicht von Hygromull-Flockenware, wie sie als Bodenverbesserungsmittel im Handel ist, verhindert ebenfalls das Durchfließen von Bodenfeinteilen und speichert gleichzeitig mehr als die Hälfte seines Volumens an Wasser, das den Pflanzen dann voll zur Verfügung steht. Feine Wurzeln können in die Hygromull-Filterschicht hineinwachsen. Eine mit Wasser gesättigte Hygromullschicht von 10 cm Dicke belastet die Unterlage mit ca. 65 kp/m^2, was bei der Statik gegebenenfalls zu berücksichtigen ist.

Zu 3. Bodenschicht

Die Bodenschicht für Dachgärten oder dgl. bietet den Pflanzen naturgemäß nur einen beschränkten Lebensraum. Der Wasser-Lufthaushalt dieses Bodens bedarf also einer besonderen Beachtung.

Im allgemeinen sollte eine Stärke von 20 cm Humusschicht nicht unterschritten werden. Es gibt aber auch Fälle, bei denen diese 20 cm nicht möglich sind.

Rasen wurzelt ca. 10 cm tief. Hier sollte man mindestens 15 cm Mutterboden über der Filterschicht aufbringen. Anstelle von Mutterboden eignet sich besonders auch eine TKS-Schicht, bestehend aus Torf-Kultur-Substral.

Über Dränplatten empfehlen die Hersteller das Einmischen von Hygromull-Flocken und Styromull bis zu einem Volumenanteil von zusammen 50 %. Durch diese Beimischung werden Wasserhaltekraft und Belüftung

9.2 Parkdecks, Hofkellerdecken, Dachgärten, Terrassen und Balkone

des Bodens verbessert. Außerdem wird das Bodengewicht um etwa 30% gesenkt, was naturgemäß statisch interessant ist. nach Auskunft der Hersteller hat es sich gezeigt, daß bei Einbau einer wasserspeichernden Hygromull-Filterschicht und Zumischung von Hygromull-Flocken zur Humusschicht das zusätzliche Wasser wesentlich eingeschränkt werden kann. Die Bewässerung durch Anstauen bei Verwendung von Dränplatten aus Styropor darf wegen der hohen Auftriebskräfte des Schaumstoffes nicht erfolgen.

Wegen der relativ geringen Dicke von Bodenschichten bei Dachgärten und wegen der häufig exponierten Lage auf dem Dach können Bäume und Sträucher bei starkem Wind umgeworfen werden. Dies ist besonders bei Gewichtsminderung des Bodens bei Zumischung von Schaumstoffen oder dgl. der Fall. Zur Verbesserung der Standsicherheit von Gehölzen wird daher empfohlen, ein Wirkgewebe aus Novolen-Bändchen mit einer Maschenweite von ca. 5/5 mm zwischen Filterschicht und Deckschicht einzubauen. Dieses Gewebe wird von Wurzeln durchwachsen, so daß die Verankerung der Gehölze auf eine größere Bodenfläche ausgedehnt wird.

Diese Zusatzmaßnahme bei Verwendung von Dränplatten ist bei dem manuellen Aufbau mit Kies als Dränschicht mit Mineralwolle-Filter nicht erforderlich, da hier die Wurzel durch den Mineralwollefilz hindurch verankern. Ein Abscheren des Mutterbodens ist hier nicht möglich.

Es würde in diesem Zusammenhang zu weit führen, weitere Angaben zu machen.

In Tabelle Bild 515 sind die Berechnungen für Höchstbelastungen für einige Aufbauten dargestellt. Hier ist jedoch anzumerken, daß bei 1a oder 2a der Rollkies gegebenenfalls auch auf 5–8 cm reduziert werden kann und daß dieser Rollkies u. U. auch durch Leca-Blähbeton als Filterschicht ersetzt werden kann (600 kg/m³). Dadurch kann das Gewicht also auf ein Drittel des Kieses reduziert werden.

In Bild 516 ist ein normaler Aufbau über einem Sperrbeton-Dach dargestellt. Gleichermaßen könnte aber auch

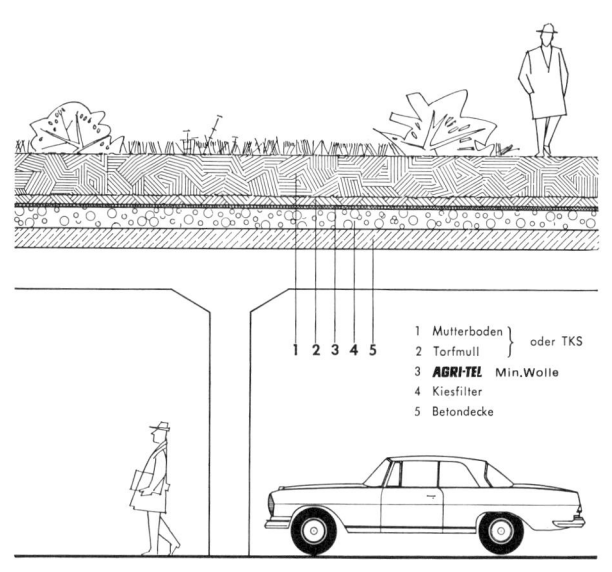

Bild 516   Üblicher Aufbau – Dachbepflanzung

1 Mutterboden
2 Torfmull } oder TKS
3 **AGRI-TEL** Min.Wolle
4 Kiesfilter
5 Betondecke

Bild-Tabelle 515   Berechnung der Höchstbelastungen

1. Für Rasen und bodenbedeckende Stauden o. dgl.

a) Schichtaufbau nach herkömmlicher Art aus Kies, Torf und schwerem Gartenboden

10 cm	Rollkies	1800 kg/m³ bzw.	180 kp/m²
	Filtervlies	–	0 kp/m²
5 cm	Torf (naß)	700 kg/m³	35 kp/m²
20 cm	Boden-Torf-Gemisch [1]	1500 kg/m³	300 kp/m²
35 cm	Gesamthöhe, Dachbelastung etwa		515 kp/m²

b) mit Schaumstoffen und schwerem Gartenboden

8 cm	Dränplatten aus Styropor	35 kg/m³ bzw.	3 kp/m²
7 cm	Hygromull (naß)	650 kg/m³	45 kp/m²
	Wirkgewebe aus Novolen	–	0 kp/m²
20 cm	Boden-Schaumstoff-Gemisch [2]	1150 kg/m³	230 kp/m²
35 cm	Gesamthöhe, Dachbelastung etwa		280 kp/m²

[1] beispielsweise aus 70% schwerem Gartenboden und 30% Düngetorf

2. Für Sträucher und kleinkronige Bäume

a) Schichtaufbau nach herkömmlicher Art aus Kies, Torf und schwerem Gartenboden

10 cm	Rollkies	1800 kg/m³ bzw.	180 kp/m²
	Filtervlies	–	0 kp/m²
5 cm	Torf (naß)	700 kg/m³	35 kp/m²
45 cm	Boden-Torf-Gemisch [1]	1500 kg/m³	675 kp/m²
60 cm	Gesamthöhe, Dachbelastung etwa		890 kp/m²

b) mit Schaumstoffen und schwerem Gartenboden

5 cm	Dränplatten aus Styropor	35 kg/m³ bzw.	2 kp/m²
10 cm	Hygromull (naß)	650 kg/m³	65 kp/m²
	Wirkgewebe aus Novolen	–	0 kp/m²
45 cm	Boden-Schaumstoff-Gemisch [2]	1150 kg/m³	518 kp/m²
60 cm	Gesamthöhe, Dachbelastung etwa		585 kp/m²

[2] beispielsweise aus 50 Vol.-% schwerem Gartenboden, 35 Vol.-% Hygromull und 15 Vol.-% Styromull

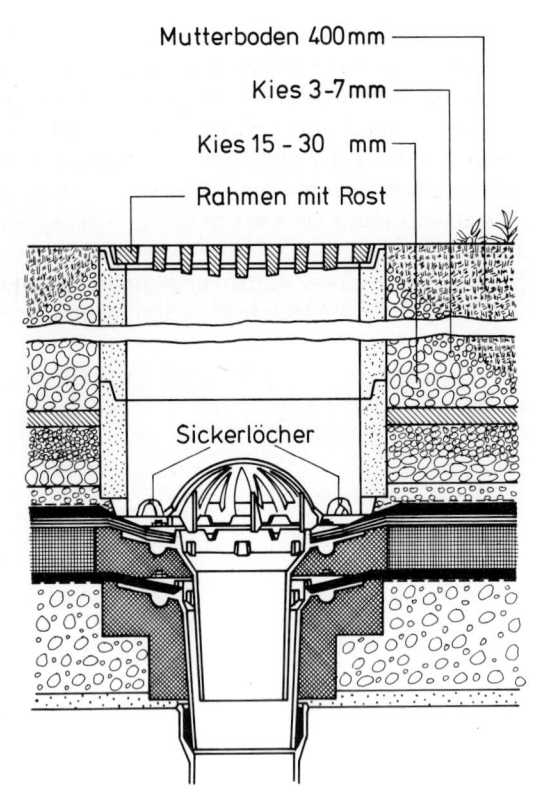

9. Detailhinweise bei Ausführung von Flachdächern

Mutterboden 400 mm
Kies 3-7 mm
Kies 15 - 30 mm
Rahmen mit Rost
Sickerlöcher

Bild 517 Zweiteiliger Standard-Dachablauf mit Kugelrost

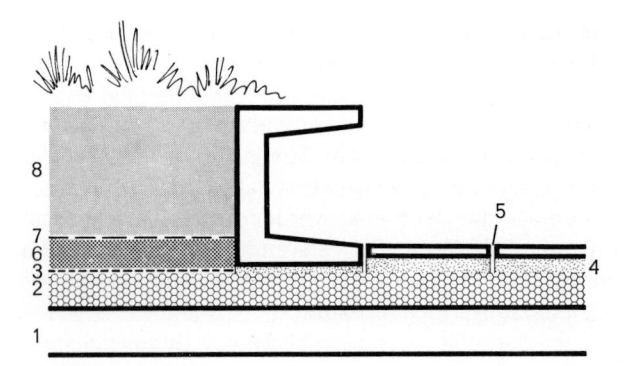

1 Tragende Konstruktion einschließlich Abdichtung, eventuell mit Wärmedämmung
2 Dränplatten aus Styropor
3 Spinnvlies, beispielsweise ®Lutrabond, im Bereich der Pflanzflächen
  Lutrabond = Erzeugnis der Lutravil Spinnvlies Ges. m. b. H. & Co., Kaiserslautern
4 Verlegemörtel für die Plattenbeläge
5 Offene Fugen (etwa 8 mm weit) zur Entwässerung von Plattenflächen mit geringem Gefälle
6 Hygromull als wasserspeichernde Filterschicht
7 Bändchengewebe aus Novolen
8 Bodenschicht

Bild 517/1 Prinzipskizze für den Aufbau eines Dachgartens bei Verwendung von Schaumstoffen

eine Feuchtigkeitsabdichtung über der Massivdecke und bei Bedarf ein Schutzestrich über dieser Feuchtigkeitsabdichtung vorhanden sein. In Bild 517 ist ein zweietagiger Bodeneinlauf dargestellt. Hier ist erkennbar, daß der Mutterboden nicht bis an diesen Bodeneinlauf herangeschüttet wird, sondern daß hier Kies in abgestufter Form über der Filterschicht angeordnet ist. In diesem Falle ist an die untere Etage die Dampfsperre angeschlossen, darüber folgen Wärmedämmung und Feuchtigkeitsabdichtung mit Anschluß, Schutzestrich, Kies als Dränschicht und eine Filterschicht.

In Bild 517/1 ist ein Aufbau mit Dränplatten dargestellt, wobei auch hier über der Massivdecke der übliche Flachdachaufbau mit Wärmedämmung folgen könnte mit entsprechender Feuchtigkeitsabdichtung, über der dann die weiteren Aufbauten folgen.

Aus diesem Bild ist auch ablesbar, daß durch Verwendung von Beton-Formsteinen der Dachgarten vom begehbaren Terrassenbelag getrennt werden kann. Bei größeren Dachgärten ist in jedem Falle ein Gartenarchitekt bzw. eine erfahrene Gärtnerei bei der Gestaltung zuzuziehen.

Die geringen Erdschichten erfordern halb- oder vollautomatische Bewässerungsanlagen, die zweckmäßigerweise mit einem Schwimmerkasten vorgenommen werden. Durch einen Überlauf läuft überschüssiges Regenwasser ab. Stauende Nässe darf also nicht entstehen. In der Kiesschicht, also in der Filterschicht, soll dagegen das Wasser stehen und zwar den gesamten Sommer hindurch mit der Oberfläche bis dicht unter die Unterbodenschicht bzw. TKS-Schicht, im Winter einige Millimeter tiefer. Wenn keine Dauerbewässerung durchgeführt werden kann, also nur zeitweilig mit Schlauchbewässerung, dann sollten als Faustformel die Erdschichten etwa doppelt so hoch gemacht werden als die Mindestangaben ausmachen, also bei Rasen mindestens 20 cm, bei Stauden 30 bzw. 40 cm.

9.2.4 Terrassen – Balkone

In immer zunehmendem Maße werden infolge Ermangelung an Bauplätzen für Einfamilienhäuser mit Garten sog. Terrassenhäuser erstellt bzw. Wohn- und Verwaltungsgebäude, bei denen Teile der Dachflächen als Erholungsräume dienen. Zwischen Wohnraum, Terrasse bzw. Balkon soll sich das Leben völlig frei entfalten. Die Balkone bzw. Terrassen sind also Gartenersatz und sollen dem naturhungrigen Stadtbewohner Luft, Licht und Erholung bringen. Im Sommer will man einen Großteil des Lebens auf diesen Terrassen zubringen.

Leider hat es sich in den letzten Jahren erwiesen, daß die Gestaltung derartiger Terrassen und Balkone Stiefkind der Konstruktion waren. Bauphysikalische und abdichtungstechnische Detailüberlegungen fanden selten statt. Es sind deshalb wohl kaum an einem Bauteil so häufig und z. T. sehr kostspielige Schäden aufgetreten wie im Bereich von Terrassen und Balkonen.

Im wesentlichen gelten für die bauphysikalischen Überlegungen dieselben, wie sie zuvor bei den befahrbaren Parkdecks usw. angestellt wurden. Zusätzliche Überlegungen kommen hinzu durch die Wahl der Bodenbeläge, also Terrassen- bzw. Balkonbeläge und gegebenenfalls für Maßnahmen der zusätzlichen Schalldämmung (Trittschalldämmung), da häufig Terrassen über Fremdwohnungen genutzt werden.

Wie bereits zu Anfang vermerkt, soll unterschieden werden zwischen Terrassen über beheizten Räumen, also Terrassen mit einer notwendigen Wärmedämmung, und frei auskragenden Balkonen bzw. Balkonen, an die keine wärmetechnischen Forderungen gestellt werden.

9.2.4.1 Terrassen

Bezüglich der bauphysikalischen Überlegungen bei der Gestaltung von Terrassen gelten ähnliche Überlegungen wie bei den befahrbaren Parkdecks. Dies gilt besonders dann, wenn homogene Plattenbeläge, also in Mörtel verlegte Plattenbeläge oder dgl. aufgebracht werden.

Für die nachfolgenden Überlegungen muß demzufolge unterschieden werden zwischen Terrassen mit Plattenbelägen in Mörtelbett, Estrichen begehbar, Plattenbelägen in Stelzenausführung bzw. Plattenbelägen auf Kiesschüttung.

9.2.4.1.1 Plattenbeläge in Mörtelbett verlegt

Um es vorwegzunehmen, sind gerade bei Plattenbelägen in Mörtelbett verlegt die häufigsten Schäden aufgetreten. Die Ursachen liegen einmal in der Außerachtlassung der Längenänderungen derartiger Verbundbeläge, in der falschen Einschätzung der Abdichtungsfunktion von Belägen und in der technischen Durchgestaltung der Details wie Anschluß an die Entwässerung, Einkleben von Dachdichtungen in Metalleinfassungen, durchgesteckte Geländerpfosten usw.

Der bauphysikalisch richtige Terrassenaufbau mit Plattenbelag ist in Bild 518 dargestellt. Von unten nach oben ist also folgender Aufbau erforderlich:

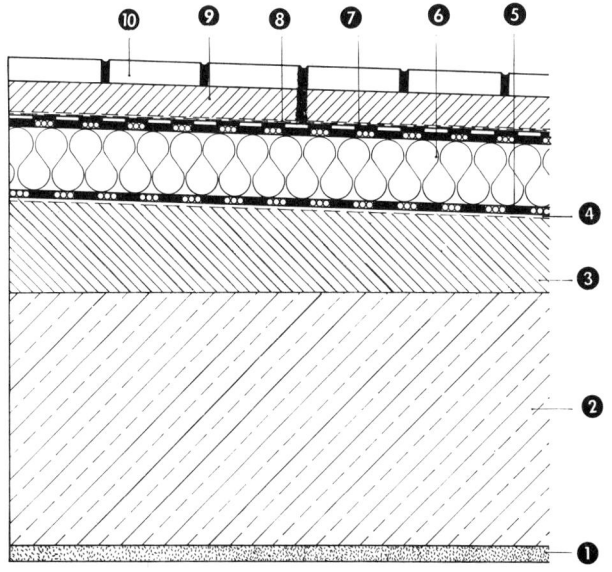

Bild 518 Richtiger Terrassenaufbau

1. Innenseitiger Deckenputz.
2. Konstruktionsplatte (Massivbetonplatte oder dgl.).
3. Gefälle-Estrich aus Normalbeton (kein Leichtbeton), Gefällegebung je nach Länge bzw. Tiefe der Terrasse 1,5–3% zur sicheren Wasserableitung, oben sauber abgeglichen.
4. Kaltbitumen-Voranstrich als Haftbrücke.
5. Spannungsausgleichsschicht und Dampfsperre (Lochglasvliesbahn) lose aufgelegt und darüber Dampfsperre vollsatt verklebt, oder punktweise aufgeklebte Alu-Dichtungsbahn, oder Schweißbahn G 4, Nähte verschweißt oder dgl., also wie beim normalen Flachdachaufbau.
6. Wärmedämmung nach DIN 4108 bzw. nach den Erfordernissen der zulässigen Temperaturbewegungen in der statisch tragenden Decke, bestehend aus ausreichend druckfesten Wärmedämmplatten (s. befahrbare Parkdecks), mit Heißbitumen vollsatt aufgeklebt, entweder mit Stufenfalz oder zweilagig je nach Erfordernissen.
7. Feuchtigkeitsabdichtung mindestens 3lagig, wobei die erste Lage punktweise als Spannungsausgleichsschicht aufgebracht werden soll und darüber eine sehr zugkräftige Dachbahn (Glasgewebegitterbahn G 200 oder Schweißbahn G 4 oder dgl.) und als Oberlage nochmals eine anorganische Abdichtungsbahn, alle Lagen im Gieß- und Einrollverfahren aufgeklebt oder anstelle dessen eine punktweise aufgeklebte Schweißbahn G 5 und hierauf eine Glasgittergewebebahn G 200, ebenfalls im Gieß- und Einrollverfahren aufgeklebt oder eine zweite Schweißbahn G 4, vollsatt aufgeschweißt mit Heißbitumen-Deckaufstrich. In jedem Falle sollte bei Terrassen dieser Art die oberste Lage aus einer anorganischen Dachdichtungsbahn bestehen. Bitumenpappen mit organischer Trägereinlage haben sich hier nicht bewährt.
8. Trennschicht, bestehend bei einfacheren Terrassen aus einer PE-0,2mm-Kunststoff-Folie oder bei größeren Terrassen 2 Lagen PE-Folien oder gleichwertig zur sicheren und dauerhaften Trennung zwischen Abdichtung und Mörtelbett (Ölpapiere, Silicon-Papiere oder dgl. haben sich nicht bewährt, da sie sich mit der Mörtelschicht einerseits und mit der Abdichtung andererseits verbinden und demzufolge die Gleitwirkung aufheben (s. nachfolgende Anmerkungen).
9. Mörtelbett je nach Plattenbelagsarbeit, jedoch nicht unter 35 mm stark, bei größeren Terrassen mit Einlegen einer Baustahlgewebematte, dann Mörtelbett, jedoch mindestens 40–45 mm stark, dieses Mörtelbett in Dehnfugen aufgeteilt, und zwar in Einzelfelder von ca. 2,5–3 m² (Seitenlänge max. 1,5–2 m) und diese Fugen, wie in Skizze Bild 518 dargestellt, mit einer Plattenfuge übereinstimmend angeordnet. Es ist ein Mörtel mit einer möglichst geringen Feuchtigkeitsspeicherung herzustellen, gegebenenfalls unter Zusatz von Trass. Bewährt hat sich eine Mör-

9. Detailhinweise bei Ausführung von Flachdächern

telzusammensetzung 1:4 mit 30 Gew.-% Trass als Bindemittel. Durch eine derartige Mischung wird die Feuchtigkeitsspeicherung im Mörtel beschränkt und der Abfluß des eingedrungenen Wassers trotzdem gewährleistet. Das Mörtelbett muß in jedem Falle auch im Bereich zu den Hausanschlüssen, zur Attika oder dgl. eine elastische Fuge haben, damit hier keine Einspannungen entstehen, die gegebenenfalls zu Hochwölbungen oder zu Rissen führen (s. nachfolgende Begründung).

10. Plattenbelag je nach Erfordernissen oder Wünschen, bestehend aus Spaltklinker-Belägen frostsicher, frostsicheren Natursteinplatten oder dgl., auch diese dann übereinstimmend mit dem vorgenannten Mörtelbett in Dehnfugenfelder von max. 2,5–3 m² aufgeteilt und Fugen elastisch ausgebildet, wie sie auch im Mörtelbett elastisch ausgebildet werden müssen.

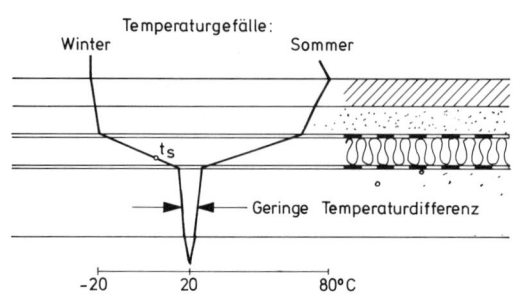

Bild 519 Temperaturverlauf bei Plattenbelag

Zur Begründung dieses notwendigen Aufbaues einige Anmerkungen:
In Bild Skizze 519 ist das Temperaturgefälle im Winter und Sommer dargestellt. Es ist auch hier, wie bereits in den früheren Bildern dargestellt, ersichtlich, daß im Bereich des Plattenbelages die stärksten Temperaturbewegungen auftreten. Sie nehmen geringfügig im Mörtelbett ab und sind bei ausreichender Wärmedämmung in der Massivdecke gering. Je nach Farbgebung des Belages muß mit einer Aufheiztemperatur zwischen 70 und 80° im Sommer gerechnet werden. Im Mörtelbett können bei einer Wintertemperatur von −20° durchaus noch Jahrestemperaturdifferenzen bis zu 70° auftreten, zumal hier der Wärmestau durch die träg abfließende Wärme infolge der Wärmedämmplatten, mitgerechnet werden muß. Bei 70° Jahrestemperaturdifferenzen sind bei 2 m Kantenlänge bereits 1,4 mm an Temperaturbewegungen zu erwarten. Ein Teil dieser Bewegungen sind Druckbewegungen, ein Teil Zugbewegungen. Zu diesen Bewegungen kommen gegebenenfalls noch Bewegungen aus Schwinden und Quellen. Bekanntlich ist ein Plattenbelag nicht als wasserdicht anzusprechen. Das Mörtelbett nimmt mehr oder weniger Feuchtigkeit auf, speichert diese Feuchtigkeit vorübergehend und gibt sie erst langsam an die darunterliegende Feuchtigkeitsabdichtung ab. Durch die Wechselwirkung von Durchfeuchtung und Austrocknung kommt es also zu Schwind- oder Quellbewegungen, die noch zu den Längenänderungen hinzu addiert werden müssen. Aus diesen Überlegungen ist bereits ausreichend abzulesen, daß eine Verbundwirkung zwischen Mörtelbett und Feuchtigkeitsabdichtung gefährlich ist. Schon bei vorgenannten Bewegungen in der Fuge könnten bei zugschwachen Dachdichtungsbahnen nach Bild 520 [73] in Fall 1 Faltenbildungen in der Dachdichtung entstehen, bzw. in Fall 2 Risse in der Dachdichtung. Eine Behinderung der Verlängerung oder Verkürzung etwa durch nicht vorhandene Gleitfolien über dieser Feuchtigkeitsabdichtung oder durch Einspannung in die seitlich angrenzenden Bauteile könnte also Schäden in der Dachdichtung hervorrufen.

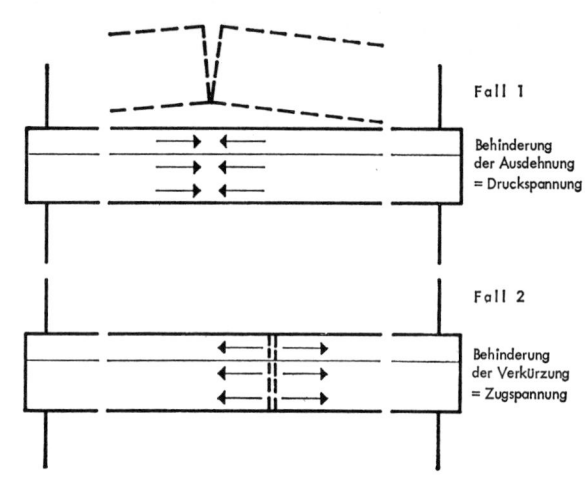

Bild 520 Aufwölben und Reißen von Plattenbelägen durch Behinderung von Längenänderungen

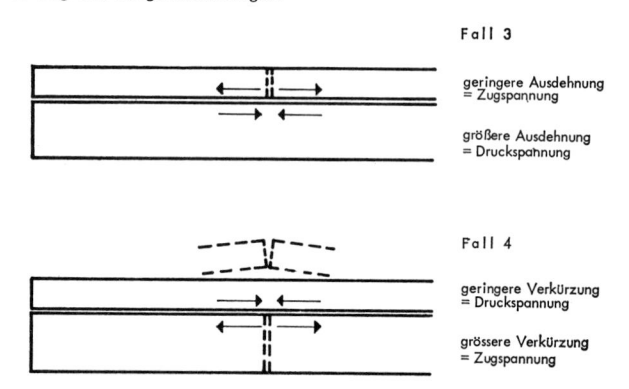

Bild 521 Rißbildung und Aufwölbung eines Plattenbelages infolge unterschiedlicher Längenänderungen von Platten und Mörtelschicht

Aber auch bei einer Trennung zwischen Dachdichtung und Mörtelbett sind Schäden noch nicht ausgeschlossen. Aus dem vorgenannten Temperaturverlaufsdiagramm, Bild 519, ist zu entnehmen, daß der Plattenbelag im allgemeinen höheren Temperaturschwankungen ausgesetzt ist als das Mörtelbett. Anders ausgedrückt heißt das, es entsteht zwischen diesen beiden Verbundelementen eine Behinderung der Ausdehnung mit dem Versuch, die beiden Schichten abzuscheren, d.h.

es entstehen Abscherspannungen. In Bild 521 [73] ist im System diese statische Wirkung dargestellt. Bei einem Mörtelbett mit geringer Fugenaufteilung entstehen in diesem Mörtelbett Druckspannungen und dadurch Zugspannungen im Bereich der Plattenbelagsschicht mit Abscherungen in den Grenzbereichen zwischen Mörtelbett und Plattenbelag. Dadurch kann der Plattenbelag locker werden, bzw. es treten mit Sicherheit innerhalb des Plattenbelages Risse auf. Bei Zusammenziehen des Plattenbelages werden Druckspannungen in der Plattenschicht und Zugspannungen in der Mörtelschicht bewirkt und wiederum Abscherspannungen zwischen den beiden Schichten.

Dieses unterschiedliche Verhalten durch thermische Aufheizungen und durch Schwinden und Quellen bewirkt also Risse in dem Plattenbelag, die vorzüglich in den Fugen auftreten. Durch diese Risse dringt naturgemäß dann Wasser zusätzlich in das Mörtelbett ein. Durch die Volumenerweiterung bei Eisbildung bzw. Auftauung kommt es dann zu einer Sprengwirkung und dadurch zu den bekannten Frostschäden. Diese Frostschäden treten naturgemäß zuerst im Mörtelbett auf, erstrecken sich aber dann auch auf den Plattenbelag, so daß großflächige Zerstörungen eintreten können. (Auch bei sog. frostbeständigen Platten.)

Bei Plattenbelägen treten üblicherweise zuerst im Bereich der Risse dunkel verfärbte oder auch milchigweiße Streifen auf. Es handelt sich hier um angelösten Kalk, der aus dem Mörtelbett gelöst und in den Fugenabrissen hochsickert und sich an der Oberfläche als Salz abscheidet. Diese Kalklösungen kleben erhebliche Mengen an Staub und Ruß ein, was häufig dann ihre dunkle Färbung bedingt.

Wenn Schäden bei Plattenbelägen, insonderheit bei Spaltklinker-Platten oder dgl., aber auch bei Naturstein-Platten verhindert werden sollen, müßten folgende Merkmale gegeben sein:

1. Die Feuchtigkeitsabdichtung muß im Gefälle vorhanden sein. Es ist nicht zulässig, daß die Feuchtigkeitsabdichtung gefällelos ausgeführt wird und daß im Mörtelbett dann das Gefälle hergestellt wird. Würde das gemacht, bleibt das Wasser im Mörtelbett stehen, und es kommt früher oder später zu Auffrostungen, also zu Schäden.
2. Zwischen der Feuchtigkeitsabdichtung und dem Mörtelbett muß eine wirkungsvolle Gleitschicht vorhanden sein, die sich nicht selbsttätig sowohl mit Mörtelbett als auch mit der Dachabdichtung verklebt.
3. Das Mörtelbett muß in enge Dehnbewegungsfugen aufgeteilt werden, wobei 2,5–3 m² bereits das Maximum bedeuten. Das Mörtelbett muß bewehrt werden, wobei naturgemäß die Bewehrung jeweils im Bereich der erforderlichen Dehnfugen unterbrochen werden muß. Die Dehnfugen sind elastisch auszubilden, etwa durch eingestellte Styroporstreifen oder dgl.
4. Der Plattenbelag muß aus frostbeständigen Platten bestehen. Die Fugenaufteilung in den Platten selber muß mit den Fugen des Mörtelbettes übereinstimmen. Im Bereich der Plattenbelagsfugen sind diese elastisch mit Silicon-Kautschuk oder Thiokol oder dgl. auszubilden.
5. Die Entwässerung muß ohne Rückstau hergestellt werden, damit Auffrostungen auch im Bereich der Entwässerung vermieden werden.
6. Weder Mörtelbett noch Plattenbelag dürfen im Bereich von Randzonen eingespannt sein, sondern müssen hier freie Bewegung erhalten.
7. Die Feuchtigkeitsabdichtung muß im Bereich von Türschwellen, anschließendem Mauerwerk usw. mindestens 10 cm über Oberkante Fertigbelag heraufgeführt werden, da sonst über die Eckanschlüsse oder dgl. Rückstaudurchfeuchtungen erwartet werden müssen. Es muß immer wieder darauf hingewiesen werden, daß der Plattenbelag als solcher nicht für die Feuchtigkeitsabführung verantwortlich ist, sondern nur die Feuchtigkeitsabdichtung. Daß ein Großteil des Oberflächenwassers auf dem Plattenbelag abgeleitet wird, ist in Ordnung. Die letzte Sicherheit ist aber die Feuchtigkeitsabdichtung und nicht der Plattenbelag.

Können o. g. Forderungen nicht erfüllt werden, ist ein Verbund-Belag in der vorgenannten Form nicht zu empfehlen. Es gibt, wie nachfolgend angeführt, risikolosere Beläge.

In Abweichung von o. g. Aufbau, bei dem das Mörtelbett direkt über der Feuchtigkeitsabdichtung unter Einschaltung einer gleitfähigen Schicht durch Polyäthylen-Bahnen eingebracht wird, werden auch Vorschläge gemacht, zuerst über der Feuchtigkeitsabdichtung ca. 2–3 cm Einkornsand ohne Feinstanteile aufzubringen, etwa in der Körnung 1–3 mm zur zügigen Wasserableitung und dadurch zur Vermeidung von Frostaufbeulungen oder dgl. Darüber ist dann eine Trennpappe aufzulegen (Autobahn-Unterlagspapier oder dgl.) und hierauf dann ein Schutzestrich, dessen Dehnfugenaufteilung etwas größer gewählt werden kann als vorgenannt, jedoch nicht über 6 m²-Flächen. Auch dieser Schutzestrich muß bewehrt werden. Hierauf wäre dann das Mörtelbett mit Plattenbelag aufzubringen, wiederum Fugen übereinstimmend mit dem Schutzestrich, plus Zusatzfugen 2,5–3 m²).

Eine gewisse Gefahr besteht nun darin, daß bei einem größeren Gefälle der Riesel etwas abrutscht und demzufolge Hohlstellen entstehen. Es muß auf alle Fälle verhindert werden, daß Feinsand verwendet wird. Diese Art ist besonders bei geringem Gefälle ($1/2$–1 %) geeignet.

Wenn ein Schutzestrich weggelassen wird und das Mörtelbett direkt auf Einkornriesel aufgebracht wird, empfiehlt es sich, den Riesel mit ca. 2 cm Stärke 3/7 mm zu wählen, die Oberfläche mit Zementmilch abzupudern und hierauf dann ein Mörtelbett mit Bewehrung aufzubringen, dessen Stärke jedoch 4–5 cm nicht unterschreiten sollte. Sinnvolle Anschlüsse an die Entwässerung sind jedoch Voraussetzung für derartige Kies-Gleit- und Entwässerungsschichten.

9. Detailhinweise bei Ausführung von Flachdächern

9.2.4.1.2 Detailausbildungen

Ein großes Problem ist, wie bereits angeführt, die Entwässerung. In den meisten Fällen kleinerer Terrassen wird nach Bild 522 verfahren. Eine vorgehängte Rinne ist mit einem Rinneneinlaufblech mit der Dachhaut verbunden, d.h. in diese eingeklebt. Diese Einklebung von Verwahrungsblechen ist nun keinesfalls ideal, kann aber gerade bei derartigen Entwässerungen kaum umgangen werden. Hier empfiehlt es sich in jedem Falle, über dem Verwahrungsblech eine zusätzliche Verstärkung zur Dachdichtung aufzubringen, etwa durch ein Kupferriffelband oder dgl. oder durch eine elastische Kunststoff-Folie, um die thermischen Bewegungen aus den Blechen auszuschalten und Rissebildungen in der Dachdichtung zu verhindern. Sinnvollerweise sollte im Schutzestrich unmittelbar vor der Rinne ein Rillenstein oder dgl. angeordnet werden, um eine Wasserentspannung zu ermöglichen, also Rückstaugefahr auszuschließen.

Gleichgültig, ob nun mit oder ohne Schutzestrich gearbeitet wird, muß die Feuchtigkeitsabdichtung an der Hauswand ausreichend hoch heraufgeführt werden, wie dies im Bild 522 richtig dargestellt ist.

Eine bessere Lösung als die Entwässerung über Rinnen ist die Entwässerung gemäß Bild 523a. Hier wird ein Bodeneinlauf gemäß Bild 524 zum Einbau gebracht. Auf jegliche Rinne kann also in diesem Falle verzichtet werden.

In Bild 523b ist der Terrassenaufbau gegen Grund dargestellt, bzw. die Entwässerung erfolgt hier ohne jegliche Rinne nach außen in die vertikale Entspannungsschicht.

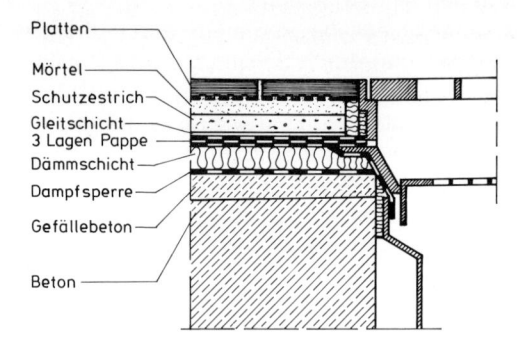

Bild 524 Bodeneinlauf – Terrasse

Bei Lösungen gemäß Skizze 524 sind also keinerlei unharmonische Blecheinklebungen erforderlich. Dadurch wird bereits ein erheblicher Teil an Schäden ausgeschlossen. *Bleche in eingeklebter Form sind der größte Feind bei Terrassen.* Sie sollen nur als Überhangbleche bzw. als schützende Bleche für die Dachabdichtung wirksam werden, nicht aber als Abdichtung. Bei allen Details kann diese Forderung erfüllt werden, nur nicht bei der vorgehängten Rinne.

In Bild 525 ist ein ausgesprochen mangelhafter Hausanschluß dargestellt, wie er häufig zu Schäden führt. Die Feuchtigkeitsabdichtung ist nicht an der Senkrechten

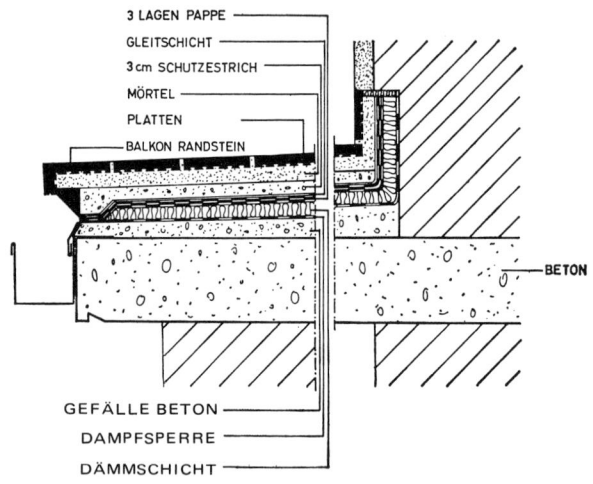

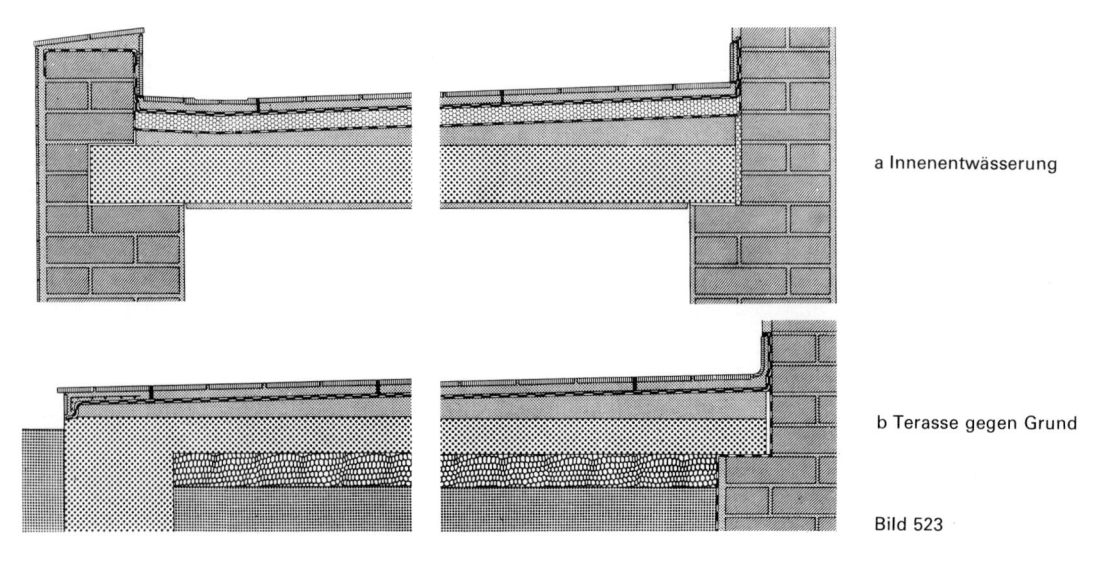

Bild 522 Rinnenentwässerung

a Innenentwässerung

b Terasse gegen Grund

Bild 523

9.2 Parkdecks, Hofkellerdecken, Dachgärten, Terrassen und Balkone

hochgeführt, sondern endet im Bereich eines eingebauten Winkels und muß hier demzufolge in eine Blechverwahrung eingeklebt werden. Durch die unterschiedlichsten Längenänderungen aus Plattenbelag, Blech, Metallwinkel usw. kommt es hier sehr häufig zu Abrissen. Bei Wasserrückstau gelangt dies dann in die Wärmedämmung. Nicht selten dringt aber das Wasser nicht nur in die Wärmedämmung, sondern gelangt auch in die Innenräume unter den schwimmenden Estrich und führt u. U. zu Totaldurchfeuchtungen ganzer Wohnungen. Bilder dieser Art dürften also auf keinen Fall in Lehrbüchern stehen (dieses Bild ist aus einem Aufsatz über richtige Terrassengestaltung entnommen). Der neckische Wasserabweiser mit einem Schleifstück aus Gummi soll hier offensichtlich diese Wassereindringung verhindern. Wenn Planebenheit zwischen innen und außen gefordert wird, dann muß entweder ein ausreichendes Schutzdach vorgebracht werden zur Verhinderung jeglicher Schlagregenanpeitschung, oder es muß zwangsweise der äußere Belag ca. 6 cm tiefer sein als der innere (Schwelle). In Krankenhäusern, Altersheimen oder dgl., wo über diese Türschwelle gefahren werden muß, kann man zum Befahren einen bereitstehenden Schrägkeil anlegen, um diese 6 cm Höhentoleranz zu überbrücken. Im übrigen kann man sich an eine Höhe von 6 cm Schwellen-Toleranz ohne weiteres gewöhnen, ohne daß hier eine sog. »Stolperstufe« entsteht. Viel unangenehmer ist ein Wassereinbruch, der zu großen Schäden führt, als dieser kleine Schönheitsfehler. Bei Sanierungen muß dann oft eine Schwelle nachträglich zum Einbau gebracht werden.

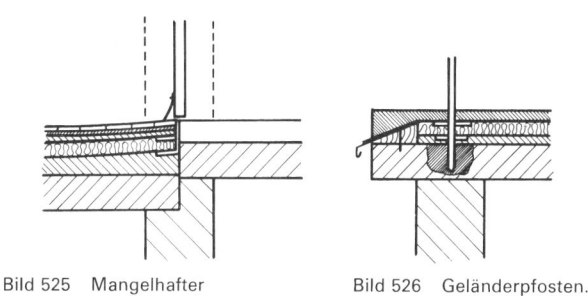

Bild 525 Mangelhafter Hausanschluß

Bild 526 Geländerpfosten. Einbau nicht zu empfehlen

In Skizze 526 ist der Einbau einer Geländerstütze dargestellt, wie sie nicht empfohlen werden kann. Im Bereich der Dampfsperre und im Bereich der Feuchtigkeitsabdichtung ist ein Telleranker angeschweißt, auf dem die Dampfsperre bzw. Feuchtigkeitsabdichtung aufgeklebt wird. Durch die Temperaturbewegungen aus dem Mörtelbett bzw. Estrich kommt es naturgemäß zu Randspannungen. Aber auch das Geländer unterliegt Temperaturbewegungen, so daß die Feuchtigkeitsabdichtung von dieser schmalen aufgeklebten Manschette häufig abgezogen wird. Das einlaufende Wasser von oben gelangt also auch hier u. U. in die Wärmedämmung und führt so zu Durchfeuchtungen.

Die beste Lösung ist zweifellos die, keinerlei Geländerpfosten durch die Abdichtung hindurch anzuordnen. Wenn irgendwie möglich, sollte man das Geländer über die Stirnseite der Massivdecke oder dgl. anordnen, um Dachdurchdringungen zu verhindern.
Wenn jedoch derartige Maßnahmen nicht umgangen werden können, dann empfiehlt sich eine Ausführung gemäß Bild 527. Über den einbetonierten Dorn wird ein Hülsenrohr mit einem ausreichend breiten Klebeflansch aufgestülpt, der dann seinerseits nochmals mit einer Manschette oder Rohrschelle abgedeckt wird, die im oberen Bereich verschweißt wird. Durch einen ausreichend breiten Klebeflansch kann die Dachabdichtung hier einwandfrei aufgeklebt werden. Zu beachten ist auch, daß das Mörtelbett bzw. der Plattenbelag oder Estrich mit einer elastischen Kittfuge von dieser Konstruktion getrennt werden muß.

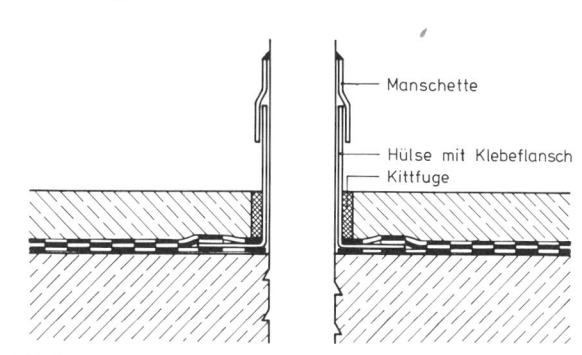

Bild 527 Geländerstütze richtig gelöst

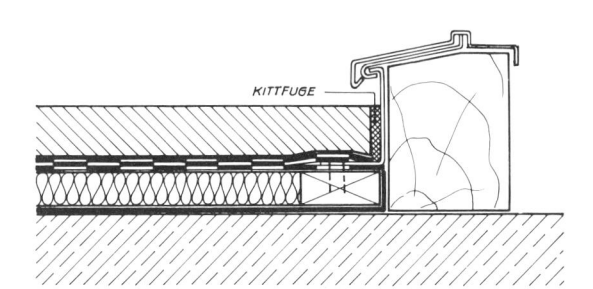

Bild 528 Nicht zu empfehlender Randanschluß

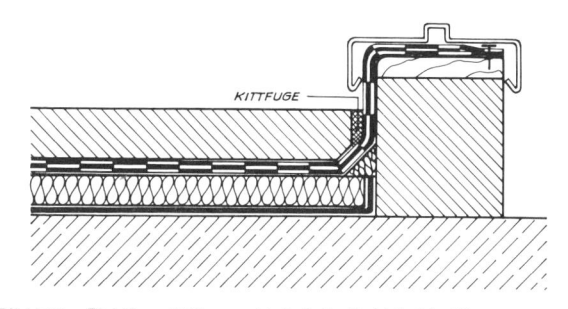

Bild 529 Richtiger Attikaanschluß (kein Einklebeblech)

In Bild 528 ist ein nicht zu empfehlender Randanschluß dargestellt. Hier wurde die Dachhaut auf ein Verwahrungsblech aufgeklebt. Trotz elastischer Kittfuge kommt es hier zu Spannungsbelastungen aus dem Estrich bzw. Belag auf dieses Randblech mit Span-

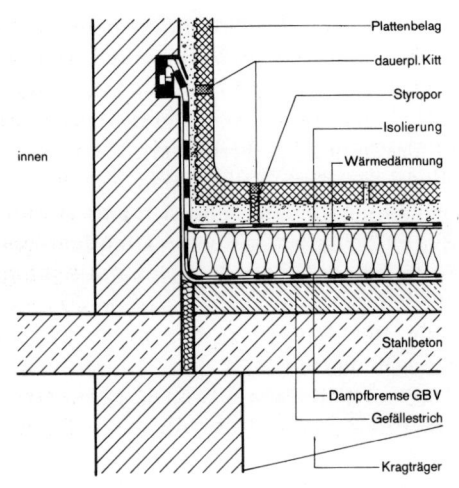

9. Detailhinweise bei Ausführung von Flachdächern

nungsübertragungen auf die Dachhaut. Auch Eigenbewegungen aus dem Blech können hier Abrisse in der Dachhaut und den Lötnähten bewirken. Anstelle Bild 528 empfiehlt sich hier Bild 529 mit dem richtigen Attika-Anschluß. In der Ecke ist ein Eiskeil angeordnet, wodurch die Dachhaut ohne Knicke bis an die Außenkante hochgeklebt werden kann. Zwischen Abdichtung und Belag ist die elastische Kittfuge vorhanden, so daß die Feuchtigkeitsabdichtung nicht beschädigt wird. Das Überhangblech dient hier lediglich als Schutzfunktion und hat keine abdichtende Wirkung.

Gute und schlechte Details mit Erläuterung sind in Bild 530 dargestellt [74].

In Bild 531 sind Terrassendurchdringungen bzw. Stahlgeländerpfosten oder dgl. dargestellt. Beide Variationen sind als einwandfrei zu bezeichnen. Durch eine Verschraubung mit Klemmring ist eine absolute Dichtigkeit zu erwarten. Unter Umständen könnte aber aus Sicher-

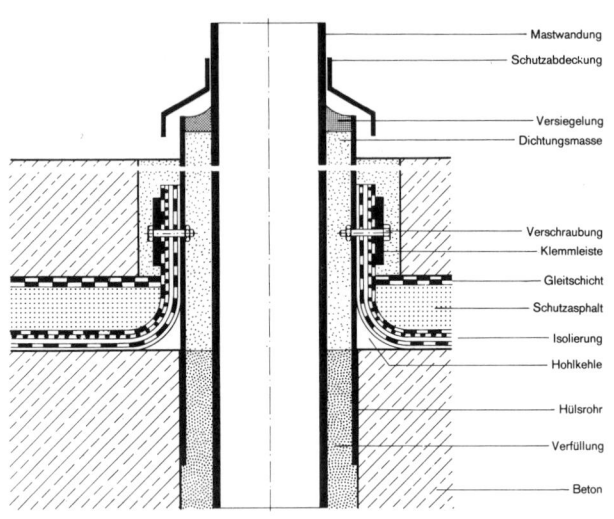

Loggien-Anschluß gut

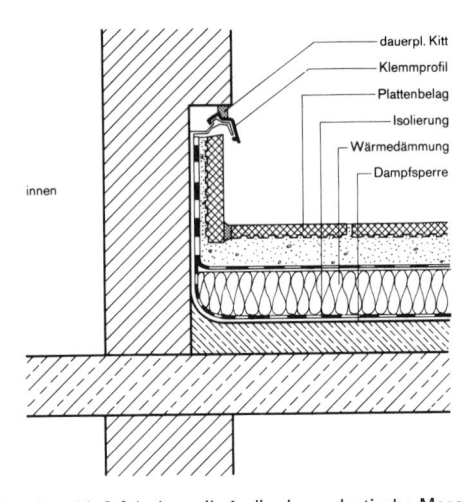

Loggien-Anschluß falsch, weil: 1. die dauerplastische Masse versprödet, da sie sich direkt in der Ecke befindet (Schmutzablagerung), 2. der vertikale Plattenbelag in der Form praktisch nicht einzubringen ist, 3. die Klemmprofile so kaum dauerhaft einzudichten sind, 4. der Plattierungsmörtel bis in die Ecke durchgezogen ist und die Abdichtung zerstören wird

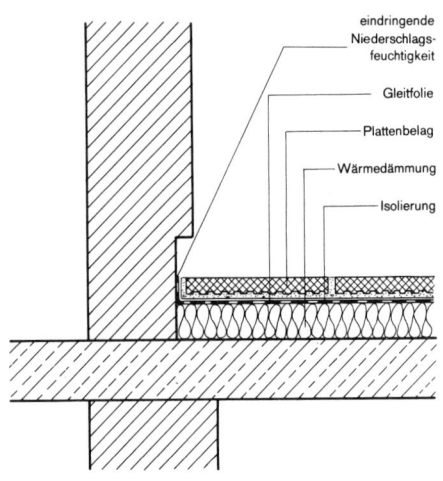

Loggien-Anschluß falsch, weil: 1. kein Wandanschluß – Abdichtung zu niedrig, 2. keine Trennung der Konstruktion zwischen Belag und Wand

Bild 530   Richtiger und falsche Wandanschlüsse [74]

a) Durchbruch durch Isolierung (Mastfuß, Stahlgeländer in Beton)

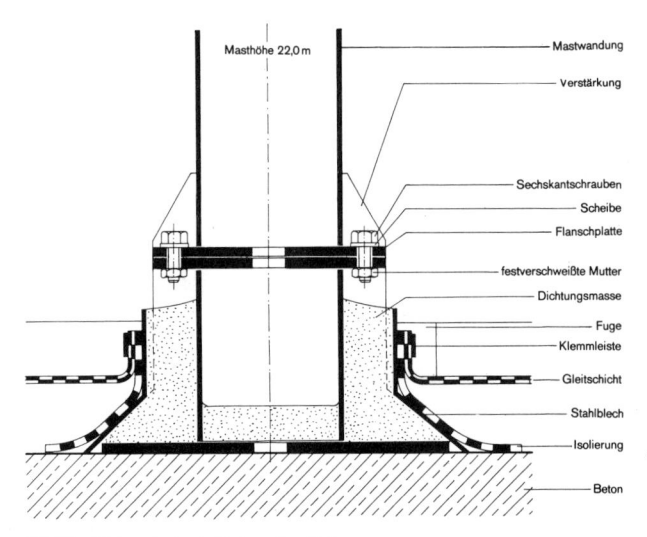

b) Wie Bild a, jedoch Fuß aufgeklebt

Bild 531   Terrassen-Durchdringungen

heitsgründen auch hier die Feuchtigkeitsabdichtung bis über die Beläge heraufgeführt werden und könnte durch die Schutzmanschette oben abgedeckt sein.
Häufig ist es auch notwendig, im Bereich einer Terrasse eine Dehnfuge auszubilden. Hier ist zu bemerken, daß die Dehnfuge im Fahrbelag bzw. im Plattenbelag mit der Dehnfuge des Gebäudes natürlich übereinstimmen muß. Die Dehnfuge selber ist elastisch auszubilden, also es müssen in die Feuchtigkeitsabdichtung schlaufenförmige Kunststoff-Folien, Kupferriffelbänder oder dgl. eingebaut werden, wie sie bereits früher bei den befahrbaren Terrassenbelägen gezeigt wurden. Die Details gelten also im übertragenen Sinne auch für diese Terrassenbeläge.

9.2.4.1.2 Estrich als Gehbelag

Bezüglich der Estriche als Gehbelag gilt im wesentlichen dasselbe wie bei den befahrbaren Parkdecks beschrieben, lediglich mit dem Unterschied, daß die Belastung bei Terrassen naturgemäß geringer ist. Es können hier also auch Estriche gegebenenfalls ohne Armierung aufgebracht werden bzw. mit geringerer Armierung oder sogar mit Drahtgittergewebe-Armierung, falls die Abmessungen nicht groß werden.
Neben Zementestrichen werden auch Gußasphalt-Estriche bei Terrassen eingesetzt. Bei Zementestrichen unterscheidet man einschichtige Beläge oder auch sog. zweischichtige Beläge. Im einzelnen hierzu folgende kurze Angaben:

1. Zementestriche

Es gelten die bei den befahrbaren Belägen angeführten DIN-Normen und Richtlinien.
Der Zementestrich sollte auch beim normalen Terrassendach 5 cm Stärke nicht unterschreiten. Dies gilt besonders für schwimmende Estriche, also für Estriche über der Wärmedämmung. Bezüglich des Deckenaufbaues gelten dieselben Gesichtspunkte wie beim Plattenbelag angeführt. Der Estrich kann also direkt mit Trennschicht über der Feuchtigkeitsabdichtung aufgebracht werden, er kann aber auch sinnvollerweise über einer Kiesschicht aufgebracht werden. Zementestriche, auf Terrassen verlegt, müssen nach Schütze [75] etwa wie folgt beschaffen sein:

1. Die Seitenbegrenzung derartiger Estriche soll 2 m nicht überschreiten. Das bedeutet also, daß die Flächen nicht größer als 4 m² sein sollen. Dies erfordert aber in jedem Falle schon eine ausreichende elastische Trennschicht über der Feuchtigkeitsabdichtung.
2. Der Estrich muß eine ausreichende Festigkeit aufweisen, d.h. er darf nicht abmehlen, absanden. Er muß auch geeignet sein für eine evtl. nachträgliche Beschichtung mit Kunstharz oder dgl.
3. Erhöhte Wetter- und Frostbeständigkeit.
4. Eine möglichst große Dichtigkeit.

Als ausreichende Festigkeit für schwimmende Estriche als Nutzboden gemäß DIN 18353 bzw. DIN 4109, Blatt 4, gilt eine Druckfestigkeit nach 28 Tagen von gleich oder größer 225 kp/cm² und eine Biegezugfestigkeit von gleich oder größer 40 kp/cm². Nach den AGI-Arbeitsblättern (besonders A 11) werden je in Abhängigkeit von der Belastung Estrichgüten von E 300 und E 500 empfohlen. Das bedeutet eine Druckfestigkeit von gleich oder größer 300 kp/cm² und eine Biegezugfestigkeit von gleich oder größer 40 kp/cm² für E 300 oder entsprechende Festigkeiten von gleich oder größer 60 kp/cm² für E 500.
Nach den im allgemeinen auftretenden Beanspruchungen erscheint für Estriche auf begehbaren Dächern und Terrassen eine Estrichgüte von E 300 für alle Beanspruchungen auszureichen. In Bild Tabelle 532, Tafel 1, ist für die entsprechenden Estrichgüten der Zementbedarf und in Tafel 2 die dazugehörige erforderliche Sieblinie angegeben.

Bild-Tabelle 532   Estrichmörtel

Tafel 1. Zementbedarf bei Estrichgüten $\geq$ E 300

Wasser-zementwert max.	Zementmenge in kg für 1 m³ Estrichmörtel bei einem Zuschlag		Druckfestig-keit in kp/cm² etwa
	0/7	0/15	
0,6	350	320	300
0,55	400	360	350
0,5	450	400	400

Portlandzement: Z 275; *Steife:* schwach plastisch
Porenraum: im Frischmörtel $\leq$ 15 l/m³
Zuschlag: im besonders guten Bereich
Ermittlung der Druckfestigkeit an Prismen $4 \times 4 \times 16$ cm

In Tafel 2 sind Beispiele sogenannter Ideal-Sieblinien für die am meisten gebräuchlichen Korngrößen angegeben, die mit den Zementmengen in Tafel 1 dichte Estrichmörtel ergeben.

Tafel 2. Beispiele von Ideal-Sieblinien zur Herstellung dichter Estrichmörtel

Korngröße	Mittelwerte des Siebdurchgangs in G% etwa bei Sieblochweiten d in mm					
	0,2	1,0	3,0	7,0	10,0	15,0
0 bis 3 mm	15	48	100	–	–	–
0 bis 7 mm	9	29	60	100	–	–
0 bis 10 mm	8	23	49	81	100	–
0 bis 15 mm	6	19	39	65	–	100

Als Richtwert für den Zement werden durchweg jedoch nur etwa 300 kg/m³ (fertiger Estrich) als notwendig angesehen. Der Wasser-Zement-Wert soll 0,6 nicht überschreiten. Der Aufbau der Zuschlagstoffe muß dem besonders guten Bereich entsprechen. Das Größtkorn soll etwa ein Viertel, höchstens aber ein Drittel der Estrichdicke betragen. Bei 5 cm dicken Estrichen ist also ein Zuschlag von 0/15 mm zu verwenden.

9. Detailhinweise bei Ausführung von Flachdächern

Der Estrichmörtel muß maschinell gemischt werden. Die Verdichtung auf dem Dach muß sehr sorgfältig vorgenommen werden, um Schäden in der Dachhaut zu vermeiden. Schwere Flächenrüttler oder dgl. sind also nicht zu verwenden.

Der fertige Estrich muß besonders vor zu schneller Austrocknung, vor Wärme, Kälte- und Zuglufteinfluß mindestens 14 Tage geschützt werden. Wird dies nicht beachtet, entstehen sog. Randspannungen. Der Estrich wölbt sich dann an den Rändern hoch. Bei entsprechenden Belastungen bricht dann das Eck ab.

Ein Estrich vorgenannter Güte mit ausreichender Zementzugabe, geringem Wasser-Zement-Faktor ist im allgemeinen ausreichend frostbeständig. Zusätze von Luftporenbildnern, richtig eingesetzt, sind zu empfehlen. Bei richtigem Kornaufbau und richtiger Verdichtung sind Dichtungsmittelzusätze nicht unbedingt erforderlich, da in jedem Falle unter dem Estrich eine ausreichende Feuchtigkeitsabdichtung erforderlich wird.

Die Dehnfugengestaltung bei ein- oder zweischichtigen Zementestrichen (s. Gartenmann-Belag) ist in Bild Skizze 533 [75] dargestellt. Hier ist lediglich anzumerken, daß anstelle des Verguß-Bitumens, wie hier empfohlen, ein dauerelastischer Kitt zu empfehlen ist. Verguß-Bitumen ist nicht in der Lage, die thermischen Bewegungen das ganze Jahr hindurch aufzunehmen. Es kommt sonst zu Teileinspannungen, die hier nicht erwünscht sind.

Bezüglich der Detailgestaltung wie Anschlüsse und dgl. gilt dasselbe wie Plattenbeläge, so daß weitere Ausführungen hier nicht notwendig werden.

Selbstverständlich besteht die Möglichkeit, Estrich bei Bedarf mit entsprechenden Kunstharz-Beschichtungen zu beschichten. Hier sollte man sich aber in jedem Falle an eine seriöse *namhafte chemische* Fabrik wenden, die derartige Anstriche in sehr guter Güte zur Verfügung stellen kann. Anstriche oder Beschichtungen dieser Art haben aber keinen abdichtenden Zweck, sondern sie sollen lediglich der Schönheit und der Abriebfestigkeit dienen. Es würde zu weit führen, hier nähere Details anzugeben. Vor marktschreierischen »Dichtungsprodukten« für Terrassen muß gewarnt werden!

2. Zweischichtige Estriche (Gartenmann-Beläge)

Gartenmann-Beläge sind sog. zweischichtige Estriche, die engmaschig in Dehnfugen aufgeteilt werden. Der Terrassenaufbau mit dem Gartenmann-Belag fordert ebenfalls ein *Gefälle unterhalb der Wärmedämmung*, so daß die Feuchtigkeitsabdichtung bereits im Gefälle liegt.

Der Aufbau von unten nach oben ist also:

1. Massivdecke mit Gefällegebung, ebenfalls mindestens 2, besser 3%.
2. Kaltbitumen-Voranstrich als Haftbrücke.
3. Dampfsperre, bestehend aus 2 Lagen Glasvliesbahnen V 13 oder dgl. je nach Anforderungen, in diesem Falle jedoch vollsatt mit Gießbitumen und 10 cm Nahtüberdeckung aufgeklebt.
4. Wärmedämmung, bestehend aus druckfesten Wärmedämmplatten wie bei Parkdecks beschrieben.
5. Feuchtigkeitsabdichtung, bestehend aus mindestens 3 Lagen Dachdichtungsbahnen, z.B. 1 Lage V 11, 1 Glasgittergewebebahn G 200 und eine weitere Lage V 11 im Gieß- und Einrollverfahren aufgeklebt oder wiederum eine Schweißbahn G 5 und hierauf eine Glasgittergewebebahn G 200 im Gieß- und Einrollverfahren aufgeklebt, Bahnen und Stöße jeweils 10 cm überdeckt, einschließlich wurzelfestem Heißbitumen-Deckaufstrich (evtl. standf. Bitumen bei größerer Neigung).
6. Trennschicht, bestehend wiederum aus 2 Lagen PE-Folien oder gleichwertig (bitumenverträgliche Kunststoff-Folie), lose aufgelegt.

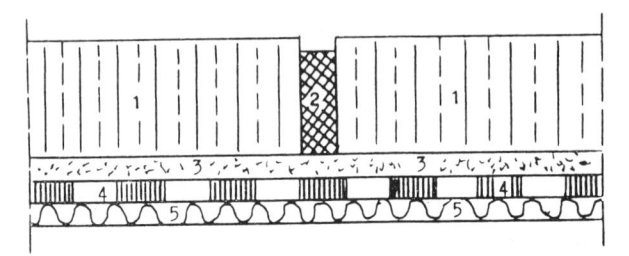

Dehnungsfuge in Zementestrich als Nutzboden. 1 Zementestrich als Nutzboden, 2 Dehnungsfuge, vergossen, 3 Gleitschicht, z.B. Sand mit Ölpapier abgedeckt, 4 Abdichtung, 5 Entspannungsschicht auf Gefällebeton usw.

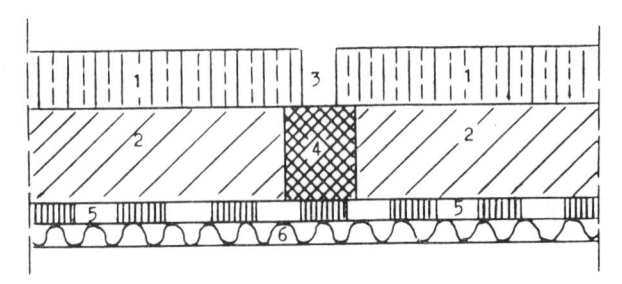

Dehnungsfuge in patentiertem Spezial-Estrich. 1 Zementestrich (Gehschicht), 2 Zementestrich (Unterbelag), 3 offene Dehnungsfuge, 4 Dehnungsfuge mit wasserdurchlässiger Vergußmasse, 5 Abdichtung, 6 Entspannungsschicht auf Gefällebeton usw.

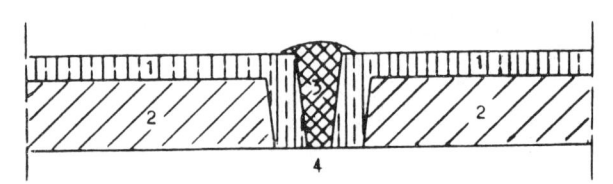

Dehnungsfuge in Hartbetonestrich. 1 Hartbetonestrich, 2 Ausgleichestrich, 3 Dehnungsfuge mit Verguß, 4 Tragbeton (evtl. Fuge)

Bild 533 [75]

9.2 Parkdecks, Hofkellerdecken, Dachgärten, Terrassen und Balkone

7. Zweilagiger Zementestrich, insgesamt 5 cm stark, in Dehnungsfelder, Maximum 1/1 m, aufgeteilt. Die untere Estrichlage mit verfüllten Dehnfugen, die obere Estrichlage mit offenen, keilförmig oder rechtwinklig eingeschnittenen Fugen, Zementgrau oder mit evtl. Farbgebung, mit rauh abgescheibter Oberfläche, mit durchgehend ausgegossenen elastischen Fugen in Unter- und Oberbelag im Bereich an Attikarändern, Wandanschlüssen, Deckendurchbrüchen, Dehnfugenstellen usw. zur Vermeidung von Spannungsübertragungen.
8. In Gebäudeanschlußteilen und Attika Herstellen von Hohlkehlen ca. 15 cm hoch (auch die Abdichtung ist mindestens so hoch heraufzuführen) und auch hier aufteilen in Längen von 1 m zur Vermeidung von Temperaturspannungsübertragungen.

Die Estrichqualität muß in etwa der vorgenannt beschriebenen Estrichqualität entsprechen. Die Herstellung erfolgt mittels Lehren, die den Unterbelag in einzelne rechteckige oder quadratische Felder bis zu 100 cm Kantenlänge aufteilt (größere Längen sind nicht zweckmäßig). Die Lehren bestehen aus Blechhüllen oder dgl. und besonderen Formstücken, z. B. in Gestalt von Rillenkreuzen aus Eisenblech für die Schnittpunkte. Die Rillenkreuze werden zuerst verlegt und danach die Blechrinnen von Kreuz zu Kreuz eingepaßt. Nach Verlegen dieser Lehren wird die untere Betonlage der Gehschicht bis zur Höhe der oberen Rillenränder eingebracht. Nach Anziehen des Betons werden die Rillen (Lehren) herausgenommen und die so entstehenden Fugen im Beton mit Verguß-Bitumen oder möglichst elastischen Massen ausgegossen. In Bild 534 ist der Vorgang dargestellt.

Vor Abbinden der Betonschicht wird die obere Betonschicht (Gehbelag) gleichmäßig auf die untere Schicht aufgebracht, so daß sie mit der unteren Schicht noch eine Verbindung eingehen kann. Diese Gehschicht wird nun in einzelne Tafeln aufgeschnitten, die in ihrer Lage und Größe genau den unteren Betontafeln entsprechen. Die Schnittfugen dieses Gehbelages müssen bis zur Bitumenfüllung des Unterbelages geführt werden, damit das Verguß-Bitumen, sofern es durch Bewegungen der Betonplatte zusammengepreßt wird, auch in die obere Schnittlage eintreten kann. Die Betonplatten des Unterbetons werden mit Drahtgewebe armiert, damit sie die Spannungen aushalten. Der verwendete Zementmörtel wird meist mit wasserdichtenden Zusätzen versehen. Der obere Zementestrich erhält bei starken Beanspruchungen Härtemittel, um die Verschleißfestigkeit zu erhöhen.

In Bild 535 ist der zweischichtige Belag mit Unter- und Oberbelag und mit Feuchtigkeitsabdichtung angedeutet, in Bild 533/2,0 ist die Fugenausbildung beim Gartenmann-Belag dargestellt.

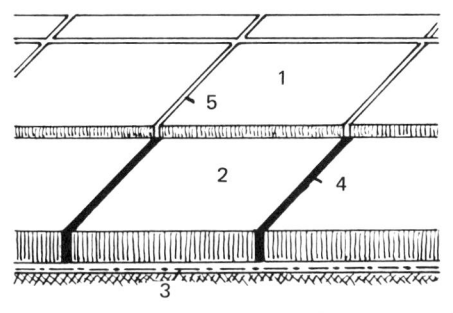

Bild 535 Gartenmann-Belag (begeh- und befahrbare Beläge). 1 Oberbelag, Zementmörtel-Feinschicht evtl. mit Härtemittel. Dehnungsfugen etwa 1 m × 1 m oder rechteckig, 2 Unterbelag mit Drahtgewebe und wasserdichtenden Zusätzen, 3 Feuchtigkeitsisolierung, 4 Dehnungsfugen, in Unterbelag mit Dehnungsfugen in Oberbelag übereinstimmend, Dehnungsfugen in Unterbelag mit Bitumenverguß (Spezialbitumen), 5 Dehnungsfuge in Oberbelag, bleibt offen oder wird mit wasserdurchlässigen Füllstoffen versehen

Die Erfahrungen mit diesem zweischichtigen Estrich sind unterschiedlich. Es liegen gute und schlechte Erfahrungen vor. Als Mangel muß aus der Sicht des Autors angesehen werden, daß das Verguß-Bitumen infolge mangelnder Elastizität mindestens teilweise nicht in der Lage ist, die Temperaturbewegungen auszugleichen. Häufig kommt es, wie festgestellt werden konnte, zu Dehnungs-Additionen einzelner Platten-Felder, so daß enorme Kräfte auf Attika-Aufkantungen, Blechverwahrungen usw. übertragen wurden und diese nach außen schoben. Nicht selten haben auch Abwanderungen in Richtung Gefälle stattgefunden, wenn keine Stützung im Bereich der Traufe oder dgl. vorhanden war. Durch diese Längenänderung kam es natürlich dann auch zu Abrissen in der Dachabdichtung, selbst dann, wenn Gleitpappen untergelegt waren. Nicht selten ist aber auch das Verguß-Bitumen aus der unteren Estrichschicht über die obere ausgewandert. Eine Rückformung hat meist nicht mehr stattgefunden. Dadurch kam es zu einseitigen thermischen Bewegungen, die

Bild 534 Herstellung eines Gartenmannbelages

9. Detailhinweise bei Ausführung von Flachdächern

ebenfalls wieder Spannungsübertragungen nach unten ermöglichen. Schmutz und Pflanzenbewuchs in den »Dehnfugen« sind Schönheitsmängel.
Nach den heutigen Erfahrungen wären folgende Forderungen zu stellen:

1. Das Gefälle bei Anwendung von derartigen Belägen ist auf max. 2° zu beschränken. Bei größerem Gefälle besteht die Gefahr der Abwanderung.
2. Die Fugen sollten nicht mit Verguß-Bitumen gefüllt werden, sondern mit elastischen Fugenmassen, die die Bewegungen in jeder Richtung bei Ausdehnung oder Kontraktion zulassen.
3. Falls Verguß-Bitumen weiterhin verwendet wird, sollten alle 3×3 m mindestens elastische Fugen eingebaut werden, also Flächen von 9 m² sollten in sich durch elastische Dichtungsmassen abgeschlossen sein.
4. Grundsätzlich sind nur erfahrene Fachfirmen mit derartigen Spezialestrichen zu betreuen.

9.2.4.1.3 Gußasphalt-Estriche

Gußasphalt-Estriche werden gerne als fugenlose Terrassenbeläge oder dgl. angeboten. Die Problematik der Gußasphalt-Estriche, die gleichzeitig als Dichtungsschichten gewertet werden, wurde bereits mehrfach genannt. Zwar ist der Gußasphalt als solcher absolut wasserdicht. Die Schwierigkeit liegt jedoch im Bereich der Haus- und Attika-Anschlüsse, der richtigen Gestaltung der sog. Dehnfugen, der Abdichtung an Durchdringungen usw. Bekanntlich unterliegt Gußasphalt ebenfalls sehr starken Temperaturschwankungen und Temperaturbewegungen. Diese müßten in jedem Falle zugelassen werden, wenn wilde Risse im Gußasphalt verhindert werden sollen, da er keine großen Zugspannungen bzw. Biegezugspannungen aufnehmen kann.

Die Dichtungsschichten müssen mindestens 7 mm dick sein. Sie sind für die eigentliche Abdichtung verantwortlich. Zusammensetzung: 12–14% Bitumen B 65, 86–88% mineralische Zuschlagstoffe. Für geringe Begehungen kann B 80 mit 14% Bitumengehalt verwendet werden.

Für nicht begehbare Dächer werden 2 Lagen à 7 mm Asphalt-Mastix ohne besondere Trennlage nacheinander aufgebracht. Die zweite Lage wird nach dem Erkalten der ersten Lage verlegt.

Für begehbare bzw. befahrbare Dachflächen wird die untere Schicht, also die Dichtungsschicht, in 10 mm Stärke ausgeführt. In diese Dichtungsschicht müssen dann die Anschlußdetails eingebaut werden, also evtl. erforderliche Randbleche, Kupferriffelbänder, Dehnfugenbänder usw. Auf diese Dichtungsschicht wird dann ein Gußasphalt von mindestens 20 mm aufgebracht (ca. 8,5% Bitumen, 20% Füller gleich oder kleiner 0,09 mm, 40% Hartsteinsplitt 2–8 mm, Rest Sand).

Die Dachneigung bei der Anwendung von Asphalt-Belägen ist von 0–5° beschränkt. Grundsätzlich sollte man jedoch auch bei Asphalt-Belägen ein gewisses Gefälle herstellen, um das Wasser so schnell wie möglich abzuleiten.

Der Gußasphalt ist in jedem Falle vom Untergrund durch Trennschichten zu trennen, etwa durch dünne Glasvliesbahnen, Natronkraftpapiere, Ölpapiere oder auch geeignete Kunststoff-Folien. Bei Terrassen wird also über der Massivdecke zuerst ein Gefälle-Estrich aufgebracht, über dem dann eine gute Dampfsperre aufgebracht werden muß, da der Gußasphalt als sehr wasserdampfdicht anzusprechen ist. Über einer ausreichenden Wärmedämmung empfiehlt der Autor dann zuerst eine zusätzliche Abdichtung. Falls die Unternehmerfirma jedoch die Garantie übernimmt, kann über der Trennschicht die erste Dichtungsschicht aufgebracht werden (Asphalt-Mastix). Nach Erkalten dieses ersten Auftrages wird der Gußasphalt mit ca. 180–220° aufgetragen. Die erkaltete Mastix-Schicht muß trocken sein. Die Dehnfugen der Mastix-Beläge (nicht Bewegungsfugen der Konstruktion), der Unterschicht und Oberschicht müssen gegeneinander versetzt sein, dürfen also hier nicht übereinander liegen.

Die Erfahrungen des Autors haben gezeigt, daß es sehr schwierig ist, derartige Beläge ohne zusätzliche Feuchtigkeitsabdichtung über Dämmplatten aufzubringen. Es

Maße in mm
- Schutzschicht
- Dichtungsschicht
- Trennlage (gegen Bitumendachpappe und Randblech gestoßen)
- eckiger oder runder Haken
- Voranstrich auf dem Blech
- Fugenvergußmasse wahlweise
- Randblech gefalzt
- Bitumendachpappe, lose aufgelegt
- Hafter
- Dübel

Bild 536   Giebelkante

- Schutzschicht
- Dichtungsschicht
- Trennlage (gegen Bitumendachpappe und Randblech gestoßen)
- Jutestreifen wahlweise
- Voranstrich auf dem Blech
- Fugenvergußmasse wahlweise
- Randblech, Stehfalz aufgelötet
- Bitumendachpappe, lose aufgelegt

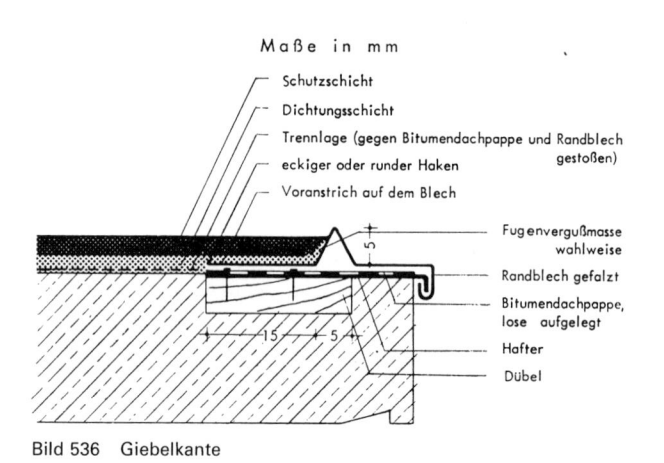

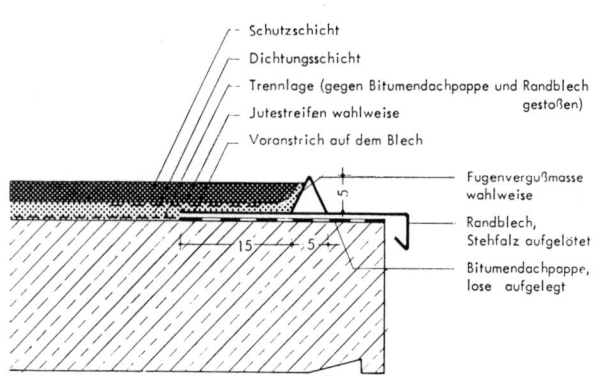

Bild 537   Giebelkante

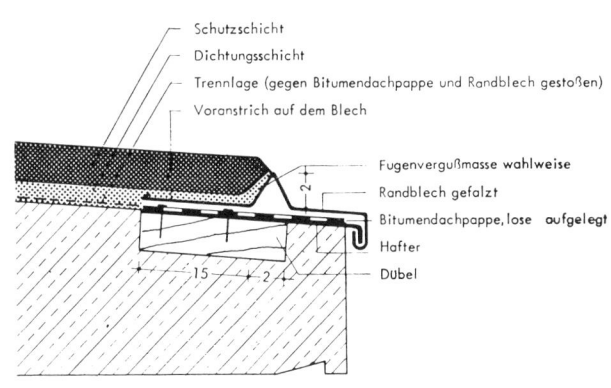

9.2 Parkdecks, Hofkellerdecken, Dachgärten, Terrassen und Balkone

Bild 538 Traufe

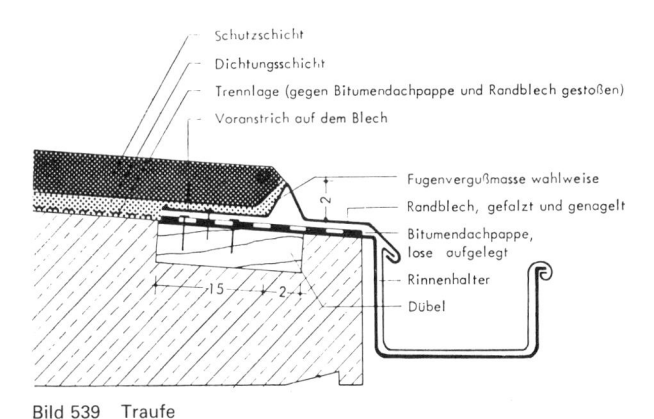

Bild 539 Traufe

Bild 540 Anschlüsse an aufgehende Wände

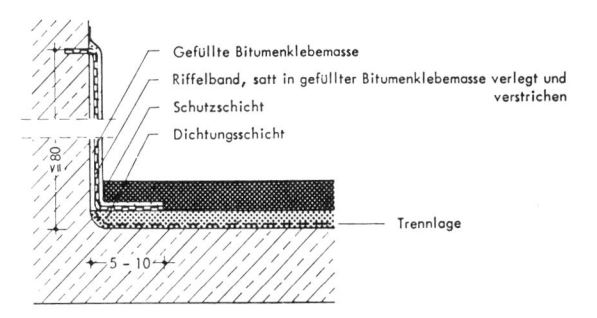

Bild 541 Anschlüsse an aufgehende Wände

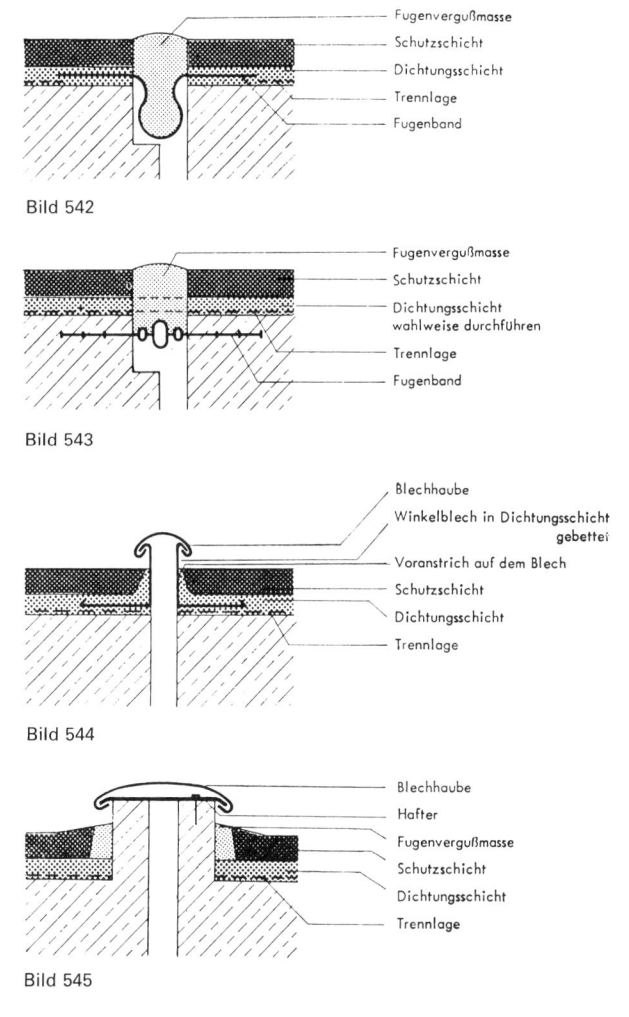

Bild 542

Bild 543

Bild 544

Bild 545

Bild 542–545 Bewegungsfugen

sind nur erfahrene Fachfirmen zu betreuen. Andernfalls empfiehlt es sich in jedem Falle, unter dem Gußasphalt eine Feuchtigkeitsabdichtung anzuordnen, wie sie mehrfach beschrieben wurde (Riffelbänder). Darüber ist dann eine Gleitschicht notwendig, und erst hierauf könnte dann der zweilagige Mastix-Belag aufgebracht werden. Die Dehnfugenaufteilung sollte bei Gußasphalt-Belägen innerhalb der Fläche über Wärmedämmplatten aufgebracht ebenfalls max. ca. 3/3 m betragen. Die Fugen sollten mit elastischem Fugenverguß ausgegossen sein. In den Bildern 536–545 sind einige Details angeführt, die jedoch nicht in jedem Falle die Zustimmung des Autors finden. Insonderheit ist zu beanstanden, daß auch Gußasphalt-Estriche nicht eingespannt werden dürfen, d.h. daß sie im Bereich von Anschlüssen an aufgehenden Wänden usw. eine elastische Fuge haben müssen, da sonst Spannungsrisse im Gußasphalt befürchtet werden müssen. Die Kontraktionsfuge nach dem Erkalten reicht häufig nicht aus. Die Aufbringung der Betondecken ohne Wärmedämmung gemäß Bilder 536–545.

In Rußland werden seit mehreren Jahren auch kalt verarbeitbare Asphalt-Mastix-Beläge hergestellt. Es ist nicht bekannt, ob diese auch in Deutschland ausgeführt werden.

9. Detailhinweise bei Ausführung von Flachdächern

9.2.4.1.4 Plattenbeläge als Stelzbeläge

Aus den vorgenannten Ausführungen kann entnommen werden, daß der große Feind der Terrassenbeläge die Längenänderungen in einem Kompakt-Belag sind, also Plattenbelag mit Mörtelbett oder Estrich oder dgl.

Schon frühzeitig wurde deshalb überlegt, Beläge herzustellen, die diese Probleme ausschließen.

Der Autor hat bereits im Jahre 1956 Stelzbeläge empfohlen, wie sie in Bild Skizze 546 dargestellt sind. Über der Feuchtigkeitsabdichtung ist eine Trennschicht aufgelegt. Es erfolgt dann die Verlegung von Betonplatten in Zementmörtel 1:4, also in weitgehend frostbeständigem Zementmörtel. Dieser Zementmörtel wurde unter den vier Punkten der Betonplatten mit ca. 25 cm $\emptyset$ aufgebracht und die Betonplatten planeben in dieses Mörtelbett eingebracht, wobei die Fugen etwa mit 3–4 mm Abstand belassen wurden.

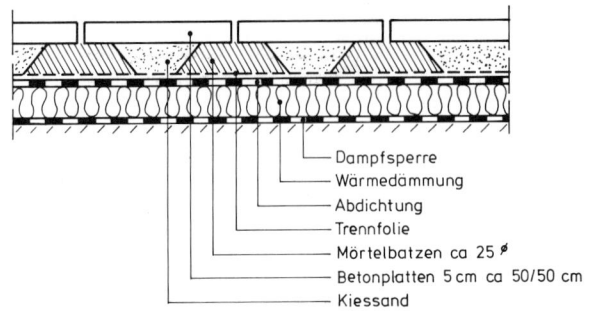

Bild 546 Stelzbelag mit Mörtelunterlage

Die Entwicklung zum Stelzbelag hat naturgemäß etwas Bestechendes. Bei Plattenbelag mit durchgehendem Mörtelbett ist das Gefälle zwingend unter der Wärmedämmung vorgeschrieben. Beim Stelzbelag stand der Gedanke Pate, daß hier ähnlich wie beim Kiesschüttdach eine gefällelose Ausführung möglich ist, d. h. daß hier der Gefällebeton, der statisch große Gewichte mitbringt und schwierige Anschlußpunkte erforderlich macht, weggelassen werden kann. Die Wasserführung kann also im Lufthohlraum erfolgen und kann hier über die Feuchtigkeitsabdichtung in Bodeneinläufe abgeleitet werden.

Ein weiterer und zwar hier primärer Vorteil ist darin zu sehen, daß kein homogenes Mörtelbett mehr vorhanden ist und demzufolge die Temperaturbewegungen und Temperaturspannungen weitgehend wegfallen. Die relativ kleinformatigen jedoch schweren Betonplatten erwirken keine nennenswerten linearen Ausdehnungen, so daß Spannungsübertragungen nach unten ausgeschlossen sind und keine gesonderten Dehnfugen im Bereich der Hausanschlüsse usw. notwendig werden.

Ein weiterer wesentlicher Vorteil ist der, daß die Schocktemperaturen, d. h. die schnellen Wechselwirkungen von der Dachhaut ferngehalten werden, so daß hier mit einer längeren Lebensdauer der Dachhaut gerechnet wird.

Bei entsprechender Einstellung einer elastischen Unterlage unter den Terrassenlagern kann auch eine Trittschallverbesserung erwirkt werden, was ebenfalls als Vorteil zu werten ist.

Nicht zuletzt ist als Vorteil anzusehen, daß derartige Stelzbeläge auch von Dachdeckungsfirmen mitgemacht werden können, so daß die Gesamtleistung und damit die Gewährleistung in einer Hand bleiben.

Vorgenannt beschriebene Vorteile haben sich leider nach Erfahrung des Autors nicht alle eingestellt. Als Nachteile müssen zunächst genannt werden:

1. Im Lufthohlraum kommt es im Sommer nach Messungen zu Aufheiztemperaturen bis zu 50° und mehr. Dies führt dazu, daß das Bitumen bei bituminösen Abdichtungen im freien, also nicht mit Stelzplatten belegten Bereich sich wesentlich stärker aufheizt als im belegten Bereich. *Nicht geeignete Lager* drücken sich demzufolge in die plastische, bituminöse Masse ein. Schäden in den Randbereichen sind besonders bei kleinformatigen Unterlagsplatten zu erwarten.

2. Das Wasser, das bei gefällelosen Dächern in die Bodeneinläufe ablaufen soll, läuft leider infolge der Unebenheiten nicht gleichmäßig ab. Durch Pfützenbildung entsteht besonders im Sommer altes, z. T. übel riechendes Wasser, das außerdem mit Staub- und Laubablagerungen durchsetzt ist. Auch der gesamte Schmutz der Terrasse wird durch die Fugen nach unten abgelagert. Häufig wachsen nach Erfahrung des Autors Pflanzen aus den Fugen. Auch Ungeziefer hat sich z. T. schon in diesen Lufträumen angesammelt. Besonders bei längeren Trockenperioden sind schon Klagen von Bewohnern laut geworden.

Der Autor hat deswegen schon frühzeitig den Luftraum zwischen den Mörtelbatzen gemäß Bild 546 mit Kies-Sand etwa bis 1 cm unter den Plattenbelag ausgefüllt, der lediglich die Aufgabe hatte, die vorgenannten bauphysikalischen und ästhetischen Probleme weitgehend zu eliminieren. Es wurde ein Riesel 3/7 mm gewählt, um die Wasserableitung zu gewährleisten. Konstruktionen dieser Art haben sich bis heute gut bewährt.

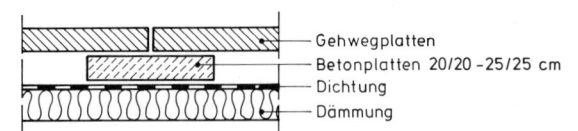

Bild 547 Stelzbelag mit Unterlagsplatten

Anstelle der Mörtelbatzen, die bereits betontechnologische Kenntnisse voraussetzen, haben Dachdeckungsfirmen Beton-Unterlagsplatten verwendet im Format 20/20 oder 25/25 cm, so wie sie im Fachhandel erhältlich waren. In Bild Skizze 547 ist dies dargestellt. Die verlegetechnischen Vorteile für den Dachdecker lagen auf der Hand. Die Unebenheiten wurden und werden mit Unterlagsmanschetten ausgeglichen, die z. T. aus Bitumenpappen oder aus Asbest-Zementplatten oder dgl. gewählt wurden. Die verlegetechnischen Vorteile brachten jedoch leider auch Nachteile mit sich. Die

9.2 Parkdecks, Hofkellerdecken, Dachgärten, Terrassen und Balkone

Bild 548 von links nach rechts: »terring«, Plattenverlegung, Schnitt

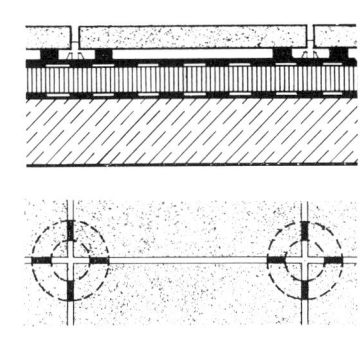

scharfkantigen Unterlagsplatten haben sich teilweise bei der Belastung in die Feuchtigkeitsabdichtung eingedrückt und diese entweder zerstört oder so angegriffen, daß z.T. Feuchtigkeitseinbrüche zustande kamen. Durch die Unebenheiten und durch die oft zahlreichen notwendigen Unterlagsplättchen und Eindrückungen in das Bitumen ergaben sich und ergeben sich laufend Unebenheiten im Oberbelag, so daß Einzelplatten bei Begehen hochschnappen. Durch Herausnehmen der lose verlegten Platten und weiteres Auflegen von Unterlagsmaterial versuchte und versucht man derartige Unebenheiten auszugleichen bzw. Eindrückungen in der Dachhaut und in die Wärmedämmung zu egalisieren. Ein Dauererfolg ist jedoch kaum zu erwarten.

Andere haben sich damit geholfen, daß sie über oder unter den Betonplatten dann noch eine Mörtelschicht aufgebracht haben, um das Unterlegen von Unterlagsmaterial auszuschalten. Es stellt sich hier die Frage, warum man dann nicht gleich wieder zum Mörtelbatzen-Prinzip zurückgekehrt ist?

In den letzten Jahren hat sich nun die Industrie dieses Problems angenommen, ohne jedoch, wie vorausgesagt werden muß, die bauphysikalischen und technischen Gegebenheiten genau zu untersuchen. Die Aufstelzung wird durch kleinformatige Gummi-Unterlagsscheiben oder dgl. erbracht. In Bild 548 ist ein derartiges System dargestellt.

Der Autor und andere mußten bereits verschiedentlich derartige Elemente wieder ausbauen, da sie sich so in die Bitumenmasse eingepreßt haben, daß Beschädigungen in den Dachdichtungsbahnen entstanden sind. Auch konnte von einer Luftschicht nicht mehr gesprochen werden. In einem Falle ist in dieser Luftschicht ein Blitzableiter angeordnet worden. Durch die Komprimierung der Wärmedämmung und der Dachabdichtung unter der kleinen Punktbelastung hat sich dann der Blitzableiter ebenfalls in die Dachabdichtung eingefressen. Derartige Systeme können also nur dort empfohlen werden, wo keine komprimierbare Wärmedämmung vorhanden ist, also Verlegung auf Betonplatten oder dgl. oder bei nicht bituminösen Dachbelägen, wenngleich auch dort das Problem der Unterfütterung bei Vorhandensein einer noch komprimierbaren Wärmedämmung genauso gegeben ist.

Um das lästige Unterlegen von Unterlagsmaterial auszuschalten, haben andere Hersteller die sog. höhenverstellbaren Stelzlager auf den Markt gebracht. In Bild 549 ist ein derartiges Stelzlager aus Kunststoff dargestellt. Die Ausbildung von Bewegungsfugen im Belag erübrigt sich. Die Verlegung erfolgt mit vorgefertigten Elementen. Arbeits- und Zeitaufwand werden geringer.

Alle Arbeiten werden vom gleichen Handwerker ausgeführt und damit bleibt die Gewährleistung in einer Hand.

Damit wird die Terrasse preiswerter ausgeführt und bietet mehr Sicherheit.

Schon bei der Planung müssen sorgfältige Überlegungen im Hinblick auf die konstruktive Ausbildung sowie auf die Materialauswahl getroffen werden. Ausgehend vom klassischen Dachaufbau, der die besten Voraus-

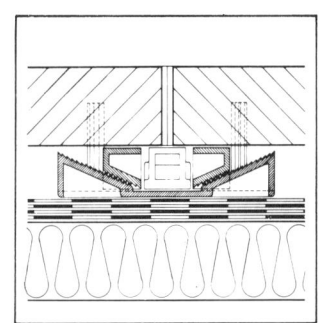

Bild 549
alwitra-Stelzlager PE 15
höhenverstellbar von 30–45 mm

9. Detailhinweise bei Ausführung von Flachdächern

Bild 550 alwitra-Stelzlager PA 20 ist nach der Verlegung des Terrassen-Belages nach oben und unten durch die Fuge stufenlos verstellbar (von 30 bis 50 mm)

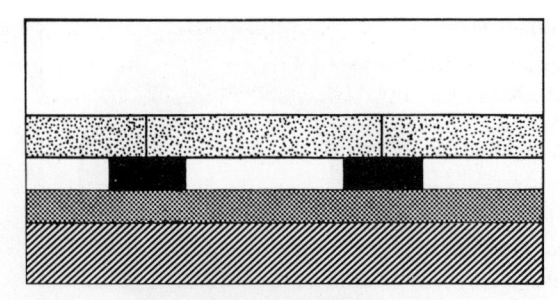

Schnitt durch einen isolierten Terrassenaufbau

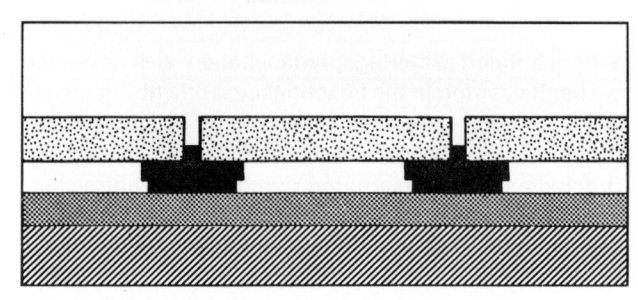

übo-Abstandhalter »Standard« mit aufgesetzter Fugenhaube für das Verlegen mit Fuge

Bild 551 PU-Hartschaum-Spezialplatten als Unterlage

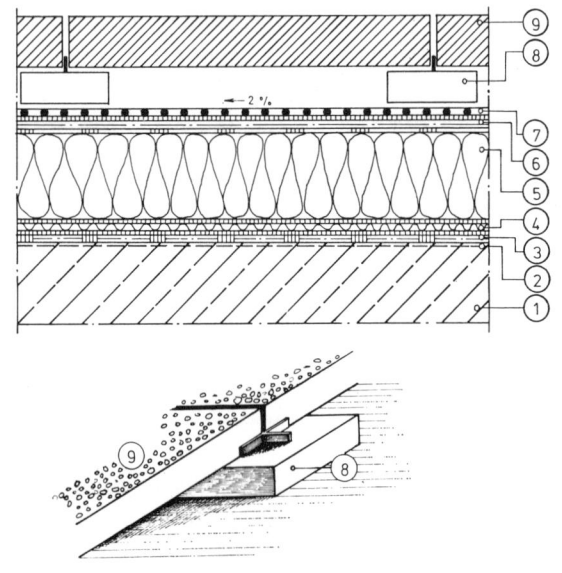

Bild 552 Terrasse mit Kunststoff-Abdichtung. 1 Beton, 2 Kaltbitumenvoranstrich, 3 Ausgleichsschicht, 4 Dampfsperrschicht, 5 Wärmedämmschicht, 6 Dampfdruckausgleichsschicht, 7 RHEPANOL f oder dgl., 8 Auflager, extrudiertes Polystyrol (15/15/4 cm) mit Abstandskreuz aus PVC hart, 9 Betonplattenbelag

setzungen für das Terrassendach bietet, müssen die Überlegungen bei der Dampfsperre beginnen. Es muß eine vollwirksame Dampfsperre verlegt werden, weil sonst durch Dampfdiffusion Feuchtigkeit in die Dämmschicht kondensiert. Die Dämmschicht muß ausreichend druckfest sein, weil über diese die Lasten auf die tragende Konstruktion übertragen werden.

Die DIN 1055 (Lastannahmen für Bauten) verlangt bei Terrassen eine Nutzlast von 500 kp/m^2 (einschl. Stoßzuschlag). Rechnet man das Eigengewicht des 5 cm dikken Gehbelages hinzu, so ergibt sich eine Gesamtbelastung von 620 kp/m^2. Bei Plattengröße 50/50 cm (4 Stück/m^2), errechnet sich daraus eine Belastung von 620 : 4 = 155 kp/Stelzlager.

Das alwitra-Stelzlager PA 20 (Bild 550) hat eine Grundfläche von 164 cm^2. Der Flächendruck auf die Dachhaut bzw. die Wärmedämmschicht beträgt damit 155 kp : 164 cm^2 = 0,95 kp/cm^2. Trotzdem sollte für die Wärmedämmschicht ein Material mit einer Druckfestigkeit von 2 kp/cm^2 gefordert werden. Das entspricht bei geschäumten Kunststoffen einem Raumgewicht von mindestens 30 kp/m^3.

Die Abdichtung kann mit Bitumen- oder Kunststoffdichtungsbahnen ausgeführt werden. In beiden Fällen ist zu beachten, daß druckunempfindliche Bahnen verwendet werden. Bei bituminösen Abdichtungen ist die Verwendung von Bitumen 85/25 üblich. Insbesondere bei Terrassenabdichtungen muß darauf geachtet werden, daß auch das Bitumen der Dichtungsbahnen den Erweichungspunkt von 85°C nicht unterschreitet.

Die übliche Bitumenabdichtung – 3lagig mit Heißbitumenabstrich von 1,5–2 kp/m^2 – stellt keine Probleme dar.

Bei Kunststoffdichtungsbahnen ist darauf zu achten, daß keine druckempfindlichen Bahnen (kalter Fluß) zur Verwendung kommen.

In Bild 551 ist eine Unterlagsplatte aus Polyurethan-Hartschaum dargestellt für gestoßene Plattenverlegung und eine Lösung mit darüber aufgestülpter Fugenhaube, die 5 mm breite Fugen erwirkt.

Eine ähnliche Lösung ist in Bild 552 mit extrudierten Polystyrol-Hartschaumplatten dargestellt, ebenfalls mit einem Abstandskreuz aus PVC, falls Fugen erwünscht sind. Derart weiche Unterlagsplatten sind besonders bei Kunststoff-Dachdichtungen erforderlich.

Zweifellos sind derartige Kunststoff-Unterlagsplatten etwas günstiger zu bewerten, können jedoch letzten En-

9.2 Parkdecks, Hofkellerdecken, Dachgärten, Terrassen und Balkone

des die physikalischen Nachteile derartiger Punktbelastungen auf bituminösen Abdichtungen nicht ausgleichen. Auch hier muß man besonders bei komprimierbaren Wärmedämmstoffen im Laufe der Zeit mit Einsinkungen rechnen. Das Ei des Columbus ist nach den Erfahrungen des Autors mit diesen Stelzbelägen nicht gefunden. Lösungen mit Formteilen und eingebrachter Mörtelmasse kommt der Lösung Bild 546 am nächsten. Warum dann nicht gleich einfacher? Einige Details bei Holzbelägen.

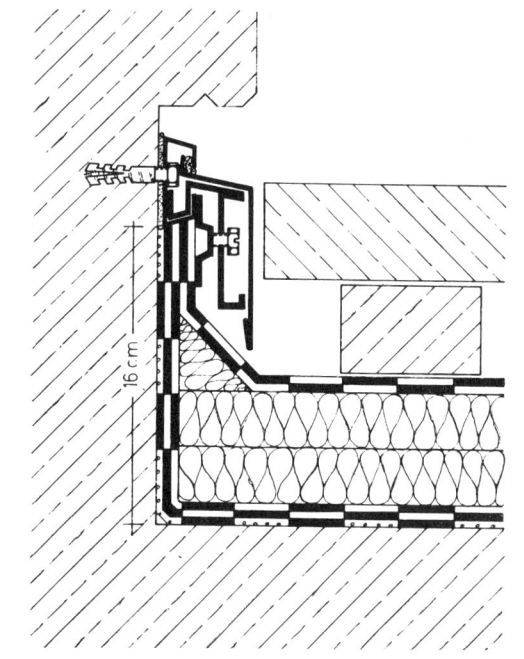

Bild 553 Wandanschluß (BSV)

In Bild 553 ist ein Wandanschluß bei Stelzbelägen dargestellt. Die Oberkante Feuchtigkeitsabdichtung liegt jedoch bei dieser Darstellung unterhalb Oberkante Plattenbelag. Bei offenen Fugen des Plattenbelages könnte eine derartige Lösung noch zugelassen werden, wenngleich auch hier im Winter die Gefahr besteht, daß über den ganzen Plattenbelag eine Eisschicht gegeben ist, und daß bei einer schnellen Schneeschmelze das Wasser dann in diesen zu niedrig angeschlossenen Wandbereich eingeführt wird, bzw. daß Rückstauwasser sich dann hinter der Feuchtigkeitsabdichtung in die Druckausgleichsschichten usw. einschleicht. Hier müßte also gemäß Bild 554 verfahren werden, d.h. die Feuchtigkeitsabdichtung sollte 4–6 cm höher geführt werden als Oberkante Plattenbelag. Bei dieser Darstellung ist eine Rückstaudurchfeuchtung in keinem Falle möglich. Im übrigen gestattet dieses Wandanschluß-Profil (MS-Profil) einen wirkungsvollen Dampfdruckausgleich durch eine obere Öffnung im Profil (s. Pfeil). Dadurch ist es auch bei Terrassen ohne Rückstaugefahr möglich, die Dampfdruckausgleichsschicht wirkungsvoll anzuschließen. Außerdem ist hier zwingend eine Fuge geschaffen für die Einbringung eines dauerelastischen Kittes.

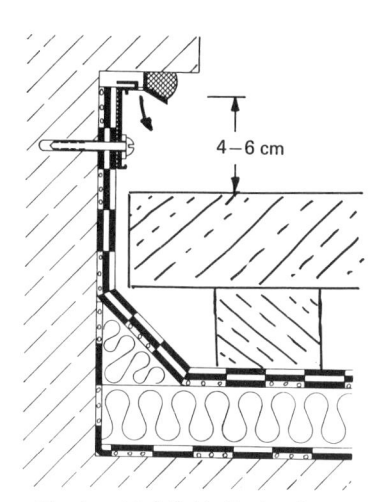

Bild 554 Guter Wandanschluß (Schierling), aufgesetzt, nachträgliche Montage

Die Wasserentspannung kann also bei derartigen Wandanschlüssen in den darunterliegenden Luftraum erfolgen.
In Bild 555 ist ein Bodeneinlauf dargestellt (FZ). Mit einem sichtbaren Abdeckrost. Dieser ist besonders geeignet bei gestoßenen Fugen der Betonplatten. Bei gestoßenen Platten läuft ein Teil des Wassers auch direkt in die Bodeneinläufe, besonders eben im Winter, wenn die Fugen durch Eis oder Schnee geschlossen sind. Der sichtbare Bodeneinlauf kann also Vorteile in diesem Falle haben.

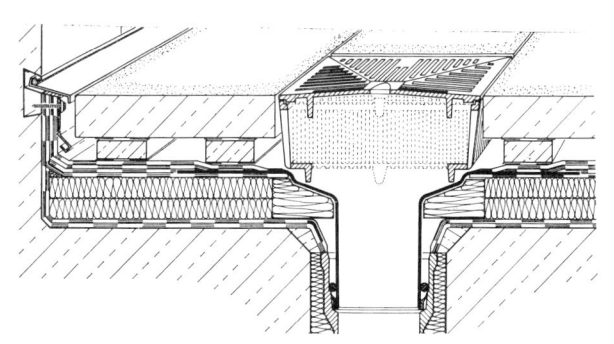

Bild 555 Offener Bodeneinlauf FZ

Bei offenen Plattenfugen, also mit 5–8 m Abstand je nach System kann aber auch der Bodeneinlauf verdeckt hergestellt werden, wie dies aus Bild 556 zu entnehmen ist. Es muß allerdings zwischen Einlaufsieb und zwischen Unterkante Betonplatte noch ein ausreichender Raum zur Verfügung stehen. Unter der Betonplatte, die über dem Bodeneinlauf angeordnet wird, wird jedoch im Winter sehr starke Kondensatfeuchtigkeit auftreten, wenn der Bodeneinlauf keinen Geruchsverschluß hat.
Bezüglich des Geruchsverschlusses bei Terrassen muß angemerkt werden, daß dieser auf alle Fälle angeordnet werden soll. Er kann zwar nicht unmittelbar in den Bodeneinlauf eingebaut werden, wie dies z.B. bei inneren

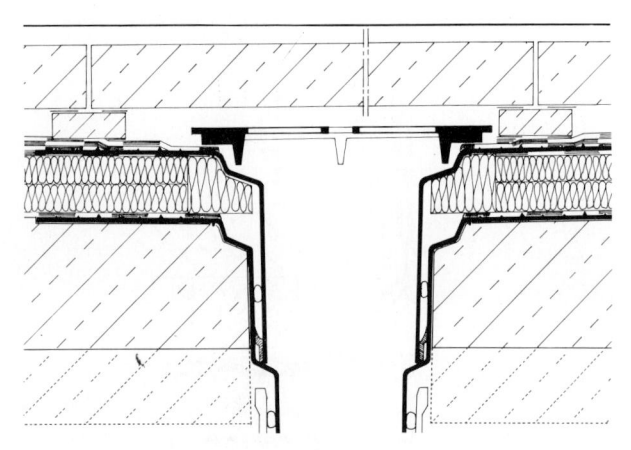

9. Detailhinweise bei Ausführung von Flachdächern

Bild 556 Verdeckter Bodeneinlauf

Bodeneinläufen der Fall ist, da Einfrier- und damit Sprengungsgefahr gegeben ist, es sei denn, er wird beheizt. Der Geruchsverschluß muß bei Nichtheizung in einem frostsicheren Bereich etwa im inneren Ablaufrohrsystem angeordnet werden, so daß keine Kanaldämpfe und damit Kanalgerüche über den Bodeneinlauf austreten. Derartige Gasaustritte können die Benutzung der Terrasse besonders in Sonnenmonaten erheblich in Frage stellen.

9.2.4.1.5 Betonplatten in Kies verlegt

Bei der Verlegung von Terrassenplatten in Kies wird völlig auf eine Luftschicht verzichtet. Die Platten werden also ähnlich wie gegen Grund lediglich in ein Kiesbett gelegt, das ca. 4–5 cm stark aufgetragen wird.

Der Systemaufbau ist also ähnlich wie beim Kiesschüttdach, lediglich daß über der Kiesschüttung noch Gehwegplatten aus Beton oder Waschbetonplatten aufgelegt werden. Aus Bild 557 kann der Systemaufbau abgelesen werden. Über der dreilagigen Abdichtung mit Deckaufstrich kann zur Verhinderung, daß sich der Riesel gegebenenfalls bei Verlegung in warmer Jahreszeit in das Bitumen eindrückt, eine PE-Folie oder eine andere Trennschicht lose eingelegt werden. Bei einlagiger Rieselverlegung empfiehlt sich Korngröße 3/7 mm oder auch noch 7/15 mm. Die Betonplatten sollen ca. 5 cm stark und sollten das Format 50 × 50 cm nicht unterschreiten, damit sie durch ihr Eigengewicht satt aufliegen und nicht verrutschen.

Im allgemeinen braucht bei dieser Verlegeart ein Fugenabstand nicht gemacht zu werden. Die Platten können also stumpf aneinanderstoßen. Wenn jedoch ein Fugenabstand gewünscht ist, dann muß dieser ebenfalls mit Riesel, wie in der Skizze dargestellt, ausgefüllt werden, damit die Platten nicht verrutschen. Besser ist es jedoch, ohne Fugenabstand zu arbeiten. Die Wasserentspannung kann auch durch die gestoßenen Fugen erfolgen, besonders auch über die Randanschlüsse zur Attika bzw. zum Hausanschluß. Hier empfiehlt es sich, bei derartigen Verlegungen die Betonplatten nicht ganz bis zum Rande heran zu verlegen und hier gegebenenfalls einen Kiesstreifen als Abstand zu lassen, besonders bei sehr hohen Hausfassaden, bei denen also viel Wasser von oben abläuft.

Terrassendächer mit Kies als Unterlage können genauso wie Stelzbeläge planeben ausgeführt werden. Die Wasserableitung erfolgt innerhalb der wasserdurchlässigen Kiesschicht in die Bodeneinläufe. Voraussetzung hierfür ist jedoch, daß tatsächlich eine Kiesmischung gewählt wird, die eine Wasserentspannung zuläßt. Häufig werden in Unkenntnis der Wirkungsweise der Kiesschüttung die Platten in Kies-Sand verlegt, d. h. in eine Unterlagsmasse, die das Wasser nur sehr schlecht entspannen läßt. Wenn dann noch das Feinkorn im Laufe der Zeit im Bereich der Bodeneinläufe angestaut wird, dann kommt es zu einem erheblichen Wasserstau auf dem Dach, der u. U. über Oberkante Plattenbelag ansteigen kann. Wenn dann die Feuchtigkeitsabdichtung etwa wie in Bild 558 dargestellt zu niedrig angeordnet wird, dann läuft das Wasser hinter die Feuchtigkeitsabdichtung ein. Gerade die Türschwellen sind ein besonders gefährlicher Punkt. Leider werden derartige Türschwellen immer wieder zu niedrig ausgeführt, wie bereits zuvor angeführt. Hier kann es dann in den Wohnungen zu völligen Unterfeuchtungen von schwimmenden Estrichen oder dgl. kommen.

Gleichermaßen ungünstig ist es aber auch, zuerst unten eine Kiesschicht aufzubringen und dann die Terrassenplatten in Sand zu verlegen (zweilagig). In kürzester Zeit durchmischt sich der Sand mit dem Kies, wenn nicht zwischen Kies und Sand eine Filterschicht angeordnet wird, etwa aus einem Roh-Glasvlies mit zugfesten Verstärkungseinlagen oder dgl., die verhindert, daß Sand durchgeschwemmt wird. Feinsand dürfte auf keinen Fall verwendet werden.

Bei Verwendung von Riesel als Unterlage vorgenannter Körnung entsteht eine derartige Rückstaudurchfeuchtung im allgemeinen nicht. Trotzdem sollte, wie bereits angeführt, die Feuchtigkeitsabdichtung an allen kritischen Punkten ca. 4–6 cm über Oberkante Plattenbelag heraufgeführt werden. In Bild 558 ist ein Anschluß an

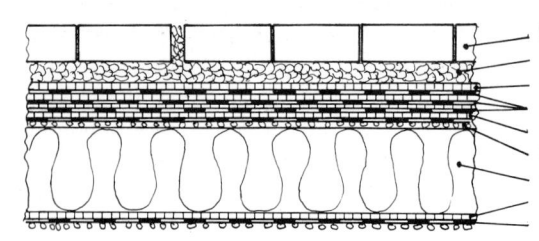

Beton-/Waschbetonplatten
5 cm Rollsplitt 3 - 7 mm
Bitumen-Heißspachtel 3 kg/m^2
3-lagige Abdichtung
Bitumenklebeschicht
Druckausgleichsschicht
Wärmedämmung
Bitumenklebeschicht
Dampfsperre mit Druckausgleich

Bild 557 Begehbarer Plattenbelag

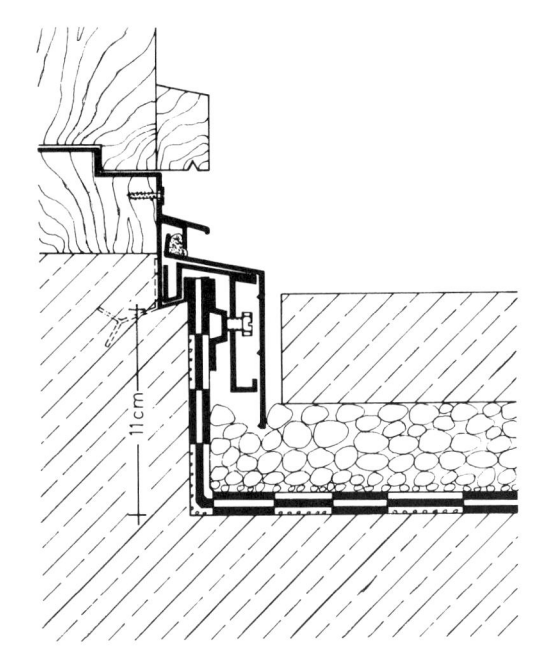

9.2 Parkdecks, Hofkellerdecken, Dachgärten, Terrassen und Balkone

Bild 558 (BSV) Guter Anschluß, jedoch Abdichtung 5–6 cm höher führen gegen Rückstau, in Ecke Eiskeil unter Abdichtung

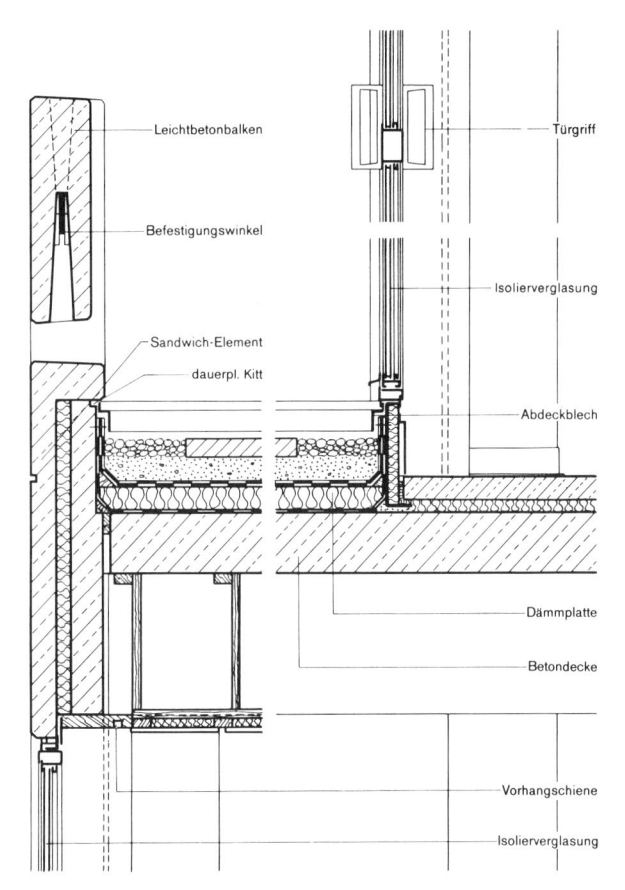

Bild 559 Guter Rand- und Türanschluß

eine Türschwelle dargestellt. Hier sollten also anstelle der eingezeichneten 11 cm ca. 16 cm für die Anordnung des Profiles gewählt werden, d.h. die Türschwelle müßte etwas höher sitzen. Dieses günstige Anschluß-Profil, das ebenfalls einen Dampfdruckausgleich gestattet, beinhaltet, wenn es zu nieder eingesetzt wird, natürlich die Gefahr, daß gegebenenfalls auch Rückstauwasser über diese Dampfdruckausgleichsschicht eindringen kann. Durch die Kies-Filterschicht kommt zweifellos eine gewisse Bremsung des Wasserlaufes zustande (entgegen dem Stelzbelag). Dieser Bremswirkung muß durch eine höher geführte Feuchtigkeitsabdichtung Rechnung getragen werden.

In Bild 559 ist im System ein richtiger Attika- und Türanschluß dargestellt. Hier ist auch ersichtlich, daß innerhalb eines Kiesschüttdaches wahllos einzelne Felder mit Platten belegt werden können. Während der Kies für die Plattenverlegung etwa mit einer Körnung 3/7 mm ausgeführt wird, wird dann der anschließende Kies mit einer groberen Körnung 15/30 mm aufgeschüttet. Die Abdichtung ist in diesem Bild hoch genug heraufgeführt, so daß in keinem Falle Rückstaudurchfeuchtung eintreten kann.

Die Kiesschicht hat bauphysikalisch gesehen eine sehr günstige Wirkung auf die Dachhaut. Diese bleibt ebenfalls weitgehend im gleichen feuchten Milieu, d.h. sie unterliegt nicht der dauernden Wechselwirkung, so daß ähnliche günstige Einflüsse gegeben sind wie beim gefällelosen Kiesschüttdach. Durch die Betonplatten selber werden naturgemäß zusätzlich noch Wärmeeinstrahlungen verhindert, so daß der Kies im allgemeinen nicht in die bituminöse Masse eingedrückt werden kann. Vorraussetzung ist Verlegung bei nicht zu heißem Wetter!

Selbstverständlich können anstelle von bituminösen Abdichtungen auch geeignete Kunststoffbahnen oder dgl. verwendet werden unter der Voraussetzung, daß diese mechanisch ausreichend beständig sind. In Zweifelsfällen empfiehlt es sich, die Dachhaut mit einer zusätzlichen verträglichen Schutzschicht zu versehen. Außer den vorgenannten PE-Folien können über sämtlichen Feuchtigkeits-Abdichtungsarten auch gummiähnliche Polyurethan-Matten nach Bild 560 aufgelegt werden, die in Größen von 125/240 cm und in verschiedenen Dicken zur Verfügung stehen.

Bild 560 Isolierschutzplatten (übo)

Gelegentlich werden auch über einer feinkörnigen Kiesschüttung die Platten in Mörtel verlegt. Es ist dann folgender Aufbau zu empfehlen:

9. Detailhinweise bei Ausführung von Flachdächern

1. Kiesschicht ca. 4–5 cm stark, Körnung 3/7 mm.
2. 1 Roh-Glasvliesbahn zur Vermeidung durchlaufender Betonmilch lose auf den Kies aufgelegt.
3. Zementmörtel, mindestens 35, besser 40 mm stark und hierauf dann Plattenbelag.

Diese vorgenannte Lösung wird besonders dann bevorzugt, wenn kleinformatige Platten verlegt werden sollen. Voraussetzung ist jedoch auch hier, wie bereits beim Belag in Mörtelbett beschrieben, daß sowohl Plattenbelag als auch Mörtelbett in Dehnfugenfelder aufgeteilt werden.

Die Vorstellung geht dahin, daß das Wasser, das von oben einläuft, durch die Roh-Glasvliesbahn in die Kiesschicht entspannt und von hier dann in die Bodeneinläufe abgeführt wird.

Bei der Plattenverlegung in Kies läßt sich eine Regulierung etwa einseitig etwas eingesunkener Platten ohne weiteres durchführen. Diese Platten können bequem herausgenommen und gegebenenfalls durch etwas Einfüllen von Kies wieder planeben verlegt werden. Bei Verlegung in Mörtel über dem Kies ist dies jedoch schwierig. Die Platten sind fest und können nicht mehr reguliert werden.

Die Wasserabführung sollte im allgemeinen bei Terrassen, wie schon mehrfach angeführt, durch einen Bodeneinlauf vorgenommen werden. In Bild 561 ist ein derartiger Bodeneinlauf (Bauder-Gully) mit schrägem Abgang dargestellt. Es ist ersichtlich, daß hier die Wasserentspannung unter den Betonplatten über dem Aufsetzsieb erfolgen kann. Außerdem kann auch hier das Wasser über den Betonplatten ablaufen.

Wenn eine Entwässerung über eine Rinne jedoch nicht ausgeschlossen werden kann, dann empfiehlt sich eine Lösung, wie sie in Bild 562 dargestellt ist. Durch einen Rinnenstein mit Kanaldurchlässen kann die Wasserentspannung in die Rinne stattfinden. Anstelle dessen könnten aber auch normale Platten etwa mit 3 cm Abstand verlegt werden, wenn hinter diese Platten dann noch ein engmaschiges Drahtgewebe angeordnet wird, das verhindert, daß der Kies nach außen abwandern kann, da derartige Rillensteine kaum zu erhalten sind. Es soll hier lediglich die Möglichkeit dargestellt werden, wie eine Entwässerung nach außen funktionieren kann.

Bezüglich der Verwendung der Gehwegplatten ist lediglich zu fordern, daß diese Gehwegplatten aus Beton der DIN 485 entsprechen müssen, d.h. eine ausreichende Biegefestigkeit, Verschleißfestigkeit und Frostbeständigkeit aufweisen. Wird ein Vorsatzbeton hergestellt (Waschbetonplatten), dann muß die Vorsatzstärke mindestens 1 cm dick sein und muß mit dem Unterbeton gut verbunden sein, so daß keine schädlichen inneren Spannungen auftreten können. Die Platten können je nach Wunsch hell, dunkel oder auch farbig hergestellt werden, wobei bei zweischichtigen Platten in der Regel nur der Vorsatzbeton die gewünschte Farbe aufweist.

Anstelle von Betonplatten können auch bedingt in sich verzahnte Pflastersteine oder dgl. verwendet werden, wenn diese in den Randbereichen eingespannt werden können, damit sie nicht wegen der Kleinformatigkeit ausweichen. Es besteht naturgemäß bei derartigen kleinformatigen Platten eher die Gefahr bei punktweiser Belastung, daß sie eingedrückt werden, was bei großformatigen Platten nicht der Fall ist. Wenn also derartige kleinformatige Platten gewünscht werden, dann sollte zuerst über der Kiesschicht, wie bereits angeführt, ein Estrich aufgebracht werden. Erst über diesen könnten dann die in sich verzahnten Pflastersteine in Sand oder

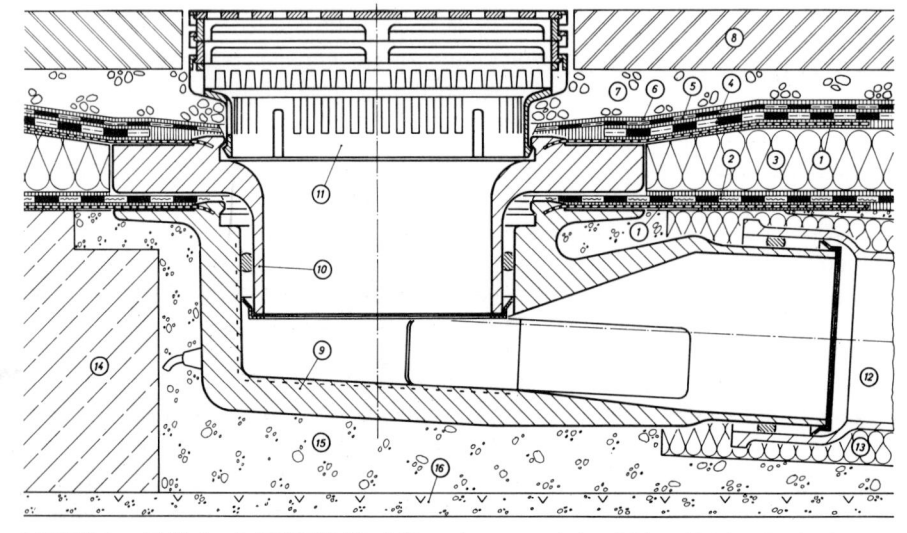

Bild 561 GULLY 3° abgewinkelt, heizbar, 2etagig, mit Universalsieb, eingebaut in Warmdachkonstruktion mit Terrassenbelag

1 GULLY-Anschlußfolie, 2 JUBITEKT VA 4 (Dampfsperre und Ausgleichsschicht), 3 THERMOTEKTO (Wärmedämmschicht), 4 JUBITEKT G 5 (Schweißbahn-Abdichtung), 5 BAUBIT G 200 (Oberlage der Abdichtung), 6 BAUBIT Sp 11 W (Oberflächen-Schutzschicht), 7 Kiesbett, 8 Terrassenplatten-Belag, 9 GULLY-Einlauftrichter, 3° abgewinkelt, heizbar, mit werkseitig eingebundener Anschlußfolie, 10 Aufstocktrichter mit werkseitig eingebundener Anschlußfolie und Mengenringen A+I, 11 BAUDER-Universalsieb mit Ausgleichsstücken, 12 Ablaufrohr, 13 Wärmedämmung um Ablaufrohr, 14 Konstruktions- und Gefällebeton, 15 Mörtelhinterfüllung, 16 Innenputz mit Rippenstreckmetall

9.2 Parkdecks, Hofkellerdecken, Dachgärten, Terrassen und Balkone

Wärmedämmung gemäß Bild 563 gelegt werden können. Es ist allerdings zu bezweifeln, ob diese Platten einwandfrei liegen. Hier müßte in jedem Falle eine gewisse Unterlage vorhanden sein, da die Oberfläche der Wärmedämmplatten mit Sicherheit nicht planeben ist. Hier müßte also noch ein Unterlagssystem, etwa ebenfalls aus Polystyrol-Platten, angewandt werden, oder die Gehwegplatten müßten auch hier in 1–2 cm Kies eingelegt werden.

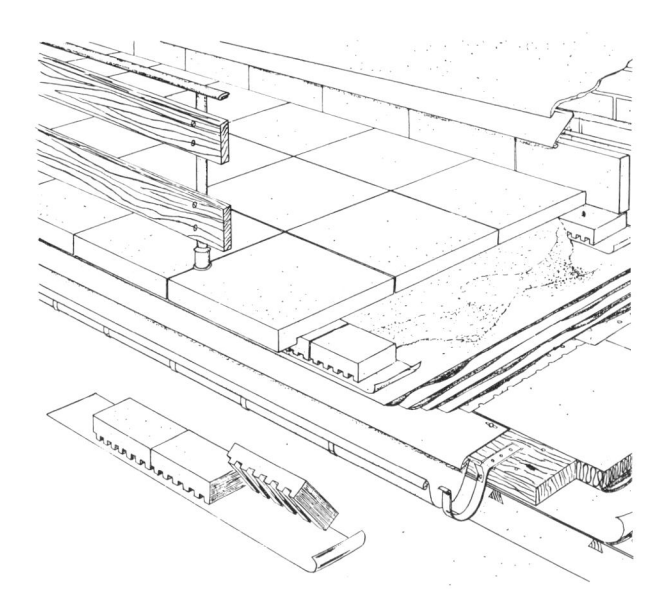

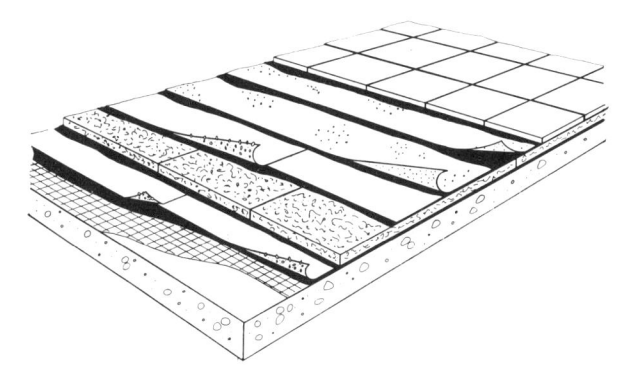

Bild 562 Entwässerung in Rinne

Beispiel eines wärmegedämmten Terrassendaches

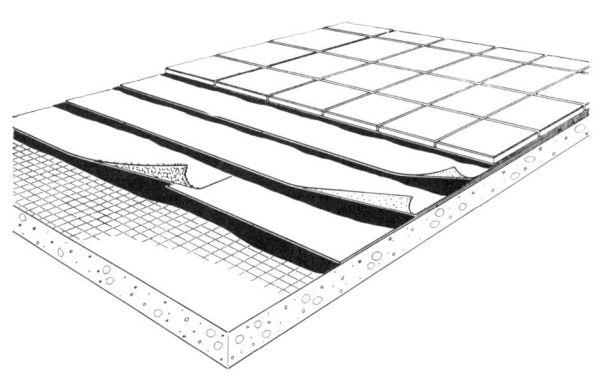

Beispiel einer Terrassenplattenverlegung bei Balkonböden

Bild 564 Eternitplatten als Belag

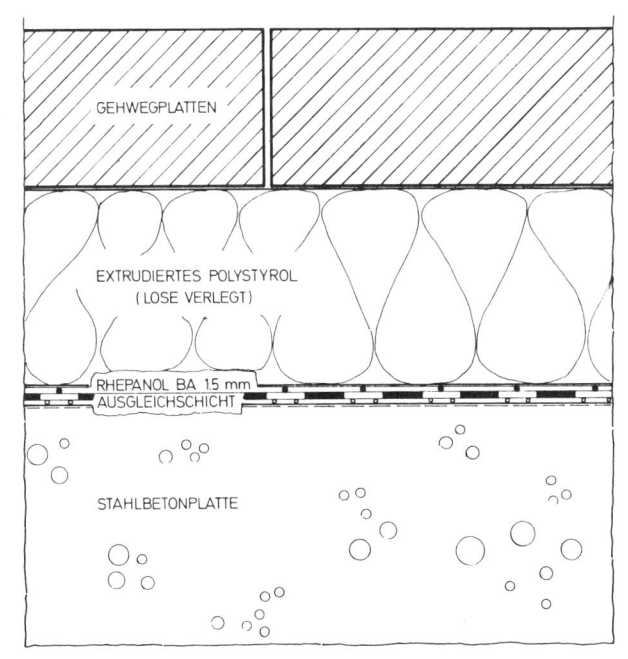

Bild 563 Terrassenbelag beim umgekehrten Dach

in Mörtel verlegt werden. Gut eignen sich auch großformatige, geschnittene Natursteinplatten.
Anstelle von Betonplatten werden auf dem Markt auch Betonplatten mit elastischer Auflage angeboten. Die Platten bestehen aus einem Rückbeton, einem Vorsatzbeton und einer Gummimatte mit oberer Verschleißschicht, die noppenförmig in der Betonplatte verankert ist. Diese Betonplatten sind besonders geeignet für Kindergärten, Spiel- und Gymnastikplätze oder dgl., zur Vermeidung von Verletzungen.
Abschließend sei noch bemerkt, daß auch beim sog. umgekehrten Dach die Gehwegplatten direkt auf die

Neuerdings werden auch sog. geklebte Terrassenbeläge angeboten, etwa dergestalt, daß über der Feuchtigkeitsabdichtung 9 mm starke Asbest-Zementplatten 30/30 cm angeboten werden, die mit heißflüssiger Spezial-Bitumenmasse (standfest) aufgeklebt werden. Dem Autor liegen Erfahrungen über diese Art der Terrassenplatten noch nicht vor. Sicher ist jedoch, daß es sich hier um eine Einfachstbauweise handelt, die zweifellos die Gefahr beinhaltet, daß bei Einzelpunktbelastungen Bitumeneinpressungen möglich werden. Eine Verlegung bei wärmegedämmten Terrassen ist also fragwürdig, während sie bei Verlegung auf Betonplatten ohne Wärmedämmung eine Möglichkeit darstellt. In Bild 564 ist das System bei Verlegung mit und ohne Wärmedämmung dargestellt.

9.2.5 Balkone

Wie bereits bereits angeführt, werden unter Balkonen über die Außenwände auskragende Betonplatten verstanden, die also allseitig dem Außenklima ausgesetzt sind. Bei den Balkonen müssen drei Problemkreise beachtet werden:

1. Temperaturspannungen.
2. Wärmebrücken.
3. Feuchtigkeitsabdichtung und Wasserabführung.

Zu 1. Temperaturbewegungen

Bei längeren Balkonplatten, besonders an Süd- und Westseiten treten infolge der äußeren Klimaeinflüsse erhebliche Längenänderungen ein, die entweder in den Balkonplatten selber oder in den anschließenden Außenwänden Risse bewirken, die schwerwiegende Schäden ausmachen können. Voraussetzung für derartige Rissebildungen in den Balkonplatten selber und in den Mauerwerkswänden ist eine starre Verbindung mit den Stockwerksdecken, aus denen die Balkonplatten auskragen und eine direkte Einspannung, d. h. Auflagerung auf evtl. vorgezogene seitliche Trennwände zu den nächsten Balkonen. In Bild 565 ist eine derartige übliche Ortbeton-Konstruktion in Grundriß und Schnitt dargestellt.

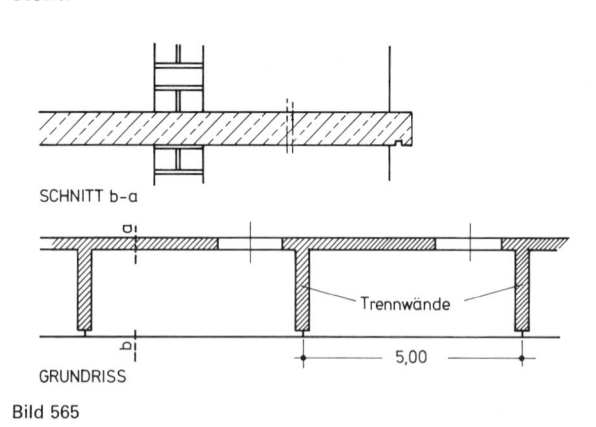

Bild 565

Wenn angenommen wird, daß die einzelnen Balkonplatten 5 m lang sind und daß keine Wärmedämmung über diesen Platten aufgebracht wird, dann müssen auf den Süd- und Westseiten je nach Belag Temperaturbewegungen von 4–5 mm erwartet werden (Kontraktionen und Expansionen). Da die auskragende Balkonplatte in der Stockwerksdecke starr verankert ist, also diese Bewegungen nicht zuläßt, kommt es in der auskragenden Balkonplatte, u. U. aber auch in der Stockwerksdecke zu so starken Spannungsbelastungen, daß glatte Abrisse meist in den Balkonplatten auftreten. Bei einer starren Verbindung mit den seitlichen Trennwänden muß es hier über kurz oder lang ebenfalls zu Rissen kommen oder sogar zu ganzen Verschiebungen derartiger Trennwände. Häufig werden im Bereich der Auflager bei Mauerwerkswänden Horizontal- und Diagonalrisse entstehen, die ein oder zwei Steinfugen unterhalb der Betonplatte auftreten. Diese Risse sind dann Dehnfugen, d. h. sie verändern sich jeweils durch die Temperatureinflüsse. Diese Fugen sind meist wasserdurchlässig und bewirken Putzschäden, Hinterfeuchtungen usw.

Aus diesen Überlegungen kann abgeleitet werden, daß es bei einer bestimmten Länge der Balkonplatten unzweckmäßig ist, diese direkt in die Betonplatten einzuspannen. Vielmehr empfiehlt es sich dann, diese völlig vom Hauskörper zu trennen. Auch dürfen sie nicht auf den Mauerwerksscheiben direkt aufgelegt werden, sondern müssen hier, wenn größere Längen gewünscht werden, auf einen Ringanker aufgelegt werden mit einer Gleitfolie über dem Ringanker, damit das Mauerwerk nicht abgeknickt wird. Es ist jedoch nicht wünschenswert, daß die Balkonplatten größere Längen als 5 m auch bei freier Auflagerung aufweisen. Es empfiehlt sich also, sie auf jeder Mauerwerksscheibe aufzulegen gemäß Bild 566. Im Detailschnitt ist abzulesen, daß die Mauerwerksscheiben jeweils durch eine Trennpappe von der Kragplatte getrennt sind. Hier darf naturgemäß der Putz nicht bis auf die Kragplatte heruntergeführt werden, sondern es muß eine elastische Fuge in diesem Bereich zum Einsatz kommen, da sonst der Putz Risse erhält.

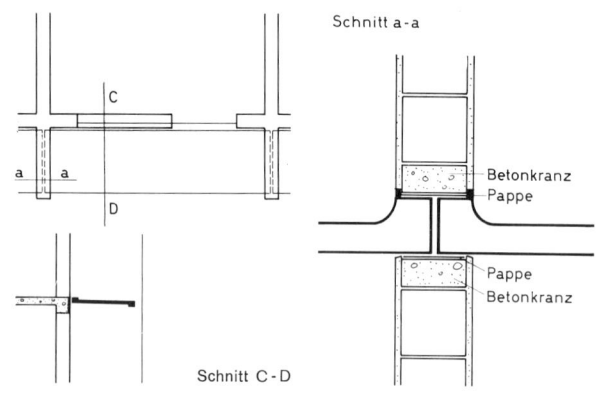

Bild 566   Verlegung auf Mauerscheiben

Man kann aber auch so verfahren, daß auf einer Mauerwerksscheibe eine starre Verbindung, also feste Auflagerung erfolgt, während an der nächsten Mauerwerksscheibe eine gleitende Auflage gemacht wird. Die Bewegungen können dann auf einer Seite ausgetragen werden. Anstelle einer durchlaufenden Betonplatte gemäß Bild 567 ist eine Aufteilung in möglichst kleine Flächen (Längen) vorzuziehen.

Anstelle einer Auflagerung auf den Mauerwerksscheiben ist eine Verlegung auf Kragbalken noch günstiger. Hier besteht dann die Möglichkeit, Fertigbetonteile zu verwenden, die in ihrer Länge so bemessen sind, daß sie auch noch bequem mit normalen Kranen befördert werden können. (Siehe Bild 568.)

Der Vorteil vorgefertigter Balkonplatten liegt darin, daß diese bei völlig freier Auflagerung auf den Kragbalken

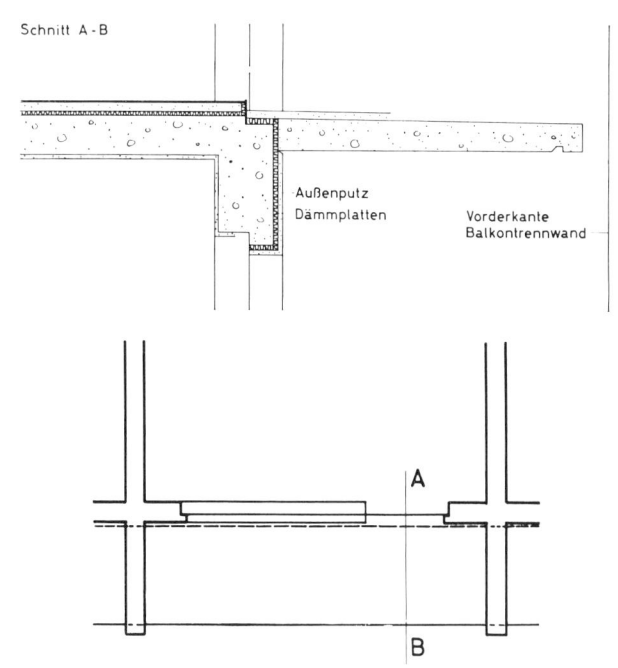

9.2 Parkdecks, Hofkellerdecken, Dachgärten, Terrassen und Balkone

Bild 567 Trennung der vor dem Hauskörper durchlaufenden ortbetonierten Balkonplatte von der Geschoßdecke bei Verlegung auf Mauerscheiben. Wärmedämmung von Ringanker und Sturz

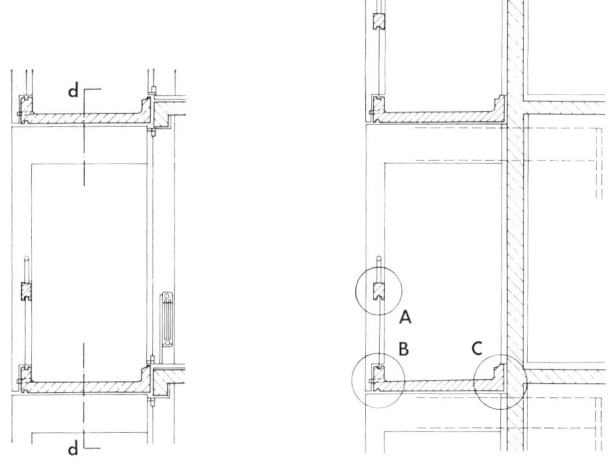

Bild 568 Balkonplatten auf Kragträgern

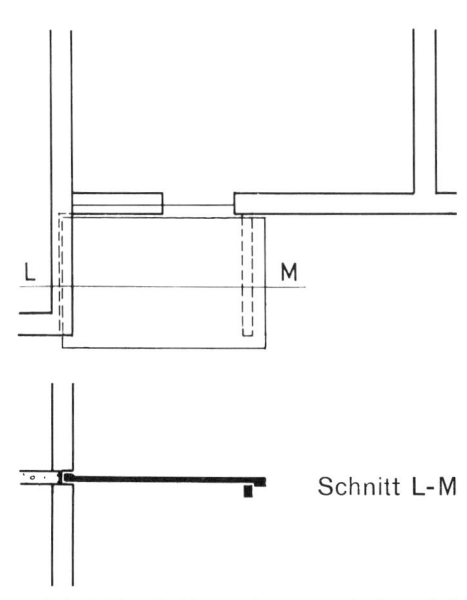

Bild 569 Beispiel für die Verwendung vorgefertigter Balkonplatten beim Studentenwohnheim in Berlin-Siegmundshof Ost. Architekt: Prof. Dipl.-Ing. K. H. Ernst, Berlin

spannungsfrei bleiben und demzufolge keine gesonderte Feuchtigkeitsabdichtung mehr benötigen entgegen Ortbeton-Platten. Die Kragträger müssen in der Massivdecke ihre Verankerung erhalten. Diese Kragträger bilden naturgemäß, wie nachfolgend angeführt, auch Wärmebrücken nach innen, die aber flächenmäßig weit geringer sind als anbetonierte Kragplatten.

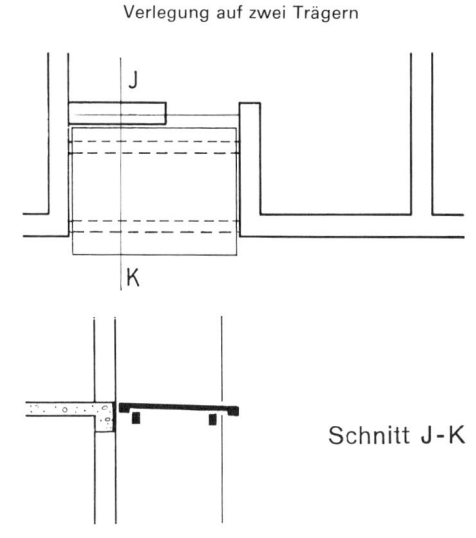

Bei Verlegung in Wandaussparungen ergibt sich die Möglichkeit, Träger parallel zu verlegen und diese auf den Wänden aufzulagern. Voraussetzung ist jedoch auch hier, daß diese Träger gleitend auf dem Mauerwerk aufliegen. Wärmebrücken können hier jedoch dadurch verhindert werden, daß nur die halbe Stärke des Mauerwerkes für das Auflager benützt wird und so eine direkte Wärmebrücke verhindert werden kann. In Bild 569 ist eine derartige Möglichkeit angezeigt. Auch hier kann die Betonplatte wieder als Fertigbetonplatte genützt werden. Bei Verlegung in Eckbereichen kann wie in Bild 569 verfahren werden, also ebenfalls mit einer Konsole und einer Wandauflagerung. Auf einer Seite könnte eine Einspannung stattfinden, wenn sonst gleitende Bewegung zugelassen wird.

Voraussetzung für die Anwendung von Fertigbetonplatten ist jedoch die Herstellung einer größeren Stückzahl. Es sollte also möglichst darauf geachtet werden, daß in einem Bauwerk mehrere gleiche Teile zur Fertigung möglich werden. Auch muß jeweils das Gewicht der Betonplatten auf den vorhandenen Kran abgestimmt werden. Eine vorgefertigte Betonplatte von 4,25 m Länge und 1,15 m Auskragung bei 0,15 m Stärke

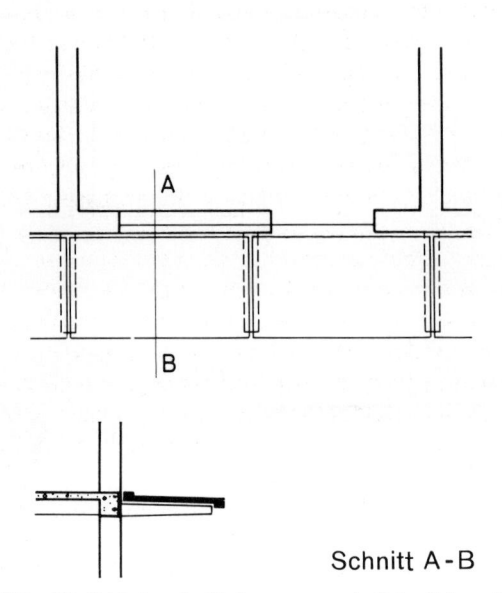

9. Detailhinweise bei Ausführung von Flachdächern

Bild 570 Möglichkeiten der Verlegung vorgefertigter Balkonplatten

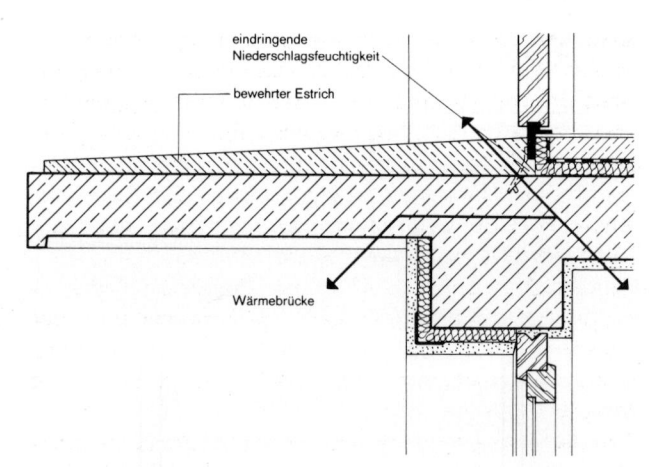

Bild 571 Balkon sehr falsch: Wärme/Kältebrücken und keine konstruktive Trennung

wiegt 1750 kg. Wenn nur ein Kran mit 800 kg vorhanden ist, dann muß gegebenenfalls eine Konstruktion gefunden werden, die eine Aufteilung dieser Längen zuläßt, also müssen, wie in Bild 570 angeführt, zusätzliche Mittelkonsolen angeordnet werden.

Wenn es jedoch nicht möglich ist, vorgefertigte Betonplatten zum Einsatz zu bringen, dann muß gefordert werden, daß auf den Süd- und Westseiten dann, wenn die Balkone länger als 2,5–3,0 m werden, eine Wärmedämmung aufgebracht wird ähnlich wie bei den Terrassen. Sie kann naturgemäß in ihrer Stärke etwas reduziert werden, sollte aber 2,5 cm nicht unterschreiten. Eine Dampfsperre ist in diesem Falle dann nicht erforderlich, wenn unten keine beheizten Räume vorhanden sind. Die Wärmedämmplatte kann also vollsatt in Heißbitumen auf die Betonplatte bzw. auf den Gefälle-Estrich aufgeklebt werden. Sie muß aber dann DIN-gerecht mit einer Feuchtigkeitsabdichtung abgedichtet werden, bevor der Belag aufgebracht wird.

Bei Ortbetonplatten besteht auch die Möglichkeit, daß man nur einen Teil der Kragplatte in die Betonplatte einspannt (ein Drittel des mittleren Teiles), während dann die verbleibenden Drittel gleitend auf Mauerwerk und Mauerwerksscheiben aufgelegt werden. Es würde zu weit führen, hier weitere statische Möglichkeiten anzuführen.

Zu 2. Wärmedämmprobleme

Bei Ortbetonplatten entstehen eindeutige Wärmebrücken nach innen. Aus Bild 571 [74] kann dies abgelesen werden. Nach DIN 4108 muß an jeder Stelle der Außenwand ein ausreichender Wärmedämmwert nachgewiesen werden. Schwitzwasserbildung oder Sporenbildung im Bereich der Innenecken dürfen auf keinen Fall auftreten.

Hier muß die Forderung gestellt werden (wenn andere Möglichkeiten nicht bestehen), auf der Innenseite auf ca. 0,5 m Breite eine Wärmedämmplatte als verlorene Schalung in die Betonplatte einzulegen, wie dies in Bild 572 abzulesen ist. Diese Maßnahme ist jedoch statisch in höchstem Maße unbequem. Gerade in diesem Bereich muß ein Teil der Bewehrung unten durchlaufen und kann nicht geschwächt werden. Unter Umständen ist es alleine aus diesen Details heraus erforderlich, die gesamte Betondecke stärker zu dimensionieren. Es besteht aber auch die Möglichkeit, eine derartige zusätzliche Wärmedämm-Maßnahme zusammen mit entsprechend breiten Vorhang-Aufhängeschienen anzuordnen, also diese unterseitig aufzubringen, wie dies skizzenhaft dargestellt ist. Solche Maßnahmen sind besonders als Sanierungen dann notwendig, wenn vergessen wurde, die Kragplatte zu beachten.

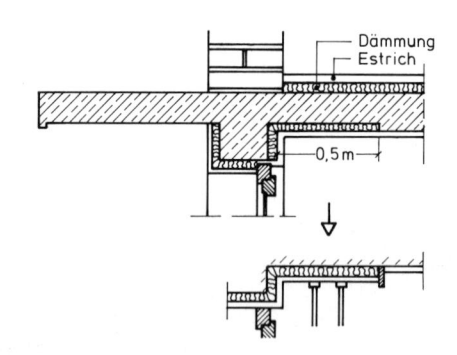

Bild 572 Dämmung innenseitig oder mit Vorhang kombiniert

Selbstverständlich besteht auch die Möglichkeit, die Kragplatte als solche sowohl oben als auch unten mit einer Wärmedämmung zu versehen, um so Wärmebrücken auszuschalten. Eine derartige außenseitige Wärmedämm-Maßnahme kann u. U. kombiniert werden, wenn Verkehrslärm durch eine schallschluckende Unterdecke absorbiert werden soll. Hier kann dann zuerst eine Wärmedämmplatte unterseitig aufgebracht werden und eine Schallschluckdecke, etwa eine Holzschalung mit Abstand. Durch Balkonauskragungen lassen sich gute Schalldämpfmaßnahmen erzielen, die u. U. 6–8 dB Reduzierungen erbringen, was bei Gebäuden in der Nähe von verkehrsreichen Straßen ganz enorm sein kann. Auf keinen Fall sollte man jedoch die Wärmebrücke nach innen leicht nehmen. Die Abkühlungsfläche von der Außenseite durch die Auskragplatte ist wesentlich größer als die Aufheizseite von der Innenseite, so daß Kondensat oder mindestens schwarze Abzeichnungen auf der Innenseite befürchtet werden müssen.

Die beste Lösung, derartige Wärmebrücken zu verhindern, ist wiederum die, die Balkonplatte von der übrigen Konstruktion abzutrennen, indem sie auf Kragträger aufgelegt wird (siehe Bild 573). Es kann dann zwischen Betonplatte und Innen-Konstruktion eine Wärmedämmung eingebracht werden, so daß Wärmebrücken nach innen außer dem relativ kleinen Kragträger nicht auftreten. Dieser kleine Kragträger kann im allgemeinen bei Wohnhäusern außer acht gelassen werden. Lediglich bei durchlaufenden Kragträgern (in klimatisierten Gebäuden) muß auch dieser Kragträger außen oder innen entsprechend wärmetechnisch behandelt werden.

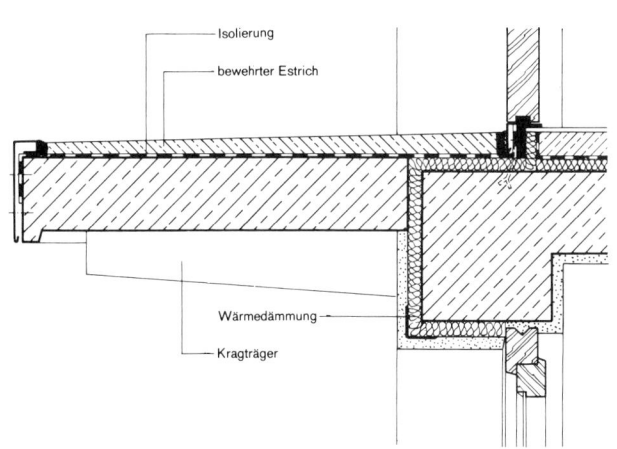

Bild 573 Dämmung zwischen Deckenteilen

Im übrigen ist anzumerken, daß dann, wenn Außen-Betonteile durch die Wärmedämmung hindurch mit Innenteilen verankert werden, gemäß DIN 18515 nicht rostende Edelstähle zwingend vorgeschrieben sind. Dies gilt auch für vorgefertigte Betonteile, falls diese mit Anker (Brüstungen oder dgl.) mit der Konstruktion nicht korrosionsfest verbunden werden können. Normale Anker oder Stähle könnten zwischen der Wärmedämmung infolge Feuchtigkeitsmitteilung rosten. Leider ist auch diese Forderung heute noch nicht allgemein bekannt.

Zu 3. Feuchtigkeitsschutz

Bezüglich des Feuchtigkeitsschutzes von Balkonplatten gelten im Prinzip dieselben Aussagen wie bei den Terrassen.

Grundsätzlich ist anzumerken, daß bei Ortbetonplatten, die mit der Stahlbeton-Decken-Konstruktion in Verbindung stehen, in jedem Falle eine Feuchtigkeitsabdichtung erwünscht ist. Sie kann bei Balkonplatten ohne Wärmedämmung mit Vorteil auch aus einer Kunststoff-Folie hergestellt werden, die bei geeignetem Material aufgeklebt oder bei entsprechender Terrassenbelagauflage auch in loser Form aufgebracht werden kann. Die Abwasserführung sollte im allgemeinen genauso durchgeführt werden wie bei Terrassen. Man sollte versuchen, die Entwässerung nicht nach außen zu führen, sondern sie nach innen abzuleiten; d.h. im frostfreien Bereich sollten Abwasserrohre geführt werden, damit das Wasser nicht unkontrolliert auf den nächsten Balkon nach unten abtropft und dort zu Ärger führt.

Anstelle einer bahnenartigen Feuchtigkeitsabdichtung werden häufig auch kunststoffbeschichtete Anstriche aufgebracht. Es ist jedoch anzumerken, daß diese nicht in der Lage sind, Risse aus der Unterkonstruktion zu überbrücken. Diese sind also nur dort geeignet, wo mit Sicherheit derartige Risse ausgeschlossen sind.

Bei Fertigteilen kann, da hier negativ betoniert wird und die Oberfläche demzufolge mit Sicherheit wasserdicht und auch einigermaßen glatt ist, eine Feuchtigkeitsabdichtung weggelassen werden. Nachfolgend einige Anmerkungen der möglichen Beläge:

1. Plattenbeläge

Hier können, wie bei den Terrassen beschrieben, großflächige Betonplatten, Naturstein-Platten oder dgl. verwendet werden. Diese können, wie bei den Terrassen beschrieben, in Mörtel verlegt, bei entsprechender Größe lose in Riesel eingebettet, oder es können bei Balkonplatten auch die vorgenannten Abstandshalter oder Unterlagsplatten verwendet werden, wenn hier keine eindrückungsfähige Wärmedämmung vorhanden ist und dadurch die Feuchtigkeitsabdichtung weniger beschädigt werden kann. Kleinformatige Fliesen können ebenfalls wieder in Mörtel verlegt werden unter den gleichen Bedingungen der Dehnfugenaufteilung wie bei den Terrassen beschrieben.

2. Estriche

Nachträglich aufgebrachte Estriche haben sich bei Balkonen nicht bewährt. Selbst dann, wenn mit Haftmittel vorgestrichen wird, ergeben sich Teilablösungen und Risse durch die Schwindspannungen. Wenn also Estriche als Belag aufgebracht werden, sollten diese naß in naß aufgebracht werden. Ist dies nicht mehr möglich, empfiehlt es sich, die Estriche wiederum in Dehnfugen aufzuteilen und sie gänzlich von der Unterkonstruktion durch eine Trennschicht zu trennen wie bei den Terrassen beschrieben. Hier ist dann auch u. U. eine Bewehrung erforderlich. In diesem Falle sollte die Estrichgröße 2,5–3 m^2 nicht überschreiten.

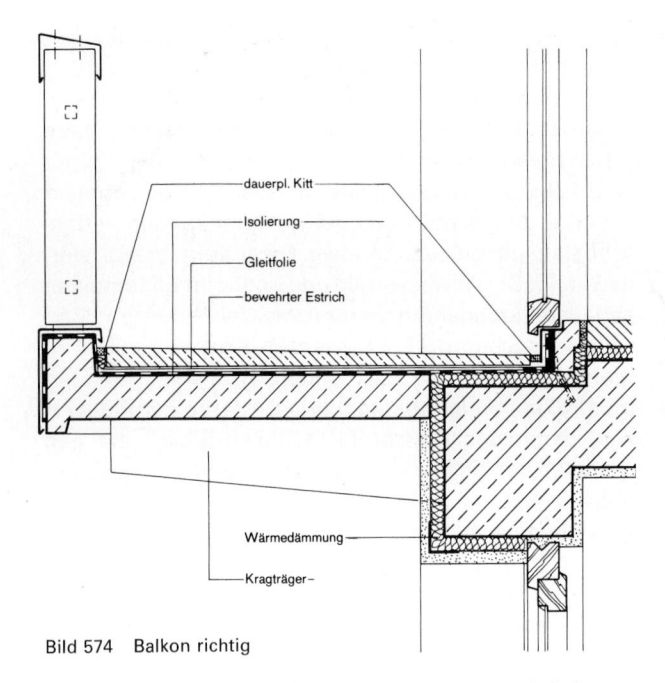

9. Detailhinweise bei Ausführung von Flachdächern

Bild 574 Balkon richtig

- dauerpl. Kitt
- Isolierung
- Gleitfolie
- bewehrter Estrich
- Wärmedämmung
- Kragträger

doch anzuführen, daß die Feuchtigkeitsabdichtung ausreichend zugfest hergestellt werden muß oder aus einer lose aufgelegten Kunststoff-Folie bestehen sollte, um die unterschiedlichen Bewegungen zwischen Betonplatte und Bauwerk auszugleichen, so daß Risse in diesem Bereich nicht auftreten können. Der Estrich muß sich frei bewegen können, so daß keine Einspannungen entstehen. Er kann dann nachträglich noch mit einem Kunststoff-Anstrich oder dgl. beschichtet werden.

3. Kunststoffbeschichteter Beton oder Estrich

Wie bereits angeführt, können Ortbeton-Platten oben glatt abgezogen oder mit Estrich hergestellt und mit Epoxydharz (EP) oder mit Polyvinylchlorid (PVC) oder dgl. beschichtet werden. Diese Beschichtung verhindert das Abstauben des Betons oder Estriches und ergibt durch ihre Farbgebung ansehnliche Beläge. Sie kann jedoch, wie angeführt, Rissebildungen nicht verhindern und ist demzufolge als Abdichtung nicht zu werten.

Wie bereits angeführt, ist eine Feuchtigkeitsabdichtung die sicherste Lösung, Feuchtigkeitseintritte nach innen zu verhindern. In diesem Falle ist dann der Estrich über einer Gleitfolie aufzubringen und zu bewehren. In Bild 574 ist eine derartige Lösung dargestellt. Hier ist je-

4. Fertigbeton-Platten

Fertigbeton-Platten können, wie schon angeführt, völlig unbehandelt bleiben, wenn sie einwandfrei hergestellt werden. In Bild 575 ist eine derartige Lösung dargestellt. Die Fertigbeton-Platten sind auf der Oberseite ausreichend glatt und sauber. Es können gleich die entsprechenden Abwasserrohre mit einbetoniert werden. In diesem Bild ist auch vorzüglich dargestellt, daß im Bereich zum Hausanschluß die Fertigbeton-Platten ausreichend hoch heraufgezogen sind, damit keine Wassereindringungen nach hinten stattfinden können. Diese Aufkantung gegen den Hausgrund sollte etwa 10–15 cm betragen. Das Gefälle nach außen sollte etwa 1–1,5% ausmachen, um das Wasser relativ schnell abzuführen und trotzdem eine behagliche Ebene zu schaffen.

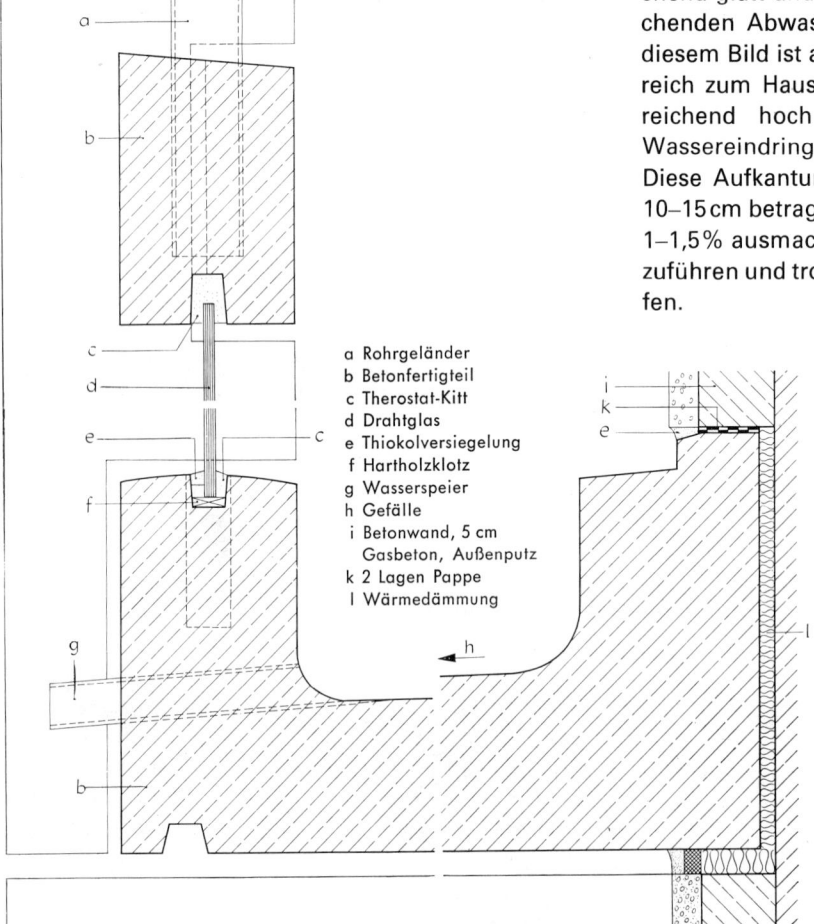

a Rohrgeländer
b Betonfertigteil
c Therostat-Kitt
d Drahtglas
e Thiokolversiegelung
f Hartholzklotz
g Wasserspeier
h Gefälle
i Betonwand, 5 cm Gasbeton, Außenputz
k 2 Lagen Pappe
l Wärmedämmung

Bild 575
Fertigbetonplatten

5. Gummi- oder Kunststoffmatten

In den letzten Jahren haben sich bei Balkonen und Laubengängen Naturkautschuk, Butyl-Gummi und synthetische Elastomere-Matten bewährt. Diese können vollsatt auf die Betonplatten aufgeklebt werden und ergeben eine wasserdichte Oberflächenbeschichtung. Die Fugen können relativ dicht geschlossen werden, so daß hier eine brauchbare Lösung angeboten ist. Diese Matten sind besonders auch dann geeignet, wenn bei Laubengängen gleichzeitig eine Trittschalldämmung erforderlich wird, was bekanntlich sehr häufig nicht ausreichend berücksichtigt wird.

6. Metall- oder Holzroste

Über einer entsprechenden Feuchtigkeitsabdichtung können Beläge aus Metall- oder Holzrosten aufgelegt werden. Unter Umständen lassen sich gerade mit Holzrosten attraktive und sehr preisgünstige Möglichkeiten schaffen. Voraussetzung ist jedoch, daß diese elastisch auf die evtl. vorhandene Feuchtigkeitsabdichtung aufgelegt werden (Unterlagsmatten), um keine Schäden in dieser zu bewirken. Derartige Roste können leicht abgenommen und der darunterliegende Staub usw. abgekehrt werden.

7. Gußasphalt- oder Mastix-Beläge

Hier wurde bereits ausreichend unter Terrassen dargestellt, daß diese Beläge möglich sind. Sie sind jedoch nicht in jedem Falle als Feuchtigkeitsabdichtung anzusprechen. Bei hart eingestellten Mastix-Belägen besteht infolge der Sprödigkeit Rissegefahr, bei zu weich eingestellten Belägen besteht die Gefahr der Eindrückung bei Balkonen und Terrassen. Sie können gegebenenfalls zusätzlich zu der Feuchtigkeitsabdichtung als Estriche bei Laubengängen verwendet werden, bei denen dann noch ein entsprechender Belag wie vorgenannt aufgebracht wird.

Bezüglich der Detailgestaltungen gelten sonst die gleichen Grundsätze wie bei den Terrassen beschrieben, so daß hier weitere Anmerkungen nicht erforderlich werden. Es sei lediglich nochmals darauf hingewiesen, daß die Feuchtigkeitsabdichtung an den Wänden und an den Türeingängen mindestens 10–15 cm hochgezogen wird und daß diese etwa 4–5 cm über Oberkante Fertigbelag hinausreichen muß, um Rückstaufeuchtigkeiten nach innen zu verhindern. Nicht selten sind Balkone die Ursache für Unterfeuchtungen von schwimmenden Estrich-Konstruktionen in der Wohnung usw. Häufig wird erst nach Wochen der Schaden bemerkt, wenn Feuchtigkeit an den Innenwänden hochsteigt, Tapeten und Anstriche abgelöst werden und Holzkonstruktionen an Fenster- und Türwänden verfault sind. Eine Schwellenanordnung im Türbereich in entsprechender Höhe sollte den Bewohnern in jedem Falle zugemutet werden.

9.3. Tagesbeleuchtung in Flachdach- und Hallenbauten

Nicht nur Industriebetriebe mit großen Werk- und Fertigungshallen, sondern auch Verwaltungsgebäude, Schulen, Krankenhäuser und selbst Wohngebäude werden besonders dort, wo tiefe Grundrisse vorliegen, mit Oberlichten beschickt, die hinsichtlich der Tageslichtbeleuchtung von oben keiner Begrenzung der Bemessung unterworfen ist.

Bei der Überlegung, welche Belichtungsform bzw. welche konstruktiven Maßnahmen für die Tageslichtbeleuchtung von Räumen zur Anwendung kommen, müssen verschiedene Faktoren berücksichtigt werden. Es ist zweifellos falsch, sich von vornherein für eine lichttechnische Maßnahme zu entscheiden, wenn nicht alle Faktoren berücksichtigt werden. Spätere Korrekturen für die natürliche Tageslichtbeleuchtung lassen sich kaum noch realisieren, da statische und konstruktive Gegebenheiten dies kaum noch zulassen. Es muß also von vornherein richtig geplant werden. Zu diesem Zwecke empfiehlt es sich, bei schwierigeren Aufgaben lichttechnische Berater, also Spezialisten hinzuzuziehen. Die nachfolgenden Ausführungen sollen lediglich die Aufgabe haben, Überblicke und Überlegungsanstöße zu geben für die einzelnen Möglichkeiten.

Als Kriterien für die einzelnen Belichtungsmöglichkeiten sollen angeführt werden:

1. Lichttechnische Grundsatzüberlegungen

Zu den lichttechnischen Überlegungen müssen gezählt werden: Kenntnis des natürlichen Leuchtdichteabfalles, Berechnung der erforderlichen Beleuchtungsstärke, Lichtdurchlässigkeit der konstruktiven Maßnahmen, Gleichmäßigkeit der natürlichen Beleuchtung und nicht zuletzt auch wirtschaftliche Überlegungen, die hier jedoch nicht behandelt werden, (die Kosten für die Belichtungsmaßnahmen belaufen sich je nach Konstruktion zwischen 3 und 9 %, wobei die wirtschaftlichsten Lösungen durch den Einbau von Lichtkuppeln entstehen, während die teuersten Lösungen die Ausbildungen von Sheddächern sind. Dazwischen liegen Oberlichtmaßnahmen mit Raupenoberlichten usw.).

2. Wärmetechnische Überlegungen

Zu den wärmetechnischen Überlegungen gehören die Fragen des Wärmeverlustes durch die Beleuchtungsflächen, also Fragen der Ein- oder Mehrscheibigkeit und nicht zuletzt die Frage der Tauwasservermeidung.

3. Wärmebelastung durch Oberlichte

Hierzu gehören die Fragen der Sonnenaufheizung und Beeinflussung des Raumklimas infolge Sonnenwärmeeinstrahlung.

405

9. Detailhinweise bei Ausführung von Flachdächern

4. Konstruktive Möglichkeiten

Hier sind die Vor- und Nachteile der einzelnen Möglichkeiten abzuwägen und Gesichtspunkte für den schadensfreien Einsatz zu berücksichtigen (praktischer Teil).

9.3.1 Lichttechnische Untersuchungen

Wie zuvor angeführt müssen je nach örtlichen Gegebenheiten und Anforderungen an die Lichttechnik entsprechende Untersuchungen und Berechnungen angestellt werden:

9.3.1.1 Lichttechnische Grundbegriffe

Für die Berechnung der Tageslichtbeleuchtung in Räumen durch Fenster- und Oberlichtöffnungen gilt die DIN 5034 (Leitsätze für Tageslichtbeleuchtung).
Die Beleuchtungsstärke E wird in Lux (lx) ausgedrückt. Es ist dies der Lichtstrom, der auf die Einheit der beleuchteten Fläche trifft. Die Beleuchtungsstärke ist 1 Lux, wenn der Lichtstrom 1 Lumen (lm) auf der Fläche von $1 m^2$ in gleichmäßiger Verteilung auftrifft. Der Lichtstrom 1 lm entsteht, wenn eine Lichtquelle 1 Candela (cd) in die Einheit des Raumwinkels strahlt. [1 Candela (cd) = 1,09 Hafnerkerze (HK).]
Die Gleichmäßigkeit der Beleuchtung ist das Verhältnis von minimaler Beleuchtungsstärke (E min), zur mittleren Beleuchtungsstärke (Em).
Die Beleuchtungsstärke außen durch das Tageslicht schwankt je nach Tages- und Jahreszeit zwischen 0 (Nacht) und ca. 100000 lx (Juni 12 Uhr) bei Tag.
Weil es in Mitteleuropa erheblich mehr Tagesstunden mit bedecktem als mit klarem Himmel gibt und weil bei bedecktem Himmel die Lichtverhältnisse in Innenräumen allgemein ungünstiger sind, außerdem die Beleuchtungsstärke E_a jahreszeitlich verschieden ist, ist Licht im Sinne der DIN 5034: das diffuse Licht des vollständig bedeckten Himmels bei schneefreiem Erdboden!
Der rechnerische Bezugswert für die Horizontalbeleuchtungsstärke im Freien ist nach DIN 5034 mit $E_a = 5000$ lx anzunehmen.
Aus Bild 576 [76] können die außenseitigen Beleuchtungsstärken bei gleichmäßig bedecktem Himmel und die Bezugsgröße 5000 lx durch die gestrichelte Linie abgelesen werden. (Dez. Kurve 12 Uhr.)

9.3.1.2 Beleuchtungsstärke im Raum Tm (Tageslichtquotient)

Das Verhältnis Beleuchtungsstärke innen (E_i) zur Beleuchtungsstärke außen (E_a) wird als Tageslichtquotient (Tm) bezeichnet:

$$Tm = \frac{E_i}{E_a} \quad (\%)$$

Nach der DIN 5034 werden für Arbeitsstätten Mindestbeleuchtungsstärken gefordert. Es hat sich jedoch gezeigt, daß diese Mindestbeleuchtungsstärken meist nicht ausreichen, um Leistungsabfall zu vermeiden. In Bild 577 [77] wird gezeigt, wie sich die Beleuchtungsstärke auf die Arbeitsleistung auswirkt.

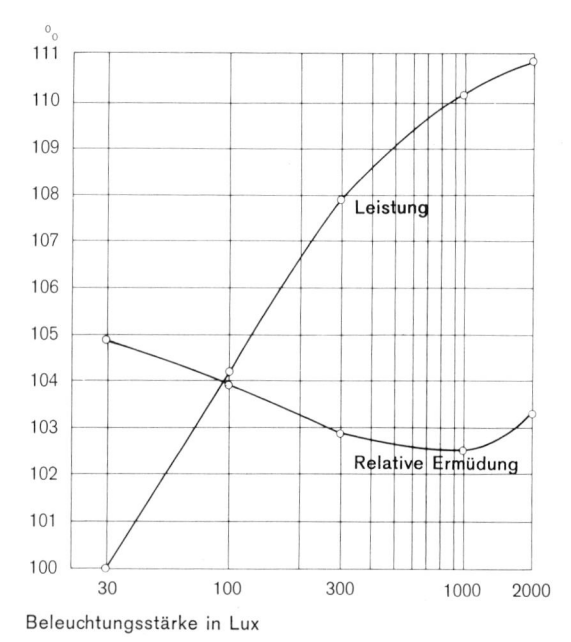

Bild 577 Einfluß der Beleuchtungsstärke auf die Leistung [77]

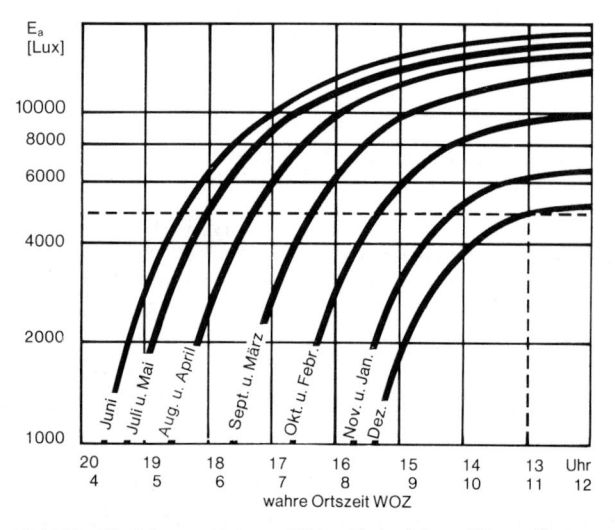

Bild 576 Täglicher und jahreszeitlicher Verlauf der mittleren Horizontalbeleuchtungsstärke der Tagesbeleuchtung im Freien bei gleichmäßig bedecktem Himmel für 51° nördlicher Breite

In Tabelle 578 sind in Spalte 1 die Mindestbeleuchtungsstärken angegeben, während rechts empfohlene Werte wiedergegeben sind.
In Spalte 2 sind die mittleren Tageslichtquotienten jeweils angeführt. Nach der DIN 5034 wird unterschieden:

grobe Arbeit (50 lx): Packen, Eisen gießen, schmieden, Ofenarbeiten usw.

9.3 Tagesbeleuchtung in Flachdach- und Hallenbauten

Bild-Tabelle 578 Beleuchtungs-Richtlinien innen

In Tabelle 578 (DIN 5034 und F 6) sind die empfohlenen Beleuchtungsstärken und Tageslichtquotienten für eine mittlere Allgemeinbeleuchtung (im ganzen Raum oder einer betrachteten Raumzone) bezogen auf die Sehaufgabe zusammengestellt.

Die niedrigen Werte sind die Mindestwerte für den ungünstigst beleuchteten Punkt in Arbeitshöhe bei günstigen Seh- und Arbeitsbedingungen. Die höchsten Werte gelten für schwierige Seh- und Arbeitsbedingungen und bei schlechter Gleichmäßigkeit der Beleuchtung.

Ansprüche an die Beleuchtung	1. Mittlere Beleuchtungsstärke (lux)	2. Mittlerer Tageslichtquotient T_M (%)
sehr gering	30 bis 50	1
gering	50 bis 100	1 bis 2
mäßig	100 bis 250	2 bis 5
hoch	250 bis 500	5 bis 10
sehr hoch	500 bis 1000	10 bis 20
außergewöhnlich	über 1000	> 20

mittelfeine Arbeit (100 lx): Drehen, sägen, hobeln, Grobmontage, Küchenarbeiten, waschen

feine Arbeit (250 lx): Feindrehen, Feinmontagen, polieren, lesen, schreiben, drucken, nähen

sehr feine Arbeit (500 lx): Zeichnen, grafische Arbeiten, feinmechanische Arbeiten usw.

Für genaue Untersuchungen müssen jedoch noch weitere Differenzierungen vorgenommen werden.

9.3.1.3 Leuchtdichteabfall

Die relative Leuchtdichte des bedeckten Himmels fällt vom Zenit zum Horizont erheblich ab (s. Diagramm Bild 579).

Bei Räumen mit Seitenfenstern fällt das Tageslicht häufig zwischen Erhebungswinkeln zwischen 10° bis 60° ein, d.h. im Bereich stark verminderter Leuchtdichte. In

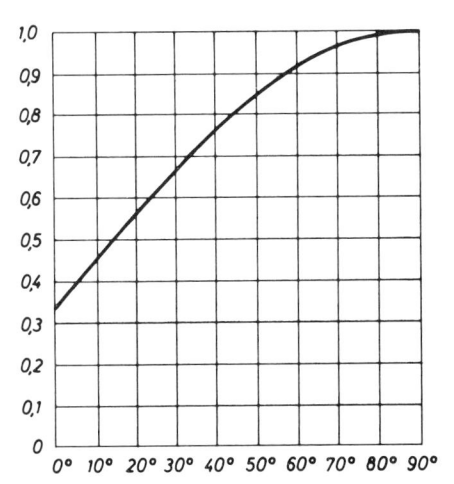

Bild 579 Leuchtdichteabfall des bedeckten Himmels vom Zenit zum Horizont (nach DIN 5034)

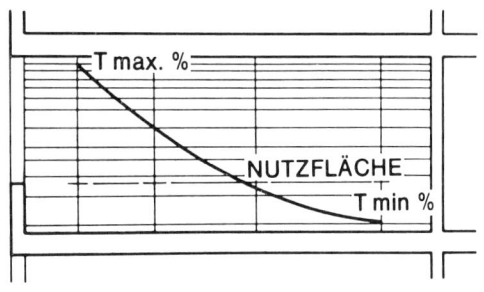

Bild 580 Tageslichtschnitt bei seitlicher Beleuchtung (DETAG)

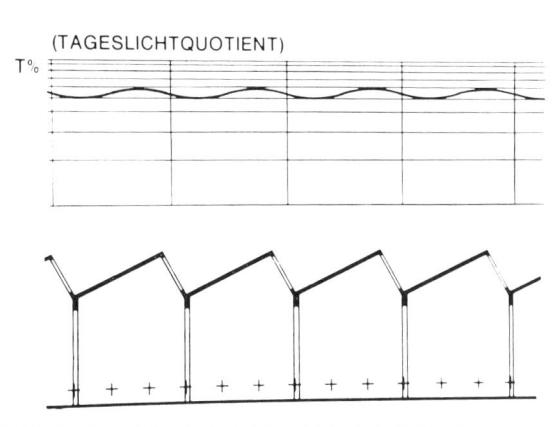

Bild 581 Tageslichtschnitt bei Shed-Oberlicht (DETAG)

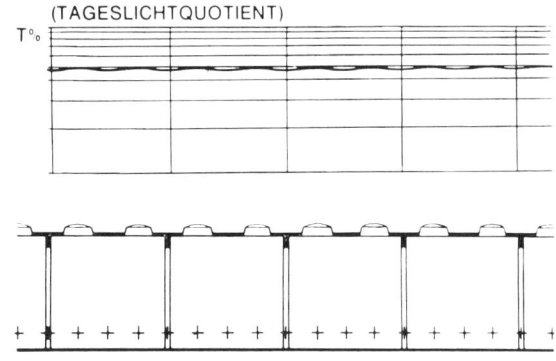

Bild 582 Tageslichtschnitt bei Lichtkuppel-Oberlicht (DETAG)

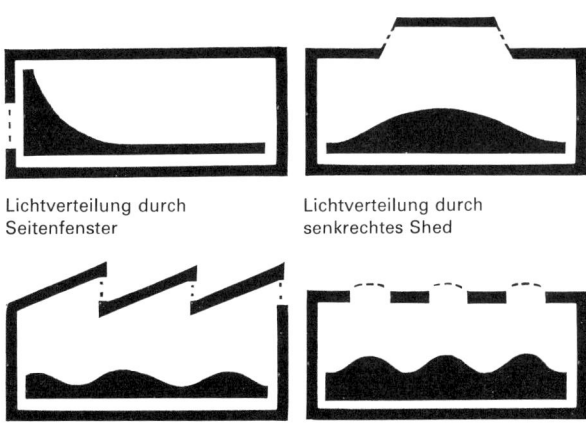

Lichtverteilung durch Seitenfenster

Lichtverteilung durch senkrechtes Shed

Oberlichtband

Einzelne Lichtkuppelanordnungen

Bild 583 Schematische Darstellung

9. Detailhinweise bei Ausführung von Flachdächern

Räumen, die Tageslicht durch Seitenfenster erhalten (s. Bild 580), nimmt die Horizontalbeleuchtungsstärke mit zunehmendem Abstand von der Fensterwand stark ab, insbesondere beim Vorhandensein einer Verbauung. Dagegen ist bei Räumen mit Oberlichten ein größerer und hellerer Teil der Himmelsfläche als Lichtquelle wirksam. Die Horizontalbeleuchtungsstärke auf der Nutzfläche (Arbeitsebene, die mit 0,85–1,00 m Höhe anzunehmen ist), ist deshalb größer und die Gleichmäßigkeit besser als bei Räumen mit nur Seitenlicht. Aus Bild 581 und 582 können für ein Sheddach und für Lichtkuppel-Oberlichte diese Zusammenhänge abgelesen werden. Schematisch sind sie in Bild 583 zusammengefaßt. In Bild 1 Lichtverteilung durch Seitenfenster, Bild 2 Lichtverteilung durch senkrechtes Shed, Bild 3 durch Oberlichtband und Bild 4 durch einzelne Lichtkuppelanordnungen.

Hier sind bereits wesentliche Aussagen über die Wirkungsweise der Horizontalbelichtung und der Gleichmäßigkeit der Lichtverteilung erkennbar.

9.3.1.4 Ermittlung der Tageslichtquotienten bei Räumen mit Oberlicht (nach DIN 5034 [76])

Grundlage der Berechnung des Tageslichtquotienten bildet der in den Raum einfallende Lichtstrom, der von der Größe der wirksamen Glasfläche und der Höhe der Oberlichte über der Nutzebene (0,85–1,00 m über Fußboden) abhängt. Die Innenraum-Reflektion hat hier meist nur einen geringen Einfluß, so daß sie beim rechnerischen Nachweis unberücksichtigt bleiben kann. Für die nachfolgenden Berechnungen gelten folgende in den Zeichnungen 584–587 angeführten Begriffe:

- bF = die Breite des Oberlichtbandes
- lF = die Länge des Oberlichtbandes
- hF = Abstand zwischen Nutzebene und Oberlicht-Unterkante
- b = Raumbreite
- l = Raumlänge
- φl = Winkel, der sich aus dem Verhältnis von halber Raumlänge zum Abstand zwischen Nutzebene und Oberlicht-Unterkante ergibt:

$$\tan \varphi l = \frac{l}{2} \cdot hF.$$

- φb = Winkel, der sich aus dem Verhältnis von halber Raumbreite zum Abstand zwischen Nutzebene und Oberlicht-Unterkante ergibt, also wiederum:

$$\tan \varphi b = \frac{b}{2} \cdot hF.$$

Für die Berechnung des mittleren Tageslichtquotienten Tm gilt die grafische Darstellung nach Bild 586. Hier ist auf der Abszisse das Verhältnis von $l/2$ zu hF bzw. $b/2$ zu hF aufgetragen. Darunter auf einer zweiten Skala sind die entsprechenden Winkel φl bzw. φb wiedergegeben.

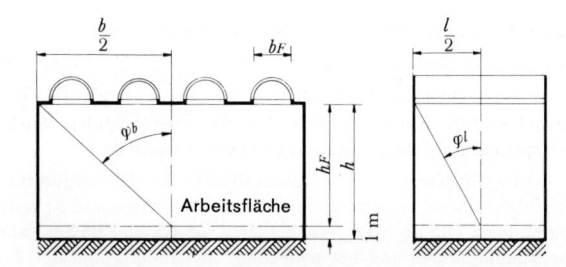

Bild 584 [77] Typische Ausführung eines Daches mit Lichtkuppeln

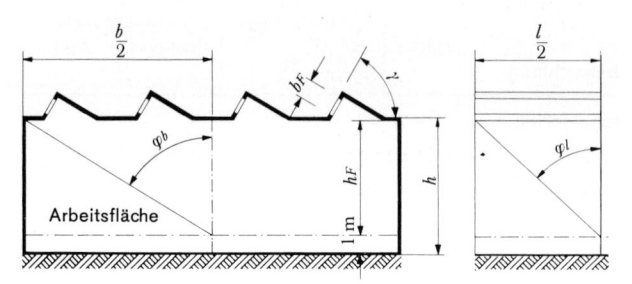

Bild 585 [77] Typische Ausführung eines Sägedaches (Sheddach)

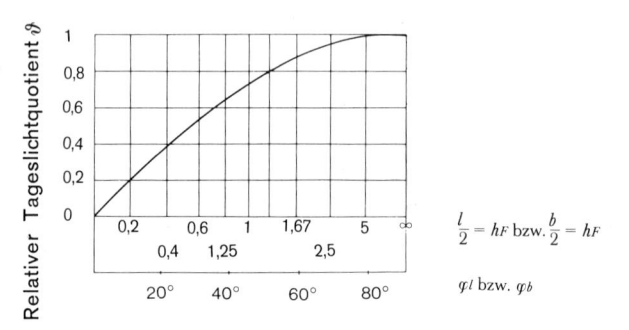

Bild 586 Relativer Tageslichtquotient ϑm als Funktion der Raumbreite $\frac{b}{\alpha} \cdot h$

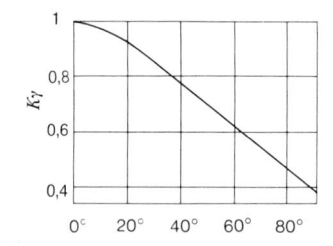

Bild 587 Umrechnungsfaktor $k\gamma$ als Funktion von γ

Auf der Ordinate ist der Wert ϑ aufgetragen, das Verhältnis des Tagelichtquotienten Tm eines Raumes endlicher Länge (z.B. Lichtkuppellängen oder dgl.) bzw. endlicher Breite, zum Tageslichtquotienten eines unendlich langen bzw. breiten Raumes:

$$\vartheta l = \frac{Tl}{Tm} \text{ bzw. } \vartheta b = \frac{Tb}{Tm}.$$

9.3 Tagesbeleuchtung in Flachdach- und Hallenbauten

Dieser Faktor ist sowohl für die Längen- als auch für die Breitendimensionierung des Raumes getrennt zu bestimmen. Der mittlere Tageslichtquotient ergibt sich dann als resultierender Wert aus der Multiplikation von ϑl mit ϑb bzw. in % ausgedrückt:

$$Tm = \vartheta l \cdot \vartheta b \cdot 100.$$

Dieser Wert würde für ungehinderten Lichteinfall durch die gesamten Deckflächen gelten. Durch die fensterlosen Teile der Decke wird naturgemäß ein Teil des Lichtstromes herabgesetzt. Es gilt folgendes Verhältnis:

$$kF = \frac{Ff}{Fd} = \frac{\text{Gesamtfläche der Oberlichter}}{\text{Gesamtfläche der Decke}}.$$

Hierbei kann die Deckenfläche gleich der Fußbodenfläche gleichgesetzt werden, also

$$F = l \cdot b.$$

Bei Sheddächern ist zugleich die Neigung der Lichtöffnungen gegenüber der Horizontalen durch den Faktor $k\gamma$ in Abhängigkeit vom Neigungswinkel γ zu berücksichtigen. Hier ist das Bild 587 bestimmend, das das Bild 579 als Grundlage hat.
Man erhält also für die Errechnung des mittleren Tageslichtquotienten Tm in % die Beziehung:

$$Tm = \vartheta l \cdot \vartheta b \cdot kF \cdot k\gamma \cdot 100.$$

Außer diesen Minderungswerten durch das Verhältnis Grundrißfläche zu Dachausschnitt und Neigung der Belichtungsflächen kommen noch Minderungen aus dem Verlust der Verglasung (Lichtdurchlässigkeit) und der Versprossung und aus der Verschmutzung.

9.3.1.5 Beispiel einer Berechnung (siehe Bild 589)

In Tabelle 588/1 sind in Spalte I mittlere Tageslichtquotienten (Tm I) für einen Quersattel, ein Schrägshed und ein Senkrechtshed angeführt. (Der Wirkungsgrad η entspricht hier $k\gamma$ aus Bild 587.)
Die Verglasung bringt, wie angeführt, Lichtverluste. Der Zustand zu dem Zeitpunkt des Einbaues der Verglasung soll das Stadium II aus Tabelle 588/1 darstellen. Von diesem Zeitpunkt setzt die Verstaubung ein, deren Verschmutzungsgrad aus Tabelle 588/2 entnommen werden kann.
Zunächst soll das Stadium II, Tabelle 588/1 betrachtet werden. In Spalte B findet man für die Bauteile der Verglasung jeweils den Durchlaßgrad τ, d.h. das Verhältnis des durchgelassenen zum auftreffenden Lichtstrom, gemessen für zerstreutes Tageslicht. Bei den Angaben für τ handelt es sich um Mittelwerte, da die Meßwerte bei jeder Glassorte etwas streuen. Bei Kunststoffen sind diese Werte verschieden je nach Materialart. Aus Tabelle 620 (S. 428) können Werte für Kunststoffe entnommen werden (z.B.: CAB $\approx$ 0,85, GFP $\approx$ 0,85, PMMA $\approx$ 0,92). Auch für die Sprossen von Konstruktionsteilen bei Sheds kann man einen Durchlaßgrad angeben. Ist F die freie Tageslichtöffnung, Fs der durch die Sprossen verdeckte Anteil daran, so ist

$$\tau 1 = \frac{F - Fs}{F}.$$

Es ist dies ebenfalls ein Mittelwert, da Fs sich mit der Blickrichtung ändert.
Der Gesamtdurchlaßgrad τk findet sich als Produkt der einzelnen $\tau 1, \tau 2 \ldots, \tau n \ldots$, nicht etwa als Summe ($\tau k = \tau 1 \cdot \tau 2 \ldots \tau n$).
Für alle drei Dachformen aus Bild 589 in Tabelle 588/1 zusammengefaßt, also Quersattel, Oberlichtband, 60° und 90° Shed ist zur Erzielung einer günstigen Wärmedurchgangszahl k Doppelverglasung auf gemeinsamer Sprosse angenommen, also eine moderne kittlose Verglasung. Für das Quersatteldach eine Lage Drahtglas 6–8 mm, klar, weitmaschiges, punktgeschweißtes Netz. Darüber eine Lage Rohglas 6–7 mm mattiert, glatte Seite zum Licht. Die entsprechenden Werte für τ werden aus Spalte B in Spalte Q übertragen und ergeben den gesamten Durchlaßgrad $\tau k = 0{,}474$. Die Mattierung des Drahtglases wurde beim Quersattel deshalb gewählt, um die direkte Sonneneinstrahlung zu mildern und nur zerstreutes Sonnenlicht eindringen zu lassen. Dafür muß man einen niedrigen Durchlaßgrad in Kauf nehmen.
Beim 60-Grad-Shed wurden in der Spalte R Drahtglas + Rohglas, beides klar, gewählt. Beim Shed werden die Glasflächen nach Norden orientiert, so daß keine lästige Sonneneinstrahlung zu befürchten ist. Mattierung ist deshalb unnötig. Es ergibt sich ein Gesamtdurchlaßgrad $\tau k = 0{,}624$.
Beim Shed 90 Grad in Spalte S sind zwei Lagen Rohglas, klar, angenommen. Zwar wäre es mit Rücksicht auf Unfälle durch herabfallende größere Glasbrüche sicherer, auch hier die innere Lage aus Drahtglas zu wählen, doch wird diese Gefahr zugunsten der besseren Lichtdurchlässigkeit und gegebenenfalls aus Preisgründen manchmal in Kauf genommen. Der Gesamtdurchlaßgrad ist dann bei dieser Annahme $\tau k = 0{,}696$.
In der untersten Reihe des Abschnittes II erhält man nun Tm_{II} als Produkt aus dem Gesamtdurchlaßgrad τk mit dem Tm_I aus Stadium I; für den Quersattel in Spalte Q zu 11,2 %, für den 60-Grad-Shed in Spalte R zu 10,9 % und für den 90-Grad-Shed in Spalte S 6,6 %.
In diesem Beispiel soll nun Spalte III betrachtet werden, indem die Verstaubung des Glases weitere Lichtverluste verursacht. Zweifellos hängt der Grad der Verstaubung von vielen Umständen ab wie Lage des Gebäudes, z.B. Industriegebiet oder ländliche Gegend, Küstennähe mit viel Wind oder Binnenland mit wenig Wind, Nutzungsart oder ähnliches. Außerdem ist naturgemäß die Pflege des Daches von ausschlaggebender Bedeutung, d.h. die Abstände der Reinigung. Die Werte der Tabelle 588/2 können also nur Richtwerte sein.

9. Detailhinweise bei Ausführung von Flachdächern

Bild-Tabelle 588/1

Stadium I: Tageslicht-Öffnung frei, unverglast
Stadium II: Tageslicht-Öffnung verglast, ohne Staubfilme
Stadium III: Tageslicht-Öffnung verglast, mit Staubfilmen, Grenzwert

A	B		Q	R	S
			Quersattel	Shed 60°	Shed 90°
I	Verhältnis $\frac{\text{Grundrißfläche}}{\text{Dachausschnitt}} = \frac{Ff}{Fd}$ Wirkungsgr. η aus Zeichn.		26,7% 0,889	35,0% 0,500	35,0% 0,271
	$T_{mI} = \eta \cdot \frac{Ff}{Fd}$		23,7%	17,5%	9,5%
II	Durchlaßgr. τ v. Glas u. Konstr.-Teilen Sproß. u. Konstr. Tl. des Glasd.	$\tau^1 = 0{,}92$	0,92	0,92	0,92
	Drahtglas 6–8 mm, weitm., klar	$\tau^2 = 0{,}78$	0,78	0,78	—
	Rohglas 6–7 mm, klar	$\tau^3 = 0{,}87$	—	0,87	0,87 0,87
	Rohglas 6–7 mm, matt	$\tau^4 = 0{,}66$	0,66	—	—
	Ges. Durchlaßgrad $\tau^k = \tau^1 \cdot \tau^2 \cdot \ldots \cdot \tau^n =$		0,474	0,624	0,696
	$T_{mII} = \tau^k \cdot T_{mI} =$		11,2%	10,9%	6,6%
III	Durchlaßgr. d. Staubfilme auf dem Glas τ^s bei Glasneigg. $\delta = 45°$		0,70		
	τ^s bei Glasneigg. $\delta = 60°$			0,75	
	τ^s bei Glasneigg. $\delta = 90°$				0,80
	$T_{mIII} = \tau^s \cdot T_{mII} =$		7,8%	8,2%	5,3%

Bild-Tabelle 588/2 Entnommen aus DIN 5034

Verschmutzung auf der Fensteraußenseite	Verschmutzung auf der Fensterinnenseite	Durchlaßgrad τ_s in % Neigung der Glasfläche gegen die Horizontale		
		90°	60°	30°
gering	gering	90	85	88
	stark	70	60	55
mittel	gering	80	75	70
	stark	60	50	40
stark	gering	70	63	55
	stark	50	33	25

In der Tabelle 588/2 möge die Verschmutzung der Fensteraußenflächen »mittel«, die der Glasinnenflächen »gering« befunden werden. Dann entnimmt man aus der Tabelle

für den Quersattel in Spalte Q bei $\delta = 30°$ $\tau_s = 0{,}70$;
für den 60°-Shed in Spalte R bei $\delta = 60°$ $\tau_s = 0{,}75$;
für den 90°-Shed in Spalte S bei $\delta = 90°$ $\tau_s = 0{,}80$.
In Reihe III findet man nun den T_m für das Stadium III
$T_{mIII} = \tau_s \cdot T_{mII}$
zu 7,8% für den Quersattel;
zu 8,2% für den 60°-Shed
zu 5,3% für den 90°-Shed.

Bild-Tabelle 588/3 Minderung der Transmission durch Verschmutzung (Faktor k_2) (Quelle: Esser)

Außenverhältnisse			Innenverhältnisse		Schwächungsfaktor k_2 für Innen- und Außenverschmutzung der Fensterfläche	
Örtliche Verhältnisse	Staubniederschlag g 100 m² pro Monat	Verschmutzung auf der Fensteraußenfläche	Industrieart	Verschmutzung auf der Fensterinnenfläche	nach Bauer Fensterneigung 0...90°	nach Esser für Lichtkuppeln
Ländliche Gegenden oder abgelegene Vorstädte	300	gering	sauber schmutzig	gering stark	0,75 0,60	0,95
Dicht besiedelte Wohngegenden	600	mittel	sauber schmutzig	gering stark	0,70 0,55	0,90
Dicht besiedelte Industriegegenden	>1000	stark	sauber schmutzig	gering stark	0,60 0,45	0,80 — 0,85

9.3 Tagesbeleuchtung in Flachdach- und Hallenbauten

Wenn keine bekannten Verschmutzungswerte aus Erfahrung vorliegen, so muß man sich an die Tabelle 588/2 halten, wo der Durchlaßgrad τs der Schmutzfilme in Abhängigkeit von der Dachneigung und der Verschmutzung der Fensteraußenflächen und Fensterinnenflächen zu ersehen ist (anstelle der Bezeichnung $k2$ ist hier die Bezeichnung τs gewählt). In Tabelle 588/3 ist dieser Faktor auch für Horizontalflächen mit Lichtkuppeln angegeben.

In der Tabelle 588/1 möge die Verschmutzung der Fensteraußenflächen für die Beispiele der Tabelle 588/2 mit »mittel«, die der Glasinnenfläche »gering« angenommen werden. Dann entnimmt man aus der Tabelle

für den Quersattel in Spalte Q bei
    30 Grad Neigung = τs = 0,70,

für den 60 Grad-Shed in Spalte R bei
    60 Grad Neigung = τs = 0,75,

für den 90 Grad-Shed in Spalte S bei
    90 Grad Neigung = τs = 0,80.

In der Reihe Tabelle 588/1 unter III findet man nun den tatsächlich anzunehmenden Tageslichtquotienten Tm für das Stadium III.

$$Tm_{III} = \tau s \cdot Tm_{II}$$

zu 7,8% für den Quersattel, zu 8,2% für den 60-Grad-Shed, zu 5,3% für den 90-Grad-Shed. Es ist nun nach Tabelle 578 zu überprüfen, inwieweit diese Tageslichtquotienten für die entsprechenden Aufgaben ausreichen. Soweit die Berechnung.

In Bild 589 sind die vorgenannten berechneten Beispiele grafisch dargestellt. Links oben ist ein Schritt durch eine Halle mit Sattelglasdächern, in regelmäßigen Abständen $e = 15$ m, dargestellt. Diese Anordnung soll als Quersattel bezeichnet werden. Die Höhe h von Arbeitsfläche bis Oberkante Zarge ist ebenfalls mit 15 m angenommen. Nach links und nach rechts ist die Halle fortgesetzt zu denken. Lichttechnisch gesehen sind dies horizontale Tageslichtöffnungen. Die gestrichelte Kurve ist der Verlauf von T für den mittleren Quersattel allein. Die ausgezogene leicht wellige Kurve ist die Summe aller Einzelkurven für jeden Quersattel. Man bildet nun z. B. durch Planimetrien den Mittelwert der Summenkurve: $Tm = 23,7$%. Die li. Breite jeder Öffnung ist $b = 4$ m. Das Verhältnis $d/e = \frac{4,0}{15} = 26,7$% ist in die vorgenannte Tabelle 588/1 unter I eingetragen.

9.3.1.5.1 Gleichmäßigkeit der Belichtung

Von Wichtigkeit ist die Gleichmäßigkeit von T. Sie läßt sich z. B. ausdrücken in dem Verhältnis $\frac{T \min}{T \max}$ und beträgt hier in diesem Beispiel $\frac{23,1}{24,2} = 0,95$. Völlige Gleichmäßigkeit wäre bei dem Verhältnis $\frac{T \min}{T \max} = 1$ vorhanden.

In Bild 589, untere Hälfte, ist nun derselbe Quersattel dargestellt, jedoch anstelle einer Höhe $h = 15$ m bis zur Arbeitsfläche ist hier eine Höhe von nur 6 m bis zur Arbeitsfläche angenommen worden. d/e ist gleich geblie-

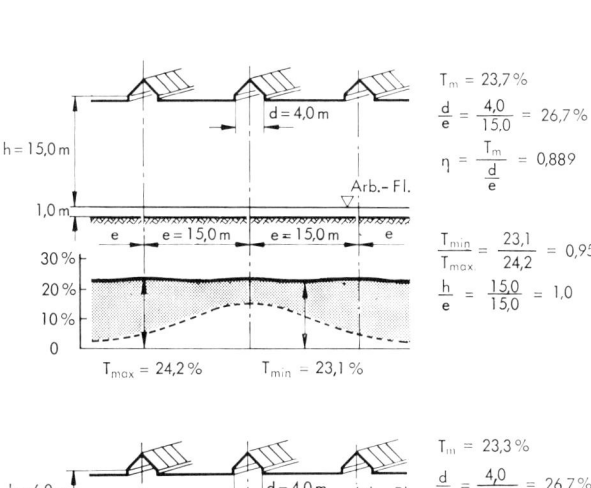

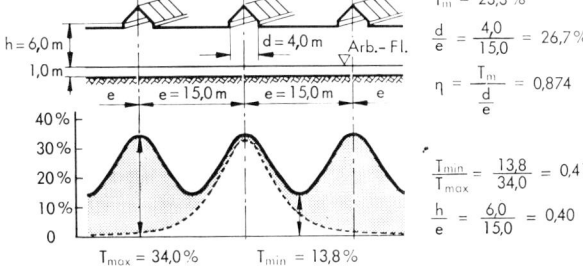

Bild 589 Lichtverteilung der Beispiele

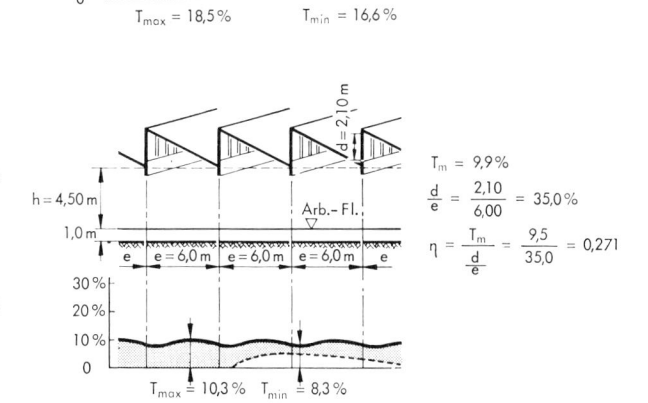

9. Detailhinweise bei Ausführung von Flachdächern

ben. Auch Tm und η zeigen nur geringe Änderungen. Dagegen hat sich die Gleichmäßigkeit von T wesentlich geändert, wie die stark wellige Summenkurve zeigt.

$$T = \frac{6,0}{15,0} = 0,40.$$

Die schlechte Gleichmäßigkeit ist darauf zurückzuführen, daß die untere Halle zu niedrig ist für den Achsabstand der Satteldächer. Je mehr sich bei dieser Dachanordnung die Höhe h dem Abstand e nähert, um so gleichmäßiger wird der Verlauf des Tm. Dieser Grundsatz gilt für alle Flachbauten mit einer Serie von bandartigen, parallelen Tageslichtöffnungen in regelmäßigen Abständen, also z. B. auch für Dächer mit Aufsätzen aus Shed-Konstruktionen, Bändern aus Kunststoff-Lichtkuppeln usw. In den beiden rechten Darstellungen sind die Beispiele der Tabelle 588/1 grafisch dargestellt.

9.3.1.6 Beispiel Lichtkuppelberechnung gemäß Bild 584 [77]

Es sollen folgende Werte einer Halle angenommen werden:

Länge l = 10 m
Breite b = 20 m
Höhe h = 10 m

Gesamtfläche der Decke	Fd =	200 qm
Gesamtfläche der Oberlichte	Ff =	64 qm
Höhe der Nutzebene		1 m
verbleibende Höhe	hF =	9 m

Für den Faktor ϑl ergibt sich nach Bild 586

$$\tan \varphi l = \frac{l}{2 \cdot hF} = \frac{10}{2 \cdot 9} = 0,56$$

bzw. φl = 29 Grad.
Aus der graphischen Darstellung Bild 586 ist also die ϑl = 0,50. Für den Faktor ϑb ergibt sich

$$\tan \varphi b = \frac{b}{2 \cdot hF} = \frac{20}{2 \cdot 9} = 1,11$$

bzw. φb = 48 Grad
bzw. ϑb = 0,76.
Bei der Berücksichtigung der Verluste durch den nicht verglasten Teil der Decke errechnet sich der Faktor

$$kF = \frac{Ff}{Fd} = \frac{64 \text{ qm}}{200 \text{ qm}} = 0,32.$$

Der mittlere Tageslichtquotient in %

$Tm = \vartheta l \cdot \vartheta b \cdot kF \cdot 100 = 0,50 \cdot 0,76 \cdot 0,32 \cdot 100 = 12,2\%$.

Bestehen die Lichtkuppeln aus glasklarem Acrylglas (s. Tabelle 620), so kann für den Lichtverlust durch Reflexion und Absorption τ = 0,92 eingesetzt werden. Wenn angenommen wird, daß die Verschmutzung der Lichtkuppeln außen und innen gering ist, kann der Schwächungsfaktor $k2$ nach Tabelle 588/3 mit 0,9 eingesetzt werden. Verluste durch Versprossung entstehen bei Lichtkuppeln nicht. Als Endresultat ergibt sich dann für den mittleren Tageslichtquotienten

$Tm = \vartheta l \cdot \vartheta b \cdot kF \cdot \tau \cdot k2 \cdot 100$

$Tm = 0,50 \cdot 0,76 \cdot 0,32 \cdot 0,92 \cdot 0,90 \cdot 100 = 11,0\%$.

Dem entspricht eine mittlere Beleuchtungsstärke von $Ei = 5000 \cdot 0,11 = 550$ lx.

9.3.1.6.1 Errechnung der Stückzahl Lichtkuppeln

Bei der Planung und Bemessung der Tagesbeleuchtung mit Lichtkuppeln wird die Berechnung in umgekehrter Form durchgeführt. Bei Bekanntsein der erforderlichen Beleuchtungsstärke nach Tab. 578 (hier 500 lx) ergibt sich folgende Berechnung:

$$Ei = 500 \text{ lx}, \quad Tm = \frac{500}{5000} = 0,10.$$

τ = Lichtdurchgang (Acrylglas) = 0,92.
$k2$ = 0,90 (mittlerer Verschmutzungsfaktor).
Raumlänge l = 10 m, Raumbreite b = 20 m, Höhe h = 10 m.
ϑl = 0,50, ϑb = 0,76, Fd = 10 m $\cdot$ 20 m = 200 qm.
$kF = Tm \cdot \vartheta l \cdot \vartheta b \cdot \tau \cdot k2 \cdot 100 =$
   $0,10 \cdot 0,50 \cdot 0,76 \cdot 0,92 \cdot 0,90 \cdot 100 = 0,35$.
$Ff = kF \cdot Fd = 0,35 \cdot 200 \text{ m}^2 = 70 \text{ m}^2$.
$hF = 10 - 1 = 9$ m, $l = 0,50 \cdot 9 \leqq 4,5$ m.

gewählt: 18 Lichtkuppeln $\cdot$ 3,52 m² = ca. 64 m² Lichteinfallfläche

Vorschlag Verteilung auf den Raum
3 Lichtkuppelreihen à 6 Lichtkuppeln gemäß Bild 590.
Soweit die Berechnung bei Lichtkuppeln.

9.3.1.7 Lichtdurchlässigkeit

Die Lichtverluste (LV) werden aus vergleichenden Untersuchungen des Bauzentrums Rotterdam für die verschiedenen Materialien wie folgt angegeben:

Materialien	Minderungsfaktor LV	Durchlaßgrad nL	(%)
1. Klarglas	0,15	0,85	85
2. Drahtglas	0,30	0,70	70
3. PMMA (Acrylglas, klar-farblos)	0,15	0,85	85
4. PMMA (Acrylglas, opal)	0,25	0,75	75
5. CAB (Cellulose-Aceto-Butyrat hell)	0,15	0,85	85
6. GUP (glasfaserverstärktes Polyesterharz)	0,25	0,75	75

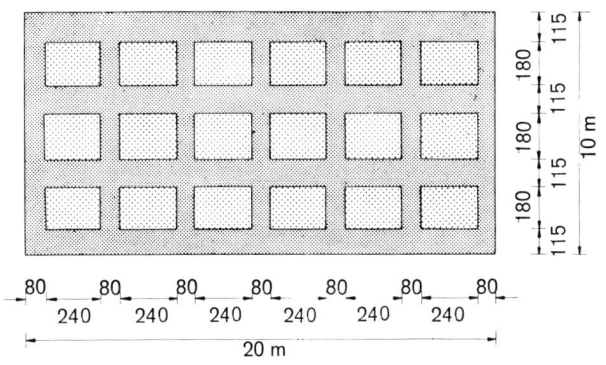

9.3 Tagesbeleuchtung in Flachdach- und Hallenbauten

Bild 590 Verteilung der Lichtkuppeln

Bild-Tabelle 591 Acrylglas [76]

Ausführung	Einfärbung	MindFaktor η_L
1 schalige Lichtkuppeln		
Standard	opal 017 (= opal)	0,88
Spezial	klar-farblos 233 (= klar)	0,92
Lichtundurchlässige Innenschalen für Rauchabzugsanlagen	schwarz 811	0
	weiß 003	0,03
2 schalige Lichtkuppeln		
Standard	opal/opal	0,77
Spezial	klar/klar	0,85
	opal/klar	0,81
3 schalige Lichtkuppeln		
Standard	opal/opal/opal	0,68
Spezial	klar/klar/klar	0,78
	opal/opal/klar	0,71

In der Praxis werden nicht die Lichtverluste LV angegeben, sondern der Minderungsfaktor für die Transmission (η bzw. ηL) oder der Durchlaßgrad in %.
Der Minderungsfaktor ηL berücksichtigt die Verminderung des einfallenden Lichtstromes durch Absorption und Reflexion des Oberlichtmateriales. In Tabelle 591 ist für Kunststoff-Lichtkuppeln (Acrylglas) der Minderungsfaktor angegeben. Nach Angaben soll die Lichtdurchlässigkeit von Acrylglas (abgesehen von der Verschmutzung) konstant bleiben. Die Messungen aus Rotterdam an älteren Lichtkuppeln zeigen jedoch auch offensichtlich bei Acrylglas eine gewisse Alterung, da sonst anstelle des Minderungsfaktores 0,92 = 0,85 eingesetzt werden müßte. Es ist jedoch nicht bekannt, wie stark die Materialien waren, an denen in Rotterdam die Lichtverluste gemessen wurden.
In Tabelle 620 sind für weitere Kunststoffe die Minderungsfaktoren η angegeben.
Die Transmissionswerte nach Tabelle 591 wurden bei 3 mm starken Proben gemäß DIN 5036 mit Normlicht gemessen. Bei den Minderungsfaktoren für die Opaleinfärbungen (die Zahlenangaben sind Materialnummern von Plexiglas Firma Röhm, Darmstadt) wurde der Einfluß des Reckungsgrades auf die Transmission berücksichtigt.

Standard-Lichtkuppeln aus Acrylglas werden grundsätzlich opaleingefärbt, also lichtstreuend hergestellt, da Blendung durch gerichtetes Licht und die direkte Sonneneinstrahlung meist als lästig empfunden wird.

Neben der Minderung durch die Verglasung selber können auch Einbauhöhe des Aufsatzkranzes ηR, danebenliegende Unterzüge oder Verminderung des einfallenden Lichtstromes durch höherliegende Nebengebäude

Bild 592 [76] Minderungsfaktor für Einbauhöhe: η_E. Der Minderungsfaktor η_E berücksichtigt die Verminderung des einfallenden Lichtstromes durch die unterschiedlichen Höhen von Aufsetzkränzen (0,16/0,30/0,50 m), Decken und Lichtschächte bzw. (zu berücksichtigende) Unterzüge, also durch die Gesamthöhe Z der Deckenkonstruktion und deren Abmessungen.

Formel 1: $\eta_E = \psi_a \cdot \psi_b$.

Die Faktoren ψ_a und ψ_b für die Verminderung des einfallenden Lichtstromes auf der Längsseite a und der Breitseite b Unterkante lichte Öffnung der Deckenkonstruktion können aus dem Diagramm entnommen werden. Sie sind abhängig vom Verhältnis:
$\dfrac{a}{Z}$ und $\dfrac{b}{Z}$

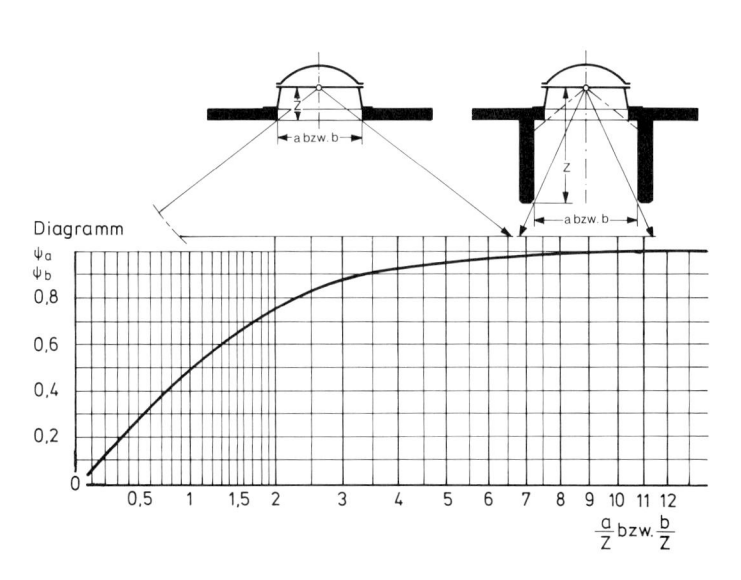

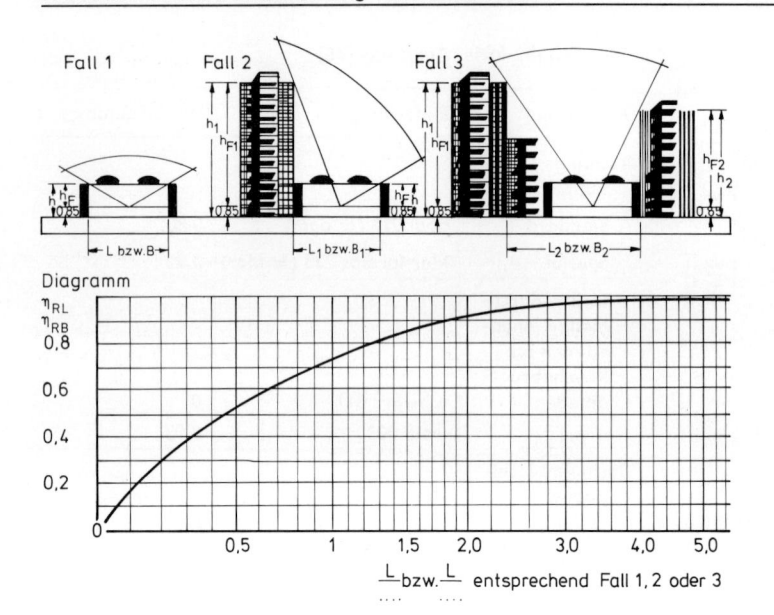

9. Detailhinweise bei Ausführung von Flachdächern

Bild 593 Minderungsfaktor für Raumproportionen: η_R.
Der Minderungsfaktor η_R berücksichtigt die Verminderung des einfallenden Lichtstromes durch die Raumbegrenzungen in Länge, Breite und Höhe (auch bei unmittelbar angrenzender hoher Verbauung), siehe Bild 2.

Formel 2: $\eta_R = \eta_{RL} \cdot \eta_{RB}$.

Die Faktoren η_{RL} und η_{RB} für die Verminderung des Lichtstromes in der Raumlänge L und der Raumbreite B können aus Diagramm entnommen werden. Sie sind abhängig vom Verhältnis:

im Fall 1 $\quad \dfrac{L}{2h_F} \quad$ und $\quad \dfrac{B}{2h_F}$

im Fall 2 $\quad \dfrac{L_1}{h_F + h_{F1(2)}} \quad$ und $\quad \dfrac{B_1}{h_F + h_{F1(2)}}$

im Fall 3 $\quad \dfrac{L_2}{h_{F1} + h_{F2}} \quad$ und $\quad \dfrac{B_2}{h_{F1} + h_{F2}}$.

Die Innenraumreflexion wird vernachlässigt

ηE vorhanden sein. Aus den Bildern 592 und 593 lassen sich diese Zusammenhänge ablesen [76].

9.3.1.8 Lichtverteilungsvermögen bei Kunststoffen

Bei vielen Kunststoffen ist die Lichttransmission völlig gerichtet. Diese Eigenschaft ist für Oberlichter oft nicht erwünscht, weil dann bei Besonnung zu harte Kontraste zwischen besonnten und verschatteten Flächen im Raum stören. Eine ausgeglichene Leuchtdichte – Verteilung im Raum, auch im Vergleich mit der Leuchtdichte der durch die Lichtöffnungen sichtbaren Himmelsfläche oder der anderen helleren Flächen, ist nicht nur eine wichtige Voraussetzung für die Behaglichkeit, sie kann auch aus technischen Gründen erforderlich sein.

Obwohl stark lichtstreuende Stoffe weniger Licht durchlassen, erfordern sie im allgemeinen keine wesentlich größeren Oberlichtöffnungen als bei der Anwendung nicht streuender Stoffe, weil dem Auge, dem durch den stark lichtstreuenden Stoff der unmittelbare Vergleich mit der Himmelshelligkeit nicht mehr möglich ist, der Raum auch bei niedrigeren Tageslichtquotienten noch als hell genug erscheint. Dies gilt vor allen Dingen für Sheds, Satteloberlichter und Schalen.

Mit der durch Lichtstreuung herabgesetzten Lichtdurchlässigkeit wird auch die Energiedurchlässigkeit herabgesetzt, was aus Gründen des sommerlichen Wärmeschutzes erwünscht ist. Man kann aber nicht eine lichtstreuende und damit weniger energiedurchlässige Oberlichtfläche bestimmter Größe durch eine kleinere Oberlichtfläche aus nicht lichtstreuendem Stoff ersetzen, welche eine gleich große Energiedurchlässigkeit besitzt, weil dann der beleuchtungstechnische Vorteil der unterbundenen Adaption auf die Himmelsleuchtdichte wieder verloren ginge. Auch die Sonnenwärmebelastung durch noch ausreichende, stark lichtstreuende flache Oberlichter ist im Sommer meist

Bild-Tabelle 594 [79] Lichttechnische Stoffkenngrößen einiger lichtdurchlässiger Kunststoffe und ihre Einordnung in die lichttechnischen Stoffklassen nach DIN 5036 Blatt 4 (nach Hersteller-Angaben)

Lichtdurchlässiger Kunststoff Art und Dicke	Lichttechnische Stoffkenngrößen			Lichttechnische Klasse DIN 5037 Bl. 4		
	Lichttransmissionsgrad τ_v%	Lichtstreuvermögen σ_v	Halbwertswinkel γ Grad	Durchlässigkeit	Streuung	Gerichteter Anteil
Plexiglas (PMMA)						
Nr. 233, $d = 3$ mm	90–92	—	—	stark	schwach	merklich
Nr. 017, $d = 3$ mm	85	—	<1	stark	schwach	merklich
Nr. 010, $d = 3$ mm	66	0,57	—	stark	stark	nicht merklich
Diolen 174 S-Gewebe (Polyterephthalat) beidseitig PVC-beschichtet K/S dtex 2200/2200; 2×2/2×2 Fd/cm (»Olympiaqualität«) $d = 1,5$ mm	70	—	7,5	stark	schwach	merklich
K/S dtex 1100/1100; 12,2/12,2 Fd/cm (Traglufthallenqualität) $d = 0,64$ mm	9	0,90	—	schwach	stark	nicht merklich

noch zu hoch. Man kann dann als Ersatz für einen voll beweglichen äußeren Sonnenschutz lichtstreuende Stoffe sinnvoll für den Sonnenschutz nutzen, wenn man Bauteile aus solchen Stoffen in Zeiten besonders großer Strahlung und deshalb auch großer Helligkeit, also im Sommer, zusätzlich über den Oberlichten anbringt und in Zeiten geringerer Strahlung wieder entfernt.
Als lichtstreuende Kunststoffe stehen zur Verfügung: Verschieden stark eingetrübtes PMMA, PVC-beschichtetes Polyestergewebe, Kapillarplatten GUP. Bei GSK hängt die Größe des gestreuten Anteiles vom Kunststoff und Fasergias ab (in Tabelle 594 sind für einige Stoffe Lichtstreugrößen und deren Kenndaten angegeben (nach Zimmermann & Kirsch [79]).

9.3.1.9 Wärmestrahlungsdurchlässigkeit

In Tabelle 595 sind Werte über die stündliche Wärmebelastung pro cbm Luftraum durch Oberlichte angegeben. Daraus ist zu entnehmen, daß es wesentlich ist, wie die Oberlichte angeordnet sind. Wenn die Werte der Sommersonnenwende betrachtet werden, ist abzulesen, daß die Strahlungsdurchlässigkeit und damit die Aufheizung bei Horizontalflächen, also bei Lichtkuppeln und hier gleichbedeutend bei flachen Raupenoberlichten sehr groß ist, während bei Nord-Süd-Laternen und Nord-Sheds die Aufheizung gering ist. Von hier aus kann es u. U. notwendig werden, anstelle der billigeren horizontalen Belichtungen (normale Lichtkuppeln) Shed-Konstruktionen zu verwenden in der üblichen Ausführung mit Normalverglasung, nordorientiert oder HP-Schalen mit Kunststoff-Verglasung bzw. Speziallichtkuppeln mit Nordorientierung. In Bild 596 und

Bild-Tabelle 595 Höchste stündliche Wärmebelastung je m³ Luftraum in lichtstreuend verglasten Oberlichthallen mit etwa gleichen mittleren Tageslichtquotienten

Sommersonnenwende	
Lichtkuppeln	9,9 kcal/m³h
flache Raupenoberlichter	7,2 kcal/m³h
Südsheds 60°	6,3 kcal/m³h
Südsheds senkrecht	3,8 kcal/m³h
Nord-Süd-Laternendach	1,75 kcal/m³h
Nordsheds 60°	1,05 kcal/m³h
Tagundnachtgleichen	
Südsheds senkrecht	8,5 kcal/m³h
Südsheds 60°	7,3 kcal/m³h
Lichtkuppeln	6,1 kcal/m³h
flache Raupenoberlichter	3,8 kcal/m³h
Nord-Süd-Laternendach	3,5 kcal/m³h
Nordsheds 60°	0 kcal/m³h

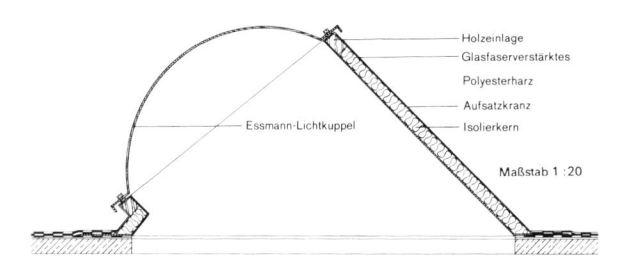

Bild 596 Lichtkuppeln für blendfreie, gleichmäßige Nordbelichtung in Industriehallen, Ateliers usw. Durch die Form des Aufsatzkranzes wird direkt einfallendes Sonnenlicht abgeschirmt. Er besteht aus Glasharz mit Dämmeinlage; die Lichtkuppel aus Plexiglas®. Hersteller: Heinz Essmann, Schötmar

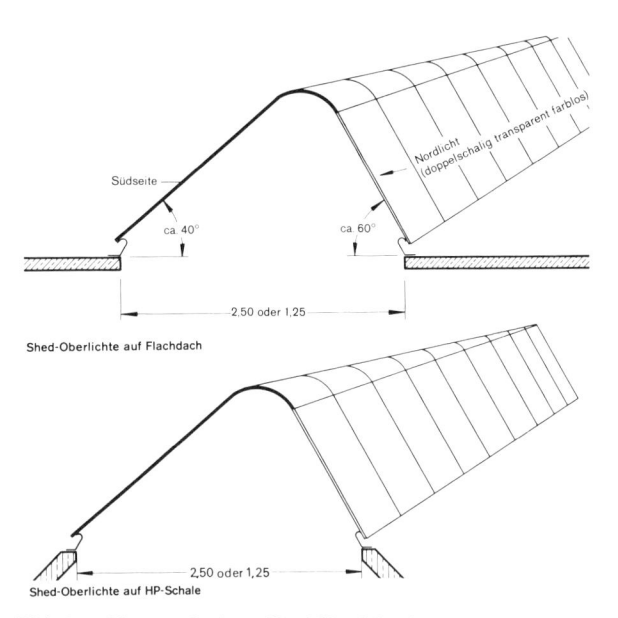

Bild 597 Die vorgefertigten Shed-Oberlichte bestehen aus einer Alu-Tragekonstruktion, beidseitig mit Filon-Polyesterharzplatten beschichtet. Beim Einbau entfallen aufwendige Shed-Traufenabdichtungen und Giebelausmauerungen. Hersteller: Aktiengesellschaft für Zink-Industrie, vorm. Wilh. Grillo, Abt. Kunststoffe, Duisburg-Hamborn

Bild 597 sind derartige Möglichkeiten mit Kunststoff angeführt.
Zimmermann & Kirsch [79] schreiben zur Wärmestrahlungsdurchlässigkeit bei den üblichen Kunststoffen folgendes:
»Vergleicht man die spektrale Strahlungsdurchlässigkeit von farblosem PMMA und CAB mit der von Fensterglas, dann fällt auf, daß PMMA und CAB etwa gleich viel sichtbare Strahlen wie Fensterglas durchlassen, jedoch weniger die IR-Strahlen (unsichtbare Strahlen), mit zunehmender Schichtdicke wird bei PMMA die Durchlässigkeit im IR-Bereich stark gemindert (siehe Tabelle 620).
Aus Gründen des Wärmeschutzes sind lichtdurchlässige Stoffe erwünscht, welche den Strahlungsdurchgang selektiv beschränken, indem sie möglichst viel sichtbare Strahlung und möglichst wenig IR-Strahlung durchlassen, (Silikatgläser mit solchen Eigenschaften wurden und werden entwickelt). Hinsichtlich der in den

9. Detailhinweise bei Ausführung von Flachdächern

Raum gelangenden Wärmemenge ist allerdings der spektrale Transmissionsgrad nicht die einzige bestimmende Größe, weil ein Teil der nicht transmittierten Strahlung vom lichtdurchlässigen Stoff bzw. Bauteil absorbiert wird, welcher sich erwärmt und dann als Sekundär-Strahler Wärme auch an den Raum abgibt. Deshalb muß bei einer Beurteilung eines lichtdurchlässigen Stoffes bezüglich der selektiven Energiedurchlässigkeit auch das spektrale Absorptionsvermögen betrachtet werden.

Die selektive Minderung der Strahlungsdurchlässigkeit im IR-Bereich kann weiter gesteigert werden durch eine Goldbedampfung des lichtdurchlässigen Kunststoff-Bauteiles, nach demselben Prinzip, das bei silikatischen Sonnenschutzgläsern schon länger angewendet wird. Obwohl es schwieriger ist, ein Metall auf PMMA aufzubringen als auf Silikatglas, ist dieses technische Problem gelöst. Eine dänische Firma bietet goldbedampfte PMMA-Lichtkuppeln an.

Ein geringer Teil der durch ein lichtdurchlässiges

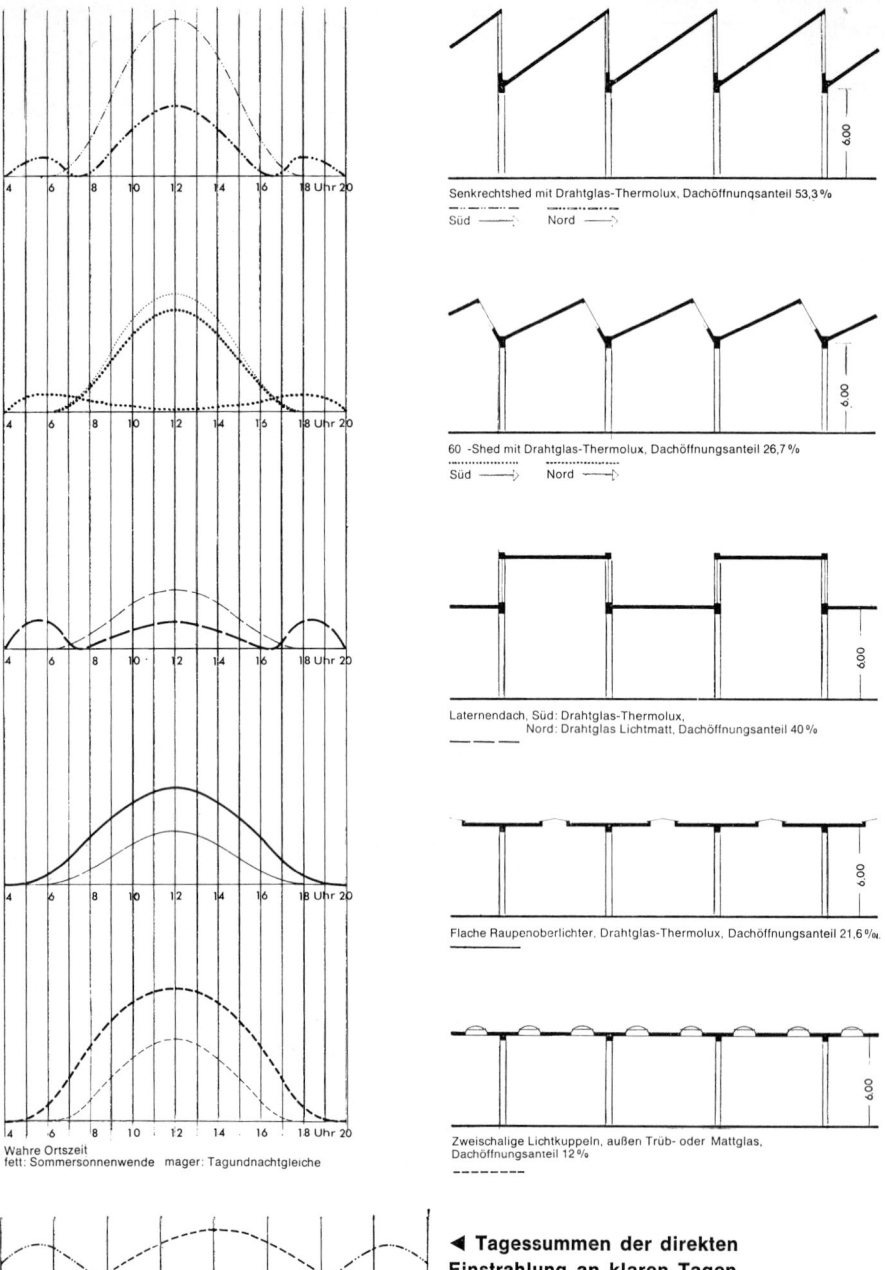

Bild 598 [80]
Stündliche direkte Sonnenwärmeeinstrahlung im Laufe eines klaren Tages in Oberlichthallen, die an bedeckten Tagen etwa gleich hell wirken. Senkrechtsheds: Tagesgang von 7.30 Uhr bis 16.30 Uhr – Südsheds. 60°-Sheds: die untere der fett punktierten Kurven gilt für Nordsheds

Senkrechtshed mit Drahtglas-Thermolux, Dachöffnungsanteil 53,3 %
Süd ——— Nord ———

60°-Shed mit Drahtglas-Thermolux, Dachöffnungsanteil 26,7 %
Süd ——— Nord ———

Laternendach, Süd: Drahtglas-Thermolux,
Nord: Drahtglas Lichtmatt, Dachöffnungsanteil 40 %

Flache Raupenoberlichter, Drahtglas-Thermolux, Dachöffnungsanteil 21,6 %

Zweischalige Lichtkuppeln, außen Trüb- oder Mattglas, Dachöffnungsanteil 12 %

Wahre Ortszeit
fett: Sommersonnenwende mager: Tagundnachtgleiche

◄ Tagessummen der direkten Einstrahlung an klaren Tagen

9.3 Tagesbeleuchtung in Flachdach- und Hallenbauten

Kunststoff-Bauteil transmittierten Sonnenstrahlung wird von Objekten unter dem Bauteil reflektiert und, da in der Wellenlänge nicht verändert, wieder nach außen transmittiert. Der wesentlich größere Teil der transmittierten Strahlung wird von den Objekten absorbiert und von diesen niedrig temperierten Strahlern als langwellige Strahlung wieder emittiert. In diesem Wellenlängenbereich sind lichtdurchlässige Kunststoffe und Silikatglas kaum nennenswert strahlungsdurchlässig, so daß lichtdurchlässige Kunststoff-Bauteile ebenso eine Wärmefalle bilden wie mit Silikatglas verglaste Öffnungen, so daß sich derselbe Treibhauseffekt einstellt.«
Wie bereits zuvor angeführt, kann es also u. U. notwendig werden, durch eine Lichtorientierung von dem Einbau von Lichtkuppeln in der üblichen Form abzusehen.
Aus Bild 598 lassen sich für die einzelnen Konstruktionen grafisch die Belastungen ablesen [80]. Dieses Bild ist sehr aufschlußreich und erspart große Berechnungen.

9.3.2 Wärmedämmung durch Licht-Elemente

Das besondere Problem von Oberlichtanordnungen im Flachdach ist die Wärmedämmung. Bekanntlich sind Fenster in einer Außenwand die Bauteile, die den größten Wärmeverlust aufweisen und an denen innenseitig bei ungünstigen Verhältnissen Schwitzwasserbildung auftritt.
Dieses Problem des großen Wärmeverlustes über die Oberlichte bei Flachdächern und das Problem der Schwitzwasserbildung mit gegebenenfalls unliebsamer Abtropfung nach unten muß von Fall zu Fall je nach innenseitiger Belastung für sich untersucht werden.
Die Ursache der geringen Wärmedämmung von Glas- und Kunststoffbelichtungen liegt in der relativ niedrigen Wärmeleitzahl, besonders aber in der geringen Stärke begründet.
Der Wärmedämmwert von Verglasungen wird durch die k-Zahl ausgedrückt (Wärmedurchgangszahl). Diese k-Zahl errechnet sich bekanntlich (s. Teil I dieses Buches) wie folgt:

$$k = \frac{1}{\frac{1}{\alpha i}+\frac{1}{\Lambda}+\frac{1}{\alpha a}} \text{ kcal/m}^2\text{h}°.$$

In dieser k-Zahl sind also die Wärmeübergangswiderstände von Luft an die Verglasung innen und außen beinhaltet, sowie der Wärmedurchlaß-Widerstand der Verglasung selber bzw. der in der Verglasung eingeschlossenen Lufthohlräume bei Doppelverglasung. Die große Unbekannte, die in der k-Zahl beinhaltet ist, ist die innere Wärmeübergangszahl. Nach DIN 4108 wird sie normalerweise mit 7 angenommen. In Wirklichkeit kann sie aber bei Sheddächern sowie bei Kunststoff-Lichtkuppeln usw. auch nur mit 4 vorhanden sein, d. h. die Luft kann sich in diesen höherliegenden Lichtelementen stauen und ist nicht leicht bewegt, sondern weitgehend ruhend. Dadurch besteht eine größere Gefahr der Schwitzwasserbildung auf der Innenseite der Oberlichte, da der Anteil des inneren Wärmeübergangswiderstandes an dem Gesamtdurchlaßwiderstand relativ hoch ist.

Beispiel:

3 mm einschalige Lichtkuppel, Wärmeleitzahl 0,16, $\alpha i = 7$, $\alpha a = 20$.

Fall 1:

$$\frac{1}{k} = \frac{1}{7} + \frac{0{,}003}{0{,}16} + \frac{1}{20} = 0{,}143 + 0{,}019 + 0{,}05$$
$$= 0{,}212 \text{ m}^2\text{h}°/\text{kcal}.$$

Fall 2:

Bei Vorhandensein von $\alpha i = 4$ ergibt sich folgende Berechnung:

$$\frac{1}{k} = \frac{1}{4} + \frac{0{,}003}{0{,}16} + \frac{1}{20} = 0{,}25 + 0{,}019 + 0{,}05$$
$$= 0{,}319 \text{ m}^2\text{h}°/\text{kcal}.$$

Während die k-Zahl im Fall 1 mit ca. 4,7 gegeben ist, ist sie im Fall 2 mit 3,2 kcal/m²h°C anzunehmen. Man könnte nun der Ansicht sein, daß dadurch ein besserer Wärmedämmwert vorhanden ist.
Wird aber nun die Tauwasserbildung betrachtet, ergeben sich wesentlich ungünstigere Ergebnisse:

Während bei Fall 1 z. B. bei 40° Temperaturunterschied ($-20°$ außen und $+20°$ innen) auf der inneren Lichtkuppel-Oberfläche eine Oberflächentemperatur von $-7°$ entsteht, ist diese bei Fall 2 $-11°$, also wesentlich ungünstiger. Da die Taupunkttemperatur zur Raumluft bei normalen Verhältnissen (s. Teil A) meist zwischen $+9°$ und $+12°$ liegt, wird in keinem der beiden Fälle Schwitzwasserfreiheit gewährleistet. Schwitzwasser wird aber wesentlich schneller und stärker in Fall 2 als in Fall 1 eintreten, da die Oberflächentemperatur ungünstiger ist. Dazu kommt, daß sich in der stehenden Luft höhere Luftfeuchtigkeiten ansammeln können als in der bewegten Luft. Es wird also in Fall 2 in jedem Fall mehr Schwitzwasser zu erwarten sein als in Fall 1.
In Tabelle 10 Anhang sind für die meisten Fenster- und Oberlichtteile die k-Zahlen angegeben. Nachfolgend sollen nur noch einige Zusatzwerte aufgeführt werden, insonderheit auch für die Kunststoffe, die bei Oberlichten eine immer größere Bedeutung erhalten. Den Verglasungsteilen liegen folgende Wärmeleitzahlen zugrunde:

Wärmeleitzahlen (kcal/mh°C)

Luft ruhend	0,02
Glas (Silicatglas)	0,6 –0,7
Epoxidharz (EP)	0,13–0,20
ungesättigtes Polyester (UP)	0,13–0,20
Polyvinylchlorid (PVC)	0,14
Polymethylmethacrylat (PMMA)	0,16
Polystyrol (PS)	0,14

9. Detailhinweise bei Ausführung von Flachdächern

Wie bereits angeführt, wirkt sich die geringe Wärmeleitzahl von Silicatglas zu den besseren Wärmeleitzahlen der lichtdurchlässigen Kunststoffe praktisch nicht aus, weil ihr Wärmedurchlaßwiderstand wegen der geringen Dicke klein ist und die Wärmeübergangswiderstände verhältnismäßig groß sind. Eine erhebliche Verbesserung des Wärmedurchgangswiderstandes solcher Verglasungsbauteile läßt sich nur durch konstruktive Maßnahmen erreichen, also durch die günstige Wärmeleitzahl von Luft, die mit 0,02 ausgenützt werden kann.

Deshalb wurden nach dem Prinzip der Doppelscheiben-Verbundgläser mehrschichtige Licht-Bauteile entwickelt z. B. doppelscheibige Verglasungen bei Shedverglasungen aus Drahtglas, mehrschichtige Platten aus Kunststoffen und mehrschalige Lichtkuppeln. Gegenüber einschichtigen Bauteilen wird dadurch eine Verminderung des Wärmedurchganges erreicht. Um die den Wärmedurchgangswiderstand mindernde Konvektion in luftgefüllten Hohlräumen mehrschichtiger Bauteile zu beschränken, verkleinerte man die Größe der luftgefüllten Hohlräume. Bei diesen Bemühungen achtete man darauf, daß die Lichtdurchlässigkeit nicht zu klein wurde. Dies führte dann letzten Endes zur Herstellung von hochwärmedämmenden Kapillarplatten, deren k-Werte beachtlich sind.

In Tabelle 599 sind hier nochmals einige k-Zahlen von Kunststoffbauteilen angeführt ergänzend zu den Werten der Tabelle 10 im Anhang. Hier sei angemerkt, daß der Aufsatzkranz wärmegedämmt mit einer k-Zahl von 0,82 einzusetzen ist, also wesentliche günstigere Werte aufweist als die Lichtkuppeln selber.

9.3.3 Schwitzwasserbildung bei Flachdachverglasungen und Oberlichten

Ein wesentlicher Gesichtspunkt bei Verglasungen ist die Schwitzwassergefahr auf der warmen Innenseite. Wie aus vorgenannten Beispielen entnommen werden kann, liegt die Taupunkttemperatur (Tab. 4 Anhang) auf der innenseitigen Verglasungs-Oberfläche meist wesentlich über der Oberflächentemperatur, so daß in vielen Fällen bei Ein- und Doppelverglasungen bzw. ein- und doppelschaligen Lichtkuppeln Schwitzwasser entsteht. Hier muß man gegebenenfalls auf diese vorgenannten wärmedämmenden Kapillarplatten zurückgreifen.

Um hier Abschätzungen vornehmen zu können, ist in Bild 600 ein Taupunkt-Diagramm aufgestellt, das für die verschiedensten Außen- und Innentemperaturen sofort die erforderliche k-Zahl bei der vorhandenen Raumluftfeuchtigkeit ablesen läßt.

Bild-Tabelle 599 [79] Wärmedurchgangskoeffizienten (k-Werte) einiger lichtdurchlässiger Kunststoff-Bauteile (nach Hersteller-Angaben)

Lichtdurchlässiges Kunststoff-Bauteil	k-Wert kcal/h m² grd
Platten	
Einschichtige Platten	~ 5,0
Mehrschichtige Platten	
Polydet-Doppelplatten (2 Wellprofile, LZR = 7 mm)	2,7
Stegdoppelplatte Plexiglas x t, $d = 16$–18 mm	2,7
Stabrasterplatte Owellan, Polydet, $d = 20$ mm	2,2
Vedag-Dachoberlicht doppelschalig	1,9
Schalen	
Grillo-Oberlicht	2,1
Polydet-Lichtkuppel Form A doppelschalig	2,7
Vedag-Kassettenlichtkuppel	2,63
Lichtkuppel Wema-Lux, 1 schalig	4,55
Lichtkuppel Wema-Lux, 2 schalig	2,45
Lichtkuppel Wema-Lux, 3 schalig	1,65
Aufsatzkranz gedämmt	0,82

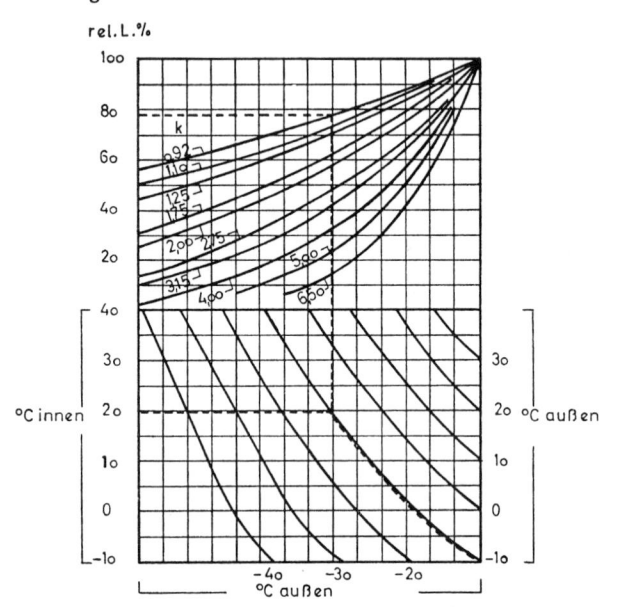

Bild 600 Diagramm zur Ermittlung der erforderlichen k-Zahl zwecks Vermeidung einer Tauwasserbildung

Beispiel:
Gegeben sei eine Spinnerei, relative Luftfeuchtigkeit 70 % bei +20° Innentemperatur. Oberlichte, bestehend aus Hohlglasbausteinen (Betonglas): $k = 2,75$.

Man sucht im oberen Diagramm die relative Luftfeuchtigkeit und zieht eine Waagrechte bis zum Schnittpunkt zur k-Kurve, die durch die Verglasung gegeben ist. Von hier aus zieht man eine Senkrechte bis zum Schnittpunkt der Waagrechten für +20° Raumtemperatur. Eine Parallelkurve ergibt dann auf der rechten Seite, daß ab ca. −6° Außentemperatur auf der Innenseite der Glasbausteine, an deren Oberfläche bereits Schwitzwasser aus der Raumluft ausfällt, also Abtropfgefahr besteht. Bei ruhender Luft innerhalb der Spinnerei trifft

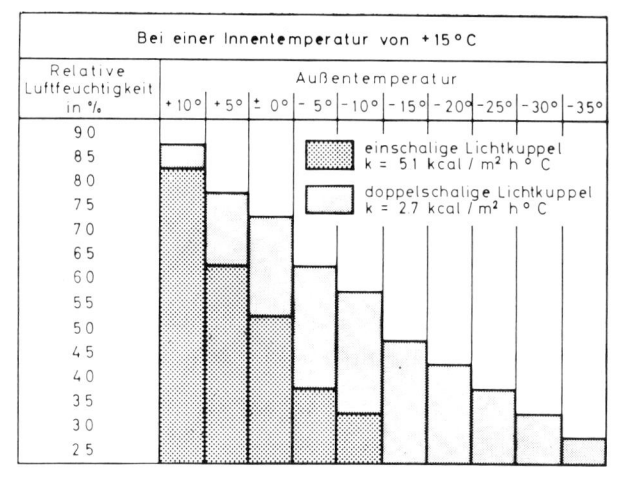

9.3 Tagesbeleuchtung in Flachdach- und Hallenbauten

Erforderliche Wärmedämmung bei +15°C Innentemperatur

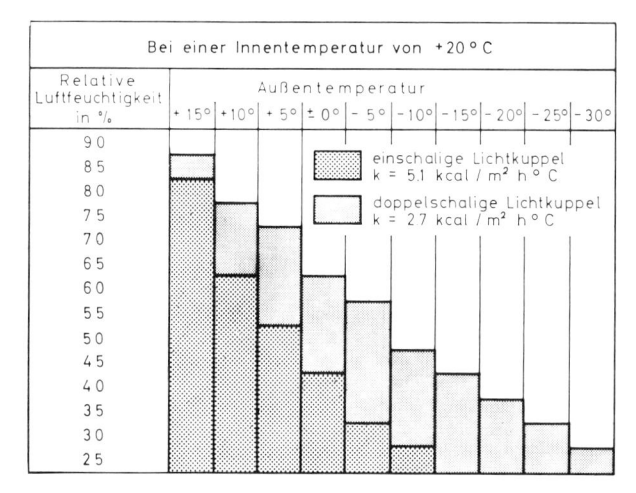

Erforderliche Wärmedämmung bei +20°C Innentemperatur

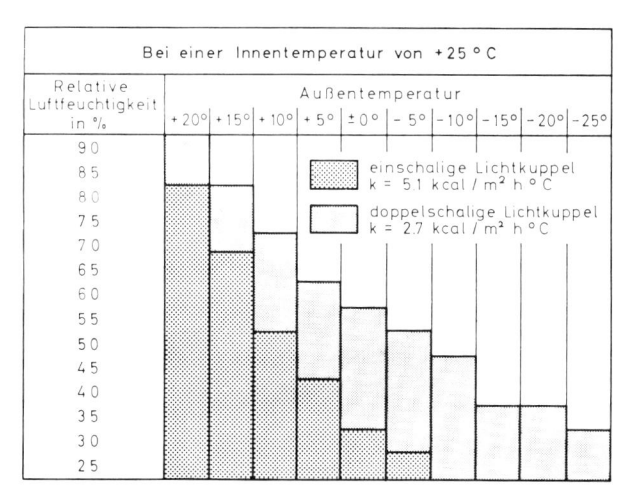

Erforderliche Wärmedämmung bei +25°C Innentemperatur

Bild 601 Tauwasservermeidung bei Lichtkuppeln

diese Berechnung genau zu. Ist eine stärkere Luftbewegung gegeben, kann der Wert günstiger liegen. Es ist also möglich, durch stärkere Luftbewegungen (Ventilatoren oder dgl.) die Taupunktgrenze zu verschieben, so daß Abtropfgefahr erst ab −10° Außentemperatur zu erwarten ist. Mit diesem Diagramm können also schnell die Gefahren abgelesen werden.

Für zweischalige Lichtkuppeln kann aus der Darstellung Bild 601 nach Cammerer für +15, +20 und +25 Grad Innentemperatur jeweils für die entsprechende Außentemperatur abgelesen werden, bis zu welcher relativen Luftfeuchtigkeit bzw. Außentemperatur noch ein- oder doppelschalige Lichtkuppeln eingesetzt werden können (ohne Schwitzwasserbildung). So kann z.B. in Abb. 2 festgestellt werden, daß bei einer Außentemperatur von −10° (Klimazone I) eine zweischalige Lichtkuppel bei Innenluftfeuchtigkeiten bis ca. 47% ausreichen würde. Liegen die relativen Luftfeuchtigkeiten höher, müßte gegebenenfalls eine dreischalige Lichtkuppel verwendet werden, oder man muß auf die nachfolgend angeführten Lichtdielen zurückgreifen. Unter Umständen kann man aber auch innenseitig Schwitzwasser in Kauf nehmen, wenn dies in entsprechender Form in sog. Schwitzwasserrinnen abgeführt wird.

In Bild 602 ist für Shedbauten eine derartige Schwitzwasserrinne angeführt. Das Schwitzwasser läuft auf der Innenseite der Verglasung ab und gelangt in diese Schwitzwasserrinne, die an einen Ablauf angeschlossen ist.

Bei Lichtkuppeln sind Spezial-Konstruktionen entwickelt worden z. B. die sog. Feuchtraumkuppel (Hydrolux) gemäß Bild 603.

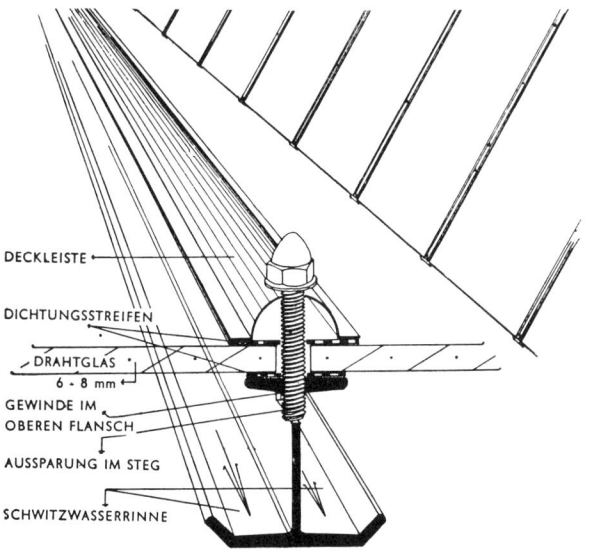

Bild 602 Schwitzwasserabführung bei schräger Verglasung

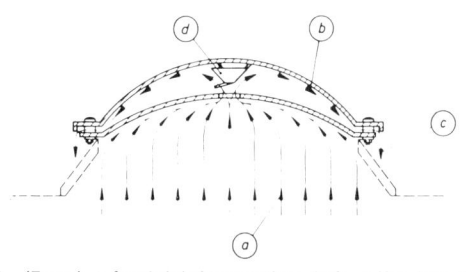

Bild 603 (Esser). a feuchtigkeitsgesättigte Luft, b Kondensat, c abtropfendes Kondensat, d axialsymmetrisches Strömungs-Leitstück

9. Detailhinweise bei Ausführung von Flachdächern

Die Feuchtraumkuppel (Firma Esser) funktioniert so, daß die feuchtigkeitsgesättigte Warmluft im Kuppelraum durch eine runde Öffnung der Innenschale in den Luftraum gelangt. Da die Außenschale eine Aufheizung durch die Raumtemperatur nicht oder nur bedingt erfährt, kommt es hier unterhalb dieser Außenschale zur Kondenswasserbildung. Die Tropfschale verhindert das Abtropfen des Kondensates in den Bereich der Innenschalenöffnung. Das sich an der Außenschale sammelnde Kondenswasser fließt zum Tiefpunkt ab, also zu einem Auflagerrand der Kuppel und kann hier frei auf die Dachhaut abtropfen. Eine gewisse Gefahr im Winter entsteht durch Einfrieren im Außenrand. Immerhin ergibt sich aber hier die Möglichkeit, die hohen Wärmeübergangswiderstände innen zu reduzieren und so eine echte Entlastung herbeizuführen.

9.3.4 Schalldämmung von Verglasungen und Oberlichten

Gemäß den VDI-Richtlinien 2058 (Beurteilung und Abwehr von Arbeitslärm) muß bei Erstellung derartiger Räume in der Nähe von Wohngebieten oder innerhalb von Wohngebieten nachgewiesen werden, daß eine bestimmte Lautstärke im Bereich der Wohngebiete nicht überschritten wird. Diese Forderungen werden zu Recht in zunehmendem Maße verschärft. So dürfen z.B. in reinen Wohngebieten bei Tag 50 dB (A) und bei Nacht 35 dB (A) nicht überschritten werden.

Wenn Industriehallen in unmittelbarer Nähe von Wohngebieten erstellt werden, und wenn innerhalb dieser Hallen der Lärmpegel häufig bei über 90 dB (A) liegt (z.B. metallbearbeitende Betriebe), so ist bei nachfolgender Betrachtung leicht erkennbar, daß die Verglasung hier die größten Schwierigkeiten erbringen kann.

Nach der alten Fassung der DIN 4109 (Schallschutz im Hochbau) wurden die Luftschalldämmwerte als sog. mittlere Schalldämmwerte angegeben. Es wurden die Meßwerte aus allen Frequenzen von 100 bis 3200 Hz addiert und daraus der Mittelwert errechnet. Für die meisten Arten der Verglasungen liegen diese Mittelwerte als Vergleichswerte in Tabelle 604 vor.

Wenn vorgenanntes Beispiel mit 90 dB (A) Lärmpegel aufgegriffen wird, dann ist z.B. bei Einsatz von zweischaligen Lichtkuppeln mit einem mittleren Schalldämmwert von 25 dB leicht zu erkennen, daß hier Zusatzmaßnahmen erforderlich werden, falls Lichtkuppeln zum Einsatz gebracht werden. Von den 90 dB strahlen außenseitig 90−25 = 65 dB ab. Ist z.B. das Hallengebäude in 30 m Abstand von den nächsten Wohnhäusern erstellt worden, so ergibt sich durch die Entfernung höchstens eine zusätzliche Abnahme von ca. 12 dB. Im Bereich der Wohnhäuser kommen also noch 58 dB (A) an. Die vorgeschriebenen 35 dB bei Nacht bzw. 50 dB bei Tag werden hier also überschritten. Es müssen Zusatzmaßnahmen getroffen werden (z.B. Zusatzverglasung, schallverschluckendes Futter im Aufsatzkranz

Bild-Tabelle 604 Mittlere Schallschutzmaße nach DIN 4109/44 (Meß- und Prospektangaben von Firmen nach Institutsmessungen)

Vergleichszahl 25 cm Vollbacksteinwand, beidseitig verputzt	48 dB
Flügelfenster	
Holz-Einfachfenster, ohne zusätzliche Dichtung	bis 15 dB
Holz-Einfachfenster, mit zusätzlicher Dichtung	bis 25 dB
Holz-Kastendoppelfenster, ohne zusätzliche Dicht.	bis 25 dB
Holz-Kastenfenster, mit zusätzlicher Dichtung	bis 40 dB
Stahl-Einfachfenster	25 dB
Stahl-Doppelfenster, je nach Dichtung	30–40 dB
Stahl-Verbundfenster	bis 45 dB
Festverglasungen	
Tafelglas 6/4, normal	28 dB
Tafelglas 6/4, gut gedichtet	35 dB
Doppelt-Tafelglas, 5 cm Luft, mit guter Dichtung	47 dB
Deutsches Isolierglas	37 dB
Gado-Ganzglasdoppelscheibe MD	27 dB
Gado-Ganzglasdoppelscheibe DD	30 dB
Cudo-Folienisolierglas mit Folieneinlage Doppelglas, 10 mm Abstand, 2fach Folie, 150 Hz	30 dB
200 Hz	45 dB
Doppelglas, 20 mm Abstand, 4fach Folie, 150 Hz	38 dB
2000 Hz	50 dB
Thermopane-Thermolux-Verglasungen (Doppelglas)	29 dB
Hohlglasbausteine, 8 cm dick	38 dB
Hohlglasbausteine, 5 cm dick	34 dB
Profilit-Bauglas, zweischalig	28 dB
einschalige Lichtkuppeln	20 bis 25 dB
zweischalige Lichtkuppeln	25 bis 30 dB
zweischalige Lichtkuppeln mit Zusatzverglasung (Essmann)	30 bis 35 dB
zweischalige Lichtkuppeln mit schwerer Zusatzverglasung und schallschluckendem Futter im Aufsatzkranz (Essmann)	40 bis 45 dB

usw.). Unter Umständen muß man aber versuchen, den Schallpegel im Raum herabzusetzen etwa durch schallschluckende Verkleidungen anderer Art. Es würde zu weit führen, hier weitere Angaben zu machen. Für die entsprechenden Berechnungen ist ein Bauphysiker hinzuzuziehen.

9.3.5 Konstruktive Möglichkeiten der Oberlichtgestaltung

9.3.5.1 Oberlichtgestaltung mit Glasbausteinen

Glasbausteine bestehen aus gepreßtem Gußglas. Für die Gestaltung von Oberlichten sind die in bestimmte Formen gepreßten Gläser, sog. Glasbausteine, Betongläser und Glasdachsteine besonders interessant. In

9.3 Tagesbeleuchtung in Flachdach- und Hallenbauten

Bild-Tabelle 605 Wände aus unbewehrten Glasbausteinen und Glasstahlbeton-Baugliedern

Maße der *Glasbausteine* für *unbewehrte* Bauglieder (Auswahl), in mm		Maße der Glasbausteine für *Glasstahlbeton-Bauglieder* (Auswahl) in mm	
Bezeichnung	Breite × Höhe × Dicke	Bezeichnung	Breite × Höhe × Dicke
Sunfix-Primalith	250 × 140 × 96 250 × 140 × 65 200 × 200 × 80	Sunfix-Quadralith	220 × 220 × 20/12/10 160 × 160 × 22/20
		Sunfix-Novalith	100 × 100 × 60
Sunfix-Nevada	200 × 200 × 40 200 × 200 × 33 193 × 193 × 28	Sunfix-Rotalith hohl massiv	⌀ 145 × 100, ⌀ 120 × 80 ⌀ 100 × 60, ⌀ 100 × 50
Siemens-Glasbausteine	247 × 140 × 96 196 × 196 × 70	Siemens-Glasbausteine	100 × 100, 125 × 125, 160 × 160 200 × 200, 220 × 220, 162 × 262 ⌀ 100, ⌀ 150

Bemessungstafel für Sunfix-Glasbausteine (nach Sunfix-ABC)

Bezeichnung	Größe mm	Rippen- Breite mm	Höhe mm	Entf. mm	Höchstzul. Spannweite in m bei einer Nutzlast von kg/m²				D.-gew. kg/m²
					75	260	350	500	
Beiderseits frei aufliegende Platten									
Quadralith	220 × 220	30	80	250	2,58	2,33	1,77	1,33	100
Quadralith	160 × 160	30	60	190	—	1,77	1,39	1,20	90
Quadralith	160 × 160	30	70	190	2,15	2,16	1,60	1,26	95
Quadralith	160 × 160	30	80	190	2,55	2,34	1,78	1,41	100
Rotalith	⌀ 145	30	100	175	—	2,90	2,40	2,30	200
Rotalith	⌀ 120	30	80	150	—	2,20	1,90	1,60	170
Rotalith	⌀ 100	30	60	130	—	1,66	1,40	1,25	135
Rotalith	⌀ 100	30	50	130	—	—	1,13	1,00	120
Novalith	100 × 100	30	60	130	—	1,66	1,40	1,25	135
Quadratische, kreuzweise bewehrte Platten (vierseitig frei aufliegend)									
Quadralith	220 × 220	30	80	250	3,33	3,08	2,33	2,08	100

Tabelle 605 sind Maße und einige Markennamen für Glasbausteine für unbewehrte Wände und bewehrte Wände und Decken sowie in dem unteren Teil Bemessungstafeln für Tragwerke aus Glas-Stahlbeton angeführt. Es gelten neben der DIN 4229 die DIN 1045 für Stahlbetonbau.

9.3.5.1.1 Unbewehrte Glasbausteinwände

Bei senkrechten Shedverglasungen sowie bei sonstigen Oberlichten mit Senkrechtwänden und bei Oberlichten in Außenwänden können unbewehrte Glasbausteinwände zur Anwendung kommen. Sie sind besonders dort geschätzt, wo höhere Wärmedämmwerte und vor allen Dingen auch Schalldämmwerte gefordert werden.
Diese unbewehrten Glasbausteinwände dürfen außer der Eigenlast keinerlei lotrechte Lasten aufnehmen. An den Seiten sind Dehnfugen vorzusehen, die mit Mineralwolle oder dgl. auszufüllen sind.
In Bild 606 kann eine derartige Verarbeitung abgelesen werden. Bei größeren Flächen sind gegen Windlast 3–5 mm Rundstähle in die Mörtelfugen einzulegen. Diese dürfen aber mit dem Glas selber nicht in Berührung kommen. Lüftungsflügel, Türen und Aussteige usw. dürfen keinerlei zusätzliche statische Beanspruchung auf die Glasbausteinwände übertragen. Glasbausteine dieser Art sind in rechteckiger, quadratischer und runder Form auf dem Markt. Bei größeren Längen oder Höhen sind die Flächen in Dehnfugenfelder gegen Temperaturspannungen aufzuteilen. Es empfiehlt sich, die einzelnen Längen nicht wesentlich über 2–3 m Länge auszuführen, da sonst Fugenrisse mit Wasserdurchgang erwartet werden müssen.

9.3.5.1.2 Bewehrte Glasstahlbeton-Bauglieder

Es sind dies ebene oder gewölbte, kreuzweise bewehrte Stahlbetonrippen mit dazwischenliegenden Glaskörpern, bei denen die in der Druckzone eingebauten Glaskörper statisch in Rechnung gestellt werden dürfen. Derartig bewehrtes Betonglas ist also begeh- und befahrbar und hat seine große Bedeutung bei befahrbaren Hofkellerdecken, Parkdecks usw. die nur von oben eine Belichtung ermöglichen.
Die maximal zulässige Verkehrslast für begeh- bzw. befahrbare Flachdächer mit bewehrtem Betonglas beträgt 500 kp/m². Bei Belastungen über 500 kp/m² dürfen die Glaskörper statisch nicht mehr in Rechnung gestellt werden. Die Konstruktion ist dann als reiner Stahlbeton

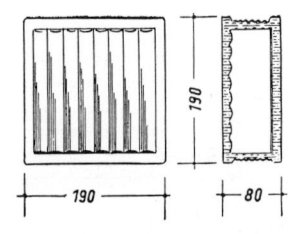

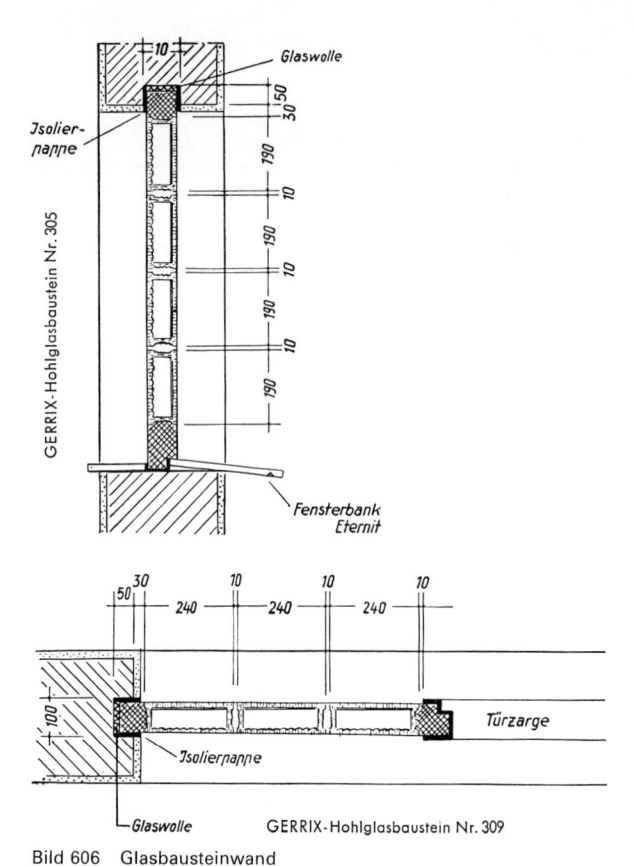

9. Detailhinweise bei Ausführung von Flachdächern

Bild 606 Glasbausteinwand

peraturbewegungen, besonders bei Horizontalflächen, die Fugen überfordert werden. Bekanntlich hat Glas einen hohen Ausdehnungskoeffizienten, dem bei den Dehnfugenabständen Rechnung getragen werden muß.

Bezüglich der Fugenausbildung hat der Autor festgestellt, daß das sog. Vergußbitumen, das meist für die Fugenabdichtung verwendet wird, zu starr und unelastisch ist und infolge der Bewegungen Risse erhält. Vielmehr sind nach den heutigen Erfahrungen hochelastische Fugenabdichtungen zu verwenden wie Silocon-Kautschuk oder dgl. Als elastische Zwischenstreifen wird Bitumenfaserkitt oder dgl. eingelegt, die die Bewegungen zulassen. Im Bereich der Auflager auf den Rippen bzw. auf den Wänden sind Gleitfolien oder Gleitpappen zu verwenden.

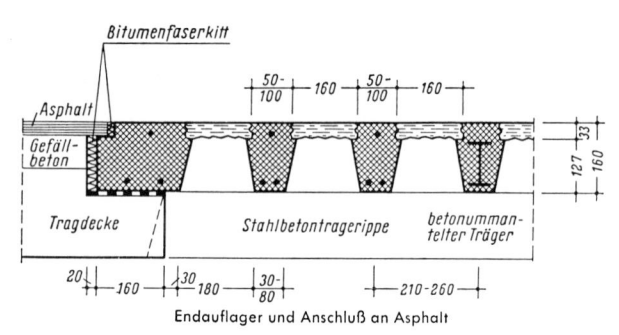

Ausführung für schweren Fahrzeugverkehr (Lkw)

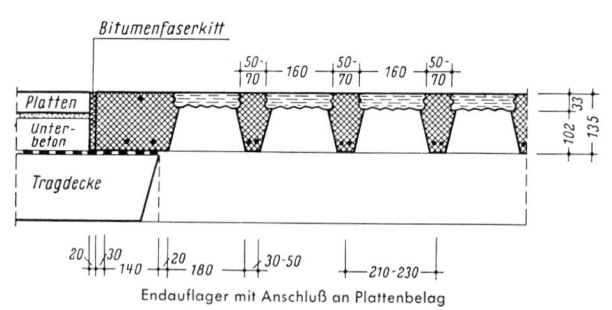

Ausführung für mittleren Fahrzeugverkehr (Lkw)

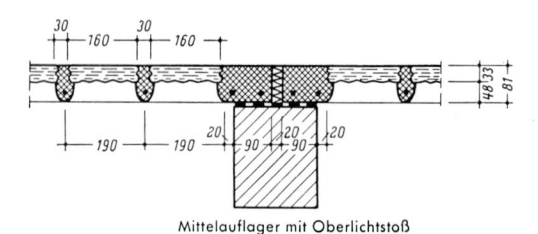

Ausführung für leichten Fahrzeugverkehr (Pkw)

Bild 607 Betonglas (Detail Gerrix-Bauglas). Größe: 160/160/33 mm – Konstruktionsgewicht: 105/160 ca. 300 kg/qm; 105/135 ca. 260 kg/qm; 105/81 ca. 105 kg/qm – Anwendungsbereich: Entsprechend den von Fall zu Fall zu entwickelnden Tragekonstruktionen (Stahlbeton oder Profilstahl, betonummantelt) können Raddrücke gummibereifter Fahrzeuge bis 6000 kg übertragen werden

zu bemessen (nach DIN 1045). Die Mindestdicke der Vollglasbausteine ist mit 20 mm, an den Rippen 60 mm zu wählen, die Bewehrung aller Haupt- und Querrippen hat mit mindestens 6 mm starken Rundeisen zu erfolgen. Tragteile mit runden Glaskörpern und Rippenhöhen über 80 mm können auch als räumliche Tragwerke bemessen werden.

Die Glaskörper müssen wetterbeständig sein, dürfen keine eigenen Spannungen entwickeln und müssen mit dem Herstellerzeichen versehen sein. In Tabelle 605, unterer Teil, sind die höchstzulässigen Spannweiten in Abhängigkeit von der Nutzlast angegeben.

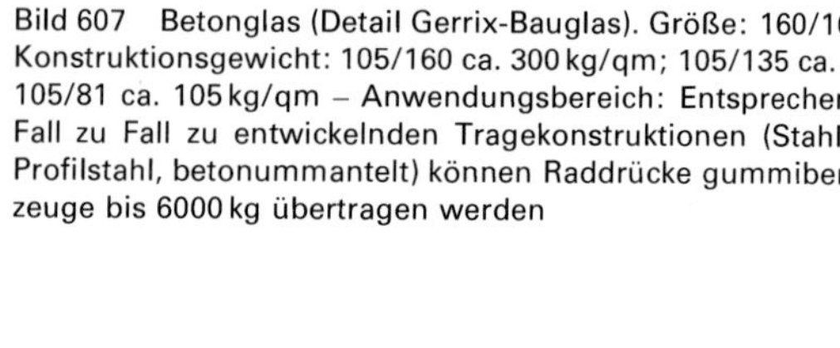

Diese Spannweiten ergeben zwangsläufig auch den Dehnfugenabstand zwischen den einzelnen Flächen. Praktisch bedeutet dies nach Tabelle 605, daß bei zweiseitig aufliegenden Platten der maximale Dehnfugenabstand 2,58 m beträgt und bei kreuzweise bewehrten 3,33 m. Hier ist jedoch anzumerken, daß die Dehnfugenaufteilung 2 × 2 m nicht überschritten werden sollte, da sonst die Gefahr besteht, daß infolge der hohen Tem-

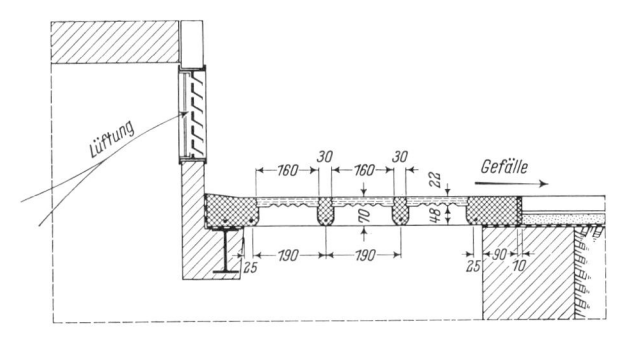

9.3 Tagesbeleuchtung in Flachdach- und Hallenbauten

Oberlicht über Lichtschacht im Gehsteig mit Lüftungsjalousie

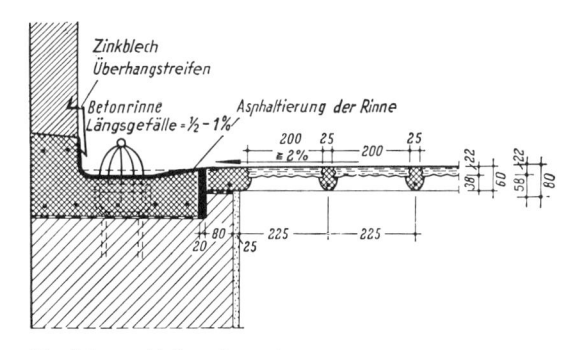

Oberlichtanschluß an Betonrinne

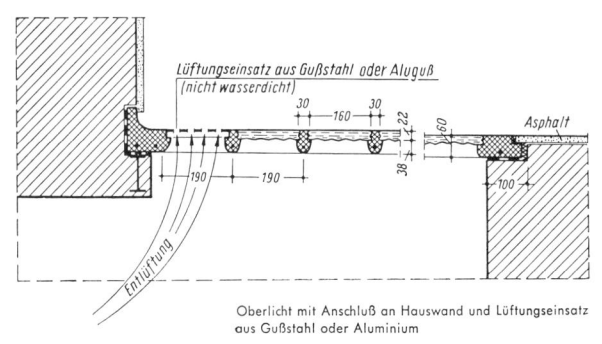

Oberlicht mit Anschluß an Hauswand und Lüftungseinsatz aus Gußstahl oder Aluminium

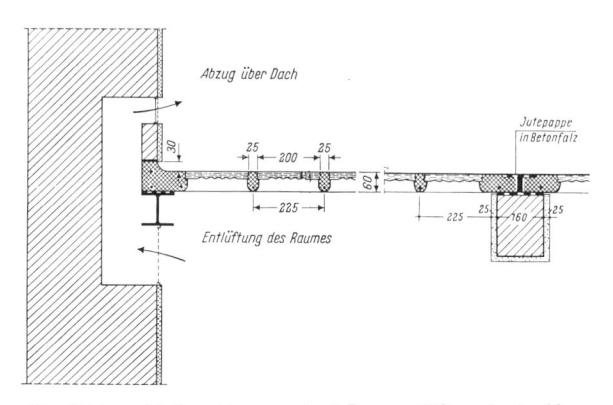

Oberlichtanschluß an Hauswand mit Raumentlüftung in der Mauer

Bild 608 Betonglas mit Lüftungsmöglichkeit (Gerrix-Bauglas). Hinweis: Zur Belüftung können einzelne Betongläser gegen gleichgroße lochgeprägte Metalleinsätze ausgetauscht werden

Bild 609 Betonglas-Rinnenanschluß, Entlüftung, Dehnfugenausbildung

Oberlichtplatte zum Einlegen in Falz

Konstruktion mit Gesimskopf mit Zinkabdeckung

Gewölbeform

Kuppelform

Ringförmige Ausführung

Quadratische Ausführung

Profilsprossenkonstruktion 117/80 mm (Untersicht)

Sechseckige Ausführung

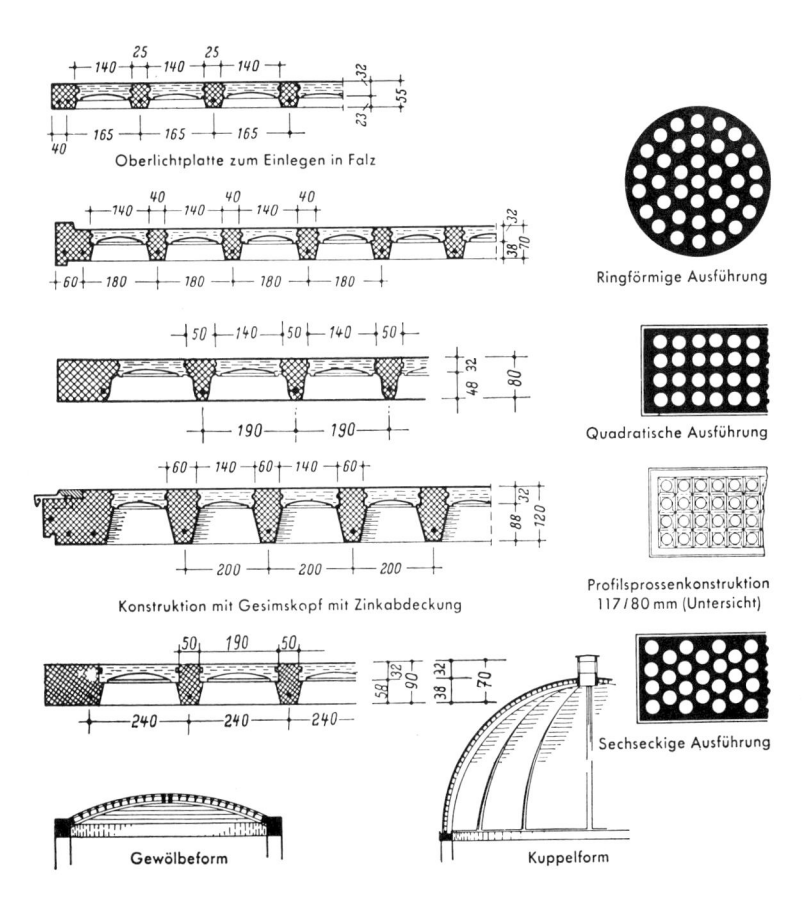

Bild 610 Betonglas-Beispiele. Anwendungsbereich: Vertikale und horizontale Betonverglasungen mit besonderem architektonischem Charakter, z.B. Rundfenster, Bogenfenster, Deckenlichtgruppen, Vordächer, Kuppeln mit ringförmiger, sternförmiger, quadratischer oder sechseckiger Glasanordnung. Profilsprossenkonstruktion 117/80 nur in quadratischer Ausführung möglich

9. Detailhinweise bei Ausführung von Flachdächern

Ein besonderes Problem ist dann gegeben, wenn eine bituminöse Dachhaut in gleicher Höhe wie die Betonverglasung angeordnet ist. Üblicherweise werden dann die Dachbahnen bis über die Fuge der Tragrippe hinweggezogen und auf dieser Tragrippe mit Bitumen verklebt. Infolge der Temperaturbewegungen aus dem Glasbausteinfeld kommt es über der Fuge dann zu Abrissen, so daß das Wasser durch diese Fuge eindringt. Hier empfiehlt es sich, den Übergang nicht durch zu starre Bitumenpappen herzustellen sondern elastische Kunststoff-Folien odgl. anzuordnen, die im Übergangsbereich über der Fuge nicht verklebt werden und die gegebenenfalls mechanisch auf der Betonrippe nach unten durch ein Flacheisen befestigt werden (wie bei Blecheinklebung siehe Kap. 9.8). Eine andere Möglichkeit ist die, falls die Begehung oder Befahrung es zuläßt, die gesamten bewehrten Verglasungsflächen gegenüber der sonstigen Flachdachfläche um 20 cm höher zu setzen, um so dann die Dachhaut an die Senkrechten der Rippen anflanschen zu können, wie dies bei höherliegenden Gebäuden normalerweise gemacht wird. Dieses Problem der Fugenüberdeckung- und Ausbildung von normalem Flachdach zu Betonglasdach kann nicht genug überlegt werden, da hier sehr häufig Schäden auftreten.

Aus den Bildern 607–610 können Einbaubeispiele und Detailausbildungen für bewehrte Betonverglasungen abgelesen werden. Für die technische Beratung stehen die Herstellerfirmen der einzelnen Glasbaukörper zur Verfügung.

9.3.5.2 Shed-Oberlichte und dgl.

Wie aus den früheren Ausführungen zu entnehmen ist, werden für die Oberlichtgestaltung häufig Shed-Kon-

Bild-Tabelle 611 Gußglas (mm), Gewichte, optisch-lichttechnische Eigenschaften

	Drahtglas	Drahtornamentglas[1])	Rohglas[2])	Ornamentglas, Kathedralglas[3])	Gartenklarglas
Handelsübliche Dicken	4–6 6–8 8–10	6–8 8–10	4–6 6–7 7–9 9–10	3–4	ca. 3 ca. 3,8 ca. 5
Lagerabmessungen (nach Fabrikationsart der Hütten)	bis 3600 oder bis 4200 oder bis 4500 lang, von 390–1260 breit	bis 3600 oder bis 4200 oder bis 4500 lang, von 390–1260 breit	bis 3600 oder bis 4200 oder bis 4500 lang, von 390–1260 breit	bis 2100 lang, bis 1260 breit[4])	bis 2100 lang, bis 1260 breit
Sondermaße	Fabrikationstechnisch ist jede Länge bei Breiten bis 2000 mm ausführbar[4])				
Zul. Dickentoleranz					± 0,3 mm
Zul. Toleranzen für Zuschnitt	Bei allen Gußglasscheiben in der Länge und Breite ± 3 mm				
Wichte in g/cm³	2,59	2,59	2,5	2,5	2,5
Mittlere Nettogewichte kg/m²	4–6 mm dick: 13 6–8 mm dick: 17–18 8–10 mm dick: 22,5		3–4 mm: 10 4–6 mm: 10–15 6–7 mm: 15–17,5 7–9 mm: 17,5–22,5 9–10 mm: 22,5–25		3 mm: 7,5 ca. 3,8 mm: 10,00 ca. 5 mm: 12,5
Farbe	halb weiß	halb weiß und gelb	halb weiß	halb weiß, gelb, grün, blau usw.	halb weiß
Oberfläche bzw. Unterfläche	glatt gewalzt	1 Seite glatt gewalzt 1 Seite ornamentiert	1 Seite gewalzt, 1 Seite gehämmert, gerippt od. gerautet	1 Seite glatt gewalzt 1 Seite ornamentiert	1 Seite glatt gewalzt 1 Seite genarbt (genörpelt)
Mittlere Lichtdurchlässigkeit zwischen 400–750 mμ	bis 82% je nach Drahteinlage	78% bis 77% (punktgeschweißtes Netz)	4–6 mm bis 92% 6–7 mm bis 91%	bis 92% je nach Muster	ca. 3 mm dick bis 92%
Lichtstreuung	wenig	sehr gut Drahtdifulit sehr gut	ziemlich gut, gerippt: sehr gut, Difulit: sehr gut	je nach Muster, wenig bis sehr gut	sehr gut
Reflexion (Scheibe als Spiegel wirkend)	Bei blanken Flächen vorhanden, bei ornamentierten Flächen geringer, bei mattierten[1]) Flächen praktisch nicht vorhanden. Wenn die reflektierte Strahlung an einer spiegelnden Glasoberfläche mit 100% angesetzt wird, so beträgt diese an mattierten Glasoberflächen, z. B. bei mattiertem Drahtglas, nur 0,3% im Durchschnitt.				

[1]) Auch geripptes Drahtglas. [2]) Ein Sondererzeugnis ist Wellenglas (für Tropfbretter, Tropfdecken usw.), 6–8 und 8–10 mm dick.
[3]) Außerdem werden hergestellt: Linienglas, Listralglas. [4]) Farbiges Kathedral- und Gußantikglas nur in Breiten bis 1170 mm.

struktionen, Raupen-Oberlichte und dgl. aus guten Gründen zum Einsatz gebracht.

Als Verglasungsmaterial wird beim Sheddachbau oder dgl. grundsätzlich Gußglas verwendet. Man unterscheidet unter Gußglas: Drahtglas, Draht-Ornamentglas, Rohglas, Ornamentglas-Kathedralglas, Garten-Klarglas.

In Tabelle 611 sind die wichtigsten Daten dieser o.g. Gläser angegeben, insbesondere auch die Oberflächenbeschaffenheit der einzelnen Glassorten.

Besonders interessant sind hier auch die optisch-lichttechnischen Eigenschaften und die Beurteilung der Lichtstreuung.

Primär wird für die Oberlicht-Verglasung normales Drahtglas verwendet und gegebenenfalls als zweite Scheibe Rohglas, besonders bei senkrechter Shed-Verglasung oder dgl. Als Sonderfertigung werden auch Well-Drahtglas-Verglasungen hergestellt, die mit Wellasbestplatten kombiniert werden können. Drahtglas ist gesichertes Gußglas, also ein bewehrtes Glas, das bei Bruch keine oder kaum Splitter ergibt. Das Material ist feuerhemmend bzw. nach DIN 4102 in die Liste feuerbeständiger Bauteile eingereiht.

9.3.5.2.1 Mindest-Dachneigungen – bei Verglasungen

Hier gelten folgende Mindest-Richtwerte:

1. Pultoberlichter ohne
   Glas-Querstoß   8 Grad = ca. 14%
2. Pultoberlichter mit
   Glas-Querstoß   15 Grad = ca. 27%
3. Satteloberlichter, Sprossen
   parallel zum Wasserablauf 30 Grad = ca. 58%
4. Satteloberlichter
   (Raupenoberlichter), Sprossen
   schräg gegen den Wasserlauf 45 Grad =   100%

Diese o.g. Mindestneigungen sind auch aus Gründen der inneren Schwitzwasserableitung an der Schräge erforderlich. Bekanntlich kann bei Einfachverglasung Schwitzwasserbildung nur selten verhindert werden, so daß dies, wie früher genannt, in Schwitzwasserrinnen nach außen abgeleitet werden muß. Wird die Neigung o.g. Angaben unterschritten, besteht die Gefahr der Abtropfung nach unten.

9.3.5.2.2 Kittlose Verglasung

Kittlose Verglasungen werden seit langer Zeit von Glasdachfirmen hergestellt. Das System der kittlosen Verglasung weicht bei den einzelnen Firmen nur unerheblich voneinander ab. Im Prinzip ist sie wie folgt gekennzeichnet:

1. statisch tragende Sprosse aus Stahl (verzinktes Stahlblech, Walzstahl, Aluminium) oder auch Betonsprossen.
2. elastische Glasauflage (Gummi- oder Kunststoff-Profile, Jutdichtungsstricke oder dgl.).
3. Verglasung ein- oder doppelscheibig.

4. Dauerelastisches Dichtungsband über Glasstoß.
5. Befestigungsmaterial und Abdeckleiste mit sichtbarer oder verdeckter Verschraubung.

In Bild 612 ist im System die ein- und doppelscheibige Verglasung (Firma Eberspächer) dargestellt. Hier ist die einfache und sichtbare Verschraubung mit Profilen oder Blechen neben der verdeckten Verschraubung sichtbar.

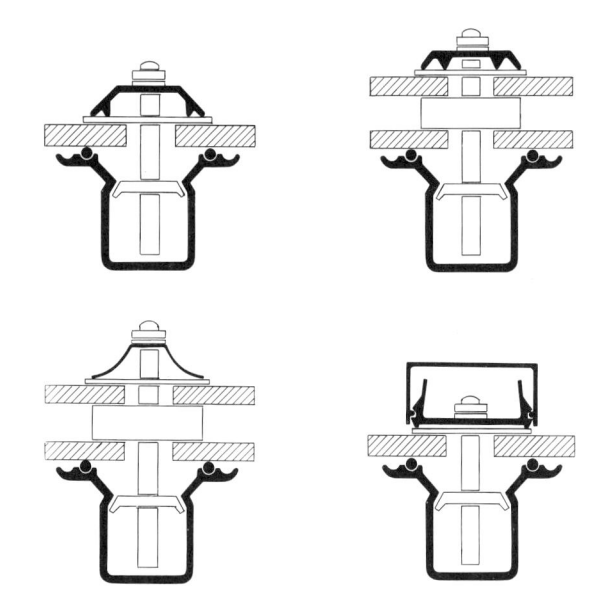

Bild 612 [76]   Kittlose Industrieverglasung mit verschiedenen Abdeckverschraubungen

Bei erforderlichen Glas-Querstößen bei senkrechter Verglasung erfolgt die Abdichtung der Querstöße durch Z-förmig gebogene Stoßbleche.

Bei Glas-Querstößen in geneigten Dachflächen überdecken sich die einzelnen Glastafeln um 60–150 mm. Die Überdeckungsbreiten richten sich nach der gegebenen Dachneigung, Wetterseite und Klimagebiet. Die Abdichtung der Überdeckungsstöße erfolgt durch eingelegte, elastische Fugenbänder oder dgl.

In den Bildern 613–617 sind alle wesentlichen Detailpunkte für Shed- bzw. Oberlichtverglasungen dargestellt. (Firma Täumer, Glasdachbau, München.)

Bei den kittlosen Verglasungen sind die Glasscheiben jeweils elastisch gelagert, so daß die Temperaturbewegungen der Glasscheiben ungehindert ausgetragen werden können. Dies ist von enormer Wichtigkeit, da sonst Brüche durch Temperaturspannungen infolge Einspannung entstehen würden. Aus diesem Grunde sind nur erfahrene Fachfirmen für diese Verglasungsart zuzuziehen. Neben der Verglasung sind für Blechabschlüsse im Bereich des Firstes, an anstoßende Massivteile usw. auch erhebliche Flaschnerarbeiten erforderlich. Zur Verwendung kommt meist verzinktes Stahlblech Nr. 22 = 0,63 mm dick oder Nr. 21 = 0,75 mm dick. Je nach Art der übrigen Spenglerarbeiten kann aber auch halbhartes Kupferblech oder viertel- und halbhar-

9. Detailhinweise bei Ausführung von Flachdächern

SENKRECHTE VERGLASUNG

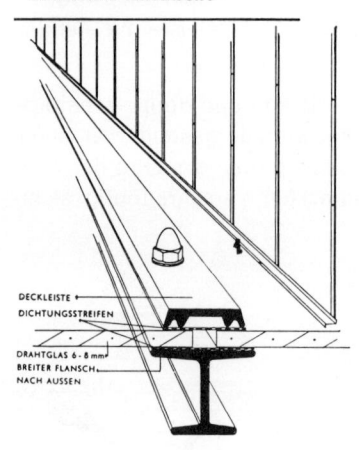

1. Anordnung einer senkrechten Verglasung mit Drahtglas mit Ausbildung des vertikalen Glasstoßes

GLASSTOSS BEI SENKRECHTER VERGLASUNG

2. Ausbildung eines Glasstoßes bei senkrechter Verglasung mit horizontalem Glasstoß

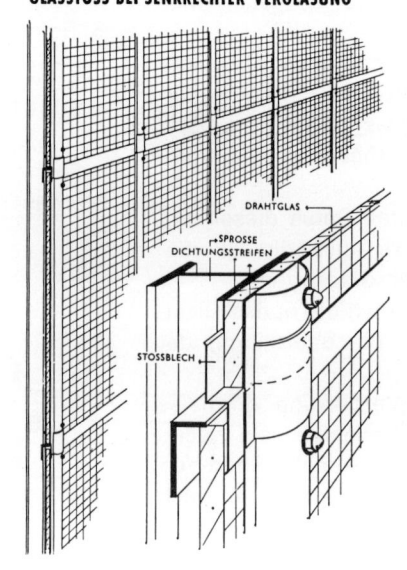

Bild 613/1 und 2
Senkrechte Verglasungen
Vertikal- und Horizontalstoß

FUSSPUNKT SENKRECHTE VERGLASUNG

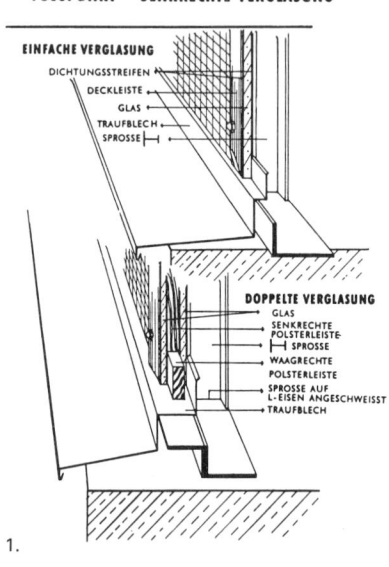

1.

DOPPELTE VERGLASUNG

2.

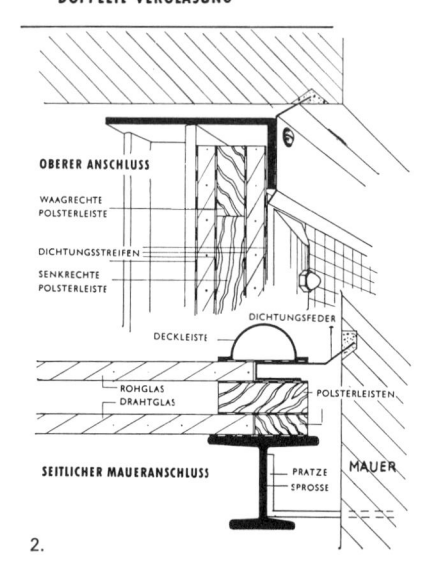

Bild 614/1 und 2
Anschlußpunkte unten und oben

1. Fußpunktausbildung bei senkrechter Verglasung mit einfacher oder doppelter Verglasung

2. Oberer Anschluß an Flachdach (Beton, Holz usw.) und seitlicher Anschluß an Mauerwerk oder dgl.

1.

2.

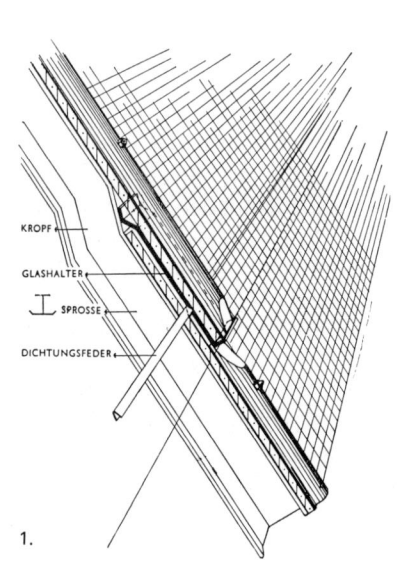

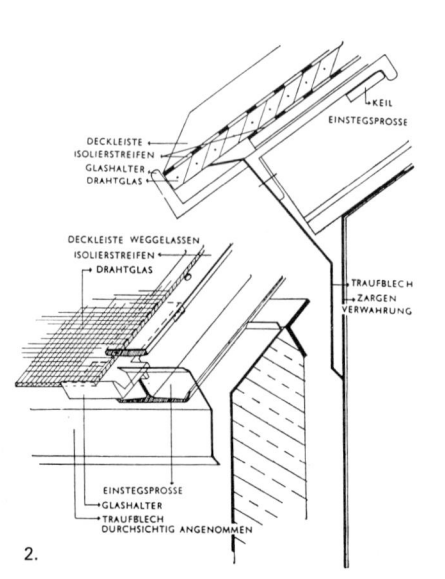

Bild 615/1 und 2
Schräge Verglasungen

1. Waagerechter Glasstoß bei schräger Verglasung mit gekröpfter Sprossenausbildung zur Errechnung einer satten spannungsfreien Auflage

2. Traufausbildung bei Schrägverglasungen (auch für Sheddach gültig, je nach Unterkonstruktion variabel zu gestalten

9.3 Tagesbeleuchtung in Flachdach- und Hallenbauten

Bild 616/1 und 2
Firstausbildungen

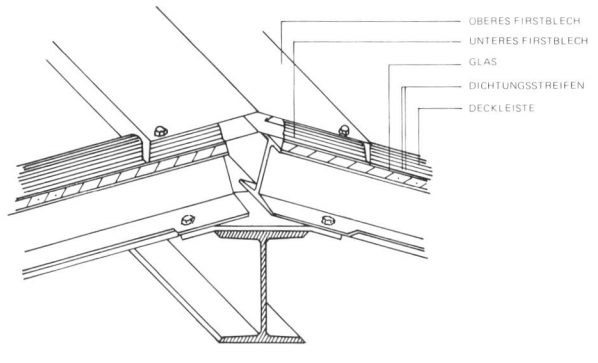

1. Firstausbildungen bei flacher Neigung mit doppeltem Firstabdeckblech

2. Firstausbildung bei Satteldächern — Schrägverglasungen und Satteloberlichten bei steiler Neigung mit einfachem Abdeckblech

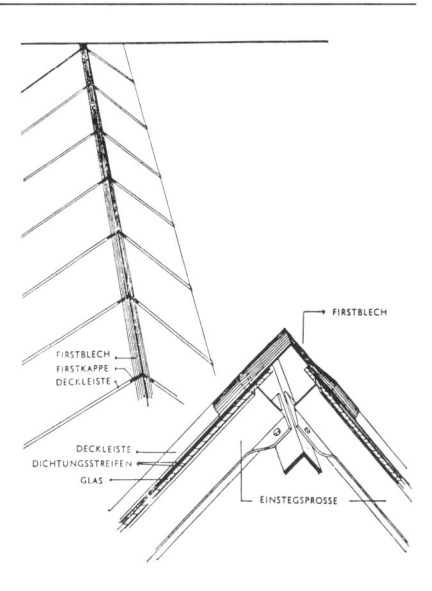

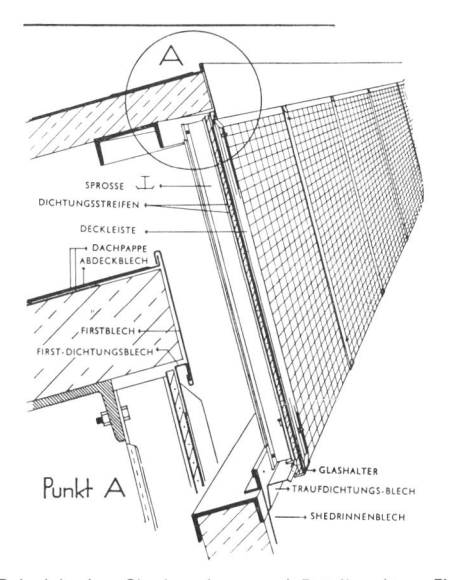

Bild 617 Beispiele einer Shedverglasung mit Detailpunkt am First. Für die Traufausbildung gilt auch Detail nach Bild 615

tes Aluminiumblech verwendet werden. Zinkblech eignet sich weniger, da vor allem Trauf- und Firstabschlüsse unter Spannung angebracht werden. Da Zinkblech bei Erwärmung (Sonneneinstrahlung) weicher und nachgiebiger wird, würde es die erforderlichen Eigenspannungen verlieren. Bei seitlichen und oberen Mauerwerksanschlüssen muß bei der Planung darauf geachtet werden, daß die Bleche in eine Mauer bzw. Betonnute eingeführt werden können, die dort gegebenenfalls eine zusätzliche Abdichtung mit dauerelastischen Kitten erhalten gemäß Bild 618.

Diese Ausführungen mögen genügen. In jedem Falle empfiehlt es sich, Berater von Spezialfirmen vor der Planung zuzuziehen, um alle Detailpunkte abzuklären.

9.3.5.3 Kunststoff-Oberlichte

Oberlichte aus Kunststoff haben, wie bereits in den vorigen Kapiteln erläutert, erhebliche Bedeutung für die Oberlichtgestaltung bei Flachdächern bzw. flachgeneigten Dächern erhalten, da sie nicht nur sehr wirtschaftlich, sondern auch hinsichtlich der Werkstoffeigenschaften besonders für die Oberlichtgestaltung

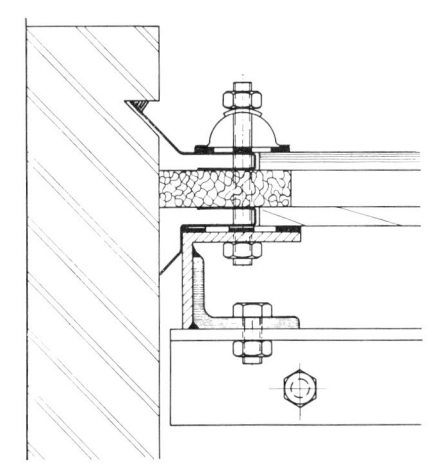

Bild 618 Ortgang-Anschluß (seitlicher Wandanschluß)

Bild 619 Beispiel Kunststoff-Oberlicht (Grillo)

9. Detailhinweise bei Ausführung von Flachdächern

Bild-Tabelle 620   Werkstoffeigenschaften von Kunststoffen

Mechanische Eigenschaften

	CAB	GFP[1])	PMMA	DIN
Spez. Gewicht	1,2 g/cm³	1,4–1,5 g/cm³	1,18 g/cm³	
Schlagzähigkeit	70 kpcm/cm²	40–60 kpcm/cm²	20 kpcm/cm²	53453
Kerbschlagzähigkeit	30 kpcm/cm²	40–60 kpcm/cm²	2 kpcm/cm²	53453
Elastizitätsmodul	15000 kp/cm²	80000–120000 kp/cm²	30000 kp/cm²	
Zugfestigkeit	400 kp/cm²	1000–1200 kp/cm²	800 kp/cm²	53455
Dehnung bei Bruch	7%	2%	ca. 4%	53455
Biegefestigkeit bzw. Grenzbiegespannung	500 kp/cm²	1200–1500 kp/cm²	1350 kp/cm²	53452

[1]) Werte sind abhängig vom Glasfaseranteil.

Optische Eigenschaften (normale Einstellung)

	CAB	GFP	PMMA
Lichtdurchlässigkeit		diffus	
1. einschalig			
a) im sichtbaren Bereich 400–700 nm	85–90%	85–90%	92%
b) im UV-Bereich 250–400 nm	25–30%	10–15%	70%
c) im IR-Bereich 700–2000 nm	70–75%	ca. 65%	
2. doppelschalig			
a) im sichtbaren Bereich 400–700 nm	80–85%	78–82%	
b) im UV-Bereich 200–400 nm	15–20%	8–10%	
c) im IR-Bereich 700–2000 nm	65%	ca. 55%	

Thermische Eigenschaften

	CAB	GFP	PMMA
Lineare Ausdehnung	100×10^{-6} m/m°C	20×10^{-6} m/m°C	70×10^{-6} m/m°C
Wärmeleitzahl	0,18 kcal/mh°C	0,18 kcal/mh°C	0,16 kcal/mh°C
Wärmedurchgangszahl (bei $a_i = 7$; $a_a = 20$) $k =$			
a) einschalig	4,8 kcal/m²h°C	5,1 kcal/m²h°C	5,1 kcal/m²h°C
b) doppelschalig	2,4 kcal/m²h°C	2,7 kcal/m²h°C	2,7 kcal/m²h°C
Glutfestigkeit	Güteziffer 2	Güteziffer 3	Güteziffer 2
Formbeständigkeit	nach Vicat 85°C	schmilzt u. tropft nicht	Vicat 115°C
max. Dauergebrauchstemperatur ca.	+70/80°C	+130°C	+75/85°C

Elektrische Eigenschaften

	CAB	GFP	PMMA	DIN
Spez. Durchgangswiderstand	10^{13} Ohm · cm	10^{16} Ohm · cm	10^{15} Ohm · cm	53482
Elektr. Durchschlagsfestigkeit	35 kV/cm²	25 kV/cm²	40 kV/cm²	53481 53482
Oberflächenwiderstand	10^{13} Ohm	10^{12} Ohm	10^{15} Ohm	53482

9.3 Tagesbeleuchtung in Flachdach- und Hallenbauten

prädestiniert sind. Im Bild 619 ist z. B. ein Oberlicht ähnlich der Glas-Raupenoberlichte mit Lüftung dargestellt.

9.3.5.3.1 Werkstoffübersicht

Kunststoffe unterscheiden sich hinsichtlich ihrer Ausgangsbasis wie folgt:

1. Glasfaserverstärkte Polyester (GFP)

Kunststoffe aus diesem Grundmaterial haben nicht nur hohe mechanische Festigkeiten, sondern bieten auch eine gleichmäßige, diffuse Lichtstreuung. Der duroplastische Kunststoff mit einer Armierung aus Glasfaser gewährleistet außerdem gute thermische Stabilität (Temperaturbeständigkeit bis ca. +130°).

2. Celluloseacetobutyrat (CAB)

Dieser Kunststoff zählt zu den thermoplastischen Kunststoffen. Lichtelemente aus diesem Material verfügen über hohe Elastizität und Zähigkeit. Sie werden dort eingesetzt, wo robuste klar farblose oder lichtstreuende opaleingefärbte Lichtkuppeln bzw. Oberlichte gefordert werden. Klar farblose Kuppeln haben einen hohen Lichtdurchlässigkeitsgrad.

3. Polymethylmethacrylat (PMMA)

Wie CAB zählt auch PMMA zu den Thermoplasten. Das Material ist für gute Alterungsbeständigkeit und hohe Lichtdurchlässigkeit bekannt. Lichtelemente aus PMMA werden in klar farbloser Einstellung, aber auch mit opaler Einfärbung oder mit linsenförmig geprägter Oberfläche zur besseren Lichtstreuung hergestellt (Acrylglas).

In Tabelle 620 sind die Werkstoffeigenschaften dieser wichtigsten Kunststoffgruppen aufgezeigt. Wie aus diesen Tabellen zu entnehmen ist, sind erhebliche mechanische und statische, aber auch optische Unterschiede vorhanden. Für den Einbau von Lichtelementen mit starrer Verbindung mit der Dachkonstruktion interessiert besonders die lineare Ausdehnungszahl, die hier teilweise erhebliche Unterschiede aufweist. Die Wärmeleitzahl ist wegen der relativ geringen Dicke weniger interessant.

Bezüglich des Brandverhaltens wird auf das spätere Kapitel 9.5 verwiesen. Hier sei lediglich darauf hingewiesen, daß GFP-Lichtelemente und Aufsatzkränze aus diesem Material durch selbstverlöschende Einstellung so verbessert werden können, daß dieses Material die Anforderungen der DIN 4102, Blatt 10, Abs. 9 (Brandverhalten gegen Funkenflug und strahlende Wärme) erfüllt. Bestimmungen und Verordnungen werden durch die örtlichen Brandbehörden verschieden ausgelegt. In den meisten Bundesländern sind, wie z. B. in Bayern, ca. 10% der Grundfläche in normal brennbaren Materialien für den Einbau in Flachdächer zugelassen. Für den Fall, daß besondere Forderungen bestehen, gilt bei der Anwendung von GFP-Lichtelementen die DIN 4102.

Die elektrostatischen Auflagen an Kunststoff-Lichtelemente aus GFP sind materialbedingt sehr gering. Bei CAB haben Messungen ergeben, daß vorhandene Ladungen sich innerhalb von zwei Stunden wieder abbauen.

Hinsichtlich der chemischen Beständigkeit ist zu sagen, daß CAB-Material gegen Wasser, Soda, Seifenlösungen, verdünnte Säure, ferner gegen Mineralöl, Benzin, Äthyl, Alkohol bei normalen Temperaturen beständig ist, übliche Industrie-Abgase und -Dämpfe greifen GFP nicht an. Dagegen wird das Material von konzentrierten anorganischen Säuren (Schwefel- und Salpetersäure) und von organischen Säuren hoher Konzentration (z. B. Ameisen- und Essigsäure) angegriffen.

CAB ist chemisch beständig gegen verdünnte Laugen, verdünnte Schwefelsäure, Salz, Testbenzin und Mineralöl. Nicht beständig ist das Material gegen konzentrierte, oxydierte Mineralsäuren und Laugen, Arom. Kohlenwasserstoffe, die meisten Chlor-Kohlen-Wasserstoffe, Ester, Ketone und Alkohole.

PMMA ist beständig gegen verdünnte Salzsäure, Alkali, die meisten Metallsalze und ihre wäßrigen Lösungen.

9.3.5.3.2 Konstruktions- und Anwendungstechnik

Hinsichtlich der mechanischen und statischen Verformung, Wärmedämmung usw. unterscheidet man zwischen folgenden Lichtelementen:

1. Einschichtige Kunststoffplatten
2. Mehrschichtige Platten
3. Kunststoffschalen
4. Wärmedämmende Lichtelemente
5. Membranen

1. Einschichtige glatte Platten

Einschichtige plane, lichtdurchlässige Kunststoffplatten können wegen des geringen Elastizitätsmodules und Trägheitsmomentes nur für sehr kurze Spannweiten eingesetzt werden. Als Beispiel der Anwendung sei das Olympia-Zeltdach angeführt. Hier wurden Einzelfelder aus 4 mm dickem Plexiglas 215 (gegossen und gereckt) aus Einzelplatten von 3×3 m auf eine Seilnetz-Konstruktion mit Maschenweite 75/75 cm aufgelegt und an diesen befestigt, so daß statisch eine Durchlaufwirkung erzielt wurde. Die Platten bei einem Achsabstand von 75 cm sind demzufolge mit ±400 kp/m² belastbar. Aus Bild 621 kann der Einsatz dieser planen Lichtkuppeln beim Olympia-Dach abgelesen werden (Detail, Montage, Ansicht).

2. Profilplatten einschichtig

Um die statischen Verhältnisse der Kunststoffe zu verbessern, werden einschichtige Platten profiliert herge-

9. Detailhinweise bei Ausführung von Flachdächern

Bild 621 Glatte Lichtplatten, Detail Olympiastadion, München

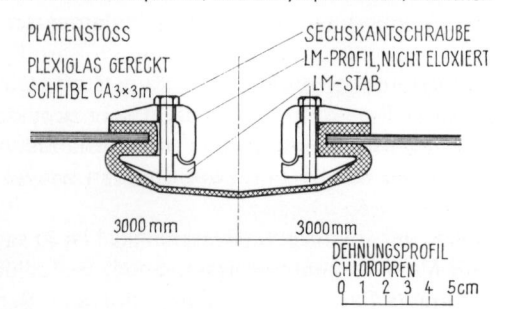

PLATTENSTOSS
PLEXIGLAS GERECKT
SCHEIBE CA 3×3m
SECHSKANTSCHRAUBE
LM-PROFIL, NICHT ELOXIERT
LM-STAB

3000 mm   3000 mm
DEHNUNGSPROFIL
CHLOROPREN
0 1 2 3 4 5 cm

Montage: Befestigung der nur 4 mm dicken und 3 × 3 m großen Acrylglas-Dachplatten am Stahlseilnetz des Tragwerkes, in dessen Knoten bei 0,75 × 0,75 m Maschenweite flexible Kunstkautschuk-Metallpuffer angeordnet sind

Teil des Stadiondaches

stellt. Die Profilformen sind Well- oder Spundwand-Profile. Die Profilformen sind auf die üblichen Maße bei Asbestzement- und Metall-Platten abgestimmt, so daß sie mit diesen lichtundurchlässigen genormten Elementen kombiniert werden können, d.h. Licht-Platten aus diesen Profilelementen können an beliebigen Stellen in die Dachflächen eingebaut werden. Das Grundmaterial ist GUP, PMMA und PVC.

Die Standardplattengrößen Typ 177/51 und Typ 130/30 haben je nach Hersteller Längen von 125–330 cm bei einer Breite von 92 cm. Beim Typ 76/18 werden Längen bis 500 cm bei einer Breite von 890 cm angeboten.

Neben normalen Platten werden auch ausrollbare Lichtbänder geliefert, die z.T. im Bereich der Überdeckung eine Klemmverbindung aufweisen anstelle der normalen Schraub-Befestigung.

Bei den rollbaren Wellprofilen Typ 76/18 (quer gewellt) werden Höhen von 75–250 cm und Breiten von 1500–3000 cm von den einzelnen Werken geliefert. Neben farblos werden die Platten in zitron, lichtgrün usw. hergestellt.

2.1. Verlegerichtlinien bei Kunststoff-Profilplatten und Bänder

Die Dachneigung entspricht im allgemeinen den Verlege-Richtlinien wie bei Wellasbest-Platten. Hersteller geben folgende Dachneigungen an:

Dachneigung	Mindest-Höhenüberdeckung
6–10 Grad	200 mm mit Kitt
10–17 Grad	200 mm
17–75 Grad	150 mm
75–90 Grad	100 mm

Bei ungünstigen Klima-Verhältnissen wie in Küsten- und Gebirgsgegenden werden, neben Kitt, Überdeckungen von 250 mm neben zusätzlichen Sturmbefestigungen empfohlen. Die Verlegung beginnt von der Haupt-Wetterrichtung genau wie bei Wellasbest-Platten. Die Befestigung nach unten erfolgt wie bei Wellasbest-Platten durch Haken, Schrauben usw. je nach Unterkonstruktion. Paßstücke werden gesägt, Löcher mit Bohrmaschinen wie bei Wellasbest-Platten eingebohrt.

Besteht die Gefahr der Schwitzwasserbildung bei einschichtigen Wellasbest-Platten und Bänder, so ist die Dachneigung mindestens mit 20 Grad zu wählen, damit das Schwitzwasser an der Innenfläche abläuft. An den Befestigungsschrauben werden dann die Stanzmuttern zwischen die Platten eingelegt, so daß ein Spalt von 6 mm offen bleibt, durch den das Schwitzwasser nach außen ablaufen kann. In diesen Spalt legt man saugfähige, jedoch luftundurchlässige Kunststoffstreifen ein. Das Wasser wird von den Kunststoffstreifen aufgesaugt und nach außen abgegeben.

Werden Wellplatten gewölbt verlegt, verläuft die Biegung stets senkrecht zur Wellenrichtung. Die Stichhöhe beträgt 10% der Sehnenkante.

In Bild 622 ist eine Verlegung von Lichtbahnen darge-

430

9.3 Tagesbeleuchtung in Flachdach- und Hallenbauten

Bild 622 Verlegen von Polyester-Lichtbahnen über einer Ausstellungshalle. Vorteile: gleichmäßige Hallenbelichtung, leichte Unterkonstruktion, schnelle und fugenarme Verlegung

stellt. Es ist ersichtlich, daß zur Begehung dieser Platten Laufbohlen erforderlich sind.

2.2 Mehrschichtige plane oder gewellte Licht-Platten

Diese Platten, aus zwei Deckschichten mit einem eingeschlossenen Luftraum wurden entwickelt, um den Wärmedurchlaßwiderstand der Licht-Platten zu erhöhen und den Einsatzbereich demzufolge zu verbreitern. Im eigentlichen zählen diese doppelschaligen Platten bereits zu den nachfolgend angeführten wärmedämmenden Lichtelementen. Teilweise kann durch einen sinnvollen Einbau eines Steges eine höhere statische Belastung erzielt werden bzw. können größere Spannweiten überbrückt werden.

In Bild 623 ist die Verlegung von derartigen doppelschaligen Lichtelementen dargestellt. Auch hier entspricht die Wellenform der von Wellasbest-Platten, so daß eine Kombination möglich ist.

Die Seitenüberdeckung beträgt bei Typ 177/51 ca. 1/4 Welle = 47 mm und bei Typ 130/30 eine Welle = 90 mm.

Die Höhenüberdeckung soll bei einer Dachneigung von 3–17 Grad (3 Grad scheint doch eine sehr problematische Dachneigung zu sein) 200 mm betragen, ab 17 Grad ist nur noch eine Höhenüberdeckung von 150 mm erforderlich. Bei einer Dachneigung von 3–6 Grad wird eine Kittschnur vorgeschrieben, die evtl. auftretendes Stauwasser abweisen soll. Auch hier scheint der obere Grenzwert optimistisch angenommen zu sein (Firma Detag, Fürth). Es wird auf die vorgenannten Dachneigungen verwiesen.

Statisch tragende Steg-Doppelplatten aus PMMA (oder geneigt zu den Deckschichten aus GUP), erhalten wie bereits angeführt, statisch aussteifende Stege. Mit lichtdurchlässigen GUP-Deckschichten und GUP-Wabenkernen wurden Dachelemente mit Höhen von 38 cm bis zu 13 m Spannweite ausgeführt. Hier kann wie bei Lamilux auch eine der Deckplatten plan und die andere gewellt sein. Dies gilt auch für die VEDAG-Wärmedämmplatte (s. spätere Ausführungen).

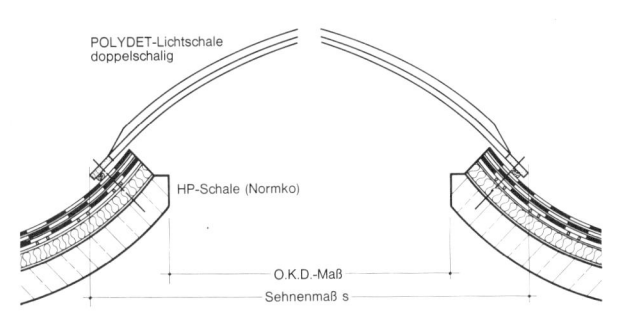

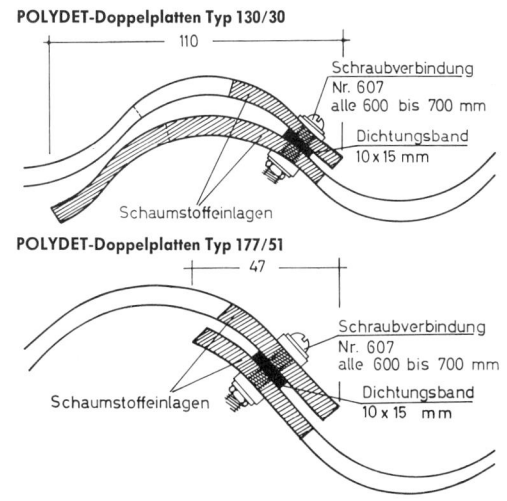

Bild 623 Doppelschalige Wellplatten-Verlegung

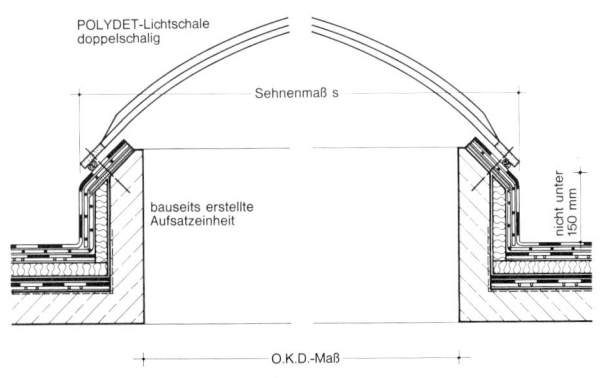

Bild 624 Licht-Wellplatten

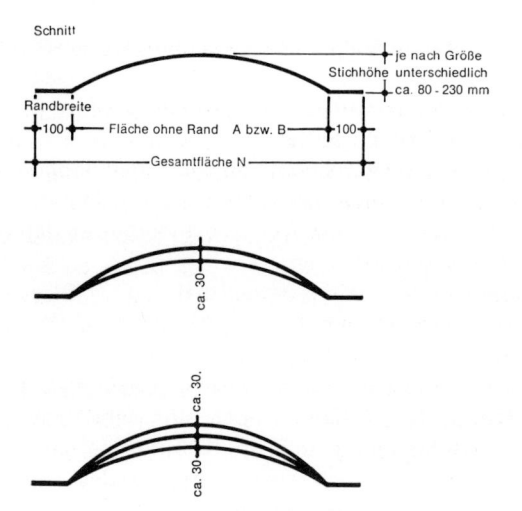

9. Detailhinweise bei Ausführung von Flachdächern

Bild 625   Lichtkuppel mit angeformten Flansch 1- bis 3schalig

Eine Spezialform dieser gewellten Platten (Polydet) wird passend für Normko-Schalen als Oberlichtbänder hergestellt. Bei doppelschaliger Ausführung laufen die beiden Wellplatten an den Rändern flach aus (Flansch), so daß hier eine Befestigung gemäß Bild 624 möglich ist. Diese Platten können aber auch wie in Bild unten dargestellt, zum Einbau kommen.

3. Schalen-Lichtelemente (Lichtkuppeln)

Die häufigste Anwendung lichtdurchlässiger Kunststoff-Schalen bei Flachdächern ist die Gruppe Lichtkuppeln.

Im wesentlichen unterscheidet man zwei Arten von Lichtkuppeln:

1. Lichtkuppeln mit direkt an die Kuppeln angeformten Einklebeflanschen, ein-, zwei- oder dreischalig je nach Wärmedämmanforderung nach Bild 625.

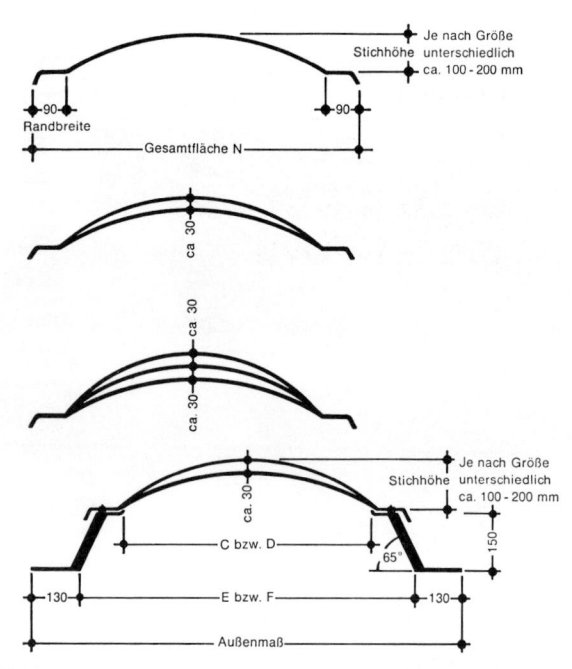

Bild 626   Lichtkuppel mit Aufsatzkranz 1- bis 3schalig

2. Lichtkuppeln mit Aufsatzkranz, wärmegedämmt und mit gesondert aufgesetzten ein-, zwei- oder dreischaligen Lichtkuppeln gemäß Bild 626.

In Bild 627 sind die beiden Lichtkuppelarten im eingebauten Zustand zu sehen.

3.1 Einbau der Lichtkuppeln

3.1.1 Lichtkuppeln mit angeformtem Einklebeflansch

Je nach Fabrikat werden diese vorgefertigten Lichtkuppeln rund, quadratisch oder rechteckig geliefert, wobei die Breiten bis 150 cm betragen und die Längen je nach System bis 5 m. Es würde zu weit führen, hier von den

Bild 627   Zu öffnende Lichtkuppel mit Aufsatzkranz im Wechsel mit festen Lichtkuppeln ohne Aufsatzkranz auf einem Flachdach (Werkfoto Flachglas AG)

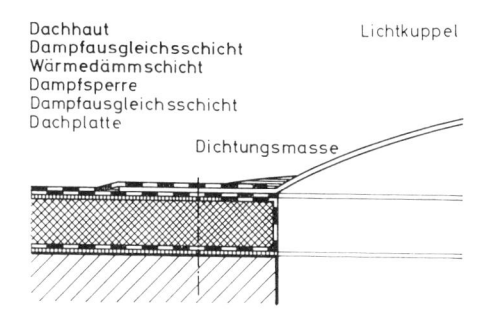

9.3 Tagesbeleuchtung in Flachdach- und Hallenbauten

Randanschluß von Lichtkuppeln zum direkten Einbau in die Dachhaut (einschalige Kuppel)

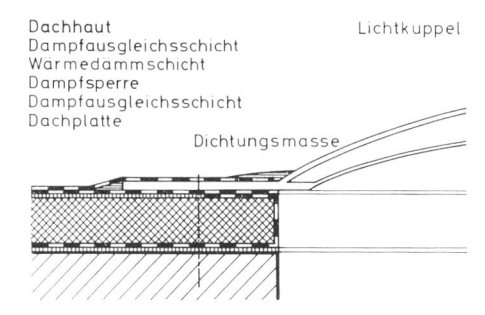

Randanschluß von Lichtkuppeln zum direkten Einbau in die Dachhaut (doppelschalige Kuppel)

Bild 628 Einkleben der Flansche bei ein- und doppelschaligen Kuppeln (falsch!)

Bild 629 Abgescherte Lichtbandeinfassung

einzelnen Lieferfirmen die Dimensionen anzuführen. Der üblicherweise von den Lieferfirmen empfohlene Einbau in eine Dachhaut ist in Bild 628 wiedergegeben.
Hier muß kritisch angemerkt werden, daß sich diese Einklebung besonders in bituminöse Abdichtungsbahnen in dieser einfachen Form wie dargestellt, nicht bewährt hat.

Infolge des hohen Ausdehnungskoeffizienten der Lichtkuppeln kommt es bei starrer Einklebung zu enorm starken Temperaturspannungen, die sich auf die eingeklebte Dachhaut übertragen. Nach Tabelle 620 sind z. B. bei 5 m langen PMMA-Kuppeln Längenbewegungen (Ausdehnung und Zusammenziehung) bis zu 3 cm zu erwarten. Bei guter Befestigung nach unten werden sich naturgemäß diese 3 cm an Ausdehnung und Zusammenziehung nicht voll auswirken. Innerhalb der Kuppeln entstehen aber, wenn die Verschraubung nach unten hält (was teilweise nicht immer der Fall ist), Spannungen, die die Dachhaut besonders bei abgekühlter Dachhaut, nicht mitmachen kann. Es kommt also zu glatten Abrissen besonders an den Stirnseiten, im Bereich der Ecken, aber auch an den Parallel-Längsseiten. Aus Bild 629 können Risse deutlich an Stoßstellen und Ecken abgelesen werden [81]. Mehrfaches Überstreichen mit Bitumen bleibt wirkungslos.

Bild 630 Mit Streifen aus Rhepanol eingebundene Lichtbänder

In Bild 630 ist der Versuch abzulesen, diese Risse mit einer Kunststoff-Folie zu flicken, was nach Erfahrung des Autors meist auch keine vollständige Lösung erbringt.

3.1.2 Allgemeine Verarbeitungs-Richtlinien von Lichtkuppeln mit Einklebeflansch nach Empfehlungen von Lieferfirmen:

1. Unterste Pappelage bis Vorderkante Lichtöffnung aufbringen.
2. Kuppelrand auf diese Pappelage mit Heißbitumen vollflächig satt aufkleben und sofort an den umlaufenden Rand andrücken.

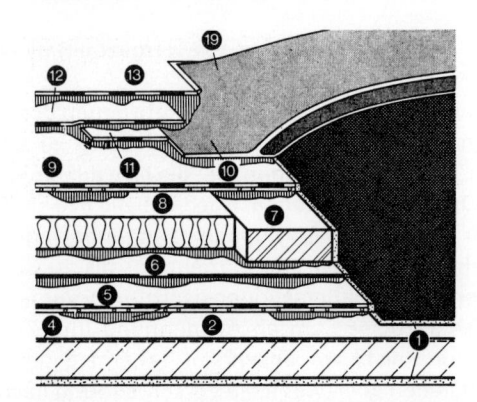

9. Detailhinweise bei Ausführung von Flachdächern

Bild 631 Einklebung in die Dachhaut bei Lichtkuppelgrößen bis zu einer max. OKD-Länge von 3 m und bei fugenlosen Dachplatten mit normaler Ausdehnung

1 Putz, 2 Gas- oder Bimsbetondecke, 4 Kalt-Bitumen-Voranstrich, 5 erste Dampfdruckausgleichsschicht punktförmig verklebt. Im Bereich von ca. 20 cm um die Lichtöffnung vollflächig verklebt, 6 Dampfsperre vollflächig verklebt, 7 imprägnierte Holzbohle vollflächig verklebt und wechselseitig verschraubt, 8 Wärmedämmschicht vollflächig verklebt, 9 zweite Dampfdruckausgleichsschicht punktförmig verklebt. Im Bereich von ca. 20 cm um die Lichtöffnung vollflächig verklebt, 10 Lichtkuppelflansch vollflächig verklebt. Befestigung im Abstand von max. 30 cm bei einem Randabstand von ca. 2 cm, 11 Ausgleichsstreifen satt verklebt, 12 erste Lage Bitumendachhaut vollflächig verklebt, 13 zweite Lage Bitumendachhaut vollflächig verklebt, 19 Polydet-Lichtkuppel Form A, doppelschalig

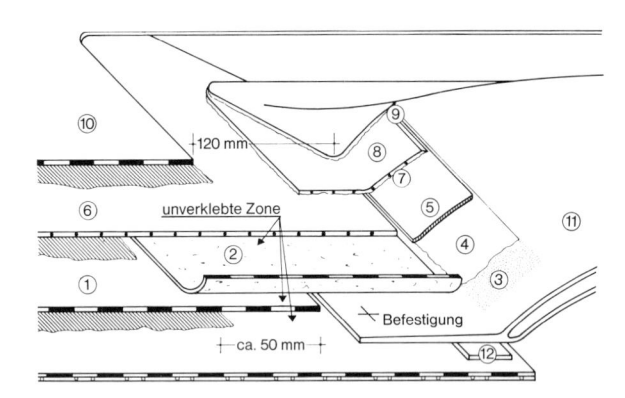

Bild 632 Einklebung in die Dachhaut (DELOG-DETAG). 1 Bitumendachbahn, 2 Glasbitumenstreifen (DIN 52128) 200 mm breit, beidseitig besandet, 3 Fläche für die Verklebung des Dichtungsbandes, 4 Precol-Grundierung ca. 50 mm breit, 5 Dichtungsband, 6 Rhepanol-Anschlußstreifen, 7 Flächen mit Rhepanolin leicht anlösen, 8 Abdeckband, 9 Nähte mit Rhepanolpaste versiegeln, 10 letzte Bitumendachbahn, 11 Flachrand-Lichtkuppel, 12 dauerplastisches Kittband

3. Den Rand je nach Unterkonstruktion mit Breitkopfnägeln, Stahlnägeln usw. im Abstand von max. 40 cm befestigen.
4. Die nächsten Papplagen bis dicht vor Ansatz der Kuppelwölbungen mit Heißbitumen verlegen und Anschluß bzw. Fuge zwischen Kuppel und Pappe mit Heißbitumen vergießen.
5. Grobe Verschmutzungen beim Einbau sofort reinigen.

Es ist also zu entnehmen, daß hier von den Lieferfirmen weder von elastischen Überbrückungsbahnen noch von Verstärkungen der Dachhaut in diesem Randbereich gesprochen wird. Einige Hersteller haben jedoch zwischenzeitlich gelernt, daß man diese normale Einklebungsart auf eine Lichtkuppellänge von *max. 1,5 m* beschränken muß und daß darüber hinaus Zusatzmaßnahmen erforderlich werden. In den Bildern 631 und 632 sind diese Maßnahmen für die unterschiedlichen Lichtkuppellängen dargestellt.

Grundsätzlich ist anzumerken, daß die beiden Dampfdruckausgleichsschichten (untere und obere) nicht bis in die Hallenluft hereingeführt werden dürfen, sondern daß diese etwa 10–20 cm vorher abgeklebt werden müssen, damit keine Warmluft in diese Druckausgleichsschichten eindiffundiert. Es kann hier sonst u. U. zu Blasenbildungen in der Dachhaut kommen bzw. zur Kondensation in diesen Druckausgleichsschichten. Auch muß nach Erfahrung des Autors eine Holzbohle in der Stärke der Wärmedämmung ringsum angeordnet werden, da sonst eine zu labile Befestigung entsteht, die die Schäden durch Temperaturbewegungen begünstigt. Die Ausführung nach Bild 628 ist also als falsch zu bezeichnen und muß durch Bilder 631 und 632 verbessert werden.

3.2 Lichtkuppeln mit Aufsatzkränzen (Zweiteilig)

Die zweiteiligen Lichtkuppeln bestehen, wie zuvor angeführt, aus Aufsatzkränzen, auf die dann Lichtkuppeln aufmontiert werden.

3.2.1 Aufsatzkränze

Die Aufsatzkränze werden allgemein je nach System und Lieferfirma in drei Höhen hergestellt:

1. ca. 15–16 cm hoch
2. 30 cm hoch
3. 50 cm hoch

Verschiedene Firmen fertigen außerdem Aufsatzkränze, die auch an Wellasbestplatten angeschlossen werden können und Aufsatzkränze, die mit ihrem unteren Absatz als verlorene Schalung einbetoniert werden können. In Bild 633 ist das Schema derartiger Lichtkuppelmöglichkeiten dargestellt (Wema).

Die Lichtkuppel-Aufsatzkränze bestehen meist aus zwei Wandungen aus glasfaserverstärktem Polyesterharz, zwischen denen eine Wärmedämmschicht aus Polyurethan-Hartschaum oder dgl. fest eingebettet ist. Dadurch ergibt sich ein relativ hoher Wärmedämmwert bei guter Stoßfestigkeit. Die k-Zahl der 24–30 mm starken Lichtkuppelkränze liegt etwa bei 1,0 kcal/m^{2}h°. Andere Firmen stellen diese Kuppelkränze aus Polyurethan-Duromerschaum her. Sie bestehen hier aus homogenem Material mit harter geschlossener Außenzone und zelligem, leichtem Kern. Zusätzlich erhalten diese Kränze eine Schutzschicht mit Einbrennlackierung.

Auch werden neuerdings Lichtkuppelkränze aus Aluminium angeboten, die jedoch nur einschalig sind und demzufolge auf der Außenseite eine extra Wärmedämmung erhalten müssen.

9.3 Tagesbeleuchtung in Flachdach- und Hallenbauten

Bild 633 Übliche Standardhöhen [76]

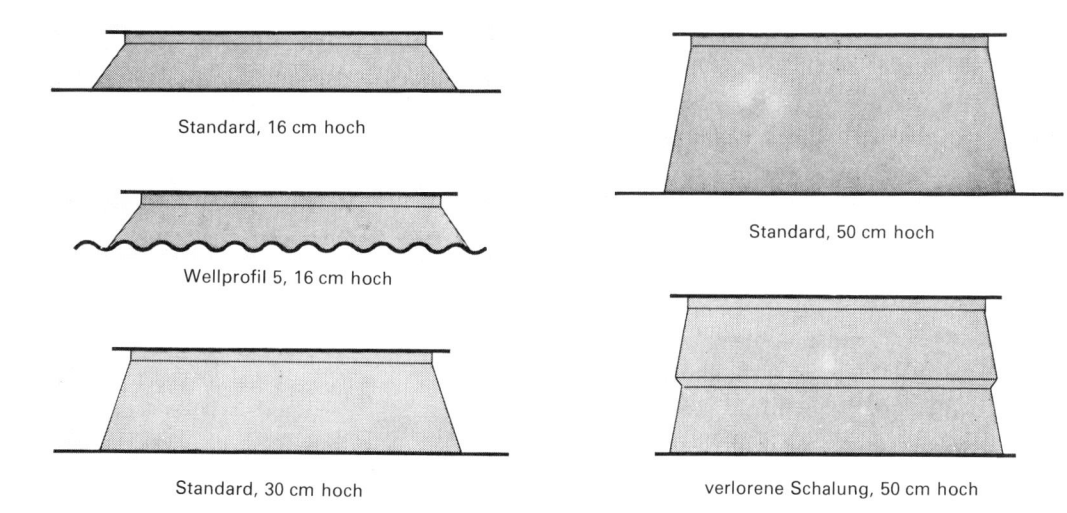

Standard, 16 cm hoch

Wellprofil 5, 16 cm hoch

Standard, 30 cm hoch

Standard, 50 cm hoch

verlorene Schalung, 50 cm hoch

Es würde zu weit führen, hier die einzelnen Systeme detailliert zu beschreiben.

Allen Lichtkuppelkränzen ist gemeinsam, daß diese einen angeformten, horizontalen Aufklebeflansch haben, der üblicherweise ca. 150 mm breit ist. Dieser Aufklebeflansch muß nach unten mit Kunststoffdübeln oder dgl. dann sturmfest verschraubt werden.

Der Licht-Einfallswinkel liegt bei den niederen Aufsatzkränzen etwa bei 60°, während er bei den hohen Aufsatzkränzen bei 70–75° liegt.

3.2.2 Befestigung der Lichtkuppeln

Die Lichtkuppeln werden je nach System sichtbar von oben verschraubt und so mit dem Lichtkuppelkranz verbunden (Bild 634) bzw. erhalten eine verdeckte Verschraubung, die oberseitig nicht sichtbar wird. Bei einschaligen Lichtkuppeln ist zwischen Aufsatzkranz und Lichtkuppel meist ein wasserdurchlässiger Schaumstoffstreifen oder Lüftungsschlitz eingebaut, so daß Schwitzwasser nach außen abfließen kann. Bei 2- und 3schaligen Lichtkuppeln ist ein derartiger Schaumstoffstreifen oder Lüftungsschlitz normalerweise nicht erforderlich, kann jedoch bei höheren Belastungen notwendig werden.

Neuerdings werden auch Lichtkuppeln kleinerer Dimension angeboten, deren Aufsatzkranz bereits werkseitig zur Aufnahme der Lichtkuppel vorbereitet ist. Ähnlich wie bei einem Fenster hat der Aufsatzkranz auf

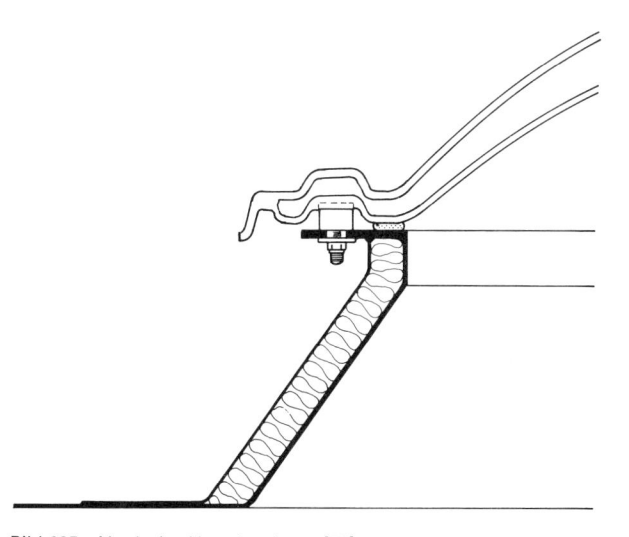

Bild 635 Verdeckte Verschraubung [76]

der einen Seite Scharniere und auf der gegenüberliegenden einen Verriegelungsmechanismus. Die Lichtkuppeln, mit einem verwindungssteifen Aluminiumrahmen verbunden, werden nun in den Lichtkuppelkranz in einfachster Form eingehängt, wie dies aus Bild 636 abgelesen werden kann. Ein Vorteil ist hier, daß die Befestigung durch diesen Schnappverschluß nur innenseitig erfolgt, so daß die Lichtkuppel von außen nicht demontiert werden kann (Einbruchsicherheit), und daß sie wahlweise sofort während der Bauzeit an-

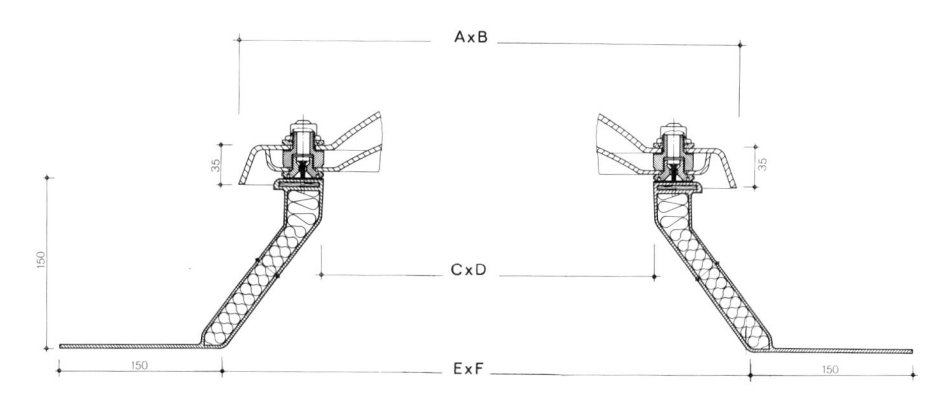

Bild 634
Sichtbare Verschraubung [82]

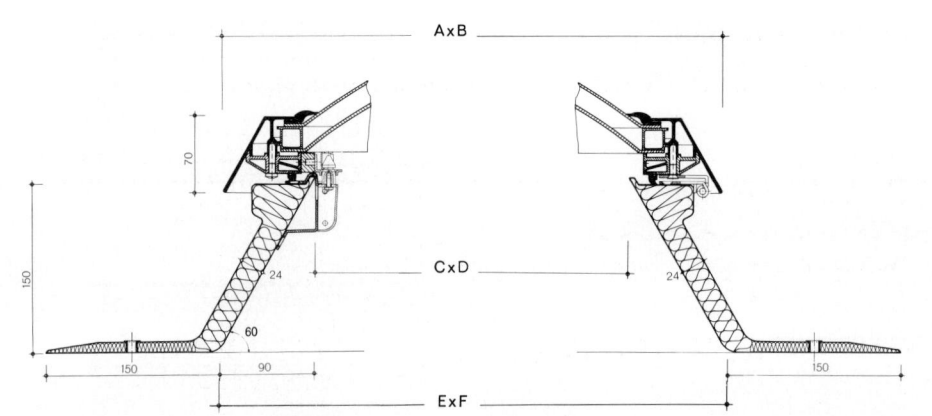

9. Detailhinweise bei Ausführung von Flachdächern

Bild 636/1 Lichtkuppel mit Scharnierverschluß [82]

Bild 636/2 Einhängen der Lichtkuppel

und abmontiert werden kann, also die Öffnungen sofort geschlossen sind.

Anstelle der üblichen Aufsatzkränze können auch Aufsatzkränze aus Holz oder Leicht-Beton odgl. eingebaut werden, auf die dann die Lichtkuppeln von oben aufgeschraubt werden. In Bild 637 ist im Prinzip eine derartige Möglichkeit dargestellt. Bei Schwerbeton-Aufsatzkränzen muß eine Wärmedämmung außenseitig unter der Dachhaut zusätzlich eingebaut werden. Derartige Möglichkeiten ergeben eine sehr günstige Anschlußmöglichkeit für die Dachabdichtung, wie sie leider bei fabrikfertigen Kränzen nicht gegeben ist.

Neben starr befestigter Lichtkuppeln werden Lichtkuppeln hergestellt, die gleichzeitig als Dachausstieg verwendet werden können, also hochklapp- und feststellbar sind gemäß Bild 638. Es werden außerdem für Lüftung und Rauchabzug ausstellbare Lichtkuppeln auf den Aufsatzkranz montiert, die je nach System manuell, mechanisch oder elektrisch geöffnet werden können (s. Kapitel 9.4 – Be- und Entlüftungen beim Flachdach). In Bild 639 ist im System eine Lüfterkuppel dargestellt. Auch hier ist auf der einen Seite ein Scharnier und auf der gegenüberliegenden Seite die Öffnermechanik anangebracht.

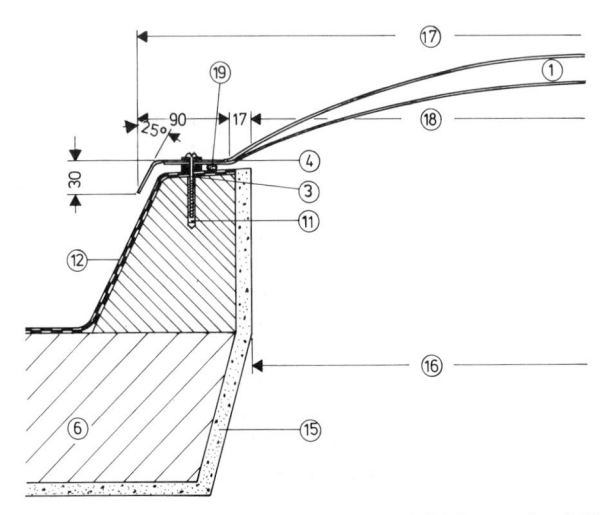

Bild 637 Bauseitige Aufsatzkränze (z.B. Holz, Leichtbeton oder dgl.). 1 Lichtkuppel Form B, doppelschalig, 3 Befestigungsschraube, 4 Plastik-Unterlagsscheiben, 6 Rohdecke, 11 Stahl-, Plattenkopfnägel, Schußbolzen, Holzschrauben, Patentdübel etc., 12 mehrschalig geklebte Dachhaut, 15 Deckenputz, 16 Lichte Öffnung an OK Decke, 17 Lichtkuppel-Gesamtfläche in mm (N), 18 Lichteinfallfläche in mm (C bzw. D), 19 umlaufende Kittschnur

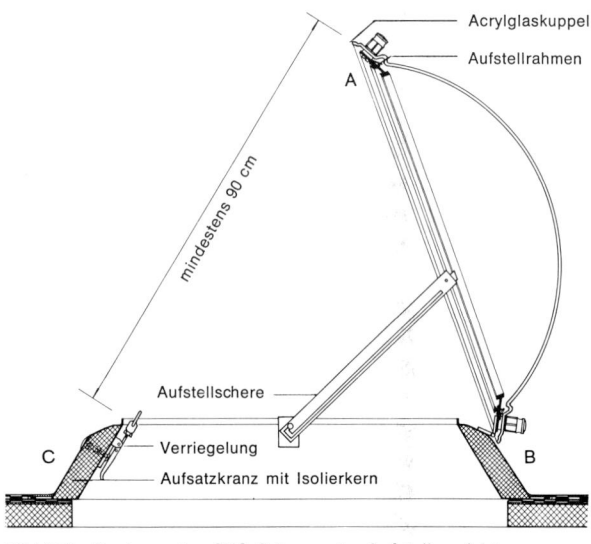

Bild 638 Dachausstieg [77]. Schema der Aufstellvorrichtung

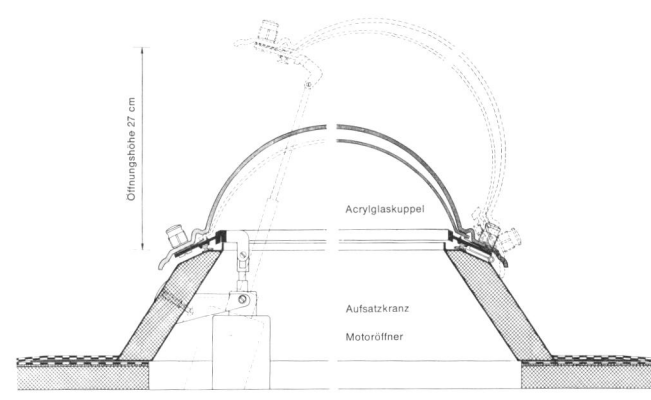

9.3 Tagesbeleuchtung in Flachdach- und Hallenbauten

Bild 639 Lüfterkuppel, Einbau des Motoröffners

3.2.3 Einbau der Lichtkuppeln

Je nach Lieferfirma unterscheiden sich die Lichtkuppel-Größen nur geringfügig voneinander, was grundsätzlich zu bemängeln ist. Es wäre sinnvoll und zweckmäßig, wenn sämtliche Lieferfirmen sich an eine Norm gebunden fühlten, damit gegebenenfalls das eine oder andere System gegeneinander ausgewechselt werden kann.

Als Beispiel für Feststellung der Bestellmaße und Einbaugesichtspunkte siehe die Zeichnungen und Tabellen Bild 640 und 641 (gemäß den Zeichnungen 634 und 636). Aus den Bildern 640 und 641 ist zu entnehmen, daß die Deckenaussparung, also das Rohbau-Lichtmaß der Massivdecke für die Lichtkuppelaussparung mindestens 8 cm größer sein muß als die Nenngröße A × B bzw. 4 cm größer als das li. Maß Unterkante Aufsatzkranz E × F (gemäß Zeichnung 634 und 636). In den

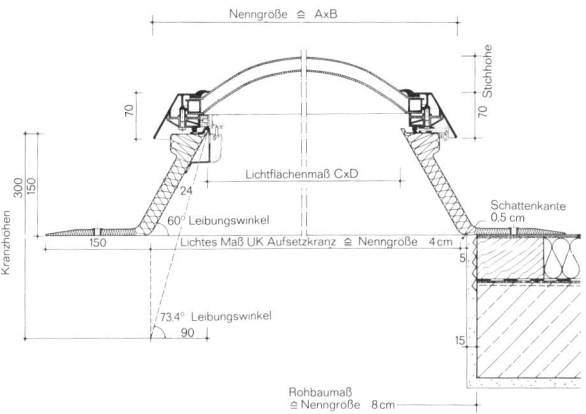

Einbaumaße [82]

Bild-Tabelle 640 Typenübersicht und Lieferprogramm (Schnappverschluß)

rheinland-Lichtkuppel®			
Nenngröße = Bestellgröße A×B cm	Lichtflächenmaß C×D m²	Lichtes Maß UK Aufsetzkranz E×F cm	Rohbaumaß (empf. Rohbaudeckenöffnung bei unverputzter Leibung) cm
46× 96	0,26	50×100	54×104
46×146	0,42	50×150	54×154
56× 56	0,18	60× 60	64× 64
56× 86	0,30	60× 90	64× 94
86× 86	0,52	90× 90	94× 94
86×116	0,73	90×120	94×124
96× 96	0,67	100×100	104×104
96×146	1,08	100×150	104×154
116×116	1,04	120×120	124×124
116×146	1,35	120×150	124×154
146×146	1,74	150×150	154×154

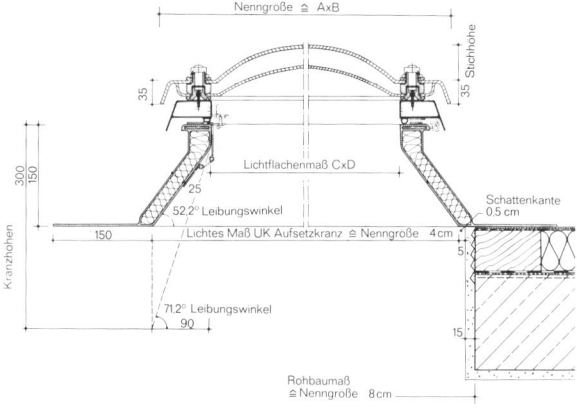

Einbaumaße [82]

Bild-Tabelle 641 Typenübersicht und Lieferprogramm (Schraubverschluß)

rheinland-Lichtkuppel®			
Nenngröße = Bestellgröße A×B cm	Lichtflächenmaß C×D m²	Lichtes Maß UK Aufsetzkranz E×F cm	Rohbaumaß (empf. Rohbaudeckenöffnung bei unverputzter Leibung) cm
96×196	1,49	100×200	104×204
96×236	1,82	100×240	104×244
96×246	1,90	100×250	104×254
96×296	2,31	100×300	104×304
116×176	1,65	120×180	124×184
116×236	2,26	120×240	124×244
116×246	2,37	120×250	124×254
116×266	2,57	120×270	124×274
146×176	2,14	150×180	154×184
146×206	2,53	150×210	154×214
146×236	2,93	150×240	154×244
146×266	3,33	150×270	154×274
176×176	2,62	180×180	184×184
176×236	3,60	180×240	184×244
176×266	4,08	180×270	184×274
196×196	3,31	200×200	204×204

9. Detailhinweise bei Ausführung von Flachdächern

Tabellen Bild 640 bzw. 641 können die Rohbau-Lichtmaße direkt abgelesen werden.

Aus den Zeichnungen Bilder 640 und 641 ist außerdem zu erkennen, daß hier jeweils unter den Auflagerflanschen der Lichtkuppelkränze Holzbohlen angeordnet wurden, die stirnseitig bei Putz einen Putzträger erhalten, damit Risse zwischen Beton und Holzbohle vermieden werden. Wichtig ist auch die Schattenkante zwischen Aufsatzkranz und Putz, da sonst der nicht ausbleibende Riß zwischen Lichtkuppelkranz und Putz im Raum deutlich sichtbar wird. Bei langen Lichtkuppeln empfiehlt es sich ohnehin, den Putz vom Aufsatzkranz zu lösen, da sonst mit absoluter Sicherheit Risse im Putz durch die thermischen Bewegungen des Aufsatzkranzes entstehen.

3.2.4 Montage und Einklebung der Aufsatzkränze

Die Montage der Aufsatzkränze auf der Rohdecke bzw. der Anschluß der Feuchtigkeitsabdichtung an diese Aufsatzkränze ist auch heute noch ein Problem und ist offensichtlich von vielen Herstellern von Lichtkuppeln noch nicht durchdacht. Bilder wie in Bild 642 dargestellt, dürften sonst nicht mehr empfohlen werden, da bei Konstruktionen dieser Art mit Sicherheit in kurzer Zeit Feuchtigkeitseindringungen zu erwarten sind:

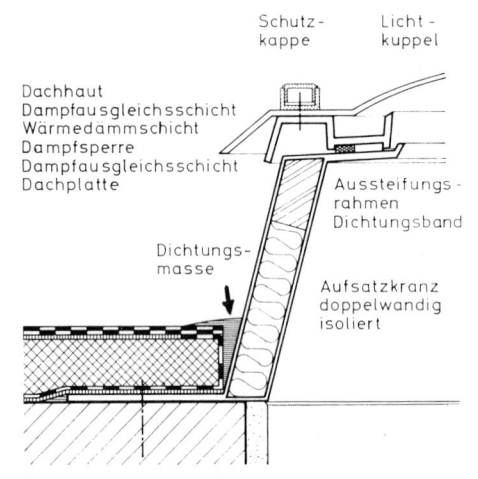

Bild 642 Randanschluß für Lichtkuppeln mit Aufsatzkränzen (einschalige Kuppel)

Durch das Einsparen eines Holzbohlenkranzes in Stärke der Wärmedämmung kann keine Dachhaut verbundfest an die Schräge des Lichtkuppelkranzes angeschlossen werden. Durch geringste Temperaturbewegungen kommt es zu Ablösungen zwischen Vergußmasse und Lichtkuppelkranz, also zu Rissen parallel zu den Aufsatzkränzen. Auch Eigenbewegungen der Dichtungsmasse führen zu solchen Erscheinungen. Der Verbund mit der Dachhaut ist so immer zweifelhaft. Es sind also Abrisse zwischen Dichtungsmasse und Kranz und zwischen Dachabdichtung und Dichtungsmasse zu erwarten. Bei stehendem Wasser kann Wassereinbruch nicht ausbleiben.

Bei niederen Aufsatzkränzen (15–16 cm hoch) unter der Dämmung aufgebracht, und bei einer Wärmedämmung zwischen 5 und 6 cm, verbleibt von Oberkante Abdichtung bis Oberkante Aufsatzkranz nur noch eine Höhe von 7 cm. Bei entsprechender Kiesanschüttung reicht diese dann gemäß Bild 643 bis unter die Lichtkuppel. Bei Frost bzw. Schlagregen (besonders auch bei geneigten Dächern auf der Bergseite) kann Wasser in direkter Form oder als Spritzwasser über den Lichtkuppelkranz eindringen. Dies ist ein sehr häufiger Fehler. Hier bleibt dann kaum eine andere Sanierungs-Möglichkeit, als der Ausbau der Lichtkuppel und die Anordnung von Holz-Aufsatzkränzen, damit der Lichtkuppelrand höher zu liegen kommt.

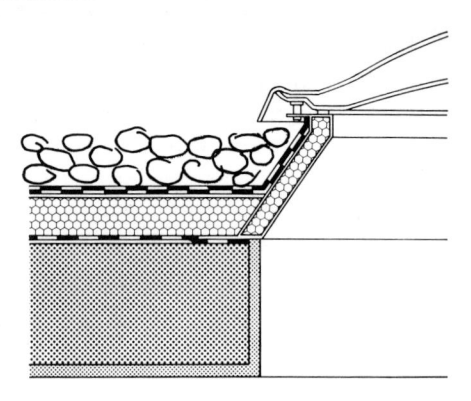

Bild 643 Ohne Holzaufsatzkranz Kuppelwand zu niedrig

Falls keine andere Lösung als Bild 642 bzw. 643 (ohne Holzbohle) möglich ist (aus unerklärlichen Gründen), muß wie in Bild 643 verfahren werden, d. h. die Abdichtung muß an der Schräge bis oben heraufgeführt und muß außerdem noch elastisch abrutschsicher gestaltet werden (elastische Kunststoff-Folien) gemäß nachfolgenden Empfehlungen. An Höhe wird jedoch dadurch nichts gewonnen.

Bei Lichtkuppeln gemäß Bild 644 (als verlorene Schalung) kann, wenn die Dachhaut hier eine Kunststoff-Fo-

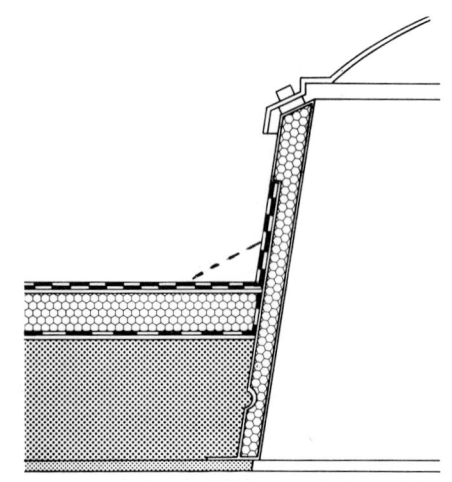

Bild 644 Einbau als verlorene Schalung, jedoch mit Schrägkeil unter Abdichtung

9.3 Tagesbeleuchtung in Flachdach- und Hallenbauten

Bild 645 Befestigung durch Wärmedämmung, fragwürdig

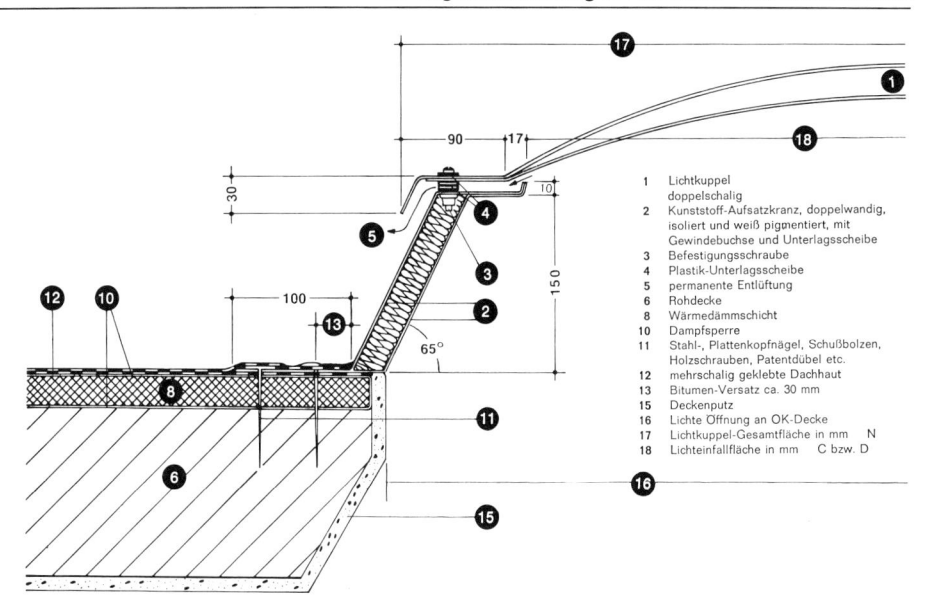

1 Lichtkuppel doppelschalig
2 Kunststoff-Aufsatzkranz, doppelwandig, isoliert und weiß pigmentiert, mit Gewindebuchse und Unterlagsscheibe
3 Befestigungsschraube
4 Plastik-Unterlagsscheibe
5 permanente Entlüftung
6 Rohdecke
8 Wärmedämmschicht
10 Dampfsperre
11 Stahl-, Plattenkopfnägel, Schußbolzen, Holzschrauben, Patentdübel etc.
12 mehrschalig geklebte Dachhaut
13 Bitumen-Versatz ca. 30 mm
15 Deckenputz
16 Lichte Öffnung an OK-Decke
17 Lichtkuppel-Gesamtfläche in mm   N
18 Lichteinfallfläche in mm   C bzw. D

lie oder dgl. ist, so verfahren werden. (Bei Bitumenabdichtung Schrägkeileinklebung in der Ecke wie in Bild 644 dargestellt.) Der Anschluß der Dachhaut an die eingeformte Lichtkuppel ist jedoch unglücklich. Ein stumpfer Stoß ist mindestens bei bituminösen Abdichtungen gefährlich, da diese mit Sicherheit abrutschen und so Wasser hinter dieser Abdichtung eindringt. Eine mechanische Befestigung nach hinten ist ebenfalls kaum durchführbar. Hier müßte der Absatz unter dem Lichtkuppelkranz liegen.

Ebenfalls nicht zu empfehlen ist die Anordnung des Aufsatzkranzes über der Wärmedämmung mit einer Befestigung durch die Wärmedämmung hindurch gemäß Bild 645. Hier ergeben sich je nach Eindrückungsfähigkeit und Elastizität der Wärmedämmung keine ausreichend stabilen Anschlüsse. Der sog. Bitumenversatz, wie er hier angegeben wurde (normalerweise wird nur gewöhnliches Heißbitumen 85/25 aufgebracht), reißt auf, so daß auch hier Undichtigkeiten entstehen können. Besonders bei Lichtkuppeln mit einer Länge von über 1,4 m sind derartige Lösungen nicht mehr denkbar. Es ist zwar zu begrüßen, daß die Wärmedämmung sich mit der Aufsatzkranz-Wärmedämmung überdeckt und daß infolge Weglassen der Holzbohle keine Wärmebrücke entsteht (Holz hat nur etwa ein Drittel des Wärmedämmwertes wie die Wärmedämmplatten). Trotzdem ist eher die Wärmebrücke infolge Holzbohle in Kauf zu nehmen als eine zweifelhafte Anschluß-Konstruktion. Die Lösung nach Bild 645 ist aber der gegenüber 643 vorzuziehen, da hier in jedem Falle eine ausreichende Höhe bei niederem Aufsetzkranz zur Verfügung steht. Wenn hier zusätzlich zur eigentlichen Dachabdichtung noch eine alterungsbeständige elastische Kunststoff-Folie als Manschette aufgeklebt und an der Schräge hochgeführt wird, könnte diese Lösung noch akzeptiert werden (ohne Holzbohle).

In Bild 646 ist im Schema eine richtige Lösung dargestellt. ① Aufsatzkranz ● mechanisch (im Abstand von ca. 30 cm) auf die Unterkonstruktion gleitend befestigen, zwischen Flansch und Dachaufbau dauerplastisches Kittband einlegen und Bitumendachbahn ① laut Detailzeichnung an den Lichtkuppelflansch heranführen (unverklebte Zone beachten). ② 20 cm breiten beidseitig besandeten Glasvliesbitumenstreifen (DIN 52128) unverklebt auflegen. ③ Fläche für die Verklebung des Dichtungsbandes leicht aufrauhen (Schleifpapier 120). ④ Precol-Grundierung ca. 5 cm breit auf die aufgerauhte Fläche 2mal auftragen. Zweiten Anstrich erst nach Ablüften des ersten Anstriches aufbringen. ⑤ Dichtungsband auf die abgelüftete Precol-Grundierung aufbringen, anrollen und aufbügeln. ⑥ Rhepanol-Anschlußstreifen gemäß Detailzeichnung anlegen und mit der Bitumendachbahn ① verkleben. ⑦ Flächen mit Rhepanolin leicht anlösen (Quellschweißvorgang). ⑧ Abdeckband auf die mit Rhepanolin angelöste Fläche andrücken (Handroller). ⑨ Nähte mit Rhepanolpaste versiegeln. ⑩ Letzte Bitumendachbahn bis auf 12 cm an die Lichtkuppel heranführen und gemäß der Detailzeichnung mit dem Rhepanol-Anschlußstreifen ⑥ verkleben. Einbindetiefe mindestens 20 cm!

Eine derartige Lösung nach Bild 646 berücksichtigt die z. T. hohen Temperaturbewegungen aus dem Lichtkuppelkranz.

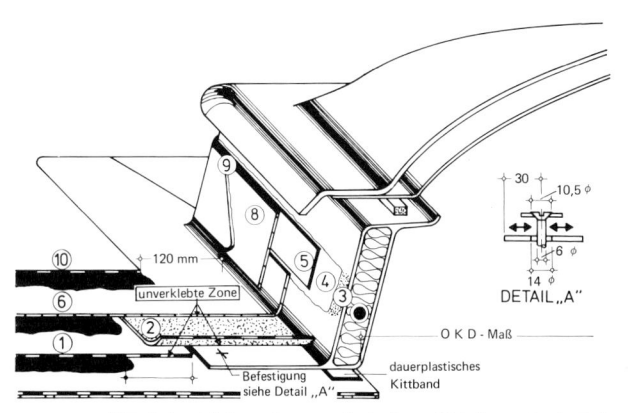

Bild 646 Möglicher Einbau einer zweischaligen Lichtkuppel mit Aufsatzkranz auf einem Warmdach (DELOG-DETAG)

439

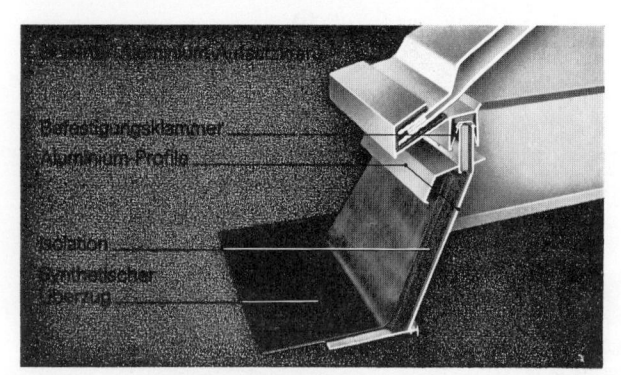

9. Detailhinweise bei Ausführung von Flachdächern

Bild 647 Alu-Aufsatzkranz-Abdichtung

Bild 648 Lichtkuppeldach

Grundsätzlich sei aber, wie bereits früher angemerkt, daß die Dampfdruckausgleichsschichten keinesfalls bis Innenkante Lichtkuppeln geführt werden dürfen. Sie sind 20 cm vor der Lichtkuppelöffnung vollflächig zu verkleben, damit keine Dampfdiffusion über die Stirnseiten möglich ist. Schädliche Durchfeuchtungen der Wärmedämmung, Blasen in der Dachhaut usw. können aus der Nachlässigkeit der Herausführung entstehen, wie dies leider in der Praxis häufig angetroffen wird.
Wenn Spannungen zwischen Lichtkuppelkranz und horizontaler Dachhaut erwartet werden müssen, wie z. B. bei Lichtkuppelkränzen aus Aluminium, dann empfiehlt es sich, an der Schräge eine alterungsbeständige Kunststoff-Folie heraufzukleben, die im Bereich der Horizontalen den Flansch bzw. die bituminöse Abdichtung elastisch überdeckt. Dies ist auch dann notwendig, wenn die Aufsatzkränze eine bestimmte Länge überschreiten, um die Temperaturbewegungen in der Kunststoff-Folie elastisch aufzufangen. Hier gelten etwa die gleichen Beschränkungsmaße wie bei den Lichtkuppeln ohne Aufsatzkranz. Auf alle Fälle muß diesen Anschlußpunkten Dachhaut–Aufsatzkranz erhöhte Bedeutung beigemessen werden. Aus Bild 648 kann abgelesen werden, daß die eine Lichtkuppelhälfte im Schatten liegt, während die andere Lichtkuppelhälfte sonnenangestrahlt wird. Verzwängungsspannungen und Dehnbewegungen sind hier also naturgegeben. Nur bei kleinen Abmessungen kann die Dachhaut (gegebenenfalls unter Beilegung eines Verstärkungsstreifens) in normaler Form, jedoch mindestens dreilagig, auf den Auflagerkranz ohne weitere Maßnahmen aufgeklebt werden. Ansonsten empfiehlt es sich bei längeren Lichtkuppeln, wie bereits angeführt, eine zusätzliche manschettenförmige Aufklebung einer Kunststoff-Folie vorzunehmen.

3.2.5 Außergewöhnliche Lichtkuppelformen

In Bild 649 ist die Möglichkeit dargestellt, aus segmentförmigen Einzelkuppeln Großlichtkuppeln zusammenzusetzen für bestimmte dekorative Zwecke.

Bild 649 Lichtkuppel in überdurchschnittlicher Größe aus Segmenten zusammengesetzt. Hersteller: Hans Börner KG, Nauheim bei Groß-Gerau

Bild 650 Grillo-Oberlichtband im First liegend

9.3 Tagesbeleuchtung in Flachdach- und Hallenbauten

Bild 651 Schalenförmiges, durch Verformung versteiftes Lichtelement

Bild 650 zeigt eine interessante Lösung mit durchgehenden Oberlichtbändern, desgl. Bild 651.
Es erübrigt sich, hier noch weitere Beispiele aus der Praxis anzuführen.

4. Wärmedämmende Lichtplatten

Zu den wärmedämmenden Lichtelementen gehören bereits die zwei- und dreischaligen Lichtkuppeln, wenngleich auch hier der k-Wert noch bescheiden ist. Es sei hier nochmals an die Tabelle 599 [79] erinnert. Einige Vergleichswerte:

1. Lichtkuppel einschalig k-Wert   4,55 kcal/hm²°C
2. Lichtkuppel zweischalig k-Wert   2,45 kcal/hm²°C
3. Lichtkuppel dreischalig k-Wert   1,65 kcal/hm²°C
4. Vedag-Dachoberlicht k-Wert   1,90 kcal/hm²°C
5. Kapillarplatten 15 mm k-Wert   1,65 kcal/hm²°C
6. Kapillarplatten 30 mm k-Wert   1,02 kcal/hm²°C

In Bild 652 ist das Vedag-Dachoberlicht dargestellt. Die Elemente aus glasfaserverstärktem Kunststoff haben oben eine gewellte Kunststoffplatte 130/30 mm und unten eine ebene Kunststoffplatte, die am Auflagerflansch mit der oberen Platte fest verbunden ist, so daß ein luftdicht abgeschlossener Raum zwischen den beiden Platten entsteht. Außerdem ist zwischen den Platten zusätzlich auf die Unterschale eine glasklare Wärmedämm-Einlage eingearbeitet. Der Wärmedämmwert dieser Platte liegt gemäß o. g. Angaben jedoch nur leicht über dem von zweischaligen Oberlichten, so daß von einer ausgesprochenen Wärmedämmplatte hier nicht gesprochen werden kann.

Der Einbau dieser Platten erfolgt gemäß den Lichtkuppeln ohne Aufsatzkranz. Vor dem Einsatz sollte man sich aber nochmals vergewissern, daß der Wärmedämmwert hier keinesfalls übernormal groß ist, besonders bei Gefahr von Schwitzwasserbildung.

Bei höheren Beanspruchungen kommen die sog. Kapillarelemente in Frage. Während die Lichtkuppel-Elemente ein-, zwei- oder dreischalig vorzüglich mit dem Wärmedämmfaktor Luft rechnen, also mit der eingeschlossenen nicht konvektierenden Luft mit einer Wärmeleitzahl bis zu 0,02 kcal/mh°C, so wird bei den wärmedämmenden Kapillar-Elementen der Wärmedämmwert durch eine wärmedämmende lichtdurchlässige Kunststoff-Einlage erzielt. Es sind dies sog. Hohlfäden. Durch besondere Anordnung dieser Hohlfäden kann ein plattenförmiges Element hergestellt werden. Die Hohlfäden sind aneinander gelagert und senkrecht zur Richtung derselben in gleicher Höhe glatt abgetrennt. Eine derartige Tafel ist ein richtungs-orientiertes Gebilde, dessen mechanische Eigenschaften sehr stark richtungsabhängig sind. So ist z. B. die Druckfestigkeit in Fadenrichtung sehr groß, senkrecht dazu wesentlich geringer (vergleichbar mit wabenförmigen Stützkernen). Diese Konstruktion hat nun die gewünschte Besonderheit der guten Lichtdurchlässigkeit mit einer ausgezeichneten Wärmedämmung.

4.1 Lichtdurchlässigkeit

Die verwendbaren Thermoplaste besitzen eine gute Lichtdurchlässigkeit als feste Werkstoffe. Die Umformung in Kapillarfäden stört diese Eigenschaft praktisch nicht, obwohl eine Lichtstreuung zusätzlich entstehen muß. Die Oberfläche und der Luftanteil wirken hier mit. Der orientierte Werkstoff wirkt als Lichtleiter. Grenzflächenverluste und Streuungen treten in der Röhrchenwandung nicht auf. Man erhält also eine gute Lichtdurchlässigkeit. Selbstverständlich ist senkrecht zur Kapillarrichtung die Lichtstreuung wegen der Hohlzylinder besonders hoch und daher auch die Lichtdurchlässigkeit infolge der Reflektionswerte wesentlich kleiner.

4.2 Wärmedämmung

In der geschilderten Form liegt eine Kapillarstruktur vor. Anstelle der annähernd ruhenden Zellstruktur der Schaumkunststoffe bilden die isolierenden Hohlräume hier eine zusätzliche zylindrische Form. Das Raumgewicht, also die Dichte des Teiles beträgt ca. 0,1 g/cm³.

Bild 652 Schnittzeichnung eines VEDAG-Dachoberlichtes D im Detail

Kunststoffplatte
Isoliereinlage
Kunststoffplatte

9. Detailhinweise bei Ausführung von Flachdächern

Bild 653a ESSMANN-Leuchtkäfer®-Lichtkuppeln auf dem Flachdach einer Industriehalle (Werkfoto: ESSMANN)

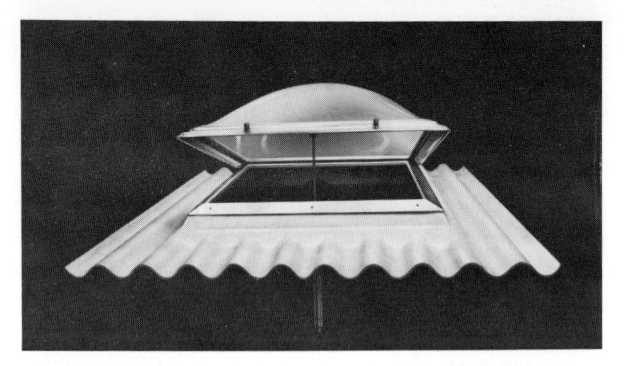

Bild 653b ETN-Sonderformstück für Leuchtkäfer®-Lichtkuppeln (Werkfoto: ESSMANN)

Bild 654a ESSMANN-Nordlichtkuppeln® (Typ 125 × 250 cm) auf dem Flachdach eines Schulzentrums (Werkfoto: ESSMANN)

Bild 654b ESSMANN-Nordlichtkuppel® mit eingebautem Hochleistungsventilator (Werkfoto: ESSMANN)

Aus der Kombination von 90% Luft und 10% Kunststoff ergibt sich eine Wärmeleitzahl, die mit den günstigen Wärmeleitzahlen von Schaumkunststoffen vergleichbar ist (0,04–0,05). Der wärmedämmende Kern ist je nach System verschieden beschichtet. Angewendet werden Beschichtungen aus PS-Folien, glasfaserverstärkten Polyesterplatten, PVC-Hartfolien und Gläser.

Das System Okalux ist gemäß Bild 655 aufgebaut. Die Elemente bestehen aus zwei Glastafeln und einer dazwischenliegenden Kapillarplatte, durch eine Randversiegelung verbunden. Die Lichtdurchlässigkeit wird je nach Plattenstärke mit 77–90% angegeben. Die Glasplatten bestehen aus Drahtglas 6–8 mm weiß und aus Rohglas 6–7 mm weiß. Je nach Kapillarplattenkern ergeben sich dann folgende k-Zahlen:

Kapillarplatte 8 mm, k-Zahl = 2,9 kcal/m²h°
Kapillarplatte 12 mm, k-Zahl = 2,2 kcal/m²h°
Kapillarplatte 16 mm, k-Zahl = 1,9 kcal/m²h°.

Für untergehängte wärmedämmende Lichtdecken, die also nicht im Freien eingesetzt werden können, stellt dieselbe Firma unter dem Namen Okalit Wärmedämmplatten mit Isolierschichtstärken her von 8–40 mm. Anstelle der Glasplatten-Beschichtungen werden die Okalit-Platten mit beidseitig aufkaschierten Folien geschlossen. Die Lichtdurchlässigkeit wird mit 77% angegeben, die Wärmedurchgangszahl k:

12 mm Stärke, k-Wert = 2,2 kcal/hm²°C
16 mm Stärke, k-Wert = 1,9 kcal/hm²°C
20 mm Stärke, k-Wert = 1,5 kcal/hm²°C
40 mm Stärke, k-Wert = 0,98 kcal/hm²°C

Dieses Material kann also nur gemäß Anwendungsbeispiel 656 zum Einsatz kommen, also mit einer wasserdichten, lichtdurchlässigen Oberschale, also z. B. Well-Lichtplatten oder dgl.

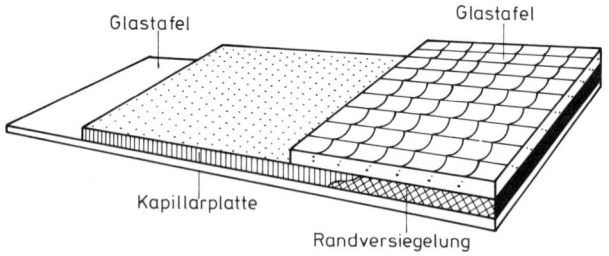

Bild 655 Okalux-Lichtplatten

Platten ähnlicher Art werden unter dem Namen Tubus-Leichtbauplatten angeboten, deren Kern mit glasfaserverstärktem Polyester abgedeckt ist, also ähnlich wie Dekapor. Weitere Daten sind hierzu nicht bekannt.

5. Membranen-Dach

Ein Membranen-Dach besteht aus einer dünnen Haut, die auf Tragflächenkörper aufgezogen ist. Die Membrane soll Biegungen keinen Widerstand entgegenset-

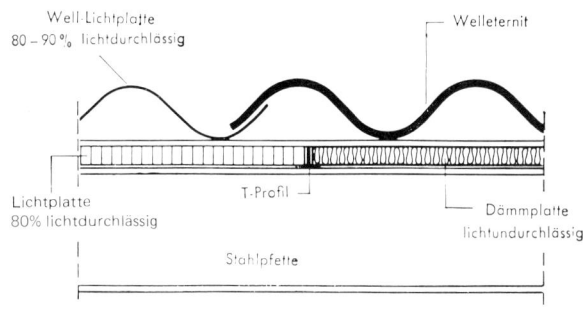

Bild 656 Kombination Lichtplatten–Dämmplatten

zen, jedoch Zugkräfte aufnehmen können. Membran-Tragwerke lassen sich ohne zusätzliche Unterstützung herstellen oder mit punktförmiger, linearer oder flächiger Unterstützung, häufig auch durch Luftdruckdifferenz zwischen innen und außen pneumatisch (z.B. provisorische Werkhallen, Gewächshäuser usw.). Die Haut besteht aus stark zugkräftigen Kunststoffgeweben mit Kunststoff-Beschichtung (meist PVC).
Die Tragkonstruktionen sind meist leichte Metallkonstruktionen.
Der Anwendungsbereich derartiger Membranen-Dächer ist naturgemäß relativ gering. Infolge der geringen Wärmedämmung besteht die Gefahr der Schwitzwasserbildung bei beheizten Räumen. Geeignet sind derartige Konstruktionen jedoch für Sportstätten, teilunterlüftet, für Lagerhallen und Arbeitsstätten als Ausweichsmöglichkeit sowie in Gärtnereien, wobei dort die Lichtdurchlässigkeit nicht erwünscht ist. Die Lichtdurchlässigkeit ist bei PVC-beschichteten Membranen z.B. mit Diolen-Gittergewebe-Einlagen ca. 70%. Bei geschlossenen Hallen ist naturgemäß eine starke Aufheizung zu erwarten, da die Sonneneinstrahlung allseitig erfolgt. Durch farbige Membranen kann eine gewisse Verbesserung erzielt werden.

9.4 Be- und Entlüftungen beim Flachdach

Die Aufgabe der Lüftung ist die Raumlufterneuerung, d.h. der notwendige Luftwechsel innerhalb der Räume. Je nach Verwendung der Räume kann die Lufterneuerung aus folgenden Gründen erforderlich werden: hoher Feuchtigkeitsanfall, Auftreten von Gasen, großer Sauerstoffverbrauch, Staubanfall, Geruchsbelästigung, Filtrierung der Luft, Entgiftung, Befeuchtung usw. Je nach Aufgabenstellung sind verschiedene Lüftungssysteme erforderlich, die von der einfachsten natürlichen Be- und Entlüftung bis zur komplizierten Klima- und Heizanlage reichen. Im allgemeinen unterscheidet man:

1. Freie Lüftung (Luftwechsel durch Auftriebswirkung von Luftschichten mit unterschiedlicher Temperatur und durch Windeinwirkung von außen).

2. Be- und Entlüftungsanlagen mit Ventilatoren (unabhängig von Außenluftverhältnissen).
3. Klima-Anlagen (künstliche Herbeiführung der Luftqualität ohne Außeneinflüsse).

In den nachfolgenden Ausführungen interessieren primär die freie Lüftung sowie die Be- und Entlüftung mit Ventilatoren über Flachdächer, da diese Anlagen und Bemessungen meist von den Architekten ohne Sonderberater durchgeführt werden, während Klima-Anlagen in jedem Falle einen Spezialisten erforderlich machen.

9.4.1 Die freie Lüftung

Die freie Lüftung basiert auf der Grundlage der Thermik der Raumluft und der entstehenden Luftdruckunterschiede durch Windanfall.
In Bild 657a und 657b sind nach Kollmar 22 Beurteilungen von Raumbelüftungen für natürliche Belüftung angegeben.
Aus diesen Bildern können die günstigen, weniger günstigen und ungünstigen Belüftungsanordnungen abgelesen werden, so daß weitere Erklärungen nicht erforderlich sind. In jedem Falle ist zu erkennen, daß diese natürliche Lüftung in hohem Maße von den Lufttemperaturen innen und außen und dem Windanfall abhängig ist. Derartige freie Lüftungen sind deshalb nur in Räumen anzuwenden, bei denen die Luftverschlechterung mäßig und damit der erforderliche Luftwechsel gering ist. Im allgemeinen wird man die Grenze der freien Lüftung mit einem etwa *zehnmaligen Luftwechsel/Stunde* annehmen.

9.4.2 Zwangs-Ventilatorenlüftung

Bei einem erforderlichen Luftwechsel von mehr als 10/Stunde (10/h) ist eine Zwangslüftung mit Ventilatoren erforderlich. Diese bewirken unabhängig von den Außen- und Innentemperaturen, Windanfall usw. eine Be- und Entlüftung und zwar in den meisten Fällen mit Außenluft, wie sie normalerweise anfällt. In bestimmten Fällen kann jedoch diese Außenluft für die Belüftung auch aufgewärmt und den inneren Temperaturen angeglichen werden. Im allgemeinen wird jedoch mit der natürlichen Außenluft belüftet und die verbrauchte Luft nach außen direkt abgeführt. Die Belüftung erfolgt häufig über Lüftungsflügel von Fenstern oder dgl., während nur die Entlüftung als Zwangslüftung ausgeführt wird (Ventilatoren). Es kann aber auch die Belüftung mit Ventilatoren erfolgen.

9.4.3 Erforderlicher Luftwechsel

Der erforderliche Luftwechsel kann nach der notwendigen Luftrate und der Luftverschlechterung berechnet werden. Nach den VDI-Richtlinien gelten folgende Richtwerte für die Luftrate:

a) Räume mit Rauchverbot   20 m³/Std./Person
b) Räume mit Raucherlaubnis   30 m³/Std./Person

9. Detailhinweise bei Ausführung von Flachdächern

Grundformen der Großraum-Lüftung (nach Kollmar)

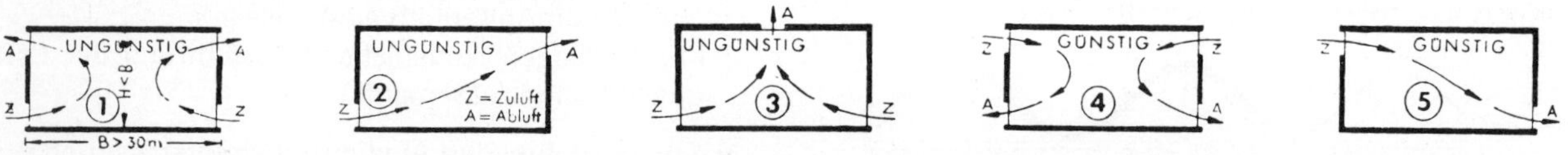

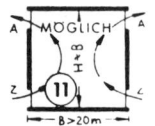

① Lüftung v. unten n. oben, beiderseitige Luftzu- und -abführung (UNGÜNSTIG, B > 30 m)

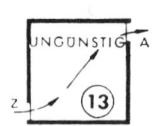

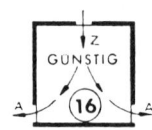

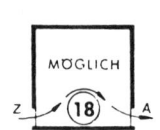

② Lüftung v. unten n. oben, einseitige Luftzu- und -abführung (UNGÜNSTIG, Z = Zuluft, A = Abluft)

③ Lüftung v. unten n. oben, beiderseitige Luftzuführung, deckenmittige Luftabführung (UNGÜNSTIG)

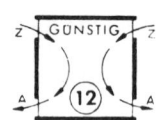

④ Lüftung v. oben n. unten, beiderseitige Luftzu- und -abführung (GÜNSTIG)

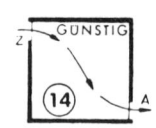

⑤ Lüftung v. oben n. unten, einseitige Luftzu- und -abführung (GÜNSTIG)

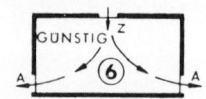

⑥ Lüftung v. oben n. unten, deckenmittige Luftzuführung, beiderseitige Luftabführung (GÜNSTIG)

⑦ Lüftung v. oben n. oben, einseitige Luftzu- und -abführung (MÖGLICH)

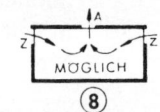

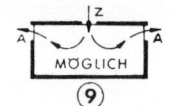

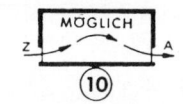

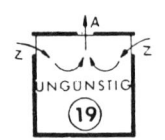

⑧ Lüftung v. oben n. oben, beiders. Luftzuführung deckenm. Luftabführung (MÖGLICH)

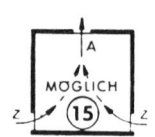

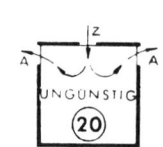

⑨ Lüftung v. oben n. oben, deckenmittige Luftzuführung, beiderseitige Luftabführung (MÖGLICH)

⑩ Lüftung v. unten n. unten, einseitige Luftzu- und -abführung (MÖGLICH)

Bild 657a Wertigkeit der Lüftungsform für Großraumverhältnis nach 1: Bei Frischluftzuführung von unten 1 bis 3 Zugerscheinungen. Bei größeren Raumbreiten (> 30 m) Belüftung der Raummitte unsicher. Frischluftzuführung von oben 4 bis 9 ergibt brauchbare Lösungen. Durchlüftung nach 10 günstig, aber technisch schwer zu lösen. Reihenfolge der Wertigkeit: 6, 5, 4, 8, 9, 7, 10, 3, 2, 1

⑪ Lüftung v. unten n. oben, beiderseitige Luftzu- und -abführung (MÖGLICH, B > 20 m)

⑫ Lüftung v. oben n. unten, beiderseitige Luftzu- und -abführung (GÜNSTIG)

⑬ Lüftung v. unten n. oben, einseitige Luftzu- und -abführung (UNGÜNSTIG)

⑭ Lüftung v. oben n. unten, einseitige Luftzu- und -abführung (GÜNSTIG)

⑮ Lüftung v. unten n. oben, beiders. Luftzuführung, deckenm. Luftabführung (MÖGLICH)

⑯ Lüftung v. oben n. unten, deckenm. Luftzuführung, beiders. Luftabführung (GÜNSTIG)

⑰ Lüftung v. oben n. oben, einseitige Luftzu- und -abführung (UNGÜNSTIG)

⑱ Lüftung v. unten n. unten, einseitige Luftzu- und -abführung (MÖGLICH)

⑲ Lüftung v. oben n. oben, beiders. Luftzuführung, deckenm. Luftabführung (UNGÜNSTIG)

⑳ Lüftung v. oben n. oben, deckenm. Luftzuführung, beiders. Luftabführung (UNGÜNSTIG)

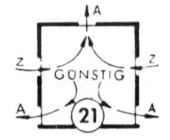

㉑ Lüftung von beiders. Mitte n. deckenm. oben und beiders. unten (GÜNSTIG)

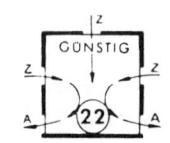

㉒ Lüftung von beiders. Mitte u. deckenm. oben nach beiders. unten (GÜNSTIG)

Bild 657b Wertigkeit der Lüftungsform für Großraumverhältnis nach 11: Bei unterer Frischluftzufuhr muß Lufteintrittsöffnung über Kopfhöhe liegen 11, 13, 15, 18. Reihenfolge der Wertigkeit: 22, 21, 12, 16, 14, 18, 15, 11, 13, 19, 20, 17. Lüftungsart außerdem abhängig von Verwendungszweck, bauliche Innengestaltung (z.B. Ränge), Gestühl des Großraumes, Luftwechselzahl usw.

Die Luftverschlechterung kann ermittelt werden, wenn die stündlichen entstehenden Mengen an schädlichen Gasen oder Dämpfen und die gesundheitlich zulässige Höchstkonzentration von Gasen und Dämpfen in Luft bekannt sind.

In Tabelle 658 ist der notwendige stündliche Luftwechsel je nach Raumart, z.T. in Abhängigkeit von der Raumhöhe angegeben, in Tabelle 659 sind die noch maximal zulässigen Höchstkonzentrationen von Gasen und Dämpfen angeführt. Für die Berechnungen sind also u.U. beide Tabellen anzuwenden.

Diese Tabellen gelten also gleichermaßen für die freie Belüftung und für die Zwangslüftung. Für klimatisierte Luft kommen noch Forderungen hinsichtlich der Lufttemperatur und der Luftfeuchtigkeit usw. hinzu, die hier nicht weiter behandelt werden sollen.

9.4 Be- und Entlüftungen beim Flachdach

Bild-Tabelle 658 Erfahrungszahlen für den stündlichen Luftwechsel bei verschiedenen Raumarten (nach Recknagel-Sprenger)

Raumart	Stündlicher Luftwechsel etwa
Aborte	4– 8fach
Akkuräume	4– 8fach
Baderäume	4– 8fach
Beizereien	5–15fach
Bibliotheken	3– 5fach
Büroräume	3– 8fach
Färbereien	5–15fach
Farbspritzräume	20–50fach
Garagen	2– 5fach
Garderoben	4– 6fach
Galerien	4– 8fach
Kinos und Theater mit Rauchverbot	4– 6fach
ohne Rauchverbot	5– 8fach
Laboratorien	5–15fach
Operationsräume	4– 8fach
Schulen	3– 6fach
Schwimmhallen	3– 5fach
Tresore	3– 6fach
Verkaufsräume	4– 8fach
Versammlungsräume	5– 8fach
Wäschereien	5–15fach
Warenhäuser	3– 6fach
Werkstätten ohne besond. Luftverschlechterung	3– 6fach

Küchenart	Raumhöhe m	Luftwechsel
Kleinküchen für Wohnungen und Villen	2,5–3,5	25–15
Mittelgroße Kochküchen	3,0–4,0	30–20
	4,0–6,0	20–15
Große Kochküchen	3,0–4,0	30–20
	4,0–6,0	20–15
Spülküchen	3,0–4,0	20–15
	4,0–6,0	15–10
Kalte Küchen	3,0–4,0	8– 5
	4,0–5,0	6– 4
Putzräume	3,0–4,0	5– 3
Backräume	3,0–4,0	15–10
	4,0–5,0	10– 8

9.4.1.1 Lüftungsleistung freier Lüftung und technische Erfordernisse

Die Lüftungsleistung von freier Lüftung hängt von der Temperaturdifferenz zwischen Außen- und Innenluft ab. Luftbewegung und dadurch Luftwechsel kommt also nur dann zustande, wenn die Außenluft *kälter* ist

Bild-Tabelle 659 Gesundheitlich zulässige Höchstkonzentrationen von Gasen und Dämpfen der Luft (MAK-Werte, nach Recknagel-Sprenger)

Dampf oder Gas	Formel	cm^3 in m^3 oder ppm	mg/l oder g/m^3
Aceton	$(CH_3)_2CO$	260	0,65
Äthyläther	$(C_2H_5)_2O$	150	0,48
Äthylalkohol	C_2H_5OH	1 000	2,00
Äthylchlorid	C_2H_5Cl	200	0,58
Ammoniak	NH_3	50	0,035
Benzin	C_nH_{2n+2}	750	3,00
Benzol	C_6H_6	50	0,16
Blausäure	HCN	20	0,024
Chlor	Cl_2	1	0,003
Chloroform	$CHCl_3$	280	1,40
Chlorwasserstoff	HCl	10	0,016
Formaldehyd	$HCHO$	5	0,006
Frigen 12	CCl_2F_2	1 000	5,00
Kohlenoxyd	CO	100	0,12
Methylalkohol	CH_3OH	200	0,26
Methylchlorid	CH_3Cl	100	0,21
Nitrose (Stickoxyd)	NO	10	0,01
Ozon	O_3	0,1	0,0002
Phosgen	$COCl_2$	0,25	0,001
Schwefeldioxyd	SO_2	10	0,027
Schwefelkohlenstoff	CS_2	20	0,060
Schwefelwasserstoff	H_2S	20	0,030
Tetrachlorkohlenstoff	CCl_4	50	0,32
Toluol	$C_6H_5CH_3$	200	0,75
Xylol	$C_6H_4(CH_3)_2$	200	0,88

als die Innenluft. Bei Temperaturgleichheit ist keine Luftbewegung gegeben. Ist die Außenluft *wärmer* als die Innenluft, dann dringt von außen diese wärmere Luft ein.
Diese Zusammenhänge können sehr anschaulich aus den 22 Beispielen Bild 657 abgelesen werden: Bei Lichtkuppeln z. B. nach Beispiel 3, ist eine ungünstige Wirkung bei Kaltluftzuführung über Fußboden von außen und Entlüftung in der Mitte oben gegeben, da Zugerscheinungen erwartet werden müssen. Günstig dagegen wirkt die gleiche Anordnung nach Beispiel 6. Diese Funktion ist jedoch nur im Winter zu erwarten. Hier sind keine Zugerscheinungen zu erwarten. Bild 8 und Bild 9 ergeben mögliche Lösungen, gleichgültig ob die Kaltluft über die Seitenfenster eindringt und über die Lichtkuppel abgeführt wird oder umgekehrt.
Wie bereits angeführt, spielt die Richtung und Windstärke und dadurch natürlich auch die Lage des Gebäudes eine wesentliche Rolle. Eine West-Ost orientierte

9. Detailhinweise bei Ausführung von Flachdächern

Halle mit Belüftungsfenster auf der Westseite führt bei Windbelastung zu einer relativ starken Durchlüftung, bewirkt. Im allgemeinen lassen sich folgende Grundsatzempfehlungen geben:

1. Die *Belüftungsöffnungen* im Bereich von Außenwänden sind so anzusetzen, daß eine zu starke Belüftung vermieden wird. Es müssen die örtlichen Hauptwindrichtungen zugrunde gelegt werden.
2. Die *Entlüftungsöffnungen* im Bereich des Daches z. B. bei Lichtkuppeln oder Sheds sollen Öffnungen zur *windabgekehrten Seite* aufweisen, um die Sogwirkung des Windes zu nutzen.
3. Die Entlüftungsöffnungen sollen möglichst über den Quellen der Luftverschlechterung liegen.
4. Die Lüftungsöffnungen für die Abluft benötigen entsprechend bemessene Zuluftöffnungen. Der Querschnitt der Zuluftöffnungen soll um ca. 20% geringer sein als der Querschnitt der Abluftöffnungen.
5. Es ist zweckmäßiger, möglichst viele und kleine Zuluftöffnungen zu haben als große Einzelquerschnitte, da dadurch die Zugluftverhältnisse günstiger beeinflußt werden.

9.4.1.2 Technische Anordnungen freier Lüftung

Die Lüftungen über die Wände werden üblicherweise heute noch durch Lüftungsflügel in den Fenstern hergestellt, die entweder nach außen aufgeklappt, als Schwingflügel oder besser mit Jalousien hergestellt werden. In den Bildern 660–663 sind Einfachstbeispiele dargestellt. Anzumerken ist, daß Jalousie-Belüftungen besonders günstig sind, da sie weitgehend zugluftfrei wirken (auch bei stärkerem Windanfall). Der Wind wird gebrochen. Auch kann die Luftmenge durch derartige Jalousien reguliert werden.

Bild 661 Schwingflügel

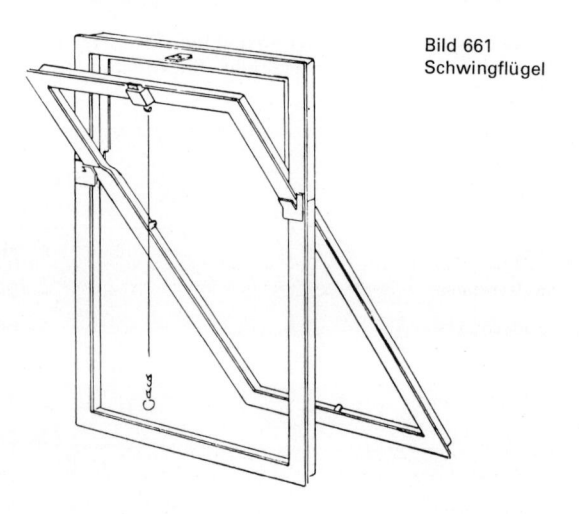

Bild 662 Schwinglux-Lüftungsflügel aus Leichtmetall

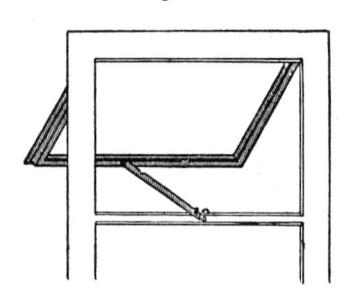

Bild 660 Lüftungsklappen

In Bild 664 ist die Zuluft über dem Bodenbereich dargestellt. Hier können durchgehende Schlitze, Einzeljalousien oder Einzelbelüftungen unter der Fensterbank angeordnet werden. Günstig sind derartige Zuluftöffnungen, wenn sie hinter Heizkörpern eingeführt werden, so daß im Winter die einströmende Luft aufgewärmt wird, um so erstens Zugluft weitgehend zu vermeiden und zweitens das Raumklima nicht ungünstig zu beeinträchtigen. Hier ist, wenn Luft nicht aufgewärmt wird, darauf zu achten, daß die Belüftungsöffnungen nicht zu groß werden, daß sonst mit Zugluft gerechnet werden muß. Anstelle der unteren Einführung im Bodenbereich

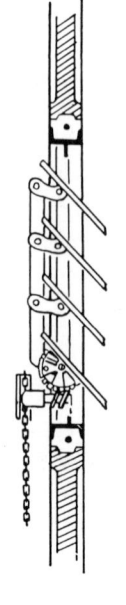

Bild 663 Darstellung einer Entlüftungsjalousie. Für die Entlüftung in Wänden und Fenstern aus Glasbausteinen (massiv oder hohl) eignen sich Jalousien besonders gut. Diese Jalousien werden in der Größe eines Glasbausteines oder in der Größe von 1 × 2, 2 × 2, 2 × 3 und 3 × 2 Glasbausteinen von Spezialfirmen hergestellt

9.4 Be- und Entlüftungen beim Flachdach

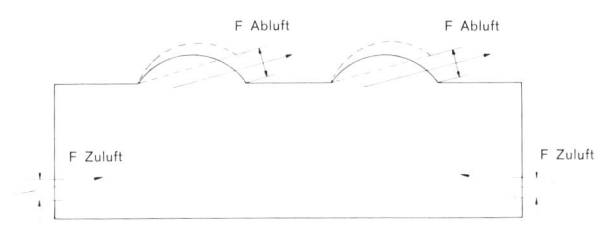

Bild 664 (Essmann). Dem Querschnitt der Abluftöffnungen muß ein ca. 20% kleinerer Querschnitt von Zuluftöffnungen entsprechen

Saugeraufsatz und Giebelschwingflügel

auslegbare Giebelwand

Lüftungsausbau

Klappflügel

Schwing- und Großraumflügel

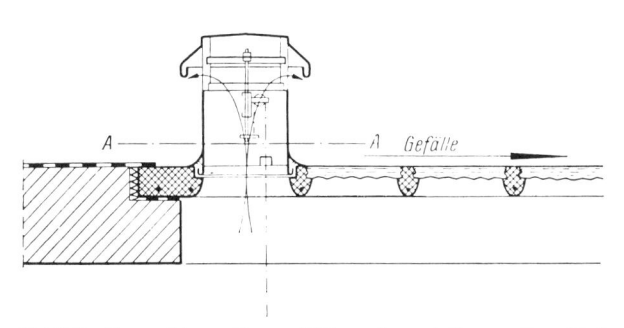

Lüftungsjalousie

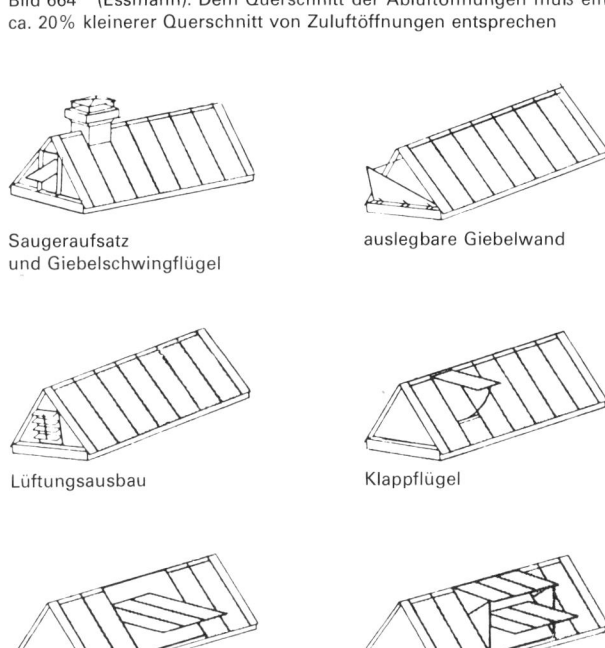

Bild 665   Entlüftung der Oberlichter (Übersicht)

Bild 666   Regensicherer Saugentlüfter mit verstellbarem Verschlußdeckel (Gerrix-Bauglas). Hergestellt aus verzinktem Stahlblech, Unterrahmen gerade mit Vergußrinne. Zugvorrichtung, bestehend aus Führungsrolle, einer Klemme sowie Stellkette

ist dann u. U. gemäß Bild 657 die Luftzufuhr über Oberlichtbänder in den Wänden günstiger als die sonst wirksamere Schwerkraftlüftung nach Bild 664.
Die Entlüftungen über Dach werden je nach vorhandenen Konstruktionsgegebenheiten angeordnet. In Bild 665 sind Beispiele für Raupen-Oberlichte angegeben, die im Prinzip auch für Sheddächer gelten. Für die Entlüftung bei Betonglas sind Entlüfter gemäß Bild 666 einzubauen oder gegebenenfalls auch Sonderanfertigungen.

9.4.1.2.1 Entlüftungen mit Lichtkuppeln

Lichtkuppeln eignen sich besonders gut für Entlüftungen. Es kann also hier die Lichttechnik mit der Lüftungstechnik kombiniert werden. Wie bereits angeführt, müssen die Öffnungen mit der Windrichtung geöffnet werden und nicht gegen die Windrichtung. In Bild 667 ist ein anschauliches Beispiel für die Möglichkeit derartiger Lichtkuppelanordnung für die Entlüftung dargestellt.

Bild 667   Lichtkuppelentlüftung (Esser)

Selbstverständlich müssen diese Lichtkuppeln zur Öffnung und Schließung bedient werden. Hier stehen nun dem Benutzer je nach Anwendungsbereich, Häufigkeit der Lichtkuppeln und Komfortwunsch verschiedene Öffnungssysteme zur Verfügung, die je nach Lieferfirma etwas differieren. Im wesentlichen können gemäß Bild 668 unterschieden werden:

1. Teleskop-Öffner entweder mittels Hubstange oder Kurbelstange je nach Lieferfirma, vorwiegend geeignet für Flure, Bäder bzw. Kleinraumlüfter und Räume, die nicht höher als 3 m sind.
2. Teleskop-Spindelbetrieb, ebenfalls ein einfacher Öffnungsmechanismus, besonders geeignet für etwas größere Lichtkuppeln und für Raumhöhen bis zu 5 m.
3. Elektro-Huböffner erbringt hohen Bedienungskomfort. Ein Elektromotor ist hier am Aufsatzkranz der Lichtkuppel anmontiert. Durch einfache Bedienung eines Schalters wird die Lichtkuppel je nach Schalterstellung auf die entsprechende Höhe eingestellt (auf oder unter Putz-Ausführung möglich).
Der Elektroöffner eignet sich besonders für Einzel- oder Gruppenschaltungen für Privaträume und Büros.
4. *Luftdrucksystem*. Die Lichtkuppel schließt und öffnet sich pneumatisch, entweder bedient durch eine Handpumpe, für Einzellüfter in Haushalt und Büro

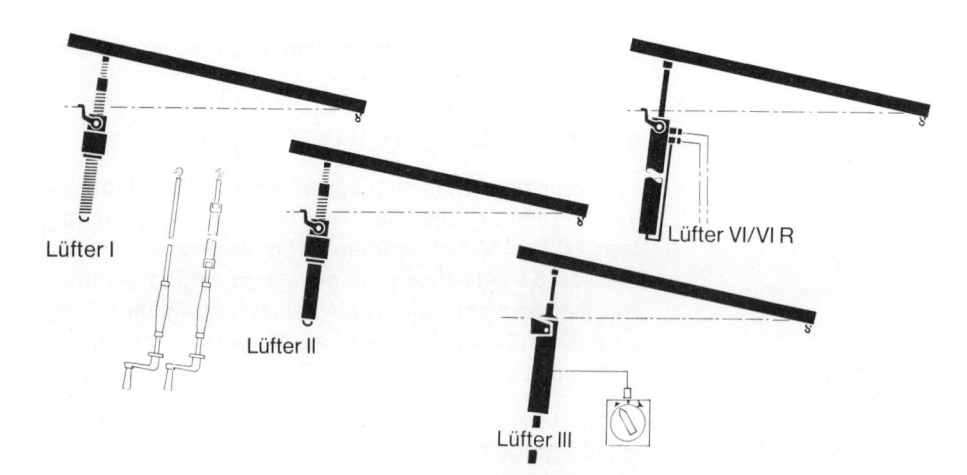

9. Detailhinweise bei Ausführung von Flachdächern

Bild 668 [76] Lüfter mit Zubehör. Lüfter I Teleskop-Öffner mit Einhak-Kurbelstange, Lüfter II Teleskopspindeltrieb mit Einhak-Kurbelstange, Lüfter III Elektro-Huböffner, Lüfter VI Pneumatik, Lüfter VI R Pneumatik/Rauchklappe

gedacht, oder Fernbedienung über Knopfdruck mit hauseigenem Druckluftnetz (Kleinkompressoren genügen). Besonders für anspruchsvolle Wohnbauten oder für einzelne Rauchabzug-Lichtkuppeln.

Schnitt: Mitteltrieb des Tandem-Schnellöffners

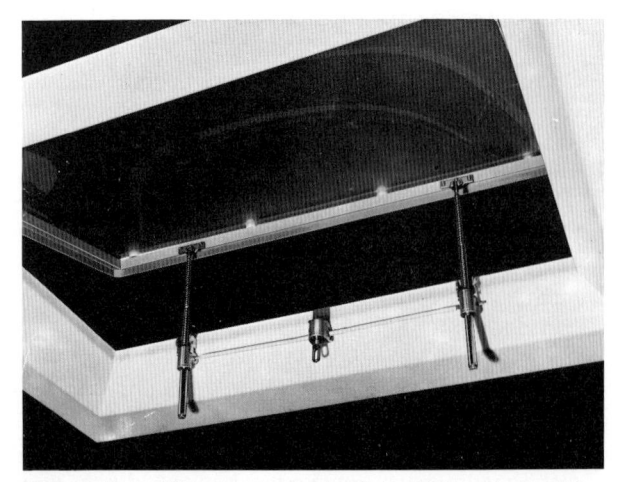

Bild 669 [82] Entlüftungssytem Tandem-Schnellöffner, von Hand über Handkurbelstange zu bedienen

Detaillierte Auskünfte geben die Lieferfirmen für Lichtkuppeln. In Bild 669 [82] ist die Innenansicht und ein Schnitt für den Zubehör der Ausstellvorrichtung dargestellt.

9.4.1.2.2 Berechnung für Schwerkraftlüftung bei Lichtkuppeln [77]

Die Auftriebsgeschwindigkeit der Raumluft ist, wie bereits angeführt, von der Raumhöhe, der Höhe des Aufsatzkranzes, dem Temperaturunterschied zwischen Innen- und Außenluft, der Sogwirkung des Windes usw. abhängig. Berechnungen können also nur Annäherungswerte erbringen. Die Mittelannahmen ergeben unter Berücksichtigung obiger Einwirkungen folgende Faustformel:

1 m^2 Lüftungsquerschnitt leistet pro Stunde 1200 m^3 Luftwechsel!

Der Lüftungsquerschnitt ist je nach Öffnung der Lichtkuppel bzw. der Entlüftungen einzustellen. Bei Lichtkuppeln beträgt die Öffnung je nach System zwischen 25 und 100 %. Bei 100 % ist die Lüftung = Lichteinfallfläche. Die Lieferfirmen geben für die Lichtkuppeln die entsprechenden Lüftungsquerschnitte an.

Beispiel:

Werkstatt ohne besondere Luftverschlechterung Grundfläche 30×30 m, Raumhöhe 5 m = 4500 m^3 Luftvolumen
Stündlicher Luftwechsel gemäß Tabelle 658 4fach = 18000 m^3/Std.

Erforderlicher Lüftungsquerschnitt:

$$\frac{18000}{1200} = 15\,m^2 .$$

Für die Belichtung sind 25 Lichtkuppeln à 180/270 cm erforderlich. Nach Firmenangaben erbringt eine derartige Lichtkuppel einen Lüftungsquerschnitt von 1,11 m^2. Es sind demzufolge ca. 13 Lichtkuppeln (= ca. 14,5 m^2) mit Lüftungs-Ausstellvorrichtungen einzubauen. In Bild 670 ist die Verteilung dieser Lichtkuppeln in der Grundrißfläche dargestellt.

9.4 Be- und Entlüftungen beim Flachdach

☒ Lichtkuppel mit Lüftungs-Aufstellvorrichtung

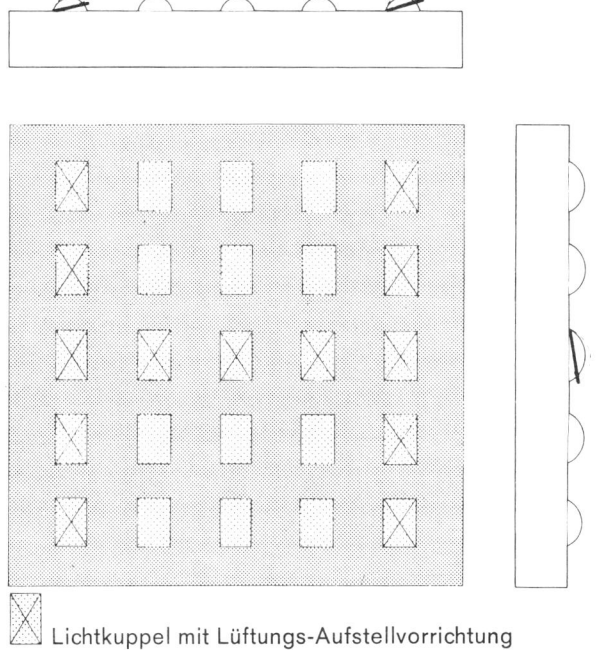

Bild 670 [97] Schemazeichnung zum Berechnungsbeispiel mit Schwerkraftlüftung

Abschließend sei zur natürlichen Be- und Entlüftung angeführt, daß diese ihre Begrenzung dort hat, wo hohe schalltechnische Anforderungen gestellt werden. Bekanntlich breitet sich der Schall vom Emissionsort gleichförmig nach allen Seiten aus. Bei notwendigen Öffnungen in Außenwänden oder Flachdächern wird also dem Lärm bzw. Schall voller Durchgang gewährt. Dies kann z. B. für den Betrieb selber bei Vorhandensein von Außenlärm (Straßen) störend wirken. Häufig ist aber die Aufgabenstellung die, den Lärm von der Halle nicht nach außen in Wohn- oder Bürobereiche austreten zu lassen. Hier kann es notwendig werden, daß aus diesen Gründen Klima-Anlagen oder schallgedämpfte Zwangslüftungen mit Ventilatoren zum Einbau kommen müssen.

9.4.2.1 Zwangslüftung mittels Ventilatoren

Weit wirkungsvoller und zuverlässiger als die natürliche Be- und Entlüftung sind Ventilator-Entlüfter, also sog. Zwangsentlüfter. Hier werden von verschiedenen Spezialfirmen (meist auch Hersteller von Klima-Anlagen) hochleistungsfähige Radial-Entlüfter oder Zentrifugal-Entlüfter hergestellt. Es sind dies Schaufelrad-Entlüfter mit hohem Wirkungsgrad, betrieben durch Drehstrommotoren, an die auch Rohrleitungssysteme für Absaugung und Entnebelung angeschlossen werden können, die sich über die gesamte Flachdachfläche verteilen (Bild 672). Auch bei höheren Drücken arbeitet das Schaufelrad mit relativ niedriger Umdrehungsgeschwindigkeit, wodurch u. U. lästige Geräusche vermieden werden können.
In Bild 671 ist im System ein derartiger Ventilator-Entlüfter dargestellt, der hier auf einer Polyesterzarge ähn-

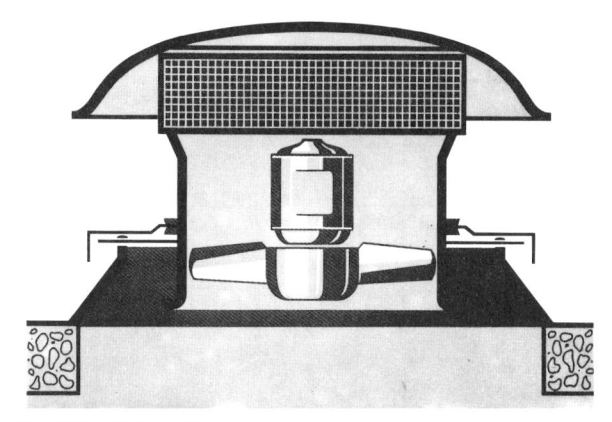

Bild 671 WEMA-Lüfter auf Polyester-Zarge

lich einer Lichtkuppel aufmontiert ist. Die Luftschraube, durch den eingebauten Elektromotor betrieben, gewährleistet bei einem ⌀ zwischen 4 und 600 mm einen Luftdurchsatz von 2500 bis 18000 m³/Std.
Es gibt aber Ventilatoren mit einer vielfachen Leistung dieser Werte. Diese können dann nicht mehr auf die relativ weichfedernden Polyesterharz-Aufsatzkränze aufgesetzt werden, sondern müssen feste Unterlagen erhalten. In Bild 672 sind derartige Möglichkeiten angegeben.
Entlüfter, die die ausgeworfene Luft mit großer Geschwindigkeit nach oben abgeben, um die Abluft mit der Außenluft, also mit der Atmosphäre vermischen, sind solchen Entlüftern mit seitlicher Abgabe vorzuziehen. Es soll verhindert werden, daß in unmittelbarer Nähe der Ventilatoren Verschmutzungen der Dachflächen auftreten, die sich auf die Lebensdauer der Dachhaut sehr negativ auswirken. Häufig ist festzustellen, daß in unmittelbarer Nähe der Ventilatoren die Dachfläche schon nach wenigen Monaten verschmutzt ist, weil die Ausblasöffnungen seitlich angeordnet werden. Hier empfehlen sich also Auswurföffnungen nach oben, wie dies z. B. beim Dachentlüfter gemäß Bild 672a der Fall ist.
Vor dem Einbau der Ventilatoren sollte in jedem Falle der Schallpegel geprüft werden, der von den Ventilato-

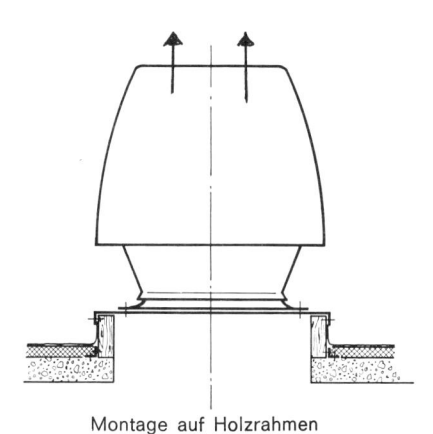

Montage auf Holzrahmen
Bild 672a Dachlüfter HJA mit Abluft nach oben

9. Detailhinweise bei Ausführung von Flachdächern

Maße für Ventilator und Zubehör

Flügel-rad-ø mm	\multicolumn{14}{c	}{Maße in mm}

Flügel-rad-ø mm	A	B	C	D	E	Anzahl der Bohrg.	F	G	H	I	K	L	M	N	P	Q
255	263	470	286	306	7,0	8	5	236	40	345	415	13	177	570	270	355
305	313	540	356	377	9,5	12	6	270	40	395	475	13	226	660	290	405
355	363	600	395	417	9,5	12	6	274	40	445	530	13	269	720	320	455
405	413	680	438	468	9,5	12	6	310	40	495	595	15	326	830	340	505
505	513	780	541	566	9,5	12	6	310	50	595	695	15	326	940	420	605
605	613	900	678	707	11,5	16	6	350	50	710	815	15	410	1100	480	720

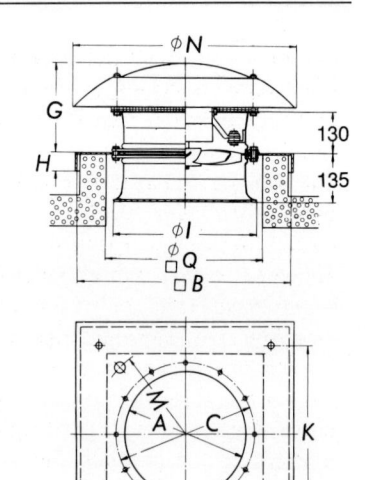

Einbaubeispiele

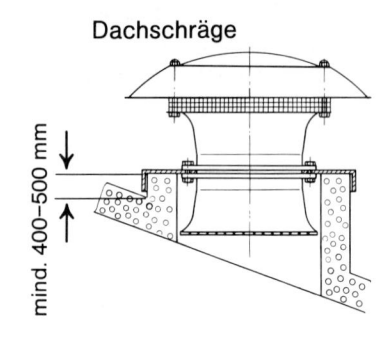

Dachschräge

Normal-Ausführung
Bestehend aus: Ventilator, Regenhaube, Ansaug- und Ausblasdüse, Dachverwahrung, Ansaug- und Ausblasgitter.

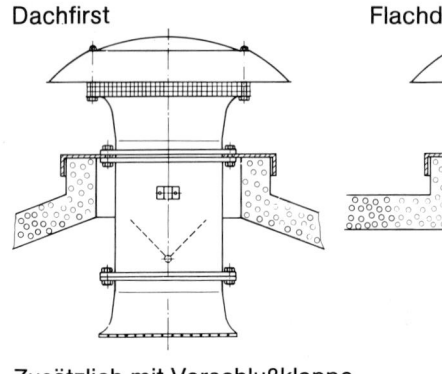

Dachfirst

Zusätzlich mit Verschlußklappe.

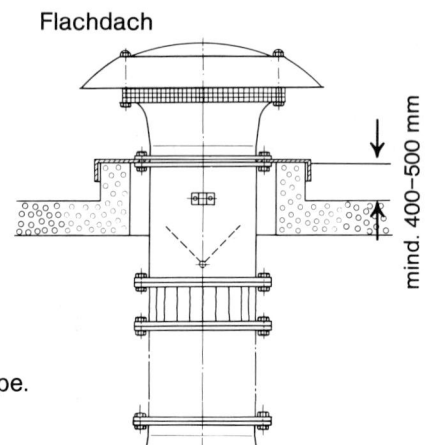

Flachdach

Zusätzlich mit elastischer Verbindung für bauseitige Rohrleitung.

Bild 632 Aufbaubeispiele für Dachventilatoren (MAICO)

Bild-Tabelle 673 Schallpegel im freien Feld, dBA

Type	n	Q	p_s	Abstand vom Lüfter, m							
	U/min	m³/h	mm WS	10		20		30	40	50
HJA-250	900	700	5	31	NC-21	25	NC-20	21	19	17
	1400	1200	10	39	NC-30	33	NC-22	29	27	25
HJA-315	900	1650	5	34	NC-24	28	NC-20	24	22	20
	1400	2650	10	42	NC-33	36	NC-28	32	30	28
HJA-400	700	2770	5	36	NC-28	30	NC-20	26	24	22
	900	3450	10	43	NC-33	37	NC-28	33	31	29
HJA-500	700	6000	5	40	NC-31	34	NC-24	30	28	26
	900	7560	10	47	NC-40	41	NC-32	37	35	33

Anmerkung: In obenstehendem Schema ist zur Orientierung der Schallpegel in dBA für verschiedene Abstände vom Lüfter und für die angeführten Betriebspunkte angegeben. Für die Abstände 10 und 20 m sind ferner die für die Lüfter unter den gegebenen Umständen gültigen Geräuschkriterienkurven angeführt. Ein Schallpegel, der dem Kriterium NC-30 entspricht, ist normalerweise in ausgeprägten Villen- und Wohnvierteln zulässig, während Schallpegel bis zur Kriterienkurve NC-50 für dicht bebaute Stadtviertel zugelassen werden.

9.4 Be- und Entlüftungen beim Flachdach

ren zu erwarten ist. Leider werden die Werte nicht immer ausreichend angegeben.

In Tabelle 673 (zu den Dachentlüftern Bild 672a gehörend) sind in vorbildlicher Weise die von diesen Dachentlüftern zu erwartenden Schallpegelwerte angegeben und zwar für 10, 20, 30, 40 und 50 m Abstand vom Lüfter. Dadurch läßt sich sofort für die einzelnen Typen ablesen, ob sie noch im zulässigen Bereich liegen.

Ventilatoren lassen sich auch über Raupen-Oberlichte usw. zweckmäßig anordnen.

Eine sehr häufige Art der Ventilatoranordnung ist die, Ventilatoren in Lichtkuppelkränze einzubauen. In Bild 674 ist eine derartige Möglichkeit im Schema und in der Ansicht dargestellt. Der Lüfter kann den Raum je nach Wunsch be- und entlüften. Die Leistung von 750 m³/Std. ist schon ansehnlich, so daß ein Einsatz auch für höhere Beanspruchung bei entsprechend ausreichender Anzahl in Frage kommt.

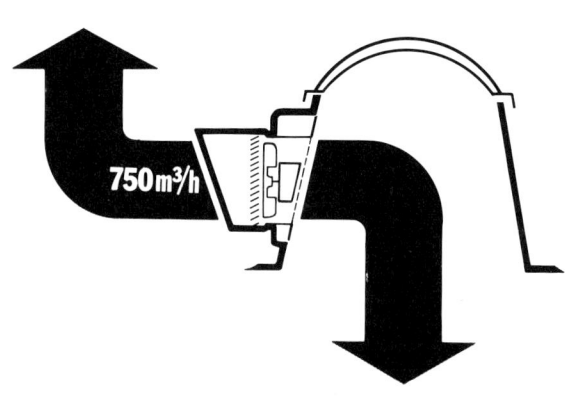

Bild 674 Lichtkuppel-Lüfter [82]

In Bild 675 ist ein Tangentiallüfter mit 150 m³/Std. dargestellt [77]. Derartige Kleinlüfter sind für Einfamilienhäuser, Bäder usw. gute Möglichkeiten, einen schnellen Luftwechsel herbeizuführen.

Sämtliche namhafte Hersteller von Lichtkuppeln bieten mehr oder weniger von sich abweichende L-Systeme an. Hier sollen lediglich einige Beispiele aus der großen Anzahl genannt sein.

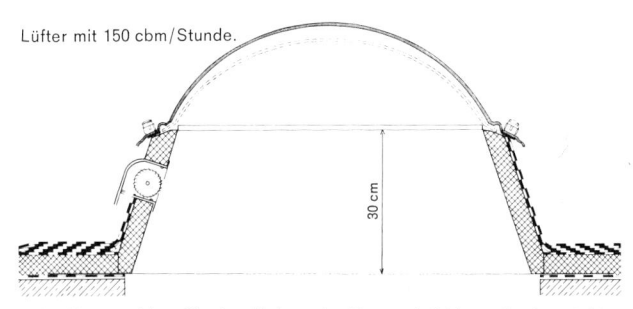

675 Systemskizze für den Einbau des Essmatic-Lüfters der Leuchtkäfer-Lichtkuppeln [77]

9.4.2.2 Berechnung der Zwangslüftung durch Ventilatoren

Beispiel:

Wäscherei mit hoher Raumluftfeuchtigkeit; Grundfläche 20×20 m, Raumhöhe 5 m = Luftvol. 2000 m³; stündlicher Luftwechsel gemäß Tabelle 658 10fach = 20 000 m³/Std.

Falls keine Oberlichte vorhanden sind, könnte die Entlüftung durch Hochleistungsventilatoren geregelt werden. Es wären z. B. gemäß Tabelle 673 6 Ventilatoren mit je einer Leistung von 3450 m³/Std. = 20 700 m³ erforderlich. Diese 6 Ventilatoren wären gleichmäßig auf der Dachfläche zu verteilen.

Im Falle die Dachfläche mit Lichtkuppeln belichtet wird, können Lichtkuppeln mit Ventilatoren zum Einbau kommen. Für die Ausleuchtung des Raumes soll angenommen werden, daß 20 Lichtkuppeln erforderlich sind. Bei einer Ventilatorenleistung von 1080 m³/Std. (z. B. Firma Essmann) wären also alle 20 Lichtkuppeln mit einem Ventilator zu versehen. Die Gesamtleistung würde dann 21 600 m³/Std. betragen.

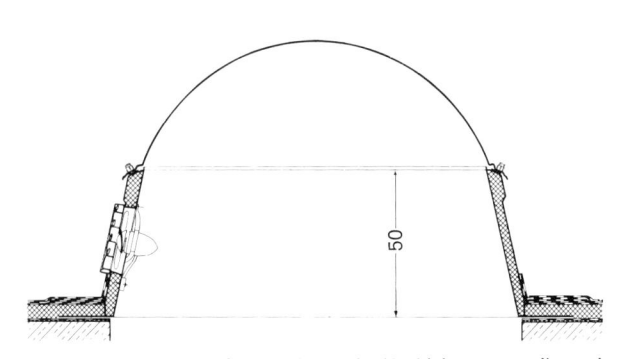

Bild 676 Systemskizze für den Einbau des Hochleistungsventilators in Leuchtkäfer-Lichtkuppeln [77]

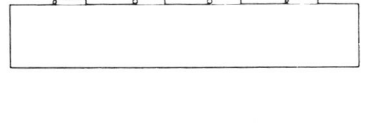

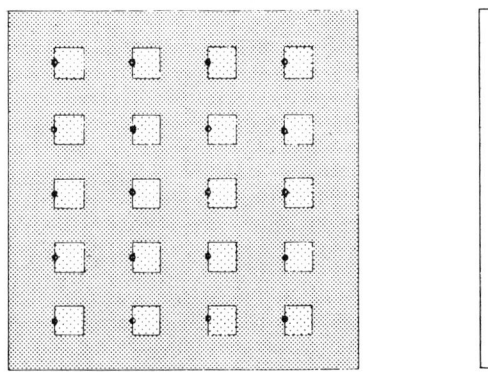

Bild 677 [77] Schemazeichnung zum Berechnungsbeispiel mit Zwangslüftung (Ventilator)

9. Detailhinweise bei Ausführung von Flachdächern

In Bild 677 ist die Lichtkuppelverteilung auf der Dachfläche dargestellt, in Bild 676 der Einbau dieser Lichtkuppeln. Hier ist anzumerken, daß der Lichtkuppelkranz mit 50 cm Höhe ausgeführt werden muß, um die Ventilatoren in der Wandung unterbringen zu können.

Die zahlreichen auf die Fläche gleichmäßig verteilten kleineren Lüfter sind häufig gerechtfertigt, da dadurch eine gleichmäßigere zugluftfreie Entlüftung zustande kommt, als bei einzelnen, sehr leistungsstarken Entlüftern.

9.5 Brandschutz beim Flachdach

Grundsätzlich sind für den baulichen Brandschutz beim Flachdach zwei Arten von Bestimmungen gültig:

I. Bauaufsichtliche Vorschriften, die in den Bauordnungen und den dazugehörigen Verordnungen die Anforderungen an Baustoffe und Bauteile festlegen.

II. Ausführungsbestimmungen, insbesondere DIN 4102 (Brandverhalten von Baustoffen und Bauteilen), in der festgelegt ist, was unter den bauaufsichtlich gebräuchlichsten Begriffen zu verstehen ist, und wie die Anforderungen der Bauaufsicht nachgewiesen und erfüllt werden können.

In beiden Bestimmungen sind folgende Problemteile berücksichtigt:

1. Entstehungsbrand und dessen Ausweitung. Durch die Wahl geeigneter Baustoffe soll eine Ausweitung eines Entstehungsbrandes innerhalb eines Gebäudes zum Großfeuer vermieden werden.

2. Den Großbrand, der sich aus dem Entstehungsbrand durch den sog. Feuersprung entwickelt hat, Bauteile sowie Einzelkonstruktionen mit Temperaturen von mehr als 1000 °C, über einen längeren Zeitraum zu beurteilen.

3. Insbesondere für Dächer die notwendige Sicherheit zur Verhütung der Brandübertragung durch Funkenflug und ähnliche Beanspruchung von Gebäude zu Gebäude nachweisen zu lassen.

9.5.1 Bauaufsichtliche Vorschriften

Die bauaufsichtlichen Vorschriften hinsichtlich des baulichen Brandschutzes im allgemeinen sind abhängig von Größe, Nutzung und Lage des Gebäudes und anderen Einzelfaktoren. Sie sind nur den örtlichen Prüfbehörden bekannt. Leider muß festgestellt werden, daß hier sehr unterschiedliche Beurteilungen von den Prüfbehörden sogar innerhalb eines Bundeslandes vorgenommen werden, so daß es der Architekt häufig schwierig hat, die Sonderbestimmungen aus einem Kreis auf den anderen zu übertragen. Die bauaufsichtlichen Vorschriften (aus DIN 4102) orientieren sich an folgenden Begriffen:

9.5.1.1 Baustoffe

Die bauaufsichtlichen Begriffe für die Beurteilung von Baustoffen beziehen sich auf den Grad der Brenn- bzw. Entflammbarkeit und spiegeln das Brandrisiko der verwendeten Baustoffe wieder. Nach DIN 4102 – Ergänzungsbestimmungen, werden die Baustoffe nach ihrem Brandverhalten in folgende Klassen eingeteilt:

Bild-Tabelle 678   Brandklassen der Baustoffe

Baustoffklasse		Bauaufsichtliche Benennung
A		nichtbrennbare Baustoffe
	A 1	
	A 2	
B		brennbare Baustoffe
	B 1	schwerentflammbare Baustoffe
	B 2	normalentflammbare Baustoffe
	B 3	leichtentflammbare Baustoffe

Nicht brennbare Baustoffe gehören der Klasse A 1 an, wenn sie beim Ofentest nach DIN 4102 weder Flammen zeigen, glimmen oder zündbare Gase entwickeln, noch sich selbst so erwärmen, daß die Ofentemperatur um mehr als 50° über ihren Anfangswert steigt.

Um nicht brennbare Baustoffe in die Klasse A 2 einreihen zu können, sind mehrere Prüfungen erforderlich, die hier nicht weiter behandelt werden sollen. Es soll lediglich angeführt werden, daß der Heizwert auf 1000 kgcal/kg und die freiwerdende Wärmemenge auf 4000 kcal/m² begrenzt ist.

Brennbare Baustoffe werden wie folgt unterschieden:

1. B 1, Baustoffe, die schwer entflammbar sind, die sich durch eine Feuerquelle entzünden lassen und brennen, aber nach Fortnahme der Feuerquelle wieder verlöschen. Die genaue Terminologie für schwer entflammbare Baustoffe, für deren Eigenschaften, Abbrenngeschwindigkeit, Temperatureinwirkung, Zerstörbarkeit durch Feuer usw. ist in der DIN 4102 definiert. Es gilt die Brandschacht-Prüfung.

2. B 2, normal entflammbare Baustoffe sind dann vorhanden, wenn sie die in der DIN 4102 festgelegten Anforderungen erfüllen. Hier werden die Baustoffe bei der Prüfung normalerweise an der Kante beflammt. Der frühere Zündholztest wurde durch den Kleinbrennertest verbessert.

3. B 3, leicht entflammbare Baustoffe sind Baustoffe, die durch irgendeine Zündquelle leicht zur Entflammung gebracht werden können und nach deren Fortnahme mehr oder weniger schnell ohne weitere Energiezuführung brennen, was auch von B 2 weitgehend gesagt werden kann.

9.5 Brandschutz beim Flachdach

Der Klasse A 1 sind neben Steinen, Beton, Stahl und anderen anorganischen Materialien auch anorganische Wärmedämmstoffe ohne brennbare Zusätze zuzuordnen, desgl. Asbestzement-Baustoffe, also Wellasbestplatten, Dachplatten aus ebenen Tafeln usw. Baustoffe, die in Blatt 4 DIN 4102 aufgeführt sind, bedürfen für die Eingruppierung in die Gruppe der nicht brennbaren Baustoffe, Klasse A 1 oder Klasse A 2, nicht nur der bestandenen Prüfungen, sondern zusätzlich eines Prüfbescheides.

Die Gruppe A 2 umfaßt in diesem Zusammenhang auch Baustoffe, die in geringem Umfange organische Substanz enthalten dürfen, z. B. Asbestzement-Zellulose-Platten oder anorganische Baustoffe mit organischen Bestandteilen, deren Gehalt jedoch begrenzt ist (z. B. Mineralfaserplatten bestimmter Art, Perlite-Dämmplatten [Fesco] usw.). Es würde zu weit führen, hier weitere Unterteilungen vorzunehmen.

Häufig sind die Unterschiede zwischen A 1 und B 1 nicht sehr groß. In jedem Falle muß für den betreffenden Baustoff das Prüfzeichen und Gutachten nachgewiesen werden.

Zu den brennbaren Baustoffen gehören Holz- und Holzwerkstoffe, Pappen, Papiere, auch mit Imprägnierungen (auch Unter-Dachschutzbahnen), Kunststoffe, bituminöse Baustoffe, also Dachpappen auch in verklebtem Zustand, Beschichtungen usw. Je nach dem Grad der Brennbarkeit sind diese Baustoffe, wie vorgenannt, in die Klassen B 1 bis B 3 einzugruppieren. Schwer entflammbare Baustoffe bedürfen ebenfalls eines Prüfzeichens, wenn sie in die Gruppe B 1 eingruppiert werden sollen.

Es wird häufig behauptet, daß organische Stoffe unbrennbar, selbstlöschend oder nicht entflammbar seien. Diese Bezeichnungen sind irreführend und sind nicht normgerecht. Derartige organische Stoffe können günstigenfalls schwer entflammbar B 1 sein, niemals aber nicht brennbar A 2 oder A 1.

Wenngleich manche Stoffe schwer entflammbar sind und dafür auch ein Prüfzeichen erteilt ist, besteht die Möglichkeit, daß z. B. bei bituminösen Baustoffen im Flachdachbau Stoffteile im eingebauten Zustand brennend abtropfen können. Es wird hier darauf hingewiesen, daß nach den Richtlinien für die Verwendung brennbarer Baustoffe im Hochbau, die beim Brand im eingebauten Zustand brennend abtropfen oder abfallen können, für *Verkleidungen von Außenwänden mehrgeschossiger Gebäude* und für Verkleidungen bei Gebäuden oder Räumen besonderer Art oder Nutzung nicht verwendet werden dürfen. Hier ist z. B. auch die Verwendung von Bitumen-Dachschindeln an senkrechten Wänden angesprochen. Bei Flachdächern und flachgeneigten Dächern bis zu einer gewissen Neigung und bei Verwendung ausreichend standfester Bitumenmasse ist eine Abtropfung in keinem Falle zu erwarten.

Unbehandeltes Holz über 2 mm Dicke gilt als normal entflammbarer Stoff. Bei Dämmstoffen sind Korkplatten größerer Dicke, ob pech- oder bitumengebunden, aus expandiertem Kork oder aus Rohkork hergestellt, durchweg normal entflammbar. Ebenso sind Mineralfaserplatten mit hohem Gehalt an organischen Zusätzen und einige Kunststoffschäume normal entflammbar.

Alle Bau- und Dämmstoffe, die weder der Klasse schwer entflammbar B 1 noch der Klasse normal entflammbar B 2 angehören, sind leicht entflammbar, also B 3. Solche Stoffe dürfen nur dann bei der Errichtung oder bei der Änderung baulicher Anlagen verwendet werden, wenn sie nach der Verarbeitung oder nach dem Einbau nicht mehr leicht entflammen können. Anders ausgedrückt heißt das, daß leicht entflammbare Wärmedämmstoffe wie z. B. Polystyrol oder dgl. ohne flammhemmende Zusätze nach dem Einbau, durch harte Bedachungsstoffe abgedeckt, praktisch nicht mehr zu beurteilen sind. Zu beurteilen ist dann gemäß nachfolgenden Ausführungen der Gesamt-Baukörper. Es spielt also nach dem Einbau keine Rolle, ob leicht entflammbare oder sogar unbrennbare Wärmedämmstoffe verwendet werden. In manchen Fällen kann jedoch die Verwendung leicht entflammbarer Bau- bzw. Dämmstoffe trotz der sog. harten Bedachung abgelehnt werden. Hierüber geben die »Richtlinien für die Verwendung brennbarer Baustoffe im Hoch-Bau« Aufschluß.

Der Nachweis, daß ein Baustoff bzw. Wärmedämmstoff in eingebautem Zustand nicht mehr leicht entflammbar, sondern normal entflammbar oder schwer entflammbar ist, kann im Zweifelsfalle durch ein Prüfzeugnis einer anerkannten Prüfstelle oder durch einen Prüfbescheid bei schwer entflammbaren Baustoffen erbracht werden. Mineralfaser-Produkte mit Folie, Papier oder Wellpappe kaschiert, sind oft leicht entflammbar. Auch wenn das Kaschierungsmaterial normal entflammbar oder sogar schwer entflammbar ist, kann sich der Verbund ungünstig verhalten, da eine hochdämmende Unterlage die Entflammbarkeit stark beeinflußt. Umgekehrt kann eine leicht entflammbare Beschichtung auf einer nicht brennbaren, anorganischen Unterlage u. U. nicht mehr leicht entflammbar sein.

Dämmstoffe aus normalem Polystyrol-Hartschaum ohne flammhemmende Zusätze sowie verschiedene andere Kunststoffschäume gehören ebenfalls der Klasse B 3 an. Hier muß also gemäß vorgenannten Ausführungen besonders beim Flachdach geprüft werden, ob nach dem Einbau die bauaufsichtlichen Forderungen erfüllt sind, d. h. die leichte Entflammbarkeit durch den Bedachungsstoff aufgehoben ist. Andernfalls müssen flammhemmende Dämmstoffe gewählt werden (Zusätze).

9.5.1.2 Bauteile

Die Feuerwiderstandsfähigkeit von Bauteilen gegen Feuer ist durch ihre Feuerwiderstandsdauer gekennzeichnet. Hierunter versteht man jenen Zeitraum, dem ein Bauteil unter den Feuer- und Temperaturbeanspru-

9. Detailhinweise bei Ausführung von Flachdächern

chungen zu widerstehen vermag. Hier unterscheidet man:

1. Die Tragfähigkeit

Tragende Bauteile dürfen während der Prüfzeit (Feuerwiderstandsdauer) unter ihrer rechnerisch zulässigen Belastung nicht zusammenbrechen.

2. Die Durchzündung

Raumabschließende Bauteile wie Wände, Decken usw. werden auf einer Seite beansprucht. Unter dieser Beanspruchung dürfen auf der dem Feuer abgewandten Seite die Temperaturen nicht so hoch ansteigen, damit dort lagernde Stoffe sich nicht entzünden können (nicht mehr als 140–180 Grad). Die Beurteilung bezieht sich auf *innen, also vom Raum her.* (Wichtig für Beurteilung des Flachdachbelages usw.)

In Tabelle 679 sind die Feuerwiderstandsklassen F 30, F 60, F 90, F 120, F 180 angeführt mit den weiteren Kenndaten. Wichtig ist hier noch gemäß den bauaufsichtlichen Benennungen die Einteilung F 30 = feuerhemmend, F 90 = feuerbeständig, F 180 = hochfeuerbeständig.

Feuerwiderstandsklasse	Feuerwiderstandsdauer in min	Bauaufsichtliche Benennung
F 30	≧ 30	feuerhemmend
F 60	≧ 60	—
F 90	≧ 90	feuerbeständig
F 120	≧ 120	—
F 180	≧ 180	hochfeuerbeständig

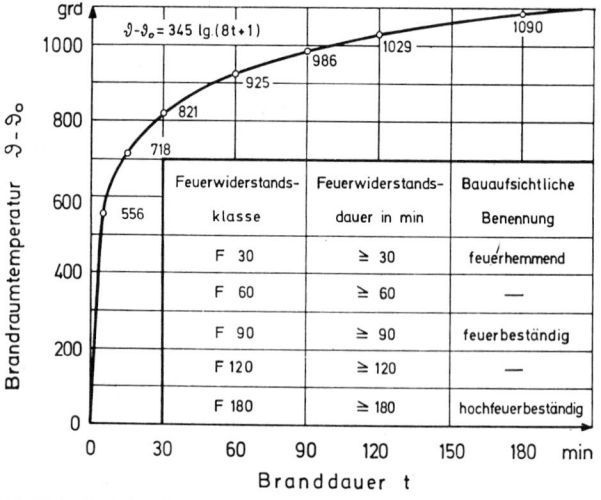

Bild-Tabelle 679 Einheitstemperaturkurve und Feuerwiderstandsklassen (F-Klassen) nach DIN 4102, Blatt 2, Ausgabe 1970

1. Feuerhemmende Bauteile (F ≧ 30)

Man kann derartige Bauteile sowohl aus brennbaren als auch aus nicht brennbaren Baustoffen erstellen, sofern der Nachweis hierfür erbracht wird. Brennbare Tragkonstruktionen z. B. aus Holz, können durch geeignete Maßnahmen wie Verkleidung mit Asbestplatten, Gipsplatten, Mineralfaserplatten usw. feuerhemmend sein.

2. Feuerbeständige Bauteile (F ≧ 90)

Es sind dies tragende Einzelteile eines Bauwerkes wie Träger, Stützen, Deckenplatten usw. Diese müssen stets aus nicht brennbaren Stoffen erstellt sein. Daraus ergibt sich z. B. daß eine Holzbalkendecke bzw. ein Flachdach aus Holzkonstruktion oder ein gewöhnlicher Holz-Dachstuhl niemals feuerbeständig sein kann, seien auch noch so dicke Ummantelungen und Schutzschichten vorhanden.

3. Hochfeuerbeständige Bauteile (F ≧ 180)

Es sind dies Bauteile, die die Feuerwiderstandsdauer von 3 Stunden durchhalten, was jeweils für die einzelnen Baustoffe nachzuweisen ist.

9.5.1.3 Sonderbestimmungen und Sondermaßnahmen für Dachdecken und Dächer

Bei der Beurteilung von Dachdecken bzw. Dächern sind drei Problemkreise anzusprechen:

9.5.1.3.1 Erfüllung der Bestimmungen an Baustoffe und Bauteile gemäß Tabelle 678 und 679 und der vorgenannten Erläuterungen

Es kann nicht oft genug gesagt werden, daß sämtliche Begriffe wie feuerhemmend, feuerbeständig und hochfeuerbeständig sich lediglich auf die Feuerbeanspruchungen von *innen* verstehen, also innerhalb eines Raumes gelten. Die eigentliche Dachdeckung und damit die Dachhaut mit einer aufgebrachten Wärmedämmung hat im Rahmen des baulichen Brandschutzes eine völlig andere Begriffsbestimmung und Bedeutung, wie sie nachfolgend erläutert wird.

Hier gilt es also, insonderheit die Konstruktion von unten zu beurteilen und zu prüfen gemäß den vorgenannten Forderungen nach 1. und 2. (Tab. 679).

9.5.1.3.2 Prüfung der Brandausbreitung der Dachdeckung bzw. Dachhaut

Die eigentliche Dachdeckung und damit die Dachhaut hat im Rahmen des baulichen Brandschutzes eine völlig andere Bedeutung als nach den Begriffen der Tab. 679. Hier geht es um die Vermeidung einer Brandausbreitung von Gebäude zu Gebäude durch Funkenflug, Flugfeuer, strahlende Wärme über das Dach.

Gemäß DIN 4102, Blatt 3 werden die Prüfforderungen festgelegt. Sinngemäß lauten sie:

a) Dachdeckungen ohne geschlossene tragende Unterlage

Hierunter versteht man z. B. Leichtdächer aus Wellasbestplatten, Kunststoff-Lichtplatten, Bitumenwellplatten oder auch glatten Betondachplatten usw. ohne tragende Unterlage, also ohne Holzschalung oder dgl., gegebenenfalls mit untergehängter, nicht tragender Wärmedämmung aus Mineralwolleplatten, Polystyrol-Platten odgl. (leichte Industrie-Kaltdächer usw.).

9.5 Brandschutz beim Flachdach

b) Dacheindeckungen auf geschlossener tragender Unterlage

Hier lautet der genaue Text für den Aufbau der Prüfkörper:

»Die Dacheindeckung muß entsprechend der praktischen Anwendung aufgebaut sein (z. B. auch mit Dämmschicht). Als Unterlage für die Dacheindeckung dient eine Holzschalung, die aus parallel zur Traufe verlaufenden rd. 20 mm dicken, ungehobelten, besäumten Fichtenholzbrettern, die dicht aneinanderstoßen, besteht. Für Dacheindeckungen und Beschichtungen, die gemäß ihrer praktischen Anwendung nur auf massivem, nicht brennbarem Untergrund verlegt werden, können abweichend hiervon als Unterlage rd. 10 mm dicke Asbestzement-Tafeln verwendet werden. Die Stoffe für Dacheindeckungen, die Feuchtigkeit enthalten und die Holzschalungen sind in lufttrockenem Zustand zu prüfen. Die Eindeckung ist so vorzunehmen, daß je eine Stoßüberdeckung parallel und senkrecht zur Dachneigung beim Versuch erfaßt werden kann (gemäß DIN 18338 – Dachdeckungsarbeiten).«

Bei der Prüfung der Bedachungsstoffe werden auf die eigentliche Dachfläche, die Seiten- und Höhenüberdeckungsstöße Drahtkörbe gesetzt, die mit je 200 g trockener Holzwolle angefüllt und entzündet werden. Unter dieser Feuerbeanspruchung darf nur dann eine geringe, näher definierte Fläche verbrennen bzw. zerstört werden, oder das Feuer durch die Fugen oder auch durch die Fläche selbst durchtreten.

Dachdeckungen aus nicht brennbaren Baustoffen erfüllen diese Bedingungen einwandfrei und sind deshalb in DIN 4102, Blatt 4 gesondert genannt. Aber auch brennbare Deckungsstoffe aus Teer und Bitumen erfüllen die Forderungen. Es heißt dort unter 7.6 – gegen Flugfeuer und strahlende Wärme widerstandsfähige Dacheindeckungen und Dachabdichtungen –:

»Als widerstandsfähig gegen Flugfeuer und strahlende Wärme gelten ohne Nachweis und ohne Rücksicht auf die Dachneigung:

1. Dacheindeckungen und Dachabdichtungen aus natürlichen und künstlichen Steinen, aus Betonplatten, Asbestzement-Platten nach DIN 274.
2. Stahl- und sonstige Metalldächer ohne Dämm- oder Deckschichten aus Baustoffen der Klasse B.
3. Fachgerecht und nach DIN 18338 auf Holzschalung oder einer anderen, mindestens gleichwertigen Unterlage ohne Dämmschicht aus Baustoffen der Klasse B verlegte Dachdeckung bzw. Dachdichtung:

a) Teerdachpappen nach DIN 52121
b) Bitumendachpappen nach DIN 52128
c) Bitumen-Dachdichtungsbahnen mit Rohfilzpappen-Einlage nach DIN 52130
d) Teer-Sonderdachpappen und Teer-Bitumendachpappen, beidseitig mit beidseitiger Sonderdeckschicht nach DIN 52140.«

Nach dieser Definition dürften also unter bituminösen Abdichtungen bei einer Unterlage aus z. B. Trapezblechen, Holzschalung oder gleichwertig, keine Dämmstoffe der Baustoffgruppe Klasse B verlegt werden, wenn keine Sondernachweise gemäß DIN 4102 Blatt 3 erbracht werden. Anders ausgedrückt heißt das, daß dann praktisch nur Wärmedämmstoffe der Klasse A bei Warmdächern mit bituminöser Abdichtung verwendet werden dürften (etwa Schaumglas, Perlite, bestimmte Mineralfaserplatten oder dgl.).

Hier scheint noch ein gewisser Widerspruch in der DIN 4102 vorzuliegen. Bei Verwendung von brennbaren Baustoffen wird gefordert, daß Flächen von über 1000 m² jeweils einen Streifen von 1 m Breite aus nicht brennbaren Dämmstoffen erhalten müssen. Nicht brennbare Dämmstoffe könnten z. B. Dämmstoffe der Klasse B1 sein, also schwerentflammbar, z. B. auch Polystyrol der Type S = schwer entflammbar.

Hier müßte noch eine Klärung bezüglich dieser Widersprüchlichkeiten innerhalb der DIN-Norm und der Bestimmungen herbeigeführt werden.

Durch das Staatl. Materialprüfungsamt Nordrhein-Westfalen, Dortmund, Prüfungsbericht Nr. 32–30161/69–4, wurde nach Antragstellung des Verbandes der deutschen Dach- und Dichtungsbahnen-Industrie e.V., Frankfurt ein Dachaufbau aus bituminösen Dachbahnen und aus Polystyrol (Klasse B) gemäß DIN 4102 auf Widerstandsfähigkeit gegen Flugfeuer und strahlende Wärme nach den ergänzenden Bestimmungen zur DIN 4102, bei Dachneigungen von 15 und 45 Grad untersucht. Der Dachaufbau hat einwandfrei bestanden.

Es können demzufolge, also nach diesem vorliegenden Untersuchungsbericht, brennbare Wärmedämmstoffe der Klasse B auch leicht entflammbar, im Warmdachaufbau unter Bitumen- oder Teerdach-Abdichtungen verwendet werden.

Es ist demzufolge bei normal gelagerten Verhältnissen nach diesen vorliegenden Untersuchungsergebnissen für die Dachhautbeurteilung gleichgültig, ob Wärmedämmstoffe der Klasse A (nicht brennbar) oder Wärmedämmstoffe der Klasse B (brennbar) verwendet werden. Bituminöse Bedachungsstoffe können also in jedem Falle und bei allen Dämmplatten unter harte Bedachungen eingestuft werden.

Jeweils nachzuweisen ist der Begriff harte Bedachung für Kunststoff-Bedachungen. Dies gilt sowohl für Licht-Wellplatten, Lichtkuppeln, Schalen, ebene Platten usw. aus den verschiedensten Grundmaterialien hergestellt (s. unter Kapitel 9.3), wobei hier die Versuchsanordnung nach a) gültig ist, aber auch für alle anderen Kunststoff-Dachbeläge (Folien) bei Warm- oder Kaltdach nach Prüfungsanordnung b) der DIN 4102. Hier müssen die einzelnen Hersteller der Kunststoffbahnen aus den verschiedensten Grundmaterialien den Nachweis erbringen, ob ihre Kunststoff-Platten-Schalen-Beschichtungen usw. oder -Folien unter den Begriff harte Bedachung eingereiht werden kann oder nicht. Einzelne Folien erfüllen diese Forderung nach vorliegenden

455

9. Detailhinweise bei Ausführung von Flachdächern

Bild-Tabelle 679a Brandverhalten und baurechtliche Zulässigkeit von Lichtplatten aus glasfaserverstärktem Palatal (BASF)

			Palatal P 4 L *) Palatal P 6 L *)	Palatal S 320 L *)
Brandschutz- technische Klassifizierung	Baustoff		normalentflammbar ab einer Plattendicke von 1 mm	normalentflammbar ab einer Plattendicke von 0,8 mm
	Dacheindeckung (Sonderbauteil)		nicht widerstandsfähig gegen Flugfeuer und strahlende Wärme (weiche Bedachung)	bei ordnungsgemäßer Verlegung widerstandsfähig gegen Flugfeuer und strahlende Wärme ab einer Plattendicke von 0,9 mm (harte Bedachung)
Baurechtliche Zulässigkeit	Lichtelemente in Wänden	in Fenstergröße	in Gebäuden mit zwei Vollgeschossen oder weniger	unbeschränkt
		großflächig	in Gebäuden mit zwei Vollgeschossen oder weniger	
	Dacheindeckung		in Gebäuden mit zwei Vollgeschossen oder weniger, die in offener Bauweise mit Grenz-, Gebäudeabständen stehen oder als Teilstück innerhalb harter Bedachung	unbeschränkt in Gebäuden mit zwei Vollgeschossen oder weniger

* L = lichtstabilisiert

Nach durchgeführten Prüfungen gelten Dacheindeckungen mit Lichtplatten aus glasfaserverstärktem Palatal S 320 L ab 0,9 mm Dicke und bei ordnungsgemäßen Stoßüberdeckungen sowie Befestigungen als harte, solche aus Palatal P 4 und P 6 als weiche Bedachung.

Prüfberichten, die meisten Platten, Folien und Beschichtungen können jedoch den Begriff harte Bedachung nicht erfüllen, sondern sind unter »weiche Bedachung« einzureihen. Als vorbildliches Berichts-Beispiel gilt ein Versuchsbericht über Palatal (Tabelle 679a).
Gemäß DIN 4102 wird angeführt, daß weitere Lagen bituminöser Dachbahnen z. B. auch eine Vierlagigkeit die Widerstandsfähigkeit gegen Flugfeuer und strahlende Wärme nicht verschlechtern. Hier müßte jedoch auch angeführt werden, inwieweit z. B. durch eine Rieseleinklebung (Kiespreßdach) oder durch eine Kiesbeschichtung Verbesserungen vorliegen. Dies ist z. B. insonderheit auch für die weichen Kunststoff-Bedachungen wichtig. Aus praktischer Erfahrung ist abzulesen, daß bei einer Kiesbeschichtung entsprechender Stärke die Brennbarkeit der Baustoffe durch diesen Kies aufgehoben wird. Hier sind also noch Ungereimtheiten vorhanden, die vom Normenausschuß zu überprüfen wären.
Die Sachversicherer (Feuerversicherung) richten sich hinsichtlich der Prämienhöhe nach der DIN 4102. Bei harten Bedachungen gemäß DIN 4102, Blatt 4 wird üblicherweise kein Risikozuschlag verlangt, dagegen wird ein solcher für unterseitige, also abgehängte Leichtdecken erhoben bzw. es werden von den Versicherern bestimmte Schutzmaßnahmen verlangt. Für weiche Bedachungen wird ein Zuschlag verlangt.

9.5.1.3.3 Sicherung von Fluchtwegen, Rauchabzug

Hier können etwa folgende Forderungen und Kurzbegriffe angeführt werden:

1. Großflächige Gebäude müssen in Brandabschnitte gegliedert und durch sog. Brandwände voneinander getrennt werden. Solche Brandwände sind im allgemeinen mit mindestens 40 m Abstand anzuordnen.
2. Brennbare Baustoffe z. B. Lichtkuppeln oder dgl. müssen von Brandwänden mindestens 1,25 m ent-

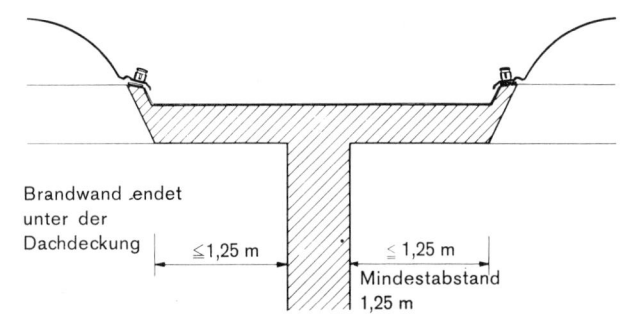

Bild 680 Von Brandwänden, die unter der Dachdeckung enden, müssen Lichtkuppeln mindestens 1,25 m Abstand halten

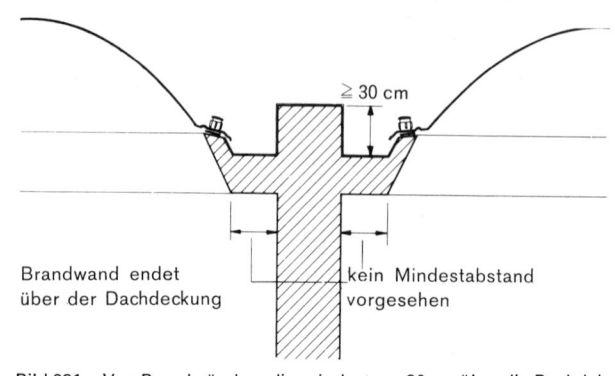

Bild 681 Von Brandwänden, die mindestens 30 cm über die Dachdeckung geführt sind, sind für Lichtkuppeln keine Mindestabstände vorgeschrieben

9.5 Brandschutz beim Flachdach

fernt sein, sofern diese Wände nicht mindestens 30 cm über Dach geführt sind (s. Bild 680 und 681).
3. Treppenhäuser müssen mit feuerbeständigen Umfassungswänden ausgeführt werden. Der Treppenraum kann aber mit einem Glasdach, Lichtkuppeln odgl. überdeckt werden, wenn die Wände bis unter eine harte Bedachung geführt werden gemäß Bild 682.

5. Flucht- und Rettungswege können in bestimmten Fällen auch über Dach geführt werden bei zweckmäßigen Dachausstiegen.
6. Werden Oberlichte in Dachdecken benötigt, bei denen aus Gründen des baulichen Brandschutzes Feuerbeständigkeit verlangt wird, ist in dem nicht brennbaren Bereich eine feuerbeständige Verglasung aus

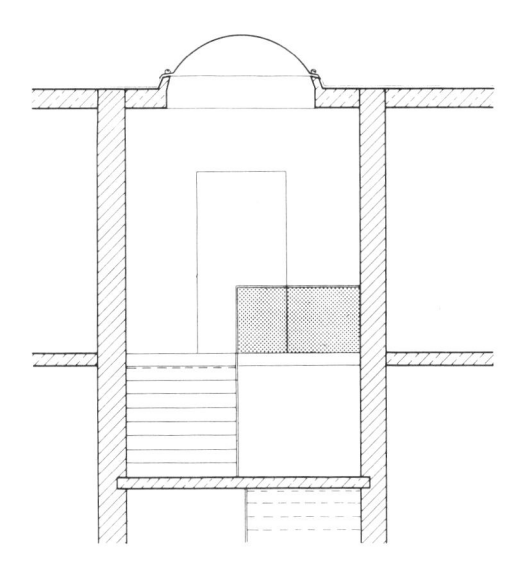

Bild 682 Sind die feuerbeständigen Treppenraumumfassungen bis unter die Dachdeckung geführt, können in der Dachdecke des Treppenraumes Lichtkuppeln eingebaut werden

4. In Gebäuden mit mehreren Geschossen und bei innenliegenden Treppenräumen ist an der obersten Stelle des Treppenraumes eine Rauchabzugsvorrichtung anzubringen, die vom Erdgeschoß oder von anderen geeigneten Stellen aus zu öffnen ist z. B. gemäß Bild 683.

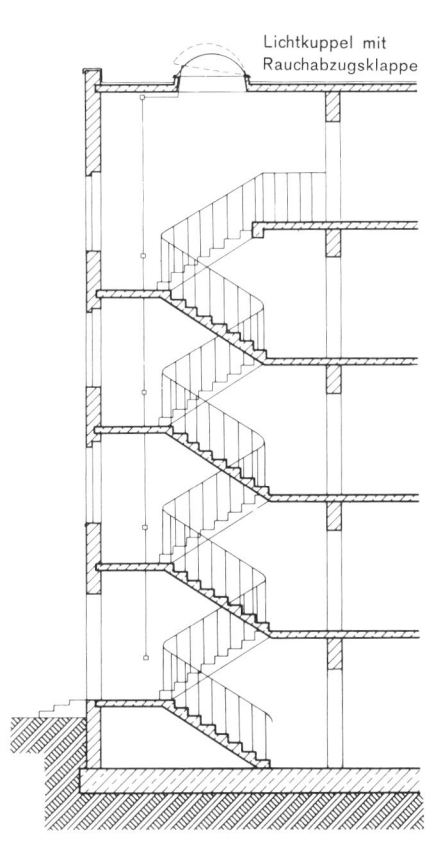

Bild 683 In Gebäuden mit mehr als vier Vollgeschossen und bei innenliegenden Treppenhäusern sind die Lichtkuppeln in der Dachdecke des Treppenhauses als Rauchabzugsklappe auszubilden

Feuerbeständige Zusatzverglasung mit Drahtglas

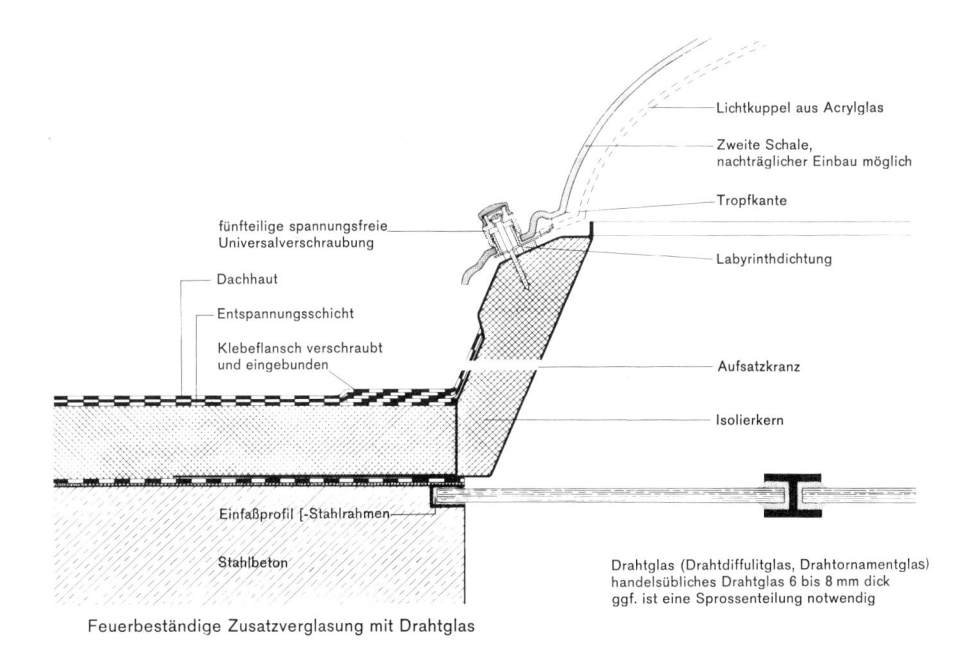

Bild 684
Feuerbeständige Zusatzverglasung mit Drahtglas

457

9. Detailhinweise bei Ausführung von Flachdächern

Drahtglas oder dgl. einzubauen gemäß Bild 684. (Rauchabzug ist bei diesen Anordnungen natürlich nicht möglich.)

9.5.1.3.4 Weiche Bedachungen, speziell Lichtelemente

Zum Abschluß noch einige Zitate aus DIN 4102 für den Einsatz für die Verwendung brennbarer Baustoffe für Dachbelichtungselemente und der Abstände untereinander:

»8.2.: Innerhalb einer Dachdeckung, die gegen Flugfeuer und strahlende Wärme widerstandsfähig sein muß, sind Teilstücke zulässig, die die Anforderungen nach DIN 4102, Blatt 3, Abschnitt 8.2 nicht erfüllen (weiche Bedachung), wenn sie parallel zur Traufe geführt werden und erstens höchstens 2 m breit sind und max. 20 m lang und zweitens untereinander und vom Dachrand einen Abstand von mindestens 2 m haben.
8.3.: Lichtkuppeln aus brennbaren Baustoffen mindestens der Klasse B 2, die die Anforderungen nach DIN 4102, Blatt 3, Abschnitt 8 nicht erfüllen, sind im Falle des Abschnittes 8.2 dieser Richtlinien zulässig, wenn sie erstens höchstens 6 m² Grundfläche haben und zweitens höchstens 20% der Dachflächen einnehmen und drittens untereinander und vom Dachrand einen Abstand von mindestens 1 m haben.«

Lichtkuppeln aus normal entflammbaren Kunststoff-Materialien (Klasse B 2 nach DIN 4102) genügen unter Einhaltung der dort geforderten Voraussetzungen im überwiegenden Anwendungsbereich den bauaufsichtlichen Anforderungen. GUP-Lichtelemente werden auch in schwer entflammbarer Einstellung in Klasse B 1 hergestellt. Das schwer entflammbare »vorgereckte« Plexiglas, wie es speziell für das Olympia-Zeltdach entwickelt worden ist, wird serienmäßig für derartige Lichtkuppeln noch nicht eingesetzt. Ebenso sind Oberlichte aus PVC-hart nicht üblich. Bezüglich des Brandverhaltens wird auf Kapitel »Belichtung im Flachdach« hingewiesen.

9.5.2 Bauliche Maßnahmen zum Brandschutz

9.5.2.1 Brandwände

Brandwände müssen aus Baustoffen der Klasse A 1 bestehen. Gemäß DIN 4102 sind Mindestdicken vorgeschrieben. In Tabelle 485 sind die erforderlichen Wanddicken für bestimmte Baustoffe angeführt.

Die Brandwände müssen wie vorgenannt nach den behördlichen Vorschriften in gewissen Abständen zum Einbau kommen und müssen bis unter die nicht brennbare bzw. harte Bedachung geführt werden. Bei Ziegeldächern, Asbestzementdächern (ebene oder gewellte Platten) bedeutet dies, daß die Brandwände bis unter die nicht brennbaren Dachdeckungsstoffe heraufgeführt werden müssen. Dies gilt aber auch im Flachdachbau bei der Verwendung von harten Bedachungsstoffen, also bituminösen Abdichtungen. Bei weichen Bedachungsstoffen sind die Angaben der Prüfbehörden einzuholen bzw. sind die Brandwände bis über Dach zu führen, so daß die weichen Bedachungsstoffe innerhalb der Dachfläche Unterbrechungen erhalten. In Bild 686 u. Bild 687 ist eine falsche und richtige Lösung dargestellt.

9.5.2.2 Dach- und Deckenplatten

Für die Mindestdicken von Massivdecken ohne Verkleidungen ist allein der Temperaturdurchgang durch die

Bild-Tabelle 685 Brandwände nach DIN 4102 Blatt 4, Ausgabe 1970

Baustoffe		DIN	Ziegel-, Stein- oder Beton-Rohdichte in kg/dm³	erforderliche Wanddicke in mm
Mauerwerk nach DIN 1053, gemauert in Mörtelgruppe II oder III, aus				
Betonbausteine	Vollsteinen aus Leichtbeton	18152	$<1{,}21$	300
	Hohlblocksteinen aus Leichtbeton[1])	18151		
	Wandbausteinen aus Gasbeton	4165		
	Hüttensteinen	398		
Mz	Voll- oder Hochlochziegeln	105	$\geq 1{,}21$	240
KS	Voll-, Hart-, Loch- oder Hohlblocksteinen	106		
Geschoßhohe, bewehrte Wandplatten aus Gasbeton $\geq$ GSB 35		4164	$\geq 0{,}60$	175
Geschoßhohe Hochlochtafeln aus DZv (Ziegel-Montage-Wände)		4159	$>0{,}70$	165
Beton $\geq$ B 225	unbewehrt	1047	$\geq 2{,}30$	200
	mit Transportbewehrung			180
Schüttbeton		4232	$>0{,}70$	250
Stahlbeton $\geq$ B 300		1045	$\geq 2{,}30$	140

[1]) Nach Zulassungsbescheid des Ministers für Finanzen und Wiederaufbau des Landes Rheinland-Pfalz vom 25. 3. 1970 sind für Wände auch Bimsbeton-Hohlblocksteine Hbl 75 mit einer Rohdichte von höchstens 1,4 kg/dm³ zugelassen. Wände aus Steinen mit 1,21 $\leq \gamma \leq$ 1,4 kg/dm³ gelten daher auch als Brandwände, wenn sie nur 240 mm dick sind.

9.5 Brandschutz beim Flachdach

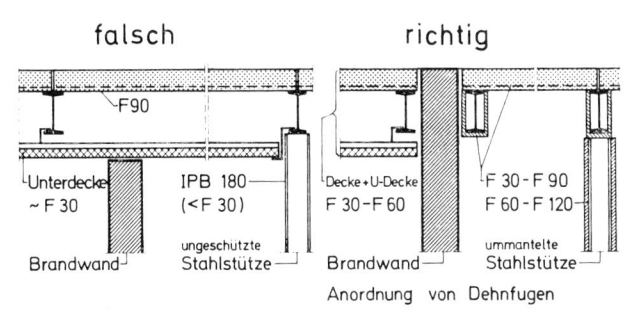

Bilder 686 und 687 Beispiele für die Ausführung von Konstruktionen, an die Brandschutzforderungen gestellt werden, insbesondere Konstruktionshinweise für Brandwände

Rohdecke maßgebend, also nicht die über diesen Decken angeordnete Wärmedämmung usw. Dabei ist zwischen monolithischen Konstruktionen und Decken aus Fertigteilen mit Fugen zu unterscheiden. In Tabelle 688 sind die Dicken gemäß DIN 4102 angegeben und in Bild 689 die Fugenausbildungen verschiedener Dachplatten. Das günstigste Brandverhalten ergibt sich naturgemäß durch die monolithische Stahlbetonplatte oder Elementplatten, deren Fugen ausgegossen werden, während Platten, die nur verzahnt werden, Mängel aufweisen. Bei solchen Konstruktionen muß daher die Plattendicke zur Erzielung eines größeren Verzah-

Bild-Tabelle 688 Mindestdicken von unverkleideten Dach- und Deckenplatten aus verschiedenen Baustoffen für die Feuerwiderstandsklassen F 30 bis F 180 nach DIN 4102 Blatt 2, Ausgabe 1970 (Vorschlag für DIN 4102 Blatt 4)

Zeile	Decken oder Dächer aus		erforderliche Plattendicke d in mm für die Feuerwiderstandsklassen				
			F 30	F 60	F 90	F 120	F 180
1	Gasbetonplatten	DIN 4223	50	50	75	100	125
2	Bimsbetonhohldielen	DIN 4027–28	50	60	75	120	150
3	Stahlbetonplatten	DIN 1045	60[1])	80[1])	100	120	150
4	Stahlbetonhohldielen	DIN 4028/1045	80[1])	100	120	140	170
5	Spannbetonhohldielen	Zulassungsbescheid [14]	80[1])	100	120	140	170

[1]) Bei dichter Bewehrungsanordnung, bei hohem Feuchtigkeitsgehalt des Betons und bei hohen Druckspannungen sind zur Vermeidung zerstörender Abplatzungen ggf. größere Dicken erforderlich.

Bild 689 Fugenausbildungen verschiedener Dach- und Deckenplatten

nungsweges stärker werden, als es der Temperaturdurchgang durch die Platte selbst sonst erfordern würde.

9.5.2.2.1 Decken mit Verkleidungen

Werden Massivdecken mit brandschutztechnisch wirksamen Verkleidungen ausgeführt, so können die in Tabelle 688 angegebenen Mindest-Dicken je nach Verkleidungsart (Dicke und Güte) abgemindert werden. Es

Bild-Tabelle 690 Verbesserung der Feuerwiderstandsdauer durch Verkleidungen

Bauteil	Baustoff	Verkleidung		
Decken und Träger	Stahl	erforderlich	Putz- oder Plattenummantelung	Unterdecken
	Stahlbeton oder Spannbeton	nur dann erforderlich, wenn feuertechnisch keine ausreichende Bemessung vorliegt	Putz, Haftputze oder verlorene Schalung	
	Holz		Putz- oder Plattenummantelung	
Dächer	Beton, Ziegel oder Asbestzement sowie Blech, Holz oder Stroh	zum Teil erforderlich	wie bei Decken und Trägern	Unterdecken, die *allein* einer Feuerwiderstandsklasse angehören
Wände	Massivwände, Gipswände oder Leichtwände	nur dann erforderlich, wenn feuertechnisch keine ausreichende Bemessung vorliegt	Putze oder Vorsatzschalen sowie Bekleidungen z. B. aus GKF-, GKP- oder GKS-Platten (DIN 18180)	
Stützen	wie bei Decken und Trägern	wie bei Decken und Trägern	Putz- oder Plattenummantelung	

9. Detailhinweise bei Ausführung von Flachdächern

Bild-Tabelle 691 Mindest-Betondeckungen u in mm (= Achsabstände zur beflammten Oberfläche) der Zugbewehrung von unverkleideten, einachsig gespannten, statisch bestimmt gelagerten Dach- oder Deckenplatten aus verschiedenen Baustoffen für die Feuerwiderstandsklasse F 30 bis F 180 nach DIN 4102 Blatt 2, Ausgabe 1970 (Vorschlag für DIN 4102, Blatt 4, zukünftige Fassung)

Zeile	Decken oder Dächer aus	Stahl		Erforderliche Mindest-Betondeckungen u in mm für die Feuerwiderstandsklassen				
		Güte	Spannung kp/cm²	F 30	F 60	F 90	F 120	F 180
1	Bimsbetonhohldielen	St I	1 000	10	12	22	32	47
2	DIN 4027–28	St I	1 200	10	13	23	33	48
3	Gasbetonplatten	St I	1 400	10	15	25	35	50
	DIN 4223	St IV	1 800					
4	Stahlbetonplatten	St I	1 400	10	20	30	40	55
5	DIN 1045	St III	2 400	10	25	35	45	60
6		St IV	2 800	12	27	37	47	62
7	Stahlbetonhohldielen		1 000	10	16	26	36	51
8	DIN 4028–1045	St I	1 200	10	18	28	38	53
9			1 400	10	20	30	40	55
10	Spannbetonhohldielen	St 145/160	8 800	15	30	40	50	65
11	Zulassungsbescheid [14]	St 160/180	9 900	25	40	50	60	75

kann gemäß Tabelle 690 eine Verkleidung angeordnet werden z.B.: 1,5 cm Kalk-Zementputz, 0,4 cm Vermiculite oder Perlite-Putz, jeweils etwa 1 cm Beton.

Bei Verwendung von Unterdecken können die Betonplatten-Dicken im allgemeinen bis auf die statisch erforderlichen Mindestdicken reduziert werden. Es sind jedoch stets Nachweise nach DIN 4102 erforderlich. Zweifellos wird eine unterseitige Verkleidung meist teurer werden als es die Einsparung an Deckenstärken ausmacht. Nur bei hochfeuerbeständigen Konstruktionen kann u. U. eine Abhängung billiger werden, da hier z. T. eine enorme Betonüberdeckung notwendig wird. In Tabelle 691 sind die notwendigen Betonüberdeckungen für die Feuerwiderstandsklassen F 30–F 180 für die einzelnen Deckenplatten ohne Unterdecken angeführt.

9.5.2.3 Praktische Beispiele

In Bild 692 ist gemäß Bild 679 eine feuerhemmende Dachkonstruktion – Leichtkonstruktion dargestellt (F 30).

In Bild 693 ist dargestellt, wie Holzbalkendecken als feuerhemmende Decken oder Dächer hergestellt werden

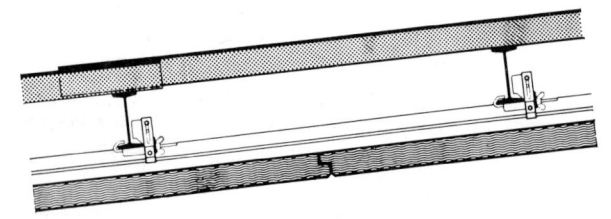

Bild 692 Feuerhemmende Dachkonstruktion aus Asbestzement-Wellplatten und Mineralwollplatten

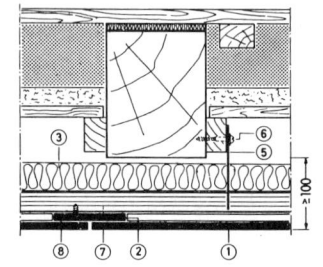

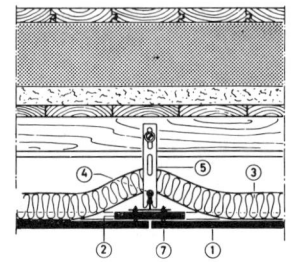

Bild 693 Feuerhemmende Holzbalkendecke (F 60) mit großformatigen, ungelochten Isoternit-Platten. 1 Isoternit-Platten, 10 mm dick, 2 Isoternit-Streifen, 60/10 mm, 3 Dämm-Matte, 40 mm dick, auf Draht gesteppt, 4 T-Schiene, 5 Schlitzbandschiebestück, 6 Halbrundholzschraube, 7 Senkblechschrauben, 8 Heftschraube

können. Hier ist bei Flachdächern jedoch in diesem Falle ein Kaltdach herzustellen. Anstelle von Isoternit-Platten können naturgemäß auch Gipsplatten, Putze vorgenannter Stärke usw. aufgebracht werden, eben Verkleidungsmaterialien, die den Erfordernissen entsprechen. Vorsicht bei brennbarem Unterdachschutz oder Schallschluckvliesen im Dach. Hier sind durch Schweißarbeiten schon mehrfach Brände entstanden.

In Bild 694 ist die Verkleidung von Stahlkonstruktionsdecken dargestellt, die wie vorgenannt meist verlangt wird. In Bild 695 ist die Verkleidung einer Rippendecke dargestellt. Da bei Rippendecken die Betonplatte meist relativ dünn ausgeführt werden muß, ist gemäß Tabelle 688 fast in allen Fällen eine Verkleidung erforderlich.

Stahlprofilträger und Stahlprofilstützen bedürfen ebenfalls einer Verkleidung wie in Bild 696 und 697 dargestellt. In Bild 698 ist die Verkleidung einer Massivdecke angeführt, falls hier die notwendige Stärke nicht er-

9.5 Brandschutz beim Flachdach

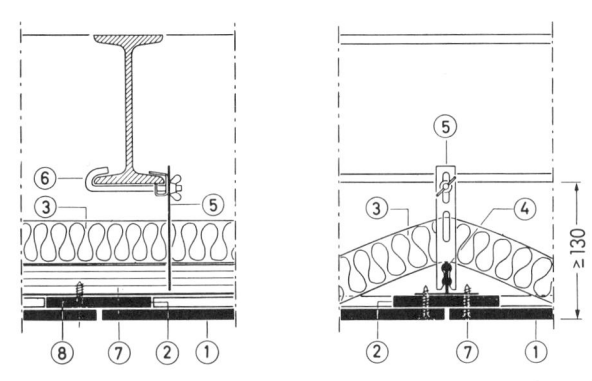

Bild 694 Feuerbeständige Stahlträgerdecken (F120) mit großformatigen, ungelochten Isoternit-Platten. 1 Isoternit-Platten, 10 mm dick, 2 Isoternit-Streifen, 60/10 mm, 3 Dämm-Matte, 40 mm dick, auf Draht gesteppt, 4 T-Schiene, perforiert, Breite ≧ 40 mm, 5 Schlitzbandschiebestück, 6 Trägerklammer mit Flügelmutter, 7 Senkblechschrauben, 8 Heftschraube

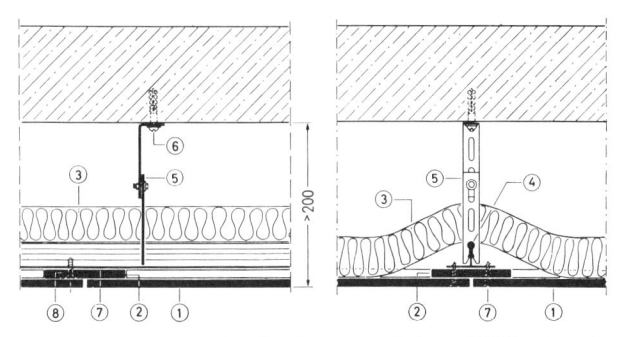

Bild 698 Feuerbeständige Stahlbetonmassivdecke (F120) mit großformatigen, ungelochten Isoternit-Platten. 1 Isoternit-Platten, 10 mm dick, 2 Isoternit-Streifen, 60/10 mm, 3 Dämm-Matte, 40 mm dick, auf Draht gesteppt, 4 T-Schiene, perforiert, Breite ≧ 40 mm, 5 Schlitzbandschiebestück, abgewinkeltes Schlitzbandeisen mit Mutter und Stellschraube, 6 Halbrundholzschraube und Dübel, 7 Senkblechschrauben, 8 Heftschraube

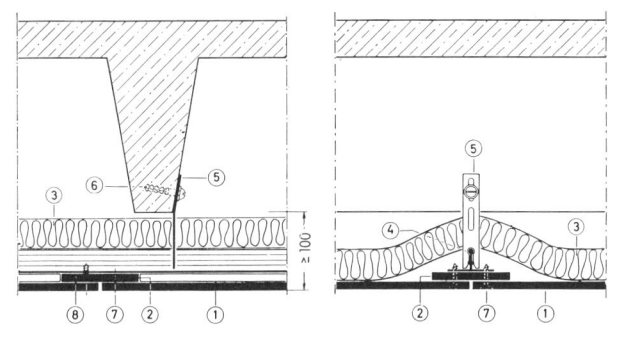

Bild 695 Feuerbeständige Stahlbetonrippendecken (F120) mit großformatigen, ungelochten Isoternit-Platten. 1 Isoternit-Platten, 10 mm dick, 2 Isoternit-Streifen, 60/10 mm, 3 Dämm-Matte, 40 mm dick, auf Draht gesteppt, 4 T-Schiene, perforiert, Breite ≧ 40 mm, 5 Schlitzbandschiebestück, 6 Halbrundholzschraube und Dübel, 7 Senkblechschrauben, 8 Heftschraube

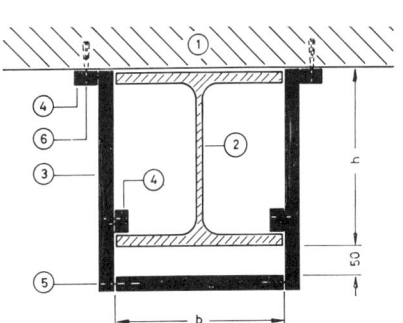

Bild 696 Feuerbeständige Stahlprofilträger (F90). 1 Stahlbetonplatte, 2 Stahlprofilträger, 3 Isoternit-Platten, 25 mm dick, 4 Isoternit-Streifen, 40 × 25 mm, 5 Senkholzschrauben, 4,5 × 45 mm, 6 Senkholzschrauben, 5 × 65 mm und Metalldübel ⌀ 8 mm

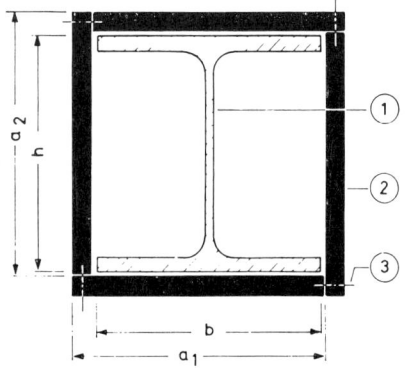

Bild 697 Feuerbeständige Stahlprofilstützen (F90). 1 Stahlprofilträger, 2 Isoternit, 25 mm dick, 3 Stahlklammern

bracht werden kann. Besonders bei hohen Forderungen ist eine derartige Verkleidung angezeigt und ist hier dann auch noch wirtschaftlich.

Beim Flachdach muß jedoch bei all diesen Konstruktionen untersucht werden, inwieweit hier die physikalischen Forderungen erfüllt werden. Bekanntlich ist jede Wärmedämmung beim Flachdach unter der Tragdecke von Nachteil, wenn es sich um Warmdächer handelt. Hier besteht also die Gefahr bei Verkleidungen mit Wärmedämmung, daß hier die Tauebene nach unten verlagert wird und daß hier u. U. unzulässige Temperaturbewegungen auftreten. Entweder müßte der Lufthohlraum im abgehängten Bereich wirkungsvoll an die Raumluft angeschlossen werden, was aber aus feuerschutztechnischen Gründen nicht erlaubt ist, oder die Wärmedämmung über den Konstruktionsteilen muß übernormal stark dimensioniert werden, um die Tauebene nach oben zu verlegen bzw. schädliche Temperaturbewegungen aus den Deckenteilen fernzuhalten. Hier empfiehlt es sich dann, eine genaue Temperaturverlaufs- und Diffusionsberechnung für den jeweiligen Einsatzfall durchzuführen. Die Anordnung einer Dampfsperre in der inneren Verkleidungsplatte ist meist unzureichend, da diese höchstens als Dampfbremse, nicht aber als Dampfsperre ausgebildet werden kann. Hierzu s. Kapitel Warm- und Kaltdächer.

9.5.3 Oberlichte zur Brandbekämpfung

Bei Lager- und Werkstatthallen, aber auch bei Treppenhäusern im Wohnungsbau usw. werden seitens des vorbeugenden Brandschutzes vielfach Rauchabzugsanlagen gefordert. In diesen Fällen bieten sich die Oberlichte im Flachdach gleichzeitig als Rauchabzug an. Es empfiehlt sich, bereits bei der Planung die Auflagen der Brandschutzbehörden für Rauch- bzw. Wärmeabzugseinrichtungen einzuholen. Die Auflage der Brandbehörden ist örtlich verschieden. Bei Bestimmung der Anzahl und Größe der Öffnungen ist zunächst festzustellen,

9. Detailhinweise bei Ausführung von Flachdächern

welche Öffnungsfläche als freie Rauchabzugsfläche von der örtlichen Behörde vorgeschrieben wird.

9.5.3.1 Allgemeine Forderungen

Allgemein wird im Hochbau gefordert, daß der freie Querschnitt der Rauchabzugsfläche 5% der Grundfläche des dazugehörenden Raumes oder Brandabschnittes beträgt, mindestens jedoch 0,5 m². Je Brandabschnitt ist eine Bedienungsstelle zum Öffnen bzw. Schließen der Rauchabzugsanlage erforderlich.
Bei Hochhäusern soll die freie Abzugsfläche 5% der Treppenhausgrundfläche betragen. Die Bedienungsstellen sollen jeweils im Erdgeschoß und in jedem Brandabschnitt sowie im obersten Treppenabsatz angeordnet werden. Bei Industrieanlagen richten sich die Auflagen der Brandschutzbehörden jeweils nach der DIN 18230E (Ermittlung der Brandschutzklassen).
Bei Versammlungsräumen werden 0,5 m² freie Rauchabzugsfläche pro 250 m³ Grundfläche oder 1,0 m² Abzugsquerschnitt auf 250 Personen gefordert. Es müssen mindestens zwei Bedienungsstellen angeordnet werden, die außerhalb dieses Raumes liegen. Die Bedienungsstellen müssen gut erkennbar, die Aufschrift »Rauchabzug« tragen.
Steuerungs- bzw. Betätigungsstellen für Rauchabzugseinrichtungen sollten an schnell erreichbaren Stellen angebracht werden. Berücksichtigung von Notstromaggregaten oder Handbetätigungen bei energieabhängigen Anlagen ist erforderlich.
Bei Objekten mit hoher Brandbelastung ist der Einbau von automatisch gesteuerten Rauchabzugsklappen mit Auslösung durch Rauch- oder Temperaturfühler zu empfehlen. Hierbei könnte u.U. auf die Ummantelung der Bauteile verzichtet werden. Vorkehrungen für ausreichende Frischluftzufuhr von unten sind zu treffen. Es sollten für den Rauchabzug nicht tropfende Materialien gewählt werden.

9.5.3.2 Wirkungen des Rauchabzuges

Die Notwendigkeit, den Rauch aus den Räumen möglichst schnell und wirkungsvoll zur Brandbekämpfung zu entfernen, ist relativ neu. Die Rauchentfernung soll die Aktionsfähigkeit der Feuerwehr ermöglichen bzw. verbessern. Hierdurch ergibt sich z.T. eine vollkommene Umkehr der Vorstellungen über Feuer, Rauch und heiße Brandgase gegenüber früher.
Eine oft gehörte, aber nach diesen neuen Erkenntnissen eindeutig veraltete Ansicht lautet: Feuer wird durch Sauerstoff genährt, folglich oberster Grundsatz im Brandfall: Fenster und andere Öffnungen geschlossen halten. Diese Ansicht muß als veraltet gelten. Die schnell sich bildenden und raumfüllenden heißen Brandgase erbringen eine große Gefahr für die Rettungsaktion und Brandbekämpfung. Abzugsöffnungen im Flachdach erbringen hier die gewünschten Entlastungen, gemäß Bild 699.

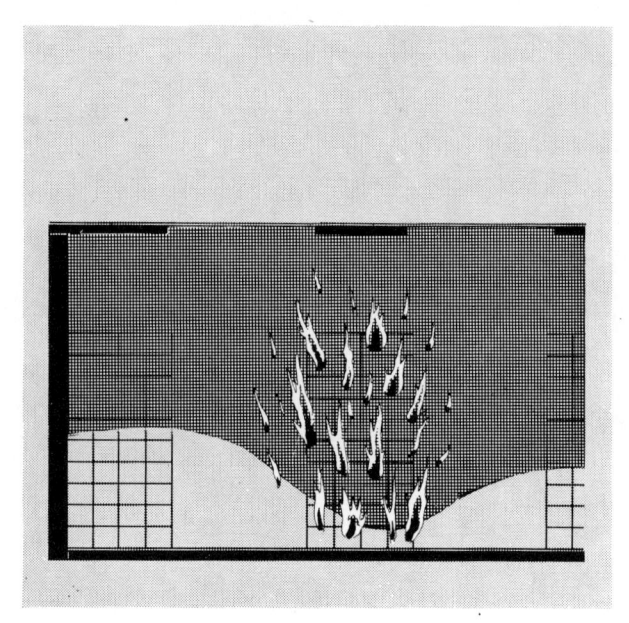

Gebäude ohne Rauchabzugsklappen

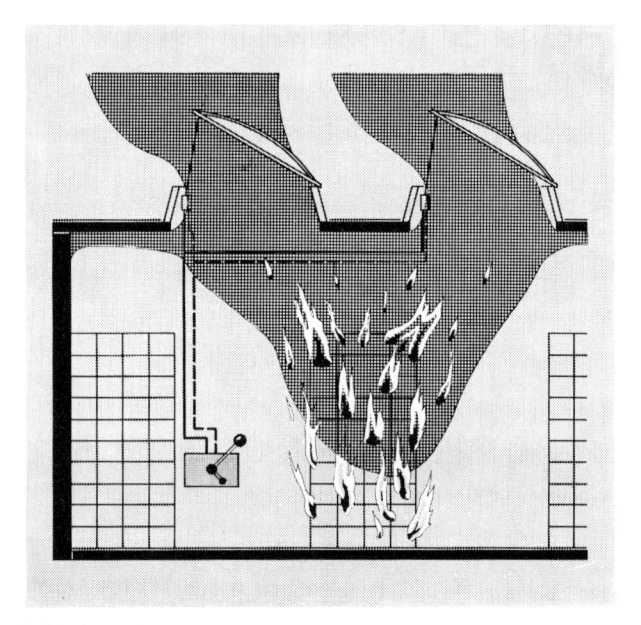

Gebäude mit Rauchabzugsklappen
Bild 699

9.5.3.3 Rechnerische Ermittlungen der Rauchabzugsfläche [83]

Anstelle der oft willkürlichen Festlegung der Bauaufsichtsbehörden lassen sich die Rauchabzugsflächen nach neuesten Erkenntnissen aus England und Schweden, berichtet von Hinkley und Thomas, berechnen. Je nach Feuergröße ist eine bestimmte Rauchabzugsfläche notwendig, die wiederum funktionsabhängig ist von der Gebäudehöhe. Je schmaler eine Brandfläche bei gleicher Quadratmeterzahl ist, um so mehr Abzugfläche ist notwendig. Es wird nach diesem System also

9.5 Brandschutz beim Flachdach

nicht nur die Grundfläche sondern auch der Umfang zugrunde gelegt. Die Formel lautet:

Rauchabzugsfläche = Lüftungsfaktor × Umfang des Brandabschnittes

Die Lüftungsfaktoren je nach Höhe des Gebäudes betragen:

Höhe des Gebäudes v. Fußboden bis Mitte Lüftungsöffnung m	Lüftungsfaktor
6	0,43
8	0,34
12	0,25

Es ist einleuchtend, daß mit zunehmender Umfangfläche der Brand intensiver ist und schneller vor sich geht. Auch daß mit steigender Gebäudehöhe der Lüftungsfaktor kleiner ist, versteht sich von selbst, weil bei niedriger Gebäudehöhe die heißen Gase durch größere Abzugsflächen schneller abgeführt werden müssen. Je höher das Gebäude, desto kleiner die Abzugsfläche. Wenn das Beispiel 2 mit Beispiel 1 verglichen wird, so ist festzustellen, daß eine wesentliche Minderung der Rauchabzugsfläche bei Beispiel 2, also bei doppelter Gebäudehöhe zu erkennen ist. Das arithmetische Mittel aus beiden Beispielen ergibt einen Wert von 5,5%. Er nähert sich dem von den Brandschutzbehörden meist geforderten Wert von 5% der Grundfläche.

Zwei Rechenbeispiele mögen dies erläutern:

Beispiel 1
Brennende Fläche: 1 000 m²
Gebäudehöhe: 6 m (Lüftungsfaktor 0,43)

Brandflächenform (Grundfläche)	Abmessung m	Umfang lfdm.	Lüftungsfaktor	Abzugsfläche m²	
1.	30 × 33	126 ×	0,43	54	= 5,4%
2.	20 × 50	140 ×	0,43	60	= 6,0%
3.	10 × 100	220 ×	0,43	94	= 9,4%

Beispiel 2
Brennende Fläche: 1 000 m²
Gebäudehöhe: 12 m (Lüftungsfaktor 0,25)

Brandflächenform (Grundfläche)	Abmessung m	Umfang lfdm.	Lüftungsfaktor	Abzugsfläche m²	
1.	30 × 33	126 ×	0,25	31,5	= 3,2%
2.	20 × 50	140 ×	0,25	35,0	= 3,5%
3.	10 × 100	220 ×	0,25	55,0	= 5,5%

9.5.3.4 Frischluftzufuhr

Entscheidend für den guten Rauchabzug ist jedoch die Zufuhr von ausreichend Frischluft. Diese Frischluftzufuhr durch Fenster oder Türen ist ebenso notwendig, um im Bereich bis zu 3 m Höhe über dem Fußboden eine klare Zone zu erhalten, die günstigere Bedingungen für die Brandbekämpfung schafft. Richtig dimensionierte Rauchabzugsflächen der Be- und Entlüftung vermindern ein Aufheizen des Gebäudes durch die Konvektionswärme des Brandes. Dies ist besonders wichtig für die tragenden Konstruktionsteile. Bei brandgefährdeten Bauten empfiehlt sich für die Brandbelüftung eine besondere automatische Belüftungsanlage über Fußboden.

9.5.3.5 Praktische Möglichkeiten

Die Rauchentlüftung über Dach kann unabhängig von der Belichtung durch eigene Konstruktionselemente hergestellt werden etwa durch Klappen, die in die Dachfläche ähnlich wie Dachausstiege eingebaut werden und die gemäß den nachfolgend beschriebenen Systemen geöffnet werden.

Wie in Kapitel 9.4 Belüftung über Oberlichte beschrieben, werden vorzugsweise Entlüftungen in die Oberlicht-Konstruktionen eingebaut. Bei Shed-Konstruktionen und ähnlichen Oberlichtgestaltungen können unmittelbar im Firstbereich Entlüftungsflügel zum Einbau kommen gemäß vorgenannten Berechnungen, die ebenfalls automatisch zu öffnen sind. Auf die Möglich-

9. Detailhinweise bei Auslieferung von Flachdächern

Bild 700 Brandversuch Plexiglas 215 gereckt (Olympiadach). 1. Etwa eine Minute nach dem Entzünden von 50 kg Fichtenholzscheiten sind auf der Unterseite der Plexiglas-Platte klaffende Oberflächen-Schrumpfrisse entstanden. Die Dachhaut ist noch geschlossen. 2. Nach etwa 3 Minuten haben sich benachbarte Platten aus der Einspannung herausgerissen und durch Schrumpfung vom Brandherd zurückgezogen (Pfeile). 3. Ein Feuersturm greift das Versuchsdach an

keit, daß sich infolge Wärmestau bei Sheddächern oder dgl. einzelne Glasplatten in sich auflösen bzw. abfallen, ist im Anfangsstadium des Brandes kaum zu erwarten. Für die Brandbekämpfung ist es also in jedem Falle notwendig, entsprechende Rauchentlüfter anzubringen. Bezüglich der technischen Möglichkeiten gilt dasselbe wie bei Entlüftungen beschrieben.

Bei großflächigen hohen Kunststoff-Schalendächern besteht eine wirtschaftliche Möglichkeit kaum, hier Einzelentlüftungen anzubringen. Bei Gebäuden mit niederer Höhe wird sich jedoch die geringe Formbeständigkeit der üblichen Kunststoffe gegenüber Wärmeeinwirkung günstig auswirken (s. Tabelle 620 – Thermische Eigenschaften). Dies kann auch aus Bild 700/1–3 abgelesen werden. Es handelt sich hier um das bereits beschriebene Olympiadach in München, mit Plexiglas 215 »gereckt« hergestellt. Dieses Plexiglas hat gegenüber dem normalen Plexiglas günstige feuertechnische Eigenschaften. Gemäß Bild 1 und 2 ist zu erkennen, daß das Plexiglas bei dem Versuch relativ schnell aufreißt und dadurch der Hitzestau schnell abzieht, so daß die Seilnetze thermisch nicht belastet werden. Ferner können im Primärbrandherd evtl. entstehende giftige Gase wie Qualm- und Rauchwolken ebenfalls schnell abziehen. Bei höheren Hallen wird diese Wirkung wie angeführt nicht so schnell wie bei niederen Hallen zu erwarten sein.

9.5.3.5.1 Rauchabzug mit Lichtkuppeln

Eine sehr günstige Rauch-Entlüftungsmöglichkeit ergibt sich mit Lichtkuppeln. Hier werden, wie bereits bei Belichtung und Belüftung angeführt, von den verschiedensten Herstellerfirmen aufklappbare Lichtkuppeln auf Aufsatzkränzen angeboten. Diese Lichtkuppeln dienen normalerweise für die Belichtung der Räume und werden zusätzlich anstelle fester Montage mit besonderen Öffnungssystemen versehen, die unabhängig oder weitgehend unabhängig von der manuellen Bedienung tätig werden. Von den namhaftesten Lieferfirmen werden die kompletten Anlagen mit allen heute erkennbaren technischen Möglichkeiten angeboten. Nachfolgend soll lediglich ein Beispiel zur Anschauung dargestellt werden, ohne dabei eine Firmenbevorzugung oder Qualitätswertung vornehmen zu wollen. Die Systeme dürften bei den namhaftesten Firmen im allgemeinen gleichwertig sein.

In Bild 701 ist die pneumatische Betätigung der Lichtkuppeln dargestellt mittels Druckluft. Ist kein Druckluftnetz bauseits vorhanden, kann ein Kompressor zu dieser Anlage geliefert werden. Die Betätigung erfolgt über Handsteuer- oder Magnetventile. Die Steuerleitungen sind Zweibahnsysteme (Doppelrohr).

Dieses System ist im allgemeinen jedoch nur für Lüftungen bestimmt, wird jedoch in Ausnahmefällen auch als Rauch-Abzugsanlage anerkannt.

Nach Bild 702 werden die Rauchabzugsklappen bzw. Lichtkuppeln über Alarmkästen mit CO_2-Flaschen betätigt. Das Rohrsystem ist ein Einrohrsystem. Das Schließen der Rauchabzugsklappen muß hier durch Entfernen der CO_2-Flaschen, Handentriegelung und durch Niederdrücken der Rauchabzugsklappen erfolgen, was zweifellos etwas umständlich ist.

Es empfiehlt sich demzufolge das kombinierte System gemäß Bild 703. Es ist dies eine Kombination von Lüftungs- und Rauchabzugsanlage. Für Rauchabzug wird

9.5 Brandschutz beim Flachdach

Bild 701
Pneumatisches System [77]

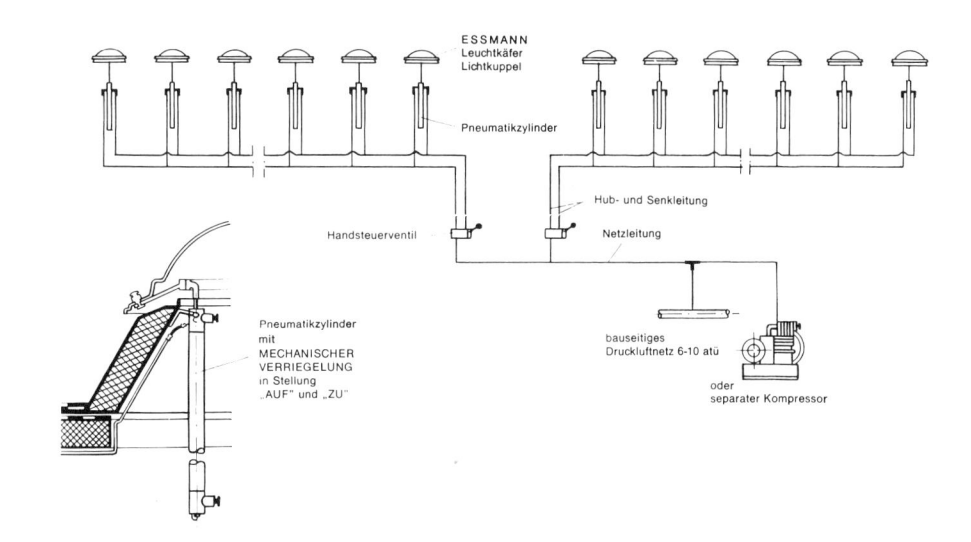

Bild 702
Steuersystem mit CO_2 [77]

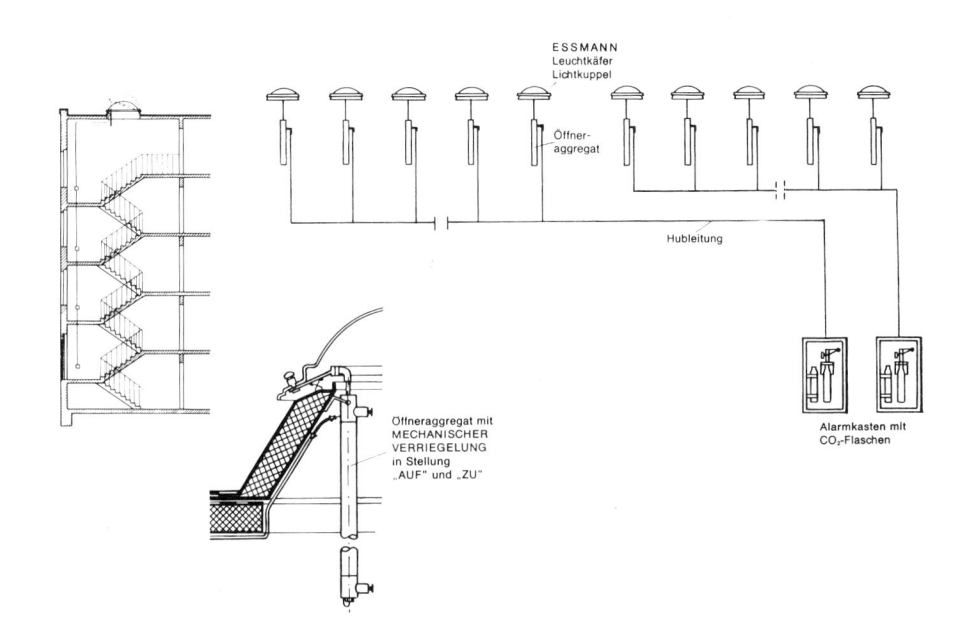

Bild 703 Pneumatik
und CO_2-System [77]

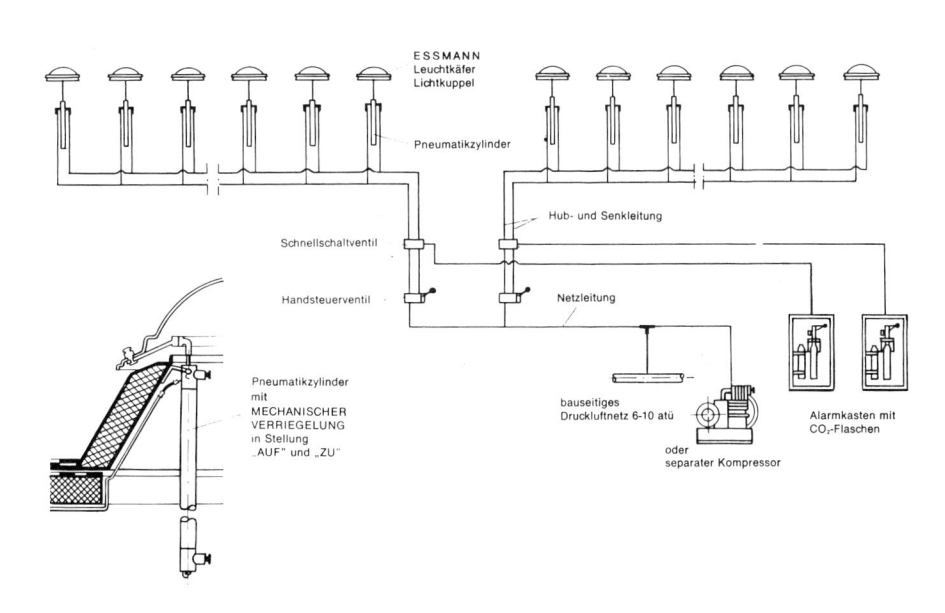

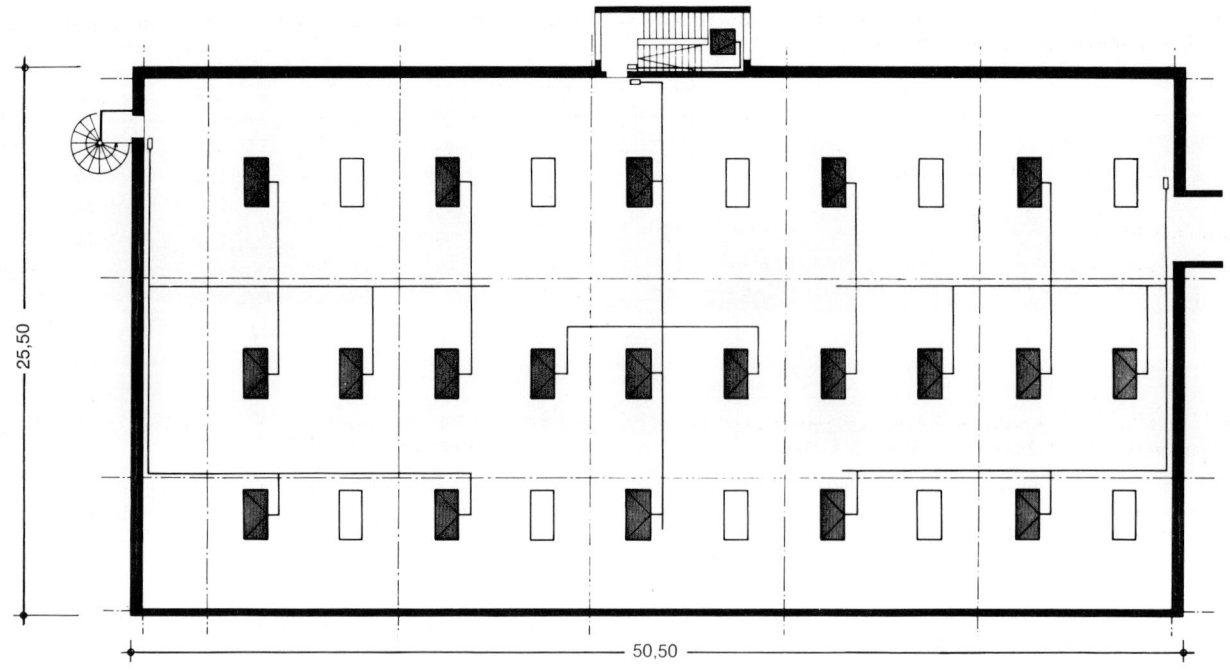

9. Detailhinweise bei Ausführung von Flachdächern

Bild 704 Aufteilung in Gruppen und Bedienungsanordnung [82]

hinter dem Handsteuer-Ventil wie bei dem System Bild 701 ein Schnellschalt-Ventil angeordnet. Dieses Ventil wird über den Alarmkasten mittels CO_2 gesteuert. Der Steuerkolben riegelt das Druckluftnetz ab, damit kein CO_2 in das Leitungssystem eindringt und gibt das Druckmedium in die Aufleitung der Hubzylinder zum Öffnen der Rauchabzugsklappen. Dieses System bietet also den Vorteil, daß die Klappen automatisch über Druckluft wieder geschlossen werden können, und so gleichzeitig für Lüftung und Rauchabzug dient.

Anordnung der Alarmstation

Hier gelten folgende Gesichtspunkte:

1. Die Bedienungsstellen für Rauchabzugsanlagen sind im Bereich der Fluchtwege anzuordnen, also z.B. im Treppenraum, an den Raumeingängen usw. (s. Bild 704).
2. Aufteilung der Raumfläche in Brandabschnitte, die ein Übergreifen des Feuers im Brandfalle erschweren (s. ebenfalls Bild 704).
3. Weitere Sicherungsmaßnahmen durch Brand-Frühwarnsysteme (z.B. Ionisations- und Flammenmelder).
4. Wahl der zweckmäßigsten und sichersten Systeme.

Beispiel einer guten Planung (nach Esser)

Industriehalle gemäß Bild 704 1288 m² Grundfläche. Erforderliche Rauchabzugsöffnungen nach vorgenannter Berechnung oder nach Angaben der Baubehörden 2,5 % der Grundfläche = 32,2 m².

Es werden Lichtkuppeln Nenngröße 116×236 verwendet. Rauchabzugsfreier Querschnitt F = 1,62 m² (nach Tabellen der Lieferfirmen).
Gesamtbedarf: 32,2 × 1,62 = 20 Stück.

Aufteilung in drei Gruppenanlagen:

1. Gruppe = 7 Rauchabzugsklappen, Bedienung Notausgang
2. Gruppe = 5 Rauchabzugsklappen, Bedienung Ausgang zum Treppenhaus
3. Gruppe = 8 Rauchabzugsklappen, Bedienung Hauptausgang

Eine Einzelanlage: im Treppenhaus = 1 Rauchabzugsklappe.
Von den insgesamt 30 Lichtkuppeln aus Bild 704 werden also 20 zusätzlich als Lüftungs- und Rauchabzugsklappen ausgebildet. Es empfiehlt sich dann, hier ein Bedienungssystem gemäß Bild 703 zu wählen.
Diese allgemeine Übersicht mag ausreichen. Im schwierigen Einzelfalle empfiehlt es sich, sich mit den Lieferfirmen für Lichtkuppeln für Detailberatungen in Verbindung zu setzen.

9.6 Die Entwässerung flacher Dächer

Aufgabe der Dachentwässerung ist, das Niederschlagswasser, das auf die Dachfläche auftrifft, so schnell wie möglich über Regenrinnen, Bodeneinläufe und Abfallrohre in die Kanalisation zu bringen.

9.6 Die Entwässerung flacher Dächer

Bild-Tabelle 705 Regionale Niederschlagsmenge in l/s · ha entsprechend den Zeiteinheiten T (min) (nach Reinhold, Archiv für Wasserwirtschaft 1940, Nr. 56)

T =	5	10	15	30	60	90	150	min
Nordwestdeutschland	154	110	85	53	32	23	15	l/sha
Nordost- bis Mitteldeutschland	162	121	94,5	59	34	24	15,5	l/sha
Westdeutschland	162	124	96	57	32	23	15	l/sha
Sachsen–Schlesien	174	132,5	106	67	39,5	28,5	18,5	l/sha
Südwestdeutschland	212	150	119	74	43	27,5	—	l/sha

Bild-Tabelle 706 Bemessung liegender Leitungen für Regenwasser (nach Tabelle 3, DIN 1986, Blatt 2)

Bei Anwendung der Kutterschen Formel ergeben sich folgende Werte:
Falleitungen nach Spalte 2 Gefälle 1:100 (Abschnitt 2.3.3)

1 Anzuschließende Niederschlagsfläche in m² für Leitungsgefälle 1:50 bzw. 1:100 bei einer maximalen Abflußspende von l/s · ha					2 Lichte Weite der Rohrleitungen in mm für Regenwasser allein im Gefälle von	
l/s · ha	100	150	200	300	1:50	1:100
m²	140	90	70	45		
	210	135	105	70		100
	280	185	140	90		
	340	230	175	115	100	
	415	275	210	140		
	480	320	240	160		125
	550	365	275	180		
	625	415	310	200		
	700	465	350	230		
	775	515	390	260	125	
	850	570	425	280		
	925	620	465	310		150
	1000	665	500	330		
	1060	700	530	350		
	1122	740	560	370		
	1185	790	590	400	150	
	1250	830	620	420		
	1350	900	675	450		200
	1500	1000	750	500		
	1750	1150	875	575		

Um die Rinnen, Bodeneinläufe und Fallrohre richtig bemessen zu können, ist es erforderlich, die Niederschlags-Intensität zu kennen, um daraus dann die Dimensionierung abzuleiten.

Bild-Tabelle 707 Bemessung der Regenfalleitung (nach Tab. 5, DIN 1986, Blatt 2)

Die angegebenen Weiten berücksichtigen mögliche Laub- und Schmutzbefall der Siebabdeckungen. Ein Sicherheitszuschlag ist in die Bemessung dieser Tabelle der Norm eingegangen:

Angeschlossene Niederschlagsfläche (Grundrißfläche) m²	Lichte Weite der Regenfalleitung mm mindestens	Querschnitt cm²
Balkone und Loggien	50	20
Dächer bis 6	50	20
Dächer bis 50	70	38
Dächer bis 150	100	80
Dächer bis 250	125	120
Dächer bis 400	150	175

Für noch größere Dachflächen als in der Tabelle angegeben sind mehrere Regenfalleitungen mit entsprechenden lichten Weiten zu wählen.

Als Grundlage für die Dimensionierung und Bemessung der Dachentwässerung gilt die DIN 1986, Blatt 2 (Grundstücksentwässerungsanlagen – Bestimmungen für die Ermittlung der li. Weiten der Rohrleitungen) und für Regenfallrohre die DIN 18460.

9.6.1 Bemessung der Querschnitte

9.6.1.1 Niederschlagsintensität

Niederschlag aus Schnee, Eis, Hagel, Regen, Tau und Nebel ergeben die Gesamtniederschlagsmenge. Dabei ist es durchaus möglich, daß mehrere Einwirkungen gleichzeitig zustande kommen z. B. Abtauen von Schnee und starker Regenniederschlag.
In Tabelle 705 sind für die einzelnen deutschen Regionen die Niederschlagsmengen in Liter/sec und Hektar (l/s · ha) in einer Zeiteinheit (Minuten) angegeben. Das besagt also z. B., daß in Südwestdeutschland in einer Zeitdauer von 5 Minuten 212 l/s · ha an Niederschlagsmenge zu erwarten sind.
Diese Werte nach Tab. 705 sollen nach Weiler und Voorgang [84] zu gering bemessen sein. Aus Erfahrung sol-

9. Detailhinweise bei Ausführung von Flachdächern

len 300 l/sha ein brauchbarer Richtwert für die Auslegung der Dachentwässerung bei sehr starken Regenfällen sein. Ein 5-Minuten-Dauerregen in dieser Stärke ergibt eine Wasserschicht von 9 mm auf dem Dach, wenn während der Regenzeit kein Wasser abfließen würde. Die Werte der Tabelle 705 dürften also als gute Mittelwerte Gültigkeit haben.

Für die Bemessung der liegenden Leitungen für Regenwasser gilt die Tabelle 706. Hier ist zu unterscheiden zwischen einem Gefälle von 2 bzw. 1 %. In der Tabelle 706 sind die lichten Rohrweiten angegeben, die für eine Niederschlagsfläche in m² erforderlich werden. Bei z. B. 300 l/sha sind bei 260 m² Dachfläche und 1 % eine li. Rohrweite von 150 mm erforderlich (als Dachfläche gilt die Grundfläche, also nicht etwa die Schrägfläche). Nach DIN 1986 Blatt 2 sind Fallleitungen für Regenwasser wie in liegenden Leitungen im Gefälle 1:100 zu bemessen. Die Tabelle 706 gilt also auch für Regenfall-Rohre und für Bodeneinlaufdimensionierungen.

Meist wird jedoch die Bemessung nach Tabelle 707 gemäß DIN 1986 zugrunde gelegt, da hier keine Vorberechnungen notwendig werden.

9.6.1.2 Beispiel einer Berechnung

In Bild 708 [85] ist ein Flachdach-Grundriß dargestellt mit verschiedenen Geschoßhöhen und zu entwässernden Bauabschnitten. Hier ergeben sich nach der Berechnung die Niederschlagsflächen und daraus resultierend aus Tabelle 707 die notwendigen ∅ der Bodeneinläufe und Abfallrohre:

9.6.1.3 Planungsforderungen

Bei der Aufteilung der Abfallrohre und Bodeneinläufe usw. müssen folgende Gesichtspunkte berücksichtigt werden:

1. kleinere Dachflächen, die nur einen Bodeneinlauf erforderlich machen würden, sollten entweder zwei Abläufe erhalten oder zusätzlich einen Notüberlauf, um bei Verstopfung einer Fallrohrleitung Rückstauschäden zu vermeiden. (Rückstauschäden durch Wassereindringung in die Räume oder in die Wärmedämmung der Dachkonstruktion.)

2. Die Regenfallrohre sollten möglichst so angeordnet werden, daß auch senkrechte Bodeneinläufe mög-

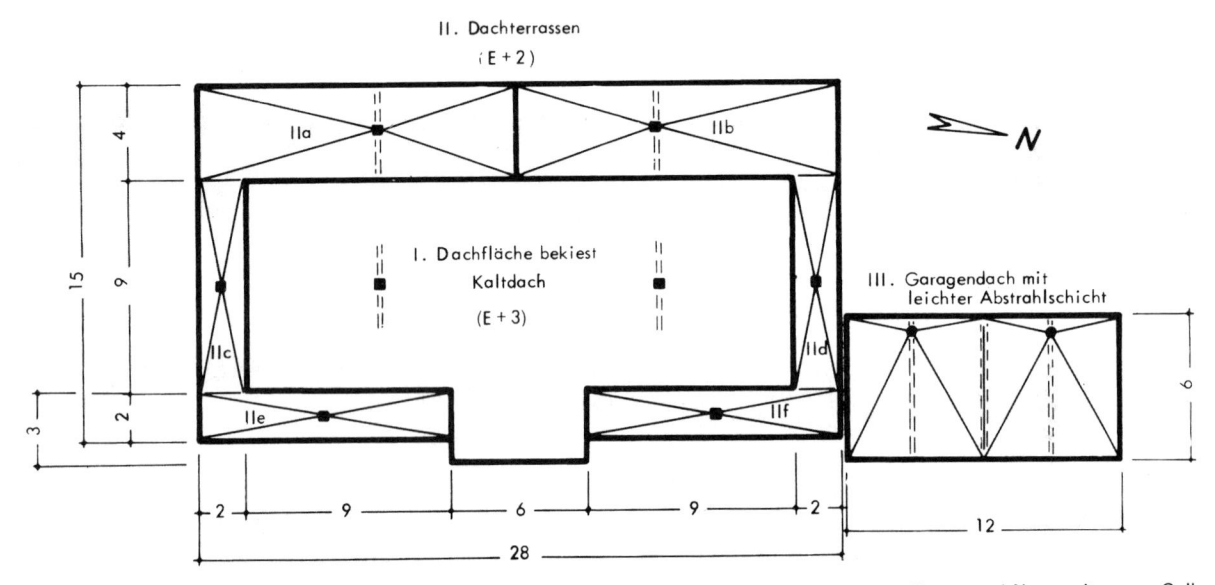

1. Errechnung der einzelnen Niederschlagsflächen:

I. Dachfläche bekiest
   24 × 9 = 216
   6 × 3 = 18
   ──────────
          234 m²

II. Dachterrassen-Teilflächen
   IIa und IIb
   je 14 × 4 = 56 m²
   IIc und IId
   je 9 × 2 = 18 m²
   IIe und IIf
   je 11 × 2 = 22 m²

III. Garagendach
   12 × 6 = 72 m²

Bild 708 Festlegung der zu entwässernden Teilflächen

2. Ermittlung der Stückzahlen, Typen und Nennweiten von Gully und Regenfallrohren

I. GULLY senkrecht
   wärmegedämmt, NW 100
   mit Universalsieb   2 Stück

IIa, IIb GULLY senkrecht,
   wärmegedämmt, NW 100,
   mit Aufstocktrichter, Universalsieb
   und Ausgleichsstücken   2 Stück

IIc, IId, IIe, IIf GULLY 3°
   abgewinkelt, wärmegedämmt, NW 70,
   mit Aufstocktrichter,
   Universalsieb und Ausgleichsstücken   4 Stück

III. GULLY senkrecht,
   wärmegedämmt, heizbar*, NW 70,
   mit Rundsieb   2 Stück

   * Fallrohre führen nicht durch geheizte Räume,
     außerdem nordseitige Lage der Dachfläche

9.6 Die Entwässerung flacher Dächer

lich sind, da Bodeneinläufe mit schrägem Abgang immer eine schlechte Entwässerung erbringen.

3. Die Festlegung der zu entwässernden Teilflächen soll unter Berücksichtigung von Gefälleanordnung, Länge der Entwässerungswege und Einbaumöglichkeiten der Fallrohre festgelegt werden.
4. Die Fallrohre sollten beim Flachdach in jedem Falle im warmen Bereich geführt werden, also im beheizten Bereich, da sonst im Winter mit Sicherheit bei Außenführung Einfrierung und Rückstaugefahr erwartet werden muß.
5. Bei Entwässerungsanordnungen bei Terrassen usw. sollten die Bodeneinläufe auch bei kleineren Teilflächen eine NW von 100 mm nicht unterschreiten, da hier eine trägere Abflußgeschwindigkeit durch Kies, Mörtelbett, Versinterung durch Kalkablagerung im Bereich der Bodeneinläufe zu erwarten ist.
6. Zwischen Achse Bodeneinlauf bzw. Abfallrohr und anschließenden Wänden, Attika-Aufkantungen usw. sollte ein *Abstand von ca. 50 cm* belassen werden, um hier eine einwandfreie Flächenanschließung der Dachgullys zu ermöglichen, ohne daß diese in den Schrägbereich oder an die Wand angeklebt werden müssen.
7. Die Bodeneinläufe grundsätzlich am tiefsten Bereich eines Flachdaches usw. anzuordnen unter Berücksichtigung der Durchbiegung der Unterkonstruktion usw. (Gasbetonplatten, Trapezbleche usw.).
8. Bei Terrassen müssen die Abläufe im frostfreien Bereich einen Geruchsverschluß erhalten, also etwa im darunterliegenden warmen Geschoß, wo Einfriergefahr vermieden wird.
9. Müssen Ablaufrohre ausnahmsweise ganz oder teilweise im kalten Bereich abgeführt werden, sind sowohl die Bodeneinläufe als auch die Ablaufrohre gegen Einfriergefahr zu heizen.
10. Bei Terrassen, die wie vorgenannt einen Geruchsverschluß in dem darunterliegenden warmen Raum erhalten, muß der Bodeneinlauf und ein Teil des Abfallrohres (etwa 1 m) ebenfalls geheizt werden.
11. Bei Anordnung der Fallrohrleitung im warmen Bereich ist bei Kanaleinleitung eine Beheizung des Bodeneinlaufes und der Fallrohre nicht erforderlich. Bei Anschluß der Fallrohre in Sickergruben oder dgl. ist eine Heizung erforderlich.
12. Bei notwendiger Anordnung von Außenrinnen empfiehlt sich im Flachdachbau eine Rinnenheizung und, wenn die Ablaufrohre auf der Außenseite angeordnet werden müssen, auch Heizung im Fallrohr.
13. Außenrinnen sollten, soweit wie möglich, beim flachen oder flachgeneigten Dach vermieden werden, da sie kein geeignetes Entwässerungssystem für das Flachdach sind (s. Kapitel Warmdach – Kaltdach). Anstelle von Rinnen können Aufbörtelungen bzw. Anschrägungen an der Traufseite hergestellt werden, so daß eine rinnenlose Innenentwässerung im Bereich auch beim flachgeneigten Dache möglich ist. (s. spätere Detailausführung.)
14. Die Bodeneinläufe müssen aus korrosionsfesten Materialien hergestellt werden (gegebenenfalls auch gegen chemische Angriffe beständig sein), müssen sich einwandfrei wasserdicht in die Dachhaut einkleben lassen mit entsprechend breitem Kleberand, müssen rückstausicher in Konstruktion und Anschluß sein und dürfen keinen Wasserdampf über die Stirnseiten der Wärmedämmung, Dampfdruckausgleichsschicht usw. eindiffundieren lassen.
15. Sowohl die Bodeneinläufe als auch die Abfallrohre im warmen Bereich müssen mit einer Wärmedämmung versehen sein. Die Fallrohre im warmen Bereich müssen mindestens soweit wärmegedämmt werden, bis die Gefahr einer Kondensation nicht mehr gegeben ist. Im allgemeinen beträgt die notwendige Isolierlänge ein Stockwerk, u. U. aber auch mehr, besonders bei schlechter Beheizung der durchlaufenden Räume (Treppenhäuser).
16. Bei Kaltdächern ist das Ablaufrohr im kalten Bereich mit einer guten Wärmedämmung zu versehen bzw. sind sog. wärmegedämmte Zobelrohre anzuordnen.
17. Waagrechte Ablaufrohre (mindestens 2% Gefälle) und schräg abgehende Bodeneinläufe sind besonders gut mit einer Wärmedämmung zu umwickeln, um Kondensatbildung zu vermeiden.

9.6.1.4 Konstruktive Einbaugesichtspunkte

9.6.1.4.1 Dachrinnen

Dachrinnen müssen bei Kaltdächern mit Wellasbest-, Ziegeldeckungen oder dgl. zur Anwendung kommen. Aber auch bei leichten Gefälledächern mit bituminösen Abdichtungen oder mit Kunststoff-Abdichtungen läßt sich die Rinne als Konstruktionselement nicht immer vermeiden. Auch bei Innenentwässerungen bei bestimmten Konstruktionen, z.B. Sheddächer, Schmetterlingsdächer oder dgl., müssen oft Blechrinnen zur Anwendung kommen, besonders bei nicht wasserdichtem Deckmaterial (Blech, Ziegel, Asbestplatten usw.).

In Tabelle 709 sind die genormten Rinnenabmessungen für halbrunde und kastenförmige Dachrinnen sowie Regenfallrohre samt den erforderlichen Blechdicken dargestellt.

Beim Einbau der Dachrinne, Traufbleche, Laubfangkörbe usw. sind folgende Hinweise zu beachten:

Rinnen aus Zinkblech sind an den Stößen zu löten. Bei Verwendung anderer Metalle sind die Rinnenstöße zu falzen, zu löten oder zu schweißen oder bei 30 mm breiter Naht versetztreihig zu nieten.

Bei Verwendung von feuerverzinktem Stahlblech sind die Stöße zu falzen oder in Verbindung mit Weichlötung zu nieten. Bei unverzinktem Blech sind sie zu schweißen.

9. Detailhinweise bei Auslieferung von Flachdächern

Bild-Tabelle 709 Abmessungen halbrunder Dachrinnen (DIN 18461)

Zuschnittbreite mm	Richtgröße nach DIN 18460	Durch-messer mm	Wulst mm	Querschnitt cm²	Blechdicke mindestens mm
500 (4-teilig)	250	250	22	245	0,80
400 (5-teilig)	190	192	22	145	0,70
333 (6-teilig)	150	153	20	92	0,70
285 (7-teilig)	125	127	18	63	0,70
250 (8-teilig)	100	105	18	43	0,65
200 (10-teilig)	80	80	16	25	0,65

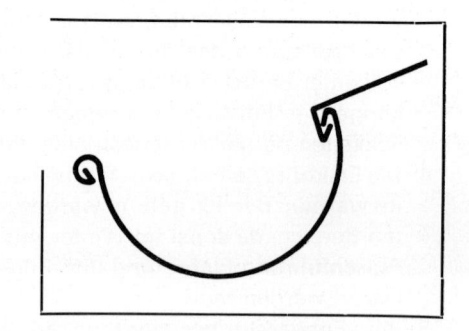

Abmessungen kastenförmiger Dachrinnen

Zuschnittbreite mm	Richtgröße nach DIN 18460	a mm	b mm	c mm	Wulst d mm	e mm	Quer-schnitt cm²	Blech-dicke mind. mm
667 (3-teilig)	300	180	225	200	22	15	364	0,80
500 (4-teilig)	200	115	190	135	22	13	196	0,80
400 (5-teilig)	150	90	140	100	22	13	110	0,70
333 (6-teilig)	120	75	112	85	20	13	70	0,70
250 (8-teilig)	80	52	83	62	18	12	35	0,65
200 (10-teilig)	70	41	65	51	16	10	21	0,65

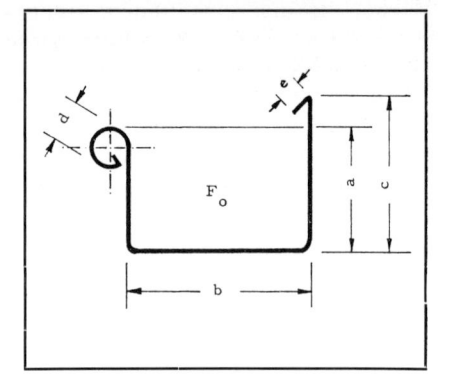

Abmessungen runder Regenfallrohre (DIN 18461)

Zuschnittbreite mm	Richtgröße nach DIN 18460	Innen-⌀ am weiten Ende mm	mittlerer Querschnitt ca. cm²	Blechdicke mindestens mm
500 (4-teilig)	150	150	175	0,80
400 (5-teilig)	125	120	113	0,70
333 (6-teilig)	100	100	75	0,65
285 (7-teilig)	80	87	58	0,65
250 (8-teilig)	70	76	44	0,60
200 (10-teilig)	60	60	27	0,60

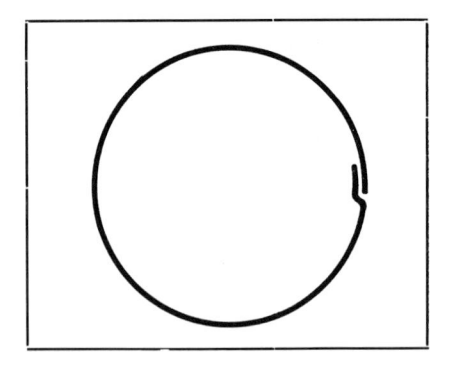

Runde oder eckige Regenfallrohre werden gelötet, geschweißt oder gefalzt.

Hängerinnen sind so anzubringen, daß der Rinnenrand an der Dachseite um mindestens 10, besser 15 mm höher liegt als an der Außenseite. Leider wird dieser Hinweis häufig vergessen.

Traufbleche müssen bei flachen Dächern (bis 15 Grad Neigung) mindestens 200 mm, bei steileren Dächern mindestens 150 mm auf die Traufbohle der Dachfläche hinaufreichen. Sie sind in den Falz der Rinne einzuhaken. Werden sie mit Stoßüberlappung auf die Traufbohle genagelt, so sollten sie nicht über 2 m lang sein. Werden Traufbleche mit Normalhaften befestigt, was zusätzlich Vorstoßbleche dann erforderlich macht, so sind Schiebenähte alle 5–6 m anzuordnen.

Rinnen müssen sich frei ausdehnen und zusammenziehen können. Sie dürfen mit Trauf- und Scharenblech nicht fest zusammengefalzt werden. Längere Rinnen sind durch Schiebenähte zu unterteilen (s. nachfolgende Abbildungen). Die einzelnen Rinnenabschnitte sollen folgende Längen bei Aluminium, Kupfer und Zink nicht überschreiten:

a) bei vorgehängten Rinnen 12–15 m
b) bei innenliegenden Kastenrinnen bis 50 cm Zuschnitt 8–10 m
c) bei innenliegenden Rinnnen mit größerem Zuschnitt 5 m

Bei sehr großem Abstand der Regenfallrohre sind innenliegende Rinnen gegebenenfalls durch Schiebenähte in kleine Bewegungsabschnitte aufzuteilen und in eine unter dem Dach entlanglaufende Regensammelleitung (LNA) zu entwässern. Ein weiteres Mittel zur Aufteilung großer Rinnenlängen bildet die Gefällestufe.

Werden Rinnenkästen angeordnet, müssen Rinnen in diese beweglich eingeführt werden.

Innenliegende Kastenrinnen müssen in der Nähe der Fallrohre Überläufe erhalten, damit bei Verstopfung der Hauptabflüsse das gestaute Wasser abfließen kann, ohne daß es unter die Dachhaut dringt. Es ist zu prüfen, ob Überläufe ins Freie geführt werden können.

Wenn an den Ablauföffnungen Laubfangkörbe gegen Verstopfung anzubringen sind, müssen diese aus dickem, verzinktem Stahldraht, bei Kupferrinnen aus Kupferdraht hergestellt werden. Die Gesamt-Einlauffläche eines Korbes muß größer dimensioniert sein als der Fallrohr-Querschnitt.

Beim Einführen von Regenfallrohren höher gelegener Dachteile in die Dachrinne ist der äußere Rinnenrand zu erhöhen, um das Überspritzen von Wasser zu verhüten.

Rinnenhalter für Rinnen aus Zinkblech oder verzinktem Blech müssen feuerverzinkt, solche für Kupferrinnen aus Kupfer oder kupferplattiertem Bandmaterial hergestellt sein. Bei Aluminiumrinnen sind Rinnenhalter aus Alu-Flachstangen oder aus verzinktem Stahl zu verwenden. Sie sind, gleichgültig ob mit oder ohne Spreizen, in solchen Abständen anzubringen, daß durch die zu erwartende Beanspruchung keine Formveränderung, Senkung oder dgl. an den Rinnen entstehen kann. Die Halter sind an der Schalung oder an den Sparren zu befestigen. Bei geklebten Dächern und bei Metalldächern sind sie in die Schalung bindig einzulassen und versenkt zu verschrauben, bei anderen Dächern nur, wenn im Leistungsbeschrieb vorgeschrieben.

9.6.1.4.2 Regenfallrohre

Regenfallrohre aus Zinkblech sind in den Längsnähten zu verlöten, Regenfallrohre aus Kupfer oder verzinktem Stahlblech zu falzen, Rohre aus Zink-Titan können auch gefalzt werden.

An außenliegenden Regenfallrohren sind über den Rohrschellen Wulste oder Nähte zur Auflage auf den Rohrschellen anzubringen. Sie sind bei Zinkrohren zu löten, bei Kupferrohren anzunieten. Gesimsdurchführungen erhalten Mantelstutzen, gegebenenfalls in der Form der Gesimse. Sie sind bei Zinkrohren durch Löten, bei Kupferrohren durch Nieten zu befestigen.

Rohrschellen müssen bei Fallrohren aus Zink und verzinktem Stahl feuerverzinkt, bei Kupfer kupferplattiert und bei Aluminium aus Aluminium oder aus feuerverzinktem Stahl sein. Die Regenfallrohre müssen sich herausnehmen und wieder einbringen lassen, ohne daß die Rohrschellenstifte in der Mauer gelöst werden müssen. Ihr Abstand darf bei einem Rohrdurchmesser bis 100 mm nicht über 3 m, bei größerem ⌀ nicht über 2 m betragen.

Die einzelnen Rohre müssen an den Stößen (Stecknähten) mindestens 50 mm ineinandergreifen.

Die Verbindung der Regenfallrohre mit Standrohren (GA), Gußkästen u. a. ist durch einen Bleitrichter abzudichten.

Außenliegende Regenfallrohre müssen mindestens 20 mm Abstand von der Putzfläche haben. Ihre Nähte sollen nicht unmittelbar vor der Wand liegen.

Bei innenliegenden Rinnen sind die Fallrohrquerschnitte (GA) grundsätzlich größer zu bemessen als bei außenliegenden Rinnen, um der Gefahr der Stauwasserbildung zu begegnen.

Für die Abführung von Regenwasser während der Bauzeit sind Notknie- oder Wasserabweiser anzubringen, so daß sie über die Rüstung hinausreichen.

Diese allgemeinen Hinweise für den Einbau mögen ausreichen.

Als Materialien für Innenentwässerung werden heute neben Gußrohren (GA) Kunststoffrohre (KA) sowie Asbestzementrohre, kunststoffbeschichteter Stahl usw. verwendet.

Auch für Außenrinnen werden heute in zunehmendem Maße Kunststoffrinnen aus glasfaserverstärktem Polyesterharz und Regenfallrohre aus CAB hergestellt. Auch Asbestzement-Formteile stehen für Regenrinnen und Rohre zur Verfügung.

Es würde zu weit führen, hier auf die Vor- und Nachteile einzugehen. Neben wirtschaftlichen Gesichtspunkten sind entscheidend die Eigenschaften der Alterungsbeständigkeit, Korrosionsbeständigkeit, Schlagfestigkeit, Festigkeit gegen statische Drücke bei Eisdruck, Unterhaltungsaufwand usw.

9.6.2 Einbaubeispiele Rinnen

In den Bildern 710 sind eine Anzahl Rinnen aus einer Studie (Institut für Bauplanung und Bautechnik, Detmold [86] dargestellt. Hierzu einige Anmerkungen:

Bild 1

Vorgehängte Rinnen in dieser Form sind problematisch, da die Rinneneinlaufbleche (Traufbleche) thermische Bewegungen erfahren, die dann auf die Dachhaut übertragen werden und dort Rissebildung ergeben. Die Kiesleiste bei Einklebungen erwirkt weitere Spannungsbelastungen und knickt außerdem nach außen ab. Hier müßte gemäß Bild 711 eine Stütze zum Einbau kommen oder Dreieck-geformte Kiesleisten, wenn Kies dagegen geschüttet wird. Die Eigenlast des Kieses ist nicht in der Lage, die Kiesleiste in der Vertikalen zu halten. Grundsätzlich sollte man jedoch bei einem derart geringen Gefälle keine vorgehängten Rinnen ausführen (s. spätere Details). Das Einkleben von Blechen in die Dachhaut sollte also möglichst umgangen werden.

9. Detailhinweise bei Ausführung von Flachdächern

Bild 710 Beispiele für verschiedene Rinnenformen

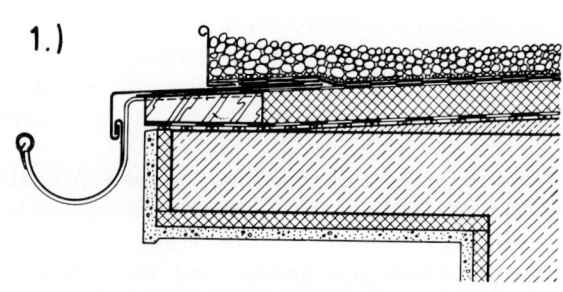

1.) Vorgehängte Rinne, Befestigung mittels Rinneisen auf Traufbohle, Anschluß zur Dachhaut über Rinneneinhang (Traufblech). Vordere Befestigung (verschieblich) durch Rinneisenfeder.

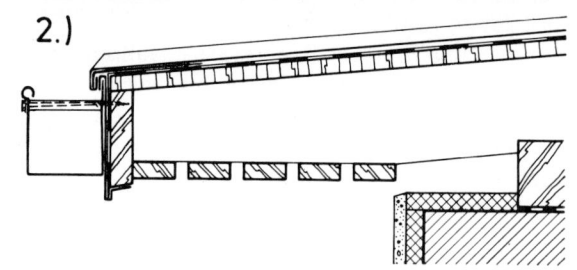

2.) Vorgehängte Rinne, die Befestigung erfolgt durch Verschraubung über eingelötete, aussteifende, runde Hohlstreben in die Stirnbohle.

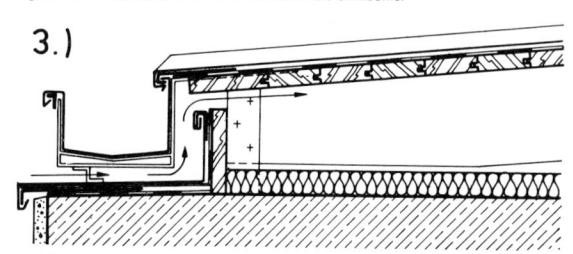

3.) Aufgesetzte Rinne, Kastenrinne in Rinneisen mit Gefällebügel. Befestigung der Rinneisen auf Schalung und Sparren, Distanz L Winkel. Hintere Rinnenabkantung in Rinneneinhang, vordere Befestigung durch Nase.

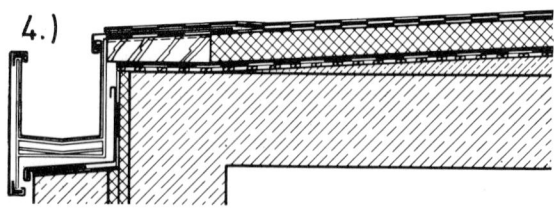

4.) Aufgesetzte Rinne, Kastenrinne in Rinneisen mit Gefällebügel. Befestigung der Rinneisen auf Traufbohle, hintere Rinnenabkantung in Traufblech eingehängt. Vordere Befestigung durch Einhang in Rinnenblende.

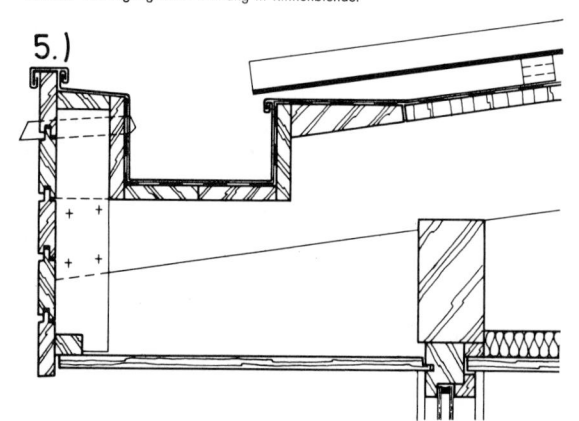

5.) Eingebaute Rinne (verdeckt), Kastenrinne in Holzschalung, hintere Rinnenabkantung in Rinneneinhang, vordere Befestigung durch Einhang in Abdeckstreifen. Eingebaute Wasserspeier als Sicherheitsfaktor.

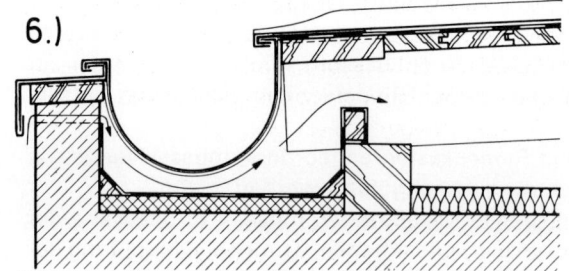

6.) Eingebaute Rinne (verdeckt), Befestigung mittels Rinneisen auf Traufbohlen. Anschluß zur Dachhaut über Rinneneinhang, vordere Befestigung durch Einhang in Abdeckstreifen bzw. Vorstoß. Lüftungsschlitze als Überlaufsicherung.

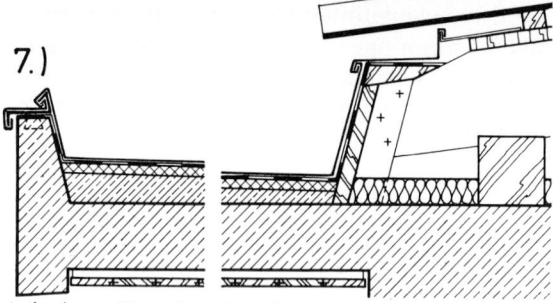

7.) Aufgelegte Rinne, Kastenrinne auf auskragendem Betongesims, wärmegedämmt. Hintere Rinnenabkantung in Rinneneinhang, vordere Befestigung durch Einhang in Abdeckstreifen bzw. Vorstoß. Überlaufsicherung durch hochgezogene Rinneninnenseite.

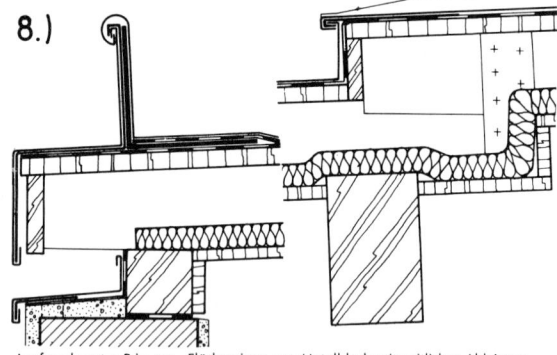

8.) Aufgelegte Rinne, Flächenrinne am Metalldach mit seitlicher Ableitung. Dachhaut über Rinneisen gezogen und in Zinkstreifen bzw. Vorstoßstreifen eingehängt.

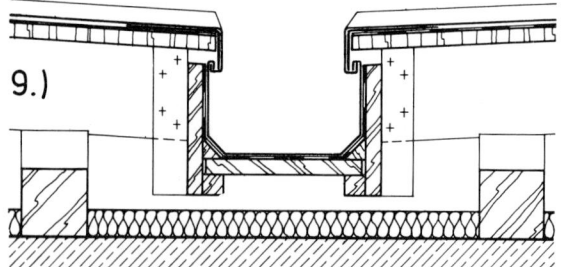

9.) Eingelassene Rinne, Kastenrinne in Holzschalung mit Getälle zum Dachrand und Wasserspeier als Sicherheitsfaktor. Rinnenwand teilweise in Rinneneinhang oder umgelegt.

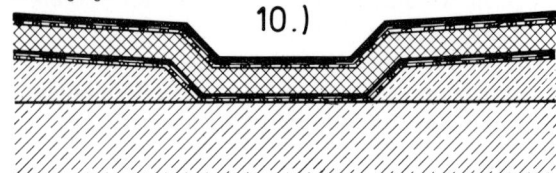

10.) Muldenrinne, eingelassene Rinne als Sammelrinne bei Innenentwässerung. Durchgeklebte Wärmedämmung und Dachhaut.

9.6 Die Entwässerung flacher Dächer

Bild 2
Bei einer derartigen Kaltdach-Konstruktion mit Metallbedachung ist die vorgehängte Rinne notwendig und sinnvoll. Diese Anmerkungen gelten gleichermaßen für Bild 3. Es ist darauf hinzuweisen, daß unter der Rinne die Belüftung erfolgt, damit diese weitgehend eisfrei bleibt (s. Ausführung Metalldächer).

Bild 4
Hier gilt im wesentlichen dasselbe wie bei Bild 1. Konstruktionen dieser Art beinhalten infolge der notwendigen Einklebung von Blechen in die bituminöse Dachhaut Schadensgefahr durch Risse in der Dachhaut, da Bleche und Dachhaut sich physikalisch völlig anders verhalten. Abrisse an den Stößen der Rinneneinlaufbleche und im Bereich des Überganges lassen sich kaum vermeiden. (Siehe Kapitel 9.8 für notwendige Sondermaßnahmen.)

Bild 5
Eingebaute Kastenrinnen, eine heute sehr beliebte Art, beinhalten die Gefahr der Rückstaudurchfeuchtung besonders dann, wenn der äußere Rand wie hier in diesem Bild höher ist als der Innenrand. Im Winter kommt es mit Sicherheit zu Eisstau, wenn hier keine Rinnenheizung zum Einbau gebracht wird. Der eingebaute Wasserspeier als Sicherheitsfaktor ist zwar sinnvoll, ist aber oft im Winter zugefroren, so daß er nicht wirksam sein kann.

Bild 6
Diese Konstruktion ist sinnvoller, da der vordere Rand niedriger ist als der hintere und demzufolge das Wasser als Überlauf nach außen abgehen kann. Konstruktionen dieser Art sind durchaus möglich.

Bild 7
Auch diese aufgelegte Kastenrinne verhindert im allgemeinen Rückstaudurchfeuchtung auch bei nicht wasserdichten Bedachungsstoffen (hier Wellasbestplatten oder dgl.). Trotzdem sollte kein Gefälle nach innen gemacht werden, wenn keine Entwässerung über den warmen Bereich möglich ist. Hier wäre jedoch die Belüftung für das Kaltdach noch darzustellen, die evtl. über die Wellplatten erfolgt.

Bild 8
Auch diese Lösung ist möglich bei einem Kaltdach, wenngleich hier die komplizierte Konstruktion dann gefährlich ist, wenn der äußere Rinnenrand höher oder gleich hoch ist wie der innere Rand. Hier müßte also darauf geachtet werden, daß dieser Rand mindestens 1–1,5 cm tiefer gemacht wird.

Bild 9
Kastenrinnen wie hier dargestellt sind besonders problematisch. Diese können nur mit Rinnenheizungen hergestellt werden. Da meist über diese Kastenrinnen noch die Belüftung des Kaltdaches erfolgen sollte, die hier nicht dargestellt ist. Es ist hier noch ein Lüftungsschlitz anzuordnen (s. Beispiele bei Kapitel Kaltdach), der Rückstauwasser leicht eindringen läßt.

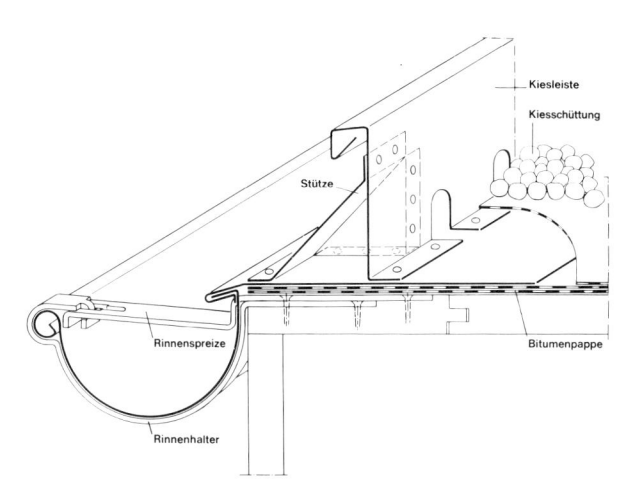

Aus diesem Grunde empfiehlt es sich, bei bituminösen oder Kunststoffdichtungen, gleichgültig ob Warm- oder Kaltdächer, eine Ausführung gemäß Bild 10 anzuordnen, also ohne jegliche Blechverwendung durch Herstellen von Muldenrinnen, was jedoch bei Blech-Deckung gemäß Bild 9 nicht möglich ist. Hier verbleibt also nur die Kastenrinne als Entwässerungsmöglichkeit.

In Bild 711 ist eine an sich richtige Lösung bei vorgehängten Rinnen mit Kiesleiste dargestellt, wenngleich auch hier das Problem bestehen bleibt, daß Bleche und bituminöse Dachbahnen nicht miteinander harmonieren und hier früher oder später Rissegefahr in der Dachhaut zu erwarten ist.

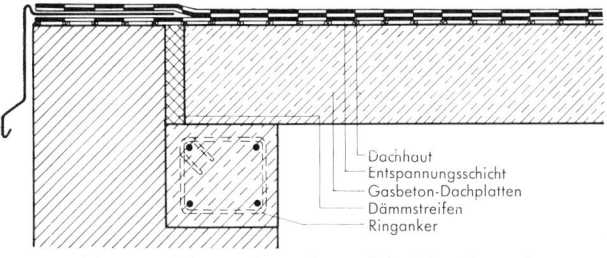

Bild 711 Vorgehängte halbrunde Rinne mit Spreize

Ortgangausbildung, Dachplatten auf Ringanker, Dachabschlußprofil in Dachpappendichtung eingebunden

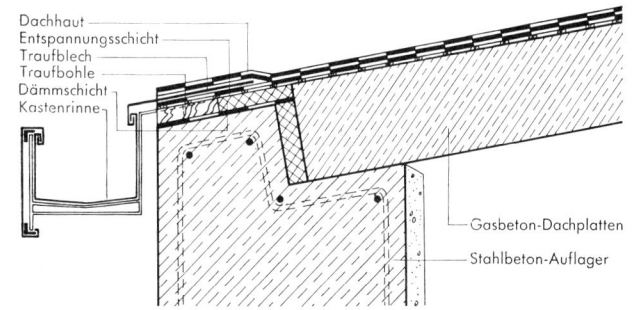

Traufpunktausbildung, Dachplatten auf Ringanker, vorgehängte Kastenrinne, Dachpappendichtung
Bild 712

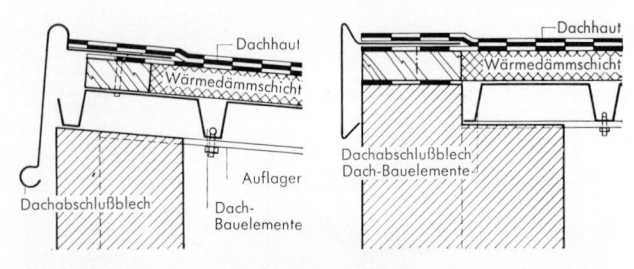

9. Detailhinweise bei Ausführung von Flachdächern

Ortgang- und First-Ausbildung, Stahldachplatten auf Pfetten, Anschluß an Ortgangbohle, Wärmedämmung und Dachhaut in Heißbitumen mit eingebundenem Dachabschlußblech

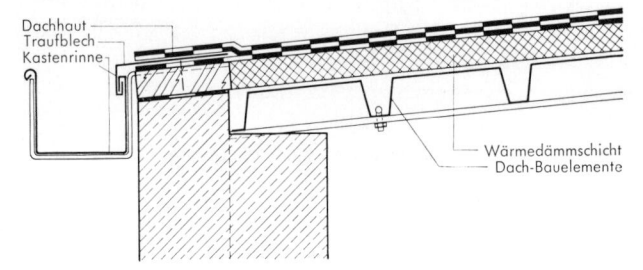

Trauf-Ausbildung, Stahldachplatten-An- bzw. Abschluß durch Traufbohle, Wärmedämmschicht und Dachhaut in Heißbitumen, vorgehängte Kastenrinne

Bild 713

Ist das Gefälle bei bituminösen Abdichtungen zu groß, als daß im Attikabereich eine Muldenrinne angeordnet werden kann, dann muß gemäß Bild 712 eine vorgehängte Rinne zum Einbau kommen. Das Einkleben von Traufblechen ist also hier dann unumgänglich. Auch im Bereich der Ortgänge sind dann Ortgangbleche in die Dachhaut einzukleben. Es empfiehlt sich jedoch in derartigen Fällen, im Bereich dieser Ortgangbleche die Dachhaut durch Einlagestreifen aus zugkräftigen oder elastischen Dichtungsbahnen (s. Kapitel 9.8) zu verstärken (z. B. Glasgewebegitterbahnen, Kunststoffbahnen oder dgl.). Zwischen Gasbeton-Dachplatten und Stahlbeton-Auflager wird es zu zusätzlichen Spannungen sowohl im Bereich des Ortganges als auch an der Traufe kommen. Hier muß also in jedem Falle eine Dachhautverstärkung angeordnet werden, da dieser Anschluß sich als kleine Dehnfuge erweisen wird (Durchbiegung, Temperaturbewegungen usw.).

In Bild 713 ist eine Außenrinne bei einem Trapezblech dargestellt. Hier gilt im wesentlichen dasselbe wie bei Bild 712. Auch hier ist eine Dachhautverstärkung not-

Profilierte Dach-Bauelemente aus sendzimir-verzinktem Stahl (auch mit Kunststoffbeschichtung). Ausführung als Warmdach mit aufgeklebter Wärmedämmschicht und Dachhaut

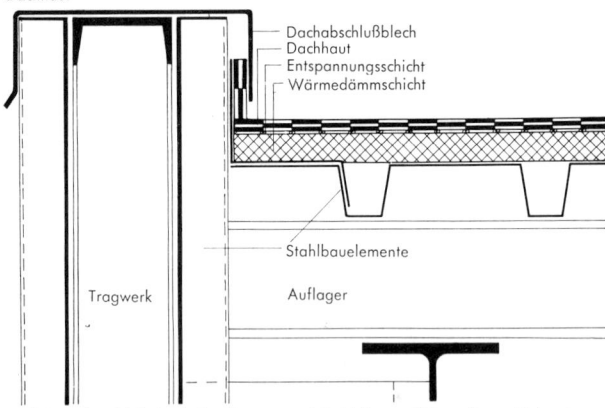

Dach-Wandanschluß, Dach-Bauelemente auf Stahlpfetten, Wärmedämmschicht trittfest in Heißbitumen verlegt, Dachhaut 3 Lagen Dachpappe in Heißbitumen. Verzinktes Dachabschlußblech

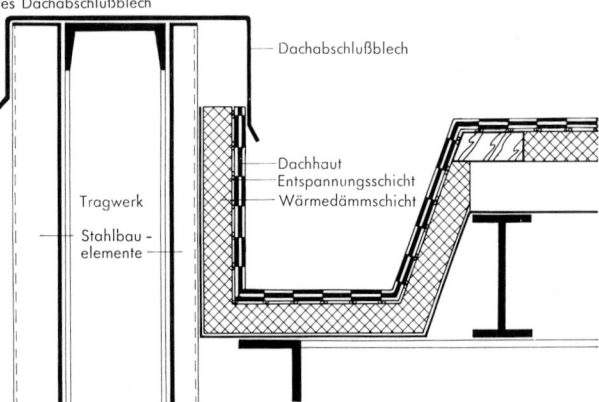

Dach-Wandanschluß mit eingebauter Rinne, Dach-Bauelemente auf Stahlpfetten. Wärmedämmschicht und Dachhaut (3 Lagen) in Heißbitumen verlegt. Verzinktes Dachabschlußblech

Bild 714

Bemerkung:

Rinnen-Schiebenaht ca. alle 12 m [6)]

Gesims-Schiebenaht ca. alle 6 m [6) 7)]

Rinneneinhang-Schiebenaht ca. alle 6 m [6)]

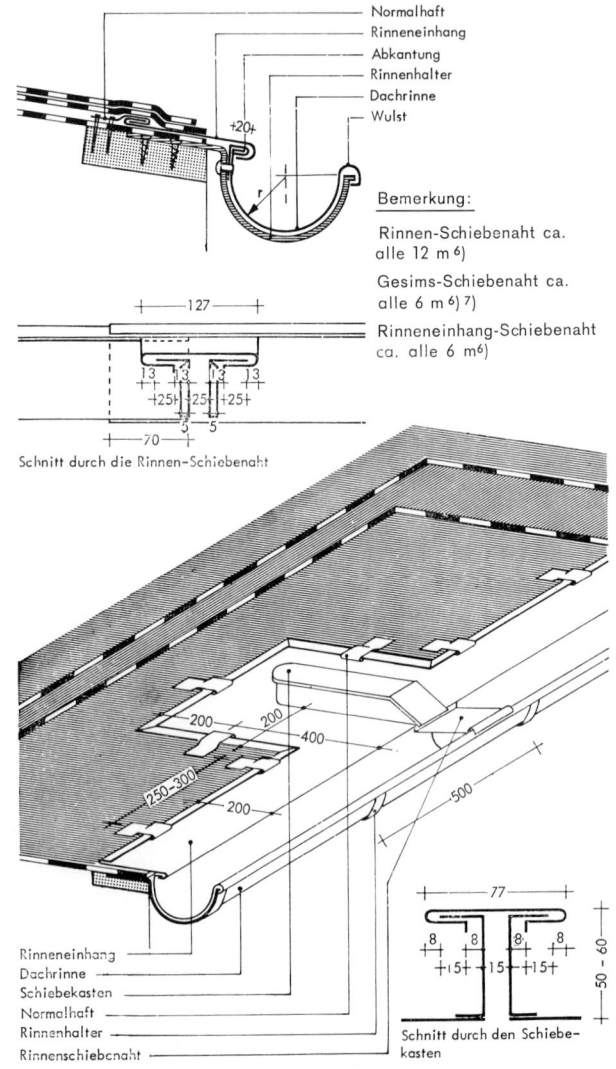

Bild 715 Vorgehängte halbrunde Dachrinne mit Schiebekasten

9.6 Die Entwässerung flacher Dächer

wendig, die auch über die Anschlußfuge hinausreicht.

Zweckmäßigere Lösungen ergeben sich gemäß Bild 714, also statt Außenrinne Innenrinne, wobei hier jedoch zu bemängeln wäre, daß die Dachhaut scharf in die Ecken eingeklebt wird. Hier müßte ein schräger Übergangskeil vorhanden sein. Außerdem müßte die bituminöse Dachhaut nach hinten befestigt werden, da sie sonst in die Rinne absackt.

Sind die Rinneneinlaufbleche und die Rinnen zu lang, d. h. sind unzulässige Temperaturbewegungen zu erwarten, so ist es notwendig, sog. Schiebekästen zum Einbau zu bringen.

In Bild 715 ist ein derartiger Schiebekasten dargestellt, wie er in das Rinneneinlaufblech eingebaut wird. Das Rinneneinlaufblech erhält nach hinten einen Falz mit Befestigung durch Blechhaften, wie dies aus dem oberen Querschnitt und aus der Ansicht abgelesen werden kann. Die Dachhaut wird dann über diese Falzung hinweggeklebt. Auch hier empfiehlt es sich, die Dachhaut über der Umfalzung zu verstärken. Man sollte jedoch diesen Schiebekästen keine allzu große Bedeutung zumessen. Sehr häufig kommt es innerhalb der Abstandlängen dieser Schiebekästen zu Verzwängungsspan-

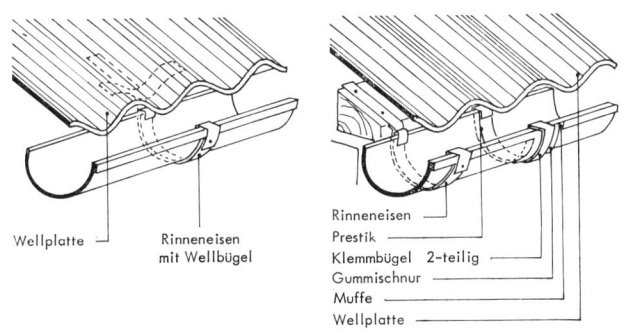

Bild 716 (links): Vorgehängte halbrunde Rinne aus Asbestzement, Befestigung an Wellplatte

Bild 717 (rechts): Vorgehängte halbrunde Rinne aus Asbestzement, Befestigung an Traufpfette

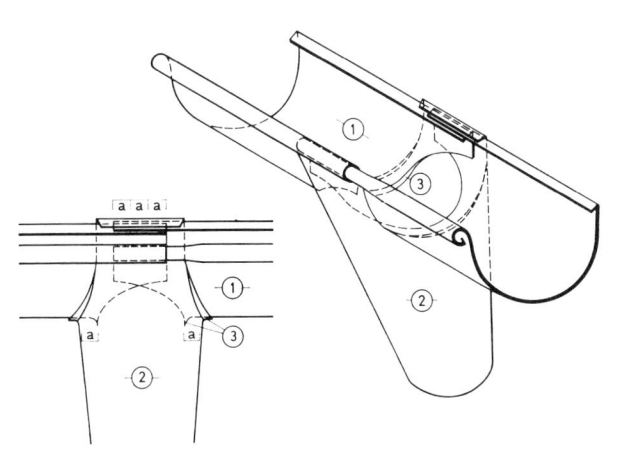

Bild 718 Rinnenschiebenaht für den unteren Gefällepunkt, bestehend aus Rinnenkessel und beweglich ineinander gesteckten Rinnenenden, mit halbrunden Ausschnitten und Bördel. Der Rinnenkessel wird durch rückseitig angelöteten Zinkwinkel am Bauwerk fixiert. a Schiebemöglichkeit, 1 Dachrinne, 2 Rinnenboden, 3 Bördel

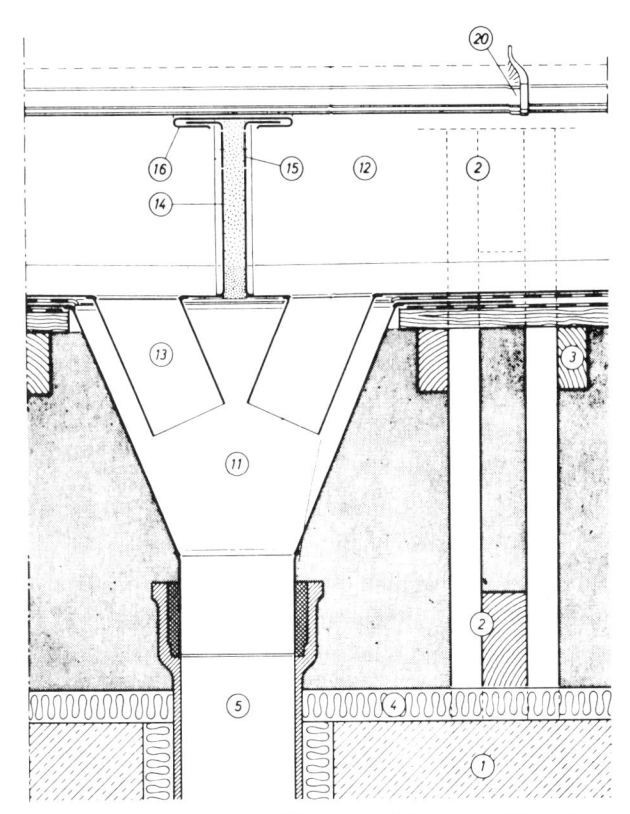

Bild 719 Schiebenaht über Wasserfangtrichter. 1 Stahlbetondecke, 2 Nagelbinder, 3 Knagge, 4 Wärmedämmschicht, 5 Fallrohr, 11 Wasserfangtrichter, 12 Rinne, 13 Rinnenstutzen, 14 Rinnenboden, 15 Überlauf, 16 Kappe, 20 umgelegter Doppelstehfalz

nungen. Häufig sind auch schon die Dachbahnen in den Ecken zu den Schiebekästen gerissen. Trotzdem sollten diese Sicherheitsmaßnahme in jedem Falle gewählt werden.

In Bild 716 und 717 ist eine Wellasbestplatten-Rinne mit Befestigungsmöglichkeit an der Wellasbestplatte selber oder auf einer Traufpfette dargestellt. Bei Rinnen dieser Art ist zu bemängeln, daß eine Einfalzung eines Traufbleches nicht möglich ist, weshalb derartige Konstruktionen nur für einfache Gesimsausbildungen denkbar sind.

In Bild 718 ist eine Rinnenschiebenaht dargestellt, die im Bereich des Bodeneinlaufes angeordnet werden kann. In Bild 719 ist die Möglichkeit einer derartigen Schiebenahtanordnung durch den Einbau eines vergrößerten Wasserfangtrichters dargestellt.

9.6.3 Einbaubeispiele Bodeneinläufe

Grundsätzlich unterscheidet man bei Bodeneinläufen nach den heutigen Angeboten:

9.6.3.1 Manuelle Fertigung aus Blech

Hierzu werden vorzugsweise Kupferbleche, also korrosionssichere Bleche verwendet. Größere Firmen stellen diese ein- oder zweietagigen Bodeneinläufe in guten Qualitäten her. Die Bleche mit relativ großem Auflager-

9. Detailhinweise bei Ausführung von Flachdächern

flansch (ca. 25 cm) können unbedenklich in die Dachhaut eingeklebt werden, da die Längen so gering sind, daß keine Temperaturspannungen übertragen werden.

Die Wärmedämmung wird stirnseitig mit einer Kranzzarge versehen, damit keine Wasserdampfdiffusion in die Wärmedämmung stattfinden kann. Dampfdruckausgleichsschichten sind, wie bereits angeführt, nicht an die Abläufe anzuschließen, müssen also vorher enden. Zusatzteile wie Einlauftrichter und Schmutzsiebe werden vorgefertigt geliefert.

In Bild 720 und 721 sind Einbauten für ein leichtes Gefälledach und für ein gefälleloses Dach dargestellt. Bei zweietagigen Bodeneinläufen kann die Kranzzarge u. U. weggelassen werden, wenn zwischen den Anschlußstellen eine gute Kunststoffschnur-Abdichtung eingebracht wird. Bodeneinläufe dieser Art sind durchaus brauchbar. Sie sind außerdem sehr wirtschaftlich. Es können auch Schrägabgänge angeformt werden, wobei jedoch dann besondere Vorsicht im Bereich der Muffe zum GA-Rohr notwendig wird, damit kein Rückstau entsteht.

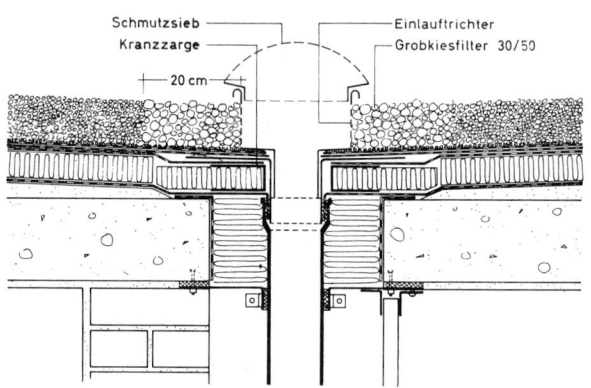

Bild 720 Ablaufausbildung bei Kiesschüttdach mit Gefälle

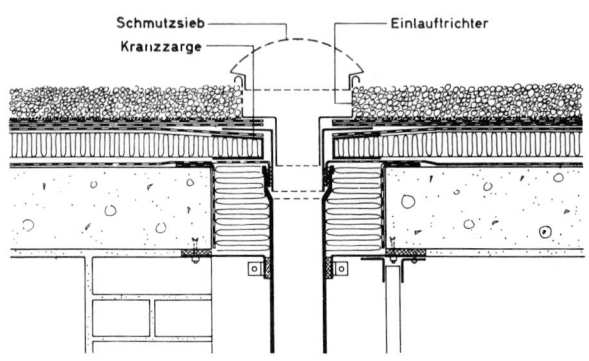

Bild 721 Gefälleloses Flachdach (Einlauf an tiefster Stelle, 1% Gefälle erwünscht)

9.6.3.2 Ablaufkörper aus Gußeisen

Die älteste Form vorgefertigter Bodeneinläufe sind solche aus Gußeisen. In Fortsetzung der Ablaufrohre, (ebenfalls meist Gußeisen), werden je nach Anwendungsart ein- oder zweietagige Ablaufkörper aufgebracht. Auf den unteren Ablaufkörper wird die Dampfsperre aufgeklebt und auf den oberen die Dachhaut, die bei manchen Systemen zusätzlich mit einem Anpreßring gegen Hochheben zusätzlich zur Verklebung festgehalten wird. In Bild 722 ist ein Systemaufbau eines derartigen Bodeneinlaufes mit senkrechtem Abgang und in Bild 723 mit Schrägabgang dargestellt. Während bei den senkrechten Abgängen die Wärmedämmung vorgefertigt als Ringe mit eingebaut wird, muß beim Schrägabgang die Wärmedämmung manuell eingebracht werden, was aber normalerweise unproblematisch ist, da auch die anschließenden GA-Rohre mit einer Wärmedämmung umwickelt werden müssen, wie später erkenntlich.

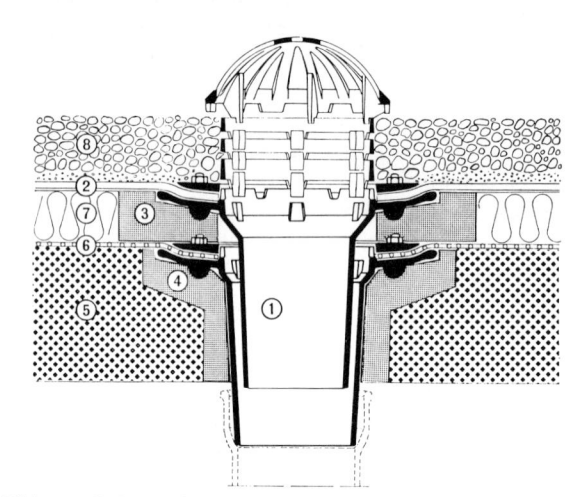

Bild 722 Gußeisen-System (Passavant). Einbaubeispiel Dachablauf im Kiesschüttdach. 1 Dachablauf, zweiteilig, mit 3 Aufsatzringen, 2 Dachhaut, 3 FOAMGLAS-Ring, 4 FOAMGLAS-Isolierkörper, 5 Dachdecke, 6 Dampfsperre, 7 Wärmedämmung, 8 Kiesschüttung

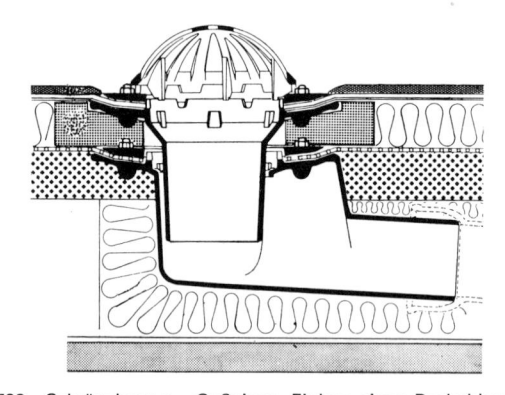

Bild 723 Schrägabgang – Gußeisen, Einbau eines Dachablaufes in einem Kiespreßdach

Besonders zu empfehlen sind Bodeneinläufe aus Gußeisen bei befahrbaren Flachdächern (s. auch Kapitel Terrassen). In Bild 724 ist ein derartiger Einbau dargestellt. In Bild 725 ist ein Bodeneinlauf im Bereich eines Dachgartens dargestellt. Die in [4] dargestellten Ringe sind perforierte Betonrohre oder dgl., durch die das

9.6 Die Entwässerung flacher Dächer

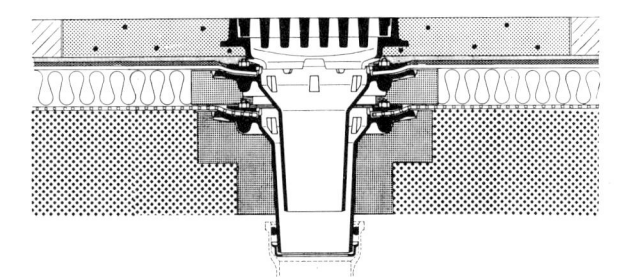

Bild 724 Aufsatzrahmen für Flachdachabläufe 15 Mp Prüfkraft, in einer Ortbetonplatte (Passavant)

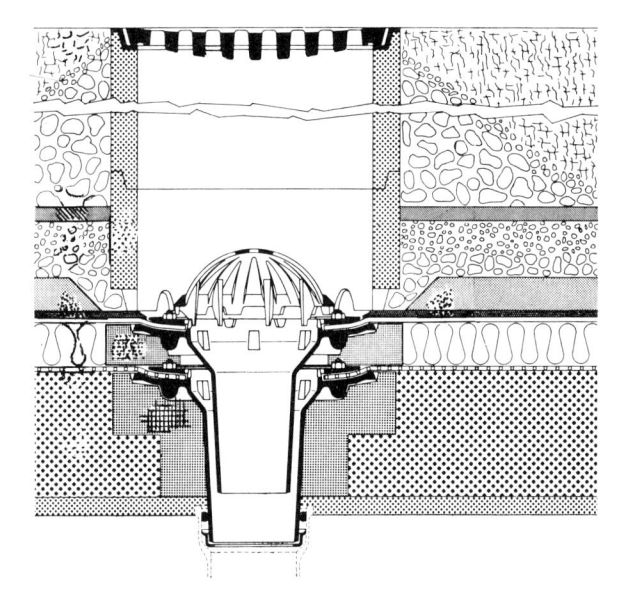

Bild 725 Einbau eines Dachablaufes in einem Dachgarten

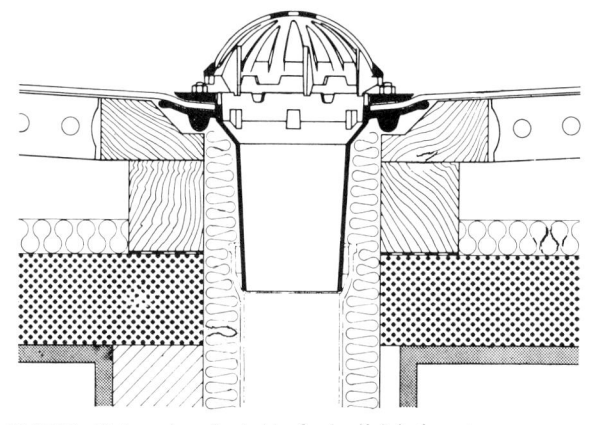

Bild 726 Einbau eines Dachablaufes im Kaltdach

Bilder 722–726 PASSAVANT-System [87]

In ähnlicher Form stellen auch noch weitere Firmen zweckmäßige Gußeisen-Bodeneinläufe her. Vorgenannte Bilder sollen lediglich als Einbaubeispiele dienen.

9.6.3.3 Kunststoff-Bodeneinläufe

In den letzten Jahren haben die Kunststoff-Bodeneinläufe erheblich an Umfang zugenommen und nehmen heute einen großen Marktanteil ein. Eine ganze Anzahl Systeme sind auf dem Markt, die hier nicht alle erörtert werden können.

Grundsätzlich lassen sich folgende Systeme unterscheiden:

a) Dampfschicht in Kunststoffmantel einkaschierte Wärmedämmung gemäß Bild 727.
b) Außenseitig auf Kunststoffmantel aufgebrachte Wärmedämmung aus Formteilen z. B. PU-Hartschaum. Die Wärmedämmung ist also von außen auf den Kunststoffmantel aufgebracht bzw. aufgeklebt, oder es werden manuell die Wärmedämm-Maßnahmen durch Umwickeln mit Mineralwolle oder dgl. eingebracht.

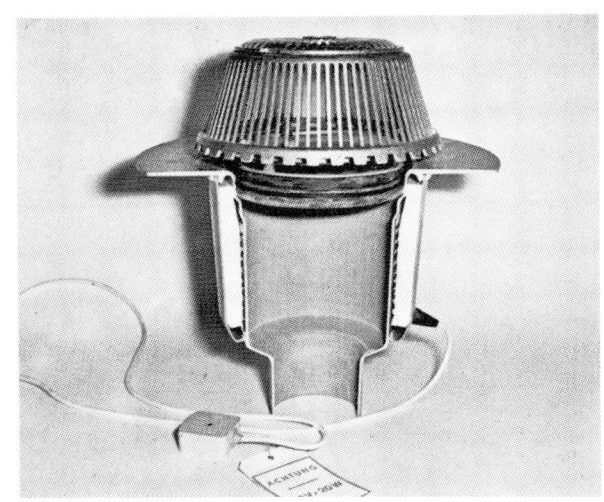

Bild 727 Dampfdichter Wärmedämmeinschluß

Bodeneinläufe aus Kunststoff werden grundsätzlich ebenfalls, wie bei Gußeisen, ein- oder zweietagig zum Einbau gebracht. Über einem Grundkörper mit angeformter Manschette wird bei gewünschter Zweietagigkeit eine weitere Manschette aufgesetzt, über der dann baukastenförmig weitere notwendige Aufsatzteile folgen.

Bei der Verwendung von Fallrohrleitungen aus Kunststoff-Abflußrohren (KA-Rohren) nach DIN 19531 müssen in den Abflußmuffen Gummidichtungen eingesetzt werden, für den Einsatz bei Asbest-Rohren (ZA-Rohren) nach DIN 19831 zusätzliche Schlauchstücke mit Gummiringen.

Wasser einlaufen kann. Der Einbau in die Dachfläche ist derselbe wie bei normalen Flachdächern.
In Bild 726 ist der Einbau eines einetagigen Gußeisen-Ablaufes dargestellt. Hier ist erkenntlich, daß, wie in [4] angegeben, eine manuelle Umwicklung des Ablaufrohres und des Bodeneinlaufes erforderlich ist, um innerhalb des Kaltdachraumes Einfrierungen zu vermeiden.

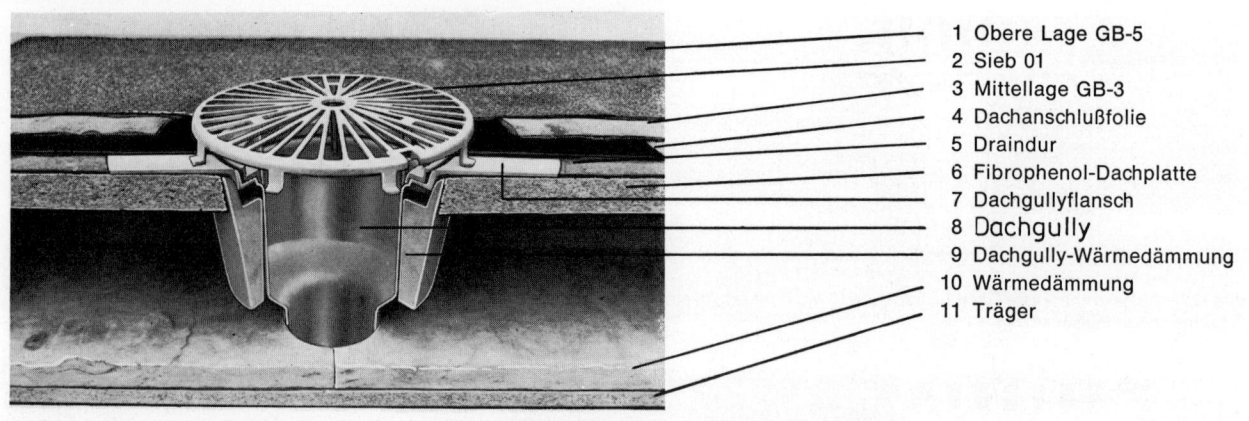

9. Detailhinweise bei Ausführung von Flachdächern

1 Obere Lage GB-5
2 Sieb 01
3 Mittellage GB-3
4 Dachanschlußfolie
5 Draindur
6 Fibrophenol-Dachplatte
7 Dachgullyflansch
8 Dachgully
9 Dachgully-Wärmedämmung
10 Wärmedämmung
11 Träger

Bild 728   Dachgully, senkrechte Ausführung (einteilig), mit Wärmedämmung, im Zweischalen-Kaltdach

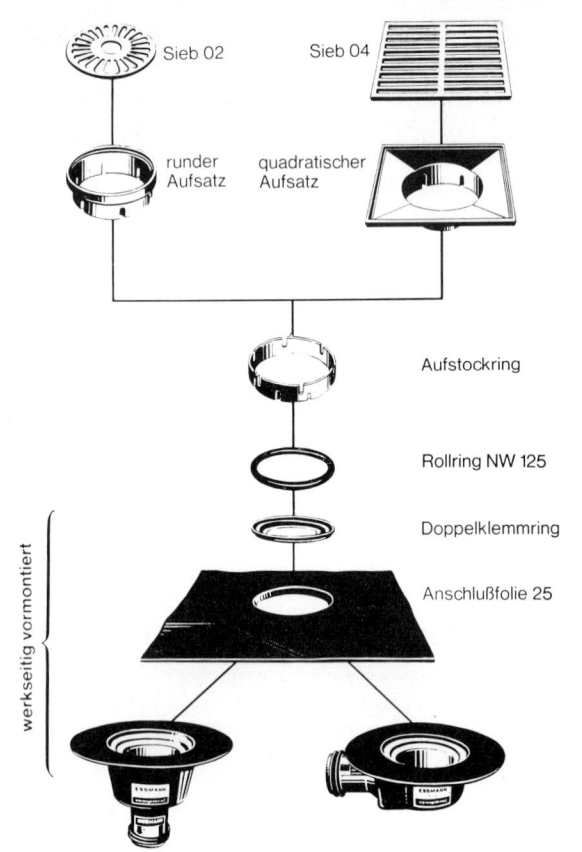

Bild 729   Terrassengully – Kombinationsmöglichkeiten (ESSMANN)

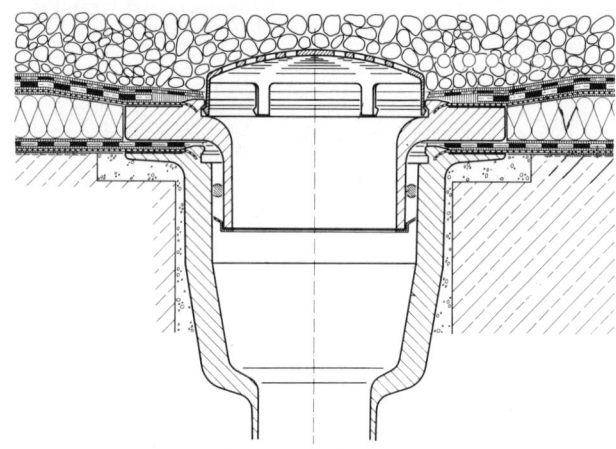

Bild 730   Zweietagiger Bodeneinlauf [85]

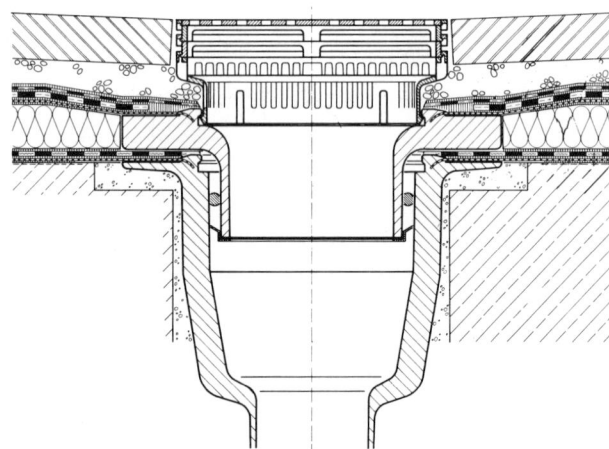

Bild 731   Terrassen-Anschluß [85]

Aus Bild 729 ist ein Aufbauschema für einen Terrassengully entweder mit senkrechtem oder mit schrägem Abgang dargestellt (einetagige Ausführung).
In Bild 730 ist ein zweietagiger Bodeneinlauf für ein Warmdach dargestellt (System Bauder). Auf das Grundelement mit angeformter Etage wird die Spannungsausgleichsschicht und die Dampfsperre aufgebracht. Die obere Etage besteht bei diesem System aus einem wärmegedämmten Kunststoff-Profilteil, auf das die Dampfsperre aufgebracht wird. Die Dachabdichtung wird also auf dieses Teil aufgeklebt. Eine Variation mit Kiesschüttung und Terrassenplatten ist in Bild 731 dargestellt. Die beiden Ausführungen unterscheiden sich durch den Siebkasten, der über der zweiten Etage aufgelagert wird.
Eine gute Modelldarstellung einer zweietagigen Ausführung mit schrägem Abgang ist in Bild 732 dargestellt (System Esser). Hier ist erkenntlich, daß das anschlie-

9.6 Die Entwässerung flacher Dächer

Bild 732   Zweietagige mit Schrägabgang [82]

Bild 733   Modell mit Stelzlager [82]

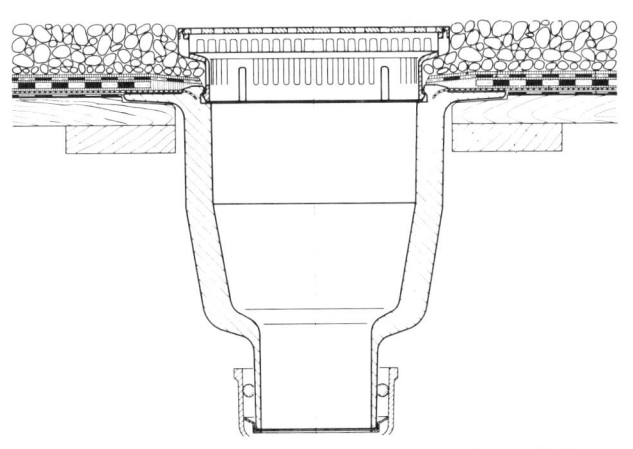

Bild 734   Einetagige Ausführung bei Kaltdach-Holzschalung [85]

Einetagige Ausführungen sind dann notwendig, bzw. ausreichend, wenn keine ausgesprochene Dampfsperre auf dem Dach zur Anwendung kommt. In Bild 734 ist die Anordnung bei einem Kaltdach mit einer Oberschale aus Holzschalung dargestellt und in Bild 735 die Anordnung über einem Trapezblech-Dach (Warmdach).

Bild 735   Einetagig bei Trapezblech-Warmdach [82]

Eine einetagige Lösung mit schrägem Abgang und sehr knapper Deckenhöhe ist aus Modell-Bild 736 zu entnehmen mit jeweils angeschlossener Heizung, die bei Schrägabgang evtl. erwünscht ist. Außerdem ist hier eine Wasserbeschichtung dargestellt. Hier ist also aus Höhengründen eine zweietagige Ausführung wie in Bild 732 nicht möglich.

Bild 736   Einetagig mit Schrägabgang [82]

ßende, bauseits montierte Rohr ebenfalls wärmegedämmt werden muß, um Schwitzwasserbildung in der Betondecke zu vermeiden. In Bild 733 ist eine Modellaufnahme mit Stelzlager und zweietagiger Ausführung dargestellt, also eine Variante zu Bild 731. Wie jedoch unter Kapitel Terrassenausbildung angeführt, bestehen gegen derartig kleine Auflagerflächen Bedenken bezüglich der Eindruckfähigkeit.

In Bild 737 ist eine Modellaufnahme für Dachgarten wiedergegeben. Da hier nur eine Spannungsausgleichsschicht anstelle einer Dampfsperre vorhanden ist, reicht eine einetagige Ausführung. Über der Kiesschüttung ist eine Filterschicht aus Mineralwolle zu erkennen mit aufgebrachter Humusschicht (s. Kapitel Dachterrassen).
Diese Beispiele mögen genügen um Anhaltspunkte für alle möglichen Variationen zu geben. In den Kapiteln

9. Detailhinweise bei Ausführung von Flachdächern

Bild 737 Gullyeinbau bei Dachgarten [82]

Einlaufstutzen im Vordach

◀ Einlaufstutzen im Vordach, Maßstab 1:30

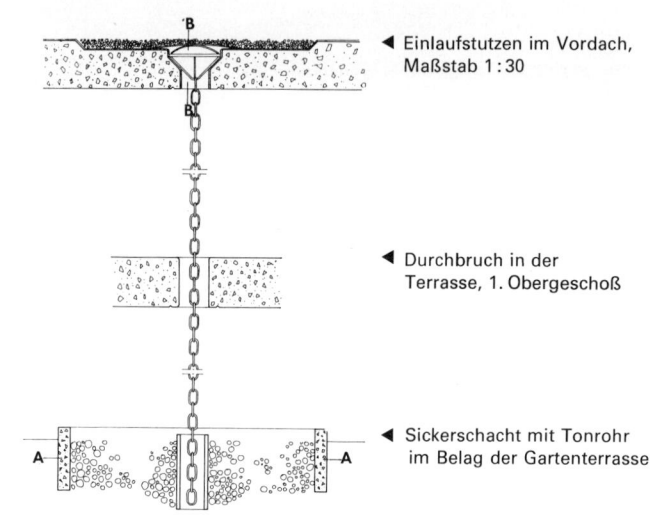

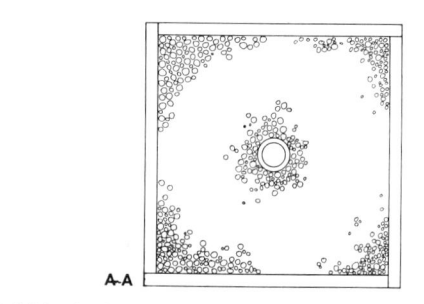

◀ Durchbruch in der Terrasse, 1. Obergeschoß

◀ Sickerschacht mit Tonrohr im Belag der Gartenterrasse

Aufsicht des Sickerschachts

Bild 739 Dachentwässerung durch eine Messingkette

Warm-/Kaltdächer, Terrassengestaltung, Detailausbildung usw. sind weitere Beispiele angeführt, insonderheit auch für Balkonentwässerungen. Hier brauchen naturgemäß keine wärmegedämmten Einläufe verwendet werden, wenn die Balkone im Außenbereich, also nicht über beheizten Räumen liegen.

In den wenigen Fällen, bei denen, wie vorgenannt, eine elektrische Gullyheizung notwendig ist, soll die Leitungsführung im Raum, also nicht über Dach, angeordnet werden. In Bild 738 ist ein Schaltschema über eine derartige Anlage dargestellt.

Eine Dachentwässerung ohne Fallrohre ist in Bild 739 dargestellt. Eine derartige Entwässerung eignet sich naturgemäß nur für Balkone. Mittels einer Messingkette wird das Wasser an dieser Messingkette entlang in ein

Beheizbare BAUDER-GULLYS

Feinsicherungen

Niederspannungs- und Trenntransformator 220/24 V (Leistungsabgabe nach Tabelle)

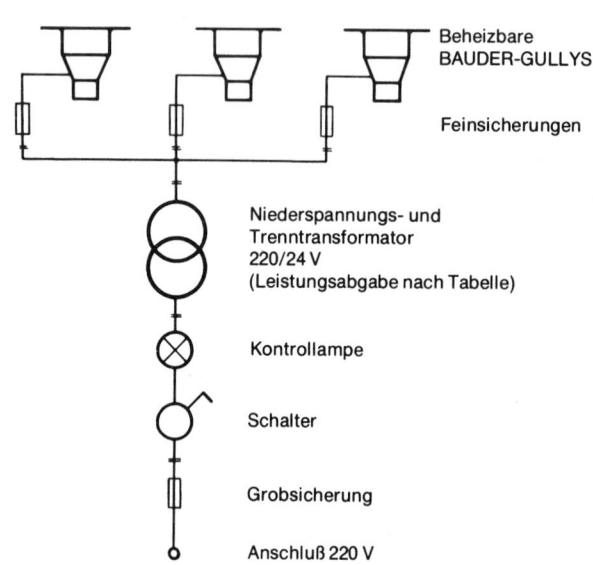

Kontrollampe

Schalter

Grobsicherung

Anschluß 220 V

Bild 738 Elektrisches Schaltschema – Gully-Heizung [85]. Schutzmaßnahmen: 1. Niederspannung, 2. Trenn-Transformator, 3. Schutzisolierung

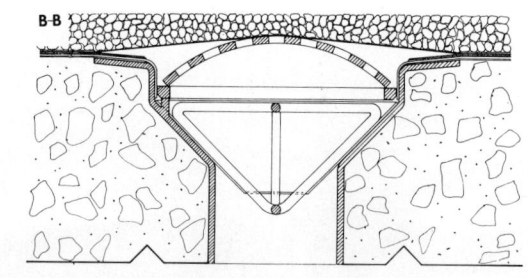

Entwässerungssystem gebracht. Eine derartige Lösung ist sicher besser als wenn das Wasser willkürlich über die Traufkante heruntertropft und dort Eiszapfenbildungen erwirkt. Mindestens ist aber eine derartige Ausführung originell.

Ablaufrohre müssen über Dach entlüftet werden. Hier gibt es Lösungen, bei denen Bodeneinläufe und Dachentlüftung kombiniert sind. In Bild 740 sind derartige Möglichkeiten angeführt. Eine Blechmanschette mit ausreichend breitem Klebeflansch wird in die Dachhaut eingeklebt. Die Blechmanschette sollte gut nach unten befestigt werden, wie dies im oberen Bild einwandfrei möglich ist, während im unteren Bild dies fragwürdig ist. Bei starkem Stoß des überstehenden

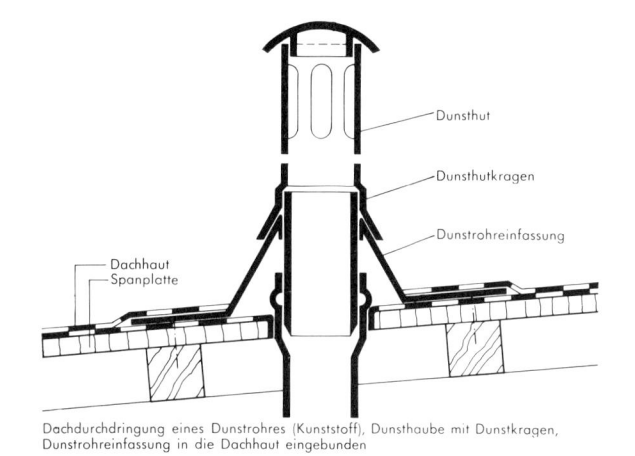

Dachdurchdringung eines Dunstrohres (Kunststoff), Dunsthaube mit Dunstkragen, Dunstrohreinfassung in die Dachhaut eingebunden

Dachdurchdringung eines Dunstrohres bei einem Terrassendach. Durchgang wärmegedämmt, Blechmanschette mit Aufstellflansch eingebunden in die Dachhaut

Bild 740

Teiles könnte die Dachhaut beschädigt werden. Hier empfiehlt es sich, einen Holzkranz in Stärke der Wärmedämmung unterzulegen, der nach unten befestigt wird, so daß die Manschette dann auf diesen Holzkranz aufgenagelt werden kann. Die Dachabdichtung über der Manschette sollte mindestens dreilagig sein, oder es sollte zusätzlich bei Zweilagigkeit eine Kunststoff-Manschette mit eingeklebt werden. (Siehe auch Kap. 9.8.)

9.7 Blitzschutz bei Dächern

Bei starken atmosphärischen Temperaturschwankungen (Schichtung warmer und kalter Luftmassen) entstehen sog. Aufwindschläuche, in denen sich die Luftfeuchtigkeit kondensiert (Tropfenbildung) und zur Haufwolkenbildung führt. Die Tropfen sind elektrisch neutral (gleich große positive und negative Ladung). Durch die vom heftigen Aufwind bewirkte Zerstäubung der Tropfen werden die negativen Ladungen abgerissen und in die Höhe geführt, die positiven Ladungen bleiben in den unteren Lagen der Atmosphäre. Es entstehen elektrische Felder, die Gewitter verursachen.

Überschreitet die Feldstärke 500 kV/m, entstehen Leitentladungen, die zur Bildung von leitfähigen Kanälen führen und in ihrem Kopf das starke elektrische Feld in feldarme Gebiete vortragen. Dieser Vorgang elektrischer Ladungen erfolgt ruckartig mit Geschwindigkeiten von ca. 150 km/sec. Voraussetzung für einen Einschlag auf der Erdoberfläche oder in ein Gebäude sind genügende Annäherung der Leitentladung an die Erde und die Bildung eines entsprechend starken elektrischen Feldes an der Oberfläche, die gegebenenfalls auch als Fangentladung der Leitentladung entgegenschlagen kann. In der Leitentladung fließt die Ladung ab. Es entsteht ein von unten nach oben fortschreitender Ladungsabbau (Hauptentladung) mit 30 000 bis 150 000 km/sec., der als helles Aufleuchten sichtbar wird. Der Donner entsteht durch die plötzliche Ausdehnung der vom Blitz erhitzten Luft (Ausbreitung mit 333 m/sec). Der Blitzschlag ist ein kurzer Gleichstromstoß von kurzer Dauer und hoher Stromstärke, vereinzelt bis zu 250 kA, die gesamte in einem Blitzschlag entladene Elektrizitätsmenge liegt meist unter 1°C, vereinzelt bis zu 75°C.

Thermische Schäden durch Blitzeinschlag können nur an Stellen hohen Widerstandes auftreten. An ausreichend dimensionierten Leitern einer Blitzschutzanlage treten keine sichtbaren Folgen der Erwärmung auf. In schlechten Leitern dagegen wird bei Stromübergang viel Energie als Wärme umgesetzt, die zur Verdampfung des Wassergehaltes von Holz, Mauerwerk usw. führt. Der dabei entstehende Überdruck bewirkt explosionsartige Sprengungen von Bäumen, Balken, Mauerwerk usw. Solche Sprengwirkungen treten vorzugsweise an Feuchtigkeitsansammelstellen (Saftbahnen in den Bäumen) und Stromein- bzw. -austrittstellen aus schlechten Leitern in gute Leiter (z. B. an Dübeln, Schelleisen, Trageisen). Blitzschläge, deren Strom von einem guten Leiter abgeleitet wird, bleiben kalte Schläge. Zündungen entstehen bei lang andauernden stromschwachen Entladungen und großem Stromumsatz an Übergangswiderständen (z. B. indirekte Zündung durch abschmelzende Stoßstellen lose ineinanderliegender Regenrohre oder dgl.).

Vorgenannte allgemeine Erläuterungen über die Entstehung, Eigenschaften und Wirkungen des Blitzes sind in dieser Abhandlung jedoch nur insofern interessant, als daraus hervorgeht, daß es sinnvoll ist, Blitzschutzanlagen zu erstellen. Gebäude-Blitzschutz wird gefordert für Theater oder dgl., Hochhäuser, Sprengstofflager und Sprengstoff-Fabriken oder dgl. Er ist außerdem notwendig für Gebäude, in denen durch Blitzschlag erhebliche Sach- und Personenschäden eintreten oder Paniken entstehen können. Darüber hinaus ist aber der Gebäude-Blitzschutz ganz allgemein für alle Bauten zu empfehlen, was z. T. zur Verringerung der Gebäude-Brandversicherungs-Beiträge führt.

9. Detailhinweise bei Ausführung von Flachdächern

Der Zweck einer Blitzschutzanlage besteht darin, den Blitzstrom von der Einschlagstelle eines Gebäudes bis in den Erdboden abzuleiten.

Die Blitzschutzanlage besteht zur Erfüllung dieser Aufgabe aus:

1. Auffangeinrichtung, die in der Lage ist, den Blitz aufzunehmen.
2. Ableitungen, mit der Aufgabe, den Blitz möglichst reibungslos von der Auffangeinrichtung zu übernehmen und nach unten abzuleiten.
3. Erdungsanlage, in der Erde geführte Leitungen zur Vermeidung von Entspannungen im Gebäude und demzufolge zum Gebäudeschutz.

9.7.1 Auffang-Einrichtungen

Auffang-Einrichtungen sind auf der Dachfläche oder an ihren Kanten vorhandene metallene Stangen, Leitungen, Flächen oder Körper, die den Blitzstrom auffangen. Es ist daher zweckmäßig, die als bevorzugte Einschlagstellen bekannten Gebäudeteile, wenn sie aus Metall bestehen, als Auffang-Einrichtungen zu benutzen, oder, falls sie nicht aus Metall bestehen, mit Auffang-Einrichtungen zu versehen.

Die Anordnung der als Auffang-Einrichtungen erforderlichen Dachleitungen hängen von dem Höhenunterschied zwischen Traufe und First sowie von der Länge und Breite des Gebäudes ab. Bei Dächern, bei denen der Höhenunterschied zwischen Traufe und First *weniger als 1 m beträgt* und bei Flachdächern, sind nur die Dachkanten mit Auffangleitungen zu versehen, also die Trauf- und Giebelkanten (beim Pultdach auch der Pultfirst). Beträgt die Firsthöhe also *mehr als 1 m zur Traufe*, muß auch im Firstbereich eine Auffangleitung angeordnet werden. Über jedem First ist eine kleine Auffang-Einrichtung (0,2 m hoch) anzubringen.

Bei Dächern mit einer Gebäudebreite von größer als 20 m muß auch bei geringerer Differenz als 1 m auch im Firstbereich eine Auffangleitung angeordnet werden. Auch bei Flachdächern sind derartige Gebäudeabschnitte bei 20 m Überschreitung der Breite od. Länge durch Unterteilungen von Auffangleitungen erforderlich.

Als Werkstoffe für die Auffangleitungen dient Rundstahl verzinkt, Bandstahl verzinkt, Rundkupfer, Bandkupfer, Kupferseil, Stahl-Kupferdraht mit 30% Kupferauflage, Rundaluminium, Bandaluminium. Genaue Dimensionen sind in den DIN Normen 48801 und VDE 0855 Teil 1 enthalten.

9.7.2 Ableitungen

Jedes Gebäude bis 12 m Breite bzw. Länge braucht mindestens 2 Ableitungen. Sind die Gebäude breiter od. länger als 12 m, sind 4 Ableitungen erforderlich und bei längeren Gebäuden als 20 m müssen für jeden angefangenen Meter von 20 m an 2 weitere Ableitungen angeordnet werden.

Die Materialien für die Ableitungen sind dieselben wie für die Auffangleitungen.

9.7.3 Erdungsanlage

Die einwandfreie Wirkung einer Blitzschutzanlage hängt im wesentlichen von der richtigen Anordnung und Bemessung der Erdungsanlage ab. Alle Anlagen sollen möglichst an einer Erdungs-Sammelstelle angeschlossen werden, die vorteilhaft als geschlossener Ringerder in mindestens 0,5 m Tiefe um das ganze Gebäude herum angeordnet wird. Als Materialien kommen 10 mm Rundstahl verzinkt oder Bandstahl verzinkt zur Anwendung. Kupfer und Aluminium sind unzulässig bzw. nicht zu empfehlen.

9.7.4 Bauliche Gesichtspunkte

Sinn dieser Abhandlung ist nicht, eine Anleitung zum Bau einer Blitzschutzanlage zu geben. Dafür sind die ABB-Richtlinien maßgebend (Buch »Blitzschutz«, Verlag Wilhelm Ernst & Sohn, 1 Berlin 31, Hohenzollerndamm 169). In Bild 741 mit den Bildern 1–14 sind einige Darstellungen aus dem o.g. zitierten Buch wiedergegeben nach einer Abhandlung von Idelberger [88], um einen Überblick über die erforderlichen baulichen Maßnahmen zu erhalten:

Das Pultdach nach Abb. 1 weist je eine Auffangleitung an allen vier Dachkanten auf ① mit zwei Ableitungen.
Beim fast flachen Dach bzw. bei Flachdächern dieser Dimension entsprechend Abb. 2 kann eine Auffangleitung längs der Traufkante durch die Dachrinne ③ ersetzt werden. Auffangstangen ① schützen die Schornsteine. An allen vier Ecken sind Ableitungen erforderlich.
Das Satteldach nach Abb. 3 zeigt eine Z-förmige Leitungsverlegung, wobei die beiden Dachrinnen ③ an den Traufkanten wiederum als Auffangleitung herangezogen sind. Ein kleiner Dachaufbau erhält ebenfalls eine Auffangleitung, an die auch die Regenrinne angeschlossen ist.
Beim Krüppel-Walmdach (das heute nur noch bei Altbauten ausgeführt wird) entsprechend Abb. 4 sind Dachrinnen und Regenrohre ebenfalls an die Blitzschutzanlage angeklemmt.
Am Beispiel des Zeltdaches Abb. 5 und beim Walmdach Abb. 6 ist erkenntlich, daß der Schornstein Rahmen aus Winkelstahl, Ringleitungen aus Rundstahl oder aus Bandstahl oder Auffangstangen aus Stahlrohr erhalten muß. ①
Beim Sheddach-Gebäude Abb. 7 sind die Firstkanten aus Metall herzustellen (durchgehendes Abdeckblech) oder mit einer Firstleitung zu überspannen. Diese Auffangleitungen müssen durchweg über Sammelleitungen und genügend zahlreiche Ableitungen geerdet werden.

9.7 Blitzschutz bei Dächern

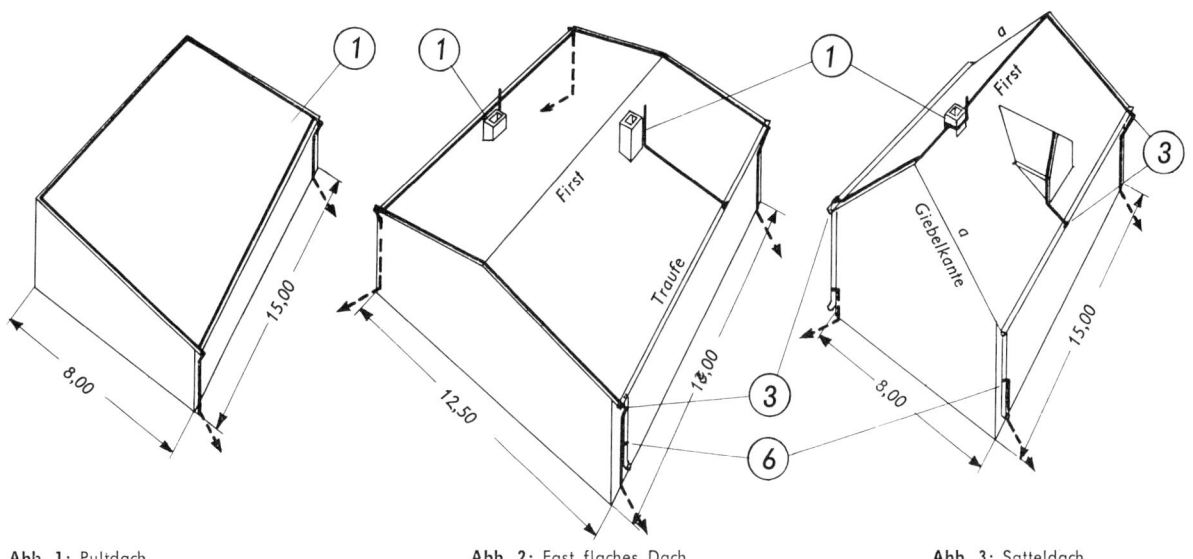

Abb. 1: Pultdach

Abb. 2: Fast flaches Dach

Abb. 3: Satteldach

Abb. 4: Krüppel-Walmdach

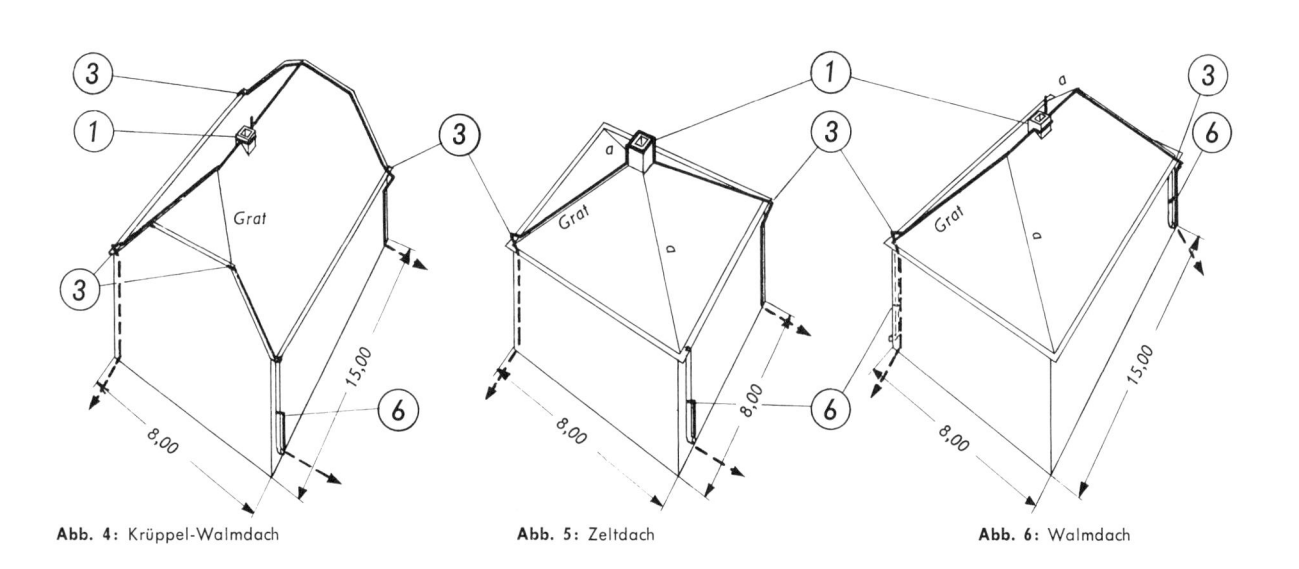

Abb. 5: Zeltdach

Abb. 6: Walmdach

Abb. 7: Sheddach

① Auffang-Stangen, -Spitzen oder -Leitungen (feuerverzinkter Rundstahl oder Bandstahl)

② Schneefanggitter mit Schneefanggitterklemmen

③ Dachrinnen mit Rinnenklemmen

④ Verbindungslaschen mit Gegenlaschen (Temperguß) und Schrauben

⑤ Ableitungen (feuerverzinkter Rundstahl oder Bandstahl)

⑥ Regenrohre mit Regenrohrschellen

⑦ Mindestabstand 0,3 m zwischen Regenrohrschellen und Trennstücken

⑧ Trennstücke an der Hauptableitung

⑨ Schutzrohre mit Korrosionsschutzanstrich

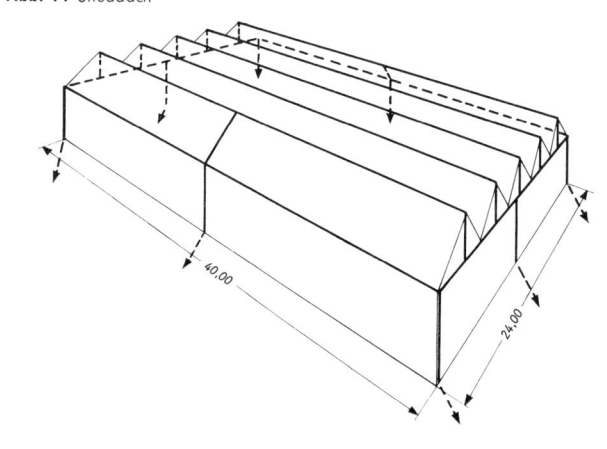

Bild 741/1 bis 7

9. Detailhinweise bei Ausführung von Flachdächern

Abb. 8: Metalldach mit Metallwand

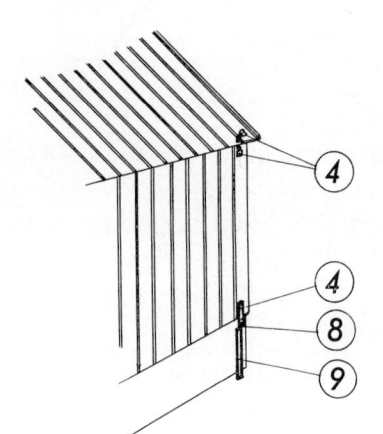

Abb. 9: Metalldach mit Holzwand

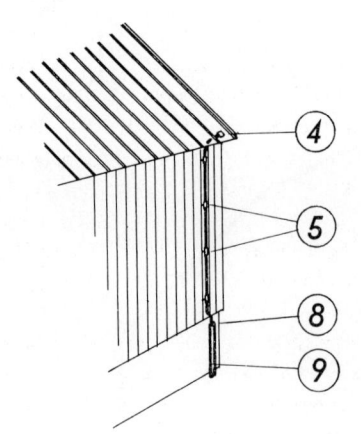

Abb. 10: Ziegeldach mit Metallwand

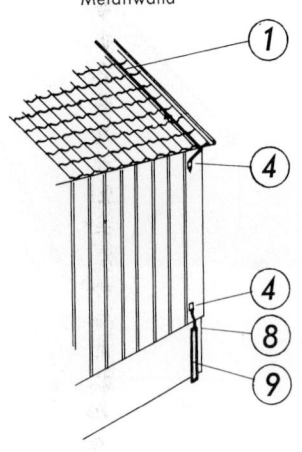

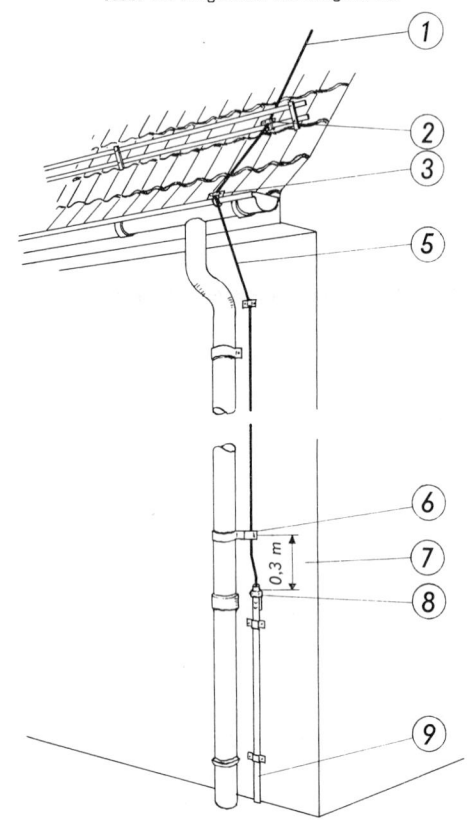

Abb. 11: Ziegeldach mit Ziegelwand

① Auffang-Stangen, -Spitzen oder -Leitungen (feuerverzinkter Rundstahl oder Bandstahl)

② Schneefanggitter mit Schneefanggitterklemmen

③ Dachrinnen mit Rinnenklemmen

④ Verbindungslaschen mit Gegenlaschen (Temperguß) und Schrauben

⑤ Ableitungen (feuerverzinkter Rundstahl oder Bandstahl)

⑥ Regenrohre mit Regenrohrschellen

⑦ Mindestabstand 0,3 m zwischen Regenrohrschellen und Trennstücken

⑧ Trennstücke an der Hauptableitung

⑨ Schutzrohre mit Korrosionsschutzanstrich

Bild 741/8 bis 11

Dächer aus Blech von bestimmter werkstoffabhängiger Mindestdicke nach Abb. 8 und 9 gelten direkt als Auffang-Einrichtungen, so daß besondere Auffangleitungen nicht erforderlich werden. Auch Wände aus Blech können bei sorgfältigem Anschluß an die Blitzschutzeinrichtung einbezogen werden mit Ausnahme bei Wänden feuergefährdeter Gebäude. Schneefanggitter ② und Regenrinnen ③ werden entsprechend Abb. 11 mit Klemmen fest an die Auffang-Einrichtung angeschlossen.

In Abb. 11 ist der Anschluß Auffang- und Ableitung samt Erdanschluß bei einem Ziegeldach dargestellt. Auffang- und Ableitung sollten ohne Verbindungsstelle ⑧ aus einem Stück bestehen. Erst im Bereich der Erdleitung soll dann eine derartige Verbindungsstelle zur Anwendung kommen. Hier muß kritisch angemerkt werden, daß die Auffangleitung die Niederschlagsfeuchtigkeit an der Schräge an die Wand durch Tropfen-Ableitung weitergibt und daß hier Putzschäden entstehen. Im Bereich unmittelbar unter der Dachrinne sollte ein kleiner Knick (Tropfnase) hergestellt werden, so daß die Wassertropfen dort abtropfen, ohne daß diese die Wand durchnässen. Leider werden derartig kleine Fehler bei nahezu jedem Satteldach gemacht.

Regenfallrohre werden an der Regenrohrschelle ⑥ mit benachbarten Hauptleitungen 0,3 m oberhalb der Trennstücke verbunden (Abb. 2, 3, 4, 5, 6 und 11). Wenn Gebäude Stahlblechwände besitzen (Abb. 8 und 10), ist dort eine besondere Ableitung entbehrlich. Auf gute Verbindung ④ zwischen den Auffang-Einrichtungen

9.7 Blitzschutz bei Dächern

Bild 741/12 und 13

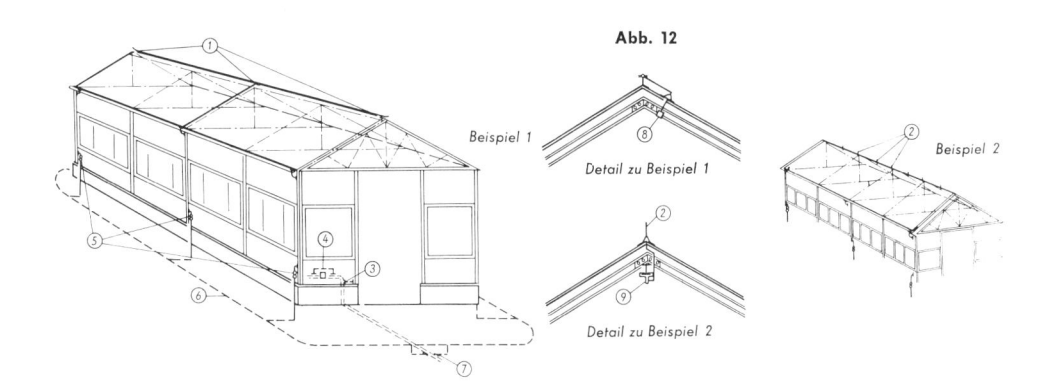

Abb. 12

Beispiel 1
Detail zu Beispiel 1
Detail zu Beispiel 2
Beispiel 2

Abb. 12: Blitzschutzanlagen für Stahlskelettbauten. Es bedeuten:

① Auffangleitungen über dem First müssen mindestens alle 20 m mit der Dachkonstruktion verbunden werden.

② Auffangstangen müssen den First mindestens 0,2 m überragen und an die Dachkonstruktion angeschlossen werden.

③ Wasserleitungen sind mit dem Stahlgerüst zu verbinden.

④ Wassermengenmesser sind elektrisch leitend zu überbrücken.

⑤ Trennstück

⑥ Erdungssammelleitung

⑦ Anschluß an das Wasserrohrnetz

Abb. 13 Blitzschutzanlage für Stahlbetonbauten mit isolierender Dacheindeckung. Es bedeuten:

① Dachgeländer oder Blechabdeckungen, Auffangleitungen und dergleichen mehr

② Anschluß an die Stahleinlagen oder die im Beton mitgeführten Ableitungen

③ Schornsteinring

④ Aufzugmaschinenraum (Aufzuggerüst anschließen)

⑤ Unterirdischer Anschluß der Erdungssammelleitung an die Stahleinlagen

⑥ Wasserleitungsanschluß

⑦ Anschluß des Dachgeländers an die Ableitung

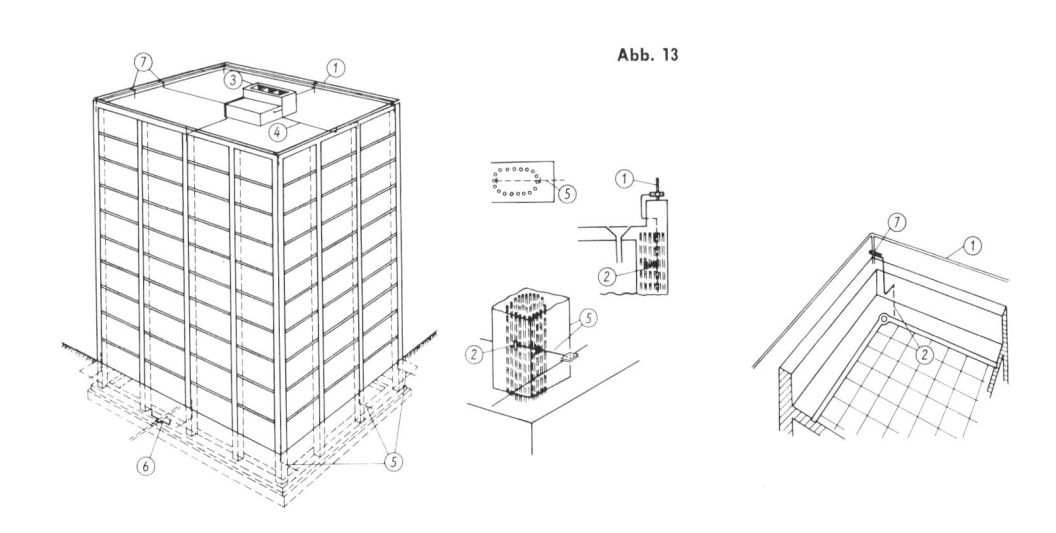

Abb. 13

und Blechwänden, Erdungsanlagen usw. ist sorgfältig zu achten (Abb. 8, 9, 10).
Stahl-Skelett-Bauten bzw. moderne Hochbauten können direkt als Ableitungen verwendet werden (Abb. 12). Durch elektrisch leitende Verbindungen, die das gesamte Gebäude von oben bis unten ohne isolierende Unterbrechung durchlaufen, wie Gasleitungen, Wasserleitungen, Heizungsleitung, Feuerlöschleitungen, Stahlgerüste von Feuerleitern oder Aufzüge sowie unter bestimmten Voraussetzungen auch Regenfallrohre, können die Hälfte der sonst erforderlichen Ableitungen ersetzen. Bei Stahlbeton-Bauten können die Stahleinlagen als Ableitung verwendet werden, wenn die erforderliche Anzahl von Anschlüssen zwischen Stahleinlagen und Erdungsanlagen unter Einbau von Trennstellen schon beim Bau vorgesehen wird (Abb. 13). Die Trenn-

9. Detailhinweise bei Ausführung von Flachdächern

stellen und Erdungs-Sammelleitungen sind entbehrlich, wenn der Ausbreitungswiderstand des Fundamentes alleine unter 5 Ohm liegt.

9.7.5 Verlegehinweise bei Blitzschutzanlagen

Blitzschutzanlagen bei Ziegeldeckungen oder dgl. bringen im allgemeinen keine Probleme. In Bild 742 ist eine Firstleitung dargestellt mit Aufbörtelungen im Bereich des Ortganges und in Bild 743 an einem Kamin und Dunstrohr.

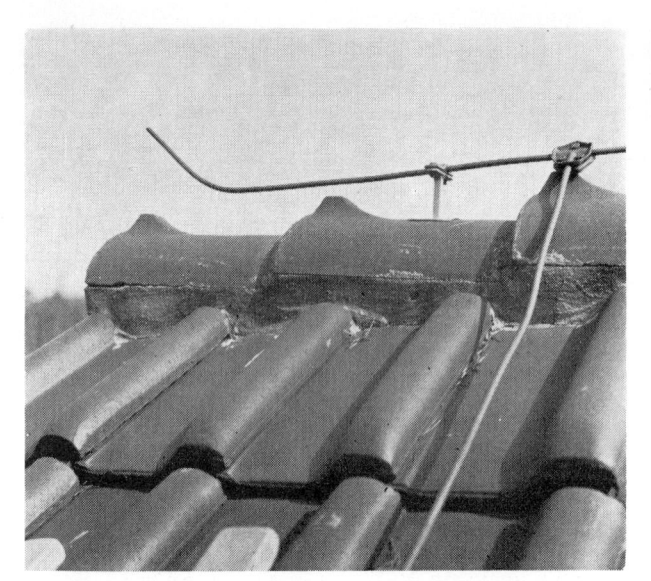

Bild 742 Firstanschluß, 20 cm Aufbörtelung Auffangleitung

Bild 743 zeigt eine Auffangstange an einem Schornstein

Anstelle sichtbarer Ableitungen auf der Dachschräge kann die Leitung auch unter Dach geführt werden, wie dies in Bild 744 dargestellt ist, also anstelle einer Ableitung gemäß Bild 745. Bei zusammenstoßenden Dächern müssen die beiden Ableitungen dann zusammengeschlossen werden gemäß Bild 744.

Bild 743/1 zeigt eine Auffangstange an einem Dunstrohr

Bild 744 Zusammenschluß von Unterdachleitung, Regenrinne und Firstleitung

Bild 745 Anschluß einer Dachgaube und Dachabführung

9.7 Blitzschutz bei Dächern

Bild 746 Anschluß eines Schneefanggitters

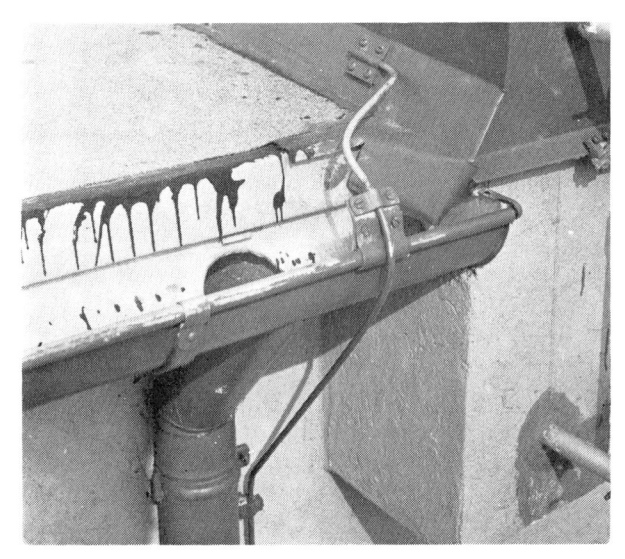

Bild 747 An Mauerabdeckung und Regenrinne angeschlossene Ableitung

In Bild 745 ist außer der Ableitung der Anschluß von höherliegenden Dachgauben oder sonstiger Blechanschlüsse zu erkennen. Schneefanggitter sind, wie bereits angeführt, ebenfalls gemäß Bild 746 an die Blitzableiter anzuschließen. In Bild 747 ist zu bemängeln, daß hier der Blitzableiter, wie bereits angeführt, das Wasser an der Schräge herunterleitet, so daß der Putz im Laufe der Zeit zerstört wird. Es handelt sich hier um eine Neubauaufnahme. Bereits nach einem Jahr würde das Bild anders aussehen. Der Anschluß des Verwahrungsbleches und der Rinne ist hier richtig zu erkennen.

9.7.5.1 Verlegung bei Flachdächer

Wesentlich problematischer als bei Ziegeldächern ist die Verlegung von Blitzschutzanlagen bei Flachdächern.

Häufig sind Blitzableiter Ursache großer Schäden bei Flachdächern geworden:
Meist unabhängig von der Dachdeckungsfirma arbeitet die Blitzableiterfirma. Nach oft völliger Beendigung der Dachdichtungsarbeiten erscheint dann die Firma für den Blitzschutz und bringt ihre Leitungen ohne Kenntnis der Gefahr bei einem Flachdach an. Nicht selten wird die Grundplatte für den Ständer des Blitzableiterdrahtes aufgenagelt und dabei die Dachabdichtung zerstört. Notdürftige Einklebungen bleiben wirkungslos. Häufig stolpert man über die Auffangleitung, so daß fest verbundene bzw. eingeklebte Ständer aus ihrer Halterung herausgerissen werden. Aus Bild 748 kann dieser falsche Einbau abgelesen werden. Hier wurde bereits mehrfach geflickt und sicher ohne Erfolg.

Bild 748 Falscher Einbau

Neben mechanischen Beschädigungen der Dachhaut durch vorgenannte Ursachen sind insbesondere die Schäden zu nennen, die durch Nichtbeachtung der thermischen Bewegungen der Auffangleitungen entstehen. Wie bereits aus früheren Abhandlungen erkenntlich, weisen Metallteile hohe Ausdehnungskoeffizienten auf, d. h. sie unterliegen starken temperaturabhängigen Bewegungen. Bei Erhitzung des Daches dehnen sich die Auffangleitungen aus. Da das Bitumen, auf dem die Schelleisen mit Fußplatten aufliegen, stark erhitzt wird, gibt dieses Bitumen dem Druck nach. Schelleisen und Fußplatten wandern und beschädigen dabei die Dachhaut, wie dies aus Bild 749 abgelesen werden kann. Aus Bild 750 ist ebenfalls zu erkennen, daß hier die Fußplatte aus ihrer ursprünglichen Lage herausgerissen wurde. Bei fester Verbindung wird naturgemäß die Dachhaut zerstört.

Bei langen Leitungen, bei denen die Auffangleitungen im Bereich der Attika bzw. am Ortgang mit den Randblechen verbunden werden, kommt es bei der Abkühlung zu starken Zugspannungen, so daß hier die Halterungen abreißen. Aus Bild 751 können derartige Anschlußpunkte abgelesen werden. Auch ist hier zu erkennen, daß die Dachhaut schon mehrfach mit Bitumenabstrichen nachgedichtet wurde. Bei starrer Fi-

9. Detailhinweise bei Ausführung von Flachdächern

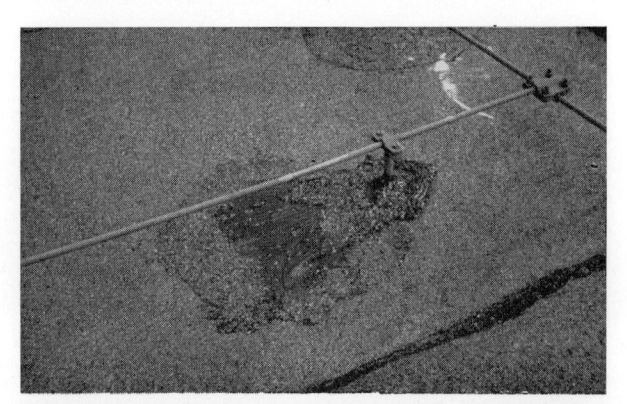

Bild 749 Auf die Dachfläche aufgeklebter Blitzableiter. Deutlich ist zu sehen, daß durch die thermische Längenveränderung des Blitzableiters der Befestigungsfuß um mehr als 20 cm verschoben wurde. Beschädigungen in der Dachhaut sind so unvermeidlich

Bild 752 Dehnungsschlaufe in einer Dachleitung

Zu diesem Zwecke empfehlen sich Betonstützen mit einem Gewicht von ca. 1–1,3 kg, die in einem Abstand von etwa 1,0–1,5 m lose auf dem Dach zu verlegen sind. Diese Betonklötze gewährleisten eine sichere, sturmfeste Verlegung der Auffangleitungen.
Bei Kiesschüttdächern werden diese Betonstützen lose auf die Kiesschüttung aufgestellt gemäß Bild 753. Temperaturbewegungen können hier ausgetragen werden, ohne daß die Dachhaut davon betroffen wird.

Bild 750 Schadensfall! Schelleisen mit Fußplatte war direkt auf der Dachhaut befestigt (Foto: H. Soyeaux/BRAAS)

Bild 753 Betonständer (Foto: H. Soyeaux/BRAAS)

Bild 751 Abrißgefahr an Befestigung

xierung der Ständer in der Dachhaut können auch Dehnfugenschleifen gemäß Bild 752 nur wenig an den vorgenannten Schadensursachen ändern. Die Dehnfugenschleifen müssen sonst in sehr kurzen Abständen angeordnet werden.
Grundsätzlich bestehen nach den heutigen Erkenntnissen folgende Forderungen:
Blitzschutz-Auffangleitungen dürfen auf Flachdächer nicht fest mit der Feuchtigkeitsabdichtung verbunden werden und dürfen auch nachträglich keine Eigenverklebung mit der Feuchtigkeitsabdichtung eingehen.

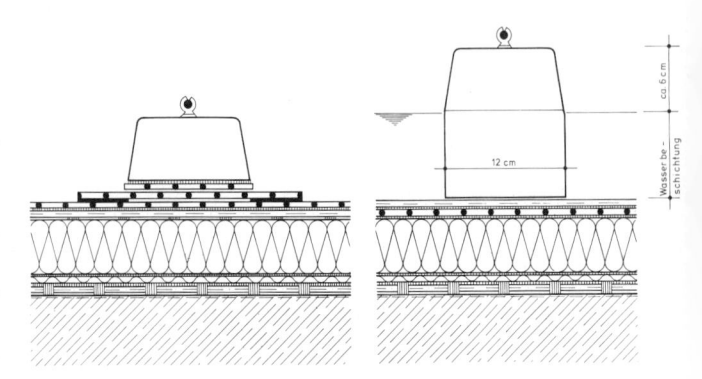

Bild 754 Blitzschutz bei Kunststoff-Dachbahn-Dächern (BRAAS)

Bei Kiespreßdächern empfiehlt es sich, unter die Betonständer ein Stück bitumenverträgliche Kunststoff-Folie aufzulegen, die etwas größer dimensioniert sein sollte als der Betonständer. Es wird dadurch eine Selbstverklebung des Betonklotzes mit der Bitumen-Dachhaut vermieden. Der Stein kann bei Bedarf etwas wandern.

Bei Kunststoff-Folien-Bedachungen empfiehlt es sich ebenfalls, im Bereich unter den Betonsteinen eine Verstärkungsschicht anzubringen, die etwas breiter und länger sein sollte als der Betonstein. Aus Bild 754 ist dies zu entnehmen. Über der eigentlichen Kunststoff-Bahn wird der Verstärkungsstreifen aus dem gleichen Material aufgelegt und lediglich ringsum mit Dichtungsband mit der Dachbahn verklebt, damit keine Sandteile oder dgl. zwischen die Bahnen eingeschwemmt werden können. Sonst liegt die Bahn in der Mitte lose. Darüber kommt dann gegebenenfalls unter dem Stein nochmals eine Schutzfolie aufgeklebt, die aber nicht unbedingt erforderlich, jedoch zweckmäßig ist.

Im rechten Teil von Bild 754 ist die Möglichkeit bei einer Wasserbeschichtung dargestellt. Auch hier sollte eine Unterlagsverstärkung zur Anwendung kommen, da immer Sand unter die Steine geschwemmt werden kann, der dann u. U. die Dachhaut zerstören würde.

Diese Hinweise mögen genügen, um zweckmäßige Blitzschutzanordnungen besonders bei Flachdächern zu ermöglichen.

9.8 An- und Abschlüsse und Sondereinrichtungen beim Flachdach

Während der Bearbeitung dieses Buches wurden die Richtlinien für die Ausführung von Flachdächern mit der Ausgabe Januar 1973 ergänzt und erweitert. In dem Kapitel 8 dieser Richtlinien wurden An- und Abschlüsse beschrieben, die hier vollständig wiedergegeben, jedoch ergänzt und soweit erforderlich, kritisiert und verbessert werden sollen. In den Richtlinien Kapitel 8 wird folgendes angeführt:

»Allgemeine Hinweise«:

Die nachfolgend erläuterten Detail-Ausführungen sind unterschiedlich für Flachdächer mit zwei- und dreilagiger Dachabdichtung dargestellt. Bei einer anderen Zahl der Lagen sind sie sinngemäß anzuwenden. Die Skizzen stellen das Prinzip dar und sind nicht maßstabsgerecht. Besondere Werkstoffe ermöglichen aufgrund ihrer Eigenschaften abweichende Lösungen. Dabei sind die Verlegevorschriften des Herstellers zu beachten.

Anschlüsse im Flachdach sind Fortsetzungen der Dachhaut an Bauteilen, die die Dachfläche durchdringen oder an diese angrenzen.

Abschlüsse am Flachdach sind Aufkantungen, die im Normalfalle verhindern, daß an unerwünschten Stellen die von der Dachfläche aufgefangene Niederschlagsfeuchtigkeit nach außen abläuft.

An- und Abschlüsse müssen wasserdicht ausgebildet sein und das Eindringen von Niederschlagsfeuchtigkeit und Oberflächenwasser verhindern. Sofern in Ergänzung und Weiterführung der Dachabdichtung die An- und Abschlüsse aus einem anderen Material bestehen als diese selbst, müssen die Verbindungen und Befestigungen so ausgeführt sein, daß sich die Anschlußteile bei Wärmeveränderung ungehindert ausdehnen, zusammenziehen und verschieben können, ohne Undichtigkeiten hervorzurufen. Gegen Abheben und Beschädigungen durch Sturm sind geeignete Maßnahmen zu treffen.

Bei Anschlüssen an Wänden, Brüstungen, Pfeiler usw. muß die Dachabdichtung mindestens *15 cm über Oberkante* Dachbelag (Kies, Plattenbelag und dgl.) hochgeführt und an der Oberseite regensicher verwahrt werden.

9.8.1 Anschlüsse

Es wird unterschieden zwischen Anschlüssen an Bauteilen, die mit der Unterlage der Dachhaut (Dachdecke) fest verbunden (starr) sind und Anschlüssen an Bauteilen, die gegenüber dem Untergrund der Dachhaut mehr oder weniger großen Bewegungen verschiedener Art unterworfen sind.

Die Abdichtung darf nicht durch Zug- oder Schubkräfte beansprucht werden. Bei Anschlüssen an beweglichen Bauteilen sind deshalb entsprechende konstruktive Maßnahmen zu treffen.

Hochgeführte Abdichtungen sind gegen Abrutschen zu sichern oder mit formsteifen Materialien herzustellen.

Formsteife Werkstoffe sind in der Regel Metalle (außer Walzblei) sowie harte Kunststoffe.

Nicht formsteife Werkstoffe sind u. a. bituminöse Dach- und Dichtungsbahnen, Schweißbahnen sowie Kunststoff-Dachbahnen und geprägte Metall-Folien.

In Bild 755 ist bei einer Shed-Konstruktion die hochgeführte Abdichtung gegen Abrutschen durch Nagelung gesichert, während in der Rinne ein formsteifes Material aus einem zweiteiligen Blech angeordnet ist.

9.8.1.1 Starre Anschlüsse

Starre Anschlüsse sind möglichst durch das Hochführen der Abdichtungslagen und gegebenenfalls den zusätzlichen Einbau von Verstärkungen herzustellen (Anmerkung des Autors: derartige Verstärkungen sind nur bei zugschwachen Dachbahnen und bei einer geringen Lagenzahl, z. B. nur Zweilagigkeit, erforderlich).

Die hochgeführte Dachhaut ist an ihrem oberen Ende durch Nagelung oder Klemmbefestigung gegen Abrutschen zu sichern.

Am Übergang von der waagrechten zur senkrechten Fläche ist ein Dreieckskeil von mindestens 5 cm Kantenlänge erforderlich. Dieser Keil kann aus Beton, Dämmstoff oder imprägniertem Holz bestehen.

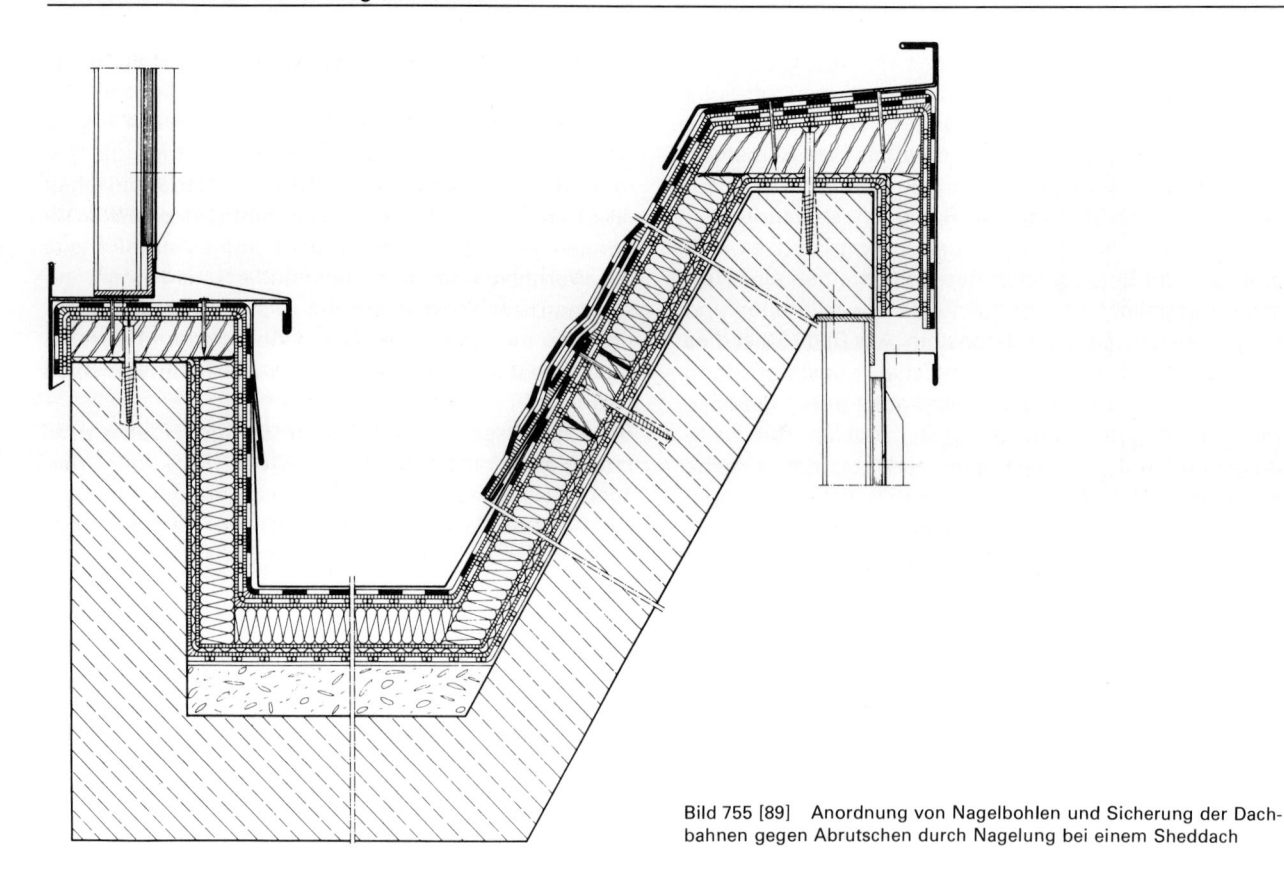

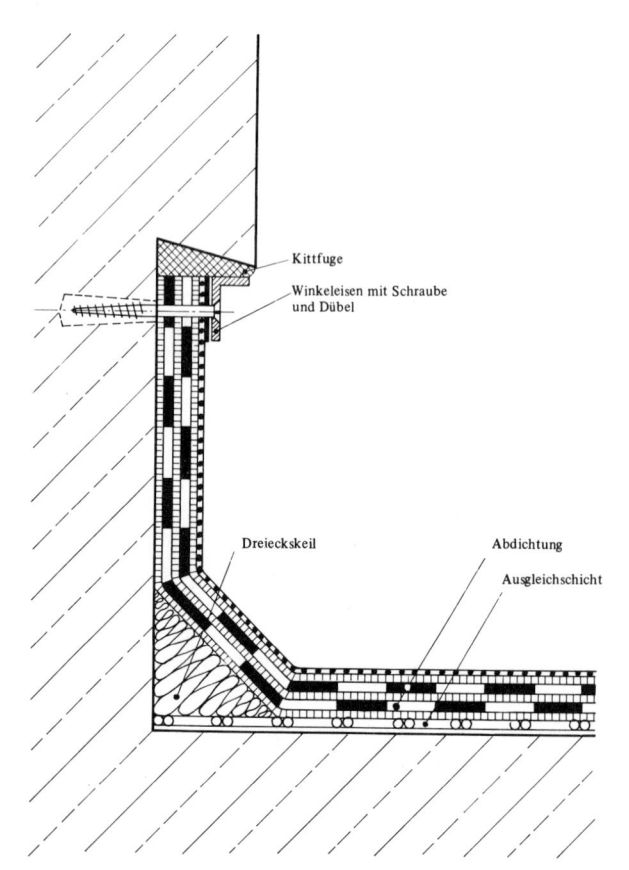

9. Detailhinweise bei Ausführung von Flachdächern

Bild 755 [89]   Anordnung von Nagelbohlen und Sicherung der Dachbahnen gegen Abrutschen durch Nagelung bei einem Sheddach

Bild 756 [89]   Starre Anschlüsse

Die Oberfläche der hochgeführten Dachhaut soll gegen direkte Sonneneinstrahlung durch einen reflektierenden Anstrich und bei Gefahr mechanischer Beschädigung durch Anböschung von Kies oder durch eine Abdeckung aus Metall, Asbest-Zement, Steinplatten oder Ähnliches geschützt werden.

Der obere Anschluß einer solchen Aufkantung ist regensicher auszubilden und muß gegen das Hinterwandern durch ablaufendes Niederschlagswasser (von der Wandfläche oder dgl.) gesichert werden. Zu diesem Zwecke ist entweder ein Klemmflansch vorzusehen oder die Aufkantung in eine ausreichend tiefe Nut zu führen, durch Verfugung abzudichten oder durch eine Kappleiste (Überhangstreifen oder Putzstreifen) aus Metall, die ebenfalls in eine Nut oder in ein Metall-Profil einzuführen und abzudichten ist, abzudecken.

Bei verputztem Mauerwerk soll eine eingeschnittene Nut noch mindestens 10 mm in das Mauerwerk reichen. Bei Beton-Fertigteilen wird ein Anschluß mit Klemmflansch und zusätzlicher Kittdichtung empfohlen.

In Bild 756, 757 und 758 sind Beispiele derartiger starrer Anschlüsse dargestellt und zwar mit herkömmlichen Mitteln aus Winkel-Profilen, Blech oder dgl.

Anmerkung des Autors:

Nach den physikalischen Erfordernissen ist es notwendig, daß die obere Dampfdruckausgleichsschicht (über der Wärmedämmung) an die Außenluft angeschlossen werden soll. Die günstigste Möglichkeit dieses An-

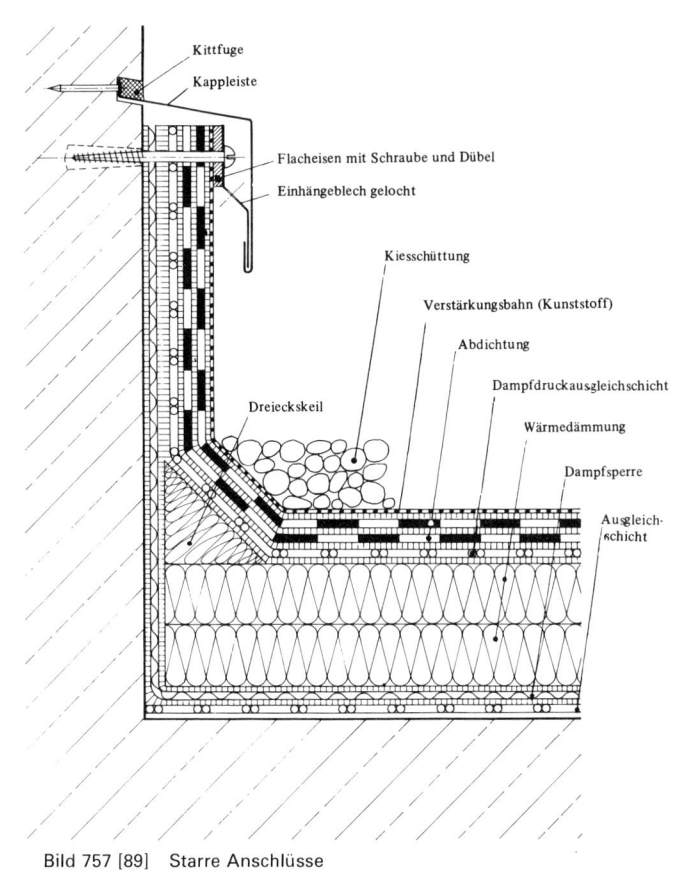

9.8 An- und Abschlüsse und Sondereinrichtungen beim Flachdach

schlusses ergibt sich im Bereich der Wandanschlüsse bzw. der Attika. In Bild 756 ist ein derartiger Dampfdruckausgleich nicht möglich, da durch die Kittfuge und den angepreßten Winkel ein Spannungsausgleich nicht stattfinden kann. Bei diesem Bild müßten also innerhalb der Dachfläche Dachentlüfter zur Anordnung kommen, wie sie nachfolgend dargestellt werden.

In den Bildern 757 und 758 ist ein derartiger Dampfdruckausgleich möglich. Hier ist auch die Ausgleichsschicht bis oben geführt, so daß über den Undichtigkeitsspalt zwischen Kappleiste und Dachabdichtung ein Druckausgleich nach außen stattfinden kann. Bei durchgehenden Einhängeblechen sind diese gelocht (zum Druckausgleich) oder es sind nur Einzelhaften zu verwenden. Bei Bild 758 ist dieser Druckausgleich bei durchgehendem Blech nur bedingt über den Falz möglich. Insofern wären also hier Korrekturen anzubringen.

9.8.1.2 Wandanschluß-Profile

In den letzten Jahren wurden von zahlreichen Firmen sog. vorgefertigte Wandprofile entwickelt, die in den Kapiteln Warm- und Kaltdächer weitgehend beschrieben wurden. In Übereinstimmung oder Widerspruch zu den Richtlinien sollen hier nur einige Bilder dargestellt werden, die als Beispiele für die zahlreichen anderen gelten mögen. Es soll hier also nicht das eine oder andere Fabrikat kritisiert werden, sondern das System. Häufig ist zu erkennen, daß die Profile nicht von Baufachleuten entwickelt werden, sondern von Konstrukteuren, die von den praktischen Erfordernissen am Bau

Bild 757 [89]   Starre Anschlüsse

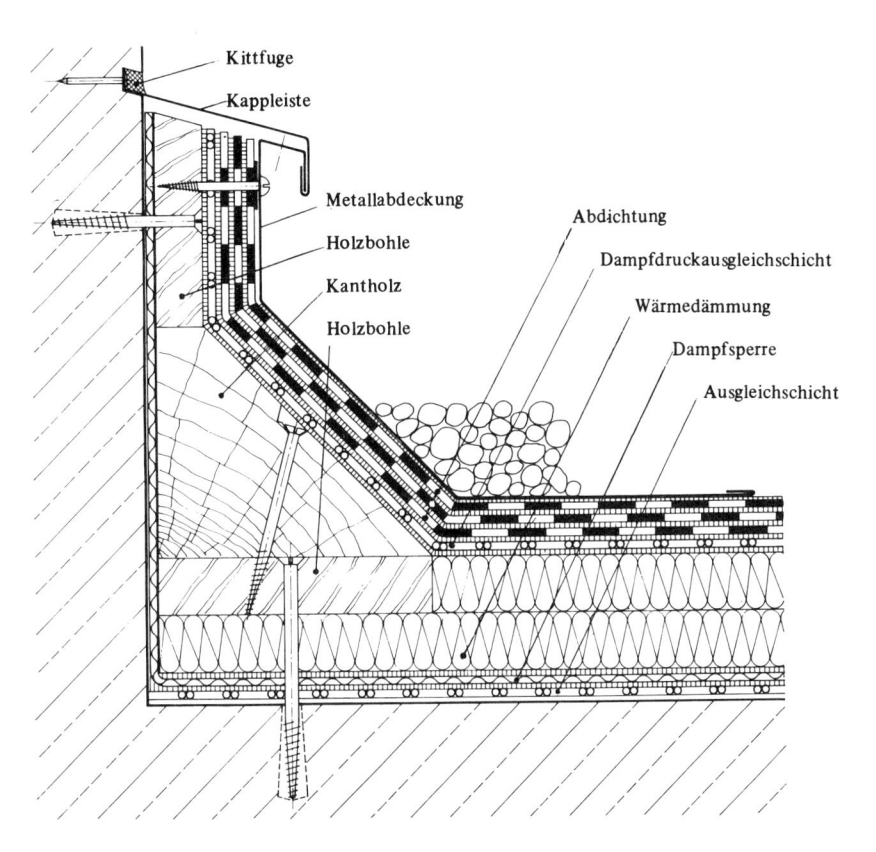

Bild 758 [89]   Starre Anschlüsse

9. Detailhinweise bei Ausführung von Flachdächern

(weder physikalisch nocht technisch) etwas verstehen. Dazu kommt häufig die Unkenntnis der Dachdeckungsfirmen über die technischen und physikalischen Zusammenhänge. Bekanntlich ist das Flachdach so gut wie seine Anschlüsse. Sind diese schlecht, so muß mit Schäden gerechnet werden.

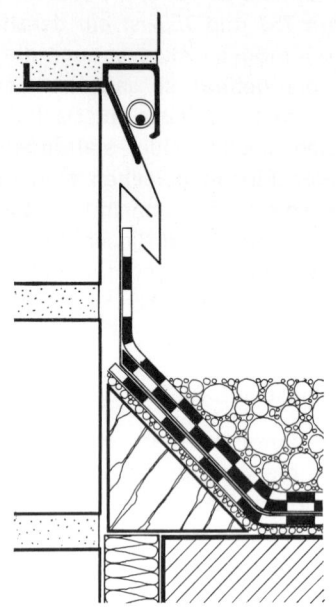

Bild 759   Falsch!

Bild 759. In Bild 759 sind mehrere Fehler gegenüber den vorgenannten Richtlinien zu erkennen. Die Dampfdruckausgleichsschicht müßte hier bis oben geführt werden. Es ist leicht zu erkennen, daß bei der Aufklebung der nächsten Lagen Bitumenpappen die Stirnseiten der Druckausgleichsschicht völlig verschmiert werden. Da offensichtlich hier eine Dehnfuge gleichzeitig vorhanden ist, hätte das Blech, das hier fälschlicherweise in die Dachhaut eingeklebt wurde, unmittelbar über der Dampfdruckausgleichsschicht aufgebracht werden müssen und hätte gegen Abrutschen in der Kiesleiste genagelt werden sollen, damit kein Bitumen mit der eigentlichen Mauerwerkswand eine starre Verbindung eingeht. Die Dachabdichtungen dürfen nicht wie hier stufenweise aufhören, sondern müßten bis oben geführt werden und dort nochmals am Blech gegen Abrutschen befestigt werden. Eine nur einlagige Heraufführung führt mit Sicherheit zum Bruch. Bei Wasserstau kommt es zu Schäden.

Zwischen Mauerwerk und Anschluß-Profil müßte eine elastische Fugendichtung vorgenommen werden, da sonst infolge der Temperaturbewegungen aus dem Alu-Profil Risse in diesem Bereich entstehen und Feuchtigkeit nach hinten einzieht. Es ist also zu erkennen, daß man nicht unbesehen derartige von den Firmen angebotene Einbaudetails übernehmen darf. Sie müssen jeweils von den Dachdeckungsfirmen kritisch geprüft werden. Details dieser Art sind also als falsch zu bezeichnen.

In den letzten Jahren werden zunehmend die Wandanschlüsse mittels Kunststoff-Folien hergestellt, die in die Dachhaut eingeklebt oder aufgeklebt werden. Derartige Anschlüsse sind zunächst bestechend, lassen aber bei näherer Betrachtung Mängel erkennen, die auch in der Praxis bereits sichtbar wurden.

— DECKPROFIL
— HALTER
— WANDANSCHLUSSPROFIL
— KLEMMLEISTE

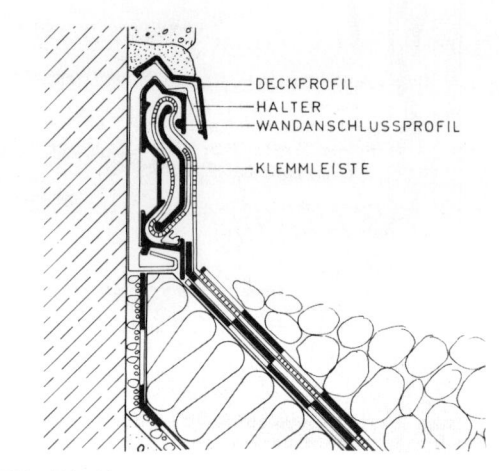

Bild 760   Falsch!

Bild 760. Hier fehlt die obere Dampfdruckausgleichsschicht und deren Anschlußmöglichkeit an die Außenluft. Die Dachhaut endet im Bereich des Überganges zwischen Vertikaler und Schräge. Wenn die Kiesschüttung nicht konsequent bis hier hochgeführt wird, versucht die Dachhaut nach unten abzurutschen und beansprucht diesen Knick. Die Kunststoff-Folie muß dann entweder dieser Zugbelastung stattgeben, oder es kommt zum Riß. Die thermischen Bewegungen des Profilbleches neben den statischen Spannungen aus der Abrutschung wirken hier also in einem Knotenpunkt. Gerade hier sollte aber die Dachhaut statt am

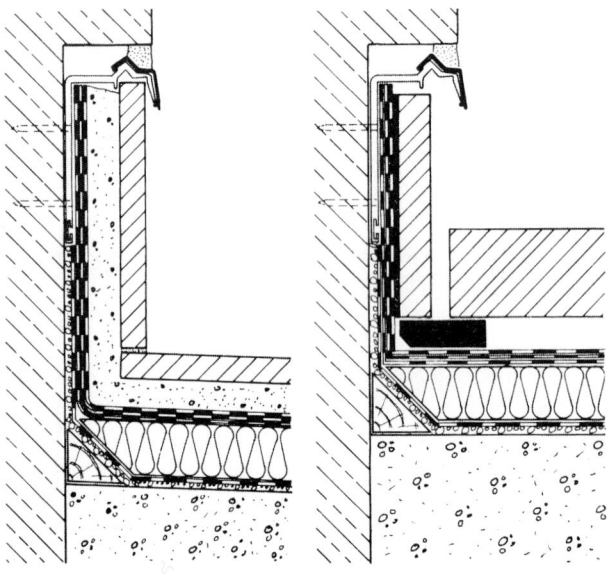

Bild 761   Falsch!

9.8 An- und Abschlüsse und Sondereinrichtungen beim Flachdach

schwächsten am stärksten sein. Abgesehen von der Frage der Alterungsbeständigkeit der verwendeten Kunststoff-Folien bleibt die Frage der mechanischen Beschädigung bei vorhandenen Hohlstellen oder bei Vorspannung durch die Abrutschung. So konnten in der Praxis bereits bei ähnlichen Anschlüssen Löcher, mechanische Beschädigungen und dgl. festgestellt werden. (Auch Beschädigung durch Vogel- und Mäusefraß.) Zu bemängeln ist besonders auch, daß die Kunststoff-Folie zwischen die Bahnen eingeklebt wurde und daß eine Dachdichtungsbahn mit stehendem Stoß an der Schräge endet. Dies widerspricht den Regeln der Technik.

Bild 761 zeigt zwar einen möglichen Anschluß des gleichen Profiles, läßt aber erkennen, daß auch hier die Praxis nicht Pate gestanden hat. Es ist nicht zu erkennen, wozu der Schrägkeil in der Ecke angeordnet ist. Er müßte über der Wärmedämmung angeordnet sein, damit die Forderung erfüllt wird, daß die Dachabdichtung nicht scharfkantig in die Ecke eingeklebt werden muß. Diese Forderung ist nicht erfüllt. Gerade bei Plattenbelägen, wie hier dargestellt, kommt es bei Hohlkehlen, wie sie naturgemäß bei Dachabdichtungen entstehen, zu Schäden infolge Durchdrückungen. Ob die Wand-Sockelplatten so halten und die Dachhaut nach hinten anpressen, muß bezweifelt werden.

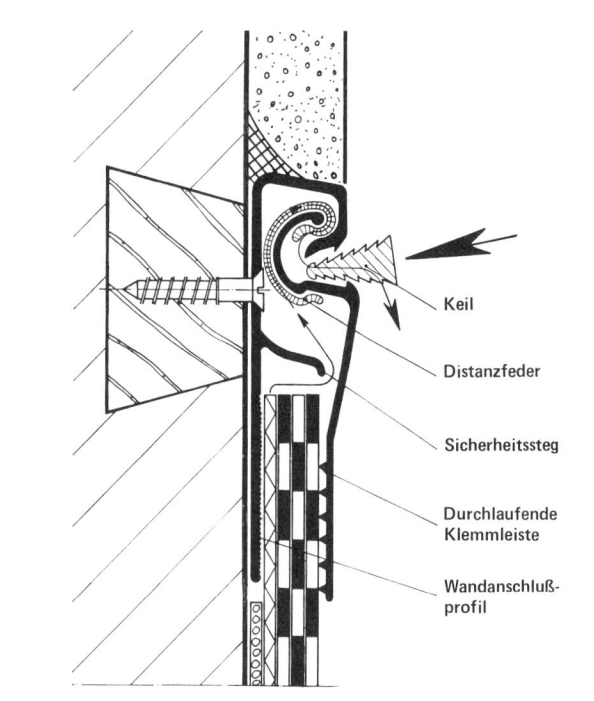

Bild 763 (ALX)

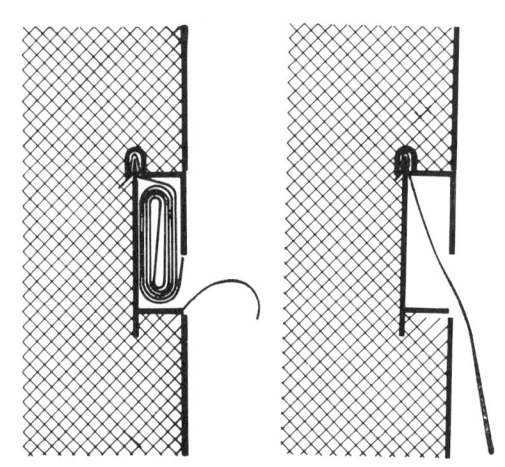

Bild 762 Fragwürdig

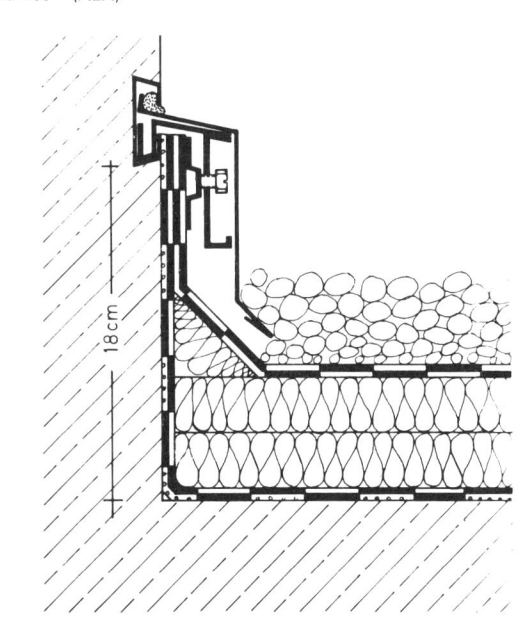

Bild 764 (bvs)

Bild 762 zeigt ein Wand-Einbauprofil, bei dem die Kunststoff-Folie bereits in das Profil eingelegt ist. In der Praxis hat der Autor schon festgestellt, daß hier die Kunststoff-Folie ca. 15–20 cm an der Senkrechten heruntergehängt, ohne geschützt zu werden. Wenn Zugspannungen von der Dachabdichtung auftreten, gibt die Kunststoff-Folie nach.

Bild 763 zeigt eine richtige Anschlußlösung. Hier ist die Dampfdruckausgleichsmöglichkeit im Bereich der Wand evtl. gegeben, desgl. kann die Dachabdichtung ungehindert bis unter das Profil geführt werden. Durch die Klemmleiste wird die Dachhaut nach hinten angepreßt, wobei hier lediglich die Frage besteht, ob der Keil für diese Anpressung ausreicht. Zwischen Putz und Profil ist eine elastische Kittfuge vorzusehen, um Risse aus den thermischen Bewegungen des Profiles im Anschluß-Putzbereich zu vermeiden.

Eine gute und in allen Teilen richtige Lösung ist in Bild 764 dargestellt. (Bis auf die fehlende Dampfdruckausgleichsschicht.) Auch hier kann die Dachhaut ungehindert bis unter das Profil heraufgeklebt und durch ein Klemm-Profil nach hinten abrutschsicher befestigt werden. Durch ein vorgehängtes schützendes Blech wird die Dachhaut außerdem vor mechanischen Zerstörungen und direkter Sonneneinstrahlung geschützt.

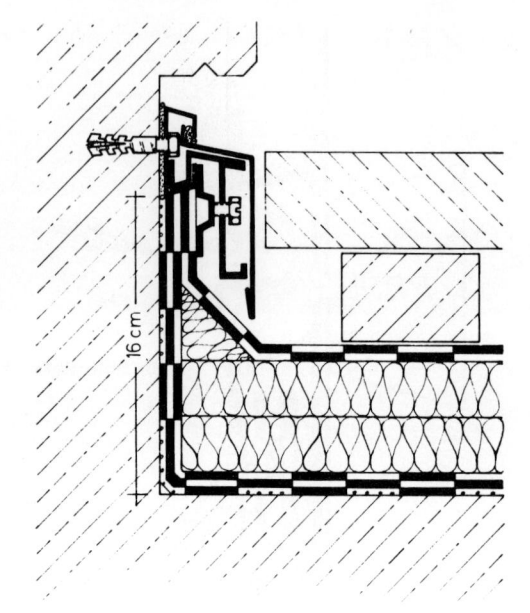

9. Detailhinweise bei Ausführung von Flachdächern

Bild 765 (bvs)

In Bild 765 ist dasselbe Profil dargestellt bei einem Terrassen-Belag. Hier wäre zu bemängeln, daß gemäß den vorgenannten Forderungen die Dachabdichtung nicht hoch genug über Oberkante Plattenbelag hinausreicht. Sie müßte also höher geführt werden. Im übrigen ist nicht die untere Spannungsausgleichsschicht nach außen zu entlüften, sondern die über der Wärmedämmung, die hier wie bei Bild 764 fehlt. Die Dampfdruckausgleichsschicht muß also über der Wärmedämmung angeordnet sein, während die Spannungsausgleichsschicht unter der Wärmedämmung im Bereich an der Senkrechten enden könnte. Die Profile als solche erfüllen aber die Sollforderungen vorgenannter Richtlinien insgesamt.

Dies gilt auch für Bild 766 mit demselben Profil. Im Bereich einer Dehnfuge zwischen Wand und Decke ist hier richtigerweise eine Schlaufe eingeführt. Die Dampfdruckausgleichsschicht müßte jedoch zuerst hochgeführt werden, bevor über dieser dann eine Kunststoff-Folie mit Schlaufe aufgelegt wird. Die Dachabdichtung muß bis oben geführt, darf jedoch an der Senkrechten nicht verklebt werden. Durch das Anpreß-Profil ist eine Abrutschung nicht zu erwarten. Die Beendigung der Dachabdichtung im Bereich in der Höhe des Kieses ist also nicht zulässig. Hier müßte das Profil um ca. 10–15 cm höher angesetzt werden.

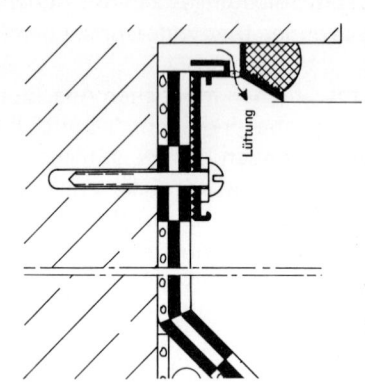

Bild 767 (MS-Profil)

In Bild 767 ist ein gutes Anschluß-Profil dargestellt. Die Dampfdruck-Ausgleichsschicht und die Dachabdichtung werden an der Wand hochgeführt. Ein Aufschraub-Profil hat eine Dampfdruckausgleichsmöglichkeit und eine vorgesehene Nut für eine thermoplastische Abdichtung. Hinter das Aufschraub-Profil kann noch ein manuell gefertigtes Blech zum Schutze der Dachhaut mit angeschraubt werden (s. obere Hänge-

Bild 766 (bvs)

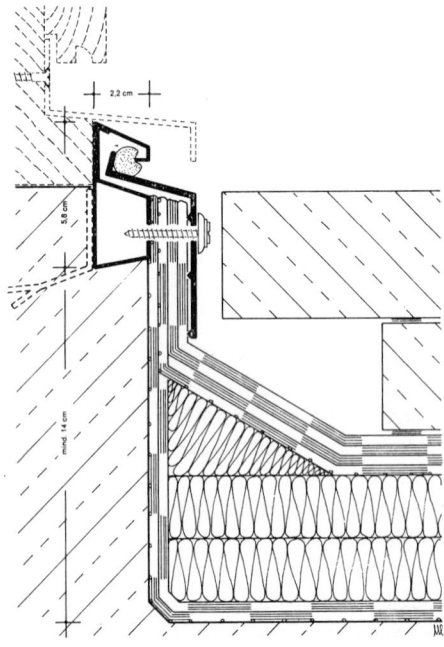

Bild 768 Anschlußdetail im Terrassendach mit Türanschluß. FZ-Schiene aus Stahl verzinkt mit angeschweißtem Anker, einbetoniert und ausgeführt in Verbindung mit Trittschwelle. Einteiliger Anschluß aus stranggepreßtem Aluminium

9.8 An- und Abschlüsse und Sondereinrichtungen beim Flachdach

vorrichtung). Hier werden also alle Forderungen eines Profiles erfüllt.

Bei Türanschlüssen im Bereich der Wände sind Profile wie in Bild 768 genauso gut geeignet wie im Bereich der Wandanschlüsse. Aber auch hier gilt die Forderung, daß die Dachabdichtung etwas höher heraufgeführt werden müßte, damit keine Gefahr besteht, daß bei Wasser über dem Plattenbelag (im Winter) Feuchtigkeit über die Dachabdichtung eindringt. (Nach den Richtlinien müßten 15 cm Höhe über Belag eingehalten werden.) Sonst sind derartige Anschluß-Details vorbildlich, wie sie bereits in Kapitel Terrassen dargestellt wurden. (Diese Beispiele sind bereits z. T. bei der Behandlung Kapitel Warm-Kaltdächer und Terrassen usw. angeführt.)

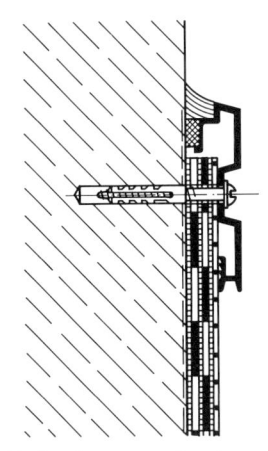

Bild 769 Wandanschluß aufgesetzt an der glatten Fassade (BUG)

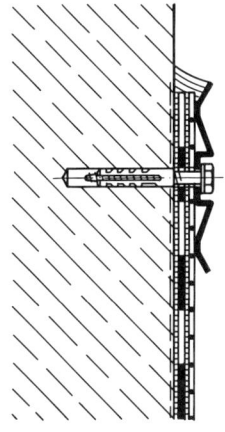

Bild 770 Wandanschlußprofil einfache Lösung (BUG)

Für nachträgliche Profilanwendungen besonders bei unebenen Fertigteilen, zeigen Bilder 769 und 770 Beispiele. In Bild 769 ist ein Profil dargestellt, bei dem ein dauerelastisches Dichtungsband eingebracht werden kann, das entsprechend den Komprimierungsvorschriften des jeweiligen Herstellers dimensioniert sein muß. Im unteren Profil-Bereich ist hier als Schutz für die Dachhaut ein Abdeck-Blech eingehängt.

In Bild 770 ist eine Einfachst-Möglichkeit erkenntlich. Jeweils zwischen Wand und Profil wird eine alterungs-

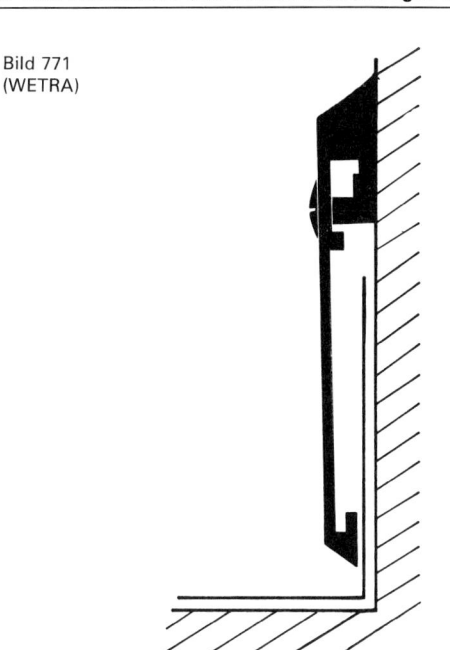

Bild 771 (WETRA)

beständige Kunststoffmasse eingebracht. Bild 771 zeigt ein Anschlußprofil, das jedoch primär für Kunststoff-Folienanschlüsse geeignet ist (auch Blech). Dies gilt auch für Bild 770.

Mit diesen wenigen Beispielen sollten lediglich die Problemkreise aufgezeigt werden, mit denen ähnlich sinnvolle und weniger sinnvolle Profilanschlüsse zu prüfen sind.

9.8.1.3 Blechanschlüsse

Bereits in früheren Ausführungen wurde dargelegt, daß eingeklebte Blechanschlüsse in die Dachabdichtung nach den heutigen Erfahrungen als falsch zu beurteilen sind (seit etwa 1967/68). In Tabelle 19 (Anhang) sind die Ausdehnungskoeffizienten von Baustoffen und Blechen angeführt. Hier lediglich einige Dehnzahlen von Blechen:

Verzinktes Blech = 0,012 mm/m °C
Kupferblech = 0,017 mm/m °C
Zinktitan = 0,023 mm/m °C
Aluminium = 0,024 mm/m °C
Zink und Blei = 0,029 mm/m °C

In den Richtlinien werden nun bezüglich der Blechanschlüsse folgende Ausführungen gemacht:
Wegen der unterschiedlichen Temperaturbewegungen von Metallen, Kunststoffen und bituminösen Stoffen soll möglichst vermieden werden, Blechanschlüsse in eine Dachhaut einzukleben. Sind derartige Anschlüsse jedoch aus konstruktiven Gründen unerläßlich, so muß die Ausführung mit besonderer Sorgfalt und unter Berücksichtigung der zu erwartenden Temperaturbewegungen erfolgen. Sie sollten auf Kamineinfassungen, Aussteigluken und Ähnliches beschränkt bleiben (Anmerkung des Autors: Diese Beschränkung soll auch dann nur gelten, wenn kleine Abmessungen vorhanden sind, die 1–1,5 lfdm nicht überschreiten. Bei

9. Detailhinweise bei Ausführung von Flachdächern

größeren Kaminen und Dachaufbauten sollten also andere Konstruktionsmöglichkeiten gesucht werden).
Unter und hinter den Blechanschlüssen muß mindestens eine Lage der Dachbahn verlegt und hochgeführt werden. Je nach Materialart sind die Blech-Anschlüsse an den Längsstößen durch Nietung oder Lötung wasserdicht zu verbinden und in entsprechenden Abständen Dehnungsvorrichtungen einzubauen. Falzverbindungen der Blechstöße sind nicht zulässig. Die Blech-Anschlüsse müssen gegen Abheben und Beschädigung durch Sturm in ausreichendem Umfang mit dem Untergrund verbunden sein (z.B. durch Hafter). Nagelbefestigungen auf Holzteilen sind in Abständen von mindestens 5 cm vorzunehmen (Anmerkung des Autors: und müssen weit oberhalb des evtl. Wasserspiegels angeordnet werden).
Für die Befestigung auf Massivbeton und Fertigbeton (Bims- und Gasbetondielen) sind z.B. Holz- oder Spreizdübel erforderlich. Bei Wärmedämmschichten sind imprägnierte Randhölzer einzubauen, die auf den Unterlagen ebenfalls ausreichend zu befestigen sind.
Die Einklebefläche der Blech-Anschlüsse muß mindestens 12 cm breit, frei von Verunreinigungen und trocken sein. Die Einklebeflächen sind mit einem kaltflüssigen Voranstrich auf Lösungsmittelbasis vorzustreichen. Am Übergang vom Blech-Anschluß zur Dachhaut sollte ein auf die Gesamtlänge durchgehender Schleppstreifen aus geeigneten Kunststoffbahnen, Gewebedichtungsbahnen, imprägnierten Jutegewebebahnen o.ä. als Verstärkungsbahn aufgebracht werden. Durch diesen Schleppstreifen sollen u.a. evtl. auftretende unterschiedliche Temperaturbewegungen zwischen Dachhaut und Blechteilen aufgefangen und überbrückt werden. Es ist deshalb erforderlich, daß der mittlere Längsteil der Schleppstreifen auf eine Breite von mindestens 8 cm unverklebt bleibt und lose aufliegt. Der auf den Blechanschluß übergreifende Teil des Schleppstreifens ist vollflächig aufzukleben. Der auf die Dachhaut übergreifende Teil kann je nach Breite des Schleppstreifens lose aufgelegt oder im hinteren Bereich ebenfalls vollflächig mit der Dachhaut verklebt werden.
Die weiteren Lagen der Dachhaut sind über den Schleppstreifen in versetzter Anordnung auf die restliche Einklebefläche des Blechanschlusses zu führen und vollflächig aufzukleben. Nach dem Aufkleben der letzten Dachbahn ist der Anschluß zum Blech mit heißer Klebemasse, Spachtelmasse o.ä. zusätzlich zu sichern. Blechverwahrungen, insbesondere in wasserführenden Schichten und bei Bekiesung sind gegen Oxydation zu schützen.

9.8.1.4 Dachtraufen

Erfolgt die Dachentwässerung nach außen über eine vorgehängte Dachrinne, muß der Übergang von der Dachfläche zur Rinne mit einem Traufblech versehen werden. Im übrigen ist die Ausführung wie bei Metallanschlüssen vorzunehmen.

9.8.2 Bewegliche Anschlüsse

Wandanschlüsse an senkrechten Bauteilen, die durch eine Bewegungsfuge von der Dachfläche getrennt sind, müssen grundsätzlich so ausgebildet sein, daß die Dachhaut im Anschluß zu den beweglichen Bauteil an einer eigenen Aufkantung mit Hilfe einer Unterkonstruktion hochgeführt wird, damit sich Bewegungen nicht nachteilig auf die Dachhaut auswirken. In jedem Falle ist die Verbindung zum beweglichen Bauteil lose mit einer Kappleiste oder mit einem anderen geeigneten Abschluß herzustellen.

9.8.2.1 Praktische Anwendungsbeispiele

In Bild 772 ist ein derartiger Blechanschluß dargestellt. Er ist nach den heutigen Erkenntnissen nicht mehr gerechtfertigt und kann gemäß Bild 773 und den vorgenannten Wandanschluß-Details ersetzt werden. Falls jedoch unbedingt eine derartige Einklebung aus konstruktiven und anderen Gründen notwendig wird, muß nach Bild 772 verfahren werden. Hier kann der lose Schleppstreifen erkannt werden.

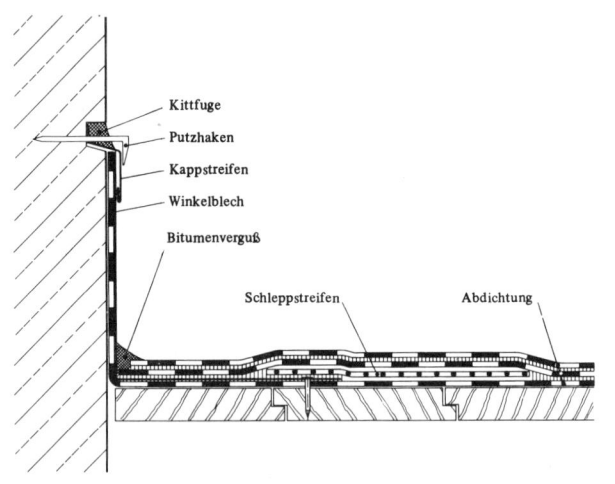

Bild 772 [8] Blechanschlüsse

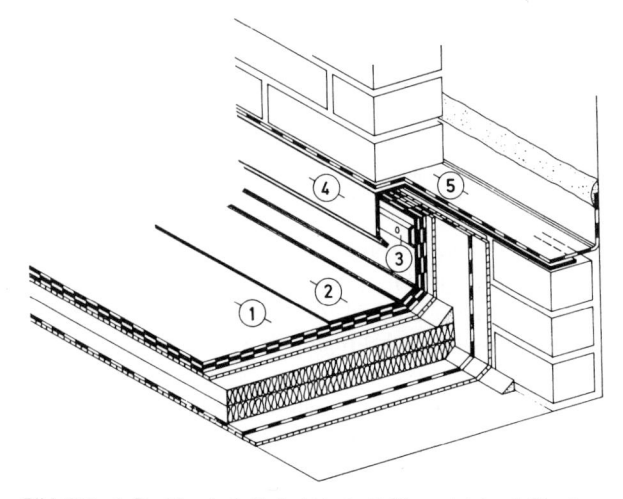

Bild 773 1 Dachhaut, 2 Abdeckblech, 3 Klemmleiste, 4 Überhangstreifen, 5 Feuchtigkeitsisolierung

9.8 An- und Abschlüsse und Sondereinrichtungen beim Flachdach

Im Bereich des Längsstoßes muß je nach Materialwahl der Bleche ein Schiebekasten angeordnet werden gemäß Bild 774. Der notwendige Abstand dieser Schiebekästen richtet sich nach den Dehnungskoeffizienten des verwendeten Blechmateriales. Da die Bleche meist sowohl intensiver Sonneneinstrahlung als auch maximaler Abkühlung ausgesetzt sind, sind Temperaturdifferenzen von 100° als normal anzusehen. Die Dehnbewegungen im Bereich der Schiebekästen sollten 8– max. 10 mm nicht überschreiten, da sonst die Dachhaut von diesen Schiebekästen wieder abreißt und die Schäden in diesem Bereich entstehen. Es sind demzufolge etwa folgende Dehnfugenabstände vorzusehen:

Verzinktes Blech	ca. 7–8 m
Kupferblech	ca. 5–6 m
Messing	ca. 5 m
Zink-Titan, Alu	ca. 4 m
Zink-Blei	ca. 3 m

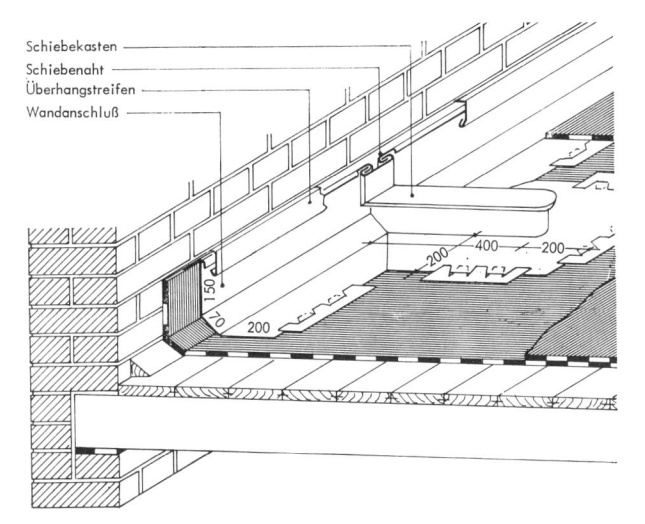

Bild 774 Anschluß an aufgehendes Mauerwerk

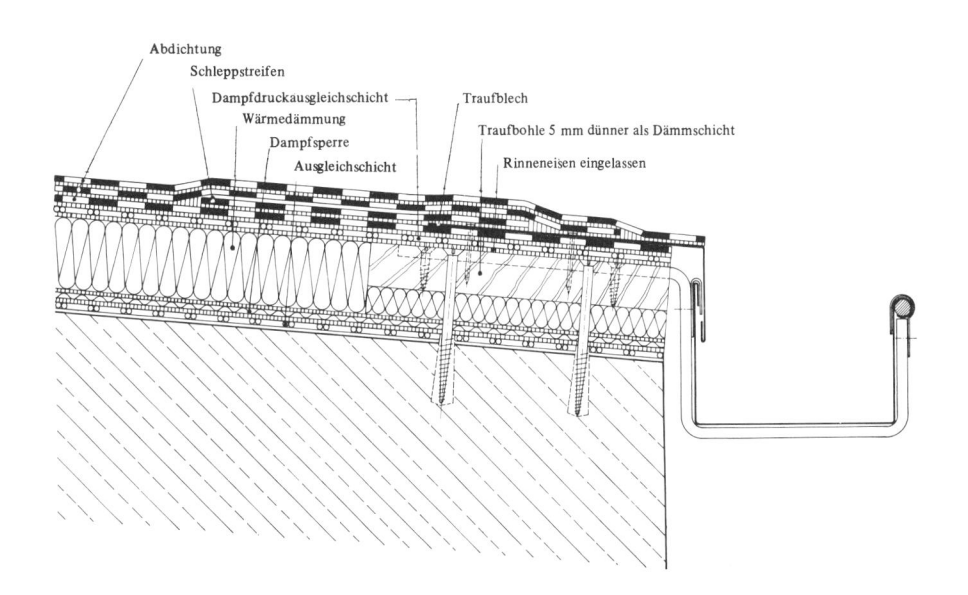

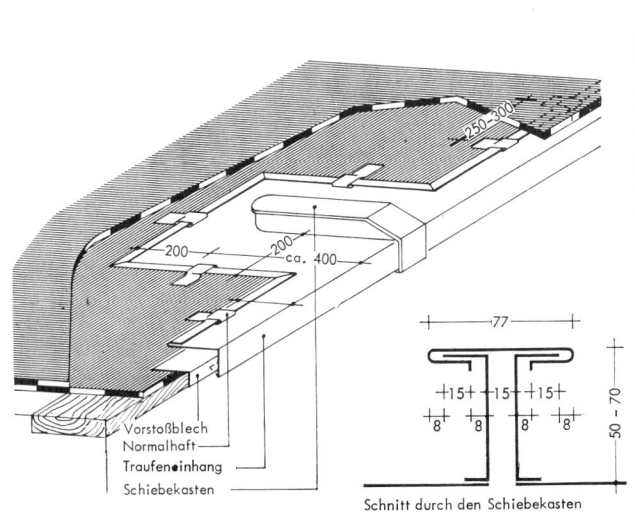

Bild 775 [89] Dachtraufen

Bild 776 Traufausbildung beim Pappdach

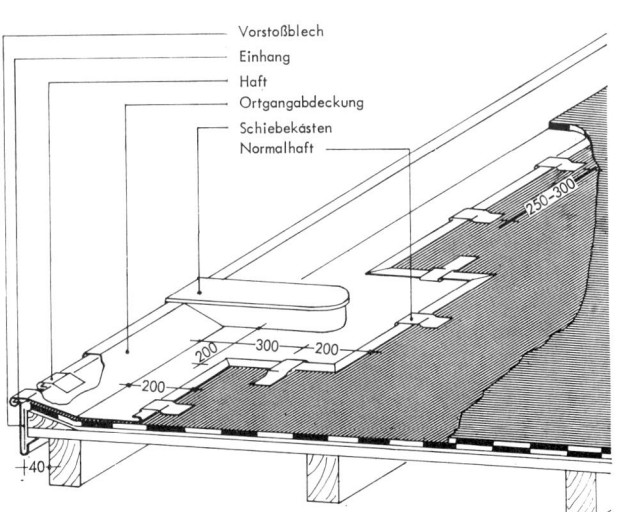

Bild 777 Ortgangausbildung beim Pappdach

9. Detailhinweise bei Ausführung von Flachdächern

Bild 778 (SCHAUPP) Eingerissene Dachrandverblendung

Einriß der Dachhaut über dem Blechstoß

In Bild 775 ist der Dachrinnen-Anschluß bei notwendiger Einklebung dargestellt (s. hier auch Kapitel 9.6). Auch hier muß, wie früher angeführt, ein Schiebekasten zur Anwendung kommen, wie er in Bild 776 nochmals zur Vervollständigung angeführt ist. Auch an den Ortgängen muß ein derartiger Schiebekasten gemäß Bild 777 zur Anwendung kommen. Bei Gefälle ist der Schiebekasten schräg zum Einbau zu bringen, damit das Wasser nicht im Bereich des Schiebekastens gestoppt wird.

Werden derartige Dehnfugenanordnungen nicht durchgeführt, sind Schäden wie in Bild 788 dargestellt zu erwarten.

Im Bereich von Türschwellen odgl. muß, wenn die Richtlinien eingehalten werden sollen, die Dachabdichtung in gleicher Höhe heraufgeführt werden wie an den Wänden. Auch die Blecheinklebung muß in der gleichen

Bild 779 Türschwellenanschluß mit Folgen

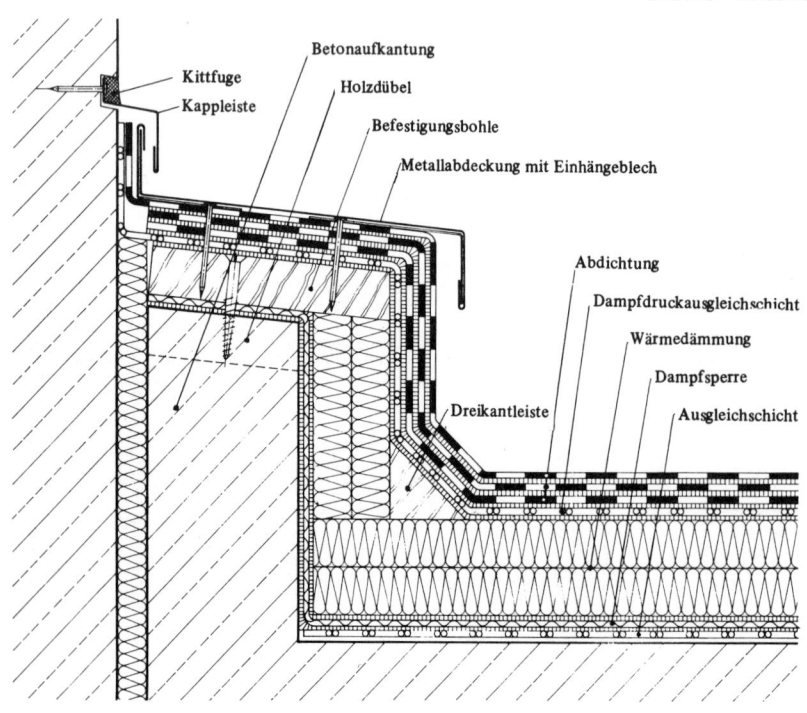

Bild 780 [89]
Bewegliche Anschlüsse

9.8 An- und Abschlüsse und Sondereinrichtungen beim Flachdach

Höhe durchgeführt werden. Dies ist in Bild 779 nicht geschehen, was zweifellos zu Wassereindringungen führen muß.

Bewegliche Wandanschlüsse im Bereich von Wand-Dehnfugen, wie sie bereits zuvor behandelt wurden, sind nach den vorgenannten Richtlinien in Bild 780 dargestellt. Hier ist keinerlei Verklebeverbindung Dach-Wand gegeben, so daß freie Bewegung möglich ist. Das Metall-Abdeckblech odgl. muß an der Stirnseite jeweils soweit heruntergeführt werden, daß auch hier die Dachhaut geschützt wird, bzw. der Kies muß an der Schräge bis zum Blech reichend heraufgeschüttet werden.

9.8.3 Dachrand-Abschlüsse

Nach den Richtlinien Abs. 8.3 gelten folgende Ausführungen:

»Es wird empfohlen, zur Dachseite hin eine unter 45 Grad abgeschrägte Unterkonstruktion aus imprägnierten Kanthölzern oder Beton bzw. Mauerwerk mit Dreieckkeilen herzustellen, an der die Dachhaut hochgezogen und bis zur *Außenkante des Bauwerkes* geführt werden kann. Erforderlichenfalls kann eine Verstärkung (der Dachabdichtung) mit Bitumen-Schweißbahnen oder Kunststoff-Bahnen eingebaut werden. Es ist darauf zu achten, daß die oberste Fläche der Aufkantung zur Dachfläche hin ausreichend abgeschrägt ist, damit das Niederschlagswasser einwandfrei zur Dachfläche und nicht nach außen läuft.

Das obere Ende der hochgeführten Abdichtung muß im Bereich der Dachrand-Abschlüsse *mindestens 10 cm über der Oberkante* des Dachbelages (Bekiesung, Plattenbelag und dgl.) liegen. Am Übergang von der Dachfläche zur Aufkantung ist auf eine satte, hohlraumfreie Verklebung der Bahnen untereinander zu achten. Am oberen Ende ist die hochgeführte Dachhaut gegen Abrutschen durch Nagelung zu sichern. Außerdem wird empfohlen, eine Lage der Dachhaut auf der Außenseite des hochgezogenen Dachrandes senkrecht nach unten zu führen, um den seitlichen Eintritt von Niederschlag zu verhindern.

Die Dachrand-Abschlüsse sind möglichst gegen mechanische Beschädigung und direkte Sonneneinstrahlung durch Blechabdeckungen, Kiesanböschungen oder ähnliches zu schützen.

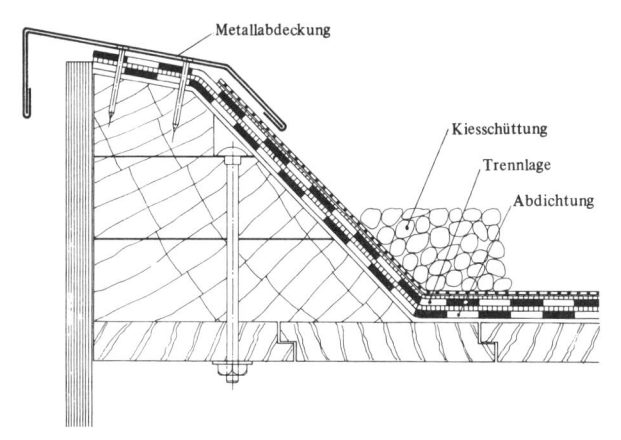

Bild 781 Dachrandabschluß

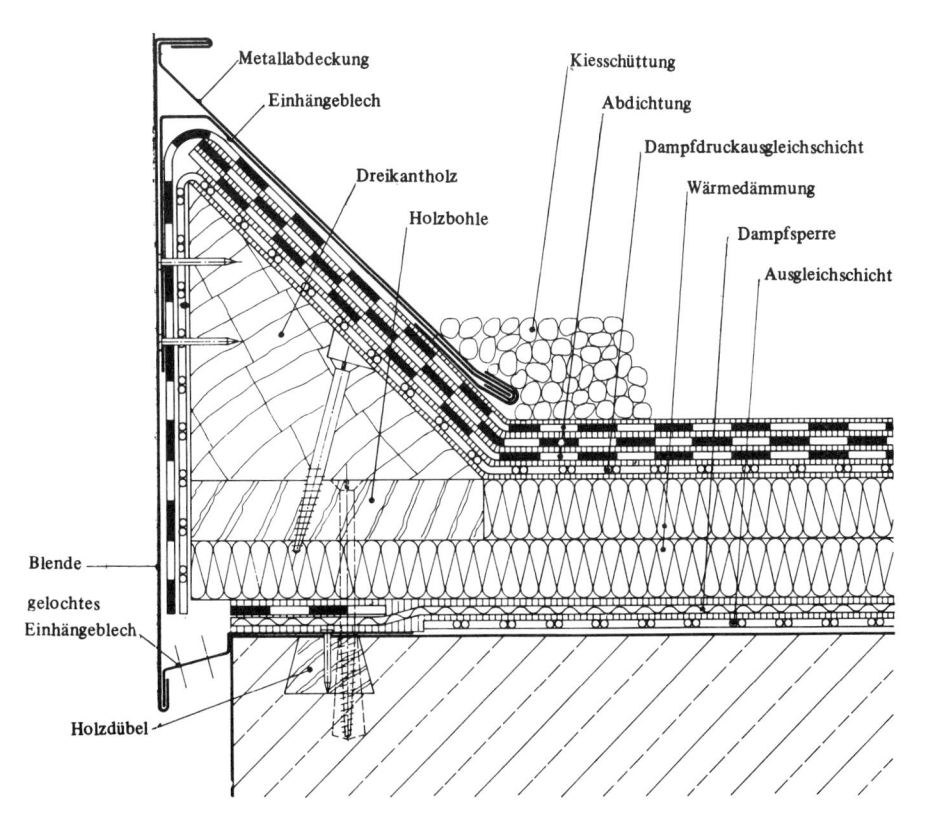

Bild 782 Dachrandabschluß

9. Detailhinweise bei Ausführung von Flachdächern

Bleche sollen den Dachrand mit der hochgeführten Dachhaut nur als Kappe abdecken, jedoch *nicht in der Dachhaut eingeklebt werden*. Vorgefertigte Dachkanten-Profile, Dachabschluß-Profile aus Leichtmetall oder Kunststoff müssen entsprechend den vorgenannten Vorschlägen ausgebildet sein, wobei ebenfalls darauf zu achten ist, daß sich Dehnungskräfte der Profile insbesondere in der Längsrichtung nicht nachteilig auf die Dachhaut übertragen, und daß das Ende der Abdichtung aus der Dichtungsebene herausgehoben ist. Zu vermeiden sind nach Möglichkeit Profile, die direkt in die Dachhaut eingeklebt werden.«

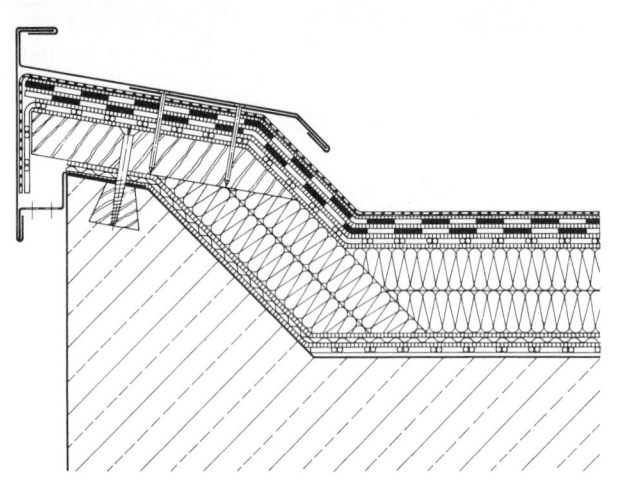

Bild 783 [89]   Dachrandabschluß

In den Bildern 781, 782 und 783 sind entsprechend vorgenannten Richtlinien die Empfehlungszeichnungen des Fachverbandes angeführt.

Bild 782 stellt eine sehr gute Möglichkeit für manuelle Fertigungen dar und läßt sich auch, wie nachfolgend zu erkennen, bei Profilblechen weitgehend verwenden. Die Dampfdruckausgleichsschicht über der Wärmedämmung ist hier einwandfrei nach außen angeschlossen. Für das untere Haftblech braucht nicht unbedingt extra ein Dübel zur Anwendung kommen. Dieses kann auf die Holzbohle und auf das Dreikantholz stirnseitig aufgebracht werden, oder es kann eine Holzbohle in der Gesamtstärke der Wärmedämmung zum Einbau kommen, was ohnehin zu empfehlen ist, damit hier eine bessere Sturmhaftung zustande kommt. Die Dreikanthölzer sind mit Sägeschnitten zu versehen, damit keine unzulässigen Verwerfungen zustande kommen. Eine Befestigung der Holzbohle in einem Dübelholz gemäß Bild 783 ist relativ schwierig, da diese Befestigung meist nicht mehr gefunden wird, nachdem ja bekanntlich die Dampfsperre bereits aufgeklebt ist. Hier empfiehlt es sich, entweder ein durchgehendes Schwellenholz einzubauen oder mit Spreizdübeln zu arbeiten, was bei ausreichender Auflagerbreite zu empfehlen ist.

Anstelle von Außenrinnen können bei leichten Gefälledächern etwa bis 5° ohne weiteres die problematischen Außenrinnen weggelassen werden. Anstelle dessen sind dann Aufkantungen gemäß Bild 781–793 möglich. Hier ist lediglich darauf zu achten, daß die Höhe der Aufkantung über dem wasserführenden Niveau ausreichend gewählt wird, damit die nun entstehende Muldenrinne das Wasser in innenliegende Bodeneinläufe abführt, ohne daß Wasser nach außen über den Dachrand überschwappt. Im Bereich der Muldenrinne ist die Dachhaut u. U. zusätzlich zu verstärken etwa durch zusätzliches Einkleben einer Schweißbahn, wie dies bei den vorgenannten Konstruktionen ohnehin empfohlen wird. Es empfiehlt sich, diese Verstärkung dann nicht als oberste Lage zu verwenden, wie dies auch bei den Bildern 781–783 nicht zu empfehlen ist, sondern sie ist in die Dachabdichtung einzukleben, damit die letzte Lage durchgeklebt werden kann. In der Mulde ist dann (auch bei Kiespreßdächern) eine lose Kiesschüttung über einem Deckaufstrich zu empfehlen.

Abweichend von diesen Grundkonstruktionen werden in der Praxis zahlreiche Lösungen angeboten, die die vorgenannten Forderungen der Richtlinien oft nicht erfüllen und die nach Erfahrungen des Autors häufig zu Schäden führen.

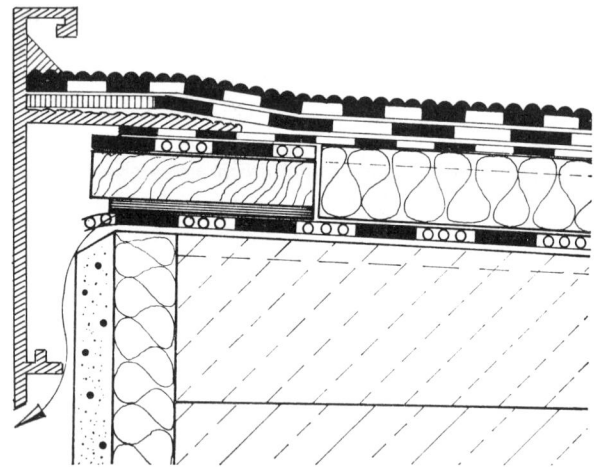

Bild 784   Falsch

Bild 784 stellt die primitivste Art eines derartigen Anschlusses dar. Die Dachhaut wird hier direkt auf den Flansch des Profiles aufgeklebt. Risse im Stoßbereich bleiben selten aus. Die Dachhaut ist nicht aus dem Niveau der Wasserführung herausgehoben. Ein Eiskeil zur Entspannung evtl. Eis-Druckes ist nicht gegeben. Der Anschluß Dachabdichtung an das Profil ist primitiv und gewährleistet keine einwandfreie Abdichtung. Durch die thermischen Bewegungen aus dem Profil kommt es häufig zu glatten Abrissen parallel zum Profil. Profile dieser Art müßten verboten werden.

Als nicht ausgereifte Konstruktionen werden Profile wie Bild 785 angeboten. Die Dachhaut endet hier im Bereich der Schräge und ist nur mit einer Lage nach oben geführt. Auch diese eine Lage endet noch im wasserführenden Bereich mit Oberkante Kiesschüttung, also eine völlig unzureichende Anschlußgestaltung. Durch die

9.8 An- und Abschlüsse und Sondereinrichtungen beim Flachdach

thermischen Bewegungen vom Einklebe-Blech kommt es bei nur einer Lage mit Sicherheit zu Abrissen im Stoß- und Knickbereich und im Laufe der Zeit zu Feuchtigkeitseinbrüchen und Unterwanderungen der Feuchtigkeit unter das Blech.

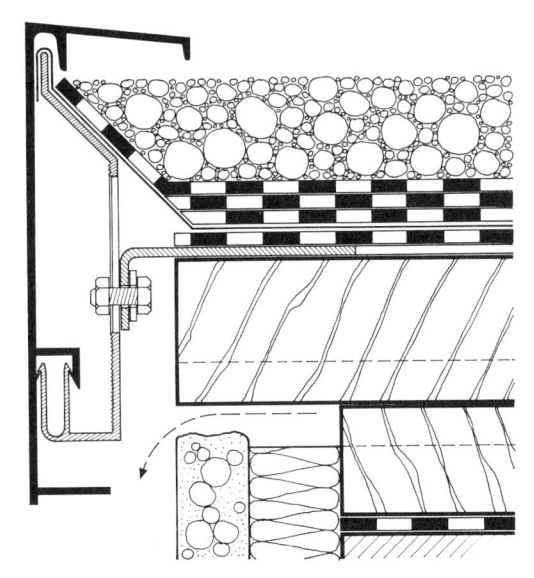

Bild 785   Falsch

Eine Verbesserung stellt Bild 786 dar. Das Schrägblech, in das Profil eingehängt, dient zur Aufnahme einer zusätzlichen Kunststoff-Folie, die hier aufgelegt und auf die bituminöse Dachabdichtung aufgeklebt wird. Die Stöße des Anschlußprofiles sollten auf jeden Fall mit einem Abdeck-Band abgeklebt werden, damit die Bewegungen des Profiles sich nicht direkt auf die Kunststoff-Folie auswirken. Die Blende liegt bei diesem Profil auf einem durchlaufendem Kunststoffklemmprofil auf und kann sich daher völlig gefahrlos für die Kunststoff-Folie bewegen.

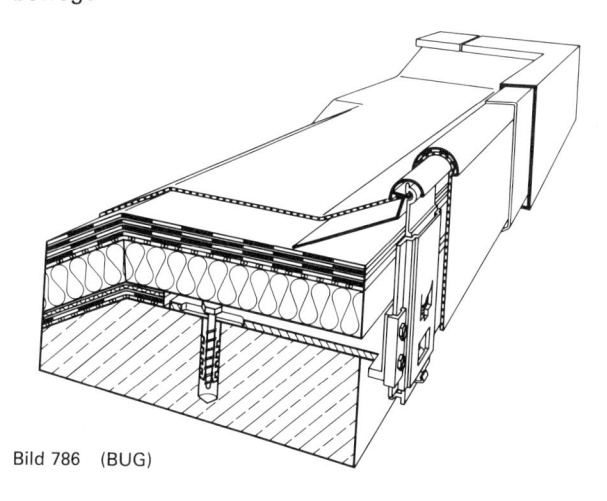

Bild 786   (BUG)

In Bild 787 ist die Schräge durch einen Holzkeil dargestellt, bei dem jedoch nicht erkenntlich ist, wie dieser nach unten befestigt wird. Eine Verklebung alleine reicht nicht aus. Die Kunststoff-Folie als Schlaufe hier eingefügt, bleibt immer eine fragwürdige Anschluß-Konstruktion, wenngleich sie hier in diesem Falle weitgehend durch das Profil geschützt wird. Die Kunststoff-Folie muß über der Dachdichtung aufgebracht werden, damit keine stehende Naht entsteht.

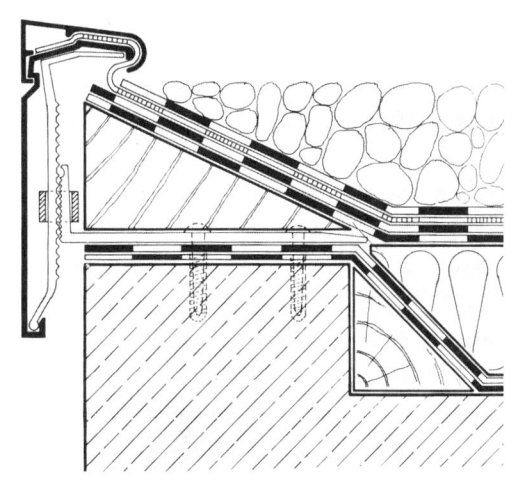

Bild 787   Möglich, wenngleich nicht ideal

Wesentlich ungünstiger ist ein Anschluß wie in Bild 788 dargestellt. Hier hängt die Kunststoff-Folie frei und hohl in der Luft und kann durch den Kies und außerdem an den Halterungen mechanisch beschädigt werden. Hier spürt man den Mangel praktischer Erfahrung bei der Entwicklung derartiger Konstruktionen.
Diese Beispiele mehr oder weniger zweckmäßiger Anschluß-Konstruktionen mögen ausreichen, um eine richtige Beurteilung gemäß den Bildern 781–783 vornehmen zu können.

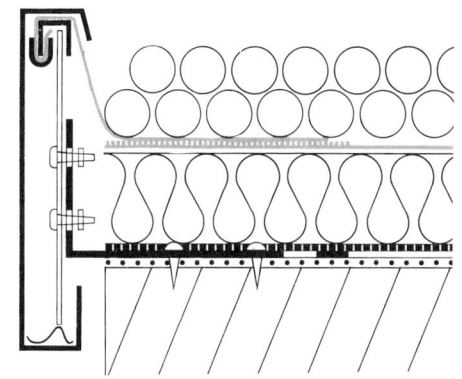

Bild 788   Falsch!

In Bild 789 ist dargestellt, daß auch mit vorgefertigten Profilen fachgerechte Konstruktionen hergestellt werden können. Beim linken Bild ist zwar eine Aufklebung auf ein Blech vorhanden, das aber bei loser Einlegung aus Erfahrung noch akzeptiert werden kann, wenngleich das Unterlegen eines Holzkeiles sympathischer ist, wie dies von einzelnen Herstellerfirmen empfohlen wird. Die Dachhaut ist hier aber konsequent bis nach

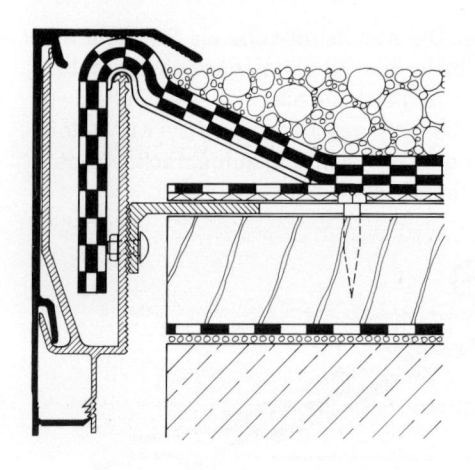

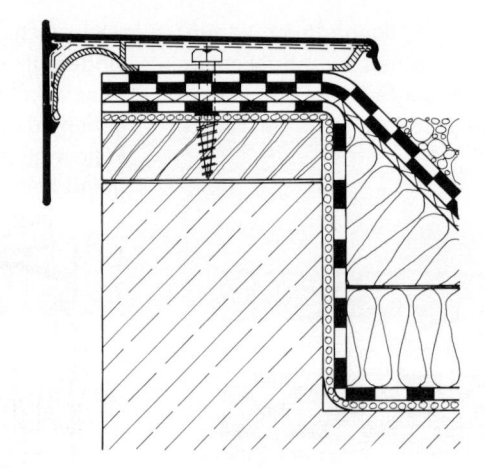

9. Detailhinweise bei Ausführung von Flachdächern

Bild 789 (ALX)

außen geführt. Das rechte Bild läßt ebenfalls erkennen, daß die Dachabdichtung einwandfrei bis außen geführt werden kann. In beiden Fällen ist außerdem die Frage Wärmebrücke nach innen einwandfrei gelöst.

Eine ebenso einwandfreie Konstruktion bezüglich der Dachabdichtungsführung und Abdeckung ist in Bild 790 gezeigt. Hier ist die Abdeckung mit Gefälle nach innen gegeben, was wie bekannt, erforderlich ist. Zu beanstanden ist hier jedoch, daß über die Betonaufkantung eine Wärmebrücke nach innen entsteht. Hier müßte im obersten Bereich eine Holzbohle angeordnet werden, die eine derartige Wärmebrücke verhindert und außerdem die Verschraubung der Profilbleche und eines Einhängebleches über der Dachhaut leicht ermöglicht.

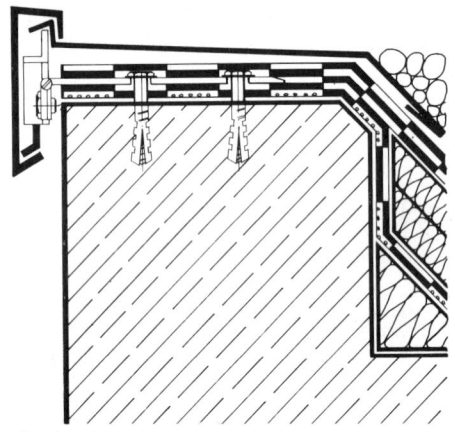

Bild 790 (bvs)

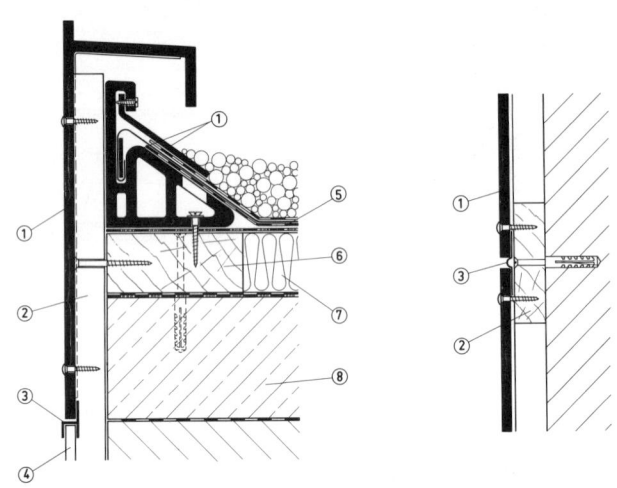

Bild 791   Herforder Dachkanten Profil A. 1 Blendenelement, Dreikantprofil und Abdeckprofil der Herforder Dachkante, Profil A (aus 10 mm dickem, oberflächengeschliffenem, dampfgehärtetem Asbestzement (Eternit),   2 Holzlatten,   3 PVC-Fugenprofile,   4 Eternit-Fassade, 5 Dachanschlußfolie, gehalten im Dreikantprofil durch eine Folieneinlegeleiste aus Asbestzement, 6 Randbohle für die Befestigung, 7 Wärmedämmung, 8 Dachdecke

Bild 791 zeigt einen Abschluß mit Herforder Dachkanten, bei dem das Dreikantunterprofil aus Asbestzement zugleich die Dachwanne bildet. Dachanschlußfolie flexibel eingelegt. Thermische Bewegungen werden aufgefangen. Im Kantenbereich ist einwandfreie Entlüftung der Dachkonstruktion durch Umluft gewährleistet.

Eine neuartige Randabdeckung zeigt Bild 792a und b. Hier sind alle konstruktiven Details in einem Bauelement zusammengefaßt, das aus Schaumprofil mit aufgeschweißtem Aluminium und eingearbeiteter Flachdachbahn besteht. Die Befestigung erfolgt auf Betondecken mit Fertigmörtel und Schraubnagel, auf Holz mit Schraubnagel und Kunststoffteller. Diese Randabdeckung ist für Warmdächer, besonders im Systembau, geeignet, die ohne Bekiesung mit Lucobit oder Rhepanol vollflächig verlegt sind. Speziell für das lose Bahnendach ist vom gleichen Hersteller eine Randabdeckung in der Entwicklung, die auch eine Bekiesung zuläßt, mit einer Aufkantung von 15 cm.

In Bild 793 ist ein Profilblech bei einer Kaltdach-Konstruktion dargestellt. Hier ist lediglich zu bemängeln, daß der Keil von 4 cm Höhe bei einem gefällelosen Kiesschüttdach nicht ausreicht. Häufig wird Wasser besonders im Winter nach außen über die Dachhaut abtropfen. Es müßte also ein höherer Keil gewählt werden, damit die Gefahr des Wasserübertrittes nicht gegeben ist. Dies erfordert naturgemäß auch dann ein höheres Anschluß-Profil. Im übrigen sind aber derartige Konstruktionen zu empfehlen. Fragen der Wärmebrücken usw. müßten hier gesondert beurteilt werden.

In Bild 794 und 795 sind technisch einwandfreie Profilanschlüsse gezeigt. Die Dampfdruckausgleichsschicht

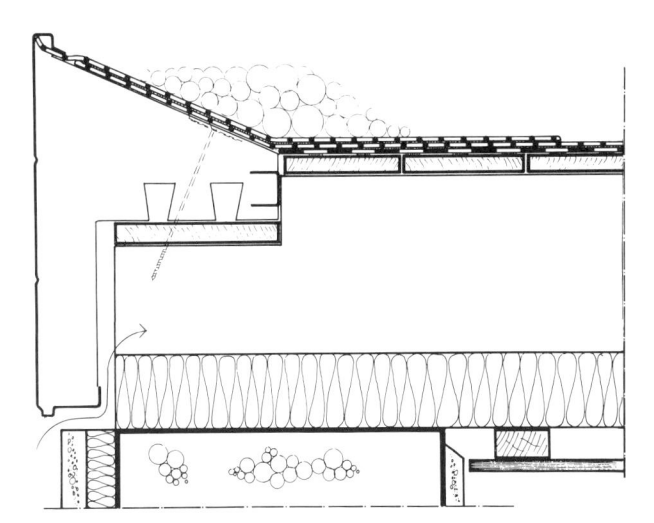

9.8 An- und Abschlüsse und Sondereinrichtungen beim Flachdach

Bild 792a   D.W.A.-Randabschluß

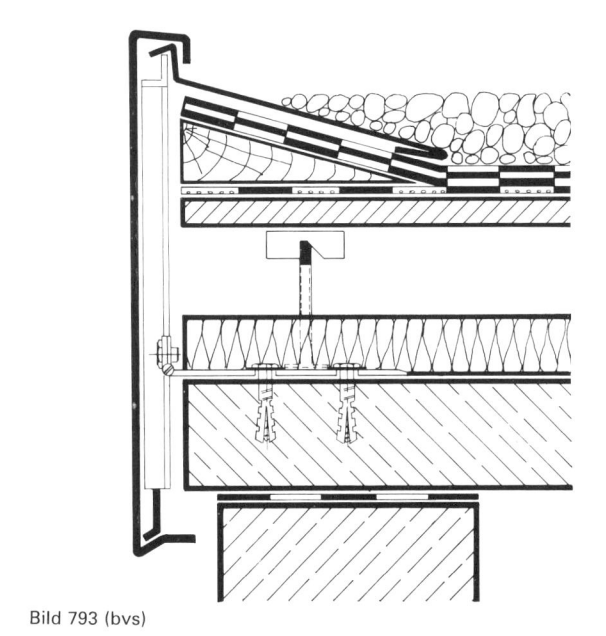

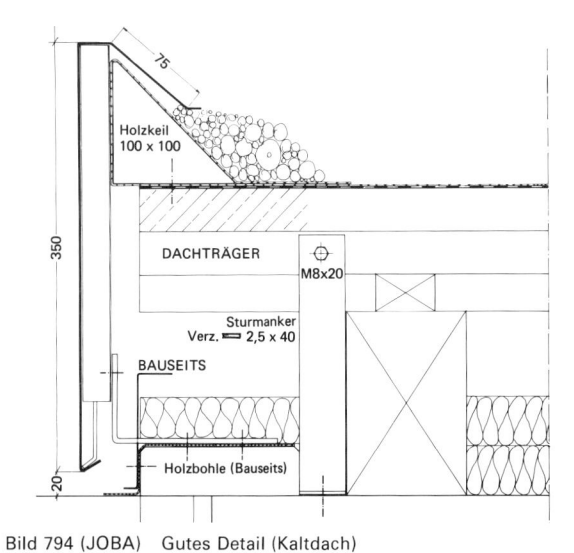

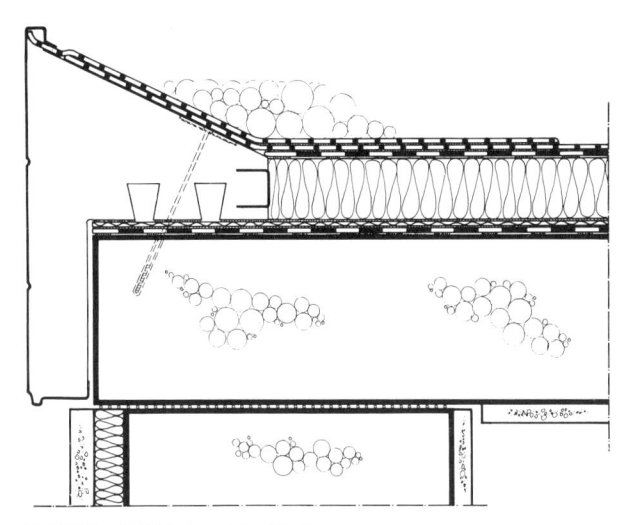

Bild 792b   D.W.A.-Randabschluß

Bild 793 (bvs)

Bild 794 (JOBA)   Gutes Detail (Kaltdach)

wird hier auch außenseitig zusammen mit einer Lage Pappe heruntergeführt werden, allerdings nur beim Warmdach, während beim Kaltdach, wie in der Zeichnung dargestellt verfahren werden kann. Die Kiesschüttung reicht in beiden Fällen an der Schräge bis zum Profil heran.

Aus Bild 796 ist eine ideale Anschluß-Konstruktion zu ersehen. Über einer Holzbohle wird die Dachhaut konsequent bis außen geführt samt Anschluß der Druckausgleichsschicht. Darüber kommt ein schützendes Abdeckblech, auf das dann die Kiesschüttung angeschüttet wird. Dieses Profil mit Anschluß entspricht voll und ganz den Richtlinien. Ähnliche Konstruktionen werden auch von anderen Profilherstellern schon hergestellt.

Bei Kunststoff-Folien, die lose verlegt werden, ergeben sich mit den auf dem Markt befindlichen Profilblechen relativ günstige Anschlußmöglichkeiten. In Bild 797 sind zwei Beispiele bei Warm- und Kaltdach angeführt. Hier wäre jedoch zu empfehlen, den Kies bis nach außen zu führen, also bis zum Profil, um die Kunststoff-Folie vor Sonneneinstrahlung zu schützen, da jede Folie dem Alterungsprozeß unterworfen wird. Auch müßte hier ein Gefälle nach innen gegeben werden, was durch einen Schräg-Holzkeil ermöglicht werden könnte.

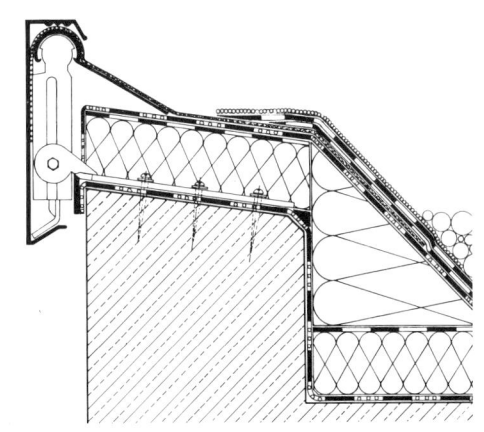

Bild 795 (JOBA)   Warmdach

9. Detailhinweise bei Ausführung von Flachdächern

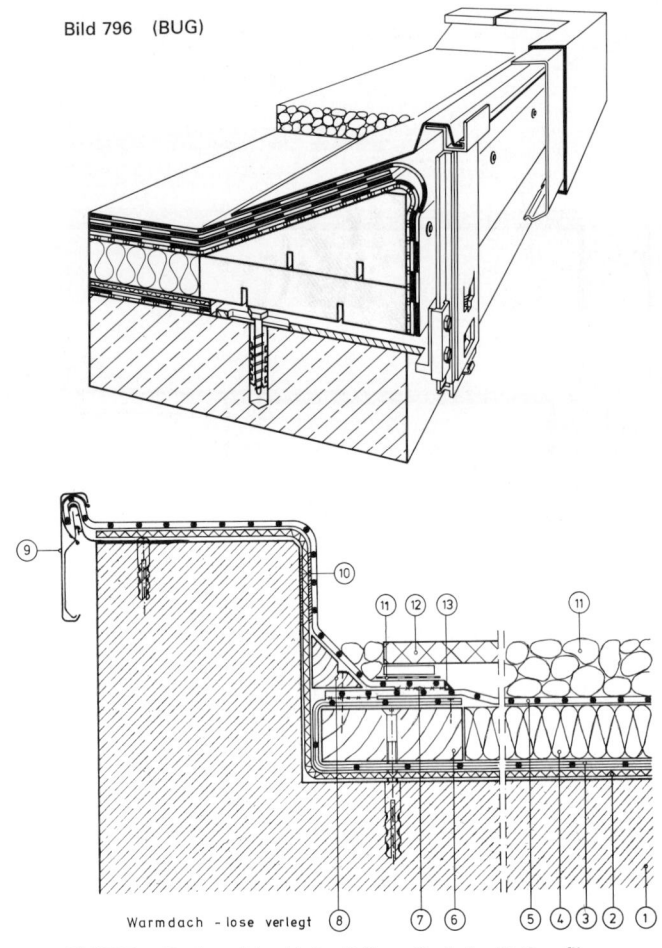

Bild 796 (BUG)

Bild 797a Dachrandabschluß mit Braas-Dachabschlußprofil

1 Stahlbeton, 2 Trennschicht, 3 Rhenofol D, 4 Wärmedämmschicht, 5 Rhenofol C, 6 imprägnierte Holzbohle (Salzbasis), 7 5 cm quellverschweißt, 8 imprägnierter Holzkeil (Salzbasis), 9 Braas-Dachabschlußprofil, 10 vertikale, streifenweise Verklebung mit Rhenofol-Kontaktkleber 20 bei Höhen > 15 cm, 11 Trennstreifen, 12 Plattenbelag auf Stelzlagern, mind. 5 cm Kiesschüttung, Rundkorn 16/32, 13 Nahtabsicherung mit Rhenofol-Paste

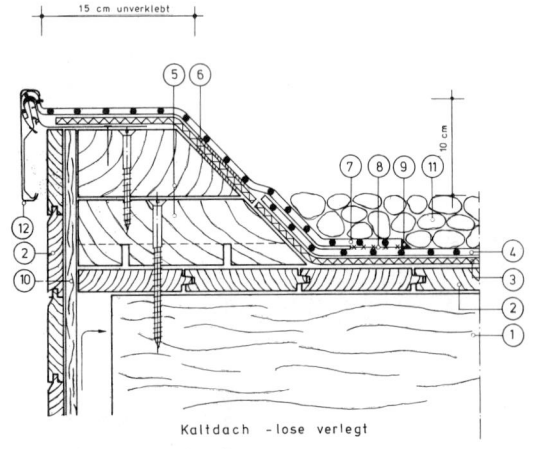

Bild 797b Dachabschlußprofil von Braas

1 Dachbalken imprägniert (Salzbasis), 2 Holzschalung (Nut und Feder), 3 Trennschicht, 4 Rhepanol f 1,5 cm (bzw. Rhepanol fk), 5 imprägnierte Holzbohle (Salzbasis), 6 streifenweise Verklebung mit Rhepanol-Kontaktkleber 10 bei Anschlußlängen > 15 cm, 7 Rhepanol f-Anschlußstreifen, 8 5 cm quellverschweißt, 9 Nahtabsicherung mit Rhepanol-Paste, 10 Konterlattung, 11 mind. 5 cm Kiesschüttung, Rundkorn 16/32, 12 Braas-Dachabschlußprofil

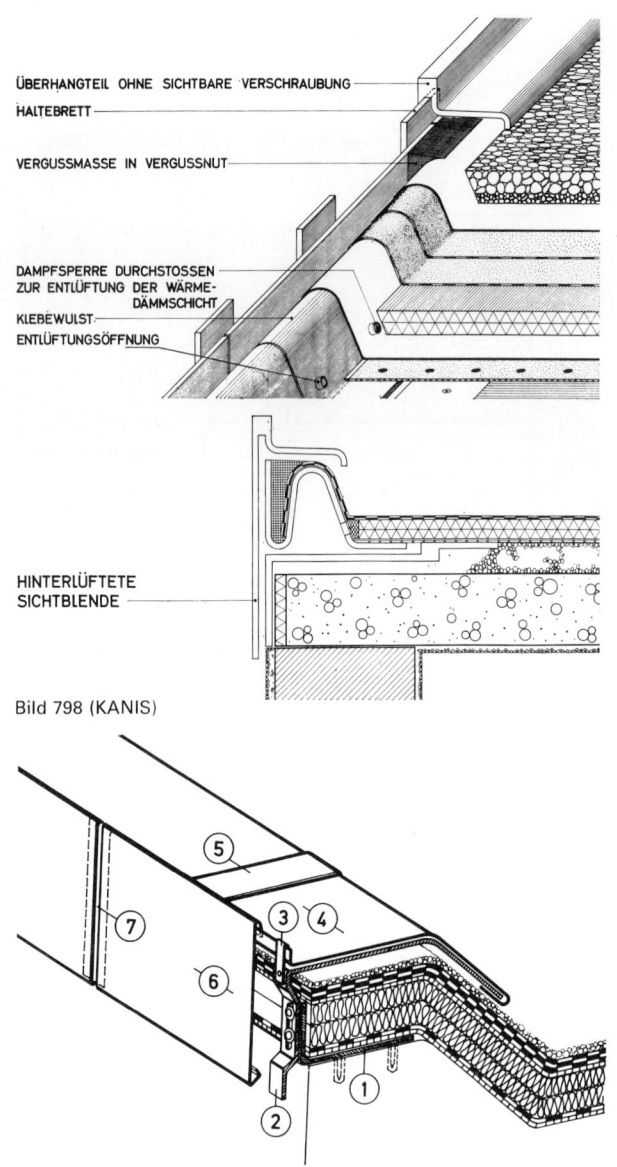

Bild 798 (KANIS)

Bild 799 Dehnfugen in Blechen

In Bild 798 ist ein Anschluß mit Asbest-Profilen dargestellt. Auch hier ist die Dachhaut konsequent bis außen geführt. Sie muß jedoch auch hier auf die Asbestzement-Platten aufgeklebt werden, die ähnliche Probleme aufwerfen wie bei den Aufklebungen auf Blech. Auch hier wurden in der Praxis schon Fugenrisse festgestellt, besonders dann, wenn nicht alle Dachbahnen nach außen geführt werden.

Bei Blechabdeckungen müssen gemäß Bild 799 in Abdeck- und Stirnblech ⑤ und ⑦ Dehnfugen ausgeführt werden, wie sie in Bild 800 bei Mauerabdeckungen dargestellt sind.

9.8.3.1 Mauerabdeckungen

Diese können mit Blechen gemäß Bild 800 ausgeführt werden. Je nach Blechwahl sind Dehnungsfälze in gewissen Abständen nach Beispielen A–F einzubauen.

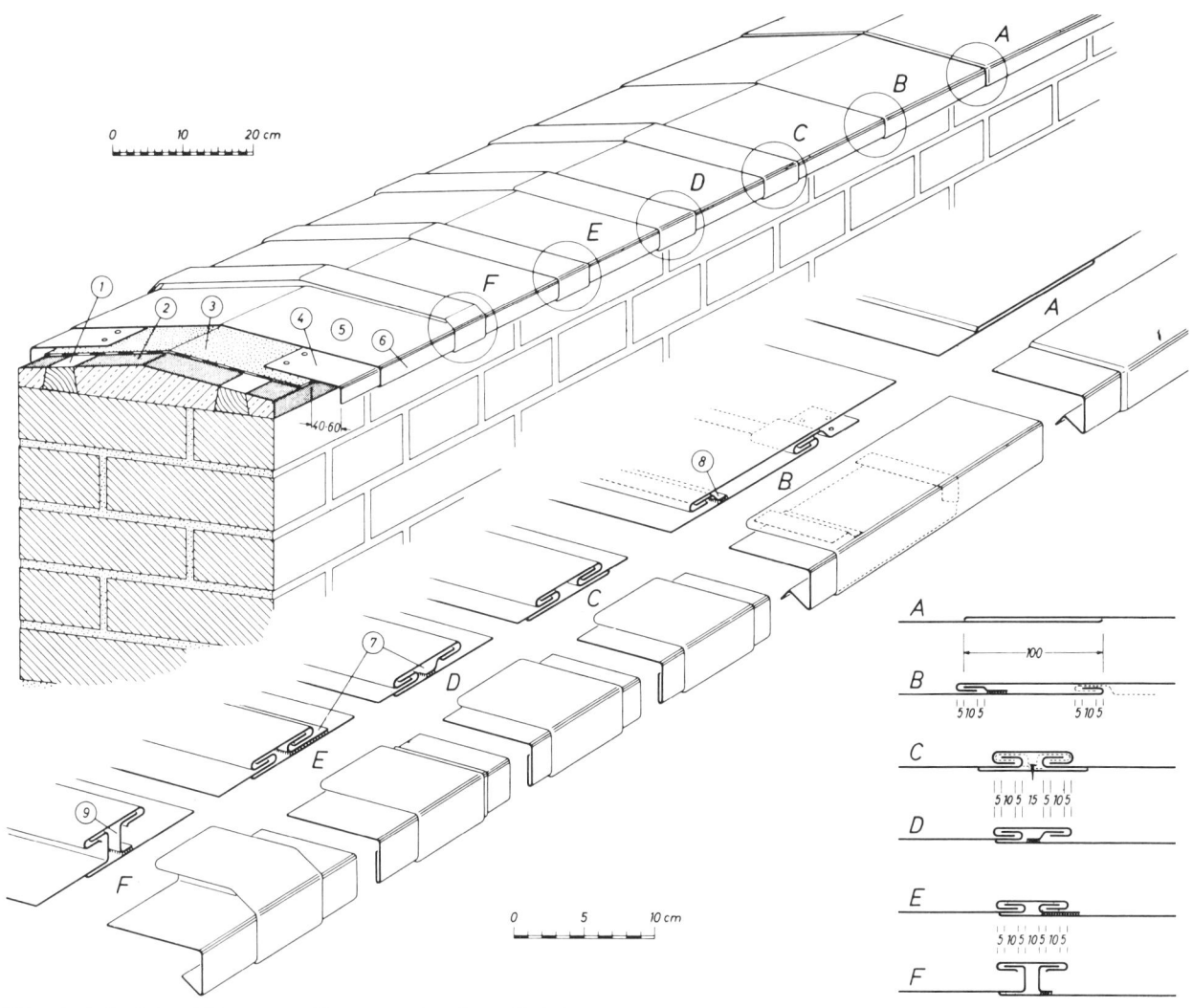

9.8 An- und Abschlüsse und Sondereinrichtungen beim Flachdach

Bild 800 Dehn-Falzausbildungen bei Mauer- und Dehnfugen-Abdeckungen

Vorgefertigte Mauer- bzw. Attikaabdeckungen aus Alu-Profilen odgl. werden in Profilhalter eingehängt, die in der Unterkonstruktion sturmfest verschraubt werden.

Bild 801 zeigt eine Mauerabdeckung aus gekantetem Aluminium-Blech. Bild 802 ebenfalls eine Mauer- bzw. Brüstungsabdeckung aus stranggepreßtem Aluminium mit Wassernase am Außenrand. Bei beiden Beispielen ist ein Halter gezeichnet, der zugleich Stoßverbindung ist. Der Halter ist mit seitlich angeordneten Kunststoff-Dichtungen versehen, die eine Wasserunterwanderung der Abdeckung verhindern und zugleich geräuschdämpfend wirken. Außerdem sind für die Verschraubungspunkte Kunststoff-Dichtscheiben vorgesehen.

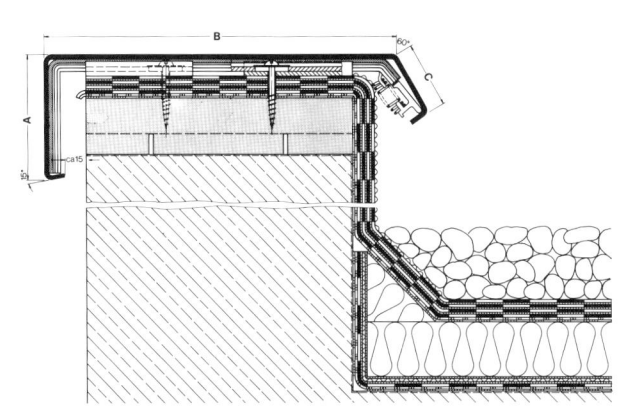

Bild 801 Mauerabdeckung aus gekantetem Aluminium-Blech (BUG)

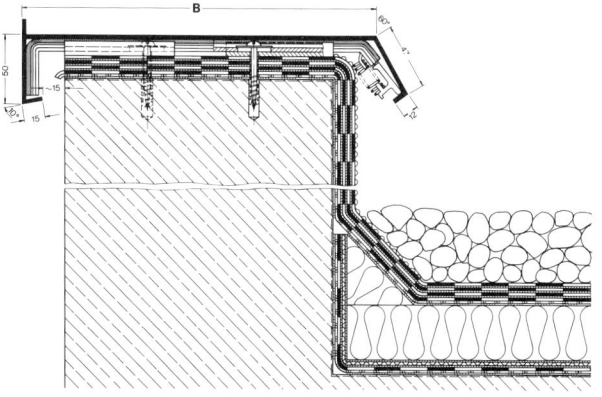

Bild 802 Mauer- bzw. Brüstungsabdeckung aus stranggepreßtem Aluminium (BUG)

9. Detailhinweise bei Ausführung von Flachdächern

Alle Profile werden mit ca. 5,00 m Länge hergestellt. Dehnfugen und wasserdichte Unterlags- oder Überlagsmanschetten sind erforderlich.

9.8.4 Dehnfugen

In den Richtlinien für die Ausführung von Flachdächern heißt es: »Die Anordnung der Dehnfugen richtet sich nach baulichen und statischen Erfordernissen und ist von der Planung vorzusehen und dem Unternehmer anzugeben. Soweit konstruktiv möglich, sollen Dehnfugen im Bereich der Hochpunkte des Daches liegen. Eine Entwässerung über die Dehnfugen hinweg soll vermieden werden. Dehnfugen in Dachflächen sollen nach Möglichkeit nicht mit formstabilen Werkstoffen abgedichtet werden (Blechen oder dgl.), da das Abdichtungsmaterial extremen Temperaturbeanspruchungen unterworfen ist. So sind z.B. Schlaufenbleche zwar im Querschnitt wie eine Feder, in der Längsrichtung jedoch wirken sie wie ein versteiftes Profil.

Über den Dehnfugen soll die Abdichtung lose und gleitend liegen. Über Fugenkreuzungen ist besonders darauf zu achten, daß Abdichtung und Wärmedämmschicht über einen ausreichend großen Bereich nicht mit dem Untergrund verbunden sind.

Die Trennung der Abdichtung im direkten Fugenbereich von ihrem Untergrund erfolgt durch eingelegte Trennstreifen, z.B. Silikon-Kraftpapier, Ölpapier, Rohpappe u.Ä. Im einzelnen müssen sich Art und Ausbildung der Abdichtung über Dehnfugen nach den jeweiligen örtlichen Gegebenheiten richten. Die Fugenausbildung muß so ausgeführt sein, daß sie die zu erwartenden Beanspruchungen ohne Schädigung der Abdichtung aufnimmt.«

In den Bildern 803, 804, 805, 806 und 807 sind Beispiele angeführt, wie sie vom Fachverband vorgeschlagen werden. Ergänzend hierzu sind in Kapitel Temperaturspannungen, Dehnfugen weitere und ähnliche Beispiele angeführt.

Bild 803 kann nur dann empfohlen werden, wenn die Kunststoff-Folien lose eingelegt werden. Bei fester Verklebung ist ihre Elastizität = 0, so daß Risse genauso zu erwarten sind wie bei durchgeklebten bituminösen Abdichtungen. Hier ist also Vorsicht geboten.

Günstiger ist die Anordnung gemäß Bild 804. Die Dehnfuge ist aus dem eigentlichen Wasserstand herausgehoben. Durch die Schlaufe der Kunststoffbahn können Bewegungen aufgenommen werden, wenngleich die obere Dachabdichtung reißen dürfte.

Lösungen gemäß Bild 805 sind relativ aufwendig und keineswegs sicher. Lösungen gemäß Bild 806 sind vorzuziehen, wenn das Kunststoff-Profil ausreichend dick gewählt wird, wie in früheren Kapiteln schon angeführt.

Die günstigste Lösung ergibt sich gemäß Bild 807. Sie sollte grundsätzlich gewählt werden, gleichgültig ob Warm- oder Kaltdach. Die Bleche sollten in Blechhaften eingeheftet werden und brauchten nur an der Schräge heruntergeführt werden (s. Kapitel Temperaturbewegungen – Dehnfugengestaltung).

In Bild 808 sind eingeklebte Dehnfugengestaltungen angeführt, wie sie heute nicht mehr zu empfehlen sind. Wie zuvor im Text genannt, werden zwar die Bewegungen in der Dehnfuge von diesen Blechen gut aufgenom-

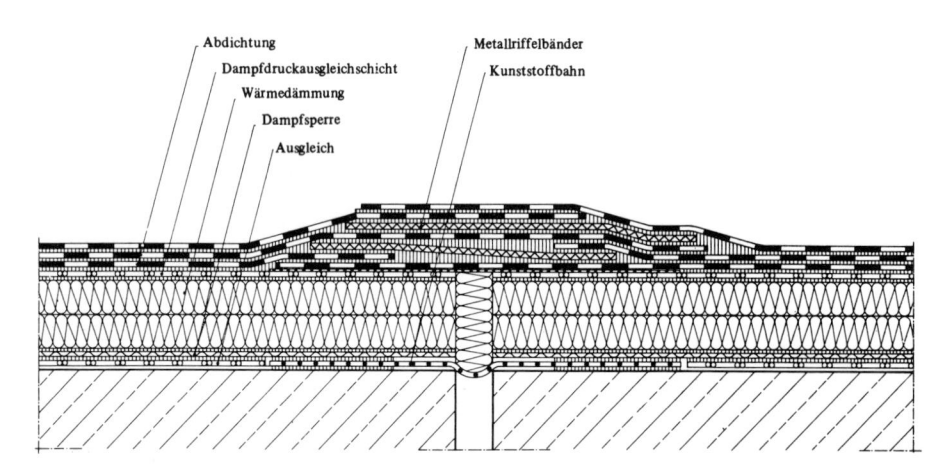

Bild 803 [89] Dehnfugen-Einfachstlösung (nur bedingt zu empfehlen)

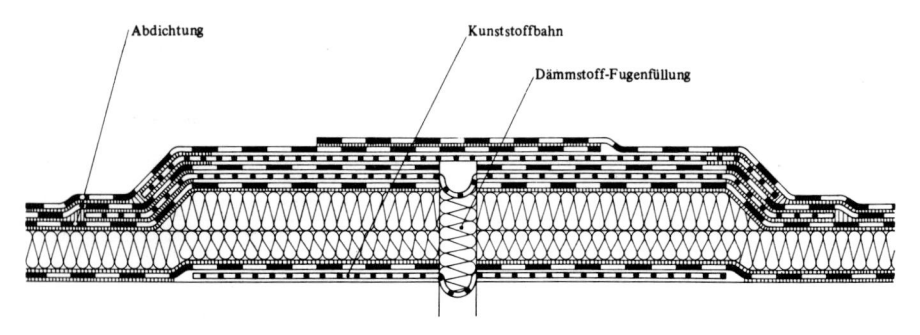

Bild 804 [89] Dehnfugen-Verbesserung gegenüber Bild 803 für höhere Bezahlung einsetzbar

9.8 An- und Abschlüsse und Sondereinrichtungen beim Flachdach

Bild 805 [89] Dehnfugen, relativ aufwendige Lösung ohne erkennbare Vorteile gegenüber Bild 804 (nur bedingt zu empfehlen)

Schutzblech
Festflanschkonstruktion mit wasserdicht eingeschweißtem Bolzen Ø ≥ 14 mm, Bolzenabstand ≥ 150 mm, Flanschdicke ≥ 8 mm, Flanschbreite ≥ 120 mm
Losflansch Dicke ≥ 8 mm, Breite ≥ 120 mm
Kunststoff-Fugenband Dicke ≥ 3 mm
Kunststoff-Scheibe

Kunststoffrundprofil
Kunststoffverstärkungslagen
Mehrlagige Abdichtung
Dampfdruckausgleichschicht
Wärmedämmung
Dampfsperre
Kunststoffdichtungsbahn mit Schlaufe
Ausgleichschicht
zusätzliche Trennlage

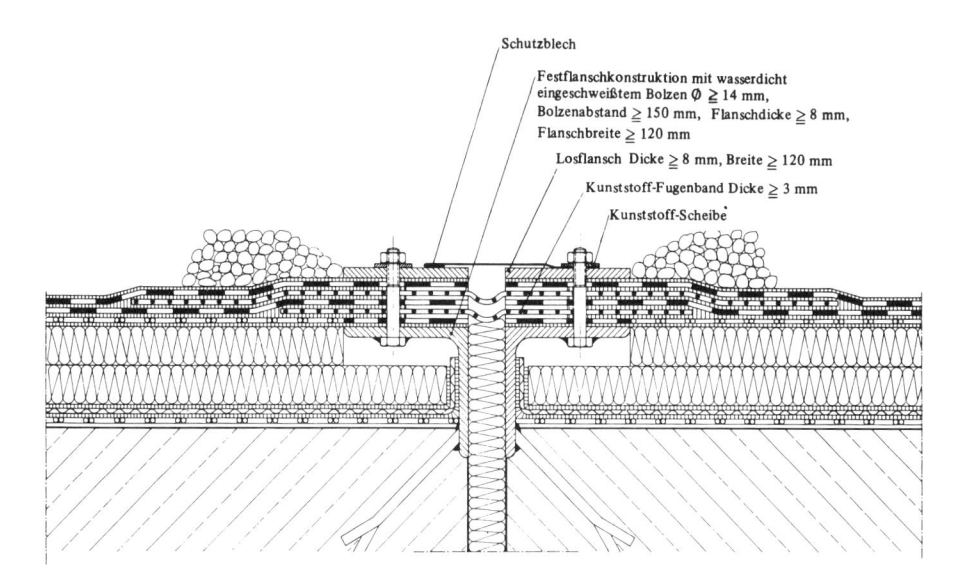

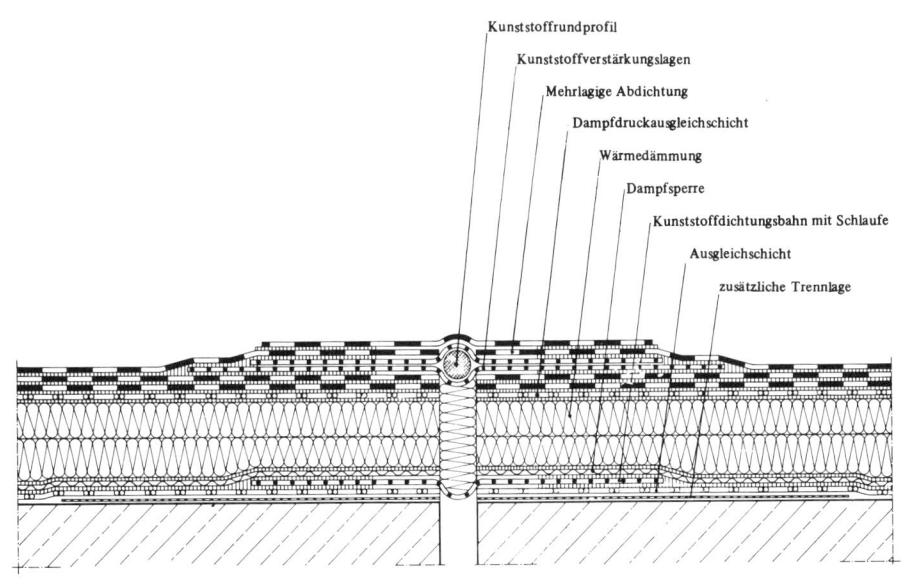

Bild 806 [89] Dehnfuge, mögliche Lösung

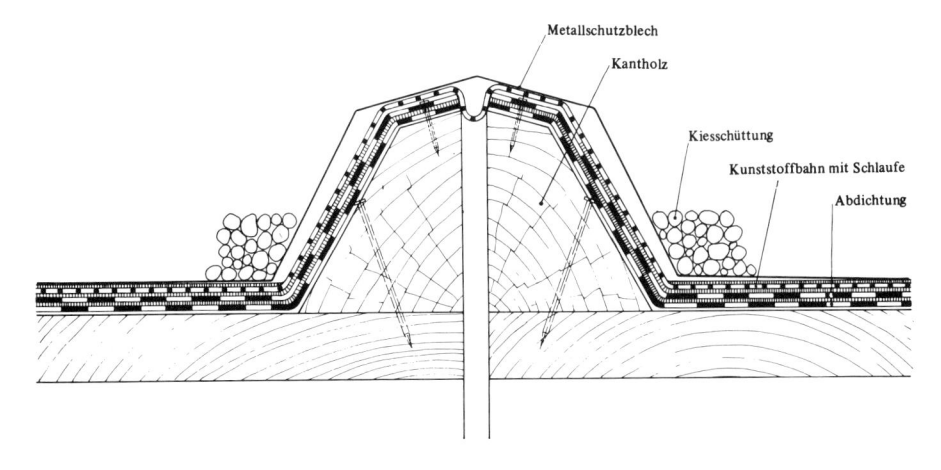

Metallschutzblech
Kantholz
Kiesschüttung
Kunststoffbahn mit Schlaufe
Abdichtung

Bild 807 [89] Dehnfuge, absolut beste und risikolose Konstruktion

men. Die Einklebebleche sind aber immer ein Problem auch dann, wenn Schubkästen, wie zuvor angeführt, zum Einbau kommen. Ob hier nun die linke oder die rechte Lösung gewählt wird, ist gleichgültig. In keinem Falle sollten diese Lösungen heute noch propagiert werden, wie dies leider immer wieder geschieht. Wenn aber eine Einklebung aus irgendwelchen Gründen unerläßlich ist, dann müssen auch hier die Schubkästen in den vorgenannten Abständen wie bei Wandanschlüssen angeordnet werden.

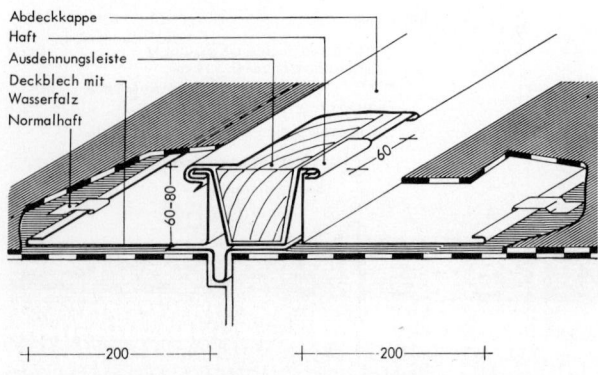

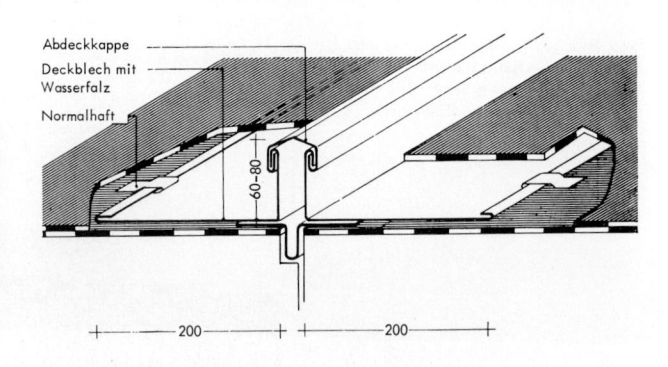

9. Detailhinweise bei Ausführung von Flachdächern

Bild 808 Dehnfugen mit Blecheinklebung (falsch)

9.8.5 Dachdurchdringungen

Hier werden gemäß den Richtlinien folgende Empfehlungen gegeben:

9.8.5.1 Kamine (Dachaufbauten)

Die Anschlüsse an das über Dach geführte Kaminmauerwerk sind mindestens 15 cm über Oberkante des Dachbelages hochzuführen und an der Oberseite regensicher zu verwahren.

Die Anschlüsse können als hochgeführte Abdichtung in der Art Wandanschlüsse oder auch als Blechanschlüsse entsprechend (eingeklebte Verwahrungsbleche) ausgeführt werden (wenn die Längen gering sind).
Es empfiehlt sich, die Kaminköpfe zu verkleiden, da insbesondere bei einem Mauerwerk aus verfugten Hartbrand-Steinen in die Mörtelfugen Feuchtigkeit eindringt (Haarrisse) und in das Gebäudeinnere bzw. Kamininnere gelangen kann.
Bei Anschlüssen an Kaminmauerwerk empfiehlt sich eine Ausbildung gemäß Bild 809. Bei nicht beheizten Kaminen soll eine Kamin-Abdeckhaube angebracht werden, um das Innere des Kaminanschlusses vor Niederschlagsdurchfeuchtungen weitgehend zu schützen. Die Entlüftung der Kaminzüge darf dadurch nicht beeinträchtigt werden.
In Bild 809 wäre es erforderlich, wie bei den Wandanschlüssen dargestellt, die Dachhaut an der Senkrechten und an der Schräge mit einem Blech zu schützen. Dieses Blech sollte über der ersten Fuge des Mauerwerksteines eingebracht und mit dauerelastischem Kitt abgedichtet werden. Eine Ausführung wie hier dargestellt ist nicht

Bild 809 Kamin, Dachhaut muß an Senkrechter durch Überhangblech geschützt werden [89]

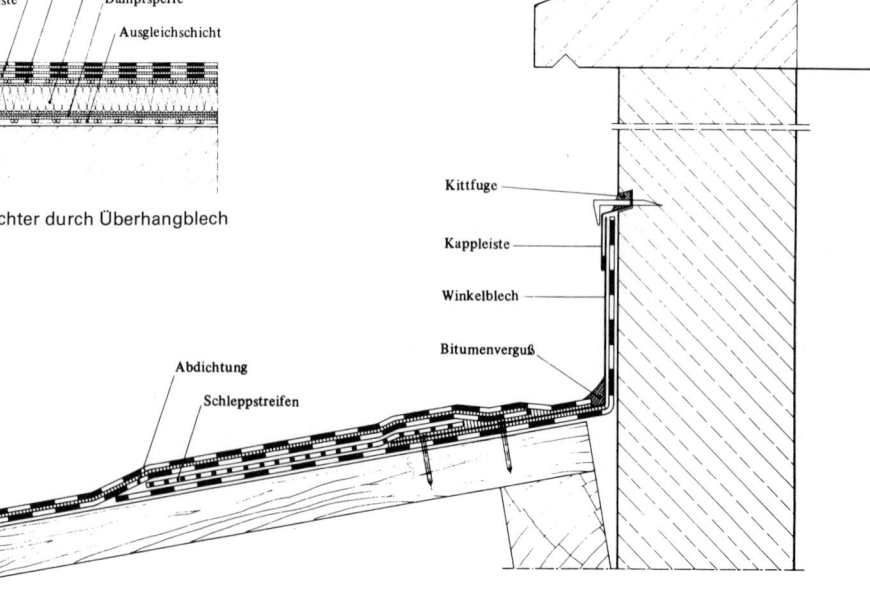

Bild 810 Kamin, möglicher Anschluß bei kleinen Kaminen oder dgl. [89]

9.8 An- und Abschlüsse und Sondereinrichtungen beim Flachdach

Bild 811   Dunstrohr-Durchbrüche [89]

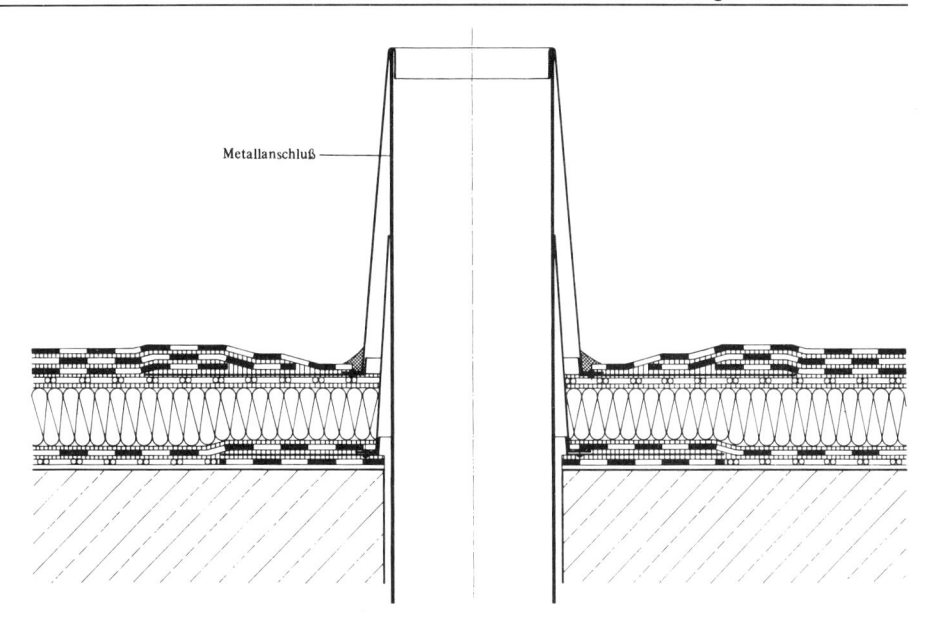

Metallanschluß

zweckmäßig. Anstelle dessen könnten auch vor das Mauerwerk Asbestplatten oder dgl. als bester Schutz angebracht werden, die über die Dachhaut bis zum Keil herunterreichen. Ein Blech wäre dann nicht erforderlich.
Bild 810 zeigt Anschluß mit einem Einklebeblech mit den geschilderten Nachteilen. Auch hier könnte die Dachhaut am Kamin ohne weiteres heraufgeführt und ähnlich wie bei den Attika-Beschreibungen mit einem Profilblech nachträglich oder mit eingebautem Profil angeschlossen werden. Auch bei Schräganschluß sollte also ein derartiger Anschluß wie Bild 810 vermieden werden, besonders deshalb, weil auf der gegenüberliegenden Rück-Seite eine Muldenrinne entsteht und hier das Wasser stehen bleibt bzw. nur zögernd über die Seitenflächen abzieht. Blecheinklebungen im Bereich von Kaminen und ähnlichen Aufbauten können ohnehin nur etwa bis zu einer Länge von 1–max. 2 m empfohlen werden, da sonst bereits wieder schädliche Temperaturbewegungen aus den Blechen erwartet werden müssen.

9.8.5.2 Dunstrohre

In den Richtlinien wird weiter bezüglich der Dachdurchdringungen folgendes angeführt:
»Die Einfassungen der über Dach geführten Dunstrohre sind mindestens 30 cm über Oberkante des Dachbelages hochzuführen und an der Oberseite regensicher zu verwahren bzw. auszubilden. Bei durchlüfteten Kaltdächern und ähnlichen Dachkonstruktionen genügt eine einfache Einfassung, bei Warmdächern sollen die Einfassungen zweiteilig ausgeführt werden, wobei die erste Einfassung über der Dampfsperre, die zweite in und über der Dachabdichtung anzubringen ist. Der Zwischenraum ist mit wärmedämmendem Material auszufüllen.
Die Einfassungen sind in jedem Falle wasserdicht in die Dachhaut einzukleben.

Dunstrohr-Einfassungen und Kunststoff-Folien sind, entsprechend den Hersteller-Vorschriften manschettenartig auszubilden und am oberen Ende durch einen Spannring o. ä. abzusichern.
Dunstrohr-Einfassungen aus Blechen bestehen aus einer Dachscheibe mit einem allseitig umlaufenden, mindestens 12 cm breiten Einkleberand sowie einem wasserdicht aufgenieteten oder aufgelöteten Trichter, dessen oberer Rand über das Ende des Dunstrohres umgebörtelt werden kann. Bei Dunstrohren mit Abdeckhaut ist eine mit Spannung befestigte Manschette als Kappleiste notwendig.«
In Bild 811 ist eine derartige Möglichkeit manuell gefertigt dargestellt.
Unter Kap. Dachentwässerung sind weitere Anschlußmöglichkeiten dargestellt. Ergänzend hierzu ist in Bild 812 ein neues PVC-Dunstrohr dargestellt, das gleichzeitig die Wärmedämmung beinhaltet und mit einer Anschlußmanschette aus Kunststoff hergestellt ist.

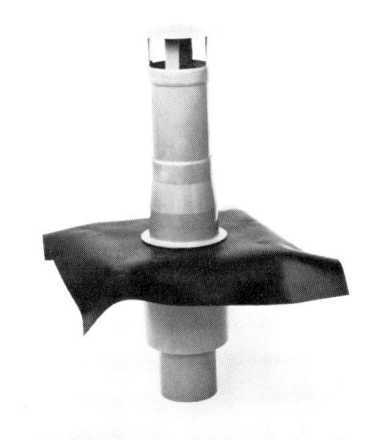

Bild 812   Vorgefertigtes Dunstrohr (BRAAS)

9. Detailhinweise bei Ausführung von Flachdächern

Bild 813
AWA-Manschette

AWA-Dichtungsmanschette aus wetterfestem, UV-beständigen flexiblen Polychloropren-Kautschuk

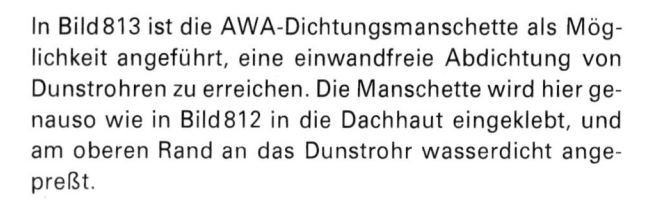

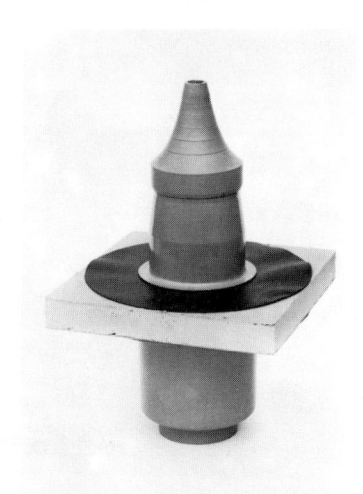

Bild 815   Antennenanschluß (BRAAS)

Die Dichtungsmanschette wird mit Heißbitumen in die Dachabdichtung eingeklebt

In Bild 813 ist die AWA-Dichtungsmanschette als Möglichkeit angeführt, eine einwandfreie Abdichtung von Dunstrohren zu erreichen. Die Manschette wird hier genauso wie in Bild 812 in die Dachhaut eingeklebt, und am oberen Rand an das Dunstrohr wasserdicht angepreßt.

9.8.5.3 Antennen, Fahnenhalterungen, Reklameständer

»Manschetten an Antennenmasten sind grundsätzlich mit ca. 30 cm hoher Einfassung aus Kunststoff-Folien oder Metall und getrennter Manschette zu versehen. Durch Bewegungen des Mastes dürfen Einfassungen und Abdichtung nicht beschädigt werden.«
In Bild 814 ist diese Forderung dargestellt. Anstelle einer Lösung wie Bild 814 kann ähnlich wie in Bild 812 ein fertiges Anschlußstück gemäß Bild 815 zur Anwendung kommen. Desgl. kann Bild 813 gleichermaßen als Vorbild gewählt werden.

9.8.5.4 Geländerstützen

Hier wird in den Richtlinien folgendes verlangt:
»Stützen von Geländern müssen mit der Unterkonstruktion absolut fest und unbeweglich verankert sein. Die Stützeneinfassung soll die Oberkante des Dachbelages mindestens 15 cm überragen. Das obere Ende der Stützeneinfassung soll mit einer getrennten Manschette regensicher abgeschlossen werden. Die Geländer-Konstruktion muß sich diesen Erfordernissen anpassen.«

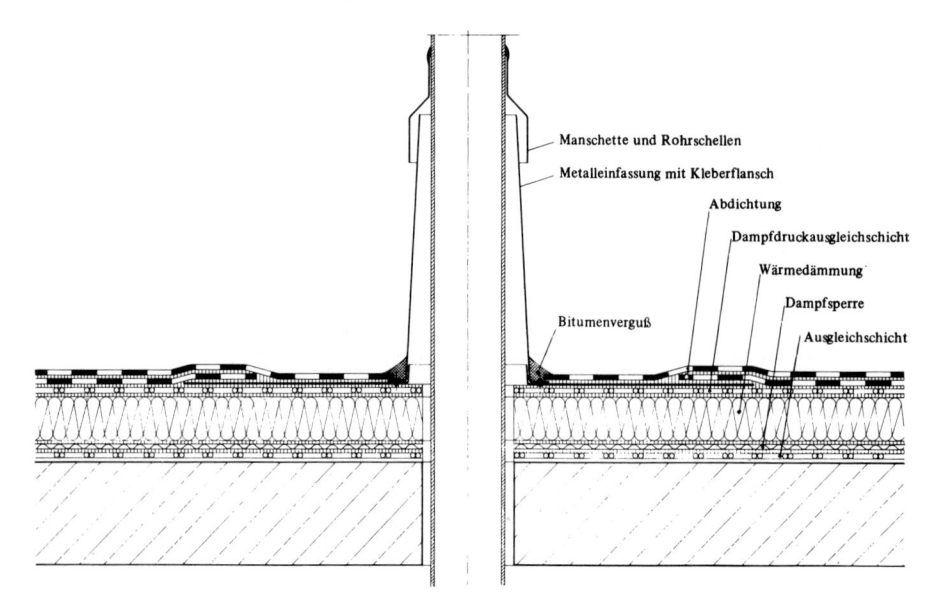

Manschette und Rohrschellen
Metalleinfassung mit Kleberflansch
Abdichtung
Dampfdruckausgleichschicht
Wärmedämmung
Dampfsperre
Bitumenverguß
Ausgleichschicht

Bild 814 [89]   Antennen

9.8 An- und Abschlüsse und Sondereinrichtungen beim Flachdach

Bild 816 Geländerstützeneinfassung [89]

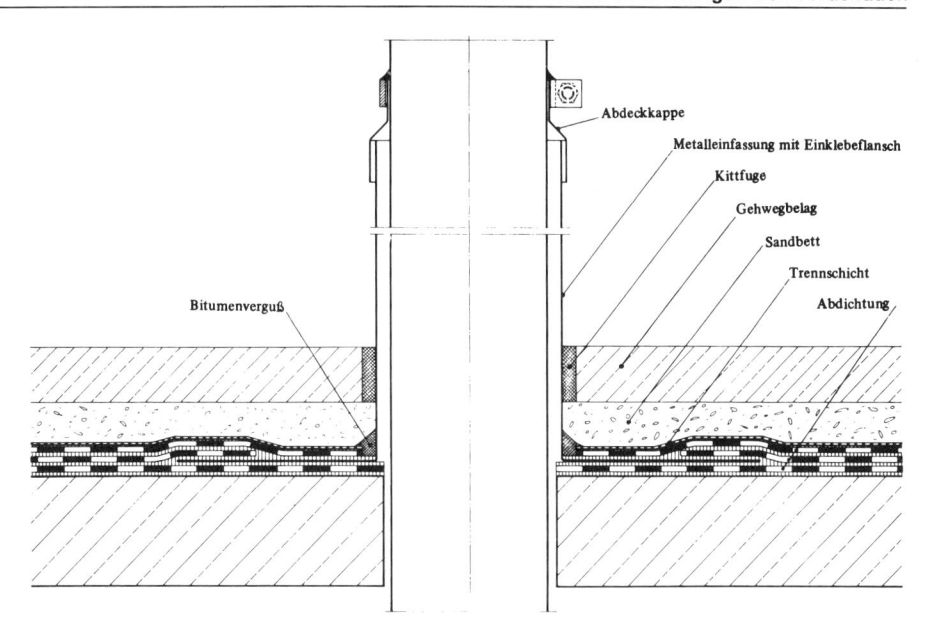

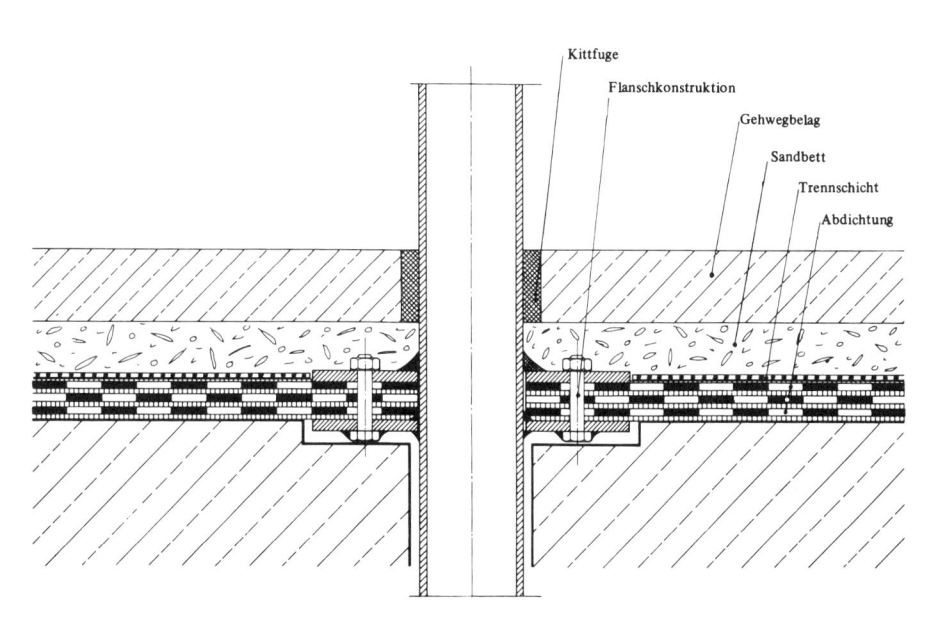

Abdeckkappe
Metalleinfassung mit Einklebeflansch
Kittfuge
Gehwegbelag
Sandbett
Trennschicht
Abdichtung
Bitumenverguß

Kittfuge
Flanschkonstruktion
Gehwegbelag
Sandbett
Trennschicht
Abdichtung

Bild 817 [89] Geländerstützeneinfassung

In den Bildern 816 und 817 sind diese Forderungen wiedergegeben. Hierzu sind weitere Erläuterungen in Kapitel Terrassen – Balkone wiedergegeben, auf die hier verwiesen wird. In Bilder 818 und 819 sind weitere Möglichkeiten für Dunstrohre und Antennen mit Walzbleimanschette dargestellt.

9.8.5.5 Verankerungen

Für Verankerungen gilt sinngemäß der Absatz Geländerstützen, also Bilder 816–819.
Für die Aufnahme von Fensterreinigungsanlagen sind ähnliche Stützenfuß-Eindichtungen notwendig, falls solche überhaupt auf Stützenfüße gelegt werden. In Bild 820 ist ein derartiger Stützenfuß dargestellt, der in der Lage ist, die Kräfte, die aus der aufgelegten Schiene gemäß Bild 821 und dem Fensterreinigungsgerät kommen aufzunehmen (für den Wagen). Aus Bild 828 sind die zahlreichen erforderlichen Unterstützungen abzulesen. Hier wäre es zweckmäßiger, anstelle der doch relativ großen Anfälligkeit bei derartigen Abdichtungen eine andere Konstruktion zu wählen, und zwar eine Aufbetonierung ähnlich einer Attika, auf der dann die Schiene aufgesetzt werden kann. Die Dachabdichtung kann dann wie bei einem Wandanschluß hergestellt werden (oder Reinigungswagen auf Rollen).
Zur Ergänzung dieses Kapitels sollen noch Beispiele für die Einklebung von Dachlüftern dargestellt werden, die ein- und zweiteilig in die Dachhaut einzukleben sind. In Bild 823 sind eine Anzahl der auf dem Markt befindlichen Dachlüftern als Beispiele angeführt. Sie werden jeweils mit einem Aufklebeflansch geliefert. Bei zweiteiligen Ausführungen wird auf die untere Etage die Dampfsperre aufgeklebt und auf die obere die Dachab-

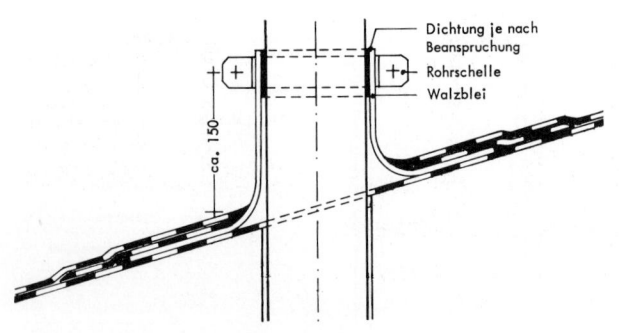

9. Detailhinweise bei Ausführung von Flachdächern

Bild 818 Rohrdurchbruch für Rohre geringer Eigenbewegung mit kleinem Durchmesser – Anschluß in Blei

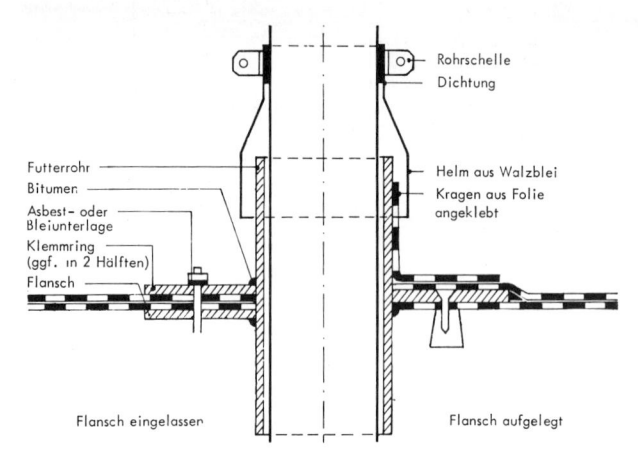

Bild 819 Rohrdurchbruch mit Futterrohr

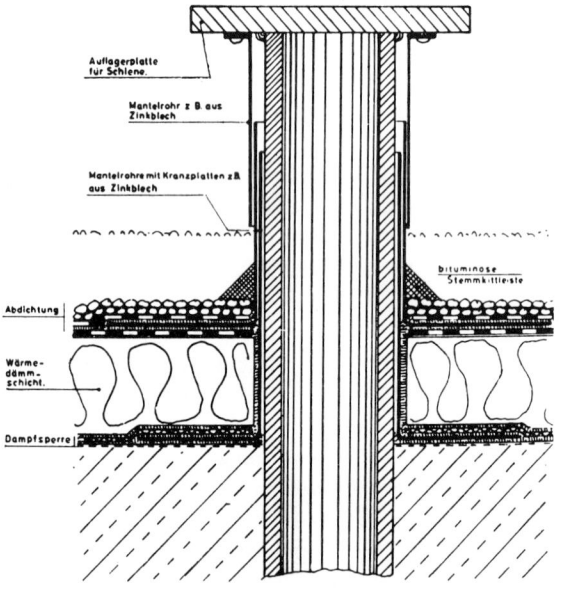

Bild 820 Stützenfußeindichtung für Laufschienen oder dgl. (HAFNER)

Bild 821 (HAFNER) Eingedichteter Schienenfuß. Die Abdichtungshaut ist zwischen Flanschen wasserdicht eingepreßt

Bild 822 (HAFNER)

dichtung. Bei einetagigen Ausführungen wird lediglich die obere Dampfdruckausgleichsschicht an diese meist doppelschaligen und wärmegedämmten Entlüfter angeschlossen und die Dachhaut auf die Manschette aufgeklebt.

9.8.5.6 Lichtkuppeln

Bemerkungen aus den Richtlinien:
»Die Länge der Lichtkuppeln soll 3,00 m nicht überschreiten. Sie müssen mit ihrem Kleberand mindestens 12 cm in die Dachhaut einbinden. Der Kleberand muß für eine dauerhafte Verklebung mit der Dachabdichtung geeignet sein. Lichtkuppeln mit Aufsatzkränzen ist der Vorzug zu geben. Bei mehreren Lichtkuppeln soll aus technischen Gründen der Abstand zwischen den äußersten Kanten der Klebeflansche der Lichtkuppeln untereinander mindestens 30 cm betragen. Die Lichtkuppeln müssen so ausgebildet und auf dem Untergrund befestigt werden, daß der Klebe-

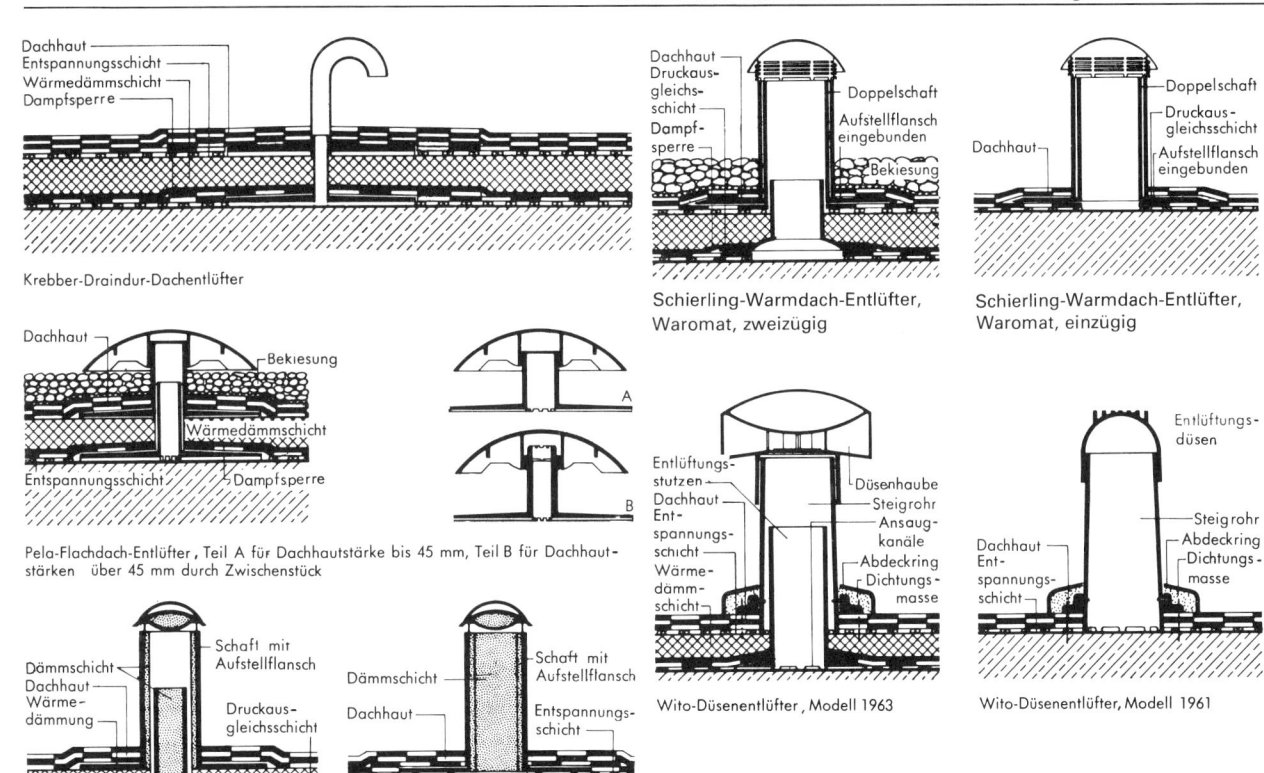

9.8 An- und Abschlüsse und Sondereinrichtungen beim Flachdach

Bild 823 Beispiele für Dachentlüfter (MITTAG)

flansch keine Scherbewegungen auf die Dachhaut übertragen kann. Im übrigen sind vom Planer die Bestimmungen der DIN 4102 (Richtlinien für die Verwendung brennbarer Stoffe im Hochbau) zu beachten.«
Hier wird insgesamt auf das Kapitel Belichtung beim Flachdach verwiesen, wo detaillierte Angaben und Zeichnungen wiedergegeben wurden. Um die vorgenannten Richtlinien- und Ausführungen zu ergänzen, wird das Bild 824 aus den Richtlinien wiedergegeben.

9.8.5.7 Türanschlüsse

»Um Schäden durch Eindringen von Wasser zu vermeiden, sind Türen zum Betreten der Dachflächen und Terrassen so anzuordnen, daß deren Schwelle die Oberkante Dachbelag bzw. Terrassenbelag *mindestens 15 cm überragt*. Die hier genannten Maße sind Mindestmaße, die bei besonderer Anforderung, z. B. auf der Wetterseite bei Hochhäusern entsprechend erhöht werden müssen. Seitlich muß die Blecheinfassung

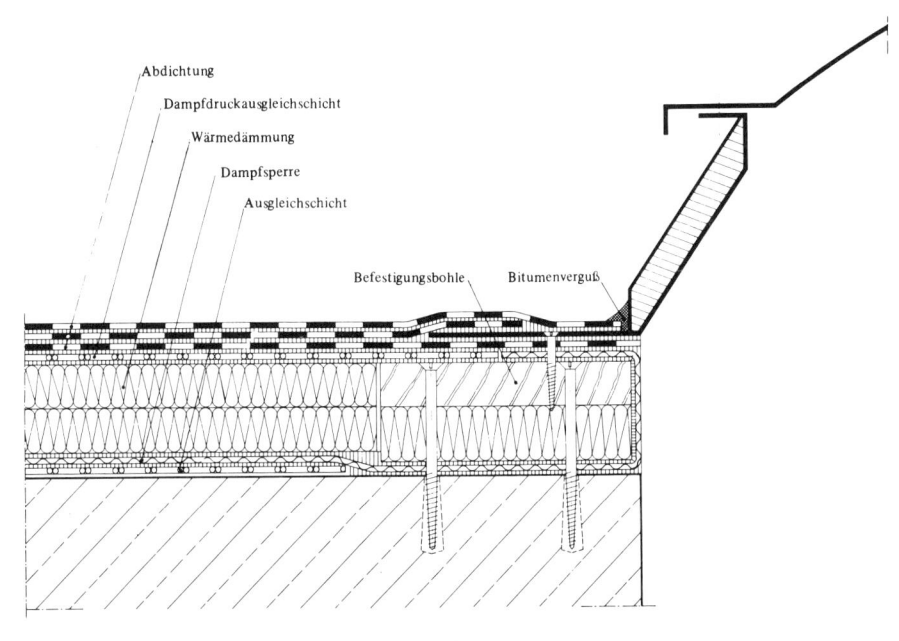

Bild 824 [89] Lichtkuppel

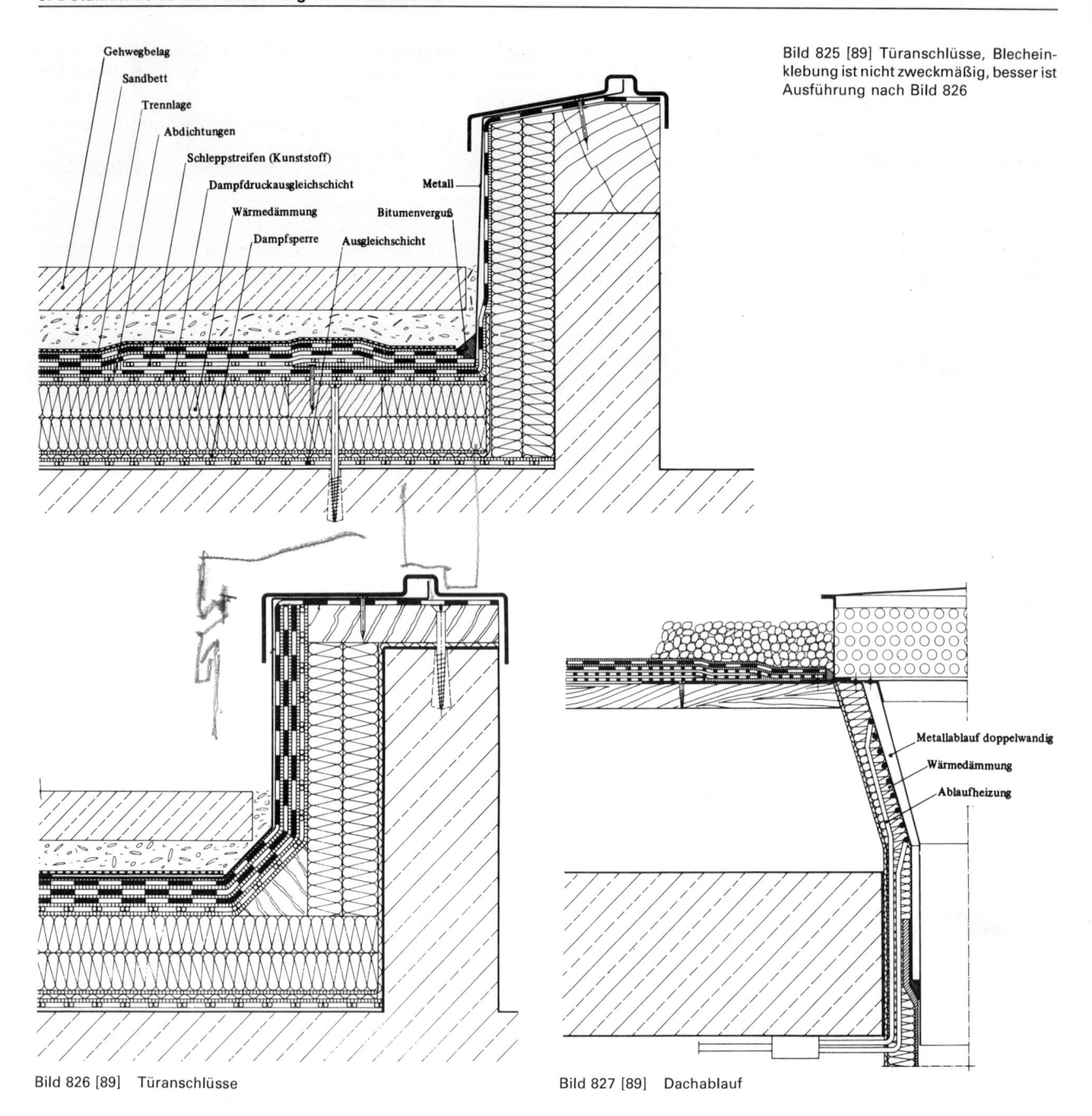

9. Detailhinweise bei Ausführung von Flachdächern

Bild 825 [89] Türanschlüsse, Blecheinklebung ist nicht zweckmäßig, besser ist Ausführung nach Bild 826

(Beschriftungen Bild 825:)
Gehwegbelag
Sandbett
Trennlage
Abdichtungen
Schleppstreifen (Kunststoff)
Dampfdruckausgleichschicht
Wärmedämmung
Dampfsperre
Ausgleichschicht
Bitumenverguß
Metall

Bild 826 [89]   Türanschlüsse

Bild 827 [89]   Dachablauf

(Beschriftungen Bild 827:)
Metallablauf doppelwandig
Wärmedämmung
Ablaufheizung

mindestens 15 cm über die Türlaibung hinausgeführt werden. Alle Ecken, Aus- und Einschnitte sind sorgfältig zu verlöten.«

Die Einklebung eines Bleches in Bild 825 ist möglichst zu vermeiden, die bessere Lösung ist die nach Bild 826. Weitere Ausführungen in diesem Buch Kapitel Terrassen und Balkone und vorgenannte Details (Anschlüsse).

9.8.5.8 Dach-Abläufe

»Dach-Abläufe müssen wasserdicht mit der Dachhaut verbunden sein. Es ist besonders darauf zu achten, daß der Anschluß der Abdichtung an die Abläufe nicht aus der Dichtungsebene herausragt. Die Dach-Abläufe sind möglichst rückstausicher herzustellen. Sie müssen vom Planer an den Tiefpunkten angeordnet werden.

Dach-Abläufe aus Blech sind an allen gefalzten oder genieteten Verbindungsstellen zusätzlich zu verlöten. Die in die Dachhaut einzuklebende Platte soll nach allen Seiten mindestens 20 cm Klebefläche haben. Die Klebeflächen sind vorzustreichen.

Auf Warmdächern sind zweistufige, wärmegedämmte Abläufe vorzusehen. Bei durchlüfteten Kaltdächern und ähnlichen Konstruktionen sind die Dachabläufe mit einer Wärmedämmung zu versehen, wenn die Gefahr von Schwitzwasserbildung und Durchfeuchtung der Innenräume besteht.« (Bild 827.)

9.8 An- und Abschlüsse und Sondereinrichtungen beim Flachdach

Hier wird auf Kapitel Entwässerung verwiesen, wo zahlreiche Variationsmöglichkeiten mit vorgefertigten Dachgullys angeführt sind.

9.8.5.9 Zubehörteile

Für den Dachausstieg werden entweder Falt- oder Scherentreppen zum Einbau gebracht. Die Falttreppen bestehen meist aus Holzkonstruktionen. Die Scherentreppen sind Leichtmetall-Konstruktionen. Aus Bild 828 kann die Konstruktion abgelesen werden. In Bild 829 ist die Konstruktion mit Aufsatz dargestellt.

Zur Begehung von Flachdächern müssen häufig Außenwandleitern hergestellt werden. Diese müssen im Unterteil abnehmbar sein, um eine willkürliche Besteigung durch Kinder oder dgl. zu vermeiden und müssen einen Rückenschutz haben gemäß Bild 830. Leider wird diesen Leitern in der Praxis zuwenig Aufmerksamkeit geschenkt. Oft müssen zur Dachbegehung halsbrecherische Unternehmungen angestellt werden. Leitern müssen fest montiert sein und sollen nicht auf Dachdichtungen aufgestellt werden, um weitere Dachebenen zu begehen (Kaminfeger usw.). Dabei wird oft die Dachhaut beschädigt.

Zur Begehung auf Dachdichtungen eignen sich einzelne Betonplatten oder Holzlattenroste oder dgl.

Bild 828

Falt-Treppe 3 teilig

Scherentreppe

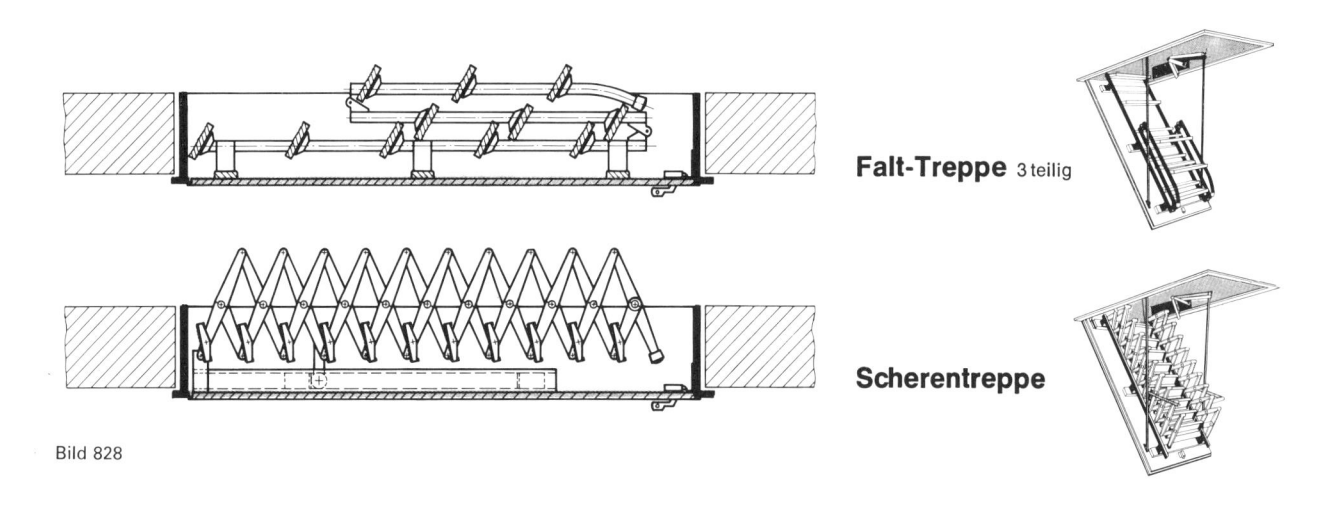

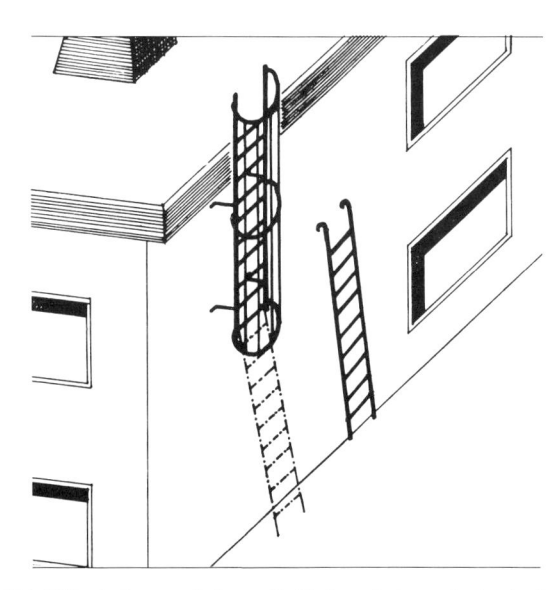

Bild 829

Bild 830 Außenwandleiter mit Rückenschutz und abnehmbarem Unterteil, aus Stahlrohr mit Stahlsprossen

9.9 Sturmsicherung und Belastungsannahmen bei Dächern

Ohne weiteren Kommentare werden nachfolgend Auszüge aus der DIN 1055 wiedergegeben, die bezüglich der Sturmsicherheit und Belastungsannahmen zu beachten sind.

9.9.1 Sturmsicherung

	Lastannahmen im Hochbau **Verkehrslasten — Windlast**	**DIN** **1055** Blatt 4

Design loads for buildings; live loads, wind load

Inhalt

1 Geltungsbereich 1
2 Berücksichtigung der Windwirkung 1
3 Gleichzeitige Berücksichtigung von Wind- und Schneelast 1
4 Windlasten 2

1. Geltungsbereich

Diese Norm gilt für alle Bauwerke, soweit nicht in anderen Vorschriften (z. B. für Brücken, Förderbrücken, Krane, Schornsteine, Funktürme und elektrische Freileitungen) [1] besondere Bestimmungen getroffen sind.

2. Berücksichtigung der Windwirkung

2.1. Die Bauwerke sind auf Windlast im allgemeinen in Richtung ihrer Hauptachsen zu untersuchen. In besonderen Fällen, immer aber bei mehrwandigen Fachwerktürmen, ist eine Berechnung über Eck erforderlich.

2.2. Bauwerke, die durch genügend steife Wände und Decken hinreichend ausgesteift sind, brauchen in der Regel nicht auf Windlast untersucht zu werden (siehe DIN 1053 Abschnitt 2).

2.3. Steht nicht zweifelsfrei fest, daß ein Bauwerk ausreichend kipp- und gleitsicher ist, so ist seine Sicherheit gegen Umkippen und Gleiten durch Wind und etwaige andere waagerechte Lasten nachzuweisen. Günstig wirkende Verkehrslasten und günstig wirkende Windlasten von Dächern sind dabei nicht zu berücksichtigen. Die Kippsicherheit muß mindestens 1,5fach sein.

2.4. Als Windangriffsflächen sind anzunehmen:

2.4.1. bei Baukörpern, die von ebenen Flächen begrenzt sind, die wirklichen Flächen,

2.4.2. bei Baukörpern mit kreisförmigem oder annähernd kreisförmigem Querschnitt die rechtwinklig zur Windrichtung liegende Ebene des Achsschnittes,

2.4.3. bei mehreren hintereinanderliegenden Dachflächen desselben Gebäudes (z. B. Sägedächern) bei der ersten der Windrichtung zugekehrten Dachfläche die volle Fläche, bei jeder folgenden die Hälfte — jedes einzelne Dach muß aber für sich berechnet werden, und zwar mit der vollen Fläche —,

2.4.4. die Fläche von etwaigen Verkehrslasten (Verkehrsband),

2.4.5. bei Flaggen mit festgespanntem Fahnentuch die wirkliche Fläche, bei Flaggen mit losem Flaggentuch 25% der Flaggenfläche. Geringere Flächenanteile sind nur auf Grund besonderer Versuche zulässig.

2.5. Die Windlast ist rechtwinklig zu der vom Wind getroffenen Fläche wirkend anzunehmen (Ausnahme siehe Tabelle 2, Ziffer 4).

3. Gleichzeitige Berücksichtigung von Wind- und Schneelast

Wind- und Schneelast sind bei Dächern bis zu 45° Neigung **gleichzeitig zu berücksichtigen**. Bei Dächern, die steiler als 45° sind, braucht mit **gleichzeitiger Belastung** durch Wind und Schnee nur dann gerechnet zu werden, wenn Schneeansammlungen, z. B. beim Zusammenstoß mehrerer Dachflächen, möglich sind, darüber hinaus können die Baugenehmigungsbehörden verlangen, daß in Gebieten mit besonders ungünstigen Schneeverhältnissen Wind und Schnee allgemein auch bei Dächern über 45° gleichzeitig berücksichtigt werden.

---

[1] DIN 1056 Blatt 1 — Frei stehende Schornsteine; Grundlagen für Berechnung und Ausführung

DIN 1072 — Straßen- und Wegbrücken; Lastannahmen. Dienstvorschrift der Deutschen Bundesbahn Nr 804 Ausg. Okt. 1951 Berechnungsgrundlagen für stählerne Eisenbahnbrücken (BE) der Deutschen Bundesbahn. Sondervorschriften der Deutschen Bundespost.

VDE 0210/2.58, Vorschriften für den Bau von Starkstrom-Freileitungen; V. S. F. des Verbandes Deutscher Elektrotechniker.

Die Behandlung der Betriebspläne von Abraumförderbrücken in Tagebauen, Erlaß vom 2.7.1932 — RABl. 1944, I. S. 189 bzw. entsprechende Vorschriften der Länder.

DIN 120 Blatt 1 — Stahlbauteile von Kranen und Kranbrücken; Berechnungsgrundlagen

DIN 4112 — Fliegende Bauten; Berechnungsgrundlagen
DIN 11 535 Blatt 1 — Gewächshäuser; Richtlinien für Berechnung und Ausführung.

Seite 2 DIN 1055 Blatt 4

4. Windlasten

4.1 Die Windrichtung kann im allgemeinen waagerecht angenommen werden.

4.2. Die Windlast eines Bauwerks ist von seiner Gestalt abhängig. Sie setzt sich aus Druck- und Sogwirkungen zusammen. Die auf die Flächeneinheit entfallende Windlast w wird in Vielfachen des „Staudruckes q"[2], gemessen und ausgedrückt in der Form

$$w = c \cdot q \text{ in kp/m}^2,$$

wobei c ein von der Gestalt des Bauwerks abhängiger Beiwert (unbenannte Zahl) ist.

4.3. Die in verschiedenen Höhen über dem umgebenden Gelände in Rechnung zu stellende Windgeschwindigkeit und der zugehörige Staudruck q sind in Tabelle 1 angegeben.

Tabelle 1

1	2	3
Höhe über Gelände m	Windgeschwindigkeit v m/s	Staudruck q kp/m²
von 0 bis 8	28,3	50
über 8 bis 20	35,8	80
über 20 bis 100	42,0	110
über 100	45,6	130

Ist ein Bauwerk auf einer das umliegende Gelände steil und hoch überragenden Erhebung dem Windangriff besonders stark ausgesetzt, so ist bei der Festsetzung der Windlast mindestens von dem Staudruck $q = 110$ kp/m² auszugehen.

4.4. Die Beiwerte c für die Ermittlung der Windlast sind für die verschiedenen Baukörper und für die verschiedenen Neigungen ihrer Begrenzungsflächen aus der Tabelle 2 zu entnehmen. In den angegebenen Werten sind zur Vereinfachung der Berechnung Druck und Sog so zusammengefaßt, daß, wenn nicht ausdrücklich etwas anderes angegeben ist, nur die dem Wind zugewendeten Flächen mit den in der Tabelle 2 angegebenen Werten als belastet zu betrachten sind.

Für turmartige Bauwerke sind mit Ausnahme der Fachwerktürme höhere Beiwerte festgesetzt (Fachwerktürme siehe Tabelle 2, Ziffer 4). Als turmartig gilt ein Bauwerk, dessen Höhe für mindestens eine Ansicht größer als das 5fache der durchschnittlichen Breite ist.

---

[2] Der Staudruck q ist

$$q = \frac{\gamma \cdot v^2}{2g} \text{ in kp/m}^2,$$

worin γ die Luftwichte in kp/m³ und v in m/s die der Berechnung zugrunde zu legende Geschwindigkeit des Windes bedeutet. Da hinreichend genau

$$\gamma = 1,2 \text{ kp/m}^3 \quad (\varrho = 1,2 \text{ kg/m}^3)$$

gesetzt werden kann, ergibt sich

$$q = \frac{v^2}{16} \text{ in kp/m}^2.$$

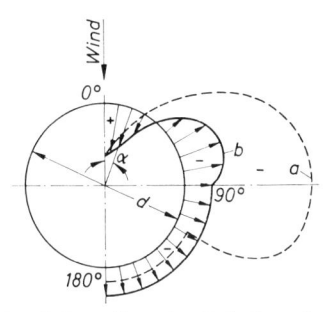

Bild 1. Druckverteilung über den Zylinderumfang

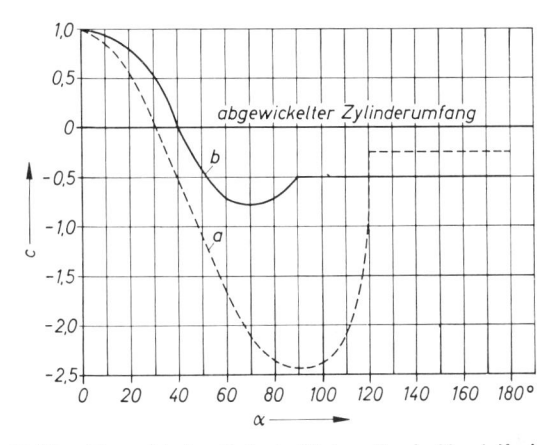

Bild 2. Abgewickelte Zylinderfläche. Durch Vervielfachen der aufgetragenen c-Werte mit dem Staudruck q ergibt sich der örtliche Druck $(+)$ bzw. Sog $(-)$ w auf die Flächeneinheit der Oberfläche.

4.5. Die Trennung der Windlast in Druck und Sog ist für die Haupttragwerke (z. B. Binder) von Bauwerken freigestellt, bei denen durch Versuche die Verteilung der Windlast genügend geklärt ist. Bei geschlossenen Bauten mit rechteckigem Grundriß und Sattel- oder Pultdach darf z. B. die Windlast $c \cdot q$ für die Haupttragwerke nach Bild 3 bis 5 verteilt werden.

Für die einzelnen Tragglieder, z. B. Sparren, Pfetten, Wandstiele usw., sind in diesem Falle die Werte für Druck um ¼ zu erhöhen.

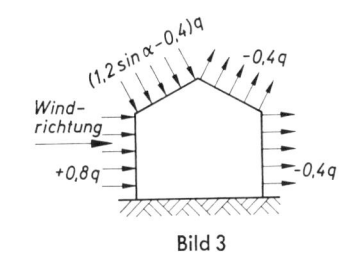

Bild 3

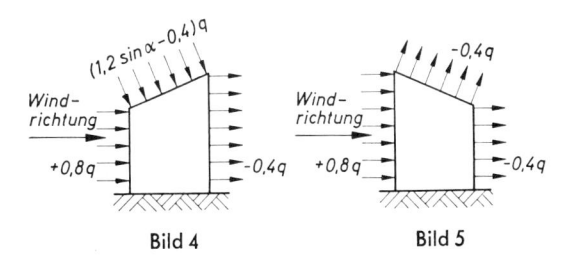

Bild 4

Bild 5

9. Detailhinweise bei Ausführung von Flachdächern

DIN 1055 Blatt 4 Seite 3

4.6. Unabhängig von der Untersuchung mit den in Tabelle 2 angegebenen Beiwerten sind, sofern nicht nach Abschnitt 4.5 gerechnet wird, zur Berücksichtigung der Sogwirkungen des Windes Wände, Dächer und einzelne Bauteile gegen Sog zu sichern, der mit den in der Tabelle 3 angegebenen Beiwerten c zu ermitteln ist.

Tabelle 3

Beiwerte c und Sog w je Flächeneinheit					
1	2	3	4	5	6
Art des Bauwerks	Beiwert c	$w = c \cdot q$ für			
		$q = 50$ kp/m²	$q = 80$ kp/m²	$q = 110$ kp/m²	$q = 130$ kp/m²
1. Geschlossene Bauwerke Wände und Dächer					
im allgemeinen	0,4	20	32	44	52
bei turmartigen Bauwerken	0,8	40	64	88	104
2. Nichtgeschlossene Bauwerke und frei stehende Überdachungen					
Wände	0,4	20	32	44	52
Dächer	1,2	60	96	132	156

An den Schnittkanten von Wand- und Dachflächen kann der Sog örtlich noch erheblich größer werden als die Rechnung ergibt. Deshalb sind hier alle Bauteile besonders sorgfältig zu befestigen.

4.7. Abweichungen von den in den Tabellen 2 und 3 angegebenen Werten können nur auf Grund besonderer Versuche zugelassen werden. In besonderen Fällen kann die Annahme höherer Staudruckwerte, als in Tabelle 1 angegeben, verlangt werden.

× *April 1944:*

Änderung der Tafel 1 lt. Erlaß IV a 8 Nr. 9600—59/44 vom 26. 4. 44 siehe Seite 6.

× × *November 1953:*

In Tafel 1 Erlaß IV a 8 Nr. 9600—59/44 vom 26. 4. 44 eingearbeitet. 2. Absatz des § 4 Ziffer 3 gestrichen.

× × × *August 1965:*

Englische Titelübersetzung aufgenommen. Vorbemerkung gestrichen. Abschnittsnumerierung nach DIN 1421 eingeführt. Krafteinheit „kg" in „kp", „Tafel" in „Tabelle" und „Baupolizei" in „Baugenehmigungsbehörde" berichtigt. In Fußnote 1 Normblatt-Titel und Vorschriften auf den neuesten Stand gebracht sowie Hinweis auf DIN 11535 Blatt 1 — Gewächshäuser, Richtlinien für Berechnung und Ausführung — aufgenommen. In Fußnote 2 Formel für den Staudruck in "$q = \dfrac{\gamma \cdot v^2}{2g}$ in kp/m²" berichtigt. In Fußnote 4 Hinweis auf DIN 1056 berichtigt in DIN 1056 Blatt 1 — Frei stehende Schornsteine, Grundlagen für Berechnung und Ausführung. Fußnote 5 gestrichen. Träger in „Arbeitsgruppe Einheitliche Technische Baubestimmungen (ETB) des Fachnormenausschusses Bauwesen im Deutschen Normenausschuß (DNA)" geändert. Redaktionelle Berichtigungen.

Ergänzende Bestimmungen zu DIN 1055 Blatt 4
Lastannahmen im Hochbau; Verkehrslasten, Windlast; Ausgabe Juni 1938xxx, Fassung März 1969

1. Die Norm DIN 1055 Blatt 4 — Windlast — Ausgabe Juni 1938 (Fassung xxx vom August 1965), eingeführt als Richtlinie für die Bauaufsichtsbehörden durch Erlaß des Reichsarbeitsministers vom 18.6.1938 (RABl. I, Seite 220) wird zur Zeit neu bearbeitet. Da wegen des Umfanges der Arbeiten mit der Herausgabe des neu zu bearbeitenden Normblattes DIN 1055 Blatt 4 erst später zu rechnen ist, wurden vordringliche Ergänzungen durch die Arbeitsgruppe Einheitliche Technische Baubestimmungen (ETB) im Fachnormenausschuß Bauwesen des Deutschen Normenausschusses aufgestellt, die als Richtlinie für die Bauaufsichtsbehörden eingeführt werden sollen.

Die Ergänzenden Bestimmungen nach den folgenden Abschnitten ersetzen auch die von den Bauaufsichtsbehörden eingeführten zusätzlichen Bestimmungen zu Abschnitt 4.6 des Normblattes.

2. Bis zur Neuherausgabe von DIN 1055 Blatt 4 wird ergänzend zur Fassung Juni 1938xxx der Norm folgendes bestimmt:

2.1. Zu den Abschnitten 4.5 und 4.6:

2.1.1. An den Schnittkanten zweier Wandflächen oder von Wand- und Dachflächen sind im Wandbereich zusätzlich zu den Soglasten nach den Abschnitten 4.5 und 4.6 von DIN 1055 Blatt 4 höhere Soglasten mit dem Beiwert c von 2,0 im Bereich von 1 m beiderseits der Kanten in Rechnung zu stellen.

2.1.2. Im Dachbereich sind bei flachen Dächern mit Neigungen $\alpha < 35°$ zusätzlich zu den Soglasten nach den Abschnitten 4.5 und 4.6 von DIN 1055 Blatt 4 höhere Soglasten entlang aller Dachränder im Bereich von

$$\frac{b}{8} \begin{cases} \geq 1\ m \\ \leq 2\ m \end{cases}$$

als abhebend wirkende Lasten nach Tabelle 1 und Bild 1 in Rechnung zu stellen. Bei Dachüberständen muß zusätzlich ein von unten wirkender Winddruck mit einem Druckbeiwert $c = 0,8$ berücksichtigt werden.

Tabelle 1. Zusätzlich zu DIN 1055 Blatt 4 anzusetzende Soglasten für flache Dächer

Dachneigungs- winkel α	Beiwert c nach Bild 1	
	im Eckbereich	im Randbereich
0 – 25°	2,8	1,4
30°	1,4	0,7
$\geq 35°$	0	0
Beiwerte c für $25° < \alpha < 35°$ sind geradlinig einzuschalten		

2.1.3. Sämtliche in der Konstruktion durch Windbeanspruchung entstehenden Kräfte sind vom Entstehungsort, z. B. der Dachhaut, über alle Zwischenteile sicher in die Verankerungsbauteile zu leiten; das gilt besonders für die Befestigung von Fassadenbekleidungen, für belüftete Kaltdachkonstruktionen über massiven Decken und für Warmdächer.

Soweit zur Aufnahme abhebender Windkräfte auch das Gewicht des Daches herangezogen wird, darf dieses nur mit zwei Drittel des in DIN 1055 Blatt 1 — Lastannahmen für Bauten; Lagerstoffe, Baustoffe, Bauteile — angegebenen Eigengewichts in Rechnung gestellt werden. Dabei dürfen solche Lasten nicht berücksichtigt werden, die nicht fest mit dem Dach verbunden sind, z. B. lose Kiesschüttungen.

Verbindungsmittel sind unter Einhaltung der zulässigen Beanspruchungen zu bemessen.

Die Sicherheit gegen Abheben der Verankerungsbauteile muß mindestens 1,5 betragen.

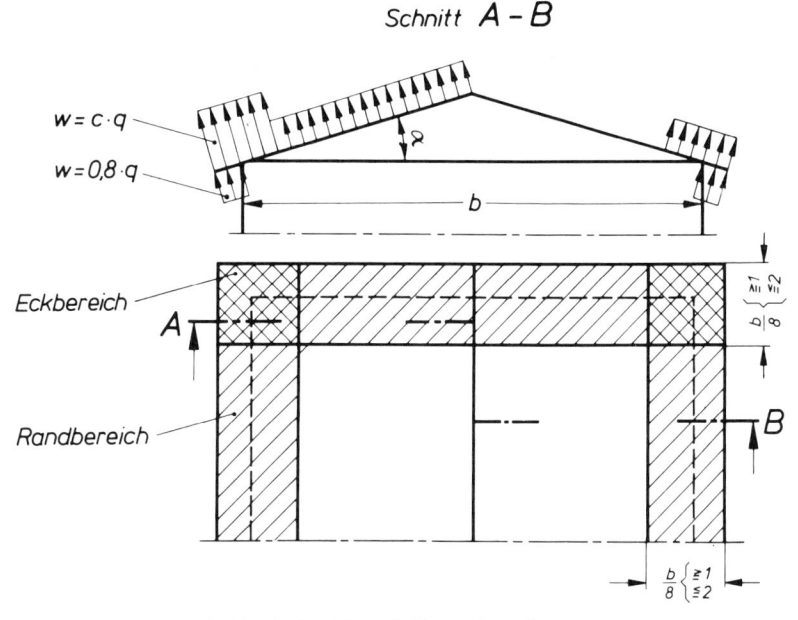

Bild 1. Zusätzlich zu DIN 1055 Blatt 4, Abschnitt 4.5 und Abschnitt 4.6 anzusetzende abhebend wirkende Lasten für flache Dächer

9. Detailhinweise bei Ausführung von Flachdächern

2.2. Zu Abschnitt 4.7:
Durch Windkanalversuche begründete Abweichungen von den in DIN 1055 Blatt 4 und diesem Ergänzungserlaß angegebenen Werten sind zulässig. Erleichterungen gegenüber den in DIN 1055 Blatt 4 und diesem Erlaß festgelegten Werten bedürfen der Zustimmung der zuständigen obersten Bauaufsichtsbehörde.

In den folgenden Sonderfällen kann ein Gutachten einer Prüfstelle notwendig bzw. die Durchführung von Windkanalversuchen erforderlich sein:

a) bei Konstruktionen, deren Schnittkräfte stark von der Windlastverteilung abhängig sind;

b) bei ungünstigen Raumformen des Bauwerks, z. B. bei gekrümmten Außenwand- oder Dachflächen;

c) bei ungünstiger Bauwerkslage, z. B. auf Anhöhen, Bergen oder wenn das Bauwerk quer zu einer möglichen Windschneise liegt;

d) bei ungünstigen Betriebs- und Bauzuständen;

e) bei ungünstigen Strömungseffekten, die dynamische Zusatzbeanspruchungen verursachen.

3. Auf den statischen Nachweis der höheren Soglasten bei flachen Dächern mit Neigungen $\alpha < 35°$ nach Abschnitt 2.1.2 kann für Wohn- und ihnen in Form und Konstruktion ähnlichen Gebäuden mit einer Maximalhöhe von 20 m über Gelände, mit Schmalseiten $b \leq 12$ m und mit Dachüberständen von höchstens 40 cm verzichtet werden, wenn folgende Regeln eingehalten werden:

3.1. Befestigung der Dachflächen
Schalbretter sind mit wenigstens 2 Drahtnägeln nach DIN 1151 – Drahtnägel; rund, Flachkopf, Senkkopf – entsprechend DIN 1052 – Holzbauwerke; Berechnung und Ausführung – oder mit gleichwertigen Verbindungsmitteln, z. B. Schraubnägeln, an jedem Sparren, Binder oder Stiel zu befestigen. In Hirnholz eingeschlagene Nägel dürfen auf Herausziehen nicht in Rechnung gestellt werden.

Dachschalungen aus Holzspan- oder Furnierplatten sind mit mindestens 6 Drahtnägeln je m^2 Dachfläche oder gleichwertigen Verbindungsmitteln, z. B. Schraubnägeln, zu befestigen. Im Rand- bzw. Eckbereich von Flachdächern nach Abschnitt 2.1.2 und Bild 1 sind mindestens 12 bzw. 18 Drahtnägel je m^2 Dachrandfläche oder gleichwertige Verbindungsmittel anzuordnen.

Für andere Dacheindeckungen, z. B. Asbestzementplatten und Verblechungen sind gleichwertige Verbindungsmittel zu verwenden.

3.2. Befestigung der Teile von hölzernen Dachkonstruktionen
Bei hölzernen Dachkonstruktionen sind sämtliche Teile, wie Sparren, Pfetten, Pfosten, Kopfbänder, Schwellen untereinander ausreichend zugfest zu verbinden, insbesondere an den Dachrändern und -ecken bzw. bei Dachüberständen.

Mindestens jeder dritte Sparren ist an seinen Auflagerpunkten – außer der allgemeinen Befestigung durch Sparrennägel – zusätzlich durch Laschen, Zangen, Bolzen bzw. durch Sonderbauteile, z. B. Stahlblechformteile, die durch Nagelung befestigt werden, mit den Pfetten zu verbinden.

3.3. Verankerung der Dachkonstruktionen
Die Dachkonstruktionen sind durch Stahl-Anker mit einem Nettoquerschnitt von mindestens 1,2 cm^2 – Flachstahlanker mindestens 4 mm dick, Rundstahlanker mindestens 14 mm $\emptyset$ – im Eckbereich in Abständen von höchstens 1 m und im Randbereich in Abständen von höchstens 2 m mit der Unterkonstruktion zu verbinden.

Die durch die Verankerung erfaßten Bauteile müssen je Stahlanker 450 kg wiegen.

Bei Verankerung im Mauerwerk müssen die Anker in entsprechender Tiefe liegende waagerechte Bewehrungsstäbe oder Splinte umfassen. Bei Verankerung in Stahlbetonbauteilen sind die Anker möglichst vor dem Betonieren mit den entsprechenden Haftlängen nach DIN 1045 – Beton- und Stahlbeton; Bemessung und Ausführung – einzubauen; werden sie nachträglich eingesetzt, so müssen sie genügend tief liegende waagerechte Bewehrungsstäbe umfassen (z. B. bei Platten mindestens 10 cm, sonst mindestens 15 cm tief).

Verankerungen durch Bolzen, die mit Bolzensetzwerkzeugen in Massivbauteile eingeschossen werden, sind unzulässig.

9.9 Sturmsicherung und Belastungsannahmen bei Dächern

9.9.2 Lastannahmen für Bauten

DK 624.042.42 : 624.9 : 351.785 DEUTSCHE NORMEN *Entwurf* März 1973

Lastannahmen für Bauten
Schneelast und Eislast

DIN 1055 Blatt 5

Design loads for buildings; snow load and ice load

Einsprüche bis 31. August 1973

Dieser Norm-Entwurf, dessen Inhalt noch nicht die endgültige Fassung der beabsichtigten Norm darstellt und deshalb noch nicht für die Anwendung bestimmt ist, wird der Öffentlichkeit zur Prüfung und Stellungnahme vorgelegt, damit er erforderlichenfalls verbessert werden kann. Er enthält die vorgesehene Fassung für die Neuausgabe von DIN 1055 Blatt 5, Ausgabe 12. 1936. Die genannte Ausgabe wird hiermit nicht ungültig.

Einsprüche und Änderungsvorschläge zu diesem Norm-Entwurf werden in zweifacher Ausfertigung erbeten an den Fachnormenausschuß Bauwesen, 1 Berlin 30, Postfach 3460.

Deutscher Normenausschuß

In dieser Norm sind die von außen auf eine Baukonstruktion einwirkenden Kräfte, z. B. Gewichtskräfte, auch als Lasten, Belastungen bezeichnet. Nach der „Ausführungsverordnung zum Gesetz über Einheiten im Meßwesen" vom 26. Juni 1970 dürfen die bisher üblichen Krafteinheiten Kilopond (kp) und Megapond (Mp) nur noch bis zum 31. Dezember 1977 benutzt werden. Bei der Umstellung auf die gesetzliche Krafteinheit Newton (N) (1 kp = 9,80665 N) sind im Rahmen des Anwendungsbereichs dieser Norm für 1 kp = 0,01 kN, für 1 Mp = 10 kN und für 1 kp/m² = 0,01 kN/m² zu setzen. Diese Angaben sind im Text und in den Tabellen vorliegender Norm in Klammern hinzugefügt.

Inhalt

	Seite		Seite
1. Geltungsbereich	1	5. Gleichzeitige Berücksichtigung von Schneelast und Windlast	3
2. Begriffe	1	6. Eislast	4
3. Rechenwert der Schneelast	1	7. Abweichungen	4
4. Regelschneelast	3	Erläuterungen	7

1. Geltungsbereich

Diese Norm gilt für alle baulichen Anlagen, soweit nicht in anderen Vorschriften besondere Bestimmungen getroffen sind.

2. Begriffe

2.1. Rechenwert der Schneelast

Der Rechenwert s der Schneelast ist die Lastannahme zur Erfassung der Schneeverhältnisse. Der Rechenwert der Schneelast wird aus der Regelschneelast s_0 ermittelt und gilt als Verkehrslast, siehe DIN 1055 Blatt 3, Ausgabe Juni 1971, Abschnitt 1.2.

2.2. Regelschneelast

Die Regelschneelast s_0 ist ein in Abhängigkeit von den geografischen und meteorologischen Verhältnissen aufgrund von Meßergebnissen mit statistischen Auswertungsverfahren festgelegter Wert unter Berücksichtigung einer Abminderung der Dachschneelast gegenüber den Schneeverhältnissen am Boden.

2.3. Eislast

Die Eislast ist die Lastannahme zur Erfassung von Eisansätzen, die sich in Abhängigkeit von besonderen meteorologischen Verhältnissen an gefährdeten Bauteilen ergeben.

3. Rechenwert der Schneelast

3.1. Gleichmäßig verteilte Schneelast

3.1.1. Bei waagerechten Dachflächen ist der Rechenwert der Schneelast s gleich der Regelschneelast s_0 nach Abschnitt 4. Diese ist gleichmäßig verteilt auf die gesamte Dachfläche anzusetzen.

3.1.2. Bei Dachflächen mit einer Neigung α in Grad gegen die Horizontale, von denen der Schnee unbehindert abgleiten kann, darf der Rechenwert s der Schneelast zu

$$s = k \cdot s_0$$

mit $k = 1 - \dfrac{\alpha - 30°}{40}$ unter der Bedingung $0 \leq k \leq 1$

gleichmäßig verteilt auf die Grundrißprojektion der Dachfläche angesetzt werden.

3.2. Einseitig verminderte Schneelast[1])

Zusätzlich zum Nachweis mit gleichmäßig verteilter Schneelast nach Abschnitt 3.1.2 ist bei Satteldächern der Nachweis mit einseitig verminderter Schneelast nach Tabelle 1 zu führen. Bei anderen geknickten oder gewölbten Dachformen ist sinngemäß zu verfahren (siehe auch Abschnitt 3.3.2).

[1]) Bei der bisherigen Regelung bei $s_0 = 75$ kp/m² (0,75 kN/m²) als „einseitige Schneelast" benannt.

Fortsetzung Seite 2 bis 4
Erläuterungen Seite 7

Fachnormenausschuß Bauwesen im Deutschen Normenausschuß (DNA)
Arbeitsgruppe Einheitliche Technische Baubestimmungen (ETB)

Gegenüber DIN 1055 Bl. 5 Ausgabe Dezember 1936 beachten:
Eislasten aufgenommen. Schneelasten in Abhängigkeit von Schneezonen und der Geländehöhe des Bauwerkstandortes über NN definiert.

9. Detailhinweise bei Ausführung von Flachdächern

Seite 2 Entwurf DIN 1055 Blatt 5

Tabelle 1. Rechenwert der einseitig verminderten Schneelast bei Satteldächern in kp/m² (1 kp = 0,01 kN/m²)

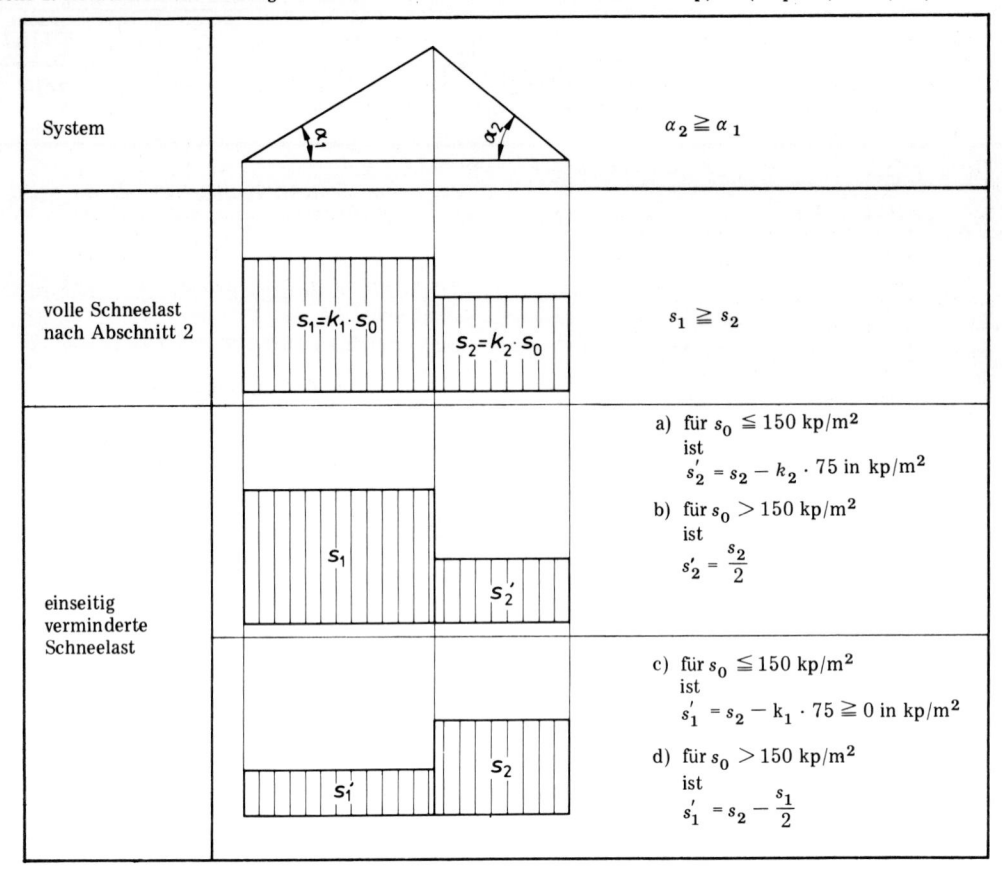

System	(Skizze Satteldach mit Winkeln α_1, α_2)	$\alpha_2 \geqq \alpha_1$
volle Schneelast nach Abschnitt 2	$s_1 = k_1 \cdot s_0$ $s_2 = k_2 \cdot s_0$	$s_1 \geqq s_2$
einseitig verminderte Schneelast	s_1 s_2'	a) für $s_0 \leqq 150$ kp/m² ist $s_2' = s_2 - k_2 \cdot 75$ in kp/m² b) für $s_0 > 150$ kp/m² ist $s_2' = \dfrac{s_2}{2}$
	s_1' s_2	c) für $s_0 \leqq 150$ kp/m² ist $s_1' = s_2 - k_1 \cdot 75 \geqq 0$ in kp/m² d) für $s_0 > 150$ kp/m² ist $s_1' = s_2 - \dfrac{s_1}{2}$

3.3. Schneeanhäufungen

3.3.1. Mögliche Schneeanhäufungen (Schneeverwehungen, Schneesackbildungen) sind zusätzlich zu berücksichtigen. Dabei darf die Schneerohwichte mit 500 kp/m³ (5 kN/m³) in Rechnung gestellt werden, soweit kein Wasserstau auftreten kann. Im allgemeinen kann davon ausgegangen werden, daß die Summe der auf das Dach entfallenden gleichmäßig verteilten Schneelast nach Abschnitt 3.1 bei der Umlagerung gleichbleibt.

3.3.2. Bei außergewöhnlichen Dachformen können für die Ermittlung einer hinreichend genauen Schneelastverteilung Versuche erforderlich werden, die im Einvernehmen mit einem sachverständigen Institut für Windkanalversuche und dem Deutschen Wetterdienst durchzuführen sind.

3.4. Sonderregelungen

*Anmerkung: Werden bei baulichen Anlagen die Rechenwerte der Schneelast nach Abschnitt 3.1 aufgrund der Sonderregelungen nach Abschnitt 3.4.1 bis 3.4.3 ermäßigt, sind innerhalb dieser Bauten an sichtbarer Stelle Schilder mit folgender Aufschrift anzubringen: „Ständige Beheizung zur Schneebeseitigung auf dem Dach und/oder regelmäßige Schneeräumung auf dem Dach erforderlich. Betriebsanleitung beachten."
Darauf ist auch in den Bauvorlagen hinzuweisen.*

3.4.1. Der Rechenwert der Schneelast darf bei Bauten für vorübergehende Zwecke (z. B. Wetterschutzhallen; Fliegende Bauten nach DIN 4112) mit 35 kp/m² (0,35 kN/m²) Grundrißprojektion der Dachfläche angesetzt werden, wenn der Schnee regelmäßig — auch außerhalb der Arbeitszeit — derart vom Dach geräumt wird, daß eine Schneehöhe von 10 cm nicht überschritten wird. Beim Räumen dieser Dächer sind Schneeanhäufungen zu vermeiden. Wenn vom Dach aus geräumt wird, sind abweichend von DIN 1055 Blatt 3, Ausgabe 6.71, Abschnitt 6.2 die lotrechten Einzellasten dabei zu berücksichtigen.

Anmerkung: Wetterschutzhallen sind Gerüste nach DIN 4420 und ähnliche Konstruktionen mit aufgesetzten Dachkonstruktionen aus Holz oder Metall mit Verkleidungen aus Tuch, Kunststoffolien oder ähnlichem.

3.4.2. Der Rechenwert der Schneelast darf bei Wetterschutzhallen und bei Dachkonstruktionen von Fliegenden Bauten nach DIN 4112 mit Verkleidungen aus Tuch, Kunststoffolien oder ähnlichem mit 20 kp/m² (0,2 kN/m²) Grundrißprojektion der Dachfläche angesetzt werden, wenn der Schnee ständig — auch außerhalb der Arbeitszeit — vom Dach beseitigt wird. Dieses ist durch ausreichend ständige Beheizung der Halle und gegebenenfalls durch Beseitigung nicht abtauender Schneereste und von Wassersäcken sicherzustellen.

9.9 Strumsicherung und Belastungsannahmen bei Dächern

Entwurf DIN 1055 Blatt 5 Seite 3

3.4.3. Bei Tragluftbauten, siehe Richtlinien für den Bau und Betrieb von Tragluftbauten[2]) und bei Fliegenden Bauten nach DIN 4112, die nicht in Abschnitt 3.4.2 geregelt sind, braucht die Schneelast nicht berücksichtigt zu werden, wenn ein Liegenbleiben des Schnees ausgeschlossen ist, z. B. wenn eine dafür ausreichende dauernde Beheizung sichergestellt ist.

3.4.4. Bei Gewächshäusern, die ausschließlich der Aufzucht von Pflanzen dienen, nach DIN 11 535 Blatt 1, Ausgabe Mai 1958, Abschnitt 2.2.1 mit einfacher Verglasung darf in Gebieten mit einer Regelschneelast von s_0 = 75 kp/m² (0,75 kN/m²) ohne Schneelast gerechnet werden, wenn es sich bei den Gewächshäusern um einschiffige Häuser mit einer Nennbreite ≦ 12 m und Häuser in Blockbauweise mit einer Schiffsbreite ≦ 6 m handelt.

Bei größeren Nenn- bzw. Schiffsbreiten darf in Gebieten mit einer Regelschneelast von s_0 = 75 kp/m² (0,75 kN/m²) der Rechenwert der Schneelast mit s = 25 kp/m² (0,25 kN/m²) angesetzt werden.

3.4.5. Bei Bauten nach den Abschnitten 3.4.1 bis 3.4.4, die in Gebieten liegen, für die nach Tabelle 1 höhere Regelschneelasten als 75 kp/m² (0,75 kN/m²) anzusetzen sind, ist der Rechenwert der Schneelast im Einvernehmen mit der Baugenehmigungsbehörde den örtlichen Verhältnissen entsprechend anzusetzen, wenn wegen der dort möglichen hohen Schneespenden nicht mit einem Erfolg der in den Abschnitten 3.4.1 bis 3.4.4 genannten Maßnahmen gerechnet werden kann.

4. Regelschneelast

4.1. Die Regelschneelast s_0 in kp/m² (kN/m²) ist in Abhängigkeit von der Schneelastzone nach Bild 1 — Karte der Schneelastzonen (siehe Seite 5) — und der Geländehöhe des Bauwerkstandortes über NN der Tabelle 2 zu entnehmen. Hierbei ist die Lage des Bauwerkstandortes in die Karte der Schneelastzonen einzuschalten durch Vergleich mit einer Karte, die ein genaueres Ortsnetz enthält.

[2]) Veröffentlicht z. B. im Staatsanzeiger für das Land Hessen St. Anz. Nr. 11 vom 13.3.72, Seite 503.

4.2. Liegt die Geländehöhe des Bauwerkstandortes zwischen den in Tabelle 2 angegebenen Geländehöhen, so darf für die Regelschneelast zwischen den Werten s_0 der Geländehöhen der betreffenden Schneelastzone geradlinig interpoliert werden. Sofern nicht interpoliert wird, ist der Wert der nächsthöheren Geländehöhe anzusetzen.

4.3. Liegt der Bauwerkstandort auf der Grenzlinie zweier Schneelastzonen, so darf für die Regelschneelast das arithmetische Mittel aus den Regelschneelasten beider angrenzenden Schneelastzonen gebildet werden. Sofern dieser Mittelwert nicht gebildet wird, ist der höhere Wert als Regelschneelast für diesen Standort anzusetzen.

A n m e r k u n g : *In Berlin beträgt die Regelschneelast s_0 = 75 kp/m² (0,75 kN/m²).*

5. Gleichzeitige Berücksichtigung von Schneelast und Windlast

5.1. Bei Dächern bis 45° Neigung ist der Rechenwert der Schneelast s nach Abschnitt 3 und die Windlast w nach DIN 1055 Blatt 4 durch folgende Ansätze gleichzeitig zu berücksichtigen, wobei der ungünstigere Lastfall maßgebend ist:

a) $s + \dfrac{w}{2}$ oder

b) $w + \dfrac{s}{2}$

5.2. Bei Dächern über 45° Neigung braucht mit gleichzeitiger Belastung durch Wind und Schnee nur dann gerechnet zu werden, wenn Schneeansammlungen, z. B. beim Zusammenstoß mehrerer Dachflächen, möglich sind. Darüber hinaus können die Baugenehmigungsbehörden verlangen, daß in Gebieten mit besonders ungünstigen Schneeverhältnissen Wind und Schnee allgemein auch bei Dächern über 45° Neigung gleichzeitig berücksichtigt werden.

Tabelle 2. Regelschneelast s_0 in kp/m² (kN/m²)

Geländehöhe des Bauwerkstandortes m	Schneelastzone nach Bild 1			
	I	II	III	IV
≦ 200	75 (0,75)	75 (0,75)	75 (0,75)	100 (1,00)
300	75 (0,75)	75 (0,75)	75 (0,75)	115 (1,15)
400	75 (0,75)	75 (0,75)	100 (1,00)	155 (1,55)
500	75 (0,75)	90 (0,90)	125 (1,25)	210 (2,10)
600	85 (0,85)	115 (1,15)	160 (1,60)	260 (2,60)
700	105 (1,05)	150 (1,50)	200 (2,00)	325 (3,25)
800	125 (1,25)	185 (1,85)	255 (2,55)	390 (3,90)
900		230 (2,30)	310 (3,10)	465 (4,65)
1000			380 (3,80)	550 (5,50)
> 1000	Wird im Einzelfalle durch die zuständige Baubehörde im Einvernehmen mit dem Zentralamt des Deutschen Wetterdienstes in Offenbach festgelegt.			

9. Detailhinweise bei Ausführung von Flachdächern

Seite 4   Entwurf DIN 1055 Blatt 5

6. Eislast

Die Vereisung hängt von den durch Geländeform und Seehöhe erheblich beeinflußten meteorologischen Verhältnissen (Lufttemperatur, relative und absolute Luftfeuchte sowie Wind) ab. Wesentlich sind ferner die Exposition des Geländes zur Hauptrichtung der die Vereisung bewirkenden Winde und die spezifischen Eigenschaften der Bauteile wie Werkstoff, Oberflächenbeschaffenheit und Form. Allgemeingültige Angaben über das Auftreten von Vereisung können daher nicht gemacht werden.

Vereisung bildet sich bevorzugt im Gebirge, im Bereich feuchter Aufwinde oder in der Nähe großer Gewässer, daher auch in Küstennähe und an Flußläufen. Im Flachland oder in Tallagen kann ein geringerer oder sogar rechnerisch vernachlässigbarer Eisansatz auftreten. Der Eisansatz an starren Bauteilen wächst im wesentlichen in Richtung gegen den Wind; an ruhenden nicht befahrenen Seilen bilden sich bei langen Ablagerungszeiten umhüllende Eiswalzen mit elliptischem Querschnitt.

Ob und gegebenenfalls in welchem Maße Eisansatz zu berücksichtigen ist, ist bereits bei der Planung vom Bauherrn im Benehmen mit der zuständigen Bauaufsichtsbehörde festzulegen. Dazu sind die Dienststellen des Deutschen Wetterdienstes (Zentralamt, Wetterämter), ggf. auch Forstämter, zu befragen und — soweit vorhanden — die Erfahrungen bei ähnlichen, benachbarten Bauten auszuwerten.

Muß Eisansatz berücksichtigt werden und sind genaue Angaben nicht erhältlich, so darf an nicht außergewöhnlich gefährdeten Stellen bei Konstruktionsteilen, Seilen, feingliedrigen Fachwerken, Leiterkonstruktionen usw. vereinfachend ein allseitiger Eisansatz von 3 cm Dicke angenommen werden. Diese Angabe gilt im allgemeinen in deutschen Gebirgen bis zu Höhen von etwa 600 m über NN, sie schließt aber nicht aus, daß an einzelnen Stellen örtlich auch wesentlich höherer Eisansatz auftreten kann. Die Eisrohwichte ist mit 700 kp/m^3 (7kN/m^3) einzusetzen.

Anmerkung: Bei Eisansatz ist die Windlast auf die durch den Eisansatz vergrößerte Fläche des Bauteils mit 75% des Staudrucks zu ermitteln. Bei Fachwerken sind die Formbeiwerte dem durch die Vereisung veränderten Völligkeitsgrad entsprechend anzusetzen.

7. Abweichungen

Wird aufgrund von Erfahrungen mit den besonderen geographischen und meteorologischen Gegebenheiten des Gebietes und des jeweiligen Bauwerkstandortes der Ansatz von Abschnitt 1 bzw. Abschnitt 6 abweichender Schnee- und Eislasten erforderlich, so werden diese von der zuständigen Baubehörde, bei Abminderungen im Einvernehmen mit dem Zentralamt des Deutschen Wetterdienstes, Offenbach, festgelegt.

Bei Abminderungen der Regelschneelasten darf der Wert 75 kp/m^2 (0,75 kN/m^2) nicht unterschritten werden.

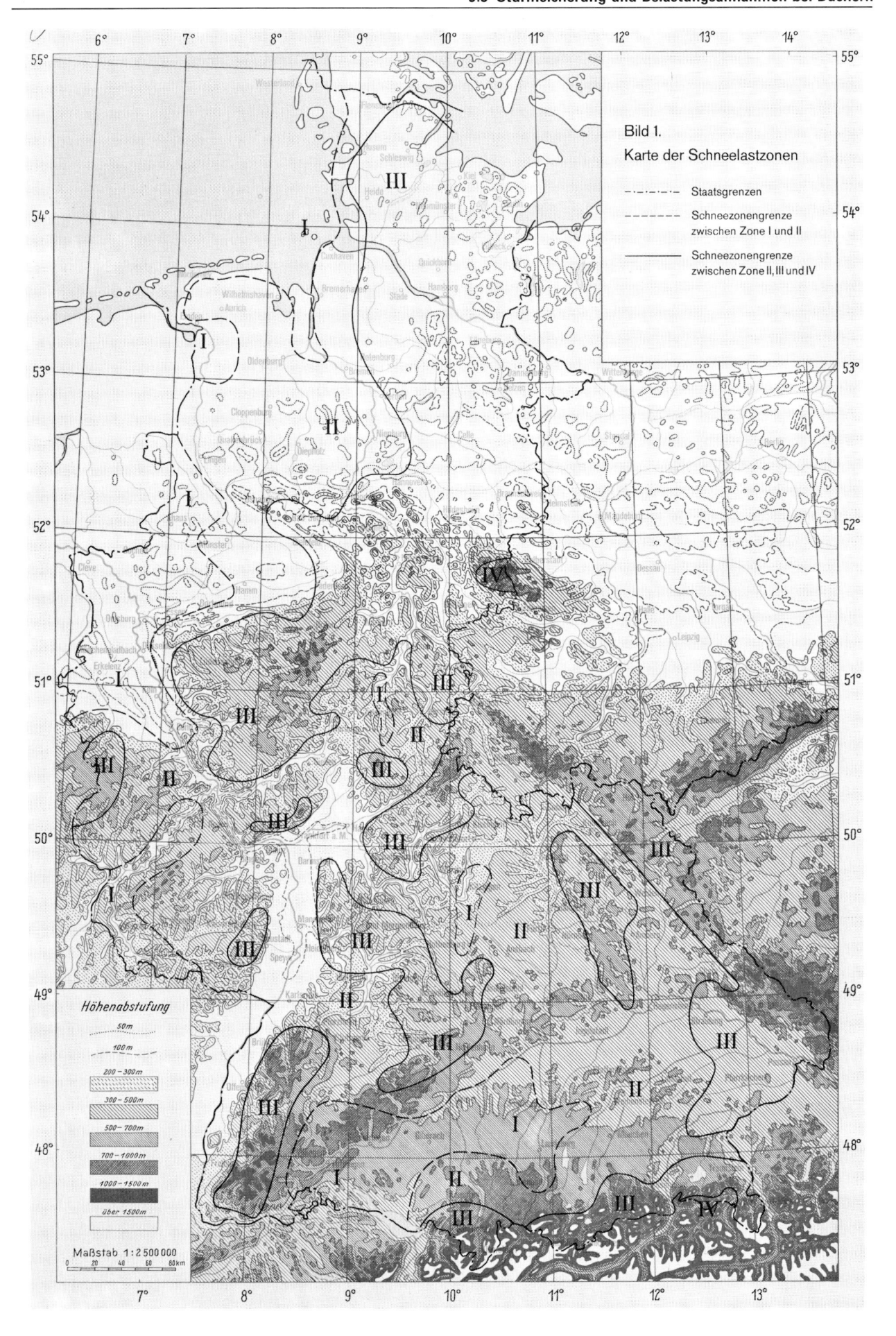

9.9 Sturmsicherung und Belastungsannahmen bei Dächern

Bild 1.
Karte der Schneelastzonen

— · — · — Staatsgrenzen
— — — — Schneezonengrenze zwischen Zone I und II
————— Schneezonengrenze zwischen Zone II, III und IV

Höhenabstufung
- 50 m
- 100 m
- 200 – 300 m
- 300 – 500 m
- 500 – 700 m
- 700 – 1000 m
- 1000 – 1500 m
- über 1500 m

Maßstab 1 : 2 500 000

9. Detailhinweise bei Ausführung von Flachdächern

Entwurf DIN 1055 Blatt 5 Seite 7

Erläuterungen

Dieser Norm-Entwurf beruht auf den vorläufigen Ergebnissen des Forschungsauftrages „Auswertung langjähriger Beobachtungen über Schneehöhen und Schneelasten", den der Deutsche Wetterdienst, Zentralamt Offenbach, im Auftrag des Bundes und der Länder durchführt. Der vorliegenden ersten Überarbeitungsstufe dieser Norm liegt eine Ausarbeitung des Deutschen Wetterdienstes zugrunde, in der die Schneebelastung in Abhängigkeit von den geographischen und meteorologischen Verhältnissen dargestellt wird. Daraus wurden die Angaben der Regelschneelasten nach Tabelle 2 in Abhängigkeit von der Karte der Schneelastzonen nach Bild 1 entwickelt. Damit werden höhere Regelschneelasten als 75 kp/m² (0,75 kN/m²) vor allem für Geländehöhen, z. B. in den Schneelastzonen III und IV nach Bild 1 ab 300 m über NN festgelegt, die zum Teil geringfügig höher liegen als die Schneelasten, welche in den von einigen Ländern bauaufsichtlich eingeführten Ergänzungen zu DIN 1055 Blatt 5, Ausgabe 12.1936 angegeben sind. Außerdem beruhen die in diesem Norm-Entwurf getroffenen Regelungen auch auf einer Anpassung an die internationale Normung, vor allem der Nachbarländer.

Die Karte der Schneelastzonen nach Bild 1, der weitmaschige Messungen der Schneehöhen des Deutschen Wetterdienstes zugrunde liegen, wird auf Vereinfachungsmöglichkeiten überprüft.

Der Regelschneelast s_0 nach Tabelle 2 liegt eine 95%-Fraktile $s_{95\%}$ der statistischen Verteilung der Jahresmaxima zugrunde. Mit dem Mittelwert $\bar{s}$ der Jahresmaxima und einem mittleren Variationskoeffizienten von $V \approx 45\%$ wird bei Annahme einer Extremwertverteilung vom Typ I nach Fisher-Tippet[3]

$$s_0 = s_{95\%} \approx 1,85 \cdot \bar{s}$$

Darin ist $\bar{s}$ die mittlere maximale Dachschneelast

$$\bar{s} = \bar{s}_h \cdot \gamma \cdot \varkappa$$

$\bar{s}_h$ = mittleres Schneehöhenmaximum in m (am Boden gemessen)

$\gamma \approx 215$ kp/m³ (2,15 kN/m³) rechnerische Schneerohwichte

$\varkappa \approx 0,8$ Abminderungsfaktor: Schneehöhe Dach/ Schneehöhe Gelände

Der Deutsche Wetterdienst lieferte Angaben für $\bar{s}_h$ und γ. Danach kann γ von etwa 200 kp/m³ (2 kN/m³) mit wachsender Schneehöhe bis auf über 270 kp/m³ (2,7 kN/m³) ansteigen. Infolge der verstärkt auftretenden Schneedrift auf Dächern, kann der Abminderungsfaktor $\varkappa$ von 0,8 mit steigendem $\bar{s}_h$ bis auf Werte von 0,5 sinken. Die gegenläufigen Tendenzen dieser Größen sind vereinfachend dadurch berücksichtigt, daß sowohl γ als auch $\varkappa$ als konstant unterstellt wird. Dann gilt schließlich für s_0 folgende Zahlenwertgleichung

$$s_0 = 1,85 \cdot 215 \cdot 0,8 \cdot \bar{s}_h$$
$$s_0 = 320 \cdot \bar{s}_h \text{ in kp/m}^2 \; (s_0 = 3,2 \cdot \bar{s}_h \text{ in kN/m}^2)$$

die den Werten der Regelschneelast nach Tabelle 2 zugrunde liegt. Diese Überschlagsformel soll die Festsetzung vergleichbarer Lastannahmen bei Zugrundelegung spezieller Schneehöhenmessungen eines vergleichbaren Beobachtungszeitraumes ermöglichen.

Bei der Bemessung mit den Rechenwerten der Schneelast nach Abschnitt 2 soll die Bauwerkssicherheit bei Auftreten der im 30jährigen Beobachtungszeitraum gemessenen absoluten Maxima der Schneehöhen noch ausreichend sein. Nur wenn sich bei der weiteren Überprüfung ergibt, daß die absoluten möglichen Maxima der Schneehöhen auch für gegen Überlastungen empfindliche Konstruktionen, die nach dieser Norm bemessen sind, noch eine Sicherheit (Katastrophensicherheit) gewährleisten, kann folgende bauaufsichtlich eingeführte Ergänzung zu DIN 1055 Blatt 5, Ausgabe Dezember 1936 über die Erhöhung der Schneelast für leichte Dachkonstruktionen entfallen:

„Beträgt der Anteil des Rechenwertes der Schneelast s mehr als 60% der Gesamtlast q einer Dachkonstruktion oder eines Bauteils, so sind die erforderlichen Nachweise (Spannungen, Stabilität usw.) mit der um den Faktor

$$k = 1,24 - 0,6 \left(1 - \frac{s}{q}\right)$$

vervielfachten Schneelast zu führen.

Es bedeuten:

$q = g + p + s$

g = Eigengewicht

p = Verkehrslast o h n e Schneelast"

Die in Abschnitt 3.3 für Schneeanhäufungen (Schneeverwehungen und Schneesackbildungen) angegebene Empfehlung, eine gegenüber den obengenannten Werten erhöhte Schneerohwichte von 500 kp/m³ (5 kN/m³) in Rechnung zu stellen, soll hierbei die Möglichkeit einer stärkeren Vereisung und/oder Durchnässung berücksichtigen.

Mit den in Abschnitt 3.4 getroffenen Regelungen sollen Sonderregelungen für Schneelastannahmen in anderen Normen vermieden werden.

Mit der gleichzeitigen Berücksichtigung von Schneelast und Windlast nach Abschnitt 5 ist z. T. der Abschnitt 3 nach DIN 1055 Blatt 4, Ausgabe Juli 1938 übernommen und ergänzt worden, der künftig dort entfallen soll.

---

[3] Siehe Gumbel E.J.: Statistics of Extremes, Columbia University Press, New York 1958

Literatur- und Bezugsquellenverzeichnis

1. Pomplun, Lutz, Detmold, Der Bau, Heft 11/1966.
2. Eichler, Friedrich, Bauphysikalische Entwurfslehre, R. Müller, Verlagsgesellschaft, Köln.
3. Rietschel-Raiß, Heizungs-Lüftungstechnik, Springer-Verlag 1960.
4. Neufert, Ernst, Styropor-Handbuch, Bauverlag Wiesbaden, 2. Aufl. 1971.
5. Geisler, Hans, Grundlagen baulichen Wärmeschutzes, VWEW, Frankfurt (Main), 1966.
6. Vieweg, W., Das Baugewerbe, Heft 5 und 7/1968.
7. Glasfaser GmbH – Echo, Düsseldorf B 42/66.
8. Seiffert, Karl, Wasserdampfdiffusion im Bauwesen, Bauverlag Wiesbaden, 2. Aufl. 1974.
9. Franke, Horst, Die Bautechnik, Heft 11/1968.
10. Caemmerer, Wärmeschutz aber richtig, Köln, Deutsches Bauzentrum 1958.
11. Buch, W., Deutsches Dachdeckerhandwerk, Heft 14/1965.
12. Thiokol-Gesellschaft, 68 Mannheim-Waldhof.
13. Pieper, Th., Braunschweig »Risse unter Dach und Fach«.
14. Rick, Bitumen-Teer-Asphalt Heidelberg, Heft 10/1965.
15. Brocher, Deutsches Dachdeckerhandwerk, Heft 16/1968.
16. Balkowski, Bitumen-Teer-Asphalt, Heidelberg, Heft 3/1969.
17. Hebgen & Heck, Kunststoffe im Bau, Heft 20.
18. Seiffert, Entspannungsschichten, Bitumen-Teer-Asphalt, Heft 10/1970.
19. Cammerer, W. F., Bitumen-Teer-Asphalt, Heft 10/1971.
20. Haushofer, Deutsches Dachdeckerhandwerk, Heft 14/1969.
21. Andernach, W., Deutsches Dachdeckerhandwerk, Heft 10/1966.
22. Kranz, Dachbeläge usw., Bitumen-Teer-Asphalt, Heft 3/1965.
23. Kib-Kunststoffe im Bau, Heidelberg, Heft 27.
24. Götz, Das Bauzentrum, Heft 6/1971.
25. Haufglöckner, S.K.Z. Würzburg, Kib-Kunststoffe, Heft 2.
26. Braun, I. A., Bitumenwerk, Stuttgart-Bad Cannstatt, Dachhaut–Dämmschicht–Sperrschicht.
27. Wirgailis, H., Horgen, Kib-Kunststoffe im Bau, Heft 20.
28. Isler, H., Burgdorf/Schweiz.
29. Kakrow, H., Deutsches Dachdeckerhandwerk, Heft 16/1968.
30. Künzel, Bau- und Bauindustrie, Heft 7/1970.
31. Institut für Technische Physik, Stuttgart, Betonverlag Düsseldorf, Bericht 3.
32. Palm KG, Vaporex-Dampfsperren, Neukochen/Württ.
33. Krefelder Dachpappenfabrik, Krefeld, Kregitta.
34. Asmus, G., Vortrag Firma Schuller, Wertheim, Tagung 1967.
35. Osterritter, K., Bitumen-Teer-Asphalt, Heft 10/1967.
36. Seiffert, K., Durchlüftungsprobleme, Bitumen-Teer-Asphalt, Heft 3/1969.
37. Balkowski, Deutsches Dachdeckerhandwerk, Heft 22/1964.
38. Buch, W., Bauwelt, Heft 4/1965.
39. Künzel, H., DBZ Stuttgart, Heft 4/1964.
40. Eternitwerke AG, Berlin, Eternitinformation Nr. 6.
41. Sellmann, R., Bauwirtschaft Wiesbaden, Heft 35/1970.
42. Palm KG, Nepa-Dampfbremse, Neukochen/Württ.
43. Deutsches Dachdeckerhandwerk, Heft 17/1967.
44. Fulgurit-Prospekt, Dichtungselemente.
45. Eternitwerke AG, Berlin, Prospekt Eternit-Prestik-Schnur.
46. Albrecht, Reithallen in Asbestzement-Bauweise.
47. Neufert, Well-Eternit-Handbuch, Bauverlag Wiesbaden.
48. Das Ziegeldach, Bundesverband Ziegelindustrie.
49. Eternitwerke, Prospekt-Europa-Dachplatten.
50. Fulgurit-Werke, Wunstorf, Fulgurit-Dachplatten.
51. Kakrow, Deutsches Dachdeckerhandwerk, Heft 17/1966.
52. Andernach, A. W., Beuel, Bitumendachschindeln.
53. Neufert, STZ Metalle im Bauwesen, Ullstein-Verlag Berlin.
54. Flotow v., Paschen, Dachdetails, Karl Krämer Verlag Stuttgart.
55. VDM, Heddernheimer Kupferwerk, Frankfurt.
56. Hoesch-AG, Hamm/Westf., Tectal-Dach.
57. Mock, R., Düsseldorf, Bau- und Bauindustrie, Heft 2/1968.
58. VLW, Bonn-Aluform-Kataloge.
59. FBW, Forschungsgemeinschaft Bauen und Wohnen, Stuttgart, Bewegungsfugen im Hochbau 1961.
60. Pomplun, Lutz, Flachdächer Der Bau, Heft 11/1966.
61. Henn, Konstruktionsatlas Callwey-Verlag, München.
62. Leonhardt, Kunst des Bewehrens, Beton- und Stahlbetonbau 1965.
63. Schröter-Schrodt, Ihmert, Flachdächer.
64. Mann, Darmstadt, Statisch konstruktive Überlegungen, DBZ, Heft 5/1971.
65. Kilcher, Pirmasens, Gleit-Deformationslager-Prospekte.
66. Deutsche Gleitlagertechnik, Langenberg, Prospekte.
67. Isogleitchemie Essen, FD-Gleitfolie-Prospekte.
68. Grote, Gumban, München, Vermeidung von Rissen, Kib Heft 11.
69. Krakow, Bitumen-Teer-Asphalt, Heft 3/1969.
70. Lufsky, Bitumen-Teer-Asphalt, Heft 10/1967.

Literatur- und Bezugsquellenverzeichnis

71. Haefner, Boden-Wand-Decke, Heft 6/1966.
72. Schild & Osterritter, Bitumen-Teer-Asphalt, Heft 10/1968.
73. Zimmermann, Architekt und Ingenieur, Heft 5/1971.
74. Grün, Deutsche Bauzeitung Stuttgart, Heft 5/1971.
75. Schütze, Estriche auf Dächer, Boden-Wand und Decke, Heft 4/1965.
76. Eberspächer, Schrof, Glasdachbau Eßlingen/Nekkar-Prospekte.
77. Essmann, Schötmar, Bauhandbuch 1968.
78. Grün, Deutsche Bauzeitung Stuttgart, 7/1964/10.
79. Zimmermann & Kirsch, TH Stuttgart, Kib Heft 27.
80. Bauwelt, Heft 31/1967.
81. Scheffler, Deutsches Dachdeckerhandwerk, Heft 14/1971.
82. Esser, Klaus, Düsseldorf, Katalog 1972/73.
83. Detag, Fürth/Bay., Lichtkuppeln-Rauchabzug-Prospekte.
84. Weiler & Voorgang, Das Baugewerbe, Heft 17/1968.
85. Bauder, Dachpappenfabrik, Stuttgart-Weilimdorf, Prospekte Dachgully.
86. Pomplun, Lutz, Detmold, Flachdachentwässerung, Der Bau.
87. Passavant-Werke, Michelbacher Hütte, Prospekte Bodenentwässerung.
88. Idelberger, Deutsches Dachdeckerhandwerk, Heft 3/1967.
89. Zentralverband des Dachdeckerhandwerkes, Richtlinien für Flachdächer, Ausgabe 1973.

Anhang 1

Tabellen 1 bis 22

Tabelle 1	Temperatur- und Feuchtigkeitswerte der Innenluft in verschiedenen Betrieben (in alphabetischer Reihenfolge, nach Eichler und Recknagel)	531
Tabelle 2	Feuchtigkeitsgehalt und Dampfdrücke	536
Tabelle 3	Dampfdruck über Eis in Abhängigkeit von der Temperatur (in kp/m^2)	537
Tabelle 4	Taupunkttemperaturen t_s	538
Tabelle 5a	Karte der Klimazonen (Wärmedämmgebiete) nach DIN 4108	538
Tabelle 5b	Karte der Wärmedämmgebiete für Stallbau (Landwirtschaft)	538
Tabelle 6	Lufttemperatur	539
Tabelle 7	Absorptionsvermögen verschiedener Stoffe für Wärmestrahlen in %	540
Tabelle 8	Wärmeübergangszahlen α	540
Tabelle 9	Wärmeleitzahlen von Bau- und Dämmstoffen (Rechenwerte)	540
Tabelle 10	Wärmedurchgangszahlen – Verglasungen	542
Tabelle 11	Wärmedurchlaßwiderstand von verputzten Massivdecken der Gruppe 1 bis 3 (nach DIN 4108) und Luftschichten	543
Tabelle 12	Mindestwerte des Wärmeschutzes bei Aufenthaltsräumen	544
Tabelle 13	Mindestwärmedämmwerte von Leichtdächern	544
Tabelle 14	Lastannahmen nach DIN 1055 (Auszug)	545
Tabelle 15	Wärmedämmzahlen $\frac{1}{\Lambda}$ von Flachdachdecken über Wohn- und Büroräumen, Sälen und Werkstätten mit +20°C Raumluft-Wärmestand für Tauwasser-Verhütung (TV), Mindest-Wärmeschutz (MW) und Voll-Wärmeschutz (VW) (nach Sautter)	549
Tabelle 16	Mindestwärmeschutz (MW) für Außenwände und Dächer zur Tauwasservermeidung in Abhängigkeit von Gewicht und Luftfeuchte	549
Tabelle 17	Diffusionszahl von Wasserdampf in Luft (nach Schirmer)	554
Tabelle 18	Diffusionswiderstandsfaktor von lufttrockenen Isolier- und Baustoffen sowie von Holz bei verschiedener Feuchtigkeit	550
Tabelle 19	Ausdehnungskoeffizient in mm/m°C	554
Tabelle 20	Elastizitätsmodule E	554
Tabelle 21	Richtwerte für Abstände von Dehnungsfugen im Hochbau nach [2]	555
Tabelle 21a	Empfohlene Dehnfugenabstände nach Henn	557
Tabelle 22	Feuchtigkeitsbedingte Bewegungen von Baustoffen (nach Grunau)	556

Tabelle 1 Temperatur- und Feuchtigkeitswerte der Innenluft in verschiedenen Betrieben (in alphabetischer Reihenfolge, nach Eichler und Recknagel)

Betrieb	Temperatur [°C]	Relative Luftfeuchtigkeit [%]	Bemerkungen	Betrieb	Temperatur [°C]	Relative Luftfeuchtigkeit [%]	Bemerkungen
Apotheken, Lagerraum	+20...27	30...35	Trockenräume	Gießereien	+15...25	80...95	bei Naßgußverfahren konstante Feuchtigkeit
Arbeitsräume	+18...20	50...70					
Archive	+15	50...60	Trockenräume				
Ausstellungshallen	+10...20	50		Tischlereien usw.	+20		
Bäckereien:				Lackierereien, Spritzmalereien	+25...40	65...75	Farbnebel, Entlüftung vorgesehen
Mehllager	+18...27	60					
Hefelager	±0...5	60...75					
Teigherstellung	+23...27	55...70	Feucht- und Naßräume	Montagehallen	+10...15		
Gärraum	+25...27	75...80		Verkehrshallen, Bahnhofshallen Fabrikräume der Metallindustrie mit großem Luftraum (siehe besonders „Textilindustrie, Webereien" usw.)	+10...15	< 50	Trockenräume
Kühlung der Brote	+21	60...70			+10...20	50	
Feinbäckerei	+25	65					
Bahnhofshallen siehe „Hallen"							
Baumwollspinnereien siehe „Textilindustrie"							
Beizereien		85	Naßräume siehe auch unter Kühlhäuser	Färbereien		75...85	gefährliche Naßräume trotz Entlüftung, Entnebelungsanlagen usw.
Brauereien, Brennereien:							
Gärraum	+3,5...16	50...70		Feinmechanik:			
Malztennen	+10...15	80...85		Werkstätten	+20...22	50...55	
Malzlager	+16	30...45		Meßgeräte-Prüfraum	+20	50...55	
Brikettfabriken siehe „Kohleindustrie"				Fernsprechämter:			
Brutschränke (Küken)	+37...39	55...70		Selbstwählämter	+20	50	
Büchereien	+15...18	40...60		Filmindustrie:			
Büros	+18...20	50...60	normal-feucht bis trocken	Entwicklung	+20...22	60...65	
				Trocknen	+20...28	50	
Chemische Fabriken:				Schneiden	+22	60...65	
Herstellung von Teerfarbstoffen, Apothekerwaren, kosmetischen Erzeugnissen u. a., Lagerung derselben	+15...25	35...50		Entwicklerlager	+15	70	
				Aufarbeitung, Begießerei	+18...20	60	
Labors	+18...22	50...70		Filmtheater, Kinos	+18	60	
Drogen, Lagerung	+15...25	35...50				75...85	ungeheizt
Serum- und Lymphelagerung	−6...−8	85		Fleischereien:			
Duschräume	+20...25	70...85	bei Stoßbetrieb mit Wrasenabzug Einschalendach tragbar	Fleischlagerung (siehe „Kühlgut")	−15	50	
				Gaststätten	+18	55	Luftfeuchte variabel
Eisengießerei:				Galvanische Werkstätten		85	Säuregase, Bäderdämpfe
Trockenguß	+20...25	50...60		Garagen	+5	50	
Naßguß	+20...25	80...90	Wasserbildung!	Gerbereien		85	Naßräume
Elektrische Maschinen:				Geschäftshäuser, -räume	+20	50...60	
Herstellung isolierter Drähte	+18...20	60...65					
Isolierung	+40	50					
Lagerräume		35...50		geschlossene Räume und Werkstätten aller Art	+15...20	50...70	
Erzeugung von Leitungsdraht mit Baumwolle	+15...27	60...70					
Spulenherstellung	+20...25	40...50		Gewächshäuser:			
				Kalthaus	+5	70...80	
Fabriken und Arbeitsräume:				mäßig warm	+15		
				Warmhaus	+25		
Fabrikräume ohne Zweckbestimmung				Gummiindustrie:			
für leichte Handarbeit	+20	50		Produktionsräume	+15...25	75...85	Luftfeuchtigkeit betriebsbedingt, Naßräume
für schwere Handarbeit	+15	50...60					
Fabrikräume, zweckbestimmt:							

Anhang 1

Fortsetzung

Betrieb	Temperatur [°C]	Relative Luftfeuchtigkeit [%]	Bemerkungen
Hallen:			
offene aller Art	+10...20	50	Feuchtigkeitswert ist abhängig von Lüftung durch Tore, Türen, Fenster, Oberlichter, offene Schürzen usw. kann auch <50% betragen
für Geräte, Feuerwehr, Kraftfahrzeuge	+10...18	50	
Großhallen, Versandhäuser, Markthallen, Montagehallen, Autobushallen, Flugzeugreparaturhallen	+12	50	
Verkehrshallen, Bahnhofshallen	+10...15	50	
Hallenbäder siehe „Schwimmbäder"			
Käsereien:			
(nach Käseart)	+20...25	85...90	siehe auch Kühlgut (Käse) Reifekeller
Tilsiter	+15	90...92	
Roquefort	+4...8	90	
Camembert	+13...15	80...90	
andere Sorten	+12...18	90...100	
Keksfabriken vom Ofen bis zur Verpackung	+18...23	45...60	
Waffeln	+23...25	35...40	
Kesselhäuser	+25...35	bis 30	keine wärmetechnischen Probleme, aber explosionsgefährdet
Kinos	+18	60...70	
Kochereien		85	Naßräume
Kohleindustrie:			
Aufbereitungsanlagen (Naß- und Trockenmahlung)	+25	50...60	Maschinen geben Wärme, keine Feuchtigkeit ab. Unter Dach hat Luft bis +35 °C. Falls Wärme wieder genutzt, +27...30 °C tagsüb. rel. Luftfeuchtigkeit 50%. Wasserbildung nicht akut
Brikettfabriken mit Naß- und Trockendienst, Pressedienst	+20...25	70	
Kokereien		50	Außenluft oder ungeheizt, Wasserbildung nicht akut.
Bunker für Kohle			Meist Außenluft
Körperkulturhallen (Sporthallen)	+15	50...80	n. Luftvolumen und Sportart verschieden. Oft Tauwasserbildung des unter Dach stagnierenden Warmluftkörpers auch an Fenstern!

Fortsetzung

Betrieb	Temperatur [°C]	Relative Luftfeuchtigkeit [%]	Bemerkungen
Krankenhäuser, Kliniken:			
Operationsräume	+24...35	40...60	
Krankenräume, Baderäume	+22		
Tagesräume	+20	50	
Untersuchungsräume	+24	30...45	
Treppen, Aborte	+20		
Leichenräume	−5...±0		
Kühlhäuser allgemein		80...85	Naßraum beachten: bei stark gekühlten Räumen wechselt der Wärmestrom im Laufe des Jahres seine Richtung. Gefahr der Wasserbildung auf der „warmen" Seite der Wärmedämmschicht ist groß. Deshalb auf beiden Seiten der Dämmung eine Dampfsperre vorsehen!
Kühlgut:	siehe unten		
Apfelsinen	+6...8	80...85	
Bier:			
Lagerkeller	+1...2	70...80	
Gärkeller	+3,5...6	50...70	
Ausschank	+6...8	6...75	
Blumen:			
Flieder	−6...−4	80	
Rosen	−2	80	
Schnittblumen	+2	80	
Brot	+10...12	80...85	
Mehl	+2...4		
Backwaren	+6...8	80	
Butter (Margarine):			
Gefrierraum	−6...−4	75...80	
Kühlraum	+2...+4	75...80	
Eier:			
Kühlraum	±0...+1	80	
Auskühlraum	+6...8	80	auf Regalen
Eßwaren:			
Kalte Küche	+7...8	70	
Büfettkühlschränke	+3...5	80	
Gemüse, Kartoffeln	+5...6	90...95	
Früchte (Obst)	+2...4	70...80	
Weißweinlagerraum	+8...10		
Fische:			
Vorraum für Fischkühlraum	±0...+2	85	tiefgekühlte Räume erfordern meist Beheizung des Erdbodens, sonst Gefahr des Auffrierens
Frische Fische auf Eis	−3...−1	95	
Fischgefrierräume	−18...−20	95	
Ottesen-Verfahren	−20		
Salzheringe in Tonnen	−4...±0	95	
Frische Heringe in Kisten	−15...−10	80	
Geräucherte Fische	−8...−6	85	
Getrocknete Fische	+2...+4	75	
Fischmarinaden	+6...+8		
Fleisch:			
Vorraum	+7...+8	85...90	tiefgekühlte Fleischräume bis −25 °C
Auskühlraum	−0,5...+0,5	75...85	
Hauptkühlraum	±0...+8	82...84	
Pökelraum	+6...8	90...95	
Gefrierraum	−10 u. tiefer		
Wurstwaren	+6...+8	80	
Konserven	−1...+2	50..70	
Früchte:			
Weintrauben	±0...+4	85	
Erdbeeren	−1...+1	90	
Äpfel	−1...+1	90	
Sonstiges Stein- und Kernobst	±0...+2	90	
Bananen	+11	85	
Nüsse	+4		
Zitronen und Apfelsinen	+2...+6	90	
Tomaten, reif	±0		

Tabelle 1 Temperatur- und Feuchtigkeitswerte

Fortsetzung

Betrieb	Temperatur [°C]	Relative Luftfeuchtigkeit [%]	Bemerkungen
Gemüse:			
Kohl	−1...+4	90	
Kartoffeln	+4...+6	85	
Zwiebeln	−2,5	75	
Gurken	±0...+4	85	
Salat	±0	95	
Konserven	+2...+4		
Käse:			
Lagerraum	+4...+6	75	Daten nach Käseart verschieden
Quark	±0...+2	75	
Milch:			
Kühlraum	+2...6		
Rahmreifungsraum	+14...18		
Flaschenmilchraum	+10...12		
Pökelfleisch	−3...+1	75...90	
Tabakwaren	+16...+20	55...65	
Sonstiges:			
Eiskremhärteraum	−30...−25		
Eiskremlagerraum	−15		
Kunsteislagerraum	−8...−4		
Künstliche Eisbahnen	−5		
Leichenkühlraum	−5		
Pelzwaren, hängend	−2...+2		
Wollwaren	−2...+5		
Häute	+1...+2	95	
Serum Lymphe	−6...−8	85	in Gläser abgeschlossen
Wild und Geflügel:			
Gefrierräume	−10	90	Ware hängend auf Regalen
Lagerräume	−6...−4	85	
Wildraum	−3...−5	85	
Geflügelraum	−2...−4	85	
Labors	+18...22	50...70	
Lackiererei:			
Spritzräume	+22...25 +25...40	55...65	
Lufttrocknung	+20...55	25...50	
Ofentrocknung	+85...150	50...60	
Lagerräume:			
(für Lebensmittel siehe „Kühlgut")			
Stahl, Eisen, Feingeräte	+10...15	50	
Foto-Filme	+12...18	50...65	
Leder	+10...15	50...70	
Papier	+15...20	40...65	
Zündhölzer	+10...15	40...65	
Lebensmittel:			
(Lagerung siehe „Kühlgut")			
Teigwarenherstellung	+20...25	45...55	
Schokolade (Fertigung)	+18...20	40...50	
(Verpackung)	+18...20	50...60	
Lederindustrie	30	75...85	Naßräume
Lehrschwimmbecken	26	80...85	mehrfacher Luftwechsel
Linoleum-Druckerei	27	40	
Markthallen	+5...+10	50...70	
Meß- und Prüfräume für metallurgische Werkstätten	+20	50...55	
für Kunst- und Faserstoffe	+20	60...65	

Fortsetzung

Betrieb	Temperatur [°C]	Relative Luftfeuchtigkeit [%]	Bemerkungen
Molkereien	+20...25	80	5- bis 8facher Luftwechsel, Naßräume! chemikalienfeste Fußböden!
Butterei	+22...25		
Quarkerei	+20...25	80...85	
Flaschenwäsche	20	90	
Montagehallen:			
für Autos und Flugzeuge	+10...18	50	meist durch Klimaanlagen beschickt, Feuchtigkeit der Menschen wegen auf 60 % festgesetzt
für korrosionsgefährdete Maschinen und Feinstmaschinenteile	+20	60	
Nahrungsmittel (siehe „Kühlgut")			
Optik, optische Werkräume	+20	10...15	
Papier- und Druckindustrie:			
Schneiden, Binden	+20...24	67...70	
Leimen	+20...24	50	
Trocknen von Papier	+15...27	50...60	
Druckerei	+20...24	60...80	
Steindruck	+15...24	40...60	
Offset-Druck	+20...22	50...65	
Sortiersäle	+20...24	50...65	
Pelze:			
Lagerräume	−3...+5	40...70	
Färbereien	+45	50	
Pflanzenkeller	+10	80	
Pharmazeutische Betriebe	+18...20	55...60	
Pilzkulturhäuser:			
Pferdedünger auf Gestellen 12 cm hoch geschichtet	+52...60		
zur Abtötung schädlicher Insekten			
Abkühlung auf	+21...27		
Einbringung der Pilzsporen in den Kompost,	+24	75...80	
dann 2,5 cm starke Erdschicht auflegen bis zum Erscheinen der ersten Pilze	+7...18		
Produktionsräume der Gummi-, Textil-, Tabak- und Papierindustrie	+22...30	75...85	gefährlich, Feuchtigkeit betriebsbedingt und konstant
Prüfraum, feuchtwarmer	+40	90	
	+15	90	
Schalt- und Umspannräume	+20...25	50	Tauwasser und Putzschäden nicht tragbar
Schulen im Durchschnitt	+18		
Klassenräume, Hörsäle	+20	60	
Flure, Treppen	+18...20	50	
Sammlungsräume	+15		
Aborte	+15		
Wasch- u. Baderäume	+20	80...90	Wrasenanfall nur stoßweise
Schwimmbäder (Hallenbäder)	+22...28	80...90	typische Naßräume mit konstanter Feuchtigkeit

Anhang 1

Fortsetzung

Betrieb	Temperatur [°C]	Relative Luftfeuchtigkeit [%]	Bemerkungen
Spinnereien siehe „Textilindustrie"			
Sporthallen siehe „Körperkultur"			
Sprengstoff- und Feuerwerksindustrie:			
Aufbewahrungsräume für Nitrocellulose	+20 max.	75...80	
Herstellung von Schwarzpulver usw.	+15	30	
Fabrikation von Zündkapseln	+20 max.	50...55	
Zündholzfabrikation	+22...24	50	
Zündholzlagerung	+15	50	
Süßwaren:			
Herstellung	+17...18	50...55	
Packraum	+18	45...60	
Lagerraum	+16...20	45...60	
Keks- und Waffelherstellung	+18...23	45...55	
Zuckerwaren	+20...27	30...50	
Schokolade	+16...18	50...55	
Stallungen (geschlossene):			
Geflügelhäuser	+6...8	75	Luftfeuchtigkeitswerte höchstzulässig, sind in der Praxis oft höher
Brütereien	+16...18	70	
Pferdeställe:			
Arbeitspferde	+5	75...80	alle Ställe sind normalerweise entlüftet und haben nicht stagnierende Luft. Einschalendächer möglich, wärmewirtschaftliche Berechnungen unentbehrlich zusätzliche Heizquellen für Jungvieh nötig
Sportpferde	+6	75...80	
säugende Stuten und Fohlen	+6...8	80...85	
Rindviehställe:			
Masttiere	+5	75...80	
Kühe und Kälber	+8	75...85	
Abkalbeställe	+12	80	
Schafställe:			
Mutterschafe	+6...8	85	
Lämmer	+10	80	
Schweineställe			
Mastschweine	+5	75...85	
Ferkel, Jung- und Mutterschweine	+10	80	
Abferkelställe	+12	75	
Stallungen allgemein	+9...12	75 85	
Viehställe gemischt	+5...15	75 85	
Ziegenställe	+10	75 85	
Strafanstalten:			
Sammelschlafraum	+10	60	
Tagesraum, Arbeitsraum	+16		
Einzelhaftraum	+18		
Tabakwarenindustrie:			
Herstellung	+20...27	60...70	Feuchtigkeitswerte als Mindestwerte vorgeschrieben
Vorfeuchterei	+18	80	
Anfeuchteraum	+22...35	80...90	
Löserei, Mischraum	+20...30	90	
Packraum	+22...24	60	
Lagerräume	+16...20	55...65	
Fertiglager, Maschinensäle	+18	50...55	

Fortsetzung

Betrieb	Temperatur [°C]	Relative Luftfeuchtigkeit [%]	Bemerkungen
Textilindustrie:			
Baumwolle:			
Vorbereitung	+20...25	50...60	
Spinnerei	+20...25	65...80	
Weberei mit trockenem Schußgarn	+20...25	70...85	
Weberei mit feuchtem Schußgarn	+20	60...80	
Wolle:			
Vorbereitung	+20...25	65...70	Feuchtigkeitswerte als Mindestwerte vorgeschrieben
Spinnerei, mittlere und grobe Wolle	+20...25	70...80	
Weberei	+20...25	60...80	
feine Wollspinnerei	+21	80...85	
Kunstseide:			
Spinnerei	+20	80...90	
Zwirnerei	+20	70...80	
Perlonweberei	+20...22	55...60	
Seide:			
Spinnerei	+18...22	80	Luftfeuchtigkeit ist ständig und hoch, Gefahr der Wasserbildung an Dach und Fenstern
Weberei	+18...22	65...75	
Jute-, Hanf-, Leinenverarbeitung	+18	65	
Zellwolle:			
Spinnerei	+18...22	60...70	
Weberei	+22...25	65...75	
Textilindustrie, japanisch:			
Spinnerei (Trockentemperatur)	+19...21	47	
Weberei (Trockentemperatur)	+22	73	
Nylon und Perlon (Klimaanlagen erforderlich)	+20...22	55...60	
Theater	+18	60...70	
Trafo-Räume	+30...35	50...60	kein Tauwasser tragbar, Räume entlüftet, Einschalendach zulässig
Turbinenhäuser			
mit großem Luftraum		50	
mit kleinem Luftraum		60...70	
mit Dampfturbinen	+30...40	80...85	hoher Wrasengehalt infolge undichter Buchsen
Turnhallen siehe „Körperkulturhallen"			
Versammlungsräume	+18	60...70	
Versandhäuser, -hallen	+10...15	<50	
Viehställe, siehe „Stallungen"			
Vulkanisationshallen	+25...35	80...90	unter Dach Lufttemperatur bis +35 °C, Wasserbildung akut
Wasch- u. Duschräume	+20...25	70...80	bei Wrasenabzug und Stoßbetrieb, Einschalendach tragbar ohne Entlüftung und

Tabelle 1 Temperatur- und Feuchtigkeitswerte

Fortsetzung

Betrieb	Temperatur [°C]	Relative Luftfeuchtigkeit [%]	Bemerkungen
Wäschereien:		80...90	bei Dauerbetrieb Kaltdach vorsehen!
Waschraum	+20...25	70...85	8- bis 10facher Luftwechsel, Feuchtigkeitsgehalt variiert
Mangelraum	+23...26	75...85	
Plättraum	+27...30	65...70	
	27	70	
Werkzeugmaschinenindustrie:			
Feinmechanische Werkstätten aller Art, Uhrenfabrikation, Herstellung von Meßgeräten	+20	max. 50	
Werkstätten für Behälterbau:	+18...20	70...80	Dünste der Elektroschweißung, Verdunstungsdämpfe
Werkstätten mit Kühl- und Schmierstoffen siehe auch „Fabriken"	+15...20	75	
Wohnungen:			
Wohnzimmer, Arbeitszimmer	+18...20	50...55	Schlafräume mit geringem Luftvolumen, stark belegt, und ständig benutzte Wohnküchen können hohe Feuchtigkeitswerte entwickeln
Schlafräume	+15...18	55...65	
Küchen, Wohnküchen	+16...18	55...80	
Badezimmer	+22		
Aborte	+20		
Innenflur	+15		
Treppenhaus	+15		
Zementmühlen	+40	—	direkte Entlüftung nach außen

Betrieb	Temperatur im Winter minimal [°C]	Temperatur im Sommer maximal [°C]	Relative Luftfeuchtigkeit [%]
Ziegelerzeugung:			
Formerei	+27	60	
Trocknen von Ziegeln	+80...95		
Trocknen von Schamotte	+65	50...60	
Zigarettenfabriken siehe „Tabakindustrie"			
Webereien:			
Baumwollweberei			
gewöhnliche Stühle:			
amerikanische Baumwolle	+20...21	+25...23	65...75
ägyptische Baumwolle	+19...20	+25...23	70...80
Jacquardstühle:			
amerikanische Baumwolle	+20...21	+25...23	75...80
ägyptische Baumwolle	+20...21	+25...23	65...75
Northropstühle:			
amerikanische Baumwolle	+18...20	+24...22	80...85
ägyptische Baumwolle	+18...20	+24...22	80...85
Buntweberei	+20...21	+25...23	70...75
Mischgarne und Zellwolle	+20...21	+25...23	65...75
stark geschlichtete Garne	+19...20	+24...22	75...80
Leinenweberei:			
gewöhnliche Stühle	+19...20	+24...22	80...85
Jacquardstühle	+20...21	+24...22	75...80
Kunstseide	+20...21	+25...23	65...70
Naturseide	+20...21	+24...22	75...85
Jute	+18...20	+25...23	60...75
Hanf	+18		60

Anhang 1

Tabelle 2 Feuchtigkeitsgehalt und Dampfdrücke

Temperatur	Feuchtigkeitsgehalt von 1 m³ gesättigter Luft	Wasserdampfsättigungsdrücke ps, in mm Hg für den Bereich von −20 bis +20°C (bei Temperaturen unter 0°C über Eis, sonst über Wasser)									
°C	g/m³	,0	,1	,2	,3	,4	,5	,6	,7	,8	,9
a	b	c	d	e	f	g	h	i	k	l	m
−20	0,89	0,77	0,76	0,76	0,75	0,74	0,74	0,73	0,72	0,71	0,71
−19	0,97	0,85	0,84	0,83	0,83	0,82	0,81	0,80	0,79	0,79	0,78
−18	1,06	0,93	0,93	0,92	0,91	0,90	0,89	0,88	0,87	0,87	0,86
−17	1,16	1,03	1,02	1,01	1,00	0,99	0,98	0,97	0,96	0,95	0,94
−16	1,27	1,13	1,12	1,11	1,10	1,09	1,08	1,07	1,06	1,05	1,04
−15	1,39	1,24	1,23	1,22	1,20	1,19	1,18	1,17	1,16	1,15	1,14
−14	1,52	1,36	1,34	1,33	1,32	1,31	1,30	1,28	1,27	1,26	1,25
−13	1,66	1,49	1,47	1,46	1,45	1,43	1,42	1,41	1,39	1,38	1,37
−12	1,81	1,63	1,61	1,60	1,58	1,57	1,55	1,54	1,53	1,51	1,50
−11	1,97	1,78	1,76	1,75	1,73	1,72	1,70	1,69	1,67	1,66	1,64
−10	2,15	1,95	1,93	1,91	1,89	1,88	1,86	1,84	1,83	1,81	1,80
− 9	2,34	2,12	2,11	2,09	2,07	2,05	2,03	2,02	2,00	1,98	1,96
− 8	2,54	2,32	2,30	2,28	2,26	2,24	2,22	2,20	2,18	2,16	2,14
− 7	2,76	2,53	2,51	2,49	2,47	2,45	2,42	2,40	2,38	2,36	2,34
− 6	3,00	2,76	2,74	2,71	2,69	2,67	2,64	2,62	2,60	2,58	2,55
− 5	3,26	3,01	2,98	2,96	2,93	2,91	2,88	2,86	2,83	2,81	2,78
− 4	3,53	3,28	3,25	3,22	3,19	3,17	3,14	3,11	3,09	3,06	3,03
− 3	3,83	3,57	3,54	3,51	3,48	3,45	3,42	3,39	3,36	3,33	3,03
− 2	4,15	3,88	3,85	3,81	3,78	3,75	3,72	3,69	3,66	3,63	3,60
− 1	4,50	4,22	4,18	4,15	4,11	4,08	4,04	4,01	3,98	3,94	3,91
− 0	4,86	4,58	4,54	4,50	4,47	4,43	4,40	4,36	4,32	4,29	4,25
+ 0	4,86	4,58	4,61	4,65	4,68	4,71	4,75	4,78	4,82	4,85	4,89
+ 1	5,18	4,93	4,96	5,00	5,03	5,07	5,11	5,14	5,18	5,22	5,26
+ 2	5,57	5,29	5,33	5,37	5,41	5,45	5,49	5,52	5,56	5,60	5,64
+ 3	5,96	5,68	5,72	5,76	5,81	5,85	5,89	5,93	5,97	6,01	6,06
+ 4	6,37	6,10	6,14	6,19	6,23	6,27	6,32	6,36	6,41	6,45	6,50
+ 5	6,79	6,54	6,59	6,63	6,68	6,73	6,77	6,82	6,87	6,92	6,96
+ 6	7,26	7,01	7,06	7,11	7,16	7,21	7,26	7,31	7,36	7,41	7,46
+ 7	7,74	7,51	7,56	7,62	7,67	7,72	7,77	7,83	7,88	7,94	7,99
+ 8	8,27	8,04	8,10	8,15	8,21	8,27	8,32	8,38	8,44	8,49	8,55
+ 9	8,83	8,61	8,67	8,73	8,79	8,84	8,90	8,96	9,02	9,09	9,15
+10	9,40	9,21	9,27	9,33	9,39	9,46	9,52	9,58	9,65	9,71	9,78
+11	10,03	9,84	9,91	9,98	10,04	10,11	10,18	10,24	10,31	10,38	10,45
+12	10,67	10,52	10,59	10,66	10,73	10,80	10,87	10,94	11,01	11,08	11,16
+13	11,38	11,23	11,30	11,39	11,45	11,53	11,60	11,68	11,76	11,83	11,91
+14	12,05	11,99	12,06	12,14	12,22	12,30	12,38	12,46	12,54	12,62	12,71
+15	12,83	12,79	12,87	12,95	13,04	13,12	13,20	13,29	13,37	13,46	13,55
+16	13,66	13,63	13,72	13,81	13,90	13,99	14,08	14,17	14,26	14,35	14,44
+17	14,49	14,53	14,62	14,71	14,81	14,90	15,00	15,09	15,19	15,28	15,38
+18	15,36	15,48	15,57	15,67	15,77	15,87	15,97	16,07	16,17	16,27	16,37
+19	16,29	16,48	16,58	16,68	16,79	16,89	17,00	17,10	17,21	17,32	17,43
+20	17,30	17,53	17,64	17,75	17,86	17,97	18,08	18,20	18,31	18,42	18,54

Tabelle 3 Dampfdruck über Eis in Abhängigkeit von der Temperatur (in kp/m²)

	−0,0	−0,1	−0,2	−0,3	−0,4	−0,5	−0,6	−0,7	−0,8	−0,9
0	62,3	61,7	61,2	60,7	60,3	59,8	59,3	58,8	58,3	57,8
− 1	57,3	56,8	56,3	55,8	55,4	54,9	54,5	54,1	53,7	53,2
− 2	52,7	52,4	51,9	51,5	51,1	50,6	50,2	49,8	49,3	48,9
− 3	48,5	48,1	47,7	47,3	46,9	46,5	46,1	45,7	45,3	44,9
− 4	44,5	44,1	43,8	43,4	43,1	42,7	42,3	42,0	41,6	41,3
− 5	40,9	40,6	40,3	39,9	39,6	39,2	38,9	38,7	38,2	37,9
− 6	37,5	37,2	36,9	36,6	36,3	36,0	35,7	35,4	35,0	34,7
− 7	34,4	34,2	33,9	33,6	33,3	33,0	32,7	32,4	32,1	31,8
− 8	31,6	31,2	31,0	30,7	30,4	30,2	30,0	29,7	29,4	29,2
− 9	28,9	28,6	28,4	28,1	27,9	27,7	27,4	27,2	26,9	26,7
−10	26,5	26,3	26,0	25,8	25,6	25,4	25,1	24,9	24,7	24,4
−11	24,2	24,0	23,8	23,6	23,4	23,2	23,0	22,8	22,5	22,3
−12	22,1	21,9	21,7	21,5	21,3	21,2	21,0	20,8	20,6	20,4
−13	20,2	20,1	19,9	19,7	19,5	19,4	19,2	19,0	18,8	18,6
−14	18,4	18,3	18,1	18,0	17,8	17,6	17,5	17,3	17,2	17,0
−15	16,8	16,7	16,5	16,4	16,2	16,1	16,0	15,8	15,6	15,5
−16	15,3	15,2	15,1	14,9	14,8	14,7	14,5	14,4	14,2	14,1
−17	14,0	13,9	13,8	13,6	13,5	13,4	13,2	13,1	13,0	12,8
−18	12,7	12,6	12,5	12,4	12,3	12,2	12,0	11,9	11,8	11,7
−19	11,6	11,5	11,4	11,3	11,2	11,1	10,9	10,8	10,7	10,6
−20	10,5	10,4	10,3	10,2	10,1	10,0	9,9	9,8	9,7	9,6
−21	9,5	9,5	9,4	9,3	9,2	9,1	9,0	8,9	8,8	8,7
−22	8,7	8,6	8,5	8,4	8,3	8,2	8,2	8,1	8,0	7,9
−23	7,8	7,7	7,6	7,5	7,5	7,4	7,4	7,3	7,2	7,1
−24	7,1	7,0	7,0	6,9	6,8	6,8	6,7	6,6	6,5	6,5
−25	6,4	6,3	6,3	6,2	6,2	6,1	6,0	6,0	5,9	5,8
−26	5,8	5,8	5,7	5,6	5,6	5,5	5,5	5,4	5,3	5,3
−27	5,2	5,1	5,1	5,0	5,0	4,9	4,9	4,8	4,8	4,7
−28	4,7	4,7	4,6	4,6	4,5	4,5	4,4	4,4	4,3	4,3
−29	4,2	4,2	4,1	4,1	4,1	4,0	4,0	3,9	3,9	3,9
−30	3,8	3,8	3,8	3,7	3,7	3,6	3,6	3,6	3,5	3,5
+ 0	62,3	62,8	63,3	63,8	64,2	64,7	65,2	65,7	66,1	66,6
+ 1	67,0	67,5	68,0	68,5	69,0	69,5	70,0	70,4	70,9	71,4
+ 2	71,9	72,4	73,0	73,5	74,1	74,6	75,1	75,7	76,2	76,8
+ 3	77,4	78,0	78,5	79,1	79,6	80,2	80,8	81,3	81,9	82,4
+ 4	82,9	83,5	84,1	84,7	85,3	85,9	86,5	87,1	87,8	88,3
+ 5	88,9	89,5	90,1	90,7	91,3	91,9	92,5	93,1	93,7	94,3
+ 6	95,3	96,0	96,7	97,3	98,0	98,7	99,4	100,1	100,7	101,4
+ 7	102,1	102,8	103,6	104,3	105,0	105,8	106,5	107,2	108,0	108,7
+ 8	109,4	110,2	110,9	111,7	112,4	113,2	113,9	114,7	115,5	116,2
+ 9	117,0	117,8	118,6	119,4	120,2	121,0	121,8	122,6	123,4	124,2
+10	125,2	126,1	126,9	127,8	128,6	129,5	130,4	131,2	132,1	132,9
+11	133,8	134,7	135,6	136,6	137,5	138,4	139,3	140,2	141,2	142,1
+12	143,0	144,0	145,0	145,9	146,9	147,9	148,8	149,8	150,8	151,7
+13	152,7	153,7	154,7	155,8	156,8	157,8	158,9	159,9	160,9	161,9
+14	163,0	164,1	165,2	166,3	167,4	168,5	169,5	170,6	171,7	172,8
+15	173,9	175,0	176,2	177,3	178,4	179,6	180,7	181,9	183,0	184,1
+16	185,3	186,5	187,7	189,0	190,2	191,4	192,6	193,8	195,1	196,3
+17	197,5	198,8	200,1	201,4	202,7	204,0	205,3	206,6	207,9	209,2
+18	210,5	211,9	213,2	214,6	216,0	217,3	218,7	220,0	221,4	222,7
+19	224,0	225,5	227,0	228,4	229,8	231,2	232,7	234,1	235,5	236,9
+20	238,5	240,0	241,5	243,0	244,5	246,0	247,5	249,0	250,5	252,1
+21	253,5	255,2	256,7	258,4	260,0	261,6	263,2	264,8	266,4	267,9
+22	269,6	271,3	273,0	274,7	276,4	278,0	279,7	281,4	283,1	284,8
+23	286,4	288,2	290,0	291,8	293,6	295,3	297,1	298,9	300,7	302,5
+24	304,3	306,1	308,0	309,4	311,3	313,7	315,5	317,4	319,3	321,2
+25	323,0	335,0	337,0	328,9	330,9	332,9	334,8	336,8	338,8	430,8
+26	342,7	344,8	346,9	348,9	351,0	353,0	355,0	357,2	359,3	361,3
+27	363,5	365,7	367,9	370,1	372,3	374,5	376,7	378,9	381,1	383,2
+28	385,4	387,7	390,0	392,3	394,6	396,9	399,2	401,5	403,8	406,1
+29	408,4	410,8	413,2	415,6	418,0	420,4	422,8	425,3	427,7	430,1
+30	432,6	435,2	437,7	440,3	442,8	445,4	447,9	450,5	453,1	455,6

Anmerkung: Umrechnung in mm Hg sind die Tafelwerte mit dem Faktor 0,0735 zu multiplizieren, also z.B. bei +20° = 238,5 · 0,0735 = 17,3 mm Hg.

Anhang 1

Tabelle 4   Taupunkttemperaturen t_s

Luft-temperatur [°C]	Taupunkttemperaturen bei einer relativen Luftfeuchte										
	50% [°C]	55% [°C]	60% [°C]	65% [°C]	70% [°C]	75% [°C]	80% [°C]	85% [°C]	90% [°C]	95% [°C]	100% [°C]
−10	−17,6	−16,6	−15,7	−14,7	−13,9	−13,2	−12,5	−11,8	−11,2	−10,6	−10
− 5	−12,9	−11,8	−10,8	− 9,9	− 9,1	− 8,3	− 7,6	− 6,9	− 6,2	− 5,6	− 5
± 0	− 8,1	− 6,6	− 5,6	− 4,7	− 3,8	− 3,1	− 2,3	− 1,6	− 0,9	− 0,3	± 0
2	− 6,5	− 5,3	− 4,3	− 3,4	− 2,5	− 1,6	− 0,8	− 0,1	+ 0,6	+ 1,3	+ 2
4	− 4,8	− 3,7	− 2,7	− 1,8	− 0,9	− 0,1	+ 0,8	+ 1,6	+ 2,4	+ 3,2	+ 4
6	− 3,2	− 2,1	− 1,0	− 0,1	+ 0,9	+ 1,9	+ 2,8	+ 3,6	+ 4,4	+ 5,2	+ 6
8	− 1,6	− 0,4	− 0,7	+ 1,8	+ 2,9	+ 3,9	+ 4,8	+ 5,6	+ 6,4	+ 7,2	+ 8
10	+ 0,1	+ 1,4	+ 2,6	+ 3,7	+ 4,8	+ 5,8	+ 6,7	+ 7,6	+ 8,4	+ 9,2	+10
12	1,9	3,2	4,3	5,5	6,6	7,6	8,5	9,5	10,3	11,2	12
14	3,8	5,1	6,4	7,5	8,6	9,6	10,6	11,5	12,5	13,2	14
16	5,6	7,0	8,2	9,4	10,5	11,5	12,5	13,4	14,3	15,2	16
18	7,4	8,8	10,1	11,3	12,4	13,5	14,5	15,4	16,3	17,2	18
20	9,3	10,7	12,0	13,2	14,3	15,4	16,5	17,4	18,3	19,2	20
22	11,1	12,5	13,9	15,2	16,3	17,4	18,4	19,4	20,3	21,2	22
25	13,8	15,3	16,7	17,9	19,1	20,2	21,3	22,3	23,2	24,1	25
30	18,5	19,9	21,2	22,8	24,2	25,3	26,4	27,5	28,5	29,2	30
35	23,0	24,5	26,0	27,4	28,7	29,9	31,0	32,6	33,1	34,1	35
40	27,6	29,2	30,7	32,1	33,5	34,7	35,9	37,0	38,0	39,0	40
45	32,2	33,8	35,4	36,8	38,2	39,5	40,7	41,8	42,9	44,0	45
50	36,7	37,4	40,1	41,6	43,0	44,3	45,6	46,8	47,9	49,0	50

Tabellen-Bild 5a   Karte der Klimazonen (Wärmedämmgebiete) nach DIN 4108
Temperaturen im Winter I = ca. −12°C, II = ca. −15°C, III = ca. − 20°

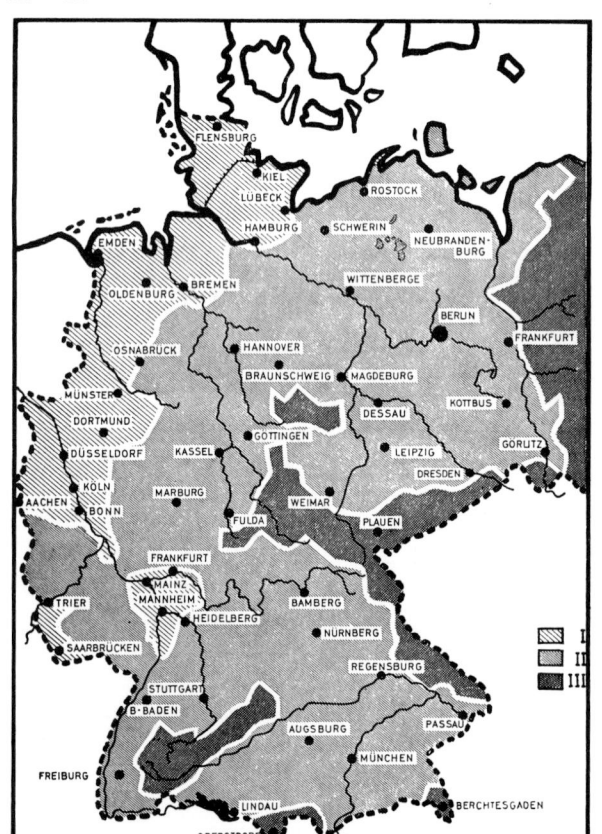

Tabellen-Bild 5b   Karte der Wärmedämmgebiete für Stallbau (Landwirtschaft) (Nach Erfahrung auch für den gesamten Hochbau zu empfehlen). Viele Gebiete bzw. Kreise der Klimazone II aus Karte 5a müßten nach Karte 5b in Zone III (rauh) eingegliedert werden

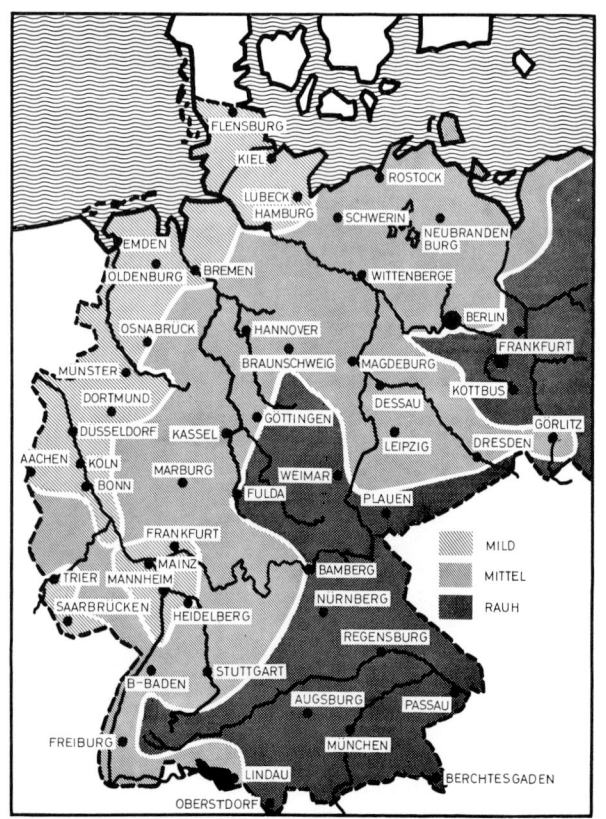

Werden genauere Angaben über die an einem Ort zu berücksichtigenden Wintertemperaturen benötigt, z.B. für die Berechnung der Wärmeverluste durch Bauteile, des jährlichen Heizaufwandes und für Wirtschaftlichkeitsvergleiche, so ist die Temperaturkarte in Din 4701 »Regeln für die Berechnung des Wärmebedarfs von Gebäuden« zu benutzen. Außerdem sind die in der Heiztechnik gebräuchlichen Heizgradtage zugrunde zu legen. Heizgradtage = Anzahl der jährlichen Heiztage mal Temperaturunterschied zwischen mittlerer Raumtemperatur und mittlerer Wintertemperatur.

Tabelle 6 Lufttemperatur

Mittlere Jahres- und Monatstemperaturen in °C

Ort	Januar	Februar	März	April	Mai	Juni	Juli	August	September	Oktober	November	Dezember	Jahr
Deutschland													
Aachen	1,9	2,6	4,8	8,0	12,6	15,2	16,9	16,4	13,8	9,6	5,2	2,8	9,2
Augsburg	−1,4	0,1	3,8	7,8	13,0	16,1	17,9	17,0	13,5	8,2	3,1	−0,1	8,2
Berlin	−0,6	0,1	3,4	7,9	13,2	16,2	18,0	16,7	13,5	8,4	3,5	0,7	8,4
Braunschweig	0,2	1,1	4,0	7,9	13,2	16,1	17,6	16,6	13,5	8,9	4,2	1,6	8,8
Bremen	1,0	1,7	4,8	7,8	12,8	15,8	17,4	16,6	13,8	9,3	4,7	2,2	8,9
Breslau	−1,6	−0,4	3,0	7,7	13,3	16,0	17,8	16,8	13,5	8,6	3,2	0,0	8,2
Chemnitz	−0,7	−0,1	2,9	7,0	12,1	15,0	16,7	15,9	12,6	8,2	3,3	0,6	7,8
Dresden	0,3	1,0	4,5	8,6	14,0	17,0	18,6	17,8	14,5	9,5	4,6	1,5	9,3
Erfurt	−1,1	0,1	3,4	7,4	12,5	15,4	17,0	16,2	12,9	8,2	3,3	0,5	8,0
Essen-Mülh.	1,7	2,5	4,9	8,3	13,1	15,7	17,2	16,5	13,9	9,6	5,1	2,7	9,3
Frankfurt/M.	0,7	2,2	5,3	9,3	14,3	17,2	18,7	17,7	14,4	9,4	4,7	1,9	9,6
Frankfurt a.O.	−0,9	−0,2	3,1	7,7	13,0	16,1	17,8	16,6	13,3	8,3	3,3	0,3	8,2
Freiburg i.Br.	0,7	2,2	5,3	9,0	13,6	16,7	18,5	17,7	14,4	9,5	4,8	1,9	9,5
Görlitz	−1,1	−0,1	3,3	7,6	13,1	16,1	17,9	16,9	13,5	8,6	3,4	0,2	8,3
Halle	0,0	1,1	4,3	8,4	13,7	16,7	18,4	17,4	14,1	9,1	4,1	1,4	9,1
Hamburg	0,3	1,0	3,5	7,5	13,3	15,4	17,1	16,2	13,6	8,8	4,2	1,6	8,5
Hannover	0,7	1,3	4,0	7,8	12,8	15,7	17,2	16,4	13,5	8,9	4,5	1,9	8,7
Kaiserslautern	0,4	1,6	4,4	8,2	13,1	16,2	17,8	16,8	13,4	8,7	4,3	1,6	8,9
Karlsruhe	1,0	2,4	5,6	9,6	14,3	17,4	19,1	18,1	14,5	9,6	5,0	2,2	9,9
Kassel	−0,2	1,0	3,9	7,8	12,6	15,4	16,9	16,1	13,1	8,6	3,9	1,1	8,4
Kiel-Holt.	0,0	0,3	2,4	6,0	10,8	14,3	16,3	15,3	12,7	8,2	3,9	1,3	7,6
Köln-Leverk.	1,6	2,6	5,1	8,5	13,4	15,7	17,7	16,9	13,9	9,7	5,3	2,6	9,5
Lüneburg	0,2	0,9	3,5	7,4	12,7	15,8	17,4	16,3	13,1	8,5	3,9	1,4	8,4
Magdeburg	0,1	1,0	4,2	8,4	13,8	16,8	18,4	17,4	14,1	9,1	4,1	1,4	9,1
München	−2,3	−0,8	2,9	6,9	12,0	15,1	17,0	16,1	12,6	7,6	2,4	−0,9	7,4
Münster	1,3	2,1	4,5	8,2	13,1	15,8	17,3	16,4	13,7	9,2	4,8	2,3	9,1
Nürnberg	−0,8	0,6	4,0	8,2	13,5	16,6	18,3	17,3	13,7	8,4	3,6	0,6	8,7
Oldenburg	0,7	1,5	3,8	7,3	12,2	15,1	16,9	15,9	13,1	8,7	4,3	1,9	8,4
Plauen	−1,8	−0,7	2,5	6,3	11,6	14,8	16,6	15,6	12,3	7,5	2,6	−0,4	7,2
Regensburg	−2,4	−0,6	3,3	7,6	12,9	15,9	17,6	16,6	13,0	7,5	2,4	−1,0	7,7
Rostock	−0,4	0,1	2,6	6,4	11,6	14,8	16,8	15,8	12,9	8,2	3,8	1,0	7,8
Stettin	−1,0	−0,4	2,6	7,1	12,4	16,0	18,2	16,5	13,0	8,4	3,5	0,5	8,1
Stuttgart	1,0	2,4	5,7	9,6	14,3	17,3	19,1	18,3	14,8	9,9	5,2	2,1	10,0
Trier-Berg	1,5	2,6	5,5	9,2	13,8	17,0	18,6	17,5	14,3	9,5	5,2	2,4	9,8
Europa													
Athen	8,6	9,4	11,9	15,3	20,0	24,4	27,3	26,9	23,5	19,4	14,1	10,5	17,6
London NW	3,4	4,3	5,6	8,9	12,1	15,7	17,3	16,7	14,2	9,9	6,1	4,0	9,9
Madrid	4,5	6,3	8,5	11,7	15,9	20,4	24,7	24,2	19,1	13,2	8,2	4,3	13,4
Moskau	−11,0	−9,6	−4,8	3,4	12,0	15,2	18,6	15,7	10,4	3,6	−2,4	−8,2	3,6
Paris	2,5	3,9	6,2	10,3	13,4	16,9	18,6	18,0	15,0	10,3	6,0	2,9	10,3
Rom	7,0	8,2	10,4	13,7	17,9	21,8	24,5	24,1	20,8	16,6	11,6	8,1	15,4
Warschau	−4,2	−2,8	0,8	7,0	12,9	16,9	18,4	17,5	13,4	7,9	−1,6	−2,3	7,3
Wien	−2,2	0,1	3,9	9,6	14,7	17,8	19,6	18,9	15,0	9,5	3,5	−0,5	9,2

Jahresmaxima und -minima der Temperatur sowie Gradtage für deutsche Städte

Ort	Mittl. Jahrestemp. °C	Jahresmaximum		Jahresminimum		Heiztage	Heizgradtage
		mittleres °C	absolutes °C	mittleres °C	absolutes °C		
Berlin-Dahlem	8,4	32,6	35,5	−17,4	−26,0	226	3420
Bremen	8,9	30,6	34,4	−12,6	−21,8	233	3280
Dresden	9,3	33,0	37,9	−15,2	−27,8	216	3140
Essen-Mülh.	9,3	31,6	35,1	−11,3	−20,4	222	3040
Frankfurt a.M.	9,6	33,0	37,8	−12,8	−21,5	214	3030
Halle a.d.S.	9,1	32,7	36,3	−14,5	−27,1	226	3260
Hamburg	8,5	30,0	33,5	−11,5	−21,1	230	3350
Hannover	8,7	31,1	36,4	−13,9	−25,0	227	3240
Karlsruhe	9,9	32,5	38,2	−13,9	−23,2	212	2950
Kiel-Holtenau	7,6	27,4	31,3	−11,2	−20,0	227	3600
Köln-Leverkusen	9,5	32,1	35,7	−12,2	−19,5	213	2910
Königsberg	6,9	32,1	36,0	−19,5	−31,2	243	3900
Magdeburg	9,1	33,5	37,5	−14,3	−25,7	220	3240
München	7,4	30,2	33,6	−18,5	−25,4	238	3730

Anhang 1

Tabelle 7 Absorptionsvermögen verschiedener Stoffe für Wärmestrahlen in %

Stoff	%
Alufolie, glänzend	22
Aluminium, roh	ca. 60
Kupfer, poliert	ca. 18
Kupfer, matt	ca. 64
Zinkblech, neu	64
Zinkblech, verschmutzt	92
Gußasphalt, alt	ca. 85
Dachpappe, grün	85
Dachpappe, braun	90
Beton und Mörtel	ca. 70
Farbanstrich, weiß	18
Farbanstrich, aluminiumfarbig	20
Farbanstrich, gelb	33
Farbanstrich, rot	57
Farbanstrich, braun	79
Farbanstrich, hellgrün	79
Farbanstrich, schwarz	94

Tabelle 8 Wärmeübergangszahlen α

	α kcal/m² h°	$\frac{1}{\alpha}$ m² h°/kcal
An **Innenseiten** geschlossener Räume bei natürlicher Luftbewegung:		
Decken und Dächer von unten nach oben	$\alpha i = 7^*$	$\frac{1}{\alpha i} = 0{,}14$
Decken und Dächer von oben nach unten	$\alpha i = 5$	$\frac{1}{\alpha i} = 0{,}20$
An **Außenseiten** bei einer Windgeschwindigkeit von 2 m/sec	$\alpha a = 20$	$\frac{1}{\alpha a} = 0{,}05$
Wärmeübergangszahlen αi an Wänden und Decken von Industriebauten (nach Caemmerer)		
Stagnierende Luft in Ecken, Winkeln und hohe Räume (Höhe $\geq$ Raumtiefe)	$\alpha i\ 4$	0,25
Ruhige Luft in Büroräumen und niedrige Räume (H $\leq$ wie b)	$\alpha i\ 5$ bis 6^*	0,2 bis 0,17
Ruhige Luft in Sälen	$\alpha i\ 6$ bis 7^*	0,17 bis 0,14
Ruhige Luft in Werkhallen	7^*	0,14
Fühlbar leichtbewegte Luft in Werkhallen	$\alpha i\ 8$ bis 10^*	0,12 bis 0,10

* Für Tauwasserberechnung empfiehlt sich $\alpha i \leq$ anzunehmen.

Tabelle 9 Wärmeleitzahlen von Bau- und Dämmstoffen (Rechenwerte)

Art	Stoffe	Rohgewichte kg/m³	Wärmeleitzahl λ kcal/m h°
Metalle	Aluminium	2 700	175
	Blei	11 300	30
	Gußeisen - Stahl	7 200–7 800	40–50
	Kupfer	8 900	330
	Zink	7 100	95
	Zinn	7 300	56
Mauerwerk und Beton	Bimsbeton und Beton aus granulierter Hochofenschlacke, Blähton oder dgl. (Platten und Beton)	800	0,25
		1 000	0,30
		1 200	0,40
	Dampfgehärteter Gas- und Schaumbeton, Leichtkalkbeton	600	0,20
		800	0,25
		1 000	0,30
	Kiesbeton mit dichtem Gefüge (Gefällbeton)	1 800	0,83
		2 000	1,00
	Stahlbeton	2 200	1,30
	Stahlbeton hochwertig B 160	2 400	1,75
	Haufwerkporiger Beton (Einkornbeton aus Kies)	1 500	0,55
		1 700	0,70
		1 900	0,95
	Holzzementbeton Vollplatten, armiert (Durisol od. dgl.)		0,10
	Platten, gelocht	250–260	0,12
	Ziegelsplittbeton und Steinkohlenschlackenbeton	1 600	0,65
		1 800	0,80
	Vollziegel-Mauerwerk, Vormauerziegel, Hochlochklinker	1 850	0,68
	Ziegel – Hochloch – Langloch-Mauerwerk	1 200	0,45
	Hochbauklinker	1 800	0,90
	Mauerwerk aus Voll-Kalksandstein	1 800	0,90
	Mauerwerk aus Loch-Kalksandstein	1 400	0,60
		1 200	0,48
	Mauerwerk aus Hüttensteine (DIN 398)	1 800	0,60
		>1 800	0,75
	Mauerwerk aus Leichtbeton-Vollsteine (Bims oder dgl.)	800	0,35
		1 000	0,40
		1 200	0,45
		1 400	0,55
		1 600	0,68
	Mauerwerk aus Leichtbeton-Hohlblocksteine a) Zweikammersteine	1 000	0,38
		1 200	0,42
		1 400	0,48
	b) Dreikammersteine	1 400	0,42
		1 600	0,48
	Gas- und Schaumbetonsteine a) dampfgehärtet	600	0,30
		800	0,35
	b) lufterhärtet	800	0,38
		1 000	0,48
		1 200	0,60
	Steine aus Holzbeton	800	0,38
		1 000	0,48
	Steine aus Holzspanbeton, verputzt	1 850	0,21
Putze	Putze aus Kalkmörtel, Kalkzementmörtel	1 800	0,75
	Kalkgipsmörtel, Gipsputz	1 600	0,60
	Zementputz und Zementmörtel	2 200	1,20
	Wärmedämmende Putze (Perlite-Vermiculite usw.)		0,08
Baustoffe	Asbestzement	1 900	0,3–0,7
	Asbestzementdielen	1 800	0,30
	Asphalt	2 100	0,60

Tabelle 9 Wärmeleitzahlen von Bau- und Dämmstoffen

Fortsetzung Tabelle 9

Art	Stoffe	Rohgewichte kg/m³	Wärmeleitzahl λ kcal/m h°
Baustoffe	Bitumen	1 050	0,15
	Bitumenpappe	1 050	0,15
	Dachpappe	1 100	0,16
	Fliesen	2 000	0,90
	Gipsdielen	1 100	0,32
	Porengipsplatten	600	0,25
	Gipsplatten mit beidseitiger Pappumhüllung oder dgl.	500	0,18
	Glas (Fensterglas)	2 500	$\lambda = 0{,}70$
	Plexiglas oder dgl.		0,16
	(k Zahl von Doppelfenstern)		k = 2,85
	(k Zahl von Einfach-Thermolux)		k = 3,45
	(k Zahl von Doppel-Thermolux)		k = 1,57
	Porzellan	2 300	$\lambda = 1{,}1$
Füll- und Schüttstoffe	Bimskies	750	0,16
	Erde, trocken, grobkiesig	2 000	0,50
	Erde, gewachsen, feucht, lehmig	2 000	1,80–2,00
	Flußsand, trocken	1 500	0,30
	Flußsand, feucht	1 650	1,20
	Hochofenschlacke	350	0,12
	Kesselschlacke	750	0,16–0,25
	Kies, lose, trocken	1 800	0,55
	Kies, gewachsen, feucht	2 000	2,00
	Strohlehm	1 400	0,40–0,60
	Leichtlehm	1 050	0,15
	Torfmull	250	0,06
Estriche und Beläge	Steinholz	750	0,4–0,6
	Industrieböden	1 900	0,75
	Naturwerkstein ohne Mörtelbett	2 600	2,00
	Fliesen	2 000	0,90
	Betonwerkstein	2 400	1,75
	Asphaltestrich	2 100	0,60
	Terrazzoestrich oder dgl.	2 200	1,20
	Linoleum	1 200	0,16
	Kunststoffbeläge	1 500	0,20
	Gummibelag	1 600	0,15
Holz	Buche	720	0,15
	Eiche	820	0,18
	Kiefer	550	0,13
	Tanne	450	0,10
	Sperrholz	600	0,12
	Holzspanplatten	900	0,15
	Holzfaserhartplatten	900	0,15
Wärmedämmstoffe, Platten, Matten, Bahnen und dgl.	**Faserdämmstoffe** in Bahnen, Matten, Filzen oder Platten		
	a) mineralische Fasern (Mineralwolle o. dgl.)	bis 30	0,035
	b) organische Fasern (Kokosfasern o. dgl.)	200	0,040
	Anmerkung: Unter Belastung Dicke d in zusammengepreßtem Zustand annehmen		
	Holzfaserplatten (weich)		
	Normale Dämmplatten	260	0,046
	Bitumierte Dämmplatten	330	0,053
	Besonders leichte Dämmplatten	200	0,040
	Linoleum-Unterlagsplatten	400	0,060
	Holzwolle-Leichtbauplatten		
	Bei Dicke von 15 mm	570	0,12
	25 und 35 mm	460	0,08
	50 mm und mehr	390	0,07
	Korkdämmstoffe		
	Korksteinplatten, expandiert	120	0,035
		160	0,038
		200	0,040
	Korkschrotmatten	200	0,040
	Hartschaumstoffe		
	Polyurethan-Hartschaumplatten	ca. 35	0,03

Fortsetzung Tabelle 9

Art	Stoffe	Rohgewichte kg/m³	Wärmeleitzahl λ kcal/m h°
Wärmedämmstoffe, Platten, Matten, Bahnen und dgl.	Hartschaum-Dämmplatten	ca. 30	0,035
	Hartschaum-Schichtplatten mit 7,5 mm Holzwolleleichtbauplatten, beidseitig je nach Dicke der Hartschaumschicht	ca. 160	0,04–0,05
	Schaumglas-Platten	150	0,047
	Torffaserplatten		
	Normal 20 mm	220	0,042
	Bituminiert	270	0,047
	Leichtbeton-Dämmplatten		
	Gas- und Schaumbeton, dampfgehärtet	500	0,16
	Holzspanbeton	550	0,10
	T-Platte (Zementgeb. Mineralfasern)	300–400	0,075
	Sonstige Dämmstoffe		
	Kieselgur	200	0,05
	Gebrannte Kieselgursteine bei 100°	500	0,106
	Feuerfeste Isoliersteine bei 200°	750	0,231
	Leichtschamotte bei 400°		0,249
	Schilfrohrmatten		0,055
	Platten aus Wellpappe, bitum.	55	0,04
	T-Platte (Asbestfaser)		0,075
	Wellpappe		0,046
	Isolierpapier (Perkalor)		0,06
	Perlite und Vermiculite (lose)	100	0,04
	Perlite-Beton 1 : 15		0,055
	1 : 7		0,078
	Bitumenfilzmatten		0,055
	Alfol Planverfahren 10 mm	3,6	0,028
	Alfol Knitterverfahren	3,6	0,04
	Alfol mit 2 Luftschichten		1,25
	Luftschicht		ca. 0,025

PS: Weitere Wärmeleitzahlen siehe Kap. Warm- und Kaltdächer-Wärmedämmstoffe

Anhang 1

Tabelle 10 Wärmedurchgangszahlen – Verglasungen

Art der Verglasung	k-Zahl ($\alpha_i = 7$)
Einfachscheiben	= 5,0
Doppelscheiben 12 mm	= 3,0
Thermolux-Verbundglas	= 3,0
Thermopane-Doppelscheibe 9 mm Luftabstand	= 2,86
Thermopane-Doppelscheibe 12 mm Luftabstand	= 2,75
Thermopane-Dreifachscheibe 2 x 12 mm	= 1,75
Thermopane-Vierfachscheibe 3 x 12 mm	= 1,25
Thermopane-Fünffachscheibe 4 x 12 mm	= 1,10
Thermopane-Sechsfachscheibe 5 x 12 mm	= 0,92
Cudo-Doppelscheibenglas 4 mm Abstand	= 3,40
1 x 6 mm Abstand	= 3,20
1 x 8 mm Abstand	= 3,00
1 x 10 mm Abstand	= 2,85
1 x 12 mm Abstand	= 2,75
Cudo-Dreifachscheibe 2 x 4 mm Abstand	= 2,60
2 x 12 mm Abstand	= 3,00
Gado-Ganzglasdoppelscheibe, 6 mm Abstand	= 3,00
Polyester-Kunstharzplatten	ca. = 5,0
Glasfaser verstärkt, plan oder gewellt, einfach	= 5,10
Doppelplatten (Polydet oder dgl.), 7 mm Abstand	= 2,70
Thermopane-Folien-Isolierglas mit lichtdurchlässigen Kunststoff-Folieneinlagen Doppelglas mit 2 Folien Luftabstand ca. 20 mm	= 1,9 (b. 0°C)
Doppelglas mit 4 Folien Luftabstand ca. 30 mm	= 1,20 (b. 0°C)
Lucaks-Isolierfenster aus Holz, 4-fach	= 1,40
Cudo-Folien-Isolierglas mit Kunststoff- folieneinlage Doppelglas mit 2 Folien, 10 mm Abstand	= 1,9 (b. 0°C)
Doppelglas mit 4 Folien, 20 mm Abstand	= 1,2 (b. 0°C)
Wohnraum-Dachfenster (Steeb) oder dgl. bei Einfachverglasung wie Einfachfenster, bei Doppelverglasung wie Doppelfenster bemessen	
Glasbausteine für Wände und begehbare Hohldecken und Dächer Betonglas (Glasstahlbeton-Oberlichte), 22 - 33 mm	= 4,6–4,8
Vollglasbausteine, Wände ca. 400 mm dick	= 4,5
Hohlglasbausteine, Außenwände ca. 80 mm stark	= 2,5–2,8
Glasdachziegel für Falz- und Pfannen	= 4,8
Well-Drahtglas oder dgl., 6–8 mm, wie Einfachfenster	ca. 5,0
Kunststoff-Lichtbänder, glatt oder gewellt $\lambda \approx 0,15$ 1 mm	= 5,01
1,5 mm	= 4,93
2 mm	= 4,85
2,5 mm	= 4,77
3 mm	= 4,70
Lichtkuppeln (Kunststoff- bzw. Acrylglas) $\lambda \approx 0,15$–0,18 liegend angeordnet einfach	= 5,30
doppelt	= 2,60
mit Spezialfolie	= 1,60
stehend angeordnet einfach	= 5,50
doppelt	= 3,30
mit Spezialfolie	= 2,10
Profil-Bauglas, zweischalig	= 2,50
ACO-Lichtdiele (Polyesterharz) z. B. 150 mm	= 2,00
Dekaphan-Verbundplatte (Kunststoffplatte–Lichtdiele) z. B. 60 mm	= 0,56

Tabelle 11 Wärmedurchlaßwiderstand von verputzten Massivdecken der Gruppen 1 bis 3 (nach DIN 4108) und Luftschichten

Massivdecken der Gruppe 1	Deckenstärke cm	Wärmedurchlaßwiderstand $1/\Lambda\,m^2\,h°/kcal$
Stahlbetonrippendecke mit 5 cm Aufbeton nach DIN 1045: aus Leichtbetonhohlkörpern nach DIN 4158 ohne Quersteg	12 + 5	0,28
	14 + 5	0,29
	16 + 5	0,30
	18 + 5	0,31
	20 + 5	0,32
	22 + 5	0,33
	25 + 5	0,35
	28 + 5	0,36
	32 + 5	0,37
aus Lochziegeln nach DIN 4160 ohne Quersteg	13 + 5	0,23
	15 + 5	0,24
	17 + 5	0,25
aus Lochziegeln nach DIN 4160 mit Quersteg	19 + 5	0,33
	21 + 5	0,34
	23 + 5	0,35
	25 + 5	0,36
	27 + 5	0,37
Stahlbetonfertigbalkendecke ohne Aufbeton nach DIN 4233 mit Füllkörpern aus Leichtbeton ohne Quersteg	20	0,25
	24	0,33

Massivdecken der Gruppe 2	Deckenstärke cm	Wärmedurchlaßwiderstand $1/\Lambda\,m^2\,h°/kcal$
Stahlbetonplatten nach DIN 1045 aus Kiesbeton	12,5	0,09
	15,0	0,11
	17,5	0,12
	20,0	0,13
	22,5	0,15
	25,0	0,16
aus Ziegelsplittbeton	12,5	0,16
	15,0	0,19
	17,5	0,21
	20,0	0,24
	22,5	0,27
	25,0	0,30

Massivdecken der Gruppe 3	Deckenstärke cm	Wärmedurchlaßwiderstand $1/\Lambda\,m^2\,h°/kcal$
Stahlbetonrippendecken ohne Füllkörper		
Unterdecke aus 2,5 cm dicken Holzwolleleichtbauplatten	24,0	0,55
gestelzte Decke zwischen I-Trägern		
Stahlbetondecke nach DIN 1045 mit untergehängter Drahtputzdecke	22,0	0,28
Stahlbetonfertigbalkendecke nach DIN 4233		
mit Füllkörpern aus Leichtbeton ohne Quersteg	27,0	0,57
mit Rohr + 3,0 cm Putz auf 4,0 cm dicken Holzlatten	31,0	0,65

Decken- und Dachplatten aus Leichtbeton		
Leichtbetonbauelemente	Deckenstärke cm	$1/\Lambda\,m^2\,h°/kcal$
(Leichtbeton-Hohldielen, Bims)	6	0,20
	7	0,23
	8	0,27
	9	0,30
	10	0,33
	12	0,40
Spannbeton-Hohlplatten (Schwerbetonmantel mit Leichtbetonkern)	8	0,20
	10	0,22
	12	0,23
	14	0,27
	16	0,30
Holzspanbeton (Durisol)	8	0,52
	10	0,72
	12	0,92
Bewehrte Gasbetonplatten Nach DIN 4223 Deckenplatten	12,5	0,56
	15	0,67
	17,5	0,78
	20	0,89
Dachplatten	7,5	0,37
	10	0,50
	12,5	0,62
	15	0,75
	17,5	0,87
	20	1,00

Wärmedurchlaßwiderstand von Luftschichten Lage der Luftschicht	Stärke der Luftschicht in cm	Wärmedurchlaßwiderstand $1/\Lambda\,m^2\,h°/kcal$
Luftschicht waagerecht, Wärmestrom von unten nach oben ↑	1	0,16
	2	0,17
	5	0,19
Luftschicht waagerecht Wärmestrom von oben nach unten ↓	1	0,17
	2	0,21
	5	0,24
Senkrechte Luftschichten	1	0,16
	2	0,19
	5	0,21
	10	0,20
	15	0,19

Anhang 1

Tabelle 12 Mindestwerte des Wärmeschutzes bei Aufenthaltsräumen

Spalte	a			b	c	d	e	f
Zeile	Bauteile			vgl. die Fußnoten ...). Ersatz für Abschnitt (...) des Normblattes	Wärmedurchlaßwiderstand (Wärmedämmwert) $1/\Lambda$ (m²hgrd/kcal)			Bemerkung
					In den Wärmedämmgebieten			
					I	II	III	
1	Außenwände[1])			[4]) (6.111)	0,45	0,55	0,65	an jeder Stelle
2	a	Wohnungstrennwände und Wände zwischen fremden Arbeitsräumen	in nicht zentralbeheizten Gebäuden	[5]) (6.112 Abs. 1)		0,30		an jeder Stelle
	b		in zentralbeheizten Gebäuden[2])			0,08		
	c	Treppenraumwände[3])		[6]) (6.112 Abs. 2)		0,30		
3		Wohnungstrenndecken und Decken zwischen fremden Arbeitsräumen	in nicht zentralbeheizten Gebäuden	[5]) (6.121 Abs. 1)		0,40		an jeder Stelle
			in zentralbeheizten Gebäuden[2])			0,20		
3a	Unterer Abschluß nicht unterkellerter Aufenthaltsräume (an das Erdreich grenzend)			(6.121 Abs. 2)		1,00		an jeder Stelle
3b	Decken unter nicht ausgebauten Dachgeschossen			[7]) (6.121 Abs. 3)		0,75		im Mittel
						0,50		an der ungünstigsten Stelle (Wärmebrücke)
4	Kellerdecken			[8]) (6.122		0,75		im Mittel
						0,50		an der ungünstigsten Stelle (Wärmebrücke)
5	Decken, die Aufenthaltsräume nach unten gegen die Außenluft abgrenzen			[9]) (6.123)	1,50	1,75	2,00	im Mittel
					1,10	1,30	1,50	an der ungünstigsten Stelle (Wärmebrücke)
6	Decken, die Aufenthaltsräume nach oben gegen die Außenluft abschließen[11]			[10]) (7.32)		1,25[10])		im Mittel
						0,90		an der ungünstigsten Stelle (Wärmebrücke)

[1]) Für leichte Außenwände unter 300 kg/m² siehe Tafel 4 des Normblattes DIN 4108.
[2]) Als zentralbeheizt im Sinne dieses Normblattes gelten Gebäude, deren Räume an eine gemeinsame Heizzentrale angeschlossen sind, von der ihnen die Wärme mittels Wasser, Dampf oder Luft unmittelbar zugeführt wird.
[3]) Wenn in zentralbeheizten Gebäuden die Temperatur der Treppenräume auf mindestens +10° C gehalten wird und die Heizkörper des Treppenraumes nicht abstellbar sind, kann für den Mindestwärmedämmwert der Treppenraumwände die Zeile 2b zugrunde gelegt werden.
[4]) Zeile 1 gilt auch für Wände und Wandteile, die Aufenthaltsräume gegen Bodenräume, Durchfahrten, offene Hausflure, Garagen (auch beheizte) oder dergleichen abschließen.
[5]) Wohnungstrennwände und -trenndecken sind Bauteile, die Wohnungen voneinander oder von fremden Arbeitsräumen trennen.
[6]) Die Zeile 2c gilt auch für Wände, die Aufenthaltsräume von fremden, dauernd unbeheizten Räumen trennen, wie abgeschlossenen Hausfluren, Kellerräumen, Ställen, Lagerräumen usw.
[7]) Die Zeile 3b gilt auch für Decken, die unter einem belüfteten Raum liegen, der nur bekriechbar oder noch niedriger ist. Bei leichten Decken unter 150 kg/m² ist DIN 4108, Tafel 4, Zeile 1 bis 3, anzuwenden.
[8]) Zeile 4 gilt auch für Decken, die Aufenthaltsräume gegen abgeschlossene, unbeheizte Hausflure oder ähnliches abschließen.
[9]) Die Zeile 5 gilt auch für Decken, die Aufenthaltsräume gegen Garagen (auch beheizte) oder gegen Durchfahrten (auch verschließbare) abgrenzen.
[10]) Bei massiven Dachplatten ist die Wärmedämmschicht auf der Platte anzuordnen und der Wärmedämmwert der Zeile 6 in Abhängigkeit von der Länge der Dachplatte bzw. dem Fugenabstand gegebenenfalls noch zu erhöhen, um die Längenänderung der Platten infolge von Temperaturschwankungen zu vermindern.
[11]) Zum Beispiel Flachdächer, Decken unter Terrassen, schräge Dachteile von ausgebauten Dachgeschossen. Für leichte Dächer unter 100 kg/m² siehe DIN 4108, Tafel 4, Zeile 1 und 2.

Tabelle 13 Mindestwärmedämmwerte von Leichtdächern unter 100 kg/qm (nach DIN 4108)

Zeile	Gewicht kg/qm	$1/\Lambda$ = Wärmedurchlaßwiderstand erf. in Wärmedämmgebieten (in m²h°/kcal)		
		I	II	III
1	20	1,30	1,85	2,60
2	50	*1,00	1,40	2,00
3	100	*0,70	*0,95	1,30

* Nach Tabelle 12 nicht unter **1,25 m²h°/kcal.**

Tabelle 14 Lastannahmen nach DIN 1055 (Auszug)

Nr.	Gegenstand	Berechnungsgewicht kg/m³

3.2. Metalle

Nr.	Gegenstand	Berechnungsgewicht kg/m³
1	Aluminium	2700
2	Aluminiumlegierungen	2800
3	Blei	11400
4	Bronze	8500
5	Gußeisen	7250
6	Kupfer	8900
7	Magnesium	1850
8	Messing	8500
9	Nickel	8900
10	Stahl und Schweißeisen	7850
11	Zink	
	gegossen	6900
	gewalzt	7200
12	Zinn, gewalzt	7400

3.3. Bauholz

(gegen Witterungs- und Feuchtigkeitseinflüsse geschützt)

Zuschläge für kleine Stahlteile, Hartholzteile und Anstrich oder Tränkung sind in den Berechnungsgewichten enthalten. Gewichte stählerner Zugglieder, Knotenbleche, Laschen, Schuhe und Lager sind besonders zu berücksichtigen.

Nr.	Gegenstand	Berechnungsgewicht kg/m³
1	Nadelholz	600
2	Fichtenholz im Holzleimbau	500
3	Laubholz	800
4	Hölzer aus Übersee	Nachweis erforderlich

3.4. Beton und Mörtel
3.4.1. Beton*)

Die Berechnungsgewichte gelten auch für Betonfertigteile. Bei Frischbeton sind die Werte im allgemeinen um 100 kg/m³ zu erhöhen. Das Eigengewicht von Beton und Stahlbeton ist, wenn es aus besonderen Gründen (z.B. schwere Zuschlagstoffe, starke Bewehrung) von dem nachstehenden Wert abweicht, auf Grund von Probekörpern zu bestimmen, sofern eine solche Abweichung von nennenswertem Einfluß auf die Standsicherheit des Bauwerks ist.

Nr.	Gegenstand	Berechnungsgewicht kg/m³
1	aus Bimskies, Hüttenbims oder Blähton (mit Korneigenporigkeit) als Schüttbeton ohne Sandzusatz (haufwerksporig)	1000
2	aus Bimskies, Hüttenbims oder Blähton (m. Korneigenporigkeit) mit geschlossenem Gefüge (höchstens 1/3 Sandzusatz)	1400
3	wie Nr. 2, jedoch mit Stahleinlagen	1600
4	aus Kesselschlacke, Schaumlava und gleichschweren Zuschlagstoffen ohne Sandzusatz (haufwerksporig)	1400
5	aus Hochofenschlacke, Ziegelsplitt, Sinterbims und gleichschweren Zuschlagstoffen ohne Sandzusatz (haufwerksporig)	1600
6	aus Schlacke, Ziegelsplitt, Sinterbims und gleichschweren Zuschlagstoffen mit geschlossenem Gefüge (höchstens 1/3 Sandzusatz)	1900
7	wie Nr. 6, jedoch mit Stahleinlagen	2100
8	aus nichtporigen Zuschlagstoffen, haufwerksporig	1800
9	aus Kies, Sand, Splitt, Steinschlag oder Hochofenschlacke mit geschlossenem Gefüge	2300
10	wie Nr. 9, jedoch mit Stahleinlagen	2500

3.4.2. Mauer- und Putzmörtel (Estriche siehe Abschnitt 3.9.)

Nr.	Gegenstand	Berechnungsgewicht kg/m³
1	Gipsmörtel, ohne Sand	1200
2	Kalkmörtel (Mauer- und Putzmörtel), Kalkgipsmörtel, Gipssandmörtel (Putzmörtel), Anhydritmörtel	1800
3	Kalkzementmörtel und Kalktraßmörtel	2000
4	Lehmmörtel	2000
5	Zementmörtel und Zementtraßmörtel	2100

*) Die in DIN 4232 (Ausgabe Oktober 1955) angegebenen Berechnungsgewichte für Leichtbeton stimmen z.T. mit den hier eingesetzten nicht überein. Eine entsprechende Berichtigung der Norm DIN 4232 ist vorgesehen.

Nr.	Gegenstand	Berechnungsgewicht kg/m²

3.6. Decken (Geschoß- und Dachdecken)

Die Gewichte sind aus den in dieser Norm angegebenen Gewichten der Baustoffe ermittelt. Bei Decken, für die eine Zulassung besteht, sind häufig Gewichtsangaben im Zulassungsbescheid gemacht. Bei Widersprüchen mit hier aufgeführten Lastangaben gelten die Werte des Zulassungsbescheides. Die Gewichte von Holzbalkendecken und von Massivdecken zwischen Trägern, z.B. zwischen I-Trägern mit Schlackenbetonauffüllung, Stahlbetonrippendecken ohne Füllkörper, gestelzte Decken zwischen I-Trägern sind aus dem Gewicht der Einzelbauteile zu ermitteln.

3.6.1. Stahlbetondecken

(einschließlich Stahleinlagen, jedoch ohne Gewicht etwaiger Träger

Nr.	Gegenstand		
1	Stahlbetonplatten nach DIN 1045 je nach Zuschlagstoffen siehe Abschnitt 3.4.1.		
2	Stahlbetonrippendecken nach DIN 1045 mit statisch nicht mitwirkenden Deckenziegeln nach DIN 4160 und mit 5 cm dicker Betondruckplatte (Rippenabstand 33,3 cm oder 50 cm)		
	a) für Ziegelrohdichte 0,6 kg/dm³ b) für Ziegelrohdichte 0,9 kg/dm³ bei einer Gesamtstärke von	bei Ziegelrohdichte	
		a	b
	19 cm	255	295
	21,5 cm	280	325
	24 cm	305	355
	26,5 cm	340	400
	29 cm	365	430
	31,5 cm	390	465
	34 cm	415	495
	36,5 cm	465	545
	39 cm	490	580

Anhang 1

Fortsetzung Tabelle 14

Nr.	Gegenstand	Berechnungsgewicht kg/m²		
3	Stahlbetonrippendecken nach DIN 1045 *) mit Hohlkörpern aus Leichtbeton, z.B. nach DIN 4158, und einer 5 cm dicken Betondruckplatte bei einer Gesamtdicke von:			
	17 cm	250		
	19 cm	265		
	21 cm	285		
	23 cm	300		
	25 cm	320		
	27 cm	340		
	30 cm	360		
	33 cm	375		
	37 cm	410		
4	Stahlbeton-Fertigteildecken nach DIN 4225 Stahlbetonbalken- oder Rippendecken mit Füllkörpern aus Leichtbeton, z.B. F-Decke nach DIN 4233,			
	20 cm dick, Achsabstand 50 cm	240		
	24 cm dick, Achsabstand 50 cm	280		
	20 cm dick, Achsabstand 62,5 cm	230		
	24 cm dick, Achsabstand 62,5 cm	270		
5	Stahlbeton-Hohldielen nach DIN 4028 a) aus Bimsbeton B 80 bis B 120 b) aus Beton B 120 bis B 300 aus Kiessand oder gleichschweren Zuschlagstoffen bei einer Dicke von:	bei Betonart		
		a	b	
	5 cm	55	85	
	6 cm	60	100	
	7 cm	65	115	
	8 cm	72	130	
	9 cm	80	150	
	10 cm	88	165	
	11 cm	95	185	
	12 cm	100	200	
	14 cm	117		
	16 cm	135		

*) Betonrohdichte der Füllkörper 1,4 kg/dm³

3.6.2. Dächer und Decken aus Platten aus dampfgehärtetem Gas- und Schaumbeton nach DIN 4223

(einschließlich Stahleinlagen und Fugenmörtel, jedoch ohne Gewicht etwaiger Träger)

Nr.	Gegenstand	Berechnungsgewicht kg/m²
1	Dachplatten GSB 35 je cm Plattendicke	7,2
2	Dach- u. Deckenplatten GSB 50 je cm Plattendicke	8,4

3.6.3. Stahlsteindecken nach DIN 1046 und Rippendecken aus Deckenziegeln

(einschließlich Stahleinlagen, jedoch ohne Gewicht etwaiger Träger)

Nr.	Gegenstand	Berechnungsgewicht kg/m²		
1	Rippendecke mit statisch mitwirkenden Deckenziegeln**) für teilvermörtelbare Stoßfugen nach DIN 4159 (Ausgabe Februar 1962), Tabelle 3 (Rippenabstand 33,3 cm oder 50 cm) a) für Ziegelrohdichte 0,6 kg/dm³ b) für Ziegelrohdichte 0,9 kg/dm³ c) für Ziegelrohdichte 1,2 kg/dm³ bei einer Gesamtdicke von:	bei Ziegelrohdichte		
		a	b	c
	14 cm	140	180	210
	16,5 cm	165	215	260
	19 cm	190	245	300
	21,5 cm	215	290	345
	24 cm	240	325	385
	26,5 cm	265	360	425
	29 cm	290	405	480
	31,5 cm	315	440	520
	34 cm	340	470	560
2	Stahlsteindecken aus Deckenziegeln für teilvermörtelbare Stoßfugen**) nach DIN 4159 (Ausgabe Februar 1962), Tabelle 2 (Rippenabstand 25 cm) a) für Ziegelrohdichte 0,6 kg/dm³ b) für Ziegelrohdichte 0,9 kg/dm³ c) für Ziegelrohdichte 1,2 kg/dm³ bei einer Gesamtdicke von:	bei Ziegelrohdichte		
		a	b	c
	11,5 cm	125	155	185
	14 cm	150	190	225
	16,5 cm	190	230	275
	19 cm	215	265	315
	21,5 cm	245	300	355
	24 cm	275	335	395
3	Stahlsteindecken aus Deckenziegeln für vollvermörtelbare Stoßfugen**) nach DIN 4159 (Ausgabe Februar 1962), Tabelle 1 (Rippenabstand 25 cm) a) für Ziegelrohdichte 0,6 kg/dm³ b) für Ziegelrohdichte 0,9 kg/dm³ c) für Ziegelrohdichte 1,2 kg/dm³ bei einer Gesamtdicke von:	bei Ziegelrohdichte		
		a	b	c
	9 cm	115	135	155
	11,5 cm	145	175	200
	14 cm	180	210	245
	16,5 cm	220	260	295
	19 cm	255	300	340
	21,5 cm	290	335	385
	24 cm	320	375	430
4	Decken aus Voll- und Lochsteinen**) nach DIN 105, DIN 106 und DIN 398 oder aus Leichtbeton-Vollsteinen nach DIN 18152 11,5 cm dick (Mindestdruckfestigkeit der Steine 150 kg/m²)			
	aus Vollziegeln, Vollsteinen oder Hüttensteinen, Rohdichte 1,8 kg/dm³	220		
	aus Hochlochklinkern, Leichtbeton-Vollsteinen mit Rohdichte 1,6 kg/dm³	205		
	aus Loch- oder Porensteinen mit Steinrohdichte 1,4 kg/dm³	190		
	aus Loch- oder Porensteinen mit Steinrohdichte 1,2 kg/dm³	170		

**) Werden diese Decken als Dachdecken benutzt, dann ist für die obere Ausgleichsschicht ein zusätzliches Gewicht von 10 kg/m² anzunehmen.

3.6.4. Gewölbte Decken

(ohne Trägergewicht) Kappengewölbe bis zu 2 m Sützweite einschließlich Hintermauerung

Tabelle 14 Lastannahmen nach DIN 1055 (Auszug)

Fortsetzung Tabelle 14

Nr.	Gegenstand	Berechnungsgewicht kg/m²	
1	aus Vollsteinen nach DIN 105, DIN 106 und DIN 398 bei einer Gesamtdicke von: 11,5 cm / 24 cm	275 / 540	
2	aus Leichtbeton-Vollsteinen nach DIN 18 152, Lochziegeln nach DIN 105 und Kalksand-Lochsteinen nach DIN 106 a) mit Steinrohdichte 1,2 kg/dm³ b) mit Steinrohdichte 1,4 kg/dm³ bei einer Gesamtdicke von:	bei Steinrohdichte a	b
	11,5 cm	180	225
	24 cm	360	450

3.6.5. Decken aus Glasstahlbeton nach DIN 4229 (Rippenbreite 3 cm)

Nr.	Gegenstand	kg/m²
1	mit plattenförmigen Voll-Betongläsern (Rippenhöhe bis 8 cm)	100
2	mit Hohl-Betongläsern (Rippenhöhe bis 10 cm)	140

3.7. Platten und Plattenwände

Die Gewichte beziehen sich auf unverputzte Wände einschließlich Fugenmörtel. Gerippewände (siehe DIN 4103) sind aus dem Gewicht der Einzelbauteile zu ermitteln.

Berechnungsgewicht je cm Dicke kg/m²

3.8. Putz auf Putzträgern

Berechnungsgewicht kg/m²

Nr.	Gegenstand		kg/m²
1	Putz auf doppeltem Rohrgewebe, einschließlich Rohr und Latten *) und auf gerillten Faserplatten	in üblicher Dicke	40
2	Putz auf Holzstabgewebe, Streckmetall oder Ziegelgewebe		40
3	Drahtputz (Rabitz) mit Gipsmörtel, ohne Sand mit Kalk-, Kalkgips- oder Gipssandmörtel mit Zementmörtel		50 / 70 / 80

Nr.	Gegenstand	Berechnungsgewicht je cm Dicke kg/m²

3.9. Fußboden- und Wandbeläge

Nr.	Gegenstand	kg/m²
1	Asphalt Asbest-Asphalt Guß- und Stampfasphalt	18 / 22
2	Betonwerksteinplatten	24
3	Estriche Anhydritestrich Korkestrich Gipsestrich Zement- und Asphalt-Estrich Magnesiaestrich nach DIN 272	22 / 5 / 21 / 22 / 18

*) Bei Rohrputz auf Schalung erhöht sich das Gewicht um 10 kg/m².

Nr.	Gegenstand	Berechnungsgewicht je cm Dicke kg/m²
4	Glasplatten, Glaswandplatten, Glasfliesen, Glasmosaik	25
5	Gummi	12
6	Hartbetonbeläge nach DIN 1100	24
7	Holz Nadelholz Laubholz	6 / 8
8	Keramische Wand- und Bodenfliesen	20
9	Kunstharz (Spachtelfußboden)	14
10	Kunststoff-Fußböden	15
11	Linoleum	13
12	Natursteinplatten	30
13	Terrazzo	22

3.10. Sperr-, Dämm- und Füllstoffe

3.10.1. lose Stoffe

Nr.	Gegenstand	kg/m²
1	Asbestfaser	6
2	Bimskies, geschüttet	7
3	Blähglimmer	1,5
4	Faserdämmstoffe nach DIN 18 165 (z.B. Glas-, Schlacken-, Steinfaser)	1
5	Hochofenschaumschlacke (Hüttenbims), Steinkohlenschlacke, Koksasche	7
6	Hochofenschlackensand	10
7	Kieselgur	2
8	Korkschrot, geschüttet	2
9	Magnesia	5
10	Schaumkunststoffe	0,5

3.10.2. Platten, Matten oder Bahnen

Nr.	Gegenstand	kg/m²
1	Asbestpappe	12
2	Asphalt- und Mastixplatten	22
3	Faserdämmstoffe nach DIN 18 165 in Platten, Matten, Bahnen oder Filzen	2
4	Kieselgurplatten	2,5
5	Korkplatten, bituminiert oder geteert	5
6	Platten aus Kork, Torf u.ä. Stoffen	4
7	Schaumkunststoffplatten nach DIN 18164	1

Nr.	Gegenstand	Berechnungsgewicht je Lage kg/m²

3.10.3. Sperrpappen (ohne Klebemasse) Pappdächer siehe Abschnitt 3.11.4.)

Nr.	Gegenstand	kg/m²
1	Pappe, Rohpappe und Wollfilzpappe	0,5
2	Bitumen- und Teerdachpappen, beiderseits besandet, auch Sonderdachpappen	2

3.11. Dachdeckungen

Die Gewichte gelten für 1 m² geneigte Dachfläche ohne Sparren, Pfetten und Dachbinder

Berechnungsgewicht kg/m²

3.11.1. Deckung aus Dachziegeln und Betondachsteinen

Die Gewichte gelten ohne Vermörtelung, aber einschließlich der Latten. Bei einer etwaigen Vermörtelung sind 10 kg/m² zuzuschlagen (Ausnahme siehe Abschnitt 3.11.1,8)

547

Anhang 1

Fortsetzung Tabelle 14

Nr.	Gegenstand	Berechnungsgewicht kg/m²
1	Biberschwanzziegel nach DIN 456 und Biberschwanz-Betondachsteine nach DIN 1116	
	bei Spließdach (einschließlich Schindeln)	60
	bei Doppeldach	80
	bei Kronendach	80
2	Strangfalzziegel nach DIN 456	60
3	Falzziegel, Reformpfannen, Falzpfannen, Flachdachpfannen nach DIN 456	55
4	Falzdachsteine nach DIN 1117	55
5	Krempziegel, Hohlpfannen nach DIN 456	50
6	Pfannen nach DIN 1118	50
7	großformatige Pfannen (bis zu 10 Stück je m²)	50
8	Mönch und Nonne	
	mit Vermörtelung	90
	ohne Vermörtelung	70

3.11.2. Schieferdeckung

Nr.	Gegenstand	Berechnungsgewicht kg/m²
1	Deutsches Schieferdach auf Schalung einschließlich Pappunterlage und Schalung	
	mit großen Platten (360 × 280 mm)	50
	desgl. mit kleinen Platten (etwa 200 mm × 150 mm)	45
2	Englisches Schieferdach einschließlich Lattung	
	auf Lattung in Doppeldeckung	45
	auf Schalung und Pappe einschließlich Schalung	55
3	Altdeutsches Schieferdach	
	auf Schalung und Pappe	50
	in Doppeldeckung	60

3.11.3. Metalldeckung

Nr.	Gegenstand	Berechnungsgewicht kg/m²
1	Aluminiumdach (Aluminium 0,7 mm dick) einschließlich Schalung	25
2	Kupferdach mit doppelter Falzung (Kupferblech 0,6 mm dick) einschließlich Schalung	30
3	Doppelstehfalzdach aus verzinkten Falzblechen (0,63 mm dick) einschließlich Pappunterlagen und Schalung	30
4	Stahlpfannendach (verzinkte Pfannenbleche nach DIN 59 231)	
	auf Lattung, einschließlich Latten	15
	auf Schalung, einschließlich Pappunterlage und Schalung	30
5	Wellblechdach (verzinkte Stahlbleche nach DIN 59 231) einschließlich Befestigungsmaterial	25
6	Zinkdach mit Leistendeckung aus Zinkblech Nr. 13 einschl. Schalung	30

3.11.4. Pappdeckung

Nr.	Gegenstand	Berechnungsgewicht kg/m²
1	Einfaches Teer- oder Bitumenpappdach, ohne Schalung	10
2	Doppeltes Teer- oder Bitumenpappdach, ohne Schalung	15
3	Besandetes Pappdach, ohne Schalung	15
4	Doppeltes Teerpappdach mit Bekiesung, ohne Schalung	20

3.11.5. Sonstige Deckungen

Nr.	Gegenstand	Berechnungsgewicht kg/m²
1	Asbestzementplattendach	
	ohne Unterlage	20
	auf Lattung, einschließlich Latten	25
	auf Schalung, einschl. Schalung	35
2	Asbestzement-Wellplatten nach DIN 274, ohne Pfetten mit Befestigungsmaterial	20
3	Glasdach, ausschließlich Sprossen und Verkittung	
	aus Rohglas, 4 bis 6 mm dick	13
	aus Rohglas, über 6 bis 7 mm dick	17
	aus Drahtglas, 4 bis 6 mm dick	13
	aus Drahtglas, über 6 bis 8 mm dick	18
	Mehrgewicht für jeden weiteren mm Roh- oder Drahtglas	2,5
4	Welldrahtglas ohne Pfetten	21
5	Kunststoffplatten	
	Platten aus Plexiglas, glatt, je cm Dicke	12
	Platten aus Plexiglas, gewellt, 3 mm dick	5
	Glasfaserverstärkte Polyester-Lichtplatten	2
6	Rohr- oder Strohdach, einschließlich Latten	70
7	Schindeldach, einschließlich Latten	25
8	Zelt-Leinwand, ohne Tragwerk	3

3.12. Lehmbaustoffe

Nr.	Gegenstand	Berechnungsgewicht kg/m³
1	Massivlehm (Stampflehm) und Lehmformlinge nach DIN 18 951, Blatt 2	2100
2	Strohlehm	1600
3	Leichtlehm	1200

Tabelle 16 Mindestwärmeschutz für Außenwände und Dächer

Tabelle 15 Wärmedämmzahlen $\frac{1}{\Lambda}$ von Flachdachdecken über Wohn- und Büroräumen, Sälen und Werkstätten mit $+20\,°C$ Raumluft-Wärmestand für Tauwasser-Verhütung (TV), Mindest-Wärmeschutz (MW) und Voll-Wärmeschutz (VW) (nach Sautter)

a	b	c	d	e	f	g	h	i	j	k
			Wärmedämmgebiet II ($f_i-f_a=40°$)				Wärmedämmgebiet III ($f_i-f_a=45°$)			
Feuchtig-keitsgrad der Raumluft unterhalb der Dach-decke	Vor-handene Feuchtig-keit der Raumluft in g/m³	Zu-gehöriger Taupunkt in °C	Erforderliche Dämmzahlen für TV bei inneren Wärmeüber-gangswiderständen $\frac{1}{\alpha_i}$ (in m² h grd/kcal) von			MW und VW	Erforderliche Dämmzahlen für TV bei inneren Wärmeüber-gangswiderständen $\frac{1}{\alpha_i}$ (in m² h grd/kcal) von			MW und VW
			0,20	0,17	0,14		0,20	0,17	0,14	
			$\frac{1}{\Lambda}$ in m² h grd/kcal				$\frac{1}{\Lambda}$ in m² h grd/kcal			
50%	8,7	+8,7°	0,50	0,40	0,35		0,60	0,50	0,40	
55%	9,5	+10,2°	0,60	0,50	0,40		0,70	0,60	0,50	
60%	10,4	+11,6°	0,70	0,60	0,50		0,80	0,70	0,60	MW nach
65%	11,3	+12,8°	0,90	0,75	0,60	DIN 4108:	1,00	0,85	0,70	DIN 4108:
70%	12,1	+14,1°	1,10	0,95	0,80	1,25	1,30	1,10	0,90	1,25
75%	13,0	+15,2°	1,40	1,20	1,00	VW nach	1,65	1,40	1,15	VW nach
80%	13,9	+16,3°	1,95	1,65	1,35	Sautter:	2,20	1,90	1,60	Sautter:
85%	14,7	+17,3°	2,70	2,30	1,90	2,00	3,10	2,65	2,20	2,20
90%	15,6	+18,3°	4,45	3,80	3,15		5,05	4,30	3,55	
95%	16,5	+19,2°	9,75	8,30	6,85		11,00	9,35	7,70	

Anmerkung: - - - - Gestrichelte Linie Mindestwert nach DIN 4108

Tabelle 16 Mindest-Wärmeschutz (MW) für Außenwände und Dächer zur Tauwasservermeidung in Abhängigkeit von Gewicht und Luftfeuchte

a	b	c	d	e	f	g	h	i	k	l	m	n
	Wärmedämmgebiet I				Wärmedämmgebiet II				Wärmedämmgebiet III			
Für Raumluft-Feuchten von:	60%	75%	80%	85%	60%	75%	80%	85%	60%	75%	80%	85%
Wand-gewichte	$\frac{1}{\Lambda}$ in m² h grd/kcal				$\frac{1}{\Lambda}$ in m² h grd/kcal				$\frac{1}{\Lambda}$ in m² h grd/kcal			
300 kg/m²	0,45	0,80	1,25	1,70	0,55	1,00	1,50	2,00	0,65	1,20	1,75	2,30
200 kg/m²	0,50	0,85	1,30	1,75	0,60	1,10	1,60	2,10	0,75	1,30	1,90	2,50
150 kg/m²	0,55	1,00	1,40	1,80	0,65	1,20	1,75	2,30	0,90	1,50	2,15	2,80
100 kg/m²	0,70	1,20	1,60	2,00	0,95	1,50	2,10	2,70	1,30	1,90	2,60	3,30
50 kg/m²	1,00	1,50	1,90	2,30	1,40	2,00	2,60	3,20	1,90	2,60	3,40	4,20
20 kg/m²	1,30	1,80	2,20	2,60	1,85	2,50	3,10	3,70	2,60	3,40	4,30	5,20

Nach DIN 4108 ist für Dächer ein Mindestwert von 1,25 m² h°/kcal nachzuweisen (Dächer für Daueraufenthalt von Menschen)

Tabelle 17 Diffusionszahl von Wasserdampf in Luft (nach Schirmer) siehe Seite 554

Tabelle 18 Diffusionswiderstandsfaktor von lufttrockenen Isolier- und Baustoffen sowie von Holz bei verschiedener Feuchtigkeit

A. Baustoffe (Streuung von Einzelwerten bis zu ± 20%) (nach Cammerer)

Stoff	Raumgewicht kg/m³	Diffusionswiderstandsfaktor μ
Mauerziegel	1360	6,8
Mauerziegel	1530 bis 1860	9,3 bis 10,0
Dachziegel	1880	37 bis 43
Klinker	2050	384 bis 469
Kalksandsteine, Betone	1500	8
	1700	10
	1900	15
	2100	23
	2300	30
Einkornartige Betone jeder Art [1]	1300 bis 1800	4 bis 10
Bimsschwemmsteine und Bims-Dielen	700	2,0
	900	4,0
Gas- und Schaumbeton	600	3,5 bis 5,5
	800	5,5 bis 7,5
Gips	1120	6,2
Putzarten [2]:		
Kalk	1750	9,0
	1850	12,0
Kalk-Zement	1780	10,0
	2000	17,5
Hydraulischer Kalk	1780	10,0
	1950	15,0
Zement	1980	16,5
	2100	23,0
Asbestzementplatten:		
ungepreßt	1690	37
gepreßt	1920	51
mit Sperranstrich	1885	1030
Holz:		
Fichte		
4 Gew.-% Wasser	ca. 400	230
6 Gew.-% Wasser		160
8 Gew.-% Wasser		110
Rotbuche		
10 Gew.-% Wasser	ca. 600	70
15 Gew.-% Wasser		11
20 Gew.-% Wasser		8,5
30 Gew.-% Wasser		2
40 Gew.-% Wasser		1,5
50 Gew.-% Wasser		1,9

[1]) Je nach Sandkörnung, ein eindeutiger Einfluß des Raumgewichtes besteht nicht.
[2]) Sandart- und Bindemitteleinfluß kommen jeweils durch das Raumgewicht zum Ausdruck.

Die Originalquelle enthält eine vielfache Zahl von Einzelmeßergebnissen mit zum Teil starker Streuung für weitere Baustoffe, Dämmstoffe, Sperrschichten und Anstriche. (nach Seiffert) [8]

Material-Bezeichnungen		Diffusionswiderstandsfaktoren		
		niedrig	mittel	hoch
Mauerziegel (Ziegelmauerwerk)	1600 bis 1800 kg/m³	8	9	10
Dachziegel	1600 kg/m³	36	40	44
Klinker, Spaltklinker (Klinker-Mauerwerk)	2000 kg/m³	60	120	180
Fliesenbelag		150	300	—
Beton 2300 kg/m³ Mindestwerte (Ortbeton)		28	34	40
Beton 2300 kg/m³ Höchstwerte (Beton-Fertigteile)		50	75	100
Sandstein 2250 kg/m³		—	22	—
Kalksandstein 1900 kg/m³		—	16	—
Gips-Mörtel-Putz		5	6	7
Kalk-Mörtel-Putz		9	10	11

Tabelle 18 Diffusionswiderstandsfaktor von lufttrockenen Isolier- und Baustoffen

Fortsetzung Tabelle 18 — A. Baustoffe (nach Seiffert)

Material-Bezeichnungen	Diffusionswiderstandsfaktoren		
	niedrig	mittel	hoch
Verlängerter Zement-Mörtel-Putz	10	12	14
Zement-Mörtel-Putz	15	20	25
Flintkote-Mörtel-Putz	30	65	100
Flintkote-Fußbodenbelag	—	150	—
Luberfix-Klebemörtel	—	55	—
Bimsbeton	3	6	10
Porenbeton, Gasbeton	5	6	7
Bimsdielen 900 kg/m^3	—	5	—
Gipskartonplatten	8	13	—
Asbestzementplatten 1800 bis 1850 kg/m^3	60	65	70
Sperrholzplatten	50	90	200
Hartfaserplatten	—	62	70
Holzspanplatten	—	50	—
Holzwolle-Leichtbauplatten (dünne Platten höhere Werte dicke Platten niedrigere Werte)	3	5	7
Holz-Mittelwert (Eiche, Buche, Fichte, Kiefer, Tanne)	—	50	—
Fichtenholz (8 bis 4 Gewichts-% Feuchtigkeit) μ abnehmend mit zunehmender Feuchtigkeit	110	170	230
Buchenholz (50 bis 10 Gewichts-% Feuchtigkeit)	2	36	70
Epoxydharz-Platten, glasfaserverstärkt	—	200 000	—

B. Isolierstoffe (nach Cammerer)

Stoff	Raumgewicht kg/m^3	Diffusionswiderstandsfaktor μ
Backkork-Platte, normal [1]	100 bis 140	5,0 bis 30
Pechkork-Platte, normal [1]	150 bis 230	2,5 bis 14
Kunstharzschaumplatten:		
Moltopren	50	5,3
	100	12
	150	20
Styropor	10	15 bis 50
	20	40 bis 100
	40	80 bis 210
	60	130 bis 370
Iporka	12	1,7
Torffaser-Platte, impr.	225	2,7
Hüttenwolle-Platte, bituminiert	210 bis 440	1,55 bis 1,75
Glaswolle, Hüttenwolle, Steinwolle	100 bis 300	1,17 bis 1,27
Schaumglas	149	∞
Holzwolle-Leichtbauplatten nach DIN 1101, lufttrocken:		
Einschichtige Platten		
1,5 cm	570	etwa 11,0
2,5 cm	460	6,8
3,5 cm	415	5,4
5,0 cm	390	4,5
7,5 cm	375	4,0
10,0 cm	360	3,8
Mehrschichtige Platten		
7,5 cm	480	etwa 6,5
10,0 cm	440	5,5

[1] Auf die Diffusionswiderstandszahl ist weniger das Raumgewicht der Korkplatten als die enge Aneinanderlagerung der Körner von Einfluß.

Fortsetzung Tabelle 18 — B. Isolierstoffe (nach Seiffert)

Material-Bezeichnungen	Diffusionswiderstandsfaktoren		
	niedrig	mittel	hoch
Backkork 100 bis 150 kg/m³	5	15	30
Exp. Korkstein, pechgebunden 150 bis 230 kg/m³	—	5	15
Polystyrol-Schaumstoff 15 bis 50 kg/m³	25	40	60
Polystyrol-Schaumstoff extrudiert 30 kg/m³	100	120	150
Polyurethan-Schaumstoff 40 bis 150 kg/m³	30	50	100
PVC-Schaumstoff 25 bis 35 kg/m³	150	200	400
Phenolharz-Schaumstoff	—	30	—
Harnstoff-Formaldehyd-Schaumstoff 12 kg/m³	—	1,7	—
Holz-Weichfaserplatten, auch bituminiert	—	4	5
Mineralfaser-Filze und Platten 30 bis 100 kg/m³	1,0	1,1	1,2
Schwere Mineralfaserplatten 300 kg/m³ (mit organischem Bindemittel)	5	6	7
Monoblock (Mineralfaserplatte mit vorwiegend anorganischer Bindung) 220 kg/m³	—	3	—
Schaumglas-Schichten	5 000	70 000	∞

C. Wandverkleidungen und Dampfsperrschichten

Material	Diffusionswiderstandsfaktor μ
Materialien mit Bitumen:	
**) Bitumen-Emulsionen mit Heißbitumenanstrich	54 900 bis 138 300
**) Bitumen nach englischen Autoren	84 800 bis 106 300
Mineralfaser-Bitumenmantel	1 360 bis 2 520
Korksteinkitt 1070 bis 1112 kg/m²	365 bis 459
*) 500er Bitumen-Wollfilzpappe	3 640 bis 18 280
*) Glasvlies-Dachhaut, Dichtungsbahn	17 260 bis 76 000
Glasvliesbahn mit Kunststoffeinlage	79 000
*) Teer-Bitumendachpappe mit Vorimprägnierung	80 000
**) Dampfsperrender Putzträger (Bitumenemulsion mit Styroporperlen)	1 212
*) bitumierte Pappe	11 620
Vaporex besandet 1,8 mm	46 300
Kunststoffe, Folien, Pappen usw. [1]	
Polyester	6 180
Astralon	18 800
Polystyrene	21 300
Igelit	8 100
Mipolam	5 600
Dachhaut auf PVC-Basis	52 000
Vaporex normal 0,8 mm	14 500
Vaporex super-roh	140 000
Glasmosaik einschl. Ansatzmörtel	195
Polyvinylchlorid-Folie 25 g/m²	32 600 bis 65 000
Pergamin-Papier beidseitig gewachst	251 000
Aluminium-Folie 40 g/m²	praktisch vollständig dicht [2]
Vaporex-super (ALU 0,1 + Kunstst.) 2,2 mm	140 000

Anmerkung durch Autor:

*) Bitumenpappen weisen infolge Dickendifferenzen bei Herstellung usw. oft ungünstigere Werte auf als oben angeführt, weshalb sie nur für geringe Dampfdruckbelastungen als Dampfsperren zu empfehlen sind.

**) Bitumenemulsionen mit Heißbitumenanstrichen haben sich im Hochbau (Flachdach) als alleinige Dampfsperrmaßnahmen nicht bewährt. Unebenheiten der Grundkonstruktion (Decke) garantieren keinen gleichmäßigen Auftrag. Bei Spannungen aus der Unterkonstruktion sind Bitumenanstriche nicht elastisch genug. Zusammen mit ausgesprochenen Dampfsperren ergeben sich günstige Werte. (Siehe auch Unterschiede bei Messungen verschiedener Institute.)

---

[1] Einige Werte nach Harry Cermak, Institut für Baustoffe, Weimar.
[2] Bei der Verarbeitung für Fasermatten evtl. porös und merklich dampfdurchlässig.

Tabelle 18 Diffusionswiderstandsfaktor von lufttrockenen Isolier- und Baustoffen

Fortsetzung Tabelle 18 — C. Sperrschichten - Pappen und Folien (nach Seiffert)

Material-Bezeichnungen		Diffusionswiderstandsfaktoren		
		niedrig	mittel	hoch
Einfache Dachpappe	1,2 mm			
(nackte Bitumenpappe)		1 300	2 000	3 000
Gute Dachpappe, in Bitumen verlegt				
(1,2 bis 2,0mm)		10 000	20 000	50 000 (?)
Vaporex normal	0,8 mm	—	3 500	—
Vaporex bituminiert	0,8 mm	—	6 000	—
Vaporex stark, bituminiert				
und besandet	2,0 mm	—	15 000	—
Vaporex super	2,5 mm	—	56 000	—
1,6 mm Bitumen-Pappe mit				
0,03 mm Alu-Folien-Einlage		—	135 000	—
1,6 mm Bitumenpappe mit				
0,05 mm Alu-Folien-Einlage		—	270 000	—
Einseitig mit Papier kaschierte Alu-Folie				
0,025 mm		—	700 000	—
Einseitig mit Kunststoff kaschierte				
Alu-Folie 0,06 mm		—	1 700 000	—
Beiderseits mit Kunststoff kaschierte				
Alu-Folie 0,08 mm		—	2 000 000	—
Luvitherm-Folie	0,03 mm	—	140 000	—
Polyäthylen-Folie	0,10 mm	—	65 000	—
Polyäthylen-Folie	0,30 mm	—	34 000	—
PVC-Folie	0,40 mm	—	8 500	—
Ursuplast-Folie (PVC)	0,50 mm	—	17 000	—
PVC-Folie schwarz gefärbt	0,16 mm	—	19 000	—
PVC-Folie genoppt	0,06 mm	—	60 000	—
Hart-PVC-Folie genoppt	0,05 mm	—	80 000	—
Poypropylen-Folie grün	0,45 mm	—	24 000	—
Igelit-Folie	0,27 mm	—	14 000	—
Oppanol, Rhepanol, Ruwanol u. ä.		—	360 000	—

D. Anstriche[1])

Anstrichart	Gemessene Dampfdurchlaßzahl Δ l/h	Errechneter Diffusionswiderstandsfaktor für eine Anstrichdicke von 0,1 mm
Bitumen:		
Bitumenvoranstrich 0,3 lg/m²		400
Bitumenvoranstrich von Heißbitumen-		
Deckenaufstrich 0,7 — 1 mm		30 000 — 50 000
Lacke:		
Chlorkautschuklacke	$0{,}81{-}2{,}65 \cdot 10^{-6}$	24 000 — 77 000
Polyvintylchloridlacke	$1{,}25{-}2{,}5 \cdot 10^{-6}$	25 000 — 50 000
Polyurethanlack	$4{,}8 \cdot 10^{-6}$	13 000
Öl-Lacke	$2{,}3{-}3{,}2 \cdot 10^{-6}$	20 000 — 27 000
Ölfarben	$2{,}6{-}6{,}4 \cdot 10^{-6}$	9 800 — 24 000
Bindefarben		
(Dispersionen, Emulsionen)		
ölfrei	$12{-}150 \cdot 10^{-6}$	670 — 5 200
ölhaltig	$10{-}300 \cdot 10^{-6}$	210 — 6 250
Durchlässige Anstriche		
(Leim- und Mineralfarben, Kalk)	$290{-}250 \cdot 10^{-6}$	180 — 215

[1]) Nach W. Frank: Untersuchungen über die Wasserdampfdurchlässigkeit von Anstrichen. Ges.-Ing., Bd. 80 (1959), S. 360/363.

Der Diffusionswiderstandsfaktor in Spalte 3 ist für eine angenommene Anstrichdicke von 0,1 mm aus der gemessenen Dampfdurchlaßzahl berechnet, setzt also eine theoretische gleiche Anstrichdicke voraus, um die relative Dampfdichtigkeit etwas anschaulicher zu machen. Bei Berechnungen benutzt man besser die gemessene Dampfdurchlaßzahl, die für die tatsächliche Anstrichdicke gilt.

Anhang 1

Fortsetzung Tabelle 18 — D. Anstriche (nach Seiffert)

Material-Bezeichnungen		Diffusionswiderstandsfaktoren		
		niedrig	mittel	hoch
Diofan-Anstrich einmal	(0,04 mm)	12 000	16 000	20 000
Diofan-Anstrich	(0,06 mm)	–	41 000	–
Diofan-Anstrich zweimal	(0,08 mm)	–	113 000	–
Diofan-Anstrich dreimal	(0,10 mm)	–	200 000	–
Acronal D 14		1 400	1 600	1 800
Chlorkautschuk-Lack, Cyklo-Kautschuk-Lack, Albert-Lack		70 000	90 000	110 000
Cocoon-Spritzüberzug		5 000	9 000	14 000
Hasol T 60/55		5 000	7 500	10 000
Melaminharz		20 000	30 000	40 000
Epoxydharz		60 000	64 000	68 000

Tabelle 17 Diffusionszahl von Wasserdampf in Luft (nach Schirmer)

Barometerdruck		Temperatur	Diffusionszahl δ
mm Hg	kp/m²	C	m²/h
735,5	10 000	0	0,083
		10	0,088
		20	0,094
		30	0,099
760	10 332	0	0,080
		10	0,084
		20	0,090
		30	0,095

Wasserdampfübergangszahl β' und Wasserdampfübergangswiderstand $\frac{1}{\beta'}$ (nach W. Illig)

A. Für freie Luftströmung in Räumen von 0–20°C

Temp.-Differenz zwischen Luft und Wand in °C	Wasserdampf-übergangszahl β'_L in l/h	$\frac{1}{\beta'_L}$ in h
2	0,00101	990
4	0,00106	943
6	0,00111	901
8	0,00116	862
10	0,00121	827
12	0,00127	787
14	0,00132	758
16	0,00137	730
18	0,00142	704
20	0,00147	680

B. Im Freien, gültig von –20°C bis +30°C

Luftverhältnisse	Wärmeübergangszahl in kcal/m² h grd	Wasserdampf-übergangszahl in l/h	$\frac{1}{\beta'}$ in h
Windstille	13	0,0039	257
Wind von 5 m/s (durchschnittl. Luftbewegung)	25	0,0075	133
Sturm von 25 m/s	100	0,03	33

Tabelle 19 Ausdehnungskoeffizient in mm/m °C

Baustoffe	lineare Dehnung bei Erwärmung um 1°
Klinker-Mauerwerk	0,005
Ziegel-Mauerwerk	0,005
Gasbeton GBS 35	0,007
Kalksandstein-Mauerwerk	0,007
Naturstein-Mauerwerk	0,008
Kalkmörtel 1 : 4	0.009
Zementmörtel 1 : 4	0,010
Stampfbeton	0,008–0,010
Stahlbeton normal	0,012
Stahlbeton hochwertig	0,015
Gußeisen	0,010
Stahl	0,012
Kupfer	0,017
Messing	0,019
Zinn	0,023
Zink-Titan	0,023
Aluminium	0,024
Zink	0,029
Blei	0,029
Glas	0,003–0,008
Polyester mit Glasseidengewebe	0,015
Polyester mit Glasseidenmatten	0,030–0,080
ND-Polyäthylen	0,175
Polypropylen	0,175
Asphalt	0,030
Polystyrol-Hartschaum	0,07
Polyvinylchlorid-hart	0,08
Korkstein expandiert	0,08
Schaumglas (Foamglas)	0,083
Holzfaserplatten	0,05
Polyurethan-Hartschaumplatten	0,06 –0,025
Phenol-Harzschaumplatten	0,03
Schaumkies bitumengebunden	0,001

Tabelle 20

Elastizitätsmodule E	
Baustoffe:	E = kg/cm²
Stahl	2 100 000
Gußeisen	1 000 000
Beton für Stahlbetonbauteile	140 000
Beton für Berechnung unbestimmter Größen	210 000
Bruchsteinmauerwerk in Zementmörtel	100 000
Mauerwerk aus Hartbrannsteinen oder Klinker	50 000
Nadelholz in Faserrichtung	100 000
Nadelholz senkrecht zur Faserrichtung	3 000

Tabelle 21 Richtwerte für Abstände von Dehnungsfugen im Hochbau nach [2]

Bemerkung: Die Anordnung von Setzungsfugen bei ungleicher Belastung oder wechselnden Bodenverhältnissen bleibt hiervon unberührt

Zeile	Bauteil	Mittlerer Abstand [m]	Bemerkungen
	I. Unterbau		
1	Vollziegelwände allgemein	60 bis 80	ohne direkte Verbindung mit Stahlbetongurten oder durchlaufenden Betonbalkonen
2	Vollziegelwände, Winterbau	40 bis 50	
3	Vollziegelwände im Wohnungsbau	40 bis 60	in Verbindung mit Ringankern und und Massivdecken
4	Vollziegelwände wie vor Winterbau	25 bis 30	Schadensfälle durch Dehnung des Mauerwerks
5	Typenbauten mit Ziegelmauerwerk	35 bis 50	entspricht zwei Hauseinheiten
6	Wohnungsbauten mit Leichtbetonsteinen	17 bis 25	jede Hauseinheit ist von der anderen getrennt
7	Stahlbetonkonstruktion und Hallen in Betonskelettbau	25 bis 30	eine Halle von 35 m Länge sollte bereits unterteilt werden. Grundrißflächen bis 500 m²
8	Montagehallen und Werkstätten als Stahlbau	bis 100	falls ohne Temperatureinflüsse von innen her
9	Schmiede-, Walzwerks-, Stahlwerkshallen als Stahlbau	50 bis 80	mit hitzeerzeugendem Betrieb
10	Hallenbäder, Beckenanlagen ständig gefüllt	keine Forderg.	Wasser im Becken verhindert Temperaturschwankungen
11	Wasser-, Absetz-, Schwimmbecken im Freien	bis 15	bei Freilandbecken eine Längsfuge dazu anordnen
12	Ufermauern aus Schwerbeton	15 bis 20	Berührung mit Wasser und Erdreich vermindert Längsdehnung
13	Stützmauern aus Schwerbeton	bis 10	falls der Sonne ausgesetzt
14	Glasbauwände, Attiken, Brüstungen usw. s. Zeile 32	bis 6	Flächen nicht über 18 m²
	II. Wärmegeschützte Dachdecken		
15	Massive Flachdächer	10 bis 12	in Wohnbauten aus Leichtbetonsteinen
		12 bis 15	in Wohnbauten aus Ziegelmauerwerk
		20 bis 25	als Kappen zwischen Stahlträgern oder unter besonders starker Wärmedämmschicht
16	Dachdecken aus Ortbeton im Betonskelettbau	25 bis 30	entsprechend der Fugeneinteilung des Unterbaues
17	Schalenkonstruktion aus Stahlbeton	35 bis 45	mit einfachem Wärmeschutz
18	Dünne Dachplatten, Fertig-, Kassettenplatten	20 bis 30 / 15 bis 20	auf Betonunterbau / auf Ziegelmauerwerk
19	Terrassendächer mit Wärmedämmung	bis 10	auf Unterbau aus Ziegelmauerwerk
20	Terrassendächer frei liegend und ganz von Sonne bestrahlt	15 bis 20	auf jedem Unterbau
	III. Dachflächen ohne Wärmeschutz		
21	Dünne Betonfertigplatten	bis 10 / bis 25	auf Unterbau aus Ziegelmauerwerk / mit Fugenverguß aus reinem Kalkmörtel
22	Monolithische Stahlbetondecken	12 bis 15 / 25 bis 30	auf Unterbau aus Ziegelmauerwerk / auf Betonskelettbauten
23	Gefällebeton	4 bis 6	stark rißgefährdet, in Flächen bis 30 m² aufteilen
24	Glasstahlbetonflächen	bis 6	Flächen nicht über 12 m² (weitere Forderungen siehe DIN 4229)
25	Gehbeläge auf Terrassendächern aus Platten (Natur-, Kunststein)	2 bis 4	Flächen nicht über 10 m², Fugen des Unterbodens durchführen
26	Gehbeläge auf Terrassendächern aus bewehrtem Betonestrich	3 bis 4	Flächen nicht über 10 m²
27	Gehbeläge wie vor, aus unbewehrtem Estrich	1,0 bis 1,5	Gartenmannbelag hat in Unterschicht alle 1,5 bis 2 m, in Oberschicht jeden Meter eine Fuge
28	Ausgleichbeton auf Holzwolleplatten zur Aufnahme von Dachpappe	1,3 bis 1,5	Fuge nur als Kelleneinschnitt, läuft mit Klebemasse voll, Dicke des Betonauftrages 10 bis 35 mm (nicht verdursten lassen!)

Anhang 1

Fortsetzung Tabelle 21

Zeile	Bauteil	Mittlerer Abstand [m]	Bemerkungen
	IV. Andere Bauteile		
29	Brüstungsmauern aus Vollziegeln	bis 25	Dehnungsfugen des Unterbaues hier durchführen
30	Brüstungsmauern und Balustraden aus Stahlbeton [1]	8 bis 10	Empfehlung: möglichst Auflösung in Pfeiler und Felder, als Fertigbetonteile mit Spielraum von oben eingesetzt, oder gitterartig auflösen!
31	Brüstungsmauern und Balustraden aus unbewehrtem Schwerbeton [1]	6 bis 8	
32	Feingliedrige Attiken aus Beton mit geringer Masse, ohne Fugen	5 bis 6	
33	Durchlaufende bewehrte Betongesimse	8 bis 10 bis 25	auf Ziegelmauerwerk in Betonbauten
34	Betongesimse aus (kurzen) Fertigteilen	bis 15	falls Fugen mit Mörtel geschlossen
		25 bis 30	falls Fugen leer, durch flammgespritztes PVC geschlossen
35	Lange Balkone aus Stahlbeton	bis 8	von der Sonne nicht bestrahlte Balkone aufteilen in Abständen von 12 bis 14 m

[1]) Bei gleicher Dicke der Betonmauern ist die unbewehrte mehr rißgefährdet. Sonst verlangt die dünnere Wand engere Fugenaufteilung.

In Ergänzung mit der Wahl der Fugenabstände ist noch zu beachten:

1. Bauteile, wie Gesimse, Balkone, Terrassen usw., auf der Süd- oder Südwestseite eines Gebäudes sind größeren Temperaturschwankungen unterworfen als beschattete Bauteile. Fugenabstände verkleinern.
2. Die Bewehrung mit Stahl (Gesimse, Balkone, Balustraden) verhindert nicht die Dehnung des bewehrten Baugliedes, schützt also nicht den Unterbau. (Deshalb enge Aufteilung nach Zeile 33.)
3. In Baugliedern mit kleinen Fugenabständen werden zunächst die Raumfugen des Bauwerks durchgeführt. Danach werden die „Zwischenfugen" angeordnet.
4. Dehnungsfugen müssen auch tatsächlich Raum für eine Dehnung aufweisen. Mit Zementmörtel gefüllte Stoßfugen sind grundsätzlich kein Ersatz für Raumfugen. Dasselbe trifft zu für Fugen in massiven Dachgehbelägen, die mit völlig steifen Massen ausgespachtelt sind.

Tabelle 22 Feuchtigkeitsbedingte Bewegungen von Baustoffen (nach Grunau)

Baustoff	Bewegung in mm/m reversible Quell- und Trocknungsbewegung	irreversibler Trocknungsschwund
Beton B 400	0,12–0,14	0,05–0,06
Beton B 300	0,14–0,16	0,04–0,06
Beton B 180	0,16–0,19	0,01–0,04
Thermocretebeton B 300	0,17	0,03–0,04
Zementmörtel	0,2	0,08–0,1
Betonwerksteine	0,14–0,18	0,08–0,3
Kalkzementputz	0,35	0,1 –0,2
Kalksandsteine	0,04	0,01–0,25
Sandsteine	0,3 –0,6	
Basalt	0,35	
Granit	0,10–0,15	
Kalkstein	0,09–0,16	
Kunststoffschichtplatten	1 –3	
Bauholz radial	10 –20	
Bauholz tangential	ca. 25	
Quarzit	0,02	
Glas	0,00	

Tabelle 21a Empfohlene Dehnfugenabstände nach Henn

Bauart	Baukörper	Fugenabstand
Mauerwerk	Längere Gebäude a) aus Ziegelmauerwerk b) aus Leichtbetonstein-Mauerwerk Bauten in Bergsenkungsgebieten	40 — 60 m ≤ 35 m 30 — 35 m
Unbewehrter Beton	Langgestreckte Bauwerke a) unbewehrte oder schwach bewehrte, plattenförmige und feingliedrige Betonkörper, die der Sonnenbestrahlung ausgesetzt sind. Gehwegplatten und massive Brüstungen mit geringen Dicken, oft noch engere Unterteilung. b) massive Baukörper, die der Sonnenbestrahlung ausgesetzt sind (Stützmauern) c) massive Baukörper, die nicht der Sonne ausgesetzt sind	im allgemeinen nicht über 10 m ≤ 10 m 15 — 20 m
Schüttbauweise	Geschüttete Leichtbetonwände mit in Außen- und Trennwänden durchgehendem Ringanker in Deckenhöhe (nur durch die Dehnungsfugen unterbrochen)	≤ 35 m
Stahlbeton	a) Bauwerke mit erhöhter Brand- und Explosionsgefahr b) Skelett-, Rahmen- und Hallenbauten c) Bauten in Bergsenkungsgebieten Decken a) Ortbeton, sowie Fertigteile durch Ortbeton als Scheibe verbunden b) Betonfertigteile nicht als Scheibe verbunden Dachplatten a) Wärmegeschützt b) ungeschützt c) bei Nachweis der Wärme- und Schwindspannungen Gesimse (mit zusätzlichen Zwischenfugen) Estriche auf Wärmedämmschichten mit Bewehrung	≤ 30 m 30 — 35 50 m 30 — 50 m 40 — 60 m 10 — 15 m 5 — 6 m > 15 m 5 — 8 m 3 — 4 m
Beton und Stahlbeton	offene Becken, Kühlturmtassen, Absetzbecken, Behälter a) Stahlbeton b) unbewehrter Beton	 15 — 20 m 10 — 15 m
Stahl	Skelett-Geschoßbauten ohne Verkleidung mit Verkleidung Hallenbauten a) bei starken Temperatureinflüssen b) Walzwerkshallen und Montagehallen ohne besonderen Wärmeeinfluß c) bei nachgiebigen Stützen und normalem Temperatureinfluß Bauten in Bergsenkungsgebieten	< 50 m > 50 m 50 m 80 m 100 m 50 m

Bauwerke aus Holz benötigen wegen der geringen Wärmeausdehnung des Holzes auch bei größerer Länge keine Dehnungsfugen.

Anhang 2

DIN-Normen und Richtlinien

1. Auszug aus Richtlinien für die Ausführung von Flachdächern 561

2. Merkblatt Kunststoffdachbeläge zu 1. Richtlinien................ 570

3. Merkblatt für bituminöse Schweißbahnen zur Verwendung bei Dachabdichtungen 571

4. Merkblatt Deckungen und Abdichtungen auf stahlbewehrten Bims-, Gas- und Schwerbetonplatten mit Dach- und Dichtungsbahnen 573

5. Kurzzeichen für bituminöse Dach- und Dichtungsbahnen 574

6. Verzeichnis einschlägiger Stoffnormen, Ausführungsnormen und Vertragsnormen... 575

7. DIN 18338 577

8. DIN 18530 585

9. DIN 4122 594

1. Auszug aus Richtlinien für die Ausführung von Flachdächern

Ausgabe 1973

1. Begriff des Flachdaches

Unter einem Flachdach im Sinne der folgenden Ausführungen wird ein mehrschichtiges Dach – insbesondere unter Verwendung von bituminösen Stoffen und Kunststoffen – mit einer Neigung unter 22° (0–40,4%) verstanden.

Man unterscheidet

a) das nicht durchlüftete *einschalige* Flachdach (*Warmdach*),
b) das durchlüftete *zweischalige* Flachdach (*Kaltdach*).

2. Bauphysikalische Faktoren

Die für den Aufbau des Flachdaches maßgebenden bauphysikalischen Faktoren sind

a) Feuchtigkeit
b) Temperatur
c) Spannungen in der Tragkonstruktion durch Abbinde- und Trocknungsprozesse.

2.1 Feuchtigkeit

2.1.1 Baufeuchte
Unter Baufeuchte wird die Feuchtigkeit verstanden, die bei der Errichtung des Bauwerkes in Form von Anmachwasser (beim Betonieren, Mauern und Verputzen o. ä.) und Niederschlagswasser (Regen und Schnee) anfällt.

2.1.2 Nutzungsfeuchte
Mit Nutzungsfeuchte bezeichnet man die Feuchtigkeit, die auf die Benutzung der Räume (Atmung der Bewohner, Wasserdampf beim Kochen, Baden, Waschen, Klimatisierung der Räume usw.) zurückzuführen ist.

2.2 Temperatur

Wechselnde Temperaturen auf der Dachoberfläche und Temperaturunterschiede zwischen Innen und Außen können sich nachteilig auswirken

a) in der Baukonstruktion,
b) in dem Innenraum unterhalb der obersten Geschoßdecke,
c) in dem Raum zwischen der obersten Geschoßdecke und der Dachdecke (nur beim zweischaligen Dach),
d) in der Dachhaut.

Sie führen zu Verformungen der Baukonstruktion, beeinflussen die Temperaturverhältnisse im Innenraum und können eine Wasserdampfkondensation verursachen. Bei Temperaturunterschieden entsteht im allgemeinen ein Dampfdruckgefälle von der warmen zur kalten Seite. Es bewirkt eine Feuchtigkeitswanderung (Dampfdiffusion) in Richtung des geringeren Dampfdruckes und gegebenenfalls eine Kondensatbildung in den Schichten des Flachdaches. Feuchtigkeit mindert den Wärmedurchlaßwiderstand der Wärmedämmschicht und wirkt schädlich auf die Dachhaut ein. Die Feuchtigkeit hat außerdem die Eigenschaft, infolge der kapillaren Saugwirkung der Stoffe nach allen Seiten – also auch nach oben in Richtung der Dachhaut – zu wandern.

2.3 Spannungen in der Tragkonstruktion durch Abbinde- und Trocknungsprozesse

Durch Abbinde- und Trocknungsprozesse können in der Tragkonstruktion Spannungen auftreten, die zu Verformungen und Rissen führen und sich dadurch nachteilig auswirken können.

3. Konstruktive Maßnahmen

Die Schichtenfolge eines Flachdaches (siehe auch ausklappbare Tabelle am Schluß) und ihre Dimensionierung sind von der Art der Unterkonstruktion und dem Nutzungszweck des Gebäudes abhängig.

3.1 Trenn- bzw. Ausgleichschicht

Aufgabe der unter der Dampfsperre anzubringenden Trenn- und Ausgleichschicht ist,

a) eine trockene Unterlage für das Aufbringen der folgenden Schichten zu bilden;
b) geringfügige Schwind- und Spannungsrisse möglichst zu überbrücken;
c) vor dem Ausbringen der Wärmedämmschicht die Funktion einer Dampfdruckausgleichschicht zu übernehmen;
d) die Folgelage gegen Rauhigkeit der Deckunterlage zu schützen.

3.2 Dampfsperre

3.2.1 Um zu verhindern, daß Wasserdampf in die Wärmedämmschicht eindringt, und sich dort durch Kondensatbildung schädigend auf den Dämmwert auswirkt, muß bei einer einschaligen Dachkonstruktion unter der Dämmschicht eine Dampfsperre angeordnet werden.

3.2.2 *Abweichungen beim zweischaligen Dach*
Da eindiffundierender Wasserdampf durch Lüftung abgeführt wird, ist in der Regel keine Dampfsperre erforderlich. Der Einbau einer Dampfsperre unter der Dämmschicht kann aber notwendig werden,

a) wenn bei normalen Raumtemperaturen (ca. 20°C) mit einer hohen relativen Luftfeuchtigkeit in den darunter liegenden Räumen zu rechnen ist,

b) wenn die untere Schale im besonderen Maße dampf- oder luftdurchlässig ist, z. B. bei Holzdecken, Leichtbauplatten u. ä. (vgl. DIN 18530 Dächer auf massiven Deckenkonstruktionen, Entwurf, Ziffer 5.2).

3.3 Wärmedämmung

Zweck der Wärmedämmung allgemein ist:

a) Wärme- und Kälteeinflüsse auf die Raumtemperatur unterhalb der obersten Geschoßdecke einzuschränken;
b) temperaturbedingte Dehnungen, Spannungen und Rißbildungen in der Dachkonstruktion zu mindern;
c) beim Warmdach die Entstehung von Kondenswasser unterhalb der Dampfsperre zu verhindern.
Bei richtigem Aufbau der Warmdachkonstruktion verlagert eine ausreichende Dämmung die Taupunkttemperatur der Raumluft so weit nach der kalten Seite, daß sie über der Dampfsperre und damit in der Dämmschicht liegt.

3.4 Durchlüftung des zweischaligen Daches
Eine ausreichende Durchlüftung und Wärmedämmung verhindert schädliche, durch Temperatur und Feuchtigkeit bedingte Einflüsse.

3.5 Dampfdruckausgleichschicht

Aufgabe der Dampfdruckausgleichschicht ist, den aus eingeschlossener oder einwandernder Feuchtigkeit entstehenden örtlichen Dampfüberdruck zu verteilen und zu entspannen sowie die Eigenbeweglichkeit der Dachhaut bei Temperaturschwankungen zu ermöglichen.

3.6 Dauchhaut

Die Dachhaut hat die Aufgabe, das Bauwerk vor Niederschlagswasser zu schützen.

3.7 Oberflächenschutz

Der Oberflächenschutz vermindert die Abwitterung der Dachhaut und setzt je nach Ausführung die Aufheizung der Dachhaut herab, dämpft Temperaturschwankungen und bietet einen zusätzlichen mechanischen Schutz.

4. Beschaffenheit der Deckunterlage

Vor Beginn der Arbeiten ist die Oberfläche der Deckunterlage vom Auftragnehmer nach ATV DIN 18338 Dachdeckungs- und Dachabdichtungsarbeiten Ziffer 3.1.1 auf ihre Eignung zu prüfen.
Fehlleistungen von Vorunternehmern, soweit sie durch Augenschein erkennbar sind und die eigene Leistung beeinträchtigen können, sind zu beanstanden. Bei Feuchtigkeit erstreckt sich die Prüfung nur auf die Oberfläche.

Dachflächen sollten grundsätzlich mit Gefälle ausgebildet werden.

4.1 Beton

Betondecken müssen einschließlich etwa vorhandener Gefälleschichten ausreichend erhärtet und oberflächentrocken sein. Die Oberfläche soll abgerieben, stetig verlaufend und frei von Kiesnestern sein (siehe DIN 18530).
Dehnfugen sind vom Planer vorzusehen und müssen in der Deckunterlage erkennbar sein.
Gefälleschichten unter der Dampfsperre dürfen nicht aus Leichtbeton hergestellt werden (siehe auch Ziffer 5.4.1).

4.2 Betonfertigteile (Schwer- und Leichtbetonplatten)

Betonfertigteile müssen nach der Verlegung eine stetig verlaufende Oberfläche bilden. Unebenheiten sind auszugleichen. Die Fugen zwischen den Platten müssen voll vermörtelt sein. Bimsbetonplatten sind in der Regel mit einer festhaftenden Zementschlämme zu überziehen.
Die Dachfläche darf erst dann betreten oder belastet werden, wenn sie durch die Bauleitung freigegeben ist. Stoßweise oder zu hohe Punktbelastungen sind zu vermeiden. Einzellasten dürfen nur auf lastverteilende Unterlagen abgestellt werden.
Über den Auflagefugen (Kopfenden) sind mindestens 20 cm breite Abdeckstreifen lose aufzulegen und gegen Verschieben zu sichern. Bei großformatigen Platten ab etwa 6 m gilt dies für alle Fugen (z. B. Doppel-T-Platten). Siehe auch Merkblatt Deckungen und Abdichtungen auf stahlbewehrten Bims-, Gas- und Schwerbetonplatten mit Dach- und Dichtungsbahnen (Seite 70).

4.3 Schalung

Holzschalung als Deckunterlage muß mindestens 24 mm dick, gesund und trocken sein.
Die Breite der Bretter sollte zwischen 8 und 16 cm betragen. Die Bretter müssen auf jedem Sparren mit mindestens zwei Drahtstiften befestigt sein. Bei Sparrenabständen über 75 cm soll die Dicke der Schalung entsprechend erhöht werden. Die Schalung darf nicht mit Schutzmitteln behandelt sein, die den Dachaufbau schädlich beeinflussen; gegebenenfalls sind Trennlagen anzuordnen. Wurmstichige Bretter dürfen nicht verwendet werden. Etwa vorhandene Baumkanten müssen entrindet und dürfen nicht breiter als die Hälfte der Bretterdicke sein. Die Baumkanten müssen nach unten und die Längskanten der Bretter dicht aneinander liegen. Die Schalung muß der DIN 18334 Zimmerarbeiten Ziffer 3.0.4 entsprechen.

4.4 Spanplatten

Spanplatten müssen in ihren technischen Eigenschaften der DIN 68761 Holzspanplatten Blatt 3 und der DIN

1052 Holzbauwerke entsprechen. Sie müssen trocken, gleichmäßig dick, tritt- und biegefest sein und dürfen keine Binde- und Schutzmittel enthalten, welche den Dachaufbau schädlich beeinflussen. Gegebenenfalls sind Trennlagen anzuordnen. Fugenabdeckstreifen sind zu empfehlen.

4.5 Profilierte Bleche

Profilierte Bleche müssen nach den »Hinweisen für Dachdeckungen mit profilierten Blechtafeln und -bändern« des Zentralverbandes des Dachdeckerhandwerks in der jeweils gültigen Fassung verlegt sein. Durchbiegungen dürfen sich nicht schädlich auf den Dachaufbau auswirken. Im Bereich von An- und Abschlüssen dürfen keine Durchbiegungen auftreten. Voranstriche sind kein Schutzanstrich im Sinne der Zulassungsbestimmungen.

4.6 Hinweise für Befestigungen

Für die Befestigung von Dachrandhölzern, Lichtkuppeln, Rinnenhaken u. ä. sind bei der Planung Dübel vorzusehen, wenn die Unterlage nicht schraub- oder nagelbar ist.
Bei Bims- und Gasbetonplatten sind wegen der geringeren Materialfestigkeit mehr Befestigungen erforderlich als auf Massivbeton.
Die Befestigungen müssen für die jeweilige Unterlage geeignet sein (z. B. Spezialspreizdübel). Die Anzahl der Befestigungen richtet sich unter Beachtung der DIN 1055 Lastannahmen im Hochbau und der DIN 18338 Ziffer 3.1.4 Dachdeckungs- und Dachabdichtungsarbeiten nach den statischen Erfordernissen.
Bei geneigten Flächen sollten zusätzlich Maßnahmen gegen Abgleiten der Dachhaut und der Wärmedämmung getroffen werden (z. B. geeignete Klebemassen und Nagelleisten, die gleichzeitig als Widerlager für die Wärmedämmung dienen).

5. Die einzelnen Schichten und deren Ausführung

Dachabdichtungen dürfen bei Witterungsverhältnissen, die sich nachteilig auf die Dachabdichtung auswirken können, nur ausgeführt werden, wenn besondere Schutzmaßnahmen getroffen sind. Solche Witterungsverhältnisse sind z. B. bei Klebearbeiten Temperaturen unter +5°C, Feuchtigkeit und Nässe, Schnee und Eis, scharfer Wind und Frost (siehe DIN 18338).

5.1 Voranstrich

Der Voranstrich hat die Aufgabe, den Staub zu binden, wasserabweisend zu wirken und die Haftfähigkeit der Klebemittel zu verbessern.
Der Voranstrich kann durch Streichen und Spritzen auf die gereinigte, oberflächentrockene Unterlage aufgebracht werden. Vor dem Aufbringen weiterer Schichten muß der Voranstrich abgetrocknet sein.

5.2 Trenn- bzw. Ausgleichschicht

Als Trenn- bzw. Ausgleichschicht eignen sich alle Werkstoffe, welche die Aufgaben nach Ziffer 3.1 erfüllen; z.B.
a) Lochglasvlies-Bitumen-Dachbahnen, lose verlegt;
b) Dachbahnen nach DIN 52143 oder Spezial-Dachbahnen mit unterseitiger grober Bestreuung, noppenförmigen Erhebungen oder Falzen, mit entsprechender Überdeckung, punkt- oder streifenweise aufgeklebt.

5.3 Dampfsperrschicht

Die Dampfsperre ist nach Art und Eigenschaft (Wasserdampfdurchlaßwiderstand) entsprechend der Temperaturdifferenz zwischen Innenluft und Außenluft und dem Feuchtigkeitsanfall durch die zu erwartende Nutzung der unter der Dachdecke gelegenen Räume und nach den sonstigen baulichen Gegebenheiten zu wählen. Der Wert der Sperrschicht im Sinne einer Dampfsperre bemißt sich im übrigen nach der Größe des Dampfdurchlaßwiderstandes. Um eine hohe Sperrwirkung zu erzielen, werden im allgemeinen hochdichte Stoffe als Dampfsperre verwendet.

5.3.1 Hochdichte Dampfsperren sind Dichtungsbahnen mit Metallbandeinlagen aus Kupfer, Aluminium $\geqq$ 0,1 mm dick nach DIN 18190 Dichtungsbahnen mit Metallbandeinlage Blatt 4 oder gleichwertige Kunststoffbahnen.

5.3.2 Dampfsperren mit geringerer, jedoch unterschiedlicher Sperrwirkung sind:

Bitumenschweißbahnen 5 mm dick,
Bitumenschweißbahnen 4 mm dick,
Glasgewebe-Dachdichtungsbahnen,
Glasvlies-Bitumen-Dachbahnen nach DIN 52143,
Kunststoffbahnen; diese haben je nach der gewünschten Sperrwirkung den o.a. Bahnen zu entsprechen.

5.3.3 Dachbahnen mit Rohfilzeinlage sind als Dampfsperren ungeeignet, da die Gefahr der Verrottung der Trägereinlage durch nicht auszuschließende Feuchtigkeitsaufnahme besteht.

5.3.4 In der Regel sind Bitumen-Dachbahnen, in jedem Fall aber Alu-Dichtungsbahnen mit Heißbitumenklebemasse auf die Ausgleichsschicht vollflächig aufzukleben. Alle sonstigen Dampfsperrbahnen können je nach Stoffeigenschaft punktweise geklebt oder lose verlegt werden. Längs- und Quernähte sind mindestens 8 cm zu überdecken und zu verkleben.

5.3.5 Besondere Hinweise
Wird bei Gasbetondecken eine zusätzliche Wärmedämmung erforderlich, so ist zwischen Unterlage und Wärmedämmstoff eine Dampfsperre mit geringer Sperrwirkung (z. B. V 11) punkt- oder streifenweise aufzukleben.
Über Stegzementdielen als Tragkonstruktion von Warmdächern ist eine Dampfsperre anzuordnen.

Auf profilierten Blechen sind Dampfsperrbahnen aufzubringen, wenn für den Wärmeschutz die DIN 4108 Wärmeschutz im Hochbau anzuwenden ist oder diese nach Ziffer 5.3 erforderlich werden. Sie sollen wegen ihrer höheren Trittfestigkeit und der geringeren Gefahr einer mechanischen Beschädigung sowie zur Erzielung einer höheren Stabilität der Unterlage aus mindestens 4 mm dicken Schweißbahnen mit Gewebeeinlage oder Bahnen gleichwertiger Festigkeit bestehen.

5.4 Wärmedämmschicht

5.4.1 Der Wärmedurchlaßwiderstand der Wärmedämmschicht beim einschaligen Dach muß so bemessen sein, daß die Taupunkttemperatur über der Dampfsperre, also in der Dämmschicht, liegt. Im Wohnungsbau, Schulbau und dergleichen müssen die Forderungen der DIN 4108 und evtl. Ergänzungsbestimmungen der Länder erfüllt werden. Im übrigen ist der Dämmwert auf den Nutzungszweck der Räume und die Art der Unterkonstruktion abzustimmen. Die Wärmedämmschicht ist über der Dampfsperre aufzubringen. Bei Verwendung geeigneter Dämmstoffe kann sie gleichzeitig auch als Gefälleschicht ausgebildet werden. Der erforderliche Wärmedämmwert muß an jeder Stelle gegeben sein.

Wärmedämmende Stoffe unterhalb der Dampfsperre, z.B. Bimsbetongefälle, abgeschlossene Lufträume, Leichtbauplatten und dergleichen, wirken sich ungünstig auf die Gesamtkonstruktion – insbesondere auf die Lage der Taupunkttemperatur – aus und sind zu vermeiden. Läßt sich das aus besonderen Gründen nicht erreichen, so muß zum Ausgleich die Wärmedämmung oberhalb der Dampfsperre entsprechend erhöht werden. Dies gilt sinngemäß auch für Hohlkörperdecken und dergleichen.

5.4.2 Bei zweischaligen Dächern wird empfohlen, abweichend von der Din 4108 den Wärmedämmwert auf mindestens $\frac{1}{\Lambda} = 1{,}25$ m^{2}h°C/kcal zu erhöhen.

5.4.3 **Als Dämmstoffe kommen in Betracht:**

I. Wärmedämmstoffe für einschalige Dächer

a) Expandierte, bituminierte Korksteinplatten
 (Raumgewicht mindestens 200 kg/m^3)
 und Backkork
 (Raumgewicht mindestens 120 kg/m^3)
b) Bituminierte Weichfaserplatten
c) Hartschaumplatten aus expandierten Polystyrolteilchen
 Typ PS 20 ⎫ Raumgewicht mindestens
 Typ PS 20 SE*) ⎭ 20 kg/m^3
d) Hartschaumplatten aus extrudiertem Polystyrol
 (Raumgewicht 25 kg/m^3)
e) Hartschaumplatten aus Polyurethan
 Typ PUR 30 ⎫ Raumgewicht mindestens
 Typ PUR 30 SE*) ⎭ 30 kg/m^3

*) SE = schwerentflammbar.

f) Hartschaumplatten aus Phenolharz
 Typ PH 35 ⎫ Raumgewicht mindestens
 Typ PH 35 SE*) ⎭ 35 kg/m^3
g) Schaumglasplatten
h) Platten aus expandierten Mineralien
i) gebundene Schüttungen aus Perlite, Lavalit, Vermiculite, Schaumsilikat
j) Trittfeste Mineralfaserdämmplatten.

II. Wärmedämmschichten für zweischalige Dächer

a) Mineralfasermatten
b) Mineralfaserplatten
c) Hartschaumplatten aus expandierten Polystyrol-Teilchen
 Typ PS 15 ⎫ Raumgewicht mindestens
 Typ PS 15 SE*) ⎭ 15 kg/m^3
d) Dämmstoffe nach I. a–i.

5.4.4 Stoffe für Wärmedämmschichten müssen temperaturbeständig und unverrottbar, für einschalige Dächer außerdem trittfest und maßhaltig sein.

Hartschaumplatten müssen der DIN 18164 »Schaumkunststoffe als Dämmstoffe für den Hochbau« entsprechen, güteüberwacht und entsprechend gekennzeichnet sein.

Dämmplatten sollen nicht größer als 1,50 m^2 bei einer größten Kantenlänge von 1,50 m sein. Es empfiehlt sich, Dämmplatten mit Falz zu verwenden. Dämmstoffe über 4 cm Dicke sollten zweilagig aufgebracht werden, wenn werkstoffbedingt eine Verfalzung nicht möglich ist.

Die Platten sind mit Heißklebemasse vollflächig aufzukleben und dicht zu stoßen. Die Klebemasse soll möglichst nicht zwischen den Stößen hochquellen. Fugen zwischen Schaumglasplatten sind jedoch mit Bitumen zu füllen.

Beschädigte Platten und Plattenfugen sind mit geeigneten Stoffen auszufüllen, z.B. bei Korkplatten mit Korkmehl. Dämmstoffe im zweischaligen Dach können geheftet oder punktweise aufgeklebt werden, um ein Abheben bei und nach der Verlegung (durch Wind-Sog) zu verhindern. Plattenförmige Dämmstoffe müssen fest aneinanderliegen. Lose Dämmstoffe wie Glaswolle, Steinwolle usw. sind geschlossen zu verlegen.

5.5 Dampfdruckausgleichschicht

Die Dampfdruckausgleichschicht besteht aus einer zusammenhängenden Luftschicht, in der sich örtlich Dampfdruckunterschiede ausgleichen können. In der Regel werden Dampfdruckausgleichschichten unter Verwendung von Lochglasvlies-Bitumen-Dachbahnen hergestellt. Die Funktion der Dampfdruckausgleichschicht kann aber auch erreicht werden, wenn die erste Lage der Dachhaut unterseitig möglichst grob bestreut ist und punkt- oder streifenweise aufgeklebt wird oder wenn die Dämmschicht an der Oberseite zusammenhängende Diffusionsrillen aufweist.

Die Dampfdruckausgleichschicht soll mit der Außenluft in Verbindung stehen.

5.6 Verbundplatten

5.6.1 Verbundplatten müssen in vollem Umfange den Anforderungen und Funktionen nach Ziffer 5.2 (Ausgleichschicht), Ziffer 5.3 (Dampfsperrschicht), Ziffer 5.4 (Wärmedämmschicht) und Ziffer 5.5 (Dampfdruckausgleichschicht) entsprechen, je nachdem welche Einzelfunktionen in der Verbundplatte kombiniert sind. Bei Platten mit starker Eigenbewegung ist eine Trennschicht zwischen Element und Dachhaut vorzusehen. Wegen der Gefahr unkontrollierbarer Klebefehler im Bereich der Dampfsperre und der Entstehung von Wärmebrücken an den Stößen der einzelnen vorgefertigten Platten und Paßstücke ist eine besondere Sorgfalt bei der Verarbeitung unerläßlich. Aus Sicherheitsgründen ist zu empfehlen, Ausgleichschicht und Dampfsperre unabhängig von den Verbundplatten zu verlegen. Die Kaschierung von kleinflächigen Wärmedämmplatten gilt nicht als 1. Lage einer Dachhaut.

5.6.2 Rollbare Wärmedämmbahnen
Bituminöse Dachbahnen, die als Kaschierung auf rollbaren Wärmedämmbahnen – 5,00 m lang – aufgebracht sind, können dann als erste Lage der Dachhaut zählen, wenn die Trägereinlage feuchtigkeitsunempfindlich und ein Dampfdruckausgleich zwischen Dämmstoff und Dachbahn möglich ist. Die Nahtüberdeckung muß mindestens 8 cm betragen.

5.7 Dachhaut

Schattenähnliche Abzeichnungen, Pfützen, geringfügige Blasen, Wellen oder Falten in der Dachhaut sowie verbleibendes Wasser hinter Nähten stellen keinen die Tauglichkeit des Flachdaches mindernden Mangel dar. Dies gilt auch für geringfügiges Hervortreten der Klebemasse an Nähten und Stößen bei Verwendung fabrikmäßig bestreuter Bahnen als Oberlage.

5.7.1 Dachhaut aus bituminösen Dachbahnen
Sie kann bestehen aus
a) Glasvlies-Bitumen-Dachbahnen nach DIN 52143
b) Bitumen-Glasgewebedachdichtungsbahnen
c) Bitumen-Jutegewebedachdichtungsbahnen
d) Bitumen-Schweißbahnen mit einer oder zwei Trägereinlagen. Siehe auch Merkblatt für bituminöse Schweißbahnen zur Verwendung bei Dachabdichtungen (Seite 68)
e) Bitumen-Dachdichtungsbahnen nach DIN 52130
f) Bitumendachbahnen
    aa) Bitumendachbahnen nach DIN 52128
    bb) Teerdachbahnen nach DIN 52121
    cc) Teersonderdachbahnen nach DIN 52140
g) in Sonderfällen aus aufzuklebenden Metallfolien oder aus aufzuklebenden Metalldeckungen.

Dachbahnen mit Metallbandeinlage dürfen wegen der hohen Wärmeausdehnung von Metall nur in Bereichen mit geringen Temperaturschwankungen verwendet werden, z. B. unter Kiesschüttung und Terrassenbelägen.

5.7.1.1 Allgemeine Regeln
a) Klebetechnik:
Die Klebemasse muß den zur Verwendung kommenden Dachbahnen entsprechen.
Die Standfestigkeit der Klebemasse ist auf die Konstruktion und Neigung des Daches abzustimmen. Die Verarbeitungstemperatur der Klebemasse richtet sich nach der Art des Bitumens und sollte etwa $+180$ bis $220\,°C$ betragen.
Es ist grundsätzlich im Gießverfahren zu kleben, sofern es die Konstruktion des Daches erlaubt. In jedem Fall muß die Verklebung der Bahnen untereinander vollflächig erfolgen.
  aa) Gießverfahren
    Es ist soviel Klebemasse aufzugießen, daß sich vor der Rolle in ganzer Breite ein Klebemassewulst bildet. Beim Einrollen der Dachbahnen in die heiße Klebemasse muß die Rolle ständig angedrückt werden. Dafür soll die Bahn auf einen Wickelkern aufgerollt sein.
  bb) Streichverfahren
    Die Klebemasse muß auf Bürstenstrichbreite in so reichlicher Menge aufgetragen werden, daß vor der Rolle in gesamter Rollenbreite ein Klebemassewulst entsteht.
  cc) Schweißverfahren (Aufschmelz- oder Flammschmelzklebeverfahren)
    Bei diesem Verfahren wird die Bitumendeckschicht der Schweißbahnen so erhitzt, daß sie zum Schmelzen gebracht wird und sich dadurch mit anderen Schichten homogen verbindet.
  dd) Eine punkt- oder streifenweise Verklebung (nur bei Ausgleich- und Dampfdruckausgleichschichten) anstelle der Verwendung von Lochglasvlies-Bitumen-Dachbahnen muß etwa 3–4 tellergroße Klebepunkte pro m^2 entsprechen. Eine gute Haftung muß gewährleistet sein. Bei stark geneigten Flächen ist die Klebefläche entsprechend zu erhöhen.

b) Bahnenlänge:
Bitumendachbahnen mit Rohfilzeinlage nach DIN 52128 und obere Lagen bei Deckungen sollten nicht länger als 5 m sein, Bahnen mit Metallbandeinlage als Lage in der Dachhaut nicht länger als 3,50 m.

c) Überdeckung:
Längs- und Quernähte sind mindestens 8 cm zu überdecken. Die einzelnen Lagen untereinander sind versetzt anzuordnen.

d) Nagelung:
Bei der Deckung auf nagelbarem Untergrund sind die Bahnen der ersten Lage in ca. 10 cm Abstand zu nageln und bei Neigungen bis zu 5° die Nähte zusätzlich zu verkleben. Die Bahnen der nachfolgenden Lagen sind im Abstand von ca. 25 cm verdeckt zu nageln.

Anhang 2

Als zusätzliche Sturmsicherung kann auf die erste Lage eine Drahtverspannung aufgebracht werden. Sie besteht aus kreuzweise, in etwa 50 cm Abstand verspannten Drähten mit Nagelung an den Kreuzungspunkten. Anstelle einer Drahtverspannung können auch Metallbänder aufgenagelt werden. Zur Nagelung auf Gasbeton sind Spezialnägel (z. B. konische) erforderlich.

e) Verbanddeckung:
Sie wird in einem Arbeitsgang durch entsprechend breite Überdeckung von 52 cm bei zweilagiger oder 68 cm bei dreilagiger Deckung hergestellt.

5.7.1.2 Dachabdichtungen bis 5° (9%)

Dächer mit einer Neigung bis 5° (9%) oder bei besonderen Beanspruchungen bis 8° (14,1%) müssen mindestens *dreilagig* ausgeführt werden.

Hierbei ist zu beachten:
Dachbahnen mit Rohfilzeinlage sind als oberste Lage für Dachabdichtungen ungeeignet.
Zur Aufnahme von Dehnungsspannungen müssen bei einer dreilagigen Abdichtung zwei Lagen der dreilagigen Abdichtung aus Glasvlies-Bitumen-Dachbahnen V 13 oder eine Lage aus Bitumen-Dachdichtungsbahnen mit Gewebeeinlage bestehen.
Die erste Lage ist vollflächig auf eine Dampfdruckausgleichschicht oder punkt- bzw. streifenweise auf die Wärmedämmung aufzukleben, bei Schalung zu nageln. Nähte und Stöße sind zu verkleben.
Die folgenden Lagen der Dachabdichtungen untereinander sind im Gießverfahren zu verkleben.
Bei Klebung mit gefüllerten Klebemassen sind 50 cm breite Bahnen zu verwenden.
Die oberste Lage muß eine Schutzschicht nach Ziffer 5.8 erhalten. Die Dachabdichtung kann *zweilagig* ausgeführt werden,

a) wenn *als 1. Lage* eine Schweißbahn 5 oder 4 mm dick mit Gewebeeinlage (siehe Merkblatt für bituminöse Schweißbahnen zur Verwendung bei Dachabdichtungen), lose verlegt oder punktweise geklebt und an den Nähten und Stößen verschweißt und *als 2. Lage* eine Glasgewebe-Dachdichtungsbahn (Glasgewebeeinlage ca. 200 g/m² einschließlich 15 Gewichts-% Appretur, Gehalt an löslichem Bitumen im Mittel mindestens 1600 g/m²) im Gießverfahren
oder
als 2. Lage eine weitere Lage Schweißbahn (siehe Merkblatt für bituminöse Schweißbahnen zur Verwendung bei Dachabdichtungen) – im Gießverfahren oder im Gießverfahren mit Nahtverschweißung oder in ganzer Rollenbreite im Schweißverfahren – aufgeklebt wird.

b) wenn eine Bitumen-Glasgewebedachdichtungsbahn G 200 aufgebracht wird, die vollflächig auf eine Dampfdruckausgleichssschicht oder punkt- bzw. streifenweise auf die Wärmedämmung aufgeklebt ist und eine Beschichtung mit einem Bitumen-Latex-Gemisch bei mindestens 4 mm Dicke im fertigen Zustand erhält.

Bei einer dreilagigen Abdichtung kann die Funktion einer dritten obersten Lage auch erfüllt werden, wenn eine Beschichtung mit einem modifizierten (durch Zusätze in seinen Eigenschaften verbesserten) Bitumen, mindestens 5 kg/m², in Verbindung mit einer nicht feuchtigkeitsaufnahmefähigen, mittig angebrachten, verrottungssicheren Gewebeeinlage, mindestens 170 g/m², erfolgt.

5.7.1.3 Dachabdichtungen (DECKUNGEN) über 5° (9,1%)

Dächer mit einer Neigung über 5° (9,1%) müssen mindestens *zweilagig* ausgeführt werden.
Die einzelnen Lagen können aus Werkstoffen nach Ziffer 5.7.1a–g bestehen.
Die erste Lage ist vollflächig auf eine Lochglasvlies-Bitumen-Dachbahn oder punkt- bzw. streifenweise auf die Deckunterlage aufzukleben, bei Schalung zu nageln. Die zweite und evtl. weitere Lagen sind vollflächig mit für die Neigung geeigneten Klebemassen aufzukleben.
Bei Glasvlies-Bitumen-Dachbahnen ist mindestens eine Lage V 13 zu verwenden.
Die oberste Lage muß eine Schutzschicht nach Ziffer 5.8.3–5.8.6 erhalten.
Bei geneigten Dachflächen über 8° sind die Bahnen senkrecht zur Traufe zu verlegen. Die Dachbahnen sind am oberen Rand durch versetzte Nagelung im Nagelabstand von ca. 5 cm oder unter Verwendung von Metallbändern zusätzlich zu sichern. Ist die Unterlage nicht nagelbar, so sind Nagelleisten anzuordnen.

5.7.2 Dachhaut unter Verwendung von Kunststoffen

Kunststoffe als Dachbeläge müssen den allgemeinen Anforderungen des Merkblattes Kunststoffdachbeläge entsprechen. Da die Entwicklung der Kunststoffe für Dachabdichtungszwecke noch in vollem Gange und keineswegs abgeschlossen ist und diese Werkstoffe chemisch unterschiedlich aufgebaut sind, können nachfolgende Angaben nur allgemeine Hinweise sein. Die Verlege-Anweisungen der Hersteller sind zu beachten.

5.7.2.1 Kunststoffdachbahnen, bitumenverträglich, in Verbindung mit bituminösen Stoffen

a) Bahnen müssen ohne Berücksichtigung von Einlagen oder Kaschierungen mindestens 0,8 mm dick sein, um als Abdichtungswerkstoff im Sinne dieser Richtlinien zu gelten.

b) Wegen der werkstoffbedingten Eigenschaften von Kunststoffdachbahnen können Dachabdichtungen in Verbindung mit einer unteren Lage nach Ziffer 5.7.1 statt drei- auch zweilagig ausgeführt werden.

c) Die Verklebung der einzelnen Abdichtungslagen hat mit geeigneten Mitteln nach Werksvorschrift zu erfolgen.

Überlappungsnähte sind ca. 5 cm zu überdecken und nach Werksangabe zu verschweißen oder zu verkleben. Die Überlappungsflächen sind von Trennmitteln zu reinigen und von Verschmutzungen freizuhalten.
d) Eine besondere Absicherung der Kreuzstöße gegen das Eindringen von Feuchtigkeit ist erforderlich. Die homogene Verbindung der Nähte und Stöße ist mit geeigneten Mitteln zu prüfen.
e) Kunststoffdachbahnen sind möglichst spannungsfrei zu verlegen.
f) Bei steilen Flächen muß zusätzlich zur Klebung eine mechanische Befestigung erfolgen (z.B. gelochte Metallbänder).

5.7.2.2 Kunststoffdachbahnen, einlagig lose verlegt.
a) Eine einlagige Verlegung von Kunststoffdachbahnen kann, falls das Material hierzu geeignet ist, nur dann anerkannt werden, wenn die Bahnen eine ausreichende mechanische Festigkeit aufweisen und deren Nähte nicht nur geschweißt oder geklebt, sondern noch zusätzlich (mit Flüssigfolie, Abdeckbändern u.ä.) gesichert werden. Die homogene Verbindung der Nähte und Stöße ist mit geeigneten Mitteln zu prüfen.
b) Um schädliche Einflüsse aus der Unterlage auf die Kunststoffdachbahnen zu vermeiden, ist vor deren Aufbringen bei PVC-Bahnen z.B. eine Rohglasvliesbahn, bei anderen Kunststoffbahnen z.B. eine Glasvlies-Bitumen-Dachbahn lose verlegt anzuordnen.
c) Auf lose verlegten Kunststoffdachbahnen muß ein Oberflächenschutz nach Ziffer 5.8.1 oder 5.8.2 erfolgen.

5.7.2.3 Flüssige Kunststoffe
a) Die nahtlose Beschichtung hat in mindestens fünf Aufträgen mit zusammen mindestens 3 kg/m² auf einer Unterlage aus einer Lage Glasgewebedachbahn, 170 g/m², oder 2 Lagen Glasvlies-Bitumen-Dachbahn zu erfolgen.
b) Die Verträglichkeit der Anstriche mit dem Untergrund muß gewährleistet sein.

5.8 Oberflächenschutz

Die Notwendigkeit und Art des Oberflächenschutzes ist abhängig von der Dachneigung und dem Werkstoff der obersten Lage. Besandete und talkumierte Dachbahnen als oberste Lage müssen einen Oberflächenschutz erhalten. Dieser verbessert die Beständigkeit der Dachhaut gegen Witterungseinflüsse und mindert die Einwirkung der Wärmestrahlung auf die Dachhaut. Außerdem erhöhen Kiesschüttungen und Beläge die Sturmsicherheit.

5.8.1 Kiesschüttung (vorzugsweise bis 5°)
Die Kiesschüttung ist anwendbar, wenn es die Dachneigung zuläßt. Die Dicke der Kiesschüttung ist abhängig von dem angestrebten Zweck und begrenzt durch die Tragfähigkeit der Dachkonstruktion. Im allgemeinen sollte sie mindestens 5 cm betragen. Die Schüttung aus gewaschenem Kies – Korngröße in der Regel von 16–32 mm aufwärts – ist lose und gleichmäßig auszuführen.
Bei bituminöser Dachhaut ist vorher ein heißflüssiger Deckanstrich von ca. 2 kg/m² aufzubringen. Als Trennlage wird darauf die Verlegung einer Polyäthylen-Folie 0,1 mm empfohlen.
Bei Dächern mit Traufhöhen über 22 m sind die Beläge mit größerem Gewicht, z.B. Betonplatten, auf Sand- oder Kiesbett aufzubringen. Die Dächer sind von Bewuchs freizuhalten.

5.8.2 Begehbare Beläge (vorzugsweise bis 3°)
Auf horizontalen und gering geneigten Flächen können begehbare Beläge (Platten mit Kantenlängen nicht unter 40 cm), schwimmend in Sand- oder Kiesbett verlegt werden.
Bei bituminöser Dachhaut ist vorher ein heißflüssiger Deckanstrich von ca. 2 kg/m² aufzubringen. Als Trennlage wird darauf die Verlegung einer Polyäthylen-Folie 0,1 mm empfohlen.

5.8.3 Bekiesung oder Besplittung (nur bei bituminöser Dachhaut, vorzugsweise bis 10°)
Die oberste Lage der Dachhaut erhält einen Deckanstrich aus heiß- oder kaltflüssigen Bitumenmassen, in die das Bestreuungsmaterial (Kies oder Splitt) bis etwa zur Hälfte der Korngröße dichtschließend einzubringen ist.
Es empfiehlt sich, bei Kies eine Korngröße von 4–8 mm, bei Splitt 1–3 mm zu wählen.

5.8.4 Schutzbahn (alle Neigungen, vorzugsweise bis 5°)
In Sonderfällen kann der Oberflächenschutz bei bituminöser Dachabdichtung auch durch eine zusätzliche Lage einer Glasvlies-Bitumen-Dachbahn hergestellt werden.

5.8.5 Bestreuung (vorzugsweise über 5°)
Bituminöse Dachbahnen mit fabrikmäßig als Witterungsschutz aufgebrachter Bestreuung können als oberste Lage der Dachhaut Verwendung finden.

5.8.6 Anstrich (vorzugsweise über 5°)
Anstriche müssen in ihrer Zusammensetzung der Dachhaut entsprechen, z.B. muß bei Bitumendachbahnen das Anstrichmittel auf Bitumenbasis hergestellt sein. Artfremde Anstriche können die Dachhaut zerstören.

6. Das umgekehrte Dach

Bei dem sogenannten »umgekehrten Dach« handelt es sich um eine konstruktive Neuentwicklung, über die noch keine Langzeiterfahrungen vorliegen. Aus diesem Grunde sind die nachfolgenden Angaben nur allgemeine Ausführungshinweise.
Bei diesem Dach liegt die Dachabdichtung unter der Wärmedämmung. Sie befindet sich dadurch im Bereich geringerer Temperaturschwankungen.

Diese Anordnung ist nur möglich, wenn der Wärmedämmstoff verrottungsfest, frostbeständig, trittfest, maßgenau und formbeständig ist. Die im Laufe der Zeit auftretende Feuchtigkeitsaufnahme darf nur so hoch sein, daß der erforderliche Wärmedämmwert nicht unterschritten wird.

Die Dämmplatten müssen sich so verlegen lassen, daß sich zwischen und unter den Platten keine Hohlräume befinden, in denen sich das Niederschlagswasser bewegen oder zirkulieren und somit Wärmebrücken bilden kann. Die Dämmplatten müssen mit Kiesschüttung oder begehbaren Belägen abgedeckt und gegen Aufschwimmen gesichert werden. Ein einwandfreier Wasserablauf muß gewährleistet sein.

Der Dämmwert soll um etwa 30 % höher liegen als beim normalen Dach. Es wird empfohlen, diese Dachart nur über schweren Dachunterkonstruktionen anzuwenden.

7. Belüftung zweischaliger Dächer

Zweischalige Dächer müssen einen sich über die ganze Fläche erstreckenden, überall durchströmbaren Luftraum mit Be- und Entlüftungsöffnungen haben, durch den die Bau- und Nutzungsfeuchte entweichen kann. Die Lüftungsöffnungen und deren Anordnung müssen unter Berücksichtigung der baulichen Verhältnisse und des vorhandenen Luftraumes so bemessen und gestaltet sein, daß eine Abführung der anfallenden Bau- und Nutzungsfeuchte bei Vermeidung jeglicher Stauluft (z. B. Sparrenwechsel u. ä.) in allen Bereichen gewährleistet ist.

Bei Dächern mit einer Neigung über 5° (9 %) sollen die Zuluftöffnungen an der Traufe 1/600 und die Abluftöffnungen am First 1/500 der zu belüftenden Dachgrundfläche betragen.

Bei Dächern unter 5° Neigung soll der Be- und Entlüftungsquerschnitt insgesamt 1/150 der Dachgrundfläche betragen.

Durchgehenden Lüftungsschlitzen ist der Vorzug zu geben. Eine Schlitzbreite von 2 cm darf jedoch nicht unterschritten werden. Die Mindestquerschnitte dürfen durch Anbringen von Schutzgittern, Blenden u. ä. nicht verringert werden. Eine ungehinderte Durchlüftung muß gewährleistet sein.

In der Regel sollte die geringste Höhe des zu belüftenden Dachzwischenraumes oberhalb der Wärmedämmung mindestens 20 cm betragen.

Bei Vorliegen besonderer Bedingungen (z. B. Lage des Bauwerks im Windschatten u. ä. m.) sollen die Belüftungsquerschnitte entsprechend erhöht werden.

8. An- und Abschlüsse (siehe Kap. 9.8)

9. Pflege und Unterhaltung von Dachabdichtungen

9.1 Dachflächen sind im besonderen Maß der Witterung ausgesetzt. UV- und Infrarotstrahlen bewirken eine Alterung. Staub- und Schmutzablagerungen bilden Krusten und können die Entwässerungsteile verstopfen. Flugsamen können Pflanzenwuchs zur Folge haben.

Die Aufgabe einer sachgemäßen Pflege besteht in einer gewissenhaften Beobachtung der Verwitterungserscheinungen. Es ist zu empfehlen, einen Wartungsvertrag über die regelmäßige Überprüfung und Pflege des Daches abzuschließen.

9.2 Pflegemaßnahmen bei Dächern mit Schutzschichten aus Kiesschüttungen oder begehbaren Belägen:
Diese Dachflächen erfordern in der Regel keinen Unterhalt. Sie sind jedoch von Verschmutzungen und Bewuchs freizuhalten. Laub ist rechtzeitig abzuräumen, um Humusbildungen oder Verstopfungen der Entwässerungsanlagen zu vermeiden. Bei Plattenbelägen auf Stelzlagern sind Schmutzablagerungen im Bereich des Distanzraumes und zwischen den Plattenfugen in regelmäßigen Abständen zu entfernen.

9.3 Pflegemaßnahmen bei Dachabdichtungen ohne besonderen Oberflächenschutz, z. B. Bahnen mit fabrikmäßig aufgebrachter Bestreuung, Bekiesung oder Besplittung:
Die Oberflächen solcher Dachflächen sind im allgemeinen einer stärkeren Verwitterung ausgesetzt. Dieses kann sich durch Ablösen der Bestreuung, Verwittern der Deckschicht, in krassen Fällen bis zur Bloßlegung der Trägereinlagen zeigen.

In solchen Fällen ist ein Anstrich mit geeigneten Mitteln erforderlich. Gegebenenfalls kann auch eine neue Besplittung oder Bekiesung aufgebracht werden.

Die Festlegung eines für die Wiederholung des Anstriches notwendigen Zeitabstandes ist nicht möglich, da der Zeitpunkt für die Aufbringung vom Grad der Verwitterung abhängig ist. Zu früh aufgebrachte Anstriche können sich nachteilig auf die Dachhaut auswirken.

Kleinere Schadstellen in den Oberlagen der Dachhaut können dabei mit geeigneten Spachtelmassen – evtl. in Verbindung mit einem verrottungsfesten Gewebe – ausgebessert werden.

Blasen in der Dachhaut müssen vollkommen ausgeschnitten und die Ränder angeschmolzen und verspachtelt werden. Erst dann sind diese Stellen mit einer neuen Dachbahn zu überkleben. Auch Überspachteln mit einer Bitumenspachtelmasse in Verbindung mit einer feuchtigkeitsunempfindlichen Gewebeeinlage ist geeignet. Risse in der Dachhaut werden zweckmäßigerweise mit Gewebedachbahnen überklebt, gegebenenfalls sind zusätzliche Maßnahmen zum Auffangen von Dehnungsspannungen erforderlich.

9.4 Ist durch Beschädigung oder unterlassene Pflege eine einwandfreie Dichtigkeit nicht mehr gewährleistet, so kann die Abdichtung oder Deckung zur Sanierung mit einer weiteren Lage Dachbahnen überklebt werden. Dies erfordert eine besonders sorgfältige Vorbehandlung des Untergrundes.

Größere Wellen, Blasen oder Falten sind auszuschneiden. Risse sind mit Abdeckstreifen lose verlegt oder einseitig fixiert zu überdecken. Grobe Verkrustungen sind abzustoßen. Schmutzablagerungen sind zu entfernen und ein Voranstrich aufzubringen. Ist die Dachhaut so schadhaft, daß die Aufbringung einer neuen Lage nicht mehr genügt, wird empfohlen, die alte Dachhaut zu perforieren und eine neue Dachhaut nach Ziffer 5.7 unter Zwischenschaltung einer Dampfdruckausgleichschicht aufzubringen.

Jeder Sanierungsmaßnahme sollte eine eingehende Überprüfung der Gesamtkonstruktion auf ihre bauphysikalische Funktionsfähigkeit vorausgehen.

9.5 Bei Reflektionsschichten oder -anstrichen wird durch die Luftverschmutzung besonders in Gegenden mit starker Industrieansiedlung die Abstrahlfähigkeit solcher Bahnen oder Anstriche innerhalb verhältnismäßig kurzer Zeit stark herabgesetzt. Eine Regenerierung kann mit reflektierenden Anstrichen erfolgen. Zur Vermeidung von Krustenbildung sind hierfür nur hochwertige Dachanstriche geeignet.

9.6 Umweltbedingt können sich auf Dachflächen innerhalb von kurzer Zeit dickere Staub- und Schmutzablagerungen absetzen, die bei Austrocknung stark schrumpfen. Durch Schwindspannungen kommt es dann zur Rißbildung in der Dachhaut. Diese Ablagerungen sind in kurzen Zeitabständen mit geeigneten Mitteln zu entfernen.

9.7 Da in der Regel Unterhaltungsanstriche bei Kunststoffdachbahnen nach dem derzeitigen Stand der Technik nicht möglich sind, müssen solche Bahnen bei Versprödung o.ä. erneuert werden.

Kleine Schadstellen in der Kunststoffdachhaut, z.B. durch mechanische Einwirkungen hervorgerufen, werden durch Aufschweißen oder Aufkleben von geeigneten Werkstoffen saniert.

2. Merkblatt Kunststoffdachbeläge zu Richtlinien Anhang 1

a) Allgemeine Anforderungen an den Werkstoff

Die Eignung von Kunststoffen als Dachbeläge setzt die Garantie folgender Eigenschaften durch den Werkstoffhersteller voraus, wobei die Überprüfung dieser Eigenschaften nicht zur Prüfungspflicht des bauausführenden Unternehmens gehört:
Kunststoff-Dachbeläge (Bahnen, Planen und flüssige oder spritzbare Kunststoffe), und zwar sowohl als Dichtschichten wie als Schutzschichten müssen wasserundurchlässig und feuchtigkeitsbeständig sein. Eine werkstoffbedingte Wasserquellung darf die Funktionsfähigkeit nicht beeinträchtigen. Die Dachbeläge müssen gegen die Einwirkung von Niederschlagswasser, ebenso von Lösungen, die in der normalen Atmosphäre auftreten, sowie von atmosphärischen Verunreinigungen auch in konzentrierter Form im Niederschlagswasser und gegen chemische Einflüsse aus den angrenzenden Bauteilen unempfindlich sein. Dies gilt ebenfalls für die kombinierte Einwirkung von Wärme, Feuchtigkeit, UV-Licht, Ozon und atmosphärischen Verunreinigungen. Die Kunststoff-Dachbeläge müssen vorstehende Bedingungen erfüllen und funktionsbeständig bleiben. Sie dürfen sich bei Temperaturen im Bereich von −20°C bis zu kurzfristigen Temperaturen von +100°C in ihren wesentlichen Eigenschaften nicht bleibend ändern und müssen dabei ihre homogene Beschaffenheit behalten. Auch dürfen bei Temperaturen bis 100°C mit den zum Aufkleben oder Verkleben verwendeten Stoffe keine schädigenden Reaktionen chemischer oder physikalischer Art auftreten (z. B. Weichmacherwanderung, Ölabscheidung usw.). Die Kunststoff-Dachbeläge müssen widerstandsfähig sein gegen Perforierung (z. B. durch lose Sandkörner, Hagelschlag, bauübliche Rauhigkeiten des Untergrunds) oder aber aufgrund von Verarbeitungsanweisungen der Herstellerwerke durch besondere Maßnahmen davor geschützt werden können. Sie dürfen keine Blasen bilden und sich chemisch nicht so verändern, daß sie ihre Funktionstüchtigkeit verlieren. Sie müssen maßhaltig bleiben – gegebenenfalls unter Verwendung geeigneter anwendungstechnischer Maßnahmen (auch wenn bei bitumenverträglichen Stoffen heißes Bitumen als Klebe- oder Deckaufstrich aufgebracht wird). Die Bahnen und Planen müssen sich auf ebener Unterlage kantengerade und gleichmäßig breit ausrollen lassen und darauf plan liegen bleiben. Die Nenndicke darf an keiner Stelle um mehr als 10% unterschritten werden. Die Bahnen und Planen müssen sich in Stoß und Naht entsprechend den Verarbeitungsanweisungen der Herstellerwerke so verbinden lassen, daß auch die Verbindung unter sich lückenlos und ebenso widerstandsfähig ist wie die Dachbeläge selbst.
Die Kunststoff-Dachbeläge müssen diese »Allgemeinen Anforderungen« in deren Gesamtheit erfüllen, wobei die Garantie der Werkstoffqualität und Eignung in der Zuständigkeit des Herstellers und nicht des bauausführenden Unternehmers liegt.

Januar 1971

Zentralverband des Dachdeckerhandwerks e.V.

b) Kunststofftypen für Bedachungszwecke, deren Bezeichnungen und Abkürzungen.

1. Thermoplaste (Plastomere)
   Nach Erwärmung verformbar. Mit zunehmender Erwärmung nimmt die Festigkeit ab und die Dehnung zu. Sind nach Abkühlung wieder formstabil.
2. Elastomere
   Nach Ausvulkanisieren gummielastisch. Nicht wärmeverformbar.
3. Duroplaste (Duromere)
   Chemisch ausgehärtet. Nicht mehr verformbar.

PVC – weich	Polyvinylchlorid weich
PIB	Polyisobutylen
ECB	Polyäthylen-Bitumen-Kombination
CR	Chloropren-Kautschuk (Polychloropren)
IIR	Butylkautschuk
EPDM	Äthylen-Propylen-Kautschuk
CSM	Chlorsulf. Polyäthylen

3. Merkblatt für bituminöse Schweißbahnen zur Verwendung bei Dachabdichtungen

Herausgegeben vom Zentralverband des Dachdeckerhandwerks e.V., dem Verband der Dach- und Dichtungsbahnen-Industrie e.V. und der Bundesfachabteilung Bauwerksabdichtung im Hauptverband der Bauindustrie e.V.

I. Begriff

Bituminöse Schweißbahnen im Sinne dieses Merkblattes sind 5 und 4 mm dicke Dach- und Dichtungsbahnen mit mittig angeordneten Trägereinlagen aus imprägnierten, hochreißfesten Geweben.
Nicht zu den bituminösen Schweißbahnen gehören Dachbahnen, bei denen auf der Unterseite das zum Verkleben erforderliche Bitumen zusätzlich fabrikmäßig aufgebracht ist (Bitumen-Dachpappen nach DIN 52128, Bitumen-Dachdichtungsbahnen nach DIN 52130 und Glasvlies-Bitumen-Dachbahnen). Diese Dachbahnen werden im allgemeinen als Aufschmelzbahnen bezeichnet.

II. Aufbau und Eigenschaften

a) Tränk- und Deckmasse

Die Tränk- und Deckmasse ist auf Basis von Bitumen aufzubauen und in ihrer Plastizitätsspanne den jeweiligen Erfordernissen der Praxis anzupassen.

b) Trägereinlagen

Als Einlagen können verwendet werden:
Glasgewebe mit einem Flächengewicht von etwa 200 g/qm einschl. 15 Gew.-% Appretur
oder
Jutegewebe mit einem Flächengewicht von mindestens 300 g/qm.

Bitumenschweißbahnen mit einer Trägereinlage sind 5 oder 4 mm dick, mit zwei Trägereinlagen 5 mm dick. Bei Bitumenschweißbahnen mit zwei Trägereinlagen können Glasgewebe oder Jutegewebe mit einer weiteren Einlage aus einer mindestens 0,08 mm dicken Aluminiumfolie oder Glasvlies mit einem Flächengewicht von 50 g/qm kombiniert werden. In solchen Fällen dürfen beide Trägereinlagen nicht unmittelbar aufeinander liegen, sondern müssen durch eine geschlossene bituminöse Schicht miteinander verklebt sein. Die Trägereinlagen dürfen sich während und nach der Verarbeitung nicht voneinander lösen.

c) Abstreuung

Bituminöse Schweißbahnen müssen auf beiden Seiten talkumiert oder mit einer ähnlichen das Aufschweißen nicht behindernden Abstreuung versehen sein. Eine Besandung ist nicht zulässig.

d) Eigenschaften

Die Eigenschaften der bituminösen Schweißbahnen müssen nach DIN 18190 »Dichtungsbahnen für Bauwerksabdichtungen« Blatt 2, 3 (in Bearbeitung) und 4, jeweils Abschnitte 6.1, 6.4 bis 6.8 entsprechen.

II. Anwendung und Verarbeitung

Für die Anwendung von bituminösen Schweißbahnen gelten die Richtlinien für die Ausführung von Flachdächern[1] und die entsprechenden Vorschriften des »abc der Dachbahnen«[2].
Eine Lage bituminöser Schweißbahnen ist nur Teil einer Dachabdichtung. Die Schweißbahn muß mit mindestens einer Lage Dachbahn[3] mit Glasgewebeeinlage oder zwei Lagen Bitumen-Dachbahnen im Gießverfahren überklebt werden.
Es sind Dachbahnen zu bevorzugen, deren Einlagen keine Feuchtigkeit aufnehmen können.
Einlagige Ausführungen mit bituminösen Schweißbahnen sind als Notdeckung anzusehen.
Schweißbahnen mit Metallfolieneinlage müssen aufgrund des hohen Wärmeausdehnungskoeffizienten von Metall vor großen Temperaturunterschieden bewahrt werden. Sie sollen nur in weitgehend temperaturkonstanten Bereichen des Dachaufbaues, z.B. unter der Wärmedämmschicht, als Dampfsperre verwandt werden.
Bitumenschweißbahnen sind vorzugsweise als 1. Lage einer Dachabdichtung lose aufzulegen oder punktweise auf dem Untergrund zu befestigen. Die Überdeckungen werden vollflächig verschweißt. Bei der Nahtverschweißung ist die Bitumenmasse der Bahn so zu erhitzen, daß sie beim Andrücken seitlich austritt. Die Naht- und Stoßüberdeckungen müssen mindestens 10 cm betragen.
Weitere Schweißbahnlagen sind vollflächig aufzuschweißen. Die Schweißbahnen werden zu diesem Zweck nach dem Anlegen auf einen Wickelkern aufgerollt. Es ist unbedingt darauf zu achten, daß diese Bahnen beim Aufschweißen in ganzer Breite gleichmäßig

---

[1] Herausgegeben vom Zentralverband des Dachdeckerhandwerks e.V.
[2] Herausgegeben vom Verband der Dach- und Dichtungsbahnen-Industrie e.V.
[3] Glasgewebedachdichtungsbahn: Flächengewicht etwa 200 g/qm einschließlich 15 Gew.-% Appretur, Gehalt an löslichem Bitumen im Mittel mindestens 1600 g/qm.

erhitzt werden und ein Klebemassewulst vor der Rolle herläuft.

Schweißbahnen können auch im Gießverfahren aufgeklebt werden.

Bei Verwendung bituminöser Schweißbahnen als oberste Lage sind ebenfalls Oberflächenbeschichtungen nach den Flachdachrichtlinien des Zentralverbandes und dem »abc der Dachbahnen« des Verbandes der Dach- und Dichtungsbahnen-Industrie erforderlich.

Bituminöse Schweißbahnen sollen in der Regel bei Außentemperaturen über +5°C verlegt werden. Bei niedrigeren Temperaturen sind die Schweißbahnen anzuwärmen, um Risse in den Deckschichten zu vermeiden.

4. Merkblatt Deckungen und Abdichtungen auf stahlbewehrten Bims-, Gas- und Schwerbetonplatten mit Dach- und Dichtungsbahnen

Für die Herstellung der Unterkonstruktion und die Verarbeitung von Dach- und Dichtungsbahnen auf stahlbewehrten Bims-, Gas- und Schwerbetonplatten gilt folgende Empfehlung:

1. Die Platten müssen festliegen und eine ebene Oberfläche bilden. Eventuell vorhandene Höhenunterschiede zwischen einzelnen Platten, die die Funktionstüchtigkeit der Dachdeckung bzw. -Abdichtung nicht beeinträchtigen, sind stetig verlaufend auszugleichen. Nicht vertretbare andere Höhenunterschiede sind zu beseitigen. Außerdem müssen alle Fugen mit geeignetem Material ausgefüllt werden. Insgesamt muß zu Beginn der Deckungs- bzw. Abdichtungsarbeiten eine stetig verlaufende Dachfläche vorhanden sein.
   Bimsbetonplatten sind in der Regel mit einer festhaftenden Zementschlämme zu überziehen.

2. Die Dachfläche darf erst dann betreten oder belastet werden, wenn sie durch die Bauleistung hierfür freigegeben ist. Stoßweise Belastungen der Dachfläche zum Beispiel beim Absetzen von Baustoffen und Geräten sind zu vermeiden. Einzellasten, z.B. Bitumen-Kocher, Gasflaschen usw., dürfen nur auf lastverteilenden Elementen (Brettern, Bohlen oder Schaltafeln) abgestellt werden. Außerdem sind hierfür Stellen in der Dachfläche zu wählen, die im Bereich von Teilen der Unterkonstruktion liegen, z.B. Binder, Unterzüge oder sonstige Tragglieder.

3. Um die durch Formänderungen verursachten Bewegungen im Bereich der Plattenstöße abzufangen, müssen die Querstöße (Kopfenden) stets mit mindestens 20 cm breiten Schleppstreifen aus beidseitig besandeter Glasvlies-Bitumen-Dachbahn trocken abgedeckt werden. Diese Streifen können gegen Verschieben durch *einseitiges* Heften gesichert werden. Bei großformatigen Platten, z.B. Doppel-T-Platten, sind zusätzlich auch die Längsstöße mit Abdeckstreifen abzudecken.

4. Die Ausbildung des Daches als Dachdeckung oder -abdichtung, das Aufkleben der ersten Lage, die Verklebung der Bahnen untereinander, die Oberflächenschutzschicht und die Ausbildung der Anschlüsse sowie alle anderen Einzelheiten müssen der DIN 18338, z.Z. noch in Überarbeitung, den jeweils gültigen Regeln und Richtlinien des Zentralverbandes des Dachdeckerhandwerks e.V. und dem »abc der Dachbahn« des Verbandes der Dach- und Dichtungsbahnen-Industrie e.V. entsprechen.
   Im einzelnen richtet sich der zu wählende Aufbau nach der Nutzung des Gebäudes, der Dachneigung und den bauphysikalischen Anforderungen. Bei allen außergewöhnlichen Einwirkungen, die bauphysikalisch oder konstruktiv bedingt sein können, sind besonders Maßnahmen bauseitig anzuordnen.

5. In Ausnahmefällen kann die erste Lage auf den Bims- bzw. Gasbetonplatten durch Nagelung und eventuell zusätzliche Verdrahtung befestigt werden. Für die Nagelung sind z.B. Spreiz-Nägel, Schieferstifte oder konische Nägel mit breitem Kopf geeignet. Alle weiteren Lagen sind gemäß Ziffer 4 zu kleben.

6. Für die Befestigung von Dachrandhölzern, Rinnenhaken, Lichtkuppeln u.ä. auf Bimsbetonplatten sind bei der Planung Dübel mit vorzusehen. Sind keine Dübel vorhanden, kann die Befestigung mit verzinkten Holzschrauben und Kunststoff-Spreizdübeln erfolgen. Es ist darauf zu achten, daß die Dübel möglichst in vollem Material und nicht in Hohlräumen sitzen. Werden Spreiz-Dübel verwendet, so sollte bei Gasbeton der Abstand vom Plattenrand mindestens 10 cm betragen. Wegen der geringeren Materialfestigkeit sind 50% mehr Befestigungen erforderlich als auf Massivbeton.

Im Dezember 1971

Zentralverband des Dachdeckerhandwerks e.V.
– Fachverband Dach-, Wand- und Abdichtungstechnik –

Verband der Dach- und Dichtungsbahnen-Industrie e.V.
Bundesfachabteilung Bauwerksabdichtung im Hauptverband der Deutschen Bauindustrie
Verband Rheinischer Bimsbaustoffwerke e.V.
Fachverband Gasbetonindustrie e.V.

5. Kurzzeichen für bituminöse Dach- und Dichtungsbahnen

Bezeichnung	Kurzzeichen
Glasvlies-Bitumen-Dachbahn DIN 52143	
V 11	V 11
V 13	V 13
Lochglasvlies-Bahnen	LV
Dachbahnen mit Rohfilzeinlage DIN 52128	
Einlage 333 g/m²	R 333
Einlage 500 g/m²	R 500
Teer-Bitumen-Dachbahn DIN 52140	
Einlage 333 g/m²	R 333 TB
Teerdachbahn DIN 52121	
Einlage 500 g/m²	R 500 T
Dachdichtungsbahn DIN 52130	R 500 DD
Nackte Bitumenpappe DIN 52129	
Einlage 333 g/m²	R 333 N
Einlage 500 g/m²	R 500 N
Imprägnierte Jute	
Einlage 300 g/m²	J 300 N
Dichtungsbahnen DIN 18190	
Rohfilzeinlage 500 g/m²	R 500 D
Jutegewebeeinlage 300 g/m²	J 300 D
Glasgewebeeinlage 220 g/m²	G 220 D
Aluminiumbandeinlage 0,2 mm	Al 02 D
Kupferbandeinlage 0,1 mm	Cu 01 D
Polyäthylenterephthalateinlage	PETP 003 D
Alu-Dampfsperrbahn	Al 01
Glasgewebe-Dachdichtungsbahn	G 200 DD

Bezeichnung	Kurzzeichen
Schweißbahnen (S)	
Schweißbahnen mit Glasgewebeeinlage von 200 g/m², 4 mm dick	G 200 S 4
Schweißbahnen mit Glasgewebeeinlage von 200 g/m², 5 mm dick	G 200 S 5
Schweißbahnen mit Jutegewebeeinlage von 300 g/m², 4 mm dick	J 300 S 4
Schweißbahnen mit Jutegewebeeinlage von 300 g/m², 5 mm dick	J 300 S 5
Schweißbahnen mit Glasvlieseinlage mit einem Gewicht von 60 g/m², 4 mm dick	V 60 S 4
Kombinierte Schweißbahnen (S)	
Schweißbahnen mit Aluminiumbandeinlage 0,1 mm und Jutegewebeeinlage von 300 g/m², 5 mm dick	Al 01 + J 300 S 5
Schweißbahnen mit Aluminiumbandeinlage 0,1 mm und Glasgewebeeinlage von 200 g/m², 5 mm dick	Al 01 + G 200 S 5
Schweißbahnen mit Aluminiumbandeinlage 0,1 mm und Glasvlieseinlage mit einem Gewicht von 60 g/m², 4 mm dick	Al 01 + V 60 S 4
Schweißbahnen mit Glasgewebeeinlage von 200 g/m² und Glasvlieseinlage mit einem Gewicht von 60 g/m², 5 mm dick	G 200 + V 60 S 5
Gittervlies	Git V 75

Anm.: Die Gewichte der Einlagen sind Bruttogewichte, z.B. bei Glasgewebe einschl. Appretur.

6. Verzeichnis einschlägiger Stoffnormen, Ausführungsnormen und Vertragsnormen *

1. Hochbau

DIN 1055 Lastannahme für Bauten
    Blatt 1: Lagerstoffe, Baustoffe und Bauteile
    Blatt 3: Verkehrslasten

DIN 1055 Lastannahmen im Hochbau
    Blatt 4: Verkehrslasten – Windlast
    Hierzu: Ergänzende Bestimmungen
    sowie; Erlasse und Bekanntmachungen verschiedener Bundesländer
    Blatt 5: Schneebelastung und Ergänzungserlaß

DIN 1986 Grundstücksentwässerungsanlagen

DIN 4102 Brandverhalten von Baustoffen und Bauteilen
    Blatt 1: Begriffe, Anforderungen und Prüfungen von Baustoffen (in Bearbeitung)
    Blatt 2: Begriffe, Anforderungen und Prüfungen von Bauteilen
    Blatt 3: Begriffe, Anforderungen und Prüfungen von Sonderbauteilen
    Blatt 4: Einreihung in die Begriffe
    Blatt 5: Erläuterungen zu Blatt 1 (in Bearbeitung)
    sowie: Ergänzende Bestimmungen zu DIN 4102

DIN 18160 Feuerungsanlagen
    Blatt 5; Einrichtung für das Reinigen von Hausschornsteinen

DIN 18530 Dächern mit massiven Deckenkonstruktionen
    Richtlinien für Planung und Ausführung (Entwurf)

DIN 4108 Wärmeschutz im Hochbau
    z.Z. in Überarbeitung

2. Flachdach und Abdichtung

DIN 4122 Abdichtung von Bauwerken gegen nichtdrückendes Oberflächenwasser und Sickerwasser mit bituminösen Stoffen, Metallbändern und Kunststoff-Folien
    Richtlinien

DIN 1052 Holzbauwerke – Berechnung und Ausführung
    Hierzu: Dachschalungen aus Holzspanplatten oder Bau-Furnierplatten (Vorläufige Richtlinien für Bemessung und Ausführung)

* DIN-Blätter erhältlich beim Beuth-Vertrieb, 1 Berlin 30, Burggrafenstraße 4–7

DIN 1179 Sand – Kies – zerkleinerte Stoffe

DIN 4031 Wasserdruckhaltende bituminöse Abdichtungen für Bauwerke
    Richtlinien für Bemessung und Ausführung

DIN 4117 Abdichtung von Bauwerken gegen Bodenfeuchtigkeit
    Richtlinien für die Ausführung

DIN 16935 Polyisobutylen-Bahnen für Bautenabdichtungen
    Anforderungen, Prüfung

DIN 16937 PVC weich (Polyvinylchlorid-weich)-Bahnen, bitumenbeständig, für Bautenabdichtungen
    Anforderungen, Prüfung

DIN 16938 PVC weich (Polyvinylchlorid-weich)-Bahnen, nicht bitumenbeständig für Abdichtungen
    Anforderungen, Prüfung

DIN 18164 Schaumkunststoffe als Dämmstoffe für den Hochbau
    Abmessungen, Eigenschaften und Prüfung

DIN 18165 Faserdämmstoffe für den Hochbau
    Abmessungen, Eigenschaften und Prüfung

DIN 18190 Dichtungsbahnen für Bauwerksabdichtungen
    Begriff, Bezeichnung, Anforderungen
    Blatt 2: Dichtungsbahnen mit Jutegewebeeinlagen
    Blatt 3: Dichtungsbahnen mit Glasgewebeeinlage
    Blatt 4: Dichtungsbahnen mit Metallbandeinlage
    Blatt 5: Dichtungsbahnen mit Polyäthylenterephthalat-Folien-Einlage

DIN 18461 Dachrinnen und Fallrohre

DIN 52117 Rohfilzpappe
    Begriff, Bezeichnung, Anforderungen

DIN 52118 Rohfilzpappe
    Prüfung

DIN 52121 Teerdachpappen, beiderseitig besandet
    Begriff, Bezeichnung, Eigenschaften

DIN 52122 Tränkmassen für besandete Teerdachpappen und nackte Teerpappen
    Anforderungen, Prüfung

DIN 52123 Vornorm
    Blatt 2: Dachbahnen und Dichtungsbah-Prüfung von Dichtungsbahnen für Bauwerksabdichtungen

DIN 52126 Nackte Teerpappen
    Begriff, Bezeichnung, Eigenschaften

DIN 52128 Bitumendachpappen mit beiderseitiger Bitumendeckschicht
    Begriff, Bezeichnung, Eigenschaften

DIN 52129 Nackte Bitumenpappen
    Begriff, Bezeichnung, Eigenschaften

Anhang 2

DIN 52130 Bitumen-Dachdichtungsbahnen mit Rohfilzpappen-Einlage
Begriff, Bezeichnung, Anforderungen

DIN 52136 Steinkohlenteere als Dachanstrichstoffe
Anforderungen, Prüfung

DIN 52138 Klebemassen für Dachpappe, Steinkohlenteererzeugnisse
Begriff, Anforderungen

DIN 52140 Teer-Sonderdachpappen und Teer-Bitumendachpappen, beide mit beiderseitiger Sonderdeckschicht
Begriff, Bezeichnung, Anforderungen

DIN 52143 Glasvlies-Bitumen-Dachbahnen
Begriff, Bezeichnung, Anforderungen

DIN 55946 Bituminöse Stoffe
Begriffe

DIN 66100 Körnungen
Korngrößen zur Kennzeichnung von Kornklassen I,
Korngruppen

3. VOB Verdingungsordnung für Bauleistungen
Teil C: Allgemeine Technische Vorschriften
für Bauleistungen

DIN 18337 Abdichtung gegen nichtdrückendes Wasser
DIN 18338 Dachdeckungs- und Dachabdichtungsarbeiten
DIN 18339 Klempnerarbeiten
DIN 18354 Asphaltbelagsarbeiten
DIN 18421 Wärmedämmungsarbeiten
DIN 18334 Zimmer- und Holzbauarbeiten

7. DIN 18338
Dachdeckungs- und Dachabdichtungsarbeiten

Diese Vorschrift wurde vom Deutschen Verdingungsausschuß für Bauleistungen aufgestellt.

Nach der »Ausführungsverordnung zum Gesetz über Einheiten im Meßwesen« vom 26. Juni 1970 dürfen die bisher üblichen Krafteinheiten Kilopond (kp) und Megapond (Mp) nur noch bis zum 31. Dezember 1977 benutzt werden. Bei der Umstellung auf die gesetzliche Krafteinheit Newton (N) (1 kp = 9,80665 N) sind im Rahmen des Anwendungsbereiches dieser Norm für 1 kp = 10 N = 0,01 kN gesetzt worden. Die alten Angaben sind im Text vorliegender Norm in Klammern hinzugefügt.

0. Hinweise für die Leistungsbeschreibung*)
(siehe auch Teil A — DIN 1960 — § 9)

0.1. In der Leistungsbeschreibung sind nach Lage des Einzelfalles insbesondere anzugeben:

0.1.1. Lage der Baustelle und Umgebungsbedingungen, z. B. Hauptwindrichtung, Einflugschneisen, Verschmutzung der Außenluft, Bebauung usw., Zufahrtsmöglichkeiten und Beschaffenheit der Zufahrt sowie etwaige Einschränkungen bei ihrer Benutzung, Art der baulichen Anlagen, Anzahl und Höhe der Geschosse.

0.1.2. Lage und Ausmaß der dem Auftragnehmer für die Ausführung seiner Leistungen zur Benutzung oder Mitbenutzung überlassenen Flächen.

0.1.3. besondere Maßnahmen aus Gründen der Landespflege und des Umweltschutzes.

0.1.4. Art und Umfang des Schutzes von Bäumen, Pflanzenbeständen, Vegetationsflächen, Bauteilen, Bauwerken u. ä. im Bereich der Baustelle.

0.1.5. besondere Anordnungen, Vorschriften und Maßnahmen der Eigentümer (oder anderen Weisungsberechtigten) von Leitungen, Kabeln, Dränen, Kanälen, Wegen, Gewässern, Gleisen, Zäunen und dergleichen im Bereich der Baustelle.

0.1.6. für den Verkehr freizuhaltende Flächen.

0.1.7. Besonderheiten der Regelung und Sicherung des Verkehrs, gegebenenfalls auch, wieweit der Auftraggeber die Durchführung der erforderlichen Maßnahmen übernimmt.

0.1.8. Lage, Art und Anschlußwert der dem Auftragnehmer auf der Baustelle zur Verfügung gestellten Anschlüsse für Wasser und Energie.

0.1.9. Mitbenutzung fremder Gerüste, Hebezeuge, Aufzüge, Aufenthalts- und Lagerräume, Einrichtungen und dergleichen durch den Auftragnehmer.

0.1.10. Auf- und Abbauen sowie Vorhalten der Gerüste, die nicht unter Abschnitt 4.1.11 fallen.

0.1.11. besondere Anforderungen an die Baustelleneinrichtung.

0.1.12. Art und Zeit der vom Auftraggeber veranlaßten Vorarbeiten.

0.1.13. ob und in welchem Umfang dem Auftragnehmer Arbeitskräfte und Geräte für Abladen, Lagern und Transport zur Verfügung gestellt werden.

0.1.14. Arbeiten anderer Unternehmer auf der Baustelle.

0.1.15. Leistungen für andere Unternehmer.

0.1.16. Art, Menge, Gewicht der Stoffe und Bauteile, die vom Auftraggeber beigestellt werden, sowie Art, Ort (genaue Bezeichnung) und Zeit ihrer Übergabe.

0.1.17. Güteanforderungen an nicht genormte Stoffe und Bauteile.

0.1.18. Art und Umfang verlangter Eignungs- und Gütenachweise.

0.1.19. Art und Beschaffenheit des Untergrundes (Holz, Stahlkonstruktion, Betonfläche).

0.1.20. vorgesehene Arbeitsabschnitte, Arbeitsunterbrechungen und -beschränkungen nach Art, Ort und Zeit.

0.1.21. Ausbildung der Anschlüsse an Bauwerke.

0.1.22. Art und Anzahl der geforderten Proben.

0.1.23. besondere Maßnahmen, die zum Schutz von benachbarten Grundstücken und Bauwerken notwendig sind.

0.1.24. ob nach bestimmten Zeichnungen oder nach Aufmaß abgerechnet werden soll.

0.1.25. Dachform, Dachneigung, Traufhöhe und Art der Unterlagen der Dachdeckung (Dachkonstruktion).

0.1.26. Art und Neigung der Kehlen und Grate.

0.1.27. Anzahl, Art und Ausbildung der Anschlüsse, Abschlüsse und Durchführungen.

0.1.28. Art und Umfang der erforderlichen Be- und Entlüftung des Dachraumes.

0.1.29. Art des verlangten Deckungsmaterials nach Ursprungsort und Farbe. Werden diese Angaben nicht gemacht, sollen sie vom Bieter gefordert werden.

0.1.30. Lage, Art, Ausbildung und Längen der einzelnen Bauwerksfugen.

0.1.31. Art und Lage der Dachentwässerung.

0.1.32. bei Schindeldeckung Art der Deckung.

0.1.33. bei Schieferdeckung, ob die Deckung abweichend von Abschnitt 3.4 ohne Dachpappenvordeckung auszuführen ist.

0.1.34. ob Leiterhaken und Schneefanggitter anzubringen sind.

0.1.35. Dauerbelastung der unter der Dachdecke liegenden Räume durch Temperatur und relative Luftfeuchtigkeit.

0.1.36. Maßnahmen zur Erfüllung erhöhter Anforderungen an Staub- oder Flugschneedichte, z. B. Vordeckung mit Unterspannbahnen.

0.1.37. besondere Anforderungen an Baustoffe und Ausführung infolge thermischer, mechanischer, chemischer Beanspruchung bedingt, z. B. durch klimatische Abweichungen.

0.1.38. besondere Bedingungen des Auftraggebers für die Aufstellung von Schmelzkesseln.

0.1.39. Leistungen nach Abschnitt 4.2 in besonderen Ansätzen, wenn diese Leistungen keine Nebenleistungen sein sollen.

0.1.40. Leistungen nach Abschnitt 4.3 in besonderen Ansätzen.

0.2. In der Leistungsbeschreibung sind Angaben zu folgenden Abschnitten nötig, wenn der Auftraggeber eine abweichende Regelung wünscht:

Abschnitt 1.2	(Leistungen mit Lieferung der Stoffe und Bauteile)
Abschnitt 2.1	(Vorhalten von Stoffen und Bauteilen)
Abschnitt 2.2.1	(Liefern ungebrauchter Stoffe und Bauteile)
Abschnitt 2.3	(Güte und Farbton der Dachziegel)
Abschnitt 2.10.1	(Holzart der Dachschindeln)
Abschnitt 3.2.1	(Deckmörtel für Dachziegel)
Abschnitt 3.2.2	(Verstreichmörtel für Dachziegel)
Abschnitt 3.2.3.1	(Verklammerung und Verdrahtung bei Ziegeldächern)
Abschnitt 3.2.3.3	(Lattung auf Konterlatten)
Abschnitt 3.2.4.1	(Kronendeckung und Doppeldeckung in Mörtel)
Abschnitt 3.2.5	(Hohlpfannendeckung)
Abschnitt 3.2.7	(Krempziegeldeckung)
Abschnitt 3.2.8	(Falzziegeldeckung)
Abschnitt 3.2.9.1	(Dachkanten)
Abschnitt 3.2.9.1.3	(Formziegel bei Dachkanten)
Abschnitt 3.2.9.2	(Deckung von Firsten und Graten)
Abschnitt 3.2.9.3.1	(Metallkehlen)
Abschnitt 3.2.9.3.2.3	(Unterlegte Kehlen)
Abschnitt 3.2.9.4	(Dachanschlüsse)
Abschnitt 3.3.1	(Trockendeckung mit Betondachsteinen)
Abschnitt 3.3.5.1	(Dachkanten im Sonderformat bei Betondachsteinen)
Abschnitt 3.4.1.1	(Dachpappenvordeckung)
Abschnitt 3.4.1.2	(Nagelung bei Schieferdeckung)
Abschnitt 3.4.3	(Deckung besonderer Dachteile)
Abschnitt 3.4.3.2	(Kehlen bei Schieferdeckung)
Abschnitt 3.5.1.2	(Deutsche Deckung mit Asbestzement-Dachplatten, Verwendung von Sturmklammern)
Abschnitt 3.5.1.5	(Doppeldeckung mit Asbestzement-Dachplatten)
Abschnitt 3.5.1.6	(Deckung der Firste, Grate und Orte bei Asbestzement-Dachplatten)
Abschnitt 3.5.1.7	(Deckung von Kehlen)
Abschnitt 3.5.2.1	(Deckung mit Asbestzement-Platten an senkrechten Flächen)
Abschnitt 3.5.2.2	(Befestigung ebener Asbestzement-Platten)
Abschnitt 3.5.2.3	(Fugenausbildung)
Abschnitt 3.5.3.1.1	(Deckung besonderer Dachteile mit Asbestzement-Wellplatten)
Abschnitt 3.5.3.1.2	(Befestigung von Asbestzement-Wellplatten an Wandflächen)
Abschnitt 3.5.3.2.2	(Befestigung von Asbestzement-Kurzwellplatten)
Abschnitt 3.5.3.2.5	(Deckung besonderer Dachteile mit Asbestzement-Kurzwellplatten)
Abschnitt 3.6.1	(Befestigung von Pfannenblechen)
Abschnitt 3.7.1	(Befestigung von profilierten Stahlblechen)
Abschnitt 3.7.2.1	(Deckung mit profilierten Stahlblechen, Nietung der Seitenüberdeckung)
Abschnitt 3.7.3	(Deckung besonderer Dachteile)
Abschnitt 3.8.3	(Unterlage bei Deckung mit Bitumenschindeln)
Abschnitt 3.9	(Deckung der Giebelkanten und Firste bei Rohr- und Strohdeckung)
Abschnitt 3.10.2.1	(Ausführung von Dachabdichtungen)
Abschnitt 3.10.2.1.1	(Art des Voranstrichs)
Abschnitt 3.10.2.1.2	(Ausführung der Trenn- oder Ausgleichsschicht)
Abschnitt 3.10.2.1.3	(Art der Dampfsperre)
Abschnitt 3.10.2.1.4	(Art und Ausführung der Wärmedämmschicht)
Abschnitt 3.10.2.1.5	Ausführung der Dampfdruckausgleichsschicht)
Abschnitt 3.10.2.1.6	(Dachabdichtung und Art der zu verwendenden Klebemasse)
Abschnitt 3.10.2.1.7	(Ausführung der Oberflächenschutzschicht)
Abschnitt 3.10.2.2	(Dachabdichtung ohne Wärmedämmschicht auf Holzschalung)
Abschnitt 3.10.2.2.1	(Ausführung der ersten Lage)
Abschnitt 3.10.2.2.2	(Aufbringung weiterer Dachbahnenlagen)
Abschnitt 3.10.3.1	(Dachdeckung mit Wärmedämmschicht auf massiven Deckenkonstruktionen)
Abschnitt 3.10.3.1.2	(Ausführung der Trenn- oder Ausgleichsschicht)
Abschnitt 3.10.3.2	(Dachdeckung ohne Wärmedämmschicht auf Holzschalung)
Abschnitt 3.10.4.2	(Art und Dicke der Dampfsperre)
Abschnitt 3.10.5.3	(Ausführung der Anschlüsse an Dachabläufe)
Abschnitt 3.10.5.5	(Zusätzliche Verstärkungsstreifen)

1. Allgemeines

1.1. DIN 18 338 „Dachdeckungs- und Dachabdichtungsarbeiten" gilt nicht für

Herstellen von am Bau zu fälzenden Metalldachdeckungen und Metallanschlüssen (siehe DIN 18 339 „Klempnerarbeiten"),

Herstellen von Deckunterlagen aus Latten oder Schalung (siehe DIN 18 334 „Zimmer- und Holzbauarbeiten"),

Abdichtung gegen drückendes Wasser (siehe DIN 18 336 „Abdichtung gegen drückendes Wasser") und nicht für

Abdichtung gegen nichtdrückendes Wasser (siehe DIN 18 337 „Abdichtung gegen nichtdrückendes Wasser").

1.2. Alle Leistungen umfassen auch die Lieferung der dazugehörigen Stoffe und Bauteile einschließlich Abladen und Lagern auf der Baustelle, wenn in der Leistungsbeschreibung nichts anderes vorgeschrieben ist.

2. Stoffe, Bauteile

2.1. Vorhalten

Stoffe und Bauteile, die der Auftragnehmer nur vorzuhalten hat, die also nicht in das Bauwerk eingehen, können nach Wahl des Auftragnehmers gebraucht oder ungebraucht sein, wenn in der Leistungsbeschreibung darüber nichts vorgeschrieben ist.

2.2. Liefern

2.2.1. Allgemeine Anforderungen

Stoffe und Bauteile, die der Auftragnehmer zu liefern und einzubauen hat, die also in das Bauwerk eingehen, müssen ungebraucht sein, wenn in der Leistungsbeschreibung nichts anderes vorgeschrieben ist. Sie müssen für den jeweiligen Verwendungszweck geeignet und aufeinander abgestimmt sein. Stoffe und Bauteile, für die DIN-Normen bestehen, müssen den DIN-Güte- und -Maßbestimmungen entsprechen.

Stoffe und Bauteile, die nach den behördlichen Vorschriften einer Zulassung bedürfen, müssen amtlich zugelassen sein und den Zulassungsbedingungen entsprechen.

---
*) Diese Hinweise werden nicht Vertragsbestandteil.

Anhang 2

Stoffe und Bauteile, für die weder DIN-Normen bestehen noch eine amtliche Zulassung vorgeschrieben ist, dürfen nur mit Zustimmung des Auftraggebers verwendet werden. Für die gebräuchlichsten genormten Stoffe und Bauteile sind die DIN-Normen nachstehend aufgeführt.

2.2.2. Der Auftragnehmer hat auf Verlangen Proben zu liefern und den Hersteller des Deckungsmaterials zu nennen.

2.2.3. Stoffe und Bauteile, die vom Auftraggeber beigestellt werden, hat der Auftragnehmer rechtzeitig beim Auftraggeber anzufordern.

2.3. Dachziegel
DIN 456 Dachziegel; Güteeigenschaften und Prüfverfahren

Dachziegel müssen der I. Klasse (Wahl) entsprechen und dürfen im Farbton nur geringfügige Abweichungen aufweisen, wenn in der Leistungsbeschreibung nichts anderes vorgeschrieben ist.

2.4. Betondachsteine
DIN 1115 Betondachsteine; Güte, Prüfung, Überwachung und Lieferbedingungen
DIN 1119 Betondachsteine; First- und Gratsteine.

Betondachsteine — Sonderformat mit hochliegendem Längsfalz.

2.5. Stoffe für Unterspannung bei Deckungen mit Dachziegeln und Betondachsteinen

Unterspannbahnen,
Ziegelunterlagsbahnen und
Kunststoff-Folien

müssen eine Reißfestigkeit von 400 N (40 kp) bei 5 cm Probenbreite haben und feuchtigkeitsbeständig sein (siehe DIN 52 123 „Dachpappen und nackte Pappen; Prüfverfahren" und DIN 53 354 „Prüfung von Kunstleder und ähnlichen Flächengebilden; Zugversuch an Gewebekunststoffen").

2.6. Dachschiefer
DIN 52 201 Dachschiefer; Begriff, Richtlinien für Probenahme, gesteinskundliche und chemische Untersuchung.

2.7. Asbestzement-Wellplatten, Asbestzement-Dachplatten
DIN 274 Blatt 1 Asbestzement-Wellplatten; Maße, Anforderungen, Prüfung
DIN 274 Blatt 2 Asbestzement-Wellplatten; Anwendung bei Dachdeckungen.

Asbestzement-Dachplatten müssen witterungsbeständig sein.

2.8. Vorgefertigte Dachdeckungsteile aus Metall

2.8.1. Vorgefertigte Dachdeckungsteile aus Metall müssen witterungsbeständig und korrosionsgeschützt sein.
DIN 59 231 Wellbleche, Pfannenbleche, verzinkt.

2.8.2. Profilierte Stahlbleche aus Stahlblech
DIN 1623 Blatt 1 Flachzeug aus Stahl; Kaltgewalztes Band und Blech aus weichen unlegierten Stählen, Gütevorschriften
DIN 1623 Blatt 2 Flachzeug aus Stahl; Feinbleche aus allgemeinen Baustählen, Gütevorschriften

mit zusätzlicher Kunststoffbeschichtung oder Farbauftrag.

Profilierte Bleche aus Aluminium
DIN 1725 Blatt 1 Aluminiumlegierungen, Knetlegierungen

Profilierte Bleche aus Edelstahl
Werkstoffnummer: 1.4301, 1.4401, 1.4571.

2.9. Dichtungsstoffe aus klebbaren metallischen Bändern

2.9.1. Bänder aus Aluminiumlegierungen
DIN 1725 Blatt 1 Aluminiumlegierungen, Knetlegierungen.

2.9.2. Bänder aus Kupferlegierungen
DIN 1787 Kupfer in Halbzeug
DIN 1751 Bleche und Blechstreifen aus Kupfer und Kupfer-Knetlegierungen, kaltgewalzt; Maße.

2.9.3. Bänder aus Edelstahl
Werkstoffnummer: 1.4301, 1.4401, 1.4571.

2.10. Dachschindeln aus Holz und Bitumen-Dachschindeln

2.10.1. Dachschindeln aus Holz müssen aus Lärche oder Kiefer bestehen, wenn in der Leistungsbeschreibung nichts anderes vorgeschrieben ist, z. B. Fichte, Tanne, Eiche, Zeder, Buche.
Die Form der Schindeln muß der Deckungsart entsprechen.

2.10.2. Bitumen-Dachschindeln müssen aus mindestens einer Einlage und beiderseitig aufgebrachten Bitumen-Deckschichten bestehen. Die Oberseite muß gleichmäßig und dicht mit einem die Bitumen-Deckschicht schützenden lichtechten Granulat bedeckt sein.

2.11. Rohr und Stroh
Rohr soll 2 bis 3 m lang, dünnhalmig, ungeschält, aber frei von abstehenden Schilfblättern und Fremdpflanzen sowie ungeknickt sein.

Roggen- oder Weizenstroh muß völlig ausgewachsen, gerade, möglichst lang und gut ausgedroschen sein, es darf nicht breitgeschlagen oder gebrochen sein. Andere Stroharten sind unzulässig.

Rasen- oder Heidestücke für die Deckung von Firsten müssen gut durchwurzelt sein.

2.12. Deckungsstoffe und Bauteile für Licht- und Lüftungsöffnungen, Ausstiege, Rohrdurchführungen u. ä.

Die Deckungsstoffe und Bauteile müssen der anschließenden Deckung entsprechen und witterungsbeständig sein.

2.13. Bindemittel
DIN 1060 Baukalk
DIN 1164 Blatt 1 Portland-, Eisenportland-, Hochofen- und Traßzement; Begriffe, Bestandteile, Anforderungen, Lieferung
DIN 1164 Blatt 2 Portland-, Eisenportland-, Hochofen- und Traßzement; Güteüberwachung
DIN 1164 Blatt 3 Portland-, Eisenportland-, Hochofen- und Traßzement; Bestimmung der Zusammensetzung.

2.14. Sand
Sand muß scharfkörnig und frei von tonigen und pflanzlichen Beimengungen sein.

2.15. Anmachwasser
Anmachwasser muß frei von schädlichen Bestandteilen und Beimengungen sein.

2.16. Befestigungsmittel, Dachhaken, Schneefanggitter u. ä.

Sturmklammern, Bindedraht, Nägel und Stifte, Nagelklammern, Schrauben, L-Haken, Gelenkhaken, Setzbolzen, Bänder und andere Befestigungsmittel aus Stahl, Schneefanggitter u. ä. müssen gegen Korrosion geschützt sein.

Dachhaken und Gerüsthaken müssen
DIN 18 480 Blatt 1 „Dachzubehörteile; Dachhaken und Gerüsthaken aus Rundstahl, Maße, Anforderungen, Prüfung".

Schieferstifte
DIN 1160 „Breitkopfstifte; Rohr-, Dachpapp-, Schiefer- und Gipsdielenstifte" entsprechen.

Stifte zum Befestigen von Dachbahnen auf Beton müssen gehärtet sein. Bindedraht zur Befestigung von Rohr- und Strohdeckungen muß mindestens 1 mm Durchmesser haben, sichtbarer Bindedraht muß mindestens 1,4 mm dick sein. Bindedraht zur Befestigung der Querhölzer bei der Legschindeldeckung muß mindestens 2,5 mm Durchmesser haben.

2.17. Fugenstreifen aus Faserdämmstoffen und Schaumkunststoffen

Fugenstreifen aus Faserdämmstoffen und Schaumkunststoffen müssen
DIN 18 165 „Faserdämmstoffe für den Hochbau; Abmessungen, Eigenschaften und Prüfung"

entsprechen. Sie müssen funktionsbeständig bleiben und dürfen nicht saugen.

2.18. Bituminöse Anstrich- und Klebemassen

2.18.1. Bituminöse Anstrich- und Klebemassen müssen die in den Abschnitten 2.18.2 bis 2.22.3.9 angegebenen Eigenschaften haben.

Für die Bestimmung des Festkörpers gilt
DIN 53 215 „Prüfung von Anstrichstoffen; Bestimmung des Festkörper-Gehaltes von bituminösen Anstrichstoffen".

Füllstoffe dürfen in Wasser weder quellen noch sich lösen. Gefüllte bituminöse Stoffe für Abdichtungen dürfen, soweit sie gegen Säureeinflüsse widerstandsfähig sein müssen, nur Füllstoffe enthalten, die in 5 vol.-%iger Salzsäure bis (+ 20 ± 1) °C innerhalb 24 Stunden zu höchstens 25 Gew.-% löslich sind.

2.18.2. Voranstrichmittel

2.18.2.1. Bitumenlösung
Bitumengehalt 30 bis 45 Gew.-%, E. P. (= Erweichungspunkt) des Festkörpers 54 bis 72 °C nach R. u. K. (= Ring- und Kugelverfahren) nach
DIN 1995 „Bituminöse Bindemittel für den Straßenbau; Probenahme und Beschaffenheit, Prüfung".

2.18.2.2. Bitumenemulsionen
Bitumengehalt mindestens 30 Gew.-%, E. P. des Festkörpers mindestens 45° nach R. u. K.

2.18.2.3. Steinkohlenteerpechlösung
E. P. des Festkörpers 50 bis 70 °C nach R. u. K. Flüssigkeitsgrad der Lösung im Auslaufbecher 4 nach
DIN 53 211 „Prüfung von Anstrichstoffen; Bestimmung der Auslaufzeit mit dem Auslaufbecher"
bei 20 °C und bei 15 bis 25 Sekunden.

2.18.2.4. Steinkohlenteerpechemulsionen
Steinkohlenteerpechgehalt mindestens 20 Gew.-%, E. P. des Festkörpers mindestens 40 °C nach R. u. K.

2.18.3. Klebemassen, heiß zu verarbeiten

2.18.3.1. Bitumen, ungefüllt, destilliert oder geblasen; E. P. mindestens 59 °C nach R. u. K.

2.18.3.2. Bitumen gefüllt, Gehalt an destilliertem oder geblasenem Bitumen mindestens 50 Gew.-%, höchstens 90 Gew.-%, E. P. des gefüllten Bitumens mindestens 60 °C nach R. u. K.

2.18.3.3. Steinkohlenteersonderpech ungefüllt, E. P. mindestens 50 °C nach R. u. K.

2.18.3.4. Steinkohlenteersonderpech gefüllt, Gehalt an Steinkohlenteersonderpech mindestens 50 Gew.-%, höchstens 90 Gew.-%, E. P. des gefüllten Steinkohlensonderpechs mindestens 60 °C nach R. u. K.

2.19. Stoffe für Ausgleichsschichten und Dampfdruckausgleichsschichten

2.19.1. Einseitig grob bestreute Bitumendachbahnen.

2.19.2. Lochglasvlies-Bitumen-Dachbahnen, einseitig grob bestreut.

2.19.3. Imprägnierte Falzbaupappen, Wellpappen, gepreßte Buckelpappen u. ä.

2.20. Stoffe für Dampfsperrschichten

2.20.1. DIN 18 190 Blatt 4 Dichtungsbahnen für Bauwerksabdichtungen; Dichtungsbahnen mit Metallbandeinlagen, Begriff, Bezeichnung, Anforderungen.

Aus Kupfer: Die Dicke der Einlage muß mindestens 0,1 mm, die Dicke der Bahn jedoch mindestens 2 mm betragen.

2.20.2. DIN 18 190 Blatt 4 Dichtungsbahnen für Bauwerksabdichtungen; Dichtungsbahnen mit Metallbandeinlagen, Begriff, Bezeichnung, Anforderungen.

Aus Aluminium: jedoch Dicke der Einlage mindestens 0,1 mm und Dicke der Bahn mindestens 2 mm.

7. DIN 18338

2.20.3. Glasvlies-Bitumen-Dachbahnen

DIN 52 143 Glasvlies-Bitumen-Dachbahnen; Begriff, Bezeichnung, Anforderungen, Bitumen-Schweißbahnen, mindestens 4 mm dick, mit mindestens einer Trägereinlage.

2.20.4. Kunststoffbahnen

DIN 16 935 Polyisobutylen-Bahnen für Bautenabdichtungen; Anforderungen, Prüfung

DIN 16 937 PVC weich(Polyvinylchlorid weich)-Bahnen, bitumenbeständig, für Bautenabdichtungen; Anforderungen, Prüfung

DIN 16 938 PVC weich(Polyvinylchlorid weich)-Bahnen, nicht bitumenbeständig, für Abdichtungen; Anforderungen, Prüfung.

2.21. Stoffe für Wärmedämmschichten

2.21.1. Stoffe für Wärmedämmschichten, auf welche die Dachabdichtung unmittelbar aufgebracht wird, müssen trittfest, maßhaltig, temperaturbeständig, unverrottbar und lufttrocken sein.

2.21.2. Expandierte, bituminierte Korksteinplatten.

2.21.3. Platten aus expandierten Materialien.

2.21.4. DIN 18 164 Blatt 1 Schaumkunststoffe als Dämmstoffe für das Bauwesen; Dämmstoffe für die Wärmedämmung.

2.21.5. Platten aus Schaumglas.

2.21.6. Holzfaserplatten, bituminiert.

2.22. Stoffe für die Dachhaut

2.22.1. Bituminöse Dachbahnen

DIN 52 128 Bitumendachpappen mit beiderseitiger Bitumendeckschicht; Begriff, Bezeichnung, Eigenschaften

DIN 52 121 Teerdachpappen, beiderseitig besandet; Begriff, Bezeichnung, Eigenschaften

DIN 52 140 Teer-Sonderdachpappen und Teer-Bitumendachpappen, beide mit beiderseitiger Sonderdeckschicht; Begriff, Bezeichnung, Anforderungen

DIN 52 130 Bitumen-Dachdichtungsbahnen mit Rohfilzpappen-Einlage; Begriff, Bezeichnung, Anforderungen

DIN 52 143 Glasvlies-Bitumen-Dachbahnen; Begriff, Bezeichnung, Anforderungen.

2.22.2. Bitumen-Glasgewebe-Dachdichtungsbahnen

Bitumen-Glasgewebe-Dachdichtungsbahnen müssen aus einer mindestens 170 g/m² schweren Glasgewebeeinlage und auf beiden Seiten der Einlage aufgebrachten Bitumen-Deckschichten bestehen.

Die Deckschichten müssen gleichmäßig mit mineralischen Stoffen bedeckt sein. E. P. der Deckschichten über 80 °C nach R. u. K.

Einlage und Deckschichten müssen innig miteinander verbunden sein. Die Bestreuung der Deckschichten muß gut haften.

Die Dachbahnen müssen auf ebener Unterlage plan aufliegen und dürfen keine Unebenheiten, z. B. Beulen oder Ausbuchtungen haben. Sie müssen eine gleichmäßige Dicke der Oberfläche aufweisen und frei von Mängeln, wie Risse, Falten usw., sein.

Für die Prüfung der Bitumen-Glasgewebe-Dachbahnen ist DIN 52 123 „Dachpappen und nackte Pappen; Prüfverfahren" maßgebend.

Die Dachbahnen müssen den Eigenschaften nach DIN 52 128, Abschnitt 5.2 bis 5.6 entsprechen, jedoch mit folgenden Abweichungen:

Gehalt an Löslichem: mindestens 1,60 kg/m²,
Bruchwiderstand: mindestens 700 N (70 kp),
Dehnung beim Bruch (Bruchlast): mindestens 3 %
(Mittelwert aus Längs- und Querrichtung).

2.22.3. Bitumen-Jutegewebedachbahn

DIN 18 190 Blatt 2 Dichtungsbahnen für Bauwerksabdichtungen; Dichtungsbahnen mit Jutegewebeeinlage, Begriff, Bezeichnung, Anforderungen

die Bahn muß mindestens 2 mm dick sein.

2.22.4. Bitumenschweißbahnen, mindestens 4 mm dick, mit mindestens einer Trägereinlage.

Trägereinlagen aus Glasgewebe mindestens 170 g/m² oder Jutegewebe mindestens 300 g/m², jeweils kombiniert mit Glasvlies 50 g/m² nach DIN 52 141 „Glasvlies als Einlage für Dach- und Dichtungsbahnen; Begriff, Bezeichnung, Anforderungen".

2.22.5. Thermoplastische Kunststoffbahnen

DIN 16 935 Polyisobutylen-Bahnen für Bautenabdichtungen; Anforderungen, Prüfung

DIN 16 937 PVC weich(Polyvinylchlorid weich)-Bahnen, bitumenbeständig, für Bautenabdichtungen; Anforderungen, Prüfung

DIN 16 938 PVC weich(Polyvinylchlorid weich)-Bahnen, nicht bitumenbeständig, für Abdichtungen; Anforderungen, Prüfung.

2.22.6. Stoffe für die Oberflächenbehandlung

2.22.6.1. Bitumen ungefüllt,
E. P. des Bitumens mindestens 40 °C nach R. u. K.

2.22.6.2. Bitumen gefüllt,
E. P. des gefüllten Bitumens mindestens 40 °C nach R. u. K.

2.22.6.3. Steinkohlenteerpech ungefüllt,
E. P. des Steinkohlenteerpechs mindestens 30 °C nach R. u. K.

2.22.6.4. Steinkohlenteerpech gefüllt,
E. P. des gefüllten Steinkohlenteerpechs mindestens 30 °C nach R. u. K.

2.22.6.5. Bitumen gefüllt, kalt zu verarbeiten
Festkörpergehalt mindestens 50 Gew.-%,
E. P. des Festkörpers mindestens 55 °C nach R. u. K.

2.22.6.6. Bitumen gefüllt (Spachtelmasse),
E. P. des gefüllten Bitumens mindestens 80 °C.

2.22.6.7. Steinkohlenteerpech gefüllt (Spachtelmasse),
E. P. des gefüllten Steinkohlenteerpechs mindestens 60 °C.

2.22.6.8. Spachtelmassen auf Bitumenbasis, Bitumen als Lösung, gefüllt.
E. P. des Festkörpers mindestens 70 °C nach R. u. K.

2.22.6.9. Spachtelmassen auf Steinkohlenteerpechbasis, Steinkohlenteerpech als Lösung, gefüllt,
E. P. des Festkörpers mindestens 70 °C nach R. u. K.

2.22.6.10. Kies und Splitt

2.22.6.10.1. Kies und Splitt trocken, staub- und lehmfrei zum Einbringen in heiß zu verarbeitende Einbettmasse,
Körnung 3 bis 7 mm.

2.22.6.10.2. Kies und Splitt gewaschen zur Schüttung,
Körnung > 7 mm.

2.22.6.10.3. Kies für Filterschichten,
Körnung > 25 mm.

3. Ausführung

3.1. Allgemeines

3.1.1. Wenn Verkehrs-, Versorgungs- und Entsorgungsanlagen im Bereich des Baugeländes liegen, sind die Vorschriften und Anordnungen der zuständigen Stellen zu beachten.

3.1.2. Die für die Aufrechterhaltung des Verkehrs bestimmten Flächen sind freizuhalten. Der Zugang zu Einrichtungen der Versorgungs- und Entsorgungsbetriebe, der Feuerwehr, der Post und Bahn, zu Vermessungspunkten und dergleichen darf nicht mehr als durch die Ausführung unvermeidlich behindert werden.

3.1.3. Stoffe und Bauteile, für die Verarbeitungsvorschriften des Herstellerwerkes bestehen, sind nach diesen Vorschriften zu verarbeiten.

3.1.4. Der Auftragnehmer hat vor Durchführung seiner Arbeiten die baulichen Verhältnisse auf Eignung für die Ausführung einer wirksamen und dauerhaften Dachdeckung oder Dachabdichtung zu prüfen und dem Auftraggeber Bedenken unverzüglich schriftlich mitzuteilen (siehe Teil B – DIN 1961 – § 4 Nr. 3).

Bedenken sind geltend zu machen insbesondere bei
  größeren Unebenheiten des Untergrundes,
  zu rauhen, zu porigen, zu glatten Flächen,
  scharfen Schalungskanten und Graten,
  Abweichungen von der Waagerechten oder dem Gefälle, das in der Leistungsbeschreibung vorgeschrieben oder nach Sachlage nötig ist,
  unrichtiger Höhenlage der Oberfläche des Untergrundes,
  fehlender Rundung oder Anschrägung von Ecken, Kanten und Kehlen der Unterlage für die Dachdeckung bzw. Dachabdichtung,
  Spannungs- und Setzrissen, Löchern,
  zu feuchten Flächen,
  ungenügender Festigkeit der Oberfläche des Untergrundes,
  verölten Flächen, Farbresten,
  nicht oder ungenügend abgeglichenen Flächen aus Beton oder Mauerwerk,
  ungeeigneter Art oder Lage von durchdringenden Bauteilen,
  fehlenden oder ungeeigneten Anschluß- oder Abdichtungsmöglichkeiten der Dachdeckung oder Dachabdichtung, bei Rohr- oder sonstigen Durchführungen, Befestigungen, Verankerungen u. ä.,
  fehlenden oder ungeeigneten Möglichkeiten zur Sicherung von senkrechten oder geneigten Anschlüssen der Dachdeckung oder Dachabdichtung gegen Abgleiten,
  ungenügender Höhe des Anschlusses der Dachabdichtung an andere Bauteile (Wasserrückstau),
  Fehlen von Widerlagern für den Dämmbelag bei geneigten Flächen,
  Fehlen von Dübelleisten o. ä. bei geneigten Dachflächen zur Sicherung der Dachhaut gegen Abgleiten,
  Fehlen von Elementen zum Befestigen von in die Dachhaut einbindenden Blechteilen.

3.1.5. Der Auftragnehmer hat dem Auftraggeber die Maße für Dachlatten- oder Pfettenabstände, Gratleisten, Kehlschalungen, Traufen, Dübel usw. anzugeben, wenn er die Unterlage für seine Dachdeckung nicht selbst ausführt.

3.1.6. Dachdeckungen und Dachabdichtungen mit Bitumen- oder Teerdachbahnen sowie Kunststoffbahnen dürfen bei Witterungsverhältnissen, die sich nachteilig auf die Dachdeckung oder Dachabdichtung auswirken können, nur ausgeführt werden, wenn durch besondere Maßnahmen nachteilige Auswirkungen verhindert werden.

Solche Witterungsverhältnisse sind z. B. bei Klebearbeiten Temperaturen unter + 5 °C, Feuchtigkeit und Nässe, Schnee und Eis, scharfer Wind und Arbeiten mit Mörtel bei Frost.

3.1.7. Die Dachdeckung muß regensicher, die Dachabdichtung wasserdicht hergestellt, die Sicherung gegen Sturm vertragsgemäß ausgeführt werden.

3.1.8. Bei Verwendung unterschiedlicher Stoffe müssen, auch wenn sie sich nicht berühren, schädigende Einwirkungen untereinander ausgeschlossen sein.

3.2. Dachziegeldeckung

3.2.1. Deckung in Mörtel

Für Dachziegeldeckung in Mörtel ist Luftkalk- oder Wasserkalkmörtel zu verwenden, wenn in der Leistungsbeschreibung nichts anderes vorgeschrieben ist. Der Mörtel muß die nötige Dichtheit und Haftfähigkeit haben.

3.2.2. Mörtelverstrich

Für das Verstreichen von Ziegeldächern (Innen- und Außenverstrich) ist Mörtel nach Abschnitt 3.2.1 zu verwenden, wenn in der Leistungsbeschreibung nicht die Verwendung eines anderen Mörtels, z. B. eines Kalkzementmörtels, vorgeschrieben ist.

Anhang 2

3.2.3. Verklammerung, Verdrahtung

3.2.3.1. Dächer aus Falzziegeln und Reformpfannen müssen auf der ganzen Fläche durch Verklammerung oder Verdrahtung gesichert werden.

Die an anderen Ziegeln nur an den Ortgängen und Firsten, wenn in der Leistungsbeschreibung die Verklammerung oder Verdrahtung der ganzen Fläche nicht vorgeschrieben ist.

3.2.3.2. Ist die Verklammerung oder Verdrahtung von Ziegeldeckungen ohne genauere Angabe vorgeschrieben, so muß mindestens jeder 4. Ziegel auf der ganzen Fläche verklammert oder verdrahtet werden.

3.2.3.3. Ist bei nicht verklammerten oder nicht verdrahteten Ziegeldeckungen eine Unterspannung vorgeschrieben, so ist diese mit Unterspannbahnen oder Ziegelunterlagspappe herzustellen.

Die Unterspannung ist parallel zur Traufe über die Sparren zu führen und auf jedem Sparren mit zwei Dachpappstiften zu befestigen.

Die Unterspannung muß zwischen den Sparren leicht durchhängen und 150 mm unterhalb des Firstes enden.

Die Lattung wird unmittelbar auf die Unterspannung aufgebracht, wenn in der Leistungsbeschreibung nicht Lattung auf Konterlatten vorgeschrieben ist.

Bei Ziegeldeckungen mit Unterspannung ist eine Verklammerung oder Verdrahtung nach Abschnitt 3.2.3 nicht möglich.

3.2.4. Biberschwanzdeckung

3.2.4.1. Kronendeckung und Doppeldeckung

Biberschwänze nach DIN 456 „Dachziegel; Güteeigenschaften und Prüfverfahren" (schmale Form) sind ganz (mit Längsfuge und Querschlag) in Mörtel zu decken. Biberschwänze nach DIN 456 (breite Form) dagegen ohne Mörtel, wenn in der Leistungsbeschreibung nichts anderes vorgeschrieben ist.

Bei Deckung in Mörtel sind Scheinstellen an Anschlüssen und dergleichen von innen zu verstreichen.

Bei Doppeldeckung sind das First- und Traufgebinde als Kronengebinde oder mit Schlußplatten (Trauf- und Firstplatten) zu decken.

Die Höhenüberdeckung ist mit folgenden Mindestmaßen herzustellen:

bei Dachneigung Grad (°)	Höhenüberdeckung in mm bei Breite	
	155 mm	180 mm
von 30 bis 35	100	95
über 35 bis 40	100	80
über 40 bis 45	90	70
über 45 bis 50	80	60
über 50 bis 55	70	60
über 55 bis 60	60	60
über 60	60	50

3.2.5. Hohlpfannendeckung

Hohlpfannendeckung ist als Aufschnittdeckung auszuführen, wenn die Ausführung als Vorschnittdeckung in der Leistungsbeschreibung nicht vorgeschrieben oder ortsüblich ist.

Vorschnittdeckung ist jedoch nur bei einer Dachneigung von 40° und mehr zulässig. Die Höhenüberdeckung ist mit folgenden Mindestmaßen herzustellen:

bei Dachneigung Grad (°)	Höhenüberdeckung in mm	
	bei Aufschnittdeckung	bei Vorschnittdeckung
von 35 bis 40	100	nicht zulässig
über 40 bis 45	90	70
über 45	80	70

Bei Hohlpfannendeckung sind Längs- und Querfugen mit Verstrichmörtel nach Abschnitt 3.2.2 von innen zu verstreichen.

Ist ein Innenanstrich nicht möglich, z. B. bei Deckung auf einer geschlossenen Unterlage, sind die Pfannen mit Querschlag und Längsfugen in Mörtel zu decken, wenn in der Leistungsbeschreibung nichts anderes vorgeschrieben ist, z. B. Dichtung mit Mineralfaserwolle.

3.2.6. Mönch- und Nonnendeckung

Mönch- und Nonnendeckung ist ganz in Mörtel auszuführen, die Höhenüberdeckung muß mindestens 80 mm betragen.

Scheinstellen an Anschlüssen und dergleichen sind von innen zu verstreichen.

3.2.7. Krempziegeldeckung

Bei Krempziegeldeckung muß die Höhenüberdeckung mindestens 80 mm betragen. In Fällen, in denen ein Innenverstrich nicht möglich ist, z. B. bei Deckung auf einer geschlossenen Unterlage, sind die Pfannen mit Querschlag und Längsfuge in Mörtel zu decken, wenn in der Leistungsbeschreibung nichts anderes vorgeschrieben ist, z. B. Dichtung mit Mineralfaserwolle, Pappdocken.

3.2.8. Falzziegeldeckung

Deckungen mit Falzziegel, Reformpfannen, Falzpfannen, Flachdachpfannen und Flachkrempern sind ohne Mörtel auszuführen, wenn in der Leistungsbeschreibung nichts anderes vorgeschrieben ist, z. B. Verstrich der Querfugen, Verstrich der Quer- und Längsfugen soweit Ortsgebrauch, Deckung auf eine Unterspannung, Dichtung der Querfugen mit Steinwolle, Mineralfaserwolle oder Schaumkunststoffstreifen.

Durch den Verstrich der Längsfugen darf die Wasserführung nicht behindert sein.

3.2.9. Deckung besonderer Dachteile

3.2.9.1. Deckung von Dachkanten.

Die Deckung von Dachkanten ist nach den Abschnitten 3.2.9.1.1 bis 3.2.9.1.3 auszuführen, wenn in der Leistungsbeschreibung nichts anderes vorgeschrieben ist.

Die Kantendeckung ist, z. B. durch Verklammerung oder Verdrahtung, mit der Unterlage zu sichern.

Die Deckung von Dachkanten ist mit mindestens 30 mm Überstand über die fertige Wandfläche herzustellen.

3.2.9.1.1. Biberschwanzdeckung

Die Deckung von Dachkanten mit Biberschwänzen ist mit geringer Anhebung der Deckung herzustellen, der Anschluß an andere Bauteile mit Schichtstücken und Überhangstreifen auszubilden.

3.2.9.1.2. Hohlpfannendeckung

Die Deckung von Dachkanten mit Hohlpfannen ist an der einen Dachkante mit Doppelkrempern, an der anderen Kante mit normalen Hohlpfannen herzustellen.

3.2.9.1.3. Preßdachziegeldeckung (Deckung mit verfalzten Ziegeln)

Die Deckung von Dachkanten ist mit unbehauenen, unbeschnittenen Normalziegeln auszuführen, wenn in der Leistungsbeschreibung die Deckung mit Formziegeln, z. B. Ortgangziegeln, Traufziegeln, Firstanschlußziegeln oder mit Schichtstücken oder Abschlußblechen (Winkelblechen) nicht vorgeschrieben ist.

3.2.9.2. Deckung von Firsten und Graten

Firste und Grate sind bei allen Ziegeldeckarten mit First- und Gratziegeln in Mörtel zu decken, wenn in der Leistungsbeschreibung nichts anderes vorgeschrieben ist. Gratziegel sind mit Bindedraht oder Klammern zu befestigen.

3.2.9.3. Deckung von Kehlen

3.2.9.3.1. Deckung an Metallkehlen

Die Deckung in der Kehle ist ohne Mörtelverstrich auszuführen, wenn in der Leistungsbeschreibung nichts anderes vorgeschrieben ist.

Die Kehle ist entsprechend dem Wasseranfall zu bemessen.

Die Ziegeldeckung muß die Metallkehlen von beiden Seiten mindestens 80 mm überdecken.

Ist bei Biberschwanzdeckung die Ausbildung der Kehlen mit Schichtstücken vorgeschrieben, so muß das dritte Schichtstück das erste überdecken.

3.2.9.3.2. Eingebundene Kehlen

3.2.9.3.2.1. Deutsch eingebundene Kehlen (im Kronen- und Doppeldach als gleich- und ungleichhüftige Kehle)

Deutsch eingebundene Kehlen sind in Doppeldeckung zu decken. Alle Kehlziegel mit Ausnahme der Einspitzer sind in Richtung der Kehllinie zu decken, die Längsfugen der Kehlziegel müssen parallel mit dem Kehlsparren verlaufen.

Die Breite der Kehle muß betragen
    bei gleichhüftigen Kehlen im Kronen- und Doppeldach 2 Kehlziegel,
    bei ungleichhüftigen (einhüftigen) Kehlen im Kronen- und Doppeldach 1 Kehlziegel.

3.2.9.3.2.2. Schwenksteinkehlen (im Kronen- und Doppeldach)

Schwenksteinkehlen sind mit keiligen Formziegeln zu decken. Bei gleichhüftigen Kehlen müssen die einzelnen Schichten waagerecht durchlaufen.

3.2.9.3.2.3. Unterlegte Kehlen

Die Kehlbretter sind mit Dachpappe vorzudecken. Die seitliche Überdeckung der Dachdeckung auf die Kehle muß mindestens 10 cm betragen.

Unterlegte Kehlen sind aus Formziegeln herzustellen, wenn in der Leistungsbeschreibung nicht Biberschwanzkehlen vorgeschrieben sind. Unterlegte Biberschwanzkehlen sind mindestens 4 Ziegel breit in Doppeldeckung zu decken.

3.2.9.3.2.4. Dreipfannenkehle

Die Dreipfannenkehle in der Hohlpfannendeckung ist als unterlegte Kehle in einer Breite von drei Hohlpfannen einschließlich Schalung mit einer Unterlage aus Bitumendachpappe 500 nach Abschnitt 2.22.1 und in Mörtel nach Abschnitt 3.2.1 zu decken.

3.2.9.4. Dachanschlüsse

Dachanschlüsse an die Einfassungen von Schornsteinen, Mauern, Gaupen, Dachflächenfenstern u. ä. sind mit den zur Deckung verwendeten Normalziegeln herzustellen, wenn in der Leistungsbeschreibung nichts anderes vorgeschrieben ist, z. B. Anschlüsse aus Formziegeln.

3.3. Betondachsteindeckung

3.3.1. Allgemeines

Die Deckung mit Betondachsteinen ist ohne Mörtel und ohne Innenverstrich auszuführen, wenn in der Leistungsbeschreibung nichts anderes vorgeschrieben ist, z. B. Verstrich der Querfugen, Deckung auf Unterspannung oder Dichtung der Querfugen mit Mineralfaserwolle- oder Schaumkunststoffstreifen.

3.3.2. Verklammerung, Verdrahtung

Für Verklammerung und Verdrahtung gilt Abschnitt 3.2.3.

3.3.3. Deckung mit Betondachsteinen-Sonderformat mit hochliegendem Längsfalz

Die Höhenüberdeckung ist mit folgenden Mindestmaßen herzustellen:

bei Dachneigung Grad (°)	Höhenüberdeckung in mm (Mindestüberdeckung)
von 25 bis 30	105
über 30 bis 35	90
über 35 bis 40	80
über 40	70

3.3.4. Deckung mit Betondachsteinen-Sonderformat mit hochliegendem Längsfalz und mehrfacher Fußverrippung

Die Höhenüberdeckung ist bei Betondachsteinen-Sonderformat mit hochliegendem Längsfalz und mehrfacher Fußverrippung mit folgenden Mindestmaßen herzustellen:

bei Dachneigung Grad (°)	Höhenüberdeckung in mm (Mindestüberdeckung)
von 22 bis 25	105
über 25 bis 30	90
über 30 bis 45	80
über 45	70

3.3.5. Deckung besonderer Dachteile

3.3.5.1. Deckung von Dachkanten
Die Dachkanten sind mit Ortgangsteinen zu decken, wenn in der Leistungsbeschreibung nichts anderes vorgeschrieben ist.
Die Kantendeckung ist mit der Unterlage, z. B. durch Verklammerung, zu verbinden. Der Abschluß von Dachkanten sowie der Anschluß an andere Bauteile ist mit Schichtstücken auszubilden.

3.3.5.2. Deckung von Firsten und Graten
Firste und Grate sind mit First- und Gratdachsteinen in Mörtel zu decken. Gratdachsteine sind mit Bindedraht oder Klammern zu befestigen.

3.3.5.3. Deckung von Kehlen

3.3.5.3.1. Deckung an Metallkehlen
Die Deckung an Metallkehlen ist nach Abschnitt 3.2.9.3.1 auszuführen.

3.3.5.3.2. Unterlegte Kehlen
Unterlegte Kehlen sind nach Abschnitt 3.2.9.3.2 auszuführen.

3.3.5.4. Dachanschlüsse
Dachanschlüsse an die Einfassungen von Schornsteinen, Mauern, Gaupen, Dachflächenfenstern u. ä. sind mit den zur Deckung verwendeten Betondachsteinen herzustellen.

3.4. Schieferdeckung

3.4.1. Allgemeines

3.4.1.1. Dachpappenvordeckung
Bei Deckung auf Schalung ist eine Vordeckung einlagig aus Bitumen-Dachpappe 333 DIN 52 128 „Bitumendachpappe mit beiderseitiger Bitumendeckschicht; Begriff, Bezeichnung, Eigenschaften" aufzubringen, wenn in der Leistungsbeschreibung nichts anderes vorgeschrieben ist.

3.4.1.2. Nagelung
Bei Deckung nach den Abschnitten 3.4.2.1 bis 3.4.2.4 sind die Decksteine innerhalb der Höhenüberdeckung zu befestigen, und zwar bei einer Steinhöhe

- bis 240 mm mit mindestens 2 Schiefernägeln,
- über 240 mm mit mindestens 3 Schiefernägeln, wenn Nagelung mit nur 2 Schieferstiften je Deckstein (1 Stift in der Höhenüberdeckung und 1 Stift in der Seitenüberdeckung) in der Leistungsbeschreibung nicht vorgeschrieben ist.

Bei Deckung nach den Abschnitten 3.4.2.5 bis 3.4.2.7 sind die Decksteine mit mindestens 2 Schiefernägeln oder Schieferstiften zu befestigen.
Kehl-, First-, Ort-, Fuß- und Strackortsteine sind innerhalb der Überdeckung mit mindestens 3 Stück Schiefernägeln oder Schieferstiften zu befestigen.

3.4.2. Deckung von Dachflächen

3.4.2.1. Altdeutsche Schieferdeckung in einfacher Deckung
Für altdeutsche Schieferdeckung sind Decksteine mit unterschiedlicher Höhe und Breite zu verwenden. Die Seiten- und Höhenüberdeckung muß mindestens 29 % der Steinhöhe betragen, aber nicht weniger als 50 mm.

3.4.2.2. Altdeutsche Schieferdeckung in doppelter Deckung
Deckung entsprechend Abschnitt 3.4.2.1.
Jedes Gebinde muß vom übernächsten Gebinde noch um mindestens 20 mm überdeckt werden.
Traufen und Orte, ausgenommen die Endorte, sind in einfacher Deckung auszuführen.

3.4.2.3. Deutsche Schuppenschablonendeckung in einfacher Deckung
Für Deutsche Schuppenschablonendeckung sind Decksteine gleicher Größe zu verwenden; die Seiten- und Höhenüberdeckung muß mindestens 29 % der Steinhöhe betragen, aber nicht weniger als 50 mm.

3.4.2.4. Deutsche Schuppenschablonendeckung in doppelter Deckung
Für die Decksteine gilt Abschnitt 3.4.2.3.
Die Deckung ist nach Abschnitt 3.4.2.2 auszuführen.

3.4.2.5. Rechteckschablonendeckung
Die Rechteckschablonendeckung ist als Doppeldeckung im Verband auszuführen.
Bei Dachneigungen unter 35° sind Schiefer mit einer Breite von mindestens 230 mm zu verwenden.
Die Höhenüberdeckung ist mit folgenden Mindestmaßen herzustellen:

Höhe der Schiefer mm	Höhenüberdeckung in mm bei einer Neigung in Grad (°) der zu deckenden Fläche von über					
	25 bis 30	30 bis 35	35 bis 40	40 bis 45	45 bis 50	50
bis 410	—	75	65	60	55	50
über 410 bis 550	91	84	77	70	63	56
über 550	104	96	88	80	72	64

Bei Deckung auf Dachplatten darf eine Höhenüberdeckung von 70 mm nicht unterschritten werden.

3.4.2.6. Fischschuppenschablonendeckung
Die Fischschuppenschablonendeckung ist im Verband mit überdecktem Schnitt auszuführen.

3.4.2.7. Spitzwinkelschablonendeckung und Normalschablonendeckung
Die Deckung ist nach Abschnitt 3.4.2.6 auszuführen.

3.4.3. Deckung besonderer Dachteile
Die Deckung besonderer Dachteile ist in Schiefer auszuführen, wenn in der Leistungsbeschreibung die Verwendung von Metall bei der Ausführung von Firsten, Graten, Kehlen und sonstigen Anschlüssen nicht vorgeschrieben ist.

3.4.3.1. Deckung von Firsten und Graten
Firste sind in einfacher Deckung zu decken. First- und Gratgebinde der Wetterseite müssen 50 bis 70 mm überstehen.

3.4.3.2. Deckung von Kehlen
Gleichhüftige Kehlen sind als rechte oder linke Kehlen zu decken, wenn in der Leistungsbeschreibung nicht Herzkehlen vorgeschrieben sind. Bei Herzkehlen müssen rechts und links der Kehlmitte (Herzwasserstein) mindestens je 4 Kehlsteine gedeckt werden. Ungleichhüftige Kehlen bei Dachflächen mit Neigung bis 50° sind als eingehende Kehlen von der flacheren zur steileren Dachfläche zu decken.
Ungleichhüftige Kehlen bei Dachflächen mit Neigungen, von denen mindestens eine mehr als 50° beträgt, sind als ausgehende (fliehende) Kehlen zu decken, wenn in der Leistungsbeschreibung nicht die Deckung eingehender Kehlen vorgeschrieben ist.
Anschlüsse sind als Wandkehlen auszuführen, eingehende und ausgehende Kehlen müssen mindestens 7 Kehlsteine, Wandkehlen mindestens 3 Kehlsteine breit sein.

3.4.4. Deckung von senkrechten Flächen
Bei Deckung von senkrechten Flächen muß die Höhenüberdeckung mindestens 4 cm betragen, im übrigen gilt Abschnitt 3.4.2 entsprechend.

3.4.5. Deckung von Gaupenpfosten und Leibungen
Die Deckung der Gaupenpfosten und Leibungen muß so ausgeführt werden, daß sie der Deckung der Hauptflächen entspricht.

3.5. Deckungen mit Platten aus Asbestzement

3.5.1. Deckungen mit Asbestzement-Dachplatten

3.5.1.1. Befestigung
Asbestzement-Dachplatten sind mit je 2 Schieferstiften zu befestigen.
Ortgang- und Firstplatten sind mit mindestens je 3 Schieferstiften zu befestigen.

3.5.1.2. Deutsche Deckung
Die Deutsche Deckung ist aus Platten mit Bogenschnitt auf Schalung mit einer Vordeckung aus besandeter Bitumen-Dachpappe 333 DIN 52 128 „Bitumendachpappen mit beiderseitiger Bitumendeckschicht; Begriff, Bezeichnung, Eigenschaften" herzustellen, wenn in der Leistungsbeschreibung nichts anderes vorgeschrieben ist. Die Platten sind je nach Wetterrichtung rechts oder links in Gebindesteigung in Abhängigkeit von der Dachneigung zu decken. Platten 40 cm × 40 cm sind zusätzlich mit einer Klammer zu befestigen.
Die Seiten- und Höhenüberdeckungen müssen betragen:

bei Dachneigung Grad (°)	Seiten- und Höhenüberdeckung in mm bei Platten (cm × cm)			
	40 × 40	30 × 30 25 × 30	25 × 25	20 × 20
von 25 bis 30	120	110	nicht zulässig	
über 30 bis 35	110	100	90	—
über 35 bis 45	100	90	80	—
über 45 bis 55	90	80	70	—
über 55	80	70	60	—
senkrechte Flächen	60	50	50	40

Bei Platten 30 cm × 30 cm, 25 cm × 30 cm und 25 cm × 25 cm mit vergrößertem Bogenschnitt beträgt die Seitenüberdeckung 90 mm.

3.5.1.3. Spitzschablonendeckung
Die Spitzschablonendeckung ist aus quadratischen Platten mit einer zur Traufe gerichteten Spitze herzustellen. Die Spitze muß, ausgenommen bei Wandflächen, mindestens 10 mm überhängen.
Platten 40 cm × 40 cm und 30 cm × 30 cm sind mit Klammern zu befestigen.
Die schräg verlaufenden Überdeckungen müssen betragen:

bei Dachneigung Grad (°)	Überdeckung in mm bei Platten (cm × cm)		
	40 × 40	30 × 30	20 × 20
von 35 bis 45	100	90	—
über 45 bis 55	90	80	—
über 55	80	70	—
senkrechte Flächen	60	50	40

3.5.1.4. Waagerechte Deckung
Die waagerechte Deckung ist aus Rechteck- oder Quadratplatten herzustellen.
Bei Rechteckplatten ist die lange Seite der Platten gleichlaufend zur Traufe zu decken. Platten 40 cm × 20 cm, 30 cm × 30 cm und größer sind mit Haken zu befestigen.
Die Seiten- und Höhenüberdeckungen müssen betragen:

bei Dachneigung Grad (°)	Seiten- und Höhenüberdeckung in mm bei Platten (cm × cm)					
	60 × 30 40 × 40		40 × 20		30 × 20	
	Seite	Höhe	Seite	Höhe	Seite	Höhe
von 30 bis 40	120	100	nicht zulässig		—	—
über 40 bis 50	110	90	110	90	—	—
über 50	90	80	90	80	—	—
senkrechte Flächen	50	40	50	40	50	40

3.5.1.5. Doppeldeckung
Die Doppeldeckung ist aus rechteckigen Platten herzustellen, wenn in der Leistungsbeschreibung eine Deckung mit quadratischen Platten nicht vorgeschrieben ist.
Die Überdeckungen müssen betragen:

bei Dachneigung Grad (°)	Überdeckung in mm bei Platten (cm × cm)	
	30 × 60, 40 × 40	30 × 30, 40 × 20
von 25 bis 30	120	nicht zulässig
über 30 bis 40	100	100
über 40 bis 50	80	80
über 50	70	60*)
Wandflächen	60	50*)

*) Gilt auch bei Anwendung von Platten kleinerer Abmessungen.

Anhang 2

Platten 30 cm × 30 cm, 20 cm × 40 cm und größer sind zusätzlich mit Haken zu befestigen.

3.5.1.6. Deckung von Firsten, Graten, Orten
Firste sind mit aufgelegten Firstplatten zu decken, wenn in der Leistungsbeschreibung nichts anderes vorgeschrieben ist.
Grate und Ortkanten sind bei Deutscher Deckung mit eingebundenem Anfangs- und Endort zu decken, wenn in der Leistungsbeschreibung nichts anderes vorgeschrieben ist.
Bei allen anderen Deckarten sind die Deckgebinde bis zur Dachkante zu decken, wenn in der Leistungsbeschreibung nicht für Grate aufgelegte Gratplatten (Strackorte) vorgeschrieben sind.

3.5.1.7. Deckung von Kehlen
Kehlen sind mit Metall zu decken, wenn in der Leistungsbeschreibung Kehldeckung mit Asbestzement-Kehlplatten nicht vorgeschrieben ist.
Bei Kehldeckung mit Asbestzement-Kehlplatten muß die Kehlsparrenneigung mindestens 30° betragen.
Die Höhenüberdeckung der Kehlsteine muß mindestens $1/3$ der Höhe, die Seitenüberdeckung $1/2$ der Breite der Kehlplatten betragen.

3.5.1.8. Deckung von Gauben, Pfosten und Leibungen
Die Deckung von Gauben, Pfosten und Leibungen muß der Deckung der Hauptflächen entsprechen.

3.5.2. Ebene Asbestzement-Platten
3.5.2.1. Deckung senkrechter Flächen
Deckungen mit ebenen Asbestzement-Platten an senkrechten Flächen sind auf einer imprägnierten Holzunterkonstruktion auszuführen, wenn in der Leistungsbeschreibung nichts anderes vorgeschrieben ist.

3.5.2.2. Befestigung
Ebene Asbestzement-Platten in der Dicke ≤ 6 mm sind mit Stahlnägeln, dickere Tafeln mit Holzschrauben zu befestigen, wenn in der Leistungsbeschreibung eine andere Befestigungsart nicht vorgeschrieben ist.

3.5.2.3. Fugenausbildung
Die Fugen sind mit Fugenbändern zu hinterlegen, wenn in der Leistungsbeschreibung keine andere Fugenausbildung vorgeschrieben ist.

3.5.2.4. Lüftung
Die Deckung senkrechter Flächen muß belüftet sein.

3.5.3. Deckung mit Asbestzement-Wellplatten
3.5.3.1. Asbestzement-Wellplatten
Für die Deckung mit Asbestzement-Wellplatten gilt DIN 274 Blatt 2 „Asbestzement-Wellplatten; Anwendung bei Dachdeckungen".

3.5.3.1.1. Deckung besonderer Dachteile
Firste sind mit zweiteiligen Wellfirsthauben zu decken, wenn in der Leistungsbeschreibung nichts anderes vorgeschrieben ist.
An Dachfuß, Ortgang, Grat, an den Wandanschlüssen, Ecken und für Dachdurchdringungen sind Standard-Formstücke zu verwenden, wenn in der Leistungsbeschreibung andere Formstücke nicht vorgeschrieben sind.

3.5.3.1.2. Deckung senkrechter Flächen
An Wandflächen ist jede Wellplatte, die 1,60 m oder länger ist, zusätzlich mit einem Haken zu unterstützen.
Die Wellplatten werden auf dem Wellenberg befestigt, wenn in der Leistungsbeschreibung die Befestigung im Wellental nicht vorgeschrieben ist.

3.5.3.2. Asbestzement-Kurzwellplatten
3.5.3.2.1. Unterkonstruktion
Die Unterkonstruktion ist aus 4 cm × 6 cm Latten auszuführen; Lattenabstand für Normalplatten von 62,5 cm Länge 50 cm,
für Ausgleichsplatten bis 90 cm Länge bis 75 cm.

3.5.3.2.2. Befestigung
Asbestzement-Kurzwellplatten sind mit Glockennägeln zu befestigen, wenn in der Leistungsbeschreibung nichts anderes vorgeschrieben ist.
Die Befestigung muß auf dem 2. und 5. Wellenberg in vorgebohrten Löchern erfolgen.
An Traufe, Ortgang und First sind zusätzliche Befestigungen anzuordnen.

3.5.3.2.3. Deckrichtung
Asbestzement-Kurzwellplatten sind je nach Wetterrichtung links oder rechts zu decken.

3.5.3.2.4. Überdeckung
Die Seitenüberdeckung beträgt mindestens $1/4$ Welle, die Höhenüberdeckung 125 mm. Bei Dachneigungen unter 25° ist zusätzlich eine Einlage aus dauerplastischem Kitt in die Höhenüberdeckung einzulegen.

3.5.3.2.5. Deckung besonderer Dachteile
Firste sind mit zweiteiligen Wellfirsthauben zu decken. Am Dachfuß, Ortgang, an Wandanschlüssen, Ecken und für Dachdurchdringungen sind Standard-Formstücke zu verwenden, wenn in der Leistungsbeschreibung andere Formstücke nicht vorgeschrieben sind.

3.6. Deckung mit vorgefertigten Dachdeckungsteilen aus Metall
3.6.1. Deckung aus Pfannenblechen
Pfannenbleche sind auf Holzkonstruktion mit korrosionsgeschützten Schrauben, auf Stahlunterkonstruktion mit korrosionsgeschützten Hakenschrauben zu befestigen, wenn in der Leistungsbeschreibung nichts anderes vorgeschrieben ist.

3.6.2. Die Befestigungsstellen müssen auf den Wellenbergen liegen. Sie sind gegen das Eindringen von Feuchtigkeit zu sichern.
Überdeckung
Die Höhenüberdeckung muß mindestens betragen:

bei Dachneigung Grad (°)	Höhenüberdeckung in mm
von 7 bis 10	200
über 10 bis 18	150
über 18	100

Die Seitenüberdeckung ist so zu bemessen, daß die Deckung ohne zusätzliche Dichtung regensicher ist.
Die Pfannen sind gegenüber der vorhergehenden Reihe um $1/3$ Pfannenbreite versetzt zu decken.

3.6.3. Deckung besonderer Dachteile
Besondere Dachteile, wie Firste, Grate, Kehlen, Ortgänge, Anschlüsse und dergleichen, sind mit Stahlblechformteilen zu decken.

3.7. Deckung mit profilierten Blechen
3.7.1. Befestigung
Profilierte Bleche sind auf Holzkonstruktion und auf Stahlkonstruktion mit korrosionsgeschützten Schrauben zu befestigen, wenn in der Leistungsbeschreibung nichts anderes vorgeschrieben ist.
Die Befestigungsstellen müssen auf den oberen Wellenbogen liegen, sie sind gegen das Eindringen von Feuchtigkeit zu sichern.

3.7.2. Überdeckung
3.7.2.1. Die Seitenüberdeckung ist durch die Form des Profils bedingt. Anordnung entgegen der Hauptwetterrichtung. Seitenüberdeckungen sind zusätzlich zu nieten, wenn in der Leistungsbeschreibung nichts anderes vorgeschrieben ist.

3.7.2.2. Die Höhenüberdeckung muß mindestens betragen:

bei Dachneigung Grad (°)	Höhenüberdeckung in mm
von 7 bis 10	200
über 10 bis 18	150
über 18	100

Bei Dachneigungen von 7 bis 10° ist innerhalb der Seiten- und Höhenüberdeckungen zusätzlich dauerplastischer Kitt einzulegen.

3.7.3. Deckung besonderer Dachteile
Besondere Dachteile, wie Firste, Grate, Kehlen, Ortgang und Anschlüsse, sind mit Formteilen aus den gleichen Stoffen wie die Dacheindeckung herzustellen, wenn in der Leistungsbeschreibung nichts anderes vorgeschrieben ist.

3.8. Schindeldeckung
3.8.1. Schindeldeckarten:
Legschindeldeckung,
Langschindeldeckung,
Scharschindeldeckung,
Schuppenschindeldeckung,
Nutschindeldeckung,
Rückenschindeldeckung,
Bitumen-Dachschindeldeckung.

3.8.2. Befestigung
Bei Rückenschindeldeckung genügt die Befestigung mit einem Stift je Schindel.
Legschindeldeckung wird nicht genagelt, sondern nur mit aufgelegten Querhölzern und Bindedraht am Dachsparren befestigt. Bei allen anderen Schindeldeckungen sind die Schindel mit mindestens 2 Stiften verdeckt genagelt zu befestigen. Die Stifte müssen mindestens 20 mm in die Deckunterlage eingreifen.
Bei Nutschindeldeckung liegt die Nagelung unverdeckt am Fuß der Schindel.

3.8.3. Bei Bitumen-Dachschindel wird die Doppeldeckung im Verband ausgeführt
Die Dachneigung muß zwischen 10 und 90 Grad betragen. Die Unterlage muß aus trockenen, scharfkantigen, trittfesten Brettern, parallel zur Traufe verlegt, oder aus auf Sparrenmitte dicht gestoßenen Spanplatten, mindestens 22 mm stark, bestehen, wenn in der Leistungsbeschreibung nichts anderes vorgeschrieben ist.
Die Vordeckung ist mit Bitumen-Glasvlies-Dachbahn V 13 nach DIN 52 143 „Glasvlies-Bitumen-Dachbahnen; Begriff, Bezeichnung, Anforderungen" parallel zu den Schindelgebinden, die Befestigung mit vier korrosionsgeschützten Pappstiften 15 mm oberhalb der Schlitze und seitlich der Schindelränder durchzuführen.

3.9. Rohr- und Strohdeckung
Deckung mit Rohr und Stroh ist mindestens 28 cm dick rechtwinklig zur Traufe auszuführen. Die Deckung ist mit Stahldraht zu binden oder zu nähen.
Giebelkanten sind mit dem gleichen Werkstoff wie die Dachflächen zu decken, wenn in der Leistungsbeschreibung nichts anderes vorgeschrieben ist. Kehlen und Grate sind auszurunden bzw. abzurunden. Die Dicke der Kehldeckung muß das $1^{1}/_{2}$fache der Flächendeckung betragen.
Firste sind mit Rasenstücken (Grassoden) oder Heidestücken (mit Heidekraut) zu decken, wenn in der Leistungsbeschreibung nichts anderes vorgeschrieben ist.

3.10. Dachdeckung und Dachabdichtung mit bituminösen Dachbahnen und Kunststoffbahnen sowie Wärmedämmarbeiten auf Dächern
3.10.1. Allgemeines
3.10.1.1. Dächer mit Neigung unter 5° sind nach Abschnitt 3.10.2 als Dachabdichtungen,
Dächer mit größerer Neigung nach Abschnitt 3.10.3 als Dachdeckungen herzustellen.
Bei Gefahr des Wasserrückstaus, z. B. bei Innenentwässerung, sind jedoch auch bei Dächern mit mehr als 5° Neigung die Vorschriften des Abschnittes 3.10.2 anzuwenden.

3.10.1.2. Es ist grundsätzlich im Gießverfahren zu kleben, sofern es die Konstruktion des Daches erlaubt. Die Verklebung der Bahnen untereinander muß in ganzer Fläche ohne Lufteinschlüsse erfolgen. Es ist so viel Klebemasse in flüssiger Form zu verwenden, daß sich beim Einrollen vor der Rolle in ganzer Breite ein Klebemassewulst bildet. Die Klebemasse muß beim Aufgießen an der Verarbeitungsstelle eine Temperatur von + 180 °C haben. Beim Einrollen der Dachbahnen in die heiße Klebemasse muß die Rolle ständig angedrückt werden.

3.10.1.3. Die Standfestigkeit der Klebemasse ist entsprechend der Konstruktion und Neigung der Dachdeckung oder der Dachabdichtung sowie nach der Art der Verlegung zu bestimmen.

3.10.1.4. Bei Verwendung von Bitumen-Dachbahnen für die einzelnen Schichten des Dachbelages ist Klebemasse auf Bitumen-Basis,
bei Verwendung von Teerdachbahnen ist Klebemasse auf Steinkohlenteerpechbasis zu verwenden.

Bei Verwendung von Klebemasse mit einer Dichte (früher: Raumgewicht) von etwa 1000 kg/m³, z. B. Bitumenklebemasse nach Abschnitt 2.18.3.1, sind mindestens 1,8 kg/m² je Lage aufzubringen, werden Klebemassen mit höherer Dichte verwendet, so muß das Mindestgewicht der je Quadratmeter aufzubringenden Klebemasse entsprechend dem Verhältnis der Dichte höher sein. Bei Verwendung einer Deckaufstrichmasse mit einer Dichte von etwa 1000 kg/m³, z. B. Bitumen ungefüllt nach Abschnitt 2.22.3.1, sind für den Deckaufstrich mindestens 1,8 kg/m² aufzubringen. Werden Deckaufstrichmassen mit höherer Dichte verwendet, so muß das Mindestgewicht der je Quadratmeter aufzubringenden Deckaufstrichmasse entsprechend dem Verhältnis der Dichte höher sein. Bitumen-Schweißbahnen sind im Schweißverfahren aufzubringen.

3.10.1.5. Die Dampfsperre ist nach DIN 18530 „Dächer mit massiven Deckenkonstruktionen; Richtlinien für Planung und Ausführung" zu bemessen, sie ist im Bereich der Anschlüsse des Dachbelages an Durchdringungen und aufgehende Bauwerksteile bis über die Wärmedämmschicht hochzuführen.

3.10.1.6. Dampfdruckausgleichsschichten müssen mit der Außenluft Verbindung haben.

3.10.1.7. Ecken, Kanten und Kehlen der Unterlagen für die Dachhaut müssen ausreichend gerundet oder durch Dreikantleisten gebrochen sein.

3.10.1.8. Die Überdeckung der Dachbahnen jeder Lage an den Nähten und Stößen muß mindestens 80 mm betragen.

Die Nähte und Stöße der Dachbahnen der einzelnen Lagen sind zu versetzen.

3.10.1.9. Bei geneigten Dachflächen über 8° sind die Lagen senkrecht zur Traufe aufzubringen. Die Dachbahnen sind am oberen Rand durch versetzte Nagelung mit Nagelabstand von etwa 50 mm gegen Abgleiten zu sichern. Ist die Unterlage nicht nagelbar, so sind Nagelleisten in die Dachdecke einzulassen. Bei Dachbelägen mit Wärmedämmschicht sind Nagelleisten über der Dampfsperre anzuordnen.

Nagelleisten in der Fläche dienen gleichzeitig als Widerlager für den Dämmbelag.

3.10.1.10. Dachdeckungs- und Dachabdichtungsarbeiten unter Verwendung von Kunststoffbahnen nach Abschnitt 2.22.5 sind nach den Vorschriften des Herstellerwerkes auszuführen.

3.10.2. Dachabdichtungen

3.10.2.1. Dachabdichtungen mit Wärmedämmschicht auf massiven Deckenkonstruktionen.

Die Dachabdichtungen sind aus einem Voranstrich, einer Trennschicht oder Ausgleichsschicht, einer Dampfsperre, einer Wärmedämmschicht, einer Dampfdruckausgleichsschicht, einer Dachdichtung und einer Oberflächenschutzschicht herzustellen, wenn in der Leistungsbeschreibung nichts anderes vorgeschrieben ist.

3.10.2.1.1. Der Voranstrich ist mit einem kalt zu verarbeitenden Voranstrichmittel nach Abschnitt 2.18.2 herzustellen, wenn in der Leistungsbeschreibung nichts anderes vorgeschrieben ist.

Der Voranstrich muß durchgetrocknet sein, bevor die weiteren Dachabdichtungsarbeiten ausgeführt werden.

3.10.2.1.2. Die Trenn- oder Ausgleichsschicht ist durch loses Verlegen einer Lage Lochglasvlies-Bitumen-Dachbahn nach Abschnitt 2.19.2 herzustellen, wenn in der Leistungsbeschreibung nichts anderes vorgeschrieben ist, z. B. punktweises oder streifenweises Aufkleben einer Lage einseitig grob bestreuter Dachbahn nach Abschnitt 2.19.1.

3.10.2.1.3. Als Dampfsperre ist eine Glasvlies-Bitumen-Dachbahn nach Abschnitt 2.20.3 zu verwenden, wenn in der Leistungsbeschreibung aufgrund der bauphysikalischen Gegebenheiten nicht eine andere Dampfsperrbahn vorgeschrieben ist, z. B. bei Raumtemperaturen über 20 °C und einer relativen Luftfeuchtigkeit über 65 % eine Dichtungsbahn mit Aluminiumbandeinlage nach Abschnitt 2.20.2. Die einzelnen Bahnen sind vollflächig unter Verwendung von mindestens 2,0 kg/m² Klebemasse nach Abschnitt 2.18.3.1 mit ihrer Unterlage zu verkleben. Damit wird gleichzeitig die nach Abschnitt 3.10.2.1.2 verlegte Lochglasvlies-Bitumen-Dachbahn mit ihrem Untergrund verklebt.

3.10.2.1.4. Für die Wärmedämmschicht sind Platten aus Schaumkunststoff nach Abschnitt 2.21.4 zu verwenden, wenn in der Leistungsbeschreibung nicht ein anderer Dämmstoff nach Abschnitt 2.21 vorgeschrieben ist. Die Platten sind versetzt und dicht gestoßen unter Verwendung von mindestens 1,5 kg/m² Klebemasse nach Abschnitt 2.18.3.1 ganzflächig aufzukleben, wenn in der Leistungsbeschreibung nichts anderes vorgeschrieben ist. Stellen, an denen die Dämmschicht nicht dicht gestoßen ist (Ausbrüche an Dämmplatten, größere Fugen usw.), sind mit losem Dämmstoff zu verfüllen.

3.10.2.1.5. Die Dampfdruckausgleichsschicht ist durch loses Verlegen einer Lage Lochglasvlies-Bitumen-Dachbahn herzustellen, wenn in der Leistungsbeschreibung nichts anderes vorgeschrieben ist. Für die Verlegung gilt Abschnitt 3.10.2.1.2.

3.10.2.1.6. Die Dachabdichtung ist aus einer Lage Glasvlies-Bitumen-Dachbahn V 11 nach DIN 52143 „Glasvlies-Bitumen-Dachbahnen; Begriff, Bezeichnung, Anforderungen", einer Lage Bitumen-Dachdichtungsbahn nach DIN 52130 „Bitumen-Dachdichtungsbahnen mit Rohfilzpappen-Einlage; Begriff, Bezeichnung, Anforderungen" und einer Lage Glasvlies-Bitumendachbahn V 13 nach DIN 52143 herzustellen, wenn in der Leistungsbeschreibung nichts anderes vorgeschrieben ist, z. B. Abdichtung mit 2 Lagen Bitumen-Schweißbahnen oder eine Lage Bitumen-Schweißbahnen nach Abschnitt 2.22.4 und eine Lage Glasgewebebahn (Gewebeeinlage mindestens 170 g/m²) nach Abschnitt 2.22.1.6. Es sind Dachbahnen zu verwenden, deren Einlagen keine Feuchtigkeit aufnehmen können.

Eventuelle Kaschierungen von Wärmedämmplatten gelten nicht als erste Dachhautlage.

Für das Aufkleben der Lagen ist Klebemasse nach Abschnitt 2.18.3.1 (ungefülltes Bitumen) zu verwenden, wenn in der Leistungsbeschreibung nichts anderes vorgeschrieben ist. Die Abschnitte 3.10.1.2 bis 3.10.1.4 sind zu beachten.

3.10.2.1.7. Die Oberflächenschutzschicht ist aus einem heißflüssigen Deckaufstrich und einer Kiesschüttung herzustellen, wenn in der Leistungsbeschreibung nichts anderes vorgeschrieben ist, z. B. ein heißflüssiger Deckaufstrich aus mindestens 1,8 kg/m² Bitumen ungefüllt nach Abschnitt 2.18.3.1, darauf ein kaltflüssiger Deckaufstrich aus mindestens 1,0 kg/m² Kieseinbettmasse nach Abschnitt 2.22.6.5 und Aufbringen einer Lage aus 12 bis 15 kg/m² Perlkies nach Abschnitt 2.22.6.10 oder eine zusätzliche Lage aus Glasgewebebahn nach Abschnitt 2.22.2.

3.10.2.2. Dachabdichtungen ohne Wärmedämmschicht auf Holzschalung.

Die Dachabdichtungen sind aus mindestens 3 Lagen bituminöser Dachbahnen und einer Oberflächenschutzschicht herzustellen, wenn in der Leistungsbeschreibung nichts anderes vorgeschrieben ist.

3.10.2.2.1. Als erste Lage ist eine Glasvlies-Bitumen-Dachbahn nach Abschnitt 2.22.1 zu verlegen, wenn in der Leistungsbeschreibung nichts anderes vorgeschrieben ist. Die Dachbahn ist lose zu verlegen und mit 10 cm Nagelabstand zu nageln, wenn in der Leistungsbeschreibung nicht verdeckte Nagelung und Verkleben der Nähte und Stöße vorgeschrieben ist.

3.10.2.2.2. Als weitere Lagen sind eine Lage Bitumen-Dachdichtungsbahn nach DIN 52130 „Bitumen-Dachdichtungsbahnen mit Rohfilzpappen-Einlage; Begriff, Bezeichnung, Anforderungen" und eine Lage Glasvlies-Bitumen-Dachbahn V 13 nach DIN 52143 „Glasvlies-Bitumen-Dachbahnen; Begriff, Bezeichnung, Anforderungen" aufzubringen, wenn in der Leistungsbeschreibung nichts anderes vorgeschrieben ist. Für die Verlegung gilt Abschnitt 3.10.2.1.6.

3.10.3. Dachdeckungen

Bei Ausführung der Dachdeckungen auf anderen als den in den Abschnitten 3.10.3.1 und 3.10.3.2 genannten Dachdecken sind die hierfür im Einzelfall erforderlichen Maßnahmen entsprechend Abschnitt 3.10.4,

bei Ausführung der Dachbelagsarbeiten mit Kunststoff-Folie die Richtlinien der Hersteller zu beachten.

3.10.3.1. Dachdeckungen mit Wärmedämmschicht auf massiven Deckenkonstruktionen

Die Dachdeckungen sind aus einem Voranstrich, einer Trenn- bzw. Ausgleichsschicht, einer Dampfsperre, einer Wärmedämmschicht, einer Dampfdruckausgleichsschicht und zwei Lagen bituminöser Dachbahnen herzustellen, wenn in der Leistungsbeschreibung nichts anderes vorgeschrieben ist.

3.10.3.1.1. Für die Herstellung des Voranstrichs, der Trenn- oder Ausgleichsschicht, der Dampfsperre, der Wärmedämmschicht gelten die Abschnitte 3.10.2.1.1, 3.10.2.1.2, 3.10.2.1.3 und 3.10.2.1.4 sinngemäß.

3.10.3.1.2. Die Trenn- oder Ausgleichsschicht ist durch punkt- oder streifenweises Aufkleben der ersten Lage der Dachdeckung herzustellen.

Als erste Lage der Dachdeckung ist eine unterseitig grob besandete Glasvlies-Bitumen-Dachbahn nach Abschnitt 2.22.1 zu verwenden, wenn in der Leistungsbeschreibung nichts anderes vorgeschrieben ist.

Die Bahnen sind etwa zu 30 bis 50 % ihrer Fläche aufzukleben. Zum Aufkleben ist eine der Dachneigung entsprechend standfeste Bitumenklebemasse (siehe Abschnitt 3.10.1.3) zu verwenden.

3.10.3.1.3. Als Oberlage der Dachdeckung sind Dachbahnen nach Abschnitt 2.22.1 zu verwenden. Die Bahnen sind unter Beachtung der Abschnitte 3.10.1.2, 3.10.1.3, 3.10.1.4 und 3.10.1.10 aufzubringen. Bei Dachneigungen zwischen 5 und 8° ist als oberste Lage eine oberseitig beschieferte Bitumen-Glasgewebe-Dachdichtungsbahn nach Abschnitt 2.22.2 zu verwenden.

Bei Rückstaugefahr ist eine zusätzliche Lage Glasvlies-Bitumen-Dachbahn nach Abschnitt 2.22.1 aufzukleben.

3.10.3.2. Dachdeckungen ohne Wärmedämmschicht auf Holzschalung

Die Dachdeckungen sind aus mindestens zwei Lagen bituminöser Dachbahnen herzustellen, wenn in der Leistungsbeschreibung nichts anderes vorgeschrieben ist.

Für die Ausführung der Dachdeckung gelten die Abschnitte 3.10.1.9, 3.10.2.2.1, 3.10.2.2.2 und 3.10.3.1.3 sinngemäß.

3.10.4. Dachdeckungen oder Dachabdichtungen auf anderen Unterkonstruktionen

3.10.4.1. Dachdeckungen oder Dachabdichtungen auf Dachdecken aus Betonfertigteilen, z. B. Schwer- und Leichtbetonplatten.

Die Betonfertigteile sind mit einem Voranstrich nach Abschnitt 3.10.2.1.1 zu versehen. Über den Stoßfugen auf den Auflagern sind mindestens 200 mm breite Fugenabdeckstreifen, z. B. aus Glasvlies-Bitumen-Dachbahnen, lose aufzulegen und gegen Verschieben zu sichern.

Bei Dächern mit Wärmedämmschicht ist hiernach eine Ausgleichsschicht und eine Dampfsperre nach Abschnitt 3.10.2.1.2 und Abschnitt 3.10.2.1.3, bei Dächern ohne Wärmedämmschicht eine Dampfdruckausgleichsschicht nach Abschnitt 3.10.2.1.5. aufzubringen. Für den weiteren Aufbau des Dachbelages gelten die Abschnitte 3.10.2 und 3.10.3 sinngemäß.

3.10.4.2. Dachdeckungen oder Dachabdichtungen auf Dachdecken aus profilierten Stahlblechen.

Der Korrosionsschutz und der Haftgrund (Voranstrich) ist nach den für das jeweilige Fabrikat erlassenen amtlichen Zulassungsbedingungen auszuführen. Eine Ausgleichsschicht wird nicht benötigt. Ist eine Dampfsperre auszuführen, so ist eine Schweißbahn 4 mm dick mit zugfester Einlage zu verwenden, wenn in der Leistungsbeschreibung nichts anderes vorgeschrieben ist. Die einzelnen Bahnen sind parallel zu den Sicken so zu verlegen, daß die Nähte auf einem Steg liegen.

3.10.4.3. Dachdeckungen oder Dachabdichtungen auf Spanplatten o. ä.

Ausführung wie auf Holzschalung (siehe Abschnitt 3.10.2.2 und 3.10.3.2).

Soll die erste Lage punktweise aufgeklebt werden, ist ein Voranstrich nach Abschnitt 3.10.2.1.1 aufzubringen. Im übrigen gelten für die Ausführung des Dachbelages sinngemäß die Abschnitte 3.10.2 und 3.10.3.

3.10.5. Anschlüsse der Dachdeckungen und Dachabdichtungen an angrenzende oder eingebaute Bauteile

3.10.5.1. Die Dampfsperre ist so anzuschließen, daß Feuchtigkeit aus dem Bauwerksinnern in die darüberliegende Dämmschicht nicht eindringen kann.

3.10.5.2. Der Dämmbelag ist unmittelbar an die eingebauten oder angrenzenden Bauteile heranzuführen.

3.10.5.3. Die Dachdeckung oder Dachabdichtung ist wasserdicht anzuschließen.

Die Anschlüsse an Rohrdurchführungen u. ä. sind bei Dachneigungen unter 5° aus der Dichtungsebene herauszuheben. Anschlüsse der Dachdeckung an Dachabläufe sind mit Hilfe von Klemmflanschen auszuführen, wenn in der Leistungsbeschreibung nichts anderes vorgeschrieben ist.

3.10.5.4. Anschlüsse der Dachdeckung an Lichtkuppeln, Dehnungsfugen oder dergleichen sind so herzustellen, daß sie den auftretenden Beanspruchungen genügen und auch bei vorübergehendem Wasserstau auf der Dachdeckung das Eindringen von Wasser unter die Dachdeckung verhindern. An aufgehendem Mauerwerk sind die Anschlüsse mindestens 200 mm über die Oberfläche der Dachdeckung oder Dachabdichtung hochzuziehen und gegen Abrutschen sowie Hinterwandern durch ablaufendes Niederschlagwasser zu sichern.

Anhang 2

3.10.5.5. Ist bei Dachneigungen über 5° ein Anschluß mit Hilfe von Metallblechen nicht zu vermeiden, so sind die Bleche bei Konstruktionen ohne Wärmedämmung auf Dübelleisten, sonst auf Holzbohlen im Abstand von höchstens 50 mm zu nageln. Die Nägel sind versetzt anzuordnen. Die Bleche sind wasserdicht miteinander zu verbinden. Die Klebefläche muß mindestens 120 mm breit sein. Im Bereich des Überganges der Dachdeckung oder Dachabdichtung an die Klebefläche ist diese durch einen zusätzlichen mindestens 250 mm breiten Streifen aus Bitumen-Jutegewebe-Dachbahn nach Abschnitt 2.22.3 zu verstärken, wenn in der Leistungsbeschreibung nichts anderes vorgeschrieben ist. Die Klebefläche ist auf beiden Seiten mit einem Voranstrich nach Abschnitt 3.10.2.1.1 zu versehen und die Dichtungsbahn ohne Lufteinschlüsse auf die Unterlage aufzukleben. Die auf die Klebeflächen aufzubringende Lage ist mit der gleichen Klebemasse so aufzukleben, daß die Klebefläche und die Unterseite der Bahn voll mit Klebemasse eingestrichen sind.

Bei Blechanschlüssen an aufgehendem Mauerwerk ist die erste Lage hinter der Verwahrung mindestens 200 mm hoch zu führen. Die Abwicklung der Anschlußbleche soll nicht größer als 33 cm sein. Die Blechanschlüsse sind durch einen Überhangstreifen zu sichern.

3.10.6. Ausführung von Dachdeckungen oder Dachabdichtungen über Bauwerksfugen

Die Dachdeckungen oder Dachabdichtungen über Bauwerksfugen sind so herzustellen, daß die Bewegungen der Baukörper aufgenommen werden können.

4. Nebenleistungen

Nebenleistungen sind Leistungen, die auch ohne Erwähnung in der Leistungsbeschreibung zur vertraglichen Leistung gehören (siehe Teil B — DIN 1961 — § 2 Nr. 1).

4.1. Folgende Leistungen sind Nebenleistungen:

4.1.1. Messungen für das Ausführen und Abrechnen der Arbeiten einschließlich des Vorhaltens der Meßgeräte, Lehren, Absteckzeichen usw., des Erhaltens der Lehren und Absteckzeichen während der Bauausführung und des Stellens der Arbeitskräfte, jedoch nicht Leistungen nach Teil B — DIN 1961 — § 3 Nr. 2.

4.1.2. Schutz- und Sicherheitsmaßnahmen nach den Unfallverhütungsvorschriften und den behördlichen Bestimmungen.

4.1.3. Schutz der ausgeführten Leistungen und der für die Ausführung übergebenen Gegenstände vor Beschädigung und Diebstahl bis zur Abnahme.

4.1.4. Heranbringen von Wasser und Energie von den vom Auftraggeber auf der Baustelle zur Verfügung gestellten Anschlußstellen zu den Verwendungsstellen.

4.1.5. Vorhalten der Kleingeräte und Werkzeuge.

4.1.6. Lieferung der Betriebsstoffe.

4.1.7. Befördern aller Stoffe und Bauteile, auch wenn sie vom Auftraggeber beigestellt sind, von den Lagerstellen auf der Baustelle zu den Verwendungsstellen und etwaiges Rückbefördern.

4.1.8. Sichern der Arbeiten gegen Tagwasser, mit dem normalerweise gerechnet werden muß, und die etwa erforderliche Beseitigung.

4.1.9. Beleuchten und Reinigen der Aufenthaltsräume und Aborte für die Beschäftigten des Auftragnehmers sowie Beheizen der Aufenthaltsräume.

4.1.10. Beseitigen aller Verunreinigungen (Abfälle, Bauschutt und dergleichen), die von den Arbeiten des Auftragnehmers herrühren.

4.1.11. Auf- und Abbauen sowie Vorhalten der Gerüste, deren Arbeitsbühnen bis zu 2 m über Gelände oder Fußboden liegen.

4.1.12. Zubereiten des Mörtels und Vorhalten der hierzu erforderlichen Einrichtungen, auch wenn der Auftraggeber die Stoffe beistellt.

4.2. Folgende Leistungen sind Nebenleistungen, wenn sie nicht durch besondere Ansätze in der Leistungsbeschreibung erfaßt sind:

4.2.1. Einrichten und Räumen der Baustelle.

4.2.2. Vorhalten der Baustelleneinrichtung einschließlich der Geräte und dergleichen.

4.3. Folgende Leistungen sind keine Nebenleistungen:

4.3.1. „Besondere Leistungen" nach Teil A — DIN 1960 — § 9 Nr. 6.

4.3.2. Aufstellen, Vorhalten und Beseitigen von Bauzäunen, Blenden und Schutzgerüsten zur Sicherung des öffentlichen Verkehrs sowie von Einrichtungen außerhalb der Baustelle zur Umleitung und Regelung des öffentlichen Verkehrs.

4.3.3. Sichern von Leitungen, Bäumen und dergleichen.

4.3.4. Beseitigen von Hindernissen, Leitungen, Kanälen, Dränen, Kabeln und dergleichen.

4.3.5. besondere Maßnahmen aus Gründen der Landespflege und des Umweltschutzes.

4.3.6. Vorhalten von Aufenthalts- und Lagerräumen, wenn der Auftraggeber Räume, die leicht verschließbar gemacht werden können, nicht zur Verfügung stellt.

4.3.7. Auf- und Abbauen sowie Vorhalten der Gerüste, deren Arbeitsbühnen mehr als 2 m über Gelände oder Fußboden liegen.

4.3.8. Reinigen des Untergrundes von grober Verschmutzung durch Bauschutt, Gips, Mörtelreste, Farbreste u. ä., soweit sie von anderen Unternehmern herrührt.

4.3.9. Ausgleich von größeren Unebenheiten, von mangelndem Gefälle oder unrichtiger Höhenlage des Untergrundes (siehe Abschnitt 3.1.4).

4.3.10. zusätzliche Maßnahmen für die Weiterarbeit bei Temperaturen unter +5 °C und bei Feuchtigkeit, Nässe, Schnee und Eis.

4.3.11. besonderer Schutz der Bauleistung, der über den Schutz nach Abschnitt 4.1.3 hinausgeht.

5. Abrechnung

5.1. Allgemeines

5.1.1. Die Leistung ist aus Zeichnungen zu ermitteln, soweit die ausgeführte Leistung diesen Zeichnungen entspricht.

Sind solche Zeichnungen nicht vorhanden, ist die Leistung aufzumessen.

Der Ermittlung der Leistung — gleichgültig ob sie nach Zeichnungen oder nach Aufmaß erfolgt — sind zugrunde zu legen:

bei Wandabdichtungen die Konstruktionsmaße der Wände,

bei Dachdeckungen und Dachabdichtungen auf Flächen, die von Bauteilen, z. B. Attika, Wände, begrenzt sind, die Fläche bis zu den begrenzenden ungeputzten bzw. unbekleideten Bauteilen,

bei Dachdeckungen und Dachabdichtungen auf Flächen, die nicht von Bauteilen begrenzt sind, deren Abmessungen.

5.1.2. Schließen Dachdeckungen, Wanddeckungen und Dachabdichtungen an Firste, Grate oder Kehlen an, wird von Mitte First, Grat oder Kehle gerechnet.

5.2. Es werden abgerechnet:

5.2.1. Dach- und Wanddeckungen und Dachabdichtungen ohne Berücksichtigung der Dachkanten sowie ohne Berücksichtigung der An- sowie Abschlüsse, Trenn- und Dampfdruck-Ausgleichsschichten, Sperrschichten und Dämmschichten nach Flächenmaß (m²) (bei Verwendung von Formstücken gilt Abschnitt 5.2.2). Abgezogen werden über 1 m² große Aussparungen in der Deckung oder Abdichtung für Schornsteine, Fenster, Oberlichter, Entlüfter und dergleichen, geht die Aussparung über den First oder Grat hinweg, so ist sie in jeder Dachfläche für sich zu berücksichtigen.

5.2.2. Deckungen von Firsten, Graten, Kehlen, Dachkanten, An- und Abschlüsse u. ä. mit Formstücken, in der Mittellinie gemessen, nach Längenmaß (m), als Zulage zum Preis nach Abschnitt 5.2.1. Abgezogen werden über 1 m lange Unterbrechungen für Schornsteine, Fenster, Oberlichter, Entlüfter und dergleichen.

5.2.3. Ausgleichsschichten nach der tatsächlich ausgeführten Leistung nach Flächenmaß (m²).

5.2.4. Sperrschichten nach der tatsächlich ausgeführten Leistung nach Flächenmaß (m²).

5.2.5. Dämmschichten nach der von der Dämmung einschließlich der von vorhandenen Bohlen bedeckten Fläche nach Flächenmaß (m²).

5.2.6. Bohlen bei Dachbelagsarbeiten nach Längenmaß (m).

5.2.7. Abdichtungen von Bauwerksfugen nach Längenmaß (m).

5.2.8. Verstärkungen der Abdichtungen bei Anschlüssen an aufgehendes Mauerwerk, an Metalleinfassungen u. ä. nach Längenmaß (m), als Zulage zu den Preisen der Abschnitte 5.2.1, 5.2.2, 5.2.9.

5.2.9. Anschlüsse der Dachbelagsarbeiten an Abflüsse, Rohrleitungen und sonstige Durchdringungen, getrennt nach Art und Größe, nach Anzahl (Stück).

5.2.10. Gaupenpfosten, Gaupen und Leibungen, getrennt nach Form, Abmessungen und Ausführungen, als Zulage zum Preis nach Abschnitt 5.2.1, nach Anzahl (Stück).

5.2.11. Lüftungsziegel, Glasdachziegel und dergleichen, getrennt nach Art und Abmessungen, nach Anzahl (Stück), als Zulage zum Preis nach Abschnitt 5.2.1.

5.2.12. Lichtkuppeln, Dachfenster, getrennt nach Art und Abmessungen, nach Anzahl (Stück).

5.2.13. Schneefanggitter einschließlich Stützen, nach Längenmaß (m).

5.2.14. Leiterhaken, Laufbrettstützen und dergleichen, nach Anzahl (Stück).

DIN 18530

DK 69.024 : 69.025.22   DEUTSCHE NORMEN   *Entwurf* April 1971

Dächer mit massiven Deckenkonstruktionen
Richtlinien für Planung und Ausführung

DIN 18530

Roofs with solid floor constructions;
directions for planning and execution

Einsprüche bis 30. September 1971
Verlängert bis 31. Oktober 1971

Vorbemerkung mit Anwendungs-Warnvermerk auf Seite 9 beachten.

Inhalt

	Seite
1. Geltungsbereich	1
2. Zweck	1
3. Begriffe	2
3.1. Massive Dachdeckenkonstruktionen	2
3.2. Nichtbelüftete Dächer	2
3.3. Belüftete Dächer	2
4. Verformungen	2
4.1. Ursachen der Verformungen	2
4.2. Verformungsarten	3
4.2.1. Längsverformungen	3
4.2.2. Biegeverformungen	3
4.3. Berechnung der Verformungen	3
4.3.1. Dehnungsfugenabstände	3
4.3.2. Längsverformungen	3
4.3.3. Biegeverformungen	3
4.3.4. Rechenwerte	3
4.4. Zulässige Größen der Verformungen	4
5. Feuchtigkeitsschutz der Wärmedämmschicht	5
5.1. Nichtbelüftete Dächer	5
5.2. Belüftete Dächer	5
6. Anordnung und Funktion der Dachschichten	6
6.1. Nichtbelüftete Dächer	6
6.1.1. Oberflächenschutz	6
6.1.2. Dachhaut	6
6.1.3. Dampfdruckausgleich	6
6.1.4. Wärmedämmschicht	6
6.1.5. Dampfsperre	6
6.1.6. Ausgleichsschicht	6
6.1.7. Voranstrich	6
6.2. Belüftete Dächer	6
6.2.1. Oberflächenschutz	6
6.2.2. Dachhaut	6
6.2.3. Dachhautträger	6
6.2.4. Durchlüfteter Dachraum	6
6.2.5. Wärmedämmschicht	6
7. Einzelheiten der Ausführung	6
7.1. Dachdecken	6
7.2. Wände unter der Dachdecke	7
7.3. Auflager für die Dachdecke	7
8. Beispiele für die Berechnung der Verformung	7
8.1. Mehrgeschossiges, zentral beheiztes Wohnhaus	7
8.1.1. Dehnungsdifferenz bei der Herstellung der Dachdecke im Winter	7
8.1.2. Dehnungsdifferenz bei der Herstellung der Dachdecke im Sommer	7
8.1.3. Rechnerischer Verschiebewinkel am Wandende	7
8.1.4. Beurteilung der Tragkonstruktion	7
8.2. Mehrgeschossiges, zentral beheiztes Wohnhaus	7
8.2.1. Dehnungsdifferenz bei der Herstellung der Dachdecke im Winter	8
8.2.2. Dehnungsdifferenz bei der Herstellung der Dachdecke im Sommer	8
8.2.3. Rechnerischer Verschiebewinkel am Wandende	8
8.2.4. Beurteilung der Tragkonstruktion	8
8.3. Eingeschossiges, zentral beheiztes Einfamilienhaus ohne Unterkellerung	8
8.3.1. Dehnungsdifferenz bei Herstellung des Hauses im Winter	8
8.3.2. Dehnungsdifferenz bei Herstellung des Hauses im Sommer	9
8.3.3. Rechnerischer Verschiebewinkel am Wandende	9
8.3.4. Beurteilung der Dachdecke	9

1. Geltungsbereich

Diese Norm gilt für belüftete und nichtbelüftete Dächer mit massiven Deckenkonstruktionen über Aufenthaltsräumen in Wohn-, Büro- und Geschäftsgebäuden sowie in Gebäuden mit gleichartigen raumklimatischen Verhältnissen.

Bei Dächern über Räumen mit nicht gleichartigen Verhältnissen können andere Maßnahmen erforderlich sein.

Die in DIN 4108 — Wärmeschutz im Hochbau — gestellten Mindestanforderungen bleiben von dieser Norm unberührt.

2. Zweck

Bei Dächern mit massiven Deckenkonstruktionen können Schäden entstehen, insbesondere

Risse in den unmittelbar unter den Dächern befindlichen Wänden,

Feuchtigkeitsanfall in der Dachdecke und in der Wärmedämmschicht sowie

Blasenbildung der Dachhaut.

Ursachen hierfür sind im wesentlichen Formänderungen aus

Belastung,

Temperaturschwankungen,

Schwinden und Kriechen der Baustoffe,

nicht ausreichender Feuchtigkeits- und Wärmeschutz und Ausführungsfehler.

In dieser Norm sind Maßnahmen aufgeführt, die zur Vermeidung von Schäden zu beachten sind.

Fortsetzung Seite 2 bis 9
Erläuterungen Seite 9

Fachnormenausschuß Bauwesen im Deutschen Normenausschuß (DNA)

Alleinverkauf der Normblätter durch Beuth-Vertrieb GmbH, Berlin 30 und Köln
10.73

Entwurf DIN 18 530 April 1971 Preisgr. 7

Seite 2 Entwurf DIN 18 530

3. Begriffe

3.1. Massive Dachdeckenkonstruktionen

Massive Dachdeckenkonstruktionen — im folgenden kurz „Dachdecken" genannt — im Sinne dieser Norm sind Vollbetonplatten, Stahlbetonrippendecken, Hohlkörperdecken, Stahlsteindecken und massive Fertigteildecken, nicht jedoch solche aus Leichtbeton mit hohem Wärmedurchlaßwiderstand.

3.2. Nichtbelüftete Dächer

Nichtbelüftete Dächer (auch „Warmdächer" genannt) im Sinne dieser Norm sind einschalige Dächer, bei denen die zum Dachaufbau gehörenden Schichten unmittelbar aufeinanderliegen (siehe Abschnitt 6.1, Bild 3).

3.3. Belüftete Dächer

Belüftete Dächer (auch „Kaltdächer" genannt) im Sinne dieser Norm sind zweischalige Dächer, bei denen die Dachhaut mit ihrer Tragkonstruktion von den übrigen Schichten des Daches durch einen von außen belüfteten Raum getrennt ist (siehe Abschnitt 6.2, Bild 4). Hierzu gehören auch Dächer mit belüfteten, nicht ausgebauten Dachgeschossen.

4. Verformungen

4.1. Ursachen der Verformungen

Die Verformungen der Dachdecke und der darunter befindlichen Wände werden verursacht durch

a) äußere Einflüsse:
   Belastung
   Temperatur
   Feuchtigkeit

b) Stoffeigenschaften
   Festigkeit
   Elastizität
   Wärmedehnung
   Kriechen
   Schwinden und Quellen

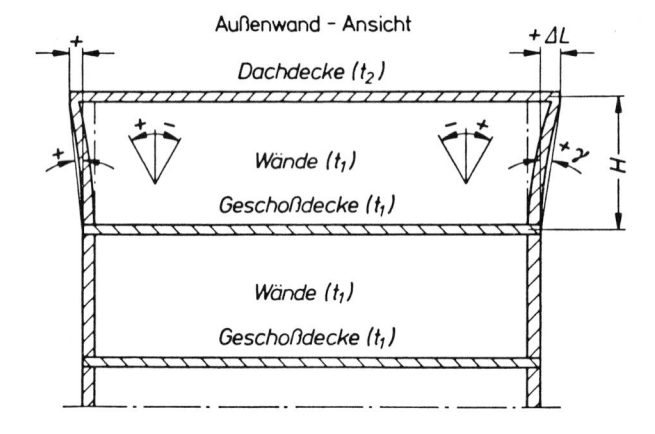

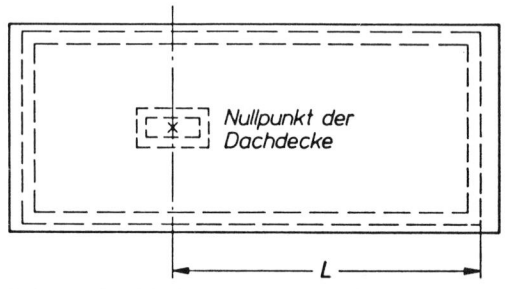

Bild 1. Verformungen bei unterschiedlicher Temperatur von Dachdecke und Unterkonstruktion

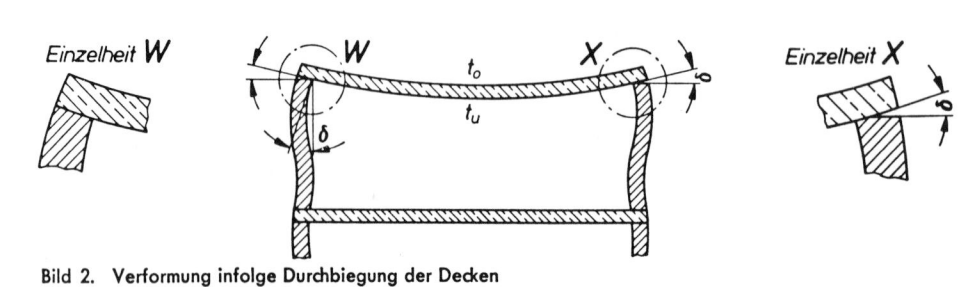

Bild 2. Verformung infolge Durchbiegung der Decken

4.2. Verformungsarten

In der Dachdecke und den darunter befindlichen Wänden entstehen Längs- und Biegeverformungen.

4.2.1. Längsverformungen

Dachdecken und die unter ihnen liegenden Wände sind aufgrund der äußeren Einflüsse und ihrer Stoffeigenschaften unterschiedlichen Längenänderungen unterworfen. Können sich die Dachdecken nicht frei auf den Wänden bewegen — was in der Regel der Fall ist —, so zwingen sie diese zur Verformung (Bild 1).

Die geringe Behinderung der Längenänderung der Dachdecke durch die Wände bleibt in diesem Zusammenhang bei Wänden ohne Stahlbewehrung außer Betrachtung.

Von Bedeutung für die Wände sind vor allem die Bewegungen der Dachdecken in Richtung der Wandebene. Bewegungen senkrecht zur Wandebene sind wegen der geringen Steifigkeit der Wände in dieser Richtung belanglos.

Die Verformungen der Wände müssen sich in Grenzen halten, damit die Schäden vermieden werden.

4.2.2. Biegeverformungen

Durch Biegeverformungen der Dachdecke entstehen an den Auflagern Drehwinkel. Dabei erhalten die darunterliegenden Wände ebenfalls Biegeverformungen, sofern die Dachdecke nicht zentrisch und frei drehbar gelagert ist. Ist der Drehwinkel der Wand am Deckenauflager kleiner als derjenige der Dachdecke, so hebt sich die Dachdecke außen von der Wand ab. An den Ecken kann sich die Dachdecke vollständig abheben (siehe Bild 2).

4.3. Berechnung der Verformungen

4.3.1. Dehnungsfugenabstände

Überschreiten die Dehnungsfugenabstände in Dachdecken 10 m, so soll eine rechnerische Untersuchung durchgeführt werden. Bei nicht zentralbeheizten Gebäuden gilt dies für Dehnungsfugenabstände über 8 m.

Für eingeschossige, nichtunterkellerte Gebäude empfiehlt sich in jedem Fall eine rechnerische Untersuchung.

4.3.2. Längsverformungen

Die Unterschiede in der Verformung der Dachdecke gegenüber den unter ihr liegenden Wänden bei einer für die Berechnung angenommenen Trennung beider Bauteile sind maßgebend für die Beanspruchung der Wand.

Die unterschiedlichen Verformungen können näherungsweise nach den Gleichungen (1) und (2) ermittelt werden.

$$\Delta \varepsilon = \varepsilon_{sD} - \varepsilon_{sW} + (t_2 - t_0) \cdot \alpha_{tD} - (t_1 - t_0) \alpha_{tW} \quad (1)$$

$$\gamma = \frac{L}{H} \cdot \alpha_{tD} (t_2 - t_1) \quad (2)$$

Hierin bedeuten

$\Delta \varepsilon$ Dehnungsdifferenz zwischen der Dachdecke und den darunter befindlichen Wänden (in mm/m).

γ rechnerischer Verschiebewinkel am Wandende, welcher durch unterschiedliche Längenänderungen von Dachdecke und darunterliegender Geschoßdecke entsteht (siehe Bild 1)

α_{tD} Längenausdehnungskoeffizient der Decken

α_{tW} Längenausdehnungskoeffizient der Wände

ε_{sD} Schwindmaß der Decken

ε_{sW} Schwindmaß der Wände vom Zeitpunkt der beginnenden Deckenerhärtung ab (normalerweise 3 Tage nach dem Betonieren der Dachdecke)

t_0 Herstellungstemperatur der Dachdecke (normalerweise etwa die Temperatur 3 Tage nach Betonieren bzw. bei Erreichen der Frostunempfindlichkeit)

t_1 Temperatur der unter der Dachdecke befindlichen Bauteile (Wände, Decken) im Schwerpunkt ihres Gesamtquerschnittes

t_2 Temperatur der Dachdecke im Schwerpunkt ihres Querschnittes

H Geschoßhöhe

L Wandlänge von der Projektion des Nullpunktes der Dachdecke (Festpunkt) auf die Wand bis zum Wandende (siehe Bild 1).

Da im allgemeinen der Herstellungszeitpunkt der Dachdecke nicht bekannt ist, empfiehlt es sich, die Berechnung für die Sommer- und für die Wintertemperatur durchzuführen.

Unterscheidet sich das Schwindmaß der Dachdecke von dem der darunterliegenden Geschoßdecke zur Zeit der Herstellung sehr wesentlich, so ist es bei der Berechnung zu berücksichtigen. Dies gilt stets für nicht unterkellerte eingeschossige Bauten. In diesen Fällen ist statt Gleichung (2) Gleichung (3) zu verwenden.

$$\gamma = \frac{L}{H} \cdot \left[\alpha_{tD}(t_2 - t_1) + (\varepsilon_{s2} - \varepsilon_{s1}) \right] \quad (3)$$

Hierin bedeuten

ε_{s1} Schwindmaß der darunterliegenden Decke (in mm/m)

ε_{s2} Schwindmaß der Dachdecke (in mm/m)

Sind die für $\Delta \varepsilon$ oder γ errechneten Werte größer als die nach Tabelle 4 und Tabelle 5 zulässigen Werte, so sind zur Vermeidung von Schäden entweder

a) andere Baustoffe zu wählen oder

b) die obere Wärmedämmung zu erhöhen oder

c) eine bewegliche Lagerung der Decke vorzusehen.

4.3.3. Biegeverformungen

Die Berechnung der Biegeverformungen von Dachdecke und darunterliegenden Wänden ist im allgemeinen nicht sinnvoll. Die Steifigkeit der Dachdecke reicht in der Regel nicht zur Verhinderung von waagerechten Rissen im Auflager aus. Mit den in Abschnitt 7.3 angegebenen Maßnahmen können Schäden vermieden werden.

4.3.4. Rechenwerte

Tabelle 1. **Schwindmaß** ε_s

Decken- und Wandbaustoffe	Schwindmaß ε_s in mm/m
örtlich eingebrachter Beton	−0,3 bis −0,6
Beton-Fertigteile	−0,2 bis −0,5
Vollziegelmauerwerk	0,0 bis −0,1
Hochlochziegelmauerwerk	−0,1 bis −0,2
Kalksandsteinmauerwerk	−0,1 bis −0,3
Gasbetonmauerwerk	−0,3 bis −0,5
Leichtbetonmauerwerk	−0,2 bis −0,5

Herstellungstemperatur der Dachdecke (t_0)

Für die Herstellungstemperaturen t_0 kann mit 5 °C im Winter und 30 °C im Sommer gerechnet werden, sofern keine genaueren Werte bekannt sind.

Anhang 2

Seite 4 Entwurf DIN 18 530

Tabelle 2. **Maximale Temperaturen der unter der Dachdecke befindlichen Bauteile (t_1) und der Dachdecke (t_2) im Schwerpunkt ihrer Querschnitte[1])**

	Dachausführung		Wärmedurchlaß-widerstand der oberen Wärme-dämmschicht $\frac{1}{\Lambda}$ in $\frac{m^2 h \cdot K}{kcal}$	maximale Temperaturen im Sommer in °C		minimale Temperaturen im Winter in °C			
						bei zentralbe-heizten Gebäuden		bei Gebäuden mit unter-brochenem Heizbetrieb	
				t_1	t_2	t_1	t_2	t_1	t_2
1	nicht belüftete Dächer	ohne wesentliche Wärme-dämmung unter der Wärmedämmschicht und ohne Kiesschüttung	1,2	25	30	20	14	+5	−2
2			1,8	25	27	20	16	+5	+2
3			2,4	25	25	20	18	+5	+5
4		mit untergehängter Leichtdecke unter der Dachdecke und ohne Kiesschüttung	1,2	25	35	20	13	+5	−3
5			1,8	25	30	20	14	+5	0
6			2,4	25	25	20	15	+5	+2
7		ohne wesentliche Wärme-dämmung unter der Wärmedämmschicht mit Kiesschüttung oder Plattenbelag auf der Dachhaut	1,2	25	27	20	15	+5	−2
8			1,8	25	25	20	17	+5	+2
9			2,4	25	25	20	19	+5	+5
10		mit untergehängter Leichtdecke mit Kies-schüttung oder Platten-belag auf der Dachhaut	1,2	25	32	20	15	+5	−3
11			1,8	25	27	20	16	+5	0
12			2,4	25	25	20	17	+5	+2
13	belüftete Dächer	ohne wesentliche Wärmedämmung unter der Wärmedämmschicht	1,2	25	27	20	14	+5	−2
14			1,8	25	25	20	16	+5	+2
15			2,4	25	25	20	18	+5	+5
16		mit untergehängter Leichtdecke unter der Dachdecke	1,2	25	32	20	13	+5	−3
17			1,8	25	27	20	14	+5	0
18			2,4	25	25	20	15	+5	+2

Tabelle 3. **Längenausdehnungskoeffizienten α_t**

Decken- und Wandbaustoffe	Längenausdehnungs-koeffizient α_t in mm/m · K	
	Bereich	Mittel-wert
Beton mit Zuschlägen aus Quarzkies	0,010 bis 0,013	0,012
Beton mit Zuschlägen aus dichtem Kalkstein	0,005 bis 0,008	0,007
Beton mit Zuschlägen wie Blähton, Blähschiefer	0,007 bis 0,010	0,009
Ziegelmauerwerk	0,006 bis 0,009	0,007
Kalksandsteinmauerwerk	0,007 bis 0,010	0,008
Gasbetonmauerwerk	0,007 bis 0,010	0,008
Leichtbetonmauerwerk	0,007 bis 0,013	0,010

4.4. Zulässige Größen der Verformungen

Tabelle 4. **Zulässige Dehnungsdifferenz $\Delta \varepsilon$ bei unbewehrten Wänden[2])**

Art der Verformungen	Dehnungsdifferenz $\Delta \varepsilon_{zul}$ in mm/m
Verkürzung bzw. Verlängerung der Wände allgemein	ϑ −1 bis +0,1
Langzeitverkürzung bzw. Lang-zeitverlängerung der Wände bei zementgebundenen Bau-stoffen	−3 bis +0,2

Tabelle 5. **Zulässige Verschiebungswinkel**

Wandausführung	Verschiebungswinkel γ_{zul}
Unbewehrte Wände ohne Ring-anker (Mauerwerk, Beton)	$-\frac{1}{7000}$ bis $+\frac{1}{7000}$
Unbewehrte Wände mit Ring-anker	$\vartheta - \frac{1}{5000}$ bis $+\frac{1}{5000}$
Wände als Ausfachung von Skelettbauten	$\vartheta - \frac{1}{3000}$ bis $+\frac{1}{3000}$

[1]) Diese Werte gelten nicht für Außenwände mit innenliegen-der Wärmedämmschicht und nicht für eingeschossige, nicht unterkellerte Bauten.

[2]) Werden bei bewehrten Wänden die vorstehenden Bedin-gungen nicht eingehalten, so ist bei nicht verkleideten Außenwänden ein rechnerischer Nachweis zu erbringen, daß die Rißweite von 0,2 mm nicht überschritten wird.

5. Feuchtigkeitsschutz der Wärmedämmschicht

5.1. Nichtbelüftete Dächer

Um das Eindringen von Feuchtigkeit in die Wärmedämmschicht und dadurch eine Verringerung der Dämmwirkung soweit als möglich zu verhindern, ist unter der Wärmedämmschicht eine Dampfsperre anzuordnen, deren gleichwertige Luftschichtdicke $\mu \cdot s$ mindestens 100 m beträgt (μ = Wasserdampf-Diffusionswiderstandszahl, s = Stoffdicke in m). Bei der Berechnung von $\mu \cdot s$ bleiben am Ort aufgebrachte Klebeschichten grundsätzlich außer Ansatz. Für Stoffe, die nicht in der Tabelle 6 bzw. Tabelle 7 und 8 genannt sind, ist der Meßwert nachzuweisen.

Bei Verwendung eines Wärmedämmstoffes mit einer gleichwertigen Luftschichtdicke $\mu \cdot s$, die an jeder Stelle größer ist als 100 m, kann die Dampfsperre entfallen, sofern etwa vorhandene Fugen zwischen den Dämmstoffplatten oder Risse im Wärmedämmstoff praktisch dampfdicht verschlossen werden, der Wärmedurchlaßwiderstand auch im Fugen- und Rissebereich auf Dauer erhalten bleibt und der Dämmstoff unter der Einwirkung von Feuchtigkeit und/oder Frost-Tau-Wechseln keine nachteiligen Veränderungen erfährt.

5.2. Belüftete Dächer

Bei belüfteten Dächern sind im belüfteten Dachraum mindestens an zwei gegenüberliegenden Dachseiten Öffnungen von je mindestens 2 ‰ der zu belüftenden Deckenflächen anzuordnen, damit die Feuchtigkeit abgeführt werden kann. Der unter dem belüfteten Dachraum liegende Dachteil (Dachdicke mit Wärmedämmschicht) muß eine gleichwertige Luftschichtdicke $\mu \cdot s \geq 2$ m aufweisen. Bei geringerem Wert von $\mu \cdot s$ als 2 m muß die Dampfdichte des Dachteils auf diesen Wert erhöht werden.

Tabelle 6. **Gleichwertige Luftschichtdicken $\mu \cdot s$ für Dampfsperren**

Dampfsperren	Dicke mm	diffusions-gleichwertige Luftschichtdicke $\mu \cdot \frac{s}{m}$
Bitumendachpappe 333 DIN 52 128 fein besandet oder talkumiert	2,0	75
Bitumendachpappe 500 DIN 52 128 fein besandet oder talkumiert	2,4	100
Bitumen-Dachdichtungsbahn 500 DIN 52 130	3,0	100
Teer-Sonderdachpappe TSO 500 DIN 52 140	2,4	100
Glasvlies-Bitumendachbahn, Stärke 5, fein besandet oder talkumiert	2,2	150
Bitumendachbahn mit Metallfolieneinlage, fein besandet oder talkumiert (Flächengewicht der Metallfolie = 125 g/m²)	2,2	praktisch dampfdicht

[3]) Falls kein Prüfzeugnis für den verwendeten Dämmstoff vorliegt, ist jeweils der ungünstigere Wert für die Berechnung zu verwenden.

Tabelle 7. **Wasserdampf-Diffusionswiderstandszahlen μ von Dämmstoffen[3])**

Dämmstoffe	Rohdichte ϱ kg/m³	Wasserdampf-Diffusionswiderstandszahl μ
Mineralische und pflanzliche Faserdämmstoffe		1
Korkplatten		10
Polystyrolpartikel-Hartschaum	13 bis 16	25 bis 45[3])
	16 bis 20	35 bis 55[3])
	20 bis 25	40 bis 60[3])
	25 bis 30	50 bis 70[3])
Polystyrolpartikel-Formteilplatte	35 bis 60	160 bis 250[3])
Polystyrol-Extruderschaum	30	100 bis 120[3])
Polyurethan-Hartschaum	30 bis 40	50 bis 100[3])
PVC-Schaum	40 bis 70	200 bis 300[3])
Phenolharzschaum	20 bis 100	30 bis 50[3])
Schaumglas		

Tabelle 8. **Wasserdampf-Diffusionswiderstandszahlen μ von Baustoffen[4])**

Baustoffe	Wasserdampf-Diffusionswiderstandszahl μ
Putze und Mörtel	
Kalkmörtel, Mörtel aus hydraulischem Kalk	10 bis 20[3])
Kalk-Zement-Mörtel	15 bis 35[3])
Zementmörtel	20 bis 40[3])
Kalk-Gips-Mörtel, Gipsmörtel, Anhydritmörtel	10
Kies- oder Splittbeton mit geschlossenem Gefüge	
Ortbeton	75
Betonfertigteile	100
Leichtbetone	
Bimsbeton und Beton aus geschäumter oder granulierter Hochofenschlacke, Perlit-Beton, dampfgehärteter Gas- und Schaumbeton, Leichtkalkbeton	7
Haufwerkporiger Blähton-Beton	13
Blähton-Beton mit geschlossenem Gefüge	80 bis 140[3])
Verkleidungsplatten	
Asbest-Zement-Platten	50
Gipskarton-Platten	8
Holzwerkstoffe	
Eiche, Buche, Fichte, Kiefer, Tanne	30 bis 50[3])
Sperrholzplatten (450 bis 700 kg/m³)	60 bis 170[3])
Holzspanplatten (450 bis 750 kg/m³)	30 bis 120[3])
poröse Holzfaserplatten	3
harte Holzfaserplatten	70
Holzwolle-Leichtbauplatten	
Dicke 15 mm	5 bis 10[3])
Dicke >15 mm	2 bis 5[3])

Seite 6 Entwurf DIN 18 530

6. Anordnung und Funktion der Dachschichten

Die folgenden Schichten sind in der Regel in der angegebenen Reihenfolge von oben nach unten über den Dachdecken anzuordnen und nach den allgemeinen anerkannten Fachregeln auszubilden.

6.1. Nichtbelüftete Dächer

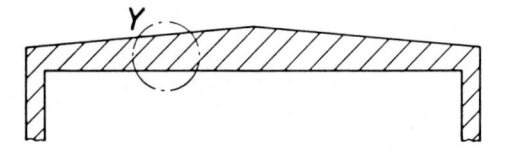

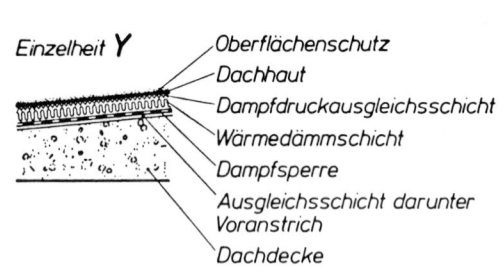

Bild 3. Schematische Darstellung des nichtbelüfteten Daches

6.1.1. Oberflächenschutz
Ein Oberflächenschutz (z. B. Bekiesung) erhöht die Witterungsbeständigkeit der Dachhaut und ist in der Regel erforderlich, wenn die Neigung des Daches kleiner als 3° = 5 % ist, so daß Niederschlagswasser auf der Dachhaut stehen bleibt.

6.1.2. Dachhaut
Die Dachhaut dient der Abdichtung des Bauwerkes gegen Niederschlagswasser.

6.1.3. Dampfdruckausgleichsschicht
Die Dampfdruckausgleichsschicht besteht aus einer zusammenhängenden Luftschicht, in der sich örtliche Dampfdruckunterschiede ausgleichen können.

6.1.4. Wärmedämmschicht
Die Wärmedämmschicht übernimmt den wesentlichen Teil des erforderlichen Wärmeschutzes und soll durch ihre Anordnung zu große Wärmedehnungen der Dachdecke vermeiden. Ihre Bemessung hängt von den Überlegungen nach Abschnitt 4 ab.

6.1.5. Dampfsperre
Die Dampfsperre dient zur Verhinderung einer unzulässigen Feuchtigkeitskondensation in der Wärmedämmschicht. Sie muß die Dachdecke so lückenlos bedecken, daß ein Eindringen von Wasserdampf aus der Dachdecke in die Wärmedämmschicht begrenzt wird. Sie ist nach Abschnitt 5 zu bemessen.

6.1.6. Ausgleichsschicht
Sind durch Bewegungen der Dachdecke Schäden in den darüberliegenden Schichten zu befürchten, so empfiehlt sich die Anordnung einer Ausgleichsschicht.

6.1.7. Voranstrich
Der Voranstrich wird auf die Dachdecke aufgetragen, um Staub zu binden und die Haftung der Klebemittel zu verbessern.

6.2. Belüftete Dächer

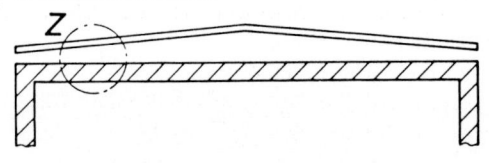

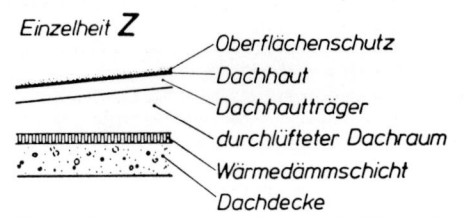

Bild 4. Schematische Darstellung des belüfteten Daches

6.2.1. Oberflächenschutz
Ein Oberflächenschutz (z. B. Bekiesung) erhöht die Witterungsbeständigkeit der Dachhaut und ist in der Regel erforderlich, wenn die Neigung des Daches kleiner als 3° = 5 % ist, so daß Niederschlagswasser auf der Dachhaut stehen bleibt.

6.2.2. Dachhaut
Die Dachhaut dient der Abdichtung des Bauwerkes gegen Niederschlagswasser.

6.2.3. Dachhautträger
Der Dachhautträger trägt die Dachhaut über dem von außen durchlüfteten Raum.

6.2.4. Durchlüfteter Dachraum
Der durchlüftete Dachraum trennt die Dachhaut von der wärmegedämmten Dachdecke.

6.2.5. Wärmedämmschicht
Die Wärmedämmschicht übernimmt den wesentlichen Teil des erforderlichen Wärmeschutzes und soll durch ihre Anordnung zu große Wärmedehnungen der Dachdecke vermeiden. Ihre Bemessung hängt von den Überlegungen nach Abschnitt 4 ab.

7. Einzelheiten der Ausführung

7.1. Dachdecken

Die Dachdecke soll an den Rändern mit einer äußeren Wärmedämmschicht geschützt werden, welche die Anforderungen an Außenwände nach DIN 4108 erfüllt. Die untere Deckenbewehrung muß bis auf die in DIN 1045 (Entwurf Ausgabe März 1968) vorgeschriebene Betondeckung an diese Wärmedämmschicht herangeführt werden.

Bei der Auflagerung der Dachdecke auf unbewehrten oder nur horizontal bewehrten Wänden ist eine obere Plattenbewehrung über den Endauflagern nicht erforderlich, an den Deckenplattenecken sogar ungünstig. Die Dachdecken sind ohne Berücksichtigung der Torsion zu bemessen.

In den Dachdeckenrändern sind Ringanker gemäß DIN 1053 (Ausgabe November 1962) Abschnitt 2.4 einzulegen.

Dehnungsfugen sind mindestens 2 cm breit auszubilden. Sie müssen die Längenänderungen der Dachdecke und der darunter befindlichen Wände aufnehmen. Alle Schichten des Dachaufbaues müssen so ausgebildet werden, daß sie ihre Funktion auch bei den Bewegungen der Dachdecke behalten. Die Abdichtung über der Dehnungsfuge muß die Längenänderungen dauerhaft aufnehmen.

Bei Auskragungen über die Außenwände hinaus ist die obere Wärmedämmung bis an den Rand der Dachdecke zu führen. Der auskragende Teil ist im Abstand von ca. 5 m durch Fugen, die bis zur Auflagerung auf den Außenwänden reichen müssen, aufzuteilen, wenn nicht ein größerer Fugenabstand rechnerisch nachgewiesen und die Dachdecke entsprechend bewehrt wird.

7.2. Wände unter der Dachdecke

Werden bei den unter der Dachdecke befindlichen Wänden die zulässigen Verformungen nach Abschnitt 4.4 nicht überschritten, so reichen die Grundsätze von DIN 1053 zur Ausbildung der Wände aus. Zweckmäßig ist es, dann die Auflagerung der Dachdecke auf den Wänden so schubfest zu gestalten, daß die auftretenden Schubkräfte zwischen Wand und Dachdecke stetig übertragen werden können.

Wird dagegen die Dachdecke auf den Wänden beweglich gelagert, so muß das obere Wandende einen Ringanker erhalten, da die in der Dachdecke befindliche Bewehrung für die Wände nicht wirksam werden kann. Der Ringanker ist entsprechend DIN 4108 nach außen durch eine Wärmedämmschicht zu schützen.

7.3. Auflager für die Dachdecke

Zur Vermeidung von exzentrischer Übertragung der Dachdeckenlasten auf die Außenwände und damit hohen Kantenpressungen infolge Biegeverformungen der Dachdecke sollen bei schubfester Verbindung zwischen Dachdecke und Wand die Wandränder von der Dachdecke getrennt werden, etwa auf je ein Drittel der Wanddicke. Durch solche Maßnahmen soll erreicht werden, daß die Lastübertragung in der Kernzone der Wände stattfindet. Der Wand- und Dachdeckenputz muß durch einen Schlitz voneinander getrennt werden.

Die Trennfuge an der Außenseite des Dachdeckenauflagers soll durch eine Schutzblende (z. B. durch Herunterziehen der Gesimsabdeckung) überdeckt werden. Diese Blende darf nicht mit der Wand verbunden werden.

Sind Gleitlager zwischen der Dachdecke und den Wänden erforderlich, so sollen die Auflagerlasten ebenfalls nur im Kernbereich der Wände übertragen werden. Die Gleitschichten müssen eben und ihr Reibungswiderstand soll so klein sein, daß die stets langsamen Verschiebungen zwischen Wänden und Decke einwandfrei in der Gleitschicht stattfinden. Nicht belastete Innenwände sind von der Unterseite der Dachdecke soweit abzusetzen, daß sie bei der Durchbiegung der Dachdecke keine Zwängungsspannungen erleiden.

8. Beispiele für die Berechnung der Verformungen

8.1. Mehrgeschossiges, zentral beheiztes Wohnhaus

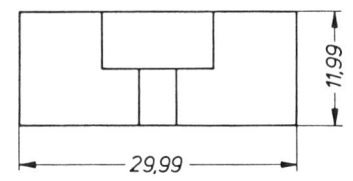

Grundriß-Schema (ohne Wohnungsinnenwände)

Geschoßhöhe $H = 2{,}75$ m. Decken und Flachdach 16 cm dicke Stahlbeton-Massivplatten mit Ringankern. Betongüte B 225 mit Quarzkies. Außen- und Wohnungsinnenwände aus Lz, nach DIN 105, leicht angenäßt vermauert. Dach mit oberer Wärmedämmschicht $1/\Lambda = 1{,}8$ m² h/K und Plattenbelag im Sandbett.

8.1.1. Dehnungsdifferenz bei der Herstellung der Dachdecke im Winter

$$\Delta\varepsilon = \varepsilon_{sD} - \varepsilon_{sW} + (t_2 - t_0) \cdot \alpha_{tD} - (t_1 - t_0) \cdot \alpha_{tW}$$

$\varepsilon_{sD} = -0{,}5$ mm/m (Tabelle 1)
$\varepsilon_{sD} = -0{,}1$ mm/m (Tabelle 1)
$t_0 = 5$ °C
$t_1 = 25$ °C im Sommer (Tabelle 2, Zeile 8)
$t_2 = 25$ °C im Sommer (Tabelle 2, Zeile 8)
$t_1 = 20$ °C im Winter (Tabelle 2, Zeile 8)
$t_2 = 17$ °C im Winter (Tabelle 2, Zeile 8)
$\alpha_{tD} = 0{,}012$ mm/m K (Tabelle 3)
$\alpha_{tW} = 0{,}007$ mm/m K (Tabelle 3)

Dehnungsdifferenz im Sommer

$$\Delta\varepsilon = 0{,}5 + 0{,}1 + (25-5) \cdot 0{,}012 - (25-5) \cdot 0{,}007$$
$$= 0{,}5 + 0{,}1 + 0{,}24 - 0{,}14 = -0{,}30 \text{ mm/m}$$

Dehnungsdifferenz im Winter

$$\Delta\varepsilon = 0{,}5 + 0{,}1 + (17-5) \cdot 0{,}012 - (20-5) \cdot 0{,}007$$
$$= 0{,}5 + 0{,}1 + 0{,}14 - 0{,}10 = -0{,}36 \text{ mm/m}$$

8.1.2. Dehnungsdifferenz bei der Herstellung der Dachdecke im Sommer

$$t_0 = 30 \text{ °C}$$

Dehnungsdifferenz im Sommer

$$\Delta\varepsilon = -0{,}5 + 0{,}1 + (25-30) \cdot 0{,}012 - (25-30) \cdot 0{,}007$$
$$= -0{,}5 + 0{,}1 - 0{,}06 + 0{,}04 = -0{,}42 \text{ mm/m}$$

Dehnungsdifferenz im Winter

$$\Delta\varepsilon = -0{,}5 + 0{,}1 + (17-30) \cdot 0{,}012 - (20-30) \cdot 0{,}007$$
$$= -0{,}5 + 0{,}1 - 0{,}16 + 0{,}07 = -0{,}49 \text{ mm/m}$$

Die zulässigen Grenzwerte für $\Delta\varepsilon$ liegen nach Tabelle 4 zwischen $-1{,}00$ und $0{,}10$ mm/m.

8.1.3. Rechnerischer Verschiebewinkel am Wandende

$$\gamma = \frac{L}{H} \cdot \alpha_{tD} \cdot (t_2 - t_1)$$

$L = 15{,}0$ m
$H = 2{,}75$ m

Verschiebewinkel im Sommer

$$\gamma = \frac{15{,}0}{2{,}75} \cdot 0{,}012 \cdot (25-25) / 1000 = 1/\infty$$

Verschiebewinkel im Winter

$$\gamma = \frac{15{,}0}{2{,}75} \cdot 0{,}012 \cdot (17-20) / 1000 = -1/5000$$

Der zulässige Grenzwert für γ liegt nach Tabelle 5 bei $\pm 1/5000$.

8.1.4. Beurteilung der Tragkonstruktion

Bei ordnungsgemäßer Ausführung rißsicher, auch mit Sichtmauerwerk geeignet.

Herstellung im Sommer und Winter möglich; hohe Herstellungstemperatur verbessert die Rißsicherheit.

8.2. Mehrgeschossiges, zentral beheiztes Wohnhaus

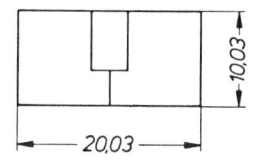

Grundriß-Schema (ohne Wohnungsinnenwände)

Geschoßhöhe $H = 2{,}64$ m. Decken und Flachdach 14 cm dicke Stahlbeton-Massivplatten mit Ringankern. Betongüte B 225 mit Flußkies (Kalkstein).

Außen- und Wohnungsinnenwände aus Hb. Steine sind mindestens 8 Wochen alt und stets gegen Regen geschützt gelagert. Dach mit oberer Wärmedämmschicht $1/\Lambda = 1{,}2$ m² hK K.

Seite 8 Entwurf DIN 18 530

8.2.1. Dehnungsdifferenz bei der Herstellung der Dachdecke im Winter

$$\Delta\varepsilon = \varepsilon_{sD} - \varepsilon_{sW} + (t_2 - t_0) \cdot \alpha_{tD} - (t_1 - t_0) \cdot \alpha_{tW}$$

$\varepsilon_{sD} = -0{,}5$ mm/m (Tabelle 1)
$\varepsilon_{sW} = -0{,}4$ mm/m (Tabelle 1)
$t_0 = 5\ °C$
$t_1 = 25\ °C$ im Sommer (Tabelle 2, Zeile 1)
$t_2 = 30\ °C$ im Sommer (Tabelle 2, Zeile 1)
$t_1 = 20\ °C$ im Winter (Tabelle 2, Zeile 1)
$t_2 = 14\ °C$ im Winter (Tabelle 2, Zeile 1)
$\alpha_{tD} = 0{,}007$ mm/m °C (Tabelle 3)
$\alpha_{tW} = 0{,}010$ mm/m °C (Tabelle 3)

Dehnungsdifferenz im Sommer
$$\Delta\varepsilon = -0{,}5 + 0{,}4 + (30-5) \cdot 0{,}007 - (25-5) \cdot 0{,}010$$
$$= -0{,}5 + 0{,}4 + 0{,}18 - 0{,}20 = \mathbf{-0{,}12\ mm/m}$$

Dehnungsdifferenz im Winter
$$\Delta\varepsilon = -0{,}5 + 0{,}4 + (14-5) \cdot 0{,}007 - (20-5) \cdot 0{,}010$$
$$= -0{,}5 + 0{,}4 + 0{,}06 - 0{,}15 = \mathbf{-0{,}19\ mm/m}$$

8.2.2. Dehnungsdifferenz bei der Herstellung der Dachdecke im Sommer

$$t_0 = 30\ °C$$

Dehnungsdifferenz im Sommer
$$\Delta\varepsilon = -0{,}5 + 0{,}4 + (30-30) \cdot 0{,}007 - (25-30) \cdot 0{,}010$$
$$= -0{,}5 + 0{,}4 + 0{,}00 + 0{,}05 = \mathbf{-0{,}05\ mm/m}$$

Dehnungsdifferenz im Winter
$$\Delta\varepsilon = -0{,}5 + 0{,}4 + (14-30) \cdot 0{,}007 - (20-30) \cdot 0{,}010$$
$$= -0{,}5 + 0{,}4 - 0{,}11 - 0{,}10 = \mathbf{-0{,}11\ mm/m}$$

Die zulässigen Grenzwerte für $\Delta\varepsilon$ liegen nach Tabelle 4 zwischen $-1{,}0$ und $+0{,}1$ mm/m.

8.2.3. Rechnerischer Verschiebewinkel am Wandende

$$\gamma = \frac{L}{H} \cdot \alpha_{tD} \cdot (t_2 - t_1)$$

$L = 10{,}0$ m
$H = 2{,}64$ m

Verschiebewinkel im Sommer
$$\gamma = \frac{10{,}0}{2{,}64} \cdot 0{,}007 \cdot (30-25) / 1000 = +0{,}00013 = \mathbf{+1/7550}$$

Verschiebewinkel im Winter
$$\gamma = \frac{10{,}0}{2{,}64} \cdot 0{,}007 \cdot (14-20) / 1000 = -0{,}00016 = \mathbf{-1/6230}$$

Der zulässige Grenzwert für γ liegt nach Tabelle 5 bei $\pm 1/5000$.

8.2.4. Beurteilung der Tragkonstruktion

Bei ordnungsgemäßer Ausführung rißsicher, auch als normaler Putzbau geeignet. Herstellung im Sommer und Winter möglich. Frische oder stärker durchfeuchtete Hohlblocksteine mit Schwindmaßen $\varepsilon_{sW} > 0{,}5$ mm/m ergeben dagegen Rißgefahr.

8.3. Eingeschossiges, zentral beheiztes Einfamilienhaus ohne Unterkellerung

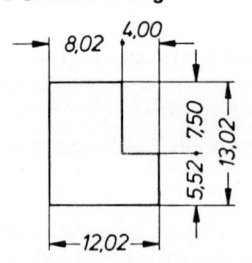

Grundriß-Schema (ohne Innenwände)

Geschoßhöhe $H = 2{,}70$ m. Flachdach 15 cm dicke Stahlbeton-Massivplatte mit Ringankern. Betongüte B 225 mit Quarzkies. Außen- und Innenwände aus KSL (lufttrocken).
Bodenplatte 10 cm dick in B 225.
Dach mit oberer Wärmedämmschicht $1/\Lambda = 1{,}2$ m² hK/kcal.
Bodenplatte mit oberer Wärmedämmschicht $1/\Lambda = 1{,}0$ m² hK K.

8.3.1. Dehnungsdifferenz bei Herstellung des Hauses im Winter

$$\Delta\varepsilon = \varepsilon_{sD} - \varepsilon_{sW} + (t_2 - t_0) \cdot \alpha_{tD} - (t_1 - t_0) \cdot \alpha_{tW}$$

$\varepsilon_{sD} = 0{,}5$ mm/m $= \varepsilon_{s2}$ (Dachdecke, Tabelle 1)
$\varepsilon_{sW} = 0{,}2$ mm/m (Wand, Tabelle 1)
$\varepsilon_{s1} = 0{,}1$ mm/m (Bodenplatte, geschätzt)
$t_0 = 5\ °C$
$t_1 = 25\ °C$ im Sommer (Wände, Tabelle 2, Seite 1)
$t_2 = 30\ °C$ im Sommer (Dachdecke, Tabelle 2, Seite 1)
$t_{1B} = 15\ °C$ im Sommer (Bodenplatte, geschätzt)
$t_1 = 20\ °C$ im Winter (Wände, Tabelle 2, Zeile 1)
$t_2 = 14\ °C$ im Winter (Dachdecke, Tabelle 2, Zeile 1)
$t_{1B} = 14\ °C$ im Winter (Bodenplatte, geschätzt)
$\alpha_{tD} = 0{,}012$ mm/m °C (Tabelle 3)
$\alpha_{tW} = 0{,}008$ mm/m °C (Tabelle 3)

Dehnungsdifferenz Dachdecke/Wände im Sommer
$$\Delta\varepsilon = -0{,}5 + 0{,}2 + (30-5) \cdot 0{,}012 - (25-5) \cdot 0{,}008$$
$$= -0{,}5 + 0{,}2 + 0{,}30 - 0{,}16 = \mathbf{-0{,}16\ mm/m}$$

Dehnungsdifferenz Dachdecke/Wände im Winter
$$\Delta\varepsilon = -0{,}5 + 0{,}2 + (14-5) \cdot 0{,}012 - (20-5) \cdot 0{,}008$$
$$= -0{,}5 + 0{,}2 + 0{,}11 - 0{,}12 = \mathbf{-0{,}31\ mm/m}$$

Dehnungsdifferenz Wände/Bodenplatte im Sommer
$$\Delta\varepsilon = -0{,}1 + 0{,}2 + (15-5) \cdot 0{,}012 - (25-5) \cdot 0{,}008$$
$$= -0{,}1 + 0{,}2 + 0{,}12 - 0{,}16 = \mathbf{+0{,}06\ mm/m}$$

Dehnungsdifferenz Wände/Bodenplatte im Winter
$$\Delta\varepsilon = -0{,}1 + 0{,}2 + (10-5) \cdot 0{,}012 - (20-5) \cdot 0{,}008$$
$$= -0{,}1 + 0{,}2 + 0{,}06 - 0{,}12 = \mathbf{+0{,}04\ mm/m}$$

Entwurf DIN 18 530 Seite 9

8.3.2. Dehnungsdifferenz bei Herstellung des Hauses im Sommer

$$t_0 = 30\ °C$$

Dehnungsdifferenz Dachdecke/Wände im Sommer

$\Delta\varepsilon = -0{,}5 + 0{,}2 + (30-30) \cdot 0{,}012 - (25-30) \cdot 0{,}008$
$= -0{,}5 + 0{,}20 + 0{,}00 + 0{,}04 = \mathbf{-0{,}26\ mm/m}$

Dehnungsdifferenz Dachdecke/Wände im Winter

$\Delta\varepsilon = -0{,}5 + 0{,}2 + (14-30) \cdot 0{,}012 - (20-30) \cdot 0{,}008$
$= -0{,}5 + 0{,}2 - 0{,}19 + 0{,}08 = \mathbf{-0{,}41\ mm/m}$

Dehnungsdifferenz Wände/Bodenplatte im Sommer

$\Delta\varepsilon = -0{,}1 + 0{,}2 + (15-30) \cdot 0{,}012 - (25-30) \cdot 0{,}008$
$= -0{,}1 + 0{,}2 - 0{,}18 + 0{,}04 = \mathbf{-0{,}04\ mm/m}$

Dehnungsdifferenz Wände/Bodenplatte im Winter

$\Delta\varepsilon = -0{,}1 + 0{,}2 + (10-30) \cdot 0{,}012 - (20-30) \cdot 0{,}008$
$= -0{,}1 + 0{,}2 - 0{,}24 + 0{,}08 = \mathbf{-0{,}06\ mm/m}$

Die zulässigen Grenzwerte für $\Delta\varepsilon$ liegen nach Tabelle 4 zwischen $-1{,}00$ und $+0{,}10$ mm/m.

8.3.3. Rechnerischer Verschiebewinkel am Wandende

$$\gamma = \frac{L}{H} \cdot \left[\alpha_{tD} \cdot (t_2 - t_{1B}) + (\varepsilon_{s2} - \varepsilon_{s1}) \right]$$

$L = 7{,}00$ m (größte Entfernung vom geschätzten Festpunkt)
$H = 2{,}70$ m
$\varepsilon_{s1} = 0{,}1$ mm/m (Bodenplatte, geschätzt)
$\varepsilon_{s2} = 0{,}5$ mm/m (Dachdecke, Tabelle 1)
$\varepsilon_{s2} = \varepsilon_{sD}$

Verschiebewinkel im Sommer

$\gamma = \dfrac{7{,}00}{2{,}70} \cdot \left[0{,}012 \cdot (30-15) - 0{,}50 + 0{,}10 \right] \cdot \dfrac{1}{1000}$
$= -0{,}00057 = -1/1750$

Verschiebewinkel im Winter

$\gamma = \dfrac{7{,}00}{2{,}70} \cdot \left[0{,}012 \cdot (14-10) - 0{,}50 + 0{,}10 \right] \cdot \dfrac{1}{1000}$
$= -0{,}00091 = -1/1100$

Der zulässige Grenzwert für γ liegt nach Tabelle 5 bei $-1/5000$, wird also wesentlich überschritten.

8.3.4. Beurteilung der Dachdecke

Das Verformungsverhalten des 1-geschossigen Wohnhauses ohne Unterkellerung unterscheidet sich vom mehrgeschossigen dadurch, daß die Verformungen der Bodenplatte stark von denjenigen einer Deckenplatte abweichen. Durch die übliche Wärmedämmung auf der Bodenplatte kann deren Temperatur stark von der Dachdecken-Temperatur abweichen. Durch die üblicherweise auf der Bodenplatte angeordnete Feuchtigkeitsisolierung wird ihr Schwindmaß stark herabgesetzt, und außerdem wird die Schwindverkürzung durch die Reibung auf dem Untergrund behindert. Dachdecke und Bodenplatte weisen daher auch bei völlig gleichen Baustoffen stark unterschiedliche Schwindmaße auf.

Wie die vorstehende Untersuchung zeigt, ist die Bewegung der Dachdecke gegenüber der Bodenplatte weit stärker, als die Verformbarkeit der Wände zuläßt. Aus diesem Grunde muß die Dachdecke außerhalb eines sorgfältig zu wählenden Kernbereiches gleitend auf den Wänden gelagert werden, wobei der Kernbereich für die Aufnahme aller horizontalen Kräfte zu bemessen ist. Dies setzt bei Mauerwerk Tragwände in beiden Hauptrichtungen voraus. Alle gemauerten Wände benötigen an ihrem oberen Rand einen Ringanker, da die Bewehrung im Massivdach durch dessen gleitende Lagerung für die Wände nicht mehr wirksam ist.

Erläuterungen

Da an Dächern mit massiven Deckenkonstruktionen bisher in vielen Fällen umfangreiche Bauschäden aufgetreten sind, sollen in dem vorliegenden Entwurf Grundlagen und Grundsätze für eine einwandfreie Ausbildung der Dächer mit massiven Deckenkonstruktionen gegeben werden. Hierbei ist vorauszusetzen, daß die allgemein erforderliche Ausführungssorgfalt beachtet wird. So ist z. B. eine Aufheizung der Rohdachdecke im Sommer infolge Sonneneinstrahlung durch eine schützende Abdeckung zu verhindern. Entsprechend muß auch bei Winterbauarbeiten der Wärmestau unter der Dachdecke durch zu schnelles Aufheizen des Geschosses vermieden werden.

In dem Entwurf sind Rechenverfahren enthalten, die durch Beispiele (siehe Abschnitt 8) erläutert werden. Zum weiteren Verständnis kann auf die Arbeiten von Dipl.-Ing. W. Pfefferkorn, Stuttgart, verwiesen werden*).

In Stellungnahmen und Einsprüchen zum Entwurf wird um Erfahrungen mit den Rechenmethoden und Werten gebeten.

G. Braun

*) Werner Pfefferkorn, Dächer mit massiven Deckenkonstruktionen, Grundlagen für die Ausbildung und Bemessung der Tragkonstruktion „Das Baugewerbe", Heft 1 und 2/1970.

Dieser Norm-Entwurf, dessen Inhalt noch nicht die endgültige Fassung der beabsichtigten Norm darstellt und deshalb noch nicht für die Anwendung bestimmt ist, wird der Öffentlichkeit zur Prüfung und Stellungnahme vorgelegt, damit er erforderlichenfalls verbessert werden kann.

Soll dieser Norm-Entwurf ausnahmsweise im wirtschaftlichen Verkehr angewendet werden, so ist dies zwischen den Beteiligten, z. B. Auftraggeber und Auftragnehmer, zu vereinbaren.

Einsprüche und Änderungsvorschläge zu diesem Norm-Entwurf werden in zweifacher Ausfertigung erbeten an den Fachnormenausschuß Bauwesen, 8600 Bamberg, Postfach 4043.

Deutscher Normenausschuß

Anhang 2

9. DIN 4122

DK 699.82.034.93 : 551.48 : 624.131.6   DEUTSCHE NORMEN   Juli 1968

| Abdichtung von Bauwerken gegen nichtdrückendes Oberflächenwasser und Sickerwasser mit bituminösen Stoffen, Metallbändern und Kunststoff-Folien
Richtlinien | DIN 4122 |

Damp-proofing of buildings against non-pressurized surface water and seetage water with bituminous materials, metal stripes and plastics sheets; directions

Inhalt

	Seite			Seite
1.	Geltungsbereich 1	6.	Bauliche Erfordernisse 6
2.	Allgemeine Angaben 1	7.	Abdichtungsarten 7
3.	Begriffe 1	8.	Ausführung 14
4.	Anforderungen 2	9.	Schutzschichten 17
5.	Stoffe für Abdichtungen 2	10.	Besondere Maßnahmen zum Schutz der Abdichtung während der Bauarbeiten 18

Maße in cm

1. Geltungsbereich

1.1. Diese Norm gilt für Abdichtungen mit bituminösen Stoffen, Metallbändern und Kunststoff-Folien gegen nichtdrückendes Wasser, d. h. gegen Wasser in tropfbar-flüssiger Form (im Gegensatz zu Kapillarwasser), z. B. Niederschlagswasser, Sickerwasser, Brauchwasser, das im allgemeinen auf die Abdichtung keinen oder nur vorübergehend einen geringfügigen hydrostatischen Druck ausübt.

1.2. Diese Norm gilt **nicht** für Abdichtungen von Brückenüberbauten und Gebirgstunnelbauwerken.

2. Allgemeine Angaben

2.1. Wirkung und Bestand der Abdichtung hängen nicht nur von ihrer fachgerechten Planung und Ausführung ab, sondern auch von der zweckvollen Planung und Ausführung des Bauwerks und seiner Teile, auf die sie aufgebracht wird. Diese Norm wendet sich nicht nur an den Abdichtungsfachmann, sondern auch an die für die Gesamtplanung und Ausführung des Bauwerks Verantwortlichen; denn Wirkung und Bestand der Abdichtung hängen von der gemeinsamen Arbeit aller Beteiligten ab.

2.2. Die Wahl der zweckmäßigsten Abdichtungsart ist abhängig von der Beschaffenheit des nichtdrückenden Wassers und des Baugrundes sowie von den zu erwartenden physikalischen — besonders mechanischen und thermischen — sowie chemischen Beanspruchungen. Dabei kann es sich um äußere, z. B. klimatische Einflüsse, um Wirkungen der Konstruktion oder um die Nutzung des Bauwerks und seiner Teile handeln. Untersuchungen zur Feststellung dieser Verhältnisse müssen deshalb so frühzeitig durchgeführt werden, daß sie bereits bei der Entwurfsbearbeitung berücksichtigt werden können. Um zuverlässig einen länger andauernden Wasserstau an den lediglich gegen Sickerwasser abgedichteten Bauwerksflächen zu verhindern, dürfen die Grundsätze der Dränung eines Bauwerks[1]) nicht außer acht gelassen werden.

3. Begriffe

3.1. Feste Bauteile im Sinne dieser Norm sind starre Bauteile, die ohne Bewegungen oder größere bleibende Formänderungen Kräfte aufnehmen oder weiterleiten können.

3.2. Einbettung der Abdichtung im Sinne dieser Norm ist die hohlraumfreie Lage der Abdichtung zwischen zwei festen Bauteilen, ohne daß die Abdichtung einen nennenswerten Flächendruck erfährt (Schema siehe Bild 1).

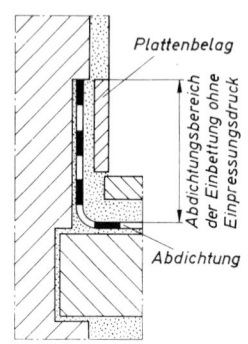

Bild 1. Einbettung einer Abdichtung (Schema)

3.3. Einpressung der Abdichtung im Sinne dieser Norm liegt vor, wenn die Abdichtung zwischen zwei festen Bauteilen vollflächig eingebettet und einem ständig wirkenden Flächendruck ausgesetzt ist (Schema siehe Bild 2).

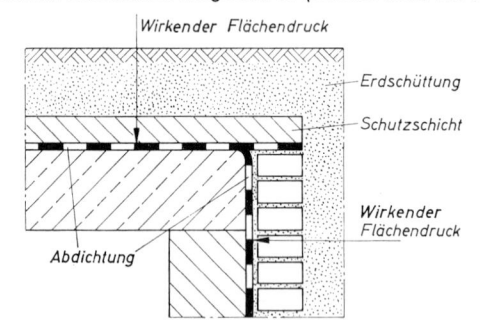

Bild 2. Einpressung einer Abdichtung (Schema)

[1]) Hierfür ist eine Norm in Vorbereitung.

Fortsetzung Seite 2 bis 18
Erläuterungen Seite 18

Fachnormenausschuß Bauwesen im Deutschen Normenausschuß (DNA)
Arbeitsgruppe Einheitliche Technische Baubestimmungen (ETB)

Seite 2 DIN 4122

3.4. Belastung im Sinne dieser Norm ist die ständig im rechten Winkel auf die Ebene einer n i c h t mit einer f e s t e n Schutzschicht versehenen Abdichtung wirkende Kraft, z. B. lose Erd- oder Kiesschüttung (Schema siehe Bild 3).

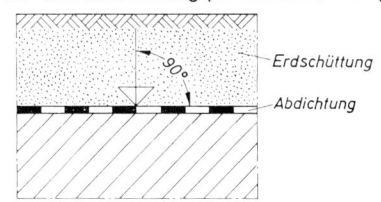

Bild 3. Belastung einer Abdichtung (Schema)

3.5. Festkörper im Sinne dieser Norm ist der Rückstand von Lösungen oder Emulsionen, der verbleibt, wenn das Lösungsmittel oder das Emulsionswasser nach dem dafür üblichen Verfahren verdampft oder in anderer Weise entfernt ist.

3.6. Füllstoffe zum Herstellen gefüllter Massen im Sinne dieser Norm sind Steinmehle mit einer Korngröße unter 0,09 mm (z. B. Schiefermehl) und mineralische Faserstoffe (z. B. Asbest). Sie dienen dazu, die Spanne zwischen Erweichungspunkt und Brechpunkt des Bitumens, Steinkohlenteerpechs oder Steinkohlenteersonderpechs zu erhöhen.

3.7. Trägerlagen im Sinne dieser Norm sind die zum Herstellen der Abdichtung verwendeten Lagen aus Pappe, Dichtungsbahnen, Metallbändern oder aus Kunststoff-Folien, soweit letztere nicht als selbständige Dichtungshaut an Stößen und Nähten verschweißt werden. Auf die Trägerlagen werden die jeweils erforderlichen Klebe- und Deckschichten aufgebracht.

4. Anforderungen

Abdichtungen müssen das zu schützende Bauwerk oder den zu schützenden Bauwerksteil in dem gefährdeten Bereich vollständig umschließen oder bedecken und das Eindringen von nichtdrückendem Wasser verhindern. Sie müssen gegen das anfallende Wasser beständig sein und dürfen bei den Beanspruchungen nach Abschnitt 2.2 ihre Schutzwirkung nicht verlieren. Sie müssen langsam auftretende Risse bis etwa 2 mm Weite überbrücken, ohne ihre Schutzwirkung zu verlieren.

5. Stoffe für Abdichtungen
5.1. Voranstrichmittel, kalt zu verarbeiten

1	2	3	4	5	6
	Art	Gehalt an Bitumen bzw. Steinkohlenteerpech Gew.-%	Erweichungspunkt des Festkörpers nach Ring und Kugel °C	Flüssigkeitsgrad [2] s	Bemerkungen
5.1.1.	Bitumenlösung	30 bis 45	54 bis 72	—	Nur zu verwenden für Abdichtungen mit Klebmassen auf Basis Bitumen
5.1.2.	Bitumenemulsion	≥ 30	≥ 45	—	
5.1.3.	Steinkohlenteerpechlösung	—	50 bis 70	15 bis 25	Nur zu verwenden für Abdichtungen mit Klebmassen auf Basis Steinkohlenteerweichpech und Steinkohlenteersonderpech
5.1.4.	Steinkohlenteerpechemulsion	≥ 20	≥ 40	—	

5.2. Klebmassen und Deckaufstrichmittel, heiß zu verarbeiten

1	2		3	4	5
	Art		Gehalt an Bitumen bzw. Steinkohlenteerpech Gew.-%	Erweichungspunkt nach Ring und Kugel °C	Bemerkungen
5.2.1.	Bitumen	ungefüllt	100	54 bis 80	In jedem Einzelfall muß geprüft werden, welche der genannten Klebmassen bzw. Deckaufstrichmittel und welche Erweichungspunkte innerhalb der angegebenen Grenzwerte für die auszuführende Abdichtung bei der zu erwartenden Temperaturbeanspruchung an der Abdichtung und unter den Bedingungen für die Abdichtung und Verarbeitung in Betracht kommen. Die Basis der Klebmassen und Deckaufstrichmittel muß der Basis der Tränkmassen von Pappen und der Deckschichten von Dichtungsbahnen entsprechen.
5.2.2.				80 bis 120	
5.2.3.	Bitumen	gefüllt	≥ 50	60 bis 80	
5.2.4.			≥ 50	80 bis 130	
5.2.5.	Steinkohlenteerweichpech	ungefüllt	100	50 bis 65	
5.2.6.		gefüllt	≥ 60	50 bis 70	
5.2.7.	Steinkohlenteersonderpech	ungefüllt	100	50 bis 90	
5.2.8.		gefüllt	≥ 50	60 bis 100	

[2]) Auslaufzeit bei 20 °C Auslaufbecher 4 DIN 53 211

DIN 4122 Seite 3

5.3. Spachtelmassen, heiß zu verarbeiten

1	2	3	4
	Art	Gehalt an Bitumen bzw. Steinkohlenteerpech Gew.-%	Bemerkungen
5.3.1.	Auf Bitumenbasis (z. B. Asphaltmastix)	≥ 16	Gehalt, Art und Erweichungspunkt des Bitumens bzw. des Steinkohlenteerpechs müssen der Beanspruchung der Abdichtung und den Bedingungen der Verarbeitung angepaßt werden.
5.3.2.	Auf Steinkohlenteerpechbasis	≥ 16	

5.4. Nackte Pappen

1	2	3	4	5	6	7	8	9
	Art	Gewicht Rohfilzpappe g/m²	Gewicht Getränkte Pappe g/m²	Bruchwiderstand kp	Dehnung beim Bruch %	Lieferart Rollen Regellänge m	Lieferart Rollen Regelbreite cm	Bemerkungen
5.4.1.	Nackte Bitumenpappe nach DIN 52 129	500	1000	≥ 20	≥ 2	20	100 oder 50	Nackte Bitumenpappen dürfen nur mit ungefüllten oder gefüllten Bitumen als Klebmasse und Deckaufstrichmittel verarbeitet werden.
5.4.2.	Nackte Teerpappe nach DIN 52 126	500	1000	≥ 20	≥ 2	20	100 oder 50	Nackte Teerpappen dürfen nur mit Klebmassen oder Deckaufstrichmitteln auf Basis Steinkohlenteerpech gefüllt oder ungefüllt verarbeitet werden.

5.5. Dichtungsbahnen

1	2	3	4	5	6	7	8	9	10
	Art	Einlage nach	Art der beiderseitigen Deckschicht	Dicke mindestens mm	Bruchwiderstand kp	Längs- und Querdehnung b. Bruch mind. %	Lieferart Rollen Regellänge m	Lieferart Rollen Regelbreite cm	Bemerkungen
5.5.1.	Dichtungsbahnen nach DIN 18 190 Blatt 1 mit Einlage aus 500er Rohfilzpappe	DIN 52 129	Bitumen gefüllt	3,5	30	2	10	100	Die Basis der zu verwendenden Klebmassen und Deckaufstrichmittel muß der Basis der Deckschichten dieser Dichtungsbahnen entsprechen.
5.5.2.		DIN 52 126	Steinkohlenteersonderpech gefüllt						
5.5.3.	Dichtungsbahnen nach DIN 18 190 Blatt 1 mit Einlage aus 500er Rohfilzpappe, jedoch einseitig besandet mit 10 cm breitem Kleberand	DIN 52 129	Bitumen gefüllt	3,5	30	2	10	50	
5.5.4.		DIN 52 126	Steinkohlenteersonderpech gefüllt						
5.5.5.	Dichtungsbahnen nach DIN 18 190 Blatt 2 mit Einlage aus 300er Jutegewebe	—	Bitumen gefüllt	3,0	60	5	10	100	
5.5.6.			Steinkohlenteersonderpech gefüllt						

Seite 4 DIN 4122

5.5. Dichtungsbahnen (Fortsetzung)

1	2	3	4	5	6	7	8	9	10
	Art	Einlage nach	Art der beiderseitigen Deckschicht	Dicke mindestens	Bruchwiderstand	Längs- und Querdehnung b. Bruch mind.	Lieferart Rollen		Bemerkungen
							Regellänge	Regelbreite	
				mm	kp	%	m	cm	
5.5.7.	Dichtungsbahnen nach DIN 18 190 Blatt 3*) mit Einlage aus 300 g/m² schwerem Glasgewebe	—	Bitumen gefüllt	3,0	60	5	10	100	
5.5.8.			Steinkohlenteersonderpech gefüllt						Die Basis der zu verwendenden Klebmassen und Deckaufstrichmittel muß der Basis der Deckschichten dieser Dichtungsbahnen entsprechen.
5.5.9.	Dichtungsbahnen nach DIN 18 190 Blatt 4 mit Einlage aus 0,1 mm dickem Kupferband	DIN 1708	Bitumen gefüllt	3,0	50	5	10	60	
5.5.10.			Steinkohlenteersonderpech gefüllt						
5.5.11.	Dichtungsbahnen nach DIN 18 190 Blatt 4 mit Einlage aus 0,2 mm dickem Aluminiumband	DIN 1712	Bitumen gefüllt	3,0	50	5	10	100	
5.5.12.			Steinkohlenteersonderpech gefüllt						
5.5.13.	Dichtungsbahnen mit Einlage aus mindestens 0,03 mm dicker Polyterephtalsäureester-Folie¹)	—	Bitumen gefüllt	2,5	25	15	10	100	

5.6. Metallbänder ohne Deckschichten

1	2	3	4	5	6	7	8	9	10
	Art	Reinheitsgrad mindestens	Dicke des nicht profilierten Bandes	Zugfestigkeit	Kalottenhöhe	Sonstige Forderungen	Lieferart Rollen		Bemerkungen
							Länge	Breite	
		%	mm	kp/mm²	mm		m	mm	
5.6.1.	Kupferband nach DIN 1708, kalottengeriffelt	99,9 sauerstofffreies Kupfer SF-W	0,1	20 bis 26	1,0 bis 1,5	Poren- und rissefrei, plan- und geradegereckt, durchleuchtet	≧ 20	600	Als Klebmassen kommen nur Bitumen gefüllt, Steinkohlenteerpech gefüllt und Steinkohlenteersonderpech gefüllt in Betracht.
5.6.2.	Aluminiumband nach DIN 1712, kalottengeriffelt	99,5 Reinaluminium	0,2	6 bis 9	1,0 bis 2,5	Poren- und rissefrei, plan- und geradegereckt, durchleuchtet	≧ 20	600	

*) z. Z. noch Entwurf
¹) Hierfür ist eine Norm in Vorbereitung

Anhang 2

DIN 4122 Seite 5

5.7. Kunststoff-Folien, unkaschiert

1	2	3	4	5	6	7	8	9	10	11
	Art	Dicke	Reiß-festig-keit	Reiß-dehnung	Temperatur-beständig-keits-grenzen	Sonstige Forderungen	Lieferart Rollen		Lösungs-(Quell-schweiß-)mittel	Be-merkungen
							Länge	Breite		
		mm	kp/cm²	%	°C		m	cm		
5.7.1.	Polyiso-butylen-Folie für Bauten-abdichtun-gen nach DIN 16 935	1,5 / 2,0	≥ 25	≥ 350	−20 bis +60	Poren-, risse- und bläschenfrei, plan, gerade, bitumen-beständig	≤ 15 / ≤ 10	100	Aromaten-armes Benzin Siedegrenze 80 bis 110 °C	Klebmasse und Deck-aufstrich-mittel nur auf Basis Bitumen verwenden.
5.7.2.	Weichpoly-vinylchlorid-Folie für Bauten-abdichtun-gen nach DIN 16 937	0,8 / 1,5 / 2,0	≥ 150	≥ 100	−20 bis +60		≤ 25	100	Tetrahydro-furan	Temperatur-beständig-keit kurz-zeitig bis +80 °C (Tages-rhythmus).

5.8. Stoffe für Trennschichten

1	2	3	4	5
	Art	Gewicht	Lieferart Rollen	
			Länge	Breite
		g/m²	m	cm
5.8.1.	Natronkraftpapier	30 bis 60	≥ 50 / ≤ 250	100
5.8.2.	Rohglasvlies	40 bis 50	≥ 50 / ≤ 250	100
5.8.3.	Lochglasvlies-Bitumenbahn, einseitig grob besandet	≈ 3000	10	100

5.9. Stoffe zum Verfüllen von Fugen in Schutzschichten

1	2	3	4	5	6	7	8	9	10	11
	Art	Vergießbarkeit			Wärmebeständig-keit nach DIN 1996 Blatt 17			Kältebeständigkeit nach DIN 1996 Blatt 18		Ent-mischung nach DIN 1996 Blatt 16 Aschegehalt-differenz
		bei Ver-arbei-tungs-temp.	eingießbar in Fugen von		Temp.	Zeit	Verfor-mungs-wert	Temp.	Fallhöhe	
			Breite	Tiefe						
		°C	mm	mm	°C	h	mm	°C	m	%
5.9.1.	Pflaster-vergußmasse	150	5	50	45	3	≤ 12	0	≥ 1,2	≤ 5
5.9.2.	Beton-vergußmasse	180	15	100	45	24	≤ 8	−20	≥ 4	≤ 5

Seite 6 DIN 4122

Allgemeine Darstellung: Abdichtung im Bauwerk

Einzeldarstellungen:
- Voranstriche
- Klebmassen und Deckaufstriche
- Spachtelmassen
- Nackte Pappen
- Dichtungsbahnen mit Einlage aus Rohfilzpappen
- Dichtungsbahnen mit Einlage aus Gewebebahnen
- Dichtungsbahnen mit Einlage aus Metallbändern
- Dichtungsbahnen mit Einlage aus Kunststoff-Folien
- Kunststoff-Folien
- Metallbänder ohne Deckschichten
- Fugenverguß
- Gußasphalt

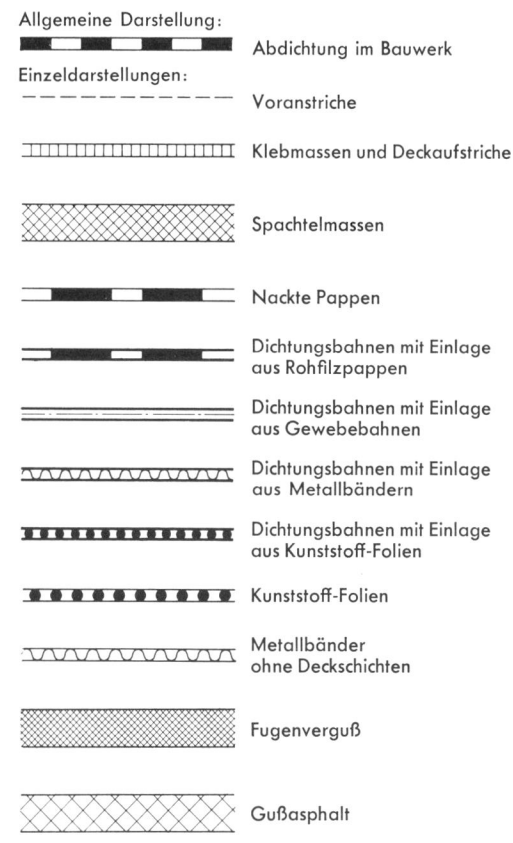

Bild 4. Symbole zur zeichnerischen Darstellung einer Abdichtung

6. Bauliche Erfordernisse

6.1. Bei der Planung des abzudichtenden Bauwerks sind die Voraussetzungen für eine fachgerechte Anordnung und Ausführung der Abdichtung zu schaffen (siehe Abschnitt 2) sowie die Wechselwirkungen zwischen Abdichtung und Bauwerk zu berücksichtigen und gegebenenfalls die Beanspruchungen der Abdichtung durch entsprechende konstruktive Maßnahmen in zulässigen Grenzen zu halten.

[1]) Hierfür ist eine Norm in Vorbereitung

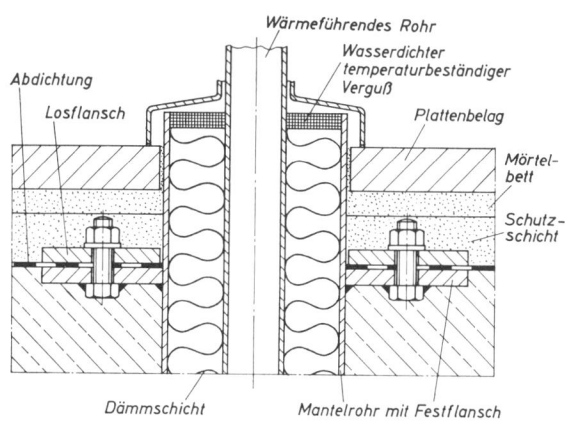

6.2. Das Entstehen von Rissen im Bauwerk, die durch die Abdichtung nicht überbrückt werden können, ist durch konstruktive Maßnahmen (Fugen, ausreichende Wärmedämmung, Bewehrung, Trennschichten) zu verhindern.

6.3. Fugen im Bauwerk oder in Bauwerksteilen sind unter Berücksichtigung der Erfordernisse für ihre Abdichtung bei der Planung festzulegen (siehe Abschnitt 8.1.8).

6.4. Die Abdichtung darf nur durch Druckkräfte rechtwinklig zu ihrer Fläche, nicht durch Zug- oder Schubkräfte, beansprucht werden. Durch Widerlager, Anker oder andere konstruktive Maßnahmen muß dafür gesorgt werden, daß Bauteile auf der Abdichtung nicht abgleiten oder ausknicken.

6.5. Die Abdichtung soll im allgemeinen zwischen festen Bauteilen eingebaut sein. Ist diese Voraussetzung nicht gegeben, so sollen die allgemeinen Abdichtungsarten nach Abschnitt 7.3.2 und in Verbindung mit dem Gieß- und Einwalzverfahren nach Abschnitt 8.2.3 angewendet werden.

6.6. Bei Bauwerken, die gegen nichtdrückendes Wasser abzudichten sind, ist für eine dauernd wirksame Wasserabführung zu sorgen.

6.7. Bauwerksflächen, auf die die Abdichtung aufgebracht werden soll, müssen fest, trocken, eben und in ihrer Oberfläche frei von Nestern, klaffenden Rissen oder Graten sein, Kehlen und Kanten sollen fluchtrecht und mit einem Halbmesser von 4 cm gerundet sein.

6.8. Bei Abdichtungen, die auf Dämmschichten von Decken im Freien aufgebracht werden müssen, sind zur Vermeidung von Schäden durch Feuchtigkeit, die in die Dämmschicht eingeschlossen ist oder aus dem Bauwerk in sie eindringen kann, die Richtlinien für Dächer mit massiven Deckenkonstruktionen[1]) zu beachten.

6.9. Dämmschichten, auf denen die Abdichtung unmittelbar aufgebracht wird, müssen so wärmebeständig und so fest sein, daß sie beim Begehen und Aufbringen der Abdichtung sowie bei Nachfolgearbeiten und bei der Nutzung ihre dämmende Wirkung und ihre Form nicht schädlich verändern.

6.10. Bauteile, die die Abdichtung durchdringen (z. B. Rohre, Abläufe), müssen mit Verbindungselementen versehen sein, die einen wasserdichten Anschluß der Abdichtung an das Bauteil ermöglichen. Die durchdringenden Bauteile müssen so liegen, daß die Abdichtung von allen Seiten an sie herangeführt und an die Verbindungselemente angeschlossen werden kann. Rohrdurchführungen sollen mit Mantelrohren ausgestattet sein, die erforderlichenfalls auch das Anordnen von Dämmschichten ermöglichen (siehe Bild 5) und

Flanschdicke	$\geq$ 6 mm
Flanschbreite	$\geq$ 60 mm
Schrauben	$\geq$ M 12
Schraubenabstand	$\leq$ 150 mm

Bild 5. Anschluß einer Abdichtung an eine Rohrdurchführung (Schema)

Anhang 2

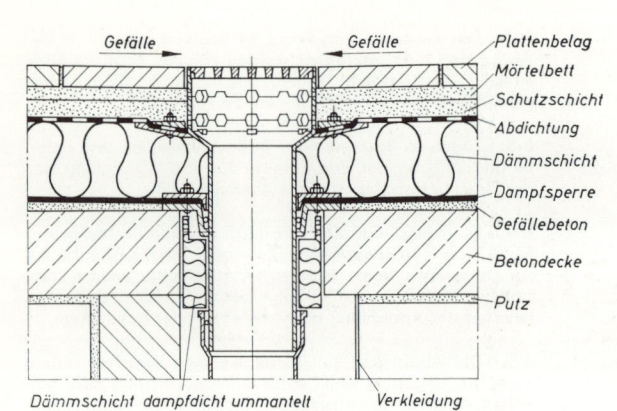

DIN 4122 Seite 7

Bild 6. Anschluß einer Abdichtung an einen Terrassenablauf (Schema)

auch die Montagearbeiten erleichtern. Entwässerungselemente mit festen und losen Flanschen müssen so eingebaut sein, daß die Oberfläche des festen Flansches in der Ebene der angrenzenden Abdichtungsfläche liegt (siehe Bild 6).

6.11. Abdichtungen sind nach dem Herstellen mit einer Schutzschicht nach Abschnitt 9 zu versehen, ausgenommen Abdichtungen nach Abschnitt 7.3.2. Die Schutzschicht ist unverzüglich aufzubringen, außer bei Abdichtungen nach Abschnitt 7.6.2 und 7.6.3.

7. Abdichtungsarten

7.1. Allgemeine Anforderungen

7.1.1. Die Art und die Eigenschaften einer Abdichtung werden bestimmt durch die Art und Eigenschaften der verwendeten Stoffe, die Anzahl der Trägerlagen und die Art des Verfahrens für das Herstellen der Klebeschichten (z. B. Kleben nach dem Bürstenstreich- bzw. Gießverfahren; Kleben im Gieß- und Einwalzverfahren).

7.1.2. Jede Abdichtung soll nicht nur den Anforderungen nach Abschnitt 6.1 genügen, sondern auch eine ausreichende Sicherheit bieten, um den Arbeitsbedingungen einer Baustelle gerecht zu werden.

7.1.3. Die in den Abschnitten 7.2 bis 7.4 dargestellten Arten der Abdichtung bestehen aus Trägerlagen (nackten Pappen, Dichtungsbahnen, Metallbändern) in Verbindung mit bituminösen Klebmassen und Deckaufstrichen, die die einzelnen Trägerlagen untereinander zu einer wasserdichten kompakten Haut verbinden. Die Abdichtungshaut soll im allgemeinen mit dem abzudichtenden Baukörper vollflächig verklebt sein, um zu verhindern, daß die Abdichtung wasserunterläufig werden kann. Die Klebe- und Deckaufstrichschichten erfüllen eine wichtige Dichtungsfunktion der Abdichtung.

7.1.4. Die in Abschnitt 7.5 dargestellten Arten der Abdichtung verwenden anstelle einer der Trägerlagen nach Abschnitt 7.1.3 eine Kunststoff-Folie, die an Nähten und Stößen verschweißt wird.

7.2. Abdichtungen mit nackten Pappen

1	2		3
	Technische Voraussetzungen für die Anwendung: Einpressungsdruck der Abdichtung: $\geq 0{,}1$ bis 5 kp/cm² Temperatur an der Abdichtung: ≤ 40 °C Keine besondere chemische Beanspruchung Ausführung nach Abschnitt 8.2.2		Anwendungsbeispiele Maße in cm
7.2.1.	Einfache Ausführung (2 Trägerlagen)		Erdüberschüttete Decke einer Tiefgarage, durch Dränung entwässert (einfache Ausführung)
	lfd. Nr	Bestandteile der Abdichtung	nach Abschnitt
	1	Voranstrich	5.1.1 (5.1.3)
	2	Klebaufstrich	5.2.1 (5.2.7)
	3	Pappe (1. Trägerlage)	5.4.1 (5.4.2)
	4	Klebaufstrich	5.2.1 (5.2.7)
	5	Pappe (2. Trägerlage)	5.4.1 (5.4.2)
	6	Deckaufstrich	5.2.1 (5.2.7)

Seite 8 DIN 4122

1	2	3
	Technische Voraussetzungen für die Anwendung: Einpressungsdruck der Abdichtung: $\geq 0,1$ bis 5 kp/cm² Temperatur an der Abdichtung: $\leq 40\,°C$ Keine besondere chemische Beanspruchung Ausführung nach Abschnitt 8.2.2	Anwendungsbeispiele Maße in cm
7.2.2.	Verstärkte Ausführung (3 Trägerlagen)	Erdüberschüttete Decke einer Tiefgarage, durch Dränung entwässert (verstärkte Ausführung)

lfd. Nr	Bestandteile der Abdichtung	nach Abschnitt
1	Voranstrich	5.1.1 (5.1.3)
2	Klebaufstrich	5.2.1 (5.2.7)
3	Pappe (1. Trägerlage)	5.4.1 (5.4.2)
4	Klebaufstrich	5.2.1 (5.2.7)
5	Pappe (2. Trägerlage)	5.4.1 (5.4.2)
6	Klebaufstrich	5.2.1 (5.2.7)
7	Pappe (3. Trägerlage)	5.4.1 (5.4.2)
8	Deckaufstrich	5.2.1 (5.2.7)

Anmerkung: Die verstärkte Ausführung ist vorzuziehen, wenn mit einem vorübergehenden Wasserstau in der Erdüberschüttung gerechnet wird oder wenn die Decken aus physikalischen Gründen mit einer Dampfsperre und einem Dämmbelag versehen werden müssen.

7.3. Abdichtungen mit Dichtungsbahnen

7.3.1. Allgemeine Ausführungen

1	2	3
	Technische Voraussetzungen für die Anwendung: Einpressungsdruck der Abdichtung: $\geq 0,01$ bis 2,0 kp/cm² Temperatur an der Abdichtung: $\leq 40\,°C$ Keine besondere chemische Beanspruchung Ausführung nach Abschnitt 8.2.2	Anwendungsbeispiele Maße in cm
7.3.1.1.	Einfache Abdichtung mit 2 Trägerlagen aus Dichtungsbahnen mit Einlage aus Rohfilzpappe	Unterkellerte Hofdecke mit geringer (30 cm) oder ohne Überschüttung

lfd. Nr	Bestandteile der Abdichtung	nach Abschnitt
1	Voranstrich	5.1.1 (5.1.3)
2	Klebaufstrich	5.2.1 (5.2.7)
3	Dichtungsbahn (1. Trägerlage)	5.5.1 (5.5.2)
4	Klebaufstrich	5.2.1 (5.2.7)
5	Dichtungsbahn (2. Trägerlage)	5.5.1 (5.5.2)
6	Deckaufstrich	5.2.1 (5.2.7)

Anhang 2

DIN 4122 Seite 9

1	2			3
	Technische Voraussetzungen für die Anwendung: Einpressungsdruck der Abdichtung: $\geq 0{,}01$ bis $2{,}0$ kp/cm² Temperatur an der Abdichtung: $\leq 40\,°C$ Keine besondere chemische Beanspruchung Ausführung nach Abschnitt 8.2.2			Anwendungsbeispiele Maße in cm
7.3.1.2.	Kombinierte Abdichtung mit 2 Trägerlagen aus Dichtungsbahnen mit Einlagen aus Rohfilzpappe und getränktem Jutegewebe			Decke eines Trinkwasserbehälters
	lfd. Nr	Bestandteile der Abdichtung	nach Abschnitt	
	1	Voranstrich	5.1.1 (5.1.3)	
	2	Klebaufstrich	5.2.1 (5.2.7)	
	3	Dichtungsbahn (1. Trägerlage)	5.5.1 (5.5.2)	
	4	Klebaufstrich	5.2.1 (5.2.7)	
	5	Dichtungsbahn (2. Trägerlage)	5.5.3 (5.5.4)	
	6	Deckaufstrich	5.2.1 (5.2.7)	
7.3.1.3.	Hochwertige Abdichtung mit 2 Trägerlagen aus Dichtungsbahnen			Gleiströge
	lfd. Nr	Bestandteile der Abdichtung	nach Abschnitt	
	1	Voranstrich	5.1.1 (5.1.3)	
	2	Klebaufstrich	5.2.1 (5.2.7)	
	3	Dichtungsbahn (1. Trägerlage)	5.5	
	4	Klebaufstrich	5.2.1 (5.2.7)	
	5	Dichtungsbahn (2. Trägerlage)	5.5	
	6	Deckaufstrich	5.2.1 (5.2.7)	

Seite 10 DIN 4122

7.3.2. Sonderausführungen

1	2	3
	Technische Voraussetzungen für die Anwendung: Belastung der Abdichtung durch seitlichen Erddruck: $\geq 0{,}01$ bis $2{,}0$ kp/cm² Temperatur an der Abdichtung: $\leq 40\,°C$ Keine besondere chemische Beanspruchung Ausführung nach Abschnitt 8.2.3	Anwendungsbeispiele Maße in cm
7.3.2.1.	Abdichtung mit 1 Trägerlage an Stelle von mehrfachen bituminösen Anstrichen	Rückenflächen von Stützmauern, Widerlagern, Flügelmauern
	<table><tr><th>lfd. Nr</th><th>Bestandteile der Abdichtung</th><th>nach Abschnitt</th></tr><tr><td>1</td><td>Voranstrich</td><td>5.1.1 (5.1.3)</td></tr><tr><td>2</td><td>Klebeschicht (Klebmasse gefüllt)</td><td>5.2.3 (5.2.6)</td></tr><tr><td>3</td><td>Dichtungsbahn, einseitig grob besandet, 50 cm breite Bahnen</td><td>5.5.3 (5.5.4)</td></tr></table>	
7.3.2.2.	Abdichtung mit 2 Trägerlagen (einfache Ausführung)	Außenwände von Tiefkellern, Bunkern und U-Bahnen (einfache Ausführung)
	<table><tr><th>lfd. Nr</th><th>Bestandteile der Abdichtung</th><th>nach Abschnitt</th></tr><tr><td>1</td><td>Voranstrich</td><td>5.1.1 (5.1.3)</td></tr><tr><td>2</td><td>Klebeschicht (Klebmasse gefüllt)</td><td>5.2.3 (5.2.6)</td></tr><tr><td>3</td><td>500er nackte Pappe, 50 cm breite Bahnen</td><td>5.4.1 (5.4.2)</td></tr><tr><td>4</td><td>Klebeschicht (Klebmasse gefüllt)</td><td>5.2.3 (5.2.6)</td></tr><tr><td>5</td><td>Dichtungsbahn, einseitig grob besandet, 50 cm breite Bahnen</td><td>5.5.3 (5.5.4)</td></tr></table>	Sand, Grobsand, Kies als Hinterfüllung
7.3.2.3.	Abdichtung mit 3 Trägerlagen (verstärkte Ausführung)	Außenwände von Tiefkellern, Bunkern und U-Bahnen (verstärkte Ausführung)
	<table><tr><th>lfd. Nr</th><th>Bestandteile der Abdichtung</th><th>nach Abschnitt</th></tr><tr><td>1</td><td>Voranstrich</td><td>5.1.1 (5.1.3)</td></tr><tr><td>2</td><td>Klebeschicht (Klebmasse gefüllt)</td><td>5.2.3 (5.2.6)</td></tr><tr><td>3</td><td>500er nackte Pappe, 50 cm breite Bahnen</td><td>5.4.1 (5.4.2)</td></tr><tr><td>4</td><td>Klebeschicht (Klebmasse gefüllt)</td><td>5.2.3 (5.2.6)</td></tr><tr><td>5</td><td>Metallband ohne Deckschicht</td><td>5.6.1 (5.6.2)</td></tr><tr><td>6</td><td>Klebeschicht (Klebmasse gefüllt)</td><td>5.2.3 (5.2.6)</td></tr><tr><td>7</td><td>Dichtungsbahn, einseitig grob besandet, 50 cm breite Bahnen</td><td>5.5.3 (5.5.4)</td></tr></table>	

Anmerkung: Als Hinterfüllung ist rolliges, nichtbindiges Material (weder Bauschutt noch Splitt oder Geröll) vorsichtig einzubringen. Das Material ist lagenweise zu verdichten.

7.4. Abdichtungen mit Metallbändern ohne Deckschicht

1	2	3
	Technische Voraussetzungen für die Anwendung: Einpressungsdruck: 0 bis 5 kp/cm²; bei höherer Belastung Prüfung erforderlich. Temperatur an der Abdichtung: <100 °C. Keine besondere chemische Beanspruchung. Ausführung nach Abschnitt 8.2.3	**Anwendungsbeispiele** Maße in cm
7.4.1.	Metallbandabdichtung mit Schutz- und Nutzbelag aus Gußasphalt	Hofkellerdecke mit geringer Bauhöhe für Abdichtung und Belag[3] Gußasphalt
	<table><tr><th>lfd. Nr</th><th>Bestandteile der Abdichtung</th><th>nach Abschnitt</th></tr><tr><td>1</td><td>Voranstrich</td><td>5.1.1</td></tr><tr><td>2</td><td>Klebeschicht (Klebmasse gefüllt)</td><td>5.2.4</td></tr><tr><td>3</td><td>Metallband</td><td>5.6.1/2</td></tr></table>	
	Anmerkung: Die Abdichtung kann auch punktförmig auf die Deckenoberfläche aufgeklebt werden, z. B. durch Zwischenlegen einer unterseitig grob besandeten Lochglasvlies-Bitumenbahn.	
7.4.2.	Kombinierte Metallbandabdichtung mit unterseitiger Lage aus Dichtungsbahn	Terrassenabdichtung auf Decke mit Wärmedämmung. Ortbeton Plattenbelag (gleichzeitig Schutzschicht). Dämmschicht, Trennschicht, Dampfsperre
	<table><tr><th>lfd. Nr</th><th>Bestandteile der Abdichtung</th><th>nach Abschnitt</th></tr><tr><td>1</td><td>Dichtungsbahn</td><td>5.5.1</td></tr><tr><td>2</td><td>Klebeschicht (Klebmasse gefüllt)</td><td>5.2.4</td></tr><tr><td>3</td><td>Metallband</td><td>5.6.1</td></tr><tr><td>4</td><td>Deckaufstrich</td><td>5.2.1</td></tr></table>	
7.4.3.	Im Deckenbereich: kombinierte Metallbandabdichtung im Wandbereich: einfache Metallbandabdichtung	Naßräume, Küchen, Bäder. Plattenbelag, Rabitzgewebe, Wand, Decke
	<table><tr><th>lfd. Nr</th><th>Bestandteile der Abdichtung</th><th>nach Abschnitt</th></tr><tr><td>1</td><td>Voranstrich</td><td>5.1.1</td></tr><tr><td>2</td><td>Klebeschicht (Klebmasse gefüllt)</td><td>5.2.4</td></tr><tr><td>3</td><td>Metallband</td><td>5.6.1/2</td></tr><tr><td>4</td><td>Klebeschicht (Klebmasse gefüllt)</td><td>5.2.4</td></tr><tr><td>5</td><td>Dichtungsbahn, 50 cm breite Bahnen</td><td>5.5.1</td></tr><tr><td>6</td><td>Deckaufstrich</td><td>5.2.1</td></tr></table>	
	Anmerkung: Bei Bädern und Küchen mit geringer gelegentlicher Feuchtigkeit ist auch einfache Ausführung, z. B. nach Abschnitt 7.2.1, zulässig. Die Einpressung der Abdichtung kann dann geringer sein als in Abschnitt 7.2 und 7.3 angegeben.	
Anmerkung: Der im Einzelfall erforderliche Erweichungspunkt für Klebmasse und Deckaufstrichmittel richtet sich nach der an der Abdichtung im Grenzfall auftretenden Temperatur.		

[3]) Deckenbeispiel ohne Dämmung und Dampfsperre.

Seite 12 DIN 4122

7.5. Abdichtungen mit Kunststoff-Folien

1	2	3
	Technische Voraussetzungen für die Anwendung: Einpressungsdruck: 0 bis 5 kp/cm²; bei höherer Belastung Prüfung erforderlich. Temperatur an der Abdichtung: <60 °C Chemische Beanspruchung bedingt möglich, jeden Einzelfall prüfen. Ausführung nach Abschnitt 8.3.2	Anwendungsbeispiele Maße in cm
7.5.1.	Abdichtung aus Kunststoff-Folie und nackter Pappe	Decken in chemischen Betrieben und in Naßräumen
	<table><tr><th>lfd. Nr</th><th>Bestandteile der Abdichtung</th><th>nach Abschnitt</th></tr><tr><td>1</td><td>Voranstrich</td><td>5.1.1</td></tr><tr><td>2</td><td>Klebeschicht</td><td>5.2.1</td></tr><tr><td>3</td><td>Kunststoff-Folie</td><td>5.7.1</td></tr><tr><td>4</td><td>Klebeschicht</td><td>5.2.1</td></tr><tr><td>5</td><td>Nackte Bitumenpappe</td><td>5.4.1</td></tr><tr><td>6</td><td>Deckaufstrich</td><td>5.2.1</td></tr></table>	
7.5.2.	Abdichtung aus Kunststoff-Folie und nackter Pappe	Decken in chemischen Betrieben und in Naßräumen (Variante) *Plattenbelag im Mörtelbett*
	<table><tr><th>lfd. Nr</th><th>Bestandteile der Abdichtung</th><th>nach Abschnitt</th></tr><tr><td>1</td><td>Voranstrich</td><td>5.1.1</td></tr><tr><td>2</td><td>Klebeschicht</td><td>5.2.1</td></tr><tr><td>3</td><td>Kunststoff-Folie</td><td>5.7.2</td></tr><tr><td>4</td><td>Klebeschicht</td><td>5.2.1</td></tr><tr><td>5</td><td>Nackte Bitumenpappe</td><td>5.4.1</td></tr><tr><td>6</td><td>Deckaufstrich</td><td>5.2.2</td></tr><tr><td>7</td><td>Trennschicht</td><td>5.8</td></tr></table>	
7.5.3.	Abdichtung mit Zwischenlage aus Kunststoff-Folie	Abdichtungen gegen Feuchtigkeit und gleichzeitige elektrische Isolierung gegen vagabundierende Ströme Guß-asphalt Feuchtigkeitswirkung
	<table><tr><th>lfd. Nr</th><th>Bestandteile der Abdichtung</th><th>nach Abschnitt</th></tr><tr><td>1</td><td>Voranstrich</td><td>5.1.1</td></tr><tr><td>2</td><td>Klebeschicht</td><td>5.2.1</td></tr><tr><td>3</td><td>Dichtungsbahn</td><td>5.5.5 (5.5.7)</td></tr><tr><td>4</td><td>Klebeschicht</td><td>5.2.1</td></tr><tr><td>5</td><td>Kunststoff-Folie</td><td>5.7.1 (5.7.2)</td></tr><tr><td>6</td><td>Klebeschicht</td><td>5.2.1</td></tr><tr><td>7</td><td>Nackte Bitumenpappe</td><td>5.4.1</td></tr></table>	
	Anmerkung: Die nackte Bitumenpappe (lfd. Nr 7) erhält keinen Deckaufstrich, wenn die Schutzschicht aus Gußasphalt besteht, oder es muß eine Trennschicht eingebaut werden.	
Anmerkung: Quellschweißen der Nähte und Stöße der Kunststoff-Folien nach Abschnitt 8.3.3. *Bei Temperaturen an der Abdichtung über 40 °C sind für Klebeschichten und Deckaufstriche Massen nach Abschnitt 5.2.2 zu verwenden.*		

Anhang 2

DIN 4122 Seite 13

7.6. Abdichtungen aus Spachtelmassen, heiß zu verarbeiten

1	2	3
	Technische Voraussetzungen für die Anwendung: Einpressungsdruck der Abdichtung: >0,01 bis <5 kp/cm² Temperatur an der Abdichtung: < 60 °C Keine Risse im Untergrund. Chemische Beanspruchung bedingt möglich, in jedem Falle dann beständige Füller nötig. Ausführung nach Abschnitt 8.4	Anwendungsbeispiele Maße in cm
7.6.1.	Einlagige Mastixabdichtung mit Trennschicht (einfache Ausführung)	Befahrbare Hofkellerdecke (einfache Ausführung)[3]

lfd. Nr	Bestandteile der Abdichtung	nach Abschnitt
1	Trennschicht	5.8.2
2	Asphaltmastix 16 Gew.-%	5.3.1

7.6.2.	Zweilagige Mastixabdichtung mit Trennschicht (verstärkte Ausführung)	Befahrbare Hofkellerdecke (verstärkte Ausführung)[3]

lfd. Nr	Bestandteile der Abdichtung	nach Abschnitt
1	Trennschicht	5.8.2
2	Asphaltmastix 1. Lage 16 Gew.-%	5.3.1
3	Asphaltmastix 2. Lage 16 Gew.-%	5.3.1

Anmerkung: Bei wärmegedämmten Hofkellerdecken sind unter der Mastixabdichtung ein ausreichend standfester Dämmbelag (z. B. Schaumglasplatten) und eine Dampfsperre vorzusehen.

7.6.3.	Säurefeste zweilagige Mastixabdichtung ohne Trennschicht	Fußböden in Säureräumen (Akku-Stationen, Akku-Laderäume)

lfd. Nr	Bestandteile der Abdichtung	nach Abschnitt
1	Voranstrich	5.1.1
2	Asphaltmastix 1. Lage 22 Gew.-%	5.3.1
3	Asphaltmastix 2. Lage 22 Gew.-%	5.3.1

Anmerkung: Füller und Zuschlagstoffe müssen gegen die chemische Beanspruchung beständig sein.

[3] siehe Seite 11

Seite 14 DIN 4122

8. Ausführung

8.1. Allgemeine Forderungen

8.1.1. Abdichtungsarbeiten dürfen bei Witterungsverhältnissen, die sich nachteilig auf die Abdichtung auswirken können, nur ausgeführt werden, wenn die schädliche Wirkung durch besondere Vorkehrungen mit Sicherheit verhindert wird.

8.1.2. Der Untergrund für Abdichtungen, die aufgeklebt werden sollen, ist in der Regel mit einem Voranstrichmittel nach Abschnitt 5.1 vorzubehandeln. Das Voranstrichmittel ist so aufzutragen, daß es in die Poren des Untergrundes einzieht und die Fläche vollständig benetzt.

8.1.3. Der Voranstrich muß vollständig durchgetrocknet sein, bevor mit dem Aufbringen der Abdichtung begonnen wird.

8.1.4. Auf feuchten Unterlagen darf nicht geklebt werden.

8.1.5. In Feucht- und Naßräumen muß die Abdichtung trogartig ausgebildet werden. Sie muß im allgemeinen an den Wänden mindestens 15 cm über Oberkante Fußbodenbelag geführt werden (siehe Bild 7). Bei Duschräumen ist es erforderlich, die Abdichtung an den Wänden bis mindestens 30 cm über die Duschanlage zu führen (siehe Bild 8).

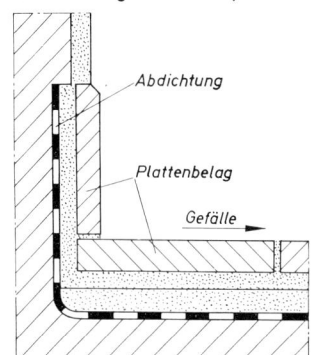

Bild 7. Trogartige Ausbildung der Abdichtung in Feucht- und Naßräumen (Schema)

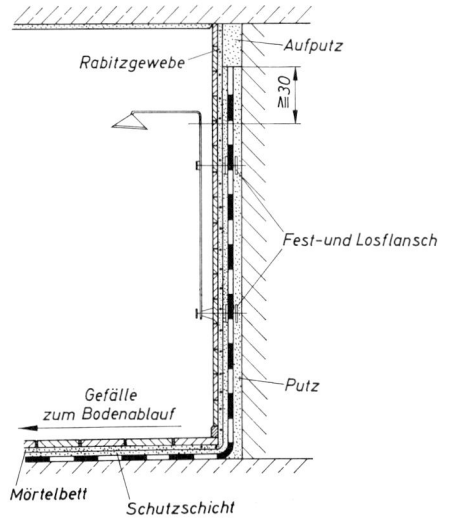

Bild 8. An der Wand hochgeführte Abdichtung in Duschräumen (Schema)

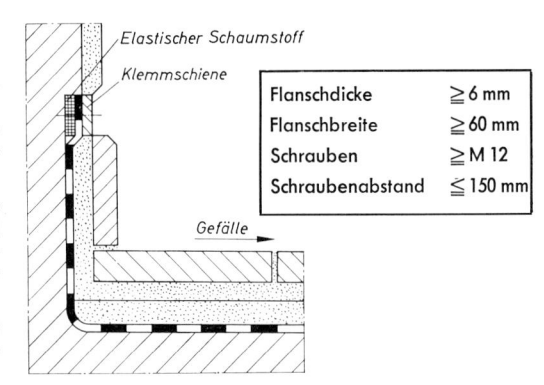

Bild 9. Verwahrung einer Abdichtung an der Wand durch Klemmschiene (Schema)

Flanschdicke	$\geqq$ 6 mm
Flanschbreite	$\geqq$ 60 mm
Schrauben	$\geqq$ M 12
Schraubenabstand	$\leqq$ 150 mm

8.1.6. Hofkellerdecken, Balkone, Terrassen und dgl. müssen von der Abdichtung vollständig überdeckt werden. An Wänden, Brüstungen, Pfeilern usw. muß die Abdichtung mindestens 15 cm über Oberkante Belag hochgeführt, in die Wand eingelassen und verwahrt werden (siehe Bild 9). Am Randauflager ist bei Wänden mit Anschüttung die Abdichtung mindestens 20 cm über die Lagerfuge der Decke nach unten zu führen (siehe Bild 10). An Entwässerungselemente, z. B. Abläufe, ist die Abdichtung wasserdicht anzuschließen (siehe Bild 6).

8.1.7. Sicherung und Prüfung der Abdichtung

8.1.7.1. Bei anhaltender Sonnenbestrahlung oder bei Temperaturen in der Nähe des Erweichungspunktes der Klebmasse sind freiliegende Abdichtungen, besonders auf lotrechten oder geneigten Flächen, gegen Rutschen zu sichern.

8.1.7.2. Die Abdichtung ist vor Aufbringen der Schutzschicht sorgfältig auf Mängel (z. B. Hohlstellen, mangelhaften Deckaufstrich, Beschädigungen) zu untersuchen. Sie sind anzuzeichnen und abschnittsweise auszubessern. Danach ist die Schutzschicht unverzüglich aufzubringen (siehe Abschnitt 6.11). Verzögert sich das Aufbringen der Schutzschicht, so muß vor Beginn dieser Arbeiten die Abdichtung nochmals auf Schäden untersucht werden.

8.1.8. Ausbildung der Abdichtung über Fugen

8.1.8.1. Über Dehnungsfugen, die nur einmaligen Längenänderungen (Schwinden, Kriechen) der Bauteile Rechnung tragen sollen, ist die Abdichtung durch mindestens zwei Lagen 0,1 mm dicke und 300 mm breite Kupferbänder kalottengerieffelt oder durch 0,2 mm dicke und 300 mm breite Aluminiumbänder kalottengerieffelt zu verstärken (siehe Bild 11). Die Bänder sind im Gieß- und Einwalzverfahren in heißverarbeitete Bitumenklebmasse nach Abschnitt 5.2.4 einzukleben. Die Stöße der Bänder sind um mindestens 200 mm zu überdecken. Sie sind je Lage gegeneinander zu versetzen.

Über Dehnungsfugen, die wiederkehrenden wechselnden Längenänderungen (z. B. infolge von Temperaturänderungen) Rechnung tragen müssen, ist die Abdichtung nach Abschnitt 8.1.8.3 auszuführen.

8.1.8.2. Über Setzungsfugen mit zu erwartenden Setzungsunterschieden der Bauteile bis zu 10 mm ist die Abdichtung wie über Dehnungsfugen nach Abschnitt 8.1.8.1, Absatz 1, auszubilden. Bei größeren Setzungsunterschieden müssen für jeden Einzelfall besondere Maßnahmen festgelegt werden (Schema siehe Bild 12).

Anhang 2

DIN 4122 Seite 15

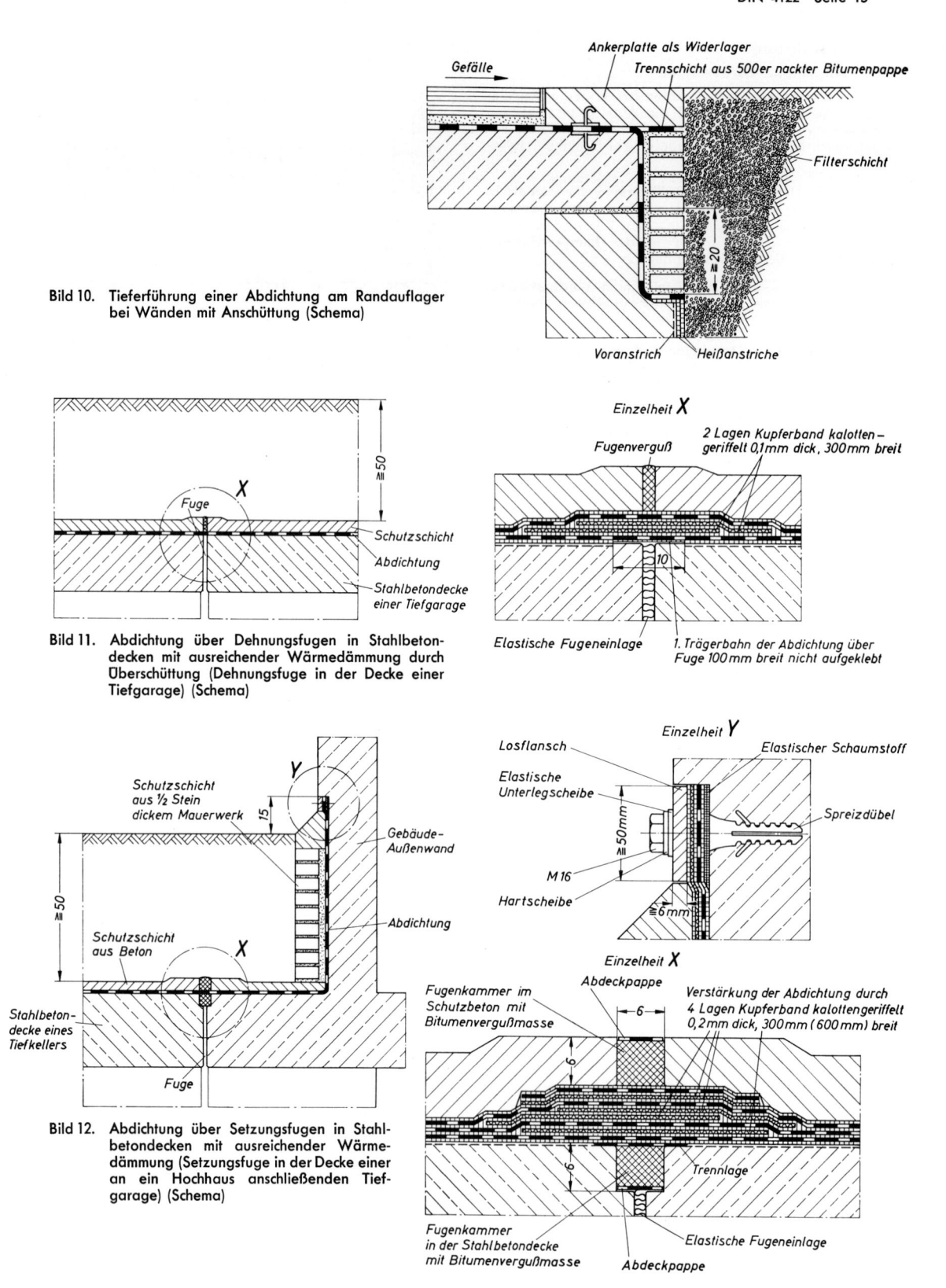

Bild 10. Tieferführung einer Abdichtung am Randauflager bei Wänden mit Anschüttung (Schema)

Bild 11. Abdichtung über Dehnungsfugen in Stahlbetondecken mit ausreichender Wärmedämmung durch Überschüttung (Dehnungsfuge in der Decke einer Tiefgarage) (Schema)

Bild 12. Abdichtung über Setzungsfugen in Stahlbetondecken mit ausreichender Wärmedämmung (Setzungsfuge in der Decke einer an ein Hochhaus anschließenden Tiefgarage) (Schema)

Seite 16 DIN 4122

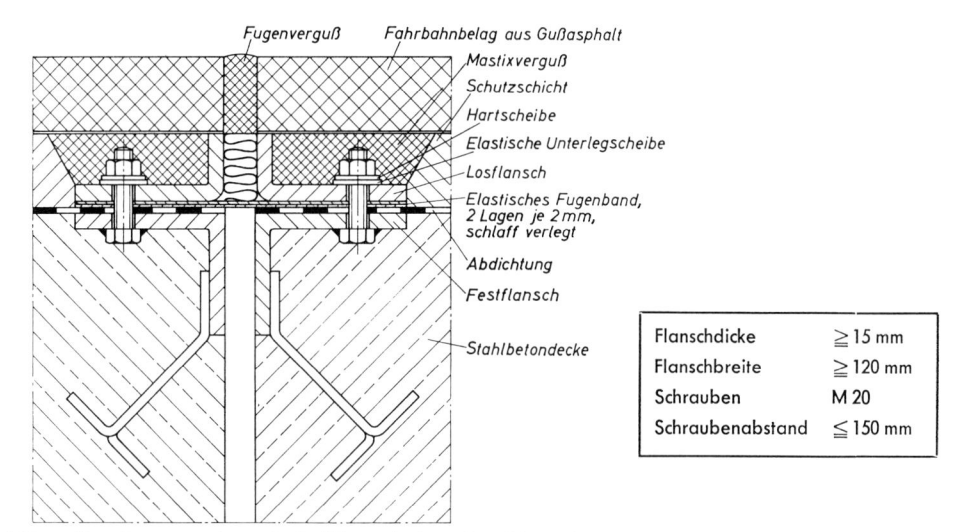

Bild 13. Abdichtung über Bewegungsfugen in Stahlbetondecken ohne Wärmedämmung oder mit unzureichender Wärmedämmung (Dehnungsfuge in der Decke einer Tiefgarage; die Fuge soll verschiedenartigen Bewegungen der Bauteile Rechnung tragen) (Schema)

Flanschdicke	$\geq$ 15 mm
Flanschbreite	$\geq$ 120 mm
Schrauben	M 20
Schraubenabstand	$\leq$ 150 mm

8.1.8.3. Über Bewegungsfugen anderer Art, d. h. über Bauwerksfugen, die allen Bewegungen — auch solchen durch Verdrehungen, Schwingungen u. ä. — Rechnung tragen sollen, müssen die Abdichtungen entsprechend Art und Größe der zu erwartenden Bewegungen ausgebildet werden (Schema siehe Bild 13). Bei geradlinig verlaufenden Fugen und bei Fugen geringer Länge können z. B. auch Schlaufenbleche zur Überdeckung der Fugen verwendet werden.

8.1.8.4. Fugen in Betonschutzschichten sind mit Fugenvergußmasse nach Abschnitt 5.9.2 zu vergießen. Fugenkammern im Bauwerk (bei Setzungsfugen) sind abweichend von Abschnitt 5.9 mit einer plastischen Vergußmasse, die auf die zu erwartenden Verformungen abgestimmt ist, zu füllen.

8.1.8.5. Soll die Abdichtung über Fugen mit Kunststoff-Folien verstärkt oder nur mit Kunststoff-Folien ausgeführt werden, so müssen Art, Dicke und Breite der Folien sowie die Art der Ausführung den zu erwartenden Beanspruchungen genügen.

8.2. Abdichtungen mit Pappen, Dichtungsbahnen und Metallbändern

8.2.1. Allgemeine Forderungen

8.2.1.1. Je nach der Beanspruchung und der gewählten Art der Abdichtung sind ungefüllte oder gefüllte Klebmassen und Deckaufstrichmittel nach Abschnitt 5.2 zu verwenden.

8.2.1.2. Ungefüllte Klebmassen und Deckaufstrichmittel können mit der Bürste aufgetragen werden (Bürstenstreichverfahren nach Abschnitt 8.2.2); gefüllte Klebmassen müssen aufgegossen und nach dem Gieß- und Einwalzverfahren (siehe Abschnitt 8.2.3) verarbeitet werden. Gefüllte Deckaufstrichmittel, die sich mit der Bürste nur schlecht gleichmäßig auftragen lassen, sind auf waagerechten und schwach geneigten Flächen aufzugießen und mit einem Schieber zu verteilen. An stark geneigten und senkrechten Flächen sind sie mit der Spachtelkelle aufzutragen.

8.2.1.3. Alle Klebe- und Deckaufstrichschichten sind vollflächig herzustellen.

8.2.1.4. Zur Temperaturkontrolle müssen an der Baustelle Thermometer vorgehalten werden. Gefüllte Massen müssen beim Aufbereiten ständig gerührt werden, damit sie sich nicht entmischen. Deshalb sollen zum Aufbereiten Kessel mit Rührwerken verwendet werden.

8.2.2. Bürstenstreichverfahren

8.2.2.1. Beim Bürstenstreichverfahren sind die Trägerlagen mit dem Untergrund und untereinander jeweils durch zwei Bürstenaufstriche vollflächig, d. h. ohne Einschluß schädlicher Hohlräume, zu verkleben. Beim Verlegen der unteren Trägerlage ist der vorbehandelte Untergrund und auch die Unterseite der ersten Trägerlage vollflächig einzustreichen; beim Verlegen der jeweils nächsten Lage ist dann der Klebmassenaufstrich mit der Bürste sowohl auf der Oberseite der unteren Lage als auch auf der Unterseite der nächsten Lage aufzubringen. Es darf jeweils nur so viel Fläche gestrichen werden, daß beim Aufbringen der Trägerlage beide Klebeschichten noch ausreichend flüssig sind, um eine einwandfreie und vollflächige Verklebung zu gewährleisten.

8.2.2.2. Bei waagerechten und schwach geneigten Flächen darf, mit Ausnahme bei Verwendung von Metallbändern ohne Deckschichten, auch in der Weise geklebt werden, daß unmittelbar vor der Bahnrolle die Klebmasse in reichlicher Menge so aufgetragen wird (z. B. Gießverfahren), daß sich die Trägerlage auf ihrer Unterseite vollflächig mit der Klebmasse benetzt und mit der Unterlage verklebt. Das jeweilige Teilstück der Trägerlage ist — insbesondere an den Naht- und Stoßüberdeckungen — gut anzubügeln, damit Lufteinschlüsse herausgedrückt werden und eine hohlraumfreie Verklebung erreicht wird.

8.2.2.3. An Nähten und Stößen müssen sich die Bahnen jeder Lage um mindestens 10 cm überdecken. Nähte und Stöße der aufeinanderfolgenden Lagen sind um mindestens 10 cm gegeneinander zu versetzen.

8.2.2.4. Beim Anwenden des Bürstenstreichverfahrens an stark geneigten und senkrechten Flächen sollen nur Bahnen von höchstens 2,50 m Länge verarbeitet werden.

8.2.2.5. Metallbänder ohne Deckschichten (siehe Abschnitt 5.6) dürfen nicht nach dem Bürstenstreichverfahren geklebt werden; sie müssen immer nach dem Gieß- und Einwalzverfahren (siehe Abschnitt 8.2.3) eingeklebt werden.

8.2.3. Gieß- und Einwalzverfahren

8.2.3.1. Beim Gieß- und Einwalzverfahren sind nur gefüllte Klebmassen nach Abschnitt 5.2 zu verwenden.

8.2.3.2. Das Aufbereiten gefüllter Klebmassen und Deckaufstrichmittel soll in Kesseln mit Rührwerk durchgeführt werden. Wird in Kesseln ohne Rührwerk aufbereitet, so muß von Hand ständig gerührt werden, damit sich die Masse nicht entmischt.

8.2.3.3. Die Trägerbahnen dürfen nicht breiter als 60 cm sein.

8.2.3.4. Die einzelnen Lagen der aufzuklebenden Bahnen müssen straff auf eine steife Hülse aufgewickelt werden, damit beim Einwalzen in die vor die Rolle gegossene heißflüssige Klebmasse die Rolle fest angedrückt werden kann. Die Klebmasse muß unmittelbar vor der Rolle aufgegossen und beim Einwalzen der Trägerbahn als flüssiger Wulst vor der Rolle hergetrieben werden, so daß die Unterlage und die Unterseite der Trägerbahn auf ihrer gesamten Breite benetzt werden und die Klebmasse an der Überdeckung der Nähte und Stöße austritt. Die an den Naht- und Stoßüberdeckungen austretende überschüssige Klebmasse ist sofort mit einem Spachtel flächig zu verteilen. An senkrechten und stark geneigten Flächen ist die Klebmasse in die Kerbe zwischen Wandfläche und angedrückter Rolle zu gießen. Das Gießen und Einwalzen ist in Richtung von unten nach oben durchzuführen.

Wenn es die baulichen Verhältnisse gestatten, sind an senkrechten und stark geneigten Flächen Querstöße zu vermeiden, d. h. die Bahnen in einer Lage von unten bis oben zu kleben.

8.2.3.5. An Nähten müssen sich die Bahnen jeder Lage um mindestens 10 cm, an Stößen um mindestens 20 cm überdecken. Die Stöße der Bahnen jeder Lage sowie Nähte und Stöße der aufeinanderfolgenden Lagen sind um mindestens 10 cm gegeneinander zu versetzen.

8.3. Abdichtungen mit Kunststoff-Folien

8.3.1. Allgemeine Forderungen

8.3.1.1. Abdichtungen aus Kunststoff-Folien müssen aus einer Lage Kunststoff-Folie und mindestens einer Trägerlage anderer Art bestehen.

8.3.1.2. An Nähten und Stößen müssen sich die Kunststoff-Folien um 50 bis 60 mm überdecken. Die Überdeckungen sind durch Quellschweißen wasserdicht zu verbinden.

Für die zweite und jede weitere Lage aus nackter Pappe oder aus Dichtungsbahnen gilt Abschnitt 8.2.

8.3.2. Aufkleben der Kunststoff-Folien

Beim Aufkleben der Kunststoff-Folie ist die Klebmasse nur auf die Unterlage aufzutragen; dabei ist die Folie einzuwalzen und anzudrücken. Die Klebmasse ist so aufzutragen, daß die Überdeckungen nicht verunreinigt werden. Die Überdeckungen sind — wenn nötig — durch Papierstreifen vor Verunreinigungen zu schützen. Bei den Klebaufstrichen muß mindestens 1 kg Klebmasse, beim Deckaufstrich mindestens 1,5 kg Klebmasse auf den Quadratmeter aufgebracht werden.

8.3.3. Quellschweißen

8.3.3.1. An Nähten und Stößen sind die sich überdeckenden Teile der Folien mit Lösungsmittel (Quellschweißmittel) nach Abschnitt 5.7 dicht zu verbinden. Dabei sind die Überdeckungen so lange aufeinanderzupressen oder zu bügeln, bis sie sich nicht mehr von selbst verschieben oder lösen können. Die Quellschweißverbindungen sind vor starker Erwärmung, z. B. durch Sonneneinstrahlung, zu schützen. Im Bereich der Kreuzungen von Nähten und Stößen sind die Ränder der unteren Folien bei Foliendicken über 1 mm vor dem Quellschweißen abzuschrägen.

8.3.3.2. Die nächsten Schichten (vollflächig deckende Klebaufstriche, Trägerlage, vollflächig deckender Deckaufstrich) dürfen frühestens 24 Stunden nach Herstellen der Quellschweißverbindungen aufgebracht werden. Bei kühler oder feuchter Witterung ist eine längere Wartezeit erforderlich.

8.3.4. Verstärken der ein- und ausspringenden Ecken

Ein- und ausspringende Ecken sind mit sogenannten Kofferecken aus Kunststoff-Folie gleicher Art und Dicke zu verstärken. Diese sind zu formen und im Quellschweißverfahren vollflächig mit der Folienlage zu verbinden.

8.3.5. Bei Polyisobutylen-Folien ist die Talkum-Schicht vor dem Kleben und Quellschweißen sorgfältig zu entfernen.

8.4. Abdichtungen mit Spachtelmassen

8.4.1. Mehrschichtig verlegte Spachtelmassen nach Abschnitt 5.3 sind mit wechselnden Arbeitsfugen aufzubringen. Jede folgende Schicht darf erst aufgetragen werden, wenn die vorhergehende vollständig erkaltet und erstarrt ist. Die Gesamtdicke des Spachtelbelags richtet sich nach der Art der Spachtelmasse.

8.4.2. Blasen, die sich in der aufgetragenen Masse gebildet haben, sind in jeder Schicht aufzustechen, nach Erwärmen (z. B. mit Lötlampe oder Propangasflamme) einzudrücken und hohlraumfrei glattzuspachteln.

8.4.3. Anschlüsse sind versetzt anzuordnen. An Nähten und Stößen ist durch inniges Ineinanderarbeiten eine dichte Verbindung herzustellen.

8.4.4. An Übergängen von waagerechten zu senkrechten oder zu geneigten Flächen muß die Abdichtung als Hohlkehle ausgeführt werden.

9. Schutzschichten

Schutzschichten sollen die Abdichtung vor allem gegen mechanische Beschädigungen sichern.

9.1. Allgemeine Anforderungen

9.1.1. Die Stoffe der Schutzschichten dürfen keine schädliche Wirkung auf die Abdichtung ausüben.

9.1.2. Im allgemeinen sind Schutzschichten aus Beton (siehe Abschnitt 9.2.1) oder aus Betonplatten (siehe Abschnitt 9.2.2) ausreichend.

9.1.3. Enthält das nichtdrückende Wasser Stoffe, die Schutzschichten aus Beton oder Betonplatten zerstören können, so sind Schutzschichten aus solchen Stoffen zu wählen, die den jeweiligen Beanspruchungen genügen, z. B. aus keramischen Platten (siehe Abschnitt 9.2.2) oder aus Gußasphalt (siehe Abschnitt 9.2.3).

9.1.4. Auf geneigten oder vor senkrechten abgedichteten Flächen müssen sich die Schutzschichten gegen ein festes Widerlager abstützen oder gegen Abgleiten, Ausknicken oder Abheben gesichert werden (z. B. durch Anker).

9.1.5. Beim Aufbringen von Schutzschichten aus Platten sind sämtliche Plattenbruchstücke von der Oberfläche der Abdichtung sorgfältig zu entfernen.

9.2. Schutzschichten auf waagerechten und schwach geneigten Flächen

9.2.1. Schutzschichten aus Beton

Schutzschichten aus Beton sollen mindestens die Betongüte B 120 (nach DIN 1047 „Bestimmungen für Ausführung von Bauwerken aus Beton") haben. Dicke (mindestens 50 mm), Betongüte und Korngröße (nur Rundkorn) der Schutzschichten müssen den vorgesehenen Beanspruchungen (mechanischen, statischen, dynamischen, thermischen) genügen. Die Schutzschicht ist erforderlichenfalls zu bewehren (Stahldrahtgewebe, Baustahlgewebe). Der Beton soll bei Gefahr von Auswaschungen kalkbindende Zusätze enthalten, erdfeucht eingebracht und verdichtet werden. Bei Einlagen aus Stahldrahtgewebe oder Baustahlgewebe dürfen vorstehende Drahtenden die Betonschutzschicht nach unten nicht durchstoßen.

Seite 18 DIN 4122

9.2.2. Schutzschichten aus Platten

Bei Schutzschichten aus Betonplatten müssen die Betonplatten in einem mindestens 20 mm dicken Zementmörtelbett verlegt sein. Die Gesamtdicke der Schutzschicht muß mindestens 50 mm betragen. Der Mörtel muß der Mörtelgruppe III (nach DIN 1053 „Mauerwerk; Berechnung und Ausführung") entsprechen; er darf jedoch keinen Kalkzusatz enthalten. Fugen sind mit Zementmörtel zu füllen oder mit der entsprechenden Fugenvergußmasse nach Abschnitt 5.9 zu vergießen.

Schutzschichten aus keramischen Platten, säurefesten Platten, Klinkerplatten usw. müssen den jeweiligen besonderen Beanspruchungen genügen, z. B. durch Widerstandsfähigkeit gegen chemische Einflüsse, besonders hohe Abriebfestigkeit. Die Art der Platten, des Mörtelbettes und der Fugenverfüllung richten sich nach der jeweiligen besonderen Beanspruchung.

9.2.3. Schutzschichten aus Gußasphalt

Der Gußasphalt muß dem Verwendungszweck und der Beanspruchung entsprechend zusammengesetzt sein. Die Dicke der Gußasphaltschutzschichten muß mindestens 20 mm betragen.

9.3. Schutzschichten vor senkrechten und auf stark geneigten Flächen

9.3.1. Schutzschichten aus Zementmörtel

Der Zementputz ist mit Drahtgewebe zu bewehren, das oberhalb der Abdichtung zu befestigen ist. Der Mörtel muß angeworfen werden. Um bei hohen Wänden ein Ausknicken des Zementputzes zu verhindern, muß er mit der Wand verbunden werden, z. B. durch kleine Anker mit Dichtungsplatte.
Soll die Wand mit keramischen Platten, säurefesten Platten, Klinkerplatten usw. versehen werden, so gilt sinngemäß Abschnitt 9.2.2.

9.3.2. Schutzschichten aus ½ Stein dickem Mauerwerk

Das Mauerwerk ist in einem Abstand von 4 cm vor der Abdichtung hochzuführen. Fortlaufend mit dem Hochmauern ist der Zwischenraum mit erdfeuchtem Zementmörtel zu füllen, der vorsichtig mit Holzstampfern gut verdichtet werden muß.

9.3.3. Schutzschichten als Wandrücklage aus Mauerwerk oder Beton

Schutzschichten aus Mauerwerk oder Beton, auf die die Abdichtung aufgebracht werden soll, müssen aus ½ Stein dickem Mauerwerk mit einem glatten, etwa 1 cm dicken Putz aus Kalkzementmörtel (nach DIN 18 550 „Putz; Baustoffe und Ausführung") bzw. aus 5 bis 10 cm dickem entgratetem Beton der Güte B 120 (nach DIN 1047 „Bestimmungen für Ausführung von Bauwerken aus Beton") bestehen.

Freistehende Schutzschichten dürfen mit höchstens 12 cm dicken Vorlagen verstärkt werden.

Die Hinterfüllung darf erst vorgenommen werden, wenn die Bauwerkswände fertiggestellt sind.

Senkrechte äußere Schutzschichten sind von den anschließenden waagerechten Schutzschichten durch Fugen mit Pappeinlagen zu trennen und an den Ecken sowie in Abständen von etwa 5 bis 10 m durch senkrechte Fugen mit Einlagen zu unterbrechen.

9.4. Schutzschichten über Bauwerksfugen

In Schutzschichten über Bauwerksfugen (Dehnungsfugen, Setzungsfugen und Bewegungsfugen anderer Art) ist eine Fuge mindestens in der Breite der von der Abdichtung überdeckten Fuge anzuordnen.

10. Besondere Maßnahmen zum Schutz der Abdichtung während der Bauarbeiten

10.1. Die noch nicht geschützte Abdichtung darf nicht mehr als unbedingt notwendig und nur mit ungenageltem, weichem Schuhwerk betreten werden. Sie darf nicht für Lagerzwecke benutzt werden.

Beim Aufbringen der Schutzschicht ist darauf zu achten, daß die Abdichtung nicht beschädigt wird.

10.2. Lasten oder lose Massen dürfen auf die Schutzschicht erst dann aufgebracht werden, wenn sie erhärtet und nach allen Seiten ausreichend zugfest und gegen Gleiten gesichert ist.

10.3. Auf Abdichtungen geneigter Flächen darf die Schutzschicht nur von unten nach oben aufgebracht werden (siehe insbesondere Abschnitt 9.1.4). Auf geneigten Schutzschichten darf nur von unten nach oben betoniert oder gemauert werden.

Erläuterungen

Sinn und Zweck der Herausgabe der Norm DIN 4122 ist es, die bisher bestehende Lücke zwischen den Normen DIN 4117 „Abdichtungen von Bauwerken gegen Bodenfeuchtigkeit; Richtlinien für die Ausführung" und DIN 4031 „Wasserdruckhaltende bituminöse Abdichtungen für Bauwerke; Richtlinien für Bemessung und Ausführung" zu schließen.

Die in DIN 4122, Abschnitt 7, aufgeführten Abdichtungsarten sind nach den jeweiligen technischen Voraussetzungen für die Anwendung geordnet. Anhand dieser Ordnung kann bereits der Planer eines Bauwerks erkennen, ob die von ihm vorgesehene Abdichtung bzw. welche der nach DIN 4122 möglichen Abdichtungen bei den in seinem Falle gegebenen baulichen, physikalischen und chemischen Bedingungen anwendbar ist.

Die in DIN 4122, Abschnitt 7.2 bis 7.6, in den Spalten 3 der Tabellen dargestellten Anwendungsbeispiele dienen zur Erläuterung der in den Spalten 2 aufgeführten Abdichtungsarten.

Gewisse Überschneidungen im Geltungsbereich und in der Anwendung von DIN 4122 mit den Normen DIN 4117 und DIN 4031 lassen sich nicht vermeiden.

So beziehen sich die beiden Normen DIN 4117 und DIN 4122 auch auf nicht stauendes Sickerwasser; bei Abdichtungen nach DIN 4122 darf jedoch vorübergehend ein geringfügiger hydrostatischer Druck auftreten. In Grenzfällen muß deshalb jeweils geprüft werden, welche der vorgenannten Normen anzuwenden ist. Ob z. B. die Wände eines Bauwerks nach DIN 4117 gegen Bodenfeuchtigkeit oder nach DIN 4122 gegen Sickerwasser abzudichten sind, richtet sich auch nach der Wasserdurchlässigkeit des ungeschützten Bauteils, nach der Möglichkeit auftretender Risse und deren Größe sowie nach dem Verwendungszweck des Bauwerks.

Grenzfälle bestehen auch in der Anwendung der Normen DIN 4031 und DIN 4122. Sofern z. B. auf die Abdichtung ein zwar geringfügiger, jedoch mehr als nur vorübergehender hydrostatischer Druck ausgeübt wird, ist nach DIN 4031 abzudichten. Bei einem vorübergehenden, aber nicht geringfügigen hydrostatischen Druck ist ebenfalls DIN 4031 anzuwenden.

Es ist beabsichtigt, später die Richtlinien für Bauwerksabdichtungen in e i n e r Norm zusammenzufassen.

Stichwortverzeichnis

ABC der Bitumen-Dachbahn 104
Abdichtung 146
Abschlüsse 489
absolute Temperatur 61
Absorption 14
allgemeine Aufbaugesichtspunkte, Warmdach 143
Aluminium 295
Aluminium-Elementplatten 317
Aluminium, Trennschichten 296
Aluminium, Wärmedehnung 319
Aluminium-Wellblech-Bedachungen 317
Aluminium-Wellblech-Bedachungen, Verlegehinweise 318
Aluminium-Wellbleche, Dachneigung 318
Anschlüsse 489
Anschlüsse, beweglich 496
Antennen 510
Asbestplatten 228
Asbestzement-Wellplatten 238
Asbestzement-Wellplatten, Befestigungsarten 243
Aufbauhinweise 151
Aufflämmbahn 106
Ausdehnung von Wasser 61
Ausdehnungszahl der Luft 61
Ausgleichsschicht 73
Ausschreibung, Leistendach 309
Ausschreibung, Stehfalzdach 303
Außenluftfeuchtigkeit 16
Außentemperatur 13
Austrocknung 96
Automatenplatten 95

Back-Korkplatten 83
Balkone 400
Balkone, Estrich 403
Balkone, Feuchtigkeitsschutz 403
Balkone, Plattenbeläge 403
Balkone, Temperaturbewegungen 400
Balkone, Wärmedämmung 402
Bauelemente, noppenförmig 95
Bauwerke mit großen Längenänderungen 335
Beanspruchung, von außen 11
Beanspruchung, von innen 11
Behaglichkeit 16
Behaglichkeitsbereich 16
Bekiesung 138
Beleuchtungsstärke im Raum 406
Belüftung 443
Belüftung, Profilblechbänder 326
Belüftungsanordnung bei Wellplatten 250
Belüftungsdimensionierung, praktische Vorschläge 209
beschichtete Stahlbleche 297
Beschichtung mit reflektierenden Anstrichen 138
Bestreuung 108
Betondachsteine, Anforderungen 265
Betondachsteine, verarbeitungstechnische Gesichtspunkte 266
Betondachsteine nach DIN 1115, 1117 A, 108 C 265
Betondachstein-Deckungen 263
Betonplatten im Kies verlegt 396

bewässertes Flachdach 140
bewegliche Anschlüsse 496
Bitumen 108
Bitumendächer, Ausführung 109
Bitumen-Dachpappen 104
Bitumen-Dachschindeln 289
Bitumen-Dachschindeln, Mindest-Dachneigungen 290
Bitumen-Dachschindeln, Verlegung 290
Bitumen-Kunststoffvlies 106
Bitumen-Latex-Gemisch 136
bituminöse Abdichtung, allgemeine Verarbeitungshinweise 109
bituminöse Dach- und Dichtungsbahnen, Kurzzeichen 574
bituminöse Schweißbahnen, Merkblatt 571
Blasenbildung 62
Blechanschlüsse 495
Blei, Trennschichten 297
Bleibleche 296
Blitzschutz 481
Blitzschutzanlagen, Verlegehinweise 486
Bodeneinläufe, Einbaubeispiele 475
Bodeneinläufe, Gußeisen 477
Brandausbreitung, Prüfung 454
Brandbekämpfung, Oberlichte 461
Brandschutz 452
Brandschutz, bauaufsichtliche Vorschriften 452
Brandschutz, bauliche Maßnahmen 458
Brandschutz, Baustoffe 452
Brandschutz, Bauteile 453
Brandschutz, Dach- und Deckenplatten 458
Brandschutz, Decken mit Verkleidungen 459
Brandschutz, Sonderbestimmungen 454
Brandwände 458
Buckel-Schalendächer 159

CR-Polychloropren 130
CSM-Chlorsulfoniertes Polyäthylen 131

Dachabdichtung, Anordnung der Bahnen 110
Dachabdichtung, bis 5 Grad — über 5 Grad 102
Dachabdichtung, einschaliges Flachdach 100 ff.
Dachabdichtung, Oberflächenbehandlung 137
Dachabdichtung, Stand der Technik 100
Dachabdichtung, Verlegehinweise 110
Dachabläufe 514
Dachaufbau, gefällelose Abdichtungen 146
Dachbahnen, allgemeine Anmerkungen 104
Dachbahnen, DIN-Normen 101
Dachdeckungen, leichte Zweischalendächer 238
Dachdurchdringungen 508
Dachentlüfter 94
Dachformen 4
Dachgärten 375

Dachgärten, Aufbangesichtspunkte 377
Dachgewicht 23
Dachhautgestaltung beim gefällelosen Kaltdach 228
Dachneigung 3
Dachneigungen, Schieferdeckungen 285
Dachrand-Abschlüsse 499
Dachrinnen 469
Dachschalung, Holz-Werkstoffe 226
Dachunterkonstruktion bei Metall-Bedachungen 311
Dachziegel, Anforderungen 264
Dachziegel-Deckungen 263
Dachziegel nach DIN 456 263
Dachziegel, verarbeitungstechnische Gesichtspunkte 266
Dachziegelasten 263
Dämmstoffe 81
Dämmstoffe, Beschreibung 82
Dämmstoffe, Verlegehinweise 82
Dampfbremsen 78
Dampfdiffusionsberechnung 35
Dampfleitzahl 33
Dampfmenge 12, 35
Dampfdruckzahl 34, 36
Dampfdruckausgleich 40
Dampfdruckausgleichsschicht 74, 92
Dampfdruckdifferenz 13
Dampfdrucklinie 36
Dampfdruckverlauf 36
Dampfdurchgangswiderstand 34
Dampfdurchgangszahl 34
Dampfdurchlaßwiderstand 34
Dampfdurchlaßzahl 34
Dampfsättigungslinie 35
Dampfsperre 43, 76, 78, 190, 214
Dampfsperre, Anforderungen 77
Deckaufstrich-Bitumen 109
Deckmassen-Bitumen 107
Deckungen und Abdichtungen, Merkblatt 573
Dehnfugen 54, 333, 506
Dehnfugen, Anordnung 338
Dehnfugen bei Kaltdächern 360
Dehnfugen bei nicht wärmegedämmten Flachdächern 351
Dehnfugenaufteilung 211
Dehnfugenausbildung mit Wärmedämmplatten 353
Dehnfugenausbildung, praktische Beispiele 350
Detailhinweise, Ausführung 333
Dichtungsbahn mit Metall 310
Diffusionsberechnung 11, 39, 41
Diffusionswiderstandsfaktor 34
Diffusionszahl 34
DIN-Normen für Dachbahnen 101
DIN 1053 337
DIN 1045 neu 334
DIN 4122 594
DIN 18338 577
DIN 18530 335, 585
Doppelfalzdächer 302
Dunstrohre 509
Durchbiegung 57
Durchfeuchtung 96
Durchfeuchtung, zulässige 43

Stichwortverzeichnis

ebene Dächer, Nachteile 143
ebene Dächer, Vorteile 143
Edelstahl-Bedachungen 299
Einschalendach 7
einschaliges, nicht wärmegedämmtes Wellplatten-Dach 246
Einzelentlüfter 255
Elastomere-Lager für hohe Belastung 349
Entlüftung 443
Entlüftung an Pultfirsten 257
Entlüftung mit Lichtkuppeln 447
Entlüftung, Profilblechbänder 326
Entlüftungsanordnung bei Wellplatten 250
Entlüftungsdimensionierung, praktische Vorschläge 209
Entspannungsschicht 73, 75
Entwässerung 466
Entwässerung, Kaltdach 231
EPDM-Äthylen-Propylen-Kautschuk 132
erforderlicher Luftwechsel 443

Fahnenhalterungen 510
Falzbaupappen 73, 94
Faserdämmstoffe, mineralische 215
Faserdämmstoffe, pflanzliche 216
Feuchte 42
Feuchtigkeitsabdichtung, umgekehrtes Warmdach 153
Feuchtigkeitsleitzahl 33
Feuchtigkeitsmenge, zulässige 43
Feuchtigkeitsregulierung 8
Feuchtigkeitsschutz 18
feuerverzinkte Stahl-Dachpfannen 315
Firstentlüftung 254
Flachdach, bewässert 140
Flachdach, gefällelos 5
Flachdach, leicht 234
Flachdach, massiv 232
Flachdach mit knappem Gefälle 5
Flachdach mit leichtem Gefälle 5
Flachdach, umgekehrt 142
flachgeneigtes Dach 6
Flachdachverglasung, Schwitzwasserbildung 418
Flachsschäben 184
Flachsspanplatten 228
Flämmverfahren 112
Fluchtwege, Sicherung 456
Formveränderung 12
freie Lüftung 443
freie Lüftung, technische Anforderungen 446
Füller 108
Funktionsmerkmale, Warmdach 67

Gasbeton-Flachdach, praktische Ausführungsvorschläge 179
Gasbeton-Flachdach, Verformungen 176
Gasbeton-Flachdach, Wölbungen 176
Gasbeton-Warmdach 170
Gasbeton-Warmdach, bauphysikalische Gesichtspunkte 172
Gasbeton-Warmdach, Verlegung 171
Gasvolumen, Berechnung 61
Gefälle, Bitumen-Perlite 71
Gefälle, Dämmplatten 70
Gefälle, Feuchtigkeitsabdichtung 71
Gefälle, Leichtbeton 70

Gefälle, Metall-Bedachungen 301
Gefälle, Normalbeton 70
Gefälleherstellung 69
gefälleloses Flachdach, konstruktive Erfordernisse 144
gefälleloses Kaltdach, Dachhautgestaltung 228
gefälleloses Warmdach 143
Geländerstützen 510
Gewichte bei Metall-Bedachungen 301
Gieß- und Einrollverfahren 111
Glasbausteine, Oberlichtgestaltung 420
Glasgittergewebebahn 105
Glasstahlbeton-Bauglieder, Oberlichtgestaltung 421
Glasvlies-Bitumendachbahnen 101
Gleitlager 333
Gleitlager, Anordnung 338
Gleitlager für geringe Anforderungen 344
Gleitlager für höhere Beanspruchungen 347
Gleitlagerausbildung, praktische Beispiele 343
Grundbegriffe, lichttechnische 406
Grünstein 108
Gußasphalt-Estrich 390

Heizungsaufwand 25
Hofkellerdecken 361
Holz-Leichtkonstruktion 7
Holz-Rauhspundschalung 224
Holz-Warmdachkonstruktion 167
Holz-Werkstoffe als Dachschalung 226
Holzfaserplatten 84
Holzkonstruktion, Detailgesichtspunkte 168
Holzspan-Dachplatten 182, 184
horizontale Windaussteifung 341
HP-Schalendächer 162

Industrie-Leichtdächer mit selbsttragender Wärmedämmung 201
Innentemperatur 12
Isoplastic-Elastomer-Synthese-Kautschuk 134

Jahrestemperaturdifferenz 52
Jutegewebebahn 105

Kaltdach 8, 201, 322
Kaltdach, -Aufbau 4
Kaltdach, Entwässerung 231
Kaltdach, konstruktive Voraussetzungen 203
Kaltdach-Leichtelemente, vorgefertigte 237
Kaltdach, Lufthohlraum 218
Kaltdach, Oberflächenschutz 230
Kamine 508
Kautschuk-Elastomere 128
Kellerdecken 377
Kiesschüttung 138
Klebebitumen 108
Kondensation 13
Korkplatten 83
Kriechbewegungen 60
Kühlhaus 12
Kunststoffdachbeläge, Merkblatt 570
Kunststoffgewebe 106
Kunststoffgruppen 119

Kunststoff, Lichtverteilungsvermögen 414
Kunststoff-Dachbeläge 103, 118
Kunststoff-Bodeneinläufe 477
Kunststoff-Oberlichte 427, 429
Kunststoff-Oberlichte, Werkstoffübersicht 429
Kupfer 294
Kupfer, Trennschichten 294

Längenveränderung 49
Leichtbau-Konstruktion, Metall-Bedachung 324
Leichtbetondach 7, 10
leichtes Flachdach 234
leichtes Flachdach, Dampf-Sperrschicht 234
leichtes Flachdach, Konstruktionsaufbau 234
leichtes Flachdach, Lüftung 235
leichtes Flachdach, Oberschale 237
leichtes Flachdach, Verkleidung 234
leichtes Flachdach, Wärmedämmung 235
leichte Warmdächer 166
leichte Zweischalendächer mit Dachdeckungen 238
Leistendach 306
Leistendach, Ausschreibung 308
Leuchtdichteabfall 407
Lichtdurchlässigkeit 412
Lichtkuppeln 432, 512
Lichtkuppeln, außergewöhnliche Formen 440
Lichtkuppeln, Berechnung 412
Lichtkuppeln, Montage der Aufsatzkränze 438
Lichtkuppeln, Rauchabzug 464
Lichtkuppeln, Schwerkraftlüftung 448
Lichtplatten, wärmedämmend 441
lichttechnische Grundbegriffe 406
lichttechnische Untersuchungen 406
Lichtverteilungsvermögen bei Kunststoffen 414
Lochglasvlies-Bitumenbahn 73, 93
Luftbewegung 17
Luftdruckerhöhung 61
Luftdruckminderung 61
Lufteinschlüsse 62
Luftfeuchte — Behaglichkeitskurve 17
Lufthohlraum, Kaltdach 218
Luftwechsel, erforderlicher 443
Lüftung, freie 443
Lüftungsleitung, freie Lüftung 445

Massivdecken 68
Massivplattendecke 338
massives Flachdach 232
Mauerabdeckungen 504
Merkblatt bituminöse Schweißbahnen 571
Merkblatt Deckungen und Abdichtungen 573
Merkblatt Kunststoffdachbeläge 570
Metall-Bedachung, Dach-Unterkonstruktion 311
Metall-Bedachung, einschalig, wärmegedämmt 321
Metall-Bedachung, Gefälle 301
Metall-Bedachung, Gewichte 301
Metall-Bedachung, Leichtbau-Konstruktion 324

Stichwortverzeichnis

Metall-Bedachung, physikalische Aufbaugesichtspunkte 320
Metall-Dachdeckungen 292
Metall-Dachdeckung, Verlegesysteme 302
Metall-Dachsysteme, vorgefertigte 311
Metall-Klebedach 307, 310
Metalldach einschalig ungedämmt 320
Metallfolien-Einlagen in Bitumenbahnen 106
Mindest-Dachneigung 266
Mindest-Dachneigung bei Verglasungen 425
Mindestwärmeschutz 32
Mineralfaserplatten 83
mineralische Faserdämmstoffe nach DIN 18165 215

nicht wärmegedämmtes, einschaliges Wellplatten-Dach 246
Normen-Verzeichnis 575
Normvorschriften 64
normgerechte Asbestzement-Wellplatten 238

Oberflächenschutz, Kaltdach 230
Oberflächentemperatur 14, 17
Oberlichte, Brandbekämpfung 461
Oberlichte, Schalldämmung 420
Oberlichte, Schwitzwasserbildung 418
Oberlichtgestaltung 420
Oberlichtgestaltung, Glasbausteine 420
Oberlichtgestaltung, Glasstahlbeton-Bauglieder 421
Oberschale 224
Oberschale, gefällelos 205
Oberschale, Leichtbetonplatten 228

Parkdecks 361
Parkdecks, Aufgesichtspunkte 363
Parkdecks, Detailausbildungen 370
Perlite 83
pflanzliche Faserdämmstoffe 216
Phenolharz-Schaumplatten 89
physikalische Aufbaugesichtspunkte bei Metall-Bedachungen 320
physikalische Funktionsmerkmale, Zweischalendach 206
Plattenbeläge, Stelzbeläge 392
Polyäthylen-Bitumen-Kombination 127
Polyesterharze, glasfaserverstärkte 135
Polyisobutylen 122
Polystyrol-Automatenplatten 87
Polystyrol-Schaumplatten 84
Profilbänder mit Spezialbefestigungen 330
Profilbleche, Befestigung 318
Profilblechbänder, Belüftung 326
Profilblechbänder, Entlüftung 326
Pultfirstdach 205
PVC-Folien 123
PVF-Polyvinylfluorid 128

Quarzsand 108
Quellen 58
Quellungen 60

Rauchabzug, allgemeine Forderungen 462
Rauchabzug, Lichtkuppeln 464

Rauchabzug, praktische Möglichkeiten 463
Rauchabzug, rechnerische Ermittlungen 462
Rauchabzug, Sicherung 456
Raumluftfeuchte 12
Rechengrundlagen 64
Regenfallrohre 471
Reklameständer 510
relative Luftfeuchtigkeit 12
Richtlinien für die Ausführung von Flachdächern 561
Rieselbeschichtung 108
Rinnen, Einbaubeispiele 471
Rissegefahr 189

Satteldach, leichtes Gefälle 205
Satteldach, Ziegeldeckung 205
Sättigungsdampfdruck 12, 35
Sättigungsgehalt 12
Schadensursachen, bauphysikalisch bedingte 57
Schalldämmung, Oberlichte 420
Schalldämmung, Verglasung 420
Schaumglasplatten 82
Schaumkiesschüttung 82
Schieberiß 51
Schieferdächer 284
Schieferdeckungen 284
Schieferdeckungen, Dachneigungen 285
Schieferplatten, Verlegung 285
Schiefersplitt 108
Schleppstreifen 72
Schmetterlingsdach 205
Schweißbahnen 102, 103, 106
Schweißverfahren 113
Schweizer-Sand-Kiesschüttdach 139
Schwerkraftlüftung, Berechnung 448
schweres Warmdach 152
Schwinden 58
Schwitzwasserberechnung 30
Schwitzwasserbildung, Flachdachverglasung 418
Schwitzwasserbildung, Oberlichte 418
Sheddach 161, 258
Shedkonstruktion mit Leichtbauplatten 183
Shed-Oberlichte 424
Sonderdachformen 152
Sondereinrichtungen 489
Sonneneinstrahlung 14
Spachtelverfahren 113
Spannungen durch gasförmige Körper 61
Sperrbeton-Dächer 157
Sperrbeton-Dächer, Nachteile 157
Sperrbeton-Dächer, Vorteile 157
Spezialbahnen 74
Spezial-Dachbahnen 95
Spezialschaumstoff 82
Spezifische Wärme 28
Stahlbeton-Flachdächer 90, 91
Stahlblech 297, 298
Stahlblechdach 7
Stahl-Dachpfannen, feuerverzinkt 315
Stehfalzdach, Ausschreibung 308
Stelzbeläge 392
Streichverfahren 110, 112
Sturmabhebung 156
Sturmsicherung DIN 1055 516

Tagesbeleuchtung in Flachdachbauten 405
Tagesbeleuchtung in Hallenbauten 405
Tageslichtquotient 406
Tageslichtquotient, Berechnung 409
Tageslichtquotient, Ermittlung 408
Talkum 108
Tauebene 44
Taupunktberechnung 11
Taupunkttemperatur 13
Tauwasserformel 31
technische Funktionsmerkmale, Zweischalendach 206
Teer-Dachpappen 106
Temperatur, absolute 61
Temperaturabfall 22
Temperaturausgleich 8
Temperaturbewegung 50
Temperaturdifferenz 22
Temperaturlüftung 206
Temperaturlüftung, Berechnung 206
Temperaturspannung 29, 51, 211
Temperaturspannungsberechnung 11
Temperaturspannungsrisse 51
Temperaturverlauf 21, 22, 35, 47
Temperaturverlaufbestimmung 21
Temperaturverteilung 17
Terrassen 381
Terrassen, Detailausbildungen 384
Terrassen, Estrich 390
Terrassen, Gehbelag 387
Terrassen-Belag 140
Trapezblechdächer 185
— Aufbauvorschläge 195
— Dachhaut 194
— Material 185
— Statik 186
— Unterkonstruktion 188
— Verlegung 187, 196
Trennbahnen 73
Trennschichten 293
Türanschlüsse 513

umgekehrtes Flachdach 142
umgekehrtes Warmdach 152
umgekehrtes Warmdach, Bedenken 154
umgekehrtes Warmdach, Nachteile 154
umgekehrtes Warmdach, Vorteile 153
Unterdachschutzbahnen 274
Unterdecken 67
Unterdecke ohne Dampfsperre 204
Unterschale, statisch tragende 214
Untersuchungen, lichttechnische 406

Verankerungen 511
Verbund-Materialien 116
Verformungen 57
Verglasung, kittlos 425
Verglasung, Mindestdachneigung 425
Verglasungen, Schalldämmung 420
Verkleidung, unterseitige 212
Verlegung von Schieferplatten 285
Verzeichnis Normen 575
verzinkte Wellbleche 313
Volumenveränderungen durch gasförmige Körper 61
Voranstrich 72
vorgefertigte Kaltdach-Leichtelemente 237
vorgefertigte Metall-Dachsysteme 311

615

Stichwortverzeichnis

Wärmeberechnung 11
Wärmebrücken 23, 258
Wärmedämmberechnung 22
Wärmedämmplatten, rollbar 86
Wärmedämmschichten, Anforderungen 80
Wärmedämmstoff 155
Wärmedämmung 80, 192, 214
Wärmedämmung, abgehängte Montage 248
Wärmedämmung, Balkone 402
Wärmedämmung, Entspannungsschicht 74
Wärmedämmung, leichtes Flachdach 235
Wärmedämmung durch Licht-Elemente 417
Wärmedämmung über Pfetten 249
Wärmedämmung, Schutz gegen ultraviolette Strahlen 156
Wärmedämmung, verlegetechnische Hinweise 217
Wärmedehnung, Aluminium 319
Wärmedurchgangszahl 25
Wärmedurchlaßwiderstand 20, 29
Wärmedurchlaßzahl 20
Wärmeleitzahl 20
Wärmeschutz beim Zweischalendach 209
Wärmespeicher-Kennwert 27
Wärmespeicherfähigkeit 18
Wärmestrahlungsdurchlässigkeit 415
Wärmestrom 19
Wärmeträgheit 31

Wärmeübergangszahl 20
Wärmeverlust 42
Warmdach, -Aufbau 4
Warmdach, allgemeine Aufbaugesichtspunkte 143
Warmdach, Funktionsmerkmale 67
Warmdach, Dachneigung bis 1° 147
Warmdach, 1—3° Dachneigung 148
Warmdach, 3—8° Neigung 150
Warmdach über 8° Neigung 150
Warmdach, gefällelos 143
Warmdach mit Holzkonstruktion 167
Warmdach, leichtes 166
Warmdach, schweres 152
Warmdach, umgekehrt 152
Wandanschluß-Profile 491
Wasserauftrieb 156
Wasserdampf 12
Wasserdampfdichtigkeit 77
Wasserdampfübergangszahl 34
Wasserdichtigkeit 78
Wassereinschlüsse 62
Wellasbestplatten-Dach 248
Wellasbestzement-Dach, Gefahren durch Rückstau 252
Wellbleche, verzinkt 313
Wellentlüftungspappen 94
Wellpappen 73
Wellplatten, Belüftungsanordnung 250
Wellplatten-Dach, einschalig nicht wärmegedämmt 246
Wellplatten, Entlüftungsanordnung 250
Wellplatten, Sonderausführungen 259

Windaussteifung, horizontal 341
Winddurchlüftung 208

Ziegeldeckungen, Detailausführungen 277
Ziegeldeckung als Kaltdach 269
Ziegeldeckung als Warmdach 268
Zink, Trennschichten 293
Zink-Wellbleche 314
Zinkbänder 292
Zinkbleche 292
Zubehörteile 515
Zwangslüftung, Berechnung 451
Zwangs-Ventilatorenlüftung 443
Zweischalen-Dach 201
Zweischalendach, physikalische Funktionsmerkmale 206
Zweischalendach, technische Funktionsmerkmale 206
Zweischalendach, Wärmeschutz 209
zweischaliges Dach, Gestaltung 204
zweischaliges Dach, leichtes 201
zweischaliges Dach, schweres 201
zweischaliges Dach, Vorschriften und Richtlinien 202
zweischaliges gefälleloses Flachdach, physikalischer Aufbau 212
zweischaliges gefälleloses Flachdach, technischer Aufbau 212
zweischalige Flachdächer, Konstruktionsbeispiele 212
zweischaliges, wärmegedämmtes Dach 248

MORITZ · FLACHDACHHANDBUCH · 4. AUFLAGE

Angebotsübersicht
über den Bedarf
für flache und flachgeneigte Dächer

mit Suchregister A:
Markenerzeugnisse

Suchregister B:
Produktgruppen

YTONG

Problemlösung im Detail:

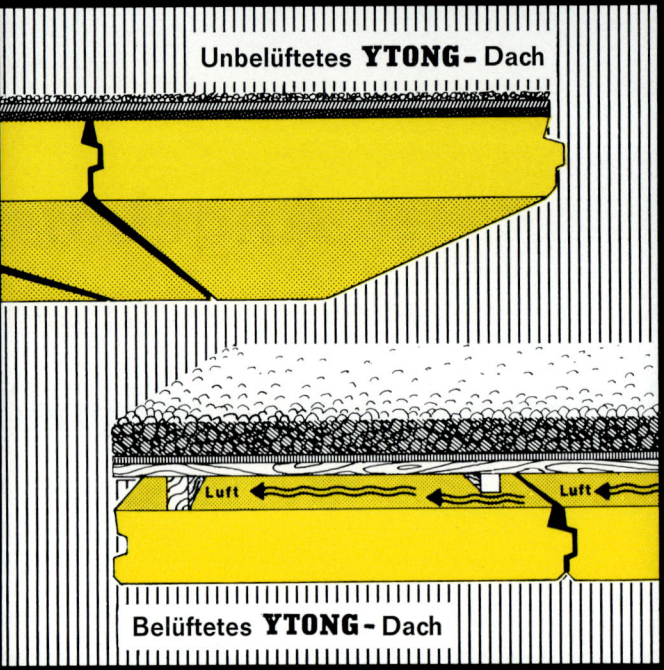

Unbelüftetes **YTONG**-Dach

Luft

Belüftetes **YTONG**-Dach

YTONG-Dächer. Be- und unbelüftet

YTONG-Dachplatten sind stahlbewehrte Montagebauteile für Flachdachkonstruktionen im Industrie- und Wohnungsbau.

Ihre besonderen Vorteile: Kraftschlüssige Fugenprofilierung mit Nut und Feder, große Spannweiten, geringes Gewicht, rationelle Montage ohne Schalung, gleichzeitige Übernahme der statischen und wärmedämmenden Funktion, gleich gute Eignung für Warm- und Kaltdachausbildung.

Die übliche Form ist das YTONG-Dach unbelüftet. Aufbau: YTONG-Dachplatten, Lochpappe, Dachhaut. Laut Untersuchungen des Institutes für technische Physik ist auch bei erhöhter Feuchtigkeitsbeanspruchung keine Dampfbremse auf der Unterseite des unbelüfteten YTONG-Daches nötig.

Liegt die relative Luftfeuchtigkeit über 65–70% bei einer Innenraumtemperatur von 20° C, ist das belüftete YTONG-Dach die bessere Lösung. Aufbau: YTONG-Dachplatten, Luftraum (durchlüfteter Dachraum), Schale z. B. aus Holz mit Dachhaut oder Wellasbestzementplatten und ähnlichen Materialien.

Beide Dachkonstruktionen haben sich seit Jahren bewährt. YTONG-Dächer be- und unbelüftet bestechen durch ihren klaren Aufbau und die technisch perfekte Konstruktion.

Wichtig für Sie:

YTONG-Handbuch
von Dipl.-Ing. W. Reichel
Bauverlag
Wiesbaden/Berlin

Wir möchten Sie gerne ausführlich informieren.

YTONG AG
8 München 19
Volkartstraße 83 Tel. 18 20 01

B 10

Wärme und Geborgenheit. Vier Wände aus YTONG!

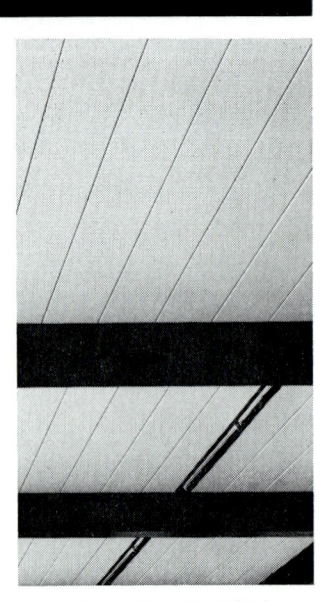

Durch das geringe Gewicht der YTONG-Dachplatten kann die tragende Konstruktion schlanker und damit wirtschaftlicher dimensioniert werden.

A 2

Suchregister A — Markenverzeichnis

A

		Seite
AGEPAN	Holzwerkstoffe	A 33
AGRO	Flachdachausstieg, Falt-Treppe, Scherentreppe	A 44
A. L. X.	-Metall-Flachdachabschlußblenden, Mauerabdeckungen, Profile	A 45
APRITHAN	Hartschaum	A 39
ASBESTINE	Füllstoff	A 39
AWA	Dachbaustoffe	A 47

B

BARUSIN	Bitumen-Dachpappen	A 43
BIEBERAL	Trapezbleche	A 43
BITAS	Dachschutzstoff	A 43
BITEKTA	Bitumenschweißbahn	A 12
BIWETEX	Dachbahn	A 12
BUG	-Flachdachabschlüsse -Brüstungsabdeckungen -Wandanschlüsse	A 24

C

COLUMBUS	Scherentreppe, Spindeltreppe	A 44
CORIGLAS	Schaumglas Wärmedämmstoff	A 32

D

DAGUFIX	Flachdach-Entwässerung	A 19
DBP	Kaltdachsystem Fuchs	A 31
DEFRA	Bitumen-Dach- u. Dichtungsbahnen	A 39
DELTA-DACH	vorgefertigtes Dachelement	A 14
DI	Differential-Dachlüfter	A 24
DILA-NEOPREN	Dehnungsausgleichskörper	A 26
D.W.A.	Randabschluß	A 18

E

ERTEX	-Allwetter-Systemdach -System-Lichtkuppeln -System-Eindichtung	A 11
ESSMANN	Lichtkuppeln	A 19
EUBIT-PLAST		
EUKABIT	Dachschutzstoffe	A 43

F

FERESOL	Spezial-Flachdachisolierungen	A 47
FF-Drän	Dränrohre-Dränplatten	A 33
FIBROPHENOL	Dachplatten	A 19
FORGES	-Profile -Kassetten	A 36
FRIGIPLAST	Dachschutzmasse	A 13

G

GARTENMANN	Flachdach- u. Terrassenbeläge	A 39
GLAS-WEB	Glasgewebe-Ausbesserungsmaterial	A 40
GLD RUBEROID	Gefälle-Leichtdach	A 7

H

HAKENFALZ	Dämmplatten	A 19
HARDO WD NAGEL	Typ 2 zur mechanischen Dämmstoff- u. Dachbahnbefestigung an Trapezblechen	A 26
HEBEL	Gasbeton-Bauteile für Wand und Dach	A 27
HENKE	Dach- und Deckenplatten Flachdachausstieg, Bodentreppen, Scherentreppen	A 42
HERAKLITH	Dämmplatten	A 24
HERAKLITH-Element 525 S	-schalldämmende Elementplatte	A 24
HERAKLITH-epv	Leichtbauplatte	A 24
HERAKUSTIK	Schallschutzplatte	A 24
HERAPERM	Dämmplatte aus Perlite	A 24
HERATEKTA	Mehrschichtdämmplatte aus Polystyrol-Hartschaum	A 24
HERATEKTA-epv	Mehrschichtleichtbauplatten	A 24
HERATHAN	Dämmplatte aus Polyurethan-Hartschaum	A 24
HERFORDER DACHKANTE	Dachrandabschluß	A 30

I

INTERGLAS	Trägermaterial für Dachdichtungsbahnen	A 10

J

JOBA	-Flachdachabschlußprofile -Mauerabdeckungen -Wandanschlußprofile	A 22
JOBA-System FU	-Fassadenunterkonstruktion zweischaliges Flachdachsystem	A 22

K

KAUBITAN	Kautschuk/Bitumen-Emulsion zur Abdichtung	A 39
KAUBIT-SILBER	Deckanstrich	A 39
K-B	-Dichtungsbahnen	A 39
KEMPER-SYSTEM	Flachdachbeschichtungsverfahren	A 25
KEBU	Schweißbahnen	A 31
KONDEX	Dampfdruckausgleichsbahn	A 12

L

LEUCHTKÄFER	Lichtkuppeln	A 19
LORO	Dachabläufe	A 22

M

MAB	Deckleisten	A 26
MAICO Turbo	Radial-Dach-Ventilator	A 37
MIGHTYPLATE Plastic Cement	Bitumen-Kitt	A 40
MIGHTYPLATE Primer	Bitumen-Grundieranstrich	A 40
MIGHTYPLATE Roof Coating	Asbest-Bitumen-Dachbelag	A 40
MIGRO-ASBEST	Füllstoff	A 39
MIGUA	Slidebahn-Gleitlager	A 40
MIGUA-FFD	Dehnungsfugen-Dichtungen	A 37
MONARCH	Flachdachausstieg	A 42

N

NAUHEIMER	-Lichtkuppeln, -Lüfterkuppeln, -Aufsetzkränze, -Lichtbänder, -Rauch- und Wärmeabzugsanlagen, -Großraumkuppeln	A 41
NEPA	Dampfbremse	A 15
NORDLICHT-KUPPELN	Lichtkuppeln	A 19
NOVOPAN	Holzwerkstoffe	A 33

O

OPTIMA	Beläge für Dach- und Terrassengärten, Fußgängerzonen, Innenhöfe	A 30

		Seite
P		
P 300	Flachdach-Fertigteil	A 30
PASSAVANT	Flachdachabläufe	A 9
PEGUTAN-BA/ BAE/BAB	Bauwerksabdichtungsbahnen	
PEGUTAN-DB	Dachdichtungsbahn	
PEGUTAN-DBR	Dampfbremsbahn	
PEGUTAN-SG	Schutz- und Gleitbahnen	
PEGUTAN-TM	Tankauskleidungsbahn	
PEGUTAN-WB	Wasserbeckenabdichtungsbahn	A 28
PERKALOR-Diplex	Unterdachschutzbahn	
PERKALOR-Normal	Poren- u. Fugenverschlußpappe	
PERKALOR-Well	Trittschallschutz	A 15
PERLITE	geblähtes Naturglas	A 34
PHEN-AGEPAN V 100 G		
PHENAPAN V 100 G	Dachschalungselemente aus Holzspanplatten	A 33
POLYTOP	Rollbahnen, Dachdämmplatten	A 12
POLYTOP-SUPER	Dachdämmplatten	A 13
R		
RAAB	Bimsbeton-Dachbalken u. -Platten Bimsbeton-Deckenbalken u. Fassadenplatten	A 32
RATONAL	Tonrohrkitt	A 39
RESISTIT	Dachdichtungsbahnen	A 43
RHEINZINK	Zinkwerkstoff	A 20
RHENOFOL (PVC-weich)	Abdichtungsbahn	A 16
RHEPANOL (PIB)	Dachhaut	A 16
RIGID-ROLL	Glasfaser-Dämmstoff	A 21
ROLLIGHT	Verdunkelungsanlagen	A 19
ROOFMATE	Dachabdichtung im Umkehrdach	A 23
RUBEROID	Glasvlies-Bitumendachbahnen	A 7
RÜSIT	Flachdacheindeckung	A 32
RZ-TITANZINK	Zinkwerkstoff	A 20
S		
SPONTEX	Bitumen-Dachbahnen	A 12
STABIFLEX	Kiesbettverfestiger	A 43
SUNETTA	Sonnenschutzanlagen	A 19

		Seite
T		
TALKUM	Füllstoff	A 39
TEERFIX	Teersonderdachpappen	A 39
TERLAG	Terrassenlager	A 19
THERMOPERL	bituminiertes Perlite	A 34
TRIANGEL	Holzwerkstoffe	A 33
TRIAPHEN V 100 G	Dachschalungselement	A 33
TRITSCHLER	Dachdeckerbedarf	A 32
TRIWALDIT	Bautenschutzmittel, pastös	A 39
TRIWALDOL	Bautenschutzmittel, flüssig	A 39
U		
ULTRAPLAST	Heißspachtel	A 13
URSUPLAST	Abdichtungsfolien u. -bahnen	A 37
V		
VAPOREX -normal, DP -bituminiert oder -besandet -Super -Super-roh	Dampf- u. Feuchtigkeitssperren	A 15
VEDAG	Dachbahnen, Bautenschutzmittel, Wärmedämmaterial, Dachrandabschluß, Lichtkuppeln	A 35
W		
WEBO	Plexiglas-Lichtkuppeln, Lichtbahnen, Alu-Profile	A 13
WESTERIT	Dachdämmplatten, Dachschindeln	A 12/13
WESTERIT-KS	Bautenschutzstoff	A 13
WITEC	Dachbahnen	A 40
Y		
YTONG	Dachplatten	A 2

"Meister Flach"

„Meister Flach"
Er vertritt eine neue Generation von Flachdach- und Terrassen-Gullys. Er ist prädestiniert für niedrige Dachkonstruktionen. 125, 137 und 160 mm sind die unübertroffen niedrigen Einbaumaße des abgewinkelten Bauder-Gullys.
Funktionsgerechtes System für die Entwässerung von Dach und Terrasse. Senkrechte oder abgewinkelte Form. Wahlweise mit Aufstocktrichter, Universal- und Rundsieb. Mit nur wenig Teilen komplett. Gully und Aufstocktrichter in einem Guß aus PUR-Integralschaum hergestellt. Absolut dichter und rückstausicherer Anschluß. Die Anschlußfolie wird bereits bei der Gully-Fertigung fest eingeschäumt. Also keine nachträgliche Montage. Einzelteile, wie Schrauben, Klemmringe und Flansche entfallen. Rollring- und Lippendichtung sind fertig montiert. Durch „Schnappfix" ist ein sicherer Sitz der Siebe gewährleistet. Rundsieb und Universalsieb rasten in den Gully-Aufstocktrichter ein. Kein Kippen, kein Verrutschen, kein Belasten der Abdichtung. Bauder-Gullys sind vollwärmegedämmt und auf Wunsch beheizbar.
Sicher möchten Sie ausführlichere Informationen. Senden Sie bitte den Coupon ein. Wir antworten sofort.

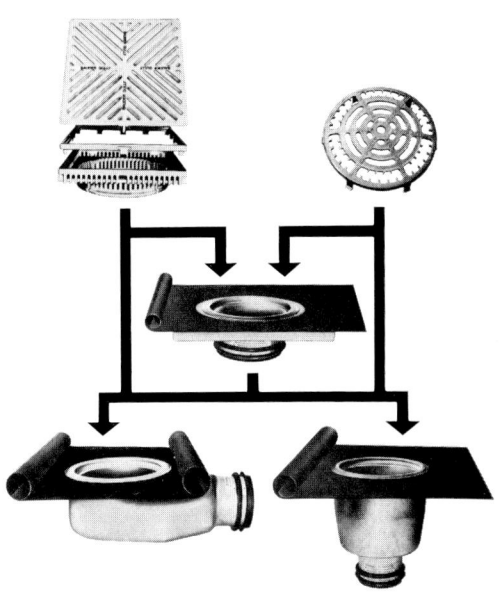

Paul Bauder, Bauchemie- und Dachbahnenwerk
7 Stuttgart 31 (Weilimdorf), Korntaler Landstraße 63
Postf. 310149, Tel. (0711) 88 10 51, Telex 07 21990

Zweigwerk: Bauder KG, 4630 Bochum, Postf. 252
Tel. (02321) 5 99 37, Telex 08 26 648

Niederlassungen: 68 Mannheim-Neckarstadt, Tel.(0621) 3 19 10, Telex 04 63 214 - 8 München 70, Tel. (089) 78 15 10, Telex 05 212 831 - 85 Nürnberg, Tel. (0911) 41 27 82, Telex 06 23 616

BAUDER

COUPON
Wir möchten mehr wissen über das Bauder-Gully-System
Name ....
Ort ....
Straße ....

Suchregister B — Produktgruppenverzeichnis

A

Abdichtungsstoffe (s. auch Dehnungsfugendichtungen, Dachdichtungsstoffe u. Dachbahnen) A 7, 13, 15, 16, 23, 28, 31, 37, 39, 47
Abläufe (Einläufe) für Flachdächer und Terrassen A 5, 9, 13, 16, 19, 22, 35, 45, 47
Abschlüsse s. Dachabschlüsse
Abschlußblenden s. Dachabschlüsse
Aluminium-Bedachungen s. Metallbedachungen
Anstrichmassen .... A 39, 40
Antennendurchgänge .... A 16
Asbestzementbaustoffe .... A 31
Aufsetzkränze für Lichtkuppeln .... A 11, 41
Ausgleichsbahnen s. Dachdichtungsstoffe
Ausstiege für Flachdächer .... A 42, 44
Autobahn-Unterlagspapier .... A 15

B

Balkonabläufe s. Abläufe
Bautenschutzstoffe .... A 13, 35, 39
Bedachungen s. Dachbeläge
Befestigungen für Dämmstoffe und Dachisolierungen .. A 26, 42
Bekiesung von Flachdächern .... A 36
Beschichtungsverfahren .... A 25
Betondichtungsmittel .... A 29
Bimsbeton-Baustoffe .... A 32
Bitumen-Dichtungsbahnen s. Dachbahnen, Dichtungsbahnen, Bitumenfilze, Bitumenkorkfilzmatten
Bitumen-Klebemassen s. Klebemassen
Bitumenkocher .... A 32
Bitumenschweißbahnen (s. a. Dachbahnen, Dichtungsbahnen) .... A 12, 31
Bodentreppen .... A 42, 44
Brüstungsabdeckungen (s. a. Mauerabdeckungen) .... A 22, 24

D

Dachabläufe s. Abläufe
Dachabschlüsse, Dachanschlüsse A 13, 16, 18, 20, 22, 24, 26, 30, 35, 44, 45
Dachbahnen, Dichtungsbahnen A 7, 12, 16, 17, 28, 31, 35, 37, 39, 40, 43, 45, 47
Dachbeläge, Dacheindeckungen aller Art (s. a. Dachbahnen) A 2, 19, 27, 30, 32, 40, 41, 43, 45
Dachdämmstoffe A 7, 12, 13, 15, 19, 21, 23, 24, 32, 34, 35, 39, 47
Dachdichtungsstoffe (s. a. Abdichtungsstoffe) ... A 11, 13, 14, 39
Dachdeckerkleinbedarf .... A 32, 42
Dacheindeckungen s. Dachbeläge und Dachelemente, vorgefertigte
Dachelemente, vorgefertigte A 2, 7, 8, 11, 12, 14, 19, 22, 23, 24, 27, 29, 30, 31, 32
Dachentlüfter s. Entlüfter
Dachfolien s. Dachdichtungsstoffe
Dach- und Terrassengärten .... A 30, 33
Dachgullys s. Abläufe
Dachhäute s. Dachbahnen
Dachkantenprofile s. Dachabschlüsse, Dachanschlüsse
Dachpappen s. Dachbahnen
Dachplatten s. Dachbeläge, Dachelemente, vorgefertigte
Dachschalungselemente .... A 33
Dachschindeln .... A 13
Dämmplatten, Dämmstoffe s. Dachdämmstoffe
Dampfsperren, Dampfdruckausgleichsbahnen A 12, 15, 28, 32, 39
Deckenbaustoffe .... A 32, 36
Deckleisten .... A 26
Dehnungsausgleichkörper .... A 26
Dehnungsfugendichtungen (s. a. Abdichtungsstoffe) ...... A 37
Dichtungsbahnen s. Dachbahnen u. Abdichtungsstoffe
Dränsysteme .... A 33
Dunstrohre .... A 16

E

Entlüfter .... A 11, 13, 19, 24, 37, 41, 42
Entwässerung s. Abläufe

F

Fassadenverkleidungen .... A 22, 27, 32
Feuchtigkeitssperren s. Dampfsperren
Flachdach-Abläufe s. Abläufe
Flachdach-Ausstiege s. Ausstiege
Flachdach-Bauausführungen .... A 18
Flachdach-Dämmstoffe s. Dachdämmstoffe
Flachdach-Isolierungen s. Abdichtungsstoffe, Dachdämmstoffe
Füllstoffe .... A 39
Fugendichtungen s. Dehnungsfugendichtungen

G

Gasbeton-Baustoffe .... A 2, 27
Glasgewebe .... A 10, 40
Gleitlager .... A 40

H

Hartschaum-Dämmstoffe s. Dachdämmstoffe
Holzspanplatten .... A 33

I

Isolieranstriche .... A 40
Isolierpapiere .... A 15
Isolierungen s. Abdichtungsstoffe, Dachdämmstoffe

K

Kiesfangleisten .... A 42
Kiesschüttung-Verfestigungen .... A 43
Klebemassen .... A 43
Korkdämmstoffe s. Dachdämmstoffe

L

Leichtbauplatten, zementgebundene .... A 24
Leichtmetallbedachungen s. Metallbedachungen
Lichtkuppeln, Lichtbahnen .... A 11, 13, 19, 35, 41
Lüfter s. Entlüfter

M

Mauerabdeckungen .... A 22, 44, 45
Metallbedachungen .... A 8, 12, 20, 36, 43

R

Rauch- und Wärmeabzuganlagen .... A 11, 19, 41
Rinnenendstücke .... A 42
Rohfilzpappe .... A 45

S

Schaumglas .... A 32
Schweißgeräte .... A 32
Sonderprofile .... A 45
Sonnenschutzanlagen .... A 19
Spachtelmassen s. Abdichtungsstoffe
Stegdielen s. Bimsbeton-Baustoffe

T

Tankauskleidungsbahnen .... A 28
Teerdachpappen s. Dachbahnen, Dichtungsbahnen
Terrassenbeläge (s. a. Dachbeläge) .... A 35, 39, 41, 44
Terrassenlager .... A 19
Tonrohrvergußmassen, Tonrohrkitt s. Vergußmassen
Trägermaterial .... A 10
Turmspitzen .... A 42

U

Unterlagspapier .... A 15

V

Ventilatoren s. Entlüfter
Verdunkelungsanlagen .... A 19
Vergußmassen s. Abdichtungsstoffe
Vergußmassen-Öfen .... A 32, 39

W

Wandabschlüsse, Wandanschlüsse (s. a. Dachabschlüsse) A 13, 22, 24, 26, 45
Wandbauelemente .... A 8, 27, 36
Wasserbecken-Abdichtungsbahnen .... A 28
Wellbahnen und -Platten s. Dachbeläge, Dacheindeckungen
Welldach-Isolierungen s. Dachdämmstoffe

Z

Zinkbedachungen s. Metallbedachungen

Wir sind nicht traurig, daß wir das Flachdach nicht erfunden haben.

Dafür sind wir die Erfinder der Dachhaut, die – nach 70 Jahren – immer noch für die sichere Abdichtung von Flachdächern bevorzugt wird: Die Bitumendachbahn.

Natürlich hat RUBEROID seit damals nicht geschlafen. Zweimal wurde die Bitumendachbahn entscheidend verändert. Erst wurde die Pappeinlage durch Glasvlies ersetzt. Glas kann bekanntlich nicht verrotten. Und dann verbesserten wir vor wenigen Jahren diesen Glasvliesträger durch eine revolutionierende neue Herstellungsmethode so entscheidend, daß eine ganze Industrie zur Umstellung gezwungen war. Seitdem nimmt die Verbreitung der Glasvlies-Bitumendachbahnen sprunghaft zu. Längst hat sie die Dachpappe überrundet. RUBEROID verdient Ihr ganz besonderes Vertrauen, aber nicht nur wegen seiner zukunftsweisenden Entwicklungsarbeit – die andere Seite unseres Unternehmens, die nicht weniger zur heutigen Bedeutung beigetragen hat, sind die Ausführungsabteilungen der 15 Niederlassungen in Westdeutschland und in Berlin.

Wer uns mit Abdichtungen beauftragt (natürlich nicht nur von Flachdächern), ist gut beraten und bekommt modernstes RUBEROID-Material, von RUBEROID-Spezialisten verlegt, von RUBEROID-Ingenieuren überwacht, also alles in einer Hand. Und dann gibt es da noch die vielen Spezialitäten, zum Beispiel das GLD RUBEROID-Gefälle-Leichtdach DBP, das Dämmung und Dachdeckung in genialer Weise vereinigt. Sie können gar nicht mehr Geld, Zeit und »Gewicht« sparen.

RUBEROID
2 Hamburg 74,
Postfach 740 609
Billbrookdeich 134
Tel. 040/ 73 11 01

RUBEROIDWERKE AG

7 Gründe sprechen für Robertson Dächer u. Wände

1. Kosten
Robertson-Stahltrapezdächer sind erwiesenermaßen preisgünstiger als herkömmliche Dachsysteme.
Sie sind leichter, deshalb beginnen die Einsparungen schon beim Fundament.

2. Witterungsunabhängige Montage
Robertson-Dächer und -Wände sind „winterbaufreundlich" – sie können bei jeder Witterung montiert werden.

3. Robertson-Bauelemente sind bewährt
Hinter dem Namen Robertson stehen 65 Jahre Erfahrung im Stahlleichtbau. Viele Gebäude in aller Welt tragen Robertson-Dächer; von der Zahl der Bauten mit Robertson-Wänden ganz zu schweigen.

4. Umwelt-fest
Robertson-Dächer sind auch der schmutzigsten Umwelt gewachsen. Robertson Galbestos bietet Gewähr für Korrosionsfreiheit.

5. Robertson ist weltweit
Robertson produziert nicht nur in drei Werken in Europa; Robertson finden Sie in allen Kontinenten der Welt.

6. Haushalten mit Rohstoffen
Robertson-Bauelemente nutzen Stahl optimal und ermöglichen seine Wiederverwendung.

7. Alles in einer Hand
Planung, Lieferung und Montage erfolgen durch Robertson.

Robertson
Robertson Bauelemente GmbH
4018 Langenfeld/Rhld.
Isarweg 10–12
Tel. 0 21 73/2 20 46-49
7000 Stuttgart-Sonnenberg
Feuerreiterweg 16
Tel. 07 11/76 90 21-23

Flach dächer sind Vertrauens sache

Passavant hat die Lösung für jede Aufgabenstellung. Mit dem vielseitigen Baukastensystem gußeiserner Flachdachabläufe. Mit eingebauter Sicherheit.
Denn der breite Klebeflansch und die zusätzliche Verschraubung garantieren perfekte Abdichtung. Passavant Flachdachabläufe sind hart geprüft und in Jahrzehnten bewährt.

PASSAVANT

PASSAVANT-WERKE · MICHELBACHER HÜTTE
6209 Aarbergen 7

interglas

interglasgewebe mit Spezialausrüstung „Basalt"
das fortschrittliche Trägermaterial
für hochwertige Dachdichtungsbahnen!

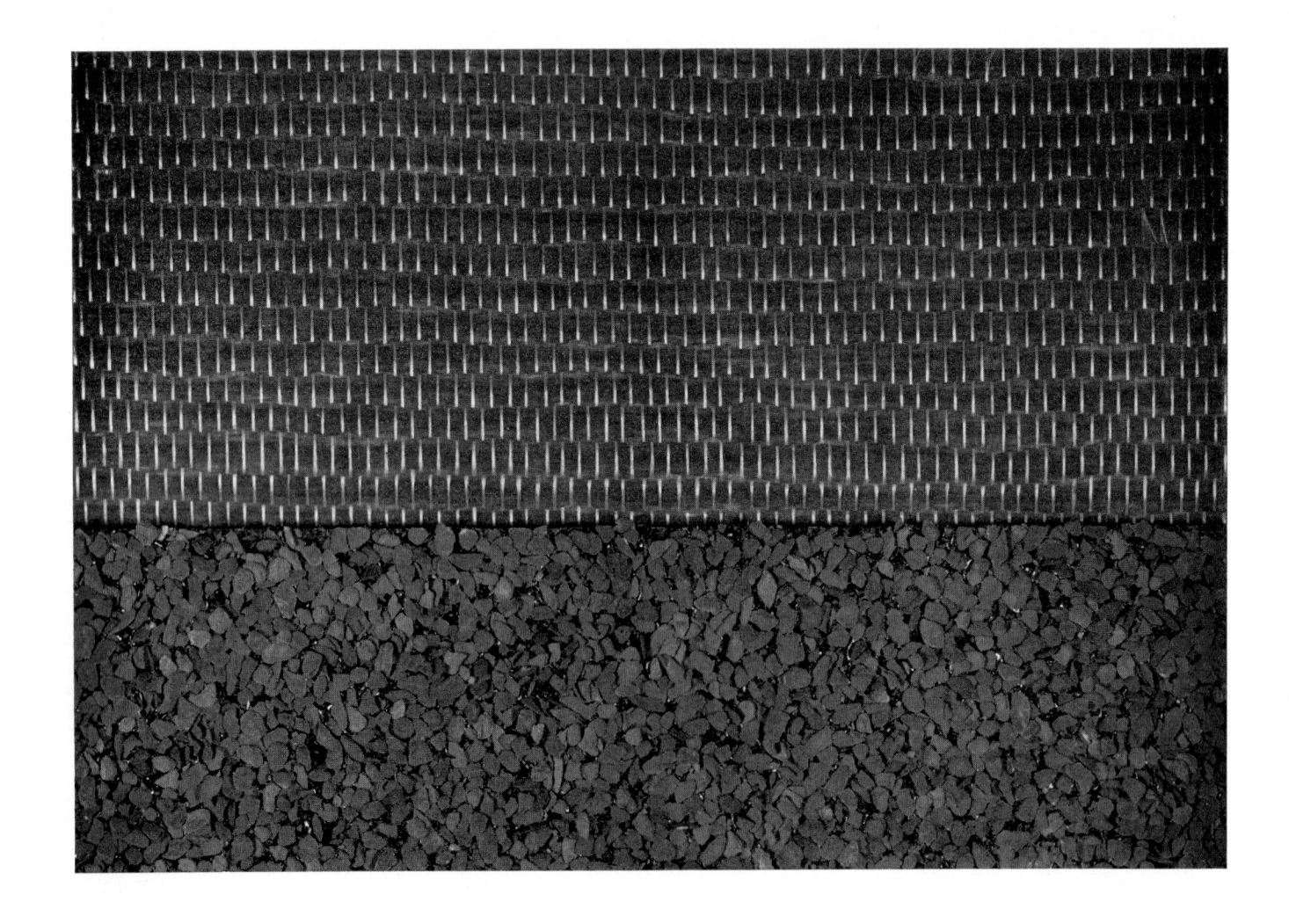

Mit detaillierten Auskünften stehen wir Ihnen gerne zur Verfügung.   Lieferantennachweise für fertige Dachdichtungsbahnen auf Anfrage.

Interglas-Textil GmbH   7900 Ulm   Postfach 619

Wichtige Fakten zu Ihrer Information

ertex —————— Bauteile
ertex —————— Vorteile
ertex —————— Sicherheit

…denn ERTL hat die Flachdach-Erfahrung

Sie als Fachmann erwarten Sachlichkeit. Mit Recht. Denn durch große Worte und leere Behauptungen wird kein einziges Flachdach-Problem gelöst. Sondern ausschließlich durch optimale Bauteile.

ERTL liefert:

1. ertex ALLWETTER-SYSTEMDACH DBP

Das Zweischalen-Flachdach aus industriell vorgefertigten Leichtbeton-Elementen. Komplett aus einer Hand. Bis hin zur Bauabnahme. Mit garantierter Terminsicherheit. Extreme Belastbarkeit, jahrzehntelange Lebensdauer der Konstruktion.

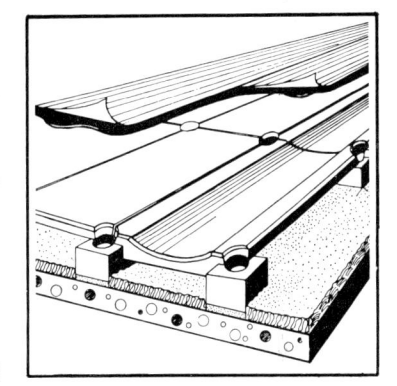

2. ertex SYSTEM-LICHTKUPPELN

Aus gegossenem Acrylglas. Mit bruchunempfindlichen Aufsetzkränzen. In einem Stück gefertigt. Ohne Klebefugen. Auch als Lüfter und Rauchabzugsklappen. Das komplette Programm für alle Aufgaben im Wohn-, Verwaltungs-, Gewerbe- und Industriebau.

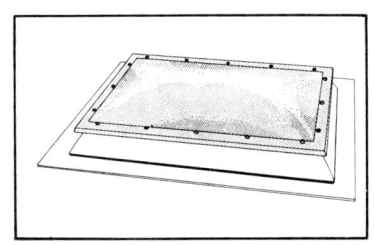

3. ertex SYSTEM-EINDICHTUNG

Dichtungsbahn und Formteile aus Kunststoff auf ECB-Basis. Bahnstärke 2 mm. Formstabil. UV-beständig. Resistent gegen wäßrige Lösungen von Säuren und Laugen. Bitumenfreundlich. Wurzelfest. Weichmacherfrei. Widerstandsfähig gegen Flugfeuer und strahlende Wärme nach DIN 4102.

ERTL liefert bewährte Bauteile. Damit Vorteile und Sicherheit für Sie. An Ihnen liegt es, weitere Beweise anzufordern.

ertex

ERTL GmbH Baustoff-Werke
4130 Moers   Postfach 1460
Telefon 02841/21091* · Telex 08121100

Wester
Das Programm für den

W. Westermann KG - Dachbahnen- und Bautenschutzmittel-Fabriken - dieses Unternehmen ist Ihnen sicher bekannt. Aber kennen Sie auch das Lieferprogramm? Die W. Westermann KG produziert und vertreibt seit Jahrzehnten alles für den Dachaufbau.

Bitumen-Dachbahnen
SPONTEX und BIWETEX® - das sind die Spitzenreiter unter Westermann-Dachbahnen. Speziell modifiziertes Bitumen mit Polyestervlies-Einlage oder Gewebeträger aus TREVIRA® hochfest liefern die Gewähr für extrem günstige Tieftemperaturplastizität und außergewöhnlich gute Standfestigkeit. Diese Dachbahnen sind unverrottbar, wetterbeständig und widerstandsfähig gegen viele Chemikalien. Wegen ihrer großen Dehnung und hohen Bruchlastfestigkeiten eignen sie sich besonders zur Flachdachabdichtung auf Leichtdachkonstruktionen mit erhöhter Eigenbeweglichkeit, aber auch als Abdichtung unter begeh- und befahrbaren Belägen.

Bitumen-Schweißbahnen
Die unverrottbaren, wetter- und alterungsbeständigen BITEKTA®-Bitumen-Schweißbahnen stehen durch zwei herausragende Eigenschaften auf einer hohen Qualitätsstufe. Die äußerst hohe Festigkeit durch TREVIRA® hochfest-Gewebeeinlage und das speziell modifizierte Bitumen, das hohe Standfestigkeit und Plastizität garantiert. Durch die dickeren, fabrikmäßig aufgebrachten Bitumendeckschichten entfällt das zusätzliche Auftragen von Bitumenklebemasse.

Dampfdruckausgleichsbahnen
Auch hier bietet Westermann die passende Bahn an. KONDEX® selbstklebende Dampfdruckausgleichsbahn mit verstärkter Glasvlieseinlage, unterseitig streifenweise grob bestreut. Diese Bahn wird lose auf unkaschierte Hartschaumplatten ausgerollt.

Bei der Verlegung der nächsten Bitumenbahn mit Heißbitumen wird eine Anschmelzung der Hartschaumplatten vermieden. Die aufkommende Hitze sorgt für eine Verklebung der unbestreuten Streifen mit der Dämmstoffoberfläche und den Nahtüberdeckungen.

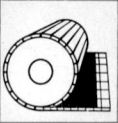

Rollbahnen
POLYTOP®-Rollbahnen sind zweischichtig vorgefertigte Bauelemente für die Dachdämmung. Der formgeschäumte Polystyrol-Hartschaum mit einem Raumgewicht von 20-30 kg/m³ und oberseitigen Dampfdruckausgleichskanälen ist mit einer Lage Bitumendachbahn randüberlappend kaschiert. POLYTOP®-Rollbahnen eignen sich zur Wärmedämmung von ebenen und gebogenen Dachflächen. Die Kaschierung zählt als erste Lage der Dachhaut.

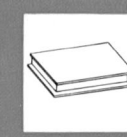

Dachdämmplatten
WESTERIT-Dachdämmplatten sind mehrschichtig vorgefertigte Bauelemente für den Dachaufbau. Die Kunstschaumstoffeinlagen können aus STYROPOR, formgeschäumtem Polystyrol oder Polyurethan-Hartschaum bestehen.
Alle Elemente, die im Format 1.000 x 500 mm und in verschiedenen Dicken geliefert werden, haben eine Überlappung von 8-10 cm.
POLYTOP® Dachdämmplatten aus oberflächenverdichtetem, formgeschäumtem Polystyrol-Hartschaum garantieren hohe

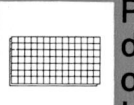

...mann
...erfekten Dachaufbau

Druckfestigkeit und exakte Maßhaltigkeit.
Die Raumgewichte liegen je nach Type bei 20-30 kg/m³. Kanäle auf der Oberseite und ein umlaufender Sammelkanal sorgen für wirksamen Dampfdruckausgleich, der Stufenfalz verhindert Wärme- und Kältebrücken.

POLYTOP®-SUPER Dachdämmplatten (1.000 x 1.000 mm) halten Temperaturen von -200°C bis +150°C (kurzfristig) aus. Jede Platte wird in einer Einzelform hergestellt und besitzt dadurch sehr hohe Festigkeitseigenschaften und exakte Maßgenauigkeit. POLYTOP®-SUPER ist schwer entflammbar nach DIN 4102.

Das Raumgewicht ist größer als 35 kg/m³. Kanäle auf der Oberseite sorgen für wirksamen Dampfdruckausgleich, der umlaufende Stufenfalz ermöglicht eine rationale Verlegung.

Lichtkuppeln/Lichtbahnen
WEDO Lichtkuppeln aus hochwertigem PLEXIGLAS gibt es in allen Standardgrößen. Zweischalig, und für geringe wärmetechnische Beanspruchung auch einschalig in den Ausführungen glasklar/opal, opal/opal, klar und opal. Die doppelwandigen Aufsatzkränze bestehen aus glasfaserverstärktem Polyester (GfK). Alle Lichtkuppeln mit Öffnungsvorrichtungen sind mit Aluminium-Doppelflügeln ausgerüstet, die ein Höchstmaß an Verwindungssteifigkeit bringen.

Für die Belichtung von Werkhallen werden WEDO-Lichtbahnen aus Polyester, ein- und doppelschalig, angeboten. Die Spannweiten der Elemente reichen von 1.000 bis 5.000 mm.

Dachschindeln
WESTERIT-Bitumen-Dachschindeln sind die zeitgemäße Form der Steildachdeckung. Die hohe Widerstandsfähigkeit gegen mechanische Beschädigung, Hagel usw. macht sie langjährig pflegefrei. Geringes Gewicht, einfache Verlegung und günstiger Preis - das sind noch weitere Punkte, die für WESTERIT-Bitumen-Dachschindeln sprechen.

Bautenschutz
Für den Bautenschutz bieten wir neben FRIGIPLAST-Dachschutzmasse DBP, ULTRAPLAST-Heißspachtel DBP und WESTERIT-KS-Bitumen DBP auch Anstriche auf Bitumen- und Kunstharzbasis, Spachtel- und Kieseinbettmassen, Verguẞmassen für Rohre, Straßen, Pflaster, und Schienen, sowie Schalöle, Mischöle u. a. m.
Diese Produkte sind von der gleichen Qualität wie alle anderen Westermann-Erzeugnisse.

Dachzubehör
Neben den bekannten Produkten liefern wir natürlich auch das passende Zubehör:
Für Dachrand- und Wandanschlüsse WEDO-Alu-Profile, dazu Anschluß-Folien, Dichtungsband und Kleber; Dachentlüfter in mehreren Größen und Ausführungen für alle Flachdachkonstruktionen; Dacheinläufe aus Kunststoff mit Laubfangkorb und Verschraubung, wärmegedämmt, ein- und zweietagig.

Möchten Sie mehr über Westermann Produkte erfahren? Eine Postkarte genügt, und wir senden Ihnen umfangreiches Informationsmaterial.

W. Westermann KG
Dachbahnen- und Bautenschutzmittel-Fabriken

4600 Dortmund Am Hafenbahnhof 10 Postfach 583 ☎ (0231) 3 19 22 Telex 08-227 854
4950 Minden Festungstraße 3-5 Postfach 1165 ☎ (0571) 3 14 03 Telex 09-7 766
4000 Düsseldorf Niederlassung Eintrachtstraße 27 ☎ (0211) 78 67 80, 78 69 35

Alle reden von Partnerschaft. Wir praktizieren sie. Handfest.

Durch Produkte, auf die Verlaß ist.

Z. B. mit unserem Flachdach-Produkt

DELTA-DACH

DELTA-DACH – hervorragend in der Qualität – problemlos zu verlegen.

Absolut bitumenbeständig ● UV-stabilisiert ● Reißdehnung mind. 400 % ● abrieb- und trittfest ● wurzelfest ● homogene Nahtverbindungen durch Heißluftverschweißungen ● gleiches Material für alle Anschlüsse und Verbindungen.

DÖRKEN
schützt Werte

Ewald Dörken AG, 5804 Herdecke/Ruhr,
Postfach 163, Telefon (02330) 63-1

Vaporex-Dampf- und Feuchtigkeitssperren

Alterungsbeständig, versprödungs- und korrosionsfest, hochelastisch durch gummiartige Kunststoffolie, chemisch gegen Laugen und Säuren beständig. Einfachst mit Bitumen oder Spezialkleber zu verarbeiten.

1. Vaporex-normal, DP
Raumseitig auf alle Oberflächen mit unseren Spezialklebern aufzukleben.

2. Vaporex-bituminiert oder Vaporex-besandet
In Holz-, Leichtdächern, Außenwänden, in massiven Flachdächern, Terrassen, unter Estrichen usw. millionenfach bewährte Dampf- und Feuchtigkeitssperre.

3. Vaporex-Super
Hochwertige absolute 5schichtige korrosionsfeste Aluminium-Kunststoff-Dampfsperre im einschaligen Flachdach, Doppelwänden usw. und für Abdichtungsaufgaben.

4. Vaporex-Super-roh
5schichtig, jedoch ohne Bituminierung und Besandung, sonst wie Vaporex-normal zur raumseitigen Aufklebung als absolute korrosionsfeste Dampfsperre.

5. Nepa-Dampfbremse
Preisgünstige Dampfbremse für Holz- und Fertigteilbau in Dächern, Decken und Wänden.

Perkalor-Isolierstoffe

1. Normal-Perkalor
Poren- und Fugenverschlußpappe für Wärme-, Schall- und Zugluftschutz.

2. Perkalor-Diplex – normal oder faserverstärkt
Die atmungsfähige, also diffusionsdurchlässige, jedoch wasserabweisende Unterdachschutzbahn, Abdeckpappe hinter Außenwänden zur Kondens- und Schwitzwasservermeidung, tausendfach bewährt.

3. Well-Perkalor
Trittschallschutz unter Estrichen, Schalldämmung in Doppelwänden, Holzdecken usw.

Autobahn-Unterlagspapier

Unter Betonfahrbahnen, Betonböden, über Kiesschicht usw. mit höchstem Naßberstdruck.

Ölpapier braun

Extra starke Qualität für alle Belange im Bausektor.

PAPIERFABRIK PALM KG, Abt. Isolierstoffe
7080 AALEN 9 - NEUKOCHEN · Tel.: (0 73 61) 67 01 · Telex: 07 13 830

BRAAS

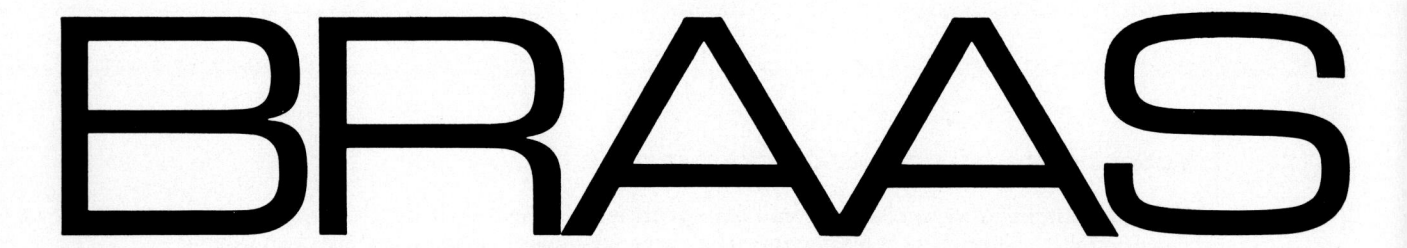

Dach- und Dichtungsbahnen

Rhepanol (PIB)

für Fläche und Anschlüsse.
Hohe Flexibilität, weichmacherfrei,
bitumenbeständig, verrottungsfest
und alterungsbeständig. Für lose oder
verklebte Verlegung. Als dichtende
Dachhaut für alle Dachformen.
Zur Bauwerksabdichtung.
Im Erd- und Wasserbau etc.

Seit 1938 über 25 Millionen Quadratmeter auf internationalen Baustellen erfolgreich eingesetzt.

Rhenofol (PVC weich)

Die Abdichtungsbahn mit hoher
mechanischer Widerstandsfähigkeit.
Lieferbar in Bahnen oder
vorkonfektionierten Planen bis
120 qm. Für alle Probleme
im gesamten Abdichtungsbereich.

Einbaufertiges Zubehör:
Flachdachdunstrohr,
Antennendurchgang, Gully,
Dachabschlußprofil.

BRAAS

Braas & Co GmbH
6 Frankfurt/M 97
Friedrich-Ebert-Anlage 56
Postfach 970164

A 16

Wir bitten um Information über Rhepanol bzw. Rhenofol

Name: _____

Ort: _____

Straße: _____

Braas & Co GmbH · 6 Frankfurt/M 97 · Postfach 970164

Feuer und Flamme
für bituminöse Dach- und Dichtungsbahnen.

Bituminöse Dach- und Dichtungsbahnen gehen für Sie durchs Feuer. Flugfeuer und strahlende Wärme lassen sie einfach kalt. Damit werden alle Anforderungen nach DIN 4102 erfüllt - es handelt sich um „harte Bedachung"

Sie halten aggressiven Witterungseinflüssen sowie mechanischen Beanspruchungen stand. Und die mehrlagige Verlegung macht sie unempfindlich gegen Beschädigungen. Allein im Jahr 1973 wurden rund 300 Millionen Quadratmeter bituminöse Dach- und Dichtungsbahnen produziert.

VDD Dach und Dichtungsbahnen
Chemiewerkstoff

vdd

Gütezeichen RAL

VDD Industrieverband bituminöse
Dach- und Dichtungsbahnen e.V.
6 Frankfurt, Karlstraße 21
Tel. (0611) 25 56-4 60

A 17

D.W.A.-Randabschluß

Fertigprofil einschl. Keil, Alu-Blende und Folienanschluß für Kalt- und Warmdach

Dieser neuartige, gedämmte Randabschluß faßt alle konstrukt. Details in einem Bauelement aus einem Guß zusammen. – Blende und Folienanschluß-Streifen sind untrennbar und absolut dicht im PU-Keil verankert.

Die Vorteile: Unkomplizierte schnelle Anbringung (aus dem Karton). Sicherheit vor Montagefehlern. Lohnkosteneinsparung. Das Flachdach wird kostengünstiger.

Die Daten: Länge der Profilstäbe = 2 m
Höhe der Alu-Blende = 0,26 m

Fordern Sie ausführliche Information und Original-Muster an.

weniger Montagezeit mehr Sicherheit

D.W.A. Vertriebs-GmbH
5804 Herdecke/Ruhr
Postfach 304, Tel.: (02330) 3940
Telex: 8239413

FRITZ HOLL KG

Flachdachbau

Feuchtigkeitsabdichtungen und
Isolierungen im Hoch- und Tiefbau
Planung – Beratung

7000 Stuttgart-50, Obere Waiblinger Str. 184
Tel. (0711) 561666/69, Telex 7254581

Niederlassungen:

7770 Überlingen, Obertorstr. 22, Tel. (07551) 63071, Telex 733912

7523 Graben-Neudorf, Karlsruher Str. 61, Tel. (07255) 5491/5011, Telex 7822279

Bauelemente für das Flachdach

Leuchtkäfer®-Lichtkuppeln
Nordlichtkuppeln®
Rauchabzugsanlagen
Rollight®-Verdunkelungsanlagen
Sunetta®-Sonnenschutzanlagen
Fibrophenol-Dachplatten
Hakenfalz-Dämmplatten
Dagufix®-Flachdach-entwässerungs-Programm
Flachdach-Entlüfter
Terlag®-Terrassenlager

Heinz Essmann KG
Bauelemente für das Flachdach
4902 Bad Salzuflen 1
Postfach 3280, Tel. (0 52 22) *7 91-1
FS 9 31 203 <9 312 103>

RHEINZINK
der Werkstoff
für Dach und Wand
für Rinnen und Rohre

rz
RHEINZINK

korrosionsfest
systemfertig
handwerksgerecht
anpassungsfähig
formbeständig
wirtschaftlich

Rheinisches Zinkwalzwerk, 4354 Datteln
Bahnhofstraße 90   Postfach 187

Über 100 Jahre Zink am Bau jetzt mit Kupfer-Titan legiert sicher in die nächsten 100 Jahre

Brandungsbad Oberstdorf
eingedeckt mit rz-Titanzink nach DIN 17770 D-Zn bd
Scharenlänge 10 m
Metalldicke 0,7 mm
nach Buch Prof. Neufert, 2. Auflage 1971:
„RHEINZINK im Bauwesen"
heute technisch vertretbar
zum Unterschied der Aussagen auf Seite 301 und 303

Architekten: Diefenbach + Partner — Darmstadt

A 20

Johns-Manville JM

Glasfaser-Produkte

Rigid-Roll®

die ›steife Rolle‹

Hallendämmung gelöst mit der ‚steifen Rolle'
freitragend bis zu 1,50 m
○ schnell
○ wirtschaftlich
○ dauerhaft
○ ansprechend

Deutsche Johns-Manville GmbH · 62 Wiesbaden · Adolfstraße 16 · Tel. 06121/376021 · Telex 04-186789

JOBA® Bausysteme für Flachdach und Fassade!

JOBARID-Werk
Jonny Bartels
Bau- und Industriebedarf
3205 BOCKENEM/Harz
Schlewecker Str. 21-23
Telefon 0 51 22 - 20 12
Telex 0 927 187

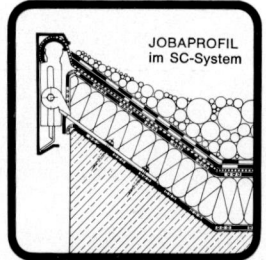

JOBAPROFIL im SC-System

JOBA-Flachdachabschluß-Profile für alle Warm- und Kaltdachkonstruktionen!

JOBAPROFIL im MAG-System

JOBAPROFIL WA 33

JOBA-Mauerabdeckungen, zur Abdeckung von Attiken und Brüstungen.

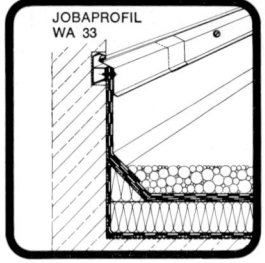

JOBA-Wandanschluß-Profile für den Papp- oder Folienanschluß.

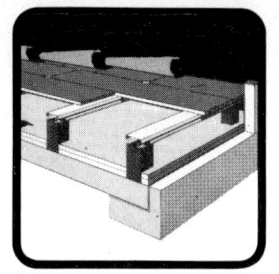

Anorganisches, zweischaliges Flachdach »System JOBARID«.

.... und die JOBA-Fassadenunterkonstruktion »System FU« aus Aluminium, für großformatige Fassadenplatten!

LORO-Flachdachentwässerung · Einbauzulassung PA-I-1500 aus Aluminium — kunststoffbeschichtet

Die aus einer korrosionsfesten Aluminium-Legierung hergestellten Abläufe können in senkrechter oder abgewinkelter Form jeweils einteilig oder zweiteilig geliefert werden. Zu allen Ausführungen ist eine Wärmedämmung, Dampfsperre und Heizung lieferbar. Anschlußwerte der Heizung: 25 W/220 V ohne Vorschalttrafo. Sämtliche Ausführungen werden in den Nennweiten 100, 125 und 150 gefertigt.
Für kleinere Dächer bis 50 m² wird eine Balkonentwässerung mit Folienklemmung in NW 50 und NW 70 empfohlen.

Die werkseitig bereits mit dem Ablauftrichter verdundene Anschlußfolie ist aus hochalterungsbeständiger Neoprenequalität und wird durch einen speziell entwickelten Klemmring im Ablauftrichter gehalten.
Bei dem stufenlos verstellbaren Etageneinsatz ist die Folie in der gleichen Art befestigt. Siebkorb und Klemmsiebdeckel sind in bruchsicherer und korrosionsfester Ausführung gehalten. Ende 1974 wird auch ein neuentwickeltes Pilzsieb zur Verfügung stehen. Dieses kann den bisherigen Siebkorb bei Dächern ohne Kiesschüttung ersetzen.

▼ Dachablauf zweiteilig, Abgang senkrecht

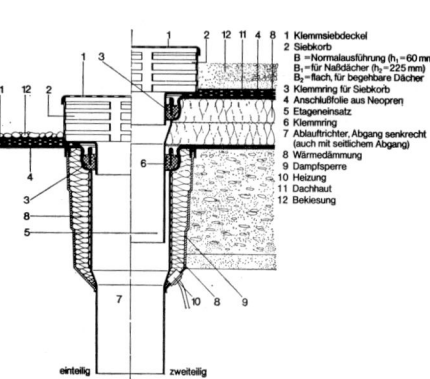

▼ Dachablauf einteilig, Abgang seitlich

1 Klemmsiebdeckel
2 Siebkorb
B = Normalausführung (h_1 = 60 mm)
B_1 = für Naßdächer (h_2 = 225 mm)
B_2 = flach, für begehbare Dächer
3 Klemmring für Siebkorb
4 Anschlußfolie aus Neopren
5 Etageneinsatz
6 Klemmring
7 Ablauftrichter, Abgang senkrecht (auch mit seitlichem Abgang)
8 Wärmedämmung
9 Dampfsperre
10 Heizung
11 Dachhaut
12 Bekiesung

LOROWERK K.H. VAHLBRAUK KG · 3353 BAD GANDERSHEIM · Postf. 380

Universität Regensburg, gesamte Umkehrdach-Fläche ca. 50.000 m².

ROOFMATE IM UMKEHRDACH

Die Dachabdichtung ist der wichtigste Teil in einem Dach. Sie muß äußerst haltbar sein, da sie im herkömmlichen Dach, in dem das Dämmaterial unten liegt, laufend härtesten Witterungsbedingungen (wie Temperaturwechsel, Tau/Gefrierwechsel, UV-Strahlung, mechanischen Beschädigungen) ausgesetzt ist.

Die Dachindustrie hat sich mit der Lösung dieses Problems befaßt, doch bietet der Aufbau keine absolut sichere Lösung.

Zwanzigjährige Untersuchung dieses Problems führte die Dow Chemical Company auf den Weg einer einfachen, aber wirkungsvollen Lösung: Das umgekehrte Dach. Indem die Wärmedämmung oberhalb der Abdichtung liegt, sind in ihm die meisten Probleme des Flachdachs gelöst.

Mit der Dämmung über der Abdichtung gewinnt man unter anderem die folgenden Vorteile:

- Schutz gegen mechanische Beschädigung.
- Die Temperatur der Abdichtung bleibt übers Jahr nahezu gleich.
- Kein Temperaturschock.
- Keine Tau/Gefrierwechsel.
- Schutz der Abdichtung gegen ultraviolette Strahlen.
- Das Dach ist mit dem ersten Arbeitsgang abgedichtet. Eine Noteindeckung wird überflüssig.
- Die Dampfsperre entfällt. Ihre Funktion wird von der Abdichtung mit übernommen.
- Wartungsarbeiten entfallen nahezu.
- Wirtschaftlichkeit.

Schutz der Abdichtung und Dämmung des Daches

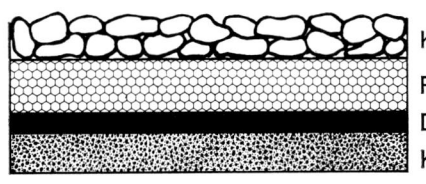

Kies
ROOFMATE *
Dachabdichtung
Konstruktion

*Warenzeichen — The Dow Chemical Company

Dow

Dow Chemical Handels- & Verwaltungsgesellschaft mbH,
Frankfurt, Hamburg, Stuttgart, Düsseldorf, München

HERAKLITH Dämmtechnik löst Ihre Dämmprobleme

Für Außenwände und Fassaden, Innen- und Zwischenwände, Decken und Fußböden, Steil- und Flachdächer, für Kühlhäuser und Klimaanlagen, für den Waggon- und Behälterbau und für vieles mehr.

Bauelemente für wirtschaftliches Dämmen gegen Kälte – Hitze – Schall

®HERAKLITH
die Universal-Platte gegen Kälte – Hitze – Schall

®HERATEKTA
die elastische Mehrschichtplatte aus Polystyrol-Hartschaum mit beidseitiger oder einseitiger Heraklith-Beschichtung – sehr leicht im Gewicht – mit hoher Wärmedämmwirkung

®HERATHAN
die Platte aus Polyurethan-Hartschaum – extrem leicht und mit dem besten Dämmvermögen aller bis heute bekannten Dämmstoffe

®HERAPERM
die Dämmplatte aus Perlite mit außerordentlich günstigem Brandverhalten – sehr leicht – mit hohem Wärmedämmwert

®HERAKUSTIK normalwollig und feinwollig
schluckt Schall, schluckt..., schl......

®HERAKLITH Element 525 s
das vorgefertigte Element für schalldämmende Trennwände

®HERAKLITH epv
®HERATEKTA epv
der einseitige Porenverschluß erspart in vielen Fällen das Verputzen

Bitte benutzen Sie unseren HERAKLITH-Service. Unsere bautechnische Beratungsabteilung und unsere Außenmitarbeiter in allen Teilen der Bundesrepublik und im Ausland stehen Ihnen für Ihre Dämmprobleme zur Verfügung.

DEUTSCHE HERAKLITH AKTIENGESELLSCHAFT SIMBACH/INN
8265 Simbach/Inn Postfach 11 20 Ruf (08571) 2044

---

bug liefert die meisten Flachdachabschlüsse

Zum Beispiel: Flachdach-Abschlüsse

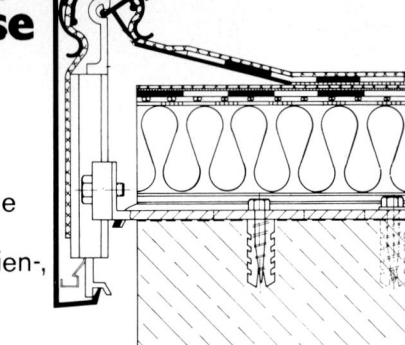

ein- und mehrteilige Systeme, höhenverstellbar, für Folien-, Zinkblech- und Pappanschluß.

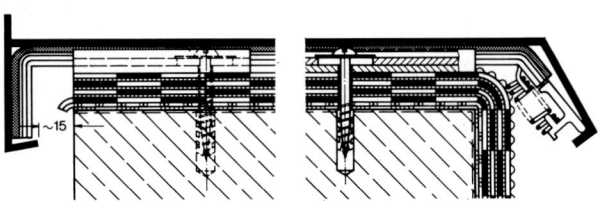

Brüstungsabdeckungen

Stranggepreßt und gekantet, in jeder gewünschten Abmessung. Mit verschiedenen Halterungen.

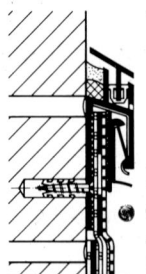

Wandanschlüsse

Für Einbau in Beton, Betonaussparungen oder Putzanschluß. BUG bietet mit seinen 4 Anschlußsystemen die richtige Lösung Ihres Problems.

Wünschen Sie detaillierte Informationen? Schreiben Sie uns. Wir informieren Sie ausführlich über die BUG-Alu-Technik am flachen Dach.

bug amBau

BUG-Bauelemente
Gebrüder Uhl KG
7981 Vogt
Postfach Ravensburg 2260
Telefon (0 75 29) * 70-1
FS 07 32856

KEMPER-SYSTEM

**Flachdachbeschichtungsverfahren nach neuesten Erkenntnissen
für alle Flachdacharten, besonders zur Sanierung undichter Dächer**

Das sichere Beschichtungssystem im Spritzverfahren unter Verwendung von Polyestervlies-Einlage mit einer Schichtdicke von 2,5 mm. Nach 5jähriger Praxiserprobung nunmehr für die Verwendung freigegeben.
Besondere Vorteile: Kein Materialtransport, geringe Lohnkosten, hohe Reißfestigkeit bei ausreichender Dehnfähigkeit, keine Klebnähte, einfache und sichere Verarbeitung.
Verarbeitung nur durch eingeschulte Lizenzfirmen. Nachweis durch uns.

KUNSTSTOFF- UND LACKFABRIKATION KASSEL · 3501 OBERVELLMAR
Ruf: 0561-82537 · Telex: 992310

Hardo WD-Nagel Typ 2 zur mech. Dämmstoff- und Dachbahnbefestigung an Trapezblechen

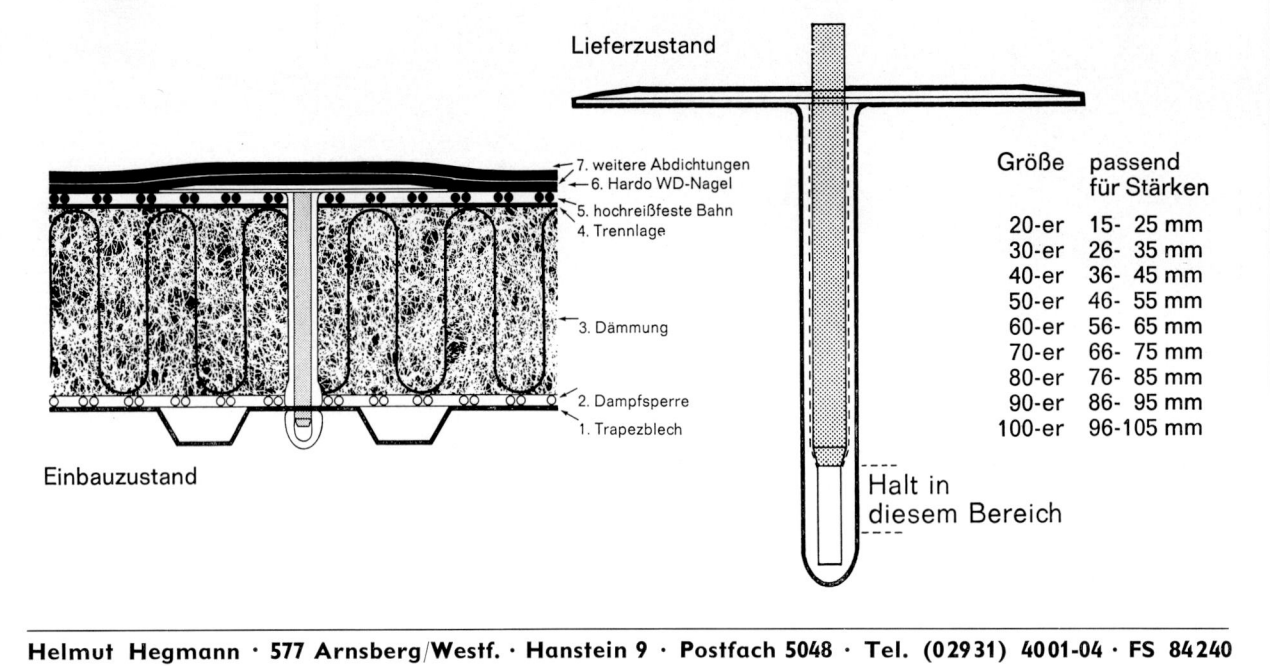

Lieferzustand

7. weitere Abdichtungen
6. Hardo WD-Nagel
5. hochreißfeste Bahn
4. Trennlage
3. Dämmung
2. Dampfsperre
1. Trapezblech

Einbauzustand

Halt in diesem Bereich

Größe	passend für Stärken
20-er	15- 25 mm
30-er	26- 35 mm
40-er	36- 45 mm
50-er	46- 55 mm
60-er	56- 65 mm
70-er	66- 75 mm
80-er	76- 85 mm
90-er	86- 95 mm
100-er	96-105 mm

Helmut Hegmann · 577 Arnsberg/Westf. · Hanstein 9 · Postfach 5048 · Tel. (02931) 4001-04 · FS 84240

MAB-Deckleisten
für Ihre Wandanschlüsse von Blech, Pappe oder Folie auf Sichtbeton, Verputz, Sichtstein- und Elementbauten. Einfaches Verlegen (Montagematerial wird mitgeliefert) spart Zeit und Kosten. MAB-Deckleisten sind in zwei Ausführungen erhältlich: Mod. A mit Kittband, Mod. B mit Neoprenband und Kittfuge. Die Montage erfolgt ohne Vorarbeiten im Anschluß an die Fertigstellung des Dachbelages. Verschönern Sie Ihr Flachdach mit MAB-Deckleisten.

Mit zu einem funktionsfähigen Flachdach gehört **Dila-Neopren**. Der Dehnungsausgleichskörper mit der flexiblen Neoprenfalte läßt die Blechkonstruktionen sich frei bewegen. Sie verhindern damit Ermüdungserscheinungen der Blechteile und damit die Gefahr der Rißbildung im Material. Dila-Neopren können Sie jeder Konstruktion anpassen durch einfaches Abkanten ins gewünschte Profil. Einbaubreite 40 cm.

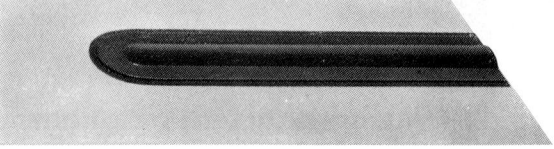

Beratung und Verkauf durch den renommierten Fachhandel oder durch

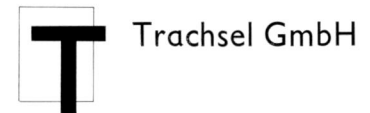

T Trachsel GmbH

7850 Lörrach
Luisenstraße 10

Lager: 6580 Idar-Oberstein 3
Tiefensteinerstraße 297 · Tel. (06781) 31130

Hebel-Bauteile aus Gasbeton für wirtschaftliches Bauen

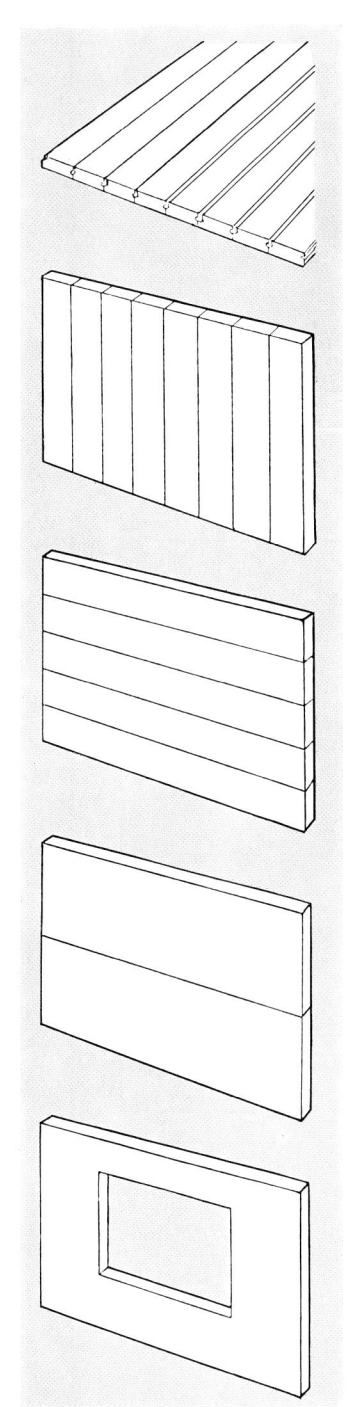

Hebel-Dachplatte
Hebel-Deckenplatte
Länge max. 600
Breite 62,5
Dicke 7,5–25,0

Hebel-Wandtafel
tragend, geschoßhoch
Länge max. 350
Breite 62,5 u. 150
Dicke 10,0–25,0

Hebel-Wandplatte
nichttragend
stehend oder liegend
Länge max. 600
Breite 62,5
Dicke 7,5–25,0

Hebel-Großwandplatte
nichttragend
stehend oder liegend
Länge max. 600
Breite 150
Dicke 15,0–25,0

Hebel-Element
wandgroß
tragend und nichttragend
Länge max. 500
Höhe max. 350
Dicke 15,0–25,0

Hebel-Zwischenwandplatte nichttragend
Länge 75
Höhe 62,5
Dicke 7,5, 10,0, 12,5

Hebel-Blockstein
und Bauplatte
tragend und nichttragend
Länge 49 und 61,5
Höhe 24
Dicke 5,0–30,0

Hebel-Planstein
tragend und nichttragend
Länge 50 und 62,5
Höhe 25
Dicke 7,5–30,0

Hebel-Strukturfassade*
(Vorsatzbetonelement)
tragend und nichttragend
Länge max. 500 (600)
Höhe max. 300 (150)
Dicke 18,5–28,5

Hebel-Eckstück *
in Gasbeton
und Vorsatzbeton
Abmessungen entsprechend der verwendeten
Gasbeton-Bauteile

z. Z. nur vom Hebel-Gasbetonwerk Emmering lieferbar

Hebel-Service für wirtschaftliche Planung

Für Sie als Planenden haben die Hebel Gasbeton-Werke den „Hebel-Ordner" geschaffen. Er enthält alle technischen Unterlagen für Hebel-Wand und Hebel-Dach. Unsere Ingenieure überreichen Ihnen den „Hebel-Ordner" und stehen Ihnen darüber hinaus jederzeit beratend zur Seite. — Natürlich kostenlos.
Schreiben Sie uns oder rufen Sie einfach an.
Wir sind immer für Sie da.

Das Zeichen für wirtschaftliches Bauen

Hebel Gasbetonwerk GmbH · 8080 Emmering/FFB · Postfach 10
Hebel Gasbetonwerk Alzenau GmbH · 8755 Alzenau/Ufr. · Postfach 58
Hebel Gasbeton Stulln GmbH · 8471 Stulln/Nabburg · Postfach 69
Hebel Gasbeton GmbH & Co KG · 4520 Melle 4 · Postfach
Hebel Gasbetonwerk Wittenborn GmbH & Co KG · 2361 Wittenborn/Bad Segeberg
Hebel Gasbetonwerk Porz GmbH & Co KG · 5050 Porz-Wahn 1 · Postfach 25
Hebel Gasbetonwerk GmbH & Co KG · 7502 Malsch · Durmersheimer Straße

Pegutan®
Kunststoff-Baubahnen
...sichern die kritischen Punkte am Bau

Von der Fundamentplatte bis zum Flachdach: Pegutan Kunststoff-Baubahnen aus PVC weich von Pegulan sichern und schützen die kritischen Punkte am Bau; als Dachdichtungsbahnen, Dampfbremsbahnen, Bauwerksabdichtungsbahnen, Schutz- und Gleitbahnen, Tankauskleidungsbahnen und Wasserbeckenbahnen.

Pegutan Kunststoff-Baubahnen aus PVC weich sind homogene, trägerlose Werkstoffe (Baustoffe) in problemangepaßten Stärken, die je nach Einsatzgebiet speziell konditioniert sind:
Mineralöl - treibstoff- oder bitumenbeständig, normgerecht nach DIN 16937 BAM 4.01/42/60.

Pegutan Kunststoff-Baubahnen aus PVC weich sind außerdem wasserdicht, alterungs- und witterungsbeständig, verrottungsfest, beständig gegen Industrieabgase, flexibel, bruchelastisch und schnell zu montieren.

Bitte, schreiben Sie uns oder rufen Sie an, wenn Sie detaillierte Informationen, Fachberatung oder Preisunterlagen benötigen.

Pegulan, der große europäische Folien-Hersteller garantiert Ihnen und Ihren Auftraggebern Sicherheit; Sicherheit für die kritischen Punkte am Bau.

❶ Pegutan DB
PVC-weich Dachdichtungsbahn, nicht bitumenbeständig
DIN 16938
0,8 mm, 1,5 mm

❷ Pegutan DBR
PVC-weich Dampfbremsbahn
nicht bitumenbeständig
0,45 mm, 0,8 mm

❸ Pegutan SG
PVC-weich Schutz- und Gleitbahn
nicht bitumenbeständig
1,0 mm

❹ Pegutan BA
PVC-weich
Bauwerksabdichtungsbahn
nicht bitumenbeständig
DIN 16938
0,8 mm, 1,5 mm

❺ Pegutan BAE
PVC-weich
Bauwerksabdichtungsbahn,
nicht bitumenbeständig,
unter Estrich
0,3 mm, 0,5 mm

❻ Pegutan BAB
PVC-weich
Bauwerksabdichtungsbahn
bitumenbeständig
DIN 16937
0,8 mm

❼ Pegutan TM
PVC-weich
Tankauskleidungsbahn
mineralöl- und treibstoffbeständig
09 BAM 4.01/42/69
0,8 mm

❽ Pegutan WB
PVC-weich Wasserbecken-Abdichtungsbahn
0,5 mm, 0,8 mm, 1,5 mm

PVC-weich Wasserbecken-Abdichtungsbahn, bedruckt, Carrara
mit transparenter Abdeckfolie
0,8 mm

Pegulan-Werke AG
671 Frankenthal (Pfalz)

PEGULAN Europäisch in Rang und Programm

Es gibt verschiedene Konzepte fürs flache Dach, nicht zuletzt mit

WOERMANN

Da der dabei eingesetzte

SPERRBETON

Wasserdampf diffundieren läßt, erledigen sich bauphysikalische Probleme ganz von selbst.

Auch die „große Sicherheit" im ganzen (mit Langzeitgarantie) ist vielleicht erstmalig gegeben.

Soviel bietet wohl nur das

WOERMANN DACH

WOERMANN AG · 6 FRANKFURT/M. · KAISERSTR. 13 · TEL. (0611) 28 37 97

Neue Perspektiven im Flachdachbau:

1. Herforder Dachkante

herforder dachkanten

Mit dieser industriell vorgefertigten, bauphysikalisch perfekten Dachkante aus dampfgehärtetem Asbestzement ergeben sich neue Gestaltungsmöglichkeiten für den Dachrandabschluß. Es stehen 9 interessante Farben zur Verfügung! Problemlose, einfache Montage erspart Lohnkosten!

2. Flachdach-Fertigteil

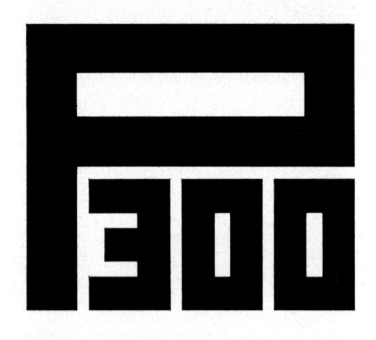

P 300

P 300 vereinigt alle Schichten des Flachdachaufbaus in einem bauphysikalisch perfekten Fertigteil. Statt fünf zeitraubenden Arbeitsgängen einfach P 300 auf die Rohdecke verlegen...
auch bei schlechter Witterung, ohne Risiken!

3. optima® ZWEITE GRÜNE EBENE

Dachgärten
Terrassengärten
Fußgängerzonen
Innenhöfe

**INFORMATIONSZENTRUM — FLACHDACH-SYSTEME —
208 PINNEBERG
POSTFACH 1140 · TELEFON (04101) 270 08 · TELEX 02189 026**

»98% Belüftungs-Querschnitt«
— das sichere Kaltdachsystem Fuchs (DBP)

Zweischalige Flachdächer nach dem System Fuchs bieten viele Vorzüge:

- Optimale Belüftung des Kaltdachraumes
- Maximale Sicherheit bei Sog- und Druckbelastung
- Nicht brennbar, witterungsbeständige Konstruktion
- Fäulnissicherheit und unbegrenzte Haltbarkeit
- Herstellung aller Dachformen bis zu Neigungen von 5° durch das abgestufte Stützensystem. Kriechdachausbildung möglich
- Schnelle und problemlose Montage
- Leichte Bearbeitung, großflächige Verlegung – also rationelle und wirtschaftliche Bauweise

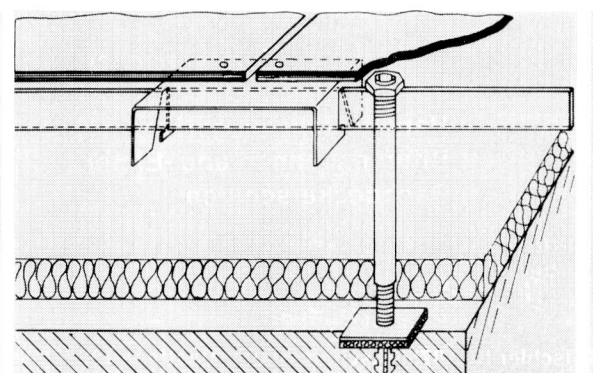

Hauptanwendungsgebiete sind Wohn- und Siedlungsbauten, Punkthochhäuser und Bauvorhaben im Industriebau.

»Kaltdach Fuchs« – das handwerksgerechte, sturmsichere und technisch einwandfreie Flachdach-System.

Wir beraten Sie gern bei der Planung und Bauausführung.

**Fuchs GmbH & Co.
6140 Bensheim
Rodensteinstr. 111**
Tel. (06251) 38977

ORIGINAL kebu® SCHWEISSBAHNEN
für Flachdach und Abdichtung

sie sind dauerplastisch und verspröden nicht. Seit vielen Jahren in der Praxis bewährt, bieten sie optimale Lebensdauer und sind sehr preisgünstig.

Mit der Propanflamme einfach zu verlegen

kebu ABDICHTUNG

kebu hält das Dach dicht- immer!

Bitumen 5 mm dick
unverrottbare Glasfaser

KUPON für kostenlose
☐ Auskunft und Beratung
☐ Erstellung von Ausschreibungstexten

Vor- und Zuname
Beruf
Wohnort

KEBULIN-GESELLSCHAFT KETTLER & CO. · 4356 Westerholt i./W. · Ruf: Gelsenkirchen 358001   Straße und Nr.   Fernruf

...ein heisser Tip

- Sicherheits-Bitumenkocher
- Vergussmasse-Öfen
- Handaufschweißgeräte
- Bitumenkannen und -Eimer
- Dachdeckerscheren

Tritschler

Hch. Tritschler KG 8750 Aschaffenburg Postfach 106

RÜSIT

Gütezeichen und Begriff für die moderne naht- und fugenlose Flachdacheindeckung.

Bewährt seit 1950.

RÜTHER KG

5600 Wuppertal 2	Ferner in:	8520 Erlangen
Oberdörnen 5—7		7500 Karlsruhe
Tel.: 55 26 00 u. 59 87 87		6079 Sprendlingen

Raab

Bimsbeton-Dachbalken und Platten
stahlbewehrt, bis 6.10 m Spannweite, geringes Eigengewicht, hohe Wärmedämmung, feuerhemmend bzw. feuerbeständig

Fassadenplatten bis 6.00 m Länge
Bimsbeton-Deckenbalken

bis **6,00 m** STÜTZWEITE

Joseph Raab & Cie KG.
Bimsbaustoffwerke
545 Neuwied 1, Postfach 2029, ☎ 5 40 31/32/33

---

coriglas®
DAS DEUTSCHE SCHAUMGLAS

Wenn Sie ganz sicher gehen wollen, nehmen Sie CORI-GLAS das deutsche Schaumglas - es ist der ideale Wärmedämmstoff!

CORI-GLAS nimmt kein Wasser auf, es bleibt daher stets trocken und voll funktionsfähig als Wärmedämmung.

CORI-GLAS hat einen unendlich großen Wasserdampfwiderstandsfaktor, wird also von Wasserdampf nicht durchdrungen und wirkt sperrend. Dampfsperren in Form von Folien oder Bahnen lassen sich nach der Verlegung nicht mehr überprüfen.

CORI-GLAS ist anorganisch. Es kann daher nicht rotten oder verjauchen.

CORI-GLAS ist absolut formbeständig, besitzt ausgezeichnete Biegezug-Festigkeitswerte und ist sehr druckfest (trittfest).

WILHELM K. BOHLMANN 2820 BREMEN-VEGESACK
POSTFACH 7

Mehr Sicherheit und wenig Flachdachkosten

Mit montagefertigen Dachschalungselementen aus Holzspanplatten V 100 G

Die speziellen V100-verleimten Holzspanplatten mit Vollpilzschutz G – PHENAPAN V100G, PHEN-AGEPAN V100G, TRIAPHEN V100G – haben sich seit Jahren als bevorzugter Werkstoff für die Herstellung belüfteter und unbelüfteter Dachaufbauten bewährt.

Das sind die wesentlichen Vorteile:
- Glatte saubere Flächen, wenig Fugen
- durch Großflächigkeit und montagefertige Vorbearbeitung als Dachplatte mit Nut und Feder schnell zu verlegen
- gute bauphysikalische Eigenschaften
- einfach als Holzwerkstoff zu bearbeiten

Fragen Sie uns also, bevor Sie über Dachschalungen entscheiden. Unsere Spezialisten informieren Sie, welcher Plattentyp welche Plattendicke, und welches Format bei den jeweiligen Stützweiten und Belastungen die optimale – d. h. die sichere und wirtschaftliche – Lösung ist.

Schreiben Sie uns bitte oder rufen Sie uns an, auch wenn Sie sonst Fragen im Zusammenhang mit Holzwerkstoffen haben.

NOVOPAN AGEPAN TRIANGEL

34 Göttingen
Postfach 240
Tel. (0551) 6011

**Zentraler Beratungsdienst
Anwendungstechnik Holzwerkstoffe**

Für Pflanzenstandorte auf künstlichen Ebenen

wie Flachdächern, Terrassen, Tiefgaragen, Reihengaragen und ähnlichen Bauwerken

Fränkische funktionssichere Dränsysteme

FF-Dränplatten aus Styropor
und flexible FF-Dränrohre aus Hart-PVC
lösen alle Ihre Dränprobleme
und schützen zuverlässig vor Wasserschäden.

Fragen Sie uns. Schreiben Sie uns.

**Fränkische Isolierrohr- und Metallwaren-Werke Gebr. Kirchner
8729 Königsberg/Bayern
Telefon (09525) *81   Telex 06 62131**

Coupon

Bitte senden Sie uns Informationsmaterial über Dränschichten
☐ im Flachdach
☐ am Bauwerk/Baugrund

FDH 310

Fränkische Rohrwerke · 8729 Königsberg · Postfach 412

Die Ausnahme unter den Dämmstoffen:
Thermoperl®
als gefällegebende Wärmedämmung und zur Sanierung unebener Flachdächer.

Thermoperl,® ein mit Spezialbitumen umhülltes Perlite. Absolut alterungsbeständig. Verrottet nie - auch nicht unter Feuchtigkeitseinwirkung. Immer in Funktion.

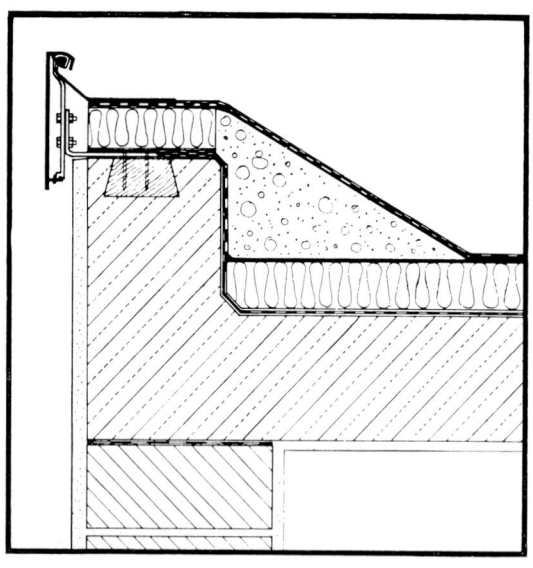

Thermoperl,® beliebig formbar. Einfach und schnell zu verarbeiten, bei Kehlen und Anschlüssen sowie für Flickarbeiten.

Mulden und Unebenheiten, speziell auf alten Flachdächern, lassen sich wirtschaftlich beseitigen.

Thermoperl,® schnell, leicht, einfach, sicher.

perlite

PERLITE-DÄMMSTOFF GMBH & CO
BERATUNG & VERTRIEB
46 Dortmund, Kaiserstraße 21, Postfach 1564.
Telefon (02 31) 52 73 31, Telex 08 227 255 perl d

Flachdach Komplett-Programm!

...damit die Planung problemlos wird...

...alles aus einer Hand...

VEDAG — Ihr erfahrener Partner für Flachdach, Terrasse, Abdichtung!

... Weil wir umfassende Erfahrungen darin haben, Bauwerke vor Einwirkungen durch Wasser zu schützen.

Alle anderen Bereiche der VEDAG profitieren von dieser Erfahrung. Zum Beispiel unsere Aufbauvorschläge für Flachdach und Terrasse und unsere Bautenschutzprogramme.

Die VEDAG bietet ihnen dazu im großen Lieferprogramm alles das, was Sie heute verlangen können: Eine fortschrittliche Produkt-Palette — von der Bitumen-Dachbahn nach DIN und in vielen Spezialsorten bis zur Kunststoff-Bahn, von rationellen Wärmedämmsystemen über die Flachdachentwässerung bis zum Belichtungselement oder dem Dachrand-Abschluß.

Dazu einen Service, wie ihn nur ein Unternehmen bieten kann, das neben einem weiterverzweigten Vertriebsnetz acht Werke in allen Teilen der Bundesrepublik besitzt.

Unser Dienstleistungs-Angebot: Beratung durch VEDAG-Ingenieure bei Planung und Ausführung. Empfehlung geeigneter Ausführungsbetriebe sowie unser Ausschreibungs-Service. Praxisgerechte Broschüren und Handbücher geben Sicherheit bei Entwurf und Ausschreibung.

Sicherheit auch deshalb, weil wir Ihnen in unserem Unternehmen ausreichend erprobte Problemlösungen empfehlen.

Fordern Sie unsere Informationen an!
**VEDAG-Aktiengesellschaft
Vereinigte Bauchemische Werke**
Hauptverwaltung
6000 Frankfurt (Main)
Mainzer Landstraße 221

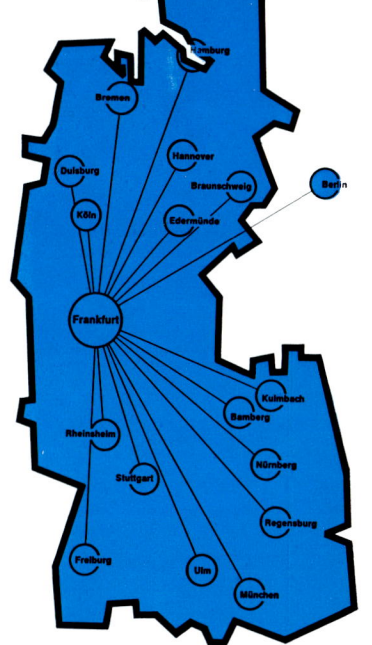

VEDAG

...das Komplett-Programm für Flachdach und Abdichtung

HESSE-KLINGER **PROFIL**VERTRIEB GMBH

Lieferprogramm unserer gebräuchlichsten Profile und Kassetten

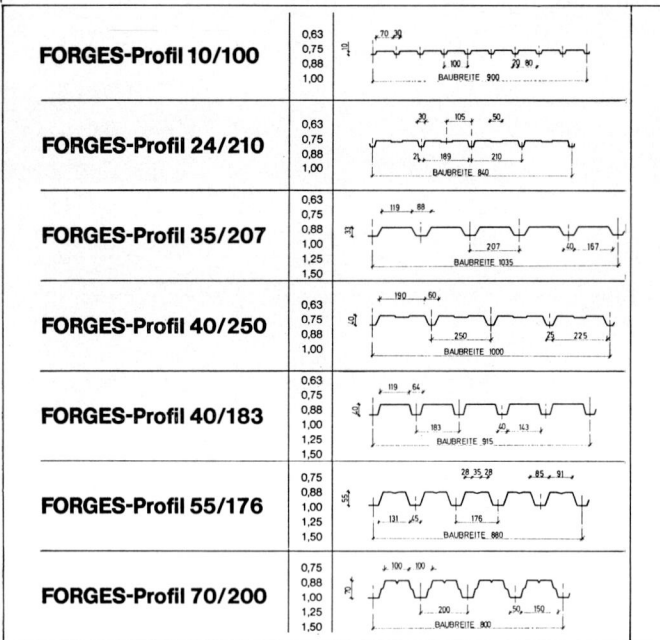

Profil	Stärken (mm)		Profil	Stärken (mm)
FORGES-Profil 10/100	0,63 / 0,75 / 0,88 / 1,00		FORGES-Profil 80/183	0,75 / 0,88 / 1,00 / 1,25 / 1,50
FORGES-Profil 24/210	0,63 / 0,75 / 0,88 / 1,00		FORGES-Profil 100/174	0,75 / 0,88 / 1,00 / 1,25 / 1,50
FORGES-Profil 35/207	0,63 / 0,75 / 0,88 / 1,00 / 1,25 / 1,50		FORGES-Profil 110/260	0,75 / 0,88 / 1,00 / 1,25 / 1,50
FORGES-Profil 40/250	0,63 / 0,75 / 0,88 / 1,00		FORGES-Profil 120/208,3	0,75 / 0,88 / 1,00 / 1,25 / 1,50
FORGES-Profil 40/183	0,63 / 0,75 / 0,88 / 1,00 / 1,25 / 1,50		FORGES-Kassette 40/500	0,63 / 0,75 / 0,88 / 1,00 / 1,25
FORGES-Profil 55/176	0,75 / 0,88 / 1,00 / 1,25 / 1,50		FORGES-Kassette 70/400	0,63 / 0,75 / 0,88 / 1,00 / 1,25
FORGES-Profil 70/200	0,75 / 0,88 / 1,00 / 1,25 / 1,50		FORGES-Kassette 90/500	0,75 / 0,88 / 1,00 / 1,25

DACH · WAND · DECKE   schnell · zuverlässig · preiswert

HESSE-KLINGER **PROFIL** VERTRIEB GMBH · 8000 München 70 · Würmtalstr. 90 · Tel. (089) 71 41 05 1-53 · Telex 5-24837 profl d

Ihr Partner für Flachdachbekiesung

einschließlich Materiallieferung

mit hydraulischem Autokran

zu günstigen Bedingungen

Wilhelm Gerstner KG.

4300 Essen 1

Manderscheidtstraße 10

Telefon (02 01) 21 11 10

DAS „KNOW-HOW"

Ausgereifte Konstruktionen sind eine Frage der Erfahrung. Und bei technischen Produkten ist das „know-how" schon die halbe Problemlösung. MAICO stellt Ihnen seine ganze technische Erfahrung in der Entwicklung, im Bau und im Einsatz von Ventilatoren zur Verfügung. Nicht zuletzt deshalb ist MAICO Ihr starker Partner für Lüftung.

Leistungsfähig – wohldurchdacht

MAICO Turbo Radial-Dachventilatoren

Für Wechselstrom und Drehstrom. Fördervolumen 1060 - 4200 m³/h. Speziell für die kontrollierte Wohnungslüftung. Formschöne, flache Bauweise, verzinkt. Hochleistungslaufrad, geräuscharm, hoher Wirkungsgrad. Für freie Ansaugung oder Rohrleitungsanschluß. Motor in Schutzart IP 44, Kugellager, Feuchtschutzisolation, wartungsfrei. Wechselstromausführung mit thermischem Überlastungsschutz.

Ihr Partner für Lüftung

MAICO VENTILATOREN

722 Schwenningen
Postfach 98
Telefon 0 77 20 / 6 10 71
Telex 07 94 568

Scheck•••••
Die Abteilung „Information und technische Beratung" steht zu Ihrer Verfügung.
MAICO

Dehnungsfugen-Dichtungen der Reihe FFD für Fugen in Dächern

MIGUA HAMMERSCHMIDT & CO.
5628 Heiligenhaus · Postf. 167 · Ruf 62 86

Verkaufsbüros in:
Österreich: Dr. Hrubesch GmbH, Wien 1, Wipplinger Str. 24
Schweiz: Heinz Honegger, 8180 Bülach, Soligänter Str. 24

Die robuste* Haut

Aus PVC-weich, in Dicken von 0,2 bis 2,0 mm lieferbar.

* ...für perfekte Dachabdichtung

URSUPLAST-Folien ermöglichen eine optimale Abdichtung von Kalt- und Warmdachkonstruktionen bei Betondecken, Spanplatten-, Holzschalen-, Trapezblech-Decken u. ä.

URSUPLAST-Abdichtungsbahnen sind uv-stabilisiert, verrottungsfest, alterungsbeständig, hochreißfest, und unempfindlich gegen alle natürlich vorkommenden Chemikalien und aggressiven Medien aus der Industrieatmosphäre.

Fordern Sie bitte ausführliche Informationsunterlagen an.

Ursuplast® Abdichtungsfolie

Ursania-Chemie GmbH
6332 Ehringshausen/Krs. Wetzlar
Fernruf (06443) *901

Ihre Hilfsmittel
für Bauplanung und Bauausführung

Vordächer
Von E. Bogenberger und H.-J. Meier-Menzel. Detail-Buch Band 2. 119 Seiten mit 100 Beispielen, 156 Fotos und 113 Detailzeichnungen. Format 22,5 × 26,5 cm. Gebunden DM 58,–

Richtig belüftete Flachdächer ohne Feuchtluftprobleme
Schäden durch mangelhafte Dachdurchlüftung, zu geringe Dachneigung, schlechte Dampfsperren, gefährliche Deckenfugen und Luftüberdruck, Fehleinschätzung von Entspannungsschichten
Von Dipl.-Ing. K. Seiffert. 154 Seiten DIN B 5 mit 13 Abbildungen und 19 Tabellen. Ganzgewebe DM 32,–

Wasserdampfdiffusion im Bauwesen
Ein Leitfaden zur Verhütung von Bauschäden durch diffusionstechnisch einwandfreie Baukonstruktionen
Von Dipl.-Ing. K. Seiffert. 2., überarbeitete und erweiterte Auflage 1974. 214 Seiten DIN B 5 mit 44 Abbildungen und 23 Tabellen. Ganzgewebe DM 38,–

Lüftungs- und Klimaanlagen in der Bauplanung
Grundlagen – Systeme – Ausführungen
Von Dipl.-Ing. G. Lampe, Architekt Dipl.-Ing. A. Pfeil, Architekt Dipl.-Ing. R. Schmittlutz und Dipl.-Ing. M. Tokarz. 280 Seiten DIN A 4 mit 489 Zeichnungen und Tabellen. Ganzgewebe DM 96,–

Schall, Wärme, Feuchtigkeit
Grundlagen, Erfahrungen und praktische Hinweise für den Hochbau
Von Prof. Dr.-Ing. habil. K. Gösele und Dr.-Ing. W. Schüle. Veröffentlichung der Forschungsgemeinschaft Bauen und Wohnen, Band 75. 3., überarbeitete Auflage. 271 Seiten DIN A 5 mit 131 Abbildungen und 53 Tafeln. Glanzfolie DM 30,–

Wassertransport durch Diffusion in Feststoffen
insbesondere in Baustoffen, Kunststoffen, Beschichtungen
Von Dr.-Ing. habil. H. Klopfer. 235 Seiten DIN B 5 mit 124 Abbildungen und 34 Tabellen. Ganzgewebe DM 72,–

Kunststoffverzeichnis
Anwendung im Bauwesen
2., völlig neubearbeitete und auf zwei Bände erweiterte Auflage. Im Auftrag des Bundesministeriums für Raumplanung, Städtebau und Wohnungswesen herausgegeben von der Rationalisierungsgemeinschaft Bauwesen im RKW. Bearbeitet vom Institut für das Bauen mit Kunststoffen. **Band 1:** 288 Seiten DIN A 4. Glanzfolie DM 60,–. **Band 2:** 315 Seiten DIN A 4 mit vielen Zeichnungen und Tafeln. Glanzfolie DM 60,–

Well-Eternit-Handbuch
Von Prof. E. Neufert mit Dipl.-Ing. Architekt P. von Flotow. 8., neubearbeitete und erweiterte Auflage. Herausgegeben im Auftrag der Eternit AG. 213 Seiten DIN A 4 mit zahlreichen Fotos, Detailzeichnungen, Tabellen und Klapptafeln. Halbgewebe DM 36,–

Styropor-Handbuch
Dämmung im Hochbau aus der Sicht des Architekten, dargestellt am Beispiel von Schaumstoffen aus Styropor
Von Prof. E. Neufert unter Mitarbeit von Dipl.-Ing. G. H. Hartmann und Dipl.-Ing. H. P. Kappler. 2., erweiterte Auflage. 326 Seiten DIN A 4 mit vielen, z. T. farbigen Zeichnungen und Tabellen. Halbgewebe DM 55,–

Baustoffe für tragende Bauteile
Von Prof. Dr.-Ing. K. Wesche. DIN B 5. Jeder Band mit zahlreichen Abbildungen und Tabellen. Glanzfolie.

Band 1: Allgemeine Eigenschaften, Meßtechnik, Statistik. 95 Seiten, DM 20,–

Band 2: Nichtmetallisch-anorganische Stoffe: Beton, Mauerwerk. 308 Seiten, DM 54,–

Band 3: Metallische Stoffe: Stahl, Aluminium, Metallkorrosion. 156 Seiten, DM 28,–

Band 4: Organische Stoffe: Holz, Kunststoffe. 119 Seiten, DM 24,–

Probst-Baustofführer
ABC der Baustoffe mit Bezugsquellen und Warengruppen
Von G. Magunia. 8., völlig neu bearbeitete und erweiterte Auflage. 876 Seiten DIN A 5 mit Nachweis von rund 14 000 Baustoffen und Bauteilen. Plastik DM 75,–

Stahlbauatlas
Geschoßbauten
Von Prof. Dipl.-Ing. F. Hart, Prof. Dr.-Ing. W. Henn und Dr.-Ing. H. Sontag. Herausgegeben vom Deutschen Stahlbau-Verband. 359 Seiten mit 1400 Zeichnungen, Tafeln und Abbildungen. Format 23 × 30 cm. Ganzgewebe DM 98,–

Das private Schwimmbad
Hallen- und Gartenbad in Wohnhaus und Hotel. Planung, Konstruktion, Bau, Kosten, Betrieb und Instandhaltung
Von Dipl.-Ing. H. P. Kappler. 2. Auflage. 394 Seiten DIN A 4 mit 701 Zeichnungen und 39 Tabellen. Halbgewebe DM 88,–

Wohnungseigentum
Bauvorbereitung – Bauablauf – Verwaltung
Von Ing. (grad.) H. Peters, Architekt. 224 Seiten DIN A 5 mit 67 Abbildungen. Ganzgewebe DM 30.–

Bauverlag GmbH · Wiesbaden und Berlin

Wir stellen her:

KAUBITAN®
- eine stabile Kautschuk/Bitumen-Emulsion für Abdichtungen im gesamten Bauwesen, speziell für Flachdachsanierungen und Abdichtungen in Feuchträumen.

KAUBIT-SILBER Deckanstrich
- eine stabile Kunstharz-Dispersion, mit hohem Rückstrahleffekt und nachweislich langer Lebensdauer.

K-B-Dichtungsbahnen
- versch. Ausführungen: Standard, selbstklebend usw.;
- versch. Stärken und Abmessungen;
- gegen nicht drückendes Wasser oder gegen drückendes Wasser;
- Typenbezeichnung:
  a) Type NYLON = vollelastisch, selbstklebend;
  b) Type SUSTAFLEX = superstark, flexibel, unverrottbar;
  c) Type ALU-Dampfsperre = vollkommene Dampfdichte.

K-B-Dichtungsbahnen sind vielseitig anwendbar, z. B. im gesamten Bauwesen – ob ganzflächige Verlegung oder zum sicheren Abdichten von Rissen, Fugen und Nähten.

und weitere Isolierbaustoffe ...

Auf Wunsch werden Dichtungsarbeiten von unserer Montageabteilung durchgeführt.
Alle unsere Erzeugnisse sind in der Praxis seit Jahren erprobt, die Qualität durch amtliche Prüfzeugnisse verschiedener staatlicher Prüfanstalten belegt.
Lieferung erfolgt ab Werk oder über Spezialvertragsfirmen.
Fordern Sie unsere Unterlagen, Muster und unsere Beratung an.

KAUBIT-CHEMIE · 2843 DINKLAGE
Industriestraße · Tel.: 04443/1039 · Telex: 025538

Der moderne Werkstoff

aprithan Hartschaum

auf Polyurethan-Basis

in industriegerechter Rezeptur

Feinporige, weitgehend geschlossenzellige Struktur, hohe Styrolbeständigkeit, wärme- und kältestandfest, Druckfestigkeiten von 1,4 - 22 kp/cm², günstige Wärmeleitzahlen, hoher Dampfdiffusionsfaktor, flammhemmende Einstellungen,

in industriegerechter Verarbeitung

Großraumplatten aus dem Block geschnitten, gefräßte Teile, gerillt und in Formen geschäumt

in industriegerechter Lieferung

gut sortiertes Blocklager, "ausgereifte" Ware, Zufuhr durch unseren eigenen Fuhrpark, lose verpackt und auf Paletten, Motto: vom APRITHAN-Werk direkt an Ihr Fließband.

aprithan

Schaumstoff-Ges.mbH., 7081 Abtsgmünd-Kocherwiesen
Telefon: (07366) 383 u. 384   Telex: 0713707

Gartenmann

Isolier- und Terrassenbau GmbH
8000 München 80 · 6000 Frankfurt 55

Terrassenbelag Gartenmann®
Terrassenbeläge aus Fertigteilen
Flachdach-Abdichtungen
Bauwerks-Abdichtungen

FÜLLSTOFFE

die sich seit Jahrzehnten bewährt haben

Talkum · Mikro-Asbest
Asbestfasern · Asbestine

in den entsprechenden Mahlungen und Klassifikationen Ihre nach Verwendungszweck spezifizierte Anfrage wird gewissenhaft bearbeitet

SCHERUHN   TALKUM-BERGBAU

867 Hof, Postfach 1329 · Telefon 09281-1934 · Telex 643746

Sicher geschützt durch
DEFRA-Bitumen-Dach- und Dichtungsbahnen
TEERFIX-Teersonderdachpappen
TRIWALDOL-Bautenschutzmittel flüssig
TRIWALDIT-Bautenschutzmittel pastös
RATONAL-Tonrohrkitt

DR. F. RASCHIG GMBH

Zweigniederlassung Langendreer
Werk: Bochum-Werne, Von-Waldthausen-Straße 24, Ruf: Bochum 216 41-43

(RASCHIG)

...stärkere Winde

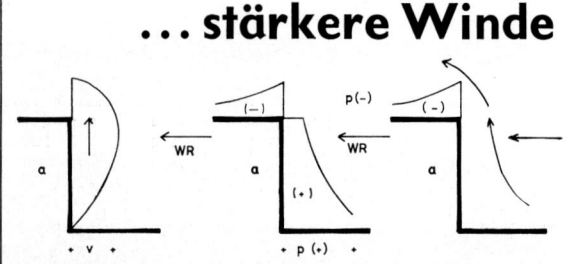

WR – Windrichtung　a Prallwand　v Geschwindigkeit　p Druck

Spezialprospekte und Erläuterungen geben genauere Auskunft.

können bei Dach- und First-Lüftern nicht nur jegliche Lüftung verhindern, sondern sie schützen auch nicht die Innenräume gegen Flug-Schnee und -Regen. Unser (ges. geschützter)

Differential-Dachlüfter DI

berücksichtigt konsequent die in nebenstehender Graphik im Schema dargestellten physikalischen Auswirkungen, um obige Probleme zu lösen.

Lüftungs-Elemente LAFIRO

DI
Dom- und Firstlüfter für alle Dacharten

W
mit einer Reihe Winkellamellen

DW
mit zwei Reihen Winkellamellen

DWR
wie DW mit Hand regulierbar

DWA
wie DWR automatisch regulierbar

RK
Automatische Rauchklappe für jede Dachform

SS
Saug-Schornsteineinsatz gegen Wirbelzonen-Bildung bei Fall- und stärkeren Winden

Special-Bauelemente · DIPL.-ING. GRAJECKI · vorm. ERICH REIMER NACHF.
2000 HAMBURG 11 · Rodingsmarkt 39 · Tel. 040 — 36 28 01 · FS 2 13 087 SUG

MIGUA
Slidebahn-Gleitlager für Flachdächer

MIGUA
HAMMERSCHMIDT + CO.
5628 Heiligenhaus, Brügelweg 1-3, Tel. (0 21 26) 62 86
Niederlassung: 8 München 50
Eversbuschstraße 65 · Ruf (089) 8122882

Dem Dachdecker, Architekten und Bauherrn bieten
WITEC® Dachbahnen
größte Sicherheit

Witec®-Dachbahnen werden von uns aus ungefülltem Lucobit®, ein Kunststoff der BASF, hergestellt. Die mit Glasvlies kaschierten 2,0 mm dicken Witec-Dachbahnen sind begehbar, bitumenfreundlich, witterungsbeständig, weichmacherfrei und einfach zu verlegen.

UV-Einstrahlungen schaden der Dachbahn nicht, so daß kein zusätzlicher Schutz durch Kiesschüttungen erforderlich wird.

® Eingetragenes Warenzeichen

WILKOPLAST-KUNSTSTOFFE

3000 Hannover-Vahrenheide, Alter Flughafen 21
Telefon (0511) 63 10 36 - 38 · Telex 09-23 311

MIGHTYPLATE
(US- und Canad. Pat.)

JETZT AUCH IN DEUTSCHLAND

Repräsentant
der Texas Refinery Corp. in Deutschland:
J. BETTINGER, 6500 Mainz 43
Rheintalstraße 49
Telefon 06131-53248

der seit vielen Jahren bestens bewährte Dachbelag für die dauerhafte Flachdachisolierung ist weltbekannt. In über 100 Ländern mehr als 500 000 zufriedene Kunden!

In den praktischen 25 kg-Kleinbehältern zum Originalfabrikpreis ab Lager Trier – verzollt – lieferbar:

- **Mightyplate Plastic Cement** (Bitumen-Kitt)
- **Mightyplate Primer** (Bitumen Grundieranstrich)
- **Mightyplate Roof Coating** (Asbest-Bitumen-Dachbelag)
- **Glas Web** (Glasgewebe-Ausbesserungsmaterial)

Leicht zu verarbeiten, da gebrauchsfertig im Behälter!

"Nauheimer Lichtkuppeln"

"Nauheimer Lüfterkuppeln"

"Nauheimer Aufsetzkränze"

"Nauheimer Lichtband"

"Rauch- und Wärmeabzugsanlagen"

Als Sonderanfertigung: Großraumkuppeln (z. Z. bis 7,5 m)

hans börner KG

KUNSTSTOFFVERARBEITUNG

6085 Nauheim / Kreis Groß-Gerau
Odenwaldstr. 11—17
Tel.: 06152/6091, Telex: hboe 4191154

MAX DE BOUR

Dach- und Terassenbelag

2 Hamburg 70
Gustav-Adolf-Str. 36
Ruf (040) 6529001

begeh- und befahrbar

speziell: Parkdächer

Gesamtaufbau in einer Hand

Ausführungen im gesamten Bundesgebiet

DACH- U. TERRASSENBELAG — DE BOUR — D.B.P.

A 41

FLACHDACH AUSSTIEGE

Bodentreppen
aus Holz,
Alu, Stahlrohr
Scherentreppen
handbedient
u. vollautomatisch

HENKE

WILH. HENKE KG
Bodentreppenfabrik
4991 Alswede, Postfach 24/58
Ruf (05743) 211

Prospektmaterial ●
Technische Unterlagen ●

Gewünschtes bitte ankreuzen

Wirtschaftliche Sicherheit.

Sichern Sie Dachisolierungen noch besser und wirtschaftlicher als bisher. Mit dem mechanischen Befestigungssystem Knipping DBS Typ 224. Selbst stärkste Sogwirkung und extrem dynamische Belastungen brauchen Sie dann nicht mehr zu beunruhigen.

Dieses System zur Befestigung von Isolierungsmaterialien auf Trapezblech-Flachdächern bietet die gewünschte Sicherheit. Auch bei Sturm und Brand.
Knipping-Dachbauschrauben lassen sich wetterunabhängig verarbeiten, erfordern keine lohn- und arbeitsintensive Vorbehandlung wie Säubern, Voranstrich, Vorbohren und ermöglichen eine hohe Arbeitsgeschwindigkeit. Ein weiterer Vorteil ist, im Gegensatz zu heißem Bitumen, die saubere und angenehme Verarbeitung.

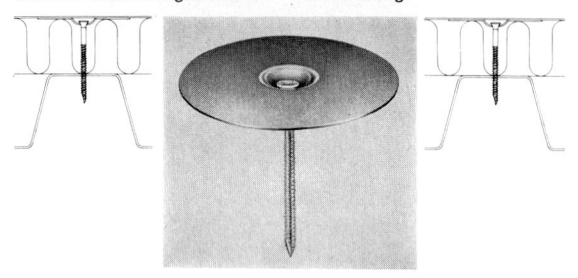

KNIPPING DACHBAUSCHRAUBEN

selbstbohrend, sicher, kostensparend.

Arnold Knipping GmbH Schraubenfabriken
Abt. 233 GA-61
527 Gummersbach 1, Postfach 1529

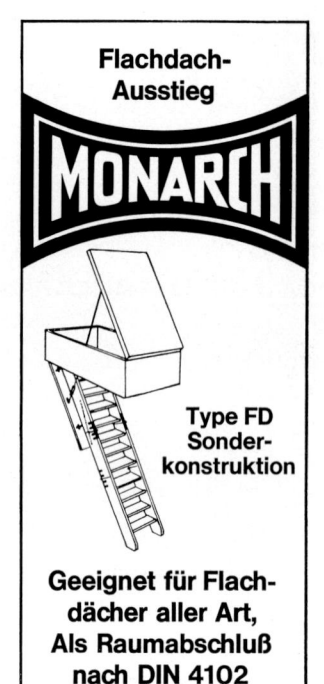

Flachdach-Ausstieg

MONARCH

Type FD
Sonder-
konstruktion

Geeignet für Flach-
dächer aller Art,
Als Raumabschluß
nach DIN 4102
lieferbar

Seit 40 Jahren bewährt

Fertiges Einbauelement
FD = Flachdachzugang autom.
F 30 feuerhemmend
F 90 feuerbeständig

HESSELKAMP & CO.
2 Hamburg 61
Tel. (040) 58 43 87/88

Metallbauteile für das Dach

Kiesfangleisten

Original Münch-Lüfter

Turmspitzen

Fordern Sie unseren Katalog an

Münch & Wacker KG

505 Porz-Westhoven · Oberstr. 112 · Tel. 02203/54271

Rinnenendstücke

PHOENIX-BAUINFORMATION

RESISTIT-Vorteile

lang und breit!

- Wir wollen Ihnen hier nicht die bekannten RESISTIT-Vorteile lang und breit erläutern. Die kennen Sie schon. RESISTIT ist die problemlose
- Dachdichtungsbahn aus glasvlieskaschiertem Polychloropren
- (Neopren). Mit allen Vorteilen des praktisch unangreifbaren und
- unverwüstlichen Synthesekautschuks.

Die Vorteile, um die es hier geht, sind mehr praktischer Art. Weil wir die Probleme des Handwerks kennen, stellen wir uns auf Ihre Wünsche ein.
Wir fertigen RESISTIT Dichtungsbahnen als Standardware in den vom Dachdecker bevorzugten Längen und Breiten:

Wenn es für Sie wirtschaftlicher ist, mit anderen Bahnlängen zu arbeiten, oder wenn Sie Zwischenmaße brauchen, die vom 1000-mm-Standardmaß abteilbar sind, fragen Sie uns. Wir machen das für Sie. Phoenix ist Ihr Partner für Produktsicherheit und moderne Arbeitstechnik am Bau.

100 mm x 10 m ● 333 mm x 10 m ● 666 mm x 10 m
250 mm x 10 m ● 500 mm x 10 m ● 750 mm x 10 m
1000 mm x 10 m ● 2000 mm x 10 m

PHOENIX DACHDICHTUNGSBAHNEN RESISTIT
FÜR DACHDECKUNG UND DACHABDICHTUNG

Architekten, Bauherren, Dachdecker erhalten Informationsmaterial über Dachaufbau und Anwendungstechnik.
PHOENIX GUMMIWERKE AG
21 Hamburg 90 · Telefon (040) 77 11 71
Unsere Anwendungstechnische Abteilung steht Ihnen zur Verfügung.

Firma/Abtl.
Anschrift

Kiesschüttung auf Flachdächern – so oder so?

Das kommt darauf an, ob sie verfestigt worden ist oder nicht. Mit

Stabiflex

verfestigte Kiesschüttungen bleiben dauerhaft funktionsfähig

- keine Kieswanderung
- keine Kiesmulden mit freigelegter Dachhaut
- keine Kiesel, die vom Dach getrieben werden.

STABIFLEX macht das Kiesschüttdach erst perfekt

Unbefestigte Kiesschüttung. Durch Wind hervorgerufene Kieswanderungen können ganze Flächen der Dachhaut bloßlegen und direkter Sonneneinstrahlung aussetzen.

Mit STABIFLEX verfestigte Kiesschüttung. STABIFLEX fließt nicht auf die Dachhaut ab, sondern verfestigt die obere Schicht. Regenwasser kann ungehindert in das Kiesbett eindringen.

PCI POLYCHEMIE GMBH
89 Augsburg 26, Postf. 5

bieberal

Trapezbleche

für DACH
WAND · DECKE
aus verz. Stahlblech,
Alu, auch beschichtet

6349 Bischoffen · Telefon 0 64 44 / *3 11

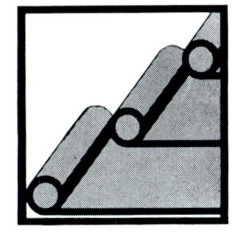

BARUSIN
Bitumen-Dachpappen
EUBIT-PLAST
BITAS
EUKABIT
Dachschutzstoffe

Seit Jahrzehnten bewährte Qualitätsprodukte für das Dachdeckerhandwerk

BÜSSCHER & HOFFMANN
Niederlassung Regenstauf der VAT
8413 Regenstauf/Opf. · Fabrikstraße 2-4
Telefon (0 94 02) 80 34

Läger in: Nürnberg · Telefon (09 11) 44 40 70
München · Telefon (0 89) 69 56 82
Hof/Bayern · Telefon (0 92 81) 9 11 14

B&H

AGRO Flachdach-ausstieg

trotzt den Umwelt-einflüssen

Ausstiegsdom auf Wunsch vollisoliert mit Überhangstreifen als Einklebefolie Domdeckel aus Edelstahl Dazu eine AGRO-Falt-Treppe oder AGRO-Scherentreppe

Fragen Sie uns, wir beraten Sie gerne.

AGRO

AGRO-GREBE KG
3561 Oberdieten
Telefon (06465) 847, Telex 0482203

WERHAND 545 Neuwied 13
Postfach 130151
Ruf (02631) 53771

liefert: Alu-Flachdachblenden
Alu-Mauerabdeckungen
Alu-Kantprofile nach Ihren Maßen
Auf Wunsch Montage

Der sichere Weg nach oben mit der Original

COLUMBUS-SCHERENTREPPE

Scherentreppen aus Aluminium als Zugang zum Flachdach, komplett mit oberer Abdeckung lieferbar.

Columbus-Spindeltreppen aus Aluminium und Holz als Baufertigteil.

Lieferung preisgünstig und kurzfristig in 3 Größen.

Bitte, fordern Sie unsere neue Prospekt-Sammelmappe für Architekten an.

MÜHLBERGER & Co. · Werk: 8901 Neusäß, Gutenbergstr. 21
Tel. 0821/42168 u. 482263 · Post: 89 Augsburg, Postfach 2129

Wörterbuch für Architektur, Hochbau und Baustoffe

Dictionary of Architecture, Building Construction and Materials

Von H. Bucksch.

Band 1:
Deutsch-Englisch.
942 Seiten.
65000 Stichwörter.
Format 13 x 20 cm.
Ganzgewebe DM 185,–

Band 2:
Englisch-Deutsch
(in Vorbereitung).

**Bauverlag GmbH
Wiesbaden
und Berlin**

Ihr Partner für Parkdachbau –

Terrassenbeläge aus Waschbeton

MAX POBURSKI + SÖHNE

205 HAMBURG 80
Randersweide 69/73
Ruf: 7218066

DACHBAHNEN
NACH DIN 52 130 MIT
ROHFILZEINLAGE

DER DAUERELASTISCHE DACHBELAG
SEIT JAHRZEHNTEN BEWÄHRT
UND STÄNDIG VERBESSERT

VEREINIGUNG ROHPAPPE IM VERBAND DEUTSCHER PAPIERFABRIKEN e. V.
517 JÜLICH, ADOLF-FISCHER-STR. 3

Die FF-Blende mit dem bewährten know-how

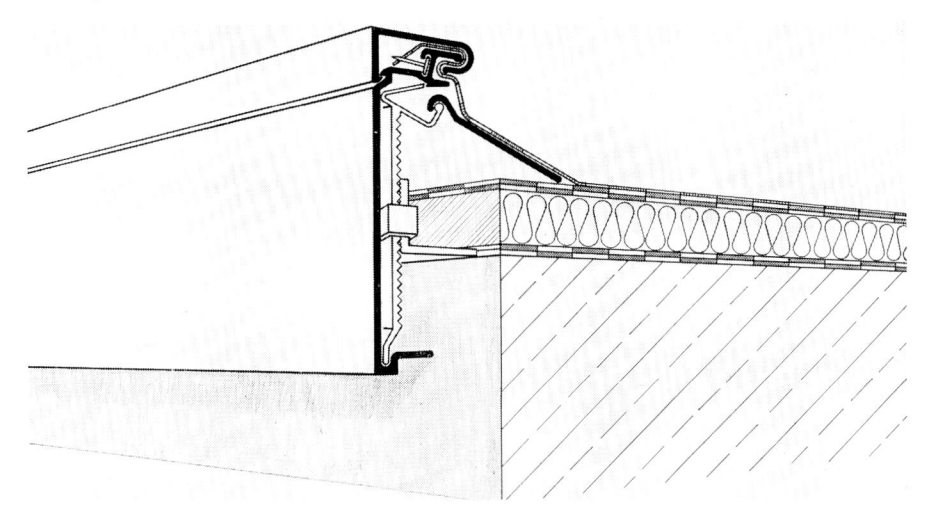

Sicherer Halt
- durch S-Schlaufen-Haftung der Folie am Blendenkopf
- durch Umfassungsklammern am Halter

Schnelle Montage
- durch Aufspießen der Folien auf Stiften
- durch schraublose Verbindung und stufenlose Höhenverstellung

Wir liefern: Flachdachabschlußblenden, Mauerabdeckungen, Wandabschlußprofile, Sonderprofile aus gekantetem Alu-Blech, Dachgullys

A.L.X® – METALL Alexander Josek, Ing.

D-6422 Herbstein, Postfach 105, Telefon: (06643) 411-413

Kunststoff-Verzeichnis

Anwendung im Bauwesen

Der große Katalog der 2000 Kunststofferzeugnisse für den Hochbau mit Band 2 jetzt vollständig!

Im Auftrag des Bundesministeriums für Städtebau und Wohnungswesen herausgegeben von der Rationalisierungsgemeinschaft Bauwesen im RKW. Bearbeitet vom Institut für das Bauen mit Kunststoffen. 2., neubearbeitete und auf 2 Bände erweiterte Auflage.

Das firmenneutrale Nachschlagewerk für Bauplanung, Bauausführung und Bauüberwachung sowie für Ein- und Verkauf von Kunststoffen im Bauwesen. Ausführliche, genau miteinander vergleichbare Produktbeschreibungen in schnell überschaubarer, einheitlicher Form der Darstellung.

Band 1: 288 Seiten DIN A 4 mit vielen Abbildungen und Detailzeichnungen. Glanzfolie DM 60,—

Aus dem Inhalt: Außenwand- und Balkonbekleidungen / Dach-Belichtungselemente, Fenster / Fugendichtungsmassen / Fußbodenbeläge / Profile / Rohre / Schaumkunststoffe / Sportbeläge.

Band 2: 1974. 316 Seiten DIN A 4 mit einigen Abbildungen. Glanzfolie DM 60,—

Aus dem Inhalt: Außenwand- und Brüstungselemente / Bauplatten und -bahnen / Beschichtungen / Behälter / Dachelemente und -entwässerungsanlagen / Folien / Bahnen und Planen / Innenausbau (Wand und Decke) / Sanitärer Ausbau / Schwimmbecken / Türen und Tore.

**Bauverlag GmbH
6200 Wiesbaden 1
1000 Berlin 31**

Lüftungs- und Klimaanlagen in der Bauplanung

Grundlagen · Systeme · Ausführungen

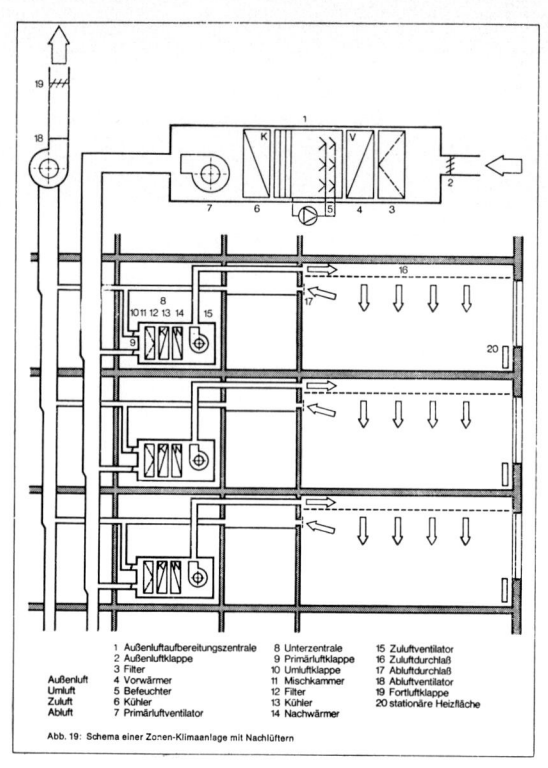

Abb. 19: Schema einer Zonen-Klimaanlage mit Nachlüftern

Von Dipl.-Ing. G. Lampe, Architekt Dipl.-Ing. A. Pfeil, Architekt Dipl.-Ing. R. Schmittlutz und Dipl.-Ing. M. Tokarz. 264 Seiten DIN A 4 mit 489 Zeichnungen und Tabellen. Ganzgewebe DM 96,—

Die Vielfalt der Luftbehandlungsmöglichkeiten erschweren heute eine eindeutige leichte Orientierung; hinzu kommt, daß eine mangelnde Kenntnis der engen Wechselbeziehung zwischen auszuwählender Anlage und Gebäude zu Unsicherheiten in der Planung und somit zu technisch nicht befriedigenden Lösungen führen kann.

Das vorliegende Buch bietet die Möglichkeit, sich in kurzer Zeit in das Gebiet der angewandten Klimatechnik einzuarbeiten.

Die Darstellung mit einer Vielzahl von erläuternden Abbildungen erfolgt in klarer, umfassender Form. Dabei wird besonders Wert darauf gelegt, dem Planenden eine möglichst umfangreiche Information aus dem seinen Planungsbereich berührenden Nachbarbereich zu geben. Dieses Prinzip sowie die Abhandlung einzelner Teilgebiete in Tabellenform und eine ausführliche Zusammenstellung von Normen, Vorschriften, Richtlinien, Verbänden, Vereinigungen und Herstellern (mit Lieferprogramm) machen das Buch zu einer unentbehrlichen Projektierungshilfe sowohl für den Architekten und den Bauingenieur als auch für den Klimaingenieur.

**Bauverlag GmbH
62 Wiesbaden I · I Berlin 31**

**ob steil
ob flach**

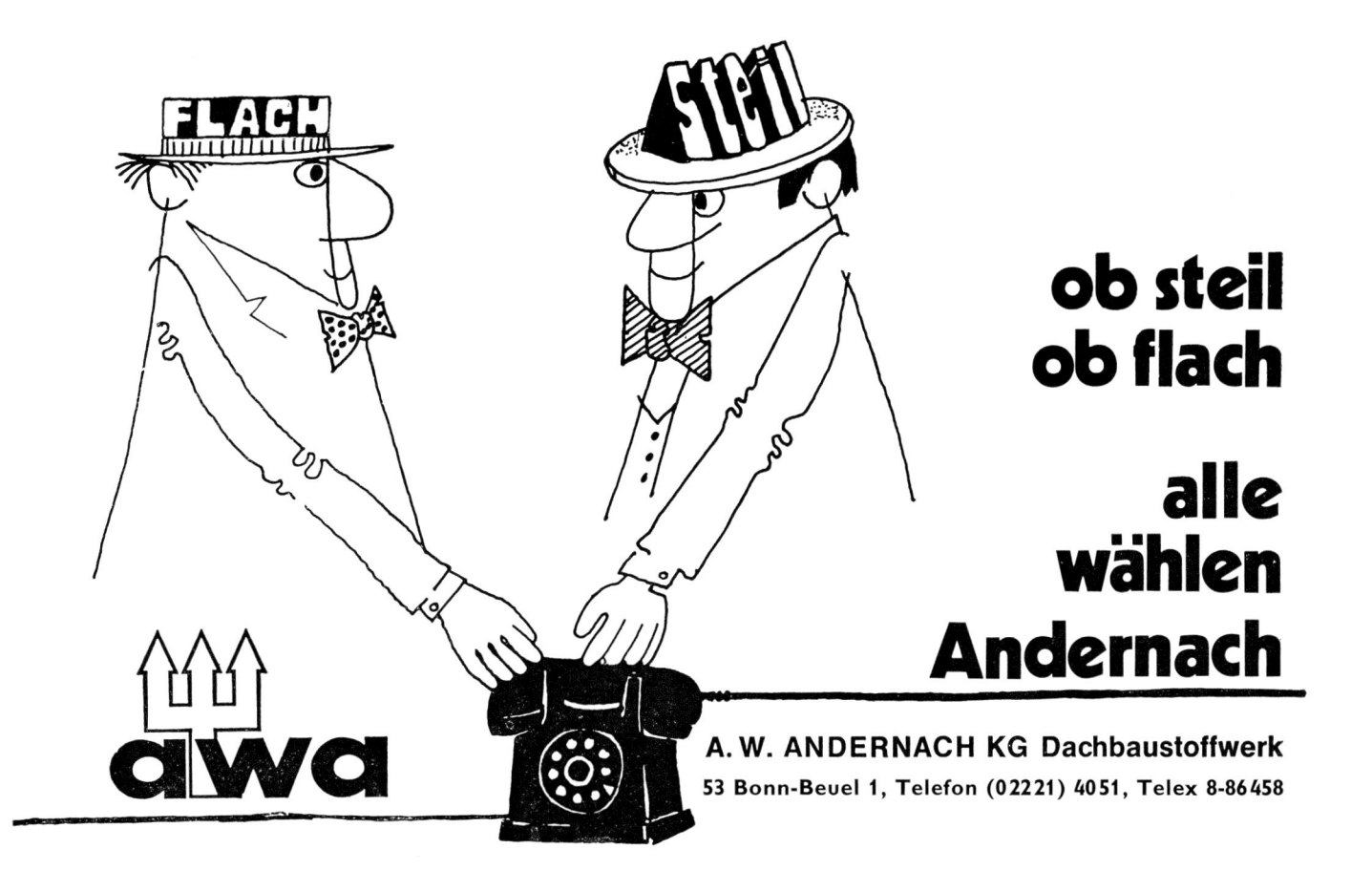

**alle
wählen
Andernach**

awa

A. W. ANDERNACH KG Dachbaustoffwerk
53 Bonn-Beuel 1, Telefon (02221) 4051, Telex 8-86458

Alles für das Flachdach

feresol

SPEZIAL-FLACHDACHISOLIERUNGEN

Das Flachdach ist aus der Architektur nicht mehr wegzudenken. Seit vielen Jahren. Und seitdem haben wir Erfahrungen gesammelt und Erkenntnisse gewonnen. — Über Flachdächer. — Über alle nur möglichen Arten von Flachdächern. Daraus wurden die feresol-Flachdachisolierungen entwickelt, die allen technischen Anforderungen gerecht werden.
Und das hat feresol zu einem Qualitätsbegriff gemacht.
● Beratung ● Planung ● Ausführung

Fehr & Renner KG
Flachdachbau

43 Essen-Altenessen
II. Schnieringstr. 40

ESSEN · STUTTGART

Tel. (0201) 3 48 44/45
Telex 08 579 369

Inserentenverzeichnis

A

	Seite
AGRO-GREBE KG, Oberdieten	A 44
A. L. X.-Metall, Herbstein	A 45
Andernach · A. W. Andernach KG, Bonn-Beuel	A 47
aprithan Schaumstoff GmbH, Abtsgmünd-Kocherwiesen	A 39

B

Bauder · Paul Bauder, Stuttgart	A 5
Bauverlag GmbH, Wiesbaden	A 38, 44, 46
Bettinger, J., Mainz	A 40
Bieber Eisen Baustoffe KG, Bischoffen	A 43
Börner, Hans, Kunststoff-Verarbeitungswerk, Nauheim	A 41
Bohlmann, Wilhelm K., Bremen	A 32
de Bour, Max, Hamburg	A 41
BRAAS & CO. GmbH, Frankfurt	A 16
Büsscher & Hoffmann, Regenstauf	A 43

D

Deutsche Heraklith AG, Simbach	A 24
Deutsche Johns-Manville GmbH, Wiesbaden	A 21
Deutsche Novopan GmbH, Göttingen	A 33
Dörken · Ewald Dörken AG, Herdecke	A 14
Dow Chemical, Handels- u. Verwaltungs-GmbH, Frankfurt	A 23
D. W. A. Vertriebs-GmbH, Herdecke	A 18

E

Ertl GmbH, Baustoffwerke, Moers	A 11
Essmann · Heinz Essmann KG, Bad Salzuflen	A 19

F

Fehr & Renner KG, Essen	A 47
Fränkische-Isolierrohr- u. Metallwaren-Werke Gebr. Kirchner, Königsberg	A 33
Fuchs GmbH & Co. KG, Bensheim	A 31

G

Gartenmann, Isolier- u. Terrassenbau GmbH, München	A 39
Gerstner · Wilhelm Gerstner KG, Essen	A 36

H

Hebel Gasbetonwerk GmbH, Emmering	A 27
Hegmann, Helmut, Arnsberg	A 26
Henke · Wilhelm Henke KG, Alswede	A 42
Hesse-Klinger, Profil-Vertrieb GmbH, München	A 36
Hesselkamp & Co., Hamburg	A 42
Holl · Fritz Holl KG, Stuttgart	A 18

I

Informationszentrum-Flachdachsysteme, Pinneberg	A 30
Interglas-Textil GmbH, Ulm	A 10

J

Jobarid-Werk Jonny Bartels, Bockenem	A 22

K

Kaubit-Chemie GmbH & Co. KG, Dinklage	A 39
Kebulin-Gesellschaft Kettler & Co., Westerholt	A 31
Knipping · Arnold Knipping GmbH, Gummersbach	A 42
Kunststoff- & Lackfabrikation Kassel, Obervellmar	A 25

L

	Seite
Lorowerk K. H. Vahlbrauk KG, Bad Gandersheim	A 22

M

MAICO-Ventilatoren, Schwenningen	A 37
MIGUA Hammerschmidt + Co., Heiligenhaus	A 37/40
Mühlberger & Co., Augsburg	A 44
Münch & Wacker, Porz-Westhoven	A 42

P

Palm · Papierfabrik Palm KG, Aalen-Neukochen	A 15
Passavant-Werke Michelbacher Hütte, Aarbergen	A 9
PCI Polychemie GmbH, Augsburg	A 43
Pegulan-Werke AG, Frankenthal	A 28
Perlite-Dämmstoff GmbH & Co., Dortmund	A 34
Phoenix Gummiwerke AG, Hamburg	A 43
Poburski · Max Poburski + Söhne, Hamburg	A 44

R

Raab · Joseph Raab & Cie. KG, Bimsbaustoffwerke, Neuwied	A 32
Raschig · Dr. F. Raschig GmbH, Bochum	A 39
Reimer · Erich Reimer Nachf., Hamburg	A 40
Rheinisches Zinkwalzwerk, Datteln	A 20
Robertson Bauelemente GmbH, Langenfeld	A 8
Ruberoidwerke AG, Hamburg-Billstedt	A 7
Rüther KG, Wuppertal	A 32

S

Scheruhn Talkum-Bergbau, Hof	A 39

T

Trachsel GmbH, Lörrach	A 26
Tritschler · Hch. Tritschler KG, Aschaffenburg	A 32

U

Uhl · Gebrüder Uhl KG, BUG-Bauelemente, Vogt	A 24
Ursania-Chemie GmbH, Ehringshausen	A 37

V

VAT Vereinigte Asphalt- u. Teerprodukten-Fabriken GmbH, Hamburg	A 43
VDD Industrieverband bituminöse Dach- u. Dichtungsbahnen e.V., Frankfurt	A 17
VEDAG AG, Frankfurt	A 35
Vereinigung Rohpappe im Verband Deutscher Papierfabriken e.V., Jülich	A 45

W

Werhand, Neuwied	A 44
Westermann · Walther Westermann KG, Dortmund-Hafen	A 12/13
Wilkoplast-Kunststoffe, Hannover-Vahrenheide	A 40
Woermann AG, Frankfurt	A 29

Y

YTONG AG, München	A 2

Z

Zentraler Beratungsdienst Anwendungstechnik Holzwerkstoffe · NOVOPAN, AGEPAN, TRIANGEL, Göttingen	A 33